주기율표

원소 기호	원자 번호	영어명	한글명	원자량
C	6	Carbon	탄소	12.011

- 금속 (Metal)
- 준금속 (Semimetal)
- 비금속 (Nonmetal)

주기 \ 족	1	2	3	4	5	6	7	8	9
1	H 1 Hydrogen 수소 1.008								
2	Li 3 Lithium 리튬 6.94	Be 4 Beryllium 베릴륨 9.0122							
3	Na 11 Sodium 소듐(나트륨) 22.990	Mg 12 Magnesium 마그네슘 24.305							
4	K 19 Potassium 포타슘(칼륨) 39.098	Ca 20 Calcium 칼슘 40.078	Sc 21 Scandium 스칸듐 44.956	Ti 22 Titanium 타이타늄 47.867	V 23 Vanadium 바나듐 50.942	Cr 24 Chromium 크로뮴 51.996	Mn 25 Manganese 망가니즈 54.938	Fe 26 Iron 철 55.845	Co 27 Cobalt 코발트 58.933
5	Rb 37 Rubidium 루비듐 85.468	Sr 38 Strontium 스트론튬 87.62	Y 39 Yttrium 이트륨 88.906	Zr 40 Zirconium 지르코늄 91.224	Nb 41 Niobium 나이오븀 92.906	Mo 42 Molybdenum 몰리브데넘 95.96	Tc 43 Technetium 테크네튬 [97.91]	Ru 44 Ruthenium 루테늄 101.07	Rh 45 Rhodium 로듐 102.91
6	Cs 55 Cesium 세슘 132.91	Ba 56 Barium 바륨 137.33		Hf 72 Hafnium 하프늄 178.49	Ta 73 Tantalum 탄탈럼 180.95	W 74 Tungsten 텅스텐 183.84	Re 75 Rhenium 레늄 186.21	Os 76 Osmium 오스뮴 190.23	Ir 77 Iridium 이리듐 192.22
7	Fr 87 Francium 프랑슘 [223.02]	Ra 88 Radium 라듐 [226.03]		Rf 104 Rutherfordium 러더포듐 [265.12]	Db 105 Dubnium 더브늄 [268.13]	Sg 106 Seaborgium 시보귬 [271.13]	Bh 107 Bohrium 보륨 [272]	Hs 108 Hassium 하슘 [277.15]	Mt 109 Meitnerium 마이트너륨 [276.15]

란타넘족 (Lanthanoids)

주기						
6	La 57 Lanthanum 란타넘 138.91	Ce 58 Cerium 세륨 140.12	Pr 59 Praseodymium 프라세오디뮴 140.91	Nd 60 Neodymium 네오디뮴 144.24	Pm 61 Promethium 프로메튬 144.91	Sm 62 Samarium 사마륨 150.36

악티늄족 (Actinoides)

주기						
7	Ac 89 Actinium 악티늄 [227.03]	Th 90 Thorium 토륨 232.04	Pa 91 Protactinium 프로트악티늄 231.04	U 92 Uranium 우라늄 238.03	Np 93 Neptunium 넵투늄 [237.05]	Pu 94 Plutonium 플루토늄 [244.06]

20 ℃, 1기압에서의 상태

- ■ 검은색 원소는 고체(Solid)
- ■ 붉은색 원소는 기체(Gas)
- ■ 푸른색 원소는 액체(Liquid)

10	11	12	13	14	15	16	17	18
								He 2 Helium 헬륨 4.0026
			B 5 Boron 붕소 10.81	C 6 Carbon 탄소 12.011	N 7 Nitrogen 질소 14.007	O 8 Oxygen 산소 15.999	F 9 Fluorine 플루오린 18.998	Ne 10 Neon 네온 20.180
			Al 13 Aluminium 알루미늄 26.982	Si 14 Silicon 규소 28.085	P 15 Phosphorus 인 30.974	S 16 Sulfur 황 32.06	Cl 17 Chlorine 염소 35.45	Ar 18 Argon 아르곤 39.948
Ni 28 Nickel 니켈 58.693	Cu 29 Copper 구리 63.546	Zn 30 Zinc 아연 65.38	Ga 31 Gallium 갈륨 69.723	Ge 32 Germanium 저마늄 72.64	As 33 Arsenic 비소 74.922	Se 34 Selenium 셀레늄 78.96	Br 35 Bromine 브로민 79.904	Kr 36 Krypton 크립톤 83.798
Pd 46 Palladium 팔라듐 106.42	Ag 47 Silver 은 107.87	Cd 48 Cadmium 카드뮴 112.41	In 49 Indium 인듐 114.82	Sn 50 Tin 주석 118.71	Sb 51 Antimony 안티모니 121.76	Te 52 Tellurium 텔루륨 127.60	I 53 Iodine 아이오딘 126.90	Xe 54 Xenon 제논 131.29
Pt 78 Platinum 백금 195.08	Au 79 Gold 금 196.97	Hg 80 Mercury 수은 200.59	Tl 81 Thallium 탈륨 204.38	Pb 82 Lead 납 207.2	Bi 83 Bismuth 비스무트 208.98	Po 84 Polonium 폴로늄 [208.98]	At 85 Astatine 아스타틴 [209.99]	Rn 86 Radon 라돈 [222.02]
Ds 110 Darmstadtium 다름슈타튬 [281.16]	Rg 111 Roentgenium 뢴트게늄 [280.16]	Cn 112 Copernicium 코페르니슘 [285.17]	Nh 113 Nihonium 니호늄 [284.18]	Fl 114 Flerovium 플레로븀 [289.19]	Mc 115 Moscovium 모스코븀 [288.19]	Lv 116 Livermorium 리버모륨 [293]	★Ts 117 Tennessine 테네신 [294]	Og 118 Oganesson 오가네손 [294]

★ 금속성, 준금속성, 비금속성이 아직 명확히 밝혀지지 않음.

Eu 63 Europium 유로퓸 151.96	Gd 64 Gadolinium 가돌리늄 157.25	Tb 65 Terbium 터븀 158.93	Dy 66 Dysprosium 디스프로슘 162.50	Ho 67 Holmium 홀뮴 164.93	Er 68 Erbium 어븀 167.26	Tm 69 Thulium 툴륨 168.93	Yb 70 Ytterbium 이터븀 173.05	Lu 71 Lutetium 루테튬 174.97
Am 95 Americium 아메리슘 [243.06]	Cm 96 Curium 퀴륨 [247.07]	Bk 97 Berkelium 버클륨 [247.07]	Cf 98 Californium 캘리포늄 [251.08]	Es 99 Einsteinium 아인슈타이늄 [252.08]	Fm 100 Fermium 페르뮴 [257.10]	Md 101 Mendelevium 멘델레븀 [258.10]	No 102 Nobelium 노벨륨 [259.10]	Lr 103 Lawrencium 로렌슘 [262.11]

유기화학

이덕형 지음

자유아카데미

머리말

대학에 입학하였을 당시 나는 "대학에서는 당연히 영어로 쓰여진 원서로 공부해야 한다."라는 생각을 갖고 있었다. 처음에는 영어 사전에서 단어를 찾아가며 공부하느라, 한 시간에 몇 줄을 읽는 것조차 힘들었던 기억이 있다. 또 새로운 개념을 정확하게 이해하였는지 확신이 들지 않을 때도 많았다. 그럼에도 불구하고 조금씩 원서로 공부하는 것에 익숙해지는 내 자신을 발견할 수 있었다.

이후 미국으로 유학을 가서 6년간의 학위 과정을 수행하면서 전공 지식의 표현, 습득 및 상호 교환이라는 관점에서 언어의 장벽이 매우 큰 변수임을 알게 되었고, 자연스럽게 한국 학생들이 한글로 쓴 전공 서적으로 공부한다면 보다 효율적인 학습이 가능할 것이라는 생각을 하게 되었다.

"기회가 주어지면 유기화학 전공자를 위한 교재를 집필하고 싶다."라는 생각을 늘 갖고 있던 나는 교수가 되어서 귀국한 뒤 학부 유기화학 강의와 관련해서 본교, 수도권 및 지방의 학부 학생들이 사용하는 원서의 저자, 원서와 번역본의 선정 비율 및 학생들의 사용 비율, 강의 기간(1학기, 2학기 등) 그리고 강의 범위 등에 대한 정보를 오랜 기간 축적해왔다.

이러한 경험을 바탕으로 하여, 비로소 두 학기용 [유기화학] 교재를 집필하게 되었다. 본 교재는 1~2장에서 기본 개념을 보다 강조하고, 21~23장의 생고분자 범위를 최소한으로 기술하였고, 기본 개념에 대한 충실한 설명과 이를 바탕으로 하여 다양한 논리의 전개, 기본 개념 간의 연계성 등을 일관성 있게 기술하려고 노력하였다.

본 교재는 학생들이 혼자서 생각하면서 학습할 수 있고, 유기화학이 단순한 암기과목이 아니라 논리적인 학문임을 인식할 수 있도록 일관되게 집필하였다. 이를 위해서 기본 개념들을 간략하고 명확하게 정의하였다. 그리고 학습한 개념들을 종합적으로 사용하여 다양한 반응 결과를 논리적으로 추론할 수 있음을 보였고, 이전에 학습한 기본 개념을 다시 확인할 수 있도록 해당 위치를 표기하였으며, 기본 개념들 사이의 연계성 등을 일관성 있게 강조하였다. 경우에 따라서는 '동일한 내용 및 개념이 지루하게 반복'됨을 지적할 수도 있지만 필요하다면 개의치 않았다.

본 교재가 학생들이 유기화학을 자발적이고 효율적으로 학습하는 데 도움이 되고, 유기화학이 논리적인 학문임을 인식하며, 유기화학에 대한 지식과 관심을 증진시키는 데 작은 역할을 할 수 있기를 바란다.

오랜 작업 기간 동안 본문 내용은 물론이고 인쇄 과정의 오류를 줄이기 위해서 많은 노력을 하였다. 그럼에도 불구하고 미처 발견하지 못한 본문 및 그림에서의 오류(오자, 탈자 등), 모호한 내용 및 표현, 개선할 점 등이 분명히 있을 것이다. 아무리 사소한 내용이라도 자유아카데미 편집부(editor@freeaca.com)나 저자(dhlee@sogang.ac.kr)에게 알려주시면 더 없이 감사하겠다.

교재의 내용

- 본 교재는 총 23장으로 구성되었다. 1~2장에서는 일반화학 수준에서 유기화학의 기본이 되는 개념들을 소개하였다. 1장에서는 원자 구조, 화학 결합, Lewis 구조, 원자가 껍질 전자쌍 반발 이론, 원자가 결합 이론, 분자 궤도 함수 이론, 3차원 구조 그리기 등을 기술하였다. 2장에서는 산–염기 반응, 결합 해리 에너지(BDE), 화학 반응의 종류, 메커니즘 및 이와 관련한 용어, Hammond 가설, 반응 속도 등을 설명하였다. 여기에 탄소 양이온과 탄소 라디칼의 구조, 안정성, 안정성에 영향을 주는 요인 등을 추가하였으며, 화합물에서 산화수를 계산하는 방법도 설명하였다.

- 3~5장에서는 C—H, C=C, C≡C 결합이 참여하는 반응에 대하여 기술하였다. 3장에서는 사슬형 포화 탄화수소 및 고리형 탄화수소의 명명법, 성질, 무리 에너지, 이성질체, 반응 등을 소개하였다. 4장에서는 알켄(C=C)의 구조, 명명법, 성질, 합성법, 알켄에 특징적인 반응, 중합 반응, 유기 합성 등을 설명하였고, 5장에서는 4장과 동일한 방식으로 알카인(C≡C)을 기술하였다.

- 6장에서는 입체 화학에 대하여 알아보았다. 카이랄 탄소 및 카이랄 화합물, 광학 활성, 거울상 이성질체, 부분 입체 이성질체, 메소 화합물, 라셈체 분할, 카이랄 인식 등의 핵심 개념을 명확하게 정의하였고, 이와 관련한 다양한 내용들을 상세하게 다루었다.

- 7~10장에서는 할로젠화 알킬(7장), 알코올 및 싸이올(8장), 에터 및 설파이드(10장), 그리고 유기 금속 화합물(9장)에 대하여 기술하였다. 7장에서는 할로젠화 알킬의 명명법, 성질, 합성법보다는 할로젠화 알킬이 참여하는 네 종류의 반응(S_N2, E2, S_N1, E1)을 중심으로 내용을 전개하였다. 이어지는 8장(알코올 및 싸이올) 및 10장(에터, 옥시레인, 설파이드)에서는 7장에서 학습한 네 종류의 반응을 기초로 하는 다양한 반응들과 각 작용기에 특징적인 반응들을 추가적으로 제시하였고, 9장(유기 금속 화합물)에서는 할로젠화 알킬에서 유래하는 다양한 유기 금속 화합물과 그들의 반응성에 대하여 간단하게 알아보았다.

- 11~12장에서는 화합물의 구조에 대한 정보를 제공하는 다섯 가지 방법, 즉 수소 핵자기 공명 분광학(^{1}H NMR), 탄소 핵자기 공명 분광학(^{13}C NMR), 적외선 분광학, 자외선–가시광선 분광학, 질량 분광학에 대하여 실질적인 관점에서 기술하였다. 11장에서는 가장 중요한 수소 핵자기 공명 분광학(^{1}H NMR)의 기본 원리, 화학적 동등성, 화학적 이동, 피크의 적분값, 피크의 갈라짐, 고분해능 기기의 특성 등을 상세하게 설명하였다. 이러한 기본적인 정보를 바탕으로 탄소 핵자기 공명 분광학(^{13}C NMR)을 간략하게 언급하였고, 이어서 간단한 화합물의 예를 통해서 사용 빈도수가 증가하는 2차원 NMR의 해석법을 제한적으로 소개하였다. 12장에서는 결합의 진동과 연관되는 적외선(IR) 분광학, 전자의 전이와 관련되는 자외선–가시광선(UV–VIS) 분광학, 그리고 다양한 분야에서 응용성이 증가하는

질량(mass) 분광학에 대하여 상대적으로 간단히 언급하였다.

- 11장 및 그 이후의 ^1H NMR 스펙트럼은 웹(http://nmr.cheminfo.org)에서 가상적으로 생성된 스펙트럼을 사용하였다. 이와 관련한 보다 상세한 정보가 필요하면 아래의 자료들을 참고하기 바란다. (① https://doi.org/10.1002/mrc.4733 ② The C_6H_6 NMR repository: An integral solution to control the flow of your data from the magnet to the public. Patiny L, Zasso M, Kostro D, Bernal A, Castillo AM, Bolaños A, Asencio MA, Pellet N, Todd M, Schloerer N, Kuhn S. Magnetic Resonance in Chemistry. 2017. ③ Andrés M. Castillo, Luc Patiny and Julien Wist. Fast and Accurate Algorithm for the Simulation of NMR spectra of Large Spin Systems. Journal of Magnetic Resonance. 2011. ④ http://www.chemcalc.org)

- 11장 및 이후의 ^{13}C NMR 스펙트럼, 12장 및 이후의 IR 스펙트럼 및 질량 스펙트럼은 Spectral Data Base System for Organic Compounds(SDBS), National Metrology Institute of Japan(NMIJ), National Institute of Advanced Industrial Science and Technology에서 제공하는 자료를 이용하여 재구성하였다.

- 13~15장에서는 방향족 화합물과 관련한 내용들을 종합적으로 기술하였다. 13장에서는 콘쥬게이션의 개념을 도입하였고, 이를 이용하여 알릴 유도체, 뷰타-1,3-다이엔, 디엘스-알더 반응 및 케텐 등을 소개하였다. 14장에서는 벤젠을 중심으로 벤젠 유도체의 명명법, 구조, 공명 에너지 및 방향족성에 대하여 설명하였고, 개념적으로 동일한 헤테로고리 방향족 화합물에 대해서도 알아보았다. 15장에서는 벤젠의 반응에 대하여 대부분을 할애하였다. 우선 가장 대표적인 친전자성 방향족 치환 반응에서 반응 메커니즘, 반응의 종류, 치환체에 의존적인 반응성 및 선택성 등을 논리적으로 기술하였다. 이 외에도 친핵성 방향족 치환 반응, 벤자인 반응 및 벤질 탄소의 반응을 추가하였다.

- 16장에서는 알데하이드 및 케톤의 카보닐 작용기에 대하여 기술하였다. 우선 알데하이드 및 케톤의 구조, 명명법, 물리적 성질, 합성법을 소개하였고, 대표적인 반응인 친핵성 첨가 반응에 대한 상세한 설명을 하였다. 물, 알코올, 아민의 친핵체 첨가 반응은 비록 생성물은 다르지만 개념적으로 반응 경로를 서로 공유함을 강조하였고, 알데하이드 및 케톤에만 적용되는 탄소 음이온 첨가 반응, 산화–환원 반응 등을 추가하였으며, 구조 분석 및 유기 합성과 관련해서도 언급을 하였다.

- 17장의 카복실산에서는 카복실산의 구조, 명명법, 물리적 성질, 산성도, 합성법 등을 소개하였고, 18장의 카복실산 유도체에서는 구조, 명명법 및 물리적 성질과 함께 대표적인 친

핵성 아실 치환 반응을 상세하게 비교 설명하였다. 이 경우에도 알데하이드 및 케톤의 친핵체 첨가 반응처럼 다양한 카복실산 유도체와 다양한 친핵체가 참여하는 친핵성 아실 치환 반응에서 메커니즘의 공통점이 있음을 강조하였다. 카복실산 유도체에만 해당되는 유기 금속 화합물 첨가 반응, 환원 반응, 중합 반응을 추가하였으며, 나이트릴 화합물의 화학에 대해서도 간략하게 기술하였다.

- 19장에서는 16~18장에서 공통적으로 등장하는 카보닐 작용기에서 α-탄소의 반응에 대하여 기술하였다. 우선 엔올 및 엔올 음이온, 생성 메커니즘, 산성도, 반응성을 기술하였고, 엔올 및 엔올 음이온을 중간체로 갖는 라셈화 반응, 할로젠화 반응, 알킬화 반응 등의 반응을 소개하였다. 카보닐 α-탄소가 참여하는 대표적인 반응으로 알돌 반응, 클라이젠 축합 반응, 1,4-첨가 반응 등을 상세하게 기술하였고, 엔아민 및 유기 합성과 관련한 내용들을 추가하였다.

- 20장에서는 아민에 대하여 기술하였다. 아민의 구조, 명명법, 성질, 염기성, 다양한 합성법 등을 간략하게 소개한 후, 아릴 아민의 친전자성 방향족 치환 반응과 아릴 나이트로소늄 양이온 중간체를 이용한 다양한 치환체의 도입에 대하여 많은 부분을 할애하였다.

- 21~23장에서는 생고분자 물질인 탄수화물, 단백질, 지질에 대하여 간략하게 기술하였다. 21장 탄수화물에서는 단당류, 이당류, 다당류의 종류와 기본적인 반응을 소개하였고, 22장 단백질에서는 아미노산, 펩타이드, 단백질, 효소로 구분하여 설명하였다. 23장 지질에서는 다양한 종류의 지질 중에서 왁스, 지방, 인산 지질, 에이코사노이드, 테르펜만을 선별하여 설명하였다.

내용의 전개

- 각 장에서 새로운 작용기를 소개할 때 작용기의 기본 구조 및 특징, 명명법, 물리적 성질, 합성법 등의 구성을 일관되게 유지하면서 다양한 작용기들의 차이점과 공통점을 쉽게 비교할 수 있게 구성하였다.

- 새로운 개념을 소개할 때에는 명확하고 충분하게 설명하고자 노력하였다. 이후에 동일한 개념이 반복되는 경우에는 개념의 정의를 반복하거나 개념이 소개된 부분을 특정함으로써 새로운 개념을 분명하게 이해하도록 하였다.

- 새로운 반응을 설명할 때에는 반응의 적용 범위, 반응 조건, 반응 시약 등의 기본적인 정보를 먼저 제시함으로써 학습 목표를 분명히 제시하였다. 이어서 반응 메커니즘을 소개하였는데, 반응 메커니즘의 단순한 제시와 설명보다는 기존의 어떤 개념이 적용되었는가, 반응이 어떠한 이유로 이렇게 진행되는가, 기존의 반응 메커니즘과 유사성이 있는가 등을 서술하는 데 많은 노력을 기울였다.

- 장(chapter)의 말미에는 각 장의 내용을 전체적으로 정리한 '요약'을 추가하였다. 여기에서는 작용기의 기본 구조 및 특징, 명명법, 물리적 성질, 합성법 등의 기본적인 내용은 비교적 간단하게 다루었다. 그 대신에 새로운 반응의 종류, 반응 조건, 기존 반응 및 새로운 반응들과의 유사성 및 차이점, 기존 및 새로운 메커니즘과의 유사성 및 차이점 등을 중심으로 기술하였다. 그리고 이러한 정보를 단순하게 나열하기보다는 서로 간의 연관성을 찾을 수 있도록 끊임없이 정보를 제공하였다.

- 각 장의 마지막(21~23장 제외)은 연습 문제로 마무리하였다. 생성물을 예측하는 문제에서는 본문에서 언급한 반응들이 한 개 이상 포함되도록 하였고, 본문의 내용을 이해한다는 가정 하에서 이것을 응용할 수 있는 문제들을 출제함으로써 다양한 각도에서 기본적인 학습 효과를 확인하도록 하였다(연습 문제 답안을 모두 제공).

- 본문 내용 중에서 보충 설명이 필요한 경우에 본문의 좌우 공간에 설명을 추가하였다.

- 찾아보기는 한글을 기준으로 하여 정리하였다. 교재에서 사용한 기본적인 용어, 핵심 개념, 화합물명, 반응, 메커니즘 등의 정보를 모두 포함하기 때문에 교재의 학습 내용을 체계적으로 정리하는 데 도움이 될 것이다.

- 영문 용어는 대한화학회 홈페이지(http://new.kcsnet.or.kr/cheminfo, 2020년 4월 18일 기준)에 공식적으로 게재되어 있는 한글 용어를 사용하였다. 영문 용어가 없는 경우에는 다양한 자료를 참고하여 그 내용에 적합하도록 창작하였고, 교재 전체에 걸쳐서 용어 및 어휘

의 통일성을 유지하도록 노력하였다.

- 화합물명은 명명법의 원칙을 표현하기 위하여 IUPAC 및 관용명을 모두 영어로 표기하였다. 그러나 알켄, 알카인, 알코올 등 작용기를 나타내는 일반명은 가능한 한글로 표기하였다.
- 인명과 반응 시약 등은 가능한 영문으로 표기하였다.

교재의 활용

사상누각(沙上樓閣)은 '모래 위에 세워진 누각(다락 집)'으로, "기초가 튼튼하지 못하면 곧 무너질 수 있음"을 의미하는 사자성어이다. 100층 건물을 짓기 위해서는 깊게 땅을 파서 기초를 충분히 다져야 하는 것처럼 유기화학에서 기본 개념 및 용어 등을 정확하게 이해하는 것은 유기화학을 학습하기 위한 첫걸음이다.

유기화학의 개념 및 용어가 정리되어 있는 공간이 있다고 가정하자. 이 공간은 새로운 개념 및 용어를 추가할 수 있고, 수정할 수도 있으며, 경우에 따라서는 제거할 수도 있는 등 모든 기본 정보를 갖고 있는 가장 중요한 공간이다. 과학자들은 이 공간에서 필요한 개념 및 용어들을 선별적으로 가져오고, 이들을 논리적으로 나열함으로써 완벽하지는 않지만 합리적으로 실험 결과를 설명해왔다.

예를 들어 보자. 교재에서 "공명 혼성은 어떠한 공명 구조보다 열역학적으로 더 안정하다."를 설명할 때 '공명 혼성의 정의, 공명 구조의 정의, 전자의 비편재화, 전자 밀도, 전자 사이의 반발력, 열역학적 안정성'이라는 개념 및 용어를 순차적으로 사용하였다. 그리고 "케톤 및 1,3-다이케톤에서 α-H의 pK_a 값은 18 및 9이다."를 설명할 때에는 '전자의 비편재화, 전자 밀도, 전자 사이의 반발력, 열역학적 안정성'이라는 개념 및 용어를 차례로 사용하였다. 이처럼 겉으로 무관한 두 가지 현상을 설명하는 데 동일한 여러 가지의 개념을 중복하여 사용하였는데, 이것은 각각의 개념을 분명하게 알지 못하면 불가능한 일이다.

유기화학에서는 어떤 실험적인 현상을 수학 및 물리 분야에서 요구하는 수준만큼 설명하지 못한다. 그 주된 이유는 유기화학에서 취급하는 계(system)가 매우 복잡하기 때문이다. 그럼에도 불구하고 유기화학자들은 실험적인 사실들을 논리적으로 설명하기 위한 다양한 방법을 개발해서 사용해왔다. 중요한 것은 실험 결과는 사실(fact)이고, 과학자들은 이러한 사실을 합리적으로 설명하는 도구를 개발하였지만 완벽하지 않다는 것이다. 따라서 통상적인 추론에 배치되는 실험적인 사실(fact)이 있다는 것은 실험 결과가 잘못된 것이 아니라 매우 자연스러운 일이다.

효과적인 학습을 원하는 학생들에게

- 본문을 학습하기 이전에 해당 장(chapter)을 한 장씩 넘겨 가면서 소제목, 그림 및 표의 제목만을 편안하게 쭉 읽는 습관을 갖자. 이를 통하여 학습 주제가 무엇인지, 어떤 개념을 소개하는지, 관련 용어가 무엇인지에 대한 정보를 미리 얻음으로써 학습 능률을 크게 향상시킬 수 있다.

- 새로운 용어 및 개념을 학습할 때에는 한 글자씩 신경을 쓰면서 시간을 들여서라도 확실하게 이해한다. 새로운 용어 및 개념을 확실하게 이해하지 않으면 여기에서 파생되는 모든 추론들을 정확하게 이해할 수 없고, 이것이 반복되면 유기화학은 무조건 외어야만 하는 과목이 되기 때문이다.

- 반응보다는 반응 메커니즘을 논리적으로 이해하는 것이 더 중요하다. 반응 메커니즘은 운동의 기초 체력과 비슷해서 처음에는 이해하는 데 많은 시간이 필요하다. 그러나 이것이 축적되면 새로운 반응 메커니즘을 쉽게 이해할 수 있고 더 나아가 합리적인 반응 메커니즘을 제시할 수도 있다. 유기화학이 단순한 암기과목인가 또는 논리적인 학문인가의 결과는 바로 여기에서 결정된다. 이것은 2+1=3, 4+2=6, 1+3=4라는 세 가지 덧셈을 학습하였을 때, 덧셈의 원리를 이해한 학생은 5+2=7임을 알 수 있지만 단순하게 암기한 학생은 5+2를 배우지 않았기 때문에 모르는 것과 같다.

- 유기화학에서는 작용기, 반응 등의 많은 부분을 그림으로 압축해서 표현한다. 따라서 화합물의 구조를 명확하고 간결하게 입체적으로 그리는 것이 매우 중요한데, 만약 이러한 소질이 없다면 저자의 경우처럼 부단한 연습을 통해서 극복하면 된다.

- 유기 화합물은 3차원 공간에 존재한다. 그러나 지금의 기술로는 인쇄물 또는 모니터 등의 2차원 기기에서 3차원 구조를 완벽하게 표현할 수 없기 때문에 유기 화학자들은 쐐기 구조, 뉴만 투영도 등의 다양한 3차원 표현 기법을 개발하여 사용해왔다. 3차원 구조를 이해하는 데 가장 좋은 방법은 분자 모델을 구입하고, 이를 이용하여 특정 분자를 만든 후, 분자를 직접 눈으로 관찰하는 것이다. 차선책으로는 웹 검색을 통해서 정보를 얻을 수 있는데, 이것도 3차원 구조를 2차원에서 표현하기 때문에 기본적인 한계를 벗어나지는 못한다.

- 인쇄물을 사용할 때에는 연관되는 부분을 여러 장 동시에 펼치고, 컴퓨터를 사용할 때에는 연관되는 부분을 여러 장 동시에 띄운 후, 각각의 반응 및 메커니즘의 공통점과 차이점을 전체적으로 한 눈에 확인하기 바란다. 이것은 공통점과 차이점을 비교하는 데 매우 효율적인 방법이다.

- 문제를 풀기보다는 본문의 내용을 이해하는 데 더 많은 시간을 투자하기 바란다. 본문의 내용을 충분히 이해한다면 예제 및 연습 문제를 해결할 수 있는 가능성이 크기 때문이다. 그리고 본문을 여러 번 읽기보다는 처음 읽을 때 충분한 시간을 투자하여 새로운 개념 및 용어를 확실하게 이해하는 것이 훨씬 더 중요하다. 그 이유는 새로운 개념 및 용어가 어렴풋하게 각인이 되면 나중에 수정하기가 훨씬 더 힘들기 때문이다. 이렇게 학습을 하면 두 번째 읽는 시간은 훨씬 줄어들고, 전체적인 내용을 파악하는 능력이 개선되고 있음을 깨닫게 될 것이다.

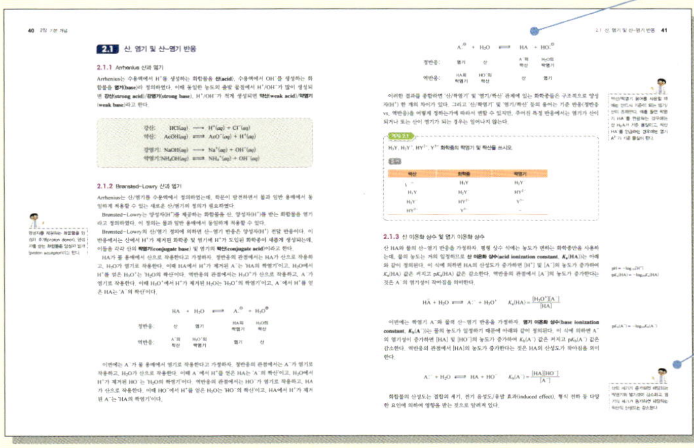

교육 현장에 적합한 내용 구성

유기화학의 필수적인 내용을 엄선하여 챕터를 구분하고, 내용 이해에 초점을 맞출 수 있도록 심플하게 구성하였다.

충분한 보충 설명

본문 내용의 이해를 도울 수 있도록 간단한 보충 설명을 추가하였다.

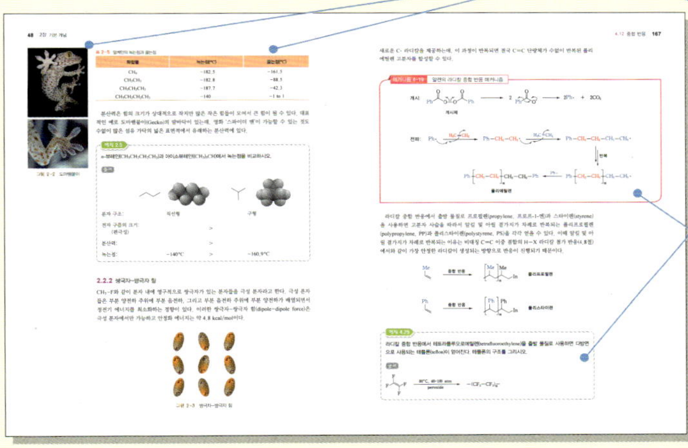

다양한 자료 제시

다양한 그림, 표, 수식 등을 활용하여 학습자의 이해를 도와준다.

풍부한 메커니즘과 예제

한 눈에 볼 수 있는 메커니즘과 학습한 내용을 바로바로 확인할 수 있는 예제를 풍부하게 제공하였다.

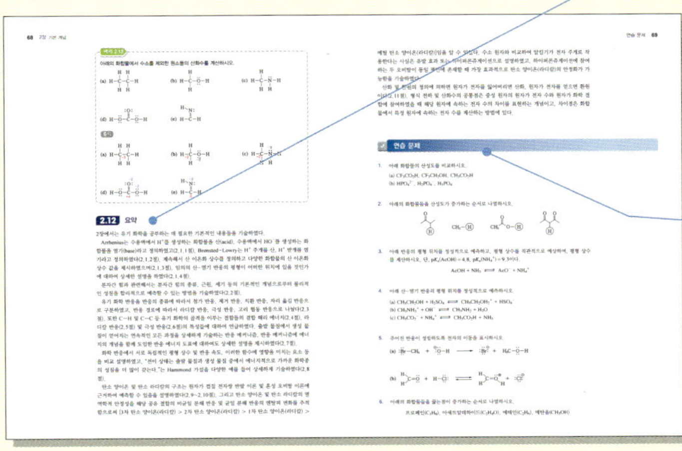

장별 요약

각 장의 끝에는 장의 내용을 전체적으로 정리할 수 있도록 요약 정리를 제시하였다.

연습 문제

다양한 유형의 문제를 풀어봄으로써 배운 내용을 확인할 수 있게 하였다.

강의하는 교수님들께

- 이 교재는 저자가 학교에 부임한 이후로 유기화학을 강의할 때 사용하는 교재를 기초로 해서 두 학기용으로 집필하였다.

- 강의하시는 분에 따라서 강의에 대한 생각, 강의하는 방법 등이 다르기 때문에 수업의 구성 및 진행 등의 상세한 내용은 자유롭게 하시면 된다. 다만, 강의하기 전에 이 교재가 학생들이 혼자서 공부할 수 있도록 집필되었고, 몇 가지의 기초적인 개념을 이용하여 실험 결과를 설명하는 방식이 처음부터 끝까지 반복된다는 점을 언급해 주기를 부탁드린다.

- 효율적인 강의를 위해서 강의하시는 분들께 강의 자료(ppt)를 제공하니 잘 활용하기 바란다. 강의 자료의 원본은 수업 시간에 그대로 활용해도 충분할 정도로 시간을 투자하여 제작하였고, 강의하시는 분에 따라서 호불호가 갈릴 수 있기 때문에 강의 자료의 내용을 쉽게 수정할 수 있도록 고려하였다.

- 교재 및 강의 자료를 사용하면서 발견하는 오류, 모호한 내용 및 표현, 개선할 점, 유용한 정보의 제안 등이 있으시면 사소한 내용이라도 자유아카데미 편집부(editor@freeaca.com)나 저자(dhlee@sogang.ac.kr)에게 알려주길 부탁드린다.

꽉 찬 구성의 강의용 PPT

PPT 형식으로 제작된 강의자료를 제공하여 수업 준비 시간을 줄여주고 쉽고 편리하게 강의할 수 있도록 도와준다.

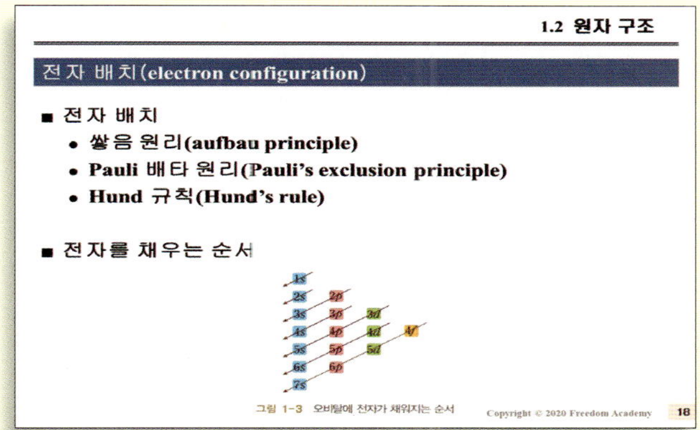

확장된 자료 제공

본문 내용과 관련하여 이해가 필요한 부분이나 연계하여 학습할 수 있는 부분에 **동영상 또는 이미지 링크** 자료를 제공하였다.

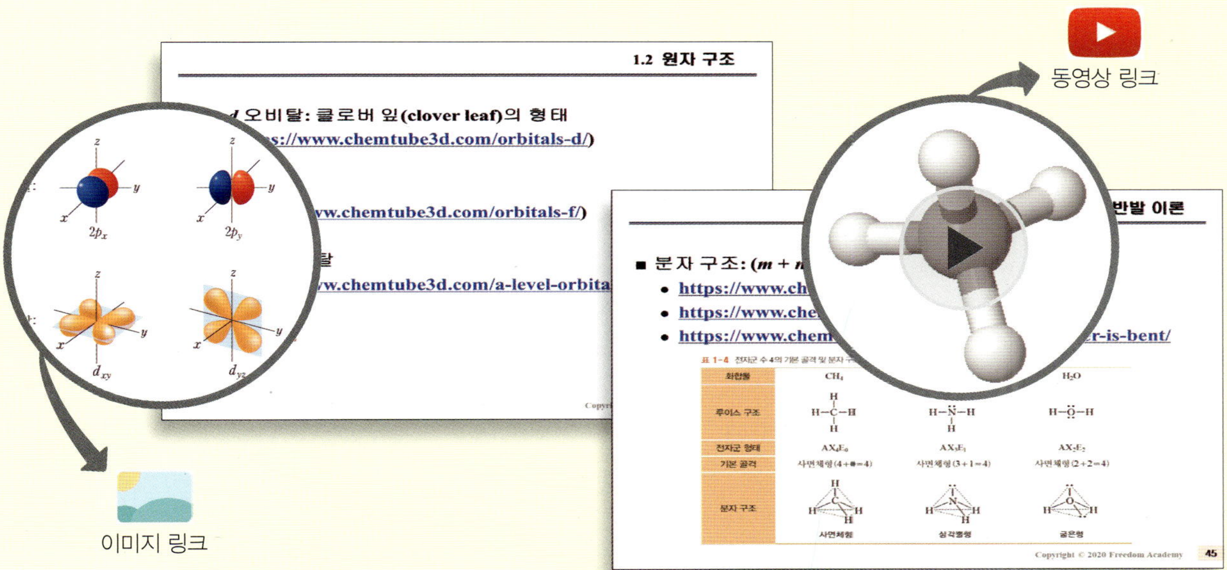

강의용 추가 문제 제공

교재에 수록된 문제 외에 추가 문제를 제시하여 활용할 수 있도록 하였다.

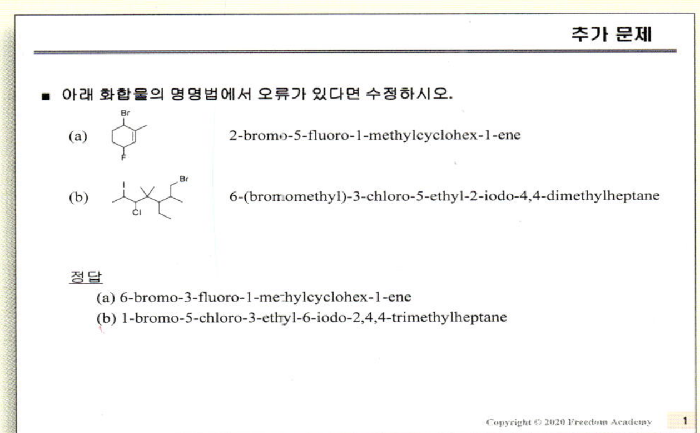

감사의 말씀

교재를 출간하도록 지원해 주신 자유아카데미 관계자 분들과 교정을 도와준 편유미, 최은경, 조수인 학생에게 깊은 감사를 드린다. 그리고 한결같이 저자를 응원하는 가족에게도 고마운 마음을 전한다.

차례

1장 구조 및 화학 결합

2장 기본 개념

3장 포화 탄화수소

차례

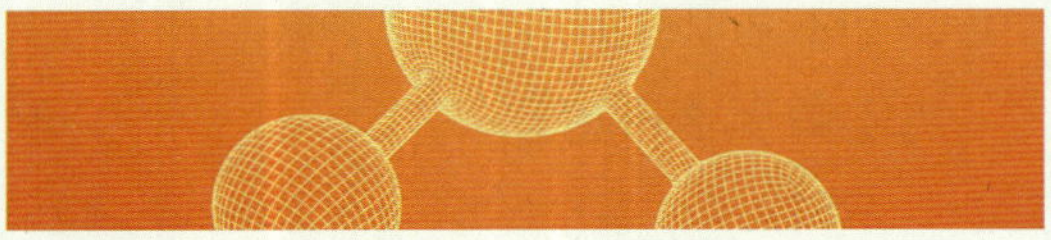

4장 알켄

5장 알카인

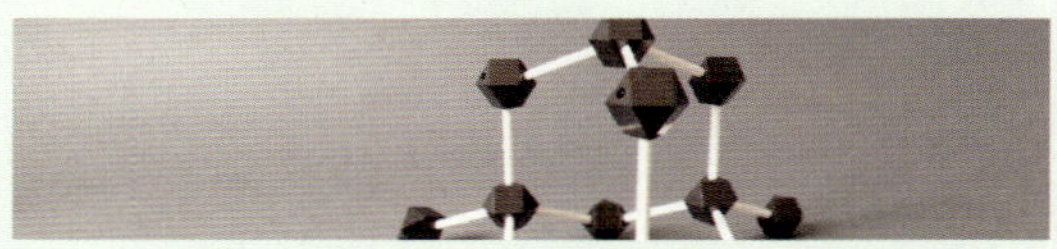

6장 입체 화학

7장 할로젠화 알킬

8장 알코올 및 싸이올

차례

9장 유기 금속 화합물

10장 에터, 옥시레인 및 설파이드

11장 핵자기 공명 분광학

12장 적외선 분광학, 자외선-가시광선 분광학 및 질량 분광학

13장 콘쥬게이션 계

14장 아렌 및 방향족성

15장 아렌의 반응

차례

16장 알데하이드 및 케톤

17장 카복실산

18장 카복실산 유도체 및 나이트릴

19장 카보닐 α-탄소 치환 반응 및 축합 반응

20장 아민

차례

21장 탄수화물

22장 아미노산, 펩타이드, 단백질

23장 지질

1장

구조 및 화학 결합

1.1 서론

유기 화합물(compound)은 우리의 일상생활과 매우 밀접한 관계에 있다. 생활의 편리함을 더해 주는 다양한 종류의 소재(탄소 섬유, PVC 등), 병의 진단 및 치료에 사용되는 진단 시약 및 의약품, 디스플레이 산업의 핵심 물질인 유기 발광 소자(OLED), 신재생 에너지와 관련한 유기 태양 전지의 핵심 소자 등이 모두 유기 물질들이다.

유기 물질은 생명체에서도 매우 중요한 역할을 한다. 모발, 피부, 근육을 이루는 단백질, 유전 정보가 저장된 DNA, 세포의 이중막, 주 에너지원으로 사용되는 탄수화물, 에너지 저장 물질인 지방 및 글리코젠 등이 모두 유기 물질이다. 모든 생명체는 영양분을 섭취하고 대사작용을 함으로써 생명 유지에 필요한 에너지를 얻고, 이 과정에서 생성되는 유기 물질을 출발 물질로 하여 생명체에 필요한 새로운 물질을 합성하기도 한다. 이러한 과정들은 모두 유기 화학 반응이기 때문에 유기 화학을 공부하면 생체 내에서 일어나는 많은 반응을 근본적으로 이해할 수 있다.

이처럼 유기 화학은 기초 학문의 성격과 응용성을 동시에 갖는 학문으로서, 일반적으로 탄소를 중심으로 연구하는 분야이다. 탄소는 14족 원소로서 네 개의 공유 결합을 하고, 탄소 원자는 물론이고 다른 원자와도 다양한 형태의 공유 결합이 가능하며, 고리 화합물도 쉽게 형성할 수 있어서 이론적으로 합성이 가능한 유기 화합물의 숫자는 무한대라고 할 수 있다.

1장에서는 분자의 구조 및 화학 결합을 중심으로 유기 화학의 기본적인 개념을 소개하기로 한다. 이론적으로 물질의 3차원 구조는 그 물질의 성질과 직접 연관되기 때문에, 물질을 구성하는 원자의 종류와 그 원자의 결합 및 3차원 배열에 대한 정보를 얻는 것은 매우 중요하다. 이러한 정보들을 축적하면 원하는 성질을 갖는 물질의 구조를 이론적으로 예측할 수 있고, 이러한 물질들을 합성하여 실생활에 적용하는 것이 가능할 것이다.

1.2 원자 구조

1.2.1 원자의 구성

원자(**atom**)는 **핵**(**nucleus**)과 **전자**(**electron**)로 구성된다.

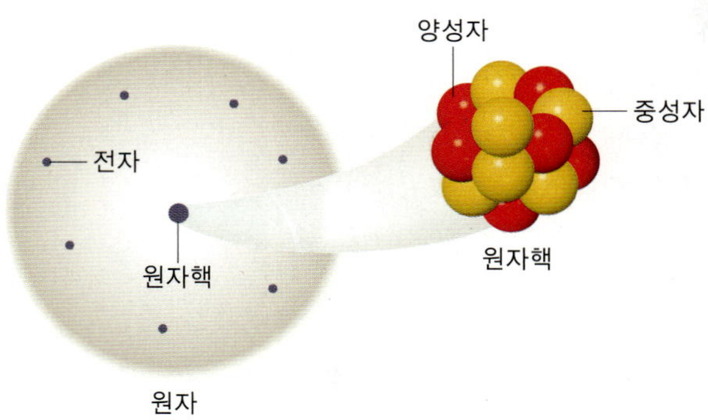

그림 1-1 원자의 구성

원자핵은 원자의 중심에 위치하고, 원자의 아주 작은 부분을 차지하며, **중성자**(**neutron**)와 **양성자**(**proton**)로 이루어져 있다. 중성자는 전기적으로 중성이고 양성자는 양전하를 띠기 때문에 원자핵은 전기적으로 양전하를 갖는다.

전자는 양성자와 절댓값은 같지만 부호가 반대인 음전하를 띤 입자이다. 전기적으로 중성인 원자에서는 원자핵의 양성자와 동일한 수의 전자가 원자핵 주위에 분포한다. 화학 반응에서 원자들은 전자를 얻거나 잃어서 원자에 속한 전자 수가 변할 수 있지만 양성자 수는 일정하게 유지되기 때문에, 원자를 구분하는 기준으로 양성자 수(**원자 번호**, **atomic number**)를 사용한다. 그리고 양성자와 중성자는 질량이 비슷하고, 전자의 질량은 양성자와 중성자에 비해 매우 작기 때문에 원자의 **질량수**(**mass number**)는 양성자 수와 중성자 수의 합으로 표시한다.

동일한 **원소**(**element**)의 원자들은 모두 같은 수의 양성자를 갖는다. 그러나 중성자 수에는 차이가 있어서 질량수가 다를 수 있는데 이러한 원소들을 **동위 원소**(**isotope**)라고 한다. 예를 들면, 탄소는 ^{12}C와 ^{13}C, 수소는 ^{1}H, ^{2}D 및 ^{3}T 등의 동위 원소가 존재한다.

^{12}C 및 ^{13}C 탄소 원자의 질량은 각각 12.00000 u와 13.00335 u이고, 자연계에서 $^{12}C : {}^{13}C = 98.892 : 1.108$의 비율로 존재한다. 이 비율은 탄소를 포함하는 모든 물질에서 동일하게 적용되기 때문에 주기율표에는 특정 원소의 질량 대신에 **가중 평균 질량**(**weighted average mass**) 값으로 표기한다. 탄소의 경우에 이 값은 12.011 u이다.

예제 1.1

탄소 원자의 가중 평균 질량을 계산하시오.

풀이

가중 평균 질량 $= (12.00000\ \text{u} \times 0.98892) + (13.00335\ \text{u} \times 0.01108) = 12.011\ \text{u}$

1.2.2 원자 오비탈

고전 물리학(classical physics)은 에너지의 연속성을 기반으로 많은 물리적 현상들을 성공적으로 설명해 왔으나 19세기 후반에서 20세기 초반 사이에 관측된 흑체 복사(black body radiation), 선 스펙트럼(line spectrum), 광전 효과(photoelectric effect) 등의 현상들에 대해서는 해결책을 제시하지 못하였다. 반면에 에너지의 불연속성을 기반으로 하는 **양자론**(**quantum theory**)은 이러한 현상들을 합리적으로 설명할 수 있었는데, 이것을 기점으로 하여 양자론은 비약적으로 발전하였다.

양자론은 상당히 복잡한 수식을 포함하기 때문에 교재에서는 그 과정을 생략하고 결과만을 중심으로 설명할 것이다.

양자론은 **슈뢰딩거 방정식**(**Schrodinger equation**)에서 시작한다. Schrodinger 방정식은 계(system)의 모든 정보를 포함하는 복잡한 미분 방정식으로서, 이 식을 원자에 적용하면 **원자 오비탈**(**atomic orbital**), 분자에 적용하면 **분자 오비탈**(**molecular orbital**)을 얻을 수 있다. 그리고 오비탈(ψ, 'psi'로 발음)은 그 자체로는 의미가 없으나 오비탈의 제곱($|\psi|^2$)은 특정한 지점에서 전자를 발견할 확률이기 때문에 매우 중요한 의미가 있다.

Schrodinger 방정식을 푸는 과정에서 세 종류의 양자수가 생긴다. 일반적으로 **주양자수**(**principal quantum number**, $n = 1, 2, 3 \cdots$)는 오비탈의 에너지와 크기, **방위 양자수**(**orbital quantum number**, $l = 0(s), 1(p), 2(d), 3(f) \cdots (n-1)$)는 오비탈의 모양, **자기 양자수**(**magnetic quantum number**, $m = -l, -(l-1), \cdots 0, \cdots, +(l-1), +l$)는 오비탈의 3차원 방향과 밀접하게 연관된다.

l, m 값과 무관하게 n 값이 같은 오비탈을 **주껍질**(**principal shell**), n 및 l 값이 모두 같은 오비탈들은 **부껍질**(**subshell**)이라고 한다. 이때 양자수 n, l, m 값은 임의의 값을 갖지 못하고 특정하게 제한된 값들만 가능하기 때문에 특정한 주껍질 및 부껍질에서 수용할 수 있는 전자의 수는 제한적이다.

표 1-1 양자수, 전자 껍질 및 수용 가능한 전자 수

전자 껍질	첫 번째 껍질	두 번째 껍질		세 번째 껍질		
n	1	2		3		
l	0	0	1	0	1	2
m	0	0	$-1, 0, 1$	0	$-1, 0, 1$	$-2, -1, 0, 1, 2$
오비탈	1s	2s	2p	3s	3p	3d
수용 가능 전자 수	2	8		18		

원자에서 전자를 발견할 확률이 같은 점을 연결하였을 때 생기는 면을 **등확률면(surface of equal probability)**이라고 한다. 이는 수학적으로 $|\psi|^2$ 값이 동일한 점들로 이루어진 표면으로서 s 오비탈은 구(sphere) 형태, p 오비탈은 아령(dumbbell) 형태, d 오비탈은 클로버 잎의 형태를 갖는다. l 값에 따라서는 전자를 발견할 확률이 $0(|\psi|^2=0)$인 등확률면도 존재하는데, 이러한 면을 **마디(node)**라고 한다.

오비탈은 일반적으로 특정 등확률면과 그 내부에서 전자를 발견할 확률이 약 95%가 되도록 크기를 조절한다. 일반적으로 n 값이 같은 경우에는 l 값이 클수록 오비탈의 크기가 증가한다 $(ns < np < nd)$.

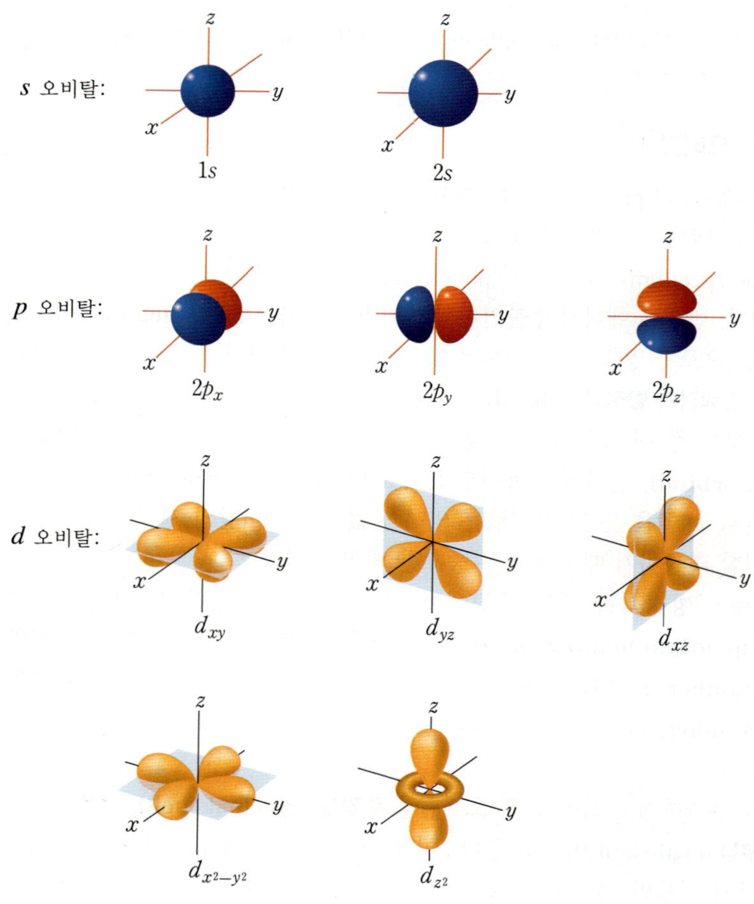

그림 1-2 오비탈의 종류, 모양 및 3차원 배열

1.2.3 전자 배치

전자 배치(electron configuration)는 원자에서 전자가 어떻게 분포하는가를 표현하는 방법으로, 일반적으로 **쌓음 원리(aufbau principle)**, **Pauli 배타 원리(Pauli's exclusion principle)**, 그리고 **Hund 규칙(Hund's rule)**을 따른다.

질량수(=양성자 수+중성자 수)
↓
$^{4}_{2}$He
↑
원자 번호(=양성자 수)

쌓음 원리는 원자 번호 $(N-1)$인 원자에 양성자 한 개, 전자 한 개, 그리고 질량수에 필요한 만큼의 중성자를 더하여 원자 번호 N인 원자를 합성한다는 개념이다. 예를 들면 $^{1}_{1}$H 원자에 양성자 한 개, 전자 한 개, 중성자 두 개를 추가하여 $^{4}_{2}$He을 만들고, $^{4}_{2}$He 원자에 양성자 한 개, 전자 한 개, 중성자 두 개를 추가하여 $^{7}_{3}$Li을 생성한다는 것이다.

$$^{1}_{1}\text{H} \xrightarrow[\text{전자 1개, 중성자 2개}]{\text{양성자 1개}} {}^{4}_{2}\text{He} \xrightarrow[\text{전자 1개, 중성자 2개}]{\text{양성자 1개}} {}^{7}_{3}\text{Li}$$

Pauli 배타 원리는 "특정 원자에서 네 개의 양자수(n, l, m, s)가 모두 같은 전자는 없다."는 것이다. 이것은 n, l, m에 의하여 오비탈 하나가 지정되고, 전자의 스핀 양자수(s)는 $+\frac{1}{2}$과 $-\frac{1}{2}$만 가능하므로, 이 원리는 "오비탈은 최대 두 개의 전자를 수용할 수 있고, 이때 전자쌍은 반드시 반대의 스핀을 갖는다."는 것을 의미한다.

Hund 규칙은 "미분화 준위(degenerate level) 오비탈이 있는 경우에는 가능하면 홀전자 수가 많고, 홀전자의 스핀 방향이 같도록 배열한다."는 것이다.

마지막으로 원자는 열역학적으로 가장 안정한 바닥 상태에 있으려 한다. 따라서 전자는 수용 가능한 오비탈 중에서 에너지가 가장 낮은 오비탈을 먼저 채우게 되는데, 전자가 오비탈을 채우는 순서는 아래와 같다.

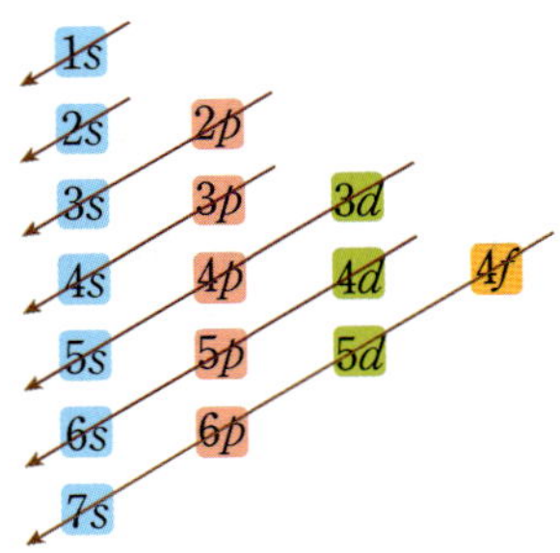

그림 1-3 오비탈에 전자가 채워지는 순서

이 모든 원리를 적용하면 원자의 전자 배치는 다음과 같이 나타낼 수 있다.

$_{1}$H : $1s^1$
$_{2}$He : $1s^2$
$_{3}$Li : $1s^22s^1$
$_{7}$N : $1s^22s^22p^3(1s^22s^22p_x{}^12p_y{}^12p_z{}^1)$
$_{10}$Ne : $1s^22s^22p^6(1s^22s^22p_x{}^22p_y{}^22p_z{}^2)$
$_{17}$Cl : $1s^22s^22p^63s^23p^5(1s^22s^22p^63s^23p_x{}^23p_y{}^23p_z{}^1)$
$_{32}$Ge : $1s^22s^22p^63s^23p^64s^23d^{10}4p^2(1s^22s^22p^63s^23p^64s^23d^{10}4p_x{}^14p_y{}^1)$

원자에서 주양자수가 가장 큰 오비탈을 **원자가 껍질(valence shell)**, 원자가 껍질을 채우는 전자를 **원자가 전자(valence electron)**, 원자가 껍질 안쪽의 오비탈에 있는 전자를 **핵심부 전자(core**

electron)라고 한다. 예를 들면, ${}_{32}$Ge의 경우에는 $n=1$, 2, 3, 4인 오비탈에 전자가 존재하는데 $n=4$인 오비탈은 원자가 껍질이고, 이 오비탈에 있는 전자가 원자가 전자이며, $n=1$, 2, 3인 오비탈을 채우는 전자들은 모두 핵심부 전자이다. ${}_{10}$Ne 및 ${}_{17}$Cl에서는 $n=2$ 및 $n=3$인 오비탈이 각각 원자가 껍질이다.

1.3 화학 결합

화학 결합(chemical bond)은 화합물을 구성하는 원자 또는 이온들 사이에 작용하는 인력과 반발력의 균형에 의하여 생성된다. 열역학적인 관점에서 화학 결합은 원자들이 독립된 형태로 존재하는 것보다 화학 결합을 형성해서 더 안정해지는 경우에 생성될 수 있다. 즉, 화학 결합이 생기면 외부로 에너지가 방출되고(발열 반응), 그 반대로 화학 결합을 깨기 위해서는 최소한 방출된 만큼의 에너지를 외부에서 공급해야 한다(흡열 반응).

$$\text{A} + \text{B} \longrightarrow \text{A}-\text{B} + \text{에너지 (결합의 생성: 발열 반응)}$$
$$\text{A}-\text{B} + \text{에너지} \longrightarrow \text{A} + \text{B} \text{ (결합의 파괴: 흡열 반응)}$$

화학 결합은 **금속 결합**(**metallic bond**), **이온 결합**(**ionic bond**), **공유 결합**(**covalent bond**), **배위 공유 결합**(**coordinate covalent bond**) 등으로 구분한다. 결합의 종류가 중요한 이유는 어떤 종류의 화학 결합을 하는가에 따라서 화합물의 성질이 크게 좌우되기 때문이다.

금속 결합은 금속 원자들 사이에 작용하는 결합으로서 전자 바다 모델(electron sea model)로 설명할 수 있다. 그러나 금속 결합은 유기 화학의 범주와는 조금 거리가 있어서 교재에서는 자세한 설명은 생략한다.

이온 결합은 한 원자에서 다른 원자로 전자가 완전히 이동함으로써 양이온과 음이온이 형성된 후, 이들 이온 사이의 정전기적 인력에 의하여 생성되는 결합이다. 이온 결합은 일반적으로 금속 원자와 비금속 원자 사이에서 일어나며 NaCl, KBr, MgO, Li_2O 등이 있다.

공유 결합은 두 원자가 전자를 한 개, 두 개 또는 세 개씩 각각 제공하여 결과적으로 전자쌍 한 개(단일 결합), 두 개(이중 결합), 세 개(삼중 결합)를 서로 공유함으로써 생성되는 결합이다. 공유 결합은 H_2, CH_4, NH_3, H_2O 등 주로 비금속 원자 사이에서 생기는데, 두 원자가 공유하는 전자쌍을 **결합 전자쌍**(**bonding pair**), 한 원자에게만 속하는 전자쌍을 **비결합 전자쌍**(**nonbonding pair**) 또는 **고립 전자쌍**(**lone pair**)이라고 한다.

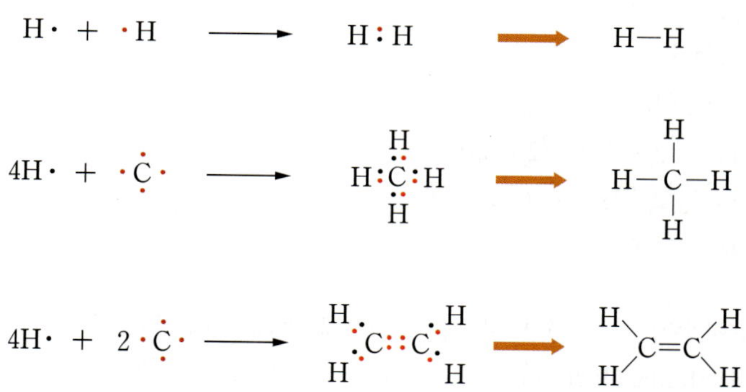

공유 결합은 두 원자가 같은 수의 전자를 제공하여 생성되는데, 배위 공유 결합은 한 원자에서 두 개의 전자를 모두 제공하고 다른 원자는 두 개의 전자를 받아서 생성되는 결합이다. 배위 공유 결합이 생성되면 형식 전하(formal charge)가 생기는데, 이에 관해서는 1.4.3절에서 상세하게 설명할 것이다.

$$H_3N\!: + H^{\oplus} \longrightarrow H_3\overset{\oplus}{N}-H$$

예제 1.2

아세틸렌(C_2H_2)에서 결합 전자쌍 및 비결합 전자쌍을 그리시오.

풀이

$$2H\cdot \;+\; 2\cdot\dot{\underset{\cdot}{C}}\cdot \longrightarrow H\!:\!C\,\vdots\vdots\,C\!:\!H \longrightarrow H-C\equiv C-H$$

1.4 Lewis 구조

유기 화학에서는 화합물의 Lewis 구조를 정확하고 빠르게 그리는 것이 매우 중요하다. 이를 위해서는 1.4.1~1.4.4절에서 설명하는 뼈대 구조(skeletal structure), Lewis 구조(Lewis structure), 형식 전하(formal charge), 공명 구조(resonance structure) 등을 정확하게 알아야 한다.

1.4.1 뼈대 구조

뼈대 구조는 화합물을 구성하는 원자들의 연결 상태를 보여 주는 구조이다. 일반적으로 뼈대 구조를 그릴 때 참고할 사항들은 다음과 같다.

이러한 내용들은 항상 성립한다기보다는 대부분의 경우에 적용된다는 정도로 이해하면 된다.

- 수소 원자는 말단에 위치한다.
- 선형(linear)보다는 구형(spherical) 구조를 선호한다.
- 구형 구조에서는 전기 음성도가 가장 작은 원자를 중심 원자에 위치한다.
- 산소를 포함하는 산(acid)에서는 O−H 결합이 존재한다.

H_2O : 가능한 선형 구조: H−O−H　　O−H−H

∴ 최종 뼈대 구조: H−O−H

$COCl_2$: 가능한 선형 구조: Cl−Cl−O−C　　Cl−Cl−C−O 등

가능한 구형 구조:

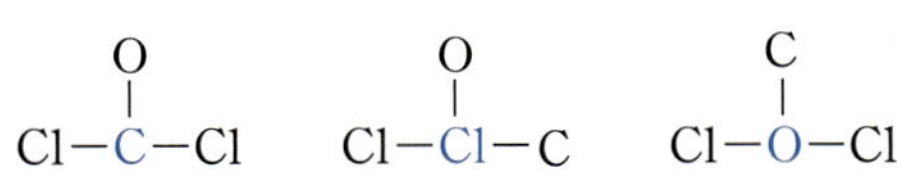

(전기 음성도: C(2.5), Cl(3.0), O(3.5))

∴ 최종 뼈대 구조:

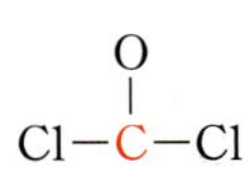

예제 1.3

아래 화합물의 뼈대 구조를 그리시오.

(a) SO_2F_2 (b) $HClO_4$

풀이

(a) 가능한 선형 구조: F−O−O−S−F F−O−S−O−F 등

가능한 구형 구조: 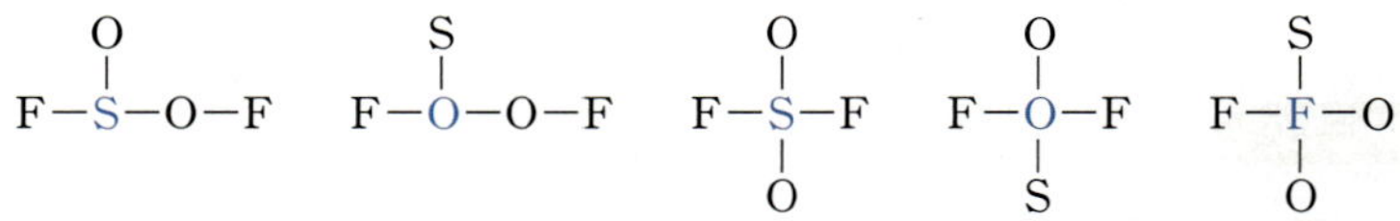 등

∴ 최종 뼈대 구조: 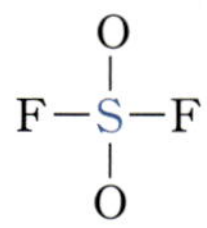

(b) 가능한 선형 구조: H−Cl−O−O−O−O H−O−Cl−O−O−O 등

가능한 구형 구조: 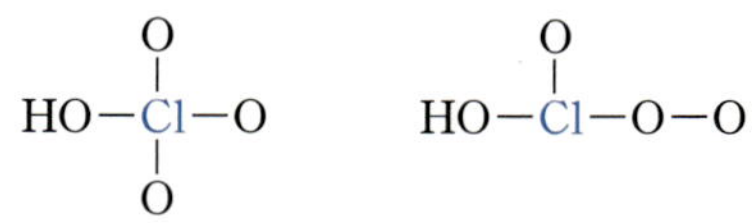 등

∴ 최종 뼈대 구조: 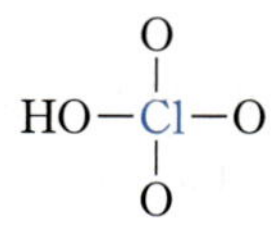

1.4.2 Lewis 구조

화합물의 Lewis 구조는 아래의 순서를 따라 그릴 수 있다.

(1) 화합물을 구성하는 원자들의 원자가 전자 수의 총합을 구한다.
(2) 뼈대 구조를 그린다.
(3) 수소를 제외한 모든 말단 원자가 팔전자계(octet)를 만족하도록 전자쌍을 사용한다.
(4) 여분의 전자쌍이 있으면 중심 원자가 팔전자계를 만족하도록 전자쌍을 제공한다.
(5) 중심 원자가 팔전자계를 만족하지 못하는 경우에는 인접한 원자의 고립 전자쌍을 이동시켜서 팔전자계를 완성한다.
(6) 형식 전하를 부여한다.

예를 들어 NF_3에 (1)~(5)를 적용하면 한 개의 Lewis 구조를 그릴 수 있다. (6)의 적용은 1.4.3절에서 상세하게 기술할 예정이다.

(1) 원자가 전자 수= $(5\times1)+(7\times3)=26$ (N: 5, F: 7)

(2) 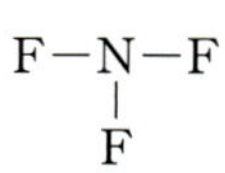 ⟹ 뼈대 구조에 사용한 원자가 전자 수=2×3=6
사용 가능한 원자가 전자 수=26−6=20

(3) 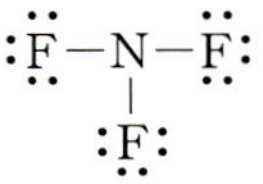 ⟹ 말단 원자의 팔전자계 충족에 사용한 원자가 전자 수=6×3=18
사용 가능한 원자가 전자 수=20−18=2

(4) 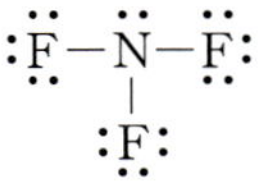 ⟹ 중심 원자의 팔전자계 충족에 사용한 원자가 전자 수=2
사용 가능한 원자가 전자 수=2−2=0

(5) 해당 없음

$COCl_2$의 경우에는 (1)~(5)를 적용하면 세 개의 구조가 가능하며, NF_3에서와 같이 (6)의 적용은 1.4.3절에서 상세하게 기술할 것이다.

(1) 원자가 전자 수= (6×1)+(4×1)+(7×2)=24 (6: O, 4: C, 7: Cl)

(2) 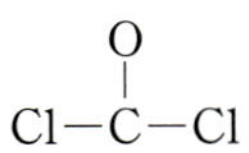 ⟹ 뼈대 구조에 사용한 원자가 전자 수=2×3=6
사용 가능한 원자가 전자 수=24−6=18

(3) 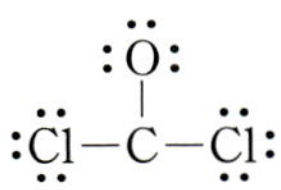 ⟹ 말단 원자의 팔전자계 충족에 사용한 원자가 전자 수=6×3=18
사용 가능한 원자가 전자 수=18−18=0

(4) 해당 없음

(5) 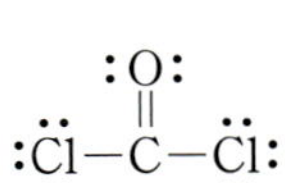 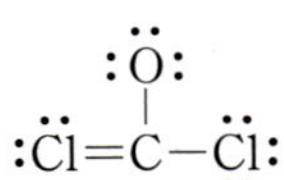 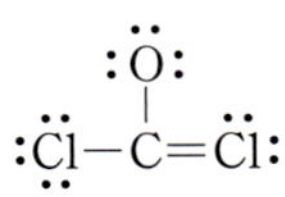

1.4.3 형식 전하

형식 전하란 중성 원자의 원자가 전자 수와 원자가 화학 결합에 참여하였을 때 그 원자에 속하는 전자 수의 차이를 표현하는 개념이다. 화합물에서 특정 원자에 속하는 전자 수는 고립 전자 및 고립 전자쌍의 경우 모두 인정하고, 결합 전자쌍의 경우 $\frac{1}{2}$만 인정한다.

> 형식 전하(FC) = 중성 원자의 원자가 전자 수 − 결합에 참여한 원자가 소유한 전자 수
> = 중성 원자의 원자가 전자 수 − (고립 전자 수 + 결합 전자 수 × $\frac{1}{2}$)
> = 중성 원자의 원자가 전자 수 − (고립 전자 수 + 결합 전자쌍 수)

이 규칙을 적용하여 H_2O 및 NF_3에서 형식 전하를 다음과 같이 계산할 수 있다.

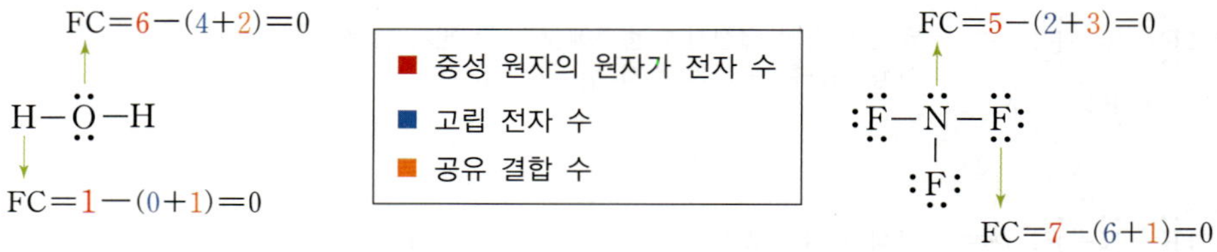

$COCl_2$에서는 세 종류의 구조가 가능한데(1.4.2절 참조), 각 구조에서 형식 전하를 계산하면 다음과 같다.

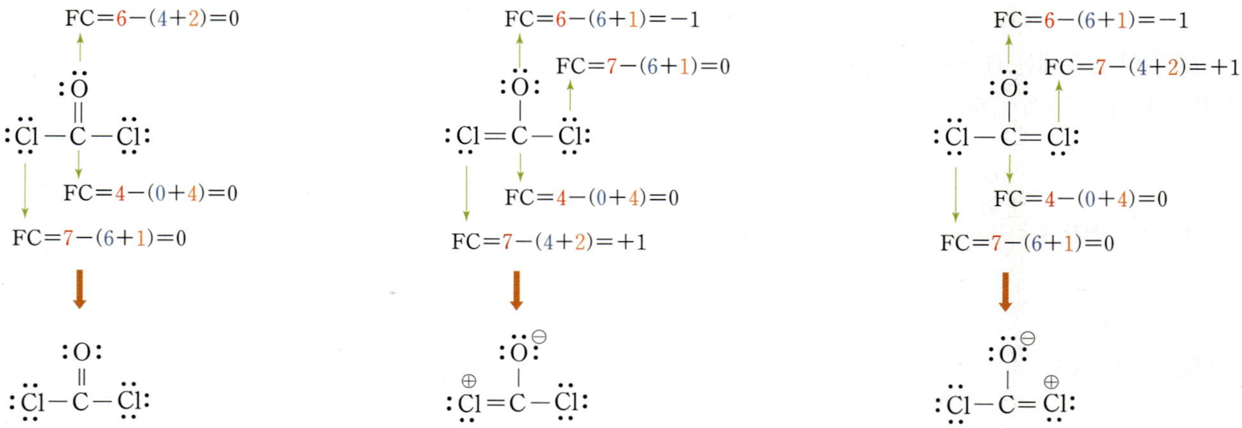

형식 전하의 정의에 의하면 두 원자가 같은 수의 전자를 제공하여 공유 결합을 형성하는 경우에는 원자들의 형식 전하가 일정하고, 두 원자가 서로 다른 수의 전자를 제공하여 배위 공유 결합을 형성하는 경우에는 필연적으로 형식 전하의 변화를 동반하게 된다.

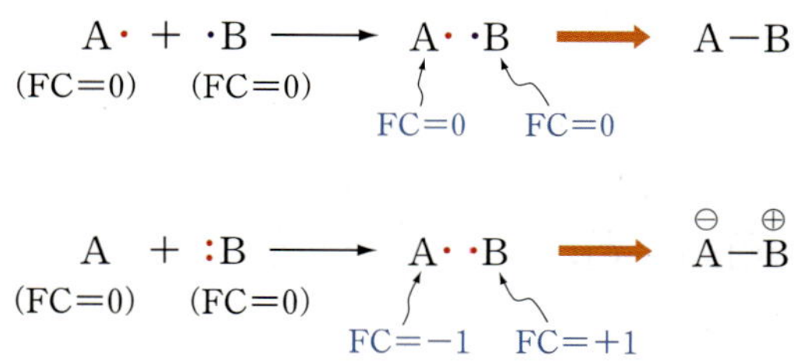

참고로 형식 전하는 가상적인 것으로서 해당 원자에 실제로 그만큼의 전하가 존재한다는 뜻은 아니지만, 화합물을 구성하는 원자의 형식 전하를 다 합산하면 화합물의 전하가 된다.

1.4.4 공명 구조

어떤 화합물에서는 두 개 이상의 합리적인 Lewis 구조를 그릴 수 있다. 이때 각각의 Lewis 구조를 **공명 구조(resonance structure)**, 화합물의 실제 구조를 **공명 혼성(resonance hybrid)**이라고 한다.

$COCl_2$의 경우에는 다음과 같이 세 개의 공명 구조 **A**, **B**, **C**가 가능하였다.

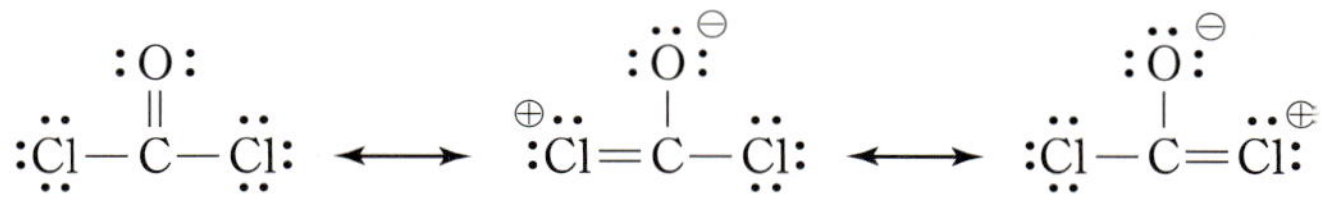

A **B** **C**

공명의 개념과 관련하여 중요한 특징들은 다음과 같다.

첫째, 공명 구조는 원자핵은 고정되어 있고 전자의 이동만이 가능하다.

전자의 이동과 관련해서 $COCl_2$의 공명 구조 **A**, **B**, **C**를 보면 σ-결합은 고정되어 있고 π-전자 및 비공유 전자쌍이 이동했음을 알 수 있다. 이때 위치가 고정된 전자를 **편재 전자(localized electron)**, 위치가 변하는 전자를 **비편재 전자(delocalized electron)**라고 한다.

둘째, 공명 구조의 에너지는 서로 다를 수 있고, 각 공명 구조의 에너지를 판단하는 요인들을 중요도가 감소하는 순서대로 나열하면 다음과 같다.

(1) 팔전자계(2주기 원소에서는 핵심 사항이지만, 3주기 원소에는 해당되지 않을 수 있음)
(2) 형식 전하(FC)의 절댓값이 작을수록 에너지 감소
(3) 음전하는 전기 음성도가 큰 원자, 양전하는 전기 음성도가 작은 원자에 위치
(4) 동일 부호의 형식 전하가 연속되지 않기

이 내용을 기초로 $COCl_2$의 공명 구조 **A**, **B**, **C**의 상대적인 에너지를 판단해 보자. 우선 (1) **A**, **B**, **C**는 모두 팔전자계를 만족하므로 이 요인에 의한 구분은 불가능하고, (2) **A**는 형식 전하가 없고 **B**와 **C**는 형식 전하가 있으므로 **A**가 가장 안정하고, 공명 구조 **B**와 **C**는 서로 대칭 관계에 있기 때문에 에너지가 같으며, (3)~(4)에서도 **B**와 **C**는 동일하다. 결론적으로 공명 구조 **A**가 가장 안정하고, **B**와 **C**는 서로 동일한 에너지를 갖는다고 추론할 수 있다.

셋째, 공명 구조는 가상적인 존재이고, 공명 혼성은 실제로 존재하는 유일한 구조이다.

공명 혼성은 각 공명 구조의 특성을 모두 갖는다. 그러나 공명 혼성에 대한 각 공명 구조의 기여도는 해당 공명 구조의 에너지가 낮을수록 증가하기 때문에, 결과적으로 공명 혼성은 가장 안정한 공명 구조의 성질이 가장 많고 가장 불안정한 공명 구조의 성질이 가장 적은 특성을 갖는다.

아버지, 어머니, 그리고 아버지를 더 닮은 딸로 이루어진 가족이 있다. 딸은 아버지가 아니고, 어머니도 아니며, 어머니의 모습도 있지만 아버지를 더 닮은 하나의 독립적인 개체이다. 이때 아버지와 어머니는 공명 구조, 그리고 딸은 공명 혼성에 비유할 수 있다.

이러한 개념을 $COCl_2$의 공명 구조 **A**, **B**, **C**에 적용해 보자. **A**는 가장 안정하므로 공명 혼성에의 기여도가 가장 크고, **B**와 **C**는 에너지가 같아서 공명 혼성에 기여도는 동일하지만 그 정도가 **A**보다 작다. 실험에 의하면 $COCl_2$는 **A**의 특징을 더 많이 갖고 있으나 **B**와 **C**의 특징도 일부 갖는 것으로 알려져 있다.

넷째, 공명 혼성은 어떠한 공명 구조보다도 열역학적으로 더 안정하다.

공명 구조가 가능하다는 것은 비편재 전자가 있음을 의미한다. 전자가 비편재되면 전자 사이의 반발력이 감소하기 때문에 에너지가 낮아지면서 열역학적 안정성이 증가한다. 예를 들면, $COCl_2$의 공명 혼성은 가장 안정한 공명 구조인 **A**보다 더 안정하다.

공명 구조를 설명하면서 반드시 언급해야 하는 것이 평형의 개념이다. 공명 구조와 평형의 가장 큰 차이는 공명 구조는 실제로 존재하지 않는 가상의 개념이고, 평형에 참여하는 구조는 실제로 존재한다는 것이다. 이를 구분하기 위하여 공명은 $\longleftrightarrow$, 평형은 $\rightleftharpoons$으로 표시한다.

$$X \longleftrightarrow Y \text{ (공명)}$$
$$X \rightleftharpoons Y \text{ (평형)}$$

1.4.5 팔전자계 규칙을 만족하지 않는 화합물

대부분의 유기 화합물에서 주족 원소는 팔전자계 규칙을 만족하지만, 팔전자계 규칙을 따르지 못하는 예외적인 경우가 물론 존재한다.

첫째, 공유 결합을 생성할 때 원자가 전자의 총수가 홀수인 경우에는 최소한 한 개 이상의 홀전자가 남는데, 이러한 화학종을 **라디칼(radical)**이라고 한다. 라디칼 화학종은 전자 수가 8개에 미달하기 때문에 다른 물질과 반응하여 팔전자계를 만족하려는 경향성이 매우 큰 특성을 보인다.

화합물	원자가 전자 수	Lewis 구조
NO	5+6=11	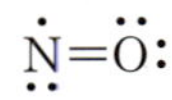
NO_2	5+(6×2)=17	

둘째, 2족의 Be, 13족의 B, Al 원소들은 원자가 전자 수가 부족하기 때문에 자체적으로 팔전자계를 만족하지 못하지만, 이합체(dimer) 형성 또는 공명 등의 방법을 이용하여 이러한 문제를 극복할 수 있다.

화합물	중심 원자의 원자가 전자 수	Lewis 구조
BH_3	6개	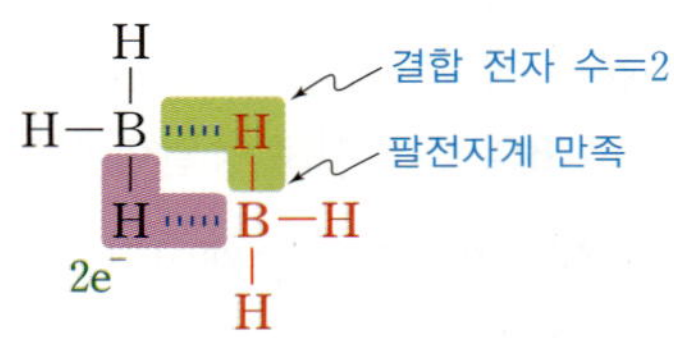
AlH_3	6개	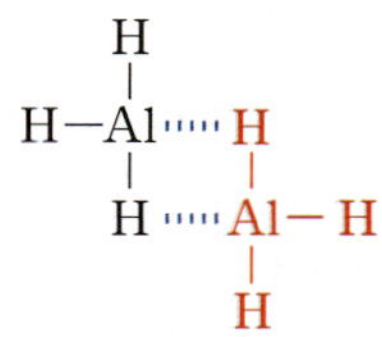

셋째, 3주기 이상의 원소에서는 비어 있는 *nd* 오비탈에 전자를 수용함으로써, 즉 확장된 원자가 껍질을 이용함으로써 팔전자계 규칙에서 벗어날 수 있다.

$_{15}P$: $1s^2 2s^2 2p^6 3s^2 3p^3 3d^0$
$_{16}S$: $1s^2 2s^2 2p^6 3s^2 3p^4 3d^0$

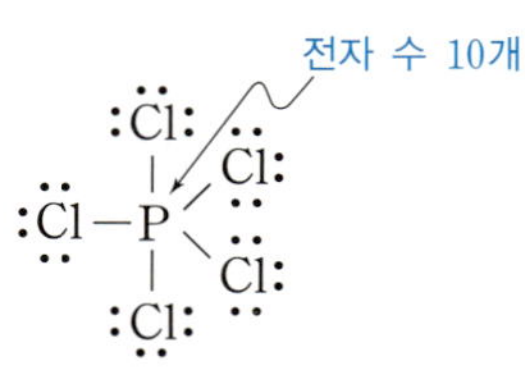

Phosphorus pentachloride

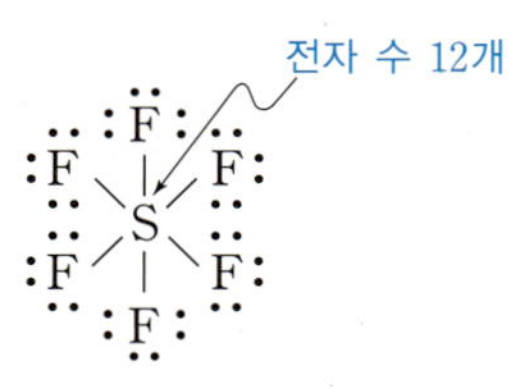

Sulfur hexafluoride

예제 1.4

아래 화합물의 공명 구조를 그리시오.

(a) ClO_2

(b) BF_3

풀이

(a) 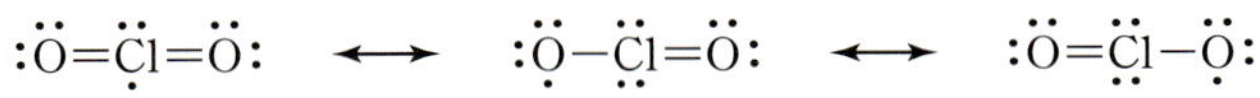

(b) 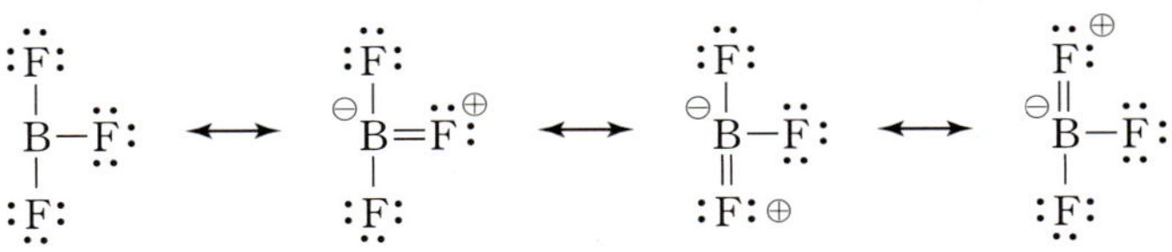

1.4.6 화살표와 전자의 이동

유기 화학에서 반응, 평형, 공명, 그리고 전자의 이동을 구분하여 표현하는 것은 매우 중요하다. 유기 화학에서 화학 반응은 직선 화살표, 화학 평형은 두 개의 쌍방향 직선 화살표, 공명은 양쪽머리 직선 화살표로 표시한다.

화학 반응 $A \longrightarrow B$

화학 평형 $A \rightleftharpoons B$

공명 $A \longleftrightarrow B$

곡선 화살표(curved arrow)는 전자의 이동을 의미한다. 전자는 화살 꼬리에서 화살촉 방향으로 이동하고 화살촉이 한 개면 전자 한 개, 그리고 화살촉이 두 개면 전자 두 개의 이동이다.

전자 1개 이동 

전자 2개 이동 

이러한 개념을 기본으로 실제 반응에서 전자의 흐름을 생각해 보자.

아래의 반응은 A−B의 공유 결합이 깨지면서 B가 두 개의 공유 전자를 독점하는 반응이다. 출발 물질에서 원자 A, B의 형식 전하가 0이라고 가정할 때, 생성물에서 A 원자는 출발 물질의 A 원자와 비교하여 전자 한 개가 감소하였기 때문에 +1의 전하를 갖는다. 같은 방법을 적용하면 생성물에서 원자 B는 −1의 전하를 띠게 된다.

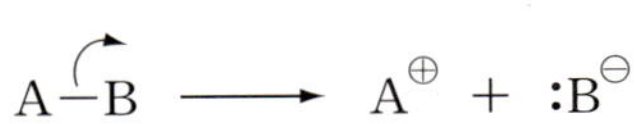

위 반응에 질량 보존 법칙을 적용하면 원자핵 A 및 B가 일정하고, 총 전자의 수도 일정하다. 즉, 출발 물질과 생성 물질에서 중성자, 양성자 및 전자의 수에 변화가 없으므로 총 전하량은 일정하다. 예를 들면, 아래와 같이 출발 물질의 총 전하량이 0이면 생성물의 총 전하량은 0이고, 출발 물질의 총 전하량이 +1이면 생성물의 총 전하량도 +1이 된다.

$$CH_3-I \longrightarrow CH_3^+ + I^-\text{(출발 물질의 총 전하량 = 생성 물질의 총 전하량 = 0)}$$
$$H_2O + H^+ \longrightarrow H_3O^+\text{(출발 물질의 총 전하량 = 생성 물질의 총 전하량 = +1)}$$

이번에는 위 반응의 역반응을 생각해 보자. 전자의 흐름을 중심으로 보면 이 반응은 B:⊖ 음이온에서 A⊕ 양이온에 전자 두 개를 공급하여 배위 공유 결합을 형성하는 반응이다. 원자 A는 생성 물질이 되면서 전자 한 개가 증가하여 형식 전하가 하나 감소하였고, 원자 B는 생성물에서 형식 전하가 하나 증가함을 알 수 있다. 또한 출발 물질의 총 전하량이 0이므로 생성 물질의 총 전하량도 0이 된다.

예제 1.5

전자의 흐름이 아래와 같을 때 생성물을 예측하고 설명하시오.

풀이

이 반응은 음이온 X^-에서 전자 두 개를 A에 제공하면서 배위 공유 결합을 생성함과 동시에 A와 B의 공유 결합이 깨지면서 B가 두 개의 공유 전자를 독점하는 반응이다. 이 반응에서 출발 물질의 총 전하량은 −1이므로 생성물의 총 전하량도 −1임을 확인해야 한다.

1.4.7 주기율표와 Lewis 구조

1.4.1절 및 1.4.2절에서는 Lewis 구조를 그리는 순서에 대하여 상세히 설명하였다. 이 방법은 일반적이고 유용하지만 간단한 구조의 화합물에서도 다단계 과정을 거쳐야 하는 불편함이 있다. 여기에서는 주기율표와 팔전자계 개념을 혼합하여 Lewis 구조를 직관적으로 그리는 방법을 설명할 것이다.

17족의 플루오린(F)은 원자가 전자가 7개이다. 플루오린이 단일 공유 결합 한 개를 하면 플루오린 원자는 공유 결합으로부터 전자 두 개, 공유 결합에 참여하지 않은 세 개의 비공유 전자쌍에서 전자 여섯 개, 총 여덟 개의 전자를 가짐으로써 팔전자계를 만족한다.

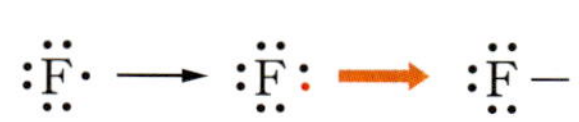

공유 결합 1개

16족의 산소(O)는 원자가 전자가 여섯 개이다. 산소가 단일 결합 두 개 또는 이중 결합 한 개를 하면 산소 원자는 공유 결합으로부터 전자 네 개, 공유 결합에 참여하지 않은 두 개의 비공유 전자쌍에서 전자 네 개, 총 여덟 개의 전자를 소유하게 된다.

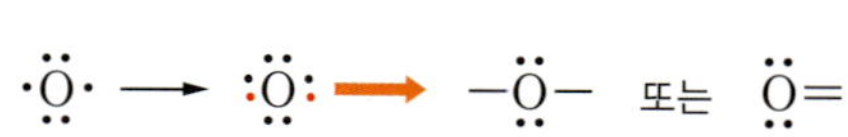

공유 결합 2개

15족의 질소(N)와 14족의 탄소(C)에도 동일한 원리를 적용할 수 있다. 질소는 단일 결합 세 개(또는 이와 상응하는 결합)와 비공유 전자쌍 한 개, 그리고 탄소는 단일 결합 네 개(또는 이와 상응하는 결합)로 있을 때 팔전자계를 만족한다.

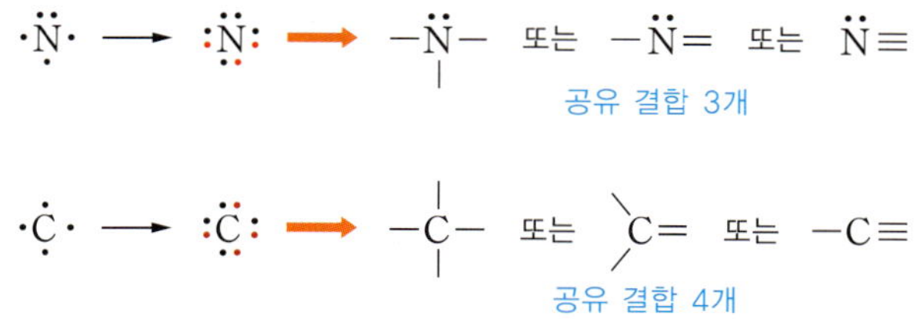

반면에 13족의 붕소(B)는 원자가 전자가 세 개이므로 단일 공유 결합은 최대 세 개, 총 전자 수는 여섯 개에 불과하다. 따라서 이들 화합물들은 앞(1.4.5절)에서 설명한 바와 같이 이합체 또는 공명 등의 방법을 이용하여 여덟 개의 전자 구조를 얻으려고 한다.

									$2n^2$
	H							He	2
	Li	Be	B	C	N	O	F	Ne	8
	Na	Mg	Al	Si	P	S	Cl	Ar	18
	K	Ca	Ga	Ge	As	Se	Br	Kr	32
			In	Sn	Sb	Te	I	Xe	
			Tl	Pb	Bi	Po	At	Rn	
원자가 전자 배치:	s^1	s^2	s^2p^1	s^2p^2	s^2p^3	s^2p^4	s^2p^5	s^2p^6	
원자가 전자 수:	1	2	3	4	5	6	7	8	
팔전자계를 위한 공유 결합 수:				4	3	2	1	0	
고립 전자쌍 수:			0	0	1	2	3	4	

그림 1-4 주기율표, 전자 배치, 원자가 전자 및 공유 결합의 수

주기율표에서 같은 족에 속하는 원자들은 원자가 껍질(valence shell)의 전자 배치가 동일하고, 화학 결합은 원자가 껍질 전자들이 주로 참여하기 때문에 같은 족에 속하는 원자들은 화학적 성질이 비슷하다.

위의 개념을 정리하면 플루오린은 공유 결합 한 개와 비공유 전자쌍 세 개, 산소는 공유 결합 두 개와 비공유 전자쌍 두 개, 질소는 공유 결합 세 개와 비공유 전자쌍 한 개, 탄소는 공유 결합 네 개, 붕소는 공유 결합 세 개인 것이 Lewis 구조의 기본이 된다. 이 조건에서는 중심 원자의 형식 전하가 모두 0이다. 이러한 결합 형태는 3주기 원자에서도 동일하게 적용되지만, 3주기 원소에서는 3*d* 오비탈이 비어 있어서 확장된 원자가 껍질을 이용할 수도 있음을 알아야 한다.

형식 전하가 0인 기본 구조 :

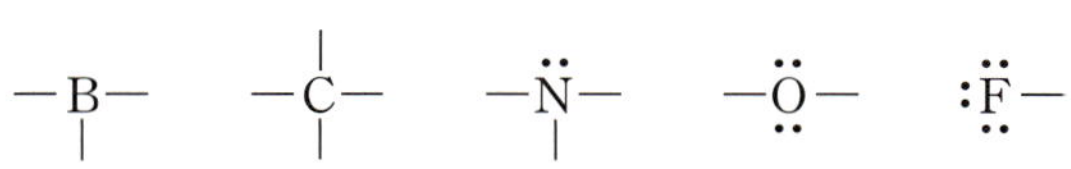

원자의 형식 전하가 0인 각 원소의 기본 구조에서 공유 결합의 수나 전자쌍의 수에 변화가 생기면 해당 원자의 형식 전하는 (+) 또는 (−) 값을 갖게 된다. 다음은 다양한 형태의 구조와 이에 해당하는 형식 전하를 나타낸 것이다.

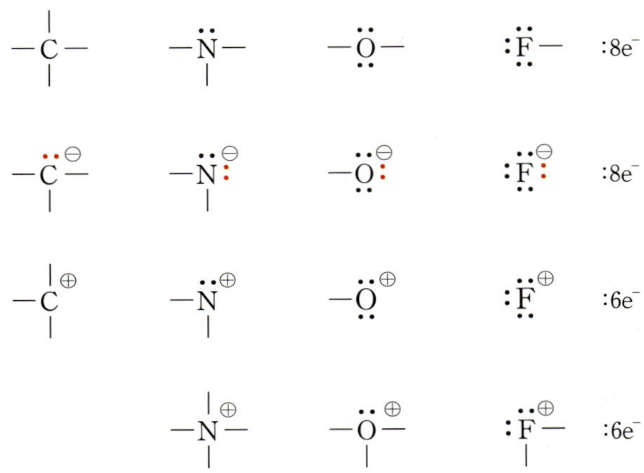

예제 1.6

Lewis 구조의 개념에서 존재할 수 없는 구조를 고르시오.

(a) H_2O, H_3O^+, OH^-, H_3O^-

(b) CH_4, CH_5^-

풀이

(a) 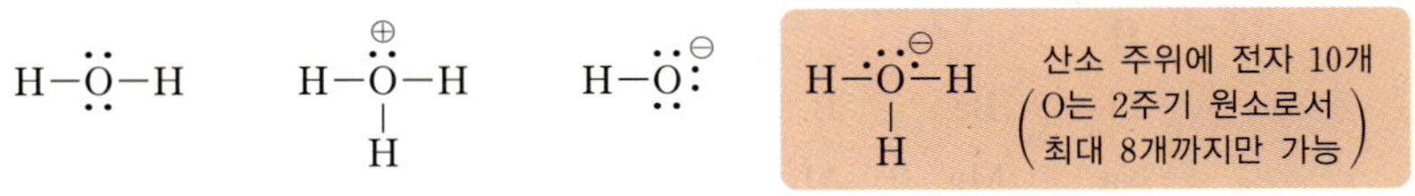

(b) 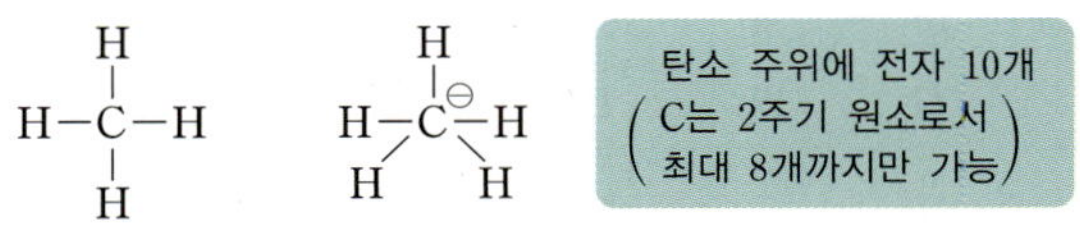

1.5 원자가 껍질 전자쌍 반발 이론

분자의 물리, 화학적 성질은 분자의 3차원 구조와 밀접하게 연관된다. 분자의 3차원 구조는 양자 화학의 복잡한 계산을 통해서 정확하게 예측할 수 있으나, 간단한 방법으로 얻은 분자의 3차원 정보들도 우리에게 필요한 많은 자료를 제공할 수 있다.

원자가 껍질 전자쌍 반발 이론(**valence-shell electron-pair repulsion theory**, **VSEPR**)의 출발점은 "음전하 사이에는 반발력이 작용하기 때문에 가능하면 멀리 있으려 한다."이다. 원자 A가 공유 결합을 하면 A의 공유 및 고립 전자쌍은 모두 음전하를 갖기 때문에 서로 간에 반발력이 작용하여 가능하면 멀리 떨어지려고 한다. 이러한 현상은 원자뿐만 아니라 분자 전체에서 일어나기 때문에 결국에는 반발력이 최소화되어 에너지가 가장 낮은 구조로 수렴한다.

원자 또는 분자의 3차원 구조는 (1) (비공유 전자쌍을 포함하는) 루이스 구조를 그리고, (2) 서로 다른 방향의 전자군 수와 이에 해당하는 기본 골격을 확인한 후, (3) 최종적으로 원자 및 분자의 3차원 구조를 추론하는 과정을 통해서 알 수 있다.

(2)에서 **전자군**(**electron group**)이란 중심 원자에서 서로 다른 방향으로 향하기 때문에 상호간에 반발력이 작용하는 전자들의 집합체를 의미하는데, 여기에는 홀전자, 고립 전자쌍, 결합 전

자쌍(단일 결합, 이중 결합, 삼중 결합) 등이 모두 포함된다. 표 1-2는 전자군 수와 안정한 기본 골격 사이의 관계를 보여 준다.

표 1-2 전자군 수 및 기본 골격의 관계

전자군 수	2	3	4	5	6
기본 골격	X−A−X 직선형 (linear)	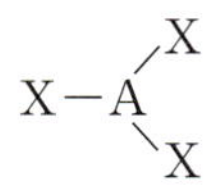 평면 삼각형 (trigonal planar)	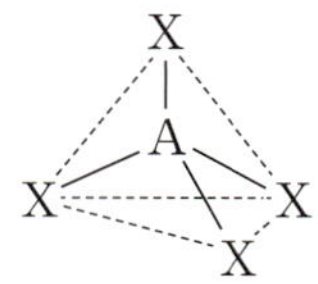 사면체형 (tetrahedral)	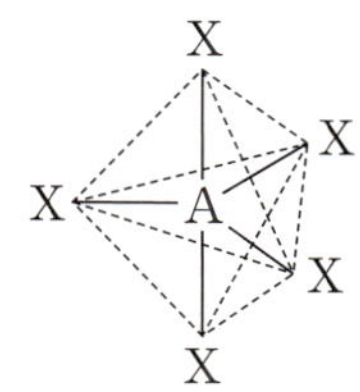 삼각 쌍뿔형 (trigonal bipyramidal)	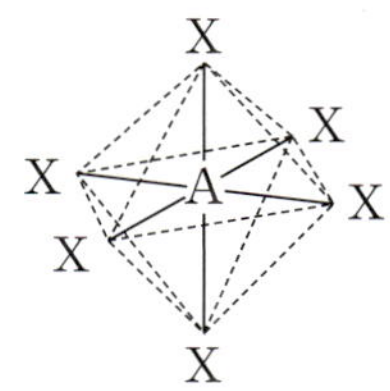 팔면체형 (octahedral)

분자 구조는 홑전자 및 고립 전자쌍을 제외하고 오로지 원자핵의 위치만으로 표현한다. 예를 들어 중심 원자를 A, 주변 원자를 X, 홑전자 및 고립 전자쌍을 E라고 하면 중심 원자의 전자군 배열 형식은 $AX_nE_m(n,\ m=0,\ 1,\ 2,\ \cdots)$이 된다. 이때 $(n+m)$ 값은 '전자군 총수'이므로 중심 원자의 기본 골격을 결정하고, 기본 골격에 n개의 원자를 넣어서 분자 배열을 예측한다.

몇 가지 예를 들어 보자. 이산화 탄소(CO_2)는 탄소가 두 개의 산소와 결합하고, 홑전자 및 전자쌍이 없기 때문에 AX_2E_0 형태의 직선형 골격을 갖는다. 그리고 꼭짓점 두 자리를 산소 두 개가 채우기 때문에 분자의 구조는 직선형이다.

> 이중 결합이나 삼중 결합은 결합 에너지 및 결합 길이 등에는 영향을 주지만 기본 골격, 즉 전자군 수에는 영향을 주지 못한다.

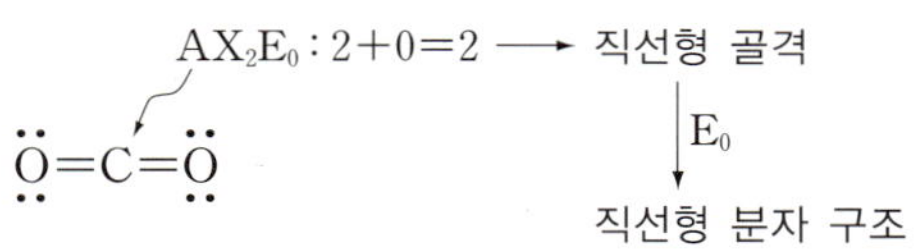

BF_3는 붕소에 세 개의 플루오린이 결합하는데, 홑전자 및 전자쌍이 없기 때문에 AX_3E_0 형태의 평면 삼각형 골격을 갖는다. 그리고 꼭짓점 세 자리를 플루오린 세 개가 다 채우기 때문에 분자의 구조는 평면 삼각형이다. 동일한 방법을 적용하면 SO_2는 AX_2E_1 형태의 평면 삼각형 골격을 가지며, 꼭짓점 세 자리 중에서 두 자리만 산소로 채워지기 때문에 분자의 구조는 굽은형(angular)이 된다.

표 1-3 전자군 수 3의 기본 골격 및 분자 구조

화합물	BF_3	SO_2
루이스 구조	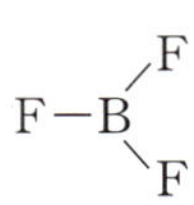	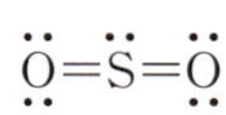
전자군 형태	AX_3E_0	AX_2E_1
기본 골격	평면 삼각형(3+0=3)	평면 삼각형(2+1=3)
분자 구조	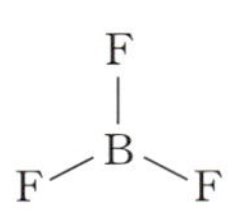 평면 삼각형	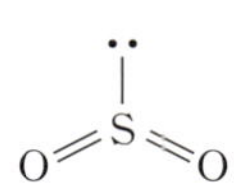 굽은형

메테인(CH_4)은 AX_4E_0, 암모니아(NH_3)는 AX_3E_1, 물(H_2O)은 AX_2E_2 형태의 전자군에 속하고, 이들은 모두 $(n+m)=4$이므로 사면체형 기본 골격을 갖는다. 이 중에서 메테인은 사면체의 꼭짓점이 다 채워진 사면체형(tetrahedral), 암모니아는 꼭짓점 하나에 전자쌍이 있는 삼각뿔형(trigonal pyramidal), 물은 꼭짓점 두 개에 전자쌍이 있는 굽은형(bent, angular) 구조이다.

표 1-4 전자군 수 4의 기본 골격 및 분자 구조

화합물	CH_4	NH_3	H_2O
루이스 구조	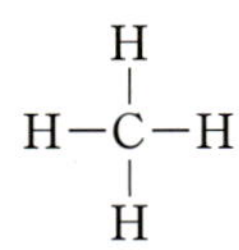	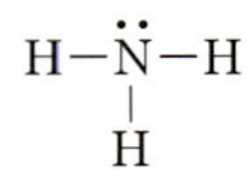	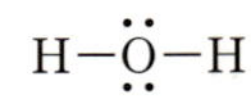
전자군 형태	AX_4E_0	AX_3E_1	AX_2E_2
기본 골격	사면체형 (4+0=4)	사면체형 (3+1=4)	사면체형 (2+2=4)
분자 구조	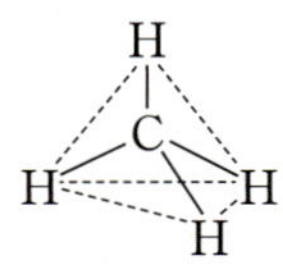 사면체형	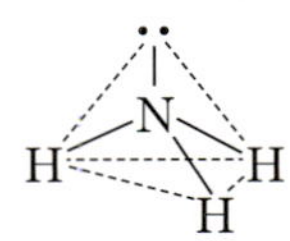 삼각뿔형	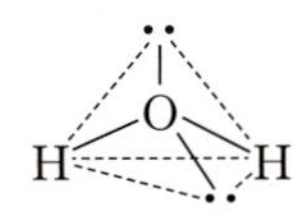 굽은형

PCl_5는 AX_5E_0, SF_4는 AX_4E_1, BrF_3는 AX_3E_2, XeF_2는 AX_2E_3 형태의 전자군에 속하고, 이들은 모두 $(n+m)=5$이므로 삼각 쌍뿔형 기본 골격을 갖는다. 유의할 점은 직선형, 평면 삼각형, 사면체형 기본 골격에서는 모든 꼭짓점이 동일하지만, 삼각 쌍뿔형 기본 골격에서는 삼각형 평면에 위치하는 꼭짓점 세 개와 평면과 수직선상에 있는 꼭짓점 두 개가 서로 다른 환경에 있다는 것이다. 즉, 평면의 꼭짓점은 수직선상의 꼭짓점 두 개와 90° 각도에서, 그리고 동일 평면의 꼭짓점 두 개와 120° 각도에서 정전기적인 반발이 일어난다. 반면에 수직선상의 꼭짓점은 삼각형 평면에 위치한 꼭짓점 세 개와 90° 각도에서 정전기 반발이 일어난다. 정전기 반발력은 전하의 절댓값에 비례하고, 거리의 제곱에 반비례하기 때문에 평면 꼭짓점에서의 정전기 반발

표 1-5 전자군 수 5의 기본 골격 및 분자 구조

화합물	PCl_5	SF_4	BrF_3	XeF_2
루이스 구조	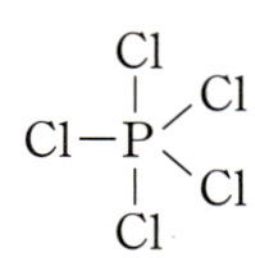	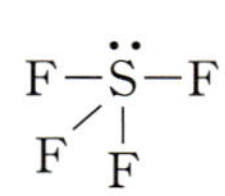	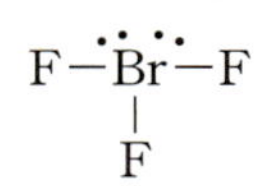	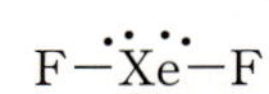
전자군 형태	AX_5E_0	AX_4E_1	AX_3E_2	AX_2E_3
기본 골격	삼각 쌍뿔형 (5+0=5)	삼각 쌍뿔형 (4+1=5)	삼각 쌍뿔형 (3+2=5)	삼각 쌍뿔형 (2+3=5)
분자 구조	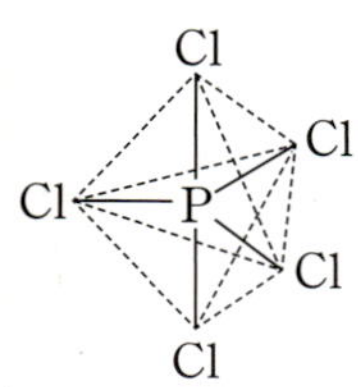 삼각 쌍뿔형	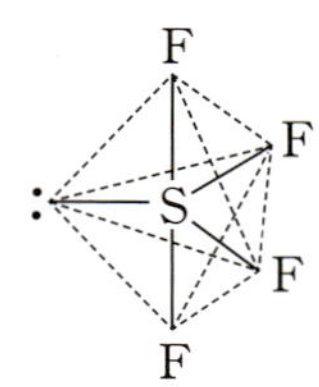 시소형	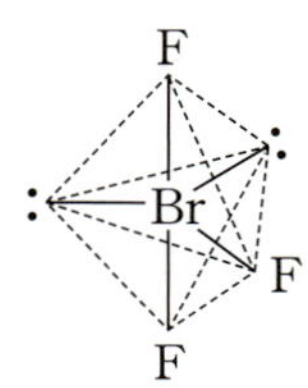 T-형	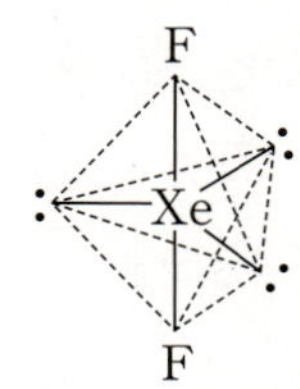 직선형

력은 수직선상의 꼭짓점과 비교하여 작다. 이것을 종합하면 삼각 쌍뿔형 골격에서는 열역학적으로 가장 안정한 구조를 얻기 위해서 고립 전자쌍이 상대적으로 반발력이 작은 평면 꼭짓점에 위치해야 한다. 이 원리를 적용하면 SF_4는 시소형(seesaw), BrF_3는 T-형, XeF_2는 직선형의 구조임을 예측할 수 있다.

SF_6는 AX_6E_0, ClF_5는 AX_5E_1, XeF_4는 AX_4E_2 형태의 전자군으로 표시되는데, 모두 $(n+m)=6$이므로 팔면체형 기본 골격을 갖는다. SF_6은 여섯 개 꼭짓점이 모두 채워진 팔면체형, ClF_5는 꼭짓점 하나가 전자쌍으로 채워진 사각뿔형, XeF_4는 서로 마주보는 꼭짓점 두 개가 전자쌍으로 채워진 평면 사각형 구조를 갖는다.

공유 결합에 참여하는 전자쌍은 두 원자 사이의 공간에 넓게 분포하지만 고립 전자쌍은 특정 원자에만 매여 있기 때문에 상대적으로 좁은 공간을 차지한다. 따라서 전자쌍 반발력의 크기는 '고립 – 고립 > 고립 – 공유 > 공유 – 공유' 전자쌍의 순서가 된다.

표 1-6 전자군 수 6의 기본 골격 및 분자 구조

화합물	SF_6	ClF_5	XeF
루이스 구조	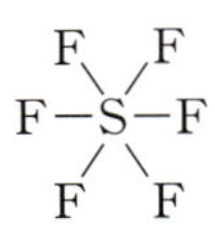	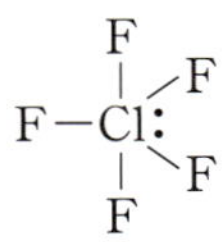	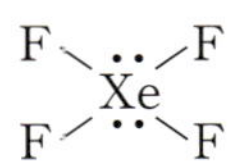
전자군 형태	AX_6E_0	AX_5E_1	AX_4E_2
기본 골격	팔면체형 (6+0=6)	팔면체형 (5+1=6)	팔면체형 (ㄥ+2=6)
분자 구조	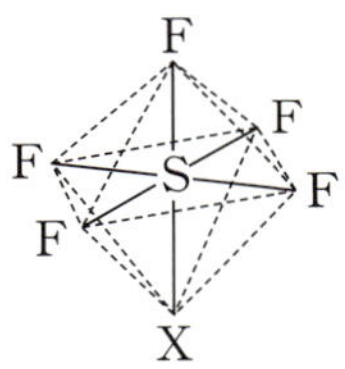 팔면체형	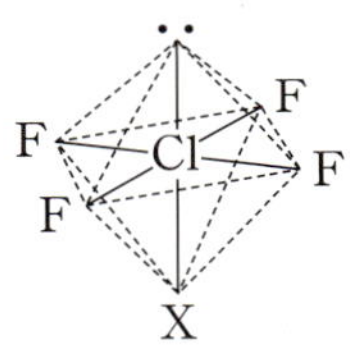 사각뿔형	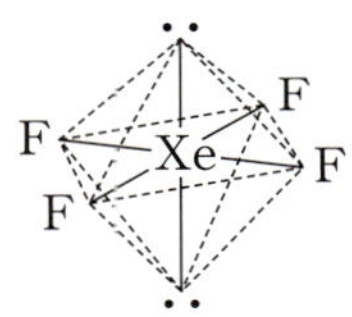 평면 사각형

이처럼 VSEPR을 이용하여 분자 구조를 예측함에 있어서도 Lewis 구조를 정확하게 그리는 것이 매우 중요함을 알 수 있다. 분자 구조를 예측하면 분자의 극성을 포함하여 화합물의 물리적 성질을 유추하고, 또한 유기 반응을 이해하는 데 많은 도움이 된다.

예제 1.7

VSEPR을 이용하여 아래 화합물의 분자 구조를 예측하시오.

(a) $BeCl_2$ (b) NO_3^- (c) NO_2^-

풀이

(a) 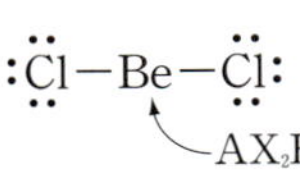

AX_2E_0
→ 2+0=2
(직선형 골격)
→ 직선형 분자

(b) 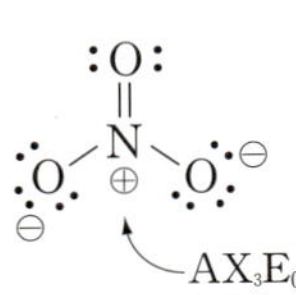

AX_3E_0
→ 3+0=3
(평면 삼각형 골격)
→ 평면 삼각형 분자

(c) 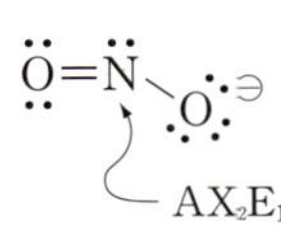

AX_2E_1
→ 2+1=3
(평면 삼각형 골격)
→ 굽은형 분자

1.6 극성

1.6.1 전기 음성도 및 전자 분포

원자들이 공유 결합을 하였을 때 공유 전자쌍을 잡아당기는 원자의 능력을 **전기 음성도**(**electronegativity**)라고 한다. 전기 음성도는 측정하는 방법에 따라서 그 값이 다른데, 가장 널리 사용되는 Pauling의 척도에 의하면 F(4.0) > O(3.5) > (N, Cl)(3.0) > Br(2.8) > (C, S, I)(2.5) > H(2.1)이다.

높음

낮음

H 2.1																	He
Li 1.0	Be 1.6											B 2.0	C 2.5	N 3.0	O 3.5	F 4.0	Ne
Na 0.9	Mg 1.2											Al 1.5	Si 1.8	P 2.1	S 2.5	Cl 3.0	Ar
K 0.8	Ca 1.0	Sc 1.3	Ti 1.5	V 1.6	Cr 1.6	Mn 1.5	Fe 1.8	Co 1.9	Ni 1.9	Cu 1.9	Zn 1.6	Ga 1.6	Ge 1.8	As 2.0	Se 2.4	Br 2.8	Kr
Rb 0.8	Sr 1.0	Y 1.2	Zr 1.4	Nb 1.6	Mo 1.8	Tc 1.9	Ru 2.2	Rh 2.2	Pd 2.2	Ag 1.9	Cd 1.7	In 1.7	Sn 1.8	Sb 1.9	Te 2.1	I 2.5	Xe
Cs 0.7	Ba 0.9	La 1.0	Hf 1.3	Ta 1.5	W 1.7	Re 1.9	Os 2.2	Ir 2.2	Pt 2.2	Au 2.4	Hg 1.9	Tl 1.8	Pb 1.9	Bi 1.9	Po 2.0	At 2.1	Rn

그림 1-5 전기 음성도

공유 결합에서 두 원자핵의 전기 음성도가 비슷하면 전자는 두 원자 사이에 고르게 대칭적으로 분포하여 **무극성 공유 결합**(**nonpolar covalent bond**)을 형성한다. 두 원자핵의 전기 음성도 차이가 크면 전기 음성도가 큰 원자 쪽으로 전자 구름이 더 집중되어 부분 음전하(δ^-)가 생기고, 전기 음성도가 작은 원자에서는 전자 구름이 부족하여 부분 양전하(δ^+)를 띠면서 **극성 공유 결합**(**polar covalent bond**)이 된다. 만약에 그 차이가 너무 커서 한 원자가 전자쌍을 모두 잃어버리고 한 원자가 전자쌍을 다 차지하면 이온 결합이 된다.

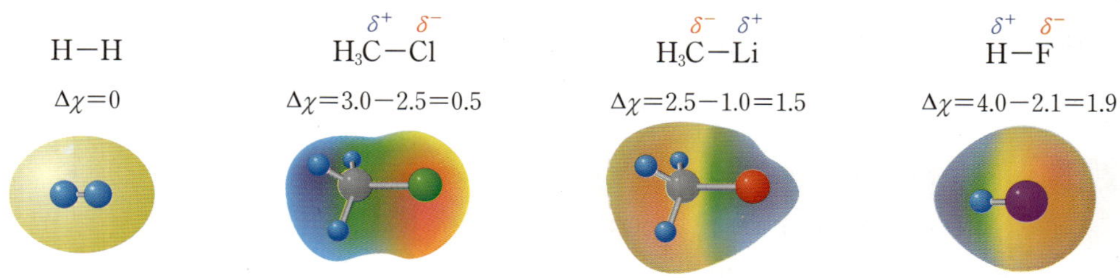

그림 1-6 전기 음성도 차이에 따른 전자 분포의 변화

일반적으로 Δ(전기 음성도)가 작으면 공유 결합성이 증가하고, Δ(전기 음성도)가 크면 이온 결합성이 증가한다. 그러나 무극성 공유 결합에서 극성 공유 결합, 그리고 이온 결합에 이르기까지 이들을 구분 짓는 명확한 경계는 없으며, 이러한 변화는 항상 연속적으로 진행된다는 사실에 유의해야 한다.

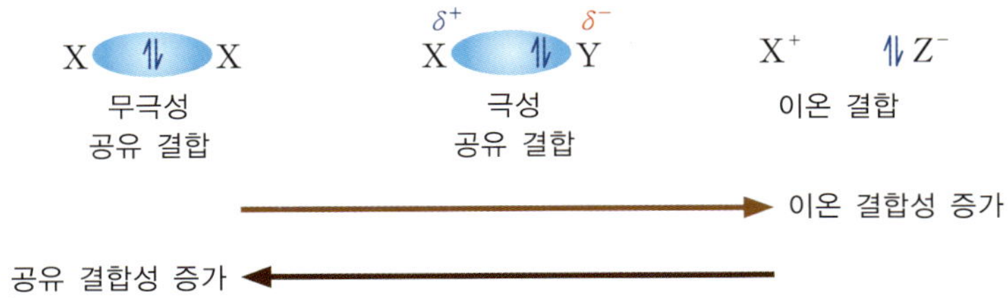

그림 1-7 결합의 극성

1.6.2 쌍극자 및 쌍극자 모멘트

극성 공유 결합에 의해서 생성되는 부분 음전하와 부분 양전하를 **쌍극자(dipole)**라고 한다. 그리고 부분 양(음)전하의 절댓값과 부분 양전하 및 부분 음전하 중심의 거리를 곱한 값을 **쌍극자 모멘트(dipole moment)**라고 하는데, 쌍극자 모멘트는 부분 양전하 중심에서 부분 음전하 중심으로 향하는 벡터(vector)이다. 쌍극자 모멘트의 기본 단위는 데바이(Debye, $1\ \text{D} = 10^{-10}\ \text{esu} \cdot \text{Å} = 3.335 \times 10^{-30}\ \text{C} \cdot \text{m}$)이다.

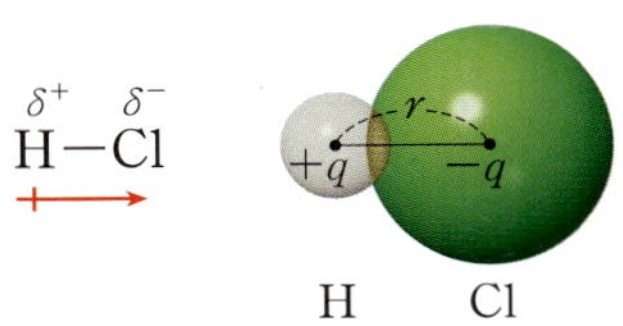

$\mu = q \cdot r$

μ: 쌍극자 모멘트

q: 부분 양(음)전하의 크기

r: 부분 양전하 중심과 부분 음전하 중심의 거리

그림 1-8 쌍극자 모멘트

표 1-7 쌍극자 모멘트(단위: D)

결합	쌍극자 모멘트	결합	쌍극자 모멘트	결합	쌍극자 모멘트	결합	쌍극자 모멘트
H—F	1.7	H—C	0.3	C—O	0.7	C—N	0.4
H—Cl	1.1	H—N	1.3	C=O	2.4	C=N	1.4
H—Br	0.8	H—O	1.5			C≡N	3.6
H—I	0.4						

두 원자핵의 전기 음성도가 비슷하면 전자가 두 원자 사이에 고르게 분포하므로($q \approx 0$) 자연스럽게 $\mu = 0$이 되면서 무극성 공유 결합을 형성한다. 만약 두 원자핵의 전기 음성도에 차이가 있으면 부분 음전하와 부분 양전하의 분리가 일어나므로($q \neq 0$) $\mu \neq 0$이 되어 극성 공유 결합을 형성한다.

전기 음성도의 차이가 클수록 부분 음전하와 부분 양전하의 크기가 증가한다. 그러나 쌍극자 모멘트는 부분 양전하 중심과 부분 음전하 중심의 거리(r)도 포함하므로 단순히 전기 음성도의 차이만으로 쌍극자 모멘트 크기를 추론할 수 없음에 유의해야 한다.

CH_3—Cl에서 쌍극자 모멘트는 1.87 D이고, 부분 전하 사이의 거리가 1.78 Å일 때 부분 양전하 및 부분 음전하의 크기를 알아보자. 쌍극자 모멘트 식($\mu = q \cdot r$)에 위의 실험값들을 대입하면 $|q| = 1.05 \times 10^{-10}$ esu이 되는데, 전자의 전하가 4.8×10^{-10} esu이므로 CH_3—Cl에서 양(음)전하의 분리는 전자 전하의 22%이다.

$$q = \frac{\mu}{r} = \frac{1.87 \times 10^{-10}\ \text{esu} \cdot \text{Å}}{1.78\ \text{Å}} = 1.05 \times 10^{-10}\ \text{esu}$$

$$\rightarrow \frac{q}{e} = \frac{1.05 \times 10^{-10}\,\text{esu}}{4.8 \times 10^{-10}\,\text{esu}} = 0.22$$

→ 22% 이온 결합성

이 방법을 CH_3-X 화합물에 대하여 모두 적용하면 CH_3-F(27%), CH_3-Cl(22%), CH_3-Br(19%), CH_3-I(16%)로 계산되는데, 이 값들은 거리와는 무관한 값으로서 Δ(전기 음성도) 값과 직접적으로 관련된다.

예제 1.8

CH_3-I 화합물의 쌍극자 모멘트는 1.64 D이고, 부분 전하 사이의 거리는 2.14 Å이다. 부분 양전하 및 부분 음전하의 절댓값을 계산하시오.

풀이

$$q = \frac{\mu}{r} = \frac{1.64\ \text{D}}{2.14\ \text{Å}} = \frac{1.64 \times 10^{-10}\ \text{esu·Å}}{2.14\ \text{Å}} = 7.66 \times 10^{-11}\ \text{esu}$$

$$\frac{q}{e} = \frac{7.66 \times 10^{-11}\ \text{esu}}{4.8 \times 10^{-10}\ \text{esu}} = 0.16$$

부분 양(음)전하의 크기는 전자의 16%이다.

1.6.3 극성 분자 및 무극성 분자

분자의 극성을 판단하려면 분자의 쌍극자 모멘트를 알아야 한다. 분자의 쌍극자 모멘트는 분자를 구성하는 공유 결합의 쌍극자 모멘트를 모두 더하면 되는데, 쌍극자 모멘트는 크기와 방향성이 있으므로 결국 분자의 극성을 판단하려면 우선 분자의 3차원 구조를 알아야 한다.

분자의 극성을 예측하기 위해서는 (1) 분자의 Lewis 구조를 그리고, (2) 원자가 껍질 전자쌍 반발 이론을 이용하여 분자의 3차원 배열을 결정하고, (3) 개별 공유 결합의 쌍극자 모멘트를 확인하고, (4) 벡터 합을 통하여 분자의 쌍극자 모멘트의 크기와 방향을 결정한 후, (5) 분자의 극성을 판단하는 과정이 필요하다.

CCl_4는 AX_4E_0 형태의 전자군을 가지므로 사면체형의 기본 골격을 유지하고, 중심 원자인 탄소 주위에 네 개의 염소 원자가 사면체형의 꼭짓점 방향에 각각 위치한다. 비록 $C-Cl$ 결합이 모두 극성 공유 결합이지만 네 개의 쌍극자 모멘트의 방향을 모두 고려하면 $\mu = 0$이므로 무극성 분자가 된다. CH_3Cl 역시 AX_4E_0 형태의 전자군을 가지므로 사면체형의 기본 골격을 유지하는데, 세 개 $C-H$ 결합의 쌍극자 모멘트 합과 $C-Cl$ 결합의 쌍극자 모멘트가 같은 방향을 향하기 때문에 $\mu \neq 0$이 되면서 극성을 띠게 된다.

분자에 존재하는 고립 전자쌍은 원자핵에서 고립 전자쌍 방향으로 쌍극자 모멘트가 존재한다. 물과 암모니아는 각각 AX_2E_2 및 AX_3E_1 형태의 전자군을 가지므로 사면체형의 기본 골격을 가지며, 고립 전자쌍에 의한 쌍극자 모멘트 방향과 $O-H$ 및 $N-H$ 공유 결합에 의한 쌍극자 모멘트의 방향이 일치하여 강한 극성을 갖는 분자가 된다.

예제 1.9

아래 분자에서 쌍극자 모멘트의 방향을 그리시오.

(a) CH_3-CH_3 (b) CO_2

풀이

(a) 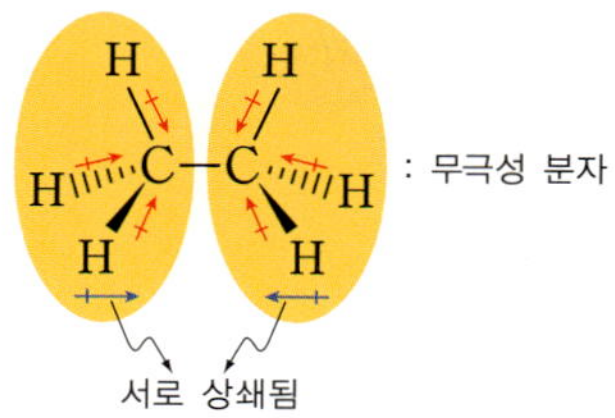

(b) 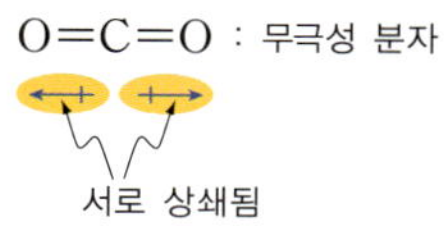

1.7 원자가 결합 이론

양자 화학을 기반으로 화학 결합 및 분자 구조를 설명하는 방법으로 **원자가 결합 이론(valence bond theory, VB theory)**과 **분자 오비탈 이론(molecular orbital theory, MO theory)**이 있다. 교재에서는 1.7절에서 원자가 결합 이론을 설명하고, 1.8절에서는 분자 오비탈 이론을 기술하기로 한다.

1.7.1 원자가 결합 이론

원자가 결합 이론에서는 "결합에 참여하는 두 원자의 특정 원자 오비탈의 중첩으로 화학 결합이 생성된다."고 설명한다. 이것과 관련되는 추가적인 핵심 내용은 아래와 같다.

- 공유 결합은 두 원자의 특정 원자 오비탈(AO)의 중첩에 의하여 생성된다.
- AO의 중첩이 증가하면 결합의 세기도 증가한다.
- AO의 중첩은 두 AO의 방향이 두 원자핵을 연결하는 직선상에 있을 때 최대가 된다.
- 결합 전자쌍은 AO가 중첩되는 곳에서만 편재(localized)한다.
- 중첩에 참여하지 않는 AO들은 결합하기 이전의 형태를 그대로 유지한다.

수소 분자(H_2)를 예로 들어 보자. 수소 원자에서 전자는 구형의 1*s* 오비탈에 있으므로 AO의 중첩은 접근 방향과 무관한 직선형의 분자를 생성한다.

H—H

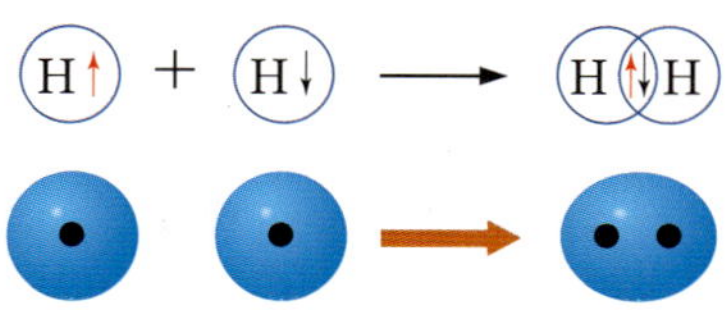

H_2S 분자에서 중심 원자인 황의 전자 배치는 $[Ne]3s^23p_x^23p_y^13p_z^1$이고, $3p_y$ 및 $3p_z$ 오비탈에는 홀전자가 있으므로 여기에 수소 원자($1s^1$)가 각각 접근하여 공유 결합을 형성할 수 있다. 황 원자에서 $3p_y$ 및 $3p_z$ 오비탈은 서로 수직으로 있기 때문에 H—S—H의 결합각을 90°로 추론할 수 있는데, 실제로 이 값은 실험값과 일치한다.

H—S—H

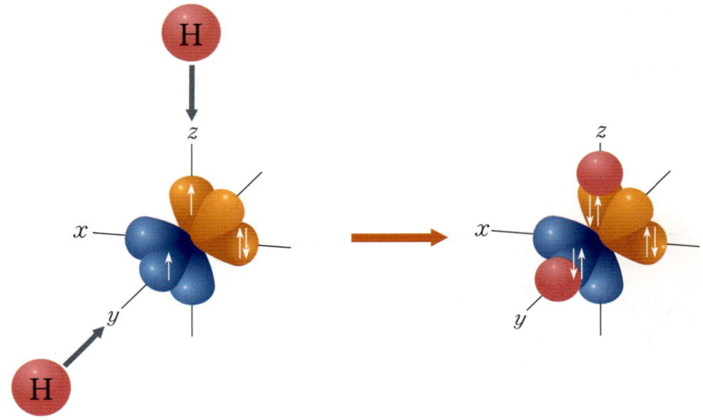

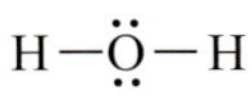

H_2 및 H_2S 분자에서는 원자가 결합 이론을 사용하여 분자 구조를 잘 설명할 수 있었는데, 물(H_2O)에서도 같은 결과를 얻을 수 있는가에 대하여 알아보자.

H_2O 분자에서 산소의 전자 배치는 $[He]2s^2 2p_x^2 2p_y^1 2p_z^1$이고, $2p_y$ 및 $2p_z$ 오비탈에는 홀전자가 있으므로 여기에 수소 원자($1s^1$)가 각각 접근하여 공유 결합을 형성할 수 있다. 산소 원자에서 $2p_y$ 및 $2p_z$ 오비탈은 서로 수직으로 있기 때문에 H−O−H의 결합각을 90°로 추론할 수 있는데, 실제로 물의 결합각은 약 105°이다. 이것은 고전적인 원자가 결합 이론이 분자의 구조를 설명하지 못하는 많은 예 중의 하나이다.

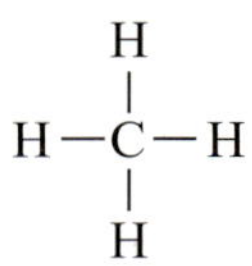

메테인(CH_4)의 분자 구조도 원자가 결합 이론으로는 설명이 불가능하다. 탄소의 전자 배치는 $[He]2s^2 2p_x^1 2p_y^1$이고, $2p_x$ 및 $2p_y$ 오비탈에는 홀전자가 있으므로 여기에 수소 원자($1s^1$)가 각각 접근하여 'CH_2' 형태를 예상할 수 있다. 그러나 'CH_2'는 매우 불안정한 화학종이고, 자연계에서 안정한 C_1-탄화수소 화합물은 메테인(CH_4)이다. CH_4에는 네 개의 동일한 C−H 결합이 존재하고, 이러한 결합이 가능하려면 탄소 주위에 네 개의 홀전자가 있어야 하는데 고전적인 원자가 결합 이론으로는 설명할 수 없다.

1.7.2 혼성 오비탈 이론

H_2 및 H_2S에서는 원자가 결합 이론을 이용하여 분자의 공유 결합 및 결합 각도를 정확하게 예측하였다. 그러나 H_2O에서는 결합 각도에 상당한 오차가 있었고, CH_4에서는 공유 결합 수에 있어서도 합리적인 설명이 불가능하였다. 이러한 문제를 보완하기 위하여 연구자들은 다수의 원자 오비탈을 수학적으로 조작하여 가상의 새로운 **혼성 오비탈(hybrid orbital)**을 만들고, 혼성 오비탈에 원자가 껍질 전자쌍 반발 이론을 적용함으로써 분자 배열을 설명하는 방법을 개발하였다.

혼성 오비탈(hybrid orbital)의 일반적인 특징은 다음과 같다.

- 혼성 오비탈은 AO의 선형 결합(linear combination)으로 생성된다.
- 혼성에 참여한 AO의 수 = 생성된 혼성 오비탈의 수
- 함께 생성된 혼성 오비탈들은 3차원 배열을 제외하고 모양, 에너지 등의 모든 성질이 같다.
- 혼성 오비탈의 3차원 배열은 원자가 껍질 전자쌍 반발 이론으로 예측할 수 있다.
- 혼성 오비탈은 원자(또는 혼성) 오비탈과 중첩을 하여 공유 결합을 생성한다.

혼성 오비탈의 이러한 특징들을 생각하면서 혼성 오비탈의 형성, 공유 결합의 형성, 원자가 껍질 전자쌍 반발 이론 및 분자 구조에 대하여 상세히 알아보자.

1.7.3 sp^3 혼성 오비탈

혼성에 참여한 AO의 수와 생성된 혼성 오비탈의 수는 같으므로 s 오비탈 한 개, p 오비탈 세 개가 혼성에 참여하면 총 네 개의 sp^3 혼성 오비탈이 생성된다. 이 경우에 중심 원자를 기준으로 서로 다른 방향으로 향하는 전자군 수가 4이므로 sp^3 혼성 오비탈은 사면체형의 기본 골격을 갖는다.

sp^3는 s^1p^3를 의미한다. 즉, s 오비탈 한 개와 p 오비탈 세 개가 혼성에 참여해서 생성되는 혼성 오비탈이다.

메테인(CH_4)의 루이스 구조를 보면 탄소 원자는 시그마 결합 네 개 및 고립 전자쌍이 없는 배열(AX_4E_0) 형태를 갖기 때문에 탄소를 중심으로 서로 다른 방향으로 향하는 사면체형의 기본 골격을 예상할 수 있다.

이제는 혼성 오비탈의 개념을 이용하여 이러한 결과들을 설명해 보자. 탄소 원자는 $1s^22s^22p_x{}^12p_y{}^1$의 전자 배치를 하는데, $2s$ 오비탈 한 개 및 $2p$ 오비탈 세 개가 혼성에 참여하여 총 네 개의 sp^3 혼성 오비탈을 형성할 수 있다. 탄소의 원자가 전자는 네 개이므로 네 개의 혼성 오비탈에 전자 한 개씩을 배치한 후, 네 개의 sp^3 혼성 오비탈이 네 개의 수소 원자 $1s^1$ 오비탈과 각각 중첩하여 총 네 개의 시그마 결합을 형성한다. 3차원 구조의 관점에서 기본 골격은 사면체형, 예상 결합각은 109°인데 실제로 H—C—H의 결합 각도는 109.5°로서 상당히 일치한다.

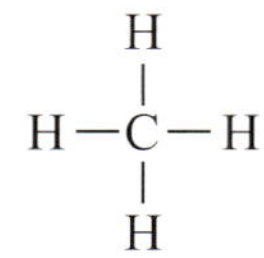

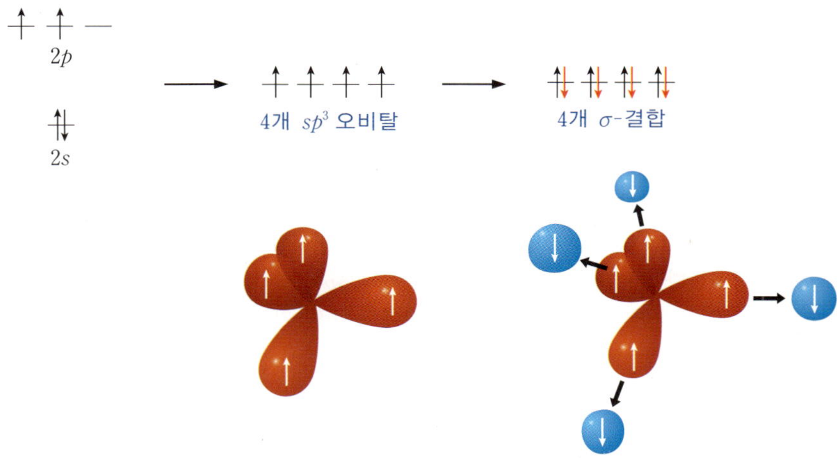

그림 1-9 메테인의 혼성 오비탈 형성 및 결합

시그마 결합과 파이 결합

시그마(σ) 결합은 오비탈 중첩에 의하여 생성되는 전자 구름이 원자핵을 연결하는 직선상에 위치하는 결합으로서, 모든 단일 결합은 시그마 결합이고 분자의 3차원 기본 골격을 구성한다.

파이(π) 결합은 오비탈 중첩에 의하여 생성되는 전자 구름이 원자핵을 연결하는 직선의 위아래 공간에 위치하는 결합으로서, 이중 결합($1\sigma + 1\pi$) 및 삼중 결합($1\sigma + 2\pi$)을 형성한다.

암모니아(NH_3)의 루이스 구조를 보면 질소 원자는 시그마 결합 세 개 및 고립 전자쌍 한 개의 배열(AX_3E_1) 형태를 갖기 때문에 질소를 중심으로 서로 다른 방향으로 향하는 사면체형의 기본 골격을 예상할 수 있다.

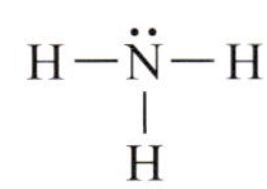

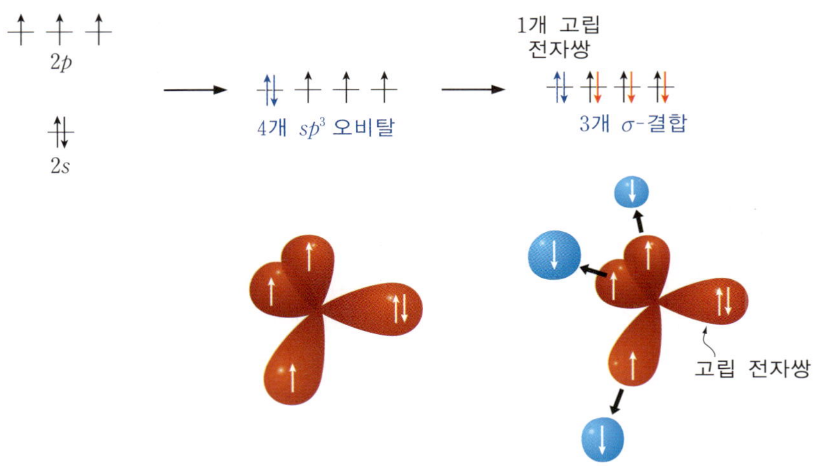

그림 1-10 암모니아의 혼성 오비탈 형성 및 결합

이제는 혼성 오비탈의 개념을 이용하여 이러한 결과들을 설명해 보자. 질소 원자는 $1s^2 2s^2 2p_x^1 2p_y^1 2p_z^1$의 전자 배치를 하는데, 2s 오비탈 한 개 및 2p 오비탈 세 개가 혼성에 참여하여 총 네 개의 sp^3 혼성 오비탈을 형성할 수 있다. 질소의 원자가 전자는 다섯 개이므로 한 개의 sp^3 혼성 오비탈에 전자 두 개 및 세 개의 혼성 오비탈에 전자 한 개씩을 할당한 후, 홀전자를 갖는 세 개의 sp^3 혼성 오비탈이 세 개의 수소 원자 $1s^1$ 오비탈과 각각 중첩하여 총 세 개의 시그마 결합을 형성한다. 두 개의 전자가 있는 한 개의 sp^3 오비탈은 화학 결합에 참여하지 못하고 고립 전자쌍으로 존재한다. 3차원 구조의 관점에서 암모니아의 기본 골격은 사면체형, 예상 결합각은 109°인데 실제로 H—N—H의 결합 각도는 107.3°로 상당히 비슷하다.

예제 1.10

물(H_2O)에서 산소의 혼성 오비탈과 결합을 설명하시오.

풀이

물(H_2O)의 루이스 구조를 보면 산소 원자는 시그마 결합 두 개 및 고립 전자쌍 두 개의 배열 (AX_2E_2) 형태를 갖기 때문에 산소를 중심으로 서로 다른 방향으로 향하는 사면체형의 기본 골격을 예상할 수 있다.

이제는 혼성 오비탈의 개념을 이용하여 이러한 결과들을 설명해 보자. 산소 원자는 $1s^2 2s^2 2p_x^2 2p_y^1 2p_z^1$의 전자 배치를 하는데, 2s 오비탈 한 개 및 2p 오비탈 세 개가 혼성에 참여하여 총 네 개의 sp^3 혼성 오비탈을 형성할 수 있다. 산소의 원자가 전자는 여섯 개이므로 두 개의 sp^3 혼성 오비탈에 전자 두 개씩, 그리고 두 개의 sp^3 혼성 오비탈에 전자 한 개씩을 할당한 후, 홀전자를 갖는 두 개의 sp^3 혼성 오비탈이 두 개의 수소 원자 $1s^1$ 오비탈과 중첩하여 총 두 개의 시그마 결합을 형성한다. 두 개의 전자가 있는 두 개의 sp^3 오비탈은 화학 결합에 참여하지 못하고 고립 전자쌍으로 존재한다. 3차원 구조의 관점에서 물의 기본 골격은 사면체형, 예상 결합각은 109°인데 실제로 H—O—H의 결합 각도는 104.5°이다.

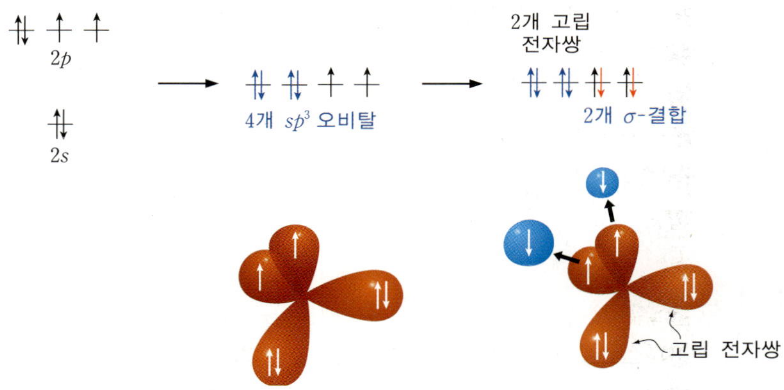

1.7.4 sp^2 혼성 오비탈

sp^2는 s^1p^2를 의미한다. 즉, s 오비탈 한 개와 p 오비탈 두 개가 혼성에 참여해서 생성되는 혼성 오비탈이다.

혼성에 참여한 AO의 수와 생성된 혼성 오비탈의 수는 같기 때문에 s 오비탈 한 개, p 오비탈 두 개가 혼성에 참여하면 총 세 개의 sp^2 혼성 오비탈이 생성된다. 이 경우에 중심 원자를 기준으로 서로 다른 방향으로 향하는 전자군 수가 3이므로 sp^2 혼성 오비탈은 평면 삼각형의 기본 골격을 갖는다. 혼성에 참여하지 않은 한 개의 p 오비탈은 평면 삼각형 기본 골격에 수직인 방향으로 위치한다.

탄소 양이온(CH_3^+)의 루이스 구조를 보면 탄소 원자는 시그마 결합 세 개 및 고립 전자쌍이 없는 배열(AX_3E_0) 형태를 갖기 때문에 탄소를 중심으로 서로 다른 방향으로 향하는 평면 삼각형의 기본 골격을 예상할 수 있다.

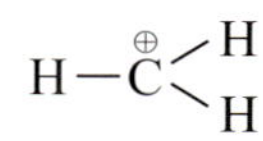

이제는 혼성 오비탈의 개념을 이용하여 이러한 결과들을 설명해 보자. 탄소 원자는 $1s^2 2s^2 2p_x^1 2p_y^1$의 전자 배치를 하는데, $2s$ 오비탈 한 개 및 $2p$ 오비탈 두 개가 혼성에 참여하여 총 세 개의 sp^2 혼성 오비탈을 형성하고, 혼성에 참여하지 않은 한 개의 p 오비탈은 그대로 존재한다. 탄소 양이온에서 탄소의 원자가 전자는 세 개이므로 세 개의 혼성 오비탈에 전자 한 개씩을 할당한 후, 홀전자를 갖는 세 개의 sp^2 혼성 오비탈이 세 개의 수소 원자 $1s^1$ 오비탈과 중첩하여 총 세 개의 시그마 결합을 형성한다. 혼성에 참여하지 않은 p 오비탈은 여분의 원자가 전자가 없기 때문에 (+)전하를 가지면서 평면 삼각형의 기본 골격에 수직인 방향에 위치한다. 3차원 구조의 관점에서 탄소 양이온의 기본 골격은 평면 삼각형, 예상 결합각은 120°로서 실험값과 상당히 일치 한다.

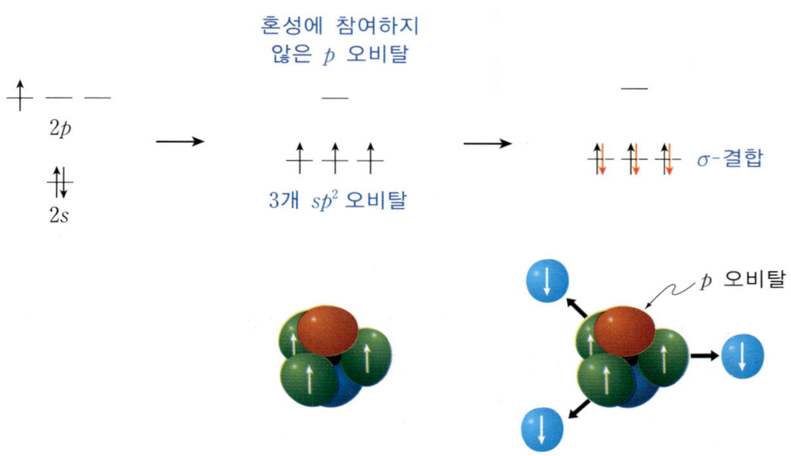

그림 1-11 메틸 양이온(CH_3^+)의 혼성 오비탈 형성 및 결합

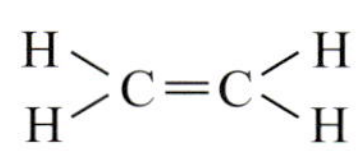

에틸렌(ethylene)의 루이스 구조를 보면 각각의 탄소 원자는 시그마 결합 세 개, 파이 결합 한 개 및 고립 전자쌍이 없는 배열(AX_3E_0) 형태를 갖기 때문에 탄소를 중심으로 서로 다른 방향으로 향하는 평면 삼각형의 기본 골격을 예상할 수 있다.

이제는 혼성 오비탈의 개념을 이용하여 이러한 결과들을 설명해 보자. 탄소 원자는

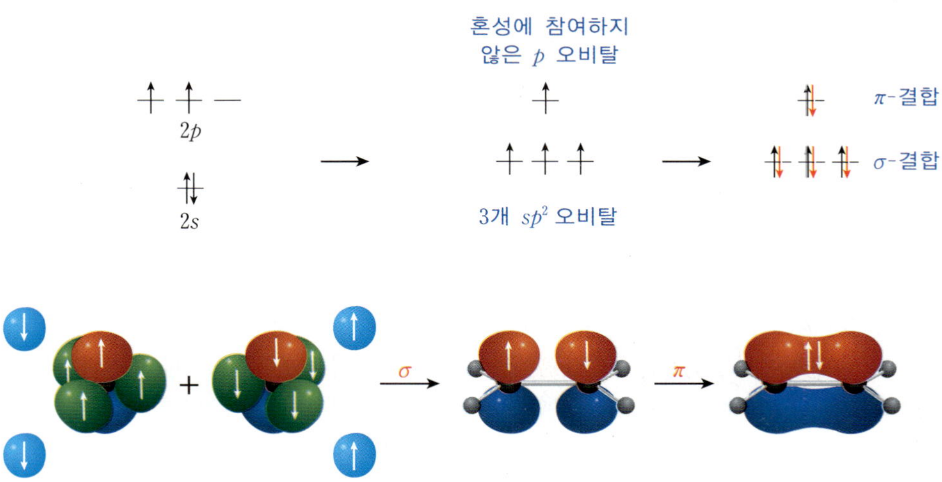

그림 1-12 에틸렌의 혼성 오비탈 형성 및 결합

$1s^2 2s^2 2p_x{}^1 2p_y{}^1$의 전자 배치를 하는데, $2s$ 오비탈 한 개 및 $2p$ 오비탈 두 개가 혼성에 참여하여 총 세 개의 sp^2 혼성 오비탈을 형성하고, 혼성에 참여하지 않은 한 개의 p 오비탈은 그대로 존재한다. 탄소의 원자가 전자는 네 개이므로 세 개의 혼성 오비탈 및 한 개의 p 오비탈에 전자 한 개씩을 할당한 후, 홀전자를 갖는 세 개의 sp^2 혼성 오비탈이 두 개의 수소 원자 $1s^1$ 오비탈 및 인접한 탄소의 sp^2 오비탈과 중첩하여 총 세 개의 시그마 결합을 형성한다. 혼성에 참여하지 않은 p 오비탈의 홀전자는 인접한 탄소 원자의 p 오비탈 홀전자와 중첩되어 파이 결합을 형성함으로써 최종적으로 탄소–탄소 이중 결합을 형성한다. 3차원 구조의 관점에서 에틸렌의 기본 골격은 평면 삼각형, 예상 결합각은 120°이다.

예제 1.11

BH_3에서 붕소 원자의 혼성 오비탈과 결합을 설명하시오.

풀이

보레인(borane)의 루이스 구조를 보면 붕소 원자는 시그마 결합 세 개 및 고립 전자쌍이 없는 배열(AX_3E_0) 형태를 갖기 때문에 붕소를 중심으로 서로 다른 방향으로 향하는 평면 삼각형의 기본 골격을 예상할 수 있다.

이제는 혼성 오비탈의 개념을 이용하여 이러한 결과들을 설명해 보자. 붕소 원자는 $1s^2 2s^2 2p_x{}^1$의 전자 배치를 하는데, $2s$ 오비탈 한 개 및 $2p$ 오비탈 두 개가 혼성에 참여하여 총 세 개의 sp^2 혼성 오비탈을 형성하고, 혼성에 참여하지 않은 한 개의 p 오비탈은 그대로 존재한다. 붕소의 원자가 전자는 세 개이므로 세 개의 혼성 오비탈에 전자 한 개씩을 할당한 후, 홀전자를 갖는 세 개의 sp^2 혼성 오비탈이 세 개의 수소 원자 $1s^1$ 오비탈과 중첩하여 총 세 개의 시그마 결합을 형성한다. 혼성에 참여하지 않은 p 오비탈은 전자가 없는 상태에서 평면 삼각형의 기본 골격에 수직인 방향으로 위치한다. 즉, 3차원 구조의 관점에서 기본 골격은 평면 삼각형, 예상 결합각은 120°로서 실험값과 상당히 일치한다.

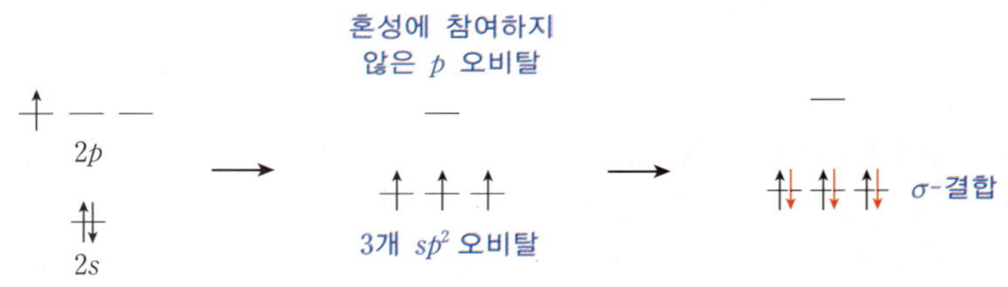

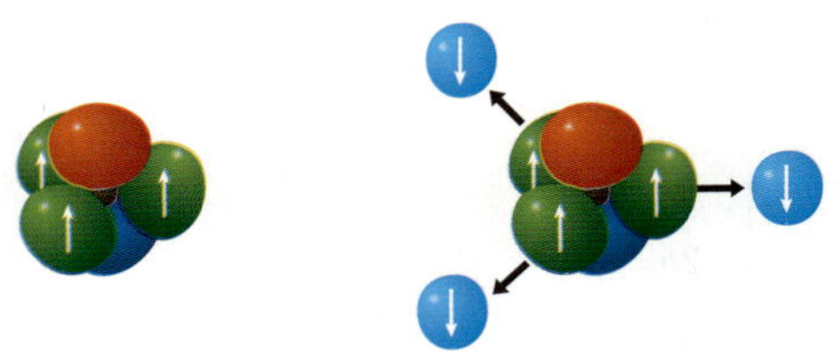

1.7.5 *sp* 혼성 오비탈

혼성에 참여한 AO의 수와 생성된 혼성 오비탈의 수는 같기 때문에 s 오비탈 한 개, p 오비탈 한 개가 혼성에 참여하면 총 두 개의 sp 혼성 오비탈이 생성된다. 이 경우에 중심 원자를 기준으로 서로 다른 방향으로 향하는 전자군 수가 2이므로 sp 혼성 오비탈은 직선형의 기본 골격을 갖는다. 혼성에 참여하지 않은 두 개의 p 오비탈은 직선형의 기본 골격에 서로 수직인 방향으로 위치한다.

아세틸렌(acetylene)의 루이스 구조를 보면 각각의 탄소 원자는 시그마 결합 두 개, 파이 결합 두 개 및 고립 전자쌍이 없는 배열(AX_2E_0) 형태를 갖기 때문에 탄소를 중심으로 서로 다른 방향으로 향하는 직선형의 기본 골격을 예상할 수 있다.

H−C≡C−H

이제는 혼성 오비탈의 개념을 이용하여 이러한 결과들을 설명해 보자. 탄소 원자는 $1s^22s^22p_x^{\ 1}2p_y^{\ 1}$의 전자 배치를 하는데, $2s$ 오비탈 한 개 및 $2p$ 오비탈 한 개가 혼성에 참여하여 총 두 개의 sp 혼성 오비탈을 형성하고, 혼성에 참여하지 않은 두 개의 p 오비탈은 그대로 존재한다. 탄소의 원자가 전자는 네 개이므로 두 개의 혼성 오비탈 및 두 개의 p 오비탈에 전자 한 개씩을 할당한 후, 홀전자를 갖는 두 개의 sp 혼성 오비탈이 한 개의 수소 원자 $1s^1$ 오비탈 및 인접한 탄소의 sp 오비탈과 중첩하여 총 두 개의 시그마 결합을 형성한다. 이때 혼성에 참여하지 않은 두 개 p 오비탈의 홀전자는 인접한 탄소 원자의 p 오비탈 홀전자와 중첩하여 두 개의 파이 결합을 형성함으로써 최종적으로 탄소–탄소 삼중 결합을 형성한다. 3차원 구조의 관점에서 아세틸렌의 기본 골격은 직선형, 예상 결합각은 180°이다.

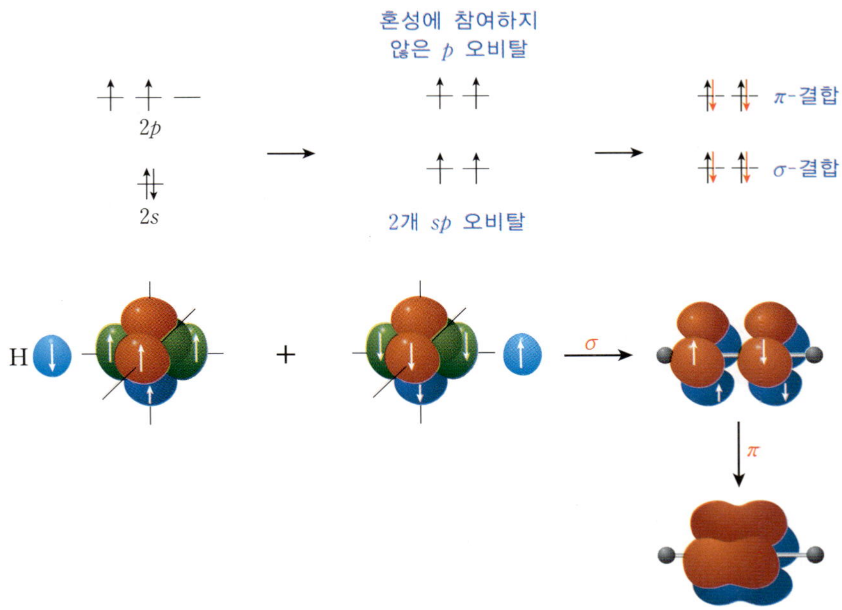

그림 1-13 아세틸렌의 혼성 오비탈 형성 및 결합

sp^3, sp^2, sp 혼성 오비탈 이외에도 3주기 이상의 원소에서는 확장된 전자 껍질을 이용하여 dsp^3, d^2sp^3 혼성 오비탈 개념을 사용하기도 하지만 상세한 내용은 생략한다.

지금까지의 내용을 종합하면 원자가 껍질 전자쌍 반발 이론에서 중심 원자가 AX_nE_m으로 표

표 1-8 전자군 수, 기본 골격 및 혼성 오비탈의 관계

AX_nE_m(VSEPR 이론) $(n+m)$ 값	기본 골격	혼성 오비탈
2	직선형	sp
3	평면 삼각형	sp^2
4	사면체형	sp^3
5	삼각 쌍뿔형	dsp^3
6	팔면체형	d^2sp^3

현될 때, $(n+m)=2, 3, 4, 5, 6$이면 기본 골격은 직선형, 평면 삼각형, 사면체형, 삼각 쌍뿔형, 팔면체형이 되고, 중심 원자의 혼성 오비탈은 각각 sp, sp^2, sp^3, dsp^3, d^2sp^3이다.

예제 1.12

BeH_2에서 Be의 혼성 오비탈과 결합을 설명하시오.

풀이

H—Be—H

BeH_2의 루이스 구조를 보면 각각의 베릴륨 원자는 시그마 결합 두 개 및 고립 전자쌍이 없는 배열(AX_2E_0) 형태를 갖는다. 여기에 원자가 껍질 전자쌍 반발 이론을 적용하면 베릴륨을 중심으로 서로 다른 방향으로 향하는 직선형의 기본 골격을 예상할 수 있다.

이제는 혼성 오비탈의 개념을 이용하여 이러한 결과들을 설명해 보자. 베릴륨 원자는 $1s^22s^2$의 전자 배치를 하는데, $2s$ 오비탈 한 개 및 $2p$ 오비탈 한 개가 혼성에 참여하여 총 두 개의 sp 혼성 오비탈을 형성하고, 혼성에 참여하지 않은 두 개의 p 오비탈은 그대로 존재한다. 베릴륨의 원자가 전자는 두 개이므로 두 개의 혼성 오비탈에 전자 한 개씩을 할당한 후, 홀전자를 갖는 두 개의 sp 혼성 오비탈이 두 개의 수소 원자 $1s^1$ 오비탈과 중첩하여 총 두 개의 시그마 결합을 형성한다. 이때 혼성에 참여하지 않은 p 오비탈 두 개는 평면 삼각형의 기본 골격에 수직인 방향으로 존재하는데, 이 오비탈을 채우는 원자가 전자가 없으므로 비어 있는 상태로 존재한다. 3차원 구조의 관점에서 BeH_2의 기본 골격은 직선형, 예상 결합각은 180°이다.

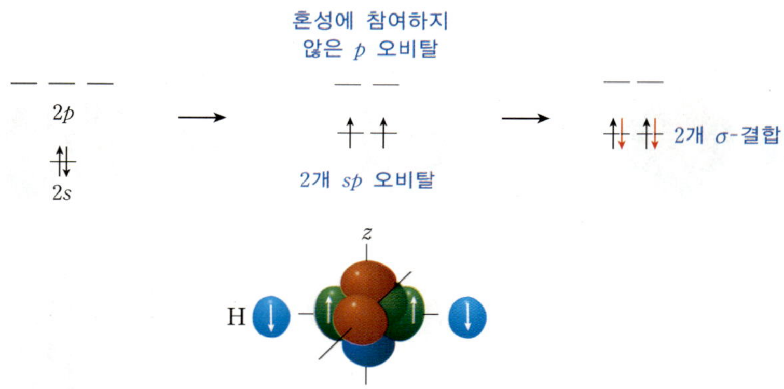

1.8 분자 오비탈 이론

양자 화학을 기반으로 화학 결합 및 분자 구조를 설명하는 방법으로 원자가 결합 이론(valence bond theory, VB theory)과 분자 오비탈 이론(molecular orbital theory, MO theory)이 있다고 하였다(1.7절). 이 중에서 원자가 결합 이론은 1.7절에서 상세히 설명하였고, 1.8절에서는 분자 오비탈 이론에 대하여 알아보기로 한다.

두 이론의 가장 큰 차이점은 화학 결합의 생성을 기술하는 데 있다. 원자가 결합 이론에서는 결합에 참여하는 두 원자의 특정 원자 오비탈 사이에 중첩이 일어나서 화학 결합이 생성되는 것으로 설명하지만, 분자 오비탈 이론에서는 분자를 구성하는 원자의 모든 오비탈 사이에 중첩이 일어나서 화학 결합이 생성된다고 생각한다.

1.8.1 분자 오비탈 이론

혼성 오비탈(1.7.2절)과 유사하게 분자 오비탈 이론에서도 기억해야 할 중요한 특징들이 있다.

- MO는 분자를 구성하는 원자의 모든 AO의 선형 결합으로 생성된다.
- 생성되는 MO의 수 = 선형 결합에 참여하는 AO의 수
- MO는 결합성 MO(bonding MO), 반결합성 MO(antibonding MO), 비결합성 MO(nonbonding MO)로 구분된다.
- 에너지가 낮은 결합성 MO와 에너지가 높은 반결합성 MO는 1:1로 생성된다.

원자 오비탈(atomic orbital, AO)은 원자에서의 전자 분포를 설명하고, 분자 오비탈(molecular orbital, MO)은 분자에서의 전자 분포를 설명한다.

1.8.2 수소 분자

원자가 결합 이론에 의하면 수소 분자는 H $1s^1$ 오비탈의 중첩으로 설명할 수 있다. 이때 결합에 참여한 전자들은 3차원 공간에 자유롭게 있기보다는 오비탈이 중첩되는 공간에 집중적으로 존재하는데, 이러한 전자들을 편재 전자(localized electron)라고 한다.

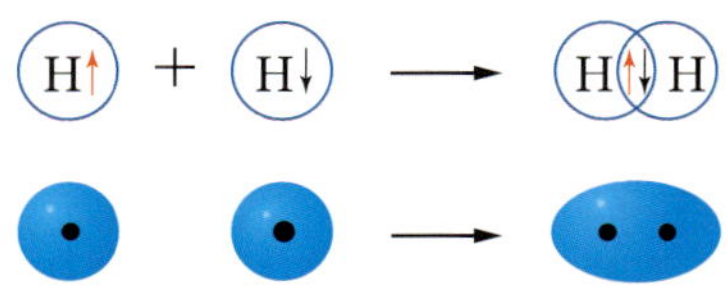

분자 오비탈 이론에서는 H $1s^1$ 오비탈 두 개가 선형 결합하여 에너지가 낮은 결합성 MO와 에너지가 높은 반결합성 MO를 각각 생성한다(총 두 개). 이때 수소 원자에 있는 전자 두 개는 에너지가 낮은 결합성 MO를 먼저 채우고 에너지가 높은 반결합성 MO에는 전자가 없게 된다. 이 과정을 전체 에너지의 관점에서 분석하면 두 개의 독립된 수소 원자보다 한 개의 수소 분자를 생성하는 것이 더 안정함을 알 수 있다.

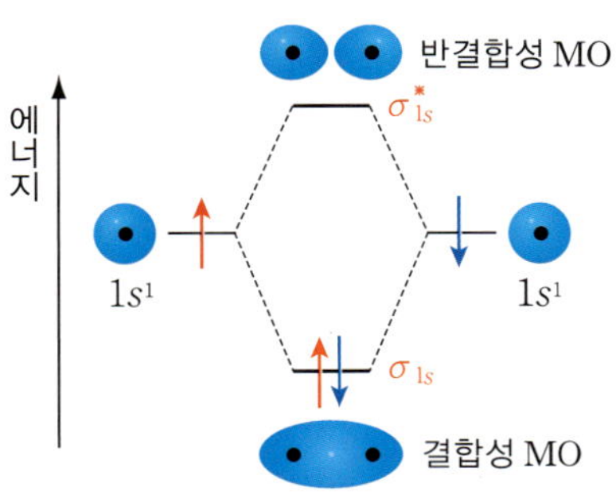

원자가 결합 이론에서 결합의 생성을 표현한 그림과 분자 오비탈 이론에서 결합성 MO를 기술한 그림이 서로 유사함에 유의하자.

수소 분자에서 결합성 MO가 의미하는 것은 1번 H 원자의 전자가 2번 H 원자 주위에서 발견될 수 있고, 또한 그 반대의 경우도 가능하다는 것이다. MO는 분자를 구성하는 모든 AO의 선형 결합으로 생성되기 때문에 MO의 전자 구름은 실제로 특정 원자에 집중되기보다는 분자를 구성하는 모든 원자에 걸쳐서 넓게 퍼지는 특징을 갖는데, 이러한 전자들을 비편재 전자(delocalized electron)라고 한다.

결합 차수(bond order)는 결합성 MO 및 반결합성 MO에 있는 전자 수의 차이를 2로 나눈 값이다. H_2 분자의 결합 차수는 $\frac{(2-0)}{2}=1$인데, 이것은 H−H 결합이 단일 공유 결합임을 의미한다. 일반적으로 결합성 MO는 에너지가 낮기 때문에 전자가 채워질수록 결합 차수가 증가하고 화학 결합의 열역학적 안정성이 커진다.

수소 분자의 경우에서 알 수 있듯이 원자가 결합 이론 및 혼성 오비탈 이론은 직관적이기 때

문에 어떤 현상을 설명할 때 많이 사용된다. 분자 오비탈 이론은 비록 적용하기는 힘들지만, 원자가 결합 이론 또는 혼성 오비탈 이론이 설명하지 못하는 부분까지도 논리적인 설명이 가능하기 때문에 그 중요성이 날로 커지고 있다.

예제 1.13

H_2^+ 화학종의 결합 차수와 열역학적 안정도를 설명하시오.

풀이

H_2^+ 양이온은 H_2 분자와 동일한 분자 오비탈을 생성하지만 총 전자 수가 한 개이므로 결합성 MO에 전자 한 개만 들어간다. 결합 차수는 $\frac{(1-0)}{2}$ $=0.5$로, H_2 분자보다는 작지만 독립적으로 존재하는 두 개의 $1s^1$ 수소 원자보다는 더 안정함을 알 수 있다.

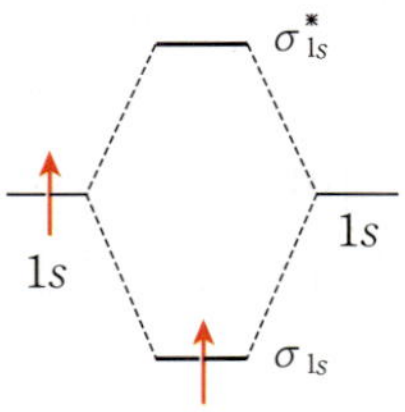

H_2^+
(결합 차수 $=\frac{1}{2}$)

1.8.3 헬륨 원자

He_2도 수소 분자와 동일한 분자 오비탈을 생성한다. 그러나 총 전자 수가 네 개이므로 결합성 MO 및 반결합성 MO에 전자가 두 개씩 들어가서 결합 차수는 $\frac{(2-2)}{2}=0$이 된다. 결합 차수 0이란 분자를 형성할 때 열역학적인 안정화 효과가 전혀 없다는 것으로 실제로 화학 결합이 형성되지 않음을 의미한다. 실험에 의하면 헬륨은 단원자 분자(He)로 존재한다.

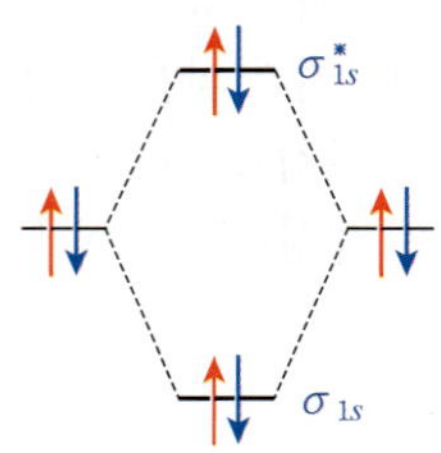

He_2

예제 1.14

He_2^+ 및 He_2의 결합 차수와 열역학적 안정도를 설명하시오.

풀이

He_2^+는 수소 분자와 동일한 분자 오비탈을 생성한다. 총 전자 수가 세 개이므로 결합성 MO에 두 개, 반결합성 MO에 한 개 들어가 결합 차수는 $\frac{(2-1)}{2}=0.5$이다. 따라서 열역학적 안정도는 He_2^+가 He_2보다 더 안정할 것으로 예상할 수 있다.

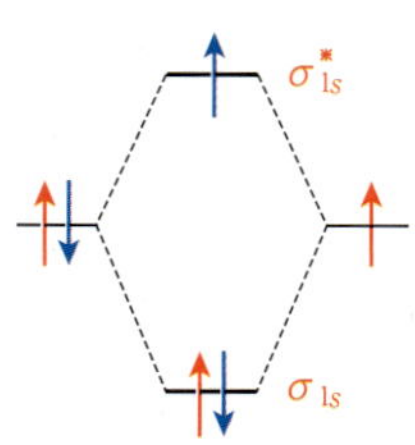

He_2^+
(결합 차수 $=\frac{1}{2}$)

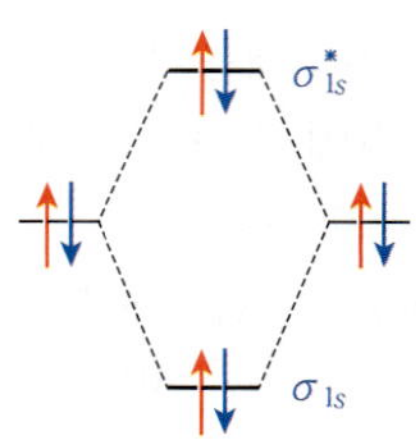

He_2
(결합 차수=0)

1.8.4 파이 결합

원자가 결합 이론 및 혼성 오비탈 이론에 의하면 파이 결합은 전자 한 개를 갖는 p 오비탈의 중첩으로 설명하였다(1.7.4절).

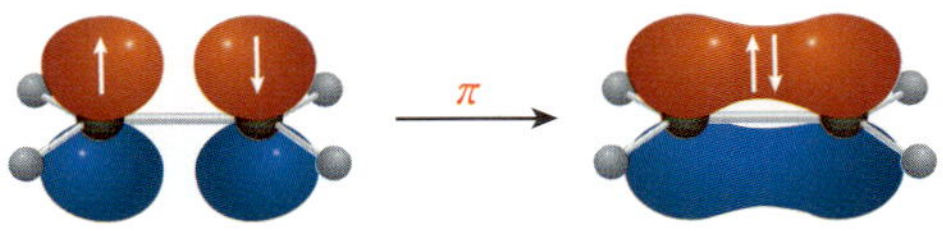

분자 오비탈 이론에서는 p 오비탈 두 개가 선형 결합하여 에너지가 낮은 결합성 MO와 에너지가 높은 반결합성 MO를 각각 생성한다(총 두 개). 두 개의 탄소 p 오비탈에 있는 두 개의 전자는 에너지가 낮은 결합성 MO를 먼저 채우고 에너지가 높은 반결합성 MO에는 전자가 없게 된다. 이 과정을 전체 에너지의 관점에서 분석하면 파이 결합을 형성하는 것이 더 안정함을 알 수 있다.

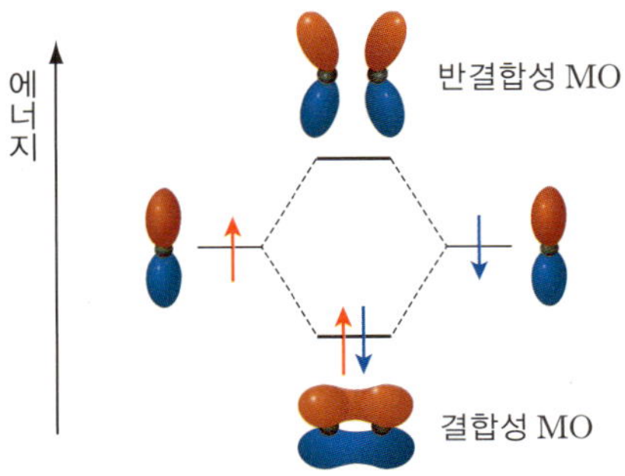

원자가 결합 이론에서 π-결합의 생성을 표현한 그림과 분자 오비탈 이론에서 결합성 MO를 기술한 그림이 서로 유사함에 유의하자.

1.8.5 결론

지금까지 '원자가 결합 이론 및 혼성 오비탈 이론(원자가 결합 이론으로 통칭)'과 '분자 오비탈 이론'에 대한 가정 및 특징을 기술하였고, 몇몇 분자들의 경우를 예로 들었다. 그러면 화학 결합, 에너지, 기타 성질을 예측하는 데 어떠한 방법이 더 좋을까?

기본적으로 원자가 결합 이론과 분자 오비탈 이론은 양자 이론에 기초를 두고 있다. 우선 원자가 결합 이론은 직관적이고 사용하기 쉽다는 장점이 있다. 분자 오비탈 이론은 수학적 계산이 많이 필요하고 그 결과의 해석 또한 직관적이지는 않지만 원자가 결합 이론으로는 불가능한 많은 다른 현상들을 설명할 수 있다. 이처럼 원자가 결합 이론 및 분자 오비탈 이론은 각각의 장단점이 있는데, 다행스럽게도 두 이론은 서로의 부족한 부분을 보완하는 관계에 있다. 따라서 어떠한 현상을 설명할 때 특정 이론에 집착하기보다는 이해하기 쉽고 설명하기 쉬운 방법을 선택해서 사용하면 된다.

1.9 화학 구조의 표현

화합물의 Lewis 구조를 빠르고 정확하게 그리는 것이 중요하듯이 복잡한 유기 화합물을 간결하게 표현하는 것도 매우 중요하다.

표 1-9 유기 화합물 구조의 2차원 표현법

Kekulé 구조	축약 구조	선 구조
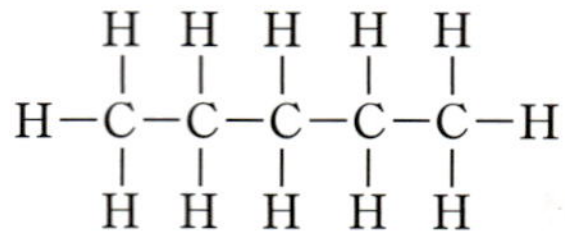	$CH_3CH_2CH_2CH_2CH_3$ $CH_3(CH_2)_3CH_3$	
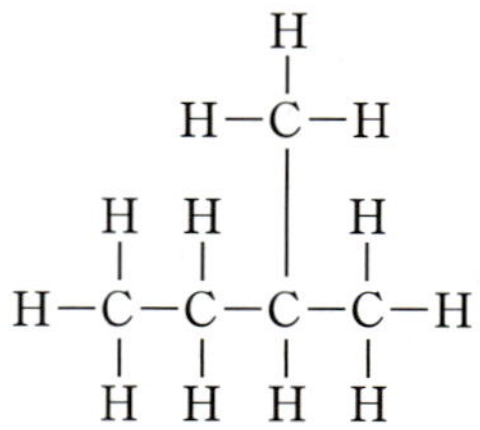	CH_3 $CH_3CH_2CHCH_3$ $CH_3CH_2CH(CH_3)_2$	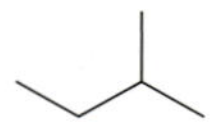
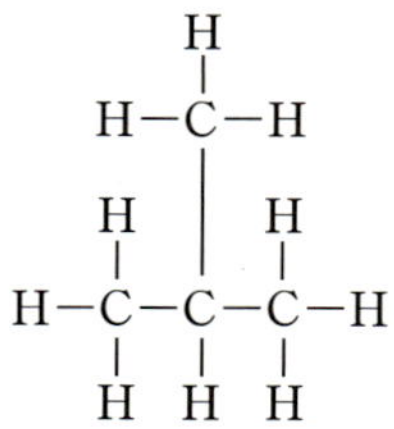	CH_3 $CH_3CH(CH_3)$ $(CH_3)_3CH$	
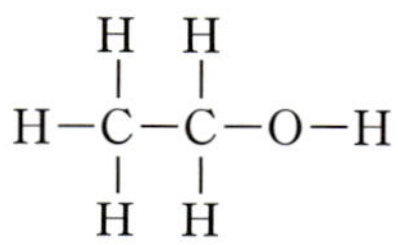	CH_3CH_2OH	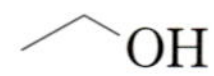

유기 화합물 구조를 2차원에서 표현하는 다양한 방법 중에서 Kekulé 구조는 화합물을 구성하는 원소를 모두 표시하고, 원소 사이의 시그마 및 파이 결합을 모두 직선으로 표시한다. 축약 구조(condensed structure)는 Kekulé 구조에서 시그마 및 파이 결합을 표시하는 직선의 일부 또는 전체를 생략한 것이다.

선 구조(line structure)는 복잡한 구조의 유기 화합물을 표현하는 가장 효과적인 방법으로서, 다음의 원칙을 따른다.

- 일반적으로 탄소 및 수소 원자는 표시하지 않는다.
- 탄소 원자는 직선이 서로 만나는 교차점과 직선의 말단 부분에 위치한다.
- 수소 원자는 탄소의 팔전자계를 만족할 만큼 존재한다.
- 비공유 전자쌍은 필요한 만큼 존재한다.
- 탄소 및 수소 원자를 제외한 다른 원자들은 반드시 표시한다.

이러한 원칙을 적용하면 선 구조에서 축약 구조로의 전환을 할 수 있고, 반대로 축약 구조에서 선 구조로의 전환도 가능하다. 교재에서는 축약 구조와 선 구조를 상황에 맞게 선택하여 사용할 예정이다.

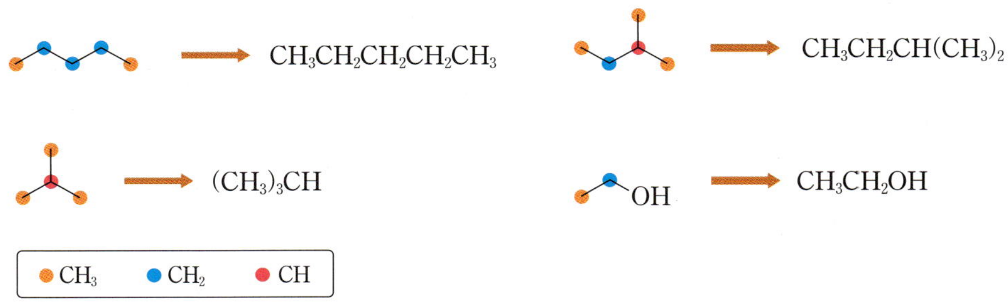

유기 화합물은 3차원 공간에 존재하기 때문에 유기 화합물을 입체적으로 표현하는 것도 매우 중요하다. 일반적으로 (1) 실선은 2차원 평면에 위치하고, (2) 쐐기 모양의 굵은 실선은 평면에서 앞으로 나오는 결합이며, (3) 쐐기 모양의 점선은 평면에서 뒤로 향하는 결합을 의미하는 wedge-dash 표기법을 가장 많이 사용한다.

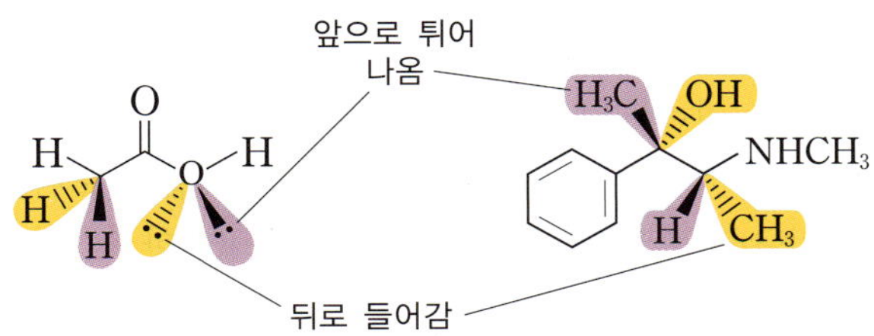

최근에는 컴퓨터를 이용해서 3차원 구조를 효과적으로 표현하는 방법이 일반화되고 있다. 그림 1-14는 CH_3CO_2H 분자의 선 골격 모형(wire frame model), 막대 모형(stick model), 공-막대 모형(ball-and-stick model), 공간 채움 모형(space-filling model)을 나타낸 것이다.

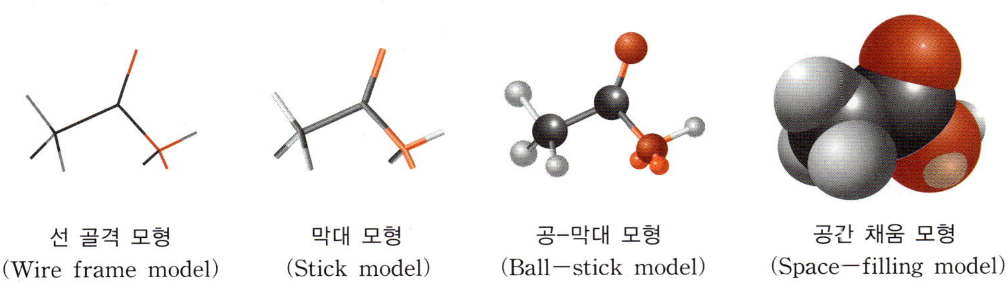

그림 1-14 CH_3CO_2H 분자의 3차원 표현법

1.10 요약

1장에서는 유기 화학에 관한 단순한 소개에서 시작하여 원자 구조, 화학 결합, 루이스 구조, 원자가 껍질 전자쌍 반발 이론, 원자가 결합 이론, 분자 오비탈 이론, 화학 구조의 표현 등 유기 화학에 필요한 일반화학 수준의 개념을 기술하였다.

원자는 양전하를 갖는 양성자, 전하가 없는 중성자, 그리고 음전하를 갖는 전자로 구성된다(1.2절). 양자론에 의하면 원자에서 전자의 분포는 특정 지역에서 전자를 발견할 수 있는 확률로 표현되고, *s* 및 *p* 오비탈처럼 서로 다른 오비탈은 에너지 준위와 등확률면이 서로 상이하다. 그리고 원자에서 전자는 에너지 준위가 낮은 오비탈부터 채우는데, 이때 쌓음 원리, Pauli 배타 원리, Hund 규칙을 적용한다.

화학 결합은 결합하는 방식에 따라서 금속 결합, 이온 결합, 공유 결합 및 배위 결합 등으로 구분할 수 있다(1.3절). 일반적으로 결합이 생성되면 에너지가 방출되고(발열 반응), 결합을 끊기 위해서는 에너지를 공급해야 한다(흡열 반응).

유기 화학에서는 화합물의 루이스 구조를 정확하고 빠르게 그리는 것이 매우 중요하다. 이를 위해서 뼈대 구조, 루이스 구조, 형식 전하, 공명 구조에 대하여 예를 들면서 상세하게 설명하였다(1.4절). 이 외에도 주기율표 및 팔전자계를 이용하여 화합물의 루이스 구조를 정확하게 그리는 또 다른 방법을 기술하였다.

화합물의 2차원 루이스 구조에서 특정 원자를 중심으로 인접한 원자들의 3차원 배열을 원자가 껍질 전자쌍 반발 이론으로 예측할 수 있다(1.5절). 이를 위하여 전자군, 전자군 수, 이와 연관되는 기본 골격, 분자 구조 등의 개념을 설명하였다. 원자를 중심으로 기술한 이 개념을 분자로 확장하면 분자의 3차원 배열을 예측할 수 있고, 개별 결합의 쌍극자 모멘트에서 분자의 쌍극자 모멘트도 추론할 수 있다. 이 과정에서 전기 음성도, 결합의 극성, 쌍극자, 쌍극자 모멘트, 극성 분자, 무극성 분자 등의 개념이 도입되었다(1.6절).

공유 결합은 원자들이 전자를 공유할 때 생성된다. 원자가 결합 이론(1.7절)에 의하면 특정 원자 오비탈의 중첩으로 공유 결합이 생성되고, 분자 오비탈 이론(1.8절)에서는 원자의 모든 원자 오비탈들의 중첩으로 공유 결합이 형성된다. 시그마(σ) 결합은 오비탈의 중첩이 원자핵을 연결하는 직선상에서 일어나서 분자의 3차원 기본 골격을 구성하고, 파이(π) 결합은 오비탈의 중첩이 원자핵을 연결하는 직선의 위아래에서 일어나는 결합이다. 그리고 원자가 결합 이론의 단점을 보완하기 위하여 sp, sp^2, sp^3 등의 혼성 오비탈 개념이 도입되었다. 혼성 오비탈은 가상적인 것으로 분자 오비탈과 구별되어야 하고, 분자의 3차원 구조를 예측하는 데 매우 유용하게 적용할 수 있다.

유기 화합물을 2차원에서 표현하는 방법으로 Kekulé 구조, 축약 구조, 선 구조 등이 있다(1.9절). 분자 구조의 3차원 표현 방법으로는 wedge–dash 모형을 가장 많이 사용하고, 전산 화학에서는 선 골격 모형, 막대 모형, 공–막대 모형, 공간 채움 모형 등 상황에 맞게 다양한 모형들을 개발하여 사용한다.

✓ 연습 문제

1. 아래의 화합물에서는 이온 결합, 공유 결합, 또는 이온 및 공유 결합이 동시에 존재한다. 공유 결합은 대시(dash)를 사용하고, 이온 결합은 전하를 사용하여 해당 물질들의 결합 형태를 나타내시오.

(a)	(b)	(c)	(d)
KCl	CH_2Cl_2	$KOCH_3$	CF_3CF_3

2. 출발 물질 및 생성 물질에서 결합 전자쌍 및 고립 전자쌍을 그리시오.

$$NH_3 + H^+ \longrightarrow NH_4^+$$

3. 아래 화합물의 뼈대 구조를 그리시오.

(a) $HClO_3$

(b) H_2SO_4

4. 아래 화합물의 Lewis 구조를 그리시오.

(a) SO_2F_2

(b) C_2H_3N(C—C—N 골격과 C와 N 사이에 삼중 결합 존재)

(c) $HClO_4$

5. 아래의 화합물에서 수소(H)를 제외한 모든 원자의 형식 전하를 구하시오.

(a) 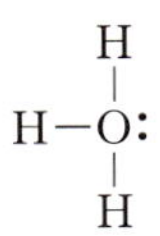

(b) 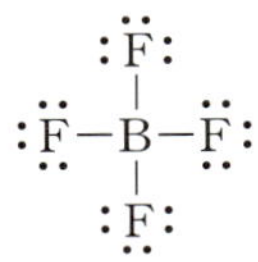

(c) 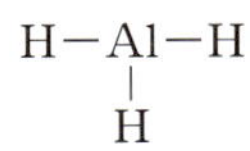

(d) 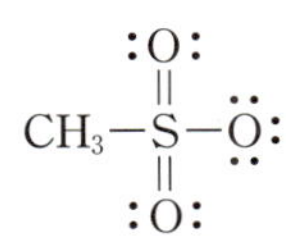

(e) 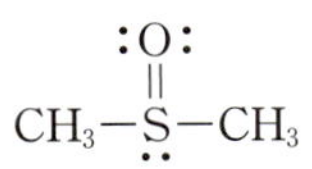

(f) 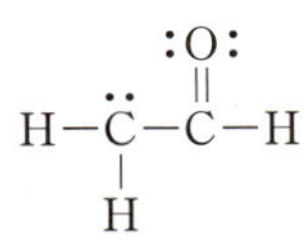

(g) 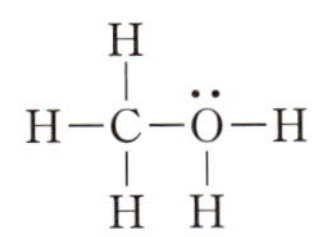

6. 반응에서 전자의 이동이 아래와 같을 때 예상되는 생성물을 그리시오.(단, 주어진 반응의 진행에 대한 판단을 유보하고 단지 전자의 이동에만 집중한다.)

(a) 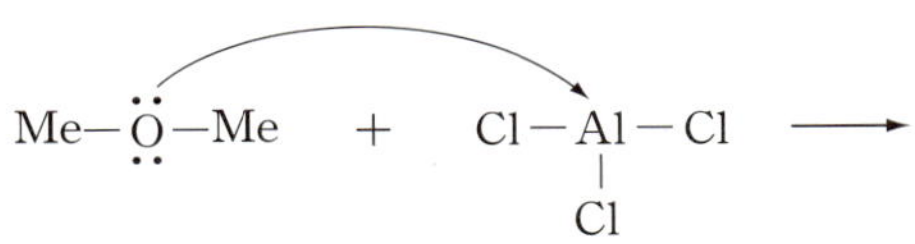

(b) 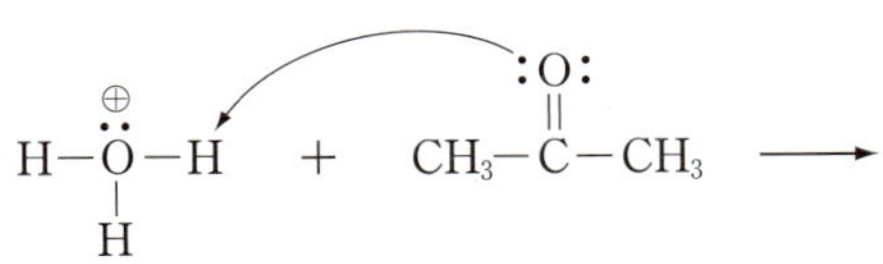

(c) 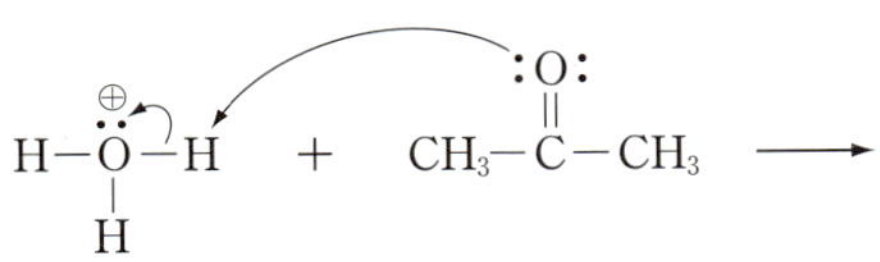

(d) 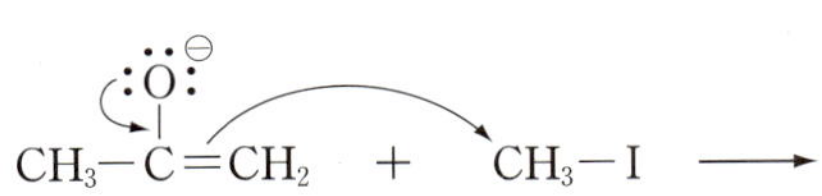

(e) 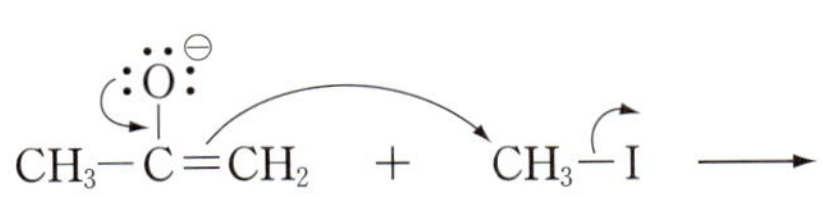

7. 아래의 반응에서 전자의 이동을 합리적으로 표시하시오.

(a) 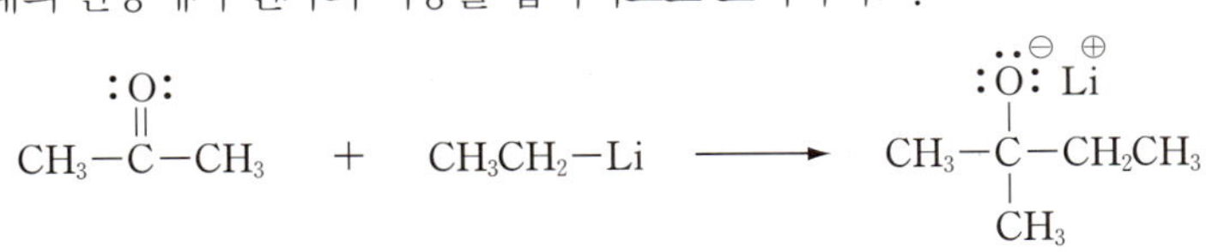

(b) 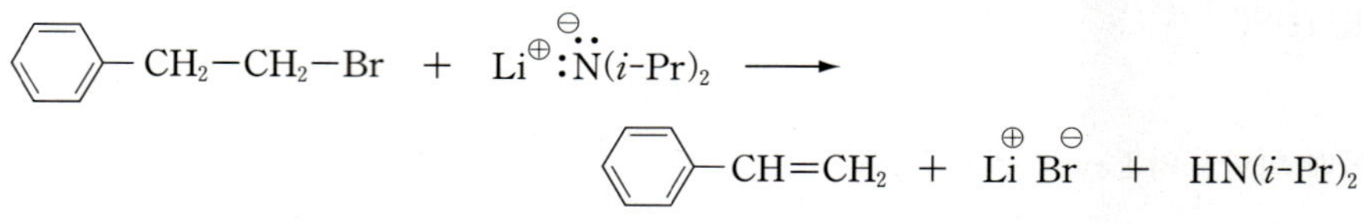

(c) 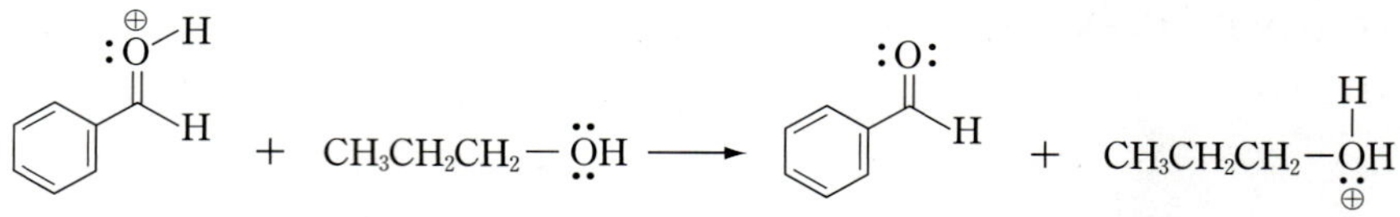

8. 아래 화합물의 공명 구조를 그리고, 공명 혼성에 가장 기여도가 큰 구조를 판단하시오.

(a) CH_3NO_2 (b) O_3 (c) $H_2C{=}O$
(d) CH_2N_2 (e) N_3^-

9. Lewis 구조의 개념에서 존재할 수 없는 구조를 고르시오.

(a) NH_3, NH_4^+, NH_2^-, NH_4^-
(b) CH_4, CH_3^+, CH_3^-, CH_4^-

10. 아래의 분자 또는 이온의 3차원 구조 및 극성을 예측하시오.

(a) NO_2^- (b) CF_3Cl (c) $(CH_3)_2SO$
(d) CCl_4 (e) BrCH=CHBr(두 종류 화합물)

11. NH_3와 NF_3의 쌍극자 모멘트는 각각 1.47 D 및 0.24 D이다. NH_3와 NF_3의 쌍극자 모멘트 값이 크게 다른 이유를 쌍극자 모멘트의 방향과 연관시켜서 설명하시오.

12. 아래의 화합물에서 탄소, 산소 및 질소 원자의 혼성을 명시하고, 결합 각도를 예측하시오.

(a) $CH_3{-}CH_3$ (b) 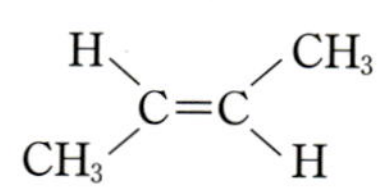 (c) 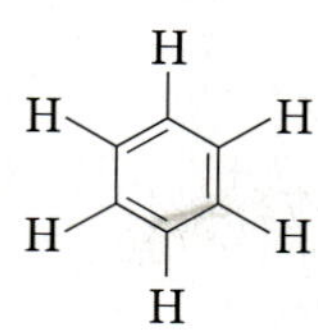

(d) H−C≡C−H (e) 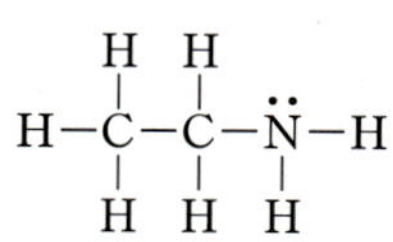 (f) 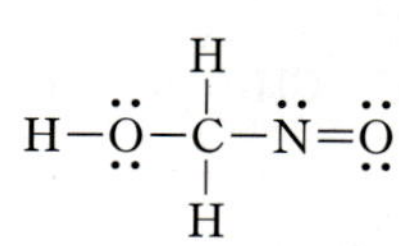

13. 아래의 화합물에서 각 탄소에 있는 수소 원자의 수를 나타내시오.

(a) 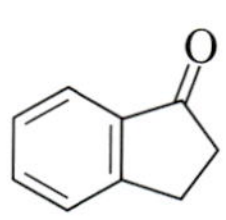 (b) 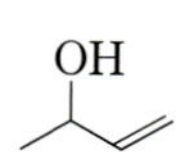 (c) 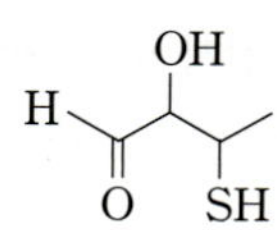

2장

기본 개념

2.1 산, 염기 및 산–염기 반응

2.1.1 Arrhenius 산과 염기

Arrhenius는 수용액에서 H^+를 생성하는 화합물을 **산(acid)**, 수용액에서 OH^-를 생성하는 화합물을 **염기(base)**라 정의하였다. 이때 동일한 농도의 출발 물질에서 H^+/OH^-가 많이 생성되면 **강산(strong acid)/강염기(strong base)**, H^+/OH^-가 적게 생성되면 **약산(weak acid)/약염기(weak base)**라고 한다.

$$\text{강산:}\quad HCl(aq) \longrightarrow H^+(aq) + Cl^-(aq)$$
$$\text{약산:}\quad AcOH(aq) \rightleftharpoons AcO^-(aq) + H^+(aq)$$
$$\text{강염기:}\quad NaOH(aq) \longrightarrow Na^+(aq) + OH^-(aq)$$
$$\text{약염기:}\quad NH_4OH(aq) \rightleftharpoons NH_4^+(aq) + OH^-(aq)$$

2.1.2 Brønsted–Lowry 산과 염기

Arrhenius는 산/염기를 수용액에서 정의하였는데, 학문이 발전하면서 물과 일반 용매에서 동일하게 적용할 수 있는 새로운 산/염기의 정의가 필요하였다.

양성자를 제공하는 화합물을 양성자 주개(proton donor), 양성자를 받는 화합물을 양성자 받개(proton acceptor)라고 한다.

Brønsted–Lowry는 양성자(H^+)를 제공하는 화합물을 산, 양성자(H^+)를 받는 화합물을 염기라고 정의하였다. 이 정의는 물과 일반 용매에서 동일하게 적용할 수 있다.

Brønsted–Lowry의 산/염기 정의에 의하면 산–염기 반응은 양성자(H^+) 전달 반응이다. 이 반응에서는 산에서 H^+가 제거된 화학종 및 염기에 H^+가 도입된 화학종이 새롭게 생성되는데, 이들을 각각 산의 **짝염기(conjugate base)** 및 염기의 **짝산(conjugate acid)**이라고 한다.

HA가 물 용매에서 산으로 작용한다고 가정하자. 정반응의 관점에서는 HA가 산으로 작용하고, H_2O가 염기로 작용한다. 이때 HA에서 H^+가 제거된 A^-는 'HA의 짝염기'이고, H_2O에서 H^+를 얻은 H_3O^+는 'H_2O의 짝산'이다. 역반응의 관점에서는 H_3O^+가 산으로 작용하고, A^-가 염기로 작용한다. 이때 H_3O^+에서 H^+가 제거된 H_2O는 'H_3O^+의 짝염기'이고, A^-에서 H^+를 얻은 HA는 'A^-의 짝산'이다.

$$HA + H_2O \rightleftharpoons A:^{\ominus} + H_3O^{\oplus}$$

	HA	H_2O	$A:^{\ominus}$	$H_3O^{\oplus}$
정반응:	산	염기	HA의 짝염기	H_2O의 짝산
역반응:	A^-의 짝산	H_3O^+의 짝염기	염기	산

이번에는 A^-가 물 용매에서 염기로 작용한다고 가정하자. 정반응의 관점에서는 A^-가 염기로 작용하고, H_2O가 산으로 작용한다. 이때 A^-에서 H^+를 얻은 HA는 'A^-의 짝산'이고, H_2O에서 H^+가 제거된 HO^-는 'H_2O의 짝염기'이다. 역반응의 관점에서는 HO^-가 염기로 작용하고, HA가 산으로 작용한다. 이때 HO^-에서 H^+를 얻은 H_2O는 'HO^-의 짝산'이고, HA에서 H^+가 제거된 A^-는 'HA의 짝염기'이다.

$$A:^{\ominus} + H_2O \rightleftharpoons HA + HO:^{\ominus}$$

	$A:^{\ominus}$	H_2O	HA	$HO:^{\ominus}$
정반응:	염기	산	A^-의 짝산	H_2O의 짝염기
역반응:	HA의 짝염기	HO^-의 짝산	산	염기

이러한 결과를 종합하면 '산/짝염기' 및 '염기/짝산' 관계에 있는 화학종들은 구조적으로 양성자(H^+) 한 개의 차이가 있다. 그리고 '산/짝염기' 및 '염기/짝산' 등의 용어는 기준 반응(정반응 vs. 역반응)을 어떻게 정하는가에 따라서 변할 수 있지만, 주어진 특정 반응에서는 염기가 산이 되거나 또는 산이 염기가 되는 경우는 일어나지 않는다.

짝산/짝염기 용어를 사용할 때에는 반드시 기준이 되는 염기/산이 존재한다. 예를 들면 짝염기 HA^-를 언급하는 경우에는 산 H_2A가 기준 물질이고, 짝산 HA^-를 언급하는 경우에는 염기 A^{2-}가 기준 물질이 된다.

예제 2.1

H_3Y, H_2Y^-, HY^{2-}, Y^{3-} 화학종의 짝염기 및 짝산을 쓰시오.

풀이

짝산	화학종	짝염기
–	H_3Y	H_2Y^-
H_3Y	H_2Y^-	HY^{2-}
H_2Y^-	HY^{2-}	Y^{3-}
HY^{2-}	Y^{3-}	–

2.1.3 산 이온화 상수 및 염기 이온화 상수

산 HA와 물의 산-염기 반응을 가정하자. 평형 상수 식에는 농도가 변하는 화학종만을 사용하는데, 물의 농도는 거의 일정하므로 **산 이온화 상수(acid ionization constant, K_a(HA))**는 아래와 같이 정의된다. 이 식에 의하면 HA의 산성도가 증가하면 $[H^+]$ 및 $[A^-]$의 농도가 증가하여 K_a(HA) 값은 커지고 pK_a(HA) 값은 감소한다. 역반응의 관점에서 $[A^-]$의 농도가 증가한다는 것은 A^-의 염기성이 작아짐을 의미한다.

$pH = -\log_{10}[H^+]$
$pK_a(HA) = -\log_{10}K_a(HA)$

$$HA + H_2O \rightleftharpoons A:^- + H_3O^+ \qquad K_a(HA) = \frac{[H_3O^+][A^-]}{[HA]}$$

이번에는 짝염기 A^-와 물의 산-염기 반응을 가정하자. **염기 이온화 상수(base ionization constant, $K_b(A^-)$)**는 물의 농도가 일정하기 때문에 아래와 같이 정의된다. 이 식에 의하면 A^-의 염기성이 증가하면 [HA] 및 $[HO^-]$의 농도가 증가하여 $K_b(A^-)$ 값은 커지고 $pK_b(A^-)$ 값은 감소한다. 역반응의 관점에서 [HA]의 농도가 증가한다는 것은 HA의 산성도가 작아짐을 의미한다.

$pK_b(A^-) = -\log_{10}K_b(A^-)$

$$A:^- + H_2O \rightleftharpoons HA + HO^- \qquad K_b(A^-) = \frac{[HA][HO^-]}{[A^-]}$$

화합물의 산성도는 결합의 세기, 전기 음성도/유발 효과(induced effect), 형식 전하 등 다양한 요인에 의하여 영향을 받는 것으로 알려져 있다.

산의 세기가 증가하면 해당되는 짝염기의 염기성이 감소하고, 염기의 세기가 증가하면 해당하는 짝산의 산성도는 감소한다.

산성도와 결합 세기의 연관성은 주기율표에서 같은 족에 속하는 유사한 화합물들의 산성도 (pK_a) 변화에서 찾을 수 있다. 일반적으로 주기율표에서 같은 족에 속하는 원자들은 아래로 가면서 원자 반경이 증가하고, H−A의 결합 길이가 증가하면서 결합 세기가 약해지며, 그 결과 H−A가 쉽게 끊어져서 H^+가 더 많이 생성되기 때문에 산성도는 증가한다.

17족: HF(3.1) < HCl(−3.9) < HBr(−5.8) < HI(−10.4)
16족: H_2O(15.7) < H_2S(7.0)

산성도와 전기 음성도/유발 효과의 연관성은 주기율표에서 같은 주기에 속하는 유사한 화합물들의 산성도 변화에서 찾을 수 있다. 일반적으로 주기율표에서 같은 주기에 속하는 원자들은 오른쪽으로 가면서 전기 음성도가 증가하고, 전기 음성도가 증가하면 음전하의 안정성이 증가하므로 H^+ 및 A^-가 더 많이 생성될 수 있다. 즉, 산성도는 증가한다.

2주기: CH_4(60) < NH_3(33) < H_2O(15.7) < HF(3.1)
3주기: H_2S(7.0) < HCl(−3.9)

산성도와 전기 음성도/유발 효과의 연관성은 아래의 예에서도 찾을 수 있다. 아래의 두 화합물은 C−CH_2−OH의 기본 골격은 같지만 CH_3 및 CF_3에서 차이점이 있다. CA_3−CH_2−OH가 산으로 작용하면 CA_3−CH_2−O^- 음이온이 생성되는데, F는 H보다 전기 음성도가 훨씬 크기 때문에 R−O^- 음이온으로부터 과량의 전자를 효과적으로 잡아당길 수 있다. 이처럼 과량의 전자가 더 넓은 공간에 분포하면 전자 사이의 반발력이 감소하면서 열역학적으로 안정하게 된다. 이것은 R−O^- 음이온의 농도가 상대적으로 증가함을 의미하고, R−O^- 음이온의 생성은 H^+의 생성을 동반하므로 H에서 F로의 치환은 결과적으로 산성도의 증가를 가져온다.

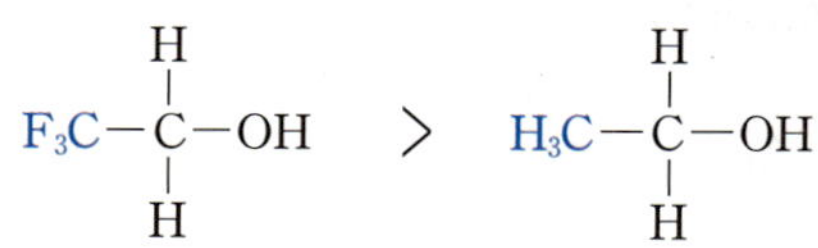

11.3 16

산성도와 형식 전하의 연관성은 다음과 같다. 질소 원자의 (+) 형식 전하는 해당 원자에 전자가 부족한 것을 의미하므로 전기 음성도가 큰 치환체처럼 전자를 강하게 잡아당길 수 있고, 그 결과 짝염기 음이온의 열역학적 안정성이 증가하면서 화합물의 산성도가 증가한다. 물론 (−) 형식 전하는 그 반대의 결과를 가져온다.

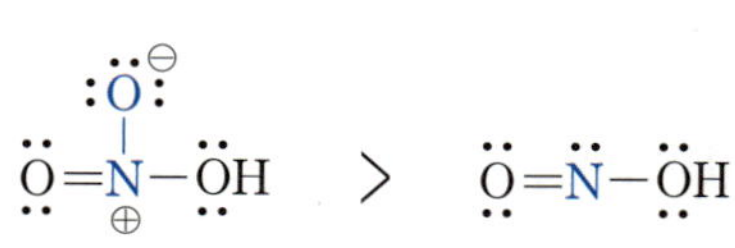

유기 화학에서 유용한 화합물들의 pK_a 값들을 표 2−1~2−4에 요약하였다. 화학 반응에 있어서 pK_a 값은 매우 중요하기 때문에 화합물들을 그룹으로 나누어 기억하기 바란다.

표 2-1 C—H 결합의 산성도(pK_a)

물질	pK_a	물질	pK_a	물질	pK_a
Methane	60	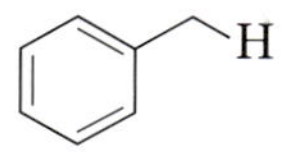	41	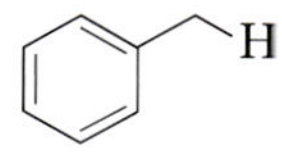	41
Ethylene	45	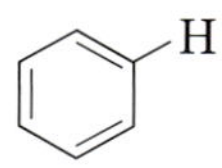	43	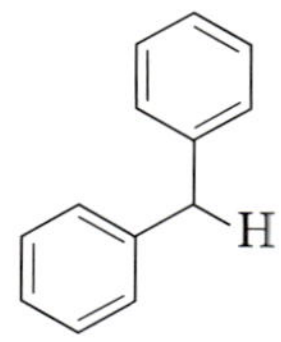	33
Acetylene	25		45		
		$Ph_3\overset{\oplus}{P}-\overset{H}{\overset{\vert}{C}}HCH_3$	35		
		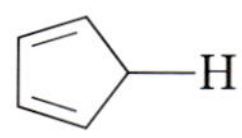	16		

표 2-2 H—A 결합의 산성도(pK_a)

물질	pK_a
HI	−10.4
H_2SO_4	−4.8
CH_3SO_3H	−2.6
AcOH	4.8
HCN	9
HF	3.1

표 2-3 H—O 및 H—N 결합의 산성도(pK_a)

물질	pK_a	물질	pK_a
AcOH	4.8	H_2O	15.7
CF_3CO_2H	0.2	CH_3CH_2OH	16
		CF_3CH_2OH	11.3
		$(CF_3)_3COH$	5

물질	pK_a	물질	pK_a
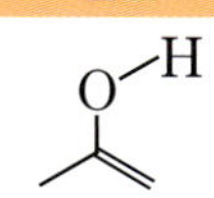	12	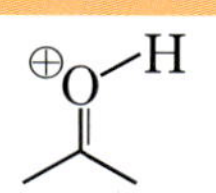	−7.2
H_2O	15.7	H_3O^+	−1.7
NH_3	33	NH_4^+	9

물질	pK_a	물질	pK_a
H_2O	15.7	H_2O	15.7
H_2O_2	11	H_2S	7
Ph—OH	10		

물질	pK_a	물질	pK_a
NH_3	33	NH_4^+	9
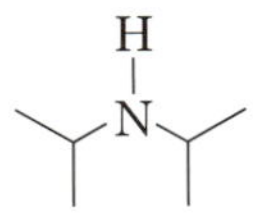	40	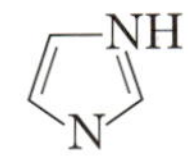	7
		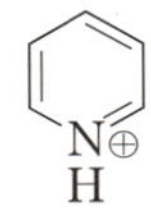	5

표 2-4 카보닐 α-C—H 결합의 산성도(pK_a)

물질	pK_a	물질	pK_a	물질	pK_a
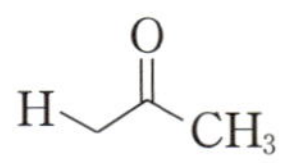	18	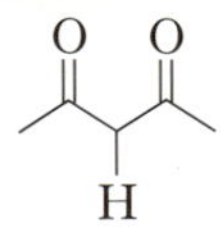	9	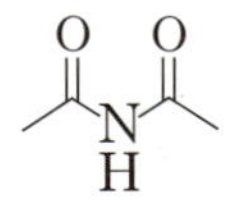	10
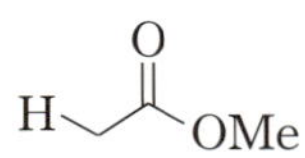	25	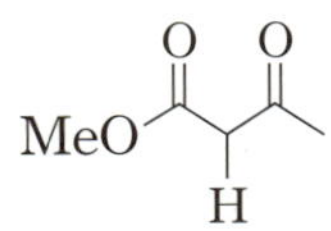	11		
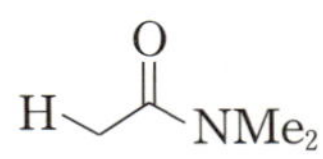	30	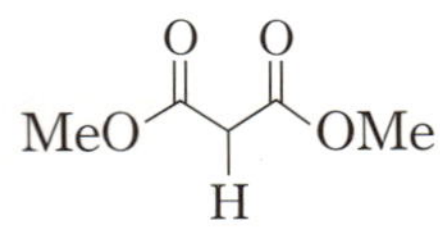	13		
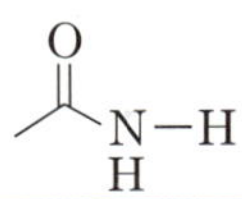	16				

예제 2.2

아래 화합물의 산성도를 비교하시오.

(a) HSO_4^-, H_2SO_4 (b) H_2SO_4, H_2SO_3

풀이

−4.8 1.99 4.8 1.86

2.1.4 산–염기 반응의 예측

자연계에는 다양한 종류의 산–염기 반응이 존재한다. 이 중에서 강산과 강염기, 약산과 강염기, 강산과 약염기의 중화 반응이 비가역적으로 진행되는 것은 잘 알려진 사실이다. 여기에서는 다양한 세기의 산 및 염기 사이에서 중화 반응이 일어날 때 정량적이고 정성적인 관점에서 반응이 얼마나 진행될 것인가에 대하여 알아보기로 한다.

아세트산(CH_3CO_2H)과 OH^-의 산–염기 반응을 생각하자. 정량적인 관점에서 이 반응의 평형 상수 값은 산 이온화 상수(K_a)의 정의를 이용하는 일련의 과정을 통해서 약 10^{11}이 됨을 알 수 있다. 이 값은 평형 상태에서 출발 물질이 거의 소진되고 생성물이 주로 존재하는 경우에만 가능한 값으로서, 정반응 방향으로의 산–염기 반응이 비가역적으로 거의 완결됨을 의미한다.

$$\mathrm{AcOH + OH^{\ominus} \rightleftarrows AcO^{\ominus} + H_2O}$$

$$K_{eq} = \frac{[\mathrm{AcO^-}][\mathrm{H_2O}]}{[\mathrm{AcOH}][\mathrm{OH^-}]} = \frac{[\mathrm{AcO^-}]}{[\mathrm{AcOH}]} \cdot \frac{[\mathrm{H_2O}]}{[\mathrm{OH^-}]} = \frac{[\mathrm{AcO^-}][\mathrm{H^+}]}{[\mathrm{AcOH}]} \cdot \frac{[\mathrm{H_2O}]}{[\mathrm{OH^-}][\mathrm{H^+}]}$$

$$= \frac{K_a(\mathrm{AcOH})}{K_a(\mathrm{H_2O})} = \frac{10^{-4.8}}{10^{-15.7}} \approx 10^{11}$$

두 사람이 팔씨름을 하면 힘 센 사람이 승리한다. 이와 유사하게 산–염기 반응에서는 정반응 및 역반응의 산 중에서 더 강한 산이 산으로 작용하는 반응이 진행된다.

정성적인 분석은 정반응 및 역반응에서 산으로 작용하는 화학종이 각각 AcOH($\mathrm{p}K_a = 4.8$) 및 H_2O($\mathrm{p}K_a = 15.7$)이라는 것에서 시작한다. 그리고 두 개의 산 중에서 산성도가 더 큰 화학종은 AcOH이므로 AcOH가 산으로 작용하는 방향, 즉 정반응이 진행될 것이라는 추론이 가능하다.

$$\underset{\text{강한 산}}{\mathrm{AcOH}} + \mathrm{OH^{\ominus}} \longrightarrow \mathrm{AcO^{\ominus}} + \underset{\text{약한 산}}{\mathrm{H_2O}}$$

이번에는 페놀과 HO^-의 산–염기 반응을 생각하자. 정량적인 관점에서 이 반응의 평형 상수 값은 산 이온화 상수(K_a)의 정의를 이용하는 일련의 과정을 통해서 약 10^6이 됨을 알 수 있다. 이 값은 평형 상태에서 출발 물질이 거의 소진되고 생성물이 주로 존재하는 경우에만 가능한 값으로서, 정반응 방향으로의 산–염기 반응이 비가역적으로 거의 완결됨을 의미한다.

$$K_{eq} = \frac{[\mathrm{PhO^-}][\mathrm{H_2O}]}{[\mathrm{PhOH}][\mathrm{OH^-}]} = \frac{K_a(\mathrm{PhOH})}{K_a(\mathrm{H_2O})} = \frac{10^{-10.0}}{10^{-15.7}} \approx 10^{5.7}$$

위 반응의 정성적인 분석은 정반응 및 역반응에서 산으로 작용하는 화학종이 각각 페놀($\mathrm{p}K_a = 10.0$) 및 H_2O($\mathrm{p}K_a = 15.7$)이라는 것에서 시작한다. 그리고 두 개의 산 중에서 산성도가 더 큰 화학종은 페놀이므로 페놀이 산으로 작용하는 방향, 즉 정방향이 진행될 것이라는 추론이 가능하다.

$$\underset{\text{강한 산}}{\mathrm{PhOH}} + \mathrm{NaOH} \longrightarrow \mathrm{PhO^-Na^+} + \underset{\text{약한 산}}{\mathrm{H_2O}}$$

이처럼 일반적인 산–염기 반응에서 정반응 및 역반응에서 산으로 작용하는 화학종의 $\mathrm{p}K_a$ 값을 알면 반응의 진행 방향은 물론이고, 평형 상수 값도 아주 간단하고 직관적으로 계산할 수 있다.

예제 2.3

아래 반응에서 평형의 위치를 정성적으로 예측하고, 평형 상수 값을 논리적으로 계산하시오. 단, $\mathrm{p}K_a(\mathrm{PhOH}) = 10.0$, $\mathrm{p}K_a(\mathrm{AcOH}) = 4.8$이다.

$$\mathrm{PhOH + AcONa \rightleftarrows PhO^-Na^+ + AcOH}$$

풀이

정성적인 관점에서 정반응 및 역반응에서 산으로 작용하는 화학종이 각각 페놀($\mathrm{p}K_a = 10.0$) 및 AcOH($\mathrm{p}K_a = 4.8$)이고, 이 중에서 산성도가 더 큰 화학종은 AcOH므로 AcOH가 산으로 작용하는 방향, 즉 역반응이 진행될 것이라는 추론이 가능하다. 정량적인 관점에서 평형 상수 값은 아래와 같이 계산할 수 있다.

$$K_{eq} = \frac{[\mathrm{PhO^-}][\mathrm{AcOH}]}{[\mathrm{PhOH}][\mathrm{AcO^-}]} = \frac{K_a(\mathrm{PhOH})}{K_a(\mathrm{AcOH})} = \frac{10^{-10.0}}{10^{-4.8}} \approx 10^{-5.2}$$

2.1.5 Lewis 산과 염기

Lewis는 전자쌍 받개(electron pair acceptor)를 산, 전자쌍 주개(electron pair donor)를 염기라고 정의하였다. 이 정의에 의하면 산–염기 반응은 전자쌍 전달 반응이 되는데, 일반적으로 전자쌍을 제공하는 오비탈의 에너지가 높을수록, 그리고 전자쌍을 받아들이는 오비탈의 에너지가 낮을수록 산–염기 반응이 잘 진행된다.

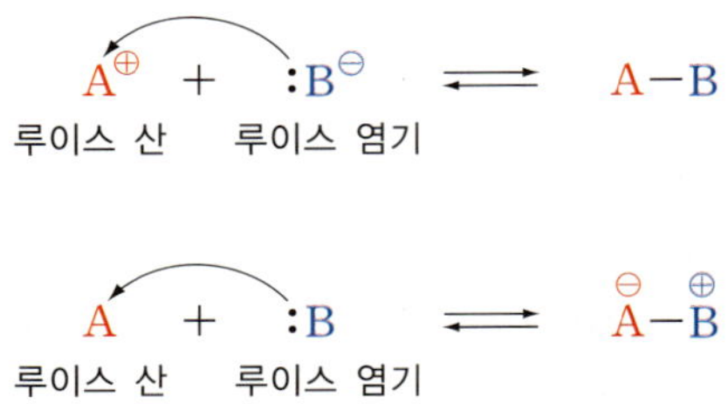

대표적인 Lewis 산으로는 금속 양이온(Li^+, Mg^{2+}), 13족 원소 화합물(BF_3, $AlCl_3$), 전이 금속 화합물($TiCl_4$, $FeCl_3$, $ZnCl_2$, $SnCl_4$) 등이 있다. Lewis 산–염기 반응으로 생성되는 배위 공유 결합은 형식 전하(1.4.3절)에서 이미 언급한 바 있다.

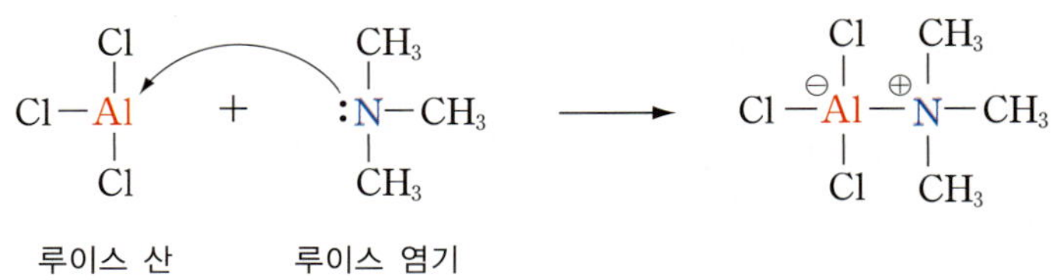

예제 2.4

주어진 반응에서 전자의 이동을 표시하고, Lewis 산과 염기의 정의에 기초하여 산과 염기를 구분하시오.

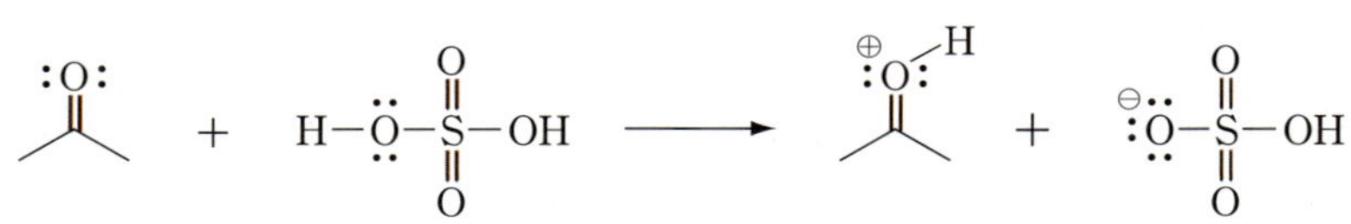

풀이

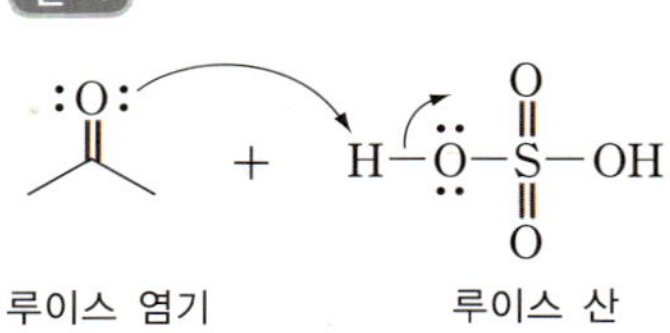

2.2 분자간 힘

대부분의 유기 화합물은 분자로 존재하고, 분자들은 분자내 힘(intramolecular force)에 속하는 원자간의 공유 결합에 의해 연결되어 있다. 그리고 유기 분자들은 독립적으로 있기보다는 주위의 다른 분자들과 함께 존재하기 때문에 분자간 힘(intermolecular force)에 의하여 많은 영향을 받는다.

1기압에서 온도에 따른 물 분자의 상태 변화를 생각하자. −100℃에서 물은 고체 상태로 있기 때문에 물 분자의 병진 운동(일직선 운동, translational motion)은 불가능하고 미세한 진동 운동(vibrational motion)만이 가능하다. 온도를 올리면 진동 운동이 점차 증가하는데, 0℃에 이르면 고체 상태를 유지하는 분자간의 인력에서 벗어나 액체 상태의 물로 변하기 시작한다. 액체 상태인 물의 온도를 올리면 물의 운동이 점진적으로 증가하고, 100℃에 도달하면 액체 상태를 유지하는 분자간의 인력에서 벗어나 기체 상태의 수증기로 변하기 시작한다. 이처럼 물질의 상태는 분자간 인력과 분자가 갖는 에너지의 상대적인 크기에 따라서 변할 수 있다. 일반적으로 분자간 인력이 크면 분자를 떼어내기가 힘들기 때문에 더 많은 에너지를 공급해야 하는데, 이것은 결국 녹는점 및 끓는점이 상승하는 결과로 이어진다.

2.2.1 분산력

1.2절에서 수소의 1*s* 오비탈은 구형이라고 하였다. 이것은 1*s* 오비탈이 당구공처럼 표면이 단단하고 고정된 형태를 갖기보다는, 바람이 불면 모양이 변하는 솜사탕처럼 시간에 따라서 모양은 변할 수 있지만 평균을 했을 때 구형이라는 것을 의미한다.

분산력(**dispersion force**, 또는 **London force**, 또는 **van der Waals force**)은 다음과 같이 설명한다. 특정 시점에서 분자의 전자 구름이 순간적으로 한쪽으로 치우치면 지역적으로 전하의 균형이 깨지고, 이로 인하여 매우 짧은 시간이지만 부분 양전하 및 부분 음전하가 생기면서 **순간 쌍극자**(**instantaneous dipole**)가 생성된다. 이처럼 특정 분자에서 부분 전하가 생기면 인접한 분자의 전자 구름이 영향을 받아서 새로운 부분 양전하 및 부분 음전하가 생기면서 **유도 쌍극자**(**induced dipole**)가 생성된다. 이처럼 순간 쌍극자 및 유도 쌍극자가 생기면 인접한 부분 양전하(δ^+) 및 부분 음전하(δ^-) 사이에 정전기적인 인력이 생기는데, 이 힘을 **분산력**이라고 한다.

분산력은 원자 또는 분자의 극성 및 비극성 특성과는 무관하게 항상 작용하고(그림 2−1), 전자 구름의 접촉 면적에 비례하며, 부분 양전하 및 부분 음전하 중심 거리의 6제곱에 반비례한다. 그리고 분산력에 의한 안정화 에너지는 1.2~4.8 kcal/mol로서 다른 종류의 분자간 인력보다는 상대적으로 작다.

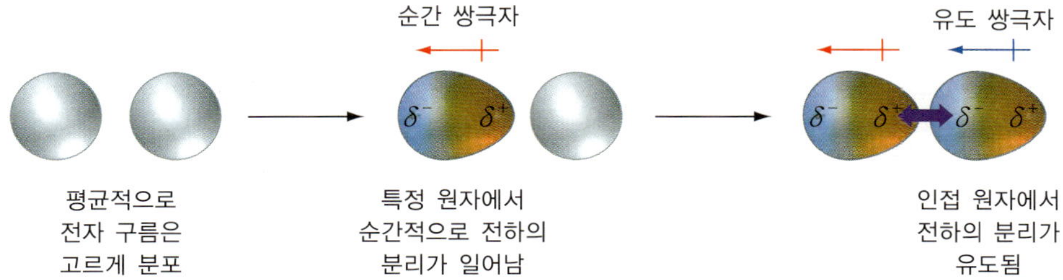

그림 2−1 분산력의 생성 과정

$$F \propto \frac{\mathrm{A}}{r^6} \quad (F\text{: 분산력, A: 접촉 면적, } r\text{: 거리})$$

편극성(**polarizability**)은 원자 및 분자가 외부 자기장 환경에 놓였을 때 그들의 전자 구름이 얼마나 쉽게 변형되는가를 나타내는 척도이다. 일반적으로 전자 구름은 원자 및 분자가 클수록 또한 구형보다는 직선형일수록 크기가 증가하는데, 전자 구름이 커지면 편극성도 증가하는 경향이 있다. 편극성이 커지면 인접한 전자 구름과의 접촉 면적이 증가하여 부분 전하 사이의 정전기적 인력이 많아지므로 분자를 떼어내는 데 에너지가 더 많이 필요하게 된다. 즉, 분산력이 증가하면 녹는점과 끓는점은 높아진다.

그림 2-2 도마뱀붙이

표 2-5 알케인의 녹는점과 끓는점

화합물	녹는점(°C)	끓는점(°C)
CH_4	−182.5	−161.5
CH_3CH_3	−182.8	−88.5
$CH_3CH_2CH_3$	−187.7	−42.3
$CH_3CH_2CH_2CH_3$	−140	−1 to 1

분산력은 힘의 크기가 상대적으로 작지만 많은 작은 힘들이 모여서 큰 힘이 될 수 있다. 대표적인 예로 도마뱀붙이(Gecko)의 발바닥이 있는데, 영화 '스파이더 맨'이 가능할 수 있는 것도 수없이 많은 섬유 가닥의 넓은 표면적에서 유래하는 분산력에 있다.

예제 2.5

n-뷰테인($CH_3CH_2CH_2CH_3$)과 아이소뷰테인($(CH_3)_3CH$)에서 녹는점을 비교하시오.

풀이

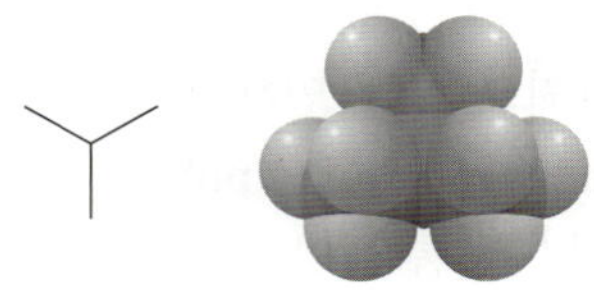

분자 구조:	직선형		구형
전자 구름의 크기: (편극성)		>	
분산력:		>	
녹는점:	−140°C	>	−160.9°C

2.2.2 쌍극자–쌍극자 힘

CH_3−F와 같이 분자 내에 영구적으로 쌍극자가 있는 분자들을 극성 분자라고 한다. 극성 분자들은 부분 양전하 주위에 부분 음전하, 그리고 부분 음전하 주위에 부분 양전하가 배열되면서 정전기 에너지를 최소화하는 경향이 있다. 이러한 쌍극자–쌍극자 힘(dipole–dipole force)은 극성 분자에서만 가능하고 안정화 에너지는 약 4.8 kcal/mol이다.

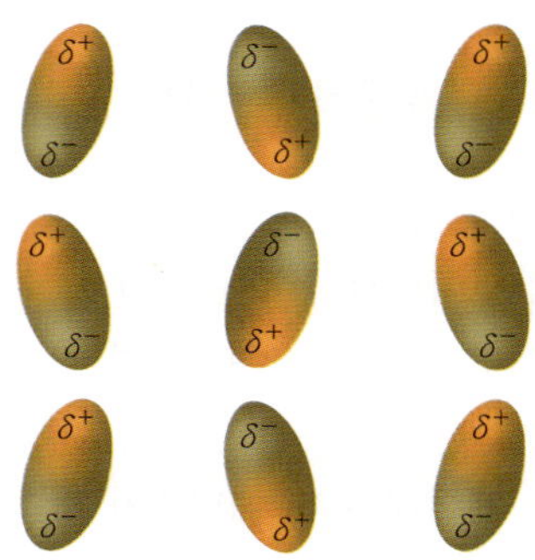

그림 2-3 쌍극자–쌍극자 힘

극성 분자들 사이에서도 물론 분산력이 작용한다. 그러나 분산력에 의한 에너지의 안정화가 쌍극자–쌍극자 힘에 의한 에너지 안정화보다 상대적으로 작기 때문에 추가로 언급하지 않을 뿐이다.

2.2.3 수소 결합

비금속 원자와 공유 결합한 수소 원자가 인접한 다른(또는 동일) 분자의 또 다른 비금속 원자에게 동시에 이끌리는 결합을 **수소 결합(hydrogen bond)**이라고 한다. 수소 결합은 플루오린(F), 산소(O), 질소(N)처럼 비금속 원자의 크기가 작고, 전기 음성도가 클수록 더 강해지는 특징이 있다. 수소 결합의 안정화 에너지는 4.8~9.6 kcal/mol이다.

안정화 에너지
- 분산력: 1.2~4.8 kcal/mol
- 쌍극자–쌍극자: 4.8 kcal/mol
- 수소 결합: 4.8~9.6 kcal/mol

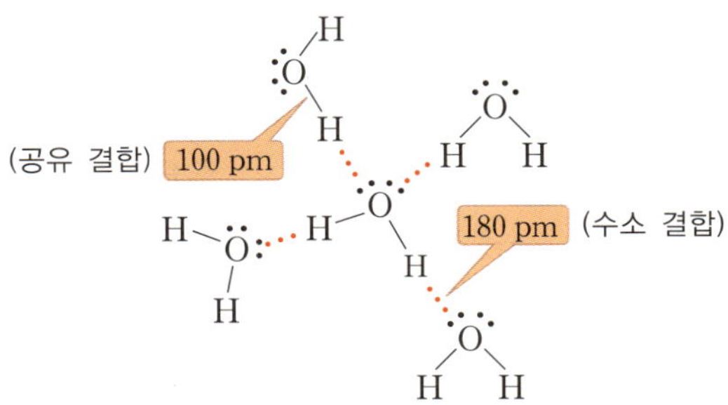

그림 2-4 물 분자의 수소 결합

수소 결합을 하는 분자들은 대부분 극성 분자들로서, 분산력 및 쌍극자–쌍극자 힘에 의한 에너지 안정화가 동시에 존재한다. 다만 에너지의 안정화 정도가 수소 결합보다 작기 때문에 많은 경우에 추가로 언급하지 않는다.

예제 2.6

아래의 화합물들을 끓는점이 증가하는 순서로 나열하시오.

NO, N_2, O_2

풀이

	N_2	O_2	NO
분자량	28	32	30
쌍극자 모멘트(D)	0	0	0.15
분자간 작용하는 힘	분산력	분산력	분산력 + 쌍극자–쌍극자 힘
끓는점(°C)	−196	−183	−152

2.3 유기 반응

유기 화학자들은 유기 반응들을 체계적으로 정리하기 위하여 반응의 종류 및 반응의 경로를 중심으로 하는 기본 체계를 정립하였다.

유기 반응의 종류에는 첨가 반응(addition reaction), 제거 반응(elimination reaction), 치환 반응(substitution reaction), 그리고 자리 옮김 반응(rearrangement reaction) 등 네 가지가 있다. 첨가 반응은 두 개 이상의 출발 물질이 반응하여 부산물 없이 하나의 생성물이 생성되는 반응이고, 제거 반응은 하나의 출발 물질에서 두 개 이상의 생성물이 나오는 반응이며, 치환 반응은 두 개의 물질 사이에서 특정 부분이 서로 교환되는 반응이다. 마지막으로 자리 옮김 반응은 하나의 출발 물질에서 원자 또는 결합의 재배치가 일어나서 이성질체를 생성하는 반응을 말한다.

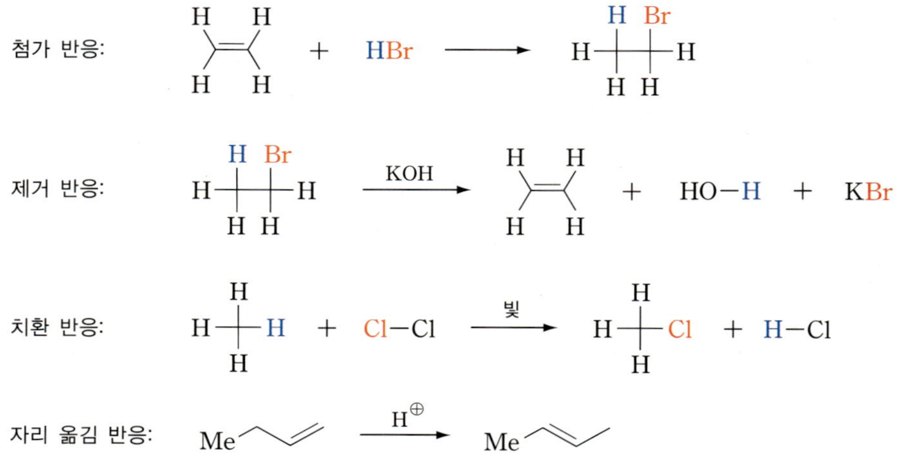

유기 반응의 경로에는 공유 결합이 끊어지는 방법에 따라서 라디칼 반응(radical reaction), 극성 반응(polar reaction), 고리 협동 반응(pericyclic reaction, concerted reaction) 등 세 가지가 있다. 라디칼 반응은 공유 결합에 균일 분해 반응(homolytic cleavage reaction)이 일어나서 결합에 참여한 원자에 전자가 하나씩 분배되는 반응이다. 극성 반응은 공유 결합에 불균일 분해 반응(heterolytic cleavage reaction)이 진행되어 결합에 참여한 하나의 원자는 음이온, 다른 원자는 양이온이 되는 반응으로서 대부분의 반응이 여기에 속한다. 고리 협동 반응은 다수의 결합이 동시에 끊어지고 동시에 생성되는 반응으로서, 알켄의 수소화붕소 첨가 반응(4.9절) 및 사이클로프로펜화 반응(4.11절) 등이 있다.

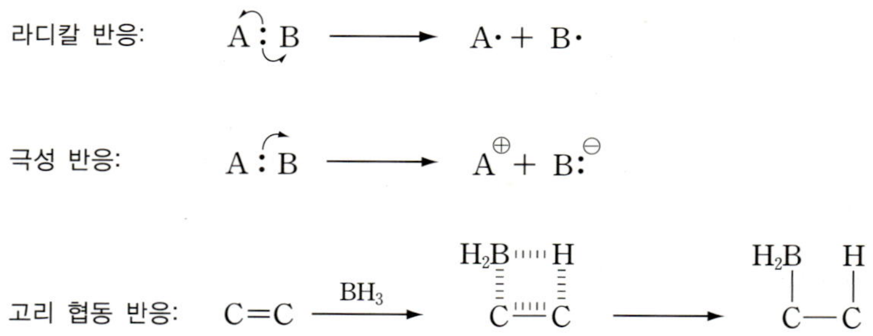

2.4 결합 해리 에너지

홀전자를 갖는 두 개의 독립적인 원자가 접근하여 공유 결합을 생성할 때 전체 에너지의 변화에 대하여 알아보자.

두 원자핵의 거리를 r이라고 할 때, $r = \infty$이면 두 원자 사이에 오비탈 중첩이 없으므로 두 원자는 서로 독립적으로 존재하고, 총 에너지는 각 원자 에너지의 합(기준점 = 0)이 된다.

두 원자가 서로 접근하여 일정한 거리에 이르면 원자 오비탈의 중첩이 시작되면서 상반되는 두 가지 상호 작용, 즉 공유 전자쌍과 양쪽 원자핵간의 정전기적 인력에 의하여 부분적으로 공유 결합이 생기면서 전체 에너지가 낮아지는 효과와 두 원자핵 사이의 정전기 반발력에 의하여 전체 에너지가 상승하는 효과가 동시에 진행된다. 초기에는 정전기 반발력보다 공유 결합의 형성에 기여하는 정전기 인력의 효과가 커서 전체적으로 에너지가 감소하지만, 일정한 거리 이하에서는 전자와 원자핵 사이에서 인력이 증가하는 것보다 원자핵 사이의 반발력이 더 커져서 전체적으로 에너지가 증가하여 공유 결합이 약화되는 결과를 가져온다. 이때 에너지가 가장 낮은 상태에서의 두 원자 사이의 거리를 **공유 결합 길이(covalent bond distance)**, 독립적인 두 원자의 에너지와 공유 결합 길이에서의 에너지 차이를 **결합 에너지(bond energy, ΔE°_{BE})**라고 한다.

$$A\cdot + B\cdot \longrightarrow A-B \qquad \Delta H^\circ_{BE} < 0$$

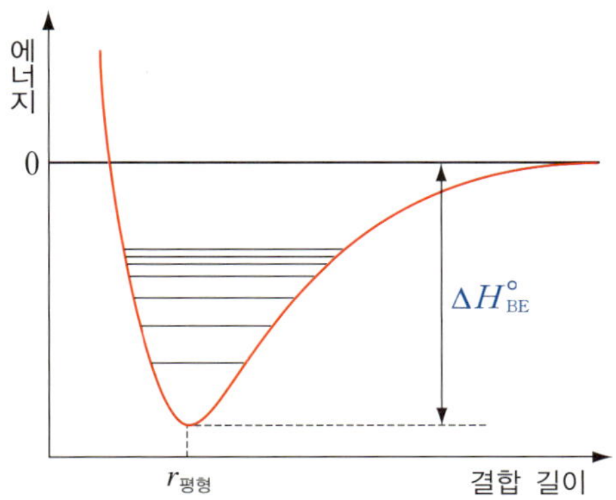

이번에는 공유 결합이 균일 분해 반응으로 끊어지는 과정을 생각해 보자. 위에서 기술한 바와 같이 홀전자를 갖는 두 개의 독립적인 원자가 공유 결합을 할 때 총 에너지가 낮아진다는 것은 화학 결합을 생성하는 과정이 발열 반응임을 의미한다. 따라서 공유 결합을 균일하게 끊어서 두 개의 독립적인 원자를 생성하는 과정은 흡열 반응이며, 이때 필요한 에너지를 **결합 해리 에너지(bond dissociation energy, ΔH°_{BDE})**라고 한다.

$$A-B \longrightarrow A\cdot + B\cdot \qquad \Delta H^\circ_{BDE} > 0 \ (\Delta H^\circ_{BE} = -\Delta H^\circ_{EDE})$$

일반적으로 결합 해리 에너지는 25℃ 및 기체 상태에서의 측정값을 사용한다. 실험에 의하면 유기 화합물의 결합 해리 에너지는 35~110 kcal/mol 범위에 주로 분산되어 있고, C−H 및 C−C 결합은 상대적으로 강한 공유 결합에 속하며, C−H 결합이 C−C 결합보다 더 강한 결합 에너지를 갖는다.

일반적으로 결합 해리 에너지는 25℃ 및 기체 상태에서의 측정값을 사용하기 때문에 용매화가 중요한 상태의 반응에서는 그 값을 그대로 사용하기에 무리가 있을 수 있다. 그리고 결합 해리 에너지는 공유 결합에 참여하는 원소의 종류, 결합 조건, 분자 구조 등에 따라서 상당한 차이가 생길 수도 있음에 유의해야 한다.

표 2-6 결합 해리 에너지

화합물	ΔH_{BDE}(kcal/mol)	화합물	ΔH_{BDE}(kcal/mol)
$H-CH_2-H$	105	$H-CH_2-CH_3$	90
$(CH_3)CH_2-H$	100	$(CH_3)CH_2-CH_3$	85
$(CH_3)_2CH-H$	96	$(CH_3)_2CH-CH_3$	84
$(CH_3)_3C-H$	93	$(CH_3)_3C-CH_3$	81

화합물	ΔH_{BDE}(kcal/mol)	화합물	ΔH_{BDE}(kcal/mol)	화합물	ΔH_{BDE}(kcal/mol)
H−F	136	CH_3-F	100	F−F	36
H−Cl	103	CH_3-Cl	84	Cl−Cl	58
H−Br	88	CH_3-Br	70	Br−Br	45
H−I	71	CH_3-I	56	I−I	36

2.5 라디칼 반응

대부분의 유기 화합물에서 전자들은 쌍을 이루면서 존재하지만, 일부에서는 한 개 이상의 홀전자가 발견되기도 하는데 이러한 화합물들을 **라디칼(radical)**이라고 한다. 일반적으로 라디칼 화합물들은 열역학적으로 매우 불안정하여 외부에서 전자 한 개를 추가하여 공유 결합을 형성하려는 경향성이 매우 크다. 이처럼 라디칼의 반응성(reactivity)이 크다는 것은 용액상에서 라디칼의 농도가 낮을 것이라는 추론을 가능케 한다.

홀전자가 있으면서도 열역학적으로 안정한 화합물들도 존재한다. 대표적인 것으로 산소(O_2) 분자가 있고, 총 전자 수가 홀수인 일산화 질소(NO), 그리고 TEMPO 등이 있다.

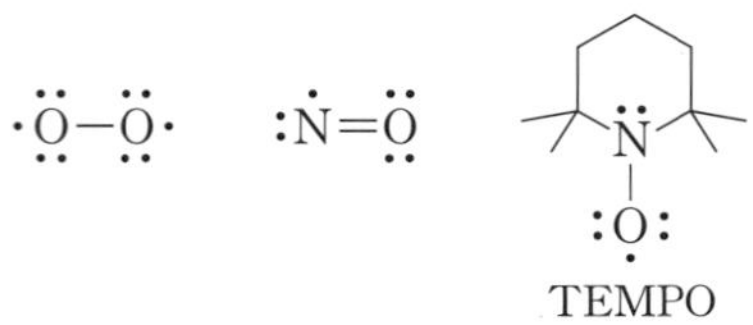

라디칼 반응은 개시(initiation), 전파(propagation), 종결(termination)의 세 단계로 구분한다. 개시 단계에서는 라디칼을 생성함으로써 전파 단계를 유도하고, 전파 단계에서는 자가 발전이 가능한 순환 구조를 통해서 생성물을 생산하고, 종결 단계에서는 라디칼 화학종이 사라진다.

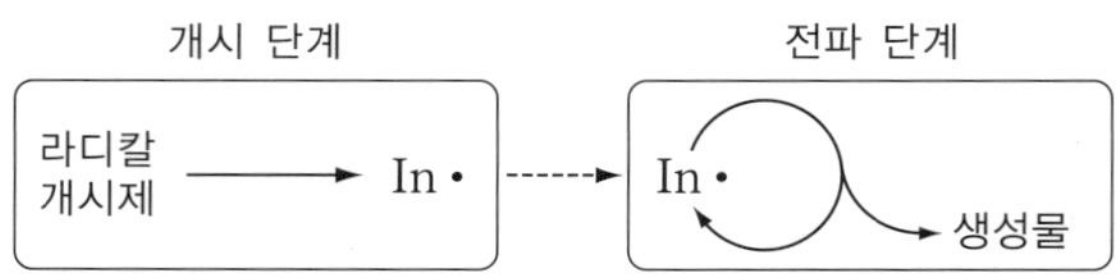

라디칼 반응은 대부분 라디칼 개시제(initiator)를 이용하여 진행한다. 라디칼 개시제는 분자 내에 상대적으로 약한 공유 결합이 있어서, 열을 가하거나 빛을 쪼였을 때 다른 결합들보다 먼저 균일 분해 반응이 일어나면서 라디칼을 제공한다. 일반적인 라디칼 개시제로는 AIBN, $(PhCO)_2O_2$($\Delta H_{BDE} = 35$ kcal/mol), H_2O_2($\Delta H_{BDE} = 51$ kcal/mol) 등이 있다.

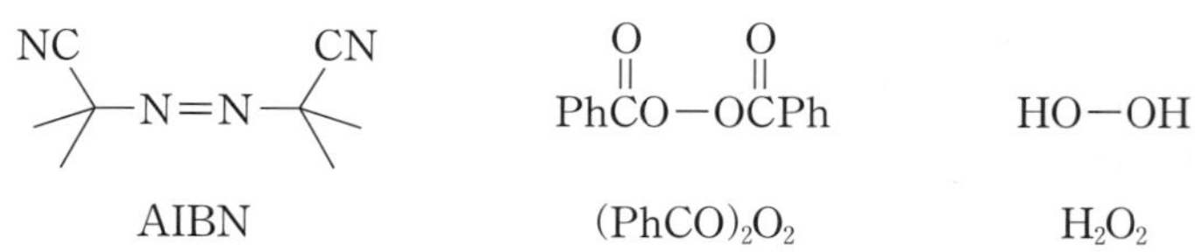

이제는 라디칼 반응에서 첨가 반응, 제거 반응 및 치환 반응이 진행될 때 전자의 흐름에 대하여 생각해 보자. 탄소는 2주기 원소로서 최대 여덟 개의 전자만을 수용할 수 있기 때문에 아래의 첨가 반응이 진행되려면 반드시 $C_1 = C_2$ 파이 결합이 끊어져야 한다. 그리고 제거 반응에서 $C_1 = C_2$ 파이 결합이 생성되려면 반드시 R•이 이탈해야 하고, 치환 반응에서 R−A 단일 결합의 생성은 B•의 이탈이 동반되어야만 가능하다.

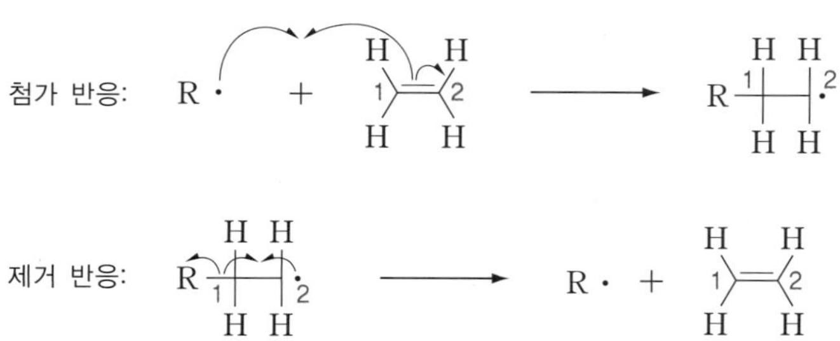

치환 반응:

2.6 극성 반응

극성 반응은 (+) 및 (−)전하를 갖는 화학종들이 참여하는 반응들로서, 대부분의 반응들이 여기에 속한다. 이때 전자를 제공하는 이온(단) 또는 원자(단)을 **친핵체(nucleophile)**, 전자를 받아들이는 이온(단) 또는 원자(단)을 **친전자체(electrophile)**라고 한다. 일반적으로 친핵체는 양전하를 갖는 원자핵에 잘 접근해야 하므로 (−)전하, 고립 전자쌍, π-결합, 부분 음전하 등 상대적으로 전자가 풍부해야 하고, 친전자체는 전자에 잘 접근해야 하므로 (+)전하, 부분 양전하 등 상대적으로 전자가 부족해야 한다.

-phile은 '친하다', '좋아한다'의 뜻이 있다. 따라서 친핵체(nucleophile)는 '핵을 좋아한다', 친전자체(electrophile)는 '전자를 좋아한다'는 의미이다.

친핵체:

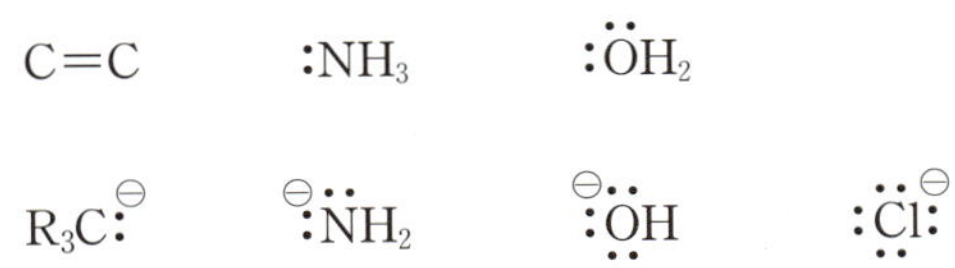

친전자체:

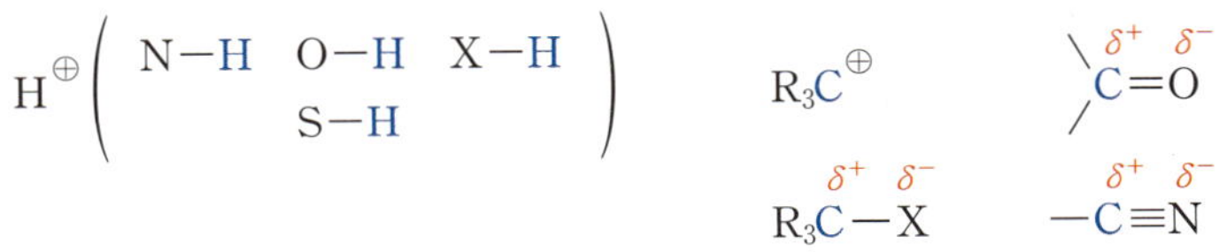

친핵체와 친전자체 사이에서 진행되는 반응의 예를 소개해 보자. 아래의 두 반응에서 친핵체(전자 주개)로 작용하는 것은 산소 음이온의 고립 전자쌍과 이중 결합의 π-결합이고, 친전자체(전자 받개)로 작용하는 것은 각각 H 원자이다.

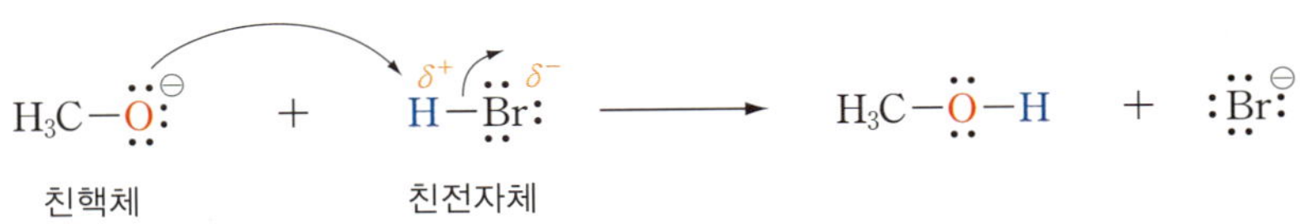

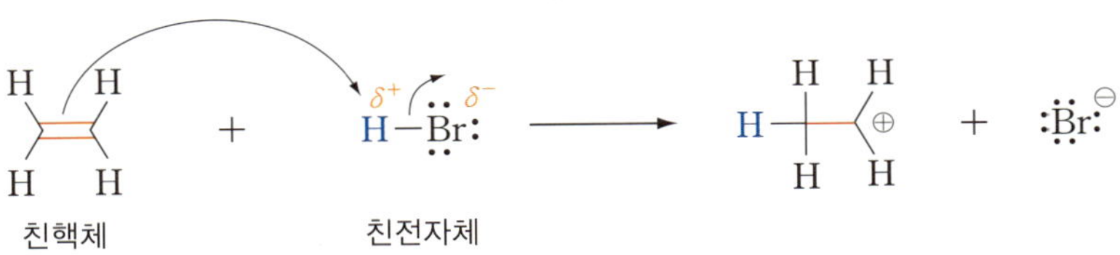

이번에는 루이스 산−염기와 친전자체−친핵체의 연관성에 대하여 알아보자. 루이스의 산−염기 정의에서는 전자쌍 받개를 산, 전자쌍 주개를 염기라고 하였으므로, 전자쌍 받개와 주개 사이에 반응이 일어난다면 전자쌍 받개는 친전자체, 전자쌍 주개는 친핵체가 된다. 이처럼 친전자체와 친핵체는 산화−환원 반응에서와 같이 반드시 함께 언급해야 한다.

$$\mathrm{D}{:}^{\ominus} \quad + \quad \mathrm{A}^{\oplus} \longrightarrow \mathrm{D{-}A}$$

	D:⊖	A⊕
루이스 산−염기 반응:	루이스 염기	루이스 산
극성 반응:	친핵체	친전자체

예제 2.7

아래 반응에서 전자의 이동이 화살표와 같이 진행될 때 생성물을 그리고, 각각의 반응에서 친전자체–친핵체, 루이스 산–염기를 표시하시오.

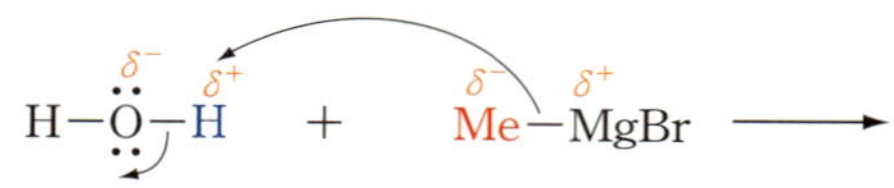

풀이

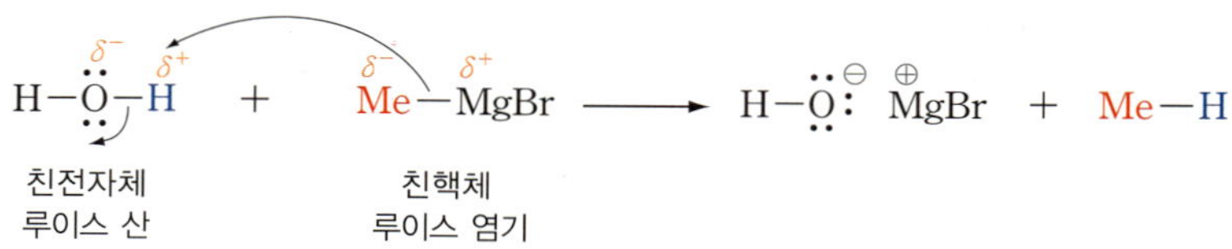

2.7 반응 메커니즘

2.7.1 반응 메커니즘

출발 물질에서 생성 물질까지의 모든 과정을 연속적인 단일 단계 반응(elementary reaction)으로 상세하게 기술하는 것을 **반응 메커니즘(reaction mechanism)**이라고 한다. 반응 메커니즘은 출발 물질, 생성 물질, 중간체의 생성 및 소멸, 반응 속도, 당량 등의 다양한 정보를 바탕으로 과거, 현재 및 미래의 실험적 결과들을 논리적으로 설명 및 예측할 수 있어야 한다. 만약 특정 실험 결과가 기존의 메커니즘과 상충하면 연구자들은 기존 및 현재의 실험 결과를 동시에 만족하는 새로운 반응 메커니즘을 제시해야 한다. 즉, 반응 메커니즘은 불변의 진리가 아니고 지금까지의 실험적인 결과들을 합리적으로 설명할 수 있는 제안임을 기억하기 바란다.

2.7.2 반응 에너지 도표

출발 물질에서 생성 물질까지의 연속적인 변화를 x축, 해당 구조의 총 에너지를 y축으로 하여 얻어지는 2차원 그래프를 **반응 에너지 도표(reaction energy diagram)**라고 한다. 즉, 반응 에너지 도표는 반응 메커니즘에 에너지의 개념을 동시에 도입한 것으로서, x축은 반응의 진행 정도를 나타내는 **반응 좌표(reaction coordinate)**가 된다.

우선, A + B ⟶ C라는 단일 단계 반응을 가정하자.

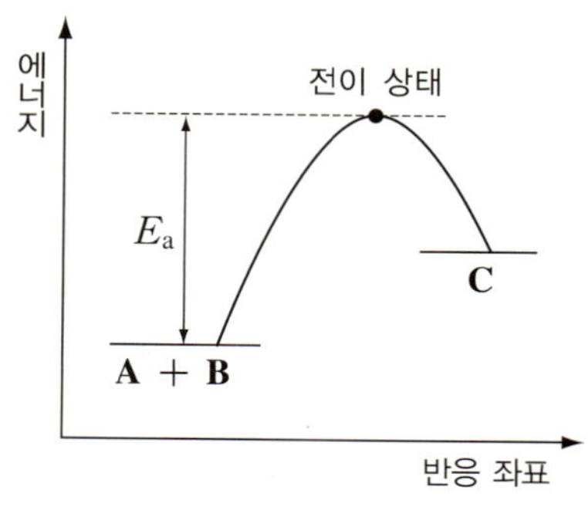

그림 2-5 단일 단계 반응의 반응 에너지 도표

반응이 진행되려면 우선 출발 물질 A와 B의 충돌이 있어야 한다. A와 B가 접근하면 원자들 사이의 물리적인 반발력이 증가하고, A와 B의 특정 결합이 부분적으로 끊어지면서 결합 에너지의 일부가 소실되기 때문에 총 에너지가 증가한다. 이와 반대로 A와 B의 특정 결합이 부분적으로 생성되면서 결합 에너지의 일부가 방출되기 때문에 총 에너지가 감소하는 현상도 동시에 일어난다. 결과적으로 모든 반응은 반응이 진행되면서 총 에너지가 점진적으로 증가하다가 어떤 최댓값에 도달하고, 그 이후에는 다시 점진적으로 감소하다가 생성 물질에서 멈추는 것으로 요약할 수 있다.

Arrhenius 식은 $k = Ae^{-\frac{Ea}{RT}}$이다. 즉, 속도 상수(k)는 활성화 에너지가 커지면 감소하고, 온도가 올라가면 증가한다.

총 에너지가 최댓값에 이른 지점을 **전이 상태(transition state)**라고 한다. 전이 상태는 열역학적으로 매우 불안정하여 아주 짧은 시간 동안 존재하고, 전이 상태로부터 출발 물질 및 생성 물질로의 변환 모두가 열역학적으로 안정화되는 발열 과정이다.

출발 물질과 전이 상태의 에너지 차이를 **활성화 에너지(activation energy, E_a)**라고 한다. 화학 반응이 진행되기 위해서는 반응물인 A와 B가 활성화 에너지 이상의 에너지를 공급해야 하는데, 활성화 에너지가 증가하면 그 이상의 에너지를 갖는 분자의 비율이 감소하므로 반응 속도가 감소한다. 반면에 반응 온도를 올리면 활성화 에너지 이상의 에너지를 갖는 분자의 비율이 증가하므로 반응 속도가 빨라진다.

일반적으로 유기 화학 반응의 활성화 에너지는 15~35 kcal/mol 범위에 있다. 활성화 에너지가 18 kcal/mol 까지는 상온에서 반응이 가능하고, 그 이상인 경우에는 가열을 해서 반응 속도를 일정 수준 이상으로 올리는 것이 필요하다.

단일 단계 반응에서 반응에 참여하는 화학종의 숫자를 **분자도(molecularity)**라고 한다. 구체적으로 참여 화학종의 수가 한 개, 두 개, 세 개인 경우를 각각 일분자 반응(unimolecular reaction), 이분자 반응(bimolecular reaction), 삼분자 반응(termolecular reaction)이라고 부른다.

단일 단계 반응의 반응 속도는 단일 단계에 참여하는 모든 화학종의 농도에 각각 비례한다. 예를 들면 단일 단계 반응에 A, B가 참여하면 k_1[A][B] (이분자 반응), A, B, C가 참여하면 k_2[A][B][C] (삼분자 반응), A, A가 참여하면 $k_3[A][A] = k_3[A]^2$ (이분자 반응), 그리고 A, B, B가 참여하면 $k_4[A][B][B] = k_4[A][B]^2$ (삼분자 반응)이 된다.

반응 속도를 증가시키기 위해서 **촉매(catalyst)**를 사용할 수 있다. 촉매는 자신은 변하지 않지만 활성화 에너지를 낮춤으로써 반응 속도를 증가시키는 물질로서, 활성화 에너지가 변한다는 것은 촉매에 의하여 새로운 반응 경로가 생성됨을 의미한다.

이번에는 A + B ⟶ [X] ⟶ C라는 다단계 반응을 가정하자.

다단계 반응(multistep reaction)은 두 개 이상의 단일 단계 반응으로 이루어진 반응을 말한다. 다단계 반응에서는 단일 단계 반응의 수만큼 전이 상태가 존재하는데, 각각의 전이 상태에 필요한 활성화 에너지와 이에 대응되는 단일 단계의 반응 속도는 서로 다를 수 있다. 다단계 반

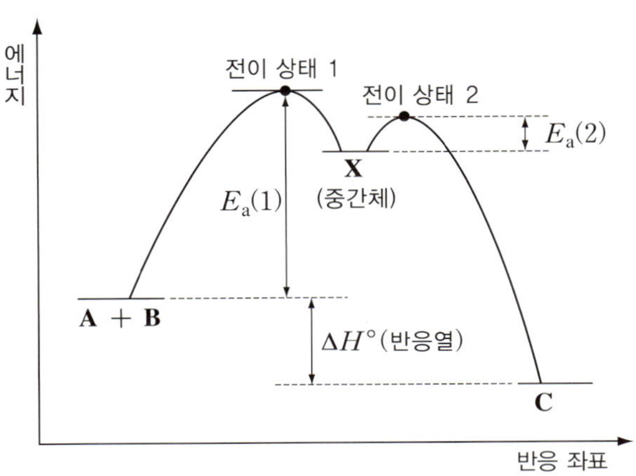

그림 2-6 다단계 반응의 반응 에너지 도표

응의 반응 속도는 가장 느린 단일 단계 반응에 의하여 결정되는데, 이것은 결국 활성화 에너지가 가장 큰 단일 단계 반응이 전체 반응 속도를 결정한다는 것이며, 이 단계를 **속도 결정 단계**(**rate-determining step**, **RDS**)라고 한다. 위의 반응에서는 $E_a(1) > E_a(2)$이므로 첫 번째 단계가 반응 속도 결정 단계이다.

다단계 반응에서는 특정 단일 단계 반응에서 일시적으로 생성되었다가 이후의 특정 단일 단계에서 모두 소멸되는 화학종이 존재할 수 있는데, 이들을 **중간체**(**intermediate**)라고 한다. 위의 반응에서는 화학종 X가 중간체이다.

알짜 반응의 반응열($\Delta H°$)은 출발 물질과 생성 물질의 에너지 차이로서 항상 일정한 값을 가지며 반응 경로와는 무관하다.

예제 2.8

2A + B ⟶ P + O 반응이 아래와 같이 두 개의 단일 단계 반응으로 진행된다고 가정하자. 첫 번째 및 두 번째 단계에서 분자도와 반응 속도식을 쓰시오.

$$2A + B \longrightarrow [X + Y] \longrightarrow P + O$$

풀이

첫 번째 단일 단계: 2A + B ⟶ [X + Y], 삼분자 반응, $k_1[A]^2[B]$
두 번째 단일 단계: [X + Y] ⟶ P + O, 이분자 반응, $k_2[X][Y]$

2.7.3 미시적 가역성

아래와 같이 정반응 [**A → B**]가 단일 단계 반응으로 진행하고 한 개의 경로가 있다고 가정하면, 역반응 [**B → A**]도 단일 단계 반응으로 진행하고 또한 한 개의 경로만 존재한다. 그리고 정반응 경로 상에 존재하는 $\mathbf{X_1}$, **TS**, $\mathbf{X_2}$ 등은 역반응 경로상의 $\mathbf{X_1}$, **TS**, $\mathbf{X_2}$ 등과 완전히 일치하는데, 이러한 특성을 **미시적 가역성**(**microscopic reversibility**)이라고 한다.

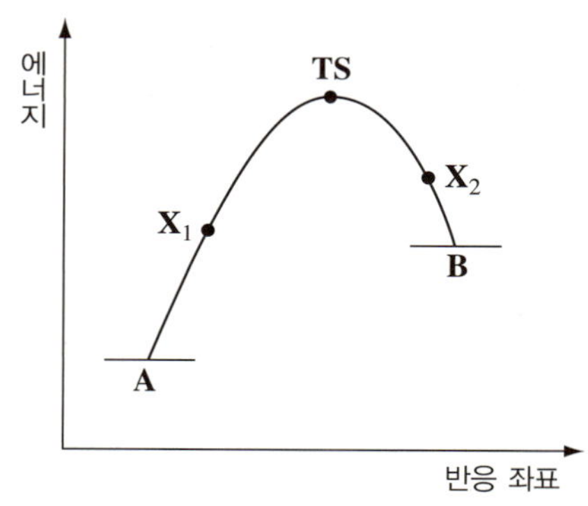

그림 2-7 미시적 가역성 반응을 설명하는 에너지 도표

이론적으로 정반응 경로의 수가 n개이면, 역반응 경로의 수도 n개이다. 그리고 특정한 경로 n_i을 통해서 정반응과 역반응이 진행되는 경우에 특정 지점에서의 구조는 정반응 및 역반응 등 반응의 방향성과 무관하게 항상 동일하다.

2.8 평형 상수 및 반응 속도

2.8.1 평형 상수

화학 평형은 열역학적인 현상으로서 자발적인 반응은 $\Delta G < 0$, 비자발적인 반응은 $\Delta G > 0$, 평형은 $\Delta G = 0$이다. 열역학 관계식 $\Delta G = \Delta G° + RT \ln Q$에 평형 조건($\Delta G = 0$)을 적용하면 $\Delta G° = -RT \ln K_{eq}$가 되고, 특정 온도에서 특정 평형 상수 값을 얻기 위하여 필요한 $\Delta G°$ 값을 계산하면 아래와 같다.

$$\Delta G° = -RT \ln K_{eq}$$

표 2-7 온도, 평형 상수 및 ΔG의 관계

−78℃		25℃		100℃	
K	$\Delta G°$(kcal/mol)	K	$\Delta G°$(kcal/mol)	K	$\Delta G°$(kcal/mol)
10	−0.89	10	−1.36	10.00	−1.71
100	−1.79	100	−2.73	100.00	−3.41
1000	−2.68	1000	−4.09	1000.00	−5.12

위 표에 의하면 $K = 10$이란 $\Delta G°$ 값이 각각 0.89 kcal/mol(−78℃), 1.36 kcal/mol(25℃), 1.71 kcal/mol(100℃)만큼 감소함을 의미한다. 그리고, 온도가 높으면 같은 평형 상수 값을 유지하기 위해서 $\Delta G°$ 값이 더 감소해야 하므로 온도가 낮을수록 평형 상수에 대한 $\Delta G°$ 값의 영향력이 증가함을 알 수 있다.

Gibbs 자유 에너지(Gibbs free energy, G)는 $\Delta G = \Delta H - T\Delta S$이므로 엔탈피와 엔트로피, 그리고 온도의 영향을 받는다.

엔탈피 관점에서는 강한 결합이 생성되면 상대적으로 에너지를 많이 방출하고($\Delta H \ll 0$), 약한 결합을 끊을 때는 상대적으로 적은 에너지가 투입된다($\Delta H > 0$). 반응 엔탈피는 (온도에 일부 의존적이지만 그 정도가 크지 않기 때문에) 출발 물질과 생성 물질이 정해지면 결합 에너지를 이용하여 그 값을 상대적으로 쉽게 계산할 수 있다.

반면에 엔트로피 변화량은 엔탈피보다 계산하기가 훨씬 어렵다. 그러나 자유 에너지에 대한 기여도는 엔탈피가 엔트로피보다 큰 경우가 많기 때문에 엔트로피를 무시하고($\Delta S \approx 0$ 가정) 엔탈피와 자유 에너지를 동일시($\Delta G \approx \Delta H$)하는 경우가 많이 있음을 알기 바란다.

예제 2.9

출발 물질 A 및 생성 물질 B 사이에 평형이 성립하였다. 25℃에서 평형 상수가 10^1, 10^2, 10^3인 경우에 $\Delta G°$ 값을 각각 구하시오.

풀이

$\Delta G° = -RT \ln K_{eq} = -(8.3136\ \text{J/mol·K})(298\ \text{K})(\ln K_{eq})$
1 cal = 4.184 J

$K = 10^1 \rightarrow \Delta G° = -1.36$ kcal/mol
$K = 10^2 \rightarrow \Delta G° = -1.36 \times 2 = -2.73$ kcal/mol
$K = 10^3 \rightarrow \Delta G° = -1.36 \times 3 = -4.09$ kcal/mol

2.8.2 반응 속도

화학 평형은 열역학적인 현상으로서 $\Delta G° = -RT \ln K_{eq}$로 표현된다(2.8.1절).

반응 속도와 관련해서는 속도 상수, 활성화 에너지, 온도의 관계를 설명하는 Arrhenius 식이 있다. 이 식에 의하면 활성화 에너지(E_a)가 커지면 k가 감소하여 반응 속도가 줄어들고, 온도가 높아지면 k가 증가하여 반응 속도가 커짐을 알 수 있다.

$$k = Ae^{-\frac{E_a}{RT}} \text{ (}k\text{: 속도 상수, } E_a\text{: 활성화 에너지)}$$

이처럼 반응 속도는 $k = Ae^{-\frac{E_a}{RT}}$, 화학 평형은 $\Delta G° = -RT \ln K_{eq}$에 의하여 결정된다. 기본적으로 온도가 일정하면 반응 속도는 활성화 에너지에 의해서 영향을 받고, 화학 평형은 출발 물질과 생성 물질의 Gibbs 자유 에너지의 차이에 의해서 결정된다.

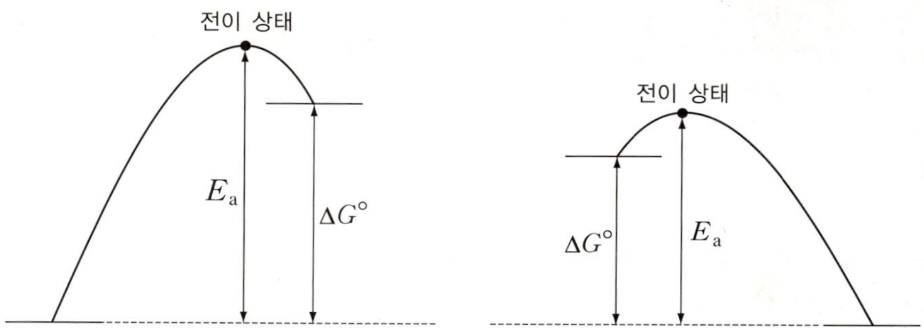

반응 속도와 화학 평형에서 주의할 사항은 두 개의 개념(반응 속도 vs. 평형)이 완전히 독립적인 개념으로서 연관성이 전혀 없다는 것이다. 즉, 화학 반응을 설명할 때 평형 상수와 속도 상수를 연관시키는 것은 이론적인 기준에서는 명백한 오류이다. 그럼에도 불구하고 많은 교재에서 두 개념을 혼합해서 설명하는 경우가 흔히 있는데, 그 이유는 2.8.3절 Hammond 가설을 전제로 하기 때문이다.

2.8.3 Hammond 가설

Hammond는 "전이 상태는 출발 물질과 생성 물질 중에서 에너지적으로 가까운 화학종의 성질을 더 많이 갖는다."는 Hammond 가설(Hammond postulate)을 발표하였다.

Hammond 가설의 근거로는 (1) 전이 상태는 출발 물질에서 생성 물질로 가는 경로상에 있기 때문에 자연적으로 출발 물질 및 생성 물질의 구조와 일정 부분 연관성이 있고, (2) 화학종의 에너지는 기본적으로 구조에 의하여 결정되기 때문이다. 즉, 전이 상태의 에너지가 특정 화학종(출발 물질 또는 생성 물질)과 더 가깝다는 것은 구조적으로도 더 유사할 수 있다는 것이다.

Hammond 가설을 A + B ⟶ C라는 단일 단계 반응에 적용해 보자. 이 반응이 자유 에너지 감소 반응(exergonic reaction, $\Delta G < 0$)이면 전이 상태의 에너지는 출발 물질의 에너지와 더 가깝다. 따라서 전이 상태는 출발 물질의 구조적인 성격을 더 많이 가지며, 전이 상태가 반응 경로상의 전반부에 위치하므로 **앞전이 상태(early transition state)**라고 부른다. 반면에 이 반응이 자유 에너지 증가 반응(endergonic reaction, $\Delta G > 0$)이면 전이 상태의 에너지는 생성 물질의 에너지와 더 가깝다. 따라서 전이 상태는 생성 물질의 구조적인 성격을 더 많이 가지며, 전이 상태가 반응 경로상의 후반부에 위치하므로 **뒷전이 상태(late transition state)**라고 부른다.

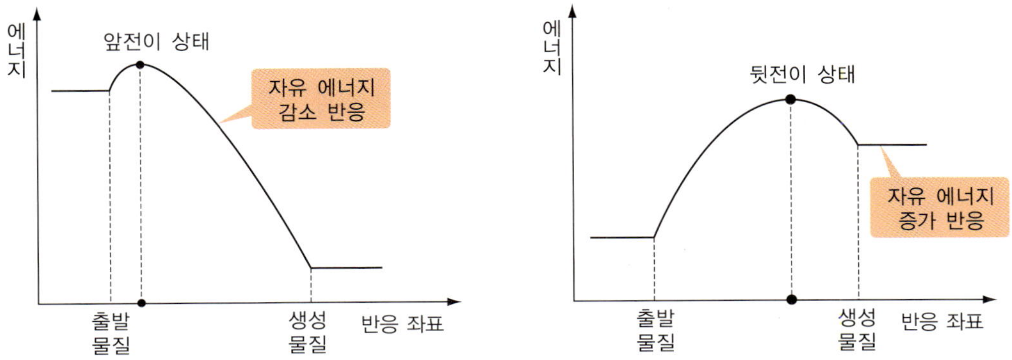

그림 2-8 앞전이 상태와 뒷전이 상태

이번에는 **A**와 **B**가 반응하여 생성물 **C**(경로 ①) 및 **D**(경로 ②)가 경쟁적으로 생성되는 반응을 생각하자. 단, 경로 ① 및 ②는 단일 단계 반응이고, 동일한 유형의 반응이며, 자유 에너지 감소 반응($\Delta G < 0$)이지만 $|\Delta G(①)| > |\Delta G(②)|$으로 가정한다. 이러한 조건에서 **C**와 **D**의 상대적인 생성 속도를 Hammond 가설을 이용하여 추론해 보자.

경로 ① 및 ②는 자유 에너지 감소 반응이므로 전이 상태는 출발 물질의 구조적인 성질을 더 많이 갖는다. 그러나 경로 ① 및 ②의 출발 물질은 동일하기 때문에, 즉 에너지가 같기 때문에 이로부터 전이 상태 $\mathbf{TS_C}$ 및 $\mathbf{TS_D}$의 에너지 차이를 설명할 수 없다. 전이 상태 $\mathbf{TS_C}$ 및 $\mathbf{TS_D}$에 대한 에너지 차이는 비록 그 기여도는 작지만 생성물 **C** 및 **D**의 에너지를 이용하여 설명할 수 있다. 이 경우에는 생성물 **C**가 **D**보다 열역학적으로 더 안정하므로 (**C**의 성격을 일부 포함하는) $\mathbf{TS_C}$가 (**D**의 성격을 일부 포함하는) $\mathbf{TS_D}$보다 조금 더 안정할 것이고, 그 결과 경로 ①의 활성화 에너지가 더 작아서 생성물 **C**가 더 빠르게 생성됨을 예상할 수 있다.

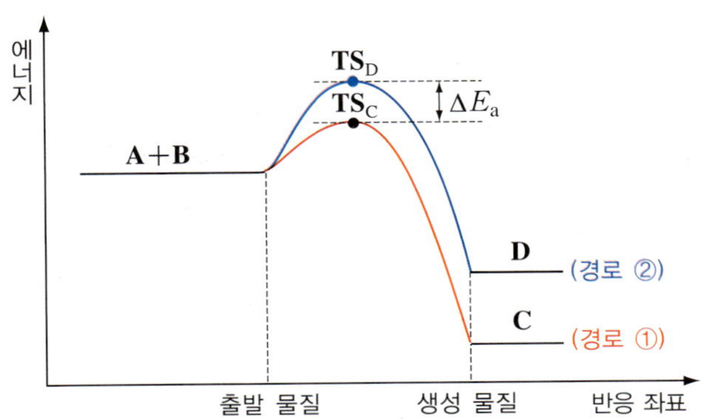

그림 2-9 두 가지 경로로 진행하는 자유 에너지 감소 반응

위의 반응과 유사하게 **A**와 **B**가 반응하여 생성물 **C**(경로 ③) 및 **D**(경로 ④)가 경쟁적으로 생성되는 또 다른 반응을 생각하자. 단, 경로 ③ 및 ④는 단일 단계 반응이고, 동일한 유형의 반응이며, 자유 에너지 증가 반응($\Delta G > 0$)이지만 $|\Delta G(③)| < |\Delta G(④)|$으로 가정한다. 이러한 조건에서 **C**와 **D**의 상대적인 생성 속도를 Hammond 가설을 이용하여 추론해 보자.

경로 ③ 및 ④는 자유 에너지 증가 반응이므로 전이 상태는 생성 물질의 구조적인 성격을 더 많이 갖는다. 경로 ③ 및 ④의 출발 물질은 에너지가 같고 또한 전이 상태에의 기여도까지도 작기 때문에 이로부터 전이 상태 $\mathbf{TS_C}$ 및 $\mathbf{TS_D}$의 에너지 차이를 설명할 수 없다. 전이 상태 $\mathbf{TS_C}$

및 $\mathbf{TS_D}$에 대한 에너지 차이는 기여도가 큰 생성물 **C** 및 **D**의 에너지를 이용하여 설명할 수 있다. 생성물 **C**는 **D**보다 열역학적으로 더 안정하므로 (**C**의 성격을 일부 포함하는) $\mathbf{TS_C}$가 (**D**의 성격을 일부 포함하는) $\mathbf{TS_D}$보다 조금 더 안정할 것이고, 그 결과 경로 ③의 활성화 에너지가 더 작아서 생성물 **C**가 더 빠르게 생성됨을 예상할 수 있다.

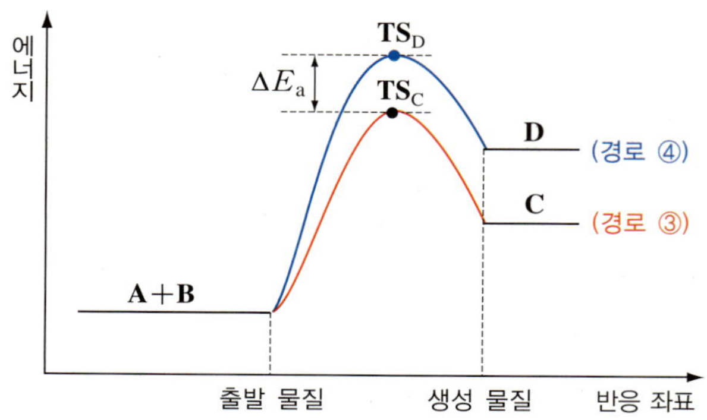

그림 2-10 두 가지 경로로 진행하는 자유 에너지 증가 반응

그림 2-9 및 그림 2-10을 비교하면 생성 물질의 에너지 차이가 비슷함에도 불구하고 자유 에너지 감소 반응에서의 ΔE_a 값이 자유 에너지 증가 반응에서의 ΔE_a 값보다 작게 표현되어 있다. 그 이유는 다음과 같이 설명할 수 있다. 자유 에너지 감소 반응(그림 2-9)에서는 전이 상태가 출발 물질의 성격이 크고 생성 물질의 성격은 작다. 전이 상태의 에너지 차이는 기여도가 작은 생성 물질의 에너지 차이(ΔE)에 의하여 생기므로 ΔE 값의 작은 부분만이 ΔE_a 값에 반영되고, 그 결과 ΔE_a 값이 상대적으로 작아서 생성물 **C**/**D**의 선택성은 낮을 것이다. 자유 에너지 증가 반응(그림 2-10)에서는 전이 상태가 출발 물질의 성격이 작고 생성 물질의 성격은 크다. 전이 상태의 에너지 차이는 기여도가 큰 생성 물질의 에너지 차이(ΔE)에 의하여 생기므로 ΔE 값의 많은 부분이 ΔE_a 값에 반영되고, 그 결과 ΔE_a 값이 상대적으로 커서 생성물 **C**/**D**의 선택성은 높을 것이다.

Hammond 가설을 마치면서 반드시 언급해야 할 것이 있다. Hammond 가설은 실험적인 결과를 설명하기 위하여 생성 물질의 안정성(ΔG)과 반응 속도(ΔE_a)를 직관적으로 연결한 것이다. 그러나 2.8.1절 및 2.8.2절에서 설명한 바와 같이, ΔG와 ΔE_a 함수 사이에는 과학적인 연관성이 전혀 없기 때문에 과학적인 증거나 논리의 뒷받침이 있을 수 없다. Hammond 법칙(law) 대신에 가설(hypothesis)이 될 수밖에 없는 이유가 여기에 있다. 다시 한번 강조하면, 비록 Hammond 가설이 많은 실험적 사실들을 설명하는 데 사용될 수 있지만, 이론적인 배경이 없음을 항상 주시할 필요가 있고, Hammond 가설에 근거한 추론과 배치되는 예들이 존재할 수 있음을 잊지 말아야 한다.

2.9 탄소 양이온

2.9.1 구조

CH_3^+ 양이온은 AX_3E_0 전자군 형태를 갖기 때문에 sp^2 혼성을 하고, 삼각 평면형의 기본 골격을 갖는다(1.7.4절). 중심 탄소는 세 개의 수소 원자와 $C(sp^2)-H(1s)$ σ-결합을 하고, 한 개의 p 오비탈은 평면과 수직 방향으로 위치하는데, 전자가 없으므로 (+)전하를 띠게 된다.

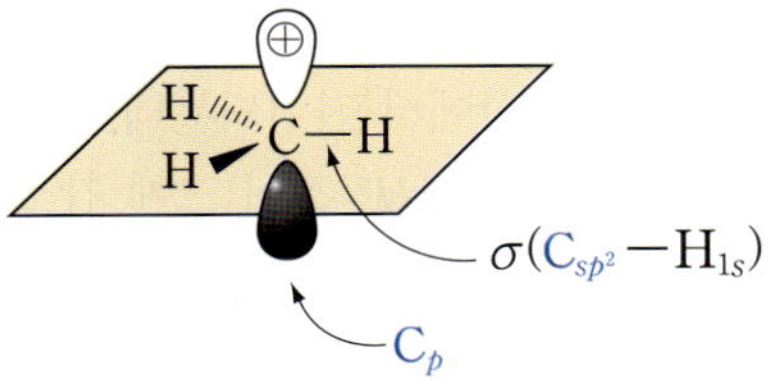

그림 2-11 메틸 양이온(CH_3^+)의 구조

탄소 양이온은 중심 탄소와 결합한 알킬기의 수에 따라서 구분한다. 알킬기 수가 0개, 1개, 2개, 3개인 탄소를 각각 메틸(methyl), 1차(primary), 2차(secondary), 3차(tertiary) 탄소 양이온이라고 한다.

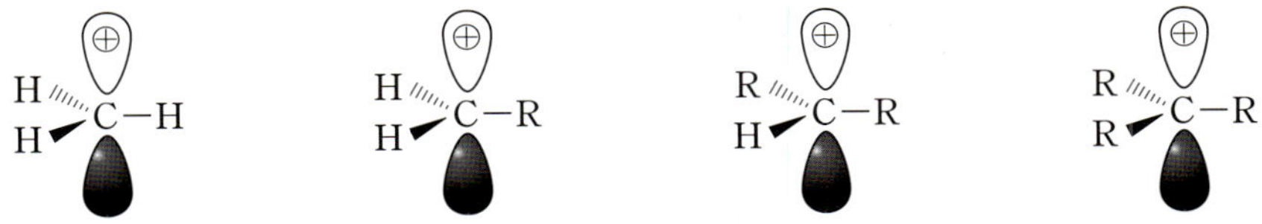

메틸 탄소 양이온 | 1차 탄소 양이온 | 2차 탄소 양이온 | 3차 탄소 양이온

그림 2-12 메틸, 1차, 2차 및 3차 탄소 양이온의 구조

2.9.2 열역학적 안정성

아래의 화학 반응식과 에너지 도표는 네 종류의 C−Cl 단일 공유 결합에 불균일 분해 반응이 일어나서 C^+ 및 Cl^-를 생성하는 반응, 그리고 각 반응의 엔탈피 변화($\Delta H°$)를 알킬 치환체 수가 증가하는 순서대로 나열한 것이다. 이때 $\Delta H°$ 값은 기체 반응에서의 값이고, 화학 결합이 끊어지는 반응이므로 필연적으로 흡열 반응이 된다.

$$CH_3{-}Cl \longrightarrow CH_3^+ + Cl^- \qquad \Delta H° = 229\ \text{kcal/mol}$$
$$(CH_3)CH_2{-}Cl \longrightarrow (CH_3)CH_2^+ + Cl^- \qquad \Delta H° = 195\ \text{kcal/mol}$$
$$(CH_3)_2CH{-}Cl \longrightarrow (CH_3)_2CH^+ + Cl^- \qquad \Delta H° = 172\ \text{kcal/mol}$$
$$(CH_3)_3C{-}Cl \longrightarrow (CH_3)_3C^+ + Cl^- \qquad \Delta H° = 157\ \text{kcal/mol}$$

출발 물질의 에너지는 화합물에 따라서 다르다. 그러나 반응 속도는 활성화 에너지에 의하여 결정되기 때문에 출발 물질의 에너지가 같도록 이동한 후 설명하는 것이 이해하기가 쉽다.

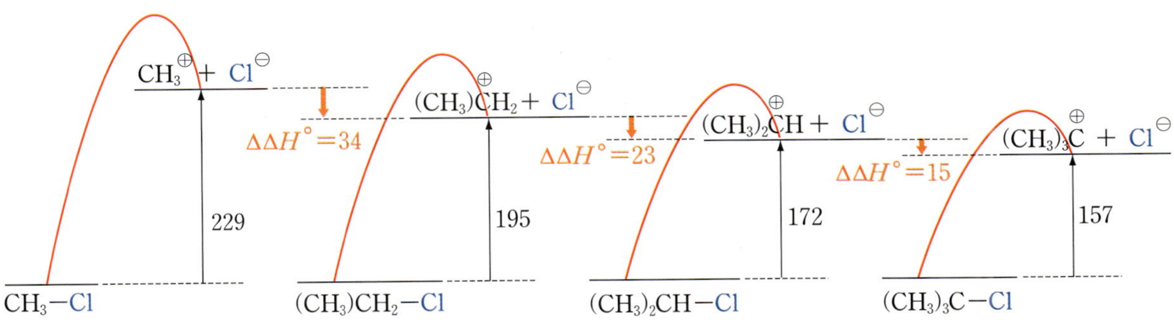

그림 2-13 알킬 치환체 수에 따른 탄소 양이온 생성 반응

위 그림에 의하면 CH_3의 H 원자가 차례로 메틸기로 치환되면서, 즉 [$CH_3 \rightarrow CH_3CH_2 \rightarrow (CH_3)_2CH \rightarrow (CH_3)_3C$]가 되면서 $\Delta\Delta H°$ 값은 각각 34, 23, 15 kcal/mol로 감소하고 있다. 이것은 탄소 양이온에서 H 원자가 CH_3로 치환되면서 탄소 양이온의 안정성이 상대적으로 증가함을 의미하는 것으로, 실제로 탄소 양이온의 안정성 순서는 [3차 > 2차 > 1차 > 메틸]이 된다.

위에서의 추론은 용매화(solvation) 효과를 무시할 수 있는 기체 상태에서의 $\Delta H°$ 값에 기초한 결론이다. 대부분의 유기 반응은 액체상에서 진행되는데, 액체상에서는 용매화에 의한 안정화 효과가 매우 커서 기체 상태와 비교하여 $\Delta H°$ 값이 크게 감소하는 경향성이 있다. 그럼에도 불구하고 탄소 양이온의 안정성 순서에는 변함이 없다.

예제 2.10

$Cl-CH_2CH_2CH_2C(CH_3)_2-Cl$에서 C−Cl 결합의 불균일 분해 반응으로 +1의 전하를 갖는 탄소 양이온을 생성하려고 한다. 주생성물과 소량 생성물로 예상되는 탄소 양이온을 그리시오.

풀이

주생성물: $Cl-CH_2CH_2CH_2C(CH_3)_2{}^+$
소량 생성물: ${}^+CH_2CH_2CH_2C(CH_3)_2Cl$

2.9.3 알킬 작용기

2.9.2절에서는 탄소 양이온의 안정성 순서가 [3차 > 2차 > 1차 > 메틸]임을 기술하였다. 그 이유에 대하여 생각해 보자.

$CH_3{}^+$ 양이온은 중심 탄소에 여섯 개의 전자가 있으므로 팔전자계를 만족하려면 추가적으로 두 개의 전자가 필요하다. 만약 $Z-CH_2{}^+$와 $H-CH_2{}^+$에서 탄소 양이온에 전자를 제공하는 능력이 [Z > H]이면 탄소 양이온의 전자 밀도는 $Z-CH_2{}^+ > CH_3{}^+$이 된다. 탄소 양이온에서 전자 밀도가 더 높다는 것은 그만큼 더 팔전자계에 근접한 것이므로 $Z-CH_2{}^+$이 $CH_3{}^+$보다 열역학적으로 더 안정하다는 추론을 할 수 있다. 이것을 탄소 양이온의 열역학적 안정성 순서(3차 > 2차 > 1차 > 메틸)와 연결하면 자연스럽게 [알킬 작용기는 H 원자보다 더 우수한 전자 주개]라는 결론에 도달할 수 있다.

안정한 화합물들은 대부분 팔전자계를 만족하고, 두 원자가 화학 결합을 하면 독립적으로 있을 때보다 열역학적으로 더 안정해진다는 것은 보편적으로 받아들이는 개념이다. 이러한 이유로 많은 교재에서 "팔전자계를 만족하면 열역학적으로 안정화된다." 또는 '팔전자계에 도달하기 위하여 화학 결합을 한다.'는 식의 표현을 많이 사용하는데, 본 교재에서도 이러한 표현을 사용할 것이다.

[알킬 작용기가 H 원자보다 더 우수한 전자 주개]라는 사실은 **유발 효과(inductive effect)** 및 **하이퍼콘쥬게이션(hyperconjugation)** 개념을 이용하여 설명한다.

유발 효과에 의한 설명은 상대적으로 간단하다. 우선 C 원자와 H 원자의 전기 음성도는 각각 2.5 및 2.1로 큰 차이가 없기 때문에 전기 음성도 차이에 의한 설명은 설득력이 떨어진다. 반면, 원자단의 크기는 CH_3가 H 원자보다 훨씬 크기 때문에 편극성(polarizability)은 CH_3가 H 원자보다 훨씬 크다(2.2.1절). 편극성이 크다는 것은 전자 구름의 이동성이 크다는 것으로서 탄소 양이온이 전자를 잡아당길 때 그만큼 전자를 잘 제공할 수 있음을 의미한다. 전자를 공급해서 탄소 양이온의 전자 밀도가 증가하면 열역학적 안정성이 증가한다는 것은 위에서 이미 기술한 바 있다.

안정성 순서:

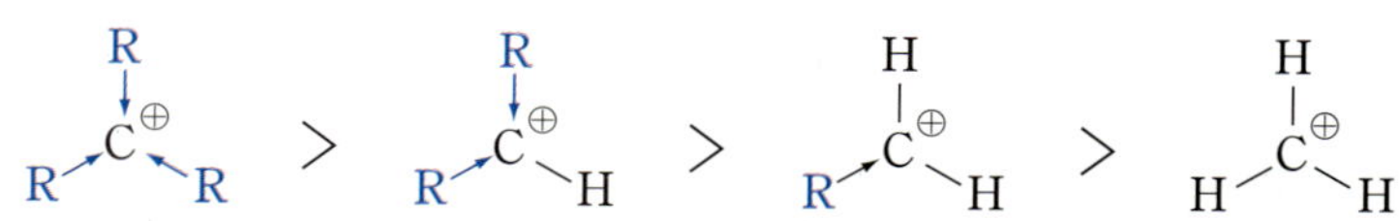

하이퍼콘쥬게이션에 의한 설명은 다음과 같다. $H-CH_2{}^+$에서 탄소의 p 오비탈은 $\sigma(C_{sp^2}-H_{1s})$-결합 오비탈과 중첩이 원천적으로 불가능하지만, $CH_3-CH_2{}^+$에서는 인접한 탄소의 $\sigma(C_{sp^3}-H_{1s})$-결합 오비탈과 비어 있는 p 오비탈의 중첩이 가능하다. 이로 인하여 σ-결합의 전자쌍이 인접한 탄소 양이온의 p 오비탈에 일부가 제공될 수 있고, 그 결과 탄소 양이온의 전자 밀도가 증가하면서 자연스럽게 탄소 양이온의 열역학적 안정성이 커지게 된다. 이러한 현상

을 하이퍼콘쥬게이션이라고 한다.

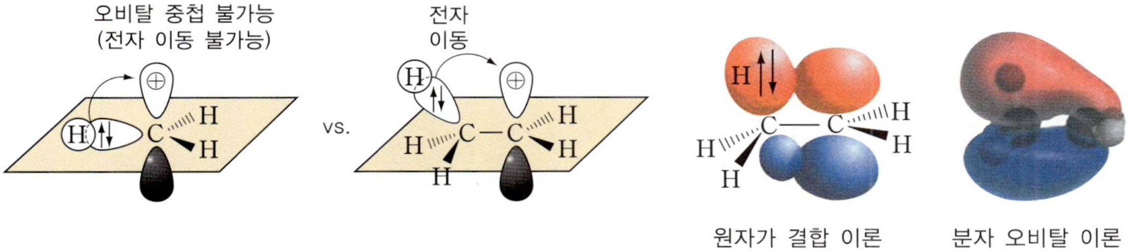

그림 2-14 하이퍼콘쥬게이션

오비탈의 중첩은 σ-결합 오비탈과 *p* 오비탈의 상대적인 배열에 따라서 변한다. 오비탈의 중첩은 두 오비탈이 서로 같은 평면에 위치할 때 가장 효과적으로 일어나기 때문에 $CH_3CH_2^+$ 양이온은 아래의 구조를 가질 때 가장 안정할 것으로 예상할 수 있다.

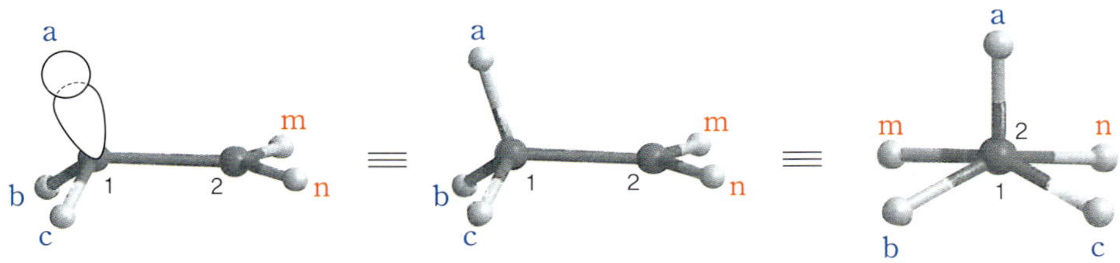

하이퍼콘쥬게이션을 공명의 관점에서 나타내면 다음과 같다.

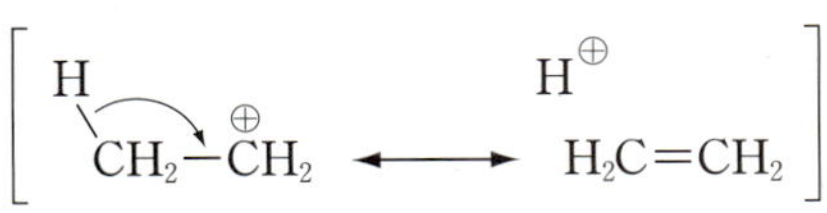

2.10 탄소 라디칼

CH_3^+ 양이온과 $CH_3\cdot$ 라디칼은 전자 한 개의 차이만 있다. 2.9절에서 CH_3^+ 양이온의 기본 골격, 열역학적 안정성, 생성 속도 등을 기술한 것과 거의 같은 방법으로 $CH_3\cdot$ 라디칼의 기본 골격, 열역학적 안정성, 생성 속도에 대하여 알아보자.

2.10.1 구조

$CH_3\cdot$ 라디칼은 AX_3E_1 전자군 형태를 갖기 때문에 sp^3 혼성을 하고, 사면체형의 기본 골격을 갖는다(1.7.3절). 중심 탄소는 세 개의 수소 원자와 $C(sp^3)-H(1s)$ σ-결합을 하고, 나머지 $C(sp^3)$ 오비탈이 한 개의 전자를 수용하는 구조를 갖는다.

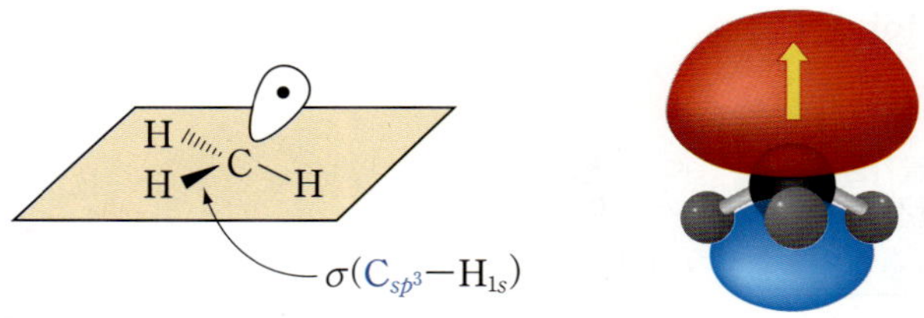

만약 $CH_3\cdot$ 라디칼이 CH_3^+에서와 같이 sp^2 혼성을 한다면 중심 탄소는 세 개의 수소 원자와 $C(sp^2)-H(1s)$ σ-결합을 하고, 평면과 수직 방향에 위치하는 *p* 오비탈에 전자 한 개를 수용하는 구조가 될 것이다.

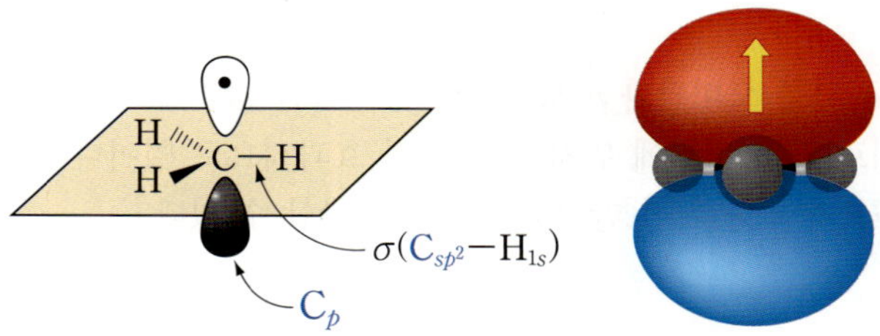

이러한 두 구조 중에서 많은 경우에 sp^2 혼성이 실험적인 사실과 더 근접한 것으로 알려져 있다.

2.10.2 열역학적 안정성

아래의 화학 반응식과 에너지 도표는 네 종류의 C−H 단일 공유 결합에 균일 분해 반응이 일어나서 C• 및 Cl•을 생성하는 반응, 그리고 각 반응의 엔탈피 변화($\Delta H°$)를 알킬 치환체 수가 증가하는 순서대로 나열한 것이다. 이때 $\Delta H°$ 값은 기체 반응에서의 값이고, 화학 결합이 끊어지는 반응이므로 필연적으로 흡열 반응이 된다.

$$CH_3-H \longrightarrow CH_3\cdot + \cdot H \qquad \Delta H° = 105 \text{ kcal/mol}$$
$$CH_3CH_2-H \longrightarrow CH_3CH_2\cdot + \cdot H \qquad \Delta H° = 100 \text{ kcal/mol}$$
$$(CH_3)_2CH-H \longrightarrow (CH_3)_2CH\cdot + \cdot H \qquad \Delta H° = 96 \text{ kcal/mol}$$
$$(CH_3)_3C-H \longrightarrow (CH_3)_3C\cdot + \cdot H \qquad \Delta H° = 93 \text{ kcal/mol}$$

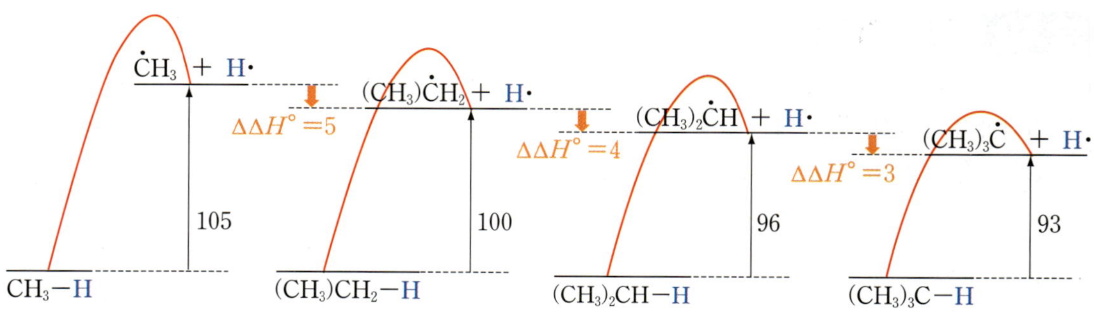

그림 2-15 알킬 치환체 수에 따른 탄소 및 수소 라디칼 생성 반응

위 그림에 의하면 CH_3의 H 원자가 차례로 메틸기로 치환되면서, 즉 $[CH_3 \rightarrow CH_3CH_2 \rightarrow (CH_3)_2CH \rightarrow (CH_3)_3C]$가 되면서 $\Delta\Delta H°$ 값은 각각 5, 4, 3 kcal/mol로 감소하고 있다. 이것은 탄소 라디칼에서 H 원자가 CH_3로 치환되면서 탄소 라디칼의 안정성이 상대적으로 증가하는

것을 의미한다. 실제로 탄소 라디칼의 안정성 순서는 [3차 > 2차 > 1차 > 메틸]이 된다.

이번에는 위 그림에서 탄소 라디칼의 생성 속도에 대하여 생각해 보자. 이 반응들은 모두 C−H → C• + H•이라는 같은 형식의 반응(균일 분해 반응)으로 진행하기 때문에 Hammond 가설을 적용할 수 있다. 즉, 이 반응은 흡열 반응이므로 전이 상태는 생성 물질의 성격을 더 많이 갖고, 생성 물질인 탄소 라디칼의 안정성이 [3차 > 2차 > 1차 > 메틸]의 순서이므로 전이 상태의 안정성 또한 [3차 > 2차 > 1차 > 메틸]의 순서가 된다. 이것은 결론적으로 탄소 라디칼의 생성 속도가 [3차 > 2차 > 1차 > 메틸]임을 의미한다.

대부분의 유기 반응은 액체상에서 진행되는데, 탄소 라디칼은 중성이고 비극성 물질이기 때문에 액체상에서 용매화에 의한 라디칼 안정화 효과는 아주 작을 것이다. 따라서 5, 4, 3 kcal/mol의 안정화 효과는 반응 용액의 상과는 무관하게 순수한 알킬 치환체의 영향이라고 판단할 수 있다.

예제 2.11

아래의 그림에서는 탄소와 탄소의 단일 공유 결합에서 균일 분해 반응이 진행되어 두 개의 탄소 라디칼이 생성되는 반응의 ΔH 값을 알킬 치환체 숫자가 증가하는 순서로 나열하였다. 치환체에 따른 ΔH 값의 변화를 계산하고, 이 반응의 경향성이 C−H의 경향성과 일치하는지 판단하시오.

$$CH_3{-}CH_3 \longrightarrow CH_3\cdot + \cdot CH_3 \qquad \Delta H° = 90\ \text{kcal/mol}$$
$$CH_3CH_2{-}CH_3 \longrightarrow CH_3CH_2\cdot + \cdot CH_3 \qquad \Delta H° = 85\ \text{kcal/mol}$$
$$(CH_3)_2CH{-}CH_3 \longrightarrow (CH_3)_2CH\cdot + \cdot CH_3 \qquad \Delta H° = 84\ \text{kcal/mol}$$
$$(CH_3)_3C{-}CH_3 \longrightarrow (CH_3)_3C\cdot + \cdot CH_3 \qquad \Delta H° = 81\ \text{kcal/mol}$$

풀이

CH_3의 수소 원자가 단계적으로 CH_3로 치환되면서, 즉 [CH_3 → CH_3CH_2 → $(CH_3)_2CH$ → $(CH_3)_3C$]가 되면서 $\Delta\Delta H°$ 값이 각각 5, 1, 3 kcal/mol 감소함을 알 수 있다. $\Delta\Delta H°$ 값이 감소한다는 것은 수소 원자 대신에 알킬기가 치환되면서 탄소 라디칼의 안정성이 상대적으로 증가함을 의미한다. 실제로 탄소 라디칼의 안정성 순서는 [3차 > 2차 > 1차 > 메틸]이며, 이 결과는 C−H의 경우에서와 동일한 결과이다.

2.10.3 알킬 작용기

탄소 양이온의 안정성은 [3차 > 2차 > 1차 > 메틸]의 순서이다. 이것은 알킬기가 전자 주개로 작용하여 탄소 양이온의 안정성에 기여하기 때문인데, 알킬기가 전자 주개로 작용함을 설명하기 위하여 유발 효과 및 하이퍼콘쥬게이션을 제안한 바 있다(2.9.3절). 탄소 라디칼의 안정성은 탄소 양이온에서와 같이 [3차 > 2차 > 1차 > 메틸]의 순서이고, 이것을 설명하는 방법은 탄소 양이온의 경우와 완전히 일치하기 때문에 추가적인 설명은 생략한다.

과학자들은 라디칼의 홀스핀 밀도(unpaired spin density)를 측정함으로써 홀전자의 분포에 대한 정보를 얻을 수 있다. $CH_3\cdot$에서는 홀전자가 탄소의 p 오비탈에 집중적으로 분포하고, $CH_3CH_2\cdot$에서는 홀전자가 탄소의 p 오비탈에 더 많이 분포하지만 인접한 CH_3의 H 원자에서도 일부 발견되고 있다. 이것은 유발 효과 또는 하이퍼콘쥬게이션의 개념이 유효한 것임을 암시하는 결과이다.

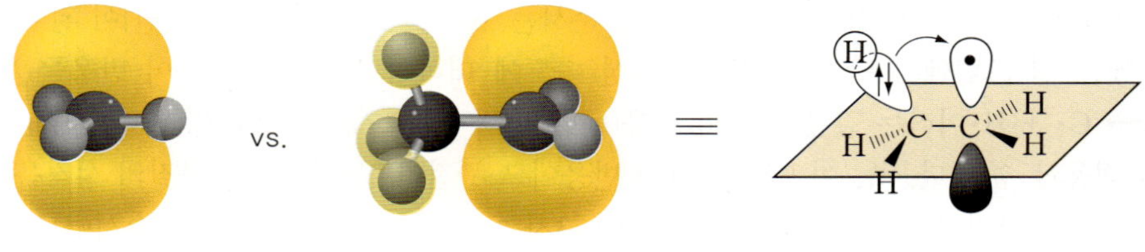

$H-CH_2\cdot$ $CH_3-CH_2\cdot$

그림 2-16 메테인 라디칼($CH_3\cdot$) 및 에테인 라디칼($CH_3CH_2\cdot$)의 3차원 구조 및 홀전자 분포

2.11 산화 및 환원 반응

2.11.1 산화 및 환원

일반적인 **산화(oxidation)** 및 **환원(reduction)**의 정의에 의하면 원자가 전자를 잃어버리면 산화, 원자가 전자를 얻으면 환원이라고 한다.

탄소 원자가 산화된다는 것은 탄소 원자가 전자를 잃어버려서 탄소 원자의 전자 밀도가 감소함을 의미한다. 이것은 탄소가 자기보다 전기 음성도가 큰 원자와 공유 결합을 할 때(C−O, C−N, C−X 결합의 생성 등), 탄소가 자기보다 전기 음성도가 작은 원자와의 공유 결합이 균일하게 끊어질 때(C−H 결합의 분해 등) 일어난다.

탄소 원자가 환원된다는 것은 탄소 원자가 전자를 얻어서 탄소 원자의 전자 밀도가 증가함을 의미한다. 이것은 탄소가 자기보다 전기 음성도가 작은 원자와 공유 결합을 할 때 (C−H 결합의 생성 등), 탄소가 자기보다 전기 음성도가 큰 원자와의 공유 결합이 균일하게 끊어질 때(C−O, C−N, C−X 결합의 분해 등) 일어난다.

탄소 원자의 산화: $CH_3-H \longrightarrow CH_3-Cl$ 또는 $CH_3-H \longrightarrow CH_3-OH$

탄소 원자의 환원: $CH_3-Cl \longrightarrow CH_3-H$ 또는 $CH_3-OH \longrightarrow CH_3-H$

전기 음성도: F(4.0) > O(3.5) > Cl (3.0) > C(2.5) > H(2.1)

2.11.2 산화수

형식 전하 및 **산화수(oxidation number, OS)**의 공통점은 중성 원자의 원자가 전자 수와 원자가 화학 결합에 참여하였을 때 해당 원자에 속하는 전자 수의 차이를 표현하는 개념이고, 차이점은 화합물에서 특정 원자에 속하는 전자 수를 계산하는 방법에 있다.

형식 전하에서는 (1) 고립 전자 및 고립 전자쌍은 모두 인정하고, (2) 결합 전자쌍은 1/2만 인정하는 규칙을 따라서 특정 원자에 속하는 전자 수를 계산한다(1.4.3절).

형식 전하 및 산화수에서 '∑(형식 전하) = ∑(산화수) = (화학종의) 전하'이다.

반면에, 산화수는 (1) 고립 전자 및 고립 전자쌍은 모두 인정하고, (2) 공유 결합에서 전기 음성도가 큰 원자가 공유 전자를 모두 소유하며, (3) 공유 결합에서 전기 음성도가 같으면 전자를 1/2만 인정하는 방식을 따른다.

NF_3와 $COCl_2$에서 형식 전하와 산화수를 계산하는 방법은 다음과 같다.

화합물	형식 전하	산화수
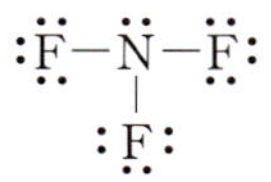	N: 5−2−3=0 F: 7−6−1=0	N: 5−2−0=3 F: 7−6−2=−1
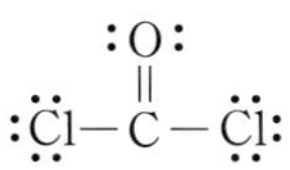	C: 4−0−4=0 O: 6−4−2=0 Cl: 7−6−1=0	C: 4−0−0=4 O: 6−4−4=−2 Cl: 7−6−2=−1

- 중성 원자의 원자가 전자 수 (빨간색)
- 고립 전자 수 (파란색)
- 공유 결합 수(형식 전하) 또는 공유 결합에서 원자에 할당된 전자 수(산화수) (주황색)

아래의 반응은 화학 반응에서 탄소 원자를 중심으로 산화–환원 반응의 예를 든 것이다.

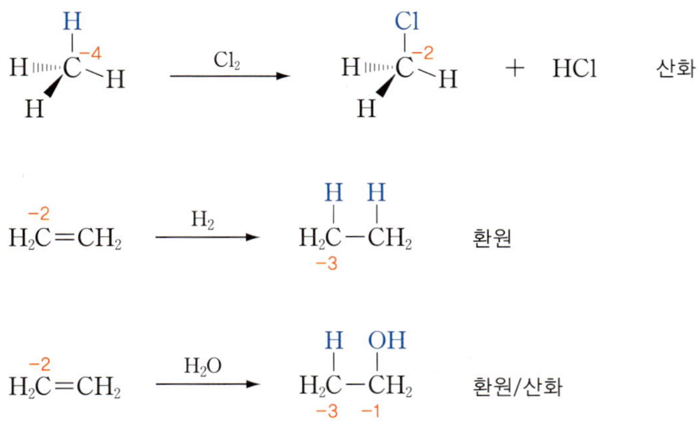

그림 2-17 산화수로 본 산화–환원 반응

예제 2.12

주어진 반응에서 탄소 원자의 산화수를 계산하고, 산화–환원 반응의 여부를 판단하시오.

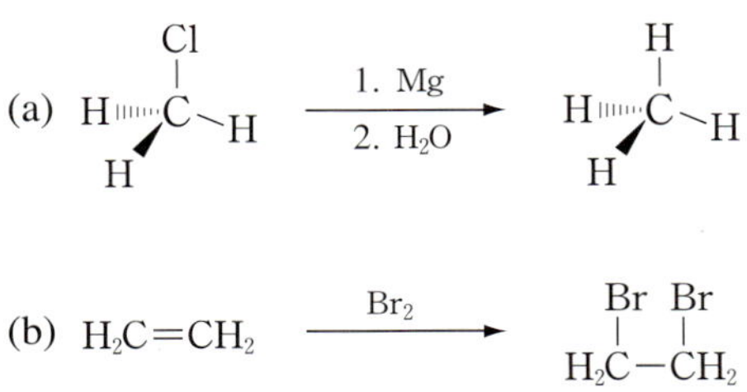

풀이

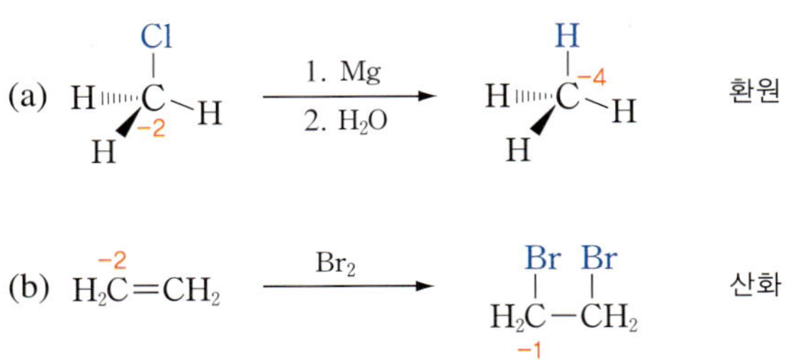

예제 2.13

아래의 화합물에서 수소를 제외한 원소들의 산화수를 계산하시오.

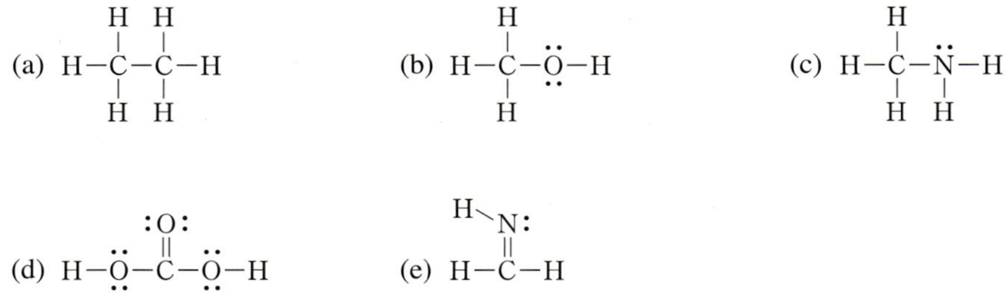

풀이

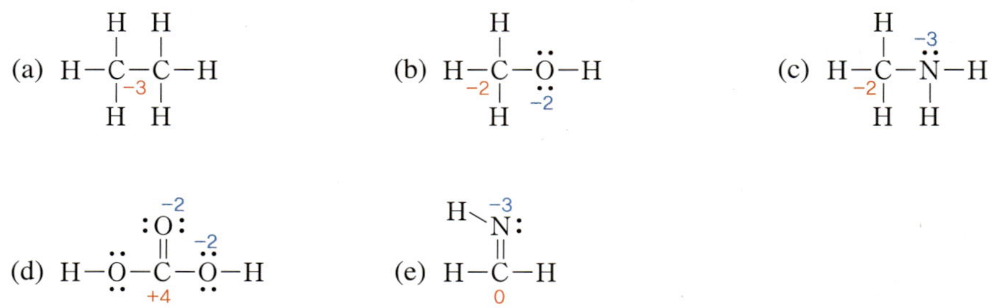

2.12 요약

2장에서는 유기 화학을 공부하는 데 필요한 기본적인 내용들을 기술하였다.

Arrhenius는 수용액에서 H^+를 생성하는 화합물을 산(acid), 수용액에서 HO^-를 생성하는 화합물을 염기(base)라고 정의하였고(2.1.1절), Brønsted–Lowry는 H^+ 주개를 산, H^+ 받개를 염기라고 정의하였다(2.1.2절). 계속해서 산 이온화 상수를 정의하고 다양한 화합물의 산 이온화 상수 값을 제시하였으며(2.1.3절), 임의의 산–염기 반응의 평형이 어떠한 위치에 있을 것인가에 대하여 상세한 설명을 하였다(2.1.4절).

분자간 힘과 관련해서는 분자간 힘의 종류, 근원, 세기 등의 기본적인 개념으로부터 물리적인 성질을 합리적으로 예측할 수 있는 방법을 기술하였다(2.2절).

유기 화학 반응을 반응의 종류에 따라서 첨가 반응, 제거 반응, 치환 반응, 자리 옮김 반응으로 구분하였고, 반응 경로에 따라서 라디칼 반응, 극성 반응, 고리 협동 반응으로 나눴다(2.3절). 또한 C–H 및 C–C 등 유기 화학의 골격을 이루는 결합들의 결합 해리 에너지(2.4절), 라디칼 반응(2.5절) 및 극성 반응(2.6절)의 특성들에 대하여 언급하였다. 출발 물질에서 생성 물질이 얻어지는 연속적인 모든 과정을 상세하게 기술하는 반응 메커니즘, 반응 메커니즘에 에너지의 개념을 함께 도입한 반응 에너지 도표에 대하여도 상세한 설명을 제시하였다(2.7절).

화학 반응에서 서로 독립적인 평형 상수 및 반응 속도, 이러한 함수에 영향을 미치는 요소 등을 비교 설명하였고, "전이 상태는 출발 물질과 생성 물질 중에서 에너지적으로 가까운 화학종의 성질을 더 많이 갖는다."는 Hammond 가설을 다양한 예를 들어 상세하게 기술하였다(2.8절).

탄소 양이온 및 탄소 라디칼의 구조는 원자가 껍질 전자쌍 반발 이론 및 혼성 오비탈 이론에 근거하여 예측할 수 있음을 설명하였다(2.9~2.10절). 그리고 탄소 양이온 및 탄소 라디칼의 열역학적 안정성을 해당 공유 결합의 비균일 분해 반응 및 균일 분해 반응의 엔탈피 변화를 추적함으로써 [3차 탄소 양이온(라디칼) > 2차 탄소 양이온(라디칼) > 1차 탄소 양이온(라디칼) >

메틸 탄소 양이온(라디칼)]임을 알 수 있었다. 수소 원자와 비교하여 알킬기가 전자 주개로 작용한다는 사실은 유발 효과 또는 하이퍼콘쥬게이션으로 설명하였고, 하이퍼콘쥬게이션에 참여하는 두 오비탈이 동일 평면에 존재할 때 가장 효과적으로 탄소 양이온(라디칼)의 안정화가 가능함을 기술하였다.

산화 및 환원의 정의에 의하면 원자가 전자를 잃어버리면 산화, 원자가 전자를 얻으면 환원이다(2.11절). 형식 전하 및 산화수의 공통점은 중성 원자의 원자가 전자 수와 원자가 화학 결합에 참여하였을 때 해당 원자에 속하는 전자 수의 차이를 표현하는 개념이고, 차이점은 화합물에서 특정 원자에 속하는 전자 수를 계산하는 방법에 있다.

연습 문제

1. 아래 화합물의 산성도를 비교하시오.

(a) CF_3CO_2H, CF_3CH_2OH, CH_3CO_2H

(b) HPO_4^{2-}, $H_2PO_4^{-}$, H_3PO_4

2. 아래의 화합물들을 산성도가 증가하는 순서로 나열하시오.

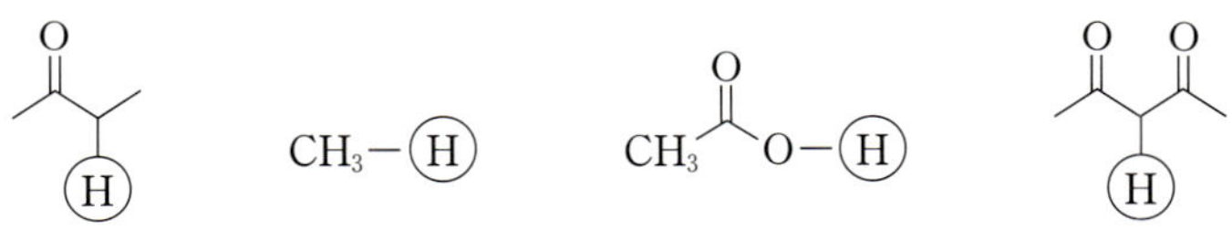

3. 아래 반응의 평형 위치를 정성적으로 예측하고, 평형 상수를 직관적으로 예상하며, 평형 상수를 계산하시오. 단, $pK_a(AcOH) = 4.8$, $pK_a(NH_4^+) = 9.3$이다.

$$AcOH + NH_3 \rightleftharpoons AcO^- + NH_4^+$$

4. 아래 산–염기 반응의 평형 위치를 정성적으로 예측하시오.

(a) $CH_3CH_2OH + H_2SO_4 \rightleftharpoons CH_3CH_2OH_2^+ + HSO_4^-$

(b) $CH_3NH_3^+ + OH^- \rightleftharpoons CH_3NH_2 + H_2O$

(c) $CH_3CO_2^- + NH_4^+ \rightleftharpoons CH_3CO_2H + NH_3$

5. 주어진 반응이 성립하도록 전자의 이동을 표시하시오.

(a) 

(b) 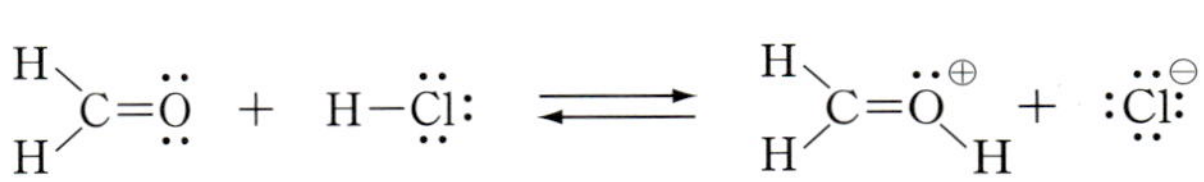

6. 아래의 화합물들을 끓는점이 증가하는 순서로 나열하시오.

프로페인(C_3H_8), 아세트알데하이드(C_2H_4O), 에테인(C_2H_6), 메탄올(CH_3OH)

7. 아래의 반응들을 첨가 반응, 제거 반응, 치환 반응, 자리 옮김 반응으로 구분하시오.

(a) $CH_3CH_2CH_2-OTs + NaOH \longrightarrow CH_3CH{=}CH_2 + H_2O + NaOTs$

(b) $CH_3-I + NaSCH_3 \longrightarrow CH_3-S-CH_3 + NaI$

(c) 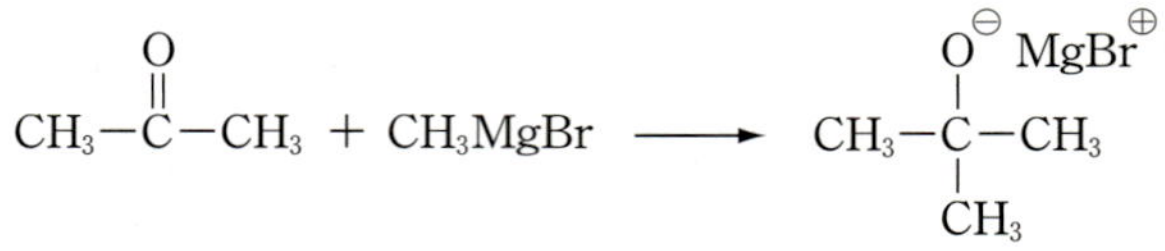

(d) 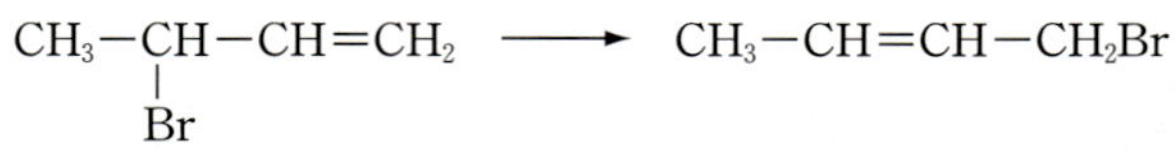

8. 아래 반응에서 전자의 이동이 화살표와 같이 진행될 때 예상되는 생성물을 그리고, 각각의 반응에서 친전자체–친핵체, Lewis 산–염기를 표시하시오.

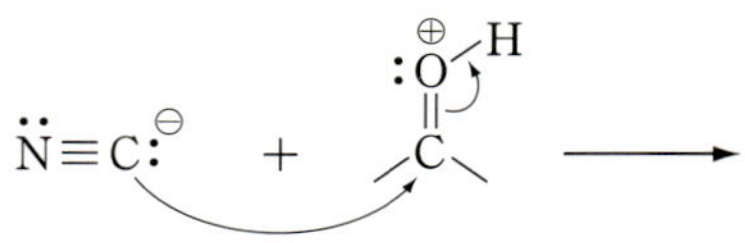

9. 다음은 특정 반응의 에너지 도표이다. 이에 대한 물음에 답하시오.

(a) 몇 개의 단일 단계 반응으로 구성되는가?
(b) 이 반응이 흡열 반응 또는 발열 반응인가를 판단하시오.
(c) 반응 결정 단계는 몇 번째 단계인가?

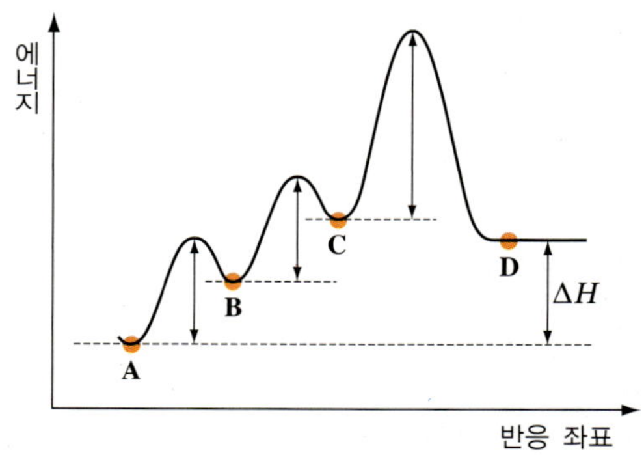

10. 출발 물질 **A** 및 생성 물질 **B** 사이에 평형이 성립하였다. −78℃, 25℃ 및 100℃에서 평형 상수가 10^1이 되는 데 필요한 $\Delta G°$ 값을 각각 구하시오.

11. **A** ⟶ **B** 반응이 중간체 **X**를 포함하는 두 개의 단일 단계 반응으로 구성되고, −78℃에서 평형 상수(K_{eq}) 값이 10^1이라고 한다. 첫 번째 단일 단계 반응이 2.45 kcal/mol의 자유 에너지 증가 반응인 경우에 두 번째 단일 단계 반응의 ΔG 값을 구하시오. (단, 이 모든 반응은 표준 상태에서 진행되고 엔트로피의 변화는 없다고 가정한다.)

12. $CH_3-CH(CH_3)_2$에서 C−H 결합의 균일 분해 반응으로 탄소 라디칼을 생성하려고 한다. 주생성물과 부생성물로 예상되는 탄소 라디칼을 그리시오.

13. 아래의 화합물에서 수소를 제외한 원소들의 산화수를 계산하시오.

(a) H−C≡C−H

(b) 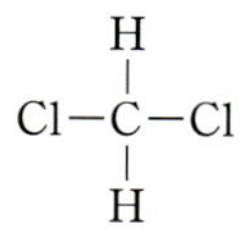

(c) 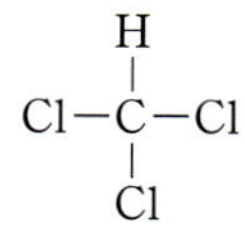

(d) 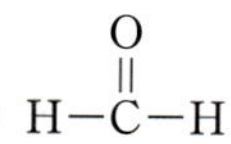

14. 아래의 화합물에서 각 원소의 형식 전하와 산화수를 쓰시오.

(a) H_3O^+

(b) NH_4^+

3 장

포화 탄화수소

© Ganihina Daria/shutterstock

3.1 유기 화합물

3.1.1 유기 화합물의 근원

유기 화합물(organic compound)은 탄소 원자를 기본 골격으로 하는 화합물을 통틀어 부르는 용어이다. 지구상의 천연 유기 화합물은 대부분 식물의 광합성에서 유래하는데, 우리의 일상생활에서 편리함을 제공하는 섬유, 플라스틱, 첨단 소재 등의 생활용품들은 대부분 석유에서 추출 및 합성되는 출발 물질로부터 만들어진다.

석유는 수백 가지의 물질이 섞여 있는 액체상 혼합물이다. 과학자들은 석유를 구성하는 화합물의 끓는점 차이를 이용하여 천연 가스, 휘발유, 나프타 등 일상생활에 유용한 혼합물로 분리한 후, 다양한 용도로 활용한다. 이와 관련하여 가열-크래킹(cracking) 및 촉매-크래킹 기법은 분자량이 큰 유기 화합물에서 가볍고 휘발성이 큰 탄화수소를 생산하는 방법이고, 개질(reforming) 기법은 방향족 화합물을 합성하는 방법인데 이들은 모두 경제적으로 부가 가치가 큰 화합물을 생산하는 데 이용되고 있다.

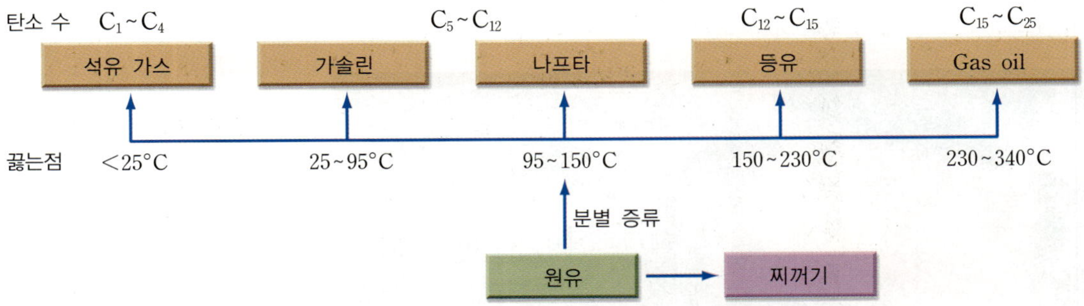

그림 3-1 끓는점 차이를 이용한 원유의 분리

천연 가스는 메테인(75%), 에테인(10%), 프로페인(5%)이 주성분인 기체 혼합물로서, 유전 지대에서 흔하게 발견되는 중요한 에너지원이다.

석유, 석탄, 천연 가스 등의 화석 연료는 인류의 무분별한 남용으로 인하여 온난화의 주범으로 눈총을 받고 있다. 그러나, 식량, 에너지, 새로운 물질 및 생활용품 등을 포함하여 인류의 문명을 선도하는 가장 중요한 요인의 하나가 탄소임을 부인하기는 어렵다. 따라서 현실적인 대안은 이러한 화석 연료의 사용을 금지하기보다는 빠른 시일 안에 대체 에너지를 개발하여 화석 연료에 대한 의존도를 감소시키고, 물질의 재활용을 통한 탄소 배출을 억제하는 데 초점을 맞추어야 한다.

3.1.2 유기 화합물의 분류

유기 화합물을 체계적으로 분류하는 것은 매우 어려운 일이다. 이를 위해서는 명확한 기준을 세워야 하는데, 교재에서는 분자 골격(molecular framework) 및 작용기(functional group, FG)에 따른 분류에 대하여 기술할 예정이다.

분자 골격의 기준에 대하여 알아보자. 분자 골격의 기준이 고리 구조이면 유기 화합물은 비고리 화합물(acyclic compound) 및 고리 화합물(cyclic compound)로 구분되고, 고리 화합물은 탄소 원자만으로 구성된 탄소 고리 화합물(carbocyclic compound)과 탄소 이외의 원자를 한 개 이상 포함하는 헤테로 고리 화합물(heterocyclic compound)로 다시 세분될 수 있다. 분자 골격의 기준이 방향족성(14장)이면 지방족 화합물(aliphatic compound)과 방향족 화합물(aromatic compound)로 구분할 수 있다. 이처럼 분자 골격에 따른 유기 화합물의 분류는 그 기준이 무엇인가에 따라서 매우 다양하게 변할 수 있다.

- 유기 화합물
  - 비고리 화합물
  - 고리 화합물
    - 탄소 고리 화합물
    - 헤테로 고리 화합물

- 유기 화합물
  - 지방족 화합물
  - 방향족 화합물

작용기를 기준으로 하는 분류법은 유기 화학에서 가장 일반적으로 사용하는 방법이다. 작용기는 특정한 화학적 성질을 제공하는 원자(분자, 이온)(군)으로, 유기 화합물의 반응성은 화합물의 크기나 구조보다는 일차적으로 작용기의 종류에 의하여 결정된다. 유기 화학에서 필요한 작용기의 구조와 이름은 표 3-1과 같다.

표 3-1 작용기의 구조와 이름

탄화수소		R−O 작용기	
구조	이름	구조	이름
C−C	알케인(alkane)	R−O−H	알코올(alcohol)
C=C	알켄(alkene)	R−O−R	에터(ether)
C≡C	알카인(alkyne)		옥시레인(oxirane)
	아렌(arene)	R−O−O−R	과산화물(peroxide)

C−Y 작용기		S 포함 작용기	
구조	이름	구조	이름
R−X	할라이드(halide)	R−S−H	싸이올(thiol)
$R-NH_2$	아민(amine)	R−S−R	설파이드(sulfide)
$R-NO_2$	나이트로(nitro)	R−S−S−R	다이설파이드(disulfide)
R−C≡N	나이트릴(nitrile)	R−S(=O)−R	설폭사이드(sulfoxide)
$R-N_3$	아자이드(azide)	R−S(=O)(=O)−R	설폰(sulfone)
RLi, R_2Mg, R_3Al	유기 금속 (organometallic)	R−S(=O)(=O)−OH	설폰산(sulfonic acid)

C=O(카보닐) 작용기			
구조	이름	구조	이름
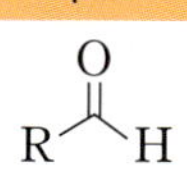	알데하이드(aldehyde)	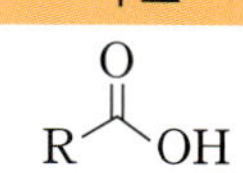	카복실산 (carboxylic acid)
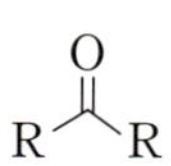	케톤(ketone)	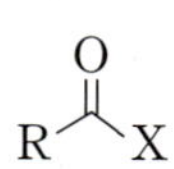	할로젠화 아실 (acyl halide)
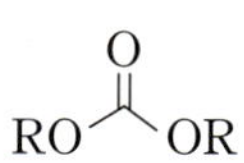	카보네이트(carbonate)	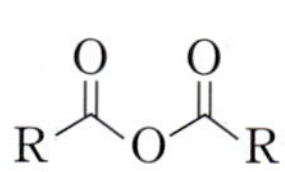	산 무수물 (acid anhydride)

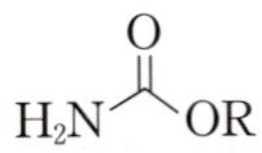	카바메이트(carbamate)	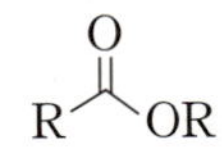	에스터(ester)
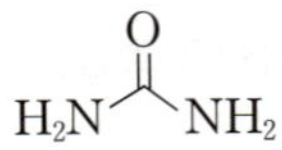	유레아(urea)	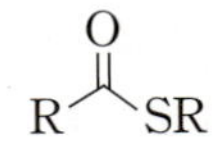	싸이오에스터(thioester)
		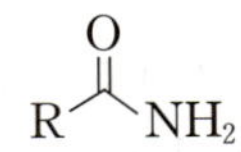	아마이드(amide)

유기 화합물은 이론적으로 그 구조가 무한하다. 실제로 수없이 많은 유기 화합물이 알려져 있으며, 이와 관련한 반응의 수도 매우 방대하다. 따라서 이렇게 복잡하고 많은 자료들을 체계적으로 정리하기 위해서는 정보화 시대의 핵심인 데이터베이스의 구축이 필요한데, 현재 소수의 기관에서 경쟁적으로 서비스를 제공하고 있다.

3.1.3 탄소 원자의 분류

탄소는 최대 네 개의 공유 결합을 할 수 있다. 특정 탄소를 중심으로 단일 공유 결합으로 연결된 알킬기가 1개, 2개, 3개, 4개인 경우에 그 탄소를 각각 1차(primary), 2차(secondary), 3차(tertiary), 4차(quaternary) 탄소라고 한다(2.9.1절).

작용기가 있는 경우에는 작용기와 결합한 탄소 원자를 중심으로 이 탄소에 단일 공유 결합으로 연결된 알킬기가 0개, 1개, 2개, 3개인 경우에 그 탄소를 메틸(methyl), 1차(primary), 2차(secondary), 3차(tertiary) 탄소라고 한다.

예제 3.1

아래의 두 화합물에서 각각의 탄소 원자들을 1차~4차 탄소로 구분하시오.

(a) $(CH_3)_2CHCH_2CH_3$

(b) $(CH_3)_2C(Cl)CH_2CH_2OH$

풀이

(a) 

(b) 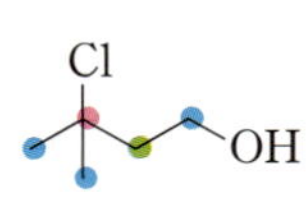

● 1차 탄소
● 2차 탄소
● 3차 탄소

3.2 탄화수소

탄소가 한 개씩 증가할 때 (CH_2) 단위가 하나씩 증가하는 화합물 군(group)을 동족 계열(homologous series), 그리고 동족 계열을 구성하는 각각의 분자들을 동족체(homolog)라고 한다.

탄화수소(hydrocarbon, HC)는 탄소와 수소만으로 구성된 유기 화합물로서, 포화 탄화수소(saturated HC, alkane) 및 불포화 탄화수소(unsaturated HC)로 구분할 수 있다.

- 탄화수소
  - 포화 탄화수소
    - 비고리 포화 탄화수소
    - 고리 포화 탄화수소
  - 불포화 탄화수소
    - 알켄
    - 알카인
    - 아렌(방향족 화합물)

포화 탄화수소는 C−C 및 C−H 단일 결합만으로 구성되는 유기 화합물로서, 탄소 원자가 수용할 수 있는 최대한의 수소 원자와 결합을 한다. 고리 구조를 기준으로 하면 포화 탄화수소는 비고리 포화 탄화수소(acyclic HC)와 고리 포화 탄화수소(cyclic HC)로 세분될 수 있다.

불포화 탄화수소는 C=C 이중 결합 또는 C≡C 삼중 결합이 한 개 이상 존재하는 유기 화합물이다. C=C 이중 결합이 있으면 알켄(alkene), C≡C 삼중 결합이 있으면 알카인(alkyne), 벤젠과 같은 방향족 구조가 있으면 아렌(arene)이라고 한다.

3.3 명명법

3.3.1 서론

대한민국의 국민들은 태어나면서 자신만의 고유한 주민등록번호를 갖는다. 이와 유사하게 다양한 구조의 유기 화합물에게 특정한 화합물명을 대응시키려면 높은 수준의 논리적인 방법을 개발해야 하는데, 교재에서는 IUPAC(International Union of Pure and Applied Chemistry, 'eye-you pac'으로 발음)에서 제시하는 화합물 명명법(nomenclature)에 대하여 기술할 예정이다.

화합물의 명명에서 가장 중요한 것은 "하나의 화합물이 여러 개의 이름을 가질 수 있지만, 하나의 이름에 대응하는 화합물은 반드시 하나"라는 것이다. 예를 들면 아래의 화합물은 뷰탄-2-올, *sec*-뷰탄올, 1-메틸프로페인-1-올 등 다수의 이름을 갖고 있지만, 이러한 이름에 대응되는 화합물은 단 하나의 동일한 물질이다.

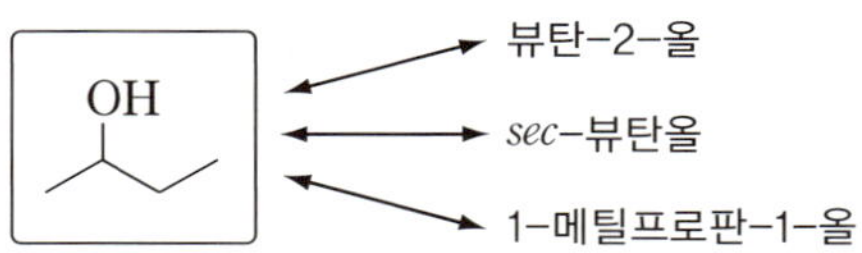

유기 화합물의 중요성 및 응용성이 가장 부각되는 분야의 하나가 의약품 시장이다. 의약품을 명명할 때에는 IUPAC 명칭, 일반명(generic name), 회사에서 판매를 목적으로 정하는 상품명(trade name) 등 여러 가지가 있다. 아래의 진통제를 예로 들면 IUPAC 명칭은 *N*-(4-hydroxyphenyl)acetamide이고, 일반명은 아세트아미노펜(acetaminophene) 또는 파라세타몰(paracetamol)이며, 상품명으로는 타이레놀, 펜잘, 게보린 등이 있다.

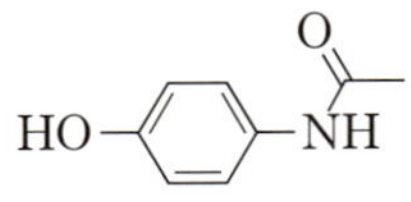

N-(4-hydroxyphenyl)acetamide

3.3.2 비고리 포화 탄화수소

우선 순위가 가장 높은 작용기를 포함하는 가장 긴 탄소 사슬을 기본 사슬 또는 모체 사슬(parent chain)이라고 한다.

IUPAC 명명법에서 화합물 이름은 [접두사−기본명−접미사]로 구성된다. 접미사는 우선 순위가 가장 높은 작용기의 이름 및 위치, 기본명은 우선 순위가 가장 높은 작용기를 포함하는 가장 긴 탄소 사슬의 탄소 수, 접두사는 모체 사슬에 연결된 치환체의 종류 및 위치에 대한 정보를 제공한다.

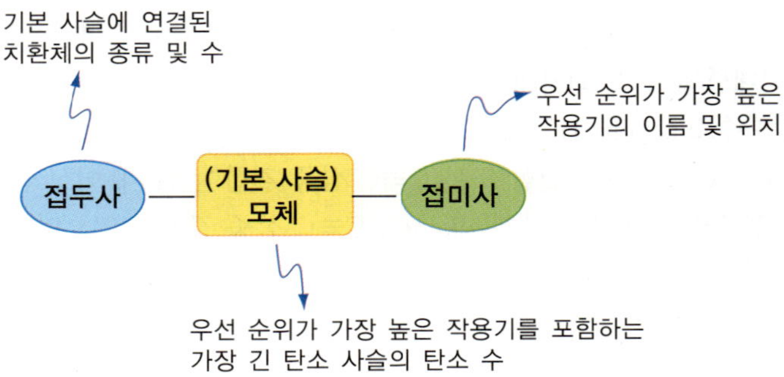

IUPAC 명명법에서 작용기 우선 순위: 라디칼 > 음이온 > 양이온 > 쯔비터 이온 > 카복실산 > 카복실산 유도체(산 무수물, 에스터, 카복실산 할라이드, 아마이드) > 나이트릴 > 알데하이드 > 케톤 > 알코올 > 하이드로과산화물 > 아민 > 에터 > 알카인 > 알켄 > 알케인(알킬 할라이드)

비고리 포화 탄화수소의 명명은 아래의 규칙을 순차적으로 적용하여 얻을 수 있다. 이 방법은 비고리 포화 탄화수소는 물론이고 다양한 종류의 작용기가 있는 유기 화합물을 명명하는 데 있어서도 동일하게 적용할 수 있으므로 정확하게 알고 있어야 한다.

(1) (기본명 및 접미사) (위치 정보가 없음)

① 우선 순위가 가장 높은 작용기를 확인한다.

② 우선 순위가 가장 높은 작용기를 포함하는 가장 긴 탄소 사슬을 확인한다.
(탄소 사슬의 길이가 같으면 곁가지가 많을수록 우선권이 있음)

③ ②에서 기본명, ①에서 접미사를 정한 후 위치 정보가 없는 상태에서 기본명 및 접미사에 사용할 용어를 정한다.

결론적으로 비고리 포화 탄화수소는 작용기가 없고 작용기 우선 순위가 가장 낮은 화합물군(group)으로서, [알케인(alkane)]의 이름을 사용한다. 이때 [alk__]는 ②번, 그리고 [__ane]은 ①번과 대응하는 용어들이다.

(2) (접두사: 치환체 번호) 기본 사슬을 구성하는 탄소 원자에 번호를 부여한다.

① 기본 사슬의 한쪽 끝 탄소로부터 1, 2, 3, ⋯ n을 부여한다. 동시에 기본 사슬의 반대쪽 끝 탄소로부터 1, 2, 3, ⋯ n을 부여한다.

② 첫 번째 결가지의 탄소 원자에 작은 숫자가 있는 숫자 열을 선택한다.

③ 첫 번째 결가지에서 탄소 원자의 번호가 같으면 두 번째 결가지의 탄소 원자에 작은 숫자가 있는 숫자 열을 선택한다. 필요하다면 세 번째 결가지, 네 번째 결가지 등 숫자 열을 구분할 수 있을 때까지 이러한 과정을 반복한다.

표 3-2 비고리 포화 탄화수소 명명법

탄소 수	이름(기본명 + 접미사)	모체명	탄소 수	이름(기본명 + 접미사)
1	methane(메테인)	methyl(메틸)	11	undecane(운데케인)
2	ethane(에테인)	ethyl(에틸)	12	dodecane(도데케인)
3	propane(프로페인)	propyl(프로필)	13	tridecane
4	butane(뷰테인)	butyl(뷰틸)	14	tetradecane
5	pentane(펜테인)	pentyl(펜틸)	15	pentadecane
6	hexane(헥세인)	hexyl(헥실)	16	hexadecane
7	heptane(헵테인)	heptyl(헵틸)	17	heptadecane
8	octane(옥테인)	octyl(옥틸)	18	octadecane
9	nonane(노네인)	nonyl(노닐)	19	nonadecane
10	decane(데케인)	decyl(데실)	20	eicosane(아이코세인)

(3) (접두사: 치환체 이름) 치환체는 아래와 같이 명명한다.

① 알케인(alkane) 치환체 → 알킬(alkyl)

② 할로젠(halogen) 치환체 → 할로(halo)

치환체	치환체명
F	fluoro(플루오로)
Cl	chloro(클로로)
Br	bromo(브로모)
I	iodo(아이오도)

③ 동일한 치환체가 있는 경우에는 다이(*di*, 2개), 트라이(*tri*, 3개), 테트라(*tetra*, 4개), 펜타(*penta*-, 5개) 등의 수 접두사를 사용한다. 예를 들어 CH_3 치환체가 2개 및 3개이면 다이메틸 및 트라이메틸, CH_3CH_2 치환체가 3개 및 4개이면 트라이에틸 및 테트라에틸 등으로 표현한다. 이때 수 접두사와 치환체 이름은 반드시 붙여서 사용한다.

(4) (명명법) (1)~(3)의 정보를 아래의 규칙을 따라서 '빈칸 없이' [한 단어]로 명명한다.

① 치환체는 대시(–), 번호는 콤마(,)를 사용하여 구분한다.

② 치환체는 영어 알파벳 순서로 나열한다. 이때 *iso*(아이소), *neo*(네오), *cyclo*(사이클로) 등은 영어 알파벳으로 생각하고, *di*(다이), *tri*(트라이), *tetra*(테트라) 등의 수 접두사와 normal(*n*), primary(*pri*), secondary(*sec*, *s*), tertiary(*tert*, *t*), quaternary 등은 알파벳에 포함하지 않는다.

참고로 알케인(alkane)에서 수소 원자 한 개가 없는 구조를 알킬기(alkyl group) 또는 알킬 치환체(alkyl substituent)라고 한다. 화합물의 구조가 커지면 어느 수소를 제거했는가에 따라서 서로 다른 구조의 알킬기가 생길 수 있는데, 자주 등장하는 알킬기의 구조와 이름을 그림 3–2에 정리하였다.

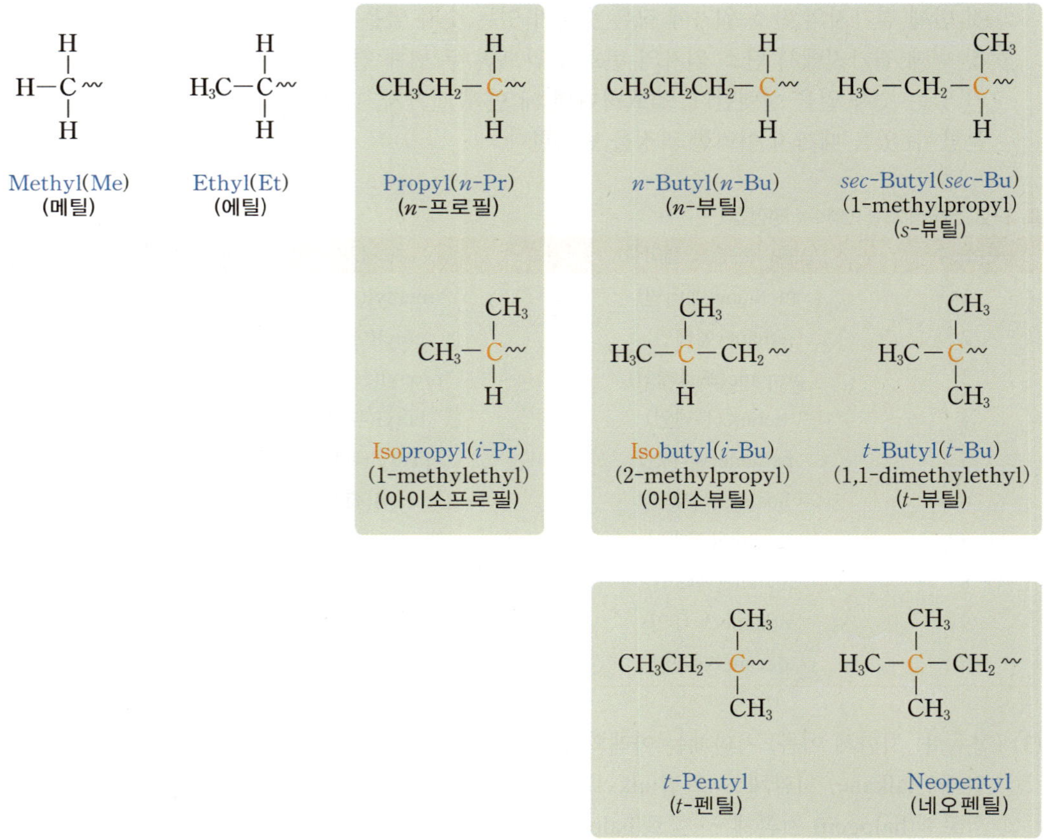

그림 3-2 알킬기의 구조와 이름

이제는 이러한 명명법의 기본 규칙을 아래의 화합물에 적용해 보자.

화합물 **A**는 (1) 비고리 포화 탄화수소이고, 일곱 개의 탄소가 모체 사슬을 구성하므로 [기본명 및 접미사]는 heptane이다. (2) 모체 사슬에 번호를 부여할 때 **A1**에서는 첫 번째 치환체(methyl)가 3번 탄소에 있고, **A2**에서는 첫 번째 치환체(ethyl)가 4번 탄소에 있으므로 **A1**의 숫자 열에 우선권이 있다. (3) **A1**의 숫자 열에 의하여 치환체는 각각 3-methyl 및 4-ethyl로 명명된다. (4) 종합하면 화합물 **A**의 이름은 4-ethyl-3-methylheptane이 된다.

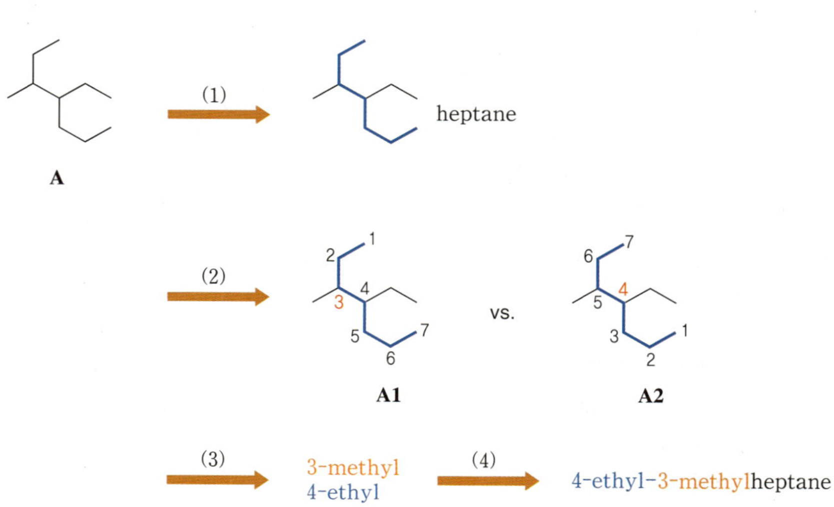

화합물 **B**는 (1) 비고리 포화 탄화수소이고, 아홉 개의 탄소가 모체 사슬을 구성하므로 [기본명 및 접미사]는 nonane이다. (2) 모체 사슬에 번호를 부여할 때 **B1**에서는 첫 번째 치환체(ethyl)가 3번 탄소에 있고, **B2**에서도 첫 번째 치환체(methyl)가 3번 탄소에 있어서 숫자 열의 우선권을 확정할 수 없다. 이런 경우에는 두 번째 치환체를 비교해야 한다. **B1**에서는 두 번째 치환체(methyl)가 4번 탄소에 있고, **B2**에서는 두 번째 치환체(methyl)가 6번 탄소에 있으므로 **B1**의 숫자 열에 우선권이 있다. (3) **B1**의 숫자 열에 의하여 치환체는 3-ethyl, 4-methyl 및 7-methyl로 명명된다. (4) 종합하면 화합물 **B**의 이름은 3-ethyl-4,7-dimethylnonane이 된다.

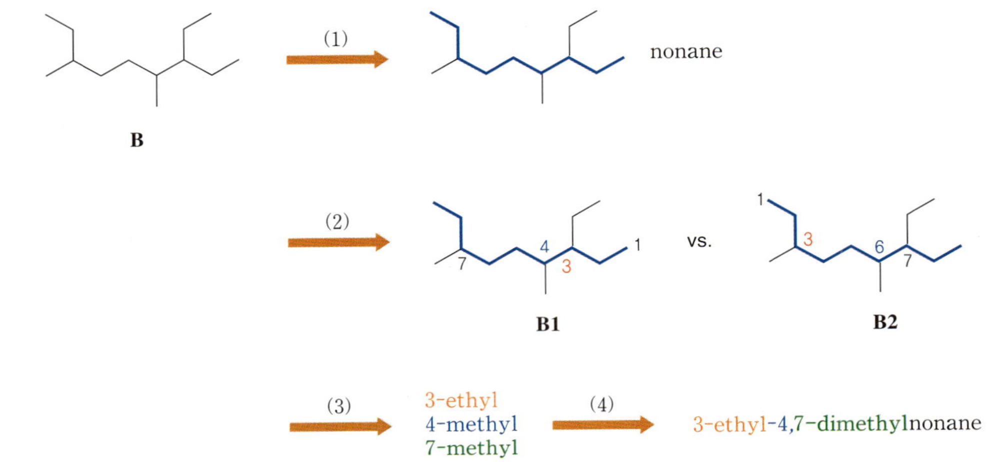

화합물에 따라서는 모체 사슬의 치환체 내에 또 다른 치환체가 있을 수 있다. 이런 경우에는 ① 모체 사슬과 직접 연결되는 치환체 탄소가 번호 1′, ② 치환체의 가장 긴 사슬을 따라서 차례로 1′, 2′, ⋯ *n*′를 부여한 후, ③ 괄호 안에 [번호 및 이름]을 삽입하여 모체 사슬에 있는 치환체와 구분한다.

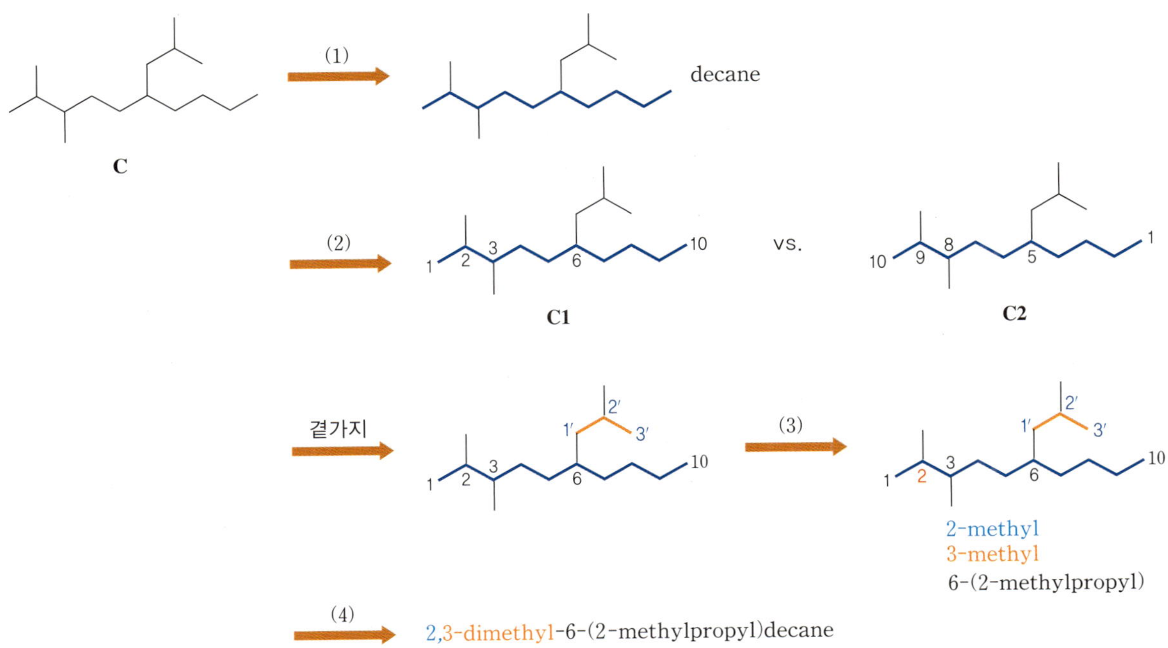

화합물 **C**는 (1) 비고리 포화 탄화수소이고, 열 개의 탄소가 모체 사슬을 구성하므로 [기본명 및 접미사]는 decane이다. (2) 모체 사슬에 번호를 부여할 때 **C1**에서는 첫 번째 치환체(methyl)가 2번 탄소에 있고, **C2**에서는 첫 번째 치환체가 5번 탄소에 있으므로 **C1**의 숫자 열에 우선권이 있다. (3) **C1**의 숫자 열에 의하여 치환체는 각각 2-methyl, 3-methyl 및 6-(2-methylpropyl)로 명명된다. (4) 종합하면 화합물 **C**의 이름은 2,3-dimethyl-6-(2-methylpropyl)decane이 된다.

예제 3.2

아래의 화합물을 명명하시오.

(a) 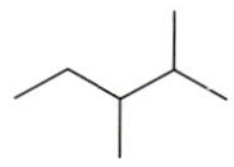

(b) 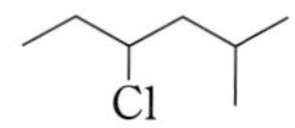

(c) 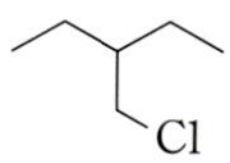

(d) 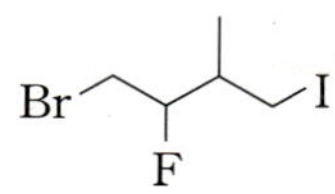

풀이

(a) 2,3-dimethylpentane

(b) 4-chloro-2-methylhexane

(c) 3-(chloromethyl)pentane

(d) 1-bromo-2-fluoro-4-iodo-3-methylbutane

3.3.3 고리 포화 탄화수소

고리 포화 탄화수소의 명명은 모체 구조가 무엇인가에 따라서 명명법이 다르다. 즉, 고리 구조가 모체이면 화합물 이름은 [cycloalkane]이고, 사슬 구조가 모체이면 고리는 단순한 [] [cycloalkyl] 치환체가 된다. 이밖에 치환체의 위치, 이름 및 순서 등은 기본적으로 비고리 포화 탄화수소에서 사용하는 규칙을 그대로 적용하기 때문에 부가적인 설명은 생략하기로 한다.

cyclopropane

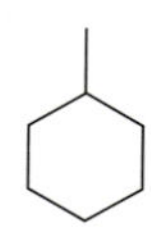

methylcyclohexane

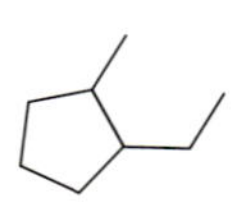

1-ethyl-2-methylcyclolpentane

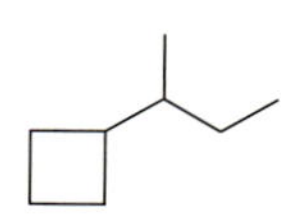

(1-methylpropyl)cyclobutane

예제 3.3

아래의 화합물을 명명하시오.

(a) 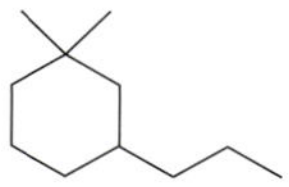

(b) 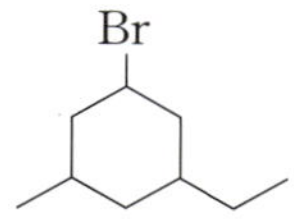

풀이

(a) 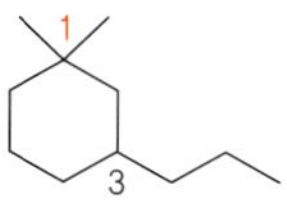

1,1-dimethyl-3-propylcyclohexane

(b) 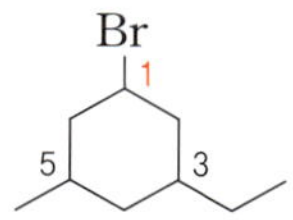

1-bromo-3-ethyl-5-methylcyclohexane

3.4 물리적 성질

2.2절에서 기술한 분자간 힘의 종류 및 크기와 녹는점, 끓는점, 용해도, 밀도 등 물리적 성질과의 일반적인 상관 관계를 포화 탄화수소에 적용해 보자.

포화 탄화수소는 비극성 분자이기 때문에 분자 사이에 쌍극자–쌍극자 인력 및 수소 결합은 불가능하고 분산력만 작용한다. 탄화수소에서 탄소 수가 증가하면 전자 구름이 커지므로 표면적이 넓어지고, 표면적이 넓어지면 분자 사이의 인력(분산력)이 증가하므로 녹는점과 끓는점이 상승하는 결과를 가져온다.

비고리 포화 탄화수소에서 C_1~C_4 화합물은 상온에서 기체, C_5~C_{17} 화합물은 상온에서 액체, C_{18} 이상의 화합물은 상온에서 고체로 존재하는데, 이것은 위의 추론이 유효하다는 것을 간접적으로 증명하는 결과들이다.

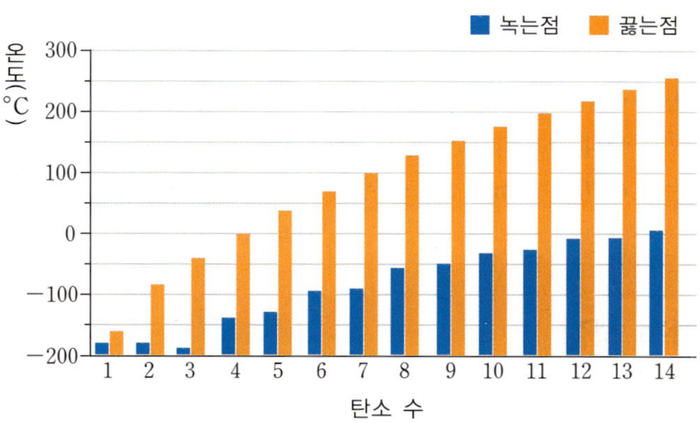

그림 3-3 비고리 포화 탄화수소의 녹는점과 끓는점

고리 포화 탄화수소의 경우에도 녹는점에서 약간의 예외가 있지만, 전체적으로 동일한 경향성을 갖는다.

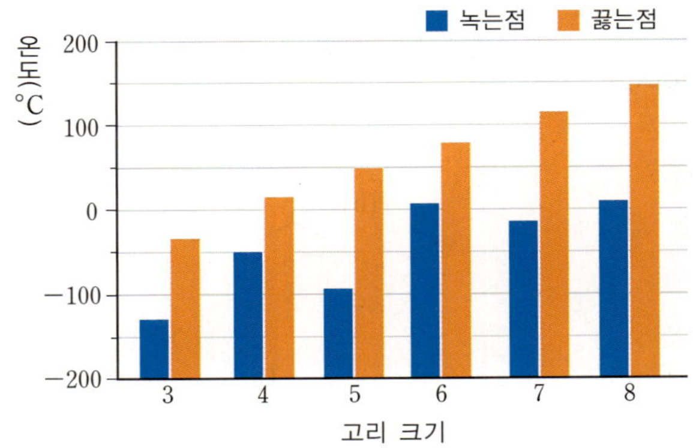

그림 3-4 고리 포화 탄화수소의 녹는점과 끓는점

일정한 부피를 갖는 액체에서 표면적이 가장 작은 3차원 구조는 구(sphere)이다.

비고리 포화 탄화수소에서 탄소 수는 같지만 구조가 다른 이성질체의 경우에는 선형 구조를 갖는 화합물의 표면적이 가장 넓기 때문에 분자간 인력이 가장 커서 일반적으로 끓는점 및 녹는점이 가장 높게 관찰된다.

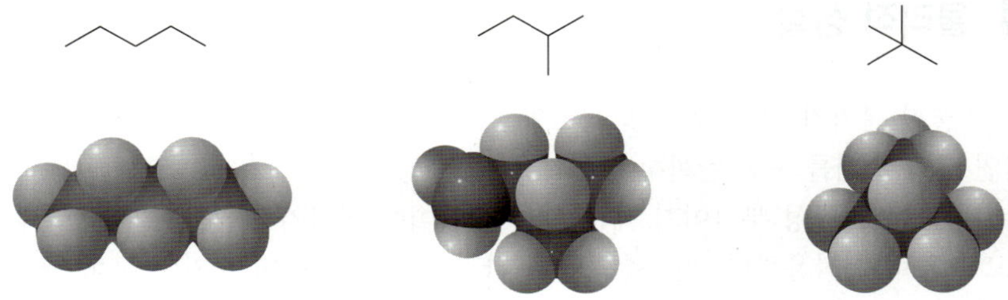

용해도는 일반적으로 "Like dissolves like(성질이 비슷한 물질끼리 섞인다)", 즉 "비극성 물질은 비극성 용매에 잘 녹고, 극성 물질은 극성 용매에 더 잘 녹는다."는 기본적인 원칙을 따른다. 포화 탄화수소는 비극성 물질이기 때문에 대부분의 유기 용매에 잘 녹지만, 수소 결합이 있고 극성이 큰 물에는 녹지 않는다.

-phobic은 '혐오한다' -philic은 '좋아한다'는 뜻을 갖는 접미사이다.

물질과 물 사이에 작용하는 상호 작용의 관점에서 비극성 물질이 물 분자를 배척하는 현상을 **소수성 효과(hydrophobic effect)**, 극성 물질이 물 분자를 포용하는 현상을 **친수성 효과(hydrophilic effect)**라고 한다. 소수성 및 친수성 효과는 생채 내에서 이중막(bilayer), 단백질 구조 등을 설명하는 데 가장 중요한 요인 중의 하나이다.

탄화수소의 밀도는 0.6~0.8 g/mL 정도로서 물보다 훨씬 작은 값을 갖는다.

3.5 열역학적 성질

3.5.1 상태 함수 및 경로 함수

열역학 분야에서 **우주(universe)**는 **계(system)**와 **환경(environment)**으로 구성된다. 계는 관찰의 대상이고, 환경은 우주에서 계를 제외한 모든 것을 포함한다.

우주 { 계 / 환경 }

계에서 **상태**(state)란 계를 구성하는 물질의 종류, 양, 온도, 압력 등의 다양한 조건들이 완벽하게 정의되어 있는 것을 말한다.

일반적으로 계의 특정 상태는 다양한 경로를 통해서 도달할 수 있다. 계의 특정 상태에서 어떤 함수의 값이 경로와 무관하게 항상 일정하면, 즉 함수 값이 계의 특정 상태에 의해서만 결정된다면 그 함수를 **상태 함수**(state function)라고 한다. 만약 어떤 함수의 값이 경로에 따라서 변하면 그 함수는 **경로 함수**(path function)가 된다. 대표적인 상태 함수로는 엔탈피(enthalpy), 엔트로피(entropy), 자유 에너지(free energy) 등이 있고, 대표적인 경로 함수로는 일(work), 열(heat) 등이 있다.

상태 함수와 경로 함수는 다음과 같이 비유할 수 있다. 해발 0 m인 바닷가에서 출발하여 해발 1950 m인 한라산 백록담 종착점까지의 등산 코스 A와 B가 있다. 등산을 완료하였을 때 고도의 차이는 등산 코스와 무관하게 1950 m이지만, 이동한 거리는 등산 코스에 따라서 다를 수 있다. 즉, 출발점(상태 1)에서 종착점(상태 2)의 변화에 대하여 고도 차이는 일정하고(상태 함수), 이동 거리는 코스에 따라서 다를 수 있다(경로 함수).

상태 함수는 아래와 같은 성질을 갖는다.

- 특정 상태에서 상태 함수는 하나의 유일한 값을 갖는다.
- 정반응 및 역반응에서 상태 함수의 변화는 크기가 같고, 부호만 다르다.
- 출발 상태와 최종 상태가 동일하면 상태 함수의 변화는 없다.
- 다단계 반응에서 상태 함수의 변화는 단일 단계 반응의 상태 함수 변화를 모두 합한 것과 같다.

3.5.2 반응 엔탈피, 표준 반응 엔탈피 및 표준 생성 엔탈피

표준 상태(standard state)는 물질의 상태에 따라서 다르게 정의된다. 고체 및 액체에서는 1기압 및 주어진 온도에서의 순수한 원소 및 화합물, 기체에서는 1기압 및 주어진 온도에서 이상 기체식을 만족하는 순수한 기체로 정의된다.

반응이 진행될 때 일정한 온도에서 계와 환경 사이에 교환되는 열을 **반응열**(heat of reaction)이라고 한다. 여기에 일정한 압력 조건을 추가하면 **반응 엔탈피**(enthalpy of reaction, ΔH), 여기에 표준 상태 조건을 다시 추가하면 **표준 반응 엔탈피**(standard enthalpy of reaction, $\Delta H°$)가 된다. 마지막으로 표준 반응 엔탈피($\Delta H°$)에 출발 물질은 [원소의 기준 물질(reference substance)], 생성 물질은 [화합물 1몰] 조건을 추가하면 **표준 생성 엔탈피**(standard enthalpy of formation, $\Delta H_f°$)가 된다.

$$\text{출발 물질} \xrightarrow{\text{일정한 온도}} \text{생성 물질} \qquad : \text{반응열}$$

$$\text{출발 물질} \xrightarrow[\text{일정한 압력}]{\text{일정한 온도}} \text{생성 물질} \qquad : \text{반응 엔탈피}(\Delta H)$$

$$(\text{출발 물질})° \xrightarrow[\text{표준 상태}]{\text{일정한 온도}} (\text{생성 물질})° \qquad : \text{표준 반응 엔탈피}(\Delta H°)$$

$$(\text{원소의 기준 물질})° \xrightarrow[\text{표준 상태}]{\text{일정한 온도}} (\text{화합물 1몰})° \qquad : \text{표준 생성 엔탈피 } [\Delta H_f°(\text{화합물})]$$

원소의 기준 물질은 대부분 1기압 및 주어진 온도에서 원소의 가장 안정한 형태로 정의된다. 예를 들면, 1기압 25℃에서 산소는 $O_2(g)$, 질소는 $N_2(g)$, 탄소는 흑연(s)이 가장 안정한 형태이기 때문에 이들의 기준 물질은 각각 $O_2(g)$, $N_2(g)$, 흑연(s)이다. 그리고 엔탈피의 상태 함수 특성을 표준 생성 엔탈피의 정의에 적용하면 모든 기준 물질의 표준 생성 엔탈피 값이 0이 됨을 알 수 있다.

$$(\text{원소의 기준 물질})° \longrightarrow (\text{원소의 기준 물질 1몰})° \qquad \Delta H_f° (\text{원소의 기준 물질}) = 0$$

교재에서는 화합물의 열역학적 안정성, 반응의 자발성 등을 설명하기 위하여 다양한 반응에서 표준 반응 엔탈피(ΔH°) 및 표준 생성 엔탈피(ΔH_f°) 값들을 적절하게 사용할 것이다. 이 값들은 모두 실험적인 측정에 기반한 것으로서 측정에는 항상 오차가 있기 때문에 실험 방법에 따라서 측정값이 다를 수 있다. 따라서 계산한 값들이 일정한 범위 내에 있다면 정확하게 일치하지 않는다고 고민하기보다는 거시적으로 경향성을 추론하려는 태도를 갖는 것이 필요하다.

3.5.3 열역학적 안정성

n-뷰테인과 2-메틸프로페인은 동일한 분자식(C_4H_{10})을 갖는 이성질체이다. 두 화합물의 열역학적인 안정성을 표준 생성 엔탈피(ΔH_f°) 및 표준 연소열($\Delta H^\circ_{연소}$)을 이용하여 알아보자.

표준 생성 엔탈피(ΔH_f°)의 개념을 이용하려면 우선 두 화합물의 표준 생성 엔탈피(ΔH_f°)에 대응하는 화학식을 쓰고, 표에서 각각의 표준 생성 엔탈피 값을 찾아서 아래와 같이 정리한다. 이 정보를 그림으로 도식화하면 2-메틸프로페인이 n-뷰테인보다 열역학적으로 2.2 kcal/mol 더 안정함을 알 수 있다.

$$4C(\text{흑연}) + 5H_2(g) \longrightarrow n\text{-}C_4H_{10}(g) \qquad \Delta H_f^\circ(n\text{-}C_4H_{10}) = -30.2 \text{ kcal/mol}$$
$$4C(\text{흑연}) + 5H_2(g) \longrightarrow (CH_3)_3CH(g) \qquad \Delta H_f^\circ((CH_3)_3CH) = -32.4 \text{ kcal/mol}$$

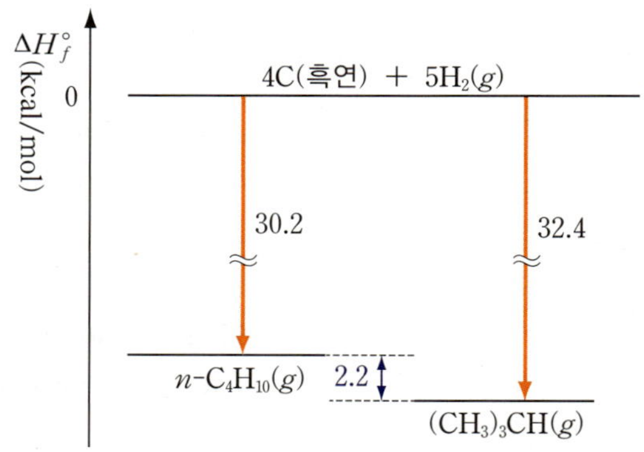

그림 3-5 n-뷰테인과 2-메틸프로페인의 표준 생성 엔탈피 그래프

표준 연소열($\Delta H^\circ_{연소}$)의 개념을 이용하려면 우선 두 화합물의 연소 반응에 해당하는 화학식을 쓰고, 표에서 각각의 표준 연소열 값을 찾아서 정리한다. 이 정보를 그림으로 도식화하면 2-메틸프로페인이 n-뷰테인보다 열역학적으로 2.0 kcal/mol 더 안정함을 알 수 있다.

$$2n\text{-}C_4H_{10}(g) + 13O_2(g) \longrightarrow 8CO_2(g) + 10H_2O(g) \qquad \Delta H^\circ_{연소} = -687.7 \text{ kcal/mol}$$
$$2(CH_3)_3CH(g) + 13O_2(g) \longrightarrow 8CO_2(g) + 10H_2O(g) \qquad \Delta H^\circ_{연소} = -685.7 \text{ kcal/mol}$$

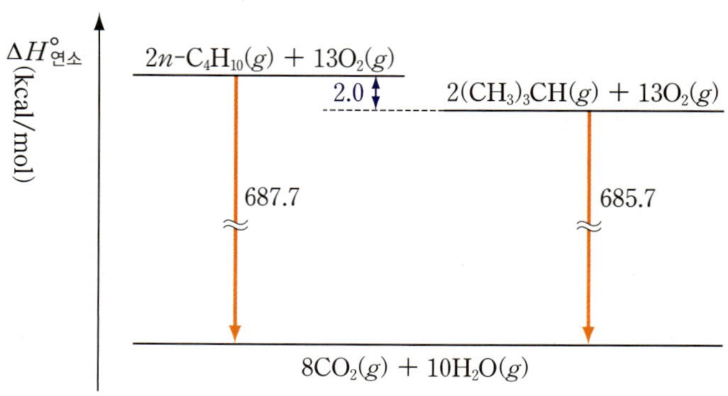

그림 3-6 n-뷰테인과 2-메틸프로페인의 표준 연소열 그래프

이처럼 n-뷰테인과 2-메틸프로페인의 열역학적 안정성 차이는 사용하는 방법에 따라서 2.2 kcal/mol 또는 2.0 kcal/mol로 서로 다를 수 있다. 그러나 이보다 더 중요한 것은 2-메틸프로페인이 열역학적으로 더 안정하다는 경향성이 사용하는 방법과 무관하게 유지된다는 것이다.

일반적으로 탄소 수가 같은 포화 탄화수소의 경우에 곁가지 수가 한 개 증가하면 열역학적 에너지가 2.0 kcal/mol 내외로 감소하는 경향성을 보인다. 이것은 n-뷰테인 및 2-메틸프로페인 화합물의 에너지 차이가 ~2 kcal/mol인 것에서 이미 확인하였다.

3.6 구조 이성질체

분자를 구성하는 원자의 종류 및 수는 같지만 구조 또는 배열이 서로 다른 분자들을 **이성질체**(**isomer**)라고 한다. 이성질체는 서로 다른 화합물이기 때문에 물리적 및 화학적 성질이 다른 것이 기본이지만, 우연하게도 물리적 및 화학적 성질들이 일치하거나 비슷할 수 있다.

이성질체는 원자들의 연결 순서가 다른 **구조 이성질체**(**constitutional isomer, structural isomer**)와 원자들의 연결 순서는 같지만 3차원 배열이 다른 **입체 이성질체**(**stereoisomer**)로 구분된다. 입체 이성질체는 다시 형태 이성질체와 배위 이성질체로 세분할 수 있다. 교재에서는 3.6절에서 구조 이성질체, 3.7절에서 형태 이성질체, 3.9절에서 배위 이성질체에 대하여 기술하였고, 6.4절 및 6.5절에서는 3.9절에서 생략하였던 다른 개념의 배위 이성질체에 대하여 기술하고 있다.

- 이성질체
  - 구조 이성질체
  - 입체 이성질체
    - 형태 이성질체
    - 배위 이성질체

아래의 화합물들은 선 구조는 상당히 다른 것 같지만, 모체 사슬이 탄소 일곱 개로 구성되고 곁가지가 없는 동일한 사슬형 포화 탄화수소 화합물이다. 참고로 이러한 화합물들은 C−C 단일 결합의 회전을 통하여 특정 구조에서 다른 구조의 화합물로 전환될 수 있다.

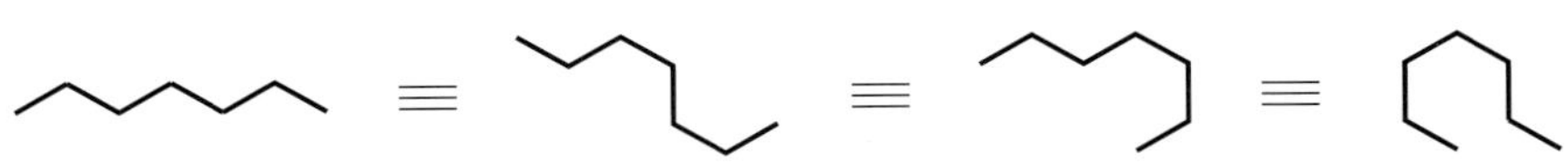

$CH_3(CH_2)_5CH_3$

다음의 화합물들은 모체 사슬이 탄소 여섯 개로 구성되고, 2번 탄소에 한 개의 메틸 치환체가 있는 동일한 포화 탄화수소 화합물이다.

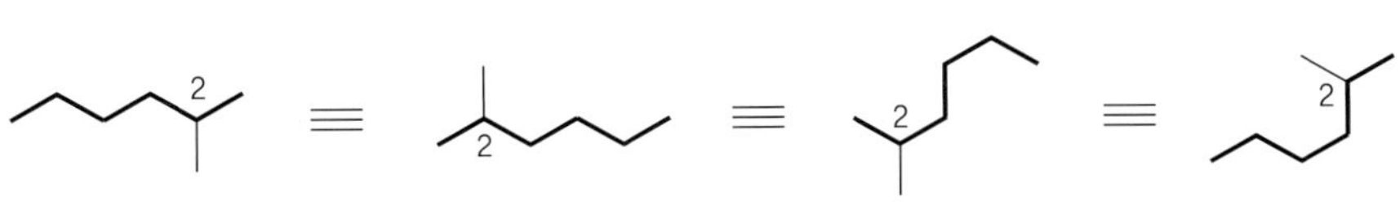

$CH_3(CH_2)_3CH(CH_3)_2$

아래의 두 화합물은 모체 사슬이 탄소 여섯 개로 구성되고 한 개의 메틸 치환체가 있다는 것까지 일치하지만, 치환체가 2번 및 3번 탄소와 각각 결합하고 있어서 서로 다른 포화 탄화수소 화합물이 된다. 이처럼 두 화합물은 분자식은 동일하지만 탄소 원자의 연결 순서가 다르기 때문에 구조 이성질체의 관계에 있다.

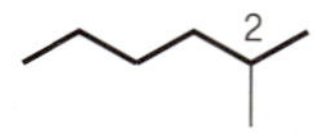

$CH_3(CH_2)_3CH(CH_3)_2$

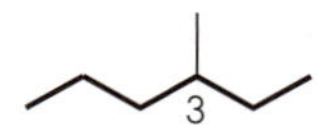

$CH_3(CH_2)_2CH(CH_3)CH_2CH_3$

이제는 비고리 포화 탄화수소에서 탄소 수가 증가하면서 구조 이성질체의 수가 어떻게 변하는가에 대하여 알아보자. 탄소 원자가 2~3개인 화합물에서는 한 가지의 사슬형 구조만 가능하고 탄소 원자가 4개, 5개, 6개, 7개, 8개 등으로 증가하면 구조 이성질체의 수는 각각 2개, 3개, 5개, 9개, 18개 등으로 급격하게 증가한다.

표 3-3 탄소 수에 따른 구조 이성질체의 수

탄소 수	구조 이성질체의 수
4	2
5	3
6	5
7	9
8	18
9	35
10	75

아래 그림은 비고리 포화 탄화수소에서 탄소 원자가 4~6개일 때 구조 이성질체의 구조를 논리적으로 찾는 과정을 표현한 것이다. C_4 화합물의 경우에는 탄소 4개의 모체 골격을 갖는 구조가 한 개, 탄소 3개의 모체 골격에 치환체 탄소 1개를 넣는 방법이 한 개이므로 총 두 개의 구조 이성질체가 가능하다. C_5 화합물의 경우에는 탄소 5개의 모체 골격을 갖는 구조가 한 개, 탄소 4개의 모체 골격에 치환체 탄소 1개를 넣는 방법이 한 개, 탄소 3개의 모체 골격에 치환체 탄소 2개를 넣는 방법이 한 개이므로 총 세 개의 구조 이성질체가 가능하다. C_6 화합물의 경우에는 탄소 6개의 모체 골격을 갖는 구조가 한 개, 탄소 5개의 모체 골격에 치환체 탄소 1개를 넣는 방법이 두 개, 탄소 4개의 모체 골격에 치환체 탄소 2개를 넣는 방법이 두 개이므로 총 다섯 개의 구조 이성질체가 가능하다. 이러한 방법을 C_7 화합물에 적용하면 총 아홉 개의 구조 이성질체가 가능함을 유추할 수 있다.

C_4 비고리 포화 탄소:

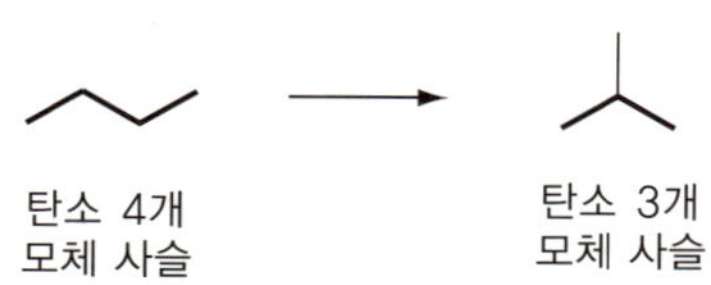

C_5 비고리 포화 탄소:

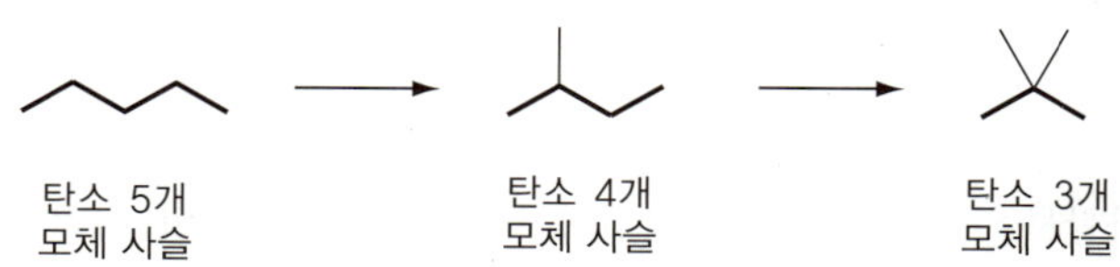

C₆ 비고리 포화 탄소:

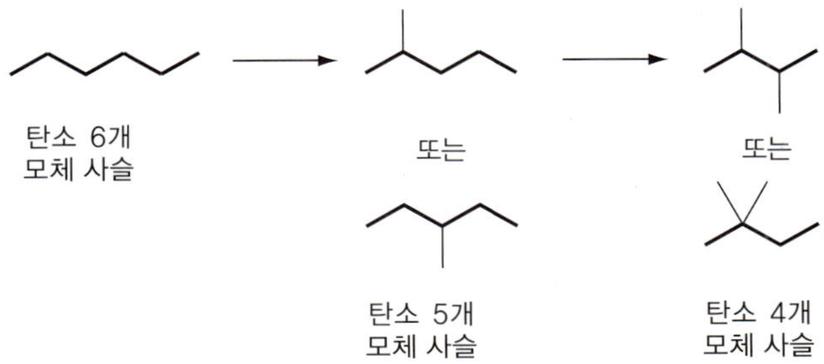

예제 3.4

아래에 주어진 화합물들이 구조 이성질체인가를 판단하시오.

(a) 

(b) 

(c) 

(d) 

(e) 

풀이

(a) × (b) ○ (c) ○ (d) × (e) ○

3.7 형태 이성질체

3.7.1 3차원 구조의 표현

화합물의 물리적 성질과 화학적 성질은 물질의 3차원 구조에 의하여 영향을 받기 때문에 2차원에서 3차원 구조를 실감나게 표현하는 것은 매우 중요하다.

에테인(CH_3CH_3)의 경우에 컴퓨터 프로그램을 이용해서 에너지 최적화를 수행하고, 그 결과를 공–막대 구조로 표현하면 $H_1-C_1-C_2-H_4$가 한 평면에 있는 구조 **A**를 얻을 수 있다.

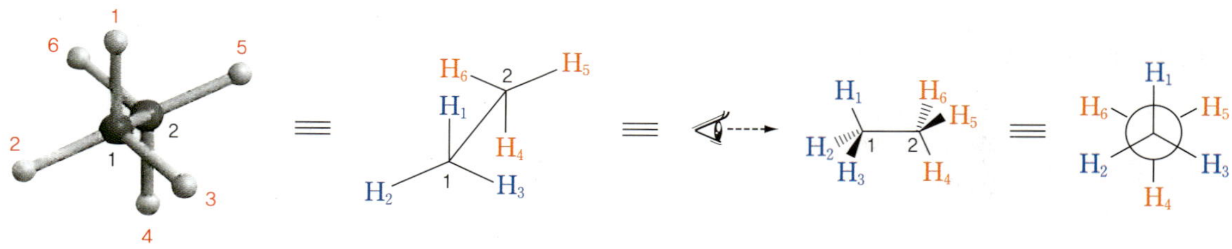

A(공-막대 구조) **B**(톱질대 구조) **C**(쐐기 구조) **D**(뉴만 투영도)

그림 3-7 에테인의 3차원 구조 표현법

구조 **A**에서 공유 결합을 직선으로 표시하고, 탄소 원자가 직선의 교차점에 있다고 가정하면 구조 **B**가 되는데 이러한 구조를 **톱질대 구조**(**sawhorse structure**)라고 한다.

구조 **B**에서 $H_1-C_1-C_2-H_4$ 평면과 교재의 평면이 일치하게끔 회전시키면 구조 **C**가 된다. 구조 **C**에서는 H_3 및 H_5는 앞으로 나오고, H_2 및 H_6은 뒤로 멀어지는데, 이처럼 앞으로 나오는 결합을 굵은 쐐기로 표시하고, 뒤쪽으로 멀어지는 결합을 굵은 대시(dash)로 표시하는 구조를 **쐐기 구조**(**wedge structure**)라고 한다.

구조 **C**에서 C_1-C_2를 연결하는 가상의 직선상에서 C_1을 앞에 두고 C_2를 바로 뒤에 중첩시키면 C_2는 C_1에 가려서 보이지 않고, H_1, H_2, H_3은 앞쪽에 있고, H_4, H_5, H_6은 뒤쪽에 위치하는데, 이러한 3차원 구조 **D**를 **뉴만 투영 구조**(**Newman projection structure**)라고 한다. 구조 **D**에서 (1) C_1은 원으로 표시하고, (2) C_1 원자핵은 원의 중심에 위치하며, (3) C_1과 H_1, H_2, H_3 원자의 공유 결합은 원의 중심에서 시작하는 직선으로 표현한다. 그리고, (4) (C_1에 의하여 100% 가려지는) C_2와 H_4, H_5, H_6 원자의 공유 결합은 원주에서 시작하는 직선으로 표현한다. 이때 H_1, H_2, H_3, H_4, H_5, H_6은 서로 겹치지 않기 때문에 원자 그대로 표시한다.

구조 **D**에서 보면 $H_1-C_1-C_2-H_5$ 및 $H_1-C_1-C_2-H_6$의 각도는 각각 60° 및 −60°이고 $H_1-C_1-C_2-H_4$의 각도는 180°이다. $H_1-C_1-C_2-H_5$의 각도가 60°라는 것은 $H_1-C_1-C_2$를 포함하는 평면과 $C_1-C_2-H_5$를 포함하는 평면이 60°로 교차한다는 의미이며, 이것을 **이면각**(**dihedral angle**)이라고 한다. 이면각은 반드시 연속적인 네 개의 원자를 명시해야만 정의할 수 있다.

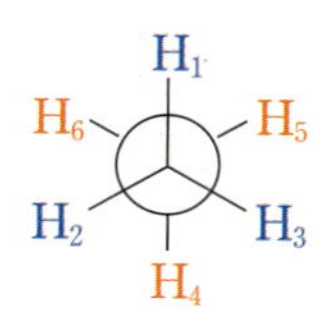

D

3.7.2 에테인

에테인(CH_3CH_3)에서 컴퓨터 프로그램을 이용하여 에너지 최적화를 수행하면 구조 **D**가 얻어진다고 하였다(3.7.1절). 그림 3-8에서와 같이 열역학적으로 가장 안정한 **D**에서 C_1-C_2 축을 중심으로 C_2의 치환체를 시계 방향으로 60° 회전시키면 **E**가 되고, **E**에서 C_1-C_2 축을 중심으로 C_2의 치환체를 시계 방향으로 다시 60° 회전시키면 **D**로 복귀한다(H의 번호는 무시). 이처럼 C−C 축을 중심으로 60°씩 회전시키면 이면각이 60°와 0°인 구조가 반복되는데, **D**처럼 치환체 사이의 이면각이 60°인 구조를 **엇갈린 형태**(**staggered conformation**), **E**처럼 치환체 사이의 이면각이 0°인 구조를 **가려진 형태**(**eclipsed conformation**)라고 한다.

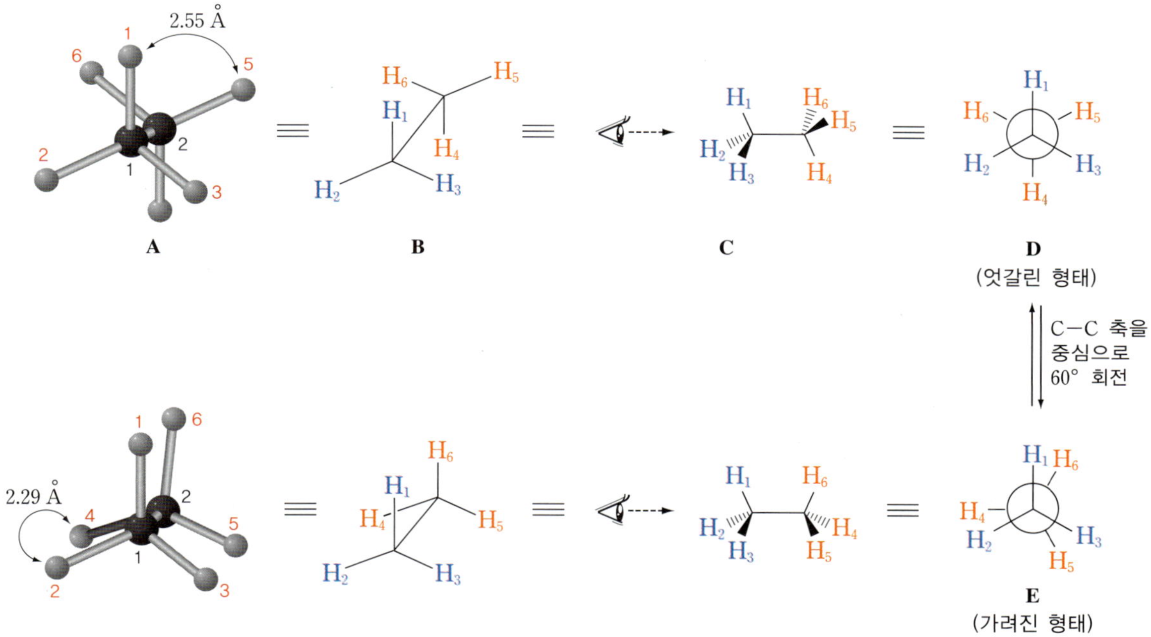

그림 3-8 에테인의 엇갈린 형태와 가려진 형태

구조 **D**와 **E**는 분자식이 같고 원자의 연결 순서가 동일하지만 3차원 배열이 다르기 때문에 입체 이성질체의 관계에 있다(3.6절). 구체적으로 **D**와 **E**는 C_1-C_2 결합을 중심으로 시계 방향 또는 시계 반대 방향으로 회전함으로써 서로 호환되는데, 이처럼 단일 공유 결합의 회전만으로 동일한 물질이 되는 이성질체들을 **형태 이성질체(conformational isomer, conformer, rotamer)**라고 한다.

이제는 형태 이성질체 **D**와 **E**의 열역학적인 안정성을 전자쌍의 반발력 및 입체 장애의 관점에서 각각 기술하기로 한다.

우선 전자쌍 사이의 반발력을 중심으로 생각해 보자. 원자가 결합 이론에 의하면 C−H 공유 결합은 C와 H 사이에 전자쌍을 공유하면서 형성되는데, 서로 다른 공유 결합이 공간적으로 가까워지면 전자쌍의 반발력이 커져서 에너지가 증가할 수 있다. 이 원리를 **D**와 **E**에 적용하면 **D**에서는 H−C−C−H 이면각이 모두 60°이기 때문에 C−H 공유 결합에 참여하는 전자쌍들의 거리가 충분히 멀어서 전자쌍의 반발력이 없고, **E**에서는 H−C−C−H 이면각이 0°인 세 개의 요인 때문에 C−H 공유 결합에 참여하는 전자쌍들의 거리가 가까워서 전자쌍의 반발력이 있음을 예상할 수 있다. 실험에 의하면 **E**는 **D**보다 3 kcal/mol 정도 에너지가 더 높게 관찰되는데, 이것은 C−C 단일 결합을 중심으로 H−C−C−H 이면각 0° 구조가 H−C−C−H 이면각 60° 구조보다 각각 1 kcal/mol 정도의 에너지 상승을 유발한다는 것을 의미한다. 이처럼 이면각에 따라서 에너지가 변화하는 현상을 전자쌍 사이의 반발력에 기반하여 설명할 때 **비틀림 무리(torsional strain)**라는 용어를 사용한다.

이번에는 입체 장애(steric hindrance)의 관점에서 설명해 보자. 이성질체 **D**에서는 H_1, H_2, H_3 원자와 H_4, H_5, H_6 사이의 거리가 멀어서(2.55 Å) 같은 공간을 차지하려는 입체 장애가 없으나, 이성질체 **E**에서는 H_1-H_6, H_2-H_4, H_3-H_5의 거리가 가까워서(2.29 Å) 같은 공간을 차지하려는 입체 장애가 세 곳에서 발생할 수 있다. **E**는 **D**보다 3 kcal/mol 정도 에너지가 더 높은데, 이것은 C−C 단일 결합을 중심으로 H−C−C−H 이면각 0°에서 H−H 사이의 입체 장애 에너지가 각각 1 kcal/mol 정도임을 의미한다. 이처럼 이면각에 따라서 에너지가 변화하는 현상을 원자들의 입체 장애에 기반하여 설명할 때 **입체 무리(steric strain)**라는 용어를 사용한다.

형태 이성질체의 열역학적 안정성을 설명하는 데 있어서는 입체 장애를 이용하는 방법이 이해하기 쉽기 때문에 더 많이 사용하고 있다.

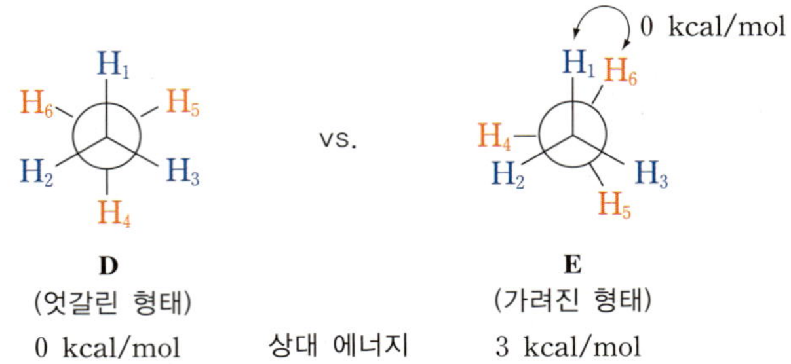

그림 3-9 에테인에서 이면각과 무리 에너지

에테인에서 H—C—C—H 이면각과 에너지의 관계를 도식화하면 그림 3-10과 같다. 그림에 의하면 엇갈린 형태에서 다른 엇갈린 형태로 전환되려면 반드시 한 개의 가려진 형태를 지나야 하고, 엇갈린 형태와 가려진 형태의 에너지 차이는 3 kcal/mol이므로 결국 C—C 단일 결합을 중심으로 회전할 때의 활성화 에너지는 3 kcal/mol이다. 상온에서는 활성화 에너지가 약 19 kcal/mol 이하인 반응들은 무난하게 진행되기 때문에 에테인의 C—C 단일 결합이 매우 빠르게 회전함을 예상할 수 있다. 실제로 C—C 회전의 반감기($t_{1/2}$)는 $<10^{-6}$초로서 매우 빠르게 회전한다.

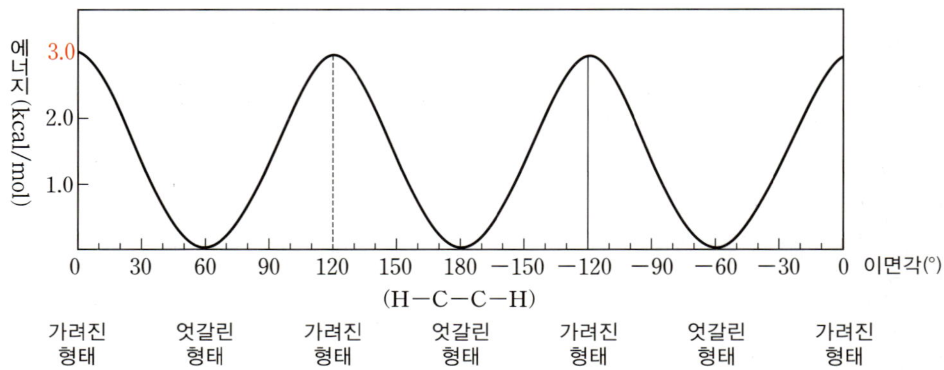

그림 3-10 에테인에서 H—C—C—H 이면각과 에너지의 관계

엇갈린 형태와 가려진 형태의 에너지 차이가 3 kcal/mol 정도라는 것은 $\Delta H° \sim \Delta G°$라는 가정하에서, 즉 $T\Delta S°$의 기여도를 무시한다는 가정하에서 엇갈린 형태와 가려진 형태의 비율이 상온에서 >100∶1임을 의미하는 것이다.

예제 3.5

에테인에서 엇갈린 형태와 가려진 형태의 표준 자유 에너지($\Delta G°$) 차이가 3 kcal/mol이라고 하자. 상온에서 엇갈린 형태와 가려진 형태의 비율을 계산하시오.

풀이

$\Delta G° = -RT \ln K_{eq}$

가려진 형태 $\rightleftarrows$ 엇갈린 형태

$$-3\ \text{kcal/mol} = -\left(8.314\frac{\text{J}}{\text{K}\cdot\text{mol}}\right)(298\ \text{K})\ln\left(\frac{\text{엇갈린 형태}}{\text{가려진 형태}}\right)$$

$$-3\ \text{kcal/mol} = -\left(8.314\frac{\text{J}}{\text{K}\cdot\text{mol}}\cdot\frac{2.39\times10^{-4}\ \text{kcal}}{\text{J}}\right)(298\ \text{K})\ln\left(\frac{\text{엇갈린 형태}}{\text{가려진 형태}}\right)$$

$$\therefore\ \frac{\text{엇갈린 형태}}{\text{가려진 형태}} = 158$$

3.7.3 프로페인

에테인에서 엇갈린 형태 **D**와 가려진 형태 **E**를 중점적으로 기술한 것처럼(3.7.2절), 프로페인($CH_3CH_2-CH_3$)에서도 엇갈린 형태 **F**와 가려진 형태 **G**에 대하여 기술할 것이다.

F(엇갈린 형태)　　**F**(가려진 형태)

그림 3-11 프로페인의 엇갈린 형태와 가려진 형태

실험에 의하면 이성질체 **F**와 **G**의 에너지 차이는 3.4 kcal/mol이고, 엇갈린 형태 **F**가 열역학적으로 더 안정하다. 이것을 입체 장애의 관점에서 분석하면 우선 엇갈린 형태 **F**에서는 이면각이 60°인 H/H 및 H/CH_3 사이에 입체 장애가 없고, 가려진 형태 **G**에서는 이면각 0°인 H/H 사이의 입체 장애가 두 개, 이면각 0°인 CH_3/H 사이의 입체 장애가 한 개 존재한다. 이러한 정보를 종합하면 이면각 0°인 CH_3/H 사이의 입체 장애 에너지가 1.4 kcal/mol임을 알 수 있다.

이성질체 **G**와 **F**의 에너지 차이 = 3.4 kcal/mol (실험값)

이성질체 **G**와 **F**의 에너지 차이
= (이면각 0° CH_3/H 입체 장애) + (이면각 0° H/H 입체 장애) × 2
= (이면각 0° CH_3/H 입체 장애) + (1.0 kcal/mol) × 2

∴ (이면각 0° CH_3/H 입체 장애) = 1.4 kcal/mol

프로페인에서 이면각의 변화에 따른 형태 이성질체의 에너지 변화를 도식화하면 그림 3-12와 같다. 프로페인에서 C−C 단일 결합을 중심으로 회전할 때의 활성화 에너지는 3.4 kcal/mol이고, 회전 속도는 에테인처럼 매우 크며($t_{1/2} < 10^{-6}$초), 상온에서는 300 : 1 정도로 엇갈린 형태가 많이 존재한다.

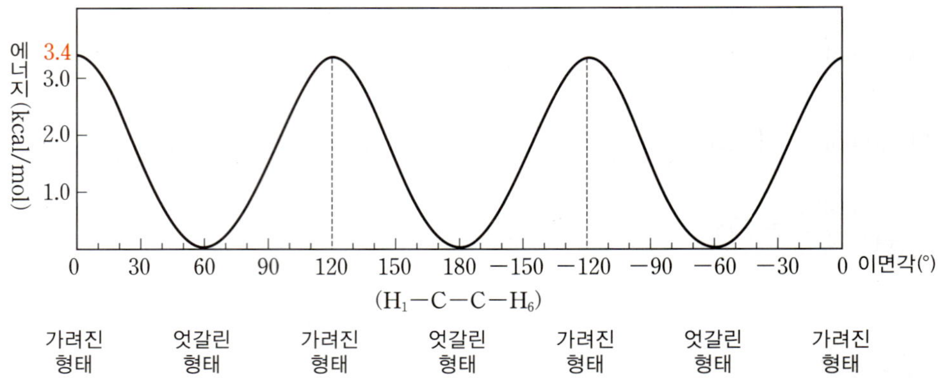

그림 3-12 프로페인에서 H−C−C−H 이면각과 에너지의 관계

3.7.4 뷰테인

뷰테인($CH_3CH_2-CH_2CH_3$)에서 C_2-C_3 단일 결합을 중심으로 엇갈린 형태와 가려진 형태를 순차적으로 그리면 에테인 및 프로페인과 다르게 두 개의 엇갈린 형태 **H**와 **J**, 그리고 두 개의 가려진 형태 **I**와 **K**가 가능하다.

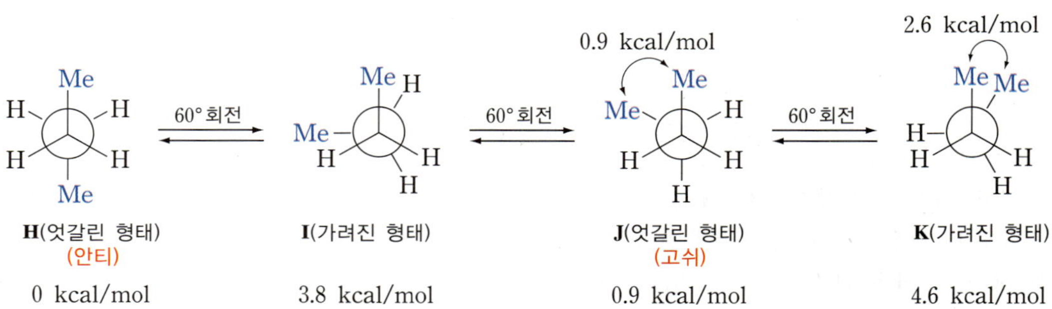

그림 3-13 *n*-뷰테인의 엇갈린 형태와 가려진 형태

엇갈린 형태 **H**와 **J**에서 C_2-C_3 단일 결합을 중심으로 Me/Me의 이면각이 180°인 **H**를 **안티**(***anti***) 형태, 이면각이 60°인 **J**를 **고쉬**(***gauche***) 형태라고 한다. 열역학적으로 안티 형태(**H**)는 고쉬 형태(**J**)보다 0.9 kcal/mol 더 안정한데, 이것은 C_2-C_3 단일 결합을 중심으로 이면각이 60°인 Me/Me 사이에 0.9 kcal/mol의 입체 장애가 있음을 의미한다.

가려진 형태 **I**에서는 C_2-C_3 단일 결합을 중심으로 한 개의 H/H 입체 장애와 두 개의 CH_3/H 입체 장애가 존재하므로 총 3.8(＝1.0＋1.4×2) kcal/mol의 입체 장애를 예상할 수 있다.

그리고, 가려진 형태 **K**는 **I**보다 0.8 kcal/mol 에너지가 더 높은데, 위에서 제시한 입체 장애의 기본값들을 이용하면 이면각 0°인 CH_3/CH_3 사이의 입체 장애 에너지가 2.6 kcal/mol임을 계산할 수 있다.

이성질체 **K**의 입체 장애 에너지＝(3.8＋0.8) kcal/mol

이성질체 **K**의 입체 장애 에너지
＝(이면각 0° CH_3/CH_3 입체 장애)＋(이면각 0° H/H 입체 장애)×2
＝(이면각 0° CH_3/CH_3 입체 장애)＋(1.0 kcal/mol)×2

∴ (이면각 0° CH_3/CH_3 입체 장애)＝2.6 kcal/mol

이러한 결과들을 열역학 법칙에 적용하면 상온에서 가려진 형태 **I**와 **K**의 비율은 아주 미미하고, 엇갈린 형태 **H**가 주로 존재하며, 엇갈린 형태 **J**는 일부 존재함을 추론할 수 있다.

뷰테인에서 이면각의 변화에 따른 형태 이성질체의 에너지를 도식화하면 그림 3-14와 같다.

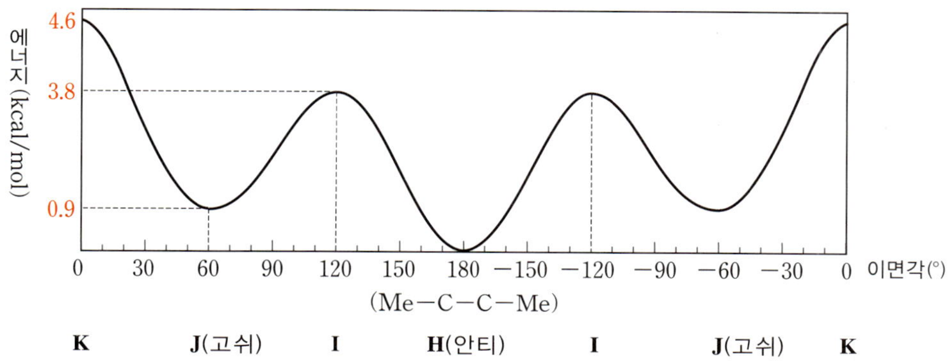

그림 3-14 *n*-뷰테인에서 H−C−C−H 이면각과 에너지의 관계

3.7.5 무리 에너지

유기 화학에서는 어떤 현상을 설명할 때 비틀림 무리(torsional strain)(3.7.2절), 입체 무리(steric strain)(3.7.2절), 각 무리(angle strain) 등 세 가지의 무리 에너지(strain energy)를 많이 사용한다.

> 무리 에너지
> - 비틀림 무리
> - 입체 무리
> - 각 무리

비틀림 무리는 이면각에 따라서 전자쌍 간의 반발력에 의하여 에너지가 증가하는 현상이고, 입체 무리는 이면각에 따라서 원자(단)들이 근접하여 같은 공간을 차지하려고 경쟁함으로써 에너지가 상승하는 현상이다. 각 무리는 sp^3 혼성은 109°, sp^2 혼성은 120°, sp 혼성은 180° 등 최적의 결합 각도에서 벗어남으로 인하여 에너지가 증가하는 현상을 말한다.

참고로 에테인(3.7.2절)에서는 엇갈린 형태와 가려진 형태의 에너지 차이를 비틀림 무리와 입체 무리를 독립적으로 구분하여 기술하였다. 반면에 프로페인(3.7.3절) 및 뷰테인(3.7.4절)에서는 이면각에 따른 에너지 변화를 입체 장애의 관점에서 설명하였다. 여기에서 중요한 것은 비틀림 무리, 입체 무리, 각 무리 등의 요인들이 모두 에너지 변화에 기여하지만, 많은 경우에 각각의 기여도를 명확하게 구분할 수 없기 때문에 상대적으로 이해하기 쉬운 입체 장애를 주로 사용한다는 것이다. 이와 관련하여 지금까지 언급된 이면각에 따른 작용기 사이의 입체 무리 에너지를 그림 3-15에 종합적으로 정리하였다.

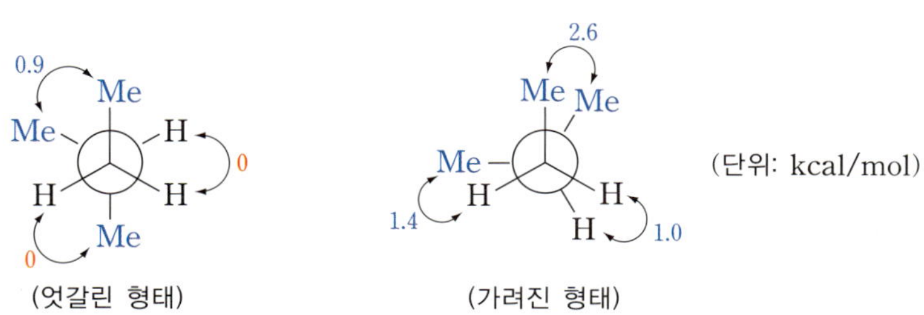

그림 3-15 원자군 사이의 이면각과 무리 에너지

3.8 사이클로알케인(고리 무리)

3.8.1 서론

고리 포화 탄화수소는 C−C 및 C−H 단일 결합만으로 구성되고, 동시에 한 개 이상의 고리 구조를 갖는 화합물이다. 포화 탄화수소는 비고리 및 고리 등의 구조적인 차이점을 떠나서 많은 성질들을 공유하지만, 여기에서는 공통점보다는 차이점에 중점을 두고 기술할 예정이다.

알케인에서 모든 탄소 원자는 sp^3 혼성을 하면서 사면체의 기본 골격을 갖는다. 그리고 *n*-뷰테인에서 안티 이성질체가 열역학적으로 가장 안정하다는 사실에 기반하여 선형 알케인의 가장 안정한 형태가 모든 C−C 사슬이 안티 배열을 하는 지그-재그 형태(zig-zag conformation)임을 예상할 수 있다.

사이클로알케인에서도 모든 탄소 원자는 sp^3 혼성을 하면서 사면체의 기본 골격을 갖는다. 그러나 사이클로알케인은 고리의 크기에 따라서 엇갈린 형태, 가려진 형태, 이들의 혼합 형태 등 다양한 형태를 가질 수 있고(비틀림 무리), 같은 공간을 차지하기 위한 경쟁이 생길 수도 있으며(입체 무리), 결합각이 최적의 sp^3 혼성에서 벗어나는(각 무리) 등 알케인과 비교하였을 때 상대적으로 에너지를 증가시키는 다양한 요인들이 존재한다. 이러한 요인들을 모두 종합하여 **고리 무리(ring strain)**라고 한다.

사이클로알케인의 고리 무리 에너지는 비틀림 무리, 입체 무리, 각 무리 등에서 자유로운 사이클로헥세인(C_6H_{12})을 기준 물질로 가정한 후, 표준 생성 엔탈피 및 표준 연소 반응열을 이용하여 계산할 수 있다.

3.8.2 표준 생성 엔탈피

기준 물질인 사이클로헥세인은 구조식이 $(CH_2)_6$이고, 표준 생성 엔탈피(ΔH_f°) 값이 −29.5 kcal/mol인 화합물이다. 사이클로헥세인에 고리 무리가 전혀 없다고 가정하면 이론적으로 [고리 무리가 없는 CH_2] 단위체의 표준 생성 엔탈피 값은 −4.92 kcal/mol이 된다.

$$6\text{C(흑연)} + 6\text{H}_2 \longrightarrow \text{사이클로헥세인}$$

$$\Delta H_f^\circ(\text{사이클로헥세인}) = -29.5 \text{ kcal/mol}$$

$$\Delta H_f^\circ(\text{고리 무리가 없는 CH}_2) = -\frac{29.5 \text{ kcal/mol}}{6} = -4.92 \text{ kcal/mol}$$

이러한 정보를 이용하여 사이클로펜테인의 고리 무리 에너지를 계산해 보자. 사이클로펜테인은 구조식이 $(CH_2)_5$이고, 표준 생성 엔탈피(ΔH_f°) 값이 −18.4 kcal/mol인 화합물이다. 만약 사이클로펜테인에 고리 무리가 전혀 없다고 가정하면 이 물질의 표준 생성 엔탈피 값은 −24.6 kcal/mol이 되어야 한다. 이러한 정보들을 종합해서 도식화하면 사이클로펜테인에 6.2 kcal/mol의 고리 무리가 있음을 쉽게 이해할 수 있다.

$$5\text{C(흑연)} + 5\text{H}_2 \longrightarrow \text{사이클로펜테인} \quad \Delta H_f^\circ(\text{사이클로펜테인}) = -18.4 \text{ kcal/mol}$$

$$5\text{C(흑연)} + 5\text{H}_2 \longrightarrow \text{고리 무리가 없는 가상적인 사이클로펜테인} \quad \Delta H_f^\circ(\text{가상적인 사이클로펜테인}) = (-4.92 \text{ kcal/mol}) \times 5 = -24.6 \text{ kcal/mol}$$

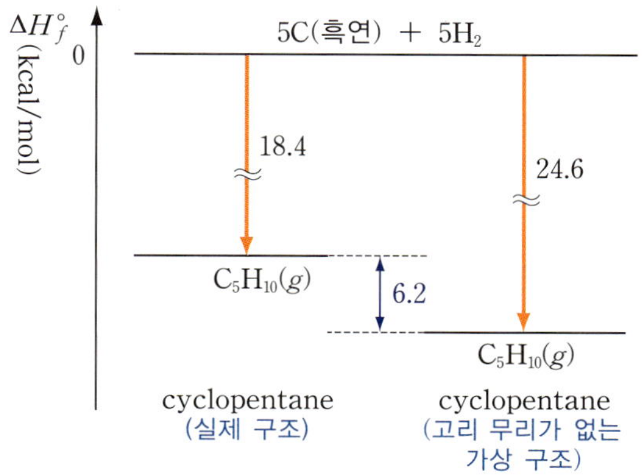

그림 3-16 실제 및 가상 사이클로펜테인의 표준 생성 엔탈피

동일한 방법을 사용하면 표 3-4에서와 같이 다양한 사이클로알케인의 고리 무리 에너지를 계산할 수 있다. 이 결과에 의하면 사이클로프로페인 $(CH_2)_3$과 사이클로뷰테인 $(CH_2)_4$은 각각

표 3-4 사이클로알케인의 고리 무리 에너지

사이클로알케인	ΔH_f°	무리 에너지(kcal/mol)
Cyclopropane	+12.7	27
Cyclobutane	+6.8	26
Cyclopentane	−18.4	6
Cyclohexane	−29.5	0
Cycloheptane	−28.2	6
Cyclooctane	−29.7	10
Cyclononane	−31.7	13
Cyclodecane	−36.9	12
Cycloundecane	−42.9	11
Cyclododecane	−55.0	4

예제 3.6

사이클로프로페인의 구조식은 $(CH_2)_3$이고, 표준 생성 엔탈피 값은 +12.7 kcal/mol이다. 사이클로프로페인의 고리 무리 에너지를 계산하시오.

풀이

사이클로프로페인에 고리 무리가 없다고 가정하면 이론적으로 이 물질의 표준 생성 엔탈피 값은 −14.8 kcal/mol(= −4.92 × 3 kcal/mol)이 되어야 한다. 이 정보들을 도식화하면 사이클로프로페인에 27.5 kcal/mol의 고리 무리가 있음을 알 수 있다.

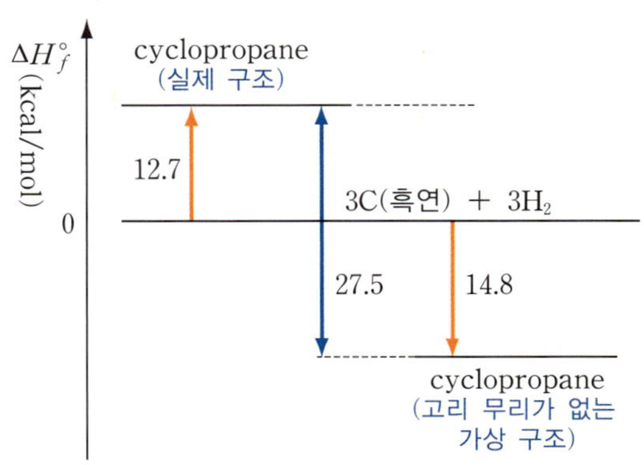

27 kcal/mol 및 26 kcal/mol의 고리 무리가 있고, 사이클로펜테인 $(CH_2)_5$과 사이클로헵테인 $(CH_2)_7$은 6 kcal/mol, 탄소 수 8~11개의 고리 화합물은 ~12 kcal/mol 내외, 그리고 탄소 수가 더 많아지면 알케인과 유사하게 고리 무리가 거의 없음을 알 수 있다.

3.8.3 표준 연소 반응열

사이클로알케인의 연소 반응식은 아래와 같다.

$$C_nH_{2n} + \frac{3n}{2}O_2 \longrightarrow nCO_2 + nH_2O \qquad \Delta H^\circ_{연소}(C_nH_{2n})$$

사이클로헥세인은 구조식이 $(CH_2)_6$이고, 표준 연소 반응열($\Delta H^\circ_{연소}$) 값이 −936.8 kcal/mol인 화합물이다. 사이클로헥세인에 고리 무리가 전혀 없다고 가정하면 이론적으로 [고리 무리가 없는 CH_2] 단위체의 표준 연소 반응열 값은 −156.1 kcal/mol이 된다.

$$C_6H_{12} + 9O_2 \longrightarrow 6CO_2 + 6H_2O$$

$$\Delta H^\circ_{연소}(\text{사이클로헥세인}) = -936.8 \text{ kcal/mol}$$

$$\Delta H^\circ_{연소}(\text{고리 무리가 없는 } CH_2) = -\frac{936.8 \text{ kcal/mol}}{6} = -156.1 \text{ kcal/mol}$$

이러한 정보를 이용하여 사이클로펜테인의 고리 무리 에너지를 계산해 보자. 사이클로펜테인은 구조식이 $(CH_2)_5$이고, 표준 연소 반응열($\Delta H^\circ_{연소}$) 값이 −786.6 kcal/mol인 화합물이다. 만약 사이클로펜테인에 고리 무리가 전혀 없다고 가정하면 이 물질의 표준 연소 반응열($\Delta H^\circ_{연소}$) 값은 −780.5 kcal/mol이 되어야 한다. 이러한 정보들을 종합해서 도식화하면 사이클로펜테인에 6.1 kcal/mol의 고리 무리가 있음을 이해할 수 있다.

$$\underset{\text{(실제 화합물)}}{C_5H_{10}} + \frac{15}{2}O_2 \longrightarrow 5CO_2 + 5H_2O \qquad \Delta H^\circ_{연소} = -786.6 \text{ kcal/mol}$$

$$\underset{\text{(고리 무리가 없는 가상적인 사이클로펜테인)}}{C_5H_{10}} + \frac{15}{2}O_2 \longrightarrow 5CO_2 + 5H_2O \qquad \Delta H^\circ_{연소} = (-156.1 \text{ kcal/mol}) \times 5 = -780.5 \text{ kcal/mol}$$

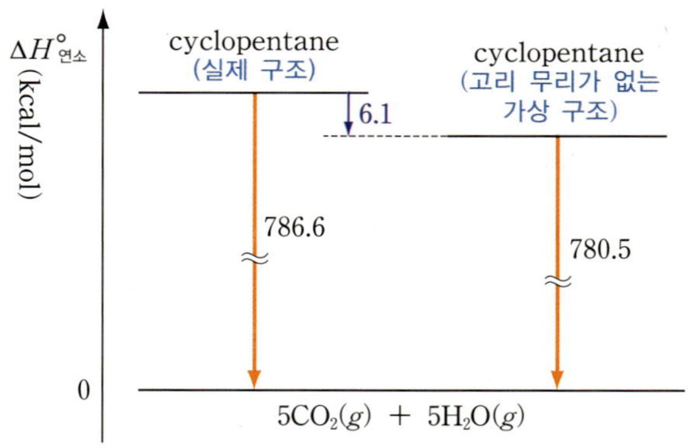

그림 3-17 실제 및 가상 사이클로펜테인의 표준 반응 연소열

동일한 방법을 사용하면 표 3-5에서와 같이 다양한 사이클로알케인의 고리 무리 에너지를 계산할 수 있다. 이 값들을 표준 생성 엔탈피를 사용한 값들과 비교해 보면 그 값은 완전히 일치하지는 않아도 대략적인 크기 및 경향성에 있어서는 비슷하다는 것을 알 수 있다.

표 3-5 사이클로알케인의 고리 무리 에너지

사이클로알케인	$\Delta H^\circ_{연소}$(kcal/mol)	고리 무리 에너지(kcal/mol)
Cyclopropane	−499.8	32
Cyclobutane	−650.3	26
Cyclopentane	−786.6	6
Cyclohexane	−936.8	0
Cycloheptane	−1099.2	7
Cyclooctane	−1258.8	10
Cyclononane	−1418.0	13
Cyclodecane	−1574.4	13
Cycloundecane	−1729.8	13
Cyclododecane	−1875.1	2

예제 3.7

사이클로프로페인의 구조식은 $(CH_2)_3$이고, 표준 연소 반응열 값은 −499.8 kcal/mol이다. 사이클로프로페인의 고리 무리 에너지를 계산하시오.

풀이

사이클로프로페인 구조에 무리가 없다고 가정하면 이론적으로 이 물질의 표준 연소 반응열 값은 −468.3 kcal/mol(= −156.1 × 3 kcal/mol)이 되어야 한다. 이 정보들을 도식화하면 사이클로프로페인에 31.5 kcal/mol의 고리 무리가 있음을 알 수 있다.

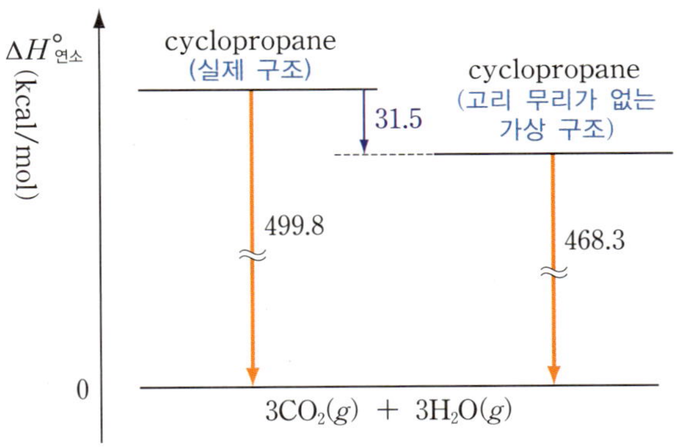

3.9 사이클로알케인(배위 이성질체)

사이클로프로페인에서 세 개의 탄소 원자는 하나의 평면을 형성한다. 따라서 1,2-다이메틸사이클로프로페인에서는 삼각형 평면을 기준으로 두 개의 메틸기가 같은 방향에 있는 화합물과 반대 방향에 있는 화합물이 가능하다. 이때 같은 방향에 있는 화합물을 **시스**(*cis*), 반대 방향에 있는 화합물을 **트랜스**(*trans*)라고 하는데, 이러한 관계에 있는 화합물들을 **배위 이성질체**

(**configurational isomer**) 또는 **기하 이성질체**(**geometric isomer**)라고 한다.

시스 및 트랜스 화합물의 열역학적 안정성에 대하여 생각해 보자. 시스 및 트랜스 형태의 1,2-다이메틸사이클로프로페인 화합물은 구조식이 모두 C_5H_{10}이고, 두 이성질체의 표준 연소 반응열($\Delta H^\circ_{\text{연소}}$) 값은 각각 −805.7 및 −804.5 kcal/mol이다. 이러한 정보들을 도식화하면 트랜스 이성질체가 시스 화합물보다 열역학적으로 1.2 kcal/mol 더 안정함을 알 수 있는데, 이러한 차이는 시스-이성질체에서 CH_3/CH_3 사이의 입체 장애 때문에 발생한다.

$$\textit{cis}\text{-}C_5H_{10} + \frac{15}{2}O_2 \longrightarrow 5CO_2 + 5H_2O \qquad \Delta H^\circ_{\text{연소}}(\text{시스}) = -805.7\ \text{kcal/mol}$$

$$\textit{trans}\text{-}C_5H_{10} + \frac{15}{2}O_2 \longrightarrow 5CO_2 + 5H_2O \qquad \Delta H^\circ_{\text{연소}}(\text{트랜스}) = -804.5\ \text{kcal/mol}$$

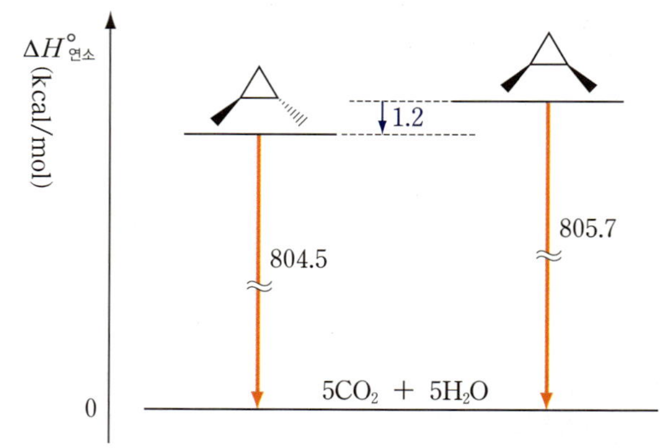

그림 3-18 시스 및 트랜스-1,2-다이메틸사이클로프로페인의 표준 반응 연소열

지금까지 기술하였던 이성질체에 대하여 정리를 하면 다음과 같다. 이성질체는 우선 원자들의 연결 순서가 다른 구조 이성질체와 원자들의 연결 순서는 같지만 3차원 배열이 다른 입체 이성질체로 크게 구분할 수 있다. 입체 이성질체는 다시 단일 공유 결합의 회전만으로 동일한 물질이 되는 형태 이성질체, 그리고 시스−트랜스 이성질체처럼 이러한 방법으로는 동일한 화합물이 될 수 없는 배위 이성질체로 세분된다. 교재에서는 3.6절에서 구조 이성질체, 3.7절에서 형태 이성질체, 3.9절에서 배위 이성질체에 대하여 기술하였고, 6.4절 및 6.5절에서는 지금은 언급하지 않은 새로운 개념의 배위 이성질체에 대하여 기술할 예정이다.

이성질체
- 구조 이성질체 (예) CH_3CH_2OH, CH_3OCH_3
- 입체 이성질체
  - 형태 이성질체 (예) 가려진 형태, 엇갈린 형태, 안티, 고쉬
  - 배위 이성질체 (예) 시스−트랜스 이성질체, 거울상 이성질체, 부분 입체 이성질체

예제 3.8

아래의 화합물들이 이성질체인가를 판단하시오. 만약 이성질체 관계에 있다면 세부적으로 어떠한 관계(구조 이성질체, 형태 이성질체, 배위 이성질체)에 있는가를 명시하시오.

(a) 시스-1,2-다이메틸사이클로펜테인, 트랜스-1,2-다이메틸사이클로펜테인

(b) CH_3CH_2OH, CH_3OCH_3

풀이

(a) 배위 이성질체 (b) 구조 이성질체

3.10 사이클로알케인($n=3$, 4, 5)

3.10.1 사이클로프로페인($n=3$)

사이클로프로페인은 세 개의 탄소 원자가 모두 동일한 평면에 있고, H−C−C−H의 이면각이 모두 0°(가려진 형태)이며, C−C−C의 결합각이 60°인 구조를 갖는다. 이 구조에서는 가려진 형태에서의 비틀림 무리, sp^3 혼성 오비탈의 최적 결합각(109°)에서 벗어남으로 인하여 유발되는 각 무리가 매우 클 것으로 예상된다. 실제로 사이클로프로페인의 고리 무리 에너지는 27 kcal/mol 정도이다.

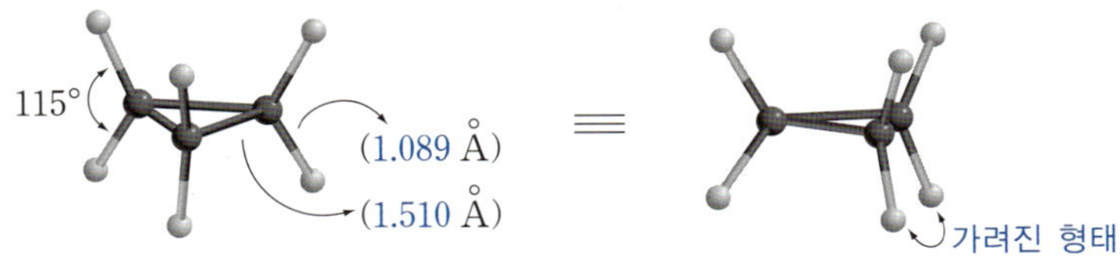

원자가 결합 이론 및 혼성 오비탈 이론에 의하면 강한 공유 결합이 형성되려면 원자핵을 연결하는 가상의 직선상에서 오비탈 중첩이 일어나야 한다. 그러나 사이클로프로페인은 C−C−C 결합각이 60°이고, sp^3 혼성 오비탈의 최적화된 결합각은 109°이므로 결합을 생성하는 오비탈 중첩이 C−C를 연결하는 직선에서 바깥쪽으로 벗어난 지역에서 일어남을 예상할 수 있다. 이러한 결합은 오비탈 사이의 중첩이 상대적으로 적어서 결합의 세기가 약하고, 그 결과 쉽게 끊어질 수 있기 때문에 일반적인 C−C 단일 공유 결합보다 반응성이 상대적으로 크다는 특징을 갖는다.

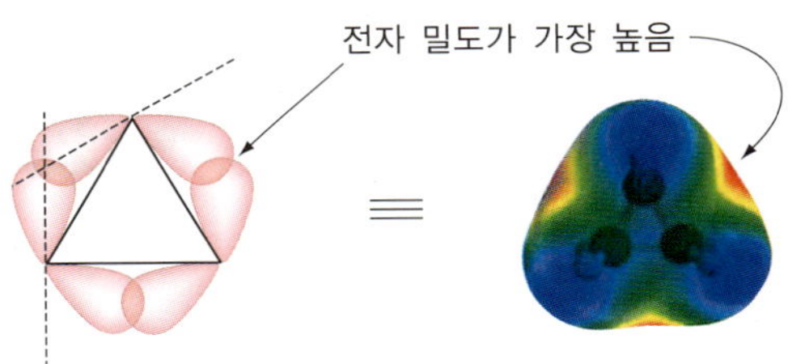

그림 3-19 사이클로프로페인의 꺾인 C−C 결합

3.10.2 사이클로뷰테인($n=4$)

사이클로뷰테인에서는 평면(planar) 구조와 꺾인(puckered) 구조에 대하여 기술하려고 한다.

평면 구조는 네 개의 탄소 원자가 모두 한 평면에 있는 구조이다. 여기에서는 H−C−C−H의 이면각이 모두 0°(가려진 형태)가 되어 비틀림 무리가 생기고, C−C−C의 결합각은 90°이므로 각 무리가 추가되면서 열역학적으로 매우 불안정한 상태가 된다.

평면 구조의 열역학적 불안정성을 회피하기 위해서 평면 구조의 탄소 골격을 약간 비틀면 세 개의 탄소 원자가 하나의 평면을 형성하고, 네 번째 탄소가 평면에서 ~25° 벗어난 **꺾인(puckered) 구조**가 얻어진다. 이 구조는 H−C−C−H의 이면각이 60°는 아니지만 최소한 0°에서 벗어났고, C−C−C의 결합각이 109°는 아니지만 90°보다는 크기 때문에 평면 구조보다는 열역학적으로 더 안정할 수 있다. 그러나 꺾인 구조의 고리 무리 에너지는 26 kcal/mol 정도로 아직도 매우 크다는 것을 알 수 있다.

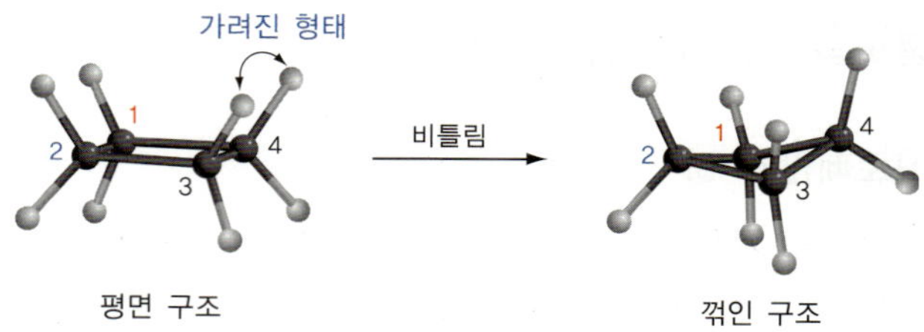

그림 3-20 사이클로뷰테인의 평면 구조와 꺾인 구조

3.10.3 사이클로펜테인($n=5$)

사이클로펜테인에서는 평면(planar) 구조와 봉투(envelop) 구조에 대하여 기술하려고 한다.

평면 구조는 다섯 개의 탄소 원자가 모두 한 평면에 있는 구조이다. 여기에서는 H—C—C—H의 이면각이 모두 0°(가려진 형태)가 되어 비틀림 무리가 생기고, C—C—C의 결합각은 108°이므로 각 무리는 무시할 수 있을 정도이다.

평면 구조에서 탄소 골격을 약간 비틀면 네 개의 탄소 원자가 하나의 평면을 형성하고, 다섯 번째 탄소가 평면에서 벗어난 **봉투 형태(envelope conformation)**의 구조가 생성된다. 이 구조는 평면에 위치한 탄소끼리는 H—C—C—H의 이면각이 0°(가려진 형태)에 가까워서 비틀림 무리가 있고, 평면에서 벗어난 탄소에서는 H—C—C—H의 이면각이 60°(엇갈린 형태)이기 때문에 비틀림 무리가 없으며, C—C—C의 결합각은 108°이어서 각 무리를 무시할 수 있다는 특징을 갖는다. 사이클로펜테인에서 가장 안정한 봉투 형태 구조는 6 kcal/mol 정도의 고리 무리 에너지를 갖는 것으로 알려져 있다.

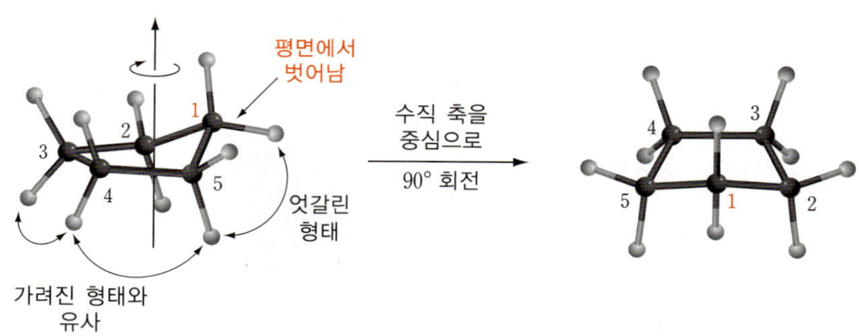

그림 3-21 사이클로펜테인의 봉투 형태 구조

3.11 사이클로헥세인($n=6$)

3.11.1 의자 형태

사이클로헥세인에서 가장 안정한 형태는 **의자 형태(chair conformation)**이다. 의자 형태는 C—H 결합이 모두 엇갈린 형태를 하고, C—C—C의 결합각이 모두 109°에 근접하는 구조로서, 고리 무리(비틀림 무리, 입체 무리, 각 무리)가 없는 기준 물질로 사용된다.

그림 3-22는 의자 형태의 사이클로헥세인 화합물이 관찰 각도에 따라서 완전히 다른 화합물처럼 보일 수 있음을 보여 준다. ① 첫 번째 그림은 특정 각도에서 의자 형태를 입체적으로 표현한 구조이고, ② 두 번째 그림은 ①번 그림에서 사이클로헥세인을 구성하는 각각의 탄소에 번호를 부여한 후, 가상적인 유사 평면에 수직인 축을 중심으로 시계 반대 방향으로 60° 회전

시켰을 때의 구조이며, ③ 세 번째 그림은 C_3-C_4 및 C_1-C_6 결합을 동시에 앞뒤로 중복시켰을 때의 구조를 각각 표현한 것이다. 여기서 중요한 것은 모든 구조에서 C−C−C−C의 이면각이 60°(고쉬)이고, H−C−C−H의 이면각은 60° 및 180°이며, H−C−C−H의 이면각이 0°(가려진 형태)인 경우는 없다는 것이다.

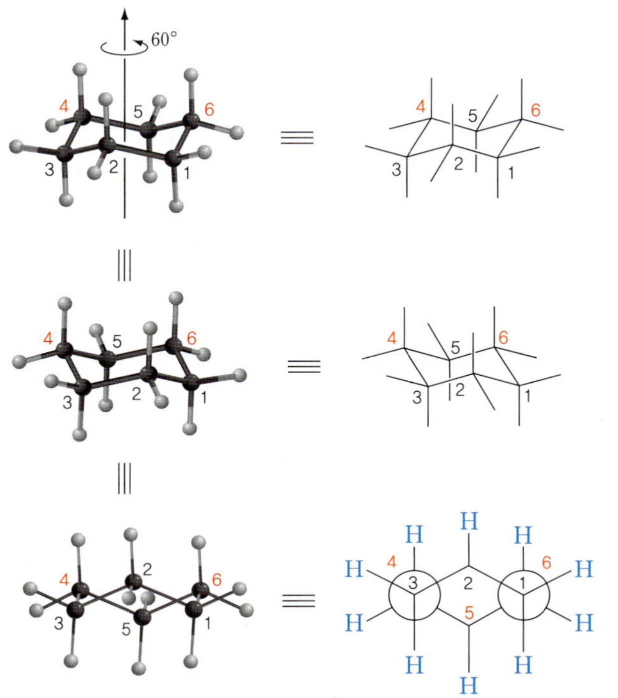

그림 3-22 사이클로헥세인의 의자 형태 구조

의자 형태의 사이클로헥세인에서 발견되는 구조적인 특징들에 대하여 알아보자.

첫째, 두 종류의 수소가 존재한다. 즉, 여섯 개의 탄소를 중심으로 아래의 가상적인 유사 평면을 설정하면 이 평면에 수직으로 있는 여섯 개의 **수직 방향** 수소(**axial** hydrogen)와 유사 평면 내부에 있는 여섯 개의 **수평 방향** 수소(**equatorial** hydrogen)가 존재한다.

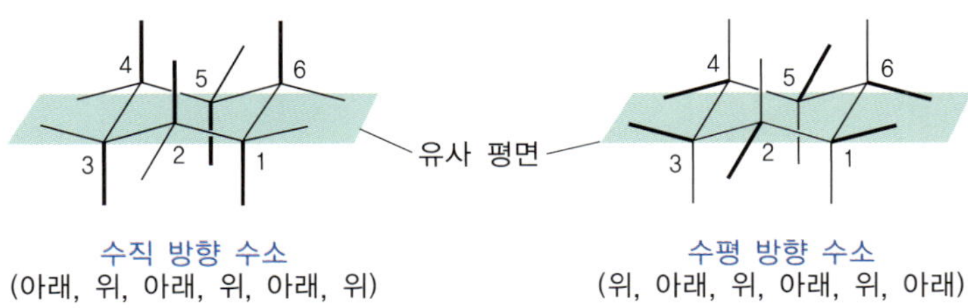

둘째, 각각의 탄소 원자는 트랜스 관계에 있는 수평 방향 및 수직 방향 수소를 하나씩 보유한다. 즉, 수평 방향 수소가 위로 향하면 수직 방향 수소는 아래로 향하고, 수평 방향 수소가 아래로 향하면 수직 방향 수소는 위로 향한다.

셋째, 탄소 고리를 따라서 시계 또는 시계 반대 방향으로 이동할 때 수평 방향 수소들의 상대적인 위치는 가상적인 유사 평면을 기준으로 위 → 아래 → 위 ⋯ 등으로 순환한다. 이것은 수직 방향 수소들에게도 동일하게 적용된다.

이제는 수평 및 수직 방향 수소를 포함하는 의자 형태의 사이클로헥세인 구조를 그리는 과정을 알아보자. 이를 위해서는 ① 서로 마주보는 세 쌍의 C−C 결합을 각각 평행하게 유지하면서 기본적인 탄소 골격을 완성하고, ② 여섯 개의 탄소로 이루어진 가상적인 유사 평면에 수직 방향으로 여섯 개의 수직 방향 수소를 각각 평행하게 그린 후, ③ 여섯 개의 수평 방향 C−H 결합을 하나 떨어져 있는 C−C 탄소와 평행하게, 즉 $H_{수평}$−C−C−C의 이면각이 180°가 되도록 그려야 한다. 다만, ② 및 ③은 ①의 기본 골격을 기반으로 하기 때문에 ①에서 기본 골격을 잘 그리는 것이 가장 중요한 포인트이다.

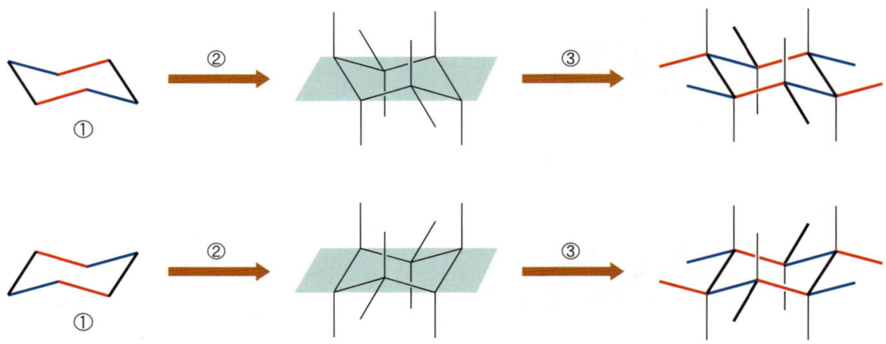

그림 3-23 사이클로헥세인의 의자 형태를 그리는 방법

3.11.2 고리 뒤집힘

에테인에서 가장 안정한 구조는 H−C−C−H의 이면각이 60°인 엇갈린 형태이다. 그러나, 상온에서는 C−C 단일 결합 축을 중심으로 매우 빠르게 회전할 수 있어서 또 다른 엇갈린 형태로 계속해서 변하게 된다(3.7.2절).

이와 유사하게 사이클로헥세인의 의자 형태도 10.8 kcal/mol의 활성화 에너지 장벽을 넘어서 다른 의자 형태로 변할 수 있는데, 이 현상을 **고리 뒤집힘(ring flip)** 또는 **고리 반전(ring inversion)**이라고 한다. 고리 뒤집힘은 의자 형태의 반감기가 25°C에서 약 10^{-5}초에 이를 정도로 매우 빠르게 일어난다.

구조적인 관점에서 고리 뒤집힘이란 1,2,4,5-탄소를 포함하는 평면을 중심으로 3번 및 6번 탄소의 위치를 이 평면의 반대쪽으로 각각 이동시키는 것에 해당한다. 고리 뒤집힘이 한 번 일어나면 ① 수평 방향 수소는 수직 방향 수소가 되고, ② 수직 방향 수소는 수평 방향 수소가 되며, ③ 평면의 위쪽에 있던 수소는 계속해서 위쪽에 있고, ④ 평면의 아래쪽에 있던 수소는 계속해서 아래쪽에 위치한다.

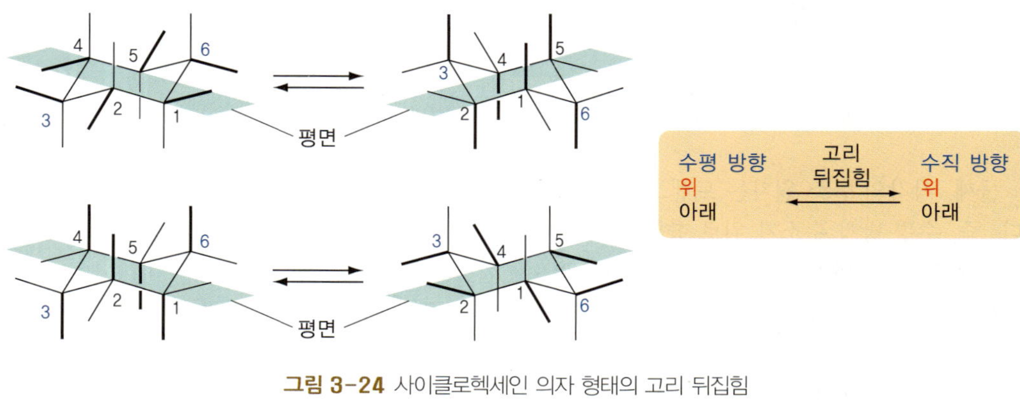

그림 3-24 사이클로헥세인 의자 형태의 고리 뒤집힘

3.11.3 단치환 사이클로헥세인

사이클로헥세인에 한 개의 치환체가 있는 화합물을 일치환 사이클로헥세인(monosubstituted cyclohexane)이라고 한다. 여기에서는 1-메틸사이클로헥세인에서 열역학적으로 가장 안정한 구조를 논리적으로 추론하기로 한다.

1-메틸사이클로헥세인은 열역학적으로 안정한 의자 형태의 기본 골격에 메틸기가 수평 또는 수직 방향에서 치환되는 두 가지 구조를 가질 수 있다.

첫째, 메틸기가 수평 방향에 있으면 $C_3-C_2-C_1-Me$ 및 $C_5-C_6-C_1-Me$의 이면각이 각각 180°(입체 장애 없음), $H_{2e}-C_2-C_1-Me$ 및 $H_{2a}-C_2-C_1-Me$의 이면각이 각각 60°(입체 장애 없음), $H_{6e}-C_6-C_1-Me$, $H_{6a}-C_6-C_1-Me$의 이면각이 각각 60°(입체 장애 없음)로서 수평 방향의 메틸기로 인한 입체 장애는 없을 것이다.

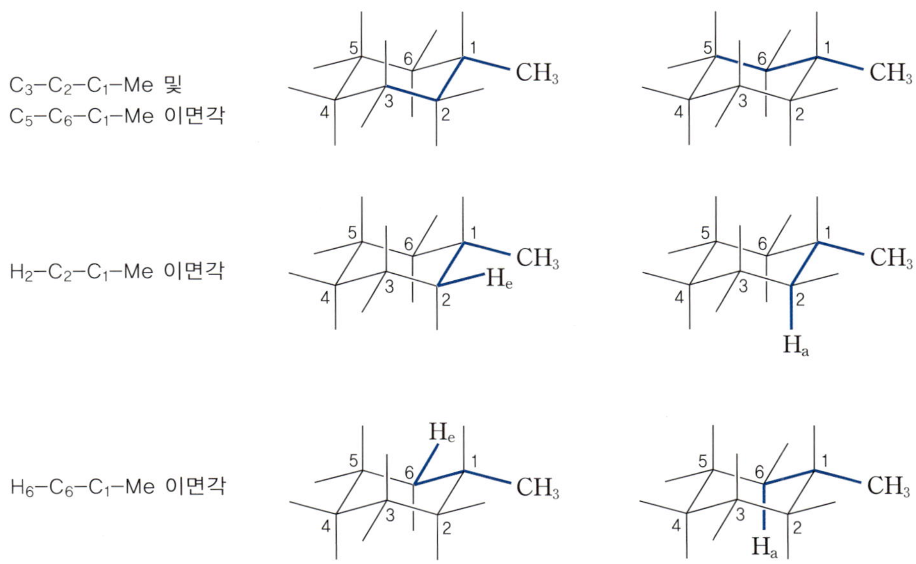

분자 모델링 구조에서도 H_x-H_1 및 H_x-H_2 사이에 공간적으로 상당한 여유가 있어서 입체 장애가 없음을 쉽게 알 수 있다.

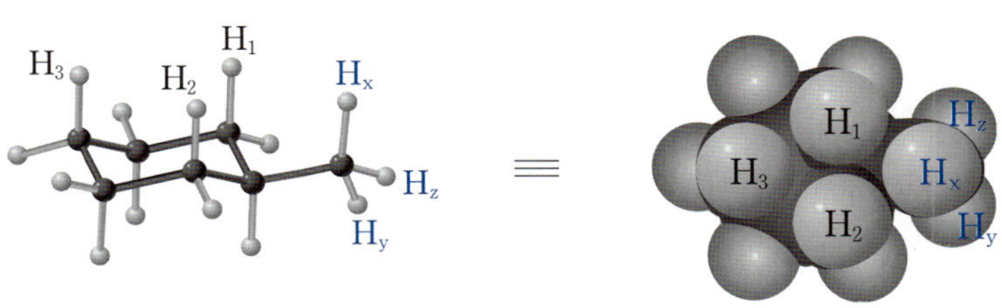

둘째, 메틸기가 수직 방향에 있으면 $C_3-C_2-C_1-Me$ 및 $C_5-C_6-C_1-Me$의 이면각이 각각 60°(입체 장애 1.8 kcal/mol 발생), $H_{2e}-C_2-C_1-Me$ 및 $H_{2a}-C_2-C_1-Me$의 이면각이 각각 60° 및 180°(입체 장애 없음), $H_{6e}-C_6-C_1-Me$ 및 $H_{6a}-C_6-C_1-Me$의 이면각이 각각 60° 및 180°(입체 장애 없음)로서 총 1.8 kcal/mol의 입체 장애가 발생함을 알 수 있다.

C3–C2–C1–Me 및
C5–C6–C1–Me 이면각
(고쉬 형태)

H2–C2–C1–Me 이면각

H6–C6–C1–Me 이면각

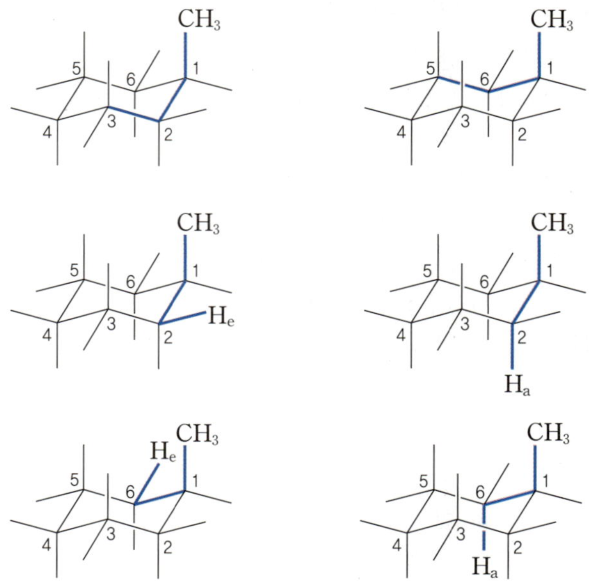

위 구조를 분자 모델링 구조로 표현하면, 아래와 같이 H_1 및 H_2의 원자 구름이 H_o의 원자 구름과 거의 충돌 직전에 있음을 알 수 있다. 대부분의 교재에서는 이러한 현상을 수직 방향에 있는 H_1 및 Me, 그리고 H_2 및 Me 사이의 입체 장애로 설명하는데, 이것을 **1,3-이수직 방향 상호 작용(1,3-diaxial interaction)**이라고 한다. 위에서 기술한 바와 같이 수직 방향의 메틸 작용기에 의한 입체 장애 에너지는 총 1.8 kcal/mol이고, 아래의 그림처럼 1,3-이수직 방향 상호 작용은 총 두 개이므로 H 및 Me 사이의 1,3-이수직 방향 상호 작용 에너지는 각각 0.9 kcal/mol이다.

초급 수준의 유기 화학에서는 이면각보다는 1,3-이수직 방향 상호 작용으로 설명하는 것이 이해하기 쉽다.

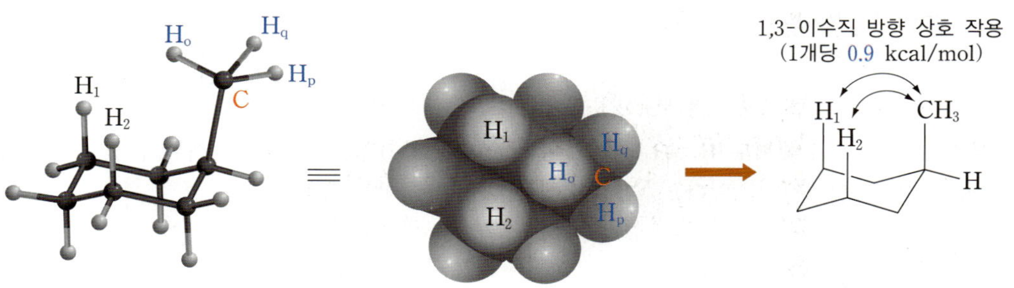

이러한 정보들을 종합하면 1-메틸사이클로헥세인에서는 수평 방향의 메틸기 구조가 수직 방향의 메틸기 구조보다 1.8 kcal/mol 더 안정하고, 상온에서 수평 방향과 수직 방향 메틸기 구조의 비율이 ~95 : 5 임을 추론할 수도 있다(2.8.1절).

이처럼 단치환 사이클로헥세인 화합물에서는 치환체가 수평 방향에 위치하는 것이 수직 방향에 있는 것보다 열역학적으로 더 안정하다. 이러한 경우에 두 이성질체의 에너지 차이를 **A-값(value)**이라고 하고, A-값이 클수록 수평 방향에 있으려는 경향성이 증가하기 때문에 치환체의 상대적인 크기를 비교하는 데 유용한 지표가 될 수 있다.

표 3–6에서 CN 및 F는 선형 구조를 갖기 때문에 A-값이 매우 작고, Cl, Br의 경우에는 원자의 크기는 증가하지만 C–X 결합 길이도 함께 커지면서 결과적으로 입체 장애가 감소하는 것으로 설명하며, OH, CO_2H는 치환체의 크기가 증가하면서 A-값이 함께 커지고 있다. 탄소 치환체의 경우에는 1차(Me 및 Et), 2차(*i*–Pr), 벤젠, 3차로 가면서 A-값이 꾸준히 증가함을 알 수 있다.

표 3-6 치환체에 따른 A-값

치환체	A-값(kcal/mol)	치환체	A-값(kcal/mol)
CN	0.2	Me	1.8
F	0.2	Et	1.8
Cl	0.5	*i*-Pr	2.1
Br	0.5	Ph	3.1
OH	1.0	*t*-Bu	5.4
CO_2H	1.4		

예제 3.9

아이소프로필사이클로헥세인에서 치환체가 상온에서 수평 방향과 수직 방향으로 있을 비율을 계산하시오.

풀이

수평-치환체 구조 (E) $\rightleftarrows$ 수직-치환체 구조 (A)

$\Delta G° = -RT \ln K_{eq}$

$2.1 \text{ kcal/mol} = -RT \ln \frac{[A]}{[E]}$

$\therefore$ [E] : [A] ≈ 97 : 3

$\Delta G° = -RT \ln K_{eq}$

(수평-치환체 구조) $\rightleftarrows$ (수직-치환체 구조)

3.11.4 이치환 사이클로헥세인

사이클로헥세인에 두 개의 치환체가 있는 화합물을 이치환 사이클로헥세인(disubstituted cyclohexane)이라고 한다. 여기에서는 다양한 형태의 이치환 사이클로헥세인 화합물에서 가장 안정한 구조를 추론하고, 동시에 이들의 상대적인 조성을 계산하기로 한다.

시스-1,2-다이메틸사이클로헥세인의 경우에 **A**가 고리 뒤집힘을 하면 **B**가 된다. **A**와 **B**는 한 개씩의 수직 방향 메틸기가 있으므로 각각 1,3-이수직 방향 입체 장애가 있고(1.8 kcal/mol), 1,2-위치의 Me−C−C−Me의 이면각이 각각 60°(고쉬 형태)이므로 0.9 kcal/mol의 입체 장애가 추가된다. 이것을 종합하면 **A**와 **B** 구조에서 입체 장애 에너지는 각각 2.7(=1.8+0.9) kcal/mol이고, **A**와 **B**는 에너지가 같기 때문에 상온의 평형 상태에서 **A** : **B** = 1 : 1이 된다.

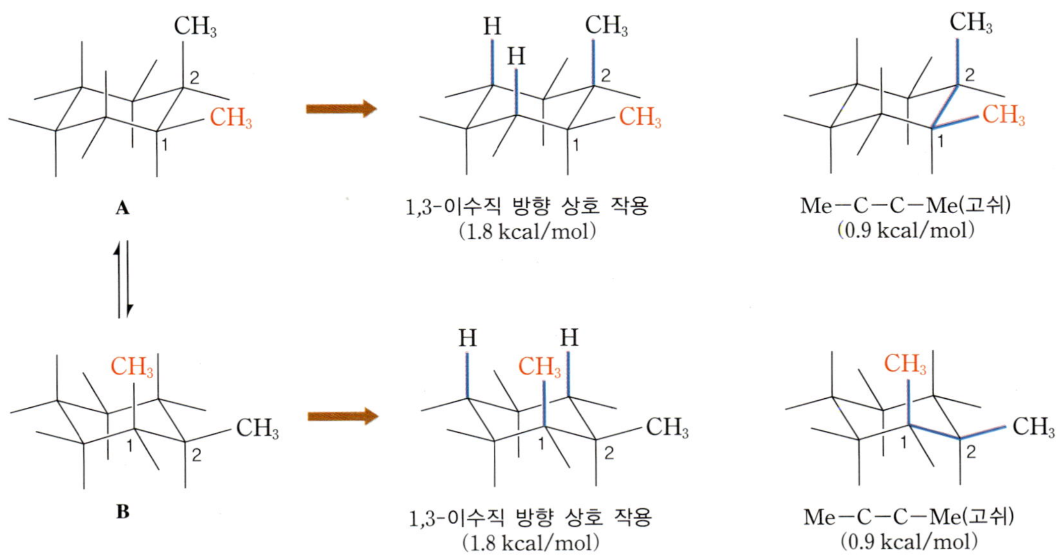

트랜스-1,2-다이메틸사이클로헥세인의 경우에 **C**가 고리 뒤집힘을 하면 **D**가 된다. **C**는 수직 방향 메틸기는 없지만, 1,2-위치의 Me−C−C−Me의 이면각이 60°(고쉬 형태)이므로 입체 장애가 발생한다(0.9 kcal/mol). **D**는 두 개의 수직 방향 메틸기가 각각 1,3-이수직 방향 상호 작용을 하지만(1.8 kcal/mol×2=3.6 kcal/mol), Me−C−C−Me 이면각은 180°로서 입체 장애가 없다. 이것을 종합하면 **C**는 **D**보다 약 2.7 kcal/mol 안정하고, 상온의 평형 상태에서 **C**:**D**=99 : 1이 된다.

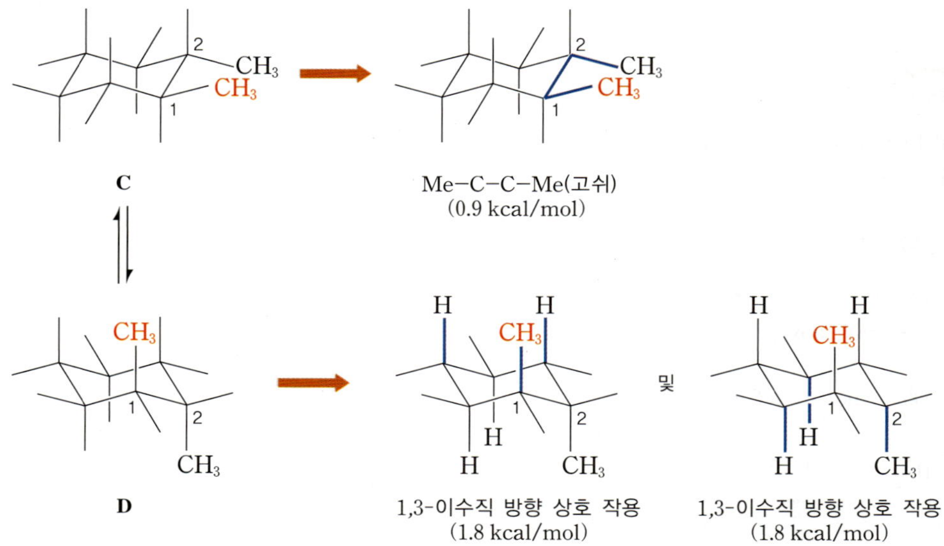

시스-1-*tert*-뷰틸-4-메틸사이클로헥세인의 경우에 **E**가 고리 뒤집힘을 하면 **F**가 된다. **E**는 한 개의 수직 방향 메틸기가 1,3-이수직 방향 상호 작용을 하고(1.8 kcal/mol), **F**는 한 개의 수직 방향 *terti*-뷰틸기가 1,3-이수직 방향 상호 작용을 한다(5.4 kcal/mol). 따라서 **E**는 **F**보다 약 3.6 kcal/mol 안정하고, 상온의 평형 상태에서 **E** : **F**=440 : 1 정도가 된다. 일반적으로 *tert*-뷰틸 치환체는 대부분의 치환체보다 A-값이 크기 때문에 특수한 경우를 제외하고는 항상 수평 방향에 있다고 생각해도 무방하다.

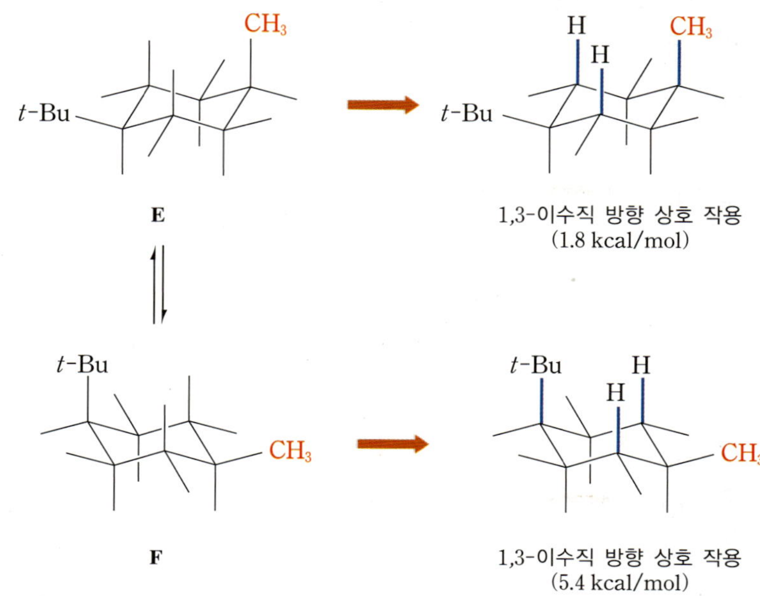

예제 3.10

트랜스-1,4-다이메틸사이클로헥세인 **G**가 고리 뒤집힘을 하면 **H**가 된다. 상온의 평형 상태에서 **G** : **H**의 비율을 계산하시오.

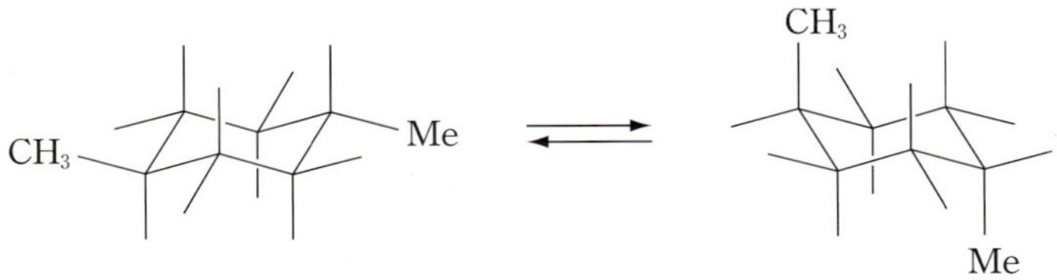

G **H**

풀이

G가 고리 뒤집힘을 하면 **H**가 된다. **G**는 수직 방향 메틸기가 없어서 입체 장애가 없으나, **H**는 두 개의 수직 방향 메틸기에서 1,3-이수직 방향 상호 작용이 가능하다(1.8 kcal/mol$\times$2$=$3.6 kcal/mol). 따라서 **G**는 **H**보다 약 3.6 kcal/mol 더 안정하고, 상온의 평형 상태에서는 **G**:**H**$=$440:1로 존재한다.

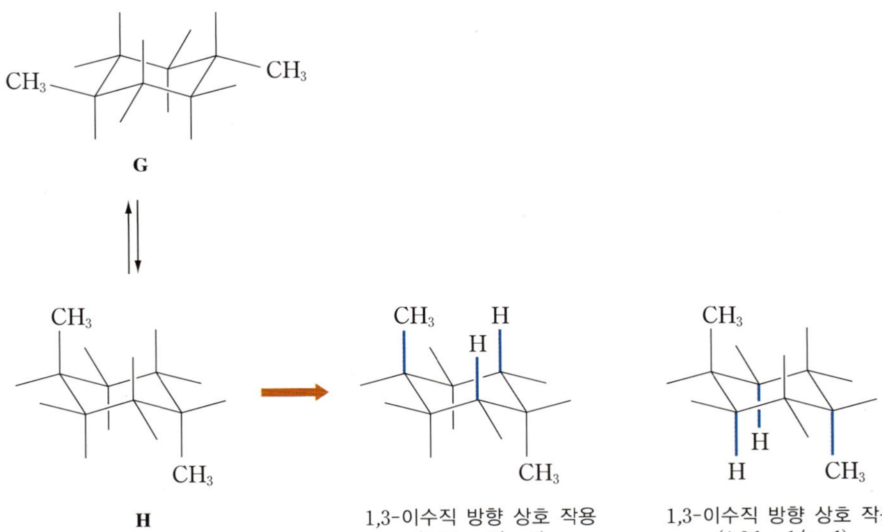

1,3-이수직 방향 상호 작용 (1.8 kcal/mol)　　1,3-이수직 방향 상호 작용 (1.8 kcal/mol)

3.11.5 보트 형태 및 비틀린 보트 형태

사이클로헥세인은 의자 형태가 가장 안정한 구조이지만, 이 외에도 보트 형태(boat conformation) 및 비틀린 보트 형태(twisted boat conformation)가 가능하다.

우선, 보트 형태에 대하여 알아보자. 사이클로헥세인 의자 형태에서 고리 뒤집힘은 1,2,4,5-탄소를 포함하는 평면을 중심으로 3번 및 6번 탄소의 위치를 이 평면의 반대쪽으로 각각 이동시키는 것이다(3.11.2절). 이때 1,2,4,5-탄소를 포함하는 평면을 중심으로 6번 탄소는 그대로 두고 3번 탄소의 위치만을 이 평면의 반대쪽으로 이동시키면 **보트 형태(boat conformation)**가 된다. 이러한 과정에서 C_1, C_6, C_5와 결합한 수소 원자들은 움직임 없이 엇갈린 상태를 유지하고, C_2, C_3, C_4와 결합한 수소 원자들은 C_3가 이동할 때 엇갈린 형태를 유지하면서 이동을 한다. 그 결과 보트 형태는 $H-C_1-C_2-H$ 및 $H-C_4-C_5-H$의 이면각이 0°(가려진 형태, 총 네 개) 내외이고, 이 부분을 제외한 나머지 H$-$C$-$C$-$H의 이면각은 60°(엇갈린 형태) 정도이며, H_a와 H_x가 매우 인접하기 때문에 추가적인 입체 장애를 유발하는 구조적인 특징을 갖는다. 실험에 의하면 보트 형태는 의자 형태보다 6.5 kcal/mol 에너지가 더 높기 때문에, 상온의 평형 상태에서 보트 형태는 거의 존재하지 않음을 알 수 있다.

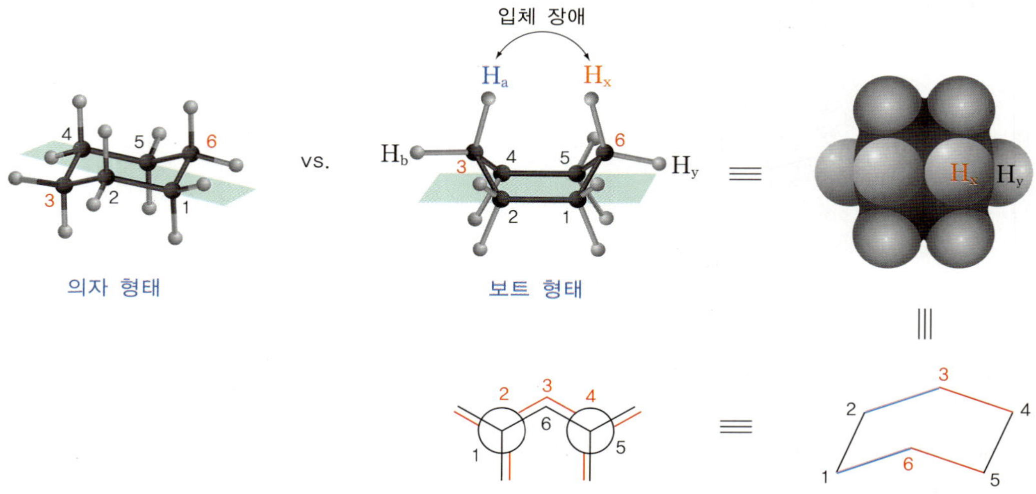

그림 3-25 사이클로헥세인의 보트 형태 구조

비틀린 보트 형태(**twisted boat conformation**) 또는 **꼬인 보트 형태**(**skew boat conformation**)는 보트 형태를 조금 비틀어서 에너지를 조금 낮춘 구조로서, 의자 형태보다는 5.5 kcal/mol 에너지가 더 높으며, 상온의 평형 상태에서는 역시 거의 존재하지 못한다.

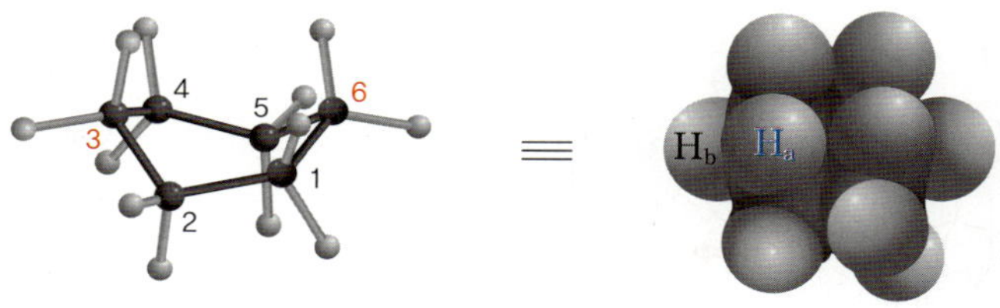

그림 3-26 사이클로헥세인의 비틀린 보트 형태 구조

3.12 라디칼 할로젠화 반응

3.12.1 서론

비고리 및 고리 포화 탄화수소는 모두 비극성의 C−C 및 C−H 단일 공유 결합으로 구성된다. 일반적으로 C−C 단일 결합 에너지는 81~90 kcal/mol, C−H 단일 결합 에너지는 93~105 kcal/mol 정도인데(2.4절), 이것은 C−C 및 C−H 단일 결합이 강한 공유 결합임을 의미한다.

화학 반응이 일어나려면 특정 결합이 끊어지고 새로운 결합이 생성되어야 한다. 화학 결합을 끊기 위해서는 외부에서 에너지를 공급해야 하고, 강한 공유 결합을 끊기 위해서는 그만큼 더 많은 에너지가 필요하므로 일반적으로 강한 공유 결합은 화학 반응에 잘 참여하지 않을 것으로 추론할 수 있다. 실제로 비고리 및 고리 포화 탄화수소는 연소 반응, 열 분해 반응 및 라디칼(radical) 반응 등을 제외하고는 화학 반응에 잘 참여하지 않는 것으로 알려져 있다.

교재에서는 연소 반응과 열분해 반응은 생략하고, 라디칼 할로젠화 반응(radical halogenation)에 대하여 알아보기로 한다.

3.12.2 라디칼 염소화 반응

비고리 및 고리 포화 탄화수소에서 라디칼 염소화 반응의 예들을 아래에 제시하였다. 에테인 및 사이클로뷰테인의 경우에는 탄소가 동등하기 때문에 위치와 무관하게 한 종류의 생성물이 얻어진다. 그러나, 프로페인은 1차 및 2차 탄소, 2-메틸프로페인은 1차 및 3차 탄소가 공존하기 때문에 어디에서 반응이 일어나는가에 따라서 생성물이 다를 수 있다. 교재에서는 2-메틸프로페인의 반응을 중심으로 반응 메커니즘, 각 단계에서의 엔탈피 변화, 서로 다른 환경에 있는 C−H 수소의 선택성, 두 경로의 활성화 에너지 차이 등에 중점을 두고 기술할 예정이다.

$$CH_3{-}CH_3 + Cl_2 \xrightarrow{420°C} CH_3{-}CH_2{-}Cl$$

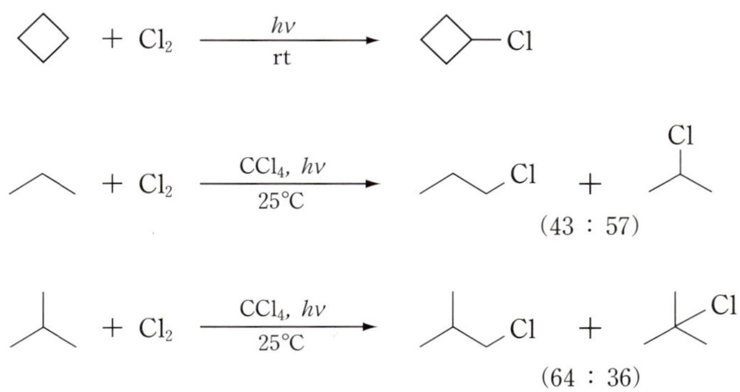

2-메틸프로페인 및 염소 기체 혼합물에 빛을 조사하면 1-클로로-2-메틸프로페인($\mathbf{Y_1}$)과 2-클로로-2-메틸프로페인($\mathbf{Y_2}$)이 64:36의 비율로 얻어진다.

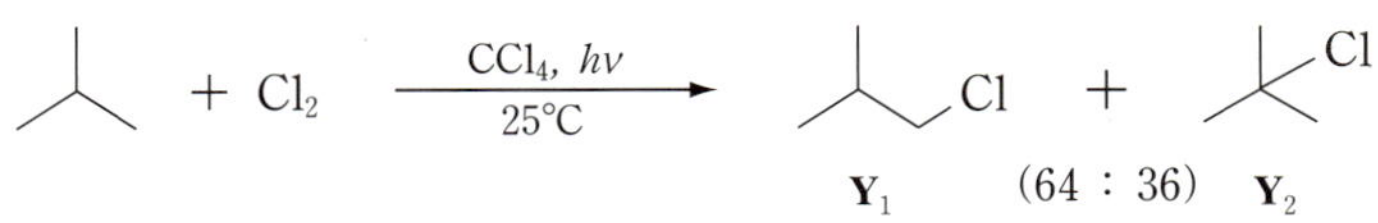

이 반응은 라디칼 메커니즘으로 진행된다. 라디칼 반응은 라디칼을 생성함으로써 전파 단계의 시작을 유도하는 개시(initiation) 단계, 자가 발전이 가능한 순환 구조를 통해서 생성물을 생산하는 전파(propagation) 단계, 라디칼 화학종이 사라지는 종결(termination) 단계로 구성(2.5절)됨을 상기하면서, 먼저 반응 메커니즘 및 각 단계에서의 엔탈피 변화를 중심으로 살펴보자.

개시 단계는 Cl_2 분자가 균일 분해되어 Cl· 라디칼을 형성하는 반응으로, $\mathbf{Y_1}$ 및 $\mathbf{Y_2}$를 생성하는 경로에서 중복된다.

$$\text{개시 반응: } Cl{-}Cl \longrightarrow 2Cl\cdot \qquad \Delta H° = 58 \text{ kcal/mol}$$

전파 단계에서 Cl· 라디칼은 두 종류의 C−H 수소와 반응할 수 있다.

Cl· 라디칼이 1차 탄소의 C−H와 반응하면 H−Cl과 1차 탄소 라디칼 중간체($\mathbf{I_1}$)가 생기고, 계속해서 $\mathbf{I_1}$이 Cl_2와 반응하여 생성물 $\mathbf{Y_1}$을 제공함과 동시에 Cl· 라디칼이 다시 생성된다(경로 1). 첫 번째 반응에서는 1차 C−H 결합이 끊어지고, H−Cl 결합이 생성되기 때문에 3 kcal/mol의 에너지가 방출된다(발열 반응). 두 번째 반응에서도 Cl−Cl 결합이 끊어지고 1차 C−Cl 결합이 생성되므로 23 kcal/mol의 에너지가 방출된다(발열 반응). 이러한 정보를 종합하면 경로 1

에서 속도 결정 단계는 첫 번째 반응이고, 전체적으로 26 kcal/mol의 에너지를 방출하는 발열 반응이다.

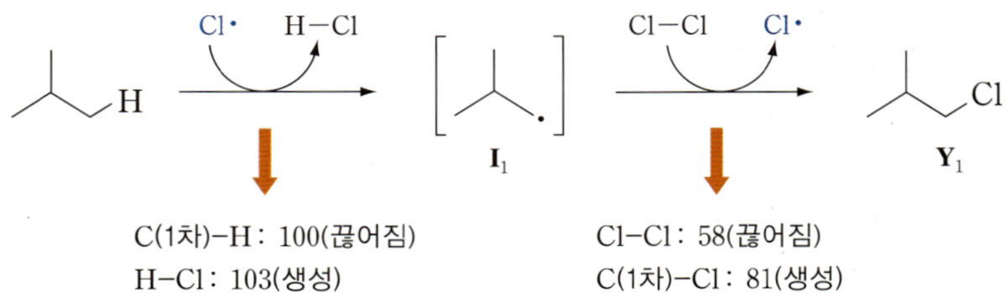

(경로 1)

Cl· 라디칼이 3차 탄소의 C−H와 반응하면 H−Cl과 3차 탄소 라디칼 중간체(**I$_2$**)가 생기고, 계속해서 **I$_2$**가 Cl_2와 반응하여 생성물 **Y$_2$**를 제공함과 동시에 Cl· 라디칼이 다시 생성된다(경로 2). 첫 번째 반응에서는 3차 C−H 결합이 끊어지고 H−Cl 결합이 생성되기 때문에 10 kcal/mol의 에너지가 방출된다(발열 반응). 두 번째 반응에서도 Cl−Cl 결합이 끊어지고 3차 C−Cl 결합이 생성되므로 21 kcal/mol의 에너지가 방출된다(발열 반응). 이러한 정보를 종합하면 경로 2에서 속도 결정 단계는 첫 번째 반응이고, 전체적으로 31 kcal/mol의 에너지를 방출하는 발열 반응이다.

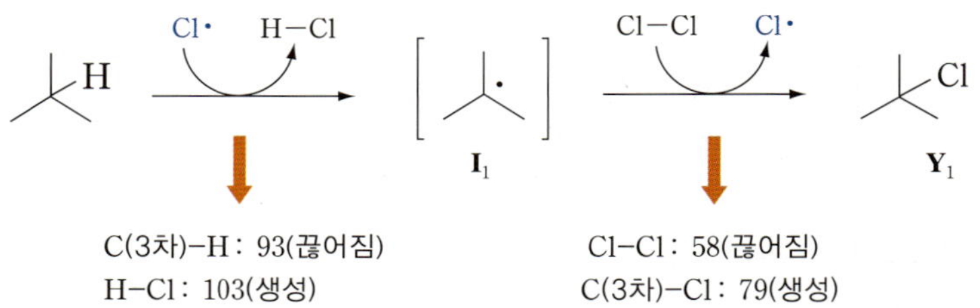

(경로 2)

지금까지는 반응 메커니즘과 각 반응에서의 엔탈피 변화를 중심으로 알아보았다. 이제는 반응 속도론적 관점에서 1차 및 3차 C−H 결합의 상대적인 반응성과 전이 상태의 에너지 차이에 대하여 생각해 보자.

위 반응에서 생성물의 비율은 **Y$_1$** : **Y$_2$** = 64 : 36이다. 그러나, **Y$_1$**은 아홉 개의 1차 C−H 결합 중에서 하나가 반응하면 생성되고, **Y$_2$**는 유일하게 존재하는 한 개의 3차 C−H 결합이 반응해야 얻을 수 있다. 따라서 3차 및 1차 C−H 결합의 상대적인 반응성은 아래의 계산식에 따라서 3차 C−H 수소가 1차 C−H 수소의 약 다섯 배임을 알 수 있다.

$$\frac{\text{반응성}_{3\text{차 C–H}}}{\text{반응성}_{1\text{차 C–H}}} = \frac{\left(\dfrac{36}{1}\right)}{\left(\dfrac{64}{9}\right)} \approx \frac{5}{1}$$

그리고 1차 및 3차 C−H 결합의 반응성 차이를 Arrhenius 식(속도 상수와 활성화 에너지의 관계식)에 적용하면 아래의 계산 과정을 통해서 경로 1의 활성화 에너지가 경로 2보다 0.95 kcal/mol 더 크다는 것을 알 수 있다.

$$k_1 = Ae^{-\frac{E_a(1)}{RT}} \text{(경로 1)},\ k_2 = Ae^{-\frac{E_a(2)}{RT}} \text{(경로 2)}$$

$$\rightarrow \frac{k_2}{k_1} = \frac{Ae^{-\frac{E_a(2)}{RT}}}{Ae^{-\frac{E_a(1)}{RT}}} = e^{-\frac{E_a(2)-E_a(1)}{RT}}$$

$$\rightarrow \ln\left(\frac{k_2}{k_1}\right) = -\frac{E_a(2) - E_a(1)}{RT}$$

$$\rightarrow E_a(1) - E_a(2) = RT\ln\left(\frac{k_2}{k_1}\right)$$

$$= (8.3136\ \text{J/mol}\cdot\text{K})(298\ \text{K})\ln\left(\frac{5}{1}\right) \approx 0.95\ \text{kcal/mol}$$

아래의 에너지 도표는 2-메틸프로페인에서 생성물 $\mathbf{Y_1}$과 $\mathbf{Y_2}$를 제공하는 지금까지의 모든 정보들을 종합적으로 정리한 결과물이다. 여기에서는 반응 속도 결정 단계에서 생성 물질의 에너지 차이($\Delta\Delta H$)는 7 kcal/mol이지만, 전이 상태의 에너지 차이($\Delta\Delta H^\ddagger$)는 0.95 kcal/mol로서 $\Delta\Delta H$의 14% 정도만 $\Delta\Delta H^\ddagger$에 반영되고 있음에 주목하기 바란다.

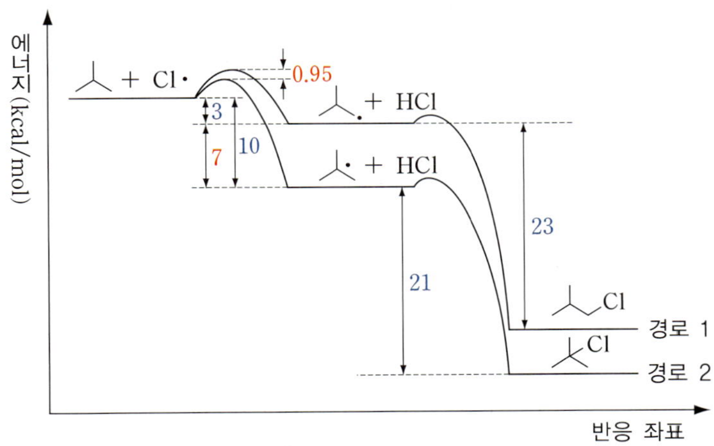

그림 3-27 2-메틸프로페인에서 라디칼 염소화 반응의 에너지 도표

예제 3.11

프로페인의 라디칼 염소화 반응을 진행하면 1-클로로프로페인과 2-클로로프로페인이 43:57의 비율로 얻어진다. 1차 C−H 수소와 2차 C−H 수소의 상대적인 반응성을 계산하시오.

풀이

반응에서 1-클로로프로페인은 여섯 개의 1차 C−H 결합 중에서 하나가 반응한 것이고, 2-클로로프로페인은 두 개의 2차 C−H 결합 중에서 하나가 반응한 것이므로, 상대적인 반응성은 아래의 계산에 의하여 2차 C−H 수소가 1차 C−H 수소의 약 네 배가 된다.

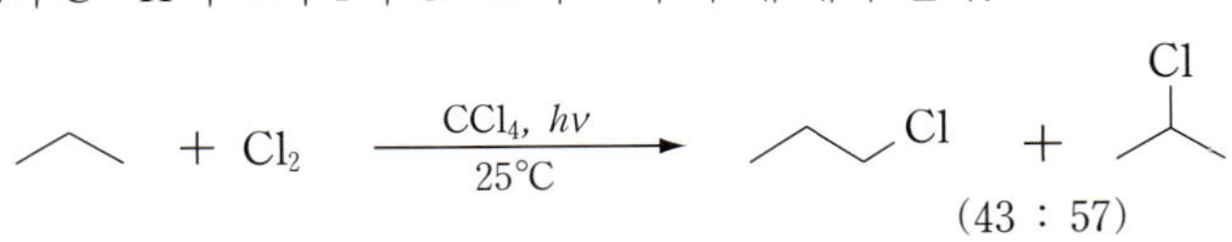

$$\frac{\text{반응성}_{2\text{차 C-H}}}{\text{반응성}_{1\text{차 C-H}}} = \frac{\left(\frac{57}{2}\right)}{\left(\frac{43}{6}\right)} \approx \frac{4}{1}$$

3.12.3 라디칼 브로민화 반응

알케인의 라디칼 브로민화 반응의 예들을 아래에 제시하였다. 교재에서는 알케인의 라디칼 염소화 반응에서와 동일하게 2-메틸프로페인의 반응을 중심으로 반응 메커니즘, 각 단계에서의 엔탈피 변화, 서로 다른 환경에 있는 C−H 수소의 선택성, 두 경로의 활성화 에너지 차이 등에 중점을 두고 기술할 예정이다.

프로페인 및 2-메틸프로페인의 라디칼 염소화 반응과 브로민화 반응을 비교하면 라디칼 브로민화 반응의 위치 선택성이 훨씬 좋은 것을 알 수 있다. 이것은 라디칼 브로민화 반응이 유기 합성의 관점에서 더 유용한 반응이라는 것을 의미하는 것이다.

$$CH_4 + Br_2 \xrightarrow[\text{또는 } h\nu]{120°C} CH_3Br + HBr$$

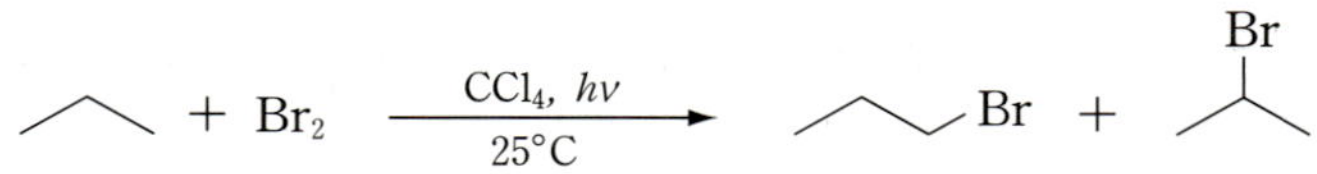

(8 : 92)

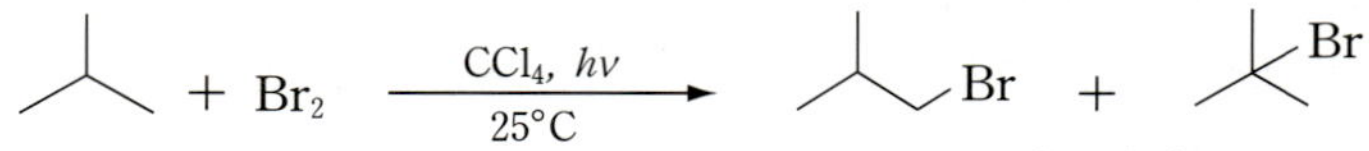

(1 : 99)

2-메틸프로페인 및 브로민 액체 혼합물에 빛을 조사하면 1-브로모-2-메틸프로페인($\mathbf{Z_1}$)과 2-브로모-2-메틸프로페인($\mathbf{Z_2}$)이 1 : 99의 비율로 얻어진다.

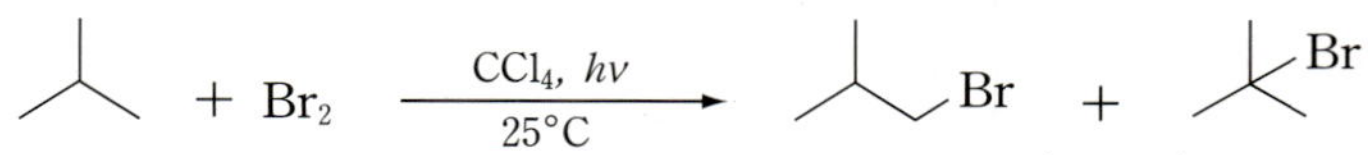

$\mathbf{Z_1}$ (1 : 99) $\mathbf{Z_2}$

이 반응은 라디칼 메커니즘으로 진행된다.

개시 단계는 Br_2 분자가 균일 분해되어 Br• 라디칼을 형성하는 반응으로, $\mathbf{Z_1}$ 및 $\mathbf{Z_2}$를 생성하는 경로에서 중복된다.

$$\text{개시 반응: Br−Br} \longrightarrow 2\text{Br}\cdot \qquad \Delta H° = 46 \text{ kcal/mol}$$

전파 단계에서 Br• 라디칼은 두 종류의 C−H 수소와 반응할 수 있다.

Br• 라디칼이 1차 탄소의 C−H와 반응하면 H−Br과 1차 탄소 라디칼 중간체($\mathbf{J_1}$)가 생기고, 계속해서 $\mathbf{J_1}$이 Br_2와 반응하여 생성물 $\mathbf{Z_1}$을 제공함과 동시에 Br• 라디칼이 다시 생성된다(경로 1). 첫 번째 반응에서는 1차 C−H 결합이 끊어지고 H−Br 결합이 생성되므로 12 kcal/mol의 에너지가 흡수된다(흡열 반응). 두 번째 반응에서는 Br−Br 결합이 끊어지고 1차 C−Br 결합이 생성되므로 22 kcal/mol의 에너지가 방출된다(발열 반응). 이러한 정보를 종합하면 경로 1에서 속도 결정 단계는 첫 번째 반응이고, 전체적으로 10 kcal/mol의 에너지를 방출하는 발열 반응이다.

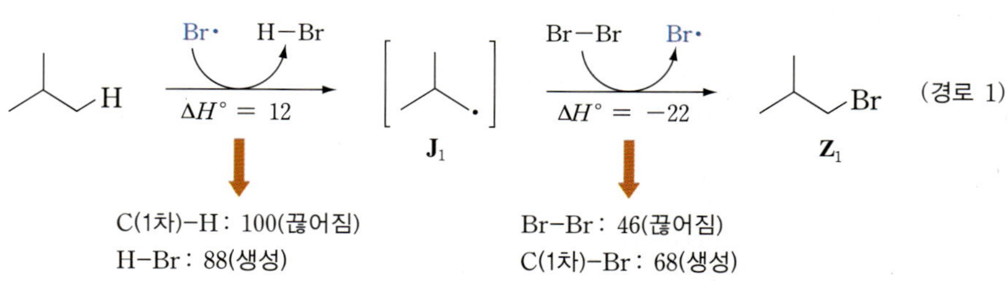

Br· 라디칼이 3차 탄소의 C−H와 반응하면 H−Br과 3차 탄소 라디칼 중간체(**J_2**)가 생기고, 계속해서 **J_2**가 Br_2와 반응하여 생성물 **Z_2**를 제공함과 동시에 Br· 라디칼이 다시 생성된다(경로 2). 첫 번째 반응에서는 3차 C−H 결합이 끊어지고 H−Br 결합이 생성되기 때문에 5 kcal/mol의 에너지가 흡수된다(흡열 반응). 두 번째 반응에서는 Br−Br 결합이 끊어지고 3차 C−Br 결합이 생성되므로 17 kcal/mol의 에너지가 방출된다(발열 반응). 이러한 정보를 종합하면 경로 2에서 속도 결정 단계는 첫 번째 반응이고, 전체적으로 12 kcal/mol의 에너지를 방출하는 발열 반응이다.

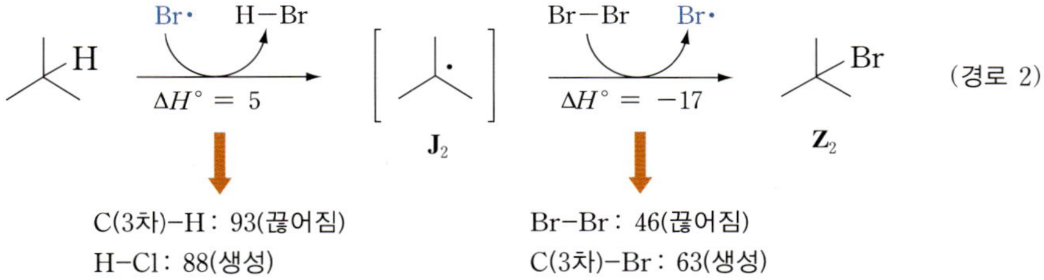

지금까지는 반응 메커니즘과 각 반응에서의 엔탈피 변화를 중심으로 알아보았다. 이제는 반응 속도론적 관점에서 1차 및 3차 C−H 결합의 상대적인 반응성과 전이 상태의 에너지 차이에 대하여 생각해 보자.

위 반응에서 생성물의 비율은 **Z_1** : **Z_2** = 1 : 99이다. 그러나, **Z_1**은 아홉 개의 1차 C−H 결합 중에서 하나가 반응하면 생성되고, **Z_2**는 유일하게 존재하는 한 개의 3차 C−H 결합이 반응해야 얻을 수 있다. 따라서 3차 및 1차 C−H 결합의 상대적인 반응성은 아래의 계산식에 따라서 3차 C−H 수소가 1차 C−H 수소의 약 900배임을 알 수 있다. 이것은 라디칼 염소화 반응의 경우에 3차 C−H 수소의 반응성이 1차 C−H 수소보다 다섯 배라는 것과 비교하면 위치 선택성이 약 20배 정도 증가한 것이다.

$$\frac{\text{반응성}_{3\text{차 C−H}}}{\text{반응성}_{1\text{차 C−H}}} = \frac{\left(\frac{99}{1}\right)}{\left(\frac{1}{9}\right)} \approx \frac{891}{1}$$

그리고 1차 및 3차 C−H 결합의 반응성 차이를 Arrhenius 식(속도 상수와 활성화 에너지의 관계식)에 적용하면 아래의 계산 과정을 통해서 경로 1의 활성화 에너지가 경로 2보다 4.0 kcal/mol 더 크다는 것을 알 수 있다.

$$k_1 = Ae^{-\frac{E_a(1)}{RT}}\ (\text{경로 } 1),\quad k_2 = Ae^{-\frac{E_a(2)}{RT}}\ (\text{경로 } 2)$$

$$\rightarrow \frac{k_2}{k_1} = \frac{Ae^{-\frac{E_a(2)}{RT}}}{Ae^{-\frac{E_a(1)}{RT}}} = e^{-\frac{E_a(2)-E_a(1)}{RT}}$$

$$\rightarrow \ln\left(\frac{k_2}{k_1}\right) = -\frac{E_a(2) - E_a(1)}{RT}$$

$$\rightarrow E_a(1) - E_a(2) = RT\ln\left(\frac{k_2}{k_1}\right)$$

$$= (8.3136\ \text{J/mol}\cdot\text{K})(298\ \text{K})\ln\left(\frac{897}{1}\right) \approx 4.0\ \text{kcal/mol}$$

아래의 에너지 도표는 2-메틸프로페인에서 생성물 $\mathbf{Z_1}$과 $\mathbf{Z_2}$를 제공하는 지금까지의 모든 정보들을 종합적으로 정리한 결과물이다. 여기에서는 반응 속도 결정 단계에서 생성 물질의 에너지 차이($\Delta\Delta H$)는 7 kcal/mol이지만 전이 상태의 에너지 차이($\Delta\Delta H^{\ddagger}$)는 4.0 kcal/mol로서 $\Delta\Delta H$의 57% 정도가 $\Delta\Delta H^{\ddagger}$에 반영되고 있다.

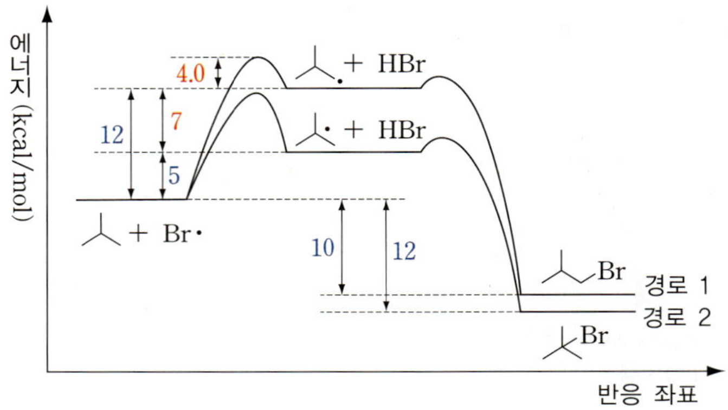

그림 3-28 2-메틸프로페인에서 라디칼 브로민화 반응의 에너지 도표

예제 3.12

프로페인의 라디칼 브로민화 반응을 진행하면 1-브로모프로페인과 2-브로모프로페인이 8 : 92의 비율로 얻어진다. 1차 C—H 수소와 2차 C—H 수소의 상대적인 반응성을 계산하시오.

풀이

반응에서 1-브로모프로페인은 여섯 개의 1차 C—H 결합 중에서 하나가 반응한 것이고, 2-브로모프로페인은 두 개의 2차 C—H 결합 중에서 하나가 반응한 것이므로, 상대적인 반응성은 아래의 계산에 의하여 2차 C—H 수소가 1차 C—H 수소의 약 35배가 된다.

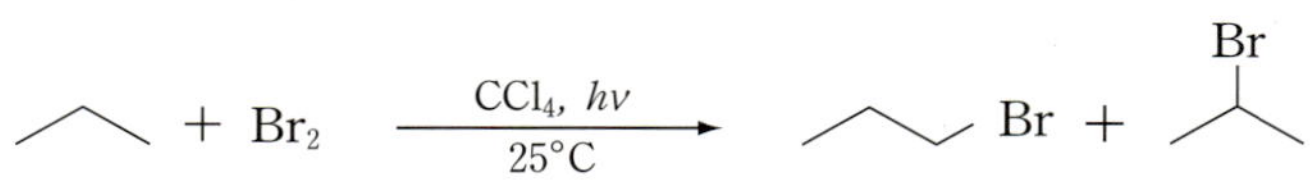

(8 : 92)

$$\frac{\text{반응성}_{2\text{차 C—H}}}{\text{반응성}_{1\text{차 C—H}}} = \frac{\left(\frac{92}{2}\right)}{\left(\frac{8}{6}\right)} \approx \frac{35}{1}$$

3.12.4 라디칼 염소화 반응 및 라디칼 브로민화 반응의 반응성 비교

아래의 그림은 알케인에서 라디칼 할로젠화 반응의 메커니즘을 일반화한 것으로, 전파 단계에서의 첫 번째 반응인 X· 라디칼과 C—H 수소의 반응이 반응 속도 결정 단계이다.

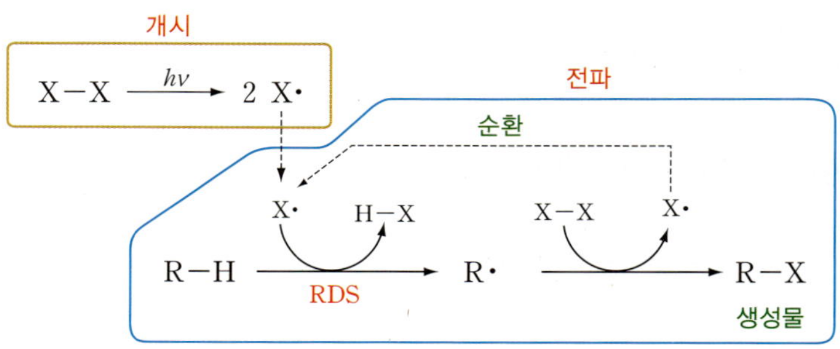

그리고 프로페인과 2-메틸프로페인의 라디칼 할로겐화 반응 결과를 이용하여 1차, 2차 및 3차 C−H 수소의 상대적인 반응성을 정리하였다(3.12.2절 및 3.12.3절). 이에 의하면 라디칼 브로민화 반응에서 C−H 수소의 반응성 차이가 훨씬 큰 것으로 나오는데, 이제부터는 이러한 현상을 어떻게 설명하는가에 대하여 알아보기로 한다.

표 3-7 라디칼 할로젠화 반응에서 C−H 결합의 반응성

구조	RCH_2−H(1차)	R_2CH−H(2차)	R_3C−H(3차)
라디칼 염소화 반응	1	4	5
라디칼 브로민화 반응	1	35	890

라디칼 염소화 반응의 출발 물질로 2-메틸프로페인을 사용하는 경우에는 속도 결정 단계의 반응이 발열 반응이었다. Hammond 가설(2.8.3절)에서는 발열 반응의 전이 상태는 에너지가 같은 출발 물질의 구조적인 특성은 많고, 에너지가 다른 생성 물질의 구조적인 특성은 작을 것이라고 예상한다. 이것은 반응 속도 결정 단계에서 생성 물질의 에너지 차이($\Delta\Delta H$)는 7 kcal/mol이지만 전이 상태의 에너지 차이($\Delta\Delta H^{\ddagger}$)는 0.95 kcal/mol로서, $\Delta\Delta H$의 14% 정도만 $\Delta\Delta H^{\ddagger}$에 반영되는 것과 일치한다. 라디칼 염소화 반응의 출발 물질로 프로페인을 사용하는 경우에도 동일한 방법을 사용하여 설명할 수 있다.

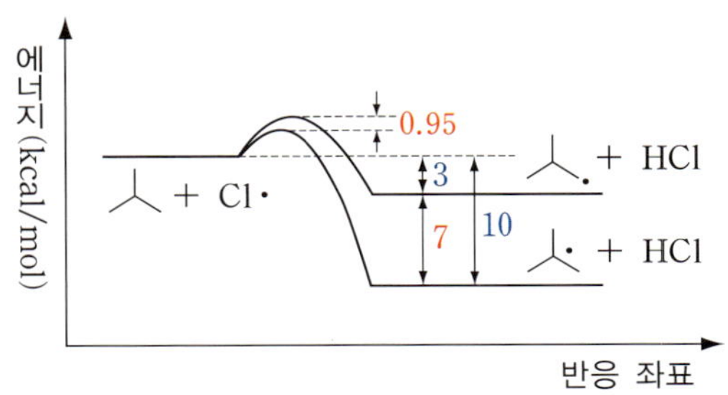

그림 3-29 2-메틸프로페인의 라디칼 염소화 반응에서 반응 속도 결정 단계의 에너지 도표

라디칼 브로민화 반응의 출발 물질로 2-메틸프로페인을 사용하는 경우에는 속도 결정 단계의 반응이 흡열 반응이었다. Hammond 가설(2.8.3절)에서는 흡열 반응의 전이 상태는 에너지가 같은 출발 물질의 구조적인 특성은 적고, 에너지가 다른 생성 물질의 구조적인 특성은 클 것이라고 예상한다. 이것은 반응 속도 결정 단계에서 생성 물질의 에너지 차이($\Delta\Delta H$)는 7 kcal/mol이지만 전이 상태의 에너지 차이($\Delta\Delta H^{\ddagger}$)는 4.0 kcal/mol로서, $\Delta\Delta H$의 57% 정도가 $\Delta\Delta H^{\ddagger}$에 반영되는 것과 일치한다. 라디칼 브로민화 반응의 출발 물질로 프로페인을 사용하는 경우에도 동일한 방법을 사용하여 설명할 수 있다.

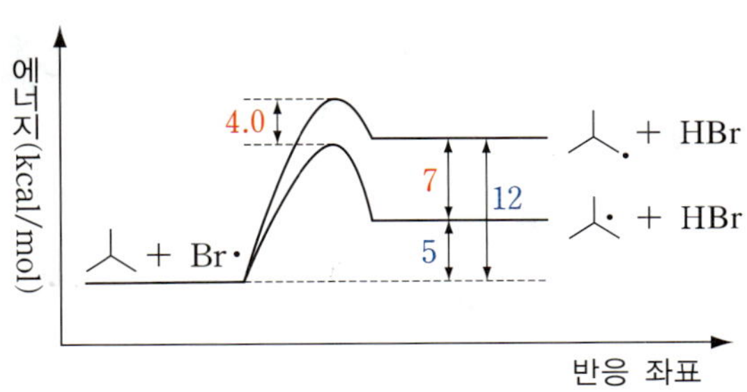

그림 3-30 2-메틸프로페인의 라디칼 브로민화 반응에서 반응 속도 결정 단계의 에너지 도표

Hammond 가설에 의하면 "비슷한 반응이 경쟁적으로 진행"하는 경우에 더 안정한 중간체가 불안정한 중간체보다 빨리 생성된다. 이러한 예측이 항상 맞는 것은 아니지만 많은 실험에 적용할 수 있기 때문에 유용하게 사용되고 있다.

3.12.5 라디칼 플루오린화 반응 및 라디칼 아이오딘화 반응

지금까지는 알케인의 라디칼 염소화 반응 및 브로민화 반응에 대하여 상세하게 기술하였다. 염소(Cl)와 브로민(Br)은 17족에 속하는 원소로서, 17족에는 이 외에도 플루오린(F)과 아이오딘(I)이 있다. 여기에서는 이들의 라디칼 반응에 대하여 알아보기로 한다.

알케인의 라디칼 플루오린화 반응 및 아이오딘화 반응은 라디칼 염소화 반응 및 브로민화 반응과 동일한 메커니즘으로 진행되고, 속도 결정 단계도 전파 단계의 첫 번째 반응으로 같다.

출발 물질로 메테인을 사용하는 경우에 속도 결정 단계에서의 반응식 및 엔탈피 변화를 아래에 정리하였다. 아래의 식에서 발견할 수 있는 경향성은 주기율표에서 아래로 내려갈수록 발열 반응성이 감소하고 흡열 반응성이 증가한다는 것이다. 이것은 반응의 활성화 에너지 증가로 이어져서 반응 속도가 감소하는 결과를 가져온다. 실제로 라디칼 플루오린화 반응은 속도를 제어하기 어려울 정도로 반응이 매우 빠르게 진행되고, 라디칼 염소화 반응은 속도는 빠르지만 위치 선택성이 낮으며, 라디칼 브로민화 반응은 반응 속도 및 위치 선택성이 모두 좋아서 유기 합성에 적합한 반응이다. 반면에 라디칼 아이오딘화 반응은 반응 속도가 너무 느려서 많이 이용되지 않는다.

$$CH_4 + \cdot F \longrightarrow CH_3\cdot + H{-}F \qquad \Delta H^\circ = -68 \text{ kcal/mol}$$

$$CH_4 + \cdot Cl \longrightarrow CH_3\cdot + H{-}Cl \qquad \Delta H^\circ = -2 \text{ kcal/mol}$$

$$CH_4 + \cdot Br \longrightarrow CH_3\cdot + H{-}Br \qquad \Delta H^\circ = +19 \text{ kcal/mol}$$

$$CH_4 + \cdot I \longrightarrow CH_3\cdot + H{-}I \qquad \Delta H^\circ = +35 \text{ kcal/mol}$$

3.13 요약

유기 화합물은 이론적으로 구조가 무한하기 때문에 이들을 체계적으로 분류하는 것은 매우 중요하다(3.1절). 유기 화합물을 분류하는 방법에는 여러 가지가 있는데, 이 중에서 분자 골격을 중심으로 비고리 화합물 및 고리 화합물로 분류하거나 또는 작용기를 중심으로 지방족 화합물 및 방향족 화합물로 구분하는 방법을 많이 사용한다.

탄화수소는 탄소와 수소로만 구성된 유기 화합물로서, 포화 탄화수소 및 불포화 탄화수소로 크게 구분한다(3.2절). 불포화 탄화수소는 탄소–탄소 이중 결합 또는 삼중 결합이 한 개 이상 있는 물질로서, C=C 이중 결합이 있으면 알켄, C≡C 삼중 결합이 있으면 알카인, 벤젠과 같은 방향족 구조가 있으면 아렌이라고 한다.

비고리 포화 탄화수소의 명명은 기본적인 몇 가지 규칙을 따라서 결정한다(3.3절). 핵심적인 내용을 정리하면 이름은 [접두사–기본명–접미사]의 기본 구조를 갖고, 접미사는 우선 순위가 가장 높은 작용기의 이름 및 위치, 기본명은 우선 순위가 가장 높은 작용기를 포함하는 가장 긴 탄소 사슬의 탄소 수, 접두사는 모체 사슬에 연결된 치환체의 종류 및 위치에 대한 정보를 제공한다.

분자를 구성하는 원자의 종류 및 수는 동일하지만 구조 또는 배열이 서로 다른 분자들을 이성질체라고 한다(3.6절). 이성질체는 서로 다른 화합물이기 때문에 물리적 및 화학적 성질이 다른 것이 기본이다. 이성질체는 구조 이성질체와 입체 이성질체로 구분한다. 구조 이성질체는 원자들의 연결 순서가 다른 물질이고, 입체 이성질체는 원자들의 연결 순서는 같지만 3차원 배열이 다른 물질이다. 입체 이성질체는 단일 결합의 회전에 의하여 동일한 화합물이 되는 형태 이성질체와 상대적인 위치가 다르기 때문에 구별되는 배위 이성질체로 세분한다.

3.7절에서는 형태 이성질체를 표현하기 위해서 공–막대 구조, 톱질대 구조, 쐐기 구조, 뉴만 투영도 등을 소개하였다. 이와 함께 이면각, 엇갈린 형태 및 가려진 형태, 고쉬 및 안티, 이면각에 따른 에너지 변화, 무리 에너지(비틀림 무리, 입체 무리, 각 무리), 평형 상태에서의 상대적인 비율 등을 설명하였다.

사이클로알케인(3.8절)에서는 고리의 크기와 관련하여 고리 무리의 개념을 도입하였고, 사이클로헥세인을 고리 무리가 없는 기준 물질로 선정한 후 타 고리 화합물들의 고리 무리를 두 가지 방법으로 각각 계산하였다. $n=3\sim5$인 사이클로알케인의 3차원 구조를 보면 사이클로프로페인은 굽은 결합을 통해서 평면 구조를 갖고, 사이클로뷰테인은 꺾인 고리 구조를 하며, 사이클로펜테인은 봉투 형태의 구조를 갖는다(3.10절).

사이클로헥세인에서 가장 안정한 구조는 의자 형태이다(3.11.1절). 의자 형태는 C−H 결합이 모두 엇갈린 형태를 하고, C−C−C 결합각이 모두 109°에 근접하기 때문에 고리 무리가 없는 기준 물질로 사용된다. 의자 형태에서 수소는 가상적인 유사 평면에 수직으로 있는 수직 방향 수소와 가상적인 유사 평면에 있는 수평 방향 수소로 구분된다. 탄소 원자는 수평 방향 및 수직 방향 수소를 각각 한 개씩 보유하는데, 가상적인 유사 평면을 기준으로 항상 트랜스 관계에 있다. 의자 형태에서 시계 방향 또는 시계 반대 방향으로 탄소 고리를 따라서 이동하면 수평 방향 수소들의 상대적인 위치는 가상적인 유사 평면을 기준으로 위 → 아래 → 위 ··· 등의 순서로 변한다. 고리 뒤집힘이 일어나면 수평 방향 수소는 수직 방향 수소가 되고, 수직 방향 수소는 수평 방향 수소가 된다. 또한 가상적인 유사 평면의 위쪽에 있던 수소는 계속해서 위쪽에 있고, 가상적인 유사 평면의 아래쪽에 있던 수소는 계속해서 아래쪽에 위치한다. 단치환 사이클로헥세인 화합물에서는 수평 및 수직 방향 치환체에서 발생하는 입체 장애 및 무리 에너지의 차이에 대하여 상세한 설명이 있었고, 이것을 이치환 사이클로헥세인에 확장할 수 있음을 보였다.

알케인의 반응에서 연소 반응 및 열분해 반응을 제외하면 라디칼 할로젠화 반응만이 합성적으로 의미가 있다(3.12절). 프로페인의 라디칼 염소화 반응, 라디칼 브로민화 반응, 반응 메커니즘, 결합 에너지, C−H 결합의 반응성, Arrhenius 식(속도 상수와 활성화 에너지의 관계식) 등을 활용하여 두 반응의 공통점과 차이점을 기술하였고, Hammond 가설을 적용하여 이러한 결과를 합리적으로 설명하였다. 결과적으로 라디칼 브로민화 반응이 라디칼 염소화 반응보다 위치 선택성이 우수한데, 그 원인을 반응 속도 결정 단계에서 라디칼 염소화 반응은 발열 반응이고 라디칼 브로민화 반응은 흡열 반응이라는 사실에 근거하여 설명하였다.

연습 문제

1. 아래의 화합물에서 작용기를 명시하고 해당하는 이름을 쓰시오.

(a) 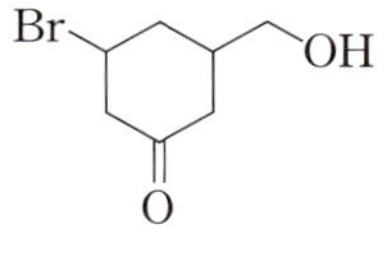

(b) 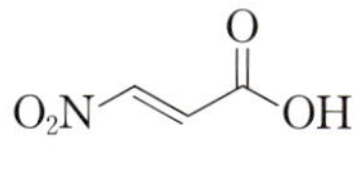

(c) 

(d) 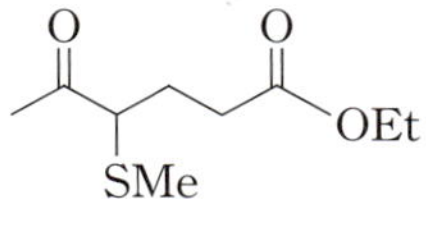

(e) 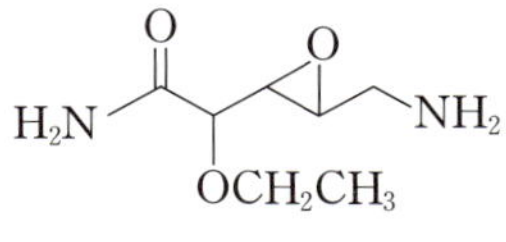

2. 아래의 두 화합물에서 각각의 탄소 원자들의 혼성 오비탈을 쓰시오.

(a) 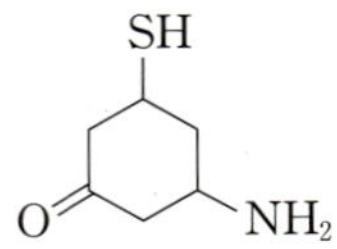

(b) 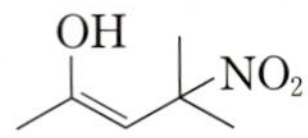

3. C−OH 결합이 있는 화합물을 알코올(alcohol)이라고 한다. 아래의 화합물들은 $C_5H_{12}O$의 구조 이성질체로서 각각의 화합물을 1차~3차 알코올로 구분하시오.

(a) 

(b) 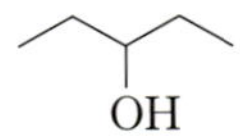

(c) 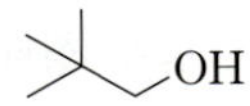

(d) 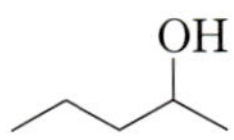

(e) 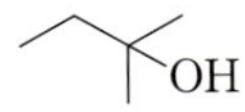

(f) 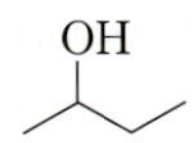

4. 화합물과 IUPAC 명명법이 일치하지 않는 경우에 올바른 이름을 쓰시오.

(a) 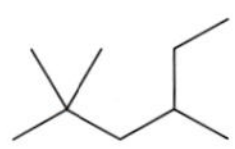 2,2-dimethyl-4-ethylpentane

(b) 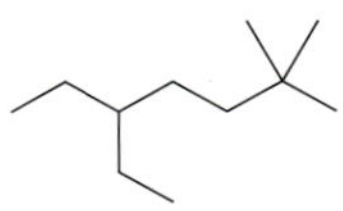 3-ethyl-6,6-dimethylheptane

(c) 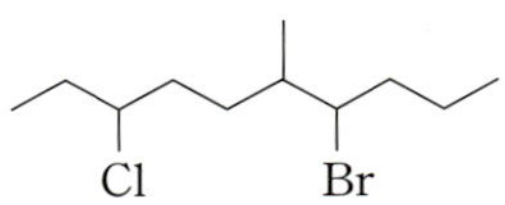 7-bromo-3-chloro-6-methyldecane

(d) 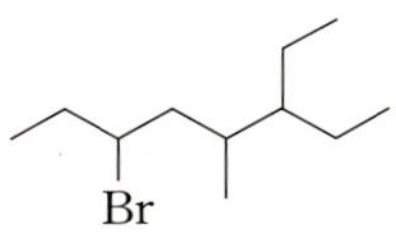 3-bromo-6-ethyl-5-methyloctane

5. 아래의 화합물을 명명하시오.

(a) 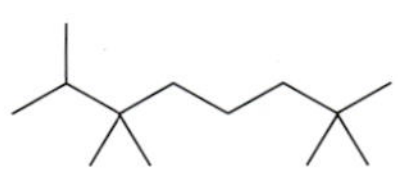

(b) 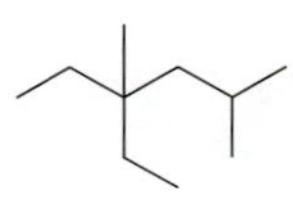

(c) 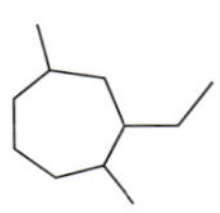

(d) 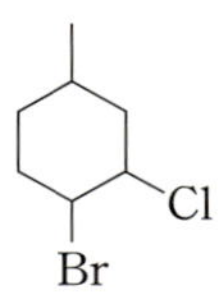

6. 탄소가 일곱 개인 사슬형 탄화수소 화합물에서는 아홉 개의 구조 이성질체가 존재한다. 각각의 구조를 그리시오.

7. $C_5H_{11}Br$의 화학식을 갖는 구조 이성질체를 모두 그리시오.

8. 아래의 화합물에서 C_2-C_3 탄소를 중심으로 회전을 할 때 필요한 최소 에너지를 구하시오.

(a) 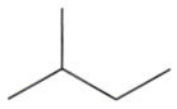 (b) 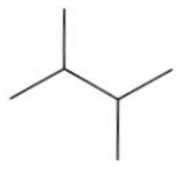 (c) 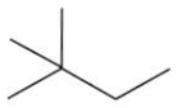 (d) 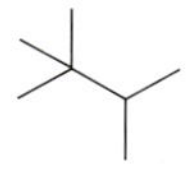

9. 사이클로헵테인의 구조식은 $(CH_2)_7$이고, 표준 생성 엔탈피 값은 −28.2 kcal/mol이다. [고리 무리가 없는 CH_2] 단위체의 표준 생성 엔탈피 값이 −4.92 kcal/mol일 때 사이클로헵테인의 고리 무리 에너지를 계산하시오.

10. 아래의 화합물들이 이성질체인가를 판단하시오. 만약 이성질체 관계에 있다면 세부적으로 어떠한 관계(구조 이성질체, 형태 이성질체, 배위 이성질체)에 있는가를 명시하시오.

11. 아래의 화합물에서 가능한 이성질체를 모두 그리시오.

(a) dichlorocyclohexane

(b) 1,4-dimethylcyclohexane

12. 아래의 화합물에서 가장 안정한 형태의 3차원 구조를 그리시오.

(a) *cis*-1-methyl-3-propylcyclohexane

(b) *trans*-1-bromo-2-methylcyclohexane

(c) *cis*-1, 2, 4-trimethylcyclohexane

(b) *D*-glucose

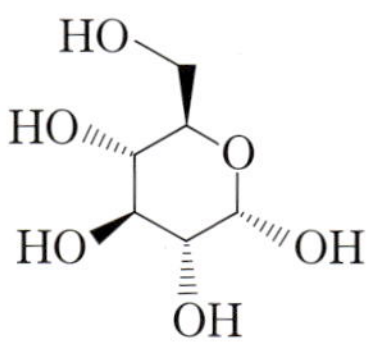

(e) (−)-Menthol

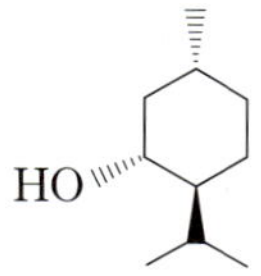

13. 아래의 화합물에서 표준 연소 반응열이 더 큰 화합물을 선택하고 그 이유를 쓰시오.

(a) 2-methylpropane vs. *n*-butane

(b) *cis*-1,4-dimethylcyclohexane vs. *trans*-1,4-dimethylcyclohexane

14. 시스-1,3-다이메틸사이클로헥세인 **I**가 고리 뒤집힘을 하면 **J**가 된다. 상온의 평형 상태에서 **I**:**J**의 비율을 계산하시오.

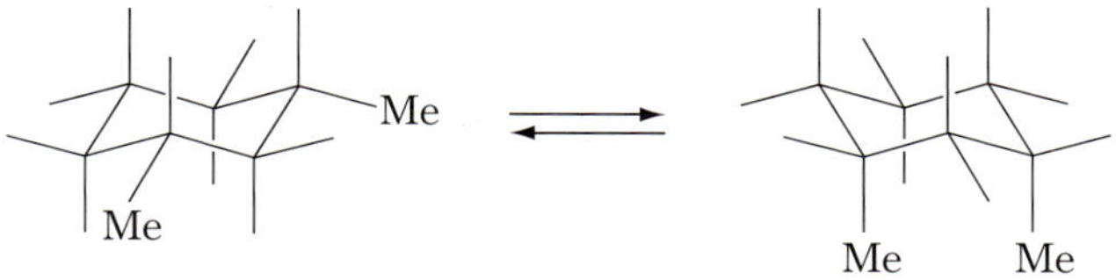

I **J**

15. 시스 및 트랜스-1,3-다이메틸사이클로헥세인의 가장 안정한 형태를 기준으로 열역학적 에너지의 차이를 구하시오.

4 장

알켄

4.1 서론

4.1.1 알켄의 종류

탄소−탄소 이중 결합(double bond)이 있는 유기 화합물을 **알켄(alkene)**, 탄소−탄소 삼중 결합(triple bond)이 있는 유기 화합물을 **알카인(alkyne)**이라 부른다. 그리고 다중 결합(이중 결합 및 삼중 결합)이 연속적으로 존재하는 구조를 **연이은 다중 결합(cumulated multiple bond)**, 다중 결합과 단일 결합이 차례로 교차하는 구조를 **콘쥬게이션 다중 결합(conjugated multiple bond)**, 다중 결합 사이에 두 개 이상의 단일 결합이 있는 구조를 **고립 다중 결합(isolated multiple bond)**이라고 한다.

연이은 다중 결합	콘쥬게이션 다중 결합	고립 다중 결합 ($n = 1, 2, \cdots$)
$C=C=C$	$C=C-C=C$	$C=C-C_n-C=C$
$C=C=C=C$	$C\equiv C-C=C$	$C\equiv C-C_n-C=C$
	$C\equiv C-C\equiv C$	$C\equiv C-C_n-C\equiv C$

탄소−탄소 이중 결합은 최대 네 개의 서로 다른 치환체를 가질 수 있다. 이때 알킬기의 수에 따라서 일치환(monosubstitution), 이치환(disubstitution), 삼치환(trisubstitution), 사치환(tetrasubstitution) 이중 결합으로 구분한다.

일치환 이중 결합: 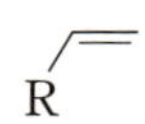

이치환 이중 결합: 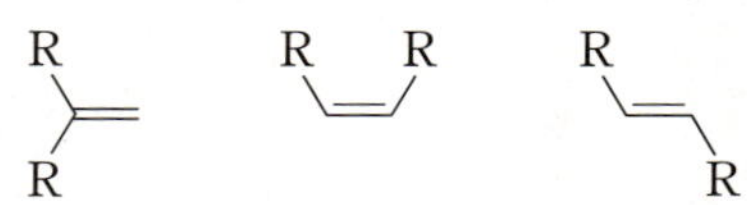

삼치환 이중 결합: 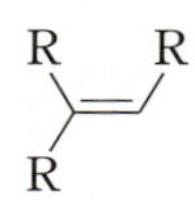

사치환 이중 결합: 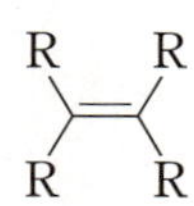

예제 4.1

아래의 화합물에 존재하는 이중 결합을 (a) 연이은 이중 결합, 콘쥬게이션 이중 결합, 고립 이중 결합, 그리고 (b) 단치환, 이치환, 삼치환, 사치환 이중 결합으로 구분하시오.

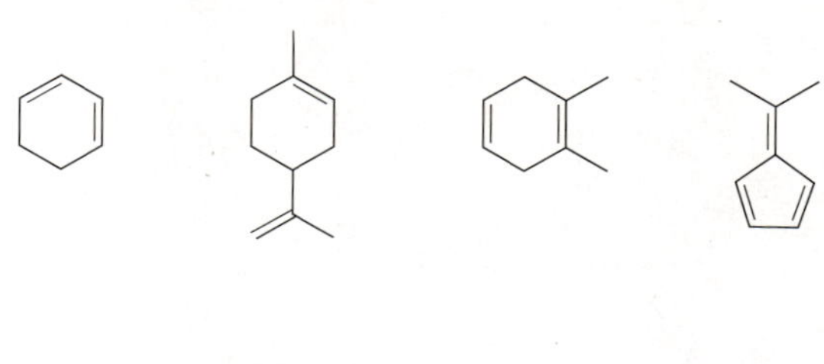

풀이

화합물		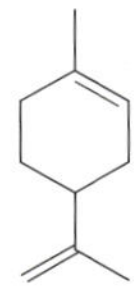	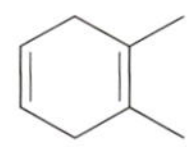	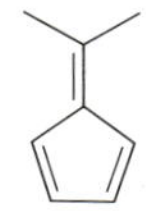
기본 구분	콘쥬게이션	고립	고립	콘쥬게이션
치환체 수	이치환	삼치환 이치환	사치환 이치환	사치환 이치환

4.1.2 수소 결핍 지수

비고리 포화 탄화수소는 탄소가 수용할 수 있는 최대한의 수소 원자를 갖는다(C_nH_{2n+2}). 그리고 비고리 포화 탄화수소에 고리, 이중 결합, 삼중 결합, 또는 탄소를 제외한 다른 원자(O, N, 할로젠 등)를 도입하면 수소 원자의 수는 아래의 규칙에 따라서 변한다. 단, 이 규칙은 "수소, 탄소, 질소, 산소, 할로젠 원자는 각각 한 개, 네 개, 세 개, 두 개, 한 개의 공유 결합을 한다." 는 개념을 응용하면 외우지 않고도 쉽게 이해할 수 있다.

① 비고리 포화 탄화수소는 C_nH_{2n+2}의 일반식을 갖는다.
② 이중 결합 또는 고리가 한 개 생길 때마다 수소는 두 개씩 감소한다.
③ 삼중 결합이 한 개 생길 때마다 수소는 네 개씩 감소한다.
④ 산소가 있으면 수소 수는 일정하고, 질소가 있으면 수소 수는 질소 수만큼 증가하며, 할로젠이 있으면 수소 수는 할로젠 수만큼 감소한다.

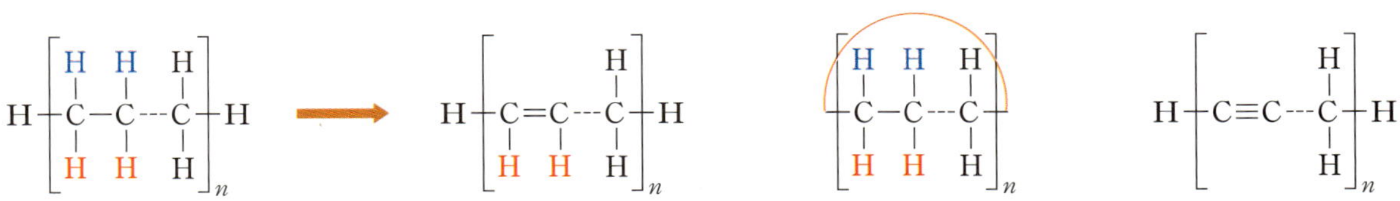

C_nH_{2n+2} (사슬형 포화 탄화수소) | C_nH_{2n}(이중 결합) (2개 감소) | C_nH_{2n}(고리 형성) (2개 감소) | C_nH_{2n-2}(삼중 결합) (4개 감소)

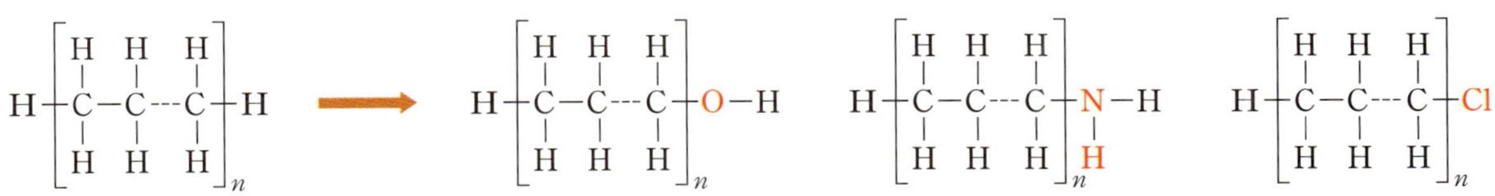

C_nH_{2n+2} (사슬형 포화 탄화수소) | $C_nH_{2n+2}O$ (수소 수 일정) | $C_nH_{2n+3}N$ (수소 수 1개 증가) | $C_nH_{2n+1}Cl$ (수소 수 1개 감소)

탄소, 수소, 산소, 질소, 할로젠 등으로 구성된 유기 화합물이 최대로 수용할 수 있는 수소 원자 수에서 화합물의 수소 원자 수를 뺀 후, 그 값을 2로 나눈 값을 **수소 결핍 지수**(**index of hydrogen deficiency, IHD**)라고 한다.

$$\text{IHD} = \frac{(2n+2) + ④\text{에 의한 수정} - \text{분자 내 수소 원자 수}}{2}$$

화합물에서 IHD 값을 계산하는 예를 몇 개 들면 다음과 같다.

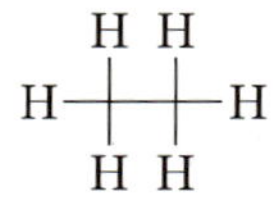

$$\text{IHD} = \frac{(2\times 2+2)+0-6}{2} = 0$$

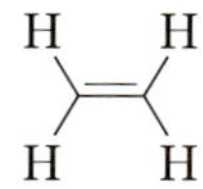

$$\text{IHD} = \frac{(2\times 2+2)+0-4}{2} = 1$$

$$\text{IHD} = \frac{(2\times 2+2)+0-2}{2} = 2$$

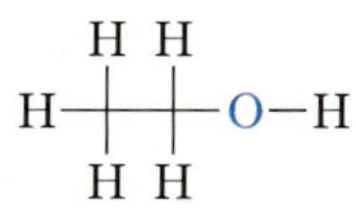

$$\text{IHD} = \frac{(2\times 2+2)+0-6}{2} = 0$$

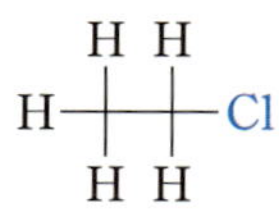

$$\text{IHD} = \frac{(2\times 2+2)-1-5}{2} = 0$$

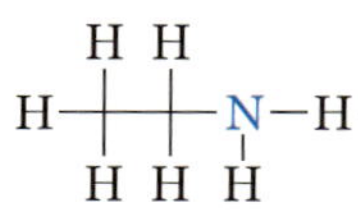

$$\text{IHD} = \frac{(2\times 2+2)+1-7}{2} = 0$$

그림 4-1 화합물의 수소 결핍 지수

수소 결핍 지수는 고리, 이중 결합, 삼중 결합의 수 등 분자 구조에 대한 기초적인 정보를 제공하기 때문에 구조 분석에 있어서 매우 유용하게 사용된다.

화합물 C_3H_4의 가능한 구조를 생각해 보자. 이 화합물의 IHD 값은 2이므로 이론적으로 삼중 결합 한 개, 이중 결합 두 개, 고리 두 개, (이중 결합 한 개+고리 한 개) 등의 네 가지 상황이 가능하지만, 탄소 원자가 총 세 개이므로 고리가 두 개인 구조는 이론적으로 불가능하다.

$$\text{IHD} = \frac{(2\times 3+2)+0-4}{2} = 2$$

가능한 구조: $H-C\equiv C-CH_3$ $H_2C=C=CH_2$ 

예제 4.2

아래의 분자식을 갖는 화합물의 수소 결핍 지수를 계산하시오.

(a) C_8H_{14} (b) C_6H_5N (c) $C_8H_{15}Cl$

풀이

(a) C_8H_{14}: $\text{IHD} = \dfrac{(2\times 8+2)+0-14}{2} = 2$

(b) C_6H_5N: $\text{IHD} = \dfrac{(2\times 6+2)+1-5}{2} = 5$

(c) $C_8H_{15}Cl$: $\text{IHD} = \dfrac{(2\times 8+2)-1-15}{2} = 1$

4.2 구조

4.2.1 이중 결합

에텐(ethene)에서 각각의 탄소 원자는 세 개의 sp^2 혼성 오비탈과 한 개의 p 오비탈을 형성한다(1.7.4절). 그리고 세 개의 sp^2 혼성 오비탈 중에서 두 개는 수소의 1s 오비탈과 σ-결합을 하고, 나머지 한 개는 인접한 탄소의 sp^2 혼성 오비탈과 σ-결합을 형성하며, 평면의 σ-골격에 수직으로 있는 탄소의 p 오비탈은 인접한 탄소의 p 오비탈과 중첩하여 π-결합을 형성한다.

C=C 이중 결합은 결합 길이는 1.34 Å로서 단일 결합(1.54 Å)보다 짧고, 결합 에너지는 146 kcal/mol로서 단일 결합(90 kcal/mol)보다 크다. 그리고 이중 결합은 σ-결합 및 π-결합으로 구성되는데, σ-결합 에너지를 90 kcal/mol로 가정하면 π-결합 에너지는 56 kcal/mol이 된다. 즉, π-결합은 σ-결합보다 훨씬 약한 결합이다.

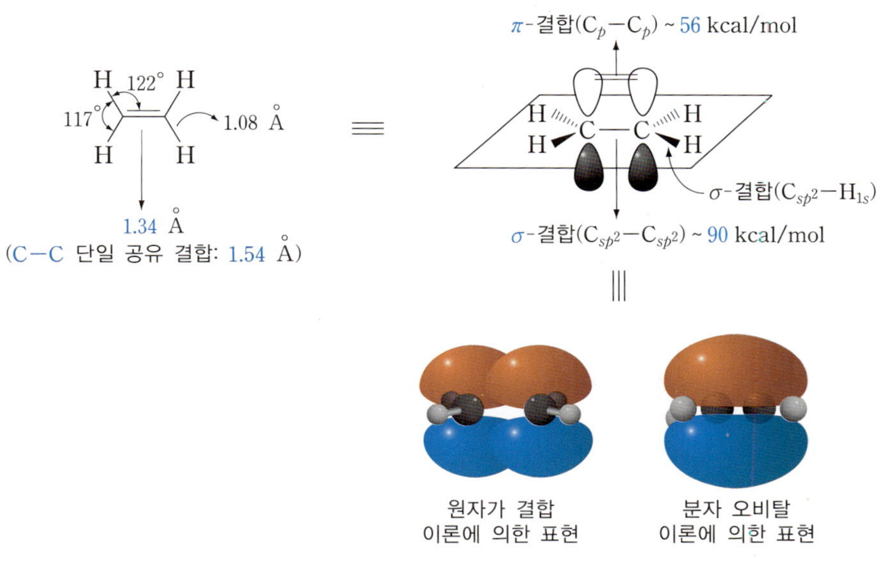

그림 4-2 에텐의 구조 및 결합

화학 반응은 특정 결합이 끊어지고 새로운 결합이 생성됨을 말한다. 화학 결합을 끊기 위해서는 외부에서 에너지를 공급해야 하는데, 강한 공유 결합을 끊으려면 그만큼 더 많은 에너지가 필요하므로 일반적으로 강한 공유 결합은 화학 반응에 잘 참여하지 않는다고 추론할 수 있다. 이러한 추론을 알켄 화합물에 적용하면 우선 π-결합은 σ-결합보다 약하기 때문에 더 쉽게 끊어질 수 있고, 또한 시약이 접근하기도 쉽기 때문에 알켄에서의 반응이 주로 π-결합에서 진행될 것임을 예상할 수 있다. 실제로 알켄의 반응은 이중 결합에서 주로 일어나고, 알켄의 반응성은 알케인보다 훨씬 큰 것으로 관찰된다.

4.2.2 회전 장벽

에텐의 이중 결합은 σ-결합(90 kcal/mol)과 π-결합(56 kcal/mol)으로 구성된다. 그림 4-3에서 에텐의 오른쪽 부분만을 C−C 단일 결합을 축으로 90° 회전시키면 H_1-C-H_2 평면과 H_a-C-H_b 평면의 이면각이 90°가 되면서 *p* 오비탈 사이의 중첩이 불가능한, 즉 π-결합이 끊어진 상태가 된다. 이것은 에텐에서 C=C 이중 결합을 중심으로 회전하려면 56 kcal/mol의 회전 장벽을 극복해야 함을 의미하는 것으로, 상온에서는 56 kcal/mol의 에너지를 공급할 수 없기 때문에 이중 결합은 상온에서 C−C 결합을 축으로 회전이 불가능한 고정된 형태로 존재한다.

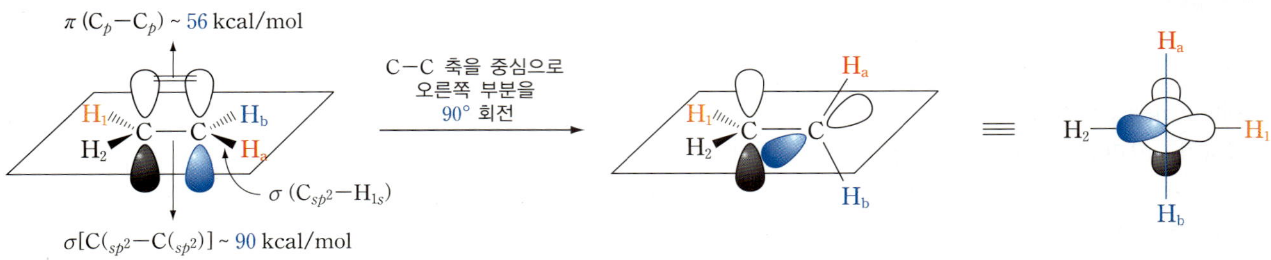

그림 4-3 에텐에서 π-결합의 회전

4.2.3 CIP(Cahn−Ingold−Prelog) 명명법

이중 결합은 상온에서 C−C 결합을 중심으로 회전이 불가능하기 때문에 동일한 분자식을 갖는 경우에도 치환체의 상대적인 위치에 따라서 화합물이 서로 다를 수 있다.

Cahn−Ingold−Prelog 명명법을 적용하는 방법은 아래와 같다.

1. 특정 sp^2 탄소에 연결된 두 치환체에 우선권 ①, ②를 부여한다.
2. 나머지 sp^2 탄소에 연결된 두 치환체에 우선권 ①, ②를 부여한다.
3. π-결합 평면을 기준으로 치환체 ①번이 같은 쪽에 있으면 (*Z*)(*zusammen*, 'together'), 다른 쪽에 있으면 (*E*)(독일어, *entgegen*, 'opposite')로 명명한다.

우선권 ①번, ②번을 부여하는 방법 및 우선 순위는 아래와 같다.

(1) 원자 번호가 클수록 우선권이 있다.
(2) 동위 원소에서는 질량수가 클수록 우선권이 있다.
(3) 고립 전자쌍은 (원자 번호＝0)으로 취급한다(우선권 최하위).

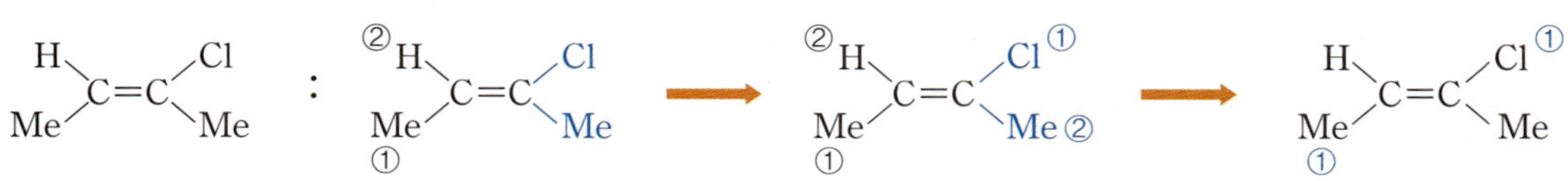

(*E*)

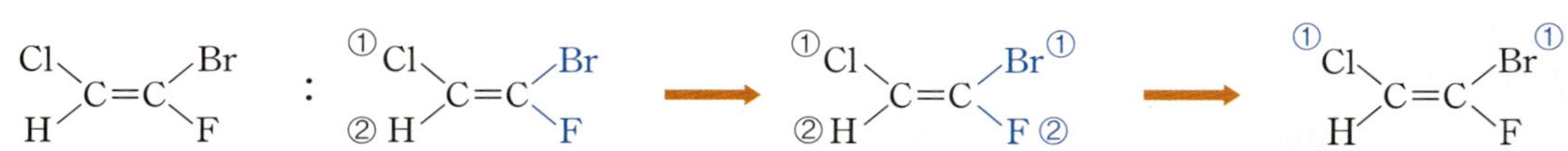

(*Z*)

(4) 치환체의 첫 번째 원자에서 우열을 결정하지 못하면 두 번째 원자로 이동한다. 두 번째 원자에서도 결정할 수 없으면 세 번째, 네 번째 등 우선권이 결정될 때까지 이 과정을 반복한다.

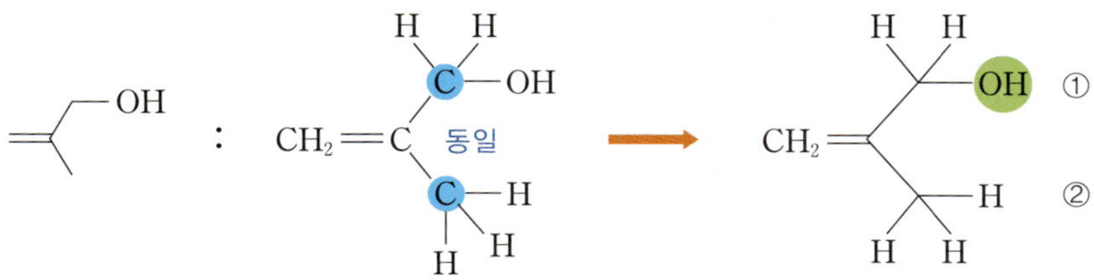

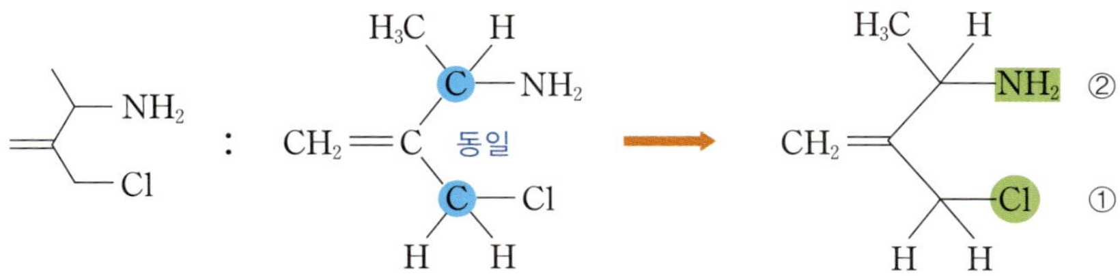

(5) 다중 결합 원자들은 상대방 원자와 동일한 수의 단일 결합을 하는 것으로 간주한다.

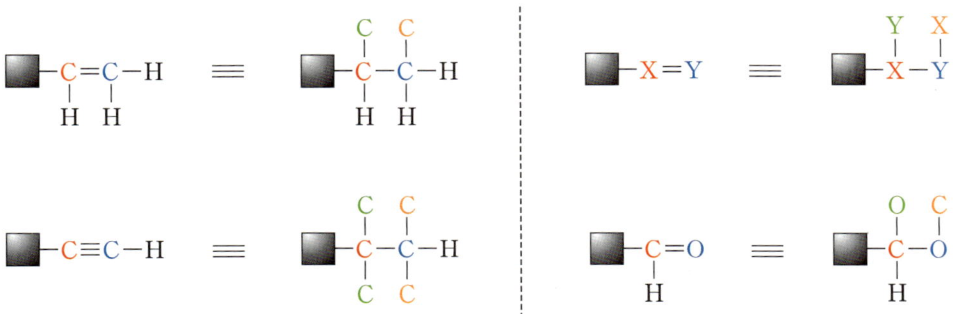

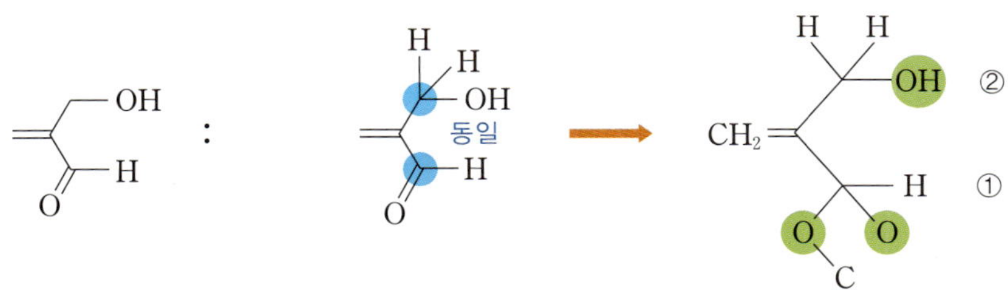

예제 4.3

아래의 알켄에서 (*E*)/(*Z*) 형태를 구분하시오.

(a) 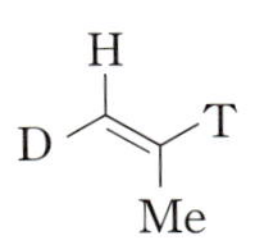

(b) 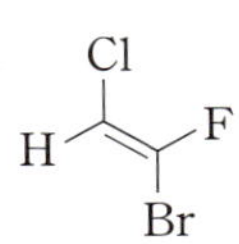

풀이

(a) D와 H는 동위 원소이지만 D의 질량수가 크기 때문에 D에 우선권이 있고, Me와 T에서는 탄소의 원자 번호가 크므로 CH_3에 우선권이 있다. 따라서 이 화합물은 (*Z*)-화합물이다.

(b) Cl과 H, 그리고 Br과 F에서는 원자 번호가 큰 Cl 및 Br에 우선권이 있다. 따라서 이 화합물은 (*E*)-화합물이다.

예제 4.4

Cahn–Ingold–Prelog 명명법에서 우선권이 앞서는 치환체를 판단하시오.

(a) 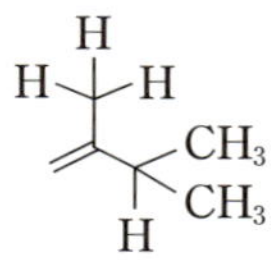

(b) 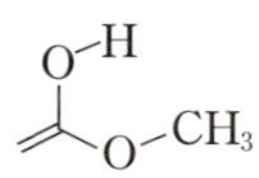

(c) 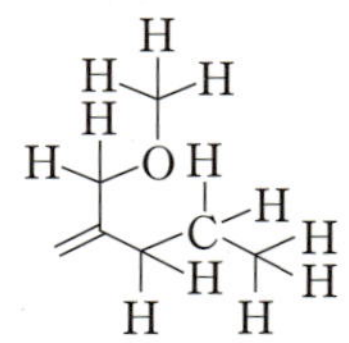

풀이

(a) 첫 번째 치환체는 모두 탄소로서 동일하다. 그러나 이 탄소에 연결된 치환체를 보면 한 탄소는 H, H, H이고, 다른 탄소는 H, C, C로서 후자의 탄소에 우선권이 있다.

(b) 첫 번째 치환체는 모두 산소로서 동일하다. 그러나 이 산소에 연결된 치환체를 보면 한 산소는 H이고, 다른 산소는 C로서 후자의 산소에 우선권이 있다.

(c) 첫 번째 치환체는 모두 탄소로서 동일하다. 그러나 이 탄소에 연결된 치환체를 보면 한 탄소는 H, H, O이고, 다른 탄소는 H, H, C로서 전자의 탄소에 우선권이 있다.

4.3 명명법

IUPAC 명명법에서 화합물 이름은 [접두사–기본명–접미사]로 구성된다. 접미사는 우선 순위가 가장 큰 작용기의 이름 및 위치, 기본명은 우선 순위가 가장 높은 작용기를 포함하는 가장 긴 사슬의 탄소 수, 접두사는 모체 사슬에 연결된 치환체의 종류 및 위치에 대한 정보를 제공한다.

우선 순위가 가장 높은 작용기를 포함하는 가장 긴 탄소 사슬을 기본 사슬 또는 모체 사슬(parent chain)이라 한다.

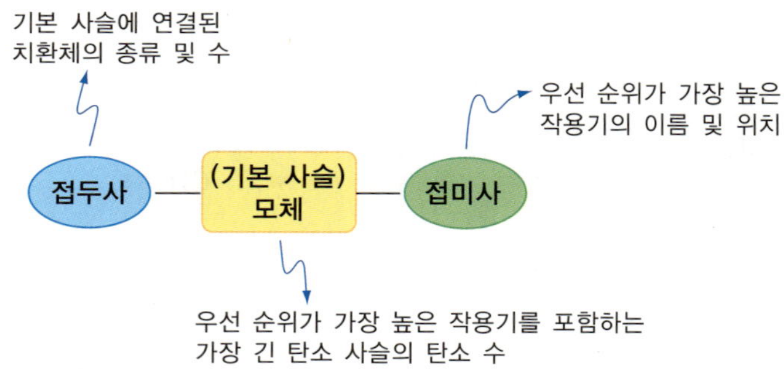

이중 결합을 포함하는 탄화수소의 명명은 기본적으로 알케인에서 사용한 (1)~(4)의 방법(3.3.2절)을 순차로 적용하여 얻을 수 있다. 물론 이중 결합은 알케인보다 우선 순위가 높아서 이에 따르는 약간의 수정이 불가피한데, 여기에서는 중복되는 내용은 생략하고 이중 결합이 존재함으로써 유발되는 내용을 중심으로 기술할 것이다.

[(1) (기본명 및 접미사) (위치 정보가 없음)] 부분에서 유의할 점은 다음과 같다. 우선 이중 결합의 우선 순위가 가장 높으면 알켄(alkene), 삼중 결합의 우선 순위가 가장 높으면 알카인(alkyne), 이중 결합 및 삼중 결합이 동시에 있는 경우에는 알켄아인(alkenyne)으로 명명한다. 그리고 이중 결합의 우선 순위가 가장 높으면 이중 결합을 포함하는 가장 긴 사슬, 삼중 결합의 우선 순위가 가장 높으면 삼중 결합을 포함하는 가장 긴 사슬, 이중 결합 및 삼중 결합이 동시

에 존재하면서 우선 순위가 가장 높으면 이중 결합 및 삼중 결합을 동시에 포함하는 가장 긴 사슬이 모체 사슬이 된다.

표 4-1 이중 결합 및 삼중 결합을 포함하는 화합물의 기본명 및 접미사

이중 결합	삼중 결합	이중/삼중 결합
alkene(알켄)	alkyne(알카인)	
alkadiene(알카다이엔)	alkadiyne(알카다이아인)	alkenyne(알켄아인)
alkatriene(알카트라이엔)	alkatriyne(알카트라이아인)	

[(2) (치환체 번호) 우선 순위가 가장 높은 탄소에 가장 작은 번호를 부여한다.] 부분에서 유의할 점은 다음과 같다. 이중 결합 및 삼중 결합이 동시에 존재하면서 우선 순위도 가장 높은 경우에는 이중 또는 삼중 결합에 가장 작은 숫자를 제공하는 숫자 열을 사용하고, 이중 또는 삼중 결합에 부여되는 번호가 같은 경우에는 이중 결합에 우선권을 준다.

이러한 기본 규칙을 단계별로 적용하는 예를 들어 보자.

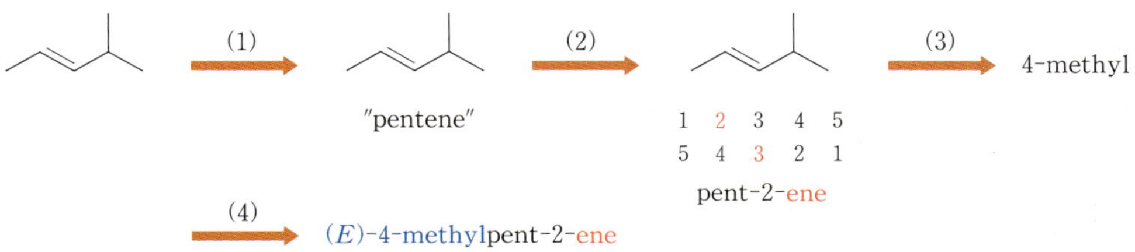

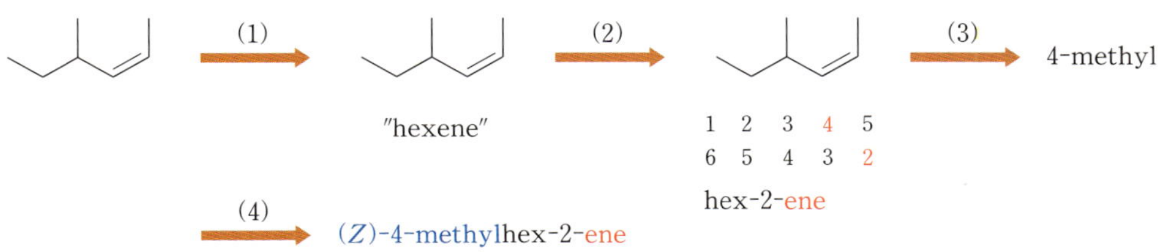

다양한 알켄 화합물의 이름을 아래에 나열하였다. 괄호 속의 이름들은 통상적으로 많이 사용하기 때문에 IUPAC 이름과 함께 기억하기 바란다.

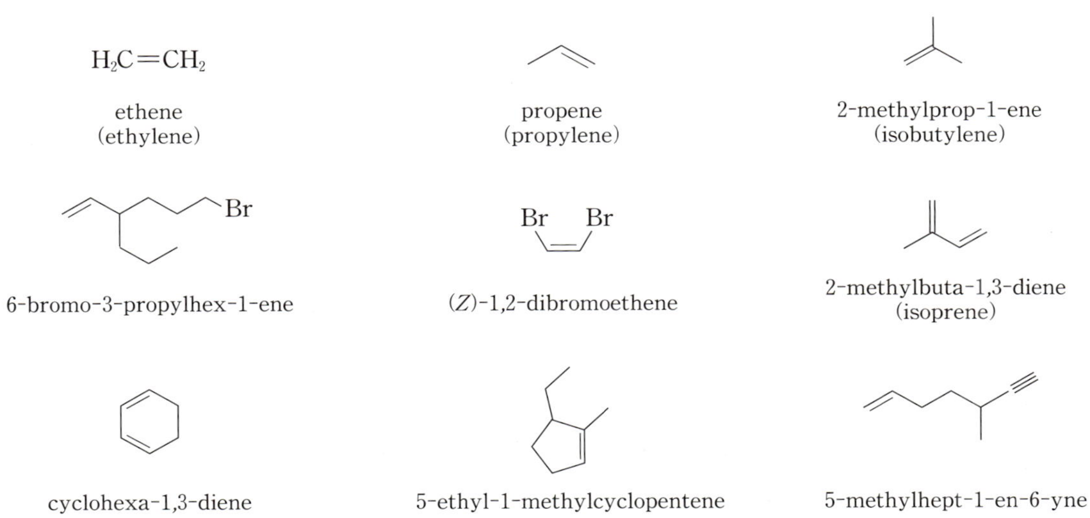

그림 4-4 알켄 화합물의 명명

알켄(alkene)에서 수소 원자 한 개가 없는 구조를 알켄일(alkenyl group)이라고 하고, 많이 사용되는 작용기와 관용명을 표 4-2에 소개하였다.

표 4-2 알켄일 작용기의 명명

알켄일 작용기	작용기명	관용명
$H_2C=$		methylene(메틸렌)
$H_2C=CH-$	ethenyl(에텐일)	vinyl(바이닐)
$HC\equiv C-$	ethynyl(에타인일)	acetylenyl(아세틸렌일)
$H_2C=CH-CH_2-$	prop-2-en-1-yl(프로프-2-엔-1-일)	allyl(알릴)
$HC\equiv C-CH_2-$	prop-2-yn-1-yl(프로프-2-아인-1-일)	propargyl(프로파질)
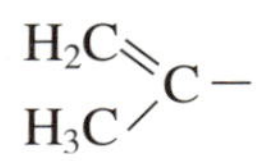	prop-1-en-2-yl(프로프-1-엔-2-일)	isopropenyl(아이소프로펜일)

예제 4.5

아래의 화합물을 명명하시오.

(a)  (b) 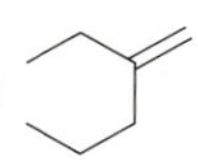 (c) 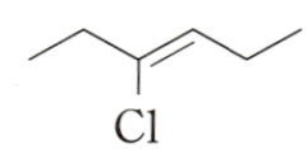

풀이

(a) (*Z*)-but-2-ene
(b) 2-ethylpent-1-ene
(c) (*Z*)-3-chlorohex-3-ene

4.4 물리적 성질

알케인과 알켄은 비극성 이중 결합을 제외하고는 C−C 및 C−H 단일 결합으로 구성되었다는 공통점 때문에 기본적인 성질이 서로 비슷하다(3.4절). 일반적으로 탄소 수가 동일한 경우에 알케인과 알켄은 끓는점이 비슷하고, 내부 알켄이 말단 알켄보다 끓는점이 높다. 그리고 알켄은 상대적으로 극성이 매우 작은 물질이기 때문에 대부분의 유기 용매에 잘 녹고, 수소 결합이 불가능하므로 극성이 큰 물에는 녹지 않으며, 밀도는 0.6~0.7 g/mL 정도로서 물보다 훨씬 가볍다.

표 4-3 알켄의 물리적 성질

화합물	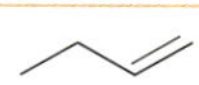	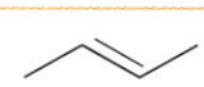	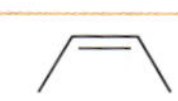
끓는점(℃)	−6.3	0.9	3.7
밀도(g/mL)	0.595	0.604	0.621

특정 원자에서 원자 오비탈의 크기는 $ns < np < nd$의 순서이다(1.2.2절). 그리고 그 이유는 ns 오비탈이 np 및 nd 오비탈보다 핵에 더 강하게 끌리기 때문이다.

이러한 개념을 탄소의 혼성 오비탈에 적용하면 다음과 같다. 탄소의 혼성 오비탈이 $sp^3 \rightarrow sp^2 \rightarrow sp$가 되면 s 오비탈의 비율이 25% → 33% → 50%로 증가하면서 원자핵에 점점 더 강하게 끌린다. 이것은 마치 공유 결합에서 공유 전자를 잡아당기는 원자의 전기 음성도가 증가할 때 예상되는 결과와 같다. 따라서 sp^3–sp^2 탄소 사이에 공유 결합이 형성되면 sp^2 탄소가 전자를 더 당기기 때문에 부분 음전하를 갖고, sp^3 탄소는 전자를 빼앗겨서 부분 양전하를 갖게 되며, 결과적으로 sp^3 탄소에서 sp^2 탄소 방향으로 쌍극자 모멘트가 생긴다.

알켄에서 구조에 따른 쌍극자 모멘트의 크기와 방향은 아래와 같다.

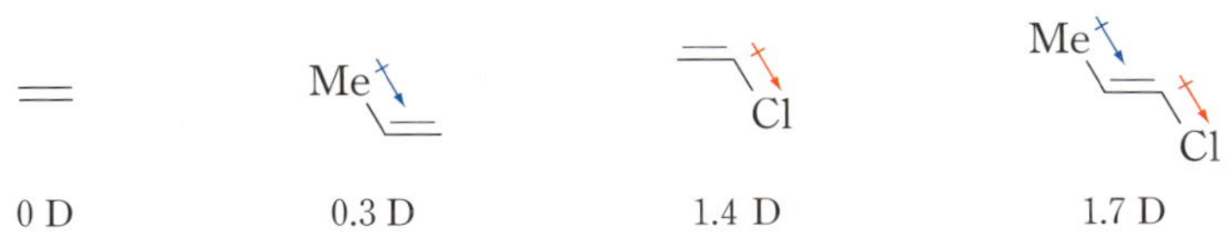

예제 4.6

아래의 화합물에서 쌍극자 모멘트의 방향을 예측하시오.

(a) 

0.33 D

(b) 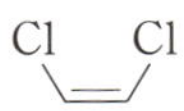

2.95 D

풀이

(a) 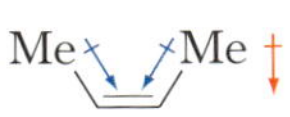

(b) 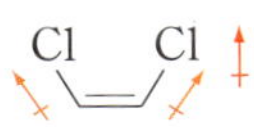

4.5 열역학적 성질

일반적으로 이치환 알켄은 단치환 알켄보다 열역학적으로 더 안정하고, 이치환 알켄에서는 트랜스-이성질체가 시스-이성질체보다 더 안정하다. 교재에서는 뷰트-1-엔, 시스-뷰트-2-엔 및 트랜스-뷰트-2-엔의 열역학적인 안정성을 표준 생성 엔탈피(ΔH_f°) 및 표준 연소 반응열($\Delta H^\circ_{연소}$)을 이용하여 설명할 것이다.

표준 생성 엔탈피(ΔH_f°)를 이용하기 위해서 먼저 뷰트-1-엔, 시스-뷰트-2-엔 및 트랜스-뷰트-2-엔의 표준 생성 엔탈피(ΔH_f°)에 대응하는 화학식을 쓰고, 표에서 각각의 표준 생성 엔탈피 값을 찾아서 아래와 같이 정리하였다. 이 정보를 그림으로 도식화하면 트랜스-뷰트-2-엔이 시스-이성질체보다 1.1 kcal/mol 더 안정하고, 시스-뷰트-2-엔은 뷰트-1-엔보다 1.7 kcal/mol 더 안정함을 알 수 있다.

4C(흑연) + $4H_2(g)$ ⟶ 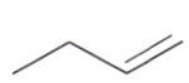 ΔH_f° (뷰트-1-엔) = −0.2 kcal/mol

4C(흑연) + $4H_2(g)$ ⟶  ΔH_f° (시스-뷰트-2-엔) = −1.9 kcal/mol

4C(흑연) + $4H_2(g)$ ⟶ 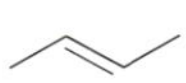 ΔH_f° (트랜스-뷰트-2-엔) = −3.0 kcal/mol

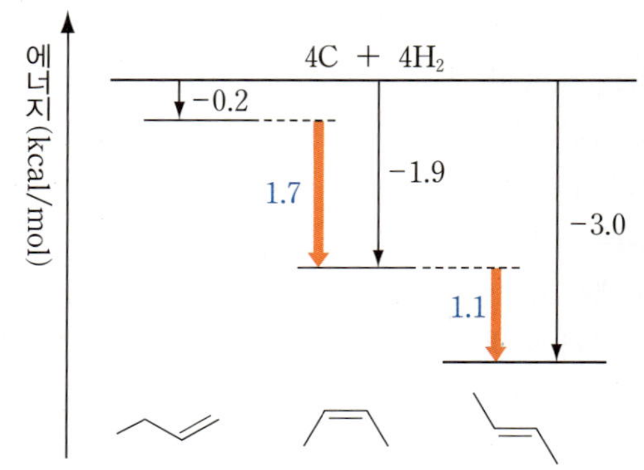

그림 4-5 뷰트-1-엔, 시스-뷰트-2-엔, 트랜스-뷰트-2-엔의 표준 생성 엔탈피 비교

이번에는 표준 연소 반응열($\Delta H^\circ_{연소}$)을 이용해 보자. 이를 위해서 뷰트-1-엔, 시스-뷰트-2-엔 및 트랜스-뷰트-2-엔의 표준 연소 반응열($\Delta H^\circ_{연소}$)에 대응하는 화학식을 쓰고, 표에서 각각의 표준 연소 반응열 값을 찾아서 아래와 같이 정리하였다. 이 정보를 그림으로 도식화하면 트랜스-뷰트-2-엔이 시스-이성질체보다 0.8 kcal/mol 더 안정하고, 시스-뷰트-2-엔은 뷰트-1-엔보다 2.1 kcal/mol 더 안정함을 알 수 있다.

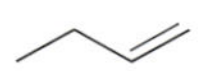 $+ 6O_2 \longrightarrow 4CO_2 + 4H_2O$ $\quad \Delta H^\circ_{연소}$(뷰트-1-엔) = −650 kcal/mol

 $+ 6O_2 \longrightarrow 4CO_2 + 4H_2O$ $\quad \Delta H^\circ_{연소}$(시스-뷰트-2-엔) = −647.9 kcal/mol

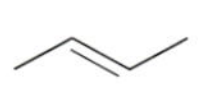 $+ 6O_2 \longrightarrow 4CO_2 + 4H_2O$ $\quad \Delta H^\circ_{연소}$(트랜스-뷰트-2-엔) = −647.1 kcal/mol

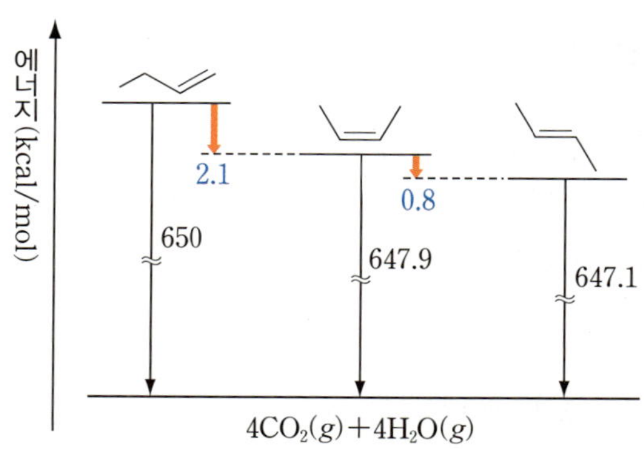

그림 4-6 뷰트-1-엔, 시스-뷰트-2-엔, 트랜스-뷰트-2-엔의 표준 연소 반응열 비교

지금까지의 결과들을 종합하면 비록 세 가지 알켄 이성질체의 열역학적 안정성 차이는 실험 방법에 따라서 일부 다를 수 있지만(3.5.3절), 대략적으로 일치환 알켄에서 시스-이치환 알켄이 되면 ~2.0 kcal/mol 안정화되고, 시스-이치환 알켄에서 트랜스-이치환 알켄이 되면 ~1.0 kcal/mol 안정화되는 경향성이 존재한다.

4.6 합성법

특정한 작용기를 합성하는 방법은 매우 다양하게 존재하기 때문에 대부분의 교재에서는 유기화학 초급 과정의 수준에 맞는 합성법만을 선별하여 소개하곤 한다.

알켄은 알케인의 열 크래킹(thermal cracking) 반응, 할로젠화 수소 이탈 반응(dehydrohalogenation, 7장), 탈수 반응(dehydration, 8장), 탈수소 효소(dehydrogenase)를 이용한 환원 반응 등 다양한 방법으로 합성할 수 있다. 촉매와 높은 온도에서 진행되는 열 크래킹 방법은 공업적으로 알켄을 생산하는 방법으로서 상세한 설명은 생략하고, HX 이탈 반응 및 탈수 반응은 각각 7장 및 8장에서 상세하게 기술할 것이다.

알켄의 합성에 관한 대표적인 반응들을 몇 가지만 예로 들면 다음과 같다.

알케인의 열 크래킹:

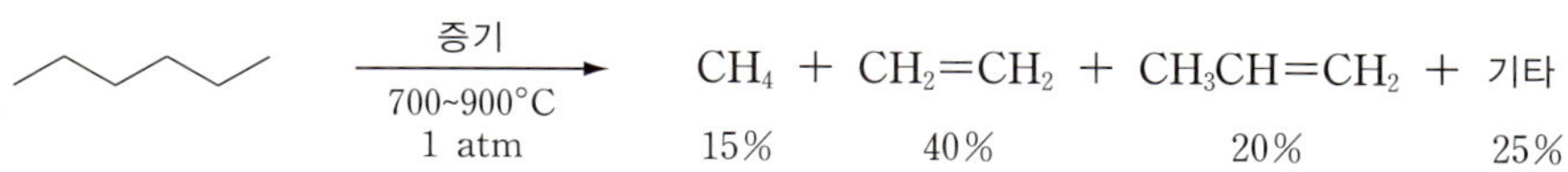

할로젠화 수소 이탈 반응:

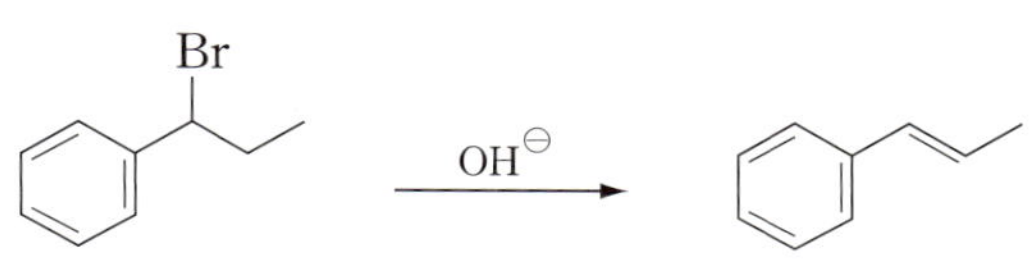

탈수 반응:

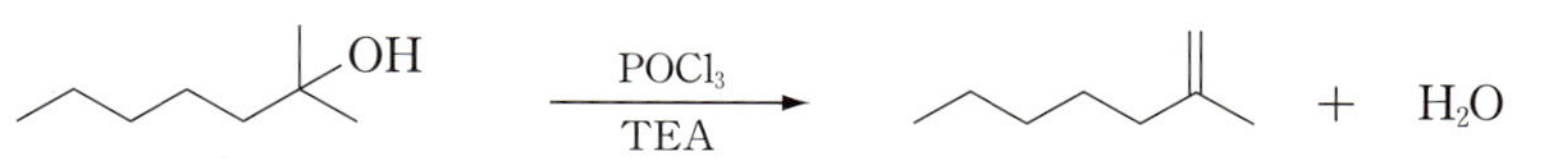

탈수소 효소 반응:

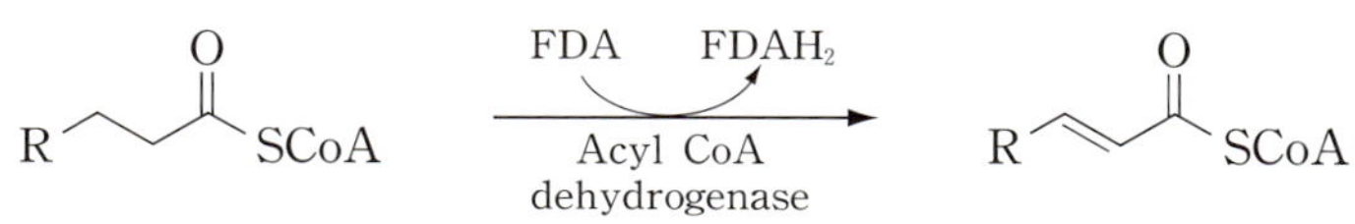

4.7 친전자성 첨가 반응

4.7.1 서론

화학 반응은 출발 물질의 특정 결합이 끊어지고 새로운 화학 결합이 생성됨을 의미한다.

알켄은 C=C 이중 결합을 갖는 화합물로서, C−C σ-결합(90 kcal/mol) 및 C−C π-결합(56 kcal/mol)으로 이루어진다. π-결합은 σ-결합보다 약하기 때문에 더 쉽게 끊어지고, 시약의 물리적인 접근성이 좋으며, 전자도 풍부하기 때문에 전자가 부족한 화학종에게 π 전자를 제공할 수 있다. 이때 전자가 풍부하여 전자를 제공하는 화학종을 **친핵체(nucleophile, Nu)**, 전자가 부족해서 전자를 받는 화학종을 **친전자체(electrophile, E)**라고 한다.

'-phile'은 '좋아한다'의 뜻을 갖는 접미사이다.

알켄에서 가장 대표적인 반응은 이중 결합의 π-결합이 끊어지면서 C−E와 C−Nu의 σ-결합이 생성되는 **친전자성 첨가 반응(electrophilic addition reaction)**이다.

친전자성 첨가 반응:

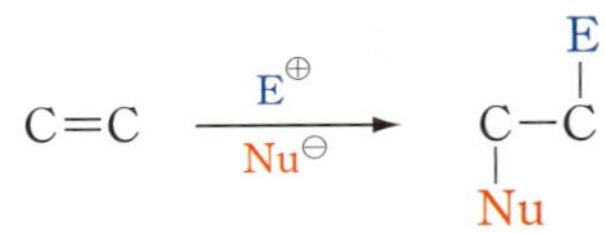

반응 메커니즘의 관점에서 알켄의 친전자성 첨가 반응은 두 단계로 진행된다. 첫 번째 단계는 위에서 기술한 바와 같이 전자가 풍부한 π-결합에서 전자가 부족한 친전자체에 전자를 제공하는 반응으로서 전체 반응 속도를 결정한다(RDS). 이때 생성되는 중간체는 친전자체에 고립 전자쌍이 있고 없음에 따라서 구조가 다르고, 이에 따라서 이어지는 두 번째 반응도 서로 다르게 진행한다.

친전자체에 고립 전자쌍이 있으면 고립 전자쌍이 이웃한 탄소 양이온에 전자를 제공하여 삼각형 양이온(**A**)을 생성한다. 삼각형 양이온 중간체(**A**)는 모든 원자가 팔전자계를 만족하기 때문에 열역학적인 안정화 효과를 기대할 수 있지만, 이와는 반대로 삼각형 구조에서 오는 비틀림 무리 및 각 무리가 매우 큰 구조이기도 하다. 그러나 친전자체에 고립 전자쌍이 없으면 sp^2 혼성에 평면 삼각형 구조를 갖는 일반적인 탄소 양이온(**B**)이 생성된다.

메커니즘 4-1 알켄의 친전자성 첨가 반응 메커니즘

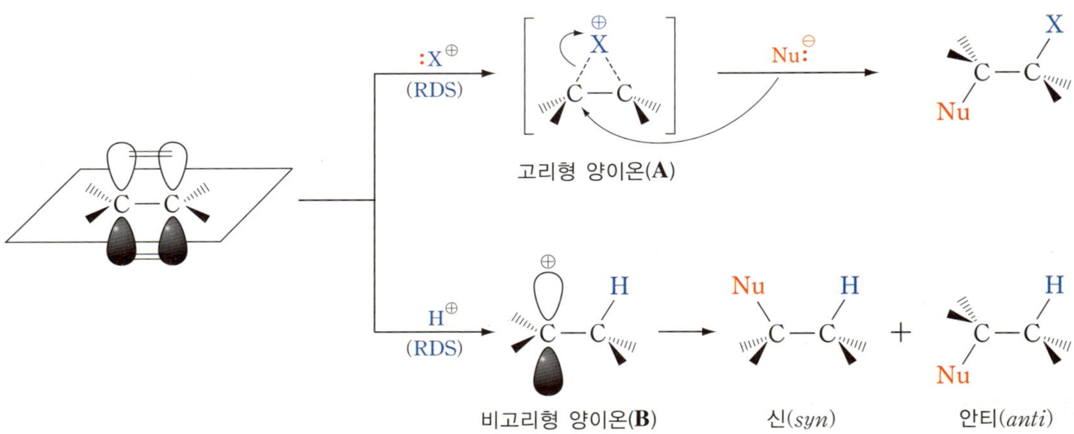

알켄 평면을 기준으로 친전자체와 친핵체가 같은 방향에서 반응하면 신(*syn*)-첨가 반응, 반대 방향에서 반응하면 안티(*anti*)-첨가 반응이라고 한다.

친전자성 첨가 반응의 두 번째 단계는 친핵체(Nu^-)와 양이온 중간체(**A 또는 B**)의 반응이다.

중간체 **A**에서는 친핵체(Nu^-)가 X 원자와 같은 방향에서 접근할 때 입체 장애가 발생하고, 친핵체(Nu^-)가 X 원자와 반대 방향에서 접근할 때 입체 장애가 최소화됨을 알 수 있다. 실제로 **A**에서는 친핵체(Nu^-)가 X 원자와 반대 방향에서 접근하여 안티(*anti*)-생성물을 제공하는데, 이러한 반응으로는 할로젠(X−X) 첨가 반응, 하이포할로젠산(X−OH) 첨가 반응, 옥시수은 첨가 반응/탈수은 반응(물 첨가 반응) 등이 있다.

중간체 **B**에서는 탄소 양이온의 p 오비탈이 sp^2 평면의 위−아래에 대칭적으로 분포하기 때문

에 친핵체(Nu^-)가 평면의 위-아래에서 모두 접근할 수 있다. 그리고 두 경로의 입체 장애는 같기 때문에 **B**에서는 두 경로가 경쟁적으로 진행하여 신(*syn*) 및 안티(*anti*)-생성물이 얻어진다. 이러한 반응으로는 이온성 할로젠산(H−X) 첨가 반응, 산 촉매 물(H−OH) 첨가 반응 등이 있다.

이제는 알켄의 알킬 치환체 수와 친전자성 첨가 반응의 속도와의 관계를 추론해 보자. 알킬 치환체는 이웃한 *p* 오비탈에 전자를 제공할 수 있으므로(2.9.3절), [에틸렌 → 단치환 알켄 → 이치환 알켄 → 삼치환 알켄 → 사치환 알켄]이 되면서 C=C 이중 결합의 π-전자 밀도는 증가한다. 그리고 알켄의 친전자성 첨가 반응에서는 π-전자가 친핵체로 작용하는 첫 번째 단계가 속도 결정 단계이므로 알켄에 알킬 치환체가 증가하면 이중 결합의 전자 밀도가 커지고, 이로 인하여 친전자체(E^+)와의 반응 속도가 증가함을 예상할 수 있는데, 실제로 많은 반응에서 이러한 사례를 확인할 수 있다.

4.7.2 할로젠(X_2) 첨가 반응

알케인의 라디칼 할로젠화 반응에서 염소화 반응과 브로민화 반응이 중요하듯이(3.12절), 알켄의 할로젠(X−X) 첨가 반응에서도 염소(Cl_2) 및 브로민(Br_2)의 첨가 반응이 유기 합성의 관점에서 가장 중요하다. 이 반응은 상온 및 저온에서 잘 진행되고, 일반적으로 자리 옮김 반응이 관찰되지 않으며, 안티-선택성을 갖는 1,2-다이할라이드(1,2-dihalide, *vicinal*-dihalide, *vic*-dihalide)가 생성된다.

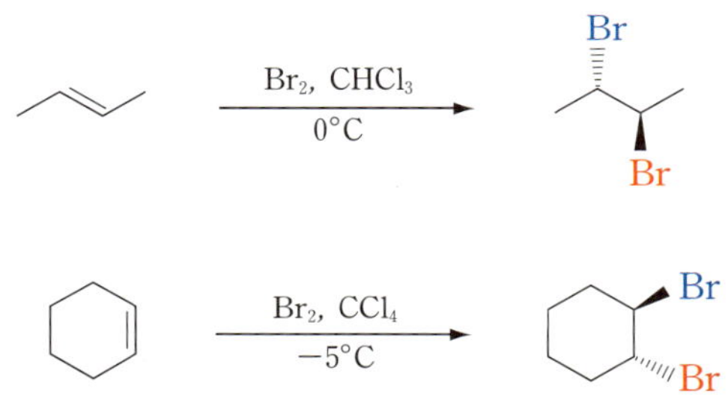

(*E*)-뷰트-2-엔에서 브로민 첨가 반응은 아래와 같이 진행된다. 첫 번째 단계는 π-결합 전자가 브로민 분자의 한 원자에 전자를 제공함과 동시에 Br−Br 결합이 끊어지면서 $Br:^-$ 음이온이 이탈하는 반응이다. 이때 브로민 원자는 고립 전자쌍이 있기 때문에 이웃한 양이온에 전자를 제공하면서 삼각형 할로늄 양이온(cyclic halocarbonium ion, **C**) 중간체를 생성하는데, 이 단계가 반응 속도 결정 단계이다. 두 번째 단계에서는 이탈기인 $Br:^-$(친핵체)가 삼각형 양이온 **C**의 브로민 원자와 반대 방향에서 전자를 제공하여 1,2-안티-생성물을 생성한다. 친핵체가 삼각형 양이온의 할로젠 원자와 같은 방향에서 접근하는 경로는 친핵체($Br:^-$)와 Br^+ 양이온 사이에 입체 장애가 발생하여 활성화 에너지가 높아지므로 일어나지 않는다.

메커니즘 4-2 (*E*)-뷰트-2-엔의 브로민 첨가 반응 메커니즘

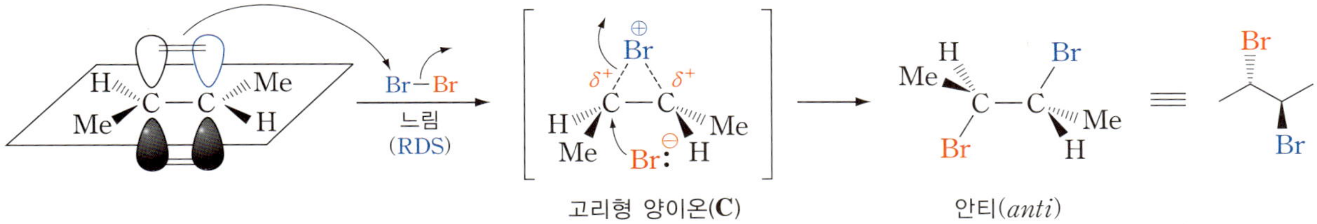

4.7.1절에서 기술한 바와 같이 알켄의 브로민 첨가 반응 속도는 알킬 치환체 수가 늘어나면서 크게 증가한다.

상대 속도: 1 61 5,400 920,000

그림 4-7 알킬 치환체 수에 따른 알켄의 브로민 첨가 반응 속도

예제 4.7

아래의 반응에서 중간체와 생성물을 예측하시오.

풀이

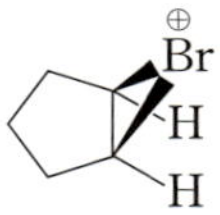

중간체

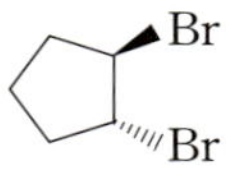

생성물

4.7.3 하이포할로젠산(X－OH) 첨가 반응

알켄의 하이포할로젠산(hypohalous acid, X－OH) 첨가 반응은 할로젠(X_2)과 물을 사용하여 진행한다. 이 반응은 할로젠 첨가 반응에서처럼 상온 및 저온에서 잘 진행되고, 일반적으로 자리 옮김 반응이 관찰되지 않으며, 안티-선택성을 갖는 1,2-할로하이드린(halohydrin, 1,2-haloalcohol)이 생성된다.

$$X_2 + H_2O \longrightarrow H-X + X-OH$$

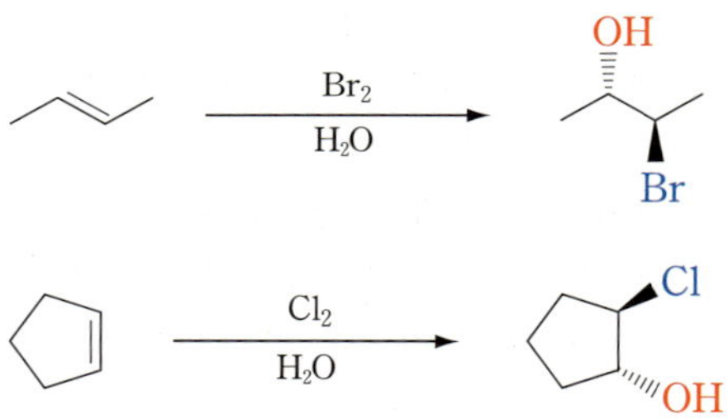

(*E*)-뷰트-2-엔의 하이포브로민산 첨가 반응은 다음과 같이 진행된다. 첫 번째 단계는 π-결합 전자가 브로민 분자의 한 원자에 전자를 제공함과 동시에 Br－Br 결합이 끊어지면서 $Br:^-$가 이탈하는 반응이다. 이때 브로민 원자는 고립 전자쌍이 있기 때문에 이웃한 양이온에 전자를 제공하면서 삼각형 할로늄 양이온(cyclic halocarbonium ion, **D**) 중간체를 생성하는데, 이 단계가 반응 속도 결정 단계이다. 여기까지는 브로민 첨가 반응의 첫 번째 단계와 완전히 일치한다. 두 번째 단계에서는 물(친핵체)이 할로젠 원자와 반대 방향에서 전자를 제공하여 옥소늄 양이온 중간체를 형성하고, 마지막으로 물과의 산－염기 반응을 통하여 안티-생성물이 얻어진다.

메커니즘 4-3 (*E*)-뷰트-2-엔의 하이포브로민산 첨가 반응 메커니즘

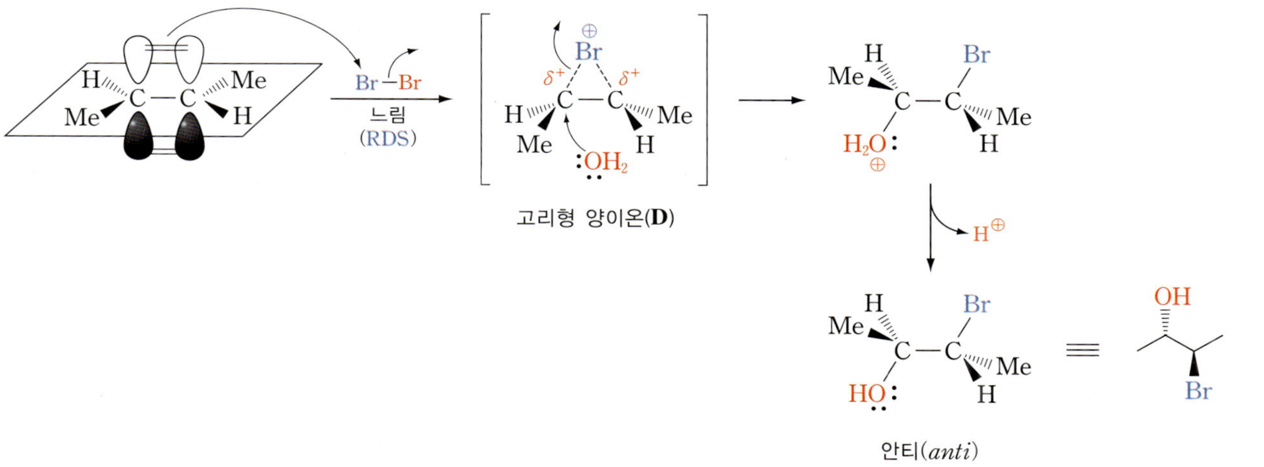

지금까지는 대칭적인 구조를 갖는 알켄의 첨가 반응에 대하여 살펴보았다. C=C 결합을 중심으로 대칭성을 갖는 알켄의 할로젠 및 하이포할로젠산 첨가 반응에서는 대칭적인 할로늄 양이온 중간체가 생성되기 때문에 친핵체가 삼각형 할로늄 양이온의 두 탄소를 공격하는 확률은 정확하게 50 : 50이다.

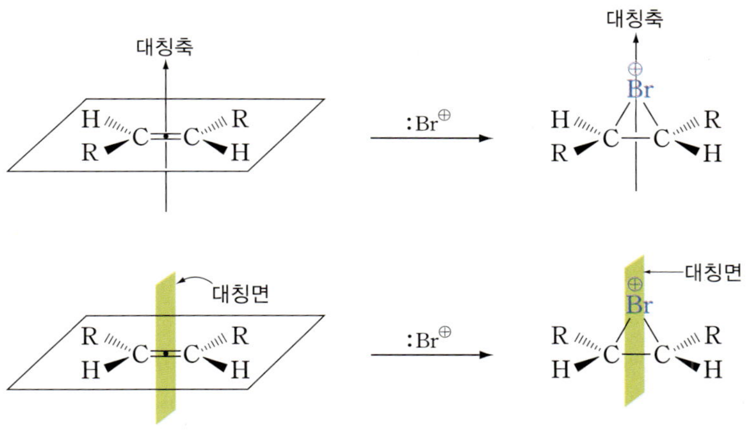

이제는 비대칭 구조를 갖는 알켄의 첨가 반응에 대하여 생각해 보자. 비대칭 구조를 갖는 2-메틸프로펜의 하이포브로민산 첨가 반응에서는 이론적으로 1차 알코올 **A**와 3차 알코올 **B**가 가능한데, 실험에서는 **B**가 주생성물로 얻어진다.

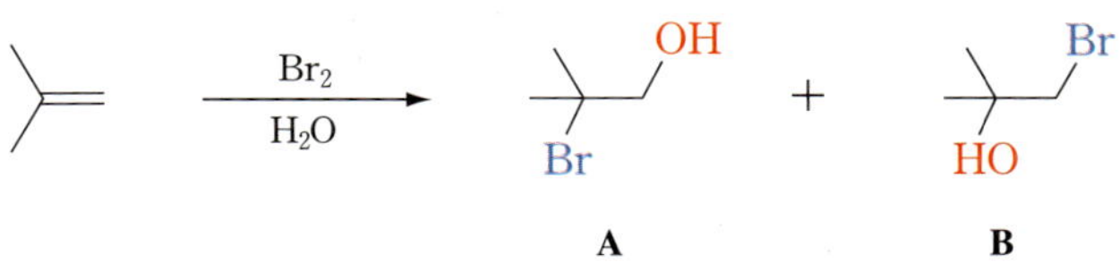

이러한 결과는 중간체인 삼각형 양이온의 구조로부터 설명할 수 있다. 이론적으로 이 반응의 중간체로는 부분 양전하가 C_1과 C_2에 고르게 분산된 중간체 **I**, C_1의 부분 양전하가 더 큰 중간체 **J**, 또는 C_2의 부분 양전하가 더 큰 중간체 **K**를 생각할 수 있다. 이때 중간체(**I**, **J**, **K**)와 무

관하게 C_1은 1차 탄소 양이온, C_2은 3차 탄소 양이온의 특성이 일부 존재하고, 탄소 양이온의 안정성은 [3차 > 2차 > 1차 > 메틸]의 순서이므로 3차 탄소에서 부분 양전하가 가장 큰 중간체 **K**가 열역학적으로 가장 안정함을 예상할 수 있다. 따라서 2-메틸프로펜의 하이포브로민산 첨가 반응에서는 중간체 **K**가 생성되고, 이어지는 반응에서 친핵체(H_2O)가 전자가 가장 부족한 C_2 탄소에 전자를 선택적으로 제공함으로써 생성물 **B**가 주생성물로 얻어짐을 추론할 수 있다.

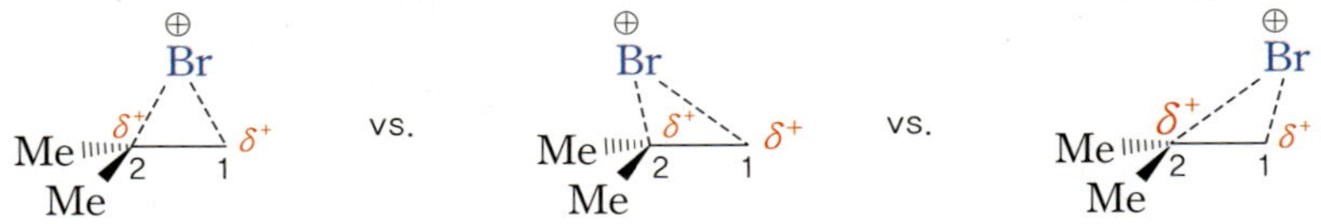

대칭 구조(**I**) 비대칭 구조(**J**) 비대칭 구조(**K**)

위 반응에서 주생성물(**B**)의 구조를 분석하면 친전자체(Br^+)는 C=C 이중 결합에서 수소 원자가 많은 탄소, 친핵체는 C=C 이중 결합에서 수소 원자가 적은 탄소에 결합한 형태이고, 부생성물(**A**)은 그 반대의 결합 형태를 가지는 이성질체이다. 이러한 관계에 있는 화합물들의 상대적인 비율을 언급할 때 **위치 선택성(regioselectivity)**이라는 용어를 자주 사용한다.

이러한 전 과정을 에너지 도표로 나타내면 아래와 같다.

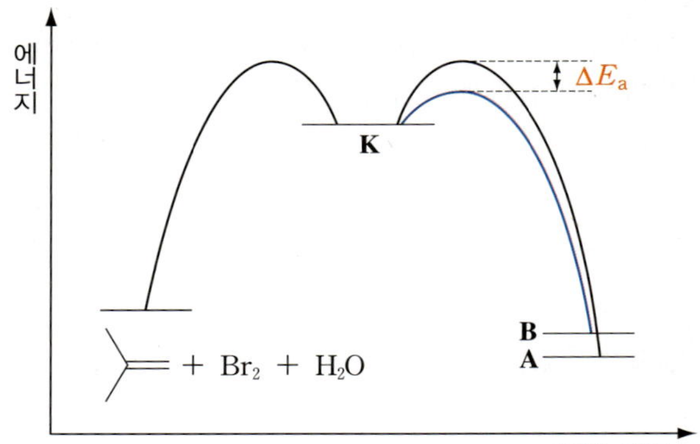

그림 4-8 2-메틸프로펜의 하이포브로민산 첨가 반응의 에너지 도표

이 결과를 위치 선택성의 관점에서만 보면 친전자체(X)는 C=C 이중 결합에서 수소 원자가 많은 탄소, 그리고 친핵체는 입체 장애가 큰 탄소에 결합하는 형태로 반응이 진행됨을 알 수 있다.

예제 4.8

아래의 반응에서 중간체와 생성물을 예측하시오.

(a) 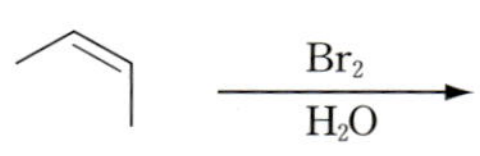

(b) 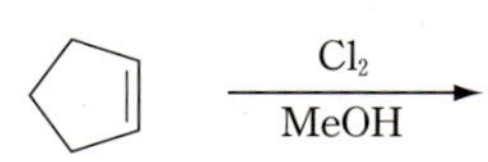

풀이

(a) 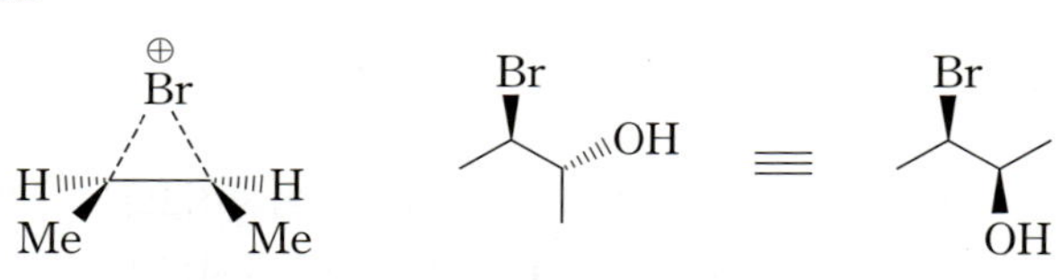

중간체 생성물

(b) 

4.7.4 할로젠산(HX) 첨가 반응(이온성 반응)

이온성 할로젠산 첨가 반응은 주로 H－X(HCl, HBr, KI－H_3PO_4) 시약을 사용한다. 이 반응은 일반적으로 저온 및 상온에서 잘 진행되고, sp^2 혼성 오비탈을 갖는 탄소 양이온 중간체로 인하여 자리 옮김 반응이 가능하며, 신 또는 안티 선택성을 언급할 수 없다. 그리고 시약의 반응성은 산성도가 커지면 친핵체(H^+)의 제공 능력이 증가하므로 반응 속도는 [HI > HBr > HCl ≫ HF]의 순서로 감소한다.

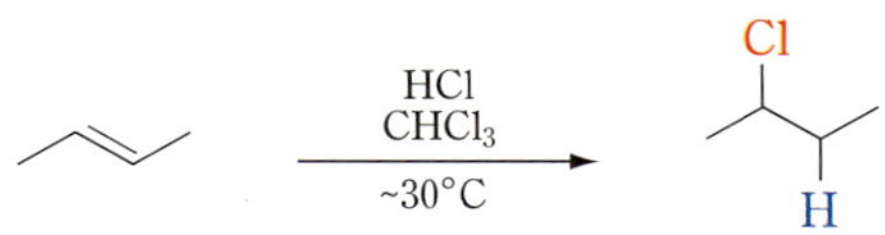

(*E*)-뷰트-2-엔의 할로젠산 첨가 반응은 다음과 같이 진행한다. 첫 번째 단계는 π-결합 전자가 H^+에 전자를 제공하면서 탄소 양이온을 형성하는 반응으로서, 여기가 반응 속도 결정 단계이다. H^+는 고립 전자쌍이 없기 때문에 삼각형 양이온 중간체를 형성하지 못하고 sp^2 혼성 오비탈을 갖는 탄소 양이온(**I**)을 생성한다(2.9.1절). 두 번째 단계에서는 친핵체(X:⁻)가 sp^2 평면의 위-아래 방향에서 경쟁적으로 탄소 양이온을 공격하여 생성물을 제공한다.

메커니즘 4-4 (*E*)-뷰트-2-엔의 할로젠산 첨가 반응 메커니즘

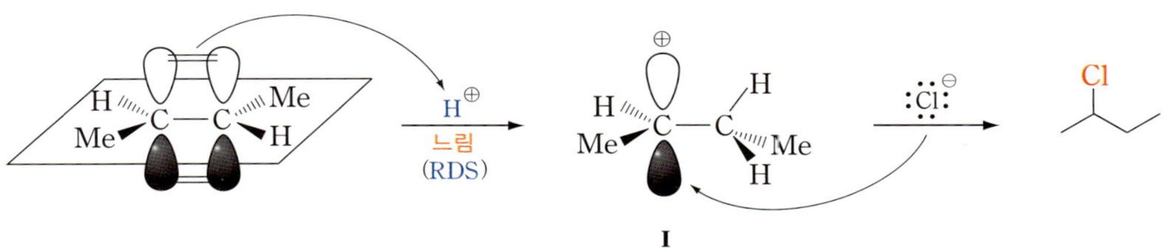

이제는 비대칭 구조를 갖는 알켄의 할로젠산 첨가 반응에 대하여 알아보자. 프로펜에 염산 첨가 반응을 진행하면 이론적으로 1-클로로프로페인(**A**)과 2-클로로프로페인(**B**)이 가능한데, 실험에서는 **B**가 주생성물로 얻어진다.

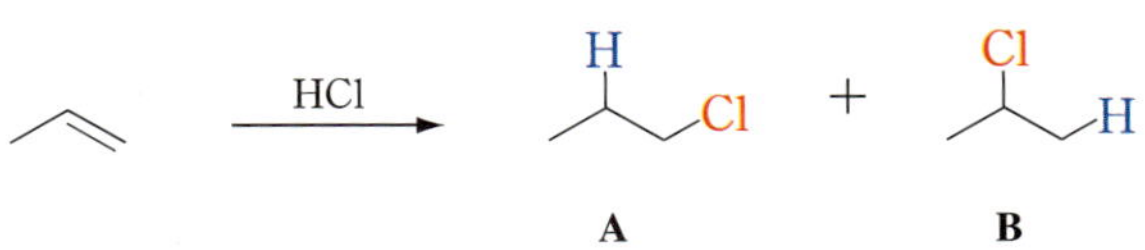

이러한 결과는 다음과 같이 설명할 수 있다. 첫 번째 단계인 반응 속도 결정 단계에서 H^+가 C_2와 결합하면 1차 양이온 **J**가 생기고, H^+가 C_1과 결합하면 2차 양이온 **K**가 생성된다. 탄소 양이온의 안정성은 [3차 > 2차 > 1차 > 메틸]의 순서이고, 여기에 Hammond 가설(2.8.3절)을 적용하면 2차 양이온 **K**가 1차 양이온 **J**보다 더 빠르게 생성됨을 추론할 수 있고, 그 결과 2-클로로프로페인(**B**)이 주생성물로 얻어짐을 예상할 수 있다.

메커니즘 4-5 프로펜의 할로젠산 첨가 반응 메커니즘

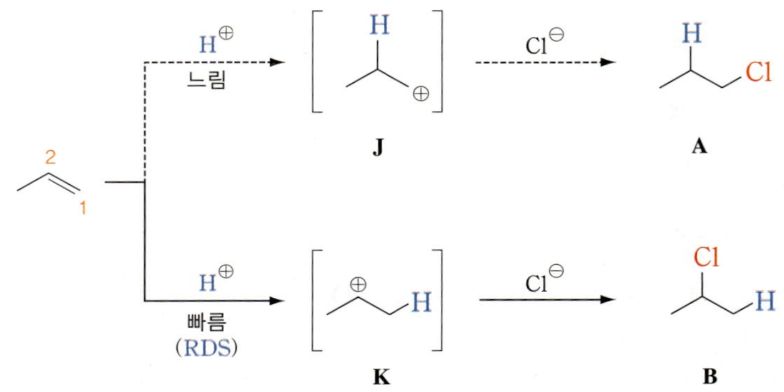

이러한 전 과정을 에너지 도표로 나타내면 아래와 같다.

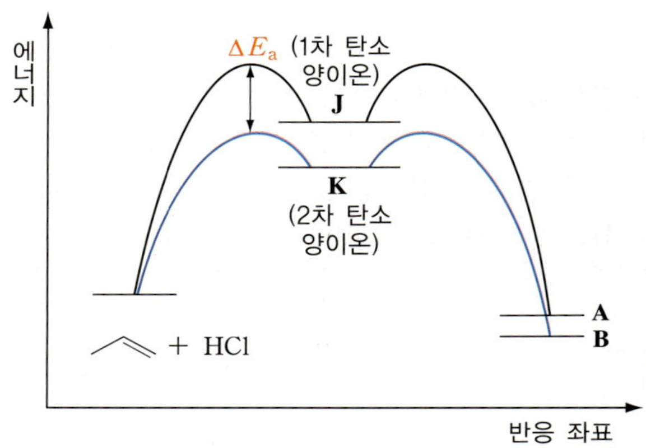

그림 4-9 프로펜의 할로젠산 첨가 반응의 에너지 도표

이 결과를 위치 선택성의 관점에서만 보면 알켄의 하이포할로젠산 첨가 반응(4.7.3절)과 동일하게 친전자체(H^+)는 C=C 이중 결합에서 수소 원자가 많은 탄소, 그리고 친핵체는 입체 장애가 큰 탄소에 결합하는 형태로 반응이 진행됨을 알 수 있다. 이러한 형태로 생성물이 얻어지는 것을 **Markovnikov 규칙**이라고 한다.

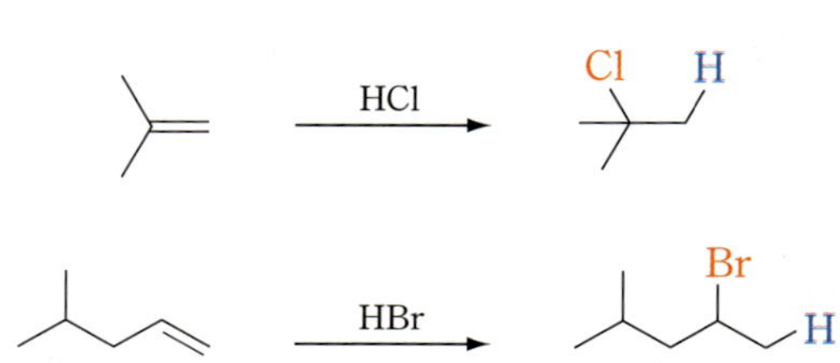

예제 4.9

아래의 반응에서 중간체와 생성물을 예측하시오.

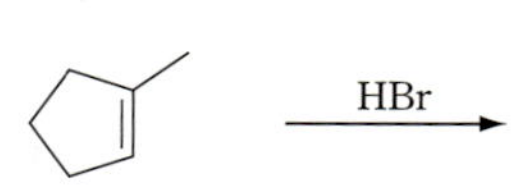

풀이

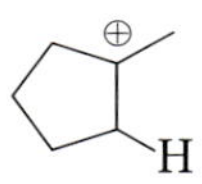

중간체

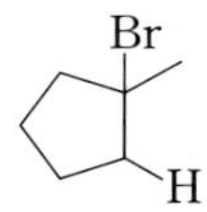

생성물

예제 4.10

(*E*)-펜트-2-엔에 H–Br의 첨가 반응이 진행되면 이성질체 혼합물 **C**와 **D**가 비슷한 비율로 생성된다. 그 이유를 설명하시오.

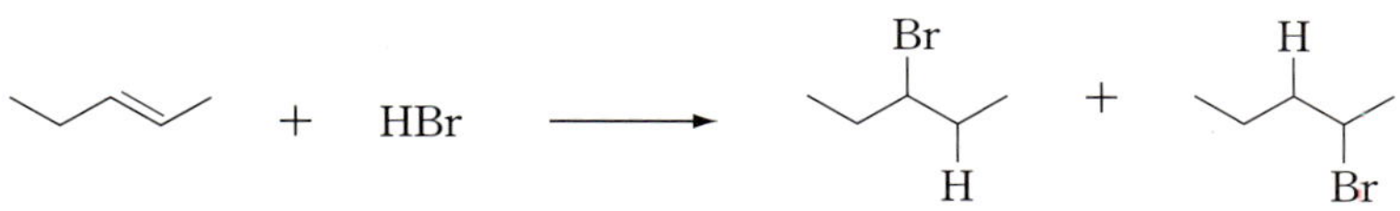

풀이

출발 물질에서 C=C 탄소는 모두 이치환 이중 결합의 골격을 갖기 때문에 첫 번째 단계에서 생성되는 양이온 $\mathbf{C_1}$과 $\mathbf{D_1}$은 모두 2차 탄소 양이온이고, 따라서 두 양이온의 안정성은 비슷할 것이다. 여기에 Hammond 가설(2.8.3절)을 적용하면 2차 양이온 중간체 $\mathbf{C_1}$과 $\mathbf{D_1}$은 비슷한 속도로 생성되고, 그 결과 두 생성물 **C**와 **D**가 경쟁적으로 얻어진다.

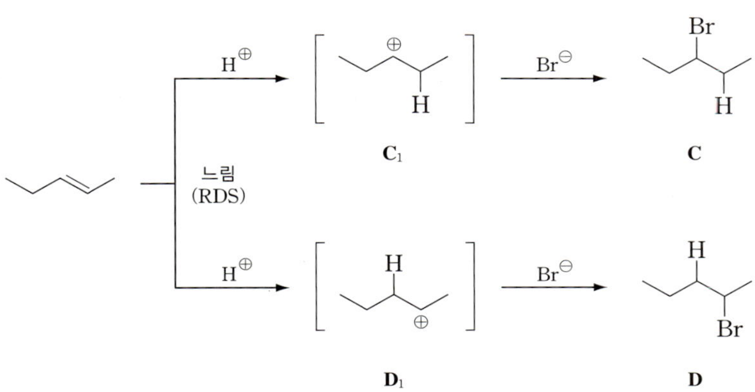

4.7.5 물 첨가 반응(H^+/H_2O)

알켄의 물 첨가 반응은 중성에서는 진행되지 않기 때문에 산 촉매 조건인 [H^+/H_2O] 조합을 사용한다. 이때 HX를 산으로 사용하면 이온성 할로젠산 첨가 반응(4.7.4절)이 경쟁적으로 일어날 수 있기 때문에 이를 방지하기 위해서 음이온의 친핵성을 무시할 수 있는 황산(H_2SO_4)을 주로 사용한다. 실제로 [진한 황산/물] 조건은 공업적으로 다양한 화합물을 합성하는 데 사용되는 중요한 반응 조건이다.

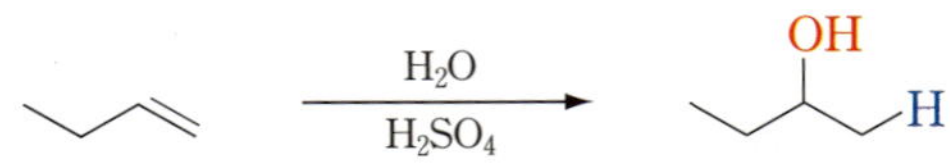

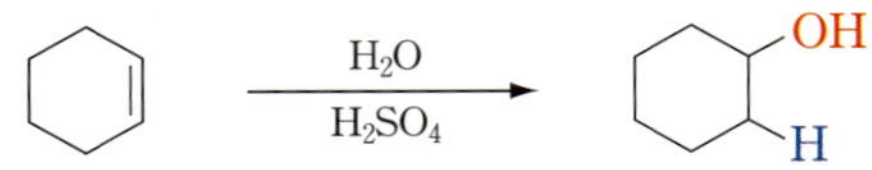

(E)-뷰트-2-엔의 산 촉매 물 첨가 반응은 다음과 같이 진행된다. 첫 번째 단계는 π-결합 전자가 친핵체인 H^+에 전자를 제공하여 탄소 양이온(**I**)을 형성하는 반응으로서, 알켄의 할로젠산 첨가 반응의 첫 번째 단계와 완전히 일치한다(4.7.4절). 두 번째 단계에서는 친핵체(H_2O)가 sp^2 평면의 위–아래 방향에서 경쟁적으로 탄소 양이온에 전자를 제공하여 옥소늄 양이온 중간체를 형성하고, 마지막으로 물과의 산–염기 반응을 통하여 최종 생성물이 얻어진다. 두 번째 단계에서 강조하는 것은 전자가 풍부한 HO^- 대신에 중성인 물(H_2O)이 친전자체로 참여한다는 점이다. 일반적으로 산–염기 중화 반응의 속도는 매우 빠르기 때문에 강산 촉매 조건에서는 $[HO^-]$는 무시할 수 있을 정도로 매우 낮으며, 그 결과 H_2O가 친핵체로서 작용하게 된다.

$H_2O \rightleftharpoons H^+ + HO^-$
$K_w = [H^+][OH^-]$
$= 10^{-14}$

메커니즘 4-6 (E)-뷰트-2-엔의 산 촉매 물 첨가 반응 메커니즘

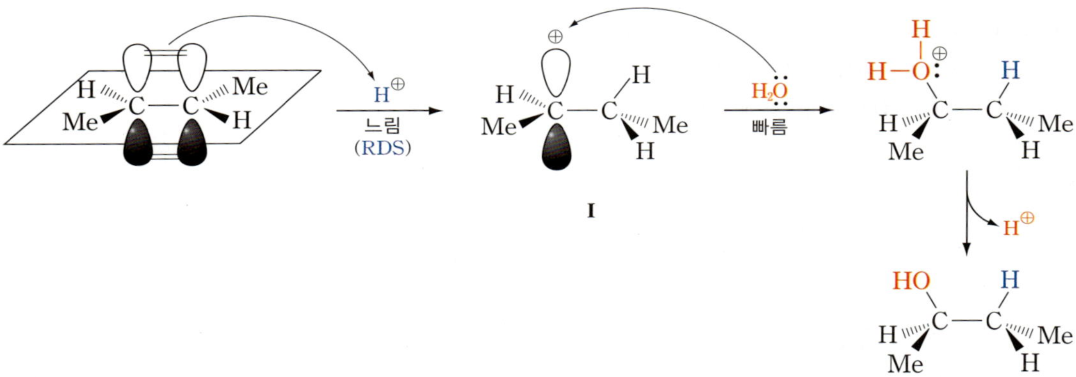

이제는 비대칭 구조를 갖는 알켄의 산 촉매 물 첨가 반응에 대하여 알아보자. 프로펜에 물 첨가 반응을 진행하면 이론적으로 프로판-1-올(**A**)과 프로판-2-올(**B**)이 가능한데, 실험에서는 **B**가 주생성물로 얻어진다.

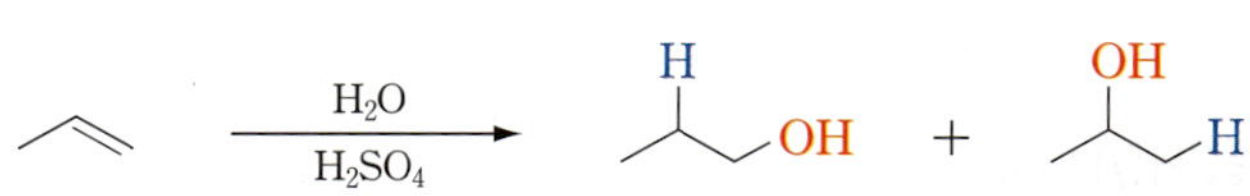

A **B**

이러한 결과는 다음과 같이 설명할 수 있다. 첫 번째 단계인 반응 속도 결정 단계에서 H^+가 C_2와 결합하면 1차 양이온 **J**가 생기고, H^+가 C_1과 결합하면 2차 양이온 **K**가 생성된다. 탄소 양이온의 안정성은 [3차 > 2차 > 1차 > 메틸]의 순서이고, 여기에 Hammond 가설(2.8.3절)을 적용하면 2차 양이온 **K**가 1차 양이온 **J**보다 더 빠르게 생성됨을 추론할 수 있고, 그 결과 프로판-2-올(**B**)이 주생성물로 얻어짐을 예상할 수 있다.

메커니즘 4-7 프로펜의 산 촉매 물 첨가 반응 메커니즘

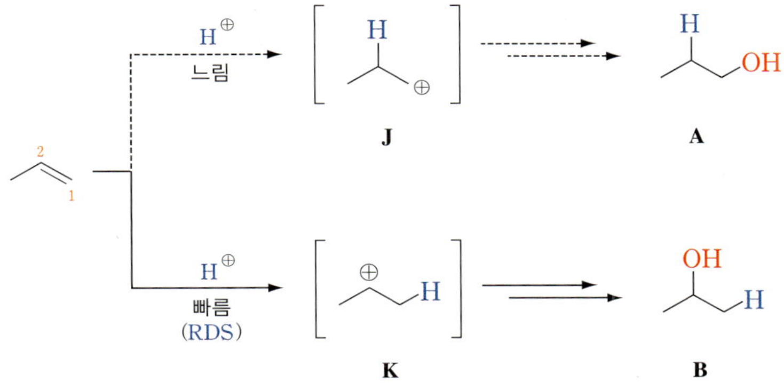

이 결과를 위치 선택성의 관점에서만 보면 알켄의 하이포할로젠산 첨가 반응(4.7.3절) 및 할로젠산 첨가 반응(4.7.4절)과 동일하게 친전자체(H^+)는 C=C 이중 결합에서 수소 원자가 많은 탄소, 그리고 친핵체는 입체 장애가 큰 탄소에 결합하는 형태로 반응이 진행됨을 알 수 있다(Markovnikov 생성물). 이와 관련한 예들을 아래에 예시하였다.

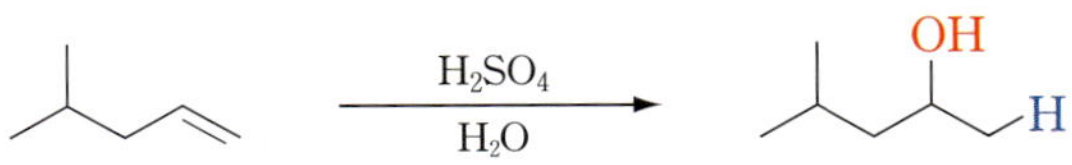

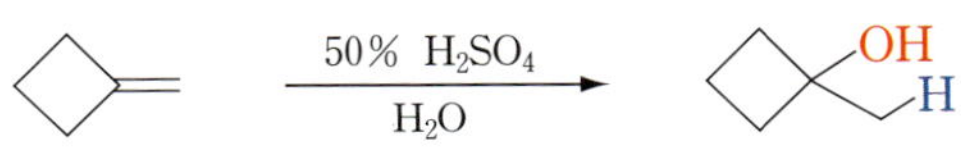

알켄의 브로민 첨가 반응(4.7.2절)과 동일한 이유로 산 촉매 물 첨가 반응 속도는 알킬 치환체 수가 증가하면서 함께 커진다. 이것은 우연의 일치가 아니라 반응 메커니즘에서 첫 번째 단계가 모두 π-전자가 친전자체에 전자를 제공하는 반응이고, 또한 이 단계가 속도 결정 단계라는 것으로부터 그 이유를 찾을 수 있다.

표 4-4 알켄의 브로민 첨가 반응과 산 촉매 물 첨가 반응의 반응 속도 비교

알켄			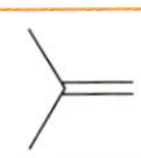	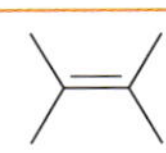
Br_2 첨가	1	61	5,400	920,000
H_2O/H_2SO_4	1	1.6×10^6	2.5×10^{11}	

예제 4.11

아래의 반응에서 중간체와 주생성물을 예측하시오.

풀이

중간체 생성물

4.7.6 물 첨가 반응(옥시수은 첨가 반응/탈수은 반응)

프로펜에 산 촉매 물 첨가 반응을 하면 프로판-2-올이 주생성물로 얻어진다. 이러한 형식의 반응은 공업적으로 매우 중요한 반응이지만, 실험실에서 사용하기에는 산성 조건에서 다른 작용기의 안정성 문제, 탄소 양이온의 자리 옮김 반응 등 다양한 반응들이 경쟁적으로 일어날 수 있는 단점이 존재한다(4.7.7절).

[**옥시수은 첨가 반응(oxymercuration)/탈수은 반응(demercuration)**]은 결과적으로 알켄의 산 촉매 물 첨가 반응의 생성물을 제공하는 반응이다. 옥시수은 첨가 반응에 사용하는 시약은 HgL_2-H_2O($L=CH_3CO_2^-$, $CF_3CO_2^-$, ClO_4^-)이고, 탈수은 반응에서는 $NaBH_4$를 사용한다. 이 반응은 C=C 이중 결합에서 선택적으로 진행되고, Markovnikov 위치 선택성과 안티-입체 선택성을 주며, 자리 옮김 반응이 관찰되지 않는다는 특징을 갖는다.

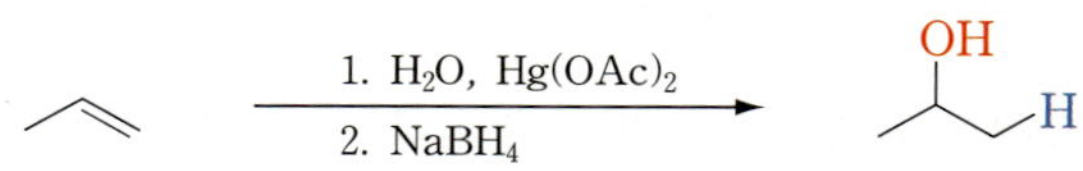

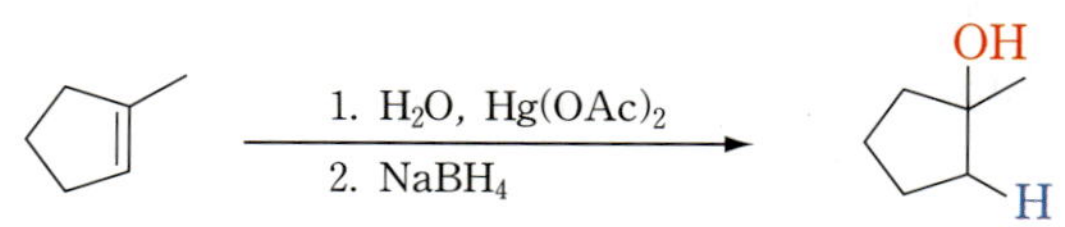

비대칭 구조를 갖는 프로펜의 옥시수은 첨가 반응은 아래와 같이 진행된다.

메커니즘 4-8 프로펜의 옥시수은 첨가 반응 메커니즘

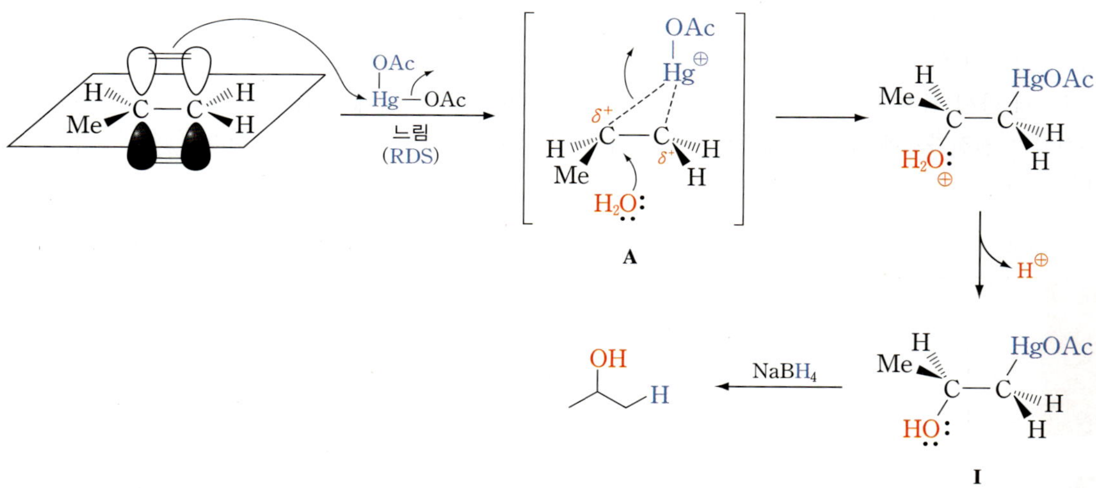

첫 번째 단계는 π-결합 전자가 HgL_2에게 전자를 제공함과 동시에 Hg–L 결합이 끊어지면서 $L:^-$이 이탈하는 반응이다. 이때 [HgL] 원자단은 고립 전자쌍이 있기 때문에 이웃한 양이온에 전자를 제공하면서 삼각형 수은 양이온 중간체(**A**)를 생성하는데, 이 단계가 반응 속도 결정 단계이다. 이러한 반응 형태는 알켄의 할로젠 첨가 반응(4.7.2절) 및 하이포할로젠산 첨가 반응(4.7.3절)의 첫 번째 단계와 개념적으로 완전히 일치한다.

삼각형 수은 양이온 중간체(**A**)는 비대칭 알켄의 하이포할로젠산 첨가 반응(4.7.3절)에서 기술한 바와 같이 C_2의 부분 양전하가 C_1보다 큰 비대칭 구조로 표현하였다. 이 구조는 [HgL^+]

가 [X^+]보다 입체 장애가 훨씬 크다는 것을 고려하면 전반적으로 입체 장애가 최소화된 구조이기도 하다. 즉, 구조 **A**는 정전기적인 안정성 및 입체 장애의 관점에서 가장 안정한 구조이기 때문에 옥시수은 첨가 반응의 Markovnikov 위치 선택성이 산 촉매 물 첨가 반응보다 개선될 수 있다.

두 번째 단계에서는 비대칭 중간체 **A**에 친핵체인 물(H_2O)이 HgL과 반대 방향에서 부분 양전하가 큰 C_2 탄소를 위치 및 입체 선택적으로 공격하고, 세 번째 단계에서는 물과의 산-염기 작용에 의하여 중간체 **I**가 생성된다.

탈수은 반응에서는 $NaBH_4$ 시약을 사용하여 Hg(OAc) 작용기를 수소로 치환할 수 있다. 자세한 메커니즘은 생략한다.

예제 4.12

아래의 반응에서 중간체와 생성물을 예측하시오.

(a) 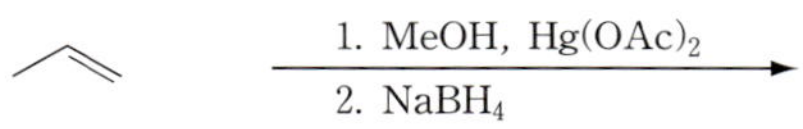

(b) 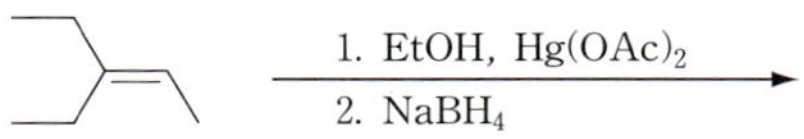

풀이

(a) 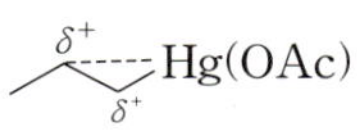

중간체

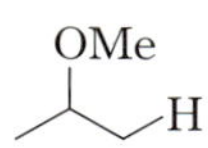

생성물

(b) 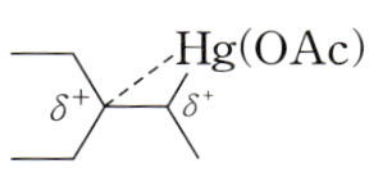

중간체

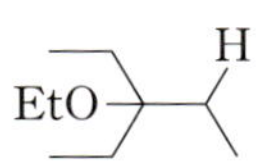

생성물

4.7.7 자리 옮김 반응(부반응)

3-메틸뷰트-1-엔과 염산이 반응하면 2-클로로-3-메틸뷰테인(**A**)과 2-클로로-2-메틸뷰테인(**B**)이 40 : 60의 비율로 얻어진다.

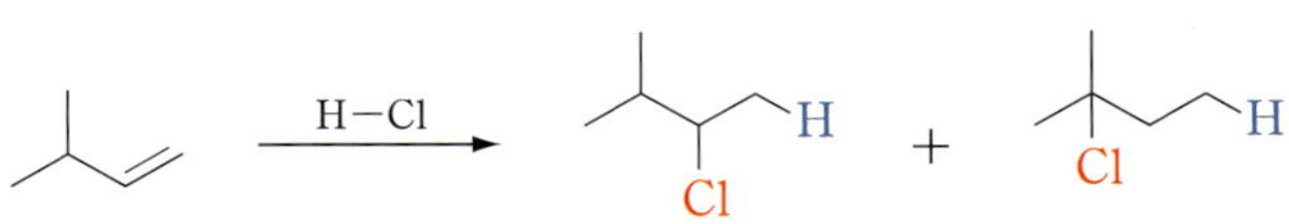

A(40%) **B**(60%)

생성물 **A**는 4.7.4절에서와 같이 열역학적으로 더 안정한 중간체 **I**가 생성되는 경로를 따라서 설명할 수 있으나(Markovnikov 생성물), 생성물 **B**는 이 경로로는 설명이 불가능하다. 만약 중간체 **I**에서 수소화 이온($H:^-$, hydride)의 자리 옮김 반응이 일어나면 더 안정한 3차 양이온 **J**가 생성되는데, 이 반응이 중간체 **I**와 친핵체의 반응과 경쟁할 정도로 빠르다면 생성물 **A**와 중간체 **J**가 동시에 생성되고, 그 결과 생성물 **A**와 **B**를 모두 얻을 수 있다. 실험 결과를 보면 **I**와 친핵체의 반응보다는 수소화 이온의 자리 옮김 반응 속도가 조금 더 빨라서 **B**가 **A**보다 조금 더 많이 생기는 것을 알 수 있다.

메커니즘 4-9 3-메틸뷰트-1-엔의 염산 첨가 반응 메커니즘

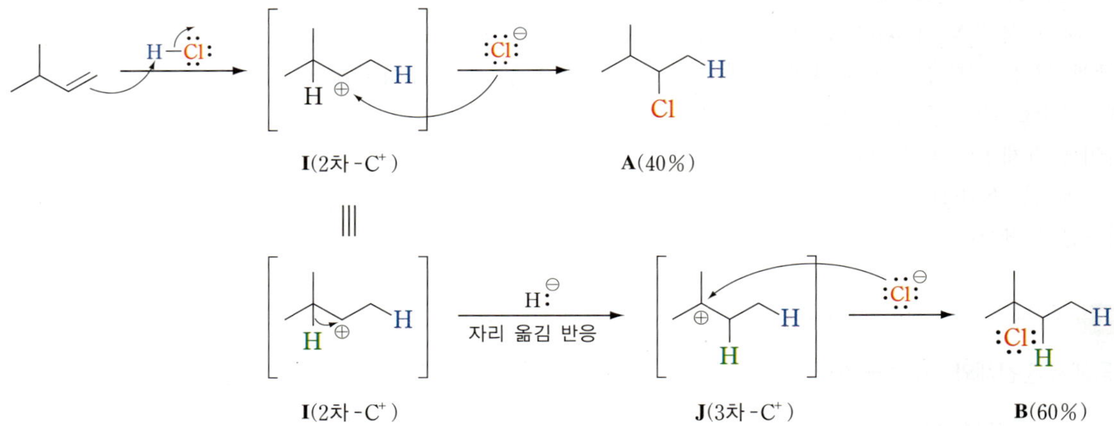

이러한 실험 결과는 알켄의 할로젠산 첨가 반응이 sp^2 탄소 양이온을 중간체로 경유함을 강하게 뒷받침하는 근거가 된다. 그리고 할로젠산 첨가 반응(HX) 및 물 첨가 반응(H^+, H_2O) 등 반응 메커니즘 상에서 탄소 양이온 중간체가 있는 경우에는 반응의 종류와 무관하게 항상 자리 옮김 반응이 가능할 수 있음을 유의해야 한다.

예제 4.13

3,3-다이메틸뷰트-1-엔과 염산이 반응하면 3-클로로-2,2-다이메틸뷰테인(**C**)과 2-클로로-2,3-다이메틸뷰테인(**D**)이 50 : 50의 비율로 얻어진다. 그 이유를 반응 메커니즘을 이용하여 설명하시오.

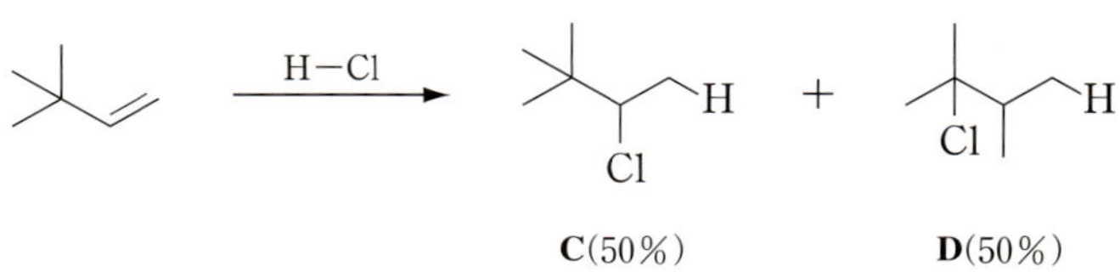

풀이

생성물 **C**는 4.7.4절에서와 같이 열역학적으로 더 안정한 중간체 **K**가 생성되는 경로를 그대로 답습함으로써 설명할 수 있으나(Markovnikov 생성물), 생성물 **D**는 이 경로로는 설명이 불가능하다. 만약 중간체 **K**에서 메틸 음이온(CH_3:$^-$)의 자리 옮김 반응이 진행되면 더 안정한 3차 양이온 **L**이 생성되는데, 이 반응이 중간체 **K**와 친핵체의 반응과 경쟁할 정도로 빠르다면 생성물 **C**와 중간체 **L**이 동시에 생성될 수 있고, 그 결과 생성물 **C**와 **D**를 모두 얻을 수 있다. 실험 결과를 보면 **K**와 친핵체의 반응과 메틸 음이온의 자리 옮김 반응 속도가 비슷해서 **C**와 **D**가 50:50으로 생기는 것을 알 수 있다.

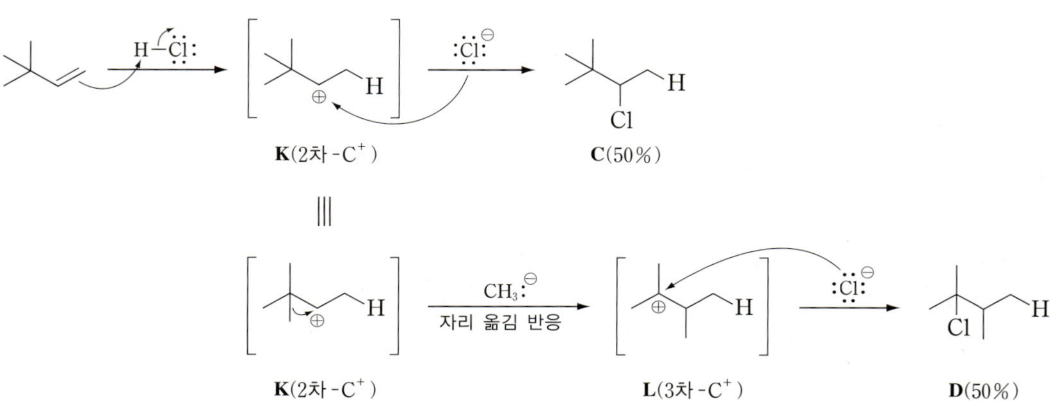

4.7.8 요약

4.7절에서 소개한 비대칭 알켄($RCH=CH_2$)의 친전자성 첨가 반응들을 반응 메커니즘 및 위치 선택성을 중심으로 아래와 같이 정리할 수 있다.

표 4-5 알켄의 친전자성 첨가 반응의 특징

반응 조건	친전자체(합성 단위체)	중간체	생성물	특징
X−X	$X^{\oplus}$	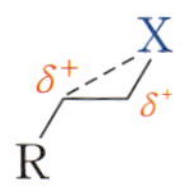	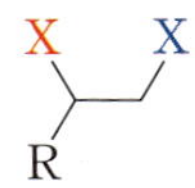	안티-생성물
X−X H_2O			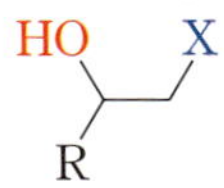	안티-생성물 Markovnikov 생성물
H−X	$H^{\oplus}$	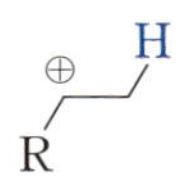	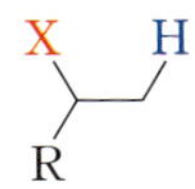	Markovnikov 생성물
H^+, H−OH			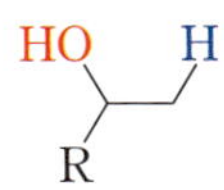	Markovnikov 생성물
1. HgL_2, H_2O 2. $NaBH_4$	$HgL^{\oplus}$	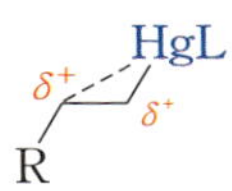	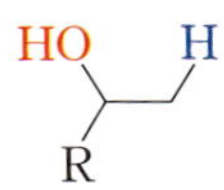	안티-생성물 Markovnikov 생성물

할로젠 첨가 반응(X_2) 및 하이포할로젠산 첨가 반응(X_2, H_2O)에서 첫 번째 단계는 π-결합 전자가 친핵체, X^+가 친전자체로 작용해서 동일한 삼각형 할로늄 양이온 중간체를 생성하는 반응으로서 중간체는 C_2에 부분 양전하가 더 집중되는 구조적인 특징을 갖는다. 두 번째 단계에서는 친핵체(X^- 및 H_2O)가 삼각형 중간체의 할로젠 원자와 반대 방향에서 부분 양전하가 집중된 C_2에 전자를 제공하는 반응으로서, 자연스럽게 안티-생성물이 얻어짐을 알 수 있다.

할로젠산 첨가 반응(HX) 및 물 첨가 반응(H^+, H_2O)에서 첫 번째 단계는 π-결합 전자가 친핵체, H^+가 친전자체로 작용해서 열역학적으로 더 안정한 동일한 sp^2 혼성 오비탈을 갖는 탄소 양이온을 생성하는 것으로, 여기가 반응 속도 결정 단계이다. 두 번째 단계에서는 친핵체(X^- 및 H_2O)가 sp^2 평면의 위 아래 방향에서 경쟁적으로 탄소 양이온을 공격하여 Markovnikov 규칙을 따르는 신 및 안티-생성물이 동시에 생성된다.

옥시수은 첨가 반응/탈수은 반응은 산 촉매 물 첨가 반응에서 위치 선택성을 개선함과 동시에 자리 옮김 반응 등을 억제하기 위해서 개발한 반응이다. 옥시수은 첨가 반응은 비록 친전자체는 서로 다르지만 친전자체의 고립 전자쌍에 의하여 삼각형 중간체가 생성된다는 점에서 할로젠 첨가 반응(X_2)(4.7.2절) 및 하이포할로젠산 첨가 반응(X_2, H_2O)(4.7.3절)과 개념적으로 완전히 일치한다. 탈수은 반응은 $NaBH_4$ 시약을 사용하여 진행하는데, 최종 생성물은 산 촉매 물 첨가 반응의 생성물과 동일하다.

4.8 할로젠산 첨가 반응(라디칼 반응)

4.7.4절에서는 H−X 시약을 사용하는 알켄의 할로젠산 첨가 반응에 대하여 상세하게 기술하였다. 이 반응에서는 Markovnikov 생성물이 얻어지는데, 이것을 sp^2 혼성 오비탈을 갖는 탄소

양이온 중간체를 이용하여 설명하기 때문에 이온성 할로젠산 첨가 반응으로 세분할 수 있다.

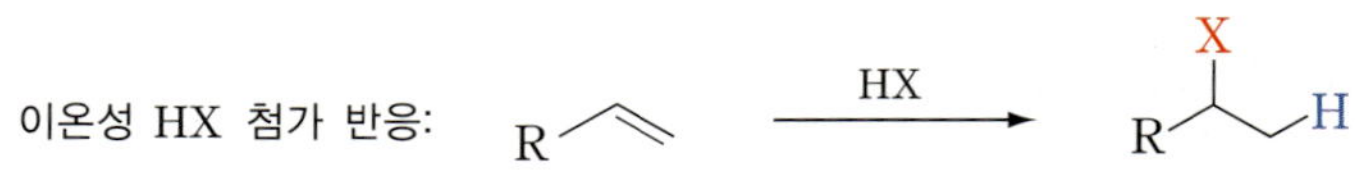

알켄의 할로젠산(H−X) 첨가 반응은 라디칼 반응을 통해서도 가능하다. 이 반응은 [H−X 및 라디칼 개시제]의 조합을 사용하고, 이온성 할로젠산 첨가 반응의 Markovnikov 선택성과는 반대의 선택성을 주는 *anti*-Markovnikov 생성물을 제공한다. 현실적으로는 HBr의 라디칼 첨가 반응이 유기 합성의 관점에서 의미가 있다.

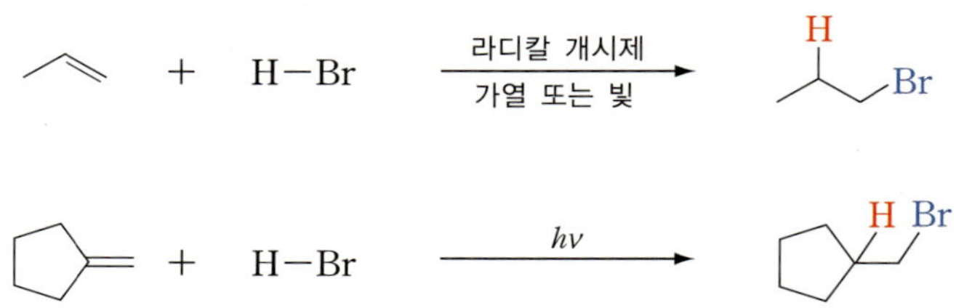

프로펜의 라디칼 HBr 첨가 반응은 다음과 같이 진행한다.

메커니즘 4-10 프로펜의 라디칼 HBr 첨가 반응 메커니즘

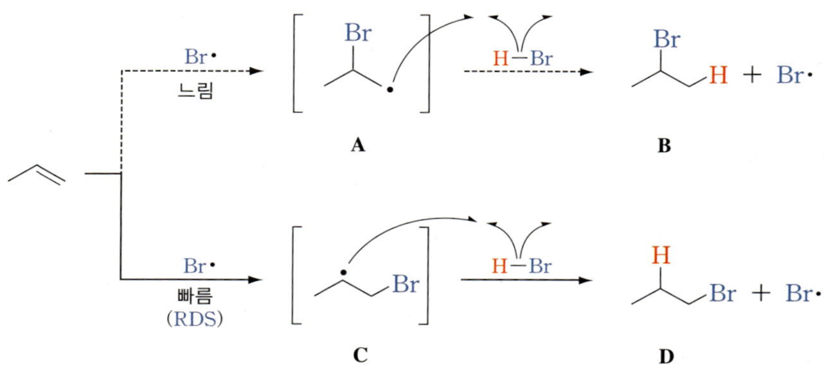

개시 단계에서 RO−OR 개시제를 사용하는 경우에 O−O 결합 에너지(51 kcal/mol)는 일반적인 C−H(93~105 kcal/mol) 및 C−C(81~90 kcal/mol) 결합보다 훨씬 약하기 때문에 O−O 결합이 선택적으로 끊어진다. 이렇게 생성된 RO· 라디칼은 HBr과 반응하여 ROH 및 Br· 라디칼로 전환된다. 이 반응은 H−Br 결합이 끊어지고 O−H 결합이 생성되는 반응으로서, 열역학적으로 88 kcal/mol의 에너지가 유입되고 119 kcal/mol의 에너지가 방출되기 때문에 총 31 kcal/mol의 에너지를 방출하는 발열 반응이다.

$$\text{RO−OR} \xrightarrow{h\nu \text{ 또는 가열}} 2\text{RO}\cdot$$

$$\text{RO}\cdot + \text{HBr} \longrightarrow \text{ROH} + \text{Br}\cdot \quad \Delta H^\circ = -31 \text{ kcal/mol}$$

전파 단계의 첫 번째 단계는 C=C의 π-결합과 Br·의 반응으로, 이 단계가 반응 속도 결정 단계이다. 비대칭 C=C 이중 결합을 갖는 프로펜의 경우에는 Br·이 C_2와 결합하면 1차 라디칼

(**A**)이 생기고, Br·이 C_1과 결합하면 2차 라디칼(**C**)이 생성된다. 열역학적으로 **C**가 **A**보다 더 안정하다는 것을 파악한 후, 여기에 Hammond 가설(2.8.3절)을 적용하면 중간체 **C**가 **A**보다 더 빠르게 생성되므로 생성물 **D**가 주생성물로 얻어짐을 설명할 수 있다. 또한 이 과정에서 Br·은 재생성된다.

비대칭 알켄의 이온성 할로젠산 첨가 반응(4.7.4절)과 라디칼 할로젠산 첨가 반응(4.8절)의 생성물을 아래에 비교하였다. 구조적인 관점에서 분석하면 두 생성물은 H 및 X의 위치가 서로 바뀌어 있는데, 이것은 C=C의 π-결합과 반응하는 친핵체(H^+ vs. Br·)는 서로 다르지만 열역학적으로 더 안정한 중간체가 선택적으로 생성된다는 가정을 통해서 손쉽게 설명할 수 있다.

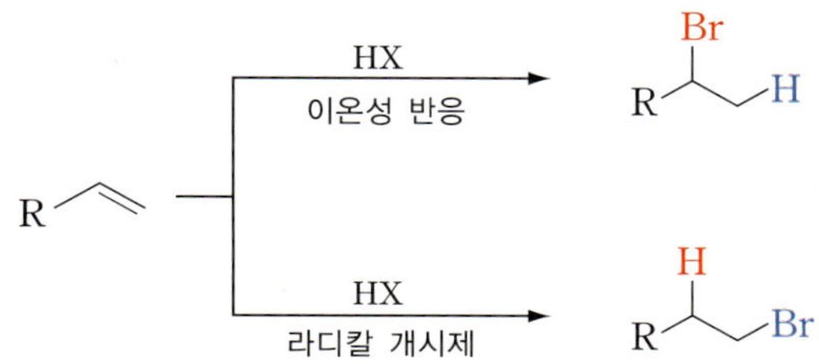

알켄의 라디칼 첨가 반응은 H−Br은 물론이고 Cl−Cl, Br−Br, H−SH, H−SR, Cl−CCl_3, Br−CBr_3 등에서도 모두 동일한 메커니즘으로 진행된다. 이때 H−Br 라디칼 첨가 반응에서 Br·의 역할을 Cl·, Br·, HS·, RS·, Cl_3C·, Br_3C· 등이 각각 수행한다.

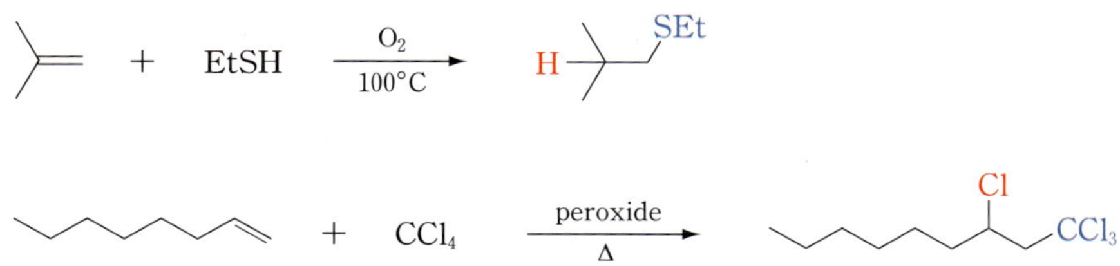

예제 4.14

아래 반응의 주생성물을 쓰시오.

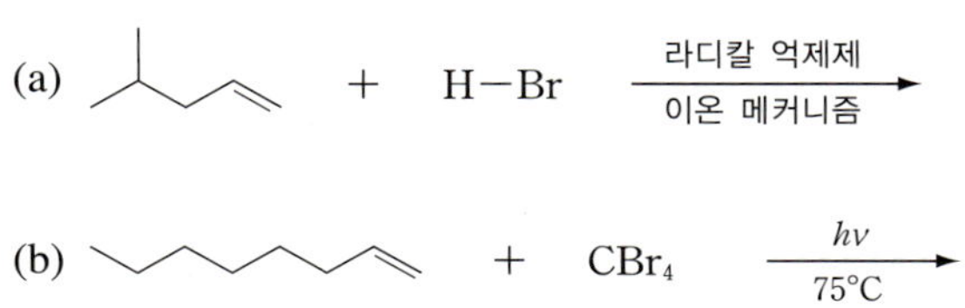

풀이

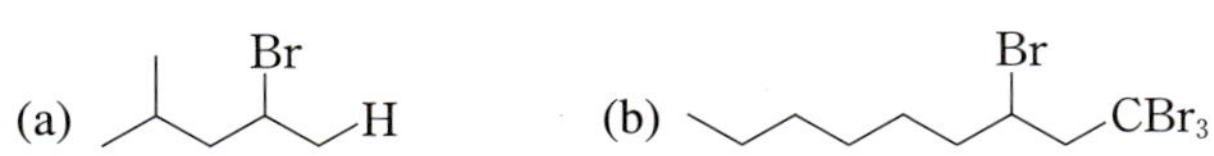

4.9 물 첨가 반응(수소화붕소 첨가 반응/산화 반응)

4.7.5절 및 4.7.6절에서는 산 촉매 물 첨가 반응(H^+, H_2O) 및 옥시수은 첨가 반응/탈수은 반응(HgL_2, H_2O; $NaBH_4$)에 대하여 상세하게 기술하였다. 이들 반응에서는 H가 수소 원자가 많은

탄소, OH가 입체 장애가 큰 탄소에 결합한 Markovnikov 생성물이 주로 얻어진다.

이온성 H_2O 첨가 반응:

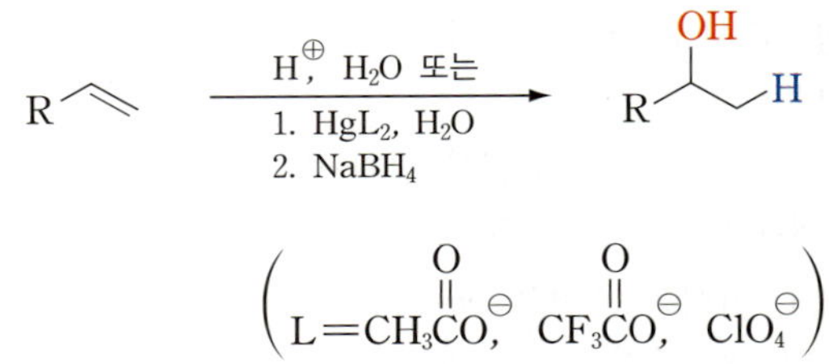

알켄의 물 첨가 반응은 [수소화붕소 첨가 반응(hydroboration)/산화 반응(oxidation)]을 통해서도 가능하다. 이 반응은 일반적으로 [BH_3; NaOH, H_2O_2]의 조합을 사용하는데, H는 수소 원자가 적은 탄소, OH는 입체 장애가 작은 탄소에 결합한 *anti*-Markovnikov 생성물이 얻어진다. 입체 선택적인 관점에서는 C=C 이중 결합의 평면을 기준으로 H와 OH가 같은 방향에서 접근하는 신-선택성을 갖는다.

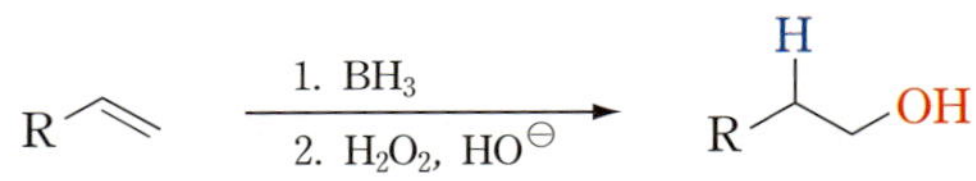

syn

수소화붕소 첨가 반응의 예를 아래에 들어 보았다.

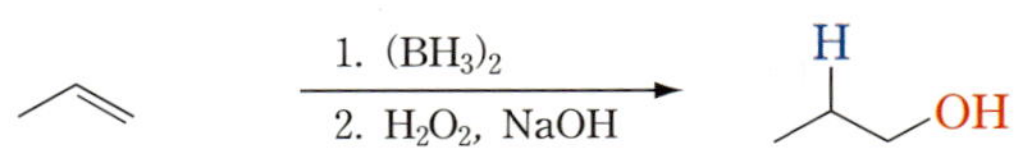

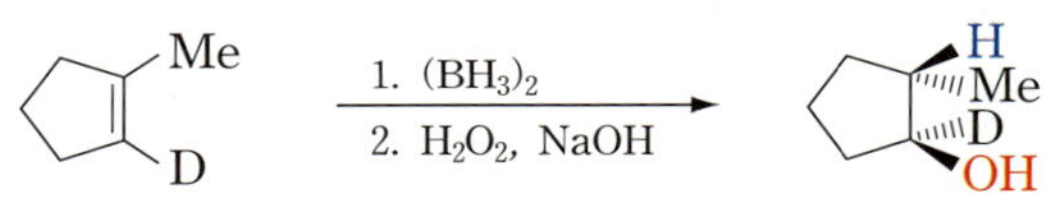

프로펜의 [수소화붕소 첨가 반응/산화 반응]은 아래의 경로를 따라서 진행된다.

수소화붕소 첨가 반응의 첫 번째 단계는 전자가 풍부한 π-결합과 전자가 부족한 붕소(boron)의 결합이다. 붕소는 13족 원소로서 세 개의 원자가 전자가 모두 공유 결합에 참여해도 붕소 주위에는 최대 여섯 개의 전자만 가능하기 때문에, 외부에서 두 개의 전자를 더 받아서 팔전자계를 만족하려는 경향성이 매우 크게 된다. 이러한 특성으로 인하여 보레인(BH_3)의 붕소 원자는 반응에 참여하기에 앞서서 π-전자와 π-착물(π-complex)을 형성한다.

두 번째 단계에서는 π-착물이 C=C와 B−H로 구성되는 사각형 고리 협동 전이 상태를 통해서 수소화붕소 첨가 반응을 진행한다. C=C와 B−H로 구성되는 사각형 전이 상태는 H/H 및 H/Me가 가려진 형태로 있는 **A**와 두 쌍의 H/H가 모두 가려진 형태가 되는 **B**가 가능한데, H−BH_2 시약에서 물리적으로 큰 BH_2 부분이 입체 장애가 적은 곳에 위치한 전이 상태 **B**가 **A**보다 더 안정하다. 따라서 반응은 열역학적으로 더 안정한 전이 상태 **B**를 따라서 진행되고, 그 결과 최종적으로 *anti*-Markovnikov 생성물이 얻어진다. 그리고 사각형 고리 협동 전이 상태를 갖기 위해서는 B−H 결합이 C=C 이중 결합 평면을 중심으로 같은 방향에서 접근해야만 가능하므로 입체 선택성의 관점에서 신-선택성을 주는 것은 당연한 것이라 할 수 있다.

협동 반응(concerted reaction)은 다수의 σ-결합 및 π-결합이 동시에 끊어지고 생성되는 한 단계 반응을 통칭하는 용어이다(2.3절).

메커니즘 4-11 프로펜의 수소화붕소 첨가 반응 메커니즘

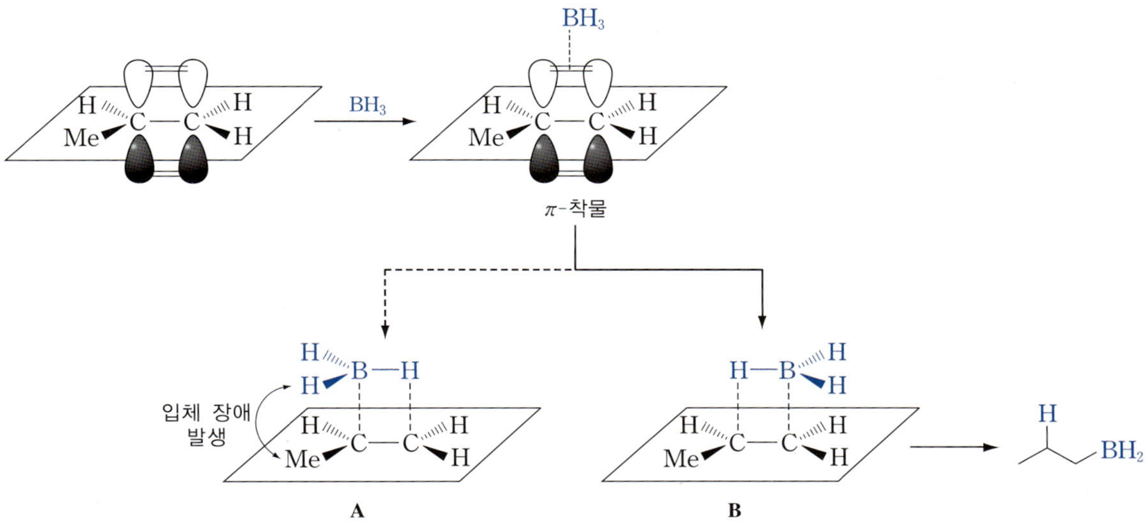

산화 반응은 C−B 결합이 C−OH로 전환되는 과정으로서, 일반적인 반응 조건은 H_2O_2/HO^-이다. 물(H_2O)과 과산화 수소(H_2O_2)의 산 이온화 상수(pK_a)는 각각 16 및 11이므로 이 조건에서는 H_2O_2가 대부분 HOO^-로 존재하고(2.1.4절), 또한 HOO^-는 매우 강한 친핵체이기 때문에 주위에 여섯 개의 전자를 갖는 R_3B(trialkylborane)에 전자를 제공하여 팔전자계를 만족하는 붕소 음이온 **C**를 생성한다. 중간체 **C**에서는 B−R 공유 결합의 전자 두 개를 이웃한 산소 원자에 제공하면서 상대적으로 약한 O−O 공유 결합을 끊는 알킬 작용기의 자리 옮김 반응이 일어나서 B−O−R 결합을 갖는 중간체 **D**를 제공한다. 이러한 과정이 두 번 더 반복되면 $BR_3 \rightarrow BR_2(OR) \rightarrow BR(OR)_2 \rightarrow B(OR)_3$의 전환이 완성되고, 마지막으로 용매에 과량으로 존재하는 OH^- 시약이 B−OR 결합을 치환함으로써 알코올 생성물을 얻을 수 있다.

일반적으로 BH_3의 모든 B−H 결합은 수소화붕소 첨가 반응에 참여할 수 있고, 경우에 따라서는 두 개 또는 한 개의 B−H 결합만 반응에 참여하도록 조절할 수도 있다.

메커니즘 4-12 R_3B의 산화 반응 메커니즘

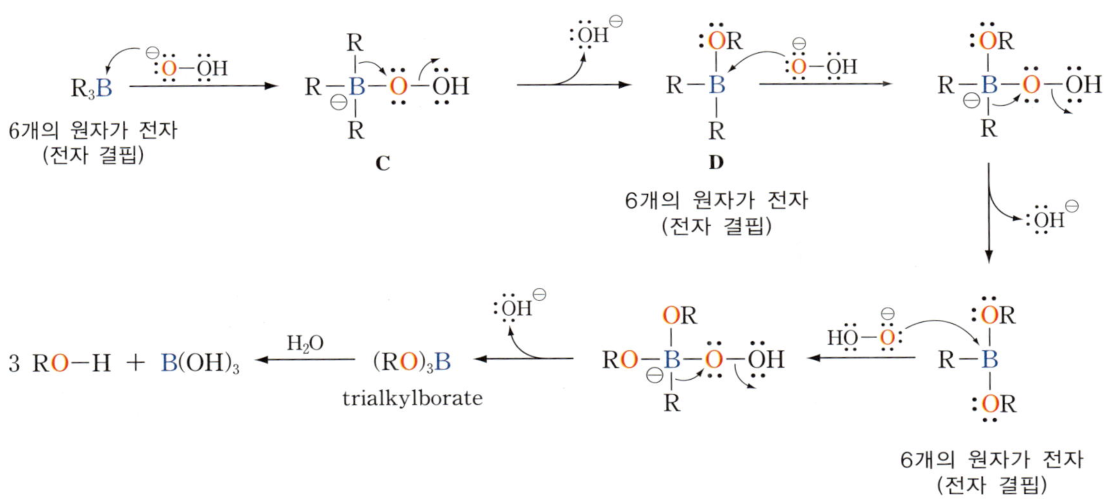

예제 4.15

아래 반응의 주생성물을 그리시오.

풀이

예제 4.16

아래의 반응에서 입체 화학 및 위치 선택성을 결정하는 전이 상태를 그리시오.

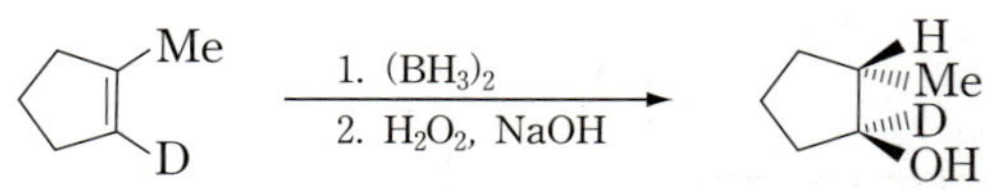

풀이

수소화붕소 첨가 반응은 사각형 전이 상태를 갖기 때문에 H와 B, 최종적으로는 H와 OH가 이중 결합의 같은 쪽에서 접근한 신-생성물이 얻어진다. 그리고 입체 장애가 적은 사각형 전이 상태가 빠르게 진행되므로 치환체가 많은 탄소에 수소가 결합하는 생성물이 얻어진다. 이 두 가지를 종합하면 위의 반응을 설명할 수 있다.

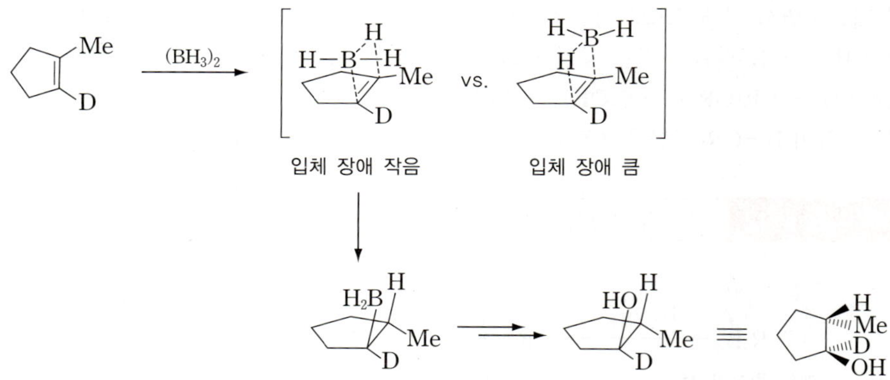

4.10 산화 및 환원 반응

이 절에서는 C=C 이중 결합의 산화 반응 및 환원 반응에 대하여 알아보기로 한다. 이중 결합의 산화 반응으로는 다이하이드록실화 반응, 1,2-다이올 분해 반응, 가오존 분해 반응, 에폭시화 반응을 기술하고, 환원 반응으로는 촉매 수소화 반응에 대하여 설명할 예정이다.

4.10.1 다이하이드록실화 반응

C=C 이중 결합을 OsO_4 또는 $KMnO_4$ 시약과 반응시키면 신-1,2-다이올(글리콜, glycol)이 생성되는데, 이것을 **다이하이드록실화 반응(dihydroxylation)**이라고 한다. 대표적인 반응 조건은

OsO_4(당량) 또는 [OsO_4(촉매량)/산화제(당량)] 조합이고, $KMnO_4$ 시약은 수율이 낮아서 일반적인 유기 합성에서 널리 사용하지는 않는다.

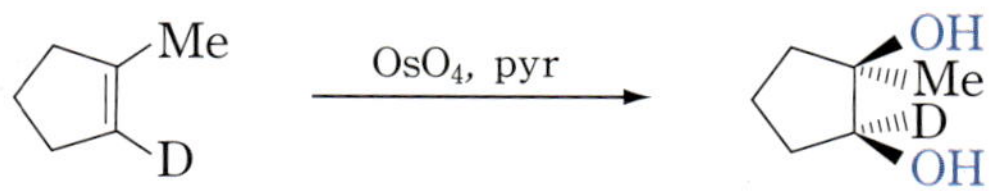

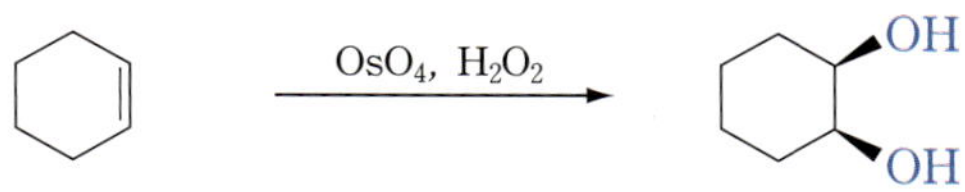

[OsO_4(촉매량)/산화제(당량)] 조합의 반응 메커니즘은 다음과 같다. 먼저 C=C π-결합과 OsO_4의 O=Os=O 결합 사이에 오각형 전이 상태를 갖는 신-[3+2]-고리화 첨가 반응(cycloaddition reaction)이 일어나서 중간체 **A**를 제공하고, 계속해서 가수 분해가 순차적으로 두 번 진행되면서 신-1,2-다이올과 $OsO_2(OH)_2$(**B**)가 생성된다. 이 반응에서는 촉매량의 OsO_4 시약을 사용하기 때문에 반응 중간에 $Os^{VI} \rightarrow Os^{VIII}$의 산화 반응이 있어야 하는데, 이것은 외부에서 제공한 산화제(H_2O_2)에 의하여 일어난다.

중간체 **A**에서의 가수 분해 반응 메커니즘은 18장에서 상세하게 다루기로 한다.

메커니즘 4-13 사이클로헥센의 다이하이드록실화 반응 메커니즘

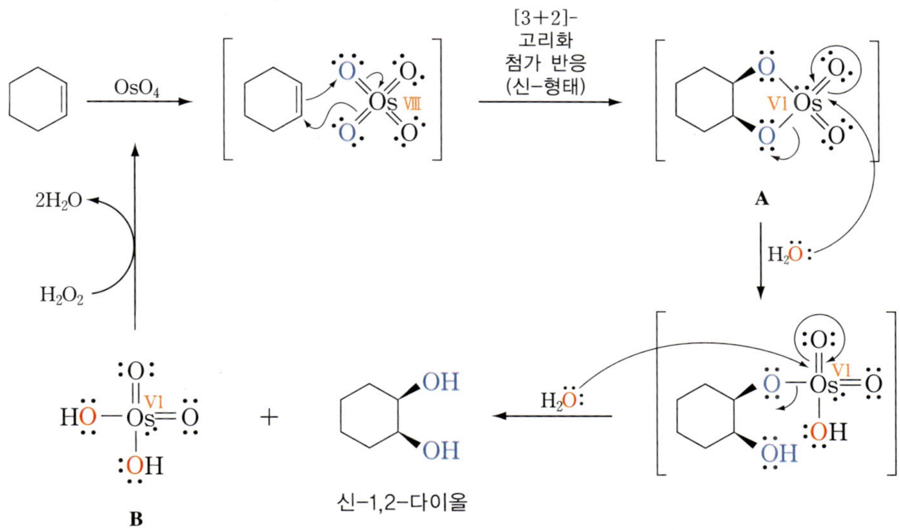

예제 4.17

아래 반응의 주생성물을 그리시오.

(a) 

(b) 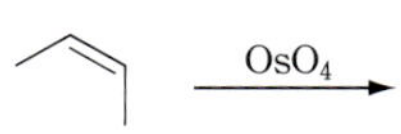

풀이

(a) 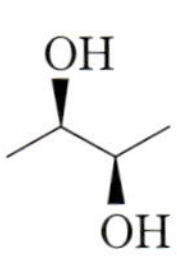

(b) 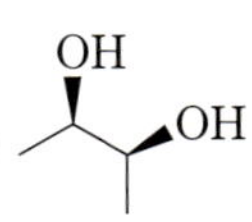

4.10.2 1,2-다이올 분해 반응

1,2-다이올 분해 반응은 알켄의 반응에 해당하지는 않지만, 알켄의 다이하이드록실화 반응과 함께 사용하는 경우에 카보닐 작용기를 제공할 수 있다.

1,2-다이올이 IO_4^-와 반응하면 HO−C−C−OH 구조의 C−C 단일 결합이 끊어지면서 두 개의 C=O 결합이 생성된다. 이러한 반응을 **1,2-다이올 분해 반응(1,2-diol cleavage)**이라고 한다.

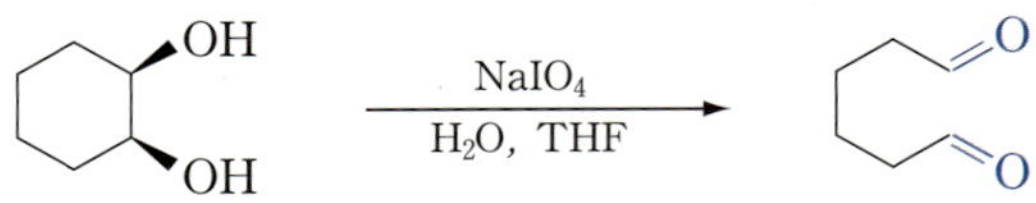

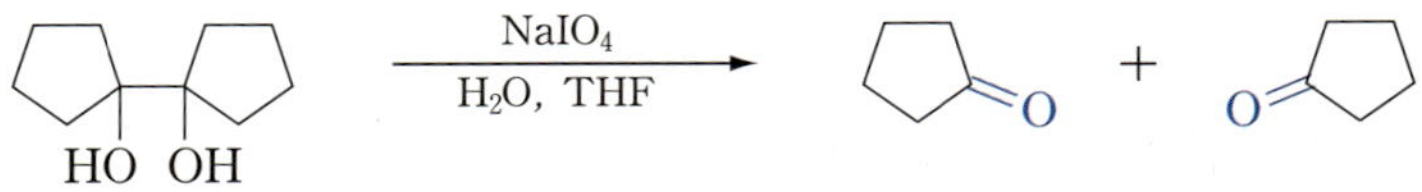

1,2-다이올 분해 반응의 메커니즘은 다음과 같다. 우선 첫 번째 OH 작용기가 중심 원자인 아이오딘(Ⅶ)과 반응하여 에스터 **A**를 형성하고, 두 번째 OH 작용기가 **A**와 반응하여 다이에스터 **B**를 생성한다. 중간체 **B**에 물 분자 한 개가 들어가서 유도체 **C**를 형성한 후, 그림에서의 전자 이동에 의하여 C−C 단일 결합이 끊어지면서 최종 생성물이 얻어진다.

메커니즘 4-14 1,2-다이올 분해 반응 메커니즘

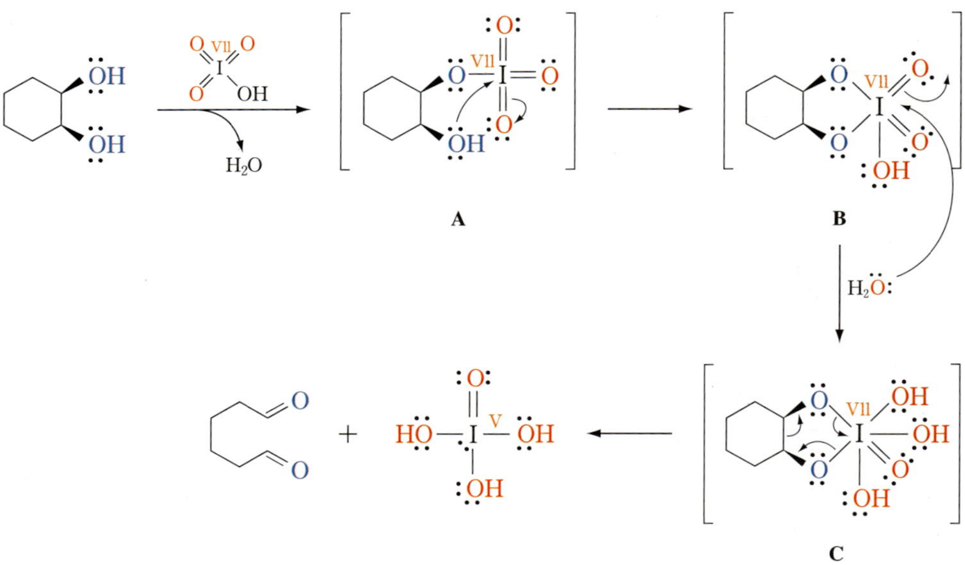

1,2-다이올 분해 반응은 $NaIO_4$ 대신에 $KMnO_4$를 사용해도 가능하지만, 이중 결합의 다이하이드록실화 반응처럼 수율이 낮아서 유기 합성에는 제한적으로 적용된다. 예를 들면, (*E*)-4-메틸헵트-2-엔을 $KMnO_4$와 반응시키면 1,2-다이올 중간체를 거쳐서 두 종류의 알데하이드가 일차적으로 생성되는데, 이와 동시에 알데하이드의 산화 반응이 추가로 진행되면서 두 종류의 카복실산도 함께 얻어질 수 있다. 이처럼 $KMnO_4$를 이용한 반응은 선택성에서 큰 단점이 있다.

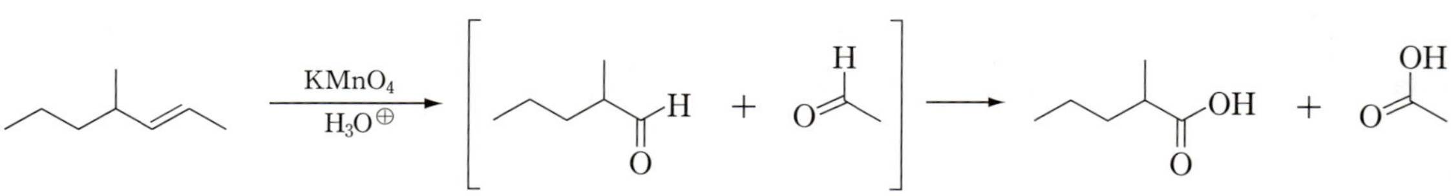

예제 4.18

아래 반응의 주생성물을 그리시오.

(a) 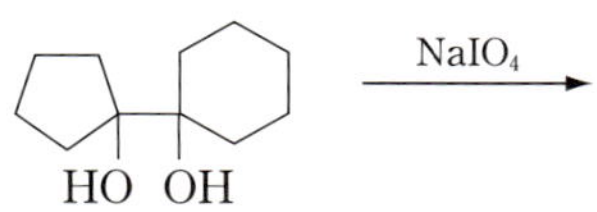

(b) 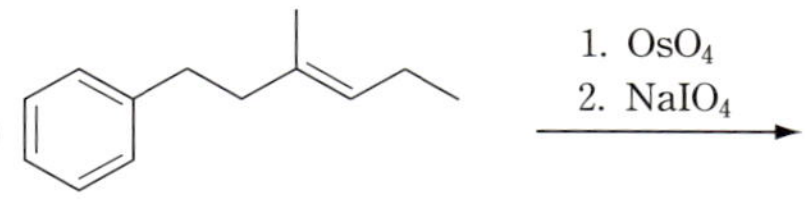

풀이

(a) 

(b) 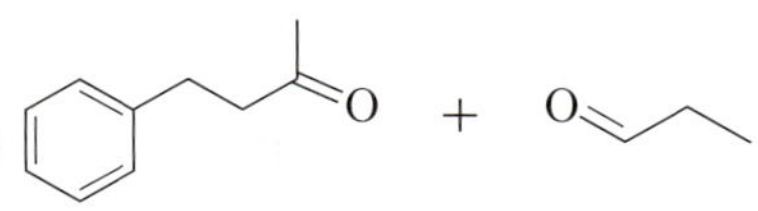

4.10.3 가오존 분해 반응

오존(O_3)은 열역학적으로 불안정한 화합물로서 자연계에서 매우 낮은 농도로 존재한다. 따라서 오존을 화학 반응에 이용하려면 오존 발생기(ozonator)를 사용하여 오존의 농도를 일정 수준 이상으로 유지해야 한다. 일반적으로 오존은 고압의 방전 장치 속으로 산소를 주입하여 생성하는데, 오존의 존재는 I^- 이온과의 산화–환원 반응 및 착이온 형성을 통해서 시각적으로 검출할 수 있다.

$$\text{생성:}\quad 3O_2 \longrightarrow 2O_3 \qquad \Delta H_f^\circ = 34\ \text{kcal/mol}$$

$$\text{검출:}\quad 2I^{\ominus} \xrightarrow[\text{산화 반응}]{O_3} I_2 \xrightarrow{I^{\ominus}} \underset{\text{(진한 갈색)}}{I_3^{\ominus}}$$

C=C 이중 결합이 오존(O_3)과 반응하면 오조나이드(ozonide) 중간체가 생성되는데, 이것과 반응하는 시약의 종류에 따라서 카복실산, 다이카보닐, 알코올 등을 선택적으로 얻을 수 있다. 이러한 반응을 **가오존 분해 반응(ozonolysis)**이라고 한다. 이 반응은 다양한 치환체를 갖는 이중 결합에 널리 사용할 수 있는 유용한 반응으로서 용매로는 CH_2Cl_2, $CH_3CO_2CH_2CH_3$, CH_3OH 등을 사용한다.

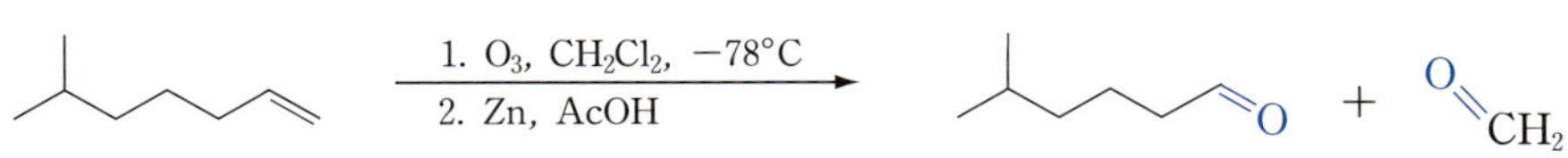

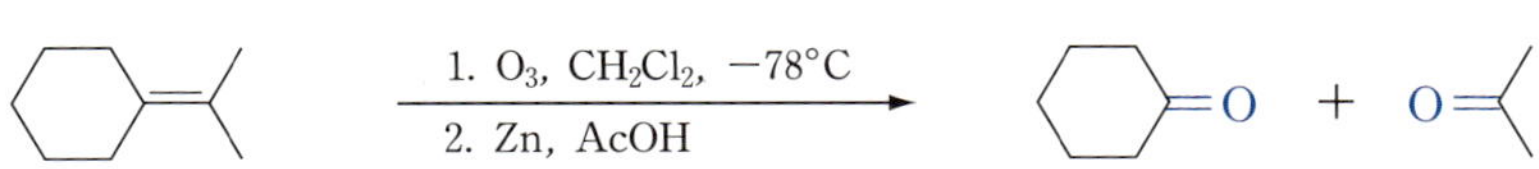

반응 메커니즘의 관점에서 오조나이드 중간체 **C**에 이르는 경로는 다음과 같다. 우선, C=C π-결합과 오존의 1,3-산소 원자 사이에 신-[3+2]-고리화 첨가 반응이 진행되어 몰오조나이드(molozonide) **A**가 생성되고, **A**에서 다른 방향으로의 역-[3+2]-고리화 첨가 반응이 일어나 중간체 **B**를 얻은 후, 중간체 **B**에서 또 다른 방향으로의 신-[3+2]-고리화 첨가 반응이 진행되면 오조나이드(ozonide) **C**가 된다. 가오존 분해 반응의 최종 생성물은 **C**와 반응하는 시약에 따라서 다양하게 얻을 수 있다. 즉, **C**에 산화제(H_2O_2)를 처리하면 카복실산이 얻어지고, Zn–AcOH, Me_2S(다이메틸설파이드), PPh_3(트라이페닐포스핀) 등을 반응시키면 알데하이드

(RCHO) 및 케톤(R_2CO)이 생성되며, 환원제($NaBH_4$)를 처리하면 다이올이 나온다.

메커니즘 4-15 가오존 분해 반응 메커니즘

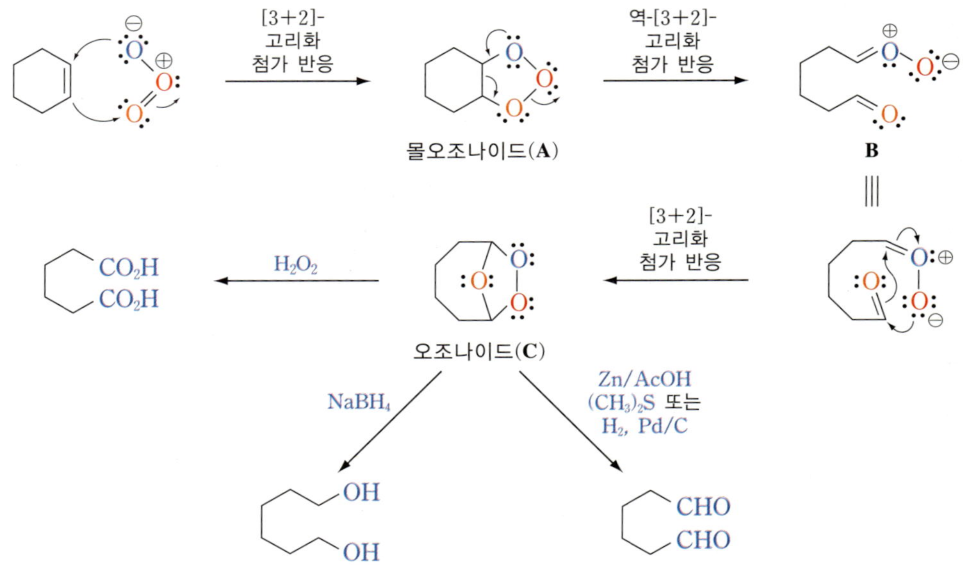

참고로 C=C 이중 결합에 [O_3+Zn−AcOH]를 적용한 반응과 [OsO_4+$NaIO_4$]를 적용한 반응의 생성물은 서로 같다. 이런 경우에 어떠한 반응 조건을 사용할 것인가의 문제는 반응 시약들의 특성, 출발 물질에 존재하는 다른 작용기의 영향 등 다양한 요인을 종합적으로 고려해서 결정해야 한다.

예제 4.19

아래 반응의 주생성물을 그리시오.

(a) 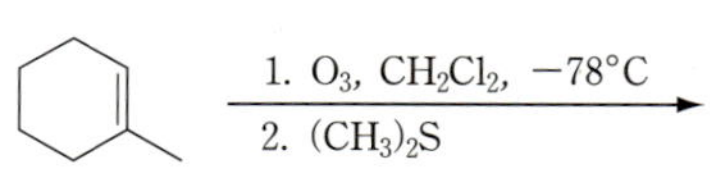

(b) 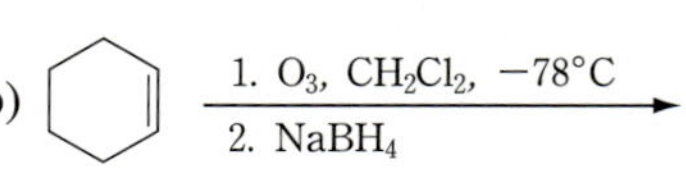

풀이

(a) 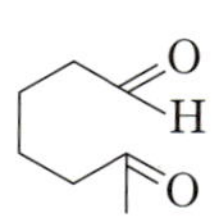

(b) 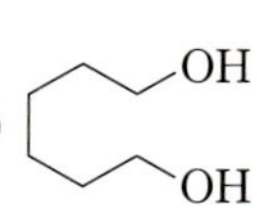

예제 4.20

이중 결합이 한 개인 화합물에 가오존 분해 반응을 진행하였더니 아세트알데하이드와 사이클로헥산온이 1:1로 얻어졌다. 출발 물질의 구조를 예측하시오.

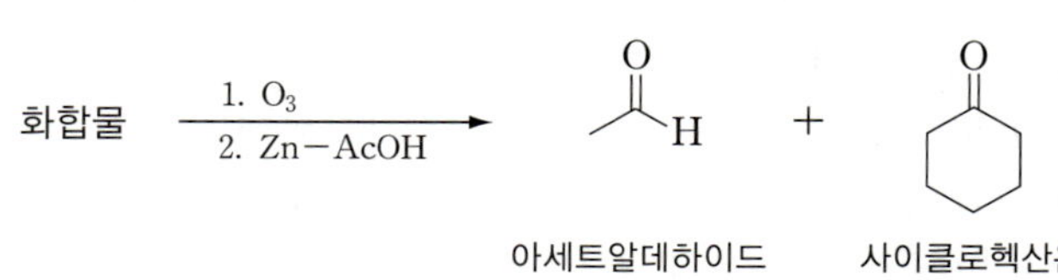

풀이

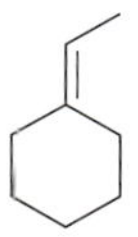

4.10.4 에폭시화 반응

C=C 이중 결합이 과카복실산(percarboxylic acid)과 반응하면 에폭사이드(epoxide)가 생성되는데, 이러한 반응을 **에폭시화 반응(epoxidation)**이라고 한다. 이 반응은 삼각형 고리를 형성하는 반응이므로 이중 결합 평면을 기준으로 신-선택성을 갖는다.

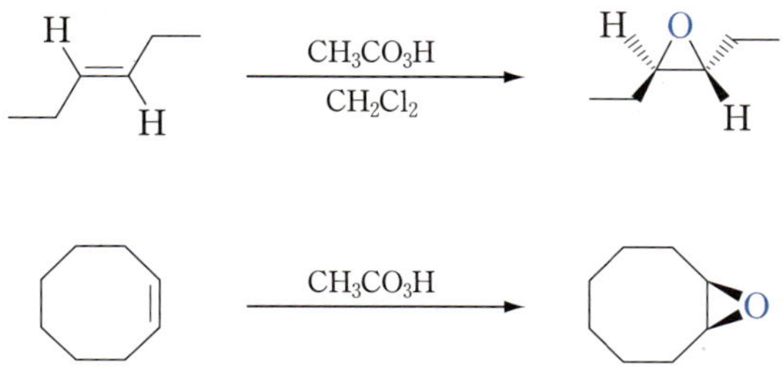

그림 4-10 에폭시화 반응

에폭시화 반응에 주로 사용되는 과카복실산 시약은 아래와 같다. 이들은 모두 C(C=O)−O−OH의 구조를 갖는 물질로서, O−O 결합 에너지가 35 kcal/mol 정도에 불과하기 때문에 O−O 결합이 쉽게 끊어지는 불안정한 화합물이다.

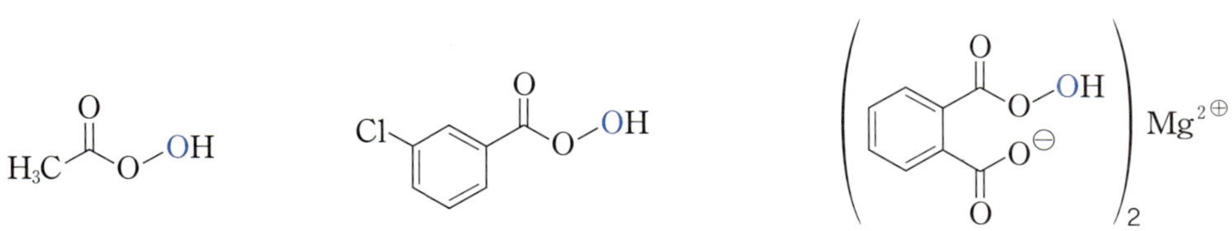

Peracetic acid

m-Chloroperbenzoic acid (MCPBA)

Magnesium monoperoxyphthalate (MMPP)

그림 4-11 에폭시화 반응에 사용되는 시약

이 반응은 기본적으로 C=C 이중 결합의 π-전자가 친핵체로서 전자를 공급하고, 결합력이 약한 O−O σ-결합이 친전자체로서 전자를 받아들이는 반응이다. 이때 과카복실산은 오각형의 분자 내 수소 결합을 유지하고, C=C π-전자는 이중 결합 평면을 기준으로 위−아래에 집중적으로 존재하기 때문에, 입체 장애를 최소화하면서 오비탈 사이의 중첩을 최대로 하기 위해서는 아래와 같이 친전자체인 O−O σ-결합이 이중 결합 평면에 수직으로 접근해야만 한다. 이 반응은 여러 개의 공유 결합이 동시에 끊어지고 동시에 생성되는 고리 협동 반응으로 진행된다(2.3절).

C=C 이중 결합의 다이하이드록실화 반응, 가오존 분해 반응의 [3+2]-고리화 첨가 반응도 모두 고리 협동 반응으로 진행한다. 고리 협동 반응에 대해서는 나중에 상세히 설명하기로 한다.

메커니즘 4-16 에폭시화 반응의 메커니즘

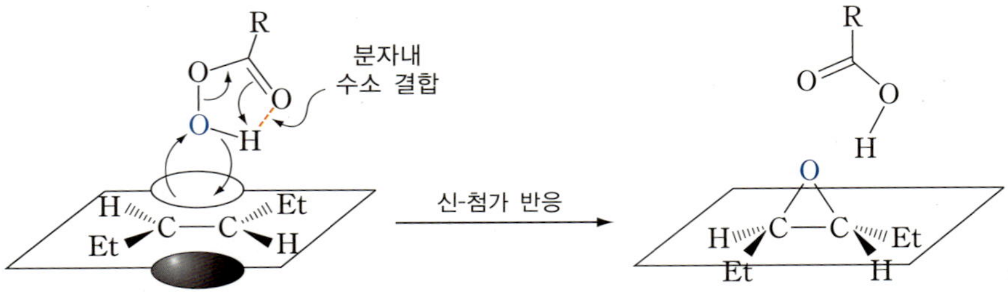

이제는 분자 내에 다수의 이중 결합이 있을 때의 선택성에 대하여 생각해 보자. 에폭시화 반응은 C=C 이중 결합의 π-전자가 친핵체, 그리고 O−O σ-결합이 친전체로 작용하므로 알킬 치환체가 많으면 π-전자 밀도가 높아지고, 그 결과 에폭시화 반응이 빠르게 진행될 것임을 예상할 수 있다(4.7.6절).

그림 4-12 알킬 치환체 수에 따른 에폭시화 반응 속도 비교

예제 4.21

아래 반응의 주생성물을 그리시오.

(a) 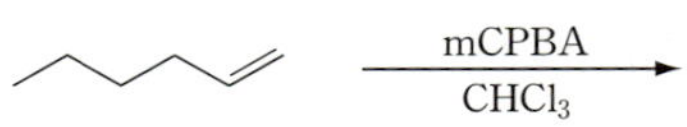

(b) 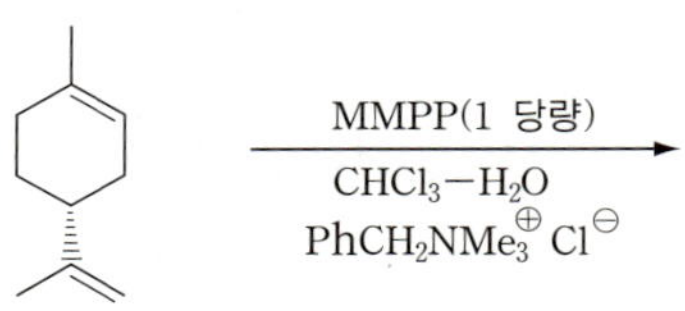

풀이

(a) 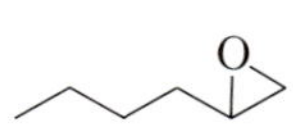

(b) 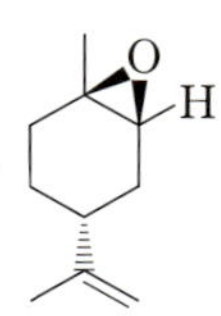

4.10.5 촉매 수소화 반응

4.10절에서 지금까지 기술한 다이하이드록실화 반응, 1,2-다이올 분해 반응, 가오존 분해 반응, 에폭시화 반응은 모두 산화 반응에 관한 것이다. 이제는 환원 반응에 해당하는 촉매 수소화 반응에 대해서 알아보자.

알켄과 H_2 기체를 금속 촉매 하에서 반응시키면 C=C의 π-결합이 끊어지고, 두 개의 C−H σ-결합을 갖는 생성물이 얻어지는데, 이러한 반응을 **촉매 수소화 반응(catalytic hydrogenation)**

이라고 한다.

금속 촉매는 니켈(Ni), 팔라듐(Pd/C, Pd/$BaSO_4$), 백금(PtO_2, Adams 촉매)을 주로 사용하지만, 경우에 따라서는 이리듐(Ir^+), 로듐(Rh^+), 루테늄(Ru^{2+})을 쓰기도 한다. 용매는 일반적으로 메탄올, 에탄올, 아세트산, 헥세인 등을 사용하고, 수소 분자는 C=C 이중 결합 평면을 기준으로 같은 방향에서 접근하기 때문에 두 개의 C−H σ-결합은 신-선택성을 갖는다. 또한, 이 반응은 열역학적으로 열이 방출되는 발열 반응이고, 반응이 고체 촉매의 표면에서 진행되는 **불균일 반응(heterogeneous reaction)**이다.

Pd/C 촉매는 미세한 숯(charcoal) 입자 표면의 일부를 Pd로 코팅한 것이고, Pd/$BaSO_4$ 촉매는 미세한 $BaSO_4$ 입자의 표면을 Pd로 일부 코팅한 것을 의미한다.

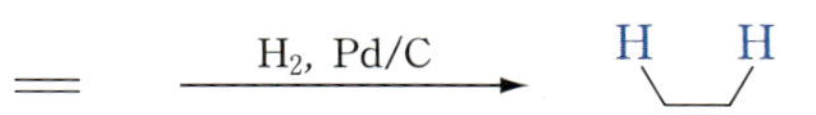

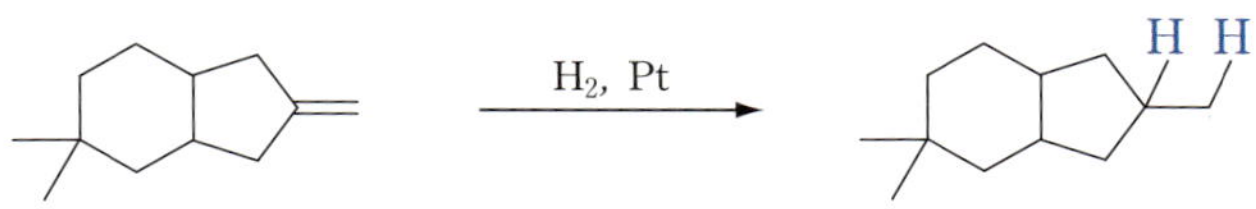

촉매 수소화 반응의 메커니즘은 확실하지 않지만 일반적으로 다음과 같이 설명할 수 있다. 먼저 촉매 표면에 수소 분자가 흡착(adsorption)하고, C=C π-결합이 촉매와 착물을 이룬 후, 곧바로 π-결합이 끊어지면서 두 개의 C−M 결합을 형성한다. 계속해서 각각의 C−M 결합을 수소 원자가 각각 치환하여 알케인을 형성한다. 이때 알케인은 촉매와 착물을 형성할 수 있는 여분의 π-전자가 없기 때문에 촉매 표면에서 떨어지고(탈착, desorption), 그 결과 새로운 반응이 가능한 금속 표면이 새롭게 생성되어 촉매의 역할을 계속해서 수행하게 된다.

메커니즘 4-17 알켄의 촉매 수소화 반응 메커니즘

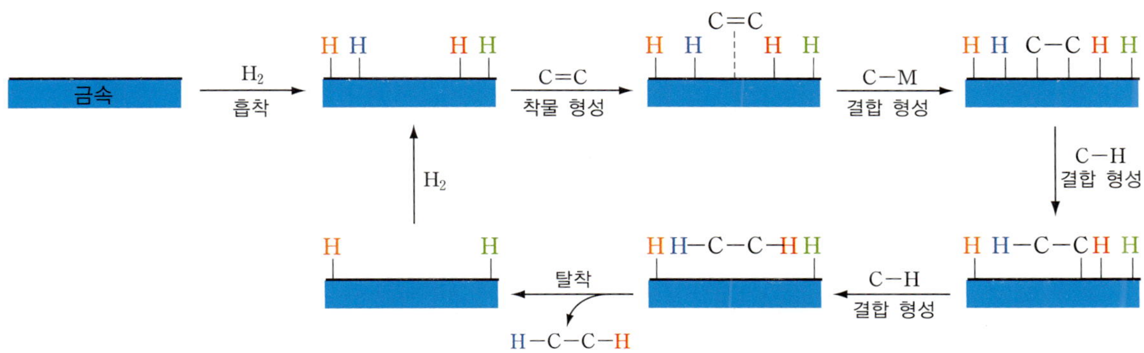

반응 메커니즘에 의하면 촉매 수소화 반응이 진행되기 위해서는 C=C π-결합이 촉매 표면에서 착물을 형성해야 한다. 일반적으로 사치환 알켄의 경우에는 입체 장애가 커서 C=C π-결합이 금속 표면에 접근하기 어렵고, 그 결과 촉매 수소화 반응이 잘 진행되지 않는다. 만약 C=C 이중 결합 평면을 기준으로 위 및 아래의 입체 장애가 크게 다르면 금속 착물의 형성이 입체 장애가 작은 평면에서만 선택적으로 진행되어 입체 선택적으로 H 원자를 도입할 수 있다.

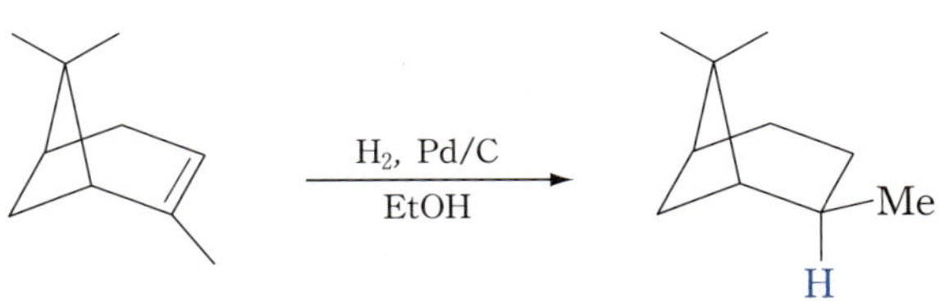

최근에는 이중 결합을 거울상 선택적으로 환원하는 방법들이 많이 개발되었다. 아래 반응에서 카이랄 리간드 (*R*,*R*)-DIPAMP와 Rh(I)을 사용하면 출발 물질에서 이중 결합의 위쪽 방향에서만 H_2가 접근하여 광학 활성을 갖는 생성물을 얻을 수 있다. 이 경우에 카이랄 리간드로 (*S*,*S*)-DIPAMP를 사용하면 아래 생성물의 거울상 이성질체가 얻어진다. 이러한 반응을 거울상 선택적인(enantioselective) 촉매 수소화 반응이라고 하는데, 이에 관해서는 6장에서 상세하게 설명할 예정이다.

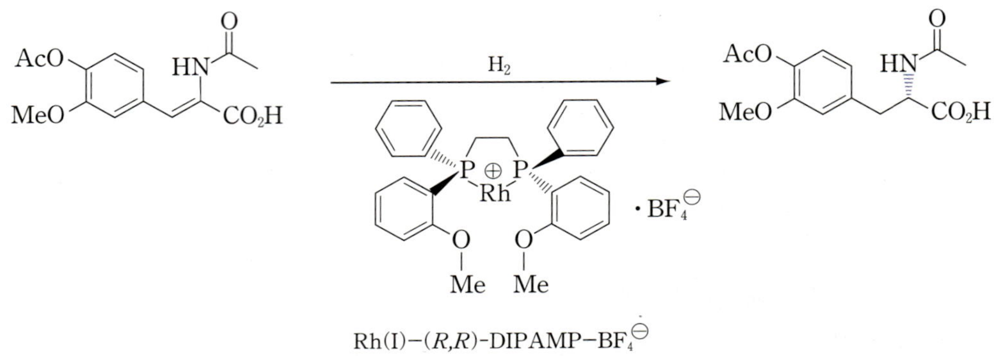

촉매 수소화 반응에서 이중 결합의 반응성은 일반적으로 삼중 결합을 제외한 대부분의 작용기(알데하이드, 케톤, 에스터, …)보다 크기 때문에 이러한 작용기가 있는 상황에서도 선택적인 반응을 수행할 수 있다.

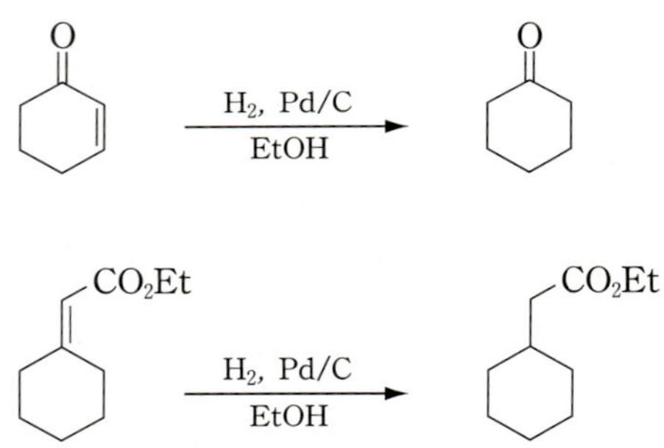

예제 4.22

아래 반응의 주생성물을 그리시오.

풀이

4.10.6 요약

알켄의 산화 및 환원 반응에서는 다섯 개의 반응에 대하여 살펴보았다. 우선 산화 반응으로는 다이하이드록실화 반응, 1,2-다이올 분해 반응, 가오존 분해 반응, 에폭시화 반응을 기술하였고, 환원 반응으로는 촉매 수소화 반응을 설명하였다.

이들 반응들을 그림으로 정리하면 다음과 같다.

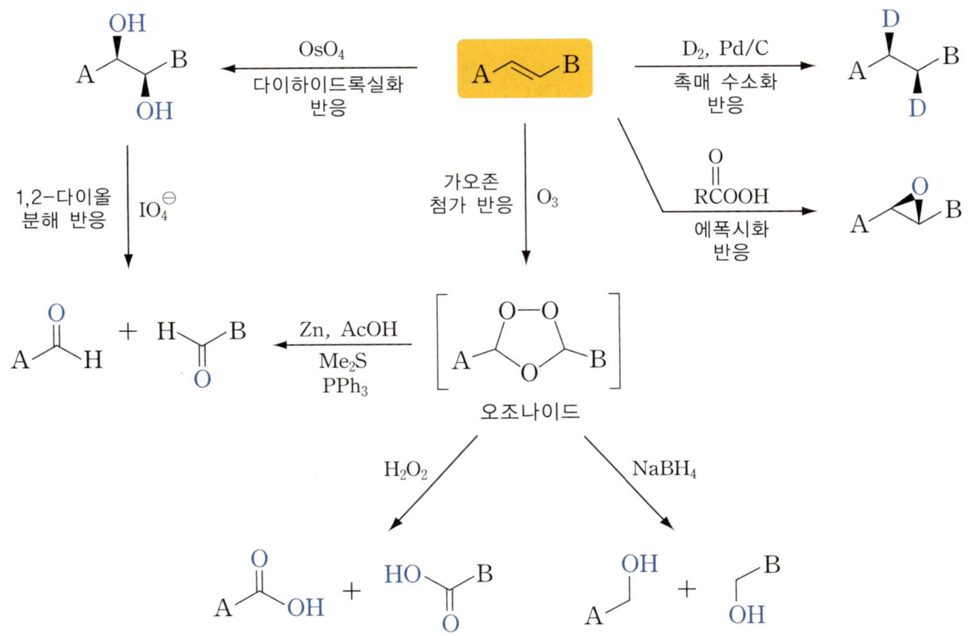

4.11 사이클로프로페인화 반응

4.11.1 다이클로로카벤(Cl_2C:)

C=C 이중 결합을 $NaOH-CHCl_3$ 조합으로 처리하면 1,1-다이클로로사이클로프로페인을 얻을 수 있는데, 이 반응을 **사이클로프로페인화 반응(cyclopropanation)**이라고 한다. 이 반응은 이중 결합의 에폭시화 반응과 마찬가지로 삼각형 고리를 형성하는 반응이므로 신-첨가 반응만이 가능하다.

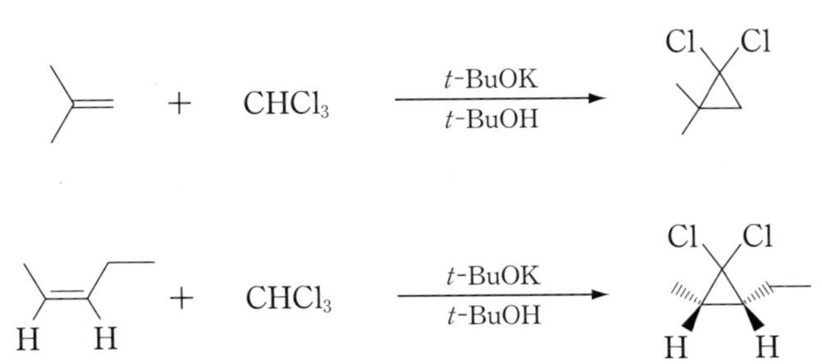

그림 4-13 사이클로프로페인화 반응

이 반응의 메커니즘은 우선 Cl_2C:(카벤) 화학종의 생성으로부터 시작한다. 첫 번째 단계에서는 $CHCl_3$(클로로폼, chloroform; $pK_a = 25$)와 *t*-BuOK 사이의 산-염기 반응에 의하여 미량의 $Cl_3C:^-$ 음이온(trichloromethanide anion)이 생성되고, 계속해서 Cl^-가 떨어지면서 중성의 $Cl_2C:$(다이클로로카벤)이 된다. $Cl_2C:$은 두 개의 치환체를 갖는 중성의 탄소 화합물로서, 탄소 원자는 두 개의 공유 결합과 한 쌍의 고립 전자쌍을 가지므로 총 여섯 개의 전자를 소유한다. 원자가 껍질 전자쌍 반발 이론을 적용하면 $Cl_2C:$은 AX_2E_1 형태를 가지므로 고립 전자쌍은 sp^2 오비탈에 위치하고 p 오비탈에는 전자가 없는데, 이러한 화학종을 **카벤(carbene)**이라고 한다. 카벤은 탄소 양이온처럼 총 여섯 개의 전자만을 갖기 때문에 한 개의 전자쌍을 수용하여 팔전자계를 만족하려는 경향이 매우 크다는 특징을 갖는다.

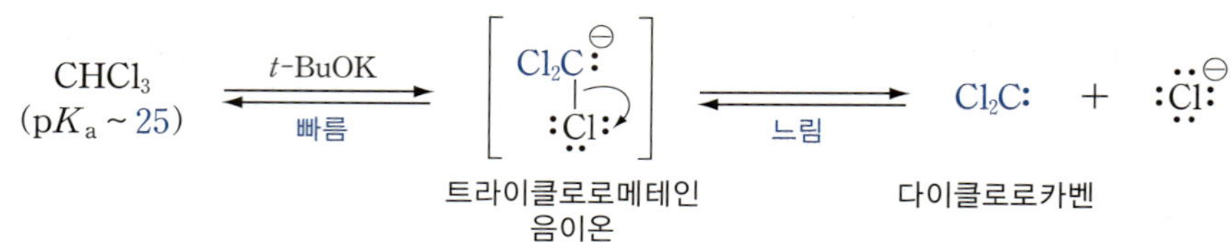

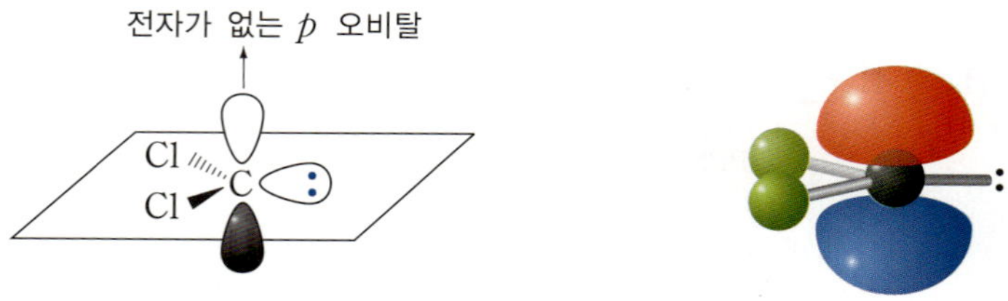

두 번째 단계에서 카벤은 에폭시화 반응과는 다르게 C=C 이중 결합과 평행하게 접근하면서 두 개의 σ C−C 결합을 동시에 생성하는 고리 협동 반응을 진행한다. 이때 C=C π-결합은 전자를 제공하므로 친핵체, 카벤은 전자를 받아들이므로 친전자체로서 작용한다.

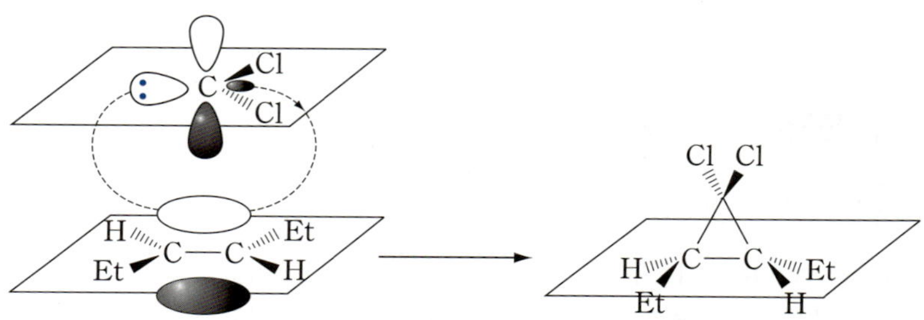

Br_2 첨가 반응, 산 촉매 물 첨가 반응, 에폭시화 반응, 사이클로프로페인화 반응 등은 모두 π-전자가 친핵체로 작용하는 반응이므로 알킬 치환체가 많아질수록 반응 속도가 증가할 것임을 예측할 수 있다. 실제로 아래의 실험 결과들이 이러한 추론을 뒷받침한다.

표 4-6 알켄의 몇 가지 반응의 반응 속도

출발 물질	Br_2 첨가 반응	에폭시화 반응	CBr_2(카벤)
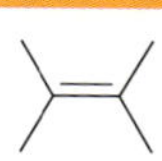	333	매우 빠름	3.5
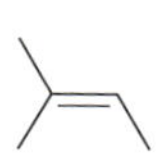	24	13.5	3.2
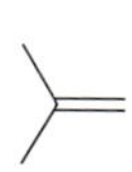	1	1	1
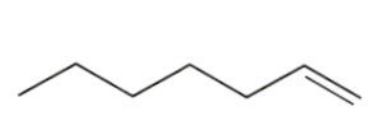	−	0.05	0.07

예제 4.23

아래 반응의 주생성물을 그리시오.

(a) 

(b) 

풀이

(a) 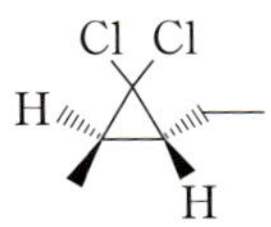

(b) 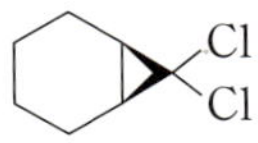

4.11.2 Simmons–Smith 사이클로프로페인화 반응

다이클로로카벤에서 두 개의 염소 원자를 수소 원자로 치환하면 H_2C:(카벤, carbene)이 된다. H_2C:은 다이아조메테인(diazomethane)을 가열하거나 광분해하여 합성할 수 있지만, 그 자체가 매우 불안정하여 사이클로프로페인화 반응에 적용하기에는 상당한 어려움이 있다.

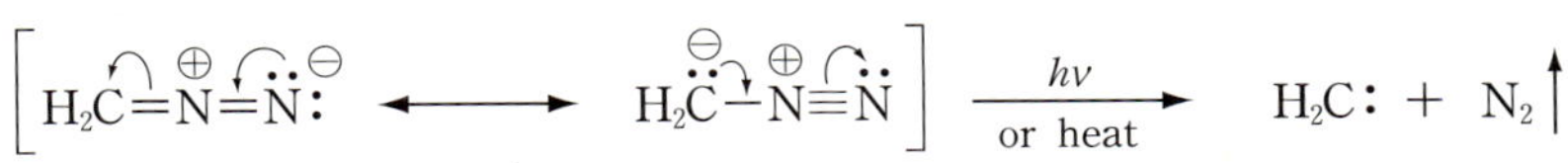

이러한 문제점을 극복한 대표적인 방법의 하나가 Simmons–Smith 사이클로프로페인화 반응(Simmons–Smith cyclopropanation)이다. 일반적인 반응 조건은 [Zn(Cu)–CH_2I_2]이고, 반응 메커니즘은 현재까지 확립되지 않았지만 중간체(**I**)를 통해서 진행하는 것으로 설명하며, 알킬 치환체가 많을수록 반응 속도가 증가하는 특징이 있다.

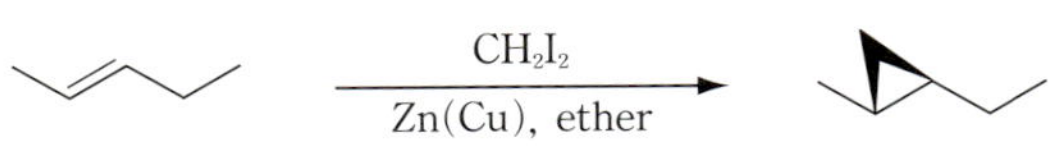

메커니즘 4-18 Simmons–Smith 사이클로프로페인화 반응 메커니즘

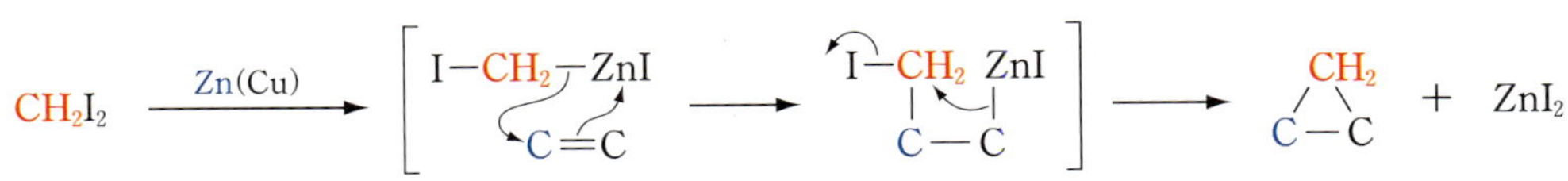

Iodomethylzinc iodide
(카베노이드, carbenoid)
I

예제 4.24

아래 반응의 주생성물을 그리시오.

(a) 

(b) 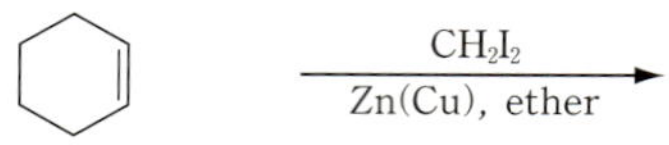

(c) 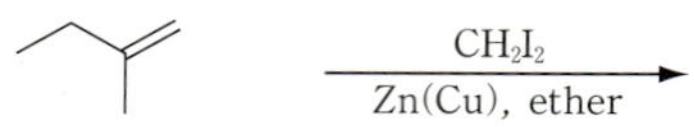

풀이

(a)  (b) 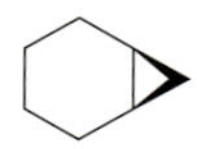 (c) 

4.12 중합 반응

생체에서는 다당류, 단백질 등 복잡한 구조의 물질들이 영양분, 효소 등 생명 유지에 필수적인 역할을 하면서 존재한다. 비록 생체 물질처럼 복잡하지는 않지만 유기 화학자들도 구조나 성질이 매우 다양한 거대 분자들을 합성해왔다. **고분자(polymer)**란 작은 단위체(**단량체, monomer**)가 연속적이고 규칙적으로 결합되어 생기는 분자량이 매우 큰 물질로서, 단위체에서 고분자를 합성하는 반응을 **중합 반응(polymerization)**이라고 한다. 중합 반응은 중간체의 성격에 따라서 **양이온 중합 반응(cationic polymerization)**, **라디칼 중합 반응(radical polymerization)**, **음이온 중합 반응(anionic polymerization)**으로 구분되는데, 여기에서는 양이온 중합 반응 및 라디칼 중합 반응에 대하여 기술하기로 한다.

$$n\ \text{단량체} \xrightarrow{\text{중합 반응}} \text{고분자}$$

4.12.1 라디칼 중합 반응

라디칼을 중간체로 하여 고분자를 합성하는 반응을 **라디칼 중합 반응**이라고 한다. 예를 들면, 에틸렌을 소량의 라디칼 개시제(산소, 과산화물, $(PhCO_2)_2$ 등)와 함께 고온, 고압에서 반응시키면 $(CH_2-CH_2)_n$의 기본 골격을 갖는 폴리에틸렌(polyethylene, PE)이 얻어진다.

$$H_2C{=}CH_2 \xrightarrow[\substack{1000\sim3000\ \text{atm} \\ 100\sim250^\circ C}]{(PhCO_2)_2} -\!\!\left(CH_2-CH_2\right)_n\!\!-$$

폴리에틸렌

라디칼 반응은 항상 개시, 전파, 종결의 세 단계로 진행한다(2.5절). 개시 단계에서는 라디칼 개시제인 $(PhCO_2)_2$의 O−O 결합이 끊어지고, $CO_2(g)$가 방출되면서 페닐 라디칼(Ph·)이 생성된다. 전파 단계에서 Ph· 라디칼은 C=C 이중 결합의 라디칼 H−X 첨가 반응에서와 같이, 에틸렌의 π-결합으로부터 전자 한 개를 제공받아 Ph−C 결합을 형성하고 동시에 새로운 C· 라디칼을 제공한다. 이 C· 라디칼은 다른 에틸렌과 반응하여 새로운 C−C 결합을 형성하고 동시에 새로운 C· 라디칼을 제공하는데, 이 과정이 반복되면 결국 C=C 단량체가 수없이 반복된 폴리에틸렌 고분자를 합성할 수 있다.

메커니즘 4-19 알켄의 라디칼 중합 반응 메커니즘

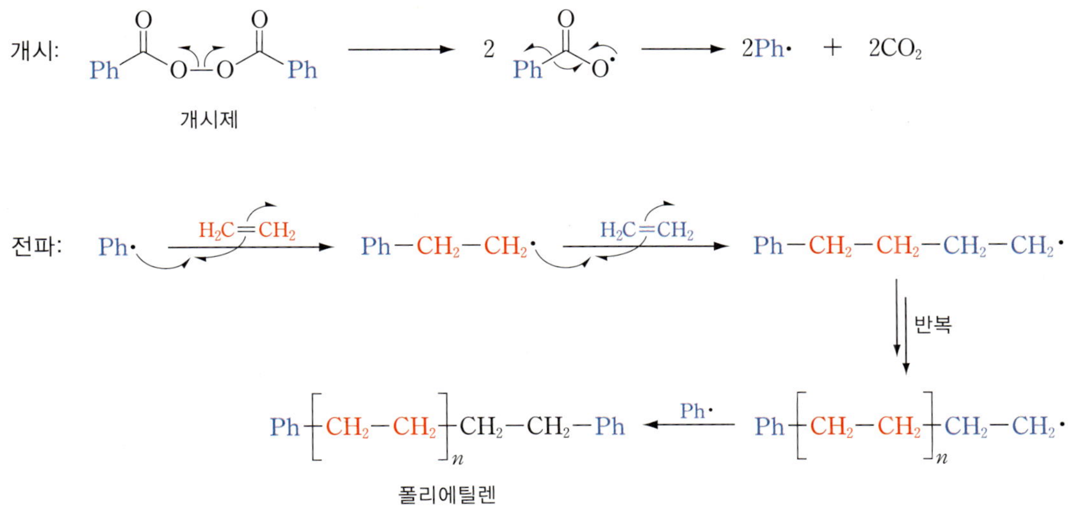

라디칼 중합 반응에서 출발 물질로 프로필렌(propylene, 프로프-1-엔)과 스타이렌(styrene)을 사용하면 고분자 사슬을 따라서 알킬 및 아릴 곁가지가 차례로 반복되는 폴리프로필렌(polypropylene, PP)과 폴리스타이렌(polystyrene, PS)을 각각 얻을 수 있다. 이때 알킬 및 아릴 곁가지가 차례로 반복되는 이유는 비대칭 C=C 이중 결합의 H−X 라디칼 첨가 반응(4.8절)에서와 같이 가장 안정한 라디칼이 생성되는 방향으로 반응이 진행되기 때문이다.

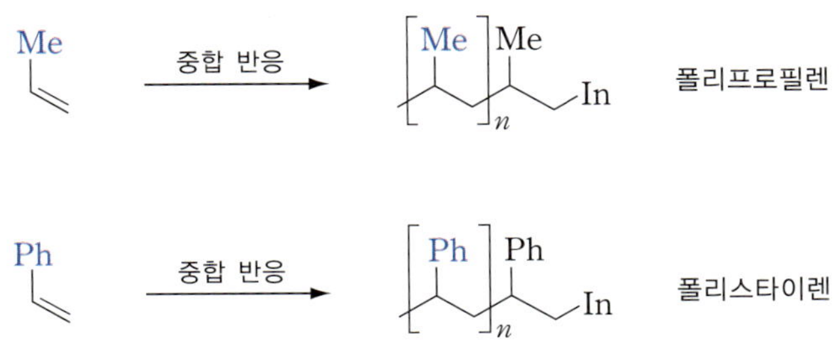

예제 4.25

라디칼 중합 반응에서 테트라플루오로에틸렌(tetrafluoroethylene)을 출발 물질로 사용하면 다방면으로 사용되는 테플론(teflon)이 얻어진다. 테플론의 구조를 그리시오.

풀이

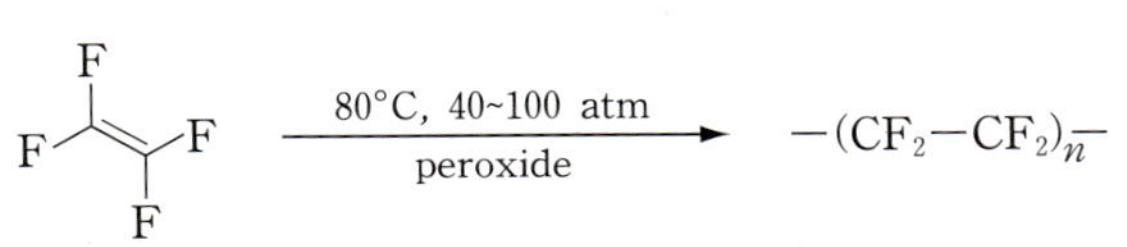

4.12.2 양이온 중합 반응

양이온 중합 반응은 일반적으로 강산 또는 강한 루이스 산 촉매를 사용한다. 이 반응은 탄소 양이온 중간체를 매개로 하기 때문에 안정한 3차 양이온이 생성되는 경우에 효과적으로 진행될 수 있다. 예를 들면, 아이소뷰틸렌(2-메틸프로펜)을 루이스 산과 반응시키면 양이온 중간체를 거쳐서 아래의 구조를 갖는 고분자가 생성된다.

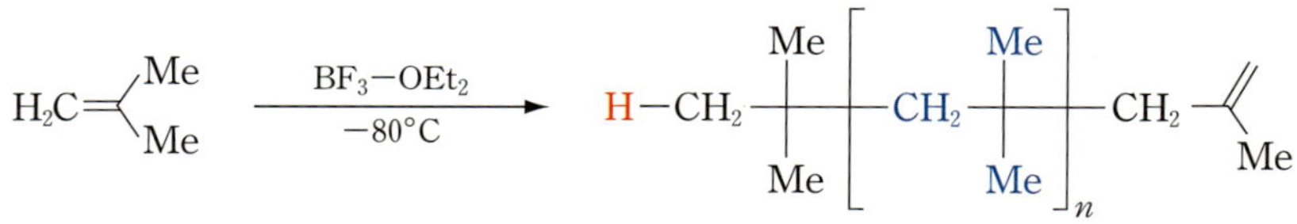

위 반응은 아래과 같이 진행한다. C=C 이중 결합의 반응에서 보았듯이 C=C π-전자가 친전자체(E^+)에 전자를 제공하면 열역학적으로 가장 안정한 3차 탄소 양이온(**A**)이 생긴다. 양이온 중간체 **A**는 전자가 부족하기 때문에 다른 C=C π-결합에서 전자를 제공받을 수 있는데, 이 과정에서 다른 위치에 3차 탄소 양이온을 갖는 중간체 **B**가 생긴다. 이러한 과정이 반복되면 결국 아이소프렌 단량체가 수없이 반복된 폴리아이소뷰틸렌 고분자가 합성된다.

메커니즘 4-20 아이소뷰틸렌의 양이온 중합 반응 메커니즘

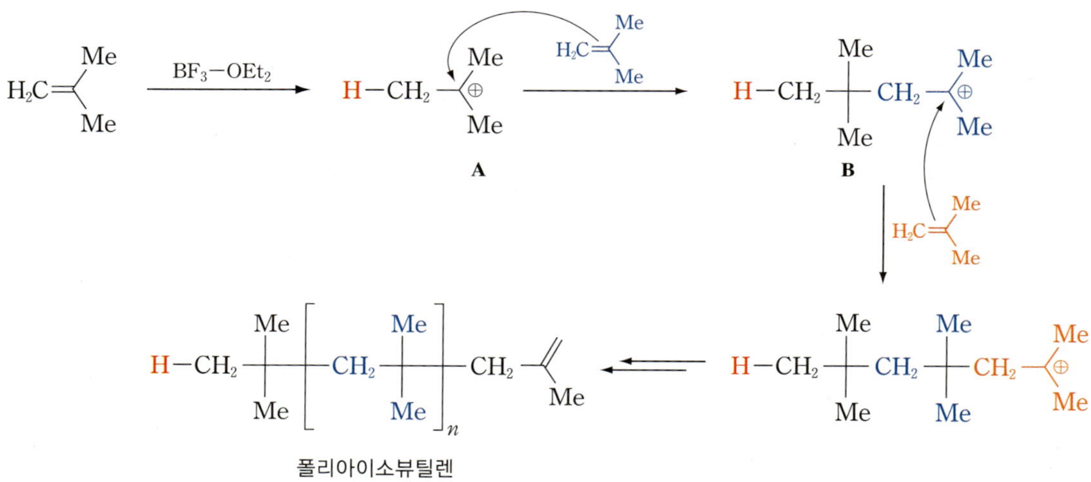

4.13 유기 합성

대부분의 학생들은 유기 화학을 단순한 암기 과목으로 분류하겠지만, 일반화학 수준의 개념을 착실히 이해하고 또한 반응 메커니즘에 기반하여 다양한 반응들을 체계적으로 이해한다면 유기 합성이 매우 논리적인 과제임을 깨닫게 될 것이다.

유기 합성(organic synthesis)은 간단한 출발 물질로부터 효율적으로 목적 화합물을 얻는 것을 말한다. 유기 합성을 잘하기 위해서는 우선 다양한 유기 반응을 알아야 하는 것은 물론이고, 이외에도 반응 시약, 반응 조건, 반응 메커니즘, 출발 물질 및 시약의 상대적인 반응성, 잠재적인 경쟁 반응, 출발 물질과 생성 물질의 구조적인 변화 등을 종합적으로 볼 수 있는 능력을 갖추어야 한다. 그리고 이러한 능력은 단시간에 얻을 수 없고, 반드시 꾸준한 노력과 경험을 통해서만 가능하다는 것을 강조하고 싶다.

유기 합성에서 중요한 개념의 하나로 **역합성(retrosynthesis)**이 있다. 지금까지의 모든 반응들은 출발 물질에 특정한 시약을 반응시켜서 생성물을 얻는 형식으로, 예를 들면 C=C 이중 결합과 OsO_4가 반응하면 신-1,2-다이올이 생성된다(4.10.1절)는 형식으로 기술하였다. 이 반응

을 반대 방향의 입장에서 표현하면 "신-1,2-다이올 작용기는 C=C 이중 결합에 OsO_4 시약을 반응시켜서 얻을 수 있다."가 된다.

반응: 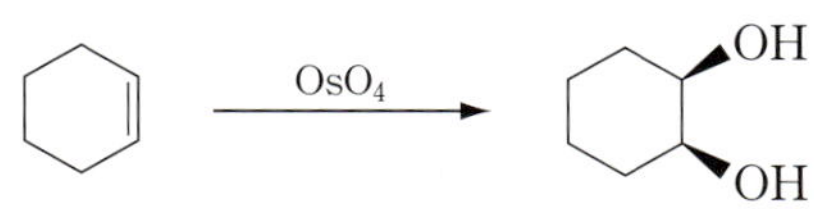

역합성: 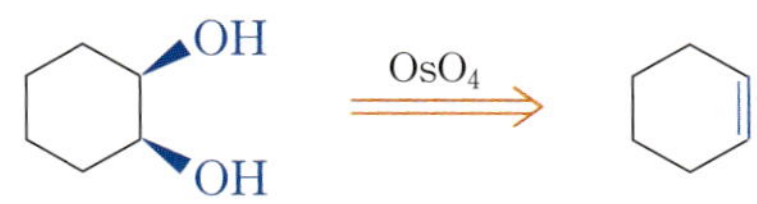

이처럼 출발 물질과 시약으로부터 생성물을 유추하는 것이 아니라 생성 물질의 구조적인 특징으로부터 출발 물질과 시약을 유추하는 방법을 **역합성**이라고 한다. 일반적으로 목적 화합물을 합성하기 위해서는 [목적 화합물 ⇒ 중간체 1 ⇒ 중간체 2 ··· ⇒ 출발 물질]이라는 역합성 과정이 필요한데, 각각의 단계에서 수없이 많은 경로가 존재할 수 있다. 이 중에서 어떤 경로를 선택할 것인가는 전적으로 연구자의 능력에 달려 있으며, 최선의 선택은 연구자가 반응과 관련된 모든 지식을 체계적으로 연결시킬 수 있을 때 가능해진다.

역합성: 목적 화합물 ⇒ 중간체 1 ⇒ 중간체 2 ··· ⇒ 출발 물질

예제 4.26

아래의 반응에서 출발 물질과 생성 물질이 주어져 있다. 이 전환을 완성하기 위한 역합성을 수행하시오.

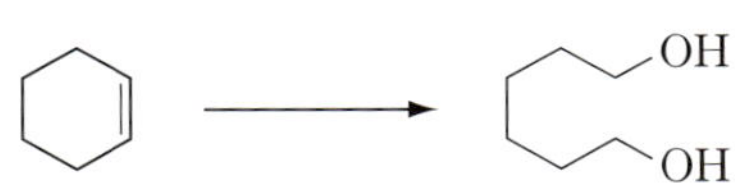

풀이

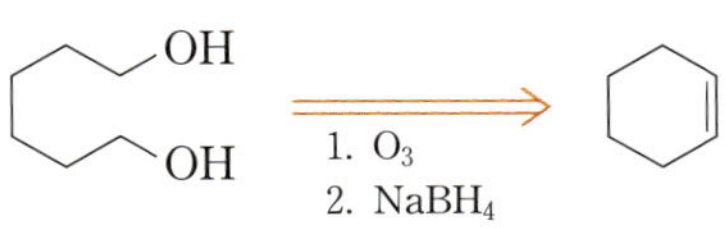

또는

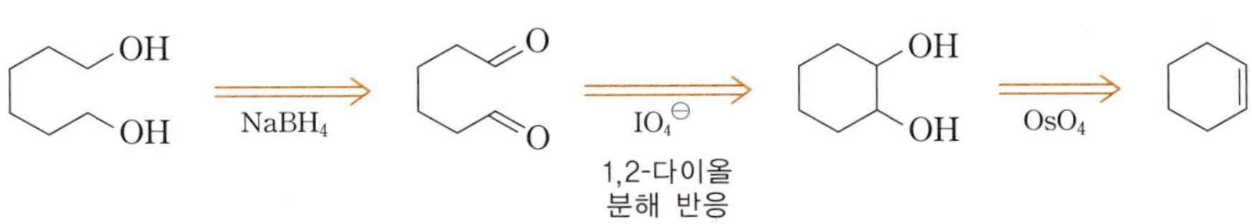

예제 4.27

아래의 출발 물질로부터 주어진 생성 물질을 얻는 합성 경로를 제시하시오.

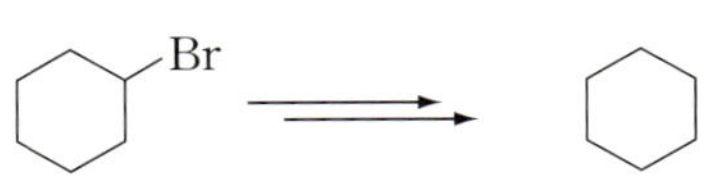

풀이

1. *t*-BuOK, *t*-BuOH 2. H_2, Pd/C

4.14 요약

알켄(alkene)은 탄소−탄소 이중 결합이 있는 유기 화합물이다. 이중 결합의 상대적인 위치에 따라서 연이은 이중 결합, 콘쥬게이션 이중 결합 및 고립 이중 결합으로 나눌 수 있고, 치환체의 수에 따라서 단치환, 이치환, 삼치환, 사치환 이중 결합으로 구분하기도 한다. 수소 결핍 지수는 유기 화합물이 최대로 수용할 수 있는 수소 원자 수에서 특정 화합물의 수소 원자 수를 뺀 후 그 값을 2로 나눈 값으로서, 분자 구조에 관한 가장 기초적인 정보를 제공한다(4.1절).

이중 결합에서 탄소 원자는 sp^2 혼성 오비탈을 하고, 한 개의 σ-결합과 한 개의 π-결합으로 구성된다. 이중 결합은 상온에서 C−C 결합을 중심으로 회전이 불가능하기 때문에 동일한 분자식을 갖는 경우에도 치환체의 상대적인 위치에 따라서 화합물이 서로 다를 수 있는데, 이러한 배위 이성질체를 구분하기 위하여 CIP 명명법을 적용하여 (*Z*)/(*E*)로 구분한다. 또한 sp^2 오비탈은 sp^3 오비탈보다 *s* 오비탈의 기여도가 크기 때문에 마치 탄소 원자의 전기 음성도가 증가한 것과 같은 현상을 관찰할 수 있다(4.2절).

알켄의 명명법은 기본적으로 알케인의 명명법을 기본으로 한다(4.3절). 이름은 [접두사−기본명−접미사]의 기본 구조를 갖는다. 접미사는 우선 순위가 가장 큰 작용기의 이름 및 위치, 기본명은 우선 순위가 가장 높은 작용기를 포함하는 가장 긴 사슬의 탄소 수, 접두사는 모체 사슬에 연결된 치환체의 종류 및 위치에 대한 정보를 제공한다.

알켄의 열역학적 안정성은 실험 방법에 따라서 다를 수 있지만, 시스-이치환 알켄이 일치환 알켄보다 약 2.0 kcal/mol 더 안정하고, 트랜스-이치환 알켄은 시스-이성질체보다 약 1.0 kcal/mol 더 안정하다(4.5절).

알켄의 반응에 대해서는 친전자성 첨가 반응, 라디칼 할로젠산 첨가 반응, 수소화붕소 첨가 반응/산화 반응, 산화 및 환원 반응, 사이클로프로페인화 반응, 중합 반응으로 구분하여 기술하였다(4.7~4.12절). 여기에서는 (*E*)-3-메틸펜트-2-엔을 중심으로 위의 반응을 수행하는 경우에 반응 조건, 중간체 및 생성물의 구조, 위치 및 입체 선택성 등의 핵심적인 내용을 간단하게 정리하였다.

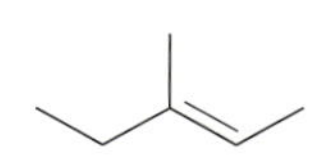

할로젠(X−X) 첨가 반응 및 하이포할로젠산(X−OH) 첨가 반응에서는 동일한 삼각형 할로늄 양이온 중간체를 통해서 안티-입체 선택성을 갖는 생성물이 얻어진다.

표 4-7 알켄의 할로젠(X−X) 첨가 반응과 하이포할로젠산(X−OH) 첨가 반응

반응의 종류	반응 조건	중간체	생성물	특성
X−X 첨가 반응	X_2	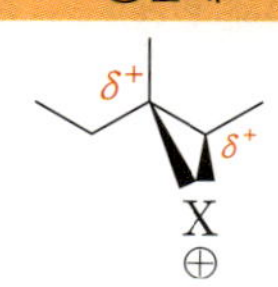	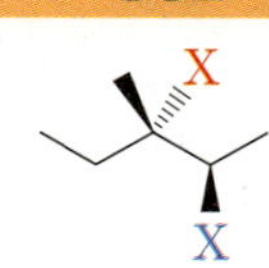	안티-생성물
X−OH 첨가 반응	X_2, H_2O	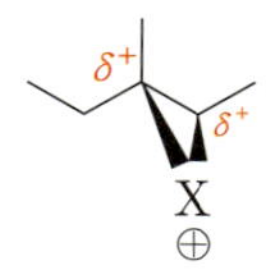	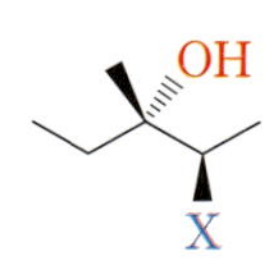	안티-생성물

할로젠산(H−X) 첨가 반응은 반응 조건에 따라서 서로 다른 생성물이 얻어진다. 우선 이온성 할로젠산 첨가 반응에서는 열역학적으로 더 안정한 sp^2 혼성 오비탈을 갖는 탄소 양이온

을 통해서 입체 선택성이 없는 Markovnikov 생성물이 얻어진다. 반면에 라디칼 할로젠산 첨가 반응에서는 열역학적으로 더 안정한 sp^2 혼성 오비탈을 갖는 탄소 라디칼을 통해서 *anti*-Markovnikov 생성물을 얻는다.

표 4-8 알켄의 할로젠산(H−X) 첨가 반응

반응의 종류	반응 조건	중간체	생성물	특성
H−X 첨가 반응 (이온성 반응)	HX	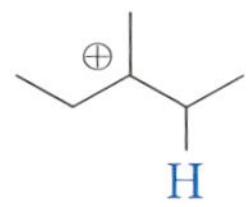	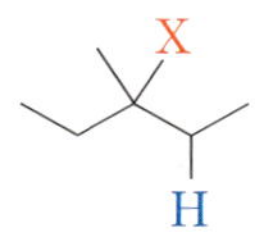	Markovnikov 생성물
H−X 첨가 반응 (라디칼 반응)	HX 라디칼 개시제	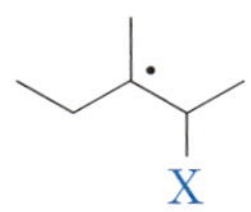	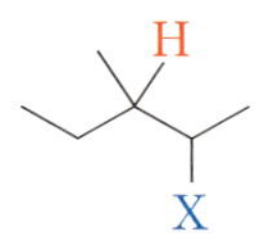	*anti*-Markovnikov 생성물

물(H−OH) 첨가 반응도 할로젠산(H−X) 첨가 반응에서와 같이 반응 조건에 따라서 서로 다른 생성물을 얻는다. 산 촉매 물 첨가 반응은 가장 일반적인 반응 조건으로서 열역학적으로 더 안정한 sp^2 혼성 오비탈을 갖는 탄소 양이온을 통해서 입체 선택성이 없는 Markovnikov 생성물이 얻어진다. [옥시수은 첨가 반응 및 환원 반응]은 삼각형 수은 양이온 중간체를 거쳐서 안티 선택성을 갖는 Markovnikov 생성물을 제공한다. 반면에 [수소화붕소 첨가 반응 및 산화 반응]은 사각형 고리 전이 상태를 따라서 신-선택성의 *anti*-Markovnikov 생성물이 생긴다.

표 4-9 물(H−OH) 첨가 반응

반응의 종류	반응 조건	중간체	생성물	특성
H−OH 첨가 반응 (산 촉매)	H−OH, H^+	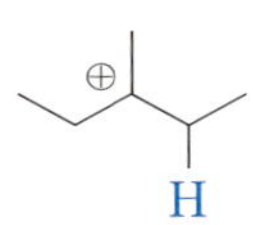	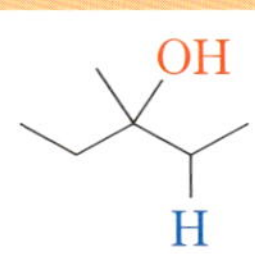	Markovnikov 생성물
H−OH 첨가 반응 (옥시수은 첨가 반응/환원 반응)	1. HgL_2, H_2O 2. $NaBH_4$	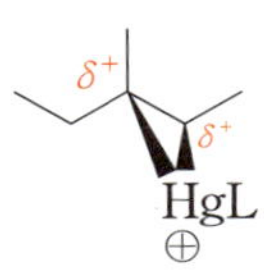	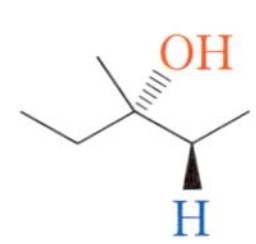	Markovnikov 생성물 (안티-생성물)
H−OH 첨가 반응 (수소화붕소 첨가 반응/산화 반응)	1. BH_3 2. NaOH, H_2O_2	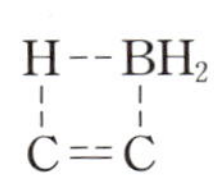	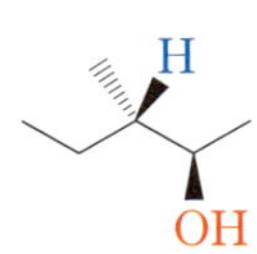	*anti*-Markovnikov 생성물 (신-생성물)

알켄의 산화 및 환원 반응에서는 총 다섯 개의 반응을 소개하였다. 다이하이드록실화 반응은 OsO_4시약을 사용해서 신-선택성의 1,2-다이올을 제공하고, 1,2-다이올 분해 반응은 1,2-다이올의 분해를 통하여 C=O(카보닐) 화합물을 생성한다. 가오존 분해 반응은 먼저 오존(O_3)과의 반응으로 공통 중간체인 오조나이드를 생성한 후, 산화성 시약(H_2O_2), 환원성 시약(Zn/AcOH, Me_2S, PPh_3), 또는 환원 시약($NaBH_4$) 등을 선별적으로 처리하여 원하는 다양한 구조의 화합물을 얻는다. 에폭시화 반응은 과카복실산(*m*-CPBA, MMPP 등)을 사용하여 신-선택성의 에폭사이드를 얻을 수 있고, 촉매 수소화 반응(Pd/C, H_2)에서는 신-선택성의 수소 분자 첨가 반응이 일어난다.

표 4-10 알켄의 산화 및 환원 반응

반응의 종류	반응 조건	중간체	생성물	특성
다이하이드록실화 반응	OsO_4	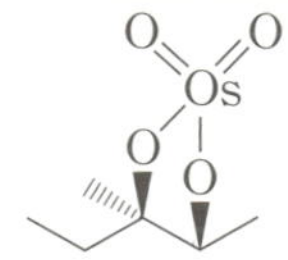	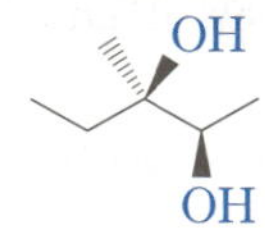	신-선택성
가오존 분해 반응	1. O_3 2. H_2O_2	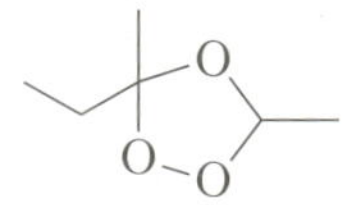	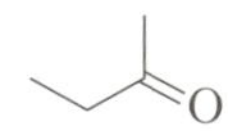	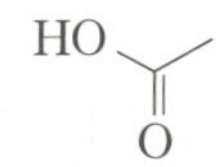
	1. O_3 2. Me_2S, PPh_3 or Zn, AcOH	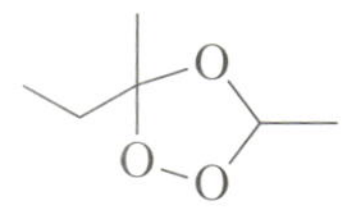	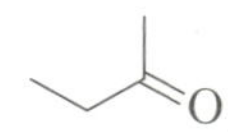	
	1. O_3 2. $NaBH_4$	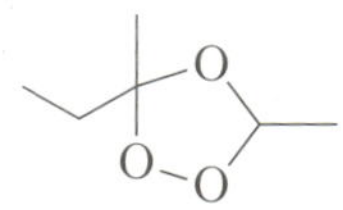	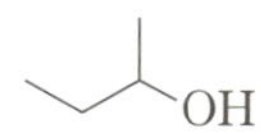	
에폭시화 반응	m-CPBA, MMPP 등	–		신-선택성
촉매 수소화 반응	H_2, Pd/C	–	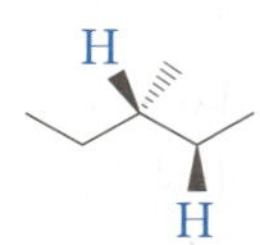	신-선택성

Simmons–Smith 사이클로프로페인화 반응에서는 신-선택성의 삼각형 구조가 생성된다.

반응의 종류	반응 조건	중간체	생성물	특성
Simmons–Smith 사이클로프로페인화 반응	Zn(Cu), CH_2I_2	–		신-선택성

연습 문제

1. 아래의 분자식을 갖는 화합물의 수소 결핍 지수를 계산하시오.

(a) C_5H_7Cl (b) $C_{10}H_{15}N$ (c) $C_{15}H_{19}N_2OCl$

2. 화합물의 구조가 아래와 같을 때 이 물질의 분자식을 쓰시오. 단, 수소의 수는 따로 계산하지 않고 수소 결핍 지수를 이용하여 추론한다.

(a) 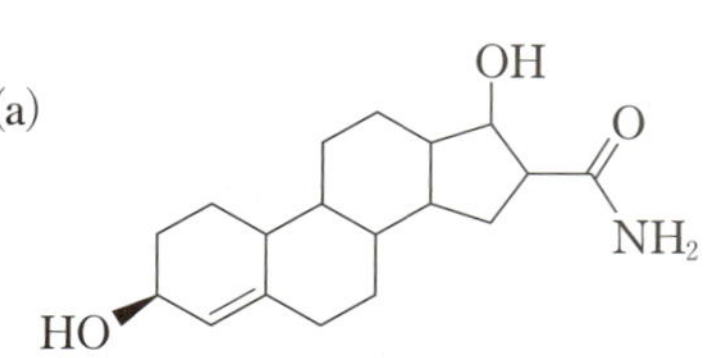

(b) 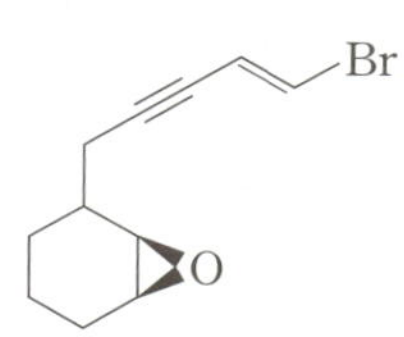

3. C_4H_8의 분자식을 갖는 화합물에서 가능한 구조를 모두 그리시오.

4. 아래의 알켄에서 (*E*)/(*Z*) 형태를 구분하시오.

(a) 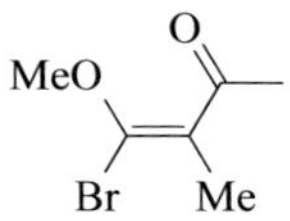

(b) 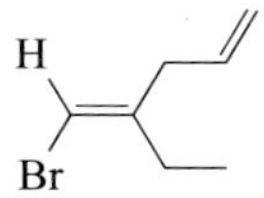

(c) 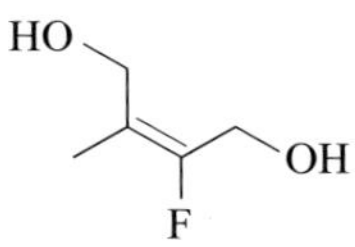

(d) 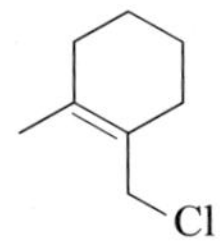

5. 아래의 화합물을 명명하시오.

(a) 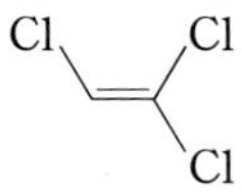

(b) 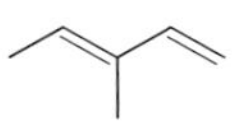

(c) 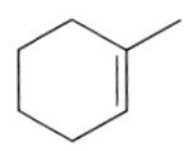

(d) 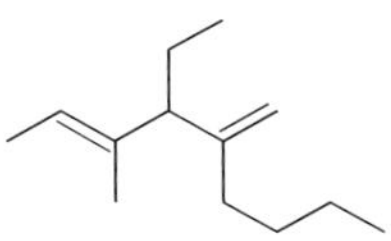

(e) 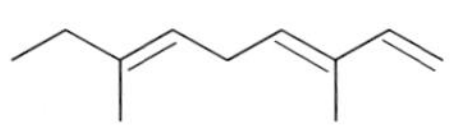

(f) 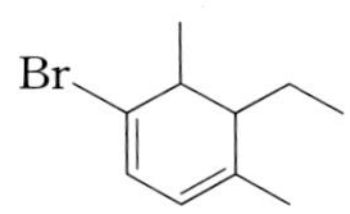

6. C_5H_{10}의 분자식을 갖는 알켄의 이성질체 구조를 모두 그리시오.

7. 비고리형 알켄에서는 트랜스-알켄이 시스-알켄보다 약 1 kcal/mol 더 안정하지만, 트랜스-사이클로옥텐은 시스-사이클로옥텐보다 약 9.2 kcal/mol 더 불안정하다. 그 이유를 설명하시오.

8. 다음의 브로민 첨가 반응은 두 단계로 진행하는데 반응 속도 결정 단계는 첫 번째 단계에 있다. 정확한 결합 에너지 값을 사용하지 않고서 속도 결정 단계가 첫 번째 단계임을 논리적으로 추론하시오.

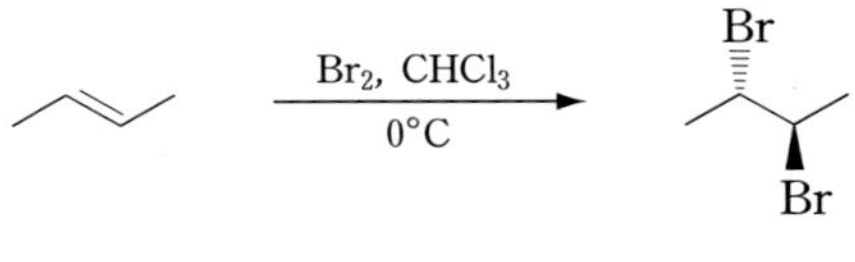

9. $CH_2{=}CH_2$, $MeCH{=}CH_2$, $Me_2C{=}CH_2$이 하이포할로젠산 첨가 반응을 진행할 때 예상되는 중간체의 구조를 그 차이가 구별될 수 있도록 그리시오.

10. 아래 반응의 메커니즘을 그리시오.

(a) 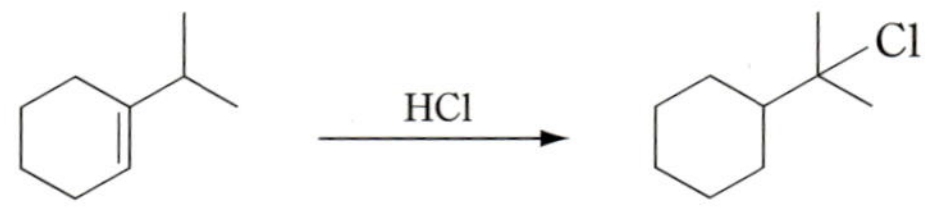

(b) 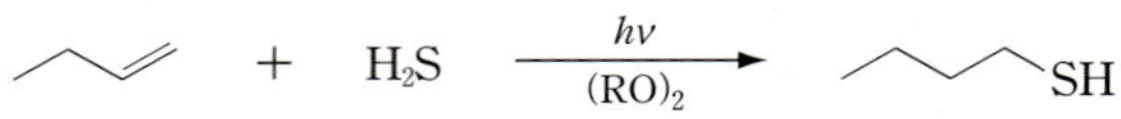

11. 이중 결합이 한 개인 육각 고리 화합물에서 오존 분해 반응을 진행한 후 생성물을 분석하였더니, 아래의 생성물만이 얻어졌다. 출발 물질의 구조를 예측하시오.

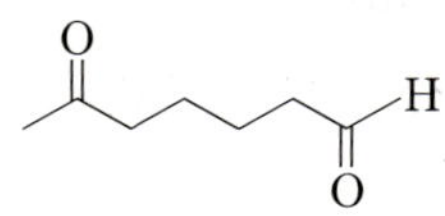

12. 촉매 수소화 반응은 불포화 지방산을 환원시켜 포화 지방산을 만듦으로써 마가린, 버터 등의 식품을 제조하는 반응으로 이용된다. 아래 반응의 주생성물을 예측하시오.

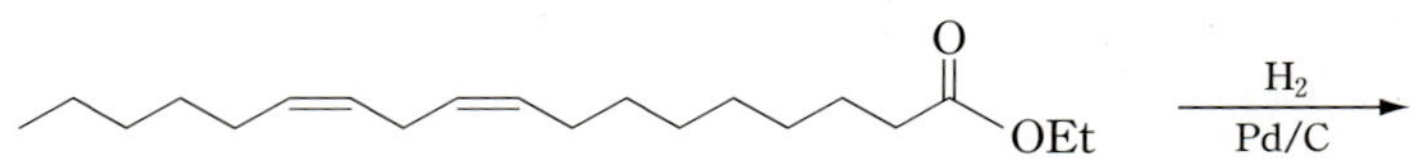

13. 에텐의 촉매 수소화 반응에서 방출되는 에너지를 계산하시오. 단, 결합 에너지는 H−H(104 kcal/mol), C=C π-결합(56 kcal/mol), RCH_2−H(100 kcal/mol)이다.

$$H_2C{=}CH_2 + H_2 \longrightarrow H_3C{-}CH_3$$

14. 아래 반응의 주생성물을 그리시오.

(a) 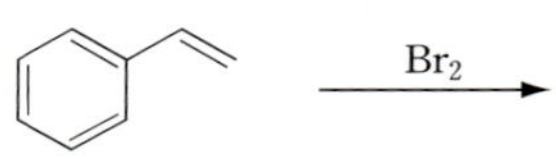

(b) 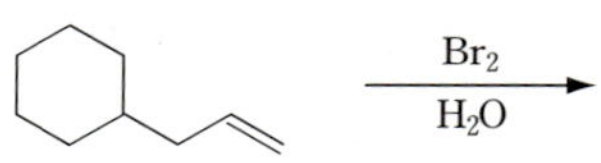

(c) 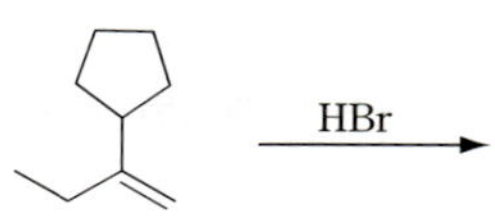

(d) 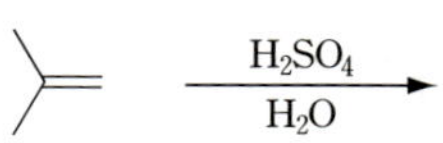

(e) 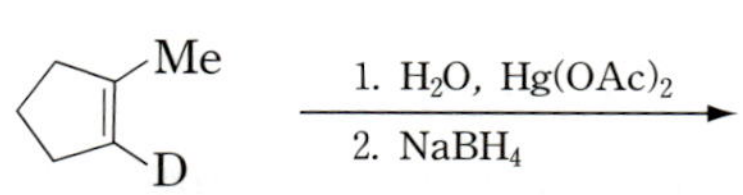

(f) 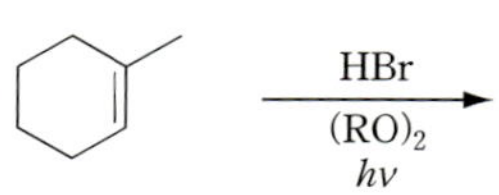

(g) 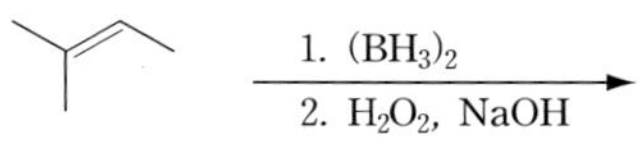

(h) 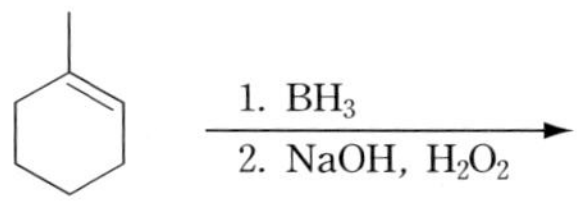

(i) 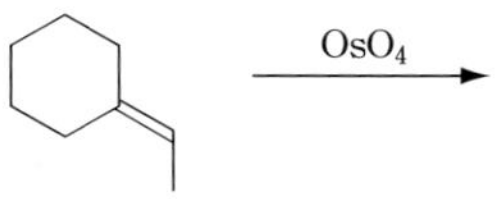

(j) 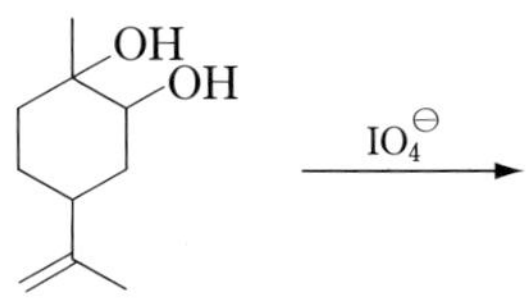

(k) 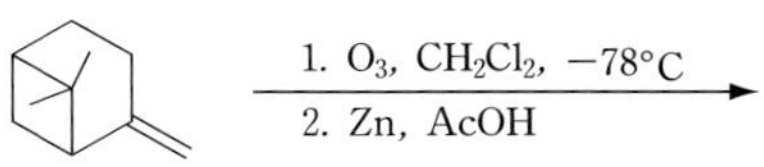

(l) 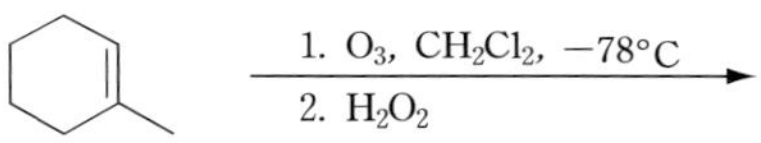

(m) 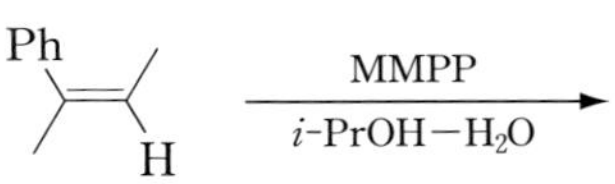

(n) 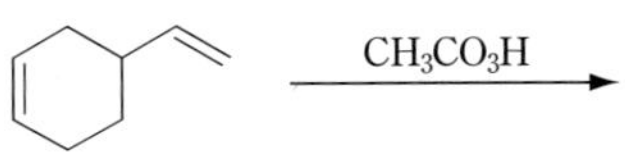

(o) 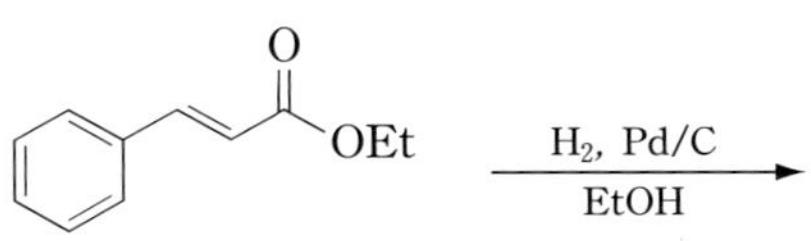

(p) 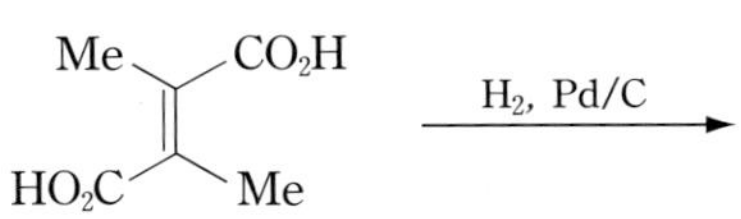

(q) 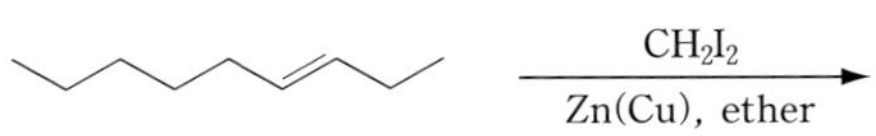

(r) 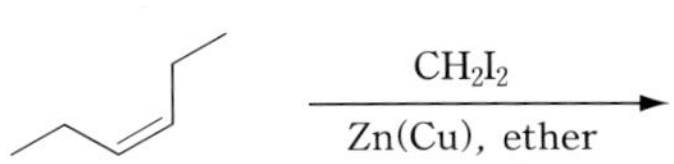

15. 반응 시약과 생성 물질의 구조가 아래와 같을 때, 이 반응식이 성립하기 위한 출발 물질의 구조를 그리시오.

(a) 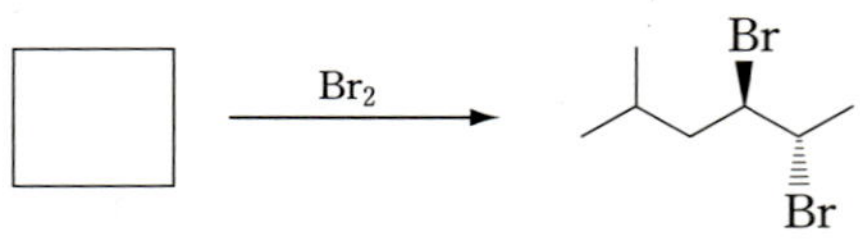

(b) 

(c) 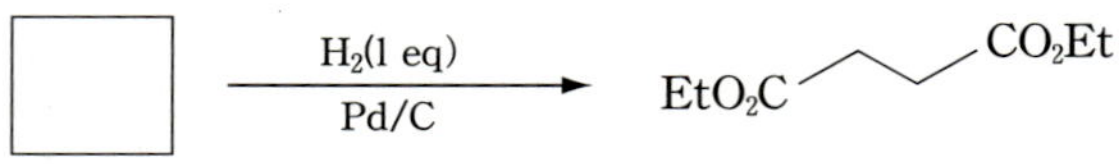

(d) 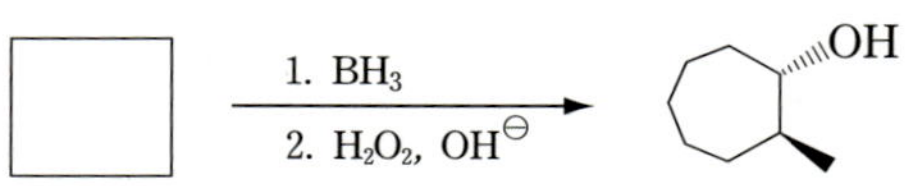

16. 스타이렌(styrene)을 라디칼 반응 조건에서 반응시키면 폴리스타이렌이 생성되는데, 이때 벤젠 곁가지는 탄소 사슬을 따라서 차례로 반복된다. 그 이유를 반응 메커니즘에 근거하여 합리적으로 설명하시오.

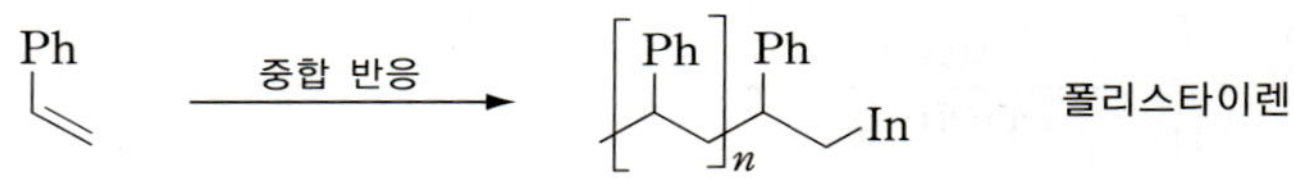

5 장

알카인

© James Smart Photography/shutterstock

5.1 구조

탄소-탄소 삼중 결합(triple bond)이 있는 유기 화합물을 **알카인(alkyne)**이라고 한다. 그리고 삼중 결합이 사슬의 말단에 위치하면 말단 알카인(terminal alkyne), 사슬의 중간에 위치하면 내부 알카인(internal alkyne)이라고 한다.

- 말단 알카인: R —≡— H
- 내부 알카인: R —≡— R

아세틸렌(acetylene)에 원자가 껍질 전자쌍 반발 이론 및 혼성 오비탈 이론을 적용해 보자. 각각의 탄소 원자는 두 개의 *sp* 혼성 오비탈과 두 개의 *p* 오비탈을 형성하고, 두 개의 *sp* 혼성 오비탈 중에서 한 개는 수소의 1*s* 오비탈과 σ-결합을 이루고, 나머지 한 개는 인접한 탄소의 *sp* 혼성 오비탈과 σ-결합을 형성한다. 그리고 σ-골격에 수직으로 있는 두 개의 *p* 오비탈은 인접한 탄소의 두 개 *p* 오비탈과 중첩하여 두 개의 π-결합을 형성함으로써 탄소-탄소 삼중 결합이 완성된다. 그 결과 아세틸렌은 전체적으로 직선형 골격을 갖는다.

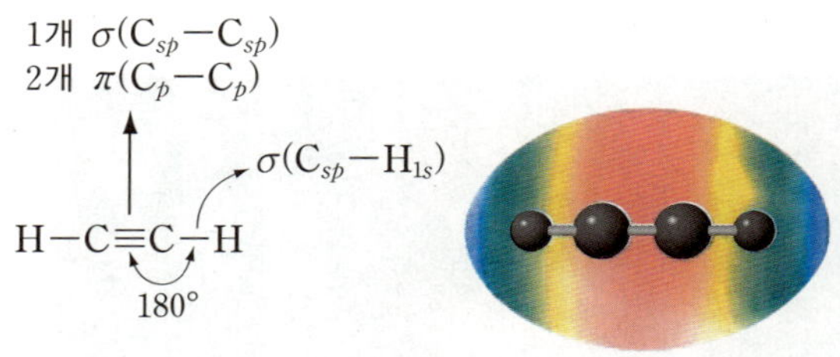

C−C 단일 결합, C=C 이중 결합, C≡C 삼중 결합에 대한 자료를 비교하면 혼성 오비탈은 sp^3, sp^2, sp 로서 s 오비탈의 기여도가 증가하고, C−C 결합 길이는 1.54, 1.34, 1.20 Å으로 감소하며, C−H 결합 길이도 1.10, 1.08, 1.06 Å으로 감소한다. 결합 에너지는 85, 146, 200 kcal/mol로 증가한다.

표 5-1 에테인, 에텐, 에타인의 비교

화합물	혼성	*s* 오비탈 비율(%)	r_{C-C}(Å)	r_{C-H}(Å)	결합 에너지(kcal/mol)
Ethane	sp^3	25	1.54	1.10	85
Ethene	sp^2	33	1.34	1.08	146
Ethyne	sp	50	1.20	1.06	200

상온에서 존재하는 가장 작은 고리형 알카인 화합물은 사이클로노나인(cyclononyne)이다. 사이클로노나인은 고리 화합물 구조와 알카인의 직선형 구조를 동시에 수용하기에는 탄소 수가 부족하기 때문에 알카인 탄소에서의 결합이 직선형에서 조금 구부러진 형태를 갖는다. 이러한 구조는 사이클로노나인에 상당한 크기의 각 무리를 유도함으로써 상온에서 상대적으로 불안정하고, 일반적인 알카인 화합물보다 화학적 반응성이 크다는 결과를 가져온다.

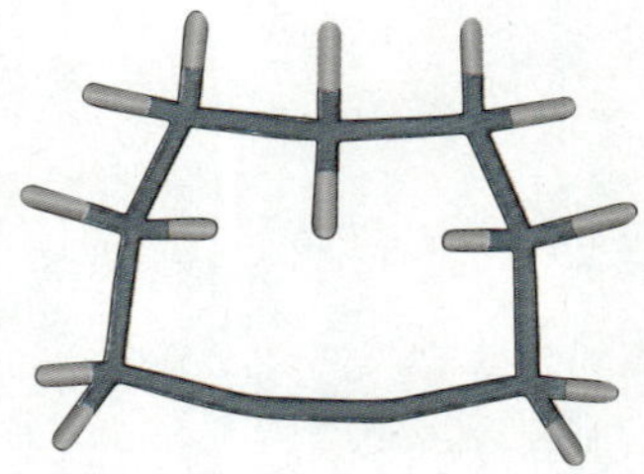

사이클로노나인

5.2 명명법

이중 결합 및 삼중 결합을 포함하는 유기 화합물의 명명법은 알켄에서 이미 상세하게 설명하였다(4.3절).

아래에 몇 가지 화합물의 예를 들어 보았다.

ethyne (acetylene)

but-1-yne

pent-2-yne

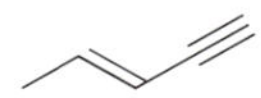
(*E*)-pent-3-en-1-yne

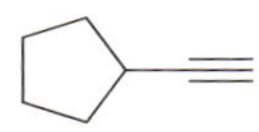
ethynylcyclopentane

예제 5.1

아래의 화합물을 명명하시오.

(a) 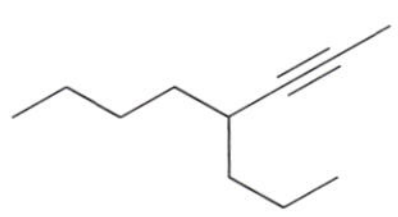

(b) 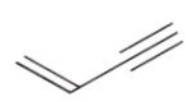

풀이

(a) 4-propyloct-2-yne

(b) but-1-en-3-yne

5.3 물리적 성질

알케인, 알켄, 알카인은 비극성 이중 결합 및 삼중 결합을 제외하고는 C—C 및 C—H 단일 결합으로 구성되었다는 공통점 때문에 기본적인 성질이 서로 비슷하다(3.4절 및 4.4절).

탄소 수가 동일한 경우에 알카인의 끓는점은 알켄과 비슷하거나 약간 높고, 알켄에서와 같이 내부 알카인이 말단 알카인보다 높은 경향이 있다.

39.3°C

55.5°C

알카인은 무극성 물질이기 때문에 대부분의 유기 용매에 잘 녹고, 수소 결합이 있고 극성이 큰 물에는 녹지 않는다.

동일한 조건에서는 알카인의 쌍극자 모멘트가 알켄보다 더 크다. 그 이유는 혼성 오비탈에서 *s* 오비탈의 기여도가 클수록 해당 원자의 전기 음성도가 크기 때문으로, sp–sp^3 결합에서의 전하 분리는 sp^2–sp^3 결합에서보다 더 크다(4.4절).

$$\underset{sp^3}{H_3C-CH_2}-\underset{sp}{C}\equiv CH \quad \text{vs.} \quad \underset{sp^3}{H_3C-CH_2}-\underset{sp^2}{CH}=CH_2$$

$$\mu=0.80\ \text{D} \qquad\qquad \mu=0.30\ \text{D}$$

5.4 열역학적 성질

아세틸렌(acetylene)의 표준 생성 엔탈피(ΔH_f°)는 54.3 kcal/mol로서, 열역학적으로 불안정하기 때문에 보관 및 취급에 주의를 기울여야 한다.

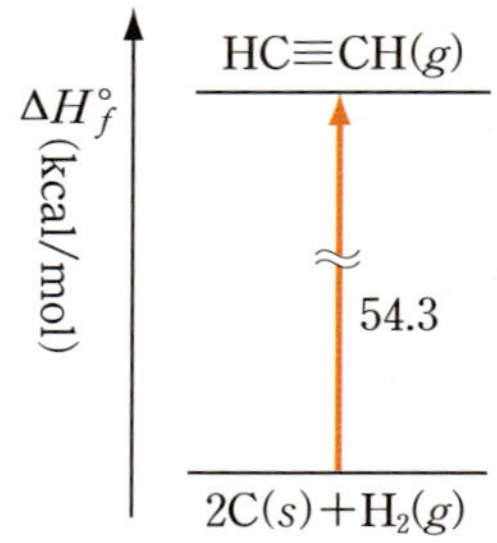

그림 5-1 아세틸렌의 표준 생성 엔탈피

알카인(alkyne)의 열역학적 안정성은 알켄(alkene)에서와 같이 알킬 치환체의 수가 증가하면서 커진다. 이것을 뷰트-1-아인과 뷰트-2-아인을 예로 들어서 설명해 보자.

표준 생성 엔탈피(ΔH_f°)를 이용한 계산은 4.5절에서와 같이 우선 뷰트-1-아인 및 뷰트-2-아인의 표준 생성 엔탈피(ΔH_f°)에 대응하는 화학식을 쓰고, 표에서 각각의 표준 생성 엔탈피 값을 찾은 후, 이것을 그림으로 도식화하면 된다. 이에 의하면 뷰트-2-아인이 뷰트-1-아인보다 4.8 kcal/mol 더 안정함을 알 수 있다.

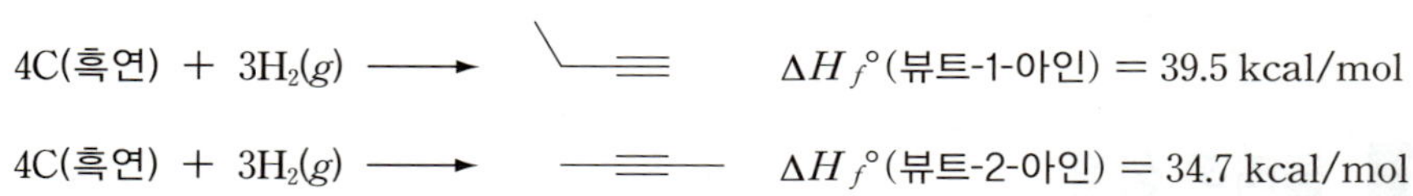

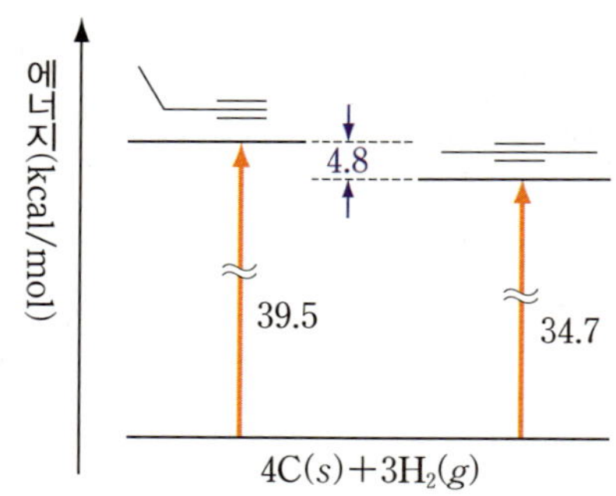

그림 5-2 뷰트-1-아인과 뷰트-2-아인의 표준 생성 엔탈피

표준 수소 첨가 반응열($\Delta H^\circ_{\text{수소 첨가 반응}}$)을 이용한 계산도 4.5절에서와 같이, 우선 뷰트-1-아인 및 뷰트-2-아인의 표준 수소 첨가 반응열($\Delta H^\circ_{\text{수소 첨가 반응}}$)에 대응하는 화학식을 쓰고, 표에서 표준 수소 첨가 반응열($\Delta H^\circ_{\text{수소 첨가 반응}}$) 값을 찾은 후, 이것을 그림으로 도식화하면 된다. 이에 의하면 뷰트-2-아인이 뷰트-1-아인보다 4.3 kcal/mol 더 안정함을 알 수 있다. 비록 이 값은 표준 생성 엔탈피(ΔH_f°)에서 계산된 4.8 kcal/mol 값과 같지 않지만, 최소한 내부 알카인이 말단 알카인보다 열역학적으로 더 안정하다는 경향성은 유지하고 있다.

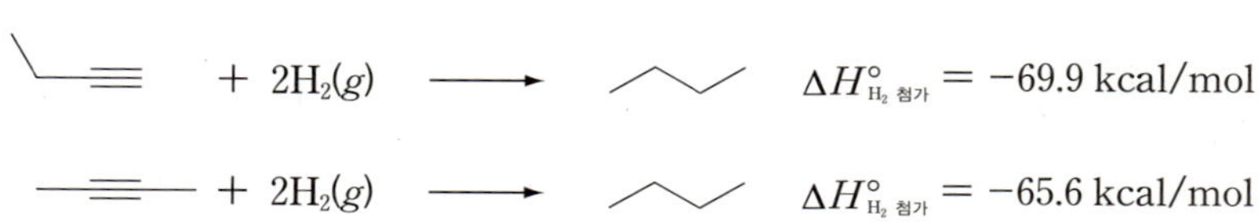

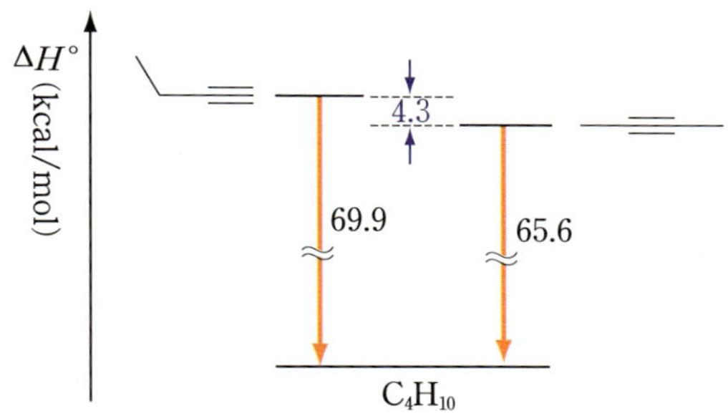

그림 5-3 뷰트-1-아인과 뷰트-2-아인의 표준 수소 첨가 반응열

이러한 사실을 종합하면 이성질체 관계에 있는 알켄에서 이중 결합에 치환체가 많을수록 알켄의 열역학적 안정성이 증가하는 것처럼(4.5절), 이성질체 관계의 알카인에서도 말단 알카인보다는 내부 알카인의 열역학적 안정성이 증가한다. 이때 에너지 차이는 4 kcal/mol 내외이다.

5.5 산성도 및 산-염기 반응

C−H 결합의 산성도를 보면 에테인($pK_a = 60$), 에텐($pK_a = 45$), 에타인($pK_a = 25$) 등 탄소 원자의 혼성에 따라서 큰 차이가 있다.

$$H{-}A + H_2O \rightleftharpoons A{:}^- + H_3O^+$$

C−H 결합	pK_a
$H_3C{-}CH_2{-}H$	60
$H_2C{=}CH{-}H$	45
$HC{\equiv}C{-}H$	25

위의 화학식을 열역학 및 평형 관점에서 분석하면 양성자(H^+)를 방출하였을 때 생성되는 음이온(A^-)이 안정할수록 $[A^-]$ 및 $[H^+]$의 농도가 증가하므로 화합물의 산성도는 증가하고, $pK_a(HA)$의 값은 감소한다. 그리고 이러한 추론을 에테인, 에텐, 에타인의 산성도와 연계시키면 탄소 음이온의 안정성은 $[C(sp) > C(sp^2) > C(sp^3)]$의 순서로 감소한다.

이제는 탄소 음이온의 안정성과 혼성 오비탈의 연관성에 대하여 알아보자. 4.4절에서는 혼성 오비탈에서 s 오비탈의 기여도가 증가하면 마치 해당 원소의 전기 음성도가 증가하였을 때 예상되는 현상들이 관찰된다고 하였다. 즉, 탄소의 혼성 오비탈이 $sp^3 \rightarrow sp^2 \rightarrow sp$로 변하면 해당 탄소의 전기 음성도가 점진적으로 증가하여 전자 구름을 더 강하게 잡아당기고, 그 결과 원자핵과 전자 구름 사이의 정전기적 인력이 증가하면서 탄소 음이온의 안정성이 증가한다는 결론에 도달한다.

유기 화학에서 산성도가 중요한 이유는 산-염기 반응에서 평형의 위치 및 평형 상수 값을 정반응과 역반응에서 산으로 작용하는 물질들의 pK_a 값에서 간단히 예측할 수 있기 때문이다(2.1.4절). 이 개념을 이용하면 에테인 및 에텐을 NH_2^-와 반응시키면 반응이 거의 진행되지 않지만, 아세틸렌을 NH_2^-와 반응시키면 반응이 완결됨을 쉽게 예측할 수 있다.

$$H_3C{-}CH_3 + {:}\ddot{N}H_2^{\ominus} \rightleftharpoons H_3C{-}CH_2{:}^{\ominus} + NH_3 \quad K{\sim}10^{-(60-33)} = 10^{-27}$$

$$H_2C{=}CH_2 + {:}\ddot{N}H_2^{\ominus} \rightleftharpoons H_2C{=}CH{:}^{\ominus} + NH_3 \quad K{\sim}10^{-(45-33)} = 10^{-12}$$

$$HC{\equiv}CH + {:}\ddot{N}H_2^{\ominus} \rightleftharpoons HC{\equiv}C{:}^{\ominus} + NH_3 \quad K{\sim}10^{-(25-33)} = 10^{8}$$

5.6 합성법

아세틸렌은 공업적으로 석회석(CaO)과 코크스(cokes)를 고온에서 가열하여 칼슘 카바이드(calcium carbide)를 만든 후, 계속해서 물과 반응시켜서 합성하였다. 지금은 메테인과 수증기를 고온에서 반응시키거나 또는 에텐을 고온에서 가열하여 아세틸렌을 합성하고 있다.

$$\underset{\text{석회석}}{CaO} + \underset{\text{코크스}}{3C} \xrightarrow{1800\sim2100^\circ C} \underset{\left(\underset{\text{칼슘 카바이드}}{^{\ominus}\!:C\equiv C\!:^{\ominus}\ Ca^{2\oplus}}\right)}{CaC_2} + CO \xrightarrow{2H_2O} HC\equiv CH + Ca(OH)_2$$

$$2CH_4 \xrightarrow[0.01\sim0.1\ \text{sec}]{\text{증기}(1500^\circ C)} HC\equiv CH + 3H_2$$

$$H_2C=CH_2 \xrightarrow{\text{고온}} HC\equiv CH + H_2$$

1,1-다이할로젠(*gem*-dihalogen) 및 1,2-다이할로젠(*vic*-dihalogen) 화합물을 강염기와 반응시키면 두 번의 할로젠화 수소 이탈 반응(dehydrohalogenation)으로 삼중 결합이 생성된다(7.7절). 반응에 사용되는 강염기로는 $NaNH_2$, KOH(*l*), KOH−*t*-BuOH−H_2O, KO*t*-Bu−*t*-BuOH−DMSO 등이 있다.

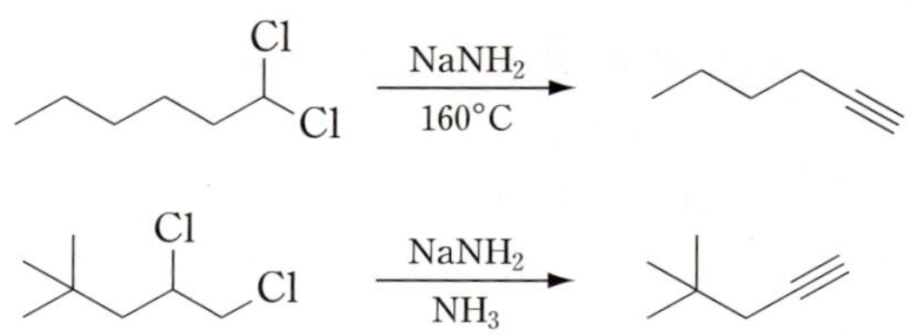

유기 합성의 관점에서 이 반응을 응용하면 이중 결합 화합물을 삼중 결합 화합물로 전환할 수 있다. 이를 위해서는 우선 이중 결합에 할로젠(X−X) 첨가 반응을 진행하여 1,2-다이할로젠 화합물을 합성하고, 이 화합물을 강염기 존재 하에서 두 번의 할로젠화 수소 이탈 반응을 수행하면 된다.

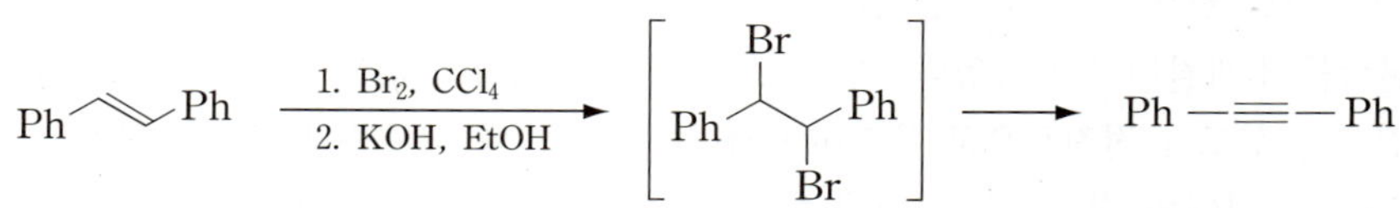

내부 알카인은 말단 알카인보다 열역학적으로 더 안정하기 때문에 말단 알카인을 강염기 존재 하에서 가열하면 평형 반응에 의하여 내부 알카인을 생성할 수 있다.

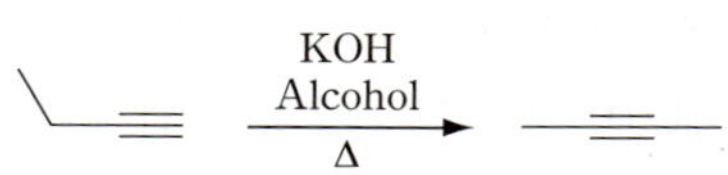

이와는 반대로 내부 알카인을 상온에서 KAPA와 처리하면 말단 알카인을 선택적으로 얻을 수 있다. 이 반응은 열역학적인 안정성과 반대되는 방향으로의 반응으로서 반응 메커니즘은 생략한다.

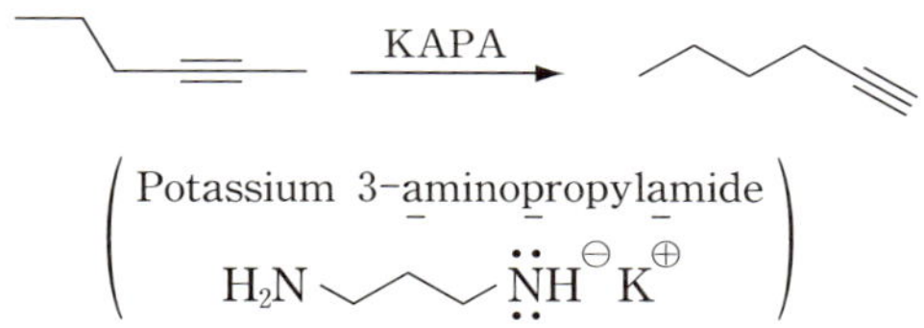

예제 5.2

아래 반응의 주생성물을 그리시오.

(a) 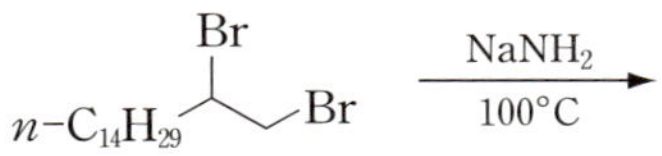

(b) 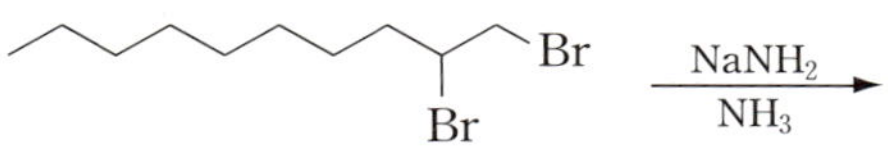

풀이

(a) 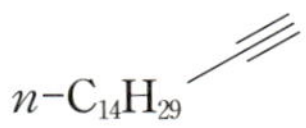

(b) 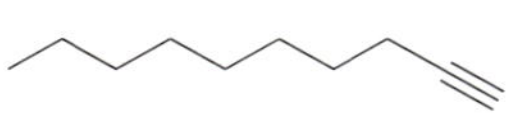

5.7 알킬화 반응

말단 알카인을 $NaNH_2$, KH 등의 강염기와 반응시키면 강한 염기 및 강한 친핵체로 작용하는 탄소 음이온이 정량적으로(~100%) 생성된다(5.5절).

$$HC{\equiv}CH + :\dot{N}H_2^- \rightleftharpoons HC{\equiv}C:^- + NH_3 \qquad K \sim 10^{-(25-33)} = 10^8$$

이 탄소 음이온을 1차 R−X(X=Br, I)와 반응시키면 S_N2 반응에 의하여 알킬기가 도입되는데 이것을 **알킬화 반응(alkylation)**이라고 한다(7.6절). 만약 탄소 음이온을 3차 R−X(X=Br, I)와 반응시키면 E2 경로를 따라서 할로젠화 수소 이탈 반응이 진행되어 이중 결합이 생성되고(4.6절 및 7.7절), 2차 R−X(X=Br, I)를 사용하면 S_N2와 E2 반응이 경쟁적으로 일어난다. S_N2 및 E2와 관련해서는 7장에서 상세하게 설명할 것이다.

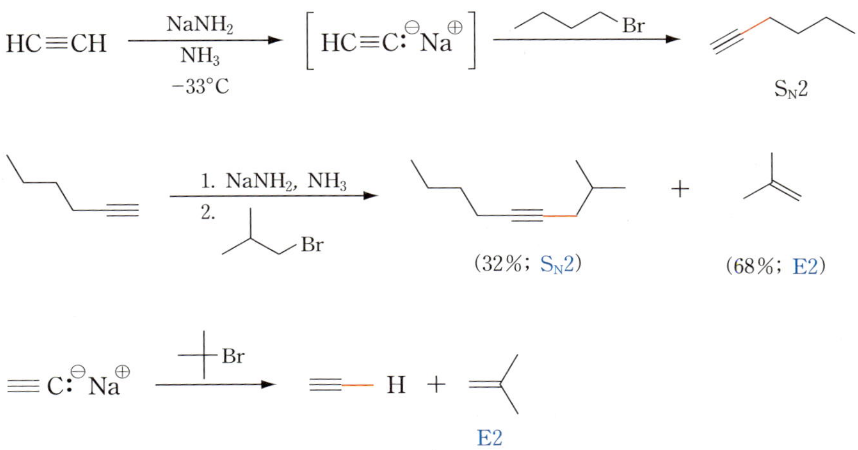

그림 5-4 알카인의 알킬화 반응 및 제거 반응

예제 5.3

아래 반응의 주생성물을 그리시오.

(a) 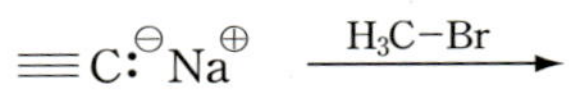

(b) 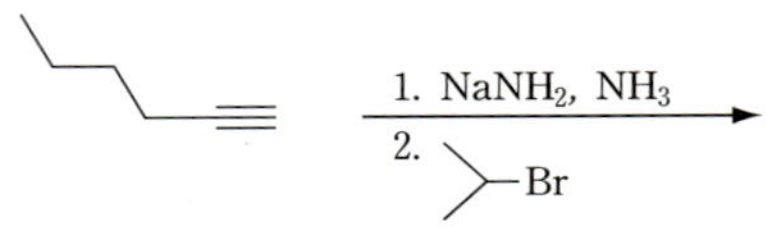

(c) 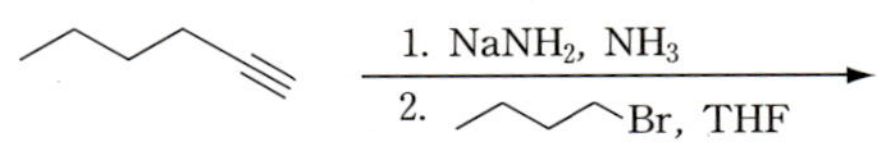

풀이

(a)

(b) 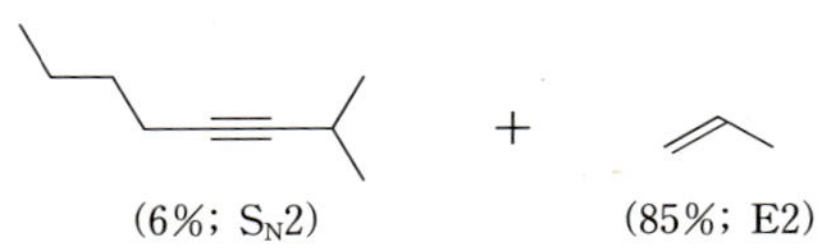

(c) 

5.8 친전자성 첨가 반응

알켄의 친전자성 첨가 반응에서는 할로젠 첨가 반응, 하이포할로젠산 첨가 반응, 할로젠산 첨가 반응, 물 첨가 반응 등을 기술하였고, 동시에 반응 메커니즘과 연계하여 이 반응들의 위치 선택성 및 입체 선택성 등을 서술하였다(4.7~4.9절).

알카인은 C≡C 삼중 결합을 갖는 화합물로서 두 개의 C=C 이중 결합이 서로 수직 관계에 있다. 알카인의 반응성은 알켄의 반응성과 비슷하기 때문에 알카인의 반응을 학습할 때에는 항상 알켄의 반응을 먼저 생각하면서 공통점과 차이점을 파악하려는 노력이 필요하다.

5.8.1 할로젠 첨가 반응

알켄이 C=C π-전자를 이용하여 할로젠 첨가 반응을 하듯이(4.7.2절), 두 개의 C=C π-전자가 있는 알카인도 할로젠 첨가 반응을 한다.

알카인의 삼중 결합과 한 분자의 할로젠이 반응하면 (*E*)-1,2-다이할로알켄이 생성되고, 알켄의 이중 결합이 두 번째 할로젠 분자와 반응하면 1,1,2,2-테트라할로알케인이 얻어진다. 이 반응은 일반적으로 첫 번째 반응이 두 번째 반응보다 빠르기 때문에 필요하다면 중간체인 (*E*)-1,2-다이할로알켄을 선택적으로 얻을 수 있다.

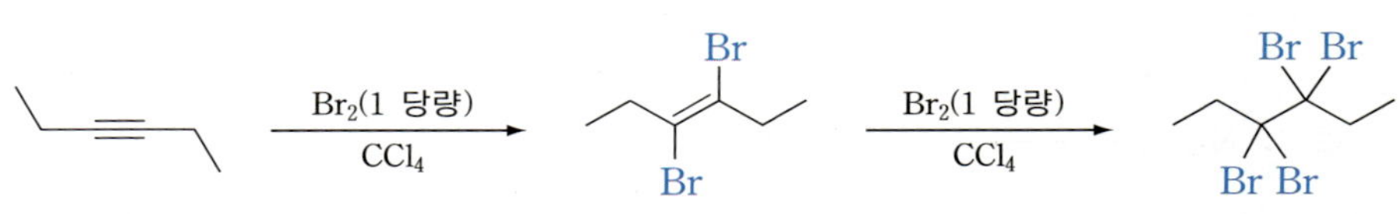

(*E*)

이 반응을 반응 메커니즘의 관점에서 살펴보자.

알카인의 삼중 결합과 한 분자의 할로젠이 반응하는 경로는 알켄의 할로젠 첨가 반응에서 안티-생성물이 얻어지는 것과 매우 유사하다(4.7.2절). 이 반응에서 첫 번째 단계는 π-결합 전자가 브로민 분자의 한 원자에 전자를 제공함과 동시에 Br—Br 결합이 끊어지면서 $Br:^-$이 이탈하는 반응이다. 이때 브로민 원자는 고립 전자쌍이 있기 때문에 이웃한 양이온에 전자를 제공하면서 삼각형 할로늄 양이온(cyclic halocarbonium ion) 중간체 **A**를 생성한다. 두 번째 단계에서는 이탈기인 $Br:^-$(친핵체)가 **A**의 브로민 원자와 반대 방향에서 전자를 제공하여 (*E*)-1,2-안티-생성물을 생성한다. (*E*)-1,2-안티-생성물은 연속해서 또 다른 할로젠 분자와 반응하여 최종 생성물로 전환되는데, 반응 경로가 알켄의 할로젠 첨가 반응(4.7.2절)과 동일하기 때문에 추가적인 설명을 생략한다.

메커니즘 5-1 알카인의 할로젠 첨가 반응 메커니즘

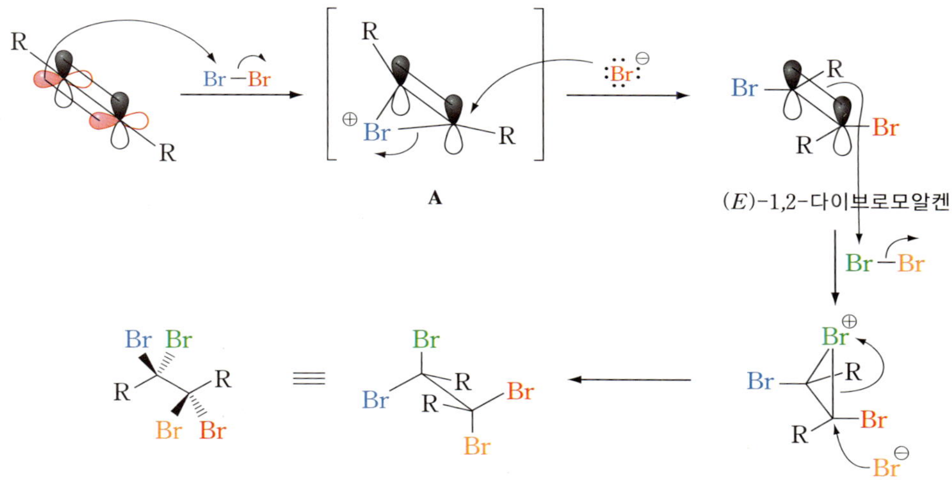

예제 5.4

아래 반응의 주생성물을 그리시오.

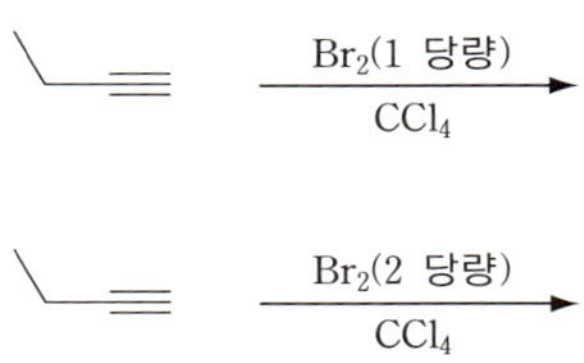

풀이

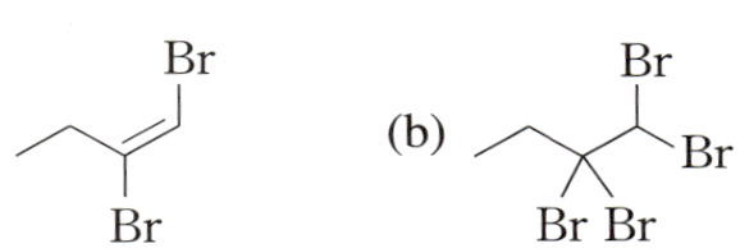

5.8.2 할로젠산 첨가 반응(이온성 반응)

알켄이 C=C π-전자를 이용하여 할로젠산과 첨가 반응을 하듯이(4.7.4절), 두 개의 C=C π-

전자가 있는 알카인도 할로젠산 첨가 반응을 한다.

알카인의 삼중 결합과 한 분자의 할로젠산이 반응하면 H−X가 π-결합의 반대 방향에서 각각 접근한 바이닐 할라이드가 생성되고, 바이닐 할라이드의 이중 결합이 두 번째 할로젠산 분자와 반응하면 1,1-다이할라이드 생성물이 얻어진다. 이 반응은 일반적으로 첫 번째 반응이 두 번째 반응보다 빠르기 때문에 필요하다면 중간 단계의 생성물을 선택적으로 얻을 수 있다.

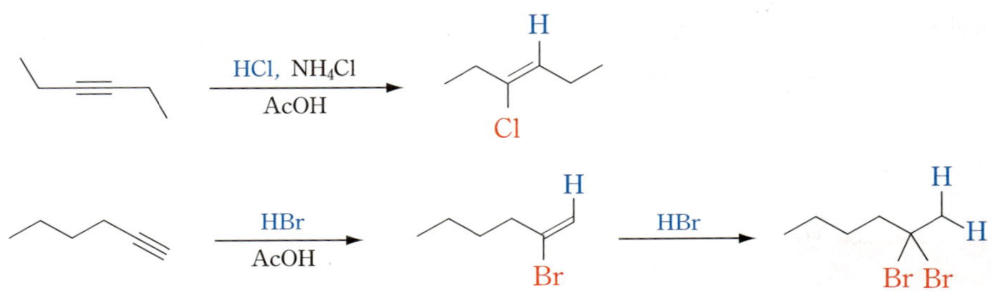

위의 반응을 반응 메커니즘의 관점에서 살펴보자.

알카인과 할로젠의 반응에서는 할로젠 원자가 고립 전자쌍을 가지고 있어서 삼각형 양이온 중간체가 생성되지만, 알카인과 할로젠산의 첨가 반응에서는 양성자(H^+)가 친전자체로 작용하므로 열린 탄소 양이온 중간체 **B**가 생성된다. 중간체 **B**에서 직접 생성물 **D**를 얻으려면 할라이드 음이온이 수소 원자와 반대 방향에서 접근해야 하는데, 이 경로는 친핵체와 알킬기 사이의 입체 장애가 커서 실험 결과를 설명하기에는 역부족이다. 만약 탄소 양이온의 혼성 형태가 *sp*(**B**)에서 sp^2로 변화하면 두 개의 알킬 치환체가 트랜스 관계로 있는 중간체 **C**가 가능하고, 여기에 할라이드 음이온이 반응하여 바이닐 할라이드 **D**를 제공할 수 있다. 그러나, 이 경로도 전기 음성도가 상대적으로 큰 **C**(sp^2)$^+$ 양이온이 존재하기 때문에 열역학적으로 합리적이지 못한 부분이 존재한다.

메커니즘 5-2 알카인의 할로젠산 첨가 반응 메커니즘

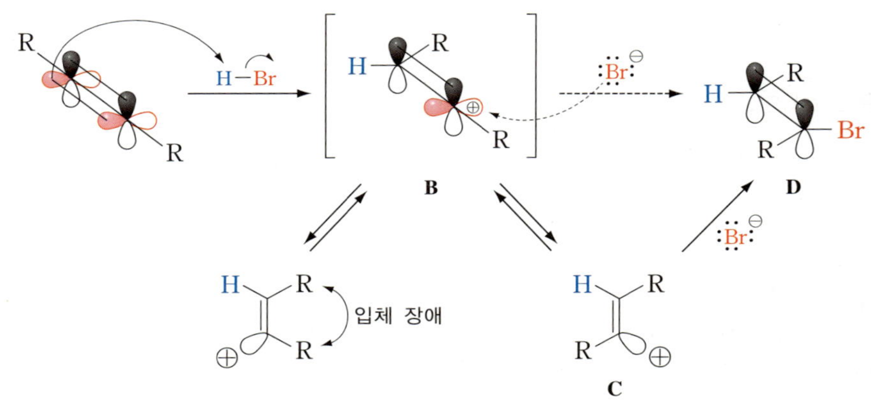

이 외에도 세 개의 분자가 동시에 관여하는 경로를 생각할 수 있다. 아래의 그림은 H와 X가 안티-방향에서 접근하고, **C**(sp^2)$^+$ 양이온이 매우 불안정하여 쉽게 생성되지 않음을 부분적으로 해명할 수 있으며, 수소 원자가 치환체가 적은 탄소와 결합한다는 Markovnikov 규칙도 설명할 수 있다. 그러나 이 제안은 세 개의 분자가 전이 상태에 동시에 참여하는 삼분자 반응(termolecular reaction)의 예가 매우 적다는 점에서 단점이 있다.

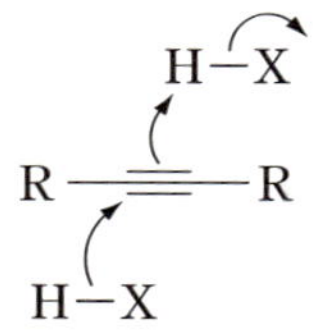

중간체 **D**는 연속해서 또 다른 할로젠산 분자와 반응하여 열역학적으로 가장 안정한 중간체(**E**)를 생성하고(4.7.4절), 이로부터 최종 생성물인 1,1-다이할라이드 화합물이 얻어진다.

메커니즘 5-3 브로모알켄의 할로젠산 첨가 반응 메커니즘

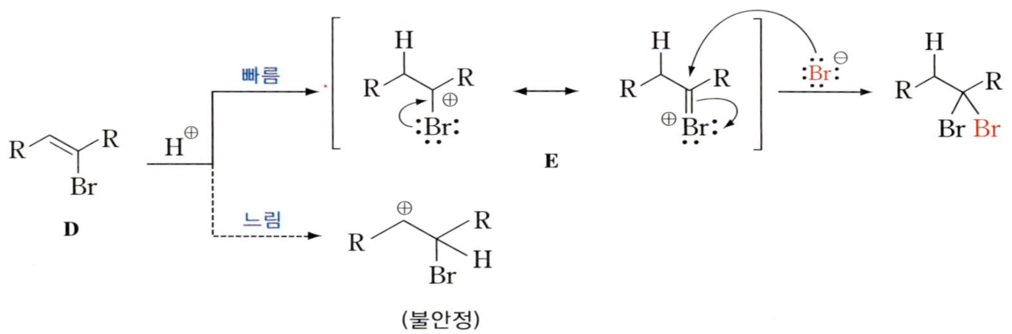

예제 5.5

아래 반응의 주생성물을 그리시오.

풀이

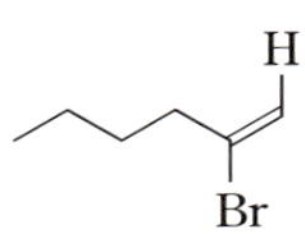

5.8.3 물 첨가 반응

알켄이 C=C π-전자를 이용하여 산 촉매 물 첨가 반응(4.7.5절) 및 옥시수은 첨가 반응/탈수은 반응(4.7.6절)을 하듯이, 두 쌍의 C=C π-전자가 있는 알카인은 옥시수은 첨가 반응을 한다. 일반적인 반응 조건은 [$Hg^{2+}/H_2SO_4/H_2O$] 조합이다.

알카인의 삼중 결합과 한 분자의 물이 반응하면 한 개의 C=C π-결합이 끊어지면서 삼중 결합의 양쪽 탄소에 수소와 OH 작용기가 각각 결합한 **엔올(enol)** 화합물이 생성된다. 일반적으로 엔올은 열역학적으로 매우 불안하기 때문에 자발적으로 평형 반응에 의하여 케톤 화합물로 전환된다.

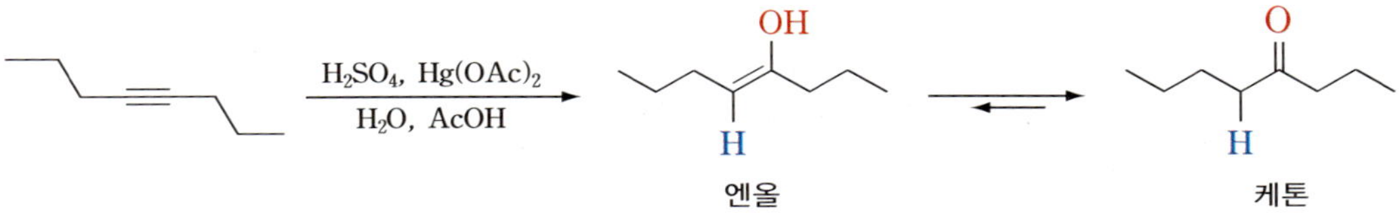

이 반응을 반응 메커니즘의 관점에서 살펴보자.

이 반응의 첫 번째 단계는 알켄의 옥시수은 첨가 반응(4.7.6절)과 동일하게, π-결합 전자가 HgL_2에게 전자를 제공함과 동시에 Hg−L 결합이 끊어지면서 $L:^-$ 음이온이 이탈하는 반응이다. 이때 [HgL^+] 원자단은 고립 전자쌍이 있기 때문에 이웃한 양이온에 전자를 제공하면서 삼각형 수은 양이온 중간체(**A**)를 생성하는데, 이 단계가 반응 속도 결정 단계이다. 두 번째 단계에서는 친핵체인 물(H_2O)이 HgL과 반대 방향에서 부분 양전하가 큰 탄소와 위치 선택적으로 반응하여 옥소늄 양이온(**B**)을 만든 후, 용매인 물과의 산−염기 반응으로 엔올(**C**)을 생성한다. 일반적으로 엔올은 열역학적으로 매우 불안정하기 때문에 자발적으로 평형 반응에 의하여 케톤 화합물(**D**)로 전환되는데, 이 경우에는 환원성 시약($NaBH_4$)을 넣지 않아도 탈수은 반응이 일어나서 최종 생성물을 얻을 수 있다. 이와 관련한 메커니즘은 카보닐 화학을 공부하지 않았기 때문에 생략한다.

메커니즘 5-4 알카인의 물 첨가 반응 메커니즘

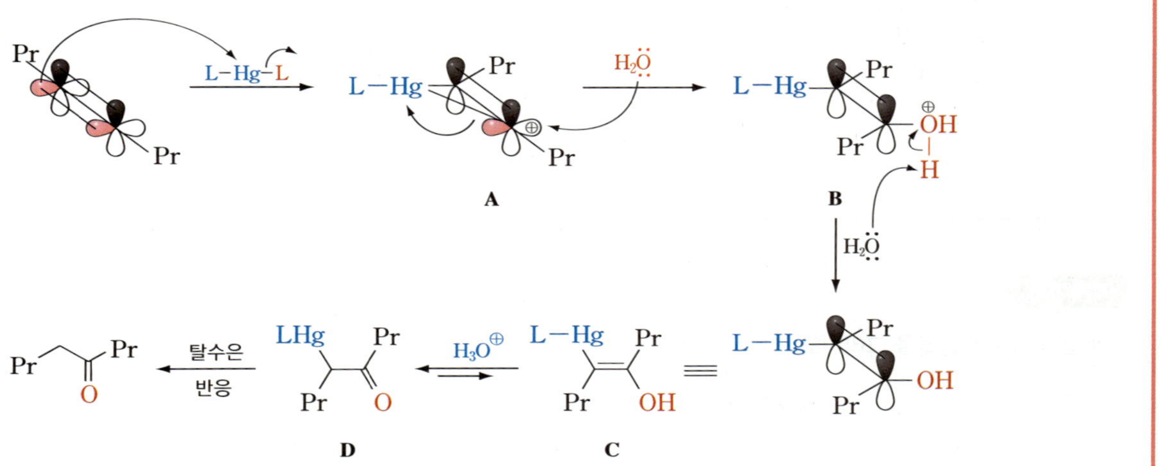

위에서 언급한 바와 같이 대부분의 엔올형 화합물은 열역학적으로 불안정해서 평형 반응에 의하여 카보닐 화합물로 전환된다. 이러한 이성질화 반응(isomerization)을 **토토머화 현상(tautomerism)**, 그리고 여기에 참여하는 엔올 및 카보닐 화합물을 **토토머(tautomer)**라고 부른다. 이와 관련해서는 19.1절에서 상세하게 기술하였다.

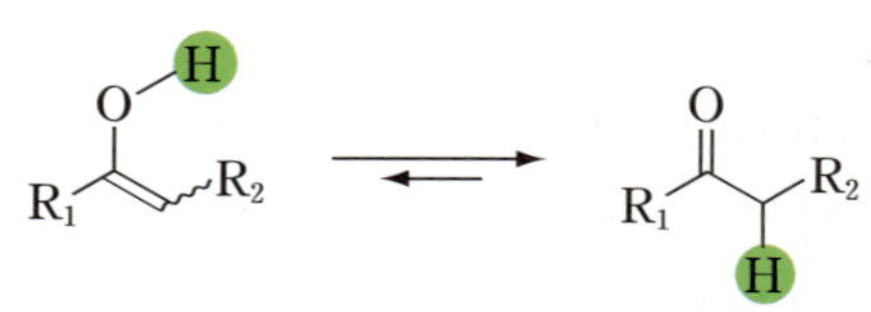

엔올 케톤

알카인의 물 첨가 반응이 비대칭 구조를 갖는 내부 알카인에서 진행되면 H와 OH의 결합 위치에 따라서 두 종류의 케톤 화합물이 가능하기 때문에 합성법으로의 효율성이 크게 감소할 수 있다.

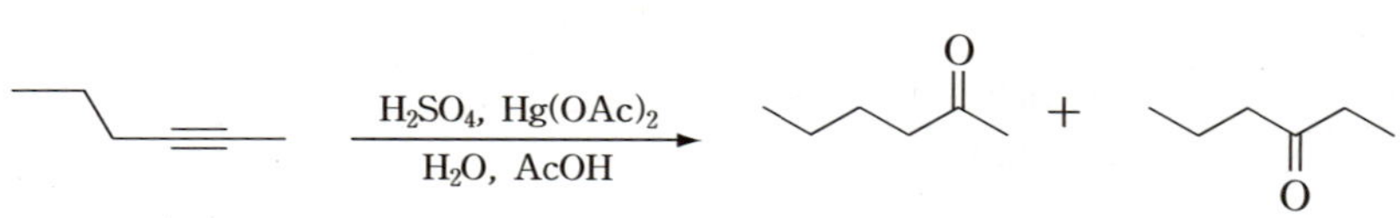

(50 : 50)

그러나 말단 알카인에서 물 첨가 반응이 일어나면 Markovnikov 형태(H는 말단 탄소, OH는 내부 탄소에 결합)의 엔올이 선택적으로 얻어지고, 이어지는 이성질화 반응에 의하여 메틸 케톤이 생성된다. 이 방법은 합성적으로 검증된 매우 유용한 방법이다.

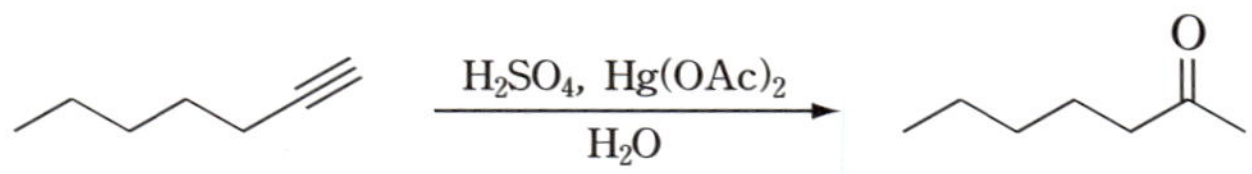

5.9 할로젠산 첨가 반응(라디칼 반응)

알켄의 할로젠산 첨가 반응은 친핵체인 C=C π-전자와 반응하는 친전자체가 H^+이면 이온성 첨가 반응(4.7.4절), 친전자체가 X·이면 라디칼 첨가 반응(4.8절)이 된다. 두 반응의 가장 큰 차이점은 비대칭 알켄의 경우에 위치 선택성이 서로 반대인 것으로서, 이것은 유기 합성의 관점에서 매우 중요한 의미를 갖는다.

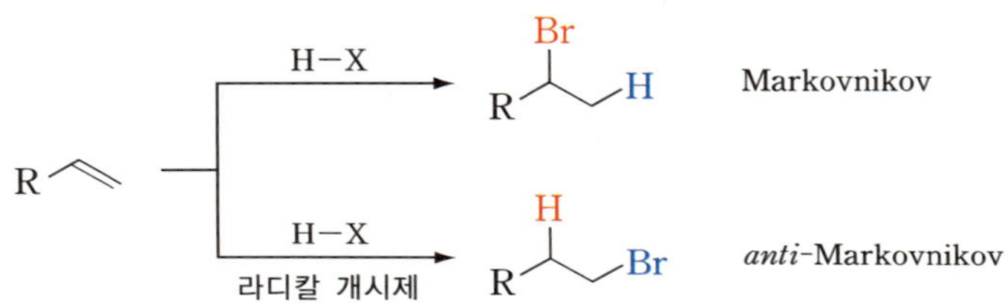

알카인의 할로젠산 첨가 반응도 친전자체의 성격에 따라서 이온성 첨가 반응(5.8.2절)과 라디칼 첨가 반응으로 구분할 수 있다. 라디칼 할로젠산 첨가 반응은 주로 [HX−라디칼 개시제] 조합을 사용하고, 현실적으로 HBr 첨가 반응이 주로 사용되며, 비대칭 알카인의 경우에 *anti*-Markovnikov 생성물이 주생성물로 얻어진다.

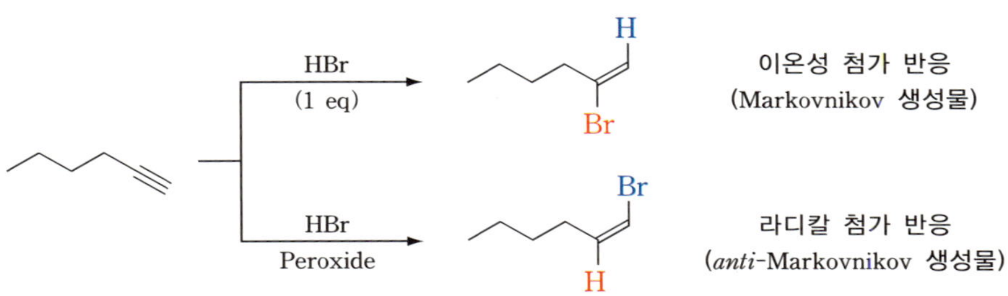

위 반응은 다음의 경로를 따라서 진행된다.

개시 단계에서 RO−OR 개시제를 사용하면 O−O 결합 에너지(51 kcal/mol)가 일반적인 C−H(93~105 kcal/mol) 및 C−C(81~90 kcal/mol) 결합보다 훨씬 약하기 때문에 O−O 결합이 선택적으로 끊어진다. 이렇게 생성된 RO· 라디칼은 HBr과 반응하여 ROH 및 Br· 라디칼로 전환된다. 이 반응은 H−Br 결합이 끊어지고 O−H 결합이 생성되는 반응으로서, 열역학적으로 88 kcal/mol의 에너지가 유입되고 119 kcal/mol의 에너지가 방출되기 때문에 총 31 kcal/mol의 에너지를 방출하는 발열 반응이다.

$$\mathrm{RO{-}OR} \xrightarrow{h\nu\ \text{또는 열}} 2\ \mathrm{RO}\cdot$$

$$\mathrm{RO}\cdot + \mathrm{HBr} \longrightarrow \mathrm{ROH} + \mathrm{Br}\cdot$$

전파 단계의 첫 번째 단계는 삼중 결합의 π-결합과 Br·의 반응이고, 이 단계가 반응 속도 결정 단계이다. 말단 삼중 결합의 경우에는 Br·이 내부 탄소와 결합하면 1차 바이닐 라디칼 **A**가 생기고, Br·이 말단 탄소와 결합하면 2차 바이닐 라디칼 **B**가 생성된다. 여기에 Hammond 가설(2.8.3절)을 적용하면 2차 바이닐 라디칼 **B**가 1차 바이닐 라디칼 **A**보다 열역학적으로 더 안정하므로 더 안정한 중간체 **B**가 더 빠르게 생성되고, 그 결과 생성물 **C**가 주생성물로 얻어짐을 설명할 수 있다. 이 과정에서 Br·은 재생성된다.

메커니즘 5-5 알카인의 라디칼 할로젠산 첨가 반응 메커니즘

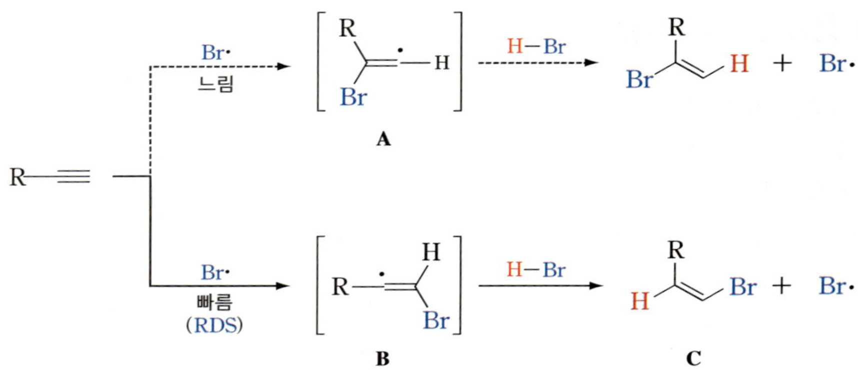

예제 5.6

아래 반응의 주생성물을 그리시오.

(a) 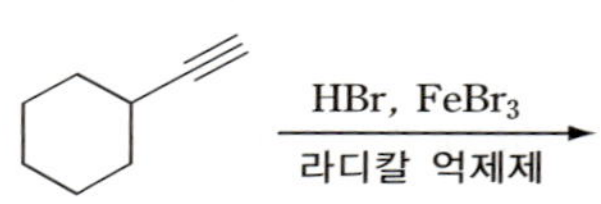

(b) 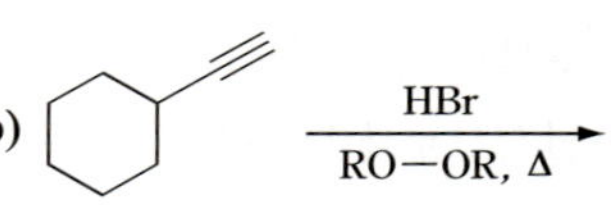

풀이

(a) 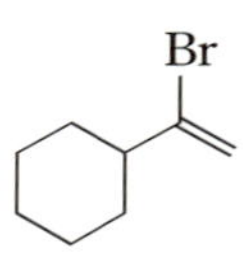

(b) 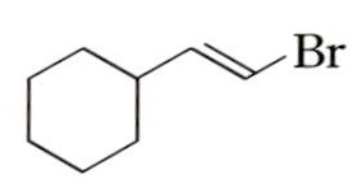

5.10 물 첨가 반응(수소화붕소 첨가 반응/산화 반응)

알켄의 물 첨가 반응은 반응의 위치 선택성에 따라서 Markovnikov 생성물을 제공하는 산 촉매 물 첨가 반응(4.7.5절) 및 옥시수은 첨가 반응/탈수은 반응(4.7.6절), 그리고 *anti*-Markovnikov 생성물을 제공하는 수소화붕소 첨가 반응/산화 반응(4.9절)으로 구분할 수 있다.

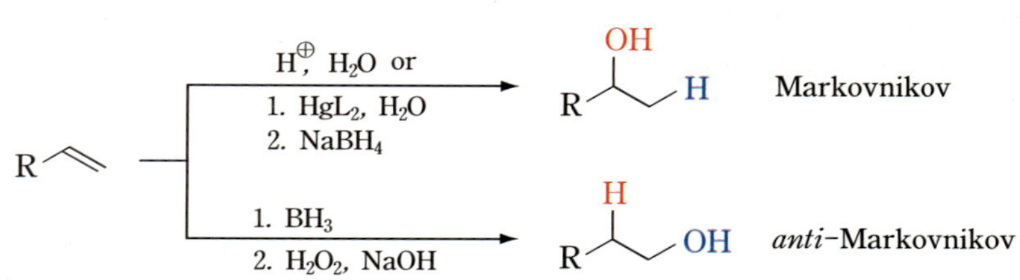

알카인의 C≡C π-전자들은 알켄의 수소화붕소 첨가 반응에서와 같이 수소화붕소 첨가 반응을 할 수 있다. 반응 시약은 일반적으로 보레인(BH_3) 및 보레인 유도체를 사용하고, 기본적인 반응 경로는 알켄의 수소화붕소 첨가 반응과 거의 동일하다. 이 반응은 한 개의 π-결합에 *anti*-Markovnikov 형태의 첨가 반응이 진행되고, 그 이후에 산화 반응이 진행되어서 엔올 중간체가 생성되며, 마지막으로 토토머화 현상이 일어나서 최종 생성물인 카보닐 화합물이 생기는 반응이다.

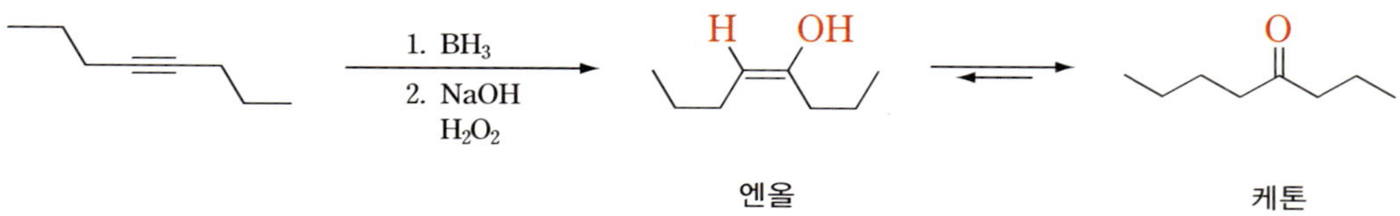

그림 5-5 알카인의 물 첨가 반응

위에서처럼 알카인의 수소화붕소 첨가 반응이 대칭적 구조를 갖는 내부 알카인에서 일어나면 H와 OH의 결합 위치와 무관하게 한 종류의 케톤 화합물이 생성된다. 그러나 알카인의 수소화붕소 첨가 반응이 비대칭 구조를 갖는 내부 알카인에서 일어나면 H와 OH의 결합 위치에 따라서 두 종류의 케톤 화합물이 가능하기 때문에 합성법으로의 효율성이 크게 감소할 수 있다.

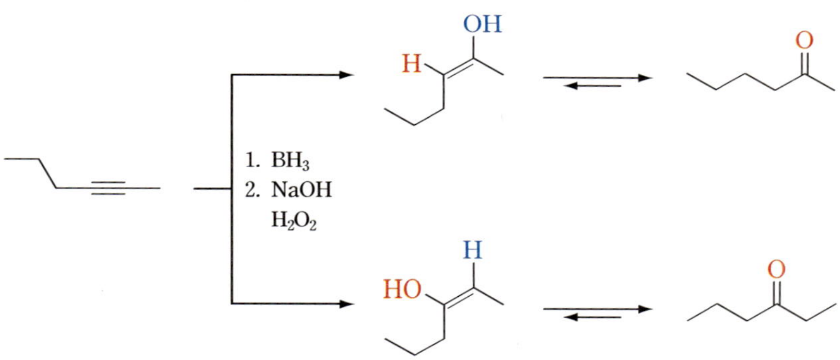

말단 알카인에 단순한 물 첨가 반응($Hg^{2+}/H_2SO_4/H_2O$)을 수행하면 Markovnikov 형태의 첨가 반응이 진행되어 메틸 케톤이 생성되는 것처럼(5.8.3절), 말단 알카인에 수소화붕소 첨가 반응을 수행하면 *anti*-Markovnikov 형태의 첨가 반응이 일어나서 알데하이드를 선택적으로 얻을 수 있다. 이처럼 동일한 출발 물질에서 시약을 바꿈으로써 물 첨가 반응의 위치 선택성을 조절할 수 있다는 것은 유기 합성의 관점에서는 매우 중요한 결과들이다.

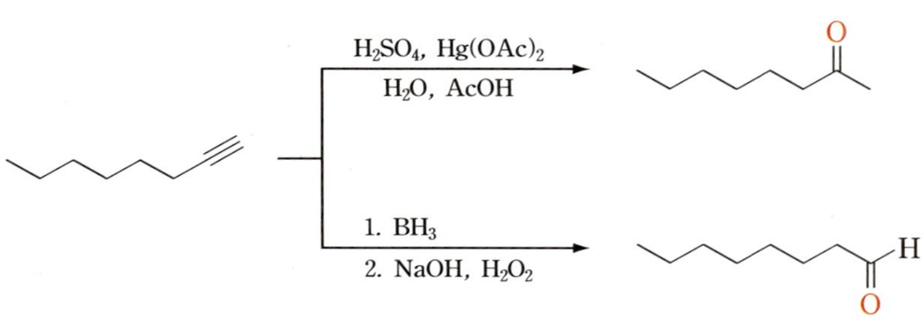

예제 5.7

아래 반응의 주생성물을 그리시오.

(a) 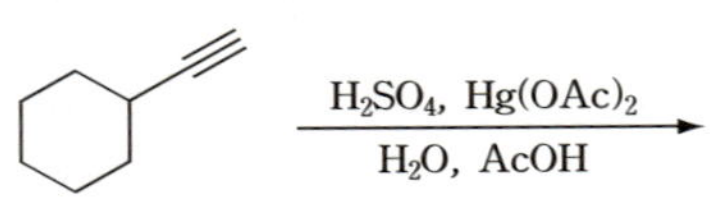

(b) 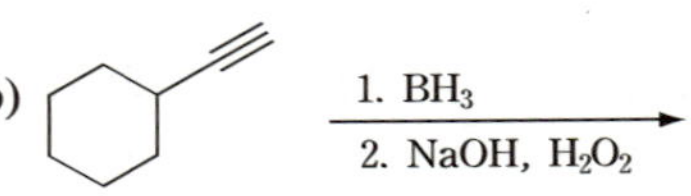

풀이

(a) 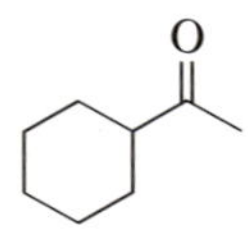

(b) 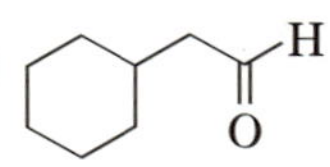

5.11 산화 및 환원 반응

5.11.1 산화 반응

유기 합성의 관점에서 삼중 결합은 이중 결합보다 산화 반응에 대한 유용성이 상대적으로 적기 때문에 교재에서는 간단하게 설명할 예정이다.

비대칭 내부 알카인을 산화제인 $KMnO_4$ 및 O_3와 반응시키면 두 종류의 카복실산이 생성된다. 말단 알카인의 경우에는 산화 반응에서 생성되는 폼산(HCO_2H)이 물과 반응하여 $HC(OH)_3$이 되고, 이 화학종이 다시 산화되어 탄산(H_2CO_3)이 되며, 계속해서 CO_2와 물로 분해될 수 있다.

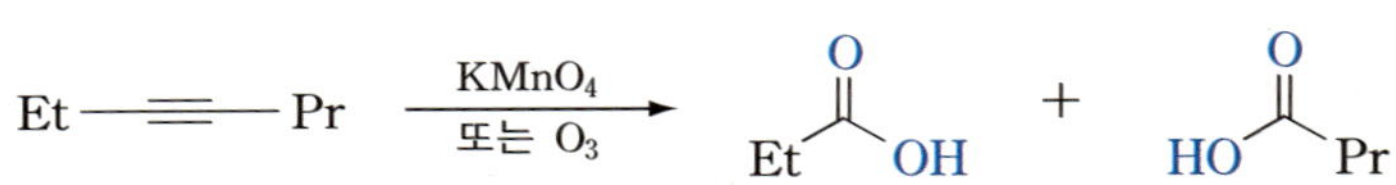

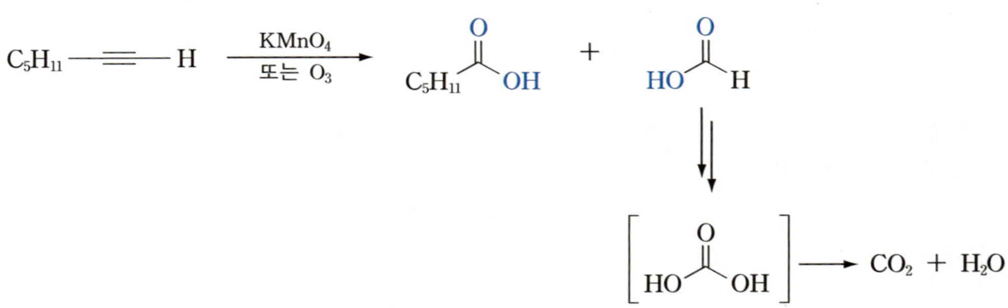

5.11.2 촉매 수소화 반응

알켄이 C=C π-전자를 이용하여 촉매 수소화 반응을 하듯이(4.10.5절), 두 개의 C=C π-전자가 있는 알카인도 촉매 수소화 반응을 할 수 있다.

일반적으로 반응 조건은 알켄의 촉매 수소화 반응 조건과 일치한다. 삼중 결합에 한 개의 수소 분자가 신-형태로 첨가되면 (*Z*)-이중 결합을 갖는 알켄이 생성되고, (*Z*)-이중 결합에 촉매 수소화 반응이 한 번 더 일어나면 불포화 결합이 모두 수소로 치환된 생성물이 얻어진다.

알카인의 할로젠 첨가 반응(5.8.1절) 및 할로젠산 첨가 반응(5.8.2절)에서는 첫 번째와 두 번째 반응의 속도 차이를 이용하여 원하는 물질을 선택적으로 얻을 수 있다. 촉매 수소화 반응도 삼중 결합이 이중 결합보다 빠르게 반응하지만, 일반적으로 이중 결합의 촉매 수소화 반응도 상온에서 매우 빠르기 때문에 일반적인 촉매를 사용해서는 (*Z*)-알켄을 선택적으로 분리할 수 없다.

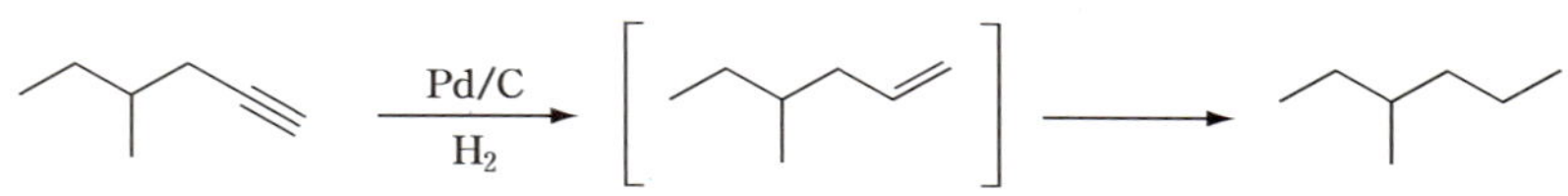

(*Z*)-알켄을 선택적으로 얻기 위해서는 촉매의 활성을 조금 낮추어야 하는데, 이를 위해서 [Pd/$BaSO_4$/quinoline/$Pb(OAc)_4$] (**Lindlar 촉매**)를 주로 사용한다. 이때 퀴놀린의 질소(N) 원자나 납(Pb) 이온은 촉매인 필라듐(Pd) 표면에 강하게 흡착하여 촉매의 표면적을 감소시켜서 촉매의 활성을 낮추는 역할을 하는데, 이러한 물질을 **촉매 훼손 물질(catalyst poisoner)**이라고 한다. 삼중 결합은 이중 결합보다 반응성이 커서 활성이 낮은 이러한 촉매와도 반응을 하지만, 이중 결합은 반응 속도가 현저하게 느려서 선택적으로 (*Z*)-알켄을 얻을 수 있다.

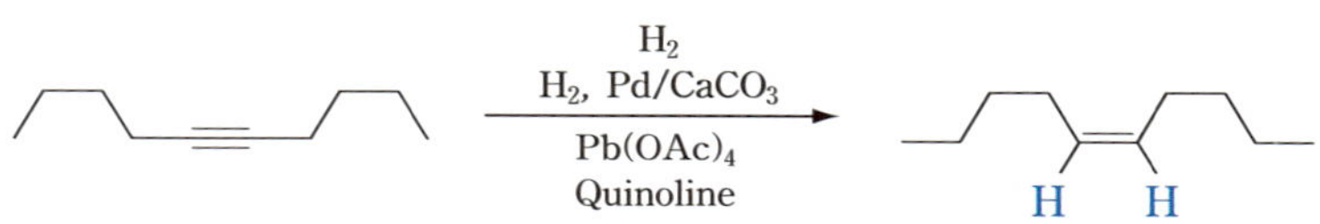

5.11.3 용해성 금속 환원 반응

알카인에 **용해성 금속 환원 반응(dissolving metal reduction)**을 진행하면 선택적으로 (*E*)-알켄이 생성된다. 일반적인 반응 조건은 [1족 원소(Na, Li, K) + NH_3] 조합이고, 이중 결합의 추가적인 환원 반응은 일어나지 않는다. 알카인의 촉매 수소화 반응과 용해성 금속 환원 반응은 공통적으로 한 개의 π-결합이 끊어지면서 두 개의 C−H 결합이 생기는 반응이지만, 촉매 수소화 반응에서는 (*Z*)-생성물, 용해성 금속 환원 반응에서는 (*E*)-생성물이 생기는 차이가 있다.

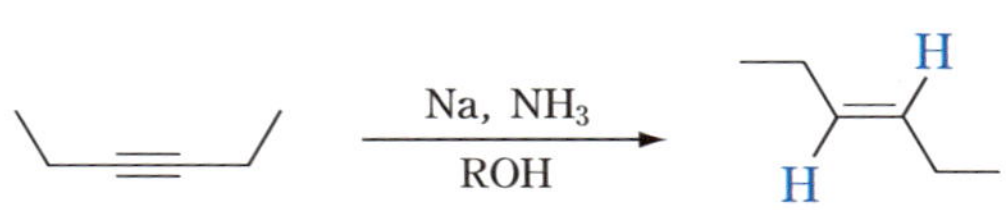

이 반응은 아래의 경로를 따라서 진행된다. 첫 번째 단계는 금속 원자에서 전자 한 개가 삼중 결합에 전달되어 알켄일 라디칼 음이온(alkenyl radical anion, **A**)을 생성하는 반응이다. 음이온 **A**는 암모니아와 산−염기 반응을 통하여 (*E*)/(*Z*) 이성질화 반응이 빠르게 진행되는 라디칼(**B**$_E$ 및 **B**$_Z$)로 전환되는데, 이 반응 단계가 RDS에 해당한다. 라디칼 **B**에 홑전자 한 개가 더 추가되면 (*E*)/(*Z*) 이성질 현상이 느리게 진행되는 음이온(**C**$_E$ 및 **C**$_Z$)이 생기는데, (*E*)-음이온(**C**$_E$)이 (*Z*)-음이온(**C**$_Z$)보다 열역학적으로 더 안정하기 때문에 (*E*)-음이온이 주로 생성됨을 예측할 수 있다(Hammond 가설). 최종적으로 중간체인 (*E*)-음이온(**C**$_E$)에 산−염기 반응이 진행되면 이중 결합 구조가 그대로 유지되면서 (*E*)-알켄이 얻어진다.

메커니즘 5-6 알카인의 용해성 금속 환원 반응 메커니즘

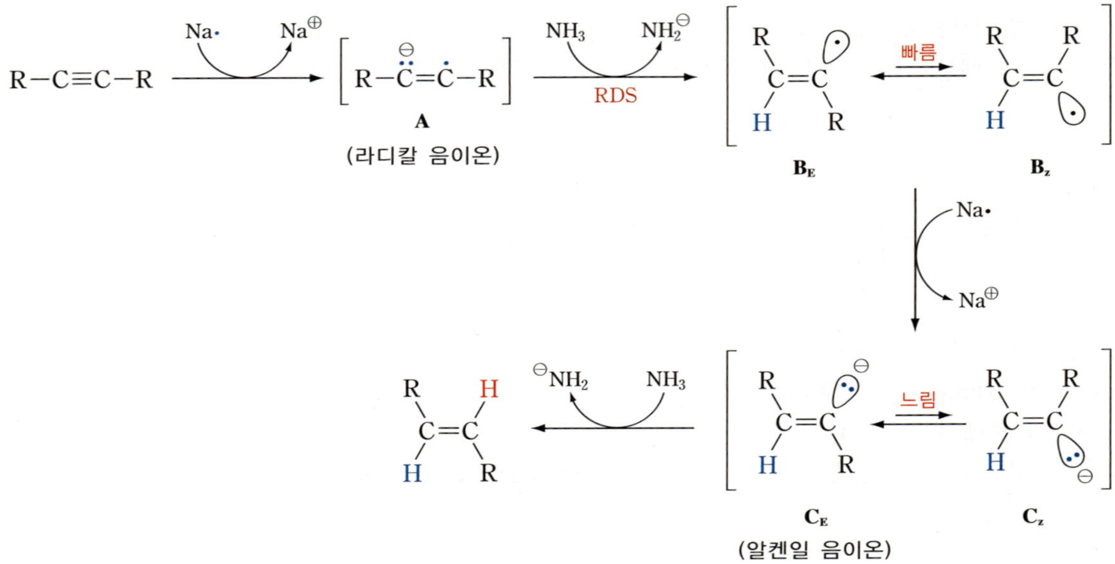

$pK_a(NH_3) \approx 33$

$pK_a(CH_2{=}CH_2) \approx 45$

반응 메커니즘에 의하면 Na 원자가 Na^+가 되면서 전자 한 개를 방출하는데, 전자는 홀로 존재하는 것이 아니라 암모니아에 의하여 용매화된 상태($e(NH_3)_n^-$)로 존재한다.

예제 5.8

아래 반응의 주생성물을 그리시오.

(a) 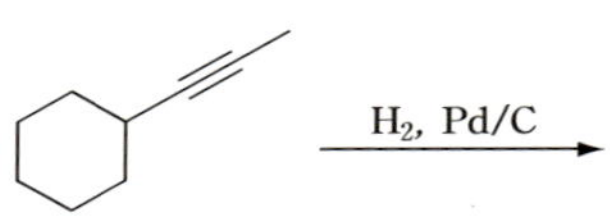

(b) 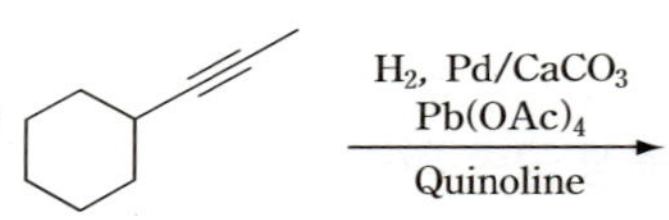

풀이

(a) 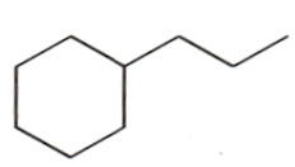

(b) 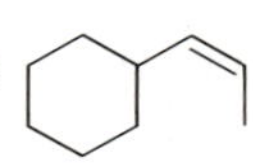

5.12 유기 합성

이제는 4장과 5장에서 공부한 반응들과 역합성(4.13절)의 개념을 이용하여 목적 화합물을 어떻게 합성할 것인가에 대하여 생각해 보자.

아세틸렌에서 옥테인을 합성하는 과제가 주어졌다고 가정하자. 옥테인은 포화 탄화수소이고, 이중 결합 및 삼중 결합에 촉매 수소화 반응을 하면 C−C 및 C−H 포화 결합이 생성되므로 임의의 C−C 단일 결합은 모두 이중 결합 및 삼중 결합으로부터 얻을 수 있다(5.11.2절). 이 반응을 적용하는 다양한 방법 중에서 삼중 결합을 $C_4{-}C_5$ 위치에 도입한다고 가정하면 **선구 물질(precursor)**은 옥트-4-아인(**A**)이 된다. 계속해서 **A**는 펜트-1-아인(**B**)의 알킬화 반응을 통해서 합성하고, **B**는 아세틸렌의 알킬화 반응으로 각각 합성할 수 있다(5.7절).

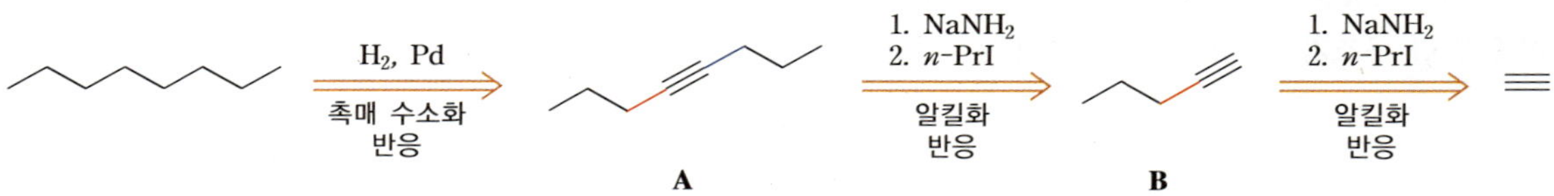

이번에는 아세틸렌에서 (Z)-헥스-2-엔의 합성을 생각해 보자. (Z)-알켄 구조는 Lindlar 촉매를 이용하여 삼중 결합으로부터 얻을 수 있고(5.11.2절), 내부 알카인은 아래와 같이 아세틸렌의 알킬화 반응을 두 번 적용하여 합성할 수 있다(5.7절).

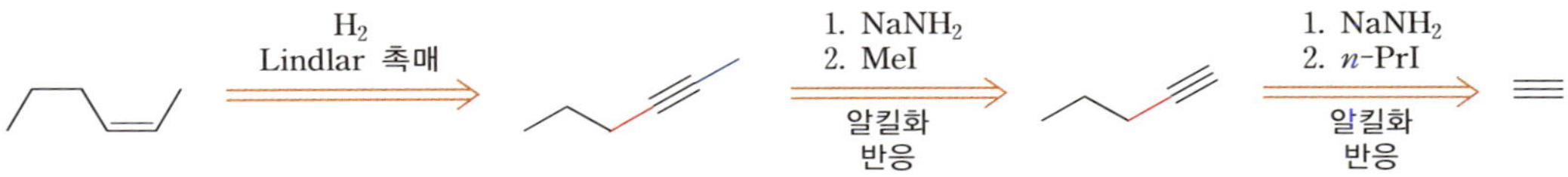

마지막으로 아세틸렌에서 1-헥산알의 합성을 수행해 보자. 말단 삼중 결합에 수소화붕소 첨가 반응을 진행하면 위치 선택적으로 알데하이드를 얻을 수 있고(5.10절), 헥스-1-아인(**C**)은 아세틸렌의 알킬화 반응으로 합성할 수 있다(5.7절).

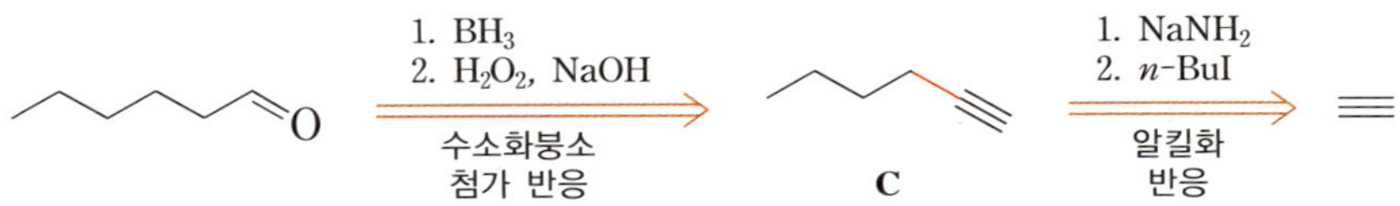

예제 5.9

아래의 출발 물질에서 생성 물질을 얻는 합성 경로를 제시하시오.

풀이

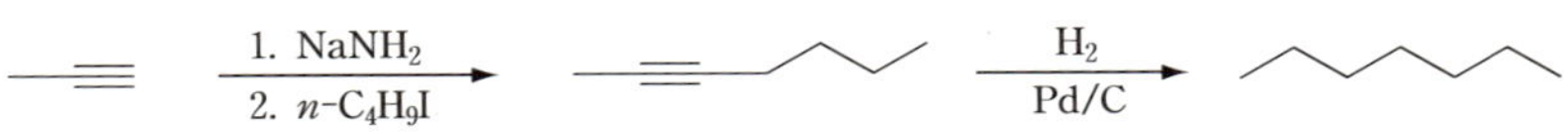

예제 5.10

아래의 합성 경로에서 잠재적으로 문제가 될 수 있는 반응을 고르고, 그 이유를 설명하시오.

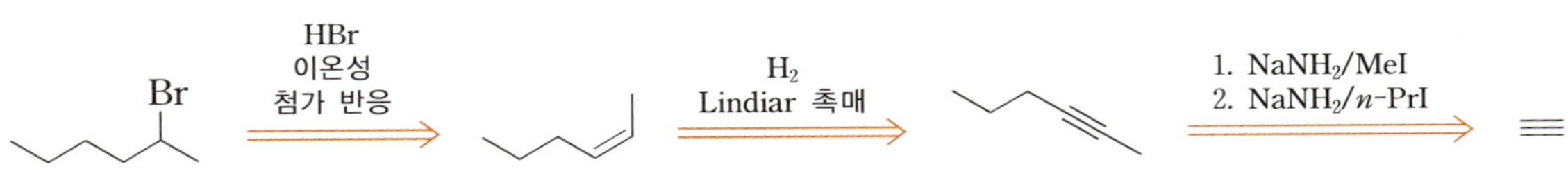

풀이

첫 번째 역합성 단계에서 문제가 있다. 그 이유는 (Z)-헥스-2-엔의 HBr 첨가 반응에서 H^+의 반응 위치에 따라서 두 종류의 2차 탄소 양이온이 생성될 수 있는데, 두 양이온의 에너지가 서로 비슷하기 때문에 생성 비율은 ~50 : 50에 근접할 것이다. 따라서 두 종류의 생성물이 함께 얻어질 가능성이 매우 크다.

5.13 요약

탄소–탄소 삼중 결합이 있는 유기 화합물을 알카인(alkyne), 삼중 결합이 사슬의 말단에 위치하면 말단 알카인(terminal alkyne), 사슬의 중간에 위치하면 내부 알카인(internal alkyne)이라고 한다.

알카인의 탄소 원자는 *sp* 혼성 오비탈을 하고, 두 개의 π-결합이 서로 수직으로 위치하는 직선형 골격을 갖는다. 탄소–탄소 결합이 단일 결합, 이중 결합, 삼중 결합으로 변하면 혼성 오비탈은 sp^3, sp^2, *sp*가 되면서 *s* 오비탈의 기여도가 증가하고, C−C 결합 길이는 1.54, 1.34, 1.20 Å으로 감소하며, C−H 결합 길이도 1.10, 1.08, 1.06 Å으로 감소한다. 반면에 총 결합 에너지는 85, 146, 200 kcal/mol로 증가한다.

알카인의 명명법은 알켄의 명명법(4.3절)과 거의 유사하고, 알켄에서와 같이 알카인의 알킬 치환체 수가 증가할수록 열역학적 안정성이 증가한다.

알켄과 알카인은 공통적으로 π-결합을 갖고 있어서 π-결합이 참여하는 반응에 있어서 유사한 특징들을 공유한다. 따라서 알카인의 반응을 학습할 때에는 알켄에서의 해당 반응을 충분히 이해하고, 그 이후에 두 반응의 공통점과 차이점을 비교하려는 노력이 필요하다.

알킬화 반응(5.7절)은 C−H 결합의 산성도 차이 때문에 알켄에서는 수행할 수 없는 반응으로, 친전자체로 1차 할로젠화 알킬(R−X)을 주로 사용한다.

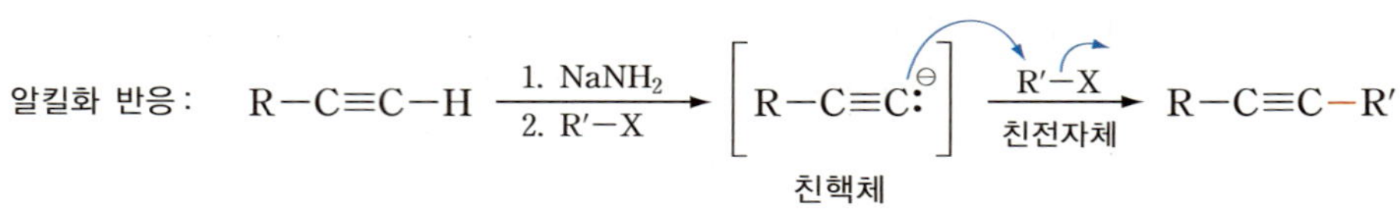

알카인의 친전자성 첨가 반응(5.8절)에서는 할로젠 첨가 반응, 할로젠산 첨가 반응, 물 첨가 반응들을 기술하였다.

알카인의 할로젠 첨가 반응(5.8.1절)은 알켄(4.7.2절)에서와 같은 삼각형 중간체를 거쳐서 (*E*)-1,2-다이할라이드 화합물이 생성되고, 이 화합물이 여분의 할로젠과 다시 반응하여 1,1,2,2-테트라할라이드 화합물을 제공한다.

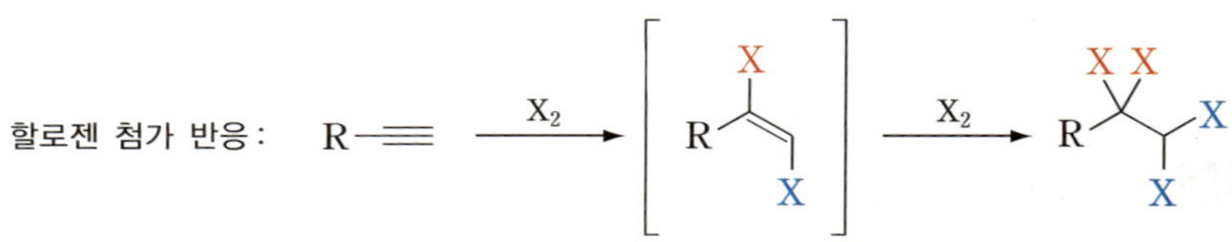

알카인의 할로젠산 첨가 반응은 이온성 반응(5.8.2절) 및 라디칼 반응(5.9절)으로 구분할 수 있다. 이 반응은 알켄(4.7.4절 및 4.8절)에서와 같이 친핵체의 종류와 무관하게 열역학적으로 더 안정한 중간체가 생성되는 방향으로 반응이 진행되고, 그 결과 서로 반대의 위치 선택성을 갖는 이성질체 화합물이 생성된다.

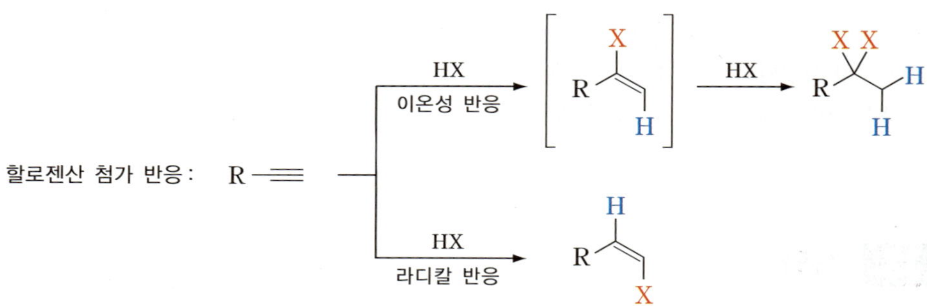

알카인의 물 첨가 반응도 두 가지로 구분할 수 있다. 옥시수은 첨가 반응/탈수은 반응(5.8.3절)은 알켄(4.7.6절)에서와 같이 열역학적으로 더 안정한 중간체가 생성되는 방향으로 반응이

진행되고, 수소화붕소 첨가 반응/산화 반응(5.10절)은 알켄(4.9절)에서와 같이 입체 장애가 적은 사각형 전이 상태를 따라서 반응이 일어난다. 그 결과 서로 반대의 위치 선택성을 갖는 이성질체 화합물이 생성된다.

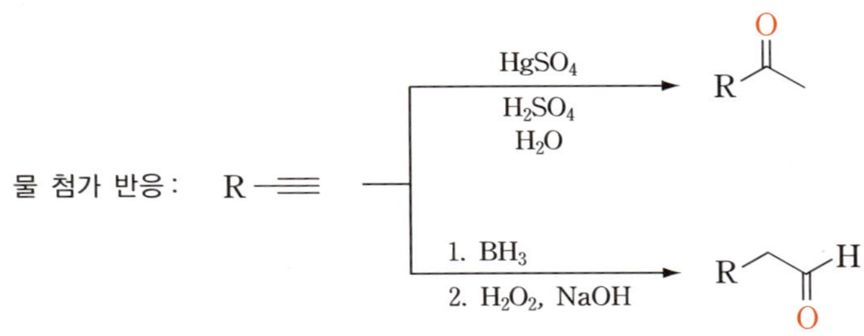

알카인의 산화 및 환원 반응은 다음과 같다. 탄소–탄소 삼중 결합을 $KMnO_4$ 시약으로 산화하면 카복실산이 얻어진다(5.11.1절). 알카인에 알켄의 촉매 수소화 반응 조건(4.10.5절)을 적용하면 삼중 결합이 모두 환원된 화합물이 생성되고, Lindlar 촉매(5.11.2절)를 사용하면 (*Z*)-알켄, 그리고 용융성 금속 환원 반응(5.11.3절)을 수행하면 (*E*)-알켄을 선택적으로 얻을 수 있다.

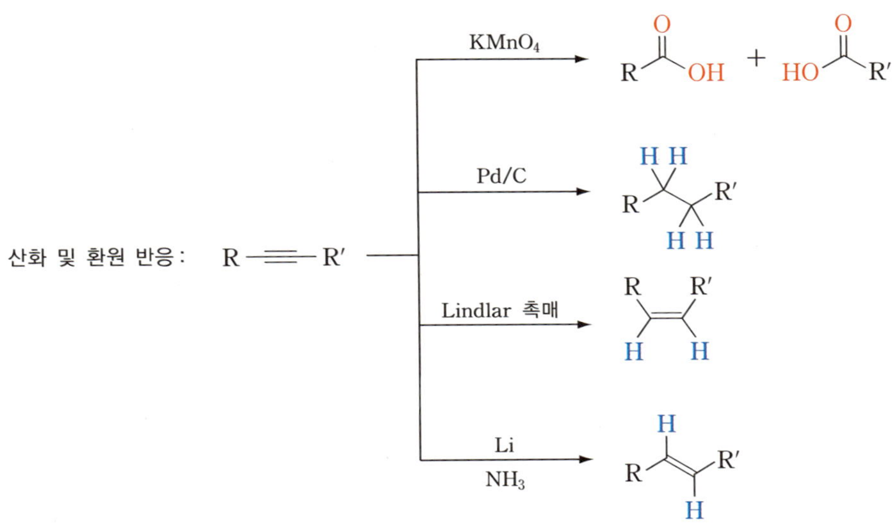

연습 문제

1. 아래의 화합물을 명명하시오.

(a) 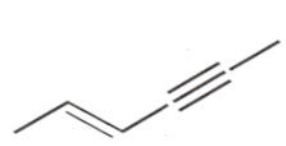 (b) 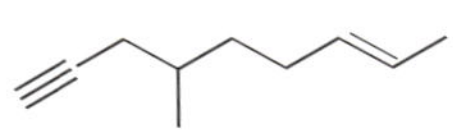

(c) 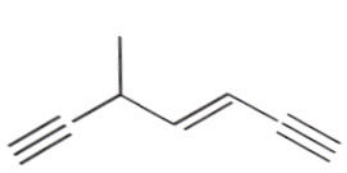 (d) 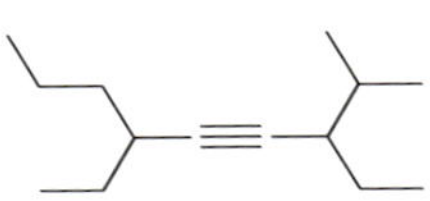

2. 아래 반응에서의 평형 상수를 구하시오.

(a) $HC{\equiv}CH + HO^- \rightleftharpoons HC{\equiv}C{:}^- + H_2O$

(b) $HC{\equiv}CH + RLi \rightleftharpoons HC{\equiv}C{:}^-Li^+ + RH$

3. 아래 반응의 주생성물을 그리시오.

(a) 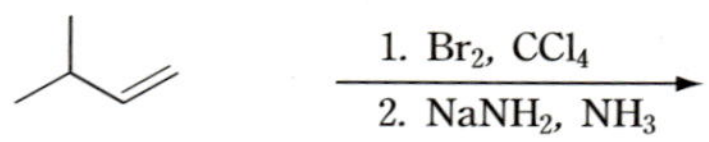

(b) 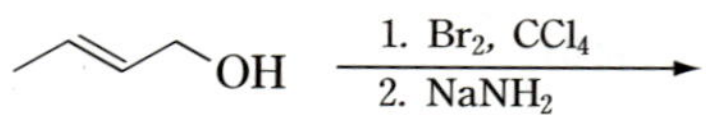

(c) 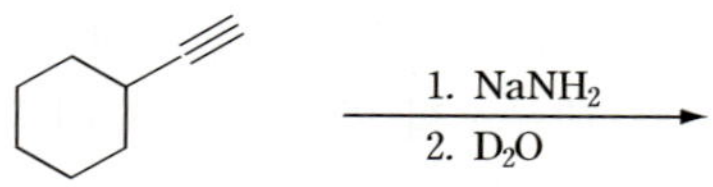

(d) 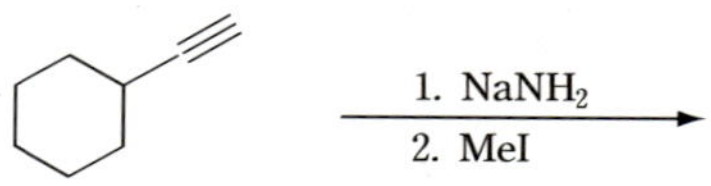

(e) 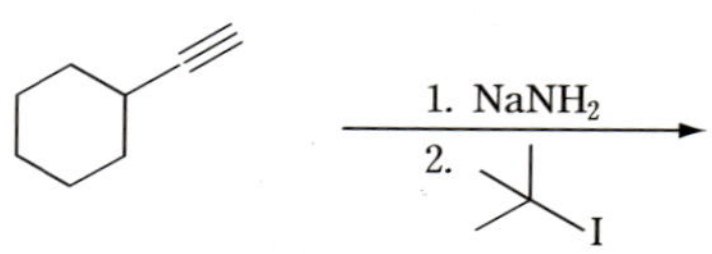

(f) 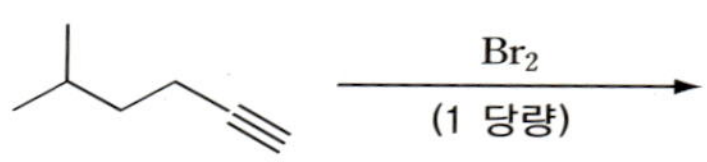

(g) 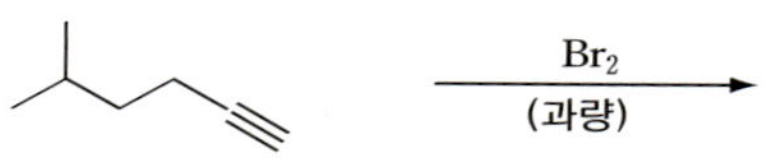

(h) 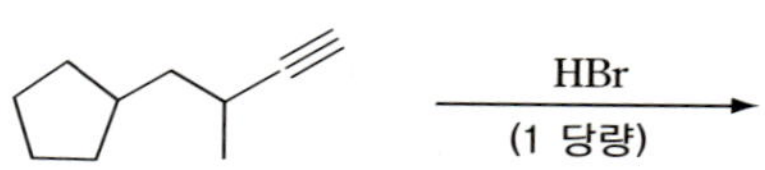

(i) 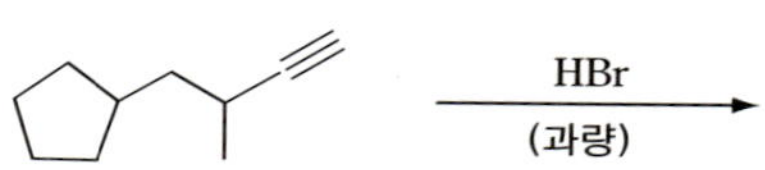

(j) 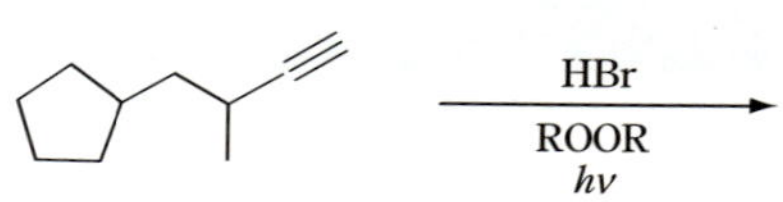

(k) 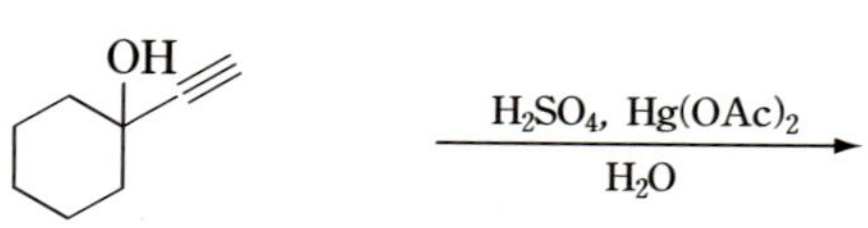

(l) 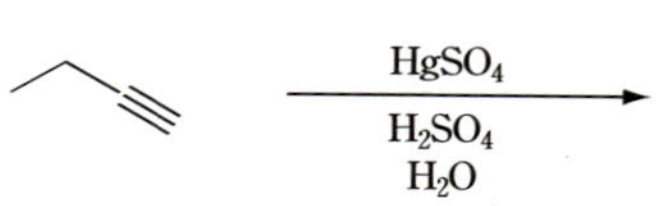

(m) 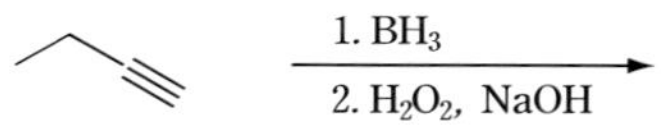

(n) 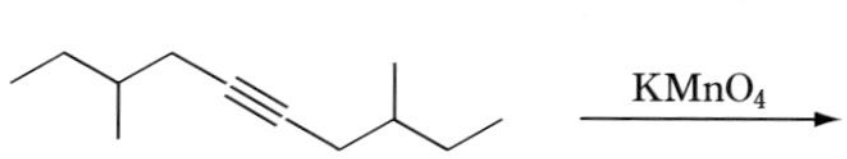

(o) 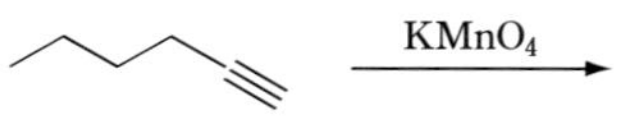

(p) 

(q) 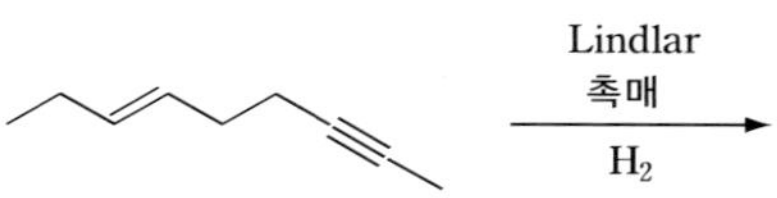

(r) 

(s) $n\text{-Bu}-\text{C}\equiv\text{C}-n\text{-Bu} \xrightarrow{\text{Na, NH}_3}$

4. 출발 물질로부터 생성 물질을 얻는 합성 경로를 제시하시오.

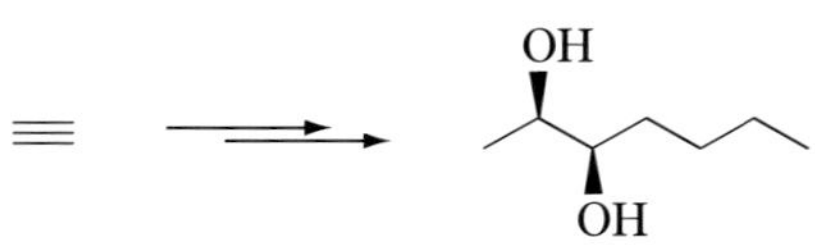

5. 출발 물질로부터 생성 물질을 얻는 합성 경로를 제시하시오.

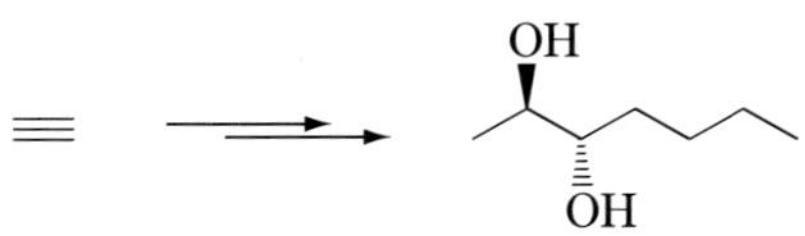

6. 출발 물질로부터 생성 물질을 얻는 합성 경로를 제시하시오.

(a) 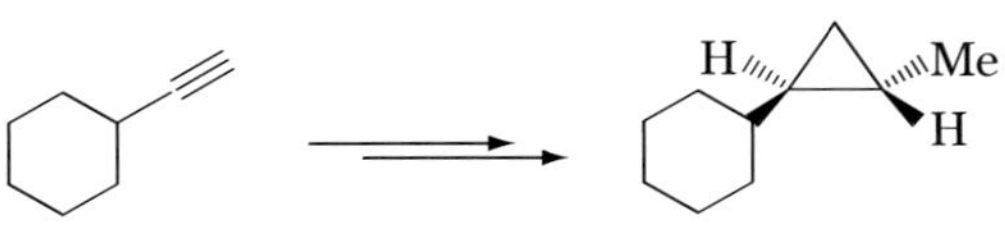

(b) 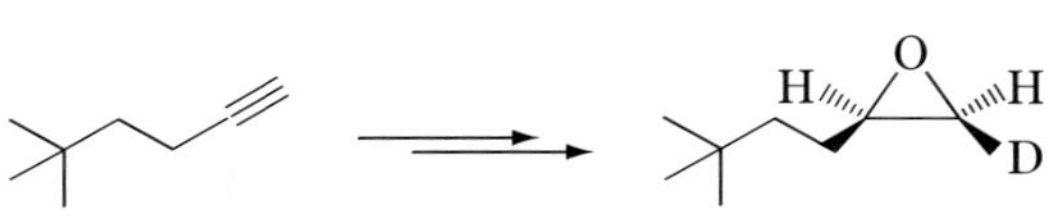

(c) 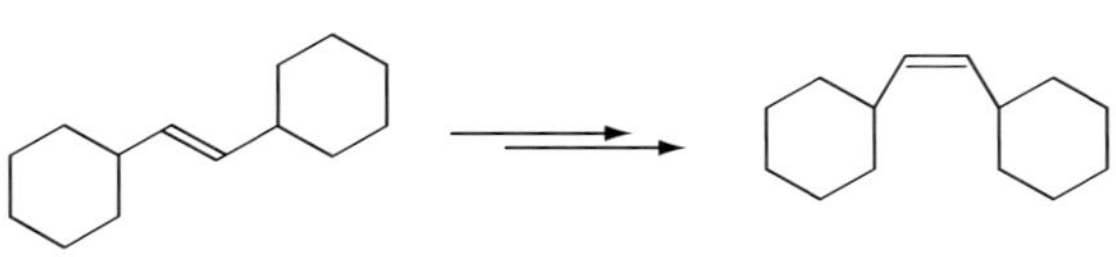

6장

입체 화학

6.1 카이랄 탄소 및 카이랄 화합물

사람들은 남녀 불문하고 자신의 모습을 확인하기 위하여 거울을 본다. 이때 자신의 오른손과 거울에 비친 오른손은 3차원 공간에서 겹치는 것이 아니고 거울 평면에 대하여 대칭인 관계에 있다. 즉, 사람들은 거울을 통해서 자신이 아니라 자신의 거울상을 보는 것이다.

실존하는 화합물 **A**와 거울상 *ent*-**A**를 생각해 보자. 화합물 **A**와 *ent*-**A**가 3차원 공간에서 겹치지 않으면 **A**와 *ent*-**A**는 서로 다른 화합물이고, **거울상 이성질체(enantiomer)**라고 하며, **카이랄 화합물(chiral compound)**이 된다. 만약 화합물 **A**와 *ent*-**A**가 3차원 공간에서 완전히 겹치면 **A**와 *ent*-**A**는 동일한 화합물이므로 이성질체의 관계가 성립하지 않으며, **비카이랄 화합물(achiral compound)**이 된다.

이러한 정의를 네 개의 치환체와 공유 결합을 하는 sp^3 탄소 원자에 적용해 보자. CX_4(네 개의 치환체가 동일), CX_3Y(세 개의 치환체가 동일) 및 CX_2YZ(두 개의 치환체가 동일) 화합물의 경우에는 거울상 구조에서 각각 C−X, C−Y 및 C−Y 축을 중심으로 180° 회전시켰을 때 원래의 화합물과 겹치게 된다. 따라서 이러한 구조를 갖는 화합물은 모두 비카이랄 화합물이다.

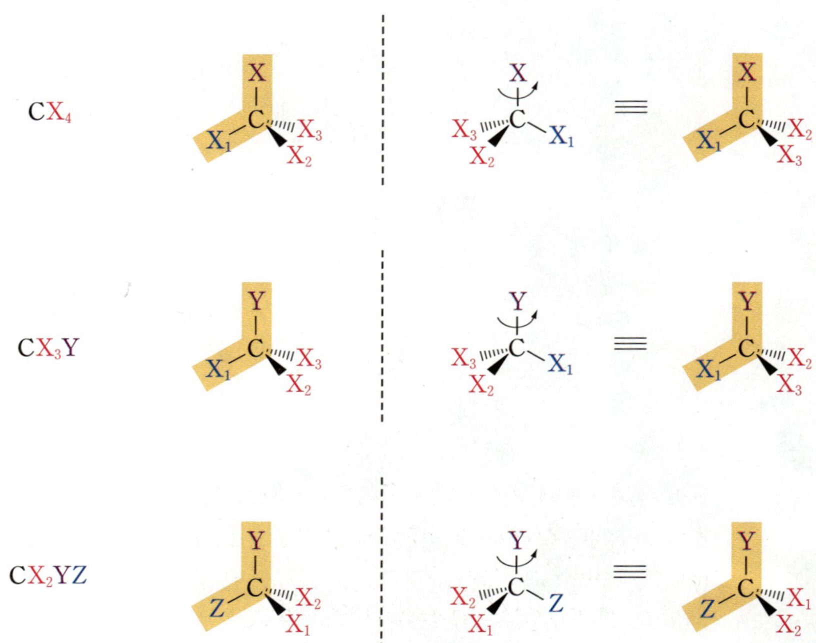

이번에는 네 개의 치환체가 모두 다른 CXYWZ 화합물 **A**의 경우를 생각해 보자. 화합물 **A**를 거울에 비추고, 거울상 구조 *ent*-**A**에서 C−W 축을 중심으로 180° 회전하여 W−C−X 원자핵이 **A**와 겹치게 하면 Y 및 Z 치환체가 서로 엇갈리는 것을 볼 수 있다. 즉, **A**와 *ent*-**A**는 3차원 공간에서 겹치지 않으므로 서로 거울상 이성질체의 관계에 있는 카이랄 화합물이다. 이때 네 개의 서로 다른 치환체와 결합하는 탄소를 **카이랄 중심(chiral center)**, **카이랄 탄소(chiral**

carbon), **비대칭 중심**(**asymmetric center**), **비대칭 탄소**(**asymmetric carbon**), **입체 발생 중심**(**stereogenic center**), **입체 중심**(**stereocenter**) 등 다양한 용어로 표현한다.

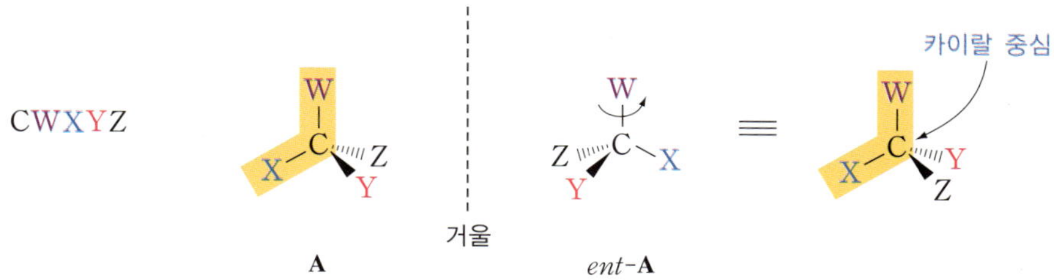

다른 관점에서 **카이랄성**(**chirality**)과 **대칭**(**symmetry**)의 관계를 생각해 보자. CX_4, CX_3Y 및 CX_2YZ 화합물들은 거울상 화합물과 겹치는 비카이랄 화합물로서, 이들은 모두 분자 내부에 대칭면이나 대칭축을 갖고 있다. 반면에 CWXYZ 화합물은 거울상 화합물과 겹치지 않는 카이랄 화합물로서, 분자 내부에 대칭면 또는 대칭축이 존재하지 않는다. 이것을 일반화하면 "한 개의 카이랄 탄소를 갖는 분자의 특정 배열에서 대칭면 또는 대칭축이 있으면 해당 분자는 그 분자의 거울상과 겹친다." 또는 "한 개의 카이랄 탄소를 갖는 분자와 분자의 거울상이 겹치지 않으려면 분자의 어떤 배열에서도 대칭면 또는 대칭축이 없어야 한다."가 된다.

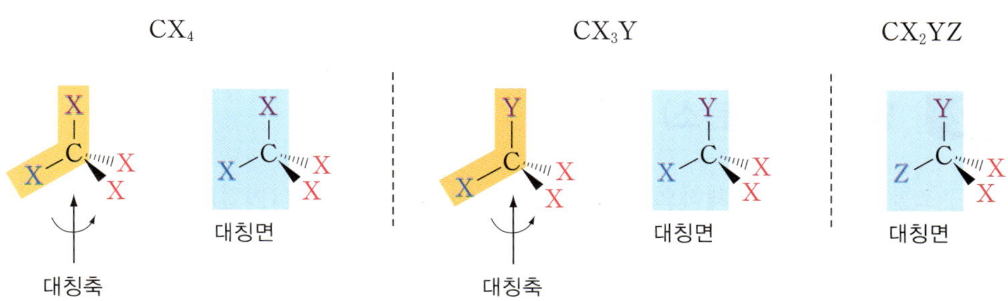

경우에 따라서는 분자 내에 다수의 카이랄 탄소가 있으나, 분자 내부의 대칭성 때문에 자신의 거울상과 겹치게 되어 비카이랄 화합물이 되기도 한다. 이것은 6.6절에서 자세히 살펴볼 것이다.

마지막으로 카이랄 탄소와 카이랄 화합물을 분명하게 구분해야 한다. 카이랄 탄소는 sp^3 혼성을 가지면서 네 개의 서로 다른 치환체와 결합한 탄소이고, 카이랄 화합물은 자신의 거울상과 서로 겹치지 않는 화합물을 말한다. 즉, 카이랄 탄소는 sp^3 혼성을 갖는 탄소 원자의 개별적인 특성이고, 카이랄 화합물은 분자 전체의 구조와 연관되는 개념이다. 유기 화학에서는 "카이랄 화합물은 카이랄성이 있다."는 표현을 흔히 사용한다.

예제 6.1

아래의 화합물이 카이랄 화합물인가를 판단하고, 그 이유를 기술하시오.

(a) 4-에틸-2-메틸헥세인
(b) 2,7-다이메틸노네인
(c) (*Z*)-1,2-다이클로로에텐
(d) 1,1-다이클로로-2,2-다이메틸에텐

(e) 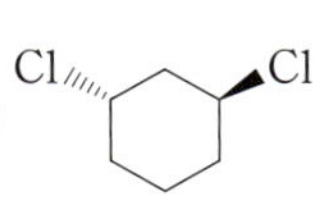

풀이

(a) 두 개의 동일한 치환체를 갖기 때문에 카이랄 화합물이 아니다.
(b) 카이랄 화합물(7번 탄소가 카이랄 탄소)
(c) C=C 이중 결합 평면 및 C=C 결합의 중심을 이등분하는 대칭면이 있으므로 카이랄 화합물이 아니다.

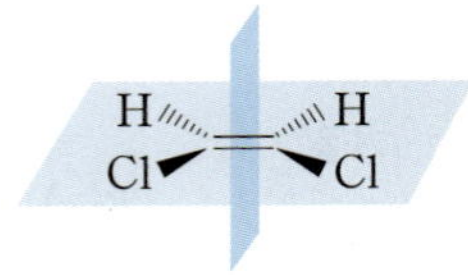

(d) C=C 이중 결합의 *p* 오비탈을 포함하는 대칭면이 있으므로 카이랄 화합물이 아니다.

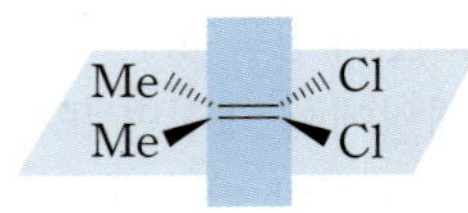

(e) 카이랄 화합물

6.2 명명법(sp^3 탄소)

3차원 구조를 2차원에서 입체적으로 표현하는 wedge-dash 표현법(1.9절), 그리고 알켄에서 이중 결합 치환체의 우선 순위를 정하는 Cahn-Ingold-Prelog 명명법(4.2.3절)을 소개한 바 있다. 이것을 기초로 sp^3 카이랄 탄소의 명명법에 대하여 알아보자.

sp^3 카이랄 탄소의 3차원 배열(configuration)은 아래의 과정을 통해서 명명한다.

(1) 치환체의 우선권 순위에 따라서 치환체에 번호 ①, ②, ③, ④를 부여한다.
(2) (Newman 투영도처럼) ④번 치환체를 카이랄 탄소의 뒤에 두고 치환체 ①, ②, ③을 본다.
(3) ①, ②, ③번 순서로 원을 그릴 때 원의 방향이 시계 방향이면 (*R*) (*Rectus*; right), 반시계 방향이면 (*S*) (*Sinister*; left)라고 한다.

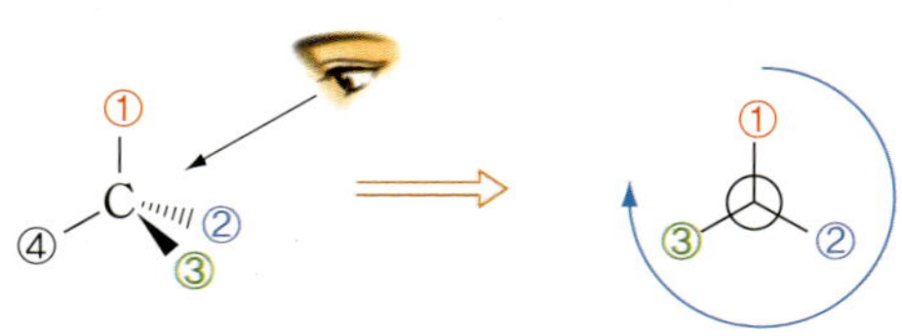

(*R*)

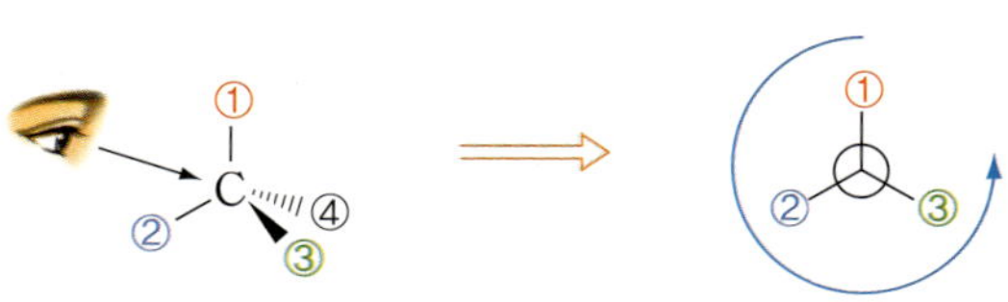

(*S*)

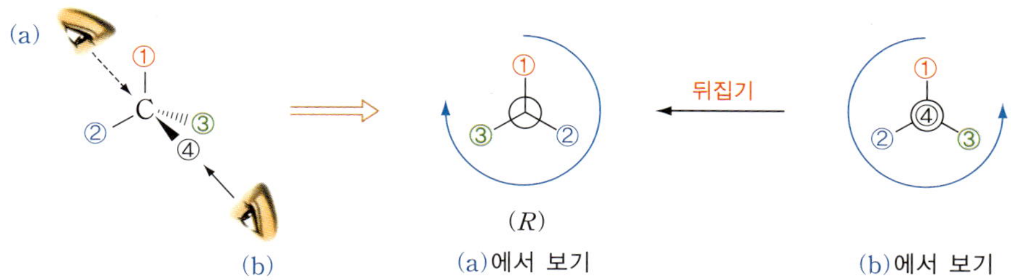

위의 개념을 정확하게 이해한다면 복잡한 듯 보이는 아래의 화합물에서도 sp^3 카이랄 탄소의 배열을 정할 수 있다.

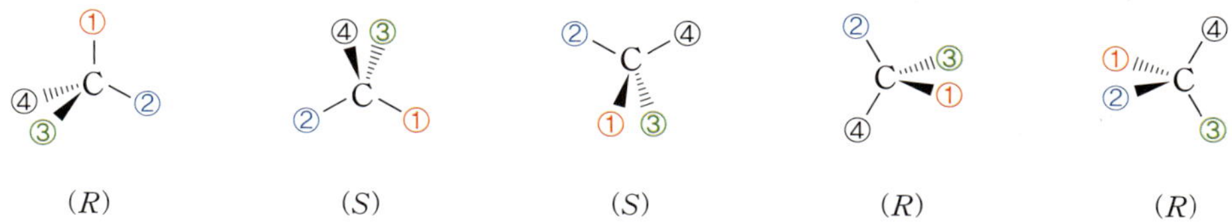

이 정의에 의하면 (*R*)-탄소를 거울에 비추면 (*S*)-탄소가 되고, (*S*)-탄소를 거울에 비추면 (*R*)-탄소가 된다.

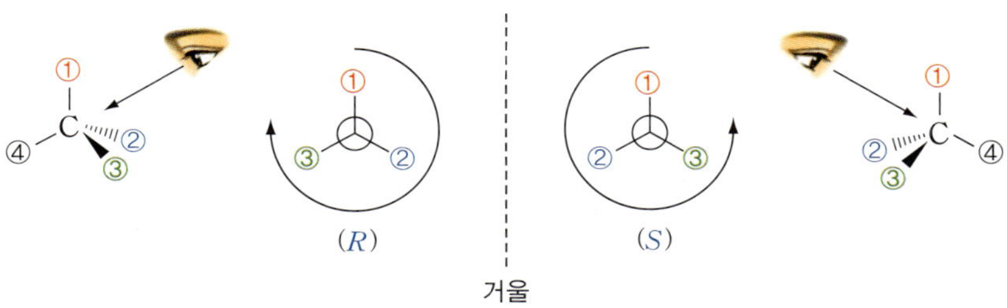

그리고 화합물에서 카이랄 탄소의 3차원 배열을 (*R*) 및 (*S*)를 사용하여 명확하게 표현하는 것을 **절대 입체 화학(absolute stereochemistry)**이라고 한다.

예제 6.2

sp^3 카이랄 탄소의 3차원 배열을 명시하시오.

(a) 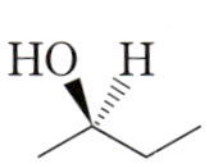

(b) 

(c) 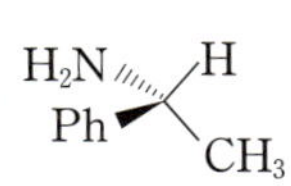

(d) 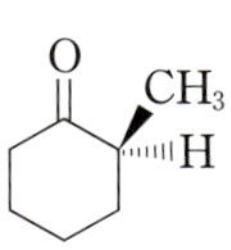

(e) 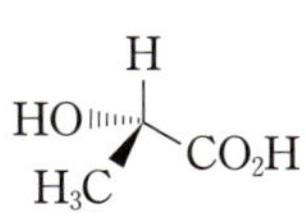

(f) 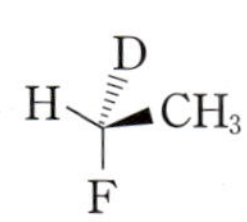

풀이

(a) (*R*) (b) (*S*) (c) (*R*)
(d) (*S*) (e) (*S*) (f) (*R*)

6.3 광학 활성

6.3.1 편광계

전자기파(**electromagnetic wave**)는 진동수가 매우 큰 γ-선부터 진동수가 아주 작은 라디오파에 이르기까지 폭넓게 분포한다.

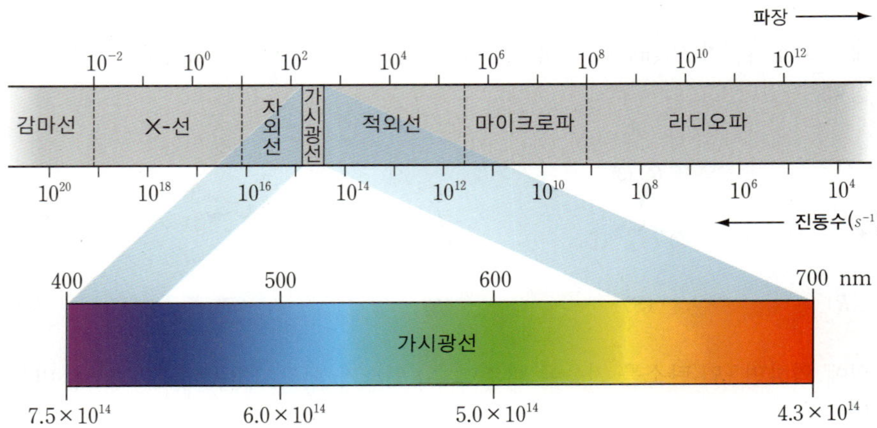

그림 6-1 전자기파의 종류

전자기파는 서로 수직인 평면에서 진동하는 전기장과 자기장으로 구성되고, 수직인 두 평면이 교차하면서 생기는 직선이 전자기파의 진행 방향이다. 사람의 눈이 전기장을 감지한다고 가정하면 아래와 같이 특정 전자기파가 사람의 눈으로 접근할 때 전기장이 수직 방향으로 진동함을 알 수 있다. 통상적으로 전자기파의 진행 방향이 아래와 같은 경우에 전기장의 진동 방향은 수직 방향, 수평 방향 등을 포함하여 360° 모든 방향으로 무질서하게 분포한다.

사람의 눈은 전자기장을 감지하지 못한다.

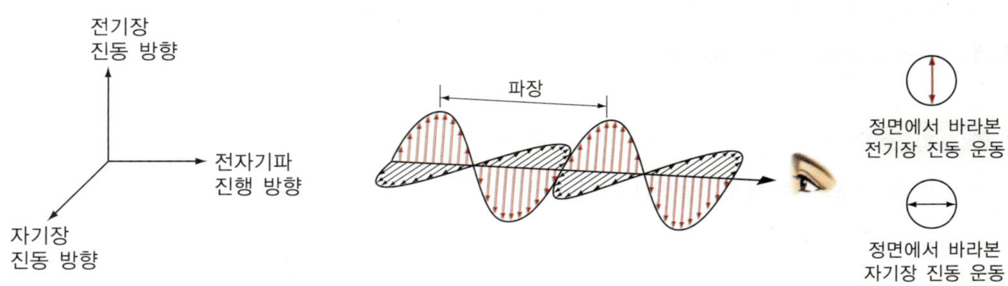

그림 6-2 전자기파의 진동 방향

편광계(**polarimeter**)는 화합물의 광학 활성을 측정하는 기기이다. 사람의 눈이 전기장을 감지한다는 가정 하에서, 아래의 구조를 갖는 편광계에서 전자기파가 왼쪽에서 오른쪽으로 이동할 때 전자기파의 진동 방향에 대하여 생각해 보자.

일반적인 단색광 광원에서 전자기파가 발산되면 눈으로 감지되는 전기장의 진동은 수직 방향, 수평 방향 등을 포함하여 360° 모든 방향으로 무질서하게 분포한다. **편광판**(**polarizer**)은 특정 방향으로 진동하는 전기장은 통과시키고 이와 다른 방향으로 진동하는 전기장은 모두 차단하는 소재로서, 360° 모든 방향으로 무질서하게 분포하는 전기장이 편광판을 통과하면 특정 방향으로만 전기장이 진동하는 **편광**(**polarized light**)이 된다.

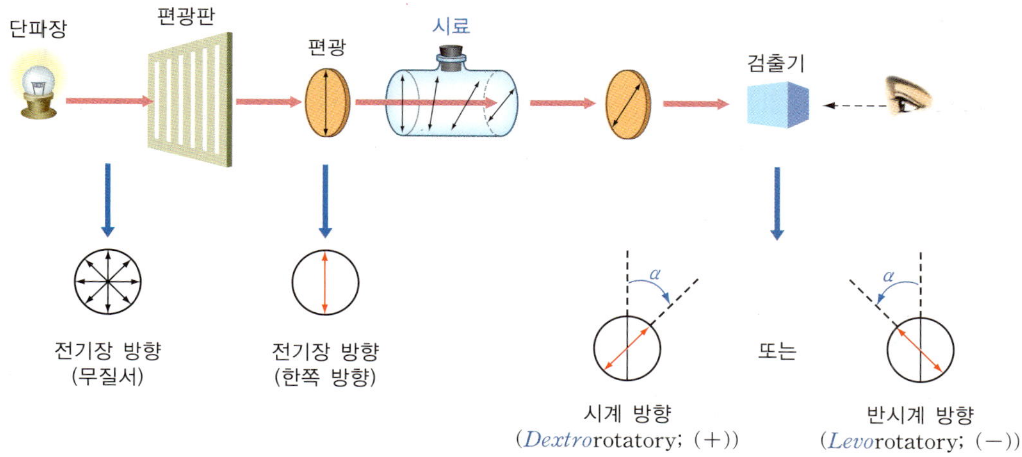

그림 6-3 편광계의 구조 및 작동 원리

이론적으로 편광이 시료를 통과할 때 분자를 구성하는 전자들은 편광의 전기장 방향, 파동 수 및 위상(phase)과 동일하게 진동 운동을 하려고 한다. 그러나 분자 구조의 비대칭성 때문에 전자가 진동하는 정도는 방향에 따라서 서로 다를 수 있는데, 이것을 **비등방성 편극(anisotropic polarization)**이라고 한다. 이처럼 편광의 전기장 진동 방향과 분자를 구성하는 전자의 진동 방향이 서로 일치하지 않으면 편광 및 전자의 전기장 사이에 상호 작용이 생겨서 편광의 전기장 방향이 회전하게 된다. 검출기(detector)는 입사된 편광의 전기장 방향이 분자와의 상호 작용에 의하여 어느 방향(시계 방향 vs. 반시계 반향)으로 얼마나 회전하였는가를 알려주는 역할을 한다.

편광이 시료를 통과하였을 때 $\alpha \neq 0$이면 **광학 활성(optically active)**이라 하고, 이러한 시료를 **광학 활성 화합물(optically active compound)**이라고 한다. 그리고 편광의 전기장 방향이 시계 방향으로 회전하면 (+)(*dextro*rotatory, *D*), 반시계 방향으로 회전하면 (−)(*levo*rotatory, *L*) 값을 부여한다.

6.3.2 광학 활성

광학 활성은 화합물의 개별적인 성질이 아니라 시료 전체의 성질이다. 여기에서는 광학 활성 화합물 **A**와 거울상 이성질체 *ent*-**A**, 라셈체 혼합물, 광학 비활성 화합물 **A**(= *ent*-**A**)에서 전기장 평면의 회전 방향과 크기의 관계에 대하여 알아보기로 한다.

광학 활성 화합물 **A**와 거울상 이성질체 *ent*-**A**에 대하여 생각해 보자. 우선 "광학 활성 화합물 **A**에 편광이 통과하면 편광의 전기장 방향이 −α만큼 회전한다."는 것을 (경로 1)의 그림으로 표현할 수 있다. (경로 1)을 거울에 비추면 *ent*-(경로 1)이 되는데, 이 그림은 "광학 활성 화합물 *ent*-**A**에 편광이 통과하면 편광의 전기장 방향이 +α 만큼 회전한다."가 된다. 즉, 거울상 이성질체 화합물들은 편광의 전기장 평면을 절대값은 같지만 반대 방향으로 회전시키는 특성을 갖는다.

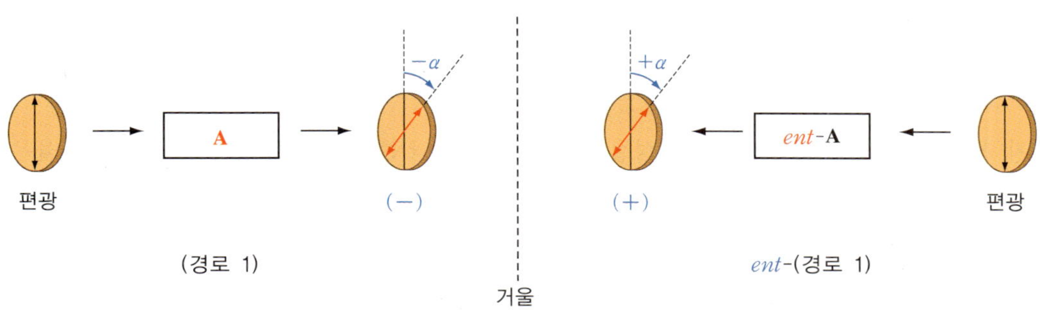

그림 6-4 광학 활성 화합물 **A**와 *ent*-**A**의 편광

광학 활성 화합물 **A**와 거울상 이성질체 *ent*-**A**가 1 : 1인 혼합물을 **라셈체(racemate)**라고 한다. 편광이 라셈체를 통과하면 (경로 1)과 *ent*-(경로 1)이 같은 숫자만큼 진행되는 것이므로 광회전(optical rotation) 값은 $(+\alpha)+(-\alpha)=0$이 된다. 요약하면 라셈체를 구성하는 **A** 및 *ent*-**A** 화합물은 각각 광학 활성이 있지만, 라셈체는 광학 활성이 없는(optically inactive) 혼합물이다.

광학 비활성 화합물 **A**(=*ent*-**A**)의 경우에는 (경로 1)과 *ent*-(경로 1)이 동일하기 때문에 $(+\alpha=-\alpha)$ 광학 활성을 관찰할 수 없다$(\alpha=0)$. 즉, 비카이랄 화합물에서는 광학 활성이 나타나지 않는다.

6.3.3 고유 광회전도

특정한 조건에서 편광이 시료를 통과했을 때 편광의 전기장 방향이 α만큼 회전한다고 가정하자.

다른 조건은 그대로 유지하면서 편광이 지나가는 경로에 화합물의 수를 두 배로 증가시키면 편광과 화합물의 상호 작용이 두 배로 증가하므로 광회전은 2α가 된다. 이러한 변화는 편광이 투과하는 시료의 길이를 동일하게 유지하면서 시료의 농도를 두 배로 하거나, 또는 농도를 동일하게 유지하면서 편광이 투과하는 시료의 길이를 두 배로 늘이면 가능한 일이다.

실제로 광회전 값은 시료의 농도, 편광의 투과 길이는 물론이고 빛의 파장, 온도, 용매 등 다양한 요인에 의하여 그 값이 많이 변하는 특성이 있다. 연구자들은 이러한 요인들의 영향을 배제하고, 각각의 광학 활성 화합물에게 고유한 값을 부여하기 위하여 **고유 광회전도(specific rotation)** 개념을 도입하였다.

$$[\alpha]_{\lambda}^{T}=\frac{\alpha}{l\cdot c}$$

[α]: 고유 광회전도
α: 광회전도 측정값
l: 용기의 길이(dm)
c: 농도(g/mL)
T: 온도(°C)
λ: 파장(nm)

예제 6.3

20°C에서 캄포(camphor) 1.5 g을 에탄올에 녹여서 50 mL 용액을 만들었다. 이 용액의 일부를 취하여 편광의 통과 길이가 5 cm인 용기에 넣고, 파장이 598.3 nm인 소듐 D-선을 이용하여 회전각을 측정하였더니 +0.66°가 나왔다. 고유 광회전도 값을 계산하시오.

풀이

$$[\alpha]_{D}^{20}=\frac{\alpha}{l\cdot c}=\frac{0.66}{(0.5)\times\left(\frac{1.5}{50}\right)}=44$$

$\therefore\ [\alpha]_{D}^{20}=44(c\ 0.03,\ \text{EtOH})$

6.3.4 거울상 이성질체 순도

광학 활성 화합물 **A**와 거울상 이성질체 *ent*-**A**로 구성되는 혼합물에서 **A** : *ent*-**A**의 비율은 100 : 0에서 0 : 100까지 다양하게 변할 수 있다. 연구자들은 이러한 **거울상 이성질체 순도(enantiomeric purity)**를 정량적으로 표현하기 위하여 다양한 방법을 개발하였는데, 그 중에서 **A**와 *ent*-**A**의 퍼센트 비율을 계산한 후 퍼센트 비율의 차이 값을 사용하는 **거울상 이성질체 여분(enantiomeric excess, *ee*)**을 많이 사용하고 있다.

광학 활성 화합물 **A**와 거울상 *ent*-**A**의 비율에 따른 거울상 이성질체 여분을 아래의 표에 정리하였다. 일반적으로 **A** : *ent*-**A** = 99 : 1, 95 : 5, 75 : 25 혼합물에서 거울상 이성질체 여분이 각각 98% *ee*, 90% *ee*, 50 % *ee*인 것은 쉽게 계산할 수 있지만, 82% *ee* 혼합물이 **A** : *ent*-**A** = 91 : 9 혼합물임을 계산하기까지는 약간의 시간이 필요할 것이다.

표 6-1 광학 활성 화합물 **A**와 거울상 *ent*-**A**의 비율에 따른 거울상 이성질체 여분

주성분	부성분		*ee*(%)	*ee*(%)		주성분	부성분
100	0		100	100		100	0
99	1		98	99		99.5	0.5
95	5	⟹	90	98	⟹	99	1
90	10		80	95		97.5	2.5
75	25		50	90		95	5
50	50		0	80		90	10

거울상 이성질체 여분을 사용하는 이유는 고유 광회전도 값의 관계에서 찾을 수 있다. 광학 활성 화합물 **A**의 고유 광회전도 값을 X라고 가정하자. 시료가 **A**만으로 되어 있으면 시료의 구성은 **A** 100%, *ent*-**A** 0%이므로 100% *ee*(= 100 − 0)이고, 광학적으로 순수(optically pure)한 물질이며, 고유 광회전도는 X가 된다. 만약 시료가 **A** : *ent*-**A** = 4 : 1의 혼합물이면 **A** 80%, *ent*-**A** 20%이므로 60% *ee*(= 80 − 20)이고, 광학적으로 순수하지 않으며, 고유 광회전도는 0.60X가 된다.

예제 6.4

광학 활성 화합물 **A**의 고유 광회전도가 X이고, **A**와 *ent*-**A**로 구성된 시료의 고유 광회전도를 측정하였더니 0.80X이었다. 이 시료의 조성을 계산하시오.

풀이

① 고유 광회전도 값이 0.80X라는 것은 시료가 80% *ee* 혼합물임을 의미한다.

② **A** : *ent*-**A** = $a : b \longrightarrow a + b = 100$

시료가 80% *ee* 혼합물 $\longrightarrow a - b = 80$

③ 연립 방정식을 풀면

$2a = 180$,

$a = 90$, $b = 10$이 된다.

6.4 거울상 이성질체

이성질체는 분자식은 동일하지만 원자들의 연결 순서가 다른 구조 이성질체와, 원자들의 연결 순서는 같지만 3차원 배열이 다른 입체 이성질체로 크게 구분할 수 있다(3.6절). 입체 이성질체는 단일 공유 결합의 회전만으로 같은 물질이 되는 형태 이성질체(3.7절), 그리고 이중 결합 및 고리 화합물에서의 시스 트랜스(3.9절 및 4.2절), 거울상(6.1절), 또는 부분 입체(6.5절) 이성질체의 관계에 있는 배위 이성질체로 세분된다. 6.4절과 6.5절에서는 거울상 이성질체와 부분 입체 이성질체에 대하여 각각 살펴보기로 한다.

이성질체
- 구조 이성질체 (예) CH_3CH_2OH, CH_3OCH_3
- 입체 이성질체
  - 형태 이성질체 (예) 가려진 형태, 엇갈린 형태
  - 배위 이성질체 (예) 시스/트랜스 이성질체, 거울상 이성질체, 부분 입체 이성질체

6.4.1 물리적 성질

6.3.2절에서 거울상 이성질체(**A** vs. *ent*-**A**) 관계의 두 화합물은 편광의 전기장 방향을 회전시키는 크기가 같지만 방향이 반대라고 하였다. 실제로 거울상 이성질체 화합물은 편광의 전기장 방향을 회전시키는 방향을 제외하고는 모든 물리적인 성질이 동일하다. 여기에서는 이러한 특징을 거울상이라는 개념을 이용하여 이해하도록 한다.

광학 활성 화합물 **A**의 끓는점, 어는점, 물에서의 용해도를 측정하는 실험을 수행한다고 가정하자. 그리고 이 모든 과정을 거울을 통해서 관찰한다면 거울 속의 상황은 바로 *ent*-**A**의 끓는점, 어는점, 물에서의 용해도를 측정하는 실험이 된다. 즉, 화합물 **A**가 끓으면 거울 속에서 *ent*-**A**가 끓고, 화합물 **A**가 녹으면 거울 속에서 *ent*-**A**가 녹으며, 물에서 화합물 **A**가 포화되면 거울 속에서 *ent*-**A**가 포화될 것이다. 이러한 개념을 확장하면 거울상 이성질체(**A** vs. *ent*-**A**) 관계의 두 화합물은 편광의 전기장 방향을 회전시키는 방향을 제외하고는 모든 성질이 동일하다는 결론에 도달할 수 있다.

이러한 개념의 확장은 화합물 **A**를 제외한 모든 기구(가열 도구, 용기, 온도계, 측정 기구 등)들이 자신의 거울상과 겹친다는 가정에서 성립한다.

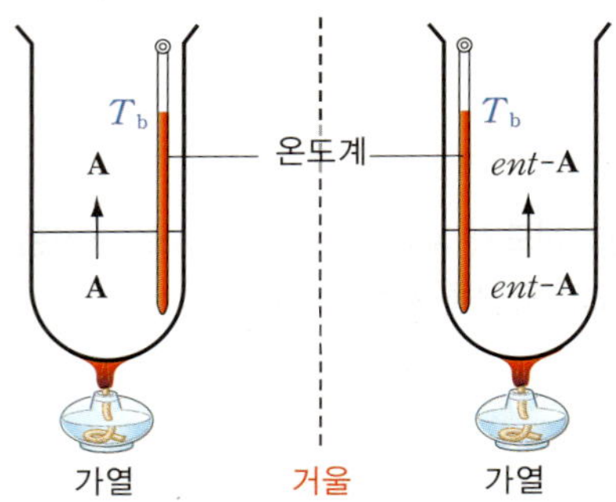

젖산(lactic acid)의 예를 들어 보자. (*R*)-(−)-젖산의 녹는점은 53℃이고, 고유 광회전도는 −2.67(*c* 2.5, H_2O)이다. 예상한 것처럼 (*S*)-(+)-젖산의 녹는점은 53℃, 고유 광회전도는 +2.67(*c* 2.5, H_2O)이다.

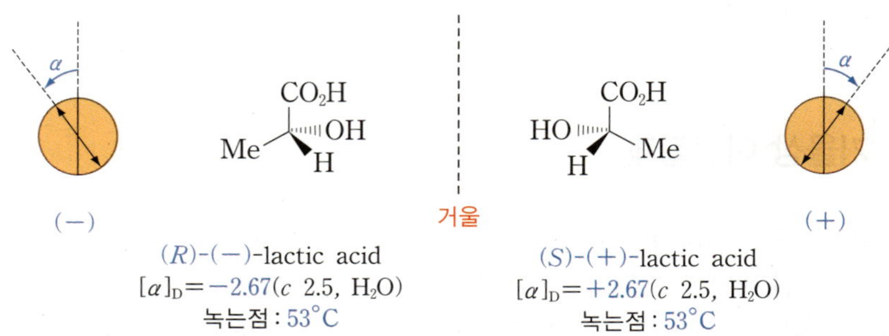

그림 6-5 (*R*)-(−)-젖산과 (*S*)-(+)-젖산의 성질

이번에는 광학 활성 화합물 **A**와 *ent*-**A**의 물리적 성질이 동일하다는 개념을 라셈체(**A** : *ent*-**A** = 1 : 1)까지 확대할 수 있는가에 대하여 생각해 보자.

이것은 분자 사이의 상호 작용을 미시적인 관점에서 분석함으로써 알 수 있다.

시료가 **A**만으로 구성된 경우에는 **A**의 상하좌우에 **A**가 존재하고, 시료가 *ent*-**A**만으로 구성된 경우에도 *ent*-**A**의 상하좌우에 *ent*-**A**만 존재한다. 따라서 두 시료에서는 각각 **A**/**A** 및 *ent*-**A**/*ent*-**A**의 상호 작용만 존재하는데, 이러한 상호 작용은 그 종류와 크기가 같기 때문에 **A** 및 *ent*-**A**의 물리적 성질은 완전히 동일하다.

반면에, 라셈체 시료에서는 **A**의 상하좌우에 **A** 또는 *ent*-**A**가 있고, *ent*-**A**의 상하좌우에 **A** 또는 *ent*-**A**가 존재하므로 라셈체에서는 **A**/*ent*-**A**라는 상호 작용이 새롭게 추가된다. 이때 **A**/*ent*-**A** 상호 작용은 **A**/**A** 및 *ent*-**A**/*ent*-**A** 상호 작용과는 다르기 때문에 이론적으로 분자간 인력에 약간의 차이가 생기며, 그 결과 끓는점, 녹는점 등 모든 물리적인 성질이 순수한 물질인 **A** 또는 *ent*-**A**와 유사할 수는 있지만 기본적으로 다른 것이 원칙이다.

실험에 의하면 이러한 인력의 차이는 실제로 매우 작기 때문에 광학 활성 화합물 **A**와 라셈체의 물리적 성질이 유사하게 또는 동일하게 측정되는 경우가 많다. 그러나 이론적으로는 물리적 성질이 서로 다른 것이 원칙이다.

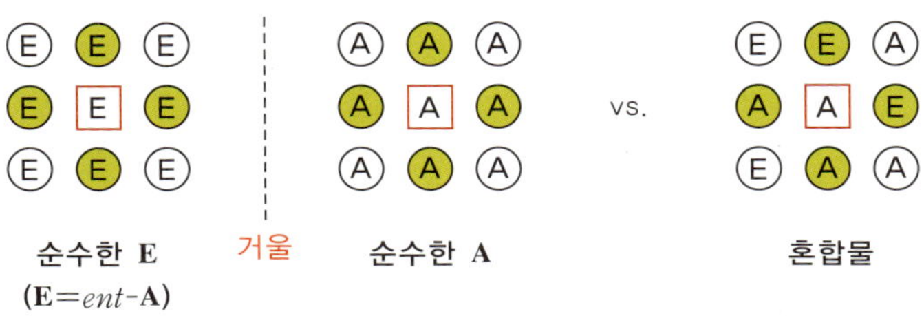

6.4.2 (*R*)/(*S*) 명명법과 광회전 (+)/(−) 부호의 관계

여기에서는 (*R*)/(*S*) 명명법과 광회전 (+)/(−) 부호와의 관계에 대하여 생각하기로 한다.

(*R*)/(*S*) 표기는 sp^3 카이랄 탄소의 3차원 배열을 표현하는 규칙을 적용하여 결정한다(6.2절). 반면에 광회전 (+)/(−) 부호는 편광이 시료를 통과하면서 편광의 전기장 방향이 회전할 때, 그 회전 방향이 시계 방향이면 (+), 반시계 방향이면 (−)라는 부호를 부여한다. 이처럼 (*R*)/(*S*) 명명법과 광회전 (+)/(−) 부호는 연관성이 전혀 없는 용어로서, 이것은 마치 열역학적 함수인 평형 상수와 반응 속도론적 함수인 반응 속도가 연관성이 없는 것과 유사하다.

예를 들면 (*R*)-젖산의 고유 광회전도는 $[\alpha]_D = -2.67(c\ 2.5,\ H_2O)$이고, 메틸 (*R*)-젖산의 고유 광회전도는 $[\alpha]_D = +8.4$(무용매)이며, (*R*)-젖산 소듐 염의 고유 광회전도는 $[\alpha]_D = +12.5(c$ 1% 수용액)이다. 이 경우에도 (*R*)/(*S*)와 (+)/(−) 사이에는 연관성이 전혀 없음을 알 수 있다.

(*R*)-(−)-lactic acid $[\alpha]_D = -2.67(c\ 2.5,\ H_2O)$

methyl (*R*)-(+)-lactate $[\alpha]_D = +8.4(neat)$

sodium (*R*)-(+)-lactate $[\alpha]_D = +12.5(c\ 1\%\ \text{in}\ H_2O)$

6.5 부분 입체 이성질체

*n*개의 sp^3 카이랄 탄소가 있는 화합물의 입체 이성질체의 수는 최대 얼마나 되는가에 대한 정답은 의외로 간단하다. 즉, 첫번째 카이랄 탄소에서 (*R*)/(*S*) 두 가지 형태가 가능하고, 두번째 카이랄 탄소에서 (*R*)/(*S*) 두 가지 형태가 가능하며, … *n*번째 카이랄 탄소에서도 (*R*)/(*S*) 두 가지 형태가 가능하다. 따라서 *n*개의 sp^3 카이랄 탄소가 있는 화합물은 최대 2^n개의 입체 이성질체가 가능하다.

2-브로모-3-클로로뷰테인의 예를 들어 보자. 이 화합물에는 두 개의 카이랄 탄소가 있기 때문에 최대 $2 \times 2 = 2^2$개의 입체 이성질체가 가능한데, 구체적으로 거울상 관계에 있는 (2*R*,3*R*) 및 (2*S*,3*S*), 그리고 (2*R*,3*S*) 및 (2*S*,3*R*) 이성질체가 있다.

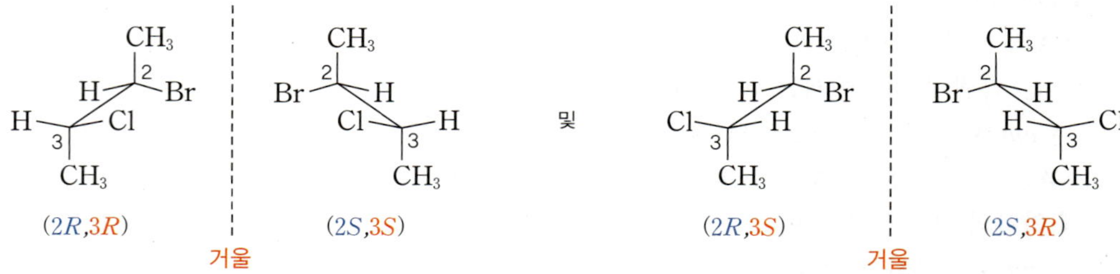

그림 6-6 2-브로모-3-클로로뷰테인의 입체 이성질체

위의 그림에서 (2*R*,3*R*) 이성질체를 중심으로 기술하면 (2*S*,3*S*) 화합물은 모든 카이랄 탄소가 반전되어 있는 거울상 이성질체이고, (2*R*,3*S*) 및 (2*S*,3*R*) 화합물은 각각 3번 및 2번 탄소가 반전되어 있는 화합물이며, (2*R*,3*S*) 및 (2*S*,3*R*) 화합물은 서로의 거울상 이성질체이다. 이처럼 다수의 sp^3 카이랄 탄소가 있는 화합물에서 카이랄 중심이 모두 반전된 화합물을 **거울상 이성질체(enantiomer)**, 전부는 아니지만 한 개 이상의 카이랄 탄소가 반전된 화합물을 **부분 입체 이성질체(diastereomer)**라고 한다. 이러한 관계를 그림으로 요약하면 다음과 같다.

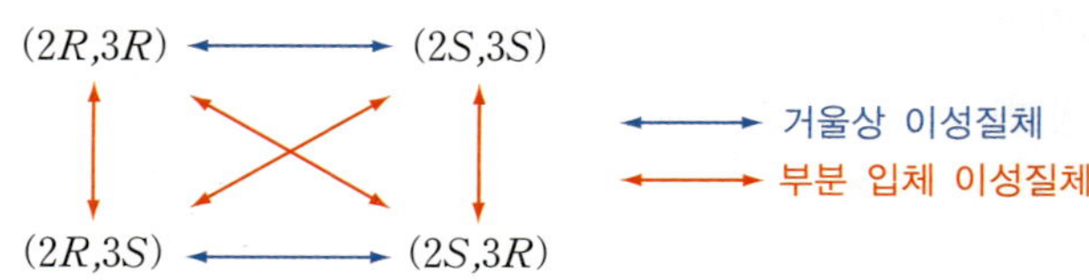

거울상 이성질체는 편광의 전기장 방향을 회전시키는 방향을 제외하고는 모든 물리적인 성질이 같지만, 부분 입체 이성질체는 거울상 관계가 아닌 서로 다른 화합물이므로 물리적인 성질이 비록 유사하거나 같을 수는 있겠지만 이론적으로 서로 다른 것이 원칙이다.

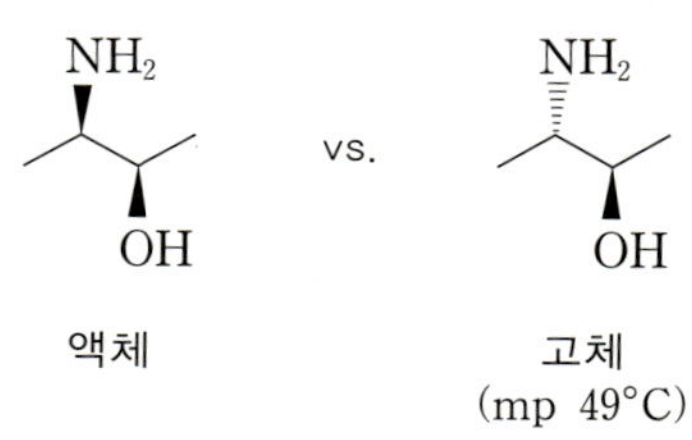

그림 6-7 부분 입체 이성질체의 물리적인 성질

예제 6.5

3-클로로뷰탄-2-올의 거울상 이성질체 및 부분 입체 이성질체를 모두 그리시오.

풀이

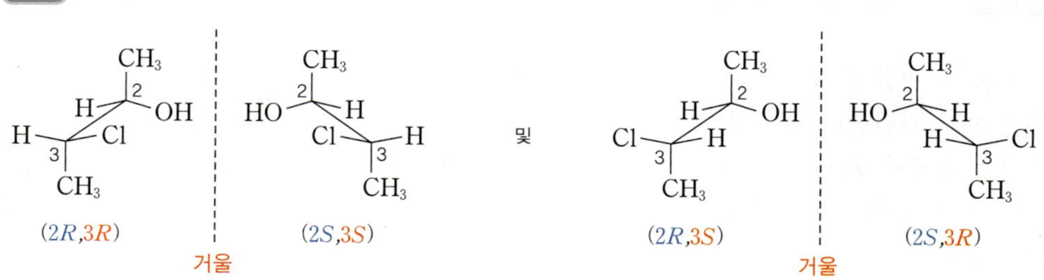

예제 6.6

(*R*)-뷰탄-2-올의 부분 입체 이성질체가 있다면 그 구조를 그리시오.

풀이

(*R*)-뷰탄-2-올은 카이랄 탄소가 한 개 있어서 거울상은 있지만, 부분 입체 이성질체는 존재하지 않는다.

6.6 메소 화합물

*n*개의 sp^3 카이랄 탄소가 있는 화합물은 최대 2^n개의 입체 이성질체가 가능하고, 그 예로 2-브로모-3-클로로뷰테인에서 총 2^2개의 이성질체가 존재함을 기술하였다(6.5절).

이번에는 2,3-다이클로로뷰테인의 경우를 생각해 보자. 이 화합물도 2-브로모-3-클로로뷰테인에서와 같이 두 개의 카이랄 탄소가 있기 때문에 최대 $2 \times 2 = 2^2$개의 입체 이성질체가 가능하고, 단순하게 거울상 관계에 있는 (2*R*,3*R*) 및 (2*S*,3*S*), 그리고 (2*R*,3*S*) 및 (2*S*,3*R*) 이성질체를 생각할 수 있다. 그러나 (2*R*,3*S*) 이성질체는 아래의 그림에서와 같이 이성질체 **A**를 경유하여 (2*S*,3*R*) 이성질체로 전환될 수 있는데, 이것은 (2*R*,3*S*) 및 (2*S*,3*R*) 화합물이 서로 동일한 화합물이고 비카이랄 화합물임을 의미하는 것이다. 결론적으로 2,3-다이클로로뷰테인에서 입체 이성질체는 총 세 개이다.

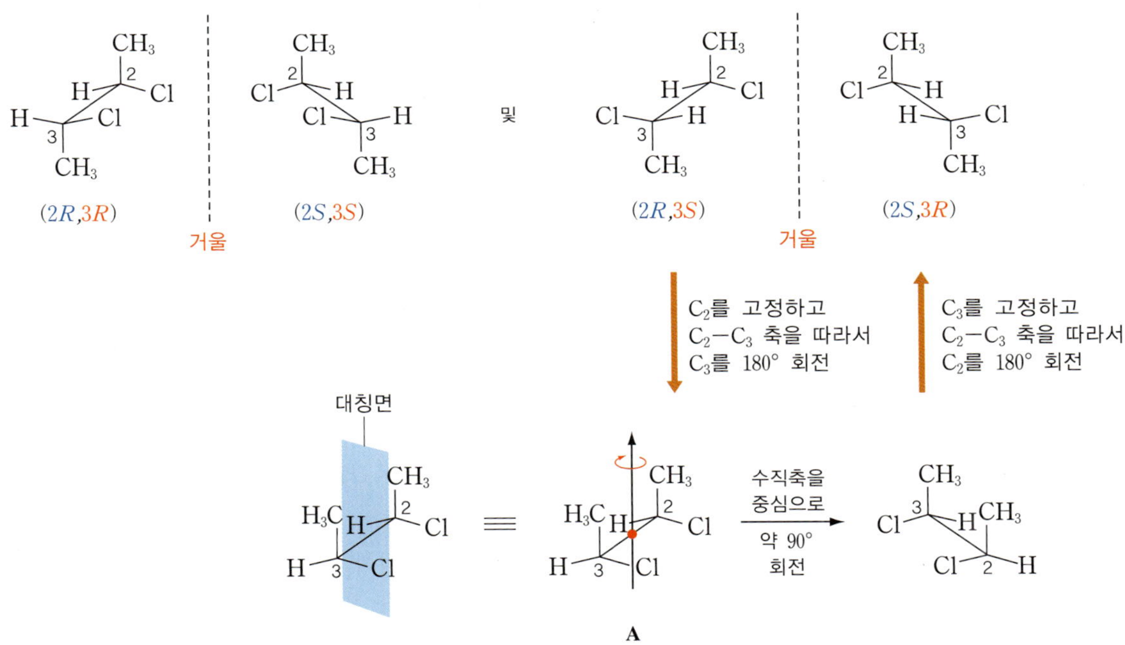

그림 6-8 2,3-다이클로로뷰테인의 입체 이성질체

위에서 기술한 (2*R*,3*S*) 이성질체와 같이 분자에 카이랄 탄소가 여러 개 있지만 대칭면이 있어서 자신의 거울상과 겹치는 비카이랄 화합물들을 **메소 화합물(meso compound)**이라고 한다.

예제 6.7

아래의 화합물을 카이랄 화합물 및 비카이랄 화합물로 구분하시오.

(a) 

(b) 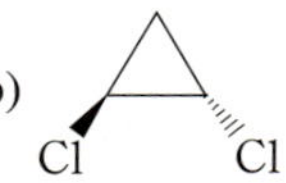

(c) 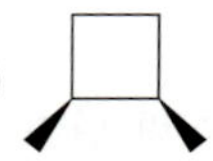

풀이

(a) 

대칭면이 있으므로 비카이랄 화합물

(b) 

카이랄 화합물

(c) 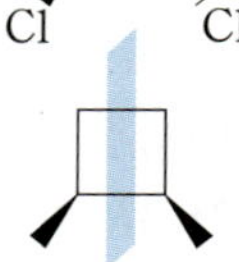
대칭면이 있으므로 비카이랄 화합물

6.7 화학 반응과 입체 화학

아래의 반응은 알케인의 라디칼 할로젠화 반응(3.12절) 및 알켄의 할로젠산 첨가 반응(4.7.4절)으로, 공통적으로 출발 물질에 없었던 카이랄 탄소가 생성물에 도입되는 반응들이다. 6.7절에서는 이처럼 새롭게 생성되는 카이랄 탄소의 입체 화학, 즉 (*R*)/(*S*)의 비율에 대하여 알아보기로 한다.

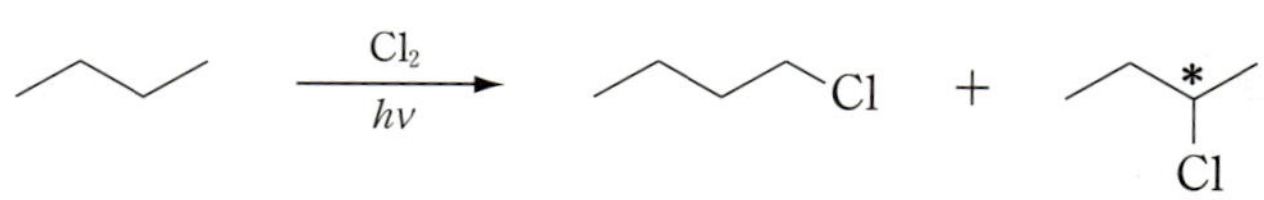

라셈체

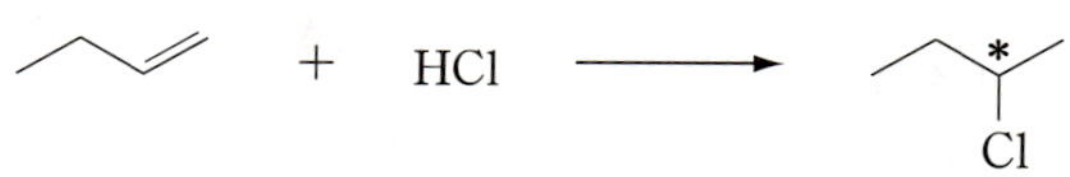

라셈체

이와 관련하여 가장 중요한 것은 "광학 활성은 반드시 광학 활성이 있는 조건에서만 유래한다."는 개념이다. 이것은 광학 비활성의 출발 물질, 시약 및 용매 등을 사용하는 경우에 생성물에서 광학 활성이 없음을 의미한다.

위 반응에서는 한 개의 카이랄 탄소가 생성되지만 광학 비활성의 출발 물질, 시약 및 용매 등을 사용했기 때문에 생성물의 광학 활성은 없어야 한다. 이것은 생성물이 라셈체 혼합물로 얻어질 때 가능한 것으로서 이와 관련한 내용들을 6.7.1절 및 6.7.2절에서 상세하게 기술하기로 한다.

만약 출발 물질, 시약 및 용매 등에서 광학 활성 조건을 제공하면 새롭게 생성되는 카이랄 탄소의 배열이 1:1에서 벗어날 수 있다. 이와 관련해서는 6.7.3절에서 상세하게 기술하기로 한다.

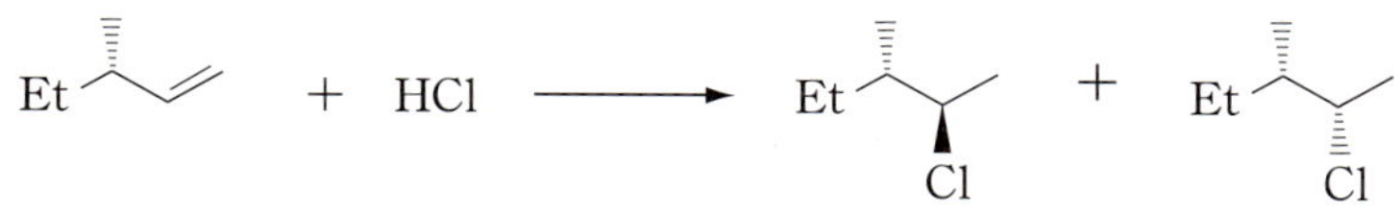

6.7.1 비카이랄 알케인의 라디칼 염소화 반응

비카이랄 출발 물질인 *n*-뷰테인에 라디칼 염소화 반응을 수행하면 1-클로로뷰테인과 2-클로로뷰테인 혼합물이 생성된다(3.12절). 이 중에서 1-클로로뷰테인은 카이랄 탄소가 없으므로 입체화학을 언급할 필요가 없고, 2-클로로뷰테인은 카이랄 탄소가 한 개 있는데 (*R*) 및 (*S*) 생성물이 정확하게 1 : 1인 라셈체 혼합물로 얻어진다. 이러한 결과가 나오는 이유에 대하여 생각해 보자.

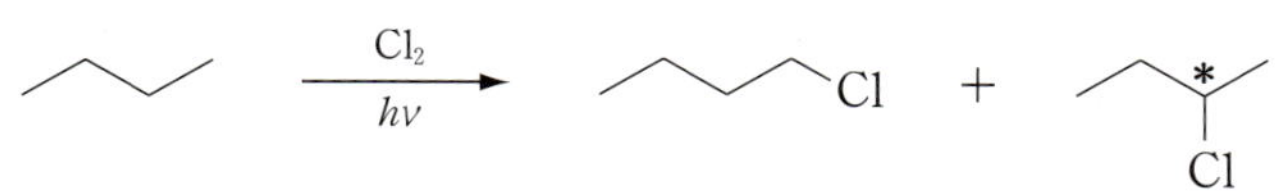

라셈체

2-클로로뷰테인이 생성되는 반응 메커니즘은 일반적인 알케인의 라디칼 염소화 반응 경로와 동일하다(3.12.2절).

개시 단계: $Cl-Cl \longrightarrow 2\ Cl\cdot$

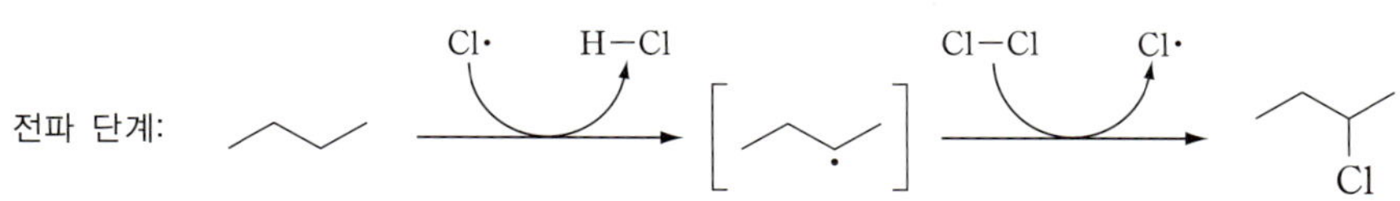

I

생성물의 입체 화학은 전파 단계의 두 번째 반응인 $(C_2H_5)(CH_3)CH\cdot$ (**I**)와 염소(Cl_2)의 반응에서 결정된다. 라디칼 중간체 **I**에서 중심 탄소는 sp^2 혼성을 하므로(2.10.1절), 중간체 **I**는 C_2H_5, CH_3, H 치환체가 동일한 평면에 위치하고 이 평면에 수직으로 있는 *p* 오비탈에 전자 한 개가 있는 구조를 갖는다. 그리고 중간체 **I**와 염소(Cl_2)의 반응에서 염소 분자는 오비탈 사이의 중첩을 최대로 하기 위하여 Cl−Cl 결합이 *p* 오비탈과 일직선상에서 접근하는데, **I**는 대칭면이 있는 비카이랄 화학종이기 때문에 평면의 위쪽과 아래쪽에서 접근할 확률이 각각 50%이다. Cl_2가 위에서 접근하면 (*S*)-생성물이 생기고, Cl_2가 아래에서 접근하면 (*R*)-생성물이 얻어지므로 결국 생성물은 (*R*) : (*S*) = 1 : 1인 라셈체가 된다.

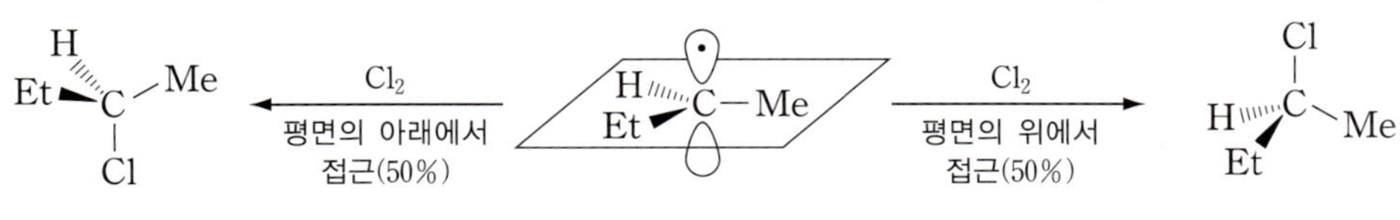

(*R*) **I** (*S*)
(비카이랄 화합물)

이 결과를 다른 방법으로 설명해 보자. 중간체 **I**에서 평면의 위쪽(*si*-평면)에서 염소가 접근하면 전이 상태 TS를 거쳐서 (*S*)-생성물이 얻어진다(경로 1). 이 과정을 아래쪽 거울에 비추면 "중간체 **I**에서 평면의 아래쪽(*re*-평면)에서 염소가 접근하면 전이 상태 *ent*-TS를 거쳐서 (*R*)-생성물이 얻어진다(*ent*-경로 1)."가 된다.

메커니즘 6-1 비카이랄 알케인의 라디칼 염소화 반응 메커니즘

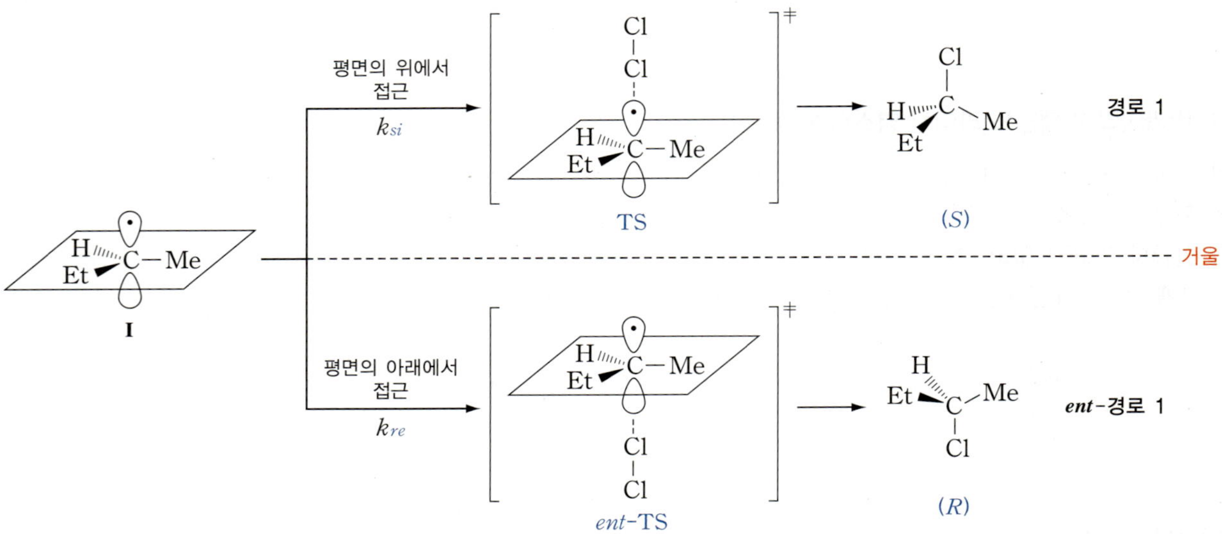

이제는 거울상에 비친 두 개의 반응 경로에 대한 에너지 도표를 그려 보자. 우선 경로 1의 에너지 도표를 오른쪽 방향으로 그린 후, 이 도표 전체를 왼쪽의 거울에 비추면 왼쪽 방향으로 경로 1의 거울상인 *ent*-경로 1이 생긴다. 이때 중간체 **I**는 비카이랄 화학종이므로 출발점의 에너지가 같고, 전이 상태 TS 및 *ent*-TS, 그리고 (*S*)-생성물 및 (*R*)-생성물은 각각 거울상 이성질체의 관계에 있으므로 에너지가 서로 같아야 한다. 이 그림에 의하면 경로 1 과 *ent*-경로 1의 활성화 에너지($\Delta H_{si}^{\ddagger}$ 및 $\Delta H_{re}^{\ddagger}$)는 같기 때문에 반응 속도 상수(k_{si} 및 k_{re})가 동일하고, 그 결과 (*S*)-생성물과 (*R*)-생성물이 같은 속도로 생성되어서 라셈체 혼합물이 얻어진다.

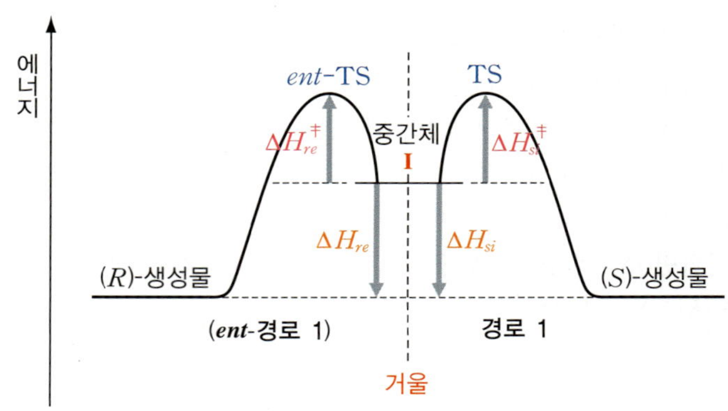

그림 6-9 비카이랄 알케인의 라디칼 염소화 반응 에너지 도표

6.7.2 비카이랄 알켄의 할로젠산 첨가 반응

비카이랄 출발 물질인 뷰트-1-엔에 염산 첨가 반응을 하면 2-클로로뷰테인이 주생성물로 얻어지는데(4.7.4절), 새롭게 생성되는 카이랄 탄소의 입체 화학은 (*R*) 및 (*S*) 생성물이 정확하게 1:1인 라셈체 혼합물로 생성된다. 이러한 결과는 *n*-뷰테인의 라디칼 염소화 반응에서 2-클로로뷰테인이 라셈체로 생성됨을 설명하는 방법으로 명확하게 기술할 수 있다.

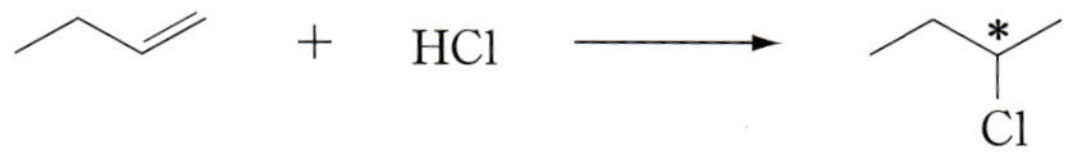

라셈체

이 반응의 첫 번째 단계에서는 π-결합 전자가 H^+에 전자를 제공하여 탄소 양이온 $(C_2H_5)(CH_3)CH^+$(**I**)을 생성한다. 탄소 양이온의 중심 탄소는 sp^2 혼성을 하므로(2.9.1절), 중간체 **I**는 C_2H_5, CH_3, H 치환체가 동일한 평면에 위치하고 이 평면에 수직으로 있는 *p* 오비탈에 전자가 없는 구조를 갖는다. 생성물의 입체 화학은 두 번째 단계인 중간체 **I**와 Cl^-의 반응에서 결정된다. 중간체 **I**와 Cl^-의 반응은 오비탈 사이의 중첩을 최대로 하기 위하여 Cl^-가 *p* 오비탈과 일직선상에서 접근하는데, **I**는 대칭면이 있는 비카이랄 화학종이기 때문에 평면의 위쪽과 아래쪽에서 접근할 확률이 각각 50%이다. Cl^-가 위에서 접근하면 (*S*)-생성물이 생기고, Cl^-가 아래에서 접근하면 (*R*)-생성물이 얻어지므로 결국 생성물은 (*R*) : (*S*) = 1 : 1인 라셈체가 된다.

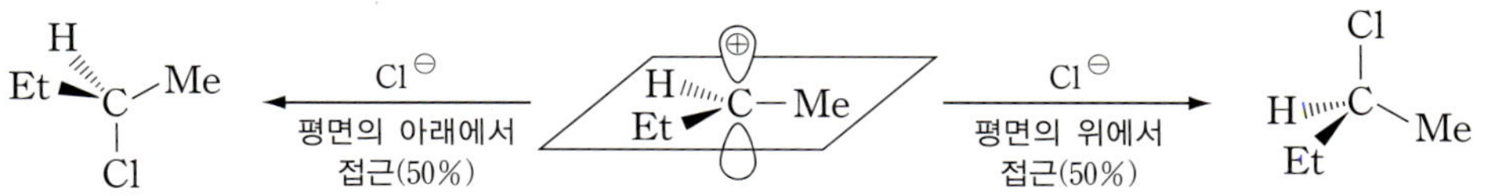

(*R*) **I** (비카이랄 화합물) (*S*)

이 결과를 다른 방법으로 설명해 보자. 중간체 **I**에서 평면의 위쪽(*si*-평면)에서 Cl^-가 접근하면 전이 상태 TS를 거쳐서 (*S*)-생성물이 얻어진다(경로 1). 이 과정을 거울에 비추면 "중간체 **I**에서 평면의 아래쪽(*re*-평면)에서 Cl^-가 접근하면 전이 상태 *ent*-TS를 거쳐서 (*R*)-생성물이 얻어진다(*ent*-경로 1)"가 된다.

메커니즘 6-2 비카이랄 알켄의 할로젠산 첨가 반응 메커니즘

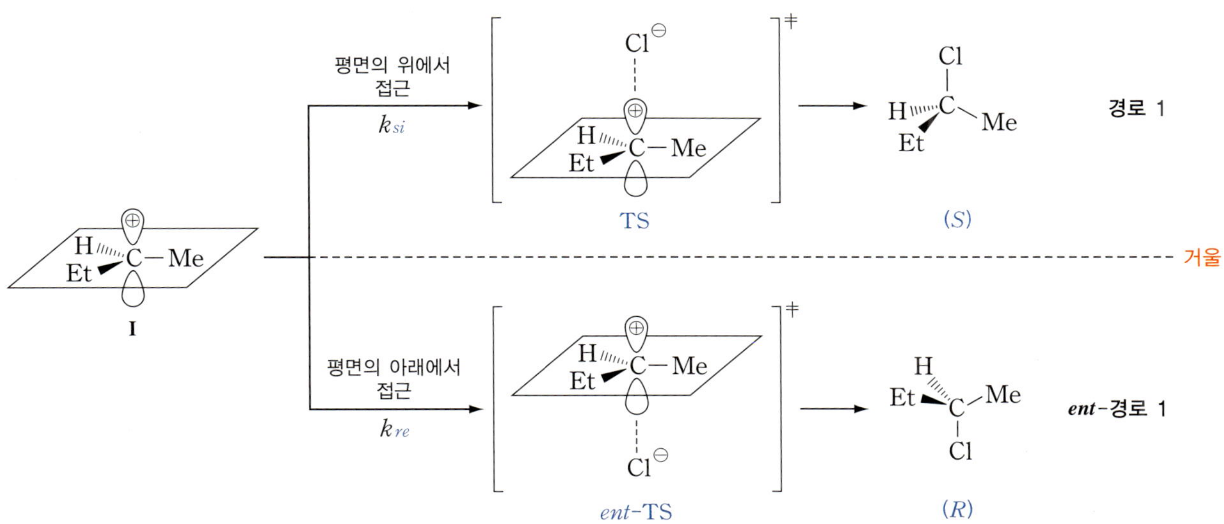

이제는 거울상에 비친 두 개의 반응 경로에 대한 에너지 도표를 그려 보자. 우선 경로 1의 에너지 도표를 오른쪽 방향으로 그린 후, 이 도표 전체를 왼쪽의 거울에 비추면 왼쪽 방향으로 경로 1의 거울상인 *ent*-경로 1이 생긴다. 이때 중간체 **I**는 비카이랄 화학종이므로 출발점의 에너지가 같고, 전이 상태 TS 및 *ent*-TS, 그리고 (*S*)-생성물 및 (*R*)-생성물은 각각 거울상 이성질체

의 관계에 있으므로 에너지가 서로 동일하다. 이 그림에 의하면 경로 1 과 *ent*-경로 1의 활성화 에너지($\Delta H^{\ddagger}_{si}$ 및 $\Delta H^{\ddagger}_{re}$)는 같고, 따라서 반응 속도 상수(k_{si} 및 k_{re})가 동일하며, 그 결과 (*S*)-생성물과 (*R*)-생성물이 같은 속도로 생성되어서 라셈체 혼합물이 생성됨을 예상할 수 있다.

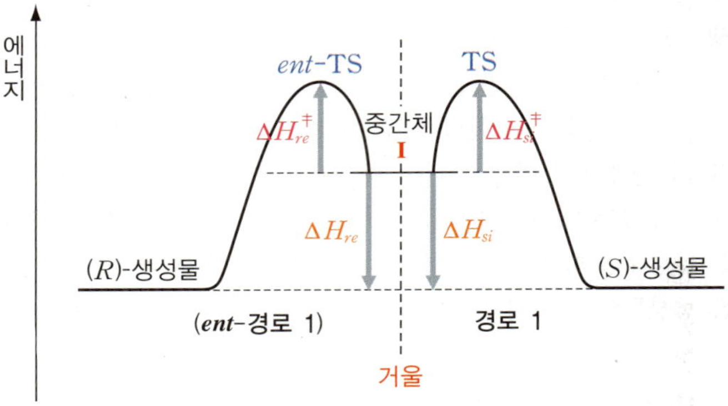

그림 6-10 비카이랄 알켄의 할로젠산 첨가 반응 에너지 도표

6.7.3 카이랄 알켄의 할로젠산 첨가 반응

지금까지는 비카이랄 알케인의 라디칼 염소화 반응 및 비카이랄 알켄의 할로젠산 첨가 반응을 진행하였을 때 새롭게 생성되는 카이랄 탄소의 (*R*) 및 (*S*) 배열이 반드시 1:1이 되어야 하는 이유에 대하여 기술하였다(6.7.1절, 6.7.2절).

이제는 카이랄 알켄의 할로젠산 첨가 반응에서 새롭게 생성되는 카이랄 탄소의 (*R*) 및 (*S*) 배열의 비율에 대하여 생각하기로 한다.

이론적으로 (*S*)-3-메틸펜트-1-엔에 염산 첨가 반응하면 Markovnikov 생성물인 (2*R*,3*S*)-2-클로로-3-메틸펜테인과 (2*S*,3*S*)-2-클로로-3-메틸펜테인의 비율이 50:50에서 벗어날 수 있다. 그 이유를 6.7.1절과 6.7.2절에서 사용한 방법을 그대로 적용하여 설명해 보자.

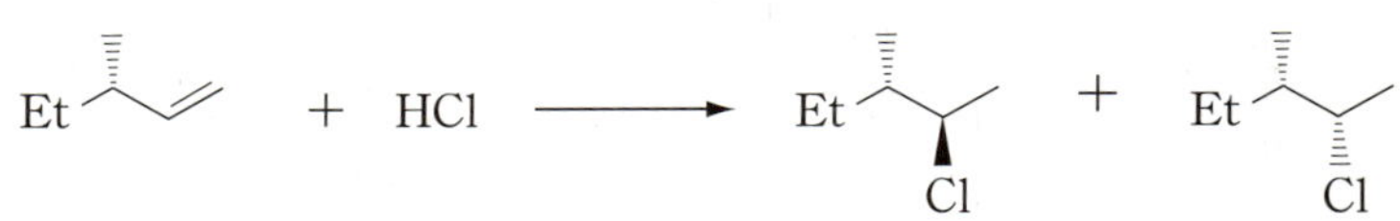

> 포화 탄화수소에서 언급한 바와 같이 상온에서는 C—C$^+$ 단일 결합을 중심으로 회전이 빠르게 일어나서 무한대의 형태 이성질체가 가능하다(3.7절). 그러나 가능한 모든 경우를 생각할 수는 없기 때문에 교재에서는 특정 배열의 탄소 양이온(**I**)에 한정하여 논리를 합리적으로 전개할 예정이다.

이 반응의 첫 번째 단계에서는 π-결합 전자가 H^+에 전자를 제공하여 탄소 양이온(**I**)을 생성한다. 탄소 양이온의 중심 탄소는 sp^2 혼성을 하므로(2.9.1절), 세 개의 치환체가 모두 동일한 평면에 위치하는데, 그럼에도 불구하고 출발 물질의 카이랄 탄소로 인하여 **I**는 카이랄성을 유지한다.

중간체 **I**에서 평면의 위쪽(*si*-평면)에서 Cl^-가 접근하면 전이 상태 TS_{si}를 거쳐서 (2*S*,3*S*)-2-클로로-3-메틸펜테인이 얻어지고(경로 1), 평면의 아래(*re*-평면)에서 Cl^-가 접근하면 전이 상태 TS_{re}를 거쳐서 (2*R*,3*S*)-2-클로로-3-메틸펜테인이 생성된다(경로 2). 중간체 **I**에 Cl^-가 접근할 때 경로 1 및 경로 2에서는 각각 Cl^-와 Me 사이 및 Cl^-와 H 사이에 입체 장애가 생길 수 있는데, 이 중에서 Cl^-와 H 사이에 입체 장애가 더 작음을 알 수 있다. 따라서 경로 2의 전이 상태(TS_{re})는 경로 1의 전이 상태(TS_{si})보다 열역학적으로 더 안정하고, 그 결과 반응이 더 빠르게 진행되어서 (2*R*,3*S*)-생성물이 주생성물로 얻어짐을 예상할 수 있다.

메커니즘 6-3 카이랄 알켄의 할로젠산 첨가 반응 메커니즘

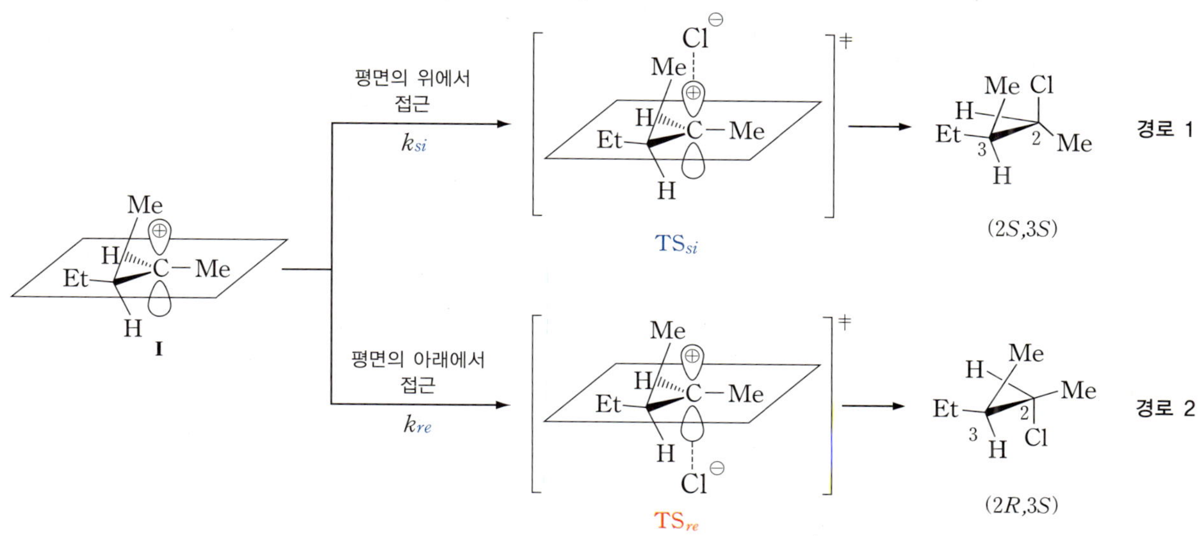

위의 전 과정을 에너지 도표로 나타내면 아래와 같다. 중간체 **I**는 동일하므로 에너지가 같고, 전이 상태 TS_{si} 및 TS_{re}는 거울상 이성질체가 아니라 부분 입체 이성질체의 관계에 있으므로 에너지가 서로 다르며, 생성물인 (2*S*,3*S*) 및 (2*R*,3*S*) 이성질체도 부분 입체 이성질체이므로 에너지가 다를 수 있다. 이것은 경로 1과 2의 활성화 에너지($\Delta H^{\ddagger}_{si}$ 및 $\Delta H^{\ddagger}_{re}$)가 달라서 반응 속도 상수(k_{si} 및 k_{re})에 차이가 생기고, 그 결과 새로운 카이랄 중심에서 (2*R*) 및 (2*S*) 배열의 비율이 서로 다를 수 있음을 합리적으로 설명할 수 있다.

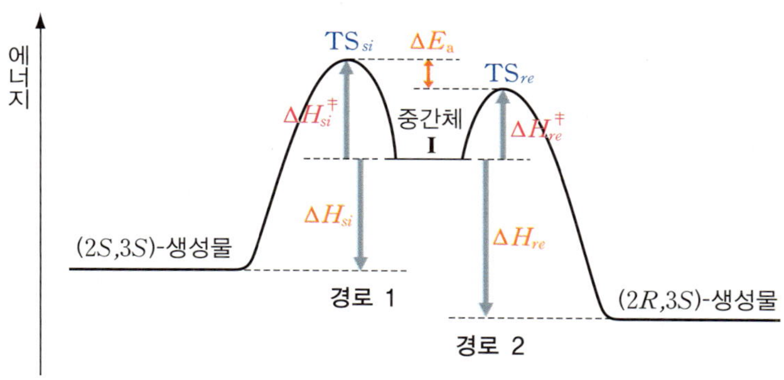

그림 6-11 카이랄 알켄의 할로젠산 첨가 반응 에너지 도표

6.8 라셈체 분할

거울상 이성질체 관계의 두 화합물은 편광의 전기장 방향을 회전시키는 방향을 제외하고는 모든 물리적인 성질이 같고(6.3.2절), "광학 활성(카이랄성)은 반드시 광학 활성(카이랄성)이 있는 조건에서만 유래된다(6.7절)."고 하였다.

이것은 라셈체 혼합물에서 구성 성분인 광학 활성 화합물 **A**와 *ent*-**A**를 분리하는 것이 비카이랄 조건에서는 불가능하고, 반드시 카이랄성 조건에서만 가능함을 의미한다. 이처럼 라셈체 혼합물에서 광학 활성 화합물 **A** 또는 *ent*-**A**를 선택적으로 분리하는 것을 **라셈체 분할**(**resolution of racemate**)이라고 한다.

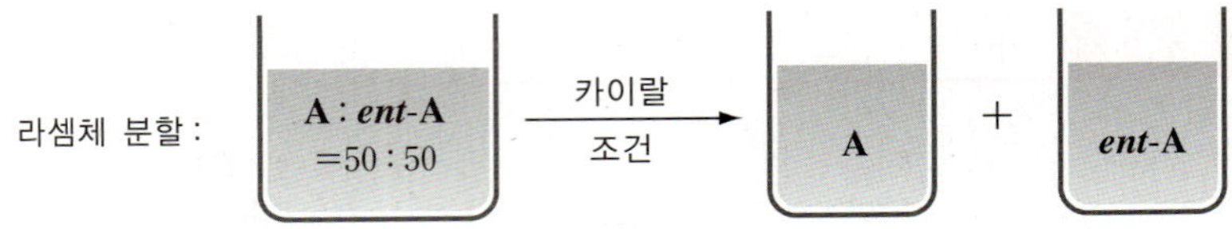

젖산(lactic acid) 라셈체의 분할을 예로 들어 보자. 젖산 라셈체에 (*S*)-2-페네틸아민(2-phenethylamine)을 넣으면 (*R*)-젖산/(*S*)-2-페네틸아민과 (*S*)-젖산/(*S*)-2-페네틸아민의 산-염기 반응이 진행되어 두 종류의 암모늄 염이 생성된다. 이들은 부분 입체 이성질체의 관계에 있으므로 끓는점, 녹는점, 용해도 등 모든 물리적 성질이 다를 수 있다. 이 경우에는 용해도 차이를 이용하여 특정 암모늄 염을 선택적으로 분리한 후, 각각의 암모늄 염을 산과 반응시켜 광학적으로 순수한 (*R*)-젖산 및 (*S*)-젖산을 얻는다.

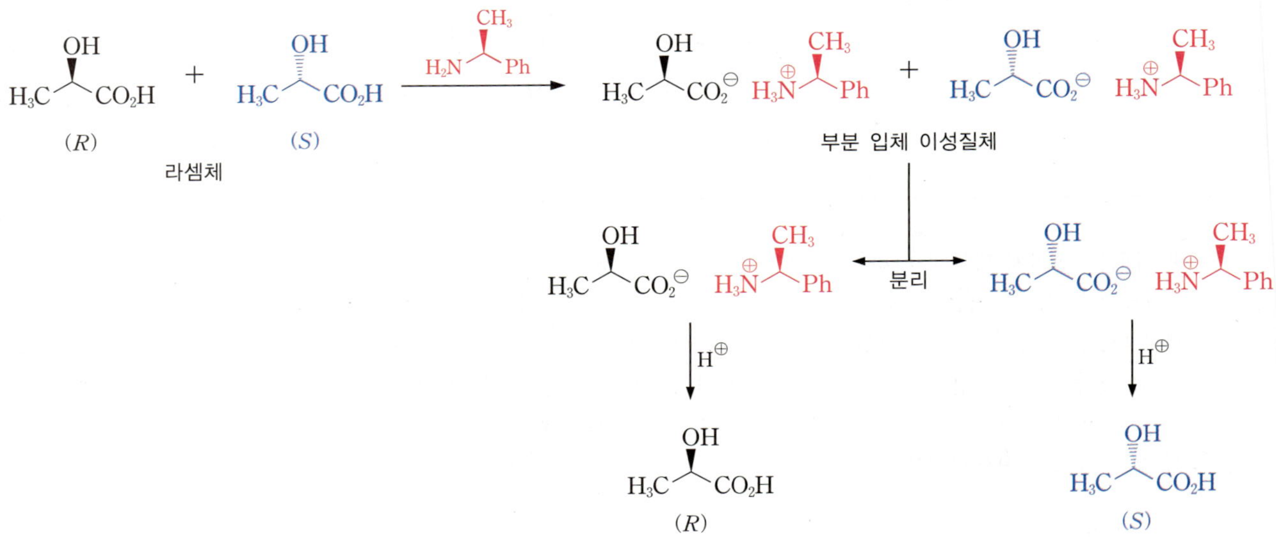

그림 6-12 젖산 라셈체의 분할

용해도 차이를 이용하여 라셈체를 분할하는 방법은 가장 널리 사용하는 방법이다. 물론, 이외에도 라셈체를 분할하는 방법은 많지만, 기본적으로 부분 입체 이성질체에서 물리적 성질의 차이점을 이용한다는 원리는 변하지 않는다.

6.9 카이랄 인식

카이랄 촉매, 카이랄 시약, 또는 카이랄 수용체가 두 개의 거울상 이성질체 중에서 특정 이성질체와 선택적으로 상호 작용하는 현상을 **카이랄 인식(chiral recognition)**이라고 한다. 카이랄 인식은 분자 수준의 생명 현상에서 쉽게 찾아볼 수 있고, 인공적인 카이랄 인식 연구에서도 많은 진전이 이루어지고 있다. 라셈체 분할과 카이랄 인식은 기본적으로 "부분 입체 이성질체의 물리적 성질이 모두 다르다."는 개념에 기반을 둔다.

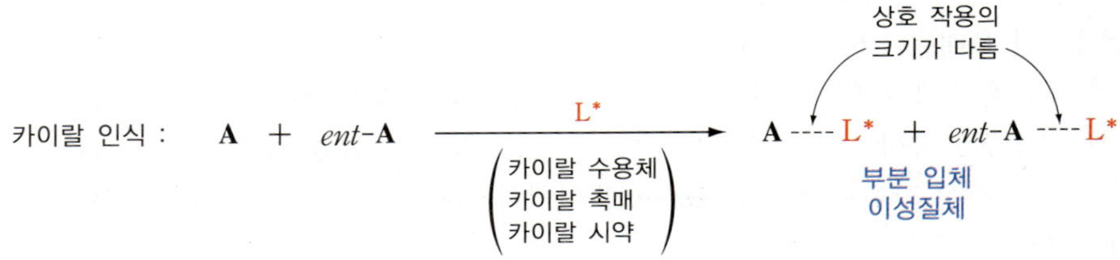

6.9.1 피루브산의 환원 반응

사람이 탄수화물을 섭취하면 탄수화물은 단당류인 포도당으로 분해되고, 포도당은 해당 작용(glycolysis)에 의하여 피루브산(pyruvic acid)으로 전환되며, 피루브산은 TCA 순환에 들어가 생명체 유지에 필요한 대부분의 에너지를 생성한다.

사람이 강도 높은 운동을 하면 신체는 더 많은 에너지를 필요로 하고, 이에 대응하여 우리 몸은 해당 작용 및 TCA 순환을 더 빠르게 하여 필요한 에너지를 생산한다. TCA 순환은 산소(O_2)를 필요로 하는 과정으로서, 산소의 공급이 부족하면 TCA 순환을 위한 산화–환원 반응(NAD^+ vs. NADH)이 빠르게 진행되지 못해서 충분한 에너지를 공급하지 못한다. 이러한 상황에서는 해당 작용에 의하여 생성되는 피루브산이 신속하게 소비되지 못하고 적체될 수밖에 없는데, 이때 우리 몸에서는 피루브산을 (*S*)-(+)-젖산으로 환원시켜서 에너지를 공급함과 동시에 피루브산의 적체를 해소한다. 사람이 운동을 해서 피로감을 느끼는 이유는 바로 근육에 축적된 (*S*)-(+)-젖산 때문이다.

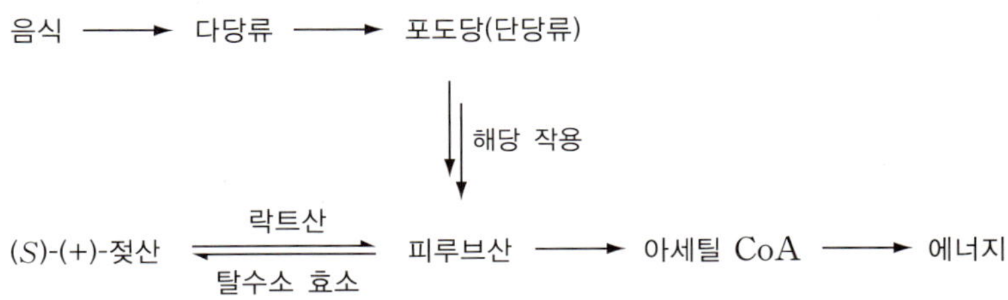

피루브산을 (*S*)-(+)-젖산으로 환원하는 반응에는 락트산 탈수소 효소(lactic acid dehydrogenase, LD)가 관여한다. LD 촉매는 피루브산 카보닐 작용기의 *re*-평면에서 $H:^-$ 시약이 접근하게 함으로써 (*S*)-(+)-젖산만을 선택적으로 합성한다.

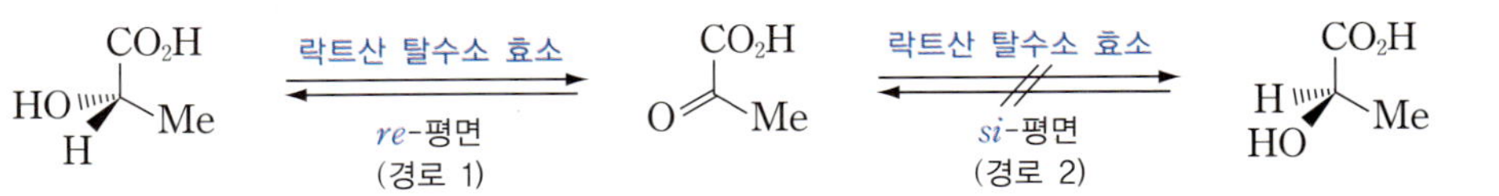

(*S*)-(+)-lactic acid pyruvic acid (*R*)-(−)-lactic acid

그림 6-13 피루브산의 환원 반응

이러한 선택성은 6.7.3절 및 6.8절에서와 같이 "부분 입체 이성질체는 서로 다른 화합물이기 때문에 모든 물리적인 성질이 다르다."는 가장 기본적인 개념을 이용하여 설명할 수 있다.

위 반응은 비카이랄 출발 물질인 피루브산과 카이랄 아미노산으로 구성된 카이랄 LD 촉매가 관여하여 (*S*)-젖산이 선택적으로 생성되는 반응이다. 우선 출발 물질과 LD의 상호 작용이 없는 상태에서는 [피루브산/LD] 복합체의 에너지는 같다. 반면에 LD가 관여하여 반응이 진행되면 상호 작용을 하는 [(*S*)-젖산/LD] 및 [(*R*)-젖산/LD] 복합체가 생성되는데, 이들은 서로 부분 입체 이성질체의 관계에 있으므로 두 복합체의 에너지는 다르다. 이러한 현상은 [피루브산/LD] 복합체가 상호 작용을 시작하면서부터 [(*S*)-젖산/LD] 및 [(*R*)-젖산/LD] 복합체가 생성될 때까지 계속된다.

위의 반응에서 경로 1이 선택적으로 일어난다는 것은 전이 상태 TS_{re}가 전이 상태 TS_{si}보다 훨씬 안정($\Delta\Delta H^‡ = \Delta H^‡_{re} - \Delta H^‡_{si} \ll 0$)함을 의미한다. 두 전이 상태의 에너지가 다른 이유는 TS_{re}와 TS_{si}가 거울상이 아니라 부분 입체 이성질체 관계이기 때문이다.

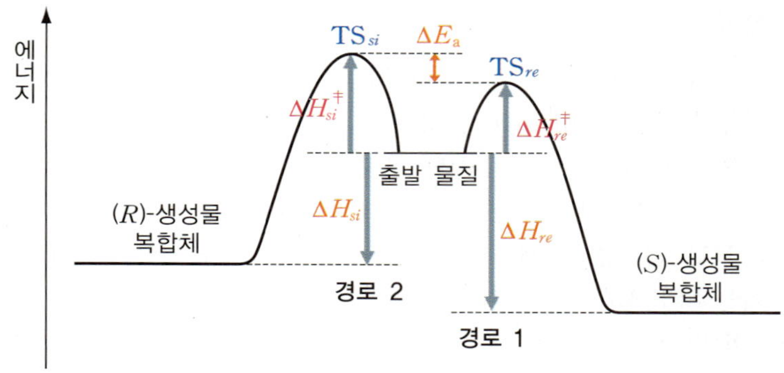

그림 6-14 피루브산의 환원 반응 에너지 도표

6.9.2 반응 속도론적 분할

생체에서는 다양한 에스터 가수 분해 효소(esterase)에 의하여 에스터의 가수 분해 반응이 일어난다. 에스터 가수 분해 효소는 카이랄 화합물이기 때문에 6.9.1절에서와 같이 두 개의 [거울상 이성질체 기질/에스터 가수 분해 효소] 복합체는 부분 입체 이성질체의 관계가 된다. 부분 입체 이성질체는 에너지가 서로 다른 것이 원칙이므로 두 반응 경로의 활성화 에너지는 다르게 되고, 이로 인하여 각각의 반응 속도에 차이가 생길 수 있다. 만약 두 경로의 반응 속도 차이가 매우 크다면 하나의 경로만 진행되고 다른 경로는 실질적으로 일어나지 않을 수 있다. 이처럼 부분 입체 이성질체 관계에 있는 복합체의 반응 속도 차이를 이용하여 거울상 이성질체를 분할하는 방법을 **반응 속도론적 분할**(**kinetic resolution**)이라고 한다.

실제로 돼지 간에서 분리한 에스터 가수 분해 효소를 이용하여 (*R*)/(*S*)-라셈체 에스터의 가수 분해 반응을 수행하는 것은 잘 알려져 있다. 이 효소를 사용하면 (*S*)-에스터는 신속하게 가수 분해되고, (*R*)-에스터의 가수 분해는 매우 느리게 일어나기 때문에 결과적으로 가수 분해 생성물인 (*S*)-알코올과 출발 물질인 (*R*)-에스터를 각각 얻을 수 있다.

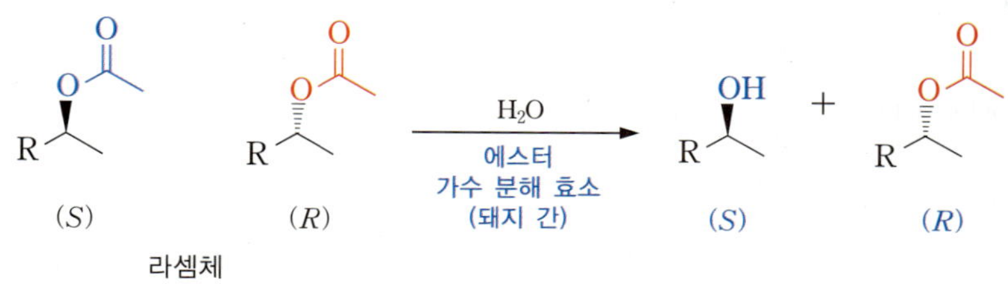

6.9.3 카이랄 인식의 중요성

세포에는 세포 내부 및 외부에 존재하는 특정 화합물을 인식하는 **수용체**(**receptor**, $\mathbf{R}^*$)가 분포한다. 수용체는 효소와 동일하게 카이랄 아미노산으로 구성된 단백질로서 카이랄성을 갖기 때문에 외부에서 거울상 이성질체 **A**와 *ent*-**A**를 주입하였을 때 [수용체−**A**] 및 [수용체−*ent*-**A**] 복합체는 부분 입체 이성질체의 관계가 된다. 부분 입체 이성질체는 서로 다른 화합물로서 각각의 상호 작용이 다르기 때문에, 생체 내에서 **A**와 *ent*-**A**의 생리적인 현상은 완전히 다를 수 있다. 이와 관련하여 몇 가지 예를 들어 보자.

탈리도마이드(thalidomide)는 1950년대에 여성이 임신했을 때 구토 증상을 완화시키는 약으로 개발되었다. 탈리도마이드는 한 개의 카이랄 탄소가 있는 화합물로서 라셈체 형태로 판매되었는데, 곧바로 기형아 출산이라는 심각한 부작용이 보고되면서 판매가 중단되었다. 이어진 연구에 의하면 (*R*)-이성질체는 구토 증상을 억제하고 진정시키는 효과가 있지만 (*S*)-이성질체는 기형아의 원인이 되는 화합물로 밝혀졌다.

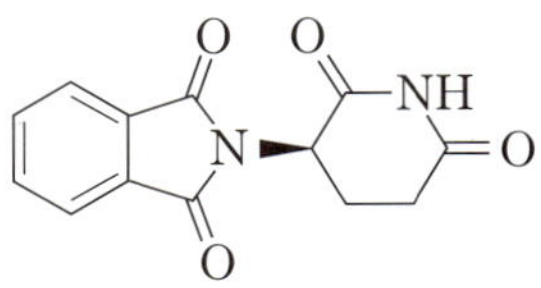

(*R*)-탈리도마이드
(구토 억제제)

vs.

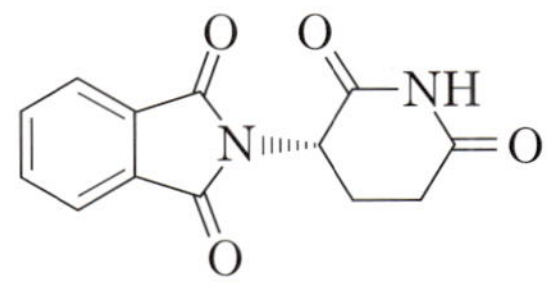

(*S*)-탈리도마이드
(기형아 출산의 원인 제공)

이부프로펜(ibuprofen)은 현재 진통제로 사용하는 가장 일반적인 약물의 하나로서, 한 개의 카이랄 탄소가 있지만 라셈체 형태로 판매되고 있다. 실험에 의하면 생체 내에서 (*S*)-이부프로펜은 진통 효과가 있지만 (*R*)-이부프로펜은 진통 효과가 없고 부작용도 없으며, 쉽게 (*S*)-이성질체로 전환되는 것으로 밝혀졌다.

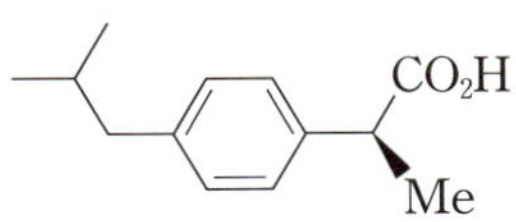

(*S*)-이부프로펜
(진통제)

vs.

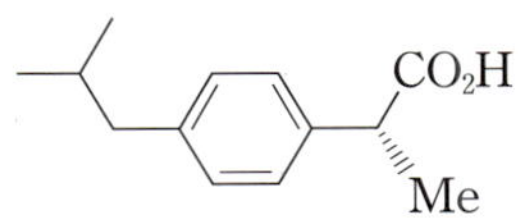

(*R*)-이부프로펜
(특별한 효과 없음)

예제 6.8

(+)-리모넨(limonene)은 오렌지 향이 나지만 (−)-리모넨은 레몬 향을 갖는다. 그 이유를 설명하시오.

(+)-리모넨
(오렌지 향기)

vs.

(−)-리모넨
(레몬 향기)

풀이

단백질 수용체(receptor, R^*)는 카이랄 아미노산으로 구성된 단백질로서 카이랄성을 갖는다. 따라서 [R^*-(+)-리모넨] 및 [R^*-(−)-리모넨] 복합체는 부분 입체 이성질체의 관계가 되고, 부분 입체 이성질체는 서로 다른 화합물로서 각각의 상호 작용이 다르기 때문에, 생체 내에서 생리적인 현상이 서로 다를 수 있다.

6.10 선구 카이랄성 탄소

두 개의 동일한 치환체와 공유 결합을 하는 sp^3 혼성의 비카이랄 탄소 원자를 가정하자. 이 탄소를 중심으로 Cahn−Ingold−Prelog 명명법에 따라서 치환체의 우선 순위를 정하고(6.2절), 추가로 (동위 원소를 도입하는 등의 방법으로) 동일한 두 치환체의 우선 순위를 임의로 부여할 때 카이랄 탄소가 되는 탄소를 **선구 카이랄성 탄소**(**prochirality carbon**)라고 한다.

몇 가지 예를 들어 보자.

프로페인-1,3-다이올에서 C_2 원자는 두 개의 수소 원자와 공유 결합을 한다. 이때 앞으로 향하는 수소가 중수소(D)로 치환된 화합물을 **A**, 뒤로 향하는 수소가 중수소(D)로 치환된 화합물을 **B**라고 하면 두 화합물은 서로 같게 된다(**A**=**B**). 이러한 경우에 C_2 원자와 결합한 두 개의 수소 원자를 **대칭 교환자리 원자**(**homotopic atom**)라고 한다.

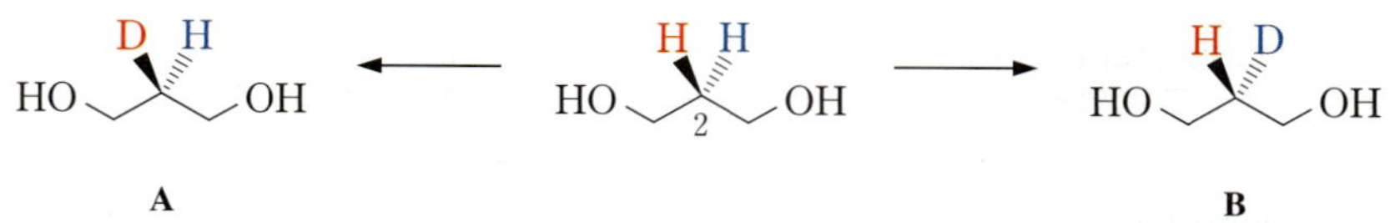

프로페인-1,3-다이올에서 C_1 원자는 두 개의 수소 원자와 공유 결합을 한다. 이때 앞으로 향하는 수소가 중수소(D)로 치환된 화합물을 **C**, 뒤로 향하는 수소가 중수소(D)로 치환된 화합물을 **D**라고 하면 두 물질은 서로 거울상 이성질체가 된다. 이러한 경우에 C_1 원자와 결합한 두 개의 수소 원자를 **대칭 비교환성 자리 원자**(**heterotopic atom**), 더 구체적으로는 **거울상 유발 원자**(**enantiotopic atom**)라고 한다. 또한 **C**는 (*R*)-배열을 갖기 때문에 C_1 탄소에서 앞으로 향하는 수소를 *pro*-(*R*) 수소, **D**는 (*S*)-배열을 갖기 때문에 C_1 탄소에서 뒤로 향하는 수소를 *pro*-(*S*) 수소라고 한다.

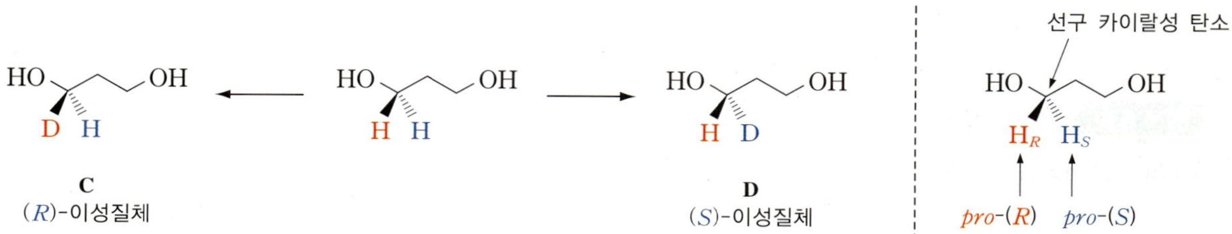

그림 6-15 프로페인-1,3-다이올에서 선구 카이랄성 탄소

(*S*)-뷰테인-1,3-다이올에서 C_1 원자는 두 개의 수소 원자와 공유 결합을 한다. 이때 앞으로 향하는 수소가 중수소(D)로 치환된 화합물을 **E**, 뒤로 향하는 수소가 중수소(D)로 치환된 화합물을 **F**라고 하면 두 물질은 서로 부분 입체 이성질체가 된다. 이러한 경우에 C_1 원자와 결합한 두 개의 수소 원자를 **대칭 비교환성 자리 원자**(**heterotopic atom**), 더 구체적으로는 **부분 입체 이성질성 원자**(**diastereotopic atom**)라고 한다. 또한 **E**는 (*R*)-배열을 갖기 때문에 C_1 탄소에서 앞으로 향하는 수소를 *pro*-(*R*) 수소, **F**는 (*S*)-배열을 갖기 때문에 C_1 탄소에서 뒤로 향하는 수소를 *pro*-(*S*) 수소라고 한다.

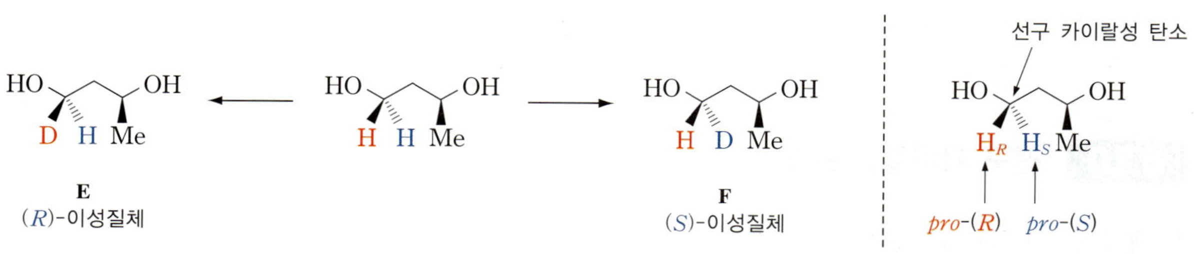

그림 6-16 (*S*)-뷰테인-1,3-다이올에서 선구 카이랄성 탄소

위의 내용을 종합하면 선구 카이랄성 원자는 우선 대칭 교환자리 원자(homotopic atom) 및 대칭 비교환성 자리 원자(heterotopic atom)로 구분하고, 대칭 비교환성 자리 원자는 거울상 유발 원자(enantiotopic atom) 및 부분 입체 이성질성 원자(diastereotopic atom)로 세분할 수 있다.

- 선구 카이랄성 원자
  - 대칭 교환자리 원자
  - 대칭 비교환성 자리 원자
    - 거울상 유발 원자
    - 부분 입체 이성질성 원자

예제 6.9

아래의 화합물에서 표시한 두 개의 수소 원자가 대칭 교환자리 원자, 거울상 유발 원자, 부분 입체 이성질성 원자인가를 판단하시오. 그리고 대칭 비교환성 자리 원자의 경우에는 *pro*-(*R*) 수소 및 *pro*-(*S*) 수소를 구분하시오.

(a) 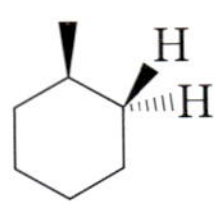

(b) 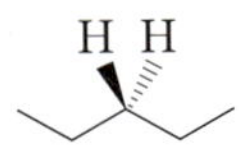

풀이

(a) 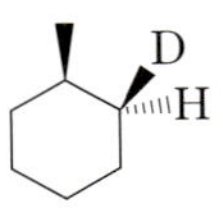 vs. 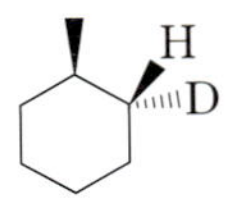 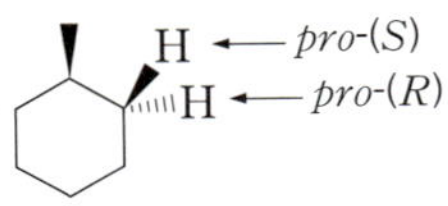

(부분 입체 이성질성 원자)

(b) 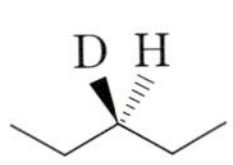 vs. 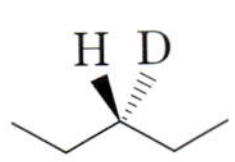

(대칭 교환자리 원자)

6.11 헤테로 원자의 카이랄성

지금까지는 네 개의 서로 다른 치환체와 공유 결합을 하는 탄소 원자를 중심으로 거울상 화합물, 카이랄 성질(광학 활성), 카이랄 탄소 등에 대하여 기술하였다. 6.11절에서는 탄소를 제외한 다른 원자가 서로 다른 네 개의 치환체와 결합하여 사면체(tetrahedral) 구조를 갖는 경우에 탄소에서와 같이 카이랄성을 갖는가에 대하여 알아보기로 한다.

6.11.1 질소

에틸메틸아민($(CH_3CH_2)(CH_3)NH$) 화합물에서 질소 원자는 CH_3CH_2, CH_3, H, 고립 전자쌍 등 네 개의 서로 다른 치환기가 있는 사면체 구조를 갖는다. 그리고 (*S*)-배열의 아민을 거울에 비추면 (*R*)-배열의 아민이 생기는데, 이들은 3차원에서 중복되지 않는 거울상 이성질체의 관계에 있다. 즉, (*S*)-배열 및 (*R*)-배열의 아민에서 질소 원자는 각각 카이랄 질소이며, (*S*)-배열 및 (*R*)-배열의 아민에서 각각 광학 활성을 예상할 수 있다. 그러나 '상온'에서의 실험에 의하면 에틸메틸아민($(CH_3CH_2)(CH_3)NH$)은 광학 활성이 없는 것으로 측정된다($\alpha = 0$). 그 이유는 아래와 같이 간단하게 설명할 수 있다.

(*S*)-배열의 아민에서 고립 전자쌍은 sp^3 오비탈에 존재하는데, sp^3 오비탈은 그림에서와 같이 전자가 한쪽 방향으로 더 밀집되는 비대칭성을 갖는다. 이때 질소 원자의 혼성이 sp^3에서 sp^2로 점진적으로 변화하면 에너지가 증가함과 동시에 고립 전자쌍이 위 아래에 고르게 분포하는 전이 상태(TS)에 도달하는데, 전이 상태에서 *p* 오비탈의 전자 밀도가 위쪽(*re*-평면)으로 증가하면 (*S*)-아민이 얻어지고, 아래쪽(*si*-평면)으로 증가하면 (*R*)-아민이 생성된다. 만약 '상온'에서 (*S*)-아민 및 (*R*)-아민의 변환에 필요한 활성화 에너지를 충분히 공급한다면 이 평형 반응은 빠르게 진행될 수 있고, (*S*)-아민과 (*R*)-아민은 거울상 이성질체로서 에너지가 같기 때문에 평형에서는 [(*S*)-아민] = [(*R*)-아민]인 라셈체 혼합물로 존재하게 된다($\alpha = 0$).

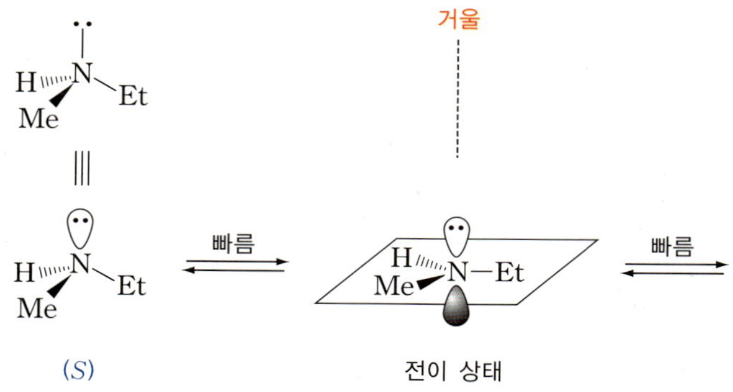

그림 6-17 질소 원자의 피라미드 반전

이처럼 서로 다른 세 개의 공유 결합 치환체와 한 개의 고립 전자쌍을 갖는 사면체 질소 원자의 경우에는 외부에서 충분한 에너지를 공급하면 $sp^3 \rightarrow sp^2 \rightarrow sp^3$와 같은 우산의 뒤집힘 현상이 일어날 수 있다. 이것을 **피라미드 반전(pyramidal inversion)**이라고 한다. 일반적인 아민에서 피라미드 반전의 활성화 에너지는 약 6 kcal/mol이고, 상온에서는 이 정도의 에너지를 충분히 공급할 수 있기 때문에 아민의 피라미드 반전은 매우 빠르게 진행된다.

예제 6.10

에틸메틸아민($(CH_3CH_2)(CH_3)NH$)의 경우에 상온에서는 피라미드 반전이 매우 빠르다고 하였다. 실험을 통하여 (*R*)-에틸메틸아민을 선택적으로 합성했다고 가정할 때, 이 물질을 피라미드 반전 없이 잘 보관하기 위한 방법을 제시하시오.

풀이

상온에서 피라미드 반전이 빠른 이유는 상온에서 피라미드 반전의 활성화 에너지를 극복할 만큼 충분한 에너지를 제공할 수 있기 때문이다. 따라서, 피라미드 반전을 억제하려면 피라미드 반전에 필요한 활성화 에너지를 공급하지 못할 정도로 주위 환경의 온도를 낮추어야 한다(단, 온도를 어느 정도까지 낮추어야 하는 것은 별개로 한다).

6.11.2 인과 황

(*R*)-(Ph)($CH_3CH_2CH_2$)(CH_3)P 화합물에서 인(phosphorus) 원자는 Ph, $CH_3CH_2CH_2$, CH_3, 고립 전자쌍 등 네 개의 서로 다른 치환체가 있는 사면체 구조를 갖는다. 이 화합물은 피라미드 반전 활성화 에너지가 30~35 kcal/mol 정도로 커서 상온에서 안정하게 있는 것은 물론이고,

100°C에서도 수 시간 동안 (*R*)-형태를 유지할 수 있다.

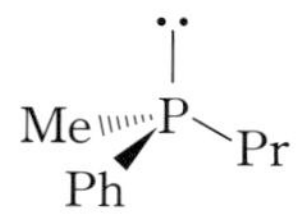

(*R*)-methyl(phenyl)(propyl)phosphine

(*R*)-($CH_3CH_2CH_2CH_2$)(CH_3)(O)S 화합물에서 황(sulfur) 원자는 $CH_3CH_2CH_2CH_2$, CH_3, O, 고립 전자쌍 등 네 개의 서로 다른 치환체가 있는 사면체 구조를 갖는다. 이 화합물은 피라미드 반전 활성화 에너지가 34~45 kcal/mol 정도로 커서 상온에서는 피라미드 반전이 불가능하다. 이것은 (*R*) 및 (*S*)-이성질체 화합물을 상온에서 각각 분리할 수 있고, 분리한 후에는 상온에서 안정하게 보관할 수 있음을 의미한다.

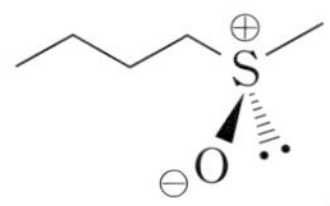

(*R*)-*n*-butyl(methyl)sulfoxide

6.12 요약

화합물 **A**와 *ent*-**A**가 3차원 공간에서 완전히 겹치면 이들은 동일한 물질로서 비카이랄 화합물(achiral compound)이다(6.1절). 만약 화합물 **A**와 *ent*-**A**가 3차원 공간에서 겹치지 않으면 이들은 서로 다른 물질로서 거울상 이성질체(enantiomer)라고 하며 카이랄 화합물(chiral compound)이 된다.

sp^3 탄소 원자에서 네 개의 치환체가 모두 다른 경우에는 자신의 거울상과 3차원 공간에서 겹치지 않기 때문에 거울상 이성질체의 관계가 된다. 이때 네 개의 서로 다른 치환체와 결합한 탄소를 카이랄 중심, 카이랄 탄소, 비대칭 중심, 비대칭 탄소, 입체 발생 중심, 입체 중심 등 다양한 용어로 표현한다. 그러나, 카이랄 탄소가 있는 경우에도 분자의 특정 형태에서 대칭면 또는 대칭점이 하나라도 존재하면 그 분자는 거울상 분자와 겹치게 된다. 참고로 카이랄 탄소는 sp^3 혼성을 갖는 탄소 원자의 개별적인 특성인 반면에 카이랄 화합물은 분자 전체의 구조와 연관되는 개념으로서 반드시 구별해야 한다.

거울상 이성질체 화합물에서 서로 다른 치환체의 배열을 구분하기 위하여 (*R*)/(*S*) 명명법을 사용한다(6.2절). 그리고 편광의 전기장 방향이 분자와의 상호 작용에 의하여 시계 또는 반시계 방향으로 얼마나 회전하는가를 측정하여 화합물의 광학 활성을 표현할 수 있다(6.3절). 비카이랄 화합물 및 라셈체 혼합물에서는 $\alpha = 0$이 되어 광학 활성이 없으며, 거울상 이성질체의 순도를 표현하기 위하여 거울상 이성질체 여분(enantiomeric excess, *ee*)의 개념을 기술하였다.

거울상 이성질체에서 (*R*)/(*S*) 명명법과 (+)/(−)의 광회전 방향과는 연관성이 없고, 거울상 이성질체의 성질은 편광의 전기장 방향을 회전시키는 방향을 제외하고는 모두 같다(6.4절). 다수의 sp^3 카이랄 탄소가 있는 화합물에서 카이랄 중심이 모두 반전되면 거울상 이성질체가 되고, 전부는 아니지만 한 개 이상의 카이랄 탄소가 반전되면 부분 입체 이성질체가 된다(6.5절). 부분 입체 이성질체는 서로 다른 화합물이기 때문에 이론적으로 모든 성질이 다른 것이 원칙이다. 마지막으로 분자에 카이랄 탄소가 여러 개 있지만 대칭면 또는 대칭점이 있어서 자신의 거울상과 겹치는 비카이랄 화합물들을 메소 화합물이라고 한다(6.6절).

화학 반응에서는 출발 물질에 없는 새로운 카이랄 탄소가 생성되는 경우가 많이 있다. 6.7절에서는 이러한 카이랄 탄소의 (*R*)/(*S*)의 비율에 대하여 기술하였는데, 이와 관련하여 가장 중요한 개념은 "광학 활성은 반드시 광학 활성이 있는 조건에서만 유래된다."는 것이다. 여기에 "거울상 이성질체는 편광의 전기장 평면을 회전시키는 방향을 제외하고는 모든 성질이 같고, 부분입체 이성질체는 모든 성질이 다른 것이 원칙이다."는 개념을 추가하여 새롭게 생성되는 카이랄 탄소의 (*R*)/(*S*)의 비율, 라셈체 분할, 카이랄 인식 등을 기술하였다(6.7~6.9절).

선구 카이랄성 탄소의 개념을 설명하기 위하여 대칭 교환자리 원자, 대칭 비교환성 자리 원자, 거울상 유발 원자, 부분 입체 이성질성 원자 등을 정의하였다(6.10절).

마지막으로 탄소 원자의 카이랄성을 질소(N), 인(P), 황(S) 등의 헤테로 원자로 확대하였다(6.11절). 질소 원자의 경우에는 피라미드 반전의 개념을 사용하여 상온에서 광학 활성이 없는 이유를 설명하였고, 인 및 황의 경우에는 상온에서 광학 활성을 가질 수 있지만 온도가 올라감에 따라서 광학 활성이 감소할 수 있음을 기술하였다. 이러한 결과는 결국 피라미드 반전의 활성화 에너지와 환경에서 제공할 수 있는 에너지의 상대적인 크기에 의하여 결정된다.

연습 문제

1. 아래의 화합물에서 카이랄 화합물을 선별하고, 그 이유를 기술하시오.

(a) 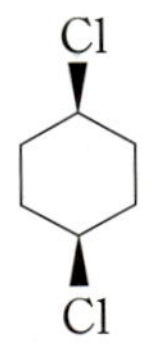

(b) 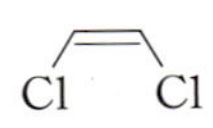

(c) 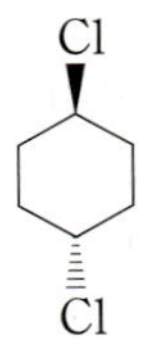

(d) 

(e) 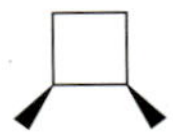

2. *sp*^{3} 카이랄 탄소의 3차원 배열을 명시하시오. 카이랄 탄소가 아니라면 그 이유를 기술하시오.

(a) 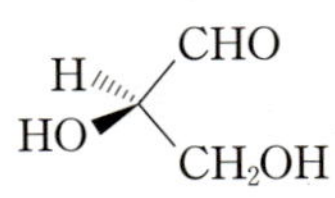

(b) 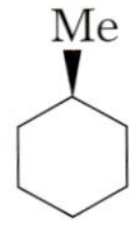

(c) 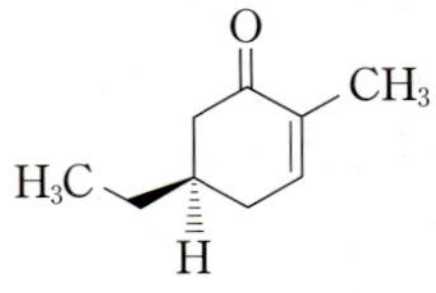

(d) 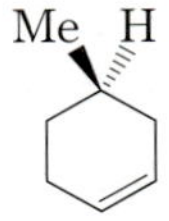

(e) 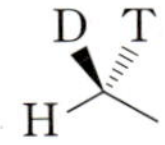

(f) 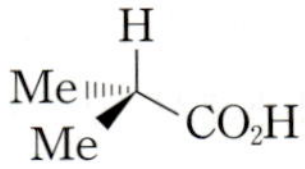

(g) 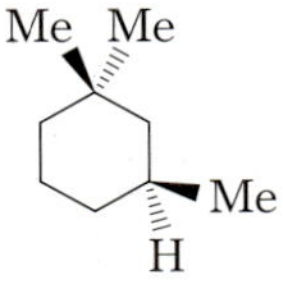

(h) 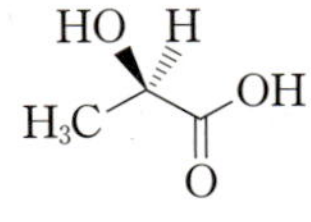

3. 광학 활성 화합물 **A** 및 *ent*-**A** 혼합물에서 **A**가 주성분이고, 거울상 이성질체 여분이 a% *ee*일 때 **A** 및 *ent*-**A**의 비율을 구하시오.

4. 아래의 화합물을 위, 아래, 왼쪽, 오른쪽 방향에서 거울에 비추었을 때의 구조식을 각각 그리시오.

(a) 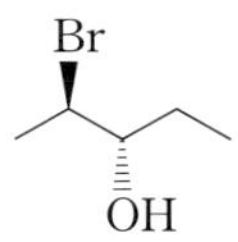

(b) 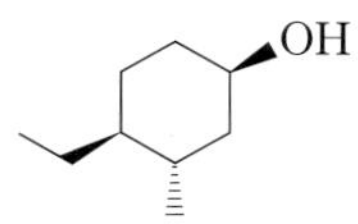

5. $HO_2CCH(OH)-CH(OH)CO_2H$의 이성질체를 모두 그리시오.

6. 아래의 화합물이 메소 화합물이 되도록 입체 화학을 표시하시오.

(a) 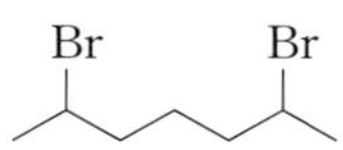

(b) 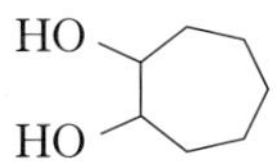

(c) 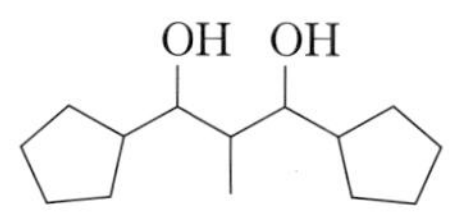

7. 아래의 화합물을 오른쪽 방향에서 거울에 비추었을 때의 구조를 그리고, 두 화합물이 서로 겹치는가를 판단하시오.

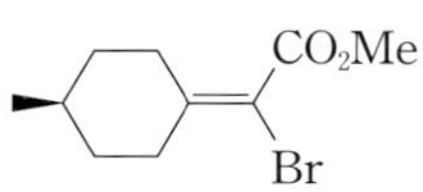

8. 알켄의 할로젠 첨가 반응은 안티-형태로 진행된다. 시스-2-뷰텐에 브로민을 반응시키면 (2*S*,3*S*)-2,3-다이브로모뷰테인과 (2*R*,3*R*)-2,3-다이브로모뷰테인이 1 : 1의 비율로 생성된다. 그 이유를 설명하시오.

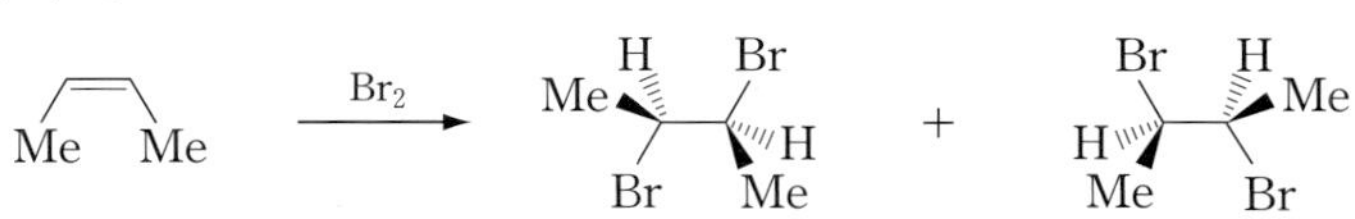

(2*S*,3*S*) (1 : 1) (2*R*,3*R*)

9. (*S*)-플루옥세틴(fluoxetine)은 편두통에 효과가 있고, 거울상 이성질체인 (*R*)-플루옥세틴은 편두통에는 효과가 없으나 우울증에는 탁월한 효과를 갖는다. 생체 내에서 (*R*)-플루옥세틴과 (*S*)-플루옥세틴의 단백질 수용체가 동일하다고 가정할 때 효과가 다르게 나타나는 합리적인 이유를 제시하시오.

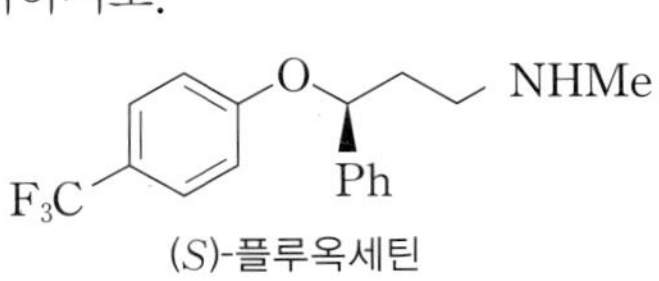

(*S*)-플루옥세틴
(편두통 치료 효과)

vs.

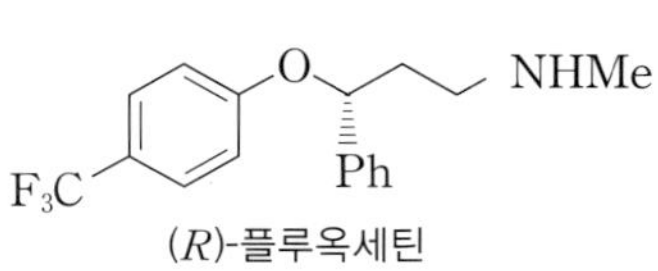

(*R*)-플루옥세틴
(우울증 치료 효과)

10. 아래의 수소 원자들이 대칭 교환자리 원자, 거울상 유발 원자, 부분 입체 이성질성 원자인가를 판단하고, 가능한 경우에 한하여 *pro*-(*R*) 및 *pro*-(*S*)로 명명하시오.

(a) 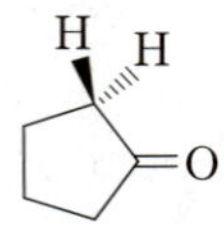

(b) 

(c) 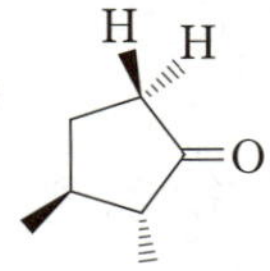

(d) 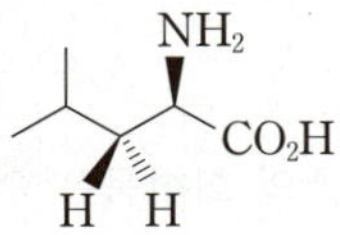

11. (*R*)-Bn(Pr)(Et)(Me)NBr 및 (*S*)-Bn(Pr)(Et)(Me)NBr 염이 있다. 이 염들이 열에 안정한 화합물이라는 가정 하에서 각각의 염을 가열하였을 때 라셈화 현상이 진행될 수 있는가를 판단하시오.

7장

할로젠화 알킬

7.1 구조

7.1.1 구조

할로젠화 알킬(R−X) 화합물에서 탄소 및 할로젠(X) 원자에 원자가 껍질 전자쌍 반발 이론(1.5절) 및 혼성 오비탈 이론(1.7절)을 적용하면 탄소 원자는 네 개의 공유 결합을 하므로 sp^3 혼성 오비탈, 할로젠 원자는 한 개의 공유 결합과 세 개의 고립 전자쌍이 있으므로 역시 sp^3 혼성 오비탈을 갖는다. 그러나 메테인(CH_4)에서 탄소 원자는 네 개의 동일한 C−H 공유 결합을 하므로 네 개의 sp^3 혼성 오비탈이 모두 동등하지만, 할로젠화 알킬에서 할로젠 원자는 한 개의 공유 결합과 세 개의 고립 전자쌍을 갖기 때문에 서로 다른 두 종류의 sp^3 오비탈을 예상할 수 있다.

할로젠화 알킬의 할로젠(X) 원자에서 공유 결합에 참여하는 전자쌍은 그 일부만 할로젠 원자에 속하고, 고립 전자쌍은 전자쌍 모두가 할로젠 원자에 구속된다. 이것은 할로젠(X) 원자핵이 결합 전자쌍보다 고립 전자쌍을 더 강하게 당기는 것으로 생각할 수 있다. 여기에 "혼성 오비탈에서 *s* 오비탈의 기여도가 증가하면 마치 원자핵의 전기 음성도가 증가하는 것과 유사하다(4.4절)."는 추론을 추가하면, 할로젠(X) 원자에서 공유 결합에 참여하는 혼성 오비탈에는 *s* 오비탈의 기여도가 상대적으로 작고, 고립 전자쌍을 구성하는 혼성 오비탈에는 *s* 오비탈의 기여도가 상대적으로 큼을 추론할 수 있다.

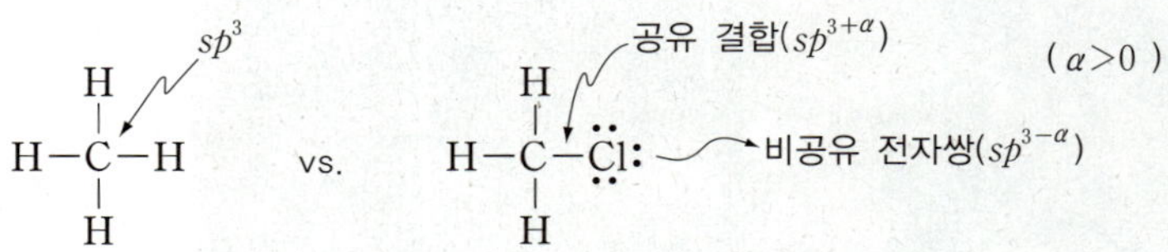

7.1.2 공유 반지름

1차원에서 움직이는 A 및 B 원자가 A−B의 단일 공유 결합에 이르는 과정과 그 중간에서의 에너지 변화에 대하여 생각해 보자(2.4절).

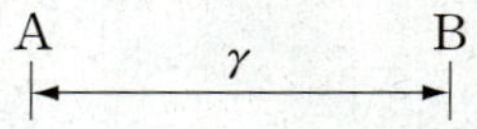

두 원자핵의 거리를 r이라고 할 때, $r=\infty$이면 두 원자 사이에는 오비탈의 중첩이 없으므로 상호 작용 없이 독립적으로 존재하고, 전체 에너지는 각 원자의 에너지의 합이 된다(기준점=0). 이러한 결과는 오비탈 중첩이 일어나기 전까지 지속된다.

두 원자가 서로 접근하여 일정한 거리에 이르면 원자 오비탈의 중첩이 시작되면서 상반되는 두 가지 상호 작용, 즉 ① 공유 전자쌍과 양쪽 원자핵간의 정전기적 인력에 의하여 부분적으로 공유 결합이 생기면서 전체 에너지가 낮아지는 효과와, ② 두 원자핵 사이의 정전기적 반발력에 의하여 전체 에너지가 상승하는 효과가 동시에 진행된다. 상호 작용의 초기에는 정전기적 반발력보다는 공유 결합의 형성에 기여하는 정전기적 인력의 효과가 커서 전체적으로 에너지가 감소하지만, 특정 거리 이하에서는 전자와 원자핵 사이의 정전기적 인력보다는 원자핵 사이의 반발력이 더 커져서 전체적으로 에너지가 증가하면서 공유 결합이 약화되는 결과를 가져온다.

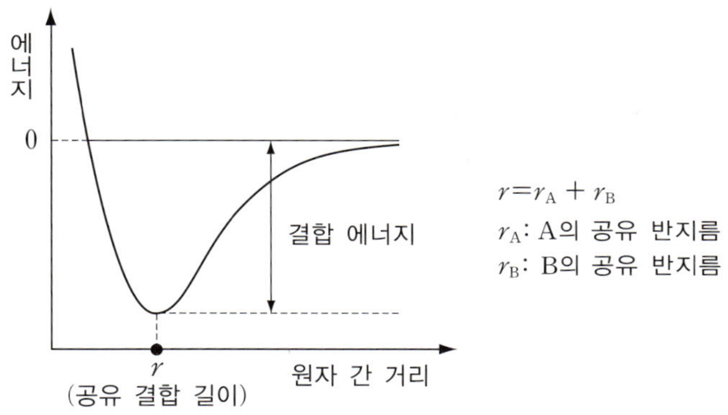

이때 에너지가 가장 낮은 상태에서의 두 원자 사이 거리를 **공유 결합 길이(covalent bond distance)**, 독립적인 두 원자의 에너지와 공유 결합 길이에서의 에너지 차이를 **결합 에너지(bond energy)**, A−A 형식의 단일 공유 결합 길이의 1/2을 **공유 반지름(covalent radius)**이라고 한다.

Van der Waals 반지름(van der Waals radius)은 이온 또는 공유 결합을 하지 않은 원자의 크기로서, 동일한 원자가 공유 결합을 하지 않고서 접근할 수 있는 가장 가까운 거리의 1/2로 정의한다. 따라서 원자의 Van der Waals 반지름은 공유 반지름보다 훨씬 클 수밖에 없다(H 원자: 0.31 Å vs. 1.20 Å).

표 7-1 원자의 공유 반지름

원자	반지름	원자	반지름	원자	반지름	원자	반지름
H	0.31 Å	N	0.71 Å	O	0.66 Å	F	0.57 Å
		P	1.07 Å	S	1.05 Å	Cl	1.02 Å
						Br	1.20 Å
						I	1.30 Å

예제 7.1

원자의 공유 반지름을 참고하여 단일 공유 결합의 결합 길이를 예측하시오.

(a) H−O (b) O−Cl

풀이

(a) H−O 0.31+0.66=0.97 Å (b) O−Cl 0.66+1.02=1.68 Å

7.2 명명법

할로젠화 알킬의 명명은 IUPAC의 치환체 명명법(substitutive nomenclature)과 작용기족 명명법(functional class nomenclature)을 동시에 사용한다.

할로젠화 알킬의 IUPAC 명명법에서는 화합물 이름이 [접두사−기본명−접미사]의 형식을 갖는다. 이때 접미사는 우선 순위가 가장 높은 작용기의 이름 및 위치, 기본명은 우선 순위가 가장 높은 작용기를 포함하는 가장 긴 탄소 사슬의 탄소 수, 접두사는 모체 사슬에 연결된 치환체의 종류 및 위치에 대한 정보를 제공한다. 기본적으로 할로젠화 알킬의 명명법은 할로젠 원자를 치환체로 생각하는 것을 제외하면 알케인(3.3절), 알켄(4.3절), 알카인(5.2절)과 완전히 동일하기 때문에 추가적인 설명은 생략한다.

작용기족 명명법은 [alkyl halide]의 형식을 사용한다. 이 방법은 구조가 간단한 화합물의 상용명(common name)에서 많이 사용하는데, 화합물의 구조가 복잡해지면 사용하기가 매우 어려워지는 단점이 있다.

다양한 할로젠화 알킬 화합물들의 이름을 아래에 나타내었다.

Me−I

iodomethane
methyl iodide

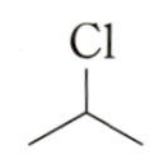

2-chloropropane
isopropyl chloride

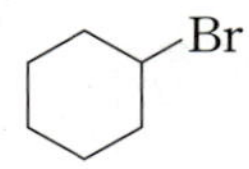

bromocyclohexane
cyclohexyl bromide

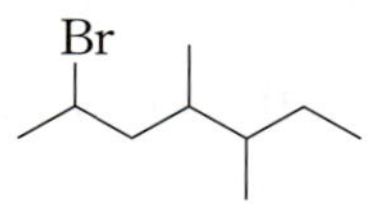

2-bromo-4,5-dimethylheptane

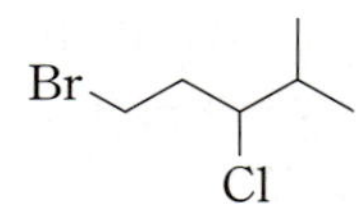

1-bromo-3-chloro-4-methylpentane

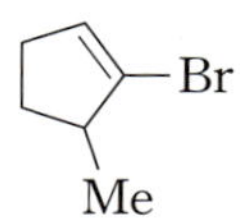

1-bromo-5-methylcyclopentene

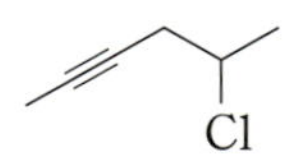

5-chlorohex-2-yne

그림 7-1 할로젠화 알킬의 IUPAC 명명

작용기족 명명법은 아래의 예시에서 추론할 수 있듯이 알킬기의 명명(3.3.2절)에 대한 사전 지식이 있어야만 손쉽게 사용할 수 있다.

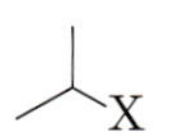

isopropyl halide

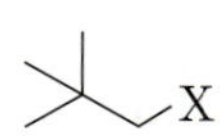

neopentyl halide

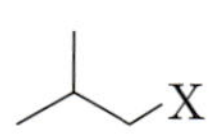

isobutyl halide

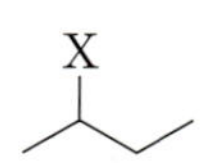

sec-butyl halide

tert-butyl halide

그림 7-2 할로젠화 알킬의 작용기족 명명

예제 7.2

아래의 화합물을 명명하시오.

(a) 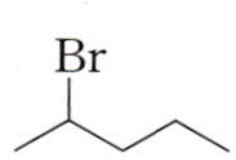

(b) 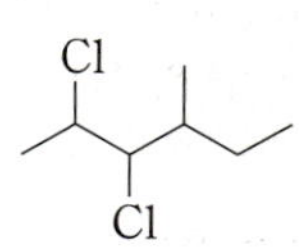

풀이

(a) 2-bromopentane

(b) 2,3-dichloro-4-methylhexane

7.3 물리적 성질

알케인, 알켄, 알카인은 탄소–탄소 단일 결합, 이중 결합, 삼중 결합, 그리고 C–H 단일 결합 등 모두 비극성 공유 결합으로 구성되어 있어서 분자 사이에는 가장 약한 분산력만 작용한다(2.2절). 반면에 할로젠화 알킬은 탄소(C) 및 할로젠(X) 원자의 전기 음성도 차이에 의하여 쌍극자 모멘트가 존재하고, 이에 따라서 분산력 이외에 쌍극자–쌍극자 힘이 추가로 작용할 수 있다. 이것은 CH_3 및 Cl 원자처럼 질량과 Van der Waals 반지름이 서로 비슷한 경우에 $CH_3(CH_2)_n$–Cl의 끓는점이 $CH_3(CH_2)_n$–CH_3보다 더 높다는 실험적인 사실을 설명하는 근거가 된다. 그리고, 탄소 수가 증가하거나 17족에서 [F → Cl → Br → I]가 되면 전자 구름이 커져서 분자 사이의 분산력이 증가하고, 할로젠 원자의 수가 증가하면 쌍극자–쌍극자 인력도 함께 증가하므로 결과적으로 해당 화합물의 끓는점이 상승하게 된다.

표 7-2 할로젠화 알킬의 끓는점

R \ X	Me	Cl	Br
Me	−88	−24	3.5
Et	−42	12	38
n-Pr	−1	47	70
n-Bu	36	78	101
n-Pent	68	108	129
n-Hex	98	134	155

R–X	끓는점(℃)
CH_3Cl	−24
CH_2Cl_2	40
$CHCl_3$	61
CCl_4	77

할로젠화 알킬의 용해도에 대하여도 생각해 보자. 할로젠화 알킬에서 C–X 결합은 극성 공유 결합이지만 이를 제외한 모든 C–C 및 C–H 결합은 비극성 공유 결합이므로 일반적으로 유기 용매에는 잘 녹고, 수소 결합이 있고 극성이 큰 물에는 잘 녹지 않는 특성을 갖는다.

밀도와 관련해서는 다음과 같이 생각할 수 있다. 일반적으로 Cl, Br, I 등의 할로젠 원자들은 크기에 비하여 원자량이 크기 때문에 탄소 및 수소 원자 대신에 할로젠 원자가 치환되면 밀도가 증가한다. 실제로 할로젠화 알킬의 밀도는 R–I > R–Br > R–Cl > R–CH_3이다.

표 7-3 *n*-butyl–X의 밀도

n-butyl–X	CH_3	Cl	Br	I
밀도(g/mL)	0.63	0.89	1.27	1.62

할로젠화 알킬의 안정성은 할로젠(X)의 종류에 따라서 크게 차이가 난다. 일반적으로 플루오린화 알킬 화합물들은 HF와 이중 결합 생성물로 쉽게 분해되기 때문에 순수하게 보관하기 어렵고, 염화 알킬 화합물은 상대적으로 안정하며, 브로민화 알킬 및 아이오딘화 알킬 계통의 화합물들은 열 또는 빛에 민감한 경우가 많다.

7.4 합성법

7.4.1 기존의 반응

할로젠화 알킬을 합성하는 방법은 매우 다양하게 존재한다. 그 중에서 지금까지 기술한 반응들을 나열하면 알케인의 라디칼 할로젠화 반응(3.12절), 알켄의 할로젠 첨가 반응(4.7.2절), 알켄의 하이포할로젠산 첨가 반응(4.7.3절), 알켄의 이온성 할로젠산 첨가 반응(4.7.4절), 알켄의 라디칼 할로젠산 첨가 반응(4.8절), 알카인의 할로젠 첨가 반응(2 당량)(5.8.1절), 알카인의 이온성 할로젠산 첨가 반응(2 당량)(5.8.2절), 알카인의 라디칼 할로젠산 첨가 반응(5.9절) 등이 있다.

- **알케인**

라디칼 할로젠화 반응 : $CH_3{-}CH_3 + Cl_2 \xrightarrow{420°C} CH_3{-}CH_2{-}Cl + HCl$

- **알켄**

할로젠 첨가 반응 :

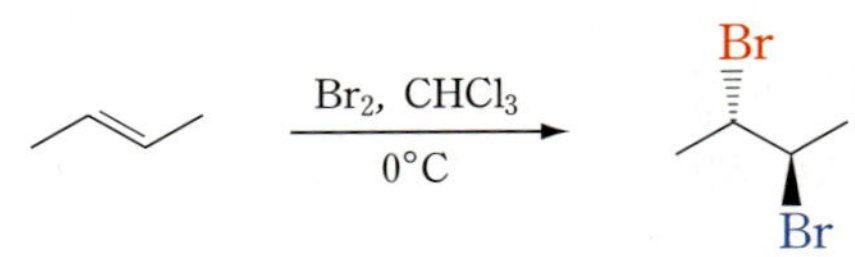

하이포할로젠산 첨가 반응 :

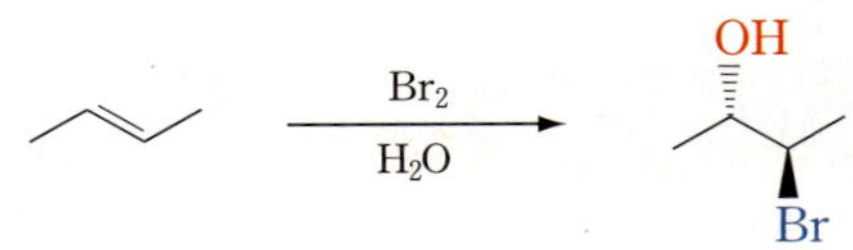

이온성 할로젠산 첨가 반응 :

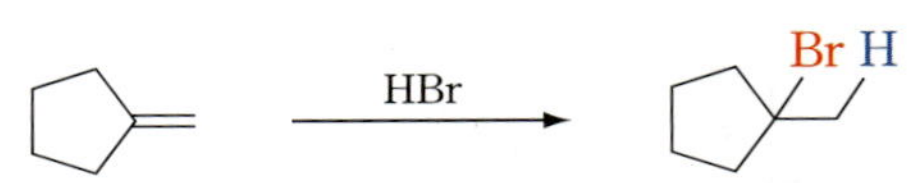

라디칼 할로젠산 첨가 반응 :

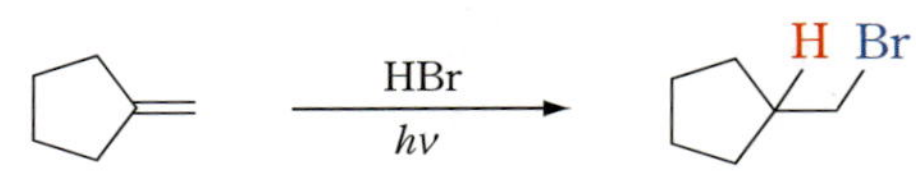

- **알카인**

할로젠 첨가 반응 :

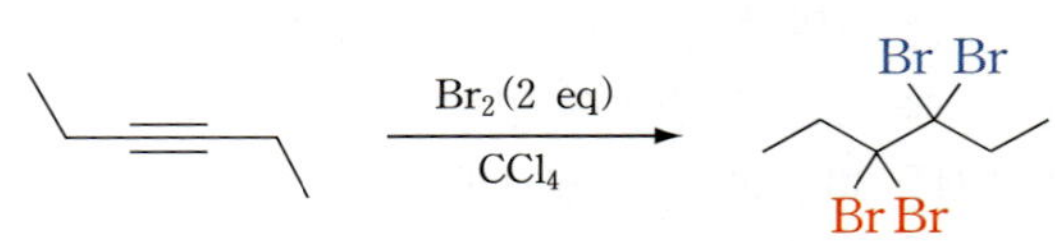

이온성 할로젠산 첨가 반응 :

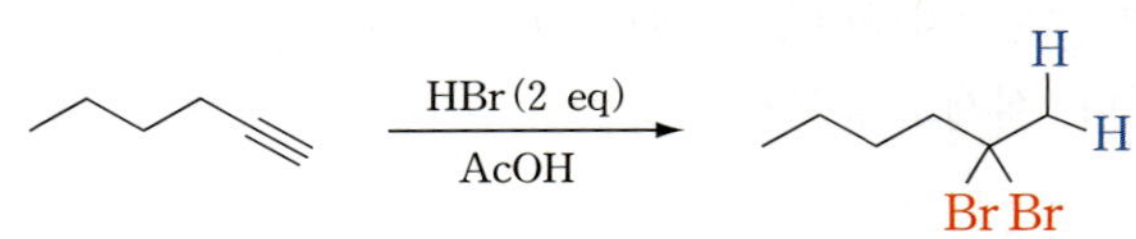

라디칼 할로젠산 첨가 반응 :

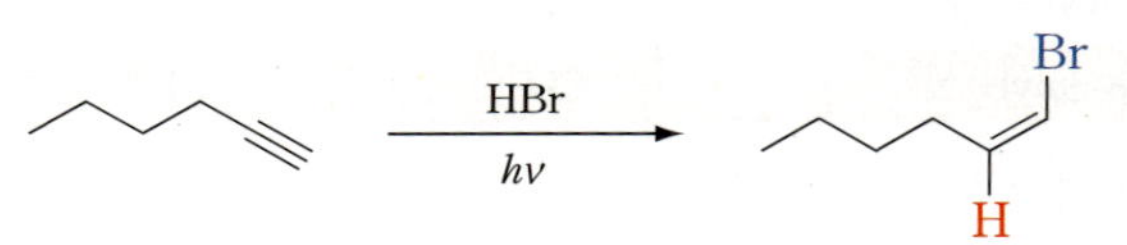

7.4.2 알릴 브로민화 반응

사이클로헥센 및 NBS(*N*-bromosuccinimide)를 비극성 용매인 사염화 탄소(CCl_4)에 녹이고, 이 용액에 빛을 조사하면 3-브로모사이클로헥센이 얻어진다. 이러한 반응을 **라디칼 알릴 브로민화 반응(radical allylic bromination)**이라고 한다. 이 반응은 할로젠화 알킬을 합성하는 매우 유용한 방법으로서, 알켄의 라디칼 할로젠산 첨가 반응과 유사하게 진행된다(4.8절).

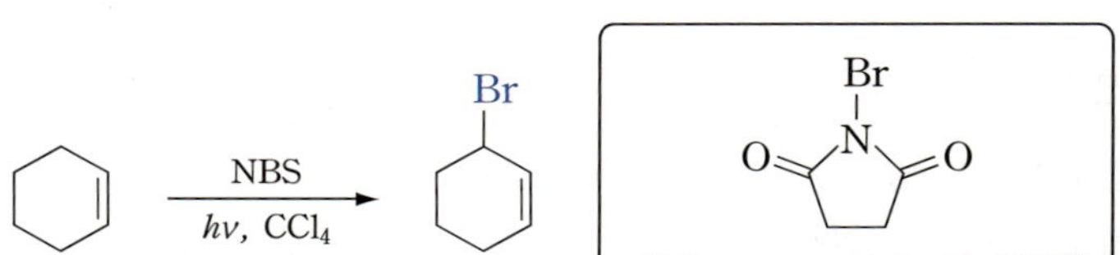

N-bromosuccinimide(NBS)

반응 메커니즘은 아래와 같다. 개시 단계에서는 NBS가 소량의 수분과 반응하여 HBr을 생성하고, HBr이 NBS와 반응하여 Br_2를 만든 후, Br_2 분자가 빛에 의하여 분해되면서 Br·이 얻어진다. 전파 단계에서는 Br·이 알릴 위치의 C−H 수소 원자와 선택적으로 반응하여 열역학적으로 안정한 알릴 라디칼을 형성하고, 알릴 라디칼이 Br_2와 반응하여 생성물을 제공함과 동시에 Br·을 생성한다. 전파 단계에서 생성되는 HBr은 개시 단계에서 NBS와 반응하여 Br_2를 제공하고, 전파 단계에서 생성되는 Br·은 전파 단계의 출발 물질로 재사용되면서 전파 단계가 자체적으로 진행되는 기반을 제공한다.

NBS는 상대적으로 안정한 고체로서, 물과 천천히 반응하여 Br_2와 HBr을 제공하는 시약으로 사용된다.

메커니즘 7-1 알릴 브로민화 반응 메커니즘

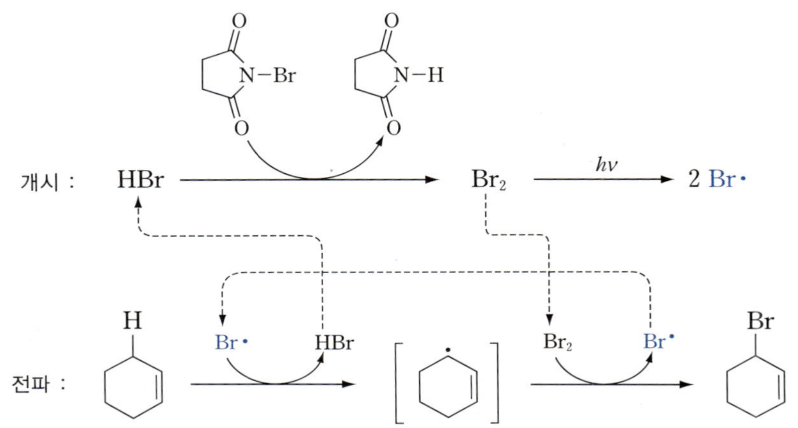

이제는 Br·이 다수의 C−H 결합 중에서 알릴 위치의 C−H 수소 원자와 선택적으로 반응하는 이유에 대하여 생각해 보자. 출발 물질의 관점에서는 단순하게 결합 에너지가 가장 작아서 가장 쉽게 끊어지는 알릴 C−H 결합이 반응에 참여하는 것으로 설명할 수 있다. 생성 물질의 관점에서는 알릴 라디칼이 공명 현상에 의하여 안정화되는데, 여기에 "반응 유형이 비슷한 반응에서는 생성 물질의 열역학적 에너지가 낮을수록 활성화 에너지가 감소하고, 그 결과 생성 속도가 증가한다."는 Hammond 가설(2.8.3)을 결합함으로써 설명이 가능하다.

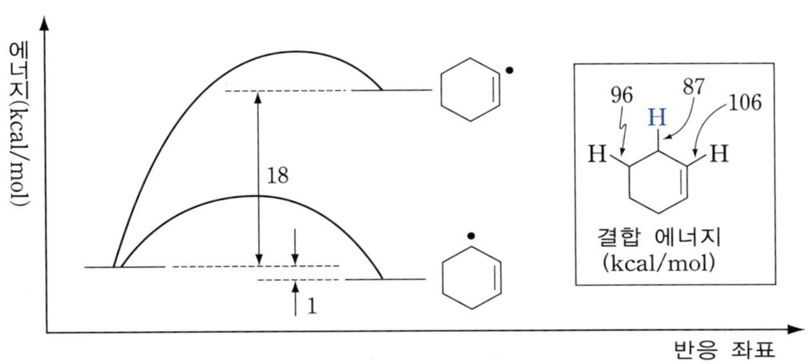

그림 7-3 알릴 브로민화 반응의 에너지 도표

사이클로헥센의 경우에는 라디칼 중간체가 대칭적인 구조를 갖기 때문에 생성물의 위치 선택성 문제는 제기되지 않았다. 만약 알릴 라디칼의 구조가 비대칭적이면 위치 선택성에 따라서 서로 다른 생성물을 얻을 수 있는데, 이런 경우에는 이중 결합에 치환체가 많은 생성물이 주로 얻어진다.

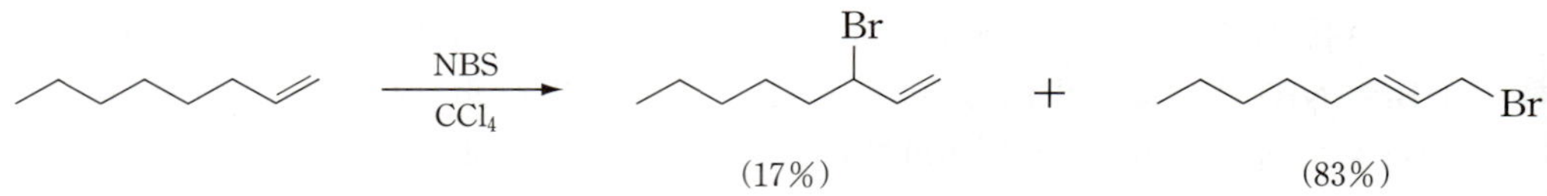

참고로 가장 일반적인 할로젠화 알킬 합성법은 하이드록시 작용기를 할라이드로 치환하는 반응이다. 이 반응에 대해서는 8.8절에서 상세하게 설명하기로 한다.

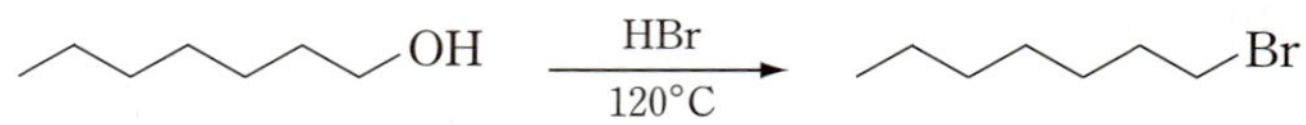

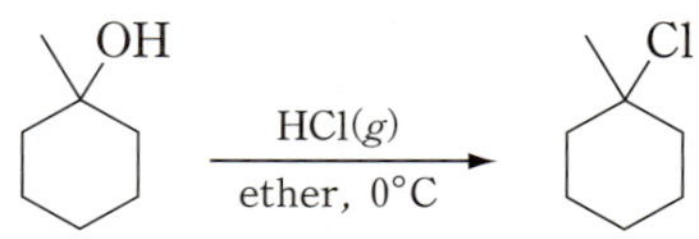

예제 7.3

사이클로헥센과 NBS를 포함하는 CCl_4 용액에 빛을 조사했을 때 알켄의 할로젠 첨가 반응이 일어나지 않는 이유를 쓰시오.

풀이

알켄의 할로젠 첨가 반응은 삼각형 양이온 중간체를 거쳐서 진행한다. 이 실험에서는 CCl_4라는 비극성 용매를 사용하기 때문에 양이온 중간체의 용매화가 불가능하여 양이온 중간체의 열역학적 에너지가 매우 높게 된다. 이것은 양이온 중간체를 생성하는 단계의 활성화 에너지가 매우 높다는 것을 의미하므로, 결과적으로 반응이 잘 진행되지 않음을 추론할 수 있다.

7.5 친핵성 치환 반응 및 제거 반응(총괄)

할로젠화 알킬에서 C−X 결합은 전기 음성도 차이에 의하여 탄소 원자는 부분 양전하(δ^+), X 원자는 부분 음전하(δ^-)를 갖는다. 이러한 특징 때문에 할로젠화 알킬은 반응 조건에 따라서 치환 반응과 제거 반응이 선택적이고 경쟁적으로 진행될 수 있다.

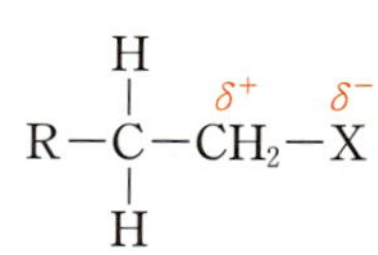

할로젠화 알킬의 가장 대표적인 반응은 **친핵성 치환 반응(nucleophilic substitution reaction)**과 **제거 반응(elimination reaction)**이다. 친핵성 치환 반응은 C−X 결합이 끊어지면서 C−Nu 결합이 생성되는 반응이고, 제거 반응은 C−X 결합이 끊어지면서 $C_\alpha=C_\beta$ 이중 결합과 B−H 결합이 생성되는 반응이다. 두 반응의 공통점은 C−X 결합이 끊어지면서 X^- 음이온이 이탈하는 것으로서, 이러한 X^- 음이온을 **이탈기(leaving group)**라고 한다.

치환 반응 : 

제거 반응 : 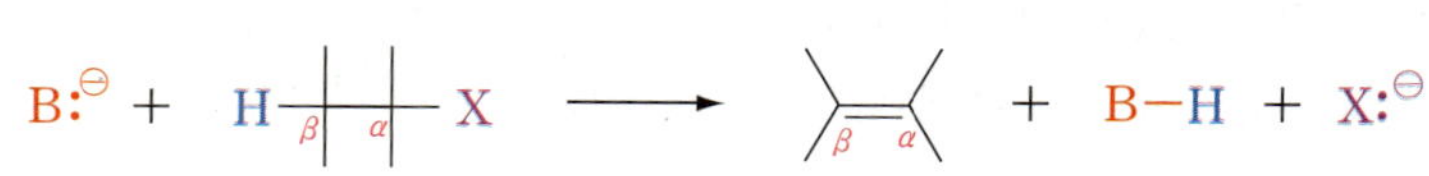

이러한 친핵성 치환 반응 및 제거 반응은 아래와 같이 할로젠화 알킬의 구조, 전자쌍을 제공하는 시약의 친핵성(nucleophilicity) 및 염기도(basicity), 이탈기, 용매 등의 네 가지 조건에 따라서 서로 다른 네 가지 경로가 경쟁적으로 진행된다.

첫 번째 경로는 A:⁻ 음이온이 친핵체로서 탄소 원자를 공격함과 동시에 이탈기(L^-)가 떨어지는 단일 단계 반응으로, 이것을 **이분자 친핵성 치환 반응**(S_N2, **bimolecular nucleophilic substitution reaction**)이라고 한다.

두 번째 경로는 A:⁻ 음이온이 염기로서 C_β−H 원자와 반응함과 동시에 C=C π-결합을 생성하면서 이탈기(L^-)가 떨어지는 단일 단계 반응으로, 이것을 **이분자 제거 반응**(**E2**, **bimolecular elimination reaction**)이라고 한다.

세 번째 경로는 출발 물질에서 이탈기(L^-)가 먼저 떨어져서 탄소 양이온 중간체(**X**)를 생성하고, 이어서 A:⁻ 음이온이 친핵체로서 탄소 원자를 공격하는 이단계 반응으로, 이것을 **일분자 친핵성 치환 반응**(S_N1, **unimolecular nucleophilic substitution reaction**)이라고 한다.

네 번째 경로는 출발 물질에서 이탈기(L^-)가 먼저 떨어져서 탄소 양이온 중간체(**X**)를 생성하고(세 번째 경로의 초반부와 동일), A:⁻ 음이온이 염기로서 C_β−H 원자와 반응함과 동시에 C=C π-결합을 형성하는 이단계 반응으로, 이것을 **일분자 제거 반응**(**E1**, **unimolecular elimination reaction**)이라고 한다.

메커니즘 7-2 할로젠화 알킬의 친핵성 치환 반응 및 제거 반응 메커니즘

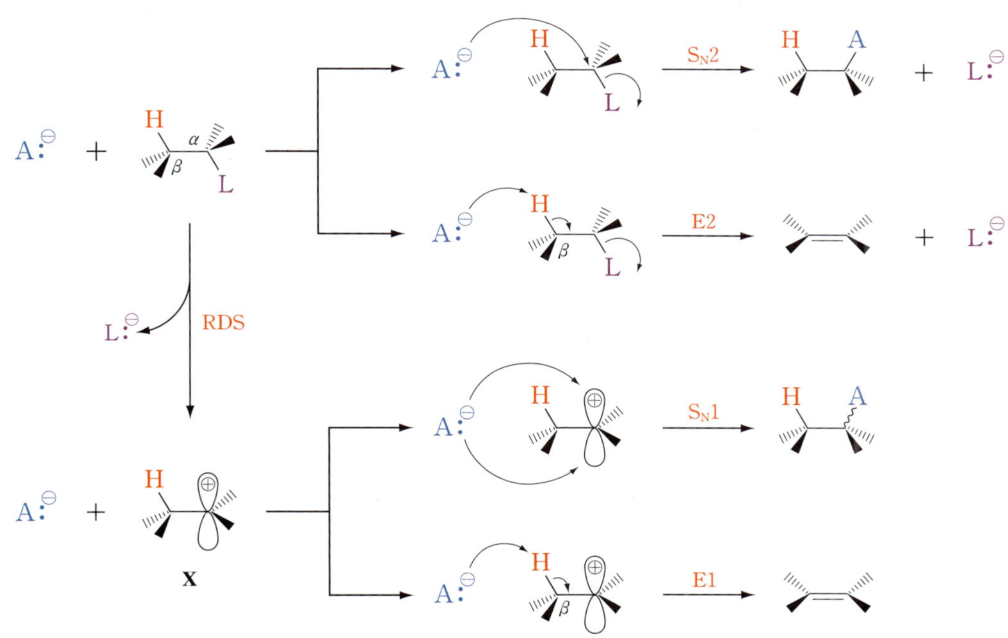

위의 반응에서 알 수 있듯이 특정 화학종이 친핵체 또는 염기로 작용하기 위해서는 최소한 한 개 이상의 전자쌍이 있어야 한다. 그리고 이 전자쌍을 탄소에 공급하면 치환 반응(친핵체로 작용)이 되고, 수소에 공급하면 제거 반응(염기로 작용)이 된다.

이론적으로 위의 네 가지 반응 경로(S_N2, S_N1, E2, E1)는 늘 경쟁적으로 일어난다. 다만 실험실에서는 네 가지 경로 중에서 특정 경로를 통해서 반응이 진행되도록 반응 조건을 적절하게 조절하는데, 이와 관련해서는 7.6절에서 7.9절까지 할로젠화 알킬의 구조, 친핵성 및 염기도, 이탈기, 용매 등으로 구분하여 상세하게 기술하고 있다.

7.6 이분자 친핵성 치환 반응(S_N2)

7.6.1 서론

중성의 출발 물질과 친핵체 음이온($Nu:^-$) 사이에 S_N2 반응이 진행되는 과정을 초고속 디지털 카메라로 촬영하였다고 가정한 후, 해당 파일을 저속으로 재생하면 아래의 경로에 해당하는 반응 좌표를 예상할 수 있다.

메커니즘 7-3 중성 출발 물질과 친핵체 음이온 사이의 S_N2 반응 메커니즘

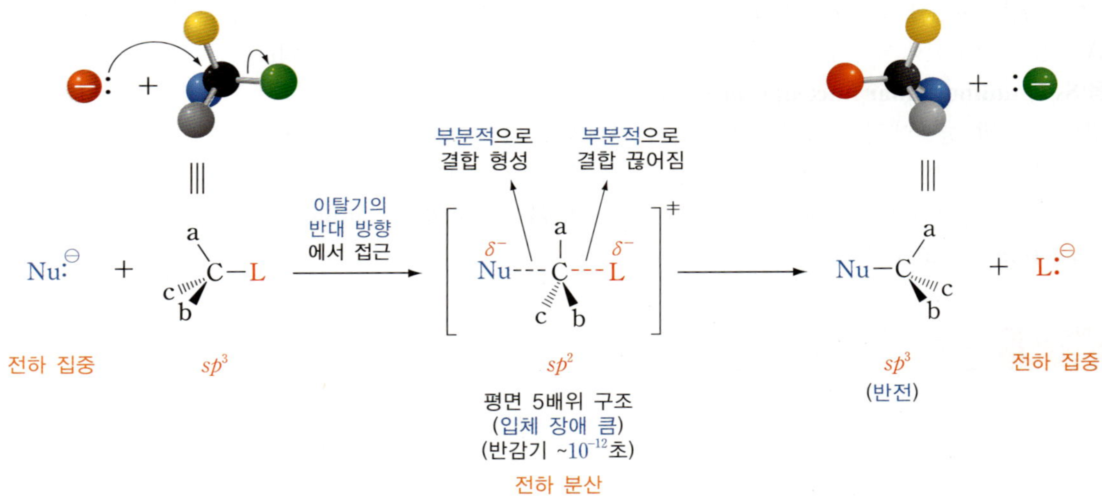

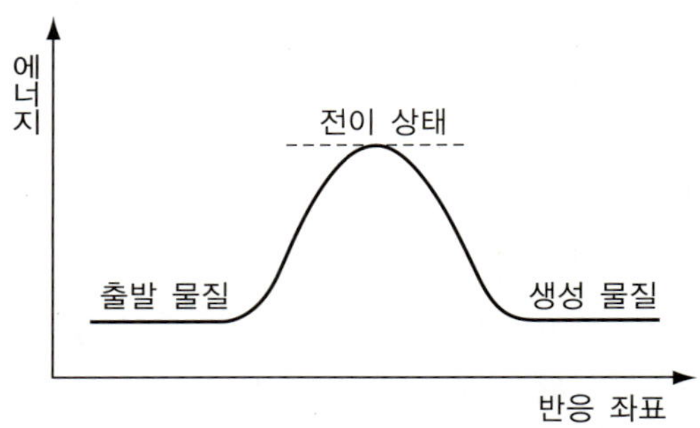

그림 7-4 이분자 친핵성 치환 반응의 에너지 도표

S_N2 반응의 일반적인 특징은 다음과 같다.

- S_N2 반응은 중간체가 없고 전이 상태가 하나인 단일 단계 반응이다. 따라서 반응 속도식은 $k[RX][Nu:^-]$(2차식 반응)이 되고, 속도 결정 단계에 두 종류의 화학종(RX 및 $Nu:^-$ 음이온)이 참여하는 이분자 반응(bimolecular reaction)이다. S_N2 반응에서 숫자 '2'는 반응 속도식에서의 2차식 반응이 아니라 '이분자 반응'의 2를 의미한다.
- S_N2 반응은 반응이 진행됨에 따라서 C−L 결합은 점점 약해지고 Nu−C 결합은 점점 강해지는 반응으로서, 최종적으로 C−L 결합이 완전히 끊어지고 Nu−C 단일 공유 결합이 생성된다.
- 전이 상태는 C−L 결합과 Nu−C 결합이 함께 존재하는 평면 5배위 구조를 갖고, 입체 장애

가 매우 크며, 반감기가 10^{-12}초 정도로 매우 짧다.

• 친핵체는 입체 장애를 최소화하기 위하여 이탈기와 반대 방향에서 접근한다. 입체 화학의 관점에서 출발 물질의 C−L 치환체 배열과 생성 물질의 Nu−C 치환체 배열을 비교하면 마치 우산이 뒤집힌 관계에 있음을 알 수 있다. 이러한 탄소 원자의 반전(inversion)은 반응이 S_N2 경로로 진행된다는 것을 증명하는 근거가 된다.

이제부터는 S_N2 반응에서 알킬기, 친핵체, 이탈기, 용매의 영향들에 대하여 상세하게 알아볼 것이다. S_N2 반응은 S_N1, E2, E1 반응의 기본 개념을 정립하기 위한 기준점과 같은 역할을 하기 때문에, S_N2 반응에서 다양한 요인들의 영향을 잘 이해하는 것은 결국 S_N1, E2, E1 반응을 학습하는 데 있어 매우 중요하게 작용한다.

7.6.2 알킬기

S_N2 반응의 반응 속도는 알킬기의 다양한 요인들에 의하여 영향을 받는다. 교재에서는 ① 메틸(CH_3)기를 기준으로 α-알킬 치환체가 반응 속도에 미치는 영향, ② 에틸(CH_3CH_2)기를 기준으로 β-알킬 치환체가 반응 속도에 미치는 영향, ③ 고리형 구조에서 고리의 크기(n)가 반응 속도에 미치는 영향, ④ 분자내 S_N2 반응에서 고리의 크기가 반응 속도에 미치는 영향을 구분하여 설명할 것이다.

이에 앞서서 S_N2 반응에서 흔히 사용하는 α, β, γ 등의 접두사를 정의할 필요가 있다. 할로젠화 알킬에서 C−X 결합 탄소를 α-탄소, α-탄소와 공유 결합한 탄소를 β-탄소, β-탄소와 공유 결합한 탄소를 γ-탄소라고 한다.

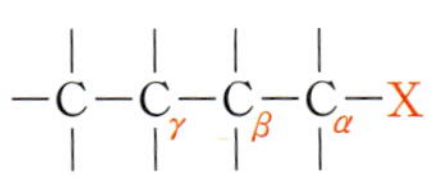

첫째, 할로젠화 알킬에서 α-치환체가 S_N2 반응 속도에 미치는 영향에 대하여 알아보자. CH_3-X를 기준으로 해서 [$CH_3-X \rightarrow RCH_2-X$(1차) $\rightarrow R_2CH-X$(2차) $\rightarrow R_3C-X$(3차)]처럼 α-알킬 치환체의 수가 증가하면 S_N2 반응 속도는 (반응 조건 및 종류에 따라서 크게 다를 수 있지만) 약 10^{-1}~10^{-2} 정도씩 감소할 수 있다. 이러한 결과는 아래의 공−막대 모형에서 볼 수 있듯이 [메틸 → 1차 → 2차 → 3차] 알킬기가 되면서 이탈기($X:^-$)의 반대편 공간에서 입체 장애가 지속적으로 증가하기 때문이다. 실제로 S_N2 반응은 CH_3-X를 기준으로 α-치환체가 없거나(메틸) 한 개(1차 탄소)에서는 잘 진행되고, α-치환체 두 개(2차 탄소)에서는 제한적으로 진행되며, α-치환체 세 개(3차 탄소) 및 sp^2-탄소에서는 진행되지 않는다.

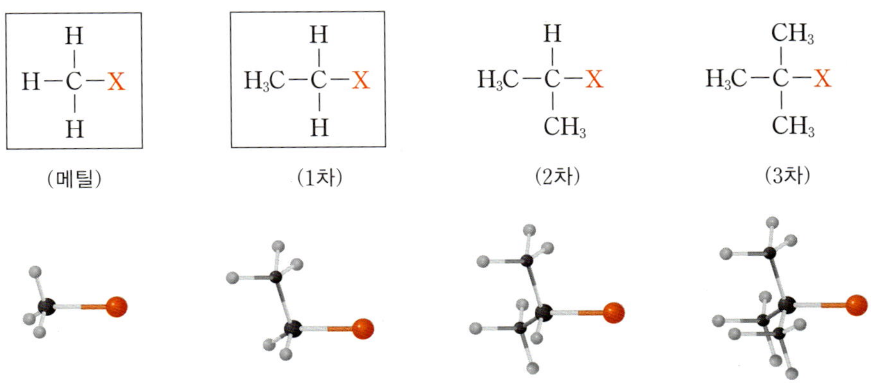

그림 7-5 할로젠화 알킬에서 α-치환체의 수에 따른 입체 장애의 변화

둘째, 1차 할로젠화 알킬에서 β-치환체가 S_N2 반응 속도에 미치는 영향에 대하여 알아보자. CH_3-CH_2-X를 기준으로 해서 [$CH_3-CH_2-X \rightarrow RCH_2-CH_2-X \rightarrow R_2CH-CH_2-X \rightarrow R_3C-CH_2-X$]처럼 β-치환체의 수가 증가하면 반응이 모두 1차 탄소에서 진행됨에도 불구하고 S_N2 반응 속도는 (반응 조건 및 종류에 따라서 크게 다를 수 있지만) 약 10^{-1}~10^{-2} 정도씩 감소할 수 있다. 이러한 결과는 아래의 공–막대 모형에서 볼 수 있듯이 β-C–H 결합의 수소를 CH_3로 치환할 때마다 이탈기($X:^-$) 반대편 공간에서 입체 장애가 지속적으로 증가하기 때문이다. 실제로 1차 C–X 결합의 경우에도 β-치환체가 없거나(에틸) 한 개(C_β가 2차 탄소)에서는 잘 진행되고, β-치환체 두 개(C_β가 3차 탄소)에서는 제한적으로 진행되며, β-치환체 세 개(C_β가 4차 탄소)에서는 진행되지 않는다.

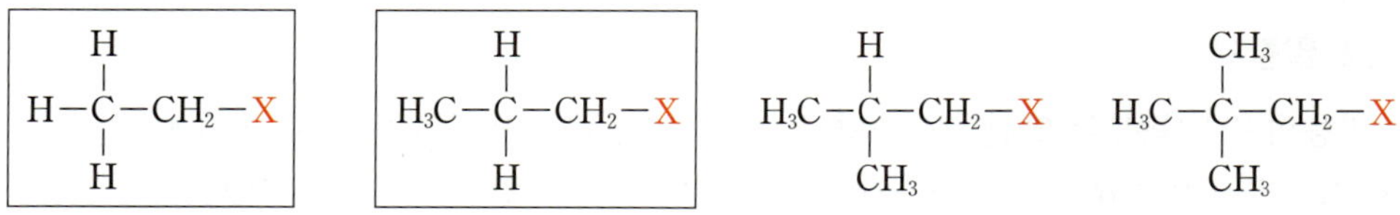

(1차) (2차) (3차) (4차)

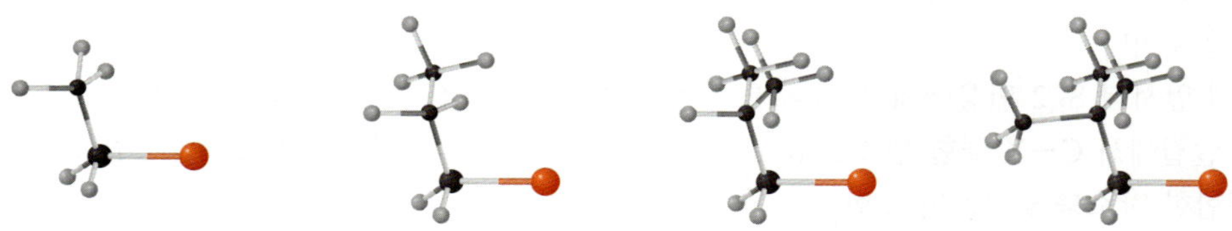

그림 7-6 1차 할로젠화 알킬에서 β-치환체의 수에 따른 입체 장애의 변화

S_N2 반응은 CH_3-X, CH_3-CH_2-X 및 RCH_2-CH_2-X에서 잘 진행된다.

위에서 기술한 α 및 β-치환체의 영향을 종합하면 아래와 같다. S_N2 반응은 기본적으로 3차 C–X에서는 불가능하고, 2차 C–X에서는 제한적으로 진행되며, 1차 C–X에서는 가능할 수 있다. 또한, 1차 C–X의 경우에도 S_N2 반응은 C_β가 4차 탄소이면 불가능하고, C_β가 3차 탄소이면 제한적으로 진행되며, C_β가 1차 및 2차 탄소이면 가능하다. 따라서 할로젠화 알킬 화합물이 S_N2 반응에 참여할 것인가를 판단하려면 C_α 및 C_β에서의 조건을 모두 충족하는지를 살펴봐야 한다. 일반적으로 γ 또는 그 이후의 곁가지는 반응에 참여하는 탄소에서 멀리 있기 때문에 반응 속도에 영향을 주지 않는다고 생각한다.

셋째, 고리형 구조에서 고리의 크기(n)가 반응 속도에 미치는 영향에 대하여 알아보자. 고리형 C–X 결합에서 탄소 원자는 2차 탄소이므로 $(CH_3)_2CH-Br$의 S_N2 반응 속도를 기준으로 고리 화합물의 반응 속도를 비교하는 것이 합리적이다. S_N2 반응 속도는 반응 조건 및 종류에 따라서 크게 다를 수 있지만 일반적으로 $n=5$ 화합물은 기준 물질과 비슷하게, $n=7$ 화합물은 기준 물질보다 조금 느리며, $n=4$, 6 화합물은 10^{-1}~10^{-2} 정도의 속도, 그리고 $n=3$ 화합물은 거의 진행되지 않는다고 생각할 수 있다.

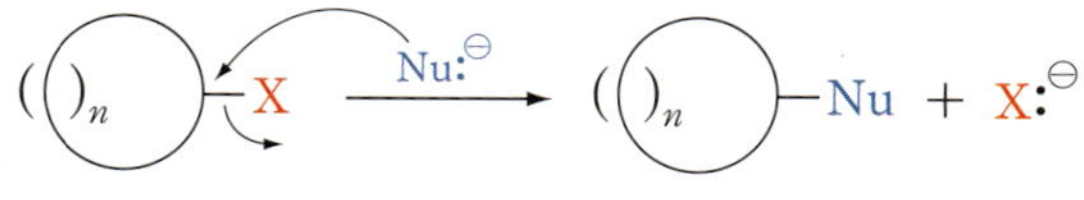

반응 속도: 5 > 7 > 4, 6 > 3

그림 7-7 고리형 할로젠화 알킬에서의 S_N2 반응 속도

$n=6$ 화합물에서 S_N2 반응 속도가 느린 이유는 다음과 같이 설명한다. $n=6$ 화합물에서 이

탈기(X)가 수평 방향에 위치하면 친핵체가 반대 방향에서 접근할 때 C_3-H_{ax} 및 C_5-H_{ax} 원자와 입체 장애가 생기고, 고리 뒤집힘이 일어나서 이탈기(X)가 수직 방향에 있어도 친핵체가 반대 방향에서 접근할 때 C_2-H_{ax} 및 C_6-H_{ax} 원자와 입체 장애가 발생한다. 즉, $n=6$ 화합물에서는 이탈기의 수직 및 수평 배열과 무관하게 입체 장애가 항상 발생하기 때문에 S_N2 반응은 느리게 진행된다.

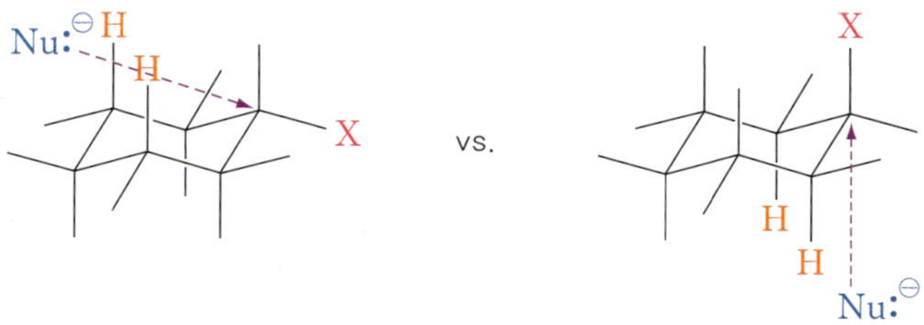

일반적인 S_N2 반응에서 C−X의 탄소 원자는 전이 상태에서 C−C−C 각도가 120°인 삼각쌍뿔형 구조를 갖는다. 그러나 $n=3$ 화합물에서는 C−C−C 각도가 60°에 불과하기 때문에 전이 상태에서 상당한 각 무리(angle strain)가 발생하고, 그 결과 활성화 에너지가 증가하면서 S_N2 반응이 거의 불가능하게 된다.

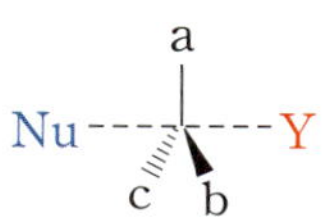

넷째, 분자내 S_N2 반응에서 고리의 크기가 반응 속도에 미치는 영향에 대하여 알아보자. S_N2 반응 속도는 반응 조건 및 종류에 따라서 크게 다를 수 있지만 일반적으로 분자내 S_N2 반응 속도는 [5 ≫ 6 > 3 > 7]의 순서이다. 이것은 오각형 고리를 형성하는 반응에서는 친핵체가 C−X 결합과 일직선을 유지하면서 이탈기의 반대 방향에서 접근하기가 쉽다는 것이고, 7각형 고리를 형성하는 반응에서는 이러한 접근이 매우 어렵다는 것을 의미한다.

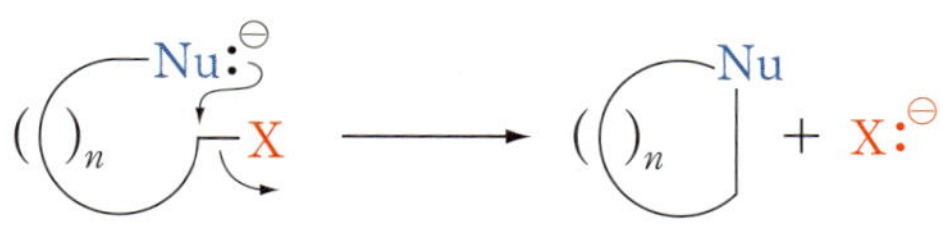

반응 속도: 5 ≫ 6 > 3 > 7

그림 7-8 할로젠화 알킬의 분자내 S_N2 반응 속도

7.6.3 친핵체

S_N2 반응은 친핵체가 이탈기의 반대 방향에서 탄소 원자에게 전자쌍을 제공함과 동시에 탄소−이탈기 결합이 끊어지는 반응으로, 친핵체가 탄소 원자에게 전자쌍을 제공하는 척도를 **친핵성 (nucleophilicity)**이라고 한다. 동일한 조건에서는 친핵체의 친핵성이 클수록 S_N2 반응 속도가 증가한다.

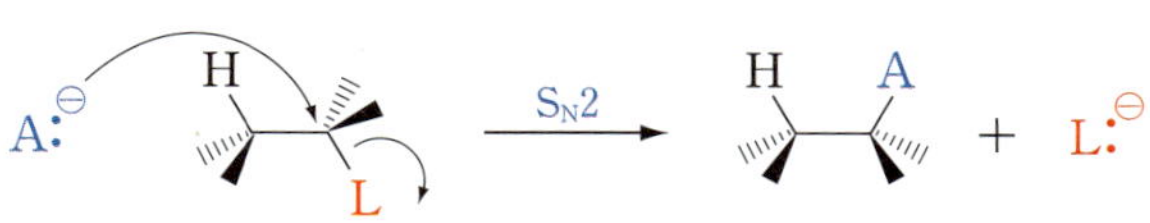

친핵체의 친핵성은 다음과 같은 일반적인 경향성을 갖는다.

① 기본 구조가 동일한 경우에는 전자 밀도가 큰 음이온이 중성 원자보다 친핵성 및 염기도가 훨씬 크다.

$$RS^- \gg RS{-}H$$
$$HO^- \gg HO{-}H$$

② 전하의 크기가 같은 동일한 원자를 비교할 때, 전자 끄는 기가 있으면 전자 밀도가 감소하므로 친핵성 및 염기도가 감소한다.

$$CH_3O^- \gg CH_3\overset{\overset{\large O}{\|}}{C}O^-$$

③ 주기율표의 동일한 족에서 아래로 가면 원자 반지름이 증가한다. 이것은 원자가 전자가 상대적으로 더 자유롭게 이동할 수 있음을 의미하므로, 친전자체에게 전자쌍을 제공하는 능력(친핵성)이 커지는 결과를 가져온다.

$$(CH_3)_3P > (CH_3)_3N$$
$$H_2S > H_2O$$

④ 주기율표의 동일한 주기에서 오른쪽으로 가면 전기 음성도가 증가한다. 이것은 원자핵이 전자를 더 강하게 끌어당기는 것을 의미하므로, 친전자체에게 전자쌍을 제공하는 능력(친핵성)이 작아지는 결과를 가져온다.

$$NH_3 > H_2O > HF$$
$$R_3C^- > R_2N^- > RO^- > F^-$$

일부 화학종에서는 공명 현상에 의하여 다수의 원자가 친핵체로 작용할 수 있는데, 이러한 화학종을 **양쪽 자리성 친핵체(ambident nucleophile)**라고 한다.

SO_3^{2-}(설파이트, sulfite) 음이온은 공명에 의하여 산소 및 황 원자에 음이온이 적절하게 분산된다. 비록 산소 및 황 원자는 모두 16족에 속하지만 산소는 2주기 원자이고 황은 3주기 원자이므로 친핵성 반응이 황 원자에서 진행됨을 예상할 수 있다. 반면에 전기 음성도는 산소 원자(3.5)가 황 원자(2.5)보다 크기 때문에 음이온의 전자 밀도는 산소에서 더 높고, 그 결과 산(H^+)−염기 반응은 산소 원자에서 주로 일어날 것이다. 이처럼 특정 원자가 친핵체 및 염기로서 작용을 하기 위해서는 최소한 한 개 이상의 전자쌍이 필요하지만, 그 전자쌍이 어떠한 반응에 참여할 것인가의 판단은 전자 밀도를 제외한 다른 요인들도 함께 고려해야 한다.

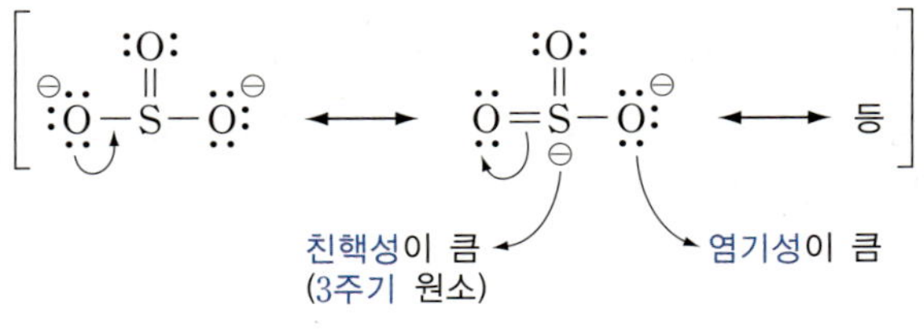

S_N2 반응에서 친핵체의 친핵성은 알킬기, 이탈기, 용매, 농도 등의 요인에 의존적이다. 비록 모든 S_N2 반응에서 친핵성의 순서를 정확하게 예측하는 것은 불가능하지만, 그럼에도 불구하고 다양한 실험 결과를 종합하여 대략적으로 친핵체의 세기를 구분하는 것은 매우 중요하다.

아주 강함	강함	보통	약함	아주 약함
I^-	Br^-	Cl^- F^-		
RS^-	RO^-	RCO_2^-	ROH	RCO_2H
N_3^-		NH_3		
NC^-				

그림 7-9 S_N2 반응의 친핵성 순서

위의 결과를 정성적으로 분석하면, 첫 번째 행에서 [I^- > Br^- > (Cl^- 또는 F^-)] 순서는 경향성 ③을 적용하여 설명할 할 수 있다. 두 번째 행에서 [RS^- > RO^-] 순서는 경향성 ③, [RO^- > RCO_2^-] 순서는 경향성 ②, [RO^- > ROH] 순서는 경향성 ①, [ROH > RCO_2H] 순서는 경향성 ②를 따른다. 세 번째 행에서 [N_3^- > NH_3] 순서는 경향성 ①, 그리고 [NH_3 > ROH] 순서는 경향성 ④를 적용한다. 이러한 기본적인 정보들은 특정 반응이 S_N2, S_N1, E2, E1 반응 중에서 어떠한 경로로 진행될 것인가를 판단하는 매우 중요한 요소의 하나이다.

예제 7.4

아래의 화학종에서 친핵성의 크기를 비교하시오.

(a) RCO_2^-와 RCO_2H

(b) HO^-와 HS^-

풀이

(a) RCO_2^- > RCO_2H (친핵성도: 음이온 > 중성)

(b) HS^- > HO^- (친핵성도: 3주기 > 2주기)

7.6.4 이탈기

S_N2 반응은 친핵체가 이탈기의 반대 방향에서 탄소 원자에게 전자쌍을 제공함과 동시에 탄소–이탈기 결합이 끊어지는 반응이다. 따라서 동일한 조건에서는 이탈기의 능력이 좋을수록 S_N2 반응 속도가 증가한다.

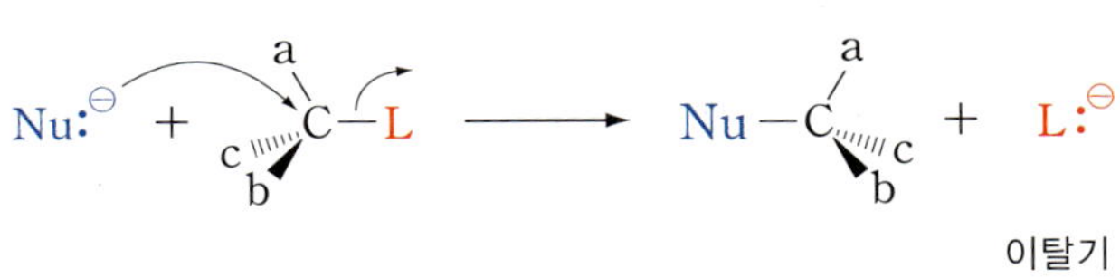

이제는 S_N2, S_N1, E2, E1 등 반응의 종류와 무관하게 이탈기($L:^-$)의 열역학적 안정성을 중심으로 이탈기($L:^-$)의 능력을 판단하는 기준에 대하여 알아보기로 한다.

위와 같은 일반적인 S_N2 반응에서 이탈기 짝산(L–H)의 산 이온화 상수에 해당하는 화학식과 평형 상수는 아래와 같다(2.1.3절). 아래의 산–염기 반응에서 이탈기($L:^-$)의 열역학적 안정성이 증가하면 생성물은 더 안정하게 되므로 ΔG 값이 작아지고, $\Delta G = -RT \ln K$이므로 K 값은 증가하는데, 이것은 [L–H]의 농도가 감소하고 [$L:^-$] 및 [H^+]이 커지는 것을 의미한다. 즉, 이탈기($L:^-$)의 열역학적 안정성이 증가하면 이탈기 짝산(L–H)의 산성도는 함께 증가하고, 이탈기($L:^-$)의 염기도는 감소한다.

$$L{-}H + H_2O \rightleftharpoons L:^- + H_3O^+ \qquad K_a = \frac{[L:^-][H^+]}{[L{-}H]}$$

일반적인 S_N2 반응에서 이탈기(L:⁻)의 열역학적 안정성이 증가한다고 가정하고, 여기에 "유사한 형태의 반응에서는 생성 물질의 열역학적 에너지가 낮을수록 활성화 에너지가 감소하고, 그 결과 생성 속도가 증가한다."는 Hammond 가설(2.8.3절)을 적용하자. 그러면 이탈기(L:⁻)의 열역학적 안정성이 증가하면 이탈기(L:⁻)를 제공하는 반응의 활성화 에너지가 감소하여 S_N2 반응 속도가 증가한다는 추론이 가능하다. 이것은 이탈기(L:⁻)의 열역학적 안정성이 커질수록 이탈기 능력이 증가한다는 것을 의미한다.

$$Nu:^{\ominus} + CH_3{-}L \longrightarrow Nu{-}CH_3 + L:^{\ominus}$$

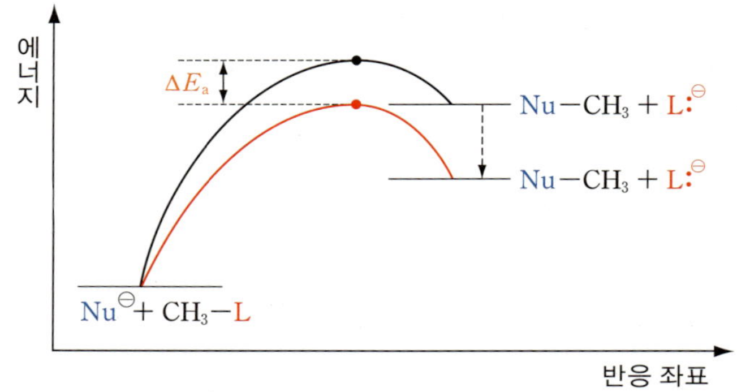

그림 7-10 S_N2 반응에서 이탈기의 열역학적 안정성에 따른 반응의 활성화 에너지 비교

위에서 추론한 결과를 종합하면 "이탈기(L:⁻)의 열역학적 안정성이 증가하면 짝산(L−H)의 산성도 및 이탈기(L:⁻) 능력이 증가한다."가 된다. 이러한 결론은 "pK_a(L−H) 값이 작을수록 이탈기(L:⁻) 능력이 증가한다."는 것을 의미하는 것으로, S_N2, S_N1, E2, E1 반응 경로를 판단할 때 매우 유용한 지표로 활용할 수 있다.

S_N2 반응에서 친핵체의 세기를 대략적으로 구분한 것처럼, 이탈기도 그 능력에 따라서 강한 이탈기, 약한 이탈기, 아주 약한 이탈기로 분류할 수 있다. 일반적으로 pK_a(L−H) < 0이면 강한 이탈기로서 S_N2 반응이 잘 일어나고, pK_a(L−H) > 10이면 아주 약한 이탈기로서 S_N2 반응이 어려우며, 0 < pK_a(L−H) < 10이면 약한 이탈기로서 반응 조건에 따라서 S_N2 반응이 결정된다고 판단한다. 예를 들면 17족 할로젠 원소에서 이탈기 능력은 [I^- > Br^- > Cl^- > F^-]의 순서이고, Br^- 및 Cl^-는 강한 이탈기이며, F^-는 약한 이탈기로 분류된다. 이것은 이탈기의 짝산인 HI, HBr, HCl, HF의 산 이온화 상수(pK_a) 값이 각각 −10, −9, −3, 3.1이라는 것에서 추론할 수 있다. 16족 산소 원자의 경우에는 H_3O^+ 및 H_2O의 산 이온화 상수(pK_a) 값이 각각 −1.7 및 15.7이라는 것에서 물(H_2O)은 강한 이탈기이고, HO^-는 아주 약한 이탈기임을 예상할 수 있다. 참고로 $R{-}SO_3^-$(설포네이트, sulfonate) 이탈기는 $R{-}SO_3H$(설폰산)의 pK_a(L−H)와 무관하게 Br^- 및 I^- 등과 견줄 정도의 이탈기 능력을 갖는다고 알려져 있다.

pK_a(HI) = −10
pK_a(HBr) = −9.0
pK_a(HCl) = −3.0
pK_a(HF) = 3.1
pK_a(H_2O) = 15.7
pK_a(H_3O^+) = −1.7

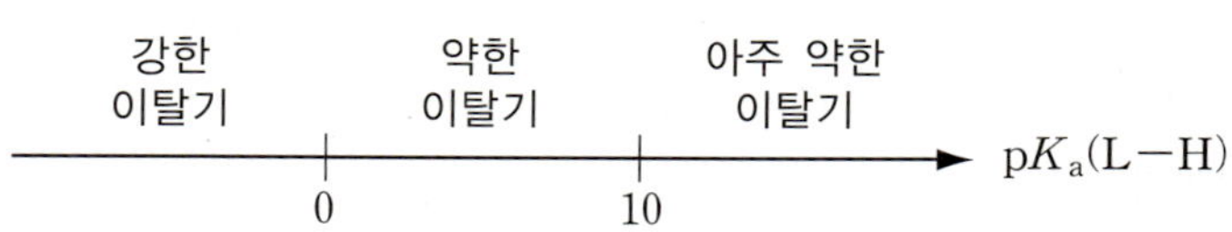

그림 7-11 S_N2 반응에서 pK_a(L−H)에 따른 이탈기 능력

예제 7.5

아래의 S_N2 반응이 잘 진행될 수 있는가를 논리적으로 판단하시오.

(a) $CH_3{-}Br + MeS^-$ (b) $CH_3{-}OH + CN^-$

풀이

(a) $CH_3{-}Br + MeS^- \longrightarrow CH_3{-}SMe + Br^-$
메틸기
MeS^-는 아주 강한 친핵체
Br^-는 강한 이탈기
➡ 반응이 진행됨

(b) $CH_3{-}OH + CN^- \longrightarrow NR$
메틸기
CN^-는 아주 강한 친핵체
HO^-는 아주 약한 이탈기
➡ 반응이 진행되지 않음

7.6.5 용매화(서론)

S_N2, S_N1, E1, E2 반응은 어떠한 용매를 사용하는가에 따라서 반응 속도에 큰 차이가 생긴다. 이 절에서는 특정 반응에서의 용매 효과를 기술하기보다는 일반적인 관점에서 용매에서 전하 사이에 작용하는 힘과 에너지, 이온과 용매 사이에 작용하는 힘, 극성 용매 및 비극성 용매의 용매화, 양성자성 용매 및 비양성자성 용매의 용매화, 극성 비양성자성 용매의 용매화에 대하여 기술할 예정이다.

첫째, 용매에서 전하 사이에 작용하는 힘과 에너지에 대하여 살펴보자.

유전 상수(dielectric constant)가 ε인 용매에서 전하 q_1, q_2가 거리 r만큼 떨어져 있을 때 두 전하 사이에 작용하는 정전기적인 힘의 크기와 에너지는 아래와 같다.

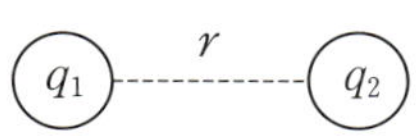

$$F = \left| \frac{q_1 \cdot q_2}{4\pi\varepsilon} \right| \cdot \frac{1}{r^2} \qquad E = \frac{q_1 \cdot q_2}{4\pi\varepsilon} \cdot \frac{1}{r}$$

이 식에 의하면 양전하($q_1 > 0$)와 음전하($q_2 < 0$)가 있으면 정전기적 인력에 의하여 에너지는 낮아지고, 양전하($q_1 > 0$, $q_2 > 0$) 또는 음전하($q_1 < 0$, $q_2 < 0$)만 있으면 정전기적 반발력이 작용하여 에너지가 증가한다.

그리고 동일한 조건에서 용매의 유전 상수(ε)가 커지면 전하 사이에 작용하는 인력 및 반발력이 감소하고, 이로 인하여 에너지의 변화도 작아진다. 이처럼 유전 상수는 전하를 갖는 입자들 사이의 인력 및 반발력을 조절하는 척도로서, 기준 매질은 진공($\varepsilon = 1$) 상태이다.

다양한 용매의 유전 상수는 아래와 같다. 일반적으로 유전 상수 값이 크면 극성 용매, 유전 상수 값이 작으면 비극성 용매로 구분하는데, 실제로 극성 용매와 비극성 용매를 구분하는 분명한 경계는 없다.

표 7-4 용매의 유전 상수

극성 양성자성 용매		극성 비양성자성 용매		비극성 비양성자성 용매	
H_2O	78.5	DMSO	48.9	Chloroform	4.8
HCO_2H	58.0	CH_3CN	37.5	Ether	4.3
MeOH	33.6	DMF	36.7	Benzene	2.3
EtOH	24.3	HMPA	29.7	*n*-Hexane	1.9
AcOH	6.2			진공	1

둘째, 이온과 용매 사이에 작용하는 힘에 대하여 살펴보자.

용매화(solvation)는 용질과 용매의 상호 작용을 통칭하는 것으로, 분자 사이에 작용하는 세 가지 힘, 즉 분산력, 쌍극자–쌍극자 힘, 수소 결합을 사용하여 설명할 수 있다(2.2절).

분산력은 기존의 내용과 동일하므로 설명을 생략한다(2.2.1절).

쌍극자–쌍극자 힘도 부분 전하 대신에 이온을 포함한다는 것을 제외하면 기존의 내용과 같다(2.2.2절). 쌍극자–쌍극자 힘은 양이온 주위에 용매의 부분 (–)전하가 둘러싸고, 음이온 주위에 용매의 부분 (+)전하가 둘러싸는 것으로 설명하는데, 이러한 상호 작용은 이온–쌍극자 사이의 정전기적 안정화에 상당한 기여를 한다.

수소 결합은 H–Y에서 Y 원자의 크기가 작고 전기 음성도가 클수록 강해지는 경향성이 있다(Y = F > O > N)(2.2.3절). 메탄올(CH_3OH)은 수소 결합을 하는 용매로서, 양이온 주위에 산소 원자에 의한 용매화, 그리고 음이온 주위에 수소 원자에 의한 용매화를 진행한다.

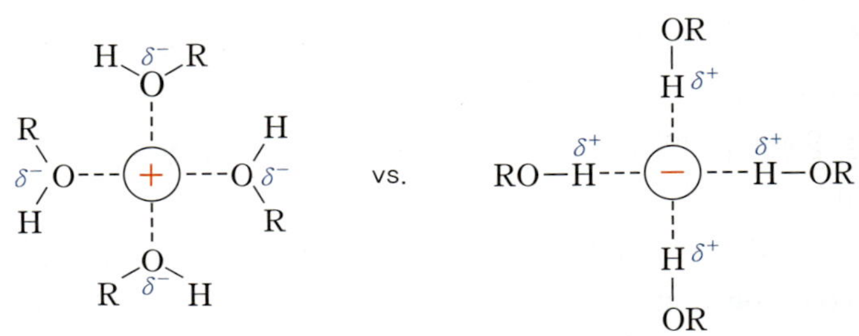

셋째, 극성 용매 및 비극성 용매의 용매화에 대하여 알아보자.

용매의 유전 상수 값을 중심으로 극성(polar) 용매 및 비극성(apolar) 용매로 구분할 수 있다.

용매 { 극성 / 비극성

비극성 용매에서는 분자 사이에 작용하는 세 가지 힘(2.2절) 중에서 분산력만 가능하고, 이온–쌍극자 힘 및 수소 결합은 불가능하기 때문에 용매화를 통한 이온의 안정화를 기대할 수 없다. 일반적으로 비극성 용매에서 이온성 화합물의 용해도는 매우 낮은데, 이것이 비극성 용매에서 음이온 친핵체를 동반하는 S_N2 반응을 하지 못하는 이유의 하나이다.

반면에 극성 용매에서는 분산력 및 이온–쌍극자 사이의 정전기적 인력이 기본적으로 가능하고, 수소 결합에 의한 추가적인 용매화는 극성 용매의 구조에 따라서 가변적이다.

넷째, 양성자성 용매 및 비양성자성 용매의 용매화에 대하여 알아보자.

용매를 구성하는 수소 원자의 산성도를 중심으로 양성자성(protic) 용매 및 비양성자성(aprotic) 용매로 구분할 수 있다.

용매 { 양성자성(protic) / 비양성자성(aprotic)

메탄올(CH_3OH, $pK_a = 16$), 에탄올(CH_3CH_2OH, $pK_a = 16$), 아세트산(CH_3CO_2H, $pK_a = 4.8$) 등은 극성 분자이면서 수소 결합에 참여할 수 있는, 즉 상대적으로 산성을 띠는 수소 원자가 있기 때문에 **극성 양성자성 용매(polar protic solvent)**라고 한다. 이들은 모두 극성 용매이므로 분산력 및 이온-쌍극자 사이의 정전기적 인력이 가능하고, 또한 수소 결합에 의한 이온-용매 사이의 추가적인 용매화도 가능하기 때문에 양이온 및 음이온을 가장 잘 안정화시킬 수 있는 용매들이다(7.6.6절). 일반적으로 양성자성 용매들은 대부분 극성 용매에 속한다.

아세톤($(CH_3)_2CO$, $pK_a = 20$)은 극성 분자이지만 분자 내에 상대적으로 산성을 띠는 수소 원자가 없기 때문에 **극성 비양성자성 용매(polar aprotic solvent)**로 분류된다. 아세톤은 극성 용매이므로 분산력 및 이온-쌍극자 사이의 정전기적 인력이 가능하지만 상대적으로 산성을 띠는 수소 원자가 없기 때문에 수소 결합에 의한 이온-용매 사이의 용매화는 불가능하다.

헥세인($CH_3(CH_2)_4CH_3$, $pK_a = 50 \sim 60$)은 비극성 분자이면서 분자 내에 상대적으로 산성을 띠는 수소 원자가 없기 때문에 **비극성 비양성자성 용매(apolar aprotic solvent)**에 속한다. 헥세인은 비극성 용매이므로 분자 사이에 작용하는 세 가지 힘 중에서 분산력만 가능하기 때문에 S_N2 반응에 거의 사용되지 않는다.

다섯째, 극성 비양성자성 용매의 용매화에 대하여 알아보자(7.6.7절).

S_N2 반응에 사용되는 대표적인 극성 비양성자성 용매로는 HMPA, DMPU, DMSO, DMF, CH_3CN 등이 있다.

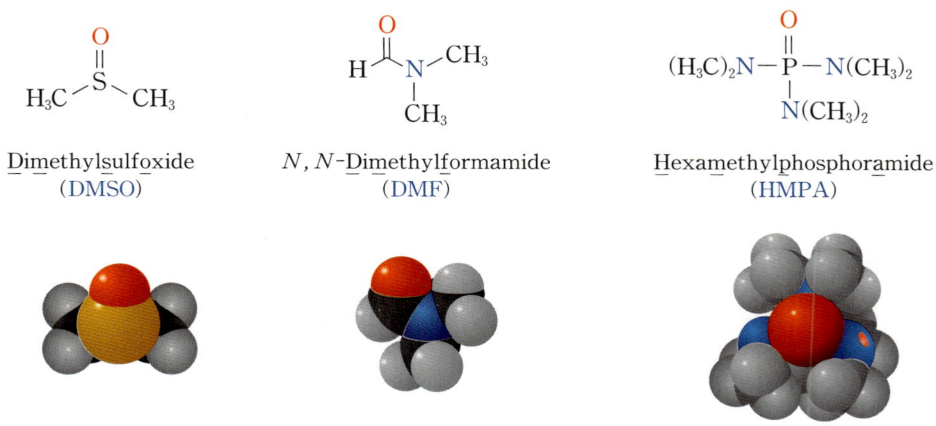

그림 7-12 S_N2 반응에 사용하는 극성 비양성자성 용매

HMPA의 구조는 원자의 형식 전하가 모두 '0'인 구조 **A**, 그리고 질소 원자의 고립 전자쌍을 P=O 결합에 각각 제공한 세 개의 공명 구조(**B**, **C**, **D**)로 표현할 수 있다. 이것은 HMPA에서 음전하는 산소 원자에 집중되고, 양전하는 세 개의 질소 원자에 분산됨을 의미한다.

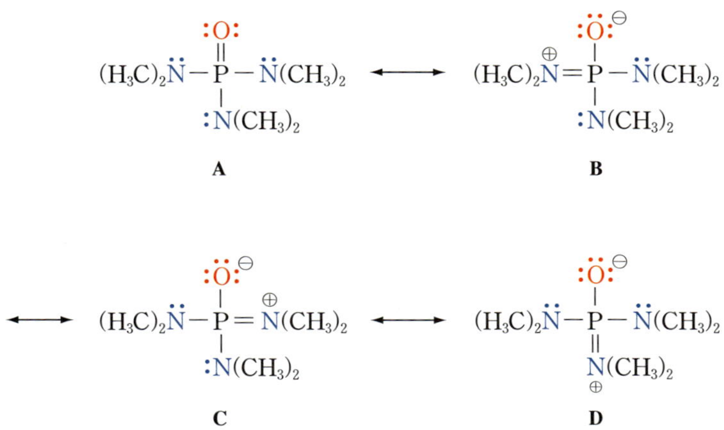

HMPA 구조에 원자가 껍질 전자쌍 반발 이론을 적용하면 P가 정사면체의 중심에 위치하고, 네 개의 꼭짓점 중에서 세 개는 질소, 한 개는 산소가 차지하는 구조를 예상할 수 있다.

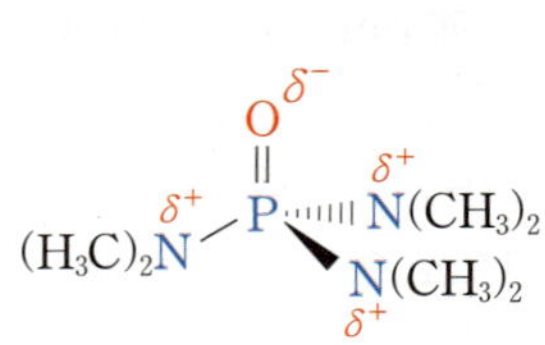

위의 두 가지 내용을 종합하면 다음과 같은 결론에 도달할 수 있다.

산소(O) 원자는 부분 음전하(δ^-)가 집중되어서 전자 밀도가 상대적으로 높고, 입체 장애가 큰 $N(CH_3)_2$ 작용기의 영향에서 벗어나는 방향에 있기 때문에 입체 장애도 상대적으로 작다. 이것은 산소(O) 원자 주위에 양이온이 손쉽게 근접할 수 있고, 이로 인하여 산소 원자와 양이온 사이의 정전기적 인력이 증가하여 열역학적인 안정화 효과가 크다는 것을 의미한다.

반면에 질소(N) 원자는 부분 양전하(δ^+)가 세 개의 질소 원자에 분산되어서 전자 밀도가 상대적으로 낮고, 입체 장애가 큰 $N(CH_3)_2$ 작용기의 중앙에 위치하기 때문에 입체 장애도 매우 크다. 이것은 질소(N) 원자 주위에 음이온이 접근하기 어려울 수 있고, 이로 인하여 질소 원자와 음이온 사이의 정전기적 인력이 감소하여 열역학적인 안정화 효과가 작다는 것을 의미한다.

이처럼 HMPA에서는 양이온과 음이온의 용매화가 차별적으로 일어나는, 즉 "양이온의 용매화는 아주 잘 일어나지만 음이온의 용매화는 상대적으로 어렵다."는 현상을 관찰할 수 있다. 이것은 DMPU, DMSO, DMF, CH_3CN 등의 극성 비양성자성 용매에서 동일하게 관찰되는 매우 중요한 현상이다.

7.6.6 극성 양성자성 용매 및 극성 비양성자성 용매

일반적으로 S_N2 반응은 이탈기를 갖는 중성의 출발 물질이 음이온 친핵체와 반응하여 중성의 생성 물질과 음이온 이탈기를 생성하는 반응이다. 이러한 경우에 S_N2 반응은 극성 비양성자성 용매에서 빠르고, 극성 양성자성 용매에서 느리다는 특징을 갖는다.

$$\text{Nu:}^- + \text{C}-\text{L} \longrightarrow \text{Nu}-\text{C} + \text{L:}^-$$

이러한 현상은 두 용매에서 용매화(7.6.5절)의 차이를 비교함으로써 설명할 수 있다.

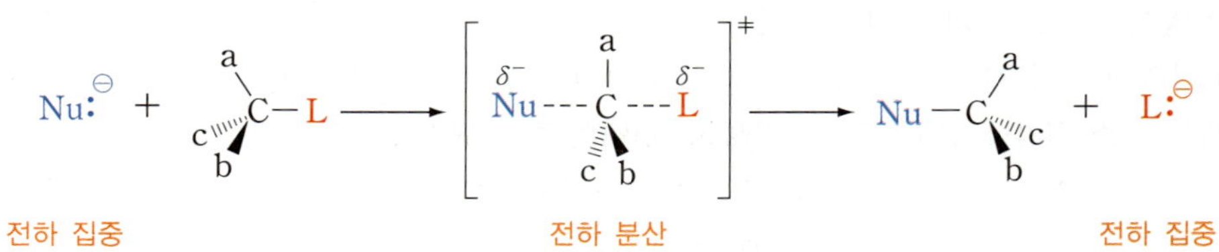

S_N2 반응에서 초기 상태는 중성의 기질, 음이온 친핵체, (전기적으로 중성을 맞추는 데 필요한) 상대 양이온으로 구성된다. 중성의 기질은 극성 양성자성 용매 및 극성 비양성자성 용매에서 용매화에 의한 안정화가 서로 비슷하고, 음이온과 양이온의 용매화는 수소 결합이 가능한 극성 양성자성 용매에서 훨씬 크기 때문에 초기 상태에서는 용매에 따른 에너지 차이(ΔG_S)가 상당히 클 것이다.

이러한 논리는 중성의 생성 물질, 음이온 이탈기, (전기적으로 중성을 맞추는 데 필요한) 상대 양이온으로 구성되는 반응의 말기 상태에도 그대로 적용된다.

전이 상태에서는 과량의 전자가 친핵체와 이탈기에 부분 음전하(δ^-) 형태로 넓게 분산된다. 이 경우에도 음이온과 양이온의 용매화는 물론 수소 결합이 가능한 극성 양성자성 용매에서 더 크지만, 전하가 분산된다는 것은 용매화에 의한 정전기적 안정화 효과가 그만큼 감소함을 의미한다. 따라서 용매에 따른 전이 상태의 에너지 차이(ΔG_{TS})는 출발 물질 및 생성 물질의 에너지 차이(ΔG_S 및 ΔG_P)보다는 줄어들 것으로 예상할 수 있다.

위에서 기술한 내용, 즉 용매의 특성(극성 양성자성 vs. 극성 비양성자성)에 따라서 초기 및 말기 상태에서는 에너지 차이가 상대적으로 크고, 전이 상태에서는 에너지 차이가 상대적으로 작다는 추론을 종합하면 아래의 에너지 도표를 그릴 수 있다. 이에 의하면 정반응 및 역반응의 활성화 에너지는 극성 비양성자성 용매에서 훨씬 작기 때문에 S_N2 반응이 빠르게 진행됨을 설명할 수 있다.

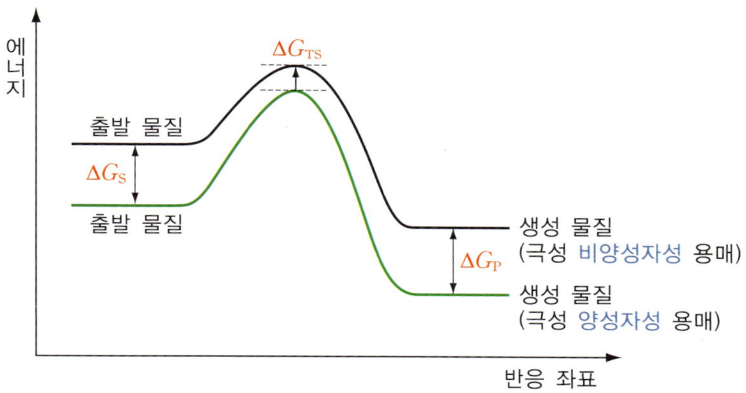

그림 7-13 극성 양성자성 용매 및 극성 비양성자성 용매에서의 S_N2 반응 에너지 도표

이러한 용매 효과를 단순하게 친핵체 주위의 용매를 이용하여 설명하기도 한다. 극성 양성자성 용매에서는 분산력 및 이온–쌍극자 사이의 정전기적 인력을 포함하여 수소 결합에 의한 이온–용매의 추가적인 용매화도 가능하기 때문에 친핵체 음이온을 수많은 용매 분자가 여러 겹으로 둘러쌀 수 있다. 이 상태에서 음이온이 친핵체로 작용하려면 방해가 되는 수많은 용매들을 제거해야 하는데, 이 과정에서 많은 에너지가 필요하기 때문에 반응 속도가 느려진다.

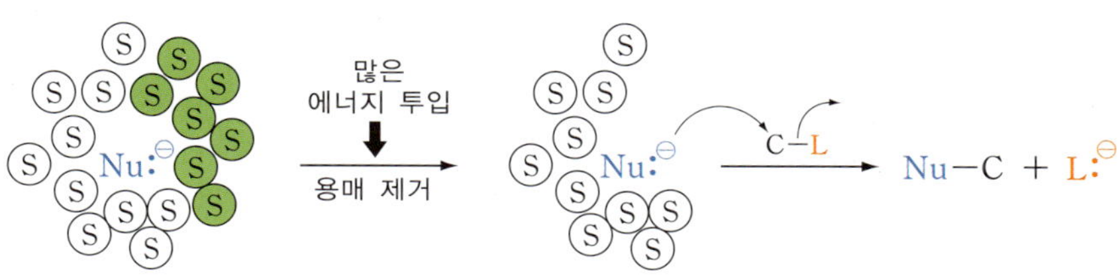

반면에 HMPA와 같은 극성 비양성자성 용매에서는 음이온의 용매화가 상대적으로 약하기 때문에 친핵체 음이온 주위에 적은 숫자의 용매 분자가 존재한다. 이 상태에서는 친핵체로 작용하기 위해서 제거해야 할 용매 분자의 수가 적기 때문에 활성화 에너지는 작고 반응 속도는 빠르게 된다. 이러한 음이온을 **알몸 음이온**(**bare anion**)이라고 한다.

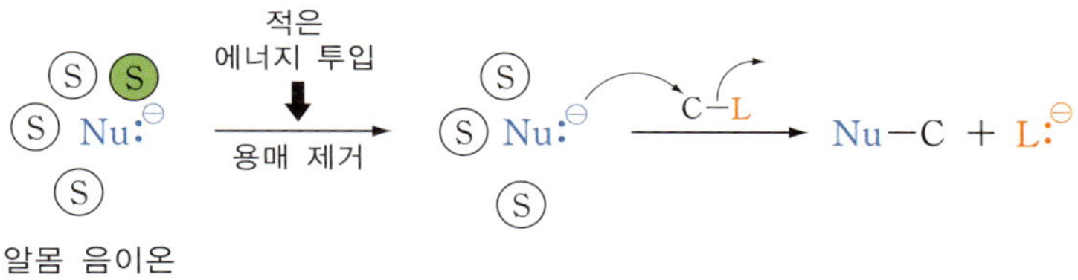

이것은 마치 100 m 경주에서 직선 트랙에 사람이 없으면 전속력으로 질주할 수 있지만, 사람이 많으면 지그재그로 뛰거나 혹은 사람들을 억지로 밀쳐야 하므로 빨리 뛰지 못하는 것과 유사하다.

7.6.7 요약

S_N2 반응에서 S_N1, E2, E1 반응으로 넘어가기 이전에 S_N2 반응에 영향을 주는 네 가지 요인(알킬기, 친핵체, 이탈기, 용매)을 요약하면 아래와 같다.

첫째, 알킬기에 대하여 알아보자.

선형 할로젠화 알킬에서 곁가지가 없으면 S_N2 반응 속도는 [메틸 > 1차 > 2차 ≫ 3차]의 순서로 감소한다. 곁가지가 있으면 α-곁가지 및 β-곁가지 등의 존재를 함께 고려해야만 합리적인 예측이 가능하고, 그 이상의 곁가지는 반응 속도에 큰 영향이 없다. 고리형 할로젠화 알킬의 S_N2 반응은 고리의 크기(n)가 중요한 요인으로서, 반응 속도는 일반적으로 [5 > 7 ≫ (4,6) > 3]의 순서이다. 할로젠화 알킬의 분자내 S_N2 반응도 고리의 크기(n)가 중요한데, 반응 속도는 일반적으로 [5 ≫ 6 > 3 > 7]이다.

둘째, 친핵체의 친핵성과 염기성에 대하여 알아보자.

일반적으로 기본 구조가 동일한 경우에는 음이온이 중성 원자보다 친핵성과 염기성이 훨씬 크고, 전하의 크기가 같은 동일한 원자에서는 전자 끄는 기가 있으면 친핵성 및 염기성이 감소한다. 주기율표의 같은 족에서 아래로 이동하면 친핵성이 증가하고, 동일 주기에서 오른쪽으로 이동하면 친핵성이 감소하는 경향이 있다. 친핵체의 친핵성과 염기성은 알킬기, 이탈기, 용매, 농도 등의 요인에 매우 의존적이기 때문에 다양한 반응에서의 친핵성을 모두 예상하는 것은 불가능하지만, 친핵체의 세기를 대략 구분하는 것은 반응의 경로를 예측하는 데 있어서 매우 중요할 수 있다(7.6.3절).

셋째, 이탈기에 대하여 알아보자.

S_N2 반응은 이탈기($L:^-$)의 능력이 증가할수록 반응 속도가 증가한다. 일반적으로 이탈기의 능력은 $pK_a(L-H) < 0$이면 강한 이탈기로서 S_N2 반응이 잘 일어나고, $pK_a(L-H) > 10$이면 아주 약한 이탈기로서 S_N2 반응이 어려우며, $0 < pK_a(L-H) < 10$이면 약한 이탈기로서 반응 조건에 따라서 S_N2 반응이 (불)가능하다고 판단할 수 있다.

넷째, 용매의 영향에 대하여 기술하자.

극성 양성자성 용매에서는 분자 사이에 작용하는 세 가지 힘(2.2절), 즉 분산력, 이온-쌍극자(용매) 사이의 정전기적 인력, 이온-용매 사이의 수소 결합 등이 모두 가능하므로 음이온 친핵체의 용매화가 매우 커서 S_N2 반응이 느리게 진행된다. 반면에 극성 비양성자성 용매에서는 음이온 친핵체의 용매화가 상대적으로 적기 때문에 S_N2 반응이 빠르게 진행될 수 있다.

7.6.8 예제

S_N2 반응에서 알킬기, 친핵체, 이탈기, 용매 등의 역할을 생각하면서 아래의 S_N2 반응들을 분석해 보자.

아래 반응에서는 반응 시약인 아이오딘화 알킬과 NaN_3를 함께 녹이기 위해서 i-PrOH$-H_2O$라는 극성 양성자성 용매를 사용하였다. 그러나 기본적으로 곁가지가 없는 1차 알킬 작용기, 강한 이탈기(I^-) 및 아주 강한 친핵체(N_3^-) 등 S_N2 반응에 최적화된 구성을 갖고 있다.

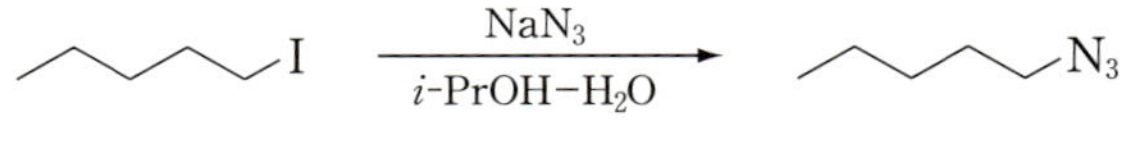

이 반응은 곁가지가 없는 1차 알킬 작용기, 강한 이탈기(Br^-), 아주 강한 친핵체(CN^-), 그리고 극성 비양성자성 용매 등 네 가지 요소가 모두 S_N2 반응에 최적화되어 있다.

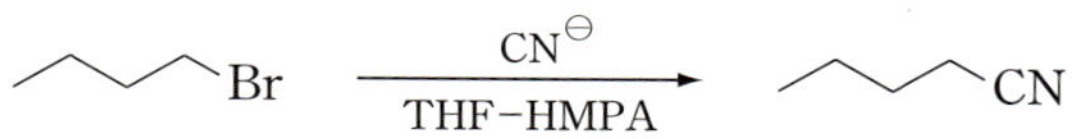

아래 반응은 반응 시약인 아이오딘화 알킬과 RCO_2K를 함께 녹이기 위해서 아세톤−H_2O라는 극성 양성자성 용매를 사용하였다. 그러나 1차 알킬 작용기 및 강한 이탈기(I^-)를 사용하였고, 친핵체(RCO_2^-)도 평균 수준의 친핵성을 갖기 때문에 S_N2 경로를 예상하는 것이 합리적일 것이다.

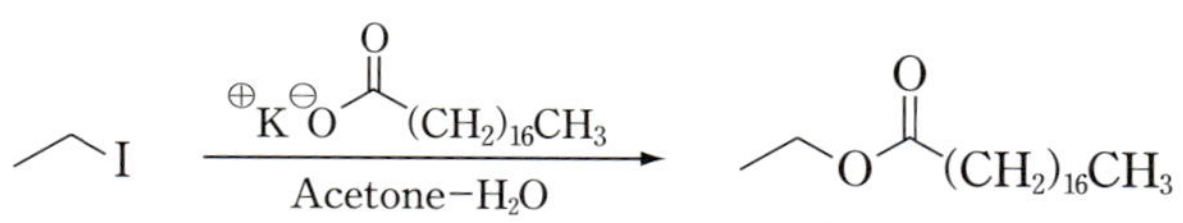

이 반응은 오각 고리형 알킬기가 반응에 참여하므로 S_N2 반응에 최적화되지는 않았지만, 고리형 할로젠화 알킬기 중에서는 S_N2 반응이 가장 빠르게 진행되는 구조임을 감안할 필요가 있다. 이것을 제외하면 강한 이탈기(Cl^-), 아주 강한 친핵체(CN^-) 및 극성 비양성자성 용매의 사용 등이 모두 S_N2 반응에 최적화되어 있다.

7.7 이분자 제거 반응(E2)

7.7.1 서론

전자가 풍부한 화학종($B:^-$)이 염기로서 β-H 원자와 반응함과 동시에 C=C π-결합을 생성하면서 이탈기(L^-)가 떨어지는 반응을 **이분자 제거 반응(E2, bimolecular elimination reaction)**이라고 한다.

S_N2 반응:

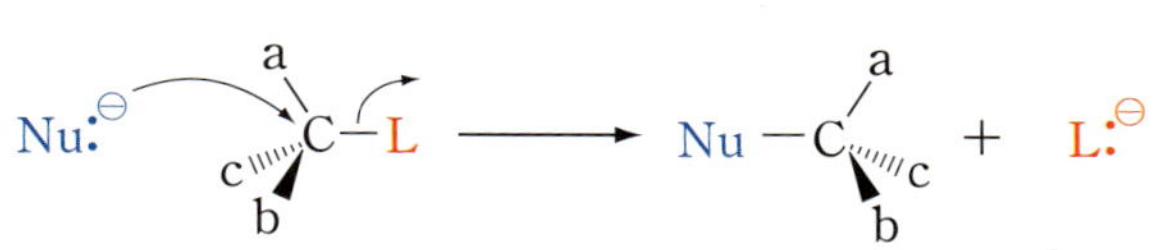

E2 반응:

중성의 출발 물질과 염기($B:^-$) 사이에 E2 반응이 진행되는 과정을 초고속 디지털 카메라로 촬영하였다고 가정한 후, 해당 파일을 저속으로 재생하면 아래의 경로에 해당하는 반응 좌표를 예상할 수 있다.

메커니즘 7-4 중성 물질과 염기 사이의 E2 반응 메커니즘

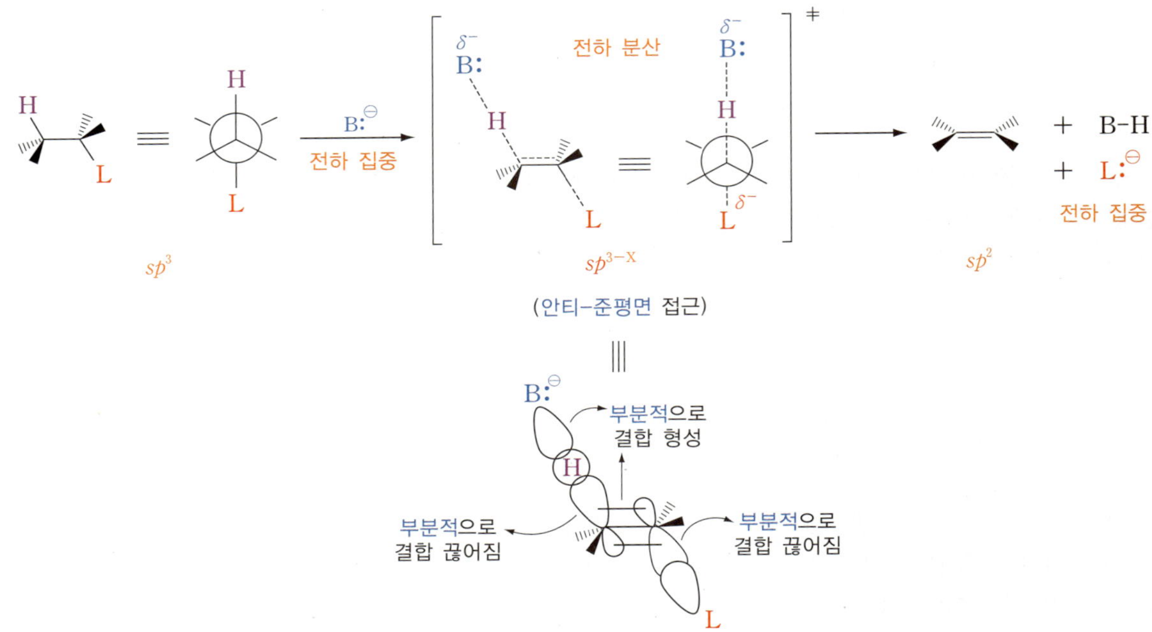

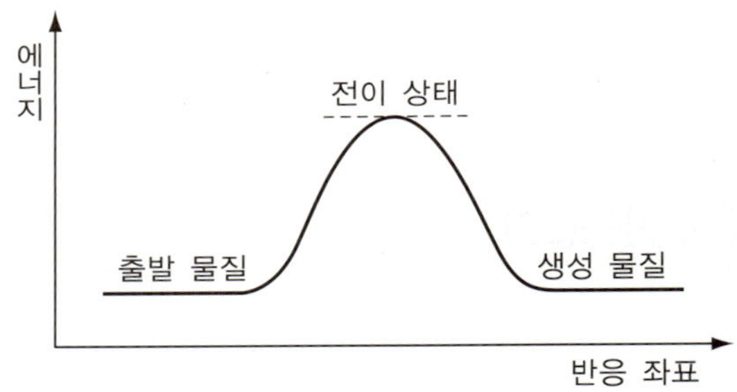

그림 7-14 이분자 제거 반응의 에너지 도표

E2 반응의 일반적인 특징은 다음과 같다.

- E2 반응은 중간체가 없고 전이 상태가 하나인 단일 단계 반응이다. 따라서 반응 속도는 k[RX][B:$^-$](2차식 반응)이고, 속도 결정 단계에 두 종류의 화학종(RX 및 B:$^-$)이 참여하므로 이분자 반응(bimolecular reaction)이다. E2 반응에서 숫자 2는 반응 속도에서의 2차식 반응이 아니라 이분자 반응의 2를 의미한다.
- E2 반응은 반응이 진행됨에 따라서 C−H 및 C−L 결합은 점점 약해지고 B−H 및 C=C π-결합은 점점 강해지며, 최종적으로 B−H 및 C=C π-결합이 생성된다. 이때 탄소 원자의 혼성 오비탈은 sp^3(사면체형)에서 sp^2(평면 삼각형)로 전환된다.
- 염기는 오비탈의 중첩을 최대로 하면서 입체 장애를 최소화하는 경로로 접근한다. E2 반응은 ① L−C_α−C_β−H 배열이 엇갈린 형태(이면각 180°)를 하고, ② L−C_α−C_β−H가 형성하는 가상적인 평면 내에서 염기가 이탈기의 반대쪽에서 B−H−C_β가 일직선이 되는 방향에서 접근할 때 진행된다. 이러한 배열을 **안티-준평면 배열**(***anti*-periplanar arrangement**)이라고 한다.

- E2 반응은 반응 속도 결정 단계에서 C_β−H 결합이 끊어지기 때문에 C_β−H와 C_β−D 결합이 서로 경쟁하는 경우에는 반응 속도에 차이가 생길 수 있다. 이것을 **일차 동위 원소 효과 (primary isotope effect)**라고 한다.

일반적으로 E2 반응은 중성의 출발 물질과 음이온 염기가 반응하고, 중성의 생성 물질과 음이온 이탈기가 생성되는 경우가 대부분이다. 이러한 경로를 전자의 분포라는 관점에서 분석하면 출발 조건에서는 전자가 염기($B:^-$)에 집중되어 있고, 최종 조건에서는 전자가 이탈기($L:^-$)에 집중되지만, 전이 상태에서는 전자가 특정 원자에 집중되기보다는 염기 및 이탈기에 걸쳐서 부분 (−)전하의 형태로 넓게 분산되어 있다. 즉, 염기에 집중되었던 전자가 전이 상태를 거치면서 염기 및 이탈기로 분산되었다가 다시 이탈기로 집중되면서 반응이 종결된다.

S_N2 반응의 요약과 E2 반응의 요약을 비교하면서 서로의 공통점과 차이점을 비교하면, 전체적으로 흐름을 파악하는 데 큰 도움이 된다.

7.7.2 알킬기, 염기, 이탈기, 용매 효과

이제는 S_N2 반응처럼 E2 반응에서의 알킬기, 염기, 이탈기, 용매의 영향에 대하여 생각해 보자.

이론적으로 S_N2 반응과 E2 반응은 경쟁적으로 일어날 수 있다. 따라서 특정 반응 조건에서 어떠한 경로가 주로 진행될 것인가를 판단하기 위해서는 S_N2 및 E2 반응의 기본적인 내용들을 충분히 이해하고 있어야 한다.

첫째, 알킬기에 대하여 알아보자.

아래 그림에서와 같이 음이온($Z:^-$)이 C_α−L 탄소를 공격하면 S_N2 반응이 일어나고, C_β−H 수소 원자와 반응하면 E2 반응이 진행된다. 일반적으로 음이온($Z:^-$)이 C_α−L 탄소에 접근하기가 쉬우면 S_N2의 경향성은 증가하고, 입체 장애에 의하여 C_α−L 탄소에 접근하기 힘들면 상대적으로 입체 장애가 작은 C_β−H와의 반응 비율이 증가하여 E2의 경향성이 증가한다. 따라서 α-곁가지 및 β-곁가지가 없는 선형 할로젠화 알킬의 경우에 S_N2 반응 속도는 [메틸 > 1차 > 2차 ≫ 3차]이고, E2 반응 속도는 [메틸 < 1차 < 2차 ≪ 3차]가 된다.

둘째, 염기의 염기성과 친핵성에 대하여 알아보자.

S_N2 반응에서 기술(7.6.3절)한 것처럼 기본 구조가 같은 경우에는 음이온이 중성 원자보다 염기성과 친핵성이 훨씬 크고, 전하의 크기가 같은 원자에서는 전자 끄는 기가 있으면 염기성과 친핵성이 줄어들며, 같은 주기에서 오른쪽으로 이동하면 염기성과 친핵성이 동시에 감소한다. 반면에 주기율 표의 같은 족에서 아래로 이동하는 경우에는 친핵성은 증가하지만 염기성은 감소하는 경향을 보인다.

염기의 염기성은 짝산의 산성도에서 쉽게 유추할 수 있는데, 일반적으로 염기성이 증가할수록 S_N2보다는 E2의 비율이 증가한다. 특히 OH^-보다 강한 염기를 사용하는 경우에는 1차 할로젠화 알킬과 1차 RO^-의 반응을 제외하면 대부분 E2 반응이 진행된다고 생각할 수 있다.

$pK_a(L-H) + pK_b(L:^-) = 14$

셋째, 이탈기에 대하여 알아보자.

E2 반응은 이탈기($L:^-$)의 능력이 증가할수록 반응 속도가 증가한다(7.6.7절). 일반적으로 이탈기의 능력은 $pK_a(L-H) < 0$이면 강한 이탈기로서 E2 반응이 잘 일어나고, $pK_a(L-H) > 10$이면 아주 약한 이탈기로서 E2 반응이 어려우며, $0 < pK_a(L-H) < 10$이면 약한 이탈기로서 반응 조건에 따라서 E2 반응이 (불)가능하다고 판단한다. 이것은 S_N2 반응에서 이탈기의 영향에 대한 기술과 완전히 일치한다.

넷째, 용매의 영향을 알아보자.

E2 반응에서는 실질적으로 용매와 관련하여 특별하게 언급할 사항이 없다. 다만 E2 반응에서 사용되는 염기–용매 조합으로 KOH–H_2O, KOH–EtOH, NaOEt–EtOH, NaH–DMSO, LDA–THF 등이 있다.

7.7.3 Zaitsev 규칙

일반적으로 할로젠화 알킬을 강염기로 처리하면 E2 반응에 의하여 알켄이 얻어지는데, 이때 출발 물질의 구조에 따라서 (*E*)/(*Z*)-배위 이성질체 및 구조 이성질체 화합물이 모두 생성될 수 있다.

3-브로모펜테인에 강염기인 EtONa를 반응시키면 E2 반응에 의하여 (*E*)-펜트-2-엔 및 (*Z*)-펜트-2-엔의 배위 이성질체 혼합물이 얻어진다.

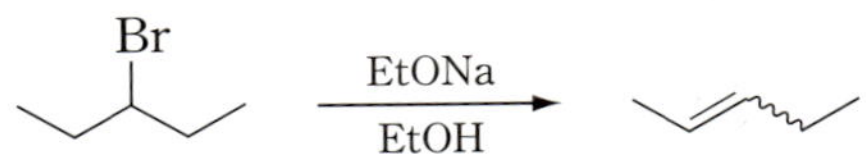

그러나 2-브로모뷰테인에 강염기인 EtONa를 반응시키면 E2 반응에 의하여 배위 이성질체 관계를 갖는 (*E*)-뷰트-2-엔 및 (*Z*)-뷰트-2-엔, 그리고 이들과 구조 이성질체의 관계에 있는 뷰트-1-엔이 81:19의 비율로 얻어진다. 또한 2-브로모-2-메틸뷰테인에 강염기인 EtONa를 반응시키면 E2 반응에 의하여 구조 이성질체인 2-메틸뷰트-2-엔과 2-메틸뷰트-1-엔이 70:30의 비율로 생성된다. 이처럼 E2 반응에서 구조 이성질체가 생성될 때에는 열역학적으로 더 안정한 생성물, 즉 이중 결합에 치환체가 더 많은 화합물이 주생성물로 얻어지는데 이러한 현상을 **자이체프 규칙(Zaitsev rule)**이라고 한다.

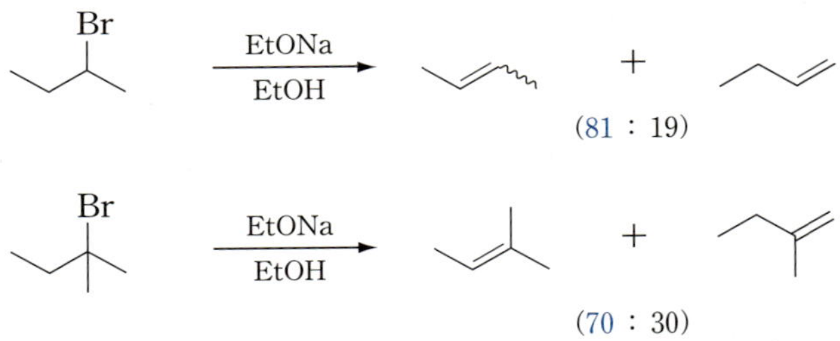

Zaitsev 규칙은 출발 물질의 에너지는 같고 생성 물질의 에너지는 다른 경우에 "유사한 형태의 반응에서는 생성 물질의 열역학적 에너지가 낮을수록 활성화 에너지가 감소하고, 그 결과 생성 속도가 증가한다."는 Hammond 가설(2.8.3절)을 적용하여 설명할 수 있다.

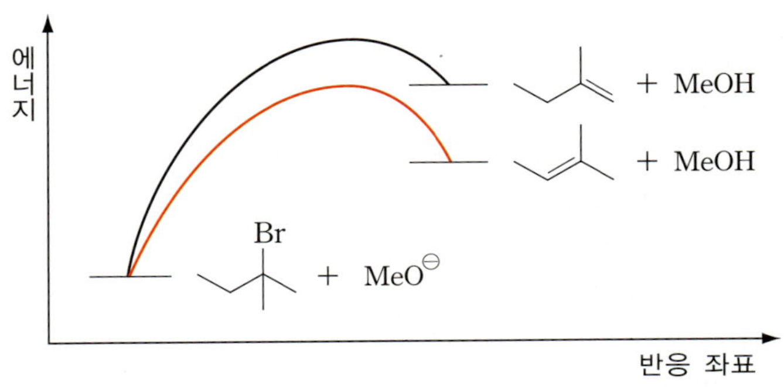

그림 7-15 2-브로모-2-메틸뷰테인과 EtONa의 E2 반응 에너지 도표

다음은 3차 할로젠화 알킬에 강한 염기를 사용하여 E2 반응을 진행한 결과들이다. 일반적으로 염기의 입체 장애가 증가하면 접근하기가 상대적으로 쉬운 C_β−H에서의 반응이 많아져서 Zaitsev 규칙에 반하는 생성물의 비율이 증가한다.

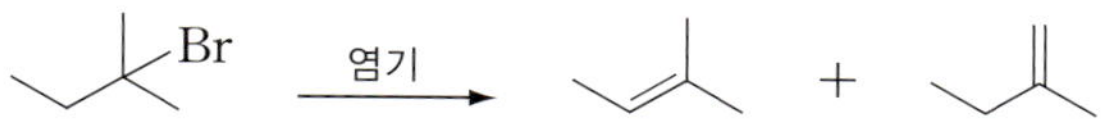

A B

염기 용매	비율(A : B)
EtOK, EtOH	71 : 29
t-BuOK, *t*-BuOH	28 : 72
$(Et)_3COK$, $(Et)_3COH$	11 : 89

아래는 1차 할로젠화 알킬과 3차 R_3CO^-의 반응으로서, 비록 1차 할로젠화 알킬이 출발 물질이지만 염기의 입체 장애로 인하여 S_N2보다 E2 반응이 더 빠르게 진행된다.

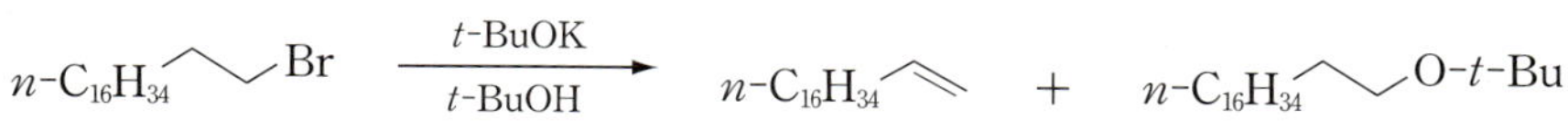

(88 : 12)

7.7.4 안티-준평면 배열 및 반응 속도/생성물

E2 반응은 ① L−C_α−C_β−H 배열이 엇갈린 형태(이면각 180°)를 하고, ② L−C_α−C_β−H가 형성하는 가상적인 평면 내에서 염기가 이탈기의 반대쪽에서 B−H−C_β가 일직선이 되는 방향에서 접근할 때 가장 무난하게 진행된다(**안티-준평면 배열**, ***anti*-periplanar arrangement**)(7.7.1절).

그러나 안티-준평면 배열이 불가능한 경우에는 ① L−C_α−C_β−H 배열이 가려진 형태(이면각 0°)를 하고, ② L−C_α−C_β−H가 형성하는 가상적인 평면 내에서 염기가 이탈기와 같은 방향에서 B−H−C_β가 일직선이 되는 방향에서 접근하여 E2 반응이 진행될 수 있다(**신-준평면 배열**, ***syn*-periplanar arrangement**).

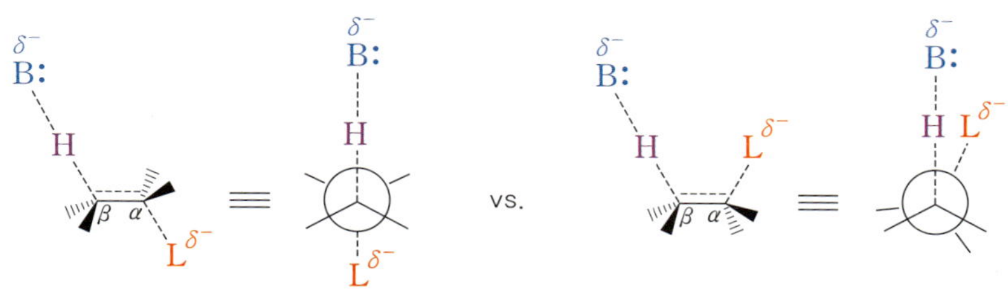

안티-준평면 접근 신-준평면 접근

위의 그림에서 알 수 있듯이 엇갈린 형태의 안티-준평면 배열은 가려진 형태의 신-준평면 배열보다 비틀림 무리와 입체 장애가 작고, 염기가 접근할 때에도 염기와 이탈기 사이의 입체 장애가 작기 때문에 E2 반응은 안티-준평면 배열을 통해서 진행되는 것이 일반적이다. 아래의 두 반응들은 모두 안티-준평면 배열을 통해서 설명할 수 있다.

첫째, (1*R*,2*R*)-1,2-다이브로모-1,2-다이페닐에테인을 강염기와 반응시키면 E2 반응에 의하여 (*Z*)-1-브로모-1,2-다이페닐에텐(**P**)이 생성된다.

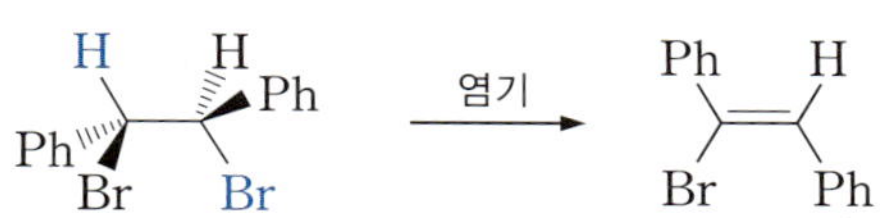

P

(1*R*,2*R*)-1,2-다이브로모-1,2-다이페닐에테인은 C−C 단일 결합을 중심으로 자유 회전이 가능하여 세 개의 엇갈린 형태(**S1**, **S2**, **S3**)와 세 개의 가려진 형태(**E1**, **E2**, **E3**)가 가능하다. 이 중에서 H−C−C−Br이 준평면 배열을 갖는 것은 **S1**(안티-준평면 배열) 및 **E2**(신-준평면 배열)이고, 여기에서 가능한 생성물은 각각 **P**와 **Q**이다. 실험에 의하면 **P**가 선택적으로 생성되는데, 이것은 엇갈린 형태 **S1**(안티-준평면 배열)을 통해서 E2 반응이 진행하였음을 의미한다.

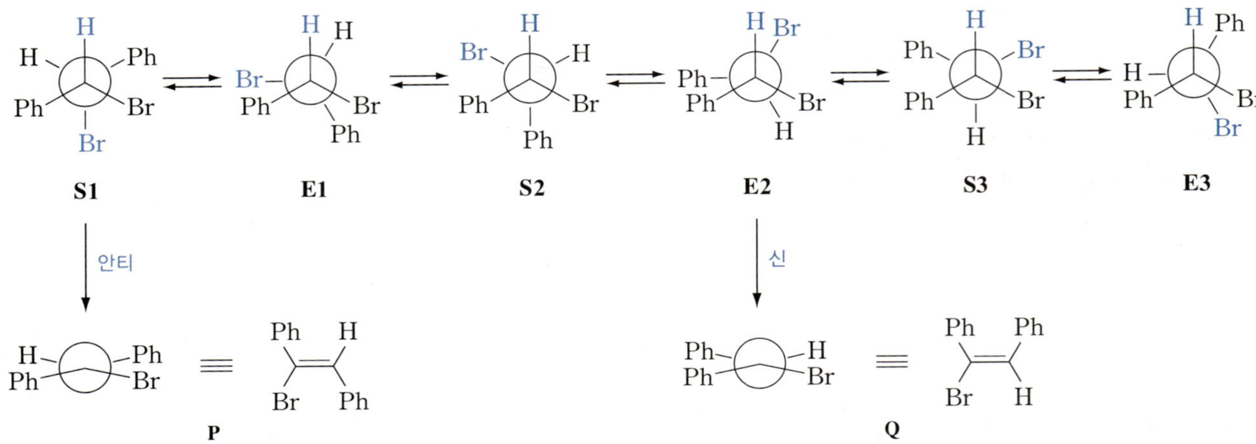

그림 7-16 (1*R*,2*R*)-1,2-다이브로모-1,2-다이페닐 에테인의 E2 반응

둘째, 시스-1-브로모-4-*tert*-뷰틸사이클로헥세인(**A**) 및 트랜스-1-브로모-4-*tert*-뷰틸사이클로헥세인(**B**)에 강염기인 NaOEt를 처리하여 E2 반응을 진행하면 동일한 생성물(**C**)이 생성되지만, 반응 속도는 **A**가 **B**보다 훨씬 빠르다.

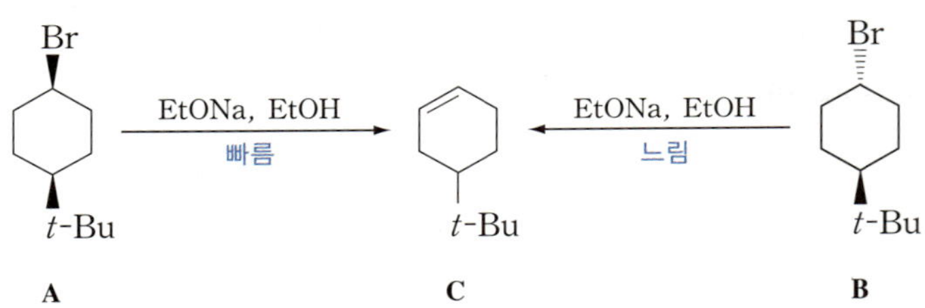

이러한 실험 결과도 안티-준평면 배열을 이용하여 설명할 수 있다. 출발 물질 **A**와 **B**는 각각 2개의 의자 형태 **A1**/**A2**와 **B1**/**B2**가 가능하다. 이때, **A1**과 **B2**는 Br 이탈기가 수직 방향에 위치하고 그 반대 방향으로 두 개의 수직 방향 수소가 있어서 안티-준평면 배열 조건을 충족하지만, **A2**와 **B1**은 H 및 Br 사이에 안티-준평면 및 신-준평면 배열이 모두 불가능하다. 따라서 출발 물질 **A**는 **A1** 형태를 통해서, 출발 물질 **B**는 **B2** 형태를 통해서 생성물 **C**로 전환됨을 예상할 수 있다.

이러한 추론에 사이클로헥세인에서 *tert*-뷰틸 및 Br의 A-값이 각각 5.4 및 0.5 kcal/mol임을 고려하면(3.11.3절), **A**에서는 주성분인 **A1**을 통해서 생성물 **C**가 생성되고, **B**에서는 미량으로 존재하는 **B2**를 통해서 생성물 **C**가 얻어지는 것이므로 반응 속도는 **A**가 훨씬 빠름을 설명할 수 있다.

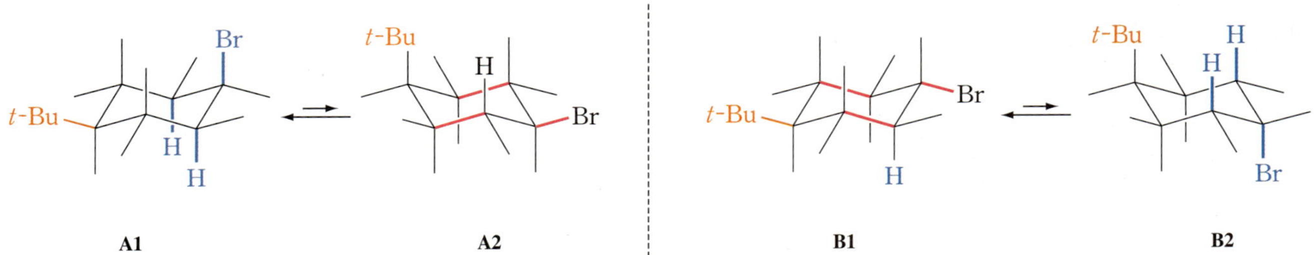

7.7.5 예제

S_N2 및 E2 반응에서 알킬기, 친핵체, 이탈기, 용매 등의 역할을 생각(7.6.7절 및 7.7.2절)하면서 아래의 반응들을 분석해 보자.

아래 반응은 곁가지가 없는 1차 할로젠화 알킬과 강염기의 반응이다. 1차 할로젠화 알킬은 입체 장애가 작아서 입체 장애가 없는 EtO^- 강염기를 사용하면 S_N2 반응이 진행된다. 그러나, 입체 장애가 아주 큰 t-BuO^- 강염기를 사용하면 염기의 입체 장애로 인하여 E2 반응이 더 빠르게 일어난다(7.7.3절).

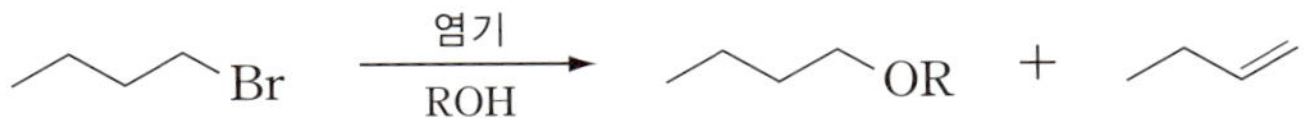

NaOEt 90 : 10
t-BuOK 15 : 85

2차 할로젠화 알킬과 RO^- 강염기의 반응은 특별한 상황이 아니면 E2 반응이 주로 진행된다. 3차 할로젠화 알킬과 강염기의 반응에서는 2차 할로젠화 알킬과 비교하여 E2 반응의 경향성이 크게 증가한다.

이중 결합의 구조 이성질체가 생성되는 반응에서는 1차 알킬옥사이드(RO^-)처럼 염기의 입체 장애가 작으면 열역학적으로 안정한 생성물이 얻어지고(Zaitsev 규칙), 염기의 입체 장애가 증가하면 접근하기 쉬운 C_β—H에서 반응이 진행되는 경향성을 보인다.

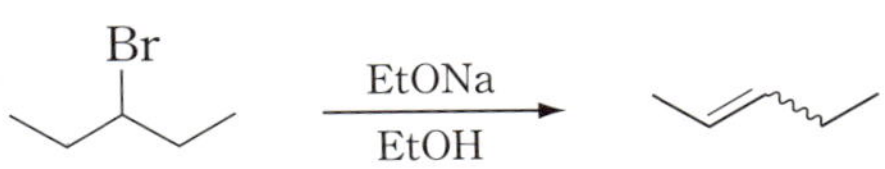

아래의 반응은 3차 할로젠화 알킬과 CN^- 음이온(강한 친핵체 및 약염기)의 반응이다. 이 반응은 아주 강한 친핵체인 CN^- 음이온을 사용했음에도 3차 할로젠화 알킬 때문에 S_N2 반응이 불가능하고, 대신에 약염기로 작용하는 CN^- 음이온에 의하여 E2 반응이 진행된다.

$pK_a(L{-}H)+pK_b(L{:}^-) = 14$이다. 따라서 $pK_a(HCN) = 9.1$(약산)이므로 $pK_b(CN^-) = 4.9$(약염기)이다.

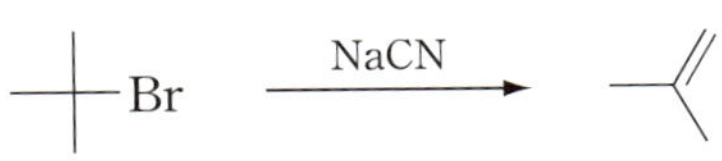

예제 7.6

아래 반응의 주생성물을 그리시오.

(a) 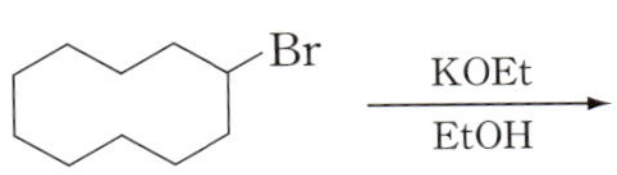

(b) 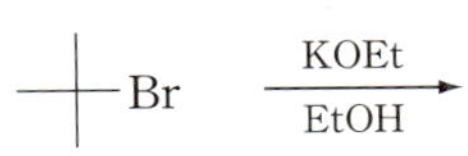

풀이

(a) 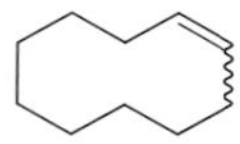

2차 알킬 작용기
EtO^-는 강한 염기 및 강한 친핵체
EtOH는 극성 양성자성 용매(S_N2 반응에 적합하지 않음)
(결론) E2 반응

(b) 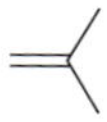

3차 알킬 작용기
EtO^-는 강한 염기 및 강한 친핵체
EtOH는 극성 양성자성 용매(S_N2 반응에 적합하지 않음)
(결론) E2 반응

7.8 일분자 친핵성 치환 반응(S_N1)

7.8.1 서론

중성의 출발 물질과 중성의 친핵체(:Nu−H) 사이에 S_N1 반응이 진행되는 과정을 초고속 디지털 카메라로 촬영하였다고 가정한 후, 해당 파일을 저속으로 재생하면 아래의 경로에 해당하는 반응 좌표를 예상할 수 있다. S_N1 반응은 우선 출발 물질에서 이탈기(L^-)가 떨어져서 탄소 양이온 중간체를 생성하고, 그 이후에 고립 전자쌍을 갖는 친핵체(:Nu−H)가 탄소 양이온을 공격하는 이단계 반응으로 구성되는데, 이러한 반응을 **일분자 친핵성 치환 반응(S_N1, unimolecular nucleophilic substitution)**이라고 한다.

메커니즘 7-5 중성 물질과 친핵체 사이의 S_N1 반응 메커니즘

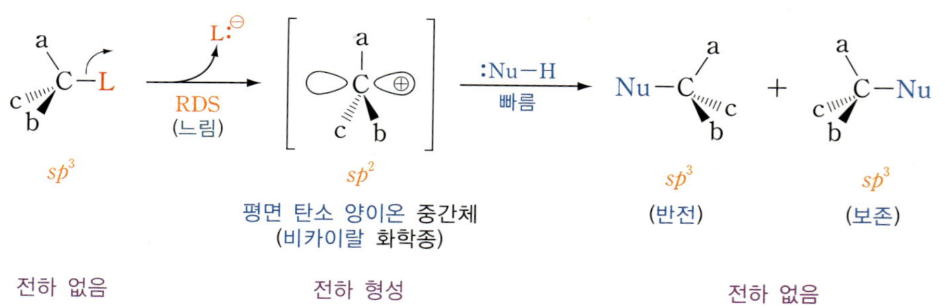

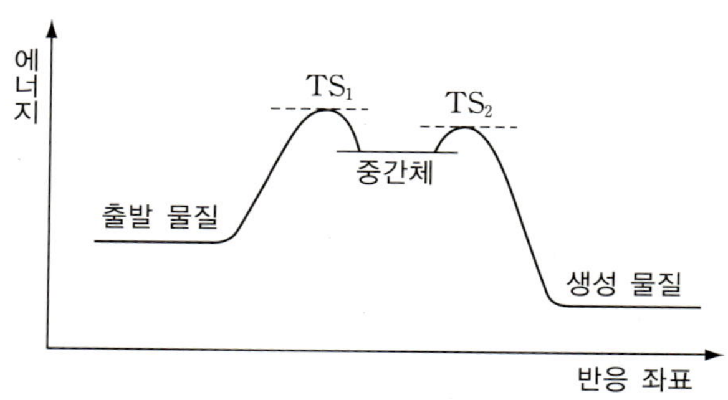

그림 7-17 일분자 친핵성 치환 반응의 에너지 도표

S_N1 반응의 일반적인 특징은 다음과 같다.

- S_N1 반응은 첫 번째 단계에서 C−L 공유 결합이 끊어지면서 $L:^-$ 이탈기와 탄소 양이온을 생성하고, 두 번째 단계에서 고립 전자쌍을 갖는 친핵체(:Nu−H)가 탄소 양이온을 공격하는 이단계 반응이다.
- S_N1 반응은 첫 번째 단계에서 C−L 공유 결합이 끊어지고(흡열 반응), 두 번째 단계에서 C−Nu 결합이 생성되므로(발열 반응) 반응 속도 결정 단계(RDS)는 첫 번째 단계이다. 즉, 반응 속도는 k[RX](1차식)로 표현되고, RDS에 한 개의 화학종(RX)이 참여하므로 일분자 반응(unimolecular reaction)이 된다. S_N1 반응에서 숫자 '1'은 반응 속도에서의 1차식 반응이 아니라 '일분자 반응'의 1을 의미한다.
- S_N1 반응에서 C−L의 탄소 원자는 [정사면체(sp^3) → 평면 삼각형(sp^2) → 정사면체(sp^3)]의 구조적인 변화를 경험한다.

이번에는 유일한 카이랄 탄소가 C−L 탄소에 있는 카이랄 화합물의 S_N1 반응을 생각하자. 카이랄 출발 물질은 우선 첫 번째 단계에서 대칭면이 있는 비카이랄성 탄소 양이온으로 전환되고(6.1절), 두 번째 단계에서 친핵체와 반응하여 새로운 카이랄 탄소를 생성한다. 두 번째 단계의 반응에 "광학 활성은 반드시 광학 활성이 있는 조건에서만 유래된다(6.7절)." 또는 "광학 활성이 없는 출발 물질, 시약 및 용매 등을 사용하면 생성물의 광학 활성은 없다(6.7절)."는 규칙을 적용하면 비카이랄성 탄소 양이온과 친핵체의 반응에서 생성되는 생성물의 광학 활성은 없어야 한다. 이것은 최종 생성물이 라셈체 혼합물로 생성됨을 의미하는 것으로서, S_N2 반응에서 탄소의 반전(7.6.1절)이라는 특징과 크게 대비가 된다.

이제부터는 S_N2 및 E2 반응, 그리고 S_N1 반응의 일반적인 특징을 참고하면서 S_N1 반응에서 알킬기, 친핵체(친핵성도 vs. 염기도), 이탈기, 용매의 영향에 대하여 알아보기로 한다.

7.8.2 알킬기

S_N1 반응에서 반응 속도 결정 단계는 C−L 공유 결합이 끊어지면서 이탈기($L:^-$)와 탄소 양이온을 생성하는 첫 번째 단계이다. 탄소 양이온의 열역학적 안정도는 [3차 > 2차 > 1차 > CH_3^+]이고(2.9.2절), 여기에 "반응 유형이 비슷한 반응에서는 생성 물질의 열역학적 에너지가 낮을수록 활성화 에너지가 감소하고, 그 결과 생성 속도가 증가한다."는 Hammond 가설을 결합하면 S_N1 반응에서 반응 속도는 [3차 > 2차 > 1차 > CH_3^+]임을 쉽게 추론할 수 있다.

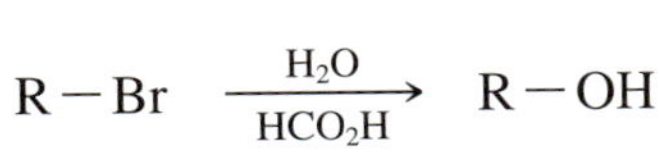

R	반응 속도
t-Bu	~10^8
i-Bu	26
Et	1
Me	0.6

참고로 1차 알릴 및 1차 벤질 양이온의 안정성은 2차 탄소 양이온의 안정성과 비슷하고, 2차 알릴 및 2차 벤질 양이온의 안정성은 3차 탄소 양이온의 안정성과 비슷하다. 그 이유는 알릴 및 벤질 양이온의 공명 구조에서 찾을 수 있는데, 공명 구조가 가능하면 전자의 비편재화가 가능하여 전자 사이의 반발력이 감소하므로 열역학적으로 더 안정해지기 때문이다.

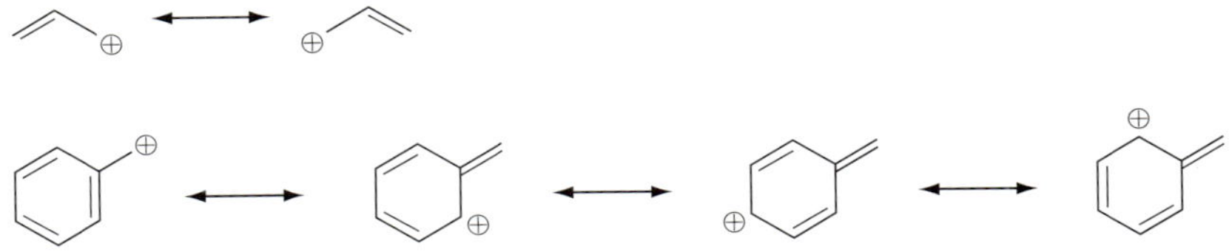

7.8.3 친핵체

반응의 종류와 무관하게 친핵체의 친핵성이 증가하면 S_N1보다는 S_N2가 진행될 확률이 높아진다. 따라서 S_N1 반응은 친핵체가 중성으로 존재하는 조건(중성 또는 산성), 즉 친핵성도가 낮게 유지되는 조건에서 진행하는 것이 일반적이다.

S_N1 반응에서 반응 속도 결정 단계는 C−L 공유 결합이 끊어지면서 이탈기(L:$^-$)와 탄소 양이온을 생성하는 첫 번째 단계로서, 반응 속도식은 k[RX]이다. 즉, 친핵체는 반응 속도 결정 단계에 참여하지 않기 때문에 친핵체의 친핵성 및 염기도는 반응 속도에 전혀 영향을 주지 않는다. 이것은 S_N2 반응에서 친핵체의 세기가 반응 속도에 영향을 주고, E2 반응에서는 염기의 세기가 반응 속도에 영향을 주는 것과는 확연하게 대비되는 특징이다.

7.8.4 이탈기

S_N1 반응에서 반응 속도 결정 단계는 C−L 공유 결합이 끊어지면서 이탈기(L:$^-$)와 탄소 양이온을 생성하는 첫 번째 단계이기 때문에 이탈기의 능력이 좋을수록 S_N1 반응 속도는 증가한다. 이탈기의 중요성은 S_N2 및 E2 반응에서 이미 기술하였고, 이탈기 능력의 판단 기준에 대해서도 S_N2 반응에서 충분히 설명(7.6.4절)하였기에 추가적인 설명은 생략한다.

이제는 특정 반응을 중심으로 이탈기의 영향을 알아보자.

아래 반응은 브로민화 *tert*-뷰틸과 물이 반응하여 *tert*-뷰탄올과 HBr을 생성하는 반응으로서, 결과적으로 C−Br 결합이 C−OH 결합으로 치환되는 S_N1 반응이다. 반응 경로를 보면 C−Br 공유 결합이 끊어지면서 3차 탄소 양이온(**I**)과 Br^- 이탈기가 생기고, 중성인 물에서 산소 고립 전자쌍이 탄소 양이온 **I**에게 전자를 제공하여 옥소늄 이온(oxonium ion)을 형성한 후, 최종적으로 중성인 물 분자와의 산−염기 작용에 의하여 *t*-BuOH와 HBr이 생성된다.

메커니즘 7-6 C−Br 결합이 C−OH 결합으로 치환되는 S_N1 반응 메커니즘

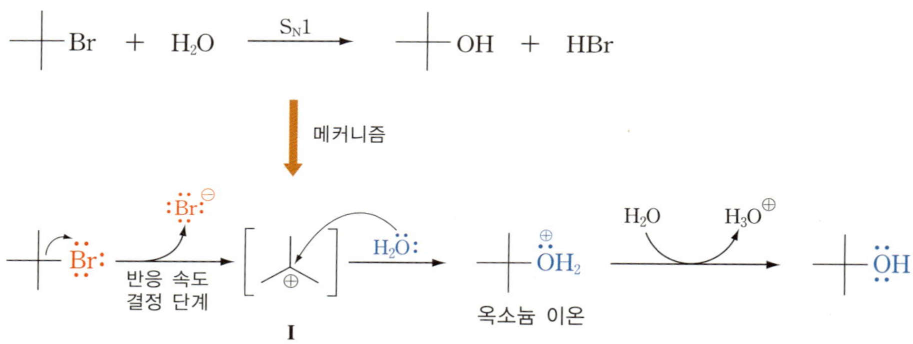

위의 반응 메커니즘에서 많이 관찰되는 오류는 탄소 양이온에 전자를 공급하는 주체로서 H_2O 대신에 HO^-를 사용하는 것이다. 이러한 오류가 생기는 이유는 HO^-를 사용하면 탄소 양이온으로부터 직접 생성물을 얻을 수 있기 때문인데, 이 경로가 합리적이지 않음을 다음과 같이 설명할 수 있다. 우선 위 반응이 진행되면 생성물과 강산(HBr)이 함께 생성되기 때문에 반응이 진행될수록 반응 용매는 강산성으로 변하게 된다. 강산성 조건은 $[H^+] \gg [HO^-]$을 의미하므로 실질적으로 $[HO^-]$의 농도는 거의 무시할 정도로 작고, 따라서 HO^-가 친핵체로서 작용한다는 것은 불가능하다.

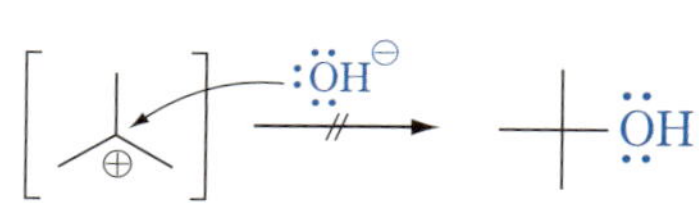

이번에는 위 반응의 역반응, 즉 C−OH 결합이 C−Br 결합으로 치환되는 S_N1 반응에 대하

여 생각해 보자. 이를 위해서는 우선 **미시적 가역성(microscopic reversibility)**의 정의를 알아야 한다. 미시적 가역성이란 "이론적으로 정반응 경로의 수가 *n*개이면, 역반응 경로의 수도 당연히 *n*개이다. 그리고 특정한 경로 n_i을 통해서 정반응 및 역반응이 진행되는 경우에 특정 지점에서의 구조는 정반응 및 역반응 등 반응의 방향성과 무관하게 동일하다."는 것이다(2.7.3절).

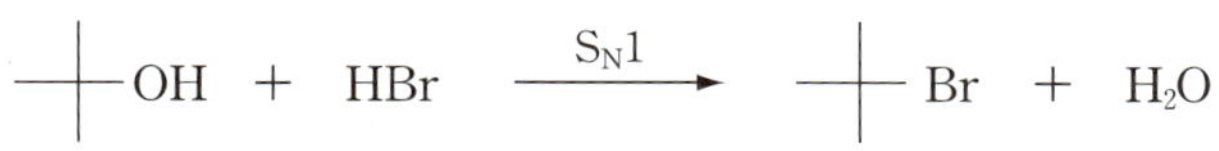

정반응과 역반응 메커니즘은 미시적 가역성에 의하여 완전히 동일하다. 그러나 정반응 메커니즘을 충분히 이해하는 상황에서도 역반응 메커니즘을 그리는 것은 생각보다 훨씬 어렵기 때문에 충분히 연습해야 한다.

이에 근거하여 위 반응의 메커니즘을 그리면 다음과 같다. 이 반응은 산성 조건에서 진행되므로 C−OH의 산소 원자 고립 전자쌍이 산−염기 반응에 의하여 옥소늄 이온을 형성하고, 옥소늄 이온이 C−OH_2^+의 공유 결합 전자쌍을 가지고 끊어지면서 안정한 3차 탄소 양이온을 형성한 후, Br^- 음이온이 탄소 양이온에 전자쌍을 제공함으로써 최종 생성물을 얻을 수 있다.

메커니즘 7-7 C−OH 결합이 C−Br 결합으로 치환되는 S_N1 반응 메커니즘

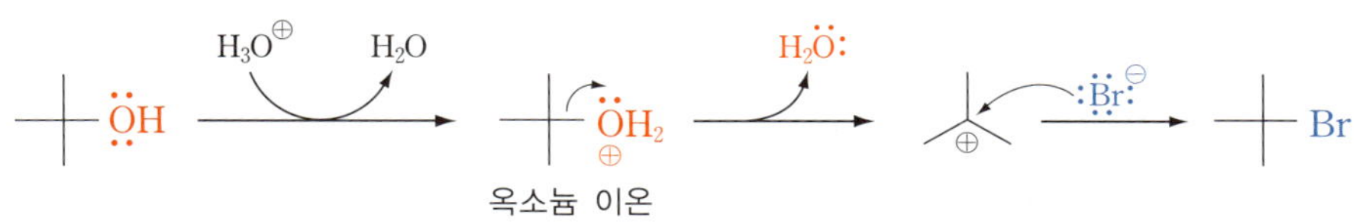

위의 반응 메커니즘에서 흔히 관찰되는 오류는 이탈기로서 H_2O 대신에 HO^-를 생각하는 것이다. 이러한 오류가 생기는 이유는 HO^-를 이탈기로 사용하면 출발 물질에서 직접 탄소 양이온을 생성할 수 있기 때문인데, 이 경로가 합리적이지 않다는 것은 이탈기의 능력을 비교함으로써 설명할 수 있다(7.6.4절). 즉, 이탈기 HO^-는 짝산이 H_2O이고 $pK_a(H_2O) = 16$이므로 아주 약한 이탈기이고, 이탈기 H_2O는 짝산이 H_3O^+이고, $pK_a(H_3O^+) = -1.7$이므로 강한 이탈기이다. S_N1 반응은 이탈기 능력이 증가할수록 반응 속도가 증가하므로, 산성 조건에서는 C−OH 결합이 아니라 반드시 C−OH_2^+ 결합이 끊어지는 경로를 따라야 한다.

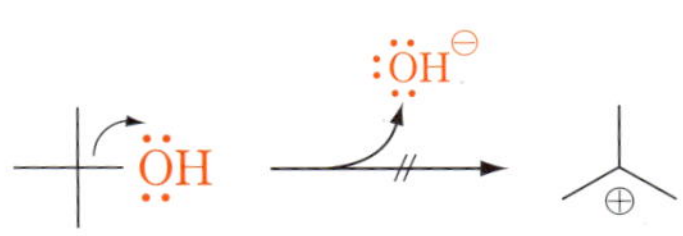

예제 7.7

아래의 반응은 S_N2 및 E2 반응으로 진행되지 않는다. 합리적인 이유를 제안하시오.

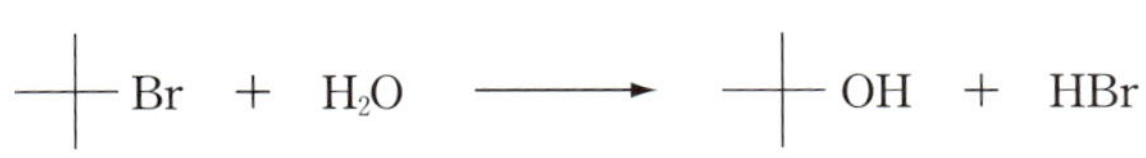

풀이

이 반응은 3차 브로민화 뷰틸과 물이 반응하여 *tert*-뷰탄올과 HBr을 생성하는 반응이다.
알킬기의 관점에서 3차 할로젠화 알킬은 입체 장애로 인하여 S_N2 반응은 힘들다.
이탈기의 관점에서는 Br^-가 강한 이탈기이기 때문에 S_N2 및 E2 반응의 요건에 부합한다.
E2 반응이 진행되기 위해서는 강염기가 있어야 하는데 H_2O는 아주 약한 염기(HO^- 음이온은 강염기 → 짝산인 H_2O는 아주 약한 염기)인 관계로 3차 할로젠화 알킬을 사용하였음에도 불구하고 E2 반응은 어려울 것이다.

예제 7.8

아래의 반응은 S_N2 및 E2 반응으로 진행되지 않는다. 합리적인 이유를 제안하시오.

풀이

이 반응은 *tert*-뷰탄올과 강산인 HBr로부터 3차 브로민화 뷰틸과 물을 생성하는 반응이다.
알킬기의 관점에서 3차 알코올은 입체 장애로 인하여 S_N2 반응은 힘들다.
이탈기의 관점에서는 HO^-가 아주 약한 이탈기($pK_a(H_2O) = 16$)이기 때문에 S_N2 및 E2 반응의 요건에 부합하지 않는다.
또한 E2 반응이 진행되기 위해서는 강염기가 있어야 하는데 Br^-는 아주 약한 염기(HBr은 강산 → 짝염기인 Br^-은 아주 약한 염기)인 관계로 3차 할로젠화 알킬을 사용하였음에도 불구하고 E2 반응은 어려울 것이다.

7.8.5 용매

일반적으로 S_N1 반응은 반응 속도 결정 단계에서 중성의 출발 물질이 이온화하여 탄소 양이온과 음이온 이탈기를 생성하는데, 이 과정에서 총 전하량이 증가한다.

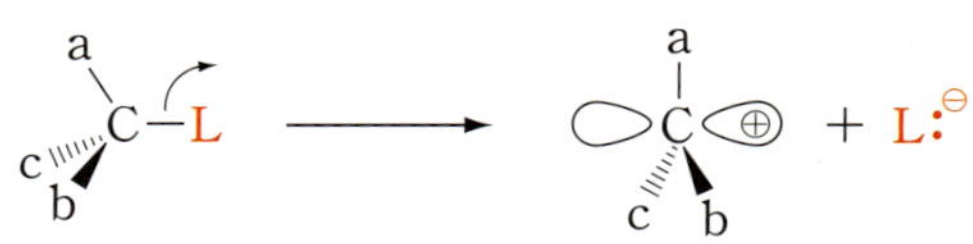

총 전하량의 증감에 따른 용매화 효과는 S_N2 반응에서의 용매화 효과(7.6.6절)처럼 설명할 수 있다. 중성의 출발 물질은 극성 양성자성 용매 및 극성 비양성자성 용매 등과 무관하게 용매화에 의한 안정화가 비슷하고, 탄소 양이온과 음이온 이탈기의 용매화는 극성 비양성자성 용매보다 수소 결합이 가능한 양성자성 용매에서 훨씬 크다.

여기에 "반응 유형이 비슷한 반응에서는 생성 물질의 열역학적 에너지가 낮을수록 활성화 에너지가 감소하고, 그 결과 생성 속도가 증가한다."는 Hammond 가설을 적용해 보자. S_N1 반응의 반응 속도 결정 단계는 C−L 공유 결합이 끊어지는 흡열 반응이므로 전이 상태는 생성물(탄소 양이온 및 음이온 이탈기)에 더 가깝고, 탄소 양이온 및 음이온 이탈기는 극성 양성자성 용매에서 훨씬 더 안정하므로 Hammond 가설에 의하여 S_N1 반응은 극성 양성자성 용매에서 더 빠르게 진행됨을 예측할 수 있다. 실제로 많은 S_N1 반응은 용매의 극성이 증가하면 반응 속도가 증가한다.

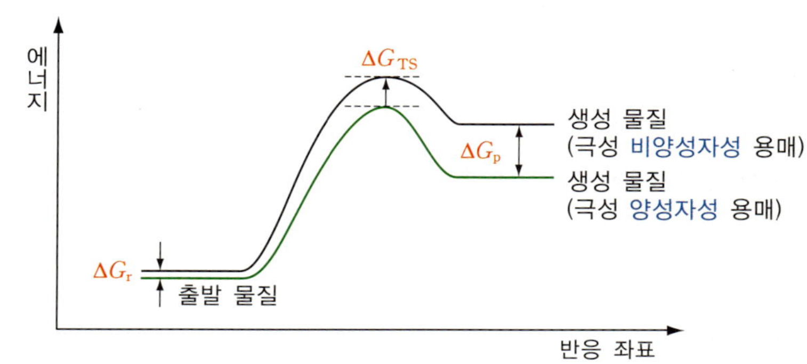

그림 7-18 극성 양성자성 용매 및 극성 비양성자성 용매에서의 S_N1 반응 에너지 도표

$H_2O-EtOH$ 용매를 사용하는 아래의 반응에서 물의 비율이 증가하면, 즉 용매의 극성 양성자성이 증가하면 S_N1 반응 속도가 크게 증가함을 알 수 있다. 용매를 [$MeOH \rightarrow HCO_2H \rightarrow H_2O$]로 변화시켜서 극성 양성자성을 증가시켰을 때에도 반응 속도는 증가한다.

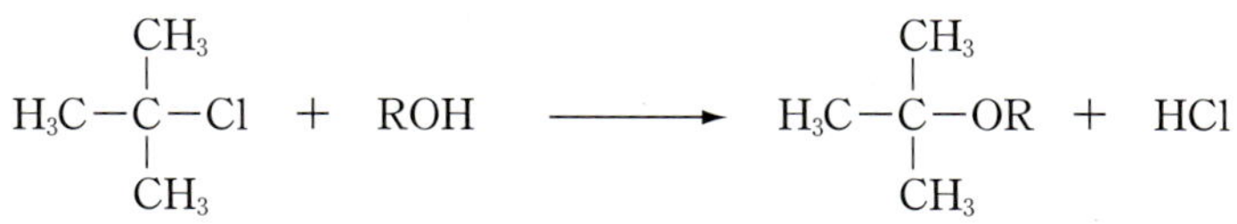

H_2O : EtOH	반응 속도
0 : 100	1
60 : 40	1×10^2
80 : 20	1.4×10^4
100 : 0	1×10^5

용매	반응 속도
MeOH	1
HCO_2H	1.25×10^3
H_2O	3.75×10^4

용매화가 극성 비양성자성 용매보다는 극성 양성자성 용매에서 훨씬 잘 진행된다는 사실에 기반하여 S_N1 반응과 S_N2 반응에서 용매의 영향을 정리하면 다음과 같다. 일반적으로 S_N2 반응에서는 전이 상태보다는 출발 물질에서 용매화가 잘 진행되기 때문에 극성 비양성자성 용매에서 반응이 잘 진행되고, S_N1 반응에서는 출발 물질보다는 전이 상태에서 용매화가 잘 진행되기 때문에 극성 양성자성 용매에서 반응이 잘 진행된다.

예제 7.9

아래의 반응은 S_N2 반응을 일반화한 것이다. 이 경우에 전이 상태보다는 출발 물질에서 용매화가 잘 진행될 것이라는 것을 추론하시오.

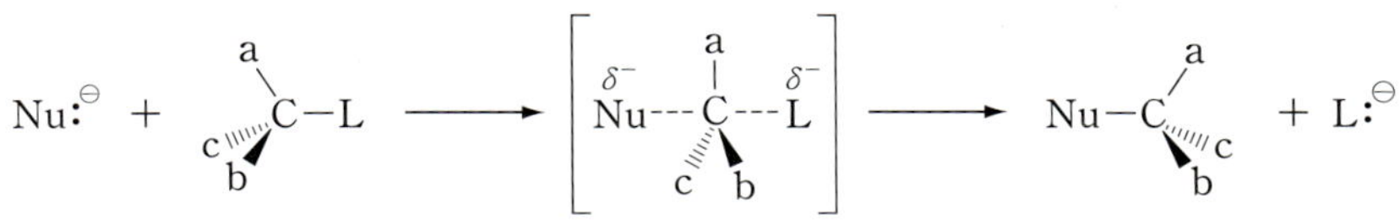

풀이

출발 물질에는 전하가 친핵체 음이온에 집중되어 있고, 전이 상태에서는 음이온이 한 곳에 집중되지 못하고 넓은 범위에 분산되어 있다. 일반적으로 용매화에 의한 안정화는 전하가 집중되어 있는 경우에 효과가 훨씬 크다.

용매화는 세 가지 힘, 즉 분산력, 쌍극자–쌍극자 힘, 수소 결합으로 설명한다. 극성 비양성자성 용매에서는 분산력 및 쌍극자–쌍극자 힘이 가능하고 극성 양성자성 용매에서는 분산력, 쌍극자–쌍극자 힘, 수소 결합이 모두 가능하기 때문에 용매화에 의한 안정화는 극성 양성자성 용매에서 가장 크다.

위의 두 가지를 종합하면 용매화는 전이 상태보다는 전자가 집중된 출발 물질에서 더 효과적으로 일어나고, 용매화의 세기는 극성 양성자성 용매에서 더 강하게 일어난다.

예제 7.10

다음 반응은 S_N1 반응을 일반화한 것이다. 이 경우에 출발 물질보다 중간체에서 용매화가 잘 진행될 것이라는 것을 추론하시오.

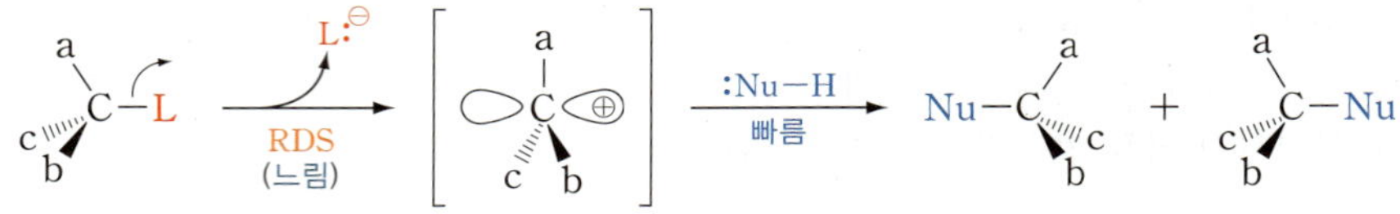

풀이

출발 물질에는 이온성 물질이 없고, 중간체는 음이온 및 양이온이 한 원자에 집중되어 있다. 일반적으로 용매화에 의한 안정화는 전하가 집중되어 있는 경우에 효과가 훨씬 크다.

용매화는 세 가지 힘, 즉 분산력, 쌍극자–쌍극자 힘, 수소 결합으로 설명한다. 극성 비양성자성 용매에서는 분산력 및 쌍극자–쌍극자 힘이 가능하고 극성 양성자성 용매에서는 분산력, 쌍극자–쌍극자 힘, 수소 결합이 모두 가능하기 때문에 용매화에 의한 안정화는 극성 양성자성 용매에서 가장 크다.

위의 두 가지를 종합하면 용매화는 출발 물질보다는 전자가 집중된 중간체에서 더 효과적으로 일어나고, 용매화의 세기는 당연히 극성 양성자성 용매에서 더 강하게 일어난다.

7.8.6 입체 화학 뒤섞임

유일한 카이랄 탄소가 C–L 탄소에 있는 카이랄 화합물에서 S_N1 반응이 진행되어 새로운 카이랄 탄소를 생성하는 경우에, 이론적으로 생성물은 광학 활성이 없는 라셈체 혼합물이 되어야 한다(6.7.1절, 6.7.2절, 7.8.1절). 그러나 많은 S_N1 반응에서는 라셈체 혼합물 대신에 반전된 배열의 생성물이 조금 더 많은 혼합물이 얻어지는데, 이러한 현상을 **입체 화학 뒤섞임**(**scrambling**)이라고 한다.

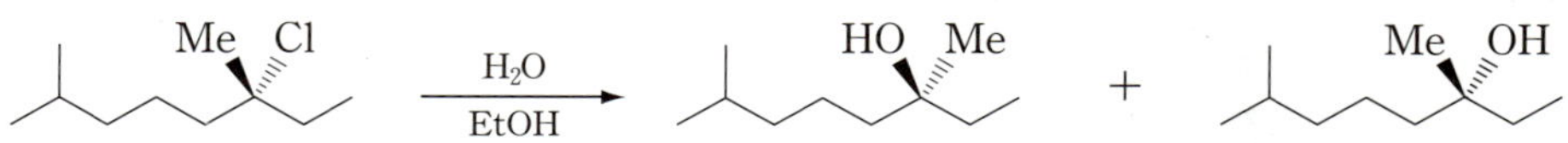

반전 보존

60 : 40
(20% 반전) (80% 라셈화)

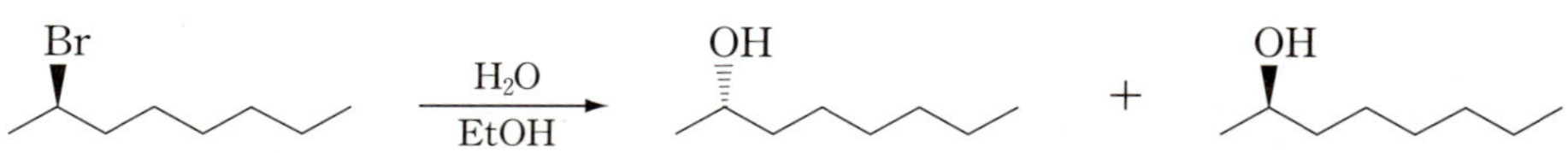

반전 보존

83 : 17
(66% 반전) (34% 라셈화)

이러한 실험 결과는 다음과 같이 설명한다. 만약 S_N1 반응에서 탄소 양이온과 이탈기가 완전히 분리되면 탄소 양이온은 비카이랄성의 sp^2 혼성 오비탈을 가지므로 이로부터 라셈체 생성물이 제공된다. 반면에, 탄소 양이온과 이탈기 사이에 약한 정전기적 인력이 작용하여 이온쌍(loosely associated ion pair)을 형성하면 친전자체가 S_N2 반응처럼 이탈기의 반대쪽에서 접근하는 비율이 증가하여 입체 화학 뒤섞임이 일어날 수 있다.

메커니즘 7-8 입체 화학 뒤섞임 메커니즘

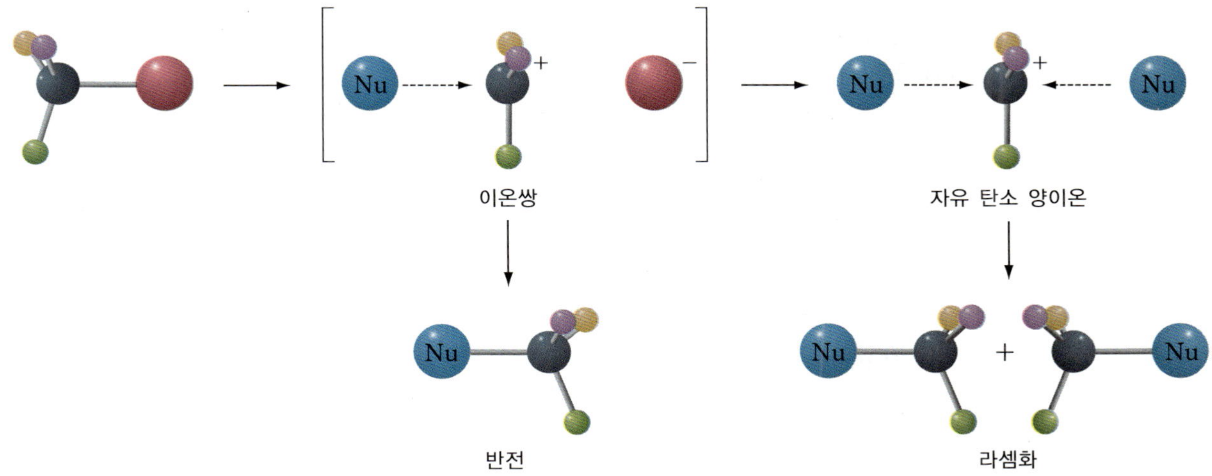

7.8.7 탄소 양이온 자리 옮김 반응

알켄의 할로젠산 첨가 반응에서는 탄소 양이온이 존재하는 증거로서 탄소 양이온 자리 옮김 반응을 제시하였다(4.7.7절). 이와 마찬가지로 S_N1 반응에서도 탄소 양이온이 존재한다는 사실을 탄소 양이온 자리 옮김 반응으로 설명한다.

물에서 2-브로모-3-메틸뷰테인의 가용매 분해 반응(solvolysis)을 하면 2-메틸뷰탄-2-올이 생성된다.

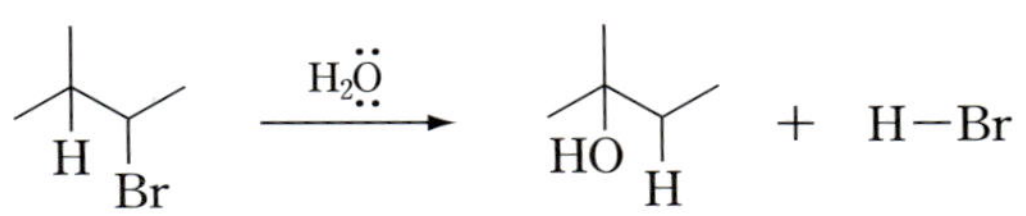

메커니즘 7-9 2-브로모-3-메틸뷰테인의 가용매 분해 반응 메커니즘

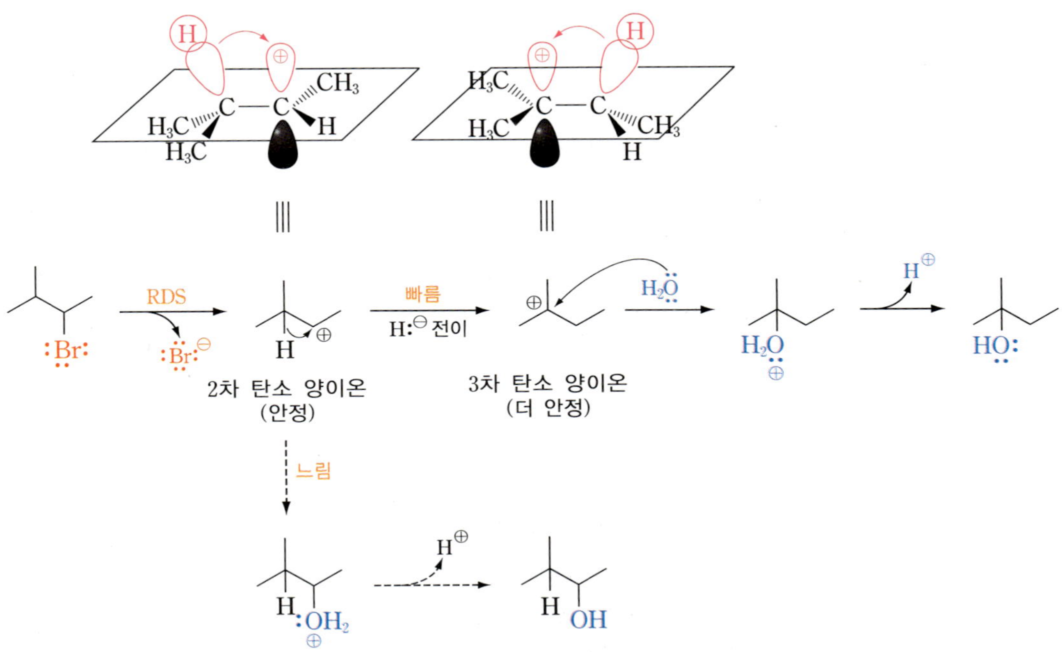

이 반응의 메커니즘은 다음과 같다. 우선 C−Br 결합이 끊어지면서 Br^- 음이온과 탄소 양이온이 생성되고, 이웃한 3차 C−H 결합이 끊어지면서 수소 음이온($H:^-$, hydride)의 자리 옮김 반응이 일어난다. 계속해서 3차 탄소 양이온과 물의 산소 고립 전자쌍이 반응하여 옥소늄 이온(oxonium ion)을 형성한 후, 최종적으로 중성인 물 분자와의 산−염기 작용에 의하여 생성물이 얻어진다.

위 반응에서 $H:^-$의 자리 옮김 반응 속도가 2차 탄소 양이온이 물과 반응하는 속도보다 큰 이유는 자리 옮김 반응에 의하여 열역학적으로 더 안정한 3차 탄소 양이온이 생성되기 때문이다. 만약에 자리 옮김 반응 속도와 2차 탄소 양이온과 물의 반응 속도가 충분히 경쟁할 정도이면 S_N1 생성물과 자리 옮김 생성물을 동시에 얻을 수 있다.

7.8.8 요약

S_N2 및 E2 반응의 기본적인 특징들을 충분히 이해한다는 가정 하에서, S_N1 반응의 알킬기, 염기, 이탈기, 용매 등의 영향을 종합적으로 요약해 보자.

선형 할로젠화 알킬에서 α-치환체의 수가 증가하면 중간체인 탄소 양이온의 안정성이 커지기 때문에 반응 속도가 증가한다. 일반적으로 알킬기의 반응성은 [3차 > 2차 > 1차 > 메틸]로서, 이러한 반응성 순서는 E2 반응과 같고(7.7.2절), S_N2 반응과는 정반대이다(7.6.2절).

친핵체는 S_N1의 반응 속도 결정 단계에 관여하지 않으므로 중요한 요인이 될 수 없다. 참고로 S_N2 반응에서는 친핵체의 친핵성도가 좋을수록 반응 속도가 증가하고, E2 반응에서는 염기성이 클수록 반응 속도가 증가한다.

이탈기($L:^-$)의 능력이 증가할수록 반응 속도가 증가한다. 일반적으로 $pK_a(L-H) < 0$이면 강한 이탈기, $pK_a(L-H) > 10$이면 아주 약한 이탈기, $0 < pK_a(L-H) < 10$이면 약한 이탈기라고 판단할 수 있다(S_N2 및 E2와 동일).

용매는 탄소 양이온과 이탈기 음이온을 잘 안정시키는 극성 양성자성 용매에서 가장 빠르게 진행된다. 참고로 S_N2 반응은 극성 양성자성 용매에서 가장 느리고, 극성 비양성자성 용매에서 가장 빠르다.

7.9 일분자 제거 반응(E1)

7.9.1 서론

중성의 출발 물질과 약한 염기(B:) 사이에 E1 반응이 진행되는 과정을 초고속 디지털 카메라로 촬영하였다고 가정한 후, 해당 파일을 저속으로 재생하면 아래의 경로에 해당하는 반응 좌표를 예상할 수 있다. 즉, E1 반응은 우선 출발 물질에서 이탈기($L:^-$)가 떨어지면서 탄소 양이온 중간체를 생성하고, 그 이후에 고립 전자쌍을 갖는 약한 염기(B:)가 β-H 원자와 반응함과 동시에 C=C π-결합을 생성하는 이단계 반응으로 구성된다. 이러한 반응을 **일분자 제거 반응(E1, unimolecular elimination reaction)**이라고 한다.

E1 반응의 일반적인 특징은 다음과 같다.

- E1 반응은 중간체 한 개, 전이 상태 두 개인 이단계 반응으로 구성된다. E1 반응의 첫 번째 단계는 C−L 공유 결합이 끊어지면서 탄소 양이온과 이탈기($L:^-$)를 생성하는 반응으로, S_N1 반응의 첫 번째 단계와 동일하다(7.8.1절). 두 번째 단계에서는 $B-H-C_\beta-C_p$가 준평면 배열을 하면서 B−H 결합을 생성하고, $H-C_\beta$ 결합을 끊고, 동시에 C=C π-결합을 형성한다.
- E1 반응의 첫 번째 단계는 C−L 공유 결합이 끊어지는 흡열 반응이고, 두 번째 단계는 B−H 결합 및 C=C π-결합이 생성되고 C−H 결합이 끊어지는 발열 반응이기 때문에 반

응 속도 결정 단계(RDS)는 첫 번째 단계이다. 즉, 반응 속도는 k[RX](1차식)로 표현되고, RDS에 한 개의 화학종(RX)이 참여하므로 일분자 반응(unimolecular reaction)이 된다. E1 반응에서 숫자 '1'은 반응 속도에서의 1차식 반응이 아니라 '일분자 반응'의 1을 의미한다.

- E1 반응에서는 RDS가 아닌 곳에서 C_β—H 결합이 끊어진다. 이것은 E1 반응에서 C_β—H와 C_β—D 결합이 서로 경쟁하는 경우에 E2 반응(7.7.1절)과는 다르게 반응 속도의 차이가 크지 않음을 의미하는데, 이것을 **이차 동위 원소 효과(secondary isotope effect)**라고 한다.

메커니즘 7-10 중성 물질과 약한 염기 사이의 E1 반응 메커니즘

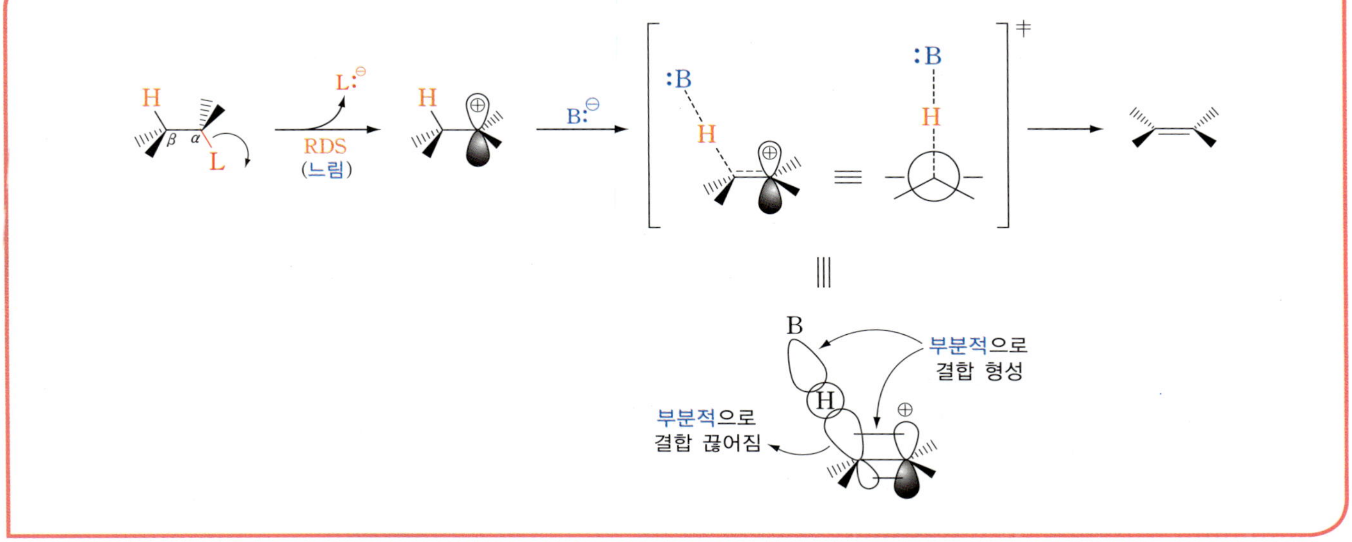

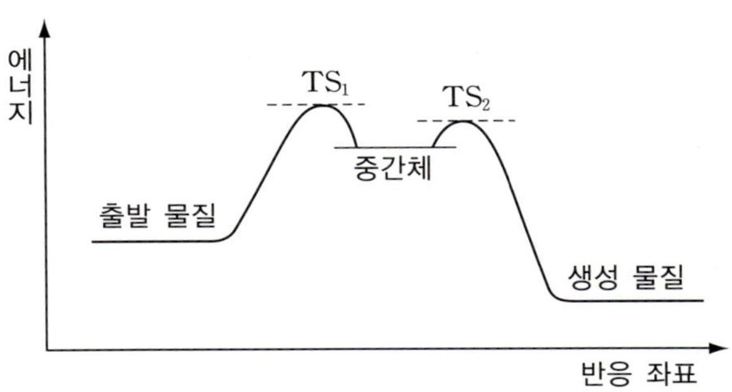

그림 7-19 일분자 제거 반응의 에너지 도표

아래의 반응은 t-BuCl이 물–에탄올 용매에서 반응하여 t-BuOH 및 2-메틸프로펜을 생성하는 반응이다. 이 반응은 3차 할로젠화 알킬을 사용하기 때문에 S_N2 반응이 불가능하고, 물 또는 에탄올이 아주 약한 염기이기 때문에 E2 반응도 어려울 것이다. 반면에, C—Cl 결합이 끊어져서 3차 탄소 양이온과 Cl^- 음이온을 생성하는 반응은 양성자성 용매를 사용하기 때문에 무난할 것이고, 그 이후에 물이 약한 친핵체로서 탄소 양이온을 공격하여 t-BuOH를 생성(E1)하거나 또는 물이 약염기로서 3차 탄소 양이온의 C_β—H 원자와 반응하여 2-메틸프로펜(E1)을 제공할 수 있다.

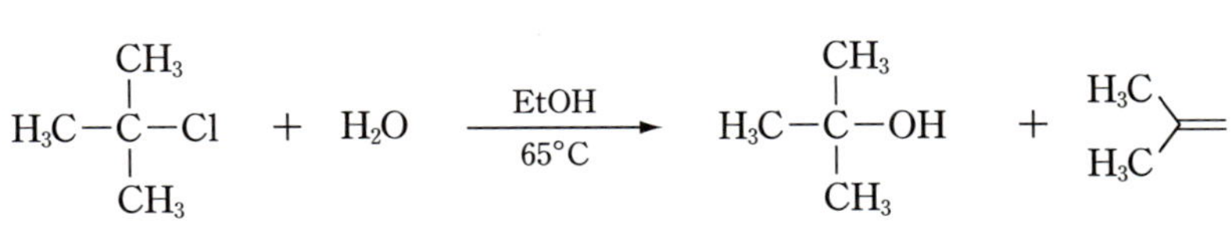

7.9.2 요약

S_N2 및 E2, 그리고 S_N1 반응의 기본적인 특징들을 충분히 이해한다는 가정 하에서, E1 반응의 알킬기, 염기, 이탈기, 용매 등의 영향에 대하여 종합적으로 요약해 보자.

E1 반응은 S_N1 반응과 첫 번째 단계를 공유하기 때문에 알킬기의 영향은 S_N1 반응과 동일하다. 즉, 선형 할로젠화 알킬에서 α-치환체의 수가 증가하면 중간체인 탄소 양이온의 안정성이 커지기 때문에 반응 속도가 증가한다. 일반적으로 알킬기의 반응성은 [3차 > 2차 > 1차 > 메틸]로서, 이러한 반응성 순서는 E2 반응과 같고(7.7.2절), S_N2 반응과는 정반대이다(7.6.2절).

염기는 E1 반응의 반응 속도 결정 단계에 관여하지 않으므로 중요한 요인이 될 수 없다. 참고로 S_N2 반응에서는 친핵체의 친핵성이 좋을수록 반응 속도가 증가하고, E2 반응에서는 염기성이 클수록 반응 속도가 증가하며, S_N1 반응에서 친전자체는 중요한 요인이 아니다.

이탈기($L:^-$)의 능력이 증가할수록 반응 속도가 증가한다. 일반적으로 $pK_a(L-H) < 0$이면 좋은 이탈기, $pK_a(L-H) > 10$이면 아주 약한 이탈기, $0 < pK_a(L-H) < 10$이면 약한 이탈기라고 판단할 수 있다(S_N2, E2, S_N1와 동일).

용매는 탄소 양이온과 이탈기 음이온을 잘 안정시키는 극성 양성자성 용매에서 가장 빠르게 진행된다(S_N1과 동일). 참고로 S_N2 반응은 극성 양성자성 용매에서 가장 느리고, 극성 비양성자성 용매에서 가장 빠르다.

7.10 친핵성 치환 반응 및 제거 반응(요약)

7장에서는 S_N2, E2, S_N1 및 E1 반응들을 알킬기, 친핵체 또는 염기, 이탈기, 용매 등 네 가지 중요한 요인을 중심으로 상세하게 기술하였다. 이와 동시에 특정 반응이 S_N2, E2, S_N1, E1 중에서 어떠한 경로로 진행하는가를 합리적으로 예측하기 위하여 이들 반응의 특징, 공통점 및 차이점들을 비교하였다.

특정 반응이 S_N2, E2, S_N1 및 E1 반응 중에서 어떠한 경로를 따른 것인가를 판단하기 위해서 필요한 핵심 사항들을 아래의 표에 정리하였다.

표 7-5 S_N2, E2, S_N1, E1 반응의 특징

분류	S_N2	E2	S_N1	E1
알킬기	1차 > 2차	3차 > 2차 > 1차	3차 > 2차	3차 > 2차
친핵체 /염기	강한 친핵체 (약한 염기)	강한 염기 (약한 친핵체)	약한 친핵체 (아주 약한 염기)	약한 염기 (아주 약한 친핵체)
이탈기	강한 이탈기	강한 이탈기	강한 이탈기	강한 이탈기
용매	극성 비양성자성		극성 양성자성	극성 양성자성

이탈기의 경우에는 S_N2, E2, S_N1 및 E1 반응의 종류와 무관하게 강한 이탈기가 필수 조건이다. 참고적으로 $pK_a(L-H) < 0$이면 강한 이탈기, $pK_a(L-H) > 10$이면 아주 약한 이탈기, $0 < pK_a(L-H) < 10$이면 약한 이탈기라는 잠정적인 기준은 매우 유용하다.

S_N2 반응은 1차 할로젠화 알킬 및 염기성이 작은 강한 친핵체의 반응이 이상적이다. 1차 할로젠화 알킬은 입체 장애가 작아서 친핵체가 C−L의 탄소 원자에 접근하기가 쉽고, 1차 탄소 양이온을 생성하는 것이 불가능하기 때문에 S_N1 및 E1 경로를 억제할 수 있다. 2차 할로젠화 알킬도 S_N2 반응이 가능하지만 입체 장애 때문에 S_N2 반응 속도가 느려지면서 E2, S_N1, E1 등의 부반응이 일어날 수 있다. 친핵체는 염기성이 크면 E2 가능성을 배제할 수 없어 약한 염

기성의 강한 친핵체가 가장 이상적이다. 약한 염기성을 갖는 강한 친핵체로는 I^-, RS^-, N_3^-, CN^- 등 음이온 화학종이 대부분이다. 용매는 극성 비양성자성 용매가 가장 좋지만, 경우에 따라서는 극성 양성자성 용매를 사용해야 하는 경우도 있다.

pK_a(HI) = −10.4, pK_a(RSH) = 11, pK_a(HN_3) = 4.6, K_a(HCN) = 9

E2 반응은 3차 할로젠화 알킬 및 강한 염기의 반응이 이상적이다. 3차 할로젠화 알킬은 입체 장애가 커서 S_N2 경로를 억제할 수 있지만, 반대로 C−L 결합이 끊어져서 열역학적으로 안정한 3차 탄소 양이온을 생성하는 S_N1 및 E1 경로가 경쟁할 수 있기 때문에, C−L 결합이 끊어지기 이전에 C_β−H 수소와 먼저 반응할 수 있는 강한 염기가 필요하다. 이러한 염기들은 HO^-를 포함하여 이보다 강한 염기인 R^-, R_2N^- 등 음이온 화학종인 경우가 대부분이다. 2차 할로젠화 알킬도 E2 반응이 가능하지만 3차 할로젠화 알킬과 비교하면 E2 반응 속도가 느리고, S_N1 및 E1 등의 부반응 가능성은 작지만 S_N2의 가능성은 증가할 수 있다. 1차 할로젠화 알킬에서 E2 반응을 진행하려면 *t*-BuO^- 등의 입체 장애가 아주 큰 강한 염기를 사용하는 경우에만 가능하다.

pK_a(H_2O) = 16, pK_a(R−H) = 60, pK_a(R_2NH) = 40

S_N1 및 E1 반응은 우선적으로 C−L 결합이 끊어져서 탄소 양이온이 생성되어야 하므로 3차 할로젠화 알킬이 중요한 필요 조건이고, 3차 할로젠화 알킬은 강염기와 E2 반응을 하므로 강염기가 없어야 하며, 탄소 양이온이 안정적으로 존재할 수 있도록 용매화 능력이 가장 좋은 극성 양성자성 용매를 사용하는 것이 필요하다. 탄소 양이온이 생성된 후에는 친핵체 및 염기의 상대적인 세기에 의하여 S_N1 및 E1 경로가 결정된다. 즉, 친핵성이 염기성보다 상대적으로 크면 S_N1 반응, 염기성이 친핵성보다 상대적으로 크면 E1 반응을 예상할 수 있으나 S_N1 및 E1 경로가 서로 경쟁하는 경우도 흔히 존재한다.

이러한 기본 정보를 사용하여 아래의 반응들이 어떠한 경로로 진행할 것인가를 판단해 보자.

첫 번째 반응은 1차 할로젠화 알킬, 강한 이탈기(TsO^-) 및 약한 염기성을 갖는 아주 강한 친핵체(CN^-)의 반응이다. CN^- 음이온은 약한 염기이므로 강한 염기가 필요한 E2 반응은 불가능하고, 1차 탄소 양이온은 열역학적으로 매우 불안정하기 때문에 탄소 양이온의 생성이 필요한 S_N1 및 E1 반응도 진행되지 않는다. 이 반응은 극성 양성자성 용매를 사용한다는 점을 제외하면 1차 할로젠화 알킬, 강한 이탈기(TsO^-) 및 약한 염기성을 갖는 아주 강한 친핵체(CN^-)의 사용 등 S_N2 반응에 최적화한 요소들을 모두 만족한다. 따라서 이 반응은 S_N2로 진행됨을 예상할 수 있다.

pK_a(HCN) = 9

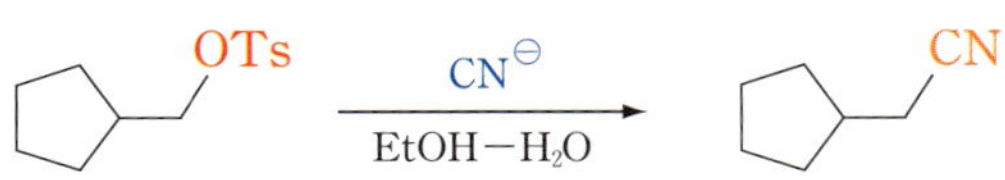

두 번째 반응은 3차 할로젠화 알킬, 강한 이탈기(Br^-) 및 약한 염기성을 갖는 아주 강한 친핵체(CN^-)의 반응이다. 우선, 3차 알킬기의 입체 장애로 인하여 친핵체의 세기와 무관하게 S_N2 반응은 불가능하고, CN^- 음이온은 약한 염기이므로 강한 염기가 필요한 E2 반응도 불가능하다. 반면에, 3차 탄소 양이온은 열역학적으로 매우 안정하고 또한 극성 양성자성 용매를 사용하기 때문에 탄소 양이온의 생성이 필요한 S_N1 및 E1 반응은 충분히 일어날 수 있다. 이때 3차 탄소 양이온은 반응성이 매우 좋아서 약한 염기성의 CN^- 음이온과 산−염기 반응을 통하여 E1 반응을 진행한다.

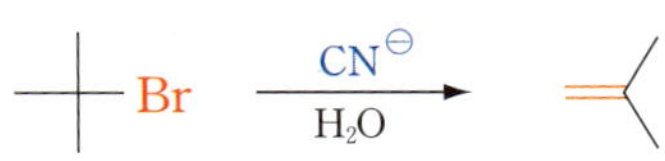

마지막 반응은 산성 조건(HCl)에서 3차 알코올, 아주 약한 이탈기(OH^-) 및 아주 약한 염기성을 갖는 강한 친핵체(Cl^-)의 반응이다. 우선, 3차 알킬기의 입체 장애로 인하여 친핵체의 세

$pK_a(HCl) = -3.9$

S_N2, E2, S_N1, E1 반응은 이탈기 능력이 커질수록 반응 속도가 증가한다. C–OH는 아주 약한 이탈기이지만 산성 조건에서는 C–OH_2^+가 되면서 강한 이탈기로 전환될 수 있다(7.6.4절, 7.8.4절).

기와 무관하게 S_N2 반응은 불가능하고, Cl^- 음이온은 아주 약한 염기이므로 강한 염기가 필요한 E2 반응도 불가능하다. 반면에, 3차 탄소 양이온은 열역학적으로 매우 안정하고 또한 극성 양성자성 용매를 사용하기 때문에 탄소 양이온의 생성이 필요한 S_N1 및 E1 반응은 충분히 일어날 수 있다. 그리고 3차 탄소 양이온은 반응성이 매우 좋아서 아주 약한 염기성의 Cl^- 음이온과 첨가 반응을 통하여 S_N1 반응을 진행한다.

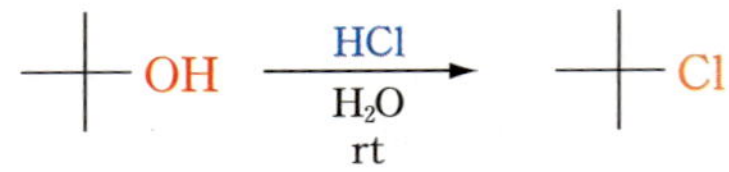

7.11 생체내 반응

생체 내에서 일어나는 대부분의 반응들은 비록 반응 조건은 다르지만 실험실에서 진행되는 경로와 매우 유사하다.

생체 내에서 진행되는 가장 대표적인 S_N2 반응은 SAM(*S*-adenosylmethionine)을 이용한 메틸 치환 반응으로서 생체 내에서 다양한 물질의 합성에 이용되고 있다.

메커니즘 7-11 생체 내에서 SAM을 이용한 메틸 치환 반응 메커니즘

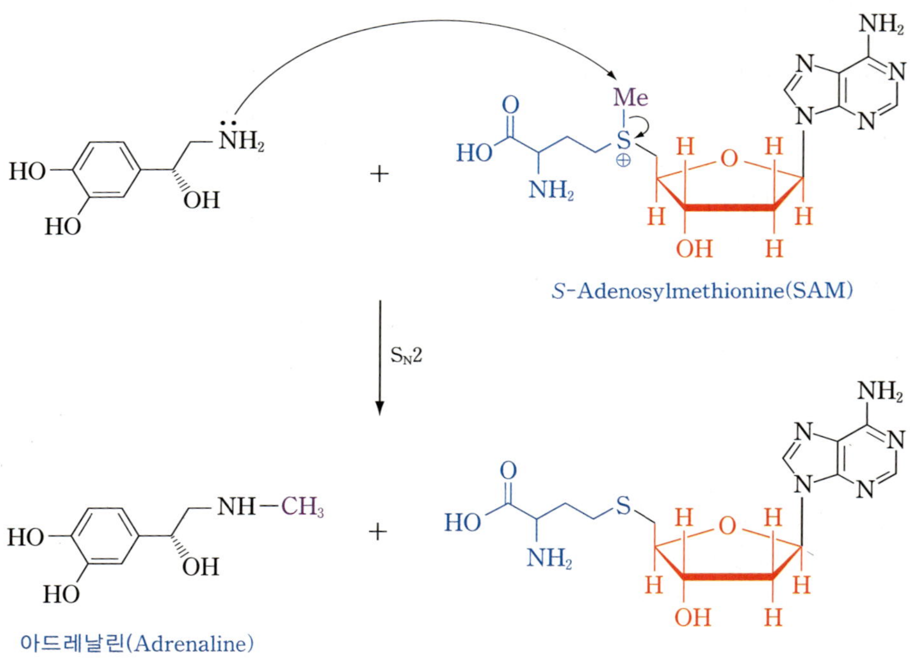

$(CH_3)_2SO_4$ 및 CH_3I 등의 물질들은 암을 일으킬 수 있는 화합물로 분류된다. 그 이유는 이 물질들이 체내에 흡수되어 단백질 및 DNA 등의 질소 및 황 원자와 반응하면 단백질 및 DNA의 변형이 일어나서 결과적으로 암을 발생시킬 수 있기 때문이다.

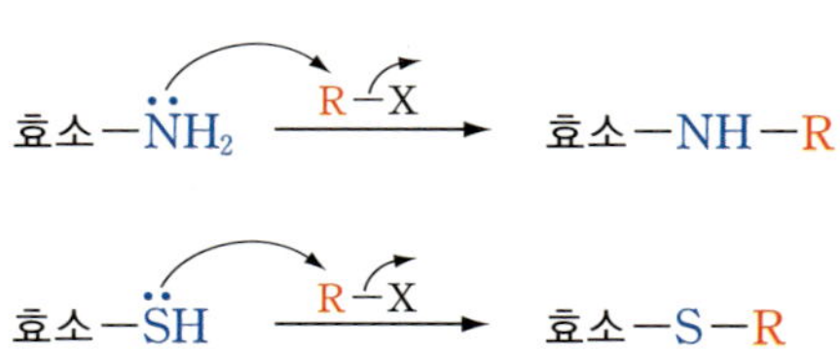

1차 세계 대전에서 약 40만 명의 목숨을 앗아간 머스터드 가스(mustard gas)의 구조는 아래와 같다. 이 물질은 생체 내에서 분자내 S_N2 반응으로 고리형 설포늄 양이온으로 전환되는데, 이 물질이 사람을 죽이는 활성 물질로서 작용한다.

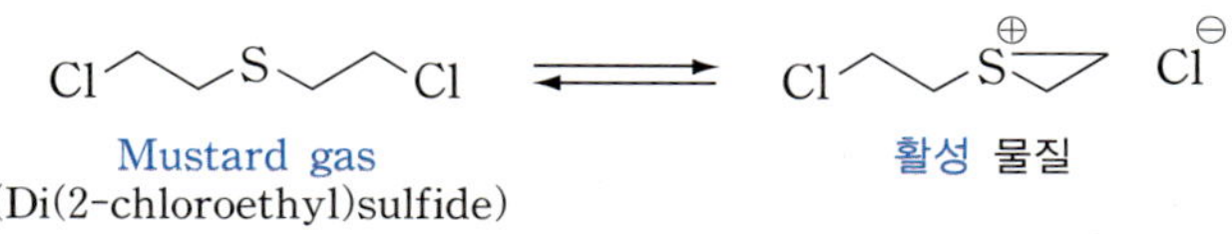

7.12 요약

7.1~7.2절에서는 할로젠화 알킬의 구조 및 명명법에 대하여 기술하였고, 7.4절에서는 할로젠화 알킬의 합성법에 대하여 알아보았다. 할로젠화 알킬은 알케인의 라디칼 할로젠화 반응으로 얻을 수 있고, 알켄을 출발 물질로 하는 경우에는 할로젠 첨가 반응, 하이포할로젠산 첨가 반응, 이온성 할로젠산 첨가 반응, 라디칼 할로젠산 첨가 반응 등을 소개하였으며, 알카인을 출발 물질로 하는 경우에는 할로젠 첨가 반응(2 당량), 이온성 할로젠산 첨가 반응(2 당량) 등을 기술하였다. 이 외에도 라디칼 메커니즘을 통한 알릴 브로민화 반응도 설명하였다.

7장에서 가장 중요한 개념은 할로젠화 알킬의 친핵성 치환 반응 및 제거 반응에 대한 내용이다. 구체적으로 S_N2, E2, S_N1, E1 반응에 대한 각각의 경로 및 특징들을 정확하게 이해하고, 이를 바탕으로 주어진 반응의 경로와 생성물을 합리적으로 유추하는 능력을 키우는 것이 중요하다. 이와 관련하여 7.5절에서는 S_N2, E2, S_N1, E1 반응을 전반적으로 소개하였고, 7.6~7.9절에서는 각각의 반응에 대한 상세한 설명과 요약을 하였으며, 7.10절에서는 전체적으로 내용을 정리하였기 때문에 추가적인 설명은 생략한다.

연습 문제

1. 원자의 공유 반지름을 참고하여 단일 공유 결합의 결합 길이를 예측하시오.

(a) O—O
(b) Br—Br
(c) N—O

2. 아래의 화합물을 명명하시오.

(a) 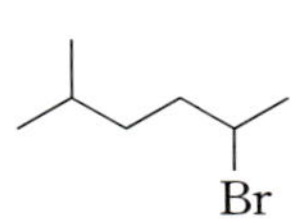

(b) 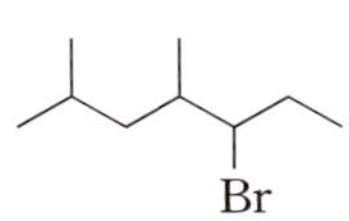

(c) 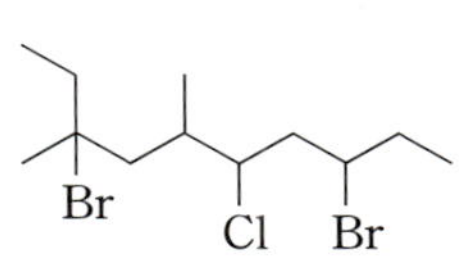

(d) 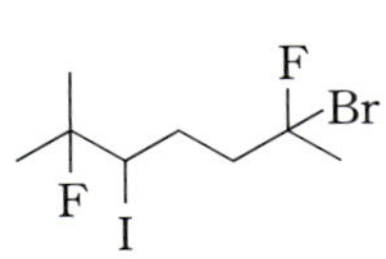

(e) 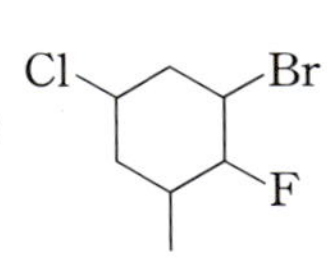

3. 아래의 화학종에서 친핵성도의 크기를 비교하시오.

(a) $H-SO_3^-$ vs. SO_3^{2-}
(b) I^- vs. Br^- vs. Cl^- vs. F^-
(c) $CH_3CO_2^-$ vs. CH_3O^- vs. H_2O

4. 용매의 영향이 없다는 가정 하에서 S_N2 반응의 진행 여부를 논리적으로 판단하시오.

(a) $CH_3-NH_2 + Cl^-$
(b) $CH_3-OSO_2CH_3 + CN^-$

5. S_N2 반응을 이용하여 아래의 물질들을 합성하였다. 가능한 출발 물질 및 시약을 예상하시오.

(a) 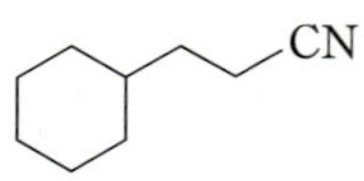

(b) 

(c) 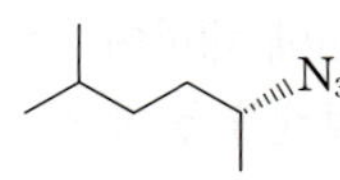

6. 메소-1,2-다이브로모-1,2-다이페닐에테인을 강염기와 반응시키면 (*E*)-1-브로모-1,2-다이페닐에텐이 선택적으로 생성된다. 그 이유를 설명하시오.

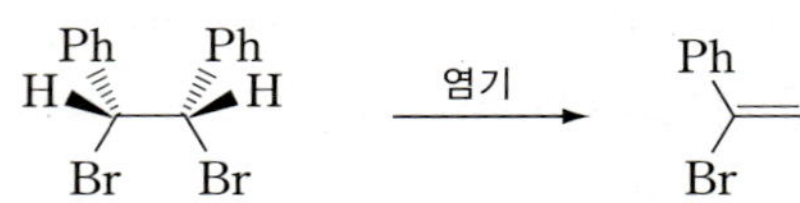

(*E*)

7. 염화 네오멘틸(neomenthyl chloride, **A**)과 염화 멘틸(menthyl chloride, **B**)을 강염기인 NaOEt로 처리하여 E2 반응을 진행하면 각각 1-아이소프로필-4-메틸사이클로헥센(**X**)과 3-아이소프로필-6-메틸사이클로헥센(**Z**)이 생성되고, 반응 속도는 **A**가 **B**보다 200배 정도 빠르다. 그 이유를 설명하시오.

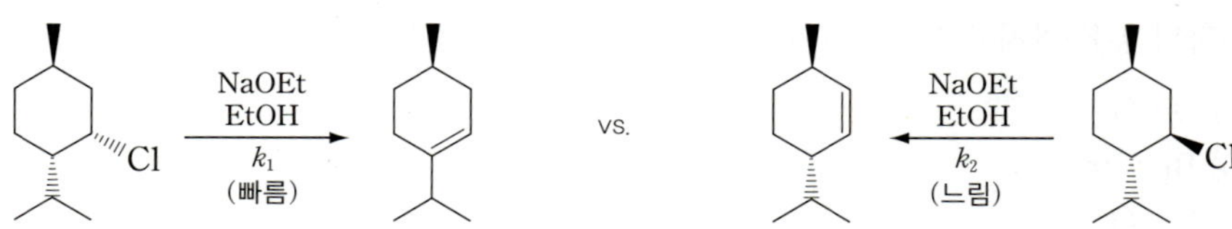

A **X** ($k_1 : k_2 = 200 : 1$) **Z** **B**

8. 아래 반응의 주생성물을 그리시오.

(a) 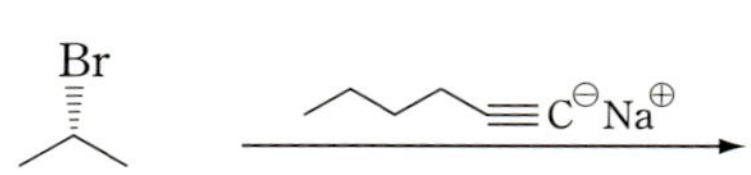

(b) 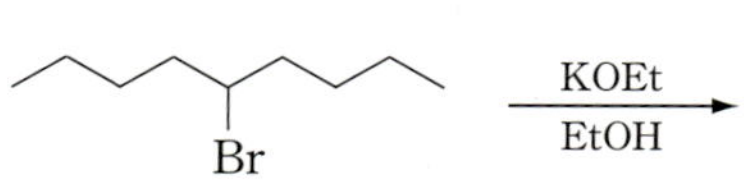

9. 아래의 반응 결과를 설명하시오.

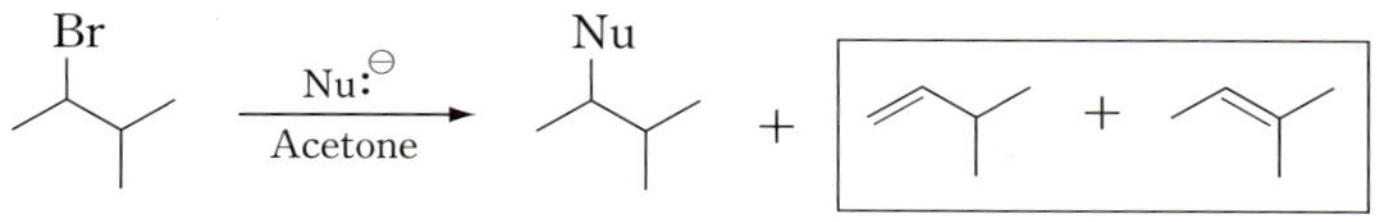

$Cl^{\ominus}$	50	:	50
$CH_3CO_2^{\ominus}$	11	:	99

10. 아래 반응의 주생성물을 각각 예상하고, 두 반응의 상대 속도를 논리적으로 추론하시오.

(a) 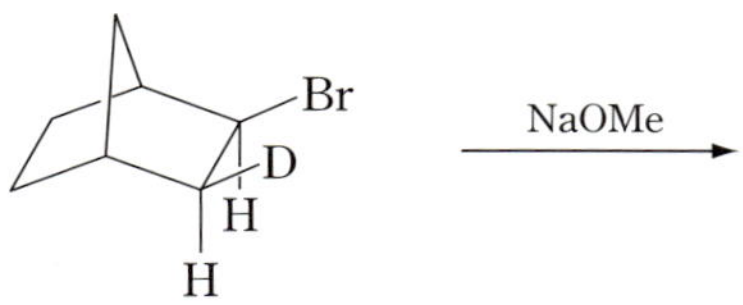

X

(b) 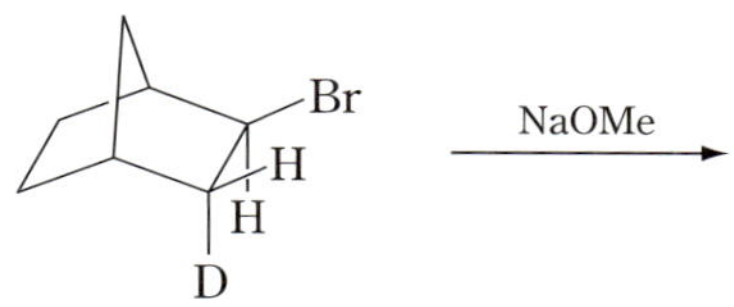

Y

11. 아래의 화합물들을 S_N1 및 E1 경로의 가능성이 감소하는 순서대로 나열하시오.

(a) 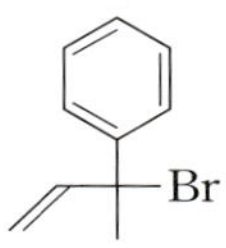

(b) 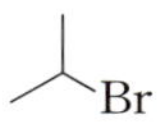

(c) 

(d) 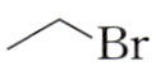

(e) 

(f) 

12. 아래의 반응들이 어떠한 경로로 진행될 것인가를 논리적으로 판단하고, 최종 생성물을 그리시오.

(a) 

(b) 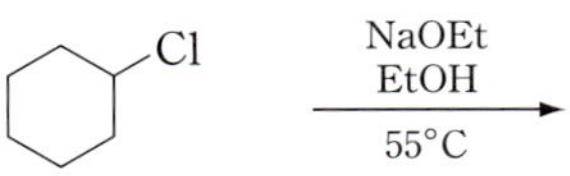

(c) 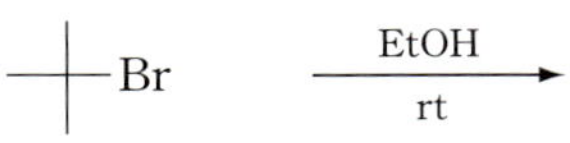

(d) 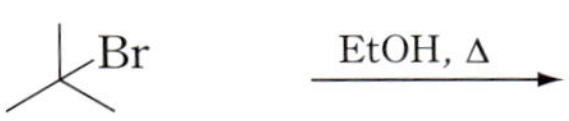

13. 아래의 3차 브로민화 알킬 화합물에서 S_N2, E2, S_N1 및 E1 반응이 잘 진행될 것인가를 추론하시오.

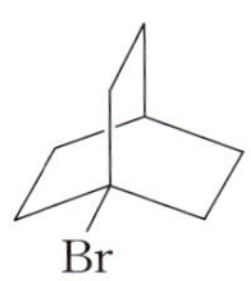

8 장

알코올 및 싸이올

8.1 서론

8장에서는 알코올과 싸이올에 대하여 기술할 예정이다. 8장의 대부분은 알코올의 구조, 명명법, 성질, 합성법, 반응 등을 설명하는 데 사용하였고, 싸이올에 대해서는 후반부에 간단히 기술하면서 8장을 마감하도록 구성하였다.

물(H−O−H)에서 한 개의 수소 원자가 알킬기로 치환된 화합물(R−O−H)을 **알코올(alcohol)**, 벤젠과 같은 아릴기로 치환된 화합물(Ar−O−H)을 **페놀(phenol)**, 이중 결합으로 치환된 화합물(C(sp^2)−O−H)을 **엔올(enol)**이라고 한다. 일반적으로 알코올은 C(sp^2)−OH 결합을 제외한 C(sp^3)−OH 결합으로 한정하는데, 그 이유는 탄소 원자의 혼성에 따라서 화학적 성질이 크게 다르기 때문이다.

H−OH	물	H−SH	황화 수소
R−OH	알코올	R−SH	싸이올
Ar−OH	페놀	Ar−SH	싸이오페놀(벤젠싸이올)
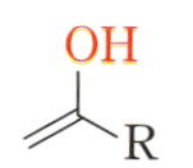	엔올		

황(S)은 주기율표에서 산소(O) 아래에 위치하는 원소로서 H−S−H는 황화 수소(hydrogen sulfide), R−S−H는 **싸이올(thiol)**, R−S−R은 **설파이드(sulfide)**, Ar−S−H는 **싸이오페놀(thiophenol, benzenethiol)**이라고 한다.

작용기 관점에서는 −OH 그룹을 **하이드록시(hydroxy)** 작용기라 하고, C−OH에서 탄소에 연결된 치환체의 수에 따라서 1차, 2차, 3차 알코올로 구분한다.

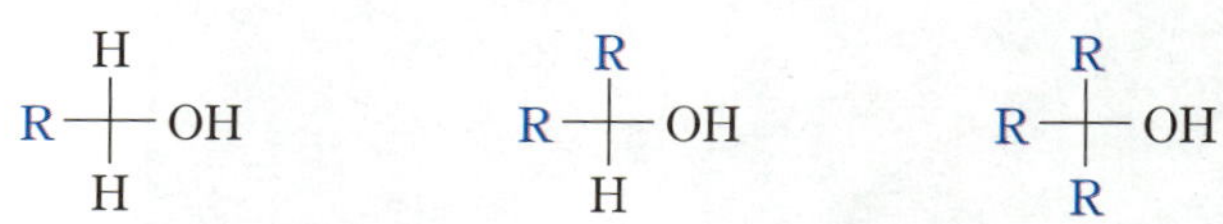

1차(1°) 2차(2°) 3차(3°)

8.2 구조

CH_3−OH에서 C−O 공유 결합은 $\sigma(C_{sp^3}-O_{sp^3})$-결합, C−H 공유 결합은 $\sigma(C_{sp^3}-H_{1s})$-결합, O−H 공유 결합은 $\sigma(O_{sp^3}-H_{1s})$-결합이다. 그리고 산소의 전기 음성도 값에서 예상할 수 있듯이 CH_3−OH에서 전자는 산소 원자 주위에 집중되어 있다.

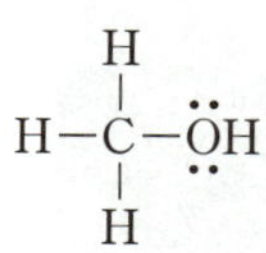

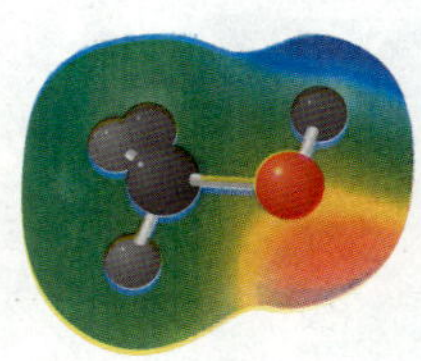

CH_3−OH의 가장 안정한 형태 이성질체는 한 개의 비틀림 무리를 갖는 가려진 형태가 아니라 이면각이 60°인 엇갈린 형태이고, 두 이성질체의 에너지 차이는 약 1 kcal/mol이다.

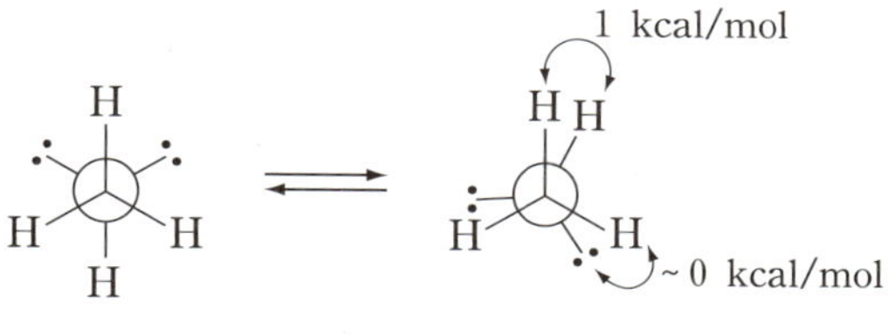

$\Delta E_{\text{회전 장벽}} \sim 1$ kcal/mol

8.3 명명법

알코올의 명명은 IUPAC의 치환체 명명법(Substitutive nomenclature)과 작용기족 명명법(Functional class nomenclature)을 함께 사용한다.

IUPAC 명명법에서 화합물 이름은 [접두사–기본명–접미사]의 형식을 갖는다. 이 때 접미사는 우선 순위가 가장 높은 작용기의 이름 및 위치, 기본명은 우선 순위가 가장 높은 작용기를 포함하는 가장 긴 탄소 사슬의 탄소 수, 접두사는 모체 사슬에 연결된 치환체의 종류 및 위치에 대한 정보를 제공한다.

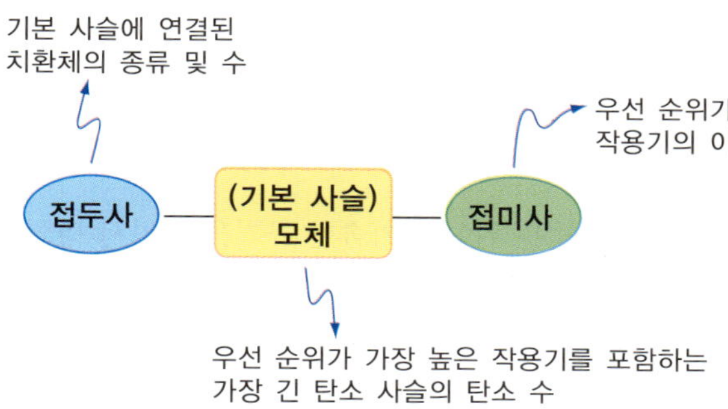

알코올 작용기의 우선 순위가 가장 높은 경우에 비고리형 화합물은 **알칸올(alkanol)**, 고리형 화합물은 **사이클로알칸올(cycloalkanol)**로 명명한다. 이것을 제외한 다른 모든 규칙들은 알케인(3.3절), 알켄(4.3절), 알카인(5.2절), 할로젠화 알킬(7.2절) 등에서 적용하는 규칙과 모두 동일하다.

IUPAC 명명법에서 작용기 우선 순위:

라디칼 > 음이온 > 양이온 > 쯔비터 이온 > 카복실산 > 카복실산 유도체(산 무수물, 에스터, 카복실산 할로젠 화합물, 아마이드) > 나이트릴 > 알데하이드 > 케톤 > 알코올 > 하이드로과산화물 > 아민 > 에터 > (알켄, 알카인) > (알케인, 할로젠화 알킬)

(1) (모체) 모체 사슬을 찾는다. 모체 사슬은 –OH의 우선 순위가 가장 높다는 가정 하에서 –OH 작용기를 포함하는 가장 긴 사슬이어야 한다.
(2) (접두사: 번호 부여) 모체 사슬을 구성하는 탄소 원자에게 번호를 부여한다.
(3) (접두사: 이름) 치환체의 이름과 번호는 반드시 1:1로 대응한다.
(4) 화합물 이름은 '빈칸 없이' 한 단어로 작성한다.

작용기족 명명법은 [알킬 알코올(alkyl alcohol)]의 형식을 사용한다. 이 방법은 구조가 간단한 화합물의 상용명(common name)에서 많이 사용하는데, 화합물의 구조가 복잡해지면 사용하기가 매우 어려워지는 단점이 있다.

이러한 기본 규칙을 단계별로 적용하는 예를 들어 보자.

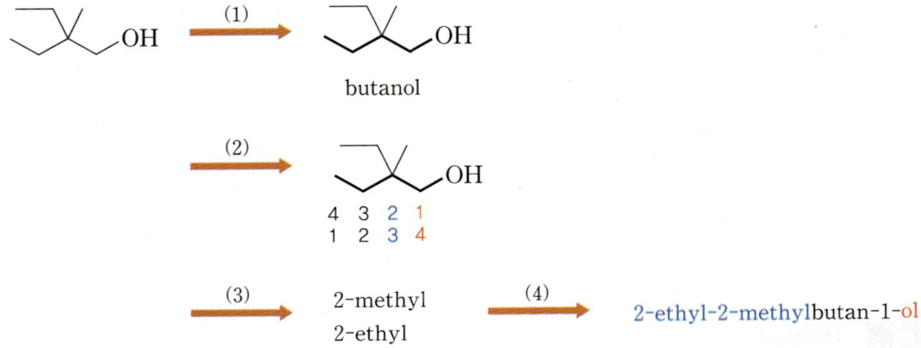

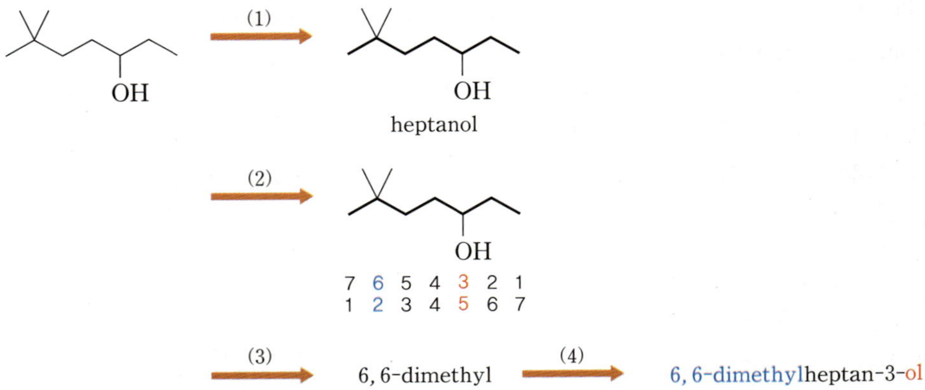

다양한 구조를 갖는 알코올 화합물들을 위에서 기술한 규칙을 따라서 명명하였다. 이 중에서 괄호 속의 이름들은 통상적으로 많이 사용하는 이름으로서, IUPAC 명명법과는 무관하게 함께 기억해야 한다.

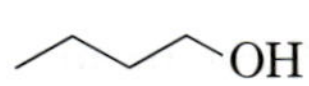

butan-1-ol
n-butyl alcohol
n-butanol

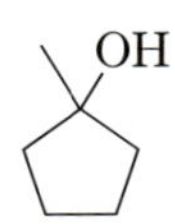

1-methylcyclopentanol

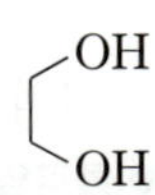

ethane-1,2-diol
(ethylene glycol)

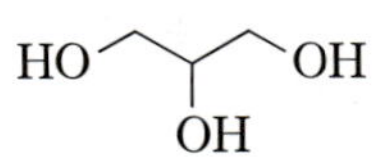

propane-1,2,3-triol
(glycerol)

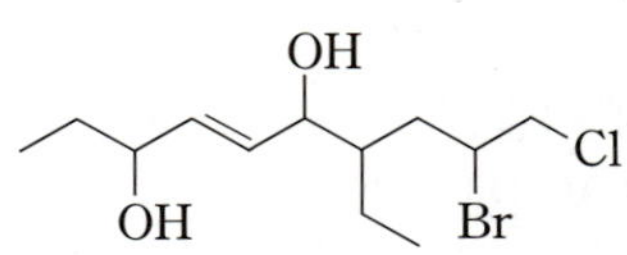

(*E*)-9-bromo-10-chloro-7-ethyldec-4-ene-3,6-diol

예제 8.1

아래의 화합물을 명명하시오.

(a)

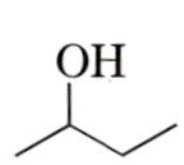

(b)

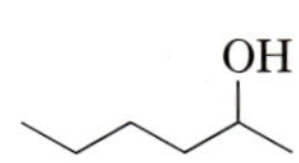

(c) 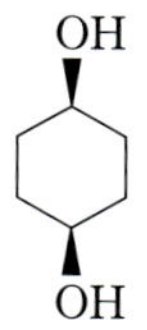

(d) 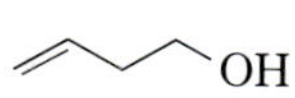

풀이

(a) butan-2-ol, *sec*-butyl alcohol

(b) hexan-2-ol

(c) *cis*-cyclohexane-1,4-diol

(d) but-3-en-1-ol

8.4 물리적 성질

알케인(3.4절), 알켄(4.4절), 알카인(5.3절)에서는 C−C, C=C, C≡C 및 C−H 등의 비극성 공유 결합만이 있어서 분자 사이에는 가장 약한 분산력만 가능하고, 그 결과 끓는점이 매우 낮았다. 반면에, 할로젠화 알킬(7.3절)은 C−X 결합이 극성을 띠기 때문에 분자 사이에 분산력과 쌍극자−쌍극자 인력이 동시에 존재하고, 따라서 끓는점은 알케인, 알켄, 알카인 등과 비교하여 훨씬 더 높았다.

알코올은 C−O 결합이 극성을 띠기 때문에 분자 사이에 분산력과 쌍극자−쌍극자 힘이 동시에 존재하는 것은 물론이고, O−H 결합을 이용한 수소 결합도 가능하기 때문에 유사한 분자량의 할로젠화 알킬보다 끓는점이 훨씬 더 높다는 특징을 갖는다.

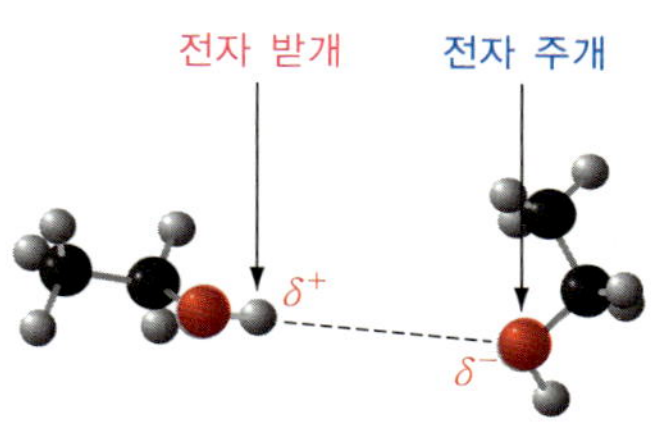

표 8-1 알코올과 할로젠화 알킬의 끓는점 비교

화합물	분자량	끓는점(℃)	화합물	분자량	끓는점(℃)
CH_3OH	32	65			
CH_3CH_2OH	46	79	CH_3Cl	44	−24
$CH_3(CH_2)_2OH$	60	97	CH_3CH_2Cl	58	12

용해도 측면에서는 기본적으로 “Like dissolves like.”, 즉 “성질이 비슷한 물질끼리 섞인다.”는 원칙을 적용할 수 있다. 기본적으로 −OH는 극성 작용기이지만 알킬기에서 탄소의 수가 증가하면 화합물의 극성은 점진적으로 감소하면서 물에 대한 용해도가 함께 줄어든다. 예를 들면 MeOH, EtOH, *n*-PrOH, *i*-PrOH처럼 탄소 수가 적은 알코올들은 물하고 완전히 섞이지만(miscible), 옥탄-1-올은 물 100 mL에 0.5 g만이 녹는다.

n-BuOH와 *t*-BuOH처럼 탄소 수가 같은 경우에는 화합물의 구조에 따라서 용해도가 다를 수 있다. *n*-BuOH은 선형의 화합물로서 구형인 *t*-BuOH보다 비극성 표면적이 더 넓은데(3.4절), 이것은 극성 용매인 물과의 반발력을 증가시키기 때문에 물에서의 용해도는 감소한다. 실제로 *n*-BuOH의 용해도는 7.3 g/mL이고, *t*-BuOH은 물과 잘 섞인다.

8.5 산성도 및 산–염기 반응

8.5.1 산성도

알코올의 하이드록시(–OH) 작용기는 아주 약한 산으로 작용하는데 pK_a 범위는 약 15~18 정도이다(2.1.3절).

일반적으로 알코올에서 알킬기의 크기가 증가하면 화합물의 극성이 작아지면서 용매화에 의한 양이온(H^+)과 음이온(RO^-)의 열역학적 안정성이 감소한다. 이것은 [H^+]와 [RO^-]가 작아지면서 최종적으로 산성도가 감소하는 결과를 가져온다.

$$ROH + H_2O \rightleftharpoons RO^- + H_3O^+$$

표 8-2 알킬기의 크기에 따른 알코올의 산성도

알코올	pK_a
MeOH	15.2
H_2O	15.7
EtOH	16
i-PrOH	17
t-BuOH	18

전기 음성도가 큰 원자가 –OH 작용기의 인접한 곳에 있으면 H^+를 제공하면서 생성되는 O^- 전자를 효과적으로 잡아당겨서 전자의 비편재화를 유도할 수 있다. 이것은 생성물의 열역학적인 안정화를 유발하므로 $\Delta G° = -RT \ln K_{eq}$에서 평형 상수의 증가, 즉 산성도의 증가를 가져온다.

표 8-3 –OH 인접한 곳의 치환체에 따른 알코올의 산성도

알코올	pK_a
$H-CH_2-CH_2-OH$	16
$Cl-CH_2-CH_2-OH$	14.3
$F-CF_2-CH_2-OH$	12.4
$(CF_3)_3C-OH$	5.4

주기율표에서 같은 족에 속하는 원자들은 아래로 가면서 원자 반경이 증가하고, H–A의 결합 길이가 증가하면서 결합 세기가 약해지며, 그 결과 H–A가 쉽게 끊어져서 H^+가 더 많이 생성되기 때문에 산성도는 증가한다(2.1.3절).

표 8-4 H_2S와 H_2O의 산성도

알코올	pK_a
H_2O	15.7
H_2S	7
MeSH	10.7
H_2O_2	11.6

H_2O 및 H_2S에서 H^+가 방출되면 HO^-와 HS^-가 생기는데, 두 음이온의 열역학적 안정성을 전기 음성도 및 전자 간의 반발력의 관점에서 생각해 보자. 전기 음성도는 산소(3.5)가 황(2.5)보다 크기 때문에 산소 원자핵이 전자를 더 강하게 잡아당기고, 그 결과 산소에서 정전기적 안정화가 더 진행되어 H_2O가 더 강한 산임을 추론할 수 있는데, 이것은 실험 결과와 맞지 않는다.

전자 간의 반발력 관점에서 황은 3주기 원소이고 산소는 2주기 원소이므로 전자 구름은 황이 더 크고, 따라서 음이온(HS^- 및 HO^-)이 생겼을 때 음이온의 전자 밀도 및 전자 간의 반발력은 황에서 더 작다. 그 결과 열역학적 안정성이 커지면서 산성도가 증가한다는 추론이 가능한데, 이것은 실험 결과와 일치한다.

페놀(phenol, $pK_a \approx 10$)은 H_2O($pK_a \approx 16$)보다 훨씬 강한 산이다. 그 이유는 산소 음이온이 공명에 의하여 벤젠 고리에 비편재화되어서 일반적인 RO^-보다 훨씬 안정화되기 때문이다.

표 8-5 페놀의 산성도

페놀	pK_a
$4\text{-Me}-C_6H_4-OH$	10.2
$4\text{-H}-C_6H_4-OH$	10
$4\text{-Cl}-C_6H_4-OH$	9.4
$4\text{-NO}_2-C_6H_4-OH$	7.2

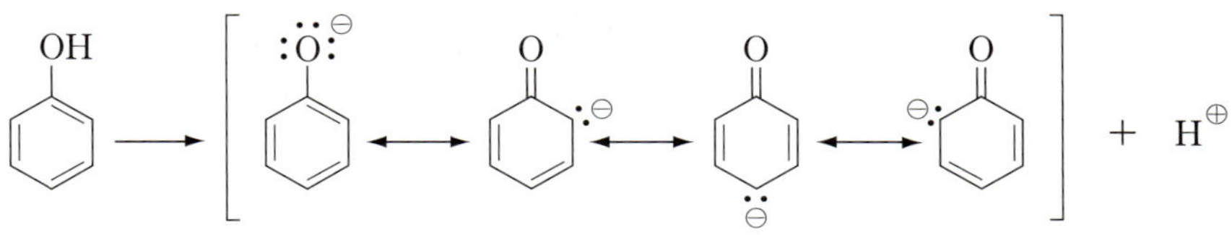

8.5.2 산–염기 반응

유기 화학에서 산성도가 중요한 이유는 산–염기 반응에서 평형의 위치 및 평형 상수 값을 정반응과 역반응에서 산으로 작용하는 물질들의 pK_a 값에서 간단히 예측할 수 있기 때문이다(2.1.4절 및 5.5절).

알코올을 NaH, $NaNH_2$, CH_3Li, CH_3MgBr 등과 반응시키면 반응이 거의 정량적으로 진행됨을 알 수 있다.

$$\text{MeOH} + \text{NaH} \longrightarrow \text{MeO}^-\text{Na}^+ + \text{H}_2 \qquad K_{eq} = 10^{-16} / 10^{-50} = 10^{34}$$

$$\text{MeOH} + \text{NaNH}_2 \longrightarrow \text{MeO}^-\text{Na}^+ + \text{NH}_3 \qquad K_{eq} = 10^{-16} / 10^{-33} = 10^{17}$$

$$t\text{-BuOH} + \text{CH}_3^-\text{Li}^+ \longrightarrow t\text{-BuO}^-\text{Li}^+ + \text{CH}_4 \qquad K_{eq} = 10^{-18} / 10^{-60} = 10^{42}$$

$$t\text{-BuOH} + \text{CH}_3^-\text{MgBr}^+ \longrightarrow t\text{-BuO}^-\text{MgBr}^+ + \text{CH}_4 \qquad K_{eq} = 10^{-18} / 10^{-60} = 10^{42}$$

그리고, 메탄올을 CH_3NH_2과 반응시키면 산–염기 반응이 거의 진행되지 않고, 메탄올을 NaOH와 반응시키면 약 50% 반응이 진행되며, 페놀을 NaOH와 반응시키면 거의 정량적으로 반응이 진행됨을 알 수 있다.

$$\text{MeOH} + \text{MeNH}_2 \rightleftharpoons \text{MeO}^- + \text{MeNH}_3^+ \qquad K_{eq} = 10^{-16} / 10^{-10.6} = 10^{-5.4}$$

$$\text{MeOH} + \text{OH}^- \rightleftharpoons \text{MeO}^- + \text{H}_2\text{O} \qquad K_{eq} = 10^{-16} / 10^{-15.7} = 10^{-0.3}$$

$$\text{C}_6\text{H}_5\text{OH} + \text{OH}^- \rightleftharpoons \text{C}_6\text{H}_5\text{O}^- + \text{H}_2\text{O} \qquad K_{eq} = 10^{-10} / 10^{-15.7} = 10^{5.7}$$

예제 8.2

아래 반응의 평형 상수를 계산하시오. 단, $pK_a(\mathrm{MeOH}) = 16$, $pK_a(\mathrm{MeNH_3^+}) = 10.6$이다.

$$\mathrm{MeOH} + \mathrm{MeNH_2} \rightleftharpoons \mathrm{MeO^-} + \mathrm{MeNH_3^+}$$

풀이

$$K_{eq} = \frac{[\mathrm{MeO^-}][\mathrm{MeNH_3^+}]}{[\mathrm{MeOH}][\mathrm{MeNH_2}]} = \frac{[\mathrm{MeO^-}][\mathrm{H^+}]}{[\mathrm{MeOH}]} \cdot \frac{[\mathrm{MeNH_3^+}]}{[\mathrm{MeNH_2}][\mathrm{H^+}]}$$

$$= \frac{K_a(\mathrm{MeOH})}{K_a(\mathrm{MeNH_3^+})} = \frac{10^{-16}}{10^{-10.6}} = 10^{-5.4}$$

8.6 합성법

알코올은 매우 중요한 화합물 군으로서 많은 합성 방법이 존재한다. 이 절에서는 알코올의 공업적인 합성법과 지금까지 학습하였던 알코올의 합성법 등을 간단히 소개할 것이다. 그리고 8장 이후에 소개되는 다양한 반응들을 학습하면서 자연스럽게 알코올의 합성법에 대하여 더 많은 것을 알게 될 것이다.

메탄올은 공업적으로 중요한 출발 물질로서, 일산화 탄소와 수소 기체를 금속 촉매와 함께 고온에서 반응시켜 합성한다. 에탄올은 에틸렌의 물 첨가 반응으로 합성한다.

$$\mathrm{CO} + 2\mathrm{H_2} \xrightarrow[\Delta]{\mathrm{ZnO-Cr_2O_3}} \mathrm{CH_3-OH}$$

$$\mathrm{CH_2{=}CH_2} + \mathrm{H_2O} \xrightarrow[\Delta]{\mathrm{H_3PO_3}} \mathrm{CH_3-CH_2-OH}$$

알켄에서 알코올을 합성하는 방법으로 산성 조건에서의 물 첨가 반응(4.7.5절 및 4.7.6절), 수소화붕소 첨가 반응(4.9절), 다이하이드록실화 반응(4.10.1절) 등을 소개하였다.

알켄의 물 첨가 반응:

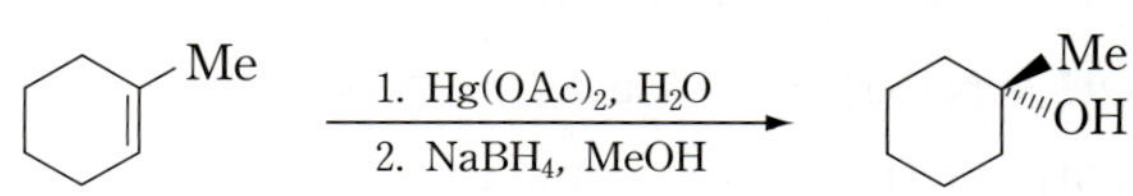

알켄의 수소화붕소 첨가 반응:

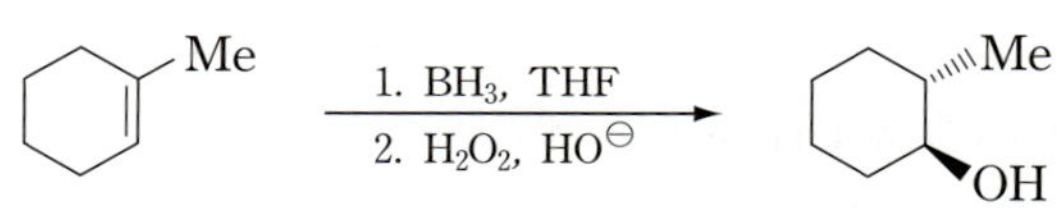

알켄의 다이하이드록실화 반응:

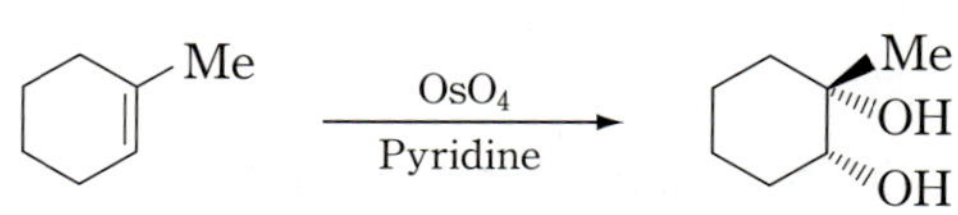

할로젠화 알킬에서 알코올을 합성하는 방법으로는 1-클로로뷰테인 및 $\mathrm{OH^-}$의 반응으로 뷰탄-1-올의 합성(S_N2, 7.6절), 저온에서 2-클로로-2-메틸프로페인을 묽은 약염기 수용액과 처리하여 2-메틸프로판-2-올(S_N1, 7.8절)을 얻는 방법 등이 있다.

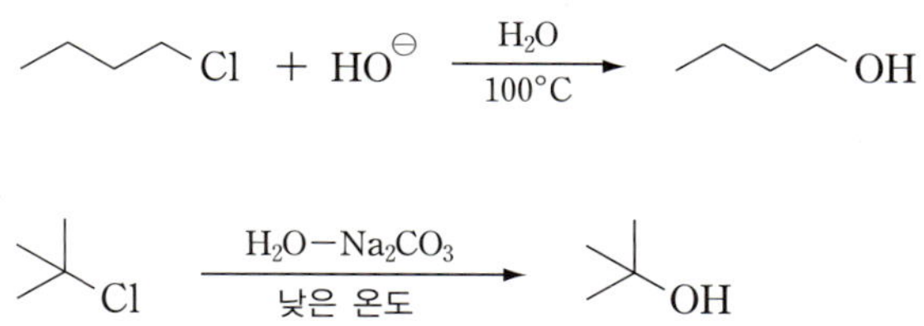

8.7 탈수 반응

8.7.1 산-촉매 탈수 반응

산 촉매 하에서 알코올 용액을 가열하면 물이 제거되면서 이중 결합 생성물이 얻어지는데, 이러한 반응을 **산-촉매 탈수 반응(acid-catalyzed dehydration)**이라고 한다.

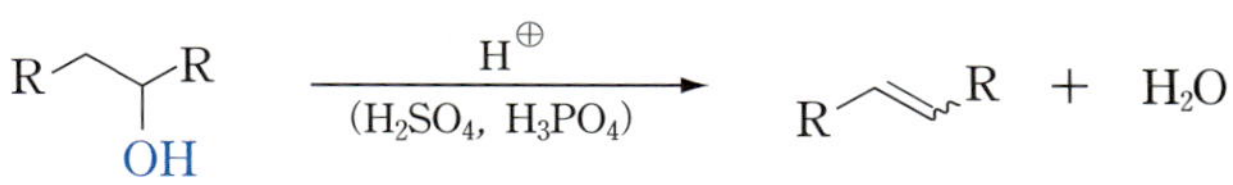

산-촉매 탈수 반응에서는 황산(H_2SO_4) 및 인산(H_3PO_4)을 주로 사용한다. 이들은 아주 약한 이탈기(−OH)를 강한 이탈기($-OH_2^+$)로 전환시킬 수 있는 산성도가 있고, 동시에 짝염기인 HSO_4^- 및 $H_2PO_4^-$의 친핵성도가 아주 낮아서 강한 친핵체가 필요한 S_N2 및 강한 염기가 필요한 E2 반응을 억제할 수 있다(7.10절).

산-촉매 탈수 반응은 3차 및 2차 알코올에서 E1 경로를 따라서 진행하는데, 알킬기의 반응성은 [3차 > 2차 > 1차]의 순서를 갖는다. 일반적으로 3차 알코올은 탄소 양이온이 쉽게 생성되기 때문에 온화한 조건에서 반응이 진행되고, 2차 알코올은 높은 농도의 산 및 고온 조건이 필요하다. 1차 알코올의 경우에는 탄소 양이온의 형성이 불가능하고 또한 강염기가 없기 때문에 E2 반응을 위해서는 매우 강한 반응 조건이 필요하다. 이러한 이유로 특별한 경우를 제외하고는 1차 알코올의 산-촉매 탈수 반응은 잘 수행하지 않는다.

E1 경로의 산-촉매 탈수 반응 메커니즘은 산소의 비공유 전자쌍이 양성자와 산−염기 반응을 하고, 강한 이탈기인 H_2O($pK_a(H_3O^+) = -1.7$)가 떨어지면서 탄소 양이온이 생성된 후, 염기에 의하여 양성자가 제거되면서 이중 결합을 형성한다.

이 반응에서 이탈기는 HO^-가 아니라 H_2O이다(7.6.4절, 7.8.4절).

메커니즘 8-1 알코올의 산-촉매 탈수 반응 메커니즘

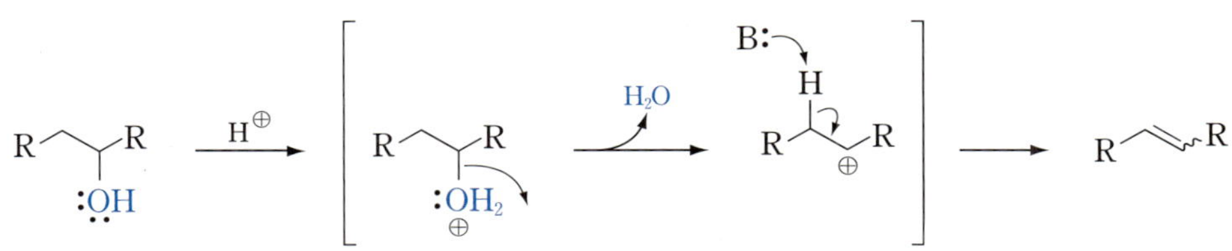

산-촉매 탈수 반응의 예를 다음에 나열하였다.

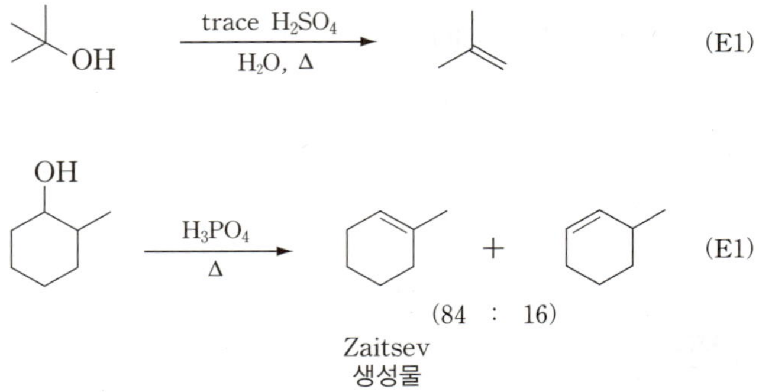

그림 8-1 알코올의 산-촉매 탈수 반응의 예

8.7.2 활성화 시약

일반적으로 알코올의 산-촉매 탈수 반응은 3차 알코올을 제외하고는 상대적으로 강한 반응 조건이 필요하다. 강한 반응 조건이란 산의 농도를 높게 유지하고 가열하는 것 등을 의미하는 것으로, 이렇게 하면 탈수 반응은 더 빠르게 진행되지만 동시에 부반응의 속도도 증가하여 오히려 역효과가 생길 수 있다.

유기 화학자들은 이러한 문제점을 해결하기 위하여 많은 노력을 기울였고, 그 결과 $SOCl_2$/TEA, $POCl_3$/피리딘, P_2O_5/Δ, Ac_2O/Δ 등의 온화한 알코올 탈수 반응 조건들을 개발하였다. 일반적으로 이 시약들은 낮은 온도에서 2차 및 3차 알코올의 탈수 반응을 유도할 수 있고, 반응이 E2 경로로 진행되기 때문에 자리 옮김 반응이 없다는 장점을 갖는다.

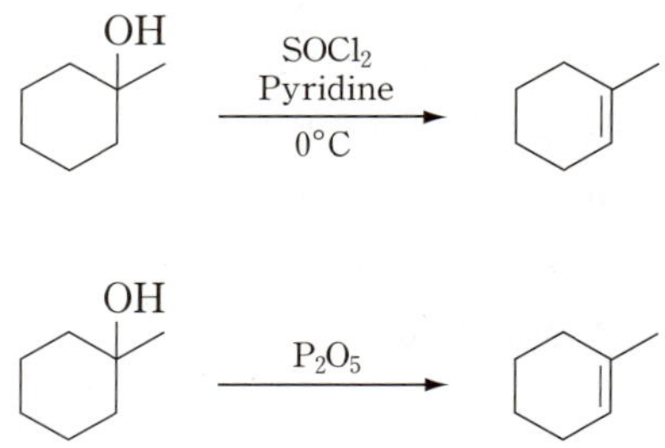

[$SOCl_2$/피리딘] 조합의 반응 메커니즘은 다음과 같다. $SOCl_2$에서 황 원자는 전기 음성도가 큰 산소 및 염소 원자와 다수의 공유 결합을 하기 때문에 전자가 매우 부족한 상태에 있고, 이러한 이유로 알코올에서 중성의 산소 원자는 황 원자를 쉽게 공격할 수 있다. 중간체 **A**에서 산–염기 반응이 신속하게 진행되어 중간체 **B**가 되고, 산소의 고립 전자쌍과 이탈기(Cl^-)가 안티-준평면 배열에서 E2 형태의 제거 반응이 일어나면서 중간체 **C**로 전환된 후, 계속해서 **C**와 염기 사이에 산–염기 반응이 일어나서 R–OS(O)Cl 형태의 중간체 **D**가 얻어진다. 다음 단계는 전형적인 E2 반응으로서 약염기인 피리딘을 사용하여 $^-$OS(O)Cl가 제거되면서 이중 결합을 생성한다.

메커니즘 8-2 [$SOCl_2$/피리딘] 조건에서 알코올 탈수 반응 메커니즘

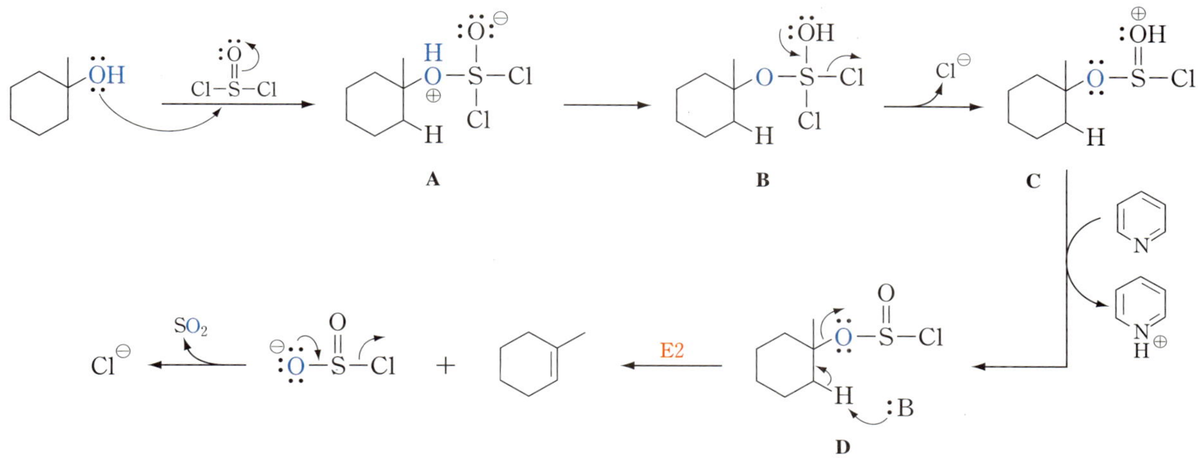

일반적으로 약염기(피리딘)를 사용하면서 E2 반응을 진행시키기 위해서는 아주 우수한 이탈기가 전제되어야 한다. 이것은 결국 $^{-}OS(O)Cl$이 강한 이탈기임을 말하는 것인데 그 이유는 다음과 같다. E2 반응에서 제거되는 $^{-}OS(O)Cl$ 이탈기는 바로 $SO_2(g)$ 및 Cl^{-}로 분해되는데, $SO_2(g)$는 기체이므로 생성됨과 동시에 대기로 날아간다. 특정 계에서 자발적인 변화는 무질서도가 증가하는 방향이고, 기체는 무질서도가 매우 큰 화학종이기 때문에 용액상 반응에서 기체의 생성은 열역학적으로 매우 유리하게 작용할 수 있다. 즉, $^{-}OS(O)Cl$가 매우 우수한 이탈기라는 추론이 가능하다는 것이다.

이제는 위 반응을 합성 전략적인 측면에서 분석해 보자. 산-촉매를 이용하여 아주 약한 이탈기($-OH$)를 강한 이탈기($-OH_2^{+}$)로 전환하는 방법(8.7.1절)은 $SOCl_2$를 이용하여 아주 약한 이탈기($-OH$)를 강한 이탈기($-OSOCl$)로 전환하는 데 응용되었다. 앞에서 언급한 [$POCl_3$/피리딘, P_2O_5/Δ, Ac_2O/Δ] 조합에서도 동일한 원리가 적용된다.

일반적으로 '활성화(activation)'란 작용기의 반응성을 증가시킨다는 의미로 사용하는데, 이 경우에는 이탈기의 능력이 증가되었다는 의미로 해석할 수 있다. 이처럼 작용기의 활성화에 사용되는 시약을 **활성화 시약(activating reagent)**이라고 하고, 이 반응에서는 물이 제거되므로 이러한 시약들을 **탈수제(dehydrating agent)**라고 한다.

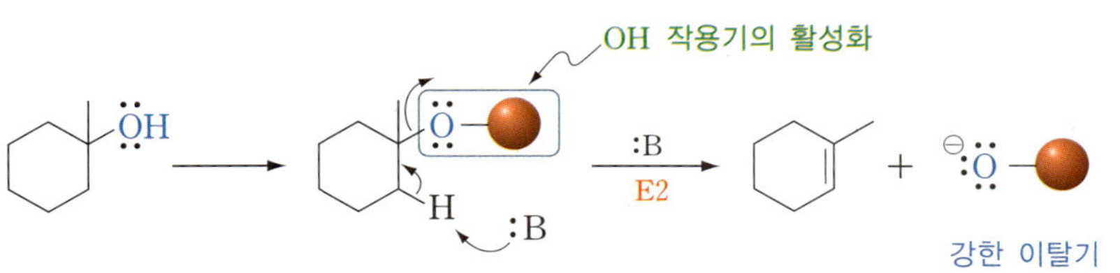

8.7.3 자리 옮김 반응

알켄의 할로젠산 첨가 반응(4.7.8절) 및 S_N1 반응(7.8.7절)에서 탄소 양이온이 존재한다는 근거로서 자리 옮김 반응을 제시하였다. 이와 유사하게 E1 경로로 진행되는 알코올의 산-촉매 탈수 반응에서 자리 옮김 반응이 경쟁적으로 진행되는가에 대하여 알아보자.

3,3-다이메틸뷰탄-2-올을 인산 조건에서 반응시키면 생성물 **A**, **B**, **C**가 3 : 64 : 33의 비율로

얻어진다. 이때 생성물 **A**는 출발 물질의 기본 골격을 유지하지만, 생성물 **B**, **C**는 주생성물로서 출발 물질의 기본 골격이 변형되었음을 알 수 있다.

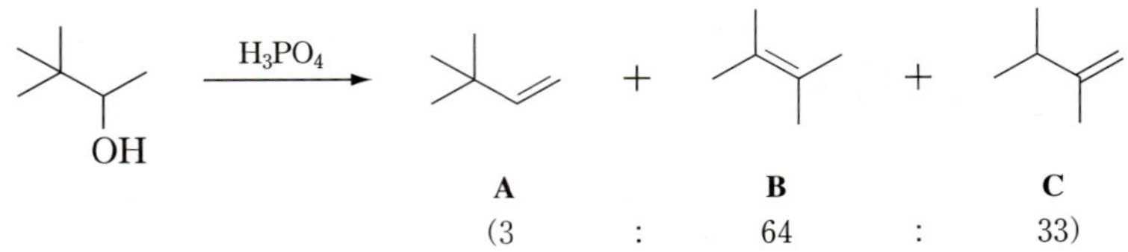

이러한 결과는 다음과 같이 설명할 수 있다. 우선 −OH 작용기가 인산과 산−염기 반응을 진행하여 강한 이탈기인 $-OH_2^+$가 되고, H_2O가 C−O 결합 전자를 갖고 끊어지면서 2차 탄소 양이온 **D**를 생성한다. 중간체 **D**에서 탄소 양이온과 연결된 탄소의 수소 원자를 염기(H_2O, $H_2PO_4^-$)가 제거하면 전형적인 E1 반응에 의하여 **A**가 얻어진다. 그러나 2차 양이온 **D**에서 메틸기의 자리 옮김 반응이 일어나면 열역학적으로 더 안정한 3차 양이온 **E**가 생성되고, 여기에서 수소 원자를 염기(H_2O, $H_2PO_4^-$)가 제거하면 **B**, **C**가 생성될 수 있다. 이 반응의 경우에는 2차 양이온 **D**의 자리 옮김 반응이 수소 원자 제거 반응보다 훨씬 빠르게 진행됨을 알 수 있다.

메커니즘 8-3 알코올의 자리 옮김 탈수 반응 메커니즘

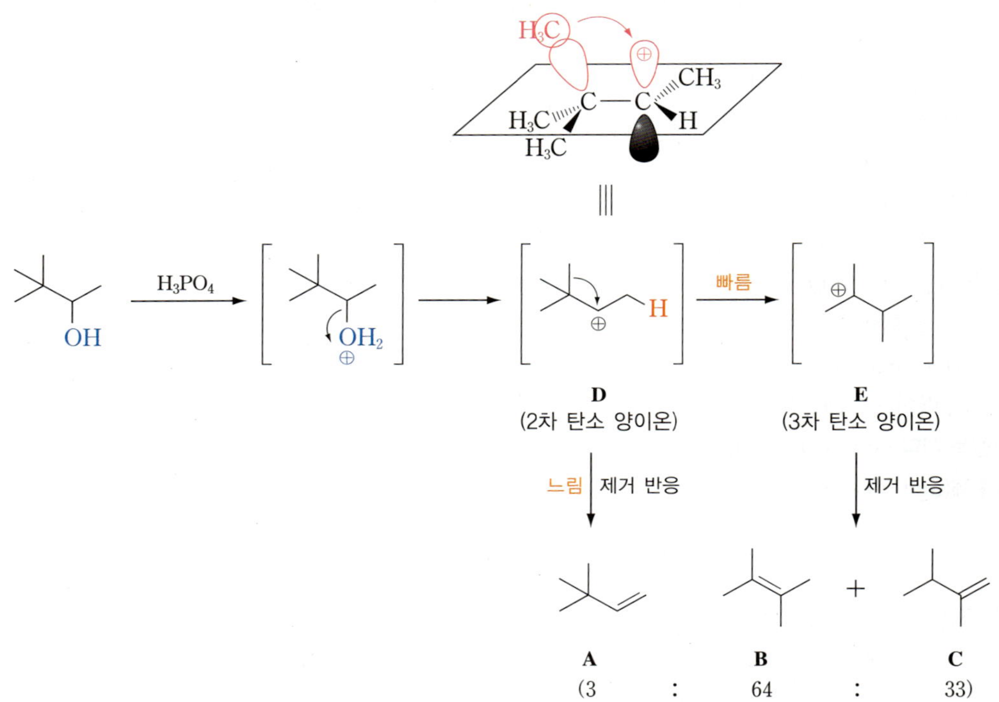

2차 및 3차 알코올에 활성화 탈수 시약을 사용하면 일반적인 산-촉매 탈수 반응보다 훨씬 온화한 조건에서 반응이 진행되고, 또한 산-촉매 탈수 반응에서 관찰되는 탄소 양이온 자리 옮김 반응을 억제할 수 있다(9.7.2절). 이러한 이유로 활성화 탈수 시약을 이용하는 반응들은 유기 합성에서 많이 사용되고 있다.

예제 8.3

아래 반응의 메커니즘을 그리시오.

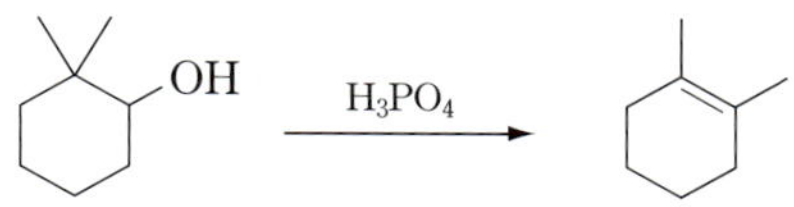

풀이

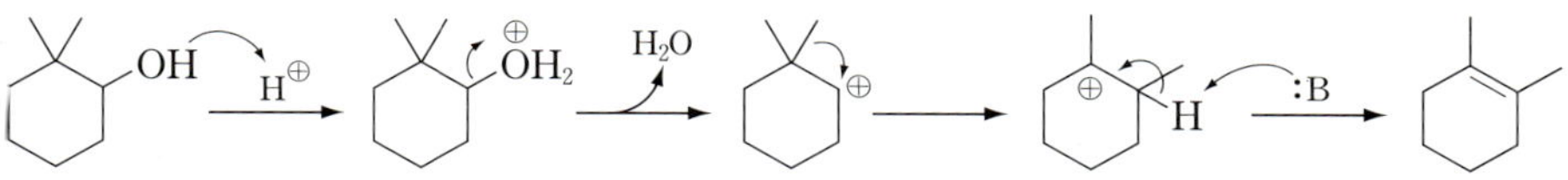

8.8 할로젠 치환 반응

8.8.1 할로젠 치환 반응

알코올 용액을 황산(H_2SO_4), 인산(H_3PO_4) 등의 산 촉매 하에서 가열하면 산-촉매 탈수 반응이 진행된다(8.7.1절). 그러나 알코올 용액을 강한 친핵체가 생성되는 할로젠산(HX) 조건 하에서 가열하면 탈수 반응보다는 치환 반응이 일어날 수 있는데 이러한 반응을 **할로젠 치환 반응**이라고 한다.

$$R-OH \xrightarrow[\text{HBr(NaBr}-\text{H}_2\text{SO}_4)]{\text{HCl 또는 HCl}-\text{ZnCl}_2} R-X \quad (X=Cl,\ Br)$$

산-촉매 할로젠 치환 반응은 산-촉매 탈수 반응의 경향성과 매우 유사하다(8.7.1절). 산-촉매 할로젠 치환 반응은 3차 및 2차 알코올에서 S_N1 경로를 따라서 진행하는데, 알킬기의 반응성은 [3차 > 2차 > 1차]의 순서를 갖는다. 3차 알코올은 탄소 양이온이 쉽게 생성되기 때문에 온화한 조건에서 반응이 진행되고, 2차 알코올은 높은 농도의 산 및 고온 조건이 필요하다. 1차 알코올의 경우에는 탄소 양이온의 형성이 불가능하고, 강한 친핵체가 있어서 S_N2 반응이 가능할 수 있지만, 일반적으로 매우 강한 반응 조건이 필요하다.

할로젠산의 반응성은 HI > HBr > HCl > HF로서, 산성도의 세기 및 할로젠화 음이온의 친핵성 순서와 일치하지만, 실험실에서 HF는 거의 사용하지 않는다. 일반적인 반응 조건으로는 HCl(*g*), $HCl-ZnCl_2$(Lucas 시약), $NaBr-H_2SO_4$ 등이 있다.

S_N1 경로의 할로젠 치환 반응 메커니즘은 산소의 비공유 전자쌍이 양성자와 산-염기 반응을 하고, 강한 이탈기인 H_2O($pK_a(H_3O^+) = -1.7$)가 떨어지면서 탄소 양이온 **A**가 생성된다. 여기까지는 E1 경로의 산-촉매 탈수 반응 경로와 동일하다(8.7.1절). 마지막으로 X^-가 강한 친핵체로 작용하여 탄소 양이온 **A**를 공격하면 치환 반응이 완결된다.

메커니즘 8-4 알코올의 할로젠 치환 반응 메커니즘

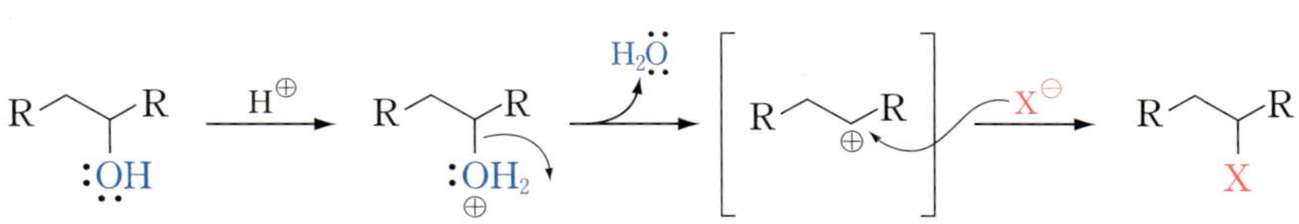

A

할로젠산 치환 반응의 예를 아래에 나열하였다.

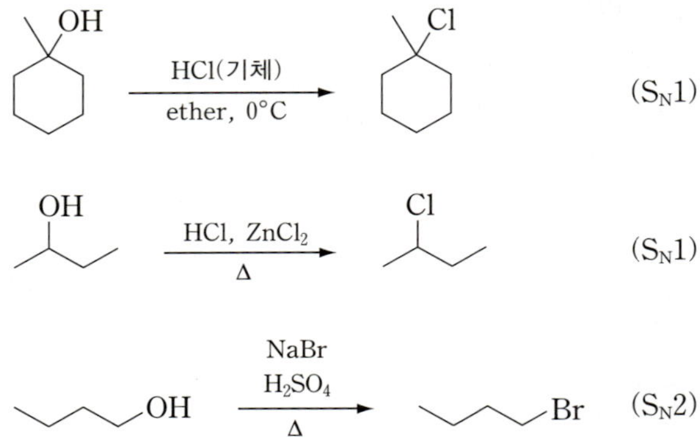

그림 8-2 알코올의 할로젠 치환 반응의 예

예제 8.4

아래 반응의 최종 생성물을 그리고, S_N2, E2, S_N1, E1 경로 중에서 어떠한 경로를 따를 것인가를 판단하고 그 이유를 기술하시오.

(a) 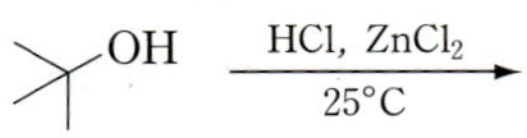

(b) 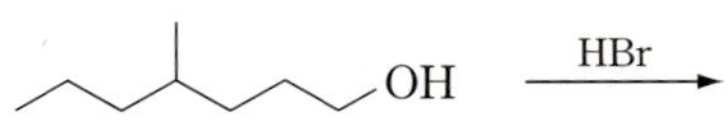

풀이

(a) 

- 3차 알코올(S_N2 불가능) + 강산
- 강한 친핵체, 아주 약한 염기(E2 불가능) 및 매우 강한 이탈기
- 상온

∴ S_N1

(b) 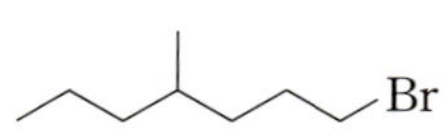

- 1차 알코올(S_N1 및 E1 불가능) + 강산
- 강한 친핵체, 아주 약한 염기(E2 불가능) 및 매우 강한 이탈기

∴ S_N2

8.8.2 활성화 시약

2차 및 3차 알코올의 산-촉매 탈수 반응은 E1 메커니즘으로 진행되기 때문에 탄소 양이온에서 자리 옮김 반응이 경쟁적으로 일어날 수 있다(8.7.3절). 그러나 2차 및 3차 알코올에 $SOCl_2$/TEA, $POCl_3$/피리딘, P_2O_5/Δ, Ac_2O/Δ 등의 활성화 시약을 사용하면 E2 경로로 탈수 반응이 진행되기 때문에 자리 옮김 반응을 근원적으로 방지할 수 있다고 하였다(8.7.2절).

이와 유사하게 2차 및 3차 알코올의 HX 치환 반응은 S_N1 메커니즘으로 진행되기 때문에, 탄소 양이온에서 자리 옮김 반응이 경쟁적으로 일어날 수 있다(8.7.3절). 그러나 1차 및 2차 알코올에 $SOCl_2$/TEA, PBr_3 등의 활성화 시약을 사용하면 S_N2 경로에 의하여 R−Cl 및 R−Br 생성물을 얻는다.

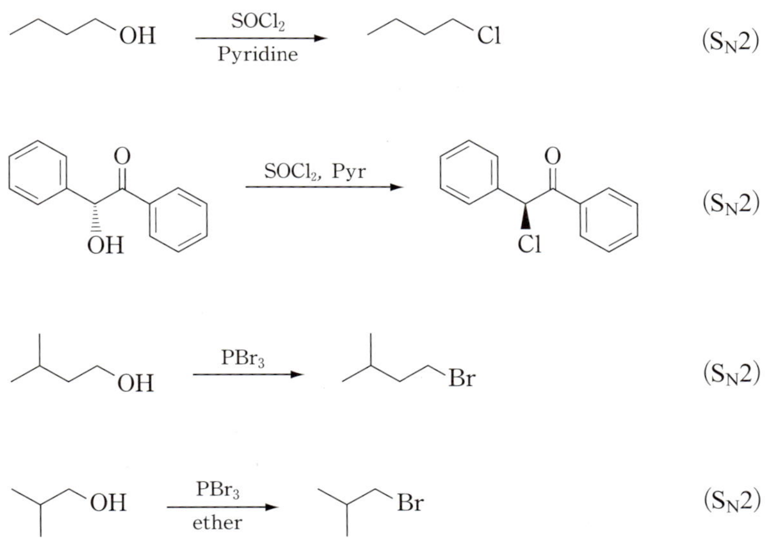

그림 8-3 알코올의 할로젠 치환 반응의 예

$SOCl_2$/피리딘 조합의 반응 메커니즘은 다음과 같다. $SOCl_2$에서 황 원자는 전기 음성도가 큰 산소 및 염소 원자와 다수의 공유 결합을 하기 때문에 전자가 매우 부족한 상태에 있고, 이러한 이유로 알코올에서 중성의 산소 원자는 황 원자를 쉽게 공격할 수 있다. 중간체 **A**에서 산–염기 반응이 신속하게 진행되어 중간체 **B**가 되고, 산소의 고립 전자쌍과 이탈기(Cl^-)가 안티-준평면 배열에서 E2 형태의 제거 반응이 일어나면서 중간체 **C**로 전환된 후, 계속해서 **C**와 염기 사이에 산–염기 반응이 일어나서 R–OSOCl 형태의 중간체 **D**가 얻어진다. 이처럼 알코올에서 **D**까지의 경로는 알코올의 활성화를 이용한 탈수 반응 경로와 완전히 일치한다(8.7.2절). 이때 출발 물질이 3차 알코올이면 약염기인 피리딘에 의한 E2 반응이 진행되고, 1차 알코올이면 E2 대신에 강한 친핵체에 의한 S_N2 반응이 진행되어 알코올의 할로젠 치환 반응이 완결되며, 2차 알코올의 경우에는 주어진 반응 조건에 따라서 E2 및 S_N2 반응이 경쟁적으로 관찰될 수 있다.

메커니즘 8-5 $SOCl_2$/피리딘 조건에서 알코올의 할로젠 치환 반응 메커니즘

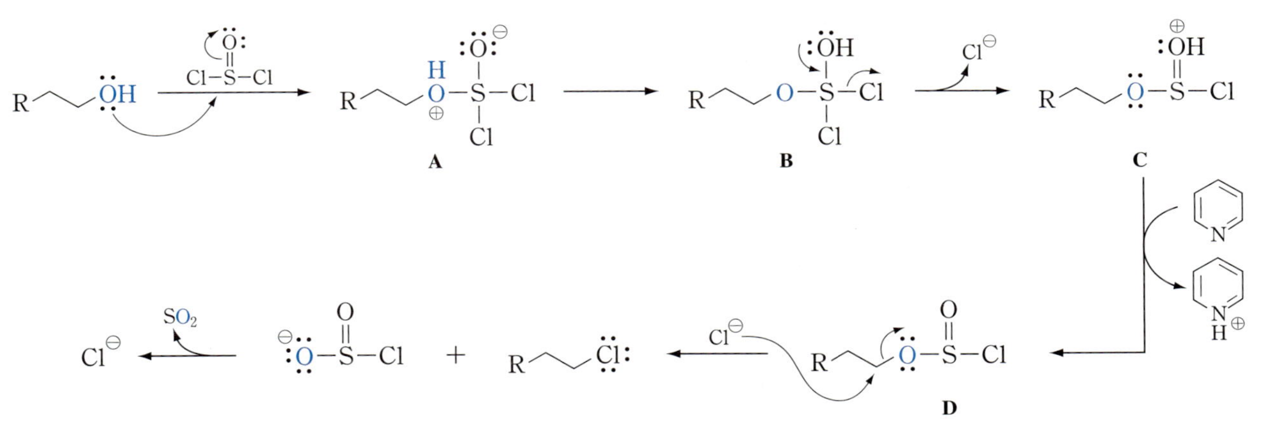

위에서 기술한 [$SOCl_2$/TEA] 및 [PBr_3] 방법은 산-촉매를 이용하여 아주 약한 이탈기(–OH)를 강한 이탈기($-OH_2^+$)로 전환하는 것을 전략적으로 이용한 것으로, 활성화 시약을 이용한 알코올의 탈수 반응에서도 동일하게 적용한 바 있다(8.7.2절).

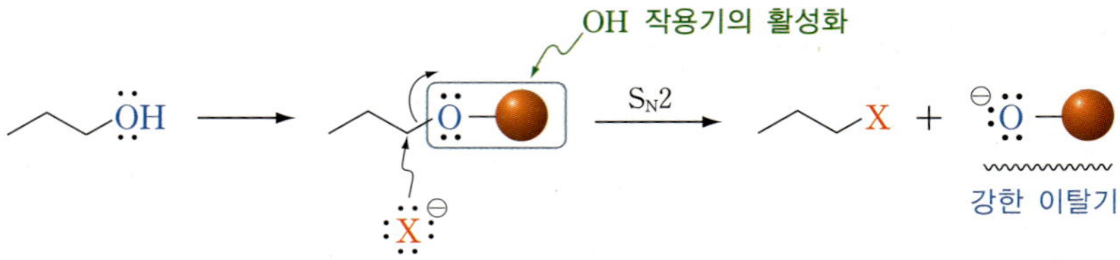

현재 1차 및 2차 알코올에서 R−X를 합성하는 가장 보편적인 방법의 하나는 알코올을 설포네이트(sulfonate) 작용기로 활성화시킨 후, 친핵체(X^-)를 사용하여 S_N2 반응을 하는 것이다. 이 방법은 다양한 구조의 알코올에 적용할 수 있고, 상대적으로 높은 순도와 좋은 수율로 R−X를 얻을 수 있다는 장점을 갖는다.

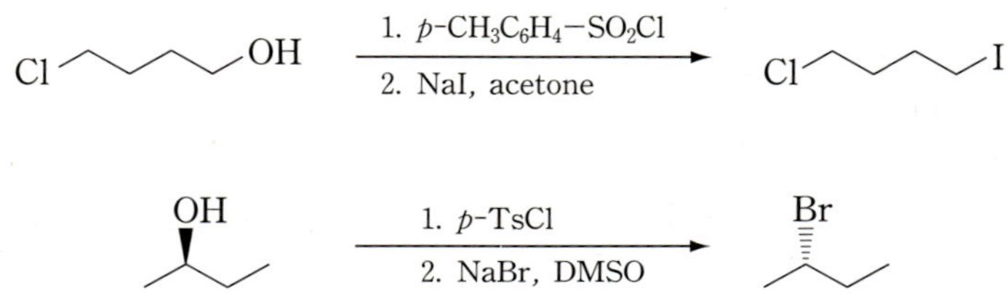

설포네이트의 합성에 사용되는 시약으로는 파라-톨루엔설폰일 클로라이드(*p*-toluenesulfonyl chloride, *p*-TsCl), 벤젠설폰일 클로라이드(benzenesulfonyl chloride), 메테인설폰일 클로라이드(methanesulfonyl chloride, MsCl), 트라이플루오로메테인설폰일 클로라이드(trifluoromethanesulfonyl chloride, TfCl) 등이 있다. 이 반응에서는 설포네이트와 함께 HCl이 함께 생성되기 때문에 반응 용액의 pH를 조절하기 위하여 약염기인 트라이에틸아민(Et_3N, TEA), 다이아이소프로필에틸아민(i-Pr_2NEt) 등을 함께 넣어 준다. 이어지는 S_N2 반응에서는 치환하는 할로젠의 종류에 따라서 [LiCl−DMF(or EtOH)], [NaBr−DMF(or DMSO)], [NaI−아세톤] 등의 조합을 많이 사용하는데, 설포네이트(RSO_3^-)가 강한 이탈기라는 점은 이미 언급한 바 있다(7.6.4절).

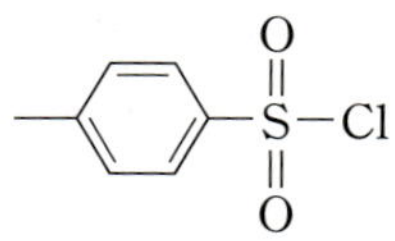

p-Toluenesulfonyl chloride (*p*-TsCl)

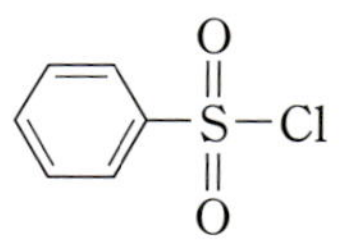

Benzenesulfonyl chloride

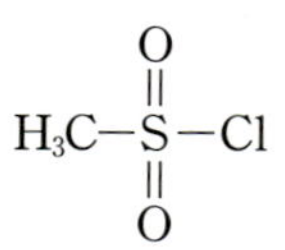

Methanesulfonyl chloride (MsCl)

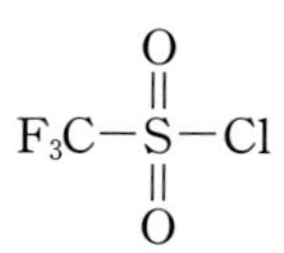

Trifluoromethanesulfonyl chloride (TfCl)

알코올과 설폰일 클로라이드의 반응 메커니즘은 알코올과 $SOCl_2$의 반응 경로와 비교하여 Cl−S(=O)−Cl 부분이 $ArSO_2$−Cl로 변환된 것을 제외하고는 모든 면에서 같기 때문에 추가적인 설명은 생략한다.

8.8.3 자리 옮김 반응

알켄의 할로젠산 첨가 반응(4.7.7절), S_N1 반응(7.8.7절), 알코올의 산-촉매 탈수 반응(8.7.3절) 등은 탄소 양이온 중간체가 생성되는 반응으로서, 이런 경우에는 항상 탄소 양이온의 자리 옮김 반응이 경쟁적으로 일어날 수 있다. 여기에서는 탄소 양이온의 자리 옮김 반응을 열역학적 관점에서 분석해 보자.

양이온 중간체 **A**와 **B**가 평형 상태에 있다고 가정하자.

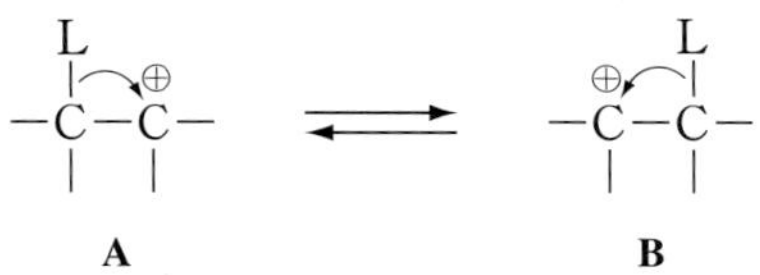

만약 **A**와 **B**의 에너지가 같으면, (**A** → **B**) 반응 및 (**B** → **A**) 반응의 활성화 에너지는 같다. 따라서 정반응과 역반응의 반응 속도는 동일하고, 그 결과 평형에서 **A**와 **B**는 같은 비율로 존재한다($\Delta G° = -RT \ln K_{eq}$). 이것은 2차 탄소 양이온 사이의 자리 옮김 반응 또는 3차 탄소 양이온 사이의 자리 옮김 반응 등에서 예상할 수 있는 상황이다.

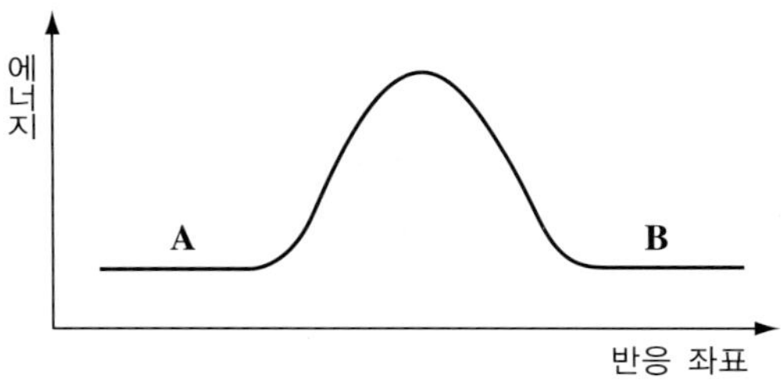

만약 중간체 **B**가 **A**보다 더 안정하면 (**A** → **B**) 반응의 활성화 에너지가 (**B** → **A**) 반응의 활성화 에너지보다 더 작다. 따라서 (**A** → **B**)의 반응 속도가 더 크고, 그 결과 평형에서 **B**가 **A**보다 더 많이 존재한다. 이것은 1차 탄소 양이온(**A**) 및 2차 탄소 양이온(**B**) 사이의 자리 옮김 반응 또는 2차 탄소 양이온(**A**) 및 3차 탄소 양이온(**B**) 사이의 자리 옮김 반응 등에서 예상할 수 있다.

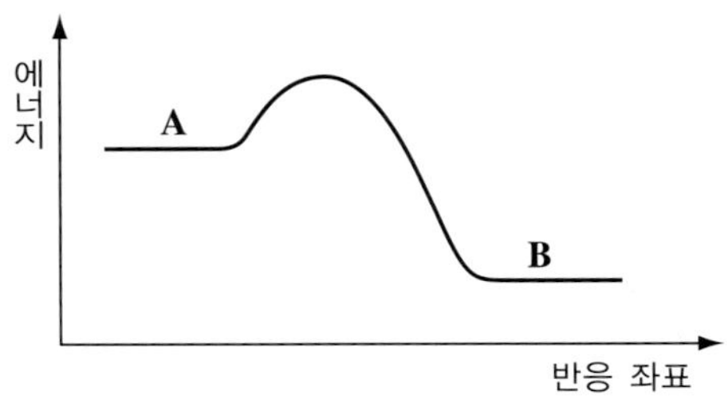

실제 반응을 예로 들어 보자. 옥탄-2-올을 HBr과 반응시키면 2-브로모옥테인 및 3-브로모옥테인이 93 : 7의 비율로 생성된다.

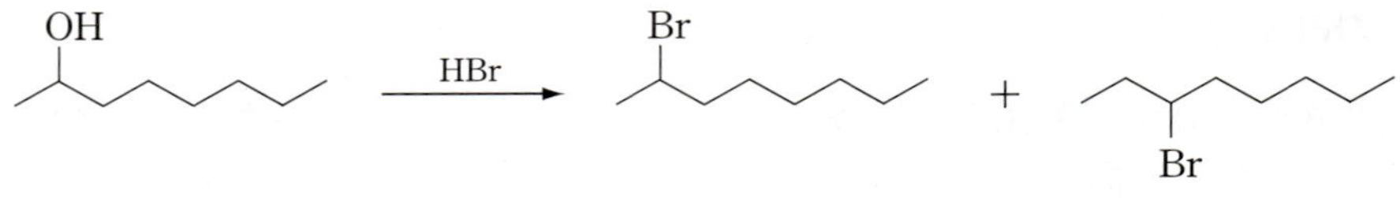

(93 : 7)

이러한 결과는 다음과 같이 설명할 수 있다. 우선 −OH 작용기가 산−염기 반응을 진행하여 좋은 이탈기인 $-OH_2^+$가 되고, H_2O가 C−O 결합 전자를 갖고 끊어지면서 2차 탄소 양이온 **C**가 생성된다. 중간체 **C**에서 Br^-가 탄소 양이온을 공격하면 2-브로모옥테인이 생성되는데, 그 이전에 하이드라이드($H:^-$)의 자리 옮김 반응이 경쟁적으로 일어나면 탄소 양이온 **D**가 생겨서 3-브로모옥테인이 생성되는 경로를 제공할 수 있다. 생성물에서 두 물질의 비율이 93 : 7임을 감안하면 **C**에서 **D**로의 하이드라이드($H:^-$) 자리 옮김 반응보다는 **C**와 Br^-의 반응이 훨씬 빠르게 일어남을 알 수 있다.

메커니즘 8-6 옥탄-2-올의 자리 옮김 반응 메커니즘

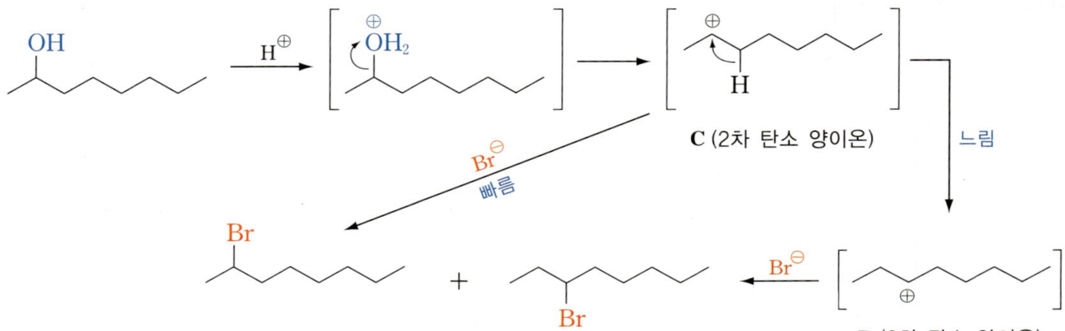

이와 유사하게 펜탄-2-올 및 펜탄-3-올을 HBr과 반응시키면 2-브로모펜테인과 3-브로모펜테인이 각각 86 : 14 및 20 : 80의 비율로 얻어진다.

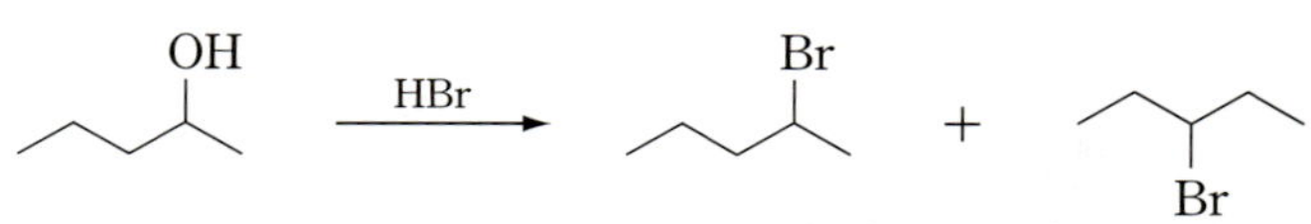

(86 : 14)

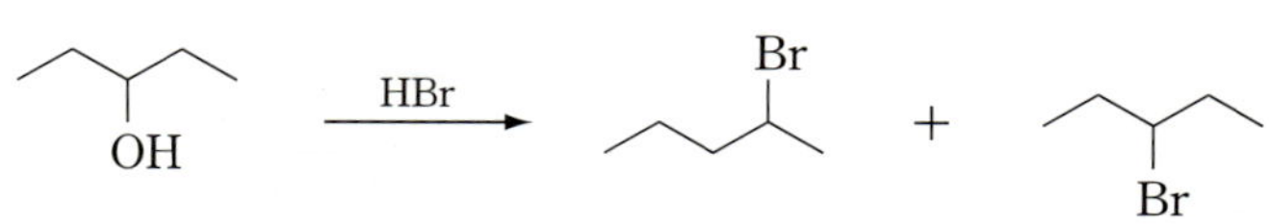

(20 : 80)

이 반응은 우선 펜탄-2-올 및 펜탄-3-올에서 각각 2차 탄소 양이온 **E** 및 **F**가 생성된 후, 중간체 **E**와 **F** 사이의 하이드라이드($H:^-$) 자리 옮김 반응보다 중간체 **E** 및 **F**에 대한 Br^-의 공격이 약 네 배의 속도로 진행된다고 가정함으로써 설명할 수 있다.

메커니즘 8-7 펜탄-2-올 및 펜탄-3-올의 자리 옮김 반응 메커니즘

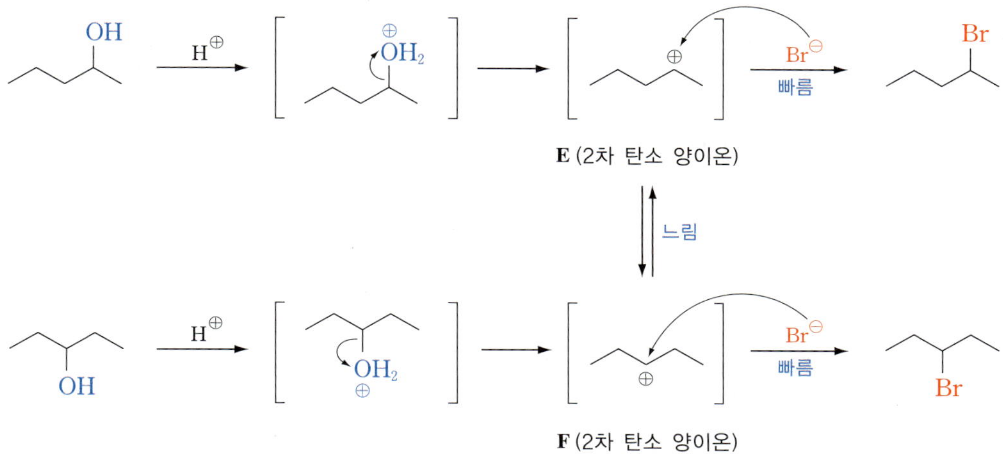

8.9 산화 반응

8.9.1 산화 반응

1차 알코올을 산화하면 알데하이드(aldehyde), 알데하이드를 산화하면 카복실산(carboxylic acid)이 된다. 2차 알코올을 산화하면 케톤(ketone)이 되며, 3차 알코올은 일반적으로 산화 반응이 진행되지 않는다. 알코올의 산화 반응이 일어나려면 반드시 한 개 이상의 C_α–H 원자가 필요하다는 것을 기억하자.

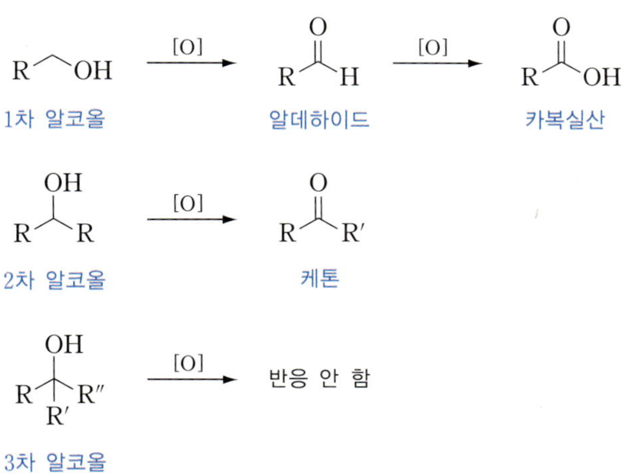

산화 반응에 사용하는 시약들을 **산화제(oxidizing reagent)**라고 하는데, 산화제에는 $KMnO_4$, $Na_2Cr_2O_7$, CrO_3–H_2SO_4(Jone's reagent), PCC(pyridinium chlorochromate), PDC (pyridinium dichromate) 등이 있다. 어떠한 시약을 사용할 것인가는 반응의 수율, 편리함, 반응물 구조, 비용 등 다양한 요인에 의하여 결정된다.

PCC PDC

일반적으로 알짜 반응(net equation)이 C–H(D) 결합의 끊어짐을 포함하는 경우에 반응 속도 상수의 비율(k_H/k_D)이 4~8이면 C–H(D) 결합은 반응 속도 결정 단계에서 끊어지고, 그 값이 1~2이면 반응 속도 결정 단계가 아닌 곳에서 C–H(D) 결합이 끊어진다고 생각한다. 단, 비율 4~8 및 1~2 등의 범위 기준은 교재에 따라서 조금씩 다를 수 있다.

산성 조건에서 CrO_3의 알코올 산화 반응은 비록 실험적으로 증명되지는 않았지만 일반적으로 아래의 경로로 설명한다. 우선 CrO_3와 물이 반응하여 $CrO_2(OH)_2$(**A**)를 형성하고, **A**에서 산소의 고립 전자쌍과 양성자의 산–염기 반응이 진행된 후, 알코올 산소의 고립 전자쌍이 공격하여 중간체 **B**를 생성한다. **B**에서 양성자의 이동이 일어나고, 탈수 반응과 양성자 이동 반응이 연속적으로 진행되어 중간체 **C**를 형성한 후, 마지막으로 산소의 고립 전자쌍이 염기로 작용하는 분자내 제거 반응이 진행되면서 산화 반응이 완성된다. 마지막 단계가 반응 속도 결정 단계라는 것은 $RO-C_\alpha-H$ 및 $RO-C_\alpha-D$ 이성질체를 사용하였을 때 반응 속도 상수의 비율(k_H/k_D)이 6 : 1이라는 결과로부터 추론할 수 있다.

메커니즘 8-8 산성 조건에서 CrO_3의 알코올 산화 반응 메커니즘

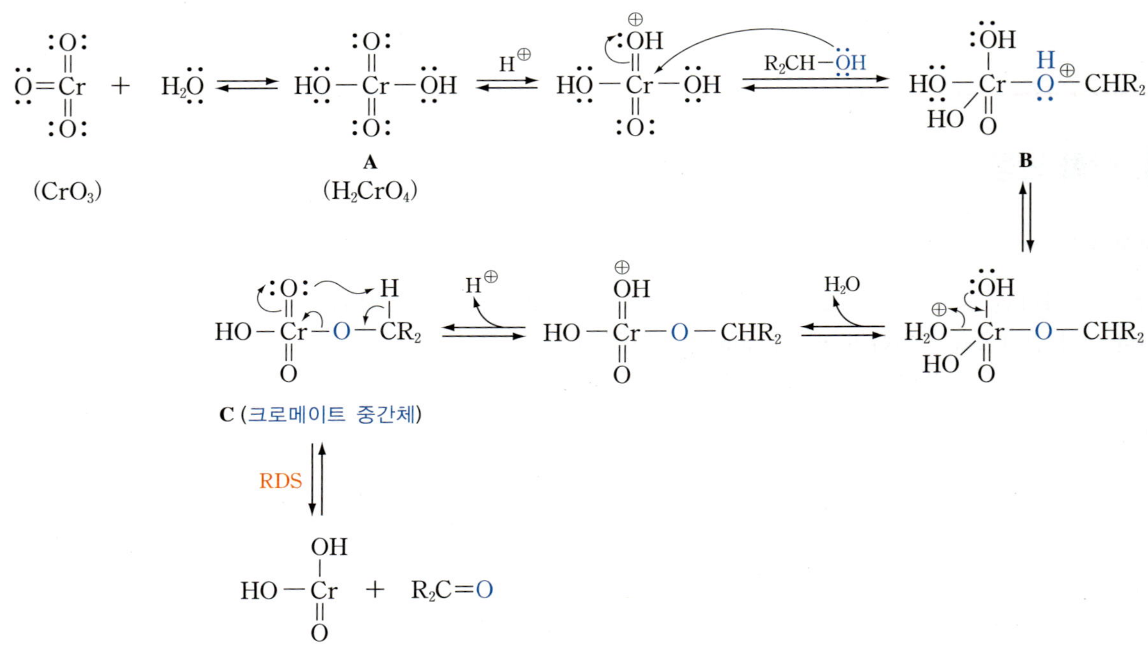

1차 알코올은 반응 조건에 따라서 알데하이드 또는 카복실산으로 선택적인 전환이 가능하다. 일반적으로 무수(anhydrous) 조건에서 PCC 및 PDC를 사용하면 알데하이드(RCHO)가 되고, $CrO_3-H_2SO_4$ 및 $Na_2Cr_2O_7-H_2SO_4$ 시약을 쓰면 용매로 사용하는 물 때문에 알데하이드를 거쳐서 카복실산까지 산화가 진행된다. 다만, $Na_2Cr_2O_7-H_2SO_4$ 시약을 사용하는 경우에 중간체인 알데하이드를 증류 등의 방법으로 산화제와 분리시킬 수 있으면 추가적인 산화를 방지할 수 있다.

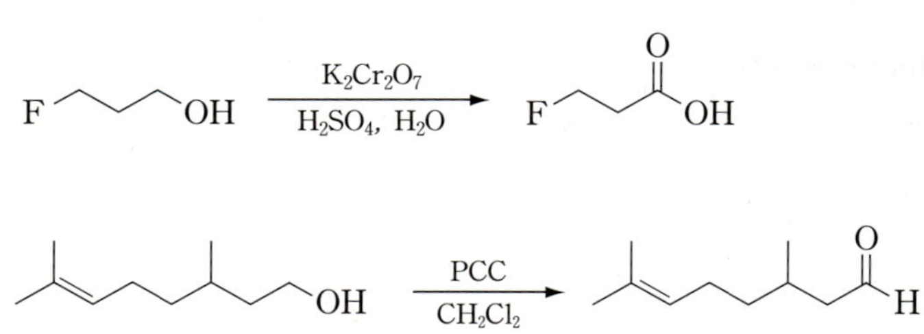

2차 알코올을 다양한 산화제와 반응시키면 케톤이 얻어진다. 아주 격렬한 반응 조건을 제외하면 케톤은 대부분의 산화 조건에서 안정하게 존재한다.

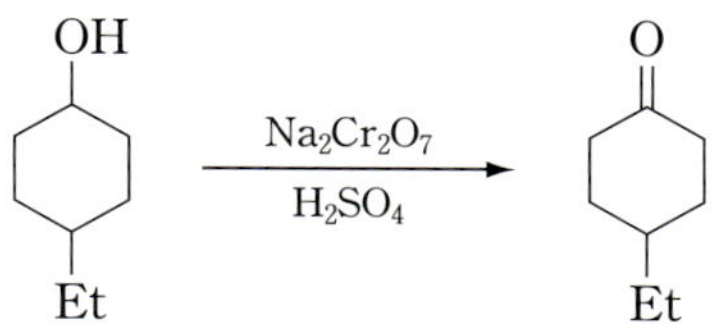

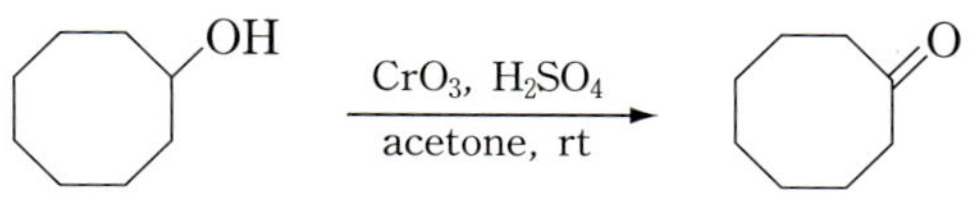

3차 알코올은 C_α–H 원자가 없기 때문에 일반적으로 산화되지 않는다.

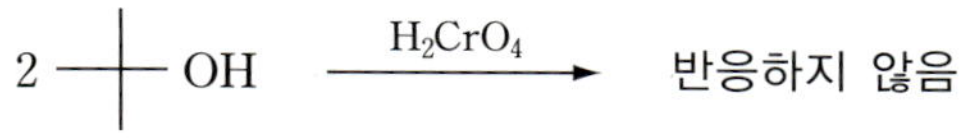

8.9.2 생체내 반응

생체에서의 산화–환원 반응은 많은 경우에 NAD^+–NADH의 산화–환원 반응과 연결되어 진행된다. 이때 NAD^+(니코틴아마이드 아데닌 다이뉴클레오타이드, nicotineamide adenine dinucleotide)는 산화된 형태이고, NADH는 환원된 형태의 물질이다.

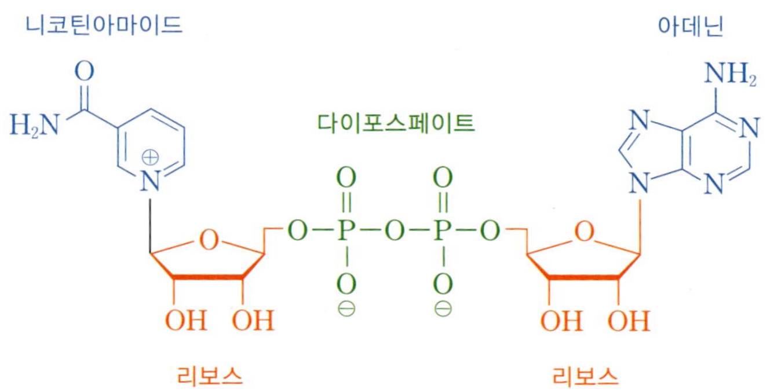

니코틴아마이드 아데닌 다이뉴클레오타이드(NAD^+)

생체 내의 모든 반응은 효소의 촉매 작용에 의하여 진행된다. 예를 들면 에탄올 산화 반응 및 아세트알데하이드 환원 반응에는 알코올 탈수소 효소(alcohol dehydrogenase)가 관여하고, 젖산(lactic acid, 락트산)의 산화 반응 및 피루브산(pyruvic acid)의 환원 반응에는 락트산 탈수소 효소(lactic acid dehydrogenase)가 필요하다. 이처럼 출발 물질에 따라서 효소는 서로 다를 수 있지만, 이와는 무관하게 공통적으로 산화 반응에는 NAD^+, 환원 반응에는 NADH가 보조제로서 참여한다.

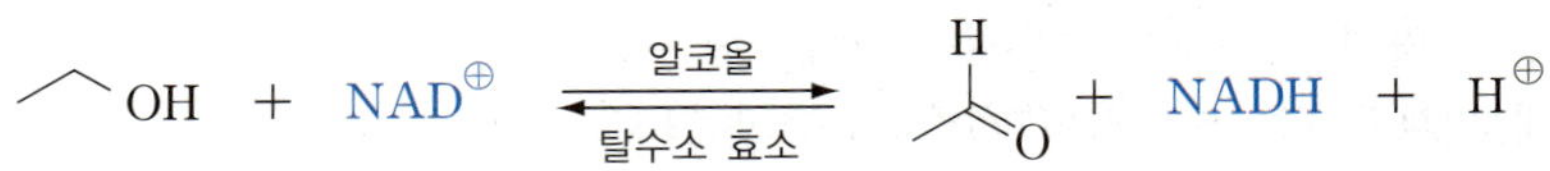

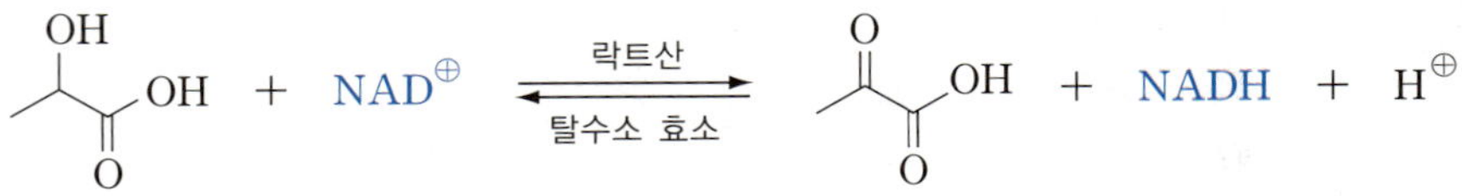

젖산

일반적으로 효소가 관여하는 산화–환원 반응은 거의 완벽한 입체 선택성을 가지면서 진행되는데, 이것을 2차원 그림으로 표현하기는 거의 불가능하다. 그럼에도 불구하고 에탄올의 산화 반응은 ① 효소의 아미노산 곁가지 염기(B:)와 −OH의 산–염기 반응, ② C=O 결합의 생성(산화 반응), ③ NAD^+를 구성하는 피리디늄(pyridinium) 양이온 골격의 4번 위치로 하이드라이드($H:^-$)의 위치 및 입체 선택적인 전달 반응(transfer reaction) 등이 동시에 진행된다고 흔히 설명한다. 역반응인 아세트알데하이드의 환원 반응은 미시적 가역성(2.7.3절) 원리를 적용하여, 즉 ① 질소의 비공유 전자쌍이 다이하이드로피리딘(dihydropyridine) 고리에 전자를 제공하고, ② 하이드라이드($H:^-$)가 카보닐 작용기에 입체적으로 전달되며, ③ 생성되는 산소 음이온이 산–염기 반응에 참여한 B–H에서 양성자를 받아들이는 것으로 설명할 수 있다.

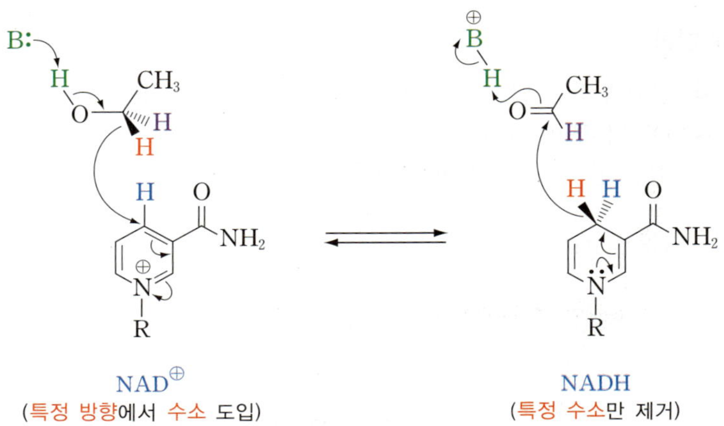

그림 8–4 에탄올 산화 반응 및 아세트알데하이드 환원 반응

8.10 싸이올

알코올의 −OH 작용기가 −SH 작용기로 전환된 화합물을 **싸이올(Thiol)**이라고 한다.

8.10.1 명명법

알코올과 싸이올에서 치환체 명명법에 의한 명명과, 치환체로 있을 때의 이름을 아래에 정리하였다. 이 외에는 알코올의 명명법(8.3절)을 동일하게 적용하면 된다.

표 8–6 알코올과 싸이올의 명명

화합물	명명법	화합물	명명법
R−OH	Alkanol (알칸올)	−OH	Hydroxy (하이드록시)
	Alkyl alcohol (알킬 알코올)		
R−SH	Alkanethiol (알케인싸이올)	−SH	Mercapto (머캅토)
	Alkyl mercaptan (알킬 머켑탄)		Sulfanyl (설판일)

H_3C-SH

methanethiol
methyl mercaptan

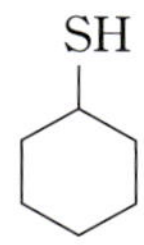

cyclohexanethiol
cyclohexyl mercaptan

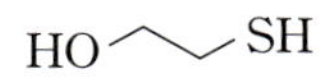

2-mercaptoethan-1-ol
2-sulfanylethan-1-ol

예제 8.5

아래의 화합물을 명명하시오.

(a) 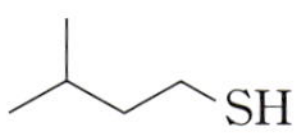

(b) 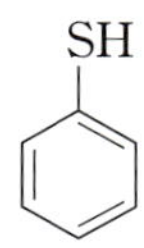

풀이

(a) 3-Methylbutane-1-thiol
(b) Thiophenol, benzenethiol, phenyl mercaptan

8.10.2 물리적 성질 및 화학적 성질

싸이올은 수소 결합을 못하기 때문에 끓는점이 알코올보다 훨씬 낮다.

표 8-7 싸이올과 알코올 끓는점 비교

화합물	분자량	끓는점(℃)
CH_3-OH	32	65
CH_3-SH	48	6

싸이올 화합물은 일반적으로 냄새가 심한 것으로 알려져 있다. 사람은 0.1 ppb 수준의 에테인싸이올(EtSH)을 감지할 수 있는데, 스컹크는 위험에 처하면 아래의 휘발성 싸이올 화합물을 포함하는 방귀를 배출함으로써 자신을 보호한다.

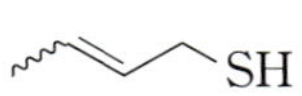
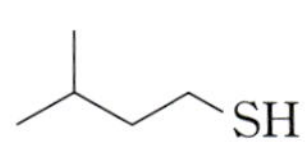

싸이올($pK_a \approx 11$)은 알코올($pK_a \approx 16$)보다 강한 산이다(2.1.3절). 황은 3주기 원소이고 산소 원자는 2주기 원소이므로 황의 전자 구름이 산소보다 크고, 그 결과 음이온(HS^- 및 HO^-)이 생겼을 때 여분의 전자가 더 넓은 범위에 분산될 수 있어서 전자간의 반발이 더 적게 된다. 이것은 열역학적으로 HS^-가 HO^-보다 안정해서 이온화가 더 많이 진행될 수 있고, 또한 HS^-와 H^+는 함께 생성되기 때문에 결과적으로 H_2S가 H_2O보다 산성도가 크다는 추론이 가능하다.

싸이올($pK_a \approx 11$)은 알코올($pK_a \approx 16$)보다 훨씬 강한 친핵체이다(7.6.3절). 황은 3주기 원소이고 산소 원자는 2주기 원소이므로 황(S)의 편극성이 더 커서 전자가 더 넓은 범위에 분산될 수 있다. 이것은 황의 전자 구름이 상대적으로 원자핵의 통제에서 벗어나 있고, 전자 구름의 모양이 쉽게 변할 수 있음을 의미하며, 황이 다른 원자에게 전자를 더 쉽게 제공하는 것과 연결된다. 실제로 산소와 황 원자의 친핵성은 RSH > ROH이고 $RS^- > RO^-$이다. 동일한 원리를 적용하면 친핵성이 P(3주기) > N(2주기)임을 쉽게 유추할 수 있다.

8.10.3 합성법

싸이올 합성에 있어서 가장 직접적인 방법은 단순하게 할로젠화 알킬을 HS^-로 치환하는 것이다. 그러나 이 방법은 반응 시약(HS^-)과 생성물인 싸이올(RSH)의 산성도가 비슷하기 때문에 생성물에서 산–염기 반응으로 RS^- 음이온이 생기고, RS^- 음이온이 할로젠화 알킬과 다시 반응하여 부생성물인 설파이드(sulfide)가 생성될 수 있다.

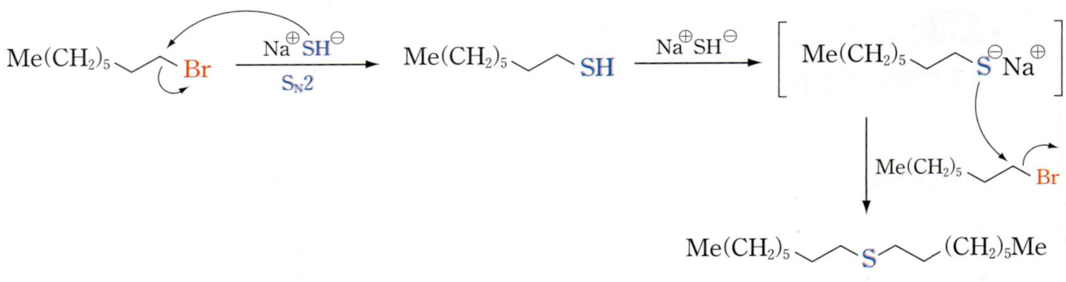

부생성물

이러한 문제점을 극복하기 위해서 싸이오요소(thiourea) 친핵체를 사용할 수 있다. 이 반응은 싸이오요소의 황 원자에서 S_N2 반응이 일어나고, 중간체인 알킬싸이오요소(alkylthiourea)를 가수 분해하는 것으로서, 부생성물이 없고 수율이 높다는 장점을 갖는다. 가수 반응 메커니즘은 18장을 학습하고 나면 충분히 이해할 수 있을 것이다.

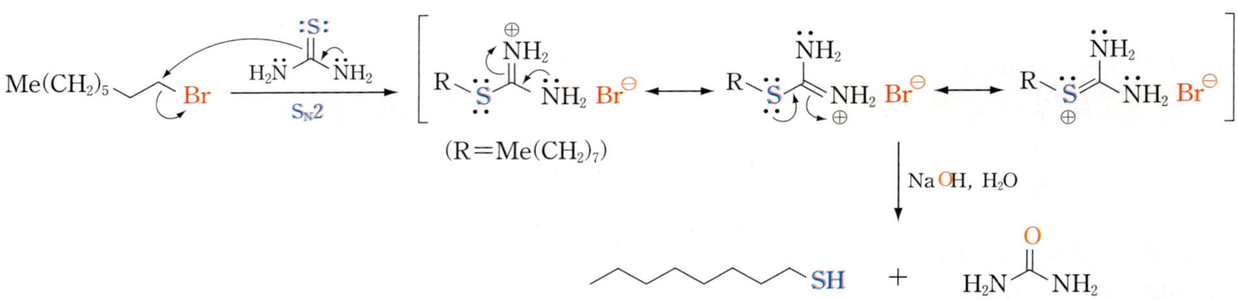

8.10.4 산화–환원 반응

싸이올에서 가장 중요한 반응의 하나는 산화–환원 반응이다. 싸이올을 Br_2 또는 I_2와 반응시키면 산화 반응이 진행되어 다이설파이드(disulfide, RS–SR)가 생성된다. 그리고 다이설파이드를 산성 조건에서 아연 금속과 반응시키면 환원 반응이 진행되어 싸이올이 얻어진다.

$$2\ \mathrm{R{-}SH} \underset{\mathrm{Zn,\ H^{\oplus}}}{\overset{\mathrm{Br_2\ 또는\ I_2}}{\rightleftharpoons}} \underset{\text{다이설파이드}}{\mathrm{R{-}S{-}S{-}R}} + 2\ \mathrm{HBr}\ (\text{또는 HI})$$

정반응은 황(S) 원자의 S_N2 반응이 두 번 일어나는 반응이다. 우선, 싸이올(RSH)의 고립 전자쌍이 I_2에 S_N2 반응을 한 후, 이어지는 산–염기 반응으로 중간체 **A**를 생성한다. 이번에는 싸이올(RSH)의 고립 전자쌍이 중간체 **A**에 다시 한번 S_N2 반응을 한 후, 계속해서 산–염기 반응이 일어나서 최종 생성물인 다이설파이드를 얻는다.

메커니즘 8-9 싸이올의 산화 반응 메커니즘

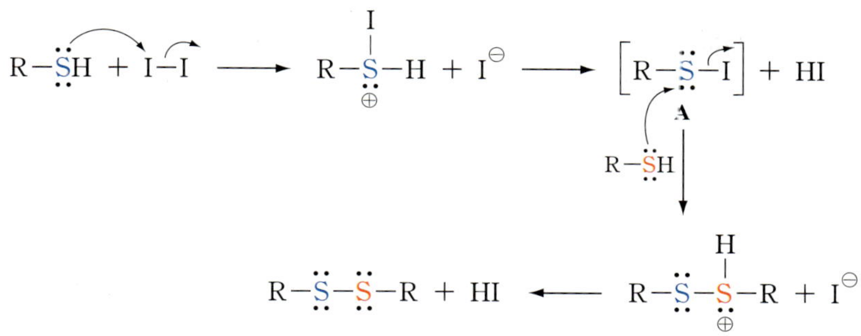

역반응은 아연(Zn)이 Zn^{2+}로 산화되면서 방출하는 두 개의 전자가 상대적으로 약한 S−S 결합에 제공되어 두 개의 RS^- 음이온을 생성하고, 최종적으로 산−염기 반응에 의하여 두 분자의 R−SH를 생성한다.

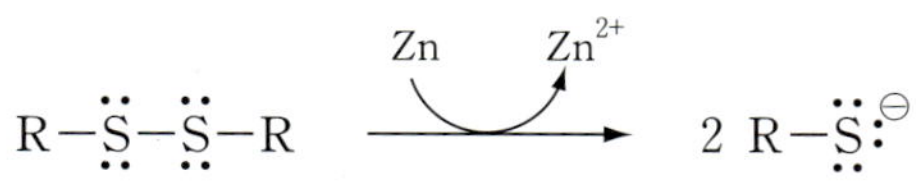

생체에서도 이와 유사한 반응이 존재한다. 인체에 존재하는 글루타싸이온(glutathione)은 아스파틱산−시스테인−알라닌의 펩타이드 화합물로서, 글루타싸이온에 존재하는 한 개의 −SH 작용기가 생체 내의 산화제와 반응하여 S−S 결합을 형성함으로써 유해한 산화제를 제거하는 역할을 수행한다. 다이설파이드로 환원된 글루타싸이온은 대사되어서 배출되기보다는 다른 경로를 통하여 다시 환원시켜서 재사용된다.

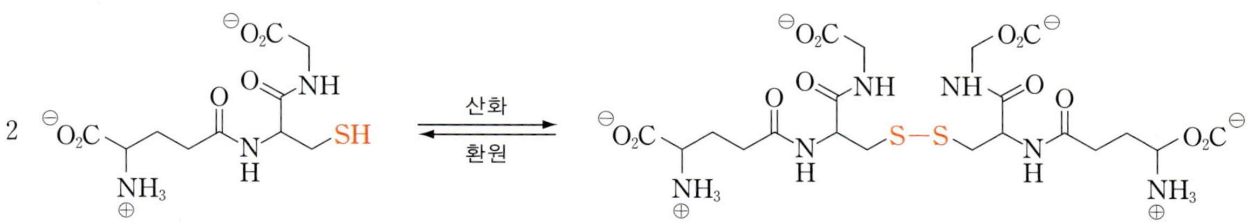

예제 8.6

아래의 반응에서 생성물을 예측하시오.

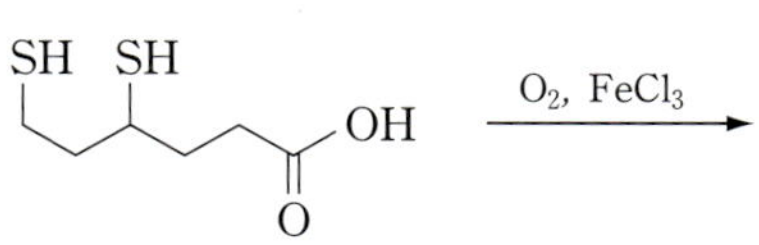

풀이

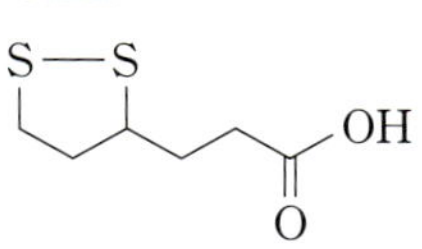

8.11 요약

알코올은 물(H−OH)에서 한 개의 수소 원자가 알킬기로 치환된 화합물(R−OH)로서, 페놀(phenol) 및 엔올(enol) 등과 구분된다. 황(S)은 주기율표에서 산소(O) 아래에 위치하는 원소로서, 황화 수소(hydrogen sulfide)에서 한 개의 수소 원자가 알킬기로 치환된 화합물(R−SH)을 싸이올(thiol)이라고 한다.

H−OH	물	H−SH	황화 수소
R−OH	알코올	R−SH	싸이올

물리적인 성질의 관점에서 알코올은 수소 결합이 가능하기 때문에 분자량이 유사한 알케인, 알켄, 알카인, 할로젠화 알킬 화합물보다 끓는점이 훨씬 높고, 용해도 측면에서도 탄소 수가 작은($n < 4$) 경우에는 물과 잘 섞인다(8.4절). 그리고 알코올의 −OH 작용기는 pK_a(ROH) 값이 16~18 정도로서 아주 약한 산이기 때문에, 3차 아민(R_3N) 등의 약염기와는 반응하지 않지만 R_2N^- 음이온 같은 아주 강한 염기와는 반응이 정량적으로 진행되어서 알콕사이드(RO^-) 음이온이 생성된다(8.5절).

알코올은 다양한 방법을 통하여 합성할 수 있다(8.6절). 교재에서는 알켄에서 알코올을 합성하는 방법으로 산성 조건에서의 물 첨가 반응(4.7.5절 및 4.7.6절), 수소화붕소 첨가 반응(4.9절), 다이하이드록실화 반응(4.10.1절) 등을 소개하였고, 할로젠화 알킬에서 S_N2(7.6절) 및 S_N1(7.8절) 반응으로 알코올을 합성하는 경로도 제시하였다.

알코올의 반응은 크게 탈수 반응(8.7절), 할로젠 치환 반응(8.8절), 산화 반응(8.9절)으로 구분하여 기술하였다.

알코올의 산-촉매 탈수 반응에서 기본적인 반응 조건은 산(H_2SO_4, H_3PO_4) 촉매 하에서 알코올 용액을 가열하는 것이다(8.7.1절). 이때 알킬기의 반응성은 [3차 > 2차 > 1차]의 순서인데, 3차 및 2차 알코올에서는 E1 경로, 1차 알코올에서는 E2 경로를 따라서 반응이 진행된다. 알코올의 탈수 반응은 [$SOCl_2$/TEA, $POCl_3$/피리딘, P_2O_5/Δ, Ac_2O/Δ] 등의 활성화 시약(8.7.2절)을 사용해서도 가능하다. 이 시약을 사용하면 3차 및 2차 알코올의 탈수 반응을 낮은 온도에서 수행할 수 있고, 반응이 E2 경로로 진행되기 때문에 자리 옮김 반응이 없다는 장점이 있다.

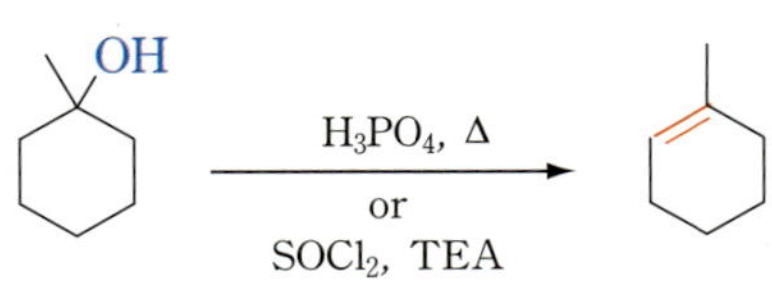

알코올의 할로젠 치환 반응에서 기본적인 반응 조건은 HCl(g), HCl−$ZnCl_2$(Lucas 시약), NaBr−H_2SO_4 등이다(8.8.1절). 이때 알킬기의 반응성은 [3차 > 2차 > 1차]의 순서인데, 3차 및 2차 알코올에서는 S_N1 경로, 1차 알코올에서는 S_N2 경로를 따라서 반응이 진행된다. 할로젠산의 반응성은 [HI > HBr > HCl]의 순서로서, 이것은 산성도의 세기 및 할라이드 음이온의 친핵성 순서와 일치한다. 알코올의 할로젠 치환 반응은 [$SOCl_2$/TEA, PBr_3] 등의 활성화 시약(8.8.2절)을 사용해도 가능하다. 이 시약을 사용하면 1차 및 2차 알코올의 할로젠 치환 반응을 낮은 온도에서 수행할 수 있고, 반응이 S_N2 경로로 진행되기 때문에 자리 옮김 반응이 없다는 장점이 있다.

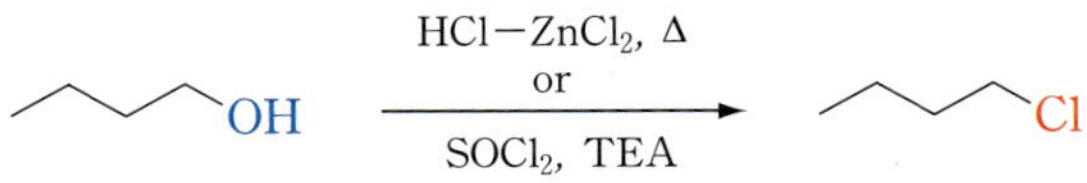

알코올의 산화 반응은 반드시 한 개 이상의 C_α–H 원자가 있어야 한다(8.9.1절). 1차 알코올을 산화하면 알데하이드(aldehyde), 알데하이드를 산화하면 카복실산(carboxylic acid), 2차 알코올을 산화하면 케톤(ketone)이 각각 생성되고, 3차 알코올은 일반적으로 산화 반응이 일어나지 않는다. 1차 알코올의 산화 반응은 사용하는 시약에 따라서 알데하이드 또는 카복실산을 선택적으로 얻을 수 있다. 일반적으로 PCC, PDC 시약을 사용하면 알데하이드, $KMnO_4$, CrO_3, $Na_2Cr_2O_7$ 등을 쓰면 최종적으로 카복실산이 생성된다.

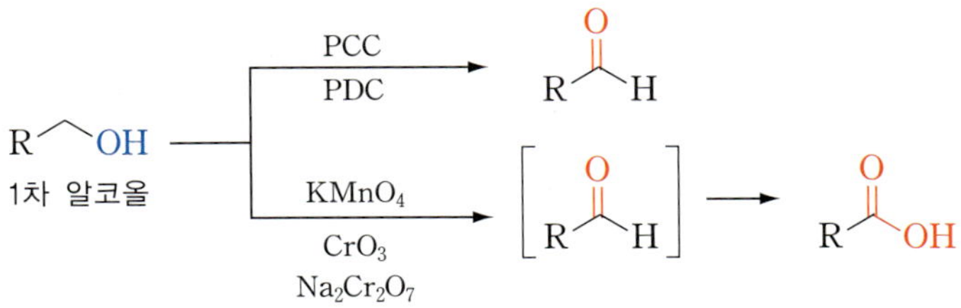

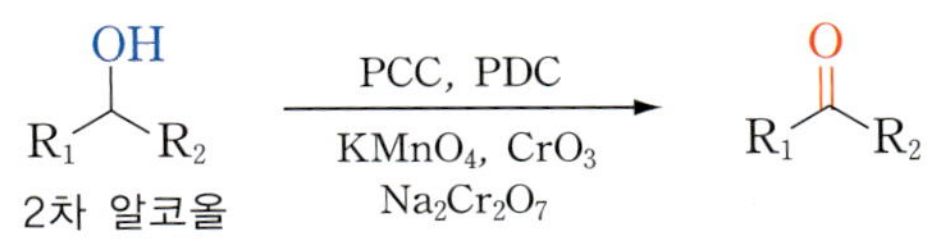

생체에서의 산화–환원 반응은 많은 종류의 탈수소 효소(dehydrogenase)에 의하여 진행되는데, 이들은 공통적으로 NAD^+ 또는 $NADP^+$라는 조효소를 필요로 한다. 이때 산화–환원 반응의 핵심은 NAD^+를 구성하는 피리디늄(pyridinium) 양이온 골격의 4번 위치에 $H:^-$가 입체 선택적으로 전달되는 반응(transfer reaction)에 있다.

알코올의 –OH 작용기가 –SH 작용기로 전환된 화합물을 싸이올이라고 한다(8.10절). 싸이올은 수소 결합을 못하기 때문에 끓는점이 알코올보다 훨씬 낮고, 지독한 냄새가 나며, 알코올보다 훨씬 강한 산성을 띠고, 친핵성이 매우 크다는 특성이 있다.

싸이올에서 중요한 반응의 하나는 산화–환원 반응이다. 글루타싸이온(glutathione)은 아스파틱산–시스테인–알라닌의 펩타이드 화합물로서 생체 내의 산화제와 반응하여 글루타싸이온 이합체를 생성함으로써 몸에 해로운 산화제를 제거하는 역할을 한다.

연습 문제

1. 아래의 화합물을 명명하시오.

(a) 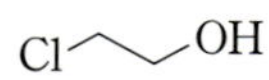

(b) 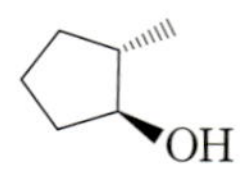

(c) 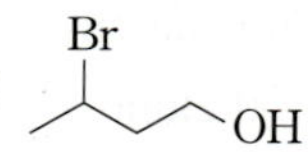

(d) 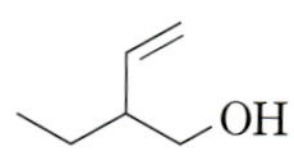

(e) 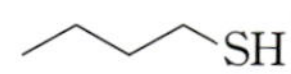

(f) 

2. 아래 반응의 평형 상수를 계산하시오. (단 pK_a(t-BuOH) = 18, pK_a(CH_4) = 60이다.)

$$t\text{-BuOH} + CH_3^{\ominus} \rightleftharpoons t\text{-BuO}^{\ominus} + CH_4$$

3. 반응의 주생성물을 그리고, 해당하는 경우에 S_N2, S_N1, E2, E1의 반응 경로를 명시하시오.

(a) 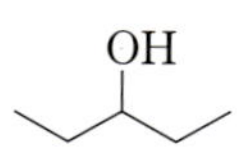 $\xrightarrow[\Delta]{62\%\ H_2SO_4}$

(b) 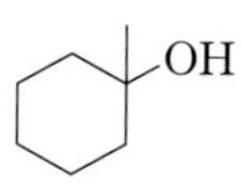 $\xrightarrow[\text{THF},\ \Delta]{aq.\ H_2SO_4}$

(c) 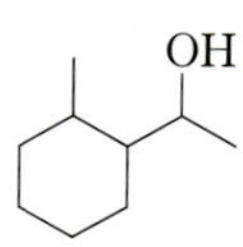 $\xrightarrow[\text{Pyridine}]{POCl_3}$

(d) 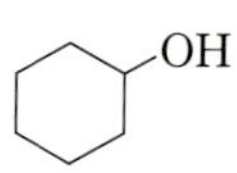 $\xrightarrow[\Delta]{HBr}$

(e) 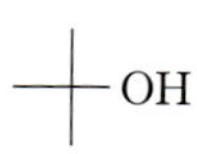 $\xrightarrow[0°C]{HBr}$

(f) 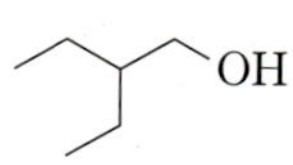 $\xrightarrow[\text{Pyridine}]{SOCl_2}$

(g) 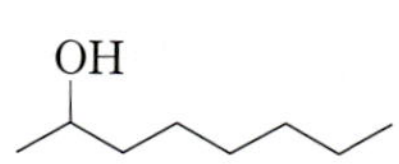 $\xrightarrow[K_2CO_3]{SOCl_2}$

(h) 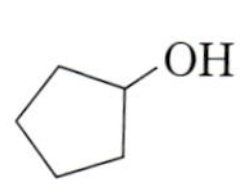 $\xrightarrow[\text{ether}]{PBr_3}$

(i) 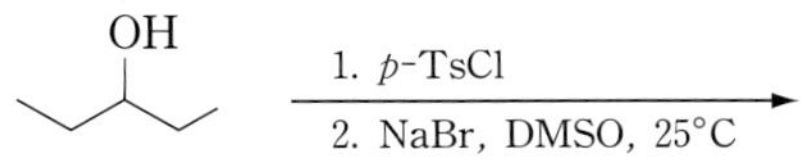

(j) 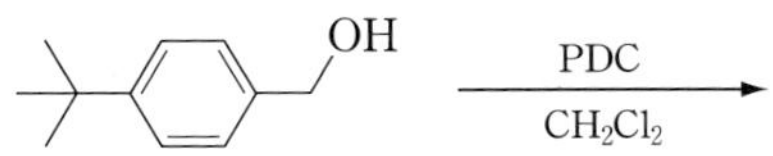

(k) 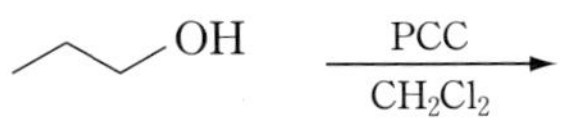

(l) 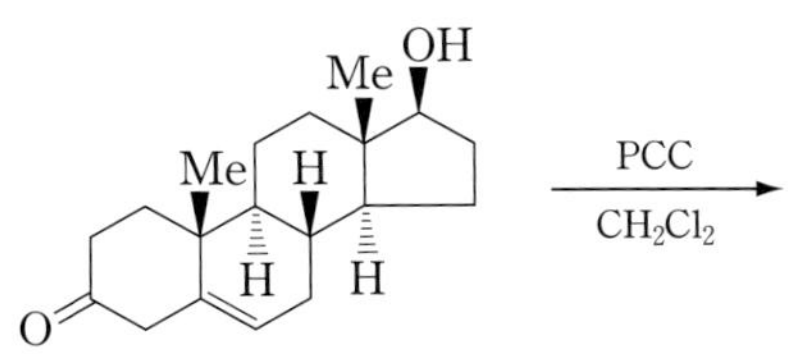

(m) 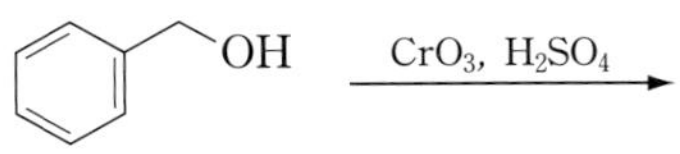

(n) 

(o) 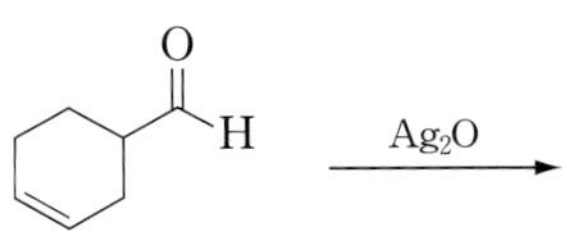

(p) 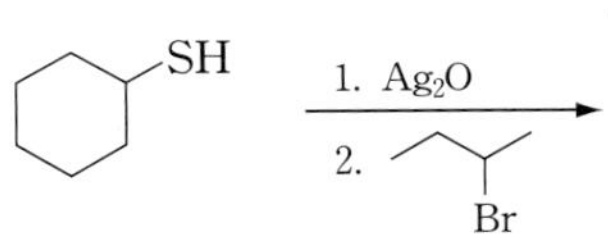

(q) 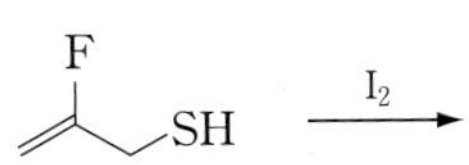

(r) 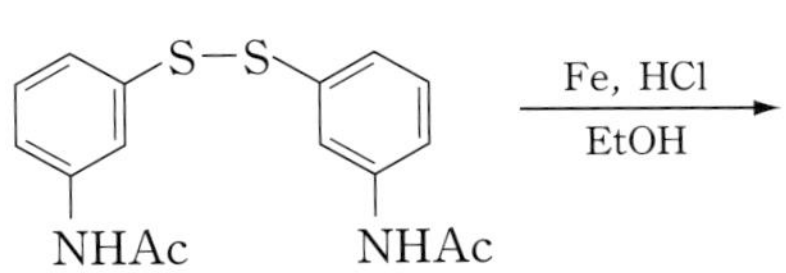

4. 아래 반응의 메커니즘을 그리시오.

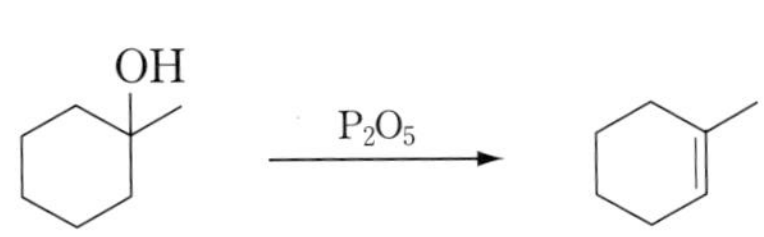

5. 아래 반응의 메커니즘을 그리시오.

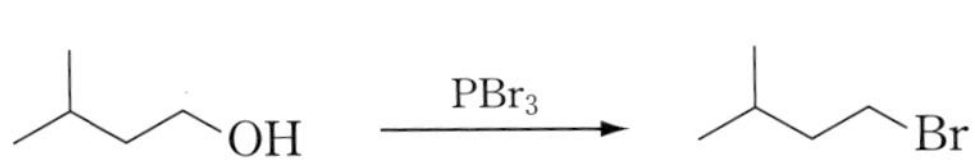

6. 아래의 전환에 필요한 시약을 넣으시오.

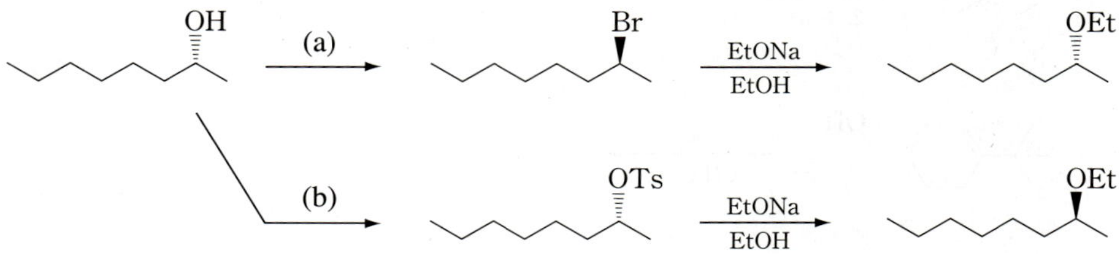

7. 아래 반응의 메커니즘을 그리시오.

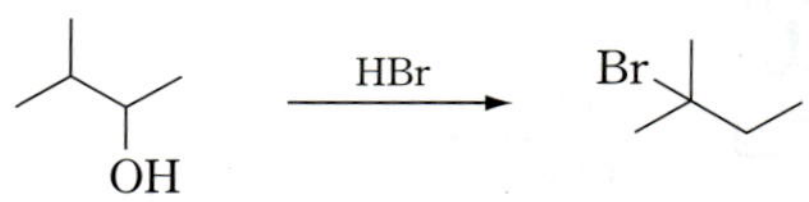

8. 아래 반응의 메커니즘을 그리고, 논리적으로 설명하시오.

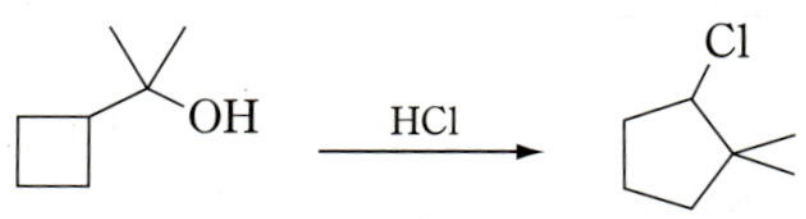

9. 아래 출발 물질로부터 주어진 생성 물질을 얻는 합성 경로를 제시하시오.

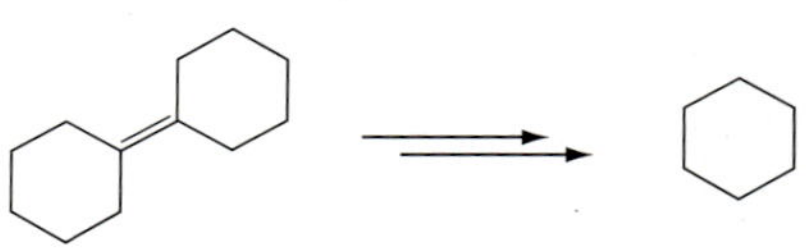

9장

유기 금속 화합물

ⓒAS Food studio/Shutterstock

9.1 구조

유기 금속 화합물은 탄소(C)와 금속(M) 사이에 화학 결합이 있는 화합물들을 통칭하는 용어이다.

일반적으로 X−Y 결합에서 전기 음성도 차이($\Delta\chi$)가 작으면 공유 결합성이 증가하고 전기 음성도 차이($\Delta\chi$)가 크면 이온 결합성이 증가하지만, 공유 결합과 이온 결합을 구분하는 특정한 경계는 없다(1.6.1절).

C−M 결합에서는 탄소의 전기 음성도가 금속보다 크기 때문에 탄소에 부분 음전하가 생기고, 이로 인하여 탄소 원자가 친핵체 및 염기로서 작용함을 예상할 수 있다. 반면에 금속 양이온은 전자가 부족하기 때문에 전자를 제공하는 다양한 리간드와 배위 결합을 할 수 있는데, 금속과 결합하는 리간드의 종류와 수는 금속의 종류, 산화 상태, 리간드의 특성에 따라서 매우 다양하게 변한다.

$$\left[\mathrm{R{-}M} \longleftrightarrow \mathrm{R}^{\ominus}\mathrm{M}^{\oplus}\right] \equiv \overset{\delta^-}{\mathrm{R}}{-}\overset{\delta^+}{\mathrm{M}}$$

공유 결합성 구조   이온 결합성 구조

유기 금속 화합물에서 $M = Na^+$ 및 K^+인 경우에는 $\Delta\chi = 1.6$ 및 1.7로서 공유 결합성은 없고 이온 결합성 특징만을 갖기 때문에 C^-M^+로 표현하는 것이 더 적절하다.

유기 리튬 화합물에서 C−Li 결합의 전기 음성도 차이($\Delta\chi$)는 1.5이다. 이것은 C−Li 결합이 탄소는 전자가 매우 풍부하고 리튬은 전자가 매우 부족한 이온 결합성이 큰 극성 공유 결합임을 의미한다. 일반적으로 R−Li 화합물은 대부분의 유기 용매에 잘 녹으며, 용매에 따라서 다를 수 있지만 이합체, 사합체 및 그 이상의 집합체로 존재할 수 있다.

$CH_3{-}Li$

유기 마그네슘 화합물에서 C−Mg 결합의 전기 음성도 차이($\Delta\chi$)는 1.3이다. 이것은 C−Mg 결합이 비록 C−Li 결합보다는 못하지만 탄소는 전자가 풍부하고 마그네슘은 전자가 부족한 이온 결합성이 큰 극성 공유 결합임을 의미한다.

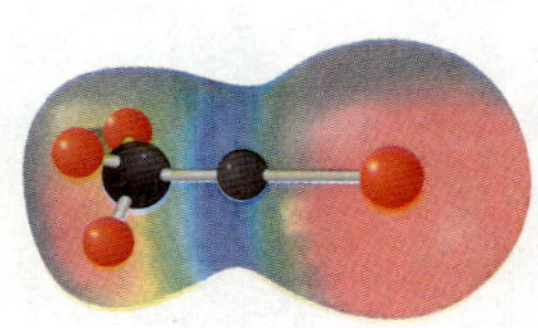

$CH_3{-}Mg{-}I$

유기 마그네슘(R−MgX) 시약은 0.1 M 에테르(Et_2O) 용액에서는 단량체, 0.5~1.0 M 에테르(Et_2O) 용액에서는 이합체로 존재한다. 이러한 현상은 R−MgX에서 Mg^{2+}는 전자가 부족하여 외부로부터 전자를 받으려 하는데, R−MgX의 농도가 낮으면 에테르 산소의 고립 전자쌍을 받아서 해결하고, R−MgX의 농도가 높으면 이합체를 형성하여 자체적으로 전자의 부족분을 해결하는 것으로 설명할 수 있다.

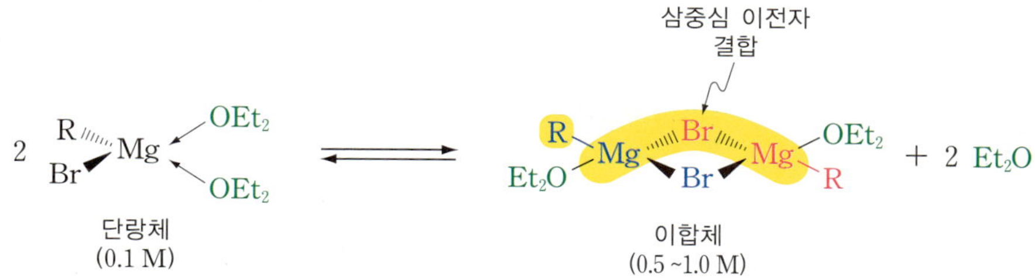

그림 9-1 에테르(Et_2O) 용액에서 유기 마그네슘(R–MgX) 시약의 구조

위의 이합체 구조에서 각각의 Mg–Br–Mg 결합에는 Br의 고립 전자쌍 한 개만 참여한다. 이처럼 Mg–Br–Mg의 세 원자에 두 개의 전자만 결합에 참여하는 결합을 **삼중심–이전자 결합(three-center two-electron bond)**이라고 한다. 이러한 결합은 결합에 참여하는 전자의 수가 적기 때문에 일반적인 공유 결합보다는 훨씬 약하다.

R–MgX 시약은 농도에 따라서 구조가 변하는 것은 물론이고, 이와 무관하게 아래의 평형 반응에도 참여한다. 이 평형 반응을 **Schlenk 평형(Schlenk equilibrium)**이라고 하고, 평형의 위치는 용매, 농도, 온도 등 조건에 따라서 크게 다를 수 있다.

$$2\ R{-}MgBr \rightleftharpoons R_2Mg + MgBr_2$$

Schlenk 평형에서 생성되는 R_2Mg 시약은 전자쌍을 제공할 수 없는 탄화수소 용매에서는 $(R_2Mg)_n$ 중합체로 존재하지만, 여기에 전자쌍을 제공하는 에터를 충분히 넣어 주면 점진적으로 단량체로 변한다.

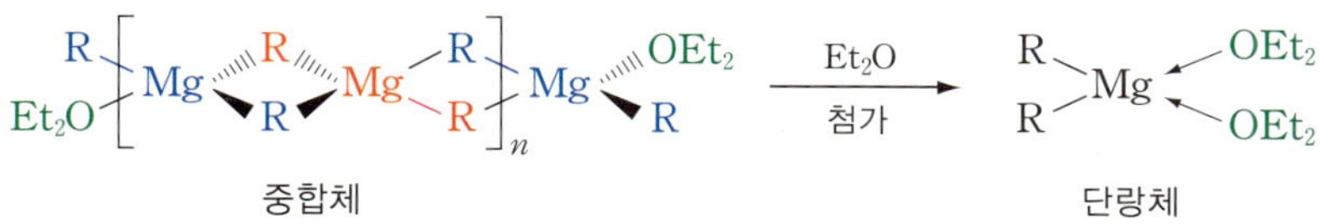

그림 9-2 Schlenk 평형에서 생성되는 R_2Mg 시약의 구조

유기 알루미늄 화합물에서 C–Al 결합의 전기 음성도 차이($\Delta\chi$)는 1.0이다. 이것은 C–Al 결합이 비록 C–Mg 결합보다는 못하지만 탄소는 전자가 풍부하고 알루미늄은 전자가 부족한 이온 결합성의 극성 공유 결합임을 의미한다. 탄화수소 용매에서 $Al(Me)_3$ 시약은 Al 금속의 전자 부족을 해결하기 위하여 R–MgX에서와 같이 Al–C–Al 구조에서 삼중심–이전자 결합을 갖는 이합체로 존재한다.

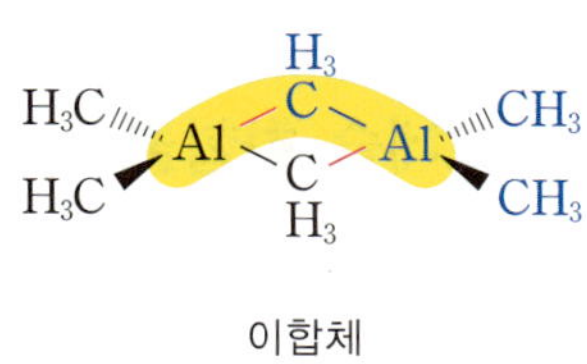

그림 9-3 탄화수소 용매에서 $Al(Me)_3$ 시약의 구조

14족(M = Si, Ge, Sn, Pb) 및 15족(M = Sb, Bi) 원소를 포함하는 유기 금속 화합물들은 C–M 결합의 전기 음성도 차이($\Delta\chi$)가 상대적으로 작다. 이것은 C–M 결합이 이온 결합의 성격보다는 비극성에 가까운 전형적인 공유 결합의 성격임을 의미한다. 실제로 이들 화합물들은 물리적인 성질에 있어서 일반적인 유기 화합물처럼 생각할 수 있을 정도이다.

H						
Li	Be	B	C	N	O	F
Na	Mg	Al	Si	P	S	Cl
K	Ca	Ga	Ge	As	Se	Br
		In	Sn	Sb	Te	I
		Tl	Pb	Bi	Po	At

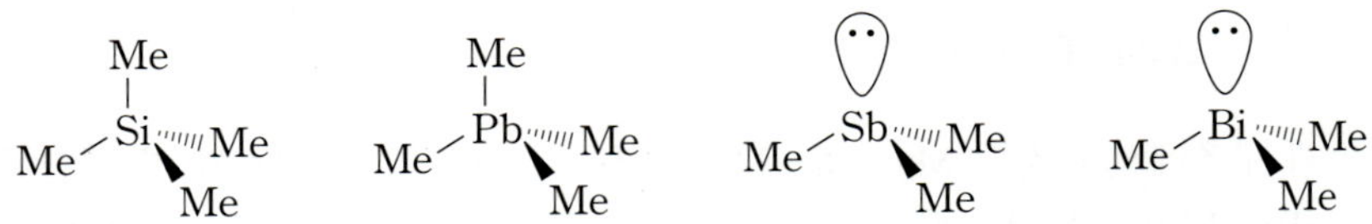

그림 9-4 14족 및 15족 유기 금속 화합물의 구조

9.2 명명법

유기 금속 화합물이 알킬기 및 금속으로만 구성된 경우에는 알킬메탈(alkylmetal)로 명명한다.

n-butyllithium

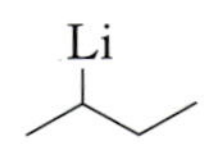

sec-butyllithium

tert-butyllithium

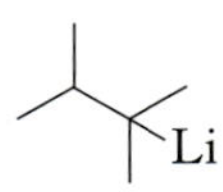

(2,3-dimethylbutan-2-yl)lithium

$(CH_3CH_2)_2Mg$

diethylmagnesium

$(CH_3CH_2)_3B$

triethylboron
triethylborane

$(CH_3CH_2CH_2)_2Zn$

dipropylzinc

$(CH_3CH_2CH_2CH_2)_4Sn$

tetrabutyltin
tetrabutylstannane

$(CH_3)Cu$

methylcopper

유기 금속 화합물이 알킬기 및 금속 이외에 다른 치환체가 있는 경우에는 그 치환체를 음이온처럼 생각하여 명명한다.

CH_3MgBr	methylmagnesium bromide	($MgBr_2$ magnesium bromide)
$CH_3CH_2AlCl_2$	ethylaluminum dichloride	($AlCl_3$ aluminum chloride)
CH_3HgI	methylmercuric iodide	(HgI_2 mercuric iodide)

9.3 유기 리튬 및 유기 마그네슘 화합물

9.3.1 합성법

할로젠화 알킬(R−X)을 Li 또는 Mg 금속과 반응시키면 유기 리튬 및 유기 마그네슘 화합물이 생성되는데, 이러한 반응을 **금속화 반응(metallation reaction)**이라고 한다. 이 반응에서 Li 및 Mg는 각각 Li^+와 Mg^{2+}로 산화되며, 균형 화학 반응식은 아래와 같다.

$$R{-}X + 2\,Li \longrightarrow RLi + LiX$$

$$R{-}X + Mg \longrightarrow RMgX \text{ (Grignard 시약)}$$

금속화 반응에서 할라이드의 반응성은 [I > Br > Cl]의 순서이고, 알킬기는 sp^3 및 sp^2 탄소에서 모두 가능하다. 금속화 반응은 THF 또는 에터 용매를 주로 사용하고, 열역학적으로 발열 반응이며, 금속 표면에서 반응이 일어나는 불균일(heterogeneous) 반응이기 때문에 초음파를 이용하여 새로운 금속 표면을 계속해서 제공하면 반응 속도가 크게 증가할 수 있다.

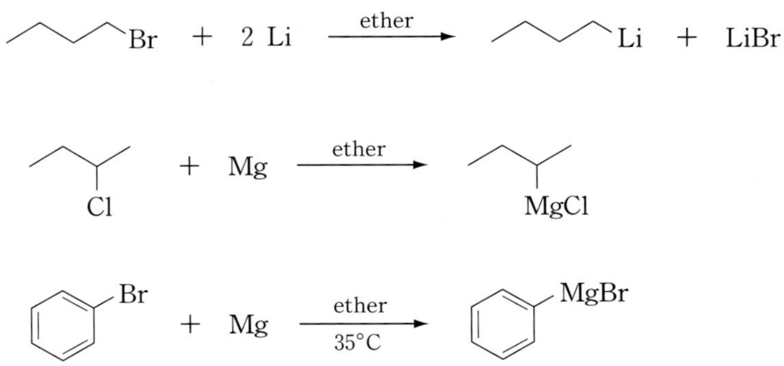

R−Li와 R−MgX 시약의 상대적인 반응성은 금속의 전기 음성도를 이용하여 추론할 수 있다. R−Li 및 R−MgX 시약에서 C−M 결합의 전기 음성도 차이($\Delta\chi$)는 각각 1.5 및 1.3이다. 특정 결합에서 $\Delta\chi$가 커지면 이온 결합성이 증가(9.1절)하는데, 이것은 R−Li 시약에서 Li의 전자 결핍이 더 크고, 탄소 원자의 전자 밀도가 더 높다는 것을 의미한다. 따라서 R−Li 시약이 R−MgX 시약보다 염기성과 친핵성이 더 큼을 예상할 수 있다.

유기 리튬 및 유기 마그네슘 화합물의 반응에 대해서는 16장과 18장에서 상세히 설명하기로 한다(16.12.2절 및 18.10절).

예제 9.1

아래 반응의 생성물을 예측하고, 해당하는 균형 화학 반응식을 쓰시오.

(a) 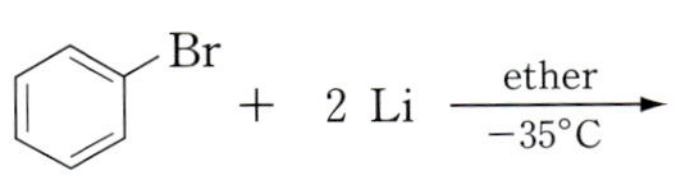

(b) 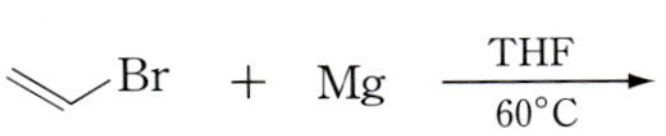

풀이

(a) 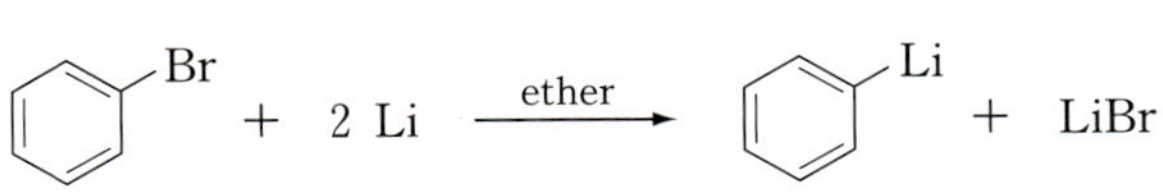

(b) 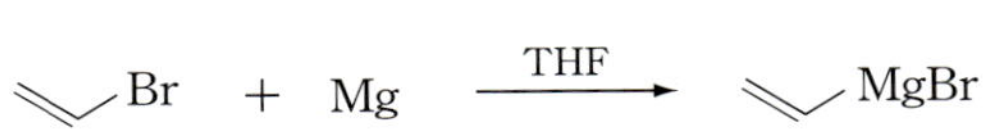

9.3.2 반응 메커니즘

금속화 반응의 메커니즘은 정확하게 알 수 없지만, R−Li 시약의 생성 메커니즘을 아래와 같이 제안할 수 있다. 우선, Li의 전자 한 개가 R−X에게 전달되어 라디칼 음이온을 생성하고, 라디칼 음이온에서 X^-가 이탈된 후, Li^+가 용매로 녹아들면서 LiX와 R·을 생성한다. 계속해서 Li의 전자 한 개가 R·에 전달되고 Li^+가 용매로 녹아들면서 R−Li가 형성된다.

메커니즘 9-1 R–Li 시약의 생성 메커니즘

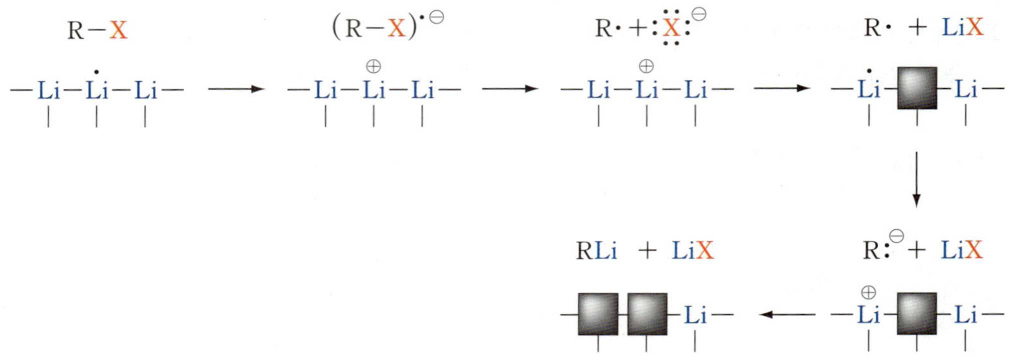

R−MgX 시약의 생성 메커니즘도 R−Li와 유사하게 제안할 수 있다. 단, 두 반응의 차이점은 Li는 Li^+가 되면서 전자 한 개를 제공하고, Mg는 Mg^{2+}가 되면서 전자 두 개를 제공한다는 것이다.

9.3.3 산–염기 반응

R−Li, R−MgX, R_3Al 등의 유기 금속 화합물들은 탄소는 전자가 풍부하고 금속은 전자가 부족한 이온 결합성의 C−M 결합(9.1절)을 갖기 때문에, C−M 결합의 탄소 원자는 친핵체 및 강염기로 작용할 수 있다.

실험에 의하면 R−Li, R−MgX, R_3Al 화합물에 물($pK_a \approx 16$)을 첨가하면 산–염기 반응이 격렬하게 일어나면서 R−H($pK_a \approx 10^{-60}$) 화합물이 생성된다. 이러한 결과는 R−Li, R−MgX, R_3Al 화합물들을 산–염기 반응 이외의 반응에 사용할 때 무수(anhydrous) 조건이 필요함을 의미한다. 무수 조건의 사전적 의미는 물이 없는 조건을 말하지만, 유기 화학에서는 RCO_2H, ROH, RNH_2 등 유기 금속 화합물과 산–염기 반응을 할 수 있는 작용기가 없는 조건까지 그 범위를 확대하여 생각할 수 있다.

$$CH_3Li + H_2O \longrightarrow CH_3{-}H + LiOH$$

$$EtMgBr + H_2O \longrightarrow Et{-}H + (HO)MgBr$$

$$(CH_3)_3Al + 3\,H_2O \longrightarrow 3\,CH_3{-}H + Al(OH)_3$$

일반적으로 특정 유기 금속 화합물의 산–염기 반응은 산의 산성도가 클수록 반응이 격렬해진다. [물($pK_a \approx 16$) > ROH($pK_a \approx 18$) > RNH_2($pK_a \approx 33$)]

무수(anhydrous) 조건이 중요한 이유를 아래의 반응에서 찾을 수 있다. 7-브로모헵탄-1-올에 Mg를 반응시켜 R−MgX 시약을 합성하면, 이 시약은 곧바로 분자 내의 −OH 작용기와 산–염기 반응을 하여 알콕사이드(alkoxide) 중간체를 형성하는데, 최종적으로 여기에 물을 첨가하면 Br이 H로 치환된 헵탄-1-올이 얻어진다.

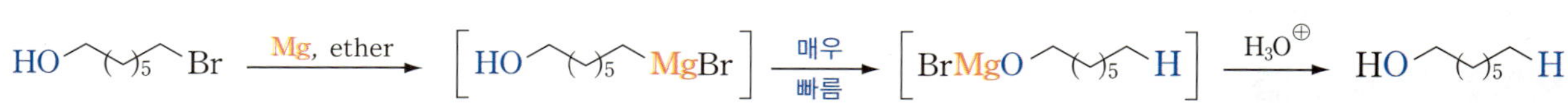

유기 금속 화합물의 강한 염기성을 이용하면 특정 위치에 중수소(D) 및 삼중수소(T)를 도입할 수 있다. 예를 들면, 할로젠화 알킬(R−X)에서 R−MgX 시약을 합성하고, 여기에 중수(D_2O)를 첨가하면 결과적으로 할라이드(X)가 중수소(D)로 치환된 화합물을 선택적으로 얻을 수 있다.

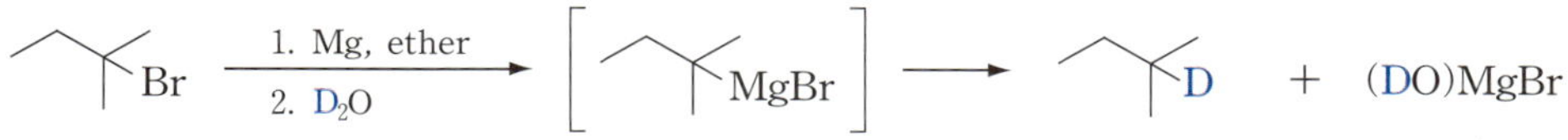

9.4 유기 구리 화합물

9.4.1 합성법

유기 구리 화합물에서 C−Cu 결합의 전기 음성도 차이($\Delta\chi$)는 0.6이다. 이것은 C−Cu 결합이 C−Li 및 C−MgX 결합보다 공유 결합 성격이 훨씬 크다는 것을 의미한다.

유기 구리 화합물은 RCu(알킬구리, alkylcopper), R_2CuLi(리튬 다이알킬 구리, lithium dialkylcuprate, Gilman 시약)을 포함하여 다양한 구조의 화합물들이 가능하다. 이 중에서 Gilman 시약(R_2CuLi)은 가장 대표적인 유기 구리 시약으로서 두 분자의 알킬 리튬과 CuX를 반응시켜 합성한다. 이때 R 작용기는 알킬(alkyl), 아릴(aryl), 알케닐(alkenyl) 등이 모두 가능하고, CuX에서 X의 반응성은 [I > Br > Cl]이며, R_2CuLi에서 Cu의 산화수는 +1이다. 그리고 Gilman 시약은 R−Li 및 R−MgX보다 열역학적으로 불안정하기 때문에 Gilman 시약을 합성하고 사용할 때에는 보다 세심한 주의가 필요하다.

$$CH_3Br \; + \; 2\ Li \xrightarrow{\text{pentane}} CH_3Li \; + \; LiBr$$

$$2\ CH_3Li \; + \; CuI \xrightarrow{\text{ether}} (CH_3)_2CuLi \; + \; LiI$$

(Gilman 시약)

Gilman 시약의 구조는 정확하게 알 수 없다. 그러나, R_2CuLi 시약에서 Li의 산화수를 +1, 알킬기의 산화수를 −1로 가정하면 Cu의 산화수는 +1이 된다. 그리고 C−Li 결합은 이온 결합성이 매우 크고(9.1절), C−Cu 결합은 공유 결합성이 크다는 점에서 일반적으로 R_2CuLi의 구조를 $[R{-}Cu{-}R]^-Li^+$ 형태로 표현한다.

9.4.2 반응

Gilman 시약은 R−X와의 짝지음 반응에 유용하게 사용된다. 이때 R 작용기는 알킬(alkyl), 아릴(aryl), 알켄일(alkenyl) 등이 가능하고, 알킬기에 따른 반응성은 [Me > 1차 > 2차 > 3차]의 순서이다. 일반적으로 2차 및 3차 할로젠화 알킬은 입체 장애로 인하여 제거 반응과 같은 부반응 비율이 증가할 수 있으므로 항상 주의해야 한다.

최근에는 이러한 알킬(알켄일, 알칸일, 아렌일)−알킬(알켄일, 알칸일, 아렌일) 짝지음 반응에 대한 많은 연구가 진행되어서 Gilman 시약의 중요성이 많이 감소하였다. 그러나 Gilman 시약은 이러한 짝지음 반응의 선도적인 역할을 수행하였기 때문에 반드시 알아야 한다.

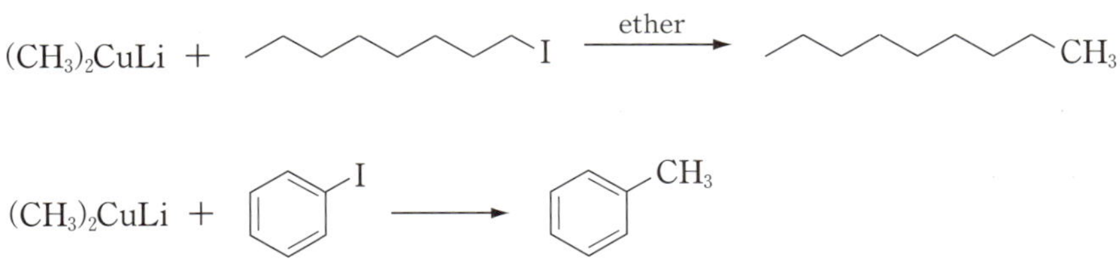

위 반응의 반응 메커니즘도 명확하지는 않지만, 일반적으로 R_2CuLi에서 친핵체로 작용하는 R_2Cu^-가 R−X에 치환 반응을 하고, 계속해서 환원성 제거 반응(Reductive elimination)이 진행되면서 R−Me 생성물과 Cu−Me를 생성하는 것으로 표현한다.

메커니즘 9-2 Gilman 시약과 R–X의 짝지음 반응 메커니즘

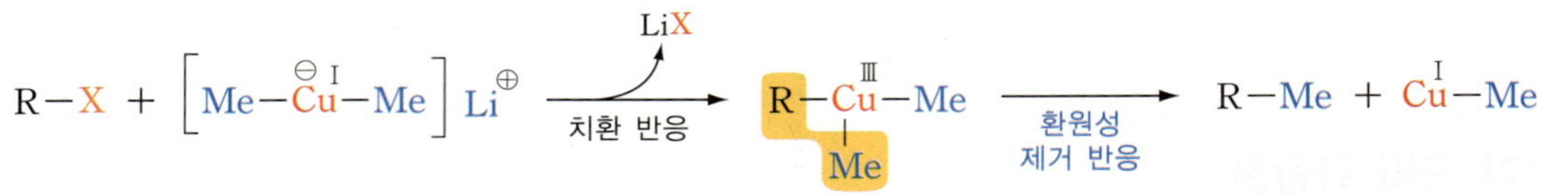

9.5 유기 전이 금속 화합물

9.5.1 리간드

C–M 결합에서 금속(M)이 전이 금속인 경우에 이들을 **유기 전이 금속 화합물(organotransition metel compound)**이라고 한다. 유기 전이 금속 화합물에서 중심 금속은 대부분 중성 또는 양이온으로 존재하고, 항상 전자가 부족하기 때문에 전자쌍을 제공하는 중성 및 음이온 화학종, 즉 **리간드(ligand)**와 배위 결합을 한다.

$$\mathrm{M} + n\mathrm{L} \longrightarrow \mathrm{M}\left[\mathrm{L}\right]_n$$

리간드는 중심 금속에 전자를 제공해야 하므로 최소한 한 개 이상의 전자쌍이 있어야 한다. 리간드는 원소, 화합물, 음이온 등 다양한 형태로 존재할 수 있고, 리간드의 종류에 따라서 제공하는 전자의 수는 다를 수 있다. 예를 들면, 질소(N_2) 및 산소(O_2) 등의 원소는 두 개의 전자를 공급한다. 암모니아(NH_3), 트라이페닐포스핀(Ph_3P), 일산화 탄소(CO) 등의 화합물은 두 개의 전자를 제공하고, 에틸렌의 π-결합도 두 개의 전자를 공급한다. 수소 음이온(H^-), 탄소 음이온(R^-), 할라이드 음이온(X^-) 등의 음이온도 두 개의 전자를 제공한다. 반면에 뷰타-1,3-다이엔은 네 개, 벤젠 및 사이클로펜타다이엔일 음이온(cyclopentadienyl anion, Cp)은 여섯 개의 π-전자를 공급한다.

표 9-1 리간드의 종류 및 제공하는 전자 수

리간드의 종류	전자 2개 제공				전자 *n*개 제공	
원소	$:\ddot{N}{\equiv}\ddot{N}:$	$\ddot{O}{=}\ddot{O}$				
화합물	$H_3N:$	$Ph_3P:$	$:\overset{\ominus}{C}{\equiv}\overset{\oplus}{O}:$	$H_2C{=}CH_2$	 (4e⁻)	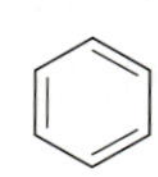 (6e⁻)
이온	$H:^{\ominus}$	$R:^{\ominus}$	$:\ddot{X}:^{\ominus}$		 $:^{\ominus}$ (6e⁻)	

9.5.2 18전자 규칙

주족 원소 화합물에서 8전자 규칙이 중요하듯이 전이 금속 착화합물에서는 18전자 규칙이 중요하다.

전이 금속 착화합물에서 중심 금속의 총 전자 수는 중심 금속이 제공하는 전자 수와 리간드가 제공하는 전자 수의 합으로 정의하는데, 중심 금속의 총 전자 수가 18개이면 열역학적으로 안정하다는 것이 **18전자 규칙**이다. 만약 중심 금속의 총 전자 수가 18개보다 적으면 중

심 금속은 여분의 리간드를 더 수용할 수 있는데, 이러한 착화합물을 **배위 불포화(coordinative unsaturation)** 상태라고 한다.

> 중심 금속의 총 전자 수 = 중심 금속이 제공하는 전자 수 + 리간드가 제공하는 전자 수

$Ni(CO)_4$의 예를 들어 보자. $Ni(CO)_4$는 중성의 착화합물로서, CO 리간드가 중성이므로 니켈의 산화수는 0이 된다. Ni(0)의 전자 배치는 [Ne]$4s^2 3d^8$이므로 Ni(0)가 제공하는 전자 수는 $2+8=10$개이고, CO 리간드에서 $2\times4=8$개의 전자가 제공되므로 중심 금속은 총 18개의 전자를 갖는다.

배위 결합에 참여하는 리간드의 수는 금속의 종류, 금속의 산화 상태, 리간드의 종류에 따라서 매우 다양하게 분포한다.

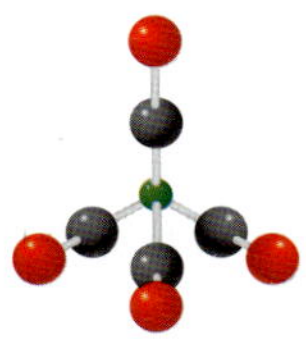

Ni(0): $(2+8)=10$
리간드: $(2\times4)=8$
합계: 18

$Ni(CO)_4$

Cp_2Fe의 예를 살펴보자 Cp_2Fe는 중성의 착화합물로서, Cp 리간드가 −1의 전하를 갖기 때문에 철의 산화수는 +2가 된다. Fe(0)의 전자 배치는 [Ne]$4s^2 3d^6$이므로 Fe(Ⅱ)가 제공하는 전자 수는 $(2+6)-2=6$개이고, Cp 리간드에서 $6\times2=12$개의 전자가 제공되므로 중심 금속은 총 18개의 전자를 갖는다.

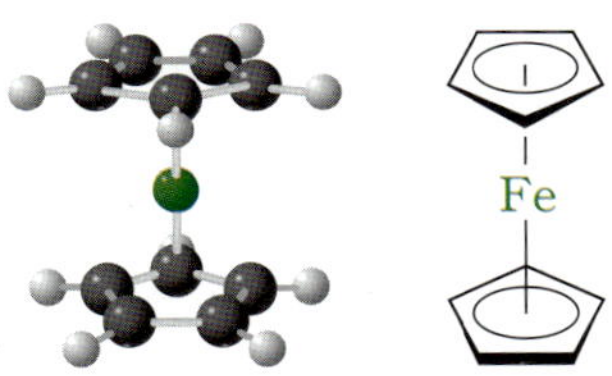

Fe(Ⅱ): $(2+6)-2=6$
리간드: $(6\times2)=12$
합계: 18

Cp_2Fe

18전자 규칙을 만족하지 않는 화합물로 Cp_2ZrCl_2의 예를 살펴보자. Cp_2ZrCl_2는 중성의 착화합물로서, Cp 및 Cl 리간드가 각각 −1의 전하를 갖기 때문에 Zr의 산화수는 +4가 된다. Zr(0)의 전자 배치는 [Kr]$5s^2 4d^2$이므로 Zr(IV)가 제공하는 전자 수는 $(2+2)-4=0$개이고, Cp 리간드에서 $6\times2=12$개 및 Cl 리간드에서 $2\times2=4$개의 전자가 제공되므로 중심 금속은 총 16개의 전자를 갖는다.

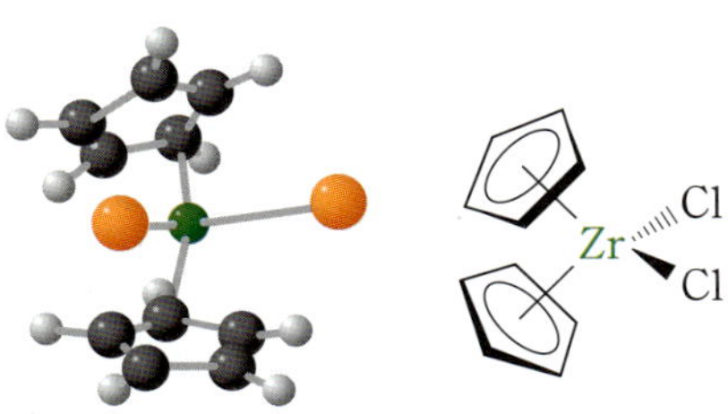

Zr(IV): $(2+2)-4=0$
리간드: $(6\times2)+(2\times2)=16$
합계: 16

Cp_2ZrCl_2

지금까지의 내용을 기반으로 9.6~9.9절에서는 유기 전이 금속 촉매를 이용한 균일 촉매 수소화 반응(Wilkinson 촉매), 탄소–탄소 짝지음 반응(Stille 반응), 이중 결합 상호 교환 반응

(Grubbs 반응), 알켄의 중합 반응(Ziegler–Natta 촉매) 등에 대하여 기술할 예정이다.

9.6 균일 촉매 수소화 반응

알켄(4.10.5절)과 알카인(5.11.2절)의 촉매 수소화 반응에 대하여 기술한 바 있다. 이 반응은 유기 용매에 녹지 않는 무기물 표면에 촉매로 작용하는 금속을 코팅하여 사용하기 때문에 반응이 촉매 표면에서 일어나는 불균일(heterogeneous) 반응이다. 연구자들은 불균일 반응의 단점을 극복하기 위하여 유기 용매에 녹으면서도 촉매 수소화 반응이 가능한 다양한 균일(homogeneous) 촉매를 개발하였는데, 교재에서는 이러한 촉매 중에서 가장 대표적인 Wilkinson 촉매, 즉 $(Ph_3P)_3RhCl$에 대하여 간단히 기술할 것이다.

$(Ph_3P)_3RhCl$ 촉매는 중성의 촉매로서, Ph_3P는 중성 리간드이고 Cl은 −1의 전하를 갖기 때문에 로듐의 산화수는 +1이 된다. Rh(0)의 전자 배치는 $[Xe]5s^2 4d^7$으로서 Rh(I)이 제공하는 전자 수는 $(2+7)-1=8$개이고, Ph_3P 리간드에서 $2 \times 3 = 6$개, Cl^- 리간드에서 $2 \times 1 = 2$개의 전자가 제공되므로 Rh(I)은 총 16개의 전자를 갖는다. $(Ph_3P)_3RhCl$의 경우에 18전자 규칙을 만족하지 못하는 이유는 PPh_3에 의한 입체 장애가 매우 커서 두 개의 전자를 제공하는 다섯 번째 리간드의 접근이 원천적으로 차단되기 때문이다.

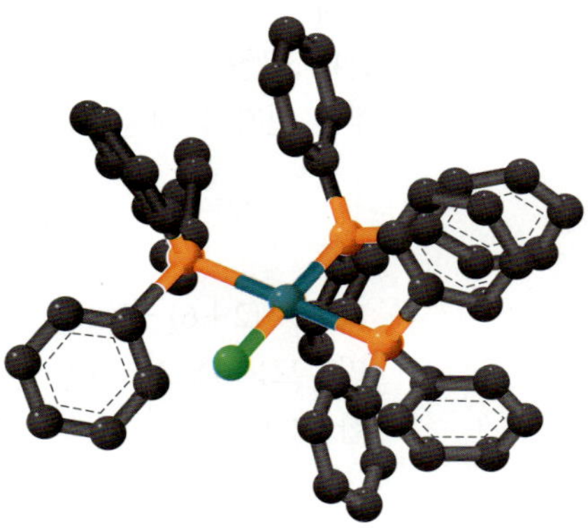

Rh(I): $(2+7)-1=8$
리간드: $(2 \times 4)=8$
합계: 16

$(Ph_3P)_3RhCl$

Wilkinson 촉매는 유기 용매에 잘 녹고, 알켄의 수소화 반응에 촉매로 작용하며, 촉매의 입체 장애가 매우 커서 알켄의 치환체가 적을수록 반응 속도가 증가하는 특징이 있다. 따라서 아래와 같이 두 개의 이중 결합 중에서 입체 장애가 적은 이중 결합을 선택적으로 환원하는 것이 가능할 수 있다.

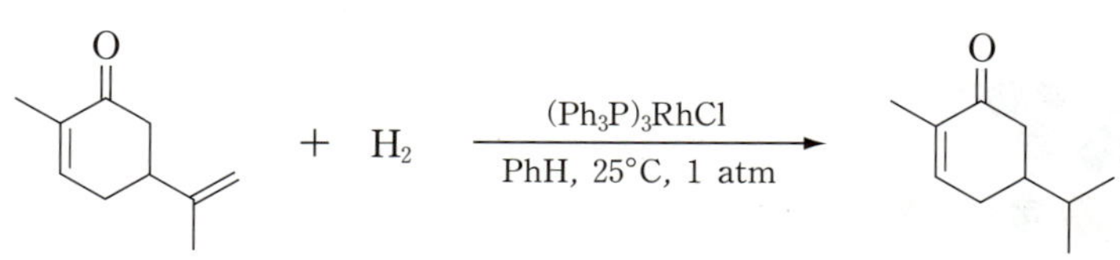

일반적인 반응 메커니즘은 아래와 같다. 평면 사각형 구조를 갖는 Wilkinson 촉매(**A**)에서 리간드 Ph_3P와 용매(X)가 교환되면서 입체 장애가 감소한 평면 사각형 구조 **B**가 되고, 여기에 수소 분자의 산화성 첨가 반응(oxidative addition)이 진행되어 팔면체 골격의 **C**가 생성된다. 계속해서 **C**의 빈 배위 자리에 알켄의 π-전자가 접근하여 **D**가 얻어진 후, 수소 원자의 이동 삽입 반응(migratory insertion)이 진행되면서 중간체 **E**가 생성된다. 최종적으로 환원성 제거

(reductive elimination) 반응을 통하여 생성물(CH_3CH_2R)과 **B**를 재생산함으로써 반응의 순환 고리가 완성된다.

메커니즘 9-3 Wilkinson 촉매의 촉매 수소화 반응 메커니즘

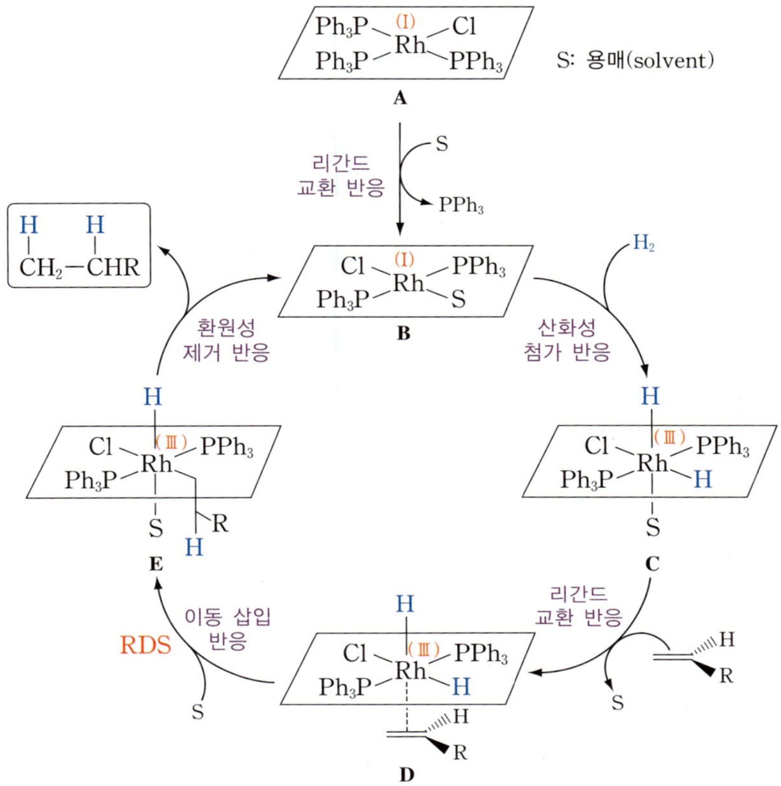

위 반응에서 Ph_3P 대신에 카이랄 포스핀 리간드를 사용하면 이론적으로 수소 분자의 첨가 반응이 비대칭적으로 일어날 수 있음을 기술한 바 있다(4.10.5절 및 6.7~6.9절). 실제로 유기 화학자들은 아래의 출발 물질, 카이랄 (*R*,*R*)-DIPAMP 리간드 및 Rh(I)를 이용하여 거울상 선택적인 촉매 수소화 반응이 진행됨을 증명하였다. 참고로 인(P)의 카이랄성을 기반으로 하는 카이랄 포스핀 리간드의 수는 헤아릴 수 없을 정도로 많고, 지금도 이와 관련한 많은 연구가 진행되고 있다.

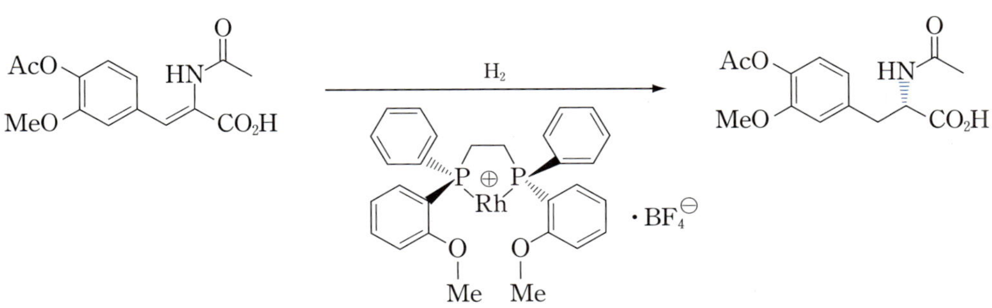

그림 9-5 카이랄 포스핀 리간드를 사용한 균일 촉매 수소화 반응

예제 9.2

Wilkinson 촉매의 촉매 수소화 반응 메커니즘에서 중간체 **C** 및 **E**에서 Rh 금속 주위의 전자 수를 계산하시오.

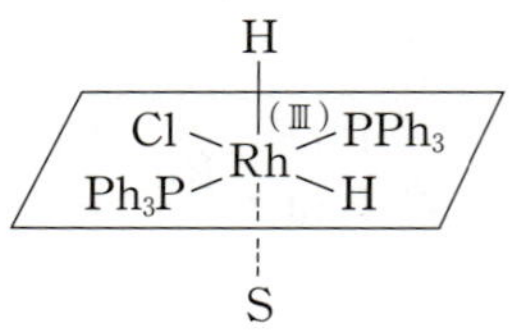

C

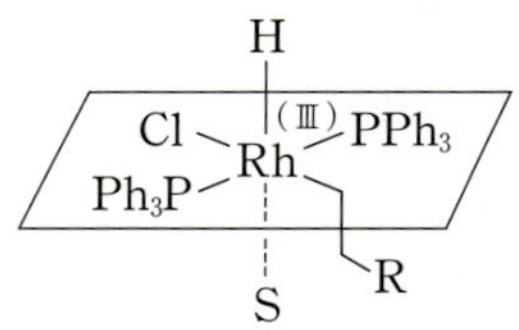

E

풀이

C
- 전체적으로 중성 촉매
- Ph_3P 및 S: 중성/H 및 Cl: −1
- 따라서 Rh은 +3임.
- Rh(Ⅲ): $(2+7)-3=6$
- 리간드: $(6\times2)=12$
- 합계: 18

E
- 전체적으로 중성 촉매
- Ph_3P 및 S: 중성/H 및 Cl 및 알킬기: −1
- 따라서 Rh는 +3임.
- Rh(Ⅲ): $(2+7)-3=6$
- 리간드: $(6\times2)=12$
- 합계: 18

9.7 탄소–탄소 짝지음 반응

유기 구리 화합물의 반응에서 Gilman 시약은 다양한 구조의 R−X와 짝지음 반응을 진행한다(9.4.2절). 지난 수십 년간 과학자들은 전이 금속의 반응성 및 반응에 대한 연구를 수행하면서 많은 종류의 탄소–탄소 짝지음 반응을 개발하였는데, 대표적인 반응으로 Heck 반응(Heck reaction), Negishi 반응(Negishi reaction), Sonogashira 반응(Sonogashira reaction), Stille 반응(Stille reaction), Suzuki 반응(Suzuki reaction) 등이 있다. 여기에서는 Stille 반응(Stille reaction)에 대해서 간단히 기술하기로 한다.

알켄일(아릴, 알릴) 유기 주석 화합물과 알켄일(아릴, 알릴) 할라이드 혼합물에 촉매량의 Pd 배위 화합물을 넣으면 탄소–탄소 짝지음 반응이 일어나는데, 이 반응을 **Stille 짝지음 반응(Stille coupling reaction)**이라고 한다. 이때 R^1-SnBu_3 및 R^2-X에서 R^1 및 R^2는 주로 알켄일, 아릴, 알릴 작용기이고, X는 할라이드(I, Br, Cl), OTf(OSO_2CF_3), OP(=O)$(OEt)_2$ 등을 사용한다.

$$R^1-X + R^2-SnBu_3 \xrightarrow{Pd(0)} R^1-R^2 + X-SnBu_3$$

$$R^1-SnBu_3 + R^2-X \xrightarrow{Pd(0)} R^1-R^2 + X-SnBu_3$$

R^1, R^2: 알켄일, 아릴, 알릴
X: 할로젠(Cl, Br, I), OSO_2CF_3, OP(=O)$(OR)_2$

Stille 짝지음 반응의 메커니즘은 아래와 같다. 우선 R^1-X 결합에 활성화 촉매인 Pd(0)가 산화성 첨가 반응(oxidative addition)을 하고, R^2-SnR_3 시약에 의한 리간드 교환 반응(ligand exchange)이 진행되면서 $X-SnBu_3$ 부산물이 함께 생성된다. 마지막으로 환원성 제거 반응(reductive elimination)에 의하여 짝지음 생성물 R^1-R^2가 나오면서 활성화 촉매 Pd(0)가 재생성된다. 이 순환 반응에서 Pd의 산화수는 0 → Ⅱ → Ⅱ → 0으로 변한다는 것에 유의하기 바란다.

메커니즘 9-4 Stille 짝지음 반응 메커니즘

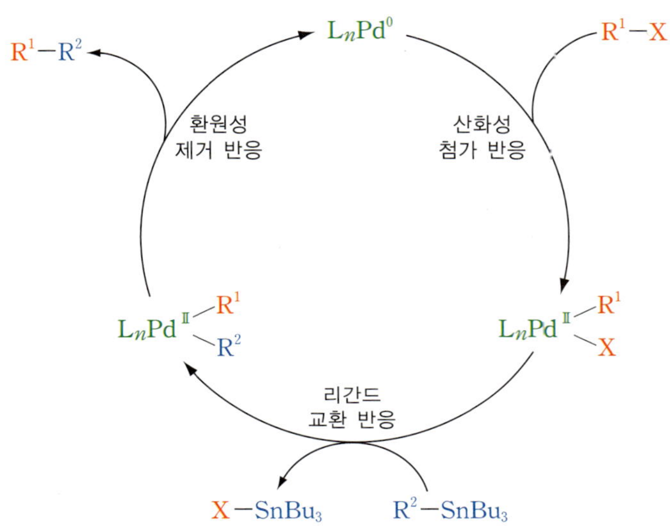

Wilkinson 촉매 수소화 반응(9.6절) 및 Stille 짝지음 반응(9.7절)의 메커니즘에 공통적으로 나오는 산화성 첨가 반응(oxidative addition) 및 환원성 제거 반응(reductive elimination)에 대하여 조금 더 알아보자.

아래의 첫 번째 반응은 브로모벤젠과 Mg가 반응하여 PhMgBr이 생성되는 반응이다(9.3.1절). 이 반응에서 Mg의 산화수를 계산하면 출발 물질에서 Mg는 중성이고, 생성 물질 PhMgBr에서는 Ph 및 Cl이 각각 −1 음이온이므로 Mg는 +2이다. 반응 형식의 관점에서는 R−X 결합에 Mg가 중간에 끼어 들어간 첨가 반응인데, 이 두 가지를 종합하면 PhMgBr 생성 반응이 산화성 첨가 반응(oxidative addition)임을 알 수 있다. 두 번째 반응은 Stille 짝지음 반응 경로의 첫 번째 반응으로서, R−X 결합에 Mg가 중간에 끼어 들어가는 것처럼 R−X 결합에 Pd가 중간에 끼어 들었으므로 **산화성 첨가 반응(oxidative addition)**이다. 이 경우에도 팔라듐의 산화수는 Pd(0)에서 Pd(Ⅱ)로 산화수가 2만큼 증가한다.

Grinard 시약 제법:

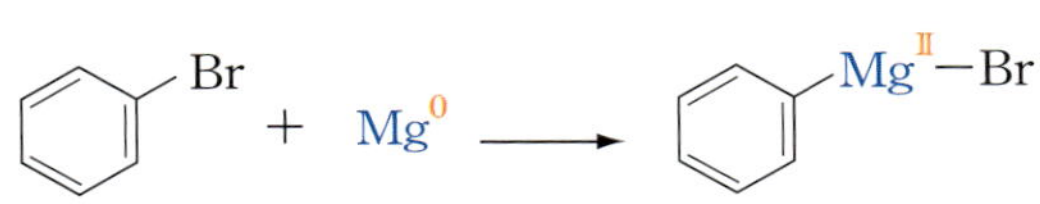

Stille 짝지음 반응의 첫 번째 반응: $R^1-X + Pd^0 \longrightarrow R^1-Pd^{II}-X$

이번에는 위 반응을 역반응의 관점에서 기술해 보자. 위의 두 반응에서 역반응의 핵심은 반응의 종류와 무관하게 C−M−X의 중간에 있는 금속이 제거되면서 C−X 결합이 생성되고, 동시에 금속(M)의 산화수가 +2에서 0으로 감소하는 것이다. 이러한 반응을 **환원성 제거 반응**(**reductive elimination**)이라고 한다.

$$\text{C}-\text{M}-\text{X} \longrightarrow \text{C}-\text{X} + \text{M}$$

Stille 짝지음 반응 이외에도 다양한 짝지음 반응이 있는데, 다른 반응들도 개념적으로는 Stille 짝지음 반응 메커니즘과 동일하거나 또는 유사한 경로로 진행된다. 따라서 Stille 짝지음 반응을 잘 이해하고 있으면 나중에 유기 화학을 심층적으로 학습할 때 많은 도움이 될 것이다.

9.8 이중 결합 상호 교환 반응

프로펜을 Grubbs 촉매와 반응시키면 에텐과 뷰트-2-엔이 얻어진다. 이 반응은 결과적으로 분자 사이에 이중 결합을 교환한 것과 동일한데 이러한 반응을 **이중 결합 상호 교환 반응**(**olefin metathesis reaction**)이라고 하며, 분자간 반응은 물론이고 분자내 반응도 잘 진행되는 특징이 있다.

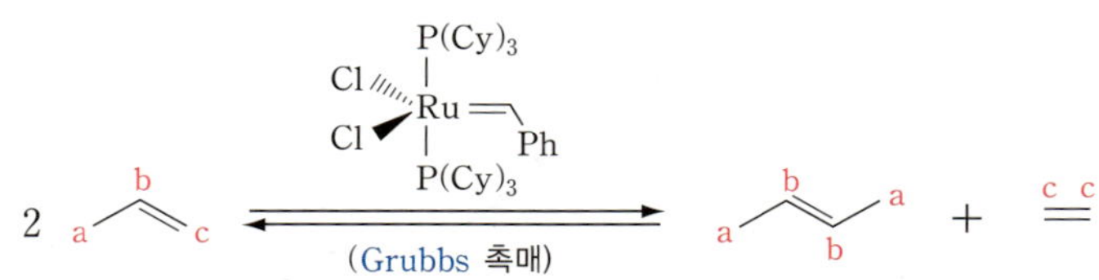

일반적으로 이중 결합 상호 교환 반응은 평형 반응이다. 그러나 반응 생성물이 에틸렌인 경우에는 끓는점이 낮아서 반응 용매에서 기체상으로 이동할 수 있고, 이렇게 되면 르샤틀리에 원리에 따라 반응이 특정 방향으로 진행되어 우수한 수율로 원하는 물질을 얻을 수 있다.

일반적으로 반응 메커니즘은 개시 단계와 전파 단계로 나눌 수 있다.

개시(initiation) 단계의 첫 번째 반응에서는 [M]=CHPh이 프로펜의 이중 결합과 [2+2] 고리화 첨가 반응(cycloaddition reaction)을 하여 사각형 골격의 **A** 및 **B**를 각각 생성하고, 계속해서 **A** 및 **B**의 역-[2+2] 고리화 첨가 반응(retro-[2+2] cycloaddition reaction)에 의하여 출발 물질 또는 새로운 금속 촉매 **C**와 **D**를 생성한다.

전파(propagation) 단계에서는 **C**와 **D**가 독립적으로 프로펜의 이중 결합과 [2+2] 고리화 첨가 반응 및 역-[2+2] 고리화 첨가 반응을 진행하여 에텐($CH_2{=}CH_2$)과 뷰트-2-엔(CH_3)$CH{=}CH$(CH_3)을 제공하고, 동시에 촉매 **D**와 **C**를 재생산함으로써 촉매 순환 반응을 완성한다.

메커니즘 9-5 이중 결합 상호 교환 반응 메커니즘

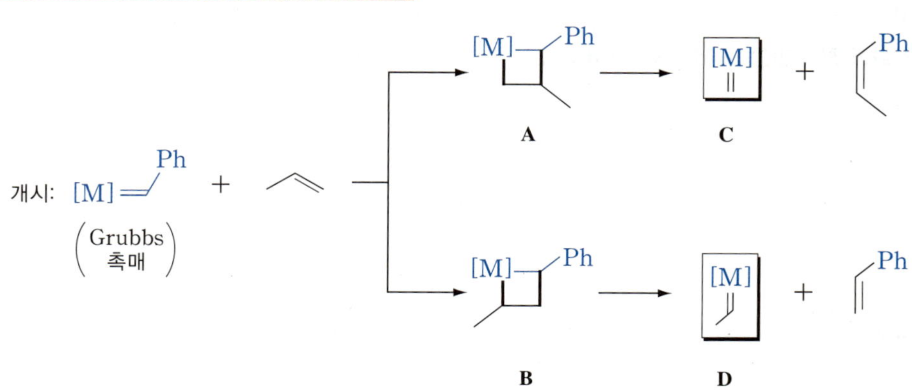

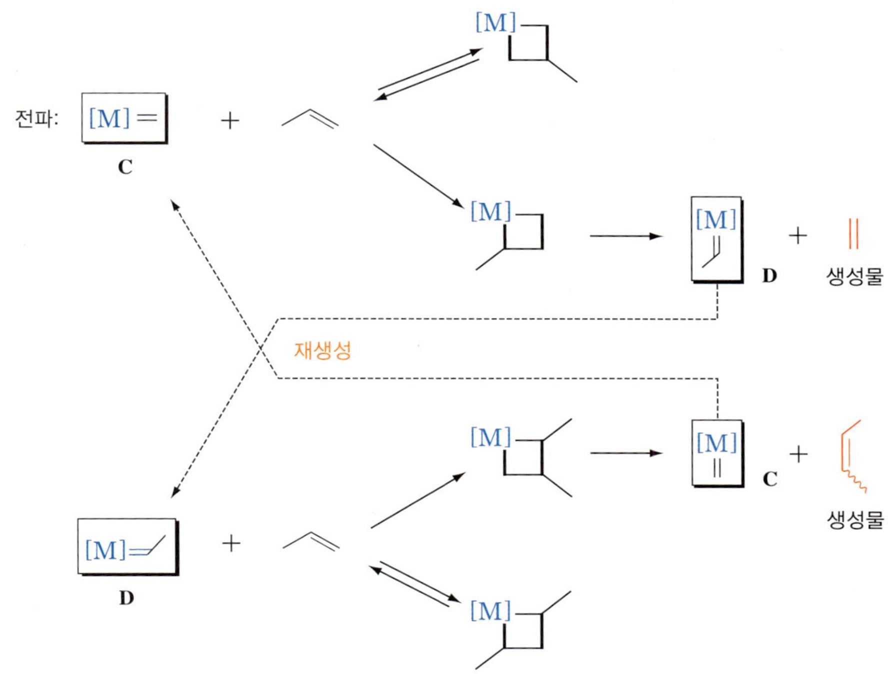

분자 내에서 이중 결합 상호 교환 반응을 이용하면 고리형 알켄을 합성할 수 있다. 이러한 반응들을 **고리 닫기 상호 교환 반응(ring closing metathesis, RCM)**이라고 한다.

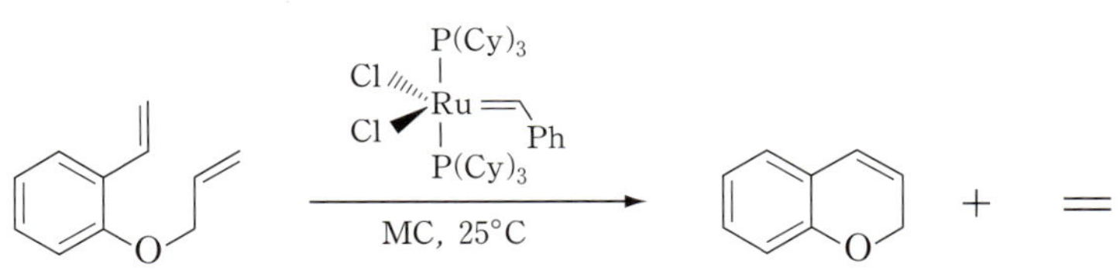

그림 9-6 고리 닫기 상호 교환 반응

이와는 반대로 낮은 온도에서 노보넨(norbonene)을 텅스텐 촉매와 반응시키면 노보넨의 이중 결합이 끊어진 폴리노보넨(polynorbonene)이 생성된다. 이러한 반응을 **고리 열림 상호 교환 반응(ring opening metathesis, ROM)**이라고 한다.

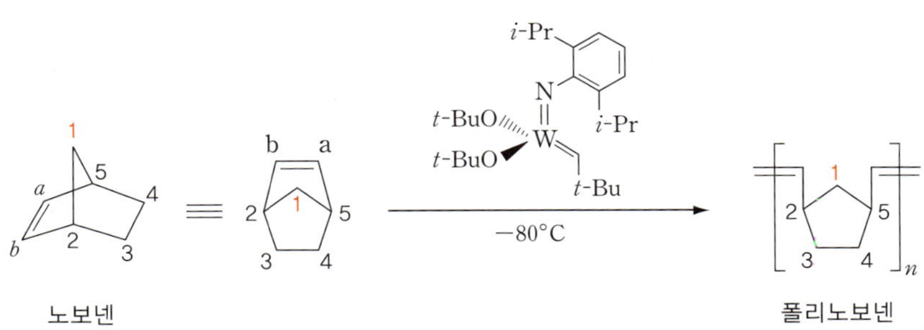

그림 9-7 고리 열림 상호 교환 반응

예제 9.3

아래 반응의 메커니즘을 쓰시오.

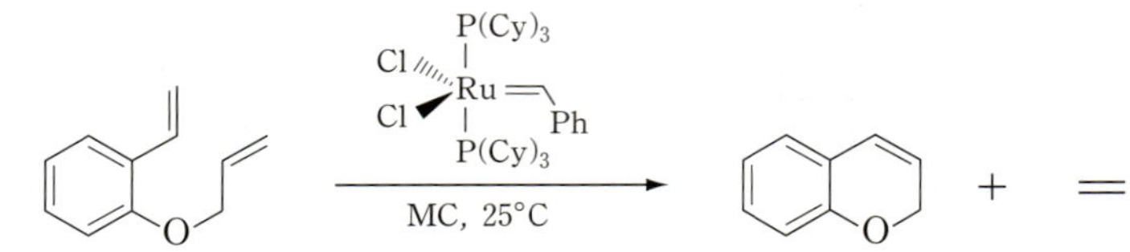

풀이

이 반응은 다양한 반응 경로가 가능한데, 그 중의 하나를 표현하면 다음과 같다.

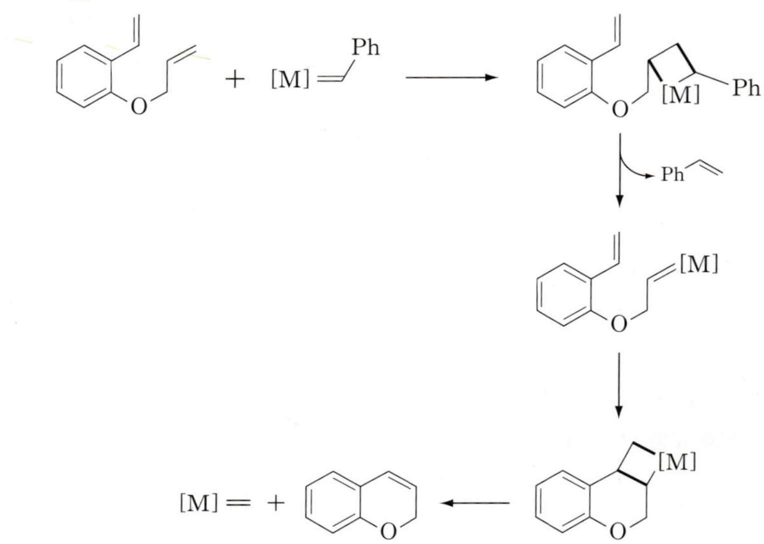

9.9 알켄의 중합 반응

Ziegler–Natta 촉매(Cp_2ZrCl_2)는 알켄의 중합 반응에서 독보적인 위치를 차지하는 촉매이다. 예를 들면 Ziegler–Natta 촉매 및 MAO 촉진제(promoter) 조건에서 에텐 및 프로펜을 각각 첨가하면 첨가 축합 반응이 진행되어 폴리에틸렌 및 폴리프로필렌이 생성된다.

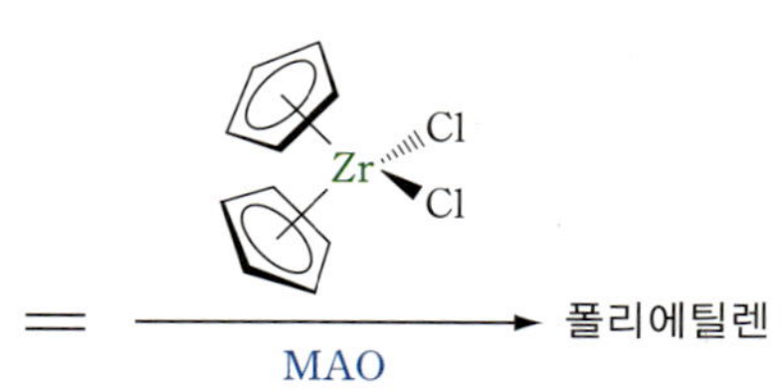

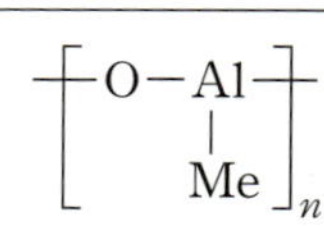

Methylaluminoxane(MAO)

에텐의 중합체를 생성하는 반응은 일반적으로 아래와 같이 설명한다. 우선 Ziegler–Natta 촉매의 Zr–Cl 결합과 MAO 촉진제의 Al–Me 결합 사이에 리간드 교환 반응(ligand exchange)이 일어나서 중간체 **A**가 되고, 계속해서 **A**의 Zr–Cl 결합이 끊어지면서 양이온 중간체 $[Cp_2ZrMe]^+$(**B**)가 생성된다. **B**는 전자가 부족한 배위 불포화 화학종이기 때문에 알켄의 π-전자와 배위 화합물 **C**를 형성하고, 메틸기의 이동 삽입(migratory insertion) 반응이 진행되면서 역시 전자가 부족한 배위 불포화 화학종 $\mathbf{B_1}$을 생성한다. 중간체 **B**와 $\mathbf{B_1}$은 알킬기를 제외하면 구조적으로 동일하기 때문에 중간체 $\mathbf{B_1}$은 [$\mathbf{B} \rightarrow \mathbf{C} \rightarrow \mathbf{B_1}$]의 경로를 따를 수 있는데 이러한 과정을 반복하면 에텐의 중합체를 얻을 수 있다.

메커니즘 9-6 Ziegler–Natta 촉매를 이용한 에텐의 중합 반응 메커니즘

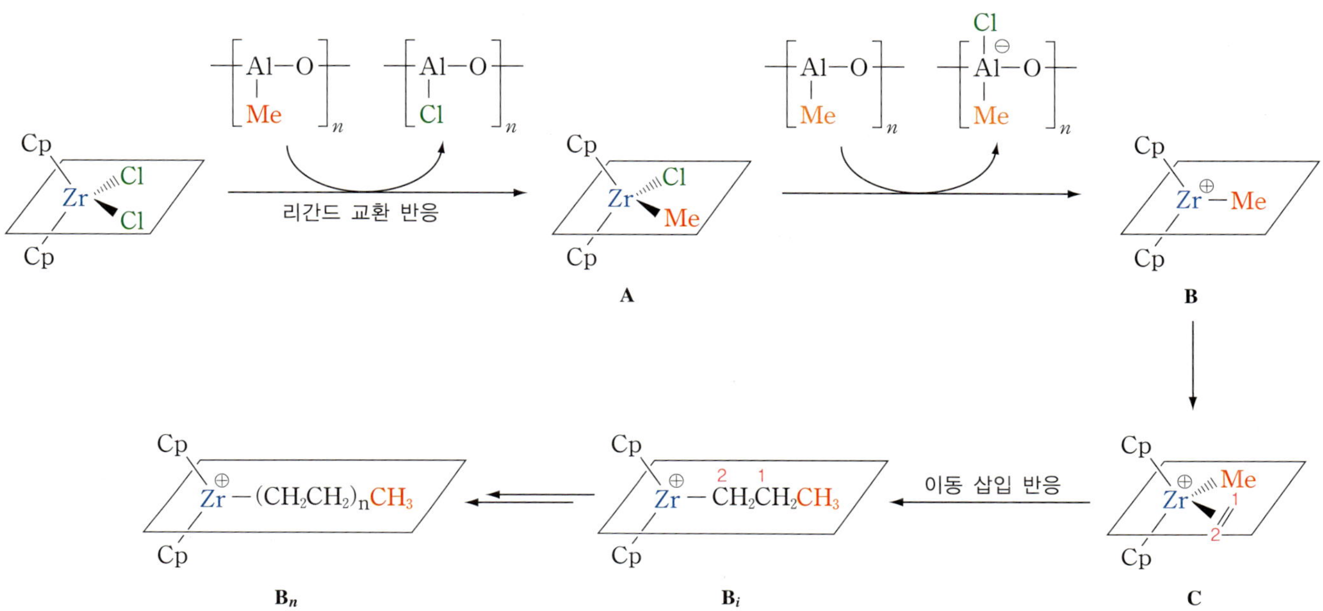

예제 9.4

Ziegler–Natta 촉매 및 MAO 촉진제를 사용한 에텐의 중합 반응 메커니즘에서 중간체 **B**의 경우에 Zr 금속 주위의 전자 수를 계산하시오.

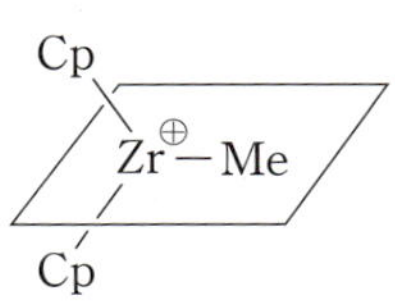

B

풀이

전체적으로 +1가 촉매

Cp 및 Me: −1

따라서 Zr은 +4임.

Zr(IV): $(2+2)-4=0$

리간드: $(6\times2)+(2\times1)=14$

합계: 14

9.10 생체내 반응

생명체가 생명을 유지하기 위해서는 다양한 생체내 반응이 유기적으로 연결되어야 한다. 생체내 반응에서는 금속 이온들이 핵심적인 역할을 하는 경우가 많은데, 여기에서는 보조 효소(coenzyme)인 바이타민 B_{12}가 관여하는 화학 반응에 대하여 알아보기로 한다.

보조 효소 B_{12}는 자연계에서 보기 드물게 탄소(C)−코발트 양이온(Co^{3+})의 결합을 갖는 화합물로서 아래와 같이 매우 복잡한 구조를 갖는다. 이에 의하면 중심 금속인 Co^{3+}는 헴(Heme)을 기본 골격으로 하는 네 개의 질소 원자와 동일한 평면에 위치하고, 위/아래의 수직 방향에는 벤즈이미다졸(benzimidazole) 골격의 질소 원자와 5′-데옥시아데노신 골격의 탄소 원자와 각각 결합하고 있다.

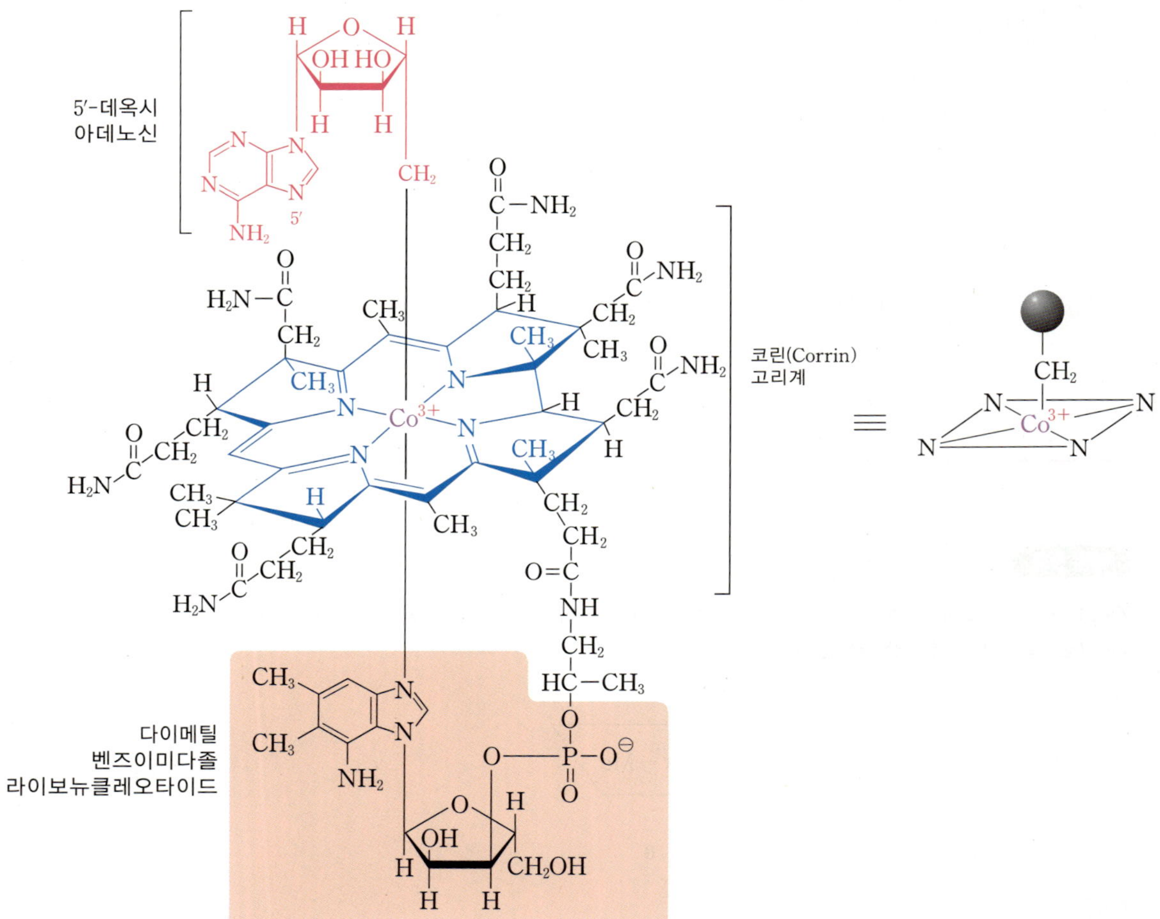

그림 9-8 바이타민 B_{12}의 구조

보조 효소 B_{12}는 *L*-메틸말로닐 CoA(*L*-Methylmalonyl CoA)와 석시닐 CoA(Succinyl CoA), 그리고 글루탐산(Glutamate)과 3-메틸아스파테이트(3-Methylaspartate)의 CO_2 자리 옮김 반응에 관여한다.

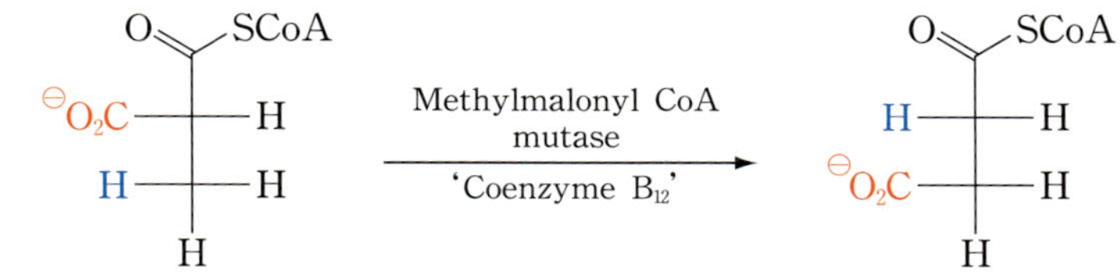

L-Methylmalonyl CoA　　Succinyl CoA

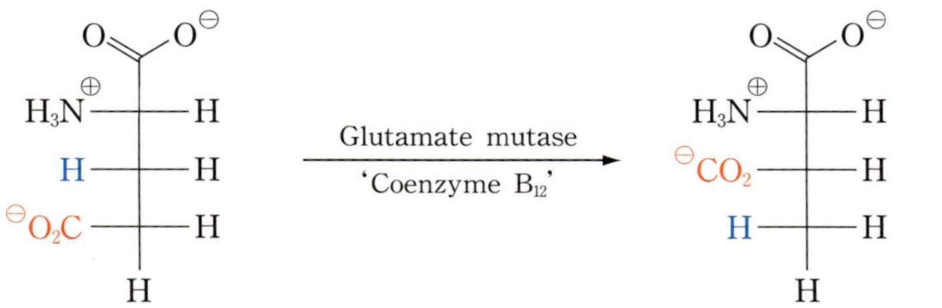

Glutamate　　3-Methylaspartate

L-메틸말로닐 CoA와 석시닐 CoA 사이의 CO_2 자리 옮김 반응은 다음과 같이 설명한다. 우선 보조 효소 B_{12}에서 [R]−CH_2−[Co(Ⅲ)] 결합이 균일 분해하여 [R]−CH_2· 라디칼과 [Co(Ⅱ)] **A**가 된다. **A**는 *L*-메틸말로닐 CoA의 β−H 원자와 반응하여 [R]−CH_2−H(**B**) 및 라디칼 **C**가 되고, **C**에서 CO_2의 자리 옮김 반응이 진행되어 라디칼 **D**가 생성된 후, 마지막으로 **D**가 **B**의 [R]−CH_2−H와 반응하여 석시닐 CoA를 생성하면서 B_{12} 보조 효소가 다시 생성된다.

메커니즘 9-7 *L*-메틸말로닐 CoA와 석시닐 CoA 사이의 CO_2 자리 옮김 반응 메커니즘

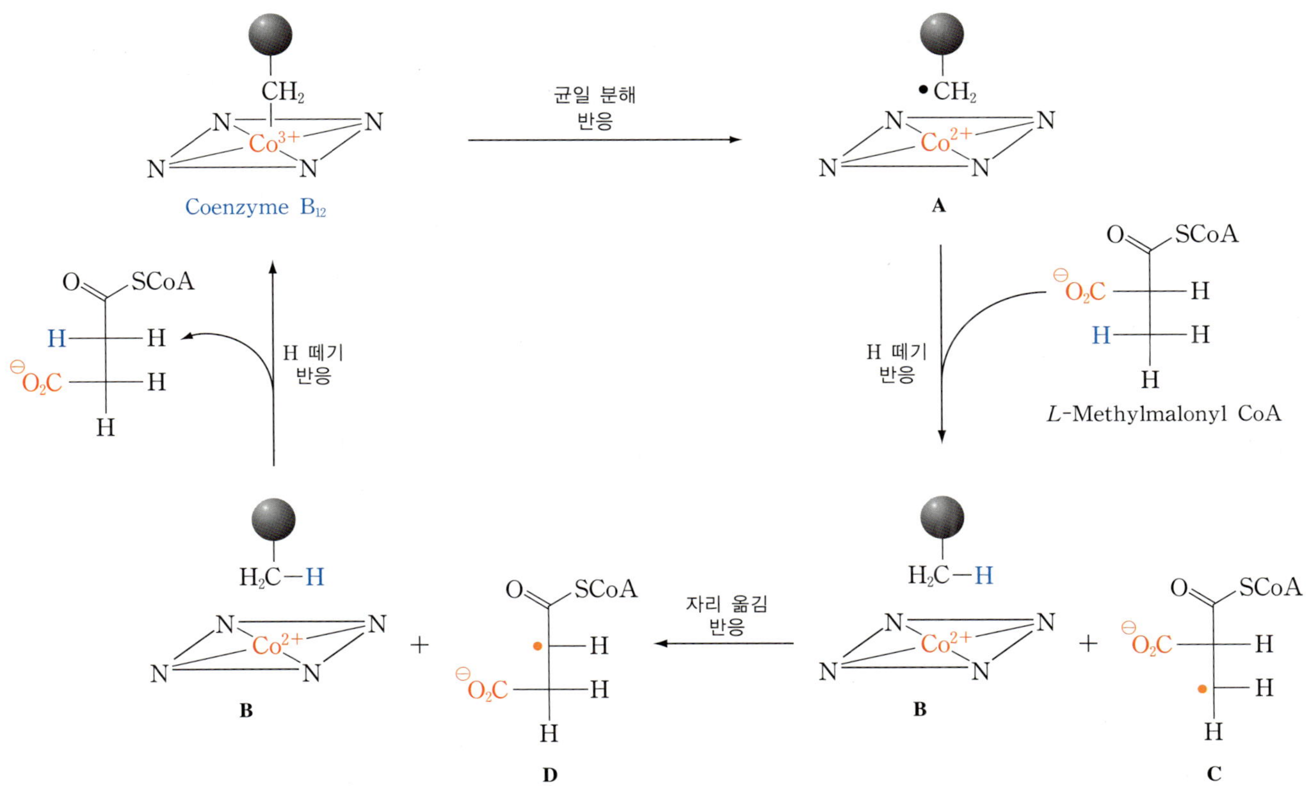

9.11 요약

9장에서는 유기 금속 화합물에 대한 기본적인 내용을 소개하였다.

유기 금속 화합물은 탄소(C)와 금속(M)이 결합하고 있는 물질들을 말한다(9.1절). C−M 결합은 일반적으로 전기 음성도의 차이가 커지면 이온 결합성이 증가하고, 전기 음성도의 차이가 작아지면 공유 결합성이 증가한다. 그리고 유기 금속 화합물은 금속의 종류, 금속의 전하수, 용매, 농도 등 조건에 따라서 매우 다양하고 복잡한 구조를 갖는 것으로 알려져 있다.

9.3절에서는 유기 리튬 및 유기 마그네슘 화합물을 중심으로 일반적인 제법 및 반응 메커니즘에 대하여 기술하였다. 유기 리튬 및 유기 마그네슘 시약들은 강한 염기성이 있고, H^+를 포함하는 산−염기 반응은 매우 빠르게 일어나기 때문에 이들을 특정 반응에 사용하기 위해서는 반드시 무수 조건에서 수행해야 한다.

9.4절에서는 유기 구리 시약을 중심으로 제법 및 반응에 대하여 기술하였다. 유기 구리 시약은 다양한 형태로 존재하는데, 그 중에서 가장 대표적인 것이 Gilman 시약이다. Gilman 시약은 R_2CuLi의 형태를 가지고, 다양한 형태의 R−X 화합물과 짝지음 반응을 하는 특성을 갖는다.

9.5~9.9절에서는 유기 전이 금속 화합물에 대하여 기술하였다. 9.5절에서는 유기 전이 금속 화합물에서 가장 기초적인 개념이라고 할 수 있는 리간드, 금속의 산화수, 18전자 규칙 등을 설명하였고, 세 가지 예를 들어서 전이 금속에 속하는 전자 수를 계산하는 과정을 소개하였다. 9.6~9.9절에서는 유기 전이 금속 촉매를 사용하는 균일 촉매 수소화 반응, 탄소−탄소 짝지음 반응(Stille 반응), 이중 결합 상호 교환 반응, 알켄의 중합 반응 등 상대적으로 근래에 개발되었고, 중요성이 큰 반응을 임의적으로 선별하여 기술하였다.

연습 문제

1. 아래의 화합물을 명명하시오.

(a) $(CH_3)_2Hg$
(b) $(CH_3CH_2)_4Pb$
(c) $(CH_3)_4Si$
(d) $(CH_3)_3Al$

2. 아래 반응의 생성물을 예측하고, 해당하는 균형 화학 반응식을 쓰시오.

(a) 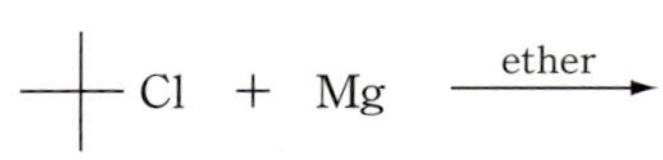

(b) 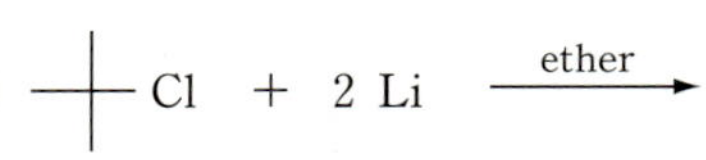

3. 아래 반응의 생성물을 그리시오.

(a) PhMgBr + CH_3OH ⟶

(b) 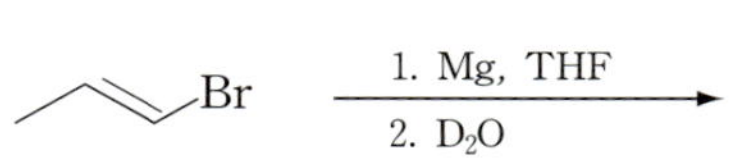

(c) t-BuLi + MeOH ⟶

(d) 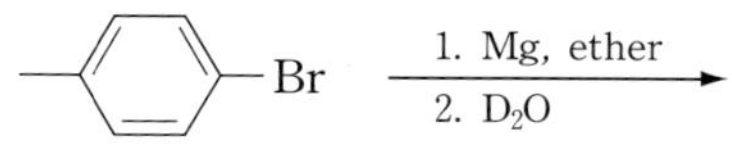

(e) 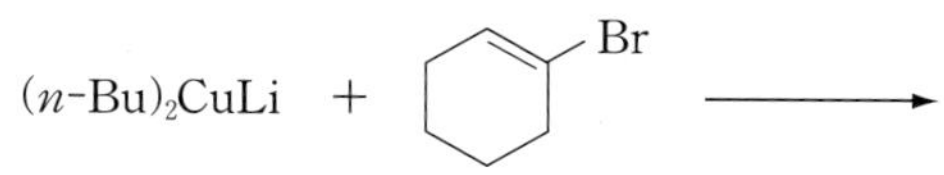

(f) 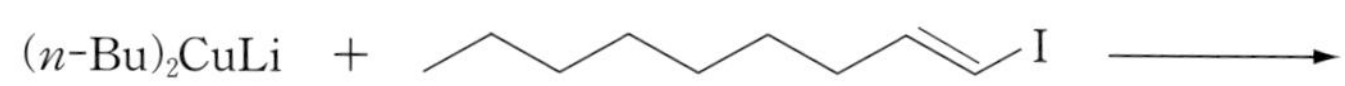

(g) 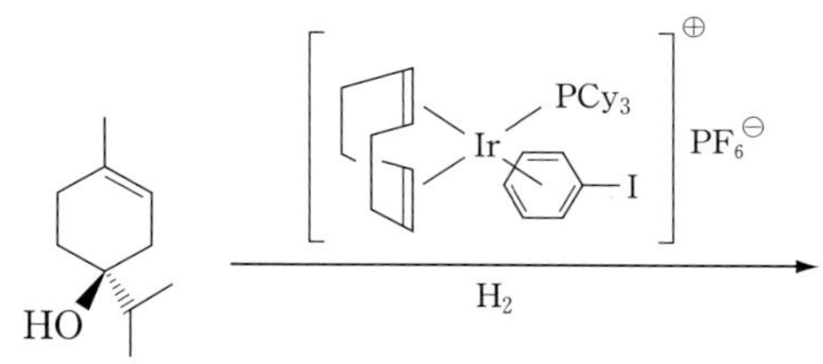

(h) 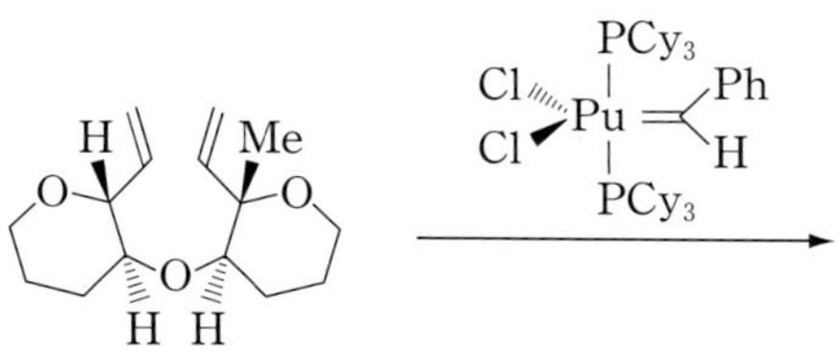

(i) 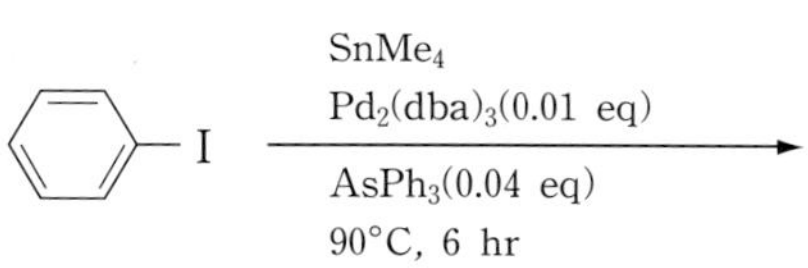

4. Cr(η^6-benzene)$(CO)_3$ 착화합물에서 중심 금속에 속하는 전자의 수를 계산하시오.

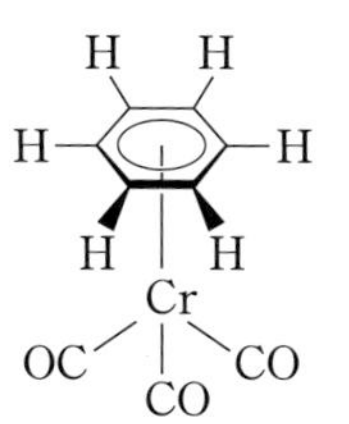

Cr(η^6-benzene)$(CO)_3$

5. 아래 반응의 메커니즘을 쓰시오.

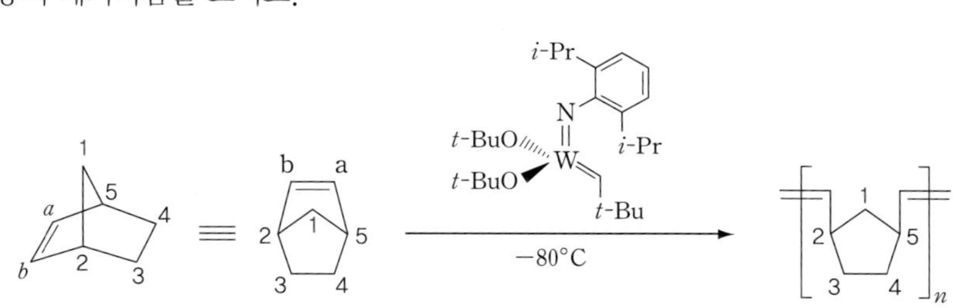

노보넨 폴리노보넨

10장

에터, 옥시레인 및 설파이드

© Funtay

10.1 서론

물(H−O−H)에서 한 개의 수소 원자가 알킬기로 치환된 화합물(R−O−H)을 **알코올(alcohol)**, 두 개의 수소 원자가 알킬기로 치환된 화합물(R−O−R)을 **에터(ether)**라고 한다. 그리고 에터의 삼각형 고리 화합물을 **옥시레인(oxirane)** 또는 **에폭사이드(epoxide)**, 에터의 산소 원자가 황 원자로 바뀐 화합물(R−S−R)을 **설파이드(sulfide)**라고 한다.

H−OH	물	H−SH	황화수소
R−OH	알코올	R−SH	싸이올
R−O−R	에터	R−S−R	설파이드

교재에서는 10.2~10.10절은 에터, 10.11절은 옥시레인, 10.12절은 설파이드에 대하여 설명할 것이다.

10.2 에터의 구조

비고리형 에터(R−O−R)에서 C−O 공유 결합은 $\sigma(C_{sp^3}-O_{sp^3})$-결합이고, 결합각은 물질에 따라서 조금씩 다르지만 약 109° 정도이다.

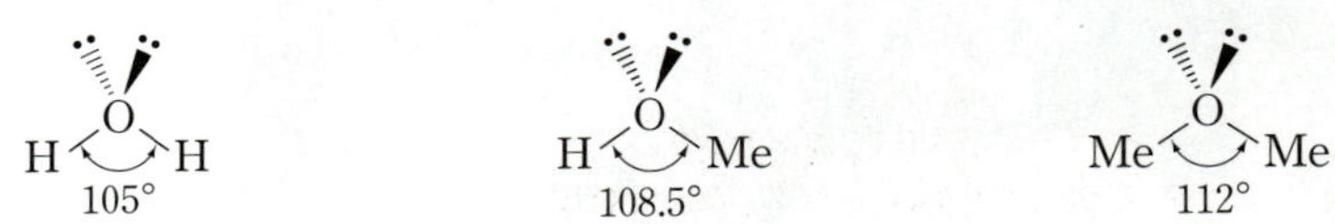

반면에, 옥시레인은 삼각형 구조를 갖기 때문에 C−C−C 및 C−O−C의 결합각은 60° 정도이고, 고리 무리로 인하여 일반적인 에터보다 반응성이 매우 큰 특징을 갖는다.

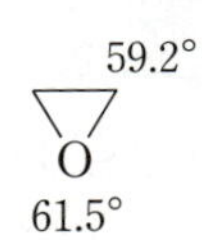

10.3 에터의 명명법

에터의 명명은 치환체 명명법(substitutive nomenclature)과 작용기족 명명법(functional class nomenclature)을 동시에 사용한다.

에터의 IUPAC 명명법에서는 화합물 이름이 [접두사−기본명−접미사]의 형식을 갖는다. 이때 접미사는 우선 순위가 가장 높은 작용기의 이름 및 위치, 기본명은 우선 순위가 가장 높은 작용기를 포함하는 가장 긴 탄소 사슬의 탄소 수, 접두사는 모체 사슬에 연결된 치환체의 종류 및 위치에 대한 정보를 제공한다.

비고리형 에터의 치환체 명명법은 알케인 명명법(3.3절) 및 할로젠화 알킬 명명법(7.2절)과 동일한 방법을 적용한다. 차이점은 알케인 및 할로젠화 알킬에서는 알킬기 및 할로젠 작용기를 치환체로 생각하지만, 에터에서는 알콕시(OR) 작용기를 치환체로 생각하는 데 있다. 에터의 기본명은 [알콕시알케인(alkoxyalkane)]이다.

비고리형 에터의 작용기족 명명법은 [알킬 알킬 에터(alkyl alkyl ether)]의 형식을 사용한다. 이 방법은 구조가 간단한 화합물의 상용명(common name)에서 많이 사용하는데, 화합물의 구조가 복잡해지면 사용하기가 매우 어려워지는 단점이 있다.

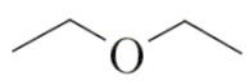

ethoxyethane
(diethyl ether)

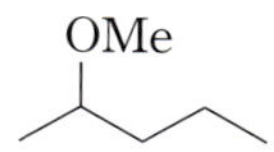

2-methoxypentane
methyl *sec*-pentyl ether

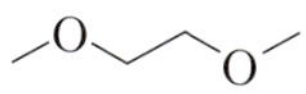

1,2-dimethoxyethane(DME)
glyme

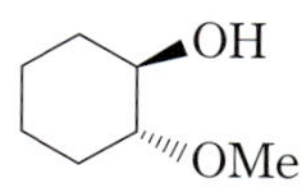

trans-2-methoxycyclohexanol

고리형 에터의 경우에는 관용명을 많이 사용한다. 대표적인 것으로는 고리의 크기에 따라서 옥시레인($n=3$, oxirane), 옥세테인($n=4$, oxetane), 옥솔레인($n=5$, oxolane) 또는 테트라하이드로퓨란($n=5$, tetrahydrofuran, THF), 옥세인($n=6$, oxane) 등이 있다.

Oxirane

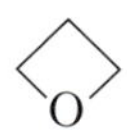

Oxetane

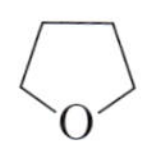

Oxolane
tetrahydrofuran(THF)

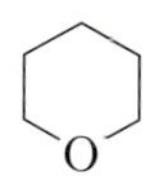

Oxane

예제 10.1

아래의 화합물을 치환체 명명법 및 작용기족 명명법을 사용하여 명명하시오.

(a) 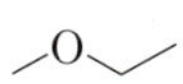

(b) 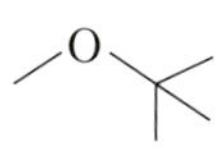

(c) 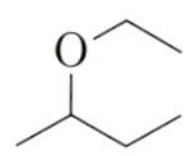

풀이

	치환체 명명법	작용기 명명법
(a)	Methoxyethane	ethyl methyl ether
(b)	2-methoxy-2-methylpropane	*t*-butyl methyl ether(MBE)
(c)	2-ethoxybutane	*sec*-butyl ethyl ether

10.4 에터의 물리적 성질

에터 화합물은 대부분 C—O 극성 공유 결합을 갖는 극성 분자로서, 분자간에 쌍극자—쌍극자 상호 작용이 가능하기 때문에 분자량이 비슷한 알케인보다 끓는점이 높다. 에터 화합물은 자체적으로 수소 결합이 불가능하지만, 물의 —OH 작용기와는 수소 결합이 가능하여 분자량이 비슷한 알케인보다 물에서의 용해도가 훨씬 크다.

표 10-1 알케인, 에터, 알코올의 성질 비교

화합물	분자량	끓는점(℃)	용해도(g / 100 mL H_2O)
$CH_3-CH_2-CH_3$	44	−45	~0
CH_3-O-CH_3	46	−25	완전히 섞임
CH_3-CH_2-OH	46	78	완전히 섞임

에틸 에터와 THF는 유기 반응에 자주 사용되는 용매이다. 두 화합물은 분자량이 유사함에도 불구하고 끓는점과 물에서의 용해도에 큰 차이가 있는데, 그 이유는 산소의 고립 전자쌍 주위에서 입체 장애가 크게 다르기 때문이다.

표 10-2 에틸 에터와 THF의 성질 비교

화합물	분자량	끓는점(℃)	용해도(g / 100 mL H_2O)
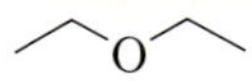	74	34	7.5
	72	67	완전히 섞임

예제 10.2

에틸 에터와 THF의 끓는점과 물에서의 용해도가 크게 다른 이유를 설명하시오.

풀이

에틸 에터는 C−O 결합을 중심으로 자유 회전이 가능한 알킬기가 있고, THF는 고리형 구조이기 때문에 알킬기의 자유 회전이 불가능하다. 이것은 산소의 고립 전자쌍에서 느끼는 입체 장애가 THF에서 더 작음을 의미한다.

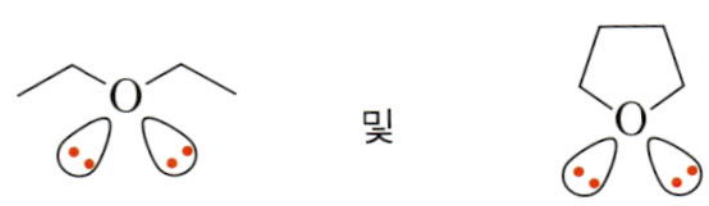

THF 분자에서 고립 전자쌍 주위의 입체 장애가 작으면 인접한 THF 분자가 이 분자에 더 접근할 수 있고, 이를 통해서 더 강한 쌍극자–쌍극자 상호 작용이 가능하므로 THF 분자의 끓는점이 상승하는 결과를 가져온다.
동일한 논리를 적용하여 THF 분자에서 고립 전자쌍 주위의 입체 장애가 작으면 인접한 물(H_2O) 분자가 이 분자에 더 접근할 수 있고, 이를 통해서 더 효율적인 수소 결합이 가능하므로 THF 분자의 물에서의 용해도가 상승하는 결과를 가져온다.

10.5 에터의 합성법

에터(ether)는 다양한 경로를 따라서 합성할 수 있다. 여기에서는 알코올의 산 촉매 짝지음 반응, 알켄의 산 촉매 알코올 첨가 반응, 알켄의 알콕시수은 첨가 반응/탈수은 반응, Williamson 에터 합성법에 대하여 알아볼 것이다.

10.5.1 알코올의 산 촉매 짝지음 반응

알코올의 산 촉매 짝지음 반응(acid-catalyzed coupling reaction of alcohol)은 공업적으로 에터를 합성하는 방법으로서, 실험실에서 수행하기에는 어려움이 있으며, 출발 물질이 1차 알코올이고 대칭적인 구조를 갖는 에터의 합성에 주로 사용된다. 출발 물질이 2차 또는 3차 알코올인 경우에는 E2 또는 E1 반응이 경쟁적으로 일어나서 알켄이 함께 생성되는 문제가 발생한다(8.7.1절).

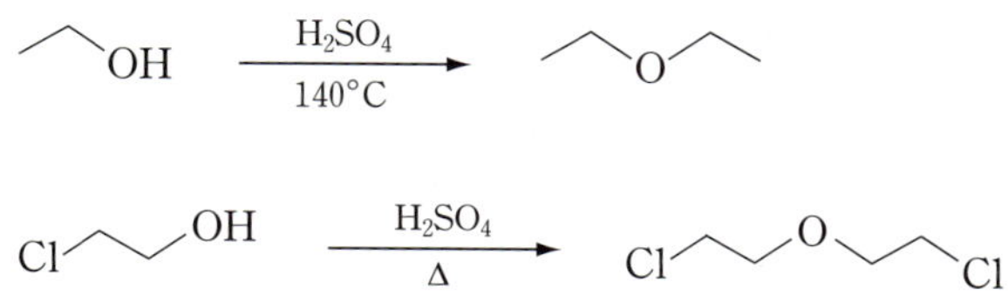

위 반응은 아래와 같이 진행된다. 우선 산소의 고립 전자쌍과 양성자(H^+)의 산–염기 반응으로 나쁜 이탈기(−OH)를 좋은 이탈기($-OH_2^+$)로 전환하고, 중성인 산소의 고립 전자쌍이 친핵체로 작용하여 S_N2 치환 반응이 일어나고, 최종적으로 물과의 산–염기 반응(양성자 전이 반응, proton transfer)으로 생성물을 얻는다.

메커니즘 10-1 알코올의 산 촉매 짝지음 반응 메커니즘

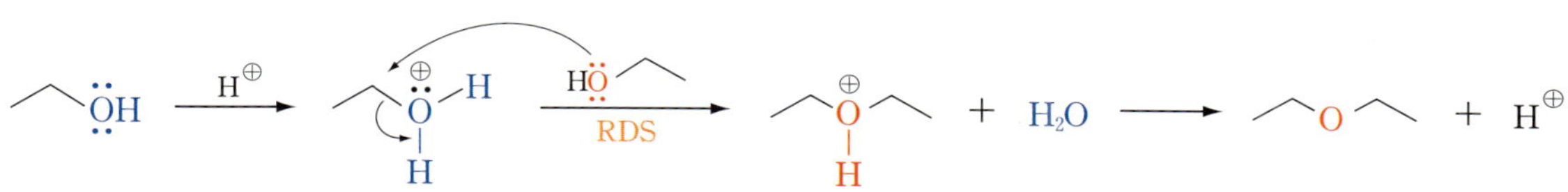

만약, 출발 물질로서 두 종류의 1차 알코올을 함께 사용하면 이론적으로 최대 세 종류의 에터 혼합물이 생성될 수 있는데, 이러한 반응을 **교차 짝지음 반응(cross-coupling reaction)**이라고 한다. 이처럼 혼합물이 생성되는 반응들은 합성의 관점에서는 큰 단점으로 작용한다.

$$R_1CH_2-OH + R_2CH_2-OH \xrightarrow[\Delta]{H_2SO_4} \begin{array}{l} R_1CH_2-O-CH_2R_1 \\ R_1CH_2-O-CH_2R_2 \\ R_2CH_2-O-CH_2R_2 \end{array}$$

10.5.2 알켄의 산 촉매 알코올 첨가 반응

알켄의 산 촉매 알코올 첨가 반응(acid-catalyzed addition of alcohol to alkene)은 알켄의 산 촉매 물 첨가 반응(4.7.5절)에서 물(H−OH) 대신 알코올(R−OH)을 사용한 것만 다르고 모든 것이 같다. 따라서 반응 메커니즘, 위치 선택성, 입체 선택성 등에 관한 설명은 생략한다.

알켄의 산–촉매 물 첨가 반응:

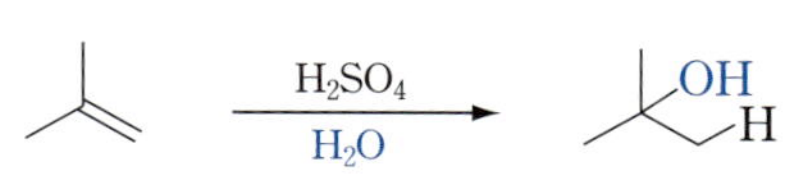

알켄의 산–촉매 알코올 첨가 반응:

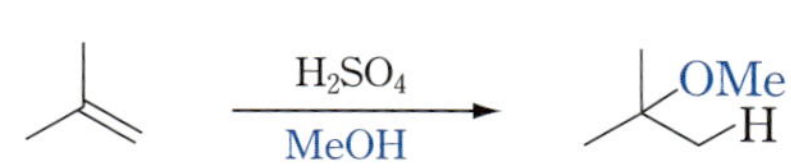

알켄의 산 촉매 알코올 첨가 반응의 예는 다음과 같다.

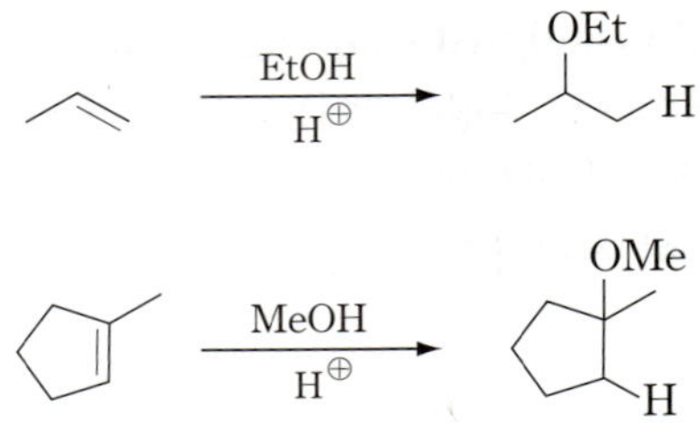

그림 10-1 알켄의 산 촉매 알코올 첨가 반응의 예

10.5.3. 알켄의 알콕시수은 첨가 반응/탈수은 반응

알켄의 알콕시수은 첨가 반응/탈수은 반응(alkoxymercuration/demercuration of alkene)은 알켄의 옥시수은 첨가 반응/탈수은 반응(4.7.6절)에서 물(H−OH) 대신에 알코올(R−OH)을 사용한 것만 다르고 모든 것이 동일하다. 따라서 반응 메커니즘, 위치 선택성, 입체 선택성 등에 관한 설명은 생략한다. 단, 알콕시수은 첨가 반응에 사용하는 알코올은 1차, 2차, 3차 알코올 모두 가능하다.

알켄의 옥시수은 첨가 반응/탈수은 반응:

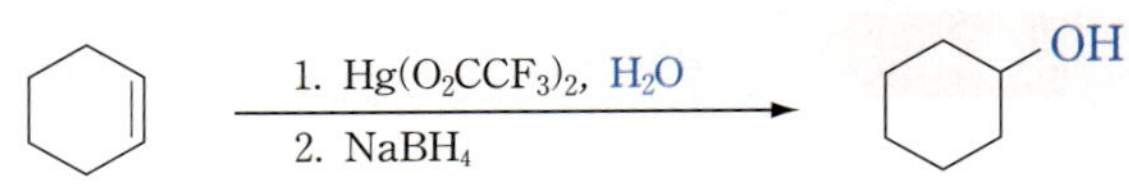

알켄의 알콕시수은 첨가 반응/탈수은 반응:

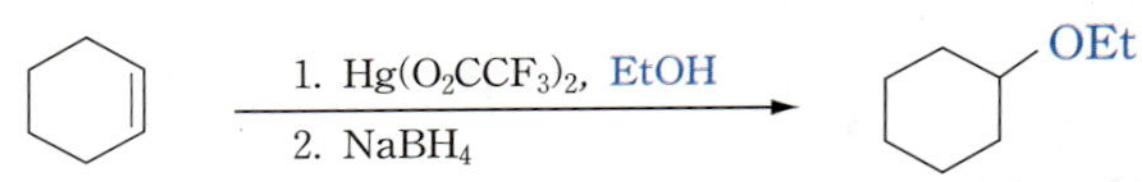

알켄의 알콕시수은 첨가 반응/탈수은 반응의 예는 다음과 같다.

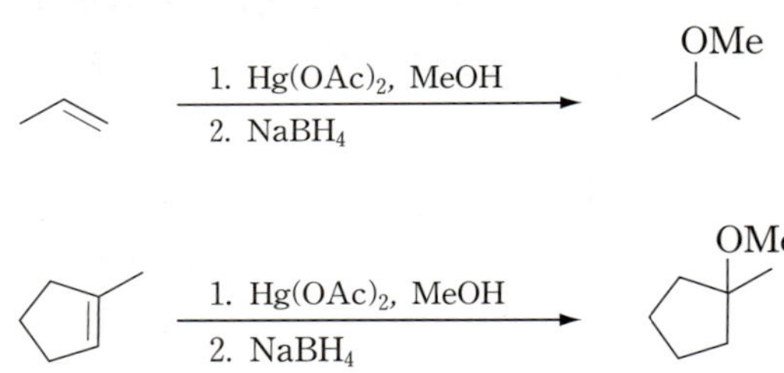

그림 10-2 알켄의 알콕시수은 첨가 반응/탈수은 반응의 예

10.5.4. Williamson 에터 합성법

Williamson 에터 합성법(Williamson ether synthesis)은 대칭 및 비대칭 에터를 합성하는 좋은 방법이다. 이 반응은 알코올을 강한 염기와 반응시켜 알콕사이드(RO^-) 음이온을 형성하고, 이 음이온과 R−X 사이의 S_N2 반응을 수행함으로써 완성된다.

$$R_1{-}O^{\ominus} + R_2{-}X \xrightarrow{S_N2} R_1{-}O{-}R_2 + X^{\ominus}$$

알코올에서 알콕사이드(RO^-) 음이온을 형성하기 위해서는 NaH, KH 등의 강염기를 자주 사용하지만, 경우에 따라서는 강염기이면서 벤젠과 같은 비극성 용매에 잘 녹는 *t*-BuOK를 사용하기도 한다. 친전자체로는 1차 할로젠화 알킬(또는 토실레이트)를 주로 사용하는데, R_1이 3차 탄소인 경우에는 E2 반응을 최대한 억제하기 위하여 입체 장애가 작은 할로젠화 메틸 및 할로젠화 에틸 등을 사용해야 한다.

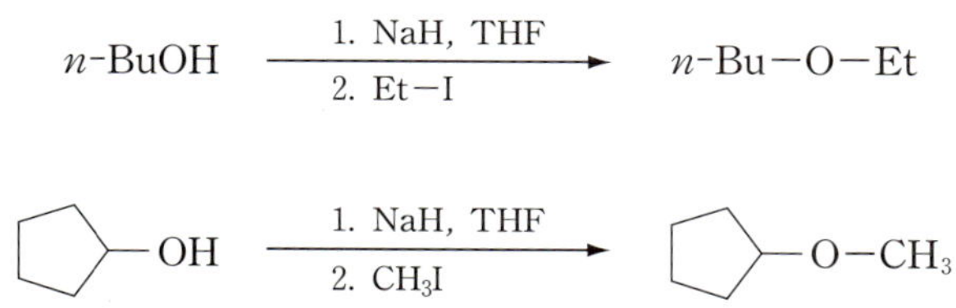

그림 10-3 Williamson 에터 합성법의 예

Williamson 에터 합성법의 변형으로서 $[Ag^+/R-X]$ 조합이 있다. Ag^+는 $AgX(s)$의 침전과 탄소 양이온(R^+)의 생성을 강하게 유도할 수 있기 때문에 강염기를 사용하지 않는 온화한 조건에서도 반응이 일어난다. 실제로 이 반응은 유기 합성에서 많이 응용되고 있다.

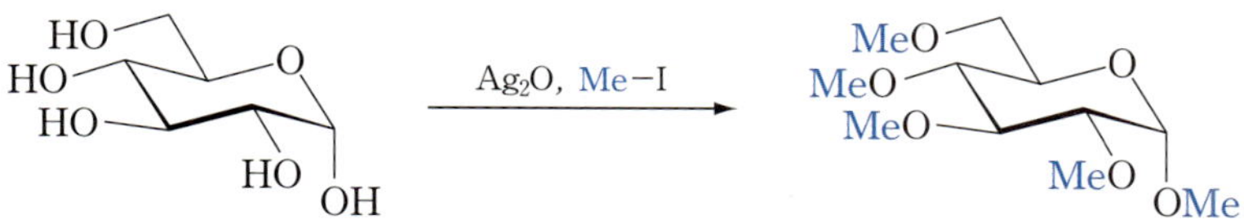

이제는 Williamson 에터 합성법을 이용하여 *t*-뷰틸 메틸 에터를 합성해 보자.

t-뷰틸 메틸 에터는 두 개의 C−O 결합을 가지고 있다. 우선 $O-CH_3$의 결합을 생성하기 위해서는 *t*-BuO⁻ 음이온과 CH_3-I의 S_N2 반응이 필요한데 이 반응은 무난하게 진행될 것으로 예상된다(경로 1). 반면에 O−*t*-Bu의 결합을 생성하려면 MeO^- 음이온과 *t*-Bu−I의 S_N2 반응이 진행되어야 하는데 이 경우에는 S_N2보다는 E2 반응이 더 빠르게 진행될 것이다(경로 2). 이처럼 특정 구조의 화합물을 합성할 때에는 각 반응의 성격을 세심하게 고려해서 합성 계획을 세워야 한다.

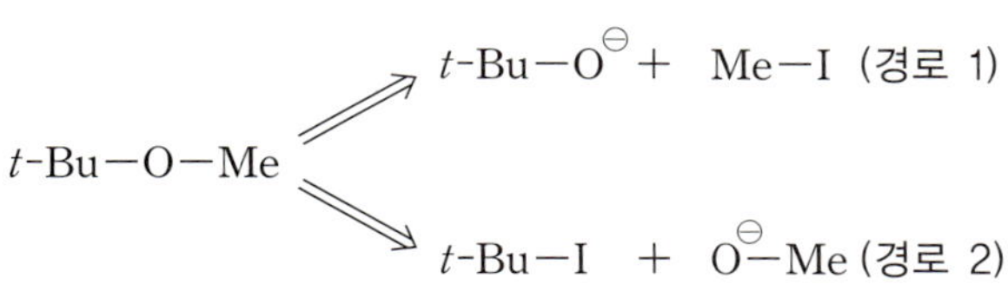

예제 10.3

아래 반응의 생성물을 예측하시오.

(a) 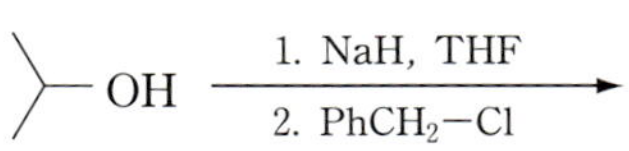

(b) 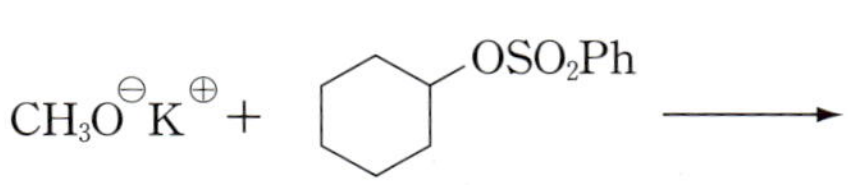

풀이

(a) 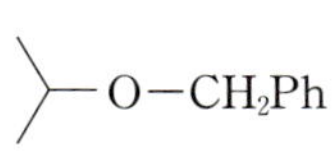

(b) 

예제 10.4

Williamson 에터 합성법을 적용하여 다음 물질을 합성하시오.

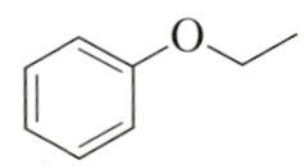

풀이

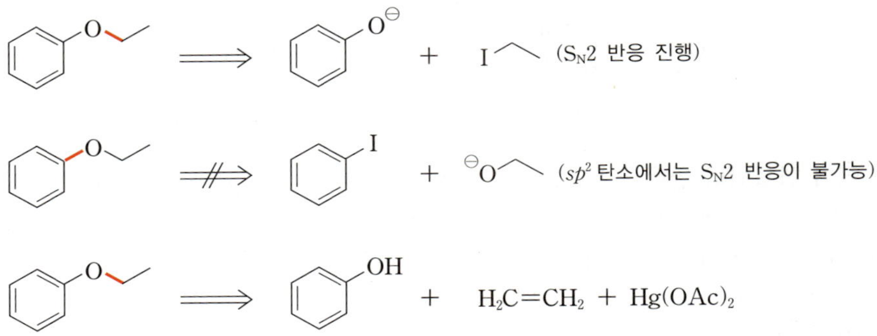

10.6 에터의 산 촉매 분해 반응

알케인은 C−C 및 C−H의 비극성 단일 결합으로 구성되어 있다. 일반적으로 C−C 및 C−H 결합은 각각 80~90 kcal/mol 및 95~105 kcal/mol의 결합 에너지를 갖는 강한 결합으로서, 이들이 참여하는 화학 반응의 종류는 매우 제한적이다(3.12절).

에터는 C−C 및 C−H의 비극성 단일 결합은 물론이고 C−O 극성 단일 결합이 동시에 존재하는 화합물이다. C−O 결합은 90~120 kcal/mol의 결합 에너지를 갖는 매우 강한 결합으로서, 알케인에서와 같이 가능한 화학 반응의 수는 많지 않다. 그러나, 에터는 산소 원자의 고립 전자쌍이 산−염기 반응에 참여할 수 있고, 산소에 형식 양전하가 생기면 좋은 이탈기로 작용할 수 있으므로 에터는 산성 조건에서 치환 반응이나 제거 반응 등에 참여할 수 있다.

10.6.1 1차 및 2차 알킬 에터

대칭 구조를 갖는 1차 및 2차 알킬 에터에 할로젠산을 넣고 가열하면 S$_N$2 경로에 의하여 에터의 분해 반응이 진행된다. 이러한 반응을 **산 촉매 에터 분해 반응(acid-catalyzed cleavage of ether)**이라고 하고, 이때 할로젠산의 반응성은 [HI > HBr > HCl]의 순서이다.

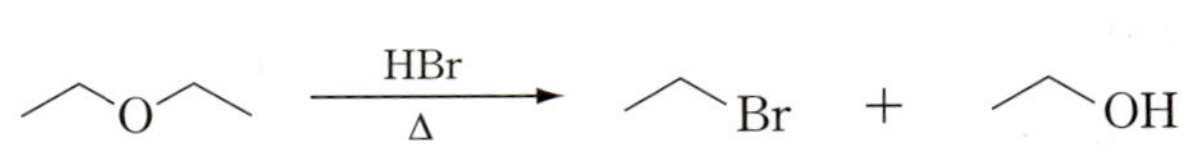

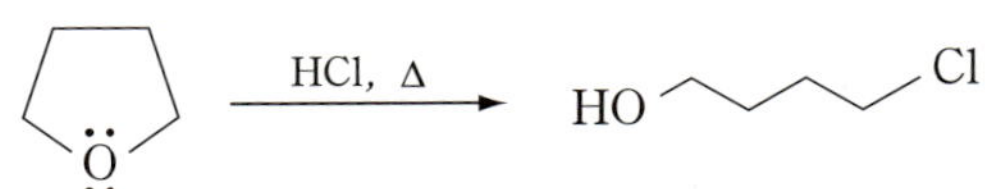

반응 메커니즘은 다음과 같다. 우선, 산소의 비공유 전자쌍이 양성자와 산−염기 반응을 하여 나쁜 이탈기(−OR)가 좋은 이탈기(−O(H)R$^+$)로 전환되고, 강한 친핵체(X$^-$) 음이온이 입체 장애가 작은 탄소 원자를 S$_N$2 형식으로 공격하여 할로젠화 알킬과 알코올을 생성한다. 일반적으로 산 촉매 에터 분해 조건은 알코올의 산 촉매 할로젠 치환 반응(8.8.1절) 조건보다 강하기 때문에 분해 반응에서 생성되는 알코올은 산 촉매 할로젠 치환 반응에 의하여 곧바로 할로젠화

알킬로 전환된다(8.8.1절).

메커니즘 10-2 1차 알킬 에터의 산 촉매 분해 반응 메커니즘

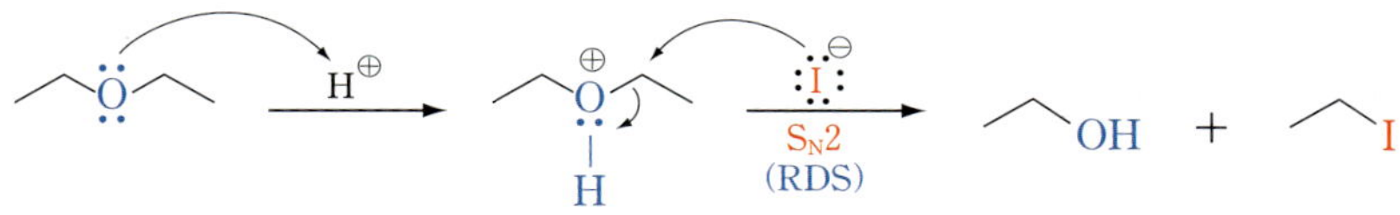

만약 비대칭 구조를 갖는 1차 및 2차 알킬 에터에 산 촉매 에터 분해 반응을 수행하면 친핵체 X^-가 입체 장애가 작은 탄소를 공격한 생성물이 주생성물로 얻어진다.

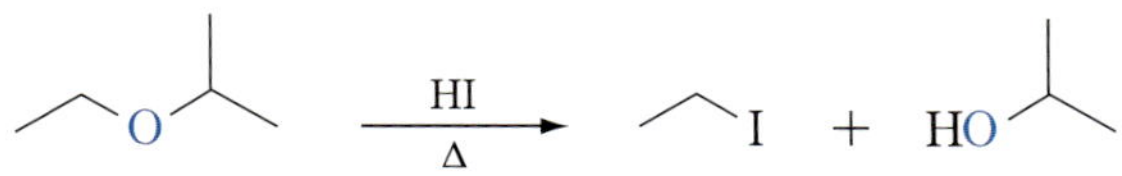

반면에, 알킬 아릴 에터에서는 아릴 C−O 결합에서 S_N2 반응이 불가능하기 때문에 알킬 C−O 결합에서만 반응이 진행된다.

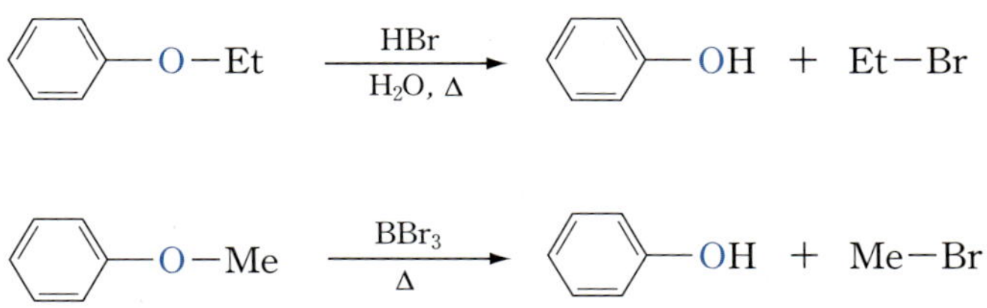

예제 10.5

아래 반응의 메커니즘을 그리시오.

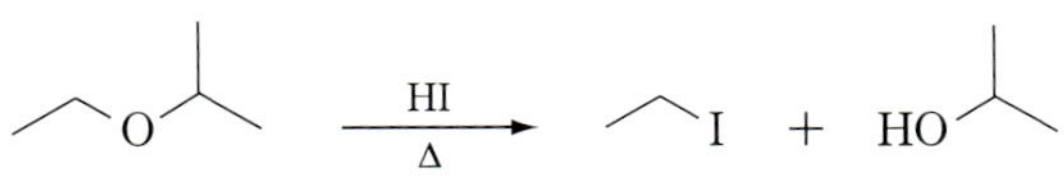

풀이

아래 반응에서 2차 탄소를 공격하기보다는 입체 장애가 적은 1차 탄소를 공격하는 경로가 더 빠르게 진행한다.

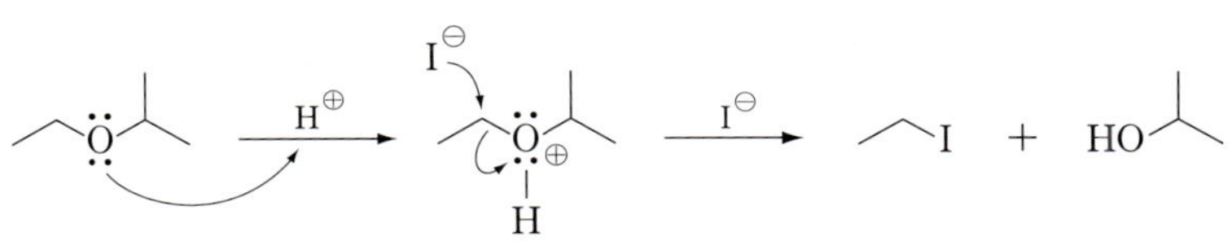

10.6.2 3차 알킬 에터

3차 알킬 에터에 할로젠산을 넣고 가열하면 S_N1 또는 E1 경로에 따라 에터가 분해된다.

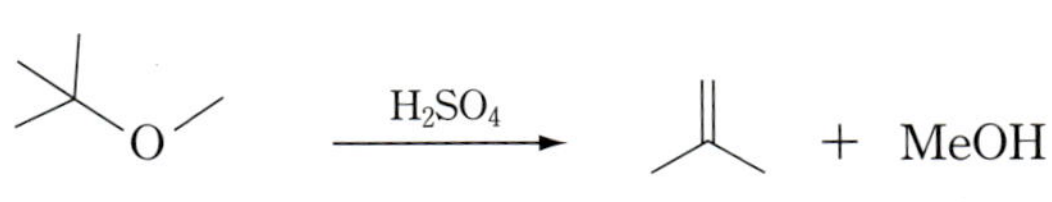

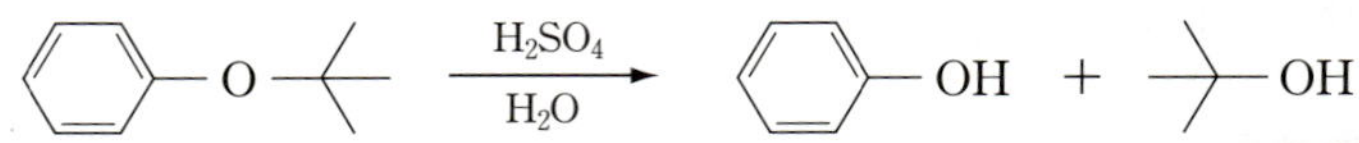

반응 경로는 다음과 같다. 우선 산소의 비공유 전자쌍이 양성자와 산–염기 반응을 하여 나쁜 이탈기(−OR)가 좋은 이탈기(−O(H)R$^+$)로 전환되고, 3차 C−O 결합이 끊어져서 3차 탄소 양이온을 생성한 후, 아주 약한 염기로 작용하는 HSO_4^- 음이온이 3차 탄소 양이온과 산–염기 반응을 해서 알켄 화합물을 생성한다.

메커니즘 10-3 3차 알킬 에터의 산 촉매 분해 반응 메커니즘

10.7 에터의 산화 반응

에터가 대기 중의 산소에 노출되면 하이드로퍼옥사이드(hydroperoxide) 및 퍼옥사이드(peroxide) 유도체가 생성된다.

$$\text{에터} \xrightarrow{O_2} \text{하이드로퍼옥사이드 및 퍼옥사이드 유도체}$$

하이드로퍼옥사이드 및 퍼옥사이드 유도체는 아래의 라디칼 경로를 통해서 생성된다. 산소 분자는 홀전자 두 개를 갖는 화합물로서 에터의 C_α−H와 선택적으로 반응하여 C_α· 라디칼(**A**)을 형성하는데, 여기가 반응 속도 결정 단계이다. C_α· 라디칼(**A**)은 다른 산소 분자와 반응하여 퍼옥시 라디칼(**B**, peroxy radical)을 형성하고, 중간체 **B**는 에터의 C_α−H와 다시 반응하여 부산물인 하이드로퍼옥사이드를 생성함과 동시에 라디칼(**A**)을 재생산함으로써 순환 고리를 완성한다. 만약 **A**와 **B** 사이에 종결 반응이 일어나면 퍼옥사이드 유도체가 생성된다.

메커니즘 10-4 에터의 산화 반응 메커니즘

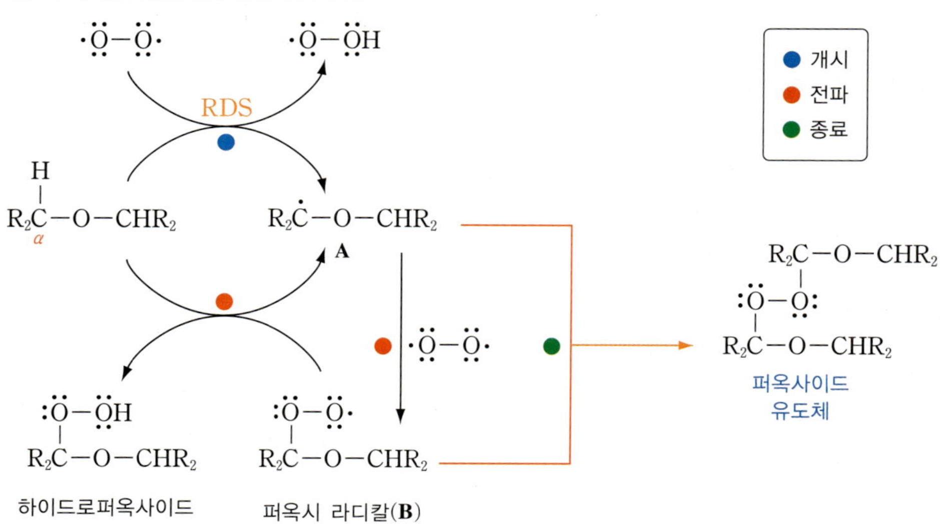

이제는 다양한 에터 화합물의 산화 반응 속도에 대하여 알아보자. 위의 반응 메커니즘에서 반응 속도 결정 단계는 중간체 **A**를 생성하는 반응인데, 탄소 라디칼(C·)의 안정성 순서는 [3차 > 2차 > 1차]이다(2.10.2절). 여기에 "비슷한 반응이 경쟁적으로 진행하는 경우에 더 안정한 중간체가 불안정한 중간체보다 빨리 생성된다."는 Hammond 가설(2.8.3절)을 적용하면 2차 라디칼이 생성되는 다이아이소프로필 에터의 산화 반응이 가장 빠르고, 1차 라디칼이 생성되는 다이에틸 에터 및 THF의 산화 반응은 중간 속도로 진행되며, 메틸 라디칼이 생성되는 *t*-뷰틸 메틸 에터(MBE)의 산화 반응이 가장 느림을 예상할 수 있다. 물론 이러한 추론은 실험적인 결과와 일치한다.

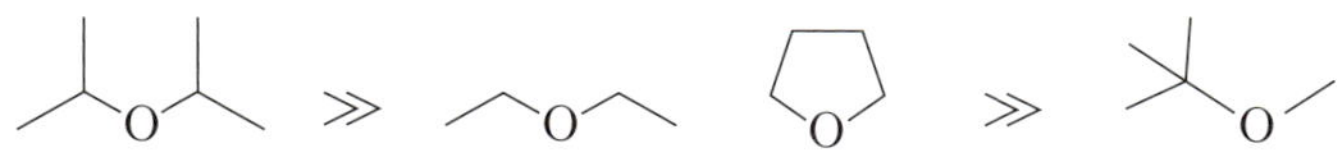

i-Pr_2O ≫ Et_2O THF ≫ MBE

일반적으로 C−H, C−O, C−C 결합은 강한 단일 공유 결합(95~105, 90~120, 80~90 kcal/mol)이지만, O−O 결합(51 kcal/mol)은 약한 단일 공유 결합이다. 따라서 퍼옥사이드 및 하이드로퍼옥사이드 화합물들은 상대적으로 불안정해서 외부 충격을 받거나 온도가 올라가면 격렬하게 깨지면서 폭발할 가능성이 크게 증가한다.

다행스럽게도 O−O 단일 공유 결합은 아이오딘 음이온(I^-)을 사용하여 비교적 쉽게 검출할 수 있다. 검출 메커니즘은 싸이올의 산화 반응(8.10.4절)에서와 같이 두 번의 S_N2 반응으로 설명한다. 우선, 강한 친핵체(I^-) 음이온이 약한 공유 결합인 O−O 결합에 S_N2 반응을 하고, 계속해서 강한 친핵체(I^-) 음이온이 약한 공유 결합인 O−I 결합에 다시 S_N2 반응을 하여 아이오딘(I_2)을 생성한다. 최종적으로 아이오딘(I_2)은 I^- 음이온과 결합하여 I_3^- 착이온을 생성함으로써 진한 갈색의 용액으로 전환된다.

반응: $KI(aq) + RO{-}OR \longrightarrow I_2 \longrightarrow I_3^{\ominus}$ (갈색)

메커니즘:

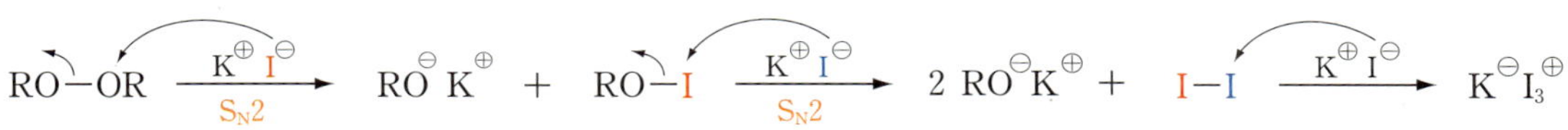

10.8 크라운 에터

크라운 에터(crown ether)는 $(OCH_2CH_2)_n$의 화학식을 갖는 고리형 중합체로서 [*x*-크라운-*y*]로 표현한다. 이때 *x*는 고리를 구성하는 원자의 총수, *y*는 산소 원자의 수를 의미하는데, 결과적으로 $x : y = 3 : 1$이다.

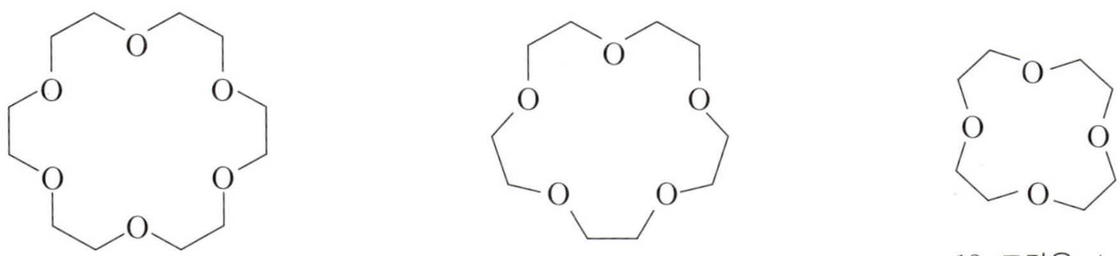

18-크라운-6 (헥사머) 15-크라운-5 (펜타머) 12-크라운-4 (테트라머)

크라운 에터는 다양한 방법으로 합성한다. 하나의 예로서 출발 물질인 **A**와 **B**를 구조의 대칭성을 이용하여 각각 얻은 후, **A**와 **B**의 양쪽 말단 탄소에 Williamson 에터 합성법(10.5.4절)을 동시에 적용하면 18-크라운-6 화합물을 합성할 수 있다.

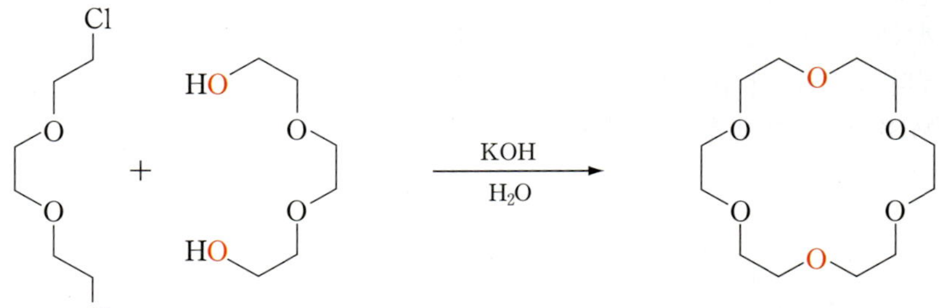

18-크라운-6

A **B**

그림 10-4 18-크라운-6 화합물의 합성 반응

크라운 에터의 가장 큰 특징은 크라운 에터의 크기에 따라서 특정한 양이온을 선택적으로 용매화할 수 있다는 점이다. 크라운 에터가 [12-크라운-4] → [15-크라운-5] → [18-크라운-6]으로 변화하면 고리 내부의 동공(empty space) 크기가 점차로 증가하는데, 만약 공동의 크기와 양이온의 크기가 잘 어울리면 산소 원자의 고립 전자쌍과 양이온의 정전기적 인력이 극대화되면서 열역학적으로 안정화될 수 있다. 실제로 12-크라운-4, 15-크라운-5, 18-크라운-6의 경우에는 각각 Li^+, Na^+, K^+의 양이온을 선택적으로 수용하여 안정화시킨다.

표 10-3 크라운 에터의 동공의 크기 및 양이온

내용	12-크라운-4	15-크라운-5	18-크라운-6
동공의 크기(Å)	1.2~1.5	1.7~2.2	2.6~3.2
양이온(반경, Å)	Li^+(1.20)	Na^+(1.80)	K^+(2.66)

이와는 반대로 전자가 풍부한 음이온이 공동에 들어가면 산소 고립 전자쌍과의 정전기적 반발력에 의하여 불안정해지므로 음이온에 대한 용매화는 기본적으로 불가능하다.

실제로 K^+를 수용하고 있는 18-크라운-6의 3차원 구조를 보면 18-크라운-6의 준평면을 중심으로 산소 원자가 위, 아래, 위, 아래, 위, 아래로 번갈아 위치하고, 여섯 개의 산소 원자가 형성하는 정팔면체의 중심에 K^+ 양이온이 위치함을 볼 수 있다.

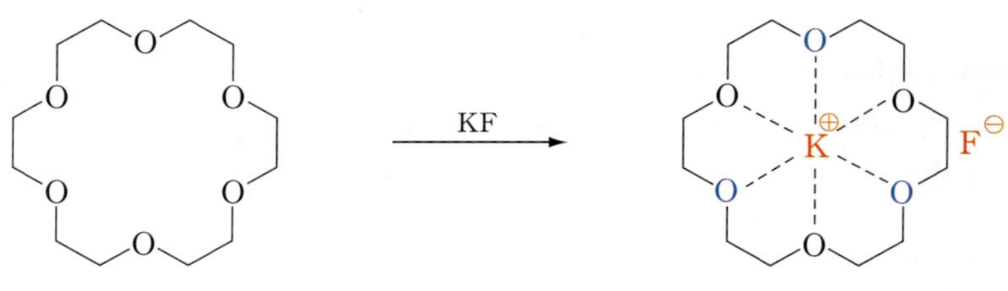

18-크라운-6 18-크라운-6

크라운 에터에서 관찰되는 양이온의 선택적인 용매화 현상은 벤젠 등의 비극성 용매에서 이온성 시약의 사용을 가능하게 하였다. 우선, 크라운 에터가 양이온을 선택적으로 용매화하면 공동에는 양전하가 존재하고, 공동의 바깥쪽에는 C—C, C—O, C—H 결합들이 둘러싸고 있어서 [크라운 에터/양이온] 조합이 극성 및 비극성 용매에 잘 녹을 수 있는 환경을 제공한다. 그

리고 이러한 외골격은 상대 음이온이 동공의 양이온에 접근하지 못하게 함으로써, 극성 비양성자성 용매에서 양이온의 용매화는 잘 일어나지만 음이온의 용매화는 효과적이지 않은 것(7.6.5절 및 7.6.6절)처럼 상대 음이온의 S_N2 반응성을 크게 증가시키는 결과를 준다. 실제로 크라운 에터를 포함하는 비극성 용매에서 $KMnO_4$, KF, KCN, NaN_3 등의 시약을 사용하는 반응들은 많이 알려져 있다.

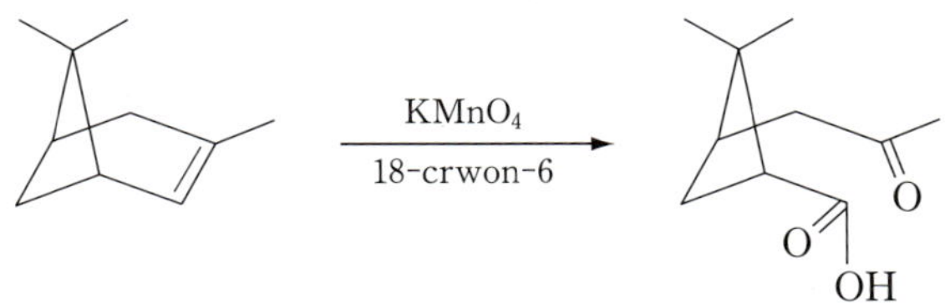

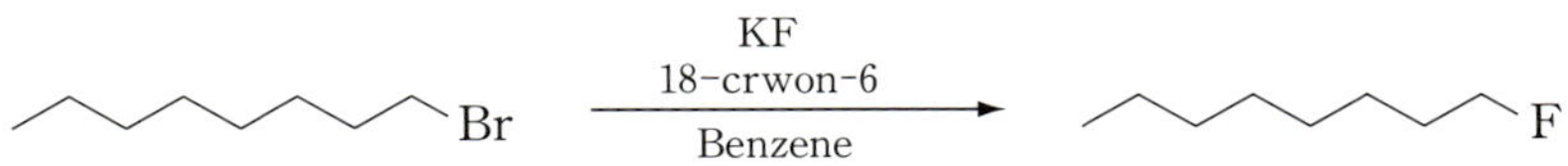

10.9 알코올 보호기

유기 반응에서는 반응 시약이 출발 물질에 있는 다수의 작용기와 동시에 반응하는 경우가 종종 발생한다. 이러한 경우에 유기 화학자들은 ① 반응에 참여해서는 안 되는 작용기를 다른 형태로 보호(protection)하고, ② 원하는 반응을 진행한 후, ③ 보호기(protecting group)를 제거하는 과정을 통해서 문제를 해결해왔다. 이러한 목적으로 사용되는 보호기는 ① 선택적으로 손쉽게 도입(보호)이 가능하고, ② 다양한 반응 조건에서 안정하며, ③ 선택적인 제거(비보호)가 가능해야 한다.

여기에서는 알코올의 보호기로 흔히 사용되는 TMS 에터(trimethylsilyl ether, TMS ether)에 대하여 알아보기로 한다. TMS 에터는 알코올과 TMS−Cl을 반응시켜 도입할 수 있고, 산화제 및 환원제, 그리고 유기 금속 시약 등에 대하여 안정하지만, 약산 또는 F^-와 반응하여 쉽게 제거되는 특징이 있다.

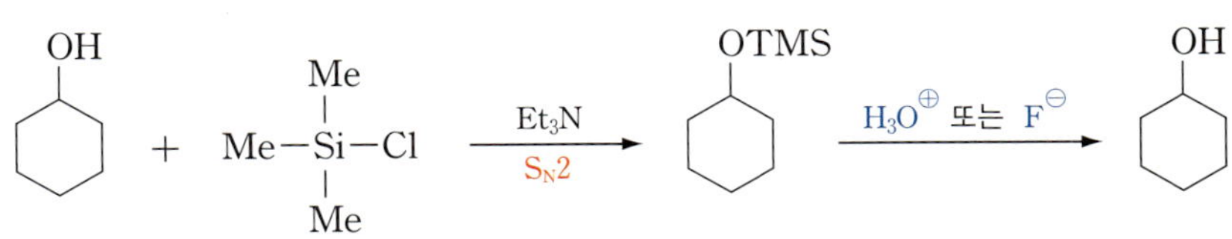

알코올과 TMS−Cl의 반응은 S_N2 반응으로 진행된다. 규소 원자는 3주기 원소로서 2주기 원소인 탄소 원자보다 크기 때문에 C−Si 결합은 C−C 결합보다 결합 길이가 훨씬 길다(1.95 Å vs. 1.54 Å). 따라서 동일한 3차 원자라 할지라도 S_N2 반응에서의 입체 장애가 적어서 S_N2 반응이 가능하다.

에터는 매우 안정한 화합물 군(群)이다. 에터는 할로젠, 약산, 염기, 친핵체, 산화−환원 조건에서 안정하고, 금속과 반응하지도 않으며 많은 유기 화합물을 잘 녹이기 때문에 유기 화학 반응에서 용매로 많이 사용되고 있다.

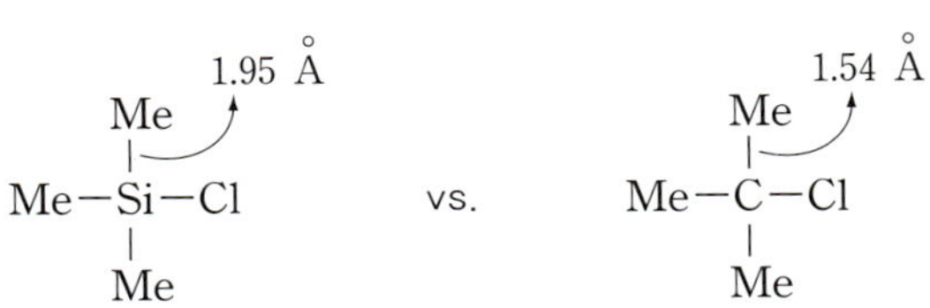

이제는 보호기를 적용한 예를 살펴보자.

7-브로모-헵탄-1-올에 Mg을 반응시켜 R−MgX 시약을 만들면 아주 약한 산으로 작용하는 −OH 작용기와 R−MgX 사이에 분자내 산−염기 반응이 빠르게 진행되면서 알콕사이드(alkoxide) **A**로 전환된다. 최종적으로 **A**에 산을 첨가하면 단순하게 Br 원자가 H로 치환된 헵탄-1-올이 생성된다. 그러나, 알코올 작용기를 TMS로 보호한 후에 Grignard 시약 **B**를 합성하면, 이 시약은 안정하기 때문에 Grignard 시약의 고유한 반응들을 수행할 수 있다. Grignard 시약의 고유한 반응에 대해서는 해당하는 단계에서 적절하게 소개할 것이다.

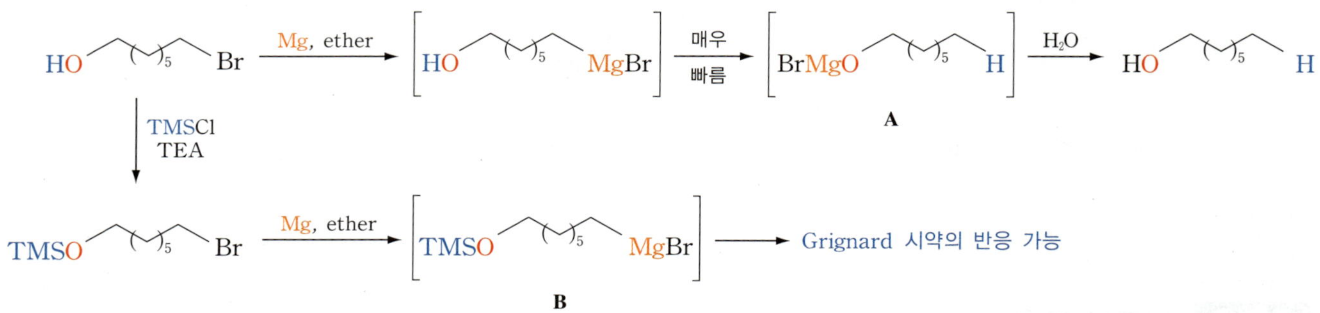

그림 10-5 7-브로모-헵탄-1-올의 알코올 보호기 적용의 예

10.10 클라이젠 자리 옮김 반응

알릴 아릴 에터(allyl aryl ether) 및 알릴 바이닐 에터(allyl vinyl ether)를 고온에서 가열하면 육각형 의자 형태 전이 상태를 통해서 γ,δ-불포화 카보닐 화합물이 생성되는데, 이것을 **클라이젠 자리 옮김 반응(Claisen rearrangement)**이라고 한다. 이 반응은 다수의 결합이 끊어지면서 다수의 결합이 생성되는 반응임에도 불구하고 전이 상태가 한 개인 단일 단계 반응인데, 이러한 반응을 **페리 고리 협동 반응(pericyclic reaction)** 또는 **협동 반응(concerted reaction)**이라고 한다.

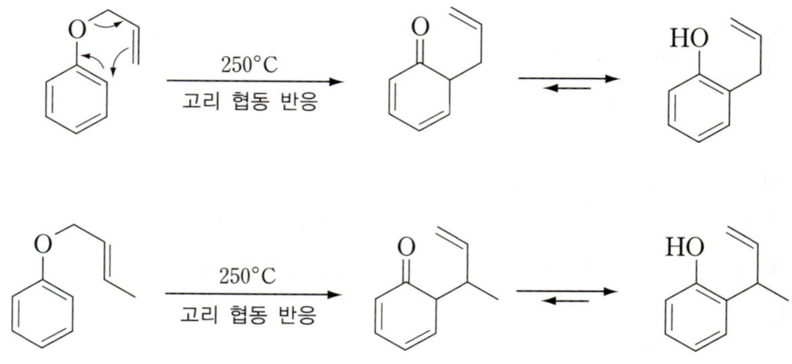

그림 10-6 클라이젠 자리 옮김 반응의 예

클라이젠 자리 옮김 반응이 위의 경로로 진행한다는 것은 치환체가 있는 출발 물질 또는 동위 원소가 있는 출발 물질을 사용하였을 때 얻어지는 생성 물질을 분석함으로써 유추할 수 있다.

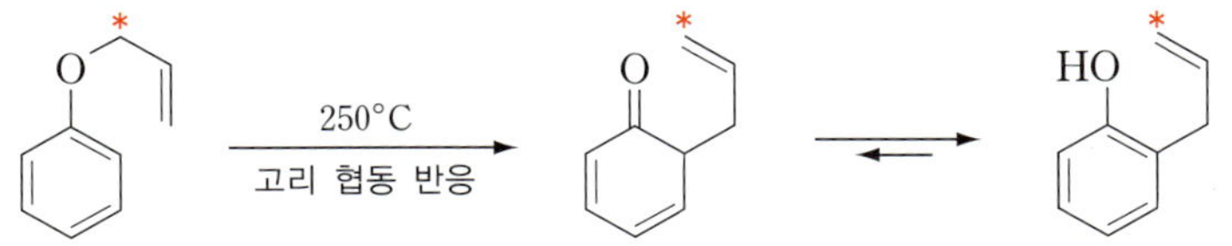

예제 10.6

알릴 아릴 에터의 클라이젠 자리 옮김 반응과 헥사-1,5-다이엔의 코프 자리 옮김 반응은 다음과 같다.

클라이젠 자리 옮김 반응:

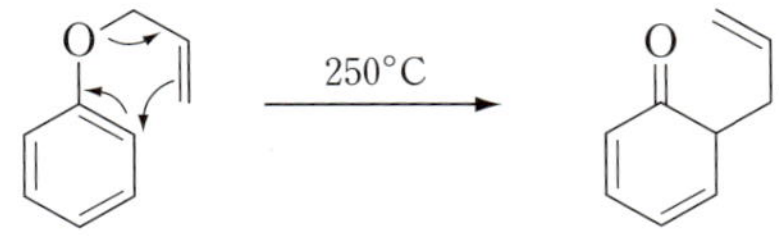

코프 자리 옮김 반응:

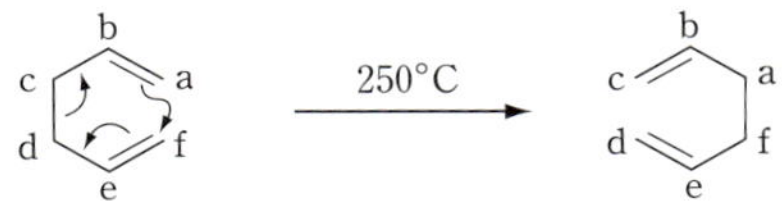

이러한 정보를 이용하여 아래의 출발 물질에서 클라이젠 및 코프 자리 옮김 반응이 연속적으로 일어나는 경우에 예상되는 생성물과 동위 원소 탄소의 위치를 명확하게 나타내시오.

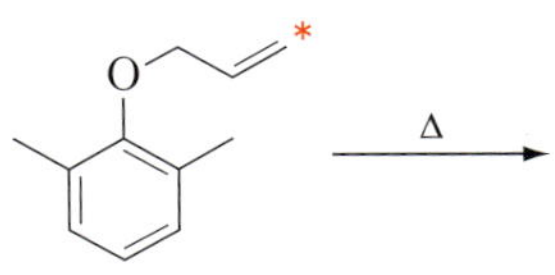

풀이

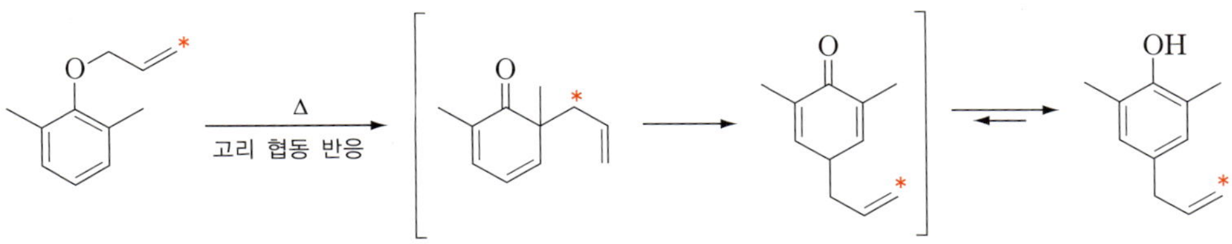

10.11 옥시레인(에폭사이드)

지금까지는 사슬형 에터를 중심으로 구조, 명명법, 성질, 합성법, 반응 등에 대하여 기술하였다. 이제는 삼각형 에터 화합물인 옥시레인(oxirane, 에폭사이드, epoxide)에 대하여 동일한 주제를 가지고 기술할 것이다.

10.11.1 구조 및 명명법

옥시레인은 삼각형 구조를 갖는 에터 화합물이다. 옥시레인은 C−C−C 및 C−O−C의 결합각이 60°로서 각 무리가 매우 크고, 네 개의 수소 원자가 가려진 형태를 갖기 때문에 전체적으로 고리 무리가 매우 큰 화합물이며, 그 결과 옥시레인의 반응성은 사슬형 에터와 비교할 때 훨씬 크게 된다.

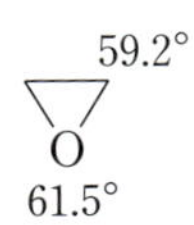

삼각형 구조를 갖는 에터 화합물의 명명에는 두 가지 방법을 흔히 사용한다. 첫 번째 방법은 [옥시레인(oxirane)] 접미사를 사용하는 것이고, 두 번째 방법은 [옥사이드(oxide)] 접미사를 사용하는 것으로, 삼각형 산소 대신에 이중 결합이 있는 화합물의 관용명을 차용한다. 이때 치환체의 이름과 번호 등은 알케인 명명법(3.3절) 및 할로젠화 알킬(7.2절)에서와 동일한 방법을 사용한다.

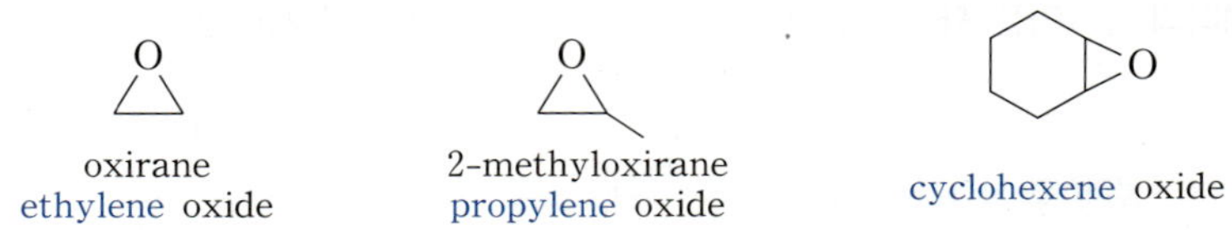

예제 10.7

아래의 화합물을 명명하시오.

풀이

(a) 2,2-dimethyloxirane, isobutylene oxide

(b) 3-chloro-2,2-dimethyloxirane

10.11.2 합성법

옥시레인은 공업적으로 중요한 출발 물질로서, 에틸렌과 산소를 촉매 하에서 고온으로 가열하여 대량으로 합성할 수 있다. 옥시레인은 에틸렌글리콜, 폴리에스터 등 다양한 물질을 합성하는 데 사용된다.

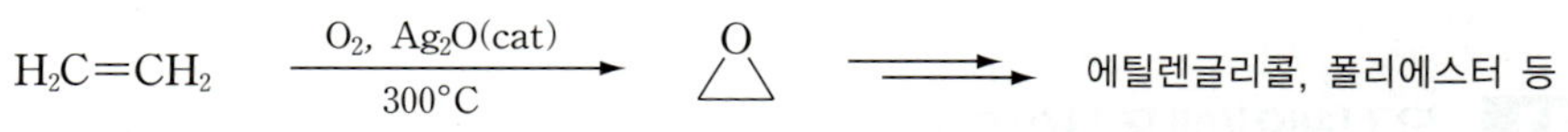

실험실에서는 알켄의 하이포할로젠산 첨가 반응(4.7.3절) 및 분자내 Williamson 에터 합성법(10.5.4절)의 조합, 그리고 알켄의 에폭시화 반응(4.10.4절) 등을 이용하여 옥시레인을 합성할 수 있다.

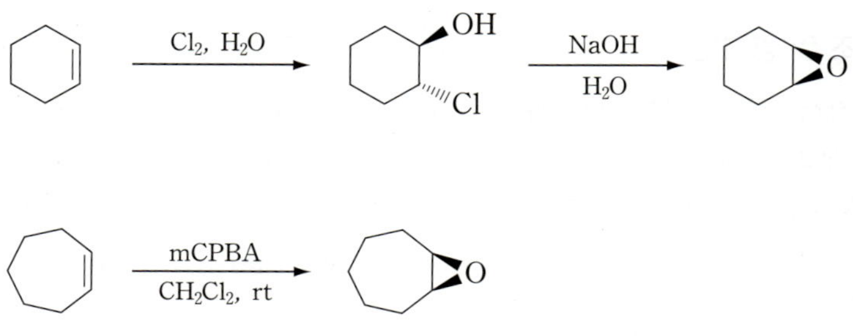

그림 10-7 알켄으로부터 옥시레인 합성 반응의 예

알릴 알코올의 경우에는 Sharpless 비대칭 에폭시화 반응 조건을 사용하여 알릴 위치에 입체 선택적으로 에폭사이드를 도입할 수 있다. 반응 메커니즘은 이제 처음으로 유기 화학을 학습하는 수준에서는 이해하기 어렵기 때문에 생략한다.

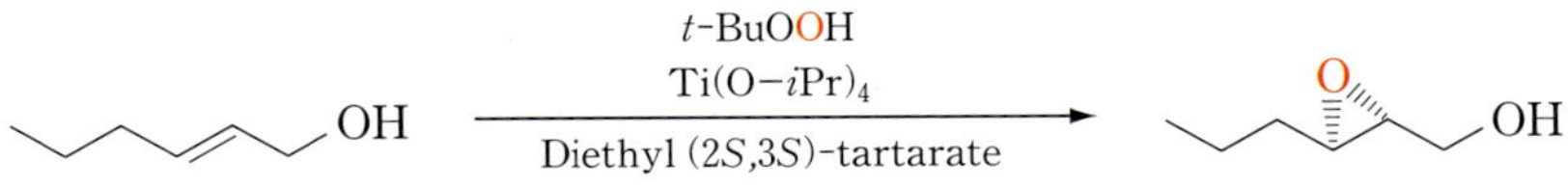

그림 10-8 알릴 알코올의 Sharpless 비대칭 에폭시화 반응

10.11.3 음이온 친핵성 고리 열림 반응

옥시레인은 삼각형 구조에 의한 고리 무리가 매우 크기 때문에, 고리가 열림으로써 고리 무리를 제거하는 반응이 잘 진행된다. 옥시레인의 고리 열림 반응은 반응 조건에 따라서 강한 음이온 친핵체가 S_N2 형식으로 고리를 여는 음이온 친핵성 고리 열림 반응과 산성 조건에서 약한 친핵체에 의하여 고리를 여는 산 촉매 고리 열림 반응으로 구분할 수 있다.

여기에서는 우선 음이온 친핵성 고리 열림 반응에 대하여 알아보자. 음이온 친핵성 고리 열림 반응은 강한 음이온 친핵체가 S_N2 형식으로 옥시레인 탄소에 전자를 제공하면서 진행되는 반응이다.

메커니즘 10-5 옥시레인의 음이온 친핵성 고리 열림 반응 메커니즘

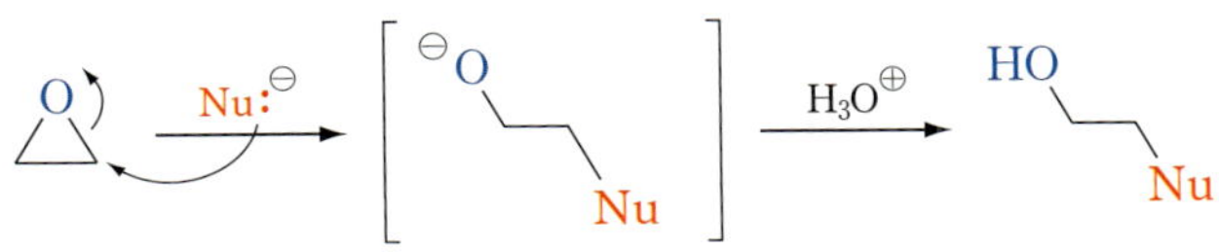

음이온 친핵성 고리 열림 반응은 탄소 음이온, 싸이올레이트(RS^-; thiolate), 하이드라이드($H:^-$), 알콕사이드(RO^-) 등의 강한 친핵체가 반응에 참여하고, 반응이 S_N2 형태로 진행되기 때문에 입체 장애가 작은 탄소에서 반응이 선택적으로 일어난다. 다만, 알콕사이드(RO^-) 음이온은 다른 음이온들보다 친핵성이 상대적으로 작기 때문에 반응의 진행을 위해서는 더 높은 온도가 필요하다.

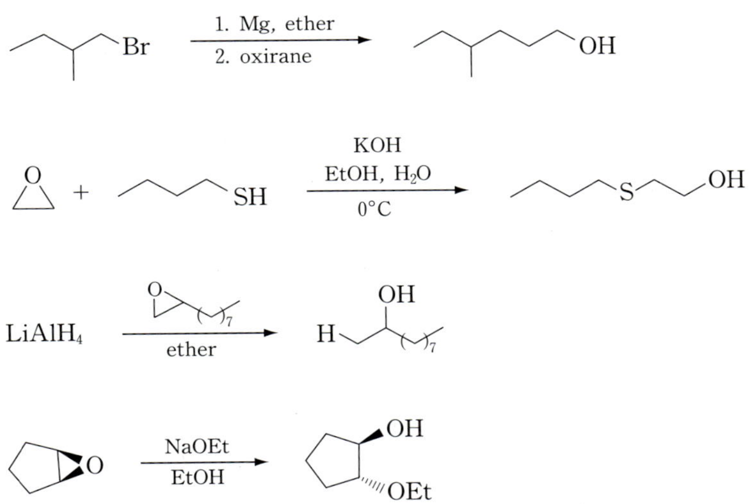

그림 10-9 음이온 친핵성 고리 열림 반응의 예

과량의 옥시레인 조건에서 알콕사이드 음이온의 친핵성 고리 열림 반응을 수행하면 알콕사이드 음이온 중간체가 과량의 옥시레인과 연속적으로 반응하여 폴리에틸렌글리콜 중합체가 생성될 수 있다(옥시레인의 첨가 중합 반응).

메커니즘 10-6 옥시레인의 첨가 중합 반응 메커니즘

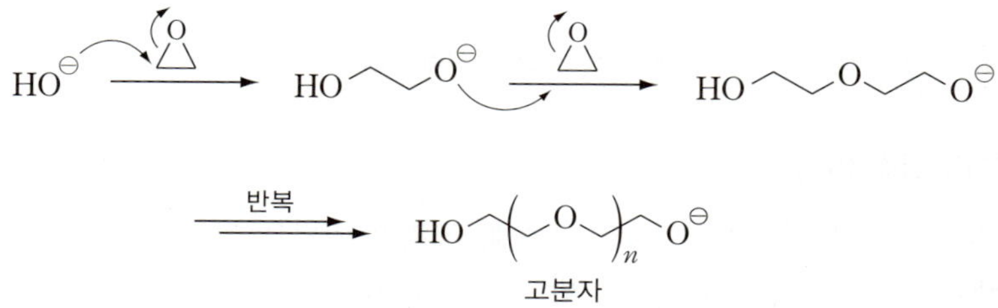

10.11.4 산 촉매 고리 열림 반응

사슬형 에터에서 산 촉매 에터 분해 반응은 강산과 높은 온도가 필요하다(10.6절). 그러나, 옥시레인의 산 촉매 고리 열림 반응은 반응이 진행되면서 옥시레인의 고리 무리가 없어지기 때문에 일반적으로 훨씬 온화한 조건에서 진행될 수 있다.

옥시레인에서 산 촉매 고리 열림 반응의 위치 및 입체 선택성은 중간체 구조가 OH^+ 및 X^+인 것을 제외하고는 비대칭 알켄에서 하이포할로젠산 첨가 반응의 위치 및 입체 선택성(4.7.3절)과 매우 유사하다. 즉, 옥시레인과 양성자가 산–염기 반응을 하면 삼각형 옥소늄 양이온이 생기는데, 3차 탄소가 있는 경우에는 3차 탄소 양이온의 성격이 발달하여 S_N1의 성격과 입체 화학의 반전이 있는 반응이 진행된다. 1차 탄소만 있는 경우에는 양이온의 성격이 적기 때문에 S_N2의 성격과 입체 화학의 반전이 있는 반응이 일어나고, 2차 탄소가 있는 경우에는 양이온의 성격에 따라서 입체 화학의 반전이 있으나 S_N2 또는 S_N1의 성격을 갖는 반응이 진행될 수 있다.

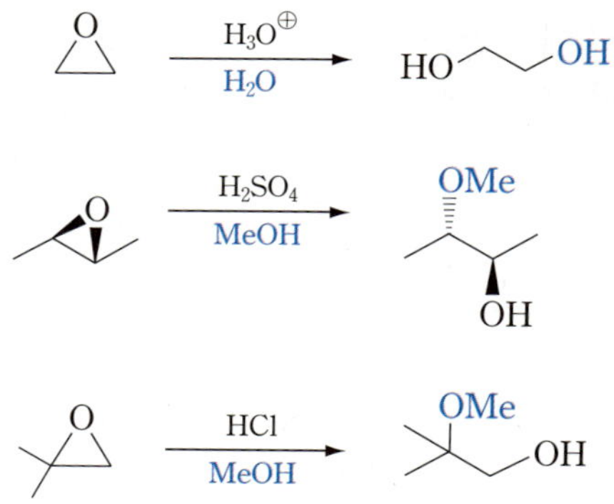

그림 10-10 옥시레인의 산 촉매 고리 열림 반응의 예

예제 10.8

아래 반응의 메커니즘을 그리시오.

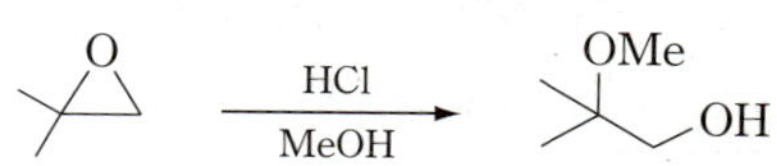

풀이

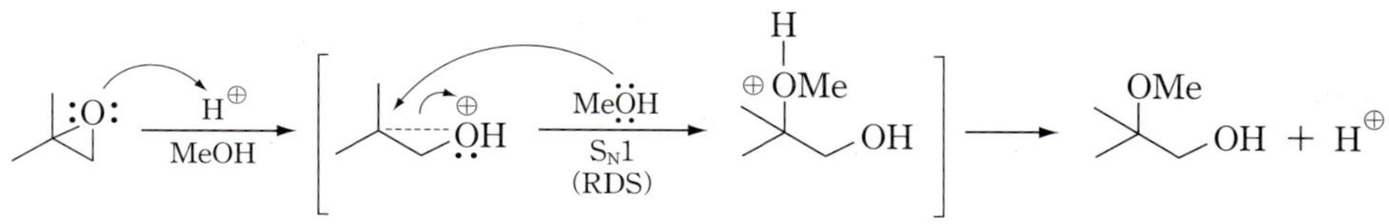

10.11.5 생체내 반응

옥시레인은 생체 내에서 다양한 형태로 존재한다. 일반적으로 옥시레인은 산소 분자(O_2)에서 한 개의 산소 원자를 알켄에 전달하는 일산소화 효소(monooxygenase)에 의하여 합성되는데, 이 과정에서 환원제인 NADH가 관여한다. 참고로 NADH는 생체에서 환원제로 사용되는 물질로서, NADH의 구조 및 작용 메커니즘에 대해서는 8.9.2절을 참고하기 바란다.

스쿼렌

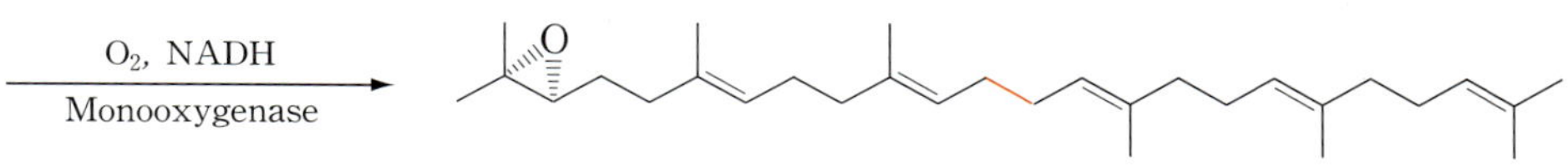

스쿼렌-2,3-에폭사이드

⟶ 콜레스테롤, 스테로이드 호르몬 등

10.12 설파이드

10.12.1 구조

물(H−O−H)에서 산소가 황으로 치환된 화합물(H−S−H)을 황화 수소(hydrogen sulfide), 알코올(R−O−H)에서 산소가 황으로 치환된 화합물(R−S−H)을 **싸이올(thiol)** 또는 **머캅탄(mercaptan)**, 에터(R−O−R)에서 산소가 황으로 치환된 화합물(R−S−R)을 **설파이드(sulfide)**라고 한다.

H−OH	물	H−SH	황화 수소
R−OH	알코올	R−SH	싸이올
R−O−R	에터	R−S−R	설파이드

그리고 설파이드(R−S−R)에서 S=O 이중 결합이 한 개 있는 화합물(R−S(=O)−R)을 **설폭사이드(sulfoxide)**, 이중 결합이 두 개 있는 화합물(R−S(=O)$_2$−R)을 **설폰(sulfone)**이라고 한다.

설파이드 설폭사이드 설폰

10.12.2 명명법

설파이드의 명명법은 사슬형 설파이드 또는 고리형 설파이드를 구분하여 기술해야 한다.

설파이드의 IUPAC 명명법에서는 화합물 이름이 [접두사–기본명–접미사]의 형식을 갖는다. 이때 접미사는 우선 순위가 가장 높은 작용기의 이름 및 위치, 기본명은 우선 순위가 가장 높은 작용기를 포함하는 가장 긴 탄소 사슬의 탄소 수, 접두사는 모체 사슬에 연결된 치환체의 종류 및 위치에 대한 정보를 제공한다.

사슬형 설파이드의 치환체 명명법은 알케인 명명법(3.3절) 및 할로젠화 알킬 명명법(7.2절), 사슬형 에터 명명법(10.3절)과 동일한 방법을 적용한다. 차이점은 알케인, 할로젠화 알킬, 에터에서는 알킬, 할로젠, 알콕시 작용기를 치환체로 생각하지만, 설파이드에서는 알킬싸이오(SR) 작용기를 치환체로 생각하는 데 있다. 설파이드의 기본명은 [알킬싸이오알케인(alkylthioalkane)]이다.

사슬형 설파이드의 작용기족 명명법은 [알킬 알킬 설파이드(alkyl alkyl sulfide)]의 형식을 사용한다. 이 방법은 구조가 간단한 화합물의 상용명(common name)에서 많이 사용하는데, 화합물의 구조가 복잡해지면 사용하기가 매우 어려워지는 단점이 있다.

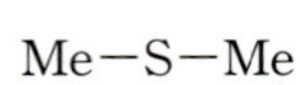

methylthiomethane
dimethyl sulfide(DMS)

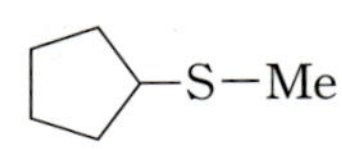

(Methylthio)cyclopentane
cyclopentyl methyl sulfide

삼각형~육각형 설파이드의 이름은 고리형 에터의 관용명에서 산소(O)를 의미하는 [ox__]를 황(S)을 의미하는 [thi__]로 치환하여 사용한다.

Oxirane

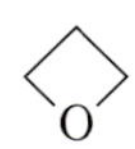

Oxetane

Oxolane
tetrahydrofuran(THF)

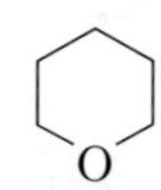

Oxane

Thiirane

Thietane

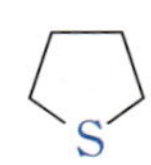

Thiolane

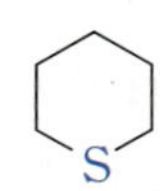

Thiane

설폭사이드는 알킬 알킬 설폭사이드(alkyl alkyl sulfoxide), 설폰은 알킬 알킬 설폰(alkyl alkyl sulfone)으로 명명한다. 이때 알킬기의 순서는 알케인 명명법(3.3절)에서와 같이 기본 사슬의 알파벳 순으로 정렬한다.

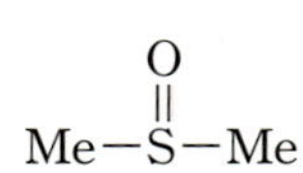

Dimethyl sulfoxide
(DMSO)

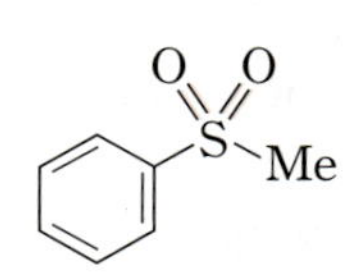

Methyl phenyl sulfone

10.12.3 합성법

설파이드는 Williamson 에터 합성법(10.5.4절)을 적용하여 합성할 수 있다. 그러나 싸이올레이트(RS^-) 음이온은 알콕사이드(RO^-)보다 친핵성이 훨씬 크기 때문에 반응 조건이 많이 온화하고, 2차 할로젠화 알킬과의 S_N2 반응도 가능하다.

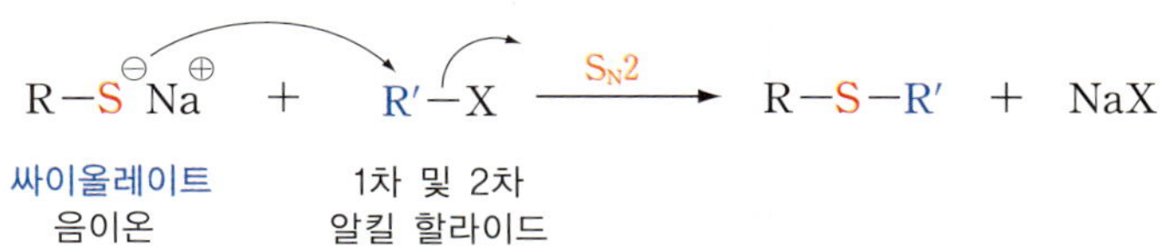

그림 10-11 Williamson 에터 합성법을 이용한 설파이드의 합성

설파이드를 합성하는 반응의 예는 다음과 같다.

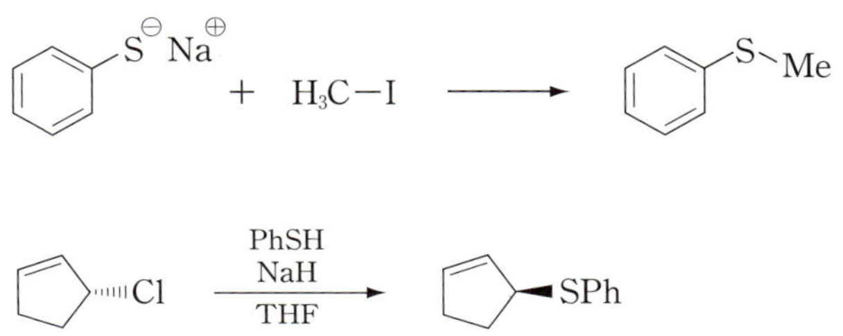

그림 10-12 설파이드 합성 반응의 예

10.12.4 반응

산소(O)는 2주기 원소이고, 황(S)은 3주기 원소이기 때문에 일반적으로 동일한 조건에서는 황의 친핵성이 산소보다 훨씬 크다(7.6.3절). 이러한 특성을 고려하면서 설파이드의 S_N2 알킬화 반응과 산화 반응에 대하여 생각해 보자.

S_N2 알킬화 반응의 관점에서 다이메틸 에터(dimethyl ether)는 상온에서 $CH_3{-}I$와 반응하지 않지만, 다이메틸 설파이드(dimethyl sulfide)는 상온에서 $CH_3{-}I$와 반응하여 트라이메틸설포늄 아이오다이드(trimethylsulfonium iodide) 염을 생성한다. 이 염은 아민 등 친핵성이 있는 작용기에게 메틸기를 전달하는 시약(methylating reagent)으로 사용될 수 있다.

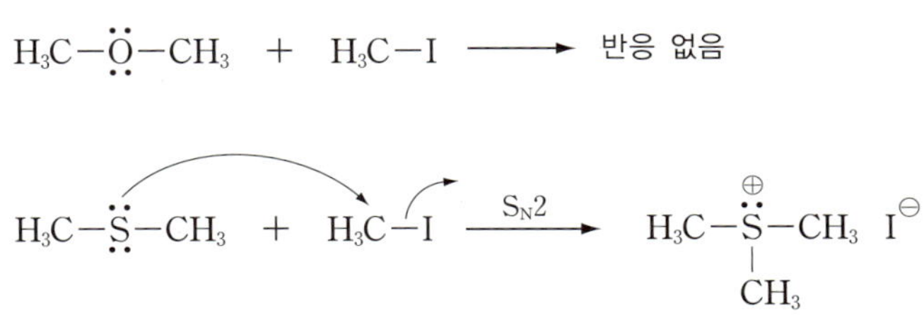

트라이메틸설포늄 아이오다이드

생체 내에서 SAM(*S*-adenosylmethionine, *S*-아데노실메싸이오닌)은 메틸기 전달 시약의 역할을 담당한다. 지금은 ATP 및 SAM의 상세한 구조에 대하여 설명할 필요는 없지만 ATP와 메싸이오닌(methionine)에서 SAM을 합성하는 반응이 S_N2 경로로 진행되고, 생체의 친핵체($Nu{:}^-$)와 SAM의 메틸기 전달 반응도 입체 장애가 가장 작은 Me 작용기에서 S_N2 경로로 진행된다.

메커니즘 10-7 SAM의 생성 반응 및 메틸 작용기 전달 반응 메커니즘

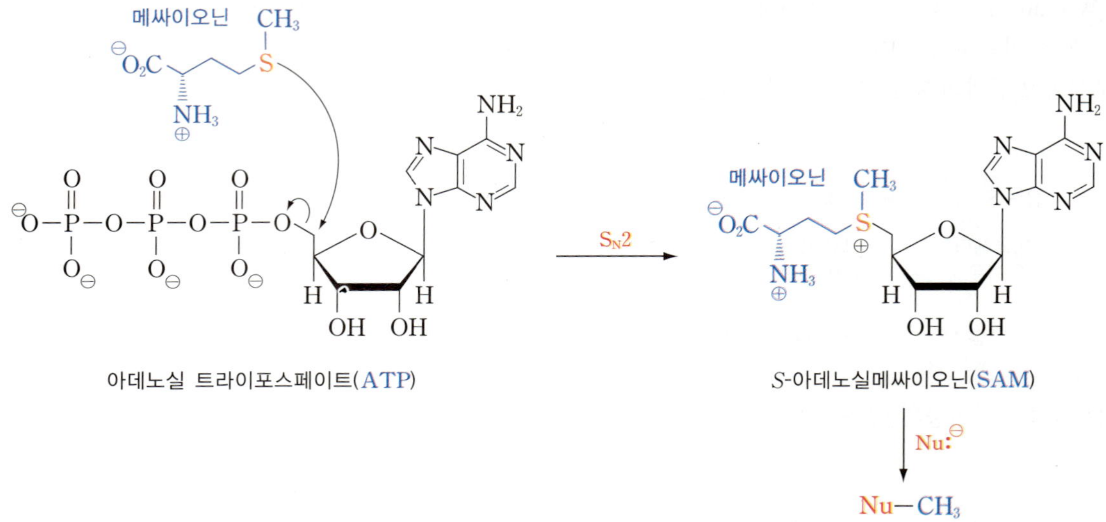

이번에는 황(S) 원자의 친핵성에 기인하는 산화 반응에 대하여 알아보자. 설파이드에 $NaIO_4$를 처리하면 설폭사이드가 생성되고, 과카복실산(RCO_3H) 및 H_2O_2를 사용하면 반응 조건에 따라서 설폭사이드 및 설폰을 선택적으로 얻을 수 있다.

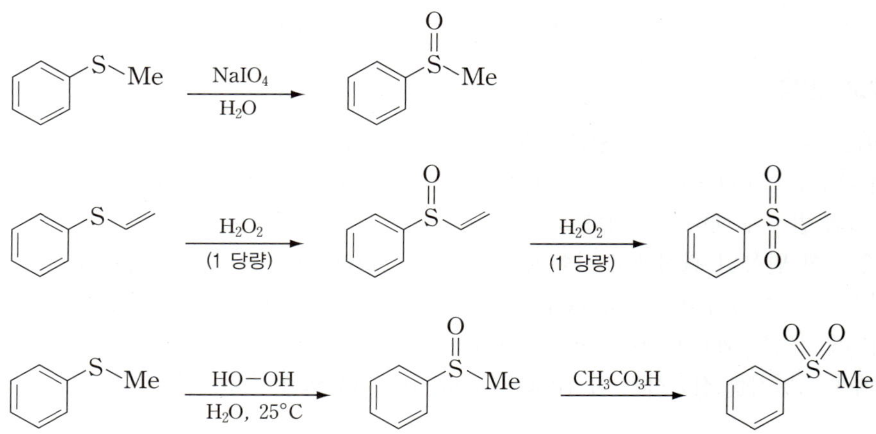

그림 10-13 설파이드의 산화 반응의 예

예제 10.9

아래 반응의 메커니즘을 그리시오.

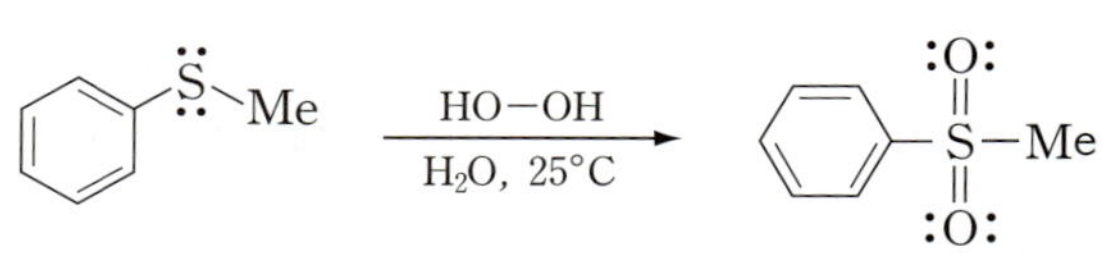

풀이

첫 번째 반응:

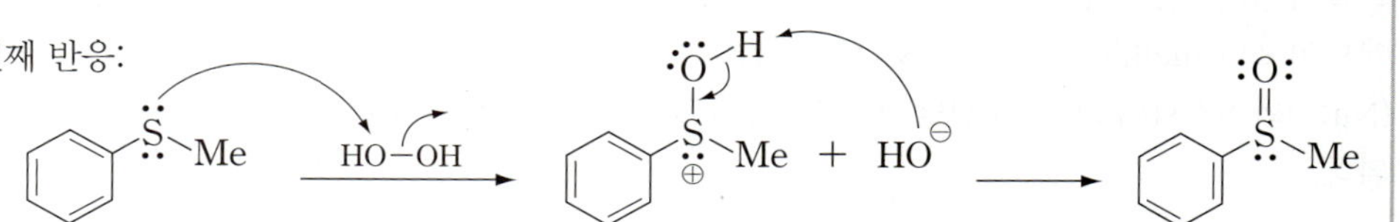

두 번째 반응:

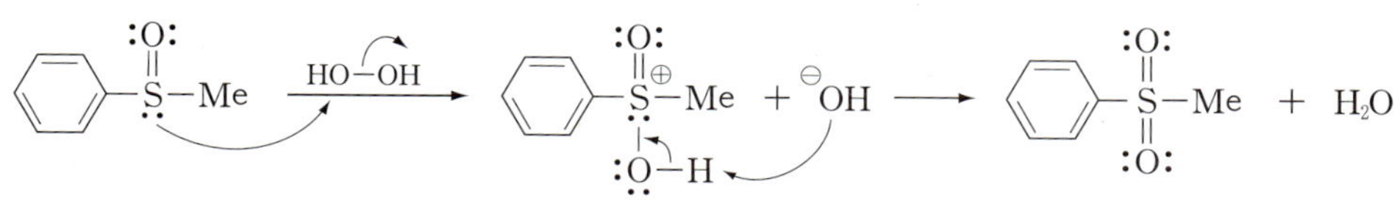

10.13 요약

10.1~10.10절은 에터에 대하여 상세하게 기술하였고, 10.11절 및 10.12절은 옥시레인 및 설파이드를 각각 소개하였다.

물(H−O−H)에서 한 개의 수소 원자가 알킬기로 치환된 화합물(R−O−H)을 알코올(alcohol), 두 개의 수소 원자가 알킬기로 치환된 화합물(R−O−R)을 에터(ether), 에터의 삼각형 고리 화합물을 옥시레인(oxirane) 또는 에폭사이드(epoxide), 에터의 산소 원자가 황 원자로 바뀐 화합물(R−S−R)을 설파이드(sulfide)라고 한다.

물 알코올 에터 옥시레인

에터는 다양한 경로로 합성이 가능하다(10.5절). 교재에서는 알코올의 산 촉매 짝지음 반응, 알켄의 산 촉매 알코올 첨가 반응, 알켄의 알콕시수은 첨가 반응/탈수은 반응, 그리고 Williamson 에터 합성법을 소개하였다.

알켄의 산-촉매
알코올 첨가 반응:

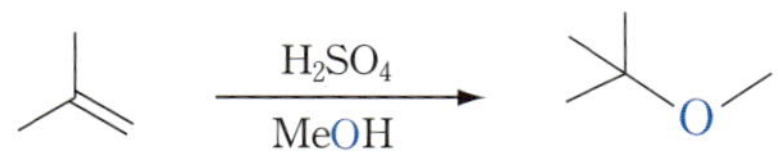

알켄의 알콕시수은
첨가 반응/탈수은 반응:

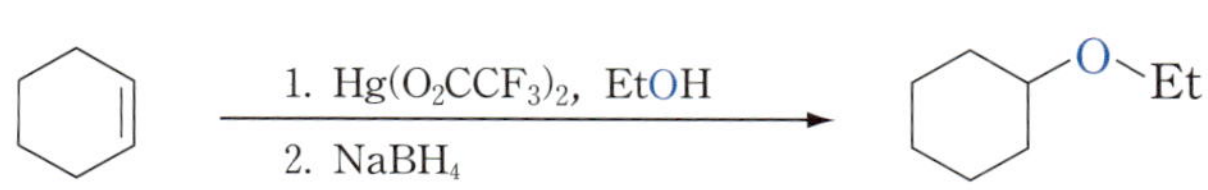

Williamson 에터 합성법:

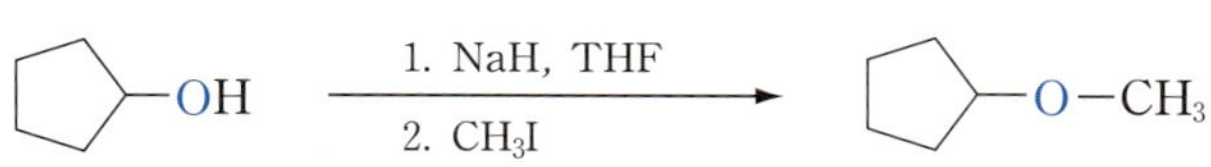

일반적으로 에터의 반응성은 매우 낮아서 대부분의 화학 반응에 참여하지 않지만, 강한 산성 조건에서는 에터의 분해 반응이 일어날 수 있다(10.6절). 이 반응은 일반적으로 1차 및 2차 알킬 에터에서는 S_N2 경로, 3차 알킬 에터에서는 S_N1 및 E1 경로를 통하여 반응이 진행된다.

1차 및 2차 알킬 에터:

3차 알킬 에터:

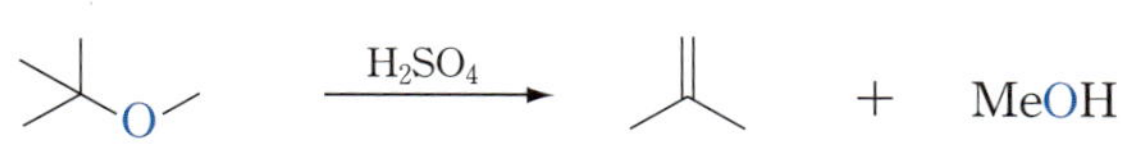

이 외에도 에터는 공기 중의 산소와 반응하여 폭발성을 갖는 하이드로퍼옥사이드(ROOH) 및 퍼옥사이드(ROOR) 유도체로 전환될 수 있는데, 이 화합물들은 아이오딘화 음이온(I^-)을 사용하여 비교적 쉽게 검출할 수 있다(10.7절).

크라운 에터(crown ether)는 $(OCH_2CH_2)_n$의 화학식을 갖는 고리형 중합체이다(10.8절). 크라운 에터는 고리 내부에 존재하는 공동(empty space)의 크기에 맞는 양이온을 선택적으로 용매화함으로써 S_N2 반응을 촉진할 수 있고, $KMnO_4$, KF, KCN, NaN_3 등의 다양한 이온성 시약들을 수용액은 물론이고 유기 용매에서도 사용할 수 있도록 환경을 조성한다.

유기 반응에서는 반응 시약이 출발 물질에 있는 다수의 작용기와 동시에 반응하는 경우가 종종 발생한다. 이와 관련하여 기본적인 알코올 보호기로 TMS 에터가 있다(10.9절). TMS 에터는 알코올과 TMS−Cl을 반응시켜 도입하고, 산화제 및 환원제, 유기 금속 시약 등에 대하여 안정하지만, 약산 또는 F^-와 반응하여 쉽게 제거되는 특성이 있다.

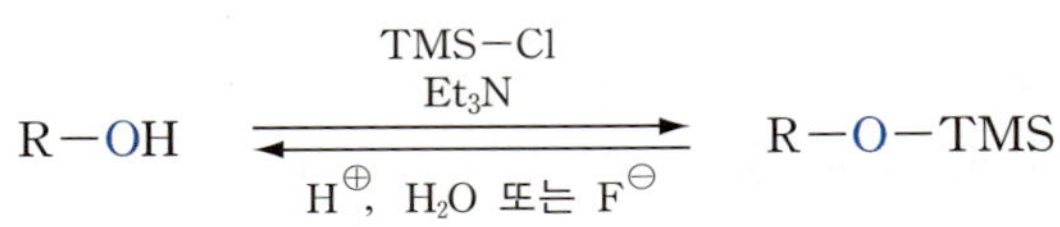

알릴 아릴 에터(allyl aryl ether) 및 알릴 바이닐 에터(allyl vinyl ether)의 클라이젠 자리 옮김 반응(Claisen rearrangement)은 하나의 전이 상태를 통해서 다수의 결합이 끊어지고 다수의 결합이 생성되는 페리 고리 협동 반응(pericyclic reaction) 또는 협동 반응(concerted reaction)이다(10.10절).

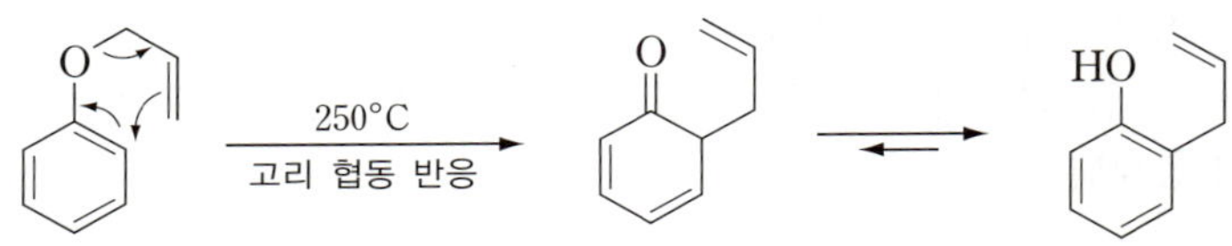

옥시레인(oxirane)은 각 무리가 매우 큰 화합물로서, 고리 열림 반응이 가장 대표적인 반응이다(10.11.3절). 고리 열림 반응은 반응 조건에 따라서 음이온 친핵성 고리 열림 반응과 산 촉매 고리 열림 반응으로 구분할 수 있는데, 일반적으로 반응의 위치 선택성은 각각 S_N2 및 S_N1 형식을 따르고, 입체 선택성은 모두 절대 배열의 반전을 동반한다.

음이온 친핵성 고리 열림 반응: 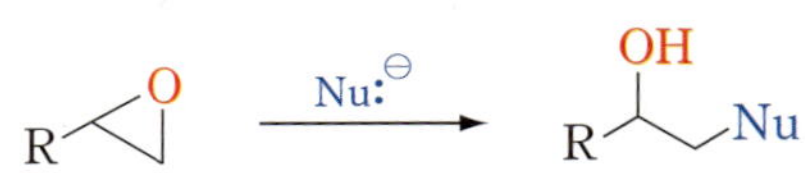

산-촉매 고리 열림 반응: 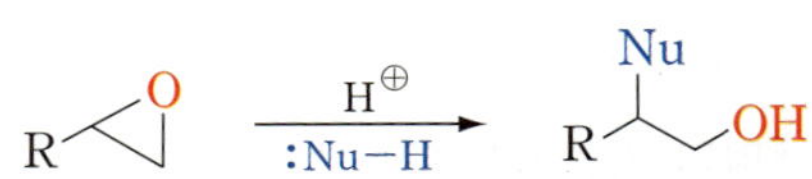

황화 수소(hydrogen sulfide)에서 수소 한 개가 알킬기로 치환된 화합물(R−S−H)을 싸이올(thiol), 싸이올에서 다시 수소 한 개가 알킬기로 치환된 화합물(R−S−R′)을 설파이드(sulfide)라고 한다. 설파이드에서 S=O 결합이 한 개 및 두 개 있는 화합물은 각각 설폭사이드(sulfoxide) 및 설폰(sulfone)이다.

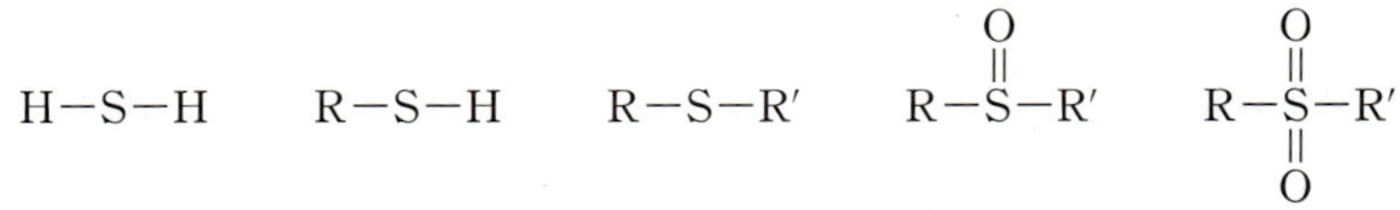

황화 수소　싸이올　설파이드　설폭사이드　설폰

설파이드에 존재하는 황(S)은 3주기 원소로서 알킬 할라이드와 S_N2 반응을 할 정도로 친핵성이 크고(10.12.3절), 생체에서는 황의 이러한 친핵성 특성을 이용하여 메틸기 전달 반응에 SAM을 이용한다(10.12.3절).

연습 문제

1. 아래의 화합물을 명명하시오.

(a) 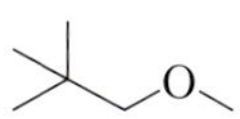

(b) 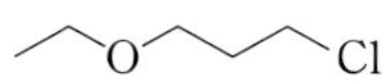

(c) 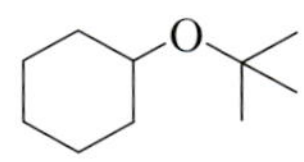

(d) 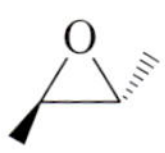

(e) 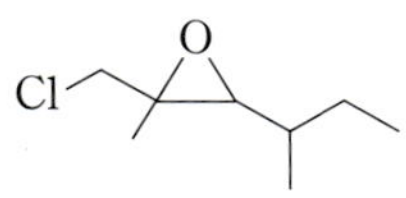

(f) 

(g) 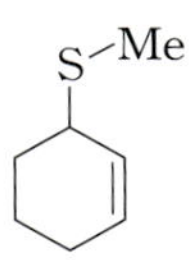

(h) 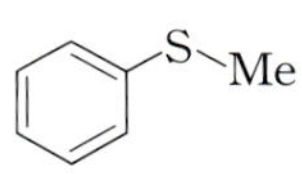

(i) 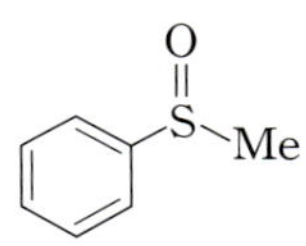

2. 아래 반응의 평형 상수를 계산하시오. (단 pK_a(t-BuOH) = 18, $pK_a(CH_4)$ = 60이다.)

$$t\text{-BuOH} + CH_3^{\ominus} \rightleftharpoons t\text{-BuO}^{\ominus} + CH_4$$

3. 아래 반응의 주생성물을 그리시오.

(a) 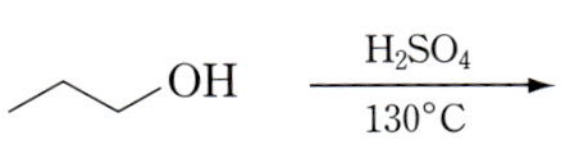

(b) 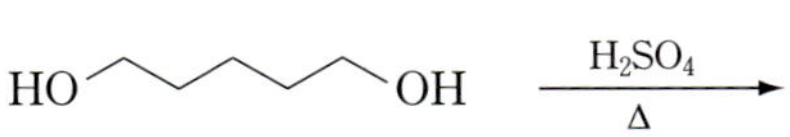

(c) 

(d) 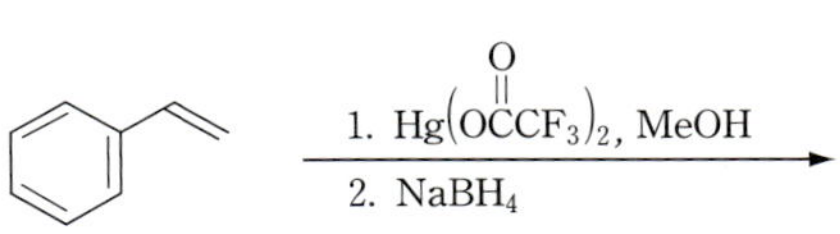

(e) 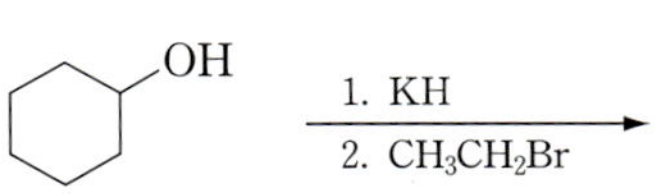

(f) 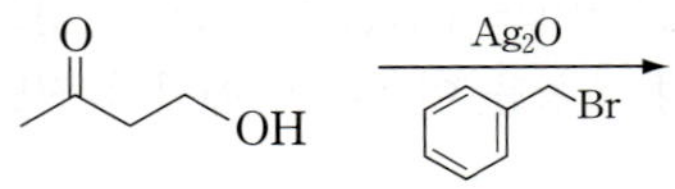

(g) 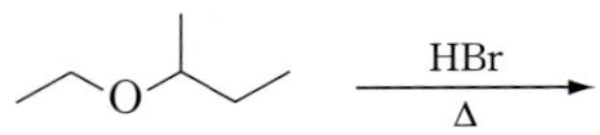

(h) 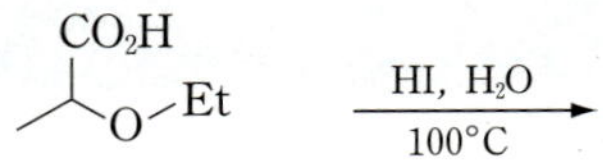

(i) 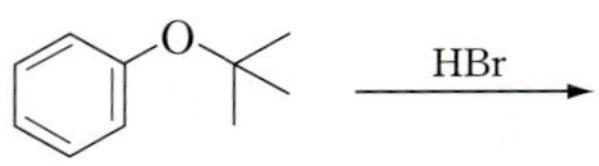

(j) 

(k) 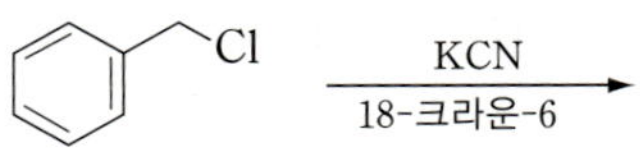

(l) 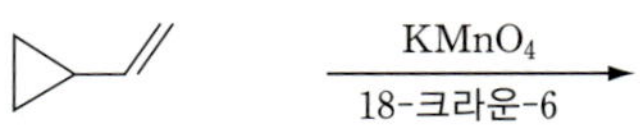

(m) 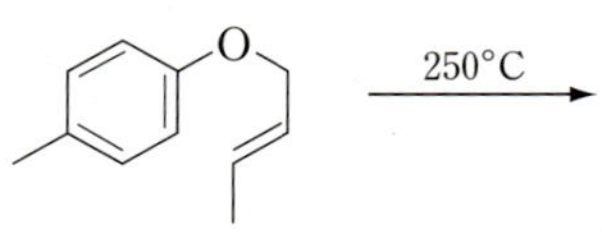

4. 아래 반응의 주생성물을 그리시오.

(a) 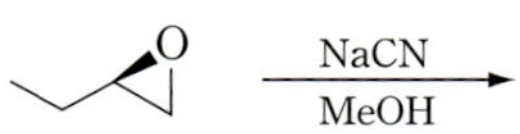

(b) 

(c) 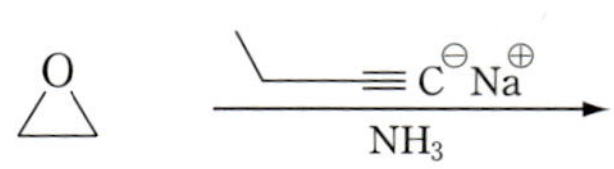

(d) 

(e) 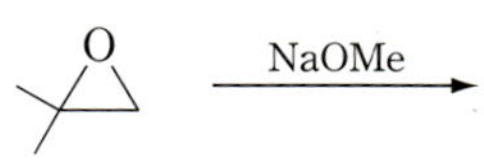

(f) 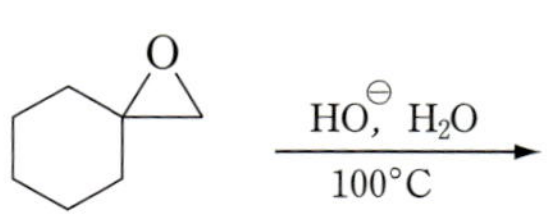

(g) 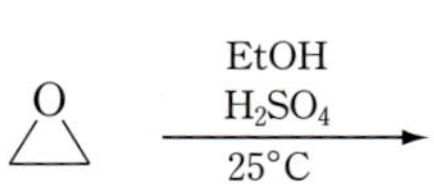

(h) 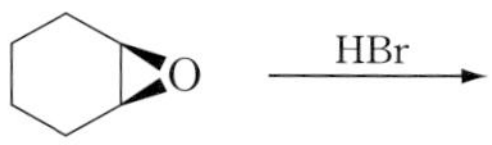

(i) 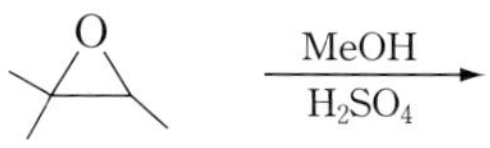

(j) 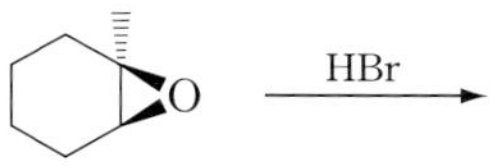

(k) 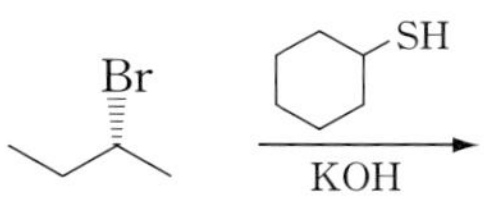

(l) 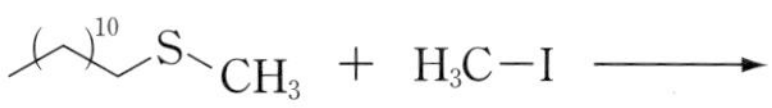

(m) 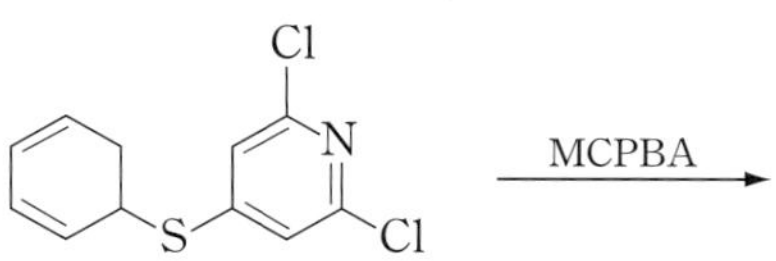

(n) 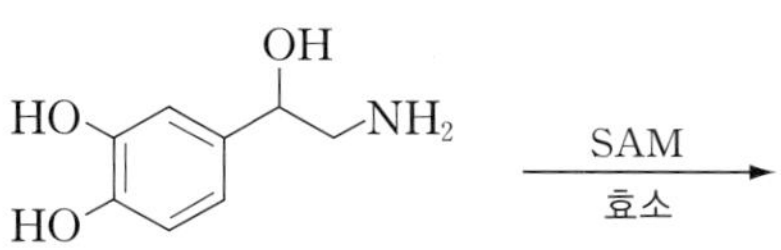

(o) 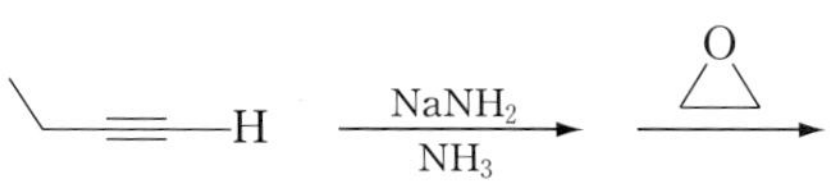

5. 아래 반응의 메커니즘을 그리시오.

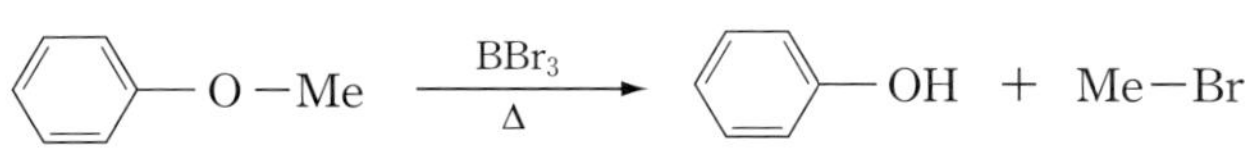

6. 3차 알킬 에터의 산 촉매 에터 가수 분해 반응과 이 반응의 메커니즘이 아래와 같다.

반응: 

메커니즘: 

미시적 가역성의 원리를 참고하여 다음 반응의 메커니즘을 제시하시오.

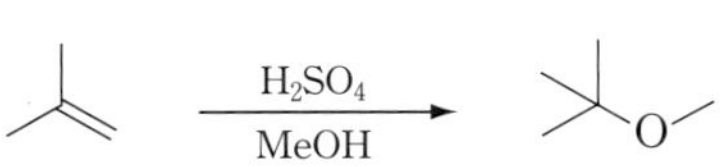

11장

핵자기 공명 분광학

11.1 서론

11장 및 12장에서는 분자 구조에 대한 정보를 제공하는 다양한 분광학적 방법에 대하여 알아보기로 한다.

분광학(spectroscopy, 分光學)은 '빛을 분석하는 학문'이란 의미를 갖는 용어로서, 이를 이해하려면 빛을 구성하는 **전자기파**(electromagnetic wave)에 대한 기본 지식이 필요하다. 전자기파는 수직으로 교차하는 두 평면 내에서 전기장 및 자기장이 동일한 위상을 유지하면서 각각 진동하는, 공간을 통해서 에너지를 전달하는 **파동**(wave)이다. 이때 **파장**(wavelength, λ)은 마루와 마루 사이의 거리 혹은 골과 골 사이의 거리이고, **진폭**(amplitude)은 주기적인 진동이 있을 때 진동의 중심으로부터 최대로 움직인 거리 혹은 변위를 이른다. **진동수**(frequency, ν)는 1초 동안 진동하는 횟수로서 **헤르츠**(Hertz, Hz) 단위를 사용하고, **파수**(wave number, $\bar{\nu}$)는 단위 길이당 파동의 수이다.

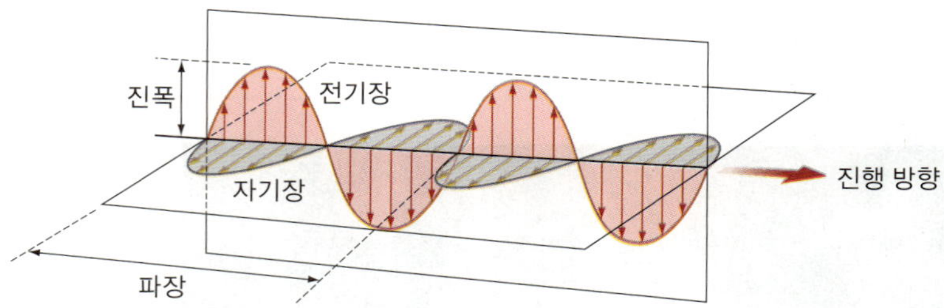

모든 전자기파는 진공에서 빛의 속도(c)로 직진한다. 그리고 에너지(E), 진동수(ν) 및 파장(λ)은 아래의 관계식을 만족하는데, 이에 의하면 진동수가 클수록, 파장이 짧을수록 빛 에너지가 증가함을 알 수 있다.

$$E = h\nu = h\frac{c}{\lambda} \qquad \text{파수}(\bar{\nu}) = \frac{1}{\lambda}$$

전자기파를 진동수가 감소하는 순서, 에너지가 감소하는 순서, 파장이 증가하는 순서로 나열하면 감마선, X-선, 자외선, 가시광선, 적외선, 마이크로파, 라디오파가 된다.

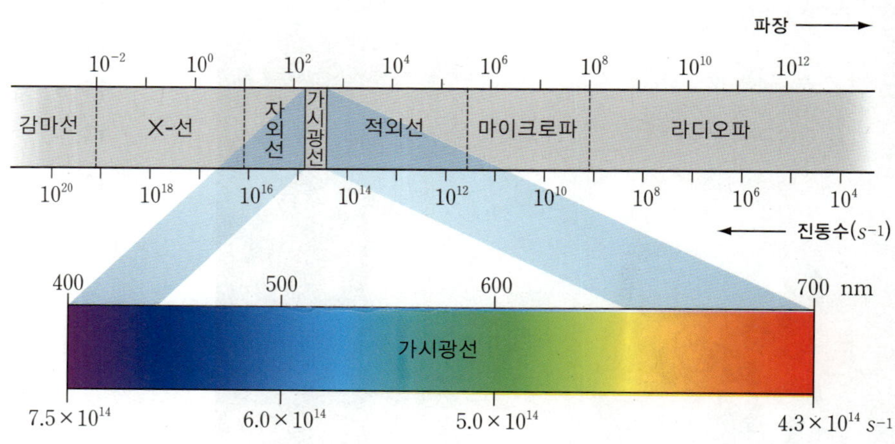

그림 11-1 전자기파의 구분

흡수 분광학(**absorption spectroscopy**)의 기본 원리를 간단히 소개하기로 한다. 아래와 같이 빛이 시료를 통과할 때 시료를 구성하는 분자들은 특정 파장의 전자기파를 흡수할 수 있다. 따라서 초기의 입사 빛과 시료를 통과한 빛을 비교하면 전자기파의 파장에 따라서 빛의 세기(intensity)가 조금씩 다를 수 있는데, 어떤 파장에서 빛의 세기가 얼마나 감소했는가를 **검출기**(**detector**)에서 관찰한다. 마지막으로 이러한 정보를 시각적으로 표현하면 **스펙트럼**(**spectrum**)이 된다.

과학자들은 많은 연구를 통하여 전자기파의 파장과 분자, 원자 및 전자 운동의 연관성을 발견하였다. 예를 들면 **X-선 분광학**(**X-ray spectroscopy**)을 이용하여 결정(crystal)으로부터 분자의 구조를 결정하고, **자외선–가시광선 분광학**(**UV–VIS spectroscopy**)은 주로 콘쥬게이션 분자에서 전자 전이(transition)와 관련된 정보를 제공한다. **적외선 분광학**(**infrared spectroscopy**)은 공유 결합의 진동(vibration)과 관련한 정보를 제공하기 때문에 특정 작용기의 유무를 판별하는 데 유용하고, **마이크로파 분광학**(**microwave spectroscopy**)은 분자의 회전(rotation)과 관련된 정보를 제공함으로써 결합 길이 및 결합 각도 등을 추론하는 데 필요하다. 라디오파를 이용하는 **핵자기 공명 분광학**(**nuclear magnetic resonance spectroscopy**, **NMR spectroscopy**)은 자기장에서 원자핵의 공명에 관련한 정보를 제공함으로써 C—C, C—H 등 분자의 골격에 대한 정보를 제공한다. 이처럼 흡수 분광학은 비록 전자기파의 파장 영역은 서로 다르지만 분자와 전자기파의 상호 작용에 의하여 분자 구조에 대한 정보를 얻는다는 점에 있어서는 모두가 동일하다.

표 11-1 분광학 기법 및 구조 정보

분광학	운동의 종류	구조적인 정보
X-선 분광학	X-선 회절	분자의 구조 결정
자외선–가시광선 분광학	전자 전이	콘쥬게이션 분자의 구조
적외선 분광학	공유 결합의 진동 운동	특정 작용기의 존재 유무
마이크로파 분광학	분자의 회전 운동	결합 길이 및 결합 각도 등
핵자기 공명 분광학	원자핵의 공명	분자의 골격

교재에서는 우선 유기 화학에서 가장 중요한 ^{1}H 원자의 **핵자기 공명 분광학**(**NMR spectroscopy**)에 대하여 먼저 알아보기로 한다.

11.2 화학적 이동

11.2절에서는 핵자기 공명 분광학에서 **화학적 이동**(**chemical shift**)의 도입과 그 필요성에 대하여 기술할 것이다. 이를 위해서 핵스핀의 정의, 핵스핀에 의하여 관찰되는 현상, 전자 밀도와 공명 진동수의 관계, 외부 자기장과 공명 진동수의 관계에 대한 기본적인 정보를 우선 제공하고, 그 이후에 화학적 이동의 정의 및 의미에 대하여 생각하기로 한다.

11.2.1 핵스핀

고전 역학에서는 양전하 입자가 특정 축을 중심으로 회전 운동할 때 이와 연동되는 스핀 유도 자기 모멘트(spin-induced magnetic moment, μ_m)의 방향과 크기를 예측할 수 있다. 그러나 ^{1}H, ^{13}C, ^{15}N, ^{19}F, ^{31}P 등의 원자핵들은 원자핵이 실제로 회전(rotation)하지는 않지만, 마치 회전한다고 가정할 때의 **핵스핀 유도 자기 모멘트(nuclear spin-induced magnetic moment, μ_m)**를 갖는 것으로 알려져 있다.

원자핵의 핵스핀 유도 자기 모멘트(μ_m)는 **외부 자기장(external magnetic field, $H°$)**이 없으면 **핵스핀(nuclear spin, s)** 값과 무관하게 3차원 공간에 무질서하게 배열되고, 각각의 에너지는 방향과 무관하게 모두 같다. 그러나 외부 자기장 조건에서는 핵스핀 유도 자기 모멘트(μ_m)는 $(2s+1)$개의 서로 다른 방향으로 배열되고, 같은 방향의 핵스핀 유도 자기 모멘트의 에너지는 같지만, 다른 방향의 핵스핀 유도 자기 모멘트의 에너지는 서로 다르게 된다.

참고로, 모든 원자핵은 그에 대응하는 핵스핀(s) 값이 존재한다. 아래의 표에서와 같이 짝수의 양성자 및 짝수의 중성자를 동시에 갖는 원자핵의 핵스핀은 0, 홀수의 양성자 또는 홀수의 중성자를 갖는 원자핵은 1/2, 1, 3/2 등의 핵스핀 값을 갖는다.

표 11-2 핵스핀, 원자핵 및 핵스핀 유도 자기 모멘트의 방향 수

핵스핀(s)	원자핵	외부 자기장($H°$)에서 관찰되는 핵스핀 유도 자기 모멘트의 방향 수
0	^{12}C, ^{16}O, ^{32}S	1
1/2	^{1}H, ^{13}C, ^{15}N, ^{19}F, ^{31}P	2
1	^{2}H, ^{14}N	3

유기 화합물에서 중요한 구성 성분인 ^{1}H 원자핵의 핵스핀(s) 값은 1/2이다. 따라서 ^{1}H 원자핵이 외부 자기장($H°$)의 영향에 있으면 핵스핀 유도 자기장 모멘트는 두 개($=2s+1$)의 서로 다른 방향, 즉 외부 자기장과 평행한 알파(α)-스핀과 외부 자기장과 반대 방향으로 있는 베타(β)-스핀으로 나누어진다.

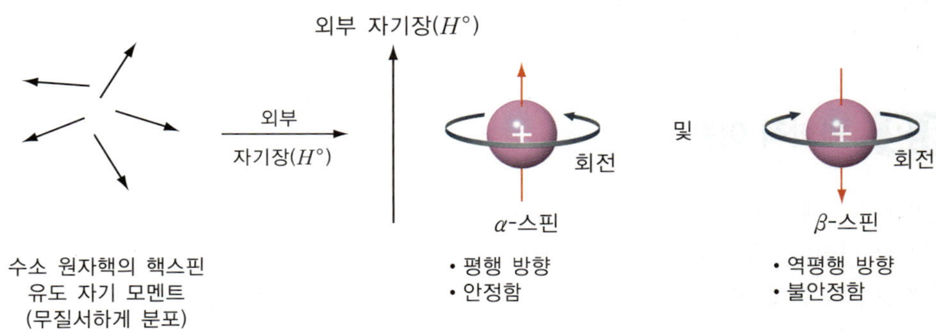

에너지 관점에서는 α-스핀이 β-스핀보다 열역학적으로 더 안정하고, α 및 β-스핀 상태의 에너지 차이(ΔE)는 아래와 같다. 여기에서 주의할 점은 수식에서 사용하는 자기장이 외부 자기장

($H°$)이 아니라 원자핵이 느끼는 **유효 자기장(effective magnetic field, *H*)**이라는 것이다.

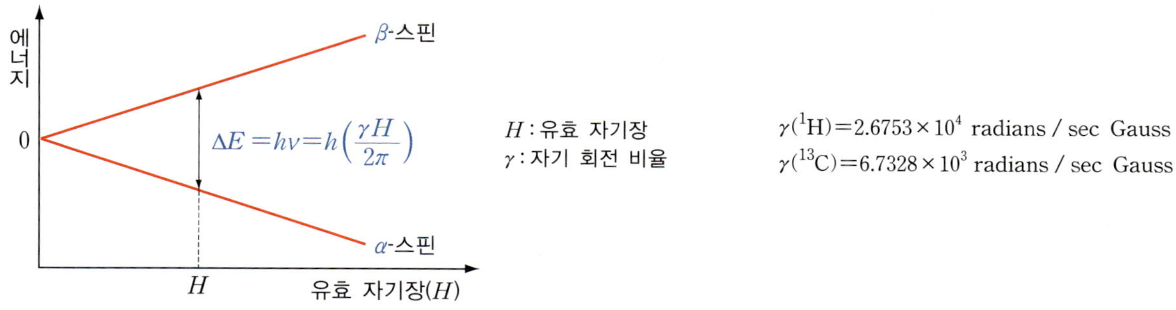

그림 11-2 α-스핀과 β-스핀의 에너지 차이

위 식을 이용하면 14,092 G의 유효 자기장 조건에서 ^{1}H 원자핵의 α 및 β-스핀의 에너지 차이(ΔE)는 1몰을 기준으로 0.0057 cal/mol이고, 이 에너지에 해당하는 공명 진동수가 60 MHz임을 계산할 수 있다. 동일한 상황에서 유효 자기장을 세 배(42,276 G)로 하면 ^{1}H 원자핵에서 두 스핀의 에너지 차이(ΔE)는 1몰을 기준으로 세 배(0.0177 cal/mol) 증가하고, 이 에너지를 제공할 수 있는 공명 진동수도 세 배(180 MHz) 증가한다.

$$\Delta E = h\nu = h\frac{\gamma H}{2\pi} \longrightarrow \nu = \left(\frac{\gamma}{2\pi}\right)H$$

$$\begin{aligned}\Delta E &= h\left(\frac{\gamma H}{2\pi}\right)\cdot N_A \\ &= (6.626\times10^{-34}\ \text{J}\cdot\text{sec})\times\left[\frac{(2.6753\times10^{4}\ \text{rad/sec}\cdot\text{G})(14092\ \text{G})}{2\times3.1416\ \text{rad}}\right]\times(6.023\times10^{23}/\text{mol}) \\ &= 0.0239\ \text{J/mol} \\ &= 0.0057\ \text{cal/mol}\end{aligned}$$

$$\begin{aligned}\nu &= \frac{\Delta E}{N_A\cdot h} \\ &= \left[\frac{(2.6753\times10^{4}\ \text{rad/sec}\cdot\text{G})(14092\ \text{G})}{2\times3.1416\ \text{rad}}\right] \\ &= 6.0\times10^{7}\ \text{Hz} \\ &= 60\ \text{MHz}\end{aligned}$$

반면에 14,092 G의 유효 자기장 조건에서 ^{13}C 원자핵의 α 및 β-스핀의 에너지 차이(ΔE)는 1몰을 기준으로 0.0014 cal/mol이고, 이 에너지를 제공할 수 있는 공명 진동수는 15 MHz이다. 이 값들은 모두 ^{1}H 원자핵 값의 25%에 해당하는 크기로서, 그 이유는 $\gamma(^{1}H)$ 값이 $\gamma(^{13}C)$ 값보다 네 배 크기 때문이다.

표 11-3 ^{1}H 및 ^{13}C 원자핵에서 유효 자기장에 따른 공명 진동수

$H°$(Gauss)	^{1}H NMR		^{13}C NMR	
	ν (MHz)	ΔE(cal/mol)	ν (MHz)	ΔE(cal/mol)
14,092	60	0.0057	15.1	0.0014
42,276	180	0.0171	45.2	0.0043
70,460	300	0.0285	75.4	0.0072
117,433	500	0.0475	125.6	0.0119

예제 11.1

핵스핀이 1/2, 1, 3/2인 원자핵이 외부 자기장에 노출되었을 때, 서로 다른 방향으로 향하는 핵스핀 유도 자기 모멘트의 숫자를 계산하시오.

풀이

핵스핀이 1/2인 원자핵에서는 두 개(=2×1/2+1), 1인 원자에서는 3개(=2×1+1), 3/2인 원자에서는 네 개(=2×3/2+1)의 배열이 가능하다.

11.2.2 전자 밀도 및 공명 진동수

외부 자기장($H°$) 조건에서 ^{1}H 원자핵은 α 및 β-스핀 상태로 존재하고, 두 상태의 에너지 차이(ΔE)는 원자핵이 느끼는 유효 자기장(H)에 비례한다고 하였다(11.2.1절). 이제는 전자의 유무에 따라서 ^{1}H 원자핵이 느끼는 유효 자기장(effective magnetic field, H)이 어떻게 다른가에 대하여 알아보자.

$$\Delta E = h\nu = h\left(\frac{\gamma H}{2\pi}\right) \longrightarrow \nu = \left(\frac{\gamma}{2\pi}\right)H$$

^{1}H 원자핵에 전자가 없는 양성자($^1H^+$)의 경우에는 외부 자기장($H°$)과 원자핵이 느끼는 유효 자기장(H)의 크기는 같다. 그러나, ^{1}H 원자핵에 전자가 한 개 있는 수소 원자(^{1}H·)의 경우에는 외부 자기장($H°$)에 의하여 전자가 원운동을 하고, 전자의 원운동에 의하여 외부 자기장($H°$)과 반대 방향으로 **유도 자기장(induced magnetic field**, H')이 생성된다. 따라서 원자핵이 느끼는 유효 자기장(H)은 [$H=H°-H'$]가 되어 외부 자기장보다 작게 되는데, 이러한 현상을 전자의 **가림 효과(shielding effect)**라고 한다. 이때, 유도 자기장(H')의 크기는 외부 자기장($H°$)의 크기에 비례하고, 수소 원자핵 주위의 전자 밀도에 비례하며, 외부 자기장($H°$)과는 비교할 수 없을 정도로 작지만, 그럼에도 불구하고 연구자들은 가림 효과의 미세한 차이를 이용하여 분자 구조에 관한 정보를 획득한다.

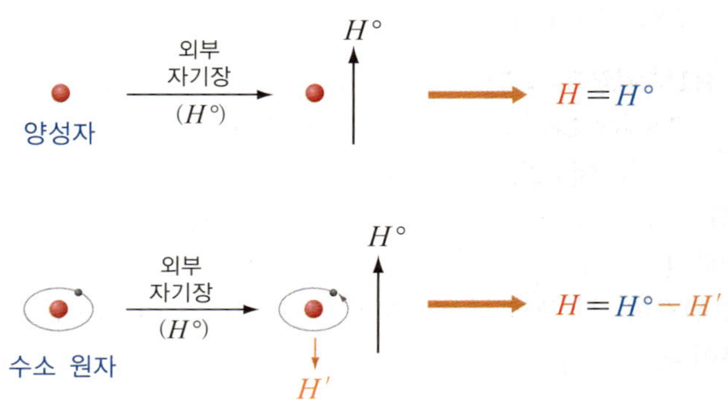

그림 11-3 ^{1}H 원자핵 및 ^{1}H· 원자핵이 느끼는 유효 자기장

TMS 시약은 수소 원자의 전자 밀도가 통상적인 유기 화합물보다 더 높고, 끓는점이 26.5℃이어서 쉽게 제거할 수 있고, 다른 시약과의 반응성이 매우 적으며, 유기 용매에 잘 녹기 때문에 NMR의 기준 물질로 사용된다.

위에서 기술한 내용을 바탕으로 CH_4 및 $(CH_3)_4Si$(tetramethylsilane, TMS)에서 가림 효과의 차이를 생각해 보자. 우선, CH_4를 $\underline{C}H_3-H$, TMS를 $\underline{C}H_3-SiR_3$로 표현하고, 여기에 실리콘(Si), 수소(H), 탄소(C)의 전기 음성도 값이 각각 1.8, 2.1 및 2.5임을 고려하면 CH_3 탄소의 전자 밀도는 $\underline{C}H_3-SiR_3$가 $\underline{C}H_3-H$보다 더 높고, 자연스럽게 이 탄소와 결합하는 수소 원자의 전자 밀도가 더 높음을 추론할 수 있다.

전자 밀도	CH_4 TMS
탄소	$CH_3-H < CH_3-SiR_3$
수소	$CH_3-H < CH_3-SiR_3$

TMS처럼 ^1H 원자핵 주위에 전자 밀도가 높으면 외부 자기장($H°$) 조건에서 원운동을 하는 전자가 많아져서 외부 자기장($H°$)과 반대 방향으로 생성되는 유도 자기장(H')이 증가하고, 수소 원자핵이 느끼는 유효 자기장(H)은 감소하며, 그 결과 α 및 β-스핀의 에너지 차이(ΔE) 및 공명 진동수(ν)가 감소하는 결과를 가져온다. 실제로, 동일한 외부 자기장($H°$) 조건에서 TMS 화합물의 ^1H 원자핵의 공명 진동수(ν)는 일반적인 유기 화합물의 ^1H 원자핵보다 더 작은 값에서 관찰된다.

$$\Delta E = h\nu = h\left(\frac{\gamma H}{2\pi}\right) = h\left(\frac{\gamma}{2\pi}\right)(H° - H')$$

$$\nu = \left(\frac{\gamma}{2\pi}\right)(H° - H')$$

11.2.3 외부 자기장 및 공명 진동수

^1H 원자핵에서 외부 자기장의 세기가 변할 때 공명 진동수의 변화에 대하여 알아보자.

특정 ^1H 원자핵의 공명 진동수(ν)는 외부 자기장($H°$), 핵스핀 유도 자기장(H'), 유효 자기장(H)을 이용하여 계산할 수 있다(11.2.2절).

$$\nu_{H°} = \left(\frac{\gamma}{2\pi}\right)(H° - H') \qquad \nu_{H°}\text{: } H°\text{에서의 공명 진동수}$$

$$\Delta E_{H°} = h\nu_{H°} \qquad \Delta E_{H°}\text{: } H°\text{에서의 } \alpha \text{ 및 } \beta\text{-스핀의 에너지 차이}$$

다른 조건은 동일하게 유지하면서 외부 자기장을 두 배로 증가시키면 핵스핀 유도 자기장도 두 배(11.2.2절)가 되므로, 아래와 같이 ^1H 원자핵의 공명 진동수와 α 및 β-스핀 상태의 에너지 차이(ΔE)도 두 배 증가한다. 이것을 일반화하면 [특정 ^1H 원자핵의 공명 진동수와 α 및 β-스핀 상태의 에너지 차이(ΔE)는 외부 자기장($H°$)의 세기에 비례한다.]가 되는데, 이것은 화학적 이동(11.2.4절) 및 피크의 갈라짐(11.2.5절), 고분해능 ^1H NMR 스펙트럼(11.8절)을 이해하는 중요한 기반이 된다.

$$\nu_{2H°} = \frac{\gamma}{2\pi}(2H° - 2H') = 2 \cdot \frac{\gamma}{2\pi}(H° - H') = 2 \cdot \nu_{H°}$$

$$\Delta E_{2H°} = h\nu_{2H°} = 2 \cdot h\nu_{H°} = 2 \cdot \Delta E_{H°}$$

수소 원자핵 주위에 전자 밀도가 증가하면 공명 진동수(ν)가 감소하고(11.2.2절), 외부 자기장이 커지면 공명 진동수(ν)가 비례하여 증가함을 참고(11.2.3절)하면서 1,2,2-트라이클로로프로페인의 ^1H NMR 스펙트럼을 시각적으로 표현해 보자.

실험에 의하면 1,2,2-트라이클로로프로페인을 180 MHz ^1H NMR 기기에서 관찰하면 CH_3 및 CH_2의 공명 진동수는 TMS보다 각각 402 Hz 및 720 Hz 더 큰 값에서 관찰되고, 300 MHz ^1H NMR 기기에서 관찰하면 CH_3 및 CH_2의 공명 진동수는 TMS보다 각각 670 Hz 및 1200 Hz 더 큰 값에서 측정된다. 그리고 이 정보를 ν_{TMS}가 기준점, 진동수(ν)를 변수로 하여 도식화하면 아래의 스펙트럼을 얻을 수 있다. 그러나 이 스펙트럼의 가장 큰 단점은 기본 진동수(180

MHz 및 300 MHz)가 다른 두 기기가 1,2,2-트라이클로로프로페인 분자에 대하여 같은 정보를 제공함에도 불구하고 이것을 직관적으로 알지 못하고, 반드시 계산을 통해서만 두 스펙트럼의 동일성을 판단할 수 있다는 것이다.

- $402\ \text{Hz} \times \dfrac{300\ \text{MHz}}{180\ \text{MHz}} = 670\ \text{Hz}$
- $318\ \text{Hz} \times \dfrac{300\ \text{MHz}}{180\ \text{MHz}} = 530\ \text{Hz}$

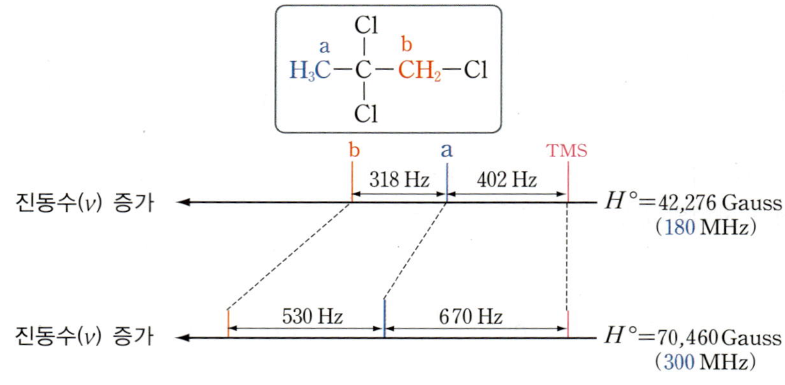

11.2.4 화학적 이동

이러한 문제점을 해결하기 위해서 연구자들은 ^{1}H NMR 기기의 기본 진동수(ν_o)와 무관하게 동일한 값으로 표현되는 **화학적 이동(chemical shift)**이라는 개념을 도입하였다. 화학적 이동은 다음과 같이 정의하는데, 이에 따르면 기준 물질인 TMS의 화학적 이동 값은 0이 된다.

$$\delta_i = \frac{\nu_i - \nu_{TMS}}{\nu_o} \times 10^6\ \text{ppm}$$

$$\delta_{TMS} = \frac{\nu_{TMS} - \nu_{TMS}}{\nu_o} \times 10^6 = 0$$

δ_i: 수소 원자핵 i의 화학적 이동
ν_o: NMR 기기의 기본 진동수
ν_i: 수소 원자핵 i의 공명 진동수
ν_{TMS}: TMS의 공명 진동수

1,2,2-트라이클로로프로페인의 경우에 두 기기에서 관찰한 공명 진동수(ν) 정보를 이용하여 화학적 이동 값을 아래와 같이 계산할 수 있다. 이에 의하면 화학적 이동 값은 ^{1}H NMR 기기의 기본 진동수(ν_o)와 무관하게 CH_3 작용기는 δ 2.23, CH_2 작용기는 δ 4.00이 된다. 이 정보를 δ_{TMS}(=0)를 기준점, 화학적 이동 값(δ)을 변수로 하여 도식화하면 아래와 같이 동일한 스펙트럼이 얻어진다. 이처럼 ^{1}H 원자핵의 공명 진동수(ν) 정보를 화학적 이동(δ) 값으로 전환하면 ^{1}H NMR 기기의 기본 진동수(ν_o)와 무관하게 스펙트럼을 단순 비교함으로써 두 화합물의 동등성을 직관적으로 판단할 수 있다.

$$CH_3\ 작용기:\ (180\ \text{MHz})\ \delta_{CH_3} = \frac{402\ \text{Hz}}{180 \times 10^6\ \text{MHz}} \times 10^6 = 2.23$$

$$(300\ \text{MHz})\ \delta_{CH_3} = \frac{670\ \text{Hz}}{300 \times 10^6\ \text{MHz}} \times 10^6 = 2.23$$

$$CH_2\ 작용기:\ (180\ \text{MHz})\ \delta_{CH_2} = \frac{720\ \text{Hz}}{180 \times 10^6\ \text{MHz}} \times 10^6 = 4.00$$

$$(300\ \text{MHz})\ \delta_{CH_2} = \frac{1200\ \text{Hz}}{300 \times 10^6\ \text{MHz}} \times 10^6 = 4.00$$

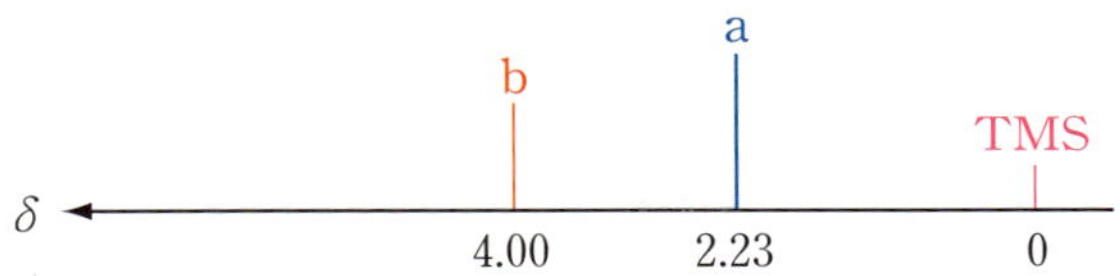

이제는 ^{1}H NMR 스펙트럼을 표현하는 일반적인 방법에 대하여 기술해 보자. (1) 통상적으로 ^{1}H NMR 스펙트럼은 δ 0~10 범위를 포함하는데, δ 0을 오른쪽, δ 10을 왼쪽에 위치한다. 물론 화합물에 따라서 이 범위를 벗어나는 경우도 있지만, 유기 화합물을 구성하는 대부분의 수소 원자핵들은 이 구간에서 관찰된다. (2) TMS 시약은 수소 원자핵의 전자 밀도가 매우 큰 기준 물질로서 $\delta_{TMS} = 0$이다. 일반적으로 수소 원자핵의 전자 밀도가 증가하면 δ 값은 $\delta_{TMS}(=0)$ 방향으로 이동하는데(δ 감소), 이 방향은 공명 진동수(ν)가 작아지는 방향이다(11.2.2절). 반대로 수소 원자핵의 전자 밀도가 감소하면 δ 값은 $\delta_{TMS}(=0)$에서 멀어지는 방향으로 이동하는데(δ 증가), 이 방향은 공명 진동수(ν)가 커지는 방향이다.

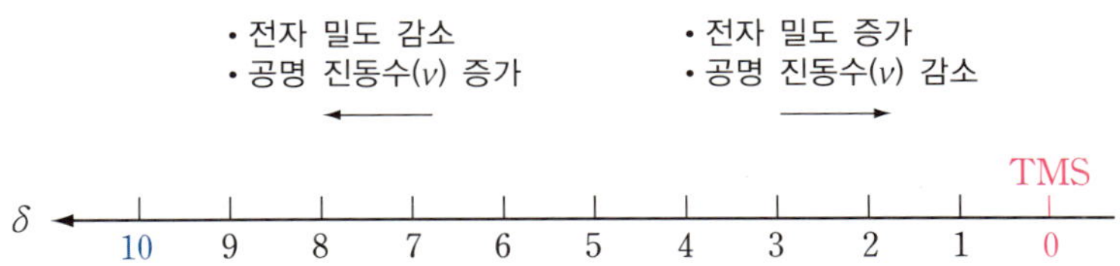

유기 화합물에 [1]H 원자핵의 종류가 많으면 자기적으로 동등하지 않은 수소 원자핵임에도 불구하고 공명 진동수(ν)가 비슷하거나 또는 같을 수 있다. 이렇게 되면 화학적 이동 값이 매우 근접하여 피크의 일부 또는 전체가 중복되는 스펙트럼을 얻을 수 있는데, 이와 관련해서는 피크의 갈라짐(11.5절) 및 고분해능 ^{1}H NMR 스펙트럼(11.8절)에서 다시 생각해 보기로 한다.

11.2.5 작용기 및 화학적 이동 값

유기 화합물의 ^{1}H NMR 스펙트럼은 분자의 구조에 의하여 가장 많은 영향을 받지만 용매, 농도, 온도 등의 다양한 변수에 따라서도 변할 수 있기 때문에 ^{1}H NMR 스펙트럼을 정확하게 예측하는 것은 불가능하다. 그럼에도 불구하고 유기 화합물들의 ^{1}H NMR 자료를 광범위하게 분석하면 특정 작용기와 화학적 이동 값의 상관 관계를 아주 대략적으로 추론할 수 있는데, 이것이 미지 시료의 구조를 추론하는 출발점이 될 수 있다.

최근에는 ^{1}H NMR 스펙트럼을 예측하는 프로그램들이 많이 개발되었다. 다만, 프로그램의 결과를 100% 믿기보다는 적절하게 참고하는 수준에서 받아들이는 것이 필요하다.

$CH_3-Z(sp^3)$ (Z = F, OH, Cl, Br, NH_2, CH_3) 형태의 공유 결합에서는 NH_2를 제외하면 Z의 전기 음성도가 증가할수록 화학적 이동 값의 기준점이 증가하는 경향성을 보인다. 그리고, CH_3에서 H 원자가 탄소 원자로 치환될 때마다, 즉 [메틸 > 1차 > 2차 > 3차]가 되면서 화학적 이동 값이 0.3 정도씩 증가한다고 생각하면 큰 도움이 된다.

표 11-4 $CH_3-Z(sp^3)$ 형태의 공유 결합에서 화학적 이동 값

CH_3-Z	δ[a]
H_3C-F	4.3
H_3C-OH	3.3
H_3C-Cl	3.0
H_3C-Br	2.7
H_3C-NH_2	2.3
H_3C-CH_3	0.9

[a]저자가 임의로 설정한 기준 값(일반적으로 공용되는 값은 없음)

표 11-5 1~3차 탄소에 따른 화학적 이동 값

1~3차 탄소 vs. 화학적 이동(δ)

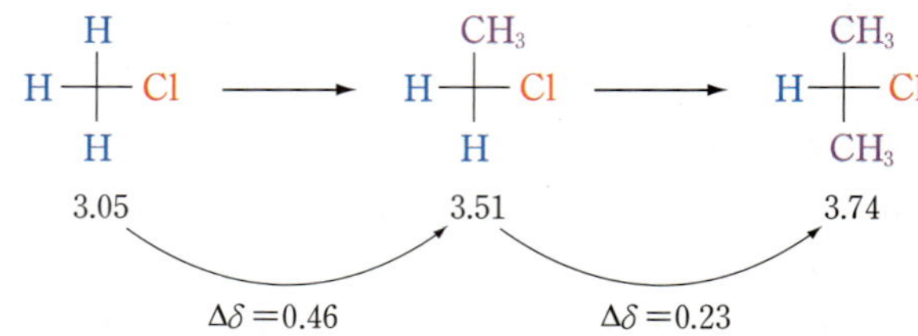

Z 치환체의 전기 음성도가 탄소보다 큰 경우에는 Z 치환체의 수가 많을수록, 즉 [CH_3Z > CH_2Z_2 > CHZ_3]가 되면서 화학적 이동 값이 크게 증가하는데, 이 경우에는 화학적 이동 값을 예측하기가 매우 힘들다.

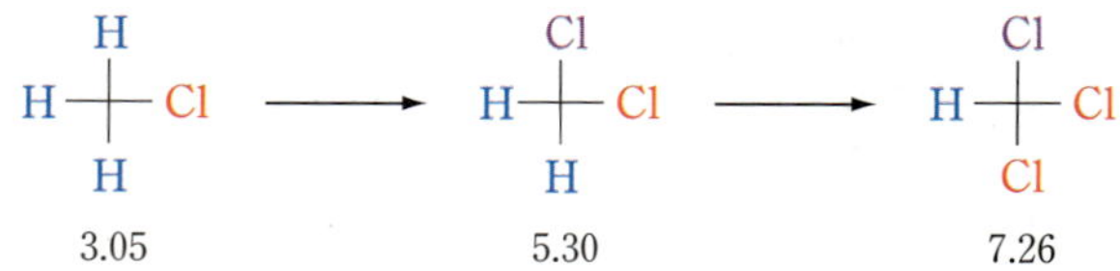

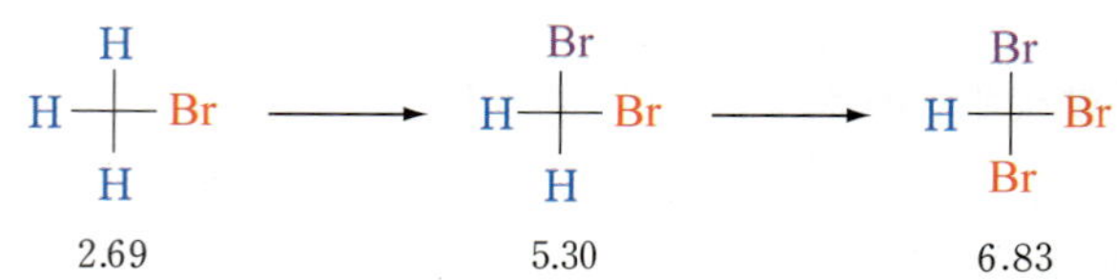

CH_3−Z(sp^2) 형태의 공유 결합에서는 Z가 C=C 이중 결합이면 δ 1.7, 벤젠 고리 δ 2.3, 카보닐 작용기 δ 2.0, 메틸 에스터 δ 3.7 등을 기준점으로 생각할 수 있다. 이 경우에도 CH_3의 H 원자가 탄소 원자로 치환될 때마다 화학적 이동 값이 각각 0.3 정도 증가한다고 생각하면 된다.

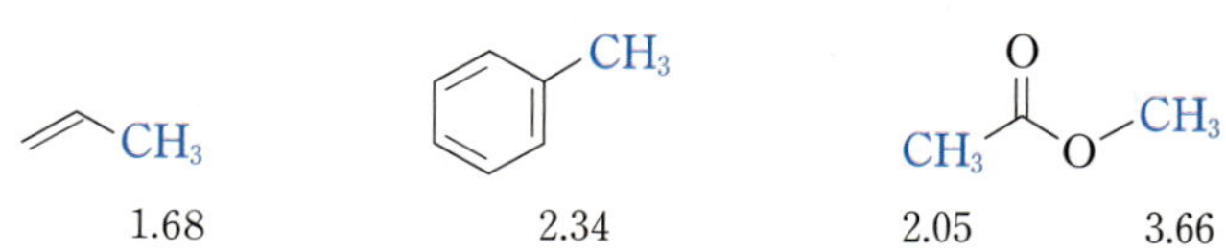

H−Z(sp^2) 및 H−Z(sp) 형태의 공유 결합에서는 Z가 삼중 결합이면 δ 2.2, 이중 결합 δ 4.5~5.5, 벤젠 고리 δ 7.3, 알데하이드 δ 9.9 등의 기준점을 제시할 수 있다.

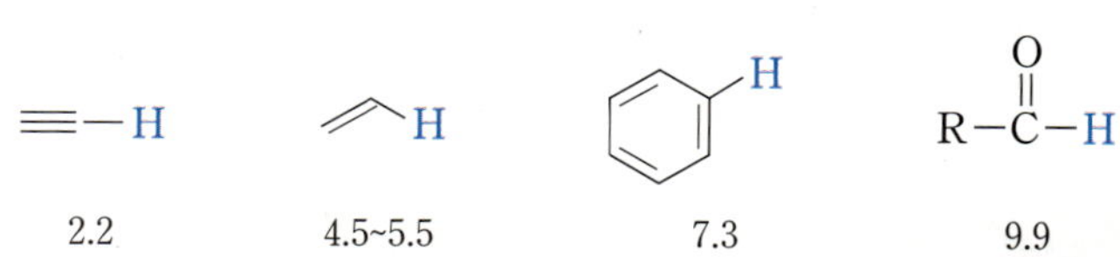

O−H 및 N−H 형태의 공유 결합에서는 화학적 이동 값이 일부 중첩되기도 하지만 작용기에 따라서 대략적인 구분이 가능하다. 그리고, O−H 및 N−H의 화학적 이동 값은 상대적으로 넓게 퍼져 있기 때문에 다른 수소 원자핵과 중복되었을 때 독립적으로 해석하기가 힘들 수 있고, 경우에 따라서는 분명히 존재함에도 불구하고 관찰되지 않을 수 있어서 화합물의 구조를 분석하는 데 어려움이 있음을 항상 유의해야 한다.

표 11-6 O−H 및 N−H 형태의 공유 결합에서 화학적 이동 값

O−H 및 N−H	δ
R_2N-H (아민)	1~3
RO−H (알코올)	0.5~5
ArO−H (페놀)	6~8
RCO_2-H (카복실산)	10~13

예제 11.2

아래의 화합물에서 색으로 표시한 수소 원자핵의 화학적 이동 값을 예상하시오. (주의: 실제 화학적 이동 값과는 다를 수 있음)

(a) 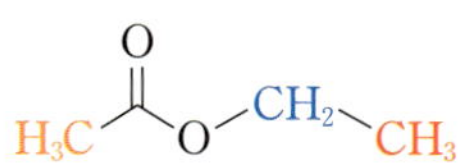

(b) 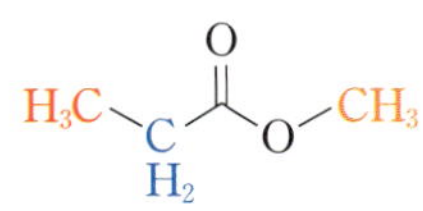

(c) 

(d) 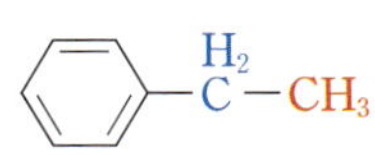

풀이

(a) 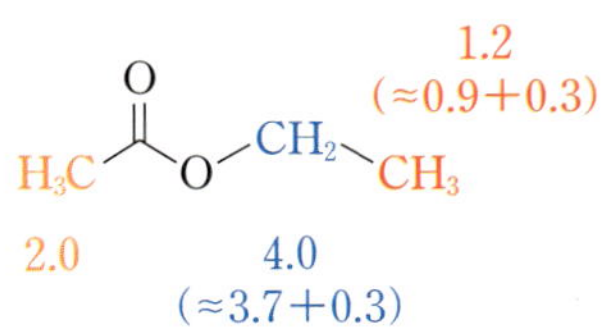

(b) 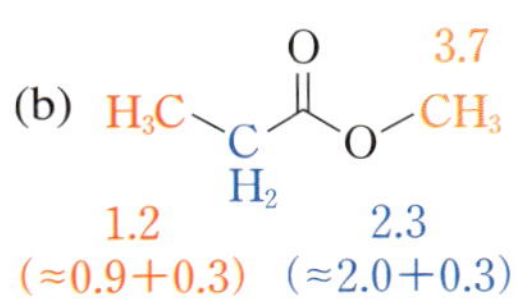

(c) 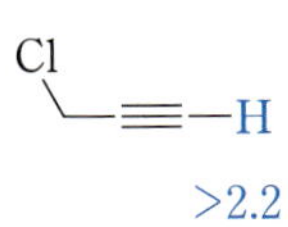

(d) 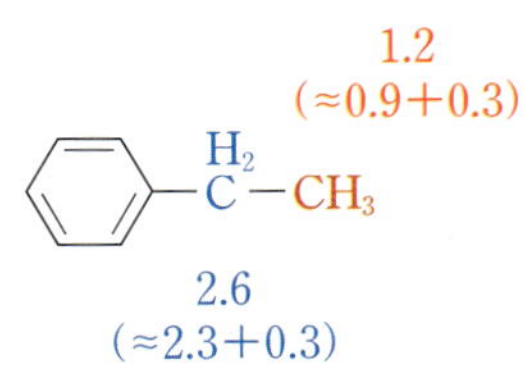

11.3 화학적으로 동등한 수소 원자핵

일반적으로 화합물의 ^{1}H NMR 스펙트럼은 (1) 화학적으로 동등한 수소 원자핵을 구분하고(11.3절), (2) 화학적으로 동등한 수소 원자핵의 화학적 이동 값을 예측하고(11.2.5절), (3) 스펙트럼에서 피크(peak)의 크기를 예상하고(11.4절), 마지막으로 (4) 피크의 갈라짐 양식(coupling pattern)(11.5절)을 고려해서 예상할 수 있다.

11.2절에서는 이 과정의 (2)번을 위해서 핵스핀(11.2.1절), 전자 밀도 및 공명 진동수(11.2.2절), 외부 자기장 및 공명 진동수(11.2.3절), 화학적 이동(11.2.4절), 작용기 및 화학적 이동 값(11.2.5절)에 대하여 기술하였다. 지금부터는 (1)번의 내용, 즉 화합물에서 화학적으로 동등한 수소 원자핵을 찾는 방법에 대하여 알아보기로 한다.

^{1}H NMR 스펙트럼으로부터 화합물의 구조를 예측하기 위해서는 위에서 언급한 (1)~(4)의 내용들을 종합적으로 정리한 후에 미지 화합물의 구조를 제안할 수 있다.

유기 화합물들은 대부분 구조가 복잡하기 때문에 그만큼 다양한 종류의 수소 원자핵이 존재

하는데, 경험이 많은 유기 화학자들은 화합물에 몇 가지의 수소 원자핵이 있는가를 직관적으로 판단할 수 있다. 이에 대한 확신이 없는 경우에는 ① 동등성 비교의 대상이 되는 두 종류의 수소 원자핵을 각각 X로 치환하고, ② 이렇게 생성된 두 화합물을 비교함으로써 화학적 동등(equivalent) 또는 비동등(nonequivalent)을 결정할 수 있다. 수소 원자핵의 동등 또는 비동등 성질이 중요한 이유는 화학적으로 동등한 수소 원자핵은 공명 진동수(ν)가 같아서 화학적 이동(δ)이 같고, 화학적으로 동등하지 않은 수소 원자핵은 공명 진동수(ν)가 달라서 화학적 이동(δ)이 서로 다르기 때문이다.

화학적 동등 또는 비동등을 판단하는 방법에는 크게 네 가지가 있다.

첫 번째, *n*-뷰테인에서 1번 및 2번 수소 원자핵의 동등 및 비동등 관계를 생각해 보자. *n*-뷰테인에서 1번 및 2번의 수소 원자를 각각 X로 치환하면 $\mathbf{P_1}$ 및 $\mathbf{P_2}$가 생성되는데, 이들은 연결 상태가 다른 구조 이성질체의 관계에 있다(3.6절). 이러한 관계에 있는 수소 원자핵들은 화학적으로 동등하지 않아서 서로 다른 화학적 이동(δ) 값, 즉 두 개의 피크로 관찰된다.

$$H_3C-CH_2-CH_2-CH_3 \longrightarrow H_3C-CH_2-CH_2-CH_2-X$$

$\mathbf{P_1}$

vs.

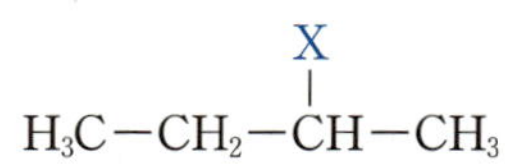

$\mathbf{P_2}$

두 번째, *n*-뷰테인에서 1번 및 4번 수소 원자핵의 동등 및 비동등 관계를 생각해 보자. *n*-뷰테인에서 1번 및 4번의 수소 원자를 각각 X로 치환하면 $\mathbf{Q_1}$ 및 $\mathbf{Q_2}$가 생성되는데, 이들은 동일한 화합물이다. 이러한 관계의 수소 원자핵들을 **대칭 교환자리 원자(homotopic atom)**라고 하고, 이들은 화학적으로 동등하기 때문에 같은 화학적 이동(δ) 값, 즉 하나의 피크로 관찰된다.

$$H_3C-CH_2-CH_2-CH_3 \longrightarrow H_3C-CH_2-CH_2-CH_2-X$$

$\mathbf{Q_1}$

vs.

$$X-H_2C-CH_2-CH_2-CH_3$$

$\mathbf{Q_2}$

세 번째, *n*-뷰테인에서 2번 수소 원자핵 두 개의 동등 및 비동등 관계를 생각해 보자. *n*-뷰테인에서 2번 탄소와 결합한 *pro*-H_R 및 *pro*-H_S 원자를 각각 X로 치환하면(6.10절) $\mathbf{R_1}$ 및 $\mathbf{R_2}$가 생성되는데, 이들은 거울상 이성질체의 관계에 있다(6.4절). 이러한 관계의 수소 원자핵들을 **거울상 유발 원자(enantiotopic atom)**라고 하고, 이들은 화학적으로 동등(6.4.1절)하기 때문에 같은 화학적 이동(δ) 값, 즉 하나의 피크로 관찰된다.

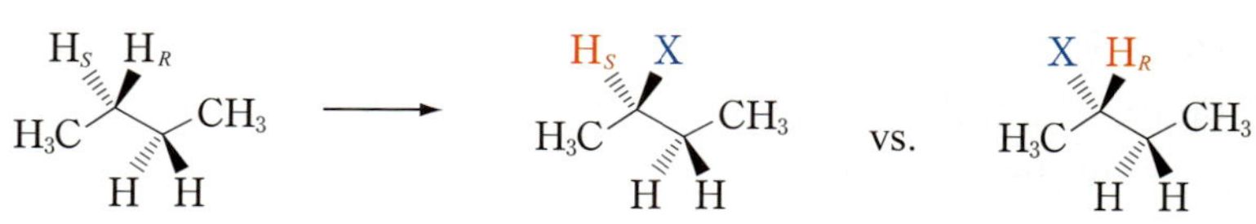

$\mathbf{R_1}$ $\mathbf{R_2}$

네 번째, (*R*)-뷰탄-2-올에서 3번 수소 원자핵 두 개의 동등 및 비동등 관계를 생각해 보자. (*R*)-뷰탄-2-올에서 3번 탄소와 결합한 *pro*-H_R 및 *pro*-H_S 원자를 각각 X로 치환하면(6.10절) $\mathbf{S_1}$ 및 $\mathbf{S_2}$가 생성되는데, 이들은 부분 입체 이성질체의 관계에 있다(6.5절). 이러한 관계의 수소 원자핵들을 **부분 입체 이성질성 원자(diastereotopic atom)**라고 하고, 이들은 화학적으로 동등하지 않아서(6.5절) 서로 다른 화학적 이동(δ) 값, 즉 두 개의 피크로 관찰된다.

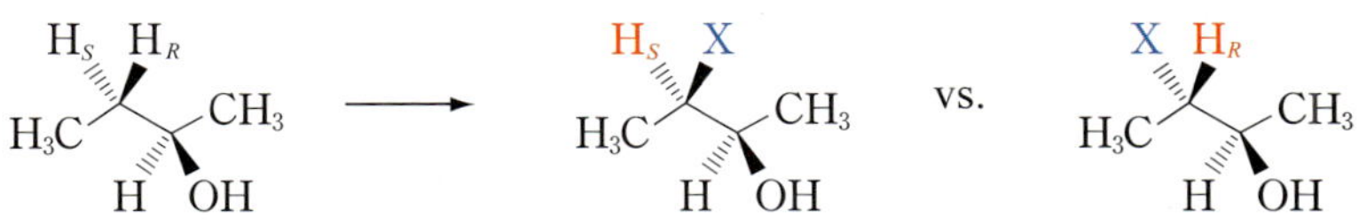

$\mathbf{S_1}$ $\mathbf{S_2}$

11.4 피크의 크기

일반적으로 화합물의 ¹H NMR 스펙트럼은 (1) 화학적으로 동등한 수소 원자핵을 구분하고(11.3절), (2) 화학적으로 동등한 수소 원자핵의 화학적 이동 값을 예측하고(11.2.5절), (3) 스펙트럼에서 피크(peak)의 크기를 예상하고(11.4절), 마지막으로 (4) 피크의 갈라짐 양식(coupling pattern)(11.5절)을 고려해서 예상할 수 있다고 하였다(11.2.5절). 지금부터는 (3)번의 내용, 즉 스펙트럼에서 피크(peak)의 크기에 대하여 알아보기로 한다.

흡수 분광학(absorption spectroscopy)에서 스펙트럼은 빛이 시료를 통과할 때 흡수되는 전자기파의 파장(진동수) 및 에너지(세기) 정보를 시각적으로 표현한 것이라고 하였다(11.1절).

¹H NMR에서 시료가 흡수하는 특정 파장의 에너지는 그 파장을 흡수할 수 있는 화학적으로 동등한 수소 원자핵의 수에 비례한다. 따라서, ¹H NMR에서는 각각의 화학적 이동(δ) 값에 해당하는 피크(peak)의 면적을 계산함으로써, 즉 적분(integration)을 함으로써 화학적으로 동등한 수소 원자핵의 상대적인 수를 유추할 수 있다. 이러한 정보는 화합물의 구조를 분석하는 데 매우 유용하지만, 이를 위해서는 화합물의 구조로부터 화학적으로 동등한 수소 원자핵을 판단하는 것이 선결되어야 한다(11.3절).

대부분의 흡수 스펙트럼은 파장, 진동수, 또는 이와 연관된 변수를 가로축에 둔다. 그리고, 에너지 흡수, 에너지 투과, 또는 이와 연관된 변수를 세로축으로 하여 표현한다.

아래의 그림은 다양한 종류의 화합물에서 화학적으로 동등한 수소들을 색으로 구분하였고, 각각의 피크에 해당하는 적분 값들을 나타낸 것이다.

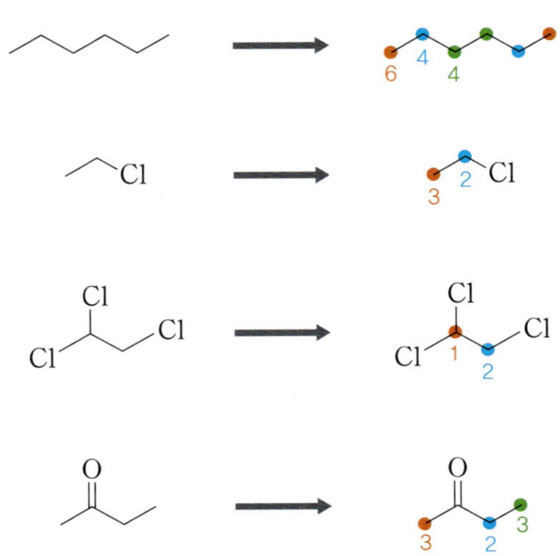

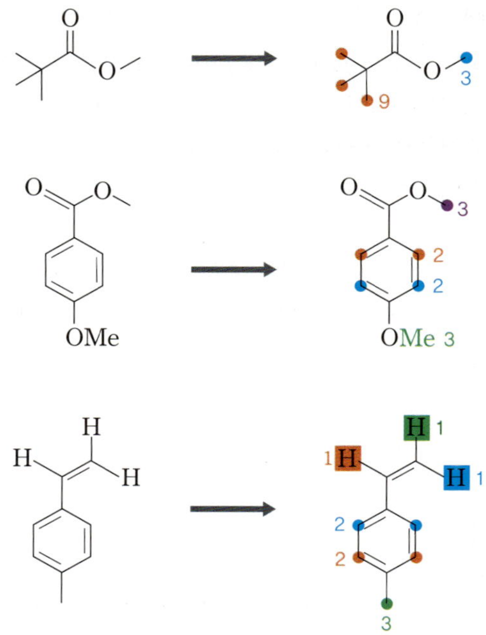

그림 11-4 화학적으로 동등한 수소의 구분 및 피크의 적분 값

11.5 피크의 갈라짐

일반적으로 화합물의 ^{1}H NMR 스펙트럼은 (1) 화학적으로 동등한 수소 원자핵을 구분하고(11.3절), (2) 화학적으로 동등한 수소 원자핵의 화학적 이동 값을 예측하고(11.2.5절), (3) 스펙트럼에서 피크(peak)의 크기를 예상하고(11.4절), 마지막으로 (4) 피크의 갈라짐 양식(coupling pattern)(11.5절)을 고려해서 예상할 수 있다고 하였다(11.2.5절). 지금부터는 (4)번의 내용, 즉 스펙트럼에서 피크(peak)의 갈라짐 양식에 대하여 알아보기로 한다.

11.5.1 스핀-스핀 갈라짐

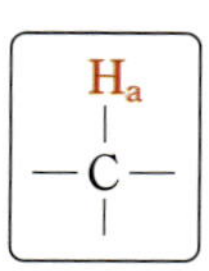

A

구조 **A**에서 H_a 원자핵은 인접한 H 원자핵 없이 고립되어 있다. 그러나, H_a 원자핵에는 한 개의 전자가 있으므로 외부 자기장($H°$) 조건에서 이와 반대 방향으로 유도 자기장(H')이 생성되고, 따라서 H_a 원자핵의 유효 자기장(H)은 ($H° - H'$)이 되며, 이에 해당하는 공명 진동수(ν)는 아래와 같이 주어진다(11.2.2절).

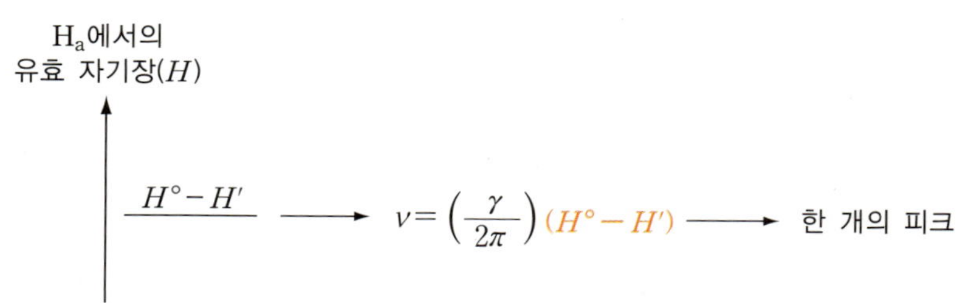

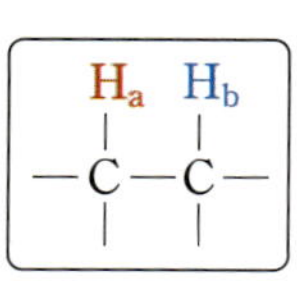

B

이번에는 인접한 탄소에 한 개의 H_b 원자핵이 있는 구조 **B**가 되었을 때 H_a 원자핵의 유효 자기장(H) 및 공명 진동수(ν)에는 어떠한 변화가 있는가 알아보자.

만약 구조 **B**에서 H_b 원자핵이 없으면 H_a 원자핵은 구조 **A**에서와 같은 유효 자기장($H°-H'$)을 느끼고, 이에 해당하는 공명 진동수(ν)를 가질 것이다. 그러나 구조 **B**에서 H_b 원자핵은 외부 자기장($H°$) 조건에서 1 : 1 비율의 α 및 β-스핀 배열을 갖기 때문에 H_a 원자핵의 유효 자기장(H)은 그림에서와 같이 $[(H°-H')+H_b(\alpha)]$ 및 $[(H°-H')-H_b(\beta)]$의 두 개로 분리되고, 그 결과 이와 연동되는 공명 진동수(ν_1 및 ν_2) 및 화학적 이동(δ_1 및 δ_2) 값이 각각 존재하게 된다. 즉, 구조 **B**에서 H_a 원자핵은 한 개의 H_b 원자핵이 존재함으로 인하여 두 개의 피크(peak)가 1 : 1의 크기로 관찰된다. 동일한 원리를 H_b 원자핵에 적용하면, 구조 **B**에서 H_b 원자핵은 한 개의 H_a 원자핵이 존재함으로 인하여 두 개의 피크가 1 : 1의 크기로 갈라짐을 예상할 수 있다.

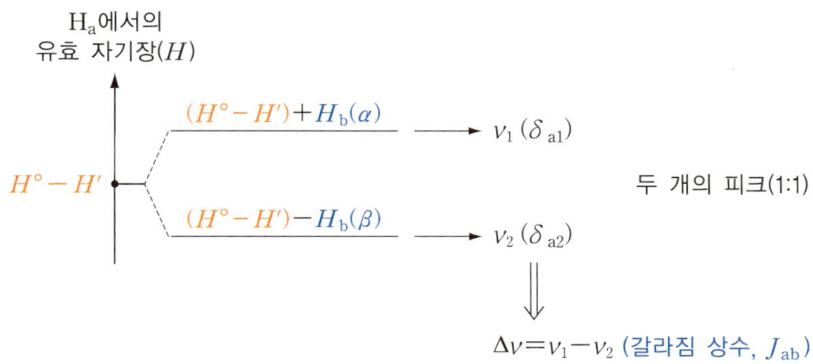

위의 내용을 화학적 이동(δ_{a1} 및 δ_{a2})을 중심으로 표현하면 아래와 같다. 즉, 구조 **A**에서 H_a 원자핵의 화학적 이동 값이 δ_{H_a}일 때, 구조 **B**에서는 δ_{H_a} 피크가 인접한 한 개의 H_b 원자핵에 의하여 1 : 1 비율의 피크(δ_{a1} 및 δ_{a2})로 갈라진다. 동일한 이유로 δ_{H_b} 피크는 인접한 한 개의 H_a 원자핵에 의하여 1 : 1 비율의 피크(δ_{b1} 및 δ_{b2})로 분리된다.

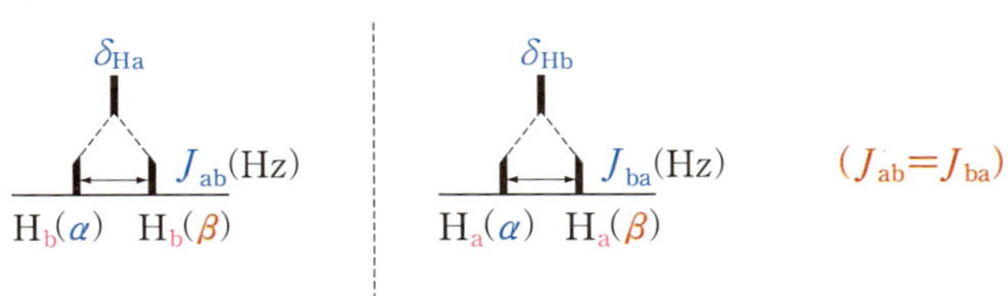

이처럼 인접한 원자핵의 핵스핀 성질에 의하여 특정 원자핵의 공명 진동수가 여러 개로 갈라지는 현상을 **스핀-스핀 갈라짐(spin-spin splitting)**이라고 하고, 갈라진 피크 사이의 진동수를 **갈라짐 상수(coupling constant, *J*)**라고 한다.

스핀-스핀 갈라짐은 외부 자기장($H°$)이 있어야 가능하고, 화학적으로 동등한 수소 원자핵 사이에서는 스핀-스핀 갈라짐 현상이 없으며, 공간이 아니라 공유 결합을 통해서 전달된다. 스핀-스핀 갈라짐은 일반적으로 직접 연결된 H—C—C—H에서는 주로 관찰되고, 결합이 한 개 추가된 H—C—C—C—H 골격에서는 매우 드물게 볼 수 있다.

갈라짐 상수(J)는 외부 자기장($H°$) 및 유도 자기장(H')의 세기와 무관하고, ^{1}H 원자핵의 핵스핀 유도 자기 모멘트(μ_m)에 연관되는 상수이며, 상호 작용에 참여하는 두 ^{1}H 원자핵의 갈라짐 상수는 같다($J_{ab}=J_{ba}$). 갈라짐 상수(J) 값은 H—C—C—H의 이면각, 즉 분자의 3차원 구조에 영향을 받기 때문에 그 값을 정확히 예측하는 것은 불가능하다(11.5.3절). 다만, 갈라짐 상수(J) 값이 일반적으로 0~18 Hz 범위에 있고, H—C—C—H 골격에서 C—C 자유 회전이 가능한 경우에는 6~8 Hz(7 Hz), *cis*-이중 결합에서는 10 Hz, *trans*-이중 결합에서는 16 Hz, H—C—H의 경우에는 0~3 Hz 정도에서 관찰된다.

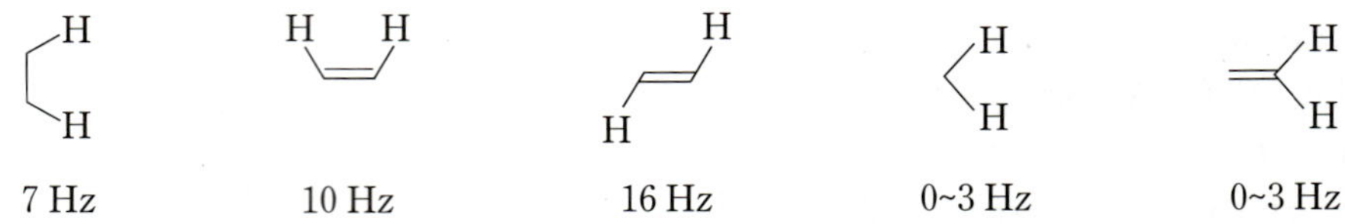

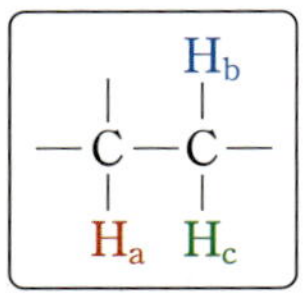

C

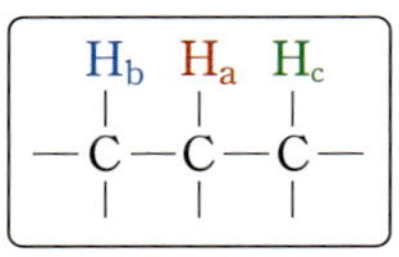

D

이번에는 구조 **B**에서 인접 탄소에 H_c 원자핵이 있는 구조 **C** 및 **D**가 되었을 때, H_a 원자핵의 유효 자기장(H) 및 공명 진동수(ν)에는 어떠한 변화가 있는가에 대하여 알아보자.

구조 **C** 및 **D**에서 H_b 및 H_c 원자핵이 없으면 H_a 원자핵은 구조 **A**에서와 같은 유효 자기장($H°-H'$)을 느끼고, 이에 해당하는 공명 진동수(ν)를 가질 것이다. 그러나, 구조 **C**에서 H_b 원자핵은 외부 자기장($H°$) 조건에서 1:1 비율의 α 및 β-스핀 배열을 갖기 때문에 H_a 원자핵의 유효 자기장(H)은 그림에서와 같이 $[(H°-H')+H_b(\alpha)]$ 및 $[(H°-H')-H_b(\beta)]$의 두 개로 분리된다. 그리고, 분리된 각각의 유효 자기장은 H_c 원자핵의 α 및 β-스핀 배열에 의하여 $[(H°-H')+H_b(\alpha)]$은 $[(H°-H')+H_b(\alpha)+H_c(\alpha)]$ 및 $[(H°-H')+H_b(\alpha)-H_c(\beta)]$으로, $[(H°-H')-H_b(\beta)]$은 $[(H°-H')-H_b(\beta)+H_c(\alpha)]$ 및 $[(H°-H')-H_b(\beta)-H_c(\beta)]$으로 각각 세분된다. 이때 H_b 및 H_c 원자핵이 화학적으로 동등하지 않으면서 $[H_b \neq H_c]$이면, 즉 $[J_{ab} \neq J_{ac}]$이면 네 개의 피크(peak)가 1:1:1:1의 비율로 갈라진다. 반면에, H_b 및 H_c 원자핵이 화학적으로 동등하거나 또는 화학적으로 동등하지 않지만 우연히 $[J_{ab}=J_{ac}]$이면 가운데 있는 두 개의 피크가 겹치면서 세 개의 피크가 1:2:1의 비율로 나온다.

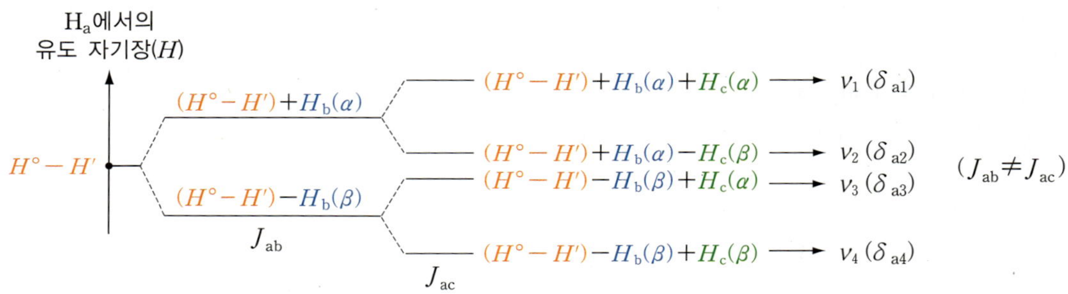

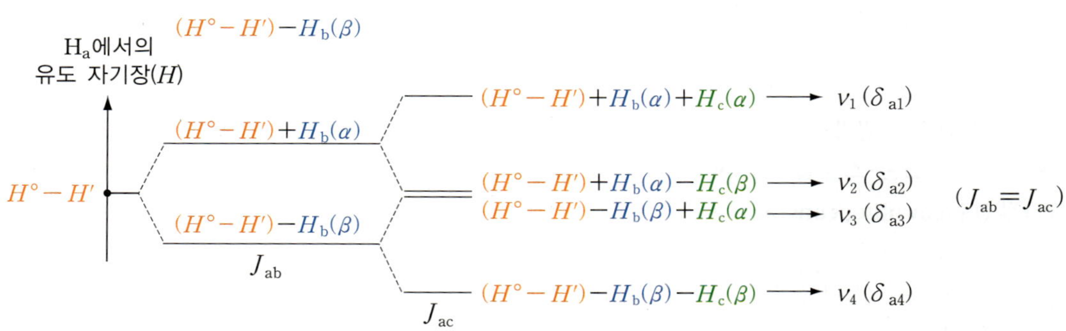

위의 내용을 화학적 이동(δ)을 중심으로 표현하면 아래와 같다. 구조 **A**에서 H_a 원자핵의 화학적 이동 값이 δ_{H_a}일 때, 구조 **C** 및 **D**에서 δ_{H_a} 피크는 인접한 한 개의 H_b 원자핵에 의하여 1:1 비율의 피크로 갈라지고(J_{ab}), 이렇게 생성된 두 개의 피크는 인접한 한 개의 H_c 원자핵에 의하여 다시 한번 각각 1:1 비율의 피크로 분리된다(J_{ac}). 이 경우에 $J_{ab} \neq J_{ac}$이면 네 개의 피크(δ_{a1}, δ_{a2}, δ_{a3}, δ_{a4})가 1:1:1:1의 비율로 관찰되고 $J_{ab}=J_{ac}$인 경우에는 $[\delta_{a2}=\delta_{a3}]$이므로 세 개의 피크($\delta_{a1}$, $\delta_{a2}=\delta_{a3}$, δ_{a4})가 1:2:1의 비율로 분리된다.

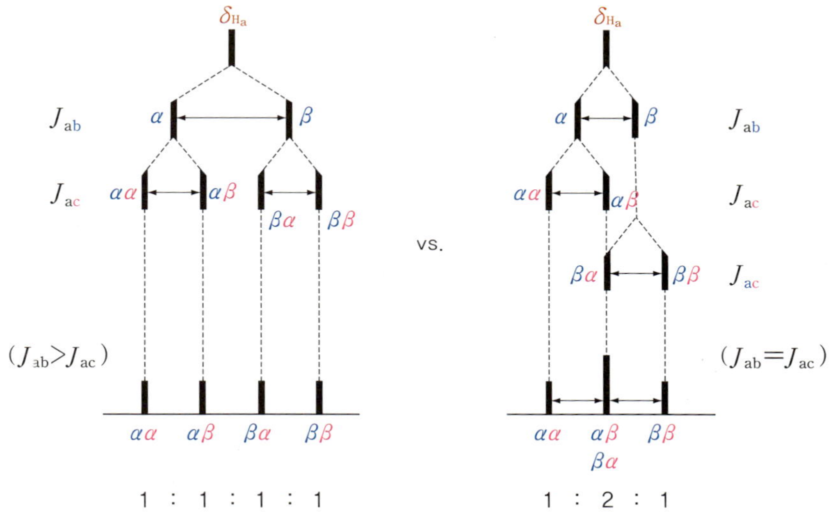

이번에는 구조 **D**에서 $J_{ab}=12$ Hz, $J_{ac}=6$ Hz일 때 H_a, H_b, H_c 피크의 갈라짐 형태를 살펴보자. 우선 H_a 원자핵은 H_b에 의하여 $J_{ab}=12$ Hz를 갖는 1:1의 피크로 구분되고, 각각의 피크는 H_c에 의하여 $J_{ac}=6$ Hz를 갖는 1:1의 피크로 다시 갈라지기 때문에 H_a는 최종적으로 1:1:1:1의 비율을 갖는 피크로 관찰된다. 반면에 H_b 원자핵은 H_a에 의하여 $J_{ab}=12$ Hz를 갖는 1:1의 피크가 되고, H_c 원자핵은 H_a에 의하여 $J_{ac}=6$ Hz를 갖는 1:1의 피크로 갈라진다.

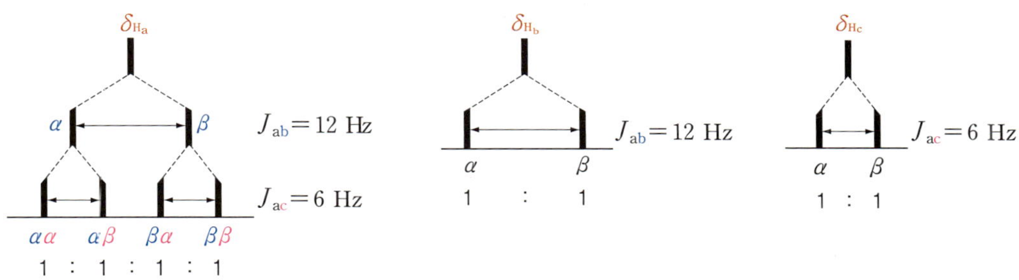

본문에서는 J_{ab} 이후에 J_{ac}를 적용하였으나. J_{ac} 이후에 J_{ab}를 사용해도 동일한 결과를 얻는다.

구조 **D**에서 $J_{ab}=J_{ac}=6$ Hz처럼 갈라짐 상수가 같을 때에도 동일한 방법을 적용한다. H_a 원자핵은 H_b에 의하여 $J_{ab}=6$ Hz를 갖는 1:1의 피크로 구분되고, 각각의 피크는 H_c에 의하여

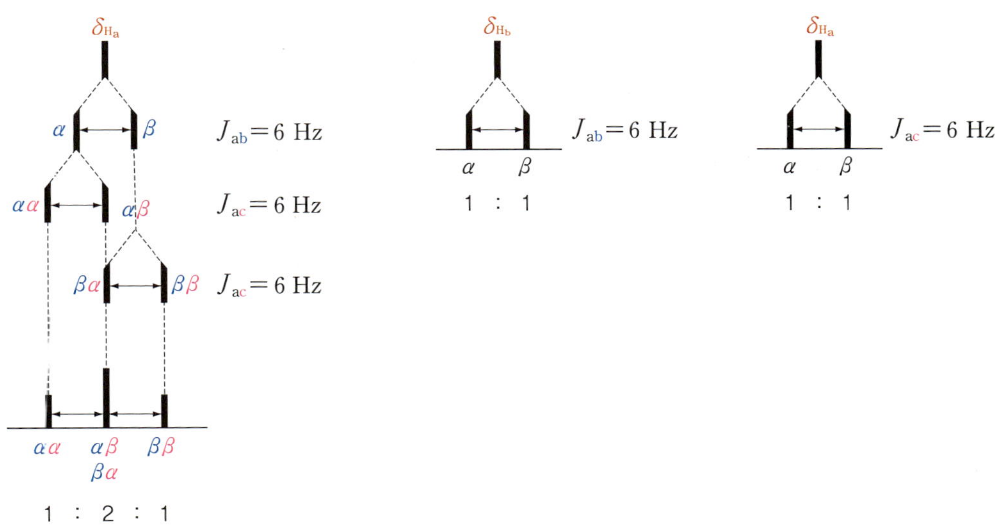

$J_{ac}=6$ Hz를 갖는 1:1의 피크로 다시 갈라지기 때문에 H_a는 최종적으로 1:2:1의 비율을 갖는 피크로 관찰된다. 반면에 H_b 원자핵은 H_a에 의하여 $J_{ab}=6$ Hz를 갖는 1:1의 피크가 되고, H_c 원자핵은 H_a에 의하여 $J_{ac}=6$ Hz를 갖는 1:1의 피크로 갈라진다.

위의 분석에 의하면 구조 **C** 및 **D**에서 H_a의 갈라짐은 $J_{ab} \neq J_{ac}$인 경우에는 1:1:1:1, $J_{ab}=J_{ac}$인 경우에는 1:2:1의 형식이 된다. 이것은 비록 H_b 및 H_c가 화학적으로 동등하지 않은 경우라도 $J_{ab}=J_{ac}$인 경우에는 마치 H_b 및 H_c를 화학적으로 동등한 것처럼 생각할 수 있음을 보여 주는 것이다.

11.5.2 $(n+1)$ 규칙

특정 [1]H 원자핵과 인접한 탄소에 n개의 화학적으로 동등한 수소가 있으면 ^{1}H NMR 스펙트럼에서 이 원자핵의 피크는 $(n+1)$개로 갈라지고, 각 피크의 상대적인 적분 값은 아래와 같다. 단, 이것은 갈라짐 현상에 참여하는 두 [1]H 원자핵의 공명 진동수 차이($\Delta\nu=\nu_1-\nu_2$)가 각 피크의 갈라짐 상수(J)보다 훨씬 큰 경우에만 적용할 수 있다. 그리고 다중선(multiplicity)의 형식에 따라서 피크 한 개는 단일선(singlet, s), 두 개의 갈라짐은 이중선(doublet, d), 세 개는 삼중선(triplet, t), 네 개는 사중선(quartet), 다섯 개는 오중선(quintet) 등으로 부른다.

이론적으로는 모든 피크의 갈라짐 형식은 위에서 언급한 $(n+1)$ 규칙을 적용하여 논리적으로 분석할 수 있다. 그러나 구조가 복잡해지면 공명 진동수가 비슷하여 마치 하나의 피크처럼 관찰될 수도 있고, 피크의 중첩이 커서 $(n+1)$ 규칙을 적용할 수 없는 경우도 흔히 발생한다.

표 11-7 피크의 다중선 형식 및 피크의 비율

인접한 화학적으로 동등한 수소 수(n)	다중선 형식	피크의 비율
0	1 (singlet; s)	1
1	2 (doublet; d)	1 1
2	3 (triplet; t)	1 2 1
3	4 (quartet; q)	1 3 3 1
4	5 (quintet; $quint$)	1 4 6 4 1
5	6 (sextet; sx)	1 5 10 10 5 1
6	7 (septet)	1 6 15 20 15 6 1

11.5.3 이면각 및 갈라짐 상수

일반적으로 갈라짐 상수(J)의 크기는 상호 작용을 하는 인접한 수소 원자핵의 이면각(dihedral angle)에 따라서 변하는데, 갈라짐 상수(J)의 크기와 이면각의 관계는 다음의 Karplus 식에서 추론할 수 있다.

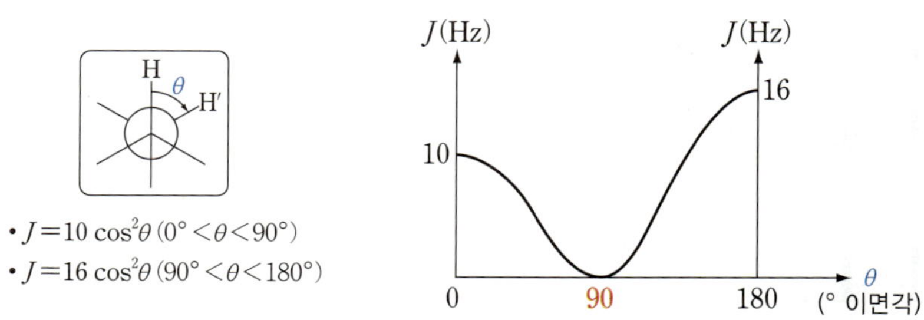

그림 11-5 수소 원자핵의 갈라짐 상수와 이면각의 관계

(Z)-3-클로로아크릴로나이트릴(3-chloroacrylonitrile)에는 화학적으로 동등하지 않은 두 종류의 수소 원자핵(H_a 및 H_b)이 있다. H_a 및 H_b 원자핵의 이면각은 0°이므로 Karplus 식에 의하여 약 10 Hz의 갈라짐을 예상할 수 있는데, 모의 실험에 의하면 H_a는 δ 7.84(d, J = 7.5 Hz, 1H), H_b는 δ 6.96(d, J = 7.5 Hz, 1H)의 결과가 얻어진다. 실제 실험에서는 H_a 및 H_b가 δ 7.05(d, J = 7.5 Hz, 1H) 및 δ 5.85(d, J = 7.5 Hz, 1H) 형태로 관찰되는데, 두 결과를 비교하면 갈라짐 상수 값은 같고 화학적 이동 값에서 차이가 있음을 알 수 있다.

모의 실험과 실제 실험의 결과가 정확히 일치하기는 불가능하다. 지금 단계에서는 화합물의 구조와 ^{1}H NMR 스펙트럼이 주어졌을 때 화합물과 주어진 피크를 어떻게 특정할 수 있는가에 대하여 논리적으로 경험을 쌓는 것이 중요하다. 이제부터는 특별히 언급할 필요가 있는 경우를 제외하고는 두 종류의 실험 결과를 비교하는 것은 생략한다.

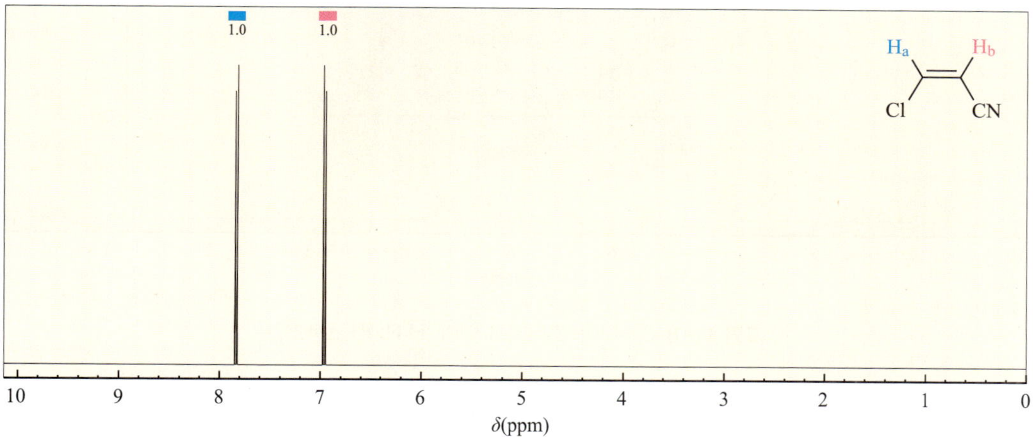

그림 11-6 (Z)-3-클로로아크릴로나이트릴의 ^{1}H NMR 스펙트럼

(E)-3-클로로아크릴로나이트릴(3-chloroacrylonitrile)에는 화학적으로 동등하지 않은 두 종류의 수소 원자핵(H_a 및 H_b)이 있다. H_a 및 H_b 원자핵의 이면각은 180°이므로 Karplus 식에 의하여 약 16 Hz의 갈라짐을 예상할 수 있는데, 모의 실험에 의하면 H_a는 δ 7.65(d, J = 12.7 Hz, 1H), H_b는 δ 6.35(d, J = 12.7 Hz, 1H)의 결과가 얻어진다. 실제 실험에서는 H_a 및 H_b가 δ 7.21(d, J = 14.0 Hz, 1H) 및 δ 5.84(d, J = 14.0 Hz, 1H) 형태로 관찰되는데, 두 결과를 비교하면 갈라짐 상수 값 및 화학적 이동 값에서 일부 차이가 있음을 알 수 있다.

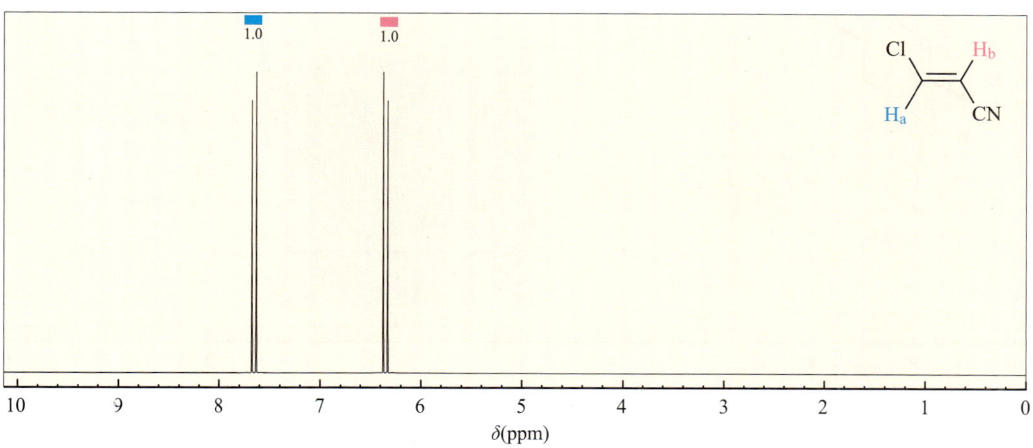

그림 11-7 (E)-3-클로로아크릴로나이트릴의 ^{1}H NMR 스펙트럼

3,3-다이메틸뷰트-1-엔(3,3-dimethylbut-1-ene)은 화학적으로 동등한 네 종류의 수소 원자핵이 있다. 스펙트럼을 분석하면 C=C(H)$(\underline{CH_3})_3$는 1.19(s, 9H), H_a는 δ 5.60(dd, J = 17.0 &

10.6 Hz, 1H), H_b는 δ 4.88(*dd*, $J=10.6$ & 1.5 Hz, 1H), H_c는 4.87(*dd*, $J=17.0$ & 1.5 Hz, 1H)에서 예상된다.

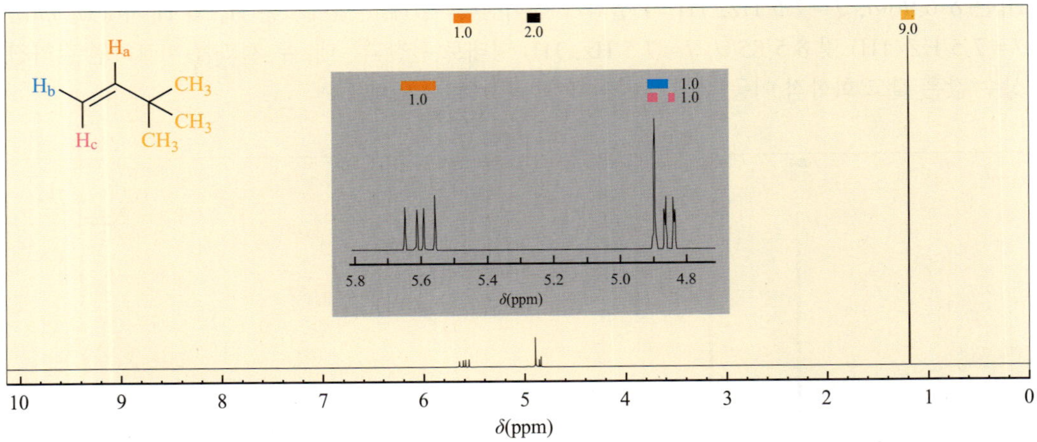

그림 11-8 3,3-다이메틸뷰트-1-엔의 ^{1}H NMR 스펙트럼

시스-4-*tert*-뷰틸사이클로헥산올(*cis*-4-*tert*-butylcyclohexanol)에서 C<u>H</u>−OH의 갈라짐 형태를 분석해 보자. 우선 육각형 고리는 의자 형태를 가정하고, 4-*tert*-뷰틸 작용기는 입체 장애가 매우 크기 때문에 수평 방향에 있으며, 4-*tert*-뷰틸 및 OH 작용기가 시스 형태를 취하고 있으므로 −OH 작용기는 수직 방향, C<u>H</u>−OH의 수소 원자핵은 수평 방향에 위치한다. 수평 방향의 수소 원자핵(H_e)은 인접한 탄소의 수평 및 수직 방향 수소들과 이면각이 약 60°이므로 Karplus 식으로부터 2.5 Hz의 갈라짐을 예상할 수 있다. 모의 실험에 의하면 수평 방향의 C<u>H</u>−OH는 수직 및 수평 방향의 수소와 2.8 Hz의 갈라짐을 하면서 상대적으로 좁은 범위에 분포한다[δ 3.86(*quintet*, $J=2.8$ Hz, 1H)].

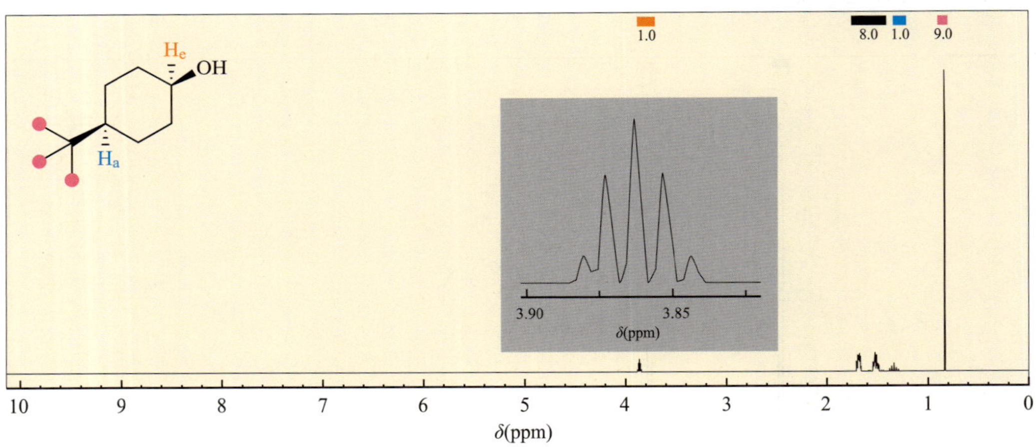

그림 11-9 시스-4-*tert*-뷰틸사이클로헥산올의 ^{1}H NMR 스펙트럼

트랜스-4-*tert*-뷰틸사이클로헥산올(*trans*-4-*tert*-butylcyclohexanol)에서 C<u>H</u>−OH의 갈라짐 형태를 분석해 보자. 우선 육각형 고리는 의자 형태를 가정하고, 4-*tert*-뷰틸 작용기는 입체 장애가 매우 크기 때문에 수평 방향에 있으며, 4-*tert*-뷰틸 및 OH 작용기가 트랜스 형태를 취하고 있으므로 −OH 작용기는 수평 방향, C<u>H</u>−OH의 수소 원자핵은 수직 방향에 위치한다. 수직 방

향의 수소 원자핵(H_a)은 인접한 탄소의 수평 및 수직 방향 수소들과 이면각이 각각 60° 및 180°이므로 Karplus 식으로부터 각각 2.5 Hz 및 16.0 Hz의 갈라짐을 예상할 수 있다. 모의 실험에 의하면 수직 방향의 CH−OH은 수평 방향의 수소와 2.8 Hz, 수직 방향의 수소와 10.3 Hz의 갈라짐을 하면서 상대적으로 넓은 범위에 분포한다[δ 3.41(*tt*, J = 10.3 & 2.8 Hz, 1H)].

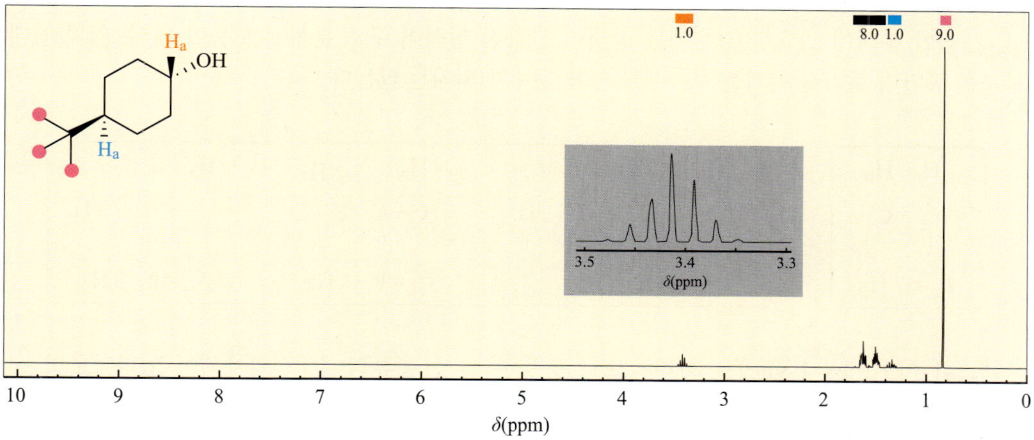

그림 11-10 트랜스-4-*tert*-뷰틸사이클로헥산올의 ^{1}H NMR 스펙트럼

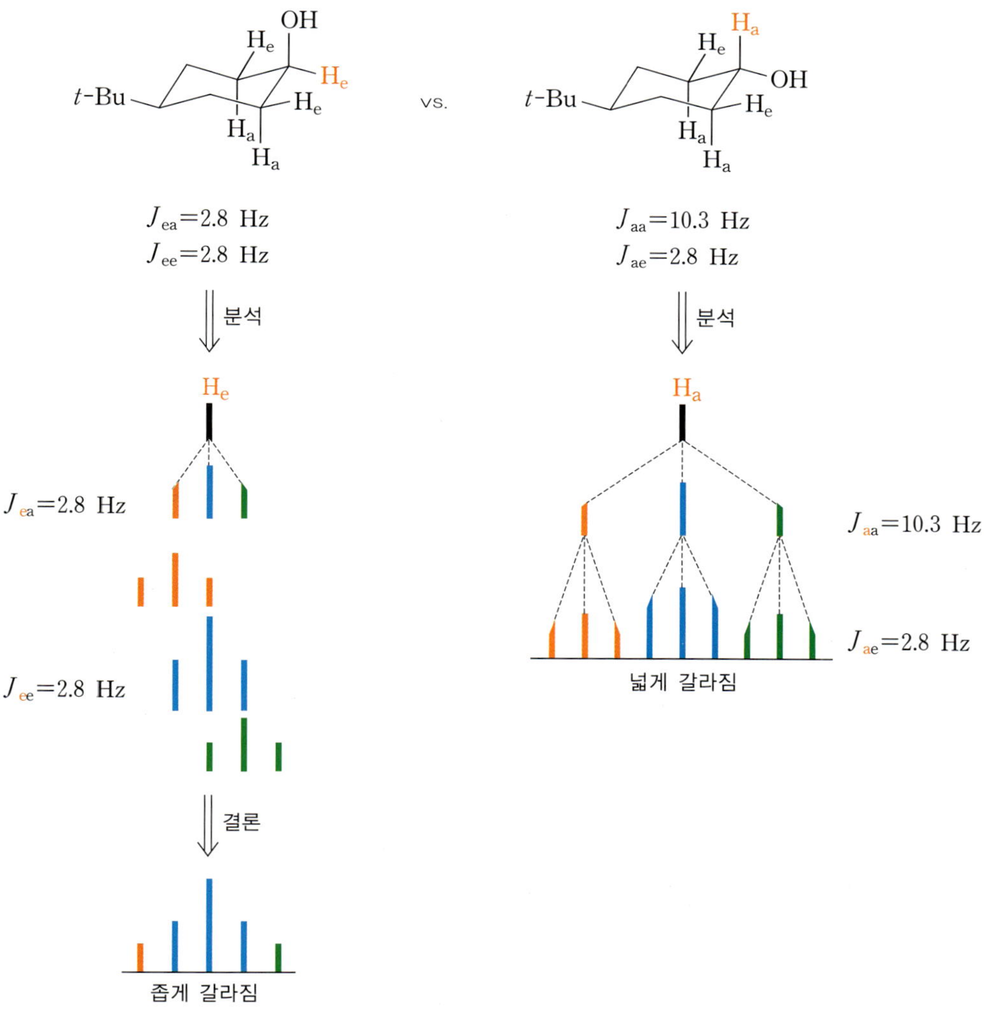

11.5.4 장거리 갈라짐

피크의 갈라짐 현상은 일반적으로 직접 연결된 탄소, 즉 1,2-관계의 탄소에 결합한 수소 원자핵 사이에서 관찰된다(11.5.1절). 그러나 이중 결합 또는 삼중 결합이 있는 경우에는 아래와 같이 1,3-관계의 탄소에 결합한 수소 원자핵 사이에서도 갈라짐 현상이 관찰되는데, 이러한 현상을 **장거리 갈라짐(long-range coupling)**이라고 한다. 갈라짐 상수의 크기는 0~3 Hz로서 매우 작고, 세심한 분석이 필요한 경우에는 장거리 갈라짐 형식이 구조 분석에 도움이 될 수 있지만 대부분은 장거리 갈라짐 형식을 무시해도 크게 문제가 되지는 않는다.

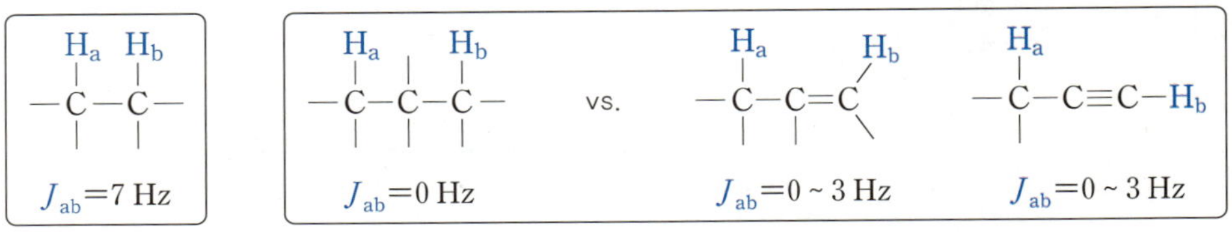

헥스-1-아인(hex-1-yne)은 화학적으로 동등한 다섯 종류의 수소 원자핵이 있다. 모의 실험에 의하면 구체적으로 $\underline{CH_3}-CH_2CH_2CH_2-CCH$는 δ 0.87(*t*, *J*=7.0 Hz, 3H), $CH_3-\underline{CH_2}CH_2CH_2-CCH$는 δ 1.28(*sx*, *J*=7.0 Hz, 2H), $CH_3-CH_2\underline{CH_2}CH_2-CCH$는 δ 1.52(*tt*, *J*=7.5 & 7.0 Hz, 2H), $CH_3-CH_2CH_2\underline{CH_2}-CCH$는 δ 2.27(*t*, *J*=7.5 Hz, 2H), $CH_3-CH_2CH_2CH_2-CC\underline{H}$는 δ 2.77(*s*, 1H)로 예상된다. 이 경우에 장거리 갈라짐 상수는 아주 작음을 알 수 있다(2.0 Hz 이하).

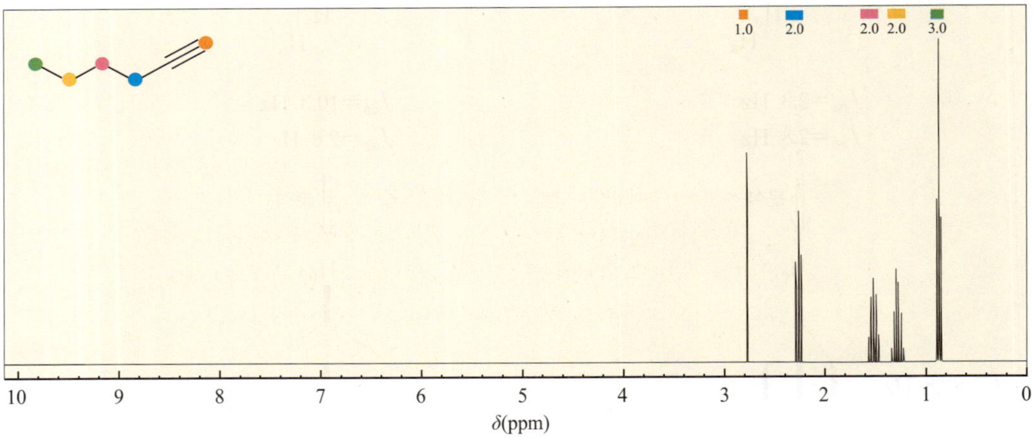

그림 11-11 헥스-1-아인의 ^{1}H NMR 스펙트럼

11.6 ^{1}H NMR 스펙트럼의 해석

화합물의 ^{1}H NMR 스펙트럼은 (1) 화학적으로 동등한 수소 원자핵을 구분하고(11.3절), (2) 화학적으로 동등한 수소 원자핵의 화학적 이동 값을 예측하고(11.2.5절), (3) 스펙트럼에서 피크(peak)의 크기를 예상하고(11.4절), 마지막으로 (4) 피크의 갈라짐 양식을 분석하여 예상할 수 있다(11.5절). 이 절에서는 화합물의 구조와 ^{1}H NMR 스펙트럼을 실제로 연결하여 해석하는 연습을 하려고 한다.

에틸 아세테이트(ethyl acetate)는 화학적으로 동등한 세 종류의 수소 원자핵이 있다. 모의 실험에서는 $\underline{CH_3}(C{=}O)-$ 작용기는 δ 2.04(*s*, 3H), $O\underline{CH_2}CH_3$ 작용기는 δ 4.10(*q*, *J*=7.1 Hz, 2H), $OCH_2\underline{CH_3}$ 작용기는 δ 1.16(*t*, *J*=7.1 Hz, 3H)의 결과를 얻는다.

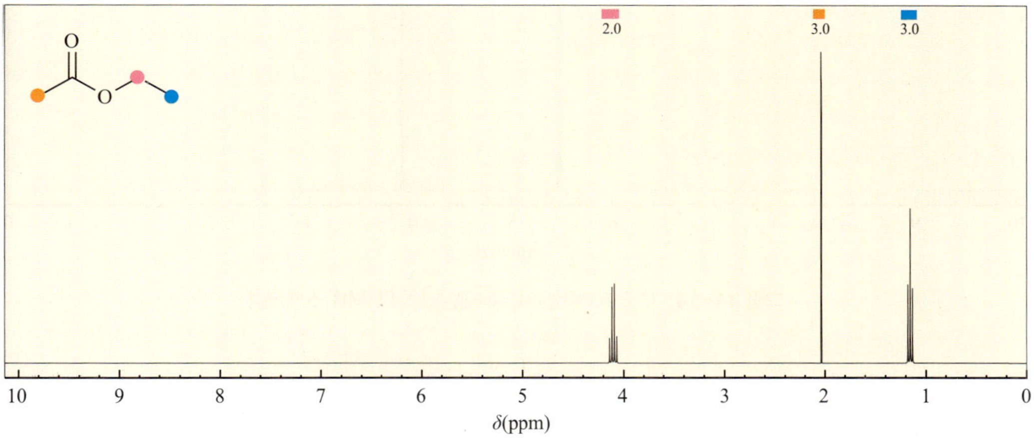

그림 11-12 에틸 아세테이트의 ¹H NMR 스펙트럼

2-브로모프로페인(2-bromopropane)은 화학적으로 동등한 두 종류의 수소 원자핵이 있다. 모의 실험에서 $\underline{CH_3}-$ 작용기는 δ 1.48(*d*, *J*=6.6 Hz, 6H), $C\underline{H}-$ 작용기는 δ 3.77(*septet*, *J*=6.6 Hz, 1H)의 형태가 나온다.

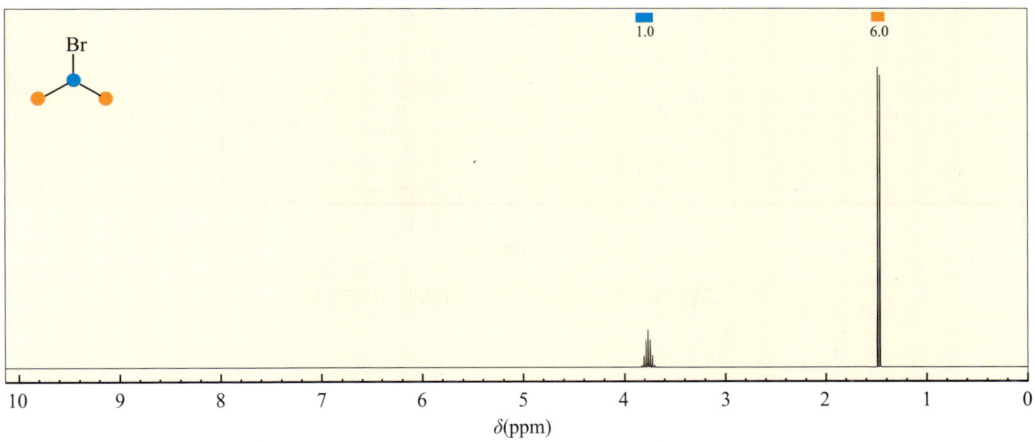

그림 11-13 2-브로모프로페인의 ¹H NMR 스펙트럼

1,1,2-트라이클로로에테인(1,1,2-trichloroethane)은 화학적으로 동등한 두 종류의 수소 원자핵이 있다. 모의 실험에서 $C\underline{H}-$ 작용기는 δ 5.48(*t*, *J*=4.6 Hz, 1H), $C\underline{H_2}-$ 작용기는 δ 3.91(*d*, *J*=4.6 Hz, 2H)의 형태가 예상된다.

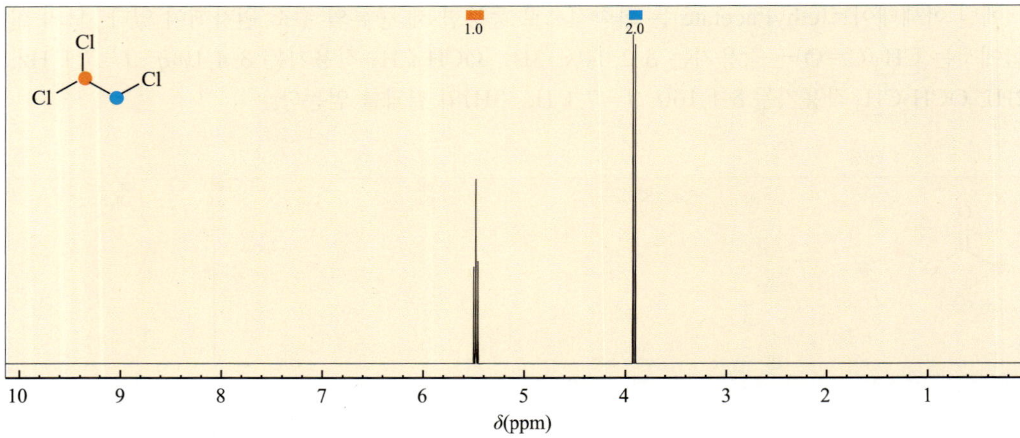

그림 11-14 1,1,2-트라이클로로에테인의 ¹H NMR 스펙트럼

뷰탄-2-온(butan-2-one)은 화학적으로 동등한 세 종류의 수소 원자핵이 있다. 모의 실험에서 $\underline{CH_3}$(C=O)— 작용기는 δ 2.12(s, 3H), (C=O)$\underline{CH_2}$− 작용기는 δ 2.43(q, J=7.4 Hz, 2H), (C=O)CH_2−$\underline{CH_3}$ 작용기는 δ 1.00(t, J=7.4 Hz, 3H)의 결과를 얻는다.

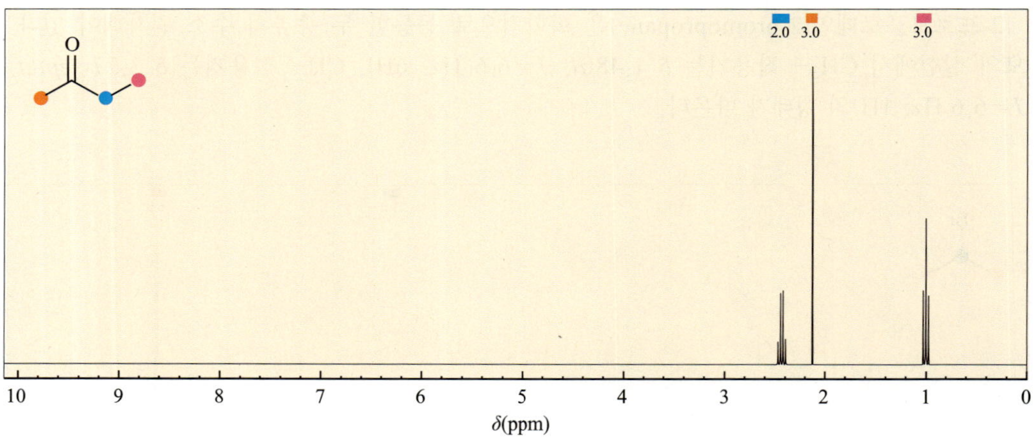

그림 11-15 뷰탄-2-온의 ¹H NMR 스펙트럼

메틸 4-메톡시벤조에이트(methyl 4-methoxybenzoate)는 화학적으로 동등한 네 종류의 수소 원자핵이 있다. 모의 실험에서 CO_2−$\underline{Me}$ 및 aryl−O−$\underline{Me}$ 작용기는 각각 δ 3.83(s, 3H) 및 δ 3.84(s, 3H) (이와 반대일 수 있음), C_2−$\underline{H}$ 및 C_6−$\underline{H}$는 δ 7.99(d, J=8.6 Hz, 2H), C_3−$\underline{H}$ 및 C_5−$\underline{H}$는 δ 7.06(d, J=8.6 Hz, 2H)의 형태가 나온다.

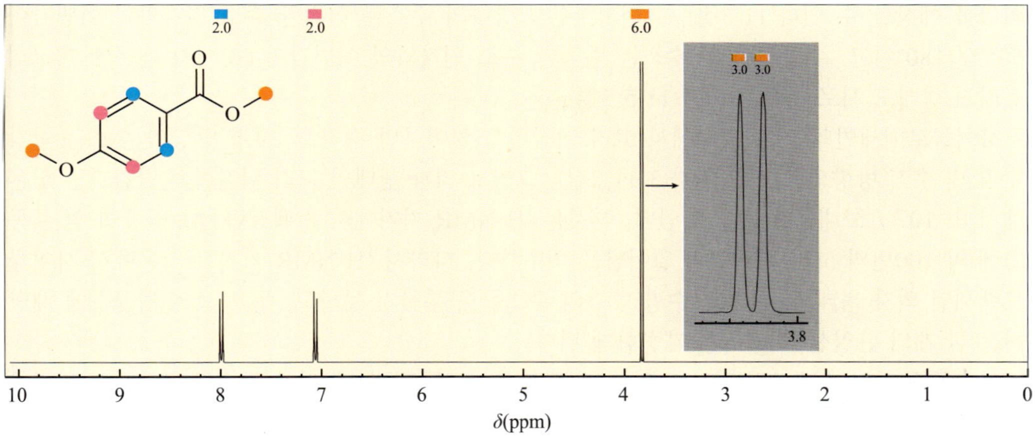

그림 11-16 메틸 4-메톡시벤조에이트의 ¹H NMR 스펙트럼

트랜스-신남알데하이드(*trans*-cinnamaldehyde)는 화학적으로 동등한 여섯 종류의 수소 원자핵이 있다. 모의 실험에서 (C=O)−H는 δ 9.45(*d*, *J*=10.4 Hz, 1H), Ar−CH=CH−CHO는 δ 6.66(*dd*, *J*=15.8 Hz & 10.4 Hz, 1H), Ar−CH=CH−CHO는 δ 7.56(*d*, *J*=15.8 Hz, 1H), Ar−H는 여러 개의 피크가 뭉쳐서 δ 7.39~7.54(*m*, 5H)의 형태가 예상된다.

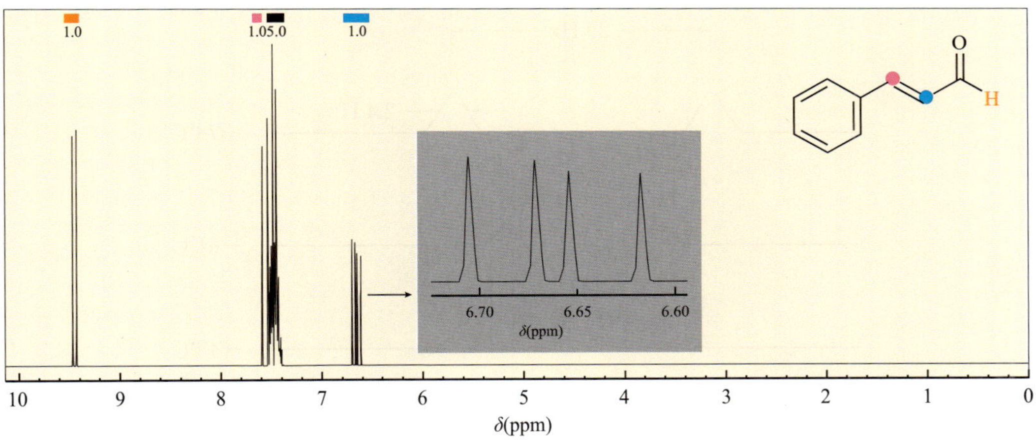

그림 11-17 트랜스-신남알데하이드의 ¹H NMR 스펙트럼

11.7 NMR 측정 시간 및 구조의 변화 속도

¹H NMR 기기에서 스펙트럼 정보를 1회 얻기 위해서 약 10^{-3}초의 시간이 필요하다. 이것은 화합물의 구조적인 변화를 관찰하는 데 매우 중요한 요소로 작용할 수 있는데, 이 절에서는 이와 관련한 것을 알아보기로 한다.

11.7.1 사이클로헥세인

상온에서 사이클로헥세인(cyclohexane)의 ¹H NMR 스펙트럼에 대하여 생각해 보자.

우선, 사이클로헥세인의 의자 형태(3.11절)가 고정되었다고 가정하자. 이 경우에는 수직 및 수평 방향의 수소는 화학적으로 동등하지 않기 때문에 서로 다른 공명 진동수를 갖는 두 개의 피크를 예상할 수 있다(11.3절). 그리고, 수직 방향의 수소는 인접한 수소 원자와의 이면각이 60° 및 180°이고, 수평 방향의 수소는 인접한 수소 원자와의 이면각이 60°이기 때문에 피크의 갈라짐 형태도 서로 다를 것이다(11.5.3절).

사이클로헥세인의 의자 형태에서 고리 뒤집힘이 일어나면 수직 및 수평 방향의 수소는 각각 수평 및 수직 방향의 수소가 된다(3.11.2절). 그리고 의자 형태의 고리 뒤집힘의 반감기는 상온에서 약 10^{-5}/초 내외(3.11.2절)인데, 이것은 ^{1}H NMR 기기에서 스펙트럼 정보를 1회 얻는 동안에 약 100번의 고리 뒤집힘이 일어남을 의미한다. 따라서 ^{1}H NMR 기기는 상온에서 사이클로헥세인 의자 형태의 수직 및 수평 방향의 수소를 구분하지 못하고, 두 피크의 평균값에 해당하는 한 개의 단일선(singlet)을 제공하게 된다.

이러한 논리는 스펙트럼 정보를 얻는 데 필요한 10^{-3}초 동안에 의자 형태의 구조적인 변화가 없을 정도로 고리 뒤집힘 속도가 감소한다면 수직 및 수평 방향의 수소를 분리할 수 있음을 의미한다. 실제로 이 실험을 온도를 점진적으로 내리면서 수행하면 상온에서 관찰되던 한 개의 단일선의 폭이 점점 넓어지다가 두 개의 넓은 단일선으로 나누어지고, 최종적으로 날카로운 두 개의 단일선, 즉 수직 및 수평 방향 수소의 피크로 분리된다. 이러한 연구를 통하여 고리 뒤집힘 현상의 활성화 에너지가 10.8 kcal/mol임을 계산할 수 있다.

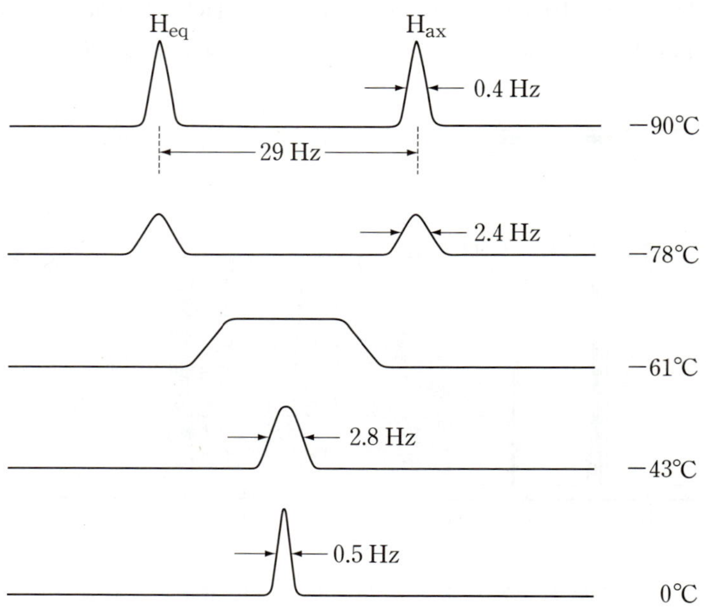

11.7.2 알코올

구조 **B**의 ^{1}H NMR 스펙트럼에서 H_a는 H_b에 의하여 이중선(J_{ab})으로 갈라지고, H_b도 H_a에 의하여 이중선($J_{ba} = J_{ab}$)으로 분리된다(11.5.1절). 이제는 구조 **B**의 C−H_b 결합이 O−H_b 결합으로 변형된 구조 **E**에서 H_a 및 H_b의 갈라짐 형태에 대하여 생각해 보자.

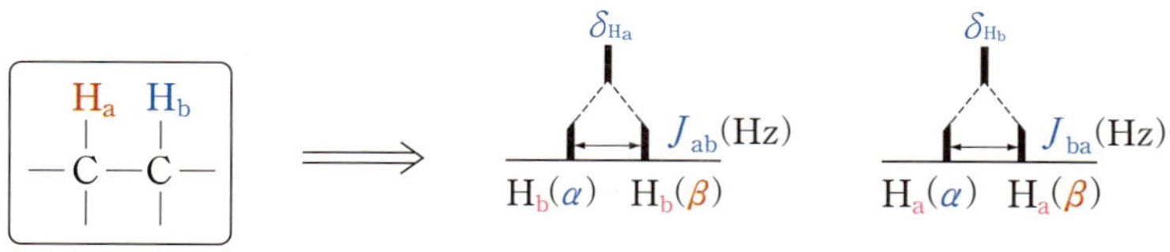

B

($J_{ab}=J_{ba}$)

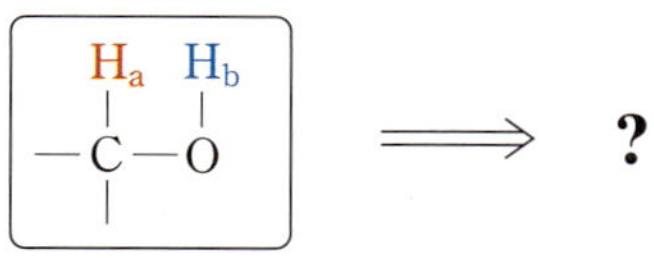

E

알코올(−OH)은 중성, 약산성 및 약염기 조건에서 아래와 같이 −OH 수소 원자의 교환(exchange)이 가능하다.

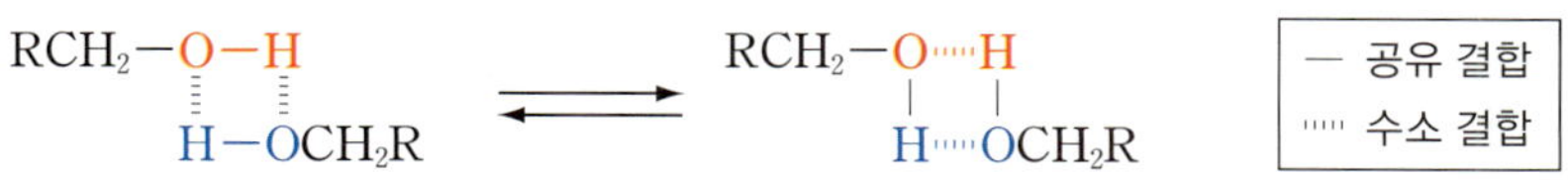

위 반응에서 수소 원자의 교환 속도가 ^{1}H NMR 정보를 얻는 데 필요한 10^{-3}초보다 빠르면 H_a 원자핵은 아래와 같이 평균적으로 $H_b(\alpha)$-스핀 50%, $H_b(\beta)$-스핀 50%를 동시에 경험하게 된다. 따라서 구조 **E**에서 H_a 원자핵의 갈라짐 형태는 H_b 원자핵이 없는 구조 **F**와 동일함을 예상할 수 있다.

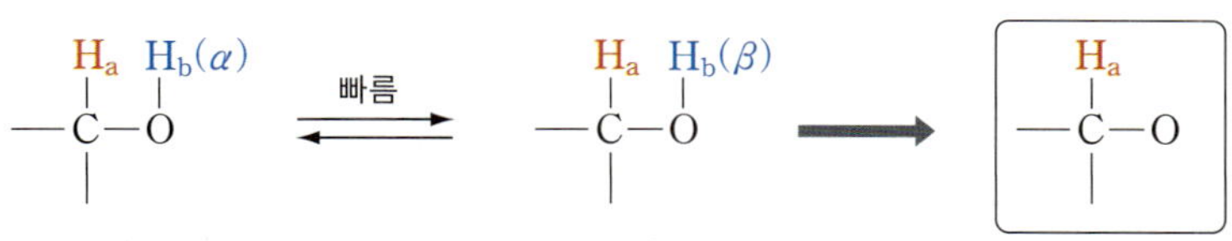

50% 50%

F

반면에, 수소 원자의 교환 속도가 ^{1}H NMR 정보를 얻는 데 필요한 10^{-3}초보다 느리면 H_a 원자핵은 $H_b(\alpha)$ 또는 $H_b(\beta)$-스핀 중에서 어느 한 개만을 경험할 수 있다. 이런 경우에 구조 **E**에서 H_a 원자핵의 갈라짐 형태는 구조 **B**와 동일하게 된다.

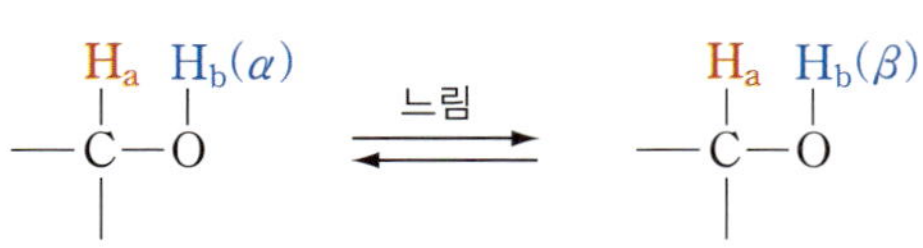

이러한 결과를 참고하여 에탄올의 ^{1}H NMR을 분석해 보자.

일반적으로 $CDCl_3$ 용매에서 ^{1}H NMR을 찍을 때에는 −OH의 수소 원자가 빠른 속도로 교환되기 때문에 −OH에 의한 갈라짐 현상을 관찰하기가 쉽지 않다. 에탄올(C_2H_5OH)의 모의 실험에서는 CH_3−이 δ 1.19(t, $J=6.6$ Hz, 3H), CH_2−는 δ 3.31(q, $J=6.6$ Hz, 2H)에서 피크가 나온다.

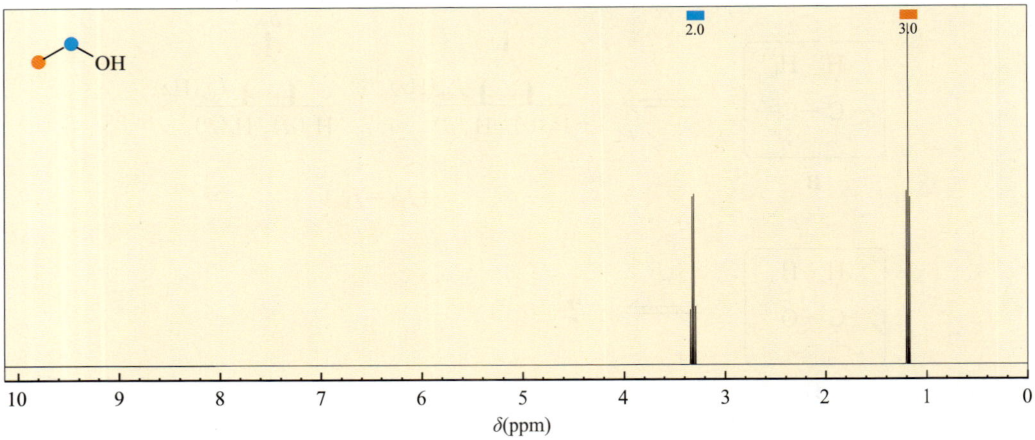

그림 11-18 에탄올의 ¹H NMR 스펙트럼

만약 −O<u>H</u>의 수소 원자가 느린 속도로 교환되어서 갈라짐에 영향을 미치게 된다면, 모의 스펙트럼의 $\underline{CH_3}$−은 δ 1.19(*t*, *J*=6.6 Hz, 3H)로 동일하고, $\underline{CH_2}$−는 δ 3.31(*qd*, *J*=6.6 Hz & 6.0 Hz, 2H)에서 피크를 예상할 수 있다.

11.8 고분해능 ¹H NMR 스펙트럼

¹H NMR 스펙트럼을 공명 진동수(ν)를 기준으로 표현할 수 있다(11.2.3절). 그러나 공명 진동수는 ¹H NMR 기기의 기본 진동수(ν_o)에 비례하기 때문에 동일한 화합물을 기본 진동수가 다른 두 대의 기기를 사용하여 찍었을 때 두 개의 스펙트럼을 계산 과정 없이 직접 비교할 수 없었다(11.2.3절). 연구자들은 이러한 문제점을 해결하기 위해서 화학적 이동의 개념을 도입하였다(11.2.4절).

$$\delta_i = \frac{\nu_i - \nu_{TMS}}{\nu_o} \times 10^6$$

δ_i: 수소 원자핵 *i*의 화학적 이동
ν_o: NMR 기기의 기본 공명 진동수
ν_i: 수소 원자핵 *i*의 공명 진동수
ν_{TMS}: TMS의 공명 진동수

이 정의에 의하면 100, 300, 500 MHz ¹H NMR 기기에서 [$\Delta\delta = 1$]에 해당하는 $\Delta\nu$ 값은 각각 100 Hz, 300 Hz, 500 Hz가 된다.

100 MHz 기기: $\Delta\delta_{100} = \dfrac{\Delta\nu}{100\times10^6} \times 10^6 = 1 \rightarrow \Delta\nu = 100\ \text{Hz}$

300 MHz 기기: $\Delta\delta_{300} = \dfrac{\Delta\nu}{300\times10^6} \times 10^6 = 1 \rightarrow \Delta\nu = 300\ \text{Hz}$

500 MHz 기기: $\Delta\delta_{500} = \dfrac{\Delta\nu}{500\times10^6} \times 10^6 = 1 \rightarrow \Delta\nu = 500\ \text{Hz}$

이러한 정보를 생각하면서 미지의 화합물에 아래와 같은 두 종류의 수소 원자핵이 존재하고, 이 화합물을 60 MHz 및 180 MHz 기기를 사용하여 찍었을 때 각각의 ¹H NMR 스펙트럼을 예상해 보자.

원자핵 H_a: δ_A 3.54(t, $J=7.0$ Hz, 2H)
원자핵 H_b: δ_B 3.67(t, $J=7.0$ Hz, 2H)

우선, 화학적 이동의 정의(11.2.4절)를 이용하여 δ_A 3.54 및 δ_B 3.67 피크의 공명 진동수 차이($\Delta\nu$)를 아래의 표에서와 같이 계산하면, 60 MHz 기기에서는 7.8 Hz, 180 MHz 기기에서는 23.4 Hz의 공명 진동수 차이($\Delta\nu$)가 생긴다. 반면에, 갈라짐 상수(J)는 외부 자기장(H^o) 및 유도 자기장(H')의 세기와 무관하고, ^{1}H 원자핵의 핵스핀 유도 자기 모멘트(μ_m)와 연관되기 때문에 기기의 종류와 무관하게 J 값과 갈라짐 형태는 동일하다. 이러한 두 가지 정보를 모두 합치면 아래의 스펙트럼을 그릴 수 있다. 즉, 60 MHz 기기에서는 H_a 및 H_b의 피크가 중복되기 때문에 스펙트럼이 매우 복잡해지면서 정확하게 해석하기가 어렵고, 180 MHz 기기에서는 H_a 및 H_b의 피크가 확실하게 분리되기 때문에 스펙트럼이 보다 명료해지고 정확한 해석이 가능하다.

표 11-8 60 MHz 기기 및 180 MHz 기기에서의 스펙트럼 비교 및 해석

내용	60 MHz 기기	180 MHz 기기
$\Delta\nu$ 계산	$\Delta\nu_{60}=\dfrac{(\delta_B-\delta_A)\cdot\nu_o}{10^6}$ $=\dfrac{(3.67-3.54)\cdot(60\times10^6)}{10^6}$ $=7.8$ Hz	$\Delta\nu_{180}=\dfrac{(\delta_B-\delta_A)\cdot\nu_o}{10^6}$ $=\dfrac{(3.67-3.54)\cdot(180\times10^6)}{10^6}$ $=23.4$ Hz
갈라짐 형식	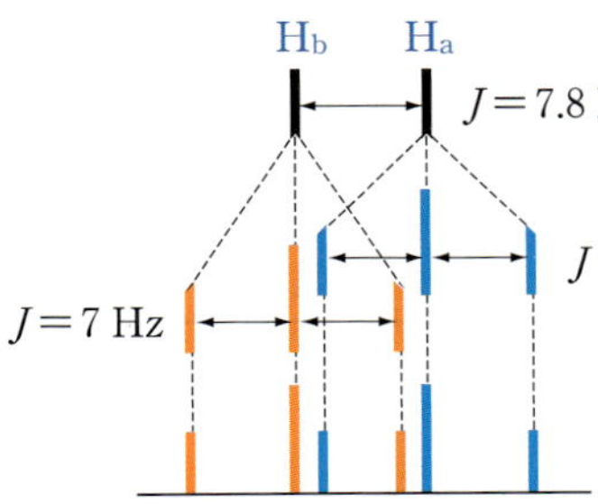	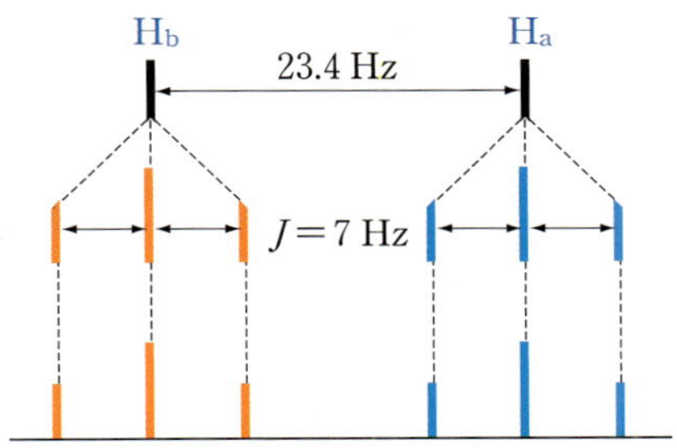

- $\delta_A=\dfrac{\nu_A-\nu_{TMS}}{\nu_o}\times10^6$
- $\delta_B=\dfrac{\nu_B-\nu_{TMS}}{\nu_o}\times10^6$

$\rightarrow \nu_A-\nu_{TMS}=\dfrac{\delta_A\cdot\nu_o}{10^6}$

$\nu_B-\nu_{TMS}=\dfrac{\delta_B\cdot\nu_o}{10^6}$

$\rightarrow \Delta\nu=\nu_B-\nu_A$

$=\dfrac{(\delta_B-\delta_A)\cdot\nu_o}{10^6}$

이처럼 항상 그런 것은 아니지만 피크의 화학적 이동 값이 일부 중복되어서 스펙트럼의 정확한 해석이 어려운 경우에는 기본 진동수(ν_o)가 큰 NMR 기기를 사용하여 중복되는 피크의 일부 또는 전부를 분리할 수 있다.

이번에는 노말-뷰틸 메틸 에터(n-butyl methyl ether) 화합물의 예를 들어 보자. 이 화합물의 ^{1}H NMR 결과는 아래와 같이 분석할 수 있고, 기준 진동수(60, 100, 300 MHz)에 따른 NMR 스펙트럼은 아래와 같다.

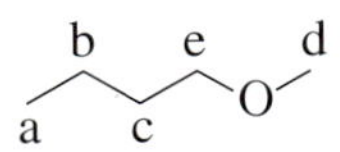

원자핵 H_a: δ 0.88(t, $J=7.1$ Hz, 3H)
H_b: 1.39(qt, $J=7.1$ & 7.0 Hz, 2H)
H_c: 1.64(tt, $J=7.0$ & 6.9 Hz, 2H)
H_d: 3.18(s, 3H)
H_e: 3.30(t, $J=6.9$ Hz, 2H)

60 MHz

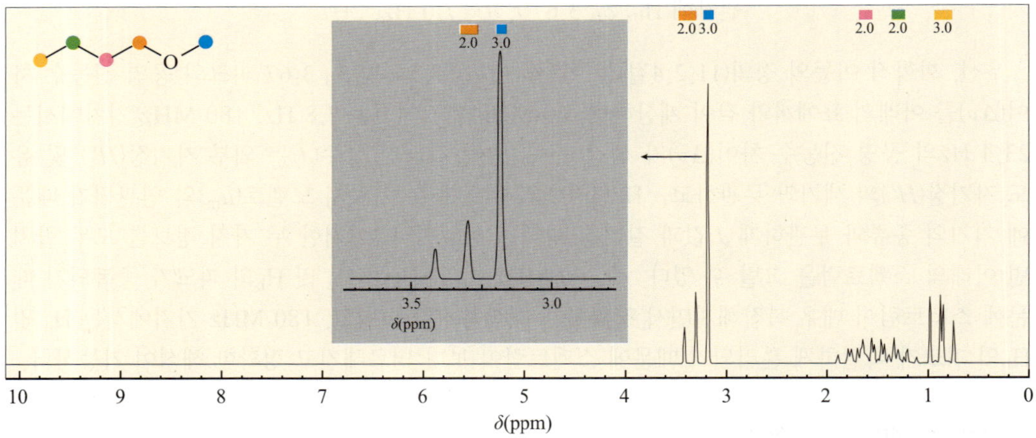

100 MHz

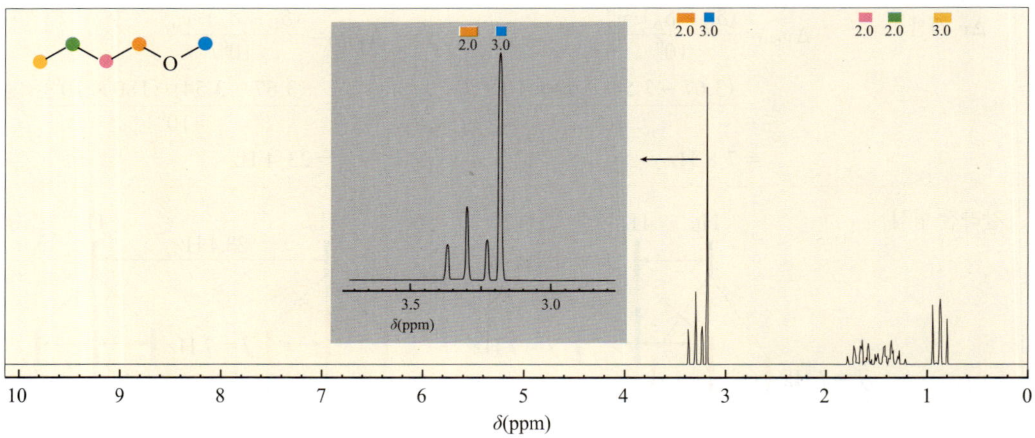

300 MHz

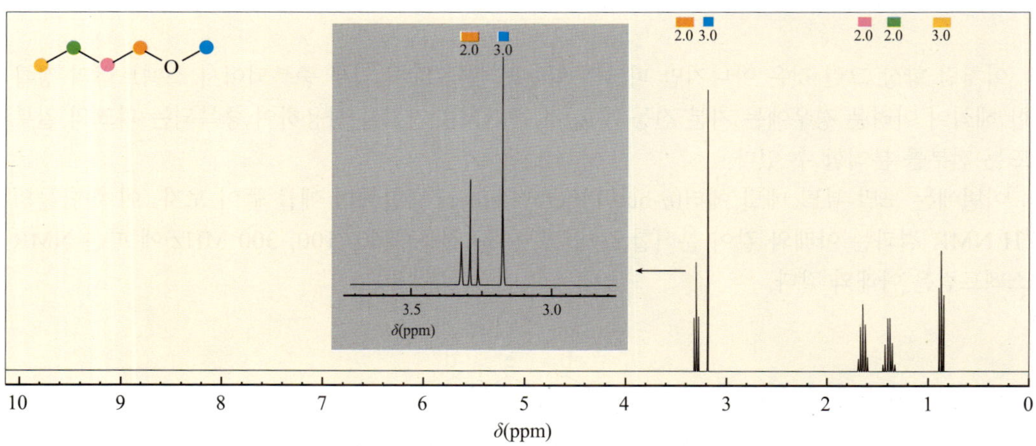

그림 11-19 노말 뷰틸 메틸에터의 기본 진동수에 따른 ^{1}H NMR 스펙트럼

위에 제시된 스펙트럼에서 알 수 있듯이 60 MHz에서 애매하게 분리되는 δ 1.1~1.9(4H) 피크들이 300 MHz에서는 δ 1.3~1.45(2H) 및 δ 1.58~1.68(2H)로 분명하게 구분되었다. 또한 60 MHz에서 약간 애매하였던 δ 3.20~3.45(5H) 부분이 300 MHz에서는 δ 3.27(3H) 및 δ 3.27~3.35(2H)로 확실하게 분리됨을 알 수 있다.

11.9 구조 예측

11.8절에서는 ¹H NMR 스펙트럼에서 기기의 기본 진동수(ν_0)가 클수록 피크의 분리가 더 잘 일어나고, 그 결과 스펙트럼의 해석이 훨씬 더 정확할 수 있음을 기술하였다. 이러한 장점에도 불구하고 모든 기관에서 ¹H NMR 기기의 기본 진동수(ν_0)를 무작정 높이지 못하는 이유는 현실적으로 구입 가격의 급격한 증가, 유지 및 관리비 부담, 사용 빈도, 접근성 제한 등의 다른 요인들까지 고려하여 기관에 적합한 최선의 선택을 하기 때문이다.

이제는 특정 화합물의 분자식과 모의 ¹H NMR 스펙트럼이 있을 때 이것으로부터 합리적으로 구조를 추론하는 과정에 대하여 알아보자.

11.9.1 화합물 A

화합물 **A**의 분자식이 C_6H_{10}이고, 모의 ¹H NMR 스펙트럼이 아래와 같을 때 화합물의 구조를 추론해 보자.

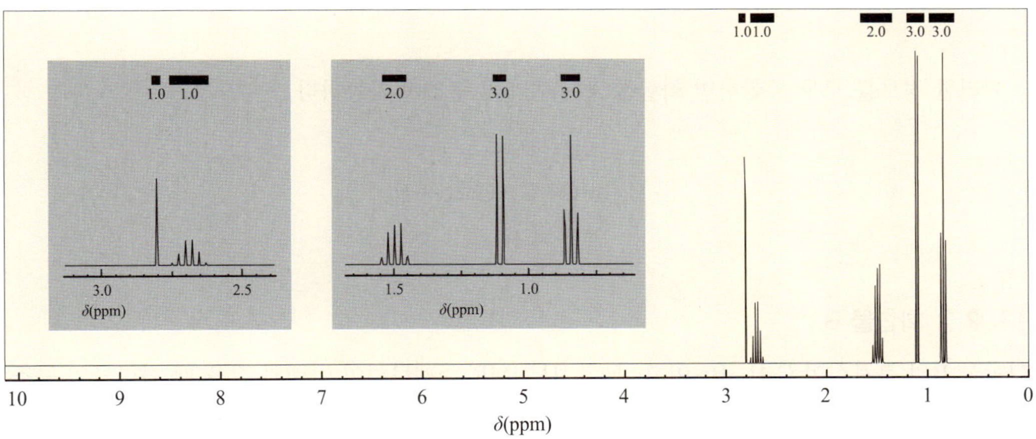

우선, 분자식이 주어지면 수소 결핍 지수(IHD, 4.1.2절)를 계산하여 이중 결합, 삼중 결합, 고리 구조의 숫자에 대한 기본적인 정보를 얻는다. 화합물 **A**의 경우에는 IHD=2이기 때문에 삼중 결합 한 개, 이중 결합 두 개, 이중 결합 및 고리가 각각 한 개, 또는 고리 두 개를 갖는 기본 골격이 가능하다. 그리고 ¹H NMR 스펙트럼에서 작용기에 따른 화학적 이동 값(11.2.5절)을 참고하면 C_{sp^2}–H 결합이 없음을 파악할 수 있다.

$$\text{IHD} = \frac{[(6\times 2)+2]-10}{2} = 2 \longrightarrow$$

✓ C≡C 1개
✓ C=C 2개
✓ C=C 및 고리 1개씩
✓ 고리 2개

모의 스펙트럼을 분석하여 정리한 후, IHD 결과 및 작용기와 화학적 이동 값의 관계를 고려하여 추론할 수 있는 구조를 아래에 정리하였다.

분석 자료	추론 가능한 구조
0.84 (t, $J = 7.0$ Hz, 3H)	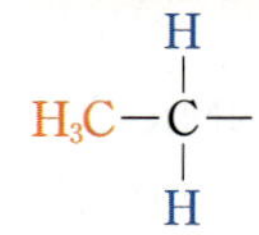
1.11 (d, $J = 7.2$ Hz, 3H)	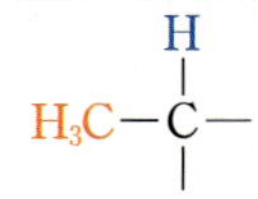
1.46~1.54 (m, 2H)	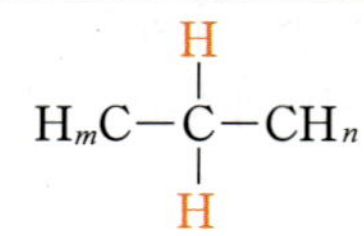
2.69 (m, 1H)	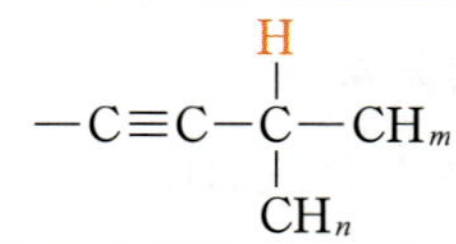
2.80 (s, 1H)	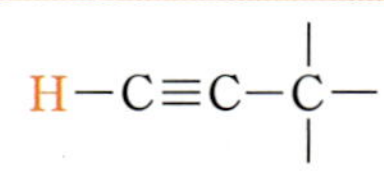

이러한 정보를 모두 종합하면 화합물 **A**는 아래의 구조가 가능하다.

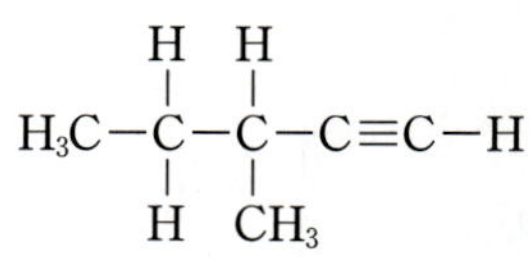

11.9.2 화합물 B

화합물 **B**의 분자식이 $C_5H_{10}Br_2$이고, 모의 ^{1}H NMR 스펙트럼이 아래와 같을 때 화합물의 구조를 추론해 보자.

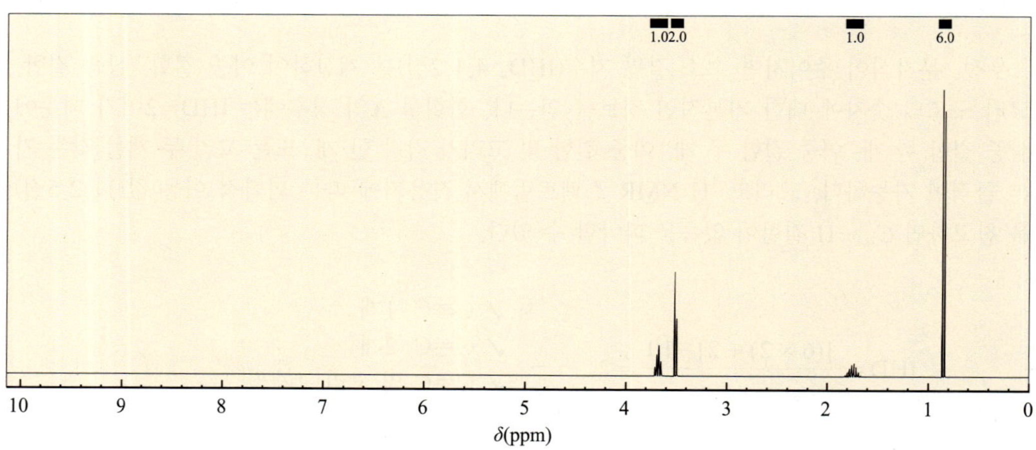

분자식으로부터 아래의 정보를 얻을 수 있다.

$$\text{IHD} = \frac{[(5 \times 2) + 2] - (10 + 2)}{2} = 0 \quad \longrightarrow \quad ✓ \text{ 비고리형 포화 탄화수소}$$

모의 스펙트럼을 분석하여 정리한 후, IHD 결과 및 작용기와 화학적 이동 값의 관계를 고려하여 추론할 수 있는 구조를 아래에 정리하였다.

분석 자료	추론 가능한 구조
0.85 (d, J=6.7 Hz, 6H)	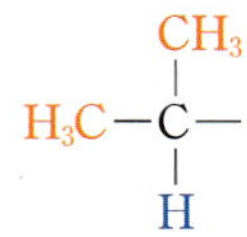
1.75 (m, 1H)	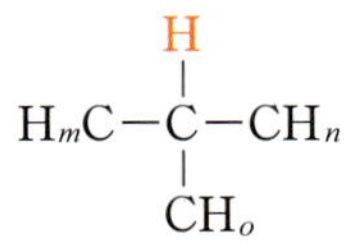
3.51 (d, J=6.2 Hz, 2H)	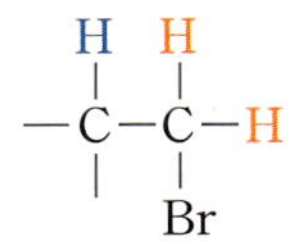
3.7 (td, 1H)	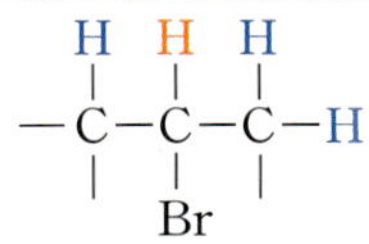

이러한 정보를 모두 종합하면 화합물 **B**는 아래의 구조가 가능하다.

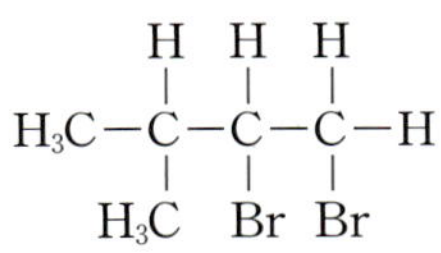

11.10 ^{13}C 핵자기 공명 분광학

11.10.1 서론

지금까지는 유기 화합물의 구조에 관하여 많은 정보를 제공하는 ^{1}H NMR에 대하여 상세히 알아보았다. 11.10절에서는 비록 ^{1}H NMR보다는 기여도가 적지만 그럼에도 불구하고 매우 중요한 ^{13}C NMR에 대하여 알아보기로 한다.

^{1}H 및 ^{13}C 원자핵은 핵스핀(s)이 1/2인 원자들로서 이들은 자기장 내에서 α-스핀과 β-스핀의 두 가지 형태로 배열되고, 이들의 에너지 차이는 아래와 같이 주어진다(11.2.1절).

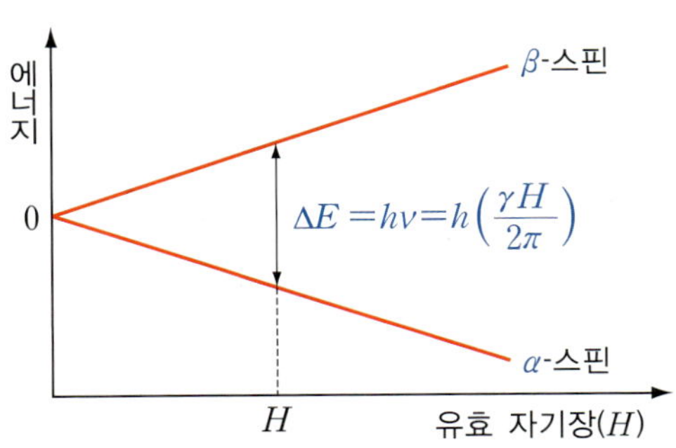

H : 유효 자기장
γ : 자기 회전 비율

$\gamma(^{1}\text{H}) = 2.6753 \times 10^{4}$ radians / sec Gauss
$\gamma(^{13}\text{C}) = 6.7328 \times 10^{3}$ radians / sec Gauss

위 식을 이용하면 14,092 G의 유효 자기장 조건에서 ^{1}H 원자핵의 α 및 β-스핀의 에너지 차이(ΔE)는 0.0057 cal/mol이고, 이에 해당하는 공명 진동수가 60 MHz임을 계산할 수 있다. 반면에, 14,092 G의 유효 자기장 조건에서 ^{13}C 원자핵의 α 및 β-스핀의 에너지 차이(ΔE)는 $\gamma(^{13}C) \sim \frac{1}{4}\gamma(^{1}H)$이므로 0.0014 cal/mol이고, 이에 해당하는 공명 진동수는 15 MHz가 된다. 그리고, 동일한 조건에서 유효 자기장을 n배로 하면 ^{1}H 및 ^{13}C 원자핵에서 두 스핀의 에너지 차이(ΔE) 및 공명 진동수는 각각 n배 증가한다.

표 11-9 ^{1}H 및 ^{13}C 원자핵에서 두 스핀의 에너지 차이 및 공명 진동수

H^{o}(Gauss)	^{1}H NMR		^{13}C NMR	
	ν (MHz)	ΔE(cal/mol)	ν (MHz)	ΔE(cal/mol)
14,092	60	0.0057	15.1	0.0014
42,276	180	0.0171	45.2	0.0043
70,460	300	0.0285	75.4	0.0072
117,433	500	0.0475	125.6	0.0119

^{2}H 원자핵은 $s=1$이기 때문에 자기장에서 $(2s+1)=3$개의 서로 다른 상태가 1:1:1의 비율로 존재한다.

^{1}H NMR 스펙트럼은 화학적 이동(δ) 범위가 0~10 정도이고, 용매($CDCl_3$) 피크는 δ 7.23(s)에서 관찰되며, 화학적 동등성, 화학적 이동 값, 스핀-스핀 갈라짐, 갈라짐 상수(J) 등의 정보를 통하여 수소 원자의 결합 및 배열 등을 추론할 수 있다. 반면에, ^{13}C NMR 스펙트럼은 화학적 이동(δ) 범위가 0~220 정도로 넓고, 용매($CDCl_3$) 피크는 δ 77.7에서 1 : 1 : 1의 비율로 관찰되며, ^{1}H NMR보다는 제한적인 정보만을 제공한다. 예를 들면, ^{13}C NMR에서 피크의 크기는 특정 탄소에 결합한 수소 숫자에 일정 부분 비례하고, C−H 결합이 없는 탄소는 피크가 아주 작게 관찰되는 경향성을 보이지만 이러한 관계가 정량적이지 않기 때문에 적분(integration) 값에 의미를 두어서는 안된다.

일반적으로 ^{1}H NMR 스펙트럼을 얻듯이 ^{13}C NMR을 찍으면 $^{1}H-^{13}C$ 사이에서 갈라짐 상수(J) 값이 큰 갈라짐(splitting)이 관찰되기 때문에 스펙트럼이 복잡해진다. 만약 $^{1}H-^{13}C$ 사이의 갈라짐을 억제하면서 ^{13}C NMR을 찍으면 한 개의 ^{13}C 원자에 한 개의 피크가 대응되는 깨끗한 스펙트럼을 얻을 수 있는데, 이러한 방법을 **넓은띠 짝풀림(broadband decoupling)**이라고 한다. 연구자들이 분석하는 ^{13}C NMR 스펙트럼은 대부분 넓은띠 짝풀림 조건에서 찍은 것들이다.

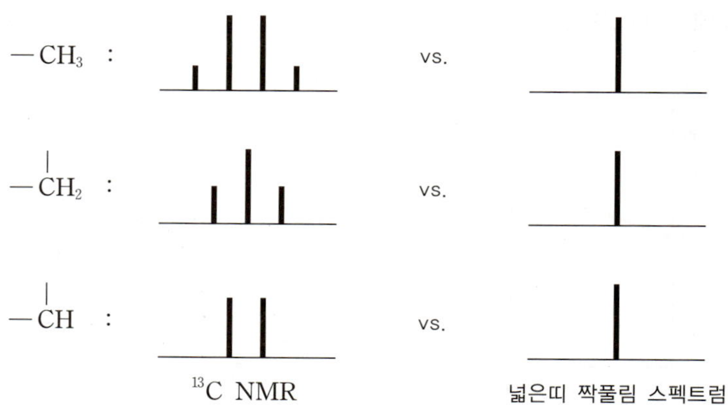

11.10.2 화학적으로 동등한 탄소 원자핵

^{13}C NMR에서 화학적으로 동등한 탄소 원자핵을 판단하는 것은 매우 중요하다. 이것은 ^{1}H NMR에서 화학적으로 동등한 수소 원자핵을 판단하는 것(11.3절)과 개념적으로 유사하기 때문에 추가적인 설명은 생략한다.

^{13}C NMR에서 에탄올에는 두 종류의 탄소 원자, 2-메틸프로판-1-올(2-methylpropan-1-ol)에는 세 종류의 탄소 원자, 그리고 펜탄-3-온(pentan-3-one)에는 세 종류의 탄소 원자가 존재한다. 시스-1,3-다이메틸사이클로펜테인(*cis*-1,3-dimethylcyclopentane)은 C_2 탄소와 C_4-C_5 결합의 중심을 포함하고 동시에 교재의 평면에 수직인 대칭면이 존재하기 때문에 네 종류의 탄소 원자가 존재한다.

2개

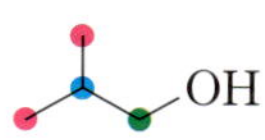

3개

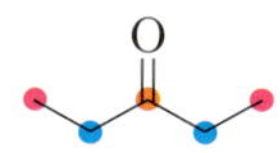

3개

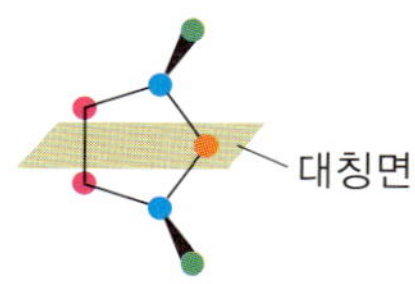

4개

이러한 개념을 조금 더 복잡한 화합물에도 물론 적용할 수 있다.

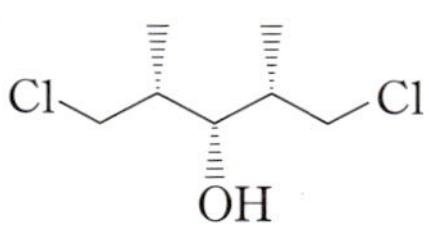

4개

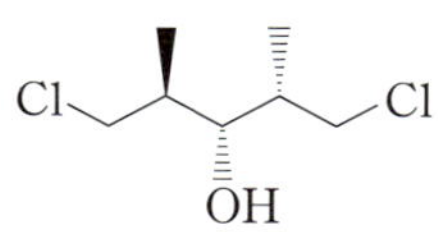

7개

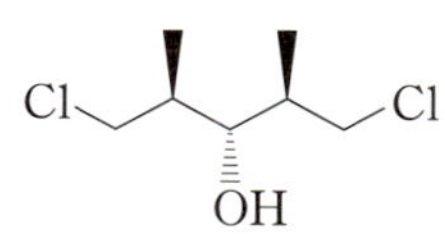

4개

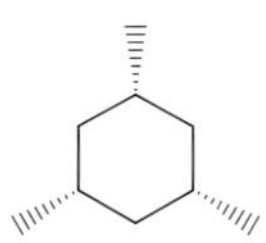

3개

6개

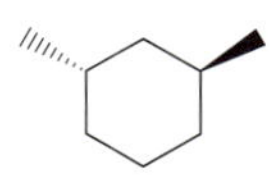

5개

11.10.3 화학적 이동

^{1}H NMR에서 소개한 화학적 이동(δ)의 개념(11.2.4절)은 ^{13}C NMR에서도 동일하게 적용된다.

^{1}H NMR에서 화합물의 작용기 및 구조가 화학적 이동 값에 영향을 주듯이(11.2절), ^{13}C NMR에서도 이러한 관계가 일부 성립한다. 그러나 ^{13}C NMR에서는 탄소 원자와 결합한 치환체의 성격(전기 음성도) 및 수, 탄소의 혼성(sp, sp^2, sp^3), 연속된 알킬 사슬의 수 등도 화학적 이동 값에 영향을 미치는 중요한 요인이기 때문에 ^{13}C NMR에서 탄소 골격에 대한 정보를 얻는 것이 그리 쉽지만은 않다.

그럼에도 불구하고 특정 작용기와 화학적 이동 값의 범위에 대한 대략적인 정보를 아래와 같이 정리하였다. 일반적으로 sp^3 탄소(단일 결합)는 δ 0~80, sp 탄소(삼중 결합)는 δ 80~110, sp^2 탄소(이중 결합)는 δ 110~150, 카보닐(C=O) 탄소는 δ 150~220 정도에서 관찰된다.

이러한 정보는 큰 틀에서 정리한 것으로, 특정 구조를 갖는 화합물의 피크가 이 범위를 벗어날 수도 있음을 알아야 한다.

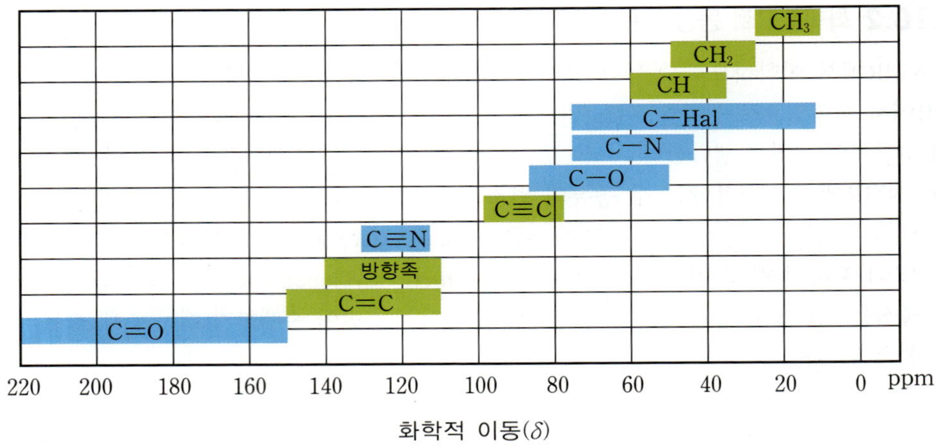

그림 11-20 특정 작용기와 화학적 이동 값

11.10.4 스펙트럼

알케인(포화 탄화수소) 화합물에서 특정 탄소의 화학적 이동(δ) 값은 메테인(CH_4)의 화학적 이동 값(−2.1)을 기준점으로 하고, α-탄소 +9.0, β-탄소 +9.5, γ-탄소 −2.5를 각각 보정함으로써 예측할 수 있다. 예를 들면, 프로페인(C_3H_8) 화합물에서 C_1 탄소는 α-탄소(C_2) 및 β-탄소(C_3)가 한 개씩 있으므로 아래와 같이 화학적 이동(δ) 값을 추론할 수 있는데, 실제로 이 값들은 모두 실험값에 근접해 있다.

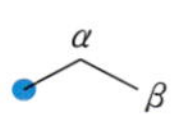

$-2.1 + 9.0(\alpha) + 9.5(\beta) = 16.4$(실험값 15.6)

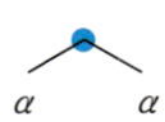

$-2.1 + 9.0(\alpha) \times 2 = 15.9$(실험값 16.1)

헥세인(C_6H_{14}) 화합물에서 C_1 탄소는 α-탄소(C_2)가 한 개, β-탄소(C_3)가 한 개, γ-탄소(C_4)가 한 개 있고, C_2 탄소는 α-탄소(C_1 및 C_3)가 두 개, β-탄소(C_4)가 한 개, γ-탄소(C_5)가 한 개 존재하며, C_3 탄소는 α-탄소(C_2 및 C_4)가 두 개, β-탄소(C_1 및 C_5)가 두 개, γ-탄소(C_6)가 한 개가 있다. 이러한 기본적인 정보를 바탕으로 화학적 이동(δ) 값을 아래와 같이 계산할 수 있는데, 이 값들 또한 모두 실험값과 유사함을 알 수 있다.

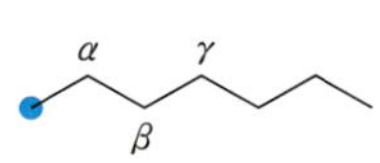

$-2.1 + 9.0(\alpha) + 9.5(\beta) - 2.5(\gamma) = 13.9$(실험값 14.2)

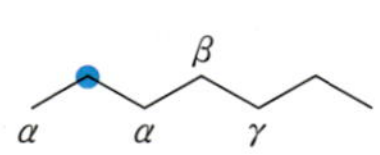

$-2.1 + [\,9.0(\alpha) \times 2] + 9.5(\beta) - 2.5(\gamma) = 22.9$(실험값 22.9)

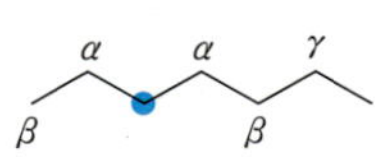

$-2.1 + [\,9.0(\alpha) + 2] + [9.5(\beta) \times 2] - 2.5(\gamma) = 32.4$(실험값 31.9)

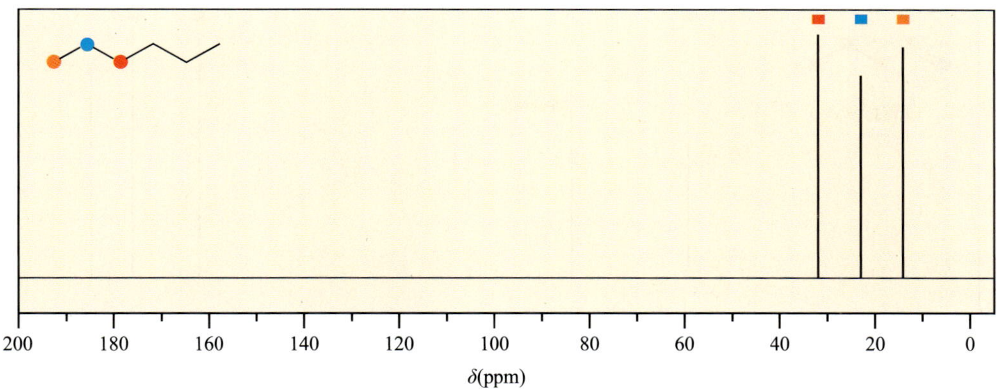

그림 11-21 헥세인의 ^{13}C NMR 스펙트럼

알코올은 주로 δ 50~90에서 관찰된다. 뷰탄-2-올(butan-2-ol) 화합물에서 C_2 탄소가 δ 69.3, 그리고 C_1, C_3, C_4 탄소가 각각 δ 22.8, 32.1, 10.0에서 나온다.

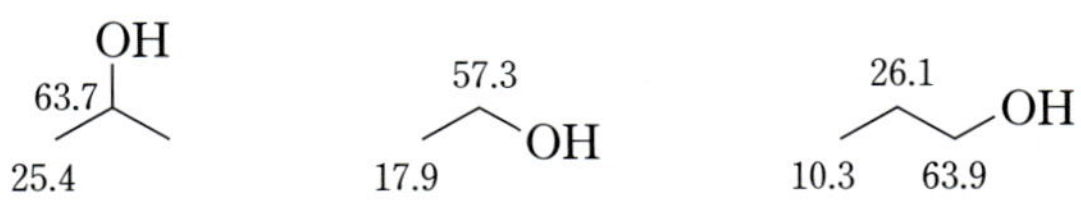

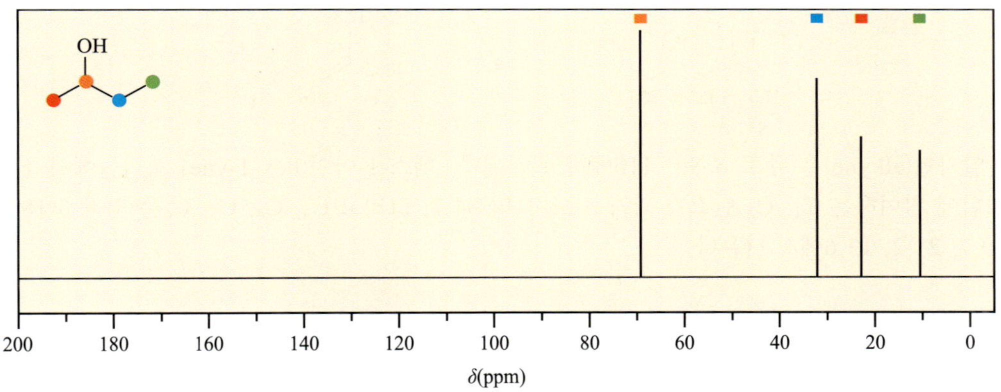

그림 11-22 뷰탄-2-올의 ^{13}C NMR 스펙트럼

알켄은 주로 δ 110~150에서 관찰된다. 펜트-1-엔(pent-1-ene) 화합물에서 이중 결합에 참여하는 C_1, C_2 탄소는 각각 δ 114.4 및 139.0, 그리고 C_3, C_4, C_5 탄소는 각각 δ 36.1, 22.3, 13.7에서 나온다.

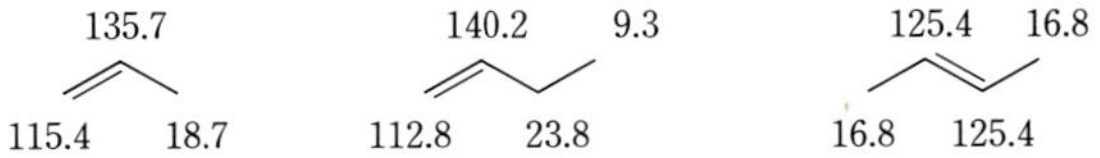

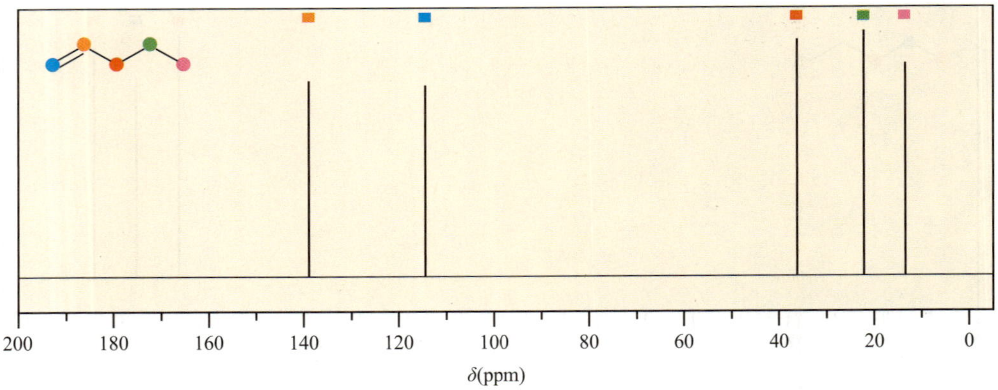

그림 11-23 펜트-1-엔의 ^{13}C NMR 스펙트럼

알켄에서는 알릴 탄소의 화학적 이동 값이 트랜스-알켄에서 5 ppm 정도 더 크게 관찰되는데 이것을 γ(감마)-효과라고 한다. γ-효과는 이중 결합의 배열을 정하는 데 매우 유용하게 활용할 수 있다.

알카인(alkyne)은 주로 δ 80~110에서 관찰된다. 헥스-1-아인(hex-1-yne) 화합물에서 삼중 결합에 참여하는 C_1, C_2 탄소가 각각 δ 68.1 및 84.7, 그리고 C_3, C_4, C_5, C_6은 각각 δ 18.1, 30.7, 21.2, 13.6에서 나온다.

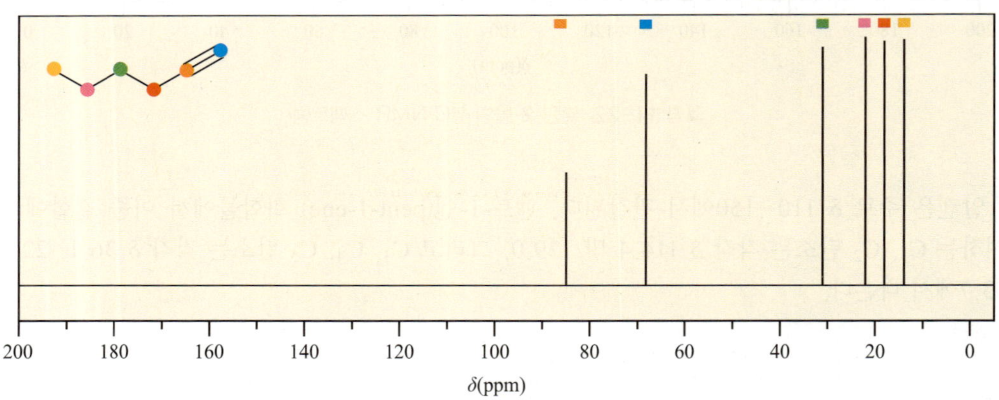

그림 11-24 헥스-1-아인의 ^{13}C NMR 스펙트럼

벤젠 고리는 주로 δ 110~140에서 관찰된다. 3-메틸스타이렌(3-methylstyrene) 화합물에서 벤젠 고리의 C_1, C_3 탄소는 수소 원자가 없기 때문에 δ 137.7 및 138.0에서 작은 크기로 관찰되고 (분명한 구별은 불가능), 벤젠 고리의 C_2, C_4, C_5, C_6 탄소는 δ 128.6, 128.5, 127.0, 123.4에서 나오며(분명한 구별은 불가능), 치환체인 $-C\underline{H}=CH_2$ 피크는 δ 137.1, $-CH=C\underline{H_2}$ 피크는

δ 113.5에서 관찰된다.

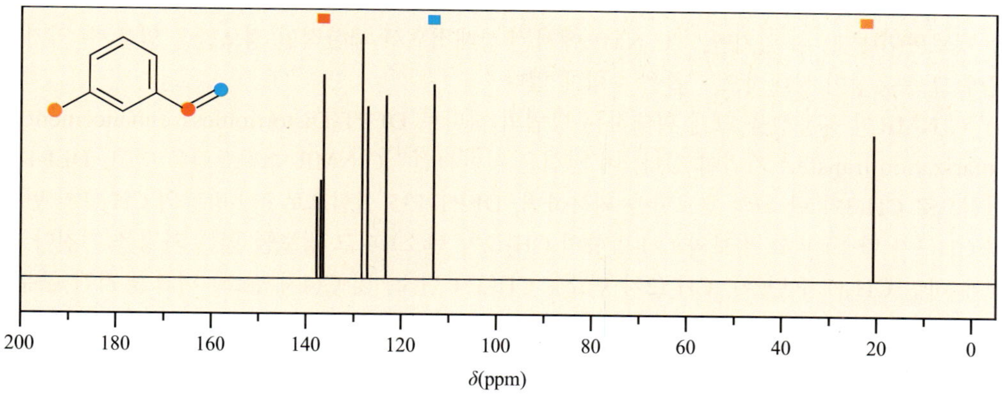

그림 11-25 3-메틸스타이렌의 ^{13}C NMR 스펙트럼

^{13}C NMR 스펙트럼에서 탄소 원자와 각각의 피크를 특정하는 것은 ^{13}C NMR 스펙트럼 이외의 다른 정보들을 종합적으로 분석해야만 얻을 수 있다.

카보닐(C═O) 탄소는 δ 150~220 정도에서 관찰된다. 뷰탄-2-온(butan-2-one) 화합물에서 C_2는 δ 209.3에서 작은 피크, 그리고 C_1, C_3, C_4가 각각 δ 29.4, 36.9, 7.9에서 관찰된다.

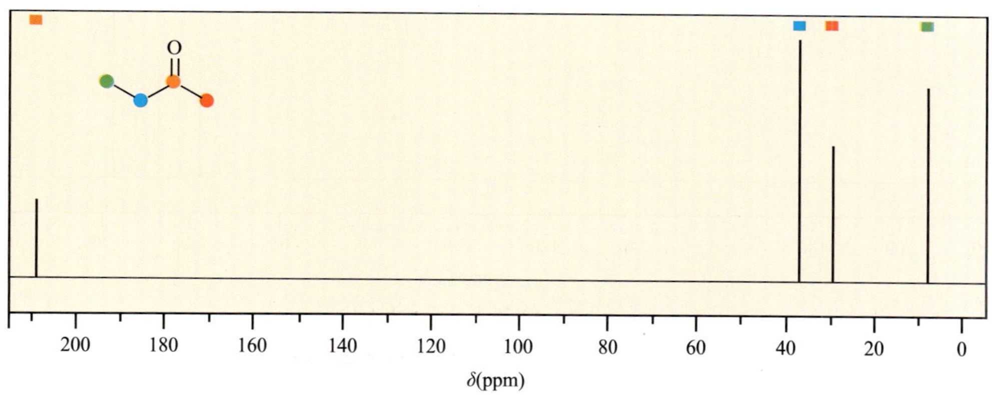

그림 11-26 뷰탄-2-온의 ^{13}C NMR 스펙트럼

에틸 아세테이트(ethyl acetate) 화합물은 C_1 카보닐 탄소가 δ 171.1에서 작은 피크, $-O\underline{C}H_2CH_3$이 δ 60.4, $\underline{C}H_3CO-OEt$은 δ 21.0, $-OCH_2\underline{C}H_3$가 δ 14.3에서 관찰된다.

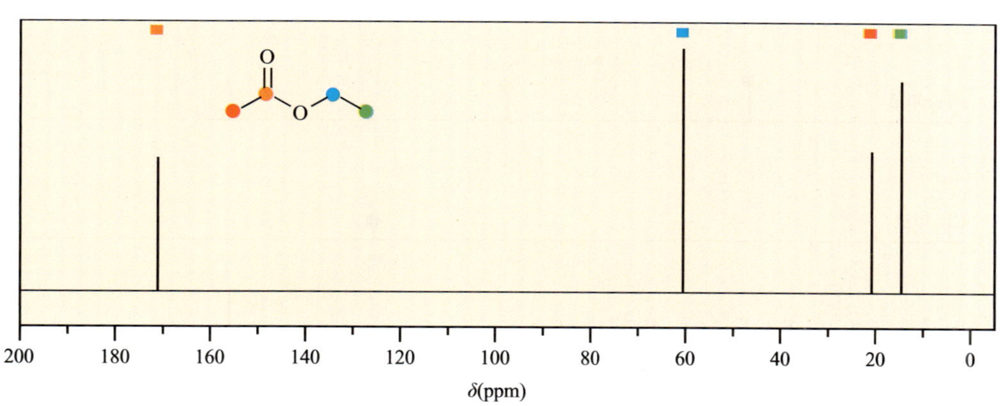

그림 11-27 에틸 아세테이트의 ^{13}C NMR 스펙트럼

^{13}C NMR 스펙트럼에서 탄소 원자와 각각의 피크를 특정하는 것은 ^{13}C NMR 스펙트럼 이외의 다른 정보들을 종합적으로 분석해야만 얻을 수 있다.

11.10.5 DEPT 스펙트럼

^{1}H NMR에서는 화학적 이동(δ), 갈라짐 형태, 적분 값 등을 종합하여 화합물의 구조에 대한 많은 정보를 추론할 수 있지만, ^{13}C NMR에서는 상대적으로 제한적인 정보만을 얻을 수 있기 때문에 그 응용성이 상대적으로 좁을 수밖에 없다.

^{13}C NMR의 응용성을 크게 확대하는 방법의 하나로 DEPT(Distortionless enhancement by polarization transfer) 기법이 있다. 이 방법은 일반적인 ^{13}C NMR 스펙트럼을 얻고, DEPT-90 실험으로 CH(3차 탄소)의 정보만을 획득하며, DEPT-135 실험으로 (+)-방향의 CH_3(1차 탄소) 및 CH(3차 탄소) 피크 정보와 (−)-방향의 CH_2(2차 탄소) 피크 정보를 얻는 과정을 거친다. 이렇게 하면 CH_3(1차 탄소), CH_2(2차 탄소), CH(3차 탄소) 및 C(4차 탄소) 피크를 각각 구분할 수 있게 된다.

5-메틸헥산-2-온(5-methylhexan-2-one)의 ^{13}C 스펙트럼을 찍으면 아래와 같이 δ 209, 42, 32.9, 30.0, 27.8, 22.5에서 피크가 관찰되지만, 여섯 개의 탄소와 각각의 피크를 모두 정확하게 1:1로 특정하기는 매우 어렵다.

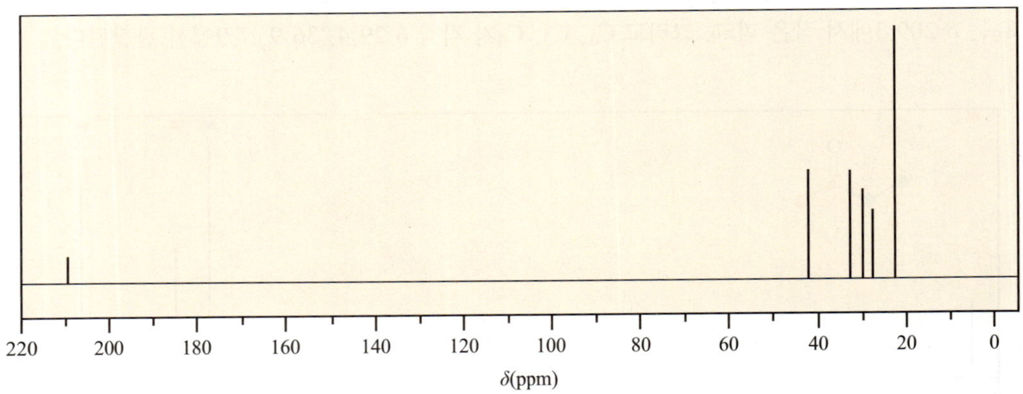

그러나, DEPT 스펙트럼을 찍으면 CH, CH_2, CH_3 피크를 구분할 수 있기 때문에 보다 정확하게 여섯 개의 탄소와 피크를 각각 특정할 수 있다.

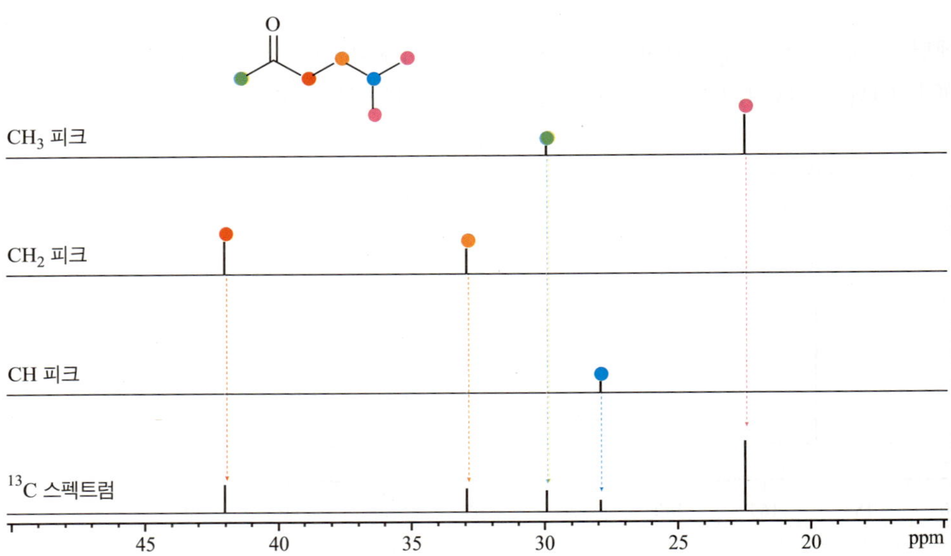

그림 11-28 5-메틸헥산-2-온의 ^{13}C NMR, DEPT-90, DEPT-135 스펙트럼

11.11 2차원 핵자기 공명 분광학

지금까지의 ^1H 및 ^{13}C 스펙트럼들은 가로축은 δ ppm, 세로축은 피크의 세기로 표시하였다. 그러나, 화합물의 구조가 복잡해지면 스펙트럼도 복잡해져서 각각의 수소 또는 탄소 원자핵에 해당하는 피크를 특정하는 것이 더욱 어렵게 된다. 이러한 문제점을 극복하기 위하여 연구자들은 [^1H/^1H] 또는 [^1H/^{13}C] 사이의 미세한 상호 작용을 표현하는 **2차원 상관 분광학(2D COSY, Two Dimensional Correlation Spectroscopy)** 기법을 개발하였다.

2D COSY 기법은 같은 원자핵 사이의 갈라짐(coupling) 상호 작용을 이용하는 **동종핵 2차원 상관 분광학(homonuclear 2D COSY)**과 다른 원자핵 사이의 갈라짐 상호 작용을 이용하는 **이종핵 2차원 상관 분광학(heteronuclear 2D COSY)** 기법으로 구분할 수 있다. 교재에서는 비록 ^1H/^1H 및 ^1H/^{13}C 2D COSY만을 간단히 소개할 예정이지만, 지금까지 수많은 종류의 2D 기법이 개발되어 유기 화합물의 구조 분석에 큰 기여를 하고 있다.

일반적으로 ^1H/^1H 2D COSY 스펙트럼은 가로축 및 세로축이 모두 ^1H NMR 스펙트럼이고, 다수의 등고선이 2차원 평면에 표현되는 형식을 따른다. 등고선은 화학적 이동(δ) 값을 기준으로 $x = y$ 직선상에 위치하는 등고선과 그렇지 않은 등고선으로 구분되고, 직선 밖의 등고선에서 세로 및 가로 방향으로 직선을 그리면 가로 및 세로 방향의 스펙트럼 피크와 각각 교차하는데 이로부터 두 개의 피크가 서로 인접함을 알 수 있다.

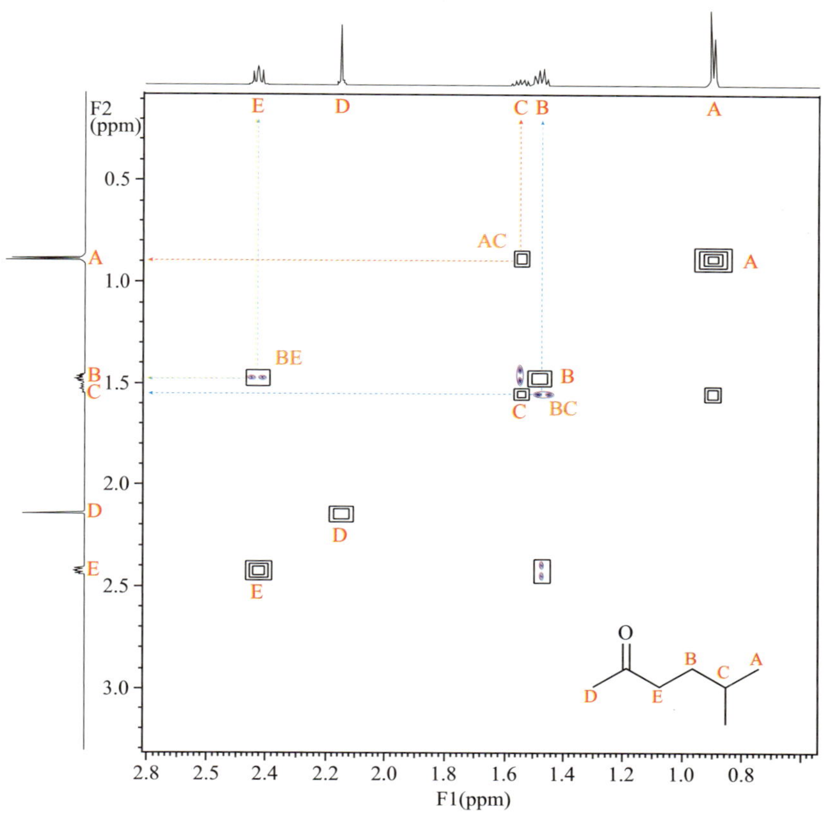

그림 11-29 5-메틸헥산-2-온의 ^1H/^1H 2D COSY 스펙트럼

5-메틸헥산-2-온(5-methylhexan-2-one)에서 ^1H/^1H 2D COSY 스펙트럼의 해석은 다음과 같다. 우선 피크 **A**는 화학적 이동 값, 갈라짐 형태, 적분 값 등을 고려할 때 $(C\underline{H}_3)_2$로 특정할 수

원자핵 사이에 존재하는 갈라짐 상호 작용의 크기는 지도에서 사용하는 등고선으로 표시한다.

있다. 등고선 **AC**는 피크 **A**와 **C** 사이에 스핀–스핀 갈라짐이 존재함을, 즉 피크 **A**와 **C**가 인접함을 의미하는 것으로서 피크 **C**는 C_5–H가 된다. 동일한 원리를 적용하면 등고선 **BC**로부터 피크 **B**가 C_4의 수소 원자이고, 등고선 **BE**로부터 피크 **E**가 C_3의 수소 원자임을 알 수 있다. 피크 **D**는 이와 연관되는 등고선이 없는데 이것은 스핀–스핀 갈라짐 현상을 유발하는 인접한 C–H 결합이 없다는 것을 의미한다.

$^1H/^{13}C$ 2D COSY 스펙트럼은 가로축은 ^{13}C NMR 스펙트럼, 세로축은 ^1H NMR 스펙트럼이 위치하고(반대 방향의 배열도 가능), 다수의 등고선이 2차원 평면에 표현되는 형식을 따른다. 그리고, 특정 등고선에서 세로 및 가로 방향으로 직선을 그리면 가로 및 세로 방향의 스펙트럼 피크와 각각 교차하는데 이것은 교차점에 해당하는 화학적 이동 값의 수소 및 탄소 원자핵들이 서로 결합하고 있음을 의미한다.

5-메틸헥산-2-온(5-methylhexan-2-one)에서 $^1H/^{13}C$ 2D COSY 스펙트럼의 해석은 다음과 같다. 위에서 $^1H/^1H$ 2D COSY 스펙트럼을 이용하여 5-메틸헥산-2-온의 ^1H NMR 피크를 특정하였으므로, 이 정보를 활용하면 각 탄소의 ^{13}C NMR 피크들을 그림에서와 같이 명확하게 특정할 수 있다.

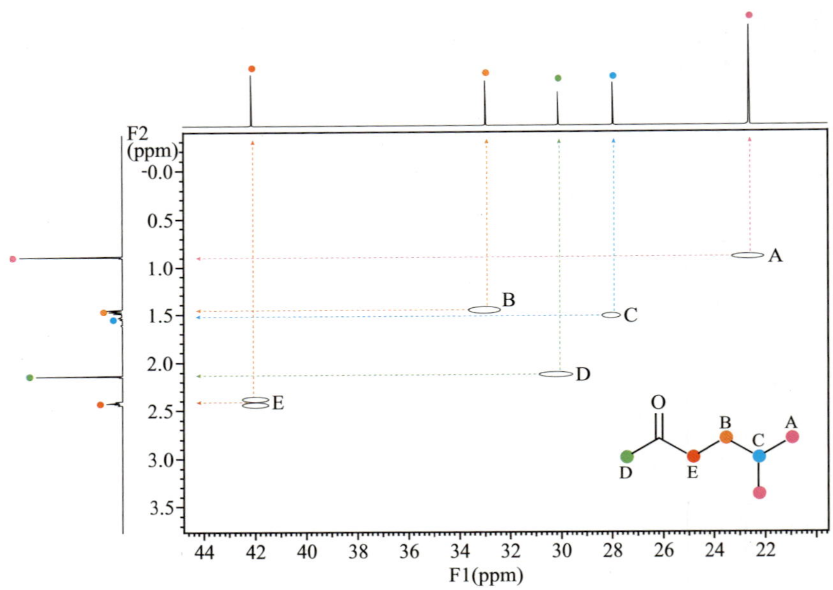

그림 11-30 5-메틸헥산-2-온의 $^1H/^{13}C$ 2D COSY 스펙트럼

연습 문제

1. 아래의 화합물에서 표시한 수소 원자핵의 화학적 이동 값을 예상하시오.

(a) 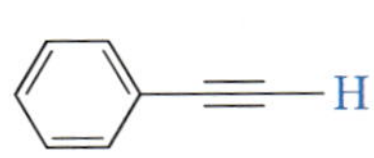

(b) 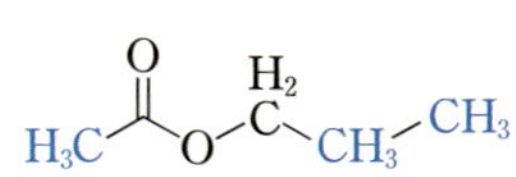

(c) 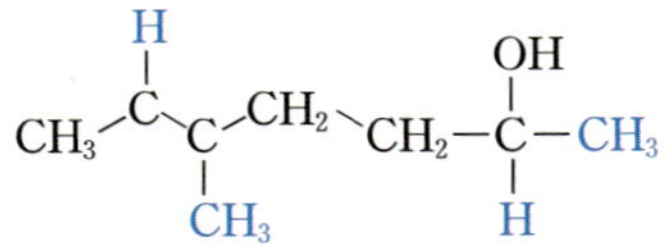

2. 아래의 화합물에서 동등한 수소 원자핵들을 묶음으로 표시하고, 각각의 피크에 해당하는 상대적인 적분 값들을 표시하시오.

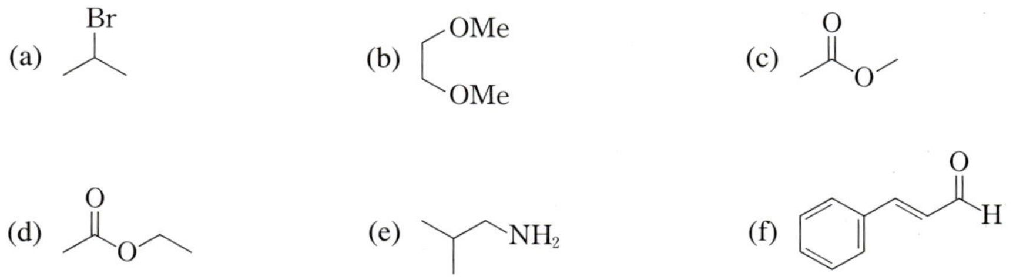

3. 아래의 구조를 갖는 화합물에서 H_a, H_b, H_c의 공명 진동수는 서로 겹치지 않는다. J_{ab}, J_{ac}의 값이 아래와 같을 때 각 수소 원자핵의 갈라짐 형식을 그리시오.

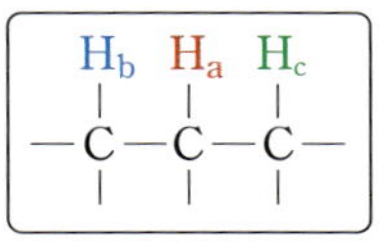

(a) $J_{ab} = 6$ Hz, $J_{ac} = 4$ Hz
(b) $J_{ab} = 4$ Hz, $J_{ac} = 6$ Hz
(c) $J_{ab} = J_{ac} = 6$ Hz

4. 아래 화합물의 모의 ^{1}H NMR 스펙트럼에서 피크의 화학적 이동, 적분 값, 갈라짐 형태 등을 설명하시오.

(a) 2,2,3-트라이브로모뷰테인(2,2,3-tribromobutane)

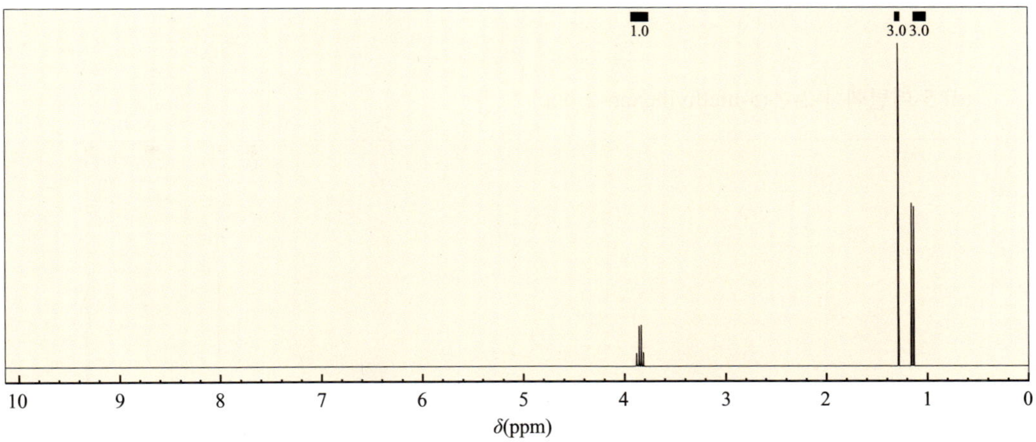

(b) 3-메틸스타이렌(3-methylstyrene)

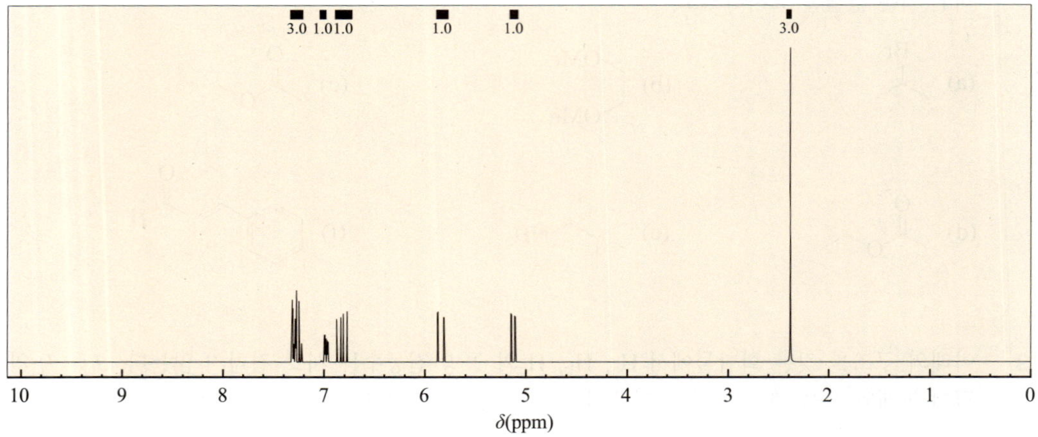

(c) 펜트-1-엔(pent-1-ene)

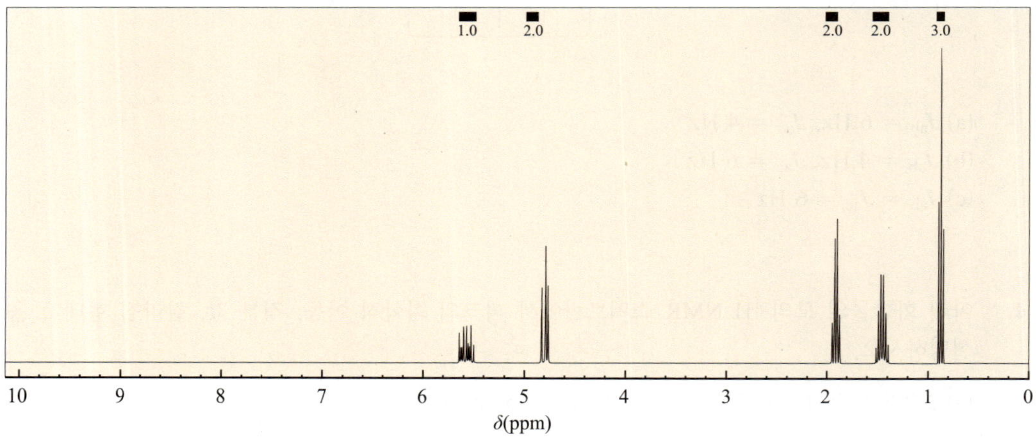

(d) 5-메틸헥산-2-온(5-methylhexan-2-one)

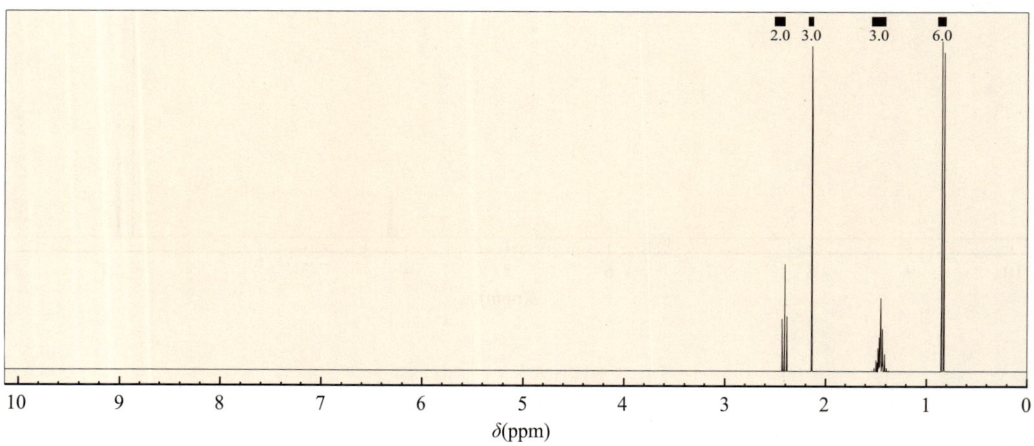

5. 아래 주어진 화합물의 모의 ^{13}C NMR 스펙트럼에서 원자핵과 피크를 특정하시오.

(a) 1,1,2-트라이클로로에테인(1,1,2-trichloroethane)

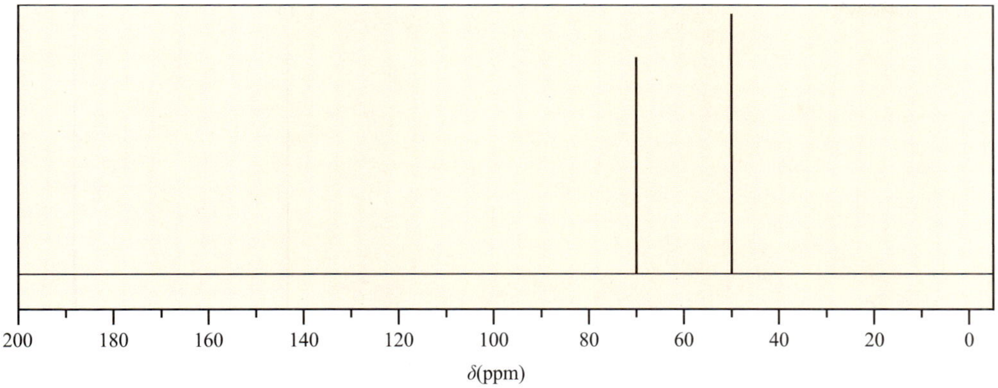

(b) 5-메틸헥산-2-온(5-methylhexan-2-one)

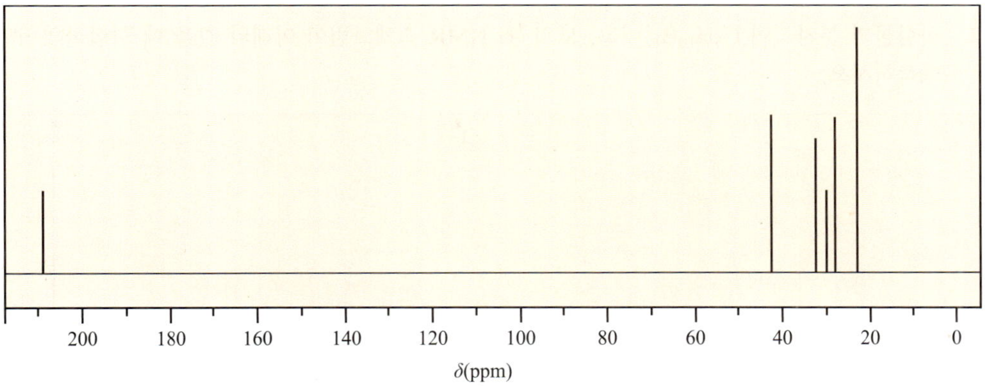

(c) 메타-크레졸(*m*-cresol)

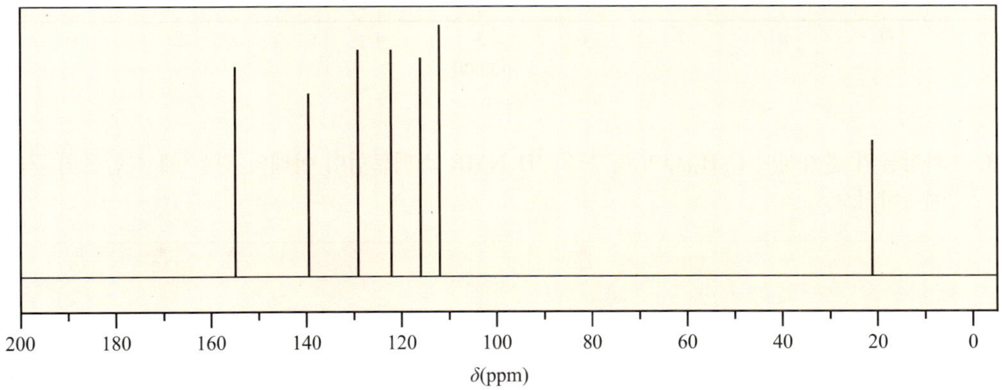

6. 화합물의 분자식이 $C_5H_{10}Br_2$이고, 모의 ^1H NMR 스펙트럼이 아래와 같을 때 화합물의 구조를 예측하시오.

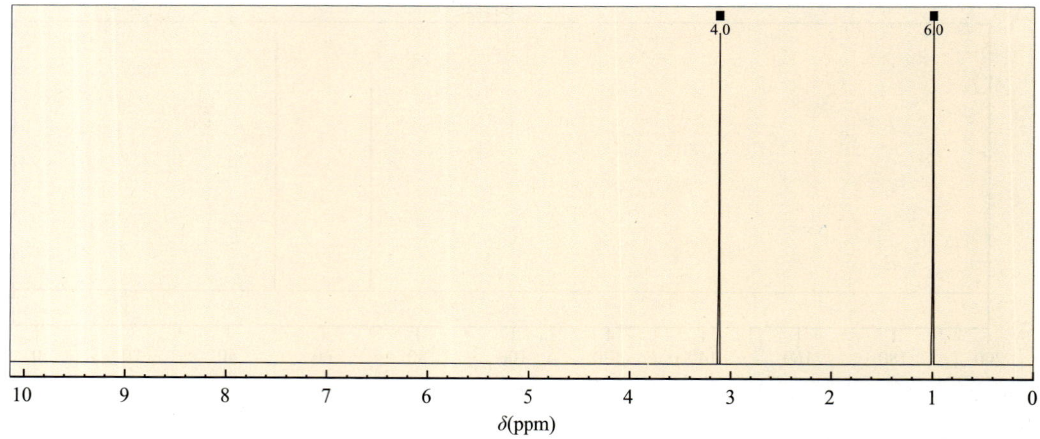

7. 화합물의 분자식이 $C_5H_{10}Br_2$이고, 모의 ^1H NMR 스펙트럼이 아래와 같을 때 화합물의 구조를 예측하시오.

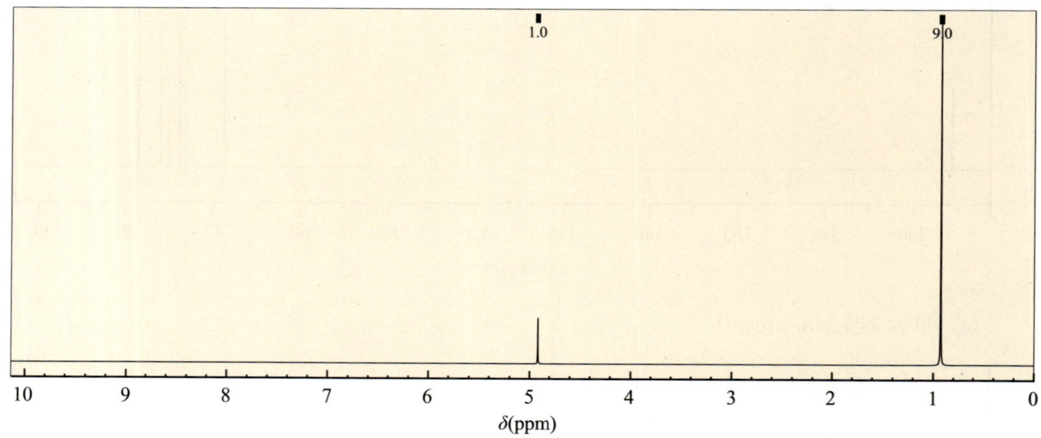

8. 화합물의 분자식이 $C_6H_{10}O$이고, 모의 ^1H NMR 스펙트럼이 아래와 같을 때 화합물의 구조를 예측하시오.

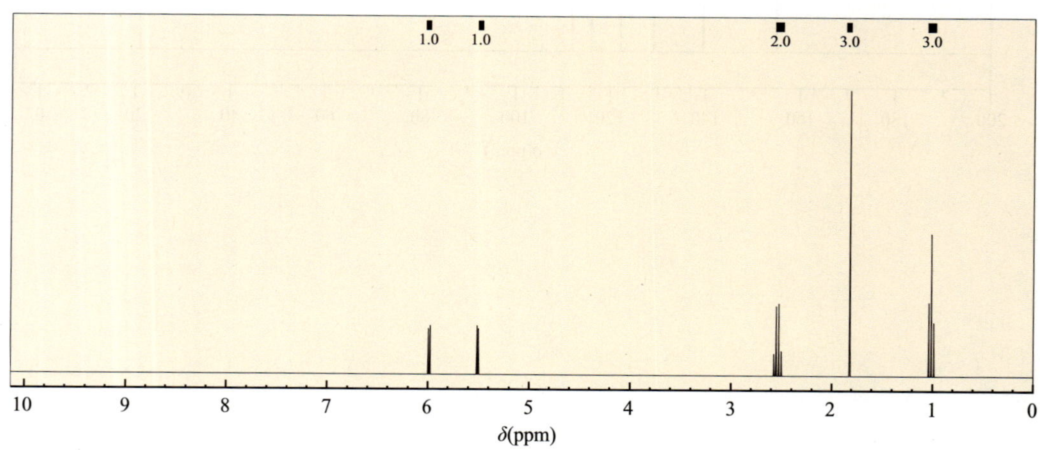

12장

적외선 분광학, 자외선–가시광선 분광학 및 질량 분광학

ⓒ boonchok/Shutterstock

12.1 적외선 분광학

11장에서는 C−H 결합 및 탄소 골격에 대한 정보를 제공하는 ^{1}H NMR과 ^{13}C NMR에 대하여 기술하였다. 이어지는 12장에서는 **적외선 분광학(IR spectroscopy)**, **자외선-가시광선 분광학(UV−VIS spectroscopy)** 및 **질량 분광학(mass spectroscopy)**에 관하여 기술하기로 한다.

12.1.1 서론

적외선 분광학(Infrared spectroscopy)은 ^{1}H NMR 및 ^{13}C NMR이 개발되기 이전에는 분자 구조에 대한 정보를 얻는 가장 중요한 수단이었다.

적외선 분광학(IR spectroscopy)은 화합물에서 진동 운동(vibrational motion)을 감지함으로써 작용기에 대한 정보를 제공한다(11.1절). 이 방법은 고체, 액체, 기체 및 용액 등 다양한 상태(state)에서 스펙트럼을 찍을 수 있다는 장점이 있다.

CH_2 작용기의 운동 방식은 크게 C−H의 결합 길이가 변하는 신축 진동(stretching vibration)과 C−H의 결합 길이가 일정한 굽힘 진동(bending vibration)으로 구분한다. 신축 진동은 CH_2를 포함하는 평면 내(in-plane)의 운동으로서 C−H 결합 길이가 동시에 증가 또는 감소하는 대칭(symmetric) 신축 운동과 하나의 C−H 결합 길이는 증가하고 다른 C−H 결합 길이는 감소하는 비대칭(antisymmetric) 신축 운동으로 세분된다. 반면에, 굽힘 진동은 CH_2를 포함하는 평면 내(in-plane)에서 진행되는 가위질(scissoring) 및 좌우 흔듦(rocking), 그리고 CH_2를 포함하는 평면 밖(out-of-plane)으로 진행되는 앞뒤 흔듦(wagging) 및 꼬임(twisting)이 있다.

신축 운동: 평면 내 운동:

대칭

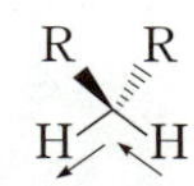

비대칭

굽힘 운동: ① 평면 내 운동:

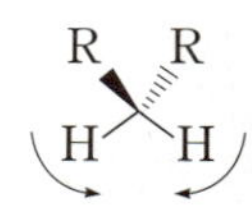

가위질

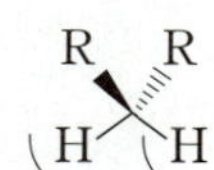

좌우 흔듦

② 평면 밖 운동:

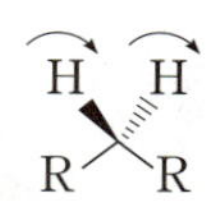

앞뒤 흔듦

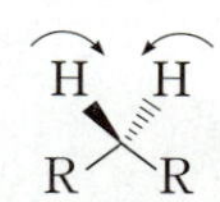

꼬임

n-뷰테인(n-C_4H_{10}) 화합물에서 ^{1}H NMR은 두 개의 피크, ^{13}C NMR도 두 개의 피크가 관찰되지만 IR에서는 최대 36개(= 14×3−6)의 피크가 나올 수 있다.

이론적으로 n개의 원자를 갖는 비선형 다원자 분자(nonlinear polyatomic molecule)는 최대 ($3n-6$)개의 진동 운동이 가능하기 때문에 최대 ($3n-6$)개의 IR 피크를 관찰할 수 있다. 그리고 화합물의 크기가 증가하면 IR에서 관찰되는 피크의 수가 급격하게 증가하기 때문에 각각의 피크가 동일 또는 인접한 진동수에서 겹치는 상황이 발생한다. 이러한 이유로 IR 스펙트럼은 각각의 독립적인 피크가 아니라 이들이 연속적으로 이어진 복잡한 형태로 주어진다. 그럼에도 불구하고 각각의 화합물은 자신만의 특징적인 IR 스펙트럼을 갖기 때문에 두 화합물의 IR 스펙트럼이 완전히 일치하면 두 화합물은 동일한 것으로 판단할 수 있다.

대부분의 작용기들은 화합물의 구조와 무관하게 일정한 범위의 진동수에서 관찰된다. 일반적으로 수소 원자를 제외한 단일 결합(C−C, C−O, C−N, C−X)의 신축 운동은 500~1500 cm^{-1}, 이중 결합(C=C, C=N, C=O)의 신축 운동은 1500~2000 cm^{-1}, 삼중 결합(C≡C, C≡N)의 신축 운동은 2000~2500 cm^{-1}, 수소 원자를 포함하는 단일 결합(H−C, H−O, H−N)의 신축 운동은 2500~4000 cm^{-1} 정도에서 관찰된다.

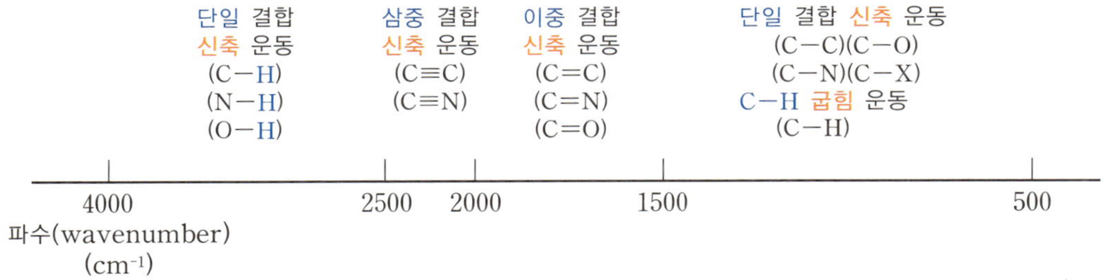

양자역학에 의하면 진동 운동 과정에서 쌍극자 모멘트(dipole moment)의 변화가 있어야만 IR 피크가 관찰된다.

12.1.2 스펙트럼

지금까지 다양한 화합물의 적외선 스펙트럼이 알려져 있고, 다양한 DB가 개발되어 상용화 되었으며, 대부분의 교재에서 특정 작용기와 이에 대응하는 파수의 범위들을 제시하고 있다. 12.1.2절에서는 이러한 연관 정보들을 상세하게 제시하기보다는 적외선 스펙트럼에서 자료를 추출하는 방법을 중심으로 간략하게 기술할 예정이다.

적외선 스펙트럼은 가로축은 파수(wave number, $\overline{v}$), 세로축은 특정 파수를 갖는 빛의 투광도(transmittance)로 표현한다. 따라서 어떤 작용기가 특정한 적외선 파수(진동수)를 강하게 흡수하면 아래로 큰 피크가 생기고(*s*, strong), 적당히 흡수하면 아래로 중간 크기의 피크가 생기며(*m*, medium), 잘 흡수하지 않으면 아래로 작은 피크가 생긴다(*w*, weak).

$$\Delta E = hv = h\left(\frac{c}{\lambda}\right) = hc\frac{1}{\lambda} = hc\overline{v}$$

헥세인(hexane)의 적외선 스펙트럼은 다음과 같다. 헥세인은 C−C 및 C−H 단일 결합만 존재하는데 2800~3030 cm^{-1}(*s*) (C−H 신축 운동), 1430~1490 cm^{-1}(*m*) (C−C 신축 운동), 1350~1390 cm^{-1}(*m*) (C−C 신축 운동), 700~750 cm^{-1}(*w*) (C−H 굽힘 운동)에서 피크가 관찰된다. 이것을 2800~3030 cm^{-1}(*s*), 1460 cm^{-1}(*m*), 1380 cm^{-1}(*m*), 730 cm^{-1}(*w*)으로 표현하기도 한다. 다만, C−C 및 C−H 단일 결합은 거의 모든 유기 화합물에서 공통적으로 존재하기 때문에 미지의 화합물을 분석하는 데 도움이 되지 못할 수 있다.

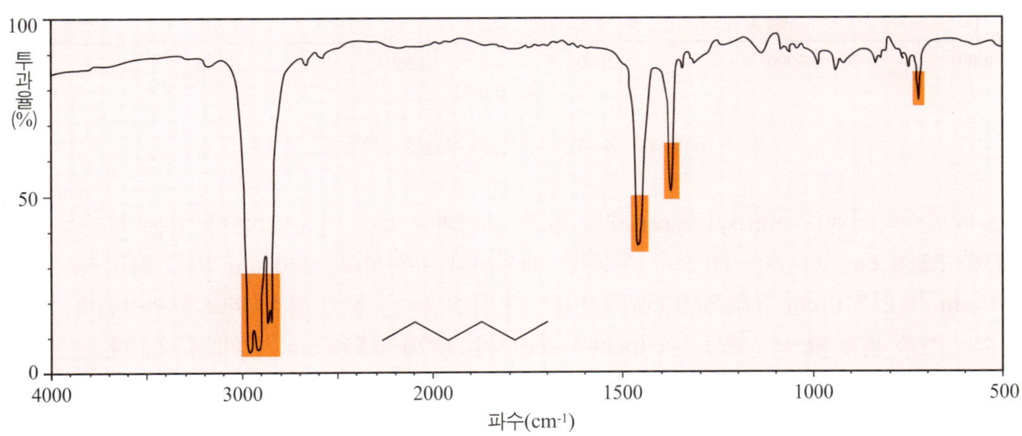

그림 12-1 헥세인의 적외선 스펙트럼

펜트-1-엔(pent-1-ene)은 C=C 이중 결합이 있는 화합물로서 2800~3110 cm^{-1}(*s*) (C−H 신축 운동) 및 1400~1490 cm^{-1}(*m*) (C−C 신축 운동) 피크는 헥세인과 유사하다. 그러나 910 및 990 cm^{-1}(*m*) (C−H 굽힘 운동) 피크가 상당히 크고, 1650 cm^{-1}(*m*) (C=C 신축 운동)이 보인다는 점에 차이가 있다.

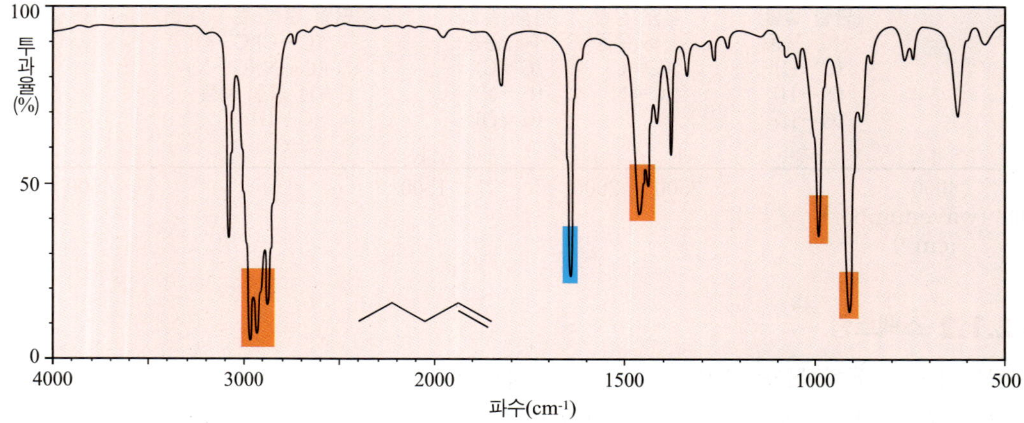

그림 12-2 펜트-1-엔의 적외선 스펙트럼

헥스-1-아인(hex-1-yne)은 C≡C 삼중 결합이 있는 화합물로서 2800~3010 cm^{-1}(*s*) (C−H 신축 운동) 및 1410~1500 cm^{-1}(*m*) (C−C 신축 운동) 피크는 헥세인과 유사하다. 차이점으로는 600~700 cm^{-1}(*s*) (C−H 굽힘 운동) 피크가 상당히 크고, 2120 cm^{-1}(*w*) (C≡C 신축 운동)이 관찰되는 데 있다.

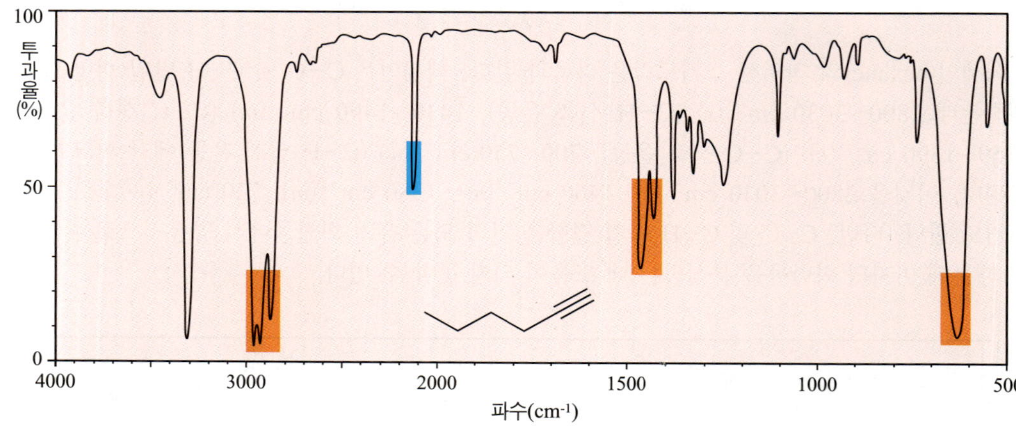

그림 12-3 헥스-1-아인의 적외선 스펙트럼

3-메틸스타이렌(3-methylstyrene)은 벤젠 고리와 C=C 이중 결합이 있는 화합물로서 2830~3110 cm^{-1}(*s*) (C−H 신축 운동)은 헥세인과 유사하고, 980 cm^{-1}(*s*), 910 cm^{-1}(*s*), 790 cm^{-1}(*s*), 710 cm^{-1}(*s*), 660 cm^{-1}(*s*) (C−H 굽힘 운동) 등의 강한 피크가 관찰된다. 벤젠 탄소의 신축 운동 피크는 펜트-1-엔(pent-1-ene)처럼 1570~1650 cm^{-1}(*s*)에서 나온다.

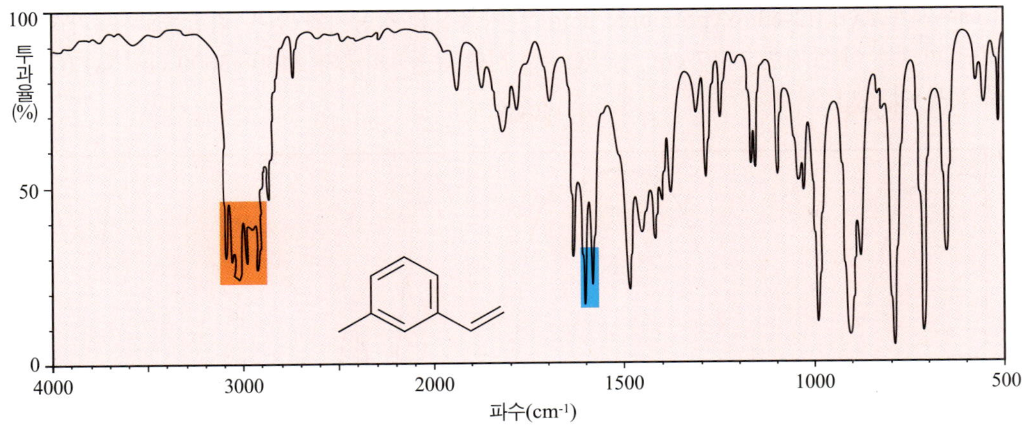

그림 12-4 3-메틸스타이렌의 적외선 스펙트럼

뷰탄-2-올(butan-2-ol)은 $-OH$ 작용기가 있는 화합물로서 2810~3010 cm^{-1}(*s*) (C−H 신축 운동) 및 1240~1490 cm^{-1}(*m*) (C−C 신축 운동) 피크가 헥세인과 유사하지만, 알코올의 가장 특징적인 피크인 3080~3580 cm^{-1}(*s*) (O−H 신축 운동)이 넓은 범위에 걸쳐 관찰된다.

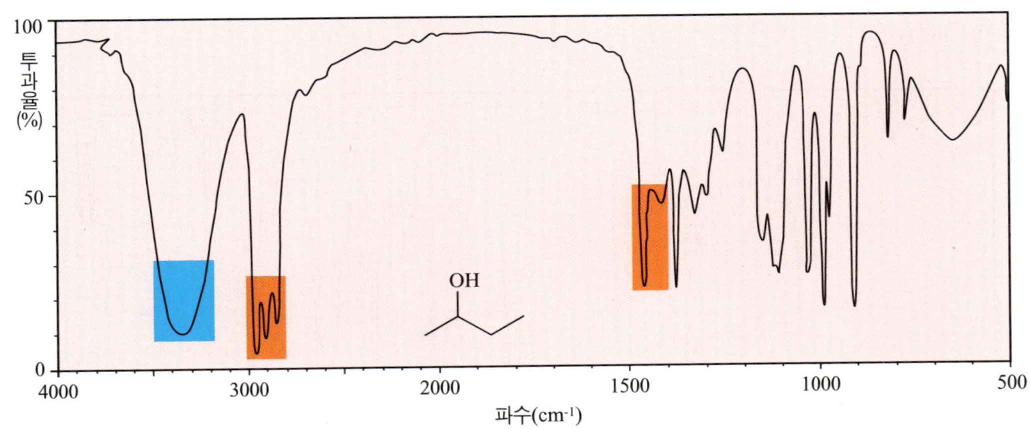

그림 12-5 뷰탄-2-올의 적외선 스펙트럼

뷰탄-2-온(butan-2-one)은 카보닐 작용기가 있는 화합물로서 2840~3040 cm^{-1}(*m*) (C−H 신축 운동) 및 1330~1470 cm^{-1}(*m*) (C−C 신축 운동) 피크는 헥세인과 유사하다. 케톤 카보닐의 가장 특징적인 피크는 1720 cm^{-1}(*s*) (C=O 신축 운동)에서 매우 강하게 관찰된다.

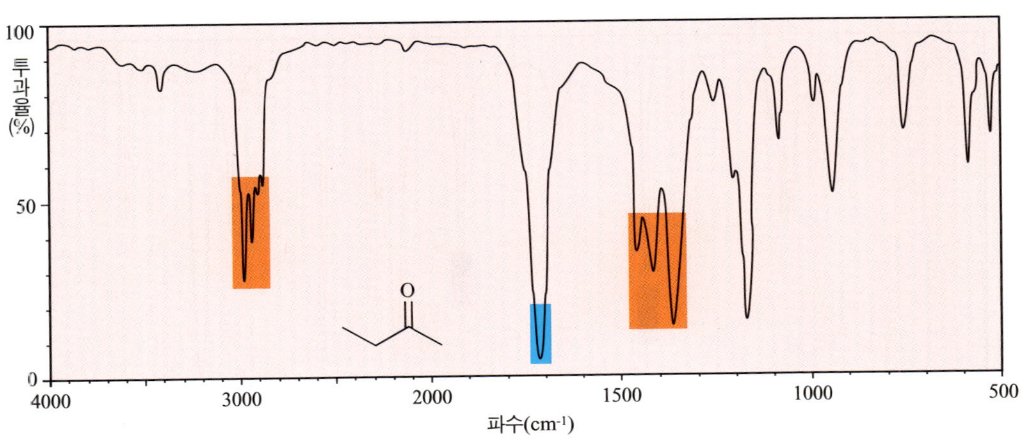

그림 12-6 뷰탄-2-온의 적외선 스펙트럼

3-에톡시프로판산(3-ethoxypropionic acid)은 카복실산 작용기가 있는 화합물로서, 가장 특징적인 피크는 아주 강한 1717 cm^{-1}(*s*) (C=O 신축 운동) 피크와 2400~3600 cm^{-1}(*s*) (O−H 신축 운동)이 있다.

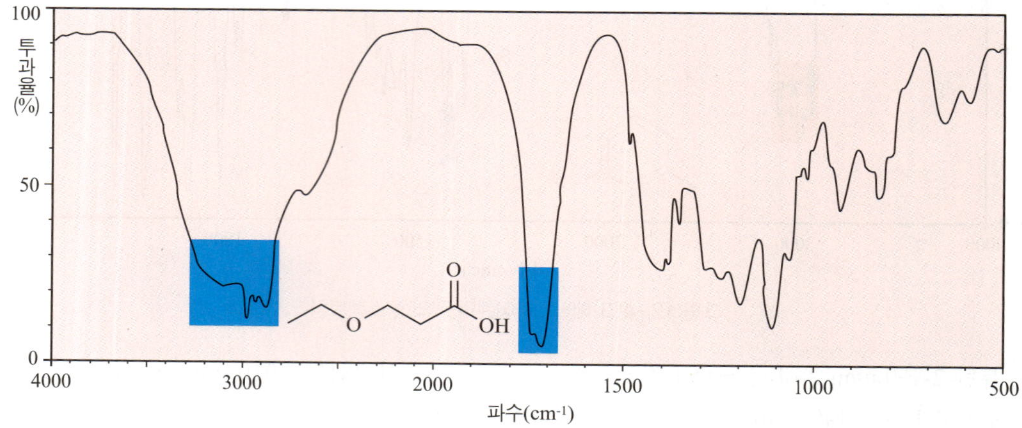

그림 12-7 3-에톡시프로판산의 적외선 스펙트럼

에틸 아세테이트(ethyl acetate)에서는 아주 강한 1743 cm^{-1}(*s*) (C=O 신축 운동)이 가장 특징적인 피크이다.

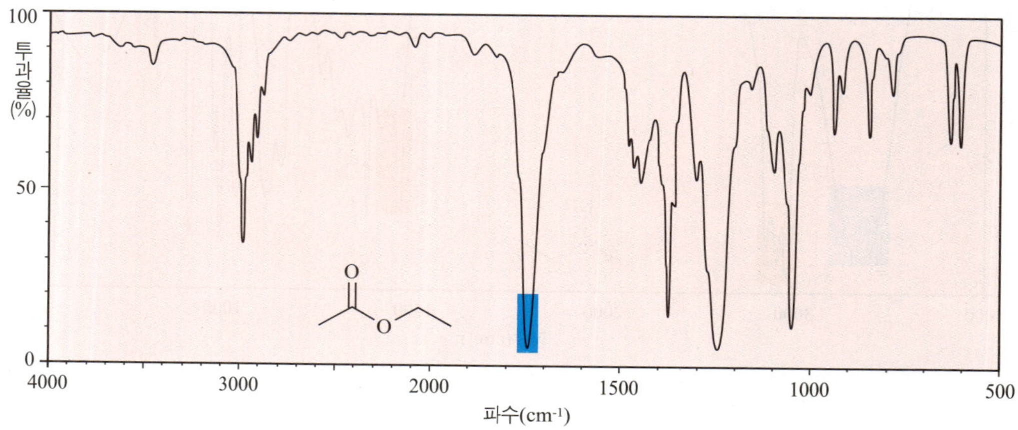

그림 12-8 에틸 아세테이트의 적외선 스펙트럼

메스아크릴로나이트릴(methacrylonitrile)에서는 아주 강한 2229 cm^{-1}(*s*) (C≡N 신축 운동) 및 1626 cm^{-1}(*s*) (C=C 신축 운동) 피크가 가장 특징적이다.

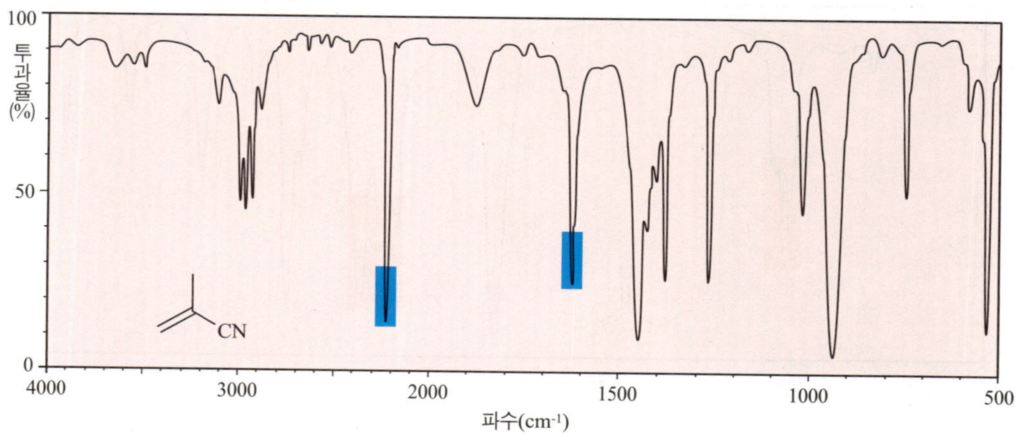

그림 12-9 메스아크릴로나이트릴의 적외선 스펙트럼

위의 적외선 스펙트럼에서 설명한 바와 같이 특정 작용기와 대응되는 피크의 위치 및 흡수 정도에 대한 정보를 알면 간단한 화합물의 구조를 분석하는 데 상당한 도움이 된다. 다만, 적외선 스펙트럼을 보다 정확하게 해석해야 하는 상황이라면 추가로 시간을 내어서 학습하는 것이 필요할 것이다.

12.2 자외선-가시광선 분광학

12.2.1 서론

자외선-가시광선 분광학(UV-VIS spectroscopy)은 전자 전이와 관련한 정보를 제공하는데, 일반적으로 스펙트럼에서 얻을 수 있는 정보가 제한적이어서 화합물의 구조를 분석할 때 핵자기 공명 분광학(11장), 적외선 분광학(12.1절), 질량 분광학(12.3절)보다 효용성이 적다. 그러나, 최근에는 인공 광합성 및 태양 전지 등의 에너지 관련 연구, 바이오 센서(biosensor) 연구, 질병의 진단 및 치료 분야에 이르기까지 자외선-가시광선 분광학의 활용도가 증가하고 있다.

자외선(ultraviolet light, UV), 가시광선(visible light, VIS)

12.2.2 흡광도 및 흡광 계수

^{1}H NMR에서 피크의 크기는 공명 진동수(ν)에 해당하는 에너지를 흡수하는 수소 원자의 수에 비례하고(11.4절), 적외선 분광학에서 피크의 크기는 결합의 진동과 연동되는 쌍극자 모멘트의 변화에 의존적이다(12.1.1절). 이제는 자외선-가시광선 분광학에서 피크의 크기에 영향을 주는 요인들에 대하여 알아보자.

자외선-가시광선 분광기의 기본 원리는 빛이 시료를 통과하기 이전에 파장에 따른 빛의 세기(I_o)를 관찰하고, 빛이 시료를 통과한 후 파장에 따른 빛의 세기(I)를 다시 측정하는 데 있다.

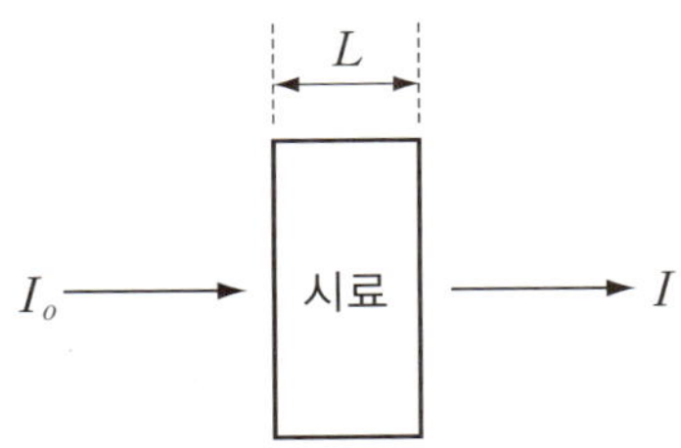

위에서 측정한 두 가지 정보를 이용하여 **투광도(transmittance**, T), **흡광도(absorbance**, A), **흡광 계수(extinction coefficient** 또는 **molar absorptivity**, ε)를 아래와 같이 정의한다. 이에 의하면 시료의 농도(c)가 진하고 빛의 투과 길이(L)가 크면 전자기파와 시료 분자가 상호 작용하는 확률이 증가하므로 시료를 통과한 전자기파의 세기(I)는 감소하고, 따라서 흡광도(A)가 함께 감소한다. 반면에 흡광 계수(ε)는 시료의 농도(c) 및 투과 길이(L) 등의 변수를 제거하였기 때문에 동일한 조건에서는 항상 일정한 값이 된다.

$$A = -\log T = -\log \frac{I}{I_o}$$

$$\varepsilon = \frac{A}{c \cdot L}$$

T: 투광도
A: 흡광도
ε: 흡광 계수
c: 농도(mol/L)
L: 용기의 길이(cm)

12.2.3 스펙트럼

자외선-가시광선 스펙트럼은 가로축은 파장(nm), 세로축은 흡광도를 사용해서 파장에 따른 흡광도의 변화를 표현한다. 일반적으로 자외선-가시광선 스펙트럼은 적외선 스펙트럼처럼 피크들이 중복되기 때문에 완만한 곡선 형태로 관찰되고, 피크를 특정할 때에는 흡광도(A)가 가장 큰 피크의 파장(λ_{max})과 그 파장에서의 흡광 계수(ε_{max})를 흔히 사용한다.

뷰타-1,3-다이엔(buta-1,3-diene)의 자외선-가시광선 스펙트럼은 다음과 같다.

일반적으로 1,3-다이엔(1,3-diene)의 흡광 계수는 주로 10000~25000 영역에 속하고, λ_{max} 값은 용매에 따라서 변동성이 매우 클 수 있다.

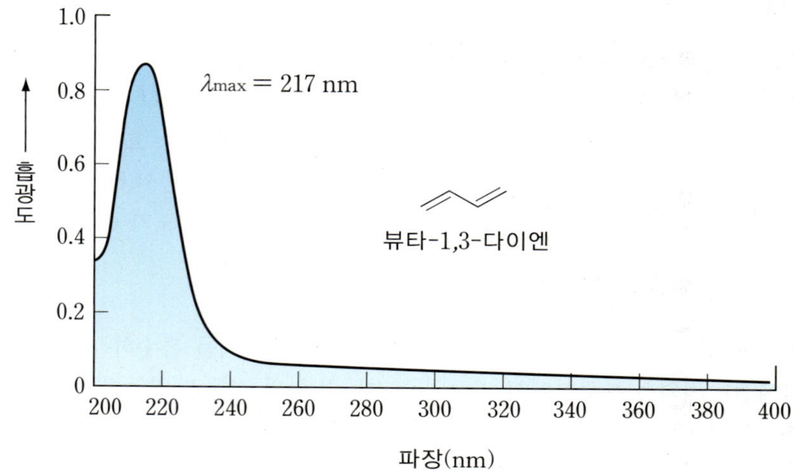

그림 12-10 뷰타-1,3-다이엔의 자외선-가시광선 스펙트럼

Hückel 방법에 대한 자세한 내용은 교재의 학습 수준을 벗어나기 때문에 생략한다.

위 스펙트럼에서 λ_{max} = 217 nm 값의 의미를 정성적으로 생각해 보자. 뷰타-1,3-다이엔은 두 개의 π-결합이 C−C 단일 결합으로 연결된 화합물로서, Hückel 방법에 의하면 네 개의 p 오비탈에서 두 개의 결합 MO(Ψ_1 및 Ψ_2) 및 두 개의 반결합 MO(Ψ_3 및 Ψ_4)가 생성된다(1.8.4절 및 13.6.1절). 이때, π-전자는 총 네 개이므로 바닥 상태(ground state, **G**)는 Ψ_1 및 Ψ_2 MO에 전자가 각각 두 개씩 채울 때이고, 1차 들뜬 상태(first excited state, **E**)는 Ψ_1 MO에 전자 두 개, Ψ_2 및 Ψ_3 MO에 전자가 각각 한 개씩 있는 경우이다. 이 경우에 [**G** → **E**] 전이(transition)는 바닥 상태의 Ψ_2 전자 한 개가 217 nm의 에너지를 흡수하여 Ψ_3로 이동하는 현상으로 설명할 수 있고, 이러한 전자의 이동을 $\pi \rightarrow \pi^*$ 전이라고 한다.

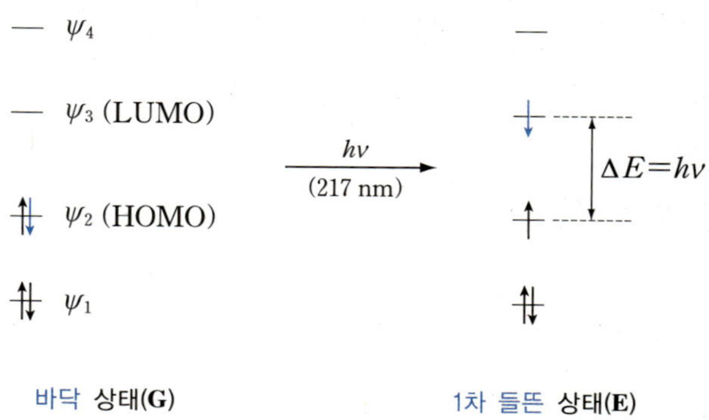

참고로 UV−VIS 스펙트럼을 설명할 때 사용하는 중요한 용어로 HOMO, LUMO 및 SOMO가 있다. **HOMO(highest-occupied MO)**는 전자가 두 개 있는 오비탈 중에서 에너지가 가장 높은 MO, **LUMO(lowest-unoccupied MO)**는 전자가 없는 오비탈 중에서 에너지가 가장 낮

은 MO, **SOMO(singly-occupied MO)**는 전자가 한 개 있는 오비탈을 의미한다. 즉, 뷰타-1,3-다이엔에서 λ_{max} = 217 nm에 해당하는 전이는 HOMO(ψ_2)에서 LUMO(ψ_3)로의 전이이다.

이제부터는 화합물의 구조와 최대 흡광 파장(λ_{max})에 대하여 알아보자.

뷰타-1,3-다이엔의 경우에 $\pi \rightarrow \pi^*$ 전이에 해당하는 λ_{max}는 HOMO–LUMO의 에너지 차이(ΔE)에 의하여 결정되고, HOMO 및 LUMO의 에너지는 화합물의 구조에 의하여 결정된다. 일반적으로 콘쥬게이션(conjugation, 13.1절)의 길이가 한 개 증가하면 λ_{max} 값은 35 nm 정도 커지고, 콘쥬게이션에 알킬 치환체가 도입되면 λ_{max} 값이 약 5 nm씩 증가하며, 화합물의 유연성이 감소하여 오비탈 사이의 중첩이 증가하면 λ_{max} 값이 커지는 경향성을 보인다. 만약 알킬 치환체가 콘쥬게이션과 무관한 곳에 치환되면 λ_{max} 값에 대한 영향은 미미하다.

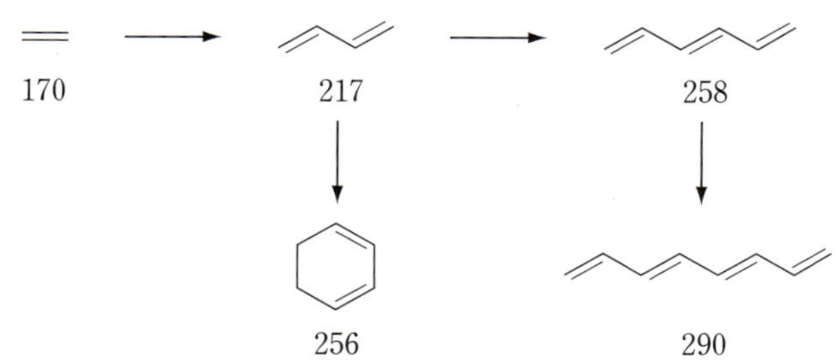

카보닐 화합물에서 자주 관찰되는 $n \rightarrow \pi^*$ 전이는 λ_{max} 270~300 nm에서 관찰되는데 흡광도가 매우 작다는 특징을 갖는다.

자외선–가시광선 분광학에서 전자 전이와 연관되는 구조적인 단위체를 **발색단(chromophore)**이라고 한다. 각각의 발색단은 자신만의 특징적인 자외선–가시광선 스펙트럼 형태를 제공하기 때문에, 기존 화합물과 미지 화합물의 UV–VIS 스펙트럼 형태가 유사하면 두 화합물이 같은 발색단을 공유한다는 추론이 가능하다.

12.2.4 색

이제는 색(color)이라는 것에 대하여 알아보자.

가시광선(可視光線, visible light)은 '사람의 눈에 보이는 전자기파의 영역'이라는 뜻을 갖는 용어로서, 약 380~750 nm 범위에 해당하는 파장을 갖는다. 인간의 눈은 빛의 파장에 따라서 색(color)을 인식하는데, 예를 들면 표와 같이 380~450 nm 영역의 빛은 보라색(violet), 450~495 nm 영역의 빛은 파란색(blue) 등으로 인식한다.

색(color)과 연동되는 빛의 파장 범위는 연속적인 변화 속에서의 근사적인 값을 나타낸 것으로서, 교재에 따라서 그 값이 상당히 다를 수 있음을 이해해야 한다.

표 12-1 색과 파장

색	파장
보라색(violet)	380~450 nm
파란색(blue)	450~495 nm
녹색(green)	495~570 nm
노란색(yellow)	570~590 nm
주황색(orange)	590~620 nm
빨간색(red)	620~750 nm

백색광(white light)은 가시광선 영역(380~750 nm)의 모든 파장의 빛이 적당한 비율로 고르게 혼합되어 사람이 백색 또는 색이 없는 것으로 느끼는 빛을 말한다. 실생활에서 백색광은 태

양, 형광등, 백색 LED 등에서 얻을 수 있고, 백열등, 촛불 등은 장파장(노랑~주황색)의 비중이 많은 빛을 방출하는 광원이다.

백색광에서 특정한 파장 영역을 제거하면 인간은 제거된 파장(색)과 보색(complementary color)의 관계에 있는 색으로 인식한다. 예를 들면 백색광에서 620~750 nm 영역(빨간색)의 빛을 제거하면 사람은 빨간색과 보색 관계에 있는 청록색으로 인식하고, 백색광에서 400~430 nm 영역(보라색)의 빛을 제거하면 사람은 보라색과 보색 관계에 있는 연두색으로 인식한다.

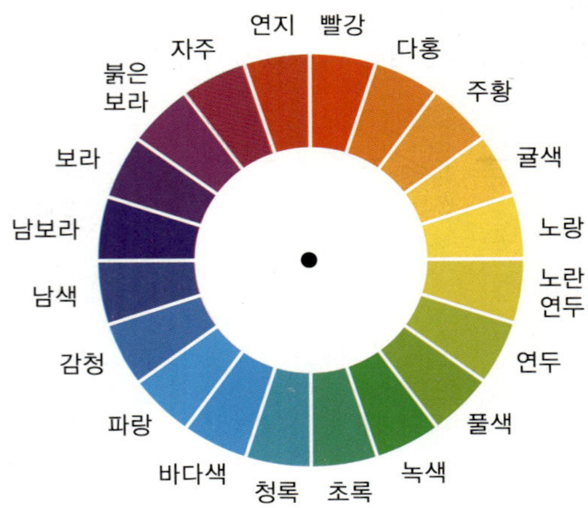

그림 12-11 보색 관계

뷰타-1,3-다이엔에서 $\pi \rightarrow \pi^*$ 전이는 $\lambda_{max} = 217$ nm에서 일어나지만, 이것은 가시광선 영역 밖에 있기 때문에 사람에게는 무색(colorless) 화합물로 보인다. 그러나 12.2.3절에서 언급한 것처럼 C=C 콘쥬게이션이 한 개 증가하면 λ_{max} 값이 약 35 nm 증가하므로, C=C 콘쥬게이션 수가 충분히 많아지면 화합물의 λ_{max} 값이 380 nm를 초과하여 가시광선 영역의 빛을 흡수할 수 있고, 이때부터 사람들은 이 화합물이 색을 띠는 것으로 인식한다.

$$H-(CH=CH)_n-H$$

콘쥬게이션 수(n)	λ_{max}
1	170
2	217
3	258
4	290
⋮	
n	> 380

당근은 β-카로틴(β-carotene) 성분을 많이 포함하고 있다. β-카로틴은 11개의 콘쥬게이션 이중 결합을 갖는 물질로서, λ_{max} 455 nm인 자외선-가시광선 스펙트럼을 갖는다. 즉, β-카로틴은 백색광에서 보라색~파란색 영역인 400~500 nm의 빛을 선택적으로 강하게 흡수하기 때문에 사람들은 당근을 이들과 보색 관계에 있는 주황색으로 인지한다.

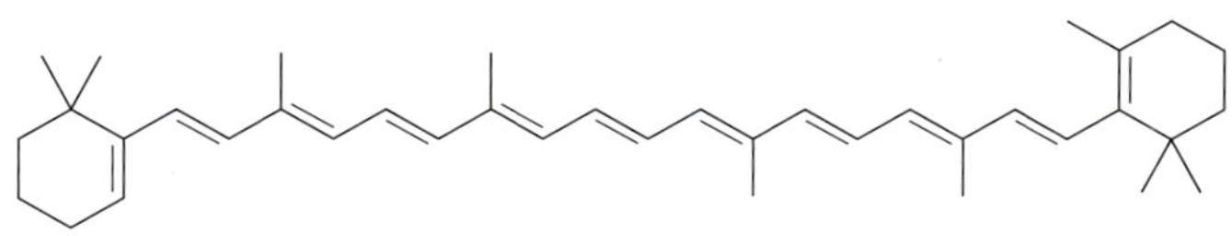

β-카로틴

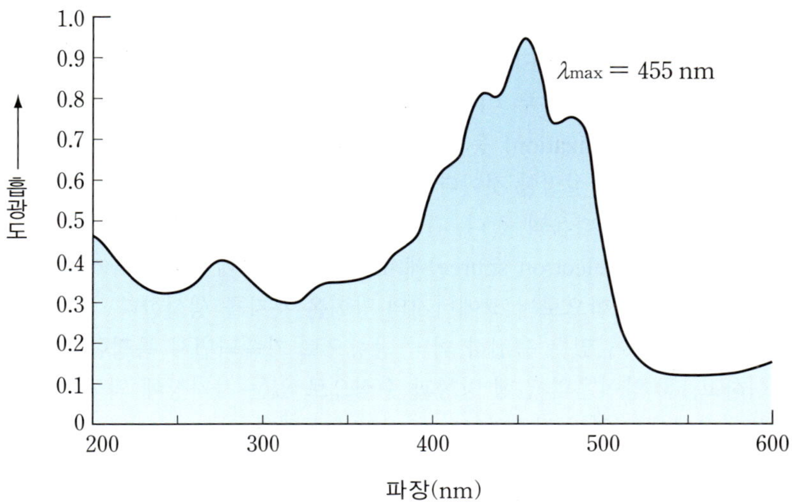

그림 12-12 β-카로틴의 자외선-가시광선 스펙트럼

토마토의 성분인 리코펜(lycopene)은 11개의 콘쥬게이션 이중 결합을 갖는 물질로서, λ_{max} 447, 472, 504 nm인 자외선-가시광선 스펙트럼을 제공한다. 즉, 리코펜은 백색광에서 보라색~녹색 영역인 400~550 nm의 빛을 선택적으로 강하게 흡수하기 때문에 사람들은 토마토를 이들과 보색 관계에 있는 연한 붉은색으로 인지한다.

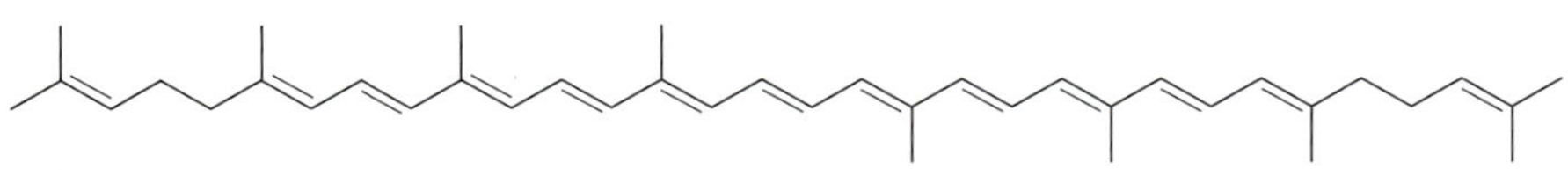

리코펜

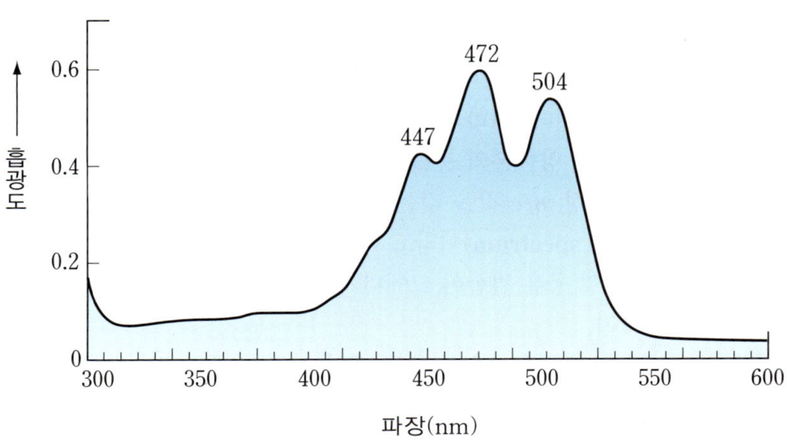

그림 12-13 리코펜의 자외선-가시광선 스펙트럼

12.3 질량 분광학

12.3.1 서론

질량 분광학(**mass spectroscopy**)은 분자 또는 분자 조각의 (양)이온을 [질량/전하(m/e)]의 차이를 이용하여 분석함으로써 분자량(MW) 및 분자 전체의 구조적인 정보를 얻는 기법이다. **질량 분석기**(**mass spectrometer**)는 이러한 실험에 사용되는 기기로서, 화합물을 이온화하기 위해서 전자 이온화(electron ionization, EI), 화학 이온화(chemical ionization, CI), FAB(fast atom bombardment) 이온화, 전기 분무 이온화(electrospray ionization, ESI), MALDI(matrix-assisted laser desorption/ionization) 등의 다양한 방법을 사용한다. 교재에서는 전자 이온화(EI) 형식의 기기를 중심으로 설명할 것이다.

EI-Mass의 작동 원리는 다음과 같다. ①/② 진공 및 고온 조건에서 액체 시료를 주입하여 기화시킨 후, ③ 전자원(electron source)에서 방출되는 고에너지 전자가 기체 상태의 시료와 충돌하면서 전자를 제거함으로써 고에너지의 양이온 분자를 생성한다. ④ 고에너지 양이온 분자는 아주 작은 틈(slit)이 있는 음전하 박막 방향으로 가속되면서 특정한 방향성을 갖는 살(beam)을 형성하고, ⑤ 양이온의 진행 방향과 수직으로 있는 자기장에 의하여 힘을 받아서 휘어진 후, ⑥ 직진 운동에 의하여 검출기(detector)와 충돌한다.

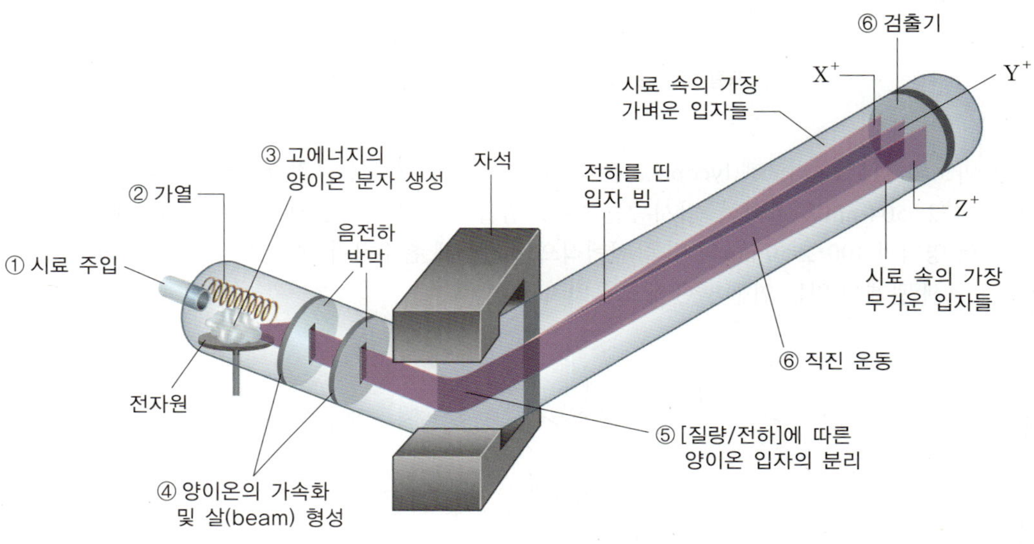

그림 12-14 EI-Mass 작동 원리

자기장 조건에서 양이온이 휘는 정도는 양이온의 [m/e] 값에 의하여 결정되는데, 기본적으로 [m/e] 값이 작을수록 더 많이 휘게 된다. 따라서, [m/e] 값이 다른 양이온들은 검출기와 충돌하는 위치가 조금씩 다르고, 컴퓨터는 양이온의 충돌 위치 및 각 위치에서의 충돌 횟수를 종합하여 가로축은 m/e 값, 세로축은 특정 m/e 값을 갖는 이온들의 상대적인 양을 정량화하여 표현하는데, 이것을 **질량 스펙트럼**(**mass spectrum**)이라고 한다.

비공유 전자쌍이 없는 A-B 단일 공유 결합이 고에너지 전자의 충돌에 의하여 어떠한 형식으로 분해되는가에 대하여 알아보자.

우선, A-B 화학종이 고에너지 전자와 충돌하면 두 개의 전자가 있는 공유 결합에서 한 개의 전자가 방출되면서 분자 이온(M^+)이 생성된다. 분자 이온(M^+)에서 A-B 단일 공유 결합은 한 개의 전자에 의하여 유지되기 때문에 결합력이 약해져서 결합이 쉽게 끊어질 수 있는데, 이때 [$A^+ + B\cdot$] 및 [$A\cdot + B^+$]의 두 가지 경로가 가능하다. 보통은 열역학적으로 더 안정한 탄소 양이온이 생성되는 방향으로 분해가 일어나지만, 이것은 양이온 생성 조건, 온도, 농도 등의 다양한 변수에 의존적이기 때문에 안정적으로 예상을 하는 것은 쉽지 않다.

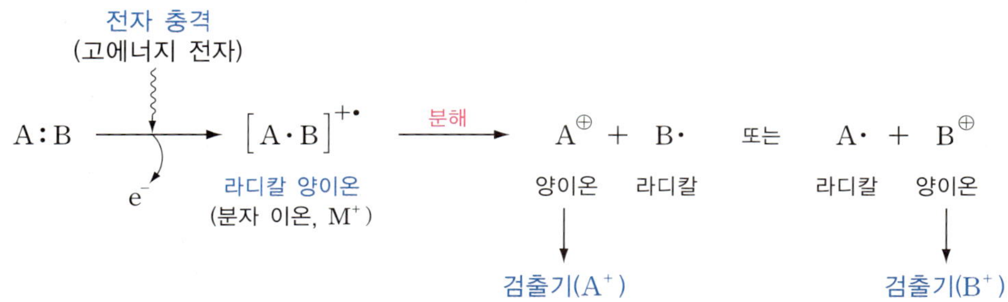

헥세인(hexane)의 질량 스펙트럼을 예로 들어 설명해 보자. 헥세인은 분자식 C_6H_{14}, 분자량 86인 화합물로서 $m/e = 86$에서 피크가 관찰되는데, 이 피크를 **분자 이온 피크(molecular ion peak**, M^+) 또는 **어미 피크(parent peak)**라고 한다. 이론적으로 분자 이온(M^+)에서 C_1-C_2 결합이 끊어지면 $m/e = 15$ 및 71, C_2-C_3 결합이 끊어지면 $m/e = 29$ 및 57, C_3-C_4 결합이 끊어지면 $m/e = 43$ 피크를 예상할 수 있는데, 주어진 스펙트럼에 의하면 $m/e = 15$를 제외한 모든 피크가 관찰되고 있다. 그리고, M^+ 피크를 포함해서 가장 큰 피크는 $m/e = 57$에서 관찰되는데, 이러한 피크를 **주 피크(base peak)**라고 하고, 100%의 기준점이 된다.

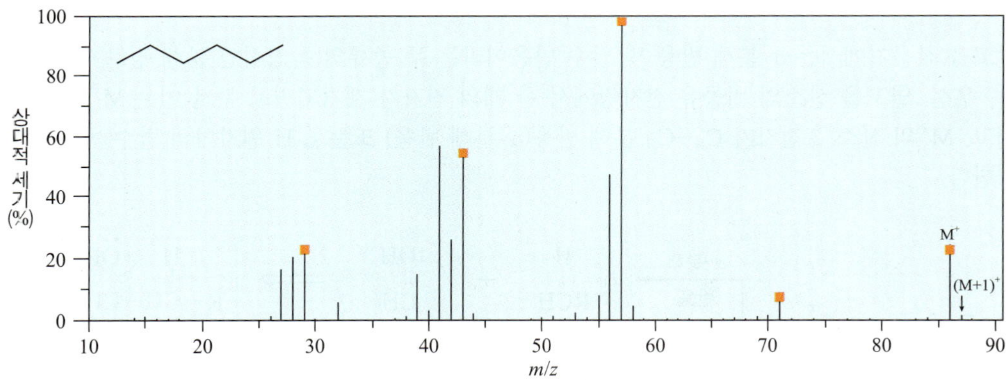

그림 12-15 헥세인의 질량 스펙트럼

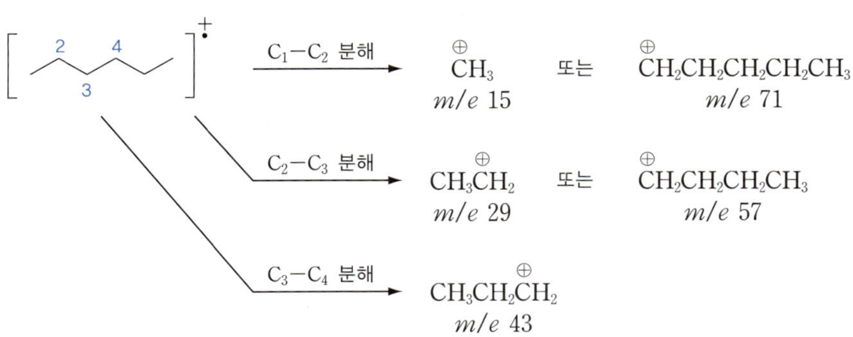

헥세인의 질량 스펙트럼에서는 M^+ 이외에 $(M+1)^+$도 함께 관찰된다. 자연 상태에서 수소 원자핵은 $^1H : {}^2D = 99.99 : 0.01$, 탄소 원자핵은 $^{12}C : {}^{13}C = 98.9 : 1.1$의 비율로 존재하므로 $(M+1)^+$ 피크는 수소 원자보다는 탄소 원자에 의하여 생성될 가능성이 크다. 탄소 원자가 n개 있으면 $(M+1)^+$ 피크의 크기는 M^+의 $(1.1 \times n)$% 정도가 된다.

M^+ 피크가 주피크가 아닌 경우, 그리고 M^+ 피크가 관찰되지 않는 경우도 흔히 발생한다.

일반적으로 분자 이온(M^+)의 분해 경로는 M^+의 구조에 따라서 특정되기 때문에 동일한 조건에서의 질량 스펙트럼이 같으면 두 개의 시료가 동일하다는 결론을 내릴 수 있다. 실제로 다양한 화합물의 질량 스펙트럼 자료들을 데이터베이스(DB)에 축적한 후, 미지 화합물의 질량 스펙트럼 정보를 DB의 자료와 매칭함으로써 화합물의 구조를 특정하기도 한다.

^{1}H NMR에서 고분해능 NMR 기기를 사용하면 인접한 공명 진동수(ν)를 갖는 두 개의 피크를 명확하게 분리함으로써 보다 정확한 스펙트럼 분석이 가능하였다(11.8절). 이와 유사하게 질량 분광학에서도 고분해능 질량 분석기(high resolution mass spectrometer)를 사용하면 정수로 표기되는 질량수는 같지만 조성이 다른 화합물을 구분할 수 있다.

모든 측정에서는 항상 오차가 있기 때문에, 실험에서는 m/e 값이 정확하게 일치하기보다는 과학적으로 의미가 있는 일정한 범위 내의 값을 얻게 된다.

예를 들면, 탄소(C), 수소(H), 산소(O)로 구성된 C_5H_{12}, C_4H_8O, $C_3H_4O_2$ 화합물의 경우에 범용 질량 분석기를 사용하면 분자 이온(M^+)은 모두 $m/e = 72$에서 관찰된다. 반면에, 소수점 넷째 자리까지 정밀한 측정이 가능한 고분해능 질량 분석기를 사용하면 세 가지 화합물의 분자 이온(M^+)이 각각 $m/e = 72.0940$, 72.0576, 72.0211 내외에서 관찰되기 때문에 각각의 화합물을 손쉽게 특정할 수 있다.

C_5H_{12} : $(12.00000 \times 5) + (1.00783 \times 12) = 72.09396$

C_4H_8O : $(12.00000 \times 4) + (15.99491 \times 1) + (1.00783 \times 8) = 72.05755$

$C_3H_4O_2$: $(12.00000 \times 3) + (15.99491 \times 2) + (1.00783 \times 4) = 72.02114$

질량 분광학에서 분자 양이온 라디칼이 분해될 때에는 열역학적으로 더 안정한 탄소 양이온이 생성되는 방향으로 분해가 진행되는 것이 일반적이다.

12.3.2 α-분해 및 맥라퍼티 자리 옮김 반응

알코올 작용기에서는 α-분해 반응 및 탈수 반응이라는 두 종류의 특징적인 분해 경로가 존재한다. 우선, 알코올 산소의 비공유 전자쌍에서 한 개의 전자가 제거되면서 분자 이온(M^+)이 생성되고, M^+의 산소 홀전자가 $C_\alpha - C_\beta$ 분해 반응(α-분해 반응) 또는 β-H 원자와의 탈수 반응에 참여한다.

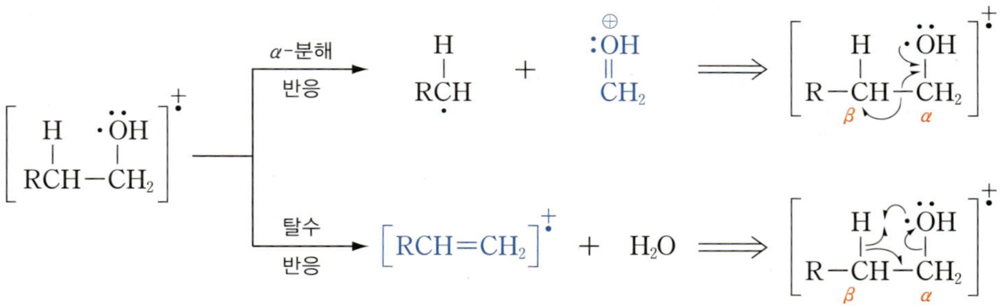

이러한 분해 경로는 이론적으로 C(sp^3) 원자와 비공유 전자쌍을 갖는 원소(Z) 사이의 단일 공유 결합에서 공통적으로 일어날 수 있는 반응들이다. 실제로 α-분해 반응은 아민(amine) 화합물에서도 유사하게 관찰된다.

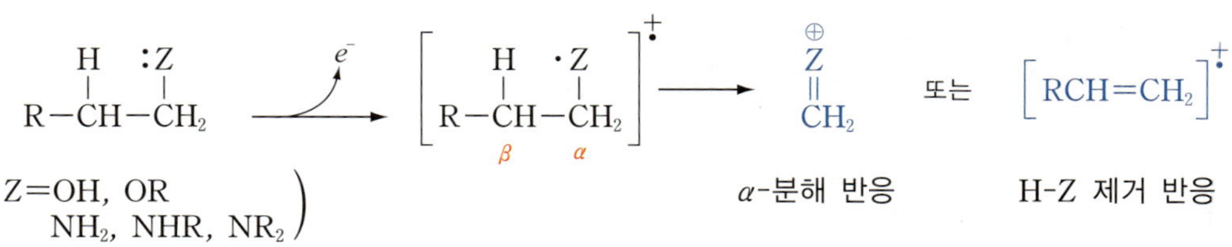

카보닐 작용기에서는 알코올 작용기와 유사한 방식으로 두 종류의 α-분해 반응이 일어날 수 있다. 그리고, 카보닐 화합물에 γ-H 원자가 있으면 육각형 전이 상태를 경유하여 알

켄 및 엔올 라디칼 양이온으로의 전환이 가능한데, 이것을 **맥라퍼티 자리 옮김 반응(McLafferty rearrangement)**이라고 한다.

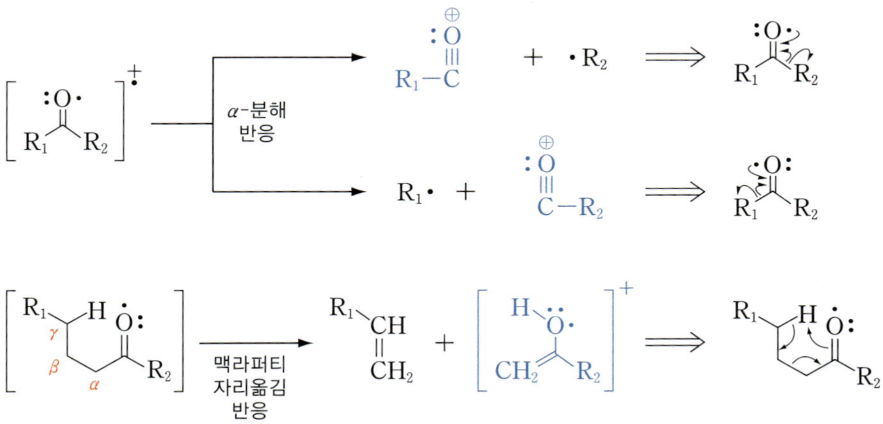

12.3.3 스펙트럼

펜트-1-엔(pent-1-ene)은 분자식 C_5H_{10}, 분자량 70인 화합물로서 $m/e = 70$에서 M^+ 피크가 관찰된다. 이론적으로 분자 이온(M^+)에서 C_2-C_3 결합이 끊어지면 $m/e = 43$ 및 27, C_3-C_4 결합이 끊어지면 $m/e = 29$ 및 41, C_4-C_5 결합이 끊어지면 $m/e = 15$ 및 55 피크를 예상할 수 있다. 실험에서 주 피크($m/e = 42$)는 $m/e = 43$ 양이온이 프로펜(MW 42)과 H^+으로 전환되고, 이어서 프로펜의 π-전자 한 개가 이탈하면 생성될 수 있다.

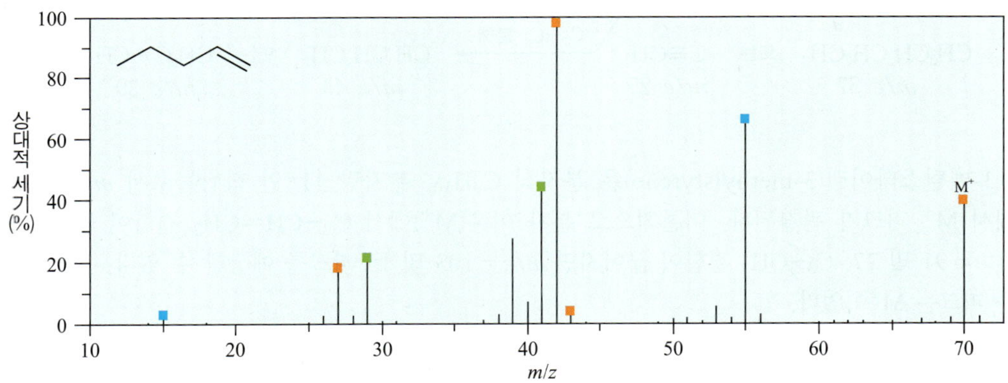

그림 12-16 펜트-1-엔의 질량 스펙트럼

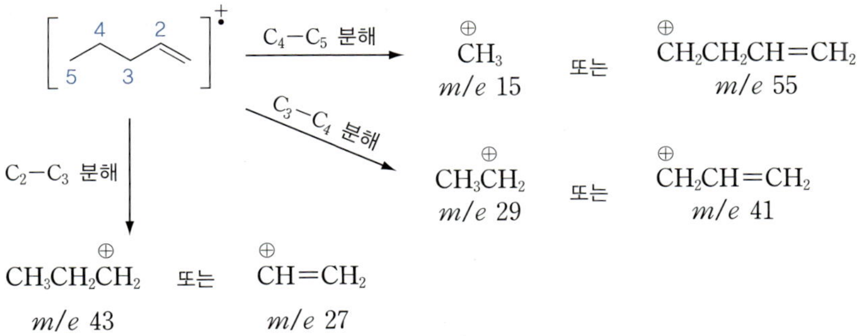

헥스-1-아인(hex-1-yne)은 분자식 C_6H_{10}, 분자량 82인 화합물로서 $m/e = 81$에서 $(M-1)^+$ 피

크가 관찰된다. 이론적으로 분자 이온(M^+)에서 C_2-C_3 결합이 끊어지면 $m/e = 57$ 및 25, C_3-C_4 결합이 끊어지면 $m/e = 43$ 및 39, C_4-C_5 결합이 끊어지면 $m/e = 29$ 및 53, C_5-C_6 결합이 끊어지면 $m/e = 15$ 및 67 피크를 예상할 수 있다. 실험에서 주 피크는 $m/e = 67$에서 관찰되었다.

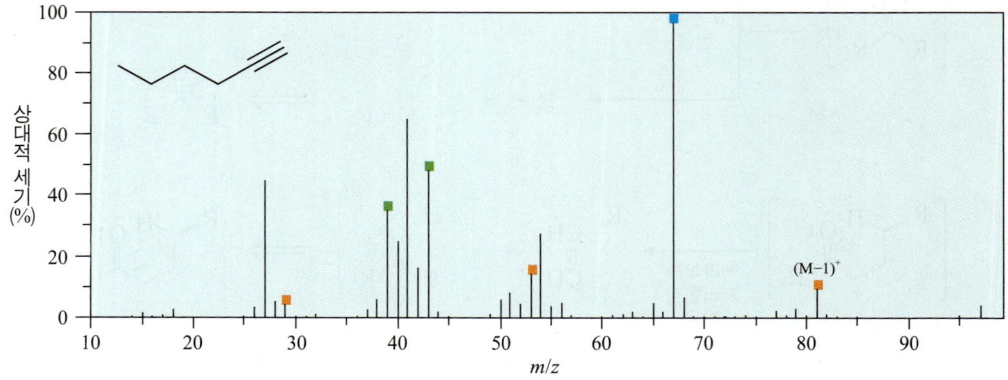

그림 12-17 헥스-1-아인의 질량 스펙트럼

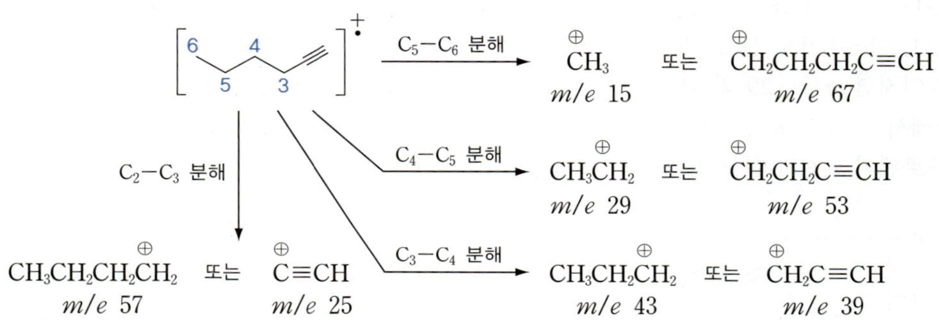

3-메틸스타이렌(3-methylstyrene)은 분자식 C_9H_{10}, 분자량 118인 화합물로서 $m/e = 118$에서 M^+ 피크가 관찰된다. 이론적으로 분자 이온(M^+)에서 $C_1-CH{=}CH_2$ 결합이 끊어지면 $m/e = 91$ 및 27, C_3-CH_3 결합이 끊어지면 $m/e = 103$ 및 15 피크를 예상할 수 있다. 실험에서 주 피크는 M^+이었다.

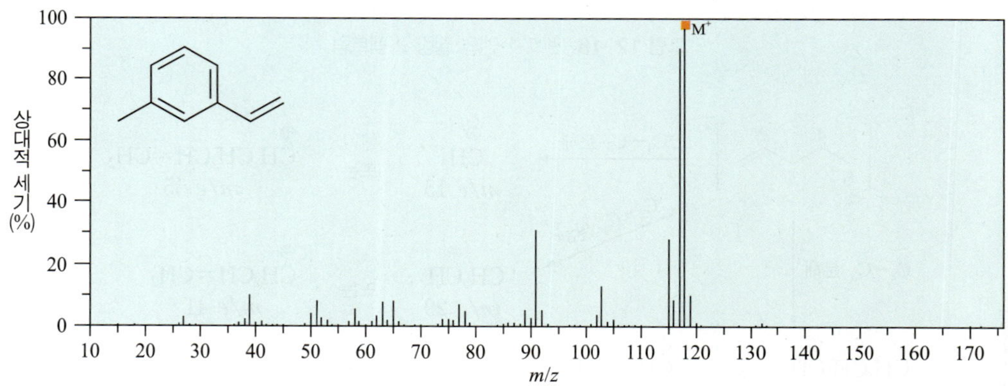

그림 12-18 3-메틸스타이렌의 질량 스펙트럼

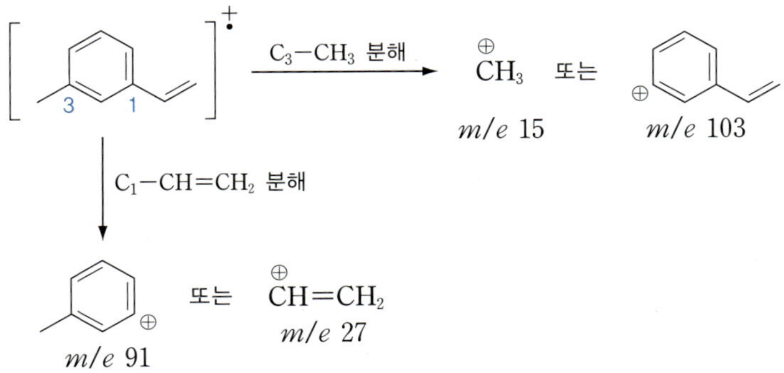

뷰탄-2-올(butan-2-ol)은 분자식 $C_4H_{10}O$, 분자량 74인 화합물로서 $m/e = 74$에서 M^+ 피크가 관찰된다. 이론적으로 분자 이온(M^+)에서 C_1-C_2의 α-분해 반응이 일어나면 $m/e = 59$ 및 15, C_2-C_3의 α-분해 반응이 일어나면 $m/e = 45$ 및 29, 탈수 반응이 일어나면 $m/e = 56$ 피크를 예상할 수 있다. 실험에서 주 피크는 $m/e = 45$에서 관찰되었다.

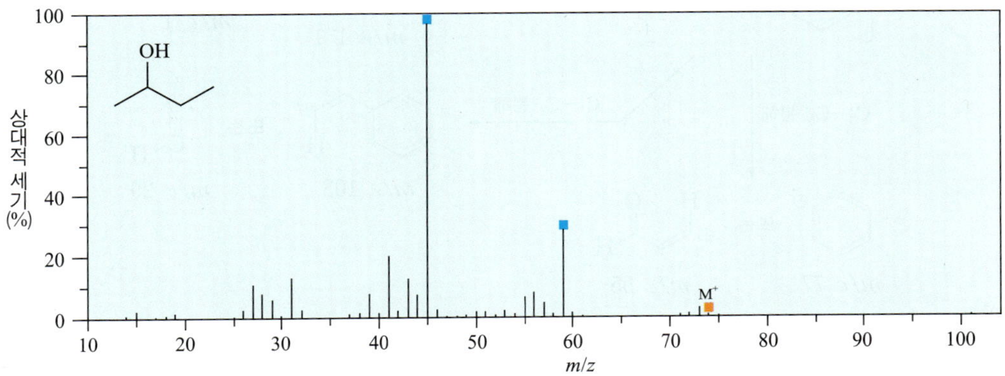

그림 12-19 뷰탄-2-올의 질량 스펙트럼

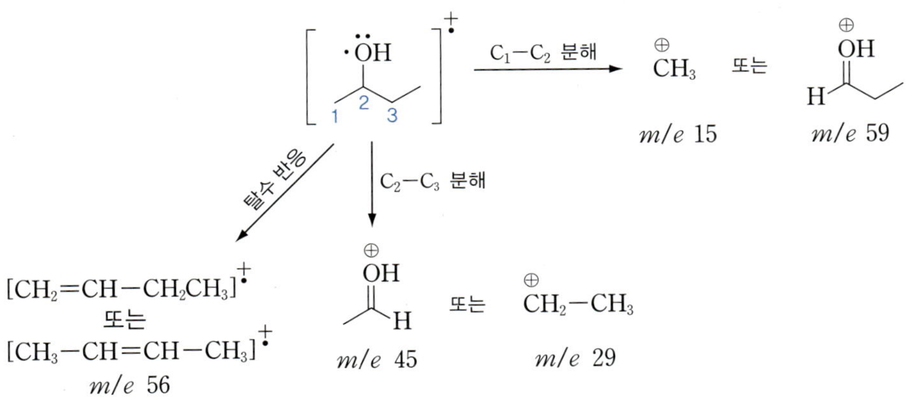

트랜스-신남알데하이드(*trans*-cinnamaldehyde)는 분자식 C_9H_8O, 분자량 132인 화합물로서 $m/e = 132$에서 M^+ 피크가 관찰된다. 이론적으로 분자 이온(M^+)에서 C_1-H의 α-분해 반응이 일어나면 $m/e = 131$ 및 1, C_1-C_2의 α-분해 반응이 일어나면 $m/e = 103$ 및 29, C_3-phenyl의 분해 반응이 일어나면 $m/e = 77$ 및 55 피크를 예상할 수 있다. 실험에서 주 피크는 $(M-1)^+$이었다.

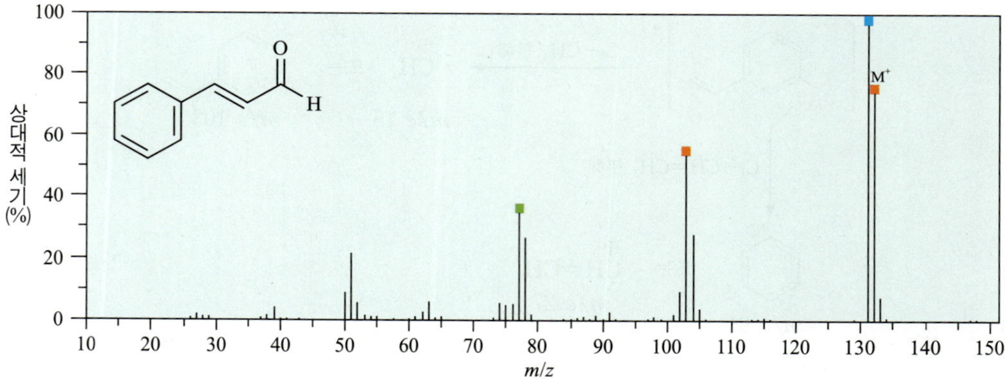

그림 12-20 트랜스-신남알데하이드의 질량 스펙트럼

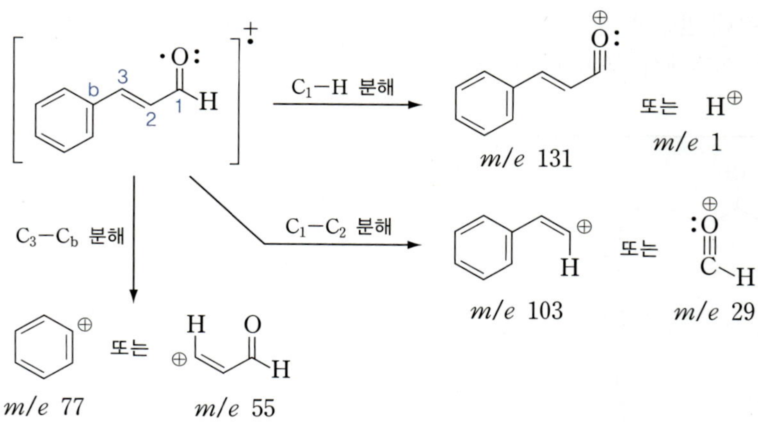

뷰탄-2-온(butan-2-one)은 분자식 C_4H_8O, 분자량 72인 화합물로서 $m/e = 72$에서 M^+ 피크가 관찰된다. 이론적으로 분자 이온(M^+)에서 C_1-C_2의 α-분해 반응이 일어나면 $m/e = 57$ 및 15, C_2-C_3의 α-분해 반응이 일어나면 $m/e = 29$ 및 43 피크를 예상할 수 있다. 실험에서 주 피크는 $m/e = 43$이었다.

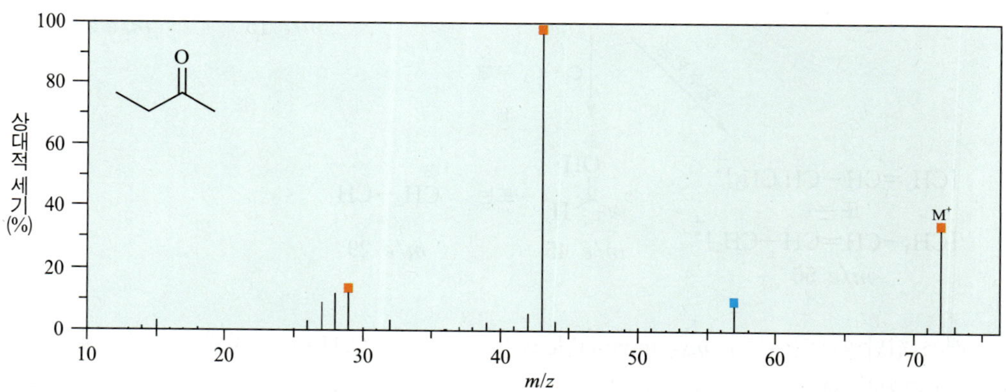

그림 12-21 뷰탄-2-온의 질량 스펙트럼

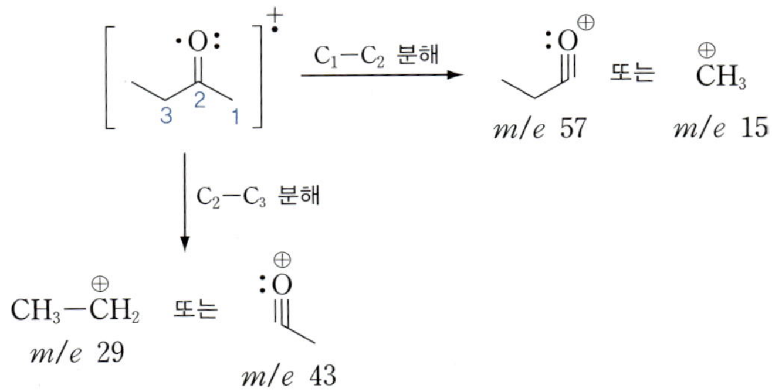

3-에톡시프로판산(3-ethoxypropionic acid)은 분자식 $C_5H_{10}O_3$, 분자량 118인 물질로서 M^+ 피크는 관찰되지 않는다. 이론적으로 분자 이온(M^+)에서 C_1-C_2의 α-분해 반응이 일어나면 $m/e=73$, $C_1'-O$의 분해 반응이 일어나면 $m/e=29$ 및 89, C_3-O의 분해 반응이 일어나면 $m/e=45$ 및 73 피크를 예상할 수 있다. 실험에서 주 피크는 $m/e=31$이었다.

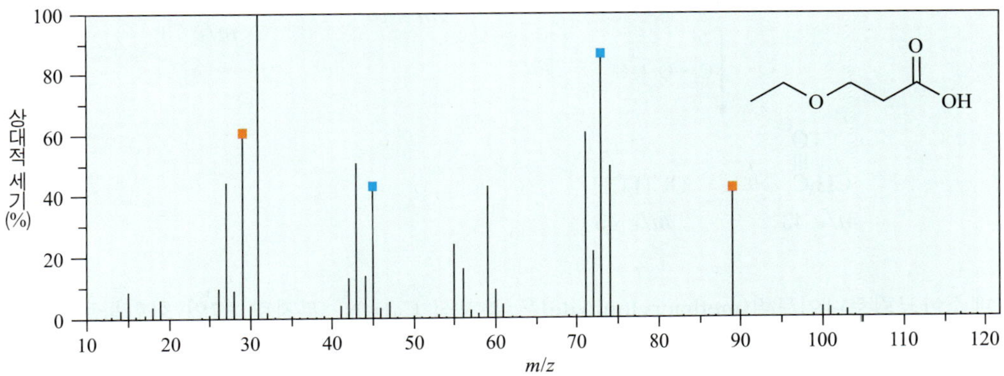

그림 12-22 3-에톡시프로판산의 질량 스펙트럼

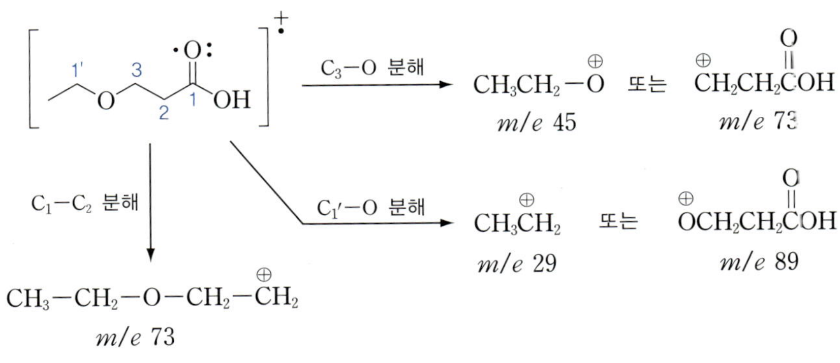

에틸 아세테이트(ethyl acetate)는 분자식 $C_4H_8O_2$, 분자량 88인 화합물로서 $m/e=88$에서 M^+ 피크가 관찰된다. 이론적으로 분자 이온(M^+)에서 C_1-C_2의 α-분해 반응이 일어나면 $m/e=15$ 및 73, C_1-O의 α-분해 반응이 일어나면 $m/e=43$ 및 45 피크를 예상할 수 있다. 실험에서 주 피크는 $m/e=43$이었다.

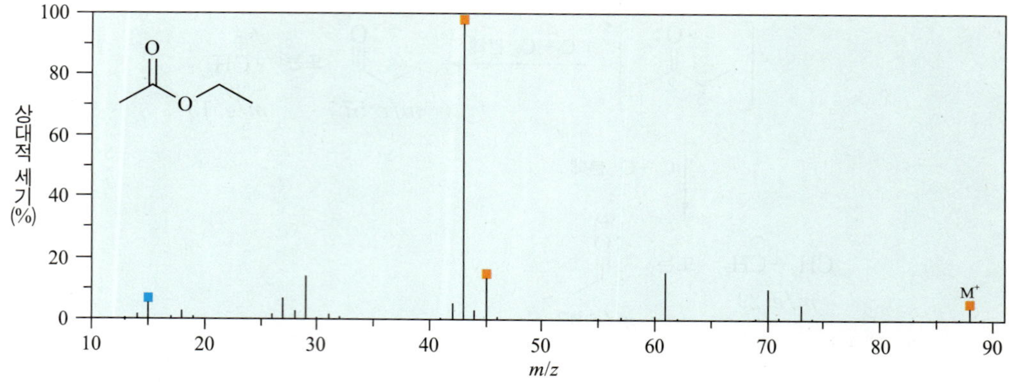

그림 12-23 에틸 아세테이트의 질량 스펙트럼

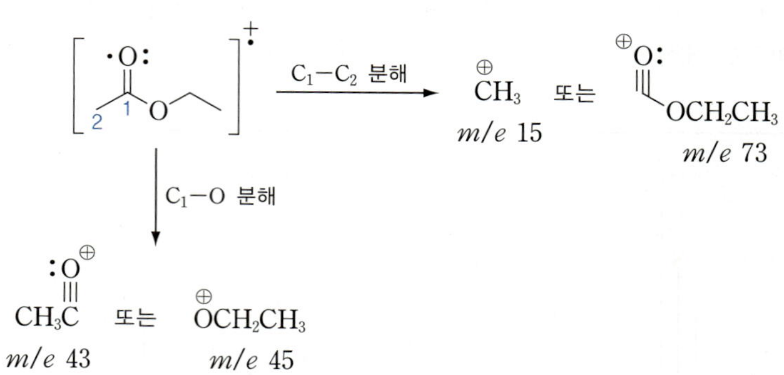

메스아크릴로나이트릴(methacrylonitrile)은 분자식 C_4H_5N, 분자량 67인 화합물로서 $m/e=67$에서 M^+ 피크가 관찰된다. 이론적으로 분자 이온(M^+)에서 C_1-C_2의 α-분해 반응이 일어나면 $m/e=41$ 및 26, C_2-CH_3의 분해 반응이 일어나면 $m/e=15$ 및 52 피크를 예상할 수 있다. 실험에서 주 피크는 $m/e=41$이었다.

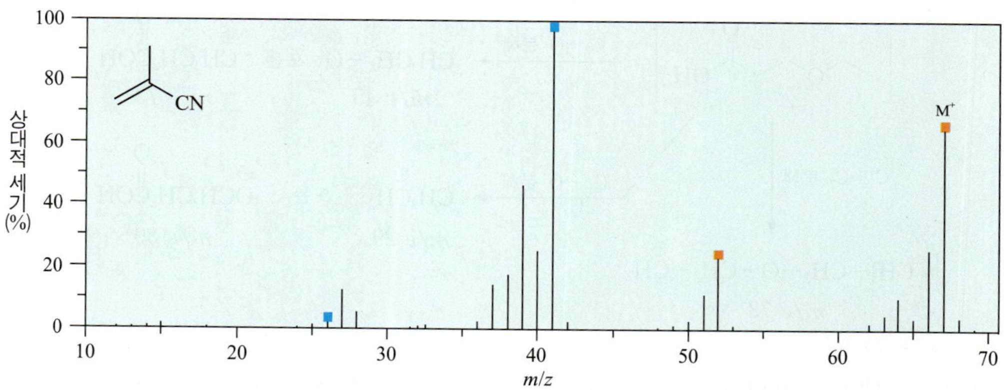

그림 12-24 메스아크릴로나이트릴의 질량 스펙트럼

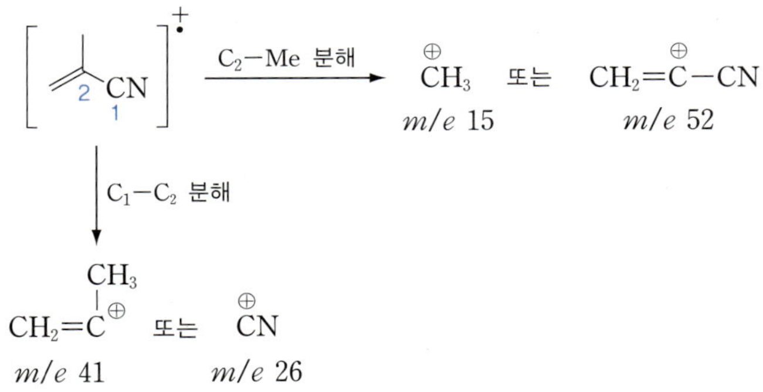

연습 문제

1. 아래의 세 가지 화합물에 대하여 적외선 스펙트럼이 각각 제공되었다. 적외선 스펙트럼의 특징적인 피크를 파악하고 설명하시오.

(a) 1,1,2-트라이클로로에테인(1,1,2-trichloroethane)

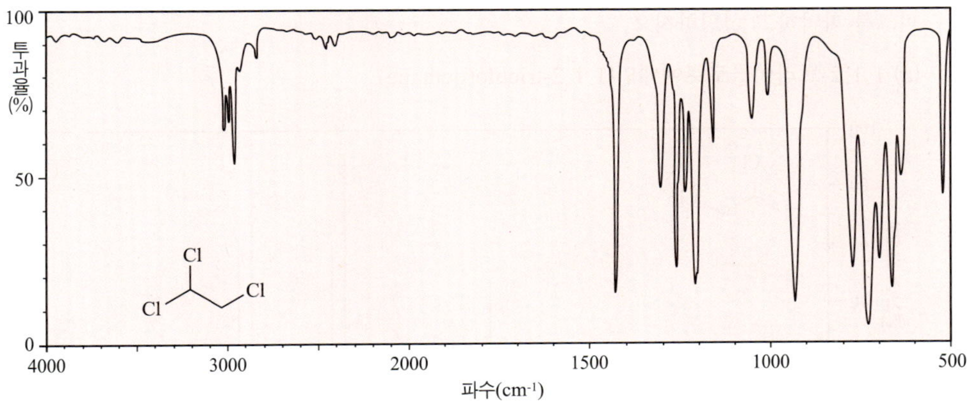

(b) 메타-크레졸(*m*-cresol)

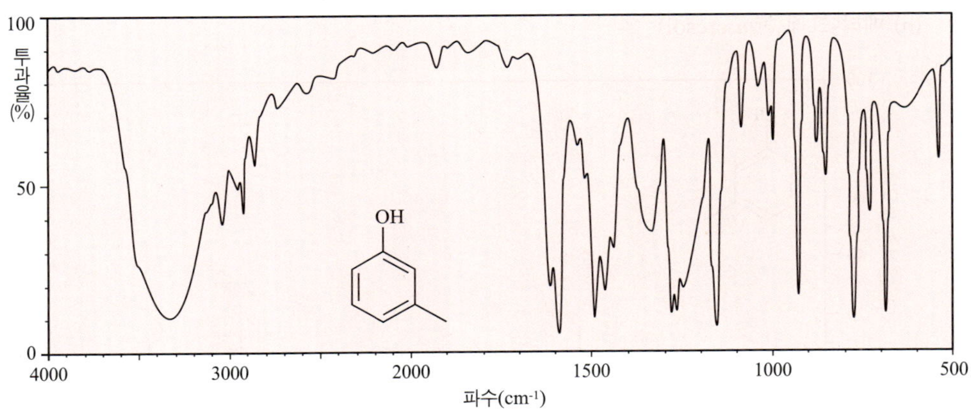

(c) 5-메틸헥산-2-온(5-methylhexan-2-one)

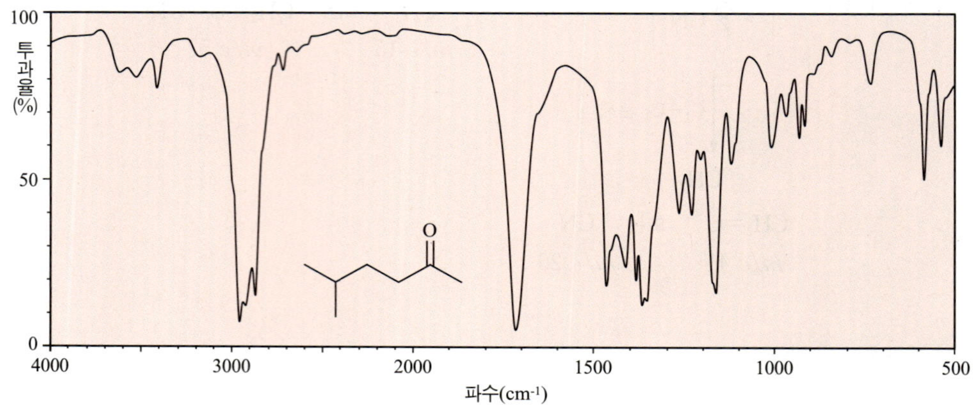

2. 자연 상태에서 염소 원자핵은 $^{35}Cl : ^{37}Cl = 75.8 : 24.2$의 비율로 존재한다.

(a) 한 개의 염소 원자핵을 포함하는 화합물에서 M^+ 및 $(M+2)^+$ 피크의 비율을 예상하시오.

(b) 두 개의 염소 원자핵을 포함하는 화합물에서 M^+ 및 $(M+2)^+$, $(M+4)^+$ 피크의 비율을 예상하시오.

3. 아래의 세 가지 화합물에 대하여 질량 스펙트럼이 각각 제시되었다. 질량 스펙트럼의 특징적인 피크를 파악하고 설명하시오.

(a) 1,1,2-트라이클로로에테인(1,1,2-trichloroethane)

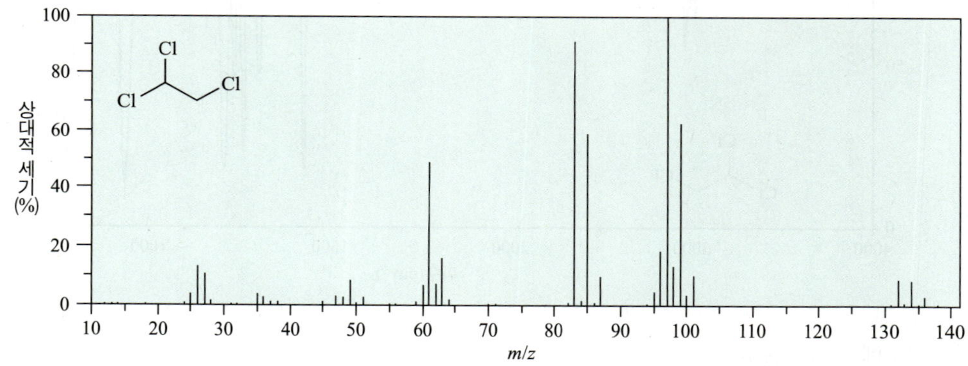

(b) 메타-크레졸(*m*-cresol)

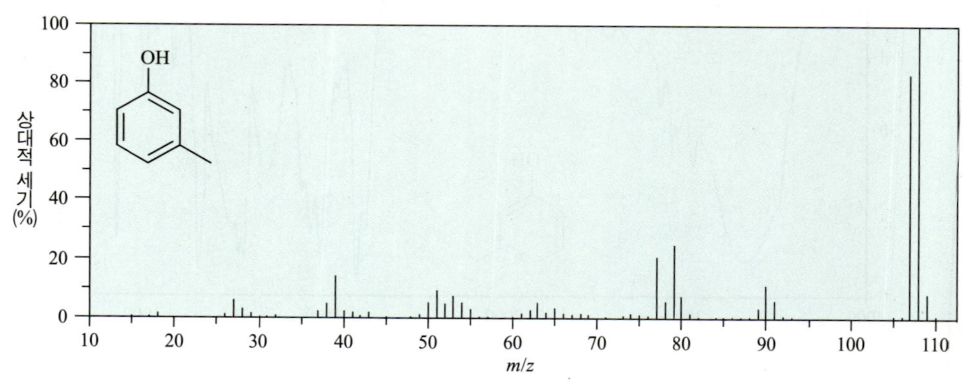

(c) 5-메틸헥산-2-온(5-methylhexan-2-one)

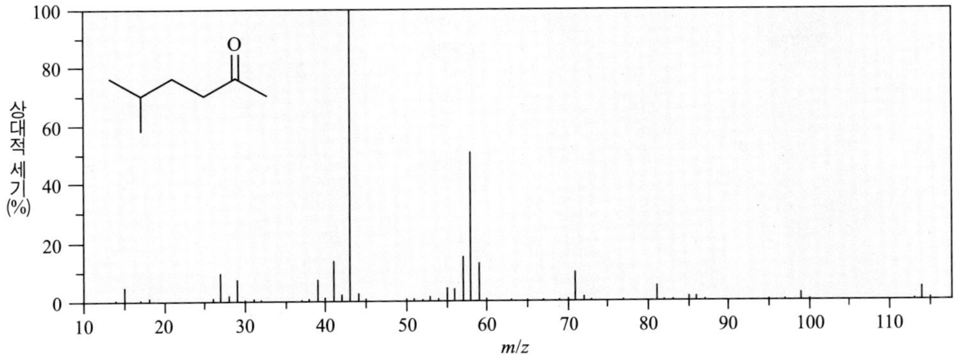

13장

콘쥬게이션 계

© Kirlikedi/shutterstock

13.1 서론

유기 화합물은 주로 탄소로 구성된 화합물들을 의미하는 것으로서 수없이 많은 유기 화합물들이 알려져 있다. 유기 화학자들은 많은 정보를 체계적으로 관리하기 위해서 화합물을 작용기의 종류에 따라서 분류하였는데, 앞에서 기술한 알켄, 알카인, 할로젠화 알킬, 알코올, 에터 등도 이러한 작용기 중의 하나이다.

4장과 5장에서는 이중 결합 및 삼중 결합이 있는 알켄 및 알카인에 대하여 상세히 기술하였는데, 13장에서는 이중 결합 또는 삼중 결합 사이에 한 개의 단일 결합이 있는 경우에 대하여 알아보기로 한다.

이중 결합과 삼중 결합을 다중 결합이라고 하는데, 다중 결합이 연속적으로 존재하는 구조를 **연이은 다중 결합(cumulated multiple bond)**, 다중 결합과 단일 결합이 차례로 교차하는 구조를 **콘쥬게이션 다중 결합(conjugated multiple bond)**, 다중 결합 사이에 두 개 이상의 단일 결합이 있는 구조를 **고립 다중 결합(isolated multiple bond)**이라고 한다(4.1.1절).

연이은 다중 결합	콘쥬게이션 다중 결합	고립 다중 결합 ($n=1, 2, \cdots$)
$C=C=C$	$C=C-C=C$	$C=C-C_n-C=C$
$C=C=C=C$	$C\equiv C-C=C$	$C\equiv C-C_n-C=C$
	$C\equiv C-C\equiv C$	$C\equiv C-C_n-C\equiv C$

연이은 다중 결합, 콘쥬게이션 다중 결합, 고립 다중 결합의 명명법은 알켄 및 알카인의 명명법(4.3절)과 동일하기 때문에 추가적인 설명은 생략한다.

$CH_2=C=CH_2$

propa-1,2-diene

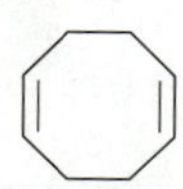

cycloocta-1,5-diene

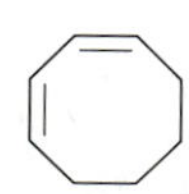

cycloocta-1,3-diene

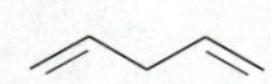

penta-1,4-diene

반면에 $CH_2=CH-CH_2-$ 및 $HC\equiv C-CH_2-$기는 '알릴(allyl)' 및 '프로파질(propargyl)'이라는 관용명을 흔히 사용한다.

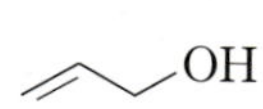

allyl alcohol
prop-2-en-1-ol

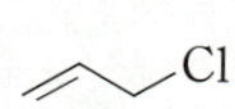

allyl chloride
3-chloroprop-1-ene

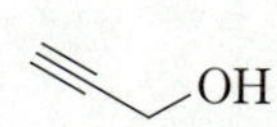

propargyl alcohol
prop-2-yn-1-ol

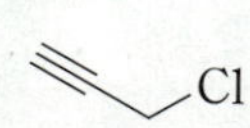

propargyl chloride
3-chloroprop-1-yne

13.2 에텐

에텐(ethene)은 고립계에 속하는 화합물이다.

원자가 결합 이론에 의하면 에텐의 두 탄소 원자는 sp^2 혼성 오비탈을 갖고, $C(sp^2)-C(sp^2)$ σ-결합과 $C(p)-C(p)$ π-결합을 형성한다(4.2.1절).

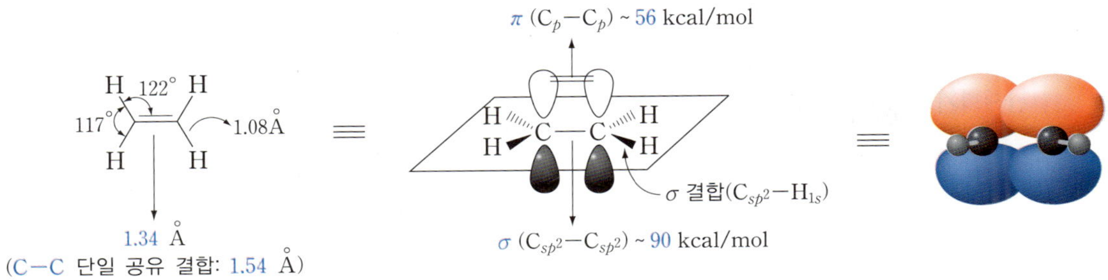

그림 13-1 에텐의 구조

분자 오비탈 이론에 의하면 에텐의 π-결합은 다음과 같이 설명된다. 두 탄소 원자의 p 오비탈에서 한 개의 결합 MO(Ψ_1)와 한 개의 반결합 MO(Ψ_2)가 각각 생성되고(1.8.4절), 탄소 원자에서 전자가 한 개씩 제공되므로 전자는 결합 MO(Ψ_1)만을 채우게 된다. 따라서 Ψ_1은 HOMO(highest-occupied MO), Ψ_2는 LUMO(lowest-unoccupied MO)가 되고, 전자는 특정 탄소 원자에 치우치지 않고 고르게 분포한다.

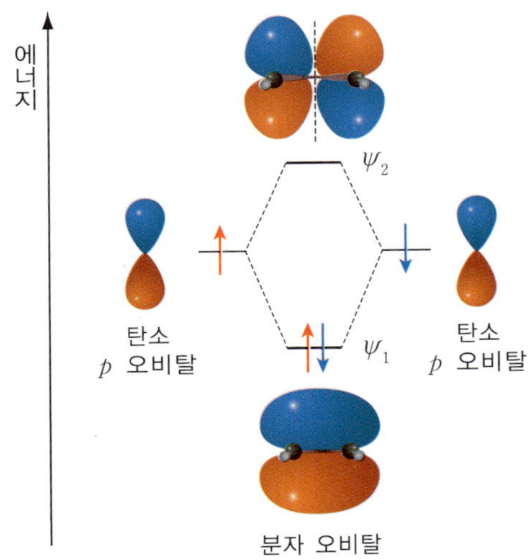

그림 13-2 에텐의 분자 오비탈과 에너지

13.3 알릴 양이온

13.3.1 구조

$CH_2=CH-CH_2^+$를 **알릴 양이온(allyl cation)**이라고 한다.

알릴 양이온의 루이스 구조를 그리면 두 개의 공명 구조가 가능하고, 두 공명 구조의 에너지는 동일하므로 공명 혼성에 대한 기여도는 같다(1.4.4절). 이것은 양전하가 C_1 및 C_3 탄소에 각각 1/2씩 분산되고, C_2 탄소는 전기적으로 중성이며, C−C 결합 차수가 각각 1.5임을 의미한다. 이러한 추론은 실제 실험 결과와 정확히 일치한다.

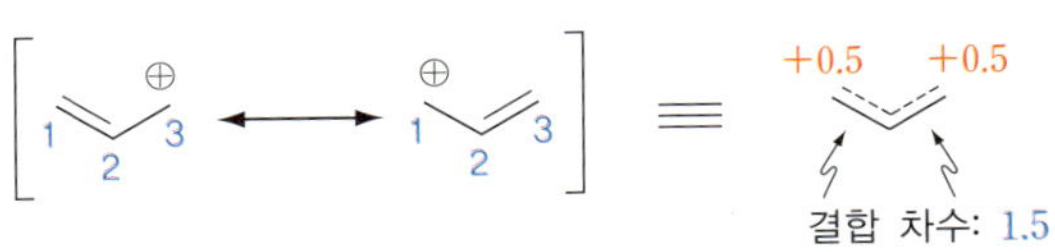

원자가 결합 이론에 의하면 알릴 양이온의 중심축을 이루는 C−C−C 원자는 모두 sp^2 혼성 오비탈을 하고, 세 개의 p 오비탈 사이에 중첩이 생겨서 평면 구조를 유지하면서 π-전자의 비편재화가 진행된다. 그리고 π-전자의 수는 총 두 개이므로 전체적으로 +1의 양전하를 갖는다.

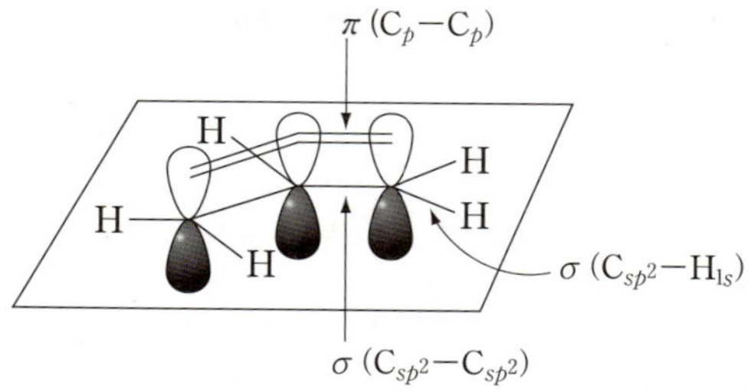

그림 13-3 알릴 양이온의 구조

분자 오비탈 이론에 의하면 세 개의 p 오비탈로부터 결합 MO(Ψ_1), 비결합 MO(Ψ_2), 반결합 MO(Ψ_3)가 각각 생성되고(1.8.1절), 전자는 총 두 개이므로 결합 MO(Ψ_1)만을 채울 수 있다. 에텐의 경우에서와 같이 Ψ_1이 HOMO, Ψ_2가 LUMO이다.

MO 이론을 이용해서도 (+)-전하가 C_1 및 C_3 탄소에 각각 1/2씩 존재하고, C−C 결합 차수가 각각 1.5임을 정확하게 설명할 수 있다.

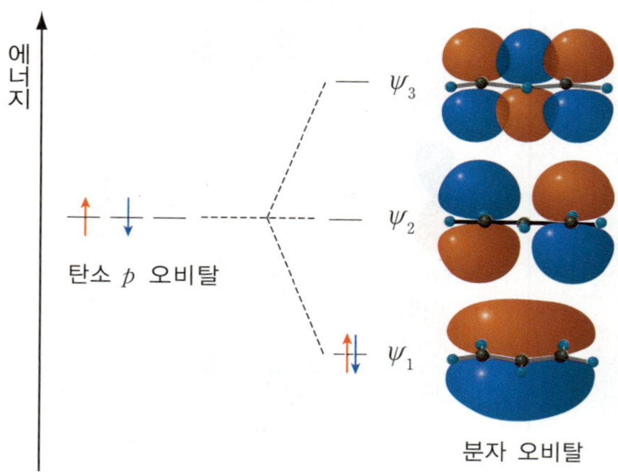

그림 13-4 알릴 양이온의 분자 오비탈과 에너지

13.3.2 열역학적 안정성

알릴 양이온은 C=C 결합의 π-전자를 제공받을 수 있어서, 즉 공명이 가능하기 때문에 단순한 알킬 양이온보다 열역학적으로 더 안정하다.

실제로 C−X 결합에서 탄소 양이온과 X^- 음이온을 생성하는 반응의 엔탈피 값은 1차 탄소 양이온보다 훨씬 작고 2차 탄소 양이온과 유사하다.

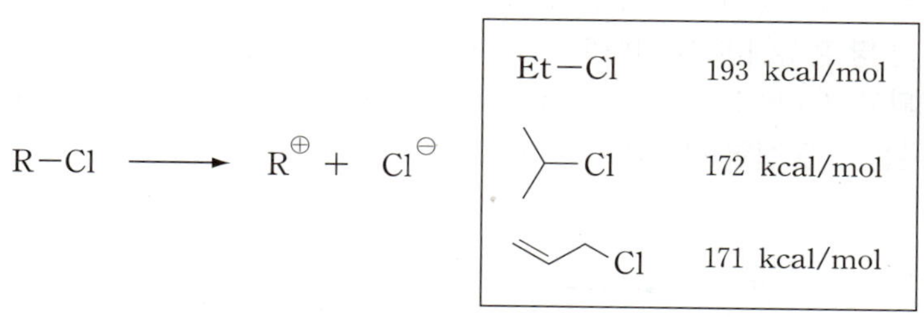

관점에 따라서 이견이 있겠지만, 알릴 양이온에서 두 말단 탄소가 1차−1차인 경우에는 2차

탄소 양이온의 안정성, 1차–2차인 경우에는 3차 탄소 양이온의 안정성과 유사하다고 생각하면 큰 무리가 없다.

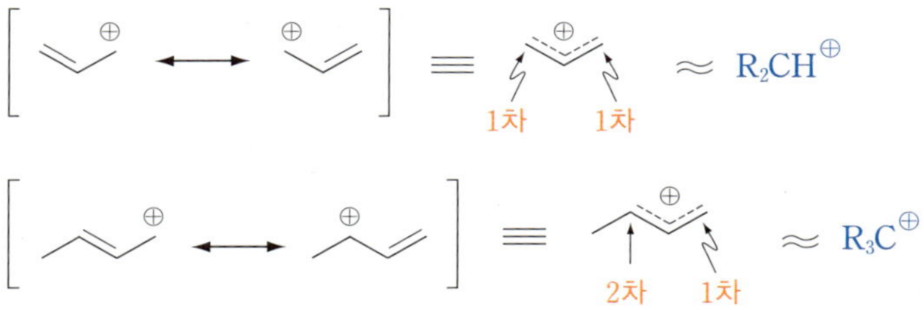

그림 13-5 알릴 양이온의 열역학적 안정성

13.3.3 S_N1 반응

알릴 할라이드는 알릴 양이온 중간체를 통해서 S_N1 반응(7.10절)을 진행할 수 있다. 이때 알릴 양이온이 대칭적인 구조를 가지면 친핵체가 알릴의 두 말단 어디에서 반응해도 동일한 화합물이 되지만, 비대칭적인 구조를 가지면 반응 위치에 따라서 서로 다른 두 가지의 생성물이 얻어진다.

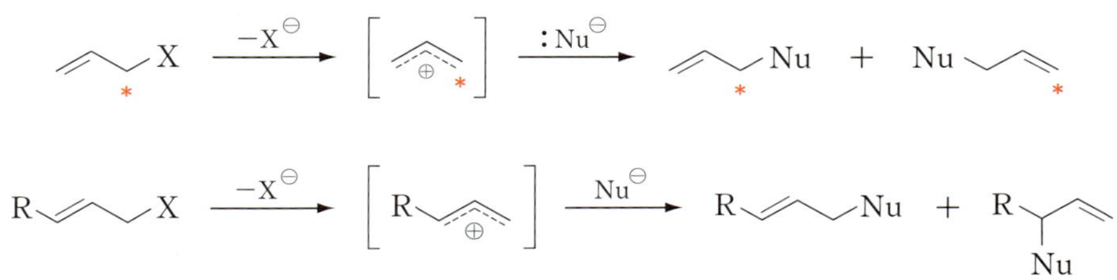

3-클로로-3-메틸뷰트-1-엔(**A**)과 2-클로로-2-메틸프로페인(**B**)을 에탄올 용매에서 반응시키면 모두 치환 생성물이 얻어지는데, 반응 속도는 **A**가 **B**보다 100배 이상 빠르다. 이 반응은 중성의 친핵체(EtOH), 좋은 이탈기(Cl^-), 극성 양성자성 용매(EtOH) 등 S_N1 경로에 적합한 조건을 만족하기 때문에 상대적으로 쉽게 탄소 양이온 중간체가 생성될 수 있다. 이때 양이온 중간체 $\mathbf{A_1}$은 탄소 말단이 1차–3차인 알릴 양이온이고, $\mathbf{B_1}$은 단순한 3차 양이온이므로 열역학적으로 $\mathbf{A_1}$이 $\mathbf{B_1}$보다 더 안정할 것이다. 여기에 "반응 유형이 비슷한 반응에서는 생성 물질의 열역학적 에너지가 낮을수록 활성화 에너지가 감소하고, 그 결과 생성 속도가 증가한다."는 Hammond 가설(2.8.3절)을 적용하면 양이온의 생성 속도는 **A**가 **B**보다 더 빠를 것임을 예측할 수 있다.

메커니즘 13-1 3-클로로-3-메틸뷰트-1-엔(A) 및 2-클로로-2-메틸프로페인(B)의 S_N1 반응 메커니즘

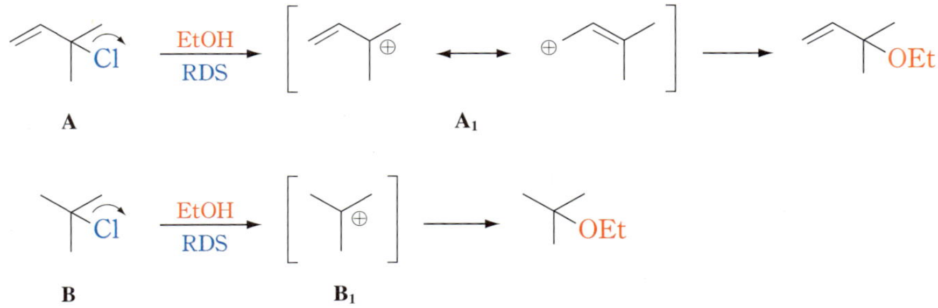

이번에는 다른 예를 들어 보자. 3-클로로-3-메틸뷰트-1-엔(**A**) 또는 1-클로로-3-메틸뷰트-2-엔(**C**)을 약염기성의 물에서 반응시키면 출발 물질과 무관하게 생성물 **E**와 **F**가 85 : 15 비율로 얻어진다. 이 반응은 비록 약염기성 조건을 사용하고 있지만 중성의 친핵체(HOH), 좋은 이탈기(Cl^-), 극성 양성자성 용매(HOH) 등 S_N1 경로에 적합한 조건을 만족하기 때문에 탄소 양이온 중간체가 생성될 수 있다. 이 반응에서는 **A**와 **C**로부터 동일한 중간체 **D**가 생성되는데, 중간체 **D**는 탄소 말단이 1차–3차인 알릴 양이온으로서 공명 구조 $\mathbf{D_1}$과 $\mathbf{D_2}$로 표현할 수 있고, $\mathbf{D_1}$이 $\mathbf{D_2}$보다 열역학적으로 더 안정하기 때문에 3차 탄소에서의 전자 결핍이 더 클 것으로 예상된다. 실제로 주생성물은 친핵체가 전자 결핍이 큰 3차 탄소에서 반응한 물질이다.

메커니즘 13-2 3-클로로-3-메틸뷰트-1-엔(A) 또는 1-클로로-3-메틸뷰트-2-엔(C)의 S_N1 반응 메커니즘

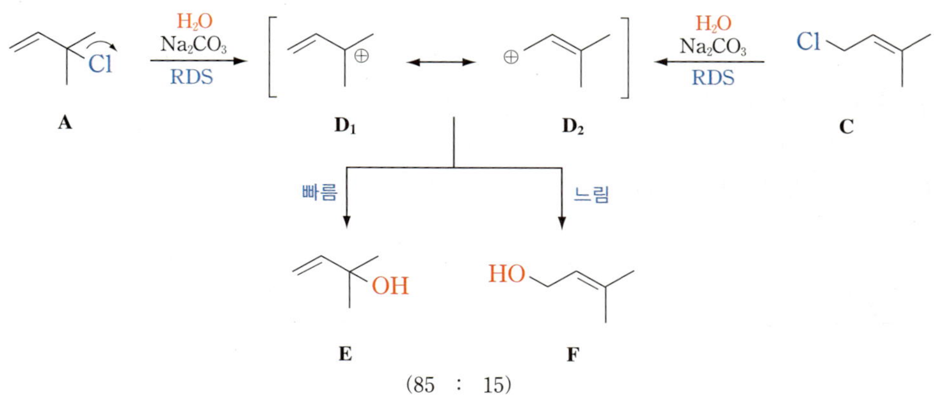

13.3.4 S_N2 반응

알릴 할라이드를 S_N2 반응 조건(강한 친핵체, 1차 알킬기, 좋은 이탈기, 극성 비양자성 용매)(7.10절)에 노출시키면 친핵체가 $C_\alpha-X$ 탄소를 직접 공격한 S_N2 생성물과 C_γ 탄소를 공격하면서 이중 결합의 자리 옮김 반응이 수반되는 S_N2' 생성물을 각각 얻을 수 있다.

메커니즘 13-3 알릴 할라이드의 S_N2 반응 메커니즘

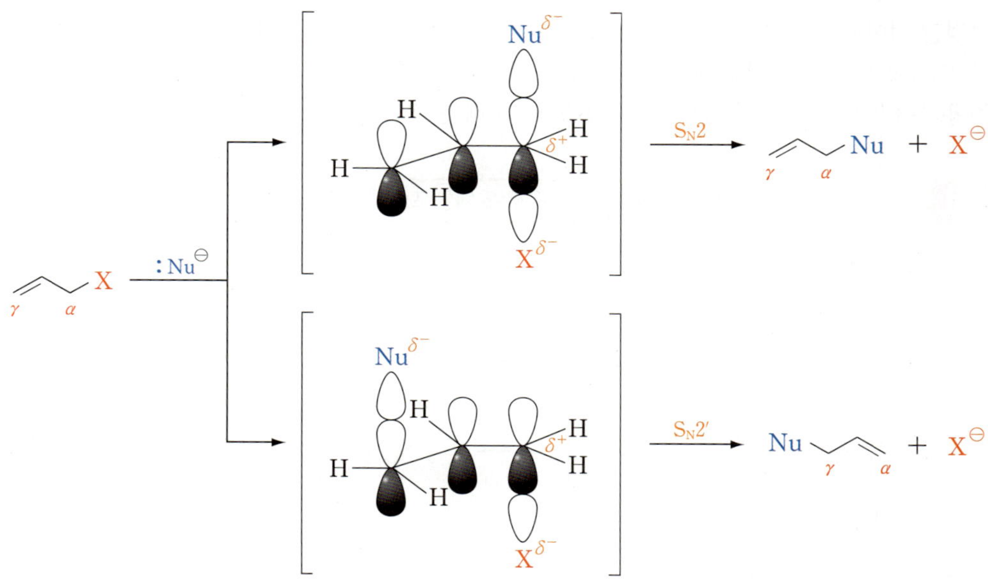

13.3.3절에서 기술한 바와 같이 알릴 할라이드의 S_N1 반응 속도는 비슷한 구조의 알킬 할라이드보다 훨씬 빠른데, 이러한 경향성은 S_N2 반응에서도 계속 유효하다. 알릴 할라이드의 S_N2 반응에서 전이 상태의 부분 양전하는 이웃한 이중 결합에 의하여 공명 현상과 유사하게 안정화될 수 있는데, 여기에 "반응 유형이 비슷한 반응에서는 생성 물질의 열역학적 에너지가 낮을수록 활성화 에너지가 감소하고, 그 결과 생성 속도가 증가한다."는 Hammond 가설(2.8.3절)을 적용하면 알릴 할라이드의 S_N2 반응성이 클 것임을 이해할 수 있다.

실제로 아세톤 용매에서 알릴 클로라이드 및 1-클로로프로페인에 대하여 I^- 치환 반응을 수행하면 알릴 클로라이드가 약 80배 빠르게 진행한다.

80 : 1

S_N1 및 S_N2 반응의 예들은 다음과 같다.

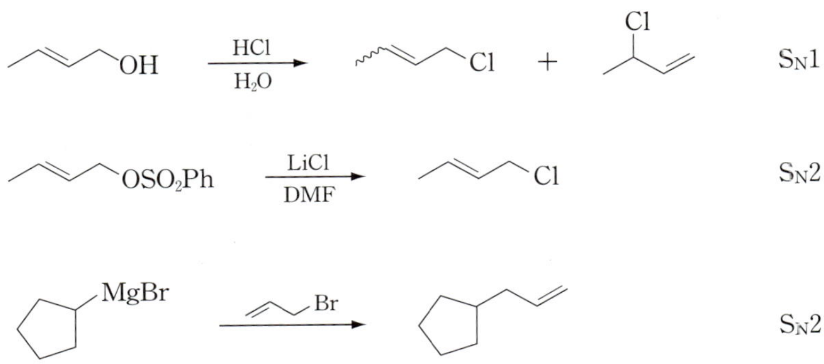

그림 13-6 S_N1 및 S_N2 반응의 예

13.4 알릴 라디칼

13.4.1 구조

$CH_2{=}CH{-}CH_2\cdot$을 **알릴 라디칼(allyl radical)**이라고 한다.

알릴 라디칼의 루이스 구조를 그리면 두 개의 공명 구조가 가능하고, 두 공명 구조의 에너지는 동일하므로 공명 혼성에 대한 기여도는 같다(1.4.4절). 이것은 홀전자가 C_1 및 C_3 탄소에 각각 1/2씩 분산되어 있고, C−C 결합 차수가 각각 1.5임을 의미한다. 이러한 추론은 실제 실험 결과와 정확히 일치한다.

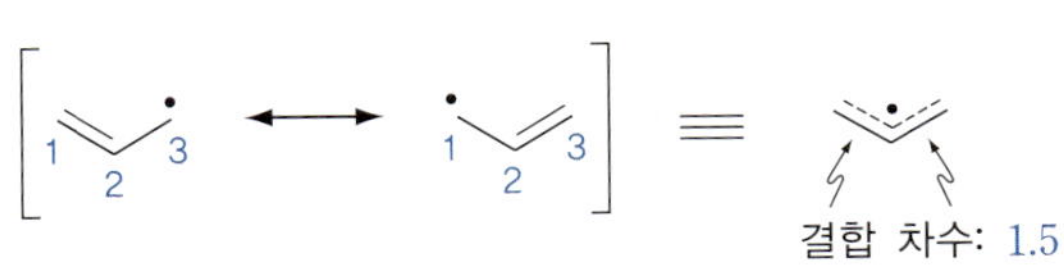

원자가 결합 이론에 의하면 알릴 양이온과 알릴 라디칼은 π-전자의 수만 다르고 나머지는 완전히 동일하다. 즉, 중심축을 이루는 C−C−C 원자는 모두 sp^2 혼성 오비탈을 하고, 세 개의 p 오비탈 사이에 중첩이 생겨서 평면 구조를 유지하면서 π-전자의 비편재화가 진행된다. 그리고 π-전자의 수는 총 세 개이므로 전체적으로 중성이다.

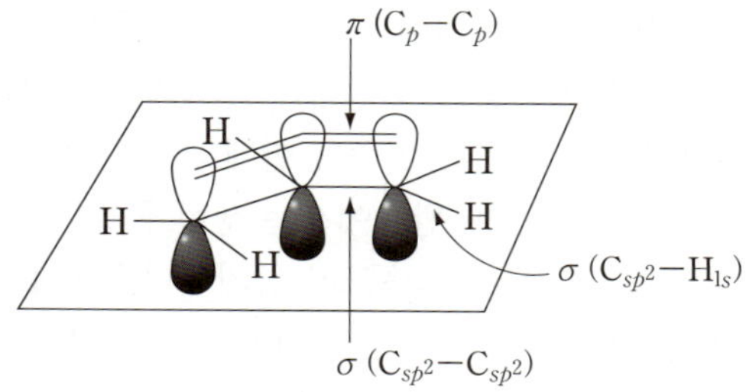

그림 13-7 알릴 라디칼의 구조

분자 오비탈 이론에 의하면 세 개의 p 오비탈로부터 결합 MO(Ψ_1), 비결합 MO(Ψ_2), 반결합 MO(Ψ_3)가 각각 생성된다(1.8.1절). 전자는 총 세 개이므로 결합 MO(Ψ_1)에 두 개, 비결합 MO(Ψ_2)에 한 개가 채워진다. 이처럼 홀전자를 포함하는 MO(Ψ_2)를 **SOMO(singly-occupied MO)**라고 한다.

MO 이론을 이용해서도 홀전자가 C_1 및 C_3 탄소에 각각 1/2씩 존재하고, C−C 결합 차수가 각각 1.5임을 정확하게 설명할 수 있다.

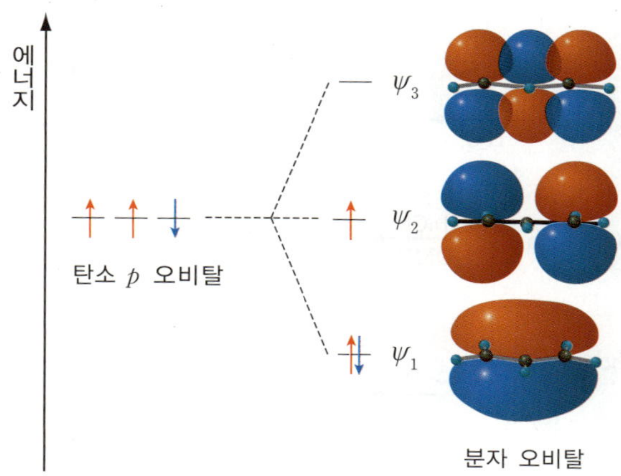

그림 13-8 알릴 라디칼의 분자 오비탈과 에너지

13.4.2 열역학적 안정성

알릴 라디칼은 C=C 결합의 π-전자를 제공받을 수 있어서, 즉 공명이 가능하기 때문에 단순한 알킬 라디칼보다 열역학적으로 더 안정하다.

실제로 C−H 결합에서 탄소 라디칼과 H·을 생성하는 반응의 엔탈피 값은 1차 및 2차 탄소 라디칼은 물론이고 3차 탄소 라디칼보다 더 작을 정도로 안정하다.

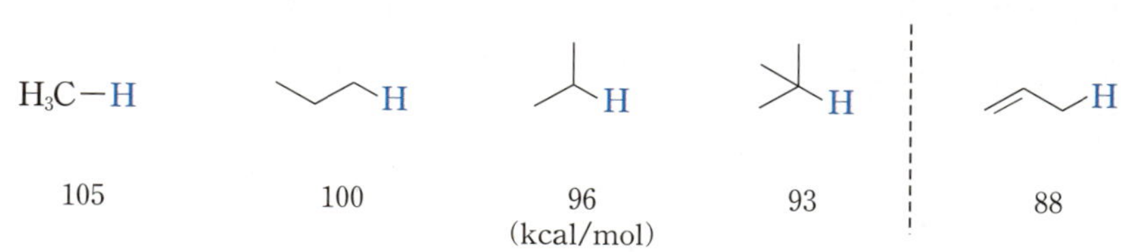

13.4.3 알릴 브로민화 반응

알릴 라디칼의 대표적인 반응의 하나가 알릴 브로민화 반응이다. 이에 관해서는 알킬 할라이드 합성법에서 상세하게 기술(7.4.2절)하였기에 상세한 설명은 생략한다.

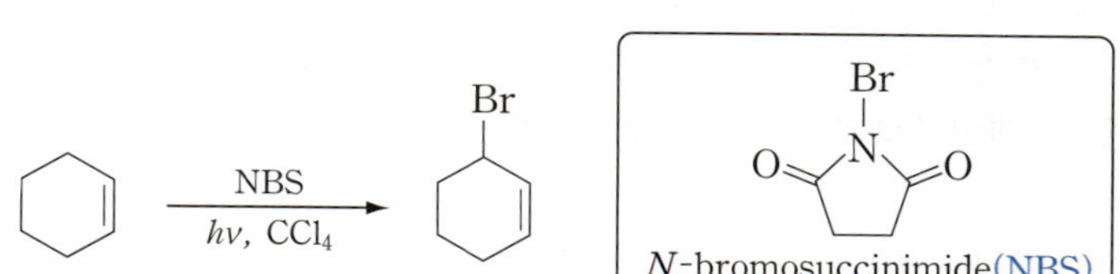

13.5 알릴 음이온

13.5.1 구조

$CH_2{=}CH{-}CH_2{:}^-$ 음이온을 **알릴 음이온(allyl anion)**이라고 한다.

알릴 음이온의 루이스 구조를 그리면 두 개의 공명 구조가 가능하고, 두 공명 구조의 에너지는 동일하므로 공명 혼성에 대한 기여도는 같다(1.4.4절). 이것은 음전하가 C_1 및 C_3 탄소에 각각 1/2씩 분산되어 있고, C_2 탄소는 전기적으로 중성이며, C−C 결합 차수가 각각 1.5임을 의미하는데 이러한 추론은 실제 실험 결과와 정확히 일치한다.

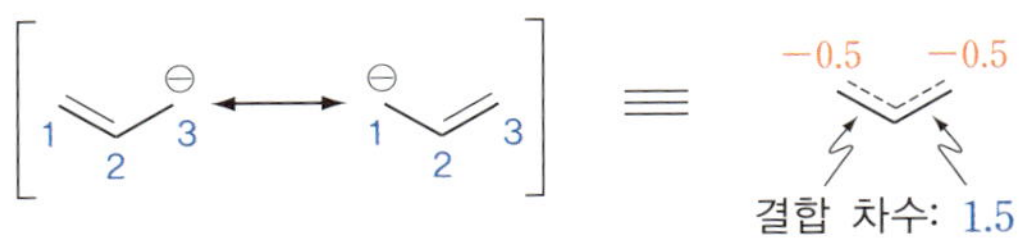

원자가 결합 이론에 의하면 알릴 음이온의 중심축을 이루는 C−C−C 원자는 모두 sp^2 혼성 오비탈을 하고, 세 개의 p 오비탈 사이에 중첩이 생겨서 평면 구조를 유지하면서 π-전자의 비편재화가 진행된다. 그리고 π-전자의 수는 총 네 개이므로 전체적으로 −1의 음전하를 갖는다.

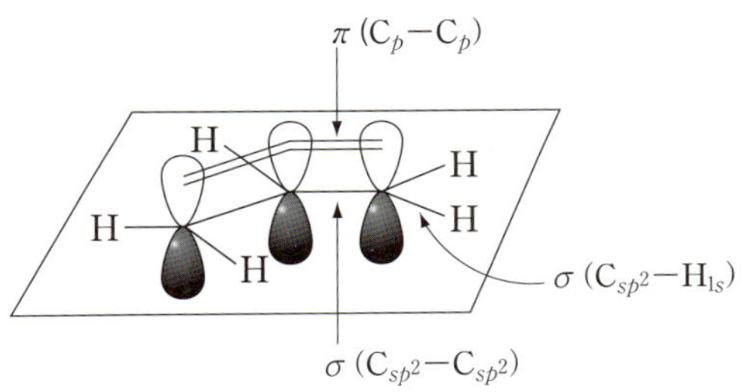

그림 13-9 알릴 음이온의 구조

분자 오비탈 이론에 의하면 세 개의 p 오비탈로부터 결합 MO(Ψ_1), 비결합 MO(Ψ_2), 반결합 MO(Ψ_2)가 각각 생성되는데(1.8.1절), 전자는 총 네 개이므로 결합 MO(Ψ_1)와 비결합 MO(Ψ_2)를 모두 채울 수 있다. 이 경우에는 Ψ_2가 HOMO, Ψ_3가 LUMO가 된다.

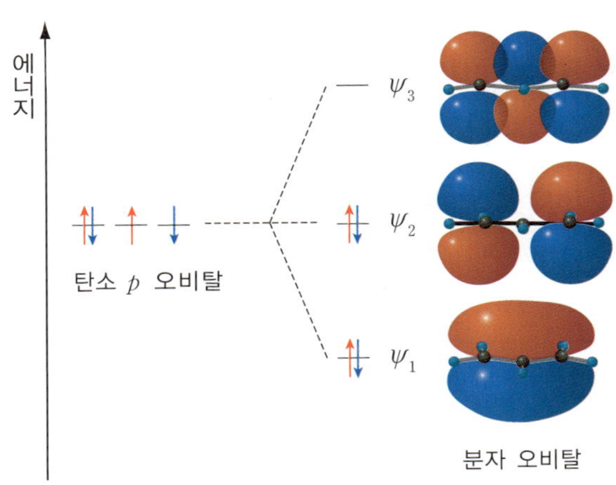

그림 13-10 알릴 음이온의 분자 오비탈과 에너지

MO 이론을 이용해서도 음전하가 C_1 및 C_3 탄소에 각각 −1/2씩 존재하고, C−C 결합 차수가 각각 1.5임을 정확하게 설명할 수 있다.

13.5.2 열역학적 안정성

알릴 음이온은 C=C 결합이 π-전자를 수용할 수 있기 때문에, 즉 공명이 가능하기 때문에 단순한 알킬 음이온보다 열역학적으로 더 안정하다.

실제로 C−H 결합에서 탄소 음이온과 H^+를 생성할 때 알릴 C−H의 산성도는 1차 알킬 C−H의 산성도보다 훨씬 크다.

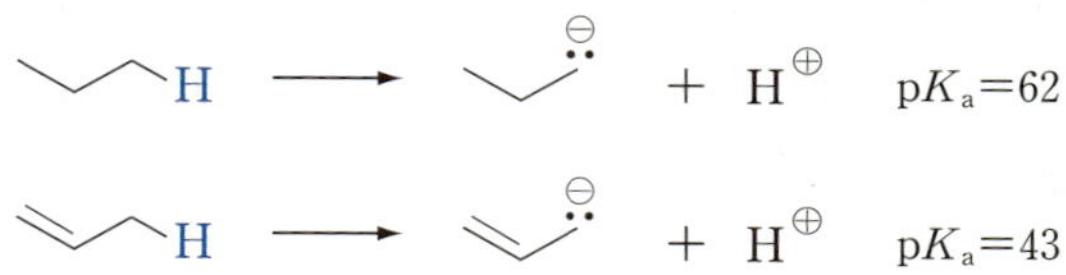

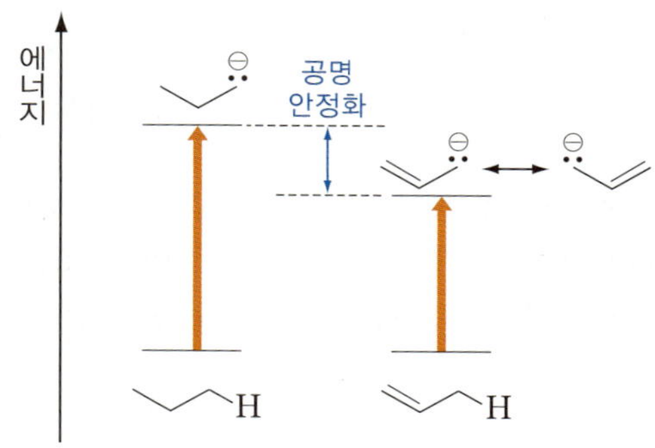

그림 13-11 알릴 C−H와 1차 알킬 C−H의 산성도

일반적으로 알릴 금속 화합물과 친전자체와의 반응은 알릴의 C_1 및 C_3 위치에서 경쟁적으로 진행되기 때문에 위치 선택성을 예상하기는 매우 어렵다.

13.5.3 반응

1-브로모뷰트-2-엔 및 3-브로모뷰트-1-엔을 마그네슘과 반응시키면 공명 구조 **A** 및 **B**로 표현되는 알릴 마그네슘 시약이 생성되고, 이 시약을 친전자체와 반응시키면 반응 조건에 따라서 비율은 다르지만 두 가지 생성물이 함께 생성될 수 있다.

메커니즘 13-4 1-브로모뷰트-2-엔 또는 3-브로모뷰트-1-엔과 마그네슘 및 친전자체와의 반응 메커니즘

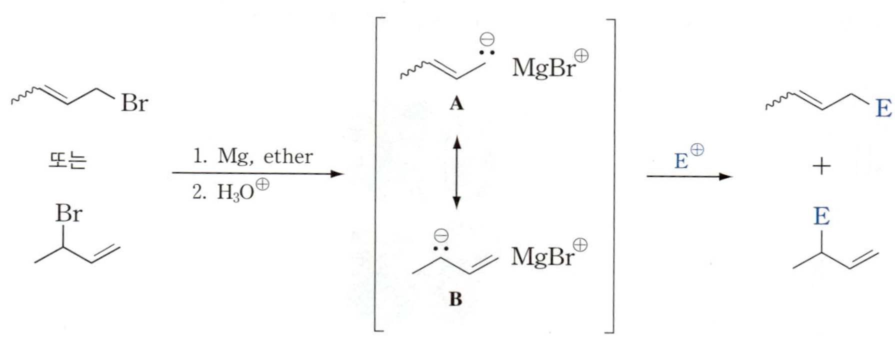

실제로 동위 원소가 치환된 알릴 Grignard 시약을 D_2O와 반응시키면 서로 다른 두 화합물이 생성된다.

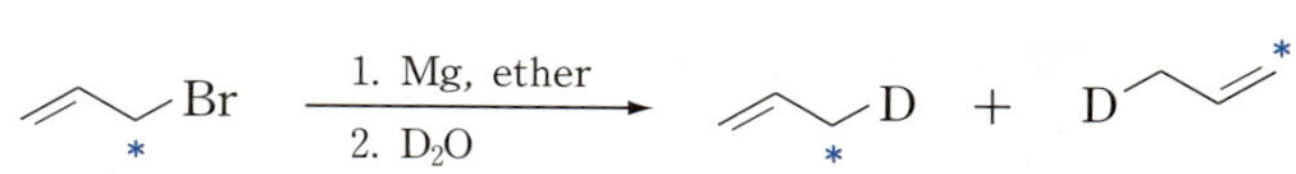

13.6 뷰타-1,3-다이엔

13.6.1 구조

뷰타-1,3-다이엔(buta-1,3-diene)의 구조에 대하여 알아보자.

원자가 결합 이론에 의하면 뷰타-1,3-다이엔의 중심축을 이루는 C−C−C−C 원자는 모두 sp^2 혼성 오비탈을 하고, C_1-C_2 및 C_3-C_4 결합은 $C_{sp^2}-C_{sp^2}$ 사이에 σ-결합과 π-결합이 있는 이중 결합을 하며, C_2-C_3 결합은 $C_{sp^2}-C_{sp^2}$ 사이에 σ-단일 결합을 한다. 그리고 네 개의 p 오비탈 사이에 중첩이 생겨서 평면 구조를 유지하면서 π-전자의 비편재화가 진행되고, π-전자의 수는 총 네 개이므로 전체적으로 중성이다.

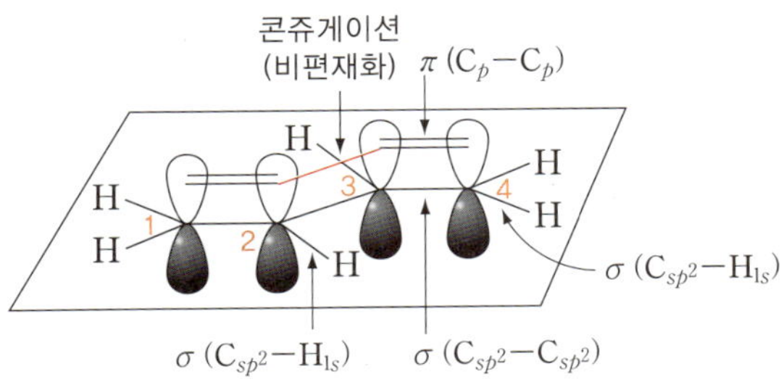

그림 13-12 뷰타-1,3-다이엔의 구조

결합 길이의 관점에서 특이한 사항은 뷰타-1,3-다이엔의 C_2-C_3 결합 길이(1.48 Å)가 일반적인 $\sigma(C_{sp^3}-C_{sp^3})$ 결합 길이(1.54 Å)와 큰 차이가 있다는 점이다. 이론적으로 뷰타-1,3-다이엔에서 C_2-C_3의 σ-결합은 $C_{sp^2}-C_{sp^2}$ 결합이고, 혼성 오비탈의 크기가 $sp^3 > sp^2 > sp$(4.4절)임을 고려하면 $\sigma(C_{sp^3}-C_{sp^3})$ 결합 길이와의 차이를 일부 설명할 수 있다. 또한 C_2-C_3의 결합 길이가 짧아지면서 C_2 및 C_3의 p 오비탈 사이에 중첩이 더 증가하는 것도 추가적인 요인이 될 수 있다. 이러한 추론은 C_1-C_2 및 C_3-C_4의 π-전자들이 C_1-C_2 및 C_3-C_4의 공간에만 머물지 않고 C_2-C_3 사이의 중첩을 통하여 분자 전체로 비편재화되고, 또한 이를 통하여 분자를 구성하는 모든 원자가 한 평면에 위치함을 설명할 수 있다.

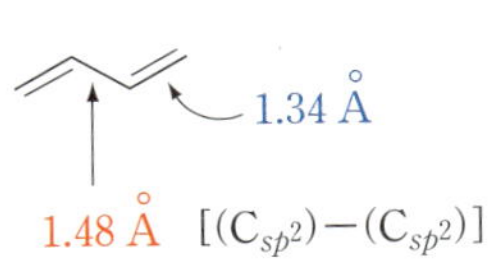

분자 오비탈 이론에 의하면 네 개의 p 오비탈로부터 두 개의 결합 MO(Ψ_1 및 Ψ_2) 및 두 개의 반결합 MO(Ψ_3 및 Ψ_4)가 생성되고(1.8.1절), 전자는 총 네 개이므로 두 개의 결합 MO가 채워진다. 그 결과 Ψ_2는 HOMO이고 Ψ_3는 LUMO가 된다.

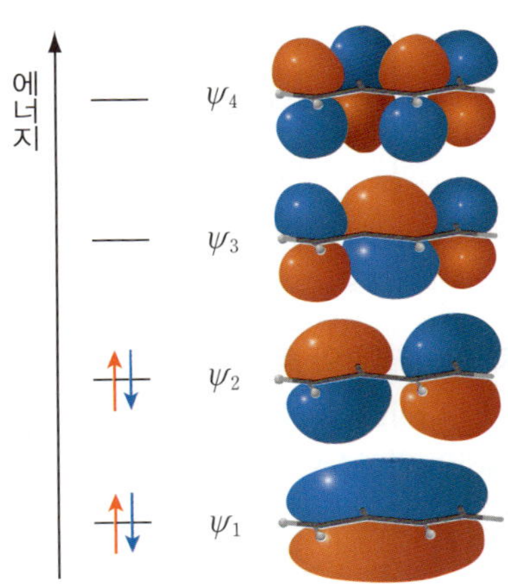

그림 13-13 뷰타-1,3-다이엔의 분자 오비탈과 에너지

13.6.2 열역학적 안정성

원자가 결합 이론과 분자 오비탈 이론에 의하면 콘쥬게이션 다이엔은 고립된 이중 결합보다 열역학적으로 더 안정하다. 그 이유는 콘쥬게이션에 의하여 이중 결합의 π-전자가 더 넓은 지역으로 비편재화되어 전자간의 반발력이 감소하면서 총 에너지가 감소하기 때문이다.

이러한 일반적인 경향성을 촉매 수소화 반응의 반응열을 가지고 확인해 보자.

뷰트-1-엔 및 뷰타-1,3-다이엔의 촉매 수소화 반응을 진행하면 각각 30.2 및 56.5 kcal/mol의 에너지가 방출된다. 만약 일치환체 알켄의 기준 화합물이 뷰트-1-엔이고, 이중 결합 사이에 상호 작용이 없는 가상의 뷰타-1,3-다이엔 화합물을 가정한다면, 이 화합물에서 촉매 수소화 반응의 반응열은 $-30.2 \times 2 = -60.4$ kcal/mol 정도가 되어야 한다. 실험값과 이론값에서 3.9 kcal/mol의 차이가 생기는 이유는 뷰타-1,3-다이엔 화합물에서 C_2-C_3의 p 오비탈 사이에 중첩, 즉 콘쥬게이션이 일어나서 전자의 비편재화가 진행되면서 열역학적으로 안정화되기 때문이다.

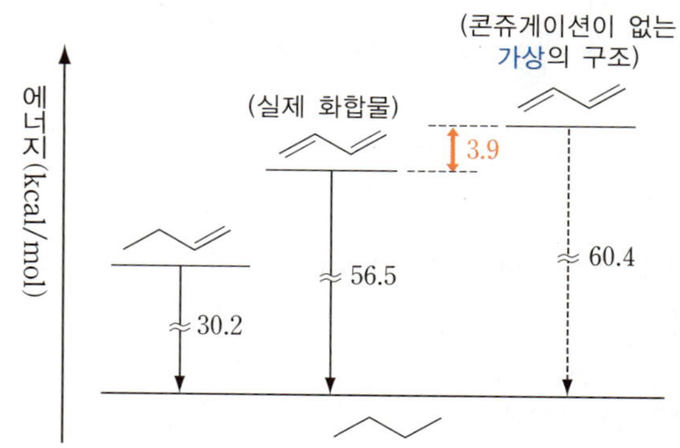

그림 13-14 뷰트-1-엔과 뷰타-1,3-다이엔의 촉매 수소화 반응의 에너지

뷰타-1,3-다이엔의 촉매 수소화 반응을 단계별로 분석해도 동일한 결과를 얻을 수 있다. 뷰타-1,3-다이엔에서 뷰트-1-엔이 되는 반응의 반응열은 −26.3 kcal/mol이고, 뷰트-1-엔에서 뷰테인이 되는 반응의 반응열은 −30.2 kcal/mol이다. 이것은 열역학적 안정화 현상이 출발 물질인 뷰타-1,3-다이엔에서 존재하고, 중간체인 뷰트-1-엔에서는 없음을 의미하는 것으로서 이러한 결과는 궁극적으로 전자의 비편재화에서 비롯된다.

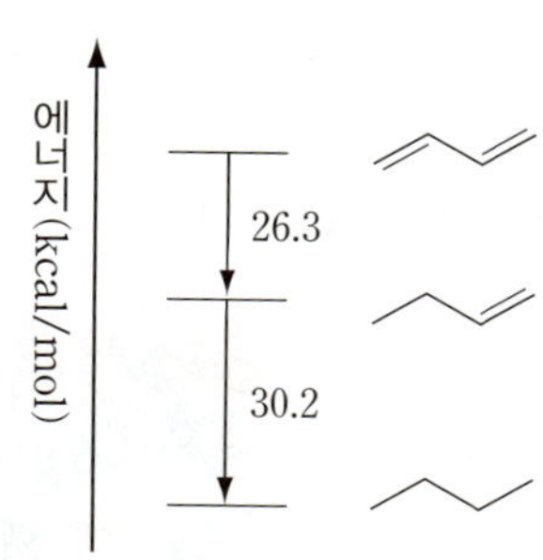

예제 13.1

일치환체 이중 결합 및 이치환체 이중 결합의 촉매 수소화 반응 엔탈피가 각각 −30.2 kcal/mol 및 −28.4 kcal/mol이다. 2-메틸뷰타-1,3-다이엔(아이소프렌, isoprene)의 촉매 수소화 반응 엔탈피가 −54.7 kcal/mol 일 때 콘쥬게이션에 의하여 아이소프렌이 열역학적으로 안정화되는 정도를 계산하시오.

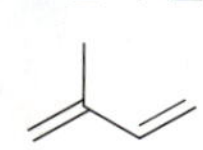

풀이

- 콘쥬게이션이 없는 가상의 구조:
  $(-30.2)+(-28.4)=-58.6$ kcal/mol
- 실험값: -54.7 kcal
- 콘쥬게이션에 의한 안정화:
  $(-54.7)-(-58.6)=3.9$ kcal/mol

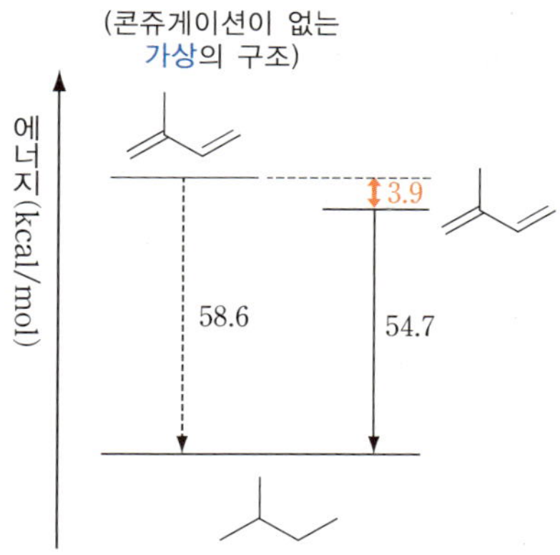

13.6.3 s-시스 및 s-트랜스 배열

뷰타-1,3-다이엔에서 π-전자는 $C_2(p)-C_3(p)$ 사이의 중첩을 통하여 분자 전체로 비편재화된다. 이때 $C_2(p)-C_3(p)$의 중첩이 최대가 되려면 두 개의 p 오비탈이 서로 평행해야 하는데, 이 경우에 분자를 구성하는 모든 원자는 한 평면에 위치한다.

뷰타-1,3-다이엔에서 이러한 조건을 만족하는 배열은 C_2-C_3 단일 결합을 기준으로 C_1 및 C_4 방향이 같은 *s*-시스(*cis*) 배열과 C_1 및 C_4 방향이 반대인 *s*-트랜스(*trans*) 배열이 있다. 열역학적 관점에서는 *s*-트랜스 배열이 *s*-시스 배열보다 2.8 kcal/mol 더 안정한데, 그 이유는 *s*-시스 배열에서 (*Z*) 방향의 C_1-H 및 (*Z*) 방향의 C_4-H 사이에 입체 장애가 발생하기 때문이다.

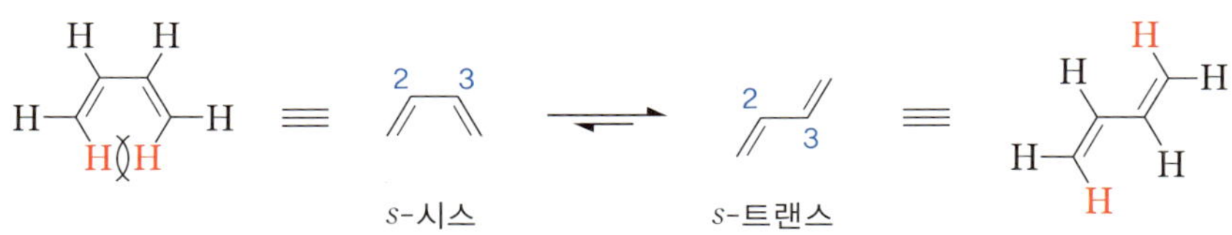

그림 13-15 뷰타-1,3-다이엔의 *s*-시스 및 *s*-트랜스 배열

s-시스 배열에서 $C_1=C_2$ 및 $C_3=C_4$의 이중 결합을 유지하면서 C_2-C_3 단일 결합을 90° 회전시키면 $C_2(p)-C_3(p)$의 중첩이 소멸되면서 콘쥬게이션에 의한 안정화 현상이 사라진다. 일반적으로 *s*-시스 배열에서 *s*-트랜스 배열로 전환될 때의 활성화 에너지는 π-전자의 비편재화에 해당하는 3.9 kcal/mol 정도이다.

s-시스 및 *s*-트랜스에서 *s*는 C_2-C_3 단일 결합을 의미한다.

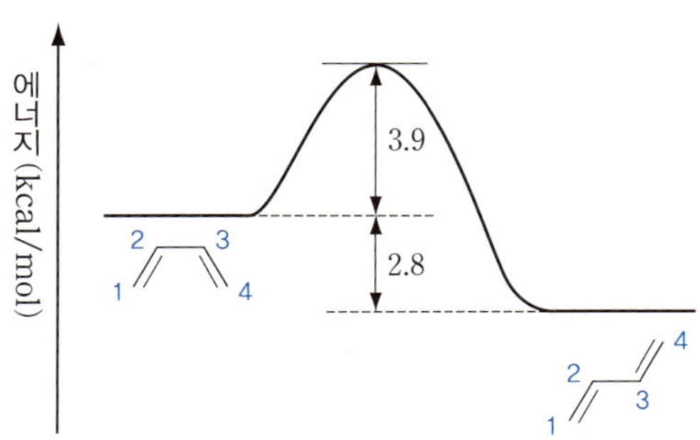

그림 13-16 뷰타-1,3-다이엔의 *s*-시스 및 *s*-트랜스 배열의 에너지

13.6.4 합성법

공업적으로 콘쥬게이션 다이엔을 합성하는 다양한 방법들이 있지만, 실험실에서 적용하기에는 거의 불가능하기 때문에 몇 가지 예만 들기로 한다.

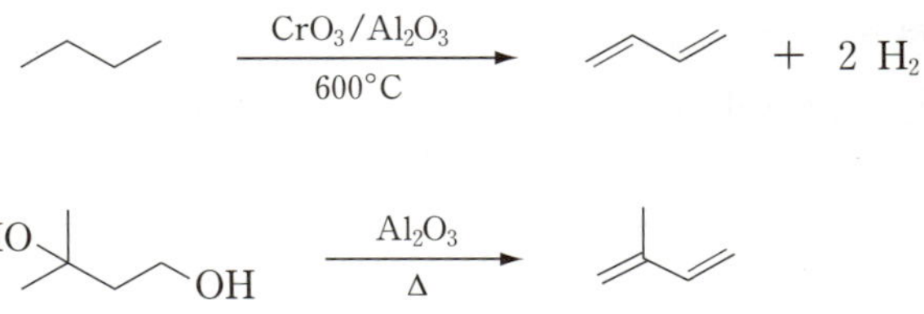

실험실에서의 콘쥬게이션 다이엔 합성은 일반적인 알켄의 합성법(4.6절)에서 기술한 E2/E1 경로의 HX 제거 반응(7.7절 및 7.9절) 및 탈수 반응(8.7절)을 많이 사용한다. 이 경우에 이중 결합의 위치 선택성은 주로 열역학적으로 더 안정한 이중 결합 화합물이 생성되는 방향으로 진행된다.

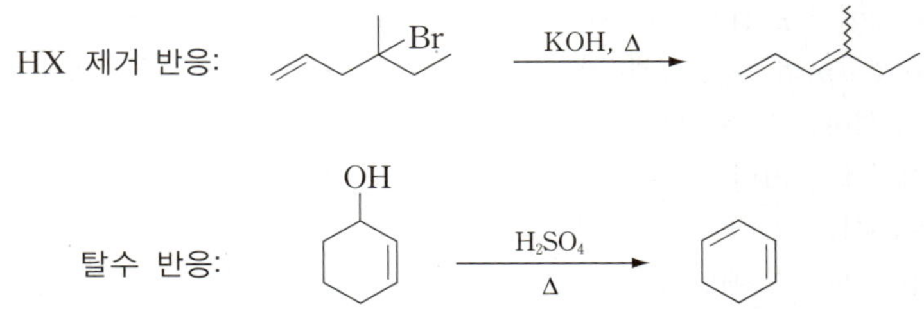

그림 13-17 콘쥬게이션 다이엔 합성 반응 예

13.6.5 친전자성 첨가 반응

뷰타-1,3-다이엔과 HBr이 반응하면 1-브로모뷰트-2-엔(**A**)과 3-브로모뷰트-1-엔(**B**)의 혼합물이 얻어진다. 그리고 혼합물에서 **A** 및 **B**의 비율은 아래와 같이 반응 온도에 따라서 변하는데 이러한 현상을 설명해 보자.

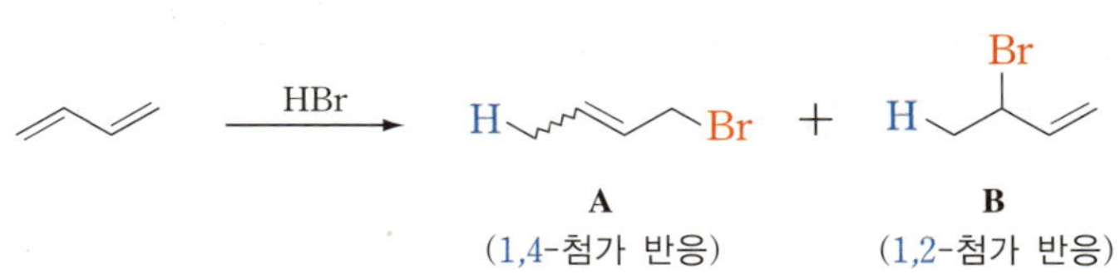

온도(℃)	**A : B**
−80	19 : 81
0	29 : 71
rt	56 : 44
40	85 : 15

이 반응의 첫 번째 단계는 π-결합 전자가 H^+에 전자를 제공하면서 탄소 양이온을 생성하는 반응으로, 반응 속도 결정 단계에 해당한다(4.7.4절 및 4.7.5절). 이때 H^+가 내부 탄소(C_2)와 결합하면 1차 양이온 **X**가 생기고 H^+가 말단 탄소(C_1)와 결합하면 1차–2차 알릴 양이온 **Y**가 생성되는데, 여기에 "반응 유형이 비슷한 반응에서는 생성 물질의 열역학적 에너지가 낮을수록 활성화 에너지가 감소하고, 그 결과 생성 속도가 증가한다."는 Hammond 가설(2.8.3절)을 적용하면 알릴 양이온 **Y**가 더 빠르게 생성됨을 예상할 수 있다.

메커니즘 13-5 뷰타-1,3-다이엔의 친전자성 첨가 반응 메커니즘

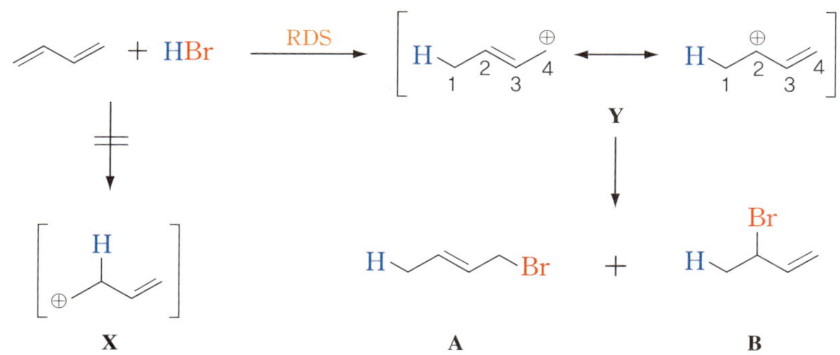

두 번째 단계의 반응에서 정반응(**Y** → **A** or **B**)은 가능하고 역반응(**A** or **B** → **Y**)은 불가능한 경우를 가정해 보자. 중간체 **Y**는 C_2가 2차 탄소 양이온, C_4가 1차 탄소 양이온의 특성을 갖는 1차–2차 알릴 양이온이고, 2차 탄소 양이온은 1차 탄소 양이온보다 열역학적으로 더 안정하기 때문에 전자의 결핍은 C_2 탄소에서 더 크다(1.4.4절). 따라서 입체 장애와 같은 특별한 변수가 없으면 음이온 친핵체(Br^-)는 정전기적 인력에 의하여 C_2 탄소와 반응하여 주생성물은 **B**가 된다. 이러한 추론과 일치하는 실험 결과는 실제로 온도가 낮아서, 즉 열에너지가 적어서 정반응은 가능하지만 역반응이 상대적으로 어려운 −78℃의 반응에서 관찰된다. 이처럼 주생성물이 정반응의 속도에 의하여 결정되는 경우에 생성물 및 반응 조건을 각각 **반응 속도론적 생성물(kinetic product)** 및 **반응 속도론적 조건(kinetic condition)**, 그리고 이러한 상황을 종합하여 **반응 속도론적 지배(kinetic control)**라고 한다.

이번에는 반응 온도가 높아서 두 번째 단계의 정반응(**Y** → **A** or **B**) 및 역반응(**A** or **B** → **Y**)이 모두 가능한 경우를 가정해 보자. 우선, 이중 결합에 알킬 치환체가 많을수록 열역학적으로 안정(4.5절)하고, 입체적으로 Br 원자는 CH_3와 비슷한 크기임을 종합하면 화합물 **A**가 열역학적으로 더 안정함을 예상할 수 있다. 따라서 반응 온도를 [−78℃ → 0℃ → rt → 40℃]로 변화시켜서 가역 반응이 진행되기 시작하면 열역학적으로 더 안정한 화합물 **A**의 비율이 점진적으로 증가함을 추론할 수 있는데, 실제로 이러한 경향성을 실험 결과에서 볼 수 있다. 이처럼 주생성물이 반응 속도보다는 생성물의 열역학적 안정성에 의하여 결정되는 경우에 생성물 및 반응 조건을 각각 **열역학적 생성물(thermodynamic product)** 및 **열역학적 조건(thermodynamic condition)**, 그리고 이러한 상황을 종합하여 **열역학적 지배(thermodynamic control)**라고 한다.

위의 실험 결과를 에너지 도표로 정리하면 아래와 같다.

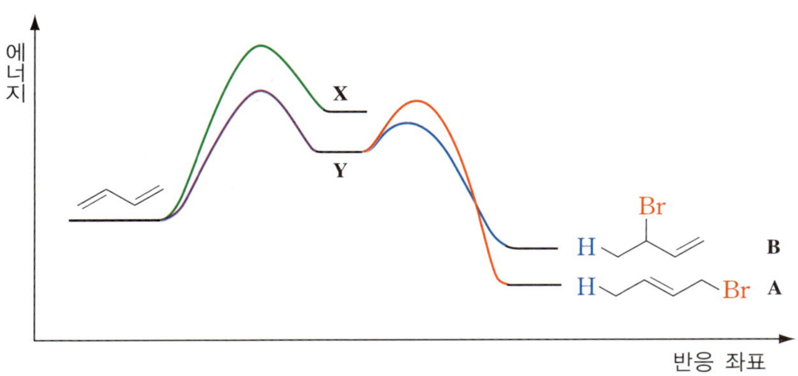

그림 13-18 뷰타-1,3-다이엔의 친전자성 치환 반응의 에너지 도표

일반적으로 반응 속도론적 지배에서는 반응이 비가역적으로 진행하고, 열역학적 지배에서는 반응이 가역적이라고 생각한다. 흡열 반응은 정반응의 활성화 에너지가 역반응보다 커서 가역 반응이 항상 가능하므로 '열역학적 지배'의 가능성이 크다. 반면에 발열 반응은 역반응의 활성화 에너지가 정반응보다 항상 크기 때문에 '반응 속도론적 지배'의 가능성이 크지만, 외부에서 충분한 에너지를 공급한다면 가역 반응도 가능해져서 '열역학적 지배'의 형식으로 반응이 전환될 수 있다.

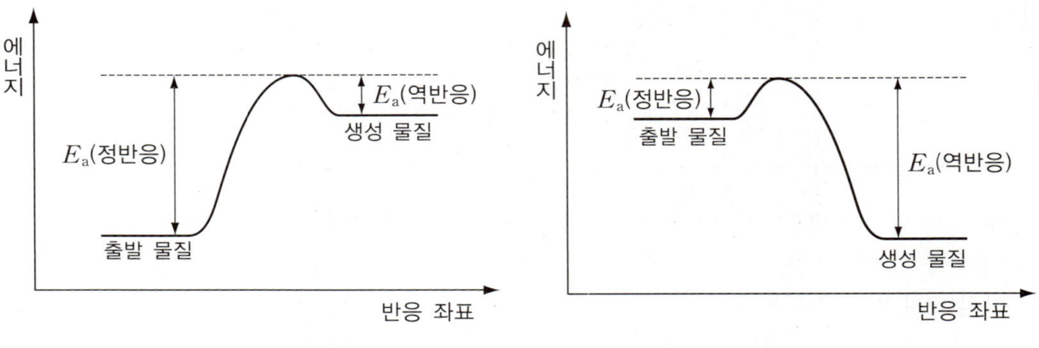

그림 13-19 흡열 반응 및 발열 반응의 에너지 도표

일반적으로 화합물의 안정성과 반응성은 대부분 반대의 경향성을 갖는다. 그러나 콘쥬게이션 계의 친전자성 첨가 반응은 콘쥬게이션에 참여하는 탄소의 수가 많을수록 열역학적인 안정성과 반응성이 동시에 증가하는 특징이 있다.

일반적으로 어떤 현상을 설명할 때 '반응 속도론적 지배' 및 '열역학적 지배'의 관점에서 각각 설명할 수 있다. 이 방법들은 많은 경우에 동일한 결과를 주기 때문에 본 교재를 포함하여 많은 교재에서도 이해 또는 설명이 더 쉬운 방법을 임의로 선택하여 사용해왔고, 앞으로도 계속 그럴 것이다. 실제로 "반응 유형이 비슷한 반응들의 경우에는 출발 물질과 비교하여 생성 물질의 에너지가 낮을수록, 즉 생성 물질의 열역학적 안정도가 커질수록 활성화 에너지가 감소하여 생성 속도가 증가한다."는 Hammond 가설(2.8.3절)은 많은 경우에 반응 속도론적 생성물과 열역학적 생성물이 일치하기 때문에 적용할 수 있는 것이다.

자연계에서는 반응 속도론적 생성물과 열역학적 생성물이 서로 일치하지 않는 경우가 종종 관찰된다. 이러한 경우에는 불가피하게 두 가지 경로를 각각 독립적으로 언급하고, 그 결과를 서로 비교한 후, 보다 합리적인 결론을 내려야 한다.

13.6.6 1,3-다이엔 중합체

에텐을 포함하는 고립 이중 결합 화합물들이 라디칼 및 산 촉매 조건에서 중합체(4.12절)를 형성하듯이, 1,3-다이엔 화합물도 라디칼 및 산 촉매 조건에서 중합체를 형성할 수 있다. 그러나 이 경우에는 시스 및 트랜스-이중 결합이 무작위로 생성되기 때문에 구조적으로는 훨씬 더 복잡하다.

뷰타-1,3-다이엔의 라디칼 중합 반응을 진행하면 시스 및 트랜스-이중 결합이 혼재하는 폴리뷰타다이엔(polybutadiene)이 얻어진다.

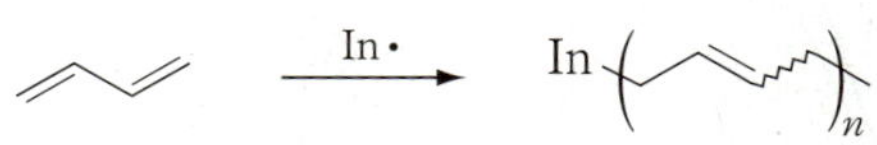

폴리뷰타다이엔

아이소프렌(isoprene)을 라디칼 반응으로 중합하면 (*Z*)-형태의 천연고무와 (*E*)-형태의 구타-페르카(Gutta-Percha)가 얻어진다. 구타-페르카는 부스러지는 단점이 있지만 천연고무보다 단단하기 때문에 골프공 표면을 코팅하는 데 쓰인다.

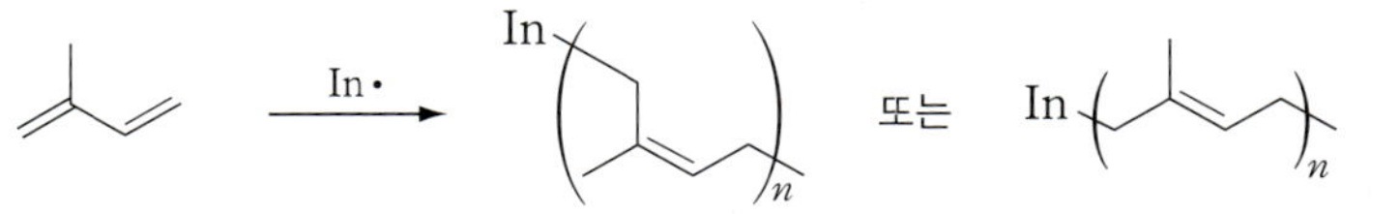

일반적으로 순수한 1,3-다이엔 유도체의 중합 반응에서 생성되는 천연 및 합성 중합체들은 실생활에서 사용하기에는 너무 부드럽고 끈적거리는 단점이 있다. 그러나 소량의 황(S)을 첨가한 후 1,3-다이엔 유도체의 중합 반응을 진행하면, 황 원자가 동일한 선형 중합체 내에서는 다리(bridge) 결합을 하고, 서로 다른 선형 중합체 사이에서는 교차(cross-link) 결합을 형성하면서 내구성과 내마멸성이 동시에 향상된 중합체를 얻을 수 있다. 이처럼 황(S)을 첨가하여 유용한 중합체를 합성하는 방법을 **가황(vulcanization)**이라고 한다.

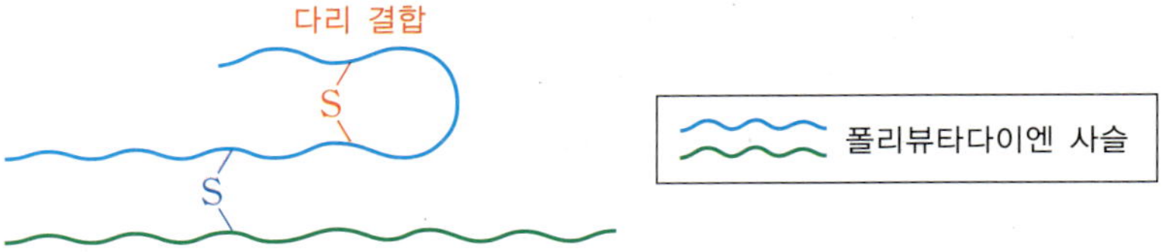

13.7 디엘스-알더 반응

협동 반응(concerted reaction)은 다수의 σ-결합 및 π-결합이 고리형 전이 상태(cyclic transition state)를 통해서 동시에 끊어지고 생성되는 한 단계 반응을 통칭한다. 협동 반응은 일반적으로 ① **고리화 첨가 반응(cycloaddition reaction)**, ② **전자 고리화 반응(electrocyclic reaction)**, ③ **시그마 결합 자리 옮김 반응(sigmatropic rearrangement)**, ④ **집게 변환 반응(chelotropic reaction)**, ⑤ **원자단 전이 반응(group transfer)** 등 다섯 가지로 구분한다.

협동 반응은 전이 상태에서 반응에 관여하는 전자들 사이에 고리 형태의 상호 작용이 있어야 하고, 열 반응(thermal reaction)은 전자 수 $(4n+2)$, 광 반응(photo reaction)은 전자 수 $4n$ $(n=0, 1, 2, \cdots)$ 등의 여러 조건들을 동시에 만족해야 한다.

교재에서는 알켄의 에폭시화 반응(4.10.4절), 알켄의 사이클로프로페인화 반응(4.11절), Claisen 자리 옮김 반응(10.10절) 등에서 협동 반응을 간략하게 소개하였는데, 이제는 고리화 첨가 반응의 대표 주자인 **디엘스-알더(Diels-Alder) 반응**에 대하여 알아보기로 한다.

알켄의 에폭시화 반응:

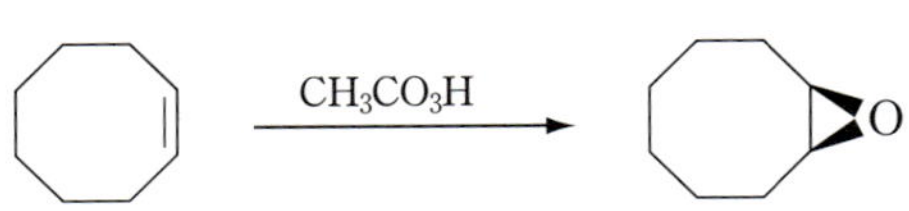

알켄의 사이클로프로페인화 반응:

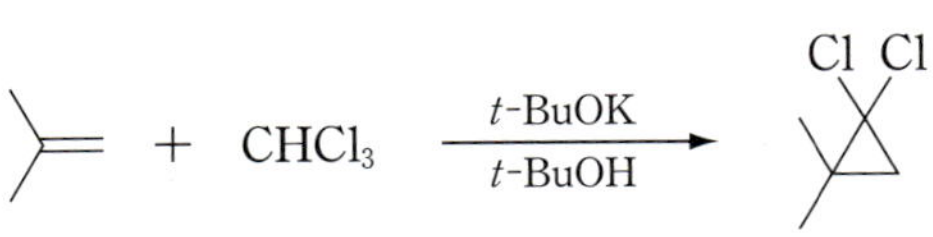

클라이젠 자리 옮김 반응:

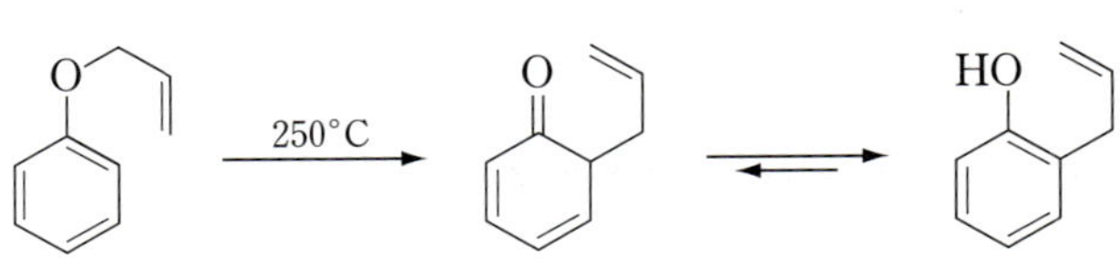

13.7.1 서론

디엘스−알더 반응은 1,3-다이엔과 알켄이 반응하여 사이클로헥센을 합성하는 반응으로서, 이때 1,3-다이엔을 **다이엔(diene)**, 알켄을 **친다이엔체(dienophile)**라고 한다.

1,3-다이엔 친다이엔체

디엘스−알더 반응은 1,3-다이엔 및 친다이엔체의 치환체를 변화시킴으로써 다양한 구조의 사이클로헥센 화합물을 얻을 수 있고, 생성물의 작용기 변환을 통하여 다른 유도체로의 추가적인 전환이 가능하다. 또한 거울상 선택적이고 부분 입체 선택적인 반응이 가능하도록 다양한 촉매들이 개발되었기 때문에 특정한 입체 구조를 갖는 광학 활성 화합물을 선택적으로 얻을 수 있는 등 유기 합성의 관점에서 매우 중요한 반응의 하나이다.

대부분의 디엘스−알더 반응은 **전자 주는 기(electron donating group, EDG)**가 있는 1,3-다이엔과 **전자 끄는 기(electron withdrawing group, EWG)**가 있는 친다이엔체 사이에서 진행된다. 전자 밀도의 관점에서 위와 정반대인 경우, 즉 전자 끄는 기(EWG)가 있는 1,3-다이엔과 전자 주는 기(EDG)가 있는 친다이엔체 사이에서도 디엘스−알더 반응은 진행된다.

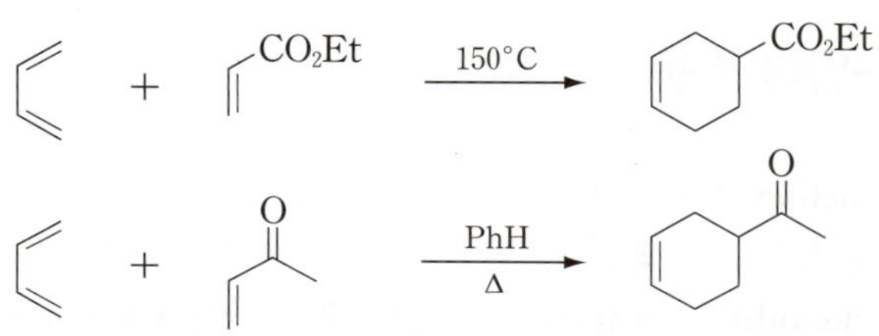

그림 13-20 1,3-다이엔의 디엘스−알더 반응의 예

1,3-다이엔 및 친다이엔체에 치환체가 있으면 치환체의 위치 및 종류에 따라서 다수의 이성질체가 생성될 수 있다. 이런 경우에 주생성물을 체계적으로 예측하는 방법이 개발되어 있지만 지금의 수준에서는 이해할 수 없기 때문에 자세한 설명은 생략한다. 다만, 1,3-다이엔 및 친다이엔체에 치환체가 한 개씩 있는 경우에는 치환체가 1,2- 및 1,4- 형태로 있는 사이클로헥센 유도체가 주생성물로 얻어진다.

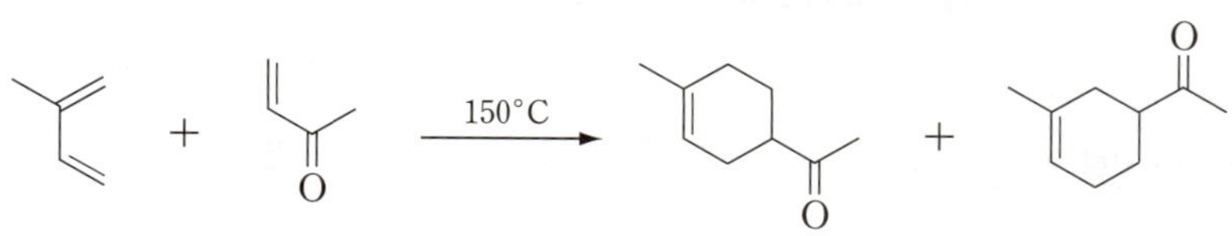

70 : 30

탄소 원자가 산소(O) 또는 질소(N) 원자로 치환된 1,3-다이엔 및 친다이엔체 화합물들도 디엘스−알더 반응에 참여할 수 있다. 이러한 1,3-다이엔 및 친다이엔체를 각각 **헤테로다이엔(heterodiene)** 및 **헤테로친다이엔체(heterodienophile)**, 이들의 반응을 **헤테로 디엘스−알더 반응(hetero Diels−Alder reaction)**이라고 한다. 이 경우에도 주생성물을 안정적으로 예측할 수 있는 방법이 개발되어 있으나, 역시 동일한 이유로 상세한 설명은 생략한다.

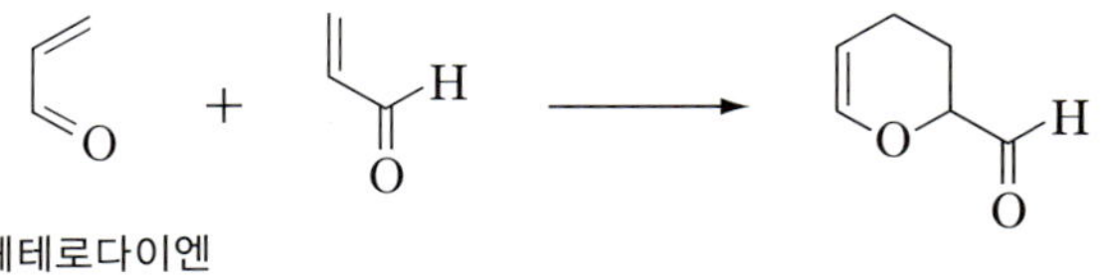

이제는 1,3-다이엔의 형태 이성질체에 대하여 알아보자. 뷰타-1,3-다이엔에서 *s*-시스 배열은 C_1–H와 C_4–H 사이에 입체 장애가 있기 때문에 *s*-트랜스 배열이 상온에서 주성분으로 존재한다(13.6.3절). (*Z*,*Z*)-헥사-2,4-다이엔의 경우에는 *s*-시스 배열에서 두 개의 CH_3 사이에 입체 장애가 매우 크기 때문에 평형 상태에서 거의 존재하지 못하고, 실질적으로 *s*-트랜스 배열만이 가능하다. 반면에 사이클로펜타-1,3-다이엔은 골격 구조상 자연스럽게 *s*-시스 형태를 갖는다. 디엘스–알더 반응이 진행되려면 *s*-시스 구조가 전제되어야 하므로, 1,3-다이엔의 반응성은 [사이클로펜타-1,3-다이엔 > 뷰타-1,3-다이엔 ≫ (*Z*,*Z*)-헥사-2,4-다이엔]임을 예상할 수 있다.

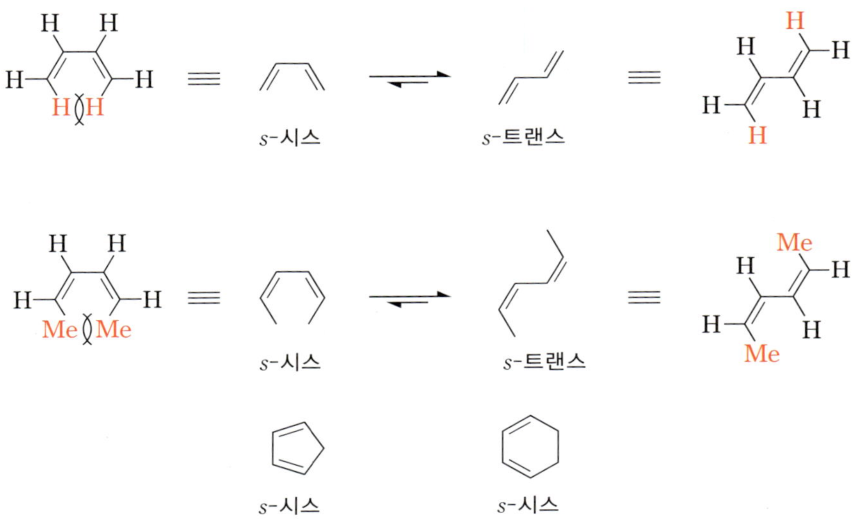

그림 13-21 1,3-다이엔의 형태 이성질체

예제 13.2

아래 반응의 주생성물을 그리시오.

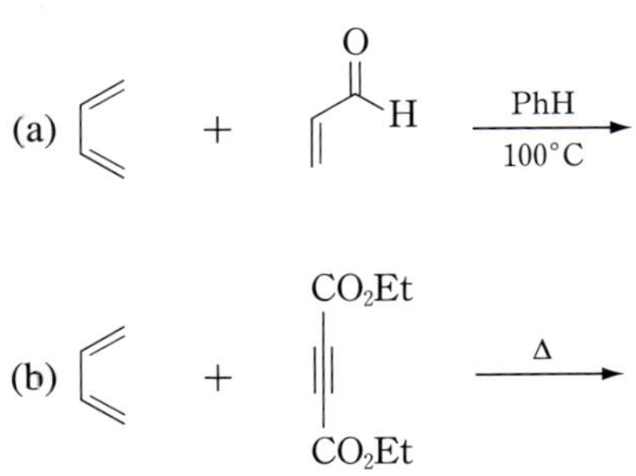

풀이

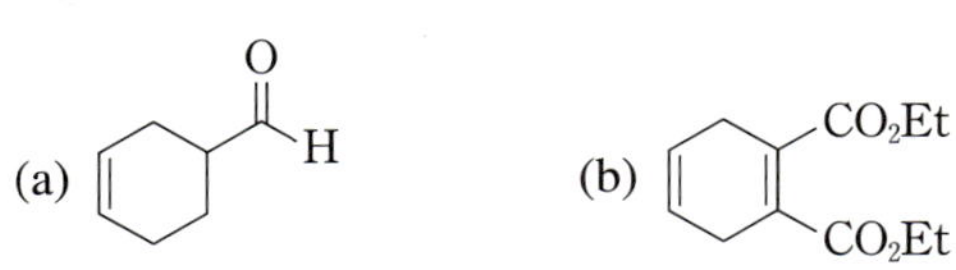

13.7.2 이중 결합 배열 vs. 상대 입체 구조

네 개의 서로 다른 치환체를 갖는 1,3-다이엔과 네 개의 서로 다른 치환체를 갖는 친다이엔체가 반응하여 사이클로헥센을 생성하는 디엘스–알더 반응을 가정한 후, 출발 물질의 이중 결합 배열과 생성물의 상대 입체 구조의 연관성에 대하여 생각해 보자.

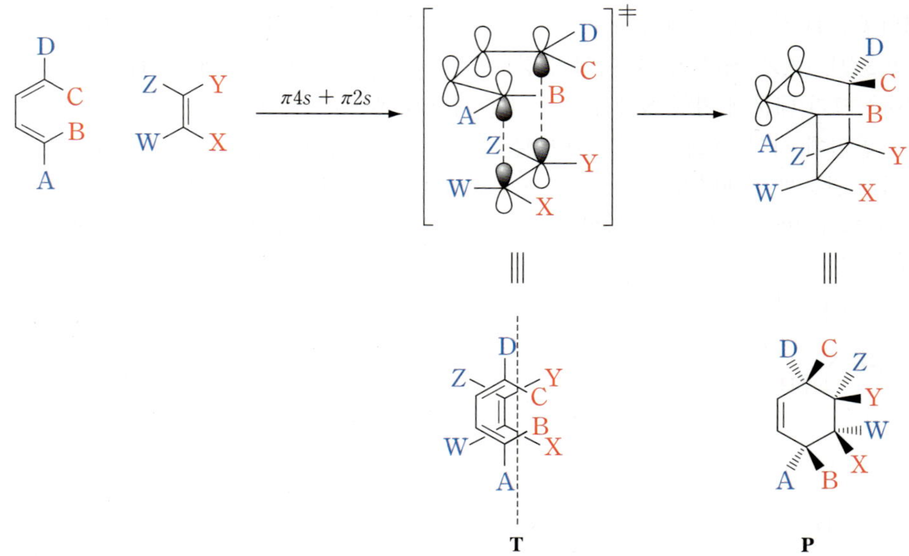

그림 13–22 디엘스–알더 반응의 전이 상태 및 이중 결합 배열과 상대 입체 구조의 연관성

디엘스–알더 반응이 진행되기 위해서는 우선 1,3-다이엔이 *s*-시스 배열을 가져야 하고, 다이엔과 친다이엔체의 골격 평면이 서로 평행을 유지하면서 상대방의 *p* 오비탈에 대하여 수직으로 접근해야 한다. 그림에서 보듯이 전이 상태 **T**에서는 다이엔 π-전자 네 개, 친다이엔체 π-전자 두 개, 총 여섯 개의 π-전자가 고리 형태의 상호 작용을 하고 있다.

입체 화학에 중점을 두면서 전이 상태(**T**)와 생성물(**P**)의 관계를 분석하면 다음과 같다. 전이 상태(**T**)에서 위–아래 방향의 점선을 기준으로 오른쪽에 있는 치환체 Y, C, B, X는 생성물 **P**의 사이클로헥센 골격을 기준으로 모두 위(up)쪽을 향하고, 왼쪽에 위치한 치환체 D, Z, W, A는 모두 아래(down) 방향에 있다. 이것은 1,3-다이엔에서 C_1 및 C_4의 치환체 배열, 친다이엔체의 치환체 배열, 그리고 사이클로헥센 생성물에서 카이랄 탄소의 상대 입체 구조가 매우 밀접하게 연결되어 있음을 의미한다.

이와 관련한 예를 몇 가지 들어 보자.

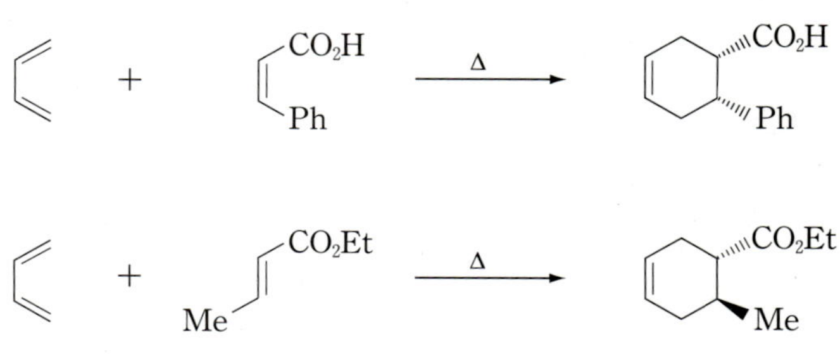

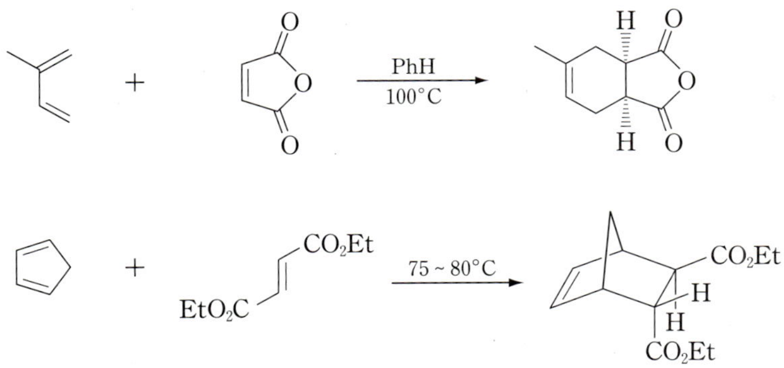

그림 13-23 이중 결합 배열과 상대 입체 구조의 연관성

예제 13.3

아래 반응의 주생성물을 그리시오.

(a) 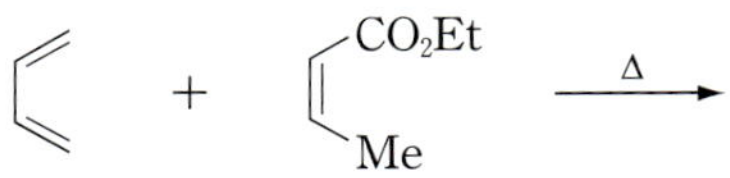

(b) 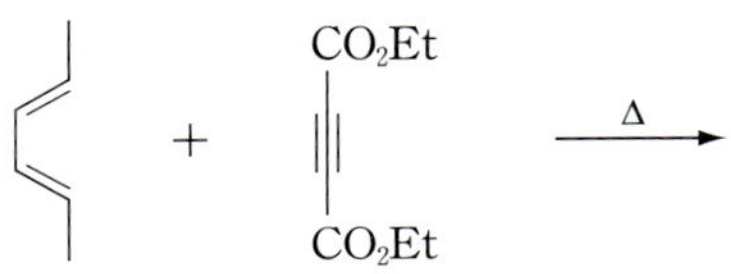

풀이

(a) 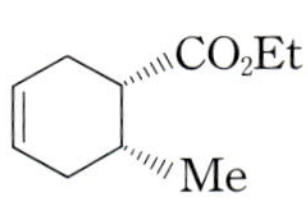

(b) 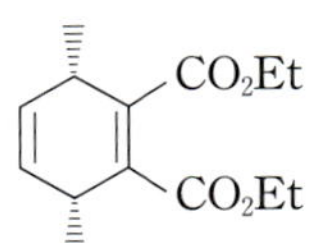

13.7.3 내향 이성질체 vs. 외향 이성질체

사이클로펜타다이엔(cyclopentadiene)과 에틸 아크릴레이트(ethyl acrylate)의 디엘스-알더 반응에서는 이성질체 **A**와 **B**가 생성될 수 있다.

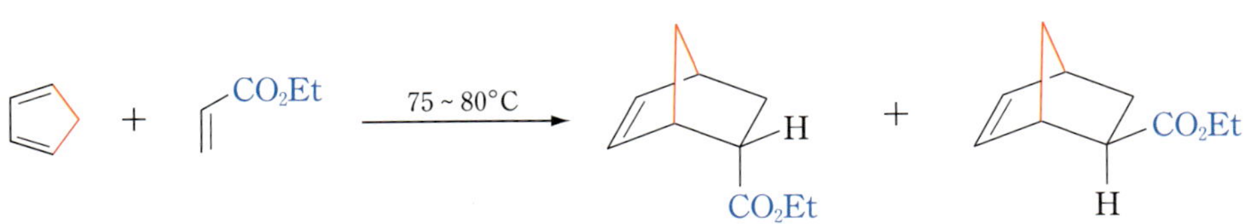

A(내향)
(주생성물)

B(외향)
(부생성물)

이성질체 **A**와 **B**는 기본적으로 5–5 고리 및 5–6 고리에서 각각 두 개 및 세 개의 화학 결합을 공유(붉은색)하는데 이러한 화합물들을 **다리 화합물(bridged compound)**, 화학 결합의 공유가 시작되는 탄소를 **다리목 탄소(bridgehead carbon)**라고 한다.

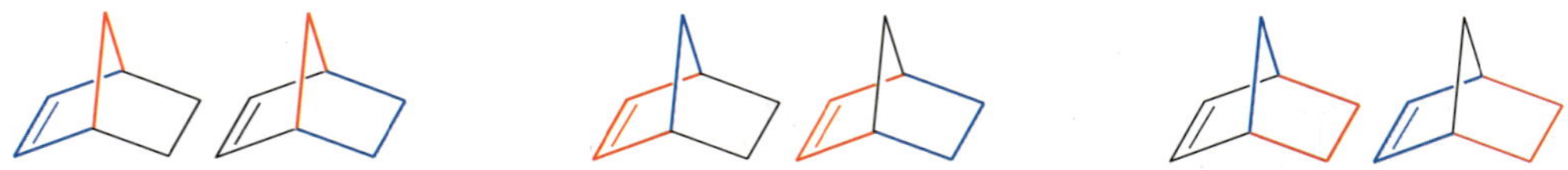

5−5 고리
(2개의 공유 결합 공유)

5−6 고리
(3개의 공유 결합 공유)

5−6 고리
(3개의 공유 결합 공유)

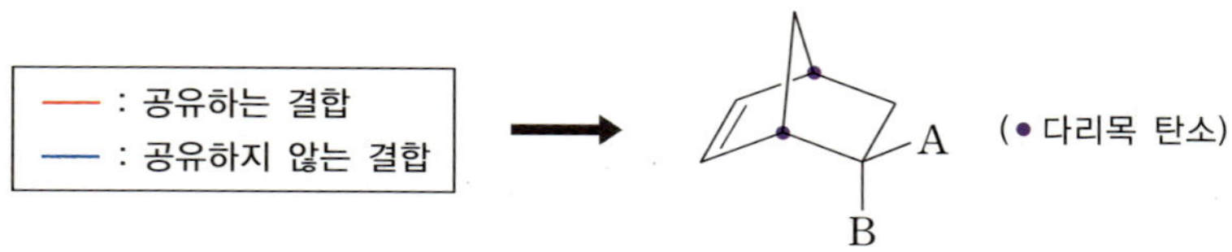

다리 화합물

다리 화합물에서 치환체가 탄소 수가 큰 고리 방향을 향하면 **내향**(***endo***), 탄소 수가 작은 고리 방향을 향하면 **외향**(***exo***)이라고 한다. 이러한 정의를 위의 반응 생성물에 적용하면 이성질체 **A**는 내향 화합물이고, 이성질체 **B**는 외향 화합물이 된다.

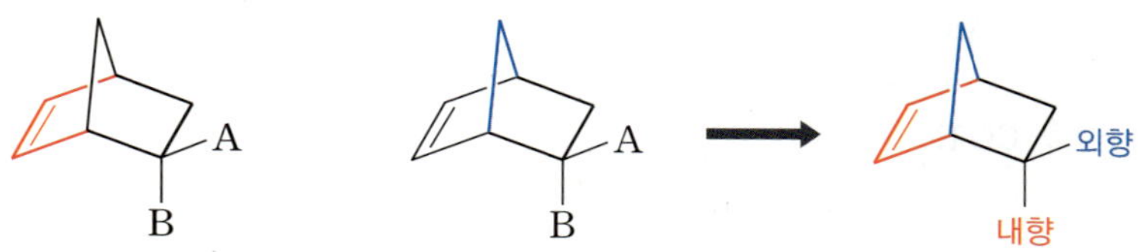

육각형
(큰 고리)

오각형
(작은 고리)

위의 반응에서는 내향 생성물 **A**가 주생성물로 얻어진다. 입체 장애의 관점에서 분석하면 **A**의 CO_2Et 치환체는 두 개의 탄소로 이루어진 고리 방향, **B**의 CO_2Et 치환체는 한 개의 탄소로 이루어진 고리 방향에 위치하므로 **A**가 **B**보다 열역학적으로 더 불안정하다. 그럼에도 불구하고 **A**가 주생성물로 얻어지는 것은 **A**를 생성하는 과정에서 유발되는 입체 장애를 극복하고도 남을 정도의 안정화 효과가 추가적으로 생기기 때문이다.

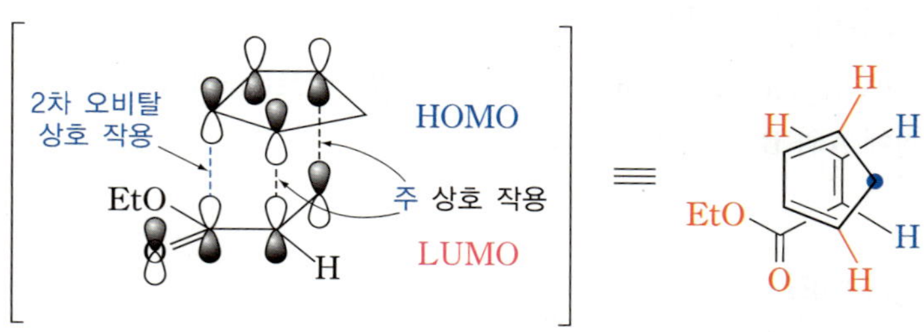

내향 TS

M

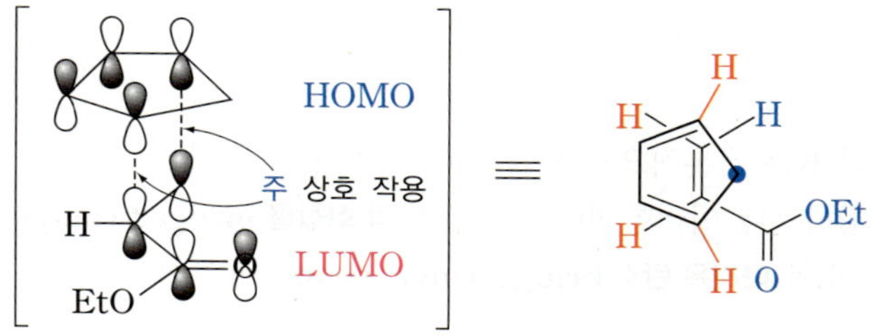

외향 TS

N

이러한 추가적인 안정화 효과는 다이엔 및 친다이엔체의 π-MO를 기반으로 설명할 수 있다. 우선 위의 디엘스–알더 반응은 다이엔 HOMO(13.6.1절)와 친다이엔체 LUMO(13.2절) 사이의 상호 작용이 가장 중요한데, 다이엔 및 친다이엔체의 접근 방향은 두 가지 배열 **M**과 **N**이 가능하다. 배열 **M**은 CO_2Et 작용기가 1,3-다이엔과 같은 방향에 위치하여 내향 화합물 **A**를 제공하고, 배열 **N**은 CO_2Et 작용기가 1,3-다이엔의 반대 방향에 위치하여 외향 화합물 **B**를 생성한다. 입체 장애는 위에서 기술한 것처럼 배열 **M**이 배열 **N**보다 크지만, 배열 **M**은 배열 **N**에서는 불가능한 **이차 오비탈 상호 작용(secondary orbital interaction)**이 가능하다. 만약 이차 오비탈 상호 작용에 의한 안정화 효과가 입체 장애의 불리함을 극복하고도 남을 정도로 크다면 경로 **M**의 활성화 에너지가 경로 **N**의 활성화 에너지보다 낮아져서 반응 속도론적 생성물로 내향 생성물 **A**를 얻을 수 있다.

예제 13.4

아래의 디엘스–알더 반응에서는 내향 생성물 **X**와 외향 생성물 **Y**가 동시에 생성된다. 내향 및 외향 전이 상태를 그리고, 여기에서 유래되는 생성물의 구조를 입체 화학을 포함하여 명확하게 그리시오.

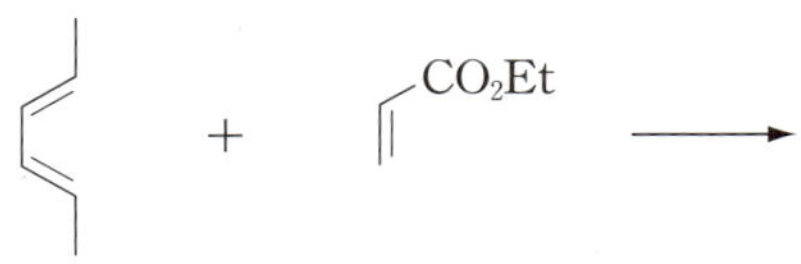

풀이

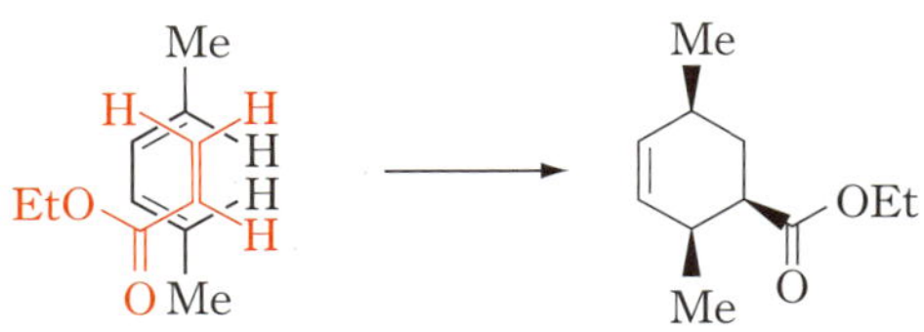

내향(*endo*)

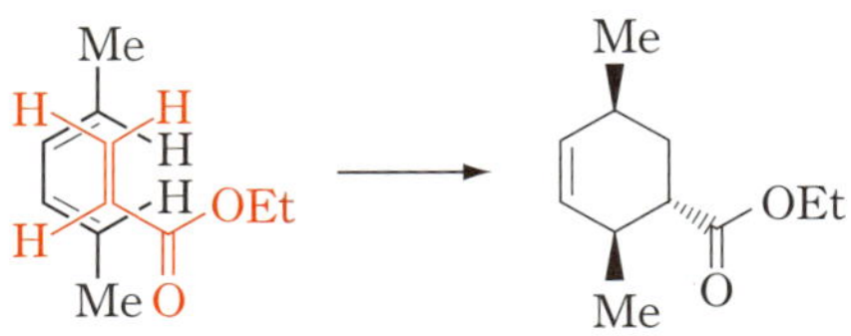

외향(*exo*)

13.8 알렌

13.8.1 서론

지금까지는 알릴 및 1,3-다이엔 등 콘쥬게이션 계에 대하여 기술하였다. 이제는 다중 결합이 연속적으로 존재하는 연이은 계(cumulated system)의 알렌(allene) 및 케텐(ketene)에 대하여 알아보기로 한다.

원자가 결합 이론에 의하면 알렌(propa-1,2-diene)의 C_1 및 C_3 원자는 sp^2 혼성 오비탈, C_2 원자는 sp 혼성 오비탈을 한다. 그리고 sp 혼성 오비탈을 갖는 탄소 원자에서 두 개의 p 오비탈은 서로 수직 관계에 있으므로 $C_1{=}C_2$ 및 $C_2{=}C_3$ 이중 결합의 평면은 서로 수직으로 교차한다. C=C 결합 길이는 1.31 Å로서 일반적인 $C_{sp^2}{=}C_{sp^2}$ 결합 길이인 1.34 Å보다 조금 짧은데, 그 이유는 *sp* 오비탈의 크기가 sp^2 오비탈보다 작기 때문이다(1.2.2절 및 4.4절).

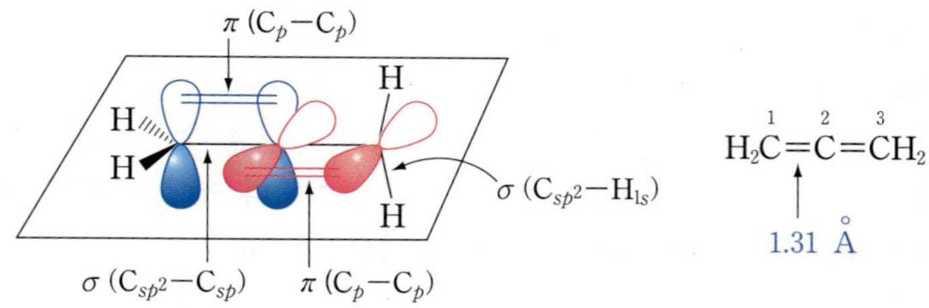

그림 13-24 알렌의 구조

일반적으로 알렌을 포함한 연이은 계의 화합물들은 열역학적 안정성이 상대적으로 적다. 이것은 기회가 주어진다면 더 안정한 콘쥬게이션 화합물로의 이성질화 반응이 쉽게 진행될 수 있음을 의미하는 것으로, 그만큼 연이은 계의 합성이 어려울 수 있음을 암시한다.

13.8.2 입체 이성질체

알렌에서는 $C_1{=}C_2$ 및 $C_2{=}C_3$ 이중 결합 평면이 서로 수직으로 교차하기 때문에, $(R_1)(R_2)C{=}C{=}C(R_3)(R_4)$ ($R_1 \neq R_2$, $R_3 \neq R_4$) 화합물은 카이랄 탄소는 없지만 **카이랄 축(chiral axis)**이 있어서 광학 활성을 보인다.

$(CH_3)CH{=}CH(CH_3)$(**A**)을 예로 들어 보자. **A**를 아래쪽 거울에 비추면 *ent*-**A**가 되는데, 분자 모형에서 왼쪽 부분을 겹치면 오른쪽 부분이 겹치지 않음을 알 수 있다. 즉, 화합물 **A**는 카이랄 탄소가 없음에도 불구하고 카이랄 분자가 된다.

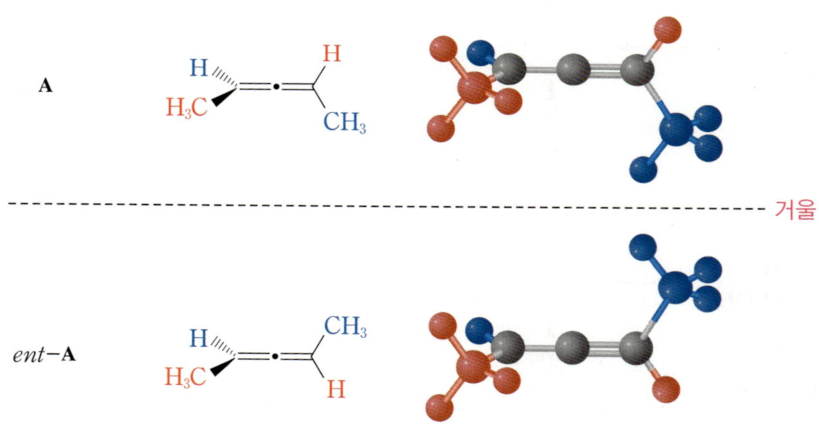

이번에는 (*R*) 및 (*S*)-규칙을 이용하여 **A**와 *ent*-**A**를 명명해 보자. 카이랄 축이 있는 경우에는 ① 카이랄 축 선상의 한쪽 방향에서 분자를 관찰하고, ② 치환체의 순위 결정 규칙(4.2.3절)을 적용하여 앞쪽의 두 치환체에 1, 2번을 부여하고, ③ 동일한 방법으로 뒤쪽의 두 치환체에 3, 4번을 부여한 후, ④ 1−2−3번의 방향이 시계 방향이면 (*R*), 반시계 방향이면 (*S*)로 명명한다. 이 원리를 위의 화합물에 적용하면 **A**는 (*S*), *ent*-**A**는 (*R*)이 됨을 알 수 있다.

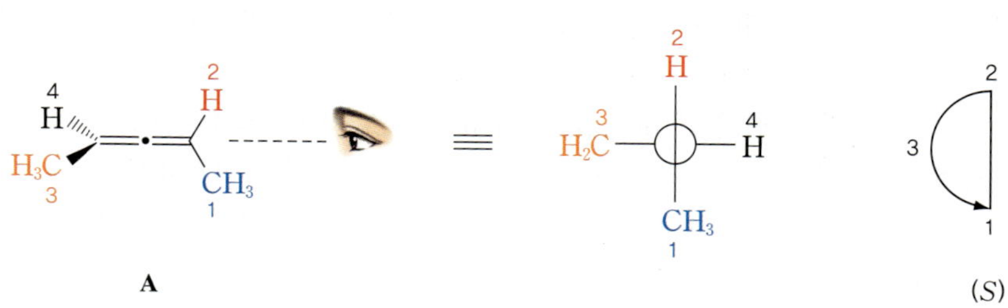

13.9 케텐

케텐의 구조는 기본적으로 알렌과 거의 동일하다.

원자가 결합 이론에 의하면 케텐(ketene, $CH_2=C=O$)의 C_2 및 O 원자는 sp^2 혼성 오비탈, C_1 원자는 sp 혼성 오비탈을 한다. 그리고 sp 혼성 오비탈을 갖는 탄소 원자에서 두 개의 p 오비탈은 서로 수직 관계에 있으므로 $C_1=C_2$ 및 $C_1=O$ 이중 결합의 평면은 서로 수직으로 교차한다.

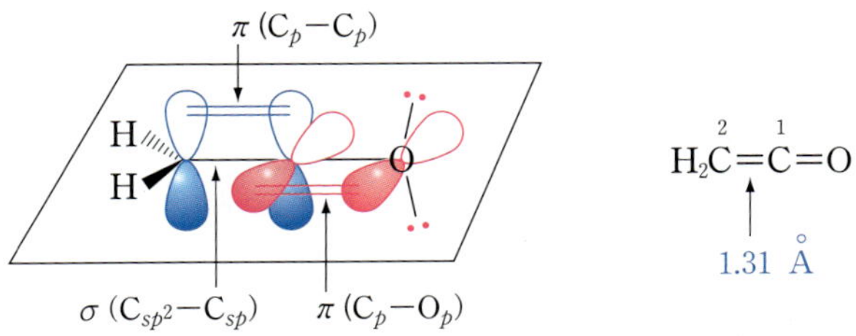

그림 13-25 케텐의 구조

알렌과 마찬가지로 케텐도 열역학적 안정성이 상대적으로 떨어지기 때문에 합성이 쉽지 않다. 실험실에서 유용한 케텐의 합성법으로는 아실 할라이드와 약염기의 반응 또는 α-브로모 아실 할라이드와 아연의 반응이 있다.

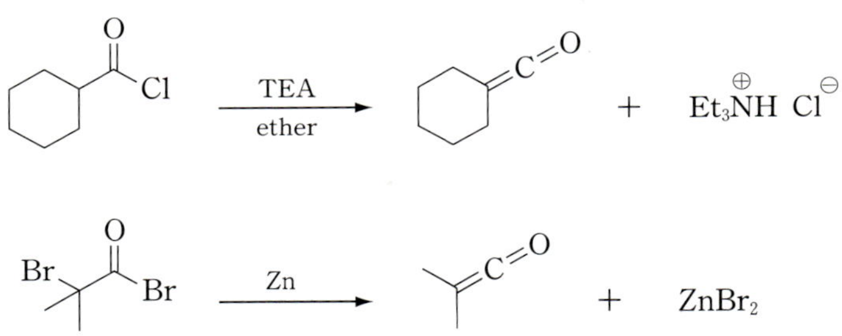

그림 13-26 케텐 합성 반응의 예

예제 13.5

아실 할라이드와 약염기의 반응을 통해서 알렌이 합성되는 반응 메커니즘을 그리시오.

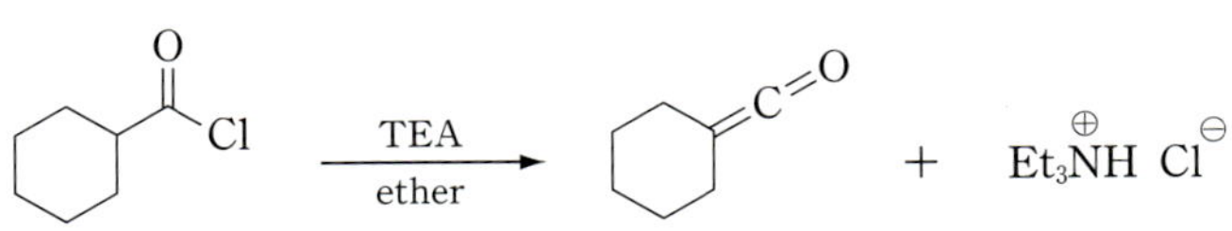

풀이

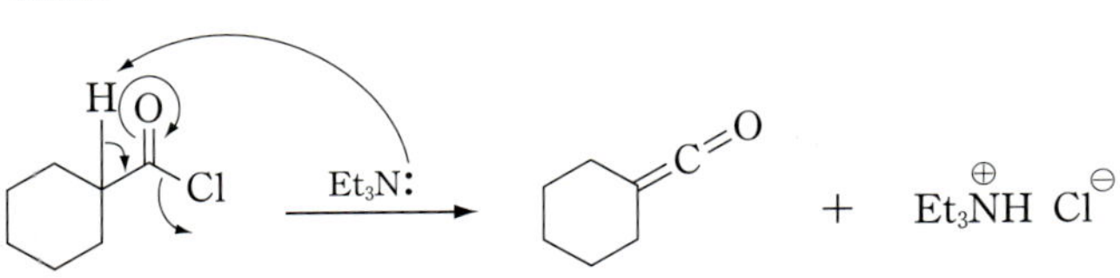

13.10 요약

13장에서는 콘쥬게이션 계에 대하여 주로 기술하였다. 이를 위해서 다중 결합이 연속적으로 존재하는 연이은 계, 다중 결합과 단일 결합이 차례로 교차하는 콘쥬게이션 계, 다중 결합 사이에 두 개 이상의 단일 결합이 있는 고립된 계 등을 정의하였다(13.1절).

콘쥬게이션 계를 설명하기 위하여 에텐, 알릴(양이온, 라디칼, 음이온), 뷰타-1,3-다이엔의 π-MO(분자 오비탈)를 제시하였다(13.2~13.6절). 이때 각각의 화합물에서 생성되는 π-MO의 수는 π-결합에 참여하는 탄소 수와 같고, 각각의 π-MO는 특정한 에너지 상태에 있음을 설명했으며, HOMO(highest-occupied MO), LUMO(lowest-unoccupied MO) 및 SOMO(singly-occupied MO)를 정의하였다.

에텐은 콘쥬게이션 계에 속하는 화합물은 아니지만, 콘쥬게이션 계를 설명하는 데 출발점이 되는 물질이다(13.2절). 알릴 양이온, 알릴 라디칼, 알릴 음이온은 기본 골격이 동일한 화합물로서, 양이온, 홀전자, 음이온이 C_1 및 C_3에 1/2씩 분산되고 C_2는 전기적으로 중성인 구조를 갖는다(13.3~13.5절). 알릴 할라이드 화합물에서는 알릴 양이온이 공명 현상으로 안정화될 수 있어서 반응 조건에 따라 S_N1 또는 S_N2 반응이 빠르게 진행될 수 있다. 알켄 화합물에서는 공명 현상으로 안정화되는 알릴 라디칼을 이용하여 알릴 브로민화 반응이 가능하고, 알릴 음이온은 공명 현상에 의하여 안정화되기 때문에 C−H의 산성도가 일반적인 알킬기보다 훨씬 크다는 특징을 갖는다.

뷰타-1,3-다이엔(13.6절)은 중심축을 이루는 C−C−C−C 원자가 모두 sp^2 혼성 오비탈을 하고, C_2 및 C_3의 p 오비탈 사이에 상호 작용을 통하여 전자의 비편재화가 가능하기 때문에 열역학적으로 ~3.9 kcal/mol의 안정화가 동반된다. 또한 뷰타-1,3-다이엔은 이론적으로 *s*-시스 및 *s*-트랜스 배열이 가능하다. 실험에 의하면 *s*-시스 배열에서는 일부 입체 장애가 발생하기 때문에 특별한 문제가 없으면 상온에서는 주로 *s*-트랜스 배열로 존재한다.

뷰타-1,3-다이엔의 반응은 고립 이중 결합의 반응과 기본적으로 유사하지만, 콘쥬게이션의 특성 때문에 고립된 계와는 다른 형태의 반응이 진행될 수 있다. 이와 관련한 가장 대표적인 반응의 하나가 친전자성 첨가 반응이다(13.6.5절). 고립 계에서 친전자성 첨가 반응을 하면 단순하게 1,2-첨가 반응이 가능하지만, 콘쥬게이션 계에서는 1,2 및 1,4-첨가 반응이 경쟁할 수 있고, 반응 조건에 따라서 1,2 및 1,4-생성물의 비율이 변할 수 있다. 이러한 현상을 설명하기 위해서 반응 생성물이 반응 경로의 활성화 에너지에 의하여 결정되는 경우에 반응 속도론적 생성물, 반응 속도론적 조건, 반응 속도론적 지배라는 용어를 사용하였다(비가역 반응). 반대로 반응 생성물이 생성물의 열역학적 안정성에 의하여 결정되는 경우에 열역학적 생성물, 열역학적 조건, 열역학적 지배라는 용어를 사용하였다(가역 반응).

뷰타-1,3-다이엔을 기본 골격으로 하는 화합물의 가장 대표적인 반응은 디엘스−알더 반응이다(13.7절). 일반적으로 디엘스−알더 반응은 전자 주는 기(EDG)가 있는 1,3-다이엔과 전자 끄는 기(EWG)가 있는 알켄이 반응하여 사이클로헥센을 합성하는 반응으로서, 이때 1,3-다이엔을 다이엔(diene), 알켄을 친다이엔체(dienophile)라고 한다.

디엘스−알더 반응은 1,3-다이엔이 *s*-시스 배열을 가져야 하고, 다수의 σ 및 π-결합이 동시에 끊어지고 생성되는 협동 반응이기 때문에 출발 물질의 치환체 위치와 생성물의 상대적인 입체 구조가 매우 밀접하게 연관된다는 특징이 있다. 그리고 생성물의 구조에 따라서 내향 이성질체 및 외향 이성질체로 구분할 수 있다. 디엘스−알더 반응에서는 일반적으로 입체 장애가 더 큰 내향 이성질체가 얻어지는데, 이러한 현상은 이차 오비탈 상호 작용에 의한 안정화 효과로 설명한다.

알렌은 연이은 계에 속하는 화학종이다(13.8절). 알렌을 구성하는 양쪽 말단 탄소의 sp^2 평면은 서로 수직으로 교차하기 때문에 적절한 조건 하에서 카이랄 탄소가 없음에도 불구하고 카이랄 축을 통하여 광학 활성을 가질 수 있다. 케텐은 알렌을 기본 모델로 하여 쉽게 유추할 수 있다(13.9절).

✓ 연습 문제

1. 아래의 화합물을 명명하시오.

(a) 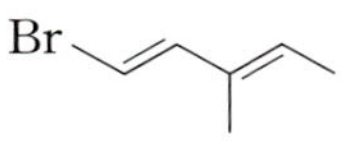

(b) 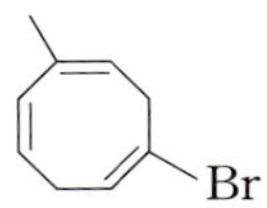

(c) 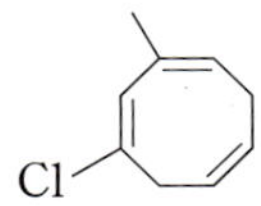

2. 아래 반응의 주생성물을 그리시오.

(a) 

(b) 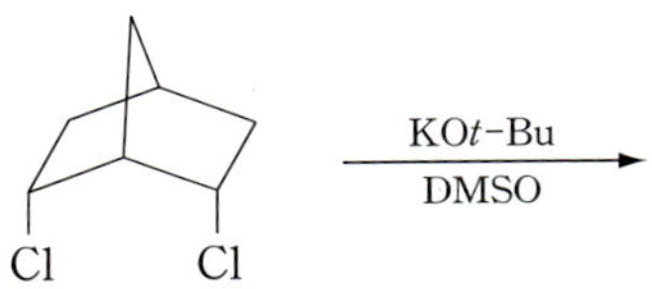

(c) 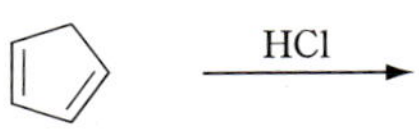

3. 아래의 반응 결과를 설명하시오.

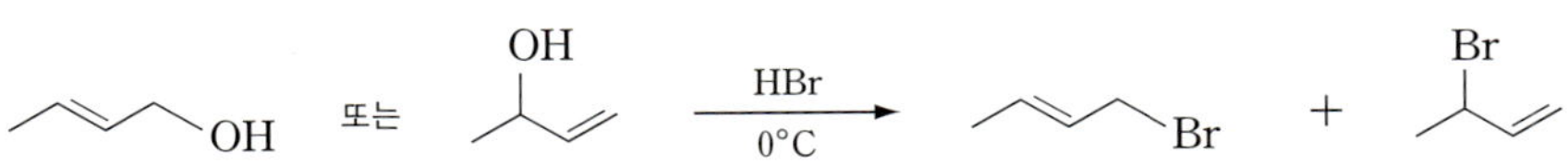

(3 : 1)

4. 일치환체 이중 결합 및 이치환체 이중 결합의 촉매 수소화 반응 엔탈피가 각각 −30.2 kcal/mol 및 −28.4 kcal/mol이다. (*E*)-펜타-1,3-다이엔의 촉매 수소화 반응 엔탈피가 −53.4 kcal/mol일 때 콘쥬게이션에 의하여 (*E*)-펜타-1,3-다이엔이 열역학적으로 안정화되는 정도를 계산하시오.

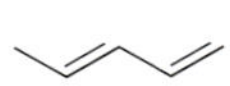

5. 아래의 반응 결과를 설명하시오.

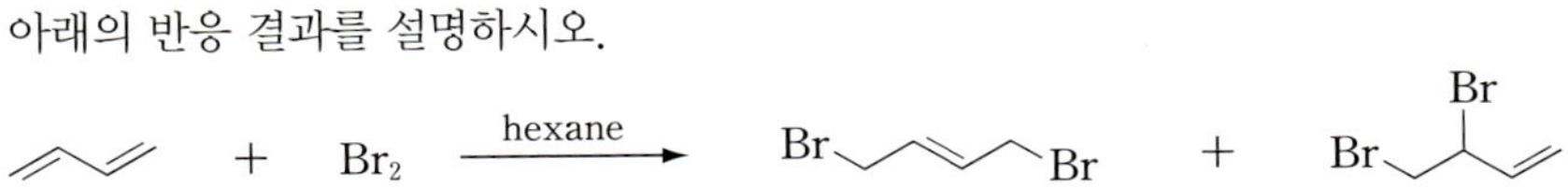

A **B**

온도	A : B
−15°C	46 : 54
60°C	90 : 10

6. 2-메틸사이클로헥사-1,3-다이엔에 1 당량의 HCl 첨가 반응을 수행하였다. 주생성물로 예상되는 1,2-생성물 및 1,4-생성물을 각각 그리시오.

7. (*Z*)-네오프렌(neoprene)은 2-클로로뷰타-1,3-다이엔의 라디칼 중합 반응에서 생성되는 고분자로서, 날씨에 대한 저항성이 커서 공업용 호수와 장갑에 사용되고 있다. 중합 생성물의 구조를 그리시오.

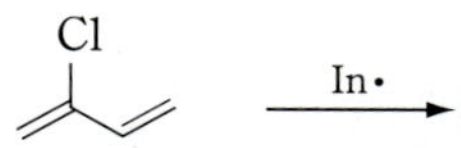

8. 다이엔이 디엘스–알더 반응에 참여한다고 가정할 때 반응성이 더 큰 것을 선택하고, 그 이유를 쓰시오.

(a) (*Z*)-penta-1,3-diene vs. (*E*)-penta-1,3-diene

(b) (*E*)-1,3-di-*t*-butylbuta-1,3-diene vs. 2,3-di-*t*-butylbuta-1,3-diene

9. 사이클로헥사-1,3-다이엔 및 사이클로펜타-1,3-다이엔은 모두 디엘스–알더 반응에 참여할 수 있지만, 반응성에 있어서는 큰 차이가 있다. 반응성이 더 큰 화합물을 선택하고, 그 이유를 기술하시오.

10. 아래 반응의 주 생성물을 그리시오.

(a) 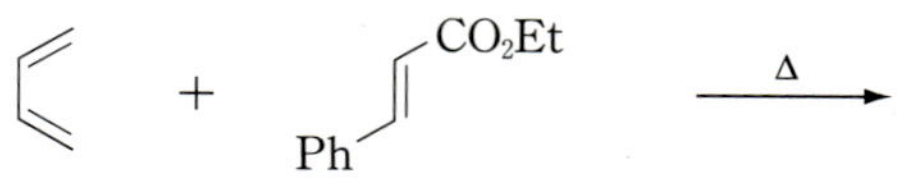

(b) 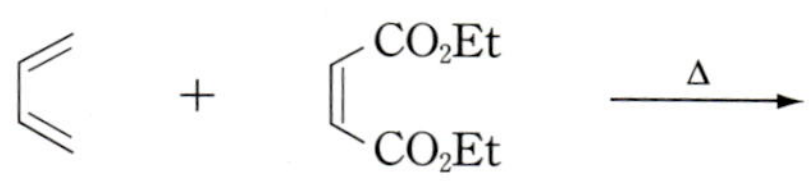

(c) 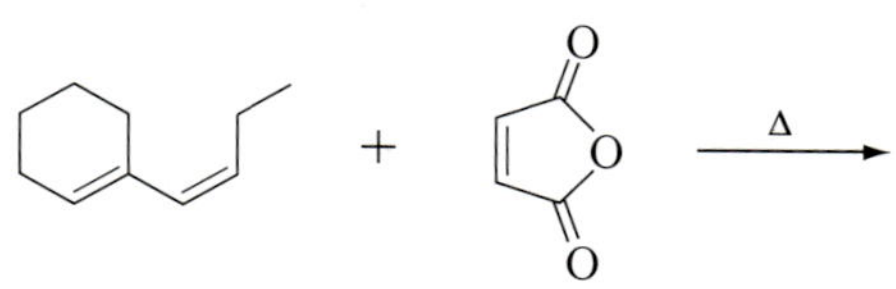

11. 사이클로펜타다이엔과 에틸 아크릴레이트의 디엘스–알더 반응이 아래의 내향 TS를 통해서 진행된다. 치환체의 번호와 입체 화학을 모두 구분하면서 주생성물을 그리시오.

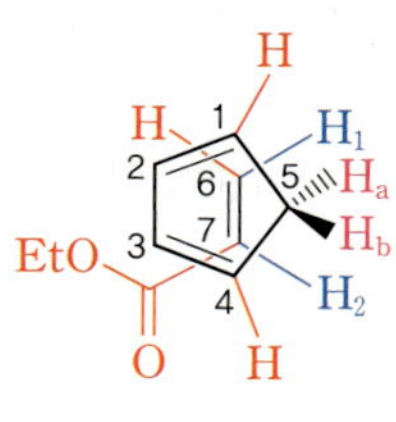

12. 아래의 생성물을 디엘스–알더 반응을 사용하여 합성하려 한다. 적절한 출발 물질 또는 전이 상태를 그리시오.

(a) 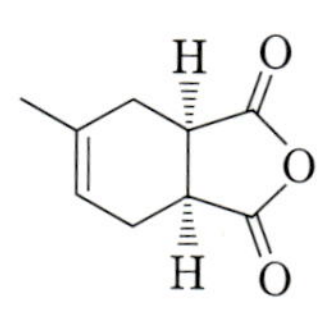

(b) 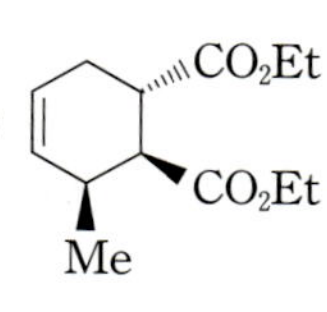

(c) 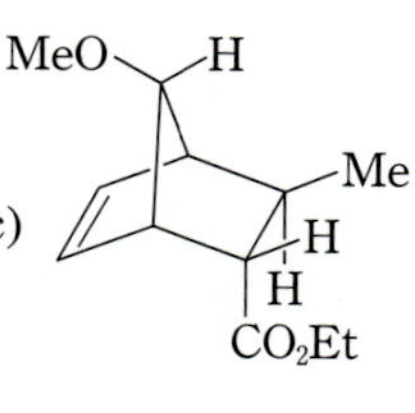

13. α-파이론(pyrone)에서 디엘스-알더 반응을 수행하고, 연속적으로 CO_2 제거 반응을 진행하여 벤젠 고리 화합물을 얻는 경로는 잘 알려져 있다. 아래 반응에서 주생성물과 반응 메커니즘을 제시하시오.

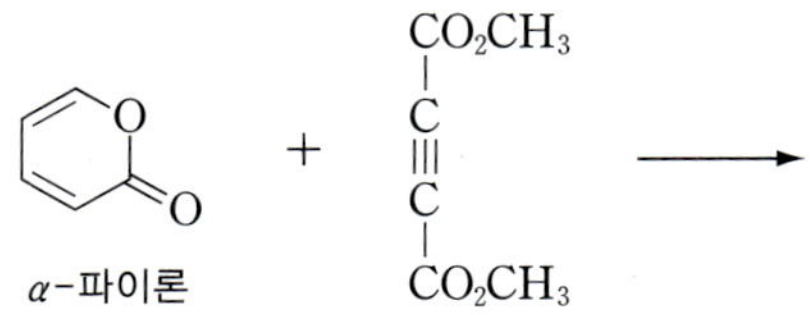

14. α-브로모 아실 할라이드와 아연의 반응으로 알렌이 합성되는 반응 메커니즘을 그리시오.

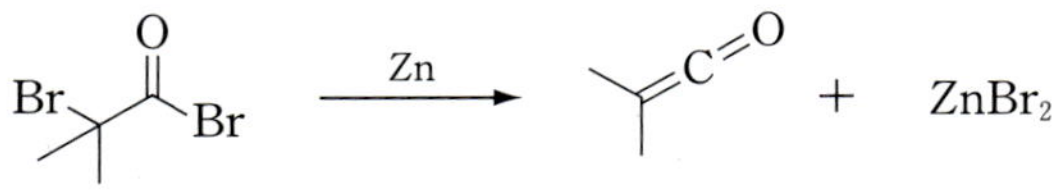

14장

아렌 및 방향족성

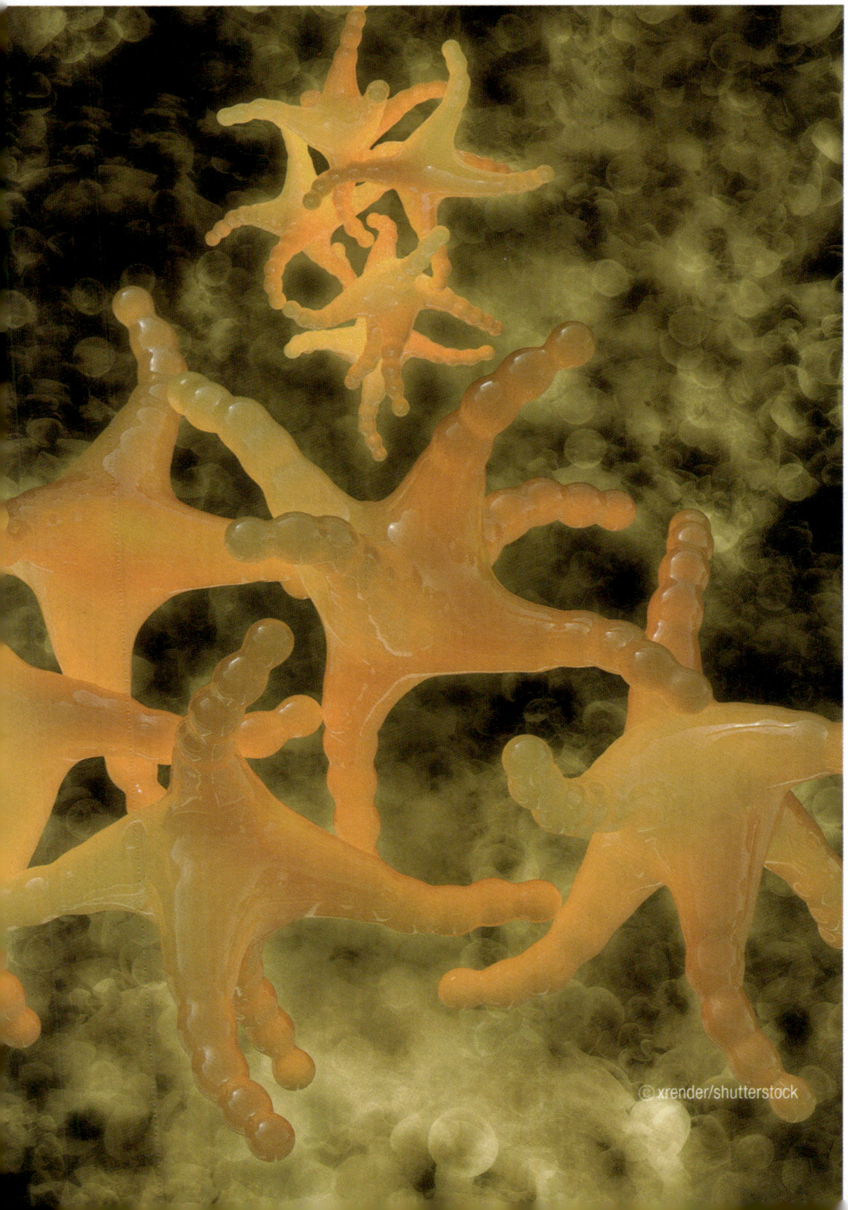

14.1 명명법

일반적으로 벤젠을 기본 단위로 하는 화합물 군을 **방향족 화합물**(**aromatic compound**)이라고 한다. 14장에서는 새로운 작용기를 소개할 때의 일반적인 순서와는 다르게 우선 벤젠의 유도체를 명명하는 방법에 대하여 알아보기로 한다.

14.1.1 치환체 명명법

벤젠 유도체의 치환체 명명법(IUPAC 명명법)은 [접두사 + 벤젠]의 형식을 갖는다. 이때 접두사는 벤젠 고리에 연결된 치환체의 종류 및 위치에 대한 정보를 제공한다. 치환체의 위치는 가능하면 작은 숫자로 표현하고, 서로 다른 치환체는 알파벳 순서로 나열하며, 치환체의 이름과 번호는 반드시 1 : 1로 대응하는 등의 일반적인 사항들은 알케인 명명법(3.3절)과 동일하다.

치환체의 위치를 숫자로 표현할 때에는 약간의 주의가 필요하다. 즉, ① 치환체가 한 개인 경우에는 치환체와 결합한 탄소가 항상 1번이므로 번호를 생략하고, ② 치환체가 두 개인 경우에는 치환체의 상대적인 위치에 따라서 오쏘(*o*, ortho; 1,2-관계), 메타(*m*, meta; 1,3-관계), 파라(*p*, para; 1,4-관계)를 사용할 수 있다.

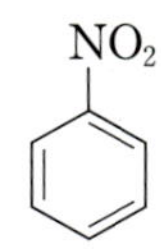

nitrobenzene

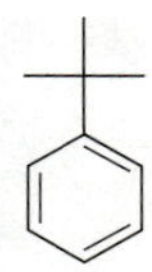
t-butylbenzene

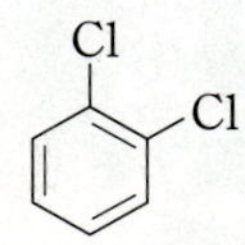

1,2-dichlorobenzene
o-dichlorobenzene

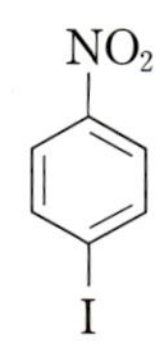

1-iodo-4-nitrobenzene
p-iodonitrobenzene

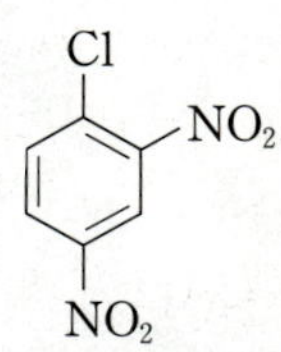

1-chloro-2,4-dinitrobenzene

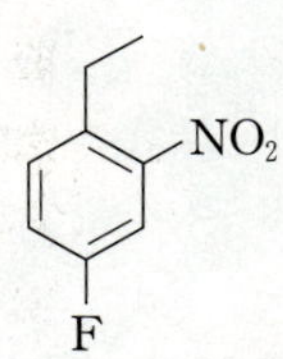

1-ethyl-4-fluoro-2-nitrobenzene

예제 14.1

아래의 화합물을 명명하시오.

(a) 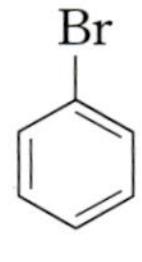

(b) 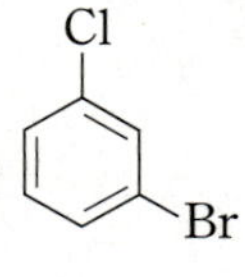

(c) 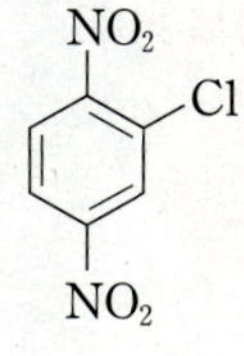

풀이

(a) bromobenzene
(b) 1-bromo-3-chlorobenzene or *m*-bromochlorobenzene
(c) 2-chloro-1,4-dinitrobenzene

14.1.2 관용명(IUPAC 명명법)

IUPAC에서는 벤젠 유도체의 경우에 치환체 명명법 이외에도 관용명(common name)의 사용을 인정하고 있다. 대표적인 화합물의 구조와 관용명은 아래와 같다.

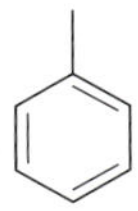

Toluene
(methylbenzene)

p-Xylene
(1,4-dimethylbenzene)

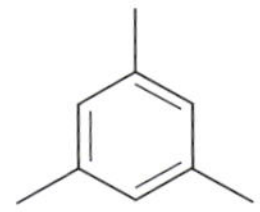

Mesitylene
(1,3,5-trimethylbenzene)

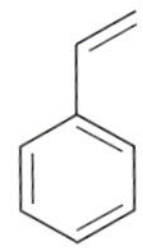

Styrene
(ethenylbenzene)

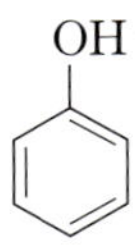

Phenol

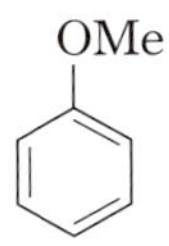

Anisole

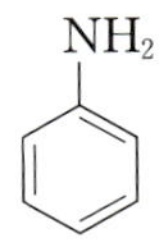

Aniline

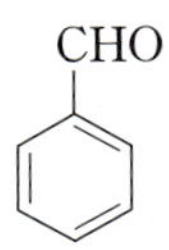

Benzaldehyde

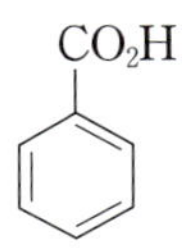

Benzoic acid

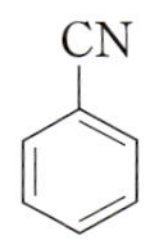

Benzonitrile

케톤과 콘쥬게이션하는 유도체로는 아세토페논과 벤조페논이 있고, 이중 결합과 콘쥬게이션하는 유도체로는 신남알데하이드와 신남산이 있다.

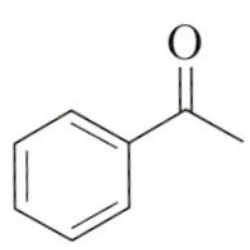

Acetophenone

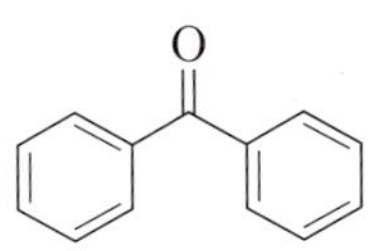

Benzophenone

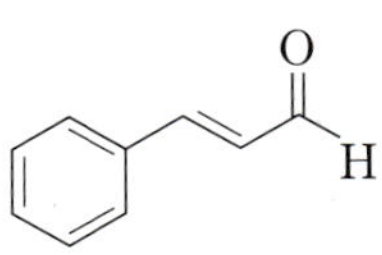

Cinnamaldehyde

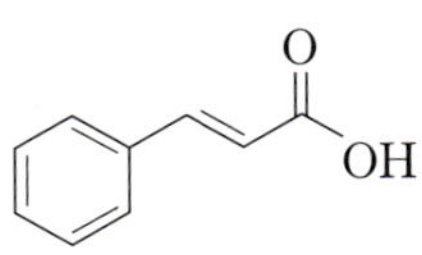

Cinnamic acid

벤젠 고리가 여러 개 연결된 유도체로는 나프탈렌, 안트라센, 페난트렌 등이 있다.

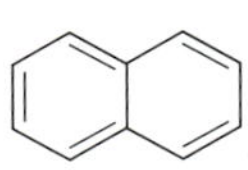

Naphthalene

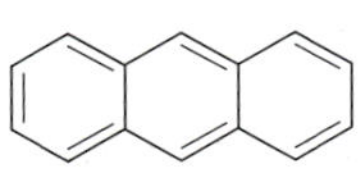

Anthracene

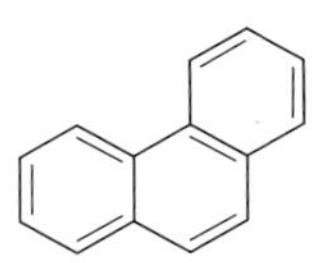

Phenanthrene

탄소 이외의 원자를 포함하는 오각형 및 육각형 방향족 헤테로고리 화합물로는 피리딘

(pyridine), 퓨란(furan), 피롤(pyrrole), 이미다졸(imidazole), 싸이오펜(thiophene), 인돌(indole) 등이 있다.

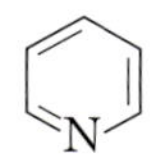
Pyridine

Furan

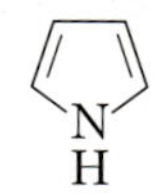
Pyrrole

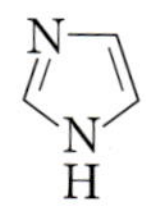
Imidazole

Thiophene

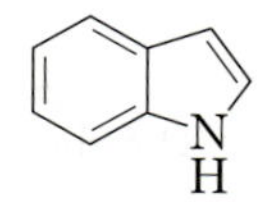
Indole

관용명을 갖는 치환체를 포함하여 두 개 이상의 치환체가 있는 벤젠 유도체의 명명은 아래의 규칙을 따른다. 우선, 관용명을 갖는 치환체가 한 개이면 [접두사 + 관용명]의 형식을 갖고, 관용명을 갖는 치환체가 두 개 이상인 경우에는 [접두사 + (우선권이 가장 높은) 관용명]의 형식을 사용한다. 이때 접두사는 벤젠 고리에 연결된 치환체의 종류 및 위치에 대한 정보를 제공하고, 우선권이 가장 높은 관용명에 해당하는 치환체와 결합한 탄소는 1번이 된다.

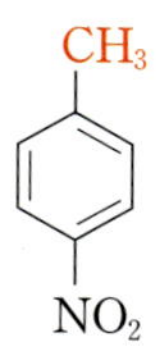
4-nitrotoluene
p-nitrotoluene
1-methyl-4-nitrobenzene

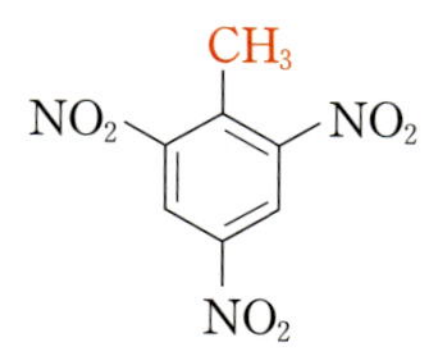
2,4,6-trinitrotoluene
(TNT)
2-methyl-1,3,5-trinitrobenzene

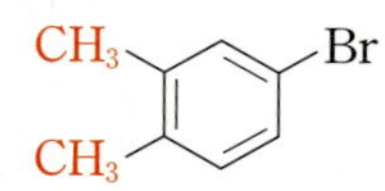
4-bromo-1,2-dimethylbenzene

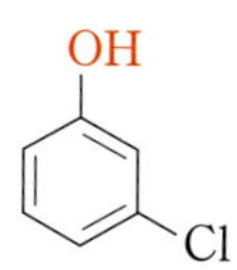
3-chlorophenol
m-chlorophenol
1-chloro-3-hydroxybenzene

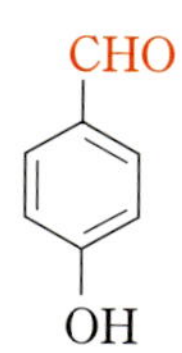
4-hydroxybenzaldehyde
p-hydroxybenzaldehyde
p-salicylaldehyde

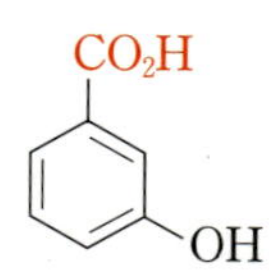
3-hydroxybenzoic acid
m-hydroxybenzoic acid
m-salicylic acid

그러나 관용명을 갖는 동일한 치환체가 두 개 이상 존재하는 경우에는 관용명을 사용하지 않고 일반적인 벤젠의 유도체처럼 명명한다.

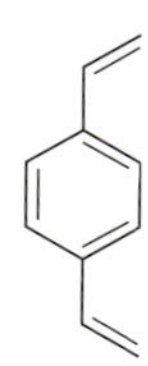
1,4-divinylbenzene
(*p*-vinylstyrene이 아님)

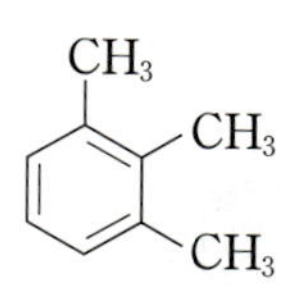
1,2,3-trimethylbenzene
(3-methyl-o-xylene이 아님)

예제 14.2

아래의 화합물을 명명하시오.

(a) 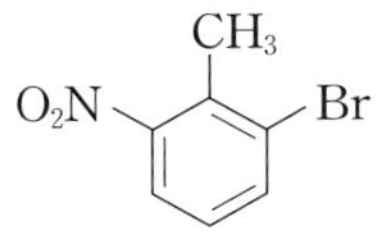

(b) 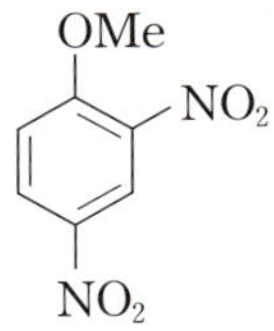

(c) 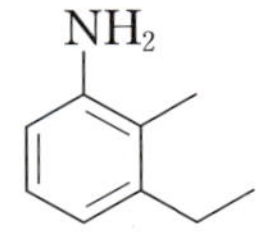

풀이

(a) 2-bromo-6-nitrotoluene, 1-bromo-2-methyl-3-nitrobenzene

(b) 2,4-dinitroanisole, 1-methoxy-2,4-dinitrobenzene

(c) 3-ethyl-2-methylaniline

14.1.3 아릴 작용기

알케인(alkane)에서 수소 원자 한 개를 제거한 구조를 알킬기(alkyl group, R)라고 하듯이, 방향족 화합물(arene, 아렌)에서 수소 원자 한 개를 제거한 구조를 아릴기(aryl group, Ar)라고 한다.

대표적인 아릴기들은 다음과 같다.

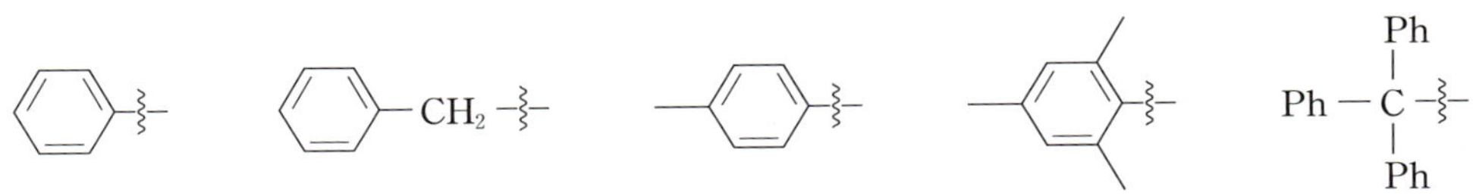

Phenyl(Ph) Benzyl(Bn) Tolyl(p-Tol) Mesityl Trityl

14.2 구조

오래 전에는 유기 화학자들 사이에서 벤젠의 구조에 대하여 많은 논란이 있었고, 이와 관련하여 다양한 구조가 제시되었다. 교재에서는 현대적인 관점에서 벤젠의 구조에 대하여 생각해 보자.

14.2.1 사이클로헥사-1,3,5-트라이엔(가상의 구조)

사이클로헥사-1,3,5-트라이엔(cyclohexa-1,3,5-triene)은 이중 결합 세 개가 고립된 형태로 있는, 즉 고립 이중 결합 세 개와 단일 결합 세 개로 구성되는 자연계에 존재하지 않는 가상의 화합물이다. 따라서 이 화합물의 π-MO는 에텐의 π-MO(13.2절) 세 쌍이 단순하게 독립적으로 존재하는 것과 동일하다.

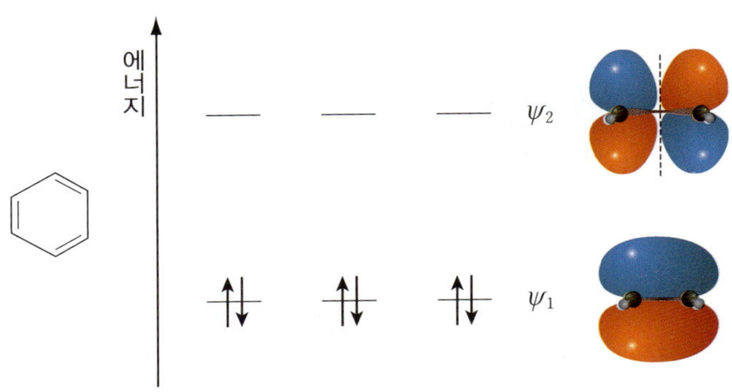

그림 14-1 사이클로헥사-1,3,5-트라이엔의 π-MO 에너지

14.2.2 벤젠

벤젠(benzene)은 가상의 사이클로헥사-1,3,5-트라이엔 구조에서 세 개의 이중 결합이 고리형 콘쥬게이션에 참여할 때 예상되는 화합물이다.

벤젠의 루이스 구조를 그리면 두 개의 공명 구조가 가능하고, 각 공명 구조의 에너지는 동일하므로 공명 혼성(실제 구조)에 대한 기여도는 같다(1.4.4절). 이것은 고리를 구성하는 여섯 개의 탄소 원자가 모두 같은 평면에 위치하고, C−C 결합의 결합 차수가 모두 1.5임을 의미하는 것이다. 실험에 의하면 C−C 결합 길이는 모두 1.40 Å으로 동일하고, 이 값은 $C_{sp^2}-C_{sp^2}$ 이중 결합 길이(1.34 Å, 결합 차수 2) 및 $C_{sp^3}-C_{sp^3}$ 단일 결합 길이(1.54 Å, 결합 차수 1)의 중간에 위치한다.

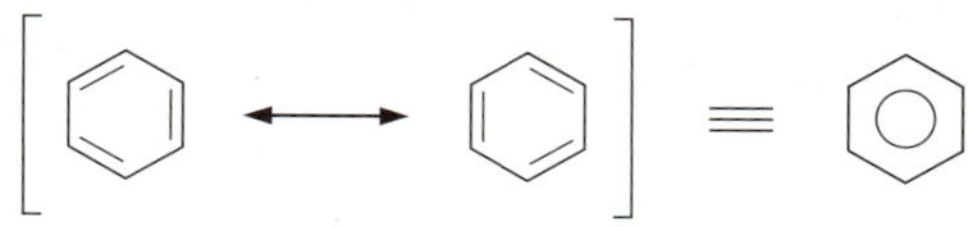

원자가 결합 이론에 의하면 벤젠의 탄소 원자는 모두 sp^2 혼성 오비탈을 하고, 여섯 개의 p 오비탈 사이에 중첩이 생겨서 평면 구조를 유지하면서 π-전자의 고리형 비편재화가 진행된다. 그리고 π-전자의 수는 총 여섯 개이므로 전체적으로 중성이 된다.

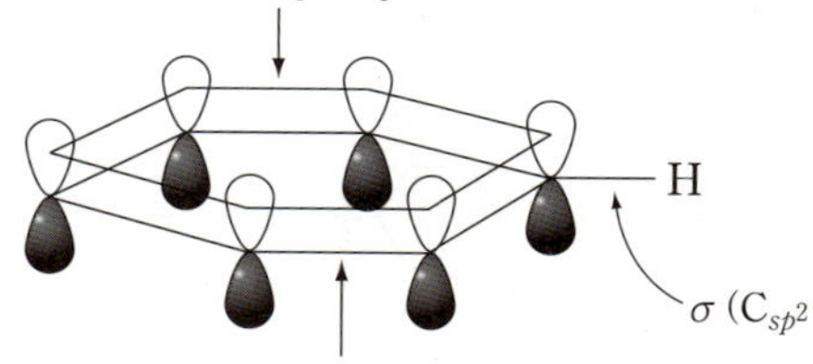

그림 14-2 벤젠의 구조

분자 오비탈 이론에 의하면 여섯 개의 p 오비탈에서 세 개의 결합 MO(Ψ_1, Ψ_2, Ψ_3) 및 세 개의 반결합 MO(Ψ_4, Ψ_5, Ψ_6)가 생성되고(1.8.1절), 전자는 총 여섯 개이므로 결합 MO(Ψ_1, Ψ_2, Ψ_3)만을 채우게 된다.

13장에서 기술한 에텐, 알릴 양이온, 알릴 라디칼, 알릴 음이온, 뷰트-1,3-다이엔의 MO들은 에너지가 모두 상이하였다. 벤젠에서는 일부의 결합 MO 및 반결합 MO에서 에너지가 동일함을 알 수 있다.

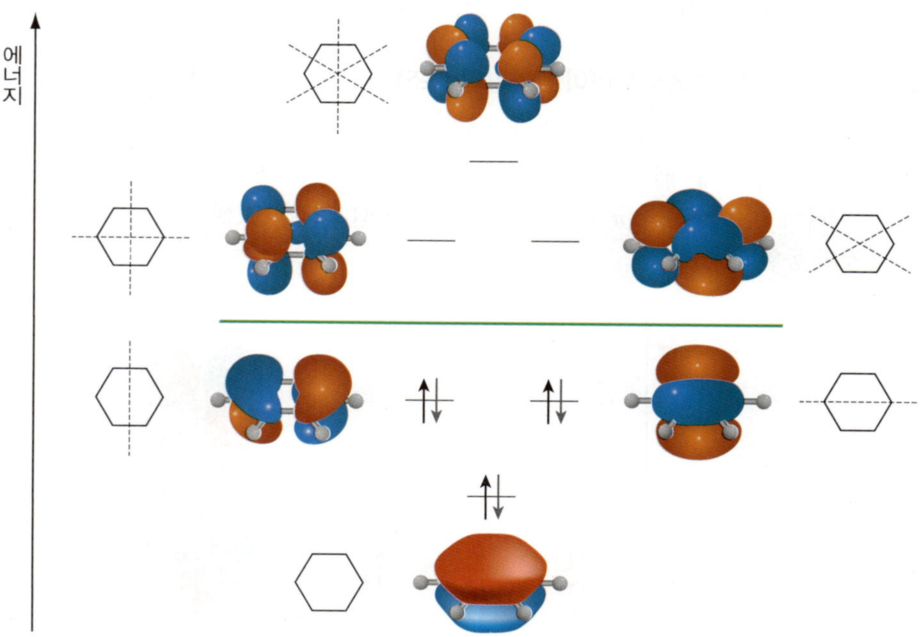

그림 14-3 벤젠의 π-MO 에너지

마지막으로 분자 오비탈 이론을 이용하여 벤젠에서 총 전자의 분포를 계산하면 π-전자가 벤젠 고리의 위-아래 부분에 집중되어 있음을 알 수 있다.

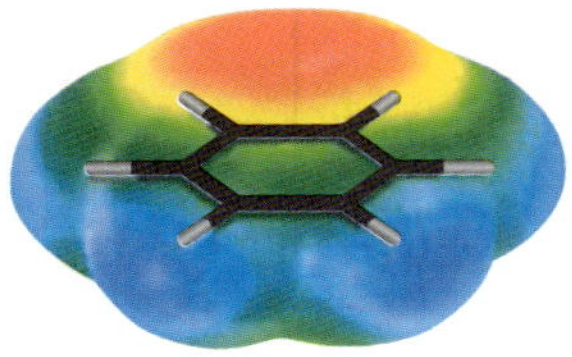

14.3 공명 에너지

14.2절에서는 분자의 기본 골격은 같지만 고리형 콘쥬게이션이 없는 사이클로헥사-1,3,5-트라이엔(가상의 화합물), 그리고 고리형 콘쥬게이션이 있는 벤젠(실존 화합물)의 구조에 대하여 각각 기술하였다. 이어지는 14.3절에서는 고리형 콘쥬게이션 및 에너지 안정화의 관계를 촉매 수소화 반응의 반응열을 이용하여 알아보기로 한다.

사이클로헥센, 사이클로헥사-1,3-다이엔, 벤젠의 촉매 수소화 반응을 진행하면 각각 28.4 kcal/mol, 54.9 kcal/mol, 49.3 kcal/mol의 열이 발생한다. 만약 고립 이중 결합 세 개와 단일 결합 세 개로 구성되는 가상의 사이클로헥사-1,3,5-트라이엔이 촉매 수소화 반응에 참여하면, 이것은 고립 이중 결합 세 개가 독립적으로 반응에 참여하는 것이므로 28.4×3=85.2 kcal/mol의 열이 발생함을 추론할 수 있다.

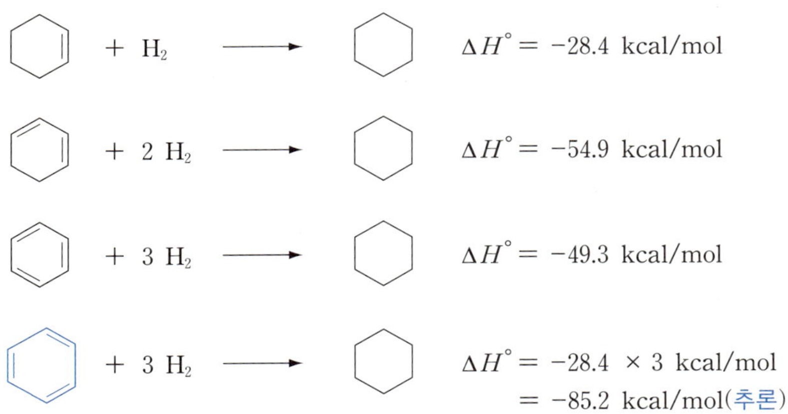

이러한 실험 결과를 그림으로 표시하면 벤젠이 사이클로헥사-1,3-다이엔보다 5.6 kcal/mol 더 안정하고, 가상의 사이클로헥사-1,3,5-트라이엔보다는 무려 35.9 kcal/mol 더 안정함을 알 수 있다. 위에서 언급한 바와 같이 가상의 사이클로헥사-1,3,5-트라이엔과 벤젠의 구조적인 차이는 오직 세 개 이중 결합 π-전자의 고리형 콘쥬게이션(비편재화)에 있으므로, 결국 35.9 kcal/mol의 안정화 효과는 바로 π-전자의 고리형 콘쥬게이션에서 유래한다고 추론할 수 있다. 벤젠의 공명 에너지(resonance energy)는 실험 방법에 따라서 조금씩 다르지만 대략 36 kcal/mol 정도로 생각하면 된다.

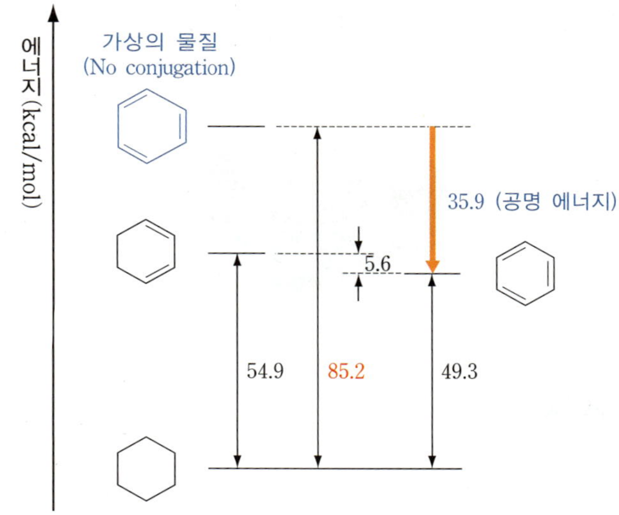

그림 14-4 벤젠의 공명 에너지

고리형 콘쥬게이션이 계의 에너지를 낮추는 이유에 대한 설명은 생략한다.

나프탈렌(naphthalene)은 전하가 없는 세 개의 공명 구조가 가능하고, 공명에 참여하는 π-전자는 열 개이며, 공명 에너지는 ~60 kcal/mol이다. 즉, 나프탈렌에서 벤젠 고리 한 개당 평균 공명 에너지는 30 kcal/mol인데, 이 값은 벤젠의 36 kcal/mol보다는 작다.

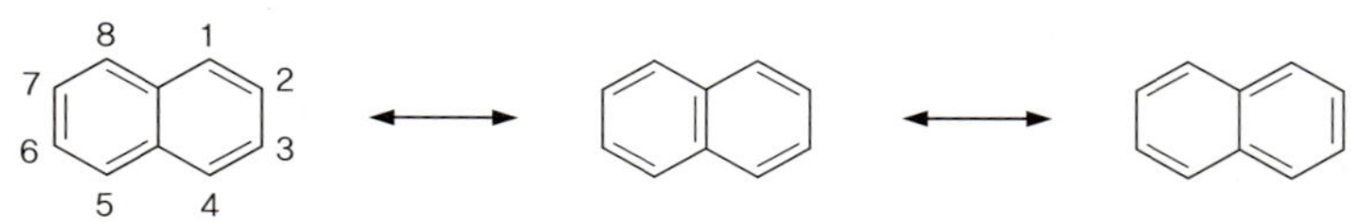

안트라센(anthracene) 및 페난트렌(phenanthrene)의 공명 구조도 여러 개 가능하다. 공명에 참여하는 π-전자는 각각 14개이고, 공명 에너지는 ~83 kcal/mol 및 ~91 kcal/mol로서 벤젠 고리 한 개당 평균 공명 에너지는 각각 28 kcal/mol, 30 kcal/mol이다. 이 또한 벤젠의 공명 에너지 36 kcal/mol보다는 작다.

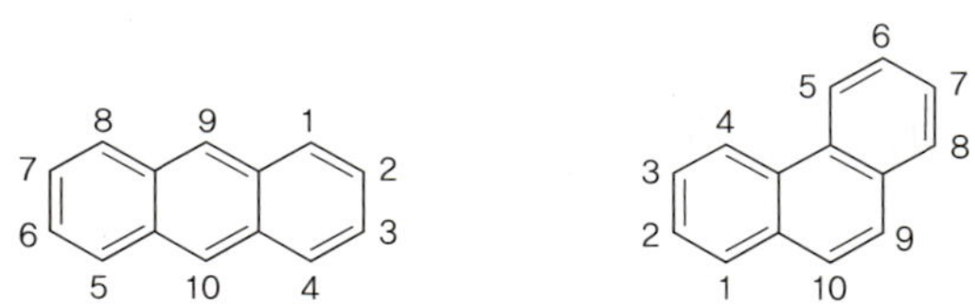

Anthracene　　Phenanthrene

14.4 물리적 성질

아렌은 C—C 및 C—H 결합으로 구성되는 비극성 화합물이다. 따라서 분자량이 비슷한 극성 물질과 비교하여 끓는점이 낮고, 물보다는 비극성 용매에 잘 섞이는 등 탄화수소 화합물에서 관찰되는 많은 다른 성질들을 공유한다. 교재에서는 이러한 일반적인 성질보다는 아렌 화합물의 쌍극자 모멘트를 중심으로 기술할 예정이다.

클로로메테인 및 클로로벤젠의 쌍극자 모멘트는 동일한 C—Cl 결합임에도 불구하고 각각 1.94 D 및 1.75 D로서 차이가 있는데, 그 이유는 C—Cl 결합에 참여하는 탄소의 혼성 오비탈(sp^2 vs. sp^3)에 있다. s 오비탈의 비율이 증가하면 혼성 오비탈의 전기 음성도가 따라서 증가하므로(4.4절) 부분 전하의 크기는 C_{sp^3}—Cl 결합이 더 크고, 결합 길이도 C_{sp^3}—Cl 결합이 더 길다는 추론이 가능하다. 이러한 추론을 쌍극자 모멘트의 정의(1.6.2절)에 대입하면 C_{sp^3}—Cl 결합의 쌍극자 모멘트가 C_{sp^2}—Cl 결합보다 크다는 결론에 도달할 수 있다.

치환체가 한 개인 벤젠 유도체들의 쌍극자 모멘트(D)는 다음과 같다.

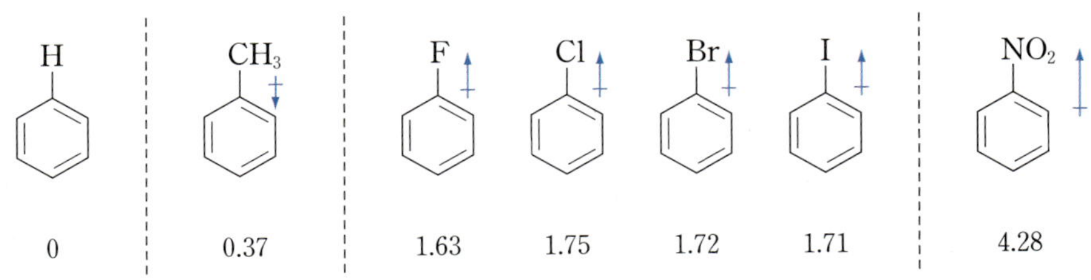

벤젠에 다수의 치환체가 있는 경우에는 각각의 치환체에 의하여 유발되는 쌍극자 모멘트(벡터)를 모두 합하여 추론할 수 있다. 일반적으로 메타 관계에 있는 화합물에서 예상값과 측정값이 가장 잘 일치한다.

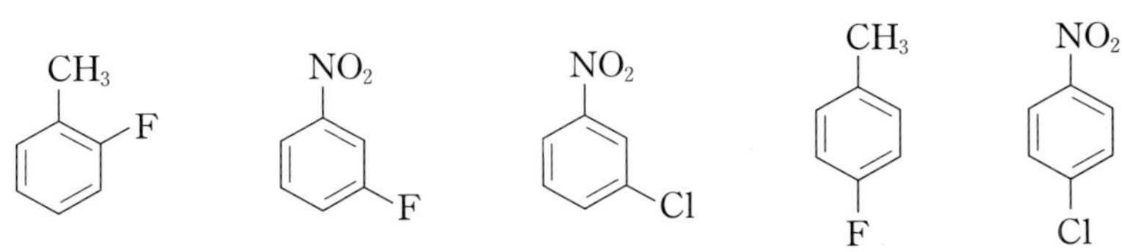

측정값:	1.35	1.85	3.72	2.01	2.81
예상값:	1.48	1.84	3.73	2.00	2.53

예제 14.3

2-클로로톨루엔과 4-클로로톨루엔 중에서 쌍극자 모멘트가 클 것으로 예상되는 화합물을 선정하고, 그 이유를 설명하시오.

풀이

4-클로로톨루엔의 쌍극자 모멘트가 더 크다.

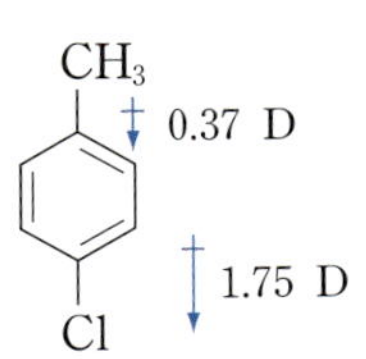

$\mu = 0.37\ D + 1.75\ D$
$= 2.12\ D$

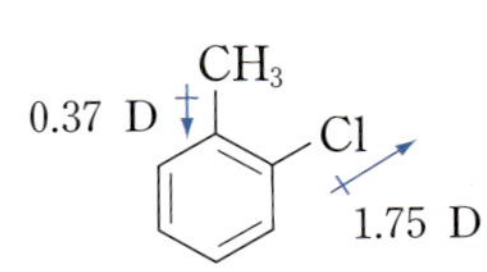

14.5 합성법

벤젠 및 그 유도체들은 매우 다양한 방법으로 합성할 수 있는데, 교재에서는 탈수소 반응(dehydrogenation)과 수소 폼일 반응(hydroforming)에 대하여 간단히 기술할 것이다.

사이클로헥세인을 Pd 또는 Pt 촉매 하에서 고온으로 가열하면 세 개의 H_2 분자가 나오면서 벤젠이 생성되는데, 이러한 반응을 **탈수소 반응**이라고 한다. 이 반응은 벤젠의 촉매 수소화 반응의 역반응에 해당한다.

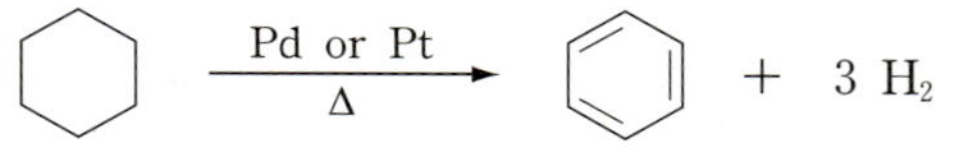

사이클로헥세인을 과량의 황 존재 하에서 고온으로 가열하면 세 개의 H_2S 분자가 나오면서 벤젠이 생성된다. 이 반응도 역시 탈수소 반응에 해당한다.

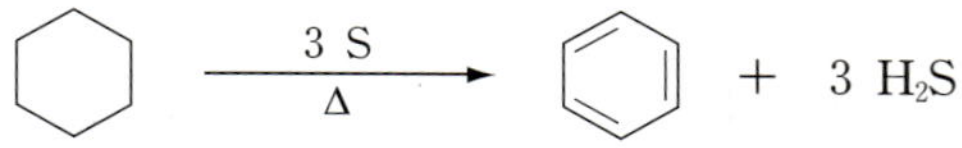

헥세인 및 헵테인을 강한 산화제와 함께 고온에서 반응시키면 탈수소 반응 및 고리화 반응이 진행되면서 벤젠과 톨루엔을 합성할 수 있다. 이러한 반응을 **수소 폼일 반응**이라고 한다.

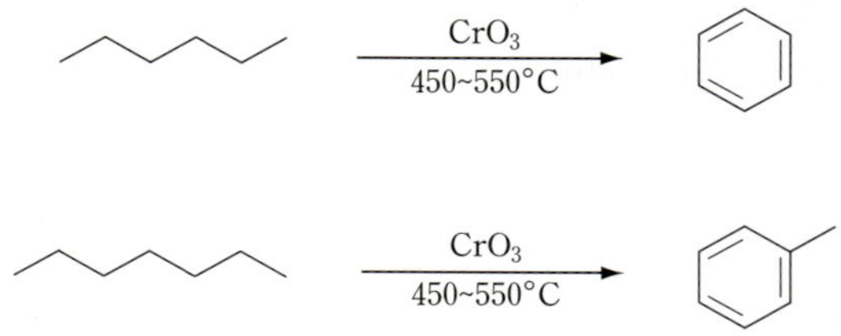

14.6 방향족성

14.6.1 서론

1931년 허클(Hückel)은 동일한 위상(phase)을 유지하면서 인접한 p 오비탈 사이에 고리형 콘쥬게이션을 갖는 평면 구조 화합물의 경우에 ① 참여하는 π-전자의 수가 $(4n+2)$개이면 총 에너지가 감소하는 **방향족성(aromaticity)**을 갖고, ② 참여하는 π-전자의 수가 $(4n)$개이면 총 에너지가 증가하는 **반방향족성(*anti*-aromaticity)**을 갖는다고 하였다($n = 0, 1, 2, \cdots$).

고리형 콘쥬게이션에서 위상(phase)의 개념은 본 교재의 수준에서 기술하기에 적절하지 않다. 다만, 앞에서 언급한 알릴 양이온, 알릴 라디칼, 알릴 음이온, 뷰타-1,3-다이엔, 벤젠, 나프탈렌, 안트라센 등에서 사용한 콘쥬게이션 개념은 이미 동일한 위상을 갖는 오비탈 사이의 상호 작용을 전제로 한 것이었고, 이것은 다양한 화합물의 방향족성 및 반방향족성을 판단할 때에도 계속 유효하다.

14.6.2 π-MO 에너지

α 값은 결합에 참여하지 않는 p 오비탈의 에너지 값이고, β는 음의 값을 갖는다.

Hückel 이론에 의하면 동일한 위상을 유지하면서 인접한 p 오비탈 사이에 고리형 콘쥬게이션을 갖는 평면 구조 화합물의 π-MO 에너지는 다음과 같이 구할 수 있다. 즉, x–y 직각 좌표계에서 ① 원의 중심을 $(0, \alpha)$에 두고, ② 반지름이 $|2\beta|$인 원을 그리고, ③ $(0, \alpha+2\beta)$를 포함해서 모든 꼭짓점이 원주 위에 있는 정 n각형을 그리면, ④ n개 꼭짓점에서의 y 값이 각 π-MO의 에너지 값이 된다.

이 원리를 따라서 고리형 콘쥬게이션 화합물의 π-MO 에너지를 구하면 아래와 같다.

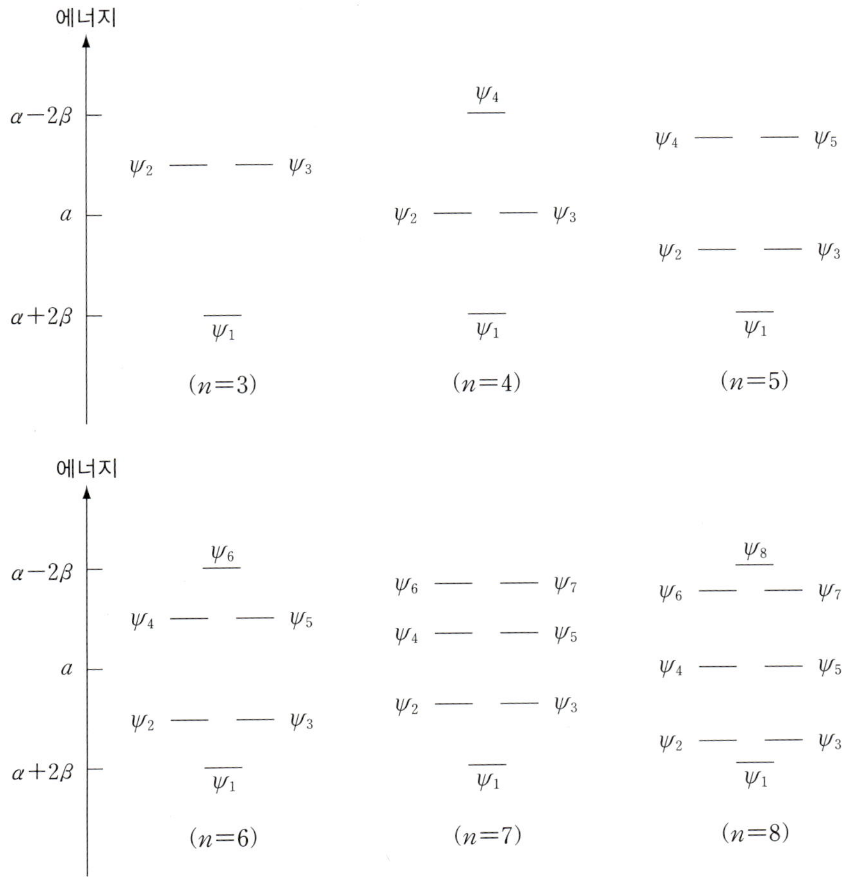

그림 14-5 고리형 콘쥬게이션 화합물의 π-MO 에너지

위의 방법에 삼각함수의 원리를 적용하면 일반적인 π-MO 에너지 식을 유도할 수도 있다.

$$E_J = \alpha + 2\beta \cos\left(\frac{2\pi}{N} J\right) \qquad J = 0,\ 1,\ 2,\ \cdots,\ (n-1)$$

예제 14.4

위 방법을 사용하여 사이클로뷰타-1,3-다이엔에서 π-MO 에너지를 단계별로 구분하여 구하시오.

풀이

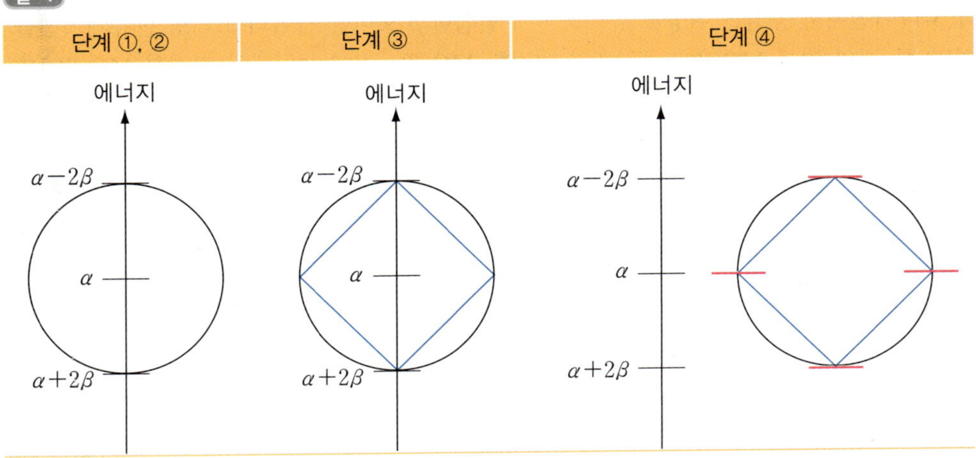

14.6.3 사이클로뷰타-1,3-다이엔

원자가 결합 이론의 관점에서 사이클로뷰타-1,3-다이엔의 구조를 분석해 보자. 사이클로뷰타-1,3-다이엔에서 고리형 콘쥬게이션이 가능하면 그 구조는 **A**로 표현할 수 있다. 그러나 **A**에서는 π-전자가 네 개($4n$)이므로 총 에너지가 증가하는 반방향족성(*anti*-aromaticity)에 의하여 열역학적으로 불안정함을 예상할 수 있다.

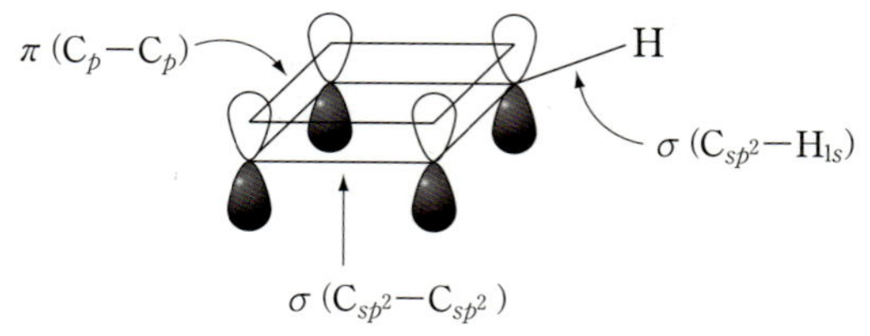

A

반면에, 사이클로뷰타-1,3-다이엔에서 고리형 콘쥬게이션이 없다면 그 구조는 이중 결합 두 개 및 단일 결합 두 개가 독립적으로 존재하는 구조 **B**로 표현할 수 있다. 구조 **B**에서는 총 에너지가 증가하는 반방향족성(*anti*-aromaticity)이 없으므로 열역학적으로 불안정하지 않을 것이다.

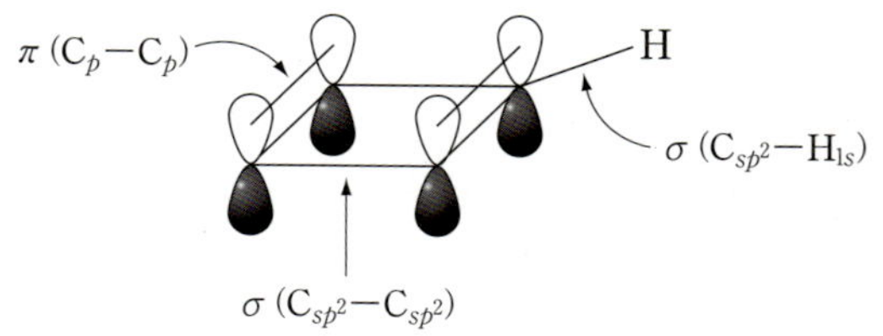

B

실험에 의하면 사이클로뷰타-1,3-다이엔에서 C−C 결합은 이중 결합(1.35 Å)과 단일 결합(1.56 Å)이 서로 교차함을 알 수 있는데, 이것은 사이클로뷰타-1,3-다이엔의 구조가 **A**보다는 **B**와 유사함을 의미한다.

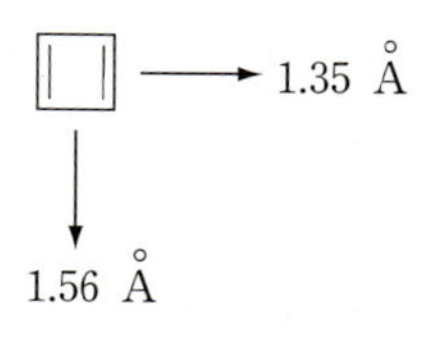

이번에는 MO의 관점에서 사이클로뷰타-1,3-다이엔의 구조를 분석해 보자. 사이클로뷰타-1,3-다이엔에서 동일한 위상을 유지하면서 인접한 p 오비탈 사이의 고리형 콘쥬게이션을 가정하면 한 개의 결합 MO(Ψ_1), 두 개의 비결합 MO(Ψ_2, Ψ_3), 한 개의 반결합 MO(Ψ_4)를 그릴 수 있다(14.6.2절). 그리고 π-전자는 총 네 개이므로 결합 MO(Ψ_1)에 전자 두 개, 비결합 MO(Ψ_2, Ψ_3)에 전자 한 개씩 채우게 되어 홀전자 두 개가 생긴다. 홀전자가 있는 라디칼 화학종들은 일반적으로 화학 반응에 참여하여 전자쌍을 가지려는 경향성이 매우 크기 때문에 가능하면 이런 상황을 피하려는 것이 일반적인 현상이다. 이러한 정보를 종합하면 사이클로뷰타-1,3-다이엔에서 동일한 위상을 갖는 인접한 p 오비탈 사이의 고리형 콘쥬게이션은 실제로 일어나지 않음을 예상할 수 있는데, 이것은 원자가 결합 이론에 기반한 결론과 일치한다.

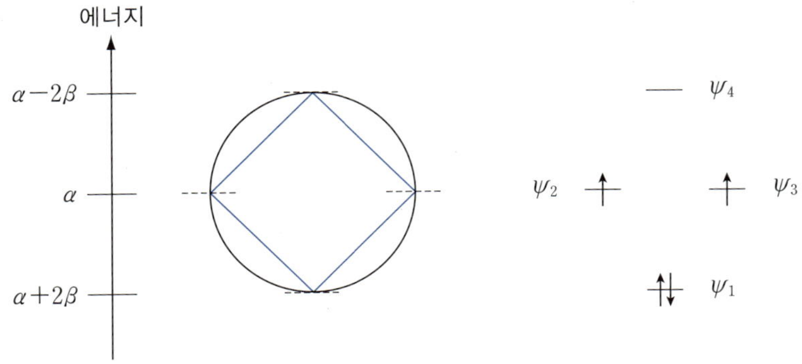

그림 14-6 사이클로뷰타-1,3-다이엔의 π-MO 에너지

14.6.4 벤젠

원자가 결합 이론의 관점에서 벤젠의 구조를 분석해 보자. 벤젠의 고리형 콘쥬게이션은 아래와 같이 표현할 수 있고, π-전자가 여섯 개($4n+2$)이므로 총 에너지가 낮아지는 방향족성에 의하여 열역학적으로 안정할 것으로 예상된다.

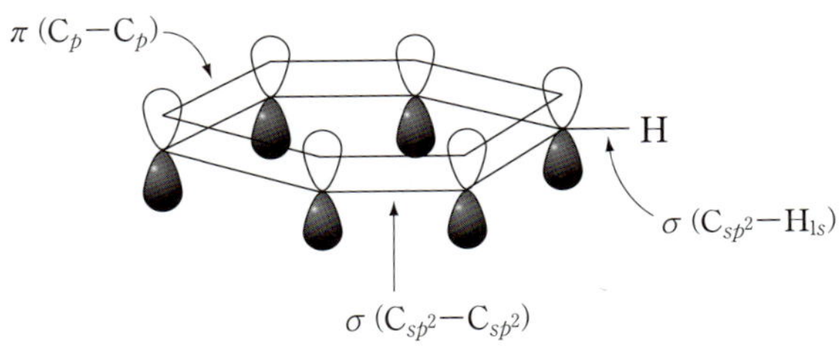

벤젠에서 고리형 콘쥬게이션이 일어나면 벤젠의 여섯 개 C−C 결합은 결합 차수가 모두 1.5가 된다. 실험에 의하면 모든 C−C 결합 길이는 1.40 Å으로 같고, 이 값은 이중 결합 길이(1.34 Å, 결합 차수 2)와 단일 결합 길이(1.54 Å, 결합 차수 1)의 중간에 위치한다. 이러한 것들은 벤젠에서 고리형 콘쥬게이션이 실제로 진행됨을 보여 주는 결과이다.

MO의 관점에서는 다음과 같이 설명할 수 있다. 벤젠에서 동일한 위상을 갖는 인접한 p 오비탈 사이에 고리형 콘쥬게이션을 가정하면 아래와 같이 여섯 개의 p 오비탈로부터 세 개의 결합 MO(Ψ_1, Ψ_2, Ψ_3) 및 세 개의 반결합 MO(Ψ_4, Ψ_5, Ψ_6)를 얻을 수 있다(14.6.2절). 이 경우에 π-전자는 총 여섯 개이므로 Ψ_1, Ψ_2, Ψ_3를 모두 쌍으로 채우게 되어서 화학 반응성의 관점에서 안정함을 예상할 수 있다.

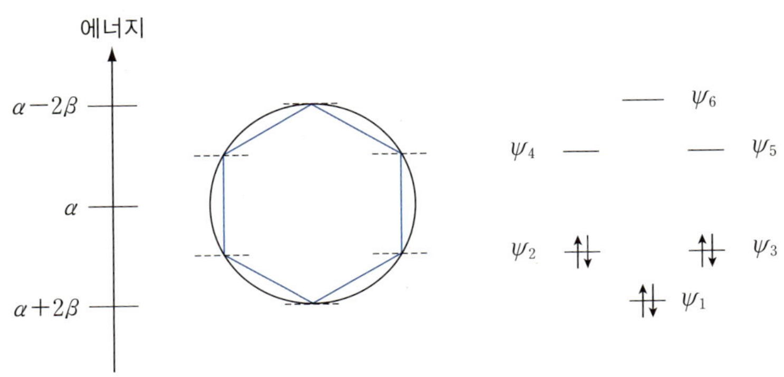

그림 14-7 벤젠의 π-MO 에너지

14.6.5 사이클로옥타-1,3,5,7-테트라엔

원자가 결합 이론의 관점에서 사이클로옥타-1,3,5,7-테트라엔의 구조를 분석해 보자. 사이클로옥타-1,3,5,7-테트라엔에서 고리형 콘쥬게이션이 가능하면 그 구조는 **A**로 표현할 수 있다. 그러나 구조 **A**에서는 π-전자가 여덟 개($4n$)이므로 총 에너지가 증가하는 반방향족성(*anti*-aromaticity)에 의하여 열역학적으로 불안정함을 예상할 수 있다.

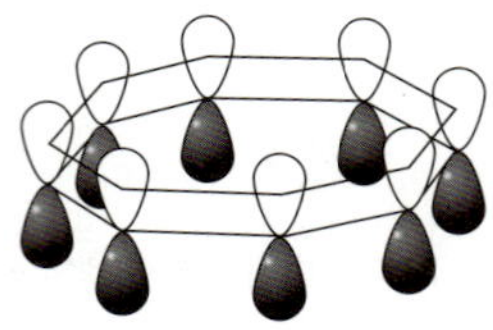

A

반면에, 사이클로옥타-1,3,5,7-테트라엔에서 고리형 콘쥬게이션이 없다면 그 구조는 이중 결합 네 개 및 단일 결합 네 개가 독립적으로 존재하는 구조 **B**로 표현할 수 있다. **B**에서는 총 에너지가 증가하는 반방향족성(*anti*-aromaticity)이 없으므로 열역학적으로 불안정하지 않을 것이다.

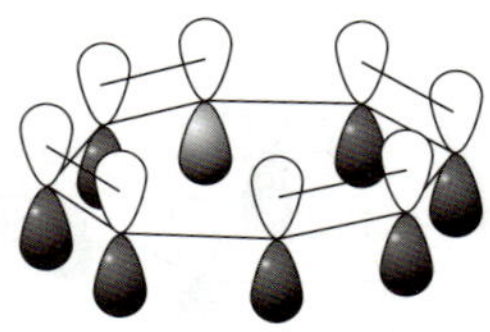

B

실험에 의하면 사이클로옥타-1,3,5,7-테트라엔의 C−C 결합은 이중 결합(1.34 Å)과 단일 결합(1.47 Å)이 서로 교차하고, 탄소 원자가 동일한 평면에 있을 때 예상되는 비틀림/각/입체 무리가 매우 적은 U-자 모양의 구조를 갖는다. 그 결과 사이클로옥타-1,3,5,7-테트라엔의 화학적 반응성은 고립 이중 결합과 매우 유사하고, ^{1}H NMR에서 δ 5.7이라는 이중 결합의 전형적인 피크를 확인할 수 있다. 이러한 자료들은 모두 고리형 콘쥬게이션이 없는 구조에서 예상되는 결과들이다.

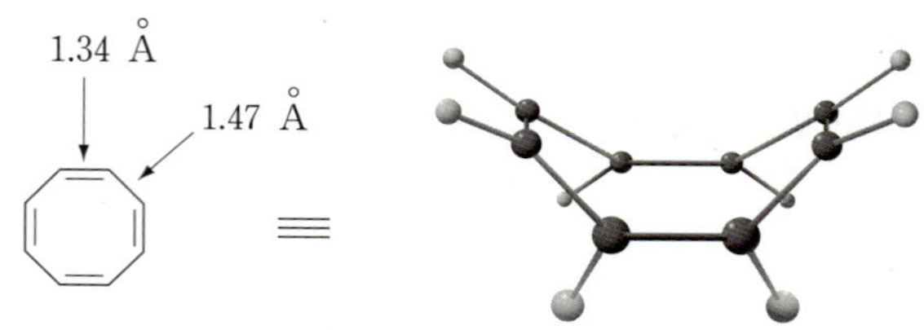

MO의 관점에서 사이클로옥타-1,3,5,7-테트라엔의 구조를 분석해 보자. 사이클로옥타-1,3,5,7-테트라엔에서 동일한 위상을 갖는 인접한 p 오비탈 사이의 고리형 콘쥬게이션을 가정하면 여덟 개의 p 오비탈로부터 세 개의 결합 MO(Ψ_1, Ψ_2, Ψ_3), 두 개의 비결합 MO(Ψ_4, Ψ_5), 세 개의 반결합 MO(Ψ_6, Ψ_7, Ψ_8)를 얻을 수 있다(14.6.2절). 그리고 π-전자는 총 여덟 개이므로 결합 MO(Ψ_1, Ψ_2, Ψ_3)에 전자 두 개씩, 비결합 MO(Ψ_4, Ψ_5)에 전자 한 개씩 채우게 되어 홀전자 두 개가 생긴다. 14.6.3절에서 설명한 것처럼 홀전자가 있는 라디칼 화학종들은 화학 반응에 참여하여 전자쌍을 가지려는 경향성이 매우 크기 때문에 가능하면 이런 상황을 피하려는 것이 일반적이다. 이러한 정보를 종합하면 사이클로옥타-1,3,5,7-테트라엔에서 고리형 콘쥬게이션은 일어나지 않음을 예상할 수 있는데, 이것은 원자가 결합 이론에서의 예상과 일치한다.

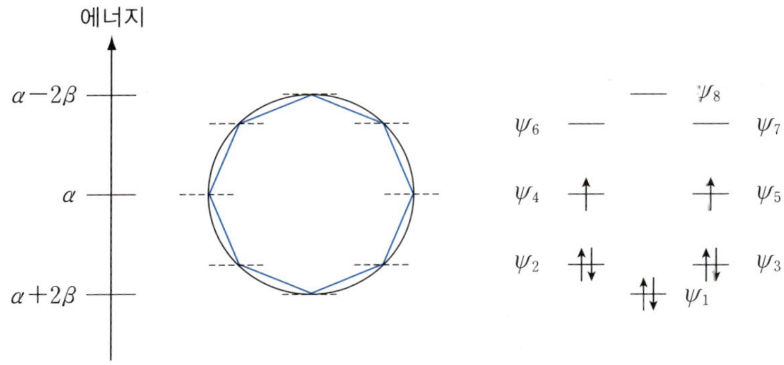

그림 14-8 사이클로옥타-1,3,5,7-테트라엔의 π-MO 에너지

이번에는 사이클로옥타-1,3,5,7-테트라엔에서 고리형 콘쥬게이션이 일어나지 않음을 열역학적인 자료를 가지고 설명해 보자. 사이클로옥텐 및 사이클로옥타-1,3,5,7-테트라엔의 촉매 수소화 반응을 진행하면 각각 23 kcal/mol 및 98 kcal/mol의 열이 발생한다. 이론적으로 사이클로옥타-1,3,5,7-테트라엔에서 고리형 콘쥬게이션이 없다고 가정하면 총 $23 \times 4 = 92$ kcal/mol의 열이 발생할 것으로 계산되는데, 이 값은 실험값인 98 kcal/mol에 매우 근접해 있다. 이러한 결과는 사이클로옥타-1,3,5,7-테트라엔에서 열역학적인 안정화가 진행되지 않았음을 말하는 것으로서, 다른 관점에서는 고리형 콘쥬게이션이 일어나지 않음을 뒷받침하는 자료이다.

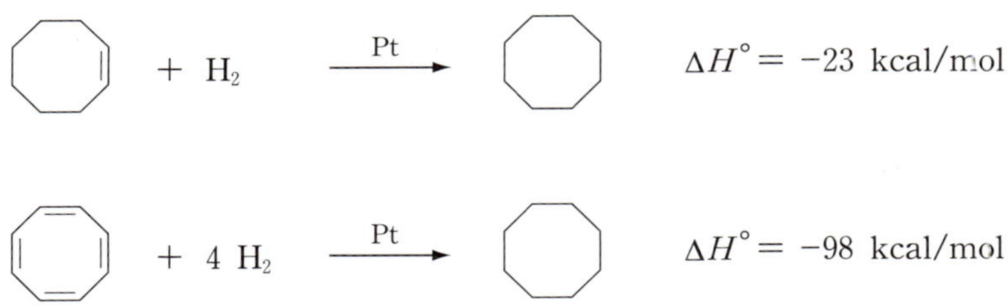

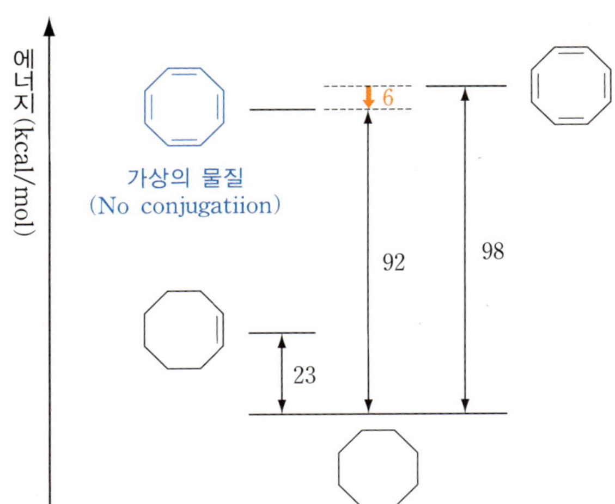

그림 14-9 사이클로옥텐 및 사이클로옥타-1,3,5,7-테트라엔의 촉매 수소화 반응열 비교

14.6.6 [*n*]아눌렌

[*n*]아눌렌(annulene)은 고리형 콘쥬게이션 구조를 갖는 다수의 탄소 고리들을 통칭하는 용어이다. 이때 *n*은 고리를 구성하는 탄소의 수이다.

벤젠은 [6]아눌렌 화합물로서, 고리형 콘쥬게이션이 일어나면 π-전자가 여섯 개($4n+2$)이므로 방향족성을 가지면서 열역학적으로 안정하게 된다(14.6.4절).

사이클로뷰타-1,3-다이엔 및 사이클로옥타-1,3,5,7-테트라엔은 [4]아눌렌 및 [8]아눌렌 화합물로서, 고리형 콘쥬게이션이 일어나면 π-전자가 네 개($4n$) 및 여덟 개($4n$)이므로 반방향족성을 가지면서 열역학적으로 불안정하게 된다(14.6.3절 및 14.6.5절). 이것은 실제 화합물에서 고리형 콘쥬게이션이 일어나지 않고 단일 결합과 이중 결합이 서로 독립적으로 존재함을 의미한다.

이제는 사이클로옥타-1,3,5,7-테트라엔(**A**)에 전자 두 개를 공급해서 A^{2-} 음이온을 생성할 때 3차원 구조의 변화에 대하여 알아보자. **A**는 π-전자가 여덟 개인 중성의 화합물로서 고리형 콘쥬게이션이 불가능한 U-자 모양의 3차원 구조를 갖는다(14.6.5절). A^{2-} 음이온은 π-전자가 열 개($4n+2$)이므로 고리형 콘쥬게이션에 의하여 방향족성을 가지면서 열역학적으로 안정해질 수 있다(14.6.1절). 그러나, 고리형 콘쥬게이션에 의하여 모든 탄소 및 수소 원자가 동일한 평면에 존재하면 C—C—C 각도가 135°(최적 120°)가 되어서 각 무리가 크게 증가할 수 있다. 이런 경우에는 고리형 콘쥬게이션에 의한 열역학적 안정화 요인과 각 무리의 증가에 따른 불안정화 요인의 상대적인 크기가 중요하다. 실험에 의하면 A^{2-} 음이온은 C—C 결합 길이가 모두 1.40 Å인 평면 구조로 존재하는데, 이것은 고리형 콘쥬게이션에 의한 열역학적 안정화 요인이 각 무리에 의한 불안정화 요인보다 훨씬 크다는 것을 의미한다.

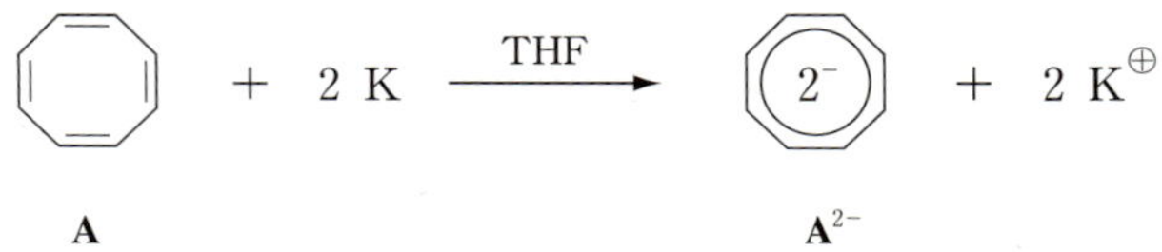

시스-[10]아눌렌은 A^{2-} 음이온에서와 같이 π-전자가 열 개($4n+2$)이므로 고리형 콘쥬게이션에 의하여 방향족성을 가지면서 열역학적으로 안정해질 수 있다(14.6.1절). 그러나, 고리형 콘쥬게이션에 의하여 모든 탄소 및 수소 원자가 동일한 평면에 존재하면 C—C—C 각도가 144°(최적 120°)가 되어서 각 무리가 크게 증가할 수 있다. 실험에 의하면 시스-[10]아눌렌은 열역학적으로 안정하지 않고 반응성이 큰 특성을 보이는데 이것은 각 무리에 의한 불안정화 요인이 고리형 콘쥬게이션에 의한 안정화 요인보다 훨씬 커서 평면 구조로 존재하지 못함을 의미한다.

14.6.7 [5]아눌렌

사이클로펜타-1,3-다이엔(cyclopenta-1,3-diene)은 중간에 있는 sp^3 탄소 때문에 고리형 콘쥬게이션이 불가능하다. 사이클로펜타-1,3-다이엔의 C_{sp^3} 위치에서 H^-(수소 음이온), H·(수소 원자) 또는 H^+(양성자)를 제거하면 사이클로펜타다이에닐(cyclopentadienyl) 양이온, 라디칼, 음이온이 각각 얻어지는데, 이때 생기는 *p* 오비탈은 기존에 있는 1,3-다이엔의 π-결합과 고리형 콘쥬게이션을 할 수 있다.

원자가 결합 이론의 관점에서 사이클로펜타다이에닐 양이온은 고리형 콘쥬게이션에 참여하는 π-전자의 수가 네 개($4n$)이므로 열역학적으로 불안정하게 된다(14.6.1절). 이것은 사이클로펜타-1,3-다이엔에서 수소 음이온($H:^-$) 및 사이클로펜타다이에닐 양이온을 생성하는 반응이 상대적으로 어려울 것임을 의미한다.

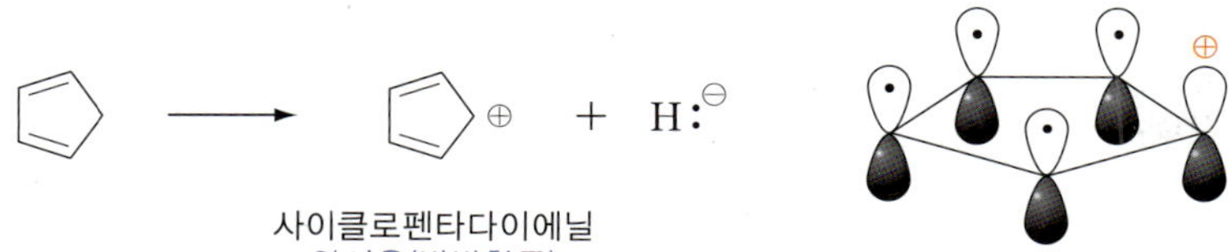

사이클로펜타다이에닐 라디칼은 고리형 콘쥬게이션에 참여하는 π-전자의 수가 다섯 개이므로 방향족성 및 반방향족성으로 특정할 수 없다. 따라서 이 시점에서는 사이클로펜타-1,3-다이엔에서 수소 원자(H·) 및 사이클로펜타다이에닐 라디칼을 생성하는 반응이 얼마나 잘 진행될 것인가를 판단하는 것은 쉽지 않다.

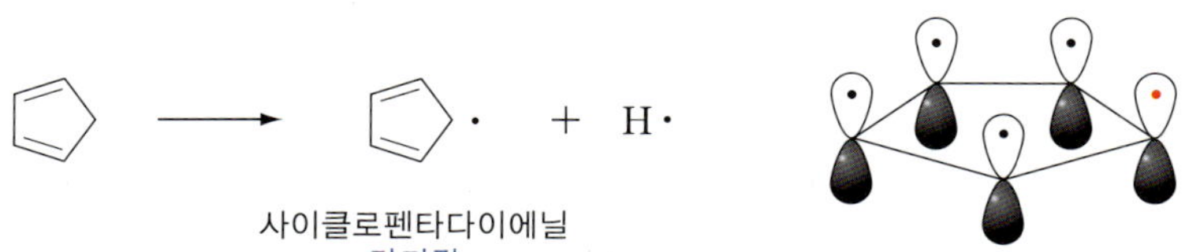

사이클로펜타다이에닐 음이온은 고리형 콘쥬게이션에 참여하는 π-전자의 수가 여섯 개($4n+2$)이므로 열역학적으로 안정할 수 있다(14.6.1절). 이것은 사이클로펜타-1,3-다이엔에서 양성자(H^+) 및 사이클로펜타다이에닐 음이온이 상대적으로 쉽게 생성될 수 있음을 의미하는 것으로, 실험에 의하면 C_{sp^3}—H의 산성도는 pK_a = 16으로 물의 산성도와 비슷하다. 이 값을 메테인의 산성도 pK_a = 60과 비교하면 산성도에 있어서 엄청난 차이가 생김을 알 수 있다.

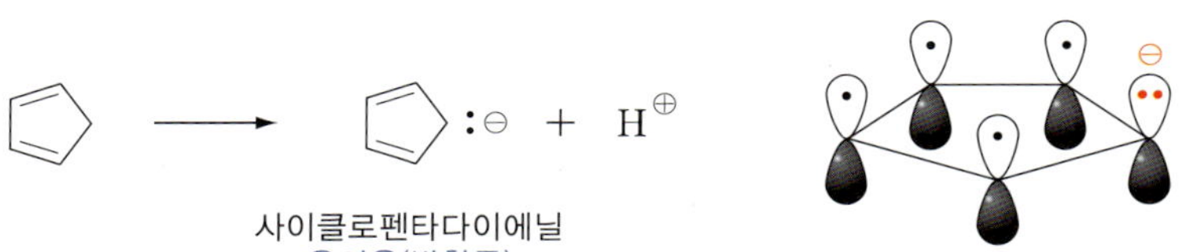

이제는 π-MO의 관점에서 사이클로펜타다이에닐 계의 구조를 분석해 보자. 사이클로펜타다이에닐 계에서 동일한 위상을 갖는 인접한 p 오비탈 사이의 고리형 콘쥬게이션을 가정하면 다섯 개의 p 오비탈로부터 한 개의 가장 안정한 MO(Ψ_1), 미분화 MO(Ψ_2, Ψ_3) 및 미분화 MO(Ψ_4, Ψ_5)가 생성된다(14.6.2절).

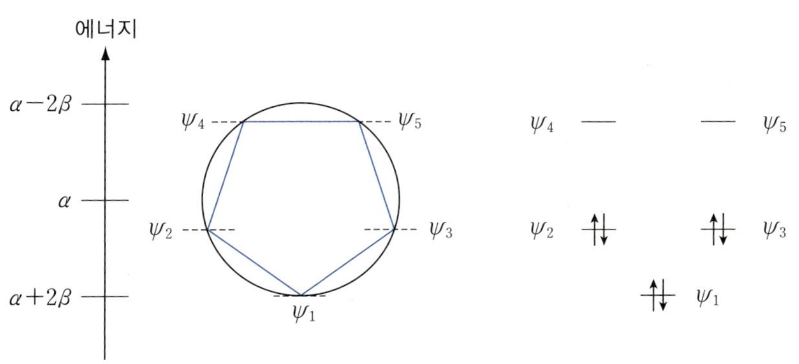

그림 14-10 사이클로펜타다이에닐의 π-MO 에너지

사이클로펜타다이에닐 양이온, 라디칼, 음이온에서 π-전자의 수는 각각 4개($4n$), 다섯 개, 여섯 개($4n+2$)이므로 다음과 같이 π-MO에 전자를 채울 수 있다. 앞에서 언급한 바와 같이 사이클로펜타다이에닐 양이온에는 홀전자가 두 개 있으므로 열역학적으로 불안정하고, 사이클로펜타다이에닐 음이온은 모든 전자가 쌍으로 존재하기 때문에 열역학적으로 안정함을 예상할 수 있다.

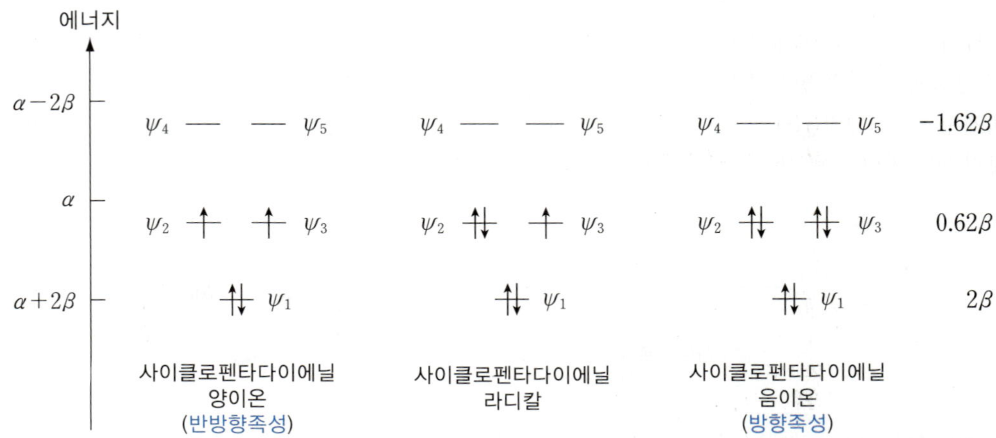

그림 14-11 사이클로펜타다이에닐 양이온, 라디칼, 음이온의 π-MO 에너지 및 전자 배치

14.6.8 [7]아눌렌

사이클로헵타-1,3,5-트라이엔(cyclohepta-1,3,5-triene)에서도 기본적으로 사이클로펜타-1,3-다이엔(14.6.7절)에서와 동일한 논리를 적용할 수 있다.

사이클로헵타트라이에닐 양이온(방향족) (트로필리움 양이온) **A**	사이클로헵타트라이에닐 라디칼 **B**	사이클로헵타트라이에닐 음이온(반방향족) ($pK_a=36$) **C**

원자가 결합 이론의 관점에서 사이클로헵타트라이에닐 양이온은 고리형 콘쥬게이션에 참여하는 π-전자의 수가 여섯 개($4n+2$)이므로 열역학적으로 안정할 수 있다(14.6.1절). 이것은 사이클로헵타-1,3,5-트라이엔에서 수소 음이온($H:^-$) 및 사이클로헵타트라이에닐 양이온이 상대적으로 쉽게 생성될 수 있음을 의미하는 것이다. 사이클로헵타트라이에닐 양이온은 **트로필리움(tropylium)** 이온이라 불리고, 유기 합성에서 유용하게 사용되고 있다.

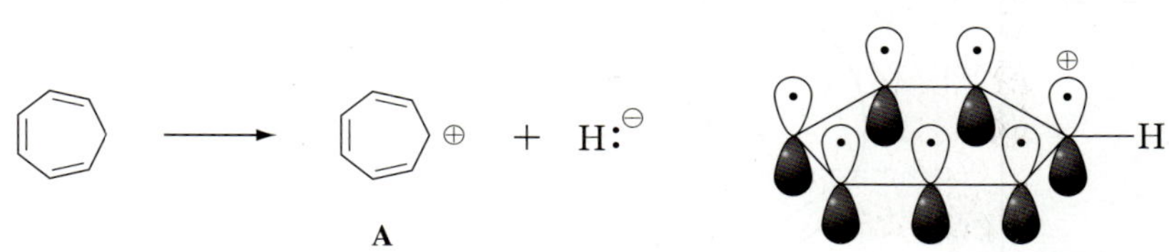

A

사이클로헵타트라이에닐 라디칼은 고리형 콘쥬게이션에 참여하는 π-전자의 수가 일곱 개이므로 방향족성 및 반방향족성으로 특정할 수 없다. 따라서 사이클로헵타-1,3,5-트라이엔에서 수소 원자(H·) 및 사이클로헵타트라이에닐 라디칼을 생성하는 반응이 얼마나 잘 진행될 것인가를 판단하는 것은 쉽지 않다.

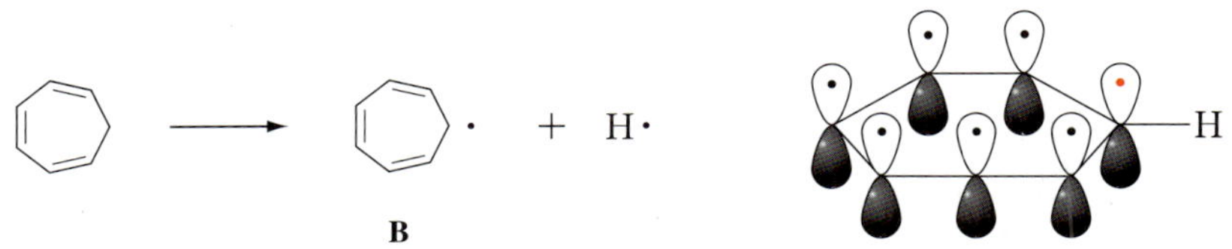

B

사이클로헵타트라이에닐 음이온은 고리형 콘쥬게이션에 참여하는 π-전자의 수가 여덟 개($4n$)이므로 열역학적으로 불안정하게 된다(14.6.1절). 이것은 사이클로헵타-1,3,5-트라이엔에서 수소 양이온(H^+) 및 사이클로헵타트라이에닐 음이온을 생성하는 반응이 상대적으로 어려울 것임을 의미한다.

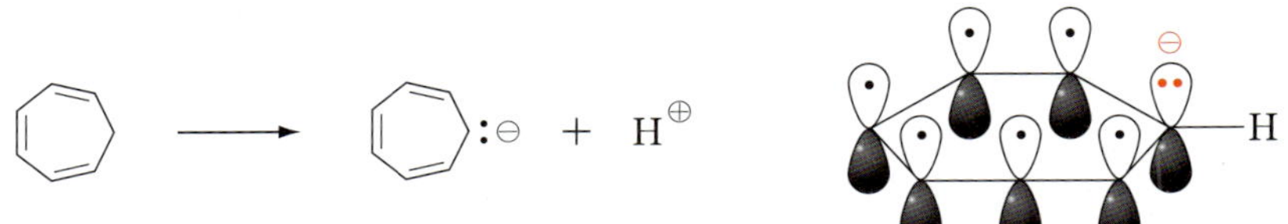

C

이제는 π-MO의 관점에서 사이클로헵타트라이에닐 계의 구조를 분석해 보자. 사이클로헵타트라이에닐 계에서 동일한 위상을 갖는 인접한 p 오비탈 사이의 고리형 콘쥬게이션을 가정하면 일곱 개의 p 오비탈로부터 한 개의 가장 안정한 MO(Ψ_1), 미분화 MO(Ψ_2, Ψ_3), 미분화 MO(Ψ_4, Ψ_5), 미분화 MO(Ψ_6, Ψ_7)가 생성된다(14.6.2절).

사이클로헵타트라이에닐 양이온, 라디칼, 음이온에서 π-전자의 수는 각각 여섯 개($4n+2$), 일곱 개, 여덟 개($4n$)이므로 아래와 같이 π-MO에 전자를 채울 수 있다. 앞에서 언급한 바와 같이 사이클로헵타트라이에닐 양이온에는 모든 전자가 쌍으로 존재하기 때문에 열역학적으로 안정하고, 사이클로헵타트라이에닐 음이온에는 홀전자가 두 개 있으므로 열역학적으로 불안정함을 예상할 수 있다.

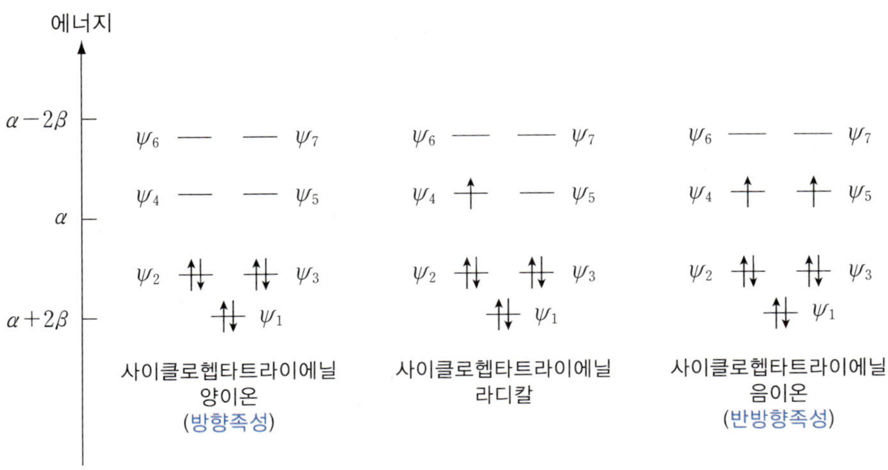

그림 14-12 사이클로헵타트라이에닐 양이온, 라디칼, 음이온의 π-MO 에너지 및 전자 배치

예제 14.5

아래 화합물의 방향족성을 판단하시오.

(a) 

(b) 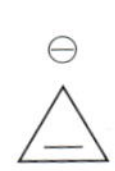

풀이

(a) 사이클로프로페닐 양이온

→ 고리형 콘쥬게이션에 참여하는 π-전자 수 두 개($4n+2$)

→ 방향족

(b) 사이클로프로페닐 음이온

→ 고리형 콘쥬게이션에 참여하는 π-전자 수 네 개($4n$)

→ 반방향족

14.7 헤테로고리 방향족 화합물

대표적인 오각형 및 육각형 방향족 헤테로고리 화합물로는 피리딘(pyridine), 퓨란(furan), 피롤(pyrrole), 이미다졸(imidazole) 등이 있다. 이들은 고리형 콘쥬게이션에 참여하는 π-전자의 수가 모두 여섯 개($4n+2$)이기 때문에 열역학적으로 안정한 물질들이다.

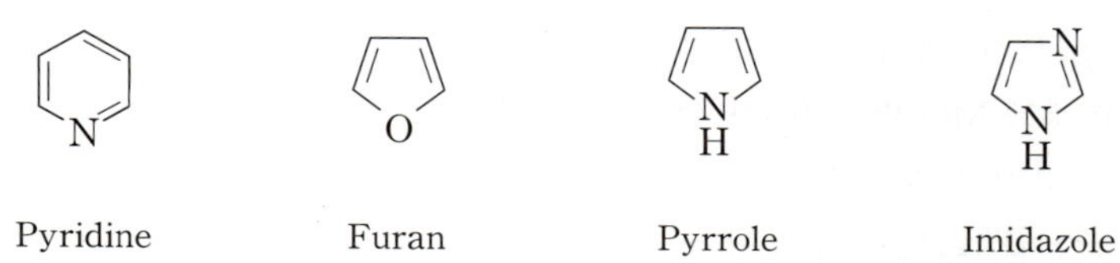

피리딘의 구조적인 특징 및 성질은 다음과 같다. 질소 원자에는 총 다섯 개의 원자가 전자가 있는데, 이 중에서 두 개는 두 개의 C_{sp^2}—N_{sp^2} 단일 결합을 형성하는 데 사용하고, 한 개는 N_p-오비탈에 위치하며, 나머지 두 개는 N_{sp^2}-오비탈을 채운다. N_p-오비탈의 전자 한 개는 다섯 개의 C_p-오비탈 전자들과 고리형 콘쥬게이션에 참여하여 피리딘에게 방향족성을 제공하고, N_{sp^2}-오비탈의 전자 두 개는 피리딘에 약염기성을 제공한다($pK_a(\text{pyr}-H^+) \approx 5.2$).

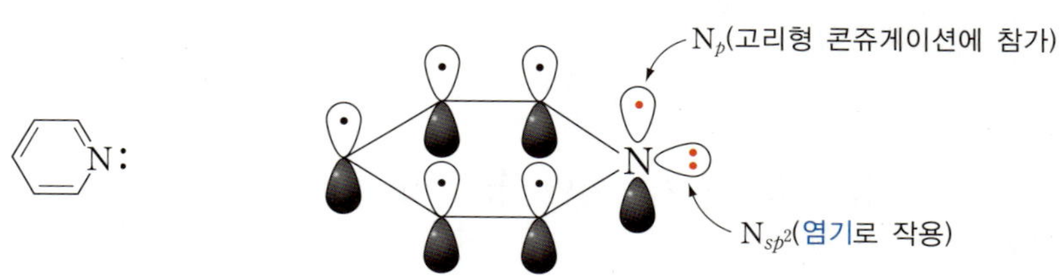

퓨란은 기본적으로 피리딘과 유사하게 설명할 수 있다. 산소 원자에는 총 여섯 개의 원자가 전자가 있는데, 이 중에서 두 개는 두 개의 C_{sp^2}—O_{sp^2} 단일 결합을 형성하는 데 사용하고, 두 개는 O_p-오비탈에 위치하며, 나머지 두 개는 O_{sp^2}-오비탈을 채운다. O_p-오비탈의 전자 두 개는 네 개의 C_p-오비탈 전자들과 고리형 콘쥬게이션에 참여하여 퓨란에게 방향족성을 제공하기 때문에, 기본적으로 O_p-오비탈의 전자는 염기로 작용하지 못한다. O_{sp^2}-오비탈의 전자 두 개는 고리형 콘쥬게이션과 무관하기 때문에 이론적으로 퓨란에게 염기성을 제공할 수 있지만, 그 정도가 피리딘보다 훨씬 작아서 퓨란의 염기성을 언급하는 경우는 매우 드물다.

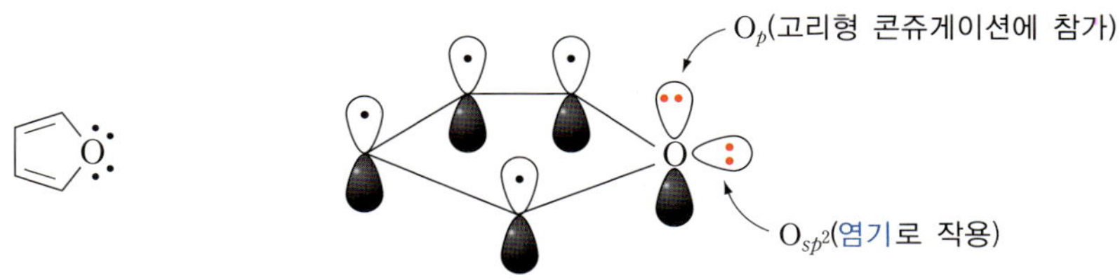

피롤의 특성은 기본적으로 퓨란에 기초하여 설명할 수 있다. 질소 원자에는 총 다섯 개의 원자가 전자가 있는데, 이 중에서 두 개는 두 개의 $C_{sp^2}-N_{sp^2}$ 단일 결합을 형성하는 데 사용하고, 한 개는 한 개의 $N_{sp^2}-H_{1s}$ 단일 결합을 형성하는 데 사용하며, 두 개는 N_p-오비탈을 채운다. N_p-오비탈의 전자 두 개는 네 개의 C_p-오비탈 전자들과 고리형 콘쥬게이션에 참여하여 퓨란에 방향족성을 제공하기 때문에, 기본적으로 N_p-오비탈의 전자는 염기로 작용하지 못한다.

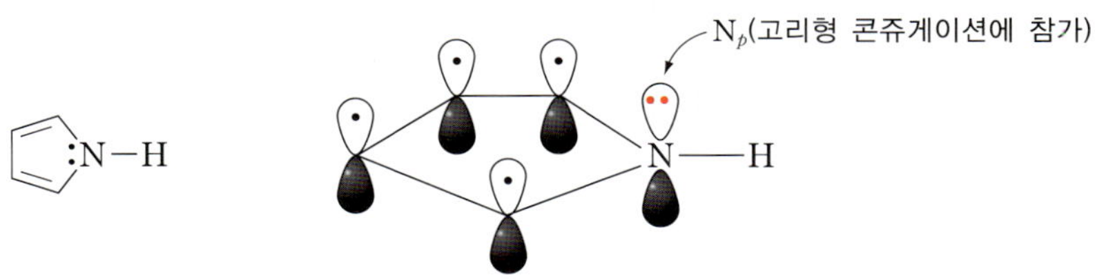

이미다졸은 피롤의 기본 골격에 피리딘의 질소 원자가 삽입된 것으로 생각할 수 있다. 즉, N_1의 원자가 전자 다섯 개 중에서 두 개는 두 개의 $C_{sp^2}-N_{sp^2}$ 단일 결합을 형성하는 데 사용하고, 한 개는 한 개의 $N_{sp^2}-H_{1s}$ 단일 결합을 형성하는 데 사용하며, 두 개는 N_p-오비탈을 채운다. 반면에 N_3의 원자가 전자 다섯 개 중에서 두 개는 두 개의 $C_{sp^2}-N_{sp^2}$ 단일 결합을 형성하는 데 사용하고, 한 개는 N_p-오비탈에 위치하며, 나머지 두 개는 N_{sp^2}-오비탈을 채운다.

이미다졸은 N_1의 p 오비탈 전자(두 개), 세 개의 C_p-오비탈(세 개), N_3의 p 오비탈 전자(한 개)가 참여하는 고리형 콘쥬게이션에 의하여 방향족성을 가질 수 있고, 이 때문에 N_1의 p 오비탈 전자쌍은 염기로 작용할 수 없다. 반면에 N_3의 sp^2 오비탈 전자쌍은 고리형 콘쥬게이션에 참여하지 않기 때문에 피리딘에서와 같이 이미다졸에게 염기성($pK_a(Im-H^+)\approx 7$)을 제공한다.

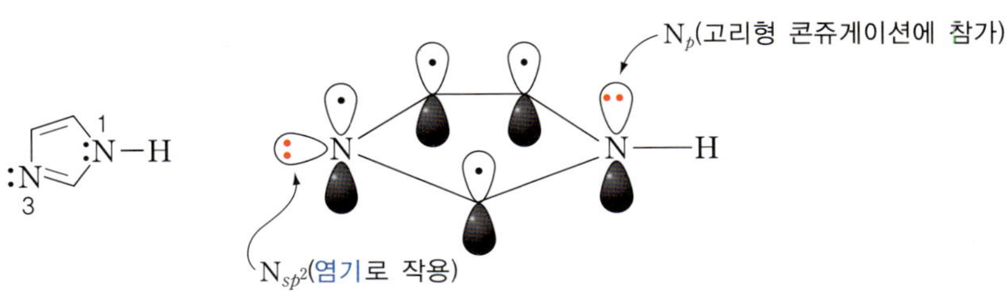

지금까지 기술한 피리딘, 퓨란, 피롤, 이미다졸 이외에도 자연계에는 싸이오펜(thiophene), 옥사졸(1,3-oxazole), 인돌(indole) 등 다양한 종류의 오각형 및 육각형 방향족 헤테로고리 화합물들이 존재한다.

Thiophene

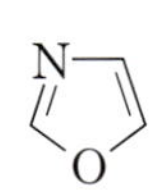
1,3-Oxazole

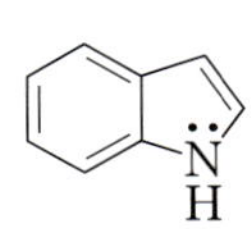
Indole

14.8 요약

14장에서는 13장의 콘쥬게이션 개념을 고리 형태로 확장하는 것에 대하여 기술하였다.

14.2~14.5절에서는 벤젠의 구조, 공명 에너지, 성질 및 합성법 등에 대하여 알아보았다. 벤젠에서 여섯 개의 C−C 결합 길이는 1.40 Å으로 같고, 결합 차수는 1.5이며, 일반적인 이중 결합과 비교하여 반응성이 훨씬 적다고 알려져 있다. 과학자들은 이러한 현상이 고리를 구성하는 p 오비탈 사이의 고리형 콘쥬게이션에 기인한다고 설명한다. 실제로 벤젠은 열역학적으로 36 kcal/mol 안정화되고, 벤젠의 유사체인 나프탈렌, 안트라센, 페난트렌 등은 각각 60 kcal/mol, 83 kcal/mol, 91 kcal/mol 정도 안정화된다. 이처럼 고리형 콘쥬게이션에 의하여 열역학적으로 안정화가 진행되는 화합물들은 방향족성이 있다고 한다.

14.6절에서는 고리형 콘쥬게이션의 개념을 벤젠 이외의 화합물로 일반화하였다. 즉, 1931년 Hückel은 동일한 위상(phase)을 갖는 인접한 p 오비탈 사이에 고리형 콘쥬게이션이 가능한 평면 구조의 화합물의 경우에 ① 참여하는 π-전자의 수가 $(4n+2)$개이면 총 에너지가 감소하는 방향족성(aromaticity)을 갖고, ② 참여하는 π-전자의 수가 $(4n)$개이면 총 에너지가 증가하는 반방향족성(*anti*-aromaticity)을 갖는다고 하였다($n=0, 1, 2, \cdots$)(14.6.1절).

이어서 동일한 위상을 갖는 인접한 p 오비탈 사이에 고리형 콘쥬게이션이 가능한 평면 구조 화합물의 경우에 π-MO 에너지 준위를 얻는 방법을 소개하였다(14.6.2절). 이러한 π-MO 에너지 준위에 전자를 채울 때 전자 수가 $(4n+2)$개이면 모든 전자는 쌍으로 존재하지만 전자 수가 $(4n)$개이면 두 개의 홀전자가 존재하여 불안정할 수 있음을 정성적으로 설명하였다.

이러한 내용을 종합하면 사이클로뷰타-1,3-다이엔([4]아눌렌), 벤젠([6]아눌렌), 사이클로옥타-1,3,5,7-테트라엔([8]아눌렌), 시스-[10]아눌렌 등 짝수의 탄소 원자를 갖는 고리형 화합물의 성질들을 쉽게 이해할 수 있다. 홀수 개의 탄소 원자로 고리형 콘쥬게이션을 하기 위해서는 그 자체로는 불가능하고 사이클로프로페닐($n=3$), 사이클로펜타다이에닐($n=5$), 사이클로헵타트라이에닐($n=7$) 양이온(라디칼, 음이온) 등이 되어야 한다. 이 경우에도 방향족성 또는 반방향족성을 판단하는 근거는 동일하게 적용된다.

탄소 이외의 헤테로 원자(N, O, S 등)들도 고리형 콘쥬게이션에 참여할 수 있는데, 대표적인 화합물로는 피리딘, 퓨란, 피롤, 이미다졸 등이 있다(14.7절). 이들을 원자가 결합 이론으로 분석하면 같은 질소 원자라도 고리형 콘쥬게이션에 참여하는 전자 수는 화합물의 구조에 따라서 다를 수 있고, 또한 염기로 작용하는 전자쌍의 유무도 화합물의 구조에 따라서 서로 다를 수 있다.

연습 문제

1. 아래의 화합물을 명명하시오.

(a) 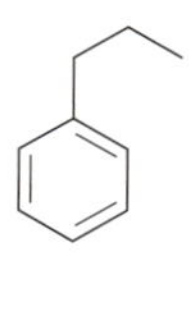

(b) 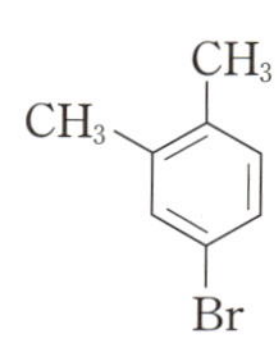

2. 아래의 화합물을 명명하시오.

(a) 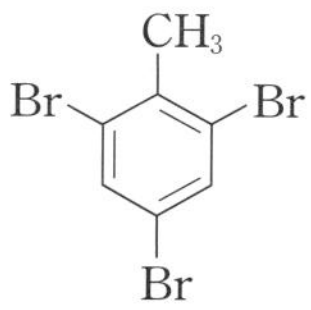 (b) 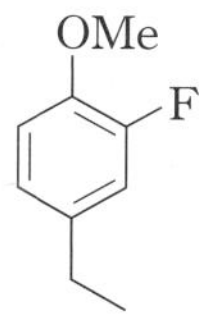 (c) 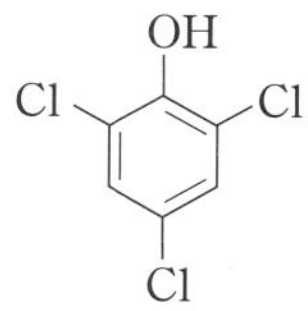 (d) 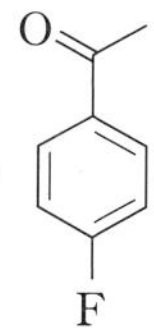

3. 아래 화합물의 공명 구조를 그리시오.

(a) 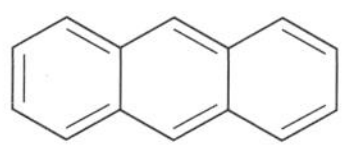 (b) 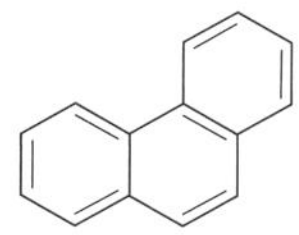

4. 벤젠에서 π-MO 에너지를 단계별로 구분하여 구하시오.

5. 시스-시스-트랜스-시스-트랜스-[10]아눌렌 화합물의 안정성에 대하여 예측하시오.

6. 고리형 컨쥬게이션을 하는 사이클로펜다다이에닐 음이온($C_5H_5^-$)에서 π-MO 에너지를 단계별로 구분하여 구하시오.

7. 고리형 컨쥬게이션을 하는 사이클로헵타트라이에닐 음이온($C_7H_7^-$)에서 π-MO 에너지를 단계별로 구분하여 구하시오.

8. 사이클로펜타-2,4-다이엔온(cyclopenta-2,4-dienone)의 방향족성 여부를 판단할 때 쌍극성(dipolar) 구조를 기준으로 판단할 수 있다. 즉, 사이클로펜타-2,4-다이엔온에서 쌍극성 구조를 그린 후 고리형 콘쥬게이션에 참여하는 π-전자 수가 네 개($4n$)이므로 사이클로펜타-2,4-다이엔온이 반방향족성 화합물이라고 판단하는 것이다.

(쌍극성 구조)

이러한 방법을 사용하여 아래 화합물의 방향족성을 판단하시오.

(a)  (b) 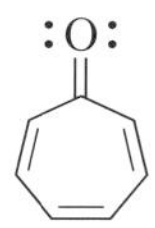 (c) 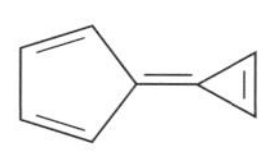

9. 아래의 화합물 중에서 방향족성을 갖는 화합물과 그렇지 않은 화합물을 분류하고, 그 이유를 명확하게 밝히시오.

(a) 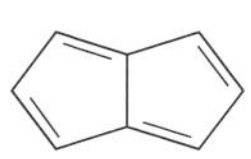 (b) 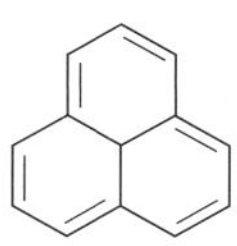 (c) 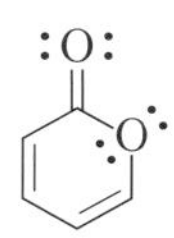 (d) 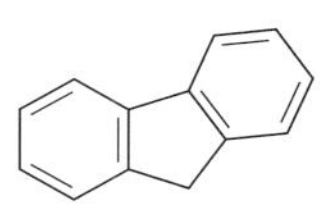

10. 4-파이론(pyrone)의 구조는 아래와 같다. 이 물질은 H^+와 반응하여 안정한 양이온을 형성할 정도로 염기성이 있다. 염기성이 있는 원자를 명시하고, 그 이유를 추론하시오.

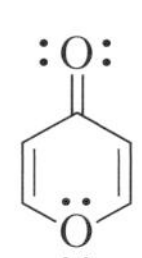

15장

아렌의 반응

15.1 친전자성 방향족 치환 반응

15.1.1 서론

방향족 화합물에서 가장 대표적인 반응은 방향족 화합물의 특징을 가장 잘 나타내는 **친전자성 방향족 치환 반응(electrophilic aromatic substitution)**이다. 이 반응에 사용되는 친전자체(E^+)로는 X^+(할로젠화 반응, halogenation), NO_2^+(나이트로화 반응, nitration), SO_3H^+(설폰화 반응, sulfonation), R^+(프리델–크래프트 알킬화 반응, Friedel–Craft alkylation), RCO^+(프리델–크래프트 아실화 반응, Friedel–Craft acylation) 등이 있다.

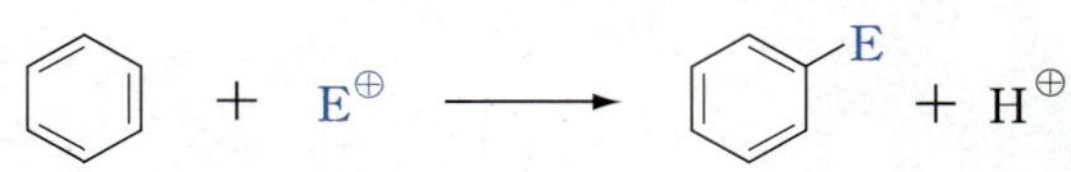

E: X(할로젠화 반응)
NO_2(나이트로화 반응)
SO_3H(설폰화 반응)
R(알킬화 반응)
COR(아실화 반응)

친전자성 방향족 치환 반응의 메커니즘은 아래와 같다. 우선 친전자체(E^+)가 벤젠의 비편재화된 π-전자를 받아서 아레늄(arenium) 양이온을 형성하고, 계속해서 H^+가 제거되면서 치환 반응이 완성된다. 만약 이 과정에서 첨가 반응이 진행되면 벤젠의 공명 에너지(36 kcal/mol)가 소멸되어 열역학적으로 불리하기 때문에, 가능하면 벤젠의 방향족성을 복원하려는 방향으로 반응이 일어난다.

메커니즘 15-1 친전자성 방향족 치환 반응 메커니즘

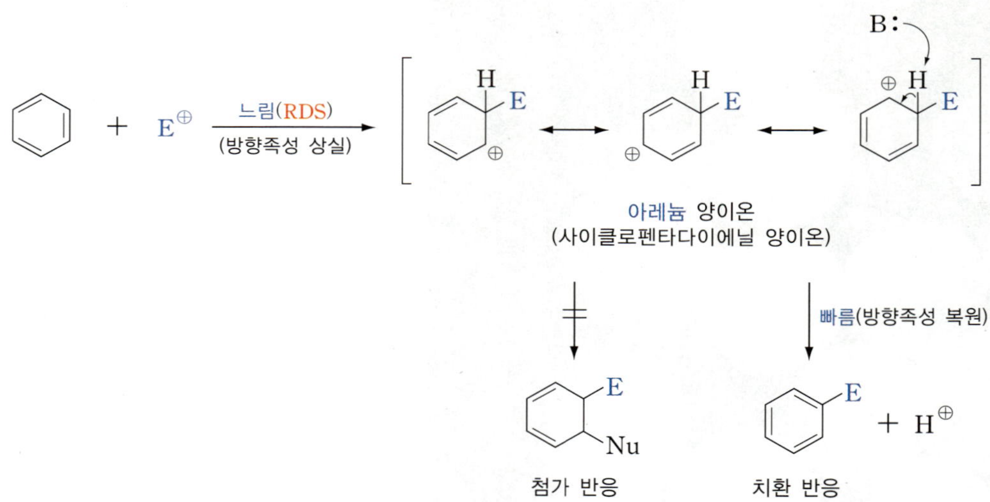

위 반응에서는 아레늄 양이온이 생성될 때 벤젠의 공명 에너지가 손실되므로 상대적으로 활성화 에너지가 매우 클 수밖에 없다. 반면에, 아레늄 양이온에서 생성물로 전환될 때에는 벤젠의 공명 에너지가 회복되므로 그만큼 생성물의 에너지는 낮아진다. 따라서 반응 속도 결정 단계는 첫 번째 단계이다.

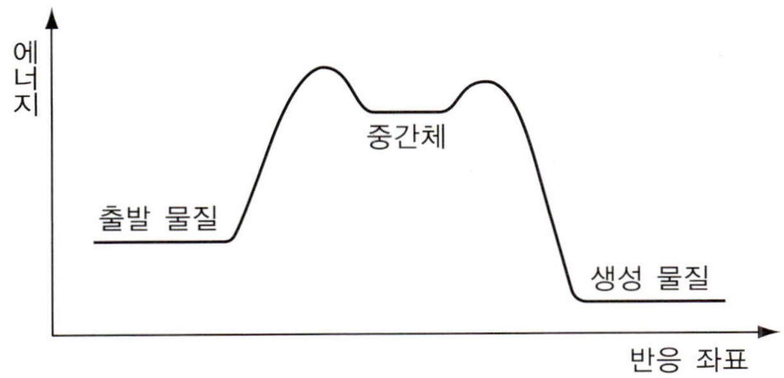

그림 15-1 친전자성 방향족 치환 반응의 에너지 도표

친전자체와의 반응성은 알켄이 방향족 화합물보다 훨씬 더 크다. 그 이유는 이미 언급한 바와 같이 방향족 화합물이 친전자체와 반응하여 아레늄 양이온을 형성할 때 공명 에너지가 손실되면서 상대적으로 활성화 에너지가 커지기 때문이다. 실제로 알켄에서 진행되는 Br_2 첨가 반응(4.7.2절), 수소화 붕소 첨가 반응(4.9절), 에폭시화 반응(4.10.4절)의 조건들을 벤젠에 적용하면 반응이 진행되지 않는다. 벤젠과 Br_2의 반응을 유도하기 위해서는 Br_2보다 친핵성이 훨씬 큰 Br_2-FeBr_3 조합을 사용해야 하고, 또한 이 경우에도 첨가 반응 대신에 치환 반응이 진행된다.

표 15-1 알켄과 벤젠의 첨가 반응 및 치환 반응 여부

시약	알켄	벤젠
Br_2	○(첨가 반응)	×
Br_2, $FeBr_3$	–	○(치환 반응)
$(BH_3)_2$	○	×
RCO_3H	○	×

예제 15.1

Br_2-FeBr_3 조합이 Br_2보다 친핵성이 큰 이유를 추론하시오.

풀이

Br_2-FeBr_3 조합에서는 Br의 고립 전자쌍이 루이스 염기로 작용하고, $FeBr_3$가 루이스 산으로 작용한다. 아래와 같이 Br의 고립 전자쌍과 $FeBr_3$ 사이에 배위 결합이 생기면 Br에 양이온 형식 전하가 생성되고, 이로 인하여 Br−Br 결합에 참여하는 전자의 밀도가 감소한다. 이것은 Br−Br의 결합력이 약해지는 것을 의미하기 때문에 친핵체와의 반응성은 크게 증가한다.

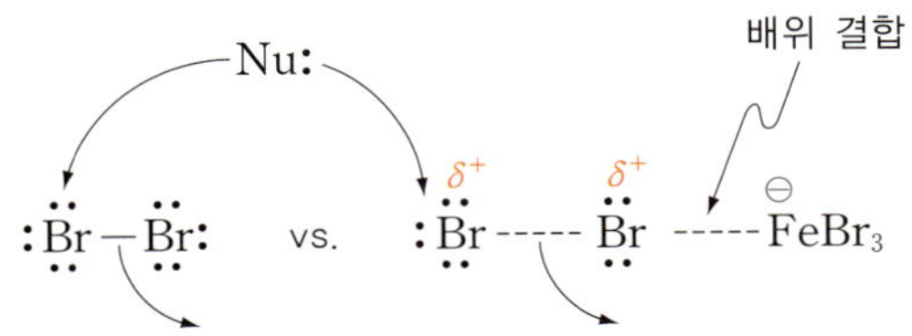

15.1.2 할로젠화 반응

벤젠의 할로젠화 반응에는 염소화 반응(chlorination), 브로민화 반응(bromination), 아이오딘화 반응(iodination)이 있다. 플루오린화 반응(fluorination)은 플루오린의 반응성이 매우 커서 조절이 힘들기 때문에 합성법으로 적절하지 않다.

방향족 화합물들은 친전자체에 대한 반응성이 알켄보다 훨씬 작기 때문에 강한 반응 조건을 사용해야 한다(15.1.1절). 일반적으로 염소화 반응은 [Cl_2−$AlCl_3$(또는 $FeCl_3$)], 브로민화 반응은 [Br_2−$AlBr_3$(또는 Fe 또는 $FeBr_3$)], 아이오딘화 반응은 [I_2−산화제(HNO_3 또는 H_2O_2 또는 $CuCl_2$)] 조합을 많이 사용한다.

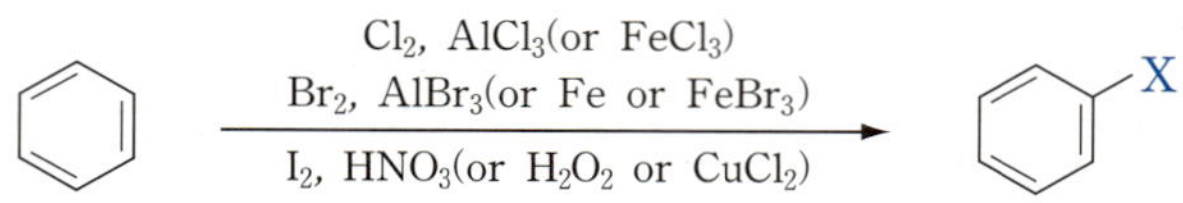

Br_2−$AlBr_3$ 조합에서는 Br의 고립 전자쌍이 루이스 염기로 작용하고, $AlBr_3$가 루이스 산으로 작용한다. 아래와 같이 Br의 고립 전자쌍과 $AlBr_3$ 사이에 배위 결합이 생기면 Br에 양이온 형식 전하가 생성되고, 이로 인하여 Br−Br 결합에 참여하는 전자의 밀도가 감소한다. 이것은 Br−Br의 결합력이 약해지는 것과 같기 때문에 친핵체와의 반응성은 크게 증가한다. 이러한 설명은 할로젠화 반응의 다른 조합, 즉 Cl_2−$AlCl_3$(또는 $FeCl_3$) 및 Br_2−$AlBr_3$(또는 Fe 또는 $FeBr_3$)에도 유사하게 적용할 수 있다.

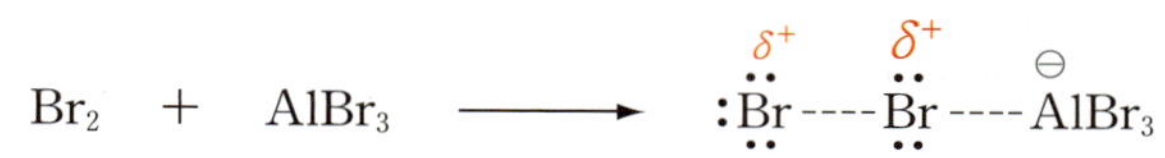

I_2−산화제 조합에서는 산화제가 아이오딘 분자에서 전자를 제거함으로써 I^+ 이온을 생성한다.

$$I_2 + HO{-}OH \xrightarrow{[O]} 2\,I^+ + 2\,HO^-$$

$$I_2 + 2\,Cu^{2+} \xrightarrow{[O]} 2\,I^+ + 2\,Cu^+$$

친전자성 방향족 치환 반응의 메커니즘은 기본적으로 15.1.1절의 경로와 같기 때문에 이후의 반응 메커니즘은 생략한다. 다만, 반응의 종류에 따라서 사용하는 시약이 다르고, 사용하는 시약에 따라서 친전자체의 생성 메커니즘이 다르다는 것은 구분해야 한다.

브로민화 반응: 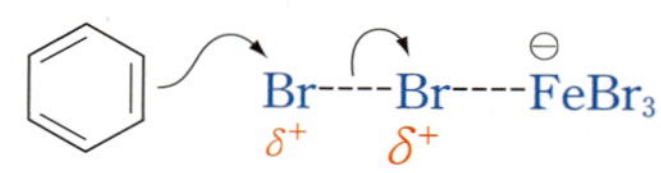

아이오딘화 반응: 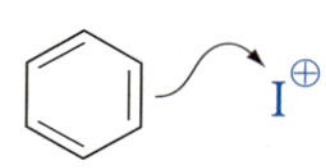

벤젠의 할로젠화 반응의 예는 아래와 같다.

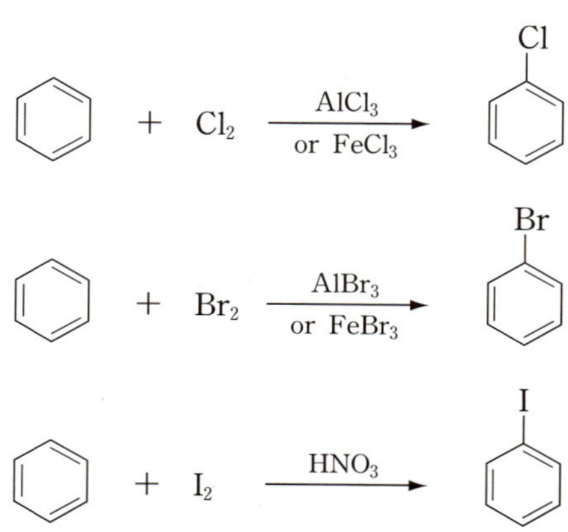

그림 15-2 벤젠의 할로젠화 반응의 예

방향족 화합물의 할로젠화 반응은 공업적으로 매우 중요하다. 할로벤젠 화합물들은 그 자체로도 중요하지만 유기 금속 시약과의 짝지음 반응에 참여함으로써 다양한 구조의 화합물을 합성하는 데 큰 기여를 하고 있다.

예제 15.2

아래 반응의 주생성물을 그리시오.

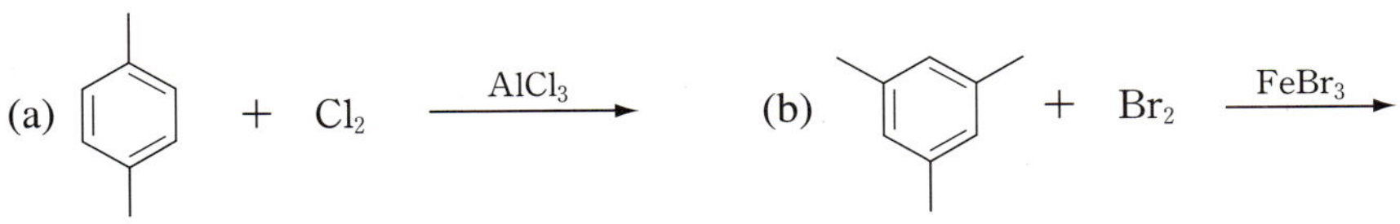

풀이

15.1.3 나이트로화 반응

벤젠의 나이트로화 반응에서는 [질산(HNO_3)−발연 황산(fuming H_2SO_4)] 조합을 사용한다.

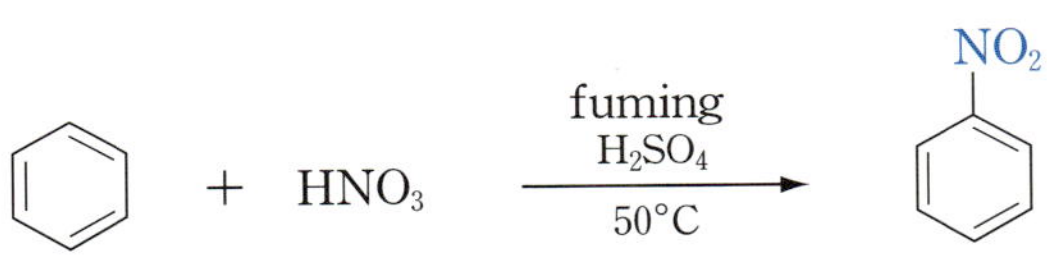

발연 황산이란 $SO_3(g)$를 포함하는 황산을 말한다. $SO_3(g)$는 물과 반응하여 황산이 되므로, 발연 황산은 $SO_3(g)$가 존재하는 동안에는 외부에서 물이 유입되어도 100% 황산 조건을 유지할 수 있다. [$SO_3(g) + H_2O(l) \longrightarrow H_2SO_4(l)$]

친전자체인 NO_2^+(나이트로늄, nitronium) 이온은 황산과 질산의 산−염기 반응으로 질산에 양성자 첨가 반응이 일어난 후, 물이 제거되면서 생성된다. 컴퓨터로 계산한 NO_2^+의 전자 분포는 예상한 대로 산소 원자 주위에 전자가 밀집되고, 중심 질소 원자는 전자가 부족해서 벤젠과의 반응이 질소 원자에서 진행됨을 예견하고 있다.

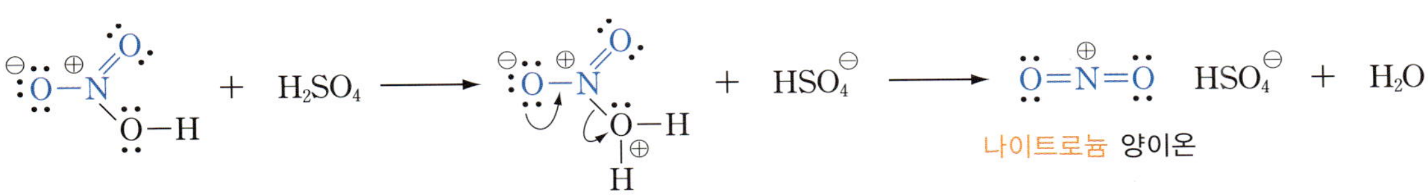

방향족 화합물의 나이트로화 반응은 공업적으로 매우 중요하다. 그 이유는 나이트로 화합물 자체도 중요하지만, 그보다는 나이트로기를 아민기로 전환한 후 이로부터 다양한 유도체를 합성할 수 있기 때문이다. 대표적인 환원 시약으로는 $SnCl_2$ 및 Fe−HCl 조건 등이 있다.

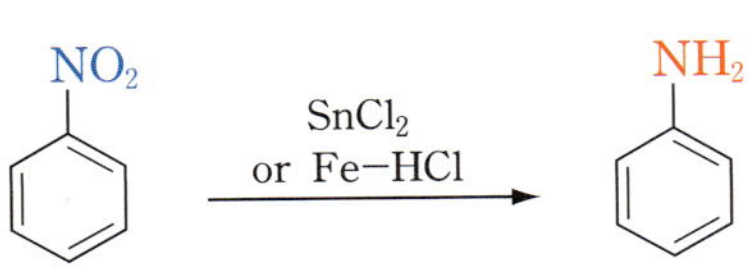

15.1.4 설폰화 반응

벤젠의 설폰화 반응에서는 [황산(H_2SO_4)−발연 황산(fuming H_2SO_4)] 조합을 사용한다. 이 반응은 다른 친전자체 치환 반응과는 다르게 가역 반응인데, 일반적으로 강한 산성 조건에서는 설폰화 반응이 진행되고, 묽은 산성 용액에서는 탈설폰 반응(desulfonation)이 일어난다.

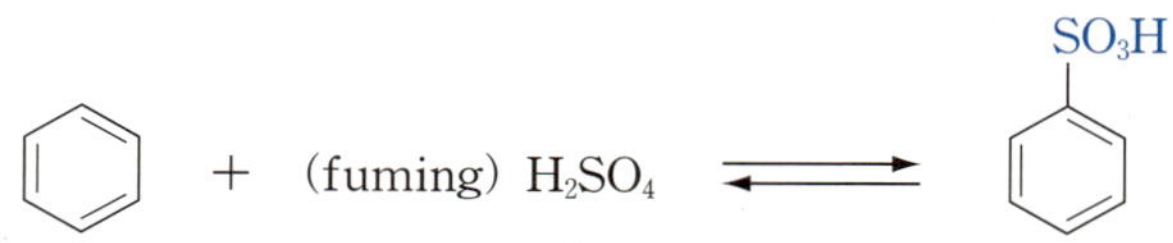

친전자체인 HSO_3^+ 양이온은 SO_3와 황산의 산−염기 반응에 의하여 생성된다. 컴퓨터로 계산한 HSO_3^+의 전자 분포는 산소 원자 주위에 전자가 밀집되고, 중심 황 원자는 전자가 결핍되어서 벤젠과의 반응이 황 원자에서 진행됨을 예견하고 있다.

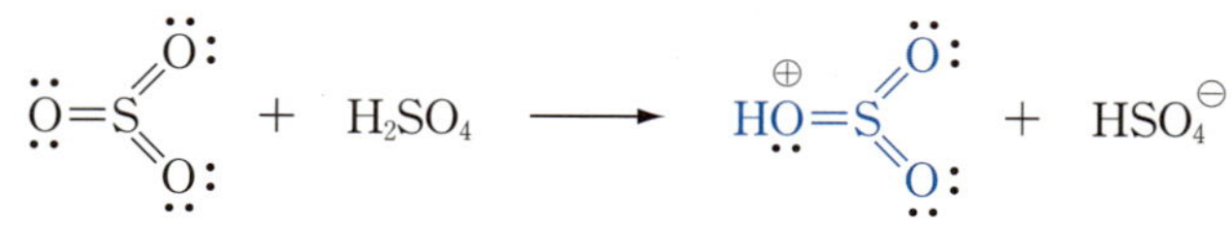

발연 황산

벤젠설폰산은 다양한 용도로 사용된다. 가장 대표적인 반응의 하나로 알칼리 용융(alkali fusion) 반응이 있는데, 이 반응은 공장에서 벤젠설폰산과 NaOH 혼합물을 고온에서 가열하여 페놀을 합성하는 방법이다.

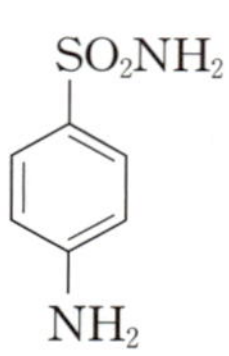

설파밀아마이드

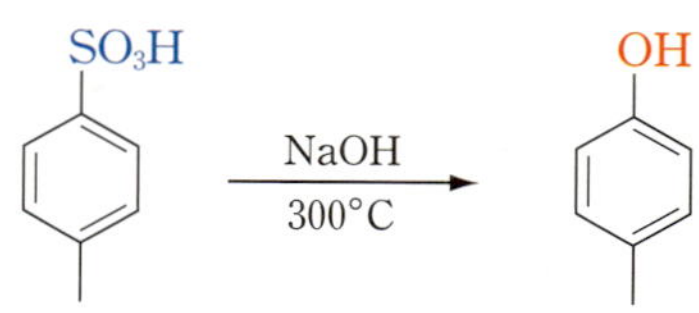

이 외에도 벤젠설폰산은 염료 및 의약품 합성에서도 매우 중요한 위치를 차지한다. 한 예로 설파밀아마이드(sulfamilamide)는 뇌수막염 및 요도 감염을 치료하는 항생제로 사용되고 있다.

15.1.5 프리델–크래프트 알킬화 반응

벤젠의 프리델−크래프트 알킬화 반응은 [알킬 할라이드−루이스 산($AlCl_3$, BF_3-OEt_2, H_2SO_4 등)] 조합을 사용한다. 이 반응은 기본적으로 알킬 양이온이 친전자체의 역할을 하기 때문에 알킬기의 종류에 따른 반응성은 알킬기의 열역학적 안정성과 동일하게 [3차 > 2차 > 1차 > 메틸]의 순서가 된다.

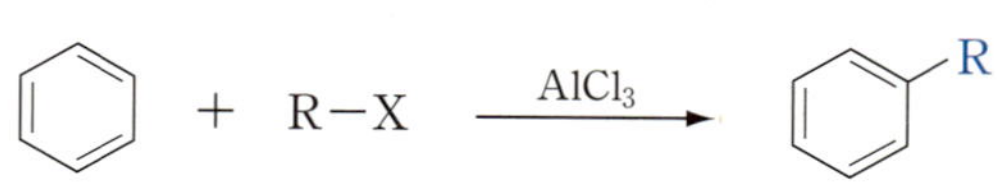

프리델−크래프트 알킬화 반응에서 친전자체의 생성은 기본적으로 벤젠의 할로젠화 반응(15.1.2절)에서 친전자체가 생성되는 것과 유사하다. 즉, $RX-AlCl_3$ 조합에서는 X의 고립 전자쌍이 루이스 염기로 작용하고, $AlCl_3$가 루이스 산으로 작용한다. 아래와 같이 X의 고립 전자쌍과 $AlCl_3$ 사이에 배위 결합이 생기면 X에 양이온 형식 전하가 생성되고, 이로 인하여 R−X

결합에 참여하는 전자의 밀도가 감소한다. 이것은 R–X의 결합력이 약해지는 것과 동일하기 때문에 친전자체로서 중간체 **A**의 반응성은 증가한다. 이때 R 작용기가 3차 및 2차 알킬 작용기이면 탄소 양이온 **B**가 빠르게 생성되어서 친전자체로 작용하고, 1차 알킬 작용기이면 중간체 **A**가 직접 친전자체로 작용한다고 생각한다.

벤젠의 프리델–크래프트 알킬화 반응의 예는 아래와 같다.

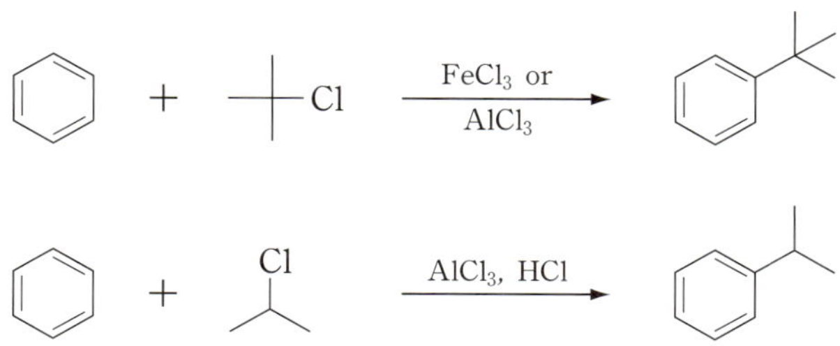

그림 15–3 벤젠의 프리델–크래프트 알킬화 반응의 예

프리델–크래프트 알킬화 반응을 사용하면 알킬기를 벤젠 고리에 직접 도입할 수 있다. 그러나, 이 반응은 ① 강한 비활성화 치환체를 갖는 벤젠 유도체에서는 반응이 진행되지 않고, ② 알킬 골격에서의 자리 옮김 반응이 관찰되며, ③ 다중 알킬화 반응(polyalkylation)이 가능하다는 세 가지 단점 때문에 실제로 이 반응을 합성에 적용하기가 쉽지 않다.

첫 번째, 강한 비활성화 치환체에 대하여 알아보자. 강한 비활성화 치환체란 전자를 강하게 잡아당겨서 벤젠의 π-전자 밀도를 낮추고, 이로 인하여 친전자체에 전자를 제공하는 능력을 크게 감소시키는 치환체를 말한다. 여기에 속하는 치환체로는 R_3N^+, NO_2, CHO, CH_3CO, CO_2Me, CO_2H, SO_3H, CN 등이 있으며, 보다 자세한 내용은 15.2절 및 15.3절에서 상세히 설명하기로 한다.

두 번째, 알킬 골격에서의 자리 옮김 반응에 대하여 생각해 보자. 1-클로로뷰테인 및 2-클로로뷰테인을 이용하여 벤젠의 프리델–크래프트 알킬화 반응을 진행하면 출발 물질의 종류와 무관하게 1-뷰틸벤젠과 2-뷰틸벤젠이 35 : 65의 비율로 생성된다.

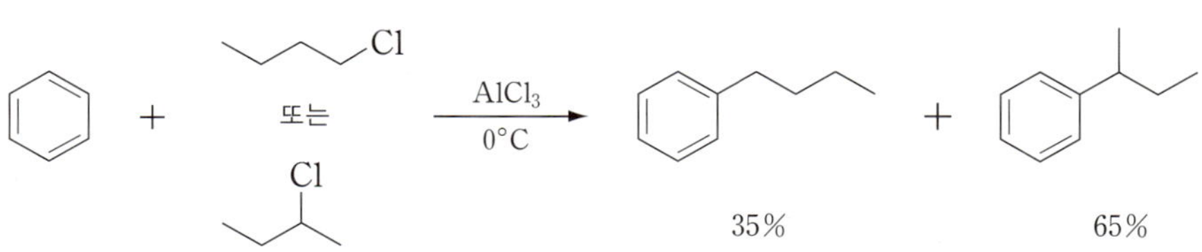

이러한 결과를 반응 메커니즘의 관점에서 아래와 같이 설명할 수 있다. 1-클로로뷰테인–$AlCl_3$ 및 2-클로로뷰테인–$AlCl_3$ 조합에서는 1차 탄소 양이온 전구체 **A** 및 2차 탄소 양이온 **B**가 생성된다. 만약 **A**와 **B** 사이의 수소 음이온(hydride, $H:^-$) 자리 옮김 반응이 벤젠과의 반응보다 훨씬 느리면 출발 물질에 따라서 서로 다른 주생성물이 얻어질 것이다(경로 1). 이와는 반대로 **A**와 **B** 사이의 수소 음이온(hydride, $H:^-$) 자리 옮김 반응이 벤젠과의 반응보다 훨씬 빠르

면 출발 물질과 무관하게 **A**와 **B**의 열역학적 평형 비율을 반영하는 혼합물이 생성될 것이다(경로 2). 위 실험에서는 출발 물질과 무관하게 1-뷰틸벤젠과 2-뷰틸벤젠이 35 : 65의 비율로 얻어지므로, 이 반응은 경로 2를 따라서 진행함을 추론할 수 있다.

메커니즘 15-2 벤젠의 프리델-크래프트 알킬화 반응 및 자리 옮김 반응 메커니즘

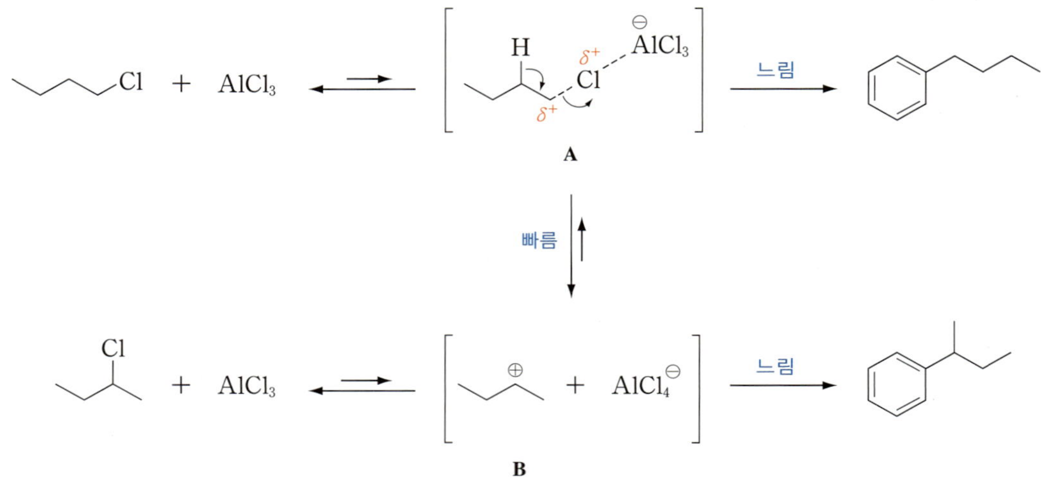

교재에서는 이미 알켄의 할로젠산 첨가 반응(4.7.7절), S_N1 반응(7.8.7절), 알코올의 산-촉매 탈수 반응(8.7.3절), 알코올의 HX 치환 반응(8.8.3절)의 경우에 탄소 양이온 중간체가 생성되기 때문에 항상 자리 옮김 반응이 경쟁적으로 일어날 수 있다고 하였다. 프리델-크래프트 알킬화 반응에서도 알킬 양이온 중간체 또는 전구체가 생성되기 때문에 자리 옮김 반응이 경쟁적으로 일어나는 것은 자연스러운 현상이다. 일반적으로 이러한 자리 옮김 반응은 친핵체의 세기가 약하고, 온도가 높을수록 증가하는 경향성을 보인다.

세 번째, 마지막으로 다중 알킬화 반응에 대하여 알아보자. 우선 프리델-크래프트 알킬화 반응으로 알킬벤젠이 생성된다고 가정하자. 이 알킬기는 수소 원자보다 전자를 제공하는 능력이 있으므로 알킬벤젠의 π-전자 밀도는 벤젠보다 크고, 따라서 두 번째 알킬화 반응이 우선적으로 진행될 수 있다. 이렇게 생성되는 다이알킬벤젠에 동일한 원리를 적용하면 트라이알킬벤젠이 우선적으로 생성되는 것도 이해할 수 있다. 이처럼 프리델-크래프트 알킬화 반응에서는 항상 다중 알킬화 반응의 가능성이 존재한다. 이것은 프리델-크래프트 알킬화 반응을 유기 합성에 이용할 때 불리할 수 있는 요인으로서, 이를 최소화하기 위하여 출발 물질인 벤젠을 과량으로 사용하는 방법을 흔히 사용한다.

탄소 양이온의 안정성은 [3차 > 2차 > 1차 > 메틸]의 순서이다(2.9절). 본 교재에서는 이러한 현상을 설명하기 위하여 유발 효과 및 하이퍼콘쥬게이션의 개념을 사용하였는데, 이들은 모두 알킬 작용기가 수소 원자보다 전자를 제공하는 능력이 크다는 것을 설명하기 위한 수단이었다.

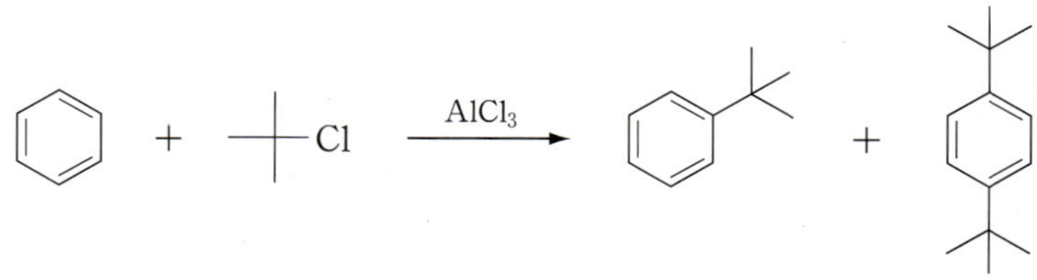

부생성물 주생성물

예제 15.3

아래 반응의 주생성물을 그리시오. (힌트: C=O 작용기는 강하게 전자를 잡아당기는 작용기)

(a) 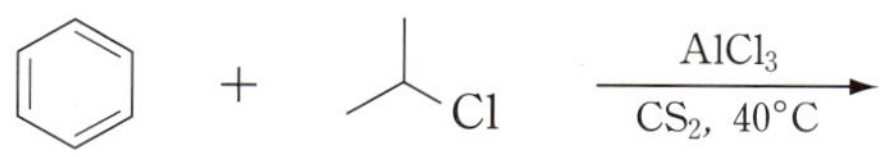

(b) 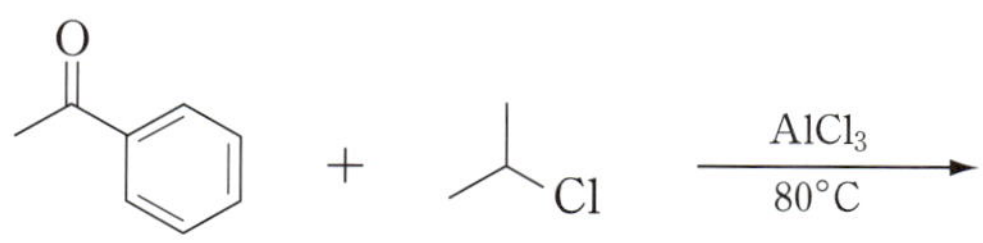

풀이

(a) 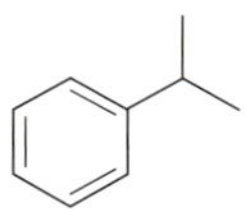

(b) NR

예제 15.4

아래 반응의 주생성물을 예측하고 설명하시오.

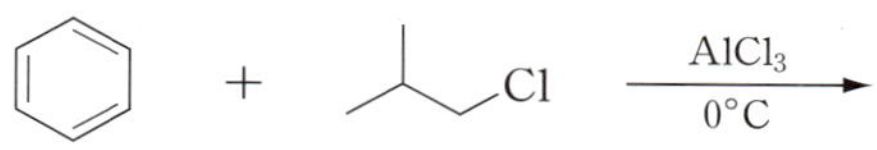

풀이

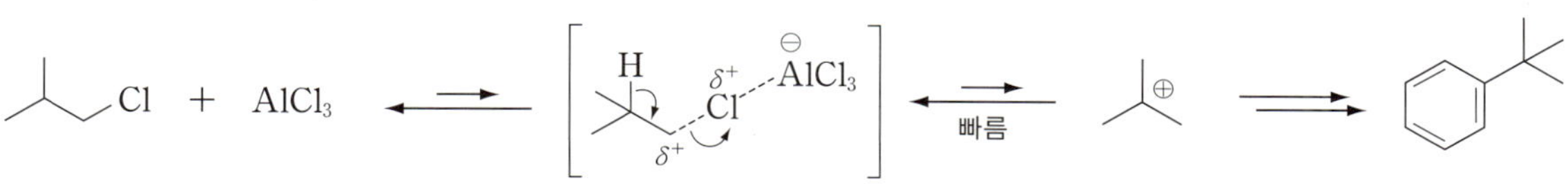

15.1.6 프리델-크래프트 아실화 반응

벤젠의 프리델-크래프트 아실화 반응은 [아실 할라이드-루이스 산($AlCl_3$)] 또는 [산 무수물-루이스 산($AlCl_3$)] 조합을 사용한다.

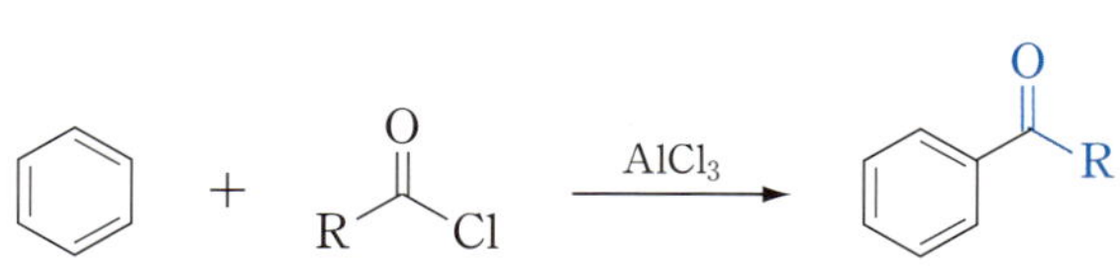

프리델-크래프트 아실화 반응에서 친전자체의 생성은 벤젠의 할로젠화 반응(15.1.2절) 및 프리델-크래프트 알킬화 반응(15.1.5절)에서 친전자체가 생성되는 것과 유사하다. 우선 R−C(=O)−X에서 X의 고립 전자쌍이 루이스 염기로 작용하고, $AlCl_3$가 루이스 산으로 작용한다. 이렇게 X의 고립 전자쌍과 $AlCl_3$ 사이에 배위 결합이 생기면 X에 양이온 형식 전하가 생성됨으로써 RC(=O)−X의 단일 결합이 약화된 중간체 **A**가 얻어지고, 계속해서 아실 양이온(RCO^+, acylium ion, **B**)과 $AlCl_3X^-$로 분리된다. 아실 양이온 **B**는 벤젠과 반응하여 생성물 **C**가 되는데, 이때 카보닐 산소의 전자 밀도는 출발 물질보다 훨씬 크기 때문에 곧바로 $AlCl_3$와

산-염기 반응을 하여 **D**로 전환된다. 이것이 프리델-크래프트 아실화 반응에서 루이스 산이 당량 이상으로 필요한 이유이다.

메커니즘 15-3 벤젠의 프리델-크래프트 아실화 반응 메커니즘

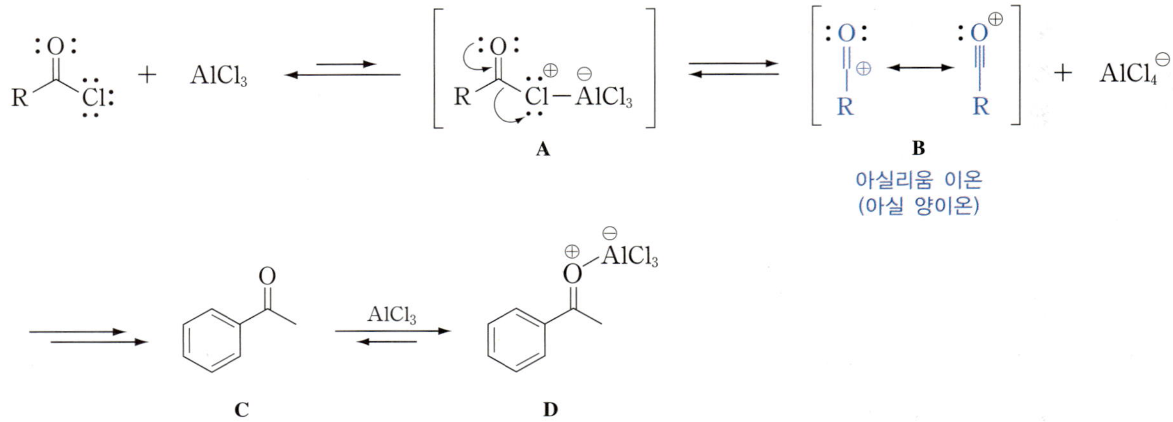

프리델-크래프트 아실화 반응의 예는 다음과 같다.

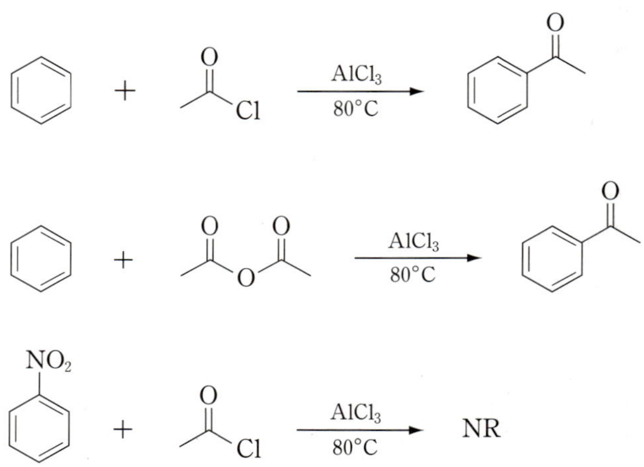

그림 15-4 벤젠의 프리델-크래프트 아실화 반응의 예

이제는 프리델-크래프트 알킬화 반응에서 지적한 세 가지 단점들이 프리델-크래프트 아실화 반응에서도 동일하게 적용되는가에 대하여 알아보자.

첫 번째, 강한 비활성화 치환체를 갖는 벤젠 유도체에 대하여 생각해 보자. 이 경우에는 프리델-크래프트 알킬화 반응에서와 동일하게 프리델-크래프트 아실화 반응이 진행되지 않는다.

두 번째, 탄소 골격에서의 자리 옮김 반응에 대하여 생각해 보자. 프리델-크래프트 아실화 반응의 아실 양이온 중간체 **B**에서 자리 옮김 반응이 일어나면 카보닐 α-탄소에 양이온을 갖는 중간체 **E**가 생긴다. 중간체 **E**는 전자를 강하게 잡아당기는 카보닐 작용기(15.2절) 옆에 전자가 부족한 탄소 양이온이 있기 때문에 열역학적으로 매우 불안정함을 알 수 있고, 이것은 자리 옮김 반응의 활성화 에너지 증가로 이어지므로 자리 옮김 반응이 매우 느리게 진행됨을 예상할 수 있다. 실제로 프리델-크래프트 아실화 반응에서는 자리 옮김 반응이 관찰되지 않는다.

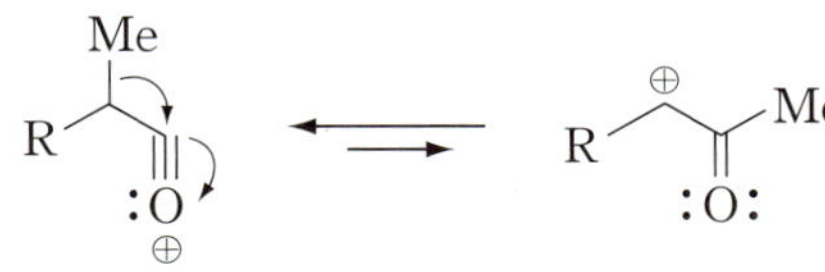

B **E**

세 번째, 다중 아실화 반응에 대하여 알아보자. 프리델–크래프트 아실화 반응으로 아실벤젠 **C**가 생성되면 강한 비활성화 치환체인 카보닐 작용기가 벤젠의 π-전자를 강하게 잡아당겨서 **C**의 π-전자 밀도는 출발 물질인 벤젠보다 작고, 루이스 산과 배위 결합을 한 착화합물 **D**의 π-전자 밀도는 산소의 (+)-형식 전하 때문에 아실벤젠 **C**보다도 훨씬 낮게 된다. 이러한 이유로 프리델–크래프트 아실화 반응에서는 다중 아실화 반응을 무시할 수 있다.

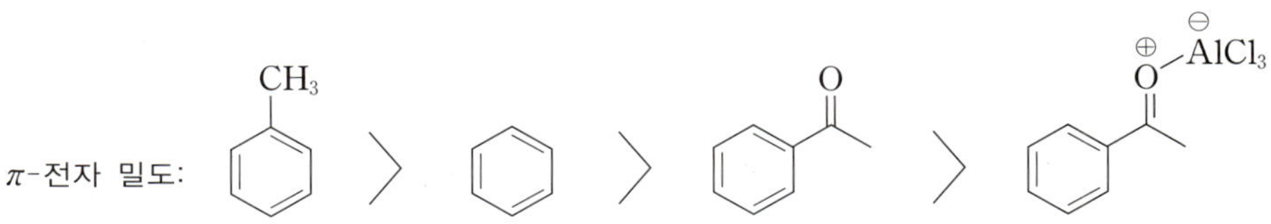

C **D**

이처럼 프리델–크래프트 아실화 반응은 강한 비활성화 치환체를 갖는 벤젠 유도체에서는 반응이 진행되지 않지만, 탄소 양이온 자리 옮김 반응과 다중 아실화 반응이 없기 때문에 유기 합성의 관점에서 다양한 방향족 화합물을 합성하는 데 중요하게 사용되고 있다.

예제 15.5

다음 반응의 주생성물을 그리시오. (힌트: C=O 작용기는 강하게 전자를 잡아당기는 작용기)

(a) 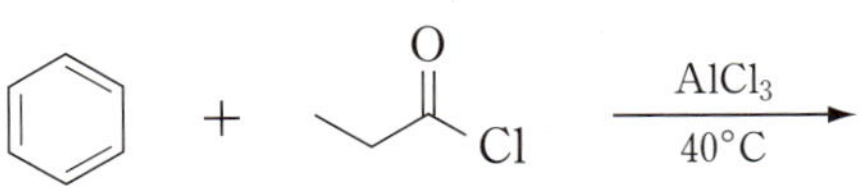

(b) 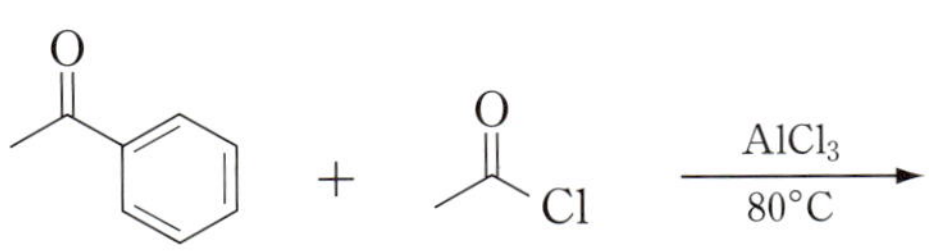

풀이

(a) 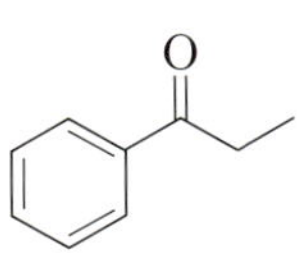

(b) NR

15.1.7 수소, 중수소, 삼중수소 교환 반응

친전자성 방향족 치환 반응과 관련하여 할로젠화 반응(15.1.2절), 나이트로화 반응(15.1.3절), 설폰화 반응(15.1.4절), 프리델–크래프트 알킬화 반응(15.1.5절), 프리델–크래프트 아실화 반응(15.1.6절)에 대하여 설명하였다. 이 반응들은 친전자체의 생성 과정을 제외하고는 모두 동일하게 진행되는데, 여기에서는 친전자체가 H^+(D^+, T^+)인 경우에 한하여 알아보기로 한다.

아이소뷰텐(isobutene)을 묽은 황산 수용액으로 처리하면 양성자 첨가 반응(protonation)에 의하여 상당한 농도의 3차 양이온이 생성되지만(4.7.5절), 벤젠은 진한 황산 용액에서도 아주 낮은 농도의 탄소 양이온만을 생성한다. 그 이유는 벤젠에서 탄소 양이온이 생성될 때 불가피하게 공명 에너지(36 kcal/mol)가 손실되면서 열역학적으로 불안정해지기 때문이다. 이 현상을 π-전자의 염기성이라는 관점에서 분석하면 π-전자의 염기성은 [이중 결합 ≫ 벤젠 고리]가 된다.

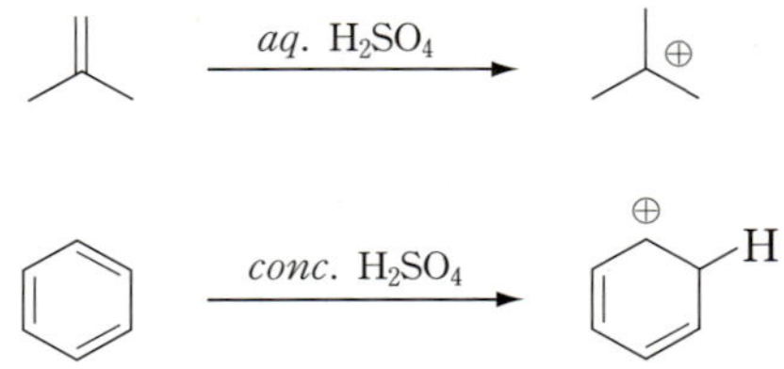

벤젠에 알킬 치환체를 도입하면 알킬 치환체의 전자 주개 특성(2.9.3절) 때문에 π-전자 밀도가 증가하면서 염기성도 함께 증가함을 예상할 수 있다. 실제로 1,2,3,4,5,6-헥사메틸벤젠은 매우 온화한 조건에서도 양성자 첨가 반응이 잘 진행되는 것으로 알려져 있다.

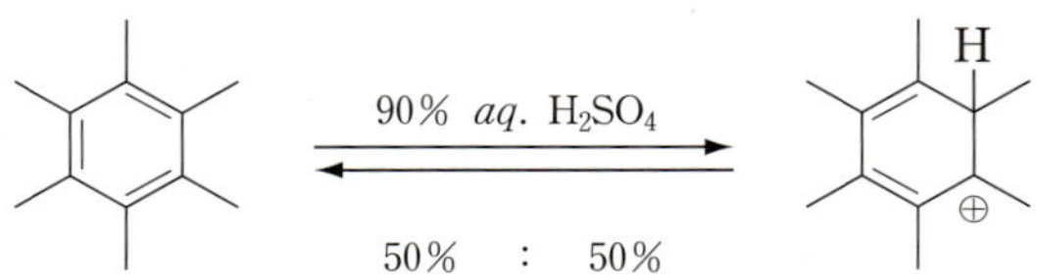

위 반응에서 $H_2SO_4(H^+)$ 대신에 $D_2SO_4(D^+)$를 사용하면 H가 D로 치환된 생성물을 얻을 수 있는데, 이 반응을 **양성자–중수소 교환 반응(exchange reaction)**이라고 한다.

수소, 중수소, 삼중수소는 각각 ^1H, $^2H(D)$, $^3H(T)$인 동위 원소이다.

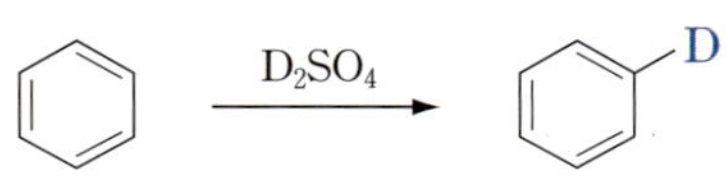

벤젠의 양성자–중수소 교환 반응에서 과량의 [$D_2O-D_2SO_4$] 조합을 사용하면 벤젠의 모든 수소 원자를 중수소로 치환시킨 벤젠–d_6를 얻을 수 있다. 반응의 진행 상황은 ^1H NMR 및 질량 분석기 같은 범용 기기를 사용하여 확인할 수 있는데 벤젠–d_6는 대량으로 합성이 가능해서 NMR 용매, 메커니즘 연구 등의 용도로 널리 사용되고 있다.

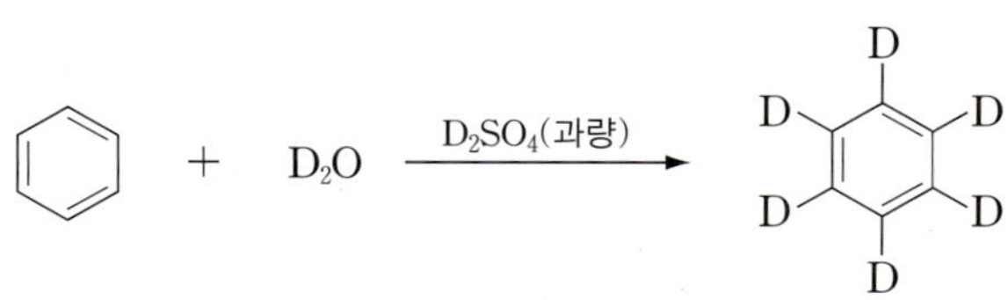

벤젠–d_6

벤젠의 양성자–삼중수소 교환 반응은 [TOH–묽은 H_2SO_4–상온] 조합을 사용한다. 이 조건을 사용하면 한 개의 삼중수소가 있는 벤젠 유도체를 소량 합성할 수 있는데, 일반적으로 삼중수소의 농도는 ^1H 원자의 1 ppm 정도가 되도록 그 양을 조절한다. 삼중수소는 방사선을 방출하기 때문에 삼중수소를 포함하는 다양한 화합물들을 이용하여 의약, 메커니즘 연구 등에 활용할 수 있다.

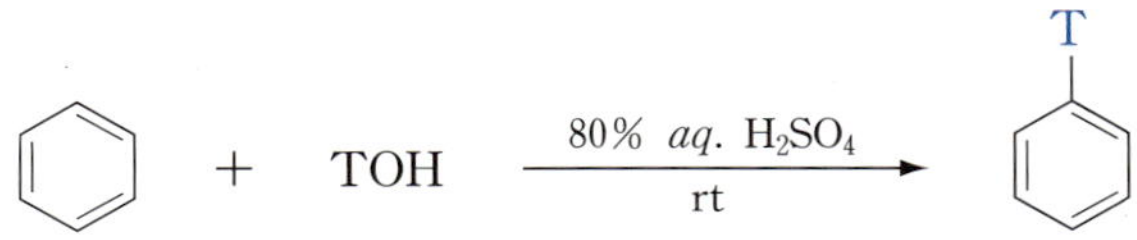

예제 15.6

양성자-중수소 교환 반응의 메커니즘을 그리시오.

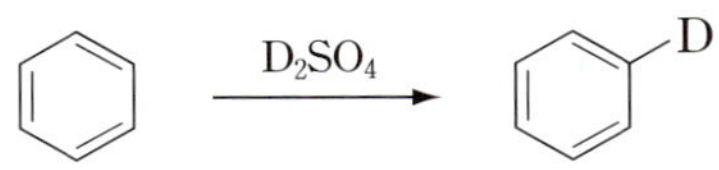

풀이

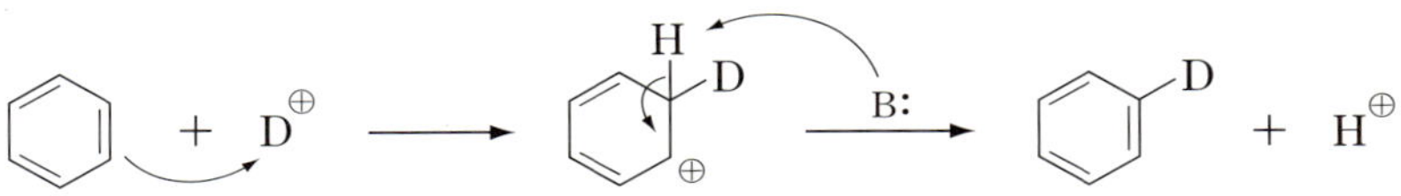

15.2 치환체와 반응성

15.2.1 서론

15.1절에서는 다양한 친전자성 방향족 치환 반응들을 독립적으로 구분하여 기술하였다. 벤젠 유도체에서 친전자성 방향족 치환 반응의 속도는 치환체의 종류, 위치 및 수에 따라서 모두 영향을 받는데, 여기에서는 우선 치환체와 반응 속도의 관계에 대하여 알아보기로 한다.

단치환 벤젠(monosubstituted benzene) 유도체에서 나이트로화 반응의 속도는 아래와 같다. 친전자성 방향족 치환 반응에서 반응 속도 결정 단계는 벤젠이 친전자체(E^+)에 π-전자를 제공하는 단계(15.1.1절)이므로 π-전자의 밀도가 높으면 반응이 빠르게 진행되고, π-전자의 밀도가 낮으면 반응이 느리게 진행됨을 예상할 수 있다. 이것을 종합하면 단치환 벤젠 유도체에서 π-전자의 밀도가 [$OH > CH_3 > H > Cl > CF_3 > NO_2$] 임을 쉽게 추론할 수 있다.

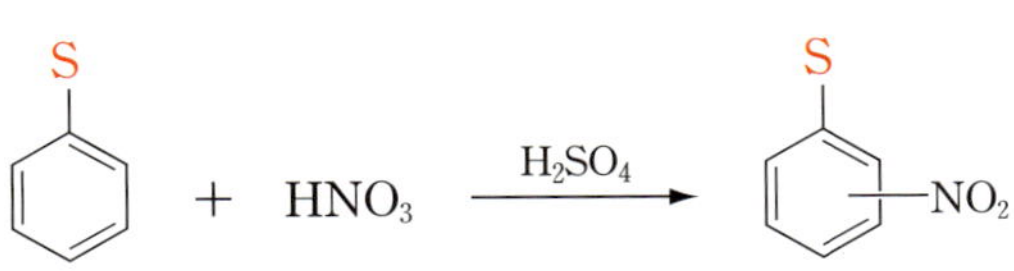

S	상대 속도
OH	10^3
CH_3	25
H(벤젠)	1(기준점)
Cl	3.3×10^{-2}
CF_3	2.5×10^{-5}
NO_2	6×10^{-8}

그림 15-5 단치환 벤젠 유도체에서 나이트로화 반응의 상대 속도

벤젠(S=H)을 기준 물질로 하는 위의 실험을 조금 더 확장하면 아래와 같이 다양한 치환체들을 세부적으로 구분할 수 있다. 단치환 벤젠 유도체에서 반응 속도가 벤젠보다 빠르면 해당 치환체를 **활성화 기(activating group)**, 반응 속도가 벤젠보다 느리면 해당 치환체를 **비활성화 기(deactivating group)**라고 한다.

활성화 기는 벤젠보다 반응 속도가 조금 빠른 **약한 활성화 기**(**weak activating group**), 반응 속도가 많이 빠른 **강한 활성화 기**(**strong activating group**), 반응 속도가 아주 많이 빠른 **아주 강한 활성화 기**(**very strong activating group**) 등으로 세분된다.

동일하게 비활성화 기도 벤젠보다 반응 속도가 조금 느린 **약한 비활성화 기**(**weak deactivating group**), 반응 속도가 많이 느린 **강한 비활성화 기**(**strong deactivating group**), 반응 속도가 아주 많이 느린 **아주 강한 비활성화 기**(**very strong deactivating group**) 등으로 세분된다.

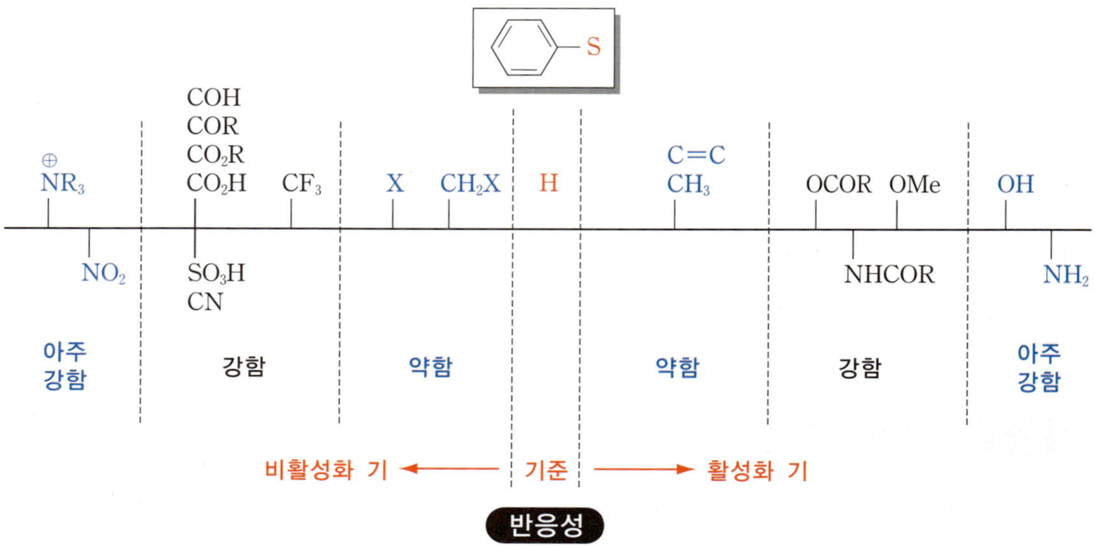

15.2.2 유발 효과와 공명 효과

15.2.1절에서는 단치환 벤젠 유도체의 π-전자 밀도가 [$OH > CH_3 > H > Cl > CF_3 > NO_2$]라고 추론하였다. 이제는 이러한 실험 결과들을 합리적으로 설명하는 방법에 대하여 알아보자.

친전자성 방향족 치환 반응에서 반응 속도 결정 단계는 벤젠이 친전자체(E^+)에 π-전자를 제공하는 단계이다(15.1.1절). 따라서 π-전자의 밀도가 높을수록 반응이 더 빠르게 진행할 것이라는 점에 착안하여, 벤젠 치환체와 π-전자 밀도의 관계를 유발 효과(inductive effect) 및 공명 효과(resonance effect)를 중심으로 각각 기술하고, 이러한 추론들이 실험 결과와 일치하는가의 여부를 확인하기로 한다.

유발 효과는 공유 결합에 참여하는 두 원자의 전기 음성도 차이에 의하여 결합 전자쌍이 한쪽에 집중되면서 생기는 효과이다(2.1.3절).

첫 번째, 유발 효과를 이용하여 설명해 보자.

비활성화 기의 관점에서 X 치환체는 할로젠의 전기 음성도가 탄소보다 조금 크기 때문에 약한 전자 끄는 기(electron withdrawing group, EWG)이고, CF_3 치환체는 전기 음성도가 가장 큰 플루오린 원자가 세 개나 있어서 강한 전자 끄는 기로 작용한다. COR, SO_3H, CN 치환체는 전기 음성도가 큰 산소 및 질소 원자가 벤질 위치의 탄소(또는 황) 원자와 이중 또는 삼중 결합을 하기 때문에 강한 전자 끄는 기로 작용하고, R_3N^+, NO_2 치환체는 양이온 형식 전하가 있기 때문에 아주 강한 전자 끄는 기로 작용함을 추론할 수 있다.

활성화 기의 관점에서 알킬 치환체는 탄소 양이온(2.9.3절) 및 탄소 라디칼(2.10.3절)에서 설명한 바와 같이 약한 전자 주는 기(electron donating group, EDG)로 작용할 수 있다.

NH_2(NHCOR) 및 OH(OCOR) 치환체는 전기 음성도가 큰 산소 및 질소 원자가 전자를 강하게 잡아당겨서 벤젠의 π-전자 밀도가 낮아지고, 그 결과 반응 속도가 감소할 것이라는 추론을

할 수 있다. 그러나, 실험에 의하면 NH_2 및 OH 치환체는 매우 강한 활성화 기로 작용하는데 이것은 NH_2 및 OH 치환체가 매우 강한 전자 주는 기로 작용함을 의미하는 것으로서 유발 효과를 대신하는 새로운 설명 방법이 필요하다.

두 번째, 공명 효과를 이용하여 설명해 보자.

알킬(R), CF_3 및 R_3N^+ 치환체는 비공유 전자쌍이 없어서 공명 자체가 불가능하기 때문에, 오직 유발 효과를 통해서만 설명할 수 있다.

비활성화 기의 관점에서 COR, SO_2R, CN, NO_2 치환체는 다음과 같이 벤젠으로부터 π-전자를 빼앗는 공명 구조들이 가능하기 때문에 강한 전자 끄는 기로 작용할 수 있다. 그리고 NO_2 치환체는 중성의 화합물에 양이온 형식 전하가 존재하기 때문에 아주 강한 전자 끄는 기로 작용함을 추론할 수 있다. 이것은 유발 효과의 추론과 정확하게 일치한다.

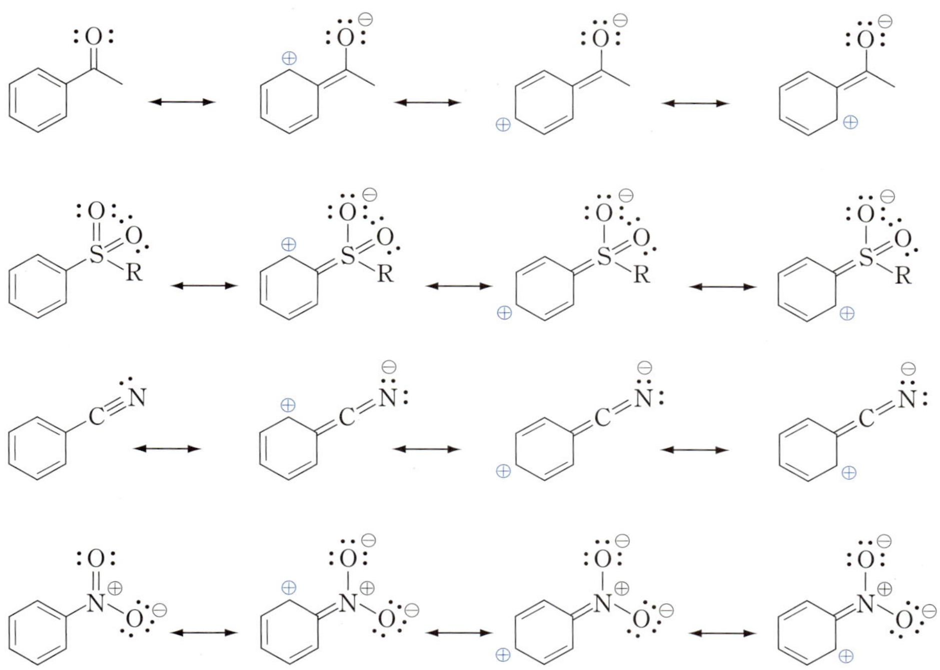

그림 15-6 벤젠 유도체의 공명 효과

활성화 기의 관점에서 NH_2, OH 치환체는 비공유 전자쌍이 있어서 공명을 통해서 벤젠 고리에 전자를 제공할 수 있고, 이것은 π-전자 밀도의 증가를 가져오므로 친전자성 방향족 치환 반응 속도가 증가함을 예상할 수 있다. 실험에 의하면 NH_2 및 OH 치환체는 아주 강한 활성화 기로 분류되는데, 이것은 유발 효과보다는 공명 효과에 의한 영향이 훨씬 더 크다는 것을 의미한다. 그리고 NH(COR) 및 O(COR) 치환체는 CO 작용기가 전자를 강하게 잡아 당겨서 공명 효과에 의한 전자 제공 능력은 감소하지만 여전히 공명 효과의 영향이 커서 강한 활성화 기로 작용한다.

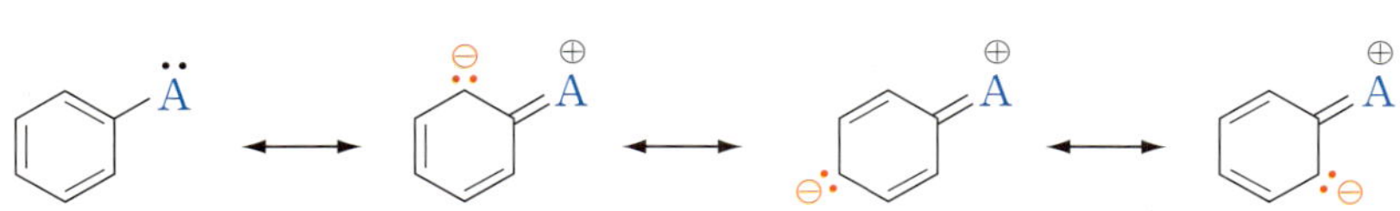

(**A** = NH_2, OH, X)

X 치환체는 NH_2 및 OH 치환체처럼 비공유 전자쌍이 있어서 공명을 통하여 전자 주는 기로 작용할 수 있지만 한편으로는 유발 효과로 인하여 전자 끄는 기로 작용할 수도 있다. 실험에 의하면 X 치환체는 약한 비활성화 기로 분류되는데, 이것은 공명 현상보다는 유발 효과에 의한 영향이 조금 더 큰 것으로 설명할 수 있다.

15.2.3 요약

치환체와 반응성의 상관 관계를 유발 효과 및 공명 효과의 관점에서 종합적으로 정리하였다.

NH_2 및 OH 치환체는 유발 효과와 공명 효과가 서로 충돌하지만, 결과적으로 공명 효과의 영향이 훨씬 커서 아주 강한 활성화 기로 작용한다.

NHCOR 및 OCOR 치환체는 질소 및 산소 원자가 강한 전자 끄는 기로 작용하는 C=O 작용기와 결합을 하기 때문에 비록 NH_2 및 OH 치환체보다는 약하지만 여전히 강한 활성화 기로 작용한다.

알킬 치환체는 비공유 전자쌍이 없어서 공명 효과는 없으나, 알킬기의 유발 효과 때문에 약한 활성화 기로 작용한다.

X 치환체는 NH_2 및 OH 치환체처럼 유발 효과와 공명 효과가 서로 충돌하는데, 결과적으로 유발 효과의 영향이 조금 더 커서 약한 비활성화 기로 작용한다.

CF_3 치환체는 비공유 전자쌍이 없어서 공명 효과는 없으나, F 원자의 유발 효과에 의하여 강한 비활성화 기로 작용한다.

COR, SO_3H, CN 치환체는 유발 효과 및 공명 효과 때문에 강한 비활성화 기로 작용한다.

NO_2 치환체는 (+)-형식 전하에 의한 강한 유발 효과 및 공명 효과 때문에 아주 강한 비활성화 기로 작용하고, NR_3^+ 치환체의 경우에는 비공유 전자쌍이 없어서 공명 효과는 없으나, (+)-전하에 의한 아주 강한 유발 효과 때문에 아주 강한 비활성화 기로 작용한다.

15.3 치환체와 위치 선택성

15.3.1 서론

단치환 벤젠 유도체가 친전자성 방향족 치환 반응을 하면 친전자체의 반응 위치에 따라서 오쏘, 메타, 파라의 세 가지 이성질체가 가능하다.

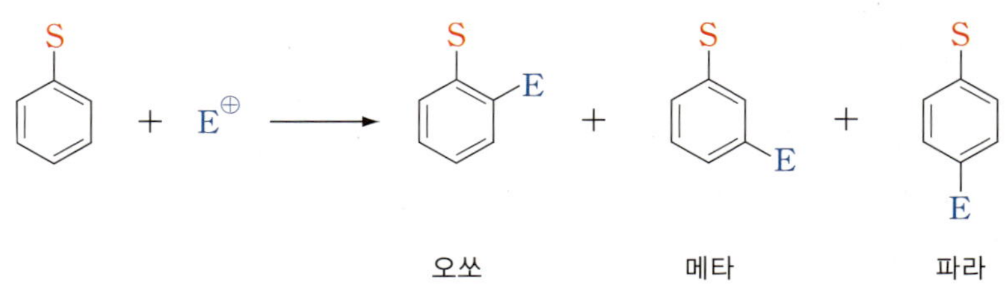

실험에 의하면 모든 활성화 기 및 약한 비활성화 기는 오쏘 및 파라 선택성을 주고, 강한 비활성화 기들은 메타 선택성을 보이고 있다. 15.3절에서는 치환체와 위치 선택성의 관계에 대하여 설명할 것이다.

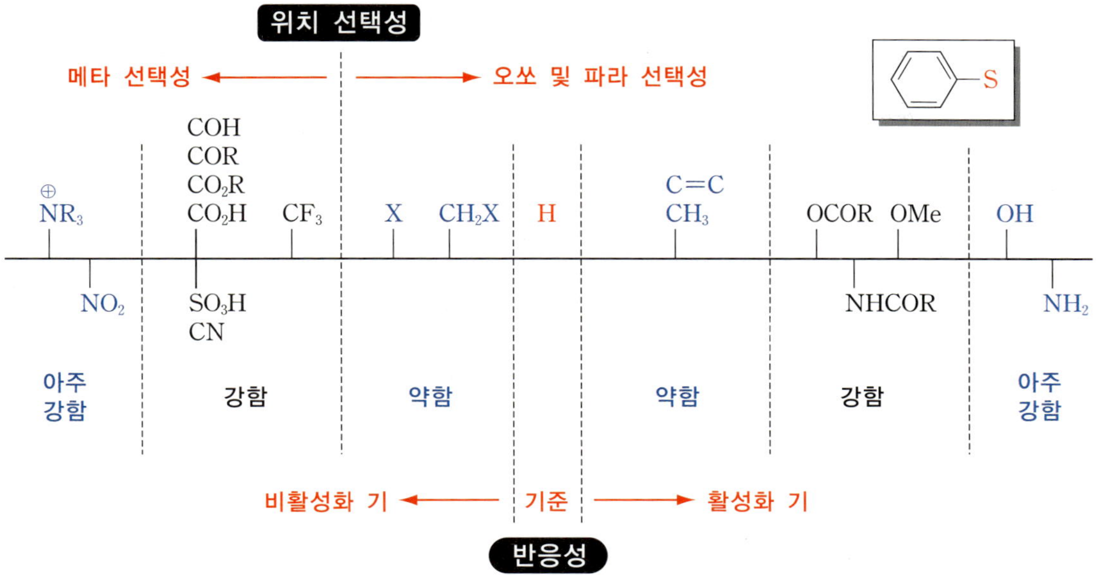

그림 15-7 단치환 벤젠 유도체의 반응성 및 위치 선택성

15.3.2 (아주) 강한 활성화 치환체

친전자성 방향족 치환 반응에서 NH_2 및 OH 치환체는 아주 강한 활성화 기, NHCOR 및 OCOR 치환체는 강한 활성화 기로 작용하며, 이들은 모두 오쏘 및 파라 위치 선택성을 갖는다.

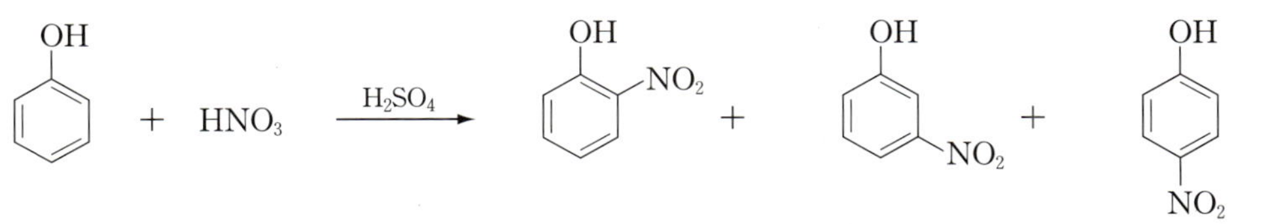

50% 0% 50%

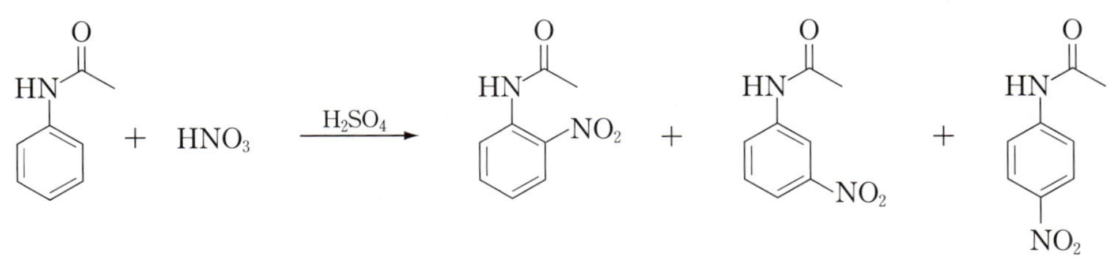

19% 2% 79%

단치환 벤젠 유도체에서 치환체의 위치 선택성을 설명하기 위해서는 먼저 벤젠의 반응을 알아야 한다(15.1.1절). 벤젠의 친전자성(E^+) 방향족 치환 반응에서 반응 속도 결정 단계는 첫 번째 단계이고, 아레늄 양이온 중간체 **Z**의 공명 구조는 아래와 같은데 이들은 모두 2차 탄소 양이온에 해당하므로 실제 구조에 대한 기여도는 같다.

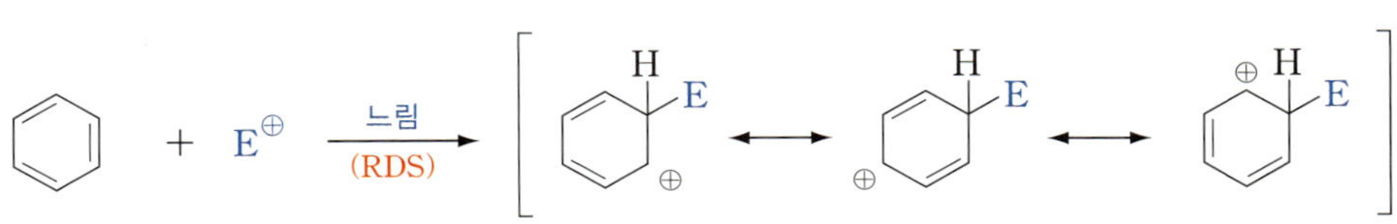

Z

아니솔(anisole)의 친전자체 치환 반응을 위치 선택성의 관점에서 알아보자. 이 경우에도 반응 속도 결정 단계는 첫 번째 단계이고, 친전자체가 오쏘, 메타, 파라 위치에서 각각 반응하면 중간체 **A**, **B**, **C**가 각각 생성된다. 중간체 **A**와 **C**의 공명 구조에서는 2차 탄소 양이온 두 개, C−O 결합이 있는 2차 탄소 양이온 한 개, 옥소늄(oxonium) 양이온 한 개 등 총 네 개의 공명 구조를 그릴 수 있고, 중간체 **B**의 공명 구조에서는 2차 탄소 양이온 세 개를 그릴 수 있다. 공명 구조의 열역학적 안정성 순서는 [옥소늄 양이온 > 3차 > 2차 > 1차]이므로 중간체 **A**와 **C**가 **B**보다 열역학적으로 더 안정함을 추론할 수 있다(1.4.4절). 여기에 "반응 유형이 비슷한 반응에서는 생성 물질의 열역학적 에너지가 낮을수록 활성화 에너지가 감소하고, 그 결과 생성 속도가 증가한다."는 Hammond 가설(2.8.3절)을 결합하면 결과적으로 OMe 치환체가 오쏘 및 파라 위치 선택성이 있음을 예상할 수 있다.

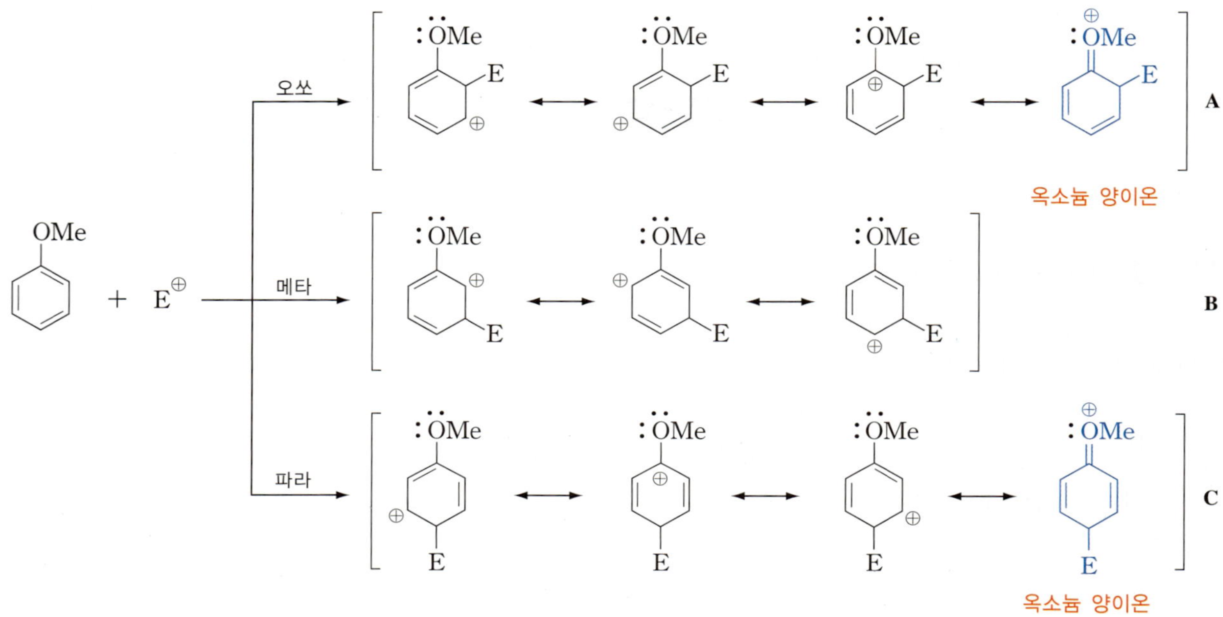

그림 15-8 아니솔의 친전자체 치환 반응의 위치 선택성

이번에는 반응 속도론적인 관점에서 **A**와 **C**의 열역학적 안정성을 벤젠에서의 중간체 **Z**와 비교해 보자. 중간체 **A**와 **C**의 공명 구조에서는 2차 탄소 양이온 두 개, C−O 결합이 있는 2차 탄소 양이온 한 개, 옥소늄 양이온 한 개 등 총 네 개의 공명 구조가 가능하고, 중간체 **Z**의 공명 구조에서는 **B**에서와 같이 2차 탄소 양이온 세 개를 그릴 수 있다. 공명 구조의 열역학적 안정성 순서는 [옥소늄 양이온 > 3차 > 2차 > 1차]이므로 중간체 **A**와 **C**는 **Z**보다 열역학적으로 더 안정할 것이다(1.4.4절). 여기에 "반응 유형이 비슷한 반응에서는 생성 물질의 열역학적 에너지가 낮을수록 활성화 에너지가 감소하고, 그 결과 생성 속도가 증가한다."는 Hammond 가설(2.8.3절)을 결합하면 결과적으로 **A**와 **C**를 생성할 때 필요한 활성화 에너지가 **Z**를 생성할 때보다 작음을 추론할 수 있다. 이것은 아니솔의 오쏘 및 파라 위치에서의 반응성이 벤젠보다 크다는 것을 의미하는 것으로, MeO 작용기가 강한 활성화 기라는 실험적인 결과와도 일치한다.

위와 유사하게 이번에는 중간체 **B**와 **Z**의 열역학적 안정성을 비교하자. 중간체 **B**와 **Z**의 공명 구조는 모두 2차 탄소 양이온 세 개로 구성되는데, 중간체 **B**에는 전자를 강하게 잡아당기는 OMe 치환체가 있어서 전자 결핍이 더 심해지면서 열역학적으로 더 불안정할 수 있다. 여기에 "반응 유형이 비슷한 반응에서는 생성 물질의 열역학적 에너지가 낮을수록 활성화 에너지가 감소하고, 그 결과 생성 속도가 증가한다."는 Hammond 가설을 결합하면 결과적으로 **Z**를 생성할 때 필요한 활성화 에너지가 **B**를 생성할 때보다 작음을 추론할 수 있다. 이것은 벤젠의 반응성이 아니솔의 메타 위치보다 크다는 것을 의미한다.

이러한 내용들을 종합하면 아래와 같다. NH_2, OH, NHCOR, OCOR, OMe 등 강한 활성화기의 경우에 오쏘 및 파라 위치에서의 반응은 벤젠보다 빠르고, 메타 위치에서의 반응은 벤젠보다 느리기 때문에 결과적으로 오쏘 및 파라 선택성을 가질 수 있다.

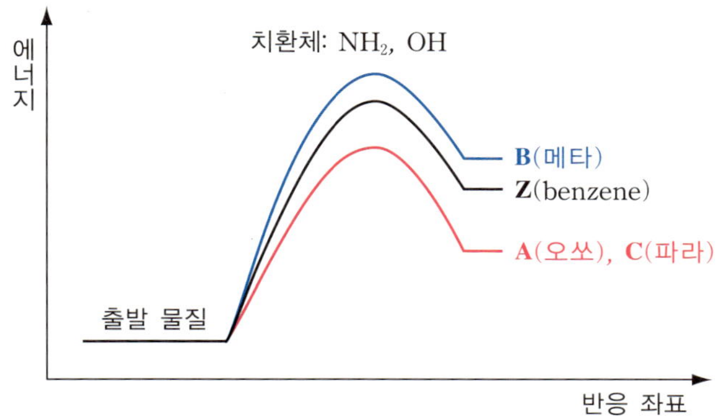

그림 15-9 벤젠 및 아니솔의 친전자체 치환 반응의 에너지 도표

(**A**/**C**)와 **Z**의 생성 속도(반응성) 그리고 (**A**/**C**)와 **B**의 생성 속도(위치 선택성)를 구별하는 것은 매우 중요하다.

15.3.3 약한 활성화 치환체

친전자성 방향족 치환 반응에서 알킬 치환체는 약한 활성화 기로 작용하고, 동시에 오쏘 및 파라 위치 선택성을 갖는다.

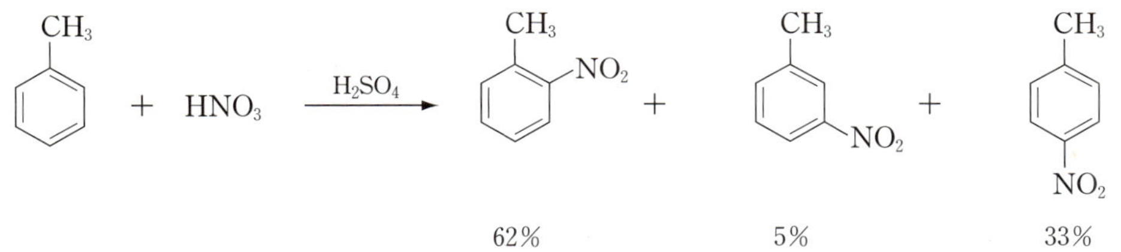

벤젠의 친전자성(E^+) 방향족 치환 반응에서 반응 속도 결정 단계는 첫 번째 단계이다. 아레늄 양이온 중간체 **Z**의 공명 구조는 아래와 같은데 이들은 모두 2차 탄소 양이온에 해당하므로 실제 구조에 대한 기여도는 같다.

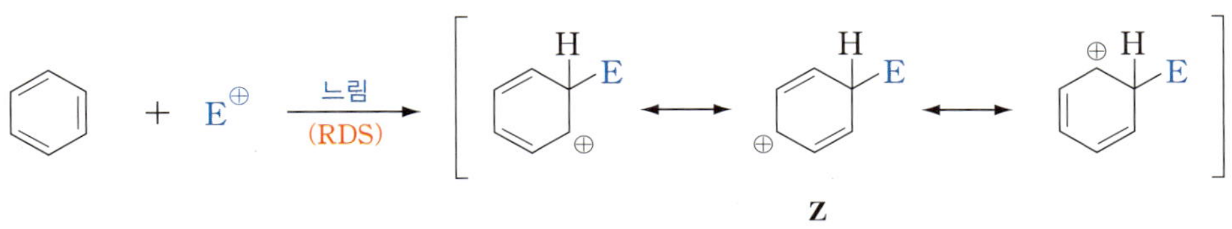

톨루엔(toluene)의 반응을 생각하자. 톨루엔의 친전자성 방향족 치환 반응에서 반응 속도 결정 단계는 역시 첫 번째 단계이고, 친전자체가 오쏘, 메타, 파라 위치에서 반응하면 중간체 **A**, **B**, **C**가 각각 생성될 수 있다. 중간체 **A**와 **C**의 공명 구조에서는 2차 탄소 양이온 두 개, 3차 탄소 양이온 한 개 등 총 세 개의 공명 구조를 그릴 수 있고, 중간체 **B**의 공명 구조에서는 2차 탄소 양이온 세 개를 그릴 수 있다. 공명 구조의 열역학적 안정성 순서는 [옥소늄 양이온 > 3차

> 2차 > 1차]이므로 중간체 **A**와 **C**가 **B**보다 열역학적으로 더 안정함을 추론할 수 있다(1.4.4절). 여기에 "반응 유형이 비슷한 반응에서는 생성 물질의 열역학적 에너지가 낮을수록 활성화 에너지가 감소하고, 그 결과 생성 속도가 증가한다."는 Hammond 가설(2.8.3절)을 결합하면 결과적으로 알킬 치환체가 오쏘 및 파라 위치 선택성이 있음을 예상할 수 있다.

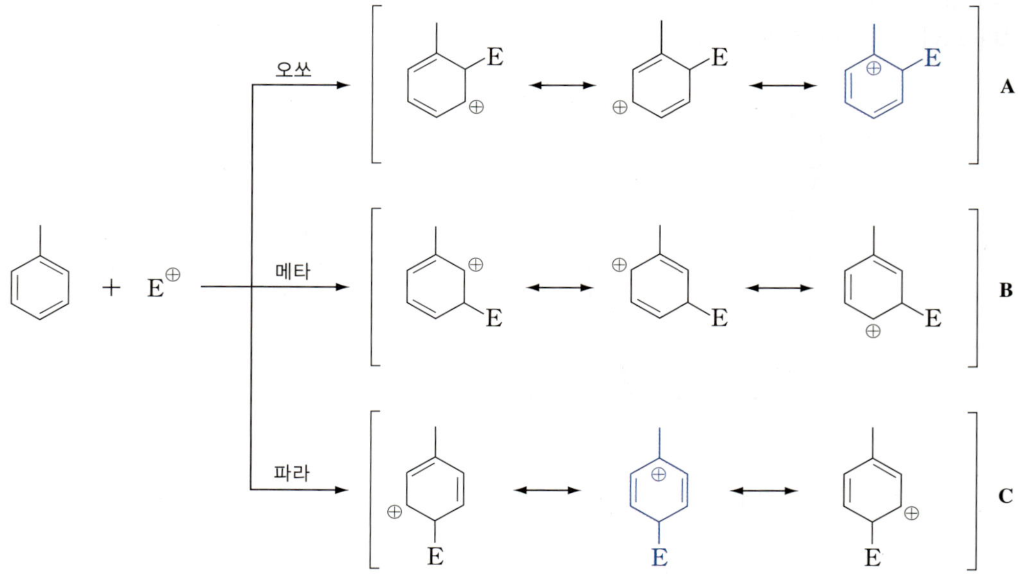

그림 15-10 톨루엔의 친전자체 치환 반응의 위치 선택성

이번에는 반응 속도론적인 관점에서 **A**와 **C**의 열역학적 안정성을 벤젠에서의 중간체 **Z**와 비교해 보자. 중간체 **A**와 **C**의 공명 구조에서는 2차 탄소 양이온 두 개, 3차 탄소 양이온 한 개 등 총 세 개의 공명 구조를 그릴 수 있고, 중간체 **Z**의 공명 구조에서는 2차 탄소 양이온 세 개를 그릴 수 있다. 공명 구조의 열역학적 안정성 순서는 [옥소늄 양이온 > 3차 > 2차 > 1차]이므로 중간체 **A**와 **C**는 **Z**보다 열역학적으로 더 안정할 것이다(1.4.4절). 여기에 "반응 유형이 비슷한 반응에서는 생성 물질의 열역학적 에너지가 낮을수록 활성화 에너지가 감소하고, 그 결과 생성 속도가 증가한다."는 Hammond 가설을 결합하면 결과적으로 **A**와 **C**를 생성할 때 필요한 활성화 에너지가 **Z**를 생성할 때보다 작음을 예상할 수 있다. 이것은 톨루엔의 오쏘 및 파라 위치에서의 반응성이 벤젠보다 크다는 것을 의미하는 것으로, CH_3 작용기가 약한 활성화 기라는 실험적인 결과와도 일치한다.

마지막으로 중간체 **B**와 **Z**의 열역학적 안정성을 비교하자. 중간체 **B**와 **Z**의 공명 구조는 모두 2차 탄소 양이온 세 개로 구성되는데, 중간체 **B**에는 전자를 제공하는 Me 치환체가 있어서 전자 결핍이 줄어들면서 열역학적으로 더 안정하게 될 수 있다. 여기에 "반응 유형이 비슷한 반응에서는 생성 물질의 열역학적 에너지가 낮을수록 활성화 에너지가 감소하고, 그 결과 생성 속도가 증가한다."는 Hammond 가설을 결합하면 결과적으로 **B**를 생성할 때 필요한 활성화 에너지가 **Z**를 생성할 때보다 작음을 예상할 수 있다. 이것은 톨루엔의 메타 위치에서의 반응성이 벤젠보다 크다는 것을 의미한다.

이러한 내용들을 종합하면 다음과 같다. 알킬 치환체는 약한 활성화 기로 작용하고, 오쏘, 메타, 파라 위치에서의 반응이 모두 벤젠보다 빠르지만 상대적으로 오쏘 및 파라 위치에서의 반응이 메타 위치보다 더 빨라서 오쏘 및 파라의 선택성을 갖는다.

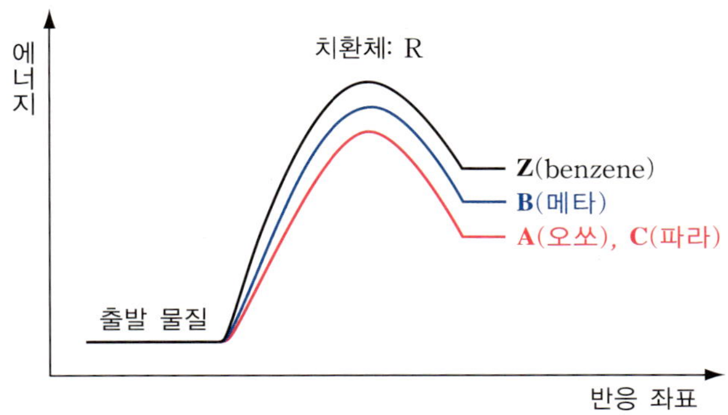

그림 15-11 벤젠 및 톨루엔의 친전자체 치환 반응의 에너지 도표

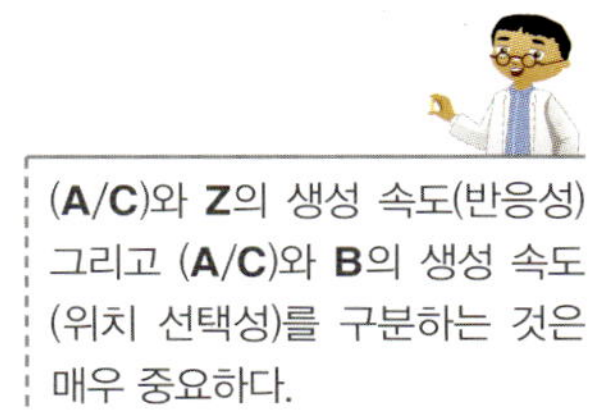

15.3.4 약한 비활성화 치환체

친전자성 방향족 치환 반응에서 X 치환체는 약한 비활성화 기로 작용하고, 동시에 오쏘 및 파라 위치 선택성을 갖는다.

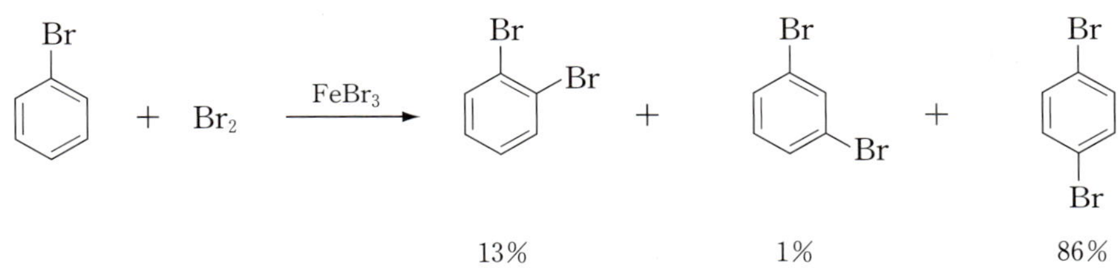

벤젠의 친전자성(E^+) 방향족 치환 반응에서 반응 속도 결정 단계는 첫 번째 단계이다. 아레늄 양이온 중간체 **Z**의 공명 구조는 아래와 같은데 이들은 모두 2차 탄소 양이온에 해당하므로 실제 구조에 대한 기여도는 같다.

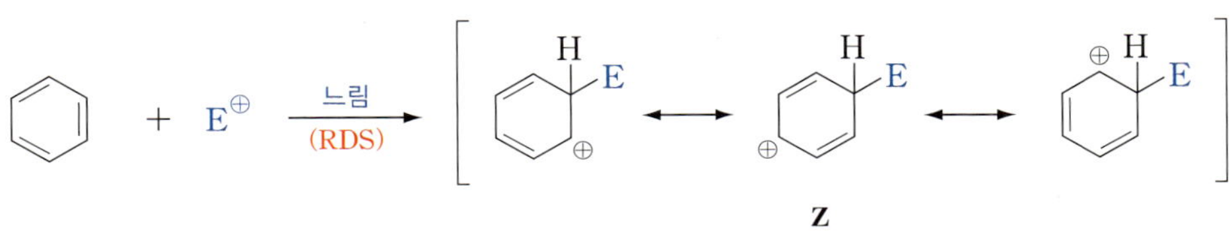

X 치환체에서 오쏘 및 파라 위치 선택성은 NH_2 및 OH의 경우와 동일한 방법으로 설명할 수 있다. 할로벤젠의 친전자성 방향족 치환 반응에서 반응 속도 결정 단계는 첫 번째 단계이고, 친전자체가 오쏘, 메타, 파라 위치에서 반응하면 중간체 **A**, **B**, **C**가 각각 생성될 수 있다. 중간체 **A**와 **C**의 공명 구조에서는 2차 탄소 양이온 두 개, C−X 결합이 있는 2차 탄소 양이온 한 개, 할로늄(halonium) 양이온 한 개 등 총 네 개의 공명 구조를 그릴 수 있고, 중간체 **B**의 공명 구조에서는 2차 탄소 양이온 세 개를 그릴 수 있다. 열역학적인 관점에서 할로늄(halonium) 양이온이 옥소늄(oxonium) 양이온보다 불안정하고 2차 탄소 양이온보다 안정하다고 가정하면, 중간체 **A**와 **C**는 **B**보다 열역학적으로 더 안정함을 추론할 수 있다(1.4.4절). 여기에 "반응 유형이 비슷한 반응에서는 생성 물질의 열역학적 에너지가 낮을수록 활성화 에너지가 감소하고, 그 결과 생성 속도가 증가한다."는 Hammond 가설(2.8.3절)을 결합하면 결과적으로 X 치환체가 오쏘 및 파라 위치 선택성이 있음을 예상할 수 있다.

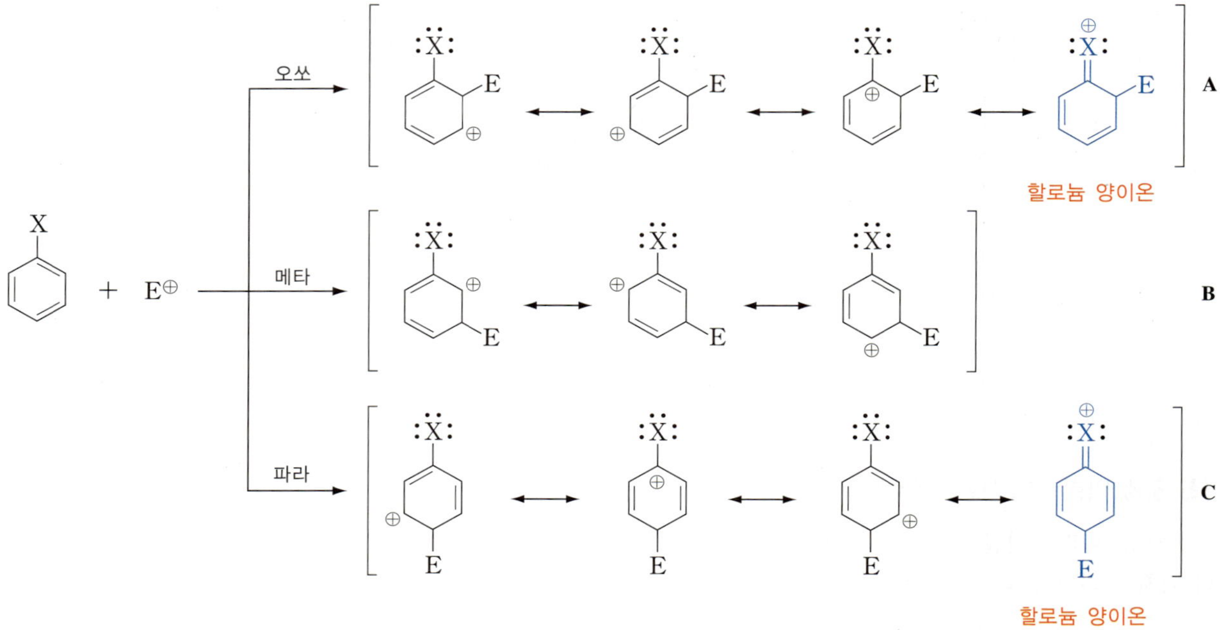

그림 15-12 할로벤젠의 친전자체 치환 반응의 위치 선택성

이번에는 반응 속도론적인 관점에서 **A**와 **C**의 열역학적 안정성을 벤젠의 중간체 **Z**와 비교해 보자. 여기에서도 할로늄(halonium) 양이온이 옥소늄(oxonium) 양이온보다 불안정하고 2차 탄소 양이온보다 안정하다고 가정하면, NH_2 및 OH의 경우와 동일한 논리를 사용하여 중간체 **A**와 **C**가 **Z**보다 열역학적으로 더 안정함을 알 수 있고(1.4.4절), Hammond 가설(2.8.3절)에 의하여 할로벤젠에서 오쏘 및 파라 위치에서의 반응성이 벤젠에서보다 클 것임을 예상할 수 있다. 그러나 이러한 추론은 실제 실험 결과와 정면으로 배치되는데, 이것은 전기 음성도가 큰 할로젠 원자가 벤젠 고리의 π-전자를 잡아당겨서 π-전자 밀도를 전체적으로 감소시키는 유발 효과가 공명 효과보다 크다는 것으로 설명한다.

이러한 내용들을 종합하면 다음과 같다. 할로젠 치환체는 약한 비활성화 기로 작용하고, 오쏘, 메타, 파라 위치에서의 반응성이 모두 벤젠보다 작지만 오쏘 및 파라 위치에서의 반응성이 메타 위치보다는 훨씬 커서 오쏘 및 파라의 선택성을 보인다.

(**A/C**)와 **Z**의 생성 속도(반응성) 그리고 (**A/C**)와 **B**의 생성 속도(위치 선택성)를 구분하는 것은 매우 중요하다.

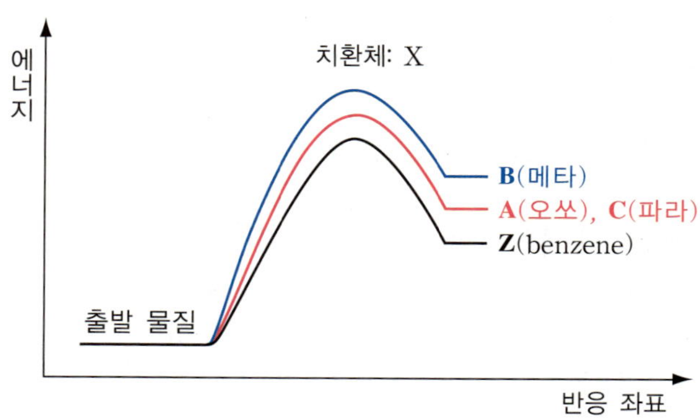

그림 15-13 벤젠 및 할로벤젠의 친전자체 치환 반응의 에너지 도표

15.3.5 (아주) 강한 비활성화 치환체

친전자성 방향족 치환 반응에서 COR, SO_2R, CN, CF_3 치환체는 강한 비활성화 기, R_3N^+, NO_2 치환체는 아주 강한 비활성화 기로 작용하고, 이들은 모두 메타 위치 선택성을 갖는다.

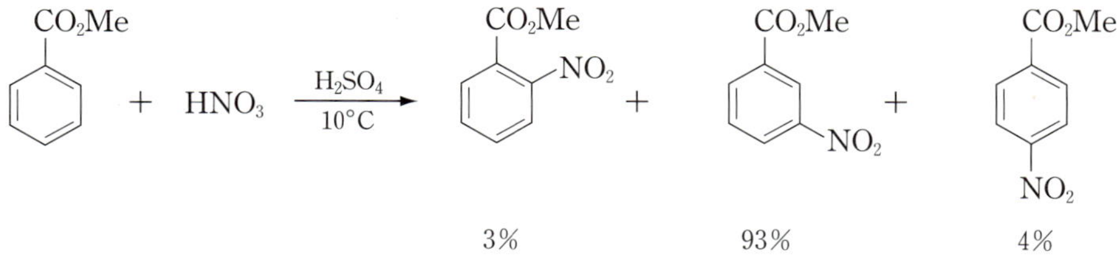

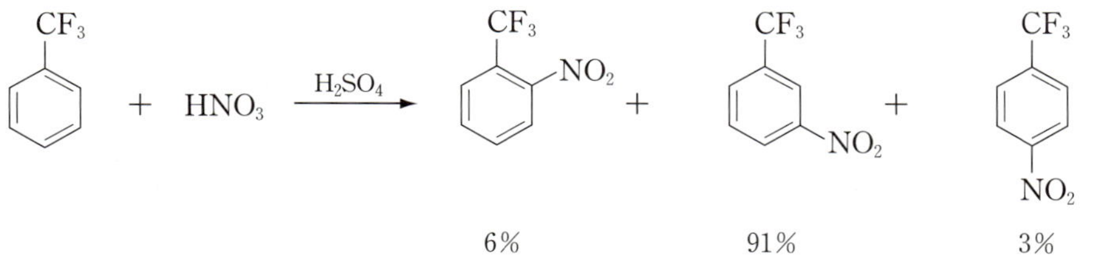

벤젠의 친전자성(E^+) 방향족 치환 반응에서 반응 속도 결정 단계는 첫 번째 단계이다. 아레늄 양이온 중간체 **Z**의 공명 구조는 아래와 같은데 이들은 모두 2차 탄소 양이온에 해당하므로 실제 구조에 대한 기여도는 같다.

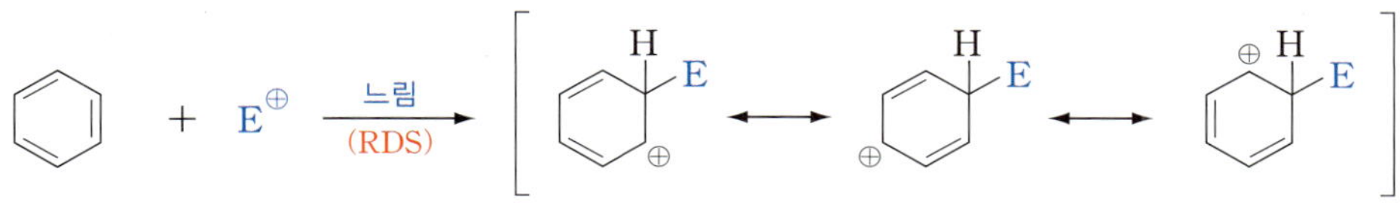

Z

나이트로벤젠의 친전자성 방향족 치환 반응에서 반응 속도 결정 단계는 첫 번째 단계이고, 친전자체가 오쏘, 메타, 파라 위치에서 반응하면 중간체 **A**, **B**, **C**가 각각 생성될 수 있다. 중간체 **A**와 **C**의 공명 구조에서는 2차 탄소 양이온 두 개, 아주 강한 전자 끄는 기($-NO_2$)와 결합한 탄소 양이온 한 개 등 총 세 개의 공명 구조를 그릴 수 있고, 중간체 **B**의 공명 구조에서는 2차 탄소 양이온 세 개를 그릴 수 있다. 아주 강한 전자 끄는 기($-NO_2$)와 결합한 탄소 양이온 구조에서는 (+) 전하 사이에 정전기적 반발력이 생겨서 불안정하게 되므로 **B**가 **A**와 **C**보다 열역학적으로 더 안정함을 추론할 수 있다. 여기에 "반응 유형이 비슷한 반응에서는 생성 물질의 열역학적 에너지가 낮을수록 활성화 에너지가 감소하고, 그 결과 생성 속도가 증가한다."는 Hammond 가설(2.8.3절)을 결합하면 결과적으로 NO_2 치환체가 메타 위치 선택성이 있음을 예상할 수 있다.

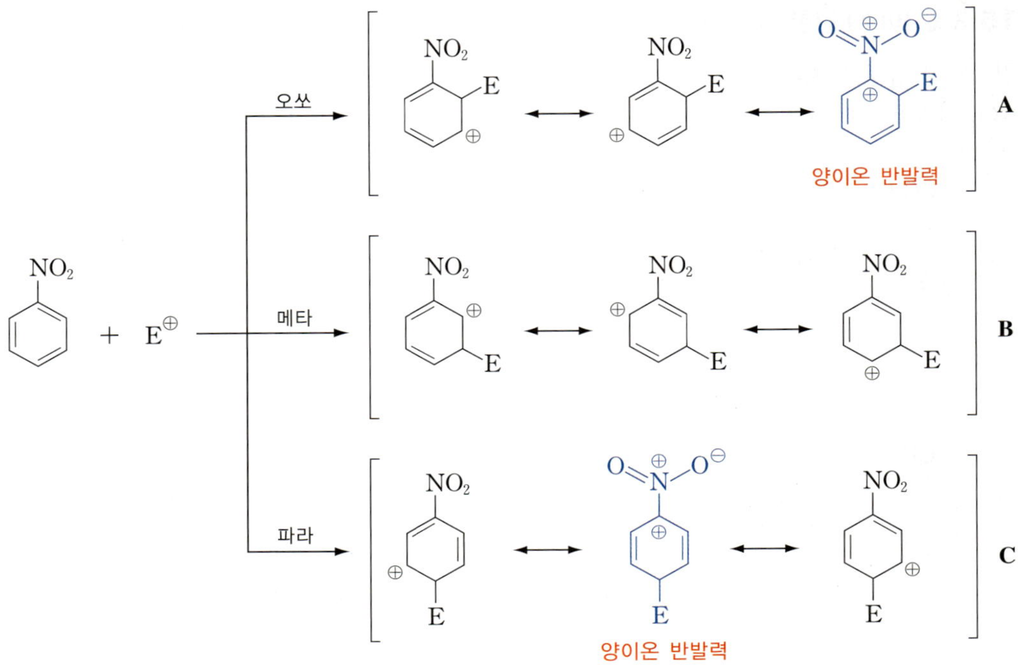

그림 15-14 나이트로벤젠의 친전자체 치환 반응의 위치 선택성

이번에는 반응 속도론적의 관점에서 **B**의 열역학적 안정성을 벤젠의 중간체 **Z**와 비교해 보자. 중간체 **B**와 **Z**의 공명 구조는 모두 2차 탄소 양이온 세 개로 구성되는데, 중간체 **B**에는 전자를 아주 강하게 잡아당기는 NO_2 치환체가 있어서 전자 결핍이 더 심해지면서 열역학적으로 더 불안정해짐을 추론할 수 있다. 여기에 "반응 유형이 비슷한 반응에서는 생성 물질의 열역학적 에너지가 낮을수록 활성화 에너지가 감소하고, 그 결과 생성 속도가 증가한다."는 Hammond 가설을 결합하면 결과적으로 **Z**를 생성할 때 필요한 활성화 에너지가 **B**를 생성할 때보다 작음을 예상할 수 있다. 이것은 벤젠의 반응성이 나이트로벤젠의 메타 위치보다 크다는 것을 의미한다.

위의 내용을 종합하면 다음과 같다. NO_2 치환체는 아주 강한 비활성화 기로 작용하고, 오쏘, 메타, 파라 위치에서의 반응성이 모두 벤젠보다 작으며, 이 중에서 메타 위치에서의 반응성이 오쏘 및 파라 위치보다 훨씬 커서 메타 선택성을 보인다.

B와 **Z**의 생성 속도(반응성) 그리고 (**A**/**C**)와 **B**의 생성 속도(위치 선택성)를 구분하는 것은 매우 중요하다.

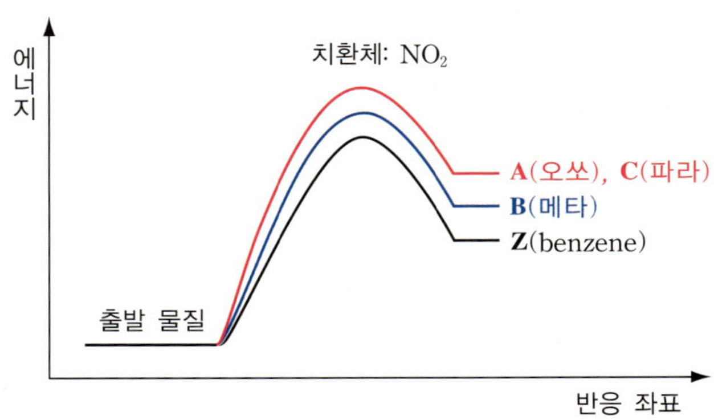

그림 15-15 벤젠 및 나이트로벤젠의 친전자체 치환 반응의 에너지 도표

예제 15.7

아래 반응의 주생성물을 그리시오.

(a) 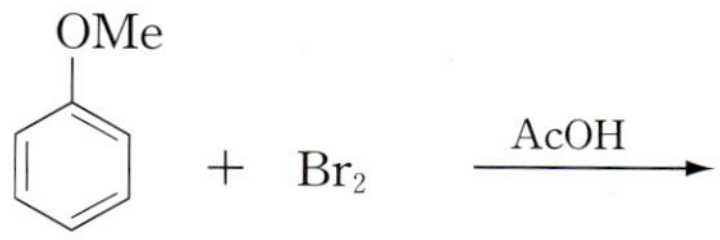

(b) 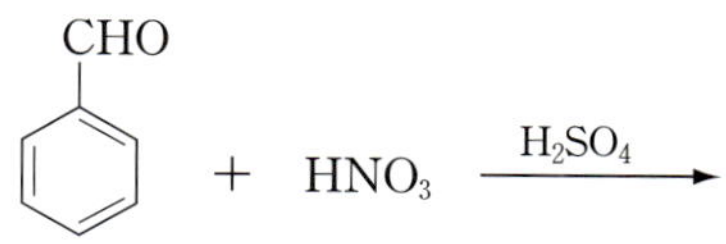

(c) 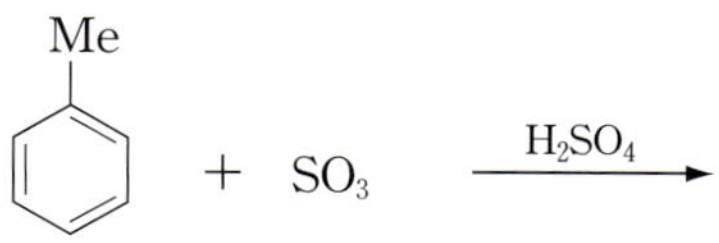

(d) 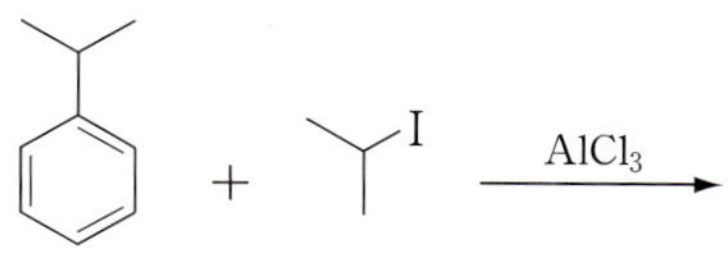

(e) 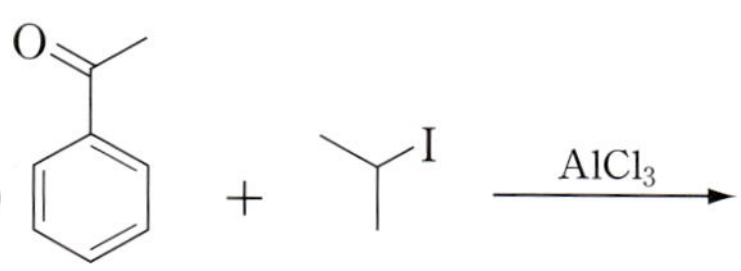

(f) 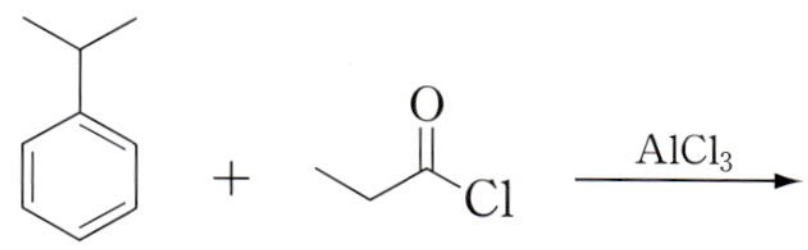

(g) 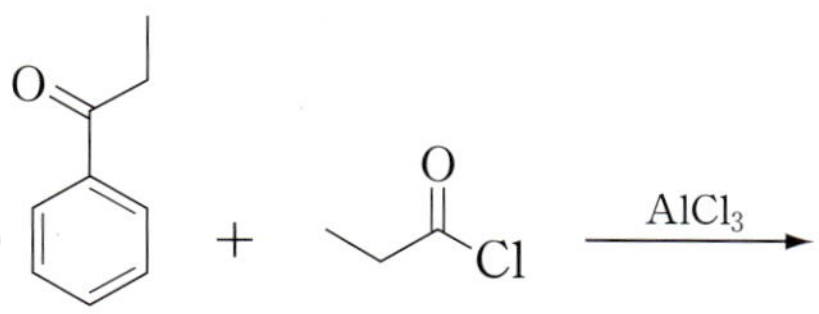

풀이

(a) 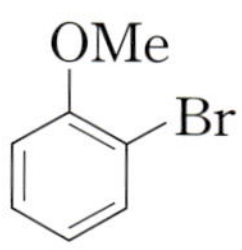 또는 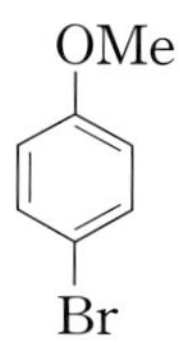

(b) 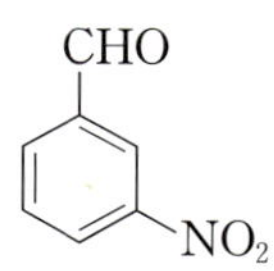

(c) 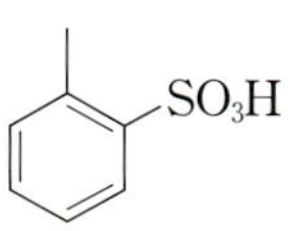 또는 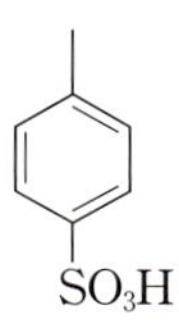

(d) 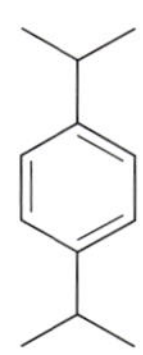

(e) NR

(f) 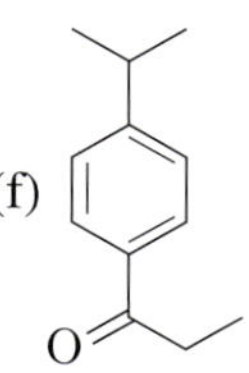

(g) NR

15.3.6 이치환 벤젠 화합물

치환체가 두 개인 이치환 벤젠(di-substituted benzene) 유도체에서 친전자성 방향족 치환 반응의 위치 선택성은 치환체의 성격(활성화 기 vs. 비활성화 기), 치환체의 위치 선택성, 치환체의 상대적인 위치 등에 따라서 반응 위치가 다를 수 있다. 일반적으로 벤젠 고리의 치환체를 여섯 개 그룹(아주 강한 비활성화 기, 강한 비활성화 기, 약한 비활성화 기, 약한 활성화 기, 강한 활성화 기, 아주 강한 활성화 기)으로 구분할 때, 이치환 벤젠 유도체의 반응성 및 위치 선택성은 다음과 같이 예상할 수 있다.

첫 번째, 두 치환체가 서로 다른 그룹에 속하는 경우에는 치환체의 활성화 능력이 가장 큰 치환체가 위치 선택성을 결정한다. 예를 들면 2-플루오로아니솔은 치환체의 활성화 능력이 [OMe > F]이므로 C_4(파라) 및 C_6(오쏘)에서 반응이 주로 진행된다. 3-브로모벤조산은 치환체의 활성화 능력이 [Br > CO_2H]이므로 C_2(오쏘), C_4(오쏘) 및 C_6(파라)에서 반응이 진행되며, 4-메틸페놀은 치환체의 활성화 능력이 [OH > Me]이므로 C_2(오쏘) 및 C_6(오쏘)에서 반응이 일어남을 예상할 수 있다.

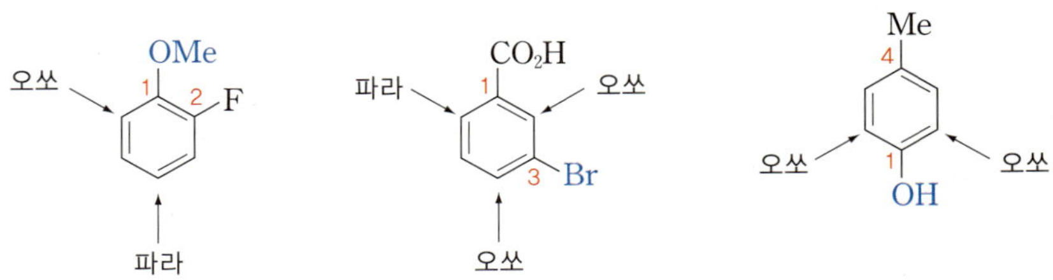

두 번째, 두 치환체가 동일한 그룹에 속하는 경우에는 각각의 치환체가 서로 독립적으로 영향을 행사할 수 있다.

오쏘-자일렌의 경우에 1-Me 치환체는 C_4 및 C_6, 2-Me 치환체는 C_3 및 C_5에서의 반응을 유도할 수 있다. 다만, 세 개의 치환체가 연속적으로 있으면 입체 장애가 발생할 수 있기 때문에 이 경우에는 1,2,4-생성물이 주로 얻어짐을 예상할 수 있다. 메타-자일렌의 경우에는 1-Me 치환체가 C_2, C_4 및 C_6, 3-Me 치환체가 C_2, C_4 및 C_6에서의 반응을 유도할 수 있다. 이 경우에도 세 개의 치환체가 연속적으로 있는 생성물을 제외하면 1,3,4-생성물이 주로 얻어짐을 예상할 수 있다.

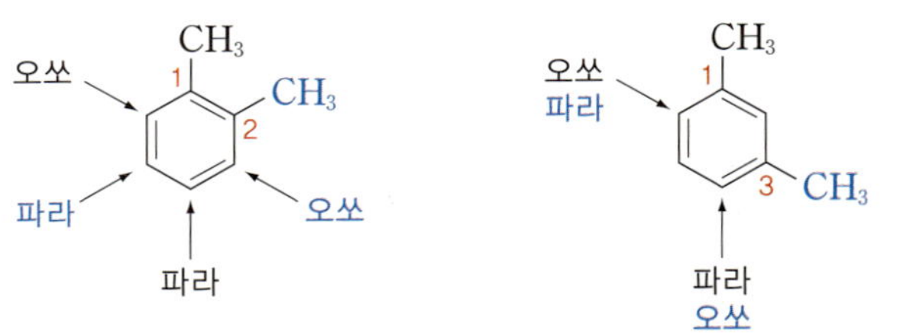

세 번째, 알킬 및 할로젠 치환체가 동시에 있는 경우에는 친전자성 치환 반응의 생성물을 예측하기가 매우 어렵다. 알킬 및 할로젠 치환체는 비록 서로 다른 그룹에 속하지만, 비활성화 및 활성화 능력에 있어서 큰 차이가 없기 때문에 두 치환체가 독립적으로 작동한 혼합물이 흔히 얻어진다. 예를 들면 2-클로로톨루엔에서는 1-Me 치환체가 C_4 및 C_6, 2-Cl 치환체가 C_3 및 C_5에서의 반응을 유도할 수 있는데, 세 개의 치환체가 연속적으로 있는 생성물을 제외하면 1,2,4- 및 1,2,5-생성물이 얻어짐을 예상할 수 있다. 반면에, 3-클로로톨루엔에서는 1-Me 치환체가 C_2, C_4 및 C_6, 3-Cl 치환체가 C_2, C_4 및 C_6에서의 반응을 유도할 수 있는데, 이 경우에도 세 개의 치환체가 연속적으로 있는 생성물을 제외하면 1,3,4- 및 1,3,6-생성물을 예상할 수 있다.

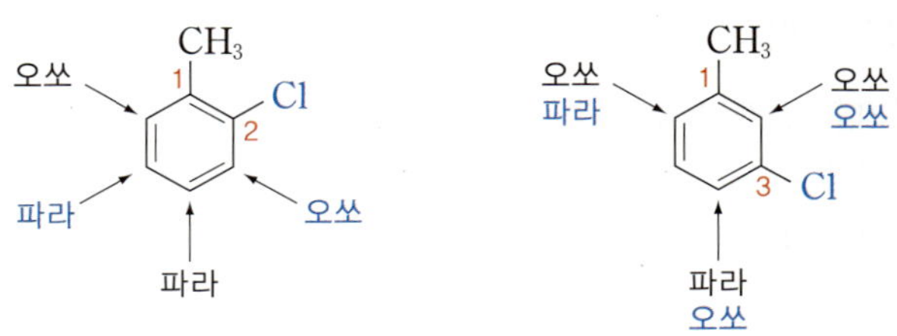

예제 15.8

아래의 출발 물질에 친전자체(E^+) 방향족 치환 반응을 진행할 때, 반응이 많이 진행될 것으로 예상되는 탄소를 표시하고 이유를 제시하시오.

(a) 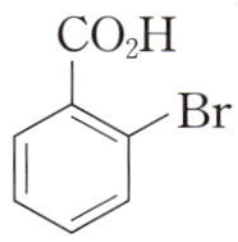

(b) 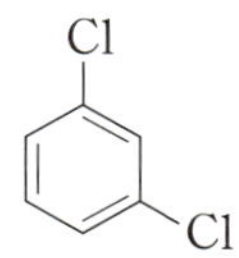

풀이

(a) 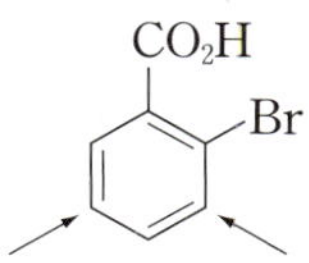

2-bromobenzoic acid
(CO_2H: 강한 전자 끄는 기, Br: 약한 전자 끄는 기)
C_3: Br에 대하여 오쏘
C_5: Br에 대하여 파라

(b) 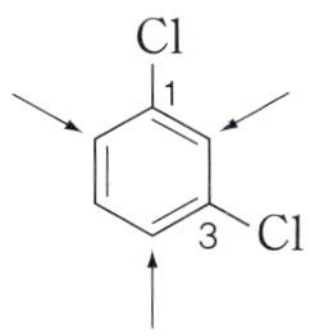

1,3-dichlorobenzene
(Cl: 약한 전자 끄는 기)
C_2: C_1-Cl 및 C_3-Cl에 대하여 오쏘
C_4: C_1-Cl에 대하여 파라, C_3-Cl에 대하여 오쏘
C_6: C_1-Cl에 대하여 오쏘, C_3-Cl에 대하여 파라

15.3.7 정량적 반응성

15.3.1~15.3.6절에서는 일치환 벤젠 유도체의 정성적 반응성 및 위치 선택성에 대하여 기술하였다. 이제는 이러한 실험적인 결과들을 정량적인 관점에서 생각해 보자.

농도가 같은 벤젠 및 톨루엔 혼합 용매에서 나이트로화 반응을 진행하면 (**A**+**B**+**C**) : **D**=27 : 1이고, **A** : **B** : **C**=58.1 : 3.7 : 38.2인 혼합물이 얻어진다. 이로부터 벤젠과 톨루엔을 구성하는 각 탄소의 반응성을 정량적으로 계산해 보자.

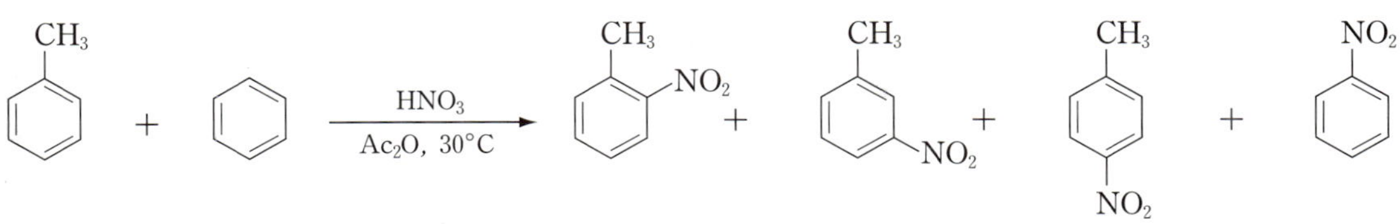

A 58.1% **B** 3.7% **C** 38.2% (합계 27) : **D** 1

위 반응의 생성물에서 오쏘-나이트로톨루엔(**A**) 및 나이트로벤젠(**D**)의 몰 비율은 (27×0.581) : 1이다. 이때 오쏘-나이트로톨루엔(**A**)은 톨루엔의 오쏘 탄소 두 개 중에서 한 곳이 반응한 것이고, 나이트로벤젠(**D**)은 벤젠의 여섯 개 탄소 중에서 한 곳이 반응한 것이다. 따라서 벤젠의 탄소 한 개에 대한 톨루엔 오쏘 탄소 한 개의 반응성은 아래와 같이 계산할 수 있는데, 이 값을 **부분 속도 인수**(**partial rate factor**)라고 한다.

$$f_{오쏘}=\frac{\left(\frac{27\times 0.581}{2}\right)}{\left(\frac{1}{6}\right)}=47$$

아이돌 그룹 **A**의 멤버는 4명이고 연매출이 100억 원, 아이돌 그룹 **B**의 멤버는 8명이고 연매출이 120억 원이라고 가정하자. 매출 규모를 보면 **B**가 앞서지만, 1인당 매출을 비교하면 **A**는 25억/인, **B**는 15억/인으로 **A**가 앞서는 것을 알 수 있다.

동일한 방법으로 톨루엔의 메타 및 파라 위치에서의 정량적 반응성을 계산할 수 있다.

$$f_{\text{메타}}=\frac{\left(\dfrac{27\times 0.037}{2}\right)}{\left(\dfrac{1}{6}\right)}=3 \qquad f_{\text{파라}}=\frac{\left(\dfrac{27\times 0.382}{1}\right)}{\left(\dfrac{1}{6}\right)}=62$$

이 계산에 의하면 톨루엔에서 오쏘, 메타 및 파라 위치의 반응성은 벤젠의 47배, 3배, 62배이고, 오쏘 및 파라 선택성이 있음을 알 수 있다.

다양한 벤젠 유도체의 경우에 나이트로화 반응의 부분 속도 인수 값은 아래와 같다. 이 경우에는 동일한 반응이라도 반응 조건에 따라서 생성물의 비율, 즉 부분 속도 인수 값이 조금씩 다를 수 있기 때문에, 정확한 숫자보다는 부분 속도 인수 값의 상대적인 크기 및 경향성을 중심으로 접근하는 것이 필요하다. 예를 들면, 아래의 부분 속도 인수 값으로부터 Me는 약한 활성화기, $ClCH_2$ 및 Cl은 약한 비활성화 기, CO_2Et는 강한 비활성화 기, NO_2는 아주 강한 비활성화기라는 정보를 추론할 수 있다. 그리고 위치 선택성 관점에서는 Me, $ClCH_2$, Cl 치환체는 오쏘 및 파라 선택성, NO_2 및 CO_2Et는 메타 선택성이라는 정보를 추출할 수 있다.

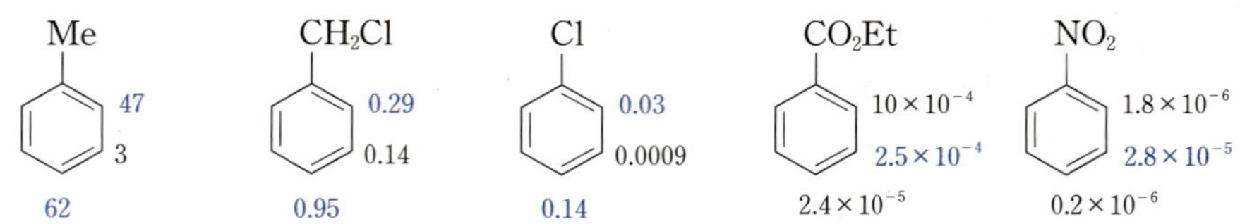

이치환 벤젠 유도체의 경우에도 일치환 벤젠 유도체의 부분 속도 인수 값을 이용하여 각 탄소에서의 상대적인 반응성을 대략적으로 추측할 수 있다. 그러나 이와 관련한 상세한 설명은 생략하기로 한다.

15.4 나프탈렌

나프탈렌(naphthalene)은 벤젠 두 개가 접합(fused)되어 있는 화합물이다. 나프탈렌의 공명 안정화 에너지(~60 kcal/mol, 14.3절)는 벤젠의 공명 안정화 에너지(36 kcal/mol)의 두 배보다 작아서 친전자성 방향족 치환 반응이 벤젠보다 조금 더 쉽게 진행된다. 나프탈렌의 친전자성 방향족 치환 반응은 대부분 C_1에서 진행된다.

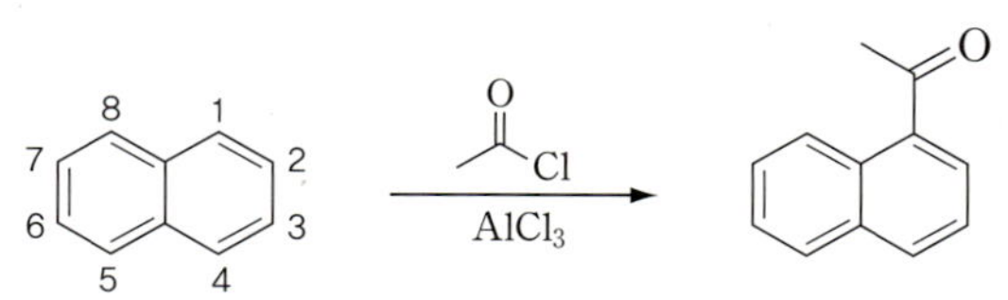

나프탈렌의 친전자성 방향족 치환 반응이 C_1에서 일어나는 이유를 중간체의 열역학적 안정성을 이용하여 설명할 수 있다. 우선 친전자체(E^+)가 C_1에서 반응하면 아래와 같이 일곱 개의 공명 구조를 그릴 수 있다. 이 중에서 네 개의 공명 구조(파란색)는 벤젠의 방향족성을 유지하기 때문에 중간체의 열역학적 안정성에 많은 기여를 할 수 있다. 반면에 세 개의 공명 구조(검은색)는 벤젠의 방향족 성질을 잃었기 때문에 에너지가 상승하여 실제 구조에의 기여도는 작을 것이다.

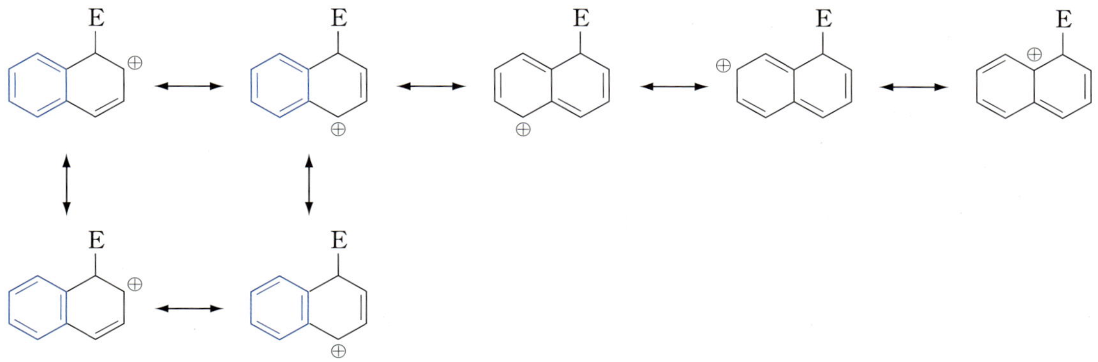

만약 C_2에서 친전자체(E^+)가 반응하면 아래와 같이 여섯 개의 공명 구조를 그릴 수 있다. 이 중에서 두 개의 공명 구조(파란색)는 벤젠의 방향족성을 유지하기 때문에 중간체의 열역학적 안정성에 많은 기여를 할 수 있다. 반면에 네 개의 공명 구조(검은색)는 벤젠의 방향족 성질을 잃었기 때문에 에너지가 상승하여 실제 구조에의 기여도는 작을 것이다.

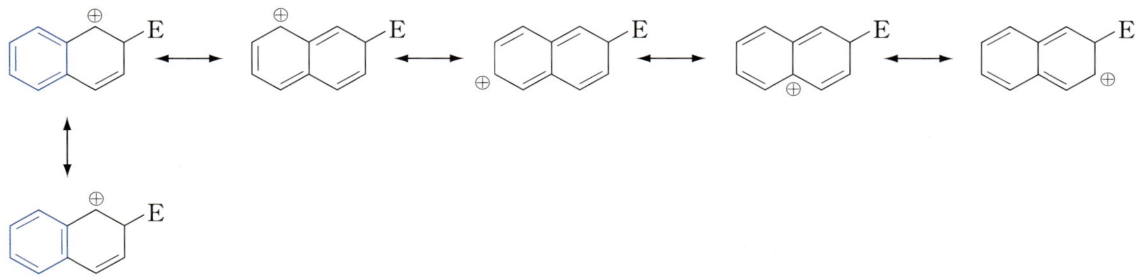

종합하면 친전자체(E^+)가 C_1 및 C_2에서 반응하는 경우에 열역학적 에너지 관점에서 벤젠의 공명 에너지를 유지하는 공명 구조는 각각 네 개 및 두 개가 가능하다. 여기에 "반응 유형이 비슷한 반응에서는 생성 물질의 열역학적 에너지가 낮을수록 활성화 에너지가 감소하고, 그 결과 생성 속도가 증가한다."는 Hammond 가설(2.8.3절)을 결합하면 결과적으로 C_1에서 반응이 더 빠르게 진행됨을 예상할 수 있다.

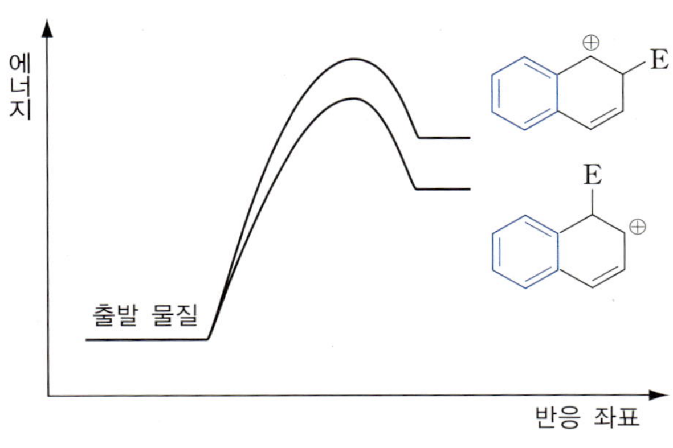

그림 15-16 나프탈렌의 친전자체 치환 반응의 에너지 도표

15.5 친핵성 방향족 치환 반응(첨가–제거 반응)

15.1~15.4절에서는 친전자성 방향족 치환 반응의 종류, 특징, 합성에의 적용 등에 대하여 상세히 기술하였다. 이 반응은 친전자체(E^+)가 벤젠의 π-전자를 받아서 아레늄(arenium) 양이온을 형성한 후, H^+가 제거되는 경로를 따라서 진행된다. 15.5절에서는 강한 비활성화 치환체 및 강한 이탈기 치환체를 동시에 갖는 벤젠 유도체와 강한 친핵체가 공존하는 경우에 어떠한 반응이 진행되는가에 대하여 살펴보기로 한다.

실험에 의하면 1-클로로-2-나이트로벤젠 및 1-클로로-4-나이트로벤젠에 강한 친핵체인 OH^-를 첨가하고 가열하면 2-나이트로페놀 및 4-나이트로페놀이 생성되지만, 1-클로로-3-나이트로벤젠은 동일한 조건에서 어떠한 반응도 진행되지 않는다.

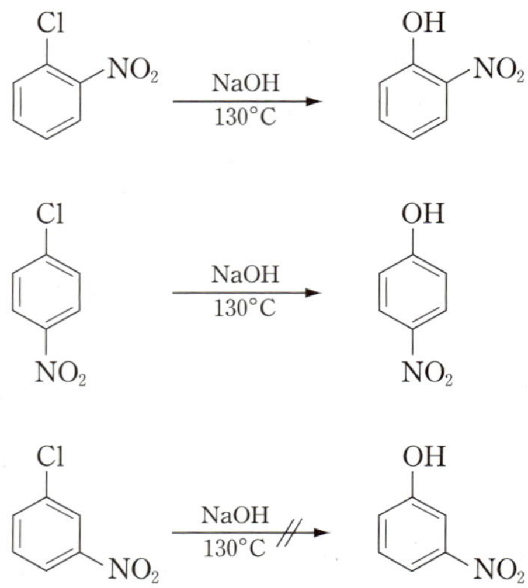

우선 1-클로로-2-나이트로벤젠의 경우에 대하여 생각해 보자.

1-클로로-2-나이트로벤젠은 아주 강한 전자 끄는 기(NO_2) 및 약한 전자 끄는 기(Cl)가 있어서 벤젠 고리의 π-전자 밀도가 매우 낮고, 여기에 전자가 풍부한 친핵체(OH^-)가 있으므로 친전자성 방향족 치환 반응은 현실적으로 불가능하다. 반면에 전자가 풍부한 친핵체(OH^-)가 π-전자 밀도가 매우 낮은 벤젠 고리에 전자를 공급하는 경로는 충분히 가능할 수 있다. 이 경로의 첫 번째 단계에서 친핵체가 C_1 원자를 공격하면 $C-NO_2$ 결합이 있는 2차 탄소 음이온 한 개(**A**), 2차 탄소 음이온 두 개(**B**, **C**), 강한 비활성화 기인 NO_2 작용기 방향으로 음이온의 비편재화가 진행된 구조 **D** 등 총 네 개의 공명 구조를 그릴 수 있다. 네 개 공명 구조의 열역학적 안정화 순서는 [**D** > **A** > (**B**, **C**)]이기 때문에 구조 **D**가 공명 혼성에의 기여도가 가장 클 것임을 예상할 수 있다. 두 번째 단계는 공명 혼성 중간체에서 이탈기(Cl)가 떨어지면서 벤젠의 공명 에너지를 회복하는 반응이다. 이 경로를 반응 속도의 관점에서 분석하면 첫 번째 단계는 벤젠의 공명 에너지를 잃어버리는 반응이고, 두 번째 단계는 벤젠의 공명 에너지를 회복하는 반응이므로 반응 속도 결정 단계는 당연히 첫 번째 단계임을 알 수 있다.

외형적으로 이 반응은 이탈기가 친핵체로 치환되는 반응이고, 친핵체가 벤젠 고리에 전자를 제공하면서 시작되는데, 이러한 반응을 **친핵성 방향족 치환 반응**(**Nucleophilic aromatic substitution**)이라고 한다. 이 반응은 반응 메커니즘에서 설명하였듯이 내부적으로 친핵체 첨가 반응(addition) 및 이탈기 제거 반응(elimination)이 연속적으로 일어나는 반응이다.

메커니즘 15-4 1-클로로-2-나이트로벤젠의 친핵성 치환 반응 메커니즘

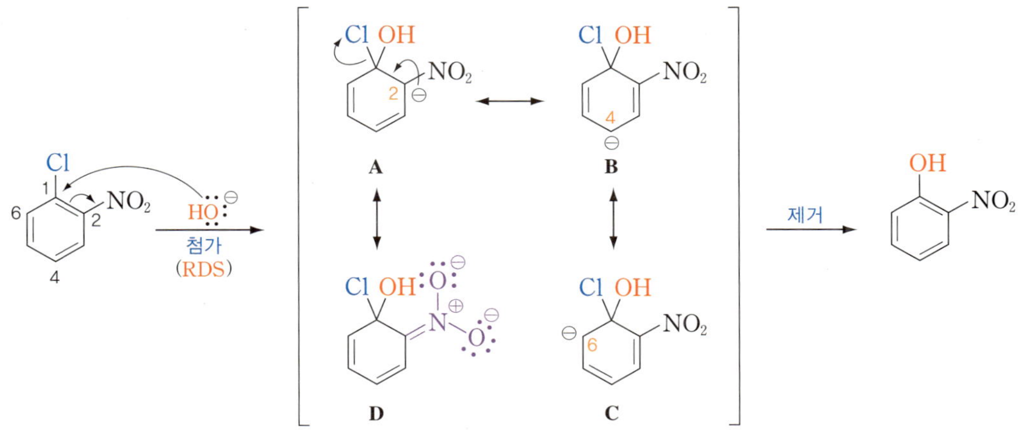

1-클로로-4-나이트로벤젠의 경우에 친전자성 방향족 치환 반응이 불가능한 것은 1-클로로-2-나이트로벤젠의 경우와 동일하게 설명할 수 있고, 같은 이유로 전자가 풍부한 친핵체(OH^-)가 π-전자 밀도가 매우 낮은 벤젠 고리에 전자를 공급하는 경로는 가능하다. 첫 번째 단계에서 친핵체가 C_1 원자를 공격하면 2차 탄소 음이온 두 개(**E**, **G**), $C-NO_2$ 결합이 있는 2차 탄소 음이온 한 개(**F**), 강한 비활성화 기인 NO_2 작용기 방향으로 음이온의 비편재화가 진행된 구조 **H** 등 총 네 개의 공명 구조를 그릴 수 있다. 네 개 공명 구조의 열역학적 안정화 순서는 [**H** > **F** > (**E**, **G**)]이기 때문에 구조 **H**가 공명 혼성에의 기여도가 가장 클 것임을 예상할 수 있다. 두 번째 단계는 공명 혼성 중간체에서 이탈기(Cl)가 떨어지면서 벤젠의 공명 에너지를 회복하는 반응이다. 이 경로를 반응 속도의 관점에서 분석하면 첫 번째 단계는 벤젠의 공명 에너지를 잃어버리는 반응이고, 두 번째 단계는 벤젠의 공명 에너지를 회복하는 반응이므로 반응 속도 결정 단계는 당연히 첫 번째 단계이다.

메커니즘 15-5 1-클로로-4-나이트로벤젠의 친핵성 치환 반응 메커니즘

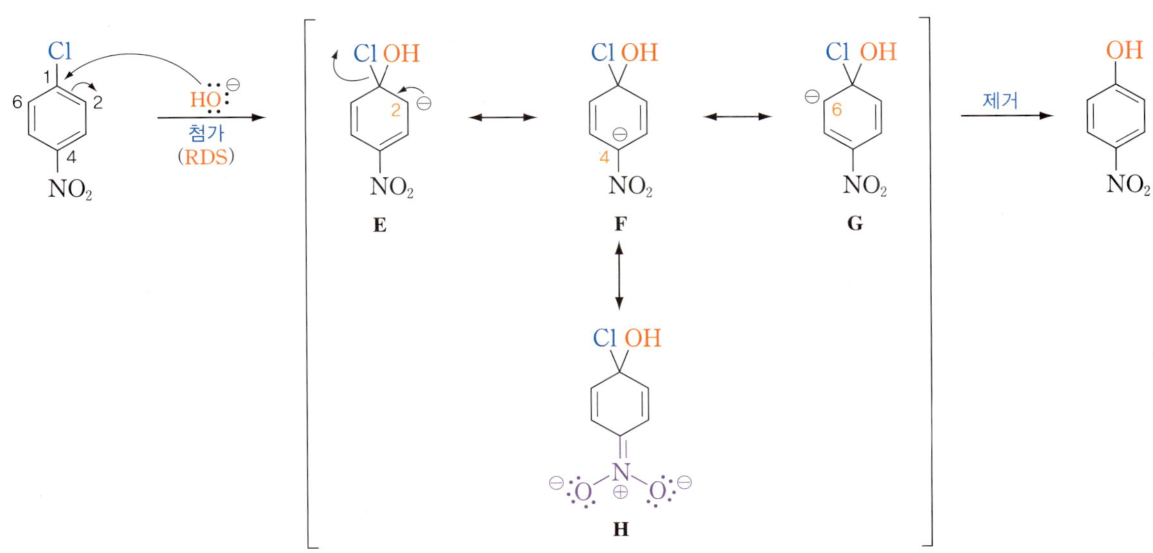

1-클로로-3-나이트로벤젠의 경우에 친전자성 방향족 치환 반응이 불가능한 것은 1-클로로-2-나이트로벤젠의 경우와 동일하게 설명할 수 있고, 같은 이유로 전자가 풍부한 친핵체(OH^-)가 π-전자 밀도가 매우 낮은 벤젠 고리에 전자를 공급하는 경로를 이론적으로 생각할 수 있다. 첫 번째 단계에서 친핵체가 C_1 원자를 공격하면 세 개의 2차 탄소 음이온 공명 구조를 그릴 수 있는데, 이들의 열역학적 에너지는 모두 비슷하기 때문에 공명 혼성에의 기여도가 모두 비슷함을 예상할 수 있다. 다만 이 경우에는 1-클로로-2-나이트로벤젠 및 1-클로로-4-나이트로벤젠에서 생각할 수 있는 열역학적으로 안정한 구조 **D** 및 **H**가 없기 때문에 공명 구조의 열역학적인 안정성이 상대적으로 감소(에너지 증가)한다. 여기에 "반응 유형이 비슷한 반응에서는 생성 물질의 열역학적 에너지가 낮을수록 활성화 에너지가 감소하고, 그 결과 생성 속도가 증가한다."는 Hammond 가설(2.8.3절)을 결합하면 1-클로로-3-나이트로벤젠의 친핵성 방향족 치환 반응이 1-클로로-2-나이트로벤젠 및 1-클로로-4-나이트로벤젠의 반응보다 훨씬 느리게 진행됨을 추론할 수 있다. 물론 실험에 의하면 이 반응은 거의 진행되지 않는다.

메커니즘 15-6 1-클로로-3-나이트로벤젠의 친핵성 치환 반응 메커니즘

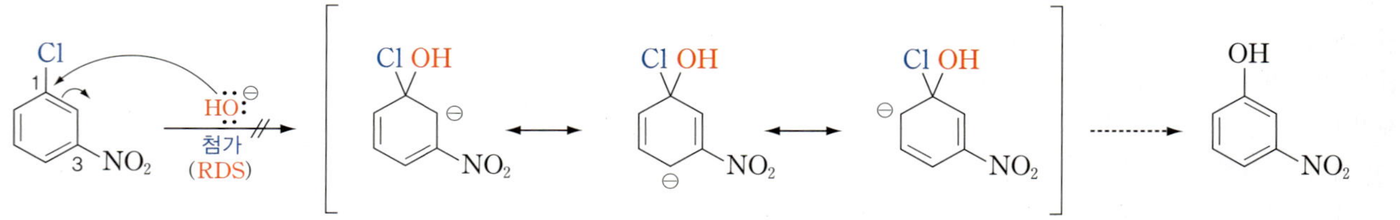

이러한 결과들을 요약하면 다음과 같다. 친핵성 방향족 치환 반응(첨가–제거 반응)이 잘 진행되기 위해서는 이탈기의 오쏘 및 파라 위치에 강한 비활성화 기(NO_2, CO_2R, CF_3 등)가 있어야 한다. 이들은 이탈기의 오쏘 및 파라 위치에 생성되는 음이온을 공명 및 유발 효과로 안정화시키고, 그 결과 활성화 에너지를 낮춤으로써 반응 속도를 높이는 역할을 한다. 만약, 강한 비활성화 기가 메타 위치에 있으면 공명에 의한 음이온의 추가적인 비편재화가 불가능하기 때문에 반응 속도의 증가에 큰 도움을 주지 못한다.

메커니즘 15-7 친핵성 방향족 치환 반응(첨가–제거 반응) 메커니즘

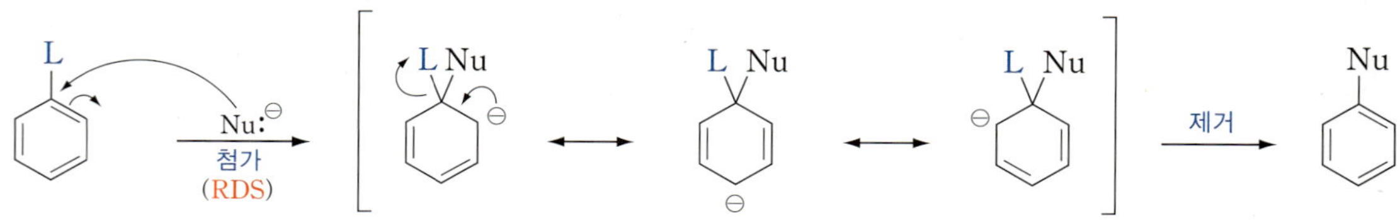

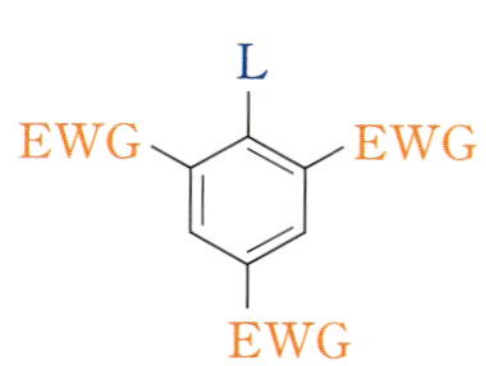

친핵성 방향족 치환 반응은 일반적으로 이탈기의 오쏘 및 파라 위치에 강한 비활성화 기의

수가 많을수록, 그리고 비활성화 기의 능력이 클수록 반응 속도가 증가함을 예상할 수 있는데, 이것은 실험 결과와도 잘 일치한다.

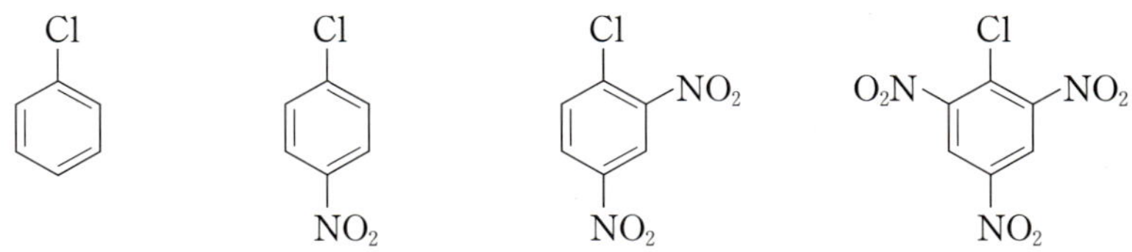

1.0 7×10^{10} 2.4×10^{15} 측정하기 힘들 정도로 빠름

이탈기에 대하여 오쏘 및 파라 위치가 중요한 이유는 공명 구조에서 오쏘 및 파라 위치에 음이온이 존재하기 때문이다. 만약 이 위치에 탄소 대신 전기 음성도가 큰 질소가 있으면 전기 음성도가 큰 질소에 의하여 음이온의 안정화가 잘 진행되기 때문에 반응 속도가 증가할 수 있다.

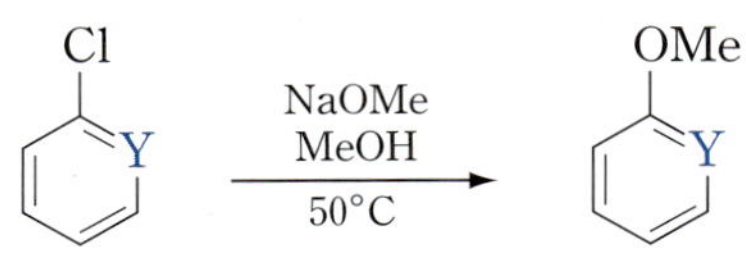

Y	Rate
C	1
N	2.3×10^8

예제 15.9

아래 반응의 진행 여부를 판단하고, 그 이유를 쓰시오. 그리고 반응이 진행된다면 주생성물을 그리시오.

(a) 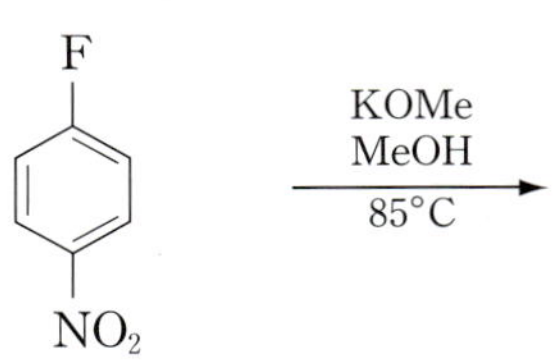

(b) 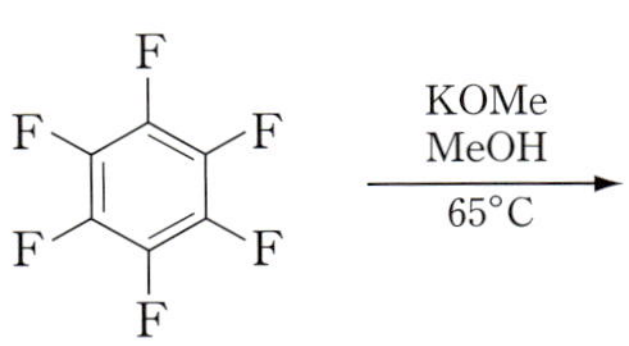

풀이

(a) 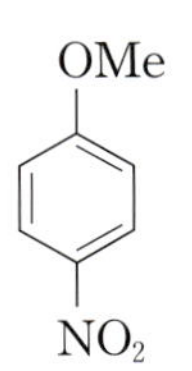

반응이 진행됨
아주 강한 전자 끄는 기가 이탈기의 파라 위치에 있음

(b) 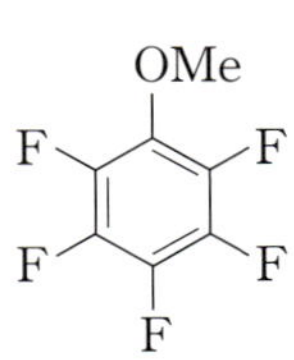

반응이 진행됨
강한 전자 끄는 기가 여섯 개 치환되어 있음

15.6 벤자인

클로로벤젠을 강한 염기(OH^- 또는 NH_2^-)와 반응시키면 이탈기(Cl^-)와 친핵체 사이의 치환 반응이 진행된다. 이러한 반응 조건은 친전자성 방향족 치환 반응 및 친핵성 방향족 치환 반응의 조건과는 확연하게 다른데(15.1절 및 15.5절), 15.6절에서는 이 반응에 대하여 기술할 예정이다.

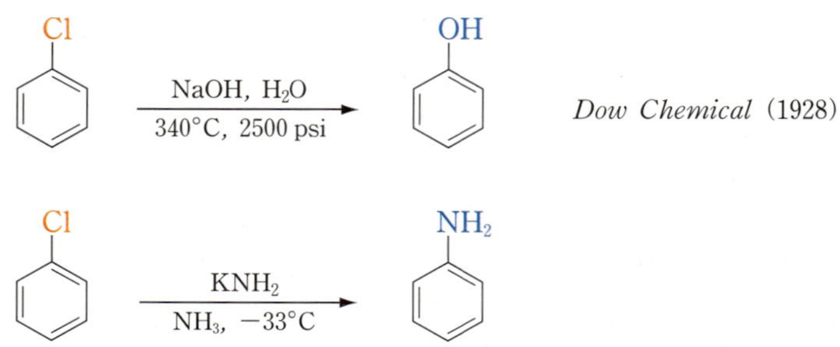

명명법:
alkene → alkyne
benzene → benzyne

위 반응은 외형적으로는 치환 반응이지만 친전자성 방향족 치환 반응이 아니고, 친핵성 방향족 치환 반응도 아니며 일반적인 S_N2 및 S_N1 반응 경로를 따르지도 않는다. 이 반응의 핵심은 강염기(NH_2^-, OH^-)에 의하여 신-준평면(*syn*-periplanar) 배열의 E2 반응이 진행되어서 벤젠의 기본 골격에 탄소–탄소 삼중 결합을 갖는 **벤자인(benzyne)**을 생성하는 데 있다. 계속해서 친핵체가 벤자인의 삼중 결합 탄소를 공격하고, 탄소 음이온의 산–염기 반응이 진행되면 최종 치환 생성물이 얻어진다.

메커니즘 15-8 클로로벤젠과 강한 염기와의 반응 메커니즘

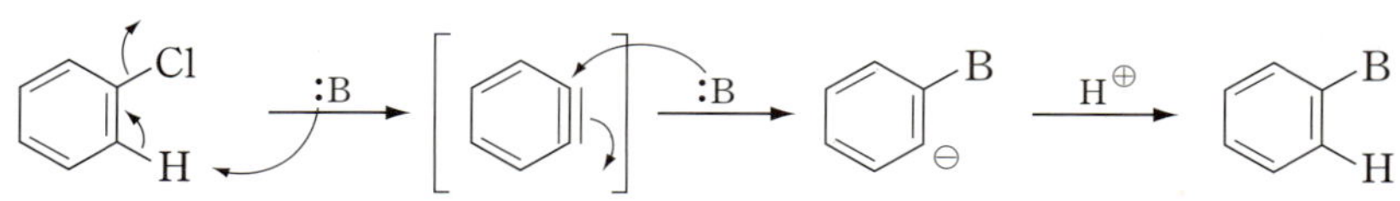

벤자인

원자가 결합 이론에 의하면 벤젠과 벤자인은 탄소 원자가 모두 sp^2 혼성 오비탈을 하고, 여섯 개의 p 오비탈 사이에 중첩이 생겨서 평면 구조를 유지하면서 π-전자의 고리형 비편재화가 가능하다는 공통점이 있다. 그리고 벤젠에는 여섯 개의 $\sigma(C_{sp^2}-H_{1s})$ 결합이 있으나 벤자인에는 네 개의 $\sigma(C_{sp^2}-H_{1s})$ 결합과 한 개의 $\pi(C_{sp^2}-C_{sp^2})$ 결합이 있다는 차이점이 있다. 벤자인의 $\pi(C_{sp^2}-C_{sp^2})$ 결합은 지금까지 기술한 적이 없는 결합으로서, sp^2 오비탈들이 평행하게 있지 못하고 60° 방향으로 멀어지기 때문에 오비탈 중첩이 매우 제한적이고, 그 결과 $\pi(C_{sp^2}-C_{sp^2})$ 결합 에너지가 매우 작아서 친핵체에 의하여 쉽게 끊어지는 특성을 보인다.

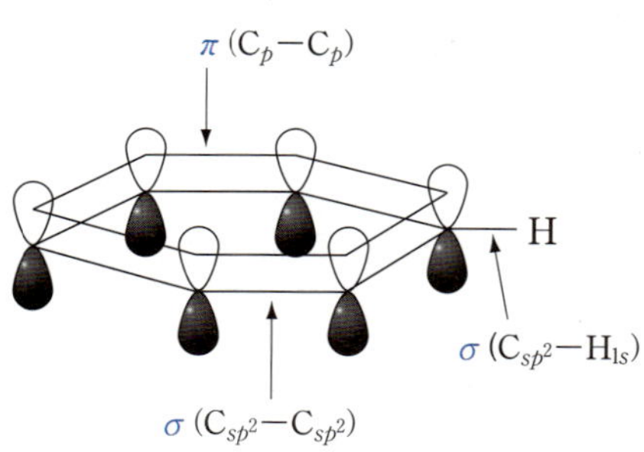

벤젠

vs.

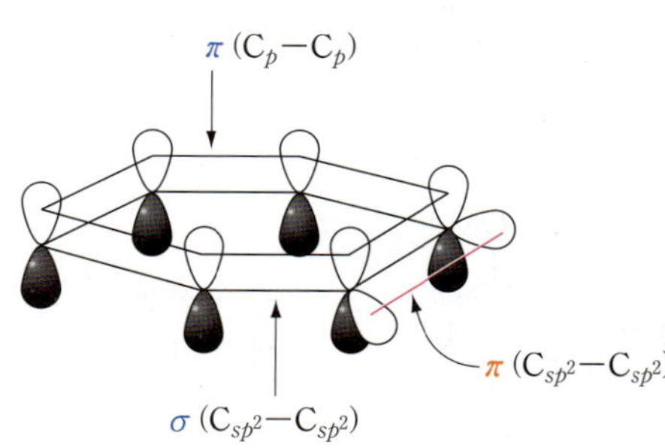

벤자인

벤자인은 매우 불안정한 화학종이기 때문에, 벤자인의 존재를 직접 확인하기보다는 동위 원소를 사용하거나 벤자인의 화학 반응을 통해서 벤자인의 존재를 간접적으로 증명하는 방법들을 흔히 사용한다.

우선, 동위 원소를 사용하는 방법에 대하여 알아보자. C_1^*-Cl 결합이 있는 클로로벤젠에 강염기인 NH_2^-를 반응시키면 $C_1^*-NH_2$와 C_2-NH_2 생성물이 약 1 : 1의 비율로 생긴다. 이러한 결과는 신-준평면 배열의 E2 반응에 의하여 벤자인 **A**가 생성되고, 벤자인의 삼중 결합을 구성하는 두 탄소는 동위 원소인 것을 제외하고는 반응성이 같기 때문에 양쪽 탄소에서 50 : 50의 비율로 반응이 진행되는 것으로 설명할 수 있다.

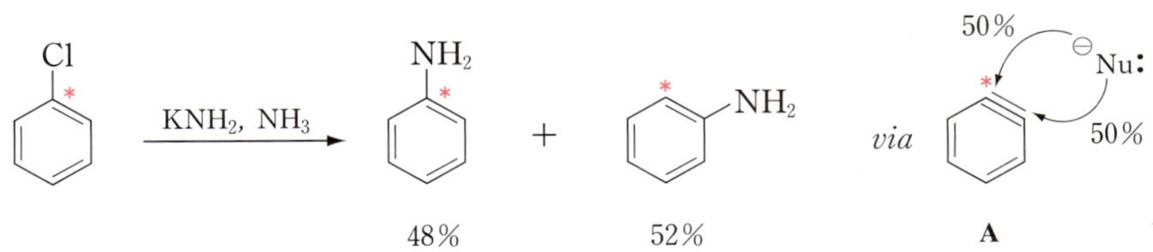

$C^* = {}^{13}C$

중간체의 반응성이 아주 큰 경우에는 중간체와 선택적으로 반응하는 시약을 함께 첨가하여 중간체의 후속 반응을 진행시킬 수 있는데, 이러한 방법을 **트래핑(trapping)** 방법이라고 한다. 벤젠 용매에서 1-브로모-2-플루오로벤젠을 Mg와 반응시키면 다리 구조를 갖는 생성물(**B**)을 분리할 수 있다. 이 반응은 1-브로모-2-플루오로벤젠이 Mg와 반응하여 그리냐르(Grignard) 시약을 생성하고, C−MgBr 음이온이 염기로 작용하여 신-준평면 배열의 E2 반응으로 벤자인을 형성한 후, 벤자인이 벤젠과 디엘스−알더 반응을 진행하는 것으로 설명할 수 있다.

메커니즘 15-9 1-브로모-2-플루오로벤젠과 마그네슘과의 반응 메커니즘

예제 15.10

2-브로모톨루엔을 강한 염기와 반응시키면 오쏘-톨루이딘(*o*-toluidine)과 메타-톨루이딘(*m*-toluidine)이 함께 생성된다. 그 이유를 설명하시오.

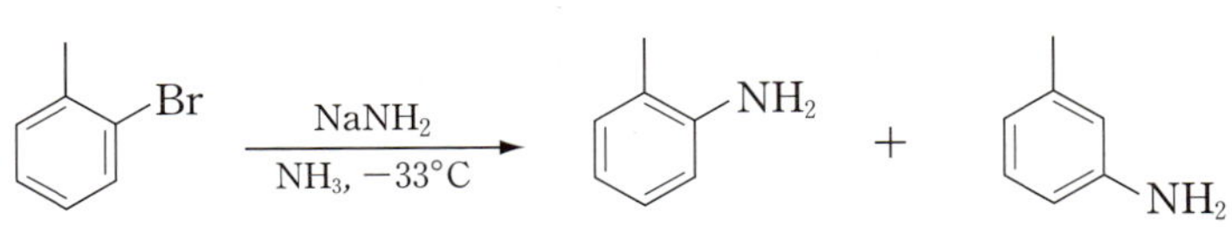

풀이

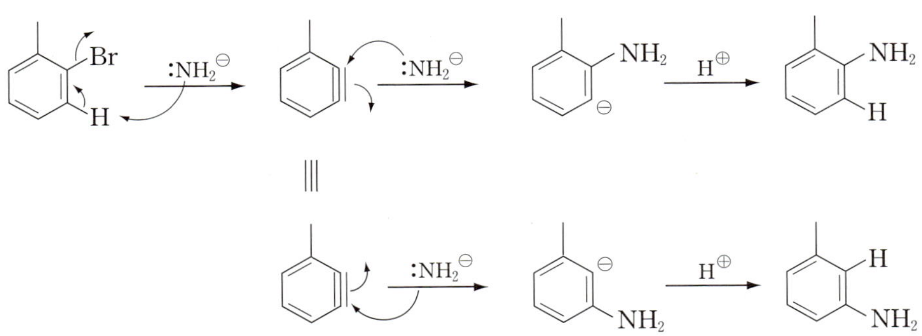

예제 15.11

아래 반응의 주생성물을 예측하시오.

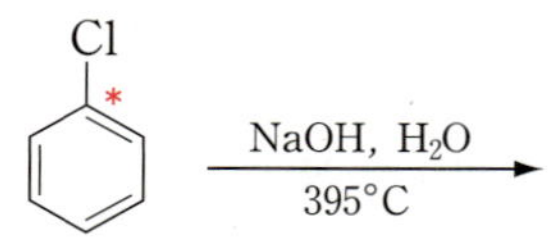

풀이

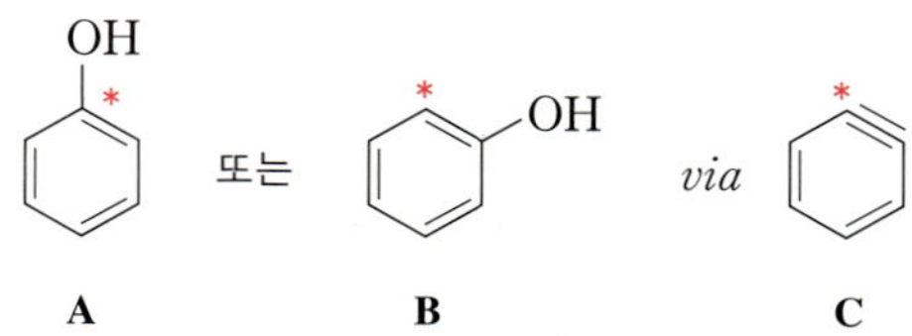

C_1^*−Cl 결합이 있는 클로로벤젠에 강염기인 HO^-를 반응시키면 C_1^*−OH(**A**)와 C_2−OH(**B**) 생성물이 1 : 1의 비율로 생긴다. 이 결과는 신-준평면 배열의 E2 반응에 의하여 생성되는 C_1^*−벤자인 중간체(**C**)로서 설명할 수 있다.

15.7 환원 반응

15.7.1 촉매 수소화 반응

일반적으로 알켄(4.10.5절) 및 알카인(5.11.2절)의 촉매 수소화 반응은 상온에서 빠르게 진행되지만, 벤젠은 36 kcal/mol의 공명 안정화 에너지 때문에 알켄 및 알카인을 환원하는 통상적인 조건에서 반응이 진행되지 않는다. 이것은 이중 결합, 삼중 결합, 벤젠 고리가 동시에 존재할 때 이중 및 삼중 결합의 선택적인 촉매 수소화 반응이 가능함을 의미한다.

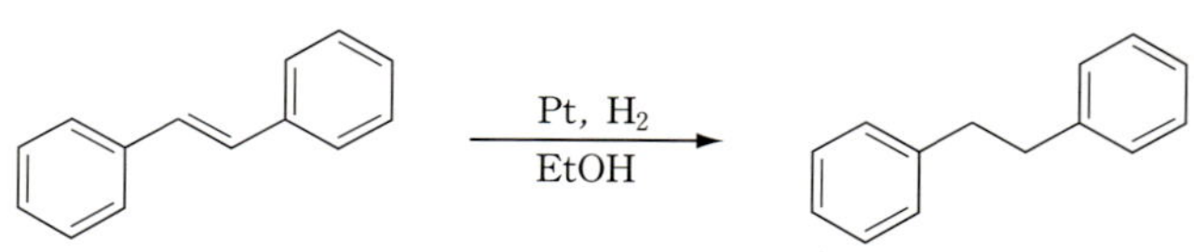

일반적으로 촉매 수소화 반응의 반응성은 [NO_2 > 이중 결합 ≫ (방향족) 카보닐 ≫ 벤젠]이므로, 이들이 동시에 존재하는 화합물에서도 선택적인 환원 반응이 가능할 수 있다.

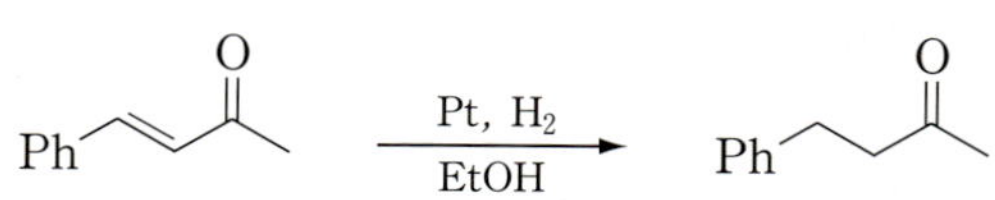

촉매 수소화 반응을 [AcOH, Pd 또는 Pt, 100℃], [Rh/C], [Ru/C] 등의 보다 강한 반응 조건에서 수행하면 벤젠 고리의 촉매 수소화 반응이 일어나서 시스(*cis*)의 입체 선택성을 갖는 사이클로헥세인 유도체를 얻을 수 있다.

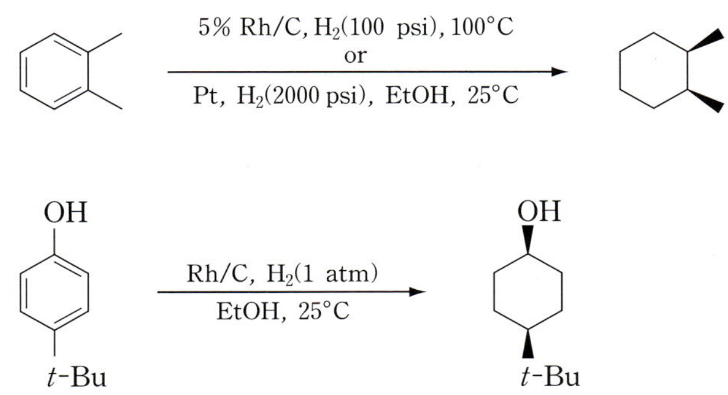

그림 15-17 아렌의 촉매 수소화 반응의 예

15.7.2 용해성 금속 환원 반응

벤젠에 [1족 금속(Li, Na)−NH_3−알코올] 조합을 사용하면 사이클로헥사-1,4-다이엔 골격이 얻어진다. 이 반응은 금속이 이온화되면서 용매에 녹아 들고, 금속에서 이탈된 전자는 NH_3에 의하여 용매화되면서 진행되는데, 이러한 반응을 **용해성 금속 환원 반응(dissolving metal reduction)**이라고 한다.

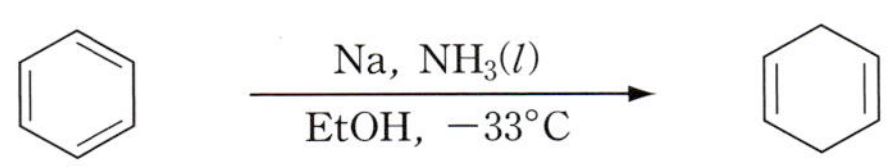

이 반응의 메커니즘은 다음과 같다. 우선 벤젠 고리에 전자 한 개가 전달되어 벤젠 라디칼 음이온 **A**가 생성되고, **A**와 알코올의 산−염기 반응으로 펜타-1,3-다이에닐 라디칼 **B**를 얻는다. 계속해서 **B**에 홀전자 한 개가 추가되어 펜타-1,3-다이에닐 음이온 **C**를 생성하고, 펜타-1,3-다이에닐 음이온의 가운데 탄소에서 선택적으로 알코올과 산−염기 반응이 진행되어 사이클로헥사-1,4-다이엔을 제공한다. 이 반응에서는 두 개의 수소 원자가 반드시 1,4-형태로 들어간다.

메커니즘 15-10 벤젠의 용해성 금속 환원 반응 메커니즘

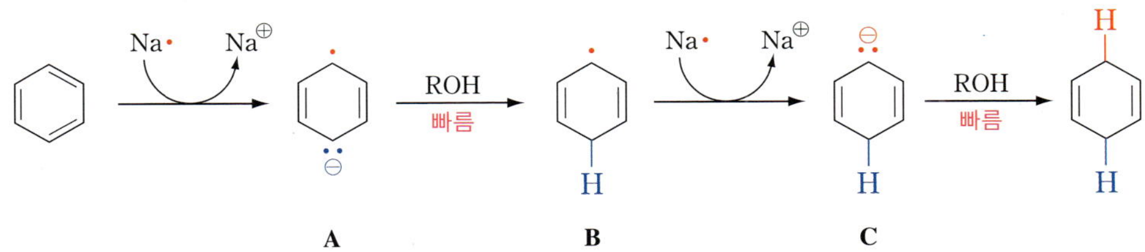

일치환 벤젠 유도체의 경우에는 용해성 금속 환원 반응을 하였을 때 두 종류의 1,4-다이엔 생성물이 가능하다. 그러나 실험 결과를 보면 알킬 및 알콕시처럼 활성화 치환체가 있는 경우에는 이들과 결합한 탄소가 sp^2 혼성을 갖는 생성물이 얻어지고, 바이닐 및 벤젠 등의 콘쥬게이션 치환체 또는 CO 작용기 등의 강한 비활성화 치환체가 있는 경우에는 이들과 결합한 탄소가 sp^3 혼성을 갖는 생성물이 얻어짐을 알 수 있다.

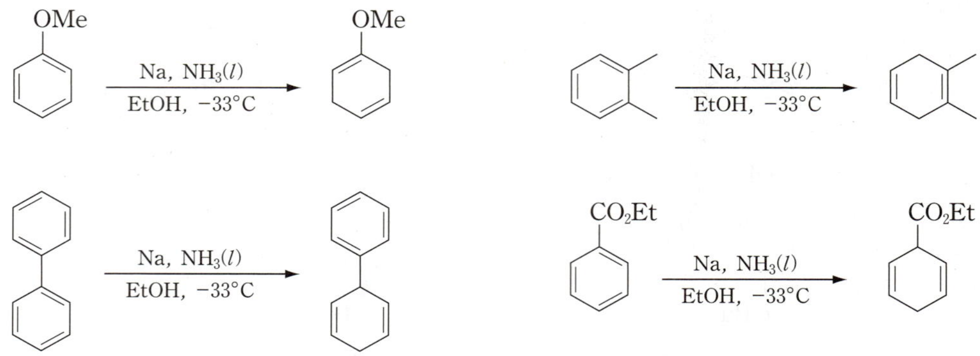

그림 15-18 아렌의 용해성 금속 환원 반응의 예

이러한 선택성에 대한 설명은 현재의 수준에서는 부적절하기 때문에 생략한다. 다만, 중간체 탄소 음이온이 치환체(바이닐, 벤젠, CO 작용기)에 의하여 열역학적으로 안정화될 수 있으면 이러한 중간체를 통해서 반응이 진행되고, 치환체(Me, OMe)에 의하여 열역학적으로 불안정하게 되면 이 중간체를 회피하는 경로로 반응이 진행된다고 생각하면 주생성물을 예측할 수 있다.

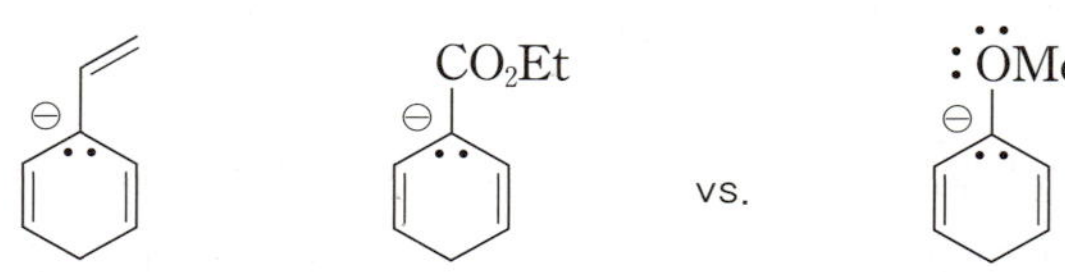

15.8 벤질 탄소의 반응

15.8.1 벤질 C−H의 산성도

일반적으로 C−H 결합의 산성도는 아래와 같이 탄소의 혼성과 밀접한 관련이 있음을 5.5절에서 상세하게 설명하였고, 알릴 C_{sp^3}−H 결합의 산성도(pK_a=45)가 통상적인 C_{sp^3}−H 결합의 산성도(pK_a=60)보다 큰 이유를 13.5.2절에서 기술한 바 있다. 그리고 일반적인 C_{sp^2}−H 결합의 산성도(pK_a=45)로부터 벤젠 C_{sp^2}−H 결합의 산성도(pK_a=43), 알릴 C_{sp^3}−H 결합의 산성도(pK_a=45)로부터 벤질 C_{sp^3}−H 결합의 산성도(pK_a=41)를 쉽게 이해할 수 있다. 또한 벤질 위치에 벤젠의 수가 증가할수록 생성된 탄소 음이온의 비편재화가 증가하여 열역학적으로 더 안정하게 되므로 산성도가 증가함을 추론할 수 있다.

표 15-2 C−H 결합의 산성도(pK_a)

C−H 결합	pK_a	C−H 결합	pK_a	C−H 결합	pK_a
CH_3-CH_2-H	60	$CH_2=CH-H$	45	$CH_2=CH-CH_2-H$	45
$CH_2=CH-H$	45	Ph−H	43	$Ph-CH_2-H$	41
$CH\equiv C-H$	25			$(Ph)_2CH-H$	33
				$(Ph)_3C-H$	31

아래 반응은 다이페닐메테인(diphenylmethane)을 강염기인 $NaNH_2$와 반응시켜 벤질 음이온을 만들고, 이 음이온이 1-브로모뷰테인과 S_N2 반응을 하여 1,1-다이페닐펜테인을 생성하는 반응이다. 만약 이 반응에서 $NaNH_2$ 대신에 NaOH를 사용하면 음이온이 거의 생성되지 않기 때문에 이 반응은 진행되지 않는다.

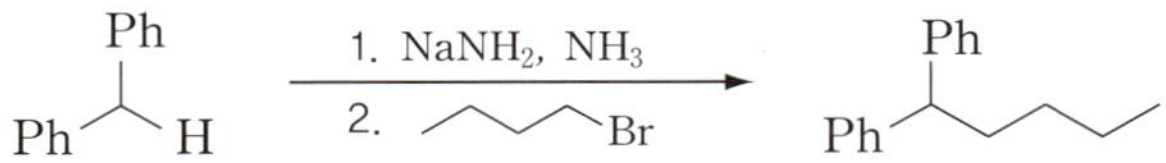

Ph_2CH_2, NH_3, 물의 산성도(pK_a)가 각각 33, 33, 16이라는 정보를 이용하여 음이온의 생성 정도를 바로 추론할 수 있다(2.1.4절).

15.8.2 결합 해리 에너지

공유 결합을 균일 분해 반응으로 끊어서 두 개의 독립적인 원자를 생성하기 위해서는 에너지를 흡수(흡열 반응)해야 하는데, 이 에너지를 **결합 해리 에너지(bond dissociation energy**, $\Delta H°$)라고 한다(2.4절).

$$A-B \rightarrow A\cdot + \cdot B \qquad \Delta H^\circ_{BDE} > 0$$

일반적으로 CH_3-H, RCH_2-H, R_2CH-H, R_3C-H의 결합 에너지는 각각 105, 100, 96, 93 kcal/mol이다(2.4절). 반면에 알릴 $C_{sp^3}-H$ 및 벤질 $C_{sp^3}-H$의 결합 에너지는 각각 88, 85 kcal/mol로서 훨씬 작은 것을 알 수 있다.

표 15-3 C−H 결합의 결합 해리 에너지

C−H 결합	결합 해리 에너지 (kcal/mol)	C−H 결합	결합 해리 에너지 (kcal/mol)
H_3C-H	105	$CH_2=CH-CH_2-H$	88
RCH_2-H	100	$Ph-CH_2-H$	85
R_2CH-H	96		
R_3C-H	93		

15.8.3 산화 반응

알킬벤젠 유도체에서 벤질 C−H 결합이 있으면 산화 반응을 수행할 수 있다.

공업적인 방법으로는 톨루엔(toluene)을 $[O_2-Co^{3+}-Mn^{2+}]$ 촉매 조건에서 가열하여 벤조산(benzoic acid)을 제조하고, 또는 오쏘 및 파라-자일렌을 유사한 조건에서 산화시켜서 각각 프탈산(phthalic acid) 및 테레프탈산(terephthalic acid)을 생산할 수 있다. 이들은 고분자 합성의 단량체로 사용되는 매우 중요한 화합물이다.

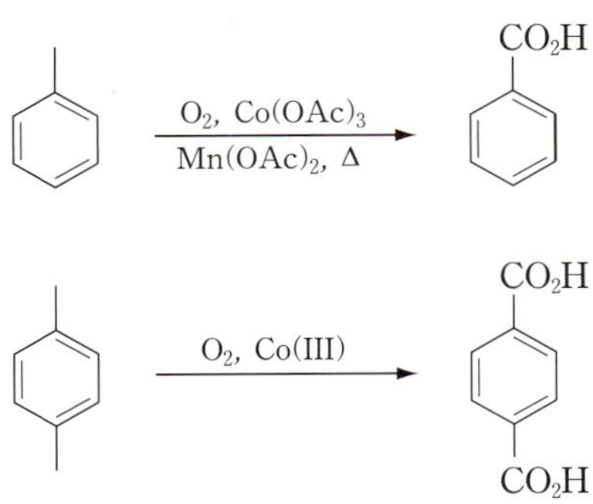

그림 15-19 공업적인 알킬벤젠의 산화 반응 예

실험실에서 알킬벤젠의 산화 반응은 $Na_2Cr_2O_7$, $KMnO_4$, HNO_3 등의 산화제를 주로 사용한다. 일반적으로 한 개 이상의 벤질 C−H 결합이 있으면 벤젠 고리는 반응에 참여하지 않고 통상적으로 카복실산(−CO_2H)이 생성된다. 일반적으로 알킬 치환체의 크기가 증가하면 더 강한 산화 반응 조건이 필요한데, 이것은 수율의 감소를 가져오기 때문에 합성의 관점에서는 중요성이 감소한다.

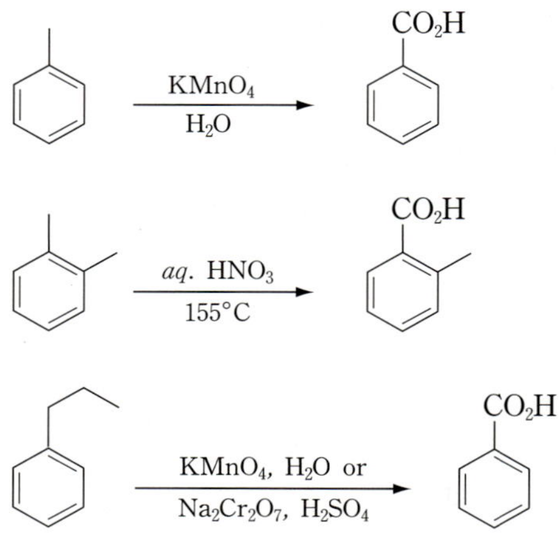

그림 15-20 실험실에서 알킬벤젠의 산화 반응 예

t-뷰틸벤젠과 같이 벤질 C−H 결합이 없는 경우에는 벤젠 고리에서 산화 반응이 진행된다. 이 반응은 벤젠의 공명 안정화 에너지의 손실을 수반하기 때문에 매우 강한 반응 조건에서만 진행된다.

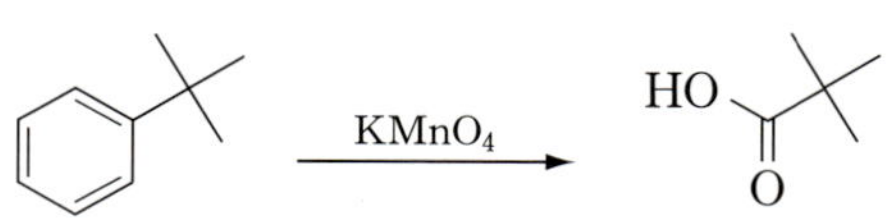

이러한 알킬 치환체의 산화 반응 메커니즘은 분명하게 밝혀지지 않았다.

예제 15.12

아래 반응의 주생성물을 그리시오.

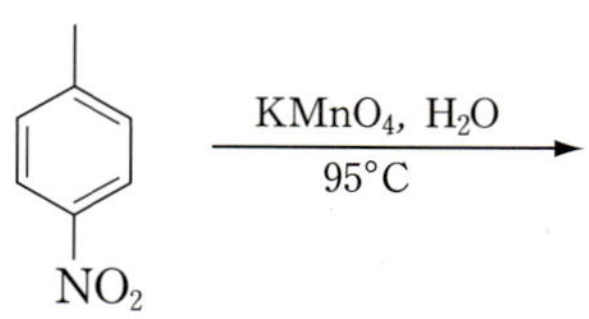

풀이

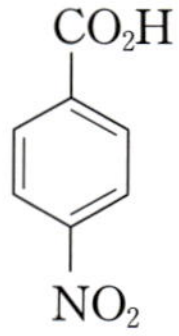

15.8.4 환원 반응

일반적으로 촉매 수소화 반응의 반응성은 [NO_2 > 이중 결합 ≫ (방향족) 카보닐 ≫ 벤젠]이다(15.7.1절). 이것은 이중 결합, 삼중 결합, 벤젠 고리가 동시에 존재할 때 이중 및 삼중 결합의 선택적인 촉매 수소화 반응이 가능함을 의미한다. NO_2, 이중 결합, 방향족 카보닐 작용기가 동시에 있을 때에는 NO_2 및 이중 결합의 선택적인 촉매 수소화 반응이 가능하다.

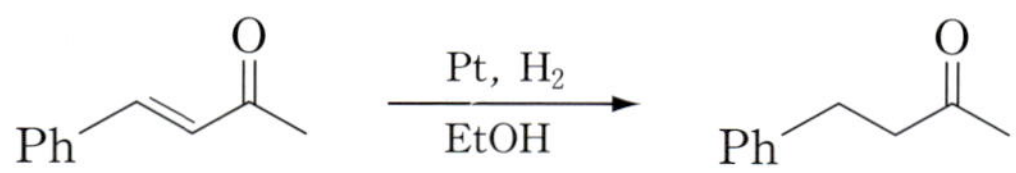

일반적으로 지방족 카보닐 작용기는 촉매 수소화 반응에 참여하지 않지만, 방향족 카보닐 작용기는 촉매 수소화 반응에 참여하는 경우가 가끔 있다. 최종 생성물은 출발 물질 및 생성 물질의 구조와 반응 조건에 따라서 환원이 한번 진행된 알코올, 또는 알코올에서 환원이 더 진행된 화합물일 수 있다.

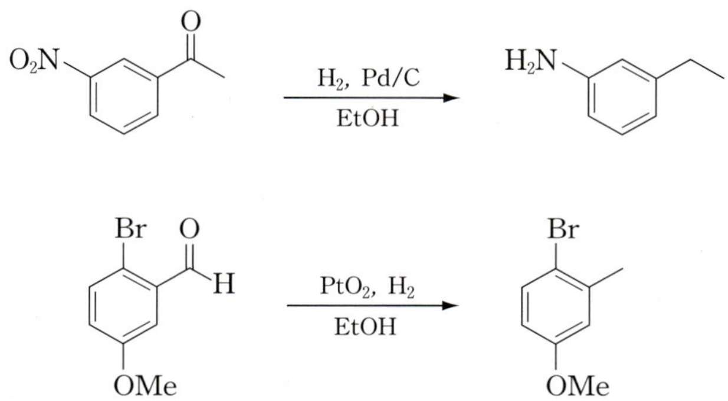

카보닐 작용기를 제거하는 대표적인 방법으로는 클레멘젠(Clemmensen)의 탈산소 반응과 볼프–키쉬너(Wolf–Kishner)의 탈산소 반응이 있는데, 이에 관해서는 16.14.4절에서 상세하게 기술할 예정이다.

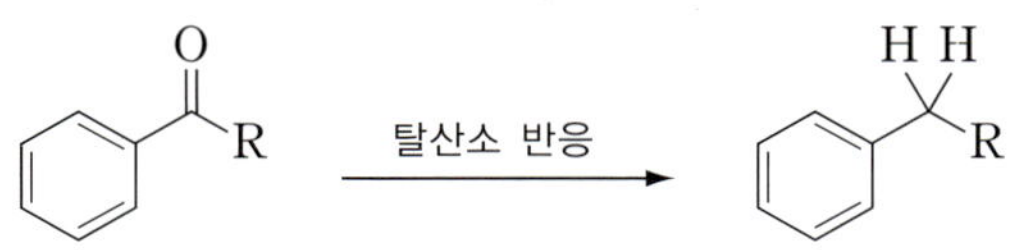

할로젠화 벤질은 할로젠화 알릴과 같이 S_N1 및 S_N2 반응성이 매우 크기 때문에(13.3절), LAH처럼 친핵성이 아주 큰 화학종에 의하여 쉽게 치환된다. 할로젠화 벤질을 그리냐르(Grignard) 시약으로 만든 후, 산–염기 반응을 진행해도 동일한 생성물을 얻을 수 있다.

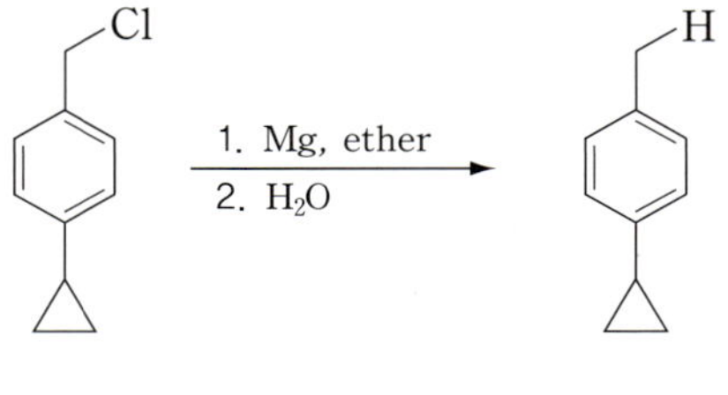

LAH는 매우 강한 친핵체(환원제)이다.

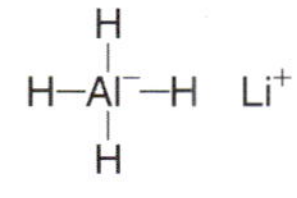

예제 15.13

아래 반응의 중간체를 그리시오.

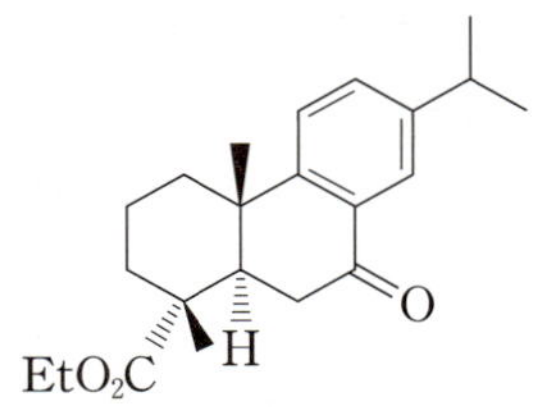

풀이

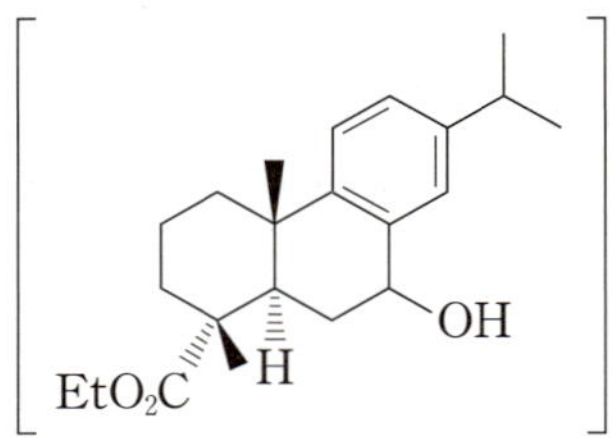

15.8.5 라디칼 할로젠화 반응

벤질 C−H 결합이 있는 경우에 알킬벤젠의 산화 반응이 벤질 위치에서 선택적으로 진행(15.8.3절)되는 것처럼, 알킬벤젠의 라디칼 할로젠화 반응도 벤질 위치에서 선택적으로 관찰된다.

톨루엔과 염소(Cl_2)의 혼합물에 빛을 조사하면 염화 벤질이 빠르게 생성된다. 이 반응에서 과량의 염소를 사용하면 처음보다는 느리게 벤질 위치에 두 번째 염소 원자가 도입되고, 두 번째보다 더 느리게 벤질 위치에 세 번째 염소 원자를 도입할 수 있다. 이러한 반응을 **벤질 위치 라디칼 할로젠화 반응(benzylic radical halogenation)**이라고 한다.

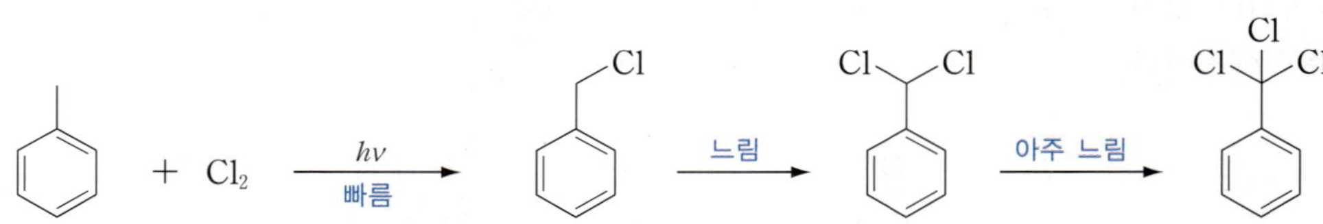

Benzyl chloride

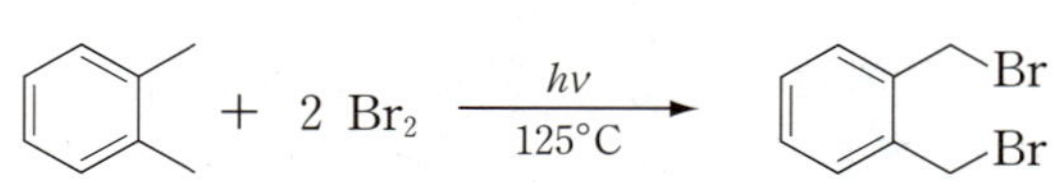

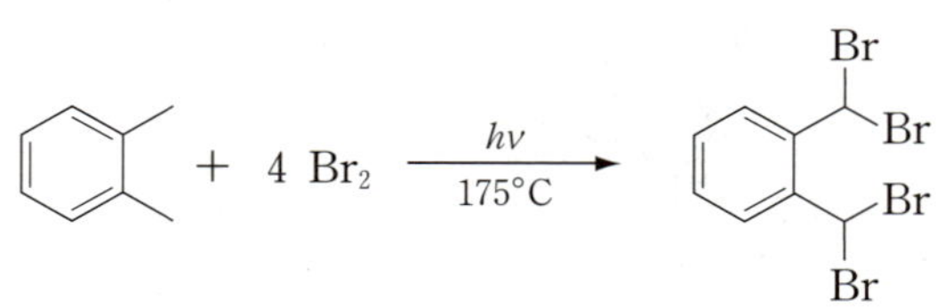

위 반응은 라디칼을 매개로 진행되는 반응으로서 개시, 전파, 종결의 세 단계(2.5절 및 4.8절)로 진행된다. 개시 단계에서는 Cl_2 분자가 균일 분해되어 Cl· 라디칼을 형성한다. 전파 단계는 Cl· 라디칼이 벤질 위치의 C_{sp^3}−H 결합과 반응하여 HCl 및 벤질 라디칼을 형성한 후, 벤질 라디칼이 염소(Cl_2)와 반응하여 염화 벤질과 Cl· 라디칼을 형성하는 반응으로 구성된다. 이러

한 두 단계 반응을 통하여 $PhCH_2Cl$을 생성함과 동시에 첫 번째 반응에 필요한 Cl·를 두 번째 반응에서 다시 생성함으로써 자가 발전이 가능한 순환 구조를 완성할 수 있다.

메커니즘 15-11 알킬벤젠의 라디칼 할로젠화 반응 메커니즘

- 개시 단계 : $Cl-Cl \longrightarrow 2\ Cl\cdot$ $:\Delta H^\circ = 58$ kcal/mol
- 전파 단계 : $Ph-CH_3 \xrightarrow[\Delta H^\circ = -18]{Cl\cdot \ \ H-Cl} [Ph-CH_2\cdot] \xrightarrow[\Delta H^\circ = -12]{Cl-Cl \ \ Cl\cdot} Ph-CH_2-Cl$

이 반응에서 각 반응 단계의 에너지 변화를 기술해 보자. 개시 단계에서는 Cl_2 분자의 균일 분해 반응이 진행되므로 58 kcal/mol 흡열 반응이다. 전파 단계의 첫 번째 반응에서는 벤질 $C_{sp^3}-H$ 결합이 끊어지고 $H-Cl$ 결합이 생성되는데, 이것은 열역학적으로 85 kcal/mol의 에너지가 유입되고 103 kcal/mol의 에너지가 방출되는 것이므로 결국 18 kcal/mol 발열 반응이다. 전파 단계의 두 번째 반응에서는 $Cl-Cl$ 결합이 끊어지고 벤질 $C_{sp^3}-Cl$ 결합이 생성되는데, 이것은 열역학적으로 58 kcal/mol의 에너지가 유입되고 70 kcal/mol의 에너지가 방출되는 것이므로 결국 12 kcal/mol 발열 반응이다.

이번에는 에틸벤젠에서 라디칼 할로젠화 반응의 위치 선택성에 대하여 알아보자. 벤젠 고리가 반응에 참여하지 않는다고 가정할 때 에틸벤젠에는 두 종류의 알킬 C−H 결합, 즉 $C_\alpha-H$ 및 $C_\beta-H$ 결합이 있으므로 이론적으로 두 종류의 생성물을 얻을 수 있다.

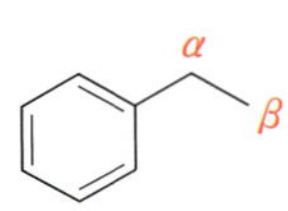

실제로 에틸벤젠과 염소(Cl_2)의 혼합물에 빛을 조사하면 1-클로로-1-페닐에테인(56%)과 (2-클로로에틸)벤젠(44%)이 생성되고, 에틸벤젠과 브로민(Br_2)의 혼합물에 빛을 조사하면 1-브로모-1-페닐에테인(100%)이 생성된다. 이처럼 생성물의 위치 선택성은 염소(Cl_2)보다는 브로민(Br_2)을 사용할 때 훨씬 좋은데, 이러한 결과는 프로페인 및 2-메틸프로페인의 라디칼 할로젠화 반응에서의 경향성(3.12.2~3.12.4절)과 일치한다. 그 이유에 대해서는 3.12절에서 상세하게 기술하였기 때문에 이와 관련한 추가적인 설명은 생략한다.

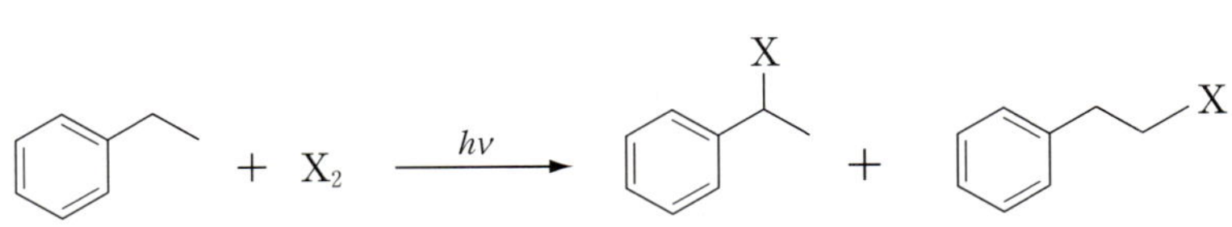

X	비율	
Cl	56%	44%
Br	100%	0%

예제 15.14

아래 반응의 주생성물을 그리시오.

(a) 

(b) 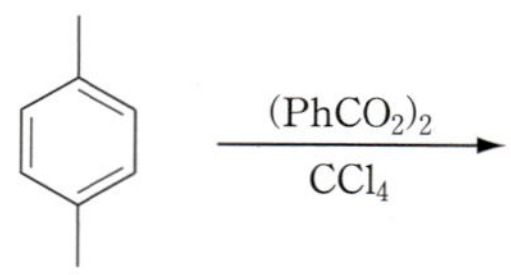

풀이

(a) 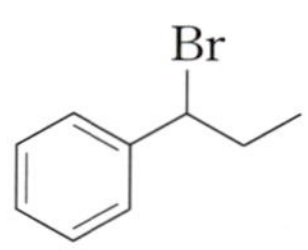

(b) 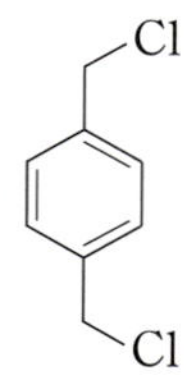

15.9 유기 합성

15.9.1 서론

15.1~15.3절에서는 친전자성 방향족 치환 반응(할로젠화 반응, 나이트로화 반응, 설폰화 반응, 프리델-크래프트 알킬화 반응, 프리델-크래프트 아실화 반응, 양성자 교환 반응), 치환체에 따라서 반응성이 변하는 이유, 그리고 치환체에 따른 위치 선택성에 대하여 설명하였다. 15.5~15.8절에서는 친핵성 방향족 치환 반응(첨가-제거 반응), 벤자인 반응, 환원 반응, 벤질 위치에서의 반응 등에 대하여 기술하였다. 이제는 이러한 정보들을 종합하여 특정 구조의 벤젠 유도체들을 합성하는 계획을 세워 보자.

친전자성 방향족 치환 반응을 이용하여 유기 합성을 할 때 몇 가지 도움이 되는 내용들을 간단하게 정리하면 다음과 같다.

1. 강한 비활성화 치환체가 있는 벤젠 유도체에서는 프리델-크래프트 알킬화 반응 및 프리델-크래프트 아실화 반응이 진행되지 않는다.

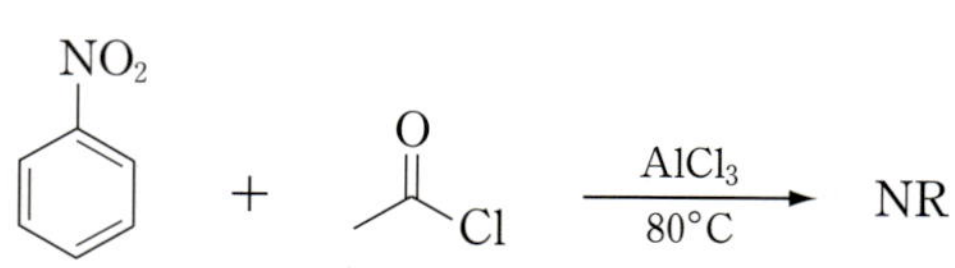

2. 일치환 벤젠 유도체에서 치환체가 오쏘 및 파라 위치 선택성을 가지면 일반적으로 오쏘 및 파라 생성물이 함께 얻어진다. 그리고 파라 화합물은 오쏘 화합물에 비하여 채움(packing)이 쉽기 때문에 경우에 따라서는 선택적인 결정화 방법으로 분리할 수 있다.

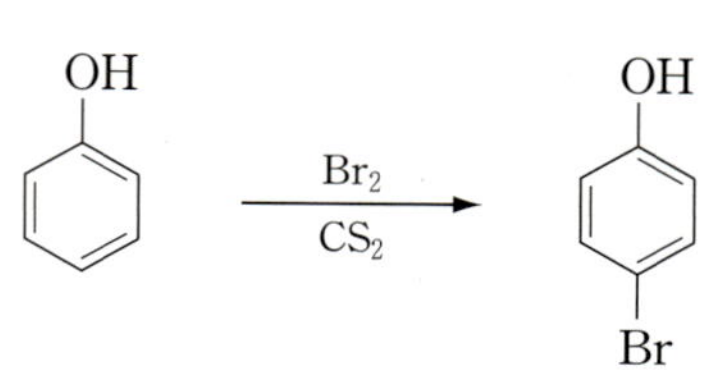

3. 메타 위치 선택성을 갖는 일치환 벤젠 유도체에서는 하나의 생성물이 주로 얻어진다.

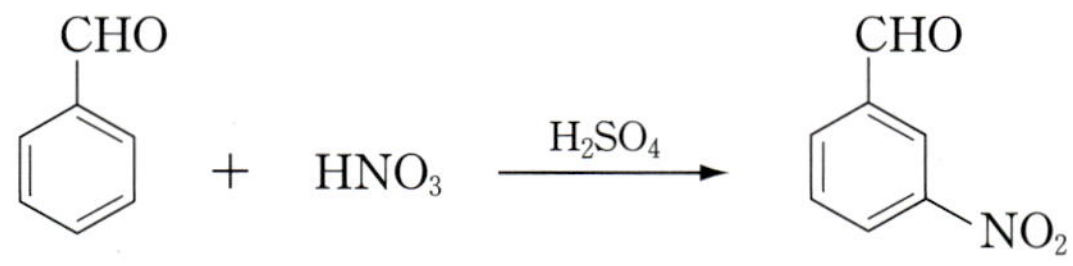

4. 오쏘 및 파라 선택성을 갖는 일치환 벤젠 유도체의 프리델−크래프트 아실화 반응에서는 반응 시약이 입체적으로 크기 때문에 파라 생성물이 주로 얻어진다.

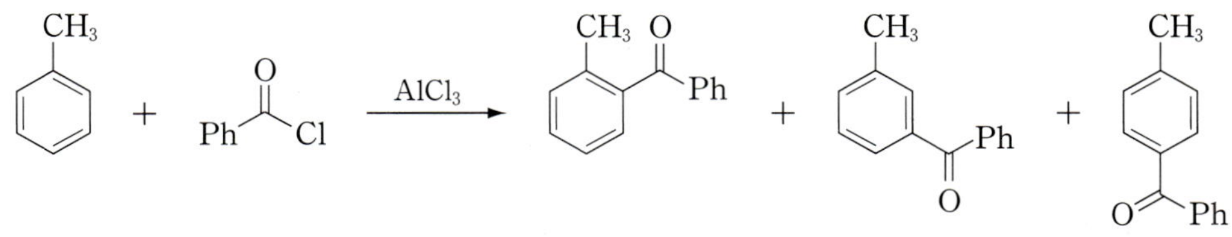

5. 두 개의 치환체가 서로 다른 그룹(아주 강한 활성화 치환체, 강한 활성화 치환체, 약한 활성화 치환체, 약한 비활성화 치환체, 강한 비활성화 치환체, 아주 강한 비활성화 치환체)에 속하는 경우에는 일반적으로 활성화 능력이 큰 치환체가 위치 선택성을 결정한다.
6. 두 개의 치환체가 같은 그룹에 속하면 각각의 치환체가 선호하는 위치에서 반응이 진행된다. 만약 그 위치가 일치하면 위치 선택성이 매우 우수하고, 그 위치가 서로 다르면 혼합물이 생성될 가능성이 증가한다.

15.9.2 4-나이트로톨루엔에서 2,4-다이나이트로벤조산의 합성

4-나이트로톨루엔에서 2,4-다이나이트로벤조산을 합성하는 경로를 제안해 보자. 이를 위해서는 C_2 선택적인 나이트로화 반응과 알킬 치환체의 산화 반응을 진행해야 한다.

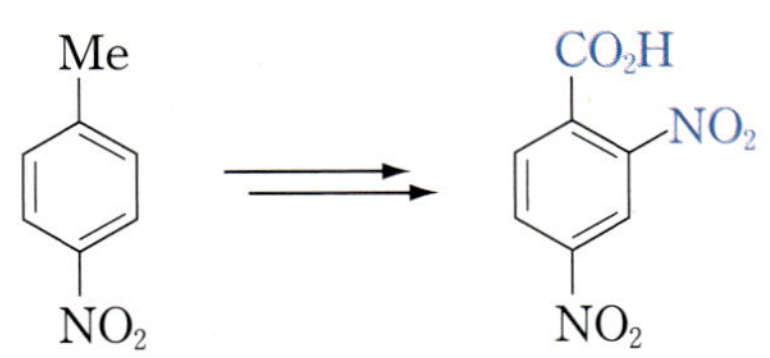

경로 ①은 4-나이트로톨루엔의 Me 치환체를 $Na_2Cr_2O_7$으로 산화시켜서 4-나이트로벤조산(**A**)을 얻고, **A**에 나이트로화 반응을 진행하여 2,4-다이나이트로벤조산을 합성하는 경로이다. 이 경로의 문제점은 중간체 **A**에서 CO_2H와 NO_2 치환체가 모두 강한 비활성화 치환체이기 때문에 매우 강한 반응 조건이 필요하다는 점, 그리고 각각의 치환체가 메타 위치 선택성을 갖기 때문에 2,4- 및 3,4-다이나이트로벤조산 혼합물이 예상된다는 것이다. 즉 경로 ①은 목적 화합물의 합성에 적절하지 못하다.

경로 ①:

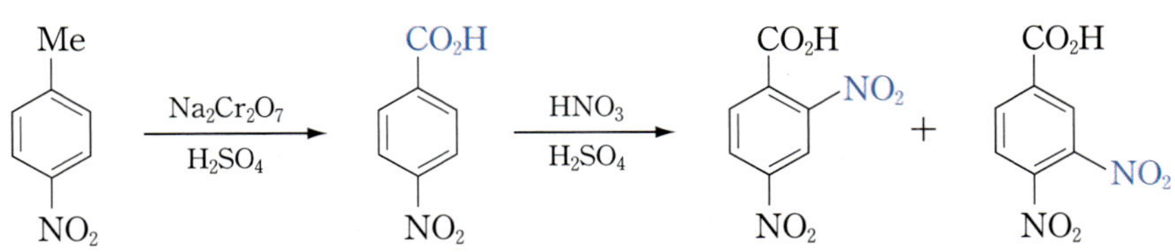

A

경로 ②는 경로 ①의 반응 순서를 역으로 적용하였다. 우선 4-나이트로톨루엔에 나이트로화 반응을 진행하는 경우에 Me가 NO_2 치환체보다 벤젠 고리 활성화 능력이 더 커서 위치 선택성에서 우선권이 있고, Me는 오쏘 및 파라 위치 선택성을 가지므로 이 반응은 C_2에서 선택적으로 진행될 것이다. 그리고 중간체 **B**의 산화 반응은 무리 없이 진행될 것이므로 결과적으로 경로 ①보다는 경로 ②가 목적 화합물의 합성에 더 적합한 경로이다.

경로 ②: 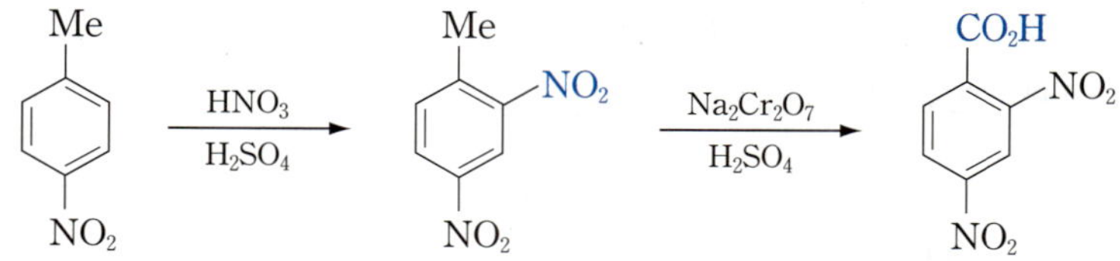

B

15.9.3 벤젠에서 1-(3-브로모페닐)에탄-1-온 및 1-(4-브로모페닐)에탄-1-온의 합성

벤젠에서 1-(3-브로모페닐)에탄-1-온 및 1-(4-브로모페닐)에탄-1-온을 합성하기 위해서는 프리델–크래프트 아실화 반응 및 브로민화 반응을 수행해야 한다.

경로 ①에서는 프리델–크래프트 아실화 반응 및 메타 선택적인 브로민화 반응을 차례로 적용하여 1-(3-브로모페닐)에탄-1-온을 합성하였다.

경로 ①: 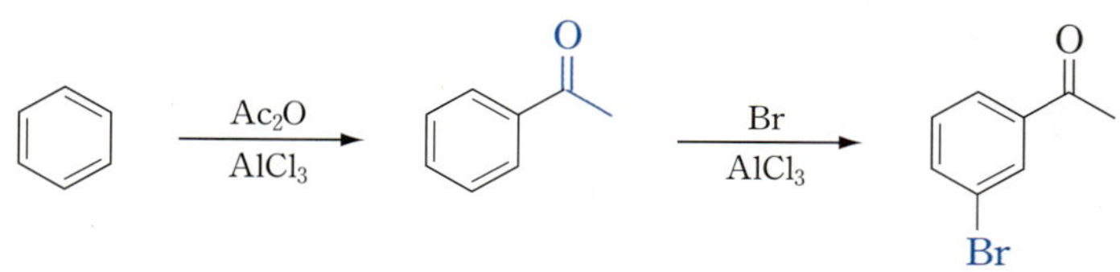

경로 ②에서는 브로민화 반응 및 파라 선택적인 프리델–크래프트 아실화 반응을 차례로 적용하여 1-(4-브로모페닐)에탄-1-온을 합성하였다. 물론 프리델–크래프트 아실화 반응에서 Br 치환체가 오쏘 및 파라 선택성을 갖기 때문에 오쏘 생성물이 함께 생기는 것을 배제할 수는 없으나, 목적 화합물이 파라 생성물이기 때문에 반응 조건을 조절하고 생성물의 분리 조건을 잘 찾는다면 충분히 파라 생성물을 분리할 수 있을 것이다.

경로 ②: 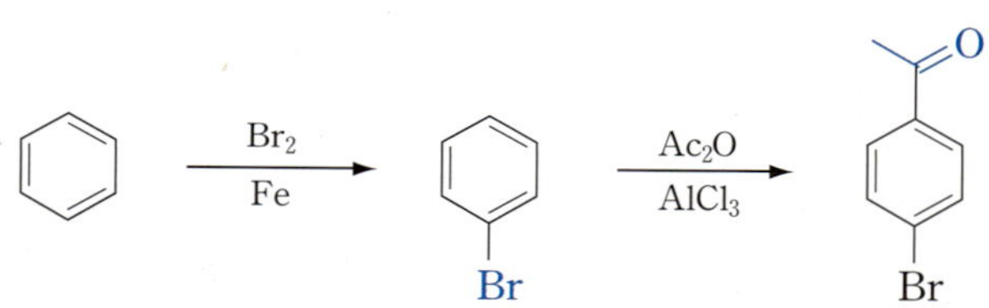

예제 15.15

아래의 출발 물질로부터 생성 물질을 합성하는 과정을 쓰시오.

(a) 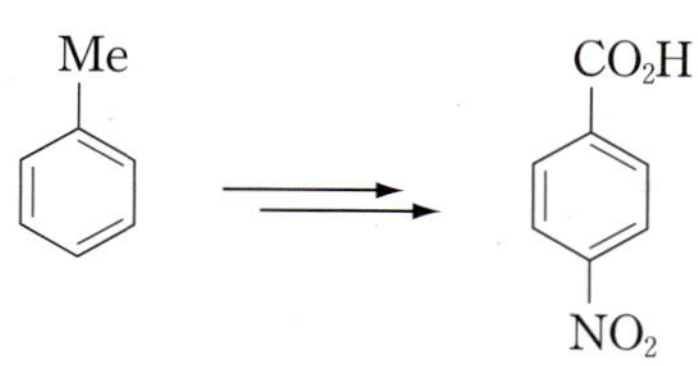

(b) 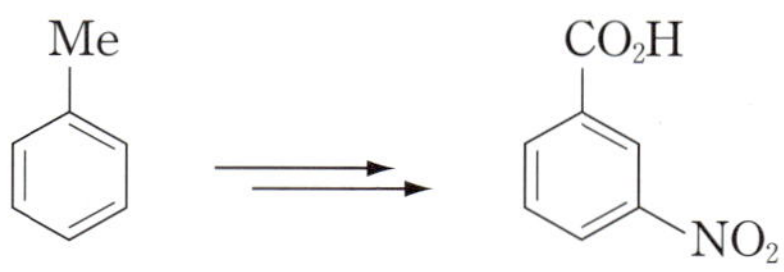

풀이

(a) 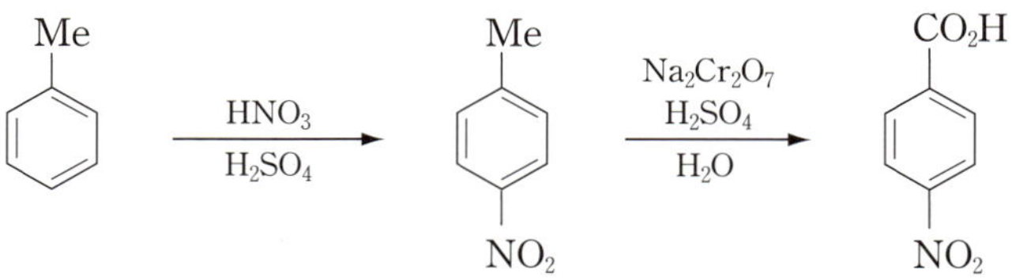

(b) 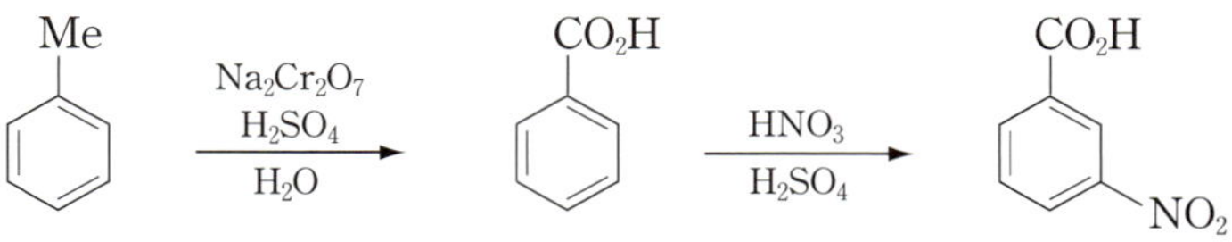

15.10 요약

15장의 도입부에서는 벤젠의 친전자성 방향족 치환 반응, 치환체와 반응성, 치환체와 위치 선택성에 대하여 기술하였다. 이후에는 친핵성 방향족 치환 반응, 벤자인 반응, 환원 반응 및 벤질 탄소의 반응 등을 소개하였다. 마지막에는 이러한 반응들을 적절하게 적용하여 목적 화합물을 합성하는 예들을 보여 주었다.

벤젠과 친전자체의 반응은 벤젠 고리의 공명 안정화 에너지 때문에 첨가 반응 대신에 치환 반응이 일어난다(15.1.1절). 벤젠의 친전자성 방향족 치환 반응은 벤젠에서 가장 중요한 반응 형태로서, 다양한 친전자체가 반응에 참여하지만 기본적으로 반응 경로는 모두가 동일하다. 반응에 사용되는 친전자체(E^+)로는 형식적으로 X^+(할로젠화 반응), $NO_2{}^+$(나이트로화 반응), SO_3H^+(설폰화 반응), R^+(프리델-크래프트 알킬화 반응), RCO^+(프리델-크래프트 아실화 반응), D^+(H/D 교환 반응) 등이 있다(15.1.2~15.1.7절).

표 15-4 벤젠의 친전자성 방향족 치환 반응

반응	조건	E^+(대등체)
할로젠화 반응	X_2, $AlCl_3$	X^+
나이트로화 반응	HNO_3, H_2SO_4(fuming)	$NO_2{}^+$
설폰화 반응	SO_3, H_2SO_4(fuming)	SO_3H^+
프리델-크래프트 알킬화 반응	R−X, $AlCl_3$	R^+
프리델-크래프트 아실화 반응	RC(=O)−Cl, $AlCl_3$	$R(C=O)^+$
H/D 교환 반응	D_2O, D_2SO_4	D^+

벤젠의 치환체들은 친전자체와의 반응성을 기준으로 여섯 가지 등급(아주 강한 비활성화 기, 강한 비활성화 기, 약한 비활성화 기, 약한 활성화 기, 강한 활성화 기, 아주 강한 활성화 기)으로 분류할 수 있고, 반응의 위치 선택성 기준으로는 오쏘 및 파라 선택성, 메타 선택성으로 구분할 수 있다(15.2절 및 15.3절). 이러한 구분은 NH_2, OH, X의 경우를 제외하고는 대부분 유발 효과 및 공명 효과의 개념을 적용하여 합리적으로 추론할 수 있다.

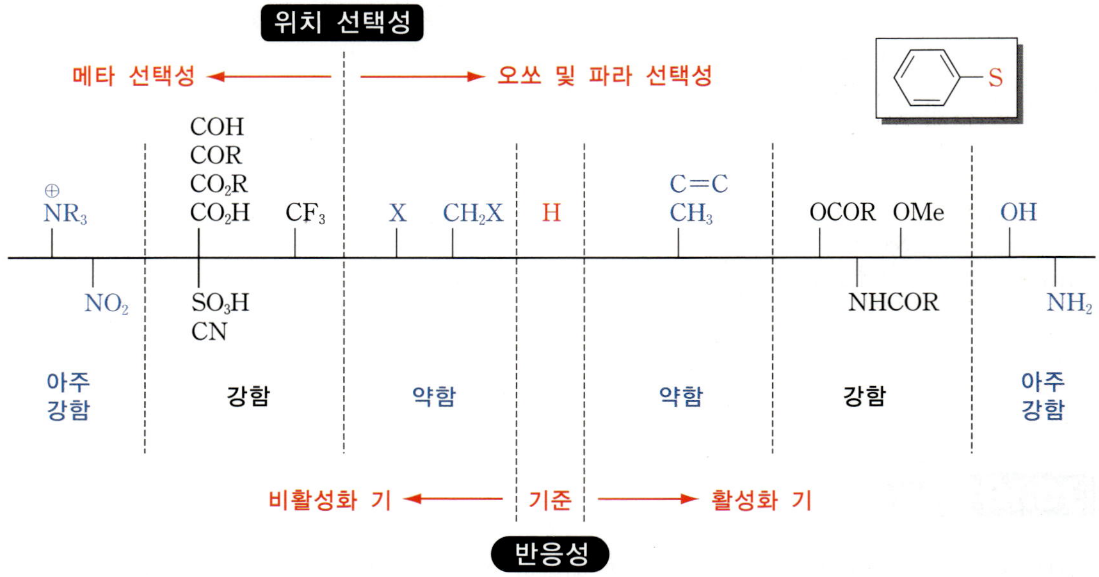

그림 15-21 단치환 벤젠 유도체의 반응성 및 위치 선택성

이치환 벤젠 유도체에서는 두 치환체가 서로 다른 그룹에 속하면 활성화 능력이 큰 치환체에 의하여 위치 선택성이 좌우되고, 두 치환체가 동일한 그룹에 속하면 서로 독립적으로 영향을 행사한다(15.3.6절).

나프탈렌에서 친전자성 방향족 치환 반응이 일어나면 C_1 위치에서 선택적으로 반응이 진행된다(15.4절). 그 이유는 벤젠 고리의 방향족성을 최대한 유지하는 방향으로, 즉 열역학적으로 가장 안정한 중간체를 통해서 반응이 진행되기 때문이다.

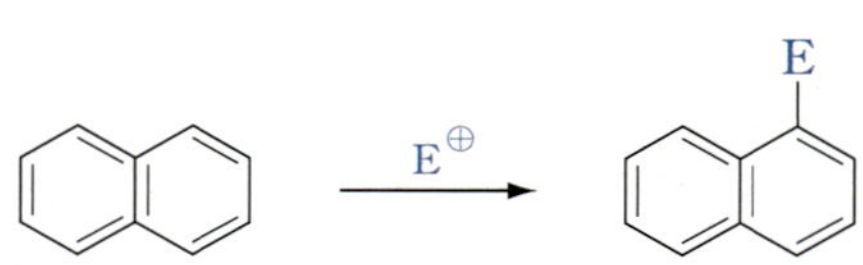

친전자성 방향족 치환 반응과는 반대로 이탈기의 오쏘 및 파라 위치에 강한 비활성화 기(NO_2, CO_2R, CF_3 등)가 있어서 음이온의 추가적인 비편재화가 가능한 경우에는 친핵성 방향족 치환 반응(첨가-제거 반응)도 진행될 수 있다(15.5절). 이 반응은 내부적으로 친핵체 첨가 반응 및 이탈기 제거 반응의 두 가지가 연속적으로 일어나는 반응이다.

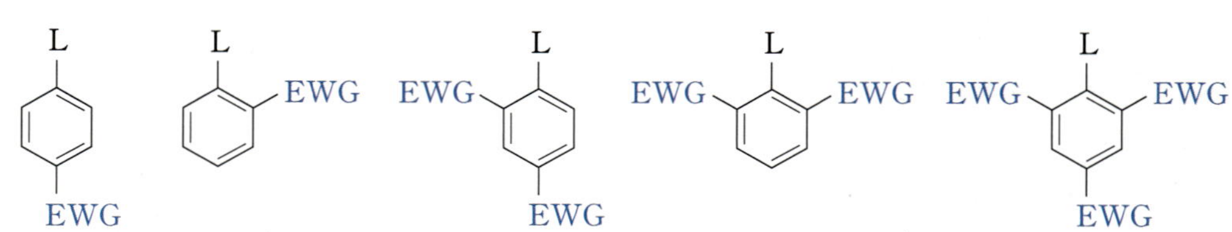

벤자인은 π-전자의 고리형 비편재화가 가능하고, 동시에 한 개의 $\pi(C_{sp^2}-C_{sp^2})$ 결합으로 인하여 삼중 결합이 존재하는 화학종이다(15.6절). 일반적으로 벤자인은 매우 불안정하기 때문에 벤자인의 존재를 직접 확인하기보다는 동위 원소의 이용 및 벤자인의 트래핑 등 간접적으로 증명하는 방법을 흔히 사용한다.

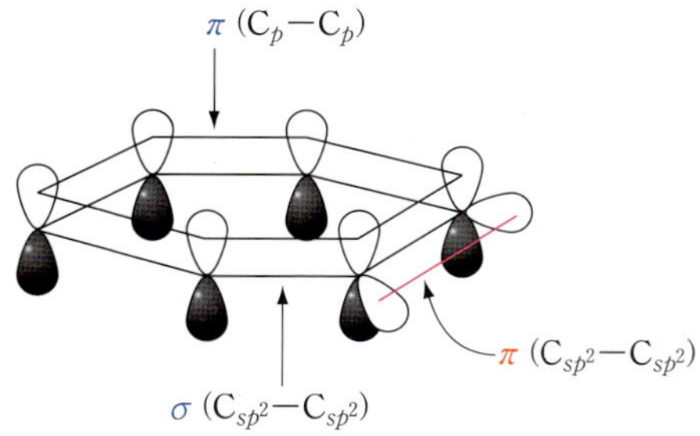

벤자인

벤젠 고리는 공명에 의한 안정화 효과 때문에 화학 반응이 잘 일어나지 않는다. 예를 들면 벤젠은 일반적인 촉매 수소화 반응 조건(Pd/C, rt)에서는 반응이 진행되지 않고 [AcOH, Pd or Pt, 100℃] 및 [Rh or Ru)/C] 등의 아주 강한 반응 조건에서만 촉매 수소화 반응이 가능하다(15.7.1절).

벤젠에 [1족 금속(Li, Na)$-NH_3-$알코올] 조합을 사용하면 용해성 금속 환원 반응이 진행되어 사이클로헥사-1,4-다이엔 골격이 생성된다(15.7.2절). 이 반응에서는 치환체의 성격에 따라서 서로 다른 이성질체가 생성될 수 있는데, 가장 안정한 중간체 음이온이 생성되는 방향으로 반응이 일어난다는 가정을 하면 주생성물을 합리적으로 예측할 수 있다.

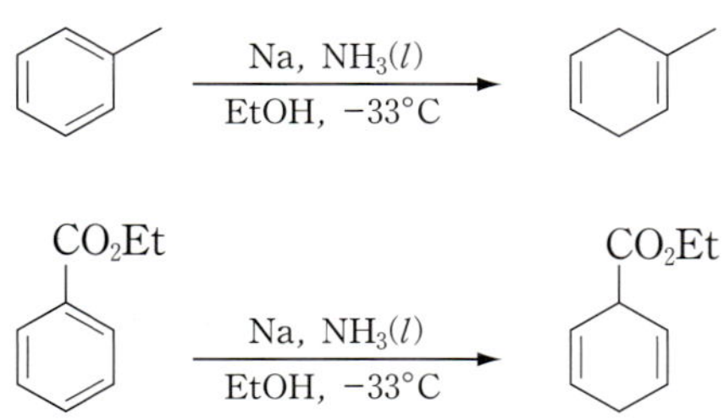

알킬벤젠 화합물에서 벤질 $C_{sp^3}-H$ 결합이 있으면 위치 선택적인 C−H 산화 반응, C−X 환원 반응, C−H 라디칼 할로젠화 반응이 일어날 수 있다. 실험실에서 벤질 $C_{sp^3}-H$ 결합의 산화 반응은 $Na_2Cr_2O_7$, $KMnO_4$, HNO_3 등의 조건을 사용하고, 일반적으로 카복실산($-CO_2H$)이 최종 생성물로 얻어진다(15.8.3절). 벤질 $C_{sp^3}-X$ 결합은 알릴 $C_{sp^3}-X$ 결합처럼 S_N2 및 S_N1 반응성이 매우 크기 때문에 강한 친핵체($H:^-$ 등)에 의하여 쉽게 치환될 수 있고(15.8.4절), 벤질 $C_{sp^3}-H$ 결합의 라디칼 할로젠화 반응은 염소(Cl_2)보다는 브로민(Br_2)을 사용할 때 선택성이 훨씬 더 좋다(15.8.5절).

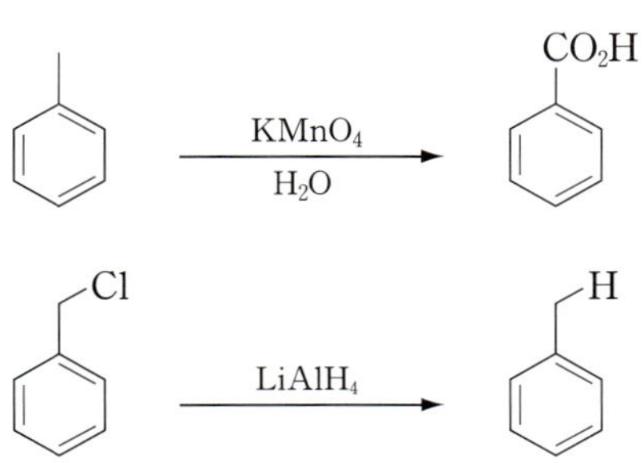

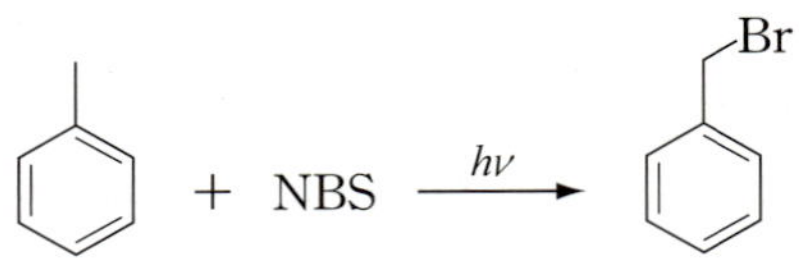

연습 문제

1. 아래 반응의 주생성물을 그리시오.

(a) 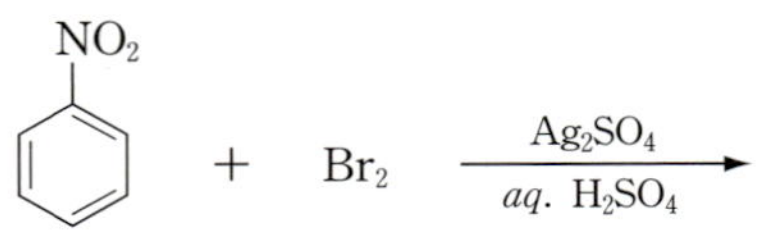

(b) 

(c) 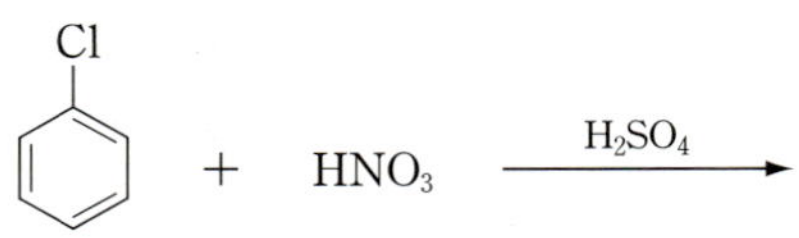

(d) 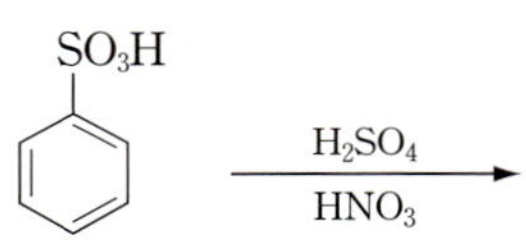

(e) 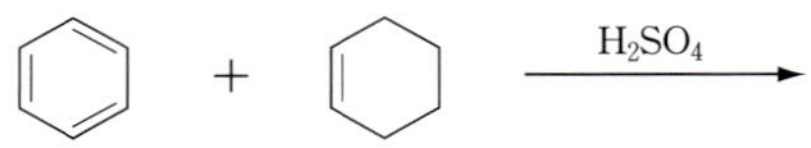

(f) 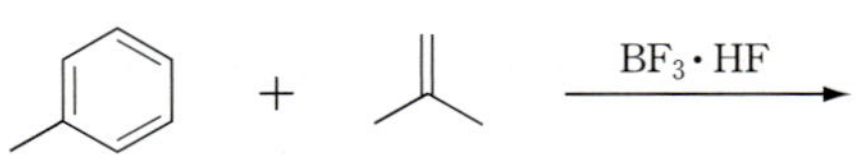

(g) 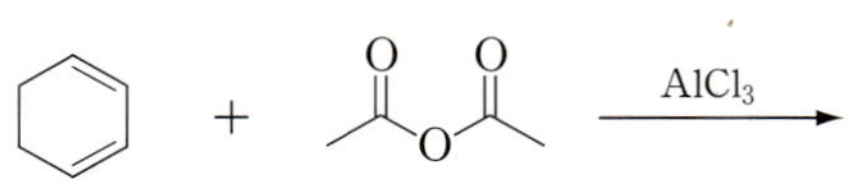

(h) 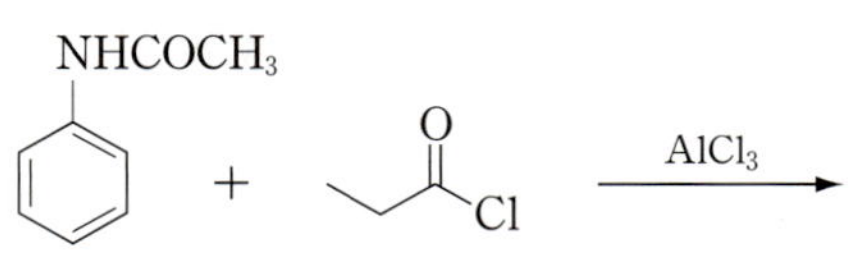

2. 아래 반응의 주생성물을 그리시오.

(a) 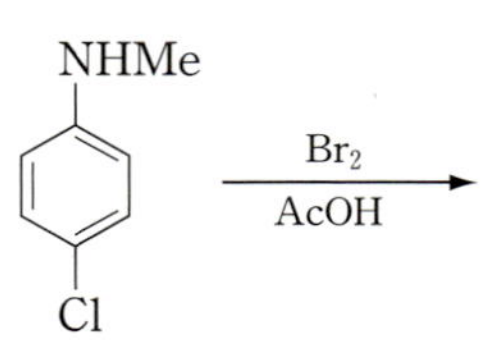

(b) 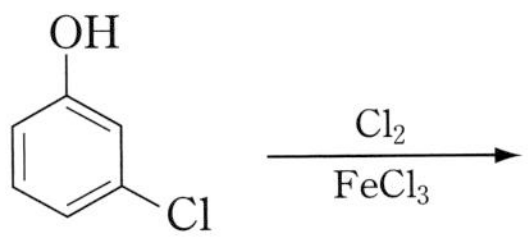

(c) 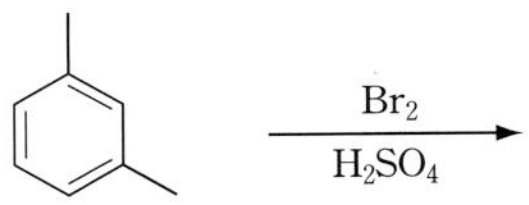

(d) 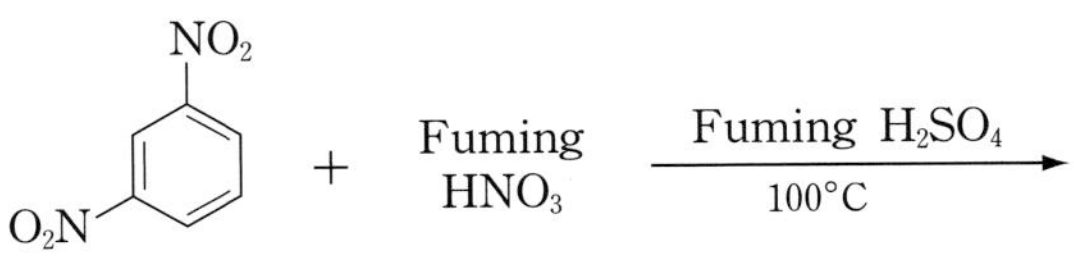

3. 아래 반응의 주생성물을 그리시오.

(a) 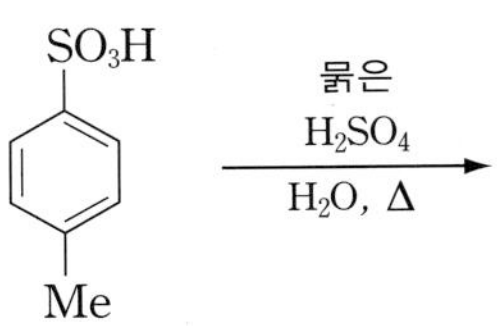

(b) 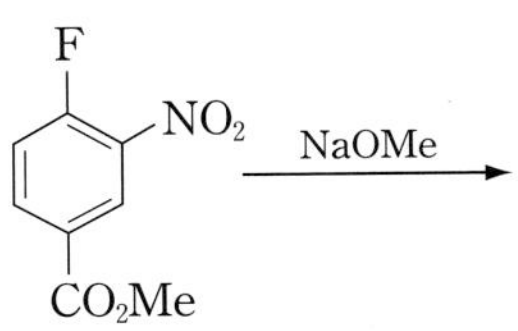

(c) 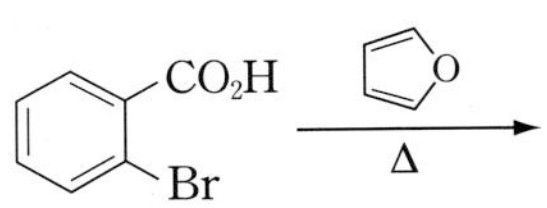

(d) 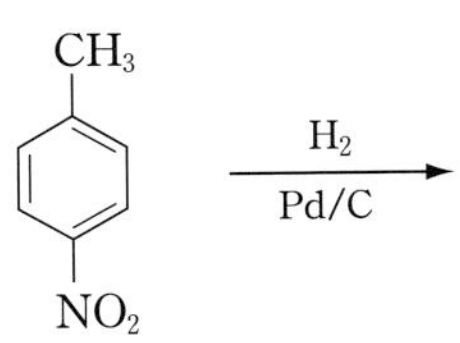

(e) 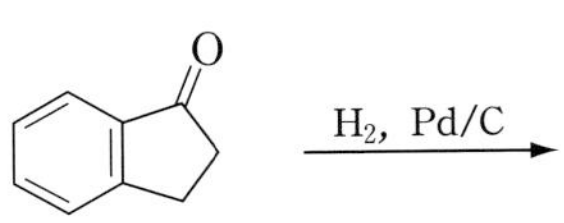

(f) 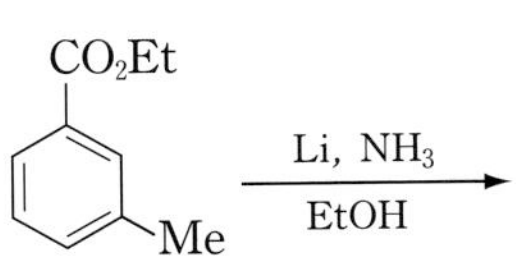

(g) 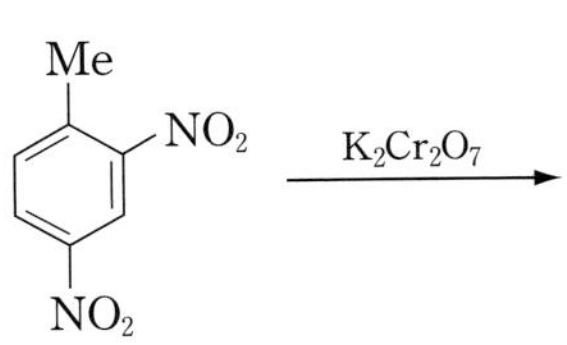

(h) 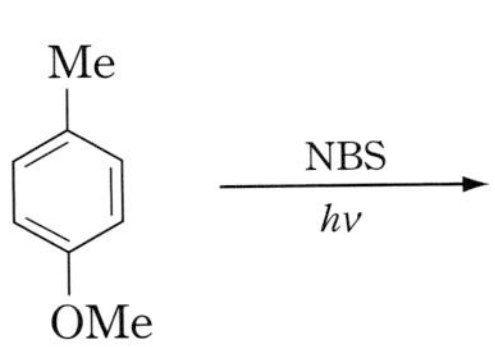

(i) 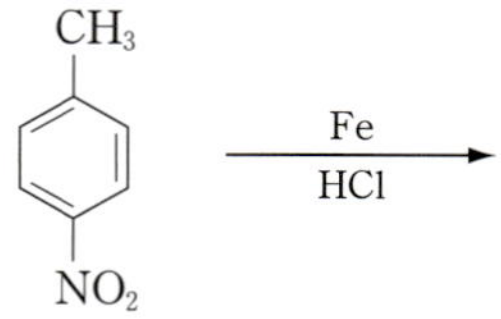

(j) 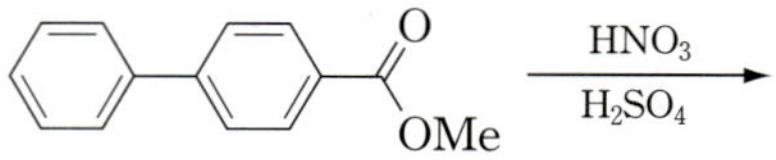

(k) 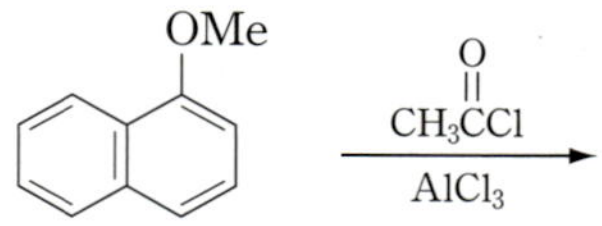

4. 벤젠에 Br_2–$FeBr_3$ 조합을 처리하면 이론적으로 첨가 반응과 치환 반응이 동시에 일어날 수 있다. 아래의 자료를 참고하여 최종 생성물을 기준으로 이 반응의 경로를 추론하시오.

결합	$\pi(C_{sp^2}-H)$	$\sigma(C_{sp^2}-Br)$	$\sigma(C_{sp^3}-Br)$	$\sigma(H-Br)$	$\sigma(Br-Br)$	$\pi(C=C)$
공유 결합 에너지 (kcal/mol)	111	81	70	88	46	56

5. 프리델–크래프트 알킬화 반응을 적용하면 상업적으로 유용한 물질들을 간단하게 합성할 수 있다. 예를 들면 Ph_3C-Cl(triphenylmethyl chloride, trityl chloride)은 알코올 및 카복실산의 보호기로 사용되는 화합물로서, [벤젠–CCl_4–$AlCl_3$] 조합을 사용하여 합성한다. 이 반응의 메커니즘을 쓰시오.

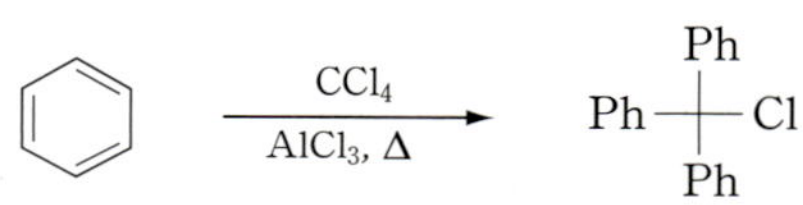

6. 아래 반응의 주생성물을 예측하고 설명하시오.

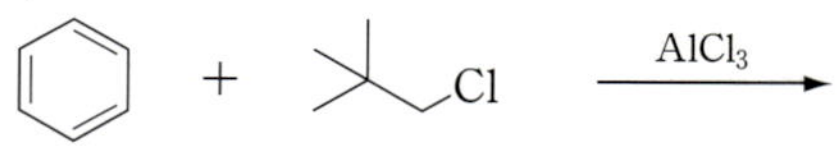

7. 아래의 반응 결과를 합리적으로 설명하시오.

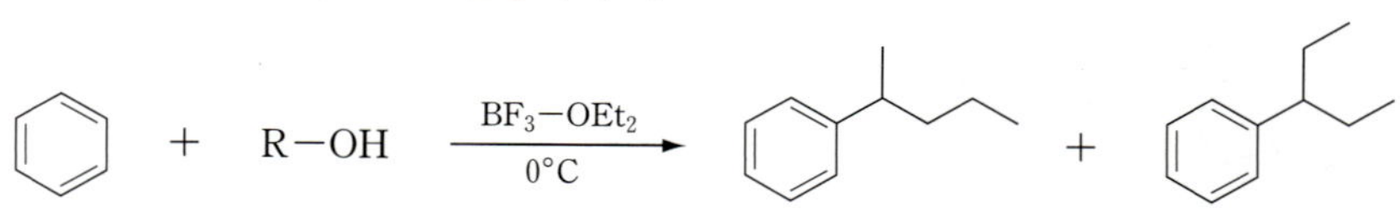

R–OH		
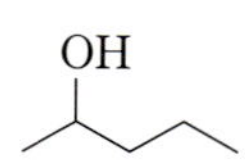	67% :	33%
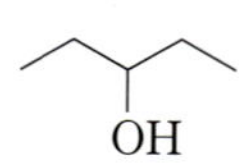	67% :	33%

8. 아래의 출발 물질에 친전자체(E^+) 방향족 치환 반응을 진행할 때 반응이 많이 진행될 것으로 예상되는 탄소를 표시하고, 그 이유를 제시하시오.

(a) 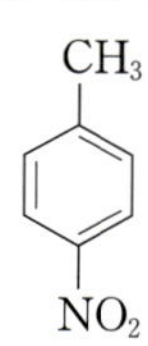

(b) 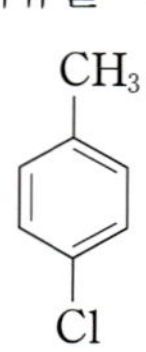

(c) 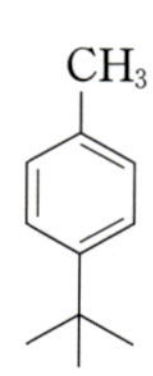

9. 벤젠 유도체의 양성자/중수소 교환 반응에서의 부분 속도 인수가 다음과 같다. 이로부터 무엇을 유추할 수 있는지 기술하시오.

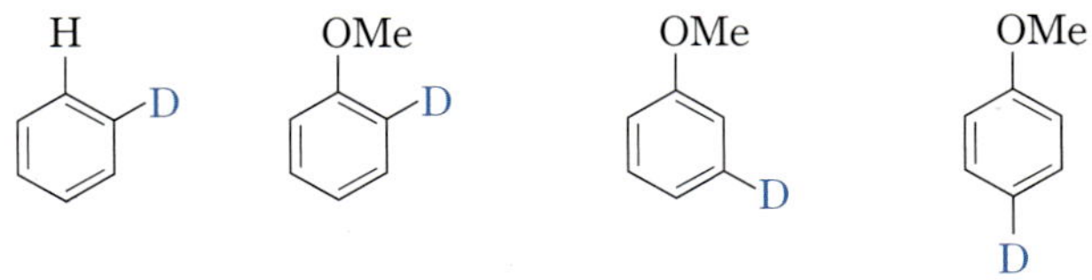

1 6×10^4 0.3 2×10^4

10. 바이페닐(biphenyl) 유도체에서 각각의 벤젠 고리에 강한 활성화 기 및 비활성화 기가 치환되어 있다. 아래 반응에서 주생성물을 예측하고, 그 이유를 쓰시오.

(a) 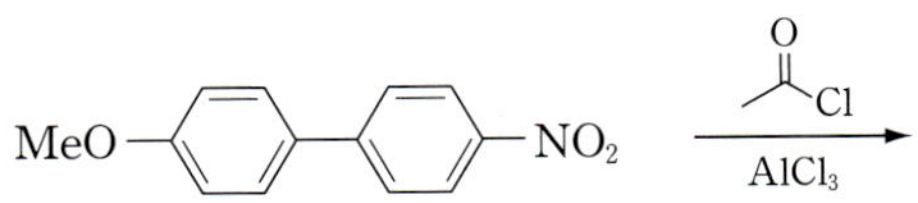

(b) 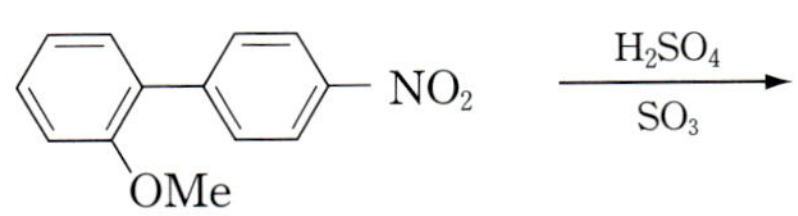

11. 아래 반응의 진행 여부를 판단하고, 그 이유를 쓰시오. 그리고 반응이 진행된다면 주생성물을 그리시오.

(a) 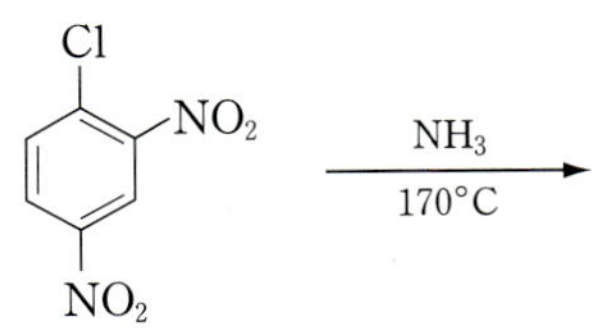

(b) 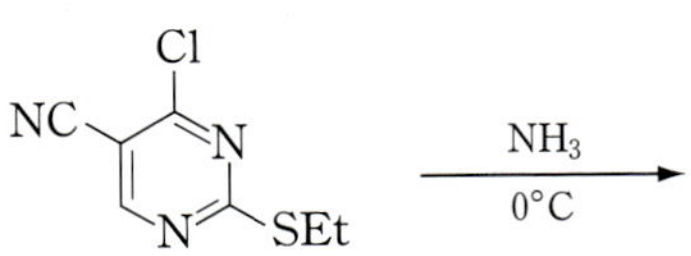

(c) 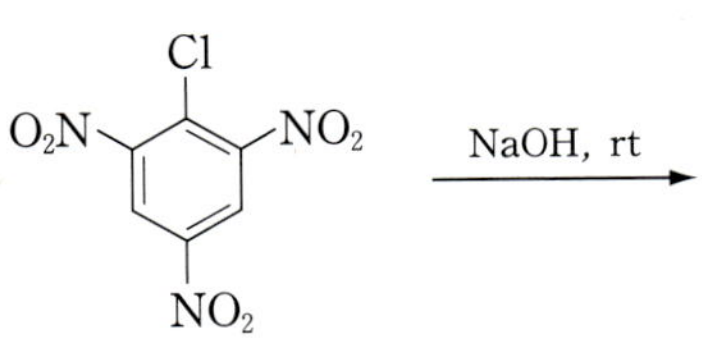

12. 4-브로모톨루엔을 강한 염기와 반응시키면 메타-톨루이딘(*m*-toluidine)과 파라-톨루이딘(*p*-toluidine)이 함께 생성된다. 그 이유를 설명하시오.

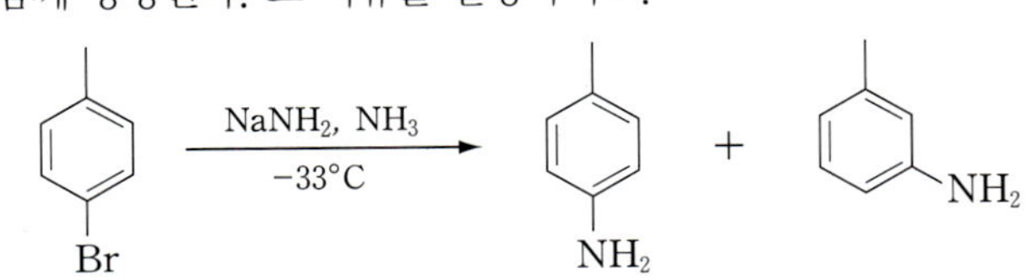

13. 3-브로모톨루엔을 강한 염기와 반응시켰을 때 예상되는 생성물을 모두 그리고, 반응 과정을 설명하시오.

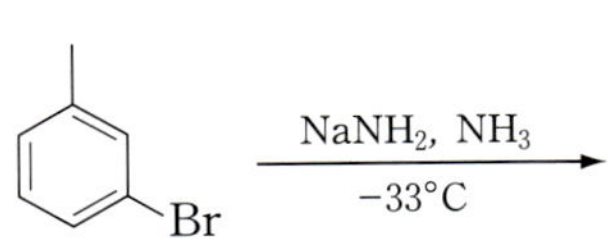

14. 아래의 반응에서는 반응성이 큰 중간체의 존재를 확인하기 위하여 트래핑 방법을 사용하였다. 퓨란(furan) 존재 하에서 브로모벤젠을 강염기인 NH_2^-와 반응시켰을 때 예상되는 생성물을 그리고, 반응 과정을 설명하시오.

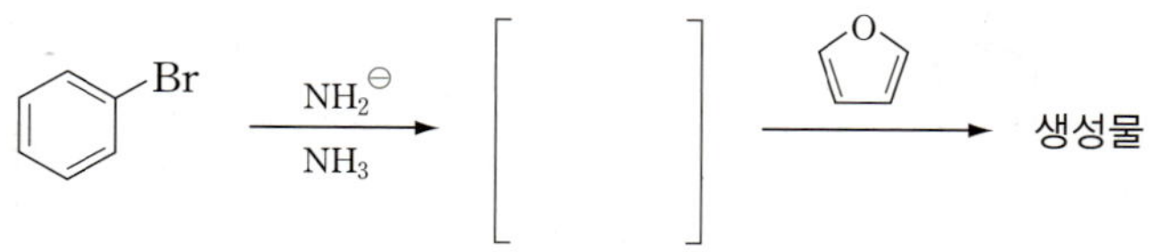

15. 아래 반응의 메커니즘과 생성물을 그리시오.

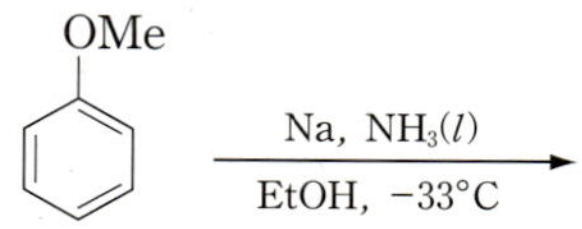

16. 아래의 출발 물질로부터 생성 물질을 합성하는 경로를 제안하시오. 단, 오쏘 및 파라 생성물은 분리할 수 있다고 가정한다.

(a) 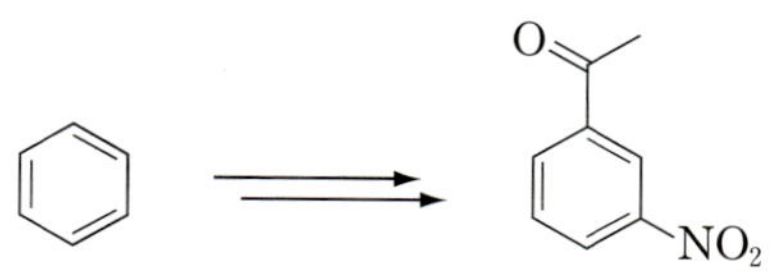

(b) 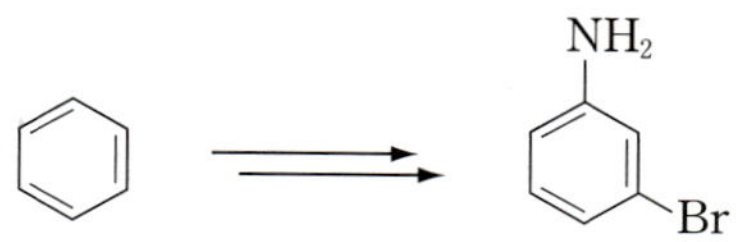

(c) 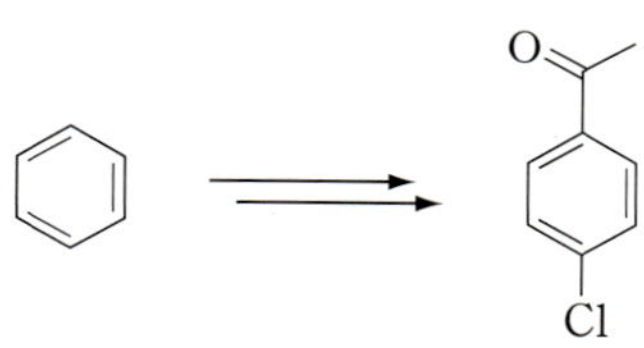

(d) 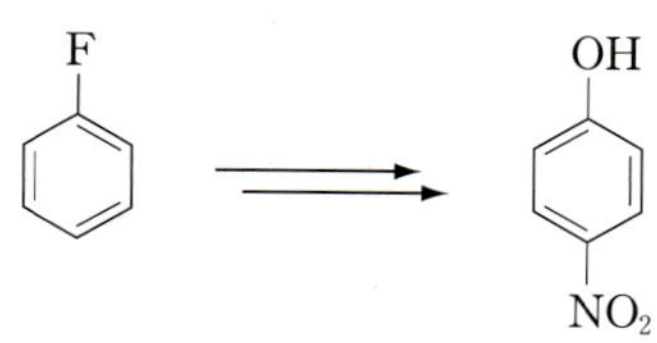

16장

알데하이드 및 케톤

© Tatevosian Yana/shutterstock

16.1 서론

16장에서 19장까지는 유기 화학 작용기 중에서 가장 중요한 카보닐 작용기에 대하여 알아볼 것이다. 구체적으로는 알데하이드 및 케톤(16장), 카복실산(17장), 카복실산 유도체(18장), 카보닐 α-탄소의 치환 및 축합 반응(19장) 등을 순차적으로 기술하였다.

C=O 이중 결합, 즉 카보닐(carbonyl) 작용기가 있을 때 탄소가 두 개의 탄소와 결합한 화합물을 **케톤(ketone)**, 한 개의 탄소와 수소 원자 또는 두 개의 수소 원자와 결합한 화합물을 **알데하이드(aldehyde)**라고 한다. 카보닐 작용기는 알데하이드 및 케톤은 물론이고 카복실산 및 카복실산 유도체에서도 발견된다.

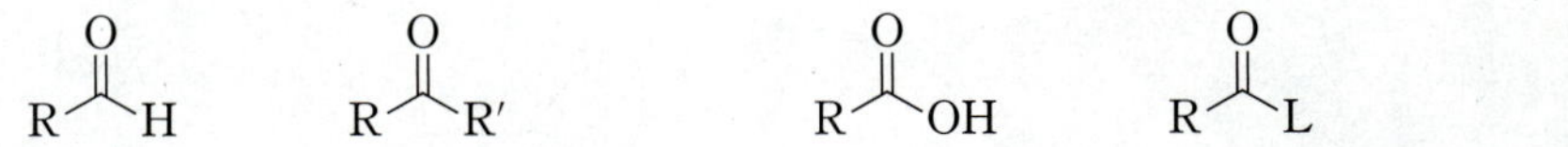

7장에서 할로젠화 알킬의 친핵성 치환 반응 및 제거 반응을 소개할 때 S_N2 반응의 많은 기본적인 개념들이 이어지는 S_N1, E2, E1 반응에서 유용하게 적용됨을 강조하였다. 마찬가지로 16장에서 소개하는 카보닐 작용기에 대한 기본적인 개념들은 19장까지 적용되기 때문에 중장기적인 관점에서 기본 개념을 충분히 이해하고 있어야 한다.

16.2 구조

카보닐 작용기의 탄소 원자가 두 개의 탄소와 결합하면 케톤(ketone), 한 개의 탄소와 수소 원자 또는 두 개의 수소 원자와 결합하면 알데하이드(aldehyde)라고 한다.

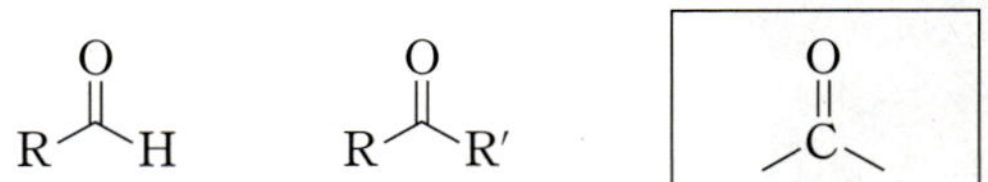

폼알데하이드(formaldehyde)는 카보닐 작용기에 두 개의 수소 원자가 있는 화합물이다. 혼성 오비탈 이론에 의하면 모든 원자 및 고립 전자쌍이 동일한 평면에 위치하고, C=O 이중 결합은 $\sigma(C_{sp^2}-O_{sp^2})$ 결합과 $\pi(C_p-O_p)$ 결합으로 구성되며, 원자 반경은 [탄소 > 산소]이므로 C=O 이중 결합 길이(1.20 Å)는 C=C 이중 결합 길이(1.34 Å)보다 짧게 된다.

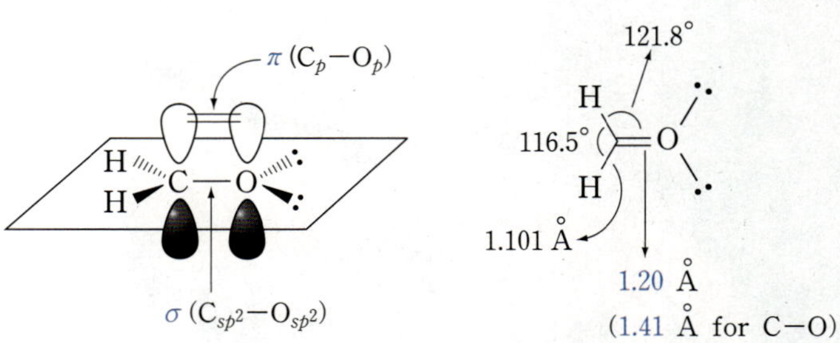

그림 16-1 폼알데하이드의 구조

아세트알데하이드(acetaldehyde)는 카보닐 작용기에 한 개의 메틸기와 한 개의 수소 원자가 있는 화합물이고, 아세톤(acetone)은 카보닐 작용기에 두 개의 메틸기가 있는 화합물이다. 기본 구조는 폼알데하이드에서 수소 원자 한 개 및 두 개가 각각 메틸기로 치환된 것을 제외하고는 기본적으로 동일하다.

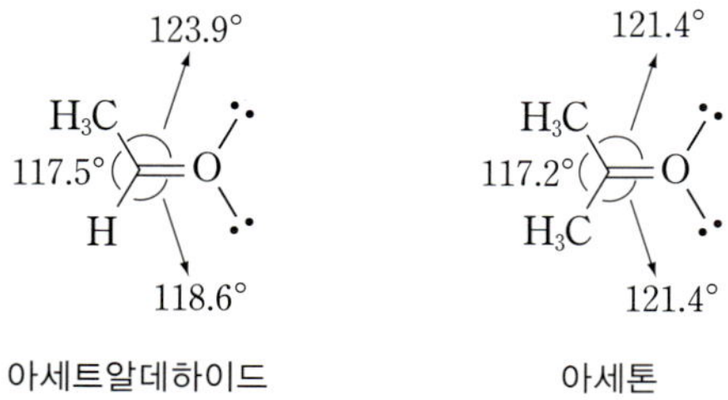

그림 16-2 아세트알데하이드와 아세톤의 구조

16.3 명명법

16.3.1 알데하이드

IUPAC 치환체 명명법은 작용기의 종류와 무관하게 화합물 이름이 [접두사–기본명–접미사]의 형식을 갖는다. 접미사는 우선 순위가 가장 높은 작용기의 이름 및 위치, 기본명은 우선 순위가 가장 높은 작용기를 포함하는 가장 긴 탄소 사슬의 탄소 수, 접두사는 모체 사슬에 연결된 치환체의 종류 및 위치에 대한 정보를 제공한다.

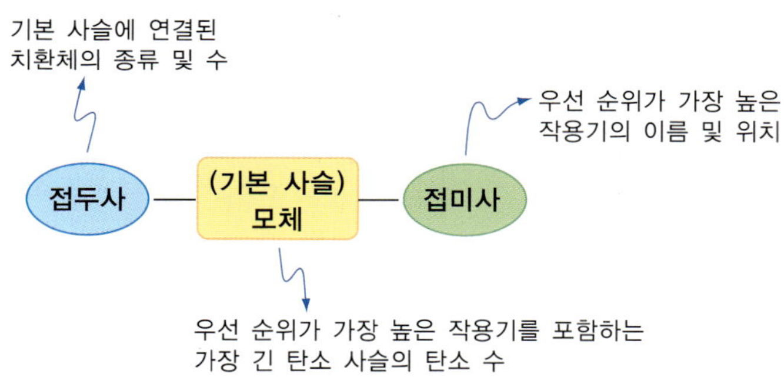

알데하이드의 우선 순위가 가장 높다는 전제 하에서 IUPAC의 치환체 명명법을 적용하여 알데하이드의 이름을 명명하자.

(1) (접미사) 사슬형 알데하이드는 알칸알(alkan<u>al</u>), 고리형 알데하이드는 사이클로알케인카브알데하이드(cycloalkane<u>carbaldehyde</u>)라고 한다.
(2) (기본명) 모체 사슬을 찾는다.
   ① 알데하이드 작용기의 우선 순위가 가장 높다고 가정하였으므로 알데하이드 탄소를 포함하는 가장 긴 사슬이 모체 사슬이 된다.
(3) (접두사: 번호 부여) 모체 사슬을 구성하는 탄소 원자에 번호를 부여한다.
   ① 사슬형 알데하이드의 경우에 알데하이드 탄소가 자동적으로 1번 탄소가 된다.
   ② 고리형 알데하이드는 −CHO와 연결된 탄소 원자가 1번이다. 번호를 생략해도 그 의미가 동일한 경우에는 번호를 생략할 수 있다.
(4) (접두사: 이름) 치환체의 이름과 번호는 반드시 1 : 1로 대응한다.
(5) 화합물 이름은 '빈칸 없이' 한 단어로 작성한다.

IUPAC 명명법에서 작용기의 우선 순위

라디칼 > 음이온 > 양이온 > 쯔비터 이온 > 카복실산 > 카복실산 유도체(산 무수물, 에스터, 카복실산 할로젠 화합물, 아마이드) > 나이트릴 > 알데하이드 > 케톤 > 알코올 > 하이드로과산화물 > 아민 > 에터 > (알켄, 알카인) > (알케인, 할로젠화 알킬)

기타 사항에 대해서는 알케인 명명법(3.3절)에서 기술한 내용을 동일하게 적용하면 되기 때문에 추가적인 설명은 생략한다. 그리고 탄소 수가 적은 알데하이드의 경우에는 IUPAC 치환체 명명법에 의한 이름은 물론이고 관용명(파란색)도 많이 사용하기 때문에 반드시 숙지해야 한다.

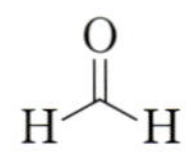
methanal
formaldehyde

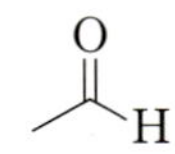
ethanal
acetaldehyde

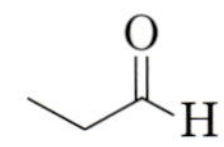
propanal

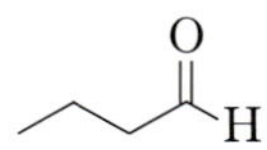
butanal

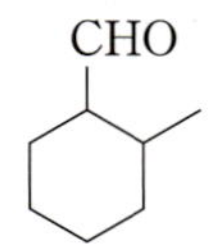
2-methylcyclohexanecarbaldehyde

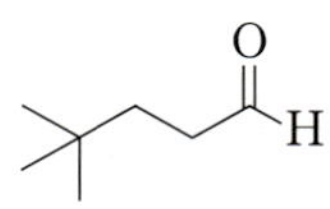
4,4-dimethylpentanal

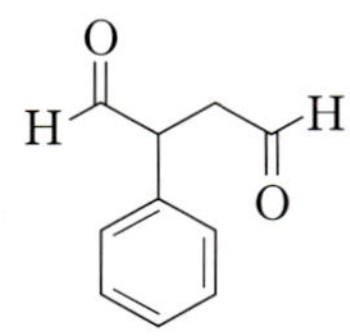
2-phenylbutanedial

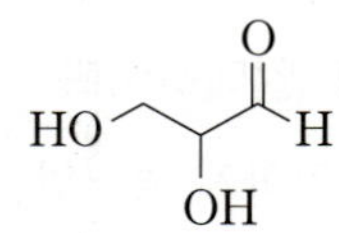
2,3-dihydroxypropanal
glyceraldehyde

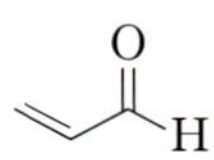
propenal
acrolein

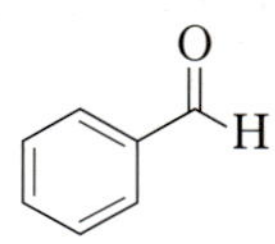
benzaldehyde

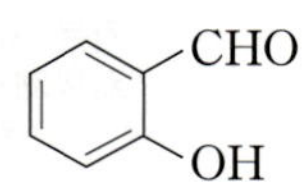
2-hydroxybenzaldehyde
o-salicylaldehyde

[CHO] 작용기를 치환체로 생각하는 경우에는 [폼일(formyl)]로 명명한다.

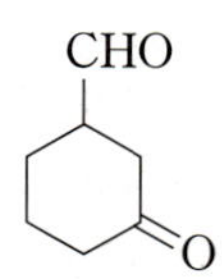
3-formylcyclohexanone

예제 16.1

아래의 화합물을 명명하시오.

(a) 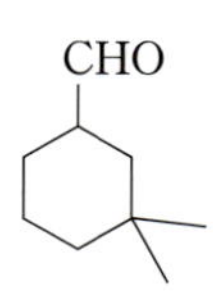

(b) 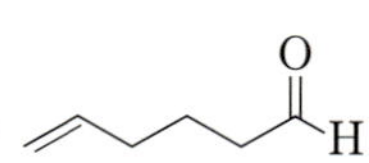

(c) 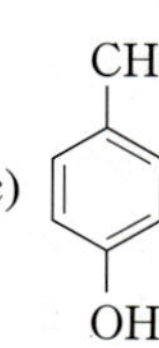

풀이

(a) 3,3-dimethylcyclohexanecarbaldehyde
(b) hex-5-enal
(c) 4-hydroxybenzaldehyde or *p*-salicylaldehyde

16.3.2 케톤

IUPAC의 치환체 명명법을 기준으로 케톤의 우선 순위가 가장 높다는 전제 하에서 알데하이드의 명명법(16.3.1절)을 참고하여 케톤의 이름을 명명해 보자.

(1) (접미사) 사슬형 케톤은 알칸온(alkan<u>one</u>), 고리형 케톤은 사이클로알칸온(cycloalkan<u>one</u>)이라고 부른다.
(2) (기본명) 모체 사슬을 찾는다.
  ① 카보닐 작용기를 포함하는 가장 긴 사슬이 모체 사슬이 된다.
(3) (접두사: 번호 부여) 모체 사슬을 구성하는 탄소 원자에게 번호를 부여한다.
  ① 사슬형 케톤의 경우에 케톤 카보닐 탄소에 기능한 작은 숫자를 부여한다.
  ② 고리형 케톤에서는 카보닐 탄소 원자가 1번이다. 번호를 생략해도 그 의미가 동일한 경우에는 번호를 생략할 수 있다.
(4) (접두사: 이름) 치환체의 이름과 번호는 반드시 1 : 1로 대응한다.
(5) 화합물 이름은 '빈칸 없이' 한 단어로 작성한다.

기타 사항에 대해서는 알케인 명명법(3.3절)에서 기술한 내용을 동일하게 적용하면 되기 때문에 추가적인 설명은 생략한다. 그리고 탄소 수가 적은 케톤의 경우에는 IUPAC 치환체 명명법에 의한 이름은 물론이고 관용명(파란색)도 많이 사용하기 때문에 반드시 숙지해야 한다.

IUPAC의 작용기족 명명법에서는 사슬형 케톤을 알킬 알킬 케톤(alkyl alkyl ketone)으로 명명한다.

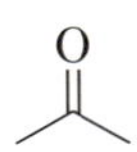

propan-2-one
dimethyl ketone
acetone

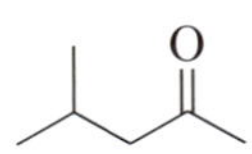

4-methylpentan-2-one

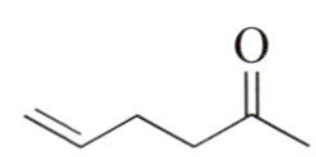

hex-5-en-2-one

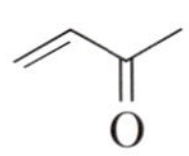

but-3-en-2-one
methyl vinyl ketone

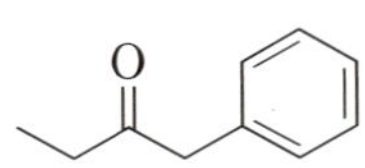

1-phenylbutan-2-one
benzyl ethyl ketone

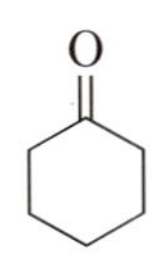

cyclohexanone

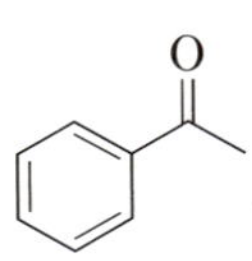

methyl phenyl ketone
acetophenone

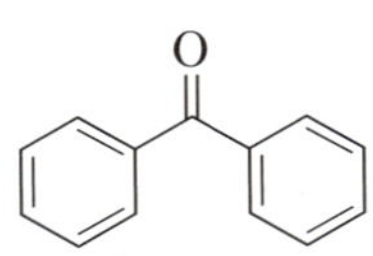

diphenyl ketone
benzophenone

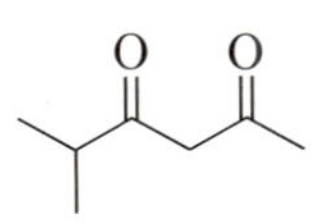

5-methylhexane-2,4-dione

알데하이드 및 케톤 작용기를 치환체로 취급하는 경우가 발생할 수 있다. 이때 [CHO] 및 [CO] 작용기를 각각 [폼일(formyl)] 및 [옥소(oxo)]로 명명한다.

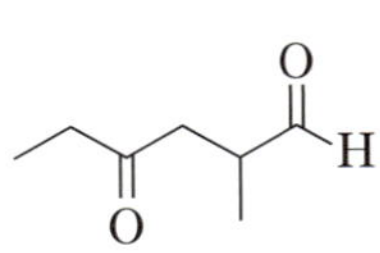

2-methyl-4-oxohexanal

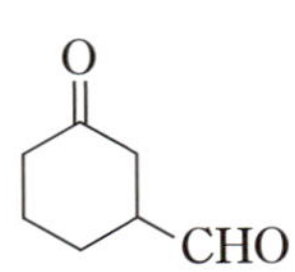

3-oxocyclohexanecarbaldehyde
3-formylcyclohexanone

예제 16.2

아래의 화합물을 명명하시오.

(a) 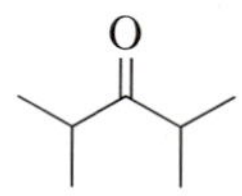 (b) 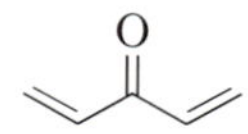 (c) 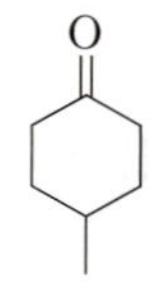

풀이

(a) 2,4-dimethylpentan-3-one, diisopropyl ketone
(b) penta-1,4-dien-3-one, divinyl ketone
(c) 4-methylcyclohexanone

16.3.3 작용기

카보닐 작용기를 포함하는 구조들은 관용적으로 사용하는 이름이 있다. 아래의 구조들은 유기화학에서 일상적으로 사용되는 용어로서 이름과 구조를 연결시켜 기억해야 한다. 14.1.3절에서 이미 언급하였지만 benzoyl, benzyl, phenyl은 혼동하기 쉬우므로 항상 유의해야 한다.

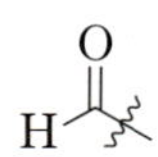
폼일 (formyl)

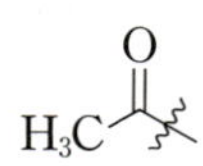
아세틸 (acetyl, Ac)

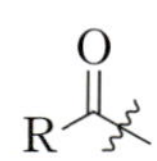
아실 (acyl)

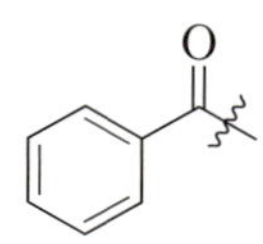
벤조일 (benzoyl, Bz)

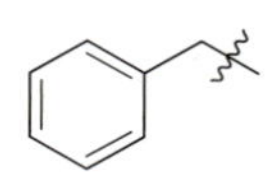
벤질 (benzyl, Bn)

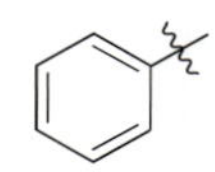
페닐 (phenyl, Ph)

16.4 물리적 성질

분자간 인력은 [수소 결합 > 쌍극자–쌍극자 ≫ 쌍극자–유도 쌍극자 ≫ 분산력]의 순서이다(2.2절). 알케인(3.4절), 알켄(4.4절), 알카인(5.3절)은 C−C, C=C, C≡C 및 C−H 등의 무극성 공유 결합으로만 구성되기 때문에 분자 사이에 분산력만 존재하므로 끓는점이 매우 낮다. 반면에 알코올은 C−O 결합이 극성 공유 결합이므로 분산력과 쌍극자–쌍극자 인력이 존재하고, 동시에 수소 결합이 가능하므로 끓는점이 상당히 높다(8.4절). 알데하이드 및 케톤에서는 C=O 이중 결합이 극성 공유 결합을 하지만 수소 결합은 불가능하므로 분자량이 비슷하다는 가정 하에서 끓는점은 [알코올(수소 결합) > 알데하이드 및 케톤(극성 분자) > 알켄 및 알케인]의 순서가 된다.

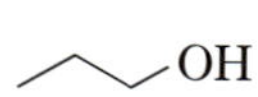 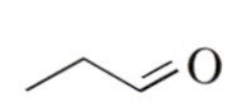 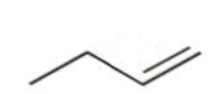

끓는점 97°C 49°C 6°C

알데하이드 및 케톤 화합물과 알케인의 끓는점 차이는 탄소 수가 증가할수록 감소한다. 이것은 탄소 수가 증가할수록 카보닐 작용기의 역할이 점진적으로 작아지기 때문이다.

화합물	분자량	끓는점(°C)
HCHO	30	−21
CH_3CH_3	30	−89
		(Δ=68°C)

vs.

화합물	분자량	끓는점(°C)
decan-2-one	156	210
n-undecane	156	196
		(Δ=14°C)

물에서의 용해도는 일반적으로 물과 용질 사이의 상호 작용에 의한 안정화가 클수록 증가한다. 물은 수소 결합 및 쌍극자–쌍극자 상호 작용이 가능하므로 이것이 가능한 물질들은 용해도가 클 것이다. 따라서 물에서의 용해도는 [알코올(수소 결합) > 알데하이드 및 케톤(극성 분자) > 알켄 및 알케인]의 순서임을 예상할 수 있다.

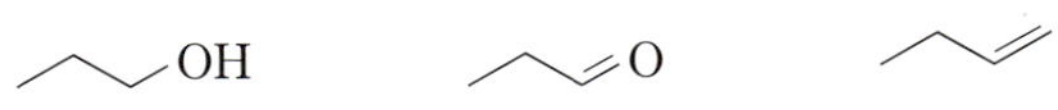

용해도 ($g/100\ g\ H_2O$) 완전히 섞임 20 0

카보닐 작용기는 C=O 이중 결합을 하지만, 두 원자의 전기 음성도 차이($\Delta\chi = 3.5 - 2.5 = 1.0$)가 상대적으로 크기 때문에 아래와 같이 C−O 단일 결합을 하면서 산소에 음이온, 탄소에 양이온을 갖는 쌍극성(dipolar) 공명 구조를 생각할 수 있다. 이때 쌍극성 공명 구조는 팔전자계를 만족하지 못하고 전하가 분리되어 있어 열역학적 에너지가 높으며, 따라서 실제 구조에의 기여도가 작을 것이다. 반면에 C=O 이중 결합을 갖는 공명 구조는 모든 원자가 팔전자계를 만족하기 때문에 훨씬 더 안정해서 공명 혼성에의 기여도가 훨씬 큼을 예상할 수 있다(1.4.4절). 그러나 기여도의 크기와 무관하게 쌍극성 공명 구조가 가능하다는 것은 실제 구조에서 산소에 부분 음전하 및 탄소에 부분 양전하가 존재함을 의미한다(1.6.2절). 실제로 카보닐 작용기는 탄소 원자에서 산소 원자 방향으로 상당한 크기의 쌍극자 모멘트가 존재한다.

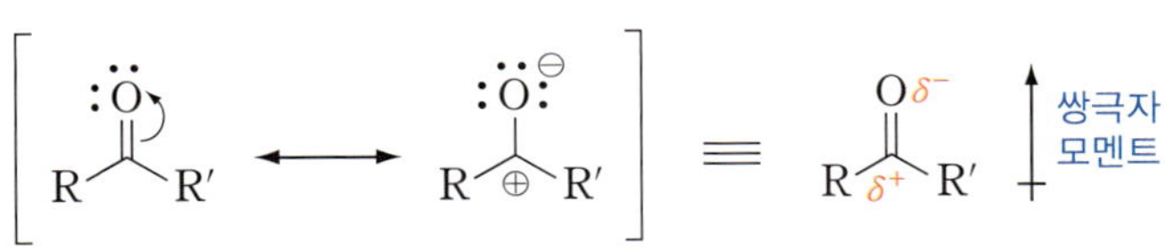

안정 불안정

16.5 열역학적 성질

화합물들의 열역학적 안정성은 표준 반응 엔탈피 및 표준 생성 엔탈피 등 다양한 열역학적 함수를 이용하여 비교할 수 있다(3.5절).

알데하이드 및 케톤의 표준 생성 엔탈피 자료에 의하면 탄소 수가 하나씩 증가할 때마다 표준 생성 엔탈피 값은 감소하고, 탄소 수가 같은 경우에는 케톤이 알데하이드보다 열역학적으로 더 안정함을 보여 준다.

표 16-1 알데하이드와 케톤의 표준 생성 엔탈피(단위: kcal/mol)

알데하이드	ΔH_f°	(탄소+산소) 원자 수	케톤	ΔH_f°
$CH_3(CH_2)_1-CHO$	−45.5	4	$CH_3-CO-CH_3$	−51.9
$CH_3(CH_2)_2-CHO$	−48.9	5	$CH_3(CH_2)_1-CO-CH_3$	−57.0
$CH_3(CH_2)_3-CHO$	−54.5	6	$CH_3(CH_2)_2-CO-CH_3$	−61.8

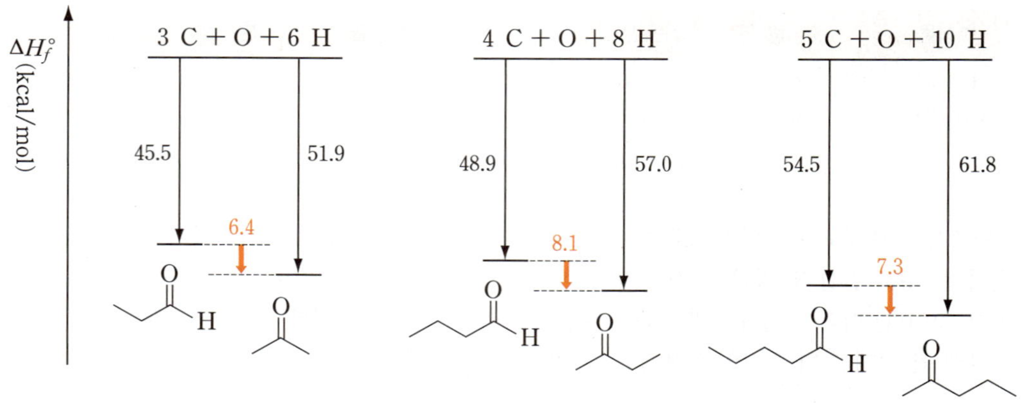

그림 16-3 알데하이드와 케톤의 표준 생성 엔탈피

이번에는 표준 연소열($\Delta H^\circ_{연소}$)을 이용해 보자. 뷰탄알과 뷰탄-2-온은 이성질체 관계에 있는 물질로서, 이들을 연소시키면 각각 592 kcal/mol 및 584 kcal/mol의 에너지가 발생한다. 이것은 뷰탄-2-온이 뷰탄알보다 8 kcal/mol 더 안정함을 의미하는 것으로서, 표준 생성 엔탈피에서 계산된 값(8.1 kcal/mol)과 정확하게 일치하지는 않아도 최소한 동일한 경향성이 유지되고 있다.

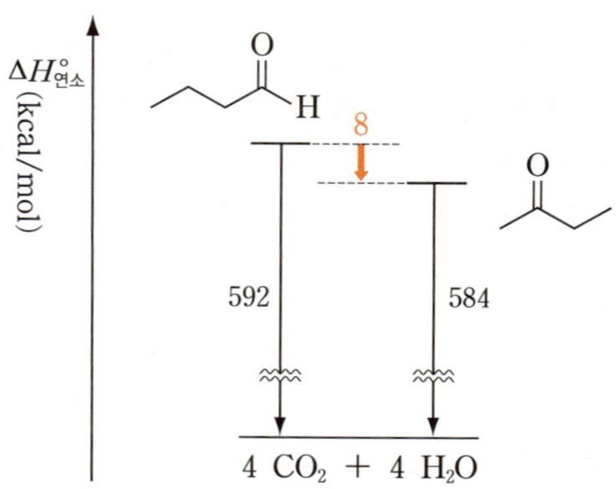

그림 16-4 뷰탄알과 뷰탄-2-온의 표준 연소열

16.6 합성

16.6.1 실험실 합성법

지금까지 알케인(3장), 알켄(4장), 알카인(5장), 할로젠화 알킬(7장), 알코올 및 싸이올(8장), 에터, 옥시레인 및 설파이드(10장), 방향족 화합물(15장) 등 다양한 작용기의 반응들에 대하여 상세하게 알아보았다. 여기에서는 이 반응들 중에서 실험실에서 적용할 수 있는 알데하이드 및 케톤의 합성법에 대하여 간략하게 알아보기로 한다.

알데하이드 및 케톤을 합성하는 가장 간단한 방법은 산화 반응을 이용하는 것이다. 우선 1,2-다이올의 분해 반응(4.10.2절) 및 알켄의 가오존 첨가 반응(4.10.3절)을 수행하면 알데하이드 및 케톤이 생성된다. 그리고 1차 알코올을 산화하면 알데하이드, 알데하이드를 산화하면 카복실산, 2차 알코올을 산화하면 케톤을 얻을 수 있으나, 3차 알코올은 산화 반응에 참여하지 않는다(8.9.1절).

1,2-다이올의 분해 반응: 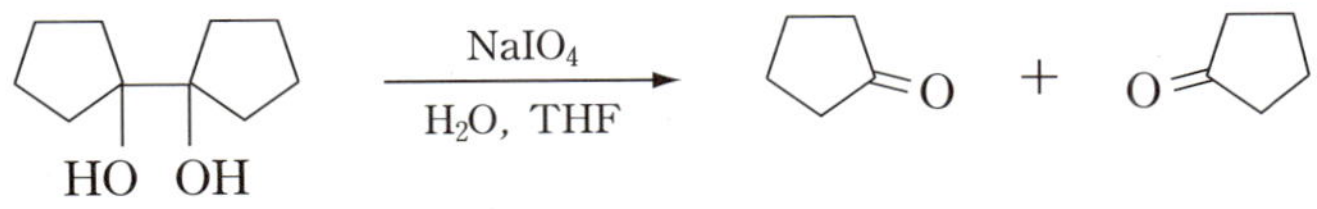

알켄의 가오존 첨가 반응: 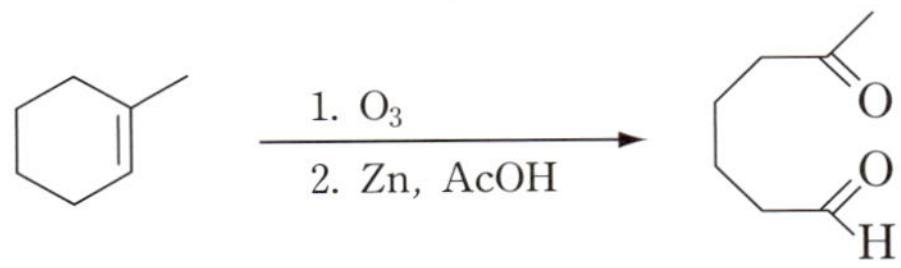

알코올의 산화 반응: 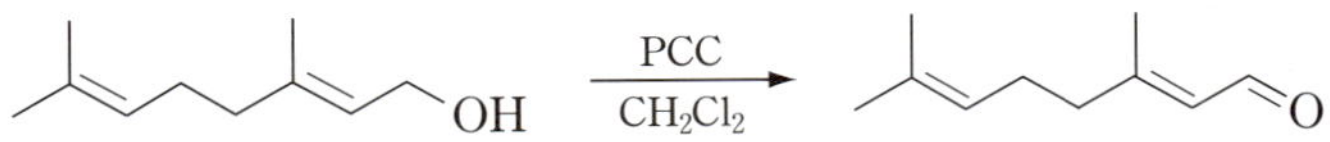

알카인에 물 첨가 반응을 진행해서 알데하이드 및 케톤을 얻을 수 있다. 알카인의 물 첨가 반응은 산(H^+/Hg^{2+}) 촉매 물 첨가 반응(5.8.3절) 및 수소화붕소 첨가 반응/산화 반응(5.10절)이 가장 대표적이고, 말단 알카인의 경우에는 H 및 OH 작용기의 위치 선택성이 서로 반대라는 점이 가장 대비되는 특징이다.

알카인의 산-촉매
물 첨가 반응: 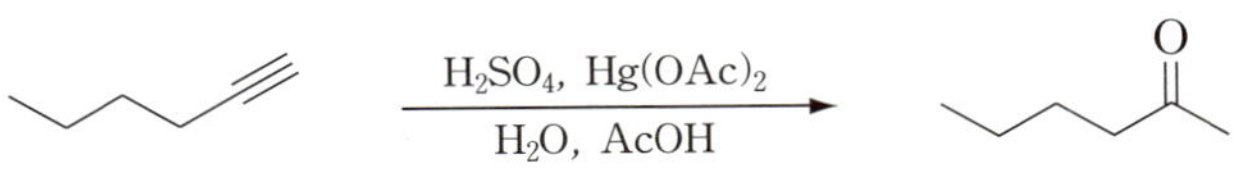

알카인의
수소화붕소 첨가 반응/
산화 반응: 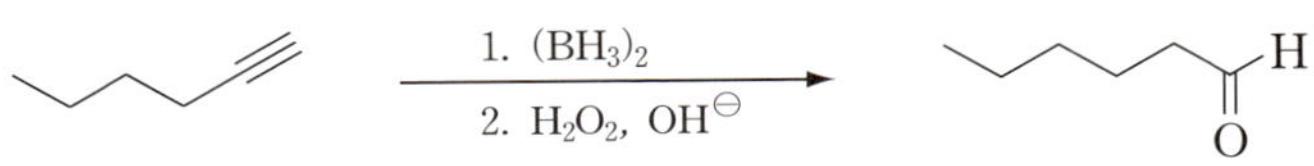

또한 아릴기의 프리델-크래프트 아실화 반응으로 카보닐 작용기를 도입할 수 있다(15.1.6절).

프리델 크래프트 아실화 반응: 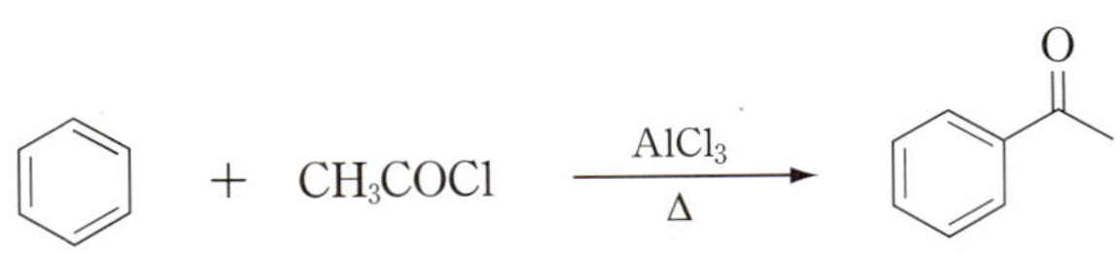

16.6.2 공업적 합성법

일반적으로 화합물 합성에 있어서 공업적 합성법과 실험실 합성법에는 많은 차이가 있다.

은(Ag) 촉매 조건에서 메탄올을 고온으로 가열하면 폼알데하이드가 생성된다. 에텐 및 산소를 Pd/Cu 촉매 조건에서 가열하면 아세트알데하이드가 얻어지고(Wacker 공정), Co 촉매를 사용해서 말단 알켄, CO, H_2의 반응을 수행하면 이중 결합에 H 및 CHO가 첨가된 생성물이 나온다(수소 폼일 첨가 반응, hydroformylation). 참고로 Wacker 반응 및 수소 폼일 첨가 반응은 실험실에서도 적용할 수 있는 유용한 반응이다.

$$CH_3OH \xrightarrow[600\sim700°C]{\text{Ag 촉매}} CH_2{=}O + H_2$$

$$2\ CH_2{=}CH_2 + O_2 \xrightarrow[100\sim130°C]{Pd/Cu} CH_3CHO$$

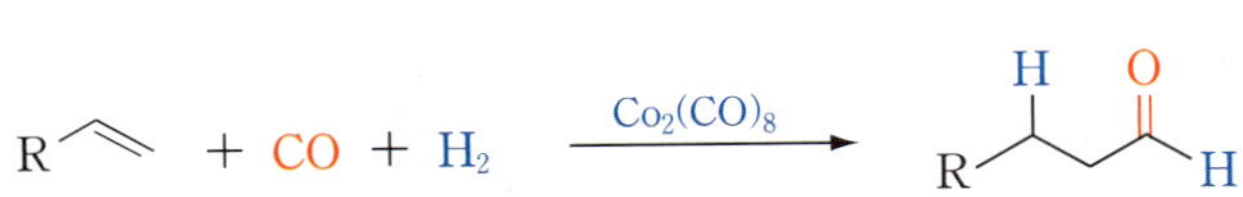

아세톤은 공업적으로 매우 중요한 용매로서, 아래의 두 단계 경로를 통하여 합성할 수 있다. 첫 번째 단계에서는 큐민(cumene)을 산소와 반응시켜서 하이드로퍼옥사이드 유도체를 만들고 (10.7절), 두 번째 단계에서는 산 촉매 자리 옮김 반응을 진행하여 페놀과 아세톤을 얻는다.

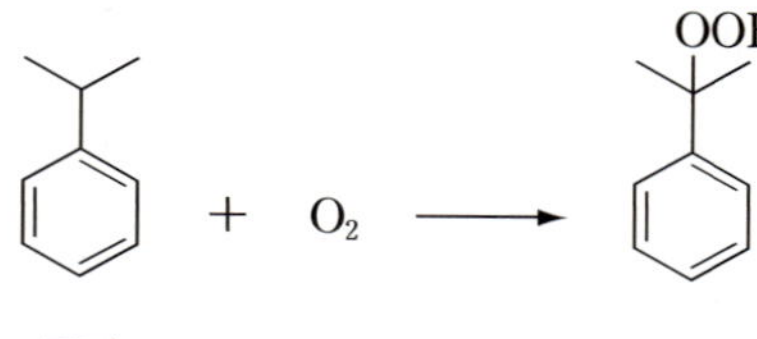

이 외에도 프로판-2-올 및 ZnO 촉매를 가열하여 산화시키는 방법으로도 아세톤을 합성할 수 있다.

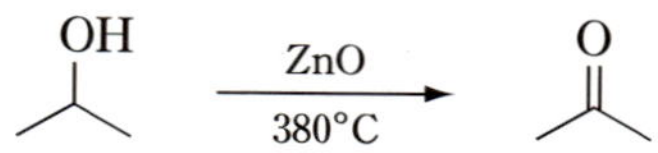

예제 16.3

큐민에서 아세톤을 합성하는 과정에서 첫 번째 단계의 반응 메커니즘을 쓰시오.

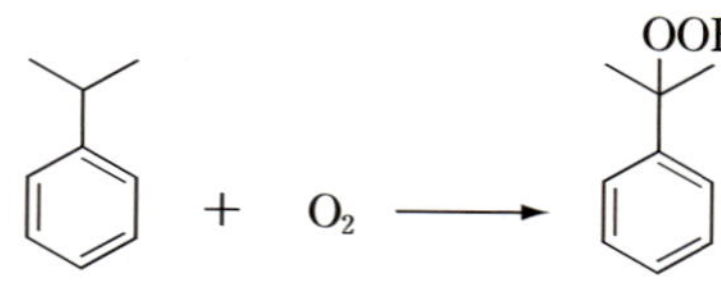

풀이

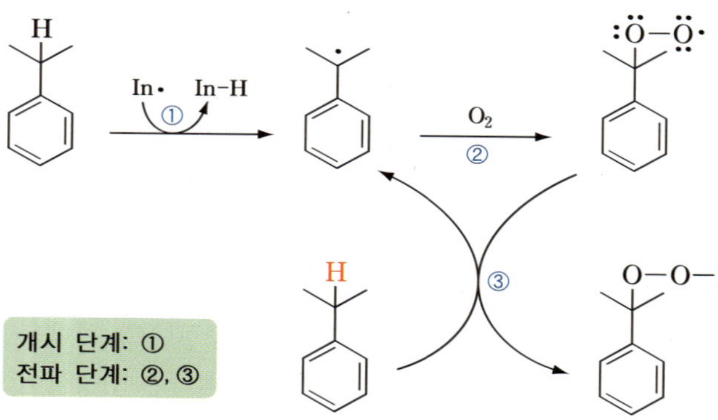

16.7 친핵성 첨가 반응

16.7.1 서론

알데하이드 및 케톤에서 카보닐 작용기는 아래의 두 가지 공명 구조로 표현할 수 있다. 이 경우에 C=O 공명 구조 **A**는 팔전자계를 만족하고 형식 전하가 없으므로 열역학적으로 안정해서 공명 혼성에의 기여도가 높다. 반면에, C−O 단일 결합의 쌍극성 공명 구조 **B**는 팔전자계를 만족하지 못하고 부분 양전하 및 부분 음전하를 가지므로 열역학적으로 불안정하여 공명 혼성에의 기여도가 낮을 것이다. 이것을 종합하면 알데하이드 및 케톤의 카보닐 작용기는 산소에 부분 음전하, 탄소에 부분 양전하가 있는 구조로 표현할 수 있다.

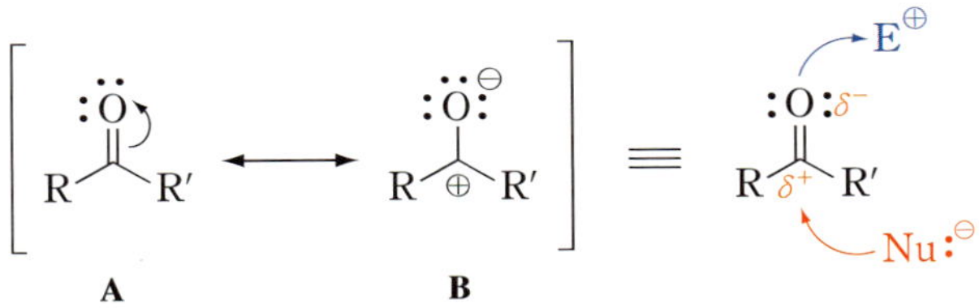

카보닐 작용기의 반응과 관련하여 전자가 풍부한 친핵체(**Nu:**)는 부분 양전하가 있는 탄소 원자와 반응하고, 전자가 부족한 친전자체(E^+)는 부분 음전하가 있는 산소 원자와 반응함을 예상할 수 있다. 다만 친핵체(**Nu:**) 및 친전자체(E^+)의 상대적인 세기는 반응 조건에 따라서 변할 수 있기 때문에 카보닐 작용기에 대한 친핵체 첨가 반응은 친핵체가 카보닐 작용기와 먼저 반응하는 [친핵체 반응 후 친전자체 반응], 그리고 친전자체가 카보닐 작용기와 먼저 반응하는 [친전자체 반응 후 친핵체 반응]으로 구분할 수 있다.

16.7.2 친핵체 반응 후 친전자체 반응

일반적으로 S_N2 반응의 (아주) 강한 친핵체(7.6.3절)들은 카보닐 탄소를 직접 공격하여 산소 음이온 중간체 **A**를 생성하고, 계속해서 산–염기 중화 반응을 통하여 생성물 **B**를 제공할 수 있다. 이러한 경로를 **친핵체 반응 후 친전자체 반응**이라고 한다. 이 과정에서 반응 속도 결정 단계(RDS)는 친핵체 첨가 반응이고, 탄소 원자의 혼성은 sp^2(출발 물질) → sp^3(**A**) → sp^3(**B**)가 된다.

메커니즘 16-1 알데하이드 및 케톤의 [친핵체 반응 후 친전자체 반응] 메커니즘

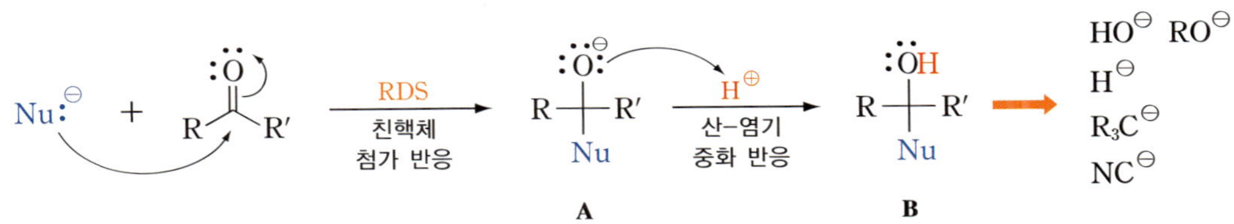

16.7.3 친전자체 반응 후 친핵체 반응

일반적으로 S_N2 반응의 (아주) 약한 친핵체 및 일반 친핵체(7.6.3절)들은 카보닐 탄소를 직접 공격하지 못한다. 그러나 강한 친전자체(H^+)가 존재하면 카보닐 산소의 고립 전자쌍과 산–염기 반응을 하여 카보닐 양이온(**C**)을 제공할 수 있고, 중간체 **C**의 탄소 원자는 중성의 카보닐 탄소 원자보다 전자가 훨씬 부족하기 때문에 (아주) 약한 친핵체 및 일반 친핵체들이 카보닐 탄소를 공격할 수 있다. 이렇게 생성된 중간체 **D**는 연속적인 산–염기 중화 반응에 의하여 생성물 **B**로 전환된다. 이처럼 약한 친핵체들은 강한 친전자체의 도움을 받아서 **친전자체 반응 후 친핵체 반응** 경로를 따르는데, 반응 속도 결정 단계(RDS)는 친핵체 첨가 반응이며, 탄소 원자의 혼성은 sp^2(출발 물질) → sp^2(**C**) → sp^3(**D**) → sp^3(**B**)가 된다.

메커니즘 16-2 알데하이드 및 케톤의 [친전자체 반응 후 친핵체 반응] 메커니즘

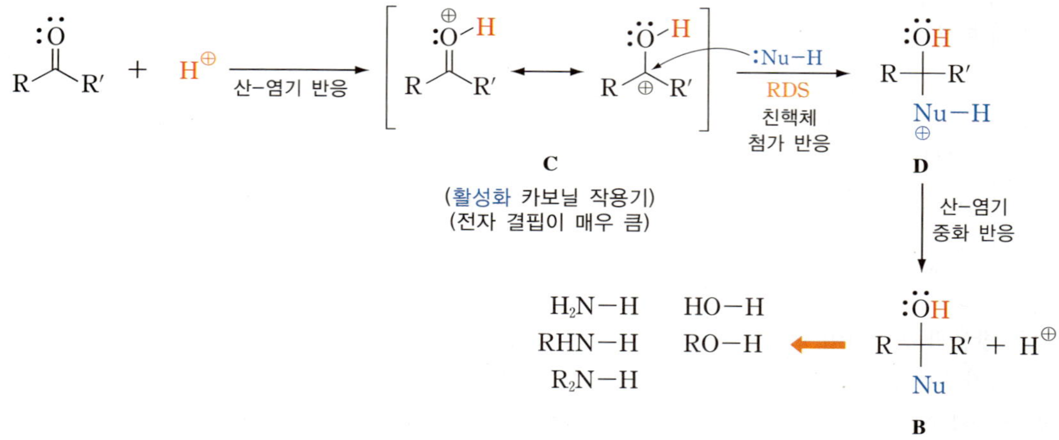

위 반응에서와 같이 강한 친전자체(H^+)가 카보닐 산소의 고립 전자쌍과 산–염기 반응을 해서 카보닐 양이온(**C**)을 생성함으로써 카보닐 작용기의 반응성을 크게 증가시키는 것을 **카보닐 작용기의 활성화(activation of carbonyl group)**, 그리고 카보닐 양이온(**C**)을 **활성화된 카보닐 작용기(activated carbonyl group)**라고 한다. 활성화(activation)의 개념은 카보닐 작용기 이외의 모든 작용기에도 공통적으로 적용되는 개념이다.

카보닐 양이온은 매우 강한 산($pK_a \approx -7.2$)으로 작용한다. 실제로 카보닐 작용기에 염산($pK_a \approx -3.9$) 수용액을 넣으면 평형 상수는 $K = 3 \times 10^{-6}$이 되는데(2.1.4절) 이것은 카보닐 양이온(**C**)이 아주 작은 농도로 존재함을 의미한다. 반면에 카보닐 양이온(**C**)은 중성의 카보닐 작용기와 비교하여 전자가 크게 부족하기 때문에 친핵체와의 반응성은 훨씬 클 것이다(카보닐 작용기의 활성화). 만약 반응 속도의 관점에서 이러한 반응성의 증가가 미량으로 존재하는 단점을 상쇄할 정도로 충분히 크다면 전체 반응 속도가 증가함을 추론할 수 있는데, 실제로 많은 실험에서 이러한 가정들이 뒷받침되고 있다.

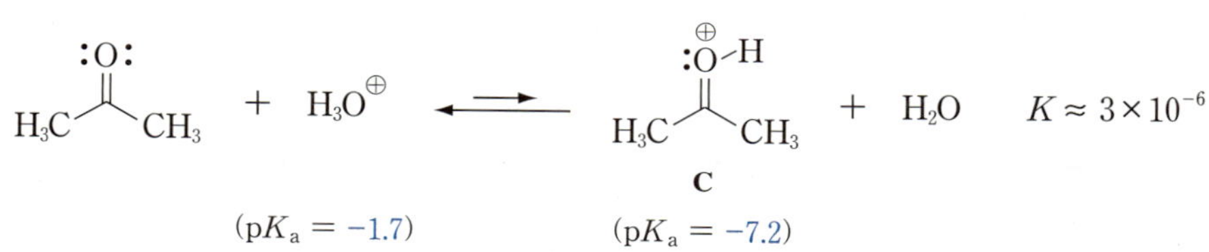

16.7.4 알데하이드 및 케톤의 반응성

일반적으로 친핵체에 대한 카보닐 작용기의 반응성은 [알데하이드 > α,β-불포화 알데하이드 > 케톤 > α,β-불포화 케톤]의 순서이다. 이러한 경향성을 어떻게 설명하는가에 대하여 알아보자.

알데하이드와 케톤의 상대적인 반응성은 카보닐 탄소의 입체 장애와 π-전자 밀도를 중심으로 기술할 수 있다. 우선 입체 장애의 관점에서는 알데하이드는 한 개, 케톤은 두 개의 알킬기가 친핵체의 접근을 방해하므로 알데하이드에서의 반응이 더 유리할 것으로 판단할 수 있다. π-전자 밀도의 관점에서는 카보닐 탄소에 전자를 제공하는 알킬기가 알데하이드는 한 개, 케톤은 두 개이므로 π-전자 밀도가 낮은 알데하이드에서 반응이 더 빠르게 진행됨을 예상할 수 있다. 이러한 추론을 종합하면 친핵체와의 반응성은 알데하이드가 케톤보다 클 것으로 예측할 수 있는데, 이것은 실제의 실험 결과와도 잘 일치한다.

화합물	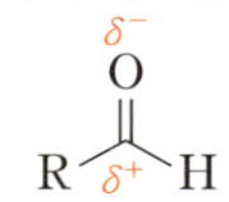 알데하이드	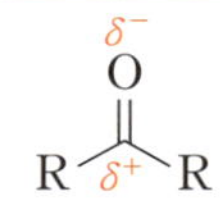 케톤
입체 장애	작음	큼
전자 밀도	작음	큼
반응성	큼	작음

이번에는 α,β-불포화 및 포화 알데하이드의 상대적인 반응성을 비교하기로 하자. 사이클로헥세인카브알데하이드의 루이스 구조는 C=O 이중 결합을 갖는 구조 **A**와 쌍극성 구조 **B**가 가능하다. 벤즈알데하이드(α,β-불포화 알데하이드)의 루이스 구조는 **C**와 **D**, 그리고 쌍극성 공명 구조 $\mathbf{E_1}$, $\mathbf{E_2}$, $\mathbf{E_3}$ 등이 있다. 쌍극성 공명 구조 $\mathbf{E_1}$, $\mathbf{E_2}$, $\mathbf{E_3}$는 모두 벤젠의 방향족 안정화 에너지가 손실되었고 또한 형식 전하가 있기 때문에 상대적으로 에너지가 높아서 실제 구조에의 기여도는 낮을 것이다. 그러나 쌍극성 공명 구조 $\mathbf{E_1}$, $\mathbf{E_2}$, $\mathbf{E_3}$는 모두 벤젠의 π-전자 일부를 카보닐 작용기로 이동시키는 결과를 초래하므로, 결과적으로 카보닐 탄소의 전자 밀도가 증가하여 친핵체와의 반응성이 감소하는 원인이 된다.

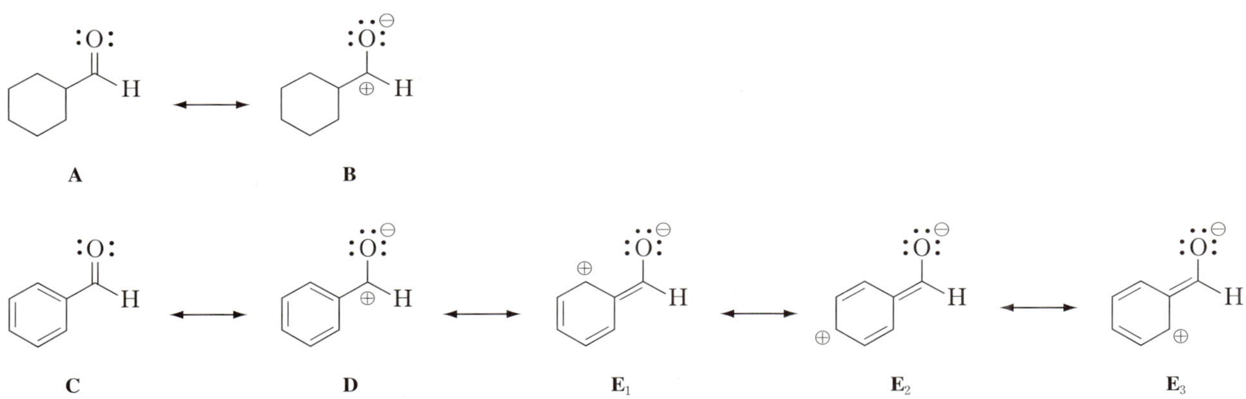

그림 16-5 α,β-불포화 및 포화 알데하이드의 루이스 구조

16.8 물 첨가 반응(카보닐 수화물)

16.8.1 서론

카보닐 작용기의 반응에서 가장 간단한 것은 물과의 반응으로서, **카보닐 수화물(carbonyl hydrate)**이 생성된다. 이 반응은 가역 반응이고, 카보닐 치환체(R 및 R′)에 따라서 평형 상수의 값이 크게 영향을 받지만 대부분의 경우에 카보닐 수화물이 열역학적으로 불안정하기 때문에 분리하기가 거의 불가능하다.

명명법을 기준으로 카보닐 수화물은 1,1-젬-다이올(1,1-*gem*-diol)의 화합물로 분류할 수 있다.

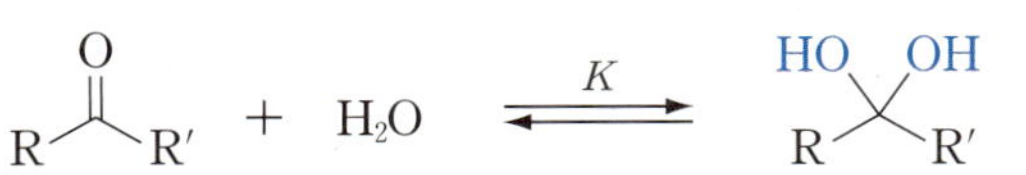

카보닐 수화물

그리고 친핵체에 대한 카보닐 작용기의 반응성은 [알데하이드 > 케톤]의 순서이므로(16.7.4절), 카보닐 수화물을 형성하는 반응에서의 평형 상수 값이 [$K_{알데하이드} > K_{케톤}$]임을 예상할 수 있다.

실험에 의하면 폼알데하이드는 대부분 카보닐 수화물로 존재한다($K \approx 2300$). 아세트알데하이드 및 입체 장애가 있는 2,2-다이메틸프로판알은 각각 50% 및 15%가 수화물로 있으며, 아세톤은 대부분 카보닐 형태로 존재한다.

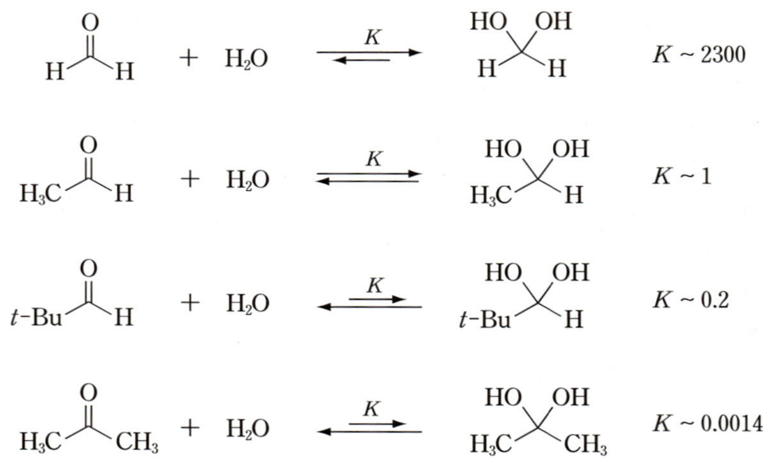

폼알데하이드, 아세트알데하이드, 강하게 전자 끄는 기가 있는 카보닐 작용기 정도를 제외하면 일반적으로 알데하이드 및 케톤 화합물에서 카보닐 수화물의 형태로 존재하는 비율은 상당히 적다.

헥사플루오로아세톤은 케톤 작용기가 있음에도 불구하고 여섯 개 플루오린 원자들의 유발 효과 때문에 카보닐 탄소의 전자 밀도가 매우 낮아서 대부분이 수화물 형태로 존재한다.

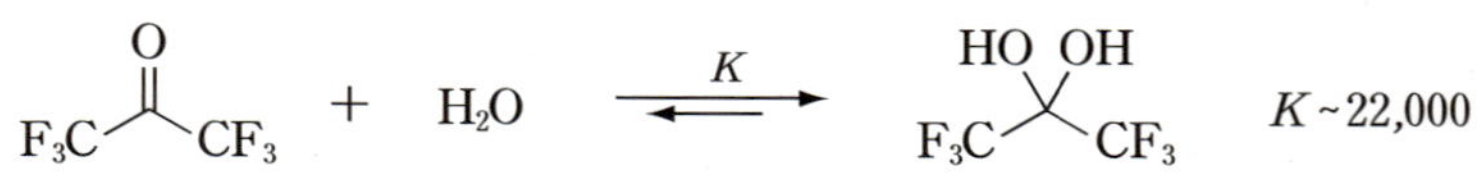

16.8.2 반응 메커니즘

16장에서는 새로운 반응에 대하여 기본적으로 세 조건에서의 메커니즘을 비교하면서 설명할 예정이다.

카보닐 수화물의 생성 메커니즘은 크게 세 가지로 구분할 수 있다. 첫 번째는 중성 조건에서 진행되는 반응, 두 번째는 염기 조건에서 진행되는 반응, 세 번째는 산 촉매 조건에서 진행되는 반응이다.

중성 조건에서는 $[HO^-] \approx [H^+] \approx 10^{-7}$이다.

중성 조건은 $pH \approx 7$이므로 친전자체로 작용하는 $[H^+]$의 농도가 매우 낮아서 카보닐 작용기의 활성화가 불가능하므로 [친전자체 반응 후 친핵체 반응] 경로(16.7.3절)는 거의 일어나지 않는다. 그리고 $pH \approx 7$에서는 강한 친핵체로 작용하는 $[HO^-]$의 농도도 매우 낮으므로 [친핵체 반응 후 친전자체 반응] 경로(16.7.2절)도 실질적으로 진행되지 않는다. 약한 친핵체로 작용하는 중성의 물(H_2O)이 비활성화 상태의 카보닐 작용기를 직접 공격하는 경로 또한 반응 속도는 매우 느릴 것이다. 이러한 내용을 모두 종합하면 중성 조건에서는 카보닐 수화물이 아주 느리게 생성됨을 쉽게 추론할 수 있다.

메커니즘 16-3 중성 조건에서 카보닐 작용기의 물 첨가 반응 메커니즘

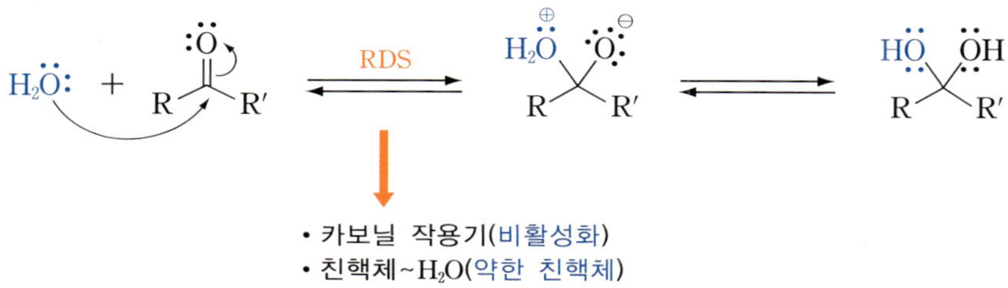

이번에는 염기 조건에서의 반응을 생각해 보자. 이 반응의 첫 번째 단계는 수산화 음이온(HO^-)이 강한 친핵체이기 때문에 첨가 반응이 합리적인 속도로 진행되고, 두 번째 단계는 산–염기 반응이므로 매우 빠르게 진행됨을 예상할 수 있다. 즉, 염기 조건에서의 카보닐 물 첨가 반응은 첫 번째 단계가 반응 속도 결정 단계인 [친핵체 반응 후 친전자체 반응] 경로를 따른다(16.7.2절).

메커니즘 16-4 염기 조건에서 카보닐 작용기의 물 첨가 반응 메커니즘

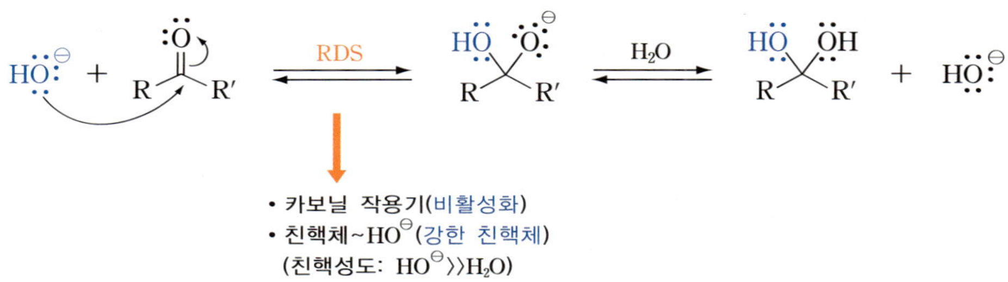

마지막으로 산 촉매 조건에서의 반응을 생각해 보자. 이 반응의 첫 번째 단계는 산(H^+)이 카보닐 산소의 고립 전자쌍과 산–염기 반응을 하여 카보닐 양이온을 생성하고, 두 번째 단계는 카보닐 활성화로 인하여 카보닐 탄소의 전자가 크게 부족하게 되므로 약한 친핵체인 중성의 물(H_2O)이 첨가 반응을 하며, 세 번째 단계는 산–염기 반응으로서 매우 빠르게 진행됨을 예상할 수 있다. 즉, 산 촉매 조건에서의 카보닐 물 첨가 반응은 두 번째 단계가 반응 속도 결정 단계인 [친전자체 반응 후 친핵체 반응] 경로를 따른다(16.7.3절).

메커니즘 16-5 산 촉매 조건에서 카보닐 작용기의 물 첨가 반응 메커니즘

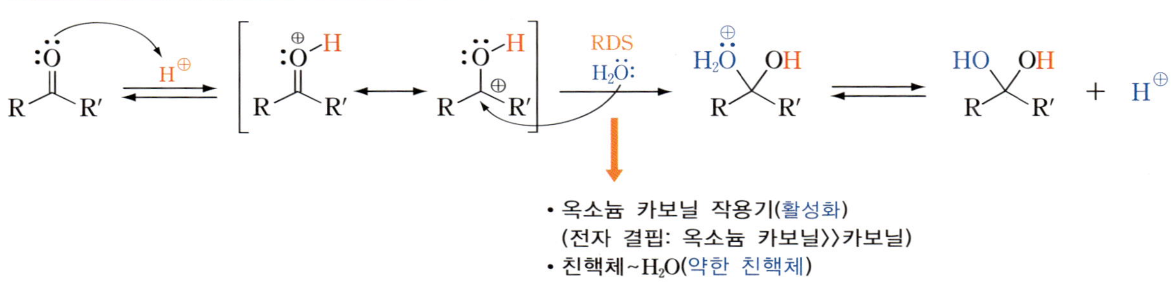

지금까지 중성, 산성 및 염기 조건에서 카보닐 수화물의 생성 메커니즘에 대하여 기술하였다. S_N2 반응이 S_N1, E2, E1 반응을 이해하는 데 기본적인 참고 자료가 되듯이, 카보닐 물 첨가 반응은 아세탈 생성 반응(16.9절), 이민 생성 반응(16.10절), 엔아민 생성 반응(16.11절)의 참고 자료가 되기 때문에 카보닐의 물 첨가 반응 메커니즘과 각각의 특징들을 충분히 이해하기 바란다.

예제 16.4

염기성 조건에서 카보닐 수화물이 카보닐 화합물로 전환되는 메커니즘을 그리시오.

풀이

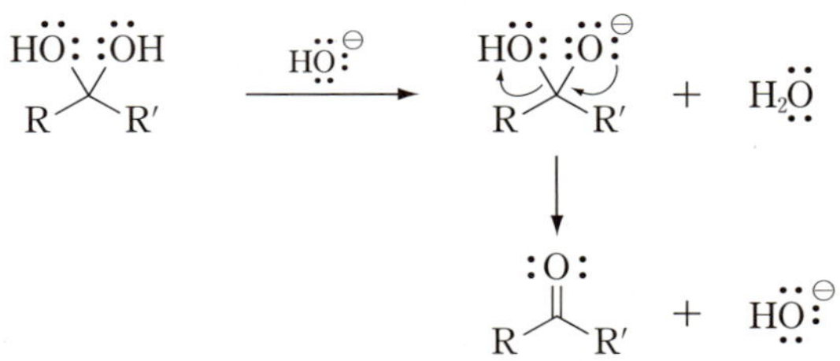

예제 16.5

산성 조건에서 카보닐 수화물이 카보닐 화합물로 전환되는 메커니즘을 그리시오.

풀이

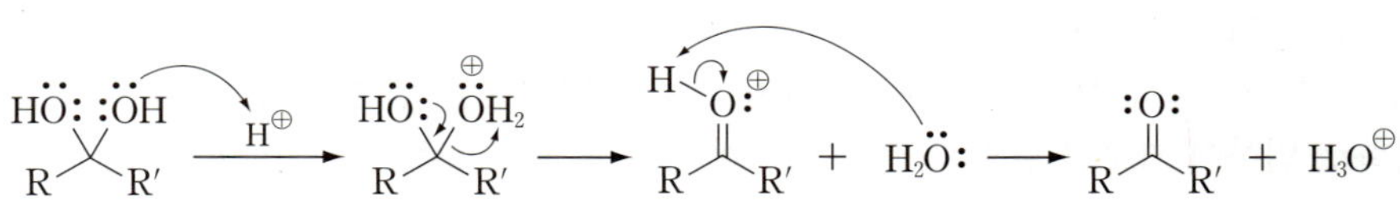

16.9 알코올 첨가 반응(아세탈)

16.9.1 서론

16.8절에서는 중성, 산성, 염기성 조건에서의 카보닐 물 첨가 반응에 대하여 알아보았다. 카보닐 물 첨가 반응은 산 촉매 및 염기 조건에서 빠르게 진행되는 평형 반응으로서, 카보닐 수화물이 생성되는 반응이다(16.8절). 지금부터는 물(H−OH) 대신에 알코올(H−OR)의 카보닐 첨가 반응에 대하여 알아보기로 한다.

$$\text{H}-\text{OH}$$

$$\text{H}-\text{OR}$$

산 촉매 또는 염기 조건에서 카보닐 작용기와 알코올이 반응하면 카보닐 수화물과 동격의 관계에 있는 **반아세탈(hemiacetal)**이 생성된다. 염기 조건에서는 반아세탈이 최종 생성물이지만, 산 촉매 조건에서는 반아세탈이 알코올과 한번 더 반응하여 **아세탈(acetal)**로 전환된다. 이 반응들은 모두 가역 반응이고, 카보닐 작용기의 반응성은 [알데하이드 > 케톤]이므로 각 반응의 평형 상수 값은 [$K_{알데하이드} > K_{케톤}$]임을 예상할 수 있다. 반아세탈은 카보닐 수화물과 마찬가지로 열역학적으로 불안정하기 때문에 분리하기가 거의 불가능하다.

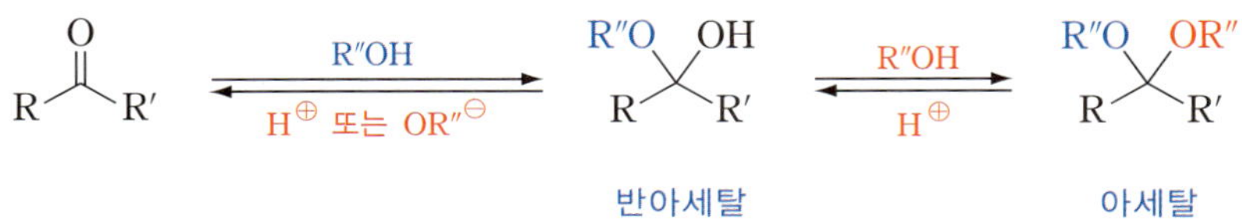

산 촉매 조건에서의 아세탈 생성 반응은 일반적으로 카보닐 한 분자와 알코올 두 분자가 반응하여 아세탈 한 분자와 물 한 분자를 생성하는 반응으로서, 자유도의 관점에서는 엔트로피가 감소하기 때문에 열역학적으로 불리한 반응이다. 아세탈 생성 반응은 평형 반응이기 때문에 생성물인 아세탈을 많이 얻기 위해서는 과량의 알코올을 사용하거나, 물을 제거하거나, 또는 엔트로피의 감소를 최소화하기 위하여 1,2-다이올 및 1,3-다이올을 사용하면 된다.

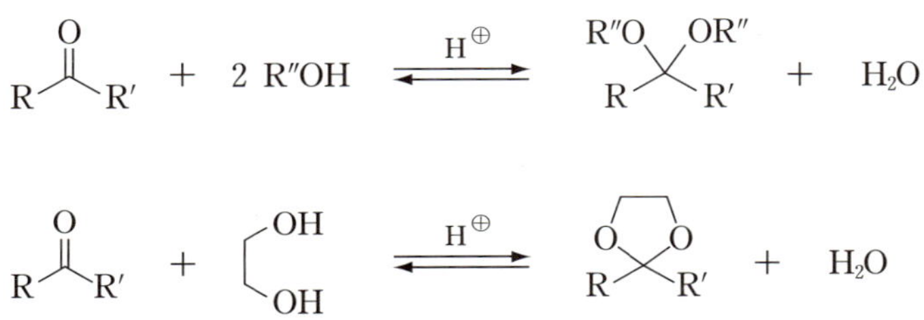

반아세탈은 열역학적으로 불안정하기 때문에 분리하기 어렵지만, 오각형~칠각형 반아세탈의 경우에는 특별한 비틀림이 없다면 예외적으로 반아세탈의 형태로 존재한다.

일반적으로 아세탈은 산화–환원 조건, 유기 금속 시약, 염기 조건에서는 안정하고, 산성 수용액 조건에서는 쉽게 가수 분해되기 때문에 카보닐 작용기의 보호기로 많이 사용되고 있다. 아세탈 형성 반응의 예는 다음과 같다.

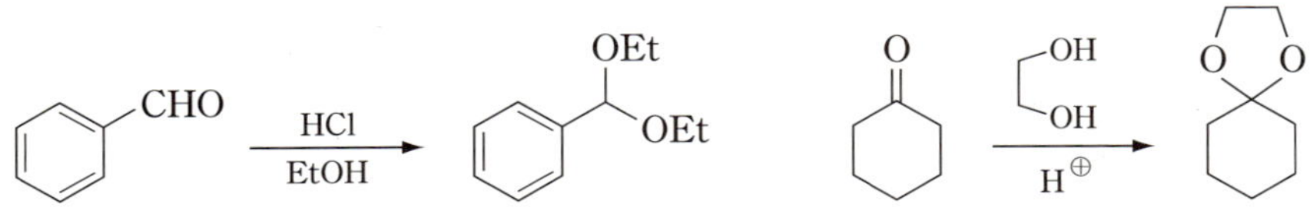

그림 16-6 아세탈 형성 반응의 예

예제 16.6

아래 반응의 주생성물을 그리시오.

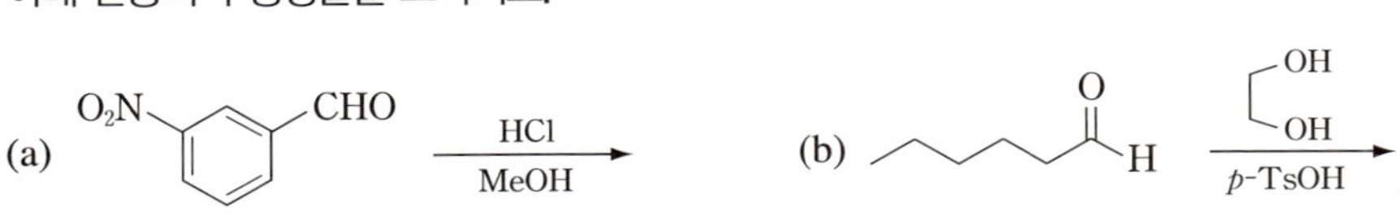

풀이

16.9.2 반응 메커니즘(중성 조건)

아세탈의 생성 메커니즘은 카보닐 수화물에서와 같이 세 가지로 구분한다. 첫 번째는 중성 조건에서 진행되는 반응, 두 번째는 염기 조건에서 진행되는 반응, 세 번째는 산 촉매 조건에서 진행되는 반응이다.

중성 조건에서 반아세탈의 생성에 대하여 알아보자.

중성 조건은 pH≈7이므로 친전자체로 작용하는 $[H^+]$의 농도가 매우 낮아서 카보닐 작용기의 활성화가 불가능하므로 [친전자체 반응 후 친핵체 반응] 경로(16.7.3절)는 거의 일어나지 않는다. 그리고 pH≈7에서는 강한 친핵체로 작용하는 $[R''O^-]$의 농도도 매우 낮으므로 [친핵체 반응 후 친전자체 반응] 경로(16.7.2절)도 실질적으로 진행되지 않는다. 약한 친핵체로 작용하는 중성의 알코올(R″OH)이 비활성화 상태의 카보닐 작용기를 직접 공격하는 경로 또한 반응 속도는 매우 느릴 것이다. 이러한 내용을 모두 종합하면 중성 조건에서는 반아세탈이 아주 느리게 생성됨을 쉽게 추론할 수 있다.

중성 조건에서의 카보닐 수화물(16.8.2절) 및 반아세탈 생성 반응 메커니즘은 물(H−OH) 및 알코올(H−OR)의 차이를 제외하고 모든 경로가 같다.

메커니즘 16-6 중성 조건에서 카보닐 작용기의 알코올 첨가 반응(반아세탈 생성) 메커니즘

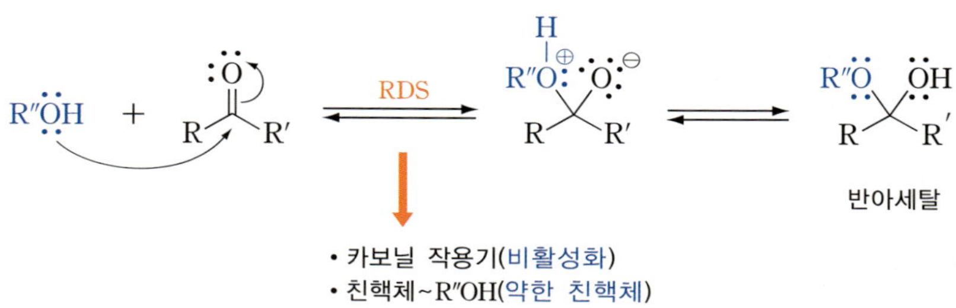

중성 조건에서는 아세탈을 생성하지 못하고 중간체인 반아세탈에서 반응이 종료된다. 그 이유에 대하여 생각해 보자.

반아세탈을 아세탈로 전환하는 가장 간단한 방법은 S_N2 반응을 이용하는 것이다. 그러나, S_N2 반응은 3차 탄소에서 불가능하고(7.6.2절), R″OH는 중성의 약한 친핵체(7.6.3절), OH^- 이탈기는 $pK_a(HOH) \approx 16$으로서 아주 약한 이탈기(7.6.4절)이기 때문에 실제로 이 반응은 진행되지 않는다.

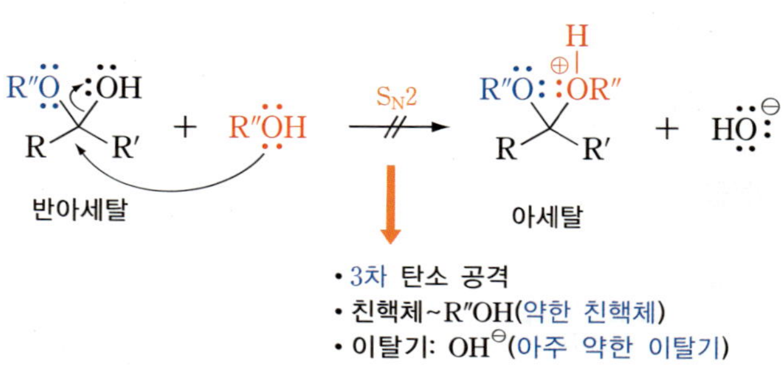

반아세탈을 아세탈로 전환하는 또 다른 방법으로 카보닐 양이온 **A**를 거치는 경로가 있다. 우선 R″O의 고립 전자쌍이 E2 형태로 탄소에 전자를 제공하면서 OH^-를 밀어내어 카보닐 양이온(**A**)을 생성하고, 약한 친핵체인 중성의 R″OH가 **A**를 공격한 후, 용매와의 산–염기 반응으로 아세탈을 생성할 수 있다. 그러나 이 경로는 R″O 산소 원자가 중성의 형식 전하를 갖고 있어서 강한 전자 주개로 작용하지 못하고, HO^- 이탈기는 $pK_a(HOH) \approx 16$으로서 아주 약한 이탈기(7.6.4절)이기 때문에 실제로 반응이 진행되지 않는다.

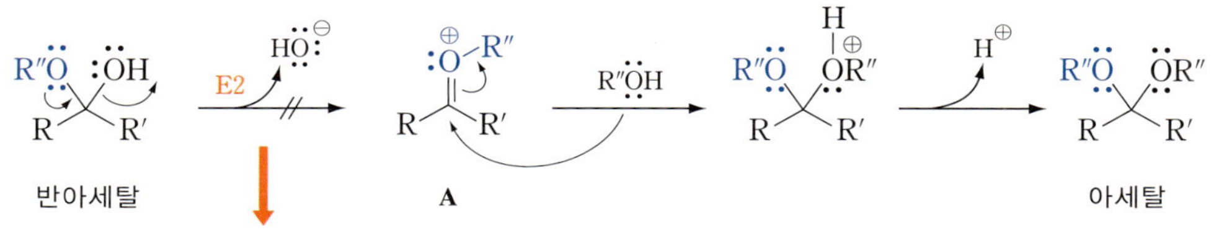

- 전자 주개: R''_2O(약한 전자 주개)
  (전자 주개 능력: $R''O^{\ominus} \gg R''_2O$)
- 이탈기: $OH^{\ominus}$(아주 약한 이탈기)

16.9.3 반응 메커니즘(염기성 조건)

염기성 조건에서의 카보닐 수화물(16.8.2절) 및 반아세탈 생성 반응 메커니즘은 물(H–OH) 및 알코올(H–OR)의 차이를 제외하고 모든 경로가 같다.

염기성 조건에서 반아세탈의 생성에 대하여 알아보자.

이 반응의 첫 번째 단계는 알콕시 음이온($R''O^-$)이 강한 친핵체이기 때문에 첨가 반응이 합리적인 속도로 진행되고, 두 번째 단계는 산–염기 반응이므로 매우 빠르게 진행됨을 예상할 수 있다. 따라서 이 반응은 첫 번째 단계가 반응 속도 결정 단계인 [친핵체 반응 후 친전자체 반응] 경로를 따른다(16.7.2절).

메커니즘 16-7 염기성 조건에서 카보닐 작용기의 알코올 첨가 반응(반아세탈 생성) 메커니즘

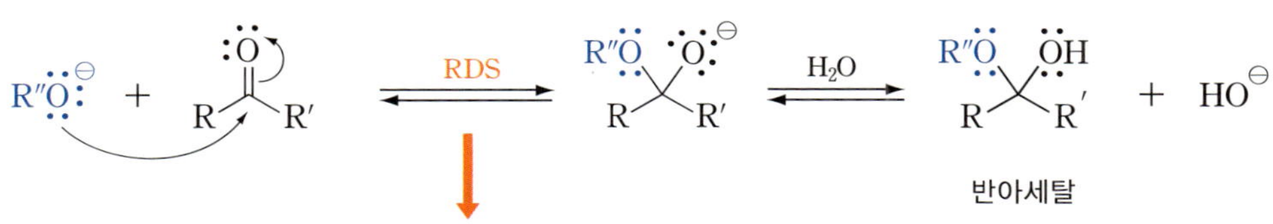

- 카보닐 작용기(비활성화)
- 친핵체~$R''O^{\ominus}$(강한 친핵체)
  (친핵성도: $R''O^{\ominus} \gg R''OH$)

이제는 염기성 조건에서 반아세탈이 아세탈로 전환되지 않는 이유에 대하여 생각해 보자.

반아세탈을 아세탈로 전환하는 가장 간단한 방법은 강한 친핵체인 $R''O^-$ 음이온이 S_N2 형태로 탄소를 직접 공격하는 경로이다. 그러나 이 반응은 $R''O^-$ 음이온이 강한 친핵체(7.6.3절)이지만 S_N2 반응은 3차 탄소에서 진행되지 않고(7.6.2절), OH^- 이탈기는 $pK_a(H_2O) \approx 16$으로서 아주 약한 이탈기(7.6.4절)이기 때문에 실제로 반응이 진행되지 않는다.

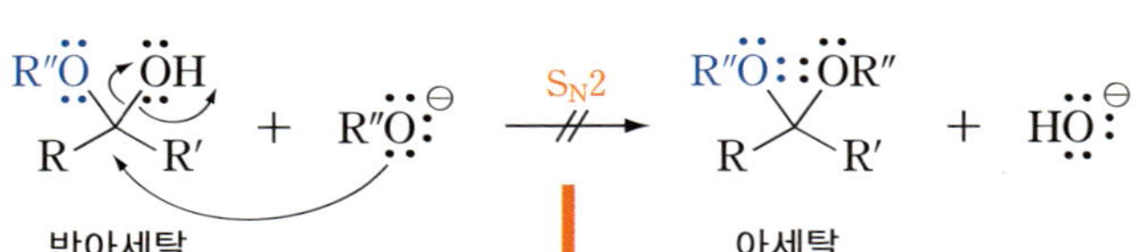

- 3차 탄소 공격
- 친핵체~$R''O^{\ominus}$(강한 친핵체)
- 이탈기: $OH^{\ominus}$(아주 약한 이탈기)

반아세탈을 아세탈로 전환하는 또 다른 방법으로 카보닐 양이온 **A**를 거치는 경로가 있다. 우선 R″O의 고립 전자쌍이 E2 형태로 탄소에 전자를 제공하면서 HO^-를 밀어내어 카보닐 양이온(**A**)을 생성하고, 강한 친핵체인 $R''O^-$ 음이온이 **A**를 공격하면 아세탈을 생성할 수 있다. 그러나 이 경로는 R″O 산소 원자가 중성의 형식 전하를 갖고 있어서 강한 전자 주개로 작용할 수 없고, HO^- 이탈기는 $pK_a(ROH) \approx 16$으로서 아주 약한 이탈기(7.6.4절)이기 때문에 실제로 반응이 진행되지 않는다.

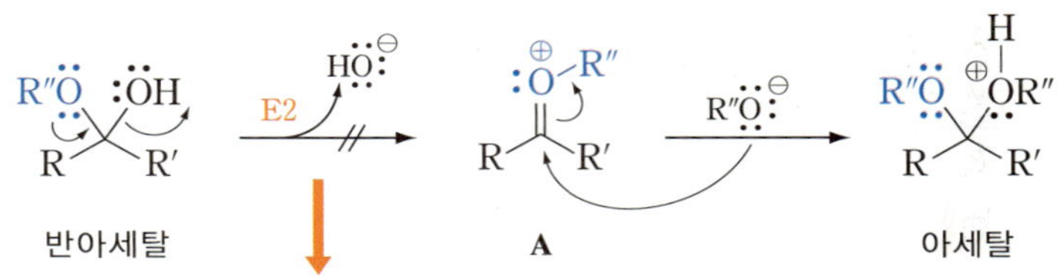

반아세탈 A 아세탈

- 전자 주개: R''_2O(약한 전자 주개)
  (전자 주개 능력: $R''O^{\ominus}$ 〉〉R''_2O)
- 이탈기: $OH^{\ominus}$(아주 약한 이탈기)

16.9.4 반응 메커니즘(산성 조건)

산 촉매 조건에서는 중성 및 염기 조건과는 다르게 반아세탈에서 아세탈로의 전환이 가능하다. 교재에서는 반응 메커니즘의 형식을 고려하여 [카보닐 → 반아세탈] 및 [반아세탈 → 아세탈] 경로를 구분하여 설명하였다.

산성 조건에서 반아세탈의 합성 경로는 다음과 같다. 첫 번째 단계는 산(H^+)이 카보닐 산소의 고립 전자쌍과 산-염기 반응을 하여 카보닐 양이온 **B**를 생성하고, 두 번째 단계는 카보닐 활성화로 인하여 카보닐 탄소의 전자가 크게 부족하게 되므로 약한 친핵체인 중성의 알코올(R″OH)이 첨가 반응을 하며, 세 번째 단계는 산-염기 반응으로서 매우 빠르게 진행될 것이다. 즉, 이 반응은 두 번째 단계가 반응 속도 결정 단계인 [친전자체 반응 후 친핵체 반응] 경로를 따른다(16.7.3절).

산성 조건에서의 카보닐 수화물(16.8.2절) 및 반아세탈 생성 반응 메커니즘은 물(H−OH) 및 알코올(H−OR)의 차이를 제외하고 모든 경로가 같다.

메커니즘 16-8 산성 조건에서 카보닐 작용기의 알코올 첨가 반응(반아세탈 생성) 메커니즘

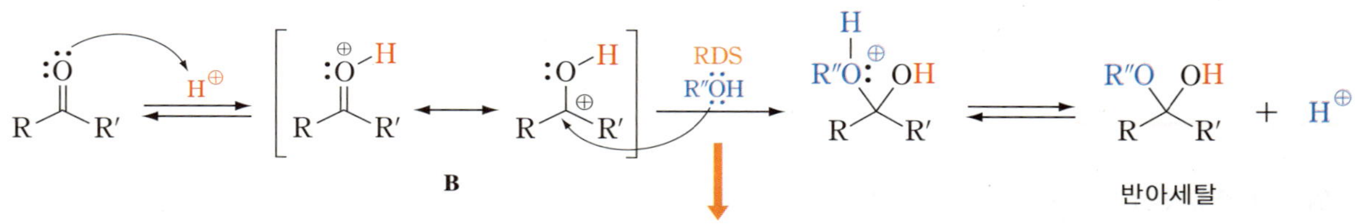

B 반아세탈

- 옥소늄 카보닐 작용기(활성화)
  (전자 결핍: 옥소늄 카보닐〉〉카보닐)
- 친핵체 ~R″OH(약한 친핵체)

산 촉매 조건에서 반아세탈 및 아세탈의 생성 반응 메커니즘은 카보닐 양이온 **B** 및 **C**의 구조를 포함하는 그 이후의 과정에서 물(H−OH) 및 알코올(H−OR)의 차이를 제외하고 모든 경로가 같다.

반아세탈에서 아세탈의 합성은 다음과 같다. 우선 반아세탈의 −OH와 H^+ 사이에 산-염기 반응이 진행되어 $-OH_2^+$가 생기고, R″O의 고립 전자쌍이 E2 형태로 탄소에 전자를 제공하여 H_2O를 밀어내면서 카보닐 양이온(**C**)를 생성한다. 이 경우에 $-OH_2^+$는 $pK_a(H_3O^+) \approx -1.7$인 좋은 이탈기이기 때문에 약한 전자 주개인 R″O의 비공유 전자쌍에 의해서도 E2 반응이 진행될 수 있다. 중간체 **C**는 활성화된 카보닐로서 전자가 크게 부족하므로 역시 중성의 약한 친핵체인 R″OH가 공격할 수 있고, 최종적으로 용매와의 산-염기 반응에 의하여 아세탈이 생성된다.

메커니즘 16-9 산성 조건에서 아세탈 생성 반응 메커니즘

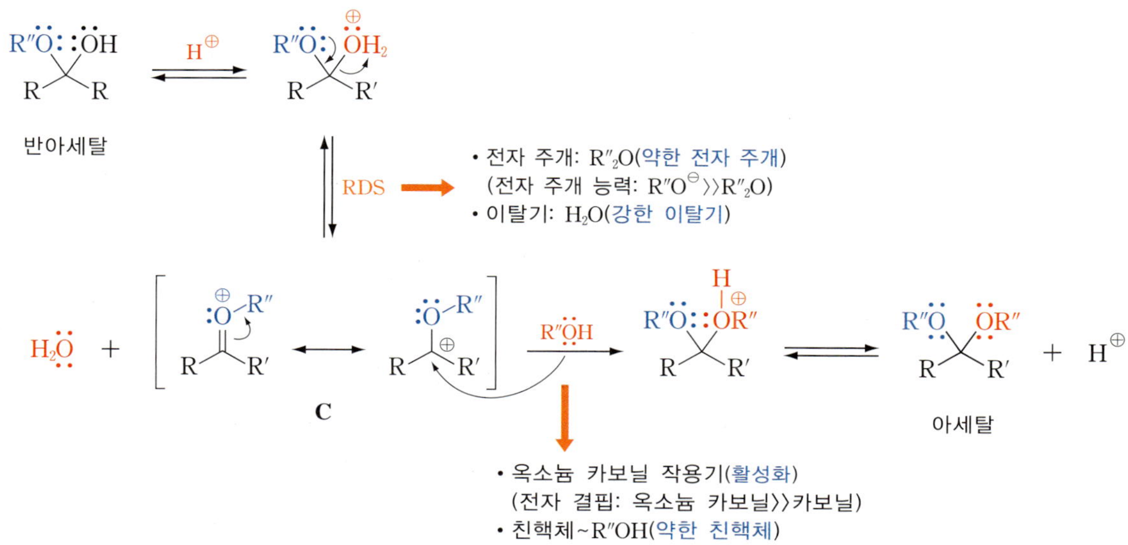

지금까지의 결과를 정리하면 다음과 같다. 중성, 염기, 산 촉매 조건에서 카보닐 수화물(16.8.2절) 및 반아세탈 생성 반응 메커니즘은 물(H−OH) 및 알코올(H−OR)의 차이를 제외하고 모든 경로가 동일하다(16.9.2~16.9.4절). 그리고 산 촉매 조건에서 [알데하이드 → 반아세탈] 및 [반아세탈 → 아세탈] 반응의 메커니즘은 카보닐 양이온 **B** 및 **C**의 구조를 포함하는 그 이후의 과정이 물(H−OH) 및 알코올(H−OR)의 차이를 제외하고 모든 경로가 동일하다(16.9.4절).

이것은 중성, 염기성, 산성 조건에서 카보닐 수화물의 생성 메커니즘과 이에 수반되는 기본 원리를 정확하게 이해하면 결과적으로 다양한 조건에서 반아세탈 및 아세탈의 생성 메커니즘도 쉽게 이해할 수 있음을 보여 주는 예이다.

16.9.5 아세탈 가수 분해 반응

산 촉매 조건에서 아세탈 생성 반응은 가역적으로 진행된다(16.9.1절). 따라서 산 촉매 조건에서 아세탈의 가수 분해 반응은 미시적 가역성(2.7.3절)에 의하여 [알데하이드 → 반아세탈 → 아세탈]의 생성 경로와 정확하게 반대 방향으로 진행된다.

아세탈에서 반아세탈의 생성은 다음과 같다. 우선 아세탈의 −OR″과 H^+ 사이에 산−염기 반응이 진행되어 −O(H)R″$^+$가 생기고, R″O의 고립 전자쌍이 E2 형태로 탄소에 전자를 제공하여 R″OH를 밀어내면서 카보닐 양이온 **C**를 생성한다. 이 경우에 −O(H)R″$^+$는 $pK_a(R''OH_2^+) \approx -1.7$인 좋은 이탈기이기 때문에 약한 전자 주개인 R″O의 비공유 전자쌍에 의해서도 E2 반응이 진행될 수 있다. 카보닐 양이온 **C**는 활성화된 카보닐로서 전자가 크게 부족하므로 역시 중성의 약한 친핵체인 물(H_2O)이 공격할 수 있고, 최종적으로 용매와의 산−염기 반응에 의하여 반아세탈이 생성된다.

메커니즘 16-10 아세탈에서 반아세탈로의 가수 분해 반응 메커니즘

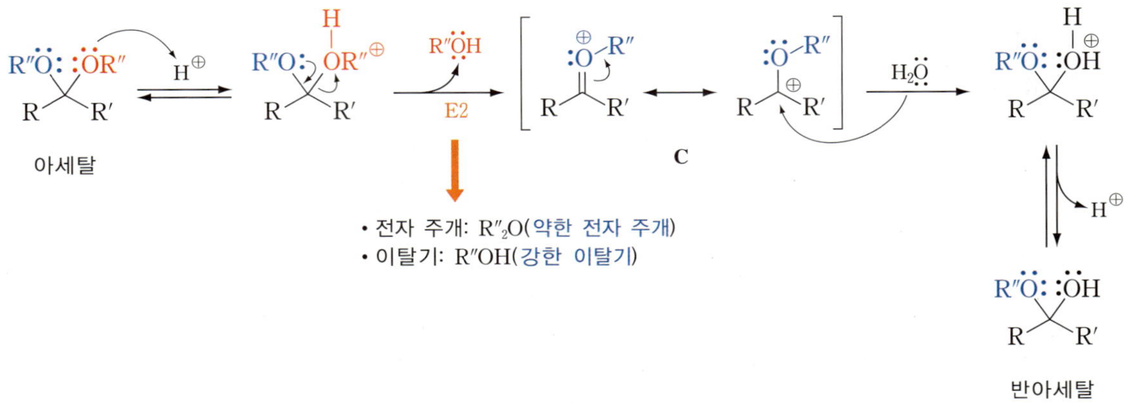

반아세탈에서 카보닐 화합물로의 전환은 다음과 같다. 우선 반아세탈의 $-OR''$과 H^+ 사이에 산–염기 반응이 진행되어 $-O(H)R''^{+}$가 생기고, OH의 고립 전자쌍이 E2 형태로 탄소에 전자를 제공하여 R″OH를 밀어내면서 카보닐 양이온 **B**를 생성한다. 이 경우에 $-O(H)R''^{+}$는 $pK_a(R''OH_2^{+}) \approx -1.7$인 좋은 이탈기이기 때문에 약한 전자 주개인 OH의 비공유 전자쌍에 의해서도 E2 반응이 진행될 수 있다. 계속해서 카보닐 양이온 **B**와 물 사이에 산–염기 반응이 진행되면 최종 생성물인 카보닐 화합물을 얻을 수 있다.

메커니즘 16-11 반아세탈에서 카보닐 화합물로의 가수 분해 반응 메커니즘

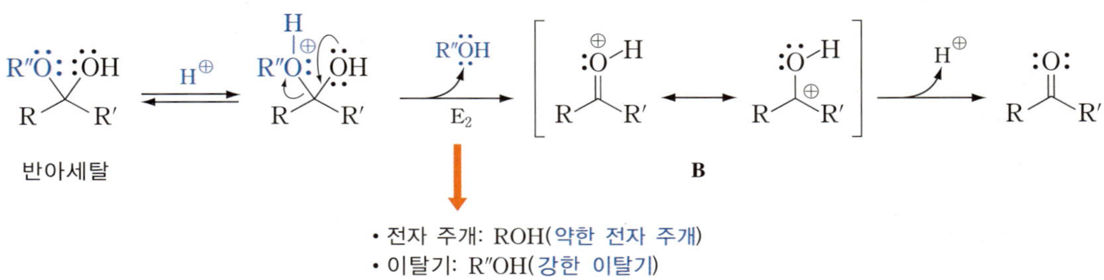

가역 반응에서 정반응과 역반응은 동일한 중간체를 공유하지만 기본적으로 전자의 이동 방향이 반대이다. 따라서 정반응의 반응 메커니즘은 익숙해도 역반응의 반응 메커니즘은 새롭게 다가올 수 있다. 이것은 마치 앞으로 걷는 것은 자연스럽고, 뒤로 걷는 것은 부자연스럽게 느끼는 것과 유사한 것으로, 노력을 통해서 이런 것들을 극복해야 한다.

'미시적 가역성(microscopic reversibility, 2.7.3절)'의 핵심은 A → B 반응의 경로가 유일하게 한 개이면 B → A 반응의 경로도 유일하게 한 개이고, 그 경로는 A → B 경로의 역방향이라는 것이다. 앞에서 언급한 바와 같이 [산 촉매 아세탈 생성 반응] 및 [산 촉매 아세탈 가수 분해 반응]은 정반응과 역반응의 관계에 있기 때문에 이 반응들은 동일한 반응 경로를 가져야 한다. 실제로 산 촉매 조건에서 [카보닐 → 반아세탈](16.9.4절) 및 [반아세탈 → 카보닐](16.9.5절)의 경로를 비교하면 모든 중간체가 동일하고, [반아세탈 → 아세탈](16.9.4절) 및 [아세탈 → 반아세탈](16.9.5절)의 경로에서도 중간체가 모두 일치함을 확인할 수 있다.

16.9.6 엔올 에터

엔올 에터(enol ether)는 알켄(alkene)과 알코올(alcohol)이 결합된 구조를 갖는 작용기이다.

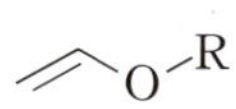

엔올 에터

엔올 에터는 산화–환원 조건, 유기 금속 시약, 염기 조건에서는 안정하고, 반면에 산성 수용액 조건에서는 쉽게 가수 분해되기 때문에 비록 아세탈과 비교할 정도는 아니지만 카보닐 작용기의 보호기로 사용된다.

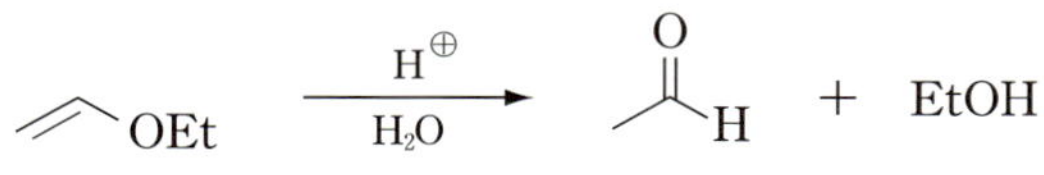

에틸 바이닐 에터

엔올 에터의 산 촉매 가수 분해 반응은 다음과 같이 진행된다. 우선 비대칭 알켄의 π-결합 전자가 H^+에 전자를 제공하여 열역학적으로 더 안정한 카보닐 양이온 **D**를 제공한다(4.7.5절, 4.7.6절). 중간체 **D**는 산 촉매 아세탈 가수 분해 반응(16.9.5절)의 중간체 **C**와 기본 골격이 같기 때문에 그 이후의 반응 경로는 동일한 것으로 생각할 수 있다.

메커니즘 16-12 엔올 에터의 산 촉매 가수 분해 반응 메커니즘

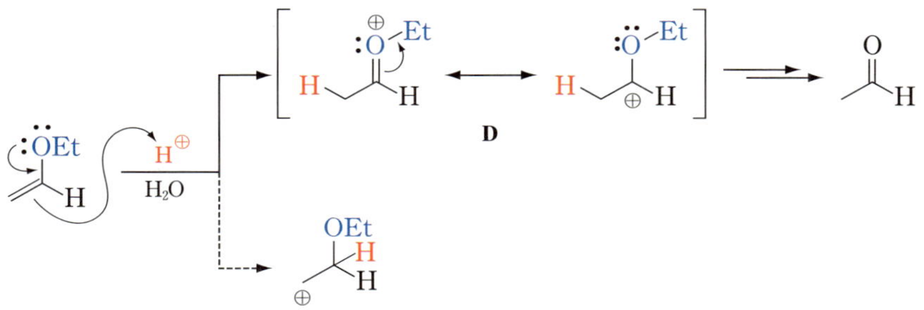

16.10 1차 아민 축합 반응(이민)

16.10.1 서론

지금까지는 중성, 염기, 산 촉매 조건에서 카보닐 작용기에 대한 물(H–OH) 및 알코올(H–OR)의 첨가 반응에 대하여 알아보았다(16.8절, 16.9절). 이제는 산소 대신에 질소가 참여하는 반응에 대하여 기술하기로 한다.

일반적으로 질소를 포함하는 화합물은 암모니아($H-NH_2$), 1차 아민(H–NHR), 2차 아민($H-NR_2$), 3차 아민(R_3N) 등으로 구분하는데, 아민의 기본 구조에 따라서 카보닐 작용기와의 반응 생성물이 서로 다를 수 있다. 교재에서는 암모니아 및 1차 아민의 반응(16.10절)을 먼저 설명하고, 이어서 2차 아민의 반응(16.11절)에 대하여 알아볼 것이다.

암모니아 및 1차 아민은 카보닐 작용기와 반응하여 C=N 이중 결합을 갖는 **이민(imine, Schiff base)**을 생성한다. 이민은 카보닐 작용기의 질소 유사체(nitrogen analog)로서, 구조적인 관점에서는 카보닐 작용기의 산소 원자가 질소 원자로 치환되고 동시에 한 개의 공유 결합이 추가됨으로써 형식 전하 없이 팔전자계를 만족하는 작용기이다.

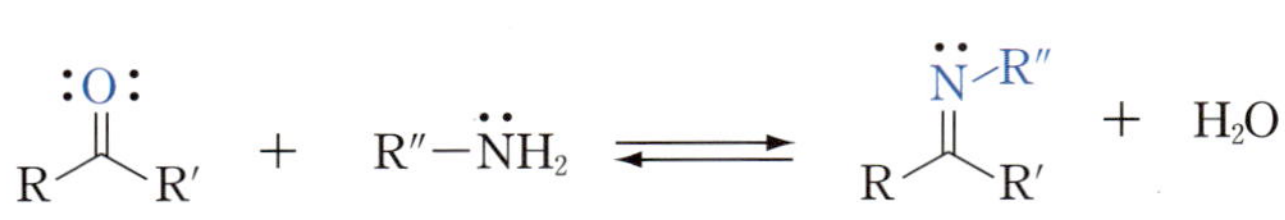

카보닐 작용기 | 암모니아 또는 1차 아민 | 이민 (카보닐 작용기의 질소 유사체)

암모니아($H-NH_2$)에서 생성되는 이민($R_2C=N-H$)은 일반적으로 매우 불안정하고, 역반응인 가수 분해 반응이 매우 빠르기 때문에 순수한 화합물로 분리할 수 없다.

반면에 1차 아민($R-NH_2$)에서 생성되는 이민($R_2C=N-R$)은 상대적으로 안정하기 때문에 많은 경우에 분리할 수 있다. 특히 R, R′, R″ 중에서 아릴 작용기가 한 개 이상 있으면 콘쥬게이션에 의한 안정화 때문에 생성물을 분리하기가 더 쉬워진다.

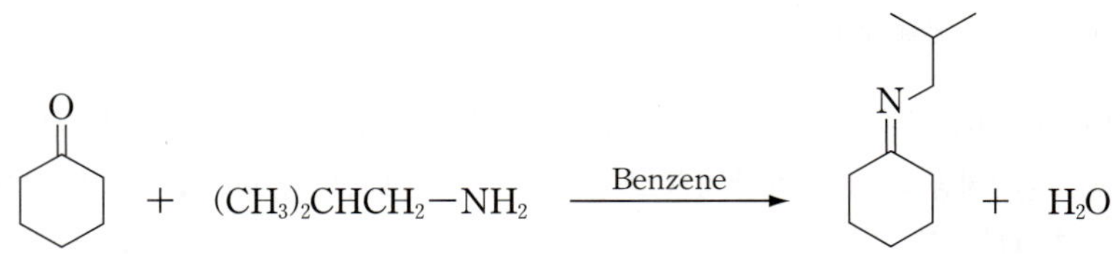

$$Ph-CHO + Me-NH_2 \longrightarrow Ph-CH=N-Me$$

1차 아민의 유도체 화합물로는 하이드록실 아민(hydroxyl amine, NH_2-OH), 하이드라진(hydrazine, NH_2-NH_2), 페닐하이드라진(phenylhydrazine, NH_2-NHPh) 등이 있다. 이 화합물들은 일반적인 아민보다 친핵성이 훨씬 커서 매우 빠르게 안정한 C=N 결합을 생성하는데, 이러한 이민 화합물들을 **옥심(oxime)**, **하이드라존(hydrazone)**, **페닐하이드라존(phenylhydrazone)**이라고 한다. 이들은 모두 가수 분해가 힘들고, 결정성이 크다는 특징을 갖는다.

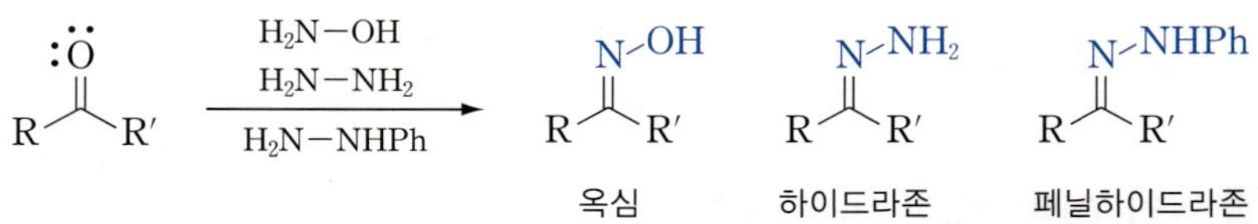

예제 16.7

아래 반응의 주생성물을 그리시오.

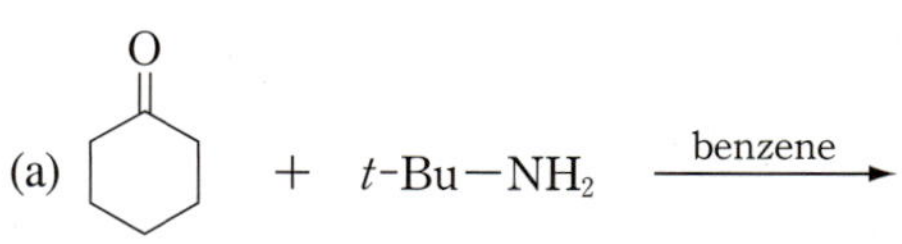

(b) $Ph-CHO + Ph-NH_2 \longrightarrow$

풀이

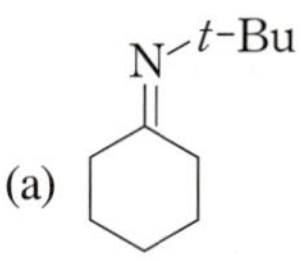

(b) $Ph-CH=N-Ph$

16.10.2 반응 메커니즘(중성 조건)

이민의 생성 메커니즘은 카보닐 수화물(16.8.2절) 및 반아세탈(16.9.2~19.6.4절)에서와 같이 중성 조건에서 진행되는 반응, 염기 조건에서 진행되는 반응, 산 촉매 조건에서 진행되는 반응 등 세 가지로 생각할 수 있다.

중성 조건에서는 친전자체 $[H^+]$ 및 강한 음이온 친핵체의 농도가 매우 낮게 유지되기 때문에 친핵체가 중성의 산소 원자(H_2O, ROH)인 경우에는 반응이 거의 진행되지 않는다(16.10.2절). 반면에 친핵체가 산소보다 친핵성이 훨씬 큰 질소 원자(NH_3, 1차 아민)인 경우에는 비록 속도는 느리지만 반응이 진행되어 이민(imine)을 생성한다.

중성 조건에서 이민의 생성은 아래의 경로로 설명할 수 있다. 첫 번째 단계는 약한 친핵체로 작용하는 중성의 1차 아민(RNH_2)이 비활성화 상태의 카보닐 작용기를 직접 공격하는 반응으로서, 비록 질소가 산소보다 친핵체성이 크지만(7.6.3절) 기본적으로 반응성이 작은 화학종 사이의 반응이기 때문에 반응 속도는 느릴 것이다. 두 번째 단계에서는 중간체 내부에 존재하는 강염기(RO^-)와 약산($R_2NH_2^+$) 사이의 빠른 산–염기 반응에 의하여 반아미날(hemiaminal) **A**를 생성한다. 세 번째 단계는 중성의 질소 고립 전자쌍이 E2 형태로 탄소에 전자를 제공하면서 HO^-를 밀어내어 이미늄(imminium) 양이온 **B**를 생성하는 반응이다. 이 반응은 비록 질소가 산소보다 전자를 잘 제공하지만(7.6.3절) R_2NH의 질소 원자가 중성의 형식 전하를 갖고 있어서 근본적으로 약한 전자 주개이고, HO^-는 아주 약한 이탈기(7.6.4절)이기 때문에 이 반응이 힘들게 진행됨을 예상할 수 있는데, 실제로 여기가 반응 속도 결정 단계이다. 마지막으로 이미늄 양이온 **C**와 물 사이에 산–염기 반응이 빠르게 진행되어서 이민이 생성된다. 이 모든 것을 종합하면 산 또는 염기가 없는 조건에서는 비록 이민을 얻을 수 있기는 하지만 반응 속도는 매우 느릴 것임을 추론할 수 있다.

중성 조건에서의 카보닐 수화물(16.8.2절), 반아세탈(16.9.2절) 및 반아미날(**A**) 생성 메커니즘은 물(H–OH), 알코올(H–OR″), 1차 아민(RNH_2)의 차이를 제외하고 모든 경로가 같다.

메커니즘 16-13 중성 조건에서 카보닐 작용기의 1차 아민 축합 반응 메커니즘

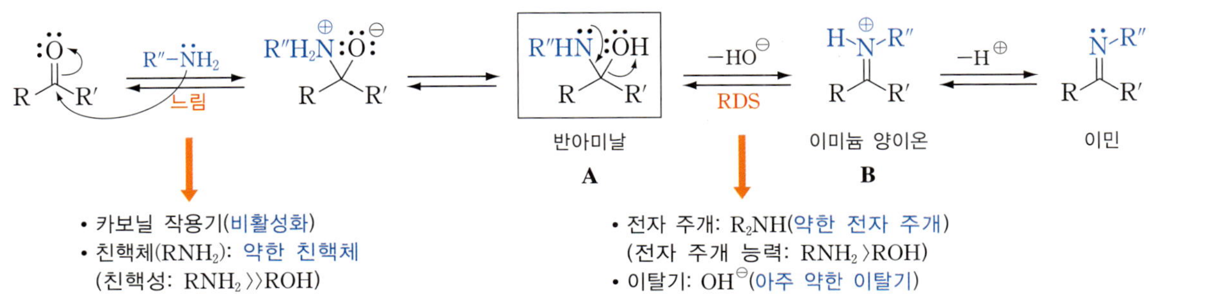

16.10.3 반응 메커니즘(염기성 조건)

염기 조건에서의 반응은 RNH^- 음이온이 존재함을 의미한다. RNH^- 음이온은 강염기 및 강한 친핵체로 모두 작용할 수 있는데, 일반적으로 카보닐 작용기와의 반응에서는 친핵체보다는 강염기로서의 역할이 훨씬 중요(19.1절)하기 때문에 이민을 합성할 때에는 거의 사용하지 않는다.

산 촉매 조건에서의 카보닐 수화물(16.8.2절), 반아세탈(16.9.4절) 및 반아미날(**A**) 생성 메커니즘은 물(H−OH), 알코올(H−OR″), 1차 아민(RNH_2)의 차이를 제외하고 모든 경로가 같다.

산 촉매 조건에서 [반아세탈 → 옥소늄 양이온(→ 아세탈)] 및 [반아미날 → 이미늄 양이온(**B**)] (→ 이민)] 생성 메커니즘은 알코올(H−OR″), 1차 아민(RNH_2)의 차이를 제외하고 모든 경로가 같다.

16.10.4 반응 메커니즘(산성 조건)

산 촉매 조건에서 이민의 합성은 중성 조건에서와 마찬가지로 [카보닐 → 반아미날] 및 [반아미날 → 이민] 경로로 구분하여 설명할 수 있다.

카보닐에서 반아미날의 합성 경로는 다음과 같다. 첫 번째 단계는 산(H^+)이 카보닐 산소의 고립 전자쌍과 산−염기 반응을 하여 카보닐 양이온을 생성하고, 두 번째 단계는 카보닐 활성화로 인하여 카보닐 탄소의 전자가 크게 부족하게 되므로 약한 친핵체인 중성의 아민(RNH_2)이 첨가 반응을 하며, 세 번째 단계는 산−염기 반응이 매우 빠르게 진행되면서 반아미날 **A**를 생성한다.

반아미날에서 이민의 합성은 다음과 같다. 우선 반아미날의 −OH와 H^+ 사이에 산−염기 반응이 진행되어 $-OH_2^+$가 생기고, R″NH의 고립 전자쌍이 E2 형태로 탄소에 전자를 제공하여 H_2O를 밀어내면서 이미늄 양이온 **B**를 생성한다. 이 경우에 $-OH_2^+$는 $pK_a(H_3O^+) \gg -1.7$인 좋은 이탈기이기 때문에 약한 전자 주개인 R″NH의 고립 전자쌍에 의해서도 E2 반응이 진행될 수 있다. 마지막으로 이미늄 양이온 및 물 사이에 산−염기 반응이 빠르게 진행되면서 이민을 생성한다.

메커니즘 16-14 산성 조건에서 카보닐 작용기의 1차 아민 축합 반응 메커니즘

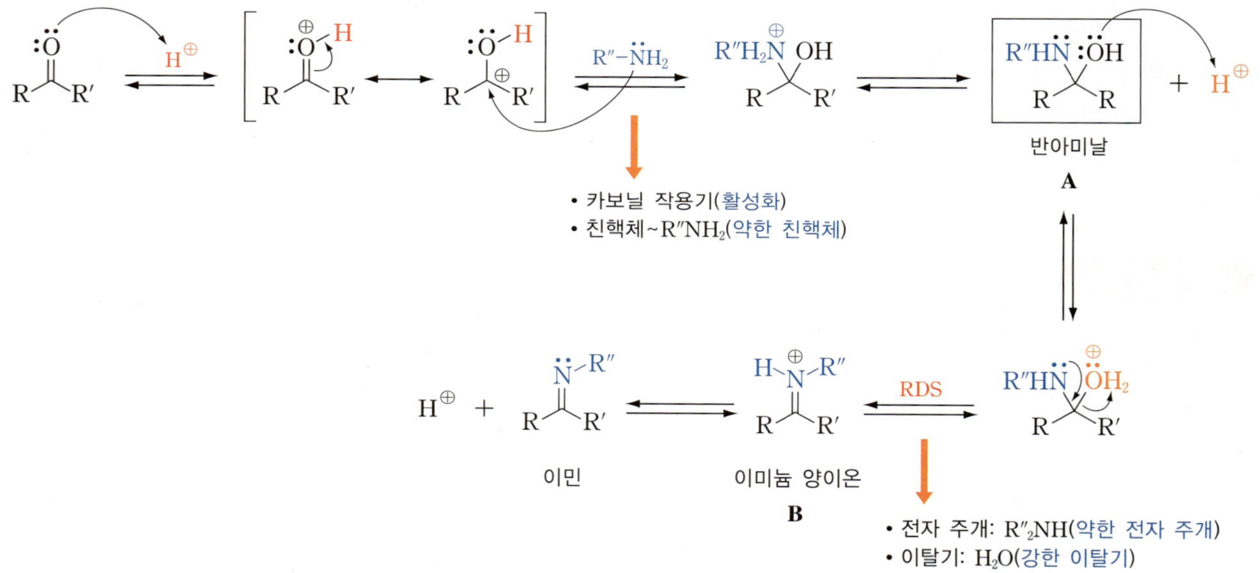

일반적으로 이민의 생성 반응은 pH 4~5 정도에서 잘 진행되고, 이 범위를 벗어나면 반응 속도가 느려진다. 그 이유는 pH<4에서는 중성의 아민이 양성자와 산−염기 반응을 하여 암모늄 양이온(RNH_3^+)이 되면서 친핵체(RNH_2)의 농도가 크게 감소하고, 반대로 pH>5에서는 활성화된 카보닐 양이온의 농도가 감소하여 중성의 아민이 카보닐 양이온을 공격하기 어려워지기 때문이다.

16.11 2차 아민 축합 반응(엔아민)

16.11.1 서론

카보닐 작용기가 1차 아민과 반응하면 C=N 이중 결합을 갖는 이민이 생성되지만, 카보닐 작용기가 2차 아민과 반응하면 **엔아민**(**enamine**)이 생긴다. 엔아민은 아세탈 및 엔올 에터와 유사하게 염기 조건에서 안정하고 산성의 수용액에서 쉽게 가수 분해되지만, 일반적으로 아세탈 및 엔올 에터와 다르게 카보닐 작용기의 보호기로는 사용하지 않는다.

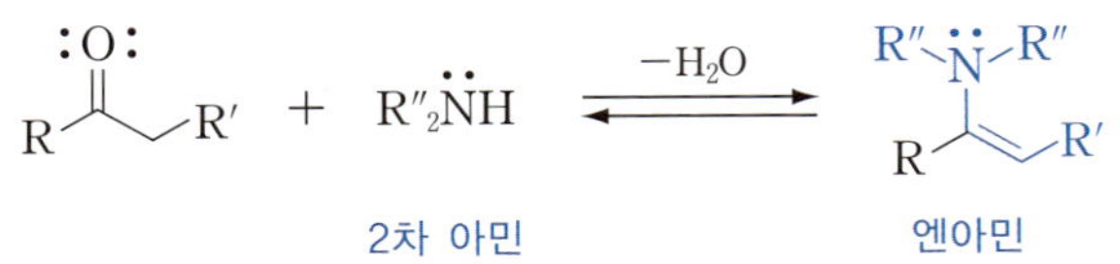

엔올(enol)이 알켄(alkene)과 알코올(alcohol)이 결합된 구조이듯이 엔아민(enamine)은 알켄(alkene)과 아민(amine)이 결합된 구조를 갖는다. 엔올과 엔아민은 기본 골격이 같지만, 산소(O)가 질소(N−R)로 치환된 차이점이 있으며, 산소 및 질소의 고립 전자쌍이 알켄 π-전자로의 비편재화가 가능하기 때문에 아래의 공명 구조를 그릴 수 있다.

엔아민 형성 반응의 예는 다음과 같다.

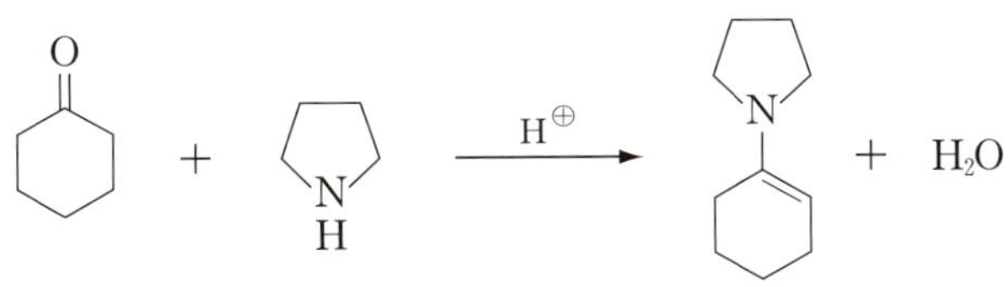

그림 16-7 엔아민 형성 반응의 예

16.11.2 반응 메커니즘

엔아민의 생성 메커니즘도 카보닐 수화물(16.8.2절), 반아세탈(16.9.2~16.9.4절), 이민(16.10.2~16.10.4절)의 생성에서와 같이 중성 조건에서 진행되는 반응, 염기 조건에서 진행되는 반응, 산 촉매 조건에서 진행되는 반응 등 세 가지로 생각할 수 있다.

첫 번째, 중성 조건에서 엔아민의 생성 메커니즘은 아래와 같다. 이 경로를 이민의 생성 메커니즘(16.10.2절)과 비교하면 1차 아민(RNH_2) 및 2차 아민(R_2NH)의 차이를 제외하고 [카보닐 → 이미늄 양이온(**B**)]까지의 경로가 동일함을 알 수 있다. 그리고 이미늄 양이온(**B**)에서 서로 다른 형태의 생성물이 얻어지는 이유는 1차 아민에는 산-염기 반응에 참여할 수 있는 수소 원자가 있고, 2차 아민의 경우에는 그러한 수소 원자가 없기 때문이다. 즉, 1차 아민의 이미늄 양이온(**B**)은 간단한 산-염기 반응으로 중성의 이민을 제공하고, 2차 아민의 이미늄 양이온(**B**)은 이것이 불가능하기 때문에 C=N 결합의 α-H 원자가 제거되면서 엔아민을 생성하게 된다.

메커니즘 16-15 중성 조건에서 카보닐 작용기의 2차 아민 축합 반응 메커니즘

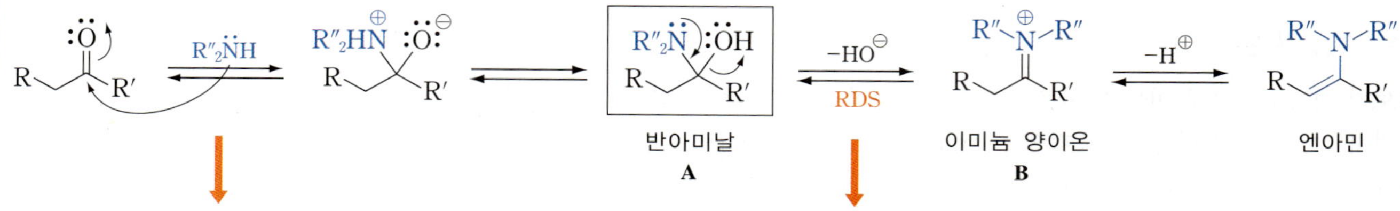

• 카보닐 작용기(비활성화)
• 친핵체~R''_2NH(약한 친핵체)

• 전자 주개: R_3N(약한 전자 주개)
(전자 주개 능력: R_3N 〉ROH)
• 이탈기: $HO^{\ominus}$(약한 이탈기)

두 번째, 염기 조건에서의 반응은 R_2N^- 음이온이 존재함을 말한다. R_2N^- 음이온은 강염기 및 강한 친핵체로 모두 작용할 수 있는데, 일반적으로 카보닐 작용기와의 반응에서는 친핵체보다는 강염기로서의 역할이 훨씬 중요(19.1절)하기 때문에 엔아민을 합성할 때에는 사용하지 않는다.

세 번째, 산 촉매 조건에서의 반응 메커니즘은 아래와 같다. 이 경로를 이민의 생성 경로(16.10.4절)와 비교하면 1차 아민(RNH_2) 및 2차 아민(R_2NH)의 차이를 제외하고 [카보닐 → 이미늄 양이온(**B**)]까지의 경로가 동일함을 알 수 있다. 그리고 이미늄 양이온(**B**)]에서 서로 다른 형태의 생성물이 얻어지는 이유는 1차 아민에는 산−염기 반응에 참여할 수 있는 수소 원자가 있어서 이민을 제공할 수 있고, 2차 아민의 경우에는 그러한 수소 원자가 없기 때문에 C=N 결합의 α-H 원자가 E2 형태로 제거되면서 엔아민을 생성한다.

메커니즘 16-16 산성 조건에서 카보닐 작용기의 2차 아민 축합 반응 메커니즘

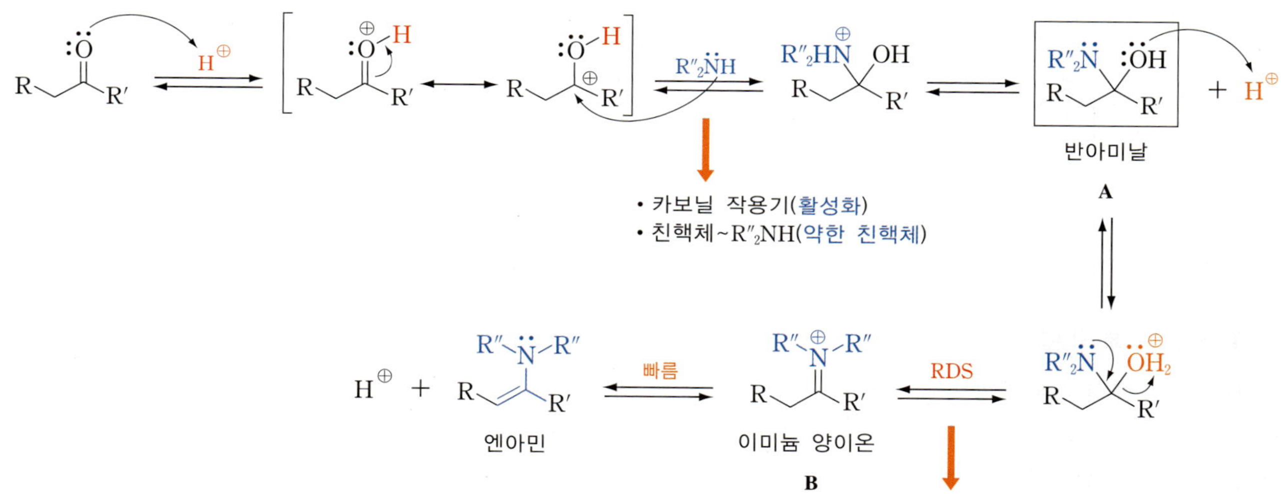

• 카보닐 작용기(활성화)
• 친핵체~R''_2NH(약한 친핵체)

• 전자 주개: R_3N(약한 전자 주개)
• 이탈기: H_2O(강한 이탈기)

카보닐 작용기의 반응과 관련하여 지금까지 중성, 염기, 산 촉매 등 세 가지의 서로 다른 조건에서 카보닐 수화물(16.8절), 반아세탈 및 아세탈(16.9절), 반아미날 및 이민(엔아민)(16.10절 및 16.11절)의 합성에 대하여 알아보았다. 그리고 각각의 반응 조건에서 반응 메커니즘이 친핵체의 종류(산소 및 질소)와 무관하게 매우 유사함을 반복적으로 강조하였다. 이것은 가장 중요한 산 촉매 아세탈 생성 메커니즘을 이해하면 반아미날, 이민, 엔아민 등의 생성 반응, 그리고 역반응인 산 촉매 아세탈 가수 분해 반응의 메커니즘 등을 쉽게 추론할 수 있음을 의미하는 것이다.

16.12 탄소 음이온 첨가 반응

16.12.1 HCN 첨가 반응(사이아노하이드린)

HCN 시약은 독성이 매우 크기 때문에 [NaCN(KCN)-산(H_2SO_4, HCl)] 등의 조합을 사용하여 반응에 필요한 만큼의 HCN을 소량 생성하여 사용한다.

알데하이드 및 케톤의 카보닐 작용기는 HCN과 반응하여 **사이아노하이드린(cyanohydrin)**을 생성한다. 이 반응은 개념적으로 [HCl, NaCN] 조건을 사용하는 가역 반응으로서, 알데하이드 및 입체 장애가 작은 케톤의 경우에는 평형이 정반응 쪽에 있어서 생성물을 분리할 수 있다.

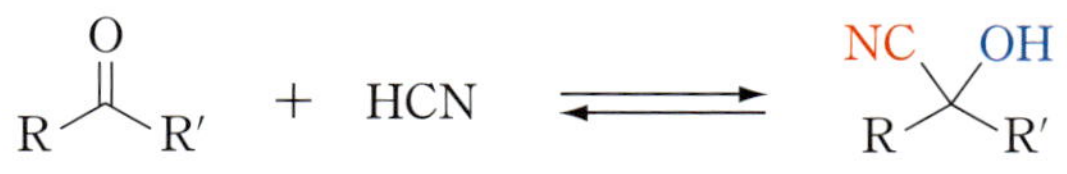

사이아노하이드린

사이아노하이드린의 생성 메커니즘은 아래와 같다. 우선 CN^- 음이온은 아주 강한 친핵체(7.6.3절)이므로 비활성화 카보닐 작용기를 공격해서 옥사이드(RO^-) 중간체 **A**를 생성할 수 있다. 계속해서 **A**의 산소 음이온이 강염기($pK_a(ROH) \approx 16$)로 작용하여 약산인 HCN($pK_a(HCN) \approx 9$)과 산-염기 중화 반응을 하여 사이아노하이드린을 생성한다. 즉, 이 반응은 [친핵체 반응 후 친전자체 반응]의 경로를 따른다(16.7.2절).

메커니즘 16-17 카보닐 작용기의 HCN 첨가 반응 메커니즘

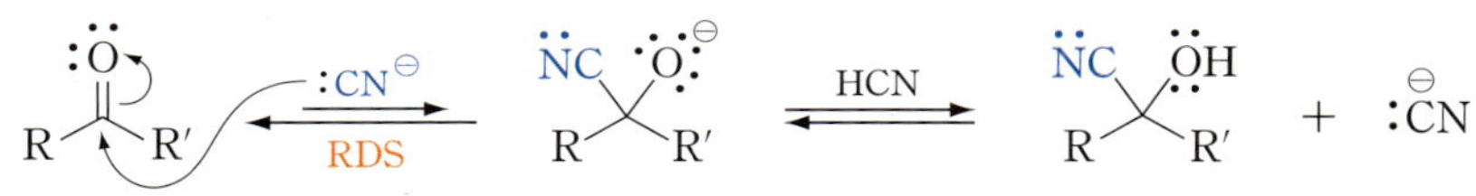

A

사이아노하이드린 형성 반응의 예는 다음과 같다.

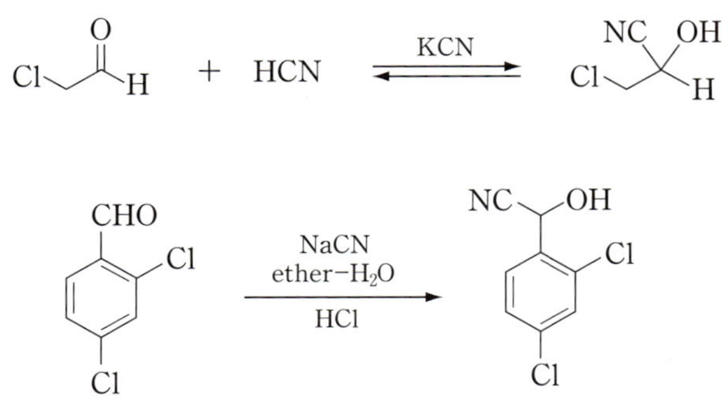

그림 16-8 사이아노하이드린 형성 반응의 예

16.12.2 유기 금속 시약 첨가 반응

유기 리튬(R-Li) 및 유기 마그네슘(R-MgX) 시약은 유기 화학에서 많이 사용되는 대표적인 유기 금속 시약들이다. 이들은 강염기 및 강한 친핵체로서의 특성을 동시에 갖는데, 일반적으로 알데하이드 및 케톤 화합물과 반응시키면 친핵체로서 비가역적인 1,2-첨가 반응을 한다. 유기 합성의 관점에서 폼알데하이드, 알데하이드 및 케톤에 이 시약을 첨가하면 각각 1차 알코올, 2차 알코올 및 3차 알코올이 생성된다.

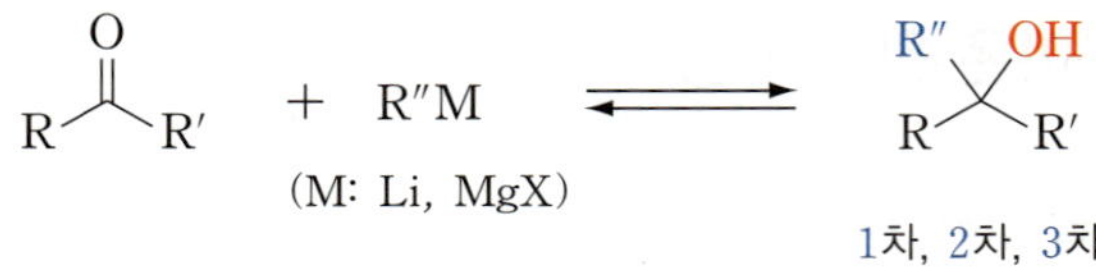

이때 유기 금속(M = Li, MgX) 시약의 카보닐 1,2-첨가 반응에서 탄소 원자는 sp^3-탄소, sp^2-탄소, sp-탄소 등 모든 형태의 혼성이 가능하다.

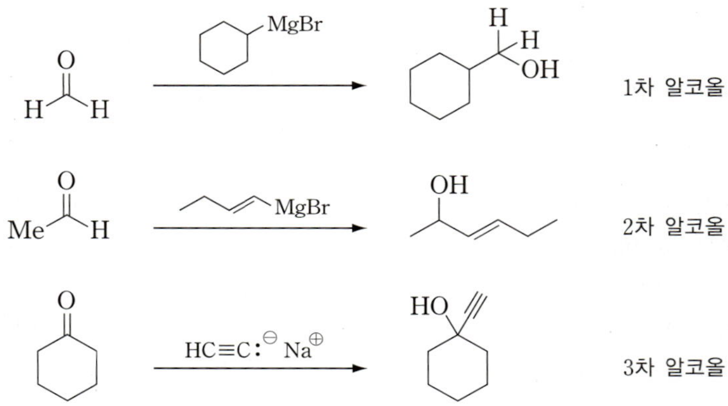

그림 16-9 카보닐 작용기의 유기 금속 시약 첨가 반응의 예

Na, Li, Mg, Zn, C의 전기 음성도 값은 각각 0.9, 1.0, 1.2, 1.6, 2.5이다(1.6.1절).

참고로 카보닐 작용기에 대한 유기 금속 시약의 반응성 순서는 [Na > Li > MgX > ZnX] 이다. 이러한 경향성은 R−M 결합에서 전기 음성도의 차이가 클수록 이온 결합성이 증가하고, 따라서 탄소 원자의 전자 밀도가 증가하면서 친핵성이 커진다는 논리로 설명할 수 있다(9.3.1절).

카보닐 첨가 반응 메커니즘은 다음과 같이 설명할 수 있다. 유기 금속 시약(R−M)에서 금속은 전자가 부족하기 때문에 카보닐 산소의 고립 전자쌍에서 전자를 제공받아(산−염기 반응) 활성화된 카보닐 중간체 **A**를 형성한다. 중간체 **A**는 산 촉매 조건에서 알데하이드의 카보닐 작용기가 H^+에 의하여 활성화된 구조 **B**와 개념적으로 동일한 구조이다. 중간체 **A**는 카보닐 탄소의 전자가 매우 부족하기 때문에 전자가 풍부한 R^- 음이온의 카보닐 1,2-첨가 반응이 빠르게 진행됨을 예상할 수 있고, 최종적으로 산−염기 중화 반응에 의하여 알코올을 생성한다.

메커니즘 16-18 카보닐 작용기의 유기 금속 시약 첨가 반응 메커니즘

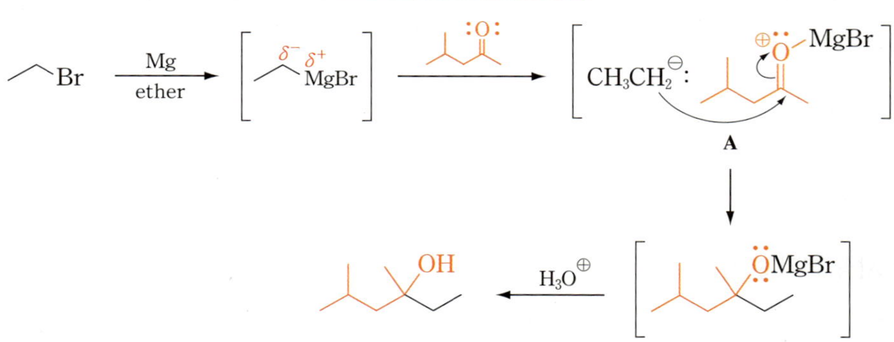

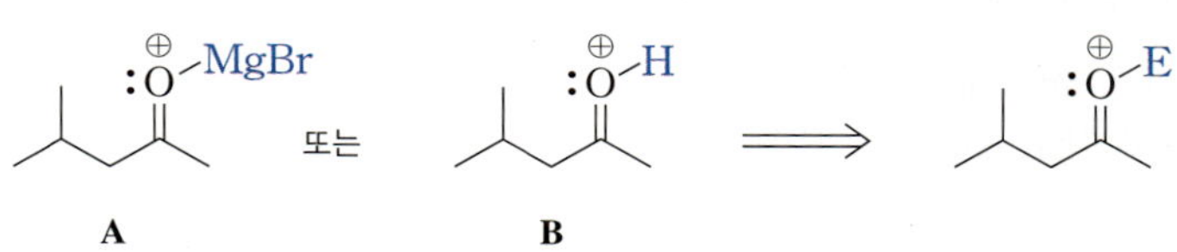

일반적으로 유기 마그네슘(RMgX) 시약의 카보닐 첨가 반응에서 입체 장애가 아주 큰 경우에는 두 가지의 대표적인 부반응이 경쟁적으로 진행될 수 있다. 첫 번째는 강염기성의 RMgX 시약이 접근하기 쉬운 카보닐 α-C−H 원자와 산−염기 반응을 하여 **엔올 음이온(enolate, C)**을 생성하는 것이고(19.1절), 두 번째는 유기 금속 시약의 알킬기에 β-C−H 수소가 있는 경우에 아래와 같은 육각형 전이 상태를 통해서 카보닐 환원 반응이 진행되는 것이다.

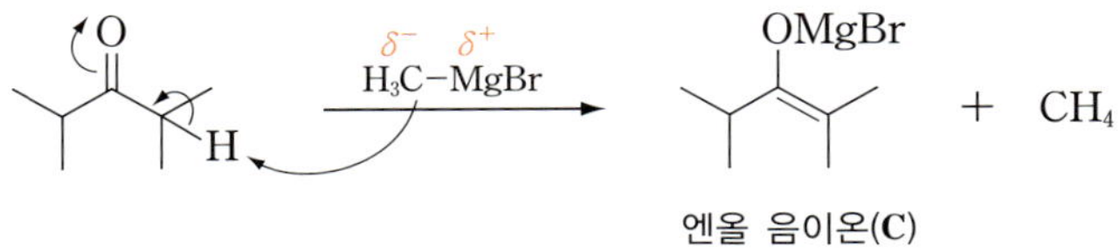

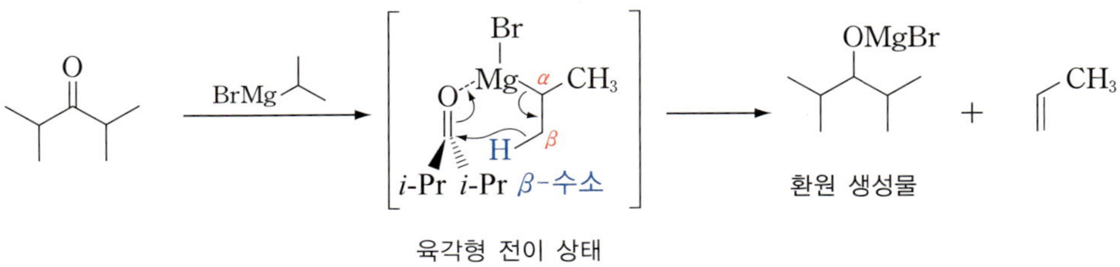

다행스럽게도 유기 마그네슘(RMgX) 시약을 사용할 때의 이러한 문제점은 반응성이 큰 유기 리튬(RLi) 시약을 사용하여 상당 부분 해소할 수 있다. 실제로 RLi 시약은 아래와 같이 입체 장애가 상당히 큰 반응에서도 1,2-첨가 반응을 하는 것으로 알려져 있다.

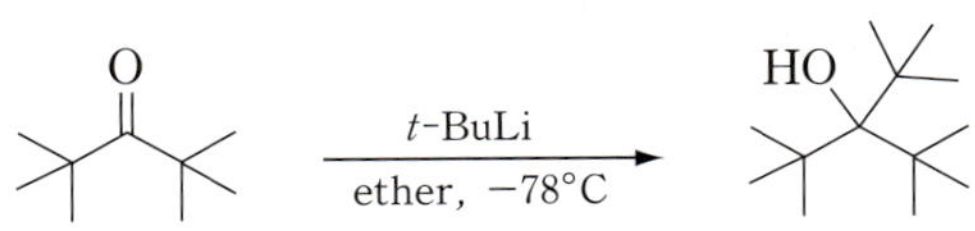

예제 16.8

아래 반응의 주생성물을 그리시오.

(a) 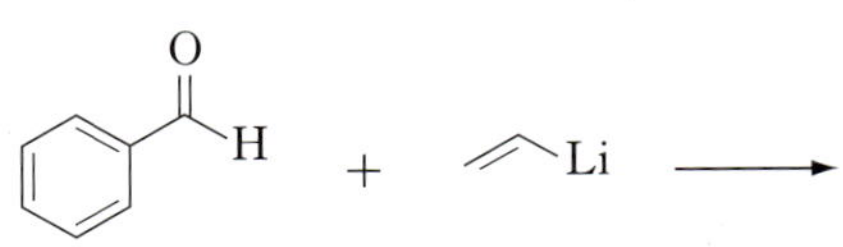

(b) 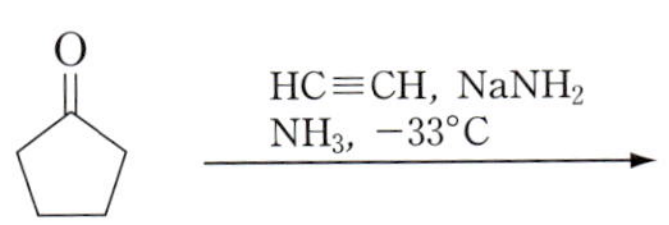

풀이

(a) 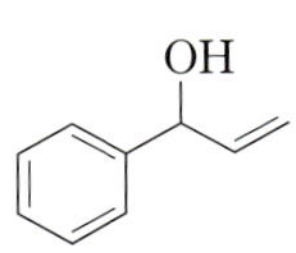

(b) 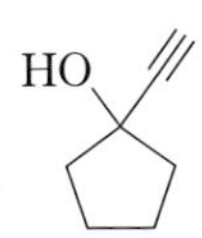

16.12.3 Wittig 반응

알데하이드 및 케톤의 카보닐 작용기와 포스포늄 일라이드(phosphonium ylide, phosphorane)가 반응하면 알켄이 생성되는데 이 반응을 **Wittig 반응**이라고 한다. Wittig 반응은 카보닐 작용기의 반응에서 가장 중요한 반응의 하나로서 이중 결합을 위치 선택적으로 도입할 수 있지만, 이중 결합의 (*E*)/(*Z*) 선택성을 조절하기가 상대적으로 힘들다는 단점도 존재한다.

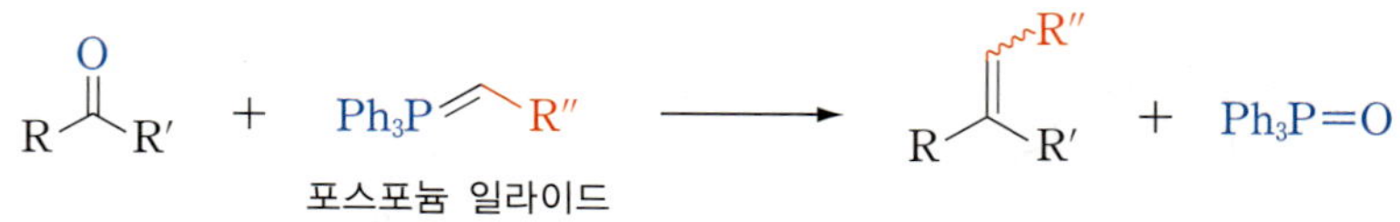

반응 시약인 포스포늄 일라이드(Wittig 시약)는 일반적으로 두 단계 경로를 통해서 합성한다. 첫 번째 단계에서는 트라이페닐포스핀(triphenylphosphine, Ph_3P)과 할로젠화 알킬 사이에 S_N2 반응을 진행하여 포스포늄 염(phosphonium salt) **A**를 합성하고, 두 번째 단계에서는 **A**와 강염기의 중화 반응을 통해서 포스포늄 일라이드 **B**를 생성한다. **A**에서 α-C−H 수소의 산성도는 pK_a($Ph_3P^+-CH_2R$) ≈ 35이므로, 포스포늄 염을 강염기(*n*-BuLi, NaH)와 반응시키면 산–염기 중화 반응이 진행될 수 있다.

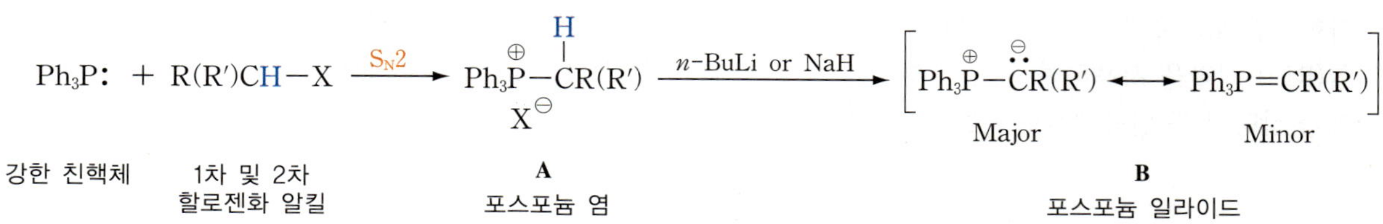

일라이드(**ylide**)는 직접 연결된 두 원자가 팔전자계를 만족하면서 서로 반대의 전하를 갖는 중성의 분자를 말한다. 포스포늄 일라이드 **B**는 전형적인 쌍극성 공명 구조(major) 및 P=C 이중 결합의 특성을 주는 공명 구조(minor) 등으로 표현할 수 있는데, 포스포늄 일라이드의 총 전자 분포를 보면 탄소 원자 주위에 전자가 밀집되어 있음을 알 수 있다.

Wittig 반응의 메커니즘은 다음과 같다. 우선 카보닐 작용기와 포스포늄 일라이드 사이에 [2+2]-고리화 첨가 반응(cycloaddition)이 진행되어 사각형의 옥사포스페테인(oxaphosphetane)을 형성한다. 옥사포스페테인은 −78℃에서는 안정하지만 온도가 상승하면 $Ph_3P=O$ 및 알켄으로의 역 [2+2]-고리화 첨가 반응이 일어난다. 근본적으로 Wittig 반응의 원동력은 130 kcal/mol에 이르는 P=O 이중 결합의 생성에 있다.

메커니즘 16-19 Wittig 반응 메커니즘

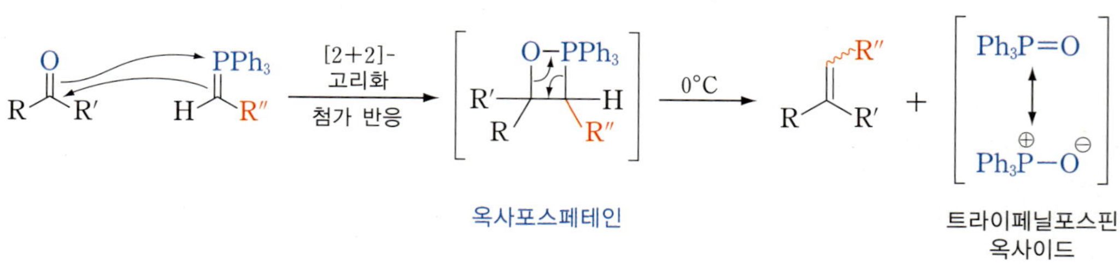

Wittig 반응의 예는 다음과 같다.

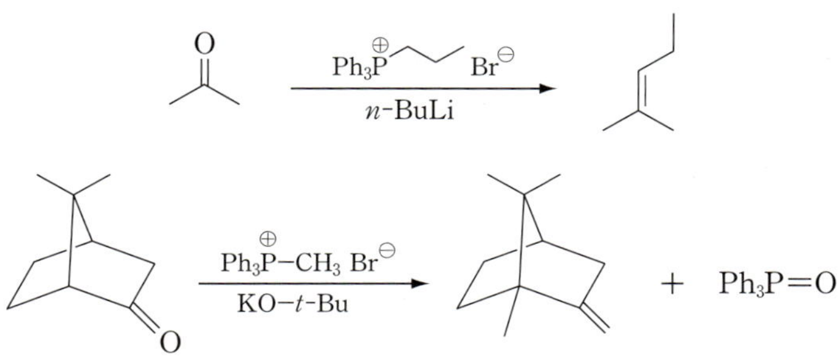

그림 16-10 Wittig 반응의 예

이번에는 유기 합성의 관점에서 사이클로헥산온을 메틸렌사이클로헥세인으로 전환하는 경로에 대하여 생각해 보자.

가장 간단한 방법은 사이클로헥산온과 $Ph_3P{=}CH_2$ 사이에 Wittig 반응을 적용하는 것이다. Wittig 반응은 일반적으로 이중 결합의 입체 선택성 조절에 어려움이 있지만 이 경우에는 입체 선택성을 고려하지 않아도 되므로, 이 방법은 Wittig 반응의 위치 선택성 특성을 최대한 활용한 것으로 볼 수 있다.

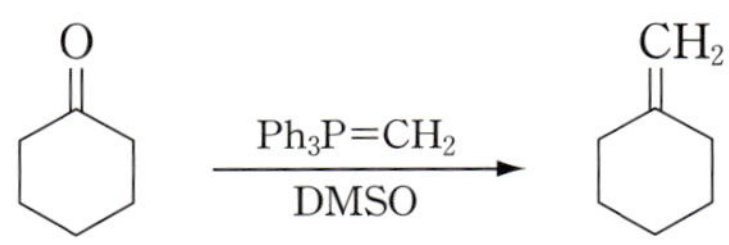

두 번째는 "3차 알코올의 산 촉매 탈수 반응(8.7.1절)으로 알켄을 합성한다."는 사실에 근거하여 [사이클로헥산온 → 1-메틸사이클로헥산올 → 메틸렌사이클로헥세인] 경로를 생각할 수 있다. 이 경로에서 사이클로헥산온과 MeMgBr을 사용하는 첫 번째 반응은 무난하게 진행될 것으로 예상되지만, 두 번째 반응에서는 두 가지 이성질체가 동시에 생성될 수 있기 때문에 역합성 관점에서는 매력이 반감될 수 있다.

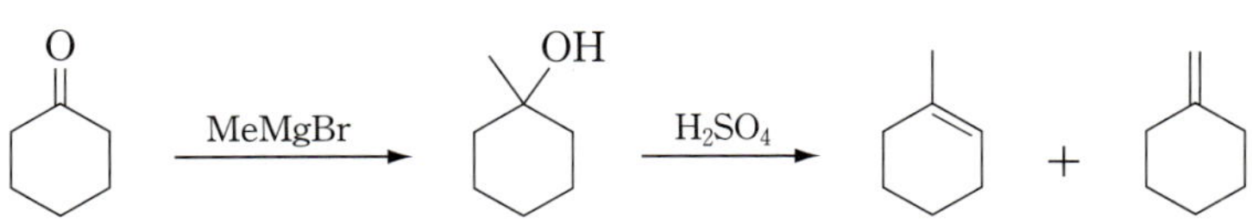

예제 16.9

아래 반응의 주생성물을 그리시오.

(a) Ph_3P + Et−Br ⟶

(b) 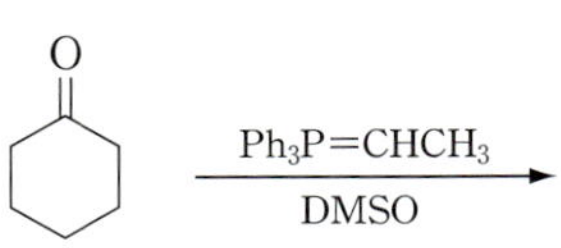

풀이

(a) $Ph_3\overset{\oplus}{P}{-}Et\ Br^{\ominus}$ (b) 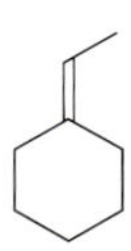

16.13 산화 반응

16.13.1 알데하이드 산화 반응

8.9.1절에서 1차 알코올을 산화하면 알데하이드(aldehyde), 알데하이드를 산화하면 카복실산(carboxylic acid)이 생성됨을 기술하였다.

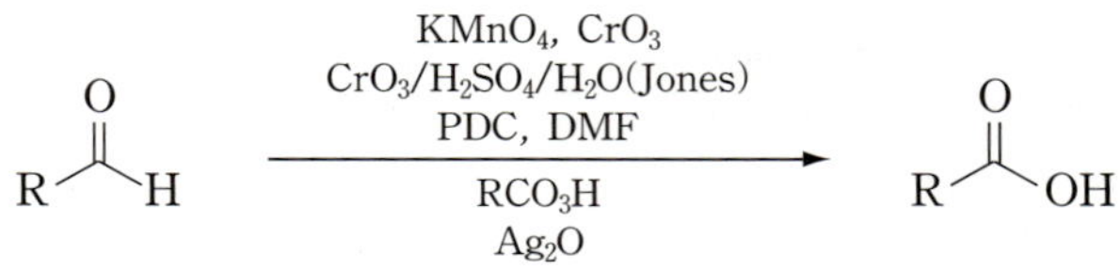

위 반응에 사용하는 산화제로는 $KMnO_4$, $CrO_3-H_2SO_4$(Jone's reagent), $Na_2Cr_2O_7-H_2SO_4$, PDC(pyridinium dichromate)−DMF 등이 있는데(8.9.1절), 비용, 수율, 편리함, 구조 등의 다양한 요인을 참고하여 사용할 시약을 선택할 수 있다. 이들 시약은 2차 알코올의 산화 반응에도 사용된다.

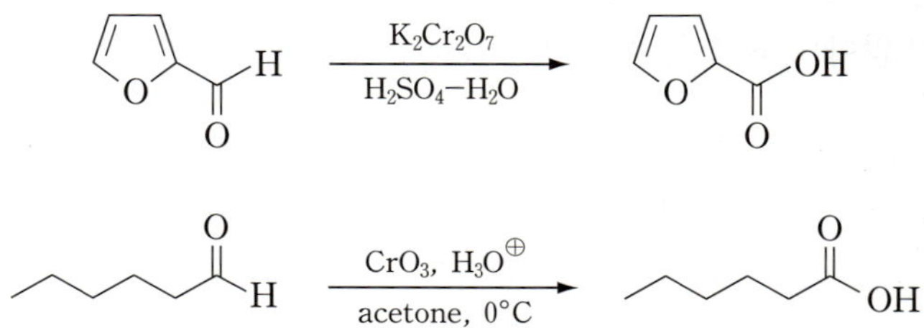

그림 16-11 알데하이드의 산화 반응의 예

1차 및 2차 알코올, 그리고 알데하이드의 산화 반응이 진행되기 위해서는 반드시 H−O−C_α−H의 골격이 있어야 한다(8.9.1절). 이러한 관점에서 1차 및 2차 알코올은 기본적으로 H−O−C_α−H 골격을 포함하므로 산화 반응이 진행될 수 있다. 알데하이드 화합물은 H−O−C_α−H 골격이 없지만 산 촉매 조건에서 카보닐 수화물이 생성(16.8.2절)되면 H−O−C_α−H의 골격이 생기므로 이로부터 산화 반응이 진행된다.

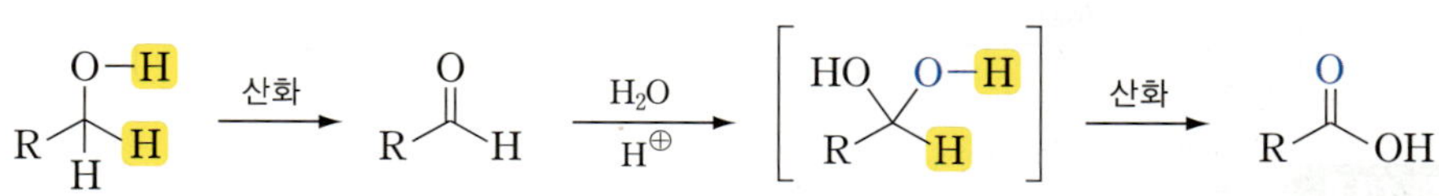

1차 알코올 알데하이드 카보닐 수화물 카복실산

알데하이드의 산화 반응에 특화된 시약으로 Ag_2O가 있다. Ag_2O는 Ag^+ 양이온이 Ag^o 금속으로 환원되면서 알데하이드를 선택적으로 산화시키는 시약으로서, 이 반응을 **은거울 반응**이라고 한다.

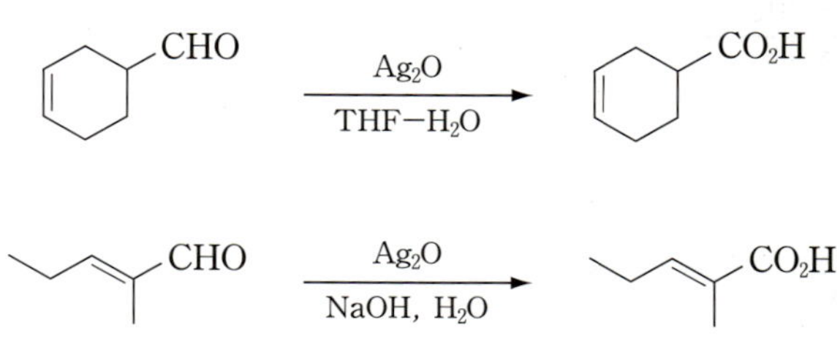

그림 16-12 은거울 반응의 예

알데하이드의 산화 반응에 특화된 또 다른 시약으로 H_2O_2 및 RCO_3H 등이 있으나, 이 반응은 Ag_2O만큼 유용하지는 않다.

이 반응의 메커니즘은 다음과 같다. 우선 카보닐 작용기와 과산화산(peracid) 사이에 산–염기 반응이 진행되어 카보닐 작용기가 활성화되고, 여기에 과산화산 음이온의 말단 산소 원자가 카보닐 작용기를 공격하여 중간체 **A**를 생성한다. **A**에서 카보닐 작용기와 산(H^+) 사이에 산–염기 반응이 진행되어 카보닐 작용기가 다시 활성화되고, 중성 산소의 고립 전자쌍이 E2 형태로 전자를 제공하면서 $H:^-$ 음이온의 선택적인 자리 옮김 반응과 상대적으로 약한 O–O 결합($\Delta E \approx 35$ kcal/mol)의 끊어짐이 동시에 진행된다. 마지막으로 산–염기 반응이 진행되면서 카복실산이 얻어진다. 이 메커니즘에 의하면 과산화산에서 말단의 산소 원자는 알데하이드에 전달되고, 과산화산은 카복실산으로 변한다.

알데하이드의 산화 반응에서 카복실산이 생성된다는 것은 자리 옮김 반응에서 $H:^-$이 $R:^-$보다 더 빠르게 이동한다는 것을 의미한다.

메커니즘 16-20 RCO_3H 시약을 이용한 알데하이드의 산화 반응 메커니즘

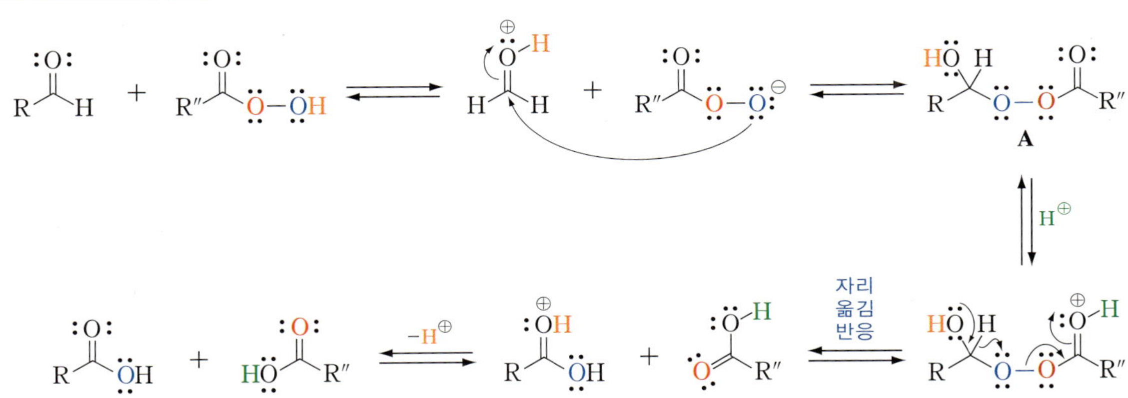

예제 16.10

아래 반응의 주생성물을 그리시오.

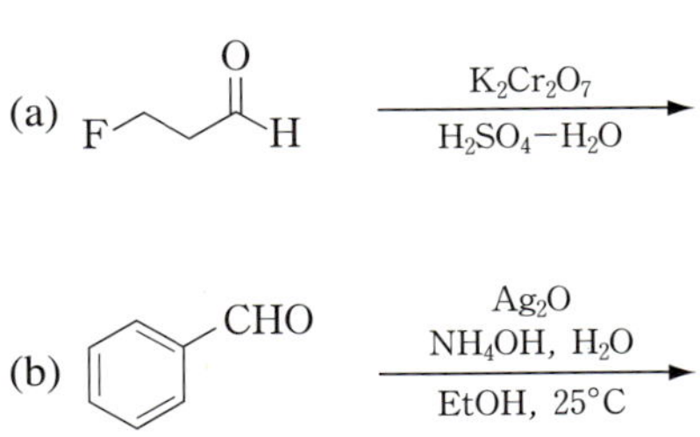

풀이

16.13.2 Baeyer–Villiger 산화 반응

케톤을 과산화산(peracid)으로 처리하면 에스터(ester)가 생성되는데, 이러한 반응을 **Baeyer–Villiger 산화 반응**이라고 한다.

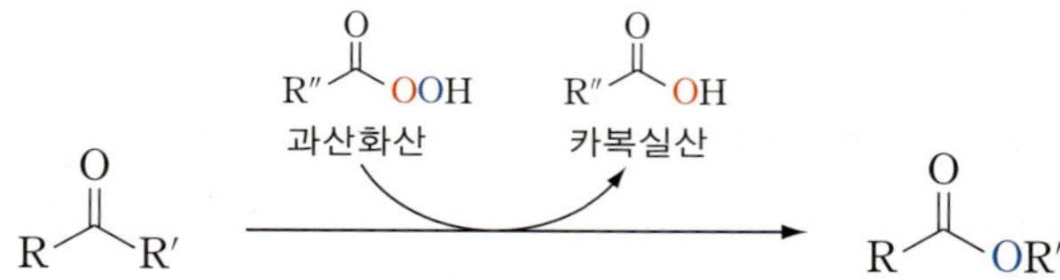

Baeyer–Villiger 산화 반응의 예는 다음과 같다.

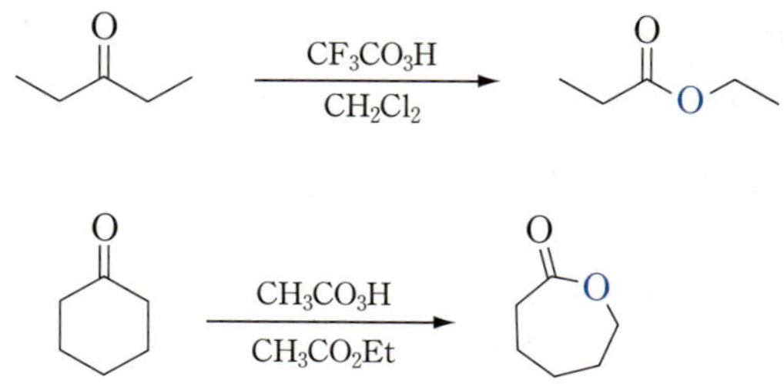

그림 16-13 Baeyer–Villiger 산화 반응의 예

과산화산(RCO_3H) 시약을 이용한 알데하이드의 산화 반응 메커니즘(16.13.1절)을 케톤의 Baeyer–Villiger 산화 반응(16.13.1절) 메커니즘과 비교하면 출발 물질에서 H(알데하이드)와 R′(케톤)의 차이를 제외하고는 모든 것이 일치함을 알 수 있다. 즉, 두 가지 산화 반응은 개념적으로 완전히 동일한 반응이다.

이 반응의 메커니즘은 다음과 같다. 우선 카보닐 작용기와 과산화산(peracid) 사이에 산–염기 반응이 진행되어 카보닐 작용기가 활성화되고, 여기에 과산화산 음이온의 말단 산소 원자가 카보닐 작용기를 공격하여 중간체 **B**를 생성한다. **B**에서 카보닐 작용기와 산(H^+) 사이에 산–염기 반응이 진행되어 카보닐 작용기가 다시 활성화되고, 중성 산소의 고립 전자쌍이 E2 형태로 전자를 제공하면서 R′:⁻ 음이온의 선택적인 자리 옮김 반응과 상대적으로 약한 O—O 결합($\Delta E \approx 35$ kcal/mol)의 끊어짐이 동시에 진행된다. 마지막으로 산–염기 반응이 진행되면서 에스터가 얻어진다.

메커니즘 16-21 Baeyer–Villiger 산화 반응 메커니즘

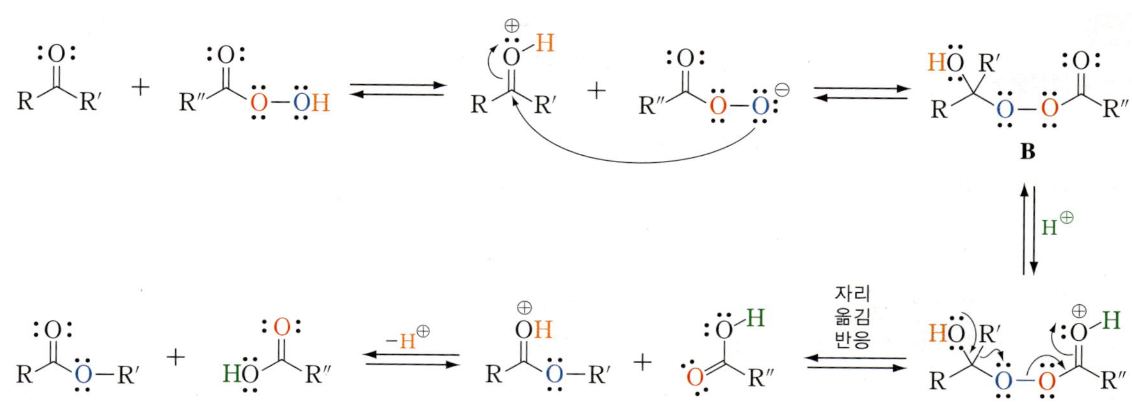

이제는 자리 옮김 반응에서의 선택성에 대하여 생각해 보자. 위 경로에서 케톤은 자리 옮김 반응에 참여할 수 있는 알킬기가 두 개(R vs. R′)이고, 이동하는 알킬기에 따라서 생성물이 서로 다를 수 있다. 실험에 의하면 이동 용이도(migratory attitude)는 [H > 3차 알킬 > 2차 알킬

> Ph > 1차 알킬 > 메틸]의 순서이고, 카이랄 탄소가 이동하는 경우에는 원래의 카이랄성을 유지하는 것으로 알려져 있다.

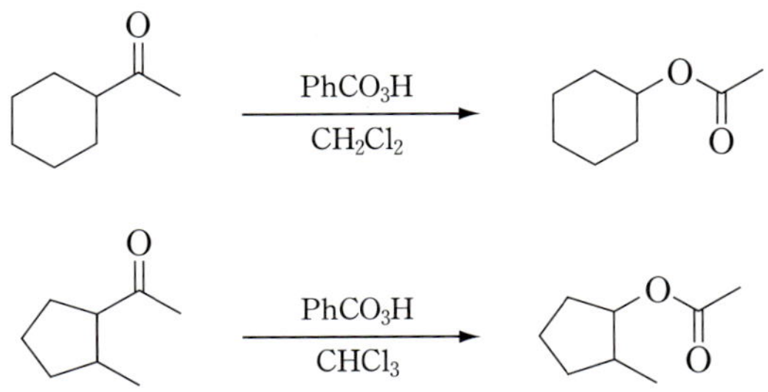

자리 옮김 반응의 이동 용이도에서 [3차 알킬 > 2차 알킬 > 1차 알킬 > 메틸]의 순서는 다음과 같은 논리로 설명할 수 있다. 자리 옮김 반응은 중성 산소의 고립 전자쌍이 E2 형태로 전자를 제공해서 알킬 음이온의 선택적인 자리 옮김 반응과 상대적으로 약한 O−O 결합의 끊어짐이 동시에 진행된다. 따라서 이동하는 탄소 음이온의 전자 밀도가 높으면 친전자체에 전자를 더 잘 제공할 수 있으므로 자리 옮김 반응이 더 빠르게 일어남을 예상할 수 있다. 이러한 정보를 종합하면 알킬기는 약한 전자 주개로 작용하고, 탄소 음이온의 전자 밀도는 [3차 알킬 > 2차 알킬 > 1차 알킬 > 메틸]의 순서이므로 Baeyer−Villiger 산화 반응에서의 이동 용이도의 순서를 합리적으로 설명할 수 있다.

생체 내에서도 Baeyer−Villiger 산화 반응과 유사한 반응들이 진행된다. 예를 들면 사이클로헥산온 일산소화 효소(cyclohexanone monooxygenase)는 사이클로헥산온과 산소로부터 고리형 에스터를 합성한다.

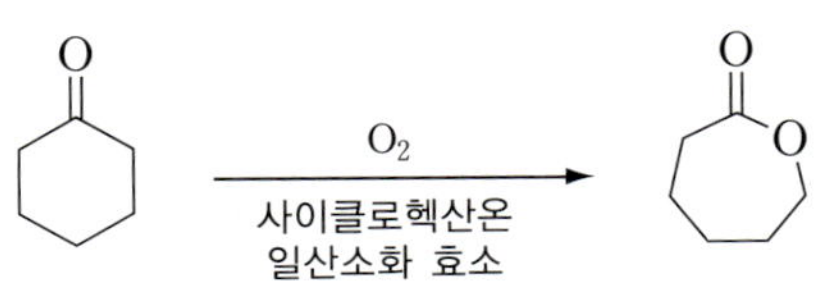

예제 16.11

아래 반응의 주생성물을 그리시오.

(a)

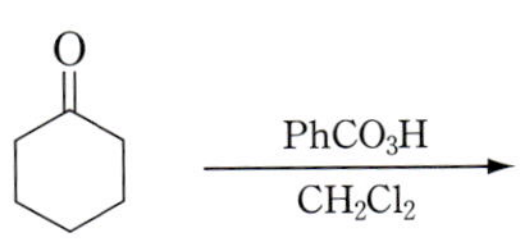

(b)

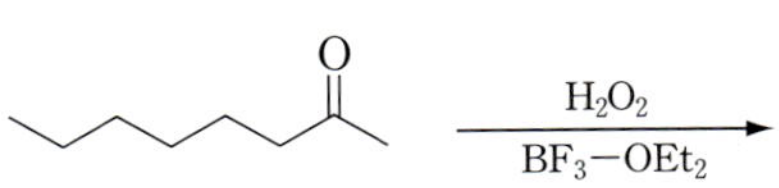

풀이

(a)

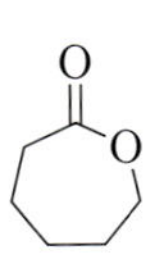

(b)

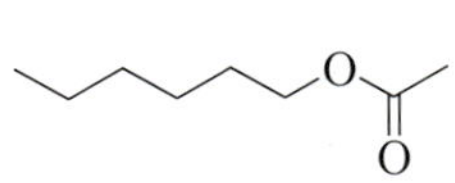

16.13.3 알데하이드 자체 산화 반응

알데하이드는 산화 반응에 매우 민감한 작용기이다. 예를 들면 알데하이드가 공기 중의 산소(O_2)에 노출되면 아주 천천히 카복실산으로 변하는데 이러한 반응을 **자체 산화 반응(autooxidation)**이라고 한다.

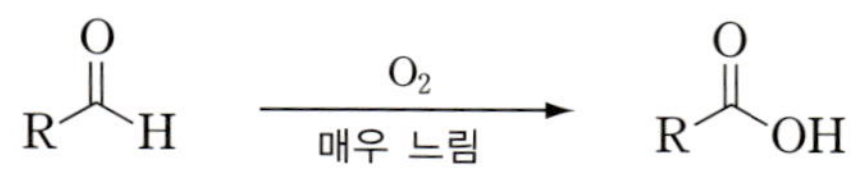

이 반응은 알데하이드가 과산화산 **C**로 산화되고, 다른 알데하이드가 **C**에 의하여 산화되는 두 단계로 진행된다. 우선 과산화산 **C**는 아래와 같이 개시, 전파, 종결의 세 단계로 구분되는 라디칼 반응에 의하여 생성된다. 개시 단계에서는 산소(O_2) 분자가 라디칼 개시제로서 알데하이드와 반응하여 아실 라디칼 **A**를 생성한다(반응 ①). 전파 단계에서는 아실 라디칼 **A**가 산소와 반응하여 과산화산 라디칼 **B**가 되고(반응 ②), **B**가 알데하이드와 반응하여 과산화산 **C**를 제공함과 동시에 전파 반응에 관여하는 아실 라디칼 **A**를 재생산한다(반응 ③). 이렇게 생성된 과산화산 **C**는 알데하이드 산화 반응(16.13.1절)에 참여하여 카복실산으로 변한다(반응 ④).

메커니즘 16-22 알데하이드의 자체 산화 반응 메커니즘

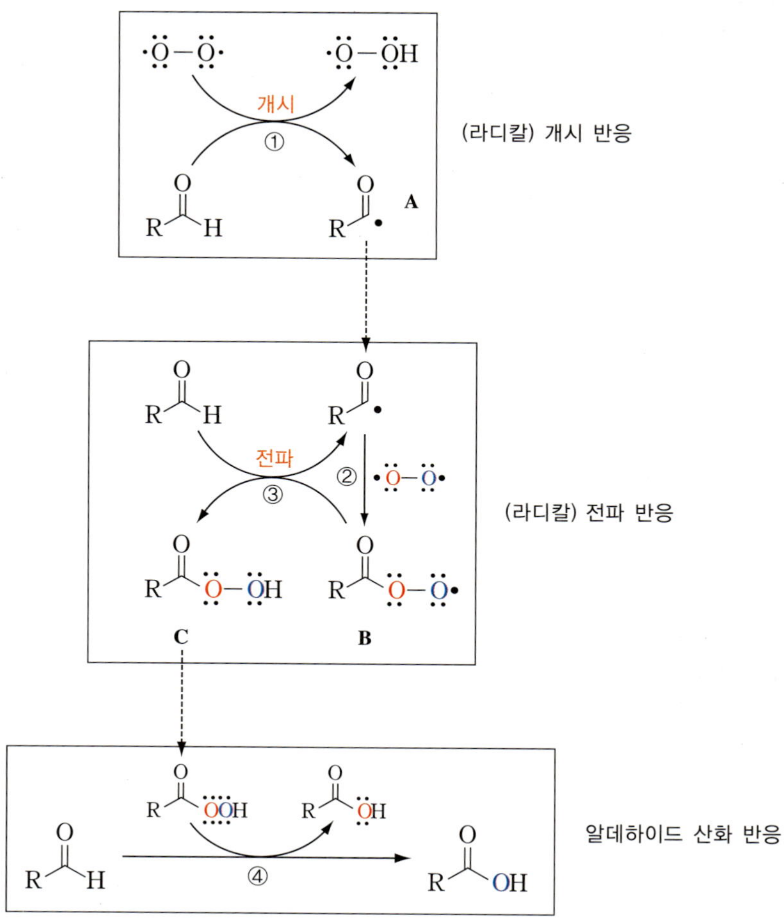

16.14 환원 반응

16.14.1 금속 수소 음이온 환원 반응

유기 금속 시약(M = Li, MgX)(16.12.2절) 및 수소 음이온(hydride, 하이드라이드, H:⁻) 시약은 모두 강염기이면서 동시에 강한 친핵체로 작용할 수 있는데, 알데하이드 및 케톤 화합물과의 반응에서는 친핵체로서 비가역적인 1,2-첨가 반응을 한다. 대표적인 수소 음이온 시약으로는 $LiAlH_4$, $LiBH_4$, $NaBH_4$, BH_3 등이 있고, 알데하이드 및 케톤 카보닐 작용기에 대한 수소 음이온(H:⁻)의 1,2-첨가 반응을 **금속 수소 음이온 환원 반응(metal hydride reduction)**이라고 한다.

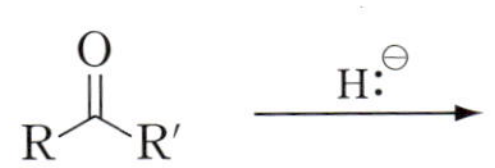

$LiAlH_4$(lithium aluminium hydride, LAH)
$LiBH_4$(lithium borohydride)
$NaBH_4$(sodium borohydride)
BH_3(borane)

수소 음이온 시약들 중에서 BH_3를 제외한 $LiAlH_4$, $LiBH_4$, $NaBH_4$ 시약들은 $Li^+AlH_4^-$, $Li^+BH_4^-$, $Na^+BH_4^-$처럼 양이온 및 음이온의 이온 결합 화합물로 표현할 수 있다. 이들의 반응은 AlH_4^-, BH_4^-, BH_4^- 등의 음이온 구조에서 친핵체로 작용하는 수소 음이온(H:⁻)이 공급되면서 진행되기 때문에 이들을 **친핵성 환원 시약(nucleophilic reducing reagent)**이라고 한다.

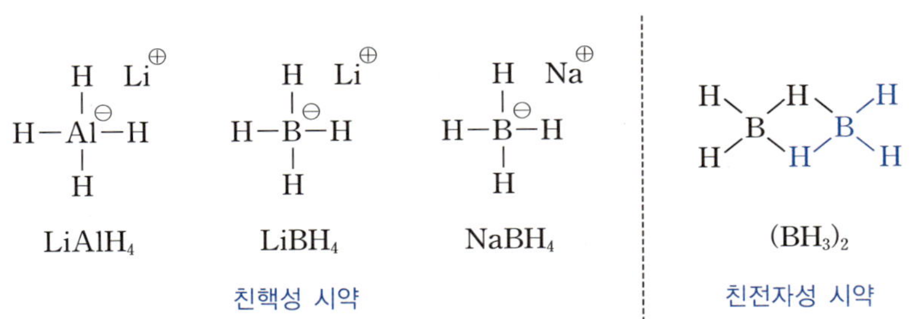

친핵성 환원 시약의 반응성은 [$LiAlH_4$ > $LiBH_4$ > $NaBH_4$]의 순서이다. $LiAlH_4$ 시약은 반응성이 매우 커서 다양한 작용기를 환원시킬 수 있지만, 상대적으로 가격이 비싸고 취급하기 어려우며 작용기 선택성에서의 문제 등 단점도 존재한다. 반면에 $NaBH_4$ 시약은 $LiAlH_4$보다 반응성은 훨씬 작지만, 물 및 알코올 용매를 사용할 정도로 안정해서 알데하이드 및 케톤의 선택적인 환원 반응에 많이 사용된다. $LiBH_4$ 시약은 중간 정도의 반응성을 가지기 때문에 $LiAlH_4$ 시약보다는 우수한 선택성, 그리고 $NaBH_4$ 시약보다는 강한 반응성이 필요한 경우에 유용하게 쓰인다.

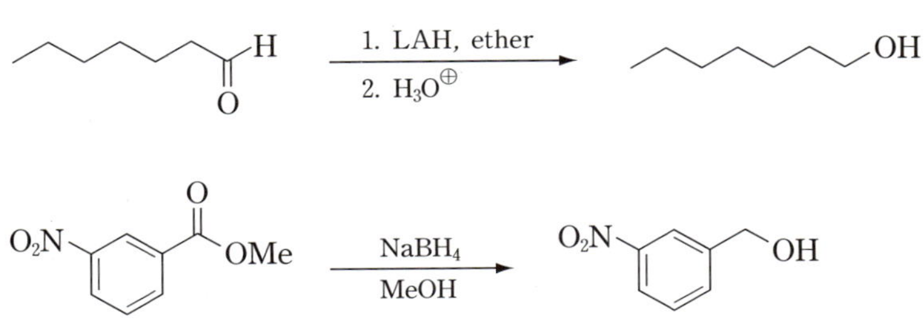

그림 16-14 금속 수소 음이온 환원 반응의 예

BH_3(보레인, borane)은 $LiAlH_4$, $LiBH_4$ 및 $NaBH_4$와는 다른 종류의 환원 시약이다. 붕소는 13족 원소이므로 최대 세 개의 공유 결합을 할 수 있고, 이 경우에 붕소 주위에는 총 여섯 개의 전자만 있게 되므로 외부에서 두 개의 전자를 받아서 팔전자계를 만족하려는 경향성이 생긴다. 실제로 BH_3와 알데하이드의 환원 반응은 우선 BH_3가 카보닐 산소의 고립 전자쌍과 산-염기 반응을 하여 붕소 원자의 팔전자계를 만족시킴과 동시에 붕소 원자에 형식 음전하를 주는 중간체 **A**를 생성한다. 중간체 **A**는 카보닐 작용기가 활성화되어 있고, 한편으로는 $LiAlH_4$, $LiBH_4$ 및 $NaBH_4$ 시약처럼 친핵체로 작용하는 수소 음이온($H:^-$)을 공급할 수 있기 때문에 1,2-첨가 반응이 진행될 수 있다. 이러한 시약을 **친전자성 환원 시약(electrophilic reducing reagent)**이라고 한다.

메커니즘 16-23 BH_3 시약을 이용한 알데하이드의 환원 반응 메커니즘

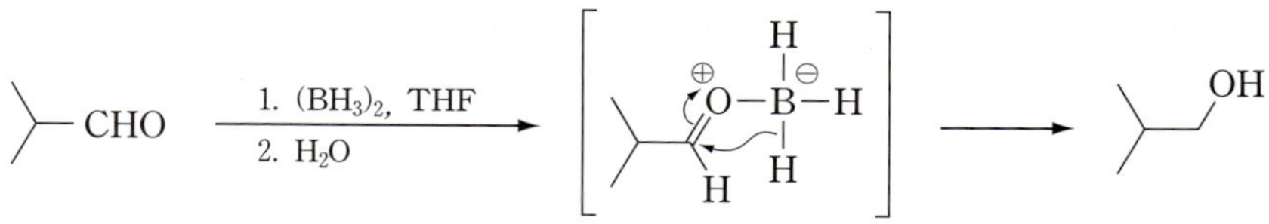

A

예제 16.12

아래 반응의 주생성물을 그리시오.

(a) 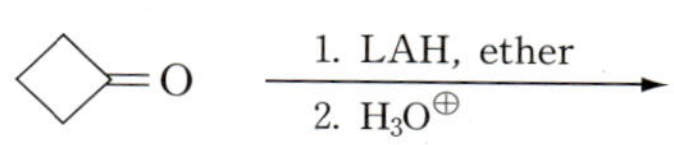

(b) 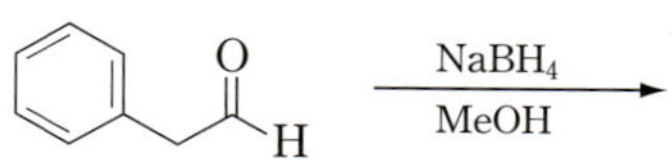

풀이

(a) 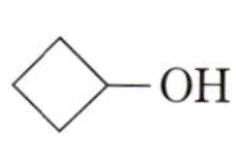

(b) 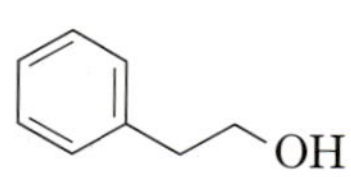

16.14.2 촉매 수소화 반응

촉매 수소화 반응은 고가의 촉매(Pd, Pt, Au)를 사용한다는 단점이 있으나, 사용하기 쉽고 수율이 높다는 장점도 있다. 촉매 수소화 반응의 반응성은 [NO_2 및 이중/삼중 결합 ≫ 카보닐 작용기]이므로 카보닐 작용기가 있는 상태에서 NO_2 및 이중/삼중 결합의 선택적인 환원 반응이 가능하다(15.7.1절 및 15.8.4절). 이것은 촉매 수소화 반응으로 카보닐 작용기를 환원하기 위해서는 반응성이 큰 촉매를 사용하거나 또는 더 강한 반응 조건을 적용해야 함을 의미한다. 실험실에서는 주로 금속 수소 음이온 시약을 이용하여 카보닐 작용기 환원 반응을 수행한다.

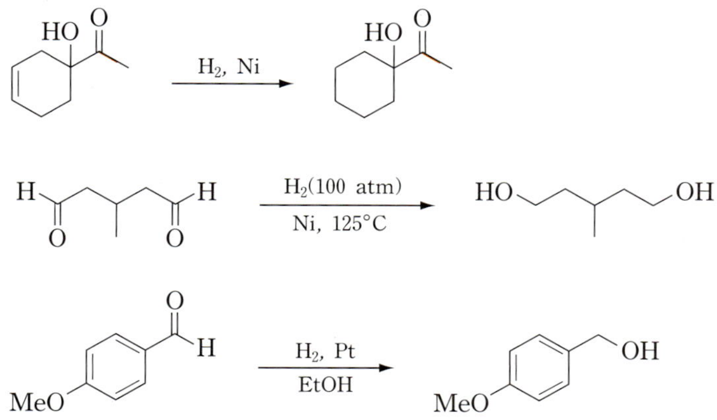

그림 16-15 카보닐 작용기의 촉매 수소화 반응의 예

16.14.3 탈수소 효소 반응

생체에서는 생명 현상을 유지하기 위하여 다양한 산화–환원 반응을 진행하는데, 다양한 산화–환원 반응에 서로 다른 효소들이 관여한다.

유기 화학자들은 효소들의 뛰어난 입체 선택성을 이용하여 다양한 종류의 광학 활성 화합물을 선택적으로 합성한다. 예를 들면, 5-클로로펜탄-2-온 화합물에 알코올 탈수소 효소(alcohol dehydrogenase) 및 NADPH를 처리하면 카보닐 평면의 *re*-방향에서 선택적으로 환원 반응이 진행되어 (*S*)-5-클로로펜탄-2-올을 98%의 거울상 이성질체 여분(*ee*)으로 얻을 수 있다(6.3.4절, 6.7~6.9절).

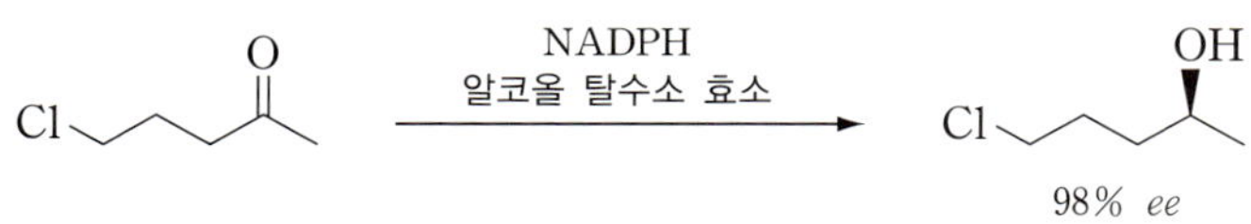

예제 16.13

효모 알코올 탈수소 효소는 NADPH를 이용하여 출발 물질 케톤의 *re*-평면에서만 수소 음이온($H:^-$) 친핵체의 접근을 허용한다. 다음 반응의 주생성물을 그리시오.

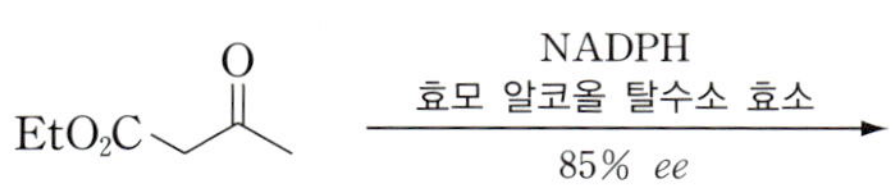

풀이

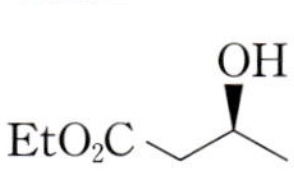

16.14.4 탈산소 반응

방향족 카보닐 환원 반응에서는 카보닐 작용기만을 선택적으로 환원시키는 두 가지의 **탈산소 반응(deoxygenation)**에 대하여 간단히 기술하였다(15.8.4절). 여기에서는 이 두 반응에 대하여 상세하게 알아볼 예정이다.

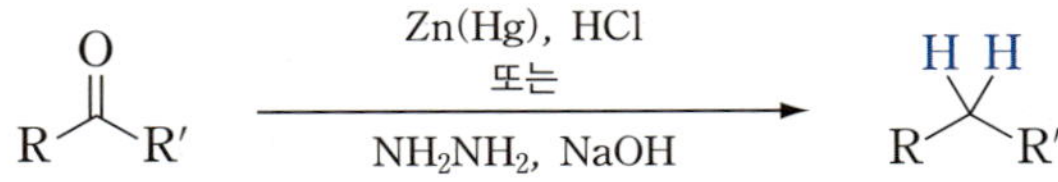

Clemmensen 환원 반응은 [Zn(Hg)−HCl−가열]이라는 매우 강한 산성 조건에서 진행하는데, 카복실산, 이중 결합, 삼중 결합 등과는 반응하지 않는다. 환원 반응 메커니즘은 확실하게 밝혀진 바 없다.

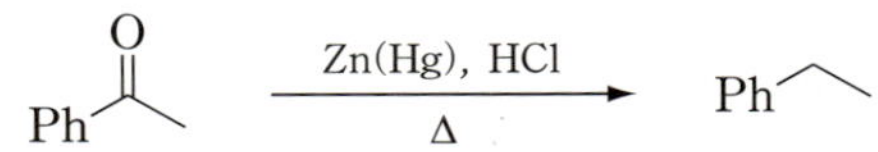

Wolf−Kishner 환원 반응은 [NH_2NH_2−KOH−가열]이라는 매우 강한 염기성 조건에서 진행하고, 역시 카복실산, 이중 결합, 삼중 결합 등과는 반응하지 않는다.

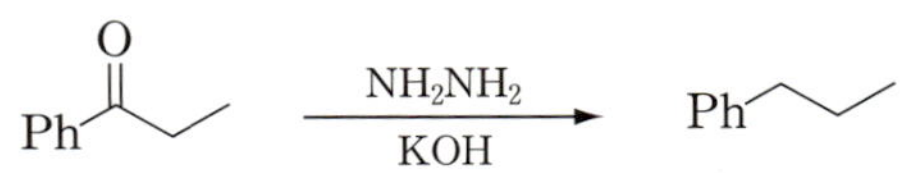

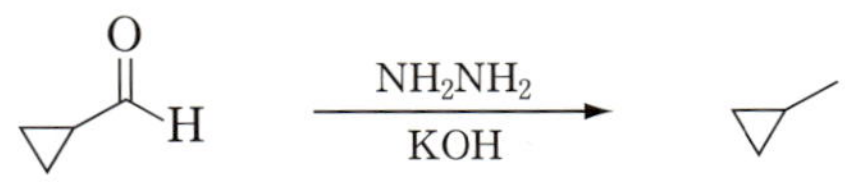

Wolf−Kishner 탈산소 반응의 메커니즘은 다음과 같다. 우선 케톤과 하이드라진의 반응으로 하이드라존이 생기고(16.10.1절), 하이드라존과 OH^- 사이의 산−염기 반응으로 두 개의 공명 구조를 갖는 중간체 **A**가 생성된 후, 물과의 산−염기 반응이 염기성이 더 큰 탄소 음이온에서 진행되어 N=N 이중 결합의 다이아진(diazene) **B**를 생성한다. 계속해서 다이아진 **B**와 OH^- 사이에서 산−염기 반응이 진행되고, 말단에 있는 질소 음이온의 고립 전자쌍이 E2 형태로 전자를 제공하면 C−N 결합이 끊어짐과 동시에 질소(N_2)가 방출되면서 탄소 음이온 **C**가 얻어진다. 질소의 배출은 지금까지 산−염기 반응에서의 불리한 평형 관계를 비가역적으로 만드는 원동력이며, 이 단계가 반응 속도 결정 단계이다. 마지막으로 탄소 음이온 **C**가 물과 산−염기 반응을 진행하면 탈산소 생성물을 얻을 수 있다.

다이아진(diazene)은 N=N 결합을 갖는 작용기로서, 두 개를 의미하는 di, 질소 원자를 의미하는 az(a), 이중 결합을 의미하는 alkene이 합쳐진 용어이다.

메커니즘 16-24 Wolf−Kishner 탈산소 반응 메커니즘

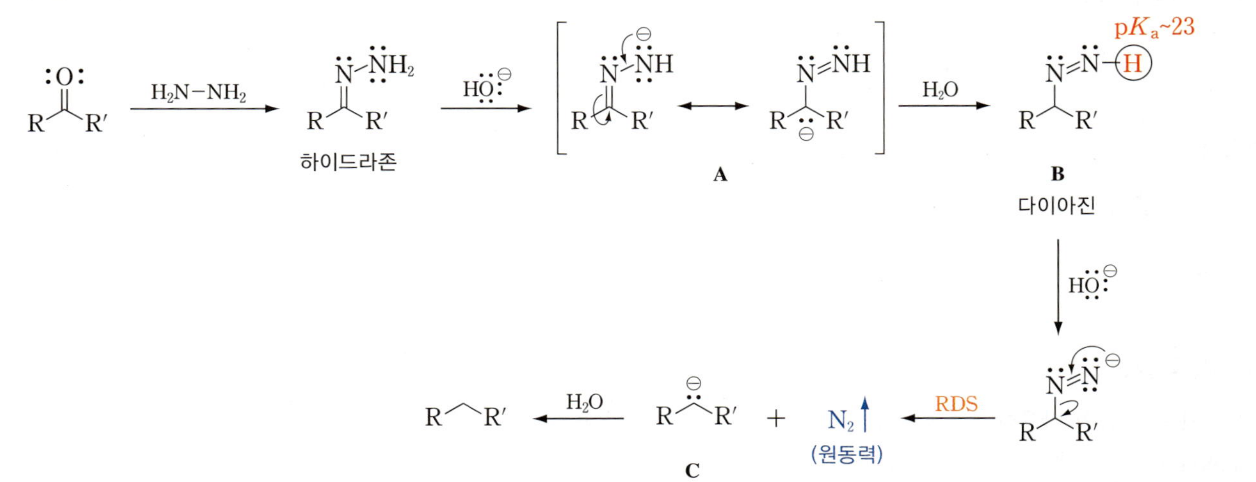

Clemmensen 및 Wolf–Kishner 탈산소화 반응은 반응 조건이 각각 산성 및 염기성으로 구분되기 때문에 출발 물질의 작용기에 따라서 상호 보완적으로 적용할 수 있다. 그리고 유기 합성의 관점에서 프리델–크래프트 아실화 반응과 탈산소 반응을 조합하면 결과적으로 프리델–크래프트 알킬화 반응 생성물이 되는데, 이 경로는 프리델–크래프트 알킬화 반응의 단점(15.1.5절)을 극복할 수 있기 때문에 실험실에서 유용하게 사용되고 있다.

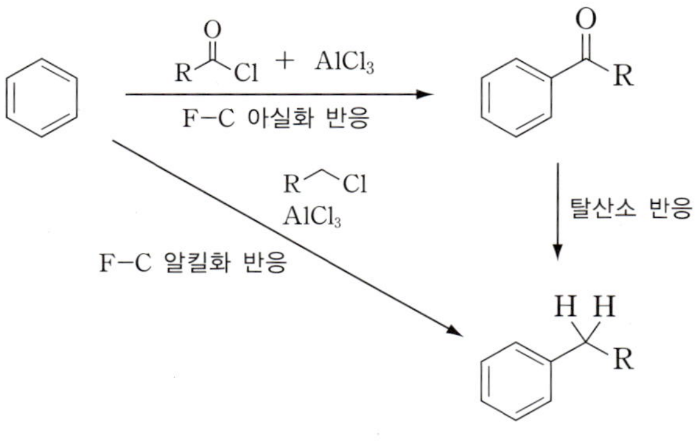

16.15 유기 합성

16.15.1 단일 단계 합성

여기에서는 지금까지 소개한 다양한 반응들을 이용하여 주어진 출발 물질에서 원하는 생성 물질을 합성하는 경로에 대하여 알아보기로 한다.

첫 번째, 3-브로모프로판알에서 헵트-4-아인알(hept-4-ynal)의 합성을 생각해 보자. 가장 간단하게는 3-브로모프로판알과 뷰트-1-아인일 리튬(but-1-ynyl lithium)의 S_N2 반응을 생각할 수 있는데, 실제로 반응을 진행하면 뷰트-1-아인일 리튬 시약의 카보닐 1,2-첨가 반응 속도가 알킬화 반응(S_N2) 속도보다 훨씬 빠르기 때문에 원하는 생성물을 얻을 수 없다. 이러한 문제점을 극복하는 방법으로 카보닐 작용기를 아세탈로 전환하고(유기 금속 시약과의 반응을 차단), 뷰트-1-아인일 리튬의 S_N2 반응을 진행한 후, 최종적으로 아세탈 보호기를 제거하는 경로를 제시할 수 있다.

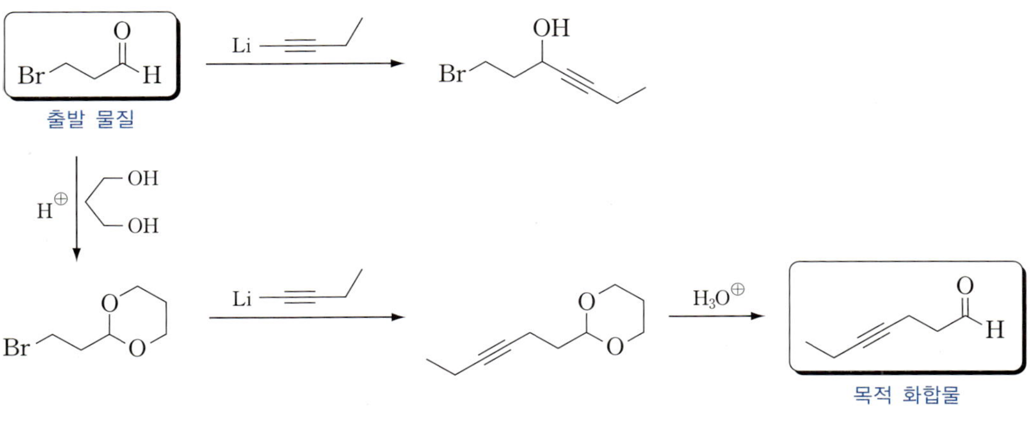

그림 16-16 3-브로모프로판알에서 헵트-4-아인알의 합성

두 번째, 유기 금속 시약(16.12.2절) 및 수소 음이온(16.14.1절)의 카보닐 1,2-첨가 반응을 이용하여 헥산-2-올을 합성하는 경로를 생각해 보자. 이 경우에는 아세트알데하이드와 *n*-뷰틸 리튬의 반응, 펜탄알과 메틸 리튬의 반응, 헥산-2-온과 수소 음이온의 반응 등 세 가지 방법이 가능하다.

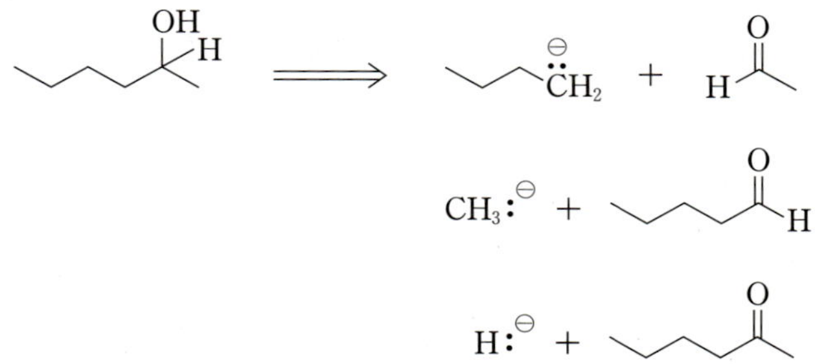

이제는 Wittig 반응을 이용한 2-메틸펜트-2-엔의 합성에 대하여 생각해 보자. Wittig 반응을 적용하려면 우선 이중 결합을 구성하는 두 탄소가 각각 [카보닐 작용기 및 포스포늄 일라이드]의 탄소이어야 하므로 다음의 두 가지 합성 경로가 가능하다. 첫 번째는 아세톤과 1-브로모프로페인에서 유래한 포스포늄 일라이드의 반응이고(경로 1), 두 번째는 프로판알과 2-브로모프로페인에서 유래한 포스포늄 일라이드의 반응이다(경로 2). (경로 1)은 포스포늄 일라이드를 합성할 때 1차 할로젠화 알킬의 S_N2 반응을 수행하므로 2차 할로젠화 알킬을 사용하는 (경로 2)보다 유리하다. 반면에 (경로 2)는 Wittig 반응에서 반응성이 좋은 알데하이드가 반응에 참여하므로 케톤이 반응에 참여하는 (경로 1)보다 우위에 있다.

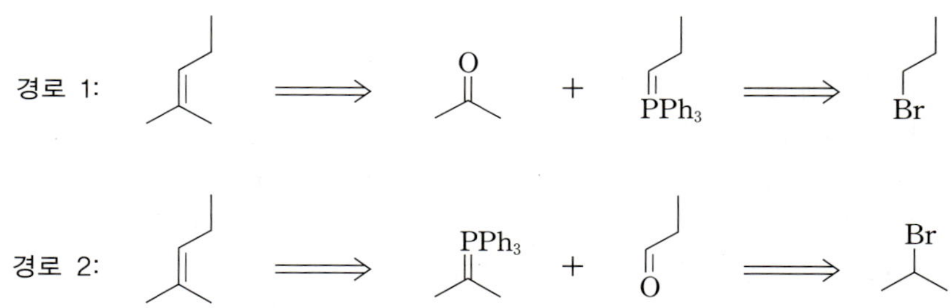

그림 16-17 Wittig 반응을 이용한 2-메틸펜트-2-엔의 역합성

16.15.2 다단계 합성

이제부터는 반응의 범위를 더욱 확대하여 다단계 반응에 의한 합성을 기술하기로 한다.

n-뷰테인에서 뷰탄-2-온의 합성을 생각해 보자. 역합성의 관점에서 뷰탄-2-온은 뷰탄-2-올의 산화 반응으로 합성할 수 있고(8.9.1절), 뷰탄-2-올은 2-브로모뷰테인의 S_N2 반응으로 얻을 수 있으며(7.6절), 2-브로모뷰테인은 뷰테인의 라디칼 브로민화 반응(3.12.3절)으로 합성할 수 있다. 그러나 S_N2 반응에서 2차 할로젠화 알킬과 HO^- 강염기를 반응시키면 E2 반응이 경쟁할 수 있으므로 E2 경로를 최소화하는 두 단계 반응을 따르는 것이 전체적으로 보다 합리적이다.

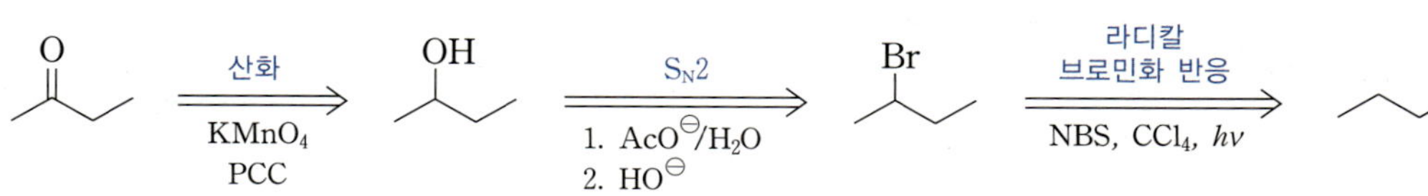

그림 16-18 *n*-뷰테인에서 뷰탄-2-온의 역합성(I)

다른 경로의 합성도 물론 가능하다. 뷰탄-2-온은 뷰탄-2-올의 산화 반응으로 합성할 수 있고(8.9.1절), 뷰탄-2-올은 뷰트-2-엔의 물 첨가 반응에서 얻을 수 있다(4.7.6절). 뷰트-2-엔은 2-브로모뷰테인의 E2 반응으로 합성할 수 있으며(7.7절), 2-브로모뷰테인은 뷰테인의 라디칼 브로민화 반응(3.12.3절)으로 얻을 수 있다. 이 경로에서는 2-브로모뷰테인의 E2 반응에서 뷰트-1-엔과 뷰트-2-엔이 혼합물로 생성될 수 있는데(7.7절), 다행스럽게도 두 화합물에 물 첨가 반응을 진행하면 모두 뷰탄-2-올이 주생성물로 얻어지기 때문에 합성 경로는 전체적으로 합리적이라고 할 수 있다.

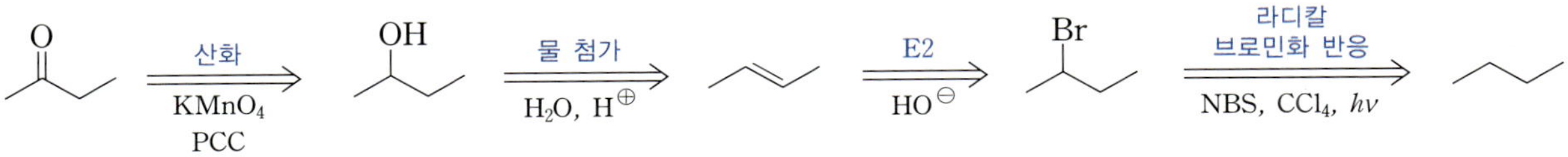

그림 16-19 *n*-뷰테인에서 뷰탄-2-온의 역합성(II)

이 외에도 다양한 합성 경로가 존재하지만 모든 합성법을 기술하는 것은 불가능하기 때문에 이 정도에서 정리하기로 한다.

예제 16.14

유기 금속 시약의 카보닐 첨가 반응을 이용하여 3,5-다이메틸헥산-3-올을 합성하시오.

풀이

3,5-다이메틸헥산-3-올은 3차 알코올이다. 이 화합물은 4-메틸펜탄-2-온에 에틸 음이온 첨가 반응, 5-메틸헥산-3-온에 메틸 음이온 첨가 반응, 뷰탄-2-온에 3-메틸-1-프로필 음이온의 첨가 반응으로 합성할 수 있다.

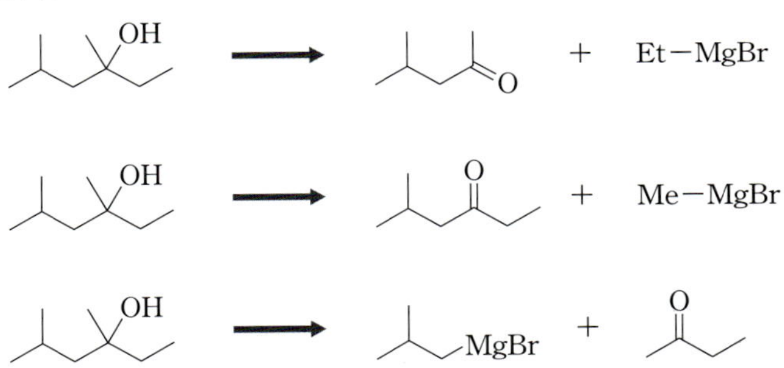

16.16 분광학

16.16.1 ¹H NMR 분광학

알데하이드 및 케톤에서 α-C−H 원자의 피크는 δ 2.0~2.6 ppm, 알데하이드 수소는 δ 9.9 ppm (J = 0~3.0 Hz) 정도에서 관찰된다.

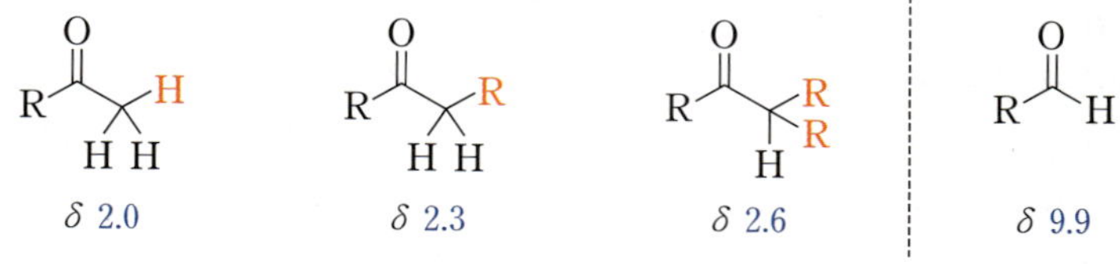

알데하이드 H 원자가 δ 9.9 ppm 내외에서 관찰되는 것은 다음과 같이 설명한다. 일반적으로 외부 자기장($H°$) 조건에서 수소 원자핵은 전자의 원운동에 의하여 외부 자기장($H°$)과 반대되는 방향으로 유도 자기장(H')이 생성된다(11.2.2절). 이와 유사하게 알데하이드에서는 외부 자기장($H°$) 조건에서 C=O π-전자의 원운동에 의한 고리 전류(ring current)가 외부 자기장($H°$)과 반대되는 방향으로 유도 자기장(H')을 생성한다. 이때 R(C=O)−H 원자는 유도 자기장과 외부 자기장($H°$)이 같은 방향을 향하는 위치에 있기 때문에 R(C=O)−H 원자가 경험하는 유효 자기장(H)의 크기는 외부 자기장($H°$)보다 더 크게 되며, 이것이 공명 진동수(ν) 및 화학적 이동(δ) 값의 증가로 이어진다(11.2.2절). 실험에 의하면 이중 결합 및 알데하이드의 수소 원자는 각각 δ 4.5~5.5 ppm 및 9.9 ppm 내외에서 피크가 관찰된다.

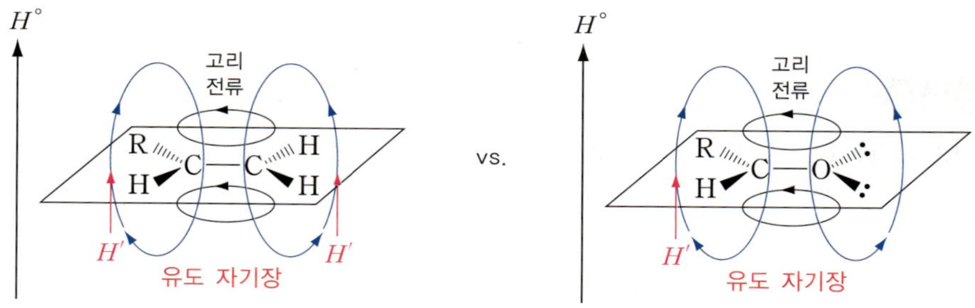

벤즈알데하이드(benzaldehyde)의 스펙트럼은 다음과 같이 분석한다. 알데하이드 C−H는 δ 9.97(s, 1H)에서 나오고, 벤젠 고리를 구성하는 다섯 개의 H 원자는 C_2−H 및 C_6−H 피크가 δ 7.76(m, 2H), C_4−H 피크가 δ 7.65(m, 1H), C_3−H 및 C_5−H 피크가 δ 7.51(m, 2H)으로 예상된다.

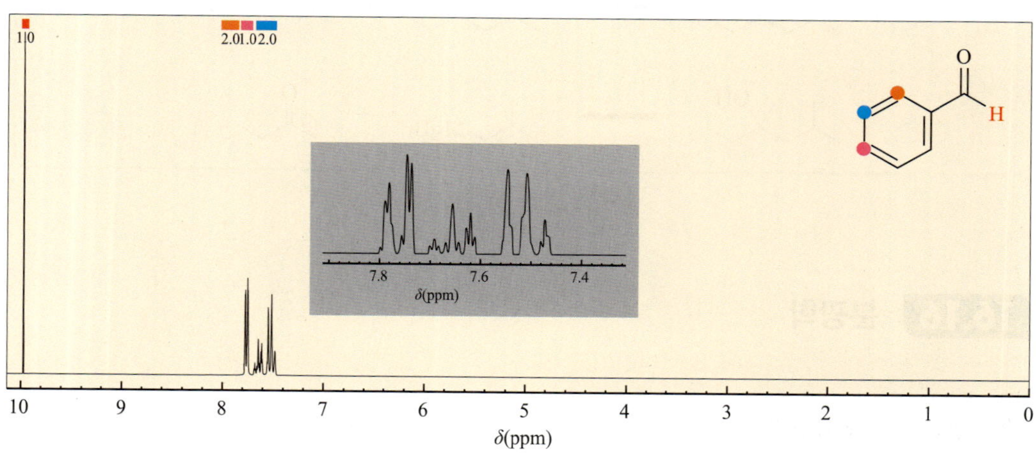

그림 16-20 벤즈알데하이드의 ¹H NMR 스펙트럼

옥탄-2-온(octan-2-one)의 경우에는 1-CH_3 피크가 δ 2.13(s, 3H), 3-CH_2 피크는 δ 2.40(t, J = 7.4 Hz, 2H)에서 나온다. 그리고 4-CH_2 피크가 δ 1.52(tt, J = 7.4 Hz, 2H), 5-CH_2,

6-$C\underline{H}_2$ 및 7-$C\underline{H}_2$ 피크들은 겹쳐서 δ 1.20~1.33(m, 6H)에서 보이며, 8-$C\underline{H}_3$ 피크는 δ 0.86(t, J = 7.0 Hz, 3H)에서 관찰된다.

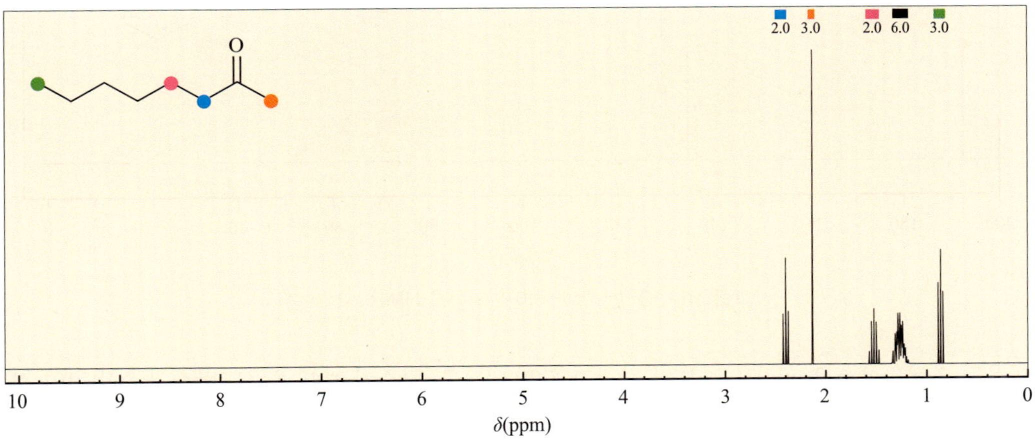

그림 16-21 옥탄-2-온의 ^{1}H NMR 스펙트럼

사이클로헥산온(cyclohexanone)에서는 네 개의 α-C−$\underline{H}$가 수직 및 수평 형태의 H 원자들과 갈라짐을 하기 때문에 갈라짐 상수 값을 계산할 수 없는 δ 2.36(m, 4H) 형태로 나온다. 네 개의 β-C−$\underline{H}$는 δ 1.72(m, 4H), 4번 탄소의 $C\underline{H}_2$는 δ 1.50(m, 2H)으로 예상된다.

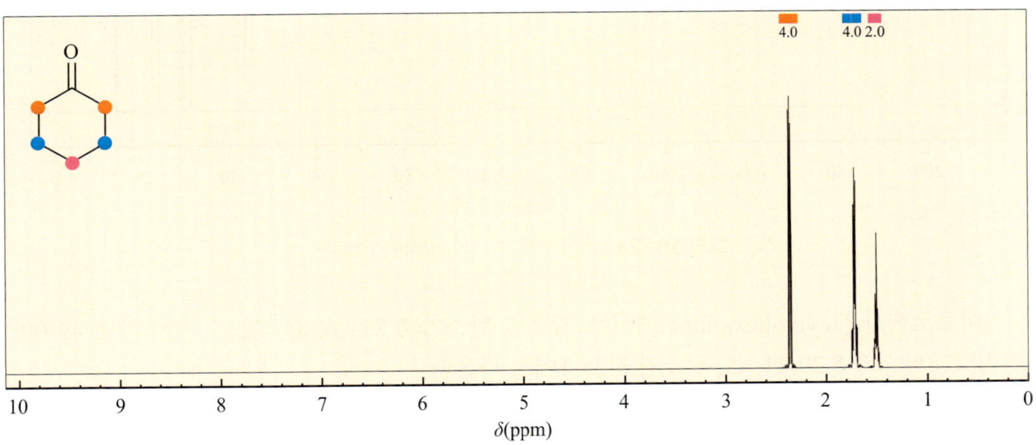

그림 16-22 사이클로헥산온의 ^{1}H NMR 스펙트럼

16.16.2 ^{13}C NMR 분광학

^{13}C NMR 스펙트럼에서 카보닐 작용기는 δ 190~215 ppm에서 관찰된다. 이 값은 다른 종류의 탄소와 비교하여 매우 큰 값으로서, 이 범위에서 피크가 관찰되는 것은 카보닐 작용기가 있음을 의미한다.

그리고 ^{13}C NMR에서는 탄소와 결합한 수소 수와 피크의 크기가 일정 부분 비례하지만 정량적이지 않기 때문에 적분값이 중요하지 않고, C−H 결합이 없는 탄소 원자의 경우에는 피크가 아주 작게 관찰되는 특징이 있다(11.10.1절).

벤즈알데하이드(benzaldehyde)는 카보닐 탄소가 δ 192.3, 벤젠 고리의 C_1 탄소가 δ 136.5, $C_2(C_6)$ 및 $C_3(C_5)$ 탄소가 각각 δ 129.7, δ 129.0(명확한 구분이 어려움), C_4 탄소가 δ 134.4에서 관찰된다.

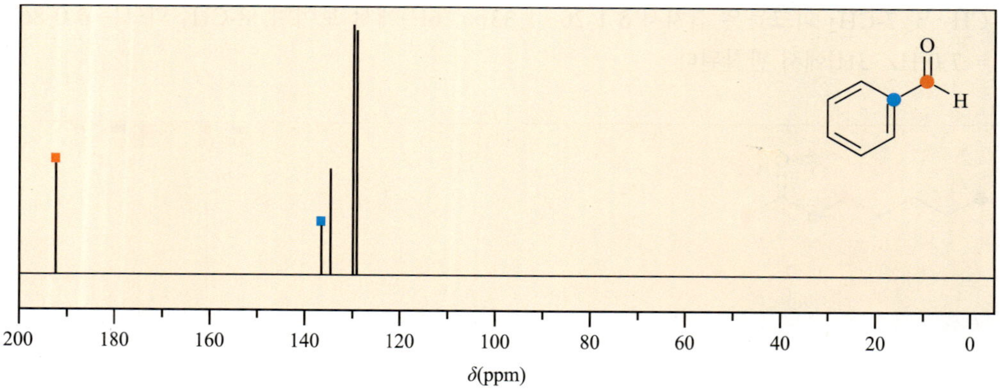

그림 16-23 벤즈알데하이드의 ^{13}C NMR 스펙트럼

옥탄-2-온(octan-2-one)은 카보닐 탄소가 δ 208.9, C_3 탄소가 δ 43.8, C_8 탄소가 δ 14.0인 것은 분명하고, C_1, C_4, C_5, C_6, C_7 탄소가 δ 31.7, 29.8, 29.0, 23.9, 22.2(명확한 구분이 어려움)에서 관찰된다.

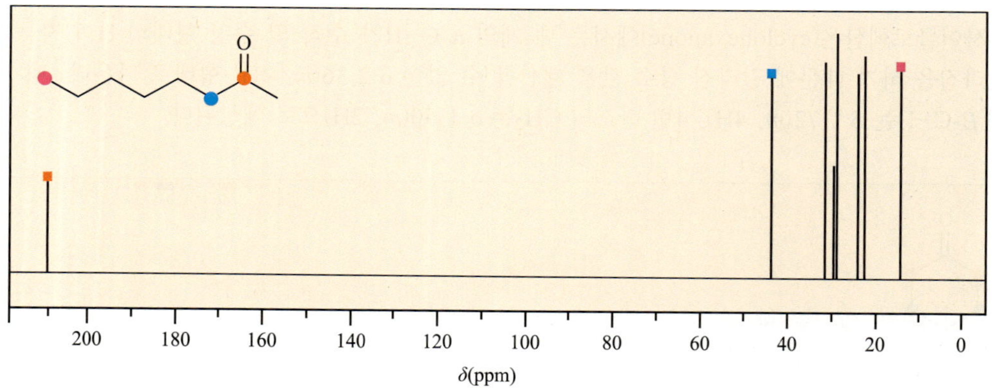

그림 16-24 옥탄-2-온의 ^{13}C NMR 스펙트럼

사이클로헥산온(cyclohexanone)에서는 카보닐 탄소가 δ 211.6, C_2 및 C_6 탄소가 δ 42.00, C_3 및 C_5 탄소가 δ 27.11, C_4 탄소가 δ 25.1에서 나온다.

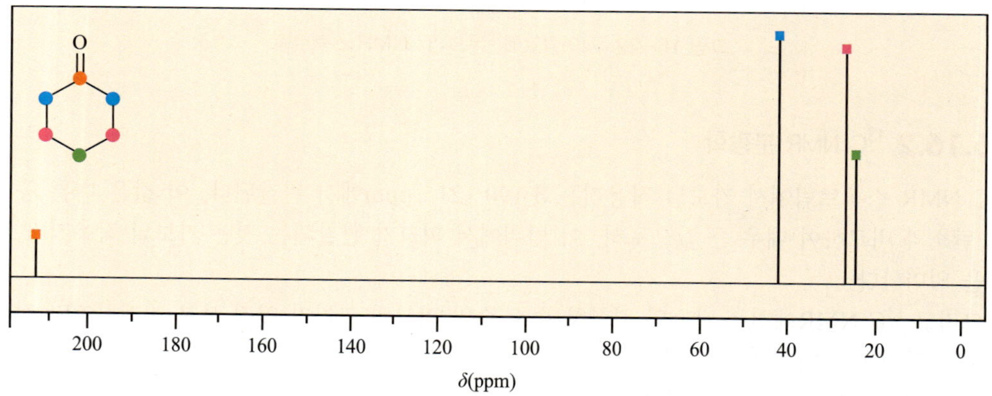

그림 16-25 사이클로헥산온의 ^{13}C NMR 스펙트럼

16.16.3 적외선 분광학

알데하이드 및 케톤에서 카보닐 C=O 작용기의 신축(streching) 운동은 1660~1770 cm^{-1} 범위에서 매우 강하게 관찰된다. 그리고 이 값은 치환체의 종류 및 결합 형태가 동일하면 거의 일정하기 때문에 카보닐 작용기의 주위 환경을 판단하는 데 중요한 기준이 될 수 있다. 이 외에도 알데하이드에서는 2720~2820 cm^{-1} 부근에서 두 개의 작은 피크가 추가로 관찰된다.

표 16-2 카보닐 골격과 신축 운동 진동수

카보닐 골격	신축 운동 진동수(cm^{-1})
지방족 알데하이드	1730
방향족 알데하이드	1705
α,β-불포화 알데하이드	1705
알킬 알킬 케톤	1715
육각 고리형 케톤	1715
오각 고리형 케톤	1750
사각 고리형 케톤	1785
아릴 케톤	1690
α,β-불포화 케톤	1685

벤즈알데하이드(benzaldehyde)의 적외선 스펙트럼은 다음과 같다. 우선, 알데하이드 작용기와 관련해서는 1703 cm^{-1}(*s*) (C=O 신축 운동) 피크와 2738 cm^{-1}(*m*) (C−H 신축 운동) 및 2820 cm^{-1}(*m*) (C−H 신축 운동) 피크가 있다. 벤젠 작용기와 관련해서는 1584~1617 cm^{-1}(*s*) (C=C 신축 운동) 피크가 관찰된다.

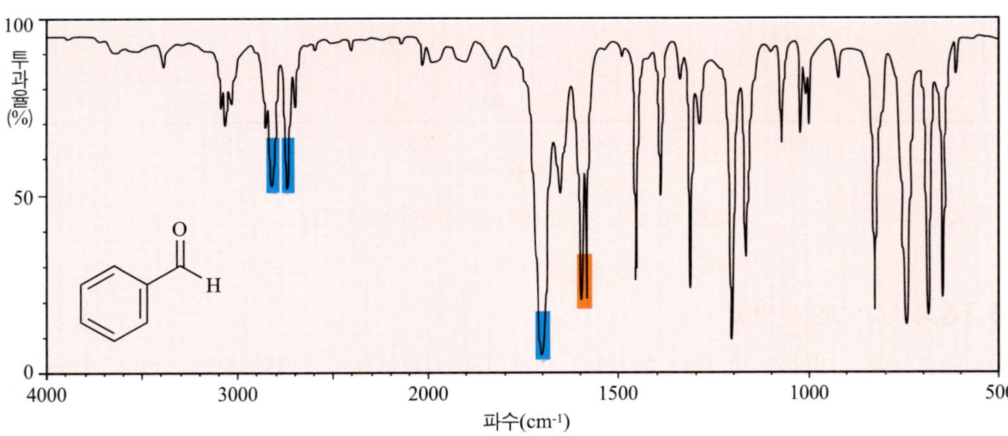

그림 16-26 벤즈알데하이드의 적외선 스펙트럼

옥탄-2-온(octan-2-one)의 적외선 스펙트럼에서는 케톤 작용기와 관련하여 1718 cm^{-1}(*s*) (C=O 신축 운동) 피크를 확실하게 구분할 수 있고, 이 외에 2800~3040 cm^{-1}(*s*) (C−H 신축 운동) 및 1330~1480 cm^{-1}(*s*) (C−C 신축 운동) 피크 등을 언급할 수 있다.

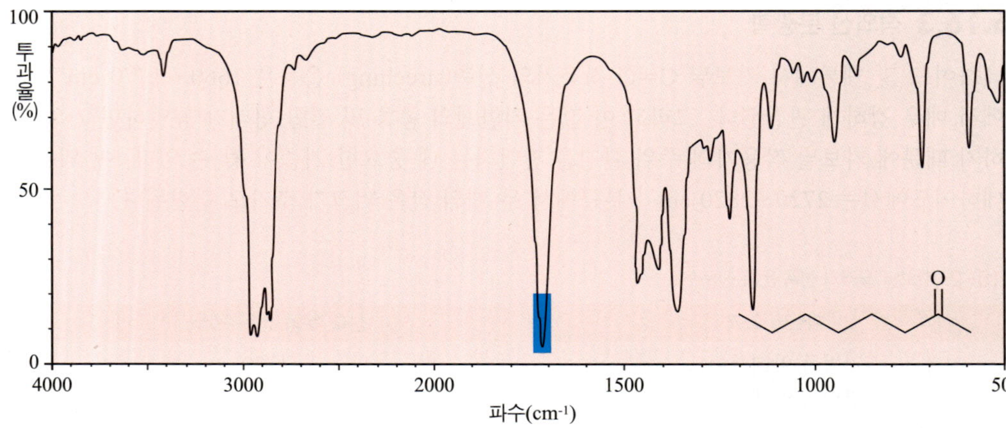

그림 16-27 옥탄-2-온의 적외선 스펙트럼

사이클로헥산온(cyclohexanone)의 적외선 스펙트럼에서는 케톤 작용기와 관련하여 1716 cm^{-1}(*s*) (C=O 신축 운동) 피크를 확실하게 구분할 수 있고, 이 외에 2800~2970 cm^{-1}(*s*) (C−H 신축 운동) 피크를 언급할 수 있다.

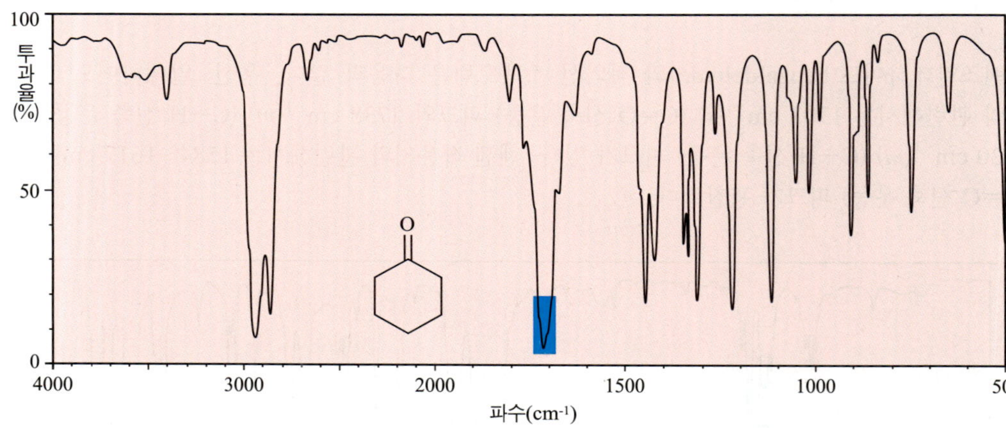

그림 16-28 사이클로헥산온의 적외선 스펙트럼

16.16.4 UV−VIS 분광학

UV−VIS 스펙트럼에서 피크를 관찰하기 위해서는 시료가 UV−VIS 영역의 빛을 흡수해야 하는데, UV−VIS 영역의 에너지는 전자 전이에 해당하는 에너지 범위이다(12.2절). 따라서 UV−VIS 스펙트럼의 피크를 설명하기 위해서는 시료의 전자 전이에 대한 정보를 알아야 한다.

화합물에서 전자가 한 에너지 준위에서 다른 에너지 준위로 이동하는 것을 **전자 전이**(**electronic transition**)라고 한다. 전자 전이가 일어날 때에는 에너지를 흡수하거나 방출하는데, 흡수 또는 방출하는 에너지의 크기는 전자의 에너지 준위로부터 알 수 있고, 전자의 에너지 준위는 실험적으로 또는 양자역학적 계산으로 추정할 수 있다.

카보닐 작용기에서 187 nm 내외의 $\pi \rightarrow \pi^*$ 전이는 화합물의 구조 분석에 도움이 되지 못하지만, 270 nm 내외의 $n \rightarrow \pi^*$ 전이는 카보닐 작용기의 존재를 확인하는 중요한 단서이다.

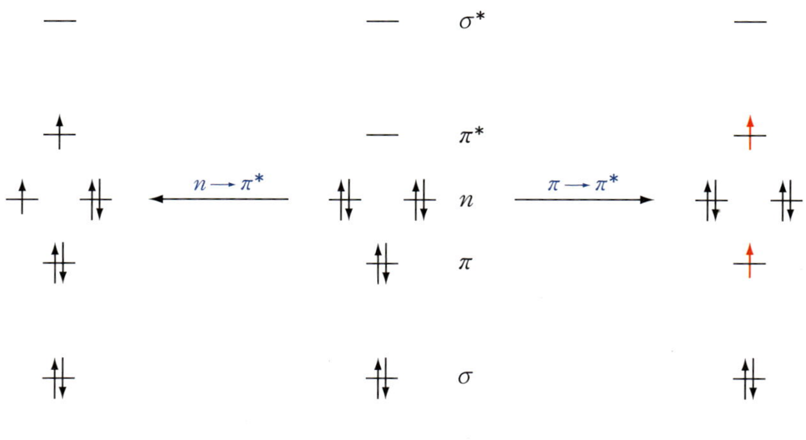

16.16.5 질량 분광학

질량 분석기에서 알데하이드 및 케톤 화합물은 분자 이온(M^+)의 **α-분해 반응(α-cleavage)**이 진행될 수 있다(12.3.2절).

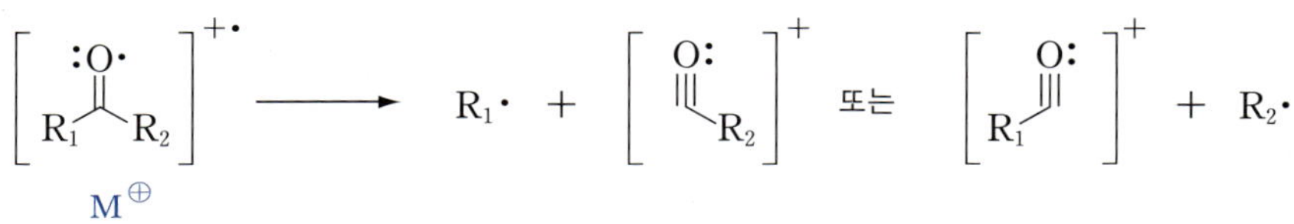

γ-H가 있는 지방족 알데하이드 및 케톤 화합물에서는 육각형 전이 상태를 경유하여 알켄 및 엔올 라디칼 양이온을 생성하는 **맥라퍼티 자리 옮김 반응(McLafferty rearrangement)**도 진행될 수 있다(12.3.2절).

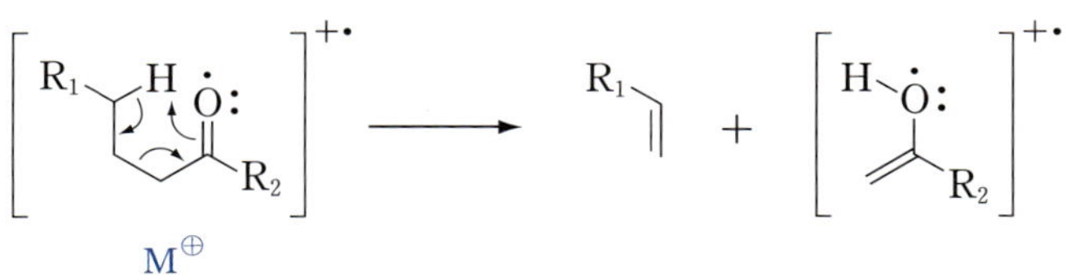

벤즈알데하이드(benzaldehyde)는 분자식 C_7H_6O, 분자량 106인 화합물로서 $m/e = 106$에서 M^+ 피크가 관찰된다. 이론적으로 분자 이온(M^+)에서 C(=O)−H의 α-분해 반응이 일어나면 $m/e = 105$ 및 1, C(=O)−C의 α-분해 반응이 일어나면 $m/e = 77$ 및 29 피크를 예상할 수 있다. 실험에서 주 피크는 분자 이온(M^+)이었다.

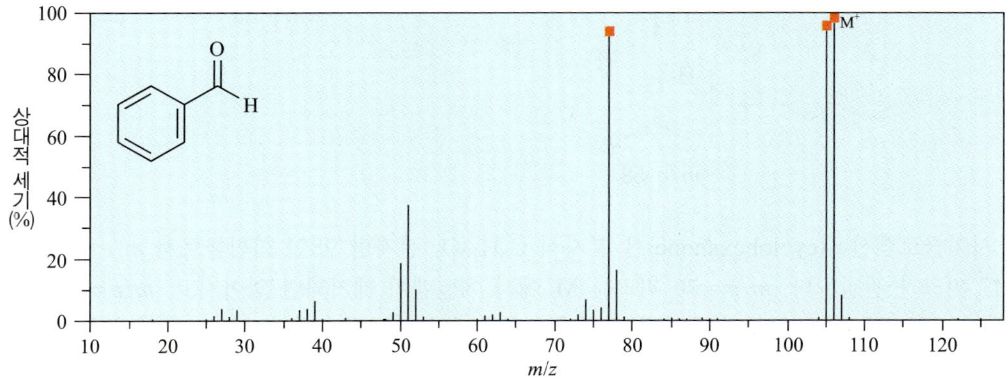

그림 16-29 벤즈알데하이드의 질량 스펙트럼

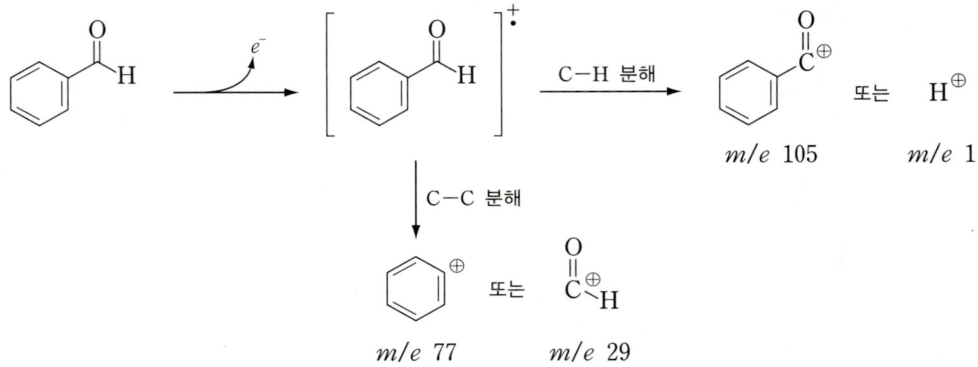

옥탄-2-온(octan-2-one)은 분자식 $C_8H_{16}O$, 분자량 128인 화합물로서 $m/e=128$에서 M^+ 피크가 관찰된다. 이론적으로 분자 이온(M^+)에서 C_1-C_2의 α-분해 반응이 일어나면 $m/e=113$ 및 15, C_2-C_3의 α-분해 반응이 일어나면 $m/e=85$ 및 43, 맥라퍼티 자리 옮김 반응이 일어나면 $m/e=58$ 피크를 예상할 수 있다. 실험에서 주 피크는 $m/e=58$이었다.

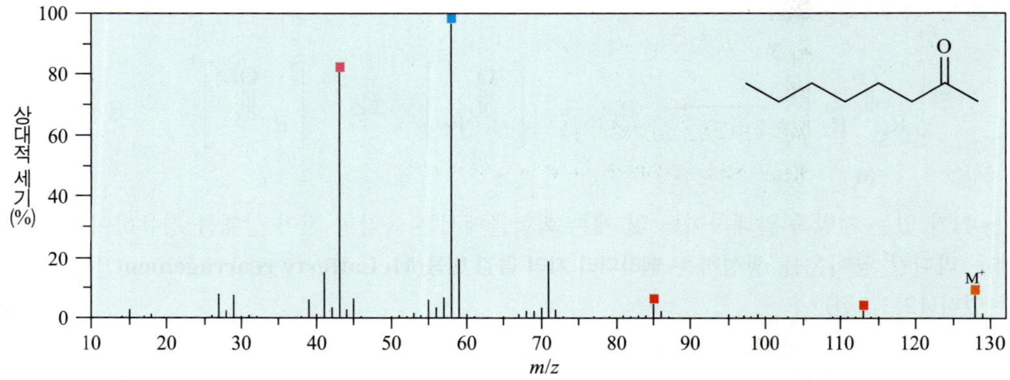

그림 16-30 옥탄-2-온의 질량 스펙트럼

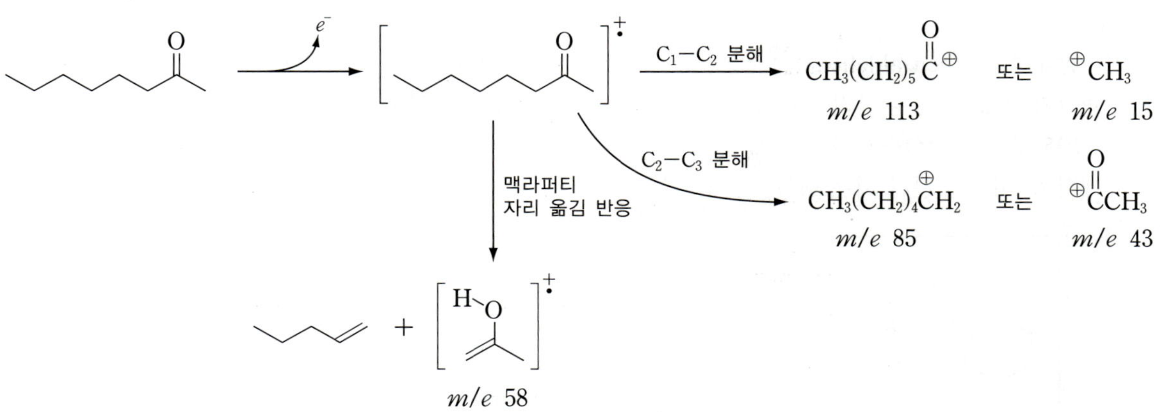

사이클로헥산온(cyclohexanone)은 분자식 $C_6H_{10}O$, 분자량 98인 화합물로서 $m/e=98$에서 M^+ 피크가 관찰된다. $m/e=70$ 피크는 M^+에서 에틸렌이 제거되면 얻어지고, $m/e=42$ 피크는 $m/e=70$에서 다시 한번 에틸렌이 제거되어서 생성됨을 예상할 수 있다. 실험에서 주 피크는 $m/e=55$이었다.

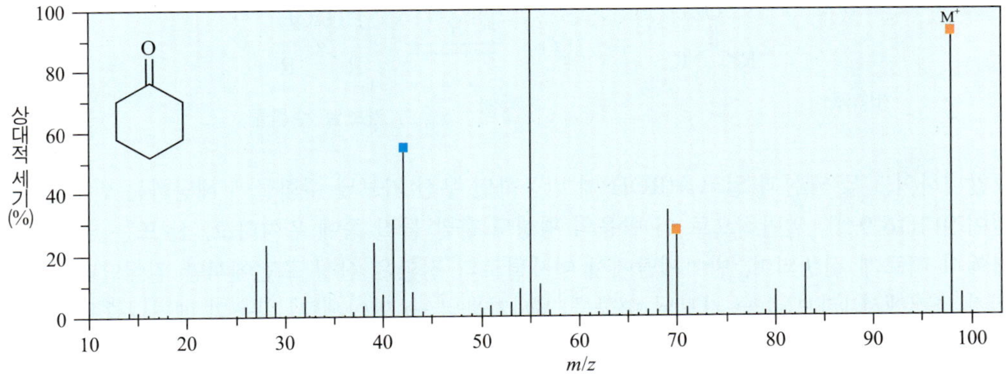

그림 16-31 사이클로헥산온의 질량 스펙트럼

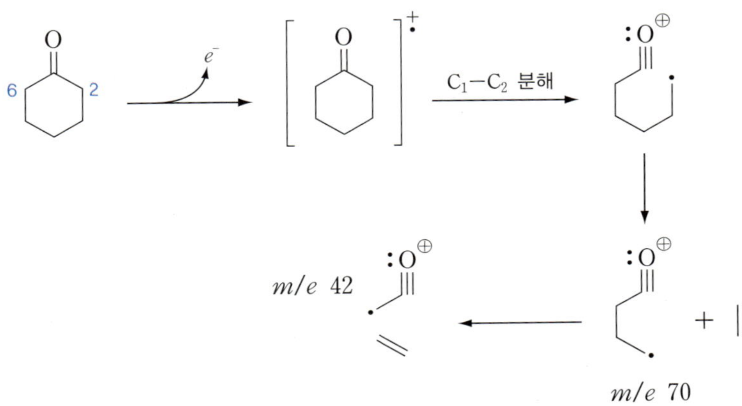

16.17 요약

16장에서는 알데하이드 및 케톤에 대하여 상세하게 알아보았다.

C=O 이중 결합의 탄소가 두 개의 탄소와 결합한 화합물을 케톤(ketone), 한 개의 탄소 및 수소 원자 또는 두 개의 수소 원자와 결합한 화합물을 알데하이드(aldehyde)라고 한다. 열역학적인 관점에서는 케톤이 알데하이드보다 안정하다(16.5절).

알데하이드 및 케톤의 반응은 아래의 공명 구조로부터 전자가 풍부한 친핵체는 카보닐 탄소 원자와 반응하고, 전자가 부족한 친전자체는 카보닐 산소 원자와 반응함을 예상할 수 있다. 이때 C:$^-$, O$^-$, H:$^-$ 등의 음이온들은 전자가 풍부하기 때문에 [친핵체 반응 후 친전자체 반응](16.7.2절), 그리고 ROH, RNH_2 등의 중성 친핵체들은 [친전자체 반응 후 친핵체 반응](16.7.3절)의 경로로 반응을 진행한다. 카보닐 작용기의 반응성은 [알데하이드 > α,β-불포화 알데하이드 > 케톤 > α,β-불포화 케톤]의 순서이다(16.7.4절).

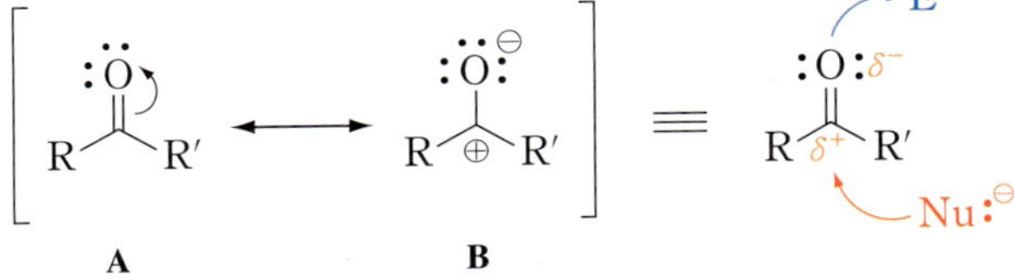

알데하이드 및 케톤과 물(H_2O)이 반응하면 카보닐 수화물이 얻어진다(16.8절). 일반적으로 이 반응의 평형은 출발 물질 쪽에 위치하고, 산 또는 염기 조건 하에서 빠르게 진행된다.

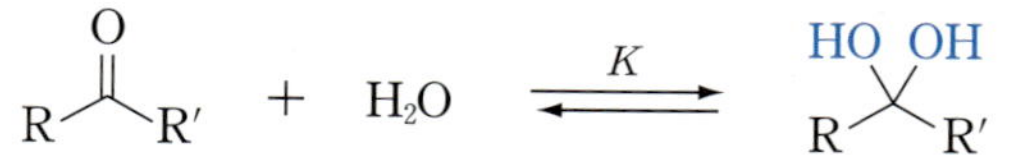

카보닐 수화물

알데하이드 및 케톤과 알코올(ROH)이 반응하면 우선 카보닐 수화물에 해당하는 반아세탈이 얻어진다(16.9절). 일반적으로 이 반응의 평형도 출발 물질 쪽에 위치하고, 산 또는 염기 조건 하에서 빠르게 진행되며, 반아세탈에서 아세탈로의 전환은 산성 조건에서만 일어난다. 산 및 염기 조건에서 [카보닐 → 카보닐 수화물] 및 [카보닐 → 반아세탈] 반응의 메커니즘은 실질적으로 완전히 동일하고, 산 조건에서의 [반아세탈 → 아세탈] 반응은 산 조건에서의 [카보닐 → 카보닐 수화물] 및 [카보닐 → 반아세탈] 반응 경로와 거의 유사하다. 아세탈은 산화–환원 조건, 유기 금속 시약, 염기 조건에서는 안정하지만 산성 수용액 조건에서는 쉽게 가수 분해되기 때문에 카보닐 작용기의 보호기로 많이 사용된다.

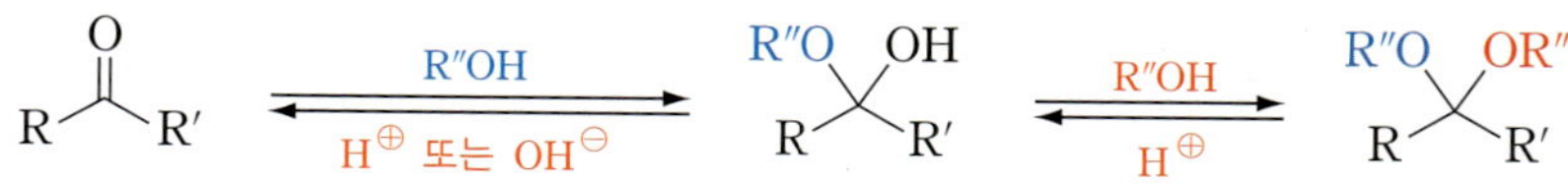

반아세탈 아세탈

알데하이드 및 케톤과 1차 아민(RNH_2)이 반응하면 이민이 얻어지는데(16.10절), 이민은 구조적 관점에서 카보닐 작용기에서 산소가 질소로 치환된 형태에 해당한다. 일반적으로 이민의 형성은 약산 조건에서 빠르게 진행된다. 산소와 질소의 공유 결합 패턴을 제외한다는 가정 하에서 [카보닐 → 반아세탈] 및 [카보닐 → 반아미날]의 생성 메커니즘은 완전히 일치하고, [반아세탈 → 아세탈] 및 [반아미날 → 이민]의 반응 경로가 거의 유사하다.

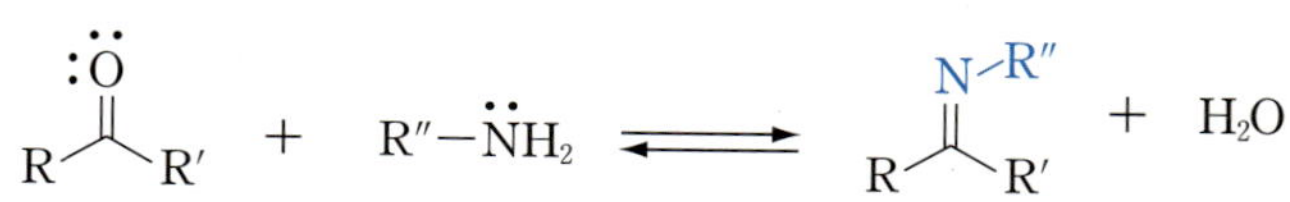

카보닐 작용기 / 암모니아 또는 1차 아민 / 이민 (카보닐 작용기의 질소 유사체)

알데하이드 및 케톤과 2차 아민(RNH_2)이 반응하면 엔아민이 얻어진다(16.11절). 이민에서와 같이 엔아민은 약산 조건에서 빠르게 진행된다. 산소와 질소의 공유 결합 패턴을 제외한다는 가정 하에서 [카보닐 → 이민] 및 [카보닐 → 엔아민]의 반응 경로는 거의 유사하다.

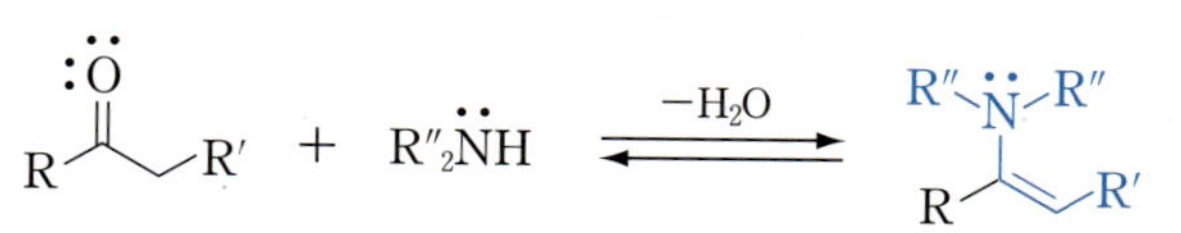

2차 아민 엔아민

탄소 음이온의 1,2-첨가 반응에 대해서도 설명하였다. HCN 첨가 반응에서는 사이아노하이드린이 생성되고(16.12.1절), 유기 금속(M = Li, MgX) 시약 첨가 반응(16.12.2절)에서는 출발 물질에 따라서 1차, 2차, 3차 알코올이 생성된다. 유기 마그네슘 시약을 사용하는 경우에 입체 장애가 있으면 산–염기 반응 및 환원 반응이라는 두 가지의 부반응이 진행될 수 있는데, 이때 반응성이 큰 유기 리튬 시약을 사용하여 이러한 부반응을 억제할 수 있다. Wittig 반응을 수행하면 카보닐 작용기 위치에 선택적으로 이중 결합을 도입할 수 있다(16.12.3절).

사이아노하이드린:

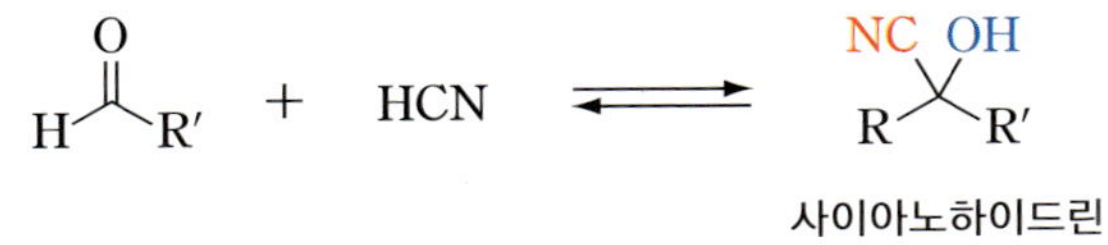

유기 금속 첨가 반응
(1차, 2차, 3차 알코올):

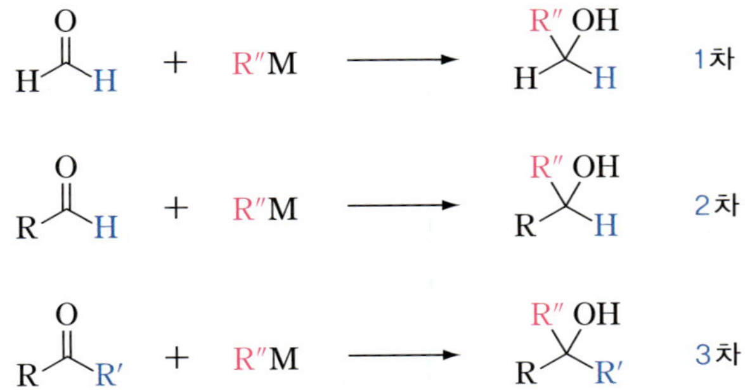

Wittig 반응:

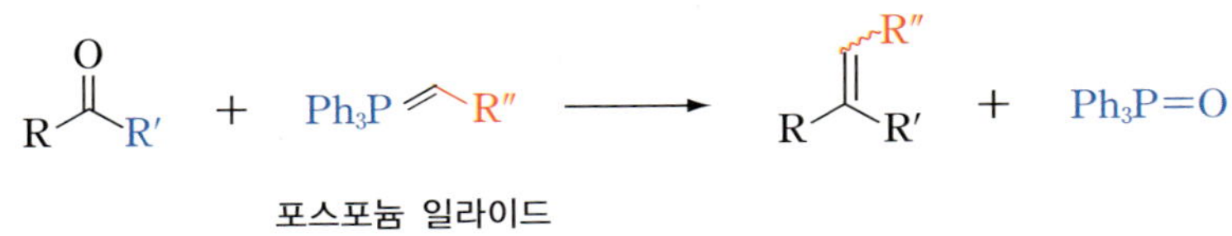

알데하이드 및 케톤의 경우에는 다양한 산화 반응이 일어난다(16.13절). 우선 알코올의 산화 반응에 사용되는 일반적인 산화제($KMnO_4$, CrO_3, $Na_2Cr_2O_7$)를 알데하이드에 적용하면 카복실산이 생성되고, Ag_2O를 사용하여 알데하이드를 카복실산으로 전환하는 반응을 은거울 반응이라고 한다(16.13.1절). 알데하이드 및 케톤 화합물에 과산화산($RC(=O)O_2H$)을 처리하면 자리 옮김 반응에 의하여 각각 카복실산(16.13.1절) 및 에스터(16.13.2절)가 생성된다. 이 두 반응은 자리 옮김 반응에서의 선택성을 제외하면 모두 동일한 경로를 따라서 진행되는데, 자리 옮김 반응의 이동 용이도는 [H > 3차 알킬 > 2차 알킬 > Ph > 1차 알킬 > 메틸]의 순서이다. 알데하이드는 산소가 존재하면 자발적으로 카복실산으로 천천히 산화가 된다(16.13.3절).

알데하이드
산화 반응(Ⅰ):

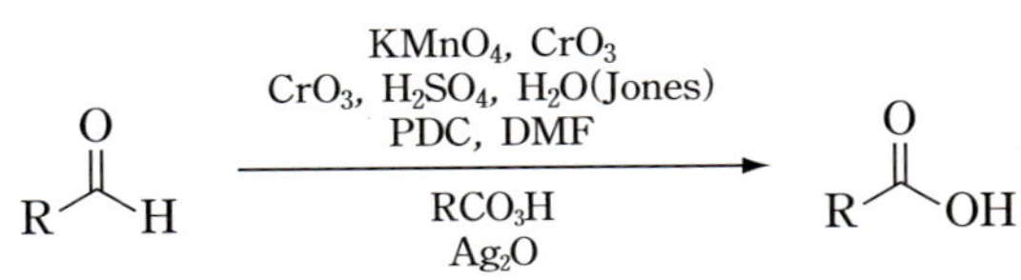

알데하이드
산화 반응(Ⅱ):

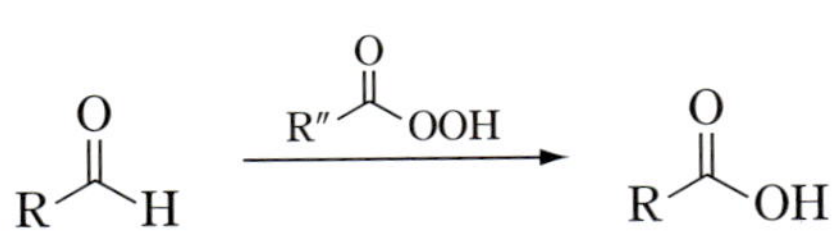

Baeyer−Villiger
산화 반응:

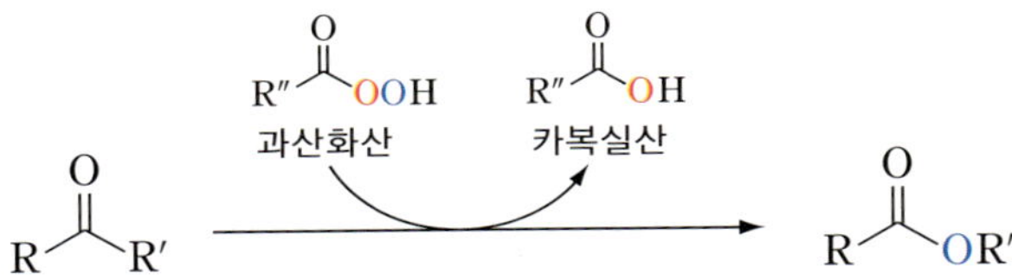

알데하이드
자체 산화 반응(Ⅲ):

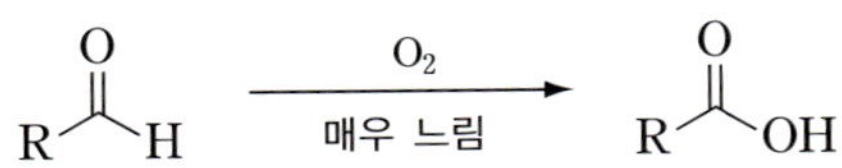

다양한 환원 반응이 알데하이드 및 케톤 작용기에서 가능하다(16.14절). 알데하이드 및 케톤에 금속 수소 음이온 환원 반응을 수행하면 1차 및 2차 알코올을 얻을 수 있다(16.14.1절). 이 반응에 사용되는 시약 중에서 $LiAlH_4$, $LiBH_4$, $NaBH_4$ 시약은 친핵성 시약이고, 반응성은 [$LiAlH_4$ > $LiBH_4$ > $NaBH_4$]의 순서이다. BH_3는 친전자성 시약으로서 카복실산과 선택적으로 반응한다는 특징이 있다. 경우에 따라서는 Clemmensen 및 Wolf-Kishner 반응을 사용하여 카보닐 작용기의 산소 원자를 제거하는 탈산소 반응도 수행할 수 있다(16.14.4절).

수소 음이온 환원 반응:

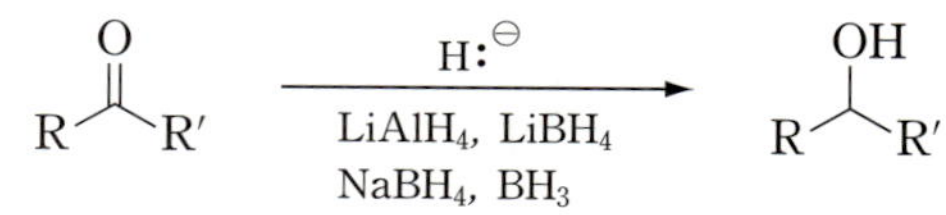

탈산소 반응:

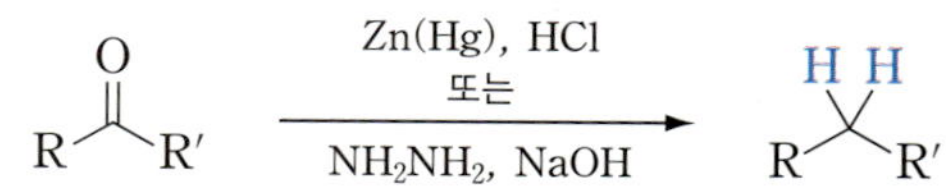

연습 문제

1. 아래의 화합물을 명명하시오.

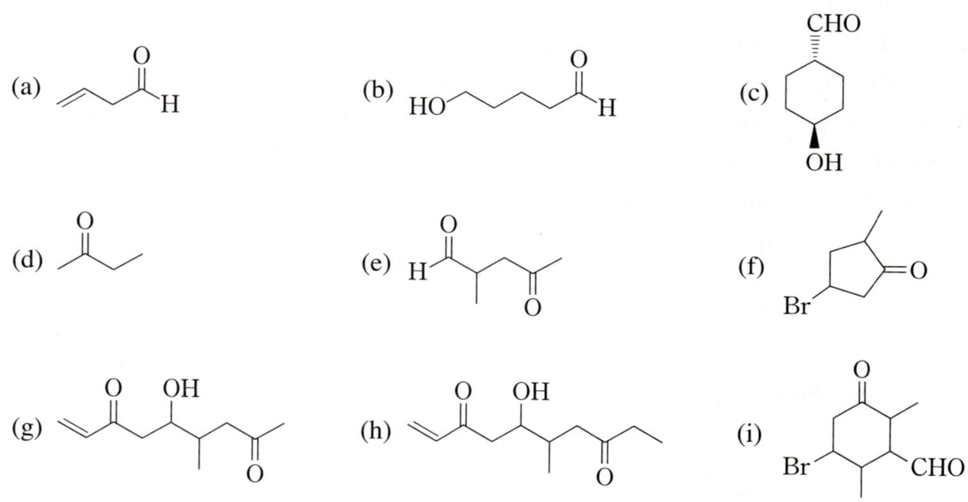

2. 아래 반응의 주생성물을 그리시오.

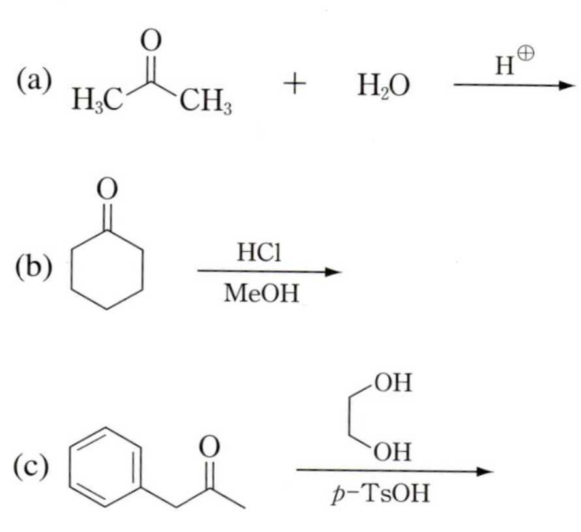

(d) 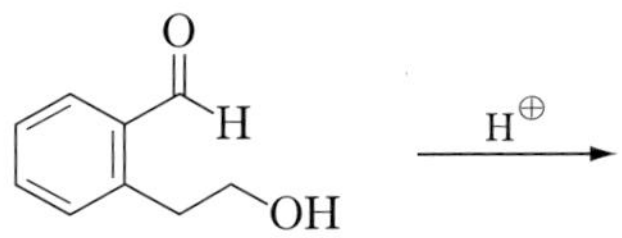

(e) 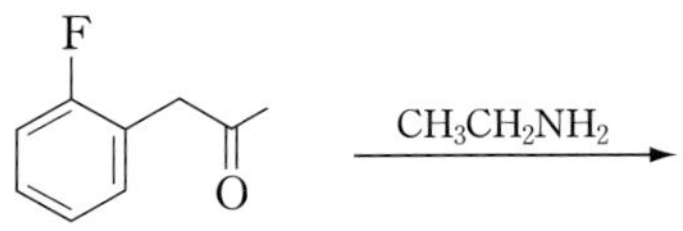

(f) 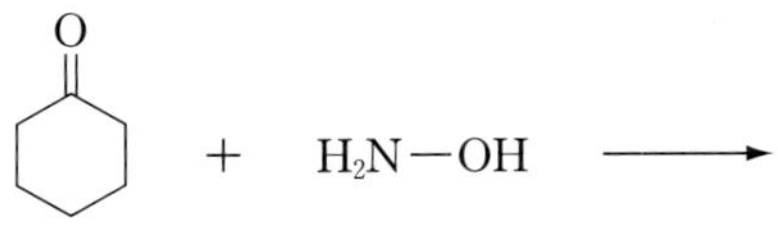

(g) 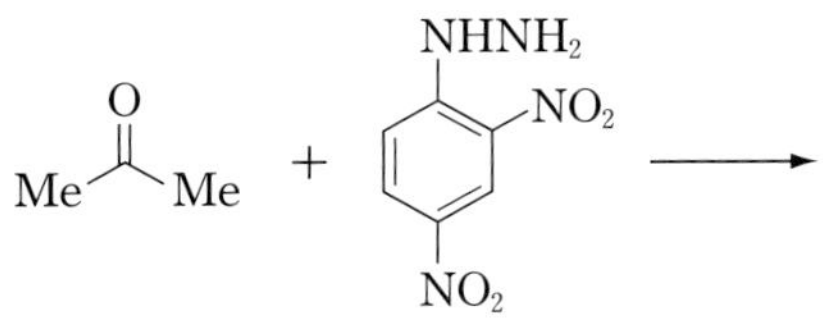

(h) 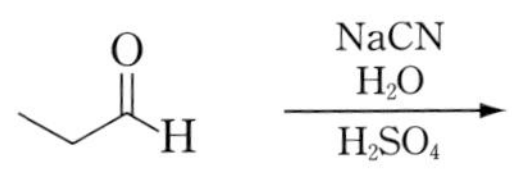

(i) 

(j) 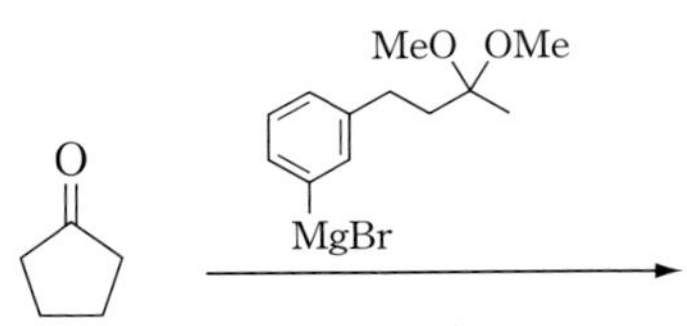

(k) 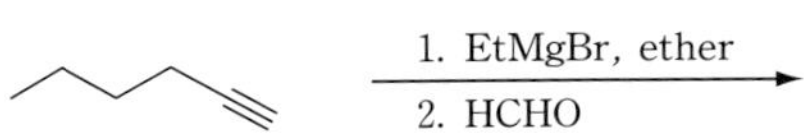

(l) 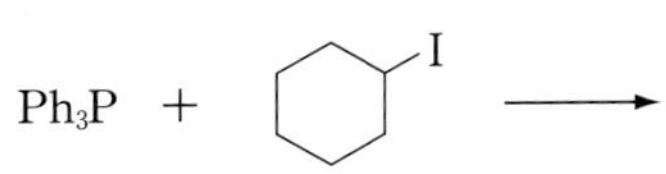

(m) 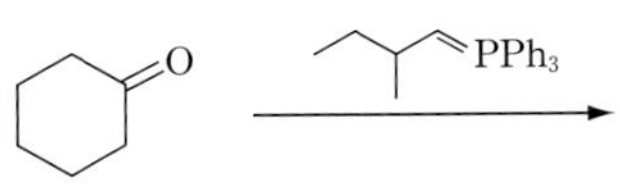

(n) 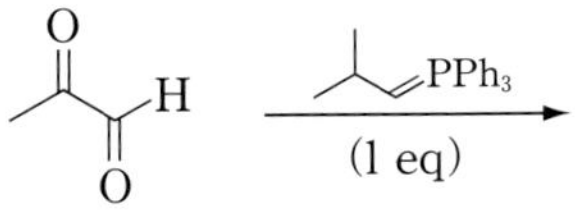

3. 아래 반응의 주생성물을 그리시오.

(a) 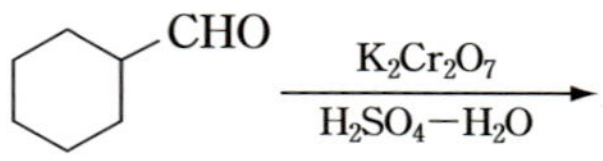

(b) 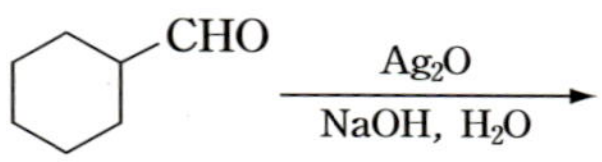

(c) 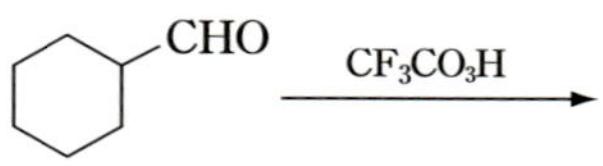

(d) 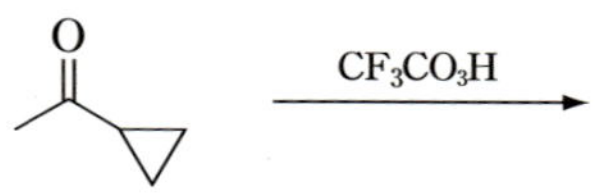

(e) 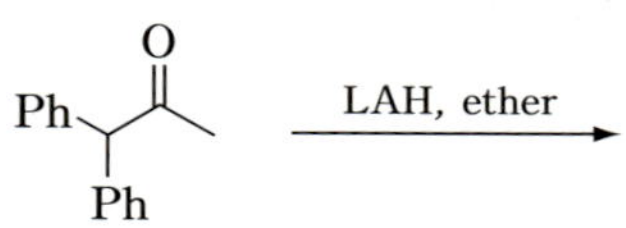

(f) 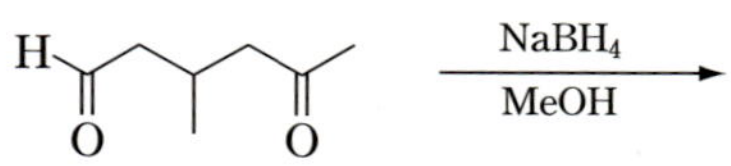

(g) 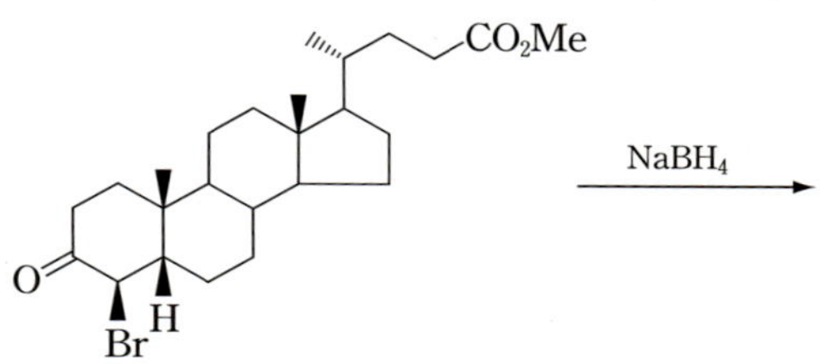

(h) 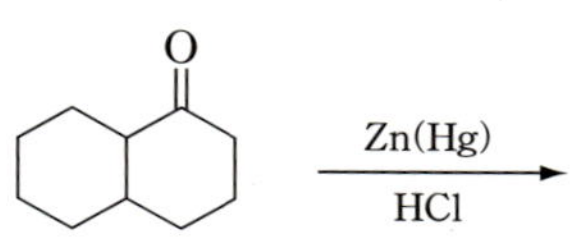

(i) 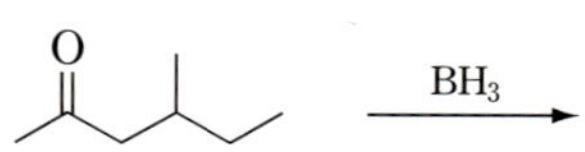

(j) 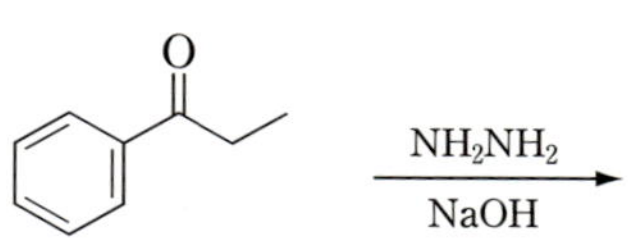

(k) 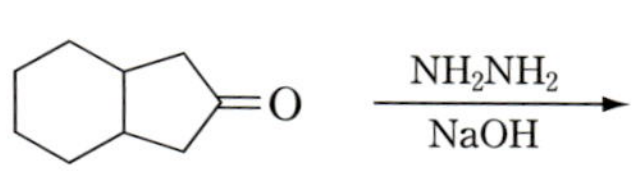

(l) 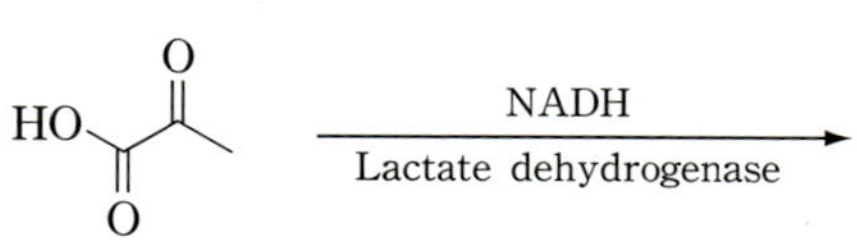

(m) 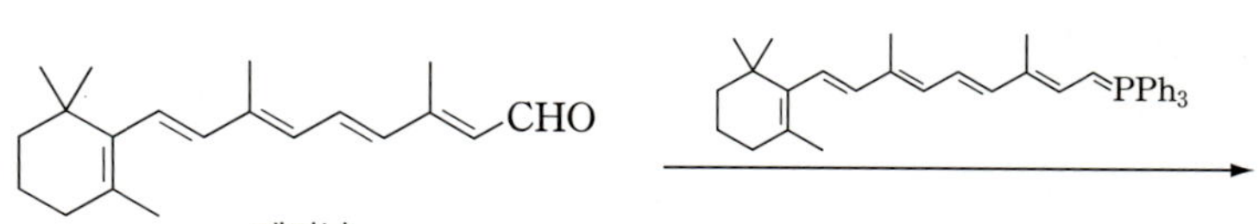

레티날

4. 아세톤은 큐민을 출발 물질로 하여 공업적으로 합성한다. 다음의 반응에서 두 번째 단계는 산-촉매 자리 옮김 반응을 핵심으로 하는 반응인데, 이 반응의 메커니즘을 제안하시오.

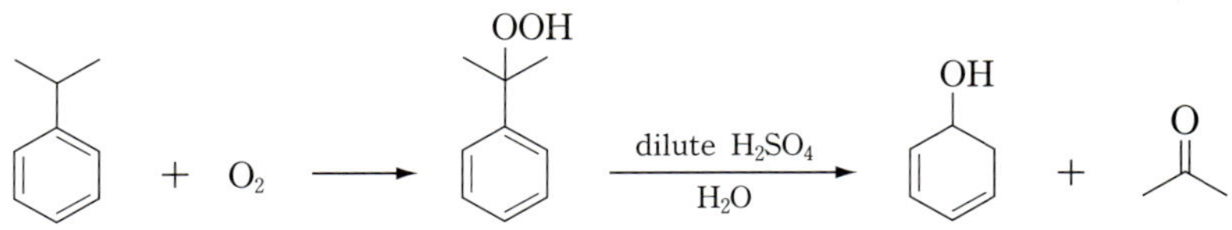

5. 아래 반응의 메커니즘을 그리시오.

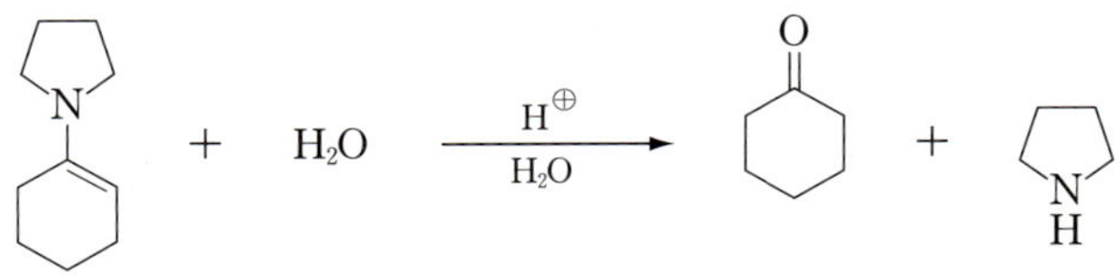

6. α-C−H 결합이 없는 알데하이드를 NaOH와 함께 가열하면 알코올과 카복실산이 1 : 1의 비율로 얻어지는데, 이것을 칸니자로(Cannizzaro) 반응이라고 한다. 이 반응의 메커니즘을 그리시오.

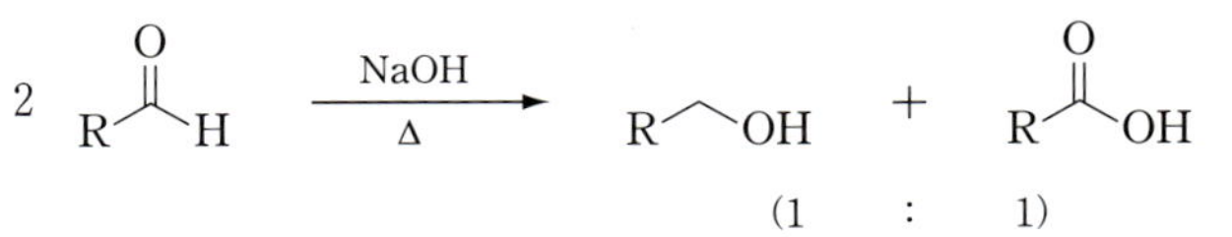

7. 유기 금속 시약 및 수소 음이온의 카보닐 첨가 반응을 이용하여 3-메틸뷰탄-2-올의 합성법을 세 가지 제시하시오.

8. 3-에틸펜트-2-엔(3-ethylpent-2-ene)을 Wittig 반응으로 합성하려고 한다. 합성 과정을 기술하시오.

9. 5-브로모펜탄-2-온에서 7-브로모헵탄-2-온을 합성하는 경로를 제시하시오.

10. 4-하이드록시사이클로헥세인카브알데하이드(4-hydroxycyclohexanecarbaldehyde)에서 4-하이드록시사이클로헥실 메틸 케톤(4-hydroxycyclohexyl methyl ketone)을 합성하는 경로를 제시하시오.

11. 아래의 두 화합물에 대하여 적외선 스펙트럼이 각각 제공되었다. 적외선 스펙트럼의 특징적인 피크를 파악하고 설명하시오.

(a) 3-메틸뷰탄-2-온(3-methylbutan-2-one)

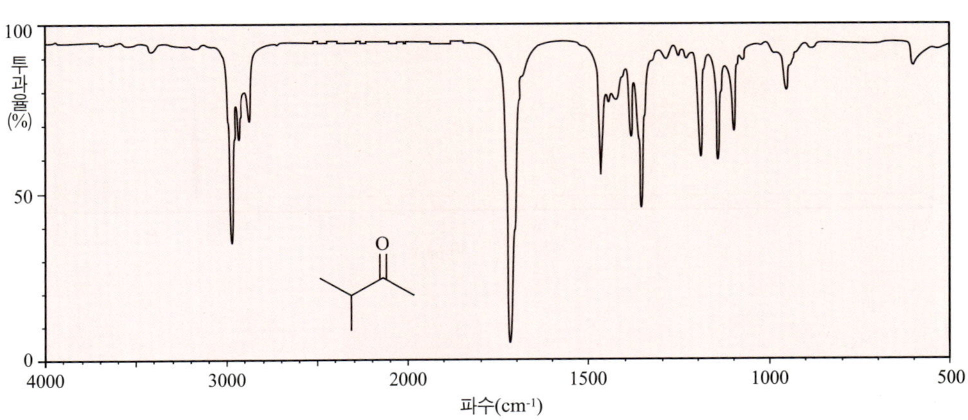

(b) 옥탄-3-온(octan-3-one)

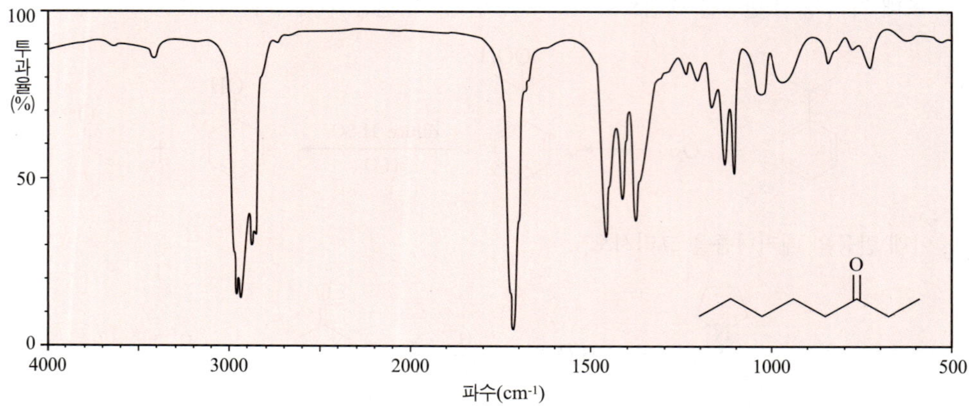

12. 아래의 두 화합물에 대하여 ^{1}H NMR 스펙트럼이 각각 제공되었다. 각 스펙트럼의 특징적인 피크를 파악하고 설명하시오.

(a) 3-메틸뷰탄-2-온(3-methylbutan-2-one)

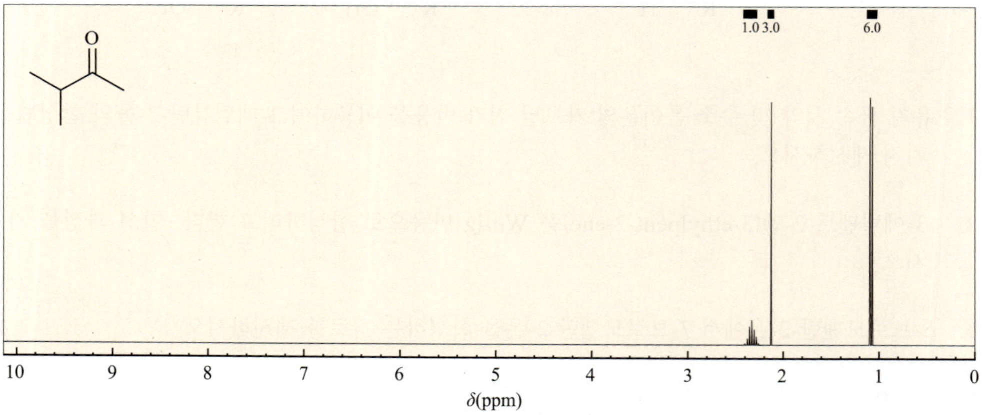

(b) 옥탄-3-온(octan-3-one)

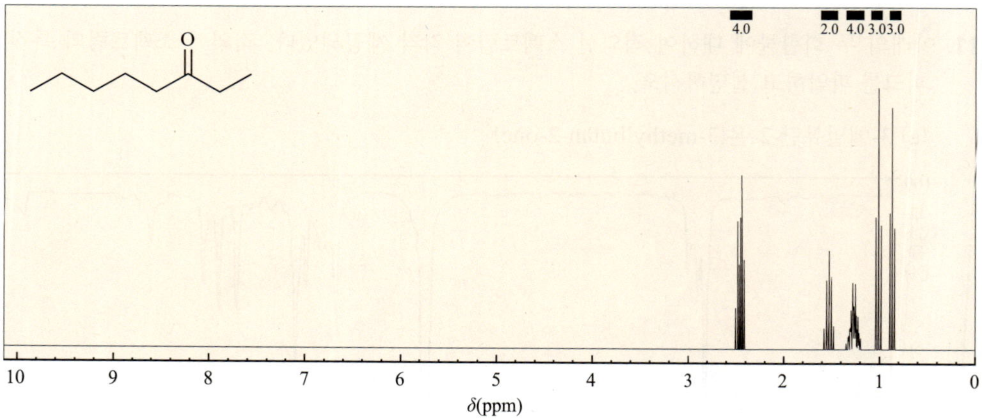

13. 아래의 두 화합물에 대하여 ^{13}C NMR 스펙트럼이 각각 제공되었다. 각 스펙트럼의 특징적인 피크를 파악하고 설명하시오.

(a) 3-메틸뷰탄-2-온(3-methylbutan-2-one)

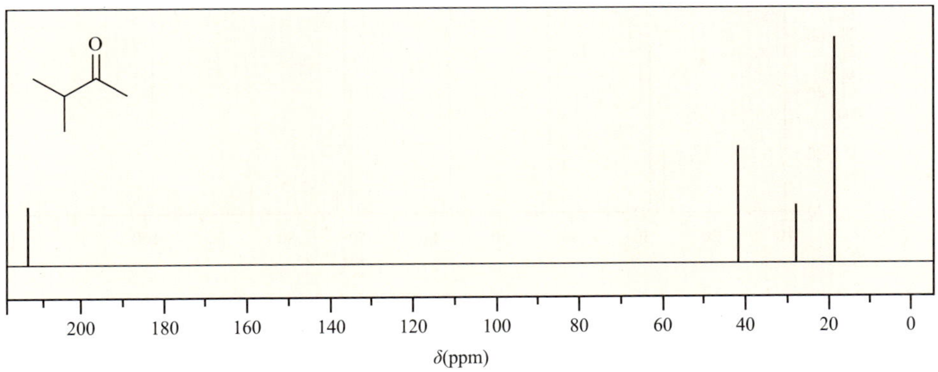

(b) 옥탄-3-온(octan-3-one)

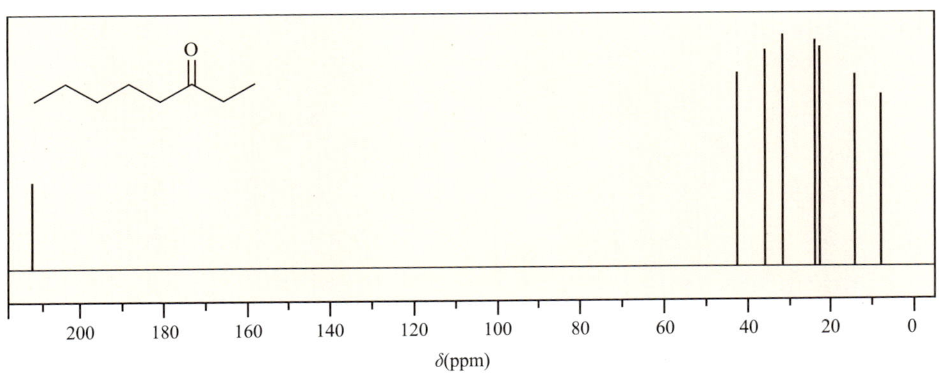

14. 아래의 두 화합물에 대하여 질량 스펙트럼이 각각 제공되었다. 각 스펙트럼의 특징적인 피크를 파악하고 설명하시오.

(a) 3-메틸뷰탄-2-온(3-methylbutan-2-one)

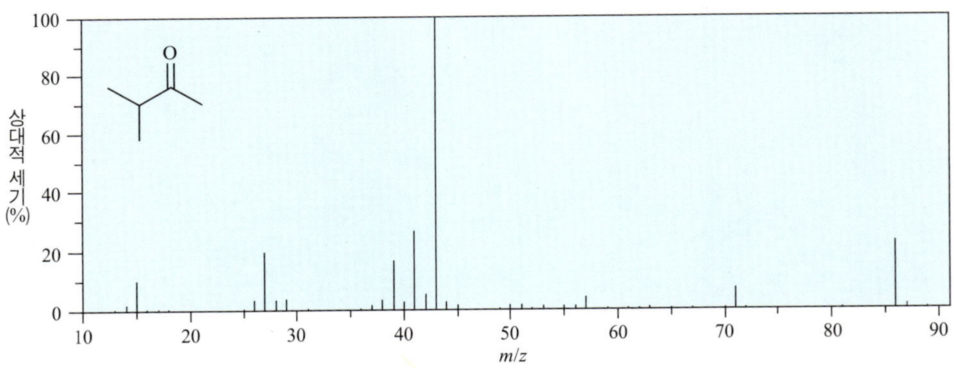

(b) 옥탄-3-온(octan-3-one)

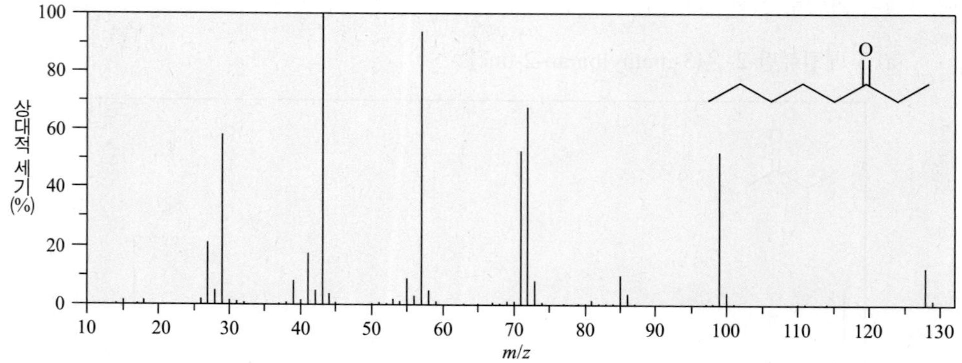

17장

카복실산

17.1 서론

16장에서는 카보닐 작용기 중에서 알데하이드 및 케톤에 대하여 살펴보았고, 이어지는 17장에서는 카복실산에 대하여 기술하기로 한다. 항상 그렇듯이 카복실산의 구조, 물리적 성질, 화학적 성질 등을 정확하게 이해하면 18장의 카복실산 유도체를 공부하는 데 있어서 큰 도움이 될 것이다.

17.2 구조

카보닐(C=O) 작용기의 탄소 원자에 한 개의 알킬(아릴, 수소)기와 OH가 있는 작용기를 **카복실산(carboxylic acid, carbonyl+hydroxy)**이라고 한다.

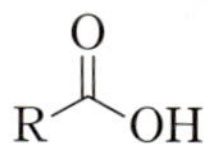

카복실산

폼산(formic acid, HCO_2H)의 구조에 대하여 생각해 보자.

혼성 오비탈 이론에 의하면 −OH 작용기의 수소 원자를 제외한 모든 원자 및 고립 전자쌍은 동일한 평면에 위치하고, C=O 이중 결합은 $\sigma(C_{sp^2}-O_{sp^2})$ 결합과 $\pi(C_p-O_p)$ 결합으로 구성되며, −OH의 산소는 sp^3 혼성 오비탈 형태를 갖는다. 원자 반경은 [탄소 > 산소]이므로 C=O 이중 결합 길이(1.20 Å)는 C=C 이중 결합 길이(1.34 Å)보다 짧다.

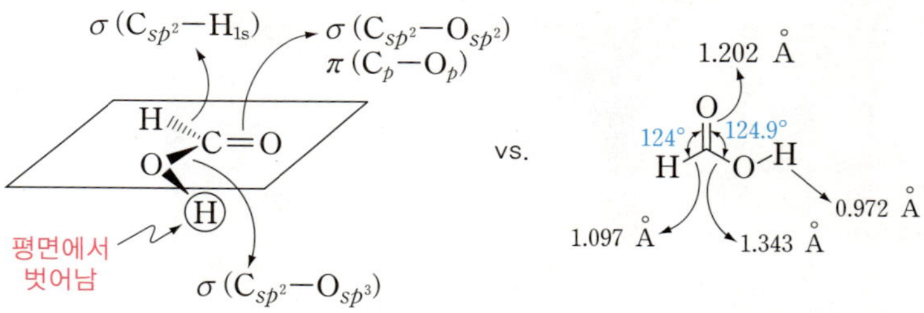

그림 17-1 폼산의 구조

분자 오비탈 이론을 사용하여 폼산의 π-전자 분포를 계산하면 −OH 산소의 *p* 오비탈 전자쌍이 카보닐 작용기의 π-결합과 상호 작용하여 비편재화됨을 알 수 있다. 이러한 비편재화는 −OH의 산소가 sp^2 혼성 오비탈을 갖는 경우에 최대가 되는데, 이것은 혼성 오비탈 이론에서의 결과와 다른 것이다.

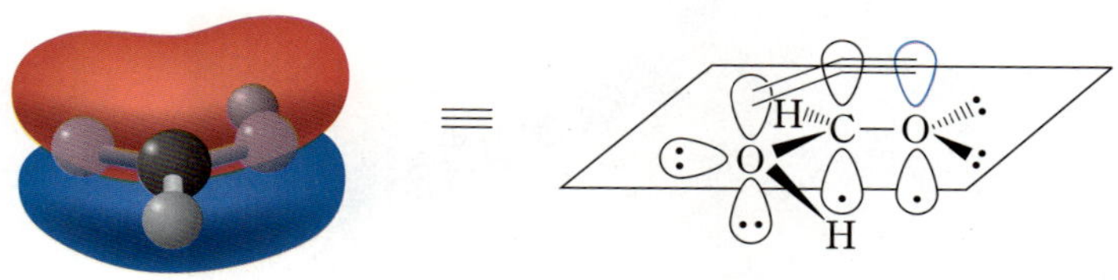

이러한 정보를 종합하면 폼산의 구조는 아래의 공명 구조로 표현할 수 있다. 즉, 공명 구조 **A**는 sp^3 혼성에 대응되는 구조로서 모든 원자가 팔전자계를 만족하고 형식 전하가 없으며, 공명 구조 **B**는 sp^2 혼성에 대응되는 구조로서 모든 원자가 팔전자계를 만족하지만 형식 전하가 존재한다. 실제 구조는 에너지가 더 낮은 공명 구조 **A**에 더 가까울 것으로 예상된다.

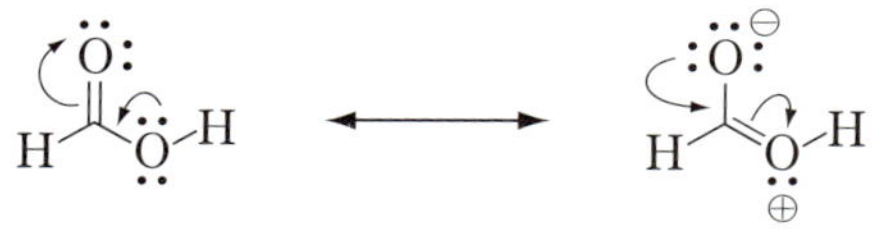

A B

폼산의 총 전자 밀도를 보면 전자가 카보닐 산소에 집중되고, −O−H 수소에서는 부족함을 알 수 있다. 이 때문에 폼산은 적당한 압력의 기체, 액체 및 고체상에서 분자간 수소 결합에 의한 이합체(dimer)를 쉽게 형성할 수 있는데, 기체 상태에서 이합체 형성 과정의 생성열은 −14 kcal/mol 정도이다.

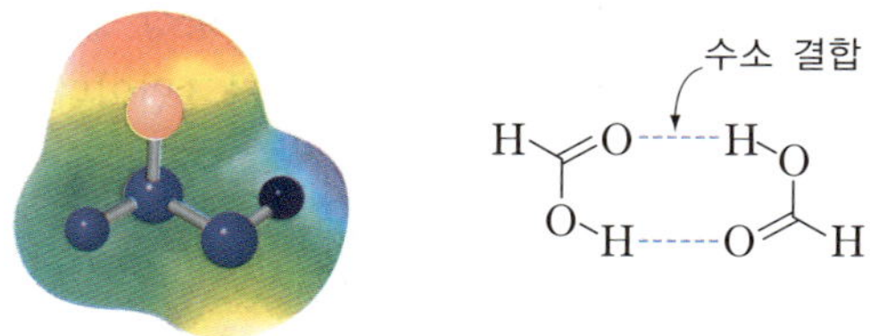

폼산에서 수소 원자가 메틸기로 치환된 화합물을 아세트산(acetic acid, AcOH)이라고 한다. 아세트산에서 혼성 오비탈의 종류, 결합 길이, 전자 분포, 이합체 생성 등의 특징들은 폼산과 유사하게 설명할 수 있다.

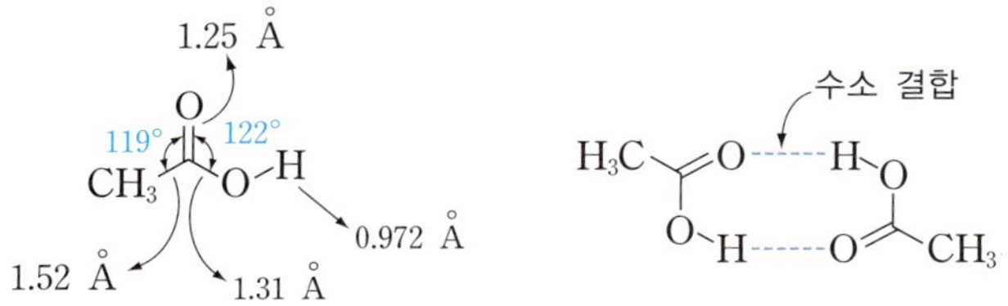

그림 17-2 아세트산의 구조 및 수소 결합

17.3 명명법

17.3.1 지방족 카복실산

카복실산 화합물은 $-CO_2H$ 작용기와 결합하는 탄소가 방향족 성질의 특성에 기여하면 **방향족 카복실산(aromatic carboxylic acid)**, 그렇지 않으면 **지방족 카복실산(aliphatic carboxylic acid)**이라고 한다.

지방족 카복실산 화합물의 IUPAC 치환체 명명법은 작용기의 종류와 무관하게 화합물 이름이 [접두사–기본명–접미사]의 형식을 갖는다. 접미사는 우선 순위가 가장 높은 작용기의 이름 및 위치, 기본명은 우선 순위가 가장 높은 작용기를 포함하는 가장 긴 탄소 사슬의 탄소 수, 접두사는 모체 사슬에 연결된 치환체의 종류 및 위치에 대한 정보를 제공한다.

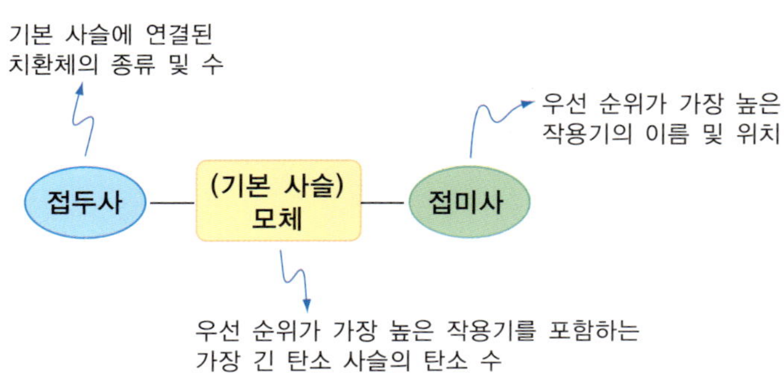

IUPAC 명명법에서 작용기 우선 순위: 카복실산 > 카복실산 유도체(산 무수물, 에스터, 카복실산, 할로젠화 아실, 아마이드) > 나이트릴 > 알데하이드 > 케톤 > 알코올 > 아민 > 에터 > (알켄, 알카인) > (알케인, 할로젠화 알킬)

카복실산의 우선 순위가 가장 높다는 전제 하에서 IUPAC의 치환체 명명법을 적용하여 카복실산의 이름을 명명하도록 하자.

(1) (접미사) 사슬형 카복실산은 알카노익산(alkanoic acid), 고리형 카복실산은 사이클로알케인카복실산(cycloalkanecarboxylic acid)이라고 부른다.

(2) (기본명) 모체 사슬을 찾는다.

① 카복실산 작용기의 우선 순위가 가장 높다고 가정하였으므로 카복실산 탄소를 포함하는 가장 긴 사슬이 모체 사슬이 된다.

(3) (접두사: 번호 부여) 모체 사슬을 구성하는 탄소 원자에 번호를 부여한다.

① 사슬형 카복실산 작용기는 사슬의 말단에 있으므로 항상 번호가 1번이다.

② 고리형 카복실산은 $-CO_2H$와 연결된 탄소 원자가 1번이다. 혹시 번호를 생략해도 그 의미가 동일한 경우에는 번호를 생략할 수 있다.

(4) (접두사: 이름) 치환체의 이름과 번호는 반드시 1:1로 대응한다.

(5) 화합물 이름은 '빈칸 없이' 한 단어로 작성한다.

기타 사항에 대해서는 알케인 명명법(3.3절)에서 기술한 내용을 동일하게 적용하면 되기 때문에 추가적인 설명은 생략한다.

탄소 수가 적은 카복실산의 경우에는 IUPAC 치환체 명명법에 의한 이름은 물론이고 관용명(파란색)도 많이 사용한다. 특히 알데하이드, 카복실산 및 카복실산 유도체들은 기본 사슬의 관용명을 공유하는 경우가 많기 때문에 특정 작용기의 관용명으로부터 다른 작용기의 관용명을 쉽게 추론할 수 있다.

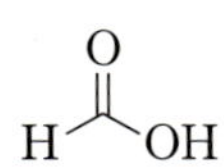

methanoic acid
formic acid

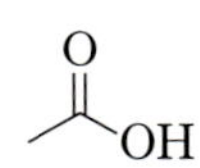

ethanoic acid
acetic acid

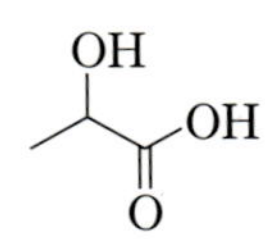

2-hydroxypropanoic acid
lactic acid

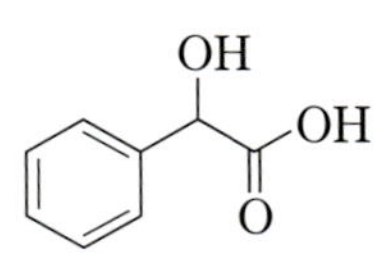

2-hydroxy-2-phenylethanoic acid
mandelic acid

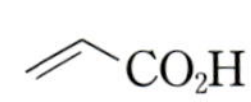

propenoic acid
acrylic acid

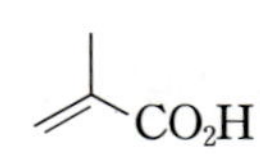

2-methylpropenoic acid
methacrylic acid

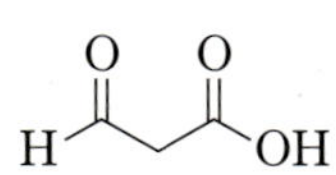

3-oxopropanoic acid

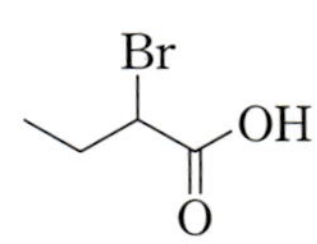

2-bromobutanoic acid

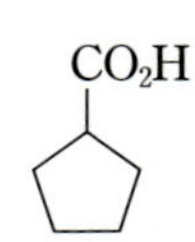

cyclopentanecarboxylic acid

지방족 다이카복실산($HO_2C-(CH_2)_n-CO_2H$) 중에서 탄소 수가 적은 화합물의 경우에도 관용명을 많이 사용한다.

"Oh, my such good apples" 에서 o, m, s, g, a는 각각 oxalic acid, malonic acid, succinic acid, glutaric acid, adipic acid를 말한다.

표 17-1 지방족 다이카복실산의 명명

n	총 탄소 수	$HO_2C-(CH_2)_n-CO_2H$	
		IUPAC 명명	관용명
0	2	ethanedioic acid	oxalic acid
1	3	propanedioic acid	malonic acid
2	4	butanedioic acid	succinic acid
3	5	pentanedioic acid	glutaric acid
4	6	hexanedioic acid	adipic acid

이 외에도 말레산(maleic acid) 및 퓨마르산(fumaric acid)은 글루코스 대사의 TCA 순환 과정에서 생성되는 대표적인 화합물로서 관용명을 많이 사용한다.

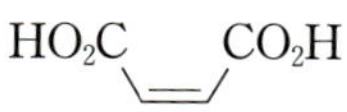

maleic acid

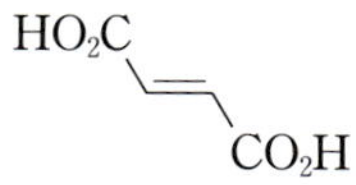

fumaric acid

예제 17.1

아래의 화합물을 명명하시오.

(a) 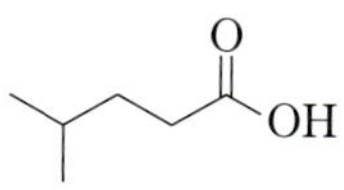

(b) 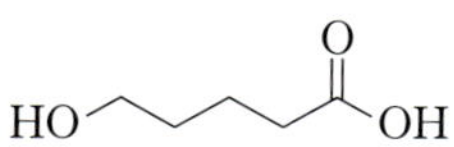

(c) 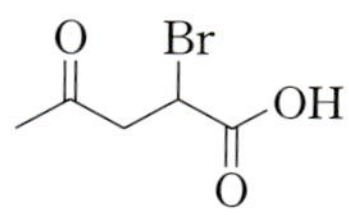

(d) 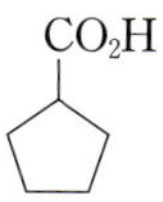

(e) 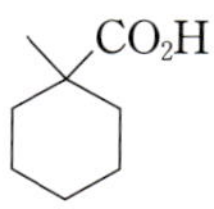

풀이

(a) 4-methylpentanoic acid
(b) 5-hydroxypentanoic acid
(c) 2-bromo-4-oxopentanoic acid
(d) cyclopentanecarboxylic acid
(e) 1-methylcyclohexanecarboxylic acid

17.3.2 방향족 카복실산

방향족 카복실산 화합물의 IUPAC 명명법은 벤조산(benzoic acid)을 기본으로 하고, 치환체 및 번호를 부여하는 방법은 기존의 방법(14.1절)과 동일하다. 이 경우에도 관용명(파란색)을 사용하는 경우가 많기 때문에 이러한 이름들을 추가로 알아야 한다.

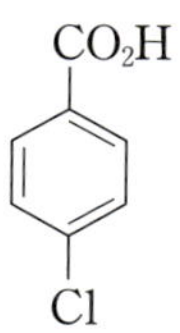

4-chlorobenzoic acid
p-chlorobenzoic acid

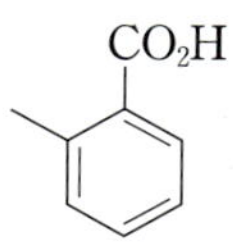

2-methylbenzoic acid
o-toluic acid

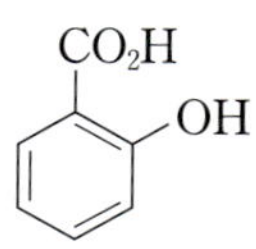

2-hydroxybenzoic acid
o-salicylic acid

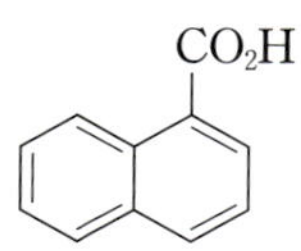

1-naphthalenecarboxylic acid
1-naphthoic acid

벤젠 고리에 두 개의 $-CO_2H$가 있는 화합물들의 관용명은 아래와 같다. 이들은 모두 공업적으로 중요한 출발 물질로 사용된다.

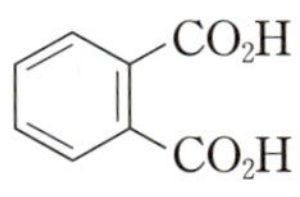
phthalic acid

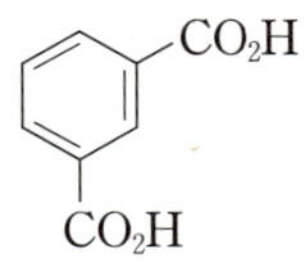
isophthalic acid

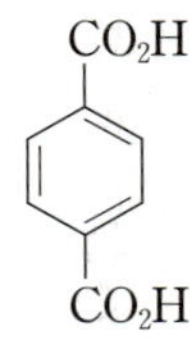
terephthalic acid

17.4 물리적 성질

분자간 인력은 [수소 결합 > 쌍극자–쌍극자 ≫ 쌍극자–유도 쌍극자 ≫ 분산력]의 순서이고(2.2절), 일반적으로 분자간 인력이 커지면 녹는점과 끓는점이 높아지는 경향을 보인다.

카복실산은 두 개의 수소 결합이 가능하므로 분자량이 비슷한 경우에 끓는점은 [카복실산(수소 결합) > 알코올(수소 결합) > 알데하이드 및 케톤(극성 분자) > 알켄 및 알케인]의 순서가 된다.

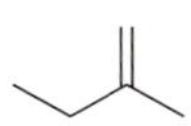
31°C

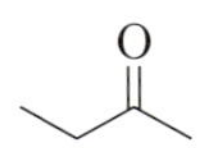
81°C

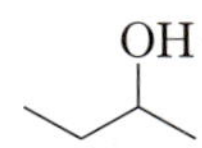
99°C

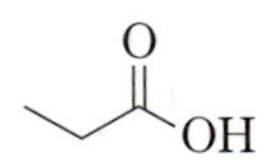
141°C

물에서의 용해도는 물과 용질 사이의 상호 작용에 의한 안정화가 클수록 증가한다. 물은 수소 결합 및 쌍극자–쌍극자 상호 작용이 가능하므로 카복실산의 물에 대한 용해도는 매우 클 것으로 예상되는데, 실제로 카복실산의 용해도는 분자량이 비슷한 알코올과 비견될 수 있는 수준이다. 일반적으로 C_1~C_4 카복실산은 물에 완전히 섞이고, C_5 카복실산은 조금 녹으며 C_6 이상은 거의 녹지 않는다.

17.5 산성도

17.5.1 카복실산 vs. 알코올

일반적으로 카복실산은 약산에 속한다. 식용으로 사용하는 아세트산은 $pK_a(AcOH) \approx 4.74$인 약산으로서 0.1 M 수용액에서 1.3% 이온화한다. 반면에 에탄올은 $pK_a(EtOH) \approx 16$으로 수용액에서 거의 이온화하지 않는다.

$$\mathrm{H_3C{-}\overset{\overset{\displaystyle O}{\|}}{C}{-}OH} + \mathrm{H_2O} \rightleftharpoons \underset{\text{카복실 음이온}}{\mathrm{H_3C{-}\overset{\overset{\displaystyle O}{\|}}{C}{-}O^{\ominus}}} + \mathrm{H_3O^{\oplus}} : K_a = \frac{[\mathrm{AcO^{\ominus}}][\mathrm{H^{\oplus}}]}{[\mathrm{AcOH}]} = 1.8 \times 10^{-5}$$

✓ $pK_a = 4.74$(약산)
✓ $\Delta G = +6.5$ kcal/mol(상온)

카복실산($R-CO-OH$)은 알코올($R-CH_2-OH$)의 CH_2가 카보닐($C=O$) 작용기로 치환된 화합물로서, 이러한 변화가 화합물의 산성도에 어떠한 영향을 미치는가를 유발 효과 및 공명 효과를 중심으로 알아보자.

우선 유발 효과의 관점에서 살펴보자. 알코올 및 카복실산에서 양성자가 방출되면 공통적으로 산소 음이온(O^-)이 생성된다. 이때 알코올에서는 이 과량의 전자가 산소 원자에 집중되지만, 카복실 음이온에서는 강한 전자 끄는 기(EWG, 15.2.2절)로 작용하는 카보닐(C=O) 작용기에 의하여 과량의 전자가 다른 곳으로 분산될 수 있다. 이것은 카복실 음이온에서 전자 간의 반발력을 감소시키고, 그 결과 열역학적 안정성이 증가하면서 카복실산의 산성도가 커지는 결과를 가져온다.

이번에는 공명 효과를 이용하여 설명해 보자. 알코올 음이온에서는 공명 구조가 불가능하여 과량의 전하가 모두 산소에 집중된다. 반면에 카복실산 음이온에서는 두 개의 공명 구조를 그릴 수 있고, 각각의 공명 구조는 에너지가 같으므로 실제 구조에의 기여도는 동일하다. 이것은 음이온이 두 개의 산소에 고르게 분배됨을 의미하는데, 전자가 분산되면 전자 사이의 반발력이 감소하므로 카복실 음이온의 열역학적 안정성이 증가하면서 카복실산의 산성도가 커지게 된다.

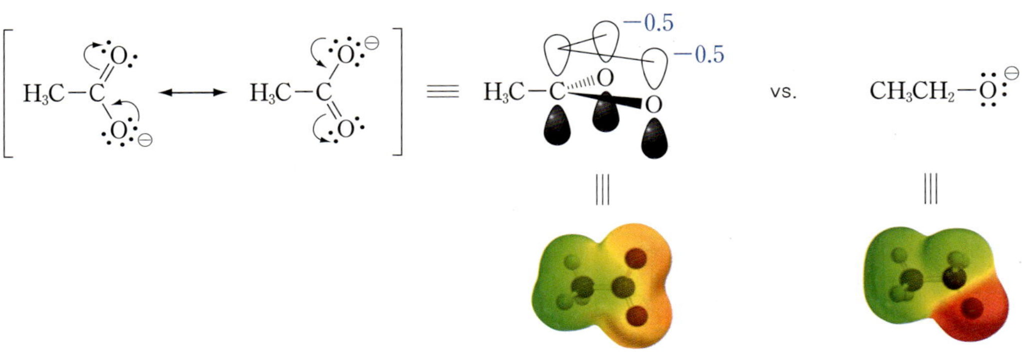

실험에 의하면 아세트산에서 C=O 및 C−OH 결합 길이는 1.20 Å 및 1.31 Å으로서 서로 다르지만, 양성자를 방출하였을 때 생성되는 아세트산 음이온에서는 C−O 결합 길이가 모두 1.26 Å으로 C−O 단일 결합 길이(1.34 Å)와 C=O 이중 결합 길이(1.20 Å)의 중간에 있다. 이것은 공명 구조로부터 추론할 수 있는 결과와 일치한다.

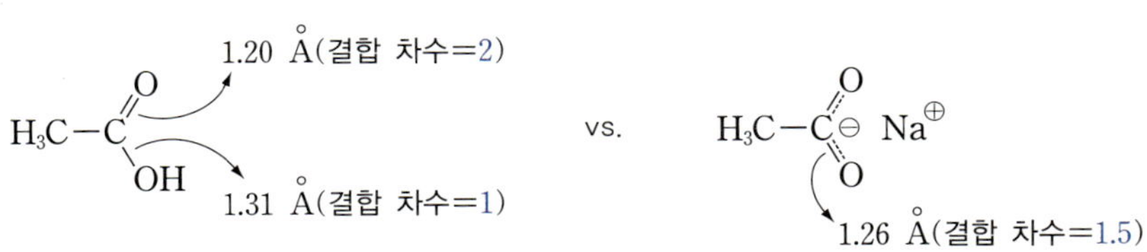

17.5.2 지방족 카복실산

지방족 카복실산에서 치환체가 산성도에 미치는 영향을 유발 효과의 관점에서 생각해 보자.

지방족 카복실산의 경우에 EWG(전자 끄는 기)가 있으면 양성자를 잃었을 때 생성되는 음이온의 전자를 끌어당겨서 전자 간의 반발력을 감소시키고, 그 결과 음이온의 열역학적 안정성이 커지면서 산성도가 증가한다. 반면에, EDG(전자 주는 기)가 있으면 양성자를 잃었을 때 생성되는 음이온에 전자를 제공하기 때문에 전자 간의 반발력이 증가하고, 그 결과 음이온의 열역학적학적 안정성이 감소하면서 산성도가 감소한다.

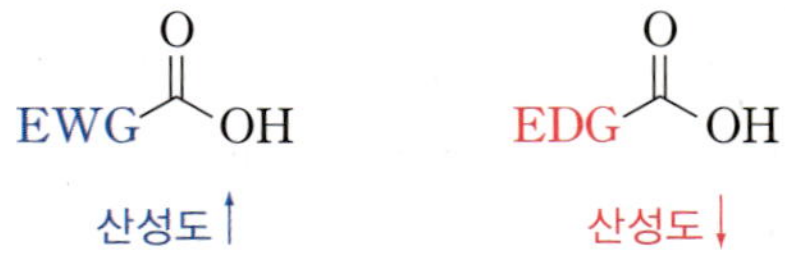

알킬기는 약한 EDG이므로 수소 대신에 알킬기가 치환되거나 알킬 치환체의 수가 늘어나면 점진적으로 카복실산의 산성도는 감소한다.

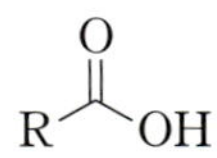

R	pK_a
H	3.7
Me	4.7
Et	4.9
t-Bu	5.1

α-탄소의 R 치환체가 F → Cl → Br → I로 변할 때 치환체의 EWG 능력이 점진적으로 감소하기 때문에 산성도는 감소하고(예외: Cl vs. Br), CN 및 NO_2 치환체는 강한 EWG이므로 R = H와 비교하여 산성도가 증가함을 예상할 수 있다.

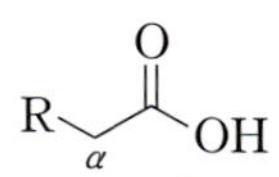

R	pK_a	R	pK_a
H	4.7	H	4.7
F	2.6	CN	2.5
Cl	2.9	NO_2	1.7
Br	2.7		
I	3.2		

또한 [CH_2Cl → $CHCl_2$ → CCl_3]처럼 α-탄소에 EWG 능력을 갖는 치환체의 수가 증가하면 전체적으로 EWG 능력이 증가하므로 산성도가 증가함을 예상할 수 있다.

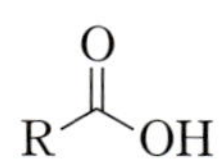

R	pK_a
H	4.7
$ClCH_2$	2.9
Cl_2CH	1.3
Cl_3C	1.0

유발 효과는 σ-결합을 통해서 전달되기 때문에 EWG 치환체가 카복실산에서 멀어지면 그 효과는 급속하게 감소한다.

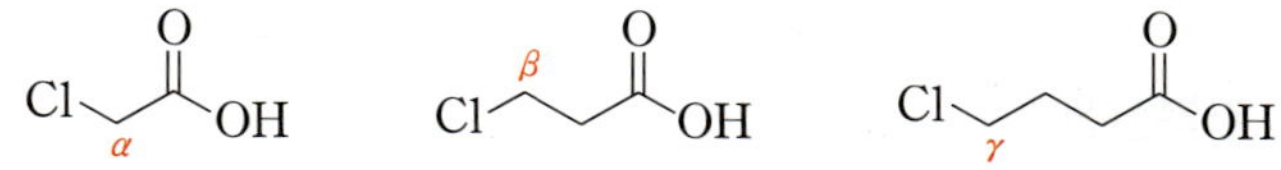

pK_a 2.9 4.1 4.5

α-탄소의 혼성 오비탈이 [sp^3 → sp^2 → sp]가 되면 마치 α-탄소 치환체의 전기 음성도가 점진적으로 증가하는 결과(4.4절)를 가져오므로 유발 효과에 의하여 산성도는 증가한다.

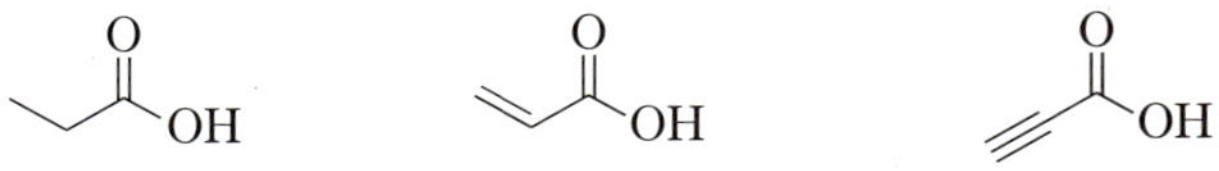

4.7(sp^3) 4.4(sp^2) 3.3(sp)

지방족 다이카복실산($HO_2C-(CH_2)_n-CO_2H$)에서 n 값이 크면 서로 무관한 독립적인 카복실산이 두 개 있는 것처럼 생각할 수 있다. 그러나 n 값이 작으면 산성도가 크게 증가하는 현상이 관찰된다.

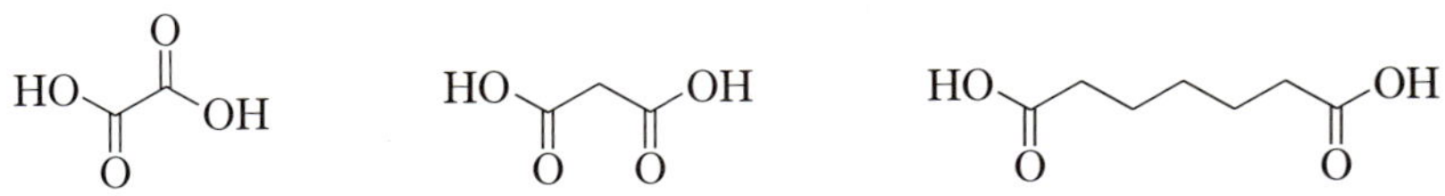

$pK_{a1}=1.2$, $pK_{a2}=4.3$ $pK_{a1}=2.8$ $pK_{a1}=4.3$

탄산(H_2CO_3)은 $pK_{a1}=6.4$인 약산으로서, 물에 용해된 CO_2는 대부분 CO_2 분자로 존재하고 단지 0.3% 정도만이 물과 반응하여 탄산이 된다. 일반적으로 생명체는 산소를 이용한 산화 반응에서 발생하는 에너지를 이용하여 생명 활동을 유지하고, 이 과정에서 발생하는 CO_2를 신속하게 체외로 배출한다. 촉매가 없는 경우에 CO_2와 물이 반응하여 탄산이 되는 속도는 매우 느리지만, 생명체에는 이 반응을 촉진하는 탄산 탈수 효소(carbonic anhydrase)가 있어서 효과적으로 [CO_2(g, 세포) → H_2CO_3(aq, 세포) → H_2CO_3(aq, 허파) → CO_2(g, 허파) → CO_2(g, 대기)]이 가능하다.

탄산 탈수 효소는 한 분자가 1초당 3.6×10^7개의 CO_2 분자를 물과 반응시킬 수 있다.

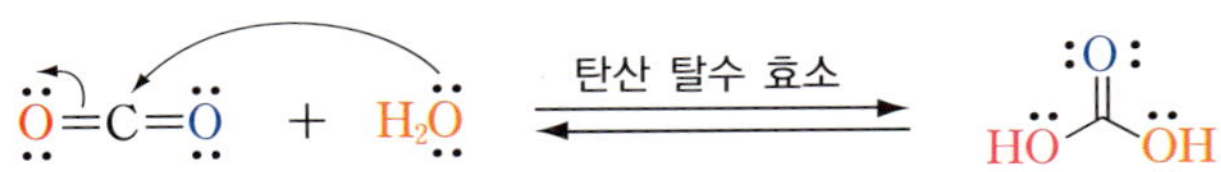

$pK_{a1}=6.4$
$pK_{a2}=10.2$

17.5.3 방향족 카복실산

방향족 카복실산에서 치환체가 산성도에 미치는 영향을 유발 효과의 관점에서 생각해 보자.

벤젠 고리에 활성화 치환체가 있어서 벤젠의 전자 밀도가 증가하면 양성자를 잃었을 때 생성되는 음이온의 전자를 끌어당기기가 힘들므로 음이온의 열역학적 안정성이 감소하면서 산성도가 작아진다. 그러나 벤젠 고리에 비활성화 치환체가 있어서 벤젠의 전자 밀도가 감소하면 양성자를 잃었을 때 생성되는 음이온의 전자를 끌어당김으로써 음이온의 열역학적 안정성이 증가하면서 산성도가 커진다.

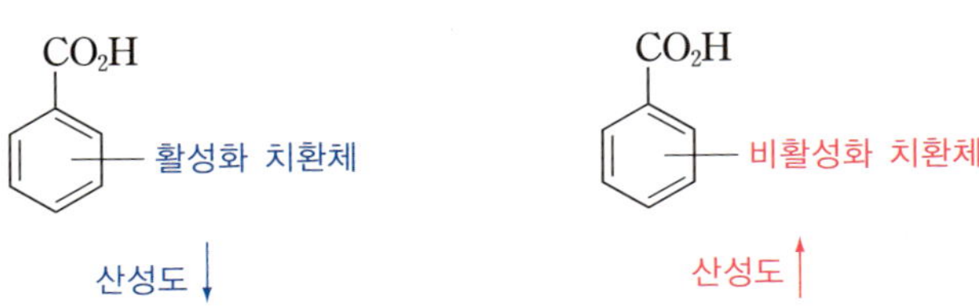

유발 효과는 σ-결합을 통해서 전달되므로 치환체 효과는 [C_2(오쏘) > C_3(메타) > C_4(파라)]의 순서로 감소하고, 동일한 조건에서는 전자를 더 강하게 잡아당기는 EWG의 효과가 더 크다.

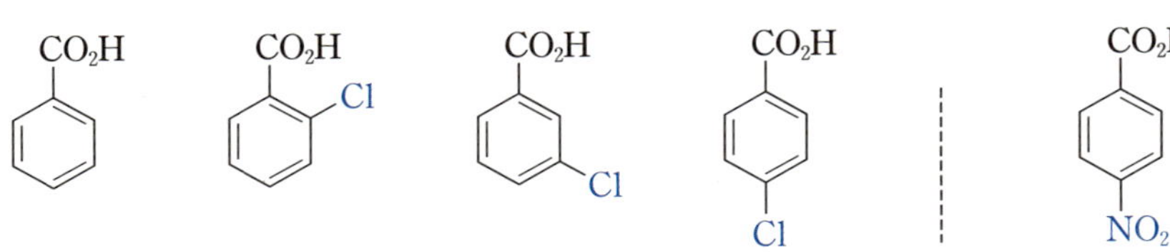

pK_a 4.2 2.9 3.8 4.0 3.4

C_4 위치의 치환체에 따른 벤조산의 산성도를 보면 활성화 및 비활성화 치환체의 경우에 예상한 경향성에 따라서 산성도가 변하는 것을 알 수 있다.

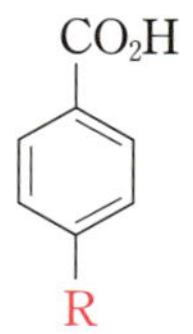

R	pK_a
OH	4.5
Me	4.3
H	4.2
Cl	4.0
CHO	3.8
CF_3	3.6
NO_2	3.4

17.6 카복실산 염

17.6.1 산–염기 중화 반응

카복실산은 강염기인 NaOH와 반응하여 **카복실산 염(carboxylate salt)**을 생성한다. 이 반응의 평형 상수는 정반응 및 역반응에서 산으로 작용하는 두 화학종의 pK_a 값으로부터 $K \approx 10^{11}$ (2.1.4절)임을 계산할 수 있는데, 이것은 산–염기 반응이 거의 완결됨을 의미한다.

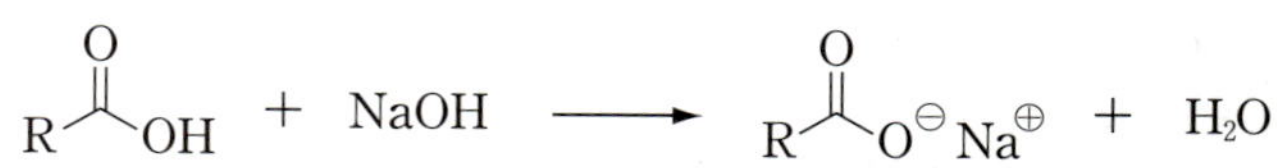

카복실산 염

$$K = \frac{[RCO_2^{\ominus}][H_2O]}{[RCO_2H][HO^{\ominus}]} = \frac{[RCO_2^{\ominus}][H^{\oplus}]}{[RCO_2H]} \cdot \frac{[H_2O]}{[H^{\oplus}][HO^{\ominus}]} = \frac{K_a(RCO_2H)}{K_a(H_2O)} = \frac{10^{-4.8}}{10^{-16}}$$

$$\approx 10^{11}$$

카복실산 염은 카복실 음이온과 양이온이 함께 있는 이온성 물질로서, 중성의 카복실산보다 친수성(hydrophilic)이 훨씬 크기 때문에 물에서의 용해도가 크게 증가하는 특징이 있다.

화합물	물에서의 용해도(g/100 mL)
$C_{11}H_{23}CO_2H$	0.0055
$C_{11}H_{23}CO_2^{\ominus}Na^{\oplus}$	1.2(이온성 화합물)

17.6.2 명명법

카복실산 염의 명명은 기본적으로 카복실산의 이름에서 유래한다. IUPAC 규칙에 따르면 [cation+alkanoate], 한글로는 [카복실산+양이온]이라고 부른다.

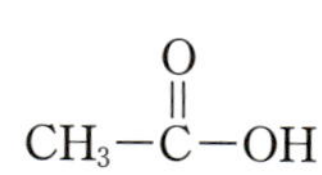

acetic acid
(아세트산)

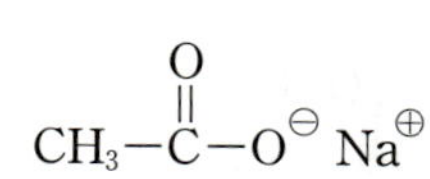

sodium acetate
(아세트산 소듐)

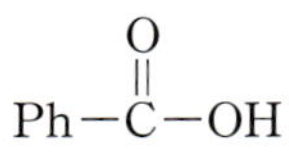

benzoic acid
(벤조산)

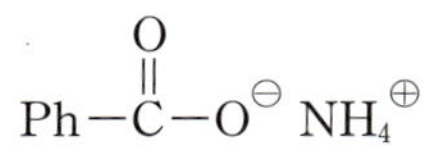

ammonium benzoate
(벤조산 암모늄)

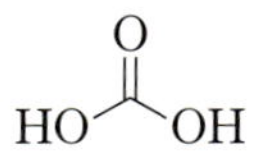

carbonic acid
(탄산)

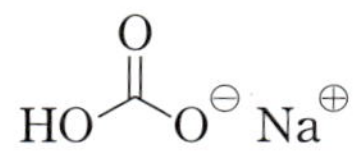

sodium hydrogencarbonate
Sodium bicarbonate
(탄산수소 소듐)

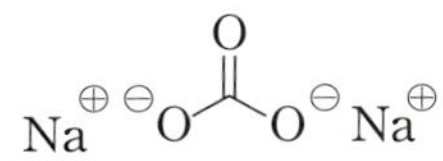

sodium carbonate
(탄산 소듐)

예제 17.2

아래의 화합물을 명명하시오.

(a) 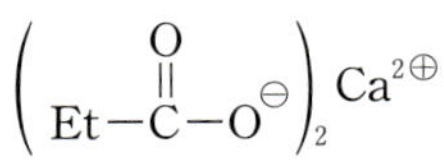

(b) 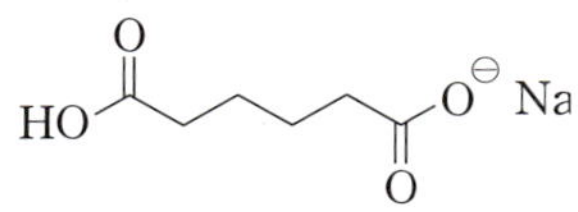

풀이

(a) calcium propanoate
(b) sodium hydrogenhexanedioate

17.6.3 세제

동물성 및 식물성 **지방(glyceride)**을 KOH/NaOH 등의 강염기 조건에서 가수 분해하면 세 종류의 **지방산 염(fatty acid salt)**과 글리세롤(glycerol)이 얻어진다.

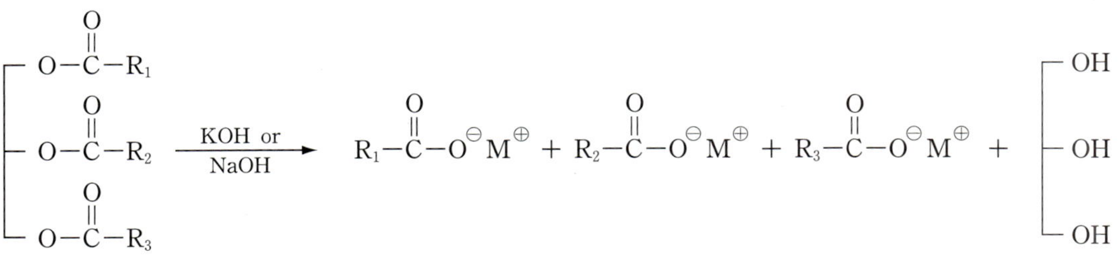

지방 지방산 염 글리세롤

지방산 염은 아래와 같이 **친수성(hydrophilic)** 및 **친지질성(lipophilic)** 성질을 동시에 갖는 **양쪽성(amphiphilic)** 분자이다. 수용액에서 이러한 양쪽성 분자들은 특정 농도 이상에서 50~100개의 분자들이 구형의 콜로이드 분산체를 형성하는데, 이것을 **마이셀(micelle)**이라고 한다. 마이셀 형성에 필요한 최소한의 농도를 **임계 마이셀 농도(critical micelle concentration**, c.m.c)라 하고, 이 값은 양쪽성 분자의 구조에 따라서 다를 수 있는데, 지방산 염의 경우에 c.m.c.는 10^{-4}~10^{-3} M 정도이다. 마이셀이 더 큰 집합체로 성장하지 못하는 이유는 표면에 존재하는 음전하 때문에 마이셀 간에 정전기적 반발력이 크기 때문이다.

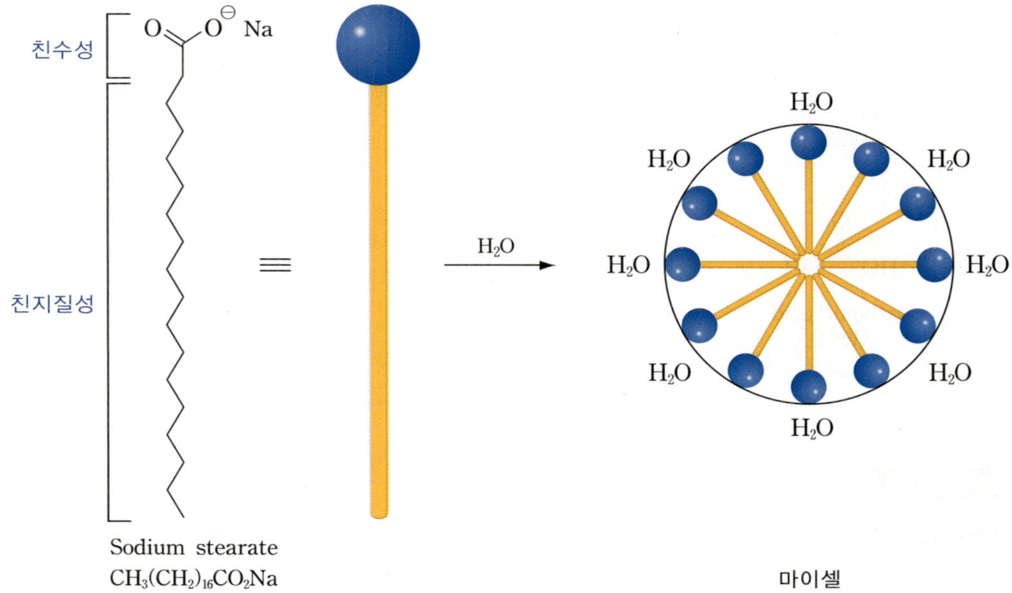

그림 17-3 마이셀 생성 원리

이러한 마이셀의 생성 원리는 세제의 세척 원리를 설명하는 데 널리 사용되고 있다.

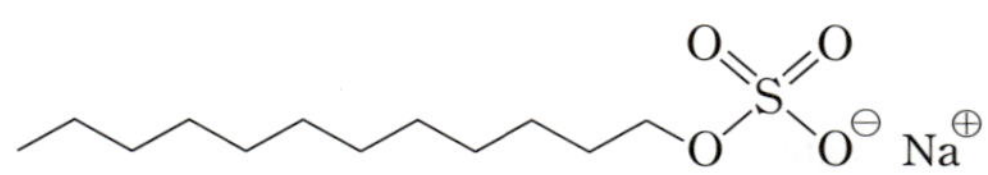

Sodium lauryl sulfate
(Sodium dodesyl sulfate, SDS)

17.7 합성법

17.7.1 공업적 합성법

지방족 및 방향족 카복실산의 공업적 합성법은 알데하이드 및 케톤에서와 같이 촉매를 사용하는 최적화된 반응 조건을 사용한다.

메탄올 및 CO 혼합물을 코발트(Co) 또는 로듐(Rh) 촉매 하에서 가열하거나, 아세트알데하이드 및 산소 혼합물을 $Co(OAc)_2$ 촉매 하에서 가열하면 아세트산을 얻을 수 있다.

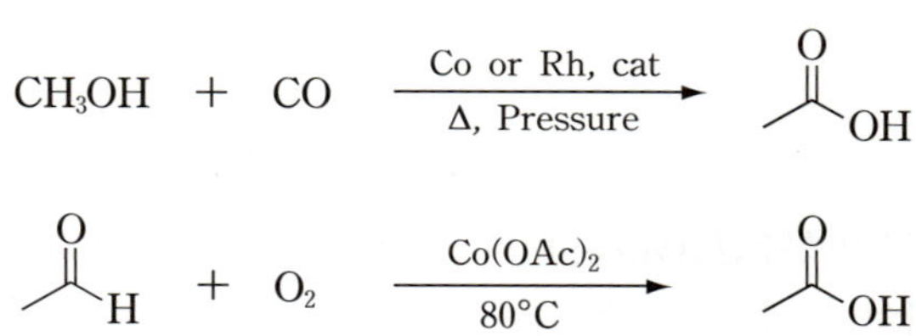

오쏘 또는 파라-자일렌 및 산소 혼합물을 Co(Ⅱ) 촉매 하에서 반응시키면 각각 프탈산 및 테레프탈산이 생성된다.

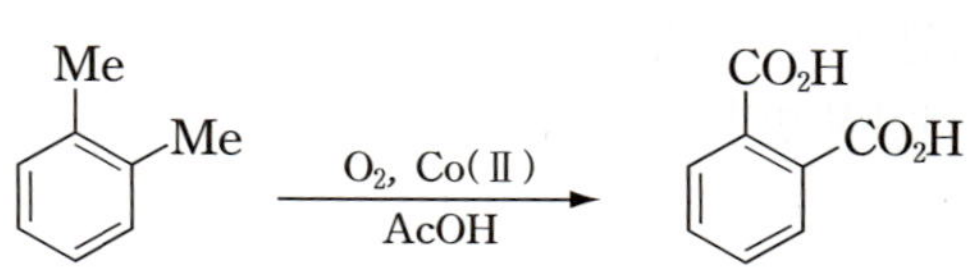

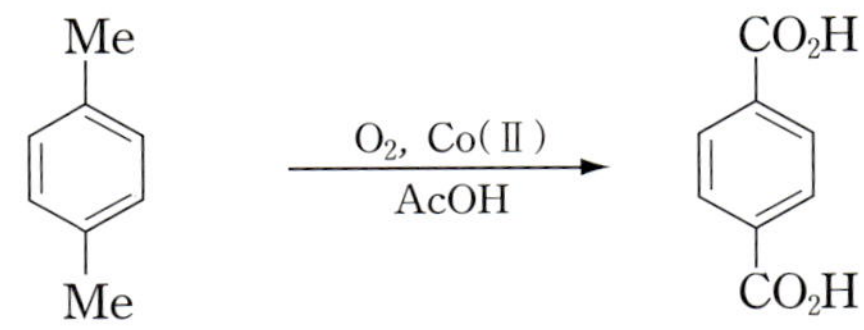

17.7.2 실험실 합성법

지금까지 본 교재에서 카복실산을 합성하기 위해서 기술한 방법을 나열하면 아래와 같다.

카복실산을 합성하는 가장 간단한 방법은 산화 반응을 이용하는 것이다. 우선 1차 알코올(8.9.1절) 및 알데하이드(16.13.1절)의 산화 반응을 통하여 카복실산을 얻을 수 있다.

1차 알코올 산화 반응:

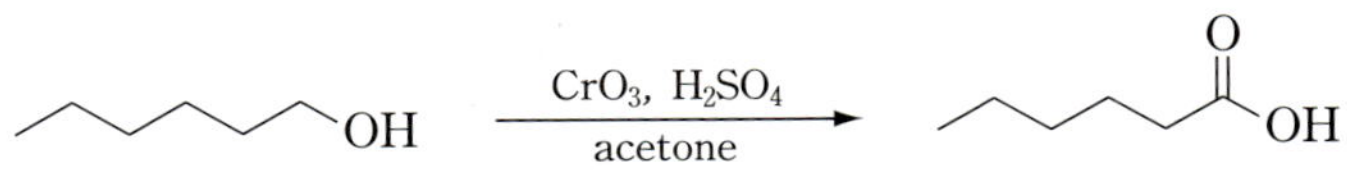

알데하이드 산화 반응:

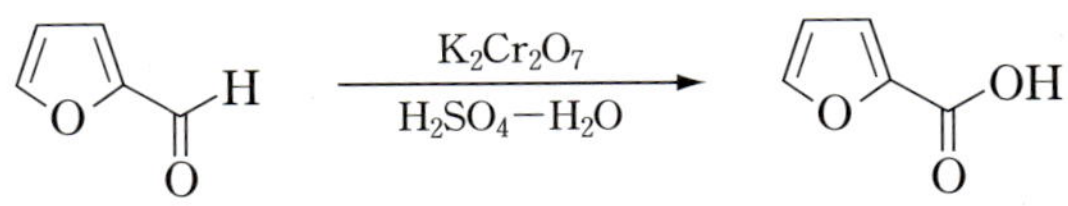

알데하이드 산화 반응: (은거울 반응)

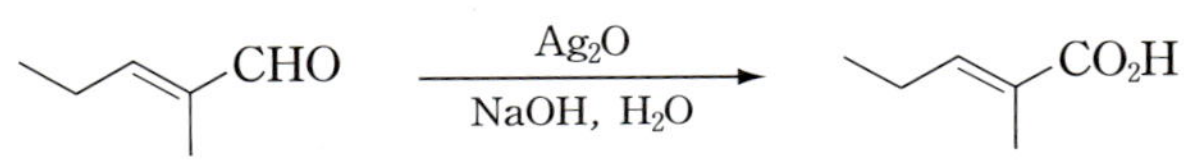

알데하이드 산화 반응: (과산화산)

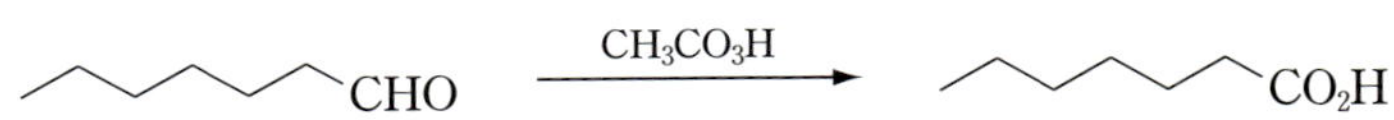

이 외에도 알켄의 다이하이드록시화 반응/1,2-다이올 분해 반응(4.10.1~4.10.2절) 및 가오존 분해 반응(4.10.3절), 방향족 알킬 사슬의 산화 반응(15.8.3절)을 통해서 카복실산을 얻을 수 있다.

알켄 산화 반응:

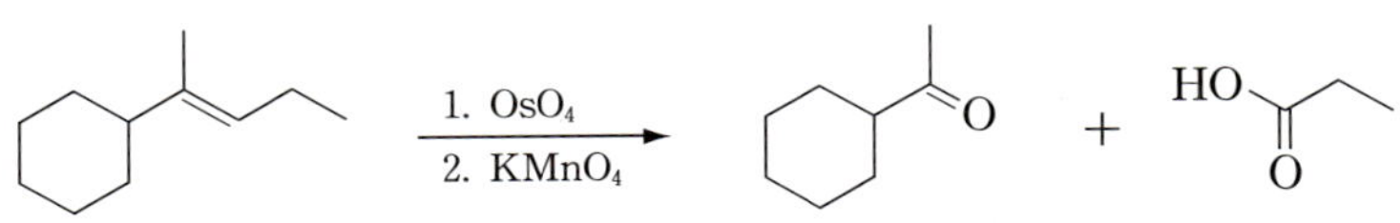

알켄 가오존 분해 반응:

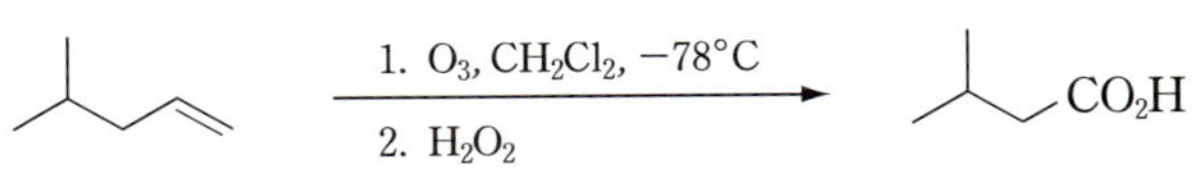

방향족 알킬 사슬의 산화 반응:

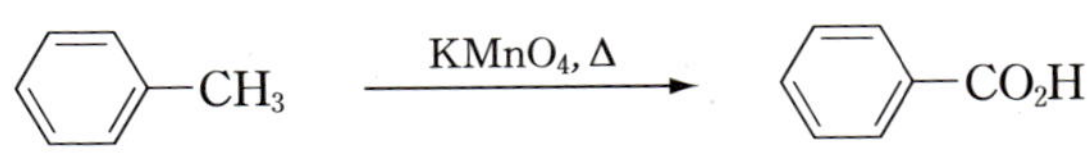

17.7.3 유기 금속 시약의 CO_2 첨가 반응

유기 금속 시약(RLi, RMgX)이 알데하이드 및 케톤 카보닐 작용기에 1,2-첨가 반응(16.12.2

절)을 하는 것처럼, 유기 금속 시약(RLi, RMgX)은 CO_2에도 첨가 반응을 하여 카복실산을 생성한다.

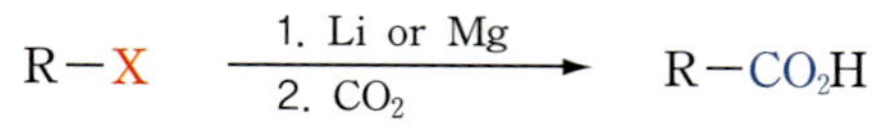

위 반응을 이해하려면 다음의 두 가지 내용을 알아야 한다. 첫 번째, CO_2는 한 개의 탄소 원자에 두 개의 카보닐 작용기가 존재하기 때문에 전자의 결핍 정도가 알데하이드 및 케톤보다 훨씬 크고, 그 결과 친핵체와의 반응성이 매우 클 것이다(16.7.1절). 두 번째, 유기 금속 시약은 강한 친핵체이므로 [친핵체 반응 후 친전자체 반응](16.7.2절 및 16.12.2절)의 경로를 따를 것이다. 이러한 정보를 종합하면 아래와 같은 메커니즘을 제시할 수 있다.

메커니즘 17-1 유기 금속 시약의 CO_2 첨가 반응 메커니즘

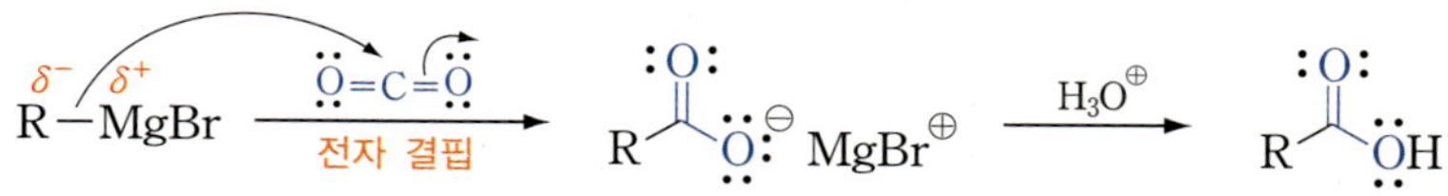

유기 금속 시약의 CO_2 첨가 반응의 예는 아래와 같다.

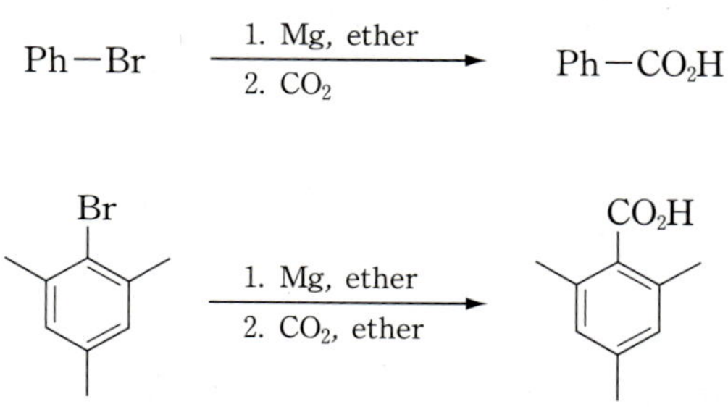

그림 17-4 유기 금속 시약의 CO_2 첨가 반응의 예

유기 합성의 관점에서 유기 리튬 및 유기 마그네슘 시약은 할로젠화 알킬(또는 아릴)에서 합성할 수 있다. 따라서 위 반응은 할로젠화 알킬(또는 아릴)에서 탄소 수가 한 개 늘어난 카복실산을 합성하는 데 유용하게 사용될 수 있다. 다시 한번 강조하면 유기 금속 시약은 일반적으로 강한 친핵체이면서 강한 염기이므로 −OH, −NH, −SH 등의 산성 작용기가 있으면 산−염기 반응이 우선적으로 진행됨을 항상 유의해야 한다.

17.8 반응

17.8.1 환원 반응

카복실산은 환원하기가 상대적으로 어려운 작용기이다. 그러나 LAH와 같이 환원성이 매우 큰 친핵성 수소 음이온 시약 또는 BH_3 같은 친전자성 시약을 사용하면 알데하이드 중간체를 경유하여 1차 알코올을 얻을 수 있다(16.14.1절). 다른 친핵성 수소 음이온 시약인 $NaBH_4$는 반응성이 낮아서 카복실산과 반응하지 않는다.

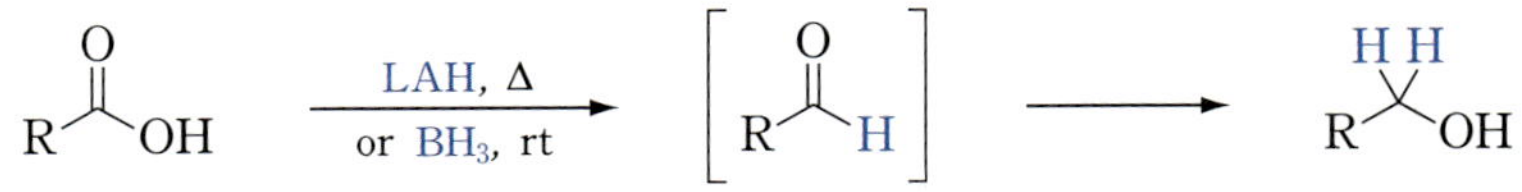

카복실산 알데하이드 1차 알코올

카복실산 환원 반응의 예는 아래와 같다.

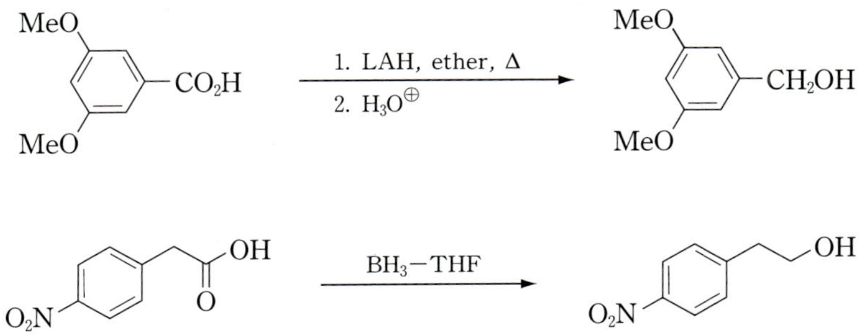

그림 17-5 카복실산의 환원 반응의 예

예제 17.3

아래 반응의 주생성물을 그리시오.

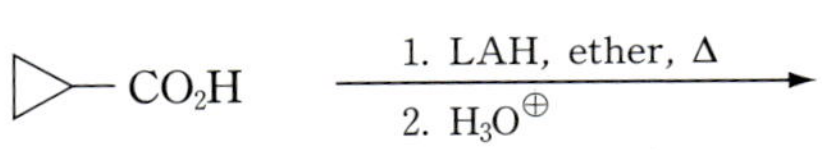

풀이

17.8.2 알킬화 반응

카복실산 염에서 RCO_2^- 음이온은 약한 염기 및 약한 친핵체로 작용할 수 있다. 실제로 RCO_2^- 음이온은 할로젠화 알킬과 S_N2 형태의 알킬화 반응(alkylation)을 진행하여 에스터를 제공할 수 있다(7.6절).

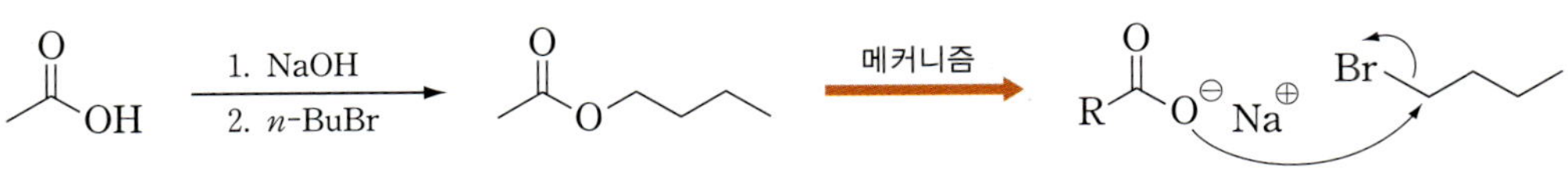

에스터

그림 17-6 카복실산의 알킬화 반응

카복실산에 다이아조메테인(CH_2N_2, diazomethane)을 반응시키면 메틸 에스터가 얻어지는데, 이 반응은 메틸 에스터를 합성하는 가장 대표적인 방법의 하나이다. 이 반응은 우선 산-염기 반응에 따라 카복실산 음이온이 생성되고, 이 음이온이 S_N2 형식으로 $CH_3-N_2^+$를 공격함으로써 완성된다. 이 반응의 원동력은 마지막 단계에 있는 $N_2(g)$ 기체의 발생으로서, 일단 정반응이 일어나면 역반응이 불가능하므로 전체 반응이 비가역적으로 진행될 수밖에 없다.

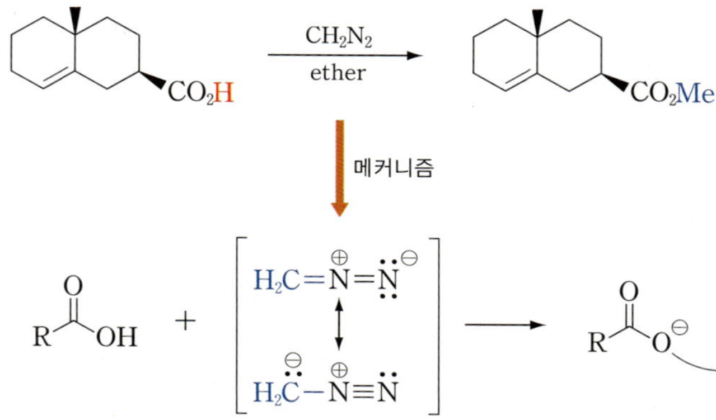

그림 17-7 카복실산과 다이아조메테인의 반응

17.8.3 일탄소 분해 반응

카복실산이 [Ag_2O-Br_2], [$HgO-Br_2$], [$Pb(OAc)_4-LiCl$] 등과 반응하면 CO_2가 제거되면서 할로젠화 알킬이 생성되는데, 이러한 반응을 **일탄소 분해 반응(one-carbon degradation)**이라고 한다. 이 반응은 할로젠화 알킬에서 유기 마그네슘 시약을 합성한 후 계속해서 CO_2 첨가 반응을 하는 두 단계 반응(17.7.3절)의 역반응이다.

$$\text{R}-\text{CO}_2\text{H} \xrightarrow[\text{Pb(OAc)}_4,\ \text{LiCl}]{\text{Ag}_2\text{O/Br}_2 \quad \text{HgO/Br}_2\ \text{or}} \text{R}-\text{X}$$

훈스디에커(Hunsdieker) 반응은 [Ag_2O-Br_2] 또는 [$HgO-Br_2$] 조건을 사용하는 반응으로서, 1차 할로젠화 알킬 화합물의 제법에 주로 사용한다.

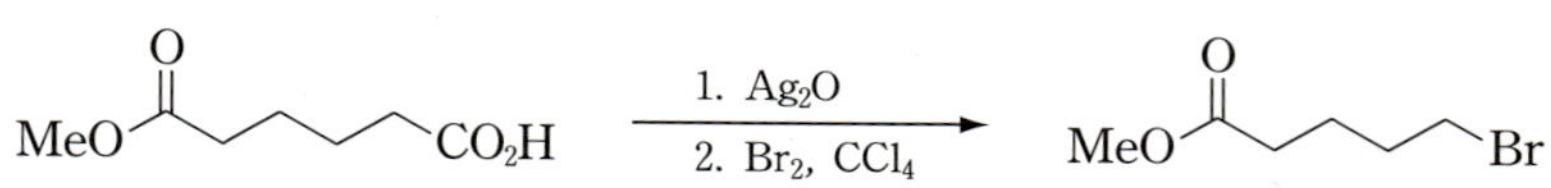

훈스디에커 반응은 라디칼 메커니즘으로 진행된다. 개시 반응은 카복실산과 Ag_2O 사이에 산-염기 반응이 진행되어 카복실산 염이 생성되고, 카복실산 염이 Br_2와 반응하여 $AgBr(s)$ 침전이 생기면서 RCO_2-Br 전구체가 얻어지며, 이 전구체의 분해 반응으로 $RCO_2\cdot$ 라디칼이 생성된다. 이어지는 전파 반응에서는 $RCO_2\cdot$에서 CO_2가 나오면서 $R\cdot$이 생기고, $R\cdot$이 RCO_2-Br과 반응하여 생성물 $R-Br$을 만들면서 $RCO_2\cdot$ 라디칼을 재생산한다.

메커니즘 17-2 훈스디에커 반응 메커니즘

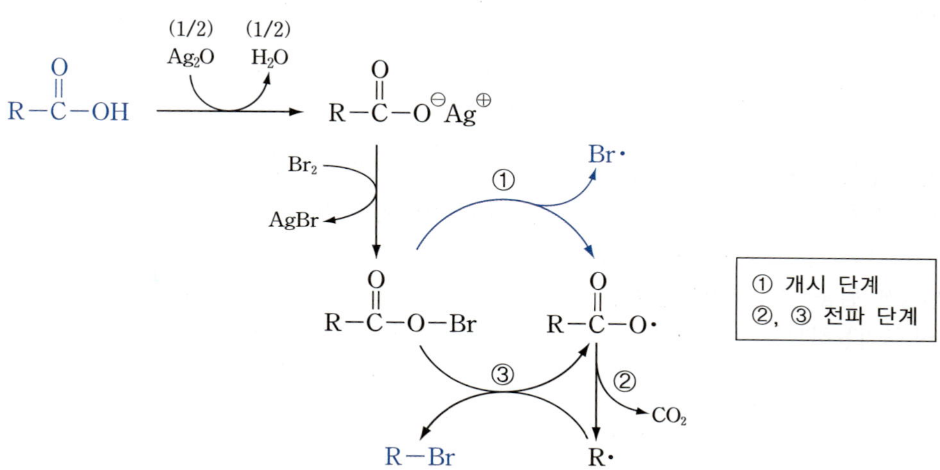

코치(Kochi) 반응은 [$Pb(OAc)_4$–LiCl] 조건을 사용하는 반응으로서, 2차 및 3차 할로젠화 알킬 화합물의 제법에 유용하다.

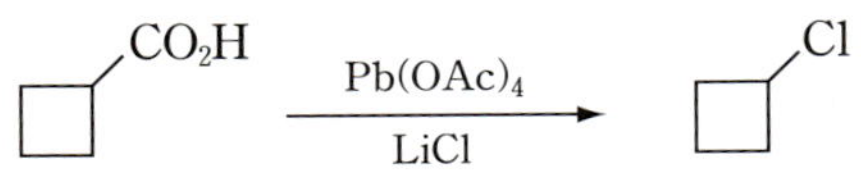

코치 반응의 메커니즘은 확실하지는 않지만 일반적으로 탄소 양이온 중간체가 존재한다고 생각한다. 즉, 카복실산과 $Pb(OAc)_4$ 사이에 산–염기 반응이 진행되어 RCO_2–$Pb(OAc)_3$이 생기고, CO_2 및 $Pb(OAc)_3^-$가 떨어지면서 탄소 양이온(R^+)이 생성된 후, 친핵체인 Cl^-가 탄소 양이온을 공격하여 할로젠화 알킬을 생성할 수 있다.

메커니즘 17-3 코치 반응 메커니즘

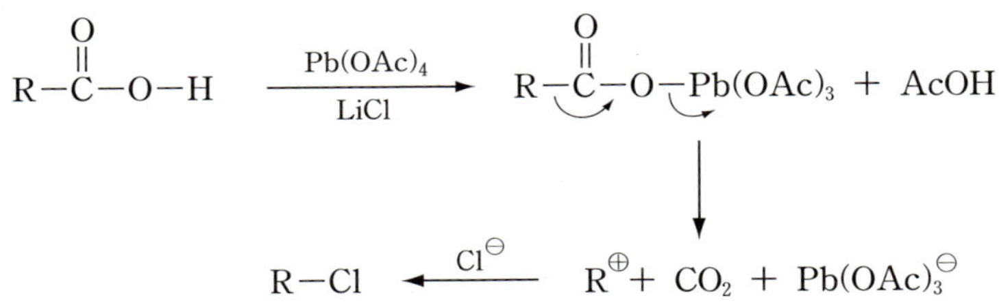

17.9 분광학

17.9.1 ¹H NMR 분광학

카복실산에서 α-H 원자는 δ 2.0~2.6 ppm, 그리고 O–H 원자는 δ 10~12 ppm에서 관찰된다. 단, 카복실산 피크는 화학적 이동(δ) 값의 범위가 [10~무한대]에 걸쳐서 관찰되는데, [무한대]라는 것은 실질적으로 피크가 관측되지 않음을 의미한다.

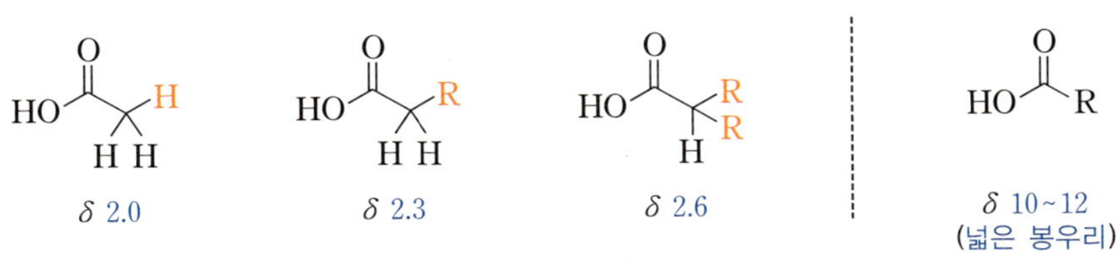

헥사노익산(hexanoic acid)은 2-C$\underline{H_2}$ 피크가 δ 2.32(t, $J=7.4$ Hz, 2H), 3-C$\underline{H_2}$ 피크가 δ 1.54(tt, $J=7.4$ Hz, 2H), 4-C$\underline{H_2}$ 및 5-C$\underline{H_2}$ 피크가 일부 겹치면서 δ 1.17~1.35(m, 4H), 6-C$\underline{H_3}$ 피크가 δ 0.87(t, $J=7.0$ Hz, 3H)에서 예상된다.

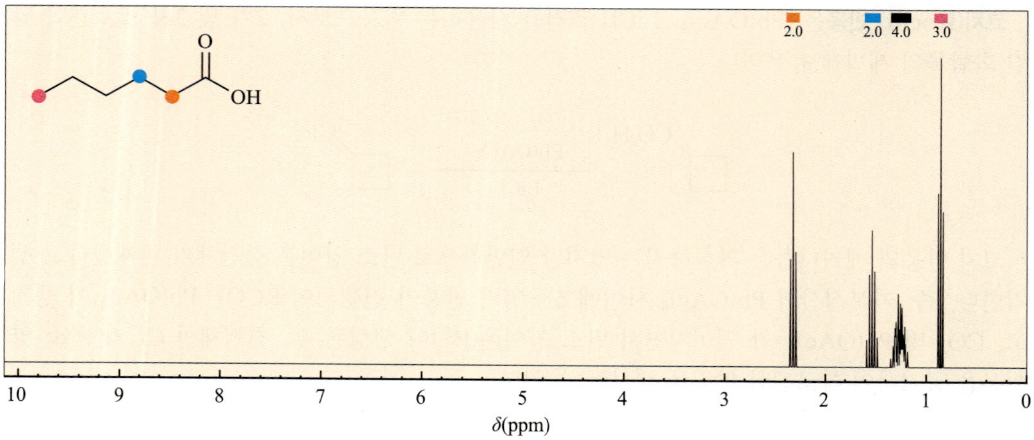

그림 17-8 헥사노익산의 ¹H NMR 스펙트럼

벤조산(benzoic acid)의 경우에는 C_2−H 및 C_6−H 피크가 δ 8.02(*m*, 2H), C_4−H 피크가 δ 7.59(*m*, 1H), C_3−H 및 C_5−H 피크가 δ 7.45(*m*, 2H)로 관찰된다. 참고로 아래의 스펙트럼에서 알 수 있듯이 벤젠 고리에서는 장거리 갈라짐(11.5.4절) 현상이 가능하기 때문에 이론적으로 예상하는 것보다 더 복잡한 스펙트럼이 얻어짐을 알 수 있다.

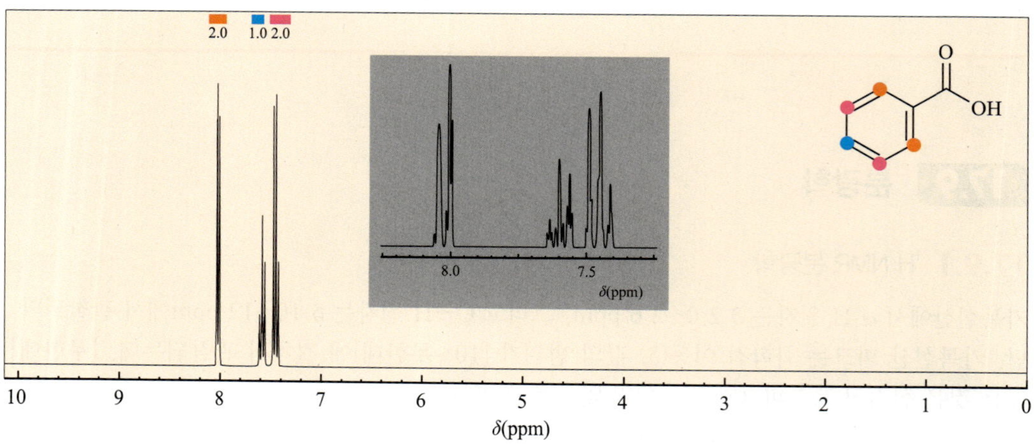

그림 17-9 벤조산의 ¹H NMR 스펙트럼

17.9.2 ¹³C NMR 분광학

^{13}C NMR 스펙트럼에서 카복실산의 카보닐 작용기는 δ 165~185 ppm에서 관찰된다. 구체적으로 포화 카복실산은 δ 185 ppm, 방향족 및 불포화 카복실산은 δ 165 ppm 정도인데, 이 값들은 알데하이드 및 케톤(δ 190~215 ppm)과 비교하여 상대적으로 작은 값이다.

헥사노익산(hexanoic acid)은 카보닐 탄소가 δ 180.8, 2번 탄소가 34.2, 3번~5번 탄소가 δ 31.4, 24.50, 22.4에서 나오고, 6번 탄소가 13.9에서 나온다.

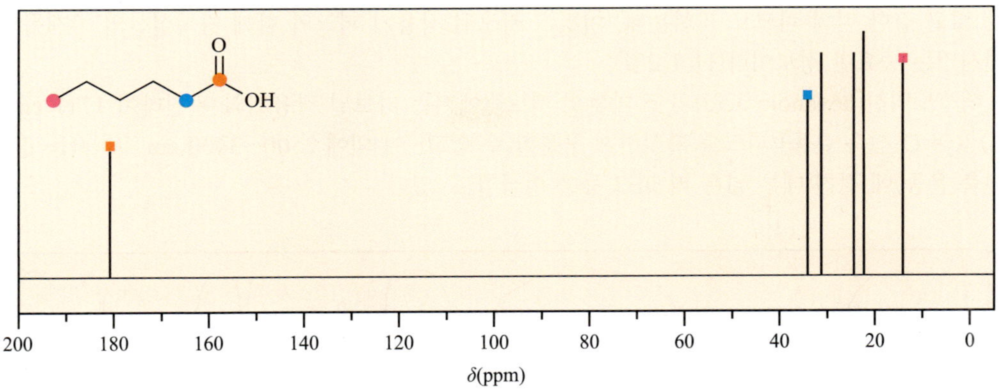

그림 17-10 헥사노익산의 ^{13}C NMR 스펙트럼

벤조산(benzoic acid)은 카보닐 탄소가 δ 172.8, C_1 탄소가 δ 129.4, C_2 및 C_6 탄소가 δ 130.3, C_2 및 C_5 탄소가 δ 128.5, C_4 탄소가 δ 133.8에서 관찰된다.

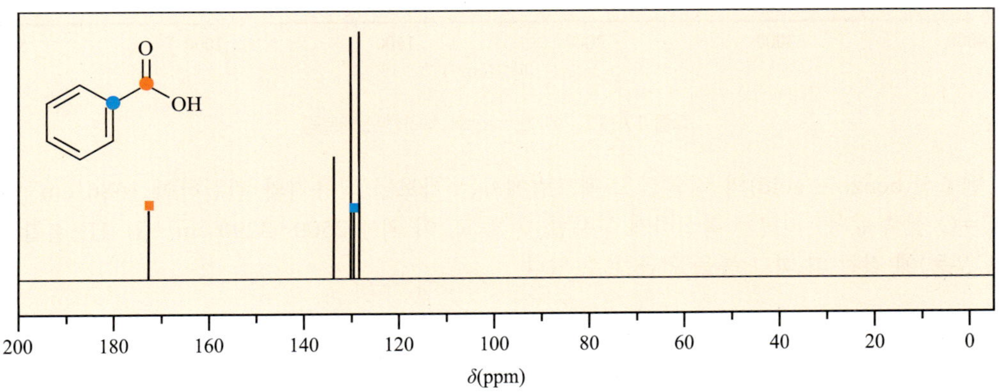

그림 17-11 벤조산의 ^{13}C NMR 스펙트럼

이 외에도 추가적인 예들을 아래에 제시하였다.

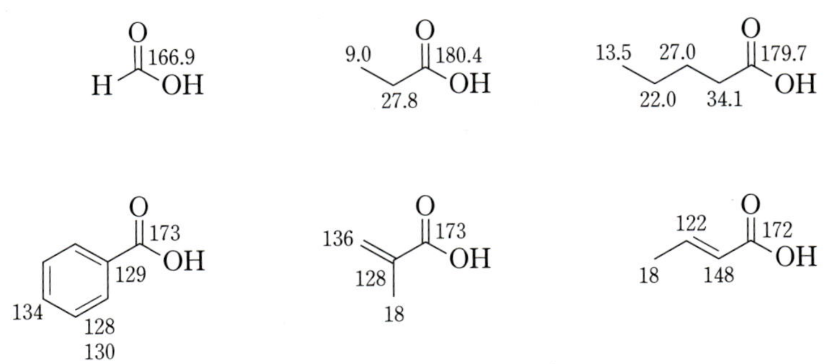

17.9.3 적외선 분광학

카복실산에서 C=O 피크는 화합물의 상태에 따라서 피크의 크기와 파장 값에 차이가 생긴다. 카복실산은 순수한 액체 및 고체 상태에서 두 개의 수소 결합을 갖는 이합체로 존재하는데, 이때 C=O 신축 운동은 1710 cm^{-1}(s)에서 매우 강한 넓은 띠(band) 피크로 관찰된다. 반면에, 묽은 용액에서는 카복실산이 단량체로 존재하는데, 이 경우에는 1760 cm^{-1}(s) (C=O 신축 운동)에서 좁은 띠의 강한 피크로 나온다. 카복실산의 −OH 작용기는 2400~3600 cm^{-1}에서 아

주 넓고 강한 띠의 피크로 찍히는데, 이것은 카보닐 작용기 피크와 함께 카복실산의 존재를 확인시키는 중요한 정보이다(11.1.2절).

헥사노익산(hexanoic acid)의 적외선 스펙트럼에서는 카보닐 작용기와 관련하여 1711 cm^{-1} (*s*) (C=O 신축 운동) 피크를 확실하게 구분할 수 있고, 이 외에 2500~3400 cm^{-1}(*s*) (H−결합 신축 운동)에 걸친 매우 넓은 띠 피크 등을 언급할 수 있다.

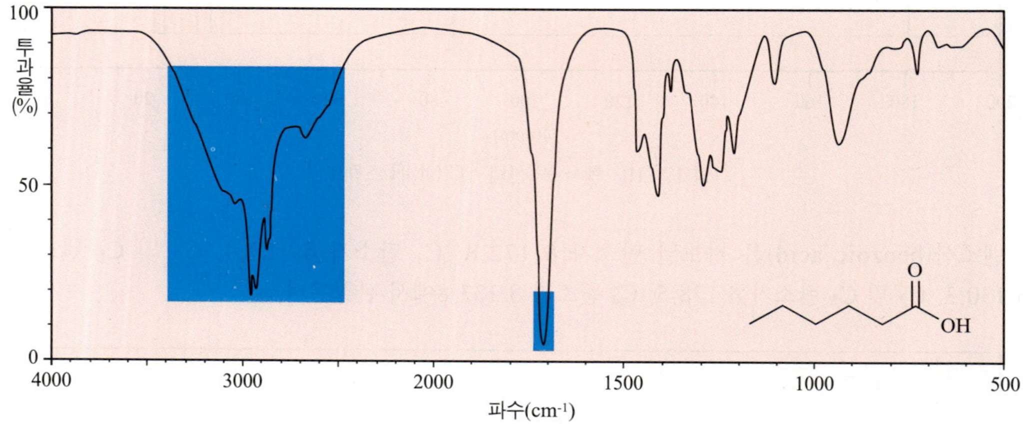

그림 17-12 헥사노익산의 적외선 스펙트럼

벤조산(benzoic acid)의 적외선 스펙트럼에서는 카보닐 작용기와 관련하여 1686 cm^{-1}(*s*) (C=O 신축 운동) 피크를 확실하게 구분할 수 있고, 이 외에 2500~3290 cm^{-1}(*s*) (H−결합 신축 운동)에 걸친 띠 피크 등을 언급할 수 있다.

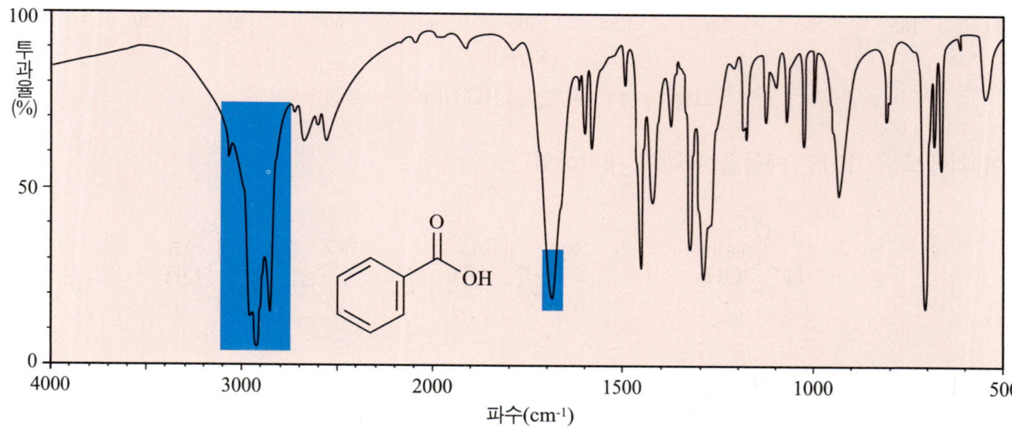

그림 17-13 벤조산의 적외선 스펙트럼

17.9.4 질량 분광학

질량 분석기에서 카복실산은 알데하이드 및 케톤 화합물과 동일하게 분자 이온(M^+)의 α-분해 반응(α-cleavage)이 가능하다(16.16.5절). 이때 C(=O)−OH 사이의 α-분해 반응이 일어나면 $(M-17)^+$ 양이온이 검출되고, C(=O)−C_α 사이의 α-분해 반응이 일어나면 $(M-45)^+$ 양이온이 관찰된다.

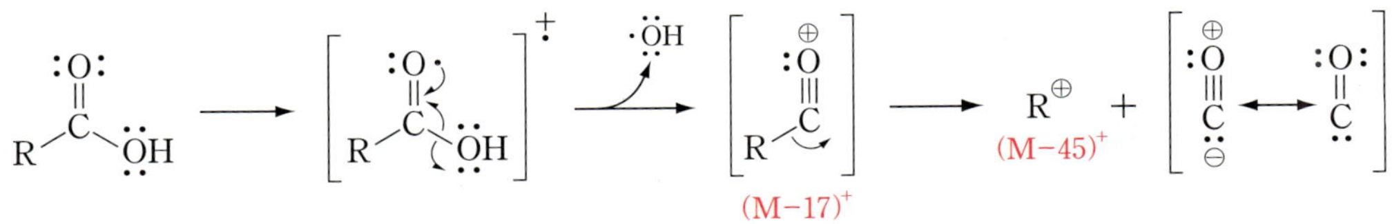

헥사노익산(hexanoic acid)은 분자식 $C_6H_{12}O_2$, 분자량 116인 물질로서 $m/e = 116$에서 M^+ 피크가 관찰되지 않는다. 이론적으로 분자 이온(M^+)에서 C(=O)−OH의 α-분해 반응이 일어나면 $m/e = 99$, C(=O)−C_α의 α-분해 반응이 일어나면 $m/e = 71$, C_4-C_5의 분해 반응이 일어나면 $m/e = 87$ 및 29, C_3-C_4의 분해 반응이 일어나면 $m/e = 73$ 및 43, 맥라퍼티 자리 옮김 반응이 일어나면 $m/e = 60$ 피크를 예상할 수 있다. 실험에서 주 피크는 $m/e = 60$이었다.

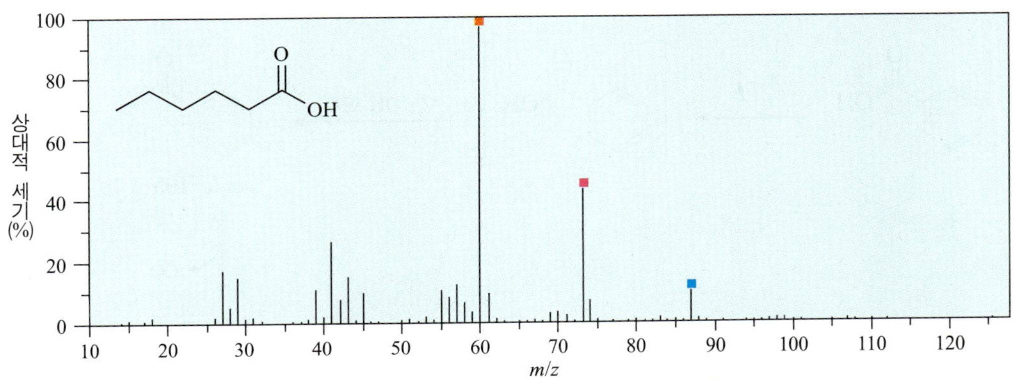

그림 17-14 헥사노익산의 질량 스펙트럼

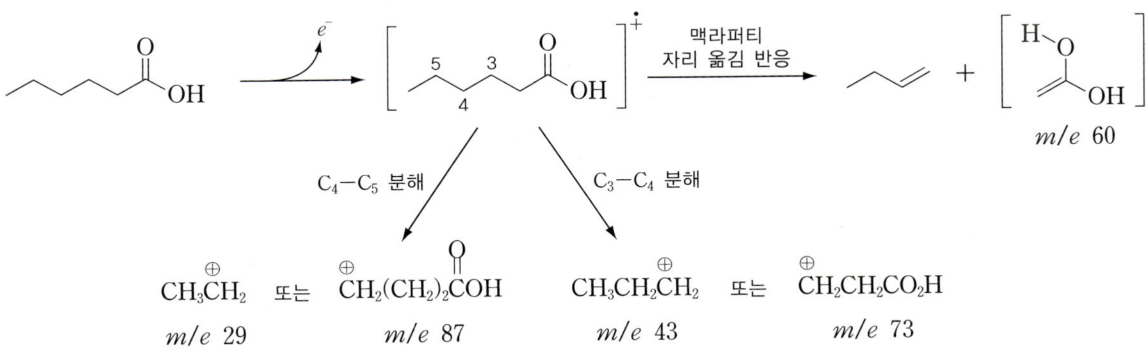

벤조산(benzoic acid)은 분자식 $C_7H_6O_2$, 분자량 122인 물질로서 $m/e = 122$에서 M^+ 피크가 관찰된다. 이론적으로 분자 이온(M^+)에서 C(=O)−OH의 α-분해 반응이 일어나면 $m/e = 105$, C(=O)−C_α의 α-분해 반응이 일어나면 $m/e = 77$ 피크를 예상할 수 있다. 실험에서 주 피크는 $m/e = 105$이었다.

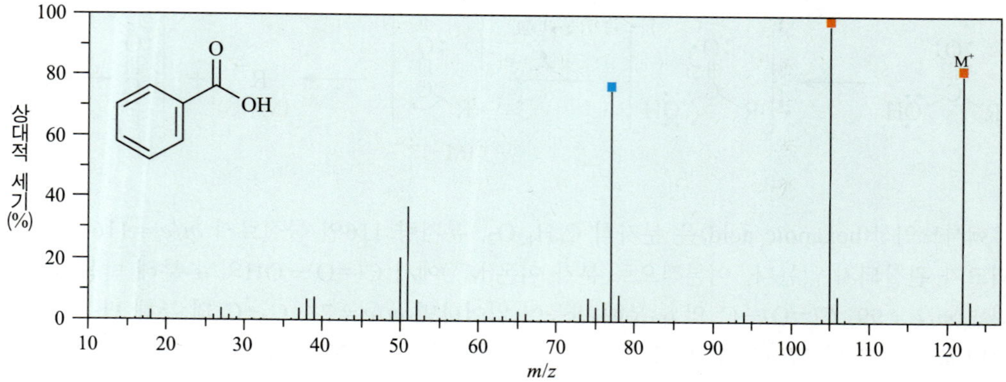

그림 17-15 벤조산의 질량 스펙트럼

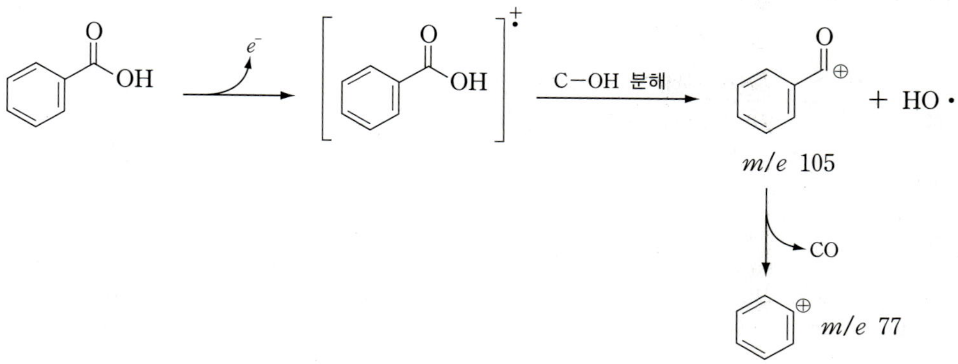

연습 문제

1. 아래의 화합물을 명명하시오.

(a) 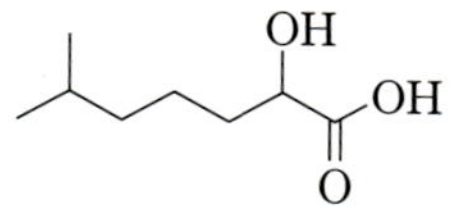

(b) 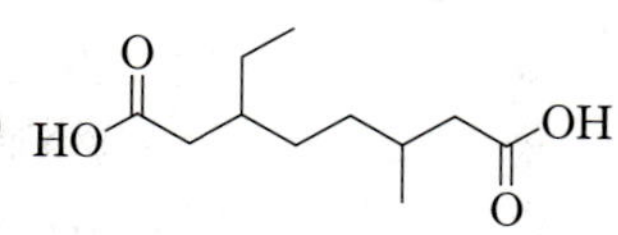

(c) 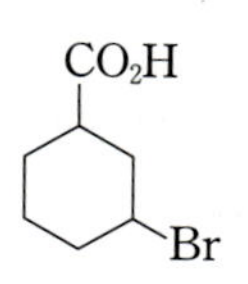

(d) 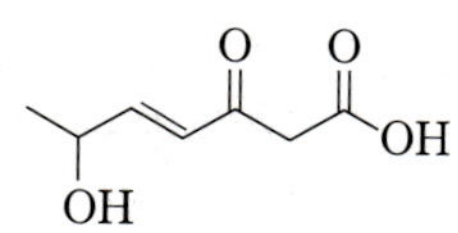

2. 아래 반응의 주생성물을 그리시오

(a) 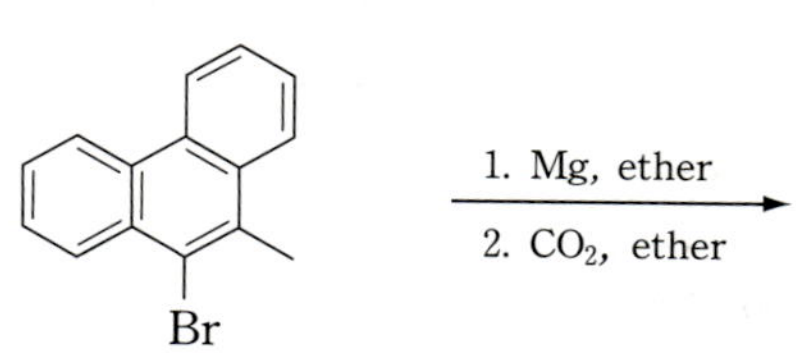

(b) 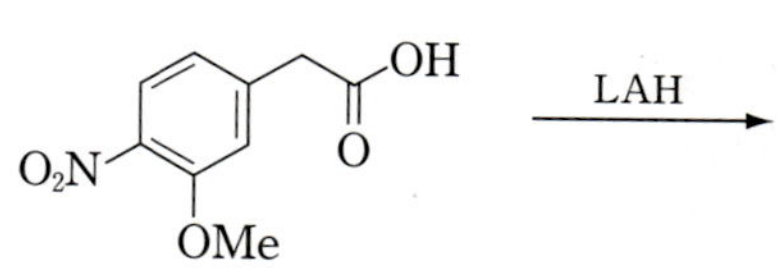

(c) 

(d) 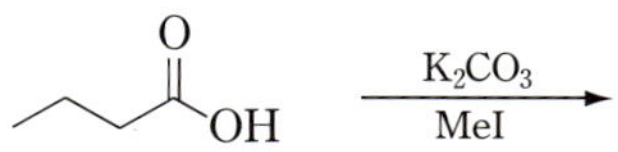

(e) 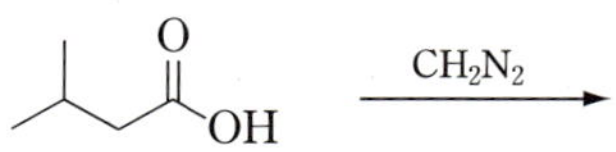

(f) 

3. 아래의 화합물을 산성도가 감소하는 순서로 나열하시오.

(a) Acetic acid, oxalic acid, ethanol
(b) 2-Fluoropropanoic acid, 3-fluoropropanoic acid, 2,2-difluoropropanoic acid
(c) 4-Nitrobenzoic acid, 2,4-dinitrobenzoic acid, benzoic acid

4. 주어진 출발 물질을 사용하여 최종 화합물을 합성하시오.

(a) 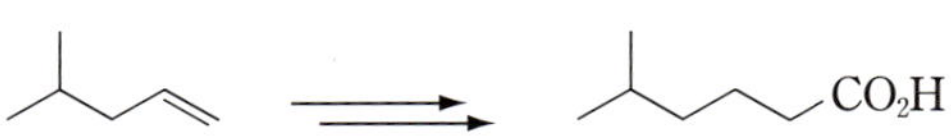

(b) 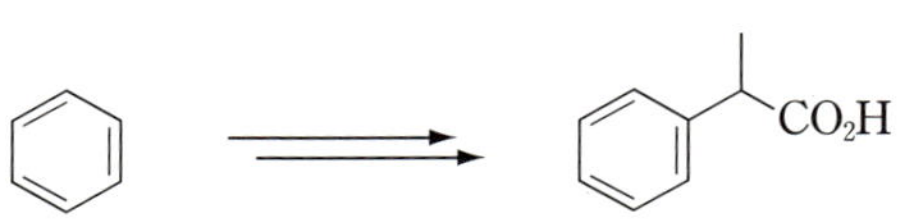

5. 아래의 두 화합물에 대하여 적외선 스펙트럼이 각각 제공되었다. 적외선 스펙트럼의 특징적인 피크를 파악하고 설명하시오.

(a) 2-메틸프로판산(2-methylpropanoic acid)

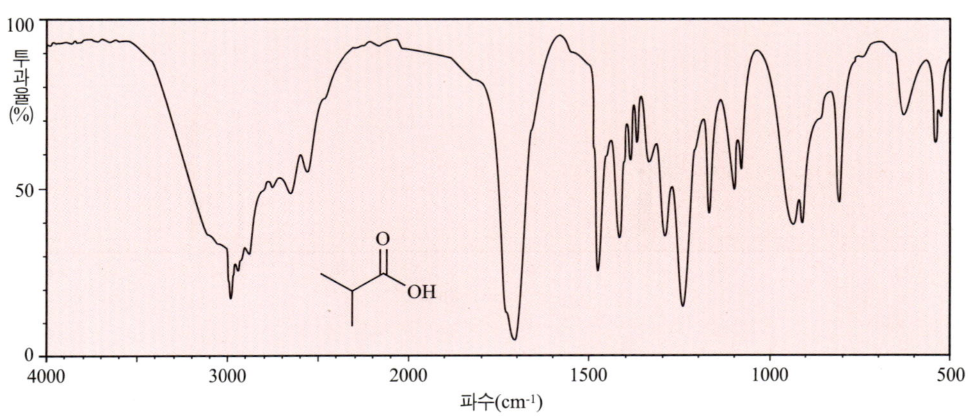

(b) 하이드로신나믹산(hydrocinnamic acid)

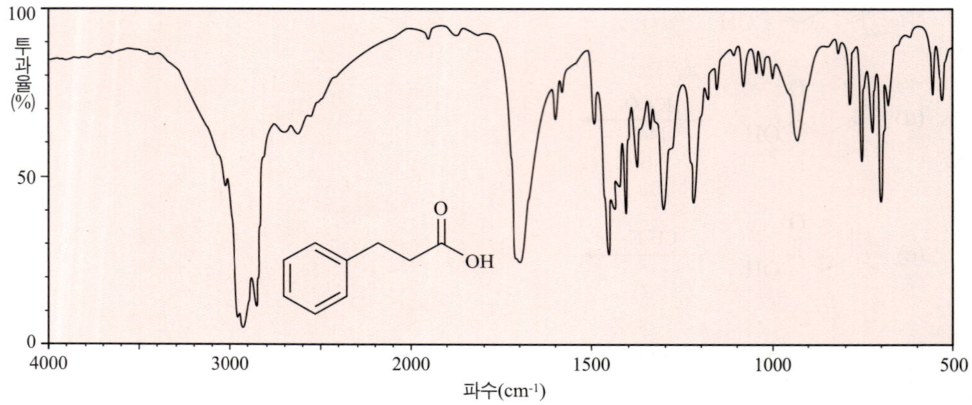

6. 아래의 두 화합물에 대하여 ^{1}H NMR 스펙트럼이 각각 제공되었다. 각 스펙트럼의 특징적인 피크를 파악하고 설명하시오.

(a) 2-메틸프로판산(2-methylpropanoic acid)

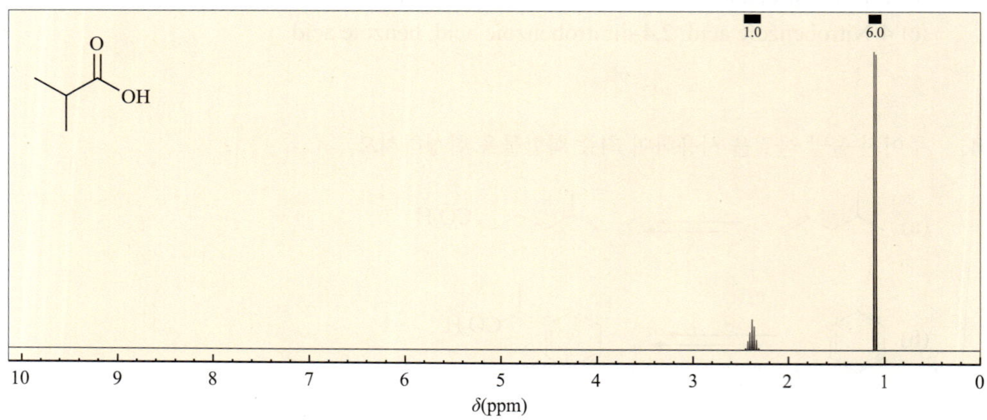

(b) 하이드로신나믹산(hydrocinnamic acid)

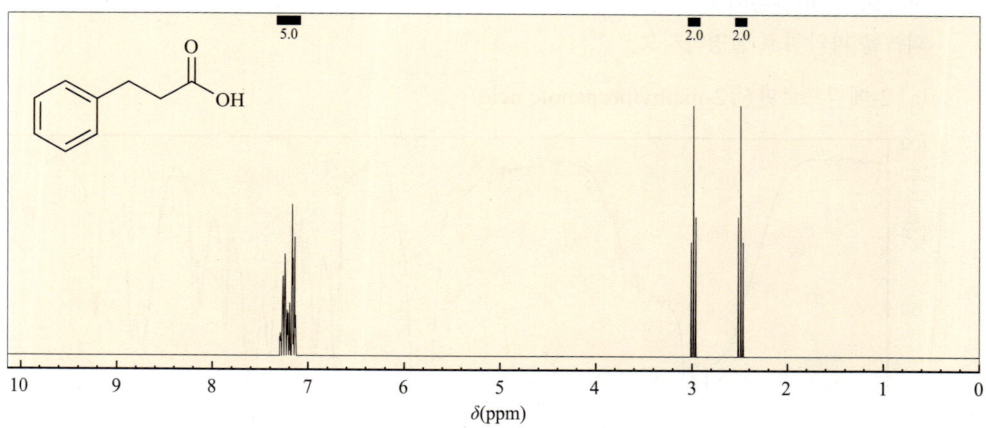

7. 아래의 두 화합물에 대하여 ^{13}C NMR 스펙트럼이 각각 제공되었다. 각 스펙트럼의 특징적인 피크를 파악하고 설명하시오.

(a) 2-메틸프로판산(2-methylpropanoic acid)

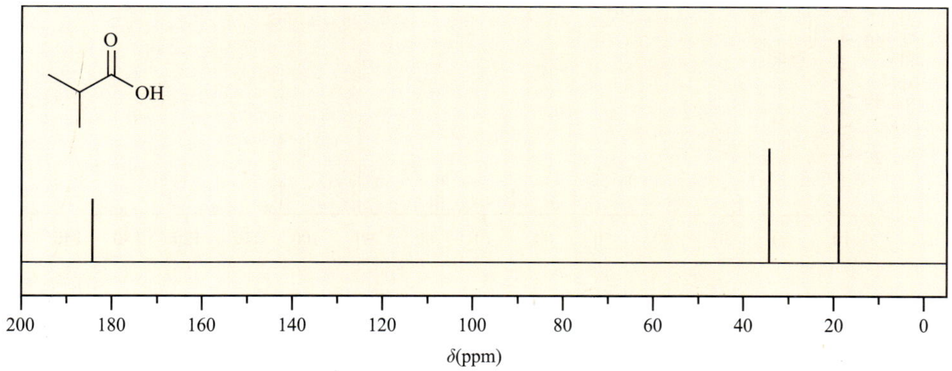

(b) 하이드로신나믹산(hydrocinnamic acid)

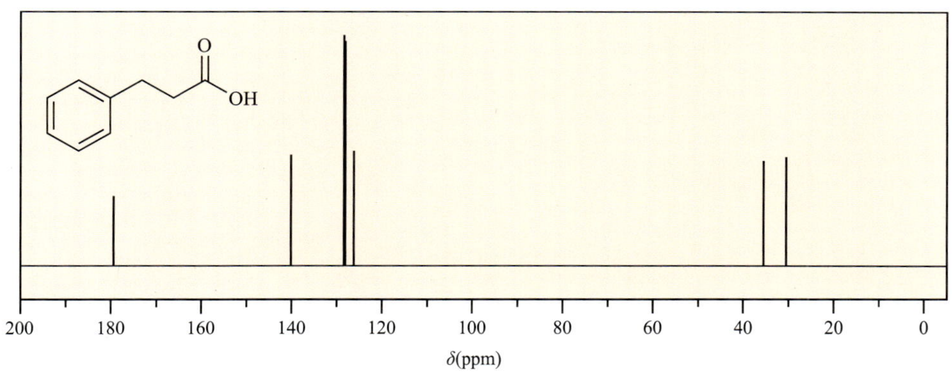

8. 아래의 두 화합물에 대하여 질량 스펙트럼이 각각 제공되었다. 각 스펙트럼의 특징적인 피크를 파악하고 설명하시오.

(a) 2-메틸프로판산(2-methylpropanoic acid)

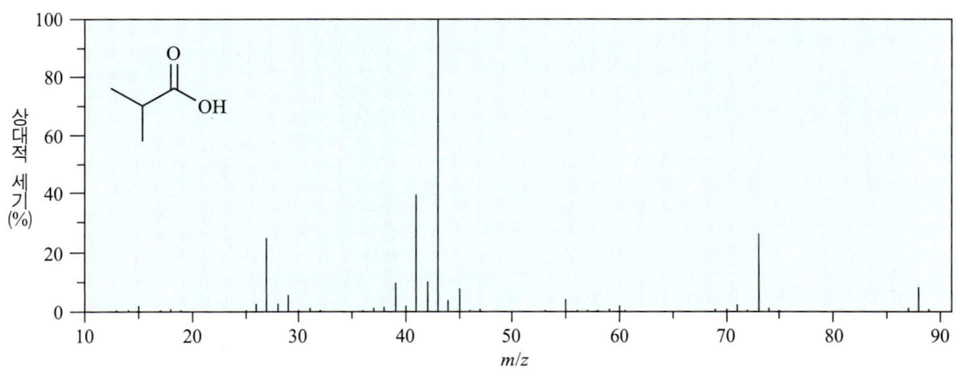

(b) 하이드로신나믹산(hydrocinnamic acid)

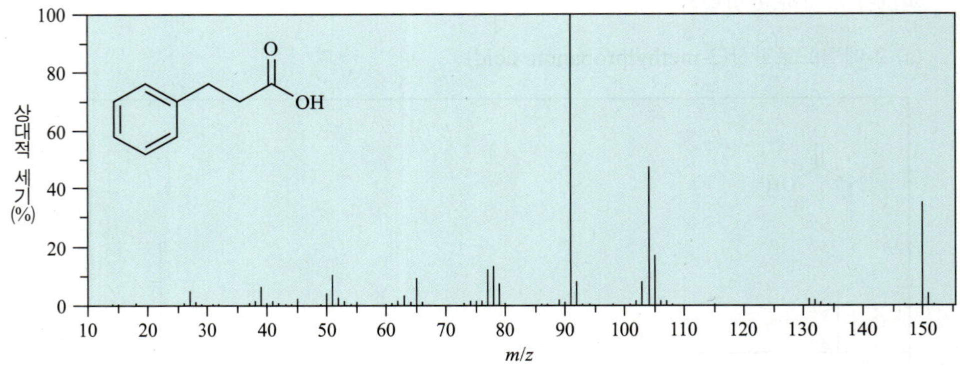

18장

카복실산 유도체 및 나이트릴

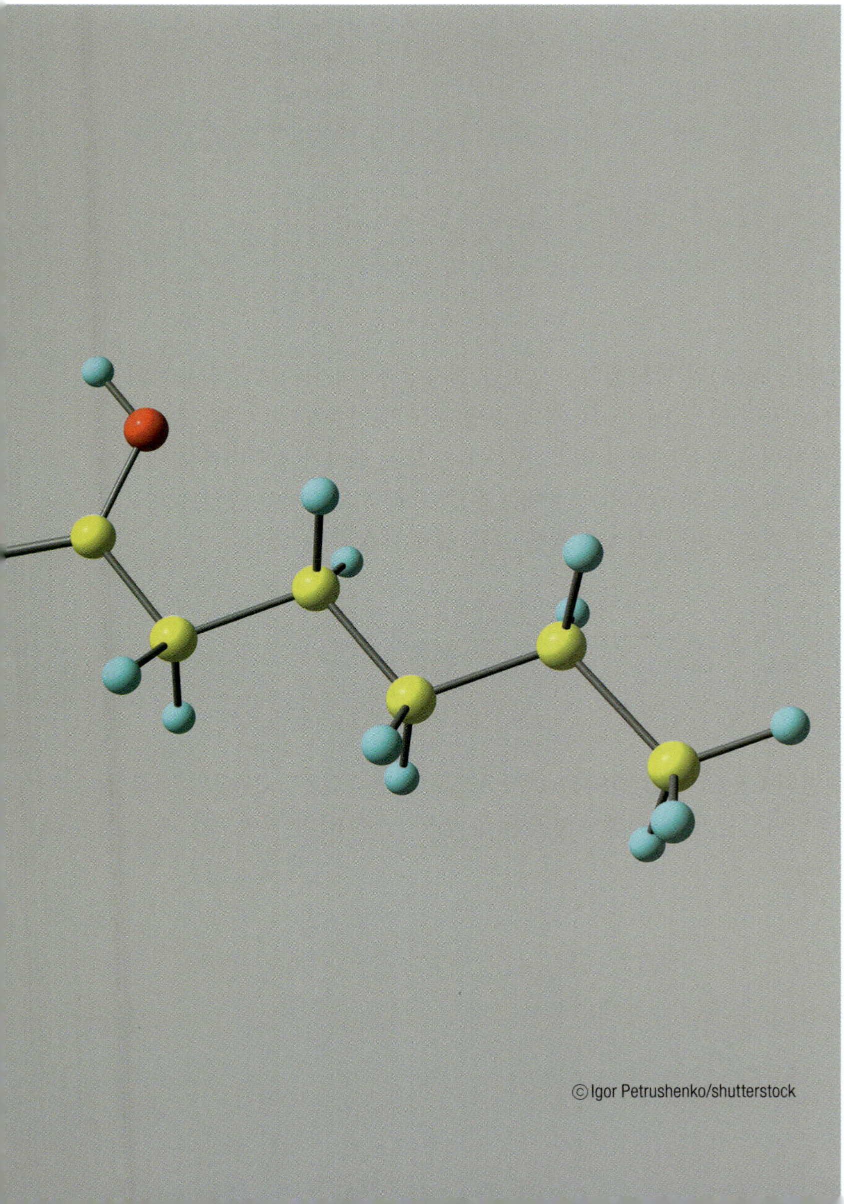

ⓒIgor Petrushenko/shutterstock

18.1 서론

카보닐 작용기를 갖는 화합물 중에서 16장은 알데하이드 및 케톤, 17장은 카복실산에 대하여 기술하였다. 18장에서는 카복실산의 구조, 성질, 반응 등의 자료를 기반으로 다양한 카복실산 유도체에 대하여 알아보기로 한다.

카복실산 유도체로는 할로젠화 아실(acyl halide), 산 무수물(acid anhydride), 싸이오에스터(thioester), 아실 포스페이트(acyl phosphate), 에스터(ester), 아마이드(amide) 등이 있다. 이 중에서 싸이오에스터(thioester) 및 아실 포스페이트 유도체는 실험실보다는 생화학 반응에서 주로 사용되고 있다.

표 18-1 카복실산 유도체

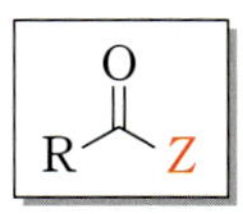

작용기	이름
X	할로젠화 아실
O_2CR	산 무수물
H/R	알데하이드/케톤
SR	싸이오에스터
OPO_3^{2-}	아실 포스페이트
OR	에스터
NH_2	아마이드
OH	카복실산

18.2 구조

18.2.1 할로젠화 아실

친전자성 방향족 치환 반응에서 할로젠 치환체의 경우에는 유발 효과의 영향력이 공명 효과보다 더 크다(15.2.2절).

할로젠화 아실은 중성의 공명 구조(**A**)와 할로젠의 p 오비탈 전자쌍 한 개가 카보닐 작용기의 π-결합에 전자를 제공한 쌍극성 공명 구조(**B**) 등 두 개의 공명 구조가 가능하다. 이때 구조 **A**는 모든 원자가 팔전자계를 만족하면서 형식 전하가 없고, 구조 **B**는 모든 원자가 팔전자계를 만족하지만 형식 전하가 존재한다. 또한 할로젠 원자의 경우에는 유발 효과의 영향력이 공명 효과보다 더 크기 때문에 공명 혼성에의 기여도는 구조 **A**가 훨씬 큼을 쉽게 예상할 수 있다.

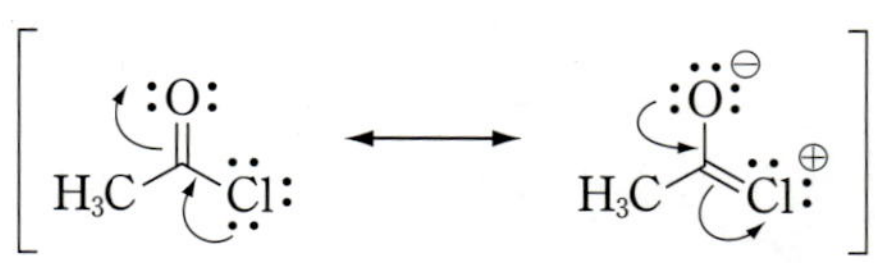

A **B**

실험에 의하면 염화 아세틸의 C−Cl 결합 길이는 1.79 Å으로 일반적인 C−Cl 단일 결합 길이(1.78 Å)와 거의 일치한다. 이것은 공명 구조에서 쌍극성 공명 구조(**B**)의 기여도가 매우 적다는 것과 일치하는 결과이다.

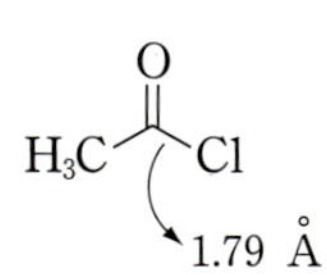

18.2.2 에스터

에스터는 중성의 공명 구조(**C**)와 OR 산소의 p 오비탈 전자쌍 한 개가 카보닐 작용기의 π-결합에 전자를 제공한 쌍극성 공명 구조(**D**) 등 두 개의 공명 구조가 가능하다. 이때 구조 **C**는 모든 원자가 팔전자계를 만족하면서 형식 전하가 없고, 구조 **D**는 모든 원자가 팔전자계를 만족하지만 형식 전하가 있기 때문에 공명 혼성에의 기여도는 구조 **C**가 더 큼을 예상할 수 있다.

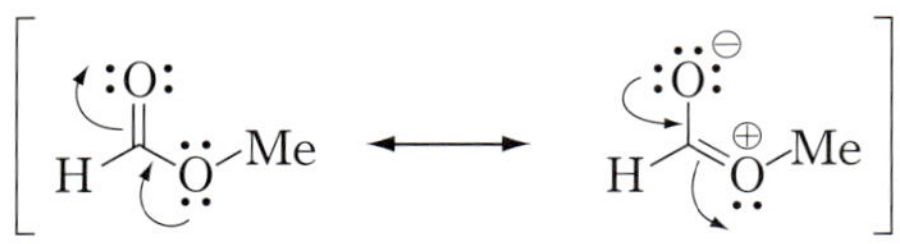

C **D**

실험에 의하면 폼산 메틸의 C—O 결합 길이는 1.36 Å으로 일반적인 C—O 단일 결합 길이(1.42 Å)보다 조금 작다. 이것은 공명 구조에서 쌍극성 공명 구조(**D**)의 기여도가 일부 존재한다는 것과 일치하는 결과이다.

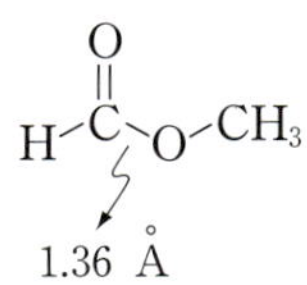

친전자성 방향족 치환 반응에서 산소 치환체의 경우에는 공명 효과의 영향력이 유발 효과보다 더 크다(15.2.2절).

18.2.3 아마이드

아마이드는 중성의 공명 구조(**E**)와 NH_2 질소의 p 오비탈 전자쌍 한 개가 카보닐 작용기의 π-결합에 전자를 제공한 쌍극성 공명 구조(**F**) 등 두 개의 공명 구조가 가능하다. 할로젠화 아실(18.2.1절) 및 에스터(18.2.2절)에서 사용한 논리를 동일하게 적용하면 구조 **E**는 모든 원자가 팔전자계를 만족하면서 형식 전하가 없고, 구조 **F**는 모든 원자가 팔전자계를 만족하지만 형식 전하가 있기 때문에 공명 혼성에의 기여도는 구조 **E**가 더 크다는 추론을 할 수 있다. 그러나 아마이드의 경우에는 C=N 이중 결합의 특성을 갖는 구조 **F**의 기여도가 더 큰 것으로 관찰된다. 이것은 친전자성 방향족 치환 반응에서와 같이 질소 치환체의 π-전자 제공 능력이 매우 커서(15.2.2절), 구조 **F**의 기여도가 상대적으로 증가하면서 형식 전하를 갖는 C=N 이중 결합의 특성이 증가하는 것으로 설명한다.

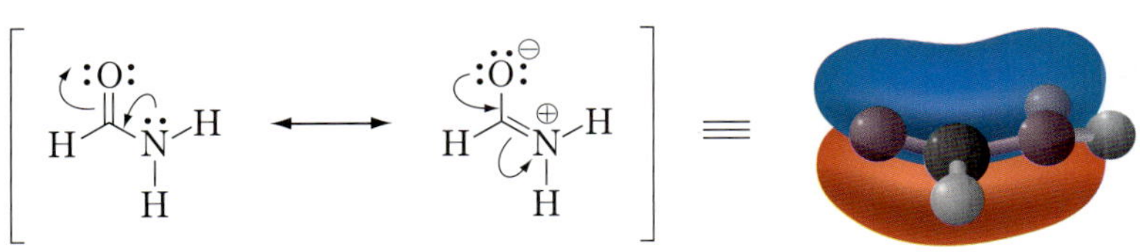

E **F**

실험에 의하면 아세트아마이드의 C—N 결합 길이는 1.36 Å으로 일반적인 C—N 단일 결합 길이(1.47 Å)보다 조금 작다. 이것은 공명 구조에서 쌍극성 공명 구조(**F**)의 기여도가 존재한다는 것과 일치하는 결과이다.

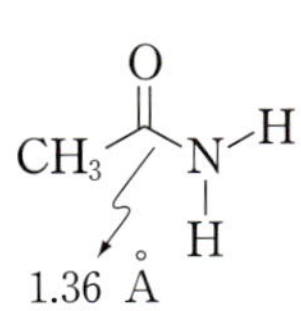

할로젠화 아실, 에스터, 아마이드의 공명 구조에서 공명 혼성에 대한 쌍극성 공명 구조(**B**, **D**, **F**)의 상대적인 중요성에 대하여 생각해 보자. [할로젠화 아실(X) → 에스터(OR) → 아마이드(NH_2)]가 되면 해당 원자의 비공유 전자쌍을 인접한 카보닐 작용기에 제공하는 능력이 증가하고(15.2.2절), 따라서 쌍극성 공명 구조의 기여도는 증가한다. 이것은 할로젠화 아실의 C(=O)−X 결합은 이중 결합 성격이 거의 없는 전형적인 C−X 단일 결합이고($\Delta = 0.01$ Å), 아마이드의 C(=O)−NH_2 결합은 이중 결합 성격이 매우 커서 전형적인 C−NH_2 단일 결합 길이와는 큰 차이가 있으며($\Delta = 0.11$ Å), 에스터는 그 중간에 있음을 논리적으로 추론할 수 있다($\Delta = 0.06$ Å).

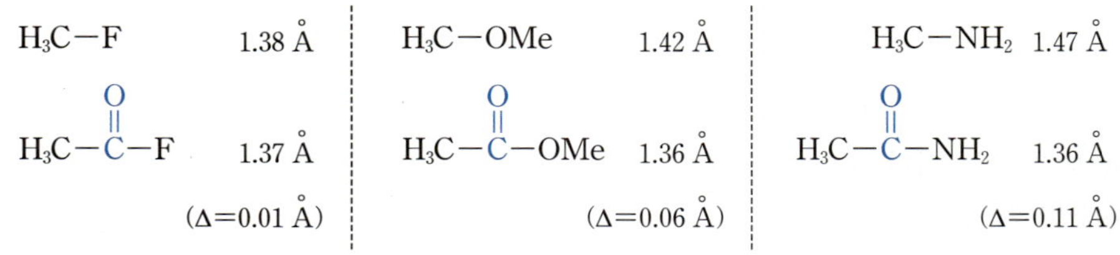

18.3 명명법

18.3.1 서론

카복실산 유도체들의 명명은 우선 화합물들을 기본 골격에 따라서 사슬형 및 고리형으로 구분하고, 아래와 같이 사슬 및 고리형 카복실산의 명명에 기반하여 접두사 또는 접미사를 수정하는 형식을 따른다.

사슬형 구조는 카복실산의 alkan(o)ic acid를 기준으로 할로젠화 아실은 alkan(o)yl halide, 산 무수물은 alkan(o)ic anhydride, 에스터는 alkyl alkan(o)ate, 아마이드는 alkanamide라고 한다.

고리형 구조는 카복실산의 cycloalkanecarboxylic acid를 기준으로 할로젠화 아실은 cycloalkanecarbonyl halide, 산 무수물은 cycloalkanecarboxylic anhydride, 에스터는 alkyl cycloalkanecarboxylate, 아마이드는 cycloalkanecarboxamide라고 한다.

IUPAC 체계에서 유기 화합물의 명명법은 기본적인 사항들을 공유하기 때문에 치환체 및 번호 부여 등에 대한 자세한 설명은 생략한다.

표 18-2 카복실산 유도체의 명명

화합물	사슬형 구조	고리형 구조
카복실산(Acid)	Alkan(o)ic acid	Cycloalkanecarboxylic acid
할로젠화 아실(Acyl halide)	Alkan(o)yl halide	Cycloalkanecarbonyl halide
산 무수물(Acid anhydride)	Alkan(o)ic anhydride	Cycloalkanecarboxylic anhydride
에스터(Ester)	Alkyl alkan(o)ate	Alkyl cycloalkanecarboxylate
아마이드(Amide)	Alkanamide	Cycloalkanecarboxamide

대표적인 사슬형 카복실산, 고리형 카복실산, 지방족 다이카복실산을 중심으로 그 유도체의 구조와 이름을 아래에 정리하였다. 이러한 이름들을 단순하게 암기하지 말고, 카복실산의 기본명과 명명법 규칙을 적용하여 할로젠화 아실, 산 무수물, 에스터, 아마이드의 명명을 바르게 할 수 있는가를 확인하기 바란다.

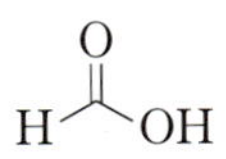
methanoic acid
formic acid

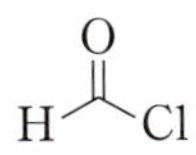
methanoyl chloride
formyl chloride

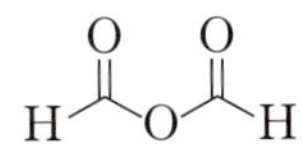
methanoic anhydride
formic anhydride

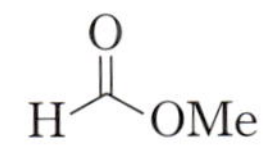
methyl methanoate
methyl formate

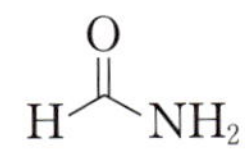
methanamide
formamide

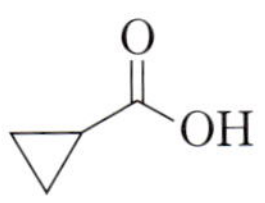
cyclopropane-
carboxylic acid

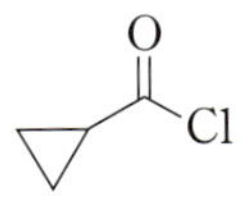
cyclopropane-
carbonyl chloride

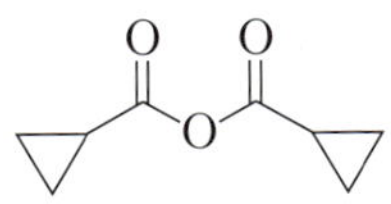
cyclopropane-
carboxylic anhydride

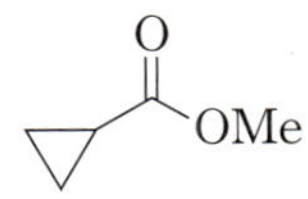
methyl cyclopropane-
carboxylate

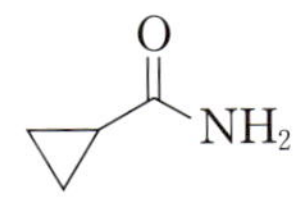
cyclopropane-
carboxamide

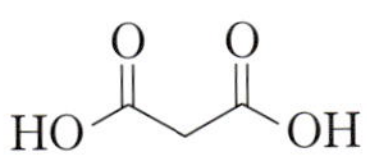
malonic acid

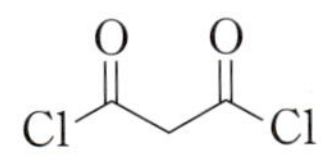
malonyl chloride

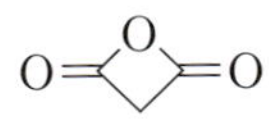
malonic anhydride

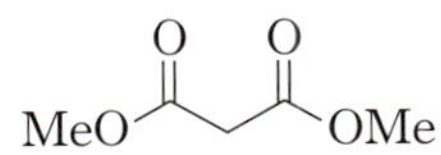
dimethyl malonate

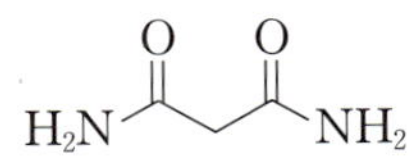
malonamide

18.3.2 할로젠화 아실

사슬형 할로젠화 아실은 alkan(o)yl halide, 고리형 할로젠화 아실은 cycloalkanecarbonyl halide로 명명한다.

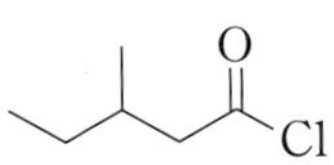
3-methylpentanoyl chloride

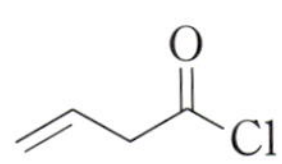
but-3-enoyl chloride

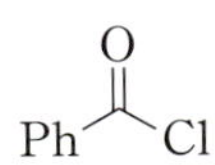
benzoyl chloride

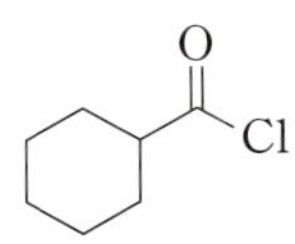
cyclohexanecarbonyl chloride

예제 18.1

아래의 화합물을 명명하시오.

(a) 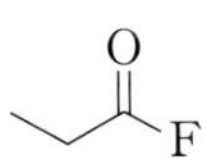

(b) 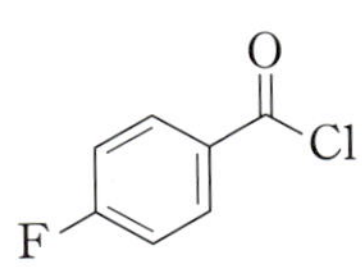

풀이

(a) propanoyl fluoride
(b) 4-fluorobenzoyl chloride

18.3.3 산 무수물

산 무수물의 명명법은 대칭형 및 비대칭형 구조에 따라서 명명하는 방법에 차이가 있다.

대칭형 산 무수물의 경우에 사슬형은 alkan(o)ic anhydride, 고리형은 cycloalkanecarboxylic anhydride로 명명한다. 비대칭형 산 무수물의 경우에는 두 개의 카복실산의 이름을 사용하지만 그 이름을 알파벳 순서로 배열한다.

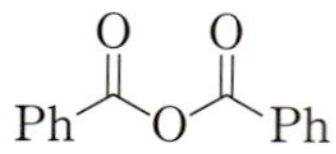

benzoic anhydride

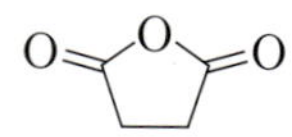

succinic anhydride

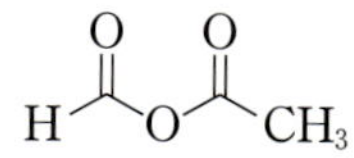

acetic formic anhydride

예제 18.2

아래의 화합물을 명명하시오.

(a) 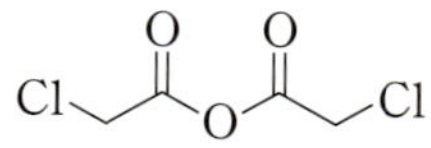

(b) 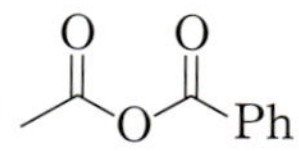

풀이

(a) chloroacetic anhydride
(b) acetic benzoic anhydride

18.3.4 에스터

사슬형 에스터는 alkyl alkan(o)ate, 고리형 에스터는 alkyl cycloalkanecarboxylate로 명명한다. 이때 alkyl은 일반적인 알킬 치환체를 명명할 때 사용하는 이름이고, alkyl 다음에는 반드시 한 개의 빈칸을 두어야 한다.

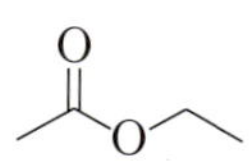

ethyl ethanoate
ethyl acetate

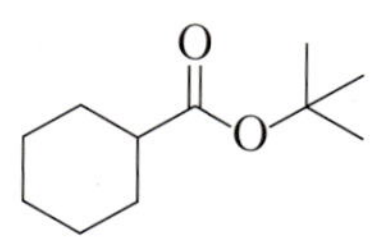

t-butyl cyclohexanecarboxylate

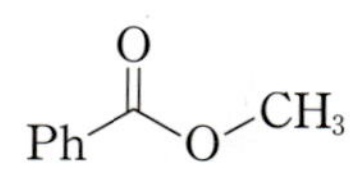

methyl benzoate

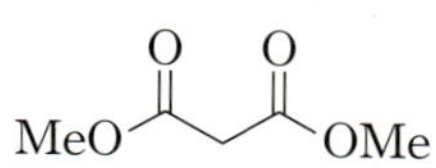

dimethyl malonate

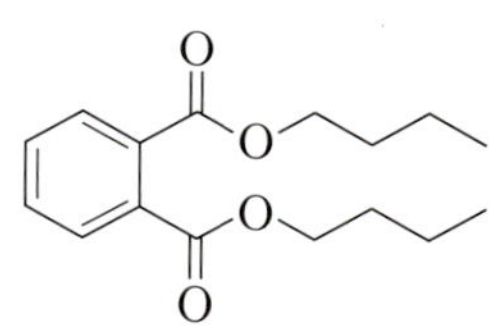

dibutyl phthalate

예제 18.3

아래의 화합물을 명명하시오.

(a) 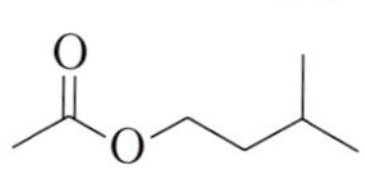

(b) 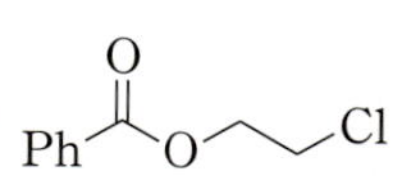

풀이

(a) isopentyl ethanoate or isopentyl acetate
(b) 2-chloroethyl benzoate

18.3.5 아마이드

사슬형 아마이드는 alkanamide, 고리형 아마이드는 cycloalkanecarboxamide로 명명한다. 아마이드에서는 탄소 사슬은 물론이고 질소 원자에도 치환체가 있을 수 있는데, 이런 경우에 치환체의 위치는 숫자 대신에 '*N*-'으로 표시한다. 그리고 동일한 치환체가 *N* 및 탄소 사슬에 있는 경우에는 *N*에 우선권을 주고, 서로 다른 치환체가 있는 경우에는 숫자 또는 *N*과 무관하게 알파벳 순으로 나열한다.

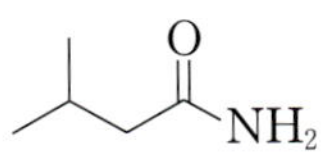

3-methylbutanamide

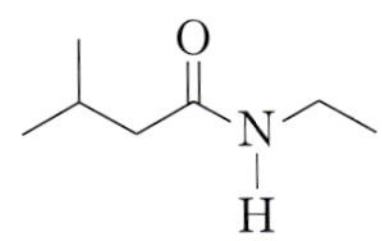

N-ethyl-3-methylbutanamide

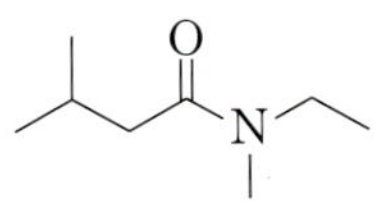

N-ethyl-*N*,3-dimethylbutanamide

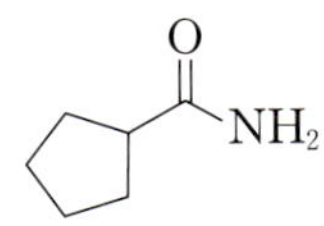

cyclopentanecarboxamide

예제 18.4

아래의 화합물을 명명하시오.

(a) 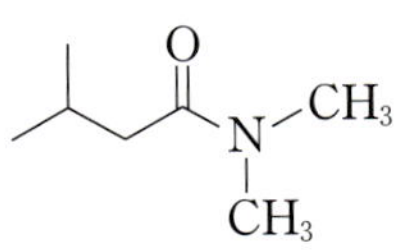

(b) 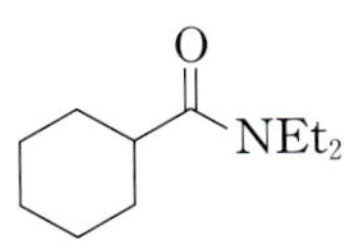

풀이

(a) *N*,*N*,3-trimethylbutanamide

(b) *N*,*N*-diethylcyclohexanecarboxamide

18.4 물리적 성질

분자간 인력은 [수소 결합 > 쌍극자–쌍극자 ≫ 쌍극자–유도 쌍극자 ≫ 분산력]의 순서이고 (2.2절), 일반적으로 분자간 인력이 커지면 녹는점 및 끓는점이 높아지는 경향을 보인다.

1차 아마이드는 두 개의 수소 결합, 2차 아마이드는 한 개의 수소 결합이 가능하지만 3차 아마이드는 자체적으로 수소 결합이 불가능하기 때문에 분자량이 비슷하다는 가정 하에서 끓는점은 [1차 > 2차 > 3차]의 순서가 된다. 또한 분자량이 비슷하다는 가정 하에서 일반적으로 끓는점은 [아마이드 > 카복실산 > 할로젠화 아실 및 에스터 > 알켄 및 알케인]의 순서이다.

	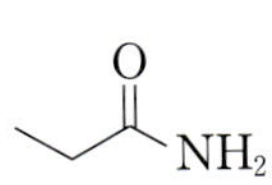	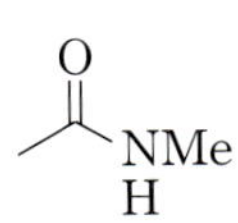	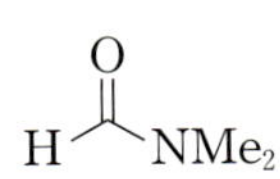
분자량	73	73	73
끓는점	213°C	202°C	153°C

물에서의 용해도는 물과 용질 사이의 상호 작용에 의한 안정화가 클수록 증가한다. 물은 수소 결합 및 쌍극자–쌍극자 상호 작용이 가능하므로 DMF, DMA 등과 물은 완전히 섞인다. 그러나 분자의 크기가 일정 수준 이상이 되면 대부분의 카복실산 유도체들은 물보다는 유기 용매에 더 잘 녹는다.

DMF(*N*,*N*-dimethyl formamide), DMA(*N*,*N*-dimethyl acetamide)

18.5 친핵성 아실 치환 반응

18.5.1 서론

알데하이드 및 케톤은 친핵체와 카보닐 첨가 반응을 한다. 반응 경로는 친핵체의 세기에 따라서 구분되는데, 강한 친핵체는 [친핵체 반응 후 친전자체 반응](16.7.2절), 그리고 약한 친핵체는 [친전자체 반응 후 친핵체 반응](16.7.3절)으로 진행한다.

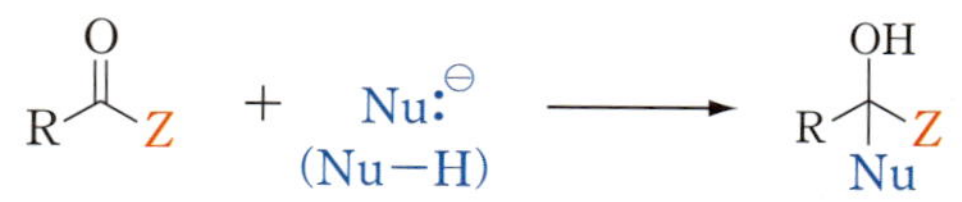

알데하이드, 케톤
(Z=H, R)

반면에 카복실산 유도체들은 친핵체와 **친핵성 아실 치환 반응(Nucleophilic acyl substitution reaction)**을 한다. 여기에서는 카복실산 유도체에서 쌍극성 공명 구조의 상대적인 기여도를 참고하여 카복실산 유도체의 반응성(18.5.2절), 카보닐 산소 원자의 염기성(18.5.3절), α-C−H 수소의 산성도(18.5.4절)의 경향성을 설명할 예정이다. 그리고 카복실산 유도체 및 친핵체의 상대적인 반응성을 중심으로 친핵성 아실 치환 반응의 세 가지 경로(18.5.5절)를 제시하고, 카복실산에서 카복실산 유도체를 합성하는 경로(18.6절)에 대해서도 기술할 예정이다.

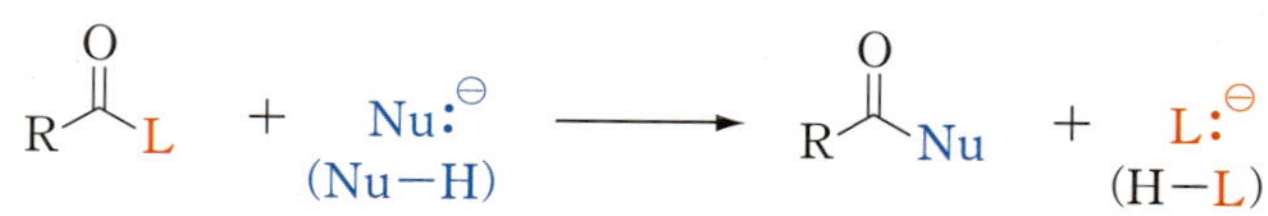

카복실산 유도체
(X=Cl, O_2CR, OR, NR_2)

18.5.2 카복실산 유도체의 반응성

15장에서는 일치환 벤젠의 상대적인 반응성을 설명하기 위해서 유발 효과 및 공명 효과의 관점에서 치환체와 π-전자 밀도의 관계를 추론하였고, 이로부터 상대적인 반응성을 예측하였다(15.2절). 그리고 이것을 실험 결과와 연계하여 ① NH_2, OH, X 치환체는 모두 유발 효과와 공명 효과가 서로 충돌하지만, ② NH_2 및 OH 치환체는 공명 효과가 훨씬 더 중요한 요인이고, X 치환체는 유발 효과가 조금 더 중요하다는 결론을 내렸다.

카복실산 유도체의 반응성도 L(NH_2, OH, X) 치환체의 종류에 따라서 매우 큰 차이가 있는데, 이것을 일치환 벤젠의 반응성에서와 같이 유발 효과 및 공명 효과의 상대적인 중요성을 이용하여 설명할 수 있다.

유발 효과의 관점에서는 L 치환체의 전기 음성도가 클수록 카보닐 탄소의 전자 밀도는 감소하므로 친핵체와의 반응성이 상대적으로 증가함을 예상할 수 있다. 전기 음성도가 [O > N > X] 임을 고려하면 카복실산 유도체의 반응성은 [에스터 > 아마이드 > 할로젠화 아실]로 추론되는데, 이것은 실험 결과와 전혀 일치하지 않는다.

공명 효과의 관점에서는 L 치환체의 고립 전자쌍이 카보닐 작용기의 π-결합에 잘 제공될수록(즉, 쌍극성 공명 구조의 기여도가 증가할수록) 카보닐 탄소의 전자 밀도는 증가하므로 친핵체와의 반응성이 상대적으로 감소함을 예상할 수 있다. 친전자체 방향족 치환 반응에서 치환체의 공명 효과가 [NH_2 > OR > OC(=O)R > X]임을 고려하면(15.2절 및 18.2절) 카복실산 유도체의 반응성은 [할로젠화 아실 > 산 무수물 > 에스터 > 아마이드]가 되는데, 이러한 추론은 실제 실험 결과와 잘 일치한다.

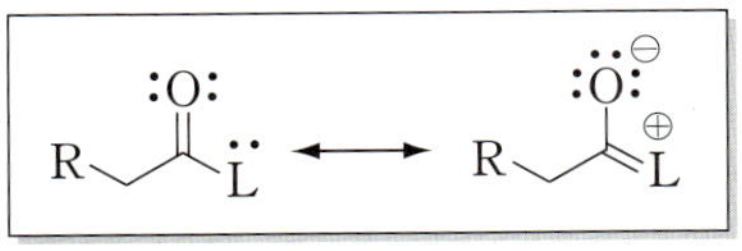

X	할로젠화 아실	↓
O_2CH_2R	산 무수물	
OR	에스터	
NH_2	아마이드	

공명 효과 증가
→ 카보닐 탄소의 전자 밀도 증가
→ 친핵체와의 반응성 감소

그림 18-1 카복실산 유도체의 반응성(공명 효과)

실험에 의하면 카복실산 유도체의 반응성은 [할로젠화 아실 > 산 무수물 ≫ 싸이오에스터 > 아실 포스페이트 > 에스터 ≫ 아마이드]의 순서이다. 이 중에서 싸이오에스터 및 아실 포스페이트는 생체 내 반응에서는 많이 사용되지만 유기 실험실에서는 많이 사용하지 않는 작용기이다. 따라서 이들을 제외하면 카복실산 유도체의 반응성은 [할로젠화 아실 > 산 무수물 ≫ 에스터 ≫ 아마이드]가 되고, 공명 효과를 이용하여 합리적으로 설명할 수 있다.

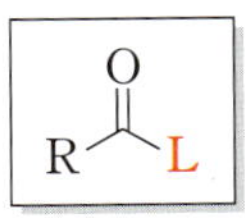

X	할로젠화 아실	↓
O_2CR	산 무수물	
SR	싸이오에스터	
OPO_3^{2-}	아실 포스페이트	
OR	에스터	
NH_2	아마이드	

친핵체와의 반응성 감소

그림 18-2 카복실산 유도체의 반응성

카복실산 유도체의 반응성 순서는 카복실산 유도체의 반응, 반응성 및 메커니즘을 설명하는 데 매우 중요하기 때문에 반드시 기억하기 바란다.

18.5.3 카보닐 산소의 염기도

카복실산 유도체의 상대적인 반응성을 공명 효과를 이용하여 잘 설명했듯이(18.5.2절), 카복실산 유도체에서 카보닐 산소의 염기성 또한 공명 효과를 이용하여 합리적으로 추론할 수 있다.

L 치환체의 고립 전자쌍이 카보닐 작용기의 π-결합에 잘 제공될수록(즉, 쌍극성 공명 구조의 기여도가 증가할수록) 카보닐 산소의 전자 밀도는 증가하므로 카보닐 산소의 염기도가 증가함을 예상할 수 있다. 이러한 추론은 실제 실험 결과와 잘 일치한다.

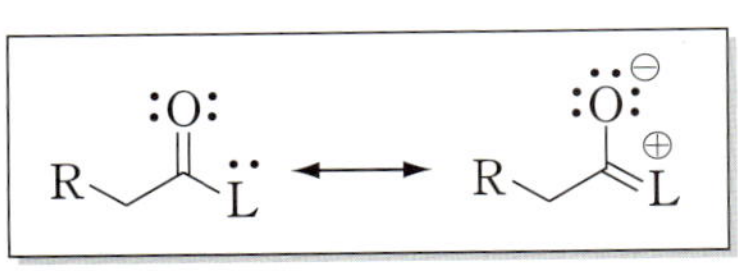

X	할로젠화 아실	↓
O_2CH_3R	산 무수물	
OR	에스터	
NH_2	아마이드	

공명 효과 증가
→ 카보닐 산소의 전자 밀도 증가
→ 카보닐 산소의 염기성 증가

그림 18-3 카보닐 산소의 염기도

이번에는 카보닐 산소와 알코올 산소의 염기성에 대하여 생각해 보자.

동일한 원자의 혼성 오비탈에서 s 오비탈의 비중이 증가하면 마치 원자핵의 전기 음성도가 증가할 때 예상되는 현상이 관찰된다고 하였다(4.4절, 5.5절). 이에 의하면 카보닐 산소는 sp^2 오비탈, 알코올 산소는 sp^3 오비탈을 갖기 때문에 전기 음성도는 알코올 산소가 더 작고, 그 결과 양성자(H^+)에 전자를 제공하는 정도(염기도)가 더 큼을 추론할 수 있다. 실험에 의하면 $pK_a(C{=}O{-}H^+) = -7.2$, $pK_a(R{-}OH_2^+) = -1.7$로서 이러한 추론이 실험 결과와 일치함을 알 수 있다.

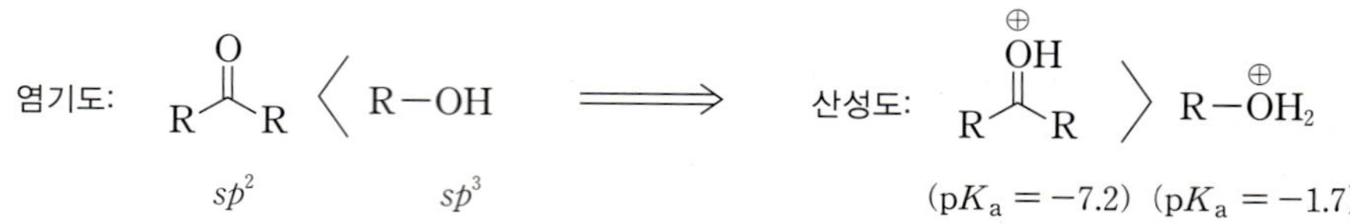

이번에는 하이드록시에스터에 산(H^+)을 첨가하는 경우에 어떤 화학종이 존재할 것인가에 대하여 생각해 보자. 이론적으로 H^+는 알코올 및 카보닐 산소와 산–염기 반응을 할 수 있지만, $pK_a(C{=}O{-}H^+) = -7.2$, $pK_a(RO{-}H^+) = -1.7$이라는 것은 이들이 모두 강산임을 의미한다. 따라서 대부분의 하이드록시에스터는 H^+와 반응하지 않은 중성의 상태로 존재한다.

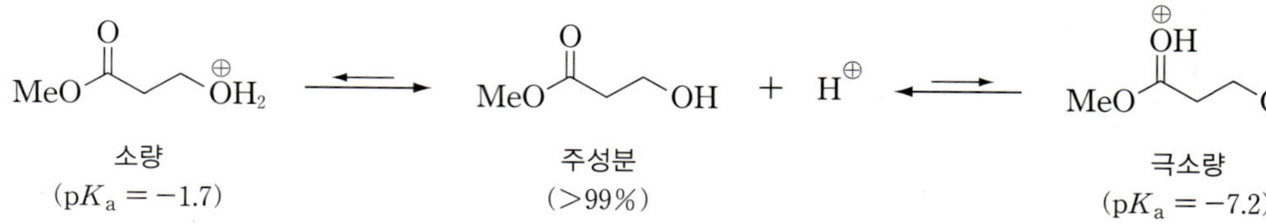

18.5.4 α-C–H 수소의 산성도

카복실산 유도체의 반응성(18.5.2절)과 카보닐 산소의 염기도(18.5.3절)를 설명할 때 공명 효과를 이용한 것처럼 α-C–H 수소의 산성도를 설명할 때에도 공명 효과를 사용할 수 있다.

α-C–H에서 양성자(H^+)를 제거하면 α-탄소 음이온이 생성된다. 카보닐 작용기의 π-결합에 L 치환체의 고립 전자쌍이 잘 제공되면 카보닐 작용기의 전자 밀도는 증가하므로 α-탄소 음이온의 비편재화(공명 현상)는 감소하고, 그 결과 α-탄소 음이온의 열역학적 불안정성이 증가하므로 α-C–H 수소의 산성도는 감소할 것으로 예상된다. 이러한 추론은 실험 결과와도 잘 일치한다.

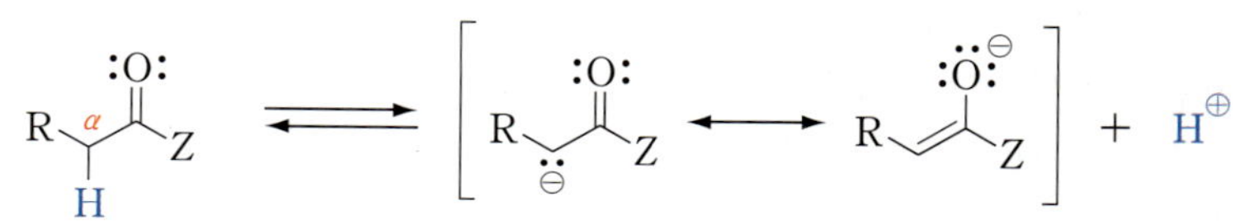

Z		
X	할로젠화 아실	$pK_a=16$
O_2CH_2R	산 무수물	$pK_a=17$
OR	에스터	$pK_a=25$
NH_2	아마이드	$pK_a=30$

(Z 원자에 의한) **공명 효과 증가**
→ 카보닐 탄소의 전자 밀도 증가
→ α-C–H 수소의 산성도 감소

그림 18-4 α-C–H 수소의 산성도

18.5.5 반응 메커니즘

친핵체와 카복실산 유도체의 친핵성 아실 치환 반응에서 반응 경로를 결정하는 중요한 요인은 친핵체와 카복실산 유도체의 상대적인 반응성이다. 이 반응은 크게 세 가지 경로, 즉 ① 강한 친핵체의 반응, ② 반응성이 큰 카복실산 유도체의 반응, ③ 약한 친핵체와 반응성이 작은 카복실산 유도체의 반응으로 구분할 수 있다.

이때 강한 친핵체는 음이온 친핵체(RS^-, N_3^-, CN^-, X^-, RO^-), 약한 친핵체는 중성의 친핵체(NH_3, ROH)를 생각할 수 있다(7.6.3절). 반응성이 큰 카복실산 유도체로는 할로젠화 아실 및 산 무수물, 반응성이 작은 카복실산 유도체로는 에스터, 그리고 반응성이 아주 작은 카복실산 유도체로는 아마이드가 있다. 이러한 기본적인 정보를 바탕으로 세 가지 경로에 대하여 각각 알아보기로 하자.

첫 번째, 강한 친핵체의 반응에 대하여 알아보자(경로 ①).

강한 친핵체는 기본적으로 전자 제공 능력이 매우 좋기 때문에 카복실산 유도체의 반응성과 무관하게 카보닐 탄소를 공격하여 사면체 음이온 중간체 **1a**를 형성할 수 있다. 그리고 중간체 **1a**에서 음이온 산소의 고립 전자쌍은 강한 전자 주개로 작용하므로 이탈기 능력과 무관하게 E2 형태의 반응이 진행되면서 최종 생성물이 얻어진다.

메커니즘 18-1 친핵성 아실 치환 반응의 경로 ① 메커니즘

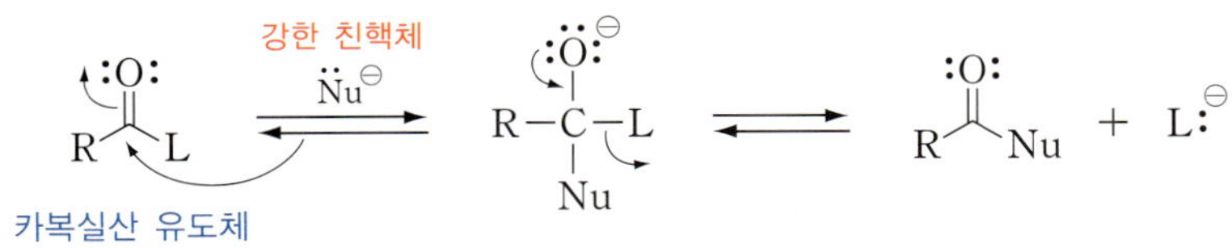

1a

일반적으로 이 반응은 할로젠화 아실 및 산 무수물에서는 매우 빠르게 일어나고, 에스터에서는 무난한 속도로 진행되며, 반응성이 아주 낮은 아마이드에서는 매우 천천히 일어난다. 이것은 할로젠화 아실 및 산 무수물은 온화한 반응 조건, 에스터는 중간 정도의 반응 조건, 아마이드는 강한 반응 조건에서 아실 치환 반응이 진행됨을 의미한다.

두 번째, 반응성이 큰 카복실산 유도체의 반응에 대하여 알아보자(경로 ②).

이 반응은 중성의 친핵체가 카보닐 탄소를 공격하여 쌍극성의 사면체 중간체 **2a**를 형성하고, 분자내 산–염기 반응으로 사면체 중간체 **2b**를 생성한다. 이때 이탈기(L:$^-$)는 강한 또는 중간 정도의 이탈기 능력(7.6.4절)을 갖기 때문에 중성의 산소 고립 전자쌍에 의하여 E2 형태의 반응이 빠르게 일어나고, 계속해서 용매(또는 이탈기)와의 산–염기 반응이 진행되면서 최종 생성물이 얻어진다.

반응성이 큰 카복실산 유도체(할로젠화 아실 및 산 무수물)는 중성의 친핵체가 반응할 정도로 반응성이 크다.

메커니즘 18-2 친핵성 아실 치환 반응의 경로 ② 메커니즘

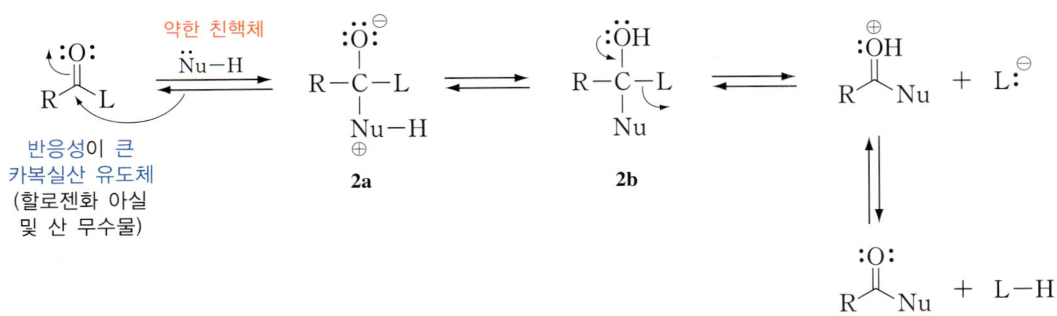

세 번째, 약한 친핵체와 반응성이 작은 카복실산 유도체의 반응에 대하여 알아보자(경로 ③).

이 경우에는 친핵체 및 카복실산 유도체의 반응성이 모두 작아서 합리적인 속도로 진행되는 자발적인 반응을 기대할 수 없다. 이것을 극복하려면 친핵체 또는 카복실산 유도체의 반응성을 인위적으로 올려야 하는데, 산 촉매 조건을 사용하여 카복실산 유도체의 반응성을 올릴 수 있음을 알데하이드 및 케톤의 반응에서 이미 기술한 바 있다(16.8.2절, 16.9.4절, 16.9.5절, 16.10.4절).

약한 친핵체는 중성의 친핵체, 반응성이 작은 카복실산 유도체로는 에스터 및 아마이드 등이다.

약한 친핵체와 반응성이 작은 카복실산 유도체를 산성 조건에서 반응시키면 우선, 카보닐 산소가 양성자(H^+)와 산–염기 반응을 하여 카보닐 작용기를 활성화하고, 중성의 친핵체가 카보닐 탄소를 공격한 후, 계속해서 용매와의 산–염기 반응으로 중성의 사면체 중간체 **3a**를 생성한다. 중간체 **3a**에서 중성 산소의 고립 전자쌍은 약한 전자 주개이고 이탈기($L:^-$)는 아주 약한 이탈기(7.6.4절)이므로 E2 형식의 반응은 일어나지 않는다. 그러나 이탈기(L)의 고립 전자쌍과 양성자(H^+)의 산–염기 반응이 일어나면 [L^+–H] 골격을 갖는 중간체 **3b**가 생성되는데, [L^+–H]는 강한(O) 또는 중간(N) 정도의 이탈기(7.6.4절) 능력을 갖기 때문에 중성의 산소 고립 전자쌍에 의하여 E2 형태의 반응이 진행되면서 카보닐 양이온 **3c**가 얻어진다. 계속해서 카보닐 양이온 **3c**와 용매(또는 이탈기)와의 산–염기 반응이 진행되면서 최종 생성물이 생성된다.

메커니즘 18-3 친핵성 아실 치환 반응의 경로 ③ 메커니즘

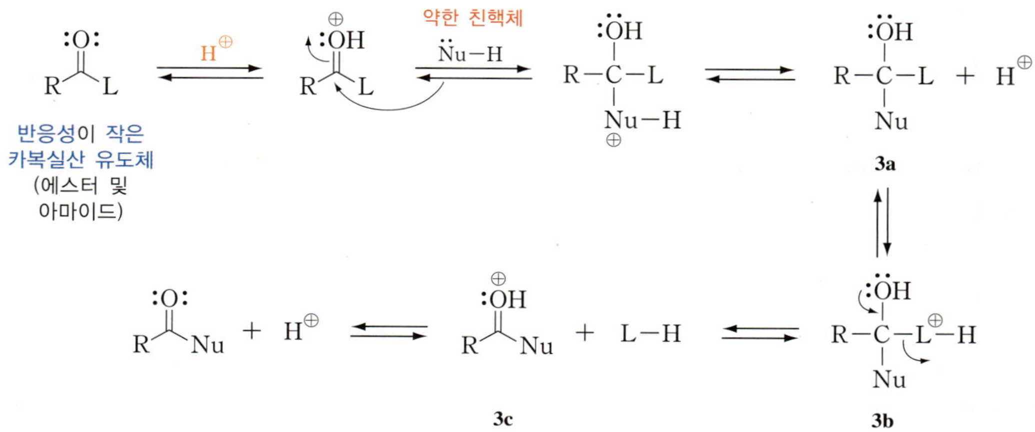

18.6 카복실산의 반응

18.6.1 서론

카복실산은 친핵성 아실 치환 반응을 통해서 카복실산 유도체로 전환될 수 있다. 다만, 카복실산의 카보닐 작용기는 전자가 풍부하기 때문에 친핵체의 직접적인 공격보다는 카복실 작용기에 전자를 강하게 끌어당김과 동시에 좋은 이탈기로 작용하는 활성화기(activator)를 도입하는 간접적인 경로를 주로 이용한다. 활성화기가 있는 중간체 **A**는 일반적으로 할로젠화 아실 및 산 무수물 정도의 반응성을 갖기 때문에 중간체 **A**와 음이온 친핵체(Cl^- 및 RCO_2^-)의 반응은 (경로 ①)을 따라서 할로젠화 아실 및 산 무수물을 제공하고, 중간체 **A**와 중성 친핵체(ROH, RNH_2)의 반응은 (경로 ②)를 따라서 에스터 및 아마이드를 생성한다.

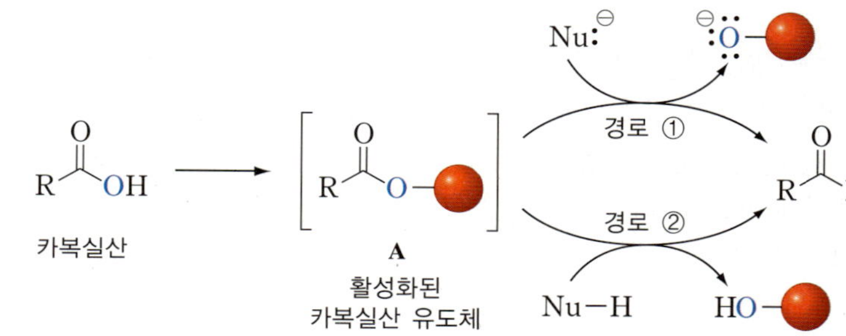

18.6.2 할로젠화 아실

카복실산을 [$SOCl_2$, PCl_5] 및 PBr_3 등과 반응시키면 염화 아실 및 브로민화 아실이 생성된다. 이 반응은 합성에서 자주 사용되는 일반적인 반응이다.

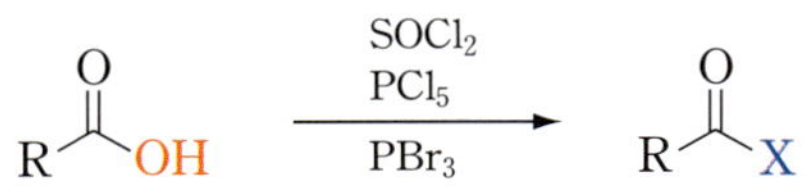

이 반응들은 모두 활성화 중간체 **B**를 생성한 이후에 친핵성 아실 치환 반응의 (경로 ①)을 따라서 진행된다(18.5.5절). 카복실산과 $SOCl_2$의 반응을 예로 들면 우선 카복실산이 이온화하고, 알코올과 $SOCl_2$의 반응(8.8.2절)에서와 같이 카복실산 음이온과 $SOCl_2$가 반응하여 활성화 중간체 **B**를 생성하고, 최종적으로 Cl^- 음이온이 **B**를 공격하여 할로젠화 아실을 생성한다. 이 과정에서 생성되는 이탈기(**C**)는 $SO_2(g)$ 및 Cl^-로 분해되면서 기체 상태인 $SO_2(g)$가 반응 용매에서 제거되기 때문에 전체 반응이 진행되는 원동력으로 작용한다.

메커니즘 18-4 카복실산에서 할로젠화 아실 생성 반응 메커니즘

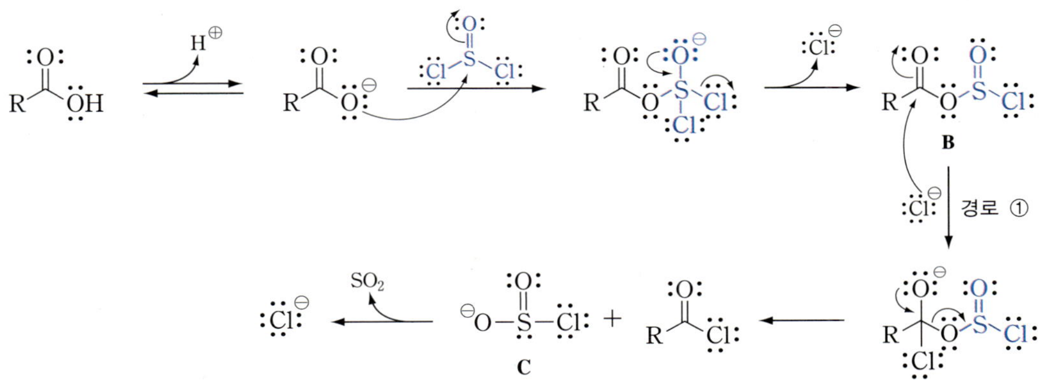

반응에 사용되는 활성화 시약들의 구조를 보면 8.8.2절에서 기술한 것처럼 중심 원자인 S, P 원소는 전기 음성도가 큰 할로젠 원소와 결합되어 있어서 기본적으로 전자가 매우 부족하고, 동시에 좋은 이탈기가 있어서 친핵체의 공격을 쉽게 받을 수 있다. 그리고 생성된 활성화 중간체들은 모두 강한 이탈기로 작용하기 때문에 다양한 카복실산 유도체로 전환된다는 공통점을 갖는다.

카복실산에서 할로젠화 아실을 합성하는 예는 다음과 같다.

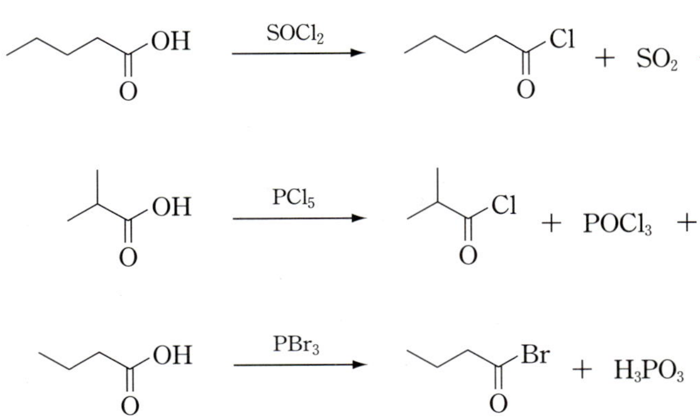

그림 18-5 카복실산에서 할로젠화 아실 합성 반응의 예

18.6.3 산 무수물

카복실산을 P_2O_5와 반응시키면 산 무수물이 생성되는데, 이 반응도 합성에서 자주 사용되는 일반적인 반응이다.

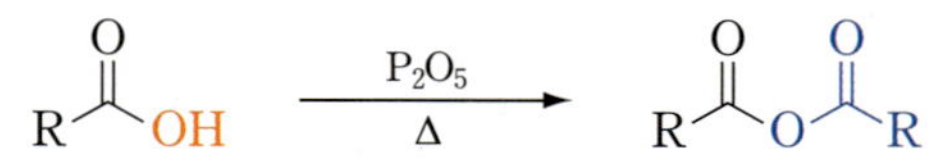

이 반응도 카복실산에서 할로젠화 아실의 합성 경로(18.6.2절)와 동일하게 활성화 중간체 **D**를 생성한 이후에 친핵성 아실 치환 반응의 (경로 ①)을 따라서 진행된다(18.5.5절).

메커니즘 18-5 카복실산에서 산 무수물 생성 반응 메커니즘

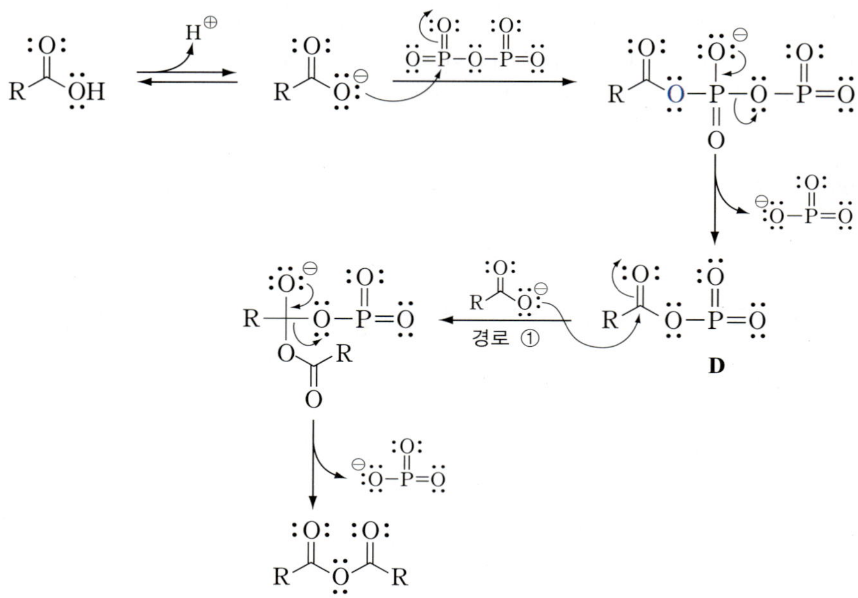

카복실산에서 산 무수물을 합성하는 예는 다음과 같다.

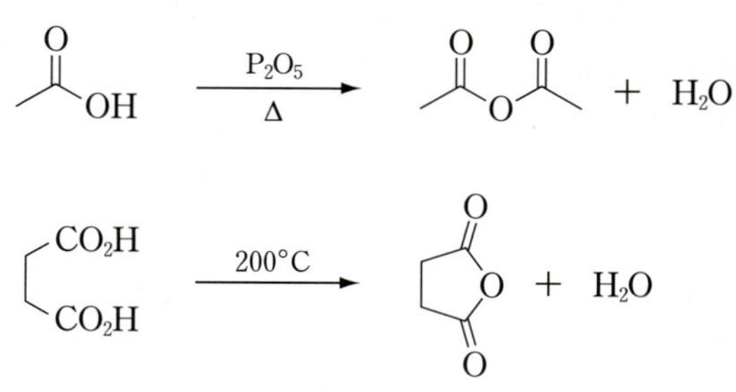

그림 18-6 카복실산에서 산 무수물 합성 반응의 예 (I)

산 무수물은 카복실산과 염화 아실의 반응을 통해서도 얻을 수 있다. 이 반응은 카복실산 음이온이 염화 아실의 카보닐 탄소를 공격하는 친핵성 아실 치환 반응의 (경로 ①)을 따라서 진행된다(18.5.5절).

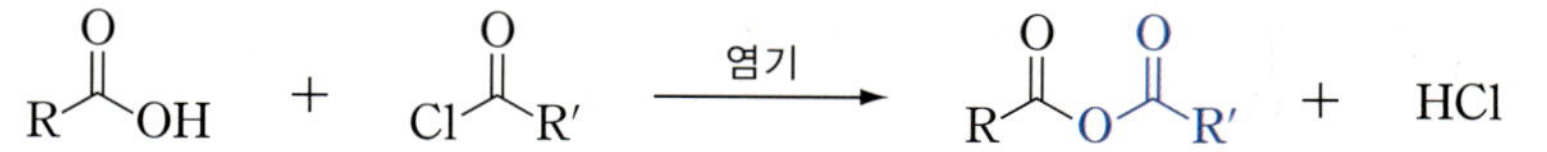

이 방법으로 산 무수물을 합성하는 예는 다음과 같다.

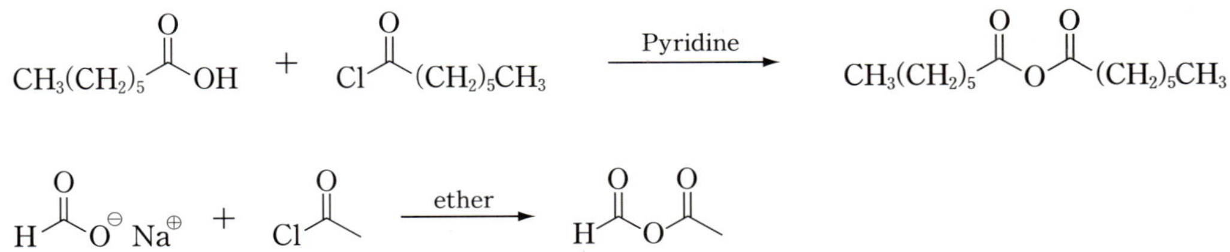

그림 18-7 카복실산에서 산 무수물 합성 반응의 예 (Ⅱ)

아세트산 무수물을 과량의 벤조산과 반응시킬 때, 생성되는 아세트산을 계속해서 제거하면 르샤틀리에 원리에 의하여 순수한 벤조산 무수물을 얻을 수 있다. 그러나 이 방법은 출발 물질 및 생성 물질 카복실산의 끓는점에 큰 차이가 있어서 특정한 카복실산을 선택적으로 분리할 수 있는 경우에만 적용할 수 있다.

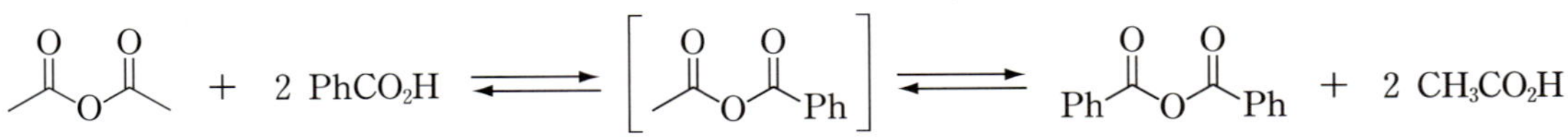

18.6.4 에스터

카복실산에서 에스터를 합성하는 대표적인 반응은 산 촉매 조건에서 카복실산과 알코올을 가열하는 **피셔 에스터화 반응(Fisher esterification)**이다. 이 반응은 가역 반응이기 때문에 출발 물질 또는 생성 물질의 양을 조절함으로써 평형의 위치를 변경시킬 수 있는데, 반응이 진행될 때 생성되는 물을 제거함으로써 반응 수율을 높이는 방법은 이미 일반화되어 있다.

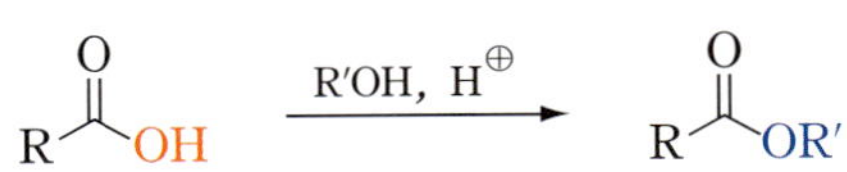

카복실산에서 에스터를 합성하는 예는 다음과 같다.

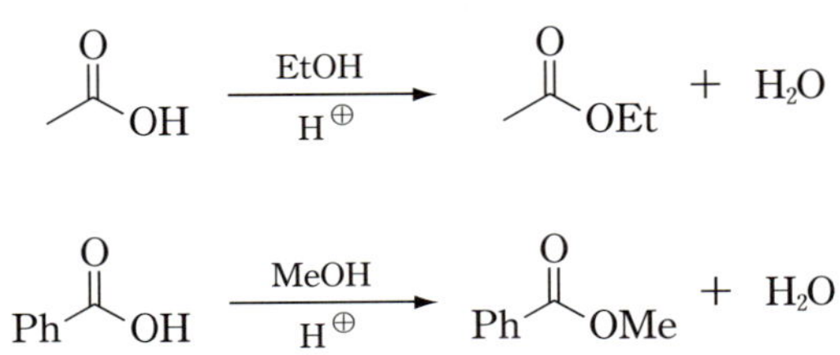

그림 18-8 카복실산에서 에스터 합성 반응의 예

피셔 에스터화 반응은 반응성이 작은 중성의 친핵체 및 반응성이 작은 에스터의 반응이기 때문에 친핵성 아실 치환 반응의 (경로 ③)을 따라서 진행된다(18.5.5절). 이 반응은 우선 카보닐 산소와 H^+ 사이에 산-염기 반응이 진행되어 카보닐 작용기가 활성화되고, 중성의 알코올이 카보닐 탄소를 공격한 후, 계속해서 용매와의 산-염기 반응으로 중성의 사면체 중간체 **E**를 생성한다. 이때 중성의 알코올이 활성화 카보닐 작용기를 공격하는 단계가 이 반응의 반응 속도 결정 단계(RDS)이다. 중간체 **E**에서 중성 산소의 고립 전자쌍은 약한 전자 주개이고, $-OH$ 작용기는 나쁜 이탈기이기 때문에 중간체 **E**에서 직접 E2 형식의 반응은 일어나지 않는다. 그러나 나쁜 이탈기($-OH$)가 H^+와 산-염기 반응을 진행하여 $-OH_2^+$라는 좋은 이탈기로 전환되면,

약한 전자 주개인 중성 산소의 고립 전자쌍에 의하여 E2 형태의 반응이 진행되면서 카보닐 양이온 **F**를 생성할 수 있다. 마지막으로 카보닐 양이온 **F**와 물의 산–염기 반응이 진행되면 최종 생성물을 얻는다.

메커니즘 18-6 피셔 에스터화 반응 메커니즘

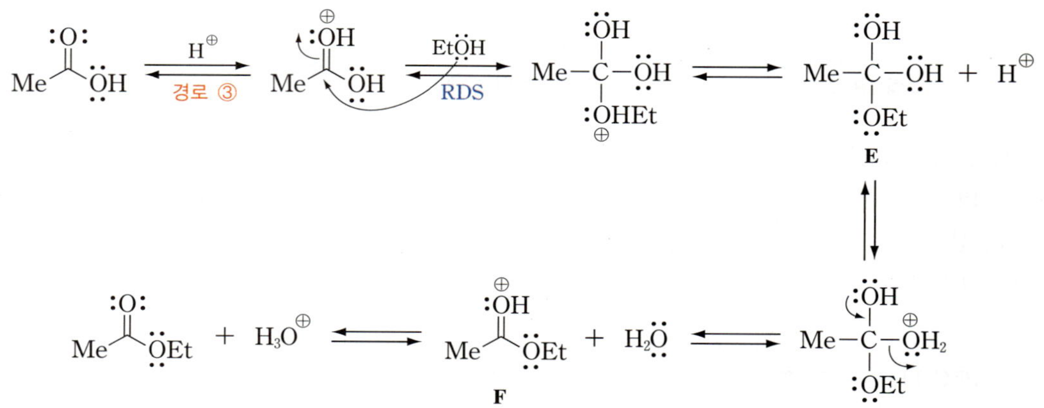

벤조산의 피셔 에스터화 반응에서 CH_3OH 대신에 $CH_3{}^{18}OH$를 사용하면 ^{18}O는 생성물에서만 발견되고 H_2O에서는 전혀 검출되지 않는다. 이러한 실험 결과는 피셔 에스터화 반응이 실제로 아래의 경로로 진행함을 뒷받침하는 근거가 된다.

메커니즘 18-7 $CH_3{}^{18}OH$를 사용한 피셔 에스터화 반응 메커니즘

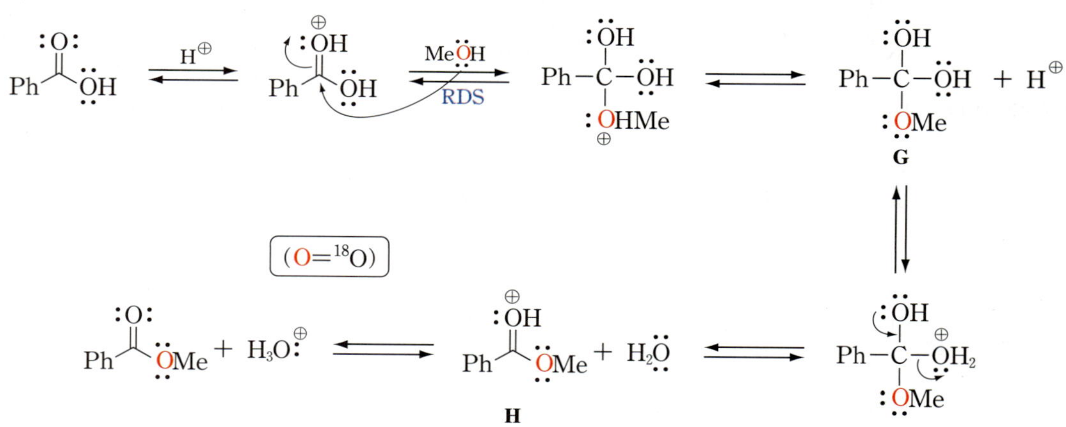

또한 위 반응에서 $H_2{}^{18}O$가 전혀 검출되지 않는다는 것은 카복실산 음이온이 $CH_3–{}^{18}OH_2{}^+$를 공격하는 S_N2 형식의 반응이 일어나지 않음을 암시한다.

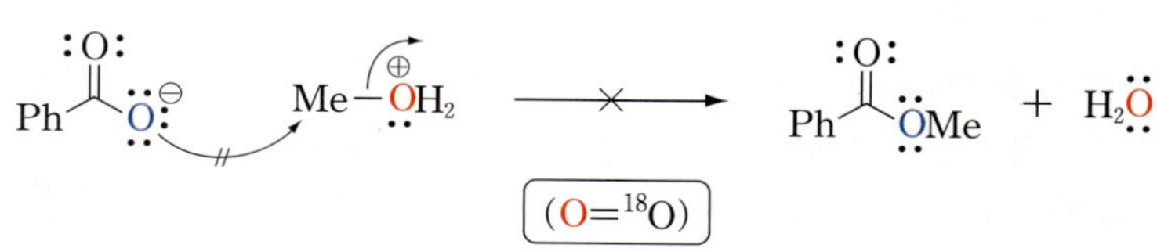

예제 18.5

아래 반응의 주생성물을 그리시오

(a) 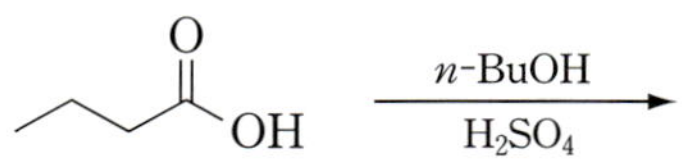

(b) 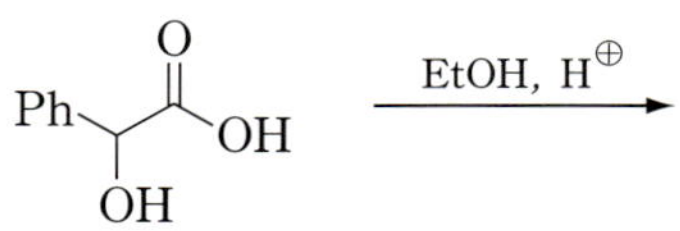

풀이

(a) 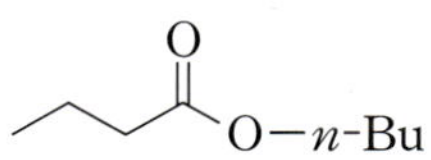

(b) 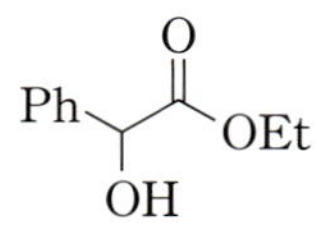

한 분자에 카복실산과 알코올 작용기가 동시에 존재하고, 두 작용기 사이에 분자내 피셔 에스터화 반응이 가능하다면 분자간 에스터화 반응과 동일한 경로를 따라서 **고리형 에스터**(**락톤, lactone**)가 생성될 수 있다.

일반적으로 삼각형 및 사각형 락톤은 각 무리 때문에 상대적으로 합성하기 어렵고, 오각형~칠각형 락톤은 자발적으로 생성될 수 있으며, 팔각형 이상의 락톤은 카복실산과 알코올 작용기의 접근이 어렵기 때문에 합성하기가 힘들다는 특징이 있다.

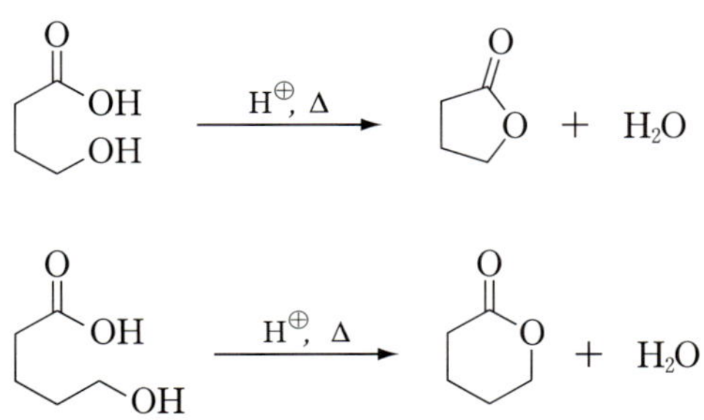

락톤의 명명은 alkanolide 형식의 IUPAC 명을 사용하지만, 이 외에도 α-락톤(삼각형, 탄소 두 개), β-락톤(사각형, 탄소 세 개), γ-락톤(오각형, 탄소 네 개), δ-락톤(육각형, 탄소 다섯 개) 등 관용명도 흔히 사용한다.

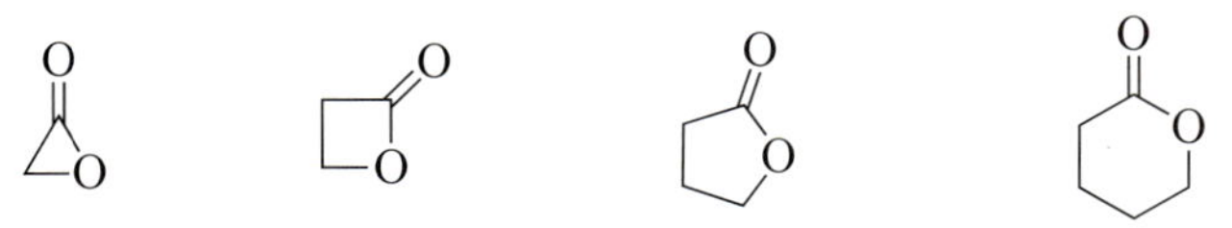

α-lactone | β-lactone | γ-lactone 4-butanolide | δ-lactone 5-pentanolide

18.6.5 아마이드

카복실산과 아민을 함께 가열하면 아마이드가 생성된다. 이 반응은 매우 높은 온도에서 진행되기 때문에 실험실에서 사용하는 경우는 드물고, 반응 메커니즘도 명확하지 않다.

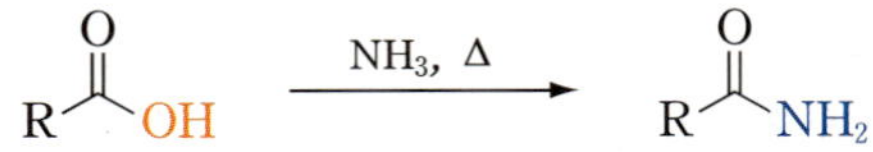

이 반응에서 높은 온도가 필요한 이유는 간단하다. 카복실산과 아민이 만나면 가장 먼저 산-염기 반응에 의하여 카복실산 음이온이 생성되는데, 카복실산 음이온은 전자가 풍부해서 중성의 약한 전자 주개인 아민으로부터 전자를 받기가 힘들기 때문이다.

카복실산에서 아마이드를 합성하는 예는 다음과 같다.

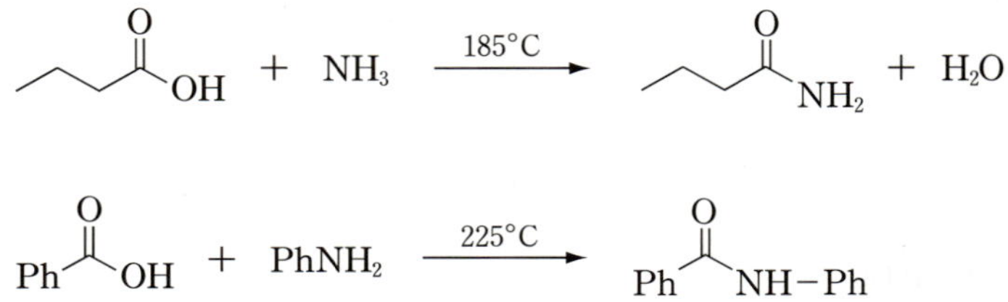

그림 18-9 카복실산에서 아마이드 합성 반응의 예

18.7 가수 분해 반응

카복실산에서 카복실산 유도체들을 합성하는 것처럼 카복실산 유도체에 물(HO−H)을 첨가하여 카복실산으로 전환하는 것이 가능한데, 이러한 반응을 **가수 분해 반응(hydrolysis)**이라고 한다.

기본적인 반응 조건은 반응성이 강한 카복실산 유도체(할로젠화 아실 및 산 무수물)는 약한 친핵체(H_2O, 경로 ②), 반응성이 약한 카복실산 유도체(에스터) 또는 아주 약한 카복실산 유도체(아마이드)는 강한 친핵체(HO^-, 경로 ①) 및 산성 조건(H_2O, H^+, 경로 ③)을 주로 사용한다.

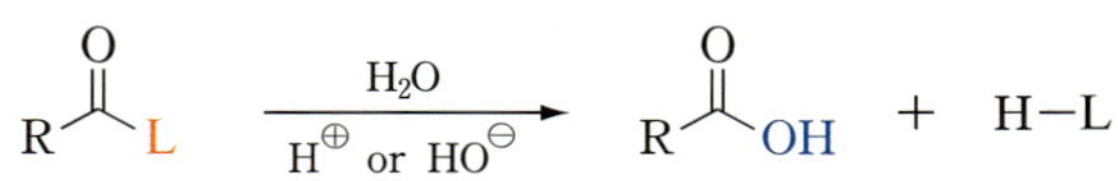

18.7.1 할로젠화 아실 및 산 무수물

할로젠화 아실 및 산 무수물은 반응성이 매우 크기 때문에 친핵성이 작은 중성의 물과 반응하여 카복실산을 생성할 수 있다.

할로젠화 아실 및 산 무수물의 가수 분해 반응에서 약한 친핵체(H_2O) 대신에 강한 친핵체(OH^-)를 사용하면 반응이 더 빠르게 진행된다. 다만, 중성 조건에서도 반응이 빠르게 진행되기 때문에 부반응의 가능성을 감수하면서 염기성 조건을 사용할 필요가 없는 것이다.

할로젠화 아실 및 산 무수물의 가수 분해 반응의 예는 다음과 같다.

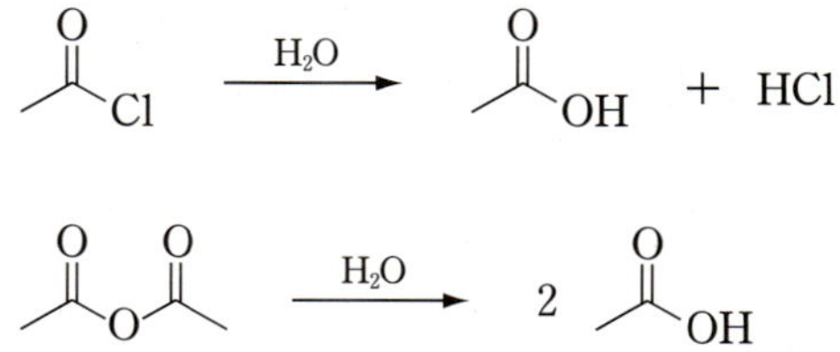

그림 18-10 할로젠화 아실 및 산 무수물의 가수 분해 반응의 예

이 반응은 중성의 물이 약한 친핵체이고, 할로젠화 아실 및 산 무수물은 반응성이 크기 때문에 친핵성 아실 치환 반응의 (경로 ②)를 따라서 진행된다(18.5.5절). 즉, 중성의 물이 카보닐 탄소를 공격하여 쌍극성의 사면체 중간체를 형성하고, 분자내 산–염기 반응으로 사면체 중간체 **A**가 생긴다. 이때 −Cl은 좋은 이탈기이므로 중성의 산소 고립 전자쌍에 의한 E2 반응이 빠르게 진행되며, 계속해서 용매(또는 이탈기)와의 산–염기 반응이 진행되어 카복실산이 생성된다.

메커니즘 18-8 할로젠화 아실의 가수 분해 반응 메커니즘

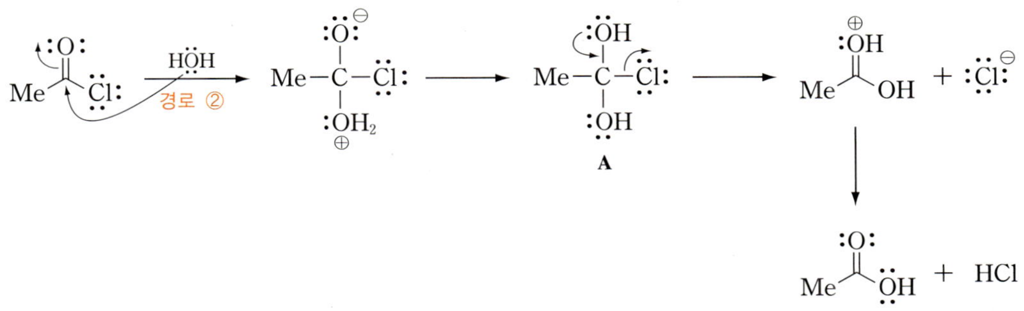

18.7.2 에스터(산 촉매 반응)

일반적으로 에스터는 중성의 수용액에서 안정하지만, 산 또는 염기 존재 하에서는 가수 분해 반응이 진행될 수 있다. 여기에서는 산 촉매 반응을 중심으로 기술하고, 이어지는 절에서는 염기 조건에서의 반응을 설명할 것이다.

산 촉매 조건에서 에스터와 물 혼합물을 가열하면 가수 분해 반응이 진행되어 카복실산과 알코올이 생성된다. 이 반응은 에스터의 −OR′ 기가 1차, 2차 또는 3차 알코올인가에 따라서 반응 경로가 다르다는 특징이 있다.

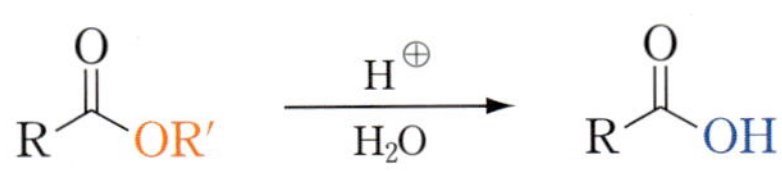

우선, 산성 조건에서 1차 및 2차 알킬 에스터의 가수 분해 반응에 대하여 알아보자.

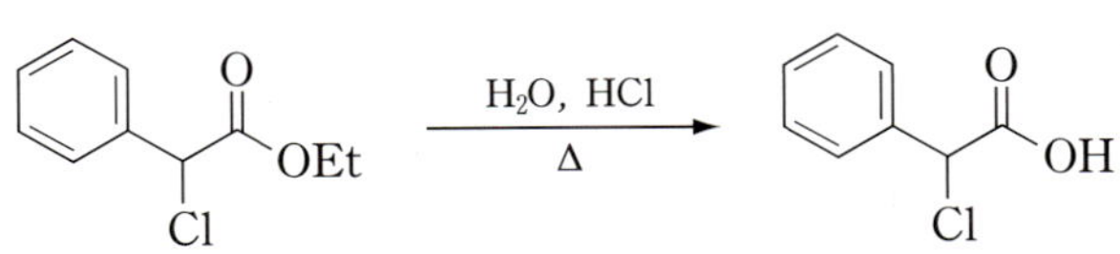

1차 및 2차 알킬 에스터의 가수 분해 반응은 피셔 에스터화 반응(18.6.4절)의 역반응으로서, 친핵성 아실 치환 반응의 (경로 ③)을 따라서 진행된다. 이 반응은 우선 카보닐 산소와 H^+ 사이에 산–염기 반응이 진행되어 카보닐 작용기가 활성화되고, 중성의 물이 카보닐 탄소를 공격한 후, 용매와의 산–염기 반응으로 중성의 사면체 중간체 **B**를 생성한다. 이때 중성의 물이 활성화 카보닐 작용기를 공격하는 단계가 이 반응의 반응 속도 결정 단계이다. 중간체 **B**에서 중성 산소의 고립 전자쌍은 약한 전자 주개이고, −OR 작용기도 좋은 이탈기가 아니므로 중간체 **B**에서 직접 E2 형식의 반응은 일어나지 않는다. 그러나 이탈기 −OR이 H^+와 산–염기 반응을 진행하여 $-O(H)R^+$라는 좋은 이탈기로 전환되면, 약한 전자 주개인 중성 산소의 고립 전자쌍에 의하여 E2 형태의 반응이 진행되면서 카보닐 양이온 **C**를 생성할 수 있다. 마지막으로 카보닐 양이온 **C**와 ROH와의 산–염기 반응이 진행되면 최종 생성물을 얻는다.

메커니즘 18-9 산 촉매 조건에서 1차 및 2차 알킬 에스터의 가수 분해 반응 메커니즘

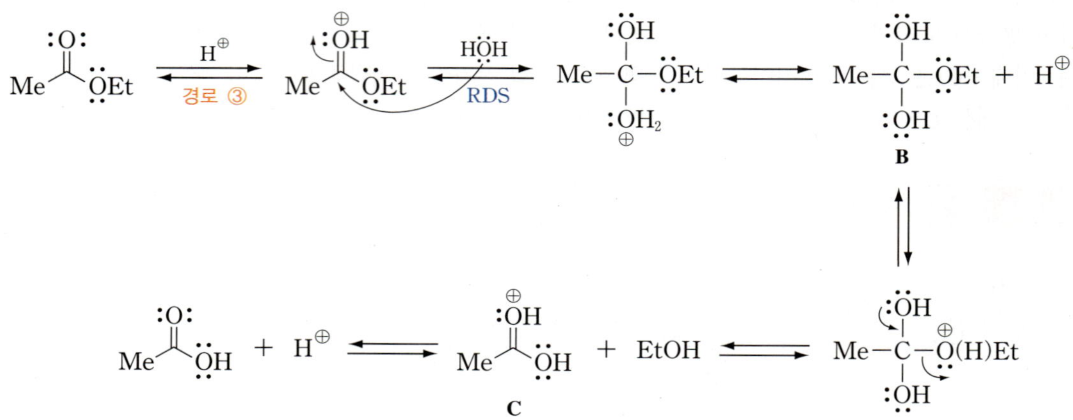

1차 및 2차 알킬 에스터의 가수 분해 반응이 위의 경로로 진행함을 뒷받침하는 것으로 ^{18}O 동위 원소를 포함하는 메틸 에스터(R—CO—^{18}OMe)를 가수 분해하면 ^{18}O는 오직 메탄올에서만 발견된다는 실험 결과가 있다. 이것은 위의 반응 메커니즘에 의하여 쉽게 설명이 되며, 또한 아래의 반응이 진행되지 않음을 의미한다.

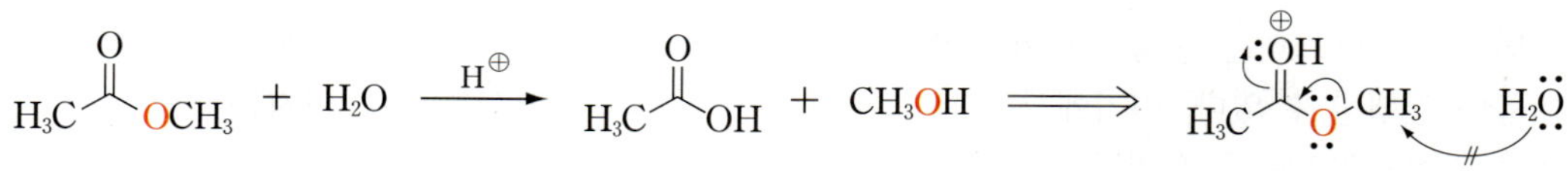

이제는 산성 조건에서 3차 알킬 에스터의 가수 분해 반응에 대하여 생각해 보자.

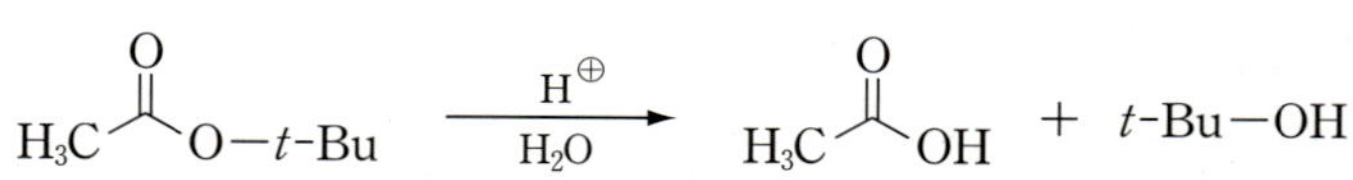

이 반응은 표면적으로 1차 및 2차 알킬 에스터의 가수 분해 반응과 유사한 듯하지만 반응 경로는 일반적인 아실 치환 반응의 메커니즘(경로 ①, 경로 ②, 경로 ③)과는 완전히 다르다. 3차 알킬 에스터의 경우에는 우선 카보닐 산소와 H^+의 산–염기 반응으로 카보닐 작용기가 활성화되고, 계속해서 카복실산이 생성되면서 열역학적으로 안정한 3차 탄소 양이온 **D**를 생성한다. 양이온 **D**는 반응 조건에 따라서 *t*-BuOH 및 2-메틸프로펜으로 전환될 수 있다.

메커니즘 18-10 산 촉매 조건에서 3차 알킬 에스터의 가수 분해 반응 메커니즘

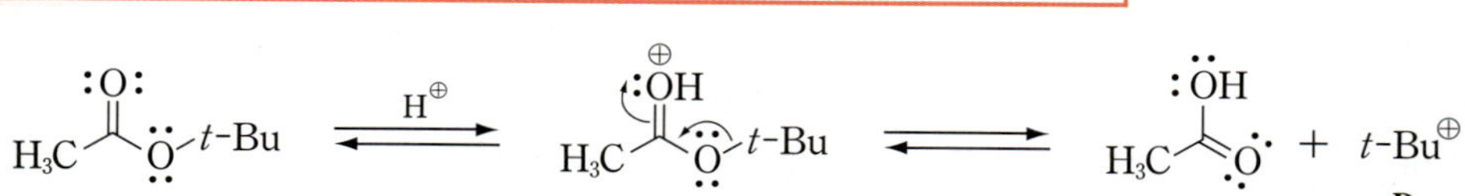

t-뷰틸 에스터

D (3차 탄소 양이온)

이러한 반응 경로를 뒷받침하는 것으로 ^{18}O—*t*-butyl acetate의 가수 분해 반응에서 ^{18}O 동위원소는 모두 아세트산에서 발견된다는 실험 결과를 들 수 있다.

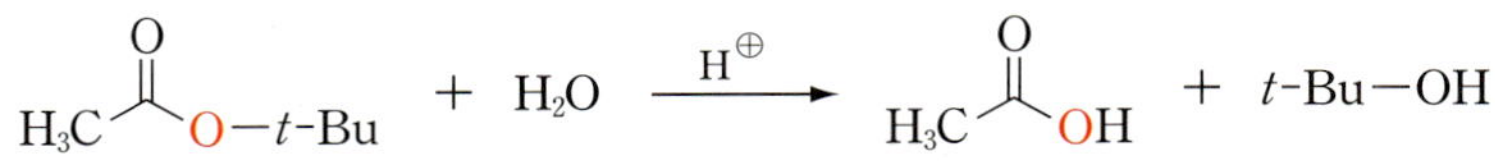

18.7.3 에스터(염기 조건 반응)

에스터는 산성 조건만이 아니라 염기성 조건에서도 가수 분해가 일어난다. 이 경우에 OH^- 음이온은 촉매가 아니라 반응 시약이기 때문에 당량 이상을 사용해야 하고, 산성 조건과 다르게 반응이 비가역적으로 진행된다. 이 반응을 **비누화 반응(saponification)**이라고 한다.

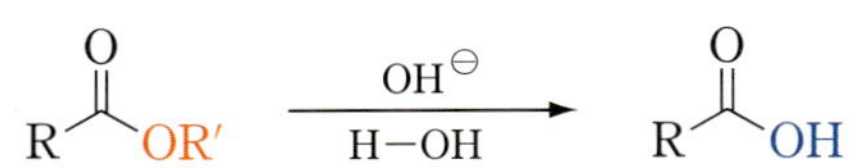

염기성 조건에서 알킬 에스터의 가수 분해 반응의 예는 다음과 같다.

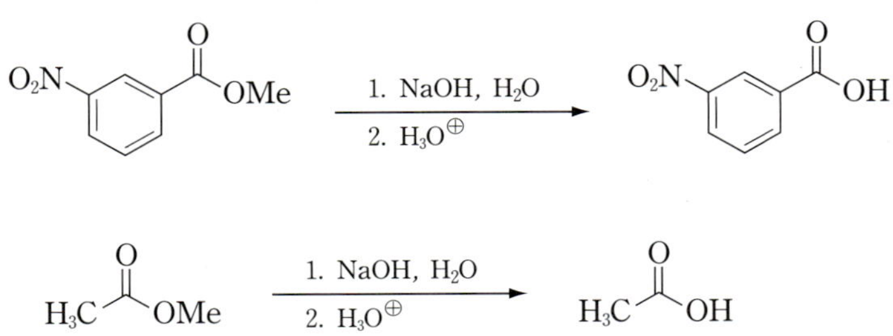

그림 18-11 염기 조건에서 알킬 에스터 가수 분해 반응의 예

염기성 조건에서 알킬 에스터의 가수 분해 반응은 HO^-가 강한 친핵체이기 때문에 친핵성 아실 치환 반응의 (경로 ①)을 따라서 진행된다(18.5.5절). 즉, 강한 친핵체인 OH^- 음이온이 카보닐 탄소를 공격하고, 강한 전자 주개인 산소 음이온이 전자를 제공하여 −OEt를 밀어내면서 E2 형식의 반응이 진행된다. 생성된 중간체 **E**는 HO^-와 비가역적인 산−염기 반응을 진행하여 카복실산 음이온으로 전환되고, 최종적으로 외부에서 H^+를 제공함으로써 카복실산을 얻는다. 이 메커니즘에 의하면 OH^-가 1 당량 필요하고, 반응이 비가역적임을 쉽게 이해할 수 있다.

메커니즘 18-11 염기 조건에서 알킬 에스터의 가수 분해 반응 메커니즘

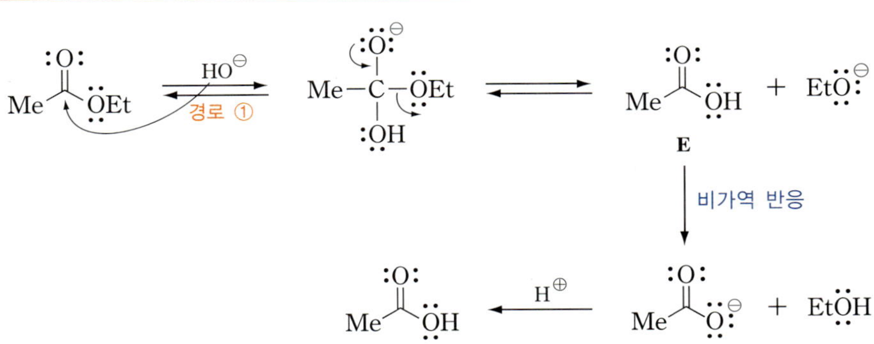

이러한 반응 경로를 뒷받침하는 것으로 동위 원소를 포함하는 알킬 에스터($R-CO-^{18}OEt$)를 염기성 조건에서 가수 분해하면 ^{18}O는 오직 에탄올에서 발견된다는 실험이 있다. 이것은 위의 반응 메커니즘에 의하여 쉽게 설명이 되며, 또한 아래의 반응이 진행되지 않는다는 것을 의미한다.

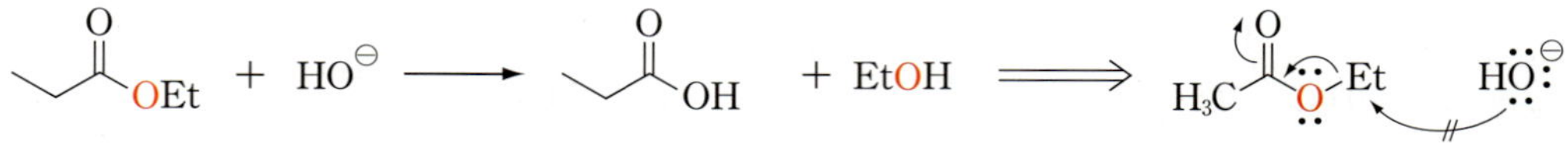

알킬 에스터의 가수 분해 반응에서 알코올의 절대 배열이 유지된다는 것도 OH^-가 직접 S_N2 형태로 공격하지 않음을 보여 주는 예이다.

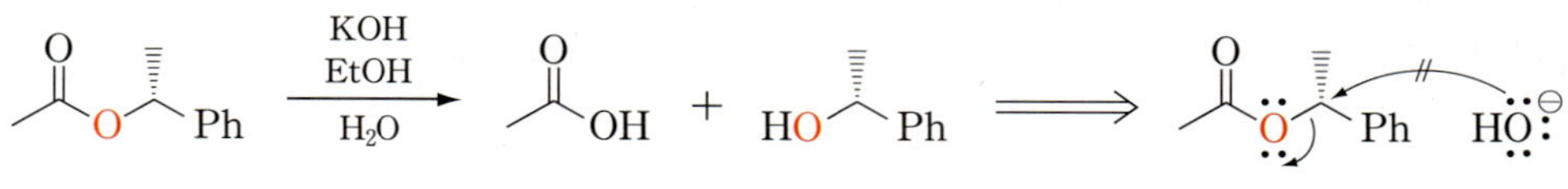

18.7.4 아마이드

아마이드를 강산 또는 강염기 조건에서 높은 온도로 가열하면 가수 분해 반응이 비가역적으로 진행된다. 다만, 아마이드는 에스터보다 훨씬 더 안정한 작용기이기 때문에 높은 농도 및 높은 온도 조건 등 일반적으로 더 강한 조건을 적용해야 한다.

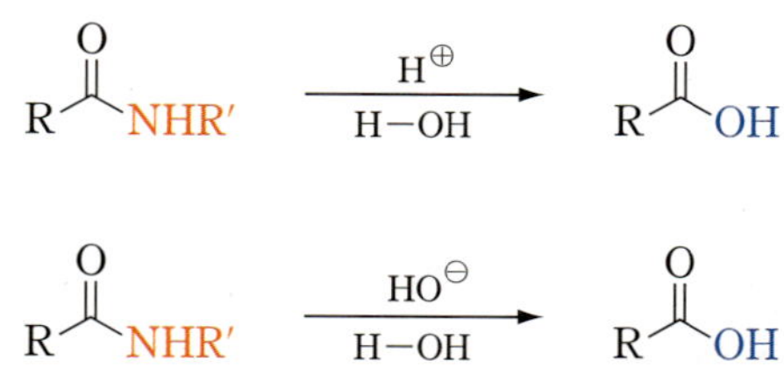

산성 및 염기성 조건에서 아마이드의 가수 분해 반응의 예는 다음과 같다.

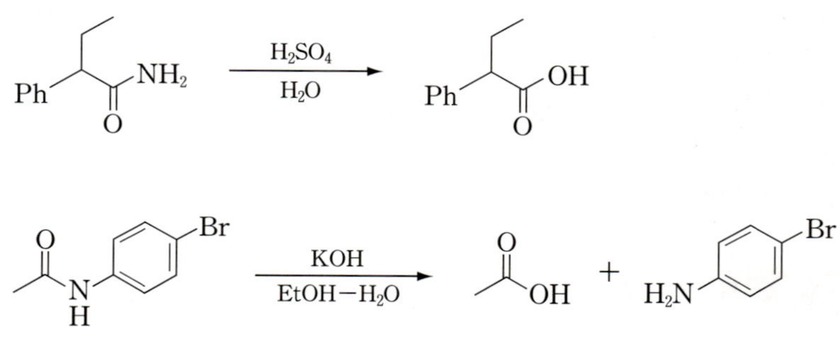

그림 18-12 산성 및 염기성 조건에서 아마이드 가수 분해 반응의 예

산성 촉매 조건에서의 아마이드 가수 분해 반응은 반응성이 작은 중성의 친핵체(H_2O) 및 반응성이 아주 작은 출발 물질의 반응이기 때문에 친핵성 아실 치환 반응의 (경로 ③)을 따라서 진행된다(18.5.5절). 이 반응은 우선 카보닐 산소와 H^+ 사이에 산-염기 반응이 진행되어 카보닐 작용기가 활성화되고, 중성의 친핵체가 카보닐 탄소를 공격한 후, 용매와의 산-염기 반응으로 중성의 사면체 중간체 **A**를 생성한다. 이때 중성의 물이 활성화 카보닐 작용기를 공격하는 단계가 이 반응의 반응 속도 결정 단계이다. 중간체 **A**에서 중성 산소의 고립 전자쌍은 약한 전자 주개이고, $-NH_2$ 작용기도 좋은 이탈기가 아니기 때문에 직접 E2 형식의 반응은 일어나지 않는다. 그러나 이탈기 $-NH_2$가 H^+와 산-염기 반응을 진행하여 $-NH_3^+$라는 이탈기로 전환되면, 약한 전자 주개인 중성 산소의 고립 전자쌍에 의하여 E2 형태의 반응이 진행되면서 카보닐 양이온 **B**를 생성할 수 있다. 마지막으로 카보닐 양이온과 물과의 산-염기 반응이 진행되면 최종 생성물을 얻는다. 참고로 이 반응 경로를 산성 조건에서의 에스터 가수 분해 반응의 경로

(18.7.2절)와 비교하면 $-OR$(에스터) 작용기가 $-NH_2$(아마이드) 작용기로 치환된 것을 제외하고 모든 것이 일치함을 알 수 있다.

메커니즘 18-12 산 촉매 조건에서 아마이드의 가수 분해 반응 메커니즘

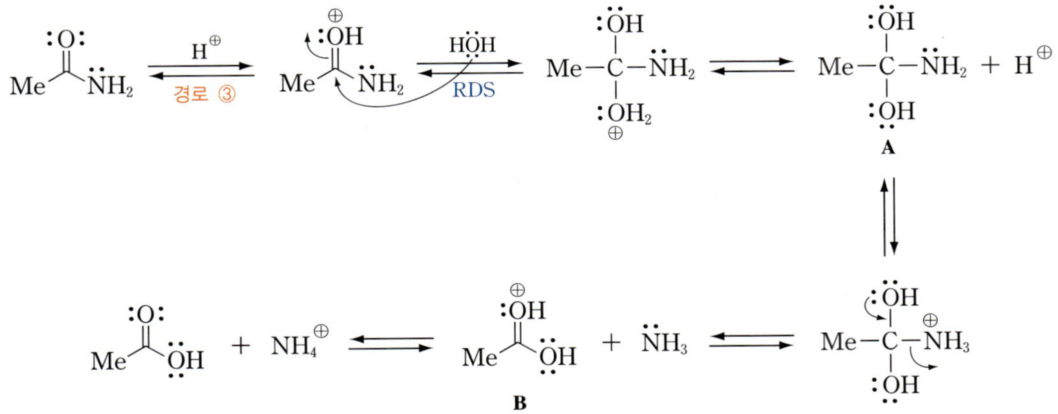

염기성 조건에서의 아마이드 가수 분해 반응은 반응성이 큰 음이온 친핵체(OH^-)가 반응에 참여하기 때문에 친핵성 아실 치환 반응의 (경로 ①)을 따라서 진행된다(18.5.5절). 이 반응은 강한 친핵체인 OH^- 음이온이 카보닐 탄소를 공격하고, 강한 전자 주개인 산소 음이온이 전자를 제공하여 $-NH_2$를 밀어내면서 E2 형식의 반응이 진행된다. 생성된 중간체 **C**는 NH_2^-와 비가역적인 산–염기 반응을 진행하여 카복실산 음이온으로 전환되고, 최종적으로 외부에서 H^+를 제공함으로써 카복실산을 얻는다. 참고로 이 반응 경로를 염기성 조건에서의 에스터 가수 분해 반응의 경로(18.7.3절)와 비교하면 이것도 $-OR$(에스터) 작용기가 $-NH_2$(아마이드) 작용기로 치환된 것을 제외하고 모든 것이 일치한다.

메커니즘 18-13 염기 조건에서 아마이드의 가수 분해 반응 메커니즘

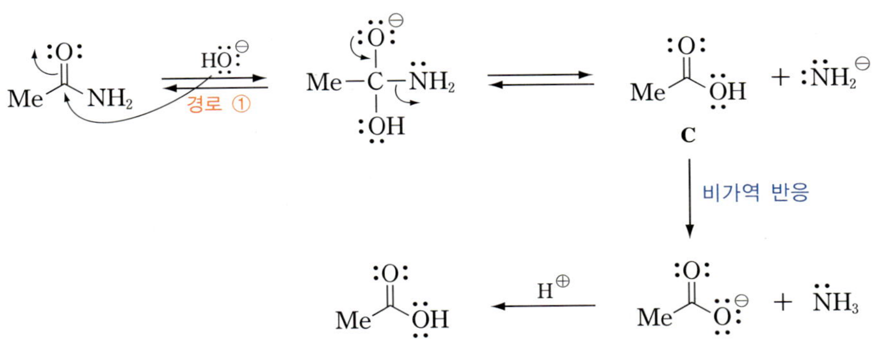

18.8 가알코올 분해 반응

18.7절에서는 카복실산 유도체들과 물의 반응(가수 분해 반응)에 대하여 상세히 설명하였다. 18.8절에서는 18.7절의 내용을 바탕으로 카복실산 유도체들과 알코올의 반응(**가알코올 분해 반

응, alcoholysis)에 대하여 알아보기로 한다.

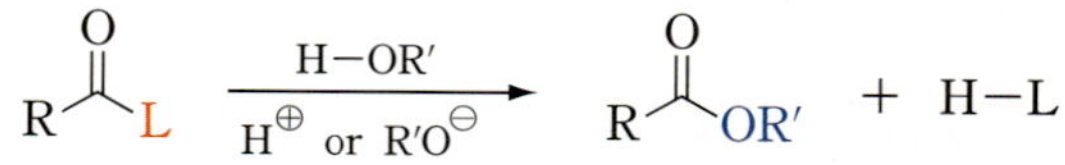

위의 반응에서 알 수 있듯이 가수 분해 반응과 가알코올 분해 반응은 친핵체가 각각 물(HO−H)과 알코올(RO−H)인 것을 제외하고는 모든 것이 동일하다. 이것은 18.7절에서 기술한 카복실산 유도체들의 가수 분해 반응과 메커니즘에 대한 정보들을 가알코올 분해 반응에 그대로 적용할 수 있음을 의미한다.

가알코올 분해 반응의 기본적인 반응 조건은 예상한 대로 가수 분해 반응 조건과 동일하다. 즉, 반응성이 강한 카복실산 유도체(할로젠화 아실 및 산 무수물)의 경우에는 약한 친핵체(ROH, 경로 ②)를 그대로 사용하고, 반응성이 약한 카복실산 유도체(에스터) 또는 아주 약한 카복실산 유도체(아마이드)의 경우에는 강한 친핵체(RO^-, 경로 ①) 및 산성 조건(ROH, H^+, 경로 ③)을 주로 사용한다.

18.8.1 할로젠화 아실 및 산 무수물

할로젠화 아실 및 산 무수물은 그 자체로 반응성이 매우 큰 화합물로서, 친핵성이 작은 중성의 물(HO−H)과 반응하여 카복실산을 제공하듯이(18.7.1절) 친핵성이 작은 중성의 알코올(RO−H)과 반응하여 에스터를 제공한다. 참고로 이 반응에서는 부산물로 산 H−L이 얻어지는데, 이를 중화시키기 위하여 피리딘 또는 3차 아민 염기를 흔히 넣어 준다.

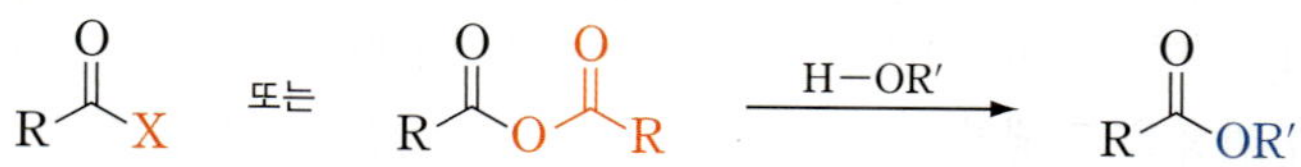

이 반응은 할로젠화 아실 및 산 무수물의 가수 분해 반응(18.7.1절)처럼 친핵성 아실 치환 반응의 (경로 ②)를 따라서 진행된다(18.5.5절).

할로젠화 아실 및 산 무수물의 가알코올 분해 반응의 예는 다음과 같다.

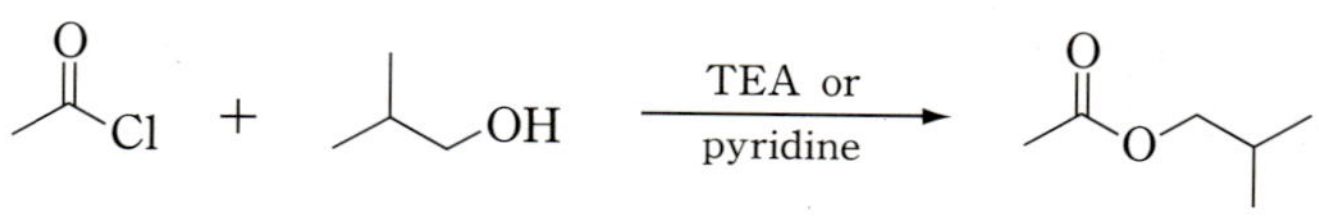

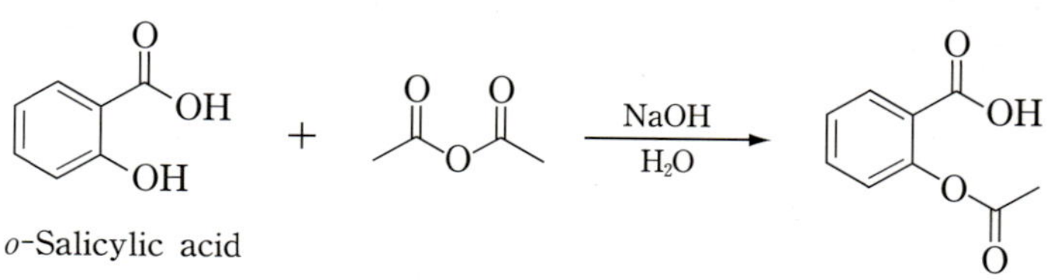

o-Salicylic acid

Aspirin

예제 18.6

아래 반응의 주생성물을 그리시오.

(a) 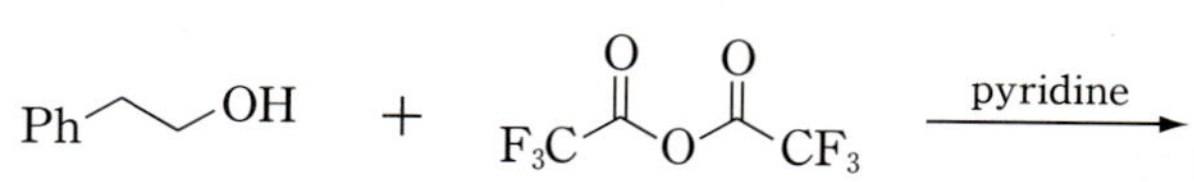

(b) 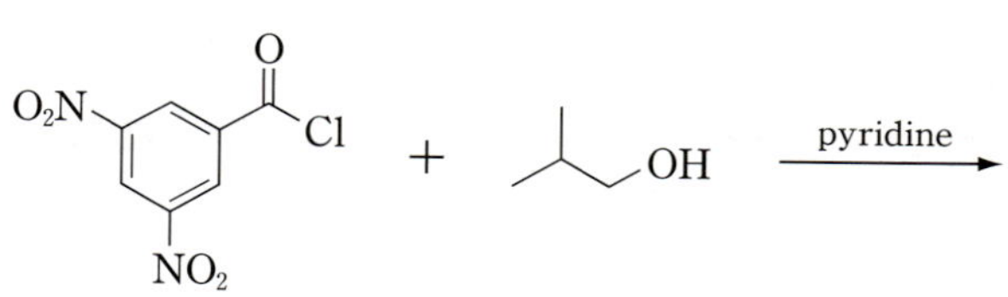

풀이

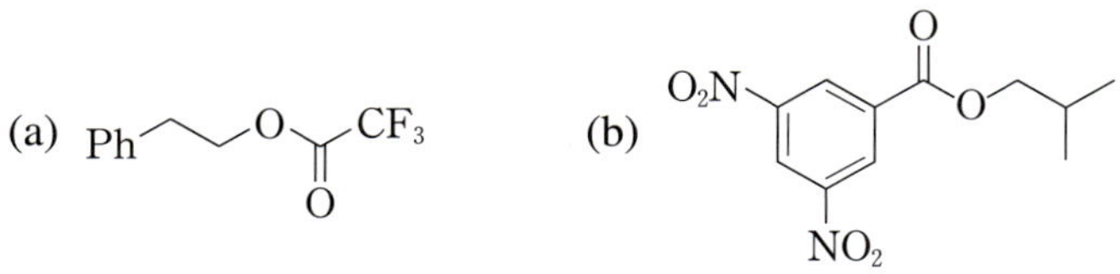

예제 18.7

아래 반응의 메커니즘을 그리시오.

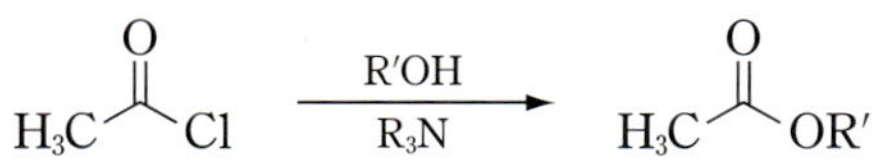

풀이

이 반응은 반응성이 작은 중성의 알코올과 반응성이 매우 큰 할로젠화 아실의 반응이기 때문에 친핵성 아실 치환 반응의 (경로 ②)를 따라서 진행된다(18.5.5절).

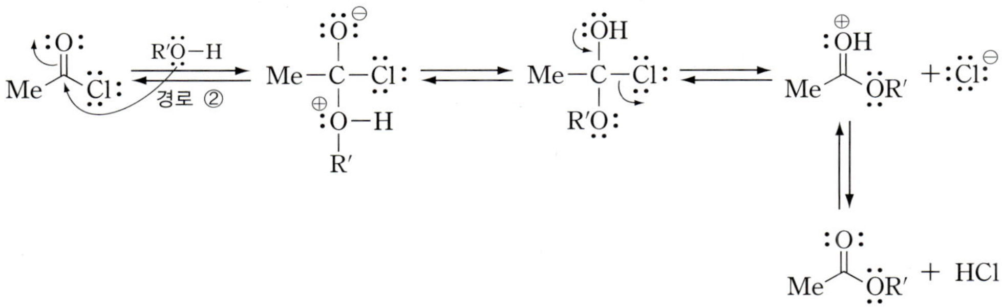

18.8.2 에스터

산 촉매 조건에서 에스터와 물(HO−H) 혼합물을 가열하면 가수 분해 반응이 진행되어 카복실산과 알코올이 생성된다(18.7.2절). 이와 유사하게 산 촉매 조건에서 에스터와 알코올(RO−H) 혼합물을 가열하면 **에스터 교환 반응(transesterification)**이 진행되어 또 다른 에스터와 알코올이 생성된다. 이 반응은 1차 및 2차 에스터의 산 촉매 가수 분해 반응(18.7.2절)처럼 친핵성 아실 치환 반응의 (경로 ③)을 따라서 진행한다.

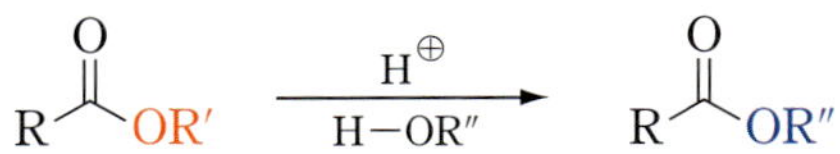

산 촉매 조건에서 에스터의 가알코올 분해 반응의 예는 다음과 같다.

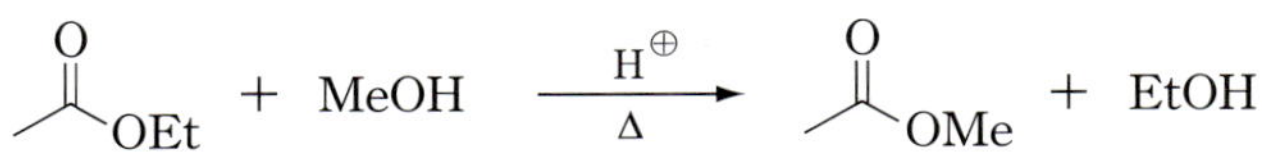

염기성 조건에서 에스터와 HO^- 혼합물을 가열하면 가수 분해 반응이 비가역적으로 진행되어 카복실산과 RO^-가 생성된다(18.7.3절). 이와 유사하게 염기성 조건에서 에스터와 $R''O^-$ 혼합물을 가열하면 에스터 교환 반응이 진행되어 또 다른 에스터와 $R'O^-$가 생성된다. 이 반응은 염기성 조건에서의 에스터 가수 분해 반응(18.7.3절)처럼 친핵성 아실 치환 반응의 (경로 ①)을

따라서 진행한다.

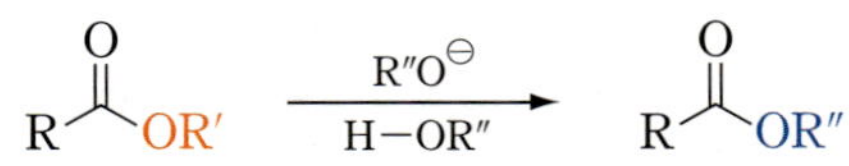

염기성 조건에서 에스터의 가알코올 분해 반응의 예는 다음과 같다.

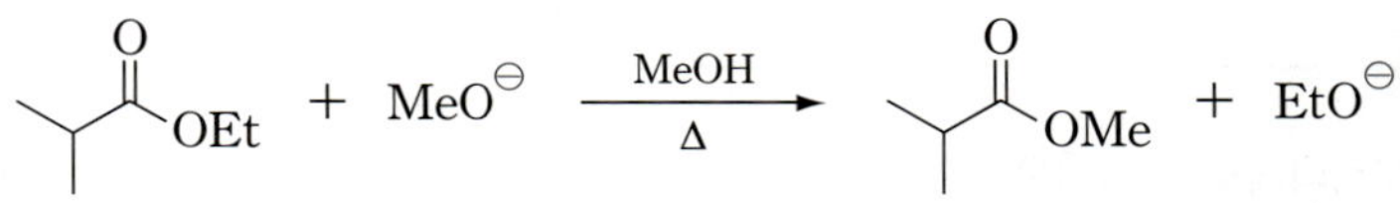

예제 18.8

아래 반응의 메커니즘을 그리시오.

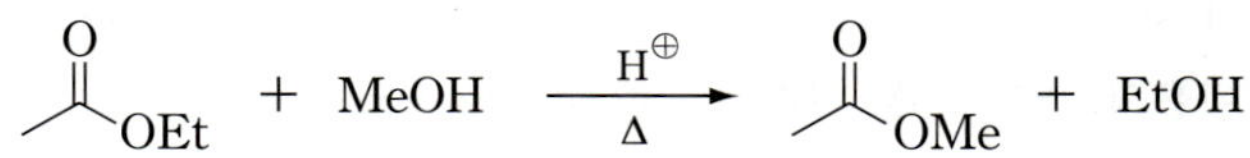

풀이

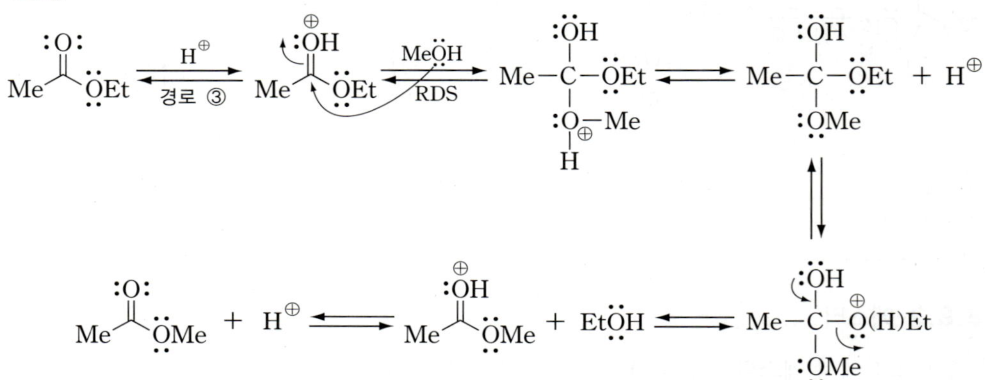

예제 18.9

아래 반응의 메커니즘을 그리시오.

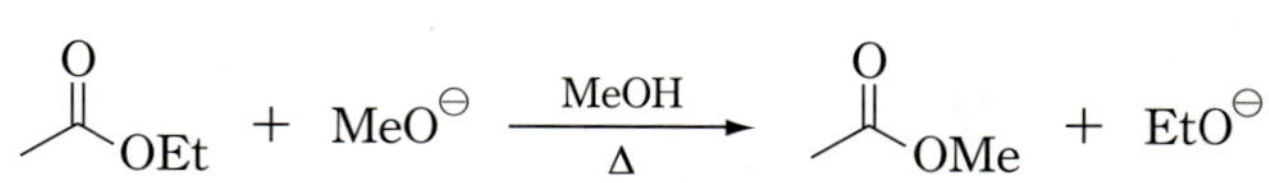

풀이

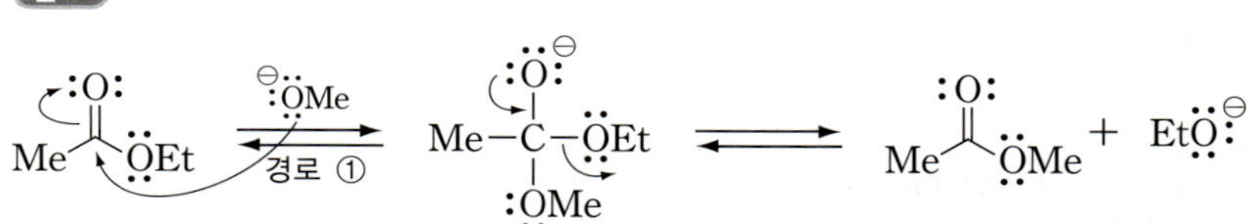

18.9 가아민 분해 반응

18.7절에서는 카복실산 유도체들과 물의 반응(가수 분해 반응)에 대하여 상세히 기술하였고, 18.8절에서는 카복실산 유도체들과 알코올의 반응(가알코올 분해 반응)에 대하여 설명하였다. 18.9절에서는 18.7절 및 18.8절의 내용을 바탕으로 카복실산 유도체들과 아민의 반응(**가아민 분해 반응, aminolysis**)에 대하여 기술할 것이다.

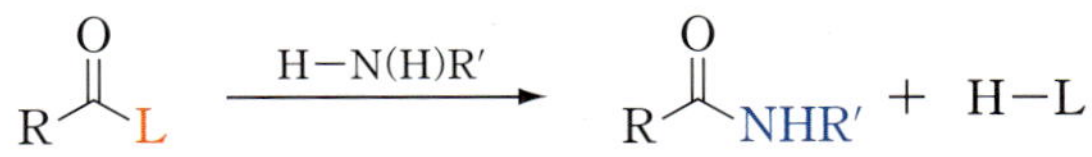

위의 반응에서 알 수 있듯이 가수 분해 반응, 가알코올 분해 반응, 가아민 분해 반응은 친핵체가 각각 물(HO−H), 알코올(RO−H), 아민(R(H)N−H)인 것을 제외하고는 모든 것이 동일하다. 이것은 18.7절에서 기술한 카복실산 유도체들의 가수 분해 반응과 메커니즘에 대한 정보들을 가알코올 분해 반응 및 가아민 분해 반응에 그대로 적용할 수 있음을 의미한다.

가수 분해 반응과 가알코올 분해 반응의 유사성에 대해서는 18.8절에서 이미 상세하게 기술하였다.

18.9.1 할로젠화 아실 및 산 무수물

할로젠화 아실 및 산 무수물은 그 자체로 반응성이 매우 큰 화합물로서, 친핵성이 작은 중성의 물(HO−H) 및 알코올(RO−H)과 반응하여 카복실산 및 에스터를 제공하듯이(18.7.1절 및 18.8.1절), 친핵성이 있는 중성의 아민(R(H)N−H)과 반응하여 아마이드를 생성한다. 일반적으로 친핵체의 반응성은 [N > O]이므로 가아민 분해 반응은 가알코올 분해 반응보다 더 온화한 조건에서 진행할 수 있고, 부산물로 생성되는 산 H−L을 중화시키기 위하여 과량의 출발물질 아민, 피리딘 또는 3차 아민 염기를 흔히 넣어 준다. 그리고 반응의 성격상 NH_3, RNH_2, R_2NH는 반응물 및 염기로서 동시에 작용할 수 있지만 3차 아민(R_3N)은 반응에 참여할 수 없음을 유의해야 한다.

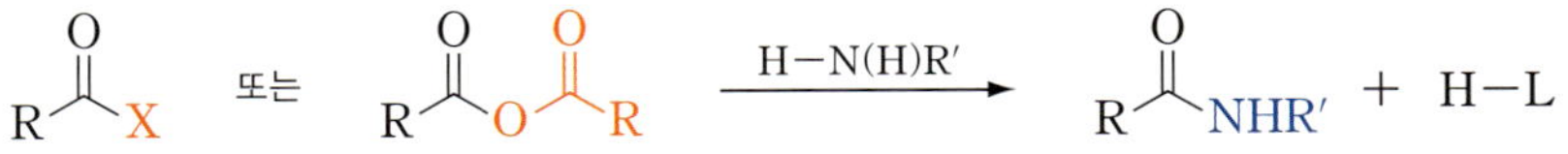

이 반응은 할로젠화 아실 및 산 무수물의 가수 분해 반응(18.7.1절) 및 가알코올 분해 반응(18.8.1절)처럼 친핵성 아실 치환 반응의 (경로 ②)를 따라서 진행된다(18.5.5절).

할로젠화 아실 및 산 무수물의 가아민 분해 반응의 예는 다음과 같다.

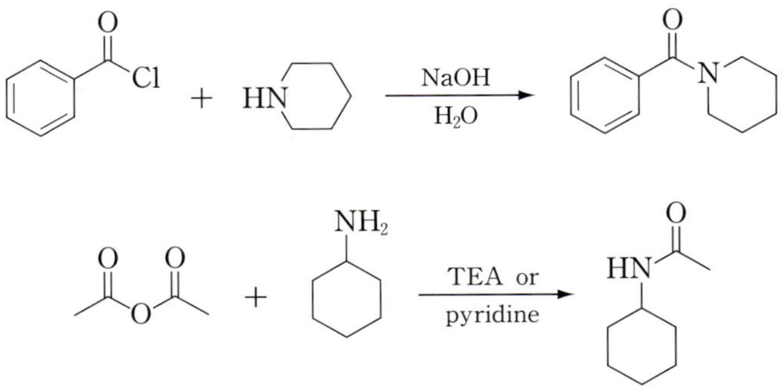

그림 18-13 할로젠화 아실 및 산 무수물의 가아민 분해 반응의 예

예제 18.10

아래 반응의 메커니즘을 그리시오.

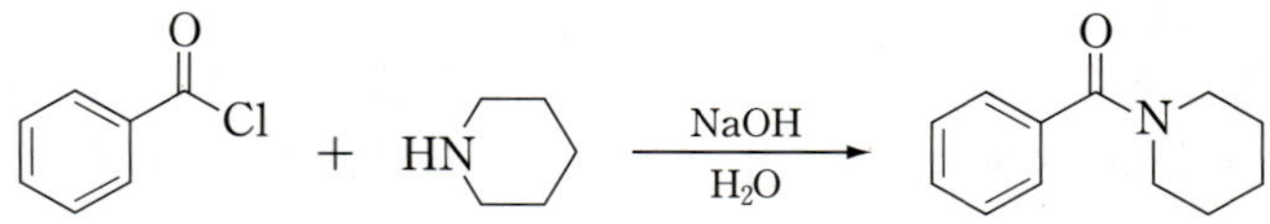

풀이

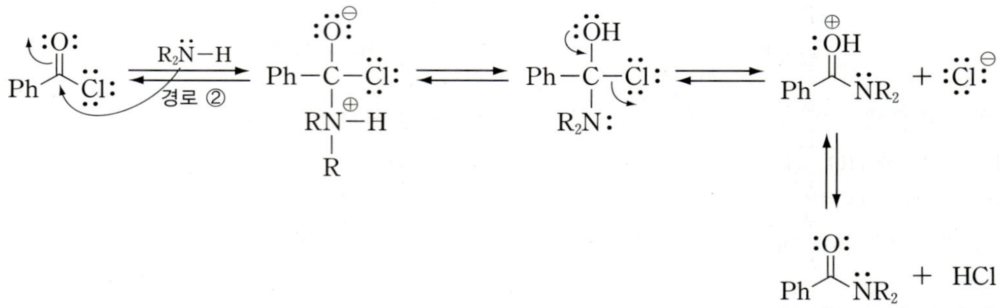

18.9.2 에스터

에스터의 가아민 분해 반응은 산 촉매 조건 및 염기 조건에서의 에스터 가수 분해 반응 및 에스터 가알코올 분해 반응과는 성격이 완전히 다르다. 에스터의 가아민 분해 반응을 산 촉매 조건(R_2NH, H^+)에서 수행하면 출발 물질인 아민과의 산−염기 반응 때문에 카보닐 작용기의 활성화가 힘들어지고, 염기 조건(R_2N^-)을 사용하면 질소 음이온의 강한 염기성 때문에 부반응의 가능성이 크게 증가한다. 이러한 이유로 에스터의 가아민 분해 반응은 중성 조건에서 높은 온도로 가열하는 방식을 흔히 사용한다.

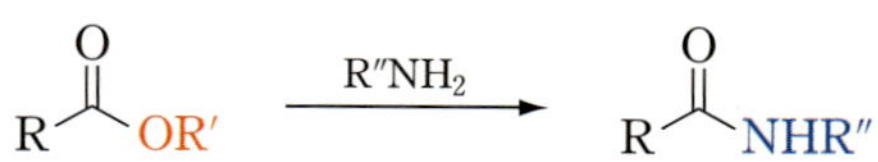

이 반응은 할로젠화 아실 및 산 무수물의 가수 분해 반응(18.7.1절) 및 가알코올 분해 반응(18.8.1절)처럼 친핵성 아실 치환 반응의 (경로 ②)를 따라서 진행된다.

에스터의 가아민 분해 반응의 예는 다음과 같다.

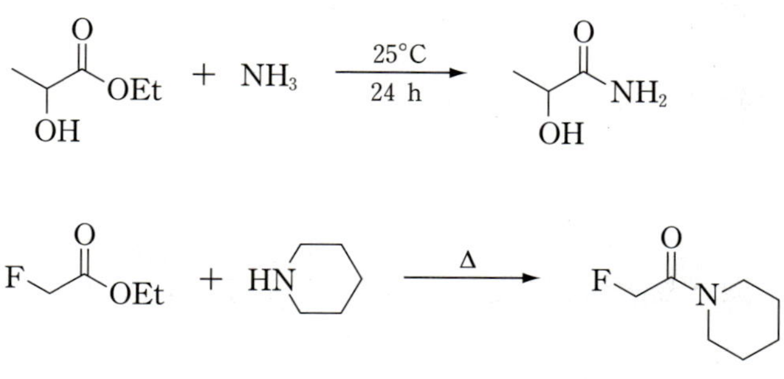

그림 18-14 에스터의 가아민 분해 반응의 예

예제 18.11

아래 반응의 메커니즘을 그리시오.

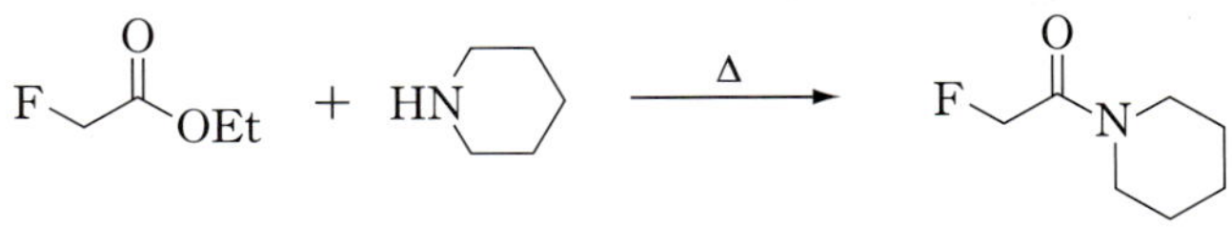

풀이

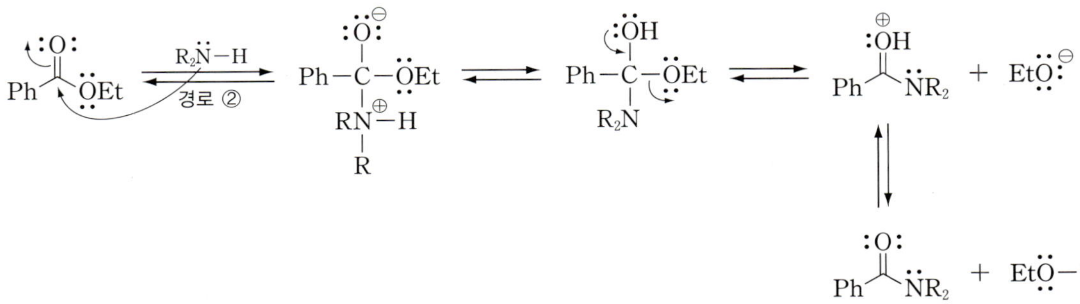

18.10 유기 금속 화합물 첨가 반응

9장에서는 다양한 유기 금속 화합물을 언급하면서 대표적인 유기 금속 시약인 유기 리튬(RLi), 유기 마그네슘(RMgX), 유기 구리(R_2CuLi) 시약의 특징들에 대하여 상세하게 기술하였다(9.3절 및 9.4절). 16장에서는 알데하이드 및 케톤의 카보닐 작용기와 유기 리튬(RLi), 유기 마그네슘(RMgX) 시약의 카보닐 1,2-첨가 반응을 살펴보았다(16.12.2절). 18.10절에서는 카복실산 유도체와 유기 리튬(RLi), 유기 마그네슘(RMgX), 유기 구리(R_2CuLi) 시약의 반응에 대하여 알아보기로 한다.

18.10.1 에스터

RLi 및 RMgX 시약이 알데하이드 및 케톤과 반응하면 한 개의 알킬기가 첨가된 생성물이 생성되지만(16.12.2절), RLi 및 RMgX 시약이 에스터와 반응하면 두 개의 알킬기가 첨가된 생성물이 얻어진다.

알데하이드 및 케톤:

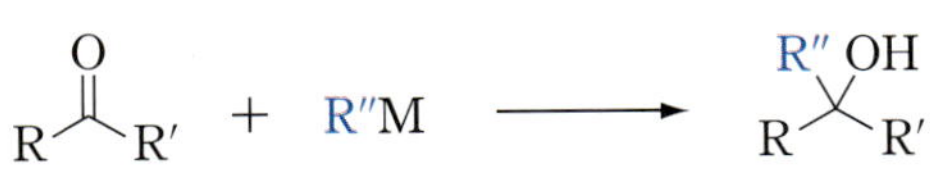

(M=Li, MgX) 1차, 2차, 3차 알코올

에스터:

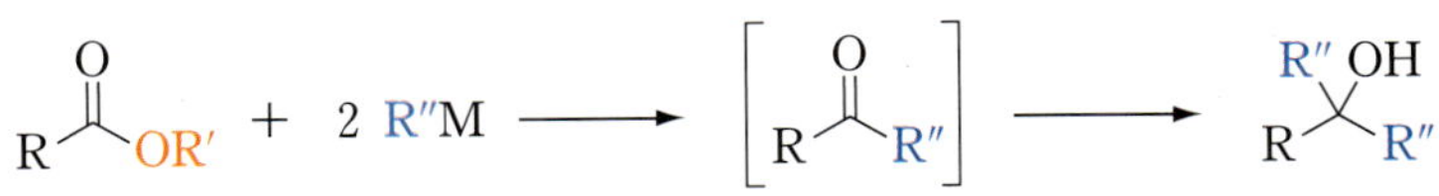

(M=Li, MgX) 2차, 3차 알코올

이러한 반응성의 차이는 다음의 반응 메커니즘으로 설명할 수 있다. 우선 유기 금속 시약은 전자가 풍부한 강한 친핵체이므로 친핵성 아실 치환 반응의 (경로 ①)을 따라서 반응이 진행된다(18.5.5절). 즉, 유기 금속 시약이 에스터의 카보닐 탄소를 직접 공격하여 음이온성 사면체 중간체 **A**를 생성하고, **A**에서 −OEt는 비록 좋은 이탈기는 아니지만 강한 전자 주개로 작용하는 음이온 산소의 고립 전자쌍에 의하여 E2 형태의 반응이 진행되면서 중간체 **B**로 전환된다. 이때 케톤 **B**의 반응성은 할로젠화 아실 및 산 무수물보다는 작지만 에스터보다는 훨씬 크기 때문에 곧바로 유기 금속 시약과 반응하여 음이온성 사면체 중간체 **C**를 생성(16.12.2절)하며, 마지막으로 산−염기 반응이 진행되면서 최종 생성물인 알코올을 얻을 수 있다.

메커니즘 18-14 에스터의 유기 금속 화합물 첨가 반응 메커니즘

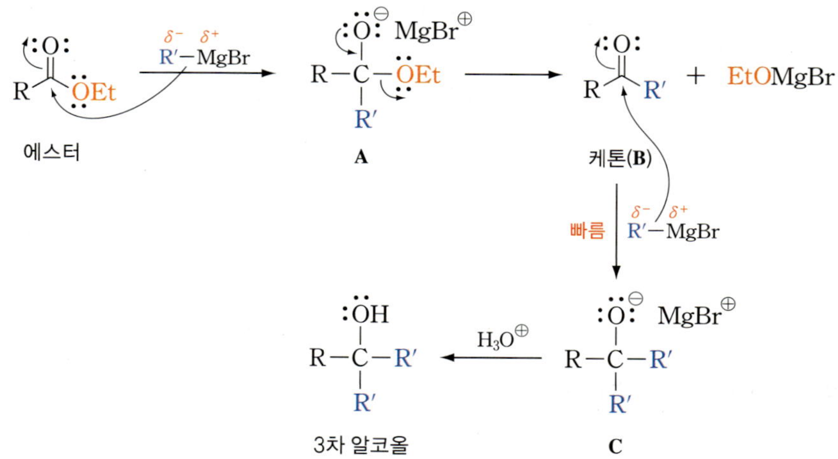

RLi 및 RMgX 시약과 에스터의 반응은 친핵성 아실 치환 반응의 (경로 ①)(18.5.5절) 및 카보닐 1,2-첨가 반응(16.12.2절)의 연속적인 반응이다.

참고로, 케톤 **B**와 유기 금속 시약이 반응하여 생성되는 중간체 **C**에서는 사면체 탄소가 알킬기(pK_a(R−H) ≈ 60) 또는 수소 원자(pK_a(H−H) ≈ 50)와 결합하고 있다. R 및 H 원자는 OEt(pK_a(EtO−H) ≈ 16)보다 이탈기 능력이 훨씬 못하기 때문에 **C**에서는 추가적인 E2 형식의 반응이 진행되지 않으며, 그 결과 외부에서 첨가된 산과 반응하여 1,2-첨가 반응 생성물을 제공한다(16.12.2절).

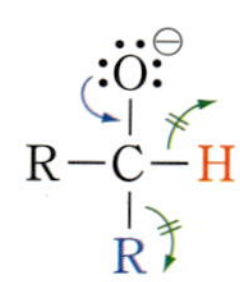

에스터에 대한 유기 금속 화합물의 첨가 반응으로 2차 및 3차 알코올을 생성하는 반응의 예는 다음과 같다. 이러한 반응에서는 생성물에 최소한 두 개 이상의 같은 알킬기가 동시에 존재한다.

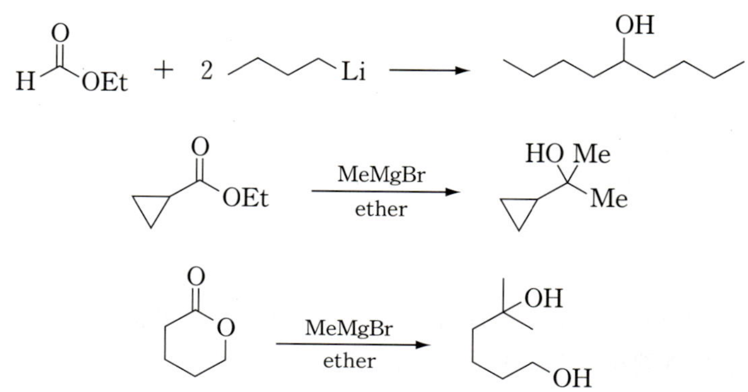

그림 18-15 에스터의 유기 금속 화합물 첨가 반응의 예

예제 18.12

아래 반응의 주생성물을 그리시오.

(a) 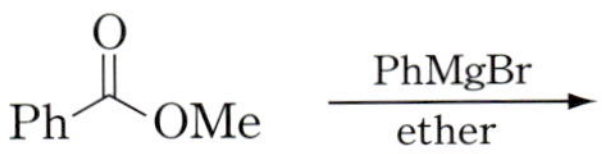

(b) 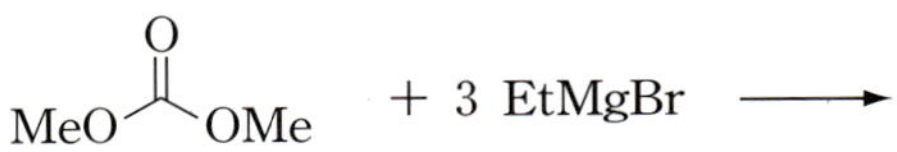

풀이

(a) 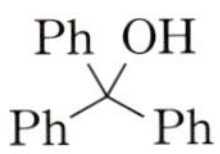 (b) 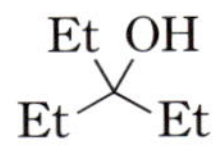

18.10.2 할로젠화 아실

RLi 및 RMgX 시약이 에스터와 반응하여 2차 및 3차 알코올을 생성하듯이(18.10.1절), 반응성이 더 큰 할로젠화 아실 및 산 무수물에서도 동일한 반응이 진행된다. 다만, 상대적으로 안정한 에스터를 대신하여 취급하는 데 주의가 필요한 할로젠화 아실 및 산 무수물을 사용하는 것은 유기 합성의 관점에서 의미가 없기 때문에 이 반응을 합성에 적용하는 예는 매우 적다.

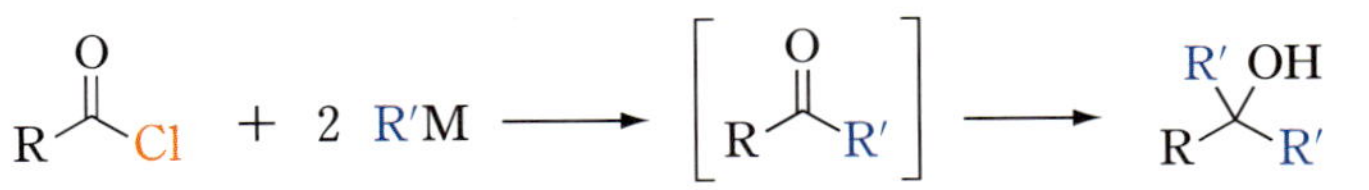

(M=Li, MgX) 2차, 3차 알코올

할로젠화 아실 및 산 무수물에 대한 유기 금속 화합물의 첨가 반응으로 2차 및 3차 알코올을 생성하는 반응의 예는 다음과 같다. 이러한 반응에서는 생성물에 최소한 두 개 이상의 같은 알킬기가 동시에 존재한다.

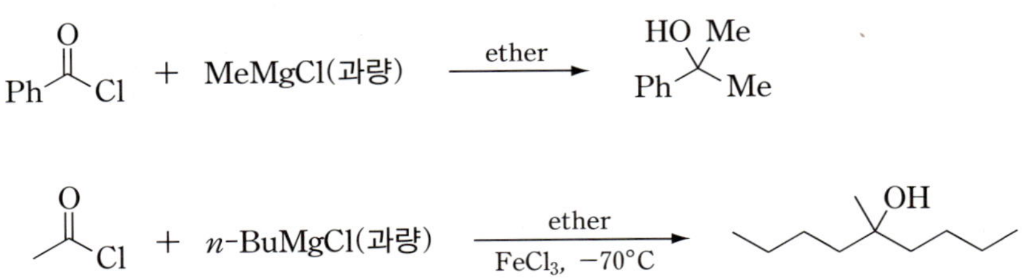

그림 18-16 할로젠화 아실에 대한 유기 금속 화합물 첨가 반응의 예

위 반응에서 RLi 및 RMgX 시약을 정확하게 1 당량만 첨가한다면 이론적으로 친핵성 아실 치환 반응의 (경로 ①)에 의하여 케톤 생성물을 얻을 수 있다. 그 이유는 할로젠화 아실 및 산 무수물의 반응성이 중간체인 케톤보다 크기 때문에 할로젠화 아실 및 산 무수물이 소진될 때까지 케톤이 반응에 참여하지 못하기 때문이다. 그러나 이 반응도 합성에 적용하는 예는 매우 적다.

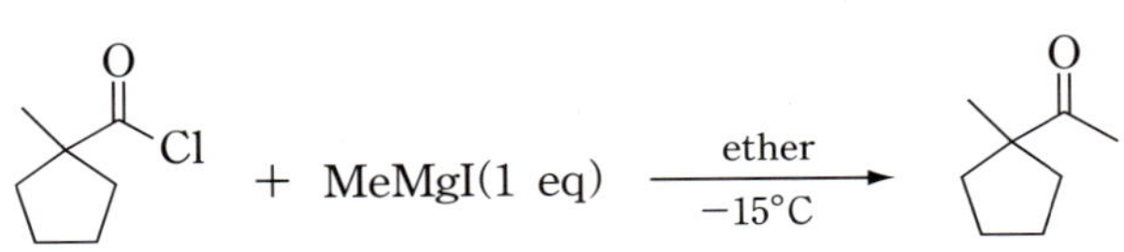

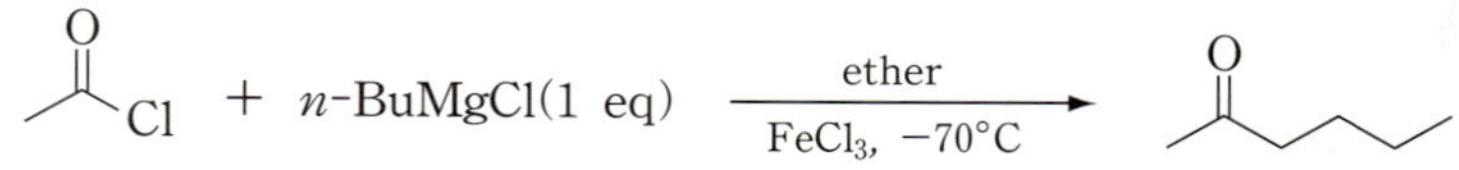

할로젠화 아실에서 케톤을 합성하기 위해서 Gilman 시약(R_2CuLi, 9.4절)을 사용할 수 있다. Gilman 시약의 반응성은 [할로젠화 아실 > 알데하이드 ≫ 케톤 ≫ (에스터, 나이트라일, 카복실산)]의 순서로서, 일반적으로 할로젠화 아실은 낮은 온도에서 반응하고, 알데하이드는 조금 높은 온도에서 반응하며, 케톤 및 에스터 등은 실질적으로 반응하지 않는다고 생각할 수 있다.

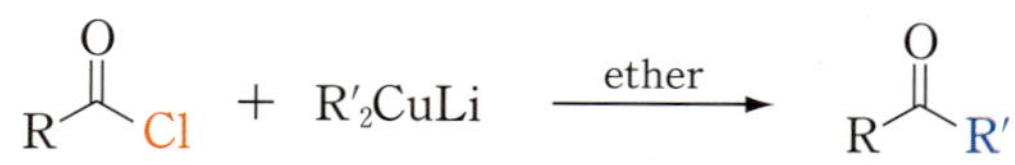

케톤

할로젠화 아실과 Gilman 시약의 반응으로 케톤을 합성하는 예는 다음과 같다.

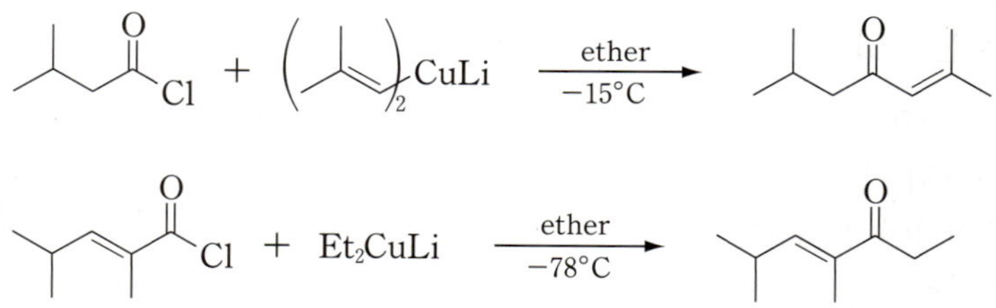

그림 18-17 할로젠화 아실과 Gilman 시약의 반응의 예

이 반응은 R_2Cu^-가 친핵체로 작용하는 반응으로, 친핵성 아실 치환 반응의 (경로 ①)을 따라서 중간체 **A**가 생성된 후(18.5.5절), 환원성 제거 반응(9.4.2절)이 일어나면서 케톤 생성물 및 R′Cu(I)이 생성되는 것으로 흔히 설명한다.

메커니즘 18-15 할로젠화 아실과 Gilman 시약의 반응 메커니즘

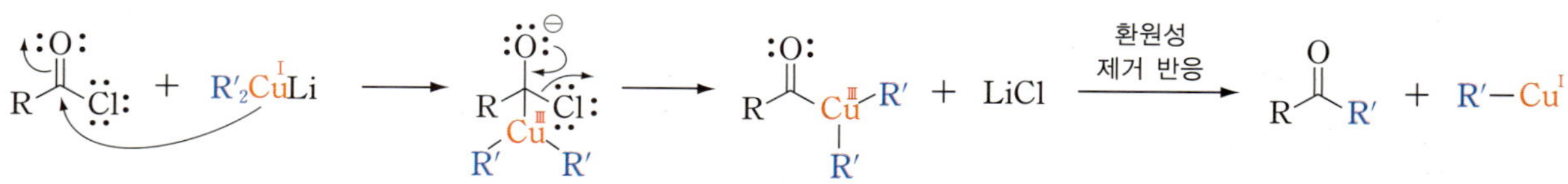

A

18.11 환원 반응

18.11.1 에스터

유기 금속 시약(RLi 및 RMgX) 및 수소 음이온 시약(LAH, $LiBH_4$, $NaBH_4$)은 전자가 풍부하기 때문에 이론적으로 강염기인 동시에 강한 친핵체로 작용할 수 있다. 두 시약의 이러한 특성을 반영하는 것으로 알데하이드 및 케톤 작용기에 대한 1,2-첨가 반응이 있다(16.12.2절 및 16.14.1절).

이와 유사하게 유기 금속 시약(RLi 및 RMgX)은 에스터와 반응하여 두 개의 알킬기가 첨가된 알코올을 생성하는데(18.10.1절), 이 반응을 수소 음이온($H:^-$) 시약에 적용하면 두 개의 수소가 첨가된 알코올을 기대할 수 있다.

알데하이드 및 케톤 :

에스터 :

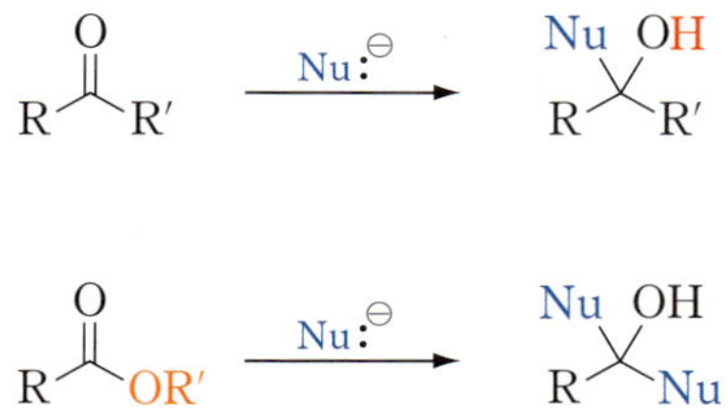

$Nu:^{\ominus} = R:^{\ominus}$(유기 금속 시약)
$H:^{\ominus}$(수소 음이온 시약)

실험에 의하면 에스터에 $LiAlH_4$ 및 $LiBH_4$를 사용하면 RLi 및 RMgX 시약처럼 두 개의 수소 음이온이 전달되어 1차 알코올을 생성한다. 반면에 반응성이 낮은 $NaBH_4$ 시약(16.14.1절)은 일반적으로 반응이 매우 느리거나 반응이 진행되지 않아서 많이 사용하지 않는다.

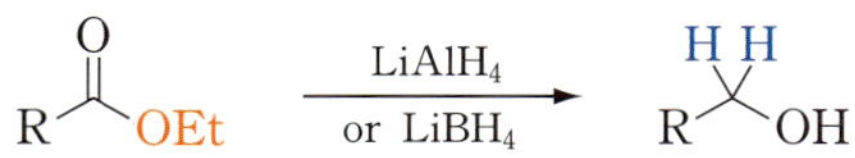

이 반응은 에스터와 유기 금속 시약의 반응 메커니즘과 동일하게 진행된다(18.10.1절). 즉, $LiAlH_4$는 전자가 풍부한 강한 친핵체이므로 카보닐 탄소를 직접 공격하여 음이온성 사면체 중간체 **A**를 생성하고, **A**에서 −OEt는 좋은 이탈기는 아니지만 강한 전자 주개인 음이온 산소의 고립 전자쌍에 의하여 E2 형태의 반응이 진행되면서 알데하이드 **B**로 전환된다(친핵성 아실 치환 반응의 (경로 ①)). 이때 알데하이드 **B**의 반응성은 할로젠화 아실 및 산 무수물보다는 작지만 에스터보다는 훨씬 크기 때문에 알데하이드 **B**가 $LiAlH_4$ 시약과 먼저 반응하여 음이온성 사면체 중간체 **C**를 생성하며, 마지막으로 산−염기 반응을 통하여 최종 생성물인 1차 알코올이 얻어진다.

메커니즘 18-16 에스터의 환원 반응 메커니즘

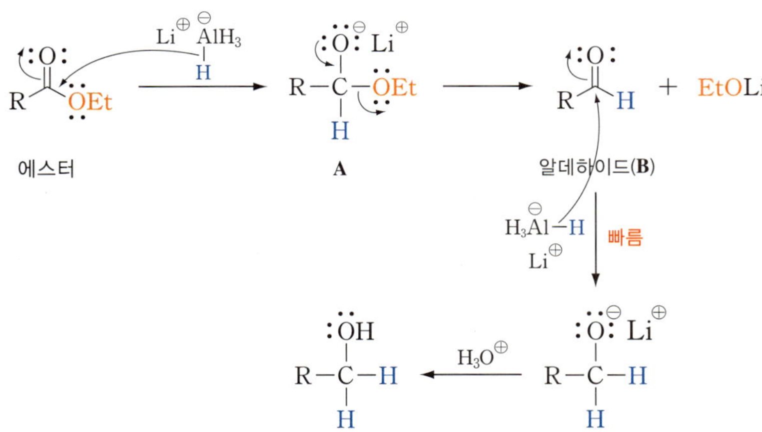

LAH 및 $LiBH_4$ 시약을 이용한 에스터의 환원 반응은 다음과 같다.

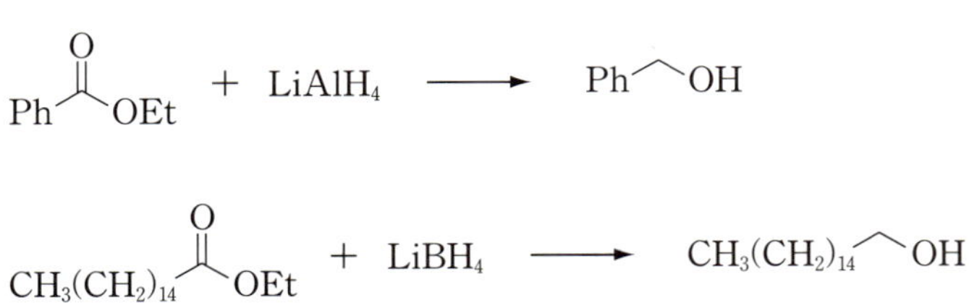

그림 18-18 LAH 및 $LiBH_4$ 시약을 이용한 에스터 환원 반응의 예

DIBAL 시약은 BH_3 시약처럼 친전자성 환원 시약(16.14.1절)으로서, LAH 및 $LiBH_4$ 등의 친핵성 환원 시약(16.14.1절)과는 기본적인 성격이 다르다.

DIBAL(diisobutylaluminium hydride)은 에스터를 알데하이드로 전환할 때 사용하는 시약이다. 다만, 이 반응은 출발 물질에 따라서 알데하이드 및 알코올 혼합물이 생성되거나 알코올만 생성되는 단점이 있어서 많이 사용하지는 않는다.

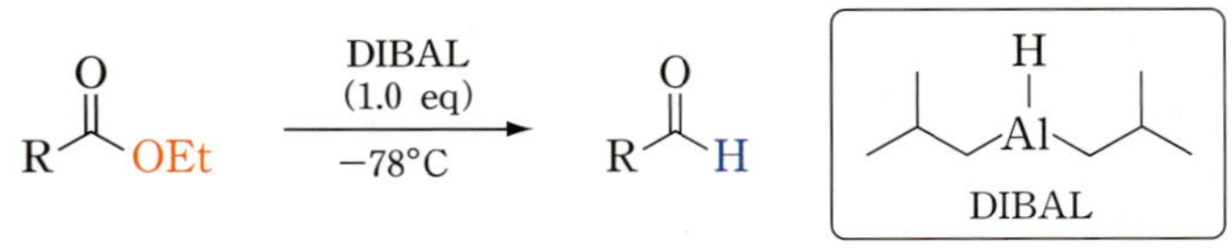

DIBAL 시약을 이용한 에스터의 환원 반응은 다음과 같다.

에스터를 Na−EtOH 조건에서 가열하면 $LiAlH_4$ 및 $LiBH_4$를 사용하였을 때와 동일한 생성물이 얻어진다(**Bouveault−Blanc 환원 반응**). 이 반응은 라디칼 중간체를 경유하여 진행되는데, 현재는 특별한 경우를 제외하고는 많이 사용하지 않는 반응이다.

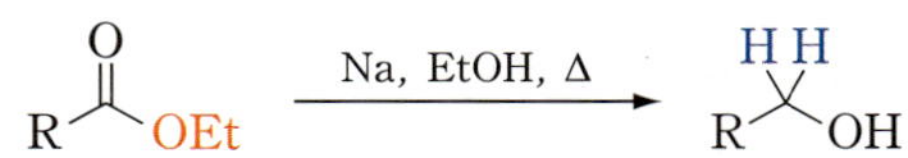

Bouveault−Blanc 환원 반응의 예는 다음과 같다.

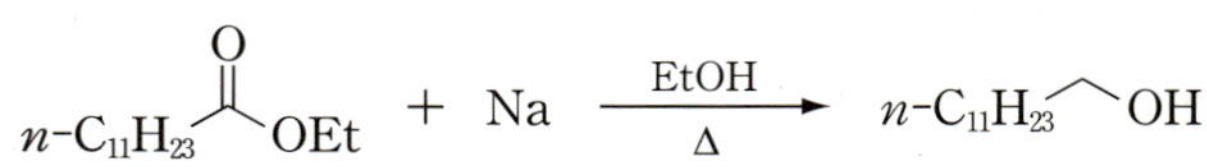

18.11.2 할로젠화 아실

$LiAlH_4$ 및 $LiBH_4$ 시약이 에스터와 반응하여 1차 알코올을 생성하듯이(18.11.1절), 반응성이 더 큰 할로젠화 아실 및 산 무수물에서도 동일한 반응이 진행된다. 다만, 상대적으로 안정한 에스터를 대신하여 취급하는 데 주의가 필요한 할로젠화 아실 및 산 무수물을 사용하는 것은 유기 합성의 관점에서 의미가 없기 때문에 이 반응을 합성에 적용하는 예는 매우 적다.

할로젠화 아실과 LAH 환원 반응의 예는 다음과 같다.

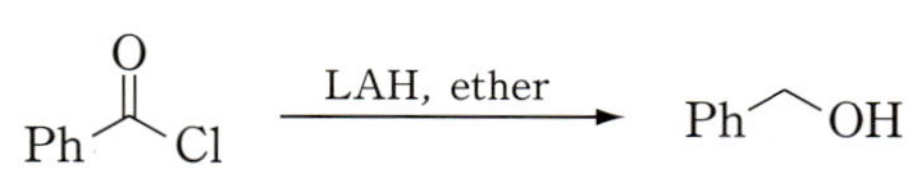

할로젠화 아실에 [$Pd-BaSO_4-H_2$] 조건을 사용하면 알데하이드를 선택적으로 얻을 수 있는데, 이 반응을 **로젠문트(Rosenmund) 환원 반응**이라고 한다. 입체 장애가 매우 큰 $LiAl(O\text{-}t\text{-}Bu)_3H$ 시약을 사용해도 동일한 전환이 가능하다.

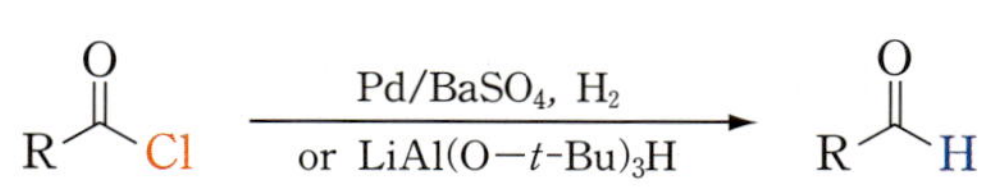

로젠문트 환원 반응은 금속 촉매를 이용한 전형적인 환원 반응으로서, 반응 메커니즘은 탄소−탄소 짝지음 반응(9.7절)과 연관하여 설명할 수 있다. 우선, 출발 물질의 C−Cl 결합에 Pd(0)가 산화성 첨가 반응(oxidative addition)을 하여 중간체 **A**를 생성하고, **A**가 H−H 분자가 참여하는 리

간드 교환 반응(ligand exchange)으로 H−Cl과 C(=O)−Pd(II)−H 골격의 중간체 **B**를 생성한 후, 마지막으로 환원성 제거 반응(reductive elimination)으로 알데하이드를 제공하면서 Pd(0) 촉매가 재생성된다.

메커니즘 18-17 할로젠화 아실의 로젠문트 환원 반응 메커니즘

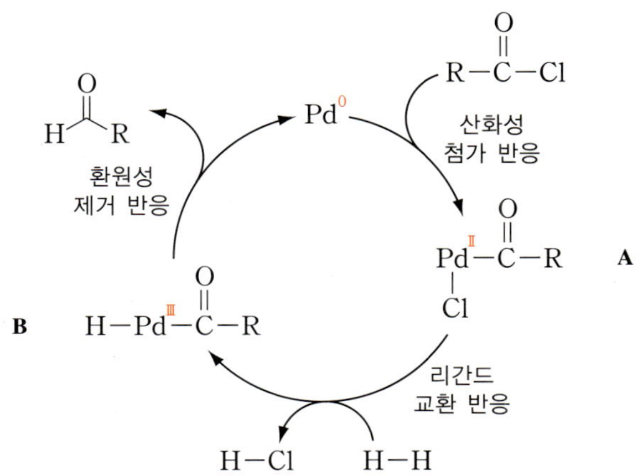

LiAl(O*t*-Bu)$_3$H 환원 반응은 수소 음이온이 전자가 풍부한 강한 친핵체이므로 카보닐 탄소를 직접 공격하여 음이온성 사면체 중간체 **C**를 생성하고, 계속해서 E2 형태의 반응이 진행되면서 알데하이드로 전환된다(친핵성 아실 치환 반응의 (경로 ①)). 이 경우에 LiAl(O*t*-Bu)$_3$H 시약은 입체 장애가 매우 커서 알데하이드의 환원 반응조차 매우 느리기 때문에 시약을 양을 조절하면 알데하이드를 선택적으로 얻을 수 있다.

메커니즘 18-18 할로젠화 아실의 LiAl(O*t*-Bu)$_3$H 환원 반응 메커니즘

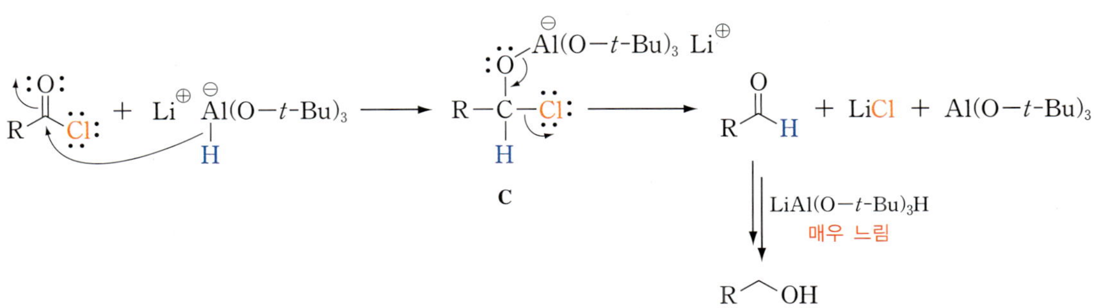

로젠문트 환원 및 LiAl(O*t*-Bu)$_3$H을 이용한 반응의 예는 다음과 같다.

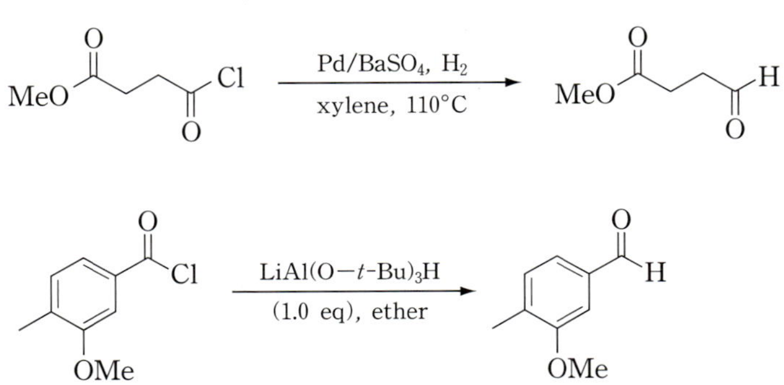

그림 18-19 로젠문트 환원 및 LiAl(O*t*-Bu)$_3$H를 이용한 환원 반응의 예

18.11.3 아마이드

할로젠화 아실 및 에스터를 $LiAlH_4$와 반응시키면 친핵성 아실 치환 반응의 (경로 ①) 및 카보닐 1,2-첨가 반응에 의하여 1차 알코올이 생성되지만(18.11.1절 및 18.11.2절), 아마이드를 $LiAlH_4$와 반응시키면 다른 경로에 의하여 카보닐 산소가 제거된 아민이 생성된다.

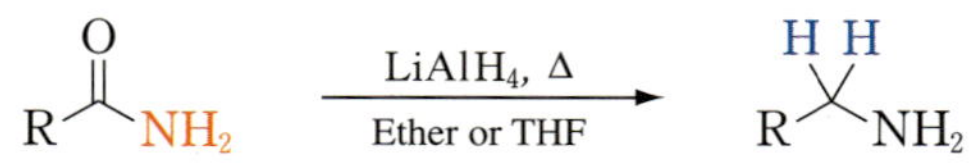

아마이드와 $LiAlH_4$의 반응으로 아민을 합성하는 예는 다음과 같다.

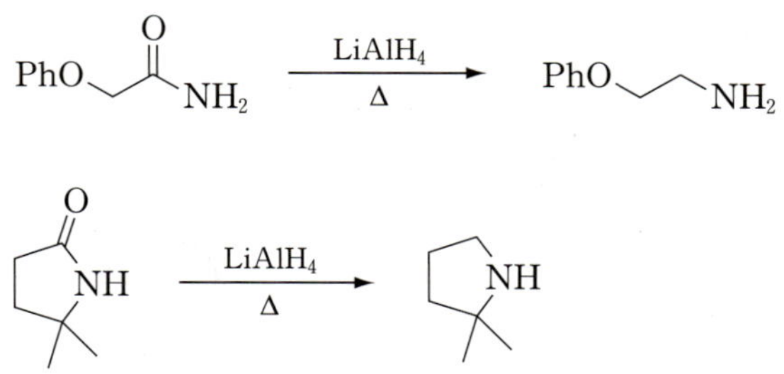

그림 18-20 아마이드와 $LiAlH_4$의 반응의 예

반응 메커니즘은 명확하게 제시할 수 없기 때문에 생략하기로 한다.

카복실산은 전자가 풍부해서 친전자성 시약인 보레인(BH_3)과 빠르게 반응하여 1차 알코올로 전환될 수 있다(17.8.1절). 이와 유사하게 3차 아마이드 역시 전자가 풍부하기 때문에 친전자성 시약인 보레인(BH_3)과 빠르게 반응하여 3차 아민이 된다. 이 반응은 유기 합성에서 매우 유용하게 활용되고 있다.

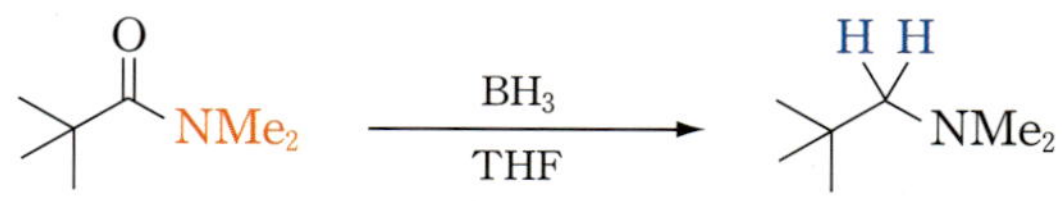

에스터(18.11.1절) 및 할로젠화 아실(18.11.2절)에서 알데하이드를 직접 얻을 수 있듯이 **Weinreb 아마이드**(*N*-메톡시-*N*-메틸 아마이드)를 $LiAlH_4$ 또는 DIBAL과 반응시키면 알데하이드를 선택적으로 합성할 수 있다.

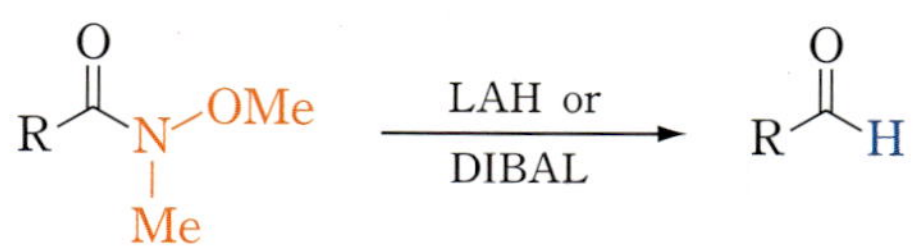

이 반응에서는 $LiAlH_4$의 수소 음이온이 Weinreb 아마이드의 카보닐 탄소를 직접 공격하여 음이온성 고리형 중간체(**A**)를 생성한다. 중간체 **A**는 금속(Li 또는 Al) 이온이 두 개의 산소 원자와 고리형 킬레이트(chelate)를 형성해서 안정화되기 때문에 추가적인 E2 반응이 진행되지 않으며, 외부에서 과량의 산을 넣어 주면 산–염기 반응에 의하여 반아미날을 거쳐서 알데하이드로 전환된다.

메커니즘 18-19 Weinred 아마이드와 $LiAlH_4$의 반응 메커니즘

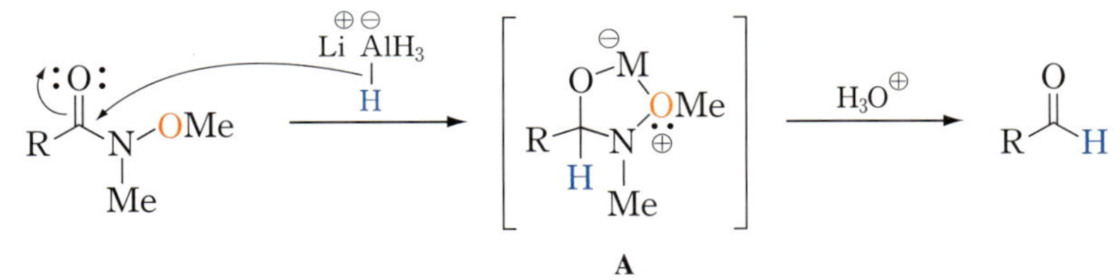

18.12 아마이드

아마이드의 구조와 물리적 성질에 대해서는 18.2.3절 및 18.4절에서 상세하게 설명하였다. 여기에서는 아마이드 N−H 수소의 산성도와 탈수 반응에 대하여 기술하기로 한다.

18.12.1 산성도

아마이드를 아래의 공명 구조로 표현할 때 쌍극성 공명 구조의 기여도가 더 크다고 하였다(18.2.3절). 이것은 아마이드에서 C=N 이중 결합의 특성이 존재하고, 질소에 부분 양전하가 있어서 전자가 부족함을 의미한다.

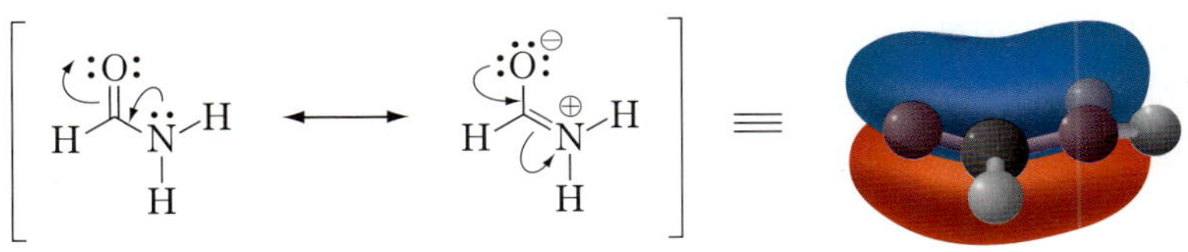

실험에 의하면 1차 아마이드 N−H의 산성도는 $pK_a \approx 16$으로서 물과 비슷하다.

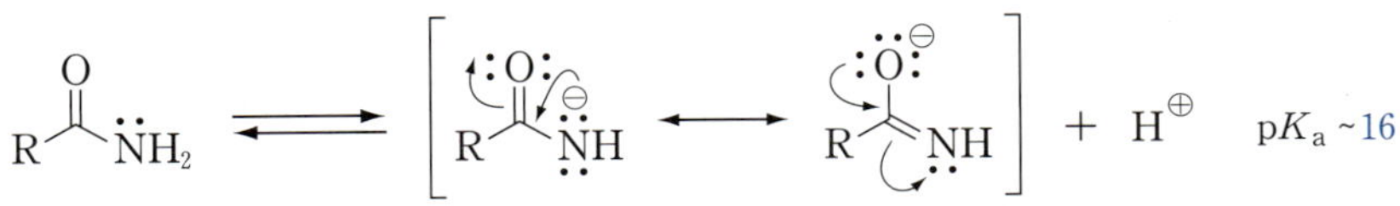

아래는 1차 아민, 1차 아마이드, 이미드의 pK_a 값을 차례로 나열한 것으로, 카보닐 작용기가 N−H의 산성도를 지속적으로 증가시킴을 알 수 있다.

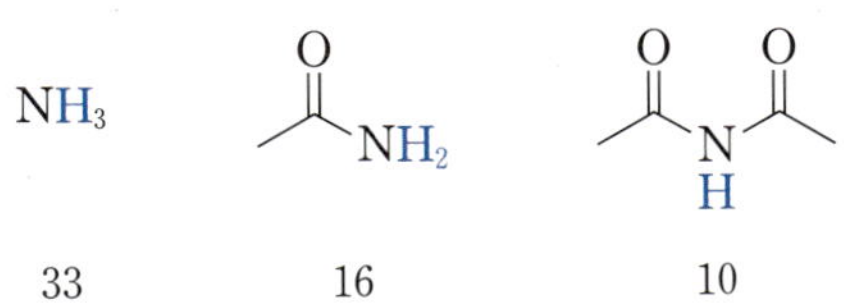

18.12.2 탈수 반응

화학 반응은 공유 결합이 끊어지고 원자들이 재배열되는 과정을 동반한다. 알케인은 강한 공유 결합인 C−H 및 C−C로 이루어져 있어서 참여하는 화학 반응의 수가 매우 제한적임을 기술한 바 있는데(3.12.1절), 동일한 관점에서 보면 아마이드 작용기도 매우 안정하기 때문에 반응의 종류가 상대적으로 제한됨을 추론할 수 있다.

18장에서 기술한 반응들을 제외하고 아마이드의 대표적인 반응은 1차 아마이드의 탈수 반응

이다. 반응 시약은 $SOCl_2$, P_2O_5, $POCl_3$, Ac_2O 등을 사용하고, 나이트릴(nitrile)이 생성물로 얻어진다.

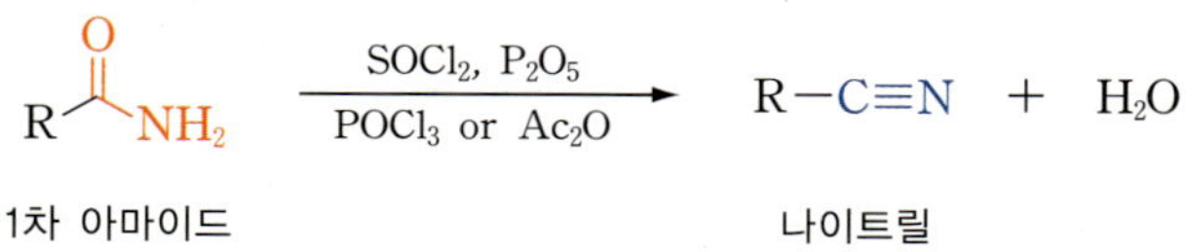

1차 아마이드의 탈수 반응으로 나이트릴(nitrile)을 합성하는 반응의 예는 다음과 같다.

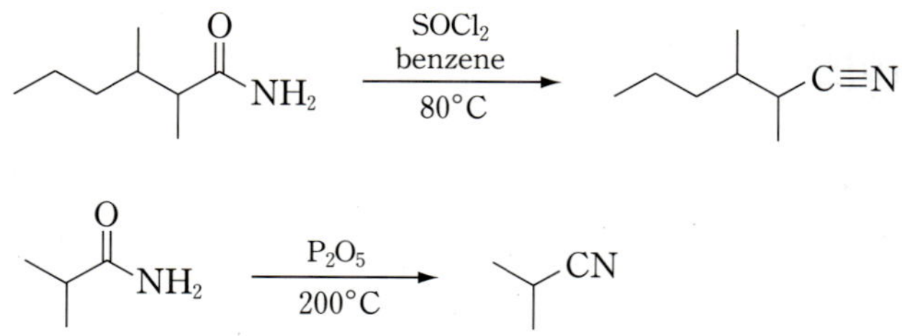

그림 18-21 1차 아마이드의 탈수 반응의 예

이 반응은 이론적으로 친핵성 아실 치환 반응이 두 번 반복되는 반응이다. 우선 $SOCl_2$ 시약이 친전자체, 아마이드의 산소 원자가 친핵체로 작용하여 중간체 **A**를 생성하고(친핵성 아실 치환 반응의 (경로 ②)), 계속해서 **A**가 친전자체, Cl^- 음이온이 친핵체로 작용하여 중간체 **B**를 생성한다(친핵성 아실 치환 반응의 (경로 ①)). 중간체 **B**에서 질소의 고립 전자쌍이 E2 형태로 전자를 제공하면서 Cl^- 이탈기를 밀어낸 후, 최종적으로 산–염기 반응이 일어나면 생성물인 나이트릴을 얻는다.

메커니즘 18-20 아마이드의 탈수 반응 메커니즘

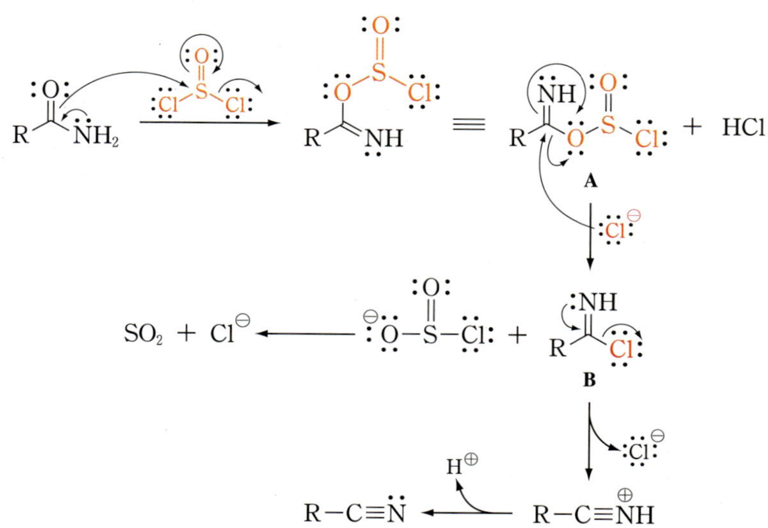

참고로 카복실산에서 할로젠화 아실의 합성 경로(18.6.2절)와 아마이드에서 활성화 중간체 **A** 및 중간체 **B**의 합성 경로를 비교하면, 산소(O)와 질소(NH)를 제외하고 모든 과정이 완전히 일치함을 알 수 있다.

$SOCl_2$ 이외의 시약들도 이론적으로는 이와 유사한 경로로 진행되는데, 상세한 반응 메커니즘에 대해서는 각자 생각해 보자.

18.13 싸이오에스터 및 아실 포스페이트

친핵성 아실 치환 반응은 생체 내에서도 발견된다. 실험실과 생체 내에서의 친핵성 아실 치환 반응은 개념적으로 동일하지만, 실험실에서는 에스터, 생체 내에서는 반응성이 더 좋은 싸이오에스터(thioester) 및 아실 포스페이트(acyl phosphate)를 많이 사용한다는 점에서 차이가 있다.

아세틸 CoA(Acetyl coenzyme A, Acetyl CoA)는 자연계에서 가장 중요한 싸이오에스터 화합물이다. 아세틸 CoA는 아래와 같은 복잡한 구조를 갖고 있으며, 말단의 싸이오아세틸 작용기가 친핵성 아실 치환 반응에 참여한다.

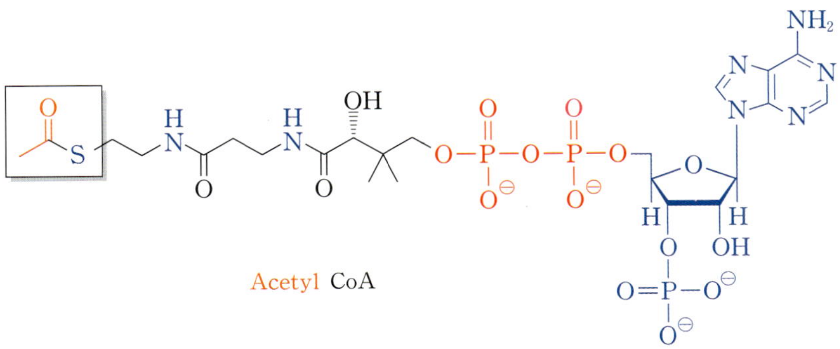

Acetyl CoA

생체 내에서 아세틸 CoA와 반응하는 물질로서 글루코사민 1-포스페이트(glucosamine 1-phosphate)가 있다. 글루코사민은 글루코스의 C_2-OH가 C_2-NH_2로 전환된 화합물로서, 글루코사민 1-포스페이트는 아세틸 CoA와 반응하여 포유동물 세포의 중요한 구성 성분인 *N*-아세틸글루코사민 1-포스페이트가 된다.

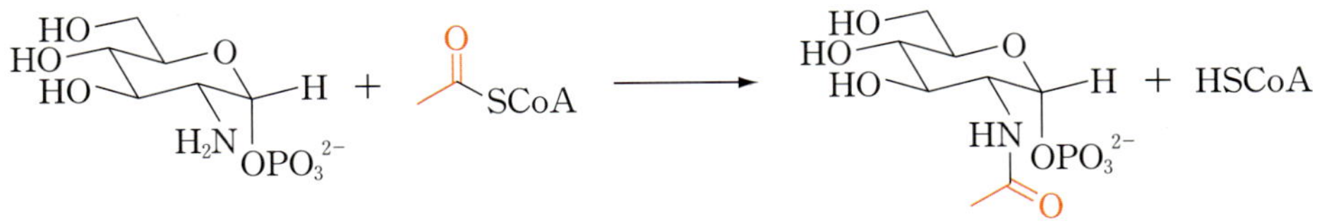

글루코사민 1-포스페이트 *N*-아세틸글루코사민 1-포스페이트

아실 포스페이트가 관여하는 반응으로는 포도당의 해당 작용(glycolysis)에서 1,3-비스포스포글리세레이트(1,3-bis-phosphoglycerate) 및 NADH가 반응하여 글리세르알데하이드 3-포스페이트(glyceraldehyde 3-phosphate) 및 NAD^+로 전환되는 반응이 있다.

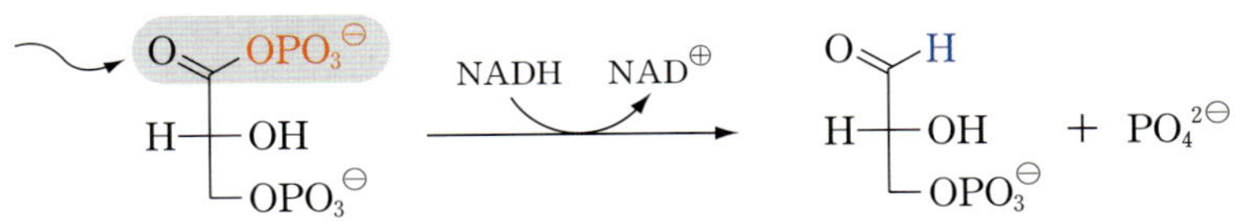

1,3-비스포스포글리세레이트 3-포스포글리세르알데하이드 글리세르알데하이드 3-포스페이트

NADH 시약은 생체 내에서 수소 음이온(H:⁻)을 제공하는 역할을 한다. 이러한 관점에서 이 반응은 실험실에서 에스터와 DIBAL을 사용하여 알데하이드를 합성하는 반응과 거의 동일하다(18.11.1절).

18.14 중합 반응

18.14.1 서론

중합 반응과 관련하여 본 교재에서는 4.12절에서 알켄의 라디칼 중합 반응 및 양이온 중합 반응, 9.9절에서 Ziegler−Natta 촉매를 사용한 알켄의 중합 반응, 그리고 13.6.6절에서 1,3-다이엔의 중합 반응을 각각 소개하였다.

여기에서는 다양한 형식의 중합 반응들을 중간체의 성격, 반응이 진행되는 위치, 그리고 질량 증가의 성격 등에 따라서 다양하게 알아보기로 한다.

첫 번째, 중합 반응은 중간체의 성격에 따라서 **라디칼 중합 반응(radical polymerization)**, **양이온 중합 반응(cationic polymerization)**, **음이온 중합 반응(anionic polymerization)** 등으로 구분할 수 있다(4.12절).

라디칼 중합 반응:

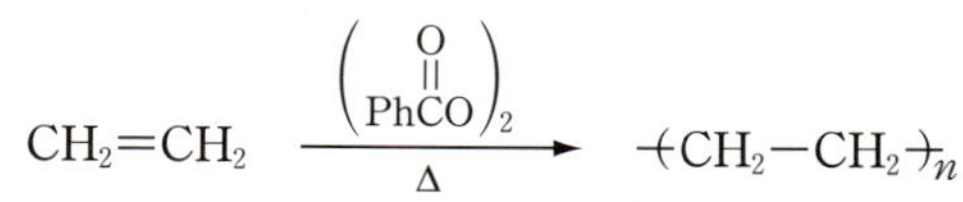

양이온 중합 반응:

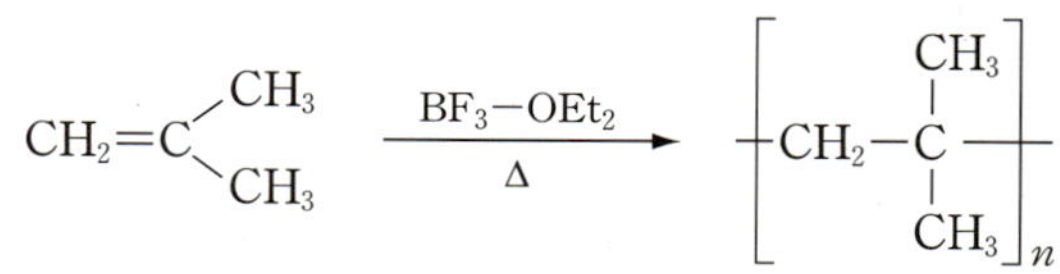

음이온 중합 반응:

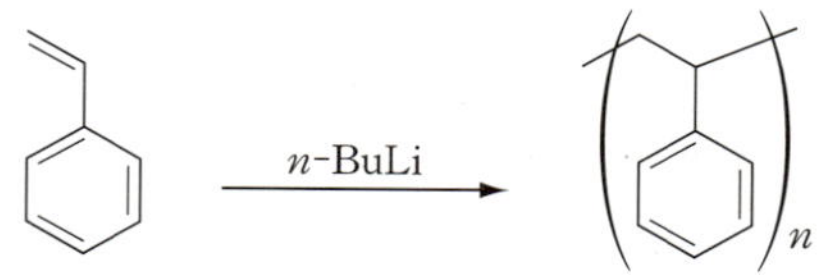

두 번째, 중합 반응은 반응이 진행되는 위치에 따라서 **사슬 중합 반응(chain-growth polymerization)** 및 **단계 중합 반응(step-growth polymerization)**으로 구분할 수 있다.

폴리에스터 및 폴리아마이드를 생성하는 반응들은 이어지는 18.14.2절 및 18.14.3절의 내용을 참고하기 바란다.

사슬 중합 반응은 활성 자리가 먼저 생성되고, 그 이후에 단량체가 한 개씩 반응하면서 고분자가 생성되는 반응으로서, 반응 용기에서 활성 자리가 있는 곳에서만 반응이 진행될 수 있다. 이중 및 삼중 결합을 이용하는 라디칼 중합 반응(radical polymerization, 4.12절), 이온성 중합 반응(ionic polymerization, 4.12절), 배위 중합 반응(coordination polymerization, 9.9절) 등이 여기에 속한다.

단계 중합 반응은 중합 반응에 참여할 수 있는 두 개 이상의 작용기를 갖는 단량체 사이의 중합 반응으로서, 단량체가 존재하는 반응 용기의 모든 곳에서 동시에 반응이 진행될 수 있다. 다이카복실산과 다이올의 폴리에스터(polyester) 생성 반응, 다이카복실산과 다이아민의 폴리아마이드(polyamide) 생성 반응, 다이아이소시아네이트와 다이아민의 폴리우레탄(polyurethane) 생성 반응 등이 여기에 속한다.

세 번째, 중합 반응은 질량 증가의 성격에 따라서 **부가 중합 반응(addition polymerization)** 및 **축합 중합 반응(condensation polymerization)**으로 구분할 수 있다.

부가 중합 반응은 단량체의 구성 요소가 모두 고분자의 일부분이 되는 반응으로서, 폴리에틸렌, 폴리프로필렌, 폴리아이소뷰틸렌 등을 합성하는 반응들이 여기에 속한다(4.12절). 축합 중합 반응은 단량체의 구성 요소 중에서 일부만이 고분자의 골격에 있는 반응으로서, 흔히 고분자가 생성될 때 물 등의 작은 분자들이 함께 생성된다. 예를 들면 폴리에스터, 폴리아마이드 등을 합성하는 반응들이 있다.

18.14.2 폴리아마이드

1,ω-다이아민과 1,ω-다이카복실산이 반응하여 고분자를 형성할 때에는 한 개의 아마이드 결합이 생성될 때마다 한 개의 물 분자가 동시에 생성된다. 이렇게 생성되는 폴리아마이드(polyamide) 중합체를 **나일론(nylon)** ***nm***이라고 한다. 이 반응은 용기의 위치와 무관하게 아민과 카복실산 작용기가 있으면 고분자가 생성되기 때문에 단계 중합 반응이고, 중합 반응이 진행되면서 물 분자들이 함께 생성되기 때문에 축합 중합 반응으로 분류된다.

사슬의 양쪽 끝에 동일한 작용기가 한 개씩 있을 때 [1,ω]라는 용어를 사용한다. 예를 들면, 1,5-다이아미노펜테인 및 1,6-다이아미노헥세인은 비록 탄소 수는 다르지만 모두 1,ω-다이아민 화합물이다.

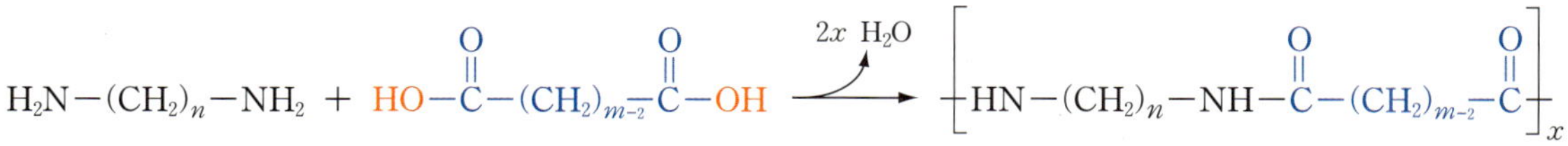

다이아민 다이카복실산 폴리아마이드(나일론 *nm*)

가장 대표적인 나일론 중합체로는 [나일론 66]이 있다. 나일론 66은 1,6-다이아미노헥세인과 아디프산을 가열하여 합성하는데, 충격과 마찰에 대한 저항성이 커서 섬유, 베어링 등의 대체 물질로서 응용된다.

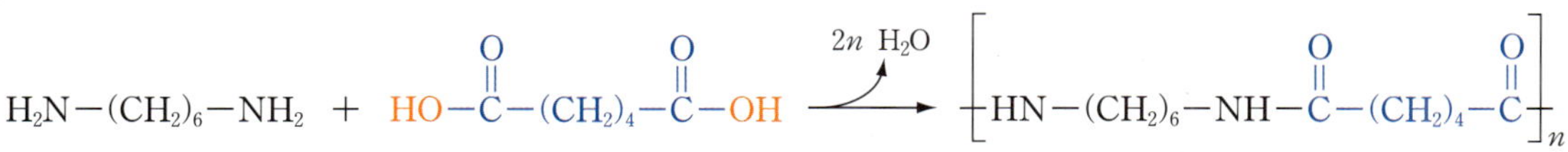

1,6-다이아미노헥세인 아디프산 나일론 66

18.14.3 폴리에스터

1,ω-다이올과 1,ω-다이카복실산이 반응하여 고분자를 형성할 때에는 한 개의 에스터 결합이 생성될 때마다 한 개의 물 분자가 동시에 생성된다. 이렇게 생성되는 고분자를 **폴리에스터(polyester)**라고 한다. 이 반응은 용기의 위치와 무관하게 알코올과 카복실산 작용기가 있으면 고분자가 생성되기 때문에 단계 중합 반응이고, 중합 반응이 진행되면서 물 분자들이 함께 생성되기 때문에 축합 중합 반응으로 분류된다.

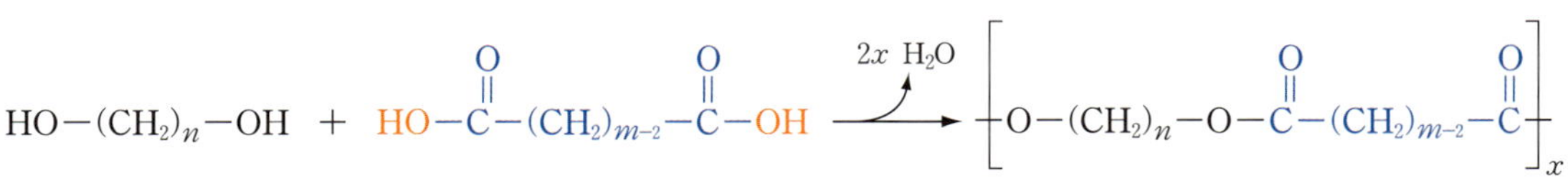

다이올 다이카복실산 폴리에스터

다크론(Dacron)은 폴리에틸렌 테레프탈레이트(Polyethylene terephthalate, PETE, PET) 골격을 갖는 물질로서, 다이메틸 테레프탈레이트(dimethyl terephthalate)와 에틸렌 다이올의 중합 반응을 통하여 합성한다. 다크론은 의복용 섬유, 타이어, 액체 및 음식의 용기, 열 성형(thermoforming) 등 가장 많이 사용되는 **열가소성(thermoplastic)** 중합체이다. 마일라(Mylar)는 PETE를 기반으로 하는 폴리에스터 물질로서, 인장 및 기계적인 강도가 높아서 얇은 막으로 만들 수 있고 또한 내열성이 있기 때문에 전기 기기의 절연체 및 콘덴서의 유전체 등에 사용되고 있다.

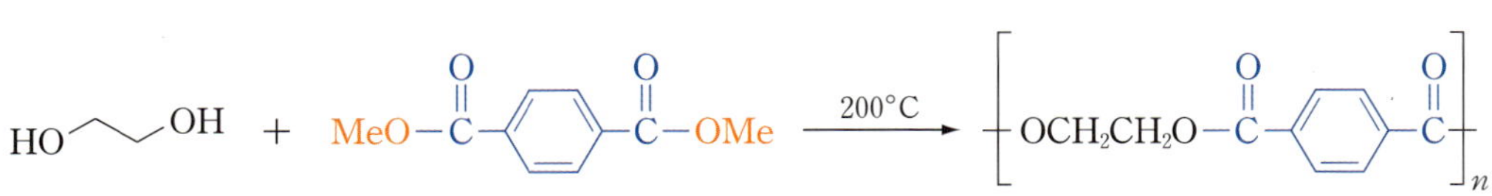

다이메틸 테레프탈레이트 폴리에틸렌 테레프탈레이트(PETE)

렉산(Lexan)은 폴리카보네이트(polycarbonate) 골격을 갖는 열가소성 중합체로서, 비스페놀과 다이페닐 카보네이트의 반응으로 합성할 수 있다. 렉산은 기본적으로 강하고 질긴 물질로서 전화기, 저장 매체(CD, DVD)의 재료, 건축 소재, 전자 부품, 자동차, 항공기, 자전거 헬멧 등 일상생활에서 다방면으로 이용되고 있다.

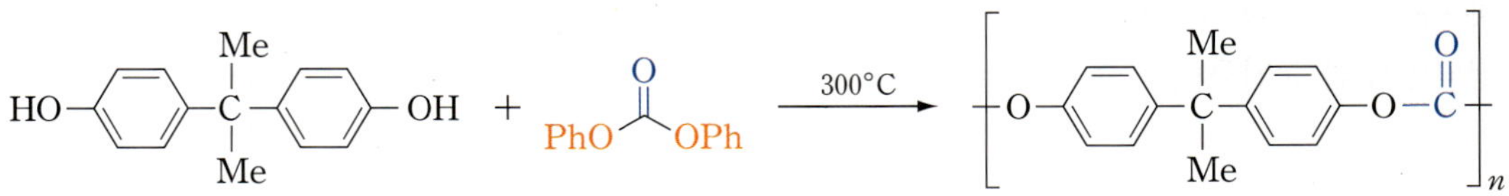

비스페놀 Lexan

촉매 조건 하에서 락톤(고리형 에스터) 단량체를 가열해도 알코올과 카복실산 작용기 사이의 반응으로 폴리에스터를 생성할 수 있다.

이 반응은 단계 중합 반응 및 부가 중합 반응에 속한다.

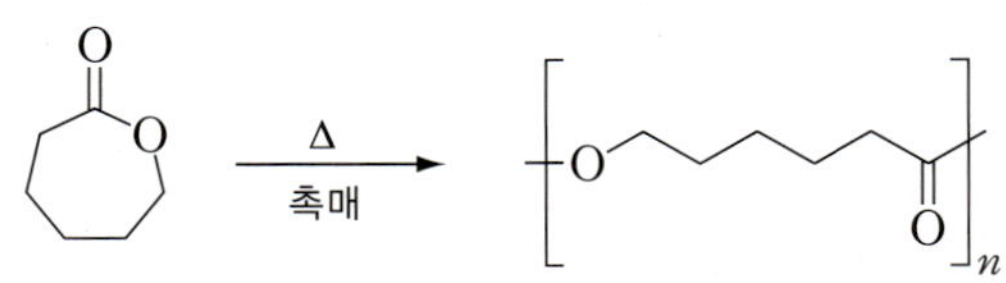

18.15 나이트릴

18.15.1 구조, 명명법 및 합성법

R−CN 작용기를 갖는 화합물을 나이트릴(nitrile)이라고 하는데, R−CN 구조를 원자가 껍질 전자쌍 반발 이론 및 혼성 오비탈 이론으로 설명해 보자.

탄소 및 질소 원자는 각각 두 개의 *sp* 혼성 오비탈과 두 개의 *p* 오비탈을 가지고 있고, 탄소와 질소의 *sp* 혼성 오비탈 사이에서 한 개의 σ-결합을 한다. 탄소의 나머지 *sp* 혼성 오비탈은 수소의 1*s* 오비탈과 σ-결합을 하고, 질소의 나머지 *sp* 혼성 오비탈에는 고립 전자쌍이 채워져 있다. 직선형의 σ-골격에 수직으로 있는 두 개의 탄소 *p* 오비탈은 인접한 질소의 두 개 *p* 오비탈과 중첩되어 두 개의 π-결합을 생성함으로써 탄소−질소 삼중 결합을 형성한다. 나이트릴은 전체적으로 직선형 골격을 가지며, 알카인과 등전자(isoelectronic) 관계에 있어 화학적으로 알카인과 유사한 반응성을 갖는 것으로 알려져 있다.

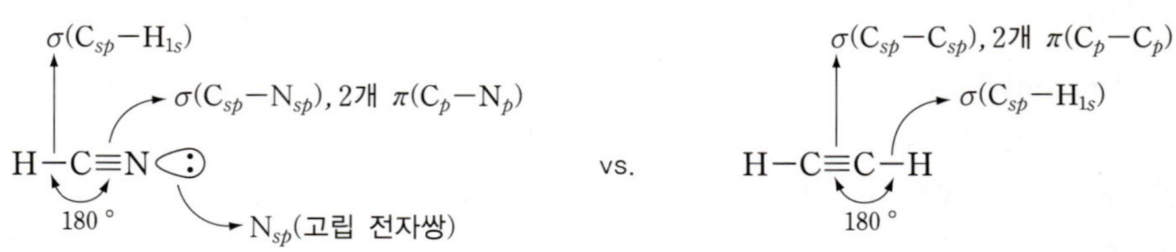

그림 18-22 나이트릴의 구조

나이트릴의 명명법은 다음과 같다. 우선 사슬형 나이트릴은 alkanenitrile(IUPAC 치환체 명명법) 및 alkyl cyanide(IUPAC 작용기 명명법)라고 하고, 관용명의 경우에는 [_(o)ic acid → _onitrile]을 사용한다. 고리형 나이트릴의 경우에는 cycloalkanecarbonitrile이라고 한다.

ethanenitrile acetonitrile　6-bromohexanenitrile　cyclopentanecarbonitrile　benzonitrile

나이트릴의 합성과 관련해서는 S_N2 반응으로 나이트릴의 합성을 소개한 바 있다(7.6절). 이 반응은 S_N2 반응의 특성상 알킬기가 1차 또는 2차이고, 용매로서 비양성자성 극성 용매를 사용하는 경우에 잘 진행된다. 알데하이드 및 케톤에서는 HCN 첨가 반응으로 사이아노하이드린의 합성을 소개하였고(16.12.1절), 아마이드에서는 1차 아마이드의 탈수 반응으로 나이트릴을 합성하는 것에 대하여 기술하였다(18.12.2절).

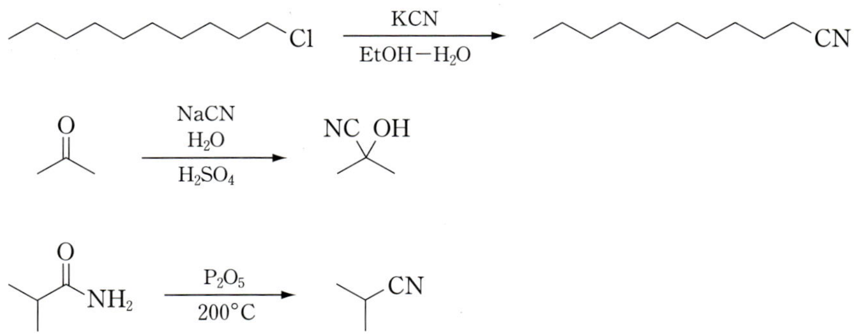

예제 18.13

아래의 화합물을 명명하시오.

(a) 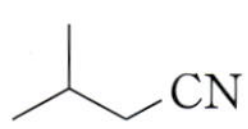

(b) 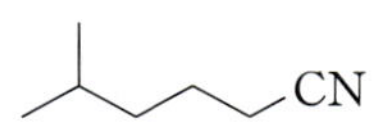

풀이

(a) 3-methylbutanenitrile
(b) 5-methylhexanenitrile

18.15.2 가수 분해 반응

나이트릴을 산(H^+), 염기(HO^-), 또는 효소(nitrilase) 존재 하에서 가수 분해하면 비가역적으로 아마이드 중간체를 거쳐서 최종적으로 카복실산을 얻을 수 있다.

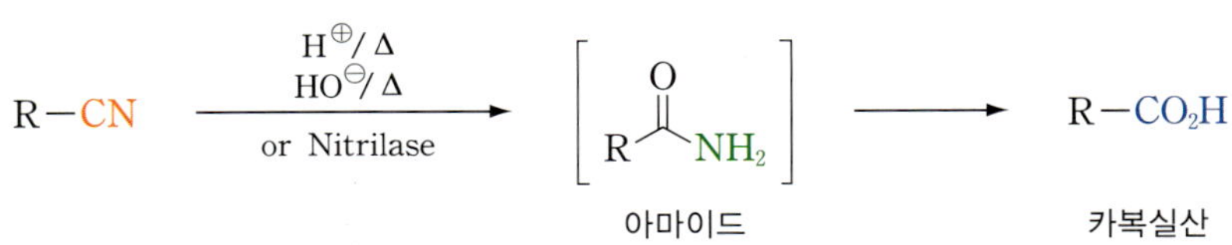

나이트릴의 가수 분해 반응의 예는 다음과 같다.

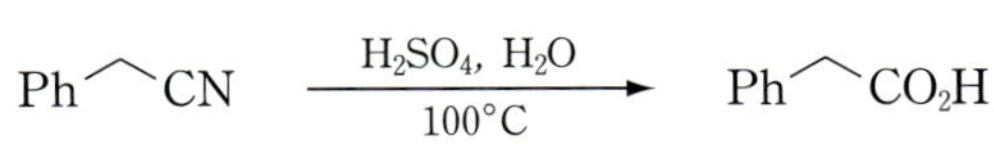

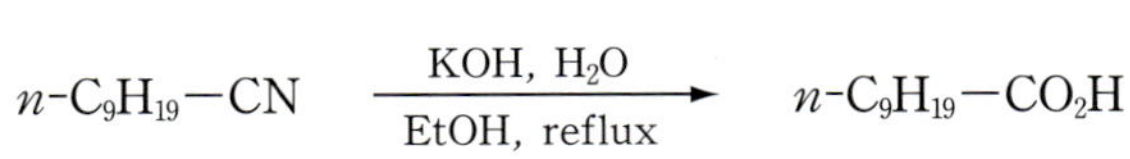

나이트릴의 가수 분해 반응 메커니즘을 산 및 염기 조건으로 나누어 생각해 보자.

산 촉매 조건에서는 우선 나이트릴 질소의 비공유 전자쌍과 양성자(H^+)의 산–염기 반응으로 C≡N 삼중 결합이 활성화되고, 약한 친핵체로 작용하는 중성의 물이 탄소 원자를 공격한 후,

다시 산–염기 반응이 진행되어 중간체 **A**를 생성한다. 중간체 **A**에서 질소의 비공유 전자쌍과 양성자(H^+)의 산–염기 반응으로 C=N 이중 결합이 활성화되면 아래와 같이 두 개의 공명 구조(**B**)가 가능하고, 공명 구조 **B**의 $C=O^+-H$ 수소와 물 사이에 산–염기 반응이 진행되면서 아마이드(**C**)로 전환된다. 산 촉매 조건에서 아마이드의 가수 분해 반응 메커니즘은 18.7.4절에서 이미 상세하게 설명한 바 있다.

메커니즘 18-21 산 촉매 조건에서 나이트릴의 가수 분해 반응 메커니즘

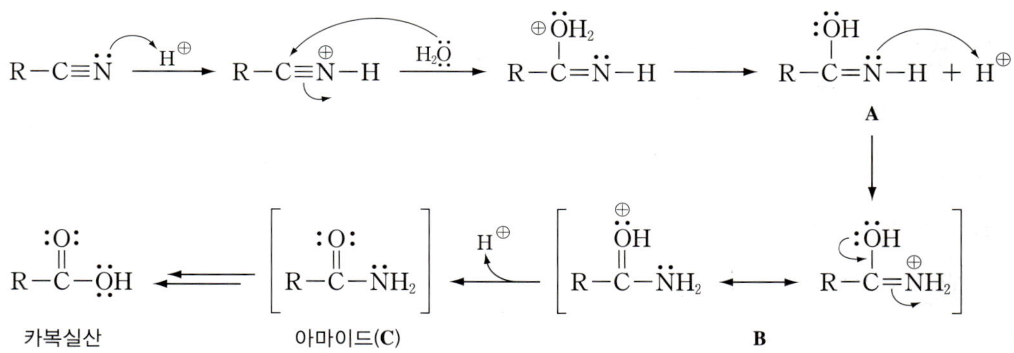

염기 조건에서는 OH^-가 강한 친핵체이기 때문에 C≡N 삼중 결합을 직접 공격하여 질소 음이온을 생성하고, 곧바로 물과의 산–염기 반응을 진행하여 중간체 **D**를 생성한다. 중간체 **D**는 염기와의 산–염기 반응으로 두 개의 공명 구조가 가능한 중간체 **E**가 되고, 공명 구조 **E**의 $-NH^-$ 음이온과 물 사이에 산–염기 반응이 진행되면서 아마이드(**C**)로 전환된다. 염기 조건에서 아마이드의 가수 분해 반응 메커니즘은 18.7.4절에서 이미 상세하게 설명한 바 있다.

메커니즘 18-22 염기 조건에서 나이트릴의 가수 분해 반응 메커니즘

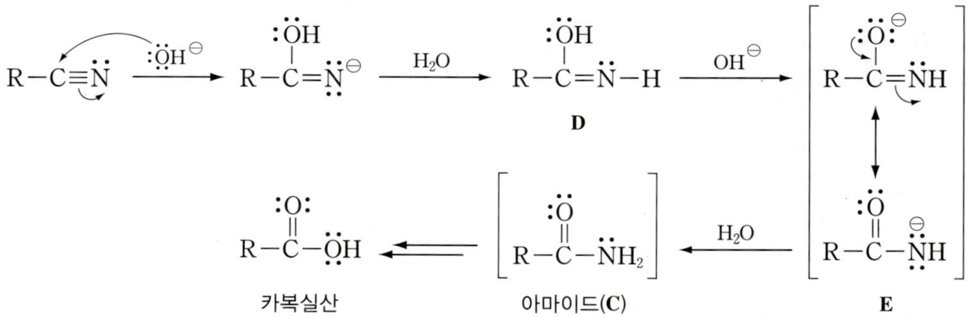

예제 18.14

아래 반응의 주생성물을 그리시오.

(a)

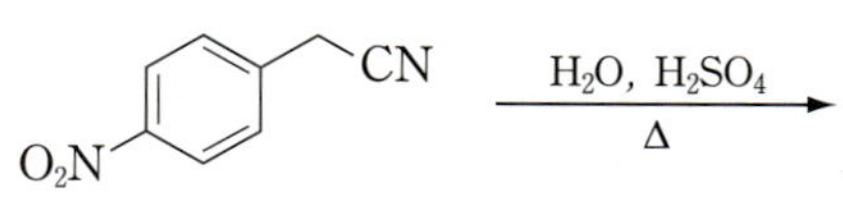

(b) 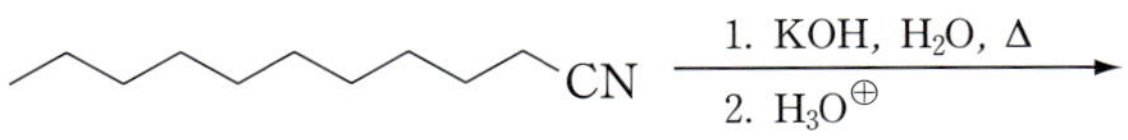

풀이

(a) 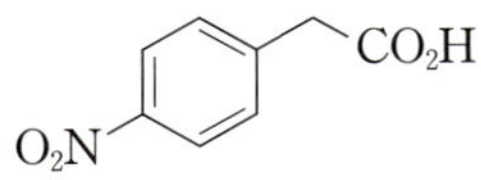

(b) 

18.15.3 수소 음이온 환원 반응

나이트릴을 LAH와 반응시키면 1차 아민이 얻어지고, DIBAL과 반응시키면 알데하이드가 생성된다. 이처럼 사용한 시약에 따라서 동일한 출발 물질임에도 불구하고 다른 생성물이 얻어지는 이유는 중간체의 안정성에서 차이가 있기 때문이다. 이와 유사한 반응으로는 에스터에 LAH를 사용하면 1차 알코올이 얻어지고, DIBAL을 사용하면 알데하이드가 생성되는 반응이 있다(18.11.1절).

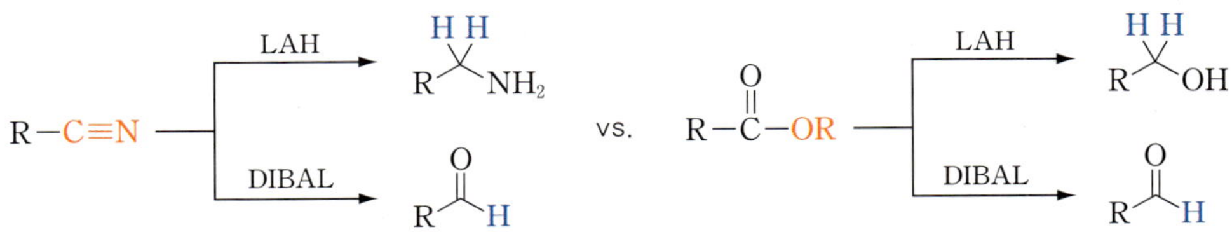

나이트릴과 LAH의 반응에서 1차 아민이 생성되는 반응의 메커니즘은 분명하게 정립되지 않았다. 그럼에도 불구하고 강한 친핵성 수소 음이온(H:$^-$)이 C≡N의 삼중 결합을 공격하여 이민 음이온(**A**)을 형성하고, 여기에 친핵성 수소 음이온(H:$^-$)이 한번 더 공격하여 중간체 **B**를 생성한 후, 최종적으로 외부에서 제공하는 과량의 산과 산–염기 반응을 진행하여 1차 아민이 생성됨을 합리적으로 제시할 수 있다.

메커니즘 18-23 나이트릴의 수소 음이온 환원 반응 메커니즘

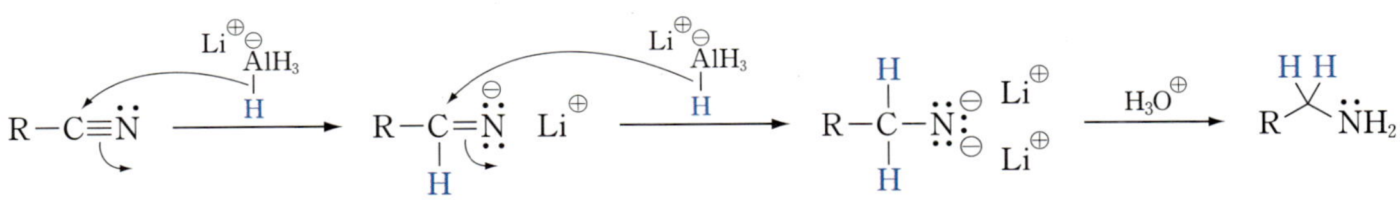

이민 음이온(**A**) **B**

DIBAL 환원 경로는 LAH와는 근본적으로 다르다. DIBAL은 BH_3와 마찬가지로 13족 원소로서 전자가 부족한 친전자성 시약이기 때문에, 반응에 참여하기 이전에 나이트릴 질소의 고립 전자쌍을 받아서 팔전자계를 만족하고 전자가 풍부한 친핵성 시약 **C**로 전환된다(16.14.1절). **C**에서 수소 음이온(H:$^-$)의 첨가 반응이 한 번 진행되면 중간체 **D**가 생성되는데, **D**는 반응 조건에서 안정하여 더 이상 반응에 참여하지 않는다. **D**는 반응 후 처리에서 넣어 주는 과량의 산과 반응하여 이민 중간체를 거쳐서 알데하이드로 전환된다(16.10절).

메커니즘 18-24 나이트릴의 DIBAL 환원 반응 메커니즘

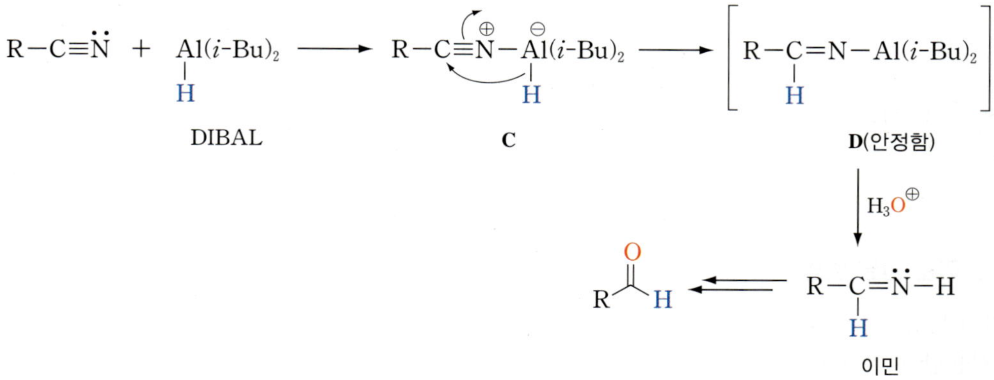

LiAlH_4 및 DIBAL 환원 반응의 예는 다음과 같다.

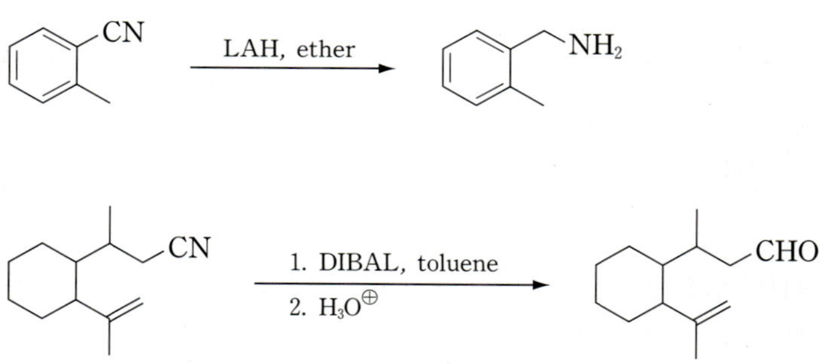

그림 18-23 나이트릴의 LiAlH_4 및 DIBAL 환원 반응의 예

예제 18.15

아래 반응의 주생성물을 그리시오.

(a) 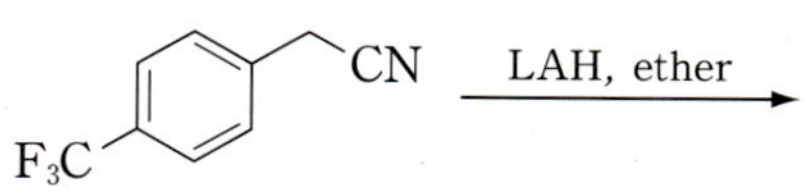

(b) 

풀이

(a) 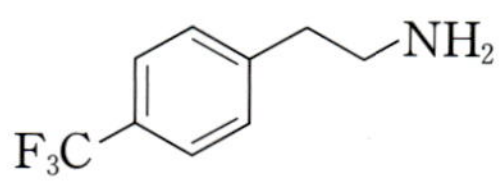

(b) 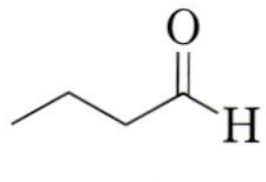

18.15.4 촉매 수소화 반응

알켄(4.10.5절) 및 알카인(5.11.2절)의 촉매 수소화 반응은 매우 빠르게 진행되지만, 나이트릴의 C≡N 삼중 결합은 알카인의 삼중 결합보다 편극성이 커서 촉매 수소화 반응이 더 빠르게 일어난다.

$$R-C\equiv N \xrightarrow[\text{Pd/C, PtO}_2\text{ or Ni}]{H_2} \underset{\text{1차 아민}}{R-CH_2-NH_2}$$

나이트릴의 촉매 수소화 반응에 대한 예는 다음과 같다.

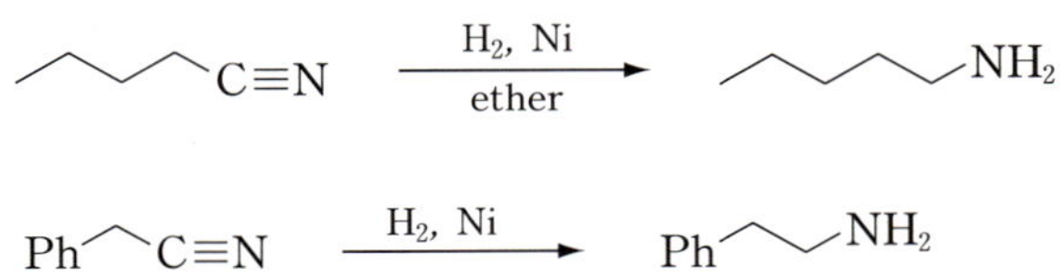

그림 18-24 나이트릴의 촉매 수소화 반응의 예

이 반응의 주 경로는 R−CN 작용기가 이민(**A**)을 거쳐서 1차 아민이 되는 것이다. 그러나 생성물인 1차 아민과 중간체 **A** 사이에 질소 원자의 교환 반응으로 이민(**B**)과 암모니아가 생성되고, 계속해서 **B**가 촉매 수소화 반응에 참여해서 부산물인 2차 아민이 생성될 수도 있다. 화학자들은 이러한 부반응을 억제하기 위하여 과량의 NH_3를 사용해서 생성물과 중간체 **A**의 질소 원자 교환 반응을 억제하거나, 또는 반응 용매에 과량의 Ac_2O를 넣어서 1차 아민이 생성됨과 동시에 아마이드로 전환시키는 방법을 흔히 사용한다.

메커니즘 18-25 나이트릴의 촉매 수소화 반응 메커니즘

$$R-C\equiv N \xrightarrow{H_2} \underset{\mathbf{A}}{R-CH=NH} \xrightarrow{H_2} R-CH_2-NH_2 \quad \text{1차 아민 (주생성물)}$$

$$\underset{\mathbf{A}}{R-CH=NH} + \underset{\text{1차 아민}}{R-CH_2-NH_2} \xrightleftharpoons[\text{교환 반응}]{\text{질소 원자}} \underset{\mathbf{B}}{R-CH=N-CH_2-R} + NH_3$$

$$\mathbf{B} \xrightarrow{H_2} R-CH_2-NH-CH_2-R \quad \text{부생성물 (2차 아민)}$$

18.15.5 유기 금속 화합물 첨가 반응

나이트릴에 DIBAL을 반응시키면 알데하이드(18.15.3절)가 생성되는 것처럼 나이트릴에 유기 금속 시약을 넣으면 케톤을 얻을 수 있다. 두 반응의 공통점은 이민-금속의 반응 중간체가 반응 조건에서 안정하여 더 이상 반응에 참여하지 않는다는 점에 있다.

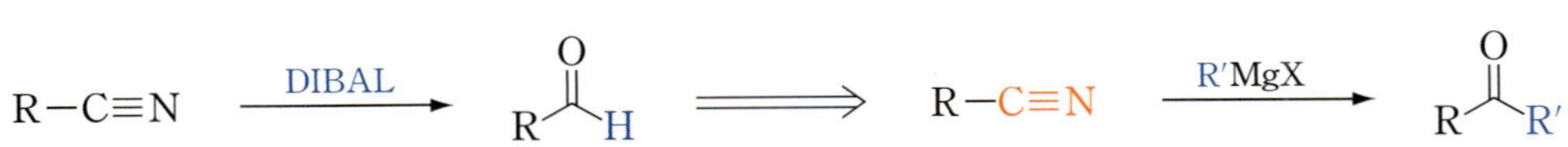

나이트릴과 DIBAL의 반응 및 나이트릴과 유기 금속 시약의 반응은 기본적으로 친핵체(수소 음이온 vs. 알킬기)를 제외하고는 반응 형태가 완전히 일치한다. 실제로 이 반응은 유기 금속 시약이 C≡N 삼중 결합을 공격하여 C=N−MgX 중간체(**A**)를 생성하는데, **A**는 반응 조건에서 안정하여 더 이상 반응에 참여하지 않는다. 중간체 **A**는 반응 후 처리에서 넣어 주는 과량의 산과 반응하여 이민 중간체를 거쳐서 케톤으로 전환된다(16.10절).

메커니즘 18-26 나이트릴의 유기 금속 화합물 첨가 반응 메커니즘

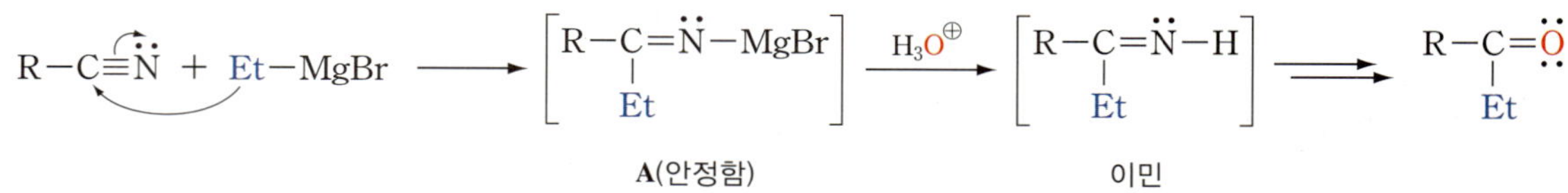

나이트릴과 유기 금속 시약의 반응 예는 다음과 같다.

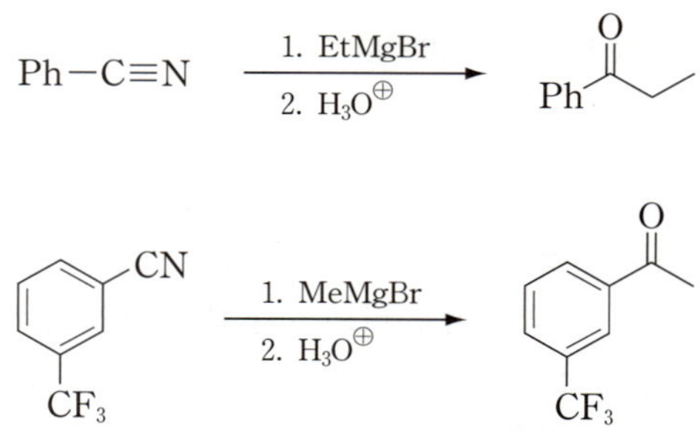

그림 18-25 나이트릴과 유기 금속 시약의 반응 예

18.16 유기 합성

16장부터 지금까지는 알데하이드, 케톤, 카복실산, 카복실산 유도체 등에 대하여 상세하게 기술해왔다. 18.16절에서는 이러한 모든 내용을 종합해서 출발 물질에서 목적 화합물을 합성하는 과정에 대하여 생각하기로 한다. 단, 유기 합성을 정반응보다는 역반응의 관점에서 기술하고, 각 단계들을 상세하게 설명하기보다는 반응의 종류 및 반응 조건만을 간단히 언급하는 선에서 마무리하며, 교재에서 제시한 경로 외에도 수많은 다른 경로가 있음을 감안하기 바란다.

첫 번째, 사이클로헥실메탄올에서 아이소프로페닐사이클로헥세인을 합성하기 위하여 두 개의 경로를 제시하였다.

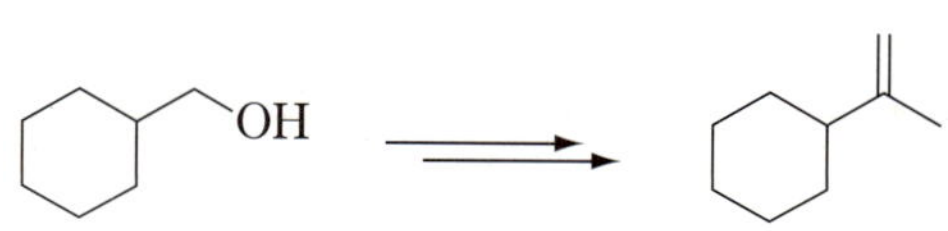

경로 1은 산화 반응(8.9.1절), 피셔 에스터화 반응(18.6.4절), 유기 금속 첨가 반응(18.10.1절), 탈수 반응(8.7.2절)을 적용하여 합성하는 과정이다. 경로 2는 산화 반응(8.9.1절), 유기 금속 첨가 반응(16.12.2절), Wittig 반응(16.12.3절)을 적용하여 합성하는 과정이다.

경로 1:

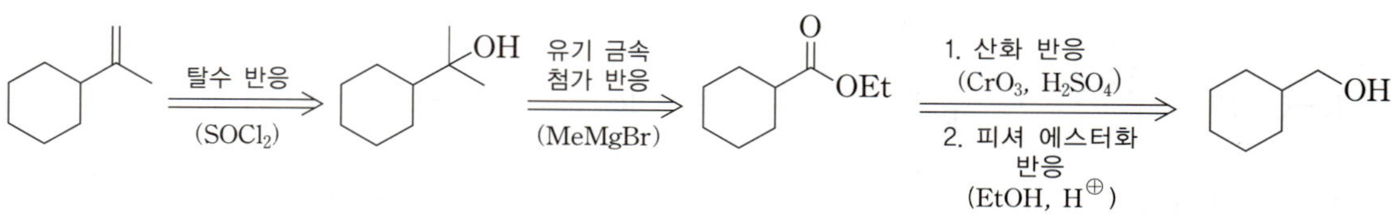

경로 2:

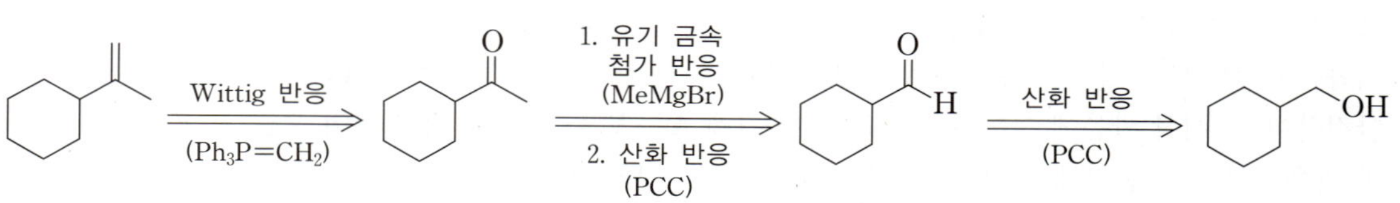

두 번째, 에틸 벤조에이트에서 페닐아세트산을 합성하기 위하여 두 개의 경로를 제시하였다.

경로 1은 환원 반응(18.11.1절), [OH → Br] 전환 반응(8.8.2절), 유기 마그네슘 시약의 합성(9.3.1절), 유기 마그네슘 시약의 CO_2 첨가 반응(17.7.3절)을 적용하여 합성하는 과정이다. 경로 2는 환원 반응(18.11.1절), [OH → Br] 전환 반응(8.8.2절), S_N2 반응(7.6.3절), 가수 분해 반응(18.15.2절)을 적용하여 합성하는 과정이다.

경로 1:

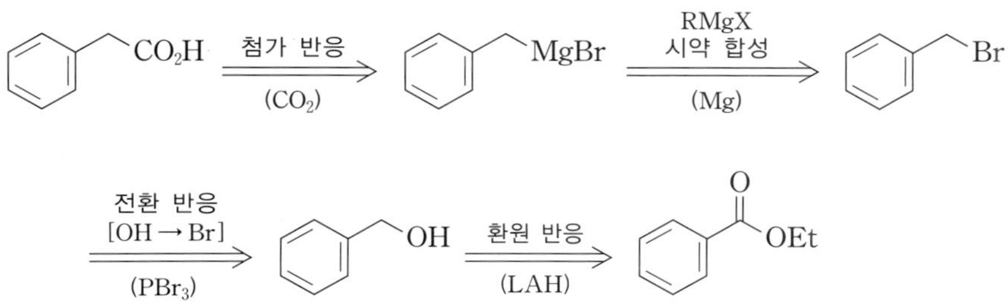

경로 2:

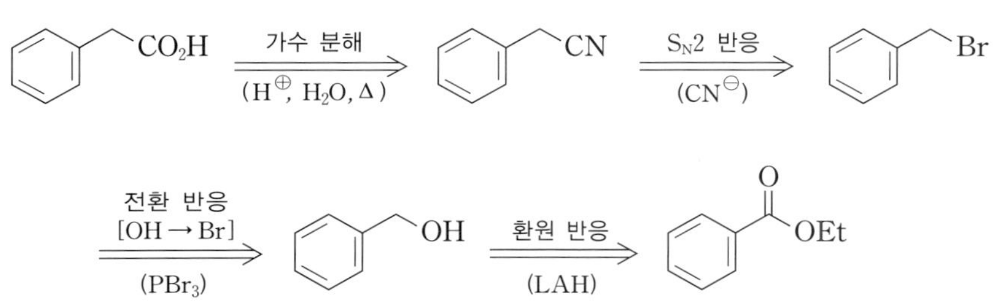

세 번째, 펜트-1-엔(**A**)에서 생성물 **B**를 합성하기 위하여 아래의 역합성을 제시하였다. 이것은 펜트-1-엔을 출발 물질로 하여 물 첨가 반응(4.7.6절), 산화 반응(8.9.1절), HCN 첨가 반응(16.12.1절), 나이트릴 가수 분해 반응(18.15.2절)을 적용하는 경로이다.

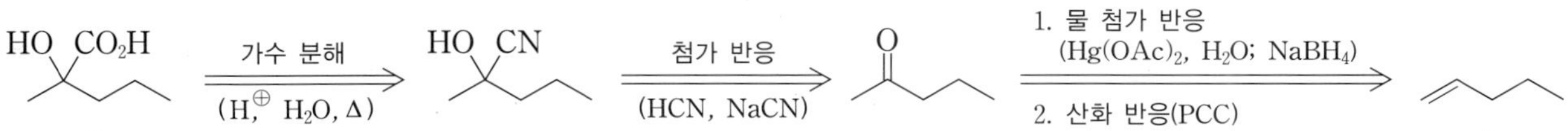

B **A**

네 번째, 유기 금속 시약의 나이트릴 첨가 반응을 사용하여 2-메틸펜탄-3-온을 합성하는 두 개의 경로를 제시하였다. 두 경로는 공통적으로 유기 마그네슘 시약의 합성(9.3.1절), 유기 마그네슘 시약의 나이트릴 첨가 반응(18.15.5절)을 이용하고 있다.

경로 1:

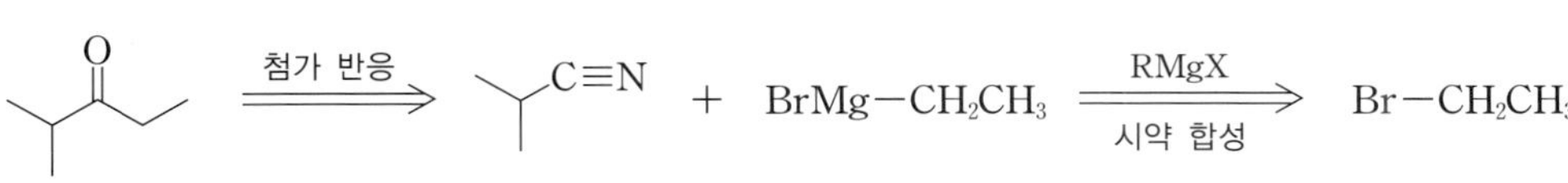

경로 2:

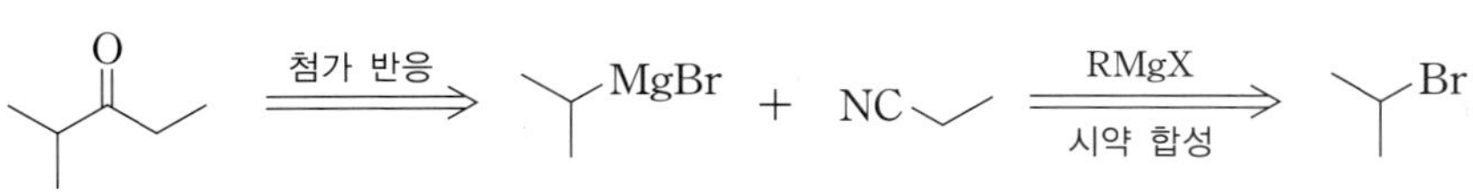

18.17 분광학

18.17.1 ^{1}H NMR 분광학

알데하이드, 케톤, 카복실산에서 α-C−H의 피크는 δ 2.0~2.6 ppm 영역에서 관찰되는데 (16.16.1절 및 17.9.1절), 카복실산 유도체도 비슷한 영역에서 피크가 관측된다.

아세트산 에틸(ethyl acetate)에서는 $-OC\underline{H}_2CH_3$ 피크가 δ 4.10(q, $J=7.1$ Hz, 2H), α-$C\underline{H}_3$ 피크가 δ 2.04(s, 3H), $-OCH_2C\underline{H}_3$ 피크가 δ 1.16(t, $J=7.1$ Hz, 3H)가 예상된다.

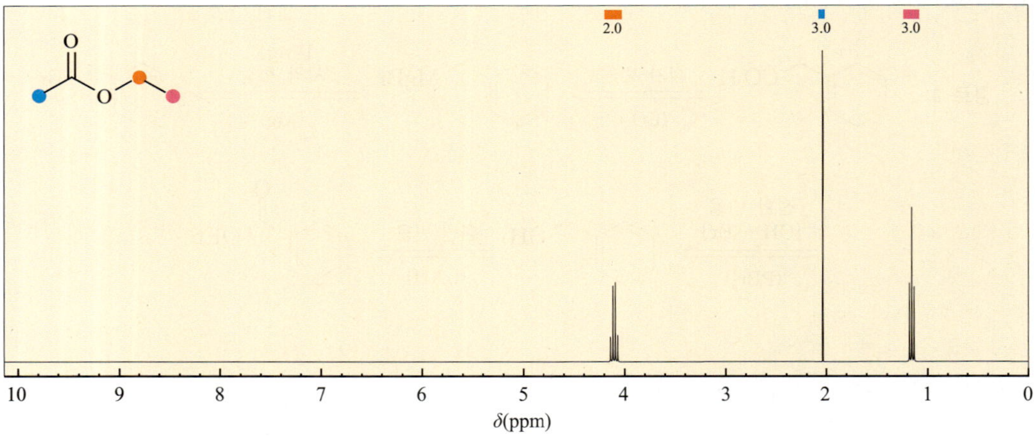

그림 18-26 아세트산 에틸의 ^{1}H NMR 스펙트럼

벤즈아마이드(benzamide)의 경우에는 C_2−$\underline{H}$ 및 C_6−$\underline{H}$ 피크가 δ 7.75(m, 2H), C_4−$\underline{H}$ 피크가 δ 7.64(m, 1H), C_3−$\underline{H}$ 및 C_5−$\underline{H}$ 피크가 δ 7.47(m, 2H)에서 관찰된다. 아래의 스펙트럼에서 알 수 있듯이 벤젠 고리에서는 장거리 갈라짐(11.5.4절) 현상이 가능하기 때문에 이론적으로 예상하는 것보다 더 복잡한 스펙트럼이 얻어짐을 알 수 있다(17.9.1절).

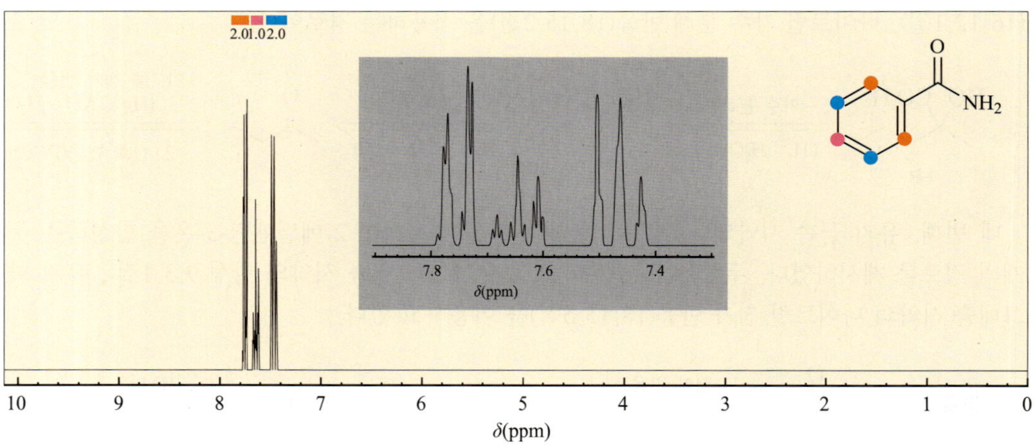

그림 18-27 벤즈아마이드의 ^{1}H NMR 스펙트럼

뷰테인나이트릴(butanenitrile)은 $CH_3CH_2C\underline{H}_2CN$ 피크가 δ 2.75(t, $J=7.6$ Hz, 2H), $CH_3C\underline{H}_2CH_2CN$ 피크가 δ 1.65(tq, $J=7.6$, 7.0 Hz, 2H), $C\underline{H}_3CH_2CH_2CN$ 피크가 δ 0.88(t, $J=7.0$ Hz, 3H)임을 예상할 수 있다.

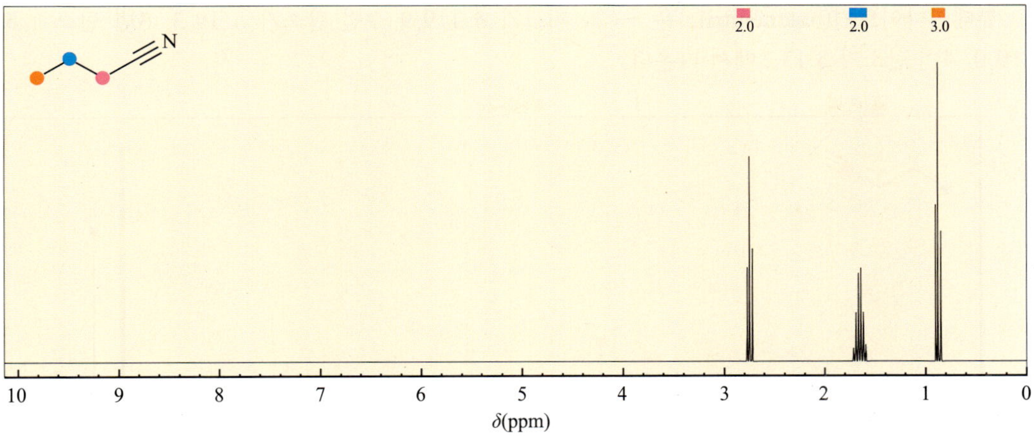

그림 18-28 뷰테인나이트릴의 ¹H NMR 스펙트럼

18.17.2 ¹³C NMR 분광학

¹³C NMR 스펙트럼에서 케톤 및 알데하이드는 δ 190~215 ppm(16.16.2절), 카복실산은 δ 165~185 ppm(17.9.2절)에서 관찰되는데, 카복실산 유도체들도 카복실산과 인접한 영역에서 관찰된다. 이 관계를 보다 구체적으로 정리하면 다음과 같다.

표 18-3 작용기에 따른 피크 값

작용기	δ(ppm)
케톤	205
알데하이드	200
카복실산	177
아마이드	173
에스터	170
할로젠화 아실	170
산 무수물	167
나이트릴	120

아세트산 에틸(ethyl acetate)은 카보닐 탄소가 δ 171.1, $-O\underline{C}H_2CH_3$ 탄소가 δ 60.4, $-OCH_2\underline{C}H_3$ 탄소가 δ 14.3, C_2 탄소가 δ 21.0에서 나온다.

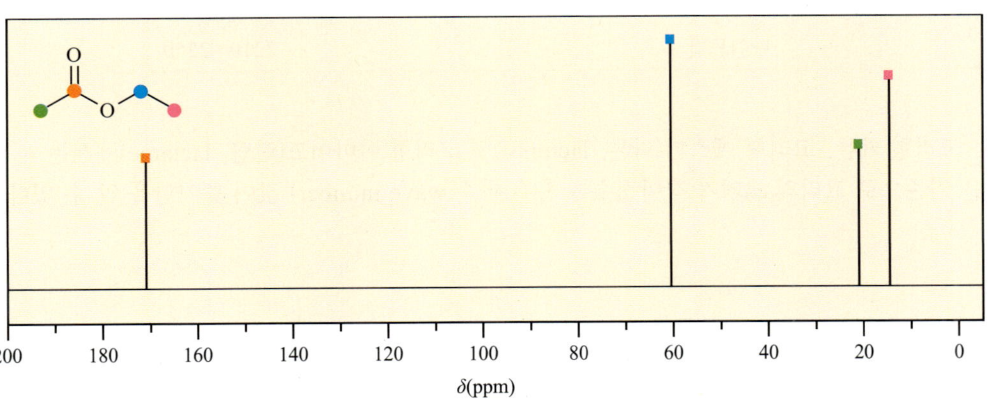

그림 18-29 아세트산 에틸의 ¹³C NMR 스펙트럼

뷰테인나이트릴(butanenitrile)은 $-\underline{C}N$ 피크가 δ 119.9, 2번 탄소가 δ 19.3, 3번 탄소가 δ 19.0, 4번 탄소가 δ 13.3에서 나온다.

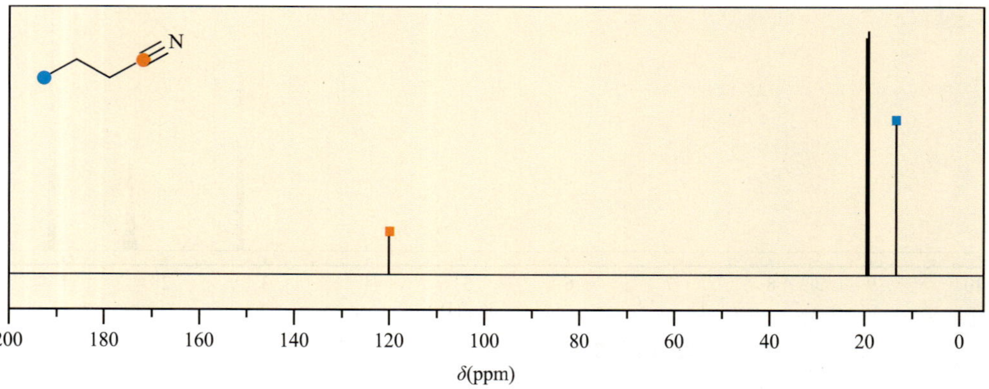

그림 18-30 뷰테인나이트릴의 ^{13}C NMR 스펙트럼

18.17.3 적외선 분광학

카보닐 작용기는 적외선 분광학의 효용성을 배가시키는 중요한 작용기이다. 이전에 케톤 및 알데하이드의 C=O 작용기는 1660~1770 cm^{-1} 영역(16.16.3절), 카복실산의 C=O 작용기는 1710 또는 1760 cm^{-1} 영역(17.9.3절), 카복실산의 OH 작용기는 2400~3600 cm^{-1} 영역(17.9.3절)에서 강한 흡수 띠로 관찰된다고 하였다. 카복실산 유도체의 C=O 작용기들은 1650~1850 cm^{-1} 영역에서 주로 관찰된다.

주어진 값들은 확정된 값이 아니고, 화합물의 구조에 따라서 일부 차이가 있을 수 있음에 유의해야 한다.

표 18-4 작용기에 따른 파수

작용기	파수(cm^{-1})
할로젠화 아실	1810
산 무수물	1760 & 1820
에스터	1735
알데하이드	1730
케톤	1715
카복실산	1710
아마이드	1670
나이트릴	2210~2250

고리형 케톤, 고리형 에스터(락톤, lactone) 및 고리형 아마이드(락탐, lactame)에서는 육각형을 기준으로 고리의 크기가 작아질수록 흡수 파수(wave number) 값이 증가함을 알 수 있다.

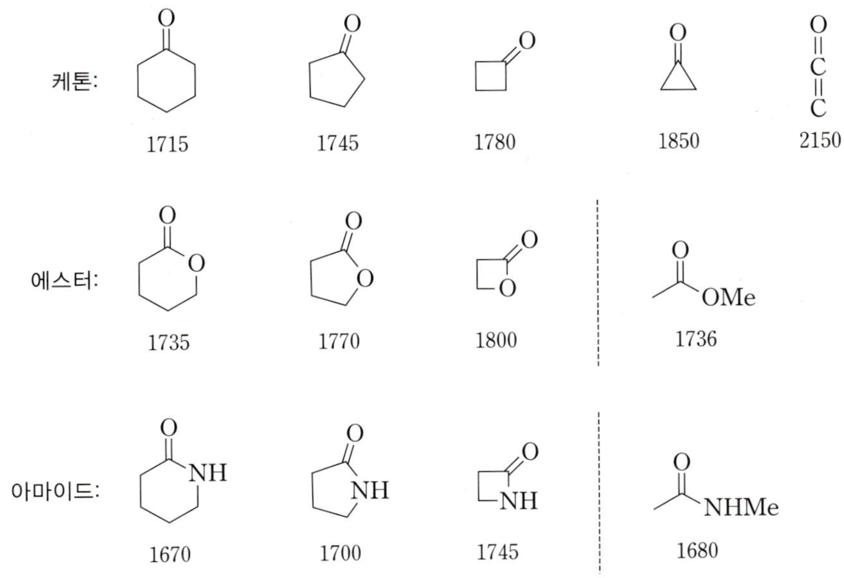

이러한 경향성은 다음과 같이 설명할 수 있다. 카보닐 작용기와 Z 원자의 비공유 전자쌍 사이에 오비탈의 중첩이 커지면 공명 구조에서 쌍극성 구조의 기여도가 증가함으로써 C—O 단일 결합의 성격이 증가하고, 이것은 C—O 결합의 진동수가 감소하는 결과를 가져오므로 흡수 파수는 감소하게 된다. 실제로 카보닐 작용기와 비공유 전자쌍의 중첩은 육각형 구조에서 가장 잘 일어나기 때문에 결과적으로 가장 작은 흡수 파수를 가질 것임을 예상할 수 있다.

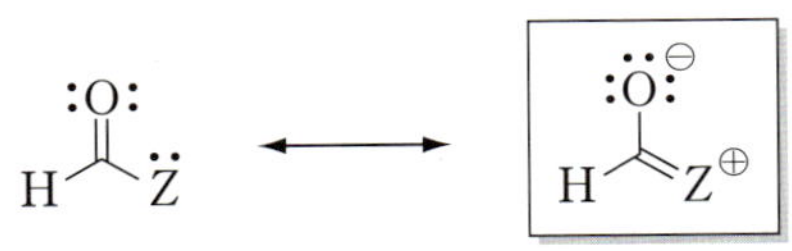

아세트산 에틸(ethyl acetate)의 적외선 스펙트럼은 아래와 같다. 우선, C=O 작용기와 관련하여 1743 cm^{-1}(*s*) (C=O 신축 운동) 피크를 확실하게 구분할 수 있고, 2860~3040 cm^{-1}(*m*) (C—H 신축 운동) 및 1300~1490 및 1200~1300 cm^{-1}(*s*) (C—C 신축 운동) 등을 언급할 수 있다.

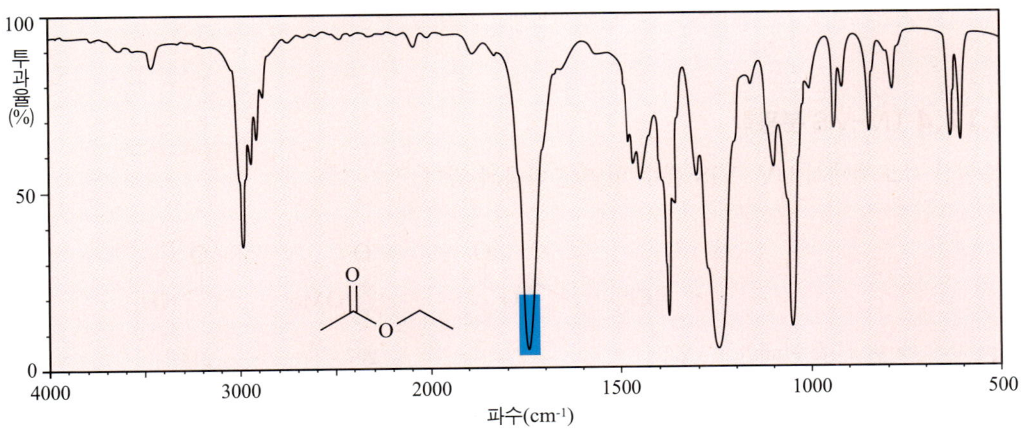

그림 18-31 아세트산 에틸의 적외선 스펙트럼

벤즈아마이드(benzamide)의 적외선 스펙트럼은 C=O 작용기와 관련하여 1659 cm^{-1}(*m*) (C=O 신축 운동) 피크가 확실하게 분리되고, 3367 cm^{-1}(*m*), 3171 cm^{-1}(*m*), 2750~3010 cm^{-1}(*s*) (C—H 및 N—H 신축 운동), 그리고 1320~1480 cm^{-1}(*s*) (C—C 신축 운동) 등을 언급할 수 있다.

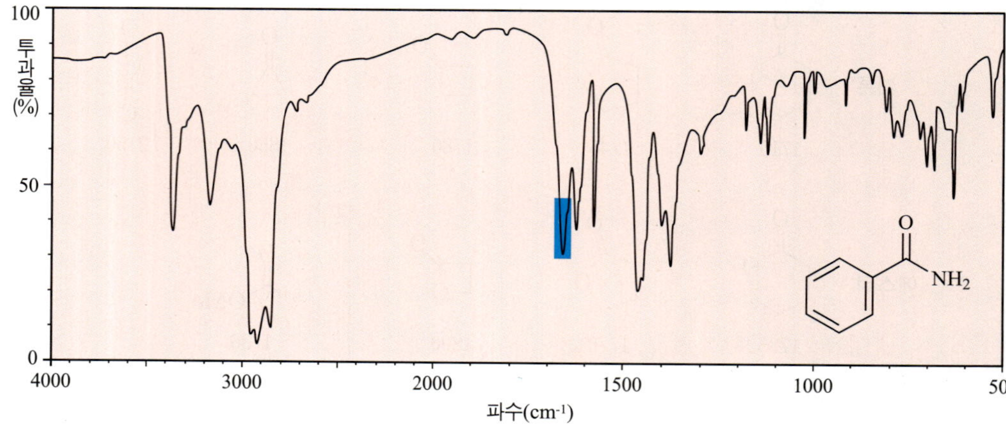

그림 18-32 벤즈아마이드의 적외선 스펙트럼

뷰테인나이트릴(butanenitrile)의 적외선 스펙트럼은 C≡N 작용기와 관련하여 2260 cm^{-1} (*s*) (C≡N 신축 운동) 피크를 구분할 수 있고, 2860~3010 cm^{-1}(*s*) (C−H 신축 운동) 및 1400~1490 cm^{-1}(*s*) (C−C 신축 운동) 등을 언급할 수 있다.

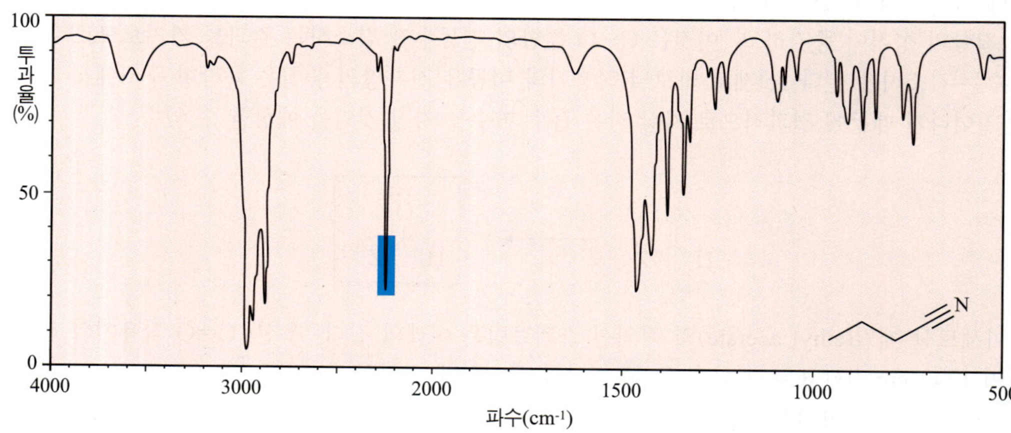

그림 18-33 뷰테인나이트릴의 적외선 스펙트럼

18.17.4 UV-VIS 분광학

카복실산 유도체에서 UV-VIS 흡수 영역은 다음과 같다.

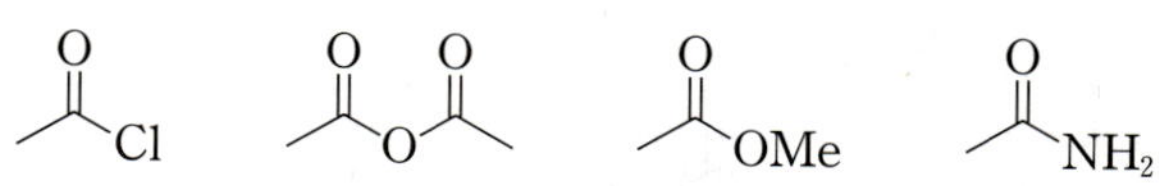

n to π^* 흡수(nm):	235	225	207	214

18.17.5 질량 분광학

질량 분석기에서 알데하이드, 케톤, 카복실산 및 카복실산 유도체들은 공통적으로 분자 이온(M^+)의 α-분해 반응(α-cleavage)이 가능하다(12.3.2절, 16.16.5절, 17.9.4절). 그리고, γ-H가 있는 경우에는 육각형 전이 상태를 경유하여 알켄 및 엔올 라디칼 양이온을 생성하는 맥라퍼티

자리 옮김 반응(McLafferty rearragement)도 진행된다(12.3.2절, 16.16.5절, 17.9.4절).

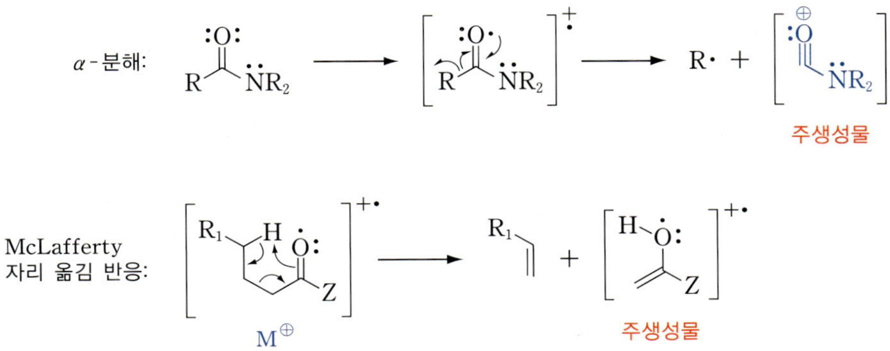

아세트산 에틸(ethyl acetate)은 분자식 $C_4H_8O_2$, 분자량 88인 화합물로서 $m/e = 88$에서 M^+ 피크가 관찰된다. 이론적으로 분자 이온(M^+)에서 C_1-C_2의 α-분해 반응이 일어나면 $m/e = 73$ 및 15, C(=O)−O의 분해 반응이 일어나면 $m/e = 45$ 및 43 피크를 예상할 수 있다. 실험에서 주 피크는 $m/e = 43$이었다.

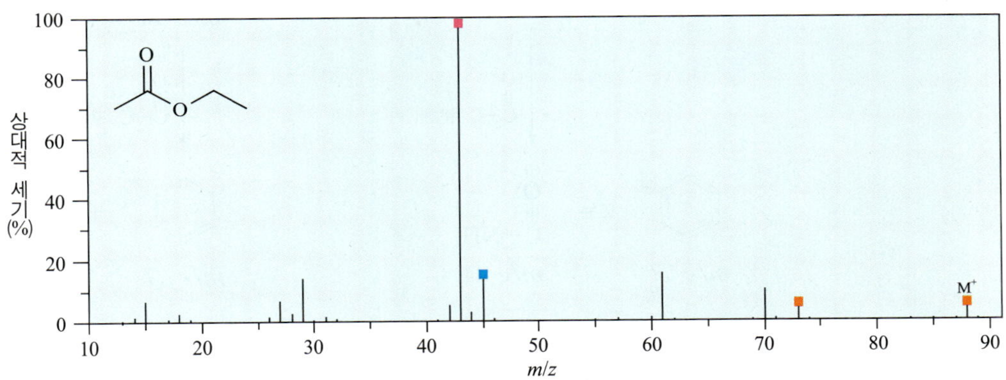

그림 18-34 아세트산 에틸의 질량 스펙트럼

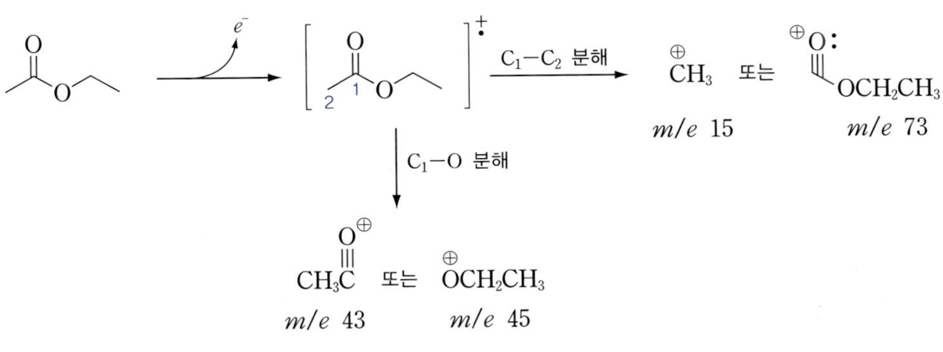

벤즈아마이드(benzamide)는 분자식 C_7H_7NO, 분자량 121인 화합물로서 $m/e = 121$에서 M^+ 피크가 관찰된다. 이론적으로 분자 이온(M^+)에서 C(=O)−N의 α-분해 반응이 일어나면 $m/e = 105$, C(=O)−C의 α-분해 반응이 일어나면 $m/e = 77$ 및 44 피크를 예상할 수 있다. 실험에서 주 피크는 $m/e = 77$이었다.

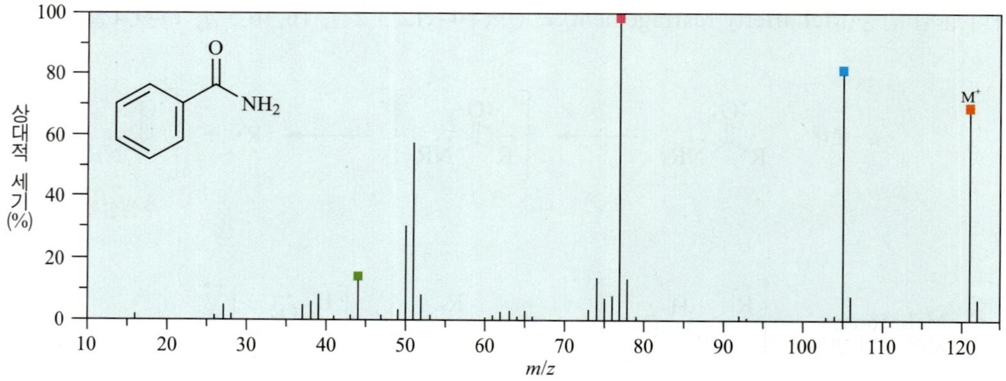

그림 18-35 벤즈아마이드의 질량 스펙트럼

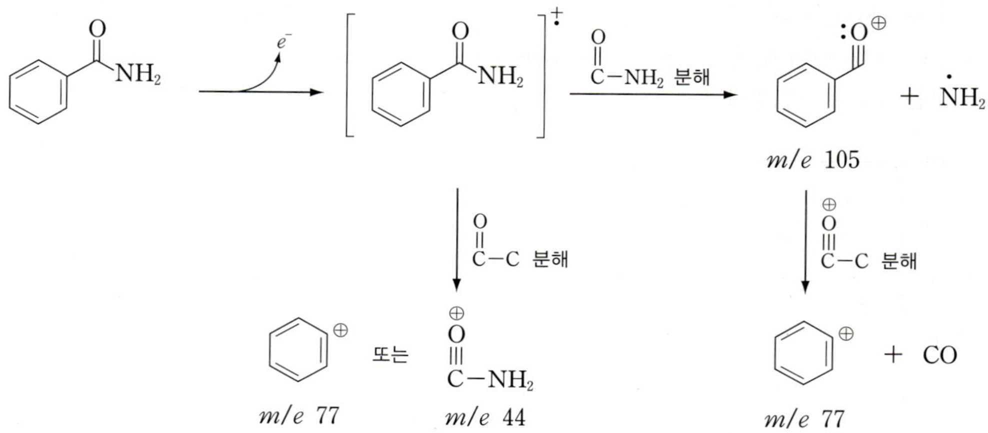

뷰테인나이트릴(butanenitrile)은 분자식 C_4H_7N, 분자량 69인 화합물로서 $m/e = 69$에서 M^+ 피크가 관찰되지 않는다. 이론적으로 분자 이온(M^+)에서 C_1-C_2의 α-분해 반응이 일어나면 $m/e = 43$ 및 26, C_2-C_3의 분해 반응이 일어나면 $m/e = 40$ 및 29, 맥라퍼티 자리 옮김 반응이 일어나면 $m/e = 41$ 피크를 예상할 수 있다. 실험에서 주 피크는 $m/e = 41$이었다.

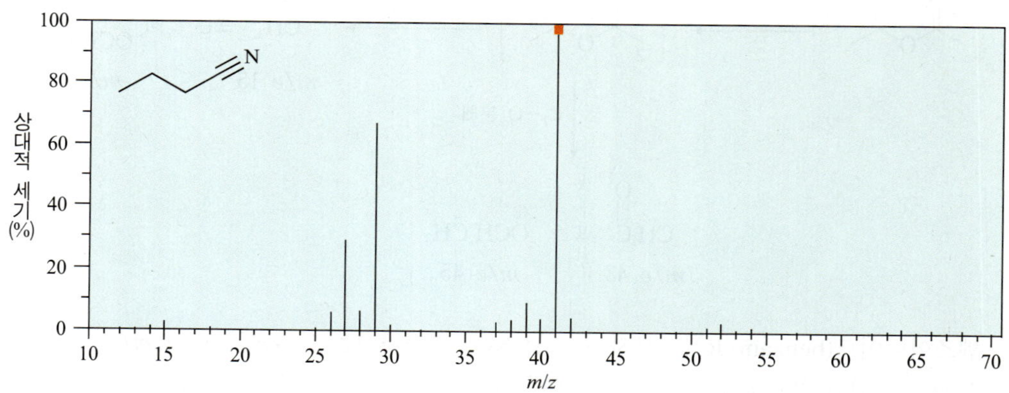

그림 18-36 뷰테인나이트릴의 질량 스펙트럼

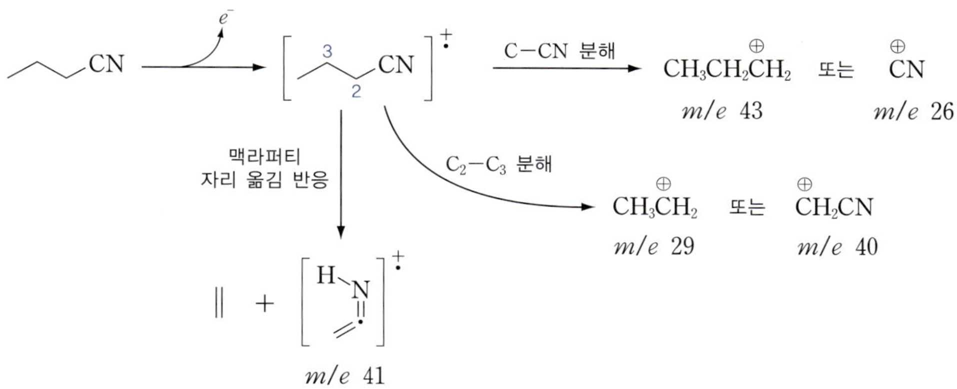

18.18 요약

18.18.1 개론

18장에서는 카복실산 유도체 및 나이트릴에 대하여 상세하게 알아보았다.

구조적인 관점에서 할로젠화 아실, 에스터, 아마이드는 카보닐 작용기가 고립 전자쌍을 갖는 원자(X, O, N)와 결합한다는 공통점이 있다. 카보닐 작용기에 고립 전자쌍을 제공하는 능력은 [질소 > 산소 > 할로젠]의 순서(15.2.2절)이므로 친핵성 아실 치환 반응은 [할로젠화 아실 > 에스터 > 아마이드]의 순서로 감소한다(18.5.2절). 동일한 원리를 적용하면 카보닐 산소의 염기도가 [아마이드 > 에스터 > 할로젠화 아실](18.5.3절)이고, α-C−H 수소의 산성도는 [할로젠화 아실 > 에스터 > 아마이드](18.5.4절)임을 추론할 수 있다.

일치환 벤젠 유도체의 친전자성 방향족 치환 반응에서 유발 효과 및 공명 효과의 상대적인 중요성을 이용하여 할로젠, 산소, 질소 원자가 벤젠 고리에 전자쌍을 제공하는 능력에 차이가 있음을 기술한 바 있다(15.2.2절).

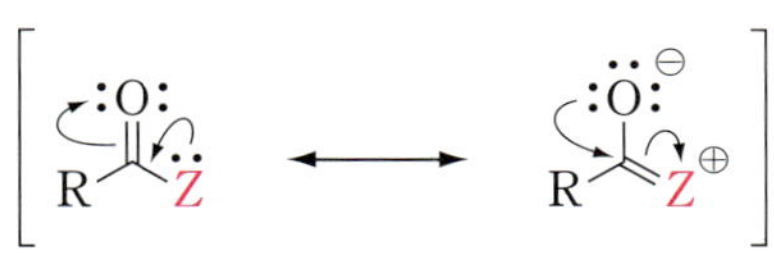

18.18.2 반응 메커니즘

카복실산 유도체들은 다양한 친핵체들과 친핵성 아실 치환 반응을 한다. 친핵성 아실 치환 반응은 기본적으로 친핵체 및 카복실산 유도체의 반응성에 따라서 크게 세 가지 경로로 진행한다(18.5.5절).

첫 번째는 강한 친핵체의 반응이다(경로 ①). 이 경우에는 카복실산 유도체의 반응성과 무관하게 친핵체가 카보닐 탄소를 직접 공격하는 경로를 따른다.

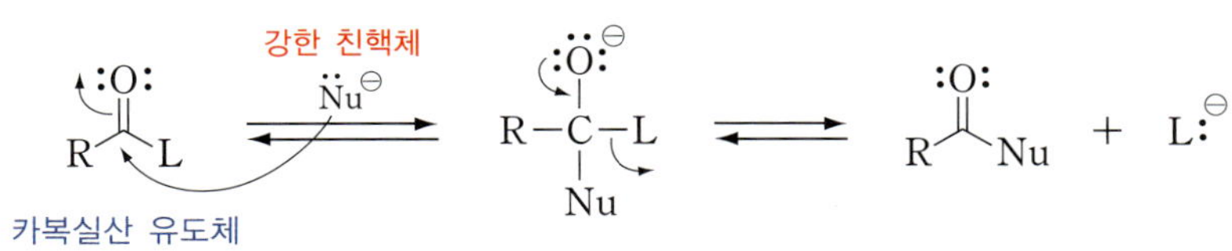

두 번째는 반응성이 큰 카복실산 유도체의 반응이다(경로 ②). 이 반응은 할로젠화 아실 및 산 무수물이 반응할 때의 상황으로서, 중성의 친핵체가 카보닐 탄소를 직접 공격하는 경로를 따른다.

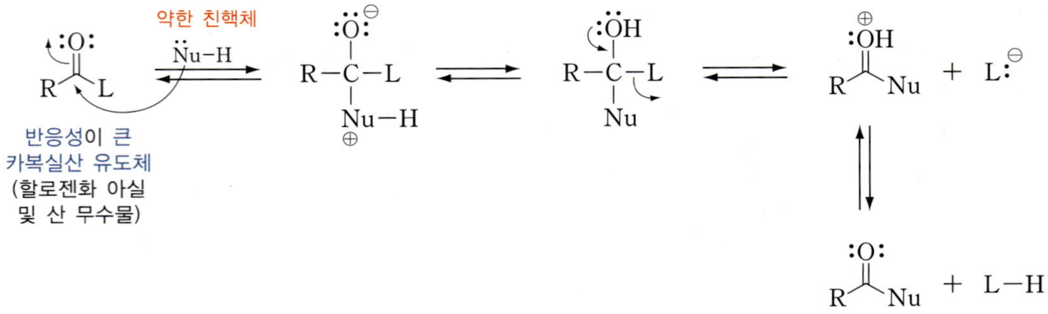

세 번째는 약한 친핵체와 반응성이 작은 카복실산 유도체의 반응이다(경로 ③). 이것은 중성의 친핵체가 에스터 또는 아마이드와 반응할 때의 상황으로서, 반응을 촉진하기 위하여 산(H^+) 촉매 조건을 사용한다.

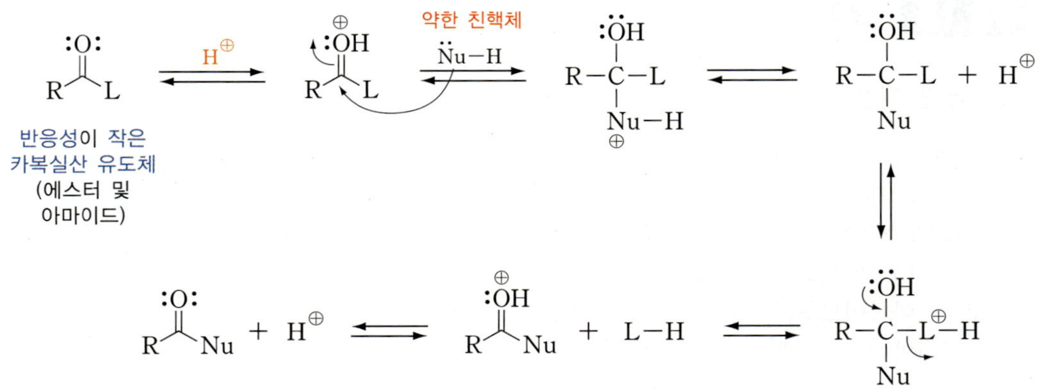

18.18.3 반응

카복실산 유도체들은 카복실산에서 합성할 수 있다(18.6절). 다만, 카복실산의 카보닐 작용기는 전자가 풍부하기 때문에 친핵체의 직접적인 공격보다는 카보닐 작용기에 전자를 강하게 끌어당김과 동시에 좋은 이탈기로 작용하는 활성화기(activator)를 도입하는 간접적인 경로를 주로 이용한다.

할로젠화 아실: 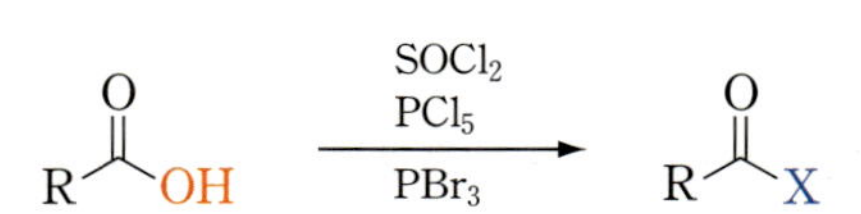

산 무수물: 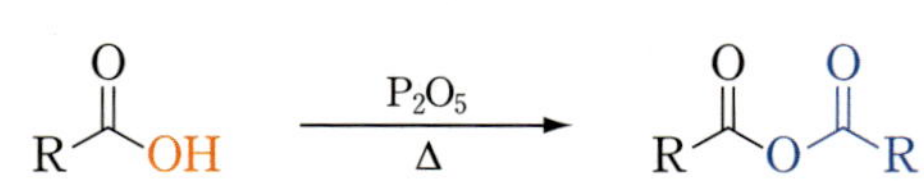

에스터: 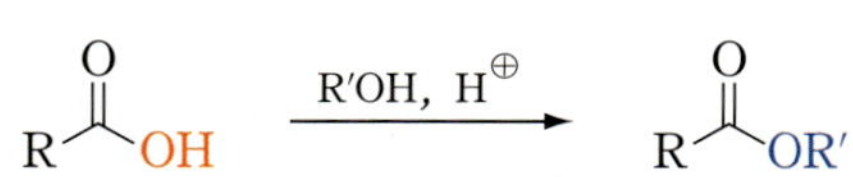

아마이드: 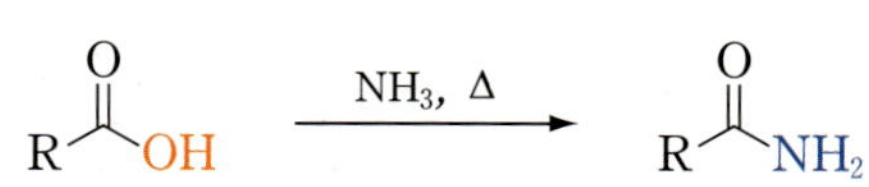

가수 분해 반응(hydrolysis)은 물(HO−H)이 첨가되면서 특정 화학 결합을 끊는 반응으로서(18.7절), 카복실산 유도체들은 반응 조건 및 경로는 다를 수 있지만 가수 분해 반응에 의하여 카복실산으로 전환될 수 있다. 일반적으로 반응성이 큰 할로젠화 아실 및 산 무수물은 중성의 물과 반응하고(경로 ②), 반응성이 작은 에스터 및 아마이드는 산 촉매 조건(경로 ③) 또는 염기 조건(경로 ①)에서 반응이 진행된다.

할로젠화 아실 및 산 무수물:

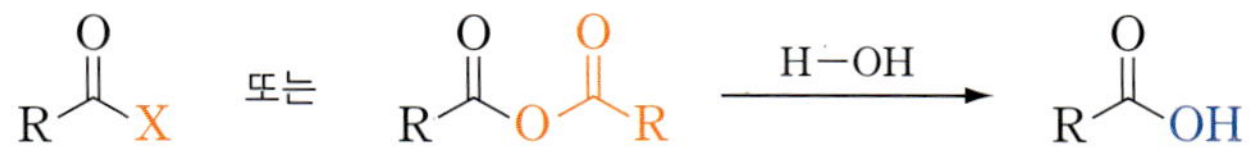

에스터 (산 촉매):

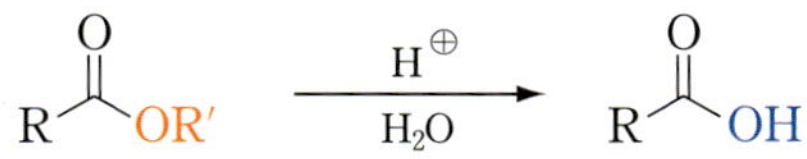

에스터 (염기 조건):

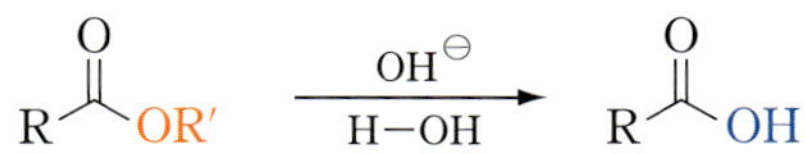

아마이드 (산 촉매):

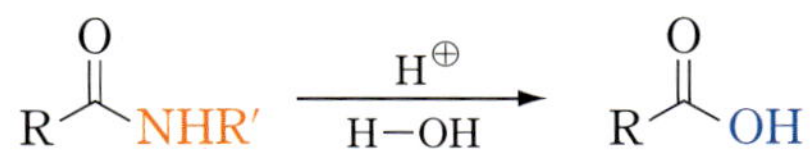

아마이드 (염기 조건):

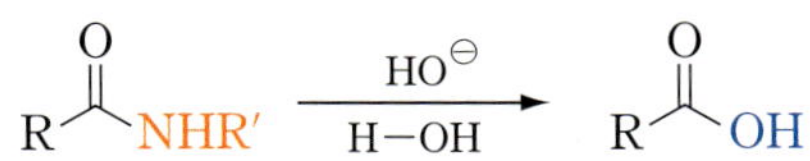

가알코올 분해 반응(alcoholysis)은 알코올(RO−H)이 첨가되면서 특정 화학 결합을 끊는 반응이다(18.8절). 반응성이 큰 할로젠화 아실 및 산 무수물은 중성의 알코올과 반응하고(경로 ②), 반응성이 작은 에스터는 산 촉매 조건(경로 ③) 또는 염기 조건(경로 ①)에서 다른 에스터로 전환될 수 있는데 이러한 반응을 에스터 교환 반응(transesterification)이라고 한다. 이론적으로는 반응성이 훨씬 작은 아마이드도 산 촉매 조건(경로 ③) 또는 염기 조건(경로 ①)에서 에스터로 전환될 수 있지만 유기 합성의 관점에서 거의 사용하지 않는다.

할로젠화 아실 및 산 무수물:

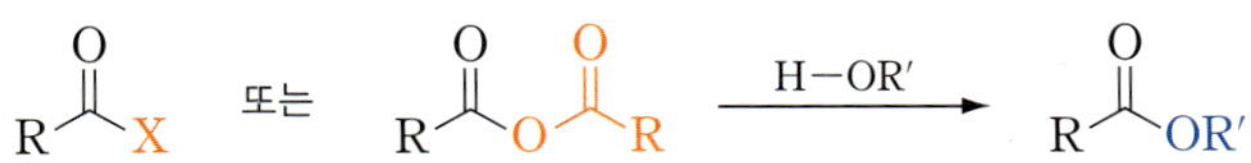

에스터 (산 촉매):

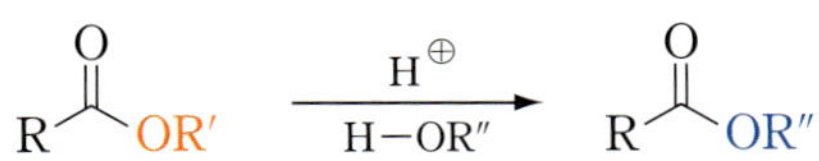

에스터 (염기 조건):

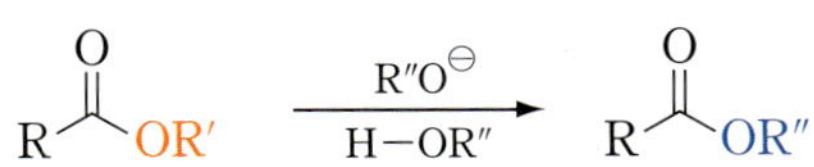

가아민 분해 반응(aminolysis)은 아민(RNH−H)이 첨가되면서 특정 화학 결합을 끊는 반응으로서(18.9절), 반응성이 큰 할로젠화 아실 및 산 무수물은 물론이고 반응성이 작은 에스터까지도 중성의 아민과 반응할 수 있다(경로 ②). 반응성이 훨씬 작은 아마이드를 다른 아마이드로 전환하는 방법은 유기 합성에서 거의 사용하지 않는다.

할로젠화 아실 및 산 무수물:

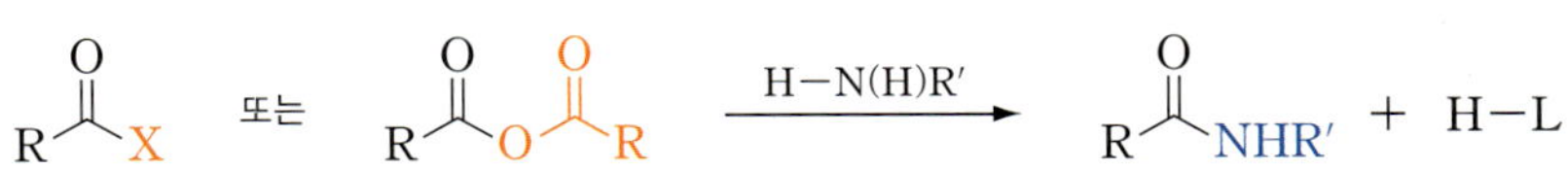

에스터:

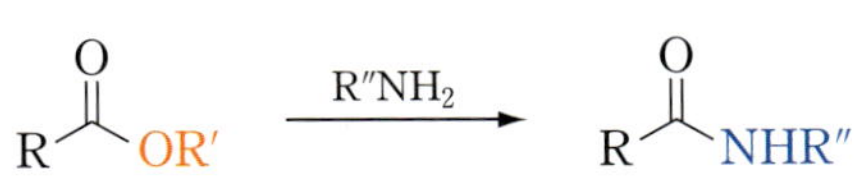

지금까지의 반응을 종합하면 아래와 같이 정리할 수 있다. 우선 카복실산은 주어진 시약을 사용하여 카복실산 유도체로 전환되고(검은색), 카복실산 유도체는 주어진 가수 분해 조건에서 제시된 경로를 따라서 카복실산이 된다(경로 ①, 경로 ②, 경로 ③). 반응성이 큰 카복실산 유도체는 중성의 친핵체 조건에서 반응성이 작은 카복실산 유도체로 전환되고(경로 ②), 에스터 교환 반응은 (경로 ①) 및 (경로 ③)을 통해서 진행된다.

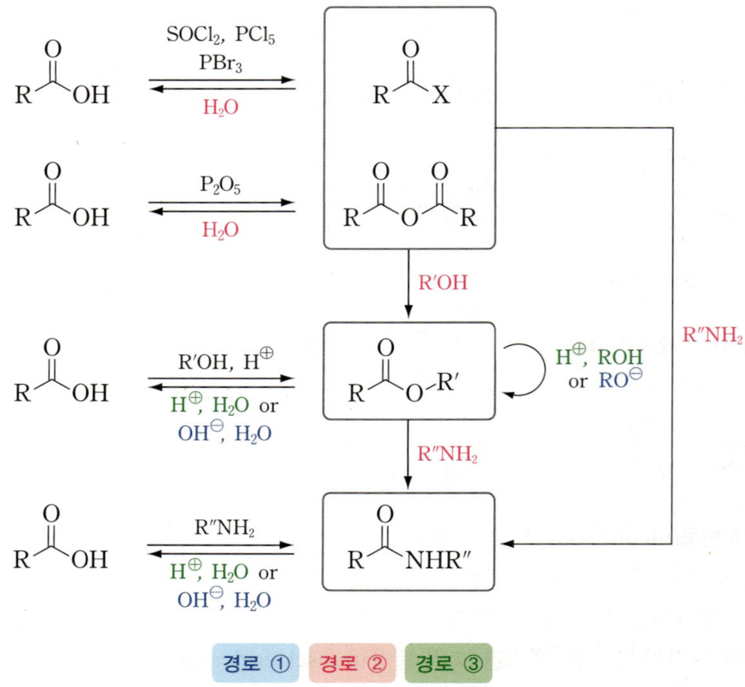

카복실산 유도체는 유기 금속 화합물과 다양한 형태의 첨가 반응을 한다(18.10절). 에스터 및 할로젠화 아실에 과량의 RLi 및 RMgX 시약을 첨가하면 친핵성 아실 치환 반응(경로 ①) 및 카보닐 1,2-첨가 반응이 연속적으로 진행되어 2차 및 3차 알코올 생성물을 얻을 수 있다(18.10절). 그리고 할로젠화 아실에 Gilman 시약을 사용하여 케톤을 생성하는 반응도 잘 알려져 있다.

이론적으로 할로젠화 아실을 1당량의 RLi 및 RMgX 시약과 반응시키면 중간체인 케톤을 선택적으로 얻을 수 있는데, 이 반응은 유기 합성에서 많이 사용하는 방법은 아니다.

에스터:

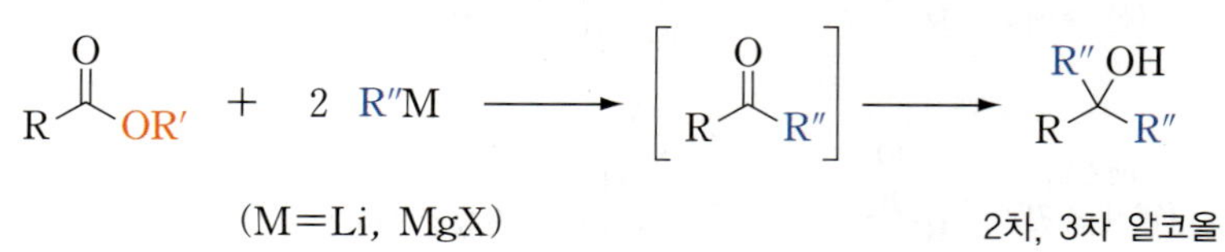

할로젠화 아실:

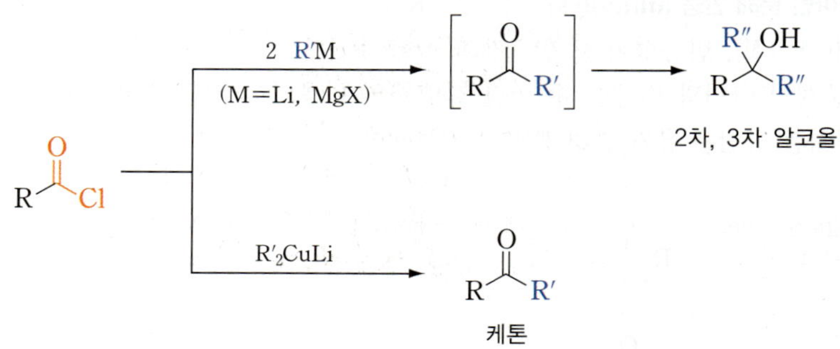

카복실산 유도체는 다양한 종류의 환원 반응에 참여하기도 한다(18.11절). 에스터에 $LiAlH_4$ 및 $LiBH_4$를 사용하면 RLi 및 RMgX 시약처럼 두 개의 수소 음이온이 전달되어 1차 알코올을 생성한다. 에스터와 DIBAL의 반응에서는 알데하이드가 합성되고, 에스터를 Na−EtOH 조건(Bouveault-Blanc 환원)에서 가열하면 1차 알코올이 얻어진다.

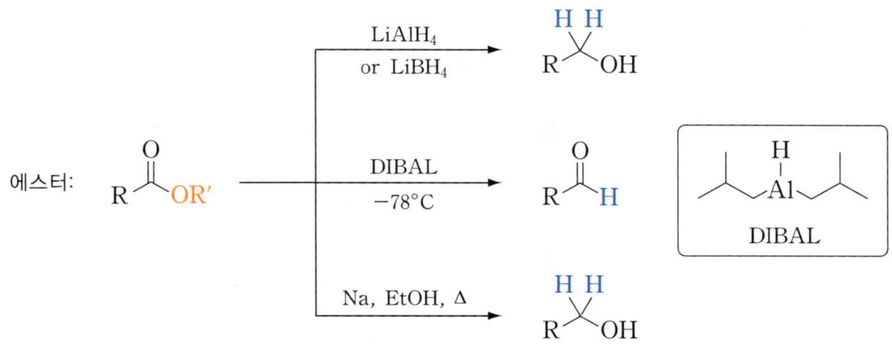

그리고 할로젠화 아실에 $Pd-BaSO_4-H_2$(Rosenmund 환원 반응) 또는 입체 장애가 큰 $LiAl(O\textit{t}\text{-}Bu)_3H$ 시약을 사용하면 알데하이드를 생성할 수 있다.

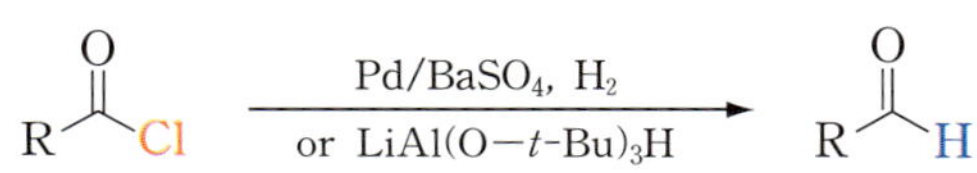

아마이드는 $LiAlH_4$와 반응하여 카보닐 작용기가 제거된 아민이 생성되고, 3차 아마이드는 친전자성 시약인 보레인(BH_3)과 반응하여 3차 아민으로 전환된다. 그리고 *N*-메톡시-*N*-메틸 아마이드를 $LiAlH_4$ 또는 DIBAL과 반응시키면 알데하이드를 선택적으로 합성할 수 있다.

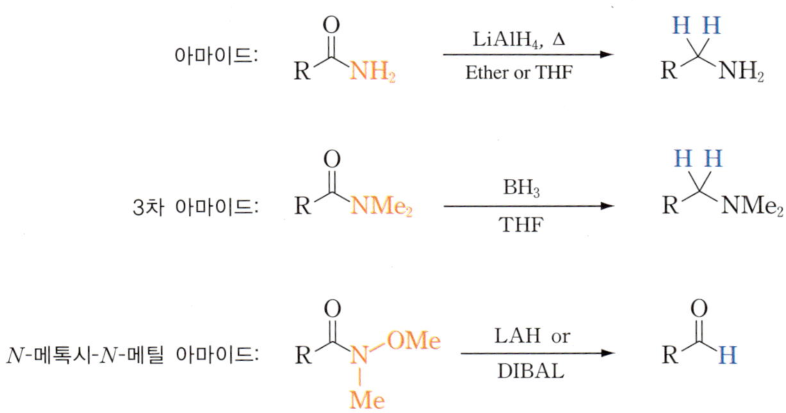

이 외에도 1차 아마이드는 $SOCl_2$, P_2O_5, $POCl_3$, Ac_2O 시약과 반응하여 나이트릴이 된다(18.12.2절).

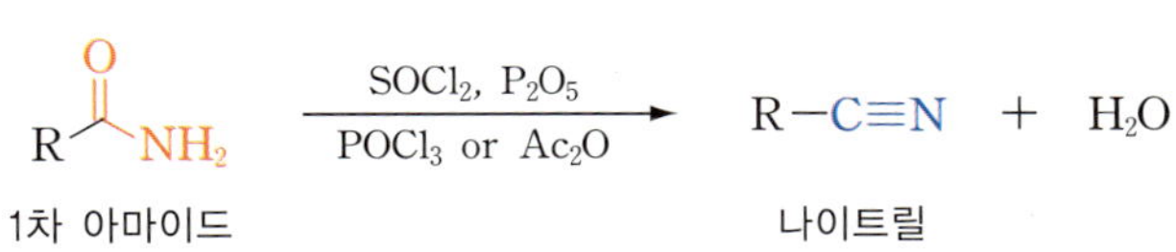

나이트릴을 산(H^+), 염기(HO^-), 또는 효소(nitrilase) 존재 하에서 가수 분해하면 비가역적으로 아마이드 중간체를 거쳐서 최종적으로 카복실산을 얻을 수 있다(18.15.2절)

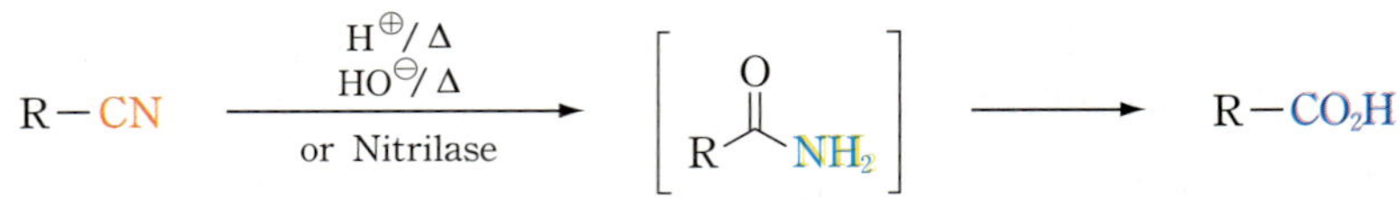

아마이드 카복실산

나이트릴은 에스터와 유사하게 환원 시약에 따라서 1차 아민 및 알데하이드로 전환될 수 있고, 촉매 수소화 반응을 통해서 1차 아민을 합성할 수 있으며, 유기 금속 시약을 사용하여 케톤으로의 전환도 가능하다(18.15.3절).

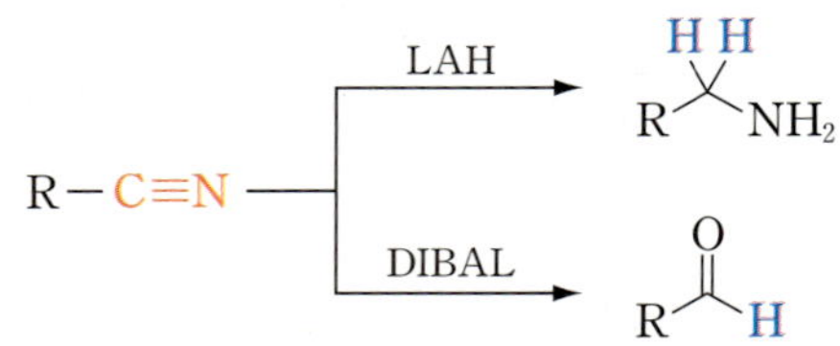

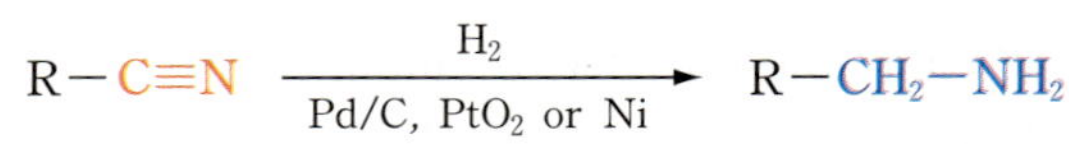

1차 아민

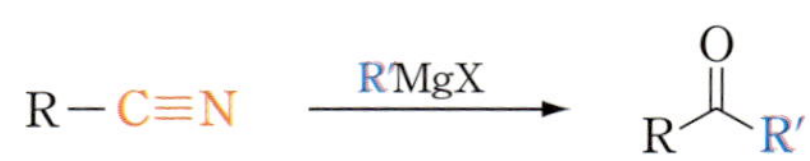

연습 문제

1. 아래의 화합물을 명명하시오.

(a) 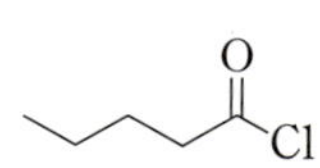 (b) 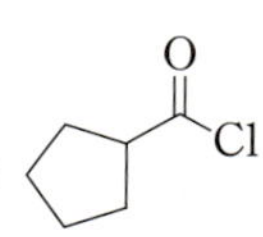 (c) 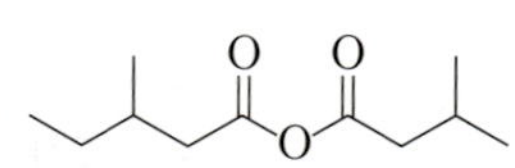

(d) 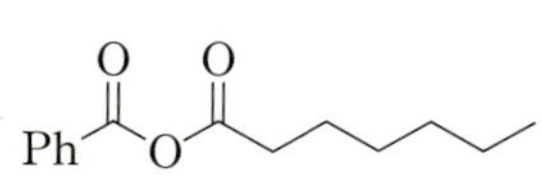 (e) 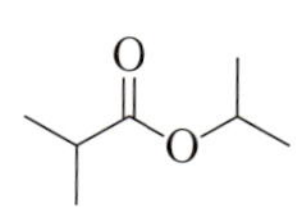 (f) 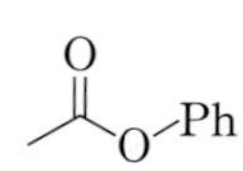

(g) 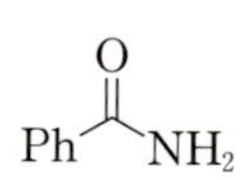 (h) 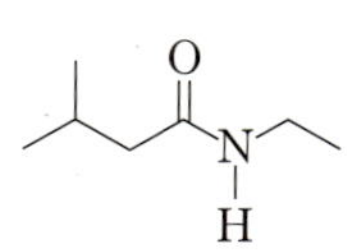 (i) 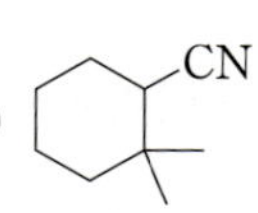

2. 아래 반응의 주생성물을 그리시오.

(a) 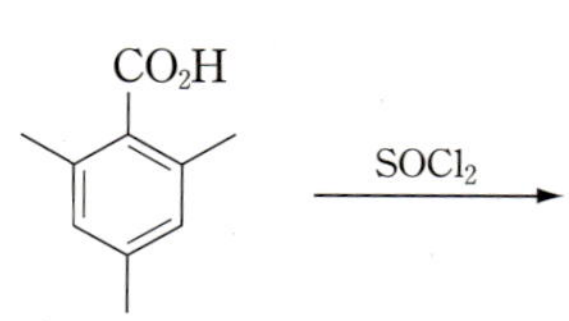

(b) 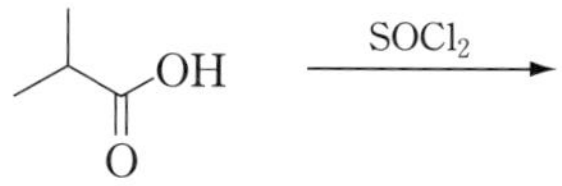

(c) 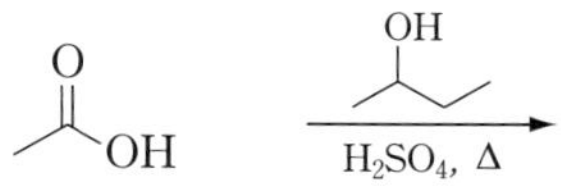

(d) 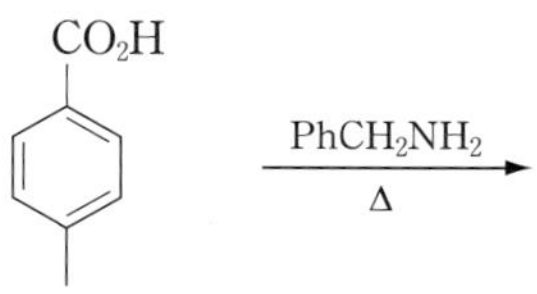

(e) 

(f) 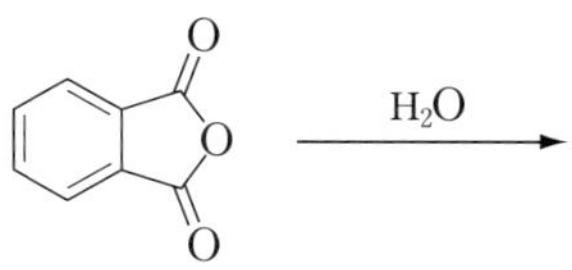

(g) 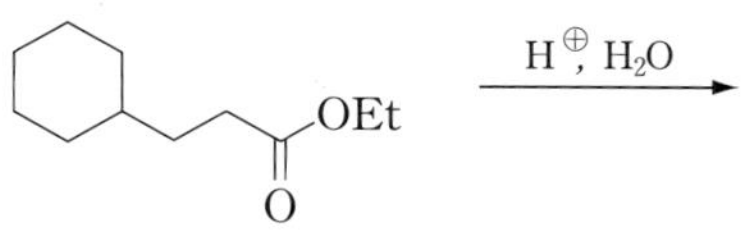

(h) 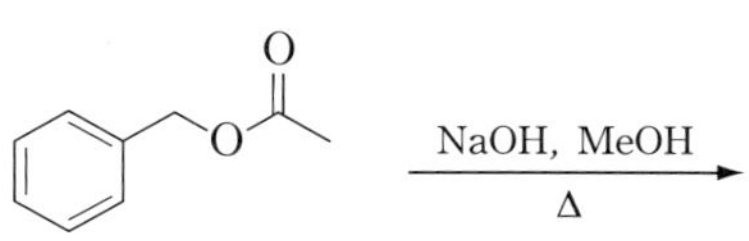

(i) 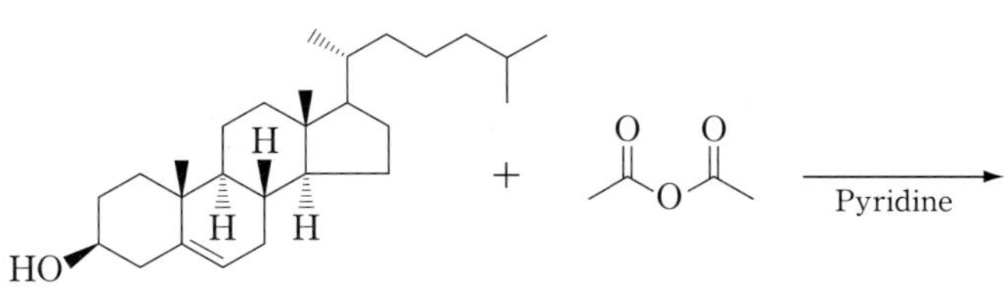

(j) 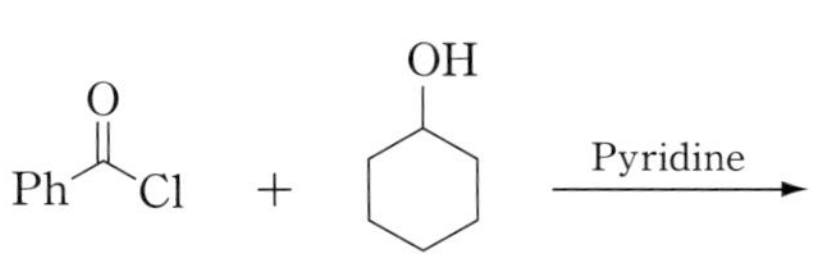

(k) 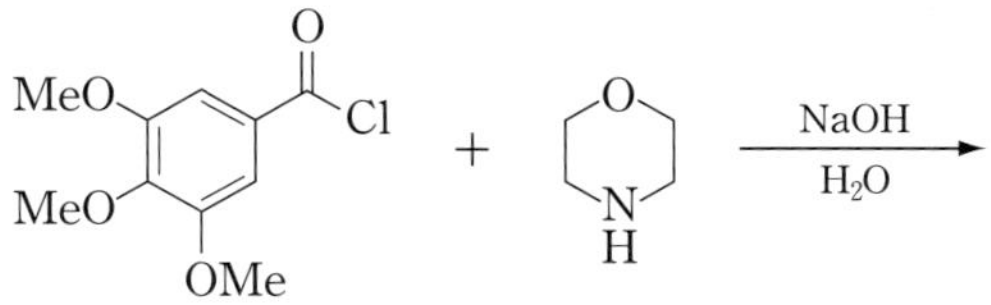

(l) 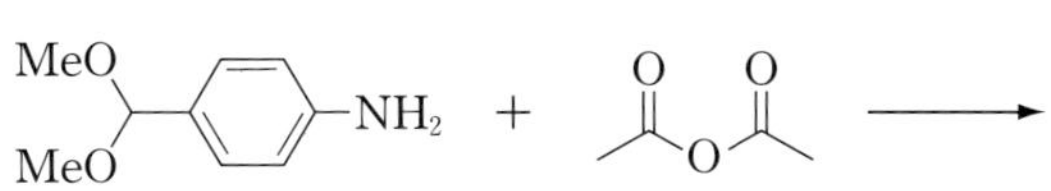

(m) 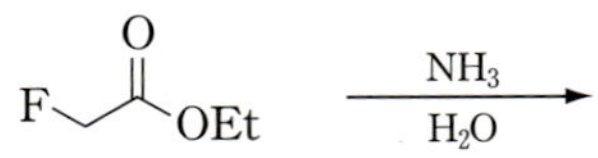

(n) 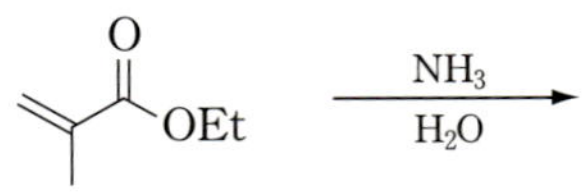

(o) 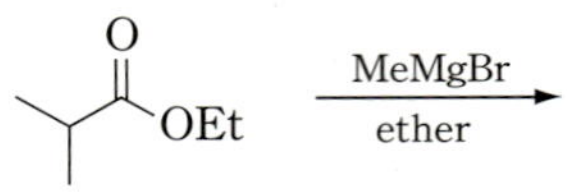

(p) 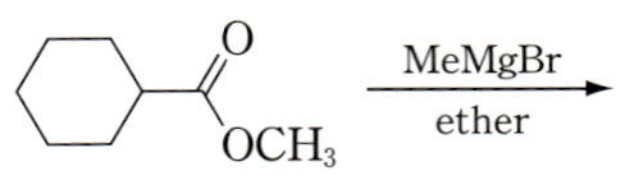

(q) 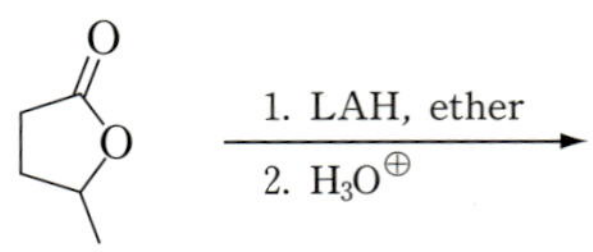

(r) 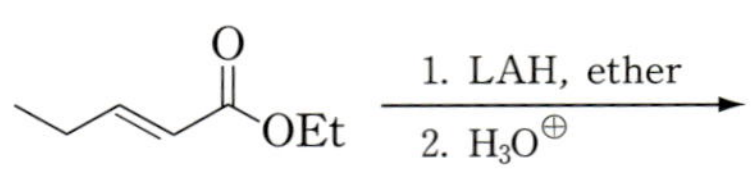

(s) 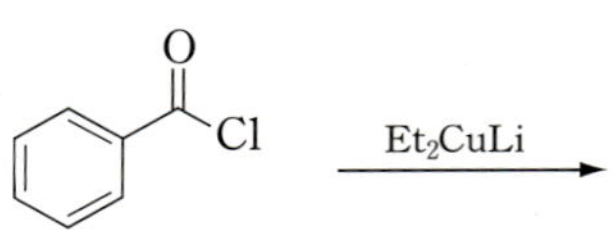

(t) 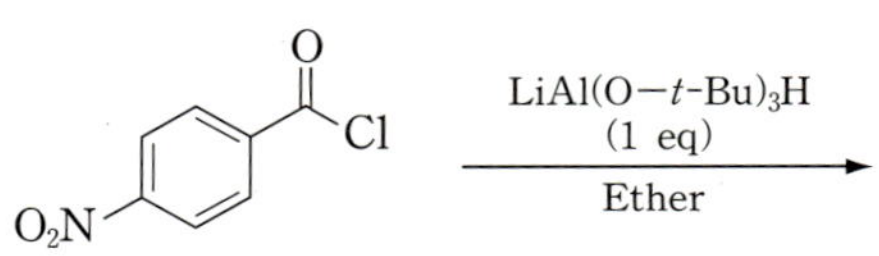

3. 아래 반응의 주생성물을 그리시오.

(a) 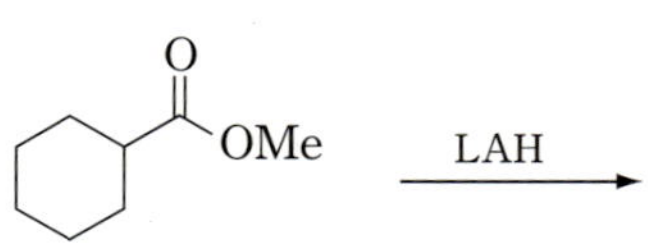

(b) 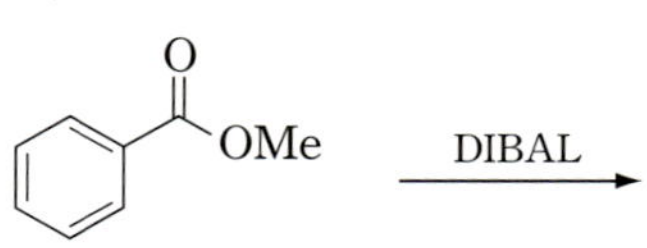

(c) 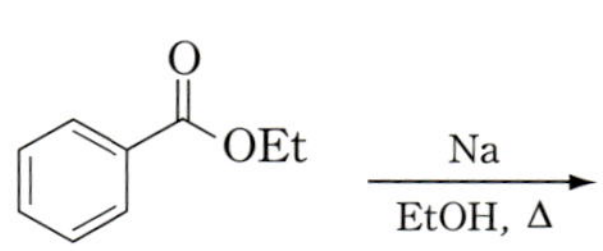

(d) 

(e) 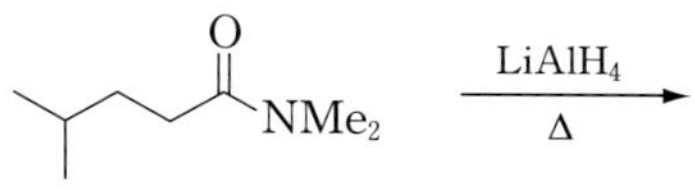

(f) 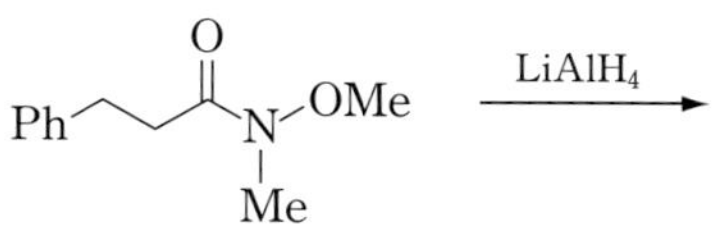

(g) 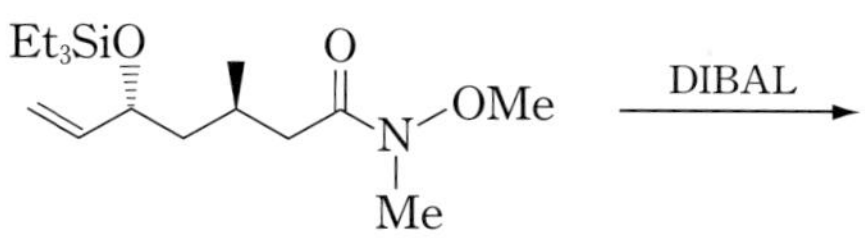

(h) 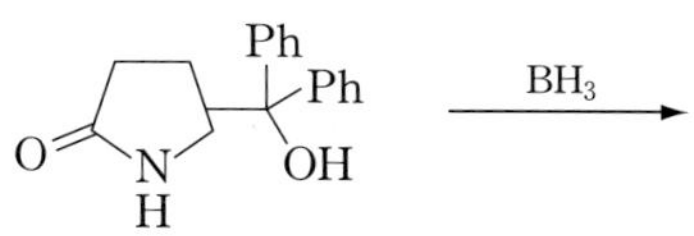

(i) 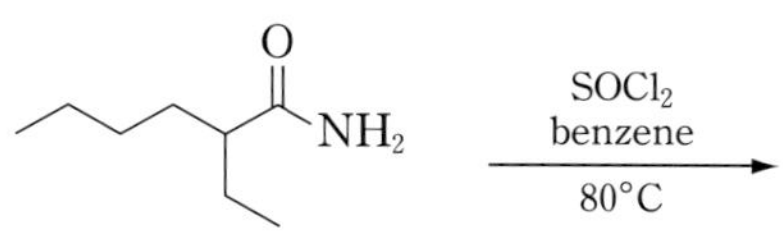

(j) 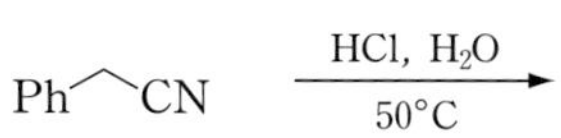

(k) 

(l) 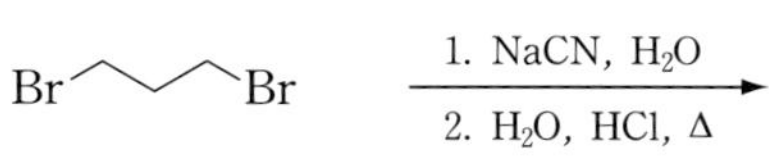

(m) 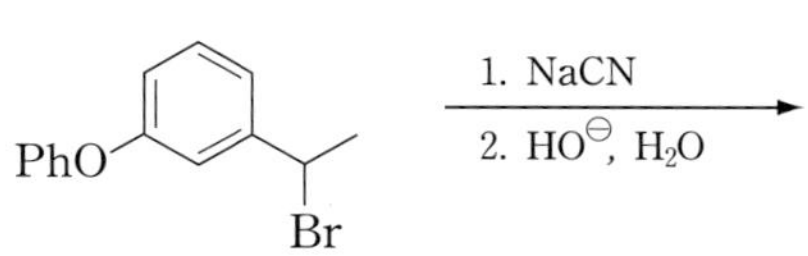

(n) 

(o) 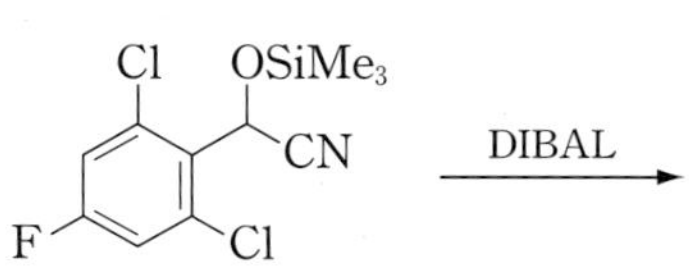

(p) 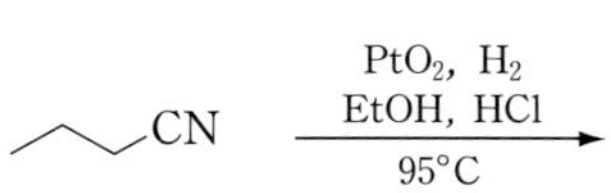

(q) 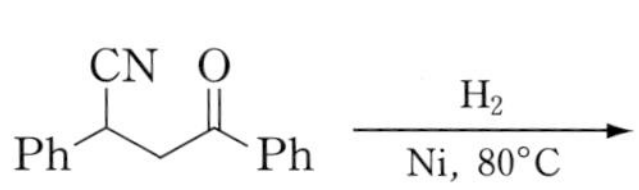

(r) 

(s) 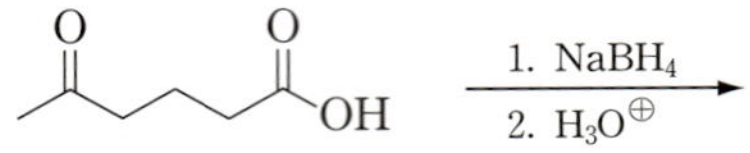

4. 아래 반응의 메커니즘을 그리시오.

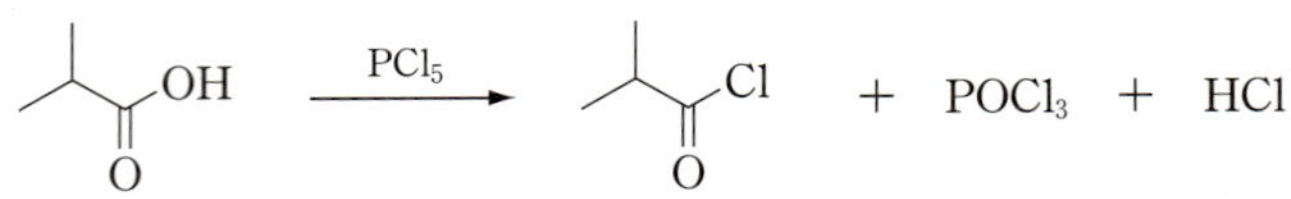

5. 카보닐 산소가 ^{18}O인 에틸 벤조에이트를 산성 조건 하에서 가수 분해하였다. 반응이 20% 진행되었을 때 반응을 중단시키고 에틸 벤조에이트에서 카보닐 산소를 분석하였더니 ^{18}O와 ^{16}O가 혼합되어 있음을 발견하였다. 피셔 에스터화 반응의 메커니즘으로 이러한 실험 결과를 설명하시오.

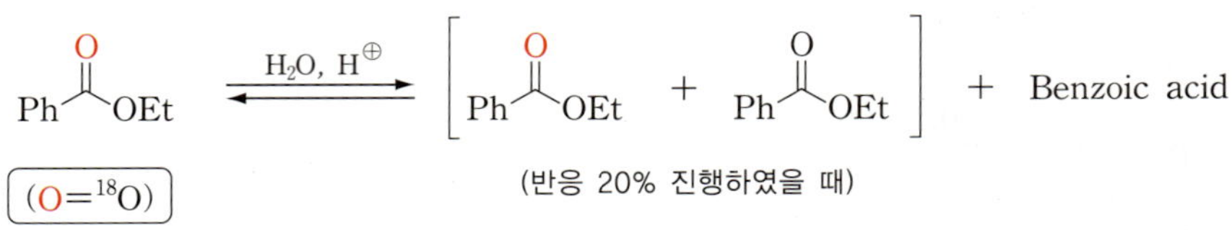

6. 카보닐 산소가 ^{18}O인 에틸 벤조에이트를 염기성 조건 하에서 가수 분해하였다. 반응이 20% 진행되었을 때 반응을 중단시키고 에틸 벤조에이트에서 카보닐 산소를 분석하였더니 ^{18}O와 ^{16}O가 혼합되어 있음을 발견하였다. 이러한 실험 결과를 설명하시오.

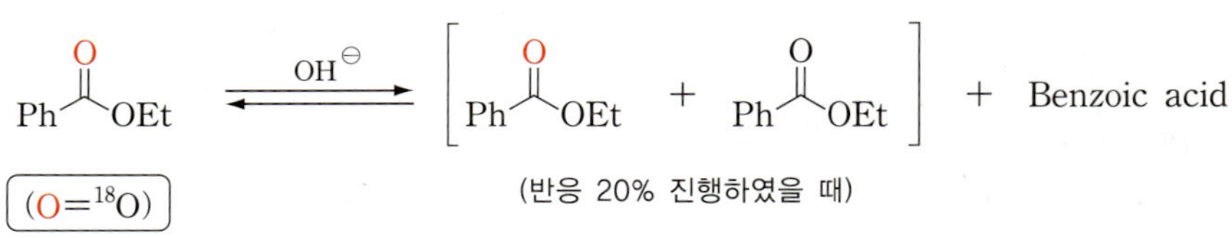

7. 염기성 조건에서 에스터의 가수 분해 반응을 비누화 반응(saponification)이라고 한다. 아래에서 비누화 반응 속도가 가장 큰 것과 가장 작은 화합물을 선택하고, 그 이유를 기술하시오.

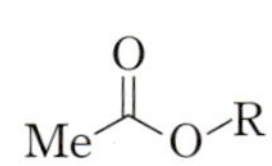 (R=Me, Et, *i*-Pr, *t*-Bu)

8. 염기성 조건에서 에스터의 가수 분해 반응을 비누화 반응(saponification)이라고 한다. 아래에서 비누화 반응 속도가 가장 큰 것과 가장 작은 화합물을 선택하고, 그 이유를 기술하시오.

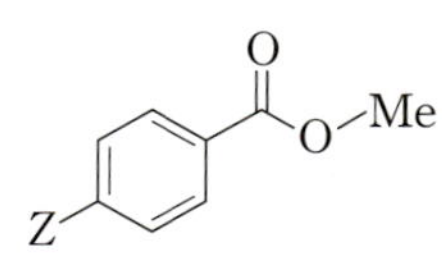 (Z=NH_2, Br, H, NO_2, Me, CHO)

9. 아래의 반응은 벤질(benzyl)에서 벤질산(benzylic acid)을 생성하는 반응으로, 벤질산 자리 옮김 반응(benzylic acid rearrangement)이라고 한다. 이 반응의 메커니즘을 쓰시오.

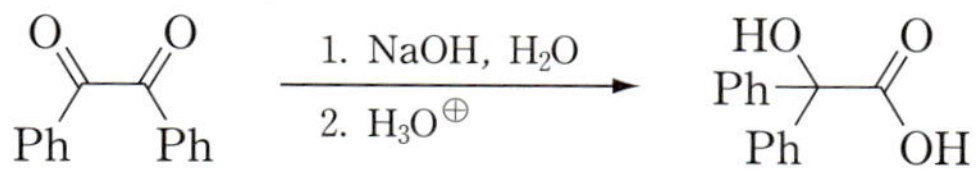

10. 주어진 알코올에서 생성 물질을 합성하는 경로를 제안하시오.

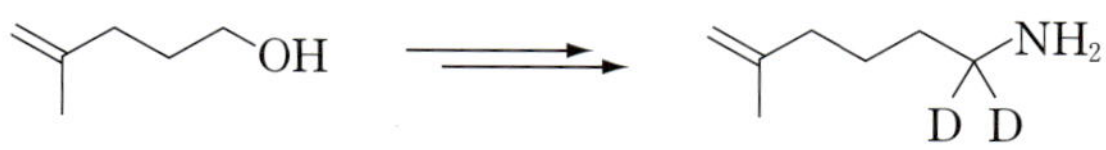

11. 사이클로펜타논에서 목적 화합물을 합성하는 경로를 제안하시오.

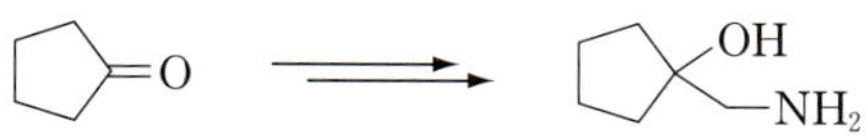

12. 에틸 헥사노에이트(ethyl hexanoate)의 적외선 스펙트럼이 아래와 같을 때 특징적인 피크를 파악하고 설명하시오.

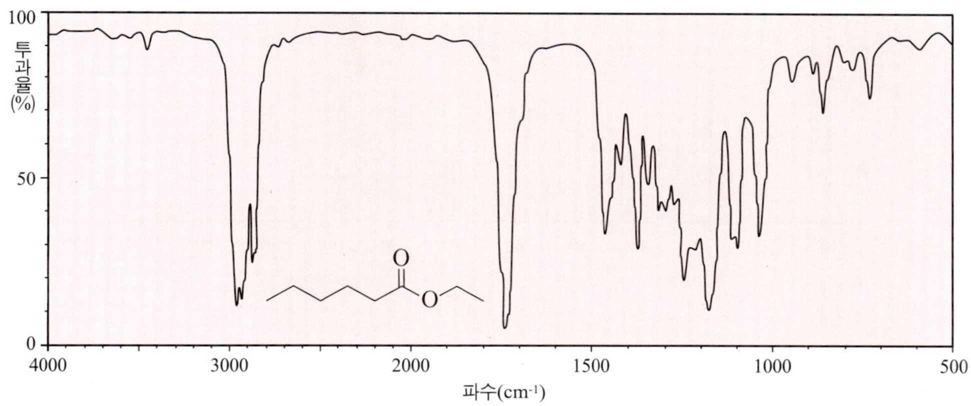

13. 에틸 헥사노에이트(ethyl hexanoate)의 ^{1}H NMR 스펙트럼이 아래와 같을 때 특징적인 피크를 파악하고 설명하시오.

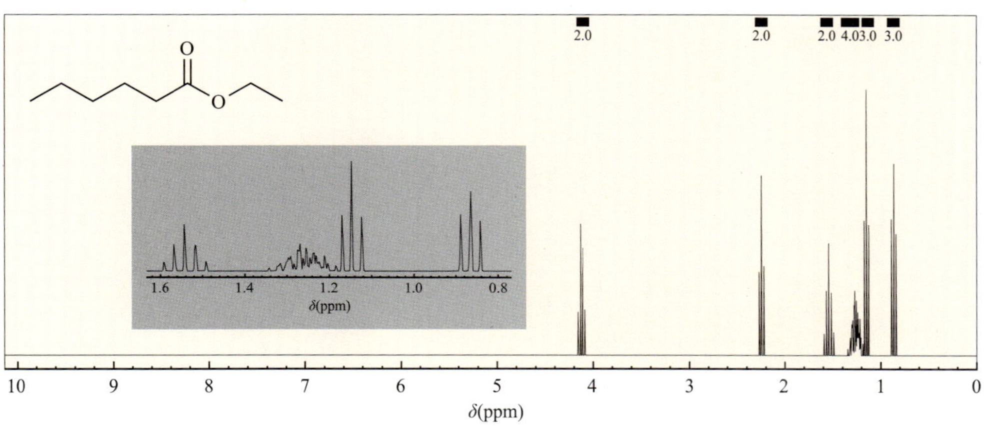

14. 에틸 헥사노에이트(ethyl hexanoate)의 ^{13}C NMR 스펙트럼이 아래와 같을 때 특징적인 피크를 파악하고 설명하시오.

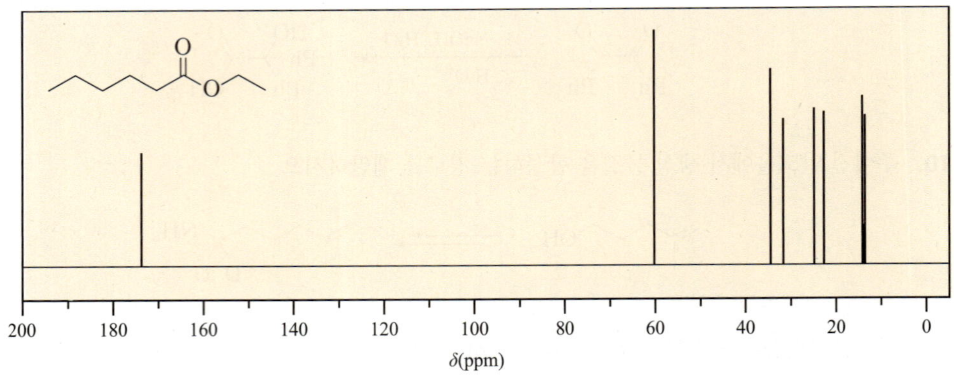

15. 에틸 헥사노에이트(ethyl hexanoate)의 질량 스펙트럼이 아래와 같을 때 특징적인 피크를 파악하고 설명하시오.

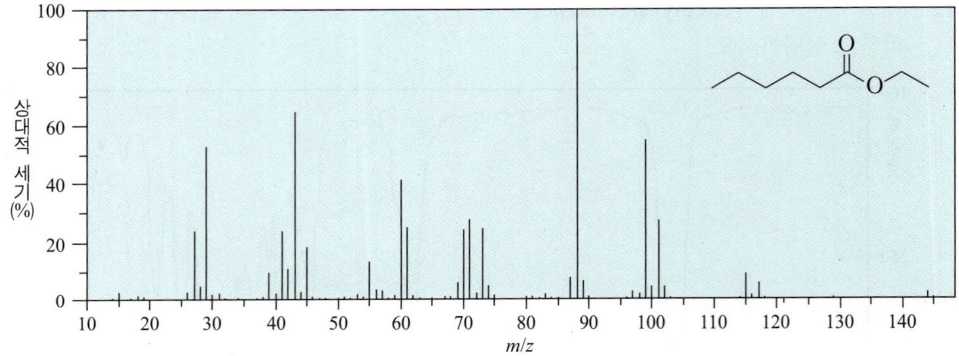

19장

카보닐 α-탄소 치환 반응 및 축합 반응

19.1 엔올 및 엔올 음이온

19.1.1 서론

엔올(enol)은 알켄(alkene) 및 알코올(alcohol), 엔올 음이온(enolate anion)은 알켄(alkene) 및 알코올 음이온(alcoholate)에서 유래한다.

알데하이드, 케톤, 카복실산 유도체에서 카보닐 작용기의 α-탄소와 결합한 수소를 α-수소라고 한다. 카보닐 작용기에 α-수소가 있으면 엔올(enol) 이성질체와 평형 반응이 가능한데, 이러한 평형 반응을 **엔올화 반응(enolization)** 또는 **케토-엔올 토토머화 반응(keto-enol tautomerization)**이라고 하고, 평형의 구성 성분인 카보닐 화합물과 엔올 화합물을 **토토머(tautomer)**라고 부른다. 그리고 토토머의 케토 형태에서 α-H를 제거하거나 또는 엔올 형태에서 −OH 수소를 제거하면 공명 구조의 음이온이 형성되는데, 이 화학종을 **엔올 음이온(enolate)**이라고 한다.

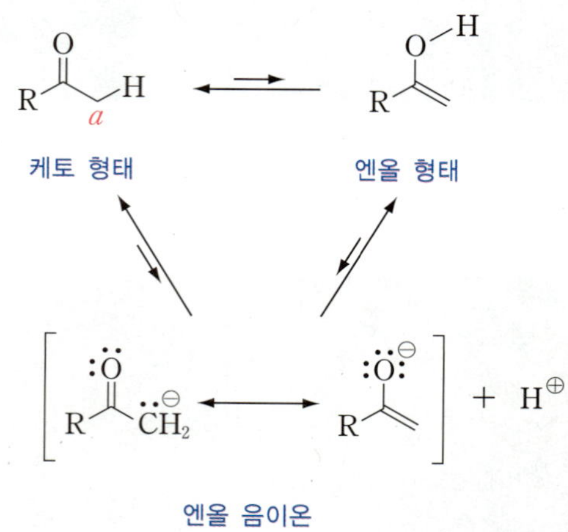

케토-엔올 평형에서 케토 화합물이 주성분으로 존재하는 이유는 케토 및 엔올 화합물의 상대적인 결합 에너지의 차이를 이용하여 설명할 수 있다.

아래의 실험 결과에서 보듯이 대부분의 케토-엔올 평형에서는 케토 화합물이 주성분으로 존재하고 엔올 화합물은 매우 적은 양만 존재한다. 그럼에도 불구하고 엔올 화합물은 카보닐 α-탄소에서의 반응을 설명하는 데 매우 중요하기 때문에 개념적으로 확실하게 이해할 필요가 있다.

표 19-1 엔올화 반응의 평형 상수(K)

엔올화 반응	K
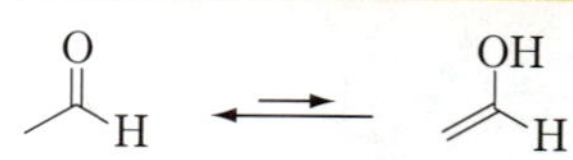	2×10^{-5}
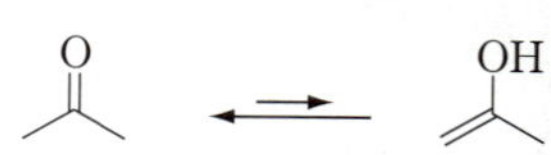	1.5×10^{-7}
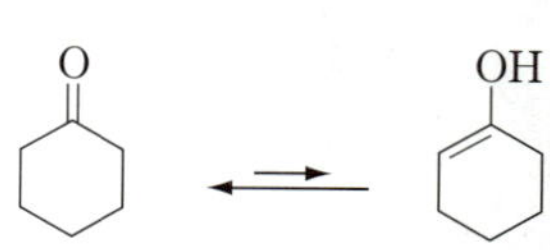	5×10^{-5}

19.1.2 생성 메커니즘

케톤에서 엔올의 합성은 중성, 염기, 산 조건에서 모두 가능하다.

중성(H_2O) 조건에서는 물과 α-H의 산-염기 반응으로 엔올 음이온을 생성하고, 계속해서 엔올 음이온과 H_3O^+의 산-염기 반응으로 엔올을 형성한다. 반응 속도 결정 단계는 첫 번째 단계인데, 그 이유는 중성의 물이 매우 약한 염기이고, 카보닐 작용기가 활성화되지 않았기 때문에 α-H의 산성도가 매우 작기 때문이다.

메커니즘 19-1 중성 조건에서 케톤의 엔올 합성 반응 메커니즘

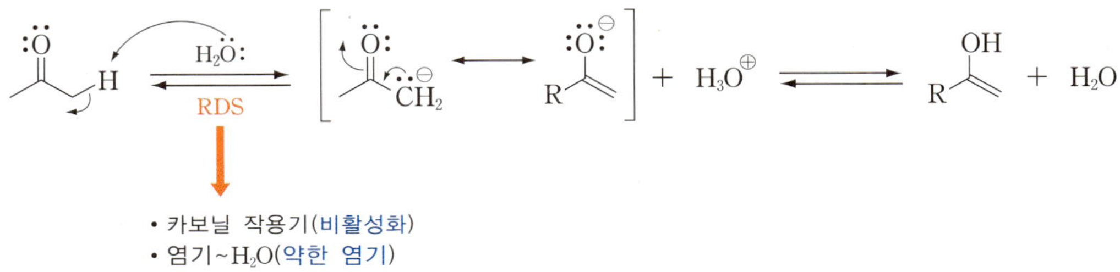

염기(HO^-/H_2O) 조건에서는 우선 OH^-가 강염기로 작용하여 약산인 α-H에서 양성자를 제거하고, 생성된 엔올 음이온이 물과 산-염기 반응을 하여 엔올을 형성한다. 반응 속도 결정 단계는 첫 번째 단계이고, 반응 속도식은 k[카보닐][HO^-]이다. 중성 조건의 엔올화 반응과 비교하면 카보닐 작용기가 활성화되지 않은 것은 동일하지만 염기(HO^- vs. H_2O)의 염기성에서 큰 차이가 있기 때문에 반응 속도는 중성에서보다 훨씬 빠르다.

메커니즘 19-2 염기 조건에서 케톤의 엔올 합성 반응 메커니즘

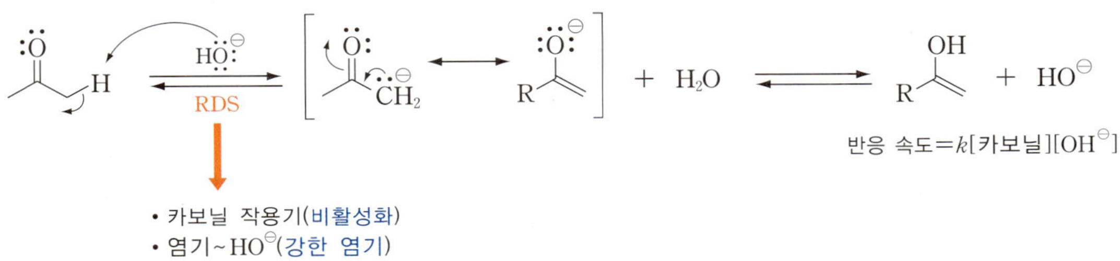

산성(H^+/H_2O) 조건에서는 우선 카보닐 작용기와 H^+의 산-염기 반응으로 카보닐 작용기가 활성화되고, 여기에 약염기인 물과 활성화된 α-H 사이에 산-염기 반응이 진행되어 엔올을 형성한다. 반응 속도 결정 단계는 두 번째 단계이고, 반응 속도식은 k[카보닐][H^+]이다. 중성 조건의 엔올화 반응과 비교하면 중성의 물이 염기로서 작용하는 것은 동일하지만 카보닐 작용기의 활성화 정도에서 큰 차이가 있어 반응 속도는 중성에서보다 훨씬 빠르다.

메커니즘 19-3 산성 조건에서 케톤의 엔올 합성 반응 메커니즘

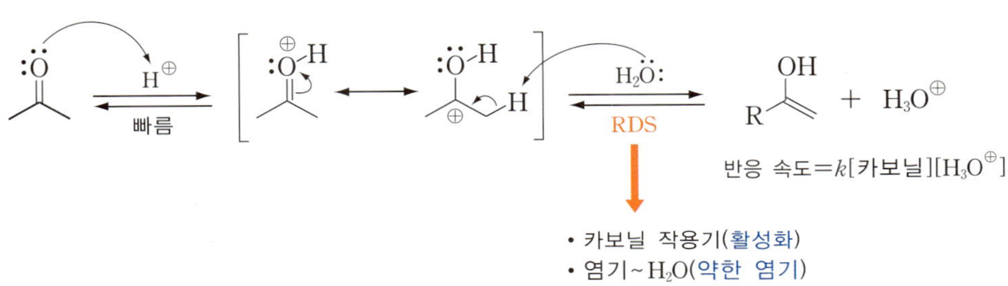

19.1.3 α-수소의 산성도

탄화수소 화합물에서 C−H의 산성도는 $pK_a(CH_4) \approx 60$, $pK_a(CH_2{=}CH_2) \approx 45$, $pK_a(C_2H_2) \approx 25$ 정도이다. 이제는 카보닐 작용기가 한 개인 모노카보닐(monocarbonyl) 화합물에서 α-H의 산성도에 대하여 알아보자.

카보닐 화합물에서 α-H를 제거하면 두 개의 공명 구조를 갖는 엔올 음이온이 생성된다. 공명 구조는 전자의 비편재화를 의미하고, 전자의 비편재화는 전자의 반발력을 감소시켜서 에너지가 낮아지는 결과를 가져온다는 것은 잘 알려진 사실이다(1.4.4절).

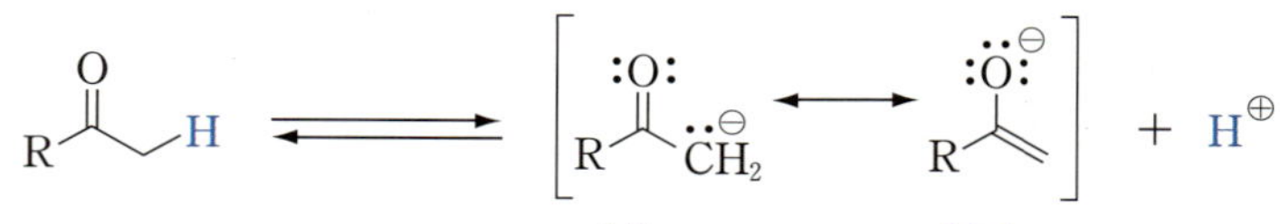

실험에 의하면 카보닐 유도체에서 α-H의 산성도는 pK_a 16~30 범위에 있다. 구체적으로 할로젠화 아실, 알데하이드 및 케톤은 각각 16, 17, 18이고, 에스터 및 나이트릴은 25, 아마이드는 30 내외이다.

표 19-2 카보닐 유도체에서 α-H의 산성도

화합물	pK_a
$CH_3CH_2CH_2-H$	60
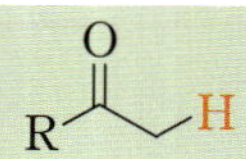	16~30
RO−H	16
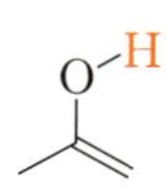	12.2
$H_3O^{\oplus}$	−1.7
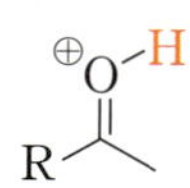	−7.2

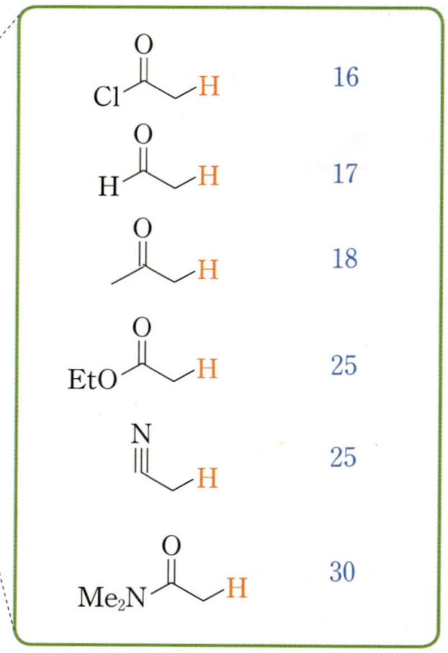

1,3-다이카보닐(dicarbonyl) 화합물에서 α-H를 제거하면 음이온의 전하가 모노카보닐 음이온보다 더 넓은 범위에 비편재화된다. 전자의 비편재화는 전자의 반발력을 감소시켜서 에너지가 낮아지는 결과를 가져오므로 1,3-다이카보닐 유도체에서 α-H의 산성도는 더욱 증가한다.

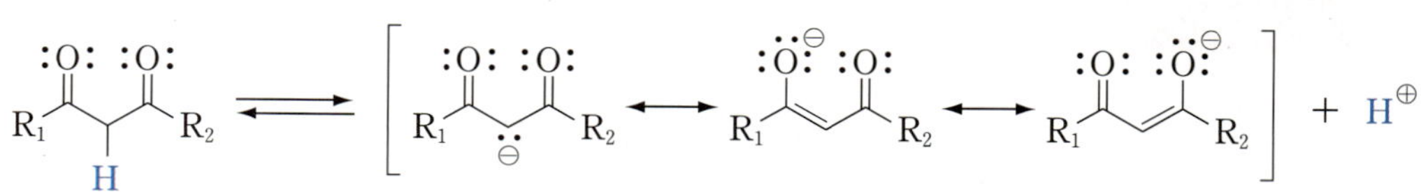

1,3-다이카보닐 화합물에서 α-H의 산성도는 대략 pK_a 9~13 범위에 있다.

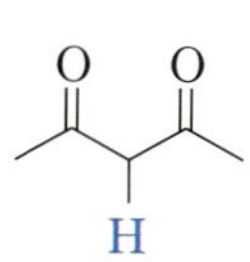
9

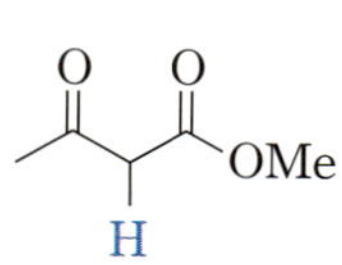
11

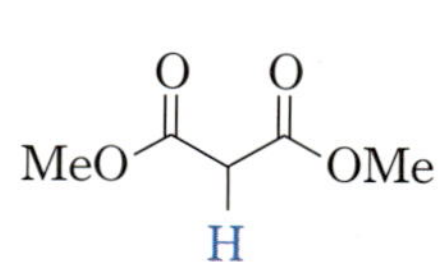
13

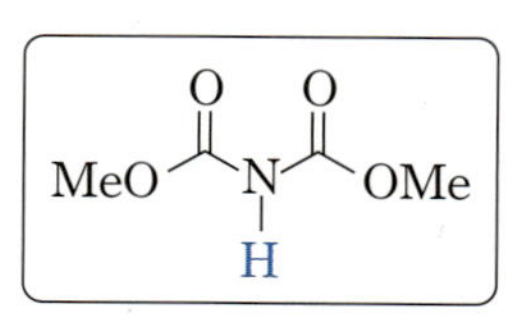
10

19.1.4 산–염기 반응

산–염기 반응에서 평형의 위치 및 평형 상수 값은 정반응과 역반응에서 산으로 작용하는 물질들의 pK_a 값에서 간단히 계산할 수 있다(2.1.4절). 이 원리를 적용하여 아래 반응들의 평형 상수 값들을 예상해 보자.

아세톤(프로판-2-온)에 OH^-를 넣으면 pK_a(아세톤)≈18, pK_a(H_2O)≈16이므로 평형 상수는 10^{-2} 정도가 된다. 이것은 적은 양의 아세톤이 산–염기 반응에 참여하여 엔올 음이온이 소량 생성됨을 의미한다.

아세트산 에틸에 EtO^-를 넣으면 pK_a(에스터)≈25, pK_a(EtOH)≈16이므로 평형 상수는 10^{-9} 정도가 된다. 이것은 에스터가 산–염기 반응에 참여하지 않아서 엔올 음이온의 거의 생성되지 않음을 의미한다.

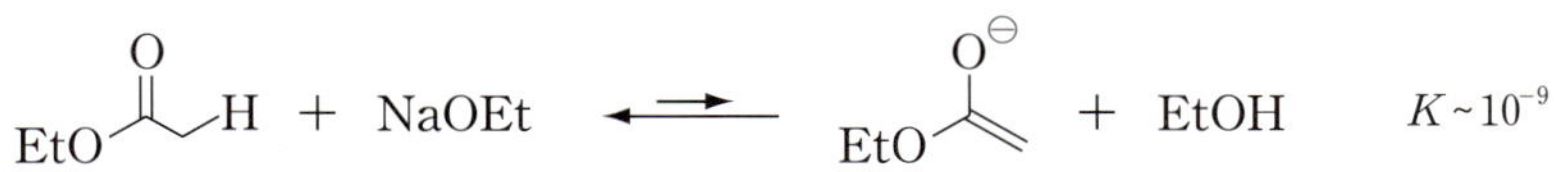

아세톤 및 에스터에 아주 강한 염기인 LDA를 넣으면 pK_a(아세톤)≈18, pK_a(에스터)≈25, pK_a(i-Pr_2NH)≈40이므로 평형 상수는 각각 10^{22} 및 10^{15} 정도가 된다. 이것은 대부분의 아세톤 및 에스터가 산–염기 반응에 참여하기 때문에 엔올 음이온이 거의 모두 생성됨을 의미한다.

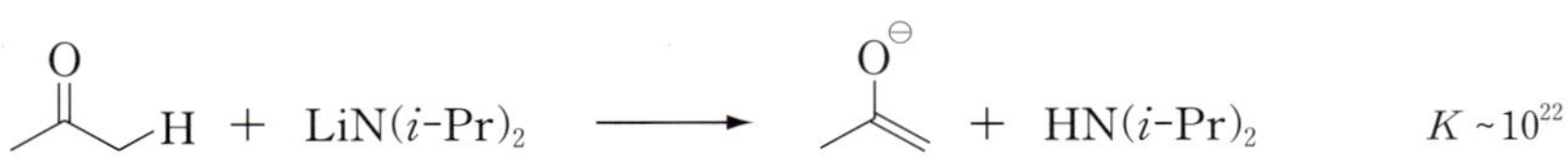

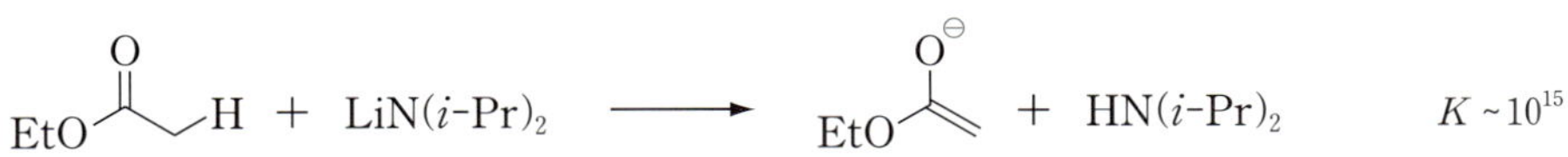

참고로 LDA(lithium diisopropylamide)는 i-Pr_2NH(pK_a≈40)과 n-BuLi(pK_a≈60)를 반응시켜 합성한다. LDA는 −78°C에서도 카보닐 α-H와 산–염기 반응을 할 정도로 매우 강한 염기이고, 에터 및 THF 등의 유기 용매에 잘 녹으며, 입체 장애가 크기 때문에 카보닐 작용기에 대한 1,2-첨가 반응이 거의 일어나지 않는 매우 유용한 시약이다.

$$HN(i\text{-}Pr)_2 + n\text{-}BuLi \xrightarrow{\text{ether}} LiN(i\text{-}Pr)_2$$

Lithium diisopropylamide
(LDA)

메틸 2-옥소뷰타노에이트에 EtO^-를 넣으면 pK_a(1,3-다이카보닐)≈11, pK_a(EtOH)≈16이므로 평형 상수는 10^5 정도가 된다. 이것은 농도에 따라서 차이가 있을 수 있지만 대부분의 에스터가 산–염기 반응에 참여하여 엔올 음이온이 상당히 생성됨을 의미한다.

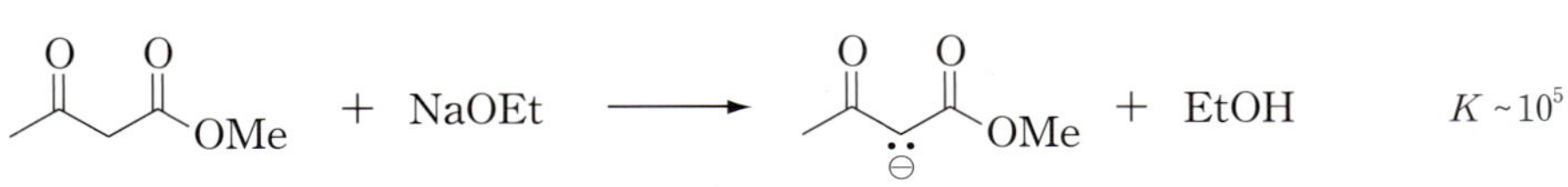

19.1.5 반응성

여기에서는 엔올과 엔올 음이온의 반응성에 대하여 기술하기로 한다.

일반적으로 엔올은 열역학적으로 불안정하기 때문에 분리할 수 없고, 낮은 농도에서 짧은 시간 동안 존재하는 중간체이다. 엔올의 공명 구조를 보면 α-탄소에 부분 음이온이 있으므로 α-탄소에서 친전자체와 반응함을 예상할 수 있다.

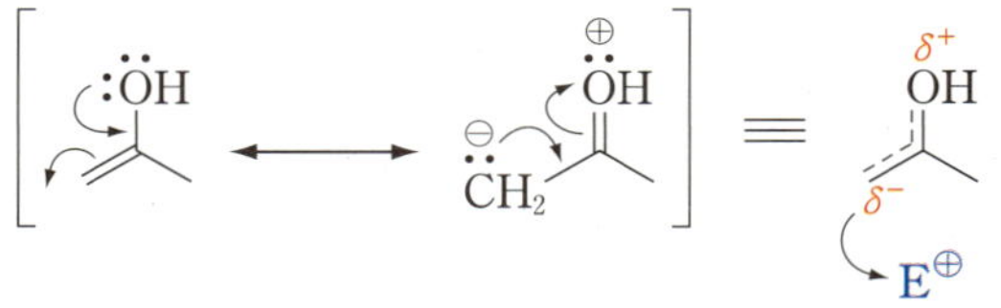

엔올 음이온은 케토 화합물에 강염기를 처리하여 합성할 수 있고, 낮은 온도에서 오랫동안 안정하게 보관할 수 있다. 엔올 음이온의 공명 구조를 보면 α-탄소 및 산소 원자에 부분 음이온이 있기 때문에 이론적으로 두 곳에서 친전자체와 반응함을 예상할 수 있다. 실험에 의하면 탄소 친전자체와의 반응은 대부분 α-탄소 원자에서 진행된다.

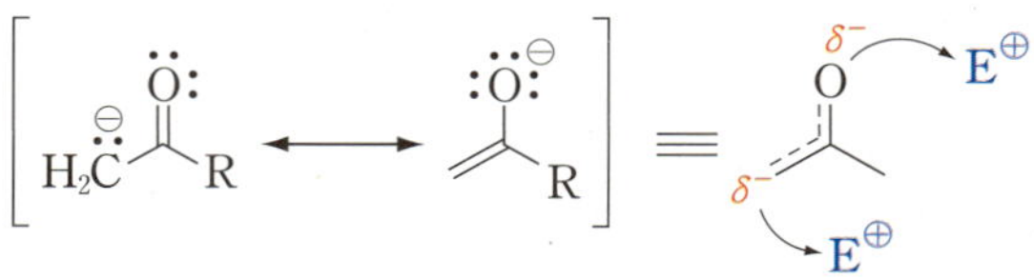

친핵체와 친전자체의 반응은 일반적으로 친핵체의 전자 밀도가 높을수록, 친전자체의 전자 밀도가 낮을수록 반응 속도가 증가한다. 두 화학종의 전자 밀도는 [엔올 음이온 ≫ 엔올 > 이중 결합]의 순서이므로 동일한 친전자체(E^+)와의 반응성은 [엔올 음이온 ≫ 엔올 > 이중 결합]이 될 것이다.

친전자체와의 반응성:

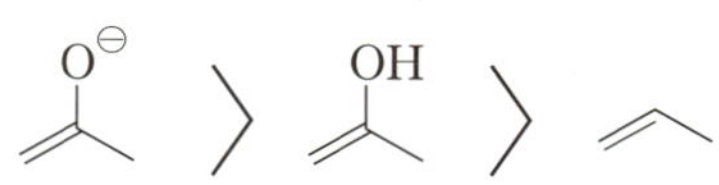

19.2 라셈화 반응

산성 또는 염기 조건의 물-에탄올 용액에 광학 활성이 있는 케톤 화합물 (*R*)-**A**를 넣고, 시간에 따라서 용액의 광학 활성을 측정하면 반응이 진행되지 않음에도 불구하고 광회전(optical rotation) 값이 지속적으로 감소하다가 결국에는 0이 된다. 이러한 현상을 합리적으로 설명하는 방법에 대하여 알아보자.

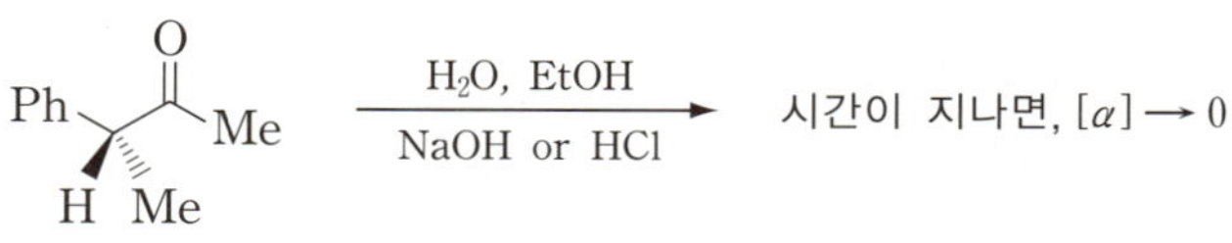

(*R*)-**A**

위 실험에서 케톤 (*R*)-**A**에는 한 개의 카이랄 탄소가 있으므로 당연히 광학 활성을 갖는다. 그러나 반응이 진행되지 않음에도 불구하고 시간이 지나면서 용액의 광회전 값이 0이 된다는 것은 궁극적으로 용액의 조성이 (*R*)-**A** : (*S*)-**A** = 1 : 1이 됨을, 즉 라셈화 반응이 진행됨을 의미한다(6.3.2절).

라셈화 반응은 아래와 같이 진행된다. 우선, 광학 활성 (*R*)-**A**를 산성 또는 염기성 용액에 넣으면 엔올 또는 엔올 음이온이 형성된다(19.1.2절). 엔올 또는 엔올 음이온은 평면 구조를 갖는 광학 활성이 없는 중간체이기 때문에 양성자(H^+)가 이중 결합 평면의 위 또는 아래에서 정확하게 50 : 50의 비율로 접근(6.7.1절)하여 [(*R*)-**A** : (*S*)-**A** = 1 : 1]인 혼합물(라셈체)이 얻어진다.

메커니즘 19-4 카보닐 화합물의 라셈화 반응 메커니즘

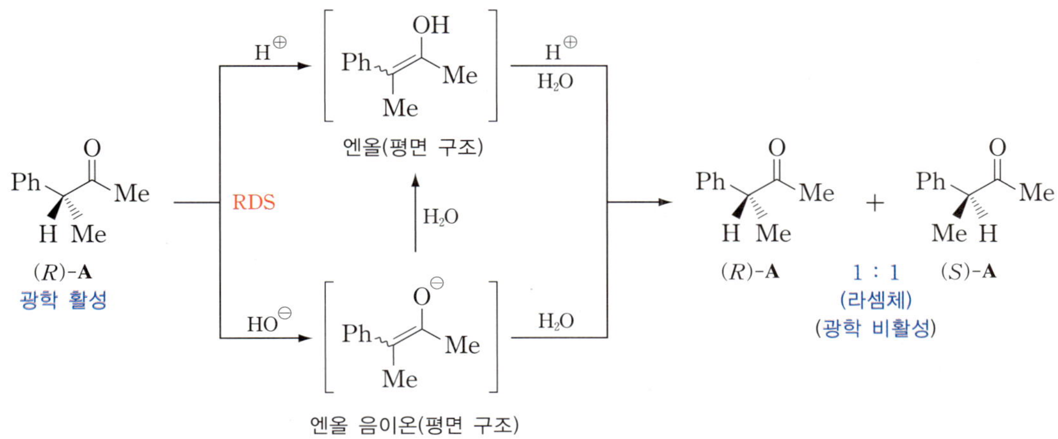

이제는 라셈화 반응의 속도에 대하여 알아보자. 산성 및 염기성 조건에서 라셈화 반응 속도는 각각 $k_{산}$[카보닐][H^+] 및 $k_{염기}$[카보닐][HO^-]으로, 산성 및 염기성 조건에서의 엔올 생성 반응(19.1.2절) 속도와 같다. 이것은 이 반응들이 모두 동일한 반응 속도 결정 단계를 공유함을 의미한다.

산성 조건: $k_{산}$[카보닐][H^+] $= v$(엔올 생성 반응) $= v$(라셈화 반응)

염기성 조건: $k_{염기}$[카보닐][HO^-] $= v$(엔올 생성 반응) $= v$(라셈화 반응)

라셈화 반응은 α-H와 α-카이랄 탄소가 동시에 있는 카보닐 화합물에서만 관찰할 수 있다. 그 이유는 라셈화 반응이 엔올 또는 엔올 음이온 중간체를 통해서 일어나기 때문이다. 예를 들면, 아래의 카이랄 케톤 화합물은 α-카이랄성 대신에 β-카이랄성이 있기 때문에 산성 또는 염기성 조건 하에서 라셈화가 일어날 수 없다.

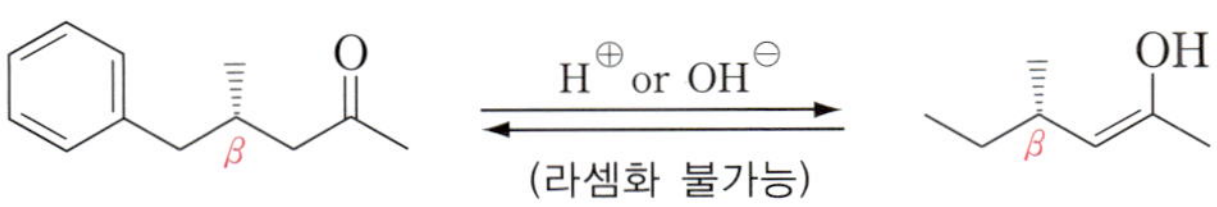

예제 19.1

아래 반응의 메커니즘을 그리시오.

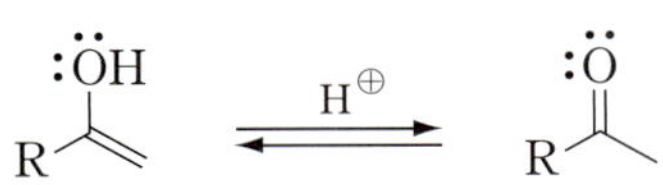

풀이

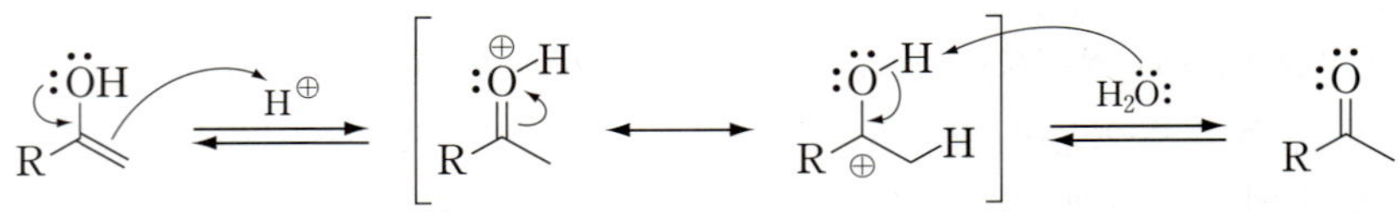

19.3 중수소 치환 반응

일반적으로 카보닐 화합물과 과량의 D_2O를 산성(D^+/D_2O) 또는 염기성(OD^-/D_2O) 조건에서 반응시키면 모든 α-H가 α-D로 치환된다(**중수소 치환 반응**). 이것은 알데하이드 및 케톤에서 α-H의 수를 계산하는 유용한 방법으로 사용할 수 있다.

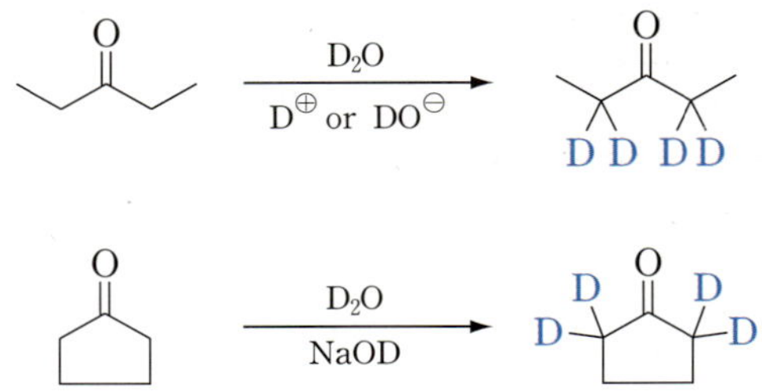

중수소 치환 반응은 아래와 같이 진행된다. 우선, 출발 물질 **A**를 산성 또는 염기성 용액에 넣으면 엔올 또는 엔올 음이온이 형성되고(19.1.2절), 엔올 또는 엔올 음이온은 평면 구조를 갖는 광학 활성이 없는 중간체이기 때문에 중성자(D^+)가 이중 결합 평면의 위 또는 아래에서 정확하게 50:50의 비율로 접근(6.7.1절)하여 라셈체 **B**를 생성한다(19.2절). 이러한 과정이 한번 더 반복되면 두 개의 α-H가 모두 α-D로 치환된 생성물 **C**(2,2-dideuteriophenylacetaldehyde)를 얻을 수 있다.

메커니즘 19-5 카보닐 화합물의 중수소 치환 반응 메커니즘

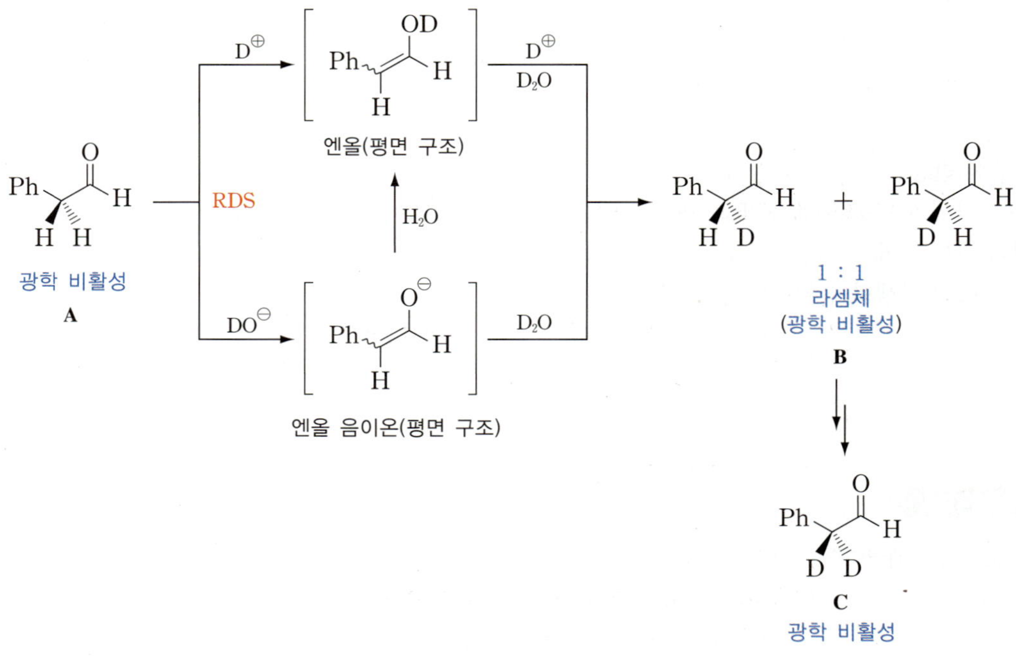

산성 및 염기성 조건에서 중수소 치환 반응 속도는 각각 $k_{산}$[카보닐][H^+] 및 $k_{염기}$[카보닐][HO^-]으로, 산성 및 염기성 조건에서의 엔올 생성 반응(19.1.2절), 라셈화 반응(19.2절) 속도와 같다. 이것은 이 반응들이 모두 동일한 반응 속도 결정 단계를 공유함을 의미한다.

산성 조건: $k_{산}$[카보닐][H^+] $= v$(엔올 생성 반응) $= v$(라셈화 반응) $= v$(중수소 치환 반응)

염기성 조건: $k_{염기}$[카보닐][HO^-] $= v$(엔올 생성 반응) $= v$(라셈화 반응) $= v$(중수소 치환 반응)

19.4 할로젠화 반응

19.4.1 산성 조건

카보닐 화합물과 할로젠(X_2)을 산성 및 염기성 조건에서 반응시키면 반응 조건에 따라서 서로 다른 생성물이 얻어진다. 교재에서는 산성 조건에서의 반응과 염기성 조건에서의 반응을 각각 분리하여 설명할 것이다.

산성 조건에서 카보닐 화합물과 할로젠(X_2)을 반응시키면 한 개의 α-H가 α-X로 치환되는데, 이 반응을 **α-할로젠화 반응**(**α-halogenation**)이라고 한다.

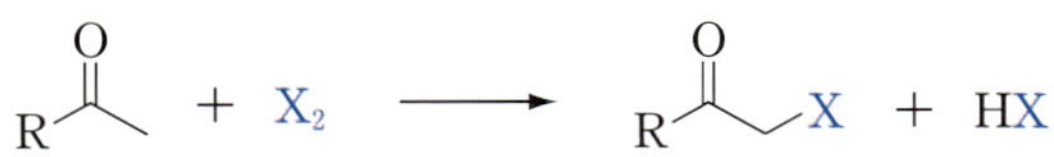

이 반응은 다음과 같이 진행된다. 우선 기존의 경로를 따라서 엔올 중간체가 생성되고(19.1.2절), 친핵체인 엔올 중간체와 친전자체인 Cl_2 사이에 S_N2 반응이 진행된 후, 최종적으로 산–염기 반응이 일어나서 α-할로 케토 화합물을 생성한다.

메커니즘 19-6 산성 조건에서 카보닐 화합물의 할로젠화 반응 메커니즘

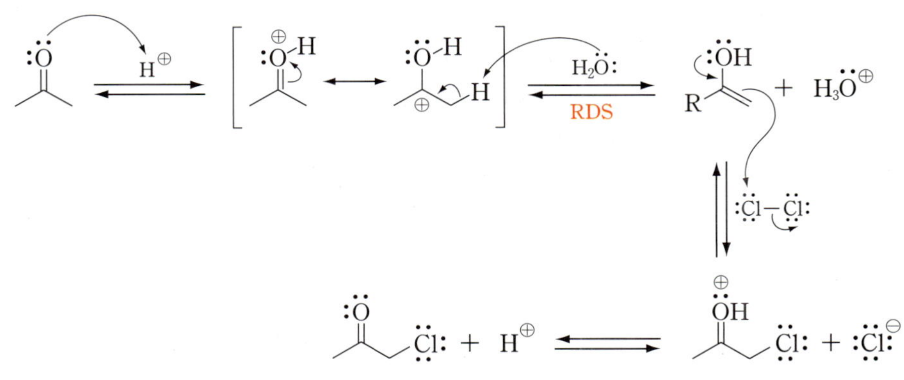

산성 조건에서 α-할로젠화 반응 속도는 $k_{산}$[카보닐][H^+]으로, 산성 조건에서의 엔올 생성 반

응(19.1.2절), 라셈화 반응(19.2절), 중수소 치환 반응(19.3절) 속도와 같다. 이것은 이 반응들이 모두 동일한 반응 속도 결정 단계를 공유함을 의미한다.

$$\text{산성 조건: } k_{\text{산}}[\text{카보닐}][\text{H}^+] \quad \begin{aligned} & v(\text{엔올 생성 반응}) \\ &= v(\text{라셈화 반응}) \\ &= v(\text{중수소 치환 반응}) \\ &= v(\text{할로젠화 반응}) \end{aligned}$$

산성 조건에서 α-할로젠 치환 반응의 예는 다음과 같다.

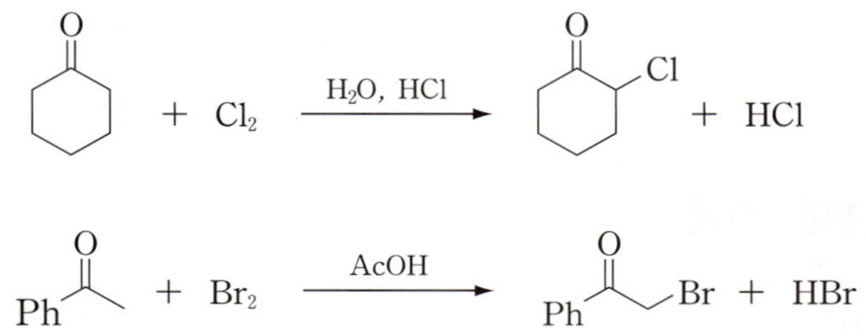

그림 19-1 산성 조건에서 α-할로젠 치환 반응의 예

산 촉매 α-할로젠화 반응에서 한 개의 X가 도입되는 이유에 대하여 알아보자.

산성 조건에서 α-할로젠 치환 반응은 엔올 중간체를 통해서 진행된다. 이 과정의 반응 속도 결정 단계는 활성화된 카보닐($-C(=O-H^+)$)과 물의 산-염기 반응이고, 활성화된 카보닐($-C(=O-H^+)$)은 염기로 작용하는 카보닐 산소와 H^+의 산-염기 반응으로 생성되기 때문에 카보닐 산소의 염기성이 감소하면 α-할로젠 치환 반응의 속도는 감소할 것이다. 카보닐 α-H 위치에 X가 하나씩 추가되면, 즉 [α-CH_3 → α-CH_2X → α-CHX_2 → α-CX_3]이 되면 X의 전자 끄는 효과 때문에 카보닐 작용기의 전자 밀도 및 카보닐 산소의 염기성이 감소하고, 그 결과 할로젠 치환 반응 속도가 점진적으로 감소함을 예상할 수 있다. 이러한 추론은 실험 결과와 잘 일치한다.

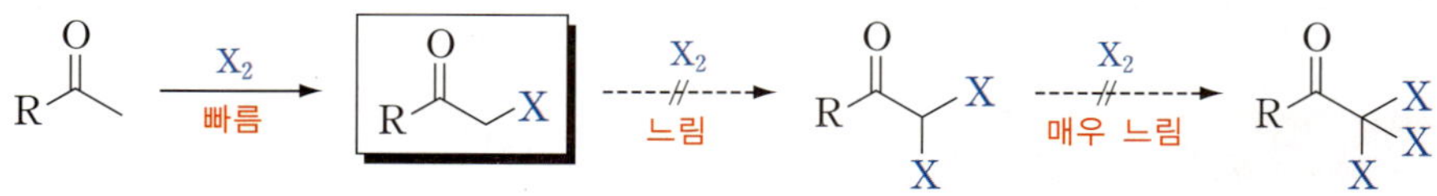

이번에는 산(H^+) 촉매 없이 α-할로젠화 반응을 진행하는 경우를 생각해 보자.

반응 메커니즘에 의하면 α-X의 치환이 한 번 일어날 때마다 한 분자의 HX가 부산물로 얻어진다. 즉, 촉매가 없는 상태에서 첫 번째 반응이 완료되면 2^0개의 HX가 생기고, 2^0개의 HX 촉매에 의하여 두 번째 반응이 일어나면 2^0개의 HX가 추가로 생기면서 용액 속에는 총 $2^1(=2^0+2^0)$개의 HX가 존재한다. 2^1개의 HX 촉매에 의하여 세 번째 반응이 진행되면 2^1개의 HX가 새롭게 생기면서 용액 속에는 총 $2^2(=2^1+2^1)$개의 HX가 존재하는데, 이 과정을 일반화하면 n번째 반응 후에 총 2^{n-1}개의 HX가 용액 속에 존재함을 알 수 있다. 즉, 이 반응은 초기에는 촉매로 작용하는 산(HX)의 농도가 낮아서 반응 속도가 상대적으로 작지만, 시간이 지날수록 촉매의 양이 크게 증가하기 때문에 일정한 유도 기간(induction period)이 지나면 반응 속도가 기하 급수적으로 커지게 된다. 이러한 반응을 **자체 촉매 반응(autocatalysis)**이라고 한다.

표 19-3 α-할로젠화 반응에서 순환 반응 수에 따라 존재하는 HX 분자의 수

순환 반응 수	1	2	3	4	⋯	n
존재하는 HX 분자의 수	2^0	2^1	2^2	2^3	⋯	2^{n-1}

19.4.2 염기성 조건

아세토페논(Ph−CO−CH_3) 및 할로젠 분자를 산성 조건에서 반응시키면 α-클로로아세토페논이 생성된다(19.4.1절). 그러나 아세토페논(Ph−CO−CH_3) 및 할로젠 분자를 염기성 조건에서 반응시키면 벤조산(Ph−CO_2H)과 CHX_3가 얻어지는데 이러한 반응을 **할로폼 반응(haloform reaction)**이라고 한다.

$CHCl_3$(chloroform)
$CHBr_3$(bromoform)

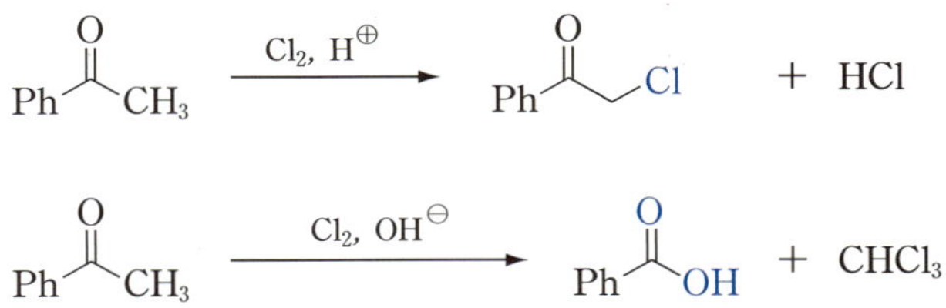

할로폼 반응은 다음과 같이 진행된다. 우선 기존의 경로를 따라서 엔올 음이온 중간체가 생성되고(19.1.2절), 친핵체인 엔올 음이온 중간체와 친전자체인 X_2 사이에 S_N2 반응이 진행되면서 α-할로 케토 화합물 **A**를 제공한다. 중간체 **A**에 이러한 반응이 두 번 더 반복되면 α-트라이할로 케토 화합물 **B**가 얻어진다. 계속해서 **B**와 친핵체 HO^- 사이에 (경로 ①)의 친핵성 아실 치환 반응(18.5.5절)이 일어나서 카복실산과 이탈기(CX_3^-)가 생성되고, 이어지는 산−염기 반응에 의하여 카복실산 음이온으로 전환된 후, 최종적으로 외부에서 산(H^+)을 첨가하여 카복실산을 얻을 수 있다. 아래의 메커니즘에 의하면 OH^- 염기는 최소한 4 당량 이상이 필요함을 알 수 있다.

메커니즘 19-7 염기성 조건에서 카보닐 화합물의 할로젠화 반응(할로폼 반응) 메커니즘

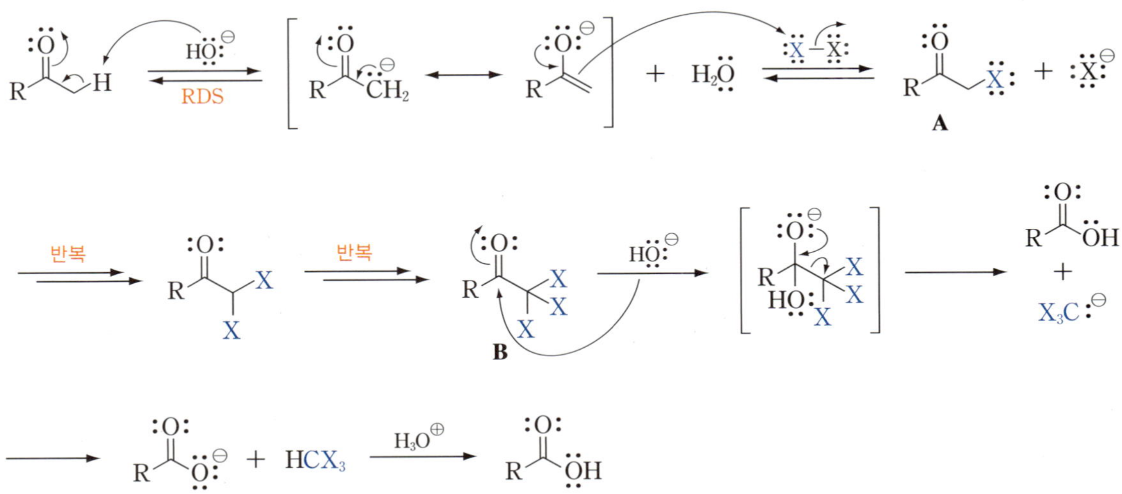

염기 조건에서 할로폼 반응의 반응 속도는 $k_{염기}$[카보닐][OH^-]으로, 염기성 조건에서의 엔올 생성 반응(19.1.2절), 라셈화 반응(19.2절), 중수소 치환 반응(19.3절) 속도와 같다. 이것은 이 반응들이 모두 동일한 반응 속도 결정 단계를 공유함을 의미한다.

$$\text{염기성 조건: } k_{\text{염기}}[\text{카보닐}][\text{OH}^-] \quad \begin{aligned} & v(\text{엔올 생성 반응}) \\ &= v(\text{라셈화 반응}) \\ &= v(\text{중수소 치환 반응}) \\ &= v(\text{할로폼 반응}) \end{aligned}$$

이제는 염기성 조건에서 할로폼 반응이 진행되는 이유에 대하여 알아보자. 염기성 조건에서 α-할로젠 치환 반응은 엔올 음이온 중간체를 통해서 진행되고, 이 과정의 반응 속도 결정 단계는 중성의 카보닐 α-H와 염기의 산–염기 반응이다. 카보닐 α-H 위치에 X가 하나씩 추가되면, 즉 [α-CH_3 → α-CH_2X → α-CHX_2]이 되면 X의 전자 끄는 효과 때문에 카보닐 작용기의 전자 밀도는 점진적으로 감소하고, α-탄소 음이온의 전하를 보다 효과적으로 잡아당길 수 있게 된다. 이것은 α-X가 치환되면 α-H의 산성도가 증가하여 엔올 음이온의 생성 속도가 증가함을 의미하기 때문에 반응이 [α-CH_2X]에서 멈추지 못하고 [α-CH_2X → α-CHX_2 → α-CX_3]까지 할로젠 치환 반응이 계속 진행된다.

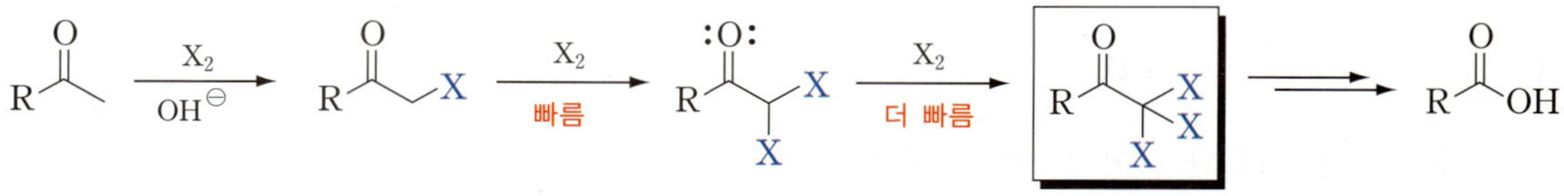

19.4.3 Hell–Volhard–Zelinsky(HVZ) 반응

카복실산에 PCl_3–Br_2, PBr_3–Br_2, P–Br_2 조합을 사용하면 α-Br 카복실산이 생성되는데 이러한 반응을 **Hell–Volhard–Zelinsky(HVZ) 반응**이라고 한다.

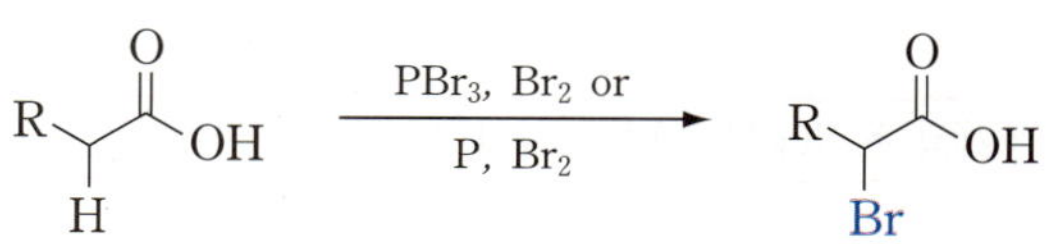

α-Bromoacid

HVZ 반응의 예는 다음과 같다.

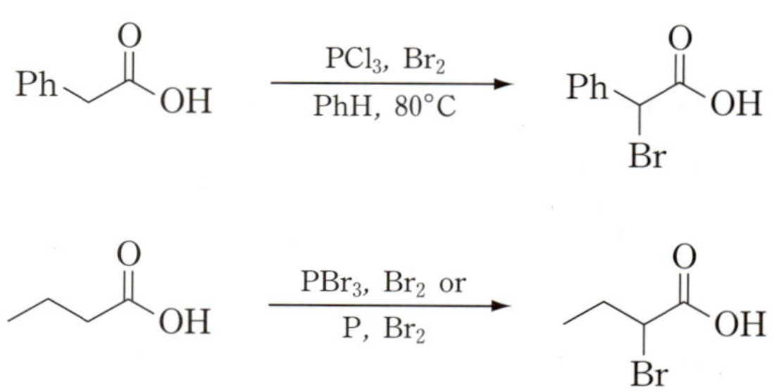

그림 19-2 Hell–Volhard–Zelinski(HVZ) 반응의 예

가장 일반적인 HVZ 반응의 메커니즘은 다음과 같다. 우선 카복실산과 PBr_3가 반응하여 브로민화 아실이 생기고(18.6.2절), 산 촉매 조건에서 엔올 중간체를 경유한 α-할로젠화 반응으로 α-Br 브로민화 아실을 얻는다(19.4.1절). 마지막으로 브로민화 아실이 가수 분해되어 α-Br 카복실산을 생성한다(18.7.1절).

메커니즘 19-8 HVZ 반응 메커니즘

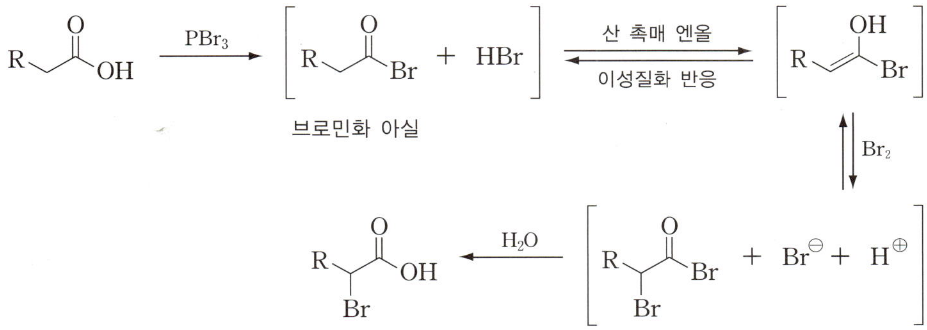

유기 합성의 관점에서는 HVZ 반응 조건을 그대로 적용할 때 많은 제약이 따른다. 이러한 단점을 극복하는 유용한 방법의 하나로 카복실산을 염소화 아실로 바꾸고, NCS 및 NBS를 이용하여 α-Cl 및 α-Br을 도입한 후, 염소화 아실을 가수 분해하는 다단계 반응이 있다.

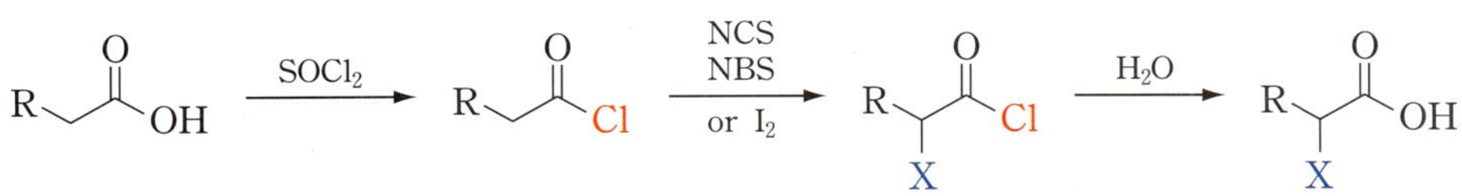

다단계 반응을 이용하여 α-할로 카복실산을 합성하는 반응의 예는 다음과 같다.

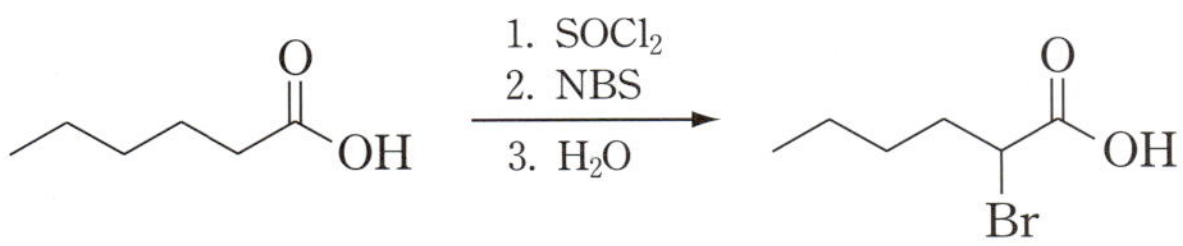

19.5 알킬화 반응

19.5.1 리튬 엔올 음이온

일반적으로 NaOH는 강염기로 분류되지만, 모노카보닐 화합물을 NaOH 염기와 반응시키면 엔올 음이온은 거의 생성되지 않는다. 그러나 모노카보닐 화합물을 LDA 또는 LICA와 반응시키면 산-염기 반응이 거의 정량적으로 진행되어 리튬 엔올 음이온(lithium enolate)이 생성된다(19.1.3절 및 19.1.4절).

LICA(lithium isopropyl cyclohexylamide)

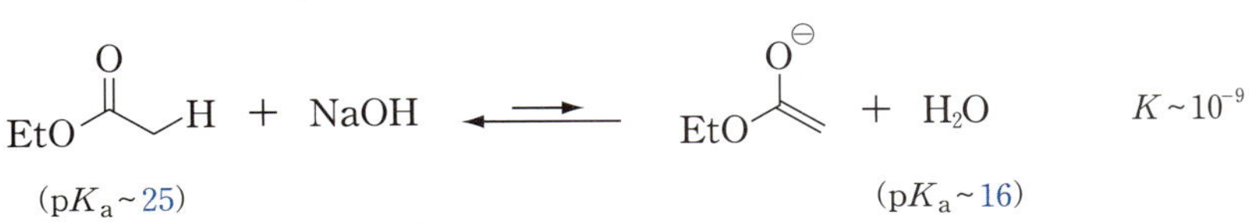

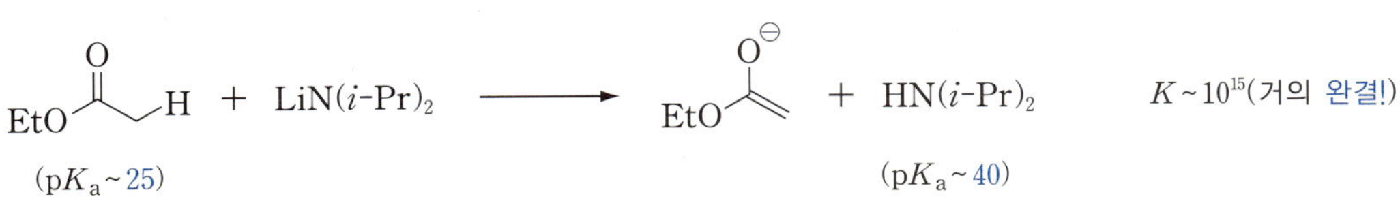

리튬 엔올 음이온은 강한 친핵체 및 강한 염기로서 동시에 작용하기 때문에 소량의 물, 알코올, 카복실산 등이 있으면 아주 빠르게 산–염기 반응이 일어나서 엔올 형태로 전환된다. 따라서 리튬 엔올 음이온을 사용할 때는 반드시 무수 조건을 유지해야 한다.

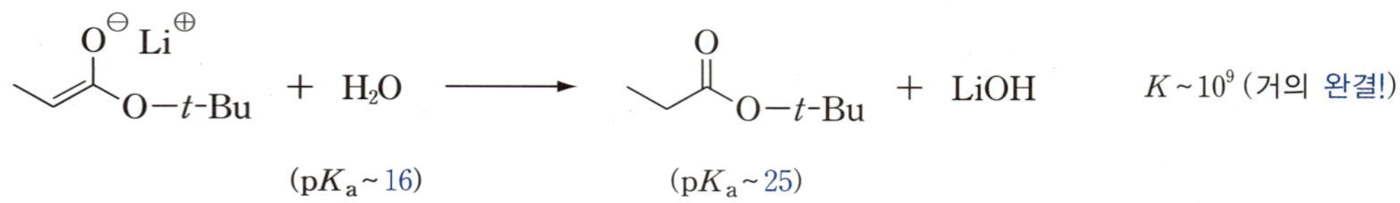

19.5.2 *α*-알킬화 반응

모노카보닐 화합물(케톤, 에스터, 나이트릴 등)을 LDA 또는 LICA와 반응시켜 리튬 엔올 음이온을 생성한 후, 할로젠화 알킬과 S_N2 반응시켜 *α*-탄소에 알킬기를 도입하는 반응을 ***α*-알킬화 반응(*α*-alkylation)**이라고 한다. 일반적으로 이 반응은 케톤, 에스터 및 나이트릴 화합물에서 유용하다. 알데하이드에서는 카보닐 작용기의 반응성이 매우 커서 엔올 음이온이 생성됨과 동시에 알돌 첨가 반응이 주로 진행되는데, 이에 관해서는 19.7절에서 상세히 기술할 예정이다.

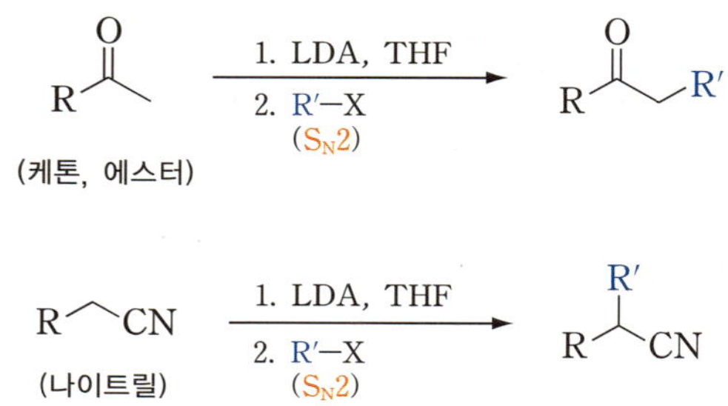

α-알킬화 반응은 S_N2 형식으로 진행된다. 따라서, 할로젠화 알킬(R–X)의 반응성은 알킬기를 기준으로 [벤질(benzyl) 및 알릴(allyl) > CH_3 > 1차]이고(7.6.2절 및 13.3.4절), 이탈기(X)를 기준으로 [설포네이트, I > Br > Cl]이 예상된다(7.6.4절). 만약 2차 알킬기를 사용하면 S_N2 및 E2 반응이 경쟁할 수 있고, 3차 알킬기의 경우에는 E2 반응이 대부분 일어난다(7.6.2절).

α-알킬화 반응의 예는 다음과 같다.

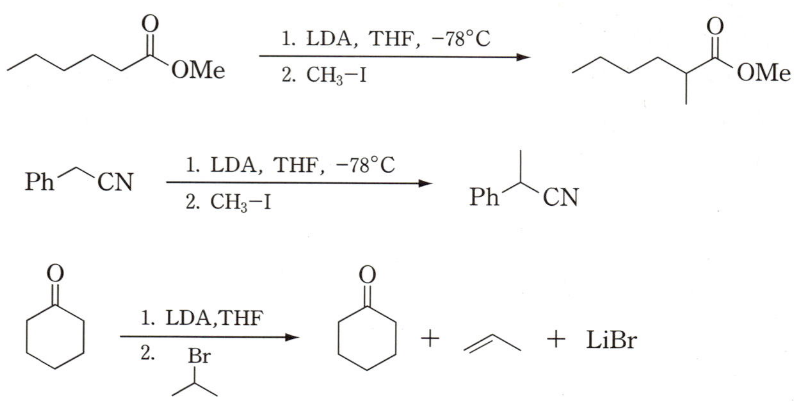

그림 19-3 카보닐 화합물의 *α*-알킬화 반응의 예

α-알킬화 반응에서는 엔올 음이온이 반드시 필요하다. 1,3-다이카보닐 화합물의 경우에는 α-H의 산성도가 매우 커서 K_2CO_3, HO^-, RO^- 등과 반응하여 엔올 음이온을 생성할 수 있다 (19.1.3절).

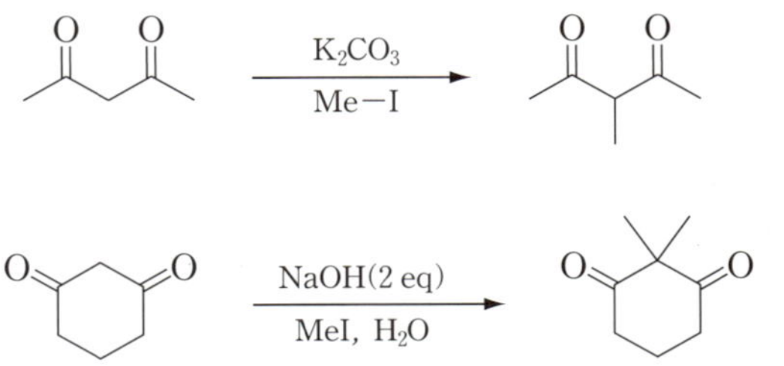

19.6 탈카복실 반응

19.6.1 탈카복실 반응

탈카복실 반응(decarboxylation)은 카복실산(R−CO_2H)에서 CO_2가 제거되면서 R−H가 되는 반응이다. 탈카복실 반응은 산성 및 염기 조건 하에서 모두 진행되는데, 이 반응이 온화한 조건에서 합리적인 속도로 진행되기 위해서는 반드시 β-카보닐 작용기가 있어야 한다. 이러한 조건을 만족하는 화합물로는 β-케토산(keto acid), β-다이카복실산(dicarboxylic acid) 등이 있다.

β-NO_2, β-CN, β-SO_2R 등의 치환체를 갖는 카복실산 유도체도 탈카복실 반응 후 생성되는 α-탄소 음이온을 안정화시키기 때문에 탈카복실 반응이 진행될 수 있다.

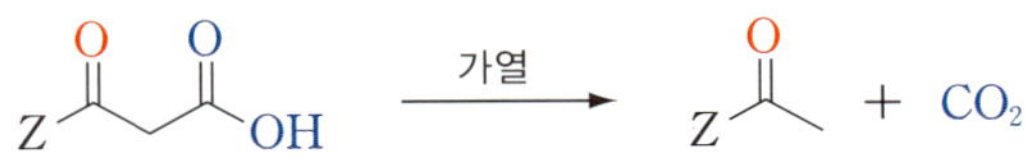

Z=R(β-케토산)
OH(β-다이카복실산)

산성 조건에서 β-케토산의 탈카복실 반응은 아래와 같이 진행된다. 우선 β-케톤의 카보닐 산소와 카복실산의 수소 사이에 수소 결합을 갖는 육각형 고리 구조를 가정하고, 이로부터 고리형 전이 상태를 통해서 엔올과 CO_2가 얻어진 후, 엔올의 토토머화 반응으로 케톤이 생성된다.

메커니즘 19-9 산성 조건에서 β-케토산의 탈카복실 반응 메커니즘

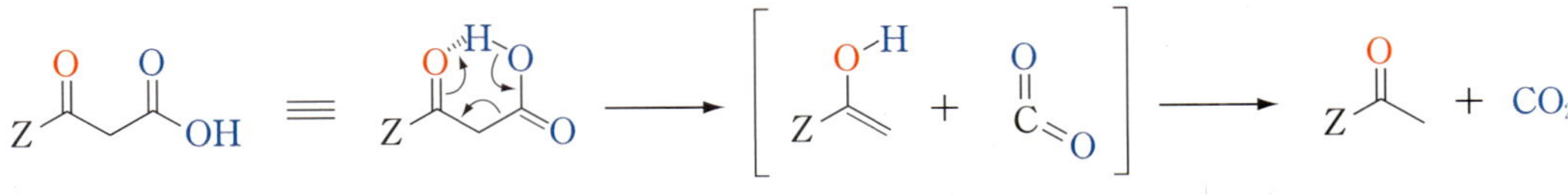

β-케토산

염기성 조건에서 β-케토산의 탈카복실 반응은 다음과 같이 진행된다. 우선 β-케톤의 카보닐 산소와 카복실산 염의 금속 양이온(M^+) 사이에 결합을 갖는 육각형 고리 구조를 가정하고, 이로부터 고리형 전이 상태를 통해서 엔올 음이온과 CO_2가 얻어진 후, 엔올 음이온의 토토머화 반응 및 산−염기 반응으로 케톤이 생성된다. 이 경로는 산성 조건에서의 탈카복실 반응에서 카복실산의 수소(H) 원자 대신에 금속 양이온(M^+)을 치환한 경로와 일치한다.

메커니즘 19-10 염기성 조건에서 β-케토산 염의 탈카복실 반응 메커니즘

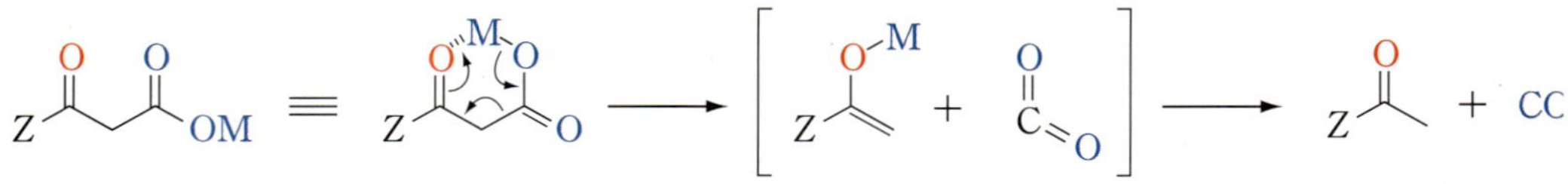

β-케토산염

이처럼 산성 및 염기성 조건에서 진행되는 탈카복실 반응의 메커니즘을 고려하면 이 반응에서 β-카보닐 작용기의 필요성을 확실하게 알 수 있다.

탈카복실 반응의 예는 다음과 같다.

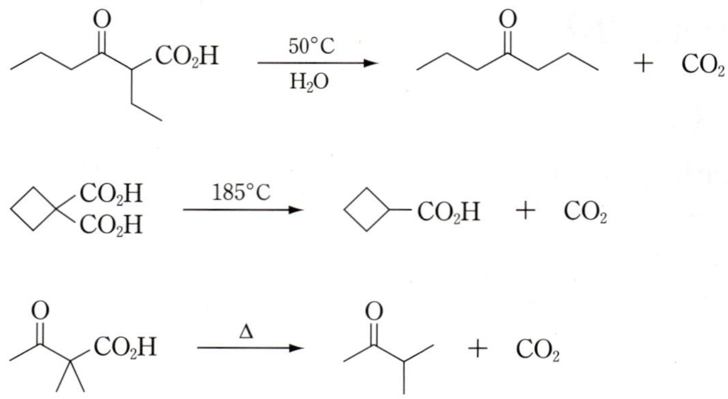

그림 19-4 탈카복실 반응의 예

아래의 다리 화합물(bridge compound)은 β-케토산(keto acid) 화합물로서 탈카복실 반응의 조건을 충족하지만, 실제로는 탈카복실 반응이 일어나지 않는다. 그 이유는 탈카복실 반응에서는 이중 결합의 치환체들이 동일한 평면에 있는 엔올 중간체를 경유하는데 이 화합물에서는 구조적인 이유로 엔올 중간체의 형성이 불가능하기 때문이다.

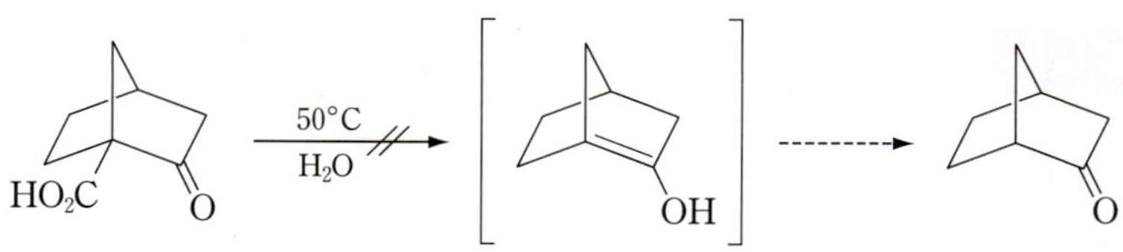

각 무리가 매우 큼
(불안정)

19.6.2 말론산 에스터 합성법

α-알킬화 반응 및 탈카복실 반응을 연속적으로 이용하는 두 가지의 유용한 합성법 중에서 우선 **말론산 에스터 합성법(malonic ester synthesis)**에 대하여 살펴보기로 한다. 이 합성법은 카보닐 화합물에서 가장 오래되고 잘 알려진 반응의 하나로서, 삼각형~육각형 고리 화합물의 합성에도 유용하게 사용된다.

이 합성법은 아래의 경로를 따라서 진행한다. 우선 말론산 다이에틸(diethyl malonate)과

EtO^-를 반응시켜 정량적($K_{eq}\approx10^3$, 19.1.4절)으로 엔올 음이온을 만들고, 여기에 α-알킬화 반응을 진행하여 중간체 **A**를 합성한다. 계속해서 중간체 **A**를 산성 또는 염기성 수용액에서 가수 분해하여 다이카복실산 또는 다이카복실산 염을 생성한 후, 탈카복실 반응을 진행하면 생성물 **B**를 얻게 된다. 만약 중간체 **A**를 가수 분해하지 않고 또 다른 EtO^-와 반응시키면 역시 정량적($K_{eq}\approx10^3$, 19.1.4절)으로 엔올 음이온이 생성되는데, 여기에 두 번째 α-알킬화 반응을 진행하여 중간체 **C**를 합성하고, 중간체 **C**에 [**A** → **B**] 경로를 그대로 적용하면 생성물 **D**를 합성할 수 있다.

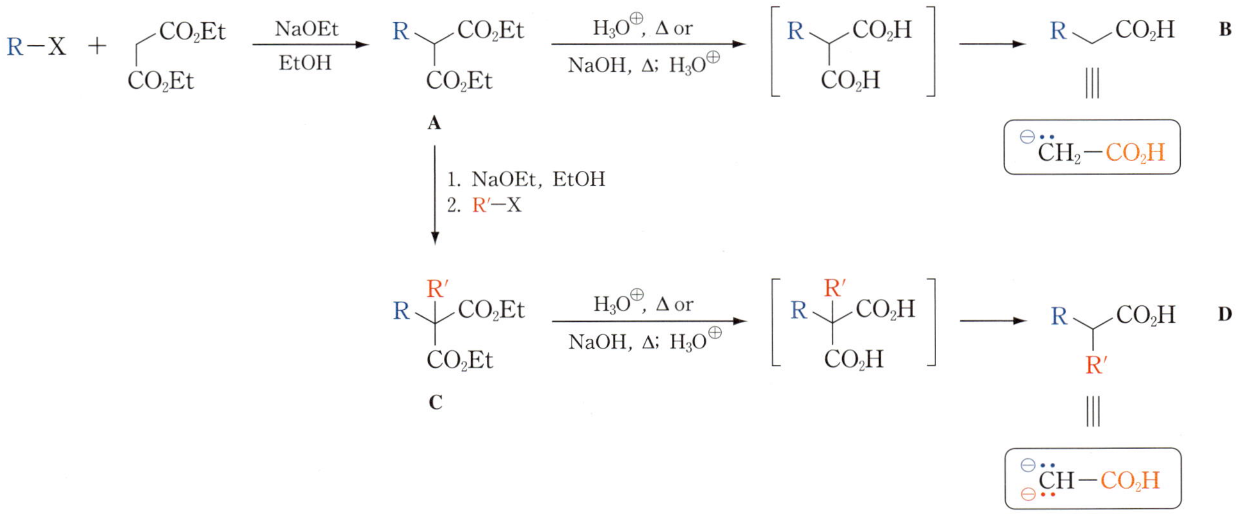

그림 19-5 말론산 에스터 합성법 반응 경로

위의 두 과정을 유기 합성의 관점에서 분석하면 생성물 **B**는 아세트산에서 한 번 α-알킬화 반응을 한 화합물이고, 생성물 **D**는 아세트산에서 두 번 α-알킬화 반응을 한 화합물에 해당한다. 즉, **B**의 합성에서는 말론산 다이에틸이 마치 아세트산의 −1가 엔올 음이온처럼 사용되었고, **D**의 합성에서는 말론산 다이에틸이 마치 아세트산의 −2가 엔올 음이온처럼 사용된 경우이다. 이러한 경우에 말론산 다이에틸을 아세트산의 엔올 음이온의 **합성 단위체(synthon)**라고 한다.

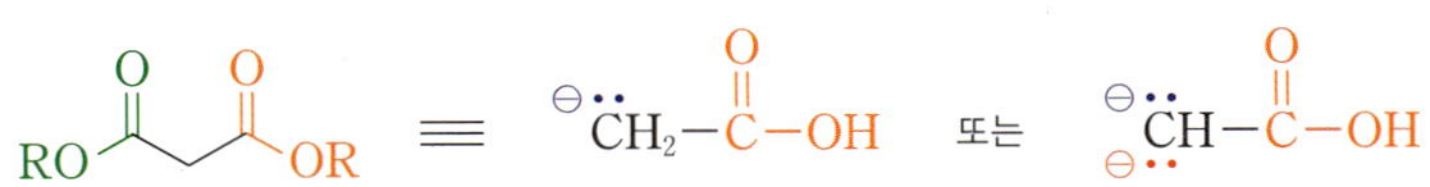

일반적으로 **합성 단위체(synthon)**는 원하는 핵심 반응과 이에 따른 부가적인 반응을 완료한 이후에 정의할 수 있다. 교재에서 볼 수 있듯이 동일한 시약의 경우에도 어떠한 전환을 하는가에 따라서 합성 단위체는 다를 수 있기 때문에, 유용한 합성 단위체들은 제시될 때마다 잘 정리하는 것이 필요하다.

말론산 에스터 합성법에서 한 번의 α-알킬화 반응을 사용한 반응의 예는 다음과 같다.

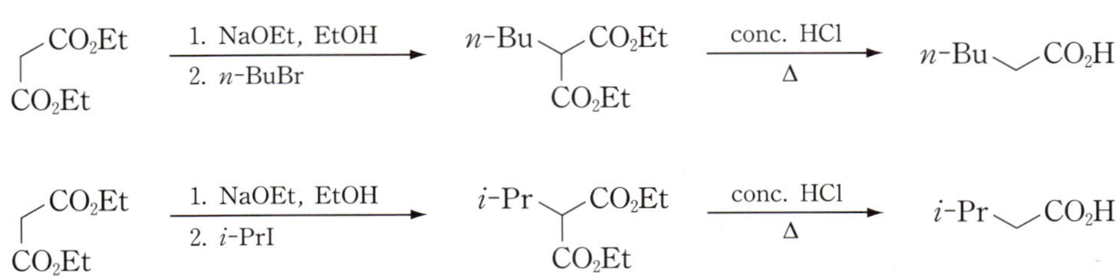

말론산 에스터 합성법에서 두 번의 α-알킬화 반응을 사용한 반응의 예는 다음과 같다.

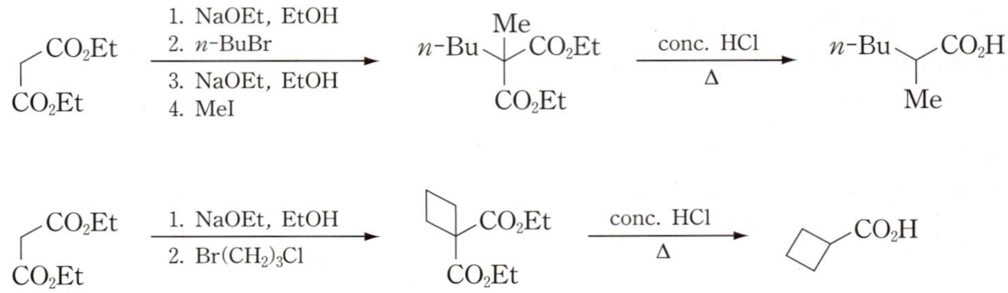

19.6.3 아세토아세트산 합성법

여기에서는 α-알킬화 반응 및 탈카복실 반응을 연속적으로 이용하는 두 가지의 유용한 합성법 중에서 **아세토아세트산 합성법(acetoacetic acid synthesis)**에 대하여 살펴보기로 한다. 단, 말론산 에스터 합성법과 아세토아세트산 합성법은 출발 물질의 구조적인 차이를 제외하고는 적용하는 개념이 완전히 일치하기 때문에 말론산 에스터 합성법을 충분히 이해한다면 아세토아세트산 합성법은 쉽게 이해할 수 있을 것이다.

이 합성법은 아래의 경로를 따라서 진행한다. 우선 아세토아세트산 에틸(ethyl acetoacetate)과 EtO^-를 반응시켜 정량적($K_{eq}\approx10^5$, 19.1.4절)으로 엔올 음이온을 만들고, 여기에 α-알킬화 반응을 진행하여 중간체 **A**를 합성한다. 계속해서 중간체 **A**를 산성 또는 염기성 수용액에서 가수 분해하여 β-케토산 또는 β-케토산 염을 생성한 후, 탈카복실 반응을 진행하면 생성물 **B**를 얻게 된다. 만약 중간체 **A**를 가수 분해하지 않고 또 다른 EtO^-와 반응시키면 역시 정량적($K_{eq}\approx10^5$, 19.1.4절)으로 엔올 음이온이 생성되는데, 여기에 α-알킬화 반응을 진행하여 중간체 **C**를 합성하고, 중간체 **C**에 [**A** → **B**] 경로를 그대로 적용하면 생성물 **D**를 합성할 수 있다.

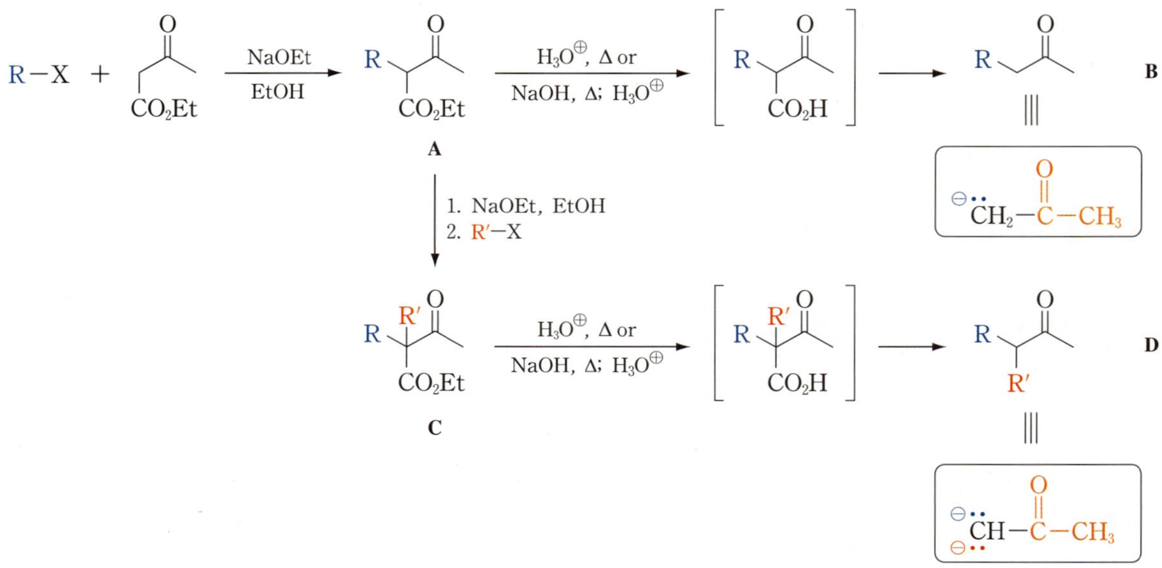

그림 19-6 아세토아세트산 합성법 반응 경로

위의 두 과정을 유기 합성의 관점에서 분석하면 생성물 **B**는 아세톤(acetone)에서 한 번 α-알킬화 반응을 한 화합물이고, 생성물 **D**는 아세톤에서 두 번 α-알킬화 반응을 한 화합물에 해당한다. 즉, **B**의 합성에서는 아세토아세트산 에틸이 마치 아세톤의 −1가 엔올 음이온처럼 사용되었고, **D**의 합성에서는 아세토아세트산 에틸이 마치 아세톤의 −2가 엔올 음이온처럼 사용된 경우이다. 이러한 경우에 아세토아세트산을 아세톤의 엔올 음이온 합성 단위체(synthon)라고 한다.

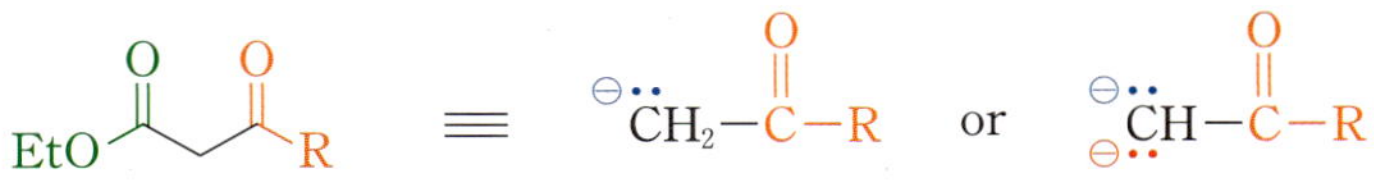

아세토아세트산 합성법에서 한 번의 α-알킬화 반응을 사용한 반응의 예는 다음과 같다.

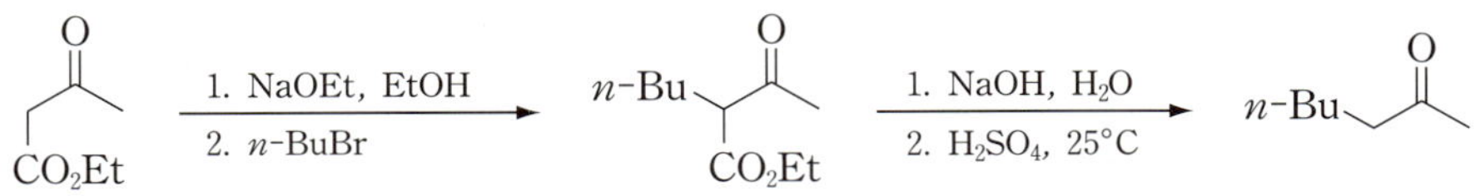

아세토아세트산 합성법에서 두 번의 α-알킬화 반응을 사용한 반응의 예는 다음과 같다.

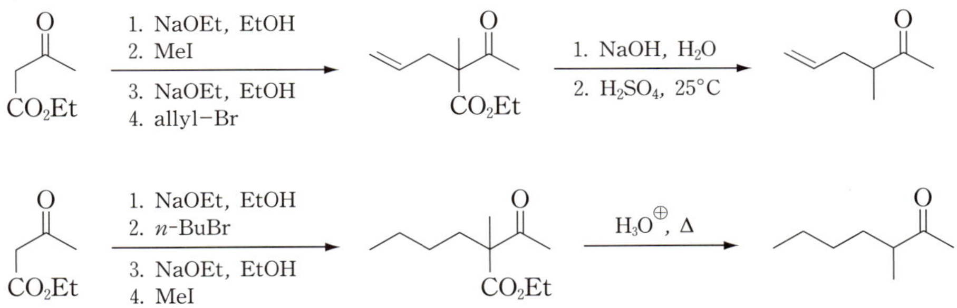

약간 변형된 구조에서 아세토아세트산 합성법을 사용한 반응의 예는 다음과 같다.

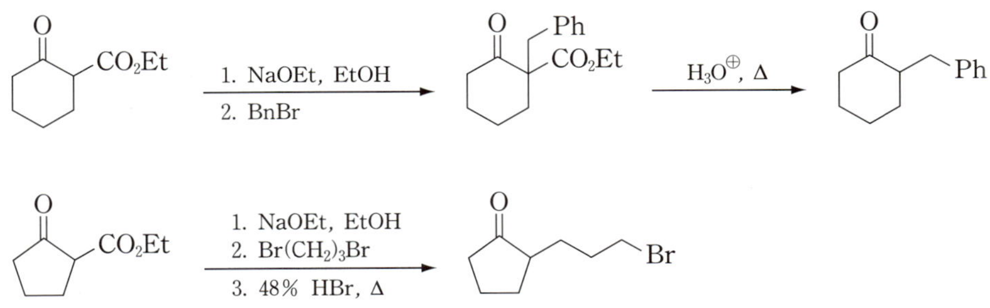

지금(19.2~19.6절)까지는 엔올 및 엔올 음이온 중간체를 매개로 하는 라셈화 반응, 중수소 치환 반응, 할로젠화 반응, 알킬화 반응, 탈카복실 반응 등 카보닐 α-수소의 치환 반응에 대하여 상세하게 알아보았다. 이제부터는 엔올 음이온 중간체의 알데하이드 및 케톤에 대한 알돌 첨가 반응(19.7절), 에스터에 대한 클라이젠 축합 반응(19.8절), 그리고 α,β-불포화 카보닐 화합물에 대한 1,4-첨가 반응(19.9절)에 대하여 기술할 예정이다.

19.7 알돌 반응

알돌(aldol)은 [aldehyde+alcohol]에서 유래한다.

19.7.1 알돌 첨가 반응

알데하이드를 강한 염기 조건에서 반응시키면 알데하이드의 엔올 음이온이 생성되고, 엔올 음이온이 다른 알데하이드의 카보닐 작용기를 공격(16.7.2절)해서 β-하이드록시카보닐(β-hydroxycarbonyl) 생성물이 얻어진다. 이 생성물을 **알돌(aldol)** 생성물, 그리고 이 반응을 **알돌 첨가 반응(aldol addition reaction)**이라고 한다.

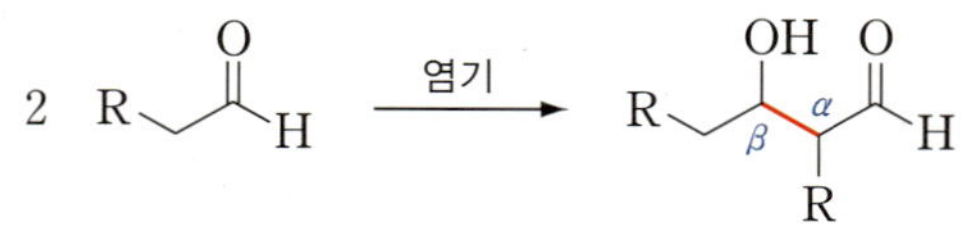

알돌(Aldol)
(β-하이드록시카보닐)

알돌 첨가 반응은 일반적으로 염기 조건에서 진행되는 알데하이드 및 케톤의 이합체화 반응(dimerization)으로서 α-H를 갖는 모든 알데하이드 및 케톤에서 일어날 수 있고, 반응 속도가 빠르며, 생성물의 입체 장애에 상당히 민감한 가역 반응이라는 특징이 있다.

이 반응의 메커니즘은 다음과 같다. 먼저 α-H와 HO^-의 산–염기 반응으로 엔올 음이온이 생기고(19.1.2절), 엔올 음이온이 다른 알데하이드의 카보닐 탄소를 공격한 후(16.7.2절), 물과의 산–염기 반응에 의하여 알돌 생성물이 얻어진다.

메커니즘 19-11 염기 조건에서 알돌 첨가 반응 메커니즘

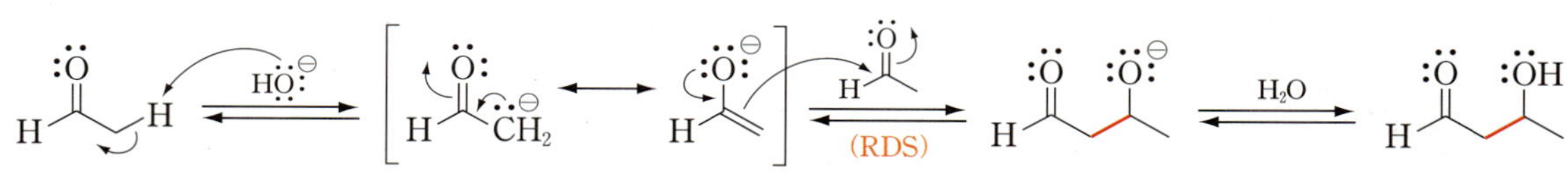

산소 음이온 기반의 염기(OH^-, RO^-)를 사용하는 경우에 알데하이드의 알돌 첨가 반응은 CH_3(α-치환체 없음) 및 RCH_2(α-치환체 한 개)에서는 잘 진행되지만, R_2CH(α-치환체 두 개)에서는 알돌 생성물의 입체 장애로 인하여 생성물을 얻기가 상대적으로 힘들다.

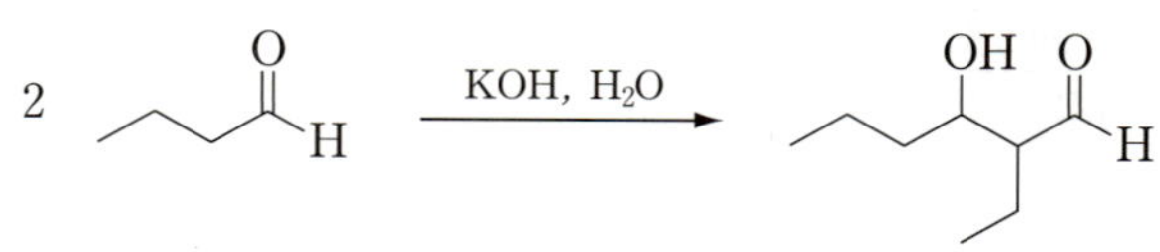

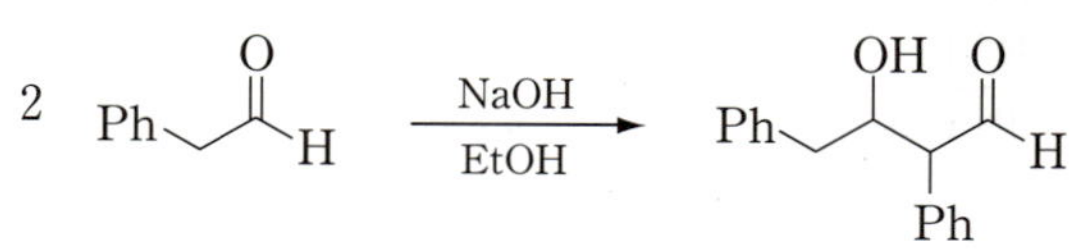

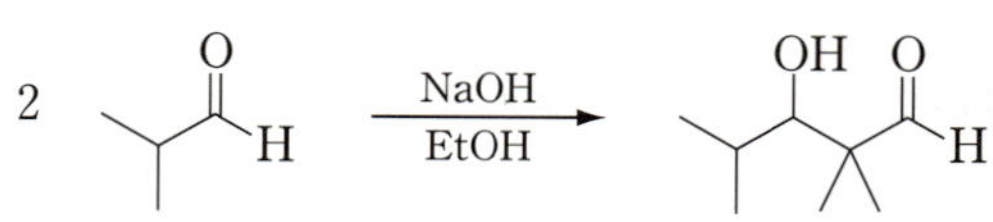

(수율 낮음)

산소 음이온 기반의 염기(OH^-, RO^-)를 사용하는 경우에 케톤의 알돌 첨가 반응은 CH_3(α-치환체 없음)에서도 생성물의 입체 장애로 인하여 생성물을 얻기가 힘들다. 그러나 오각형~칠각형 고리를 생성하는 분자내 알돌 반응은 상대적으로 잘 진행될 수도 있다.

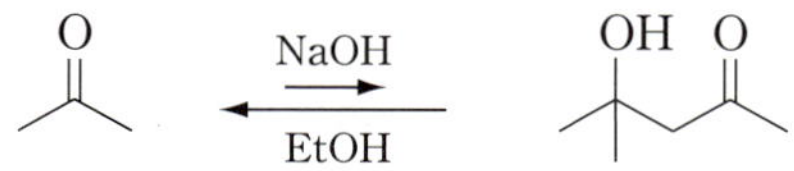

(평형에서 98 : 2로 존재)

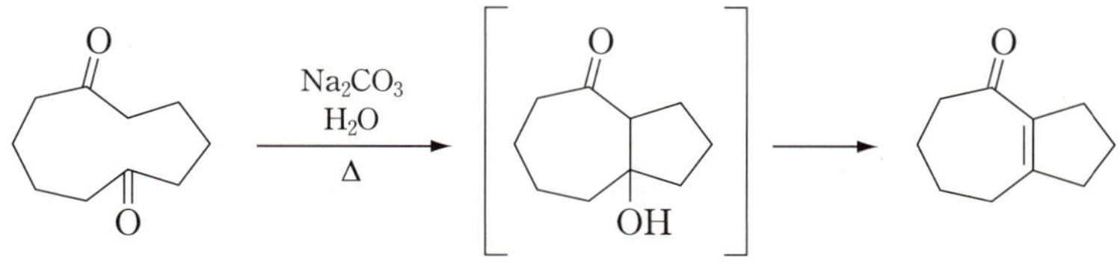

19.7.2 알돌 축합 반응

> 알돌 축합 반응은 알돌 첨가 반응보다 유사하거나 또는 미세하게 강한 조건(온도, 농도 등)에서 일어난다.

알돌 첨가 반응의 생성물(β-하이드록시카보닐)을 분리한 후, 산 또는 염기 조건에서 추가적인 탈수 반응을 진행하면 α,β-불포화 카보닐(α,β-unsaturated carbonyl) 화합물을 얻을 수 있다. 화합물 및 반응 조건에 따라서는 알돌 첨가 반응 생성물에서 자연스럽게 탈수 반응이 일어나기도 하는데 이러한 반응을 **알돌 축합 반응(aldol condensation reaction)**이라고 한다.

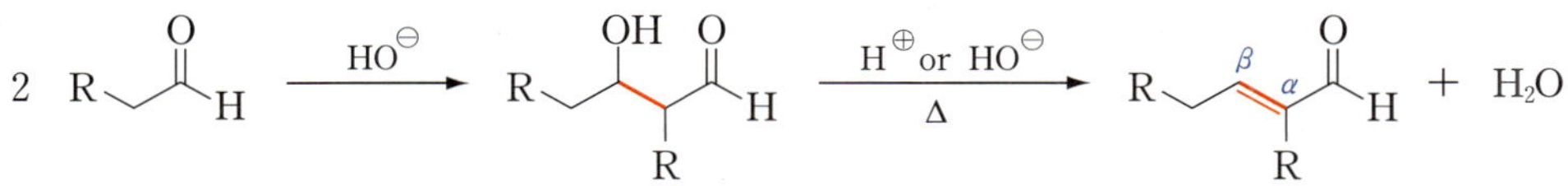

알돌 첨가 반응은 생성물의 입체 장애에 민감한 가역 반응으로서, 평형 상태에서 생성물의 비율이 적을 수 있다(19.7.1절). 그러나 알돌 축합 반응은 탈수 반응이 비가역적으로 진행되기 때문에 중간체의 입체 장애에 큰 영향을 받지 않고 좋은 수율로 α,β-불포화 카보닐 화합물을 합성할 수 있다.

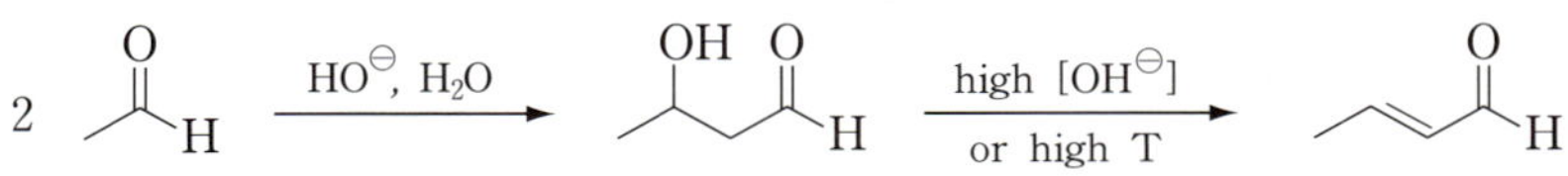

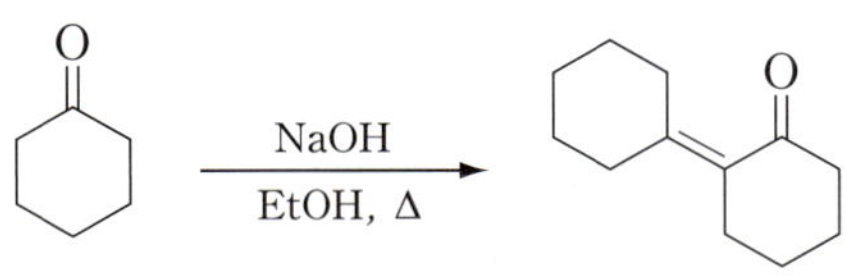

알돌 생성물에서 탈수 반응이 진행되는 메커니즘은 다음과 같다. 염기성 조건에서는 알돌 생성물의 α-H와 HO^- 염기의 산–염기 반응으로 엔올 음이온이 생기고(19.1.2절), 음이온의 산소 고립 전자쌍이 강한 전자 주개로 작용하여 E2 형태의 탈수 반응이 일어난다.

메커니즘 19-12 염기성 조건에서 알돌 축합 반응 메커니즘

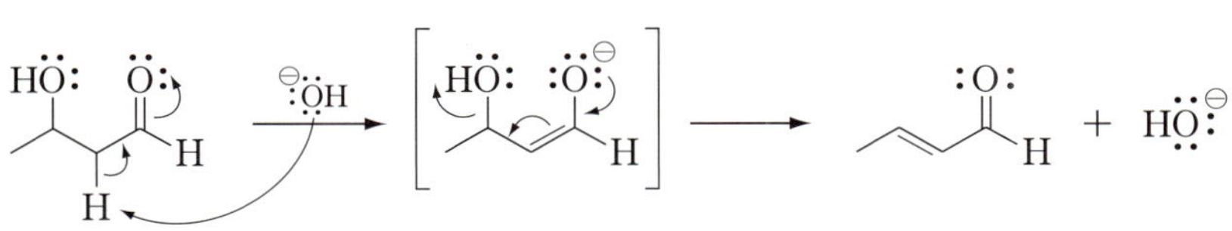

반면에 산성 조건에서는 알돌 생성물이 우선 엔올 중간체로 전환되고(19.1.2절), 엔올 중간체의 β-OH와 H^+ 사이의 산–염기 반응으로 좋은 이탈기인 $-OH_2^+$를 생성한 후, 중성의 산소 고립 전자쌍이 약한 전자 주개로 작용하여 E2 형태의 탈수 반응이 일어난다.

메커니즘 19-13 산성 조건에서 알돌 축합 반응 메커니즘

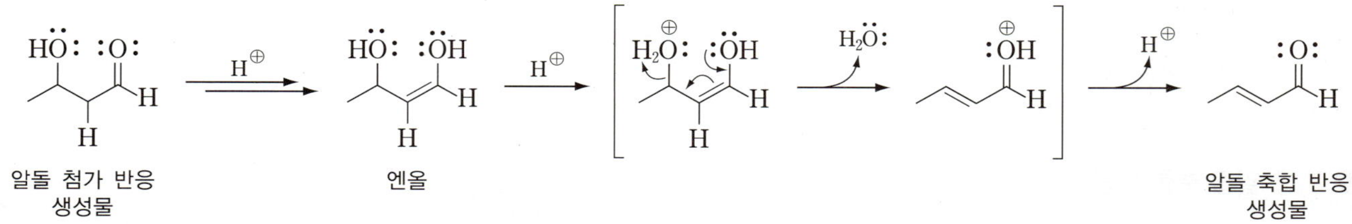

알돌 첨가 반응(19.7.1절) 및 알돌 축합 반응(19.7.2절)을 진행하면 각각 β-하이드록시카보닐 화합물 및 α,β-불포화 카보닐 화합물을 얻을 수 있다. 비록 교재에서는 알돌 첨가 반응 및 알돌 축합 반응을 분명하게 구분하였지만, 하나로 통합해서 **알돌 반응(aldol reaction)**이라고 하는 경우도 많기 때문에 그 상황에 맞게 적절하게 받아들이는 노력이 필요하다.

19.7.3 분자내 알돌 축합 반응

한 분자에 두 개의 알데하이드 또는 케톤의 카보닐 작용기가 동시에 있으면 분자 내에서 알돌 반응이 일어날 수 있는데, 이 반응을 **분자내 알돌 반응(intramolecular aldol reaction)**이라고 한다.

1,4-다이케톤 골격을 갖는 헥세인-2,5-다이온에서 분자내 알돌 축합 반응이 일어나면 이론적으로 삼각형 화합물(**A**) 및 오각형 화합물(**B**)이 생성될 수 있다. 그러나 생성물 **A**는 고리 무리(3.8절)로 인하여 알돌 반응이 매우 천천히 진행되기 때문에 오각형 화합물(**B**)이 주생성물로 얻어진다.

메커니즘 19-14 1,4-다이온의 분자내 알돌 축합 반응 메커니즘

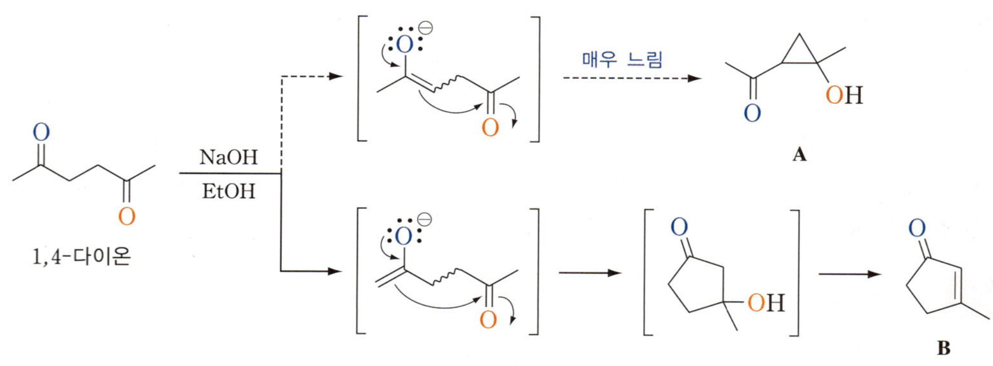

1,5-다이케톤 골격을 갖는 헵테인-2,6-다이온에서 분자내 알돌 축합 반응을 진행하면 동일한 원리에 의하여 육각형 생성물이 주생성물로 얻어짐을 예상할 수 있다.

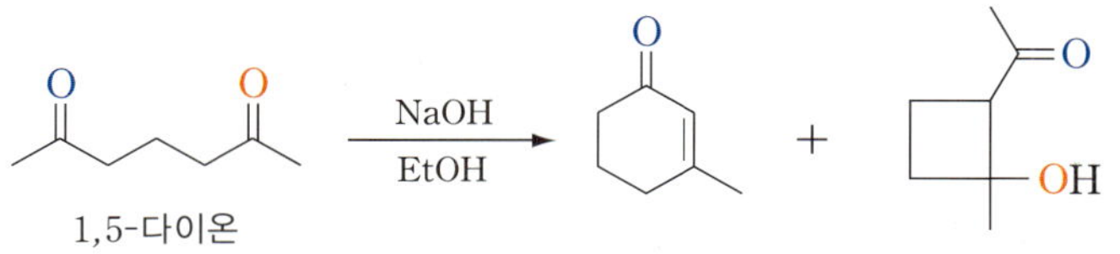

1,5-다이온 (생성되지 않음)

예제 19.2

1,6-다이케톤 골격을 갖는 옥테인-2,7-다이온에서 분자내 알돌 축합 반응을 진행할 때 이론적으로 가능한 알돌 축합 반응의 생성물을 모두 그리시오. 단, α,β-불포화 작용기는 고리 내부에 있다고 가정한다.

풀이

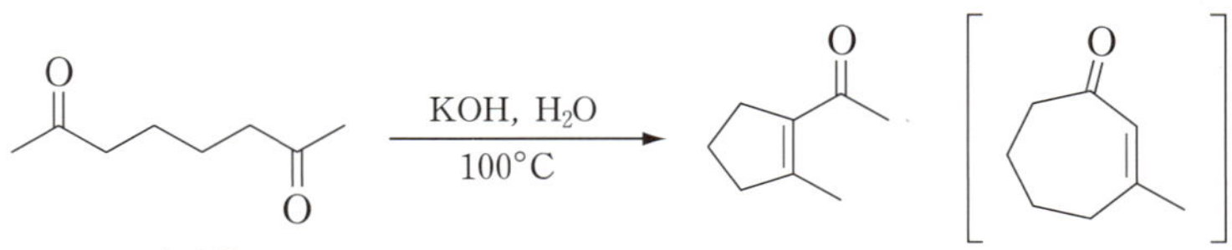

1,6-다이온 주생성물 (미량)

19.7.4 혼성 알돌 반응

지금까지는 동일한 분자들 사이의 알돌 반응(19.7.1절 및 19.7.2절) 및 한 분자 내에서의 알돌 반응(19.7.3절)에 대하여 기술하였다. 그러나 알돌 반응의 핵심은 엔올 음이온(친핵체)이 알데하이드 및 케톤의 카보닐 작용기(친전자체)를 공격하는 데 있으므로, 이론적으로 친핵체 및 친전자체가 반드시 동일한 화합물에서 유래할 필요는 없다. 이처럼 서로 다른 분자에서 출발한 친핵체와 친전자체 사이의 알돌 반응을 **혼성 알돌 반응(mixed aldol reaction)**이라고 하는데, 반응 속도는 카보닐 작용기의 반응성(16.7.4절)에서 추론할 수 있듯이 [알데하이드–알데하이드 > 케톤–알데하이드 > 케톤–케톤]의 순서를 보인다.

일반적으로 α-H가 있는 서로 다른 알데하이드 또는 케톤 사이에서 혼성 알돌 반응을 수행하면 아래와 같이 네 종류의 알돌 첨가 반응 생성물이 얻어질 수 있는데, 이것은 유기 합성의 관점에서 반응의 유용성을 심각하게 저해하는 결과이다.

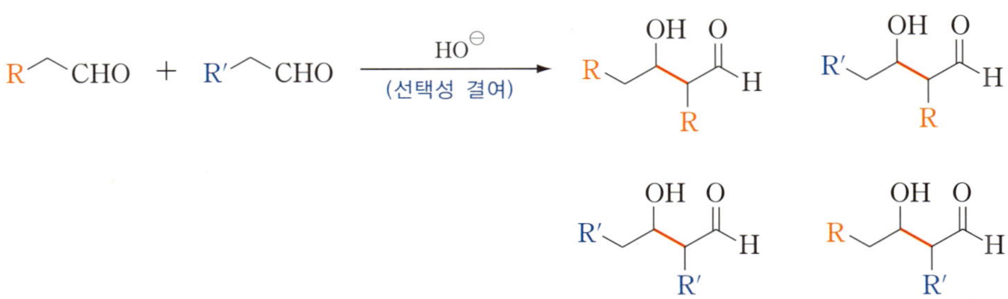

이를 극복하기 위해서 연구자들은 α-H가 없어서 엔올 음이온을 생성하지 못하는 화합물 또는 특정한 엔올 음이온이 선택적으로 생성되는 화합물을 흔히 사용해왔다. 그러나, 이러한 방법도 결국 혼성 알돌 반응의 적용 범위를 제한하기 때문에 근본적인 해결책이 되지는 못한다.

혼성 알돌 반응에서 α-H가 없어서 엔올 음이온을 생성하지 못하는 대표적인 화합물로 폼알데하이드(HCHO) 및 벤즈알데하이드(Ph–CHO)가 있다. 이들은 혼성 알돌 반응에서 친전자체로만 작용한다.

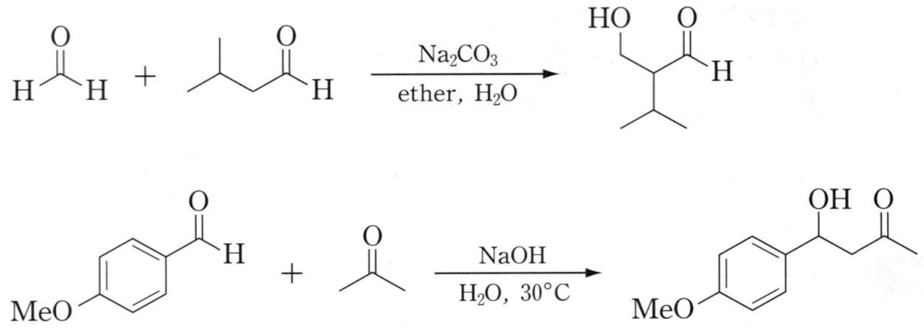

혼성 알돌 반응에서 1,3-다이카보닐 화합물을 사용하면 α-H의 산성도 차이로 인하여 특정 엔올 음이온이 선택적으로 생성될 수 있다. 이들은 혼성 알돌 반응에서 친핵체로 작용한다.

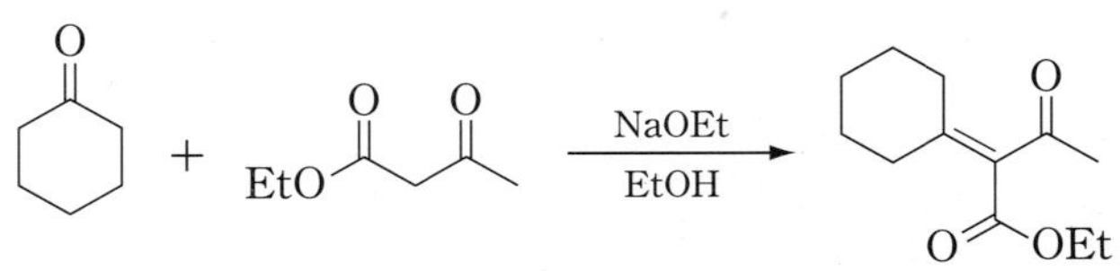

혼성 알돌 반응의 단점을 극복하는 가장 유용한 방법은 우선 강염기를 이용하여 특정한 엔올 음이온을 비가역적으로 합성하고, 그 이후에 친전자체로 작용하는 카보닐 화합물을 첨가하여 알돌 반응을 수행하는 것이다. 이러한 반응을 **지향 알돌 반응(directed aldol reaction)**이라고 한다.

지향 알돌 반응에서는 특정한 엔올 음이온을 선택적으로 합성하는 것이 가장 중요하다. 아래의 반응에서 아세톤은 두 개의 α-CH_3가 동일하고, 3,3-다이메틸뷰탄-2-온은 한 곳에만 α-H가 있기 때문에 각각 한 종류의 엔올 음이온이 생성되며, 이로부터 알돌 반응을 선택적으로 수행할 수 있다.

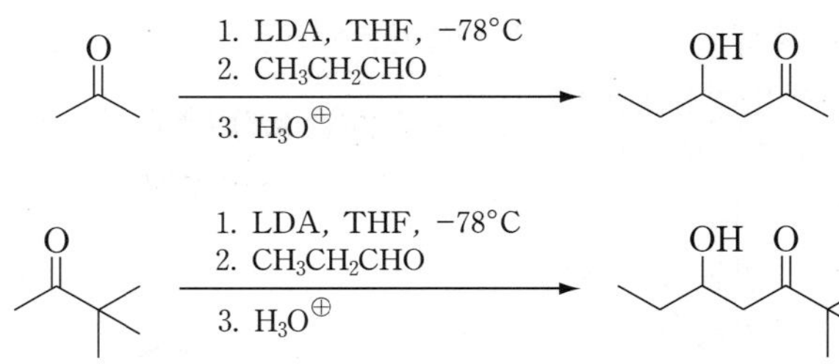

뷰탄-2-온에서는 이론적으로 α-CH_3와 α-CH_2가 경쟁할 수 있다. 그러나 아주 낮은 온도(−78°C)에서 입체 장애가 매우 큰 LDA 염기를 사용하면 산−염기 반응이 입체 장애가 작은 쪽(α-CH_3)에서 더 빠르게 진행됨을 관찰할 수 있다. 이처럼 반응 경로가 생성물의 열역학적인 안정성이 아니라 활성화 에너지, 즉 반응 속도에 의하여 결정되는 것을 반응 속도론적 지배(kinetic control)라고 한다(13.6.5절, 13.7.3절).

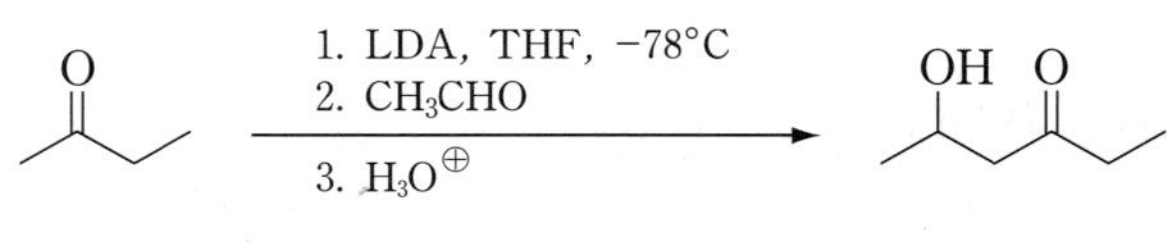

지금까지는 지향 알돌 반응을 케톤의 엔올 음이온을 중심으로 기술하였다. 그러나 이 반응은 나이트로, 에스터, 나이트릴, 설폰 등 α-탄소 음이온을 안정화시킬 수 있는 다양한 작용기로 확대할 수 있으며, 이 중에서 에스터의 엔올 음이온을 사용하는 반응이 가장 일반적이다.

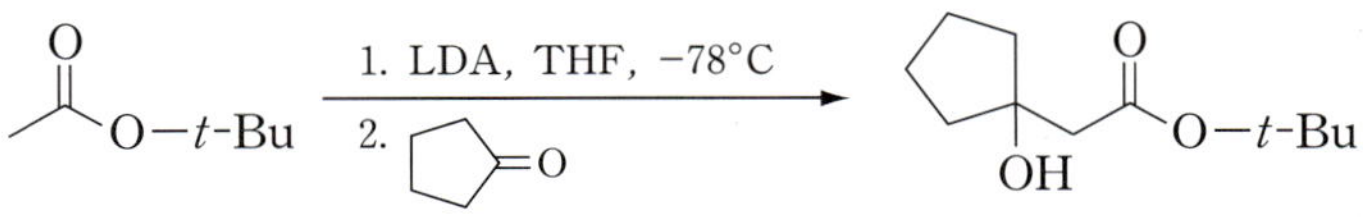

19.7.5 Reformatsky 반응

알데하이드 또는 케톤과 α-브로모에스터(α-bromoester)의 혼합 용액에 Zn 금속을 넣고 가열하면 $BrZn^+$ 양이온의 엔올 음이온 중간체가 생성되고, 이 중간체가 알데하이드 또는 케톤의 카보닐에 1,2-첨가 반응을 하여 β-하이드록시카보닐 화합물을 생성한다. 이러한 반응을 **Reformatsky 반응(Reformatsky reaction)**이라고 한다.

메커니즘 19-15 Reformatsky 반응 메커니즘

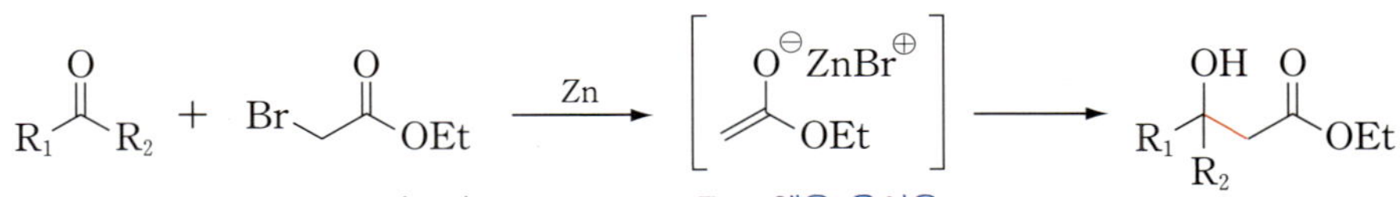

Reformatsky 반응의 예는 다음과 같다.

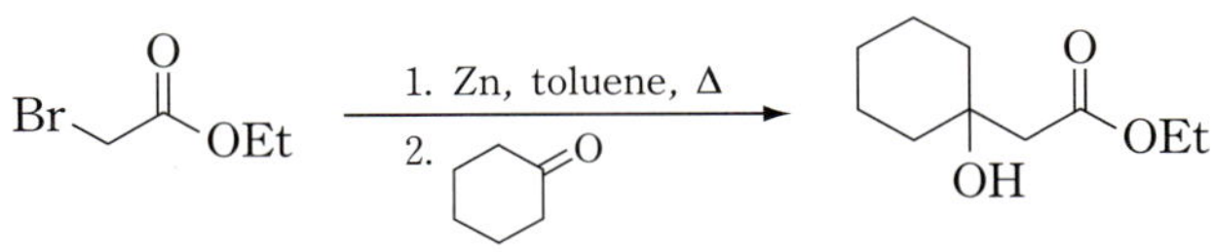

그림 19-7 Reformatsky 반응의 예

19.7.6 Knoevenagel 축합 반응

알데하이드와 1,3-다이에스터 화합물을 약염기 존재 하에서 가열하면 알돌 축합 반응이 진행되어 α,β-불포화 카보닐 화합물이 생성되는데, 이러한 반응을 **Knoevenagel 축합 반응(Knoevenagel condensation reaction)**이라고 한다.

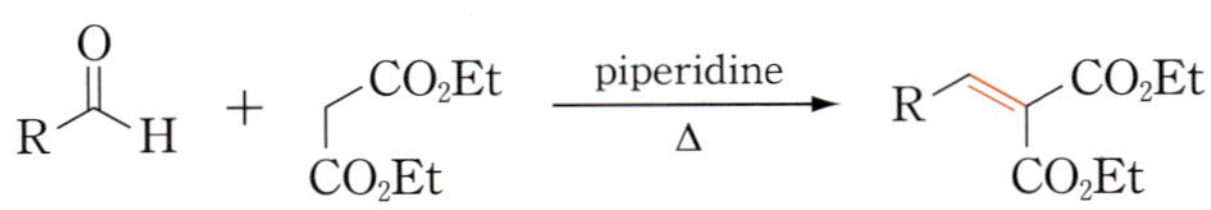

Knoevenagel 축합 반응의 예는 다음과 같다.

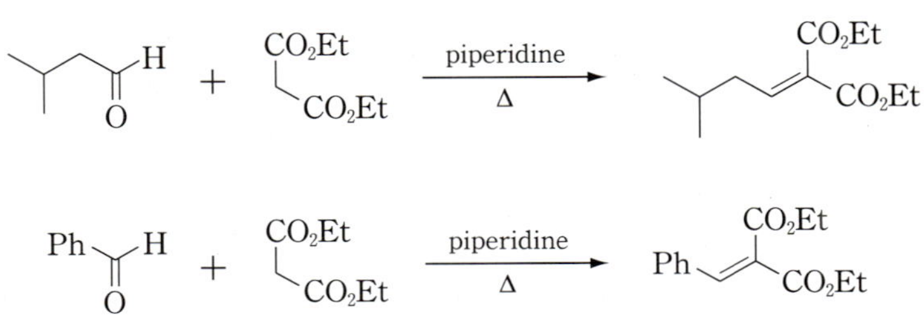

그림 19-8 Knoevenagel 축합 반응의 예

1,3-다이에스터 대신에 1,3-다이카복실산을 사용하면 알돌 첨가 반응으로 β-하이드록시카복실산 중간체가 생기고, 여기에서 탈카복실 반응과 E2 탈수 반응이 동시에 일어나서 (E)-α,β-불포화 화합물을 얻을 수 있다.

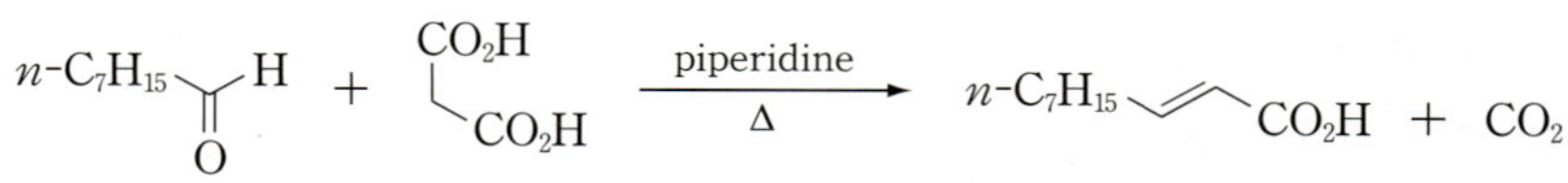

예제 19.3

아래 반응의 메커니즘을 그리시오.

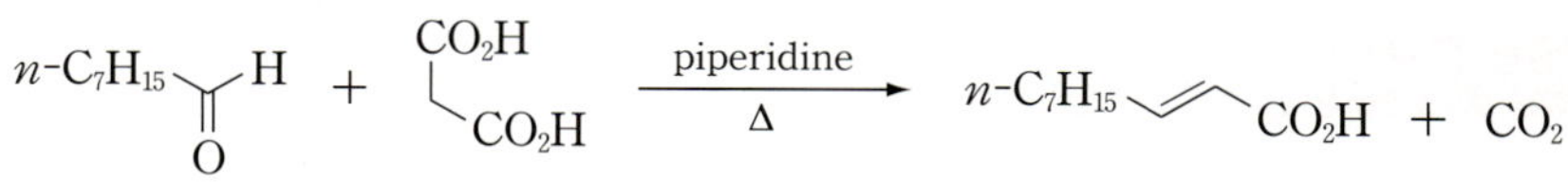

풀이

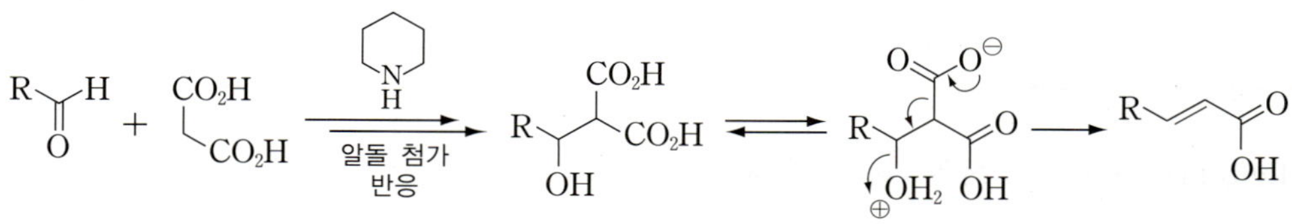

19.8 클라이젠 축합 반응

19.8.1 클라이젠 축합 반응

클라이젠 축합 반응(Claisen condensation reaction)은 에스터의 엔올 음이온이 에스터의 카보닐 작용기에 (경로 ①)의 친핵성 아실 치환 반응을 해서 β-케토 에스터(β-keto ester) 화합물을 생성하는 반응이다. 이 반응은 가역 반응이고, 반응이 잘 진행되기 위해서는 엔올 음이온으로 작용하는 에스터 화합물에 두 개 이상의 α-H가 있어야 하며, 염기는 1 당량 이상이 필요하다.

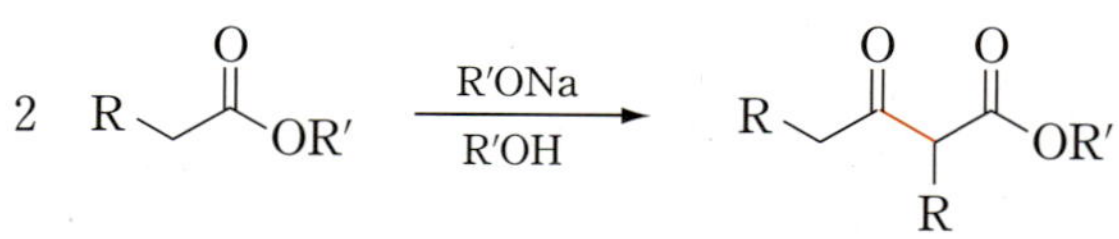

β-케토 에스터
(1,3-다이카보닐)

클라이젠 축합 반응의 예는 다음과 같다.

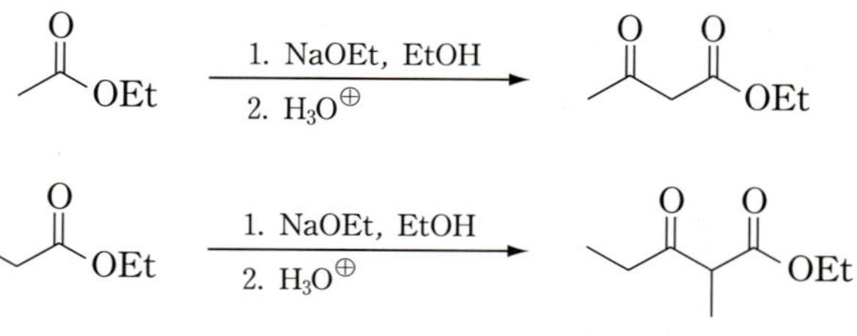

그림 19-9 클라이젠 축합 반응의 예

클라이젠 축합 반응의 메커니즘은 다음과 같다. 우선, 에스터의 α-H와 EtO^-의 산–염기 반응으로 엔올 음이온이 생기고(19.1.2절), 엔올 음이온(친핵체)이 중성의 에스터(친전자체)에 대하여 (경로 ①)의 친핵성 아실 치환 반응(18.5.5절)을 진행하여 중간체 **A**를 제공한다. **A**는 β-케토 에스터 화합물로서 α-H의 산성도($pK_a \approx 11$)가 크기 때문에 EtO^-와의 산–염기 반응이 정량적이고 비가역적($K \approx 10^5$)으로 진행되는데, 이로 인하여 전체 평형이 생성물 쪽으로 이동하게 된다. 이 메커니즘은 엔올 음이온으로 작용하는 에스터 화합물에 두 개 이상의 α-H가 필요한 이유, 그리고 염기가 1 당량 이상 필요한 이유 등을 쉽게 설명하고 있다.

메커니즘 19-16 에스터의 클라이젠 축합 반응 메커니즘

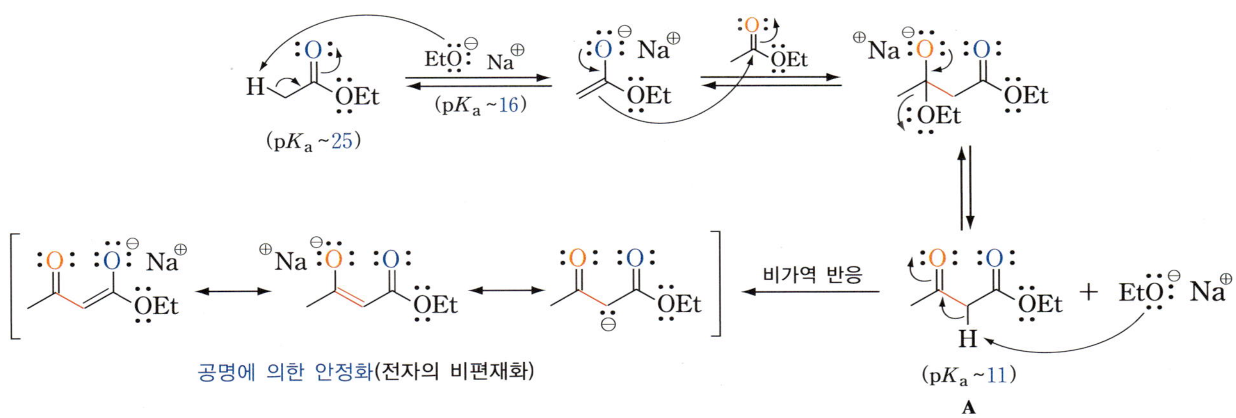

실제로 α-H가 한 개인 에스터 화합물에 일반적인 클라이젠 축합 반응 조건(RO^-/ROH)을 적용하면 반응이 진행되기 어렵다. 그러나 α-H가 한 개인 에스터 화합물이라도 아주 강한 염기를 사용하여 엔올 음이온을 비가역적으로 생성해 주면 다른 여분의 에스터 화합물과 클라이젠 축합 반응이 가능하다.

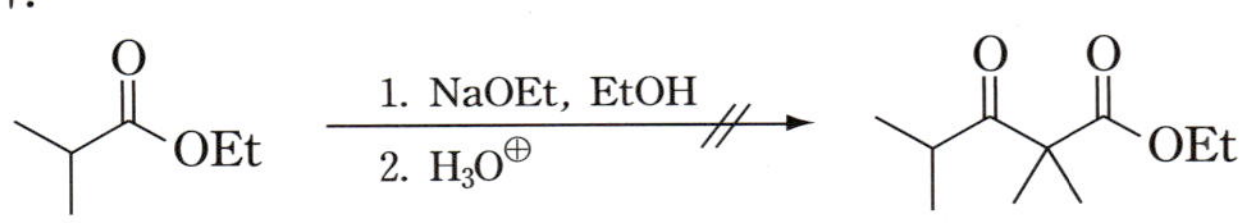

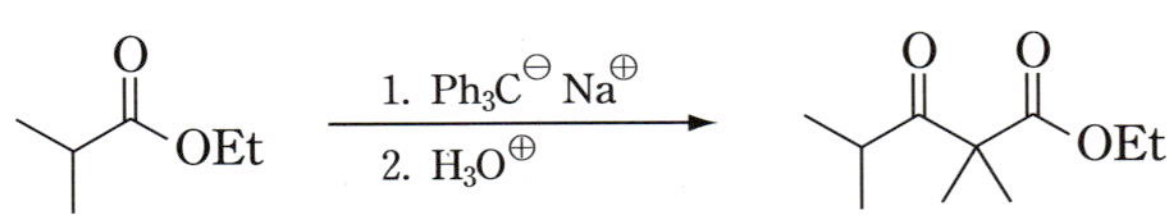

19.8.2 디에크만 축합 반응

한 분자에 두 개의 알데하이드 또는 케톤의 카보닐 작용기가 있으면 분자내 알돌 반응(19.7.3절)이 가능한 것처럼, 한 분자에 두 개의 에스터 작용기가 있으면 이론적으로 분자내 클라이젠 축합 반응이 가능하다. 이러한 반응을 **디에크만 축합 반응(Diekmann condensation reaction)**이라고 한다.

예를 들어, 1,6-다이에스터 및 1,7-다이에스터 화합물이 분자내 클라이젠 축합 반응을 하면 각각 오각형 및 육각형 생성물을 얻을 수 있다.

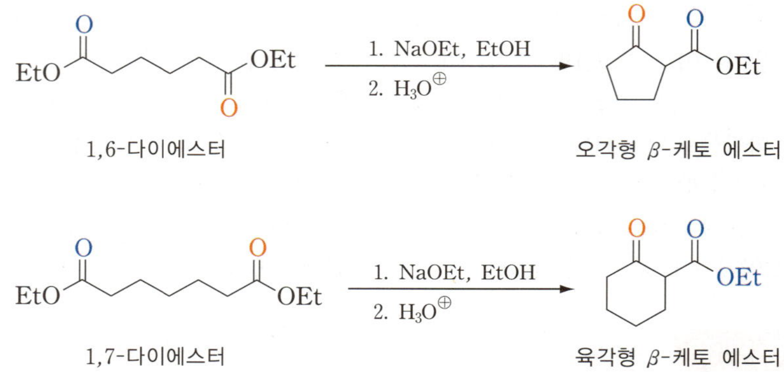

그림 19-10 디에크만 축합 반응의 예

클라이젠 축합 반응이 일어나면 β-케토 에스터의 골격을 갖는 화합물이 생성된다. 이 구조는 아세토아세트산 합성법(19.6.3절)에서 보았듯이 α-알킬화 반응 및 탈카복실 반응 등을 통하여 다양한 구조의 화합물로 전환될 수 있기 때문에 유기 합성에서 매우 중요한 위치를 차지하고 있다.

19.8.3 혼성 클라이젠 축합 반응

알돌 반응에서 혼성 알돌 반응(19.7.4절)이 있는 것처럼, 서로 다른 에스터 화합물 사이의 클라이젠 축합 반응을 **혼성 클라이젠 축합 반응**(**mixed Claisen condensation reaction**)이라고 한다.

일반적으로 α-CH_2가 있는 서로 다른 에스터 사이에서 혼성 클라이젠 축합 반응을 진행하면 아래와 같이 네 종류의 클라이젠 축합 반응 생성물이 얻어질 수 있는데, 이것은 유기 합성의 관점에서 반응의 유용성을 심각하게 저해하는 결과이다.

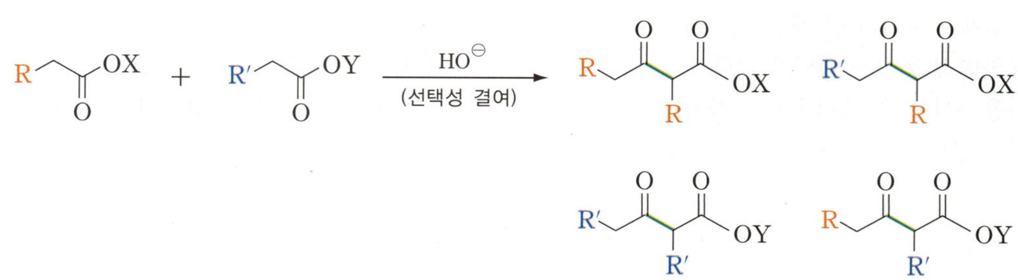

이를 극복하기 위해서 연구자들은 α-H가 없어서 엔올 음이온을 생성하지 못하는 화합물, 특정한 엔올 음이온이 선택적으로 생성되는 화합물, 또는 친전자체로서 카보닐 작용기의 반응성이 특별히 큰 화합물을 흔히 사용해왔다. 그러나, 이러한 방법도 결국 혼성 클라이젠 축합 반응의 적용 범위를 제한하기 때문에 근본적인 해결책이 되지는 못한다.

혼성 클라이젠 축합 반응에서 α-H가 없어서 엔올 음이온을 생성하지 못하는 대표적인 화합물로 포메이트(formate), 벤조에이트(benzoate), 카보네이트(carbonate), 옥살레이트(oxalate)가 있다. 이들은 혼성 클라이젠 축합 반응에서 친전자체로만 작용한다.

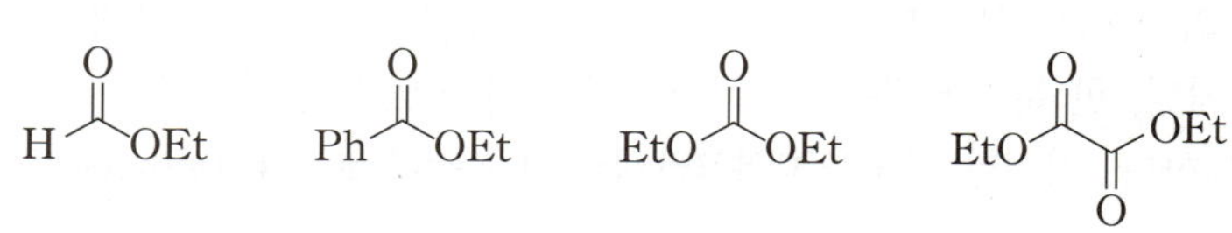

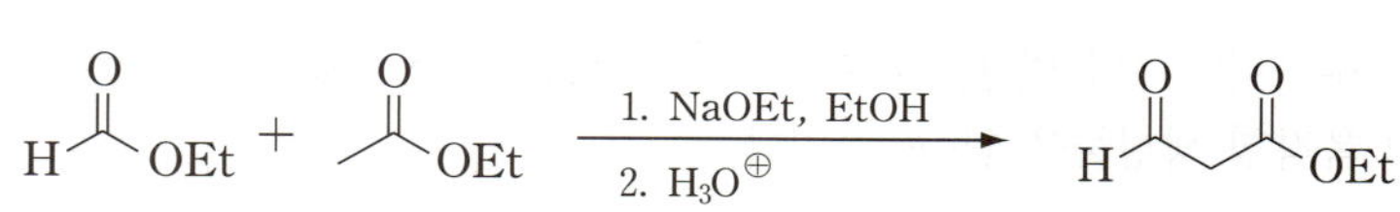

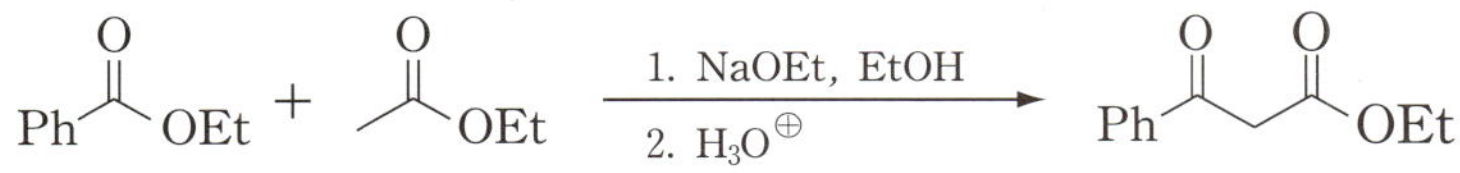

지금까지는 지향 클라이젠 축합 반응을 에스터의 엔올 음이온을 중심으로 기술하였다. 그러나 알돌 첨가 반응(19.7.4절)에서와 같이 클라이젠 축합 반응도 케톤, 나이트로, 나이트릴, 설폰 등 α-탄소 음이온을 안정화시킬 수 있는 다양한 작용기로 확대할 수 있다.

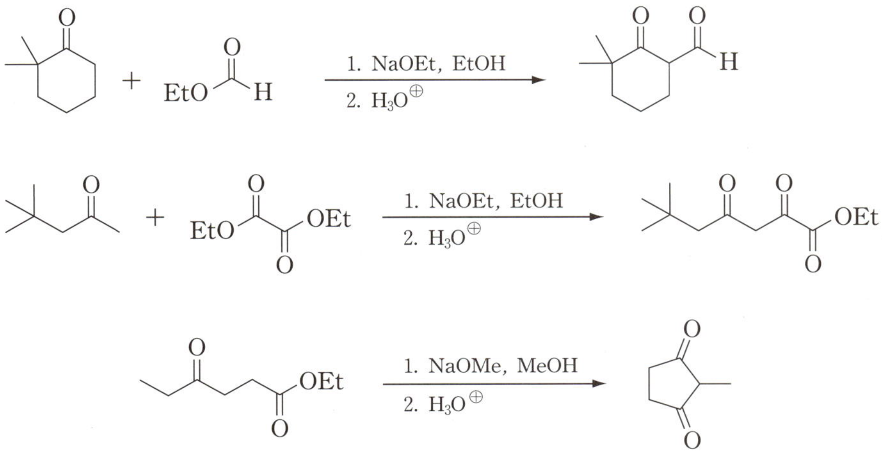

19.9 1,4-첨가 반응

19.9.1 서론

알데하이드 및 케톤에서 카보닐 작용기는 아래의 두 가지 공명 구조로 표현할 수 있다. 따라서 전자가 풍부한 친핵체(Nu:$^-$)는 부분 양전하가 있는 탄소 원자와 반응하고, 전자가 부족한 친전자체(E$^+$)는 부분 음전하가 있는 산소 원자와 반응함을 예측한 바 있다(16.7절).

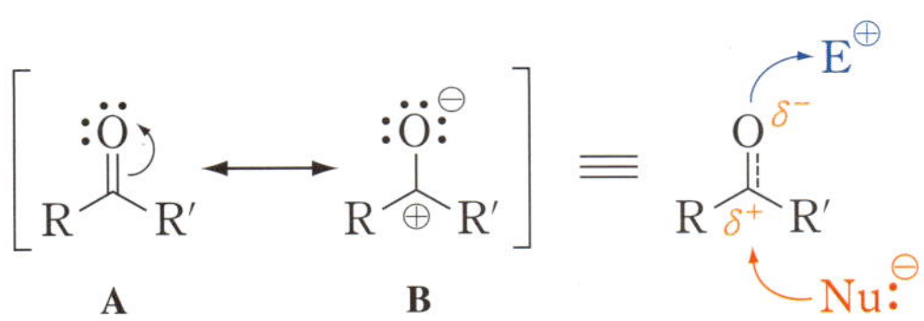

이제는 α,β-불포화 카보닐 화합물에 대하여 알아보자. α,β-불포화 화합물은 아래와 같이 세 개의 공명 구조로 표현할 수 있는데, 비쌍극성 공명 구조 **A**는 모든 원자가 팔전자계를 만족하고 형식 전하가 없기 때문에 공명 혼성에의 기여도가 가장 클 것으로 예상된다(1.4.4절). 그럼에도 불구하고 두 개의 쌍극성 공명 구조 **B**와 **C**는 각각 카보닐 탄소와 β-탄소에 부분 양이온이 존재하고, 카보닐 산소에는 부분 음이온이 있음을 말하고 있다. 이러한 추론을 α,β-불포화 카보닐 화합물의 반응성과 연관시키면 전자가 풍부한 친핵체(Nu:$^-$)는 부분 양전하가 있는 카보닐 탄소 및 β-탄소에서 반응하고, 전자가 부족한 친전자체(E$^+$)는 부분 음전하가 있는 산소 원자와 반응함을 암시하고 있다.

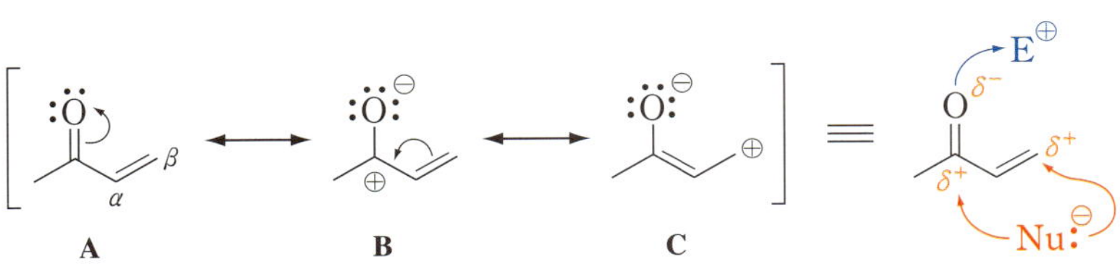

공명 구조 **A**에서 $\pi(C_\alpha{=}C_\beta)$ 결합 전자가 $\pi(C{=}O)$ 결합으로 이동하면 공명 구조 **C**가 된다. 이것은 $\pi(C{=}O)$ 전자 밀도는 [α,β-불포화 카보닐 > 고립된 카보닐]이고, 또한 α,β-불포화 카보닐 화합물의 쌍극자 모멘트가 더 큰 이유가 된다.

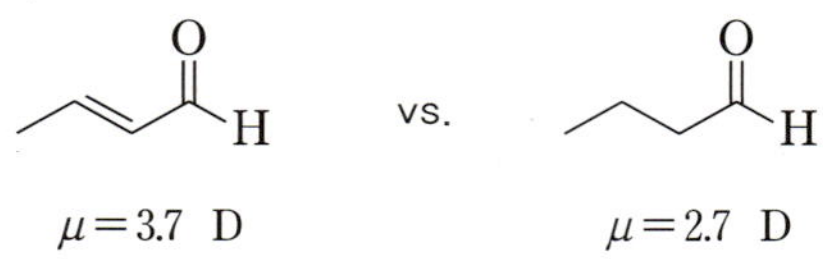

19.9.2 1,2-첨가 반응 vs. 1,4-첨가 반응

α,β-불포화 카보닐 화합물의 반응과 관련하여 전자가 부족한 친전자체(E^+)는 부분 음전하가 있는 산소 원자에서만 반응하고, 전자가 풍부한 친핵체($Nu:^-$)는 부분 양전하가 있는 카보닐 탄소 및 β-탄소에서 반응함을 기술하였다(19.9.1절).

일반적으로 카보닐 작용기 및 친핵체의 반응성이 클수록 친핵체가 카보닐 탄소를 공격하는 비가역적인 1,2-첨가 반응의 경향성이 증가한다. 예를 들면 카보닐 작용기 중에서는 알데하이드, 친핵체로는 전자가 특정 원자에 집중되어 있는 RLi, RMgX, LAH 등의 시약들이 **1,2-첨가 반응**에 주로 참여한다(16.7.4절, 16.12.2절, 16.14.1절).

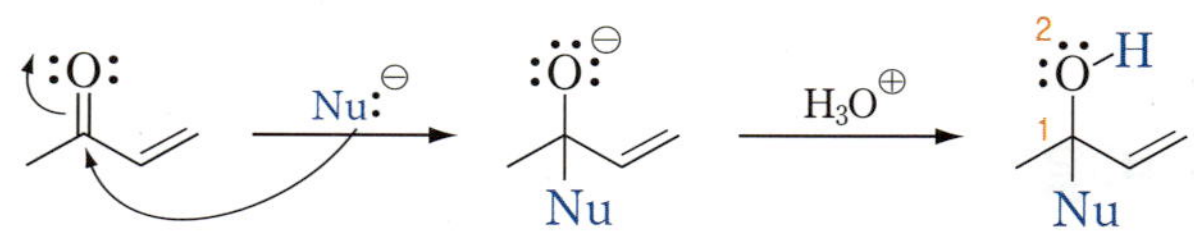

1,2-첨가 반응 생성물

반면에 카보닐 작용기 및 친핵체의 반응성이 작을수록 친핵체가 β-탄소를 공격하는 가역적인 1,4-첨가 반응의 경향성이 증가한다. 예를 들면 카보닐 작용기 중에서는 에스터 및 아마이드, 친핵체로는 원자의 반지름이 크거나(RS^-), 전자의 비편재화 때문에 전자 밀도가 상대적으로 낮거나(1,3-다이카보닐 음이온, CN^-), 또는 중성의 아민(RNH_2 , R_2NH) 등 전반적으로 약염기성의 친핵체에서 **1,4-첨가 반응**의 경향성이 관찰된다. 1,4-첨가 반응을 **콘쥬게이션 첨가 반응(conjugate addition reaction)**, **마이클 첨가 반응(Michael addition reaction)**으로도 부른다.

메커니즘 19-17 카보닐 화합물의 1,4-첨가 반응 메커니즘

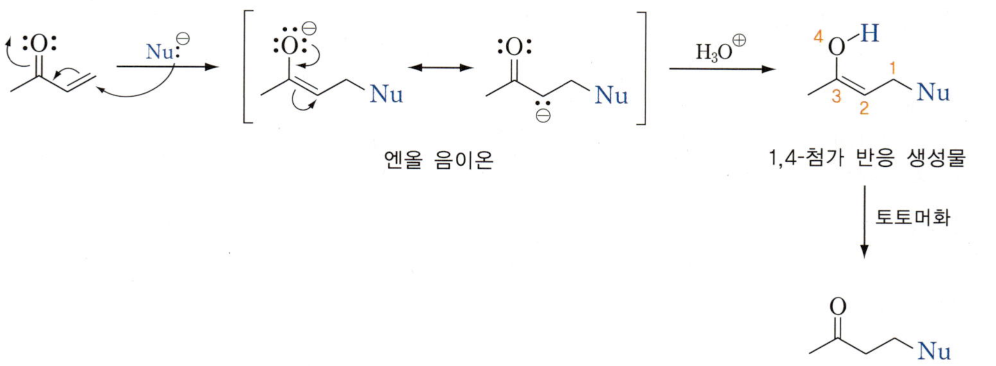

약염기성의 친핵체를 이용한 1,4-첨가 반응의 예는 다음과 같다.

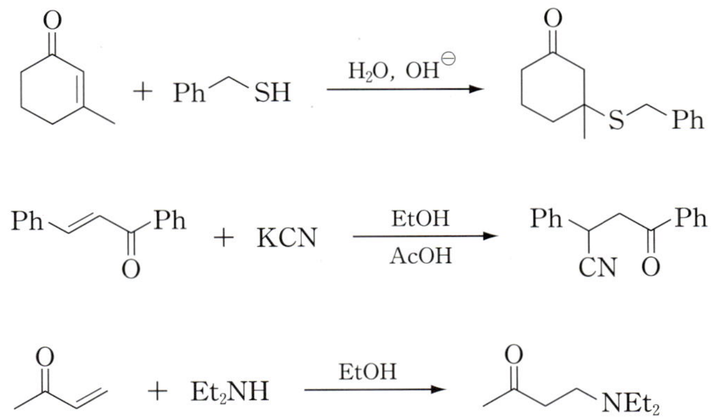

그림 19-11 카보닐 화합물의 1,4-첨가 반응의 예

19.9.3 1,3-다이카보닐 음이온의 첨가 반응

1,3-다이카보닐(β-다이케톤, β-케토 에스터, β-다이에스터 등) 화합물의 음이온은 약염기성의 친핵체로서, 입체 장애가 없는 α,β-불포화 카보닐(케톤, 에스터, 아마이드 등) 친전자체에 대하여 1,4-첨가 반응을 한다. 이 반응은 유기 합성에 자주 사용되는 반응으로서, 촉매량의 염기가 필요하고, 가역 반응으로 진행한다.

카보닐(알데하이드, 케톤, 에스터) 작용기와 동일한 형태의 반응성을 주는 것으로 나이트로(nitro), 나이트릴(nitrile), 설폰(sulfone) 등의 작용기가 있다.

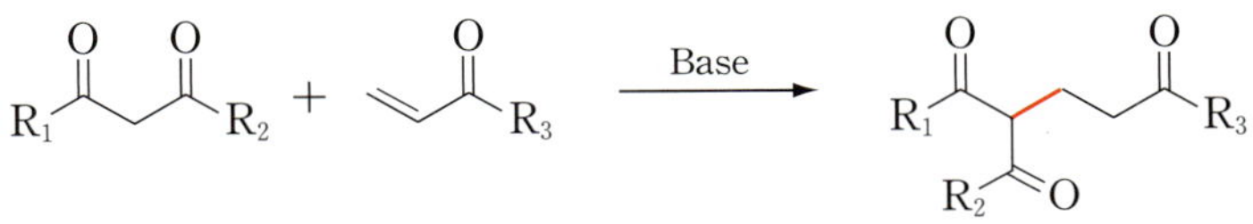

반응 메커니즘은 다음과 같다. 우선 1,3-다이카보닐의 α-H와 염기(HO^-/RO^-) 사이에 산−염기 반응이 진행되어 엔올 음이온 **A**가 생성되고, **A**의 α-탄소가 친전자체의 β-탄소를 공격하여 두 번째 엔올 음이온 **B**로 전환된 후, 분자내 산−염기 반응으로 또 다른 엔올 음이온 **C**가 얻어진다. 최종적으로 **C**는 외부에서 제공되는 과량의 산과 산−염기 반응을 하여 최종 생성물이 된다.

메커니즘 19-18 1,3-다이카보닐 음이온의 1,4-첨가 반응 메커니즘

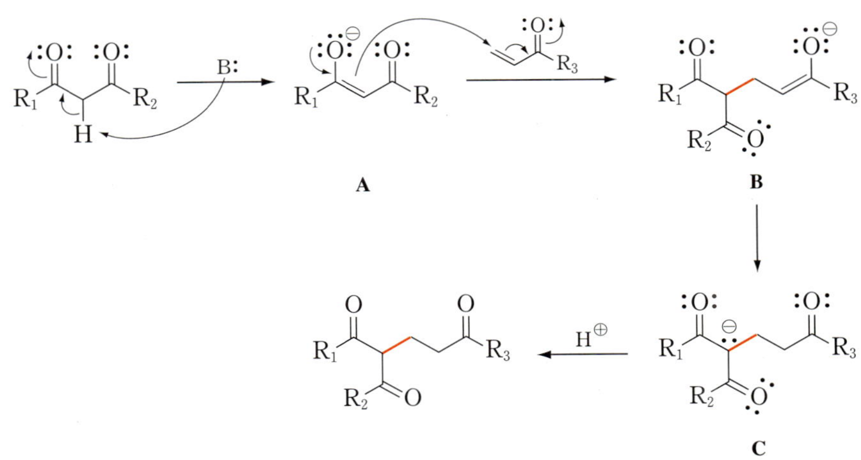

1,3-다이카보닐 음이온과 α,β-불포화 화합물의 1,4-첨가 반응의 예는 다음과 같다.

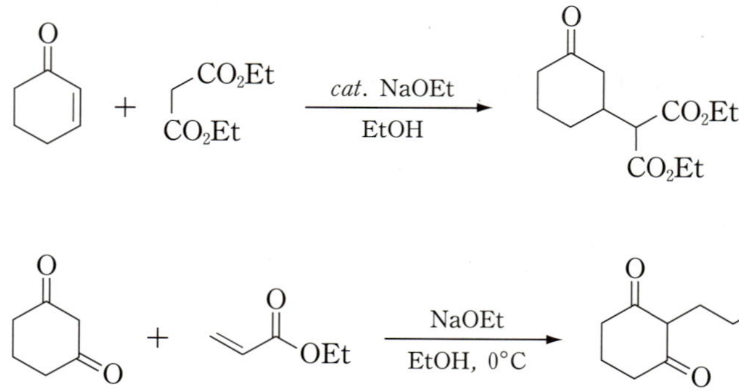

그림 19-12 1,3-다이카보닐 음이온의 1,4-첨가 반응의 예

β-케토 에스터 및 β-다이에스터의 1,4-첨가 반응 생성물은 공통적으로 1,5-다이카보닐 골격을 갖기 때문에 분자내 알돌 및 분자내 클라이젠 축합 반응 등을 통해서 다양한 골격의 고리 화합물로 전환시킬 수 있다. 또한 1,4-첨가 반응 생성물은 출발 물질의 β-케토 에스터 및 β-다이에스터 골격을 유지하고 있으므로 탈카복실 반응을 통하여 다양한 유도체로 변화시키는 등 유기 합성의 관점에서 응용성이 매우 큰 골격이다.

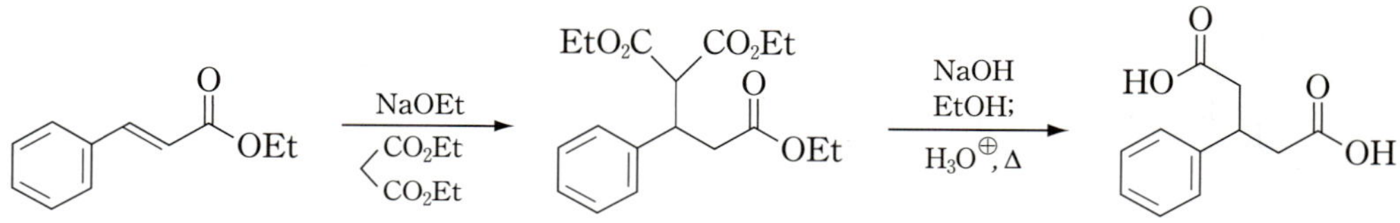

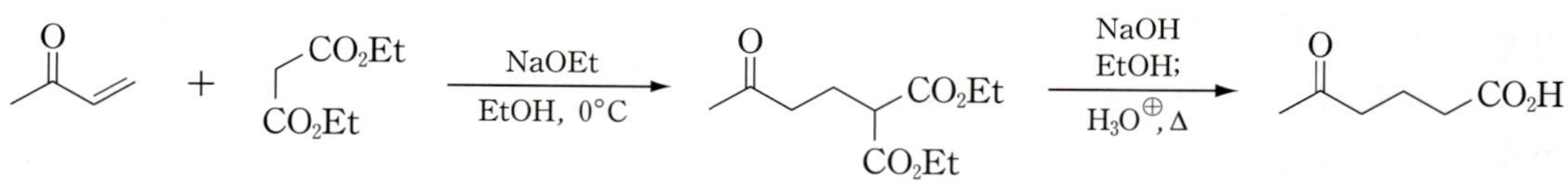

19.9.4 로빈슨 고리화 반응

α,β-불포화 케톤을 케톤의 엔올 음이온 또는 엔아민과 반응시키면 2-사이클로헥센온(2-cyclohexenone) 골격을 갖는 생성물이 얻어진다. 이러한 반응을 **로빈슨 고리화 반응(Robinson annulation)**이라고 한다.

α,β-불포화 케톤 사이클로헥센온

반응 경로는 우선, 케톤의 α-H가 염기와 반응하여 엔올 음이온 **A**를 생성하고, **A**가 α,β-불포화 케톤의 β-탄소를 공격하여 엔올 음이온 **B**로 전환된 후, 분자내 산–염기 중화 반응으로 엔올 음이온 **C**가 된다. 계속해서 엔올 음이온 **C**의 α-탄소는 1,6-관계에 있는 카보닐 탄소와 분자내 알돌 축합 반응을 하여 최종 생성물인 2-사이클로헥센온이 된다.

메커니즘 19-19 로빈슨 고리화 반응 메커니즘

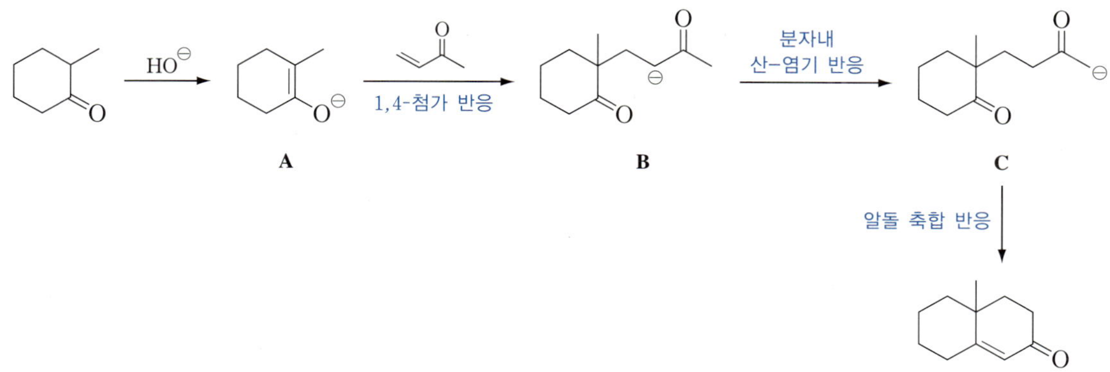

로빈슨 고리화 반응의 예는 다음과 같다.

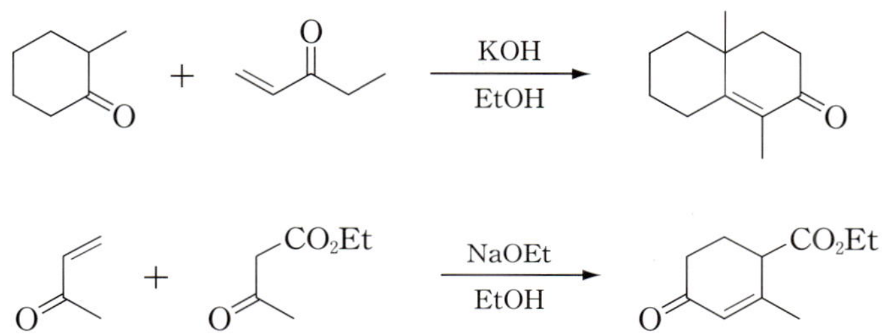

그림 19-13 로빈슨 고리화 반응의 예

19.9.5 유기 구리 시약

Gilman 시약(R_2CuLi, lithium dialkylcuprate)은 α,β-불포화 케톤 및 α,β-불포화 에스터에 대하여 1,4-첨가 반응을 하는 가장 대표적인 시약이다. 그러나, α,β-불포화 알데하이드와의 반응에서는 1,2-첨가 반응의 가능성이 매우 큰 것으로 관찰되고 있다.

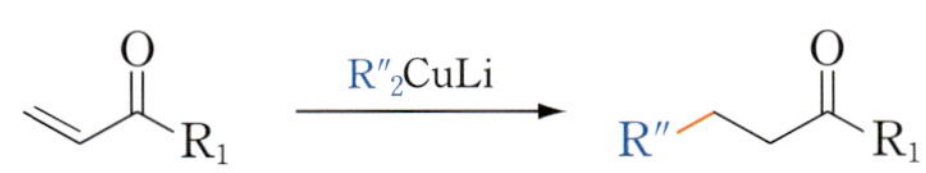

케톤 및 에스터
(R_1=R 및 OR)

R_2CuLi를 이용한 1,4-첨가 반응의 예는 다음과 같다.

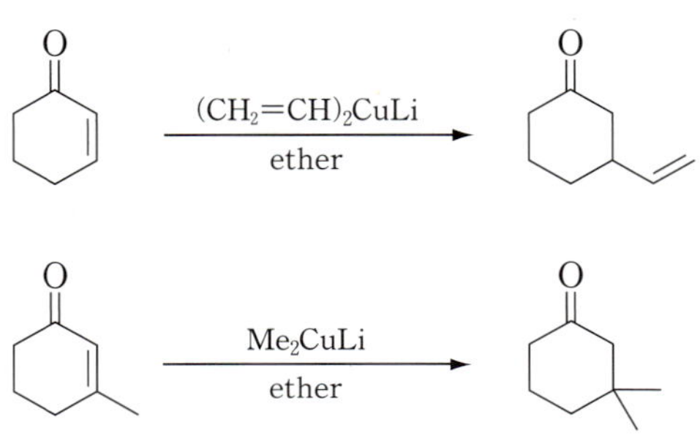

그림 19-14 Gilman 시약을 이용한 1,4-첨가 반응의 예

반응 메커니즘은 정확하게 알려져 있지 않지만 일반적으로 통용되는 메커니즘은 아래와 같다. R_2CuLi와 R−X의 짝지음 반응 메커니즘(9.4.2절)에서와 같이 우선 R_2Cu^-가 1,4-첨가 반응을 하고, 중간체 **A**의 환원성 제거 반응으로 엔올레이트 **B**와 R−Cu로 전환된 후, 계속해서 산−염기 반응이 진행되어 최종 생성물이 얻어진다.

메커니즘 19-20 Gilman 시약을 이용한 1,4-첨가 반응 메커니즘

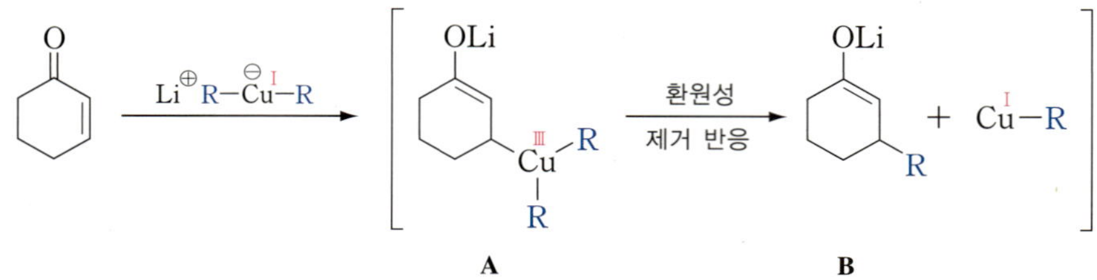

이제는 유기 합성의 관점에서 생각해 보자. 2-사이클로헥센온에 MeLi, MeMgBr 시약을 넣으면 1,2-첨가 반응이 일어나고(19.9.2절), Me_2CuLi 시약을 넣으면 1,4-첨가 반응이 진행됨을 기술하였다. 이처럼 유기 금속 시약의 종류에 따라서 동일한 출발 물질에서 서로 다른 생성물을 선택적으로 얻을 수 있다는 것이 유기 합성의 관점에서 매우 중요함을 이미 여러 차례 강조한 바 있다.

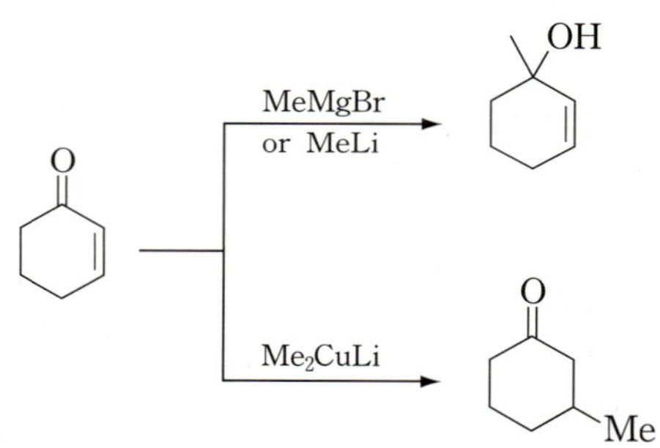

19.10 엔아민

19.10.1 서론

엔올(enol, 19.1절)과 엔아민(16.11절)은 이중 결합 탄소에 산소(O) 또는 질소(N−R)가 각각 치환된 화합물이다. 엔올 및 엔아민에서는 산소 및 질소의 고립 전자쌍이 각각 알켄의 π-전자로 비편재화되는 공명 구조를 그릴 수 있는데, 이것은 $C(sp^2)$−O 및 $C(sp^2)$−N 결합의 α-탄소에 부분 음전하가 있음을 의미한다. 엔올의 α-탄소가 친핵체로 작용하는 반응들은 라셈화 반응(19.2절), 중수소 치환 반응(19.3절), 할로젠화 반응(19.4절), 알킬화 반응(19.5절), 알돌 반응(19.7절), 클라이젠 축합 반응(19.8절) 1,4-첨가 반응(19.9절) 등을 통하여 이미 소개하였고, 이제는 엔아민의 α-탄소가 친핵체로 작용하는 대표적인 두 반응에 대하여 알아보기로 한다.

19.10.2 1,4-첨가 반응 및 알킬화 반응

친전자성 방향족 치환 반응에서 치환체에 따른 벤젠 고리의 반응성은 [NH_2 > OH]인데, 그 이유는 치환체의 비공유 전자쌍을 벤젠 고리에 제공하는 능력이 [NH_2 > OH] 때문이라고 하였다(15.3.2절). 이 논리를 엔올 및 엔아민에 적용하면, 비공유 전자쌍을 C=C 이중 결합에 제공하는 능력이 [NH_2 > OH]이므로 α-탄소의 전자 밀도는 엔아민에서 더 크고, 그 결과 친전자체와의 반응성도 엔아민이 더 큼을 예상할 수 있다. 실제로 엔아민의 α-탄소는 α,β-불포화 카보닐 화합물에 대하여 1,4-첨가 반응을 하고, 반응성이 좋은 할로젠화 알킬과 S_N2 반응도 하지만, 반응성이 상대적으로 작은 엔올에서는 이러한 반응들이 진행되지 않는다.

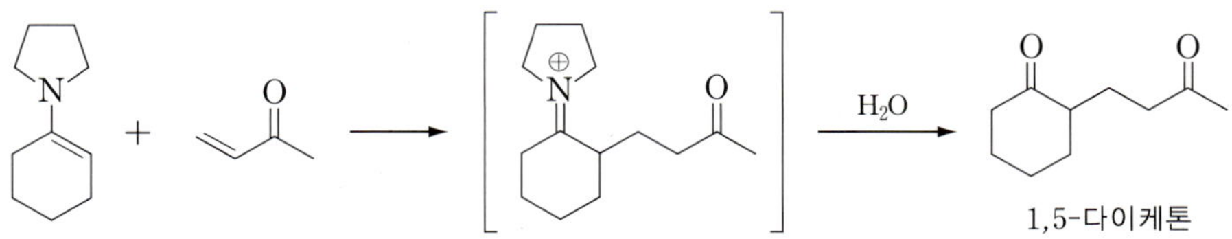

1,5-다이케톤

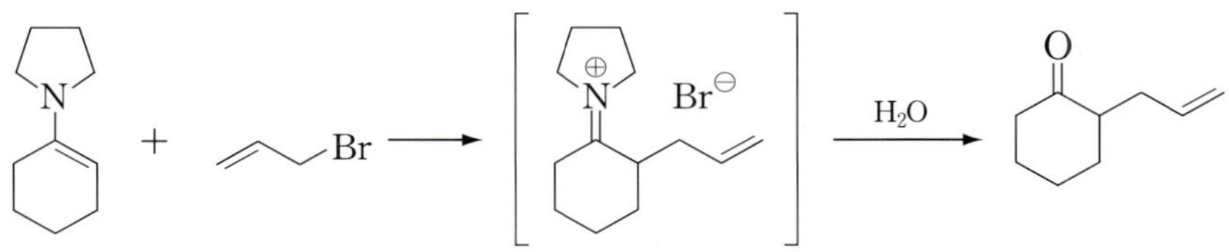

19.10.3 맨니히 반응

약산성 조건에서 케톤과 폼알데하이드의 알돌 반응을 진행하면 β-하이드록시케톤 화합물이 생성된다(19.7.1절).

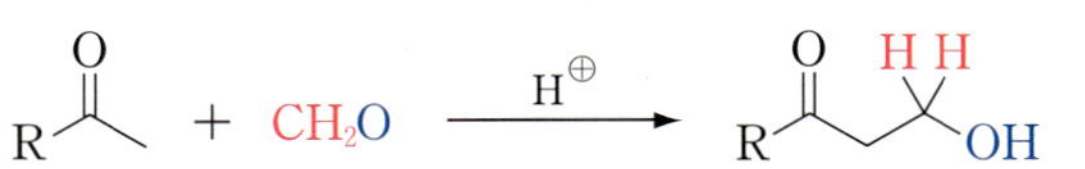

폼알데하이드 β-하이드록시케톤

19.7.1절에서는 알돌 반응이 마치 염기성 조건에서만 진행되는 것처럼 기술하였으나, 알돌 반응은 산성 조건에서도 일어날 수 있다. 이 반응은 우선 엔올의 생성으로부터 시작하는데, 중성의 엔올은 친핵성이 충분하지 못해서 반응이 진행되려면 양전하를 갖는 활성화된 알데하이드 **X**가 필요하다. 활성화 알데하이드 **X**는 카보닐 산소와 양성자(H^+)의 산–염기 반응으로 생성되고, 엔올과 **X**가 반응하여 중간체 **A**를 제공한 후, 계속해서 용매와의 산–염기 반응으로 β-하이드록시케톤 생성물이 된다.

메커니즘 19-21 산성 조건에서 알돌 반응 메커니즘

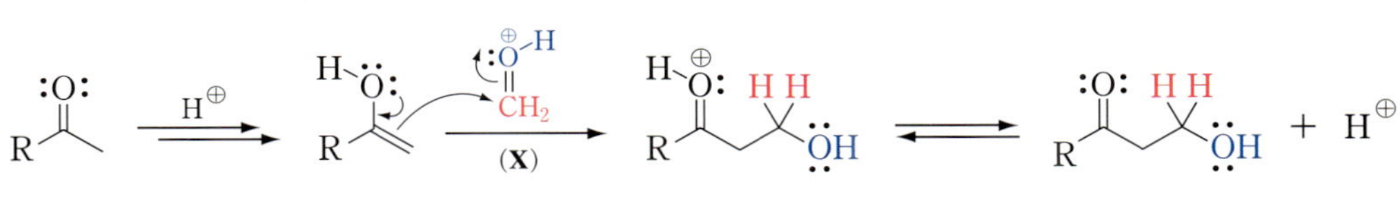

엔올 **A** β-하이드록시케톤

위에서 기술한 약산성 알돌 반응 조건에 다이메틸아민(Me_2NH)을 추가하면, 즉 약산성 조건에서 α-H가 있는 케톤과 [폼알데하이드–다이메틸아민] 조합을 반응시키면 α-$CH_2N(CH_3)_2$가 치환된 β-아미노케톤 생성물이 생성된다. 이러한 반응을 **맨니히 반응(Mannich reaction)**이라고 한다.

폼알데하이드 2차 아민 β-아미노케톤

맨니히 반응도 엔올의 생성으로부터 시작한다. 중성의 엔올은 [폼알데하이드–다이메틸아민] 조합에서 생성되는 활성화된 이미늄 양이온 **Y**(16.11.2절)와 반응하여 중간체 **B**를 제공하고, 계속해서 용매와의 산–염기 반응으로 β-아미노케톤 생성물을 제공한다.

메커니즘 19-22 산성 조건에서 맨니히 반응 메커니즘

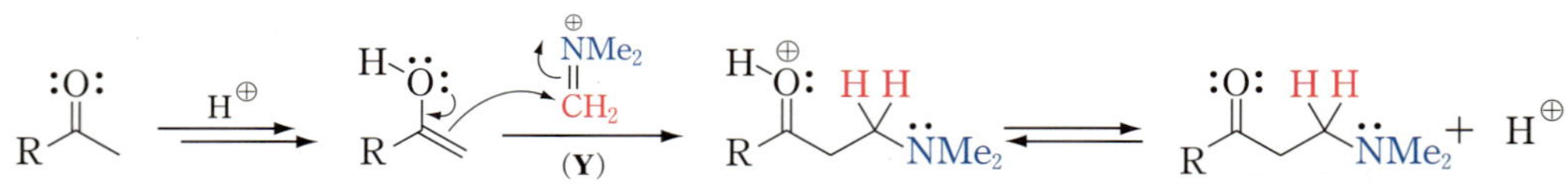

엔올 **B** β-아미노케톤

산성 조건에서의 알돌 반응과 맨니히 반응을 비교하면 활성화 중간체인 **X**와 **Y**를 제외하면 기본적으로 반응 메커니즘이 완전히 일치한다. 즉, 맨니히 반응은 알돌 반응에서 산소 대신에 질소가 치환된 상황에서의 반응이라고 정리할 수 있다.

19.11 생체내 반응

생물체들은 지방, 아미노산, 스테로이드 호르몬 등 다양한 종류의 화합물을 합성하기 위하여 알돌 축합 반응 및 클라이젠 축합 반응 등을 사용한다. 이러한 반응에 참여하는 많은 화합물 중에서 가장 대표적인 물질로서 아세틸 CoA(Acetyl CoA)가 있다.

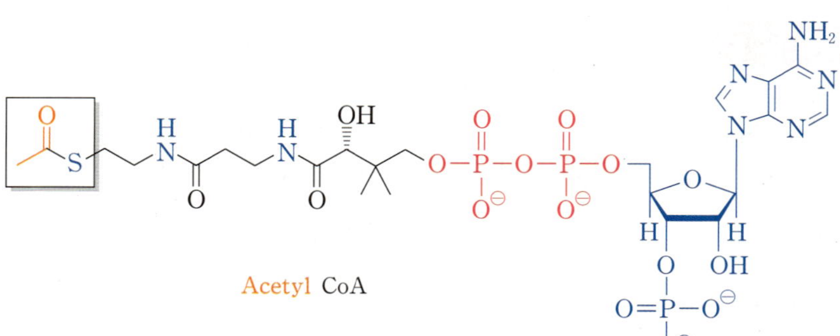

Acetyl CoA

Acetyl CoA는 생체 조건에 따라서 친핵체(α-탄소 음이온) 및 친전자체(싸이오에스터 작용기)로 작용할 수 있다. 예를 들면, 생체의 TCA 순환 고리에서 시트르산 생성 효소(citrate synthase)는 Acetyl CoA 및 옥살로아세트산(oxaloacetic acid)에서 시트르산(citric acid, 구연산)을 생성한다. 이 반응은 Acetyl CoA의 α-탄소 음이온이 친핵체, 옥살로아세트산의 케톤 작용기가 친전자체로 작용하는 전형적인 알돌 반응이다.

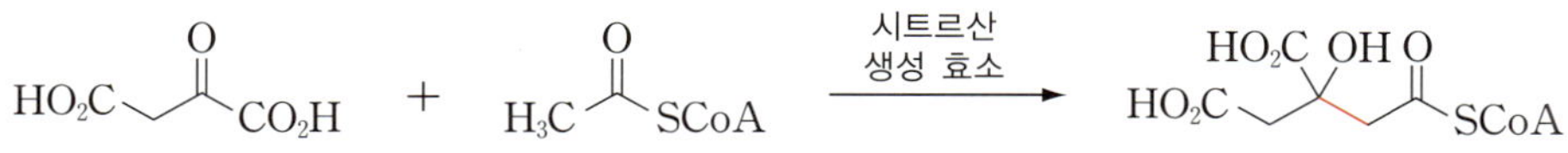

옥살로아세트산 아세틸 CoA (친핵체) 시트르산

반면에, 글루코사민 1-포스페이트 *N*-아세틸 전달 효소(glucosamine 1-phosphate-*N*-acetyltransferase)는 글루코사민 1-포스페이트(glucosamine 1-phosphate) 및 Acetyl Co에서 *N*-아세틸-*D*-글루코사민 1-포스페이트(*N*-acetyl-*D*-glucosamine 1-phosphate)를 생성한다. 이 반응은 글루코사민 1-포스페이트의 2-NH_2 작용기가 Acetyl Co의 싸이오에스터 작용기에 (경로 ②)의 친핵성 아실 치환 반응을 수행한 것으로, Acetyl CoA가 친전자체로 작용하는 반응이다(18.13절).

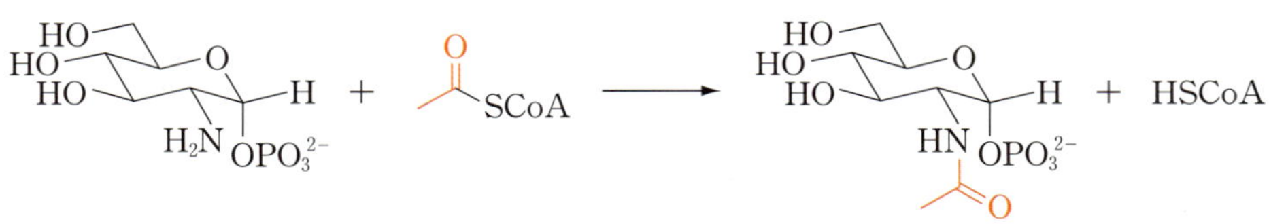

글루코사민 1-포스페이트 *N*-아세틸글루코사민-1-포스페이트

싸이올레이즈(Thiolase)는 Acetyl CoA 사이에서 클라이젠 축합 반응을 수행하는 효소로서 아세토아세틸(Acetoacetyl) CoA를 생성한다. 이 반응에서는 하나의 Acetyl CoA 분자가 친핵체, 또 다른 Acetyl CoA 분자가 친전자체로 작용한다.

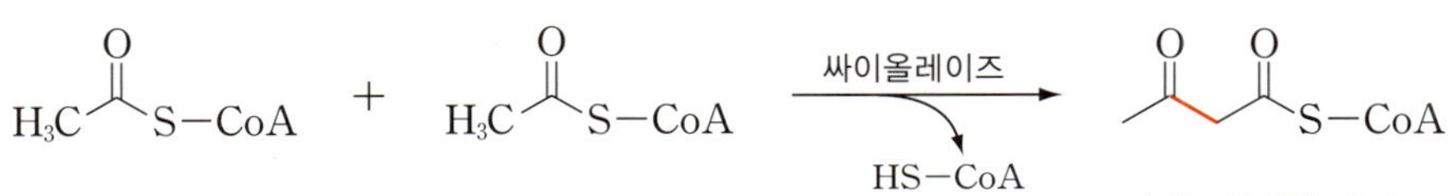

아세토아세틸 CoA

19.12 유기 합성

이제는 기본적인 유기 화학 반응의 지식을 총동원하여 특정 물질을 합성하는 연습을 해 보자. 유기 화학 반응을 학습하는 이유는 반응 자체를 아는 것도 중요하지만 그것을 이용하여 새로운 반응을 개발하거나 원하는 구조의 화합물을 합성하는 데 있음을 항상 명심해야 한다.

19.12.1 합성 단위체

2-메틸뷰탄-1-올(**A**)에서 4-메틸헥산-1-올(**B**)의 합성을 생각해 보자.

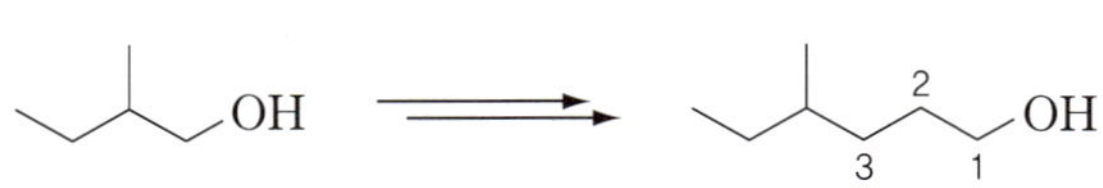

A **B**

4-메틸헥산-1-올(**B**)을 C_1-C_2 탄소 결합을 생성하여 합성한다고 가정할 때, 쉽게 떠오르는 방법은 [R−OH → R−X → R−MgX → R−CH_2OH] 경로이다. 즉, 출발 알코올 **A**를 할로젠화 알킬로 만들고(8.8.2절), 할로젠화 알킬을 알킬 마그네슘 시약으로 전환한 후(9.3절), 폼알데하이드에 1,2-첨가 반응하여 중간체 **C**를 합성한다(16.12.2절). 그리고 중간체 **C**에 이 경로를 한번 더 적용하면 탄소가 한 개 증가한 목표 물질 4-메틸헥산-1-올(**B**)을 얻을 수 있다.

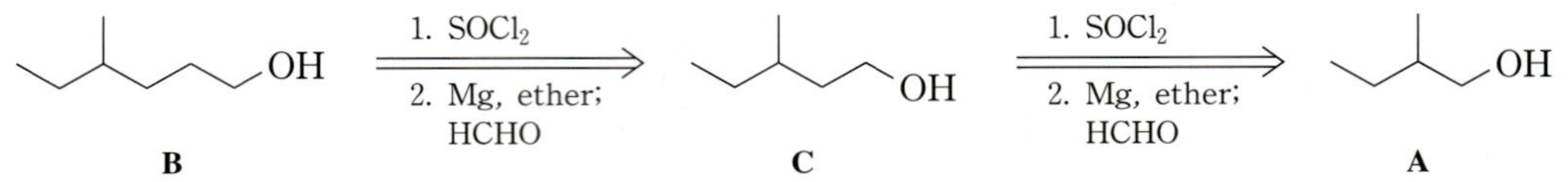

동일한 전환이지만 4-메틸헥산-1-올(**B**)을 C_2-C_3 탄소 결합을 생성하여 합성한다고 가정하면, [R−OH → R−X → R−MgX → R−CH_2CH_2OH] 경로를 생각할 수 있다. 즉, 알코올 **A**를 할로젠화 알킬로 만들고(8.8.2절), 할로젠화 알킬을 알킬 마그네슘 시약으로 전환한 후(9.3절), 옥시레인에 S_N2 반응(10.11.3절)을 진행하여 이 전환을 완성할 수 있다.

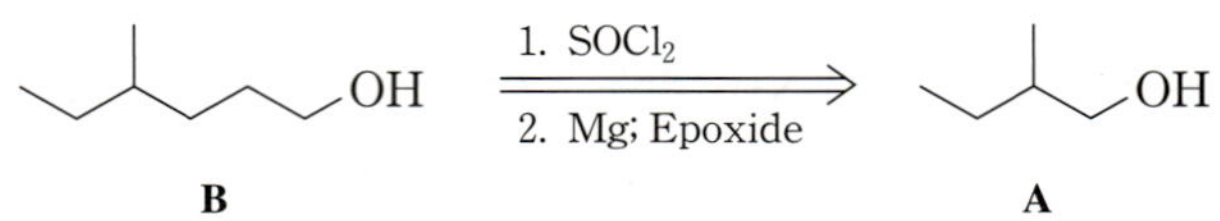

연구자의 입장에서 위에서 기술한 [**A** → **B**]의 전환이 과제로 주어졌을 때 어떤 선택을 할 것인지 생각해 보자. 첫 번째 경로는 탄소가 한 개씩 늘어나기 때문에 반응 단계 수가 많고, 두 번째 경로는 탄소를 두 개씩 늘릴 수 있으므로 모든 반응이 원활하게 진행된다고 가정하면 당연히 두 번째 경로를 선택하는 것이 합리적일 것이다.

이처럼 특정한 전환을 위하여 필요한 시약 및 반응 경로 등을 알아두는 것은 유기 합성 전략을 세우는 데 매우 유용한데, 이러한 시약 및 반응 순서의 조합 등을 **합성 단위체(synthon)**라고 한다. 현재의 지식 수준에서 유용하게 사용할 수 있는 몇 종류의 합성 단위체를 아래에 정리하였다. 예를 들면, [R−X → R−CH_2OH] 전환은 유기 마그네슘 시약과 폼알데하이드의 반응, [R−X → R−CH_2CH_2OH] 전환은 유기 마그네슘 시약과 에폭사이드의 반응, [R−X → R−CH_2NH_2] 전환은 CN^-의 S_N2 반응 및 LAH 환원 반응, [R−X → R−C(=O)CH_3] 전환은 아세틸렌 음이온의 S_N2 반응 및 가수 분해 반응, [R−X → (*E*)−R−CH=CH−CH_3] 전환은 프로파인 음이온의 S_N2 반응 및 용해성 금속 환원 반응 등이다.

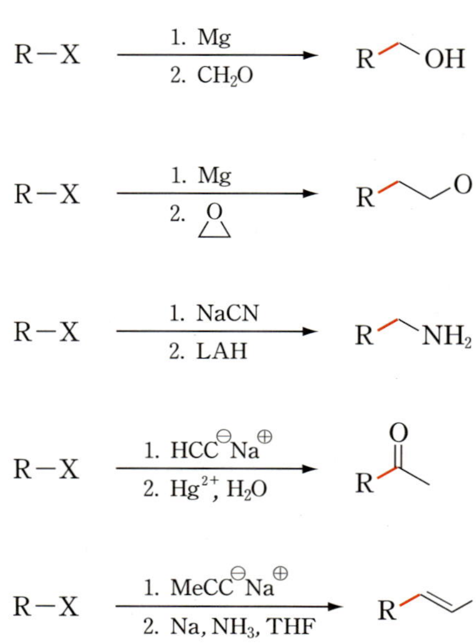

19.12.2 합성 연습

특정한 목적 화합물을 합성하기 위해서 다양한 합성 경로를 생각할 수 있다. 여기에서는 모든 경로의 반응들을 상세하게 기술하기보다는 시약과 핵심 반응을 위주로 간단히 언급할 예정이다. 혹시 추가적으로 필요한 부분은 교재를 참고하기 바란다.

3-하이드록시-2,2,4-트라이메틸펜탄알의 합성에서는 이 물질에 β-하이드록시카보닐 골격이 있으므로 알돌 첨가 반응을 사용할 수 있음을 인식해야 한다.

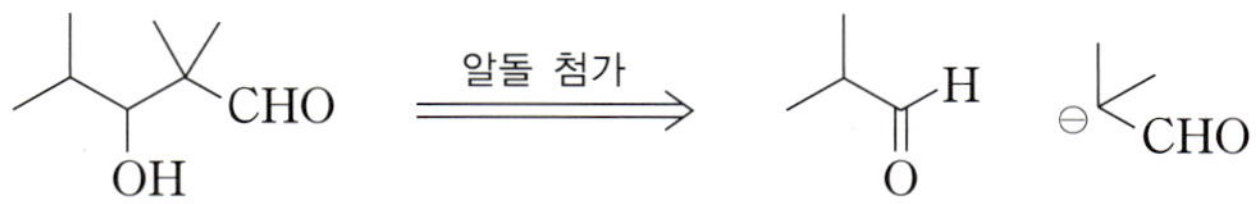

2-메틸펜트-2-엔알의 합성에서는 이 물질에 α,β-불포화 카보닐 구조가 있으므로 알돌 축합 반응을 적용할 수 있음을 파악해야 한다.

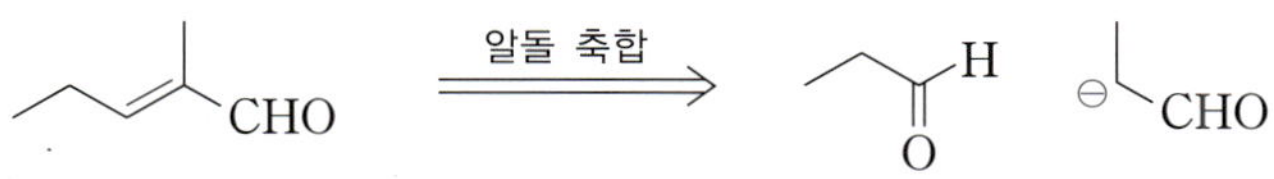

2-에틸헥산-1-올의 역합성을 생각해 보자. 이 화합물은 β-하이드록시카보닐 또는 α,β-불포화 카보닐 구조가 없기 때문에 이 단계에서 알돌 반응을 적용할 수는 없다. 그러나 1차 알코올은 알데하이드의 환원 반응(16.14.1절)에서 얻을 수 있고, C_2-C_3 단일 결합은 $C_2=C_3$ 이중 결합의 촉매 수소화 반응(4.10.5절)에서 가능하므로 목표 화합물은 α,β-불포화 알데하이드 **A**로부터 합성할 수 있다. **A**는 α,β-불포화 카보닐 구조가 있으므로 뷰탄알의 알돌 축합 반응으로 합성할 수 있다.

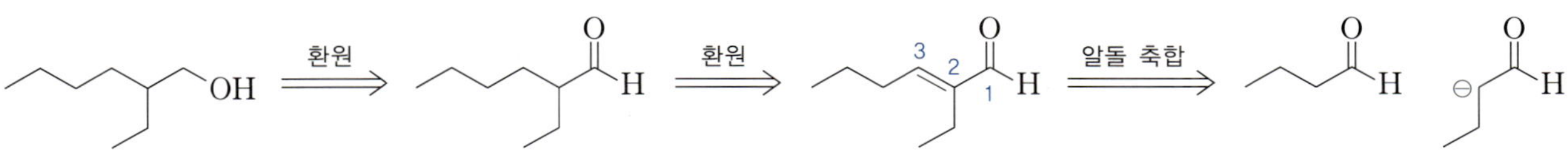

A

이번에는 4-메틸노네인의 역합성을 제안해 보자. 이 물질에는 작용기가 없어서 첫 번째 출발점이 매우 중요한데, 알돌 축합 반응을 적용한다는 가정 하에서 CHO 작용기와 이중 결합이 도입된 α,β-불포화 카보닐 화합물 **B**를 생각할 수 있다. 이 중간체는 펜탄알의 알돌 축합 반응으로 간단하게 합성할 수 있어 역합성의 관점에서는 매우 효과적인 경로라고 할 수 있다. 만약 다른 방향으로 α,β-불포화 카보닐 구조를 도입하면 다른 형태의 알돌 축합 반응을 적용해야 하는데, 모두가 혼성 알돌 축합 반응을 해야 하는 관계로 효율성이 낮을 수 있다.

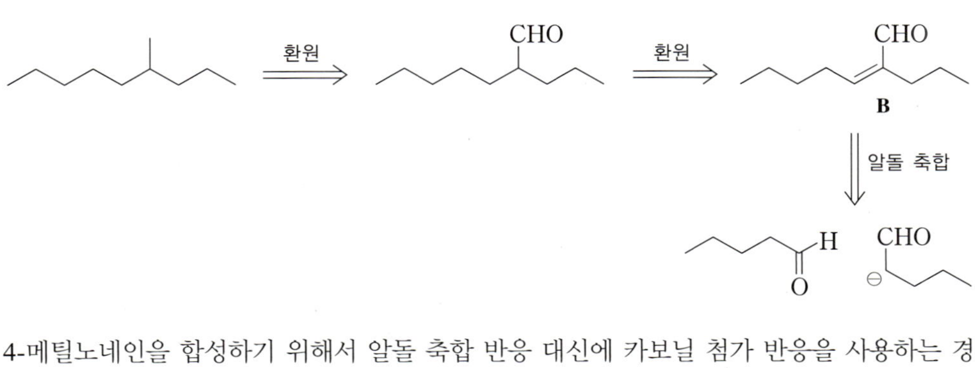

4-메틸노네인을 합성하기 위해서 알돌 축합 반응 대신에 카보닐 첨가 반응을 사용하는 경로를 생각할 수도 있다. 아래의 3차 알코올 탈수 반응에서는 가능한 모든 종류의 알켄 혼합물이

생성되는데(8.7절), 이들은 촉매 수소화 반응 조건(4.10.5절)에서 모두 동일한 생성물로 전환되기 때문에 탈수 반응의 위치 및 입체 선택성을 고려하지 않아도 된다.

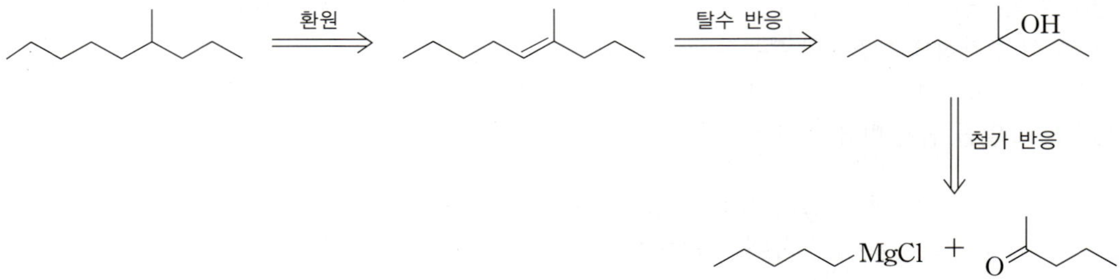

마지막으로 다이에틸 헵테인다이오에이트에서 2-알릴사이클로헥사논을 합성하는 과정을 생각해 보자. 이 역합성의 핵심은 중간체 **C**를 인식하는 것이다. 즉, 중간체 **C**의 고리형 β-케토 에스터 골격은 분자내 클라이젠 축합 반응(19.8.2절)에서 얻을 수 있고, 이 중간체를 목적 화합물로 전환하려면 아세토아세트산 합성법(19.6.3절)을 적용하면 된다.

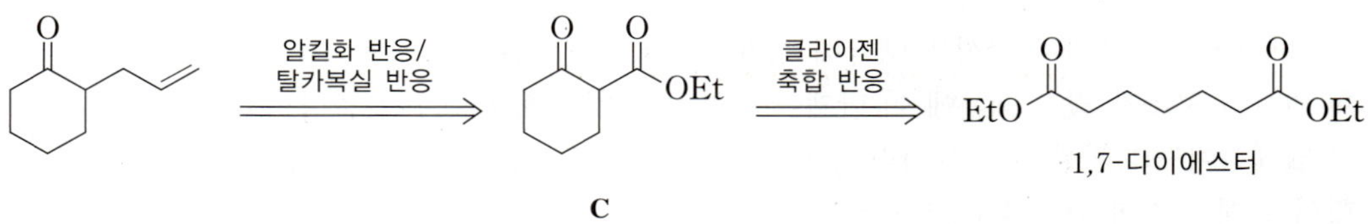

예제 19.4

알돌 반응을 이용하여 주어진 물질의 역합성을 제시하시오.

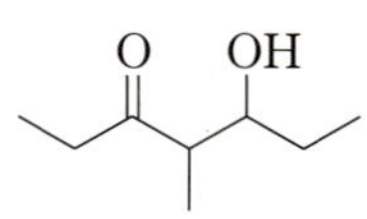

풀이

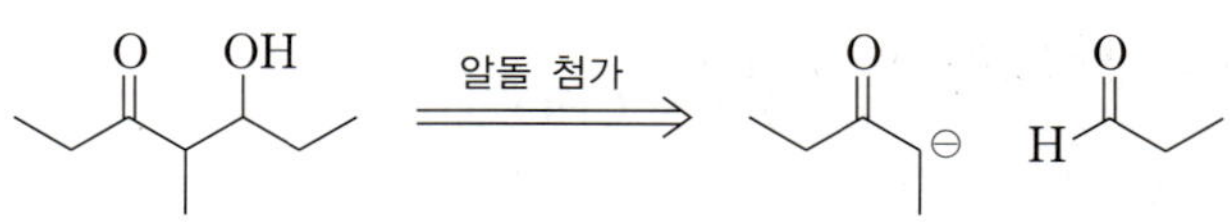

19.13 요약

19.13.1 엔올, 엔올 음이온 및 반응성

19.1절에서는 케토-엔올 형태 및 엔올 음이온의 구조(19.1.1절), 엔올 및 엔올 음이온의 생성 메커니즘(19.1.2절), α-H의 산성도(19.1.3절) 및 산-염기 반응(19.1.4절), 그리고 엔올 및 엔올 음이온의 반응성(19.1.5절)에 대하여 일반적으로 기술하였다. 이 과정에서 토토머화 반응(tautomerization)을 정의하였고, 엔올 및 엔올 음이온의 생성 메커니즘이 개념적으로는 아세탈 생성 및 피셔 에스터화 반응 메커니즘과 매우 유사하며, 모노카보닐 및 다이카보닐 유도체에서 α-H의 pK_a 값이 각각 16~30 및 9~13 범위에 분포함을 알았다. 또한 엔올 및 엔올 음이온은 공통적으로 α-탄소에서 친핵성을 보이지만, 반응성에 있어서는 엔올 음이온이 엔올보다 훨씬 크다는 것을 설명하였다.

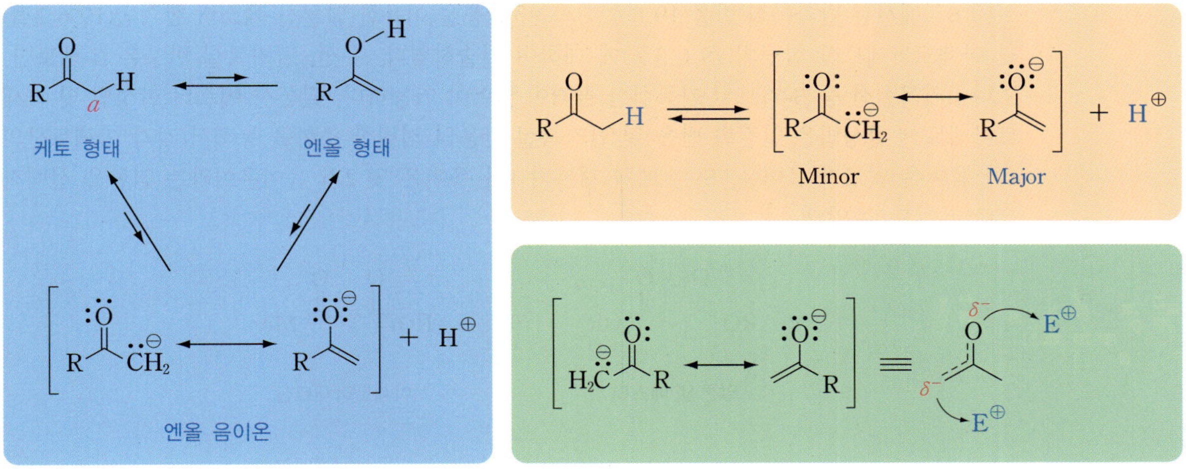

19.13.2 라셈화 반응, 중수소 치환 반응 및 할로젠화 반응

이러한 기본적인 개념을 도입한 후에는 라셈화 반응(19.2절), 중수소 치환 반응(19.3절), 할로젠화 반응(19.4절) 등 α-탄소에서의 치환 반응에 대하여 설명하였다. 이 반응들의 반응 속도는 산성 조건에서 반응의 종류와 무관하게 모두 같은데, 그 이유는 RDS 단계에서 생성되는 엔올이 공통 중간체로 작용하기 때문이다. 이 반응들의 반응 속도는 염기성 조건에서도 반응의 종류와 무관하게 모두 같은데, 이것도 RDS 단계에서 생성되는 엔올 음이온이 공통 중간체로 작용하기 때문에 관찰되는 현상이다.

라셈화 반응:

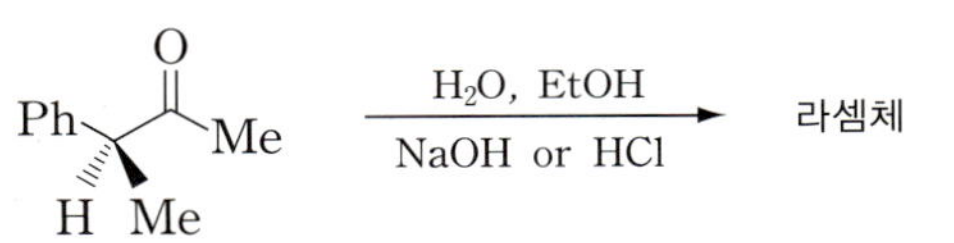

중수소 치환 반응:

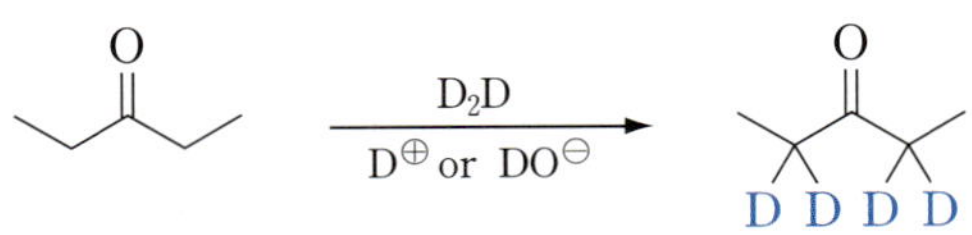

할로젠화 반응:
(산성 조건)

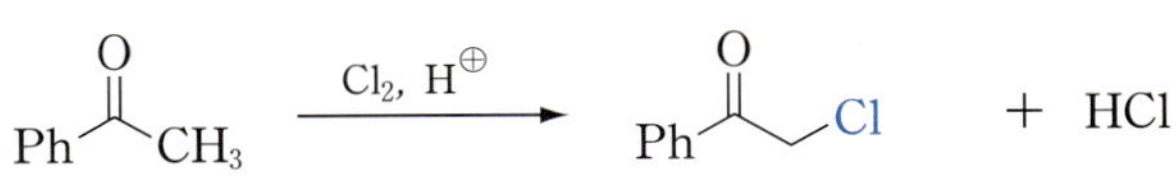

할로폼 반응:
(염기성 조건)

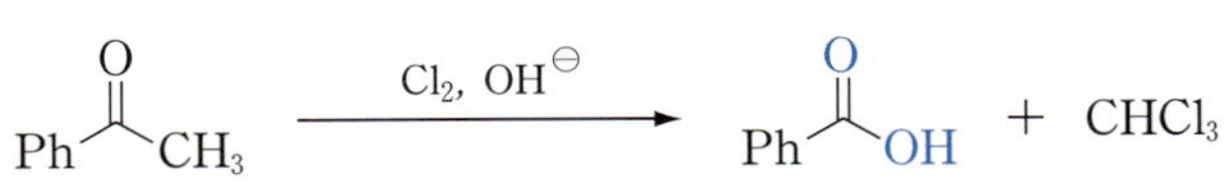

할로젠화 반응에서는 반응 조건에 따라서 생성물이 다르지만, 이것도 카보닐 작용기의 염기성 변화를 이용하여 논리적으로 설명할 수 있다(19.4절).

19.13.3 알킬화 반응, 탈카복실 반응, 말론산 에스터 합성법 및 아세토아세트산 합성법

α-탄소의 알킬화 반응(19.5절)은 라셈화 반응(19.2절), 중수소 치환 반응(19.3절), 할로젠화 반응(19.4절)과는 다르게 엔올 음이온에서만 반응이 진행되기 때문에, 이를 위하여 LDA와 같은 아주 강한 염기를 사용해야 한다. 엔올 음이온의 알킬화 반응은 S_N2 경로로 진행된다.

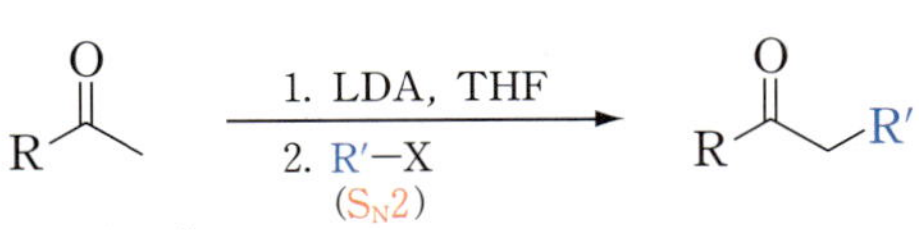

(케톤, 에스터)

19.6절에서는 탈카복실 반응(19.6.1절)과 이 반응을 이용한 말론산 에스터 합성법(19.6.2절) 및 아세토아세트산 합성법(19.6.3절)에 대하여 기술하였다. 우선, 탈카복실 반응은 β-케토산, β-다이카복실산 등 β-카보닐 카복실산 골격이 있어야 가능하다. 말론산 에스터 합성법 및 아세토아세트산 합성법은 알킬화 반응 및 탈카복실 반응의 적절한 조합을 통해서 각각 아세트산의 1가 음이온 및 2가 음이온, 또는 메틸 케톤의 1가 음이온 및 2가 음이온이라는 역할을 선택적으로 부여할 수 있다.

19.13.4 알돌 반응

알데하이드 및 케톤을 염기 조건에서 반응시키면 엔올 음이온 중간체가 생성되고, 이 음이온이 다른 분자의 카보닐 작용기를 공격하여 β-하이드록시 카보닐 골격을 생성하는데 이러한 반응을 알돌 첨가 반응(aldol addition reaction)이라고 한다(19.7.1절). 경우에 따라서는 알돌 첨가 반응과 탈수 반응이 동시에 일어나서 α,β-불포화 카보닐 골격을 얻을 수 있는데 이러한 반응을 알돌 축합 반응(aldol condensation reaction)이라고 한다(19.7.2절).

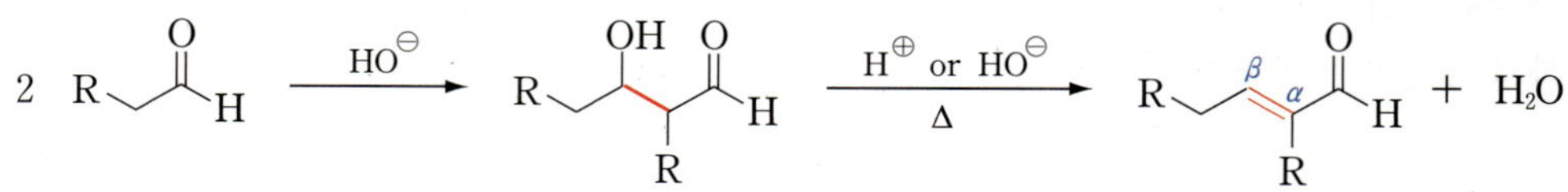

알돌 첨가 반응 및 알돌 축합 반응은 분자간 반응은 물론이고 분자내 반응도 가능하며, 분자내 반응에서는 오각형 및 육각형 고리 화합물이 우선적으로 생성되는 특징을 보인다.

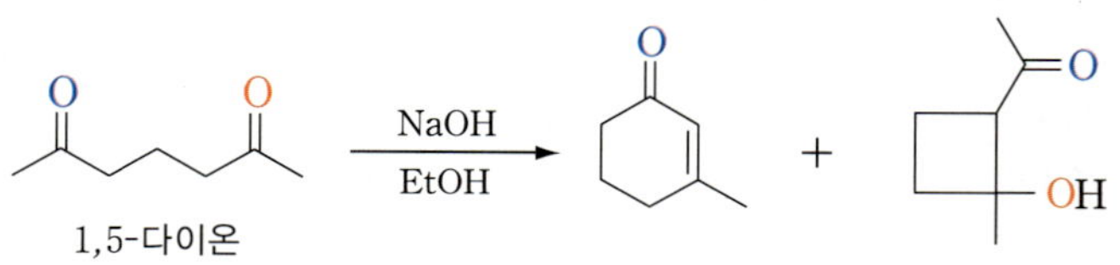

혼성 알돌 반응(mixed aldol reaction, 19.7.4절)은 서로 다른 분자에서 유래한 친핵체와 친전자체 사이의 알돌 반응으로서, 반응 속도는 [알데하이드–알데하이드 > 케톤–알데하이드 > 케톤–케톤]의 순서를 보인다. 일반적으로 α-H가 있는 서로 다른 알데하이드 또는 케톤 사이에서 혼성 알돌 반응을 수행하면 네 종류의 알돌 첨가 반응 생성물이 가능하다. 연구자들은 이러한 단점을 극복하기 위하여 α-H가 없는 친전자체의 사용, 산성도가 큰 α-H를 갖는 친핵체의 사용, 특정 엔올 음이온을 생성한 후 친전자체와 반응시키는 지향 알돌 반응(directed aldol reaction, 19.7.4절) 등의 방법을 개발하여 사용하고 있다. 지향 알돌 반응은 혼성 알돌 반응의 단점을 극복하는 가장 유용한 방법으로서, 특정한 엔올 음이온을 선택적으로 합성하는 것이 매우 중요하다. 예를 들면, [LDA, THF, −78℃] 조건을 갖는 플라스크에 뷰탄-2-온을 천천히 첨가하면 두 종류의 α-CH_3와 α-CH_2 중에서 α-CH_3에서만 선택적으로 H가 제거될 수 있는데,

이러한 반응을 반응 속도론적 지배(kinetic control, 13.6.5절, 13.7.3절)라고 한다.

α-H가 없는 친전자체 사용:

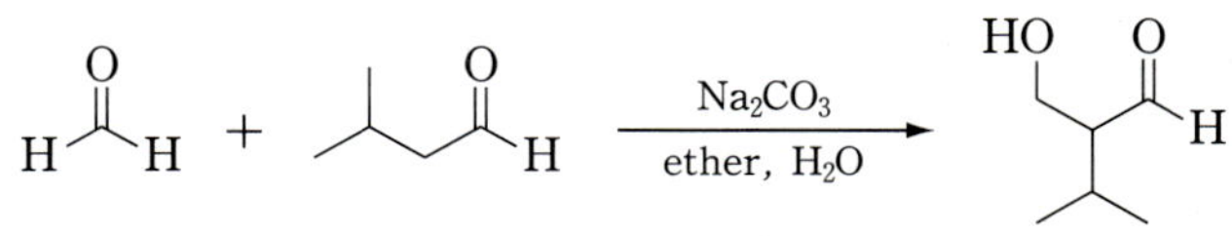

출발 물질의 산성도 차이 이용:

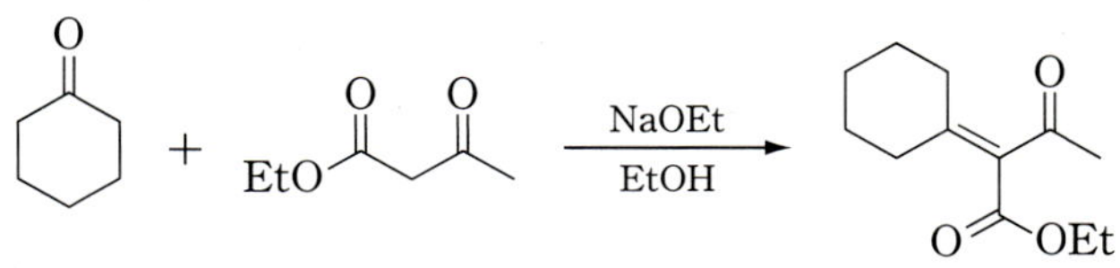

지향 알돌 반응:

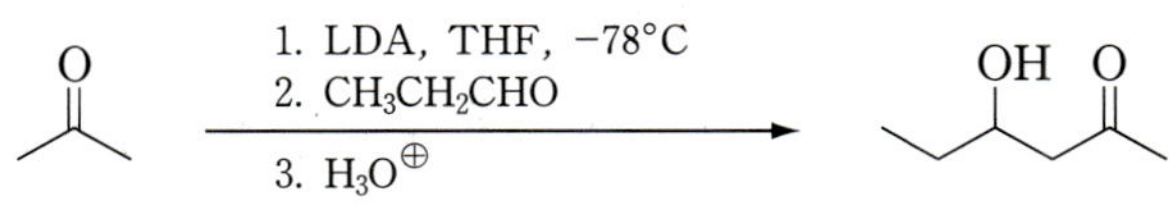

알데하이드 및 케톤의 알돌 반응과 유사한 반응으로 [α-브로모에스터−Zn] 조합에서 생성되는 Zn−엔올 음이온의 알데하이드 첨가 반응(Reformatsky 반응, 19.7.5절) 및 1,3-다이에스터 엔올 음이온의 알데하이드 축합 반응(Knoevenagel 축합 반응, 19.7.6절) 등이 있다.

Reformatsky 반응:

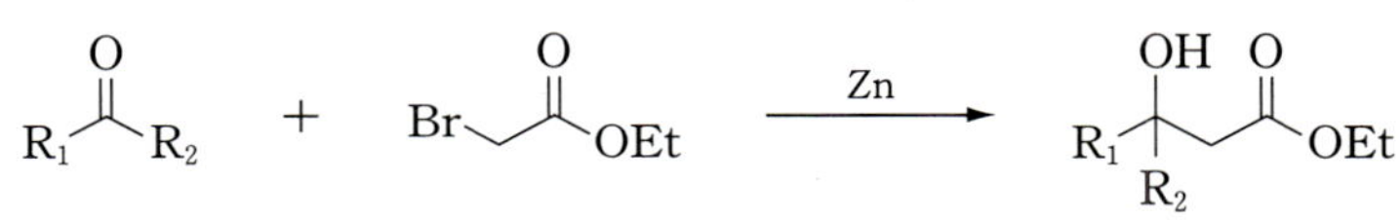

Knoevenagel 축합 반응:

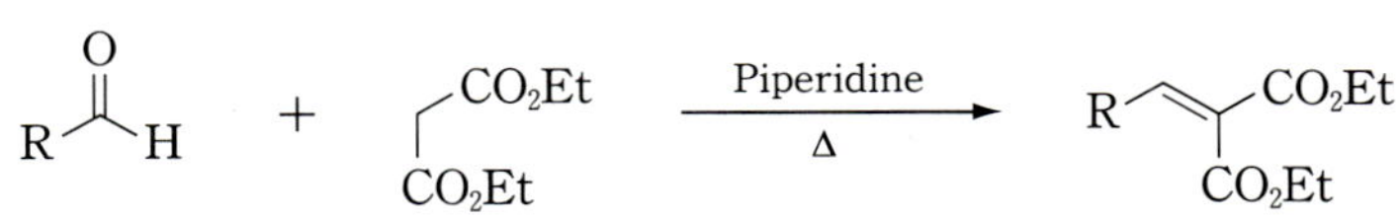

지금까지의 내용을 종합하면 지향 알돌 반응의 핵심은 케톤의 엔올 음이온을 선택적으로 합성하는 데 있는데, 이를 위해서 α-카보닐(케톤, 에스터), α-나이트릴, α-나이트로(nitro), α-설폰(sulfone) 등의 작용기들을 사용할 수 있다.

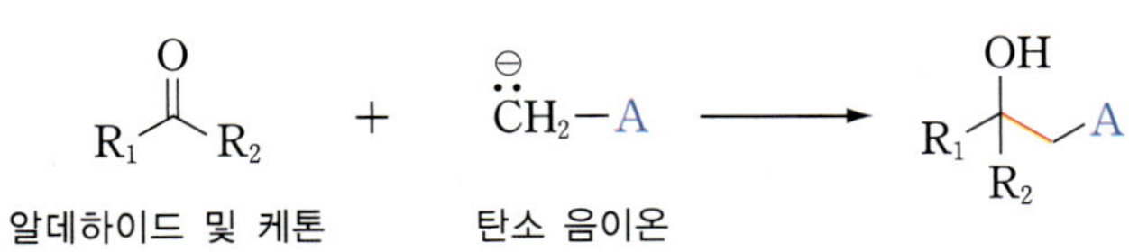

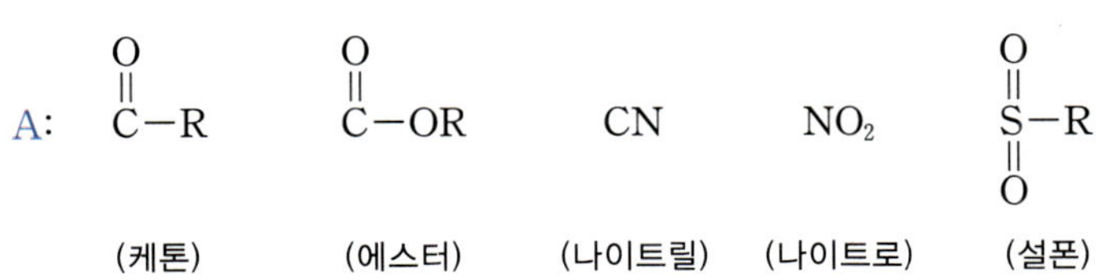

19.13.5 클라이젠 축합 반응

에스터를 염기 조건에서 반응시키면 에스터의 엔올 음이온이 생성되고, 이 음이온이 다른 에스터의 카보닐 작용기와 친핵성 아실 치환 반응의 (경로 ①)을 진행하면 β-케토 에스터 골격이 얻어진다. 이러한 반응을 클라이젠 축합 반응(Claisen condensation reaction)이라고 한다. 일반적으로 이 반응은 가역 반응이고, 엔올 음이온으로 작용하는 에스터 화합물에는 두 개 이상의 α-H가 있어야 하며, 염기는 1 당량 이상이 필요하다.

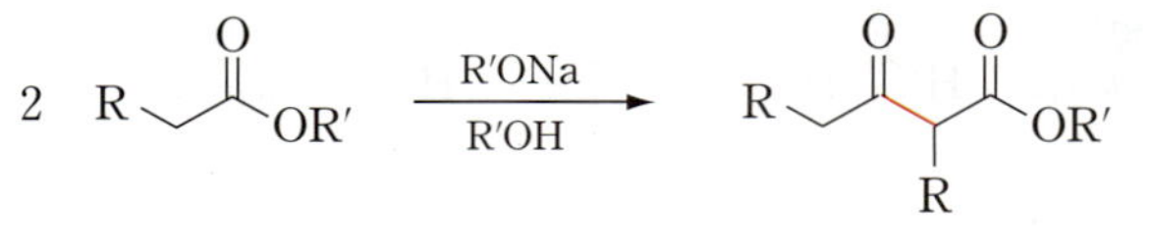

클라이젠 축합 반응은 알돌 반응에서와 같이 분자간 반응 및 분자내 반응이 모두 가능한데, 특히 1,n-다이에스터 화합물의 분자내 클라이젠 축합 반응을 디에크만 축합 반응(Diekmann condensation reaction, 19.8.2절)이라고 한다. 물론, 서로 다른 에스터 혼합물을 사용하는 혼성 클라이젠 축합 반응(19.8.3절)도 가능하고, 특정 엔올 음이온을 선택적으로 합성한 후 다른 에스터와 반응을 진행하는 지향 클라이젠 축합 반응도 수행할 수 있다.

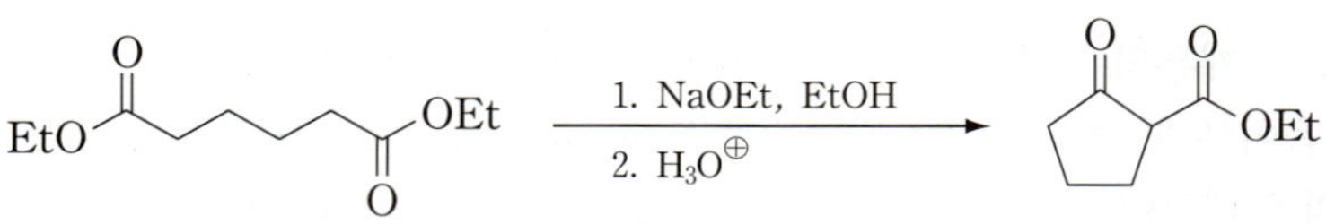

지향 클라이젠 축합 반응의 핵심은 지향 알돌 반응에서와 같이 에스터의 엔올 음이온을 선택적으로 합성하는 데 있는데, 이를 위해서 α-카보닐(케톤, 에스터), α-나이트릴, α-나이트로(nitro), α-설폰(sulfone) 등의 작용기들을 사용할 수 있다.

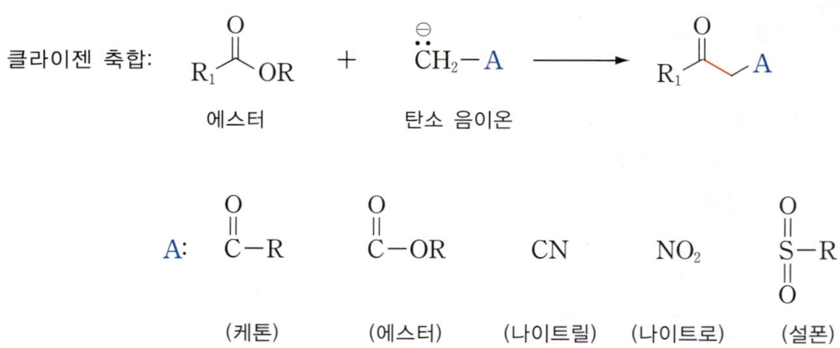

19.13.6 1,2-첨가 반응 및 1,4-첨가 반응

알돌 축합 반응에서 생성되는 α,β-불포화 카보닐 생성물은 아래와 같은 공명 구조를 갖기 때문에, 친핵체는 전자가 상대적으로 부족한 카보닐 탄소 및 β-탄소에서 반응할 수 있다(19.9절).

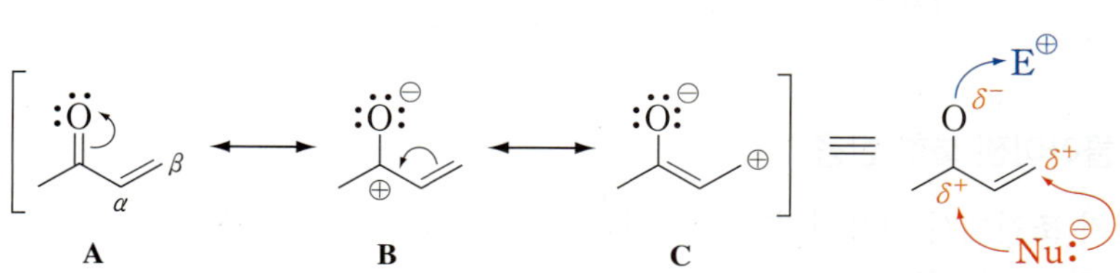

일반적으로 염기성 및 친핵성이 매우 큰 RLi, RMgX, LAH 등의 시약들은 비가역적으로 카

보닐 탄소를 공격하는 반응 속도론적 지배 반응이 우세하다(19.9.2절). 반면에 1,3-다이카보닐 음이온, RS^-, CN^-, 아민 등 약염기성의 친핵체들은 열역학적 지배 반응에 따라 1,4-첨가 생성물이 주로 얻어진다(19.9.2절).

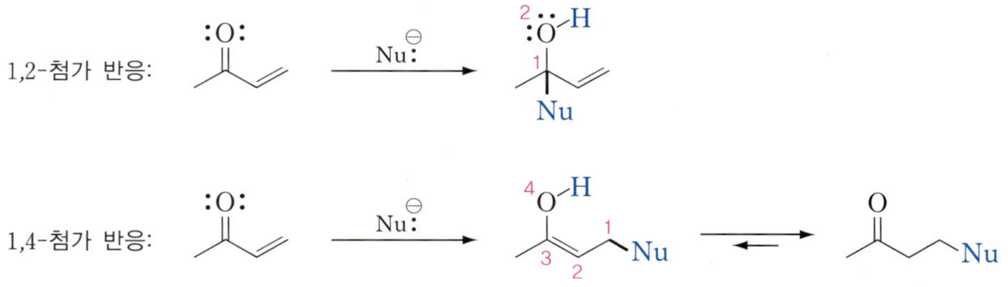

1,4-첨가 반응 및 알돌 축합 반응을 이용하는 대표적인 반응으로 로빈슨 고리화 반응이 있다(19.9.4절). 이 반응은 케톤, β-다이케톤, β-케토 에스터에서 생성되는 엔올 음이온 또는 엔아민을 α,β-불포화 케톤과 반응시켜서 2-사이클로헥센온 골격을 형성하는 반응이다.

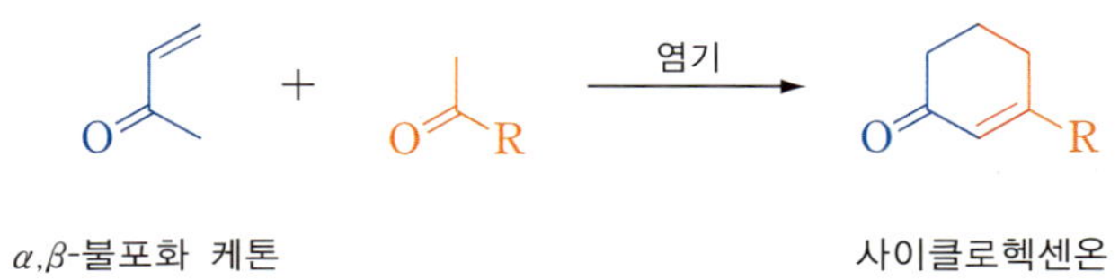

α,β-불포화 케톤 및 α,β-불포화 에스터와 선택적으로 1,4-첨가 반응을 하는 시약으로 길만 시약(R_2CuLi, lithium dialkylcuprate)이 있다(19.9.5절).

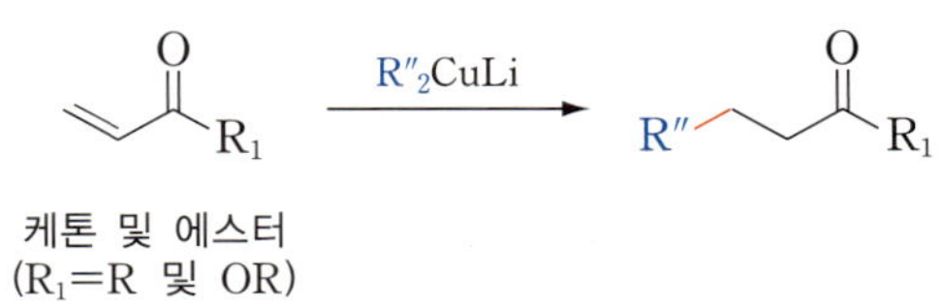

19.13.7 엔아민

엔아민은 산소(O)와 질소(N−R)를 제외하면 엔올과 기본 골격이 같기 때문에 α-탄소가 친핵체로서 작용할 수 있다(19.10절). 엔아민은 α,β-불포화 카보닐 화합물에 대하여 1,4-첨가 반응을 하고, 반응성이 좋은 R−X 등과는 S_N2 반응도 가능하다(19.10.2절).

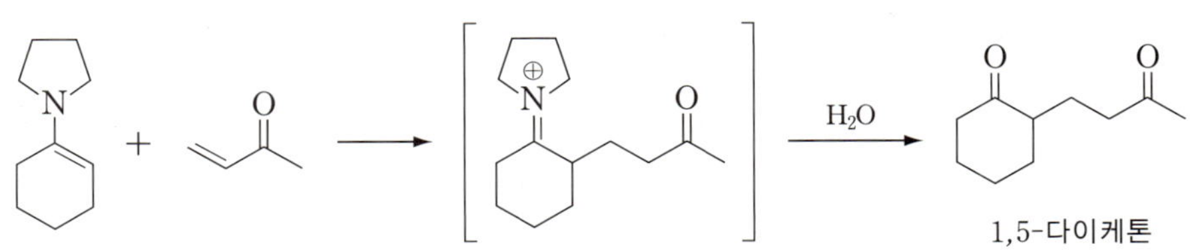

약산성 조건에서 케톤과 폼알데하이드 사이의 알돌 반응을 진행하면 활성화된 폼알데하이드($CH_2{=}OH^+$)가 친전자체로 작용해서 β-하이드록시카보닐 골격이 형성된다. 이 반응 조건에 다이메틸아민(Me_2NH)을 추가하면 활성화된 이민($CH_2{=}NR_2^+$)이 새로운 친전자체로 작용하기 때문에 β-아미노 카보닐 골격이 얻어지는데, 이 반응을 맨니히 반응(Mannich reaction)이라고 한다.

알돌 반응:

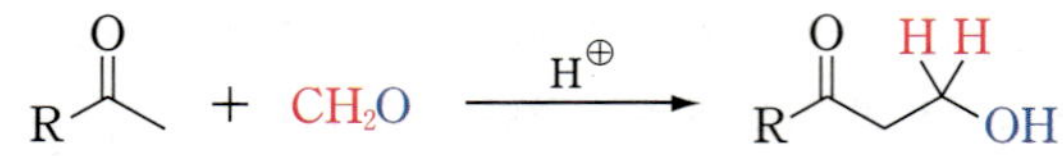

맨니히 반응:

연습 문제

1. 아래 반응의 주생성물을 그리시오.

(a) 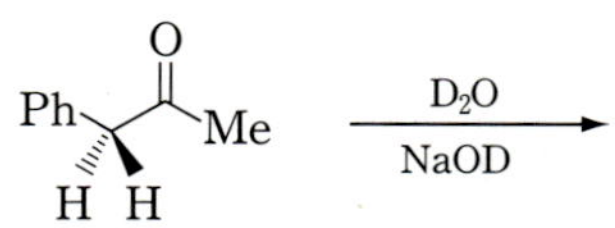

(b) 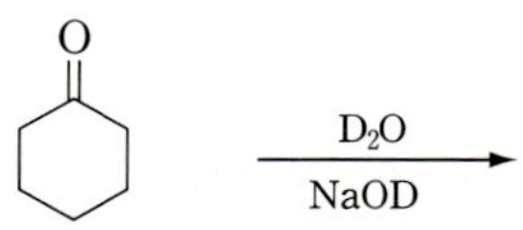

(c) 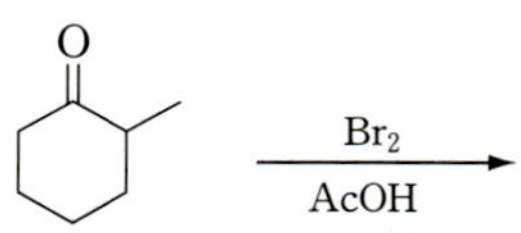

(d) 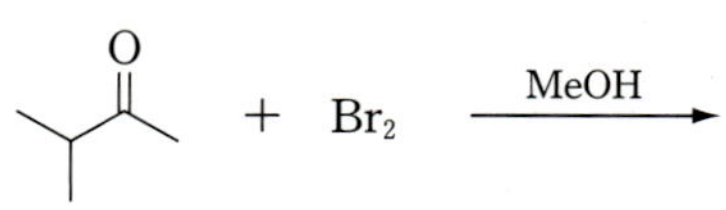

(e) 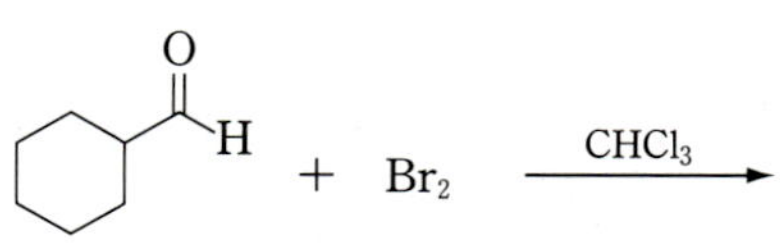

(f) 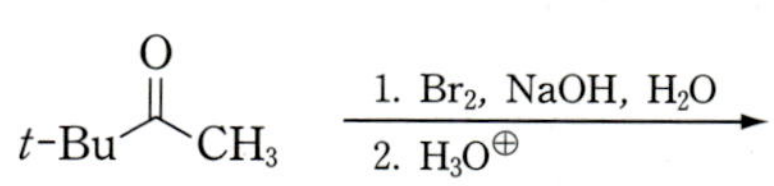

(g) 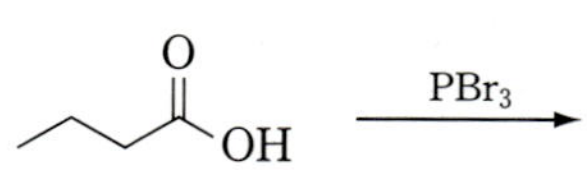

(h) 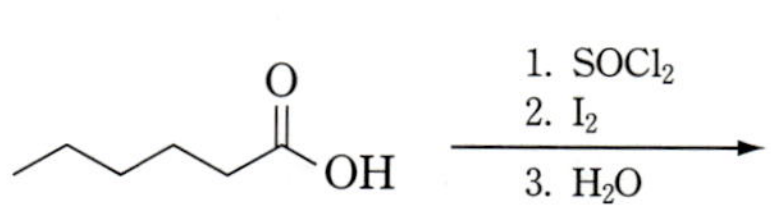

(i) 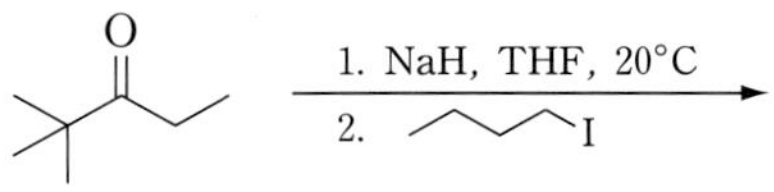

(j) 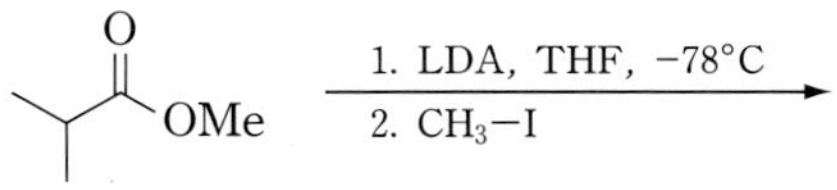

(k) 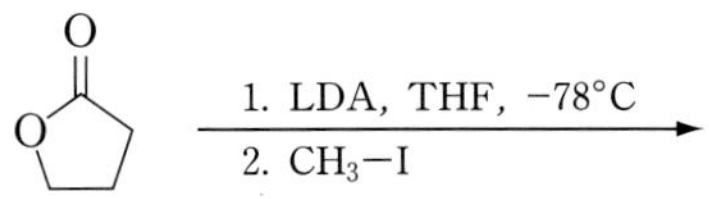

(l) 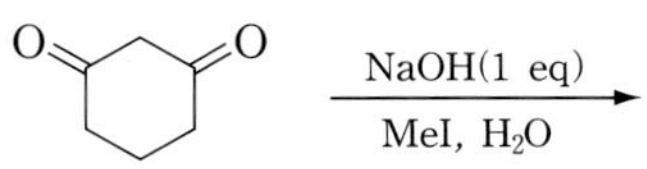

(m) 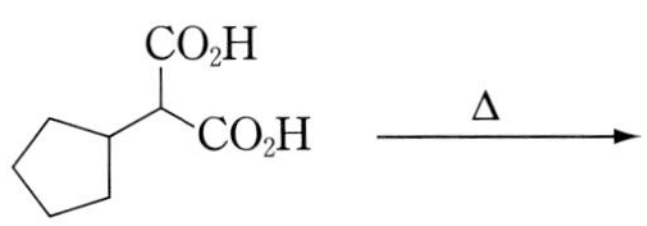

(n) 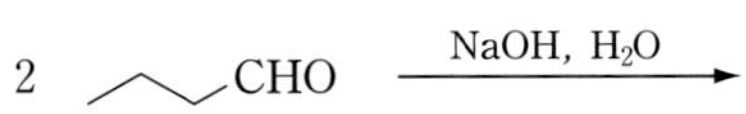

(o) 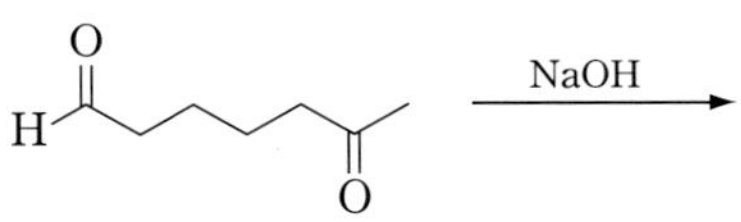

(p) 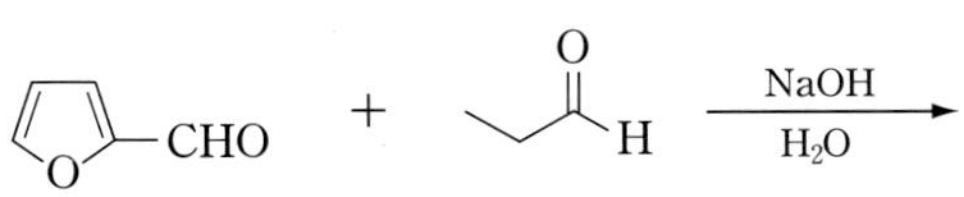

(q) 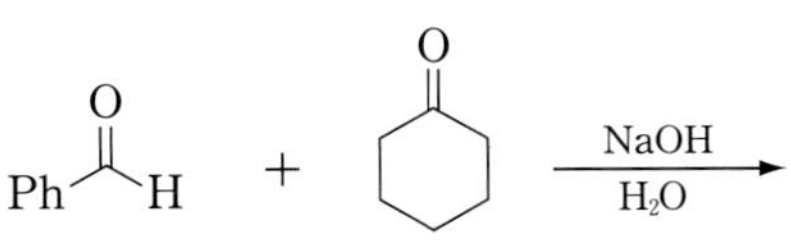

(r) 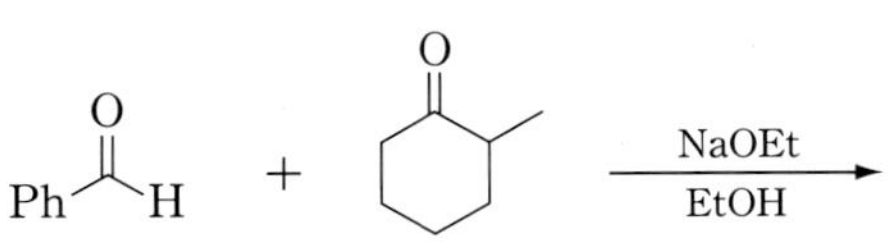

(s) 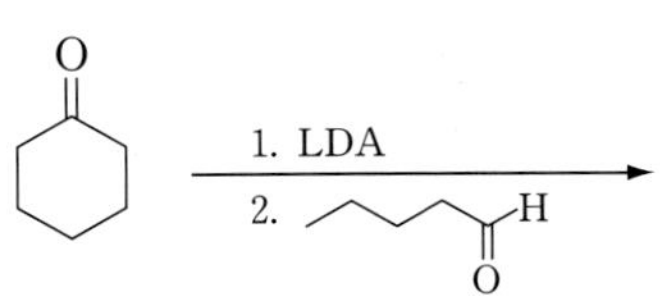

(t) 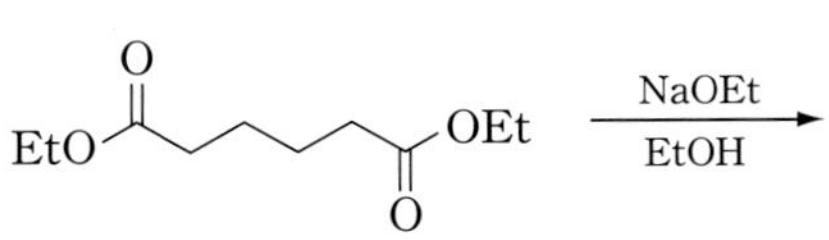

2. 아래 반응의 주생성물을 그리시오.

(a) 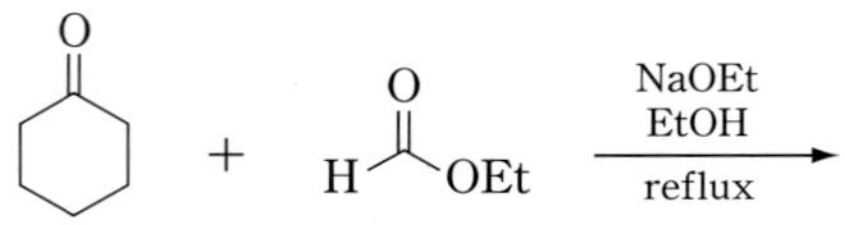

(b) 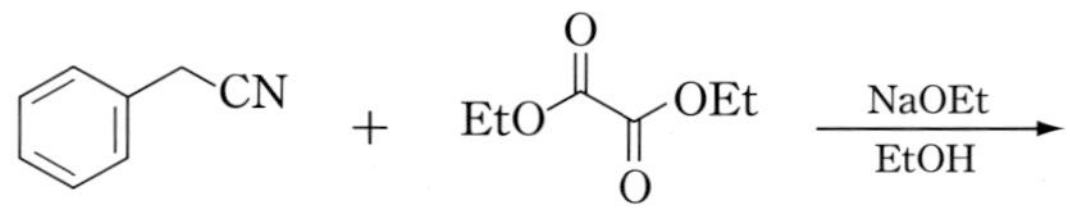

(c) 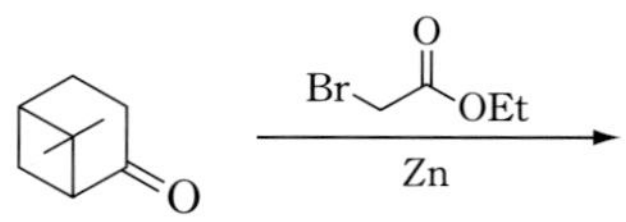

(d) 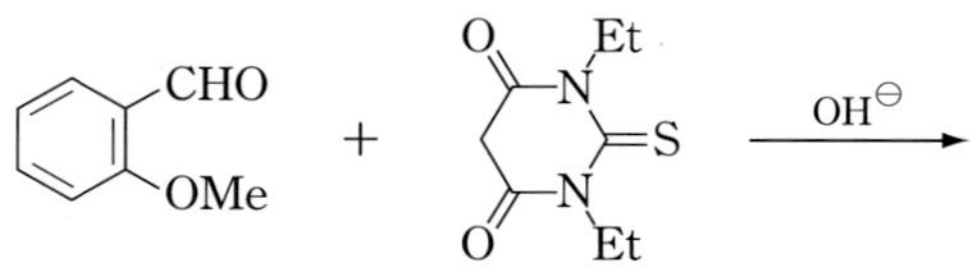

(e) 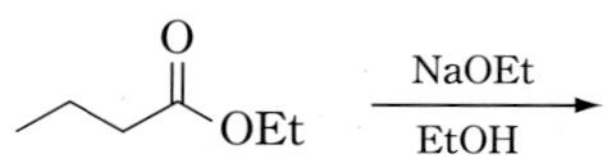

(f) 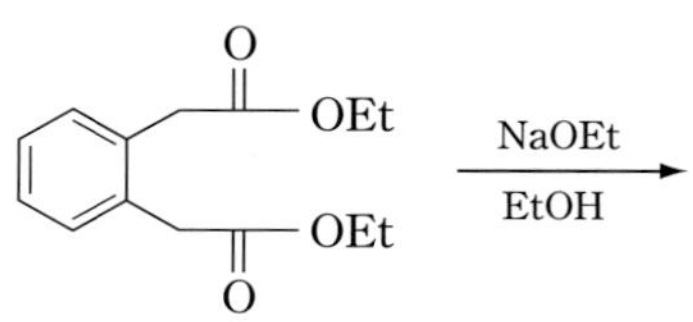

(g) 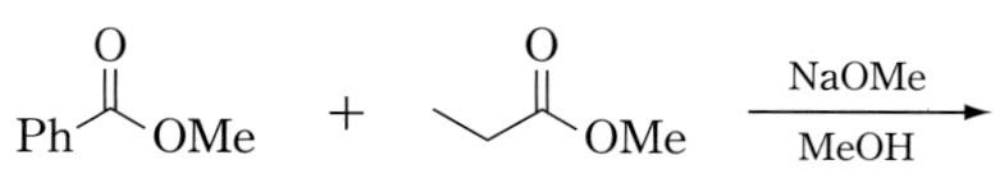

(h) 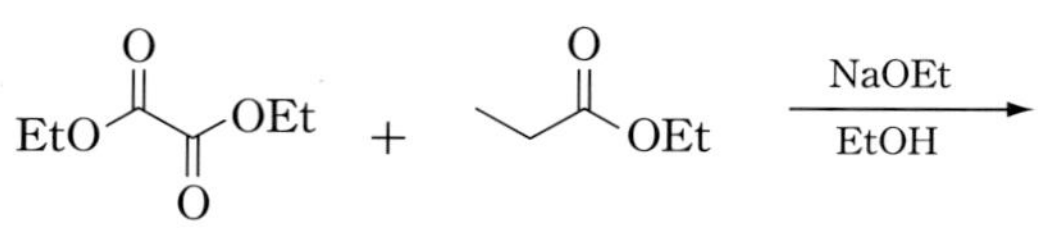

(i) 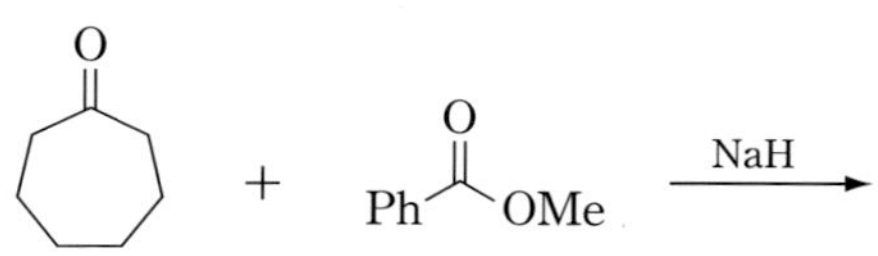

(j) 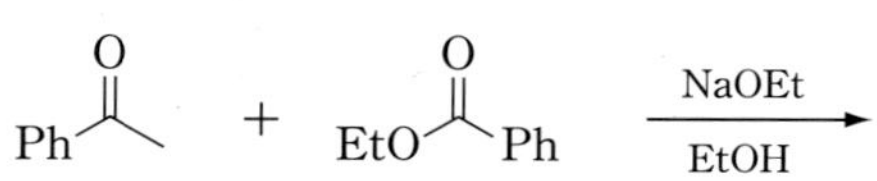

(k) 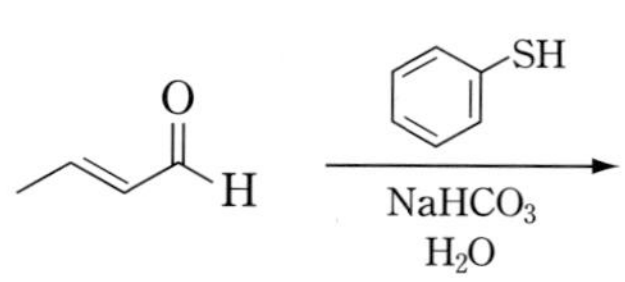

(l) 

(m) 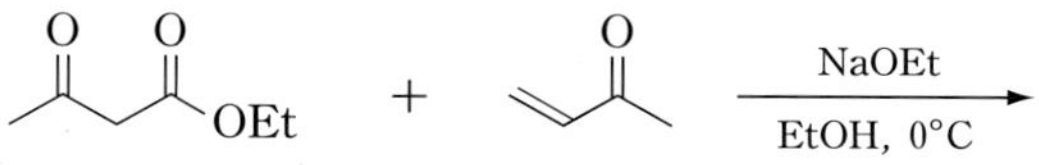

(n) 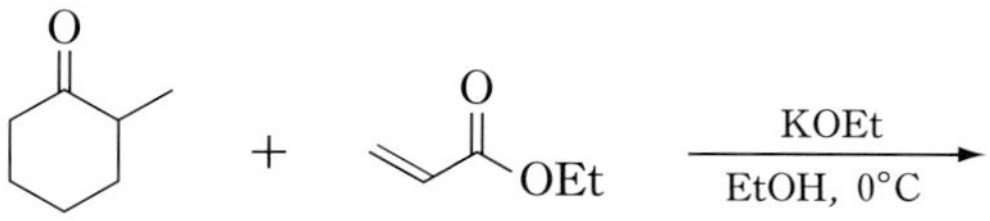

(o) 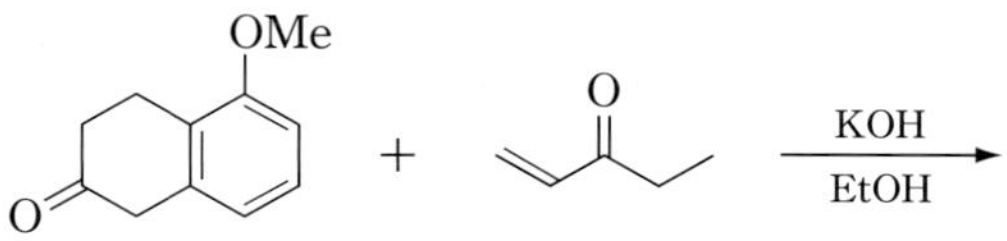

(p) 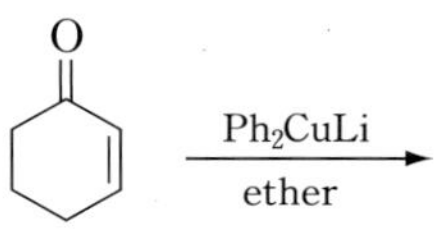

(q) 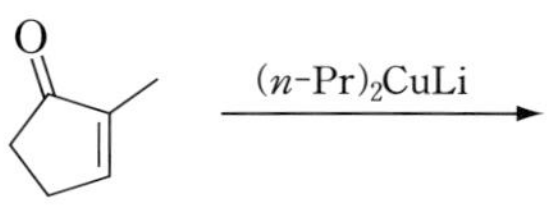

(r) 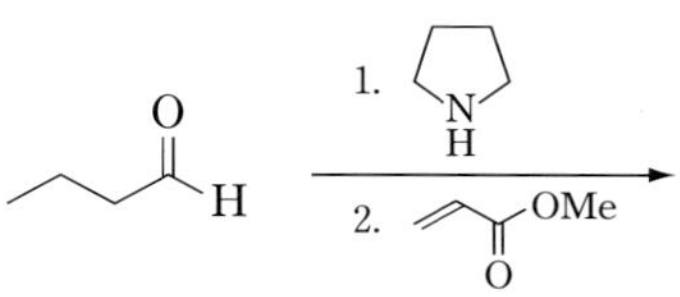

(s) 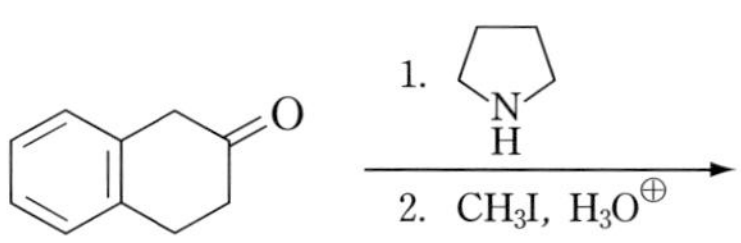

3. 아래의 화합물에서 산성도가 가장 큰 수소를 포함하는 탄소 원자를 표시하시오.

(a) 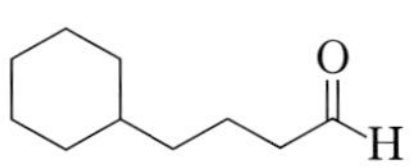

(b) 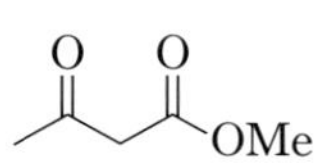

(c) 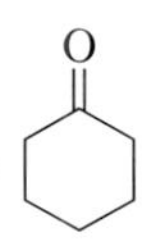

(d) 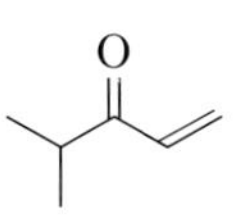

(e) 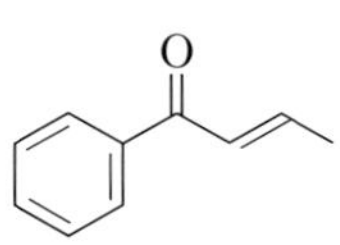

4. 아래의 화합물에서 산성도의 크기를 비교하시오.

(a) 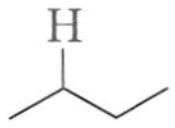

(b) 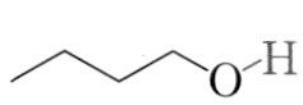

(c) 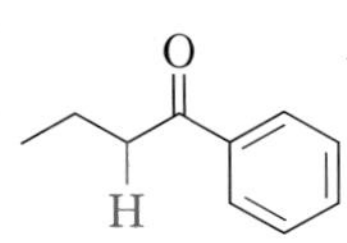

(d) 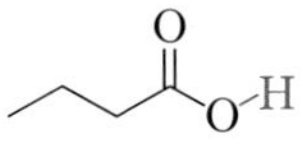

(e) 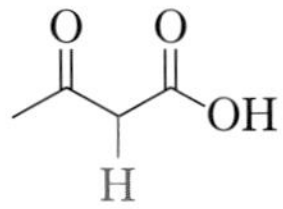

5. 아래 반응의 주생성물을 그리시오.

(a) 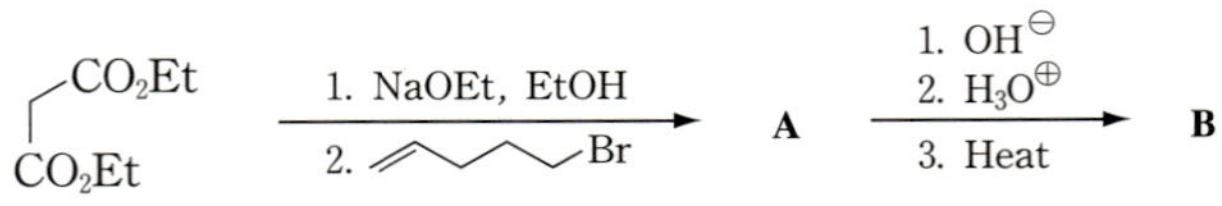

(b) 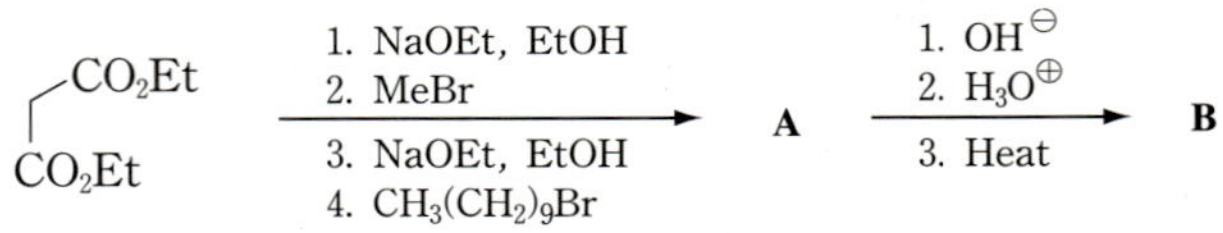

6. 아래 반응의 주생성물을 그리시오.

(a) 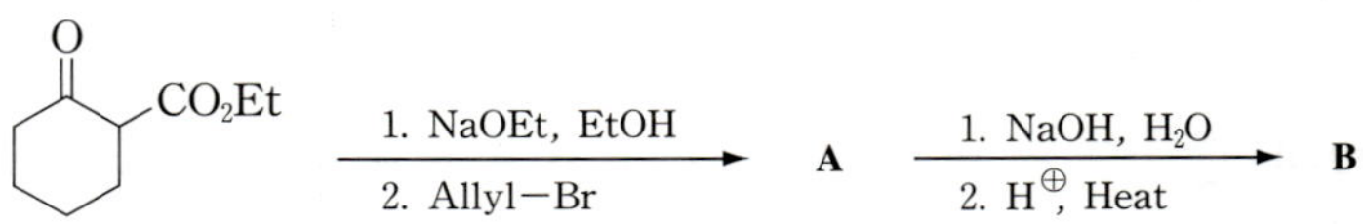

(b) 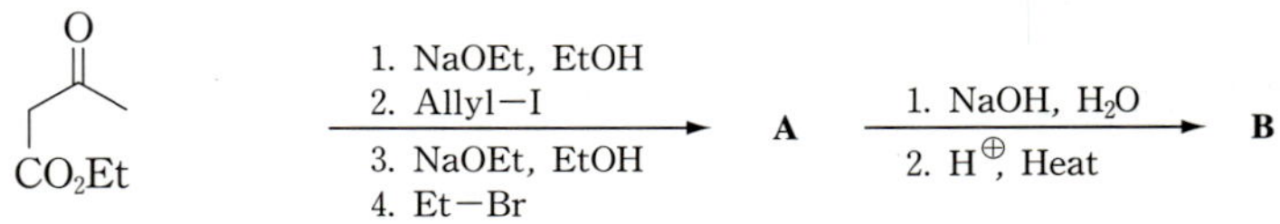

7. 주어진 출발 물질에서 최종 생성물을 얻기 위한 반응 경로를 제안하시오.

(a) 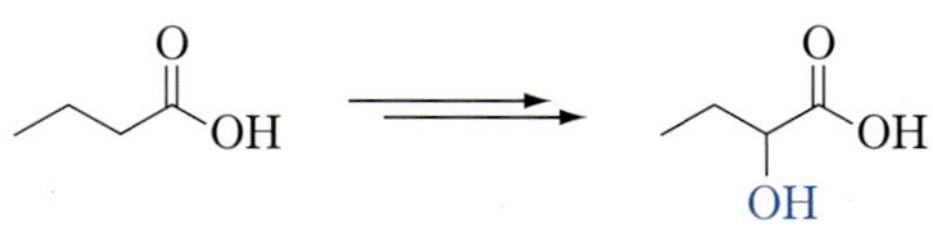

(b) 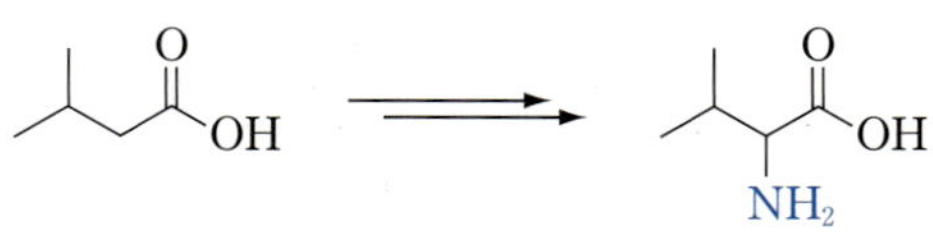

8. 아래의 반응과 같이 고리 형태의 α-브로모케톤에 염기를 처리하면 고리의 크기가 줄면서 카복실산이 생성된다. 이러한 반응을 파보르스키 반응(Favorskii reaction)이라고 한다. 이 반응의 메커니즘을 제시하시오.

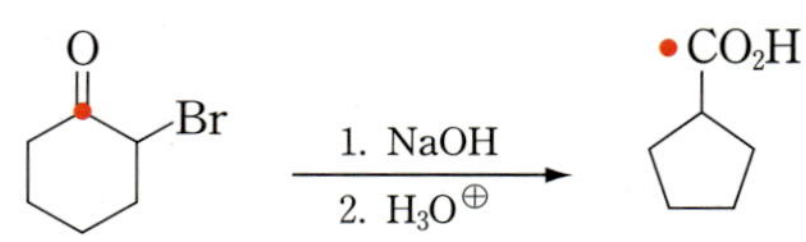

9. 사이클로헥산온에 CH_2N_2 시약을 반응시키면 탄소 고리가 한 개 확장된 사이클로헵탄온이 생성된다. 이 반응은 질소 기체가 방출되는 것이 반응의 원동력이라고 한다. 이를 참고하여 아래 반응의 메커니즘을 제안하시오.

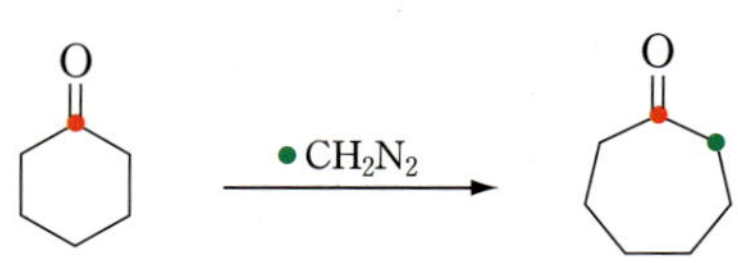

10. 염기성 조건에서 케톤과 클로로아세테이트를 반응시키면 에폭시 에스터가 생성되는데, 이러한 반응을 다즌스 반응(Darzens reaction)이라고 한다. 이 반응의 메커니즘을 제시하시오.

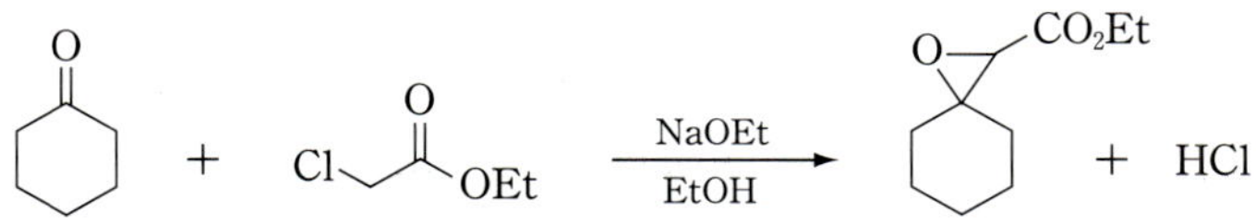

11. 알돌 축합 반응은 생성물의 안정도에 따라서 역반응이 진행되거나, 또는 역반응 후에 다른 반응이 연속적으로 진행될 수 있다. 이를 참고하여 다음 반응의 메커니즘을 제시하시오.

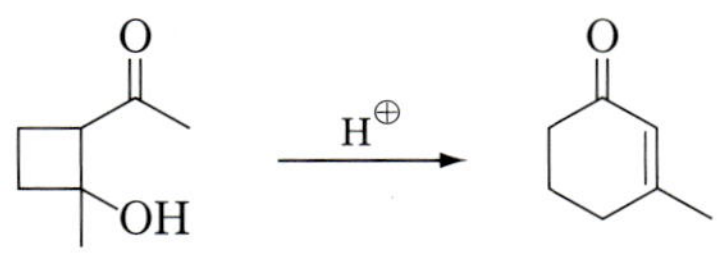

12. 알돌 반응을 이용하여 주어진 물질의 역합성을 제시하시오.

(a) 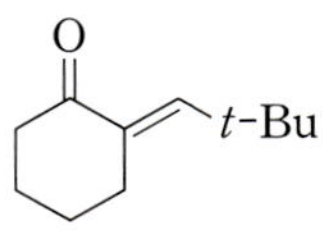

(b) 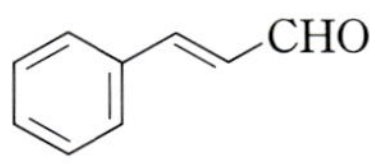

13. 1,4-첨가 반응을 이용하여 주어진 물질의 역합성을 제시하시오.

(a) 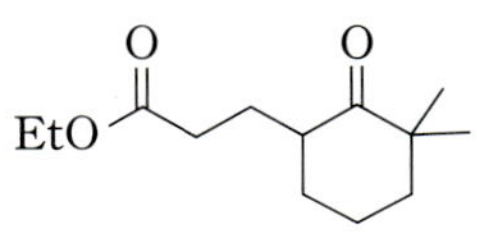

(b) 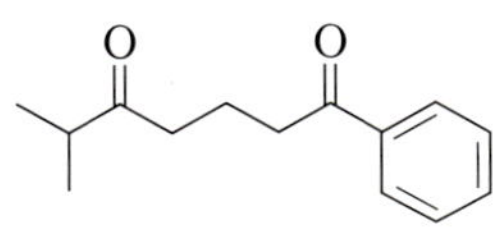

14. 1,6-다이케톤 골격의 노네인-2,7-다이온에서 분자내 알돌 축합 반응을 진행할 때 이론적으로 가능한 알돌 축합 반응의 생성물을 모두 그리시오. 단, α,β-불포화 작용기는 고리 내부에 있다고 가정한다.

15. 아래 반응의 중간체와 주생성물을 그리시오.

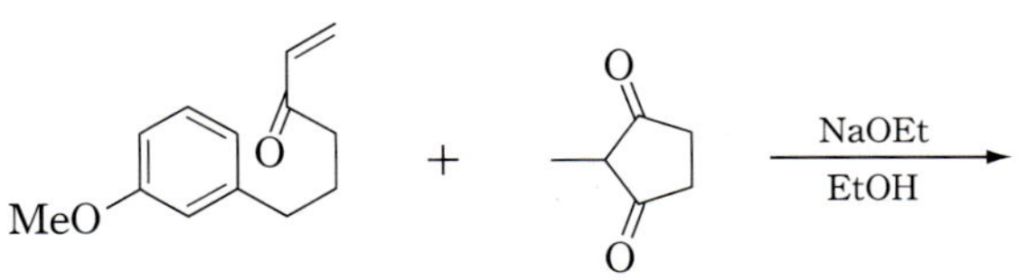

16. 아래의 주어진 조건에서 적절한 합성 경로를 제시하시오.

(a) 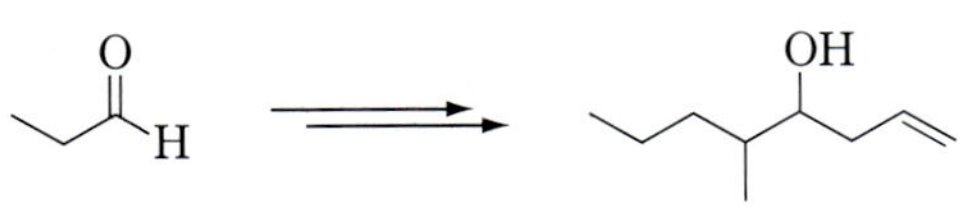

(b) 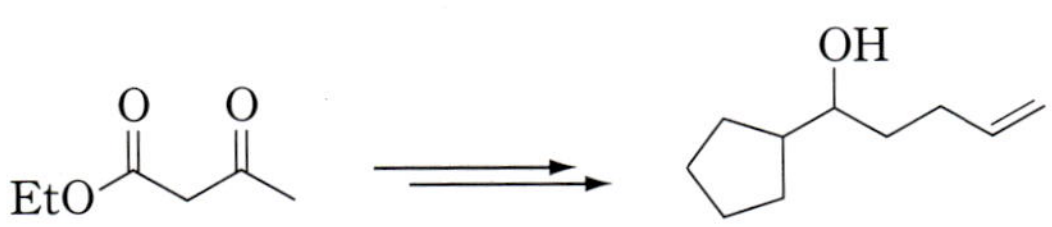

(힌트: 아세토아세트산 합성법 이용)

(c) 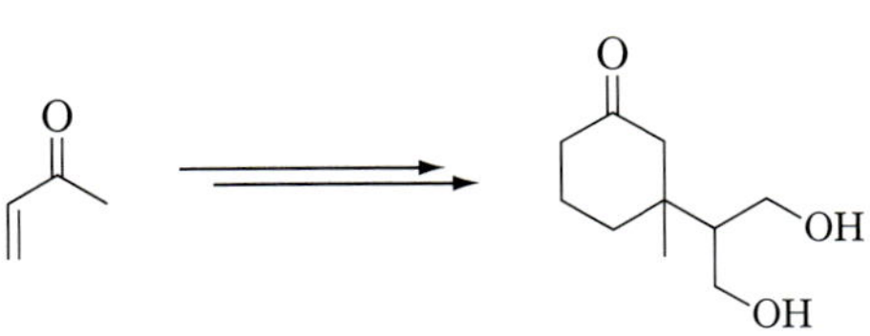

20장

아민

20.1 서론

암모니아(NH_3)에서 수소 원자가 알킬기로 치환된 화합물을 **아민(amine)**이라고 하는데, 알킬기의 수에 따라서 1차 아민(RNH_2), 2차 아민(R_2NH), 3차 아민(R_3N)으로 구분한다. 암모니아는 약염기성 물질로서 양성자(H^+)와 산-염기 반응을 하여 NH_4^+(암모늄, ammonium) 양이온을 형성한다. 이때 RNH_3^+는 1차 암모늄 양이온, $R_2NH_2^+$는 2차 암모늄 양이온, R_3NH^+는 3차 암모늄 양이온, R_4N^+는 4차 암모늄 양이온이 된다.

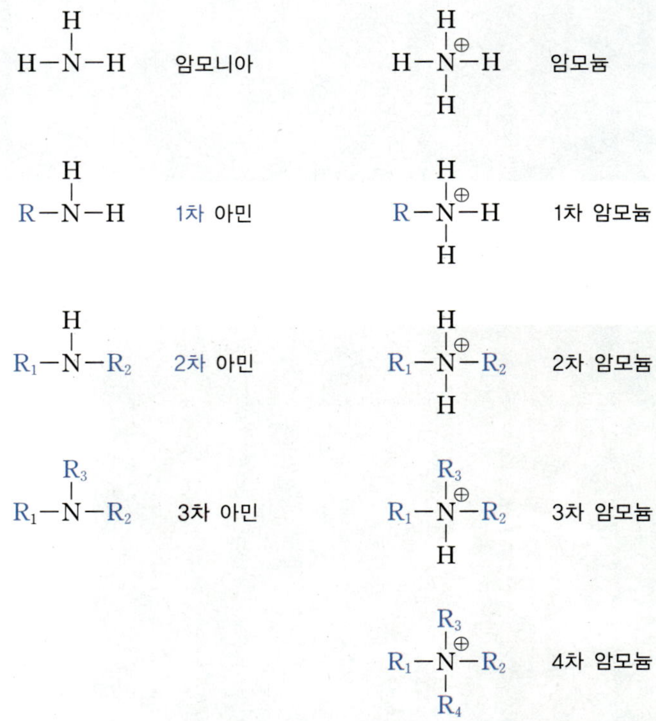

질소와 연결된 탄소의 종류에 따라서 아민을 구분하기도 한다. 질소가 sp^3 탄소와 결합을 하면 알킬 아민(alkyl amine), sp^2 탄소와 결합을 하면 엔아민(enamine), 벤젠 고리 및 그 유도체들의 sp^2 탄소와 결합하면 아릴 아민(aryl amine)이라고 한다.

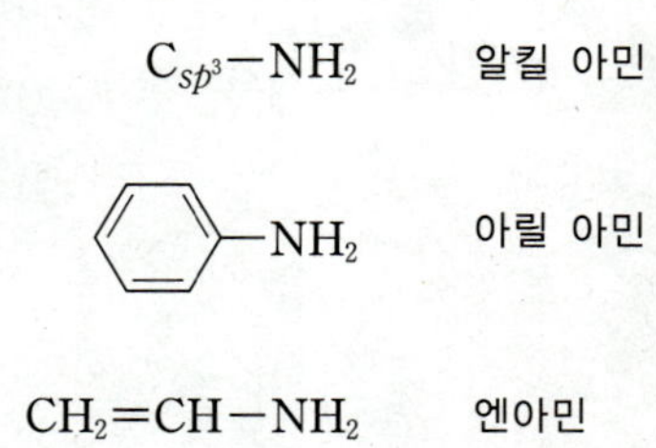

20.2 구조

20.2.1 알킬 아민

암모니아(NH_3)를 루이스 구조로 표현하면 N−H 공유 결합은 $\sigma(N_{sp^3}-H_{1s})$ 결합이고, 비공유 전자쌍은 N_{sp^3}에 위치하며, H−N−H 각도는 약 107°이다. 1~3차 알킬 아민 및 암모늄 염에 있어서도 이러한 특징은 그대로 유지되며, 전자는 질소의 전기 음성도에서 예상하는 것처럼 질소 원자에 집중되어 있다.

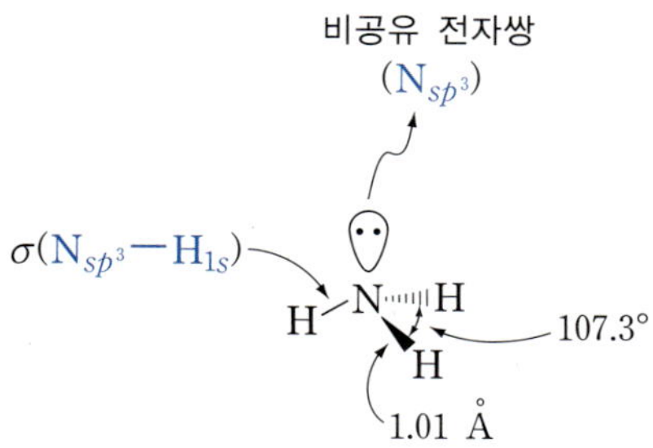

그림 20-1 암모니아의 구조

20.2.2 아릴 아민

아닐린은 아래와 같은 네 개의 공명 구조로 표현할 수 있다. 이 중에서 비쌍극성 공명 구조는 모든 원자가 팔전자계를 만족하고 형식 전하가 없기 때문에 열역학적으로 가장 안정해서 실제 구조에의 기여도가 가장 클 것이다. 나머지 세 개의 구조들은 쌍극성 구조를 가지므로 에너지가 상대적으로 높아서 실제 구조에의 기여도는 낮을 것이다. 이러한 추론은 결과적으로 질소의 비공유 전자쌍 일부가 벤젠 고리로 비편재화되고 있음을 의미한다(15.2.2절).

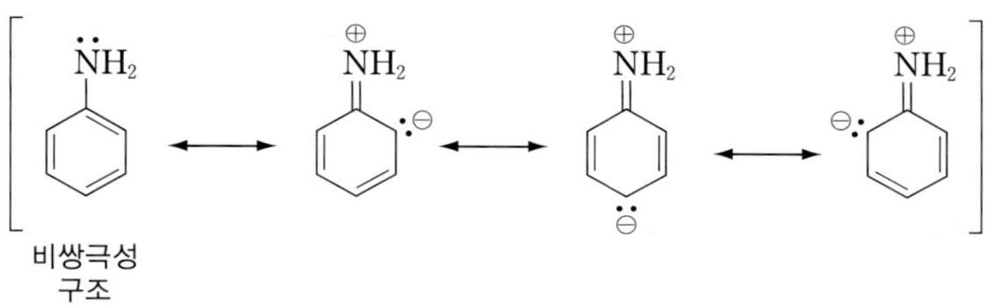

전자의 비편재화가 잘 일어나기 위해서는 벤젠의 p 오비탈과 질소의 비공유 전자쌍이 같은 평면에 있어야 한다. 아닐린의 비쌍극성 구조에서는 질소의 비공유 전자쌍이 sp^3 오비탈에 위치하고, 쌍극성 구조에서는 질소의 비공유 전자쌍이 p 오비탈에 있으므로 실제 구조에서 질소의 비공유 전자쌍은 sp^3와 sp^2의 중간 어딘가에 있음을 예상할 수 있다. 이것은 $MeNH_2$와 Ph−NH_2의 평면 각도의 차이에서도 확인할 수 있다.

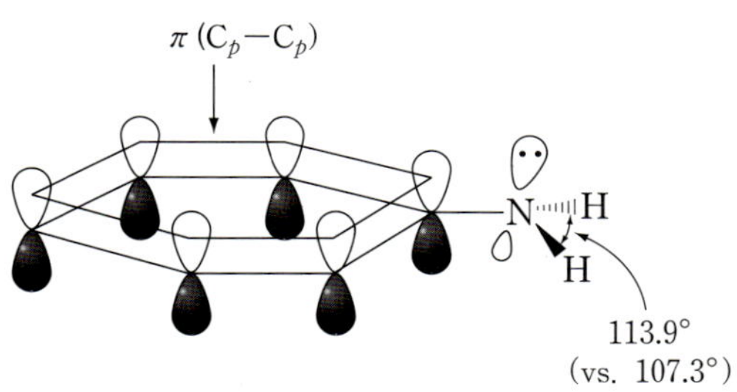

그림 20-2 아릴 아민의 구조

20.2.3 질소 반전

암모니아 및 알킬 아민에서 질소는 사면체 구조를 갖는다. 따라서 3차 아민에서 치환체가 모두 다르면 이론적으로 이들은 카이랄성(6.1절 및 6.3절), 즉 광학 활성이 있어야 하지만 상온에서의 실험에 의하면 광학 활성이 없는 경우가 대부분이다(6.11.1절). 왜 이러한 현상이 일어나는가에 대하여 생각해 보자.

화합물 **A**의 질소 원자는 세 개의 $\sigma(N_{sp^3}-H_{1s}\ /\ N_{sp^3}-C)$ 결합과 한 개의 비공유 전자쌍을 갖는 사면체 골격의 중심에 위치하고, 세 개의 치환체가 모두 다르기 때문에 카이랄성(chirality) 물질이면서 광학 활성을 갖는다(6.1절 및 6.3절). 만약, 화합물 **A**에서 질소 원자의 혼성이 sp^2로 변하면 세 개의 치환체가 동일 평면에 위치하고 비공유 전자쌍이 p 오비탈에 있는 구조 **B**가 되는데, 이 구조는 대칭면이 있으므로 카이랄성을 가질 수 없다. 구조 **B**에서 대칭 평면을 중심으로 p 오비탈의 위쪽 부분이 커지면 화합물 **A**가 되고, p 오비탈의 아래쪽 부분이 커지면 화합물 **C**가 되는데, 화합물 **C**는 화합물 **A**의 거울상 이성질체(*ent*-**A**)이다.

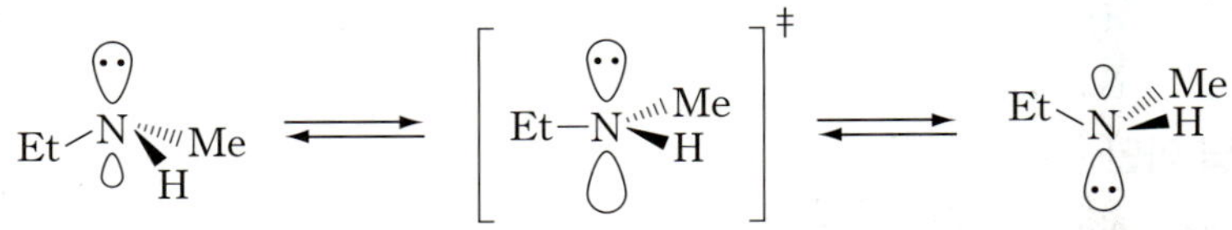

A sp^3 (사면체형) (카이랄성) | **B** sp^2 (평면형) (비카이랄성) | **C**(*ent*-**A**) sp^3 (사면체형) (카이랄성)

이러한 과정을 에너지 도표로 표시하면 아래와 같다. 구조 **A**와 **C**(*ent*-**A**)는 거울상 이성질체의 관계에 있으므로 에너지가 같고(6.4.1절), 구조 **B**는 반응의 중간체가 아니라 에너지가 가장 높은 전이 상태에 해당한다. 이것은 [**A** → **B**] 및 [**C** → **B**]의 두 경로가 서로 거울상의 관계에 있음을 의미하는 것으로서 두 경로의 활성화 에너지는 당연히 같다(6.7절). 실험에 의하면 두 경로의 활성화 에너지는 약 6 kcal/mol인데 상온에서는 이 정도의 에너지를 쉽게 제공할 수 있기 때문에 **A**와 **C**의 변환은 상온에서 매우 빠르게 일어나고, 그 결과 평형에서는 **A** 및 **C**가 1 : 1인 라셈체 혼합물로 존재하게 된다. 이러한 현상을 **질소 반전(nitrogen inversion)** 또는 **피라미드 반전(pyramidal inversion)**이라고 한다.

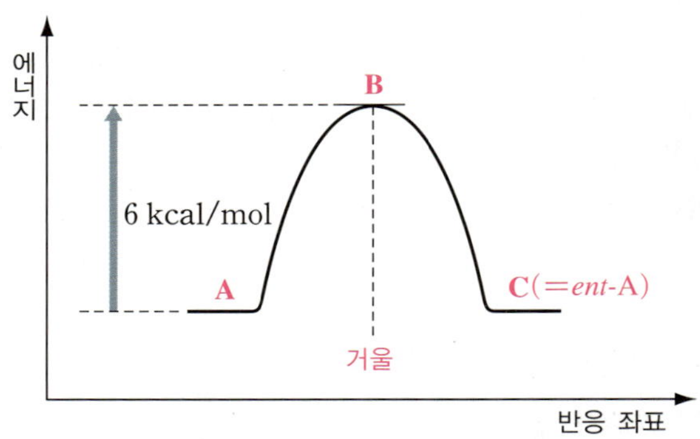

그림 20-3 질소 반전의 에너지 도표

일반적으로 활성화 에너지가 19 kcal/mol 이하인 반응은 상온에서 진행할 수 있다고 하였다(3.7.2절). 실제로 에테인(CH_3-CH_3)에서 C−C 단일 결합 회전 운동의 활성화 에너지는 3 kcal/mol인데, 이 회전 운동은 반감기가 약 $<10^{-6}$초 정도로 매우 빠르게 일어난다.

만약 6 kcal/mol의 에너지를 공급하는 것 자체가 불가능할 정도로 온도를 낮추면 [**A** → **B**] 및 [**C** → **B**]의 전환을 억제할 수 있다. 따라서 이러한 조건에서 광학적으로 순수한 **A** 또는 **C**를 합성한다면 화합물 **A** 또는 **C**의 광학 활성은 안정하게 유지될 수 있다.

원소에서의 반전은 질소(N)는 물론이고 황(S) 및 인(P)에서도 관찰되는데, 반전의 활성화 에너지는 원소 및 치환체의 종류에 따라서 큰 차이가 있다. 이때 중요한 것은 반전의 활성화 에너지와 주어진 온도에서 제공할 수 있는 에너지의 상대적인 크기로서, 주어진 온도에서 활성화 에너지에 해당하는 에너지를 충분히 공급할 수 있으면 반전이 빠르게 일어나고, 만약 그렇지 못하면 반전 속도가 느리거나 전혀 일어나지 않을 수 있다.

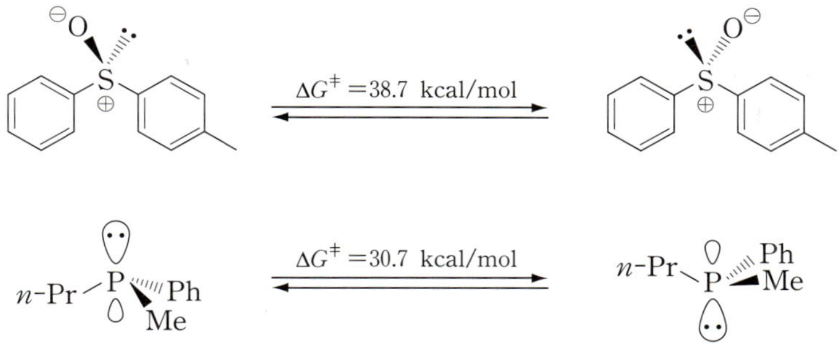

이번에는 암모늄 양이온의 경우를 생각해 보자. 아민에서 질소 반전이 일어나면 세 개의 치환체가 질소를 중심으로 우산이 뒤집히는 현상이 동반된다. 그러나 암모늄 양이온에서 질소 반전이 일어나려면 세 개의 치환체가 질소를 중심으로 우산이 뒤집히는 현상은 물론이고, 네 번째 치환체가 물리적으로 질소의 반대편으로 이동해야 한다. 이것은 특정 $\sigma(N_{sp^3}-C_{sp^3})$ 결합이 끊어지고, 치환체가 질소의 반대편으로 이동한 후, 다시 $\sigma(N_{sp^3}-C_{sp^3})$ 결합이 생성되어야 가능한 결과로서, 현실적으로 불가능한 과정이다. 따라서 서로 다른 네 개의 치환체를 갖는 암모늄 양이온에서는 온도와 무관하게 카이랄성을 유지할 수 있다.

20.3 명명법

20.3.1 알킬 아민

알킬 아민에서는 세 가지의 명명법을 소개한다.

첫째, IUPAC의 치환체 명명법에서는 화합물 이름이 [접두사–기본명–접미사]의 형식을 갖는다. 이때 접미사는 우선 순위가 가장 높은 작용기의 이름 및 위치, 기본명은 우선 순위가 가장 높은 작용기를 포함하는 가장 긴 탄소 사슬의 탄소 수, 접두사는 모체 사슬에 연결된 치환체의 종류 및 위치에 대한 정보를 제공한다.

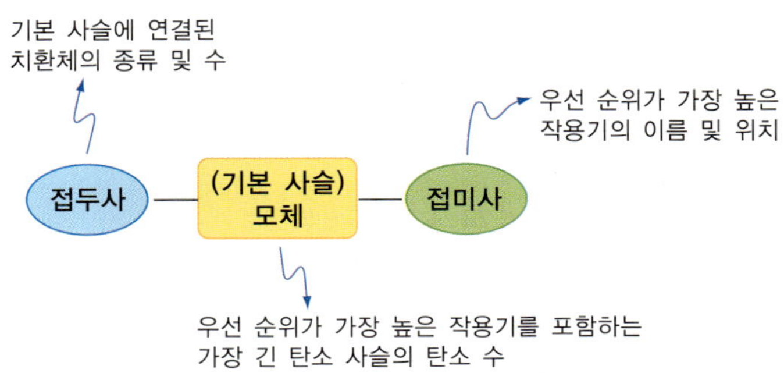

아민 작용기의 우선 순위가 가장 높은 경우에 비고리형 아민은 알칸아민(alkanamine), 고리형 아민은 사이클로알칸아민(cycloalkanamine)으로 명명한다. 아민의 위치는 기본 사슬에 있는 경우에는 번호를 사용하고 질소에 치환체가 있는 경우에는 *N*을 사용한다. 이것을 제외한 다른 모든 규칙은 알케인(3.3절), 알켄(4.3절), 알카인(5.2절), 할로젠화 알킬(7.2절) 등에서 적용하는 규칙과 모두 동일하다.

둘째, IUPAC의 작용기족 명명법은 기본명의 알킬 사슬을 중심으로 [아미노알칸(aminoalkane)]의 형식을 사용한다. 이 명명법은 아민 작용기를 치환체로 생각하는 것으로서 지금까지 기술하였던 기존의 명명법 체계를 그대로 적용할 수 있지만, 구조가 복잡해지면서 이름이 매우 어려워지는 단점이 있다.

alkylalkylaminoalkane(alkane: 기본 사슬!)

셋째, 이 외에도 기본명의 알킬 사슬을 중심으로 [알킬아민(alkylamine)]이라 부를 수 있다. 이 방법은 구조가 간단한 화합물의 상용명(common name)에서 많이 사용하는데, 역시 화합물의 구조가 복잡해지면 사용하기가 매우 어려워지는 단점이 있다.

alkylalkylalkylamine(알파벳 순서!)

다양한 구조의 화합물에 대하여 위에서 기술한 명명법을 적용한 예는 아래와 같다.

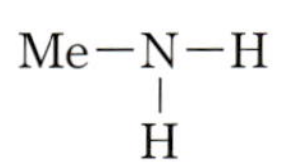

methanamine
aminomethane
methylamine

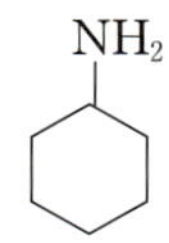

cyclohexanamine
aminocyclohexane
cyclohexylamine

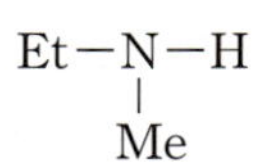

N-methylethanamine
methylaminoethane
ethylmethylamine

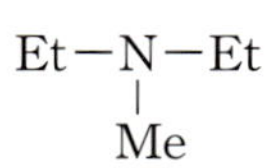

N-ethyl-*N*-methylethanamine
ethylmethylaminoethane
diethylmethylamine

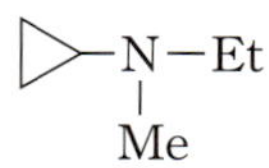

N-ethyl-*N*-methylcyclopropanamine
ethylmethylaminocyclopropane
cyclopropylethylmethylamine

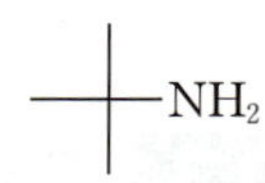

2-methylpropan-2-amine
2-amino-2-methylpropane
t-butylamine

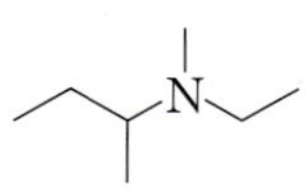

N-ethyl-*N*-methylbutan-2-amine
2-(ethylmethylamino)butane
sec-butylethylmethylamine

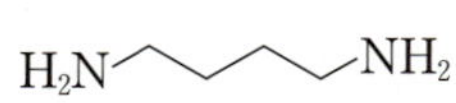

butane-1,4-diamine
1,4-diaminobutane

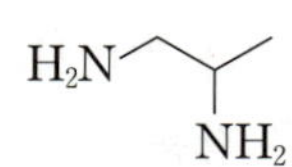

propane-1,2-diamine
1,2-diaminopropane

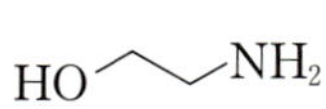

2-aminoethanol

그림 20-4 알킬 아민의 명명

20.3.2 아릴 아민

벤젠 고리에 $-NH_2$ 치환체가 있는 화합물을 아닐린(aniline)이라고 하는데, 관용명을 갖는 벤젠 유도체들에 관해서는 14.1.2절에서 이미 기술한 바 있다.

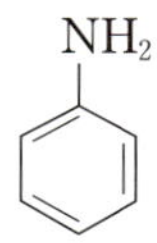

aniline
benzamine

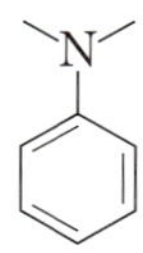

N,*N*-dimethylaniline

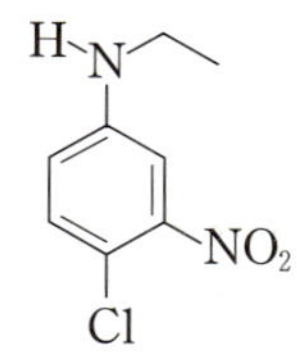

4-chloro-*N*-ethyl-3-nitroaniline

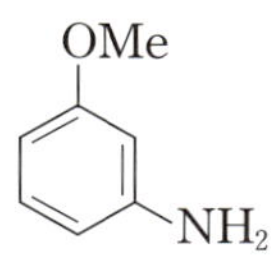

3-methoxyaniline
m-methoxyaniline
m-anisidine

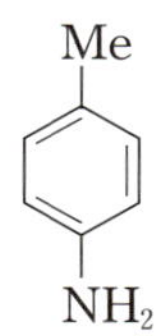

4-aminotoluene
p-aminotoluene
p-toluidine

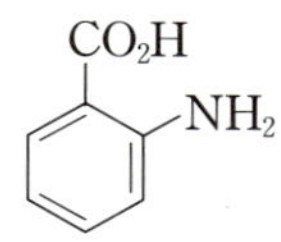

2-aminobenzoic acid
o-aminobenzoic acid
anthranilic acid

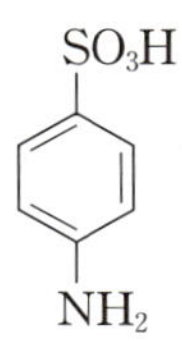

4-aminobenzenesulfonic acid
p-aminobenzenesulfonic acid
sulfanilic acid

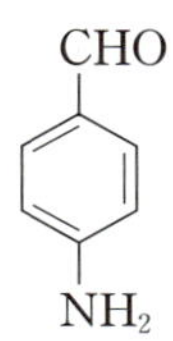

4-aminobenzenecarbaldehyde
4-aminobenzaldehyde
p-aminobenzaldehyde

그림 20-5 아릴 아민의 명명

20.3.3 헤테로고리 아민

벤젠에 질소 한 개가 있는 화합물은 피리딘(pyridine), 피리딘 3번 위치에 질소가 한 개 더 있는 화합물은 피리미딘(pyrimidine), 피리딘에 벤젠 고리가 한 개 축합된 물질은 퀴놀린(quinoline), 피리딘의 이중 결합이 모두 포화된 화합물은 피페리딘(piperidine)이라고 부른다.

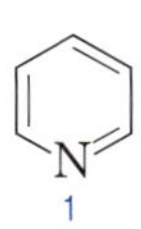

pyridine

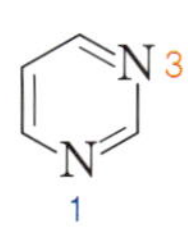

pyrimidine

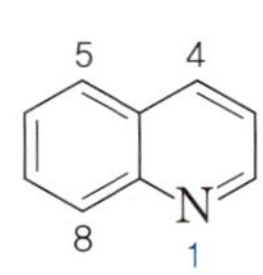

quinoline

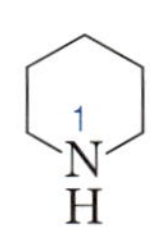

piperidine

질소를 포함하는 오각형 구조의 화합물로는 피롤(pyrrole), 이미다졸(imidazole), 인돌(indole), 피롤리딘(pyrrolidine) 등이 있다.

pyrrole

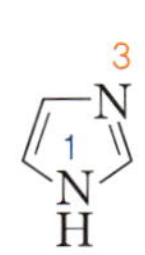

imidazole

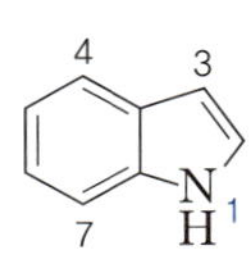

Indole

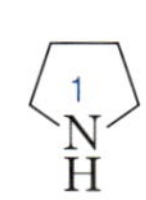

pyrrolidine

헤테로고리 아민 골격은 니코틴(nicotine) 및 코카인(cocaine)처럼 생물학적으로 중요한 역할을 하는 천연물들과 현재 시판되고 있는 많은 의약품에서 심심치 않게 발견되는 상업적으로 매우 중요한 구조이다.

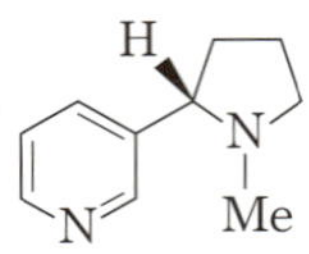
Nicotine

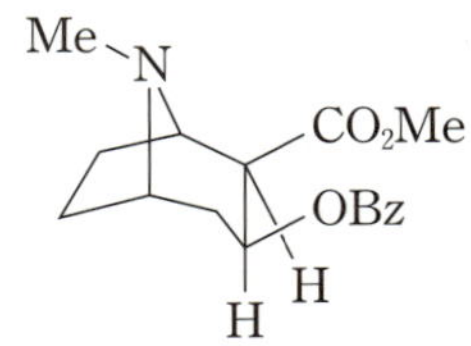
Cocaine

20.4 물리적 성질

전기 음성도:
C 2.5, N 3.0, O 3.5

질소의 전기 음성도는 산소보다는 작지만 탄소보다는 크기 때문에 아민 화합물은 극성을 갖는다. 그리고 알코올보다는 약하지만 1차 및 2차 아민은 물과의 수소 결합도 가능하기 때문에 알케인과 알코올의 중간에 위치하는 끓는점을 예상할 수 있다.

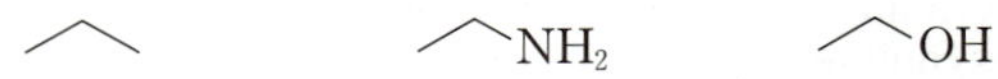

μ(D)	0	1.2	1.7
끓는점(°C)	−42	17	78

분자량이 같은 경우에는 수소 결합에 참여하는 수소 원자의 수가 많을수록 끓는점이 증가한다. 즉 끓는점은 [1차 > 2차 > 3차]의 순서로 낮아진다.

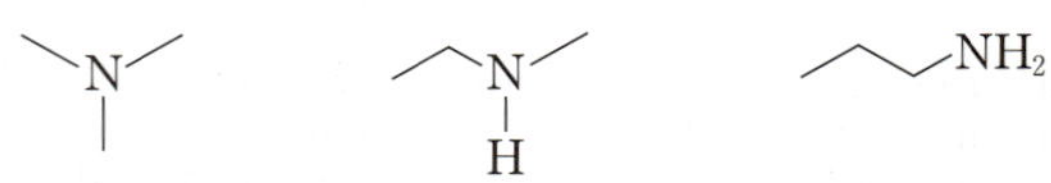

N−H 결합의 수	0	1	2
끓는점(°C)	3	34	50

용해도 측면에서는 기본적으로 "Like dissolves like.", 즉 "성질이 비슷한 물질끼리 섞인다."는 원칙을 적용할 수 있다. 분자량이 같은 아민에서는 수소 결합에 참여하는 수소 원자의 수가 많을수록 물에 대한 용해도가 증가하는데, 알코올에서와 같이 질소 원자 한 개가 네 개의 탄소 원자를 감당할 정도로 용해도는 상당히 좋은 특성을 보인다.

20.5 염기성

20.5.1 알킬 아민

암모니아 및 1~3차 아민에서는 질소의 비공유 전자쌍을 양성자(H^+)에 제공하는 산−염기 반응이 가능하다. 반면에, 아마이드는 질소의 비공유 전자쌍이 카보닐 작용기로 비편재화되어서 H^+와의 산−염기 반응이 일어나지 않는다(18.2.3절, 18.12.1절). 이것은 암모니아 및 1~3차 아민들은 약염기로 작용하고, 아마이드는 염기로 작용하지 못함을 의미한다.

염기성　　염기성　　염기성　　비 염기성

약염기인 1~3차 아민과 강산 및 약산과의 반응은 아래와 같다. 반응 생성물은 모두 이온성 물질인 염으로 존재하므로 물에 대한 용해도가 큼을 예상할 수 있다.

$$R_1R_2R_3N + HCl \longrightarrow R_1R_2R_3\overset{\oplus}{N}H\ Cl^{\ominus}$$ 암모늄 염(이온 화합물)

$$R_1R_2R_3N + RCO_2H \longrightarrow R_1R_2R_3\overset{\oplus}{N}H\ RCO_2^{\ominus}$$ 암모늄 염(이온 화합물)

암모니아 및 1~3차 아민의 짝산(암모늄 염)의 pK_a 값은 치환체의 종류 및 수에 따라서 조금씩 다를 수 있지만 대부분 9~11 범위에 있다. 물의 짝산(H_3O^+)의 pK_a 값이 −1.7이므로, H_3O^+가 RNH_3^+보다 훨씬 강한 산이고, RNH_2가 H_2O보다 훨씬 강한 염기임을 알 수 있다(2.1.3절). pK_a(HA)+pK_b(A^-)=14

표 20-1 암모늄 염의 pK_a

암모늄 염	pK_a
$NH_4^{\oplus}$	9.8
$MeNH_3^{\oplus}$	10.5
$Me_2NH_2^{\oplus}$	10.7
$Me_3NH^{\oplus}$	9.8
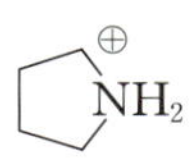	11.3

C_{sp^3}−NH_2가 C_{sp^3}−OH보다 염기성이 크다는 사실은 다음과 같이 추론할 수 있다. 염기성이란 자신이 소유한 비공유 전자쌍을 양성자(H^+)에게 제공하는 능력인데, 산소는 질소보다 전기 음성도가 크기 때문에 비공유 전자를 혼자서 차지하려는 경향성이 더 크고, 그 결과 양성자(H^+)에게 전자를 제공하는 능력이 자연스럽게 감소한다.

20.5.2 아릴 아민

아닐린은 아릴 아민의 대표적인 화합물로서, 질소의 비공유 전자쌍이 벤젠 고리로 비편재화됨으로써 질소의 전자 밀도가 줄어들고, 따라서 질소의 염기성은 감소한다(20.2.2절).

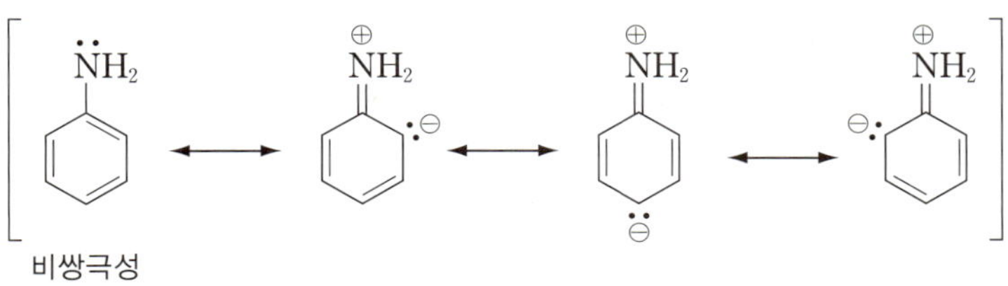

비쌍극성 구조

실험에 의하면 아닐린의 짝산은 pK_a(Ph−NH_3^+) ≈ 4.6, 아민의 짝산은 pK_a(RNH_3^+) ≈ 10.5이므로 아닐린이 아민보다 훨씬 약한 염기임을 알 수 있다. pK_a(HA)+pK_b(A^-)=14

$$R-\overset{\oplus}{N}H_3 \qquad Ph-\overset{\oplus}{N}H_3$$

pK_a: 10.5 4.60

Ph−NH_2와 Ph_3N의 염기성에 대하여 생각해 보자. Ph−NH_2에서는 질소의 비공유 전자쌍이 한 개의 벤젠 고리로 비편재화되지만, Ph_3N에서는 세 개의 벤젠 고리로 비편재화되기 때문에

pKa 값에 의하면 Ph_3N 화합물이 물보다 염기성이 더 적다.

질소에서의 전자 밀도는 Ph−NH_2가 더 크고, 따라서 염기성도 클 것임을 예상할 수 있다. 실험에 의하면 $pK_a(Ph{-}NH_3^+) \approx 4.6$, $pK_a(Ph_3NH^+) \approx -5$로서 Ph−$NH_2$가 더 강한 염기라는 추론과 일치한다.

	$Ph{-}\overset{\oplus}{N}H_3$	$Ph_2\overset{\oplus}{N}H_2$	$Ph_3\overset{\oplus}{N}H$
pK_a:	4.60	0.8	−5

이제는 아닐린에서 질소의 *p*-위치에 다양한 치환체가 있을 때 염기성의 변화에 대하여 생각해 보자. 특정 *p*-치환체가 벤젠 고리에 전자를 제공하는 능력이 커지면 아닐린의 질소 원자가 벤젠 고리에 전자를 제공하는 정도가 상대적으로 감소하고, 이것은 질소에서 전자 밀도의 감소를 억제하는 결과로 이어지므로 결국 양성자(H^+)에게 전자를 제공하는 능력(염기성)이 상대적으로 증가하게 된다. 이러한 논리를 친전자성 방향족 치환 반응에서 벤젠 고리의 π-전자 밀도가 클수록 반응 속도가 증가한다는 사실(15.2절)과 연결하면 활성화 치환체는 아닐린 유도체의 염기성을 증가시키고, 비활성화 치환체는 염기성을 감소시킨다는 결론에 도달할 수 있다. 아래의 표는 항상 성립하지는 않겠지만 최소한 이러한 경향성을 잘 보여 주고 있다.

표 20-2 아닐린의 pK_a

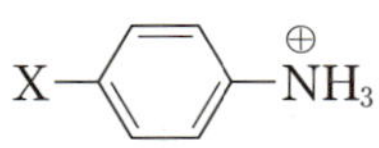

X	pK_a	
NH_2	6.15	활성화 그룹
OMe	5.34	활성화 그룹
Me	5.08	활성화 그룹
H	4.63	
Cl	3.98	비활성화 그룹
Br	3.86	비활성화 그룹
CF_3	3.5	비활성화 그룹
CN	1.74	비활성화 그룹
NO_2	1.00	비활성화 그룹

염기성과 관련해서 sp^2 혼성 오비탈은 sp^3보다 전자를 더 강하게 잡아당기기 때문에 양성자(H^+)에게 전자를 제공하는 능력(염기성)이 감소한다(4.4절). 즉, 유사한 조건에서는 N_{sp^2}의 염기성이 N_{sp^3}보다 작은데, 이것은 $pK_a(R{-}NH_3^+) \approx 10.5$, pK_a(pyridine−H^+)≈5.4에서 확인할 수 있다.

20.5.3 피리딘, 피롤, 이미다졸

피리딘(pyridine)은 벤젠의 탄소 원자 한 개가 질소로 치환된 화합물이다. 루이스 구조에 의하면 질소는 세 개의 sp^2 혼성 오비탈을 형성하는데, 이 중에서 두 개는 $\sigma(N_{sp^2}{-}C_{sp^2})$ 결합에 참여하고 나머지 한 개는 전자쌍을 수용함으로써 피리딘이 약염기로 작용할 수 있게 한다 (pK_a(pyridine−H^+)≈5.4). 한 개의 전자가 있는 N_p 오비탈은 다섯 개의 C_p 오비탈과 함께 전자 수 여섯 개($4n+2$)인 고리형 콘쥬게이션을 통하여 피리딘에게 방향족성의 특성을 제공한다(14.7절).

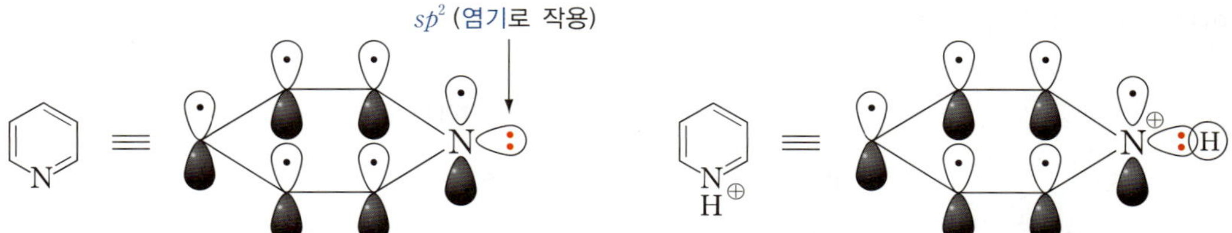

pK_a=5.4 (방향족성 유지)

피롤(pyrrole)은 질소 한 개를 포함하는 오각형 방향족 화합물이다. 루이스 구조에 의하면 질소는 세 개의 sp^2 혼성 오비탈을 형성하는데, 이 중에서 두 개는 $\sigma(N_{sp^2}-C_{sp^2})$ 결합에 참여하고 나머지 한 개는 $\sigma(N_{sp^2}-H_{1s})$ 결합에 관여한다. 그리고 N_p 오비탈의 비공유 전자쌍은 네 개의 C_p 오비탈과 함께 전자 수 여섯 개($4n+2$)인 고리형 콘쥬게이션을 통하여 피롤에게 방향족성의 특성을 제공한다(14.7절). 이러한 이유로 N_p 오비탈의 전자쌍은 염기로 작용하지 못한다.

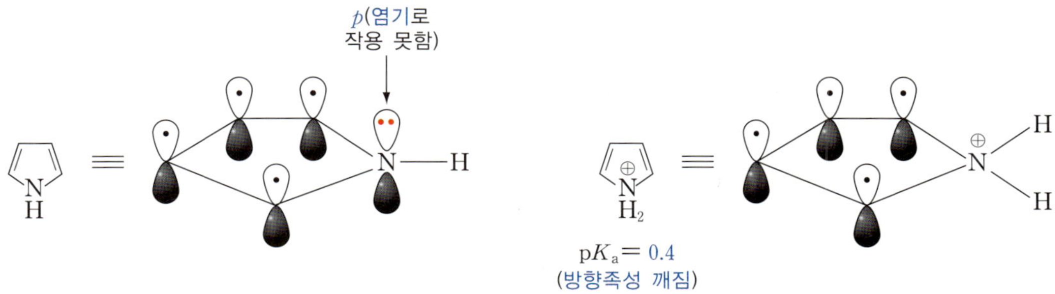

염기성과 관련해서는 $pK_a(\text{pyrrole}-H^+) \approx 0.4$, $pK_a(\text{pyridine}-H^+) \approx 5.4$로서 피롤의 염기성이 피리딘보다 훨씬 적음을 알 수 있다. 그 이유는 피롤에서 N_p의 비공유 전자쌍이 H^+와 산–염기 반응을 하면 고리형 콘쥬게이션이 깨지면서 방향족성에 의한 안정화 효과가 소멸되어 열역학적으로 상당한 손실이 생기기 때문이다.

이미다졸(imidazole)은 피롤의 C_3 원자가 질소로 치환된 화합물이다. 루이스 구조에 의하면 N_1 및 N_3 원자는 동일하게 세 개의 sp^2 혼성 오비탈을 형성하는데, N_1 원자는 두 개의 $\sigma(N_{sp^2}-C_{sp^2})$ 결합 및 한 개의 $\sigma(N_{sp^2}-H_{1s})$ 결합에 참여하며 두 개의 전자를 포함하는 p 오비탈이 있다. N_3 원자는 두 개의 $\sigma(N_{sp^2}-C_{sp^2})$ 결합 및 고립 전자쌍을 수용하는 sp^2 오비탈, 그리고 한 개의 전자를 포함하는 p 오비탈로 구성된다. N_1 원자의 p 오비탈은 세 개의 C_p 오비탈 및 N_3의 p 오비탈과 함께 전자 수 여섯 개($4n+2$)인 고리형 콘쥬게이션을 통하여 이미다졸에게 방향족성의 특성을 제공(14.7절)하기 때문에, 피롤에서와 같이 N_1 원자에서는 염기성을 기대할 수 없다. 반면에, N_3 원자의 sp^2 오비탈은 피리딘에서와 같이 방향족성과 무관하기 때문에 염기로 작용할 수 있다.

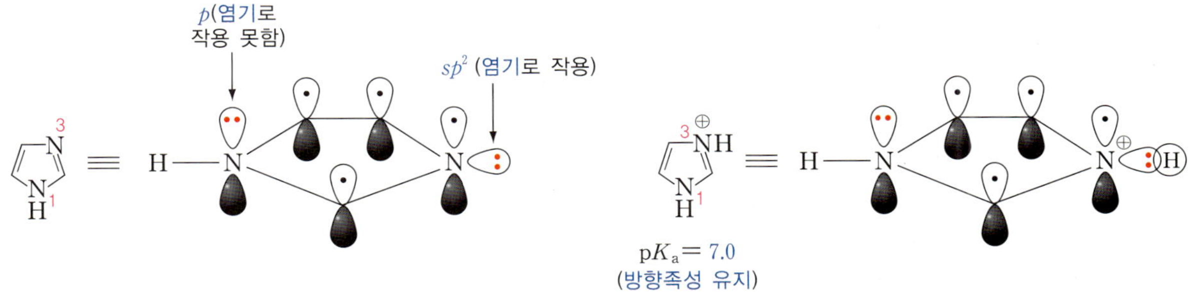

이미다졸의 짝산은 $pK_a(\text{imidazole}-H^+) \approx 7.0$으로서 $pK_a(RNH_3^+) \approx 10.5$와 $pK_a(\text{pyridine}-H^+) \approx 5.4$의 중간에 위치하는 염기성을 갖는다. 이미다졸의 산–염기 반응은 N_3의 sp^2 오비탈에서 진행되므로 고리형 콘쥬게이션에는 영향을 주지 않으며, 아래의 공명 구조 때문에 피리딘보다 염기성이 조금 더 강한 물질임을 설명할 수 있다.

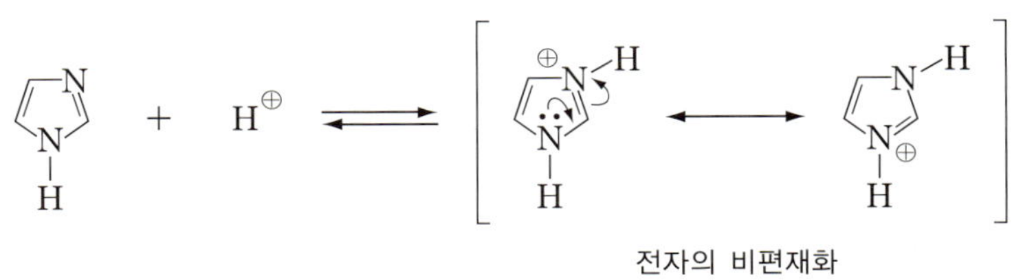

20.5.4 요약

질소 원자의 염기성은 [알킬 아민 > 암모니아 > 이미다졸 > 피리딘 > 아닐린 > 피롤]의 순서이다. 염기의 상대적인 크기를 정량화하면 $pK_a(RNH_3^+) \approx 10.5$, $pK_a(NH_4^+) \approx 9.3$, pK_a(imidazole−H^+) ≈ 7.0, pK_a(pyridine−H^+) ≈ 5.4, pK_a(aniline−H^+) ≈ 4.6, pK_a(pyrrole−H^+) ≈ 0.4가 된다.

표 20-3 아민 화합물의 pK_a

아민	$pK_a(NH^+)$
아민(sp^3)	10~11
암모니아	9.3
이미다졸	7.0
피리딘	5.4
아닐린	4.6
피롤	0.4

20.6 합성법

아민은 다양한 방법을 통하여 합성할 수 있는데, 교재에서는 S_N2 알킬화 반응, 환원 반응, 환원성 아미노화 반응, 카복실산의 자리 옮김 반응 등으로 구분하여 소개할 예정이다. 여기에서 다루는 내용들은 앞에서 언급된 내용들을 충분히 이해하고 있으면 개념적으로 쉽게 따라올 수 있는 내용들이 많지만, 일부는 새로운 반응들도 함께 있음에 유의하기 바란다.

20.6.1 S_N2 알킬화 반응

여기에서는 알킬 아민의 알킬화 반응, 가브리엘 1차 아민 합성법, 그리고 아릴 아민의 알킬화 반응에 대하여 차례로 설명하기로 한다.

첫 번째, 알킬 아민의 S_N2 알킬화 반응에 대하여 알아보자.

알킬 아민의 질소 원자는 고립 전자쌍을 갖기 때문에 기본적으로 S_N2 알킬화 반응이 가능하고, 질소의 전자 밀도가 클수록 친핵성이 증가하므로 S_N2 반응성은 [3차 > 2차 > 1차 > 암모니아]의 순서이다.

다만, 알킬 아민의 S_N2 알킬화 반응은 반응의 성격상 부반응이 수반되기 때문에 합성에 적용하기에는 상당한 제약이 따른다. 예를 들면, 할로젠화 알킬을 암모니아와 반응시키면 1차 아민이 생성되는데, 1차 아민은 암모니아보다 S_N2 반응성이 크기 때문에 다른 R−X와 반응하여 2차 아민으로 빠르게 전환된다. 이러한 과정이 반복되면 결국 1차, 2차, 3차 아민 및 4차 암모늄염이 공존하는 반응 생성물이 얻어지는데, 혼합물의 조성은 출발 물질과 암모니아의 반응성 및 초기 농도, 반응 조건 등에 따라서 변할 수 있다.

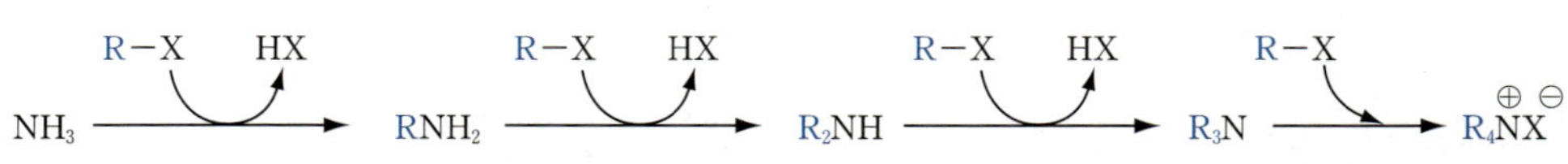

알킬 아민의 S_N2 알킬화 반응을 이용한 예는 다음과 같다.

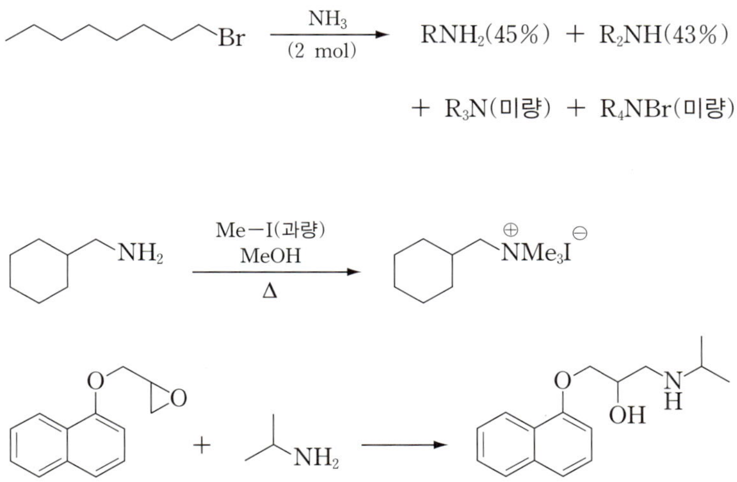

그림 20-6 알킬 아민의 S_N2 알킬화 반응의 예

두 번째, **가브리엘 1차 아민 합성법(Gabriel primary amine synthesis)**에 대하여 알아보자. 이 반응은 알킬 아민의 S_N2 알킬화 반응의 단점을 극복하는 가장 대표적인 방법의 하나로서, 프탈이미드(phthalimide) 음이온과 할로젠화 알킬의 S_N2 반응 및 이미드(imide) 작용기의 가수 분해 반응으로 1차 아민을 선택적으로 합성하는 매우 유용한 방법이다.

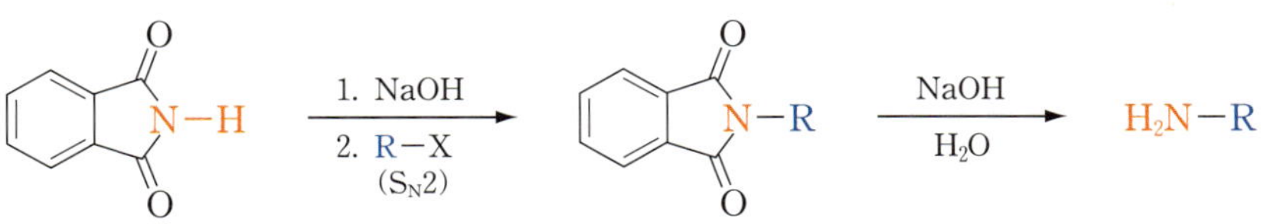

프탈이미드

출발 물질인 프탈이미드의 구조를 1,3-다이카보닐 화합물과 비교하면 1,3-다이카보닐 화합물의 α-CH_2가 N−H로 치환되었고, 질소의 전기 음성도는 탄소보다 크기 때문에 동일한 조건에서 $N:^-$가 $C:^-$보다 열역학적으로 더 안정함을 예상할 수 있다. 실험에 의하면 프탈이미드 N−H의 산성도는 $pK_a \approx 8.3$으로서 1,3-다이케톤과 유사한 산성도를 보이는데, 이것은 프탈이미드와 NaOH를 반응시켰을 때 산–염기 반응이 거의 정량적으로 진행됨을 의미한다($K > 10^7$). 이렇게 생성된 질소 음이온은 전자 밀도가 높기 때문에 온화한 조건에서도 S_N2 알킬화 반응을 진행할 수 있고, S_N2 반응 후에는 중간체를 염기성 조건에서 가수 분해하여 1차 아민을 제공한다.

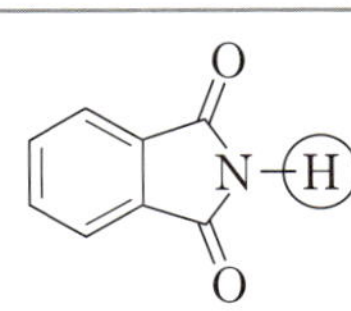

$pK_a = 8.3$

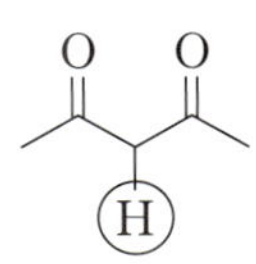

$pK_a = 9$

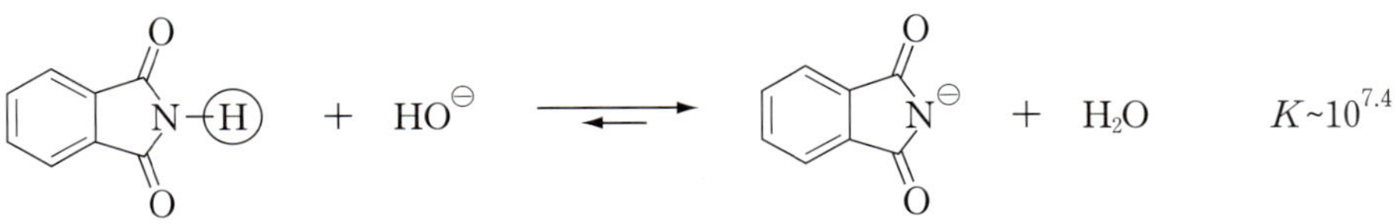

$pK_a = 8.3$ $pK_a = 15.7$

가브리엘 1차 아민 합성법을 이용한 예는 아래와 같다.

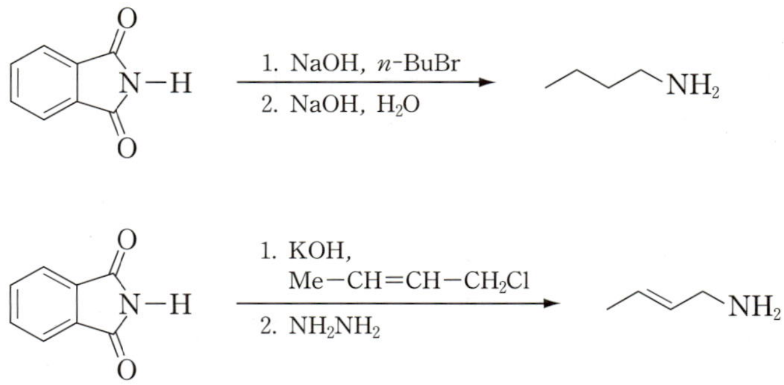

그림 20-7 가브리엘의 1차 아민 합성 반응의 예

세 번째, 아릴 아민의 S_N2 알킬화 반응에 대하여 알아보자. 아릴 아민에서는 질소의 비공유 전자쌍이 벤젠 고리로 비편재화되어 질소의 전자 밀도가 낮아지고(20.2.2절), 그 결과 아릴 아민의 S_N2 알킬화 반응은 알킬 아민보다 더 어렵게 진행된다.

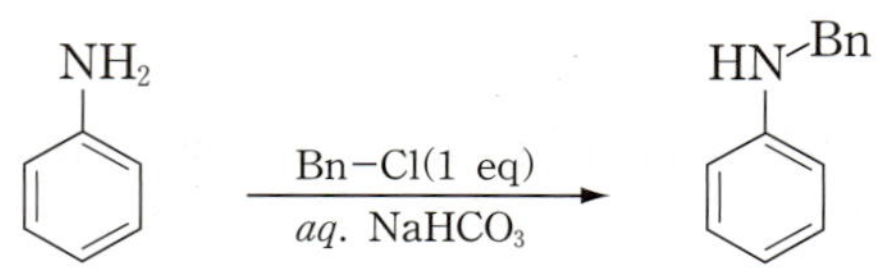

20.6.2 환원 반응

아민 화합물은 ① 나이트릴 화합물(RCN)에 LAH(18.15.3절) 또는 수소 촉매화 조건(18.15.4절)을 사용한 환원 반응, ② 아마이드 화합물($RCONR_2$)에 LAH(18.11.3절)를 적용한 환원 반응, ③ 나이트로 화합물(RNO_2)에 LAH 시약, 촉매 수소화 반응 및 M(Zn, Fe)−HCl, $SnCl_2$−HCl(15.1.3절) 등을 이용한 환원 반응, ④ 아자이드 화합물($R-N_3$)에 LAH, 촉매 수소화 조건, NH_2NH_2−Pt, PPh_3(Staudinger reaction) 등을 적용하여 합성할 수 있다.

나이트릴 환원: 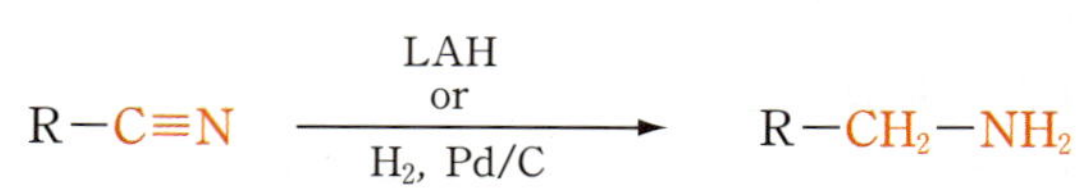 (1차 아민)

아마이드 환원:  (1차~3차 아민)

나이트로 환원: 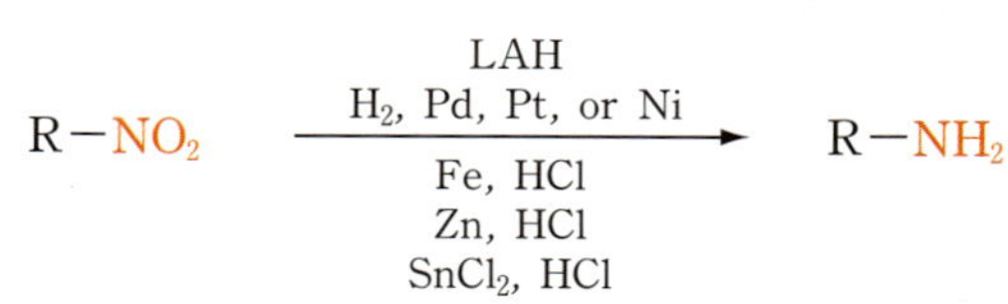 (1차 아민)

아자이드 환원: 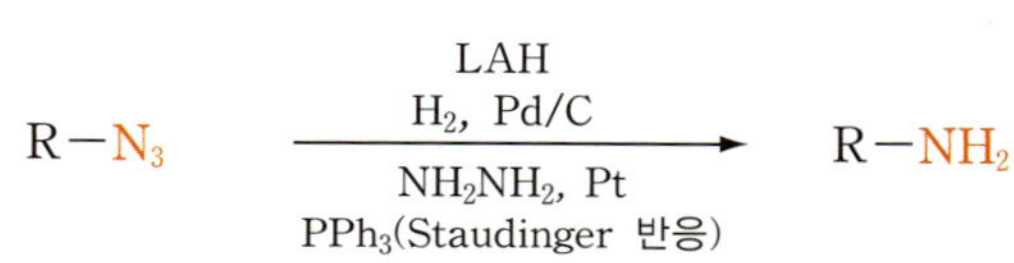 (1차 아민)

앞에서 기술한 환원 반응으로 아민을 합성한 예는 아래와 같다.

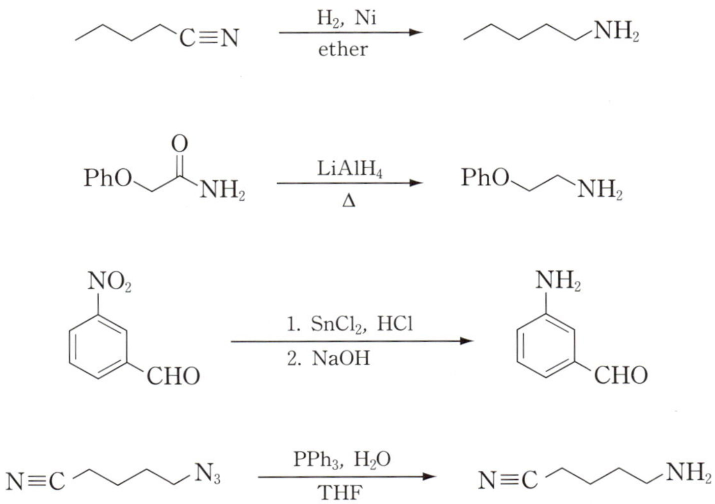

그림 20-8 환원 반응을 이용한 아민 합성의 예

20.6.3 환원성 아미노화 반응

알데하이드 및 케톤에서 아민을 합성하는 방법은 다양하게 알려져 있다. 교재에서는 ① 환원성 아미노화 반응(reductive amination), ② 옥심의 환원 반응, ③ 에쉬바일러-클라크 반응을 중심으로 설명하기로 한다.

첫 번째, **환원성 아미노화 반응(reductive amination)**은 알데하이드 및 케톤을 1차 및 2차 아민과 반응시킬 때 생성되는 이민(16.10절) 및 이미늄 염(16.11절)의 C=N 이중 결합을 촉매 수소화 반응, $NaBH_4$, $NaBH_3(CN)$ 등으로 환원하여 1차, 2차, 3차 아민을 합성하는 반응이다.

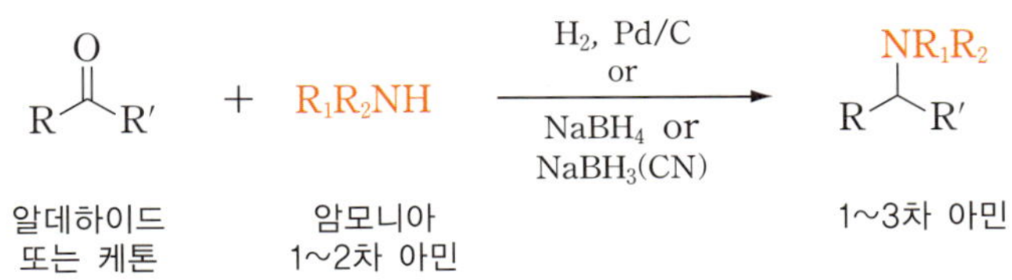

이 반응을 이용한 예들은 아래와 같다.

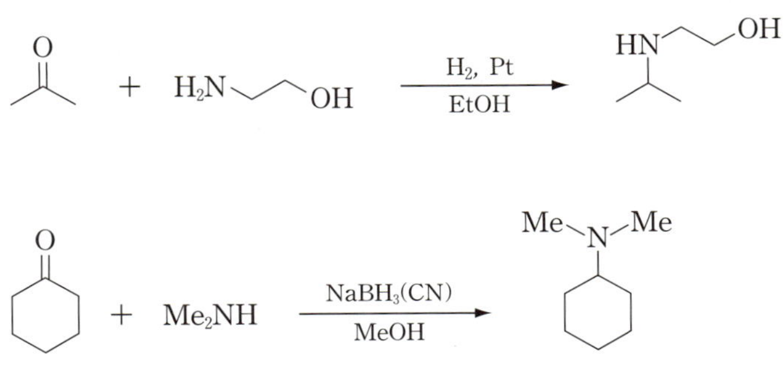

그림 20-9 이민 또는 이미늄 염의 환원 반응의 예

$NaBH_3(CN)$ 시약은 $NaBH_4$에서 수소 음이온(H:⁻) 한 개가 CN^-으로 치환된 시약으로, $NaBH_4$보다 환원성은 작지만 약산성 조건에서 더 안정하다는 특징이 있다.

두 번째, 옥심의 환원 반응에 대하여 알아보자. 알데하이드 및 케톤을 NH_2OH(하이드록실아민)와 반응시키면 옥심이 생성된다(16.10.1절). 이때 C=N 이중 결합을 촉매 수소화 반응, LAH 등을 사용하여 환원시키면 C=N 결합이 환원됨과 동시에 N−O 결합이 끊어지면서 1차 아민이 생성된다.

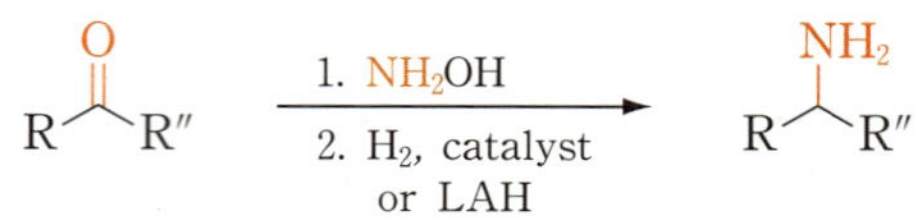

옥심의 환원 반응을 이용하여 1차 아민을 합성하는 예는 아래와 같다.

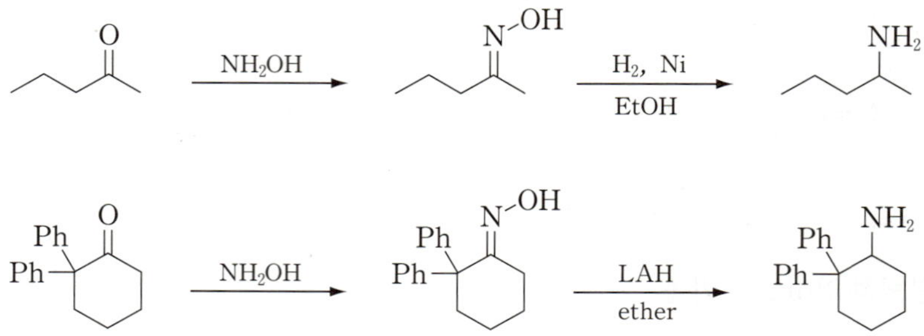

그림 20-10 옥심의 환원 반응의 예

세 번째, 1차 및 2차 아민에 과량의 [HCHO−HCO_2H] 조합을 적용하면 아민에서 N−H의 모든 수소가 메틸기로 치환되면서 3차 아민이 생성된다. 이 반응을 **에쉬바일러-클라크 반응(Eschweiler−Clark reaction)**이라고 한다.

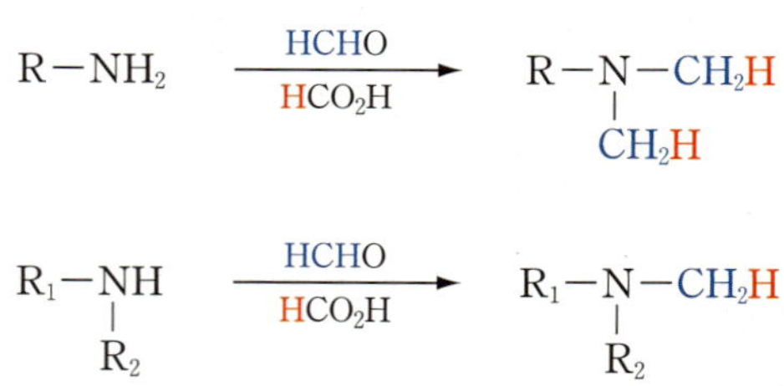

에쉬바일러-클라크 반응은 기본적으로 카보닐 작용기의 환원성 아미노화 반응을 적용한 반응이다.

1차 아민(R−NH_2)에서 3차 아민(R−NMe_2)까지의 합성 경로는 아래와 같다. 이 반응은 HCO_2H(폼산)를 시약으로 사용하기 때문에 산성 조건에서 진행되는 반응이다. 우선 알데하이드와 1차 아민이 반응하여 이민(16.10.1절)을 생성하고, HCO_2^- 음이온에서 CO_2가 방출되면서 생성되는 수소 음이온(H:$^-$)이 이미늄 양이온을 공격하여 N−H의 수소 원자가 CH_3로 치환된 2차 아민 **A**를 생성한다. 2차 아민 **A**는 알데하이드와 반응하여 이미늄 염으로 전환되고(16.11.2절), 다시 한번 HCO_2^- 음이온에서 CO_2가 방출되면서 생성되는 수소 음이온(H:$^-$)이 이미늄 양이온을 공격하여 N−H의 수소 원자가 CH_3로 치환된 3차 아민 **B**를 생성한다.

메커니즘 20-1 에쉬바일러-클라크 반응 메커니즘

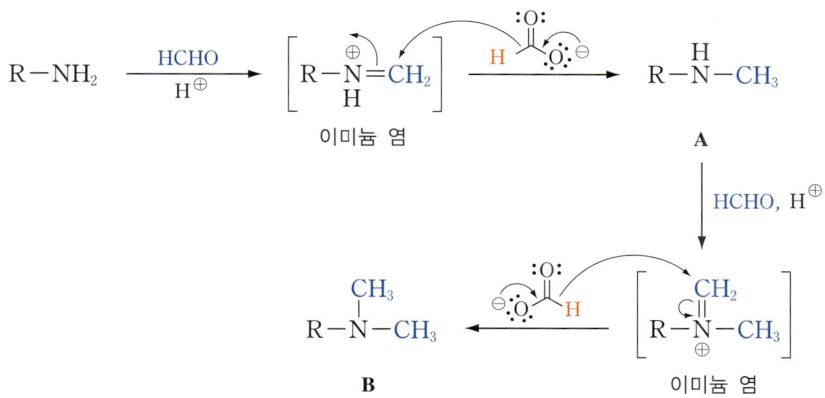

에쉬바일러-클라크 반응을 이용하여 메틸아민을 합성하는 예는 아래와 같다.

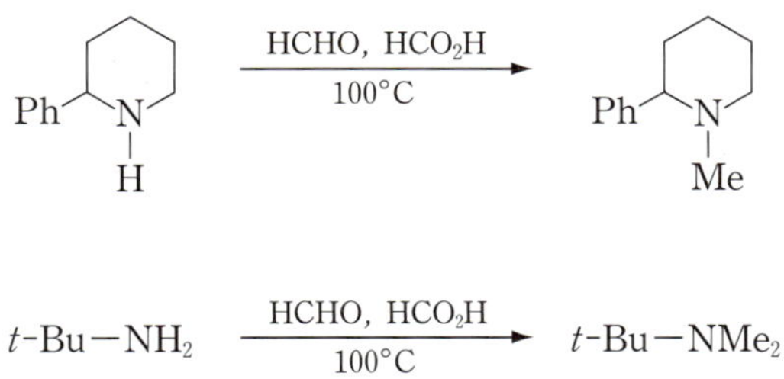

그림 20-11 에쉬바일러-클라크 반응의 예

20.6.4 카복실산의 자리 옮김 반응

카복실산은 자리 옮김 반응 및 CO_2 방출 반응을 통하여 탄소 수가 한 개 감소한 아민으로 전환될 수 있다. 이러한 전환은 염기성 조건에서 1차 아마이드와 할로젠(Cl_2, Br_2)의 반응을 사용하는 **호프만 자리 옮김 반응(Hofmann rearrangement)**, 염소화 아실과 아자이드(N_3^-)의 반응에서 시작하는 **커티우스 자리 옮김 반응(Curtius rearrangement)**, 그리고 산성 조건에서 카복실산과 아자이드의 반응을 이용하는 **쉬미트 자리 옮김 반응(Schmidt rearrangement)** 등에 의하여 가능하다.

호프만 자리 옮김 반응:

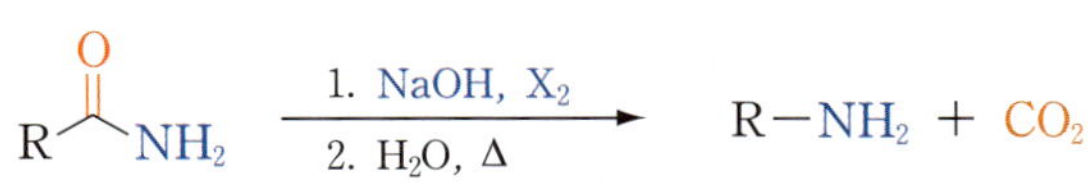

커티우스 자리 옮김 반응:

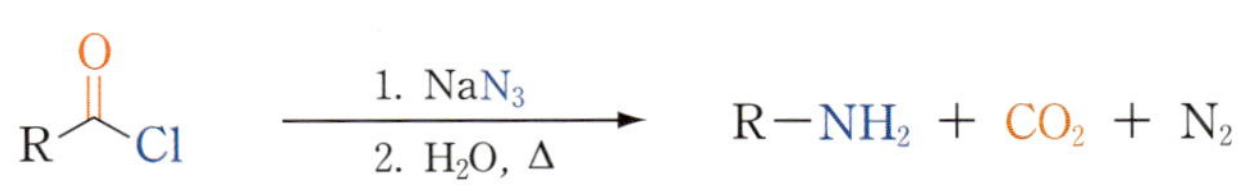

쉬미트 자리 옮김 반응:

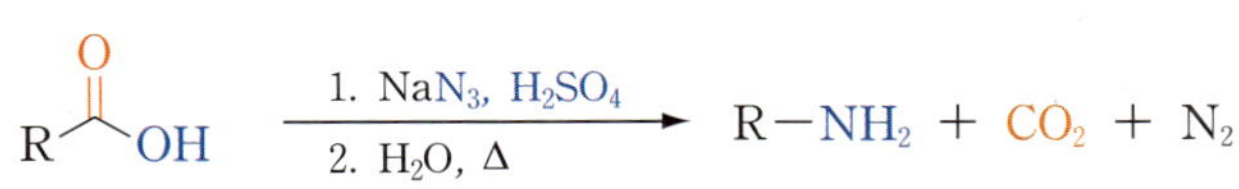

이들 반응의 예는 아래와 같다.

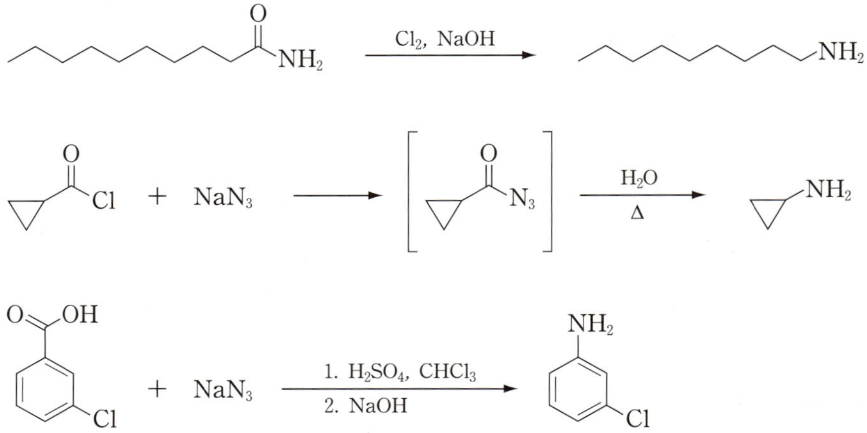

그림 20-12 카복실산의 자리 옮김 반응의 예

호프만, 커티우스, 쉬미트 자리 옮김 반응은 비록 출발 물질과 반응 조건은 다르지만 핵심 중간체인 아실 나이트렌(acyl nitrene, **C**)을 생성하는 자리 옮김 반응의 기초 원리가 동일하고, 중간체 **C** 이후에는 반응 경로가 같기 때문에 이들 반응의 메커니즘을 통합적으로 정리할 수 있다.

호프만 자리 옮김 반응에서 핵심 중간체 **C**의 합성은 다음과 같이 진행된다. 아마이드($pK_a \approx 16$)와 물($pK_a \approx 15.7$)의 산성도는 비슷하므로 1차 아마이드에 염기(HO^-)를 첨가하면 상당한 농도의 아미데이트(amidate) 음이온이 생성되고, 이 음이온이 할로젠(Cl_2)과 S_N2 반응을 하여 중간체 **A**를 제공한다. **A**에서 N−H의 산성도는 출발 물질보다 크기 때문에 다시 한번 산−염기 반응이 진행되어 중간체 **B**가 되고, 계속해서 아주 강한 이탈기(Cl^-)가 제거되면서 아실 나이트렌(acyl nitrene) **C**를 생성한다.

커티우스 자리 옮김 반응에서는 염소화 아실과 아자이드(N_3^-)로부터 아실 아자이드 **E**가 형성되고(18.5.5절, 경로 ①), [**B** → **C**]의 경로에서와 같이 **E**에서 아주 강한 이탈기(N_2)가 방출되면서 아실 나이트렌(acyl nitrene) **C**를 생성한다.

쉬미트 자리 옮김 반응에서는 산성 조건에서 카복실산과 아자이드를 가열하여 아실 아자이드 **E**를 형성하고(18.5.5절, 경로 ③), 그 이후의 반응 경로는 커티우스 자리 옮김 반응과 동일하다.

중간체 **C**에서 그림과 같은 분자내 자리 옮김 반응이 진행되면 R−NCO(아이소시아네이트, isocyanate) **D**가 얻어진다. **D**에서 중심에 위치한 탄소는 C=O 및 C=N 결합을 동시에 갖기 때문에 카보닐(C=O)과 이민(C=N)의 탄소 원자보다 전자 밀도가 훨씬 낮고, 그 결과 친핵체와의 반응성이 매우 큼을 예상할 수 있다. 실제로 아이소시아네이트는 중성의 물과 쉽게 반응하여 카밤산(carbamic acid)을 생성하는데, 이 물질은 열역학적으로 불안정하여 CO_2를 방출하면서 최종 생성물인 1차 아민으로 전환된다. 중간체 **D**를 물 대신에 알코올과 반응시키면 열역학적으로 매우 안정하여 분리할 수 있는 카바메이트(carbamate)를 얻게 된다.

교재에 따라서는 중간체 **C**를 거치지 않고, [**B** → **D**]의 경로를 그리는 경우도 있다.

메커니즘 20-2 카복실산의 자리 옮김 반응 메커니즘

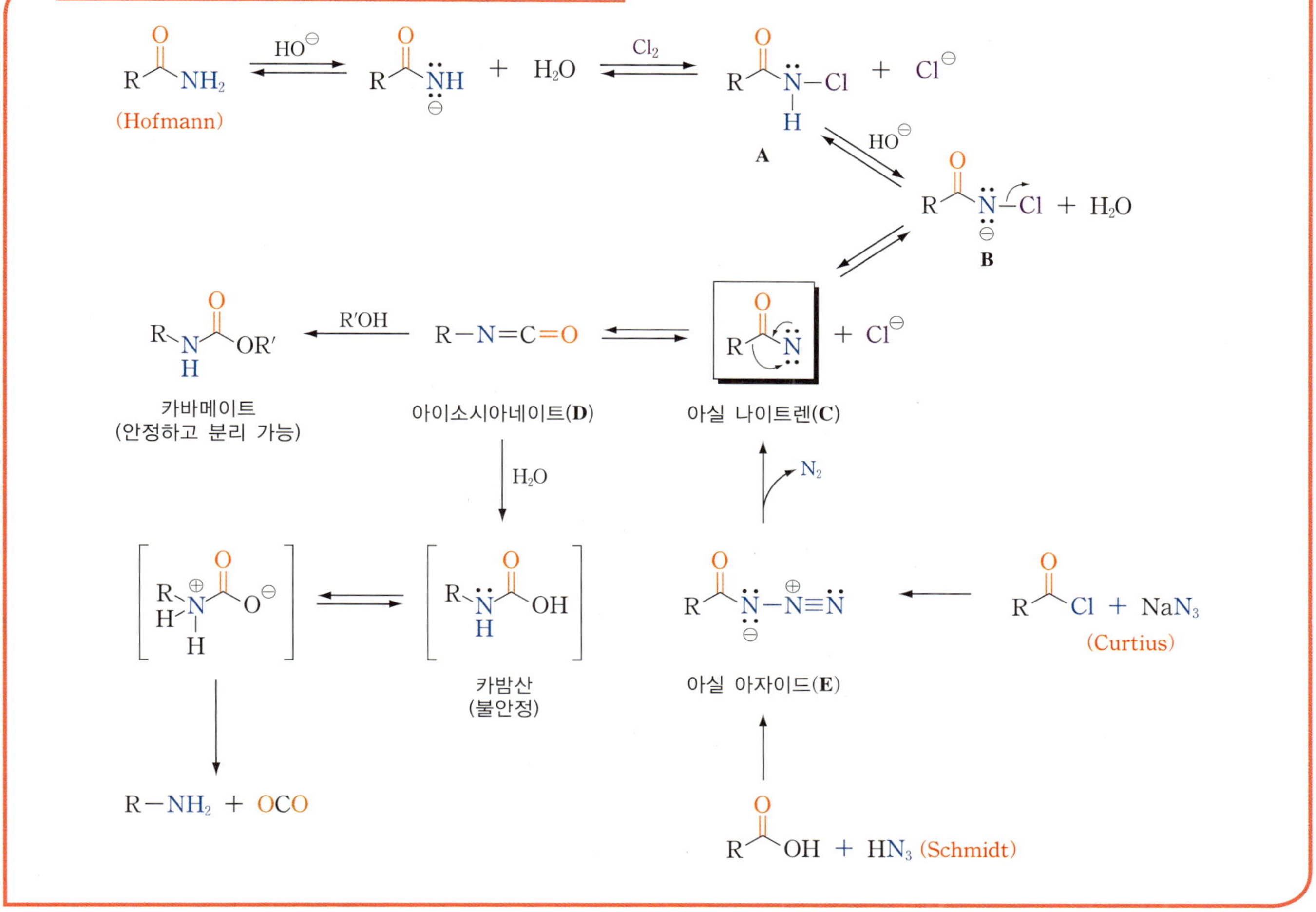

20.7 4차 암모늄 염

20.7.1 서론

C_{sp^3}−질소 원자는 C_{sp^3}−산소 원자보다 염기성 및 친핵성이 크고, 알킬 아민에서 질소의 친핵성은 [3차 > 2차 > 1차 > 암모니아]의 순서로 감소한다. 실제로 다이에틸에터는 상온에서 CH_3-I와 반응하지 않지만, 트라이에틸아민은 상온에서 반응하여 4차 암모늄 염을 생성한다. 일반적으로 4차 암모늄 염들은 양이온과 음이온으로 구성된 이온성 물질이기 때문에 물에 잘 녹고 녹는점이 매우 높은 특징이 있다.

$$Et_2O + MeI \xrightarrow[\text{ether}]{25°C} NR$$

$$Et_3N + MeI \xrightarrow[\text{ether}]{25°C} Et_3\overset{\oplus}{N}Me\ I^{\ominus}$$

그리고 이온 화합물인 소금(NaCl)을 sodium chloride라고 부르듯이 이온성 물질의 명명은 [양이온 + 음이온]의 순서로 표기한다. 4차 양이온의 명명법도 이러한 규칙을 따르며, 서로 다른 알킬기가 있는 경우에는 여러 번 나왔듯이 영어 알파벳 순으로 명명한다.

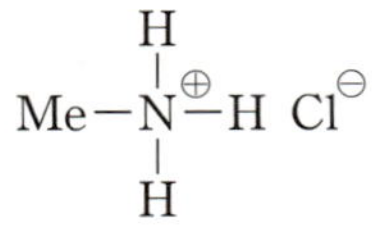

methylammonium chloride

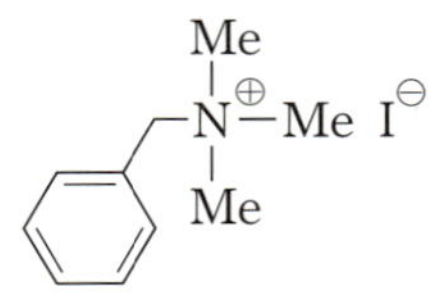

benzyltrimethylammonium iodide

20.7.2 호프만 제거 반응

$pK_a(NH_3) \approx 33$, $pK_a(NH_4^+) \approx 9.3$

호프만 제거 반응이 진행되려면 한 개 이상의 β-C–H 결합이 필요하다.

아래와 같이 강한 염기(B:⁻)를 사용하는 세 가지의 가상적인 E2 반응을 생각해 보자. 첫 번째 반응은 NH_2^- 음이온이 이탈기로 작용하는 반응으로서, NH_2^-가 아주 약한 이탈기(7.6.4절)이기 때문에 반응이 진행되기 힘들 것이다. 두 번째 반응은 염기(B:)와 암모늄 염 사이의 산–염기 반응이 매우 빠르게 진행되어서 E2 반응의 가능성 자체가 원천적으로 불가능하다. 세 번째 반응은 강염기와 4차 암모늄 염의 반응이다. 이 반응은 기본적으로 질소 원자에서 양성자(H^+)를 포함하는 산–염기 반응이 불가능하고, 비록 NR_3가 약한 이탈기이지만 강한 염기를 사용하고, 또한 입체 장애도 충분하기 때문에 E2 반응이 진행될 수 있다. 이러한 반응을 **호프만 제거 반응(Hofmann elimination)**이라고 한다.

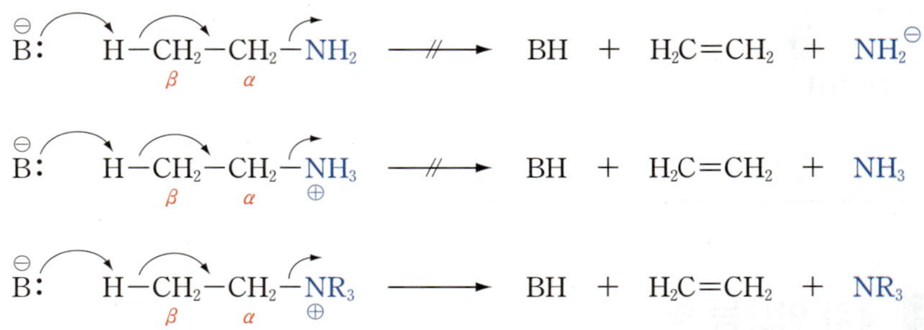

호프만 제거 반응의 예는 아래와 같다.

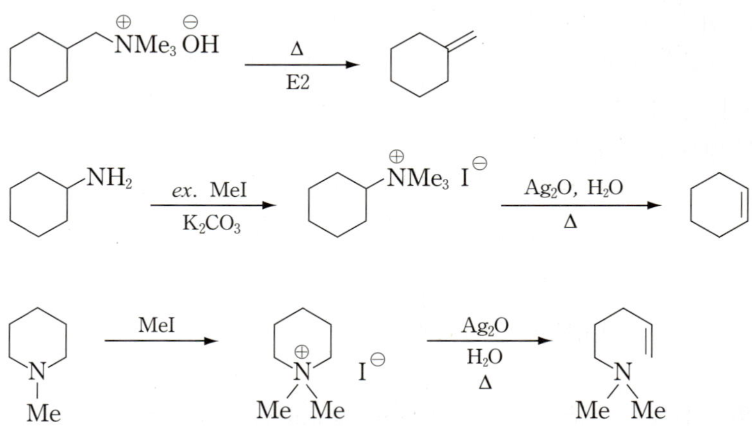

그림 20-13 호프만 제거 반응의 예

위에서 제시한 호프만 제거 반응들은 4차 암모늄 양이온들이 모두 한 종류의 β-H를 갖고 있어서 이중 결합의 위치가 자연스럽게 정해지고, 생성물의 구조에서 알 수 있듯이 이중 결합의 입체 선택성을 설명할 수 없는 반응들이다. 이제는 두 종류 이상의 β-H를 갖는 4차 암모늄 양이온에서 호프만 제거 반응을 수행하였을 때 이중 결합의 위치 선택성과 입체 선택성에 대하여 알아보기로 한다.

일반적으로 두 종류 이상의 β-H가 있는 할로젠화 알킬의 E2 반응에서는 열역학적으로 더 안정한 생성물, 즉 치환체가 더 많은 이중 결합 생성물이 주생성물로 얻어진다(Zaitsev 규칙, 7.7.3절). 이와는 반대로, 두 종류 이상의 β-H가 있는 4차 암모늄 양이온의 E2 반응에서는 열역학적으로 더 불안정한 생성물, 즉 치환체가 더 적은 이중 결합 생성물이 주생성물로 얻어진다. 이러한 선택성의 변화는 4차 암모늄 양이온과 염기의 입체 장애 때문에 염기가 입체 장애가 적어서 접근하기 쉬운 β-H와 반응하는 것으로 설명할 수 있다.

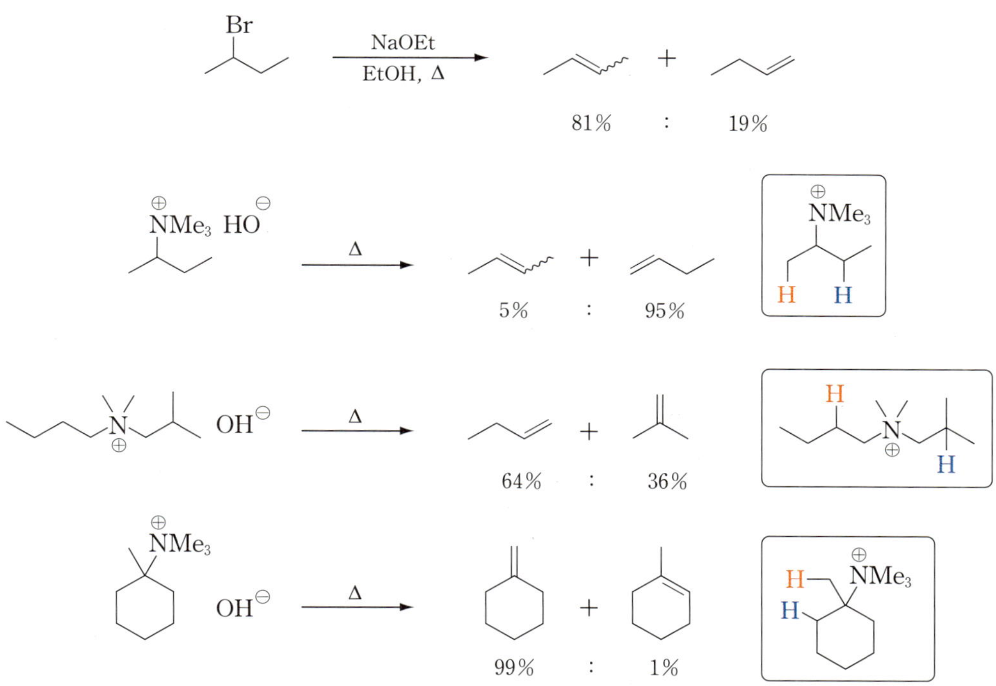

고리형 할로젠화 알킬의 E2 반응이 치환체의 상대적인 입체 배열에 영향을 받는 것처럼 (7.7.4절), 고리형 4차 암모늄 염의 E2 반응도 치환체의 상대적인 입체 배열에 의하여 큰 영향을 받는다. 아래 반응의 경우에 의자 형태(**X**)에서 E2 반응이 일어나려면 $C-NMe_3^+$와 C−H 결합이 안티-준평면 배열, 즉 $-NMe_3^+$와 −H 치환체가 모두 수직 방향에 있어야 한다. 그러나 입체 장애가 매우 큰 $-NMe_3^+$가 수직 방향에 있으면 열역학적으로 매우 불안정해서 평형 상태에서는 아주 적은 농도로만 존재할 것이다. 그리고, 의자 형태(**X**)에서는 $C-Me_3^+$와 안티-준평면 배열에 있는 C−H 결합이 두 개인데, 호프만 제거 반응의 경우에 입체 장애가 작은 수소(H_1)가 반응에 참여한다는 경향성을 적용하면 $\mathbf{P_1}$이 주생성물임을 예상하게 되는데, 이것은 실험 결과와 일치하지 않는다. 만약 의자 형태(**X**)에서 $C-NMe_3^+$와 $C-H_2$ 결합이 안티-준평면 배열을 유지하면서 $-NMe_3^+$의 입체 장애가 감소한 비틀어진 보트 형태(**Y**)가 되면 **Y**는 **X**보다 열역학적으로 더 안정하여 평형 상태에서 주성분으로 존재할 수 있고, 이 형태에서는 특정 수소(H_2)만이 E2 반응에 참여할 수 있기 때문에 생성물 $\mathbf{P_2}$가 주생성물로 얻어질 수 있다.

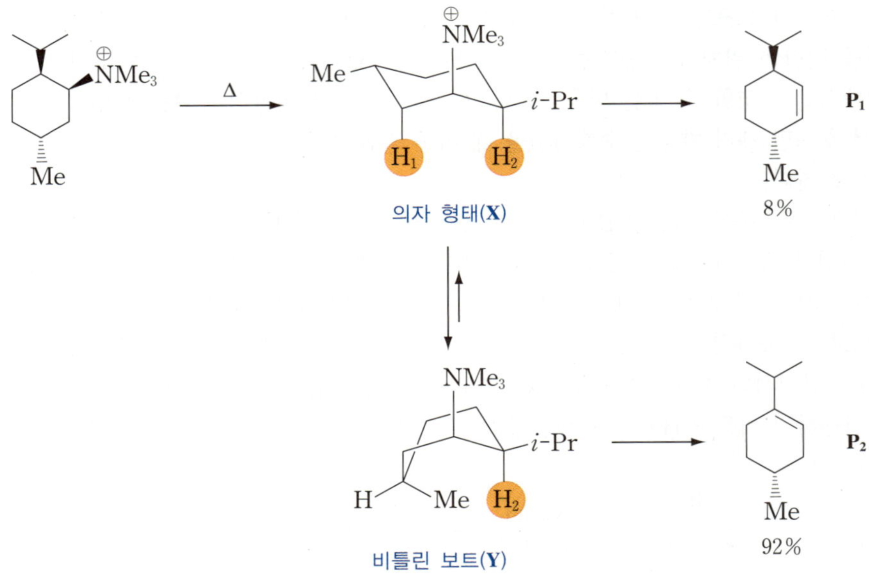

그림 20-14 호프만 제거 반응 경로

생성물에서 콘쥬게이션 등과 같은 추가적인 열역학적 안정성을 확보하는 경우에는 입체 장애의 요인을 극복할 수 있고, β-H가 없는 출발 물질에서는 단순하게 S_N2 반응이 진행될 수도 있다.

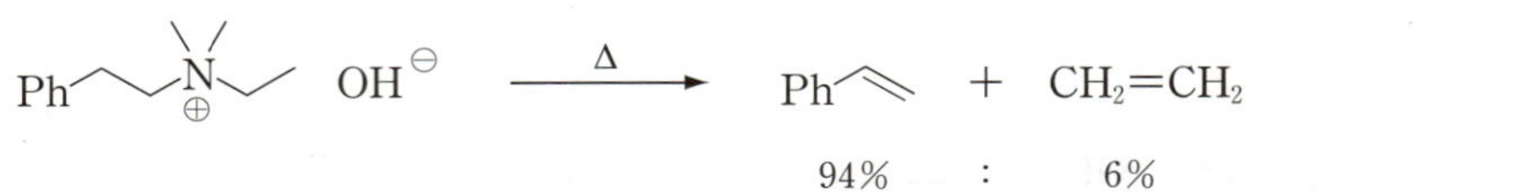

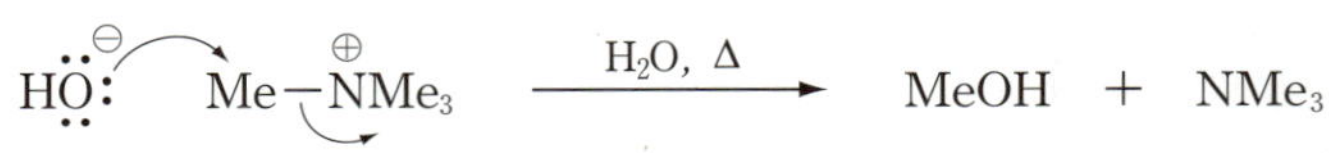

20.7.3 상 이동 촉매 작용

4차 암모늄 염은 기본적으로 양이온과 음이온으로 구성된 이온성 물질이기 때문에 물에 잘 용해된다(20.5.1절). 4차 암모늄 양이온은 친지질성(lipophilic) 및 소수성(hydrophobic)을 갖는 알킬 작용기가 네 개 있어서 유기 용매와의 비극성 상호 작용도 가능하기 때문에 유기 용매에도 잘 녹는 특징이 있다. 여기에서는 이러한 성질을 이용한 반응에 대하여 알아보자.

수용액 염기 조건에서 사이클로헥센과 클로로폼($CHCl_3$)을 섞으면 반응이 매우 천천히 진행되는데, 여기에 $BnNEt_3Cl$ 시약을 첨가하면 반응 속도가 크게 증가하여 1,1-다이클로로사이클로프로페인 유도체를 좋은 수율로 얻을 수 있다.

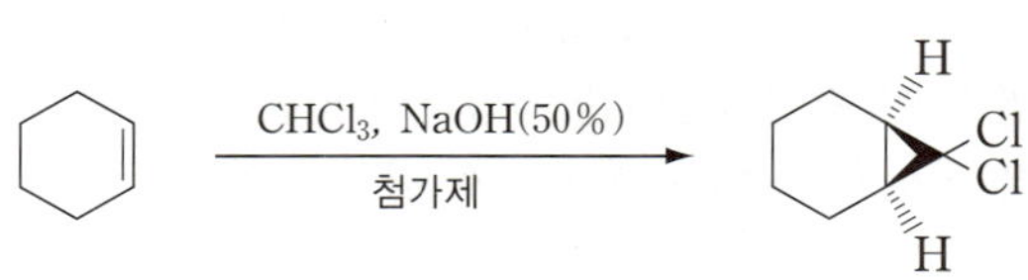

첨가제	수율
없음	매우 낮음
$BnNEt_3^{\oplus}\ Cl^{\ominus}$	72%

이 반응의 메커니즘은 아래와 같다. 수용액 상에서 $BnNEt_3^+$의 상대 음이온이 Cl^-에서 HO^-로 치환되고, $BnNEt_3^+HO^-$ 염이 유기 용매로 이동한 후, 클로로폼($CHCl_3$)과 산-염기 반응하여 이온쌍(ion pair) **A**를 생성한다. **A**에서 Cl^-가 제거되면 다시 출발 물질인 $BnNEt_3^+Cl^-$ 염과

Cl_2C: 카벤이 생기는데, $BnNEt_3^+Cl^-$ 염은 수용액 층으로 이동하고 Cl_2C: 카벤은 사이클로헥센과 반응하여 1,1-다이클로로사이클로프로페인을 생성(4.11.1절)하면서 순환 고리를 완성한다.

메커니즘 20-3 상 이동 촉매 작용 메커니즘

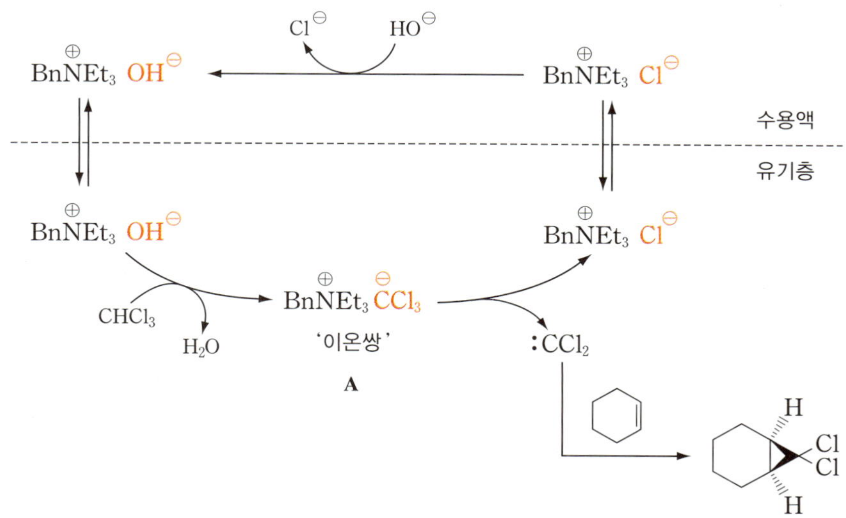

$BnNEt_3Cl$의 유무에 따라서 반응 속도가 크게 다른 이유는 반응 메커니즘에서 유추할 수 있다. 반응이 진행되려면 무엇보다도 $CHCl_3$ 및 HO^- 사이의 산–염기 반응에 의하여 $Cl_3C{:}^-$ 음이온의 생성이 원활해야 하는데, $BnNEt_3Cl$이 없으면 OH^-는 수용액 층, $CHCl_3$은 유기 층에 있으므로 반응이 상 접촉면에서만 진행된다. 그러나 $BnNEt_3Cl$이 있으면 OH^-가 유기층에도 있을 수 있으므로 $Cl_3C{:}^-$의 생성 속도 및 전체 반응 속도가 훨씬 증가할 수 있다.

이렇듯이 상(phase) 사이를 옮겨 다니면서 반응의 촉매로 작용하는 물질을 **상 이동 촉매**(**phase transfer catalyst**), 이러한 현상을 **상 이동 촉매 작용**(**phase transfer catalysis**)이라고 한다. 상 이동 촉매로 사용되는 대표적인 4차 암모늄 염으로는 $PhCH_2NEt_3^+$(benzyltriethyl ammonium), n-Bu_4N^+(tetrabutylammonium), (n-Oct)$_3$NMe$^+$(methyltrioctylammonium), (n-$C_{16}H_{33}$)NMe_3^+(hexadecyltrimethylammonium) 등이 있다.

상 이동 촉매 현상은 다양한 반응에 적용할 수 있는데, 가장 대표적인 반응이 S_N2 반응이다. 기본적으로 4차 암모늄 양이온은 입체 장애가 크기 때문에 상대 음이온과의 거리가 멀고, 그 결과 상대 음이온이 상대적으로 자유롭게 이동할 수 있는 환경을 제공함으로써 S_N2 반응이 빠르게 진행될 수 있다. 이러한 논리의 전개는 비양자성 극성 용매(7.6.5절) 및 크라운 에터(10.8절)에서 S_N2 반응이 특별히 빠르게 진행됨을 설명할 때 기술한 바 있다.

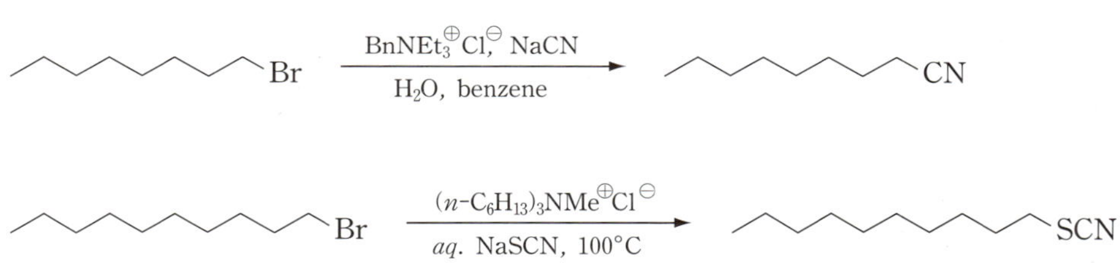

이 외에도 산화 반응, 알킬화 반응, 알돌 반응 등 다양한 반응에도 적용할 수 있다.

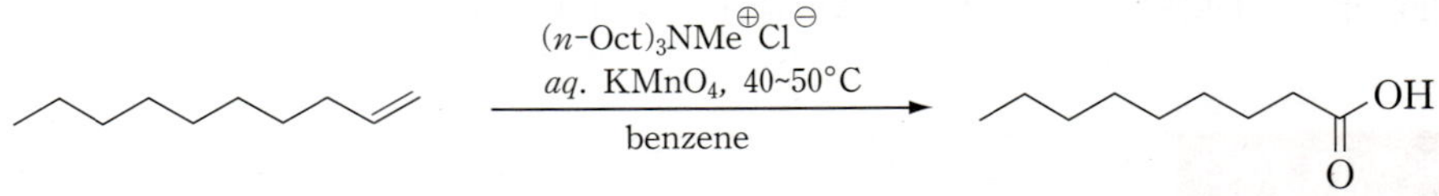

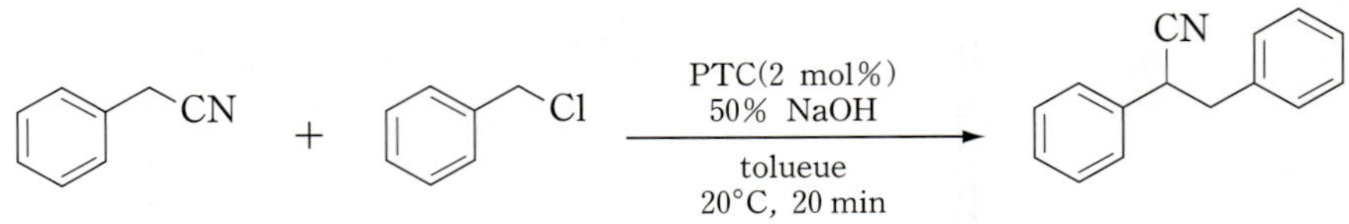

20.8 친전자성 방향족 치환 반응

방향족 아민 치환체는 아주 강한 활성화 치환체(15.3.1절)이기 때문에 온화한 반응 조건에서 친전자성 방향족 치환 반응을 수행할 수 있고, 오쏘 및 파라의 위치 선택성을 갖는다고 기술한 바 있다(15.3.2절). 이러한 정보를 기반으로 여기에서는 방향족$-NH_2$ 화합물의 할로젠화 반응, 나이트로화 반응, 프리델-크래프트 아실화 반응 등을 간략하게 기술하고, 마지막으로 빌스마이어(Vilsmeier) 반응에 대하여 알아보기로 한다.

20.8.1 할로젠화 반응

방향족 아민 화합물의 할로젠화 반응(15.1.2절)은 오쏘 및 파라 위치의 모든 수소 원자가 할로젠으로 치환될 정도로 매우 빠르게 진행된다. 반면에, 방향족 아마이드 화합물에서는 반응성이 가장 큰 위치에서만 치환 반응이 진행되도록 반응을 조절할 수 있다.

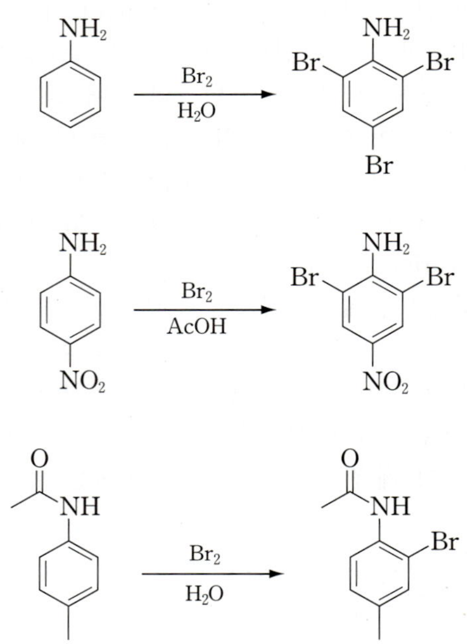

20.8.2 나이트로화 반응

방향족 나이트로화 반응(15.1.3절)에 사용하는 질산 시약은 매우 강한 산화제이다. 1차 및 2차 아민은 산화 반응에 민감해서 방향족 화합물의 나이트로화 반응에 참여하지 않지만, 3차 아민과 아마이드는 이 조건에서 안정하므로 나이트로화 반응에 이용될 수 있다.

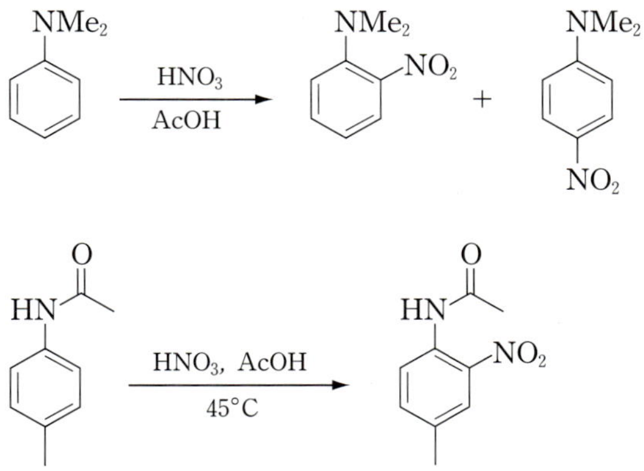

20.8.3 프리델-크래프트 아실화 반응

방향족 프리델-크래프트(FC) 아실화 반응(15.1.6절)은 [할로젠화 아실-루이스 산] 조합을 사용한다. 이때 1차 및 2차 아민 치환체는 질소의 비공유 전자쌍이 루이스 산과 산-염기 반응을 하여 아주 강한 비활성화 기(15.3.1절)로 작용하는 암모늄 염으로 전환된다. 여기에 아주 강한 비활성화 치환체가 있을 때 FC 아실화 반응이 진행되지 않음(15.9.1절)을 고려하면 1차 및 2차 아민의 FC 아실화 반응이 진행되지 않음을 추론할 수 있다. 반면에, 3차 아민 및 아마이드 치환체의 경우에는 FC 아실화 반응이 진행된다.

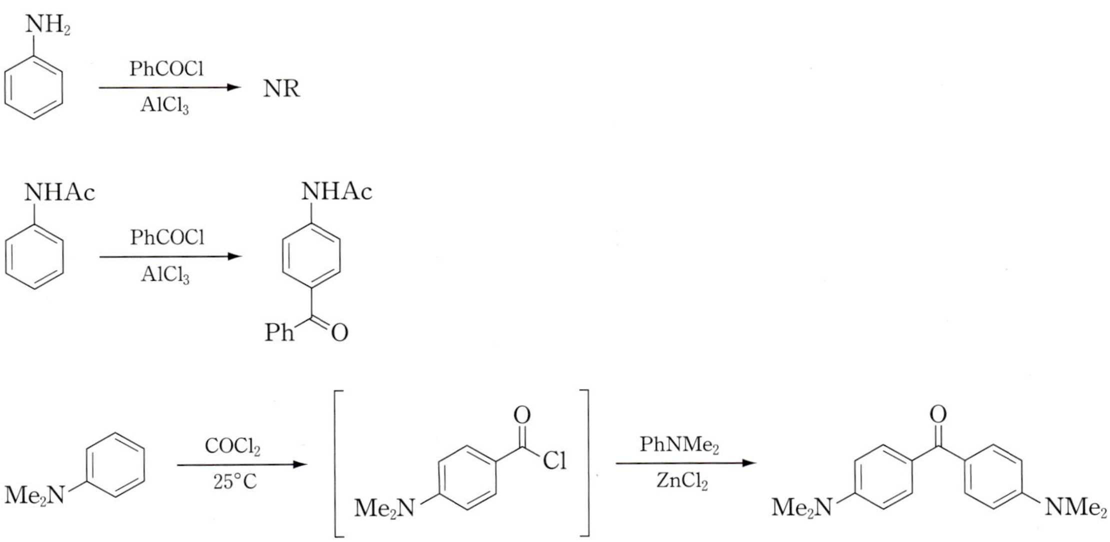

예제 20.1

아래의 전환을 완성하시오.

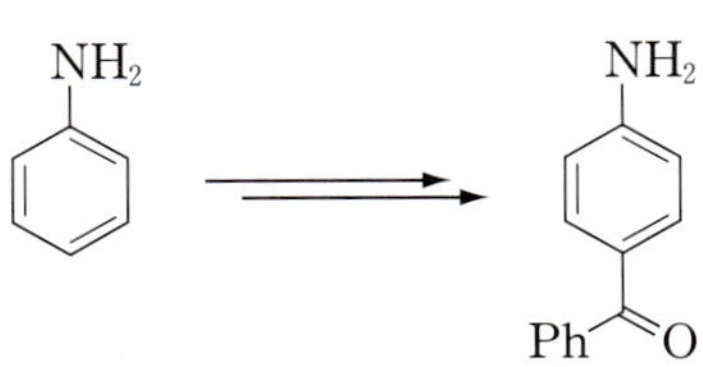

풀이

방향족 1차 아민의 경우에는 FC 아실화 반응이 진행되지 않는다(20.8.3절). 이러한 전환은 우선 아민을 아마이드로 보호하고, 아마이드 작용기에서 FC 아실화 반응을 수행한 후, 최종적으로 아마이드 작용기를 가수 분해함으로써 완성할 수 있다.

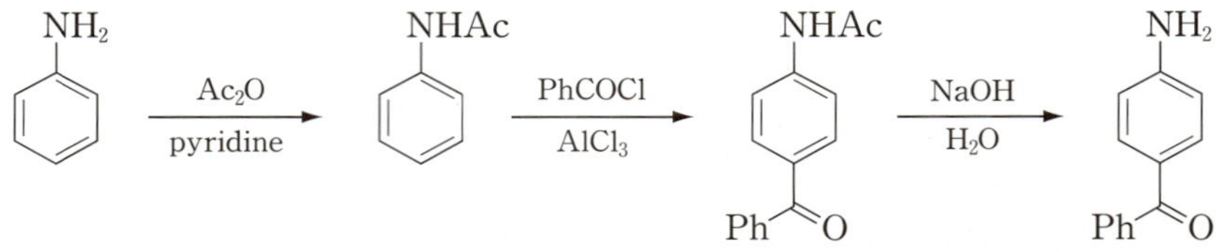

20.8.4 빌스마이어 반응

방향족 3차 아민 화합물에 [DMF−$POCl_3$] 조합을 사용하면 −CHO 작용기가 도입되는 폼일화 반응(formylation)이 진행되는데, 이것을 **빌스마이어(Vilsmeier) 반응**이라고 한다. 빌스마이어 반응은 FC 아실화 반응의 하나로서 1차 및 2차 아민 방향족 화합물에서는 진행되지 않으며(20.8.3절), 3차 아민 방향족 화합물처럼 매우 강하게 활성화된 방향족 화합물에서만 진행된다.

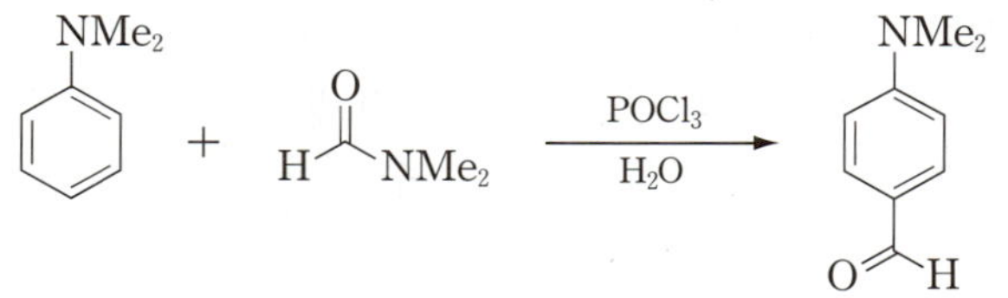

빌스마이어 반응에서 중간체 **B**의 형성 과정은 1차 아마이드와 $SOCl_2$ 시약에 의한 탈수 반응에서 중간체 **B**의 형성 과정(18.12.2절)과 개념적으로 완전히 일치한다.

빌스마이어 반응은 아래의 경로를 따라서 진행한다. 우선 $POCl_3$ 시약이 친전자체, 아마이드의 산소 원자가 친핵체로 작용해서 중간체 **A**를 생성한다(친핵성 아실 치환 반응의 경로 ②). 이어서 중간체 **A**가 친전자체, Cl^- 음이온이 친핵체로 작용하여 중간체 **B**를 제공한다(친핵성 아실 치환 반응의 경로 ①). 친전자체 **B**는 3차 아민 치환체의 영향으로 전자가 풍부한 방향족 고리 화합물과 반응하여 α-클로라민(α-chloramine) 중간체(**C**)가 되었다가 최종적으로 가수 분해 작용에 의하여 아미날 중간체를 거쳐서 폼 작용기로 변환된다.

메커니즘 20-4 빌스마이어 반응 메커니즘

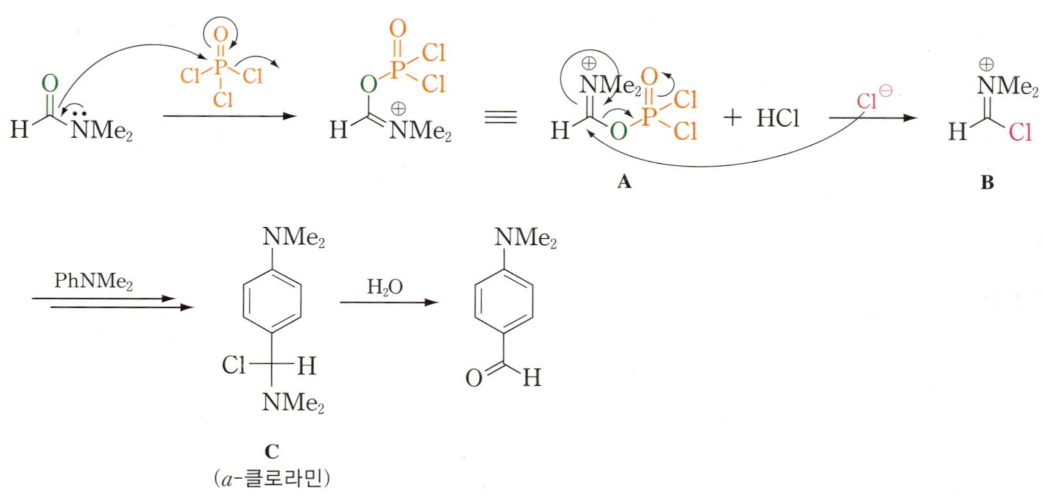

예제 20.2

빌스마이어 반응에서 α-클로라민 중간체가 가수 분해하여 폼 작용기로 변하는 메커니즘을 제시하시오.

풀이

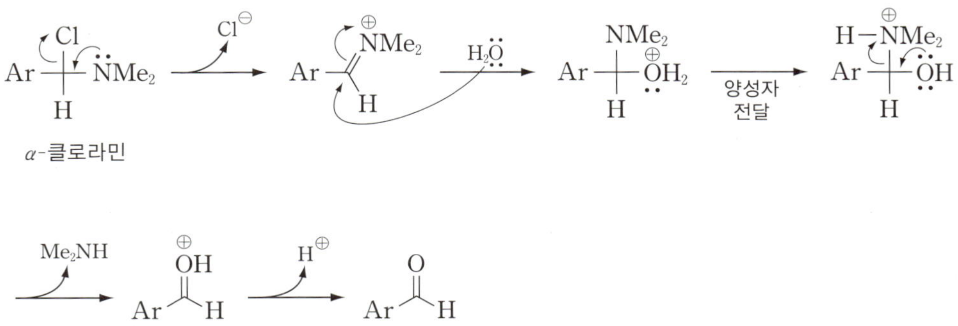

20.9 나이트로소늄 양이온

20.9.1 서론

방향족 아민 치환체는 아주 강한 활성화 치환체(15.3.1절)이기 때문에 온화한 반응 조건에서 친전자성 방향족 치환 반응을 수행할 수 있고, 오쏘 및 파라의 위치 선택성을 갖는다고 기술한 바 있다(15.3.2절).

방향족 아민 치환체와 반응하여 새로운 방법론을 제공하는 시약으로 HNO_2(아질산, nitrous acid)가 있다. HNO_2 시약은 열역학적으로 불안정하기 때문에 필요할 때마다 [$NaNO_2$−강산(HCl, H_2SO_4)] 조합을 이용하여 생성하는데, 아질산은 생성됨과 동시에 강산과의 산−염기 반응 및 산소의 비공유 전자쌍에 의한 E2 반응으로 NO^+(나이트로소늄, nitrosonium) 양이온으로 전환된다.

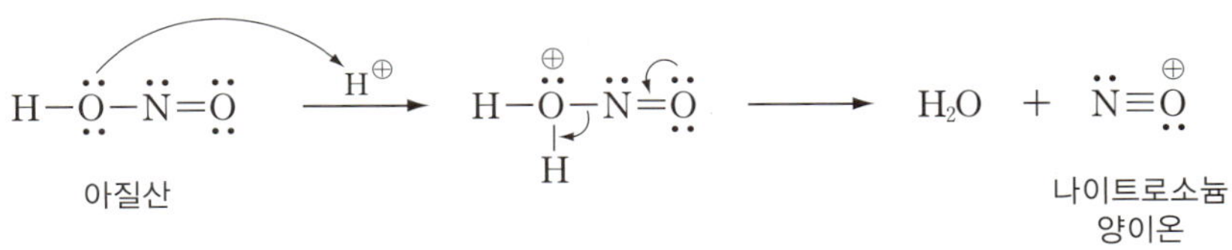

20.9.2 1차 아민

1차 아민에 [$NaNO_2$−강산] 조합을 적용하면 1차 아민과 NO^+ 양이온이 반응하여 [$R-NH_2 \rightarrow R-N_2^+$]의 전환이 일어나는데, 이러한 반응을 **다이아조화 반응(diazotization)**이라고 한다.

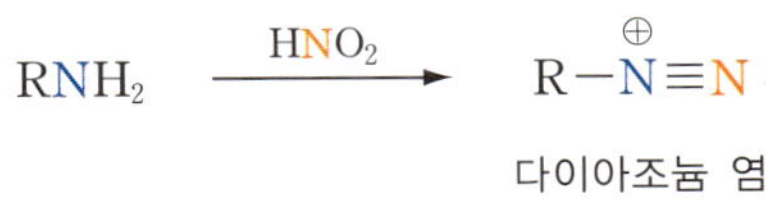

다이아조화 반응의 메커니즘은 다음과 같다. 아민의 질소 원자가 [$NaNO_2$−강산] 조합에서 생성되는 NO^+ 양이온을 공격하고, 용매와의 산−염기 반응으로 *N*-나이트로소(N−NO) 중간체 **A**를 얻는다. 중간체 **A**의 산소 원자에 산−염기 반응이 일어나서 N=O 이중 결합이 $N=OH^+$로 활성화되면 중성의 질소에서 비공유 전자쌍을 제공하여 N=N 이중 결합을 형성하고, 용매와의

산-염기 반응으로 중간체 **B**를 얻는다. 계속해서 중간체 **B**의 산소 원자에 산-염기 반응이 일어나면 N-OH_2^+가 되는데 $-OH_2^+$는 좋은 이탈기이므로 중성의 질소에서 비공유 전자쌍을 제공하는 E2 반응에 의하여 물과 $-N_2^+$(다이아조늄, diazonium) 양이온이 생성된다.

메커니즘 20-5 다이아조화 반응 메커니즘

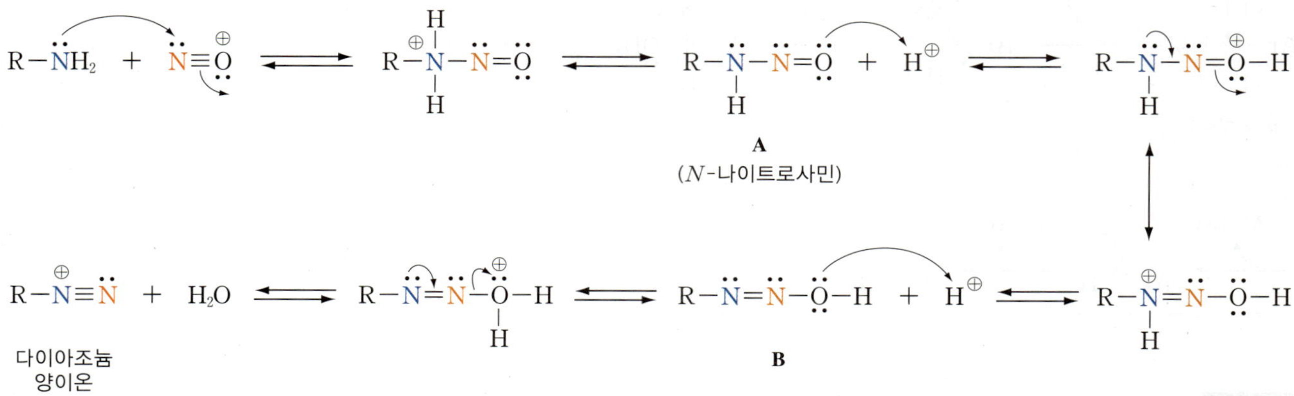

다이아조늄 염을 생성하는 반응의 예는 아래와 같고, 이들을 이용한 반응들은 20.10절에서 상세하게 기술하기로 한다.

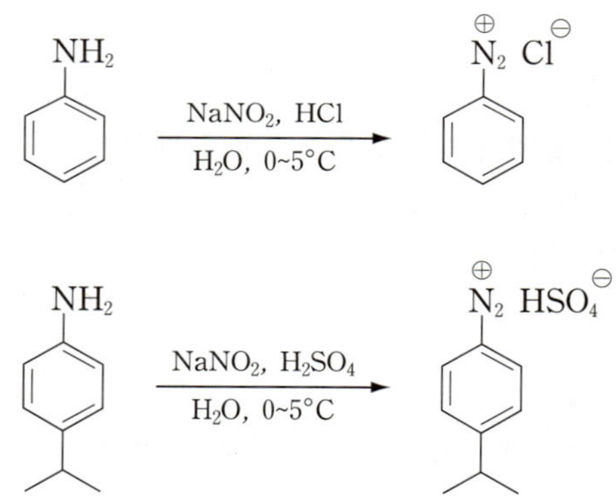

그림 20-15 다이아조늄 염 생성 반응의 예

20.9.3 2차 아민

2차 아민에 [$NaNO_2$-강산] 조합을 적용하면 2차 아민과 NO^+ 양이온이 반응하여 [$R_2N-H \rightarrow R_2N-NO$]의 전환이 일어나는데, 이러한 반응을 **나이트로소화 반응(nitrosation)**이라고 한다.

$$R_2N-H \xrightarrow{HNO_2} R_2N-NO$$

(N-나이트로사민)
(N-nitrosamine)

[$NaNO_2$-강산] 조합을 사용할 때, 1차 아민에서는 [$R-NH_2 \rightarrow R-NH-NO \rightarrow R-N_2^+$]의 전환이 일어나고, 2차 아민에서는 [$R_2N-H \rightarrow R_2N-NO$]에서 반응이 중단되는 이유는 다이

아조티화 반응의 메커니즘에 기반하여 설명할 수 있다. 우선 1차 아민과 2차 아민이 나이트로소늄 양이온과 각각 반응하여 중간체 **A** 및 **C**를 합성하는 경로는 완전히 일치하는데, 차이점은 [**A** → **B**] 및 [**C** → **D**] 과정에서 발생한다. [**A** → **B**] 경로의 마지막 반응은 H^+가 관여하는 산-염기 반응으로서 매우 빠르게 진행될 수 있지만, [**C** → **D**] 경로의 마지막 단계는 N−R 결합이 끊어지면서 R^+ 양이온이 생성되는 반응으로서 열역학적인 손실이 매우 커서 반응이 진행되지 않는다. 즉, 2차 아민을 출발 물질로 사용하면 중간체 **C**를 주생성물로 얻는다.

메커니즘 20-6 나이트로소화 반응 메커니즘

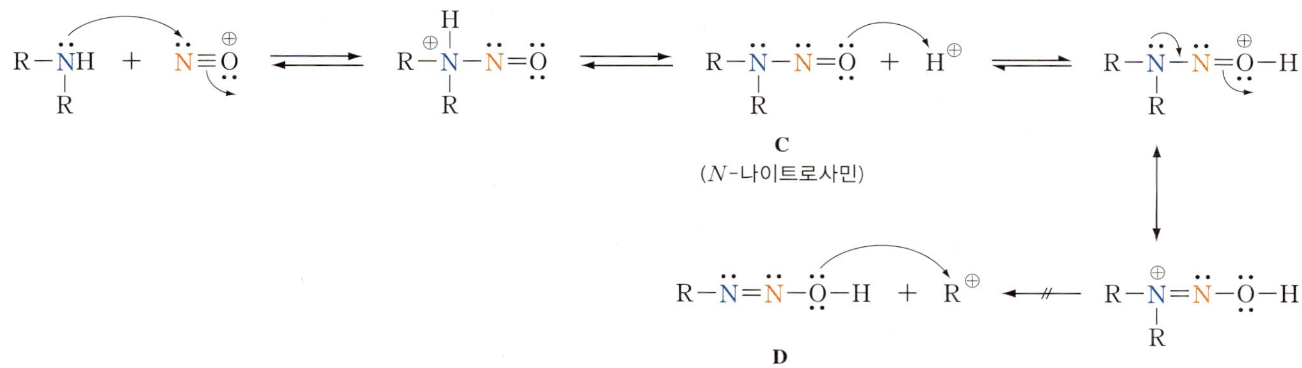

N-나이트로사민을 생성하는 반응의 예는 아래와 같다.

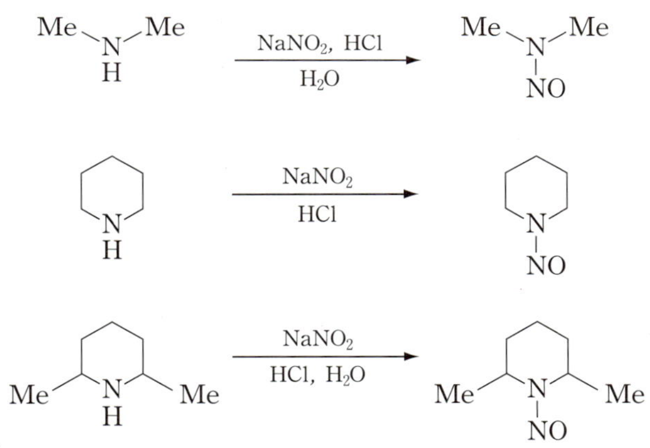

그림 20-16 *N*-나이트로사민 생성 반응의 예

20.9.4 3차 아민

3차 아민은 [$NaNO_2$−강산] 조합에서 생성되는 NO^+ 양이온과 반응하지 않는다. 그 이유는 3차 알킬 아민이 NO^+ 양이온과 반응하면 질소 원자에 (+)-형식 전하를 갖는 화학종이 생기는데, 1차 및 2차 아민과는 다르게 이 양이온을 해소할 수 있는 방법이 없어서 역반응이 빠르게 진행되기 때문이다.

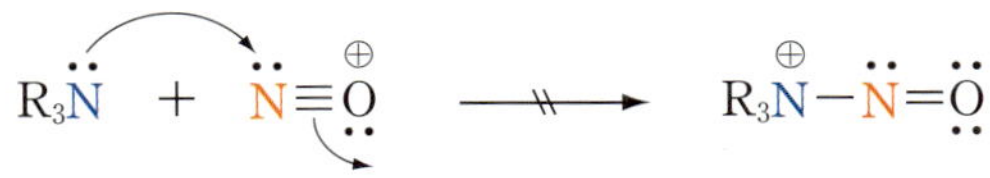

3차 아릴 아민은 NO^+ 양이온을 친전자체로 하는 친전자성 방향족 치환 반응을 진행하여

$-NO$(nitroso, 나이트로소) 치환체를 갖는 생성물을 제공한다.

방향족 나이트로소화 반응의 예는 아래와 같다.

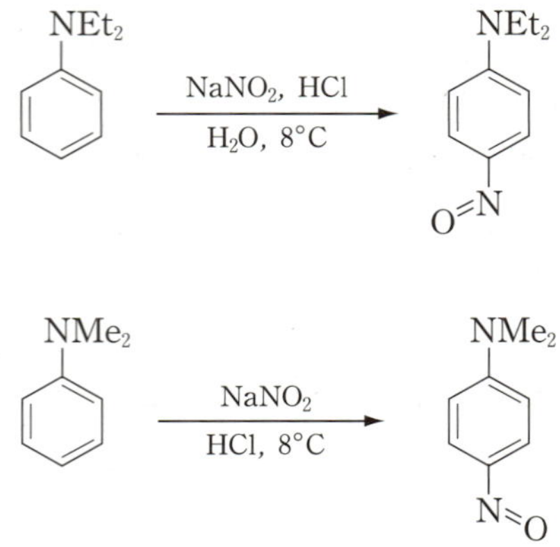

그림 20-17 방향족 나이트로소화 반응의 예

20.10 아렌다이아조늄 양이온

1차 아민에 [$NaNO_2$−강산] 조합을 적용하면 1차 아민과 NO^+ 양이온이 반응하여 $R-N_2^+$(다이아조늄 양이온)이 생성됨을 기술하였다(20.9.2절). 20.10절에서는 $-N_2^+$(다이아조늄 양이온)의 열역학적 안정성 및 반응에 대하여 알아보기로 한다.

20.10.1 안정성

다이아조늄 양이온의 열역학적 안정성은 질소와 결합하는 탄소의 성격(알킬 vs. 아릴)에 따라서 큰 차이가 있다.

일반적으로 알케인다이아조늄($R-N_2^+$, alkanediazonium) 양이온들은 합성됨과 동시에 N_2 기체를 방출하면서 분해될 정도로 불안정해서 유기 합성에 응용하기에는 한계가 있다. 알케인다이아조늄 양이온이 N_2 기체를 방출하면 탄소 양이온이 생성되고, 이 탄소 양이온은 가용매분해 반응(solvolysis), E1 형태의 제거 반응, 자리 옮김 반응 등의 다양한 경로를 따라서 분해된다.

$$R-\overset{\oplus}{N}\equiv N$$

알케인다이아조늄 양이온 분해 반응의 예는 아래와 같다.

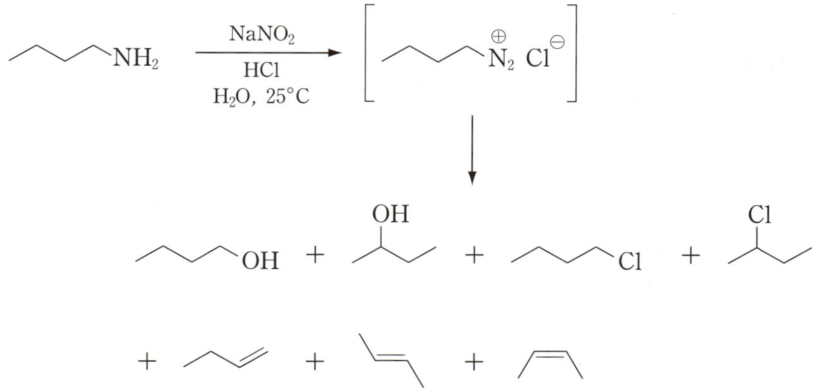

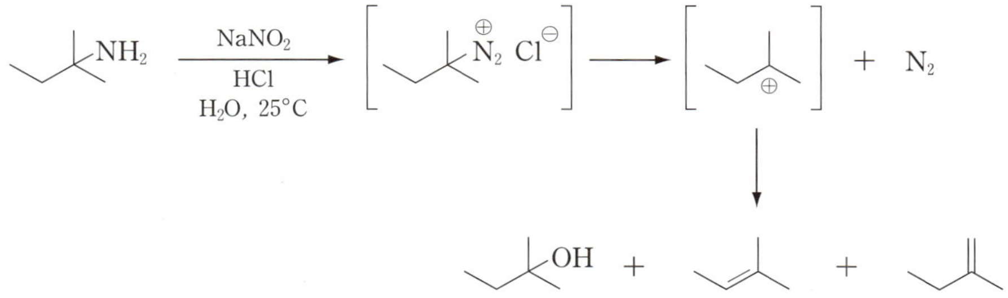

그림 20-18 알케인다이아조늄 양이온 분해 반응의 예

아렌다이아조늄($Ar-N_2^+$, arenediazonium) 양이온들은 0°C의 수용액에서 일정 기간을 보관할 정도로 안정하다. 아렌다이아조늄 양이온의 안정성이 어디에서 유래하는지 분명하지 않지만, 방향족을 구성하는 p 오비탈과 다이아조늄 부분을 구성하는 p 오비탈 사이의 콘쥬게이션이 일정 부분 기여할 것이라는 추론은 가능하다.

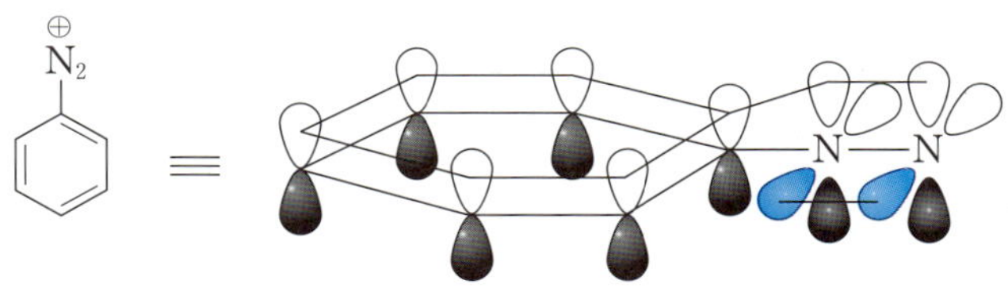

아렌다이아조늄 작용기는 다수의 치환체가 있어도 선택적으로 특정 작용기로 전환될 수 있기 때문에 유기 합성의 관점에서는 매우 중요한 부분을 차지한다. 비록 이들의 반응 경로는 확실하지 않지만 양이온성 금속 착화합물 또는 금속–라디칼 착화합물 중간체를 거쳐서 진행하는 것으로 흔히 생각한다.

20.10.2 아이오딘화 치환 반응

1차 방향족 아민에 [$NaNO_2+HCl(H_2SO_4)$] 조합을 사용하여 친핵성 상대 음이온(Cl^-) 또는 비친핵성 상대 음이온(HSO_4^-)을 갖는 다이아조늄 염을 생성하고, 이 염을 KI 또는 NaI와 반응시키면 [$Ar-N_2^+ \rightarrow Ar-I$]의 변환이 진행된다. 이 반응에서 I^- 음이온은 상대 음이온(Cl^-, HSO_4^-)보다 친핵성이 훨씬 크기 때문에 음이온들의 경쟁 반응은 큰 문제가 되지 않는다.

Cl^- 음이온은 강한 친핵체, HSO_4^- 음이온은 아주 약한 친핵체이다.

$$Ar-\overset{\oplus}{N}\equiv N\ \ Cl^{\ominus}\ (\text{or } HSO_4^{\ominus}) \xrightarrow{\text{KI or NaI}} Ar-I$$

아이오딘화 치환 반응의 예는 아래와 같다.

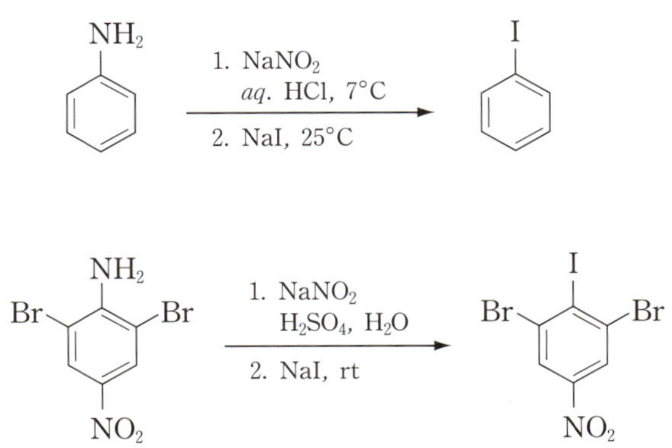

그림 20-19 아이오딘화 치환 반응의 예

20.10.3 샌드마이어 반응

1차 방향족 아민에 [$NaNO_2 + HCl(H_2SO_4)$] 조합을 사용하여 친핵성 상대 음이온(Cl^-) 또는 비친핵성 상대 음이온(HSO_4^-)을 갖는 다이아조늄 염을 생성하고, 이 염을 CuCl, CuBr, CuCN 등과 반응시키면 [$Ar-N_2^+ \rightarrow Ar-Cl(Br, CN)$]의 변환이 일어나는데, 이러한 반응을 **샌드마이어(Sandmeyer) 반응**이라고 한다. 이 경우에도 반응에 참여하는 Cl^-, Br^-, CN^- 음이온은 상대 음이온(Cl^-, HSO_4^-)보다 친핵성이 같거나 또는 훨씬 크기 때문에 음이온들의 경쟁 반응은 문제가 되지 않는다.

$$Ar-\overset{\oplus}{N}\equiv N\ \ Cl^{\ominus}\ (\text{or } HSO_4^{\ominus})\ \xrightarrow[\text{or CuCN}]{\text{CuCl, CuBr}}\ Ar-Cl,\ Ar-Br,\ Ar-CN$$

샌드마이어 반응의 예는 아래와 같다.

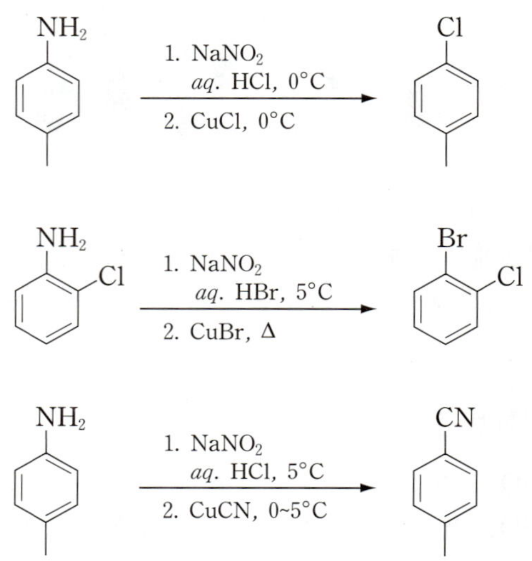

그림 20-20 샌드마이어 반응의 예

20.10.4 쉬만 반응

$NH_3 + HF \rightarrow NH_4^+F^-$
$BF_3 + HF \rightarrow H^+BF_4^-$
$PF_5 + HF \rightarrow H^+PF_6^-$

1차 방향족 아민에 [$NaNO_2 + HBF_4(HPF_6)$] 조합을 사용하여 약한 친핵성 상대 음이온(BF_4^-, PF_6^-)을 갖는 다이아조늄 염을 생성한 후, 이 염을 그대로 가열하면 [$Ar-N_2^+ \rightarrow Ar-F$]의 변환이 일어난다. 이러한 반응을 **쉬만(Schiemann) 반응**이라고 한다.

$$Ar-\overset{\oplus}{N}\equiv N\ BF_4^{\ominus}(\text{or } PF_6^{\ominus})\ \xrightarrow{\Delta}\ Ar-F$$

쉬만 반응에서 [$NaNO_2 + HCl$] 대신에 [$NaNO_2 + HBF_4(HPF_6)$] 조합을 사용하는 이유는 Cl^- 음이온이 F^- 음이온보다 친핵성이 커서 F를 도입하는 과정에서 Cl^-와 F^- 음이온 사이의 경쟁 반응을 우려하기 때문이다. 만약 [$NaNO_2 + HCl$] 조건을 사용해서 다이아조늄 염을 생성해야 한다면 추후에 상대 음이온을 Cl^-에서 $BF_4^-(PF_6^-)$로 치환하는 과정을 거쳐야 한다.

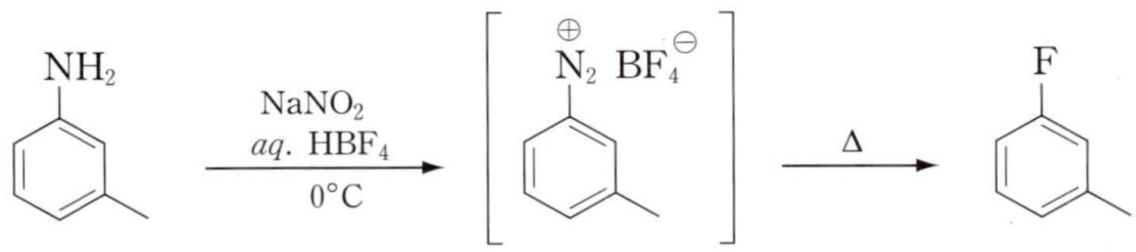

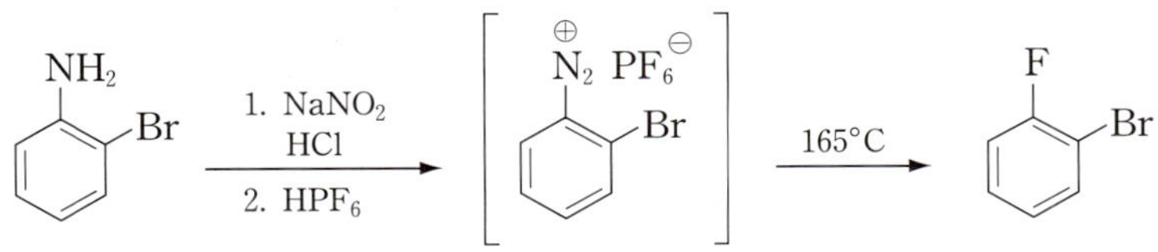

20.10.5 나이트로 치환 반응

쉬만 반응에서와 같이 1차 방향족 아민에 HBF_4 또는 HPF_6를 사용하여 약한 친핵성 상대 음이온(BF_4^-, PF_6^-)을 갖는 다이아조늄 염을 생성하고, 이 염을 [$Cu+NaNO_2$] 조건에서 반응시키면 [$Ar-N_2^+ \rightarrow Ar-NO_2$]의 변환이 일어난다.

$$\mathrm{Ar-\overset{\oplus}{N}\equiv N\ BF_4^{\ominus}} \xrightarrow{\mathrm{Cu,\ NaNO_2}} \mathrm{Ar-NO_2}$$

나이트로 치환 반응의 예는 아래와 같다.

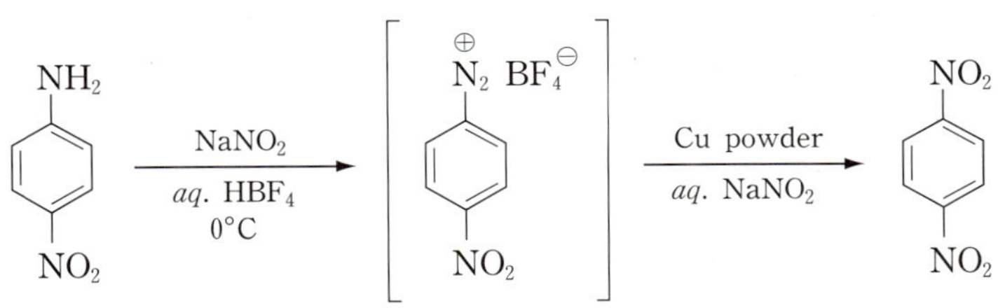

그림 20-21 나이트로 치환 반응의 예

20.10.6 하이드록시 치환 반응

1차 방향족 아민에 H_2SO_4를 사용하여 비친핵성 상대 음이온(HSO_4^-)을 갖는 다이아조늄 염을 생성하고, 이 염을 [H_2O, 가열] 또는 [$Cu_2O-Cu(NO_3)_2-H_2O$] 조건에서 반응시키면 [$Ar-N_2^+ \rightarrow Ar-OH$]의 변환이 일어난다. 유기 합성의 관점에서 이 방법은 실제로 많이 사용되는 중요한 반응의 하나이고, 물은 친핵성이 매우 낮기 때문에 다이아조늄 염의 상대 음이온은 HSO_4^-처럼 친핵성이 거의 없어야 한다.

$$\mathrm{Ar-\overset{\oplus}{N}\equiv N\ HSO_4^{\ominus}} \xrightarrow[\mathrm{Cu_2O,\ Cu(NO_3)_2,\ H_2O}]{\Delta,\ \mathrm{H_2O\ or}} \mathrm{Ar-OH}$$

하이드록시 치환 반응의 예는 아래와 같다.

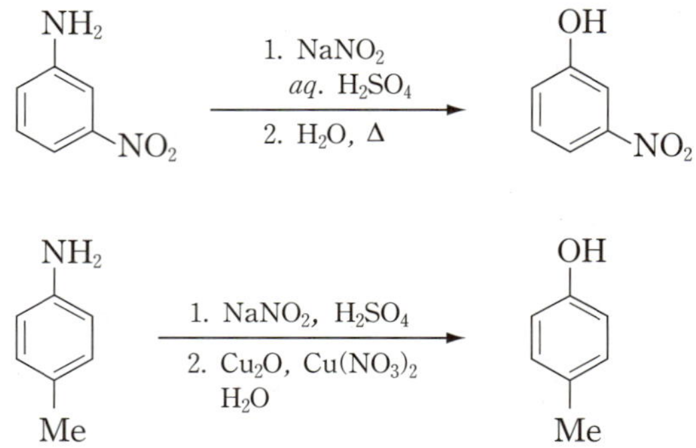

그림 20-22 하이드록시 치환 반응의 예

20.10.7 싸이올 치환 반응

1차 방향족 아민에 [$NaNO_2$+HCl(H_2SO_4)] 조합을 사용하여 친핵성 상대 음이온(Cl^-) 또는 비친핵성 상대 음이온(HSO_4^-)을 갖는 다이아조늄 염을 생성하고, 이 염을 $EtOCS_2K$(potassium O-ethyl carbonodithioate)와 반응시켜서 잔테이트(xanthate)를 얻은 후, 계속해서 가수 분해하면 [$Ar-N_2^+ \rightarrow Ar-SH$]의 변환이 완성된다. 이때 반응에 참여하는 $EtOCS_2^-$ 음이온은 상대 음이온(Cl^-, HSO_4^-)보다 친핵성이 훨씬 크기 때문에 음이온들의 경쟁 반응은 문제가 되지 않는다.

싸이올 치환 반응의 예는 아래와 같다.

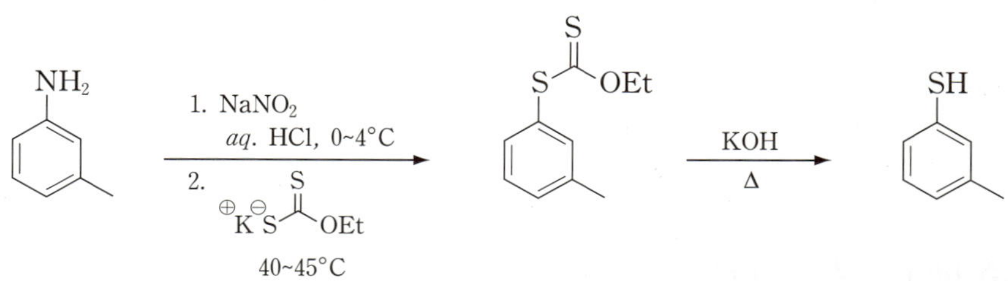

그림 20-23 싸이올 치환 반응의 예

20.10.8 수소 치환 반응

1차 방향족 아민에 [$NaNO_2$+HCl(H_2SO_4)] 조합을 사용하여 친핵성 상대 음이온(Cl^-) 또는 비친핵성 상대 음이온(HSO_4^-)을 갖는 다이아조늄 염을 생성하고, 이 염을 H_3PO_2 또는 $NaBH_4$ 등의 시약과 반응시키면 [$Ar-N_2^+ \rightarrow Ar-H$]의 전환이 일어난다.

$$Ar-\overset{\oplus}{N}\equiv N \quad Cl^{\ominus} \ (\text{or } HSO_4^{\ominus}) \xrightarrow[\text{or } NaBH_4]{H_3PO_2} Ar-H$$

수소 치환 반응의 예는 아래와 같다.

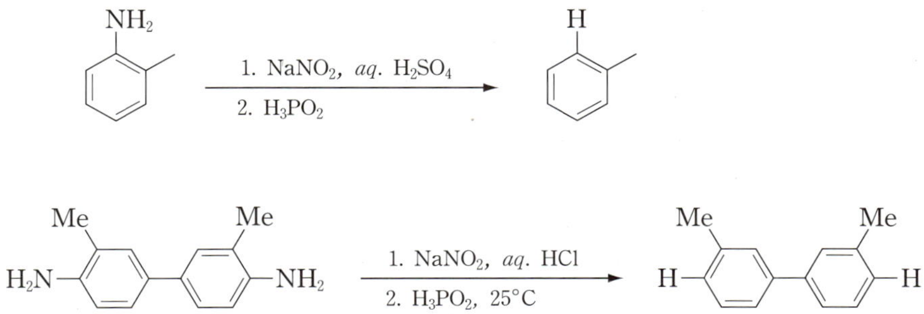

그림 20-24 수소 치환 반응의 예

예제 20.3

아래 시약들의 루이스 구조를 그리시오.

(a) H_3PO_4 (인산, phosphoric acid)

(b) H_3PO_3 (아인산, phosphorous acid)

(c) H_3PO_2 (하이포아인산, hypophosphorous acid)

풀이

(a) 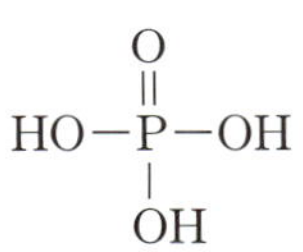

(b) 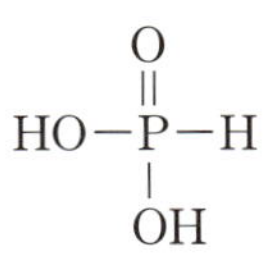

(c) 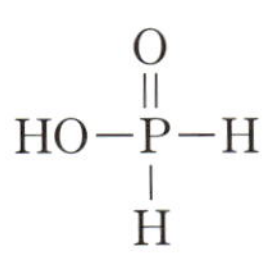

20.10.9 다이아조늄 짝지음 반응

1차 방향족 아민에 [$NaNO_2 + H_2SO_4$] 조합을 사용하여 비친핵성 음이온(HSO_4^-)의 다이아조늄 염을 생성하고, 이 염을 아주 강한 활성화 치환체(NR_2 및 OH)를 갖는 벤젠 유도체와 반응시키면 파라 위치에서 치환 반응이 진행된 다이아조(diazo) 생성물을 얻을 수 있다. 이러한 반응을 **다이아조늄 짝지음 반응(diazonium coupling reaction)**이라고 한다. 다이아조 화합물들은 염료로 많이 사용되고 있는데, 파라 위치에 다른 치환체가 있는 경우에는 오쏘에서 반응이 진행될 수 있다.

$$\mathrm{Ar-\overset{\oplus}{N}{\equiv}N\ HSO_4^{\ominus}} + \mathrm{Ar'-NMe_2} \longrightarrow \mathrm{Ar-N{=}N-Ar'\text{-}4\text{-}NMe_2}$$

$$\mathrm{Ar-\overset{\oplus}{N}{\equiv}N\ HSO_4^{\ominus}} + \mathrm{Ar'-OH} \longrightarrow \mathrm{Ar-N{=}N-Ar'\text{-}4\text{-}OH}$$

다이아조늄 짝지음 반응을 이용한 예는 아래와 같다.

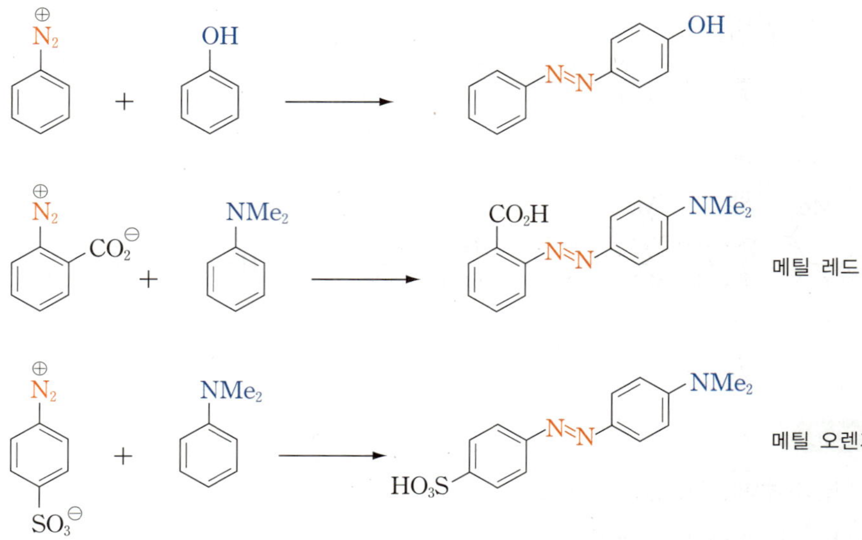

그림 20-25 다이아조늄 짝지음 반응의 예

다이아조늄 짝지음 반응으로 합성되는 염료 중에서 산-염기 적정에 많이 사용되는 메틸 오렌지(methyl orange)는 중성 및 염기성 조건에서는 노란색을 띠고, 산성 조건에서는 아조 작용기의 질소 원자에 산-염기 반응이 일어나면서 붉은색으로 변한다.

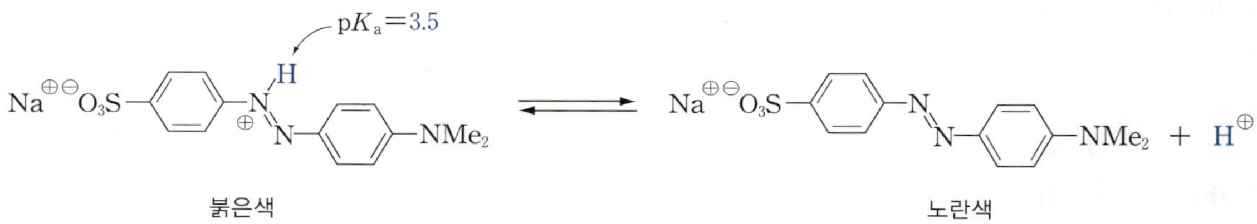

20.11 유기 합성

유기 화학에서 화학 반응을 이해하고 학습하는 것이 중요하지만, 그것은 궁극적으로 원하는 구조의 화합물을 합성할 수 있을 때 그 의미가 배가된다. 이제는 지금까지의 유기 화학 지식을 응용하여 특정 출발 물질로부터 목적 화합물을 합성하는 것을 연습해 보자.

첫째, 벤조산에서 4-나이트로벤조산의 합성 경로를 생각해 보자.

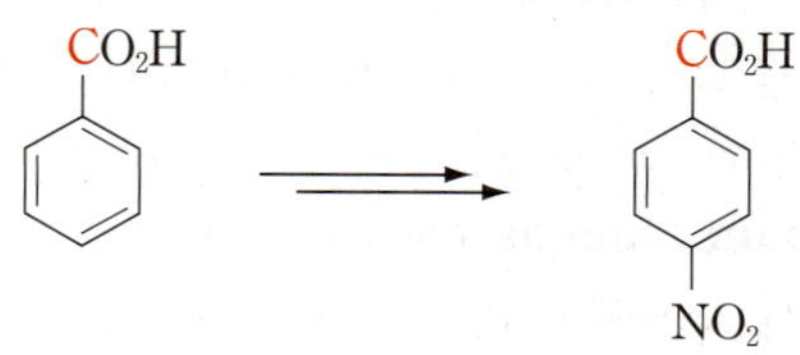

위의 전환은 간단하게 출발 물질의 파라 위치에 나이트로화 반응을 수행하면 된다. 그러나 $-CO_2H$ 치환체는 메타 선택성을 갖기 때문에 이러한 직접적인 방법으로는 목적 화합물을 합성할 수 없다.

출발 물질과 목적 화합물에서 $-C^{*}O_2H$ 작용기가 동일하다는 가정 하에서 아래의 경로를 제안할 수 있다. 우선 목적 화합물은 중간체 **A**에서 다이아조늄 염의 수소 치환 반응(20.10.8절)으로 합성할 수 있다. 중간체 **A**는 중간체 **B**에서 아민의 아마이드화 반응, 아마이드의 위치 선택적인 나이트로화 반응(20.8.3절) 및 아마이드 가수 분해 반응을 적용하여 얻을 수 있다. 계속해서 중간체 **B**는 중간체 **C**의 환원 반응(20.6.2절), 중간체 **C**는 출발 물질에 위치 선택적인 나이트로화 반응으로 합성이 가능할 것이다.

1차 방향족 아민 화합물인 **B**는 방향족 나이트로화 반응에 참여하지 않는다(20.8.2절)

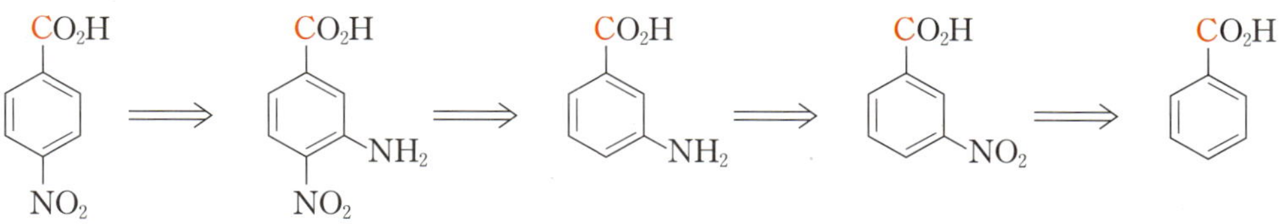

A **B** **C**

둘째, 벤젠에서 (3-하이드록시페닐)에탄-1-온을 합성하는 경로를 생각해 보자.

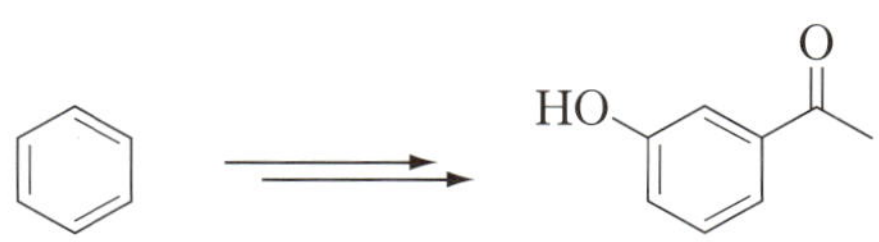

이 변환의 핵심은 $-OH$ 와 $-COCH_3$ 작용기가 메타 관계에 있고, $-OH$ 작용기는 오쏘 및 파라 선택성, 그리고 $-COCH_3$ 작용기는 메타 선택성이 있음을 파악하는 것이다. 가장 직접적인 방법으로는 $-COCH_3$의 메타 선택성을 이용하여 메타 위치에 $-OH$를 치환하는 방법인데, 이 변환은 한 단계 반응으로는 불가능하고 $[-H \rightarrow -NO_2 \rightarrow -NH_2 \rightarrow -N_2^+ \rightarrow -OH]$의 다단계 경로를 통해서 진행할 수 있다. 다만, 이 과정에서 아세틸 작용기가 다단계의 다양한 반응 조건에서 안정하게 있을 것이라는 전제가 충족되어야 한다.

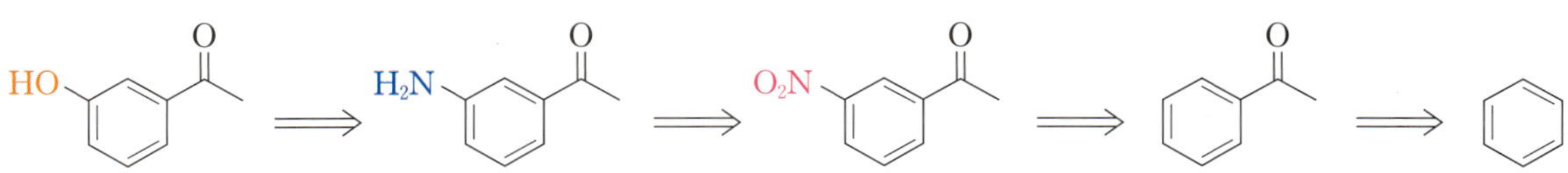

셋째, 벤젠에서 1,3,5-트라이브로모벤젠을 합성하는 경로를 생각해 보자. 벤젠에서 세 개의 브로민 원자를 한번에 도입하는 것은 Br이 오쏘 및 파라의 위치 선택성을 주기 때문에 불가능하다. Br 치환체가 메타 선택성을 갖는다 해도 Br은 약한 비활성화 치환체이기 때문에 두 번째, 세 번째 Br 원자를 치환할 때 점진적으로 더 강한 반응 조건을 사용해야 하므로 반응을 진행하는 것 자체가 어려울 수도 있다.

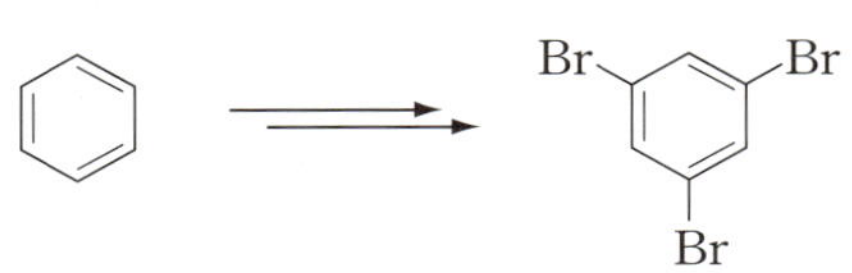

따라서 위의 전환을 위해서는 아래와 같이 아주 강한 활성화 치환체(NH_2)를 사용하여 오쏘 및 파라 위치의 모든 H 원자를 Br로 치환하는 방법을 적용하면 된다(20.8.1절).

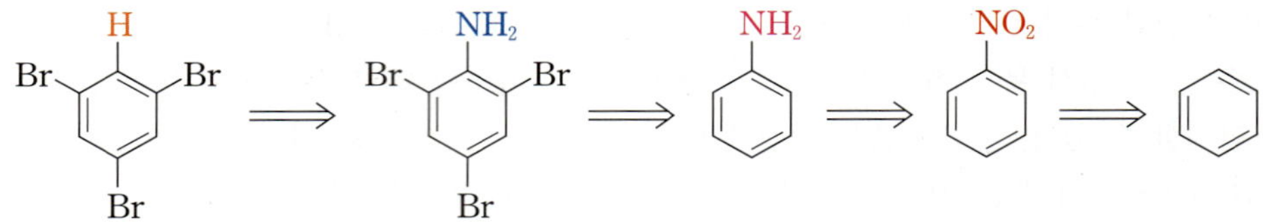

넷째, 벤젠에서 3-브로모페놀을 합성하는 경로는 아래와 같다.

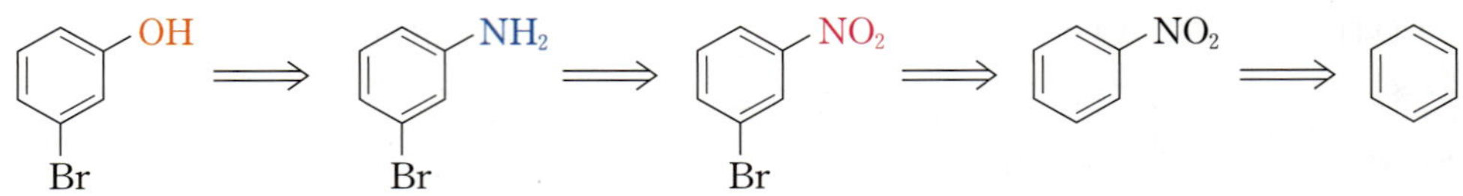

20.12 분광학

20.12.1 ¹H NMR 분광학

아민에서 N−CH_3의 피크는 δ 2.3 ppm에서 관찰된다.

아닐린(aniline, 1차 아민)에서 벤젠 고리를 구성하는 다섯 개의 H 원자는 C_2−$\underline{H}$ 및 C_6−$\underline{H}$ 피크가 δ 6.77(*dd*, *J* = 8.1 & 1.3 Hz, 2H), C_4−$\underline{H}$ 피크가 δ 7.03(*tt*, *J* = 8.1, 1.3 Hz, 1H), C_3−$\underline{H}$ 및 C_5−$\underline{H}$ 피크가 δ 7.25(*dd*, *J* = 8.1 Hz, 2H)로 관찰된다. N−$\underline{H}$ 피크는 O−$\underline{H}$ 피크처럼 나올 수도 있고 그렇지 않을 수도 있으며, 화학적 이동 값도 상당히 넓은 범위에 걸쳐서 분포하기 때문에 특별히 관심을 기울이지 않아도 된다.

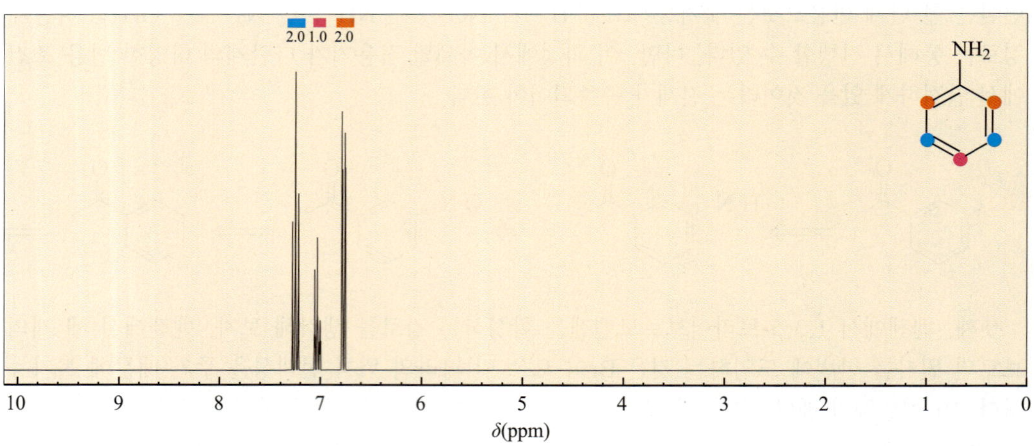

그림 20-26 아닐린의 ¹H NMR 스펙트럼

N,*N*-다이메틸벤질아민(*N*,*N*-dimethylbenzylamine)에서 두 개의 N−$C\underline{H}_3$ 피크가 δ 2.46(*s*, 6H), Ar−$C\underline{H}_2$−N 피크는 δ 3.52(*s*, 2H), 벤젠 고리의 다섯 개 피크는 모두 겹쳐서 δ 7.24~7.34(*m*, 5H)로 예상한다.

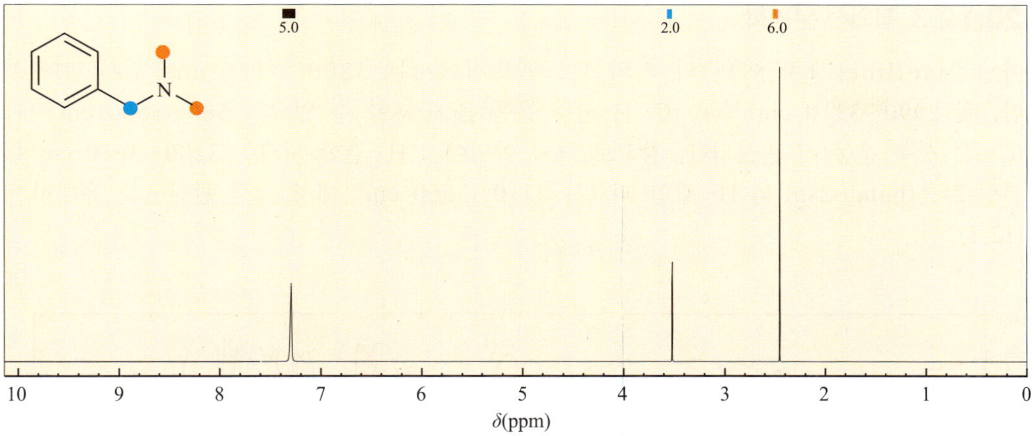

그림 20-27 *N,N*-다이메틸벤질아민의 ^{1}H NMR 스펙트럼

20.12.2 ^{13}C NMR 분광학

아닐린(aniline)은 C_1 탄소가 δ 146.51, $C_2(C_6)$ 탄소가 δ 115.1, $C_3(C_5)$ 탄소가 δ 129.3, C_4 탄소가 δ 118.4에서 관찰되는 것으로 해석할 수 있다.

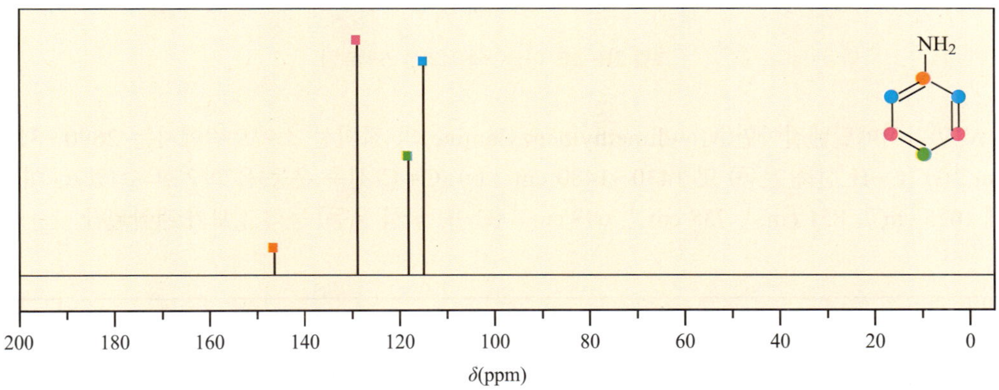

그림 20-28 아닐린의 ^{13}C NMR 스펙트럼

N,N-다이메틸벤질아민(*N,N*-dimethylbenzylamine)은 C_1 탄소가 δ 139.0, $C_2(C_6)$ 탄소 및 $C_3(C_5)$ 탄소가 각각 δ 129.1, 128.2, C_4 탄소가 δ 127.0, $ArC\underline{H}_2N(CH_3)_2$ 피크가 δ 64.5, $ArCH_2N(\underline{C}H_3)_2$ 피크가 δ 45.4로 나온다.

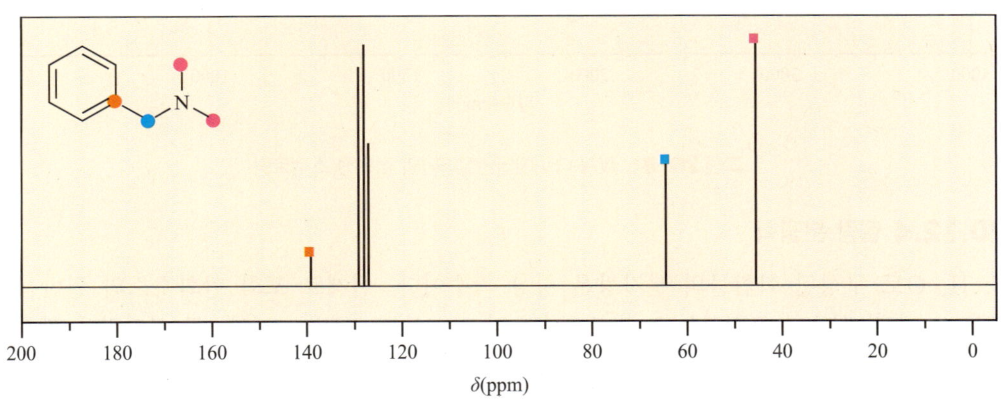

그림 20-29 *N,N*-다이메틸벤질아민의 ^{13}C NMR 스펙트럼

20.12.3 적외선 분광학

아닐린(aniline, 1차 아민)의 적외선 스펙트럼에서는 3200~3510 cm^{-1}(m) (H−결합) 및 2990~3110 cm^{-1}(m) (C−H 신축 운동)을 구분할 수 있고, 1580~1660 cm^{-1}(s) (C=C 신축 운동)이 관찰된다. 참고로, 1차 아민에서 H−결합 피크는 3200~3510 cm^{-1}, 뷰탄-2-올(butan-2-ol)의 H−결합 피크는 3110~3560 cm^{-1}에서 각각 관찰됨을 유의하자(12.1.2절).

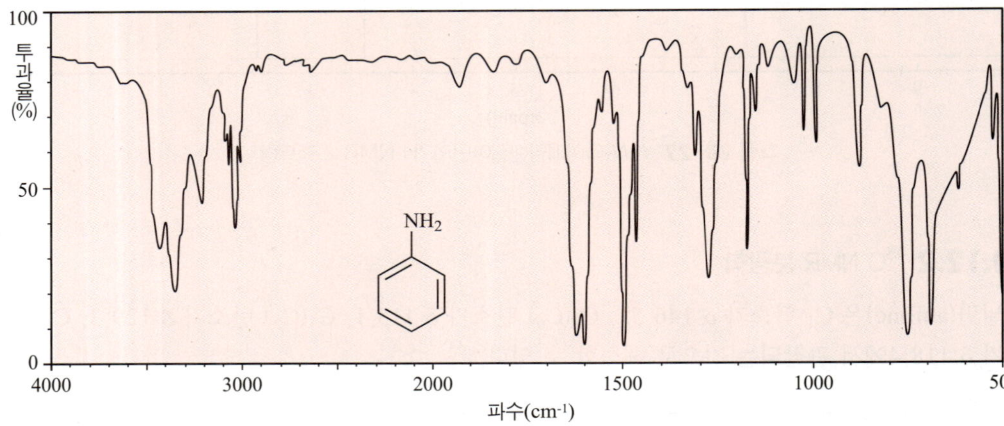

그림 20-30 아닐린의 적외선 스펙트럼

N,N-다이메틸벤질아민(N,N-dimethylbenzylamine)의 적외선 스펙트럼에서는 2690~3100 cm^{-1}(s) (C−H 신축 운동) 및 1430~1480 cm^{-1} (s) (C=C 신축 운동)을 확인할 수 있고, 이 외에 1025 cm^{-1}, 851 cm^{-1}, 738 cm^{-1}, 698 cm^{-1} (C−H 굽힘 운동) 등의 정보가 관찰된다.

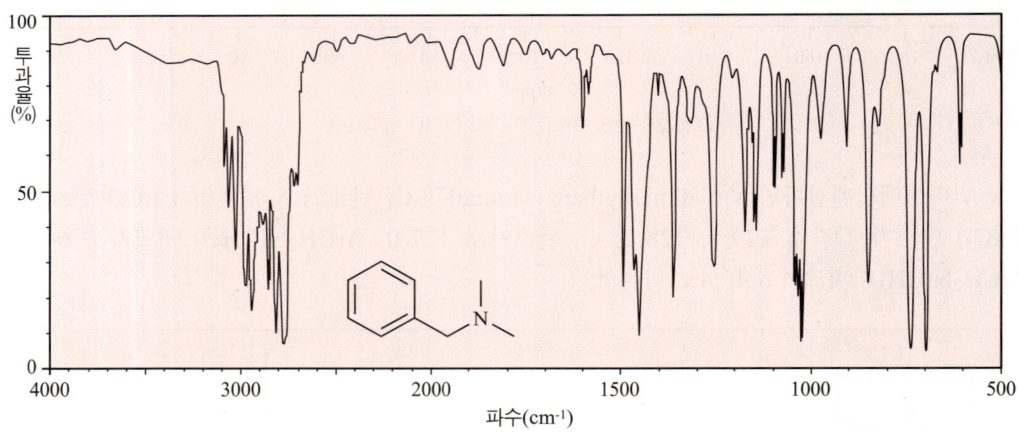

그림 20-31 N,N-다이메틸벤질아민의 적외선 스펙트럼

20.12.4 질량 분광학

C, H, O로 구성된 화합물의 분자량은 항상 짝수이다. 실제로 포화 탄화수소의 일반식은 C_nH_{2n+2}이고, 산소를 포함하는 포화 탄화수소의 일반식은 $C_nH_{2n+2}O_x$이므로 분자량은 짝수이다. 그리고, 고리, 이중 결합, 삼중 결합이 생길 때마다 수소 숫자는 각각 두 개, 두 개, 네 개씩 감소하므로 분자량은 역시 짝수가 된다.

포화 탄화수소에서 한 개의 탄소 원자가 질소 원자로 치환되면 질량수가 1 증가하면서 분자량은 홀수가 되고, 두 개의 탄소 원자가 질소 원자로 치환되면 질량수가 2 증가하면서 분자량은 짝수가 됨을 알 수 있다. 이러한 정보를 종합하면 C, H, O, N으로 구성된 화합물의 경우에 질소 원자의 수가 짝수/홀수인가에 따라서 분자량이 짝수/홀수가 됨을 알 수 있는데, 이것을 **질소 규칙(nitrogen rule)**이라고 한다. 질소 규칙은 질량이 홀수로 측정되는 경우에 그 구조를 예측하는 데 많은 도움이 된다.

일반적으로 질량 분석기에서 알킬아민 유도체들은 질소의 고립 전자쌍에서 전자 한 개를 잃어 버리면서 분자 이온(M^+)을 생성하고, 계속해서 α-분해 반응(12.3.2절 및 18.17.5절)을 진행하면서 특징적인 값들을 준다.

아닐린(aniline)은 C_6H_7N, 분자량 93인 물질로서 m/e = 93에서 M^+ 피크가 관찰된다.

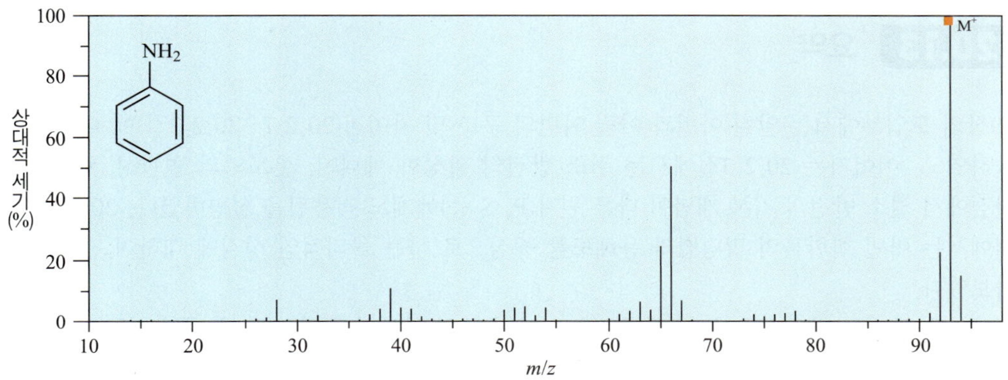

그림 20-32 아닐린의 질량 스펙트럼

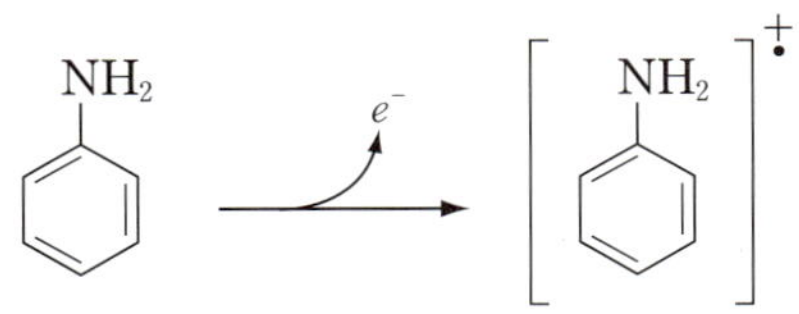

N,N-다이메틸벤질아민(*N,N*-dimethylbenzylamine)은 분자식 $C_9H_{13}N$, 분자량 135인 화합물로서 m/e = 135에서 M^+ 피크가 관찰된다. 이론적으로 분자 이온(M^+)에서 $C-N(CH_3)_2$의 분해 반응이 일어나면 m/e = 91 및 44, $Ar-CH_2N(CH_3)_2$의 α-분해 반응이 일어나면 m/e = 77 및 58 피크를 예상할 수 있다. 실험에서 주 피크는 m/e = 58이었다.

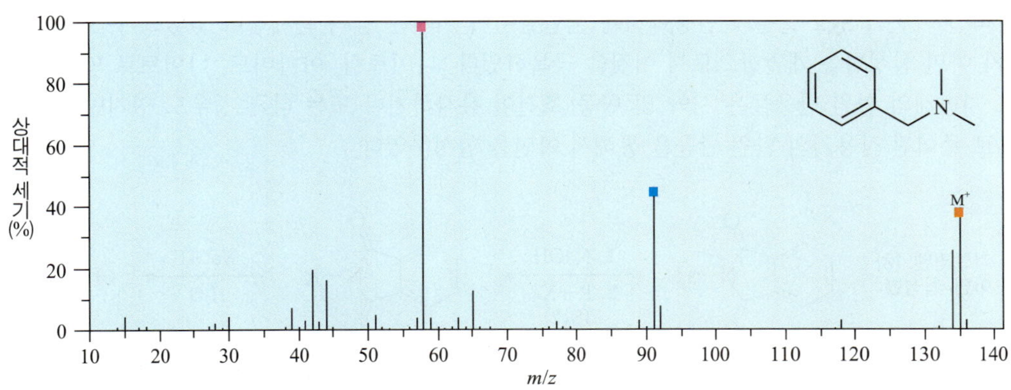

그림 20-33 *N,N*-다이메틸벤질아민의 질량 스펙트럼

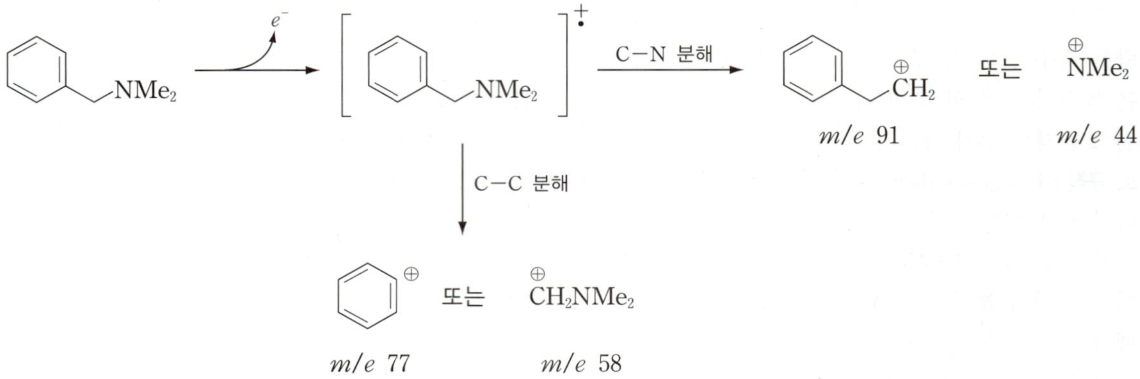

20.13 요약

20장의 도입부에서는 알킬 아민과 아릴 아민의 구조 및 차이점(20.2.1~20.2.2절)에 대하여 기술하였고, 이어지는 20.2.3절에서는 질소 반전의 활성화 에너지, 온도와의 연관성, 이론적인 관점에서 질소 반전의 기본 개념이 다른 원자(P, S 등)에게도 적용됨을 설명하였다. 20.3~20.4절에서는 아민 화합물의 명명법과 용해도를 중심으로 하는 물리적인 성질에 대하여 간단히 알아보았다.

아민은 알킬 아민, 아릴 아민, 헤테로고리 아민 등의 구분과 무관하게 한 개의 비공유 전자쌍이 있기 때문에 정도의 차이는 있지만 염기성을 갖는다(20.5절). 아민 화합물의 염기성 정보를 종합하면 아래와 같다.

아민	$pK_a(NH^+)$
아민(sp^3)	10~11
암모니아	9.3
이미다졸	7.0
피리딘	5.4
아닐린	4.6
피롤	0.4

20.6절에서는 S_N2 알킬화 반응(20.6.1절), 환원 반응(20.6.2절), 환원성 아미노화 반응(20.6.3절), 카복실산 자리 옮김 반응(20.6.4절) 등 다양한 아민 합성법을 소개하였다. 우선 일반적인 아민의 S_N2 알킬화 반응에서는 혼합물이 얻어지는 등의 문제점이 있었으나, 가브리엘 1차 아민 합성법을 개발함으로써 이것을 극복하였다. 나이트릴, 아마이드, 나이트로 및 아자이드 치환체의 환원 반응들은 시약 및 반응 조건이 유사하거나 또는 다른 경우도 있지만 공통적으로 주어진 작용기의 환원 반응을 통해서 아민을 합성하였다.

가브리엘 1차 아민 합성법:

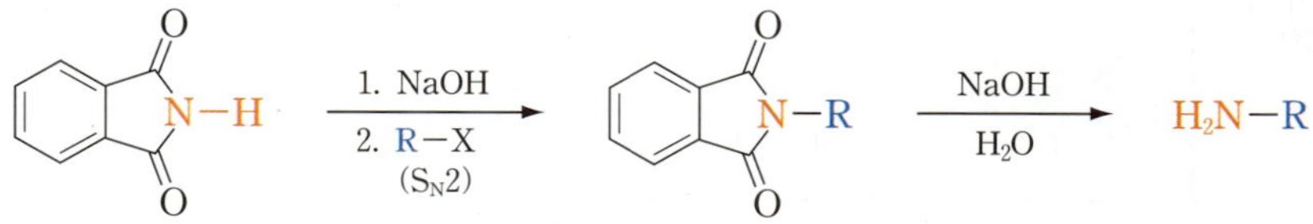

프탈이미드

나이트릴 환원: $R-C\equiv N \xrightarrow[H_2,\ Pd/C]{LAH\ \text{or}} R-CH_2-NH_2$ (1차 아민)

아마이드 환원: 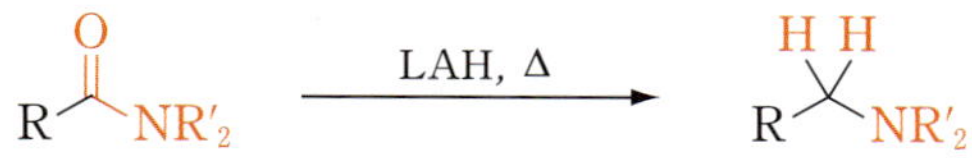 (1~3차 아민)

나이트로 환원: $R-NO_2 \xrightarrow[\text{Fe, HCl; Zn, HCl; } SnCl_2\text{, HCl}]{LAH;\ H_2\text{, Pd, Pt, or Ni}} R-NH_2$ (1차 아민)

아자이드 환원: $R-N_3 \xrightarrow[NH_2NH_2\text{, Pt; } PPh_3\text{(Staudinger 반응)}]{LAH;\ H_2\text{, Pd/C}} R-NH_2$ (1차 아민)

그리고 알데하이드 및 케톤에서 시작하는 환원성 아미노화 반응, 옥심의 환원 반응, 에쉬바일러–클라크 반응 등을 기술하였고, 카복실산 자리 옮김 반응에서는 호프만, 커티우스, 쉬미트의 자리 옮김 반응 등을 각각 소개하였다.

이민 또는 이미늄 염의 환원 반응: 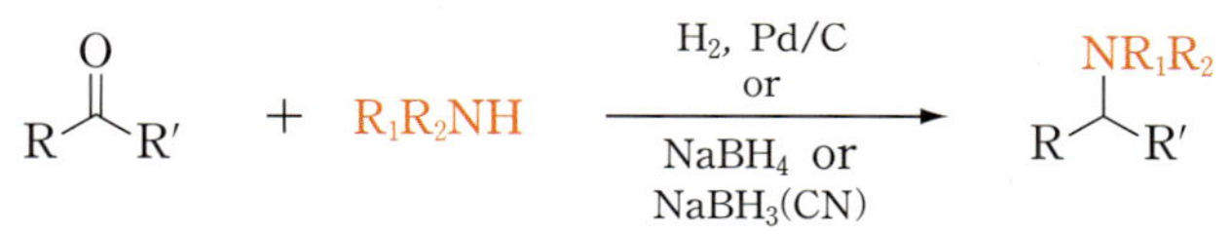

알데하이드 또는 케톤 / 암모니아 1~2차 아민 / 1~3차 아민

옥심의 환원 반응: 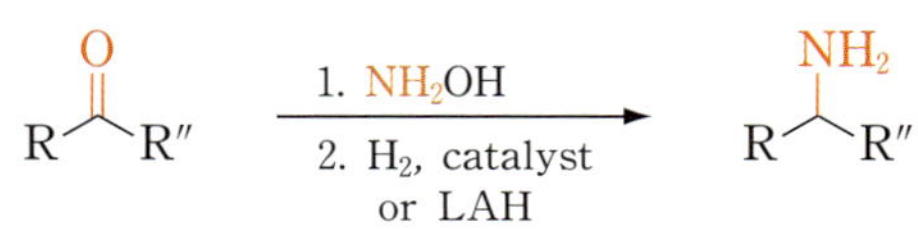

에쉬바일러–클라크 환원 반응: 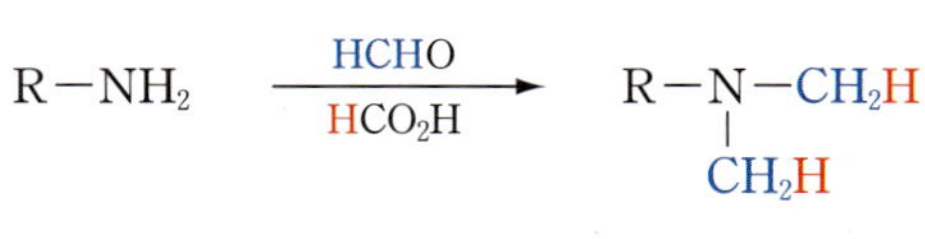

호프만 자리 옮김 반응: 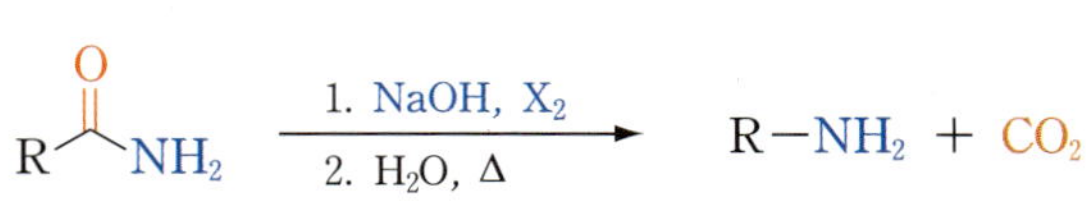

커티우스 자리 옮김 반응: 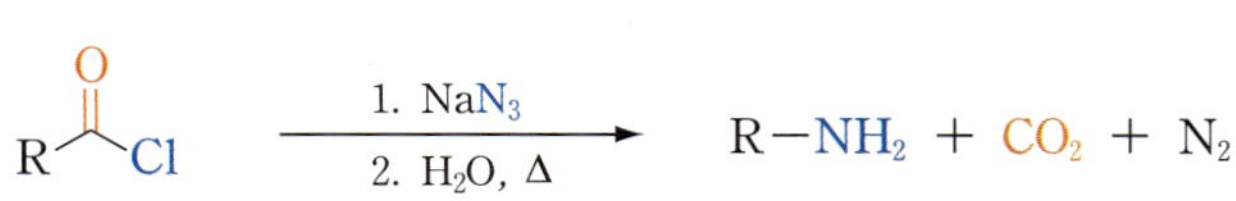

쉬미트 자리 옮김 반응: 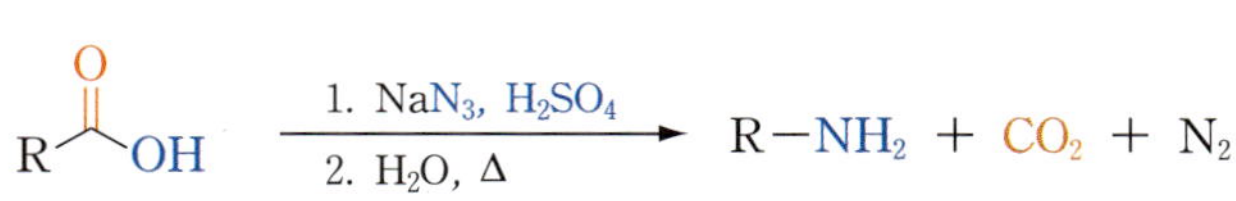

20.7절에서는 4차 암모늄 염을 중심으로 설명을 하였다. 우선 4차 암모늄 염은 강염기와 반응하여 E2 반응을 진행한다. 할로젠화 알킬의 E2 반응에서는 열역학적으로 더 안정한, 즉 알킬 치환체가 더 많은 알켄 생성물이 주로 생성되는데(Zaitsev 규칙; 7.7.3절), 4차 암모늄 염의 E2 반응에서는 4차 암모늄 염의 입체 장애로 인하여 염기가 가장 쉽게 접근할 수 있는 수소와 반응하여 알킬 치환체가 적은 알켄 생성물이 주로 얻어진다. 이러한 반응을 호프만 제거 반응이라고 한다(20.7.2절).

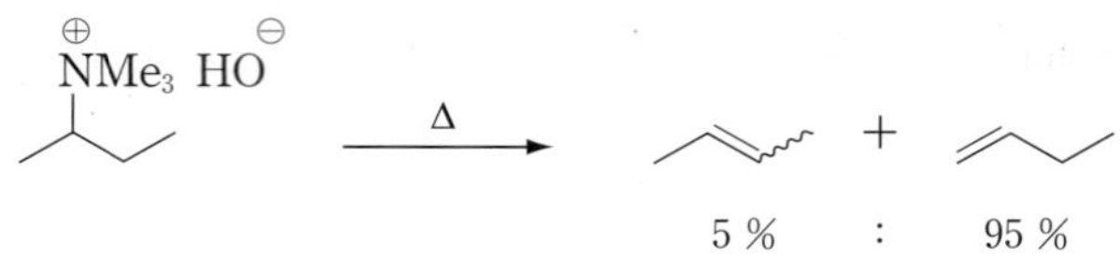

4차 암모늄 염은 기본적으로 이온성 물질이기 때문에 물에 잘 용해되고, 친지질성을 갖는 알킬 작용기가 있어서 유기 용매에도 잘 녹는 특징이 있다(20.7.3절). 이러한 성질을 이용하면 물과 유기 용매 사이를 왕래하면서 S_N2 반응, 산화 반응, 알킬화 반응, 알돌 반응 등의 다양한 반응을 시킬 수 있다. 이러한 기능성이 있는 물질을 상 이동 촉매라고 한다(20.7.3절).

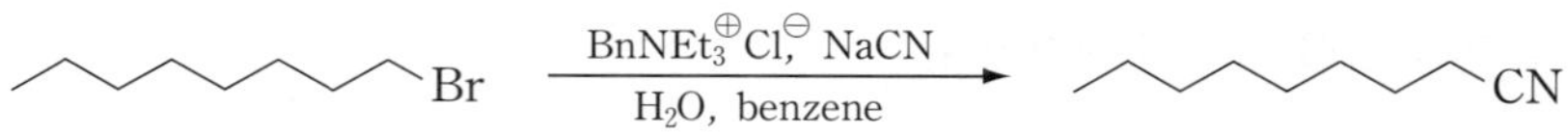

20.8절에서는 아릴 아민 화합물의 친전자성 방향족 치환 반응에 대하여 간단히 살펴보았다. 방향족 아민 치환체는 아주 강한 활성화 치환체이기 때문에 매우 온화한 반응 조건에서 친전자성 방향족 치환 반응을 수행할 수 있고(15.3.1절), 경우에 따라서는 반응성을 조금 떨어뜨린 아마이드 치환체를 이용하기도 한다. 총체적으로는 방향족 아민 화합물의 할로젠화 반응(20.8.1절), 나이트로화 반응(20.8.2절), 프리델-크래프트 아실화 반응(20.8.3절) 등을 언급했으나 각 반응에서 유의해야 할 점들을 확실하게 숙지할 필요가 있고, 마지막으로는 폼일(formyl) 치환체를 도입하는 빌스마이어(Vilsmeier) 반응을 소개하였다(20.8.4절).

할로젠화 반응:

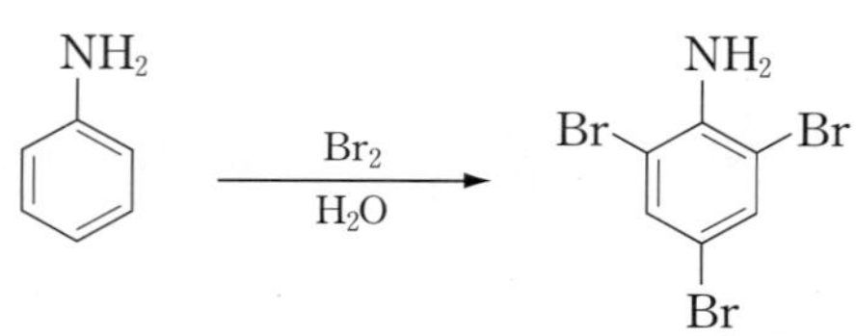

나이트로화 반응 및 아실화 반응:

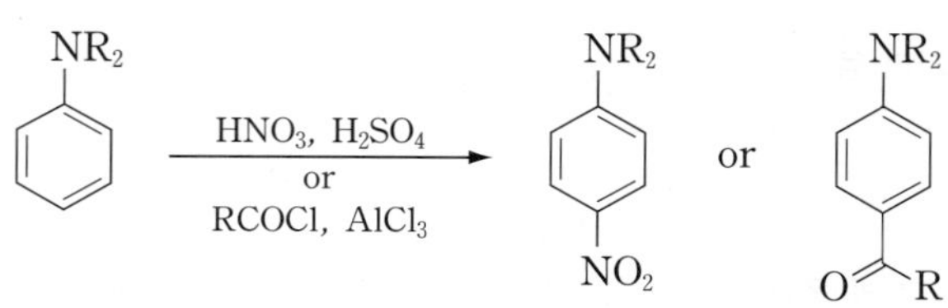

빌스마이어 반응:

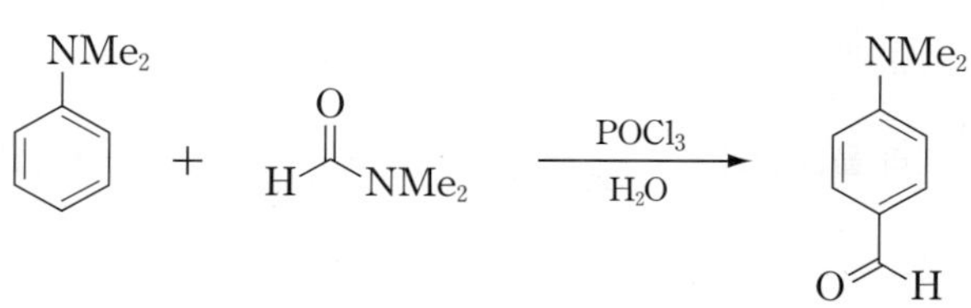

20.9절 및 20.10절에서는 나이트로소늄 양이온에 대하여 중점적으로 기술하였다. 나이트로소늄 양이온은 [$NaNO_2$−강산]의 조합을 이용하여 불안정한 HNO_2(아질산) 중간체를 거쳐서 합성할 수 있고, 1차 및 2차 아민과 반응하여 각각 다이아조늄 염 및 *N*-나이트로사민을 제공한다.

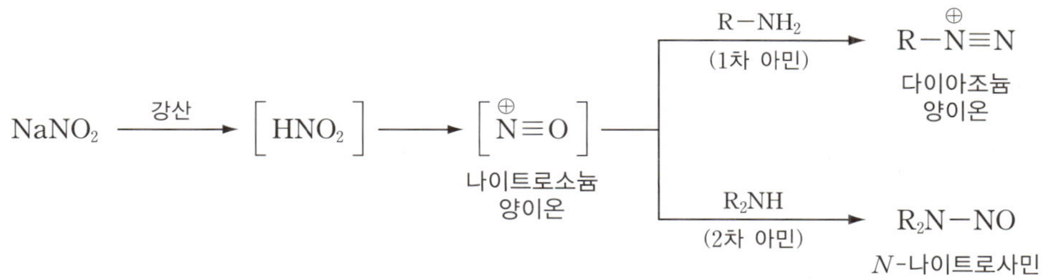

다이아조늄 양이온의 열역학적 안정성은 질소가 결합하는 탄소의 성격(알킬 vs. 아릴)에 따라서 큰 차이가 있다. 일반적으로 알케인다이아조늄 양이온들은 매우 불안정하여 유기 합성에 응용할 수 없지만, 아렌다이아조늄 양이온은 상대적으로 안정하여 아래와 같이 다양한 치환체로 변환될 수 있다.

아이오딘화 치환 반응: $Ar{-}\overset{\oplus}{N}{\equiv}N\ Cl^{\ominus}\ (\text{or } HSO_4^{\ominus}) \xrightarrow{\text{KI or NaI}} Ar{-}I$

샌드마이어 반응: $Ar{-}\overset{\oplus}{N}{\equiv}N\ Cl^{\ominus}\ (\text{or } HSO_4^{\ominus}) \xrightarrow[\text{or CuCN}]{\text{CuCl, CuBr}} Ar{-}Cl,\ Ar{-}Br,\ Ar{-}CN$

쉬만 반응: $Ar{-}\overset{\oplus}{N}{\equiv}N\ BF_4^{\ominus}\ (\text{or } PF_6^{\ominus}) \xrightarrow{\Delta} Ar{-}F$

나이트로 치환 반응: $Ar{-}\overset{\oplus}{N}{\equiv}N\ BF_4^{\ominus} \xrightarrow{\text{Cu, NaNO}_2} Ar{-}NO_2$

하이드록시 치환 반응: $Ar{-}\overset{\oplus}{N}{\equiv}N\ HSO_4^{\ominus} \xrightarrow[\text{Cu}_2\text{O, Cu(NO}_3)_2\text{, H}_2\text{O}]{\Delta\text{, H}_2\text{O or}} Ar{-}OH$

싸이올 치환 반응: $Ar{-}\overset{\oplus}{N}{\equiv}N\ Cl^{\ominus}\ (\text{or } HSO_4^{\ominus}) \xrightarrow{\overset{\oplus}{K}\,\overset{\ominus}{S}C(=S)OEt} Ar{-}S{-}\overset{S}{\overset{\|}{C}}{-}OEt \xrightarrow[\Delta]{\text{KOH}} Ar{-}SH$

수소 치환 반응: $Ar{-}\overset{\oplus}{N}{\equiv}N\ Cl^{\ominus}\ (\text{or } HSO_4^{\ominus}) \xrightarrow[\text{or NaBH}_4]{\text{H}_3\text{PO}_2} Ar{-}H$

다이아조늄 짝지음 반응: $Ar{-}\overset{\oplus}{N}{\equiv}N\ HSO_4^{\ominus} + Ar'{-}NMe_2 \longrightarrow Ar{-}N{=}N{-}Ar'\text{-4-}NMe_2$

$Ar{-}\overset{\oplus}{N}{\equiv}N\ HSO_4^{\ominus} + Ar'{-}OH \longrightarrow Ar{-}N{=}N{-}Ar'\text{-4-}OH$

연습 문제

1. 아래의 화합물을 명명하시오.

(a) 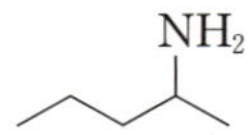

(b) 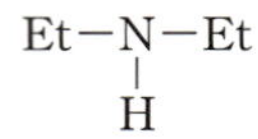

(c) 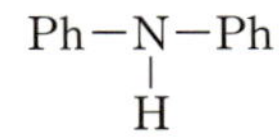

(d) 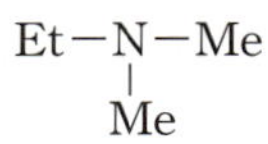

(e) 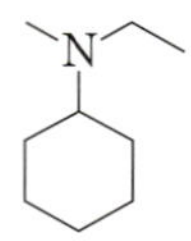

(f) 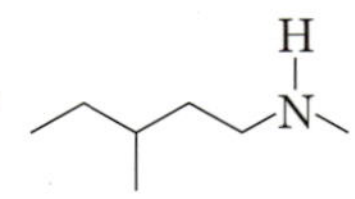

(g) 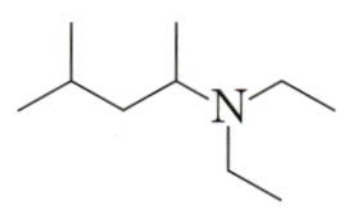

(h) 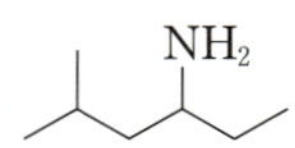

(i) 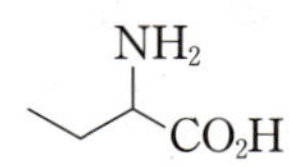

(j) 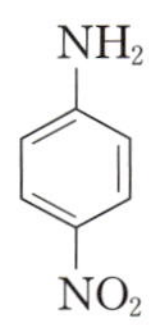

(k) 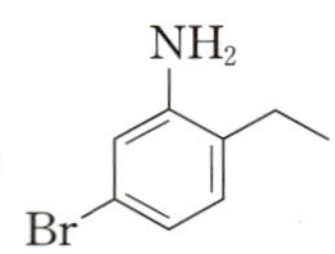

(l) 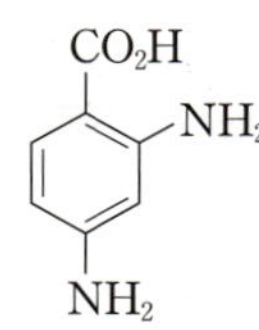

(m) 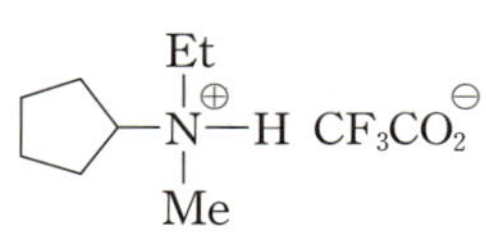

2. 아래 반응의 주생성물을 그리시오.

(a) 

(b) 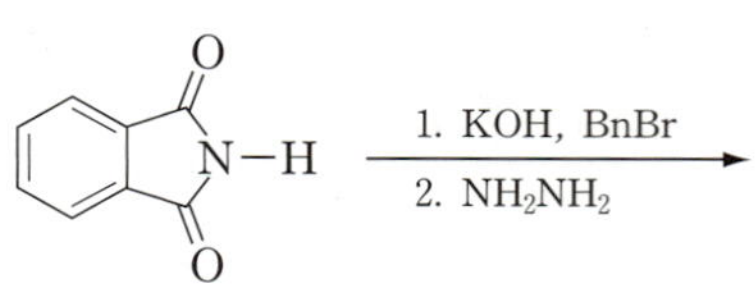

(c) 

(d) 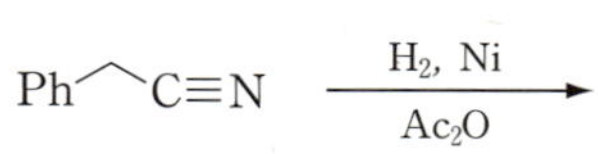

(e) 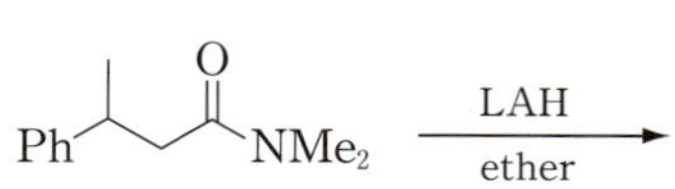

(f) 

(g) 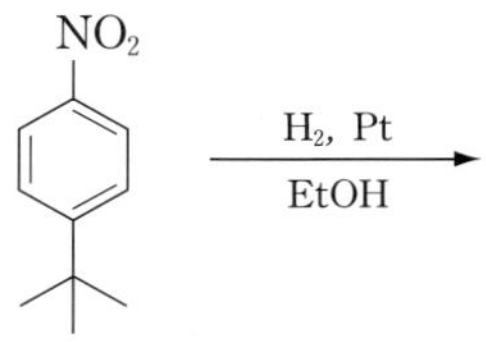

(h) 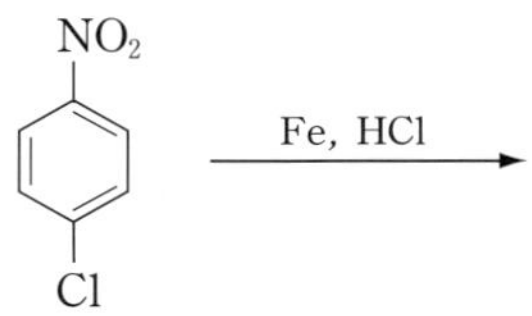

(i) 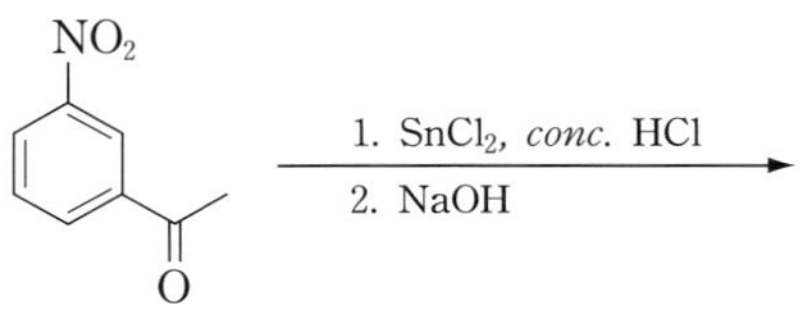

(j) 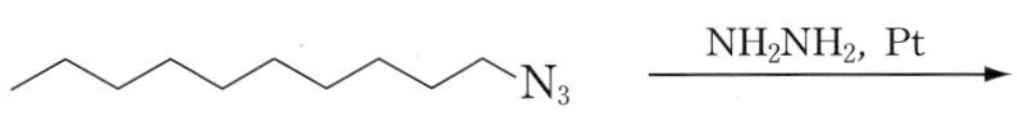

(k) 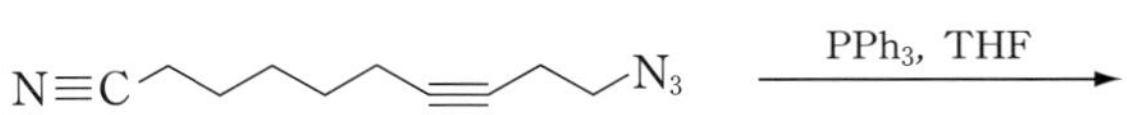

(l) 

(m) 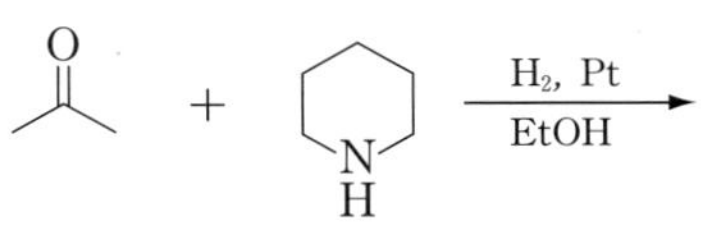

(n) 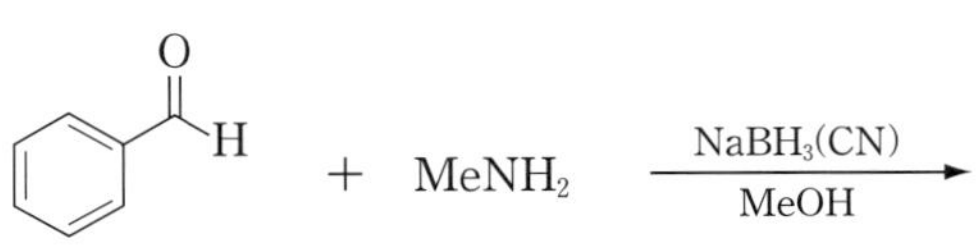

(o) 

(p) 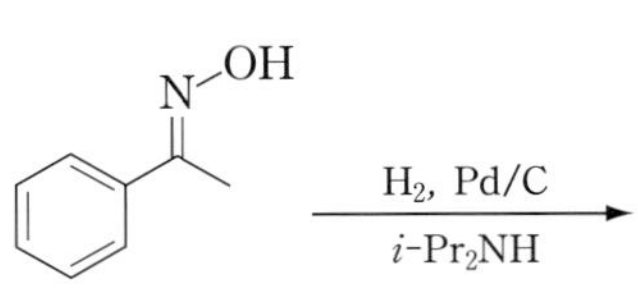

(q) 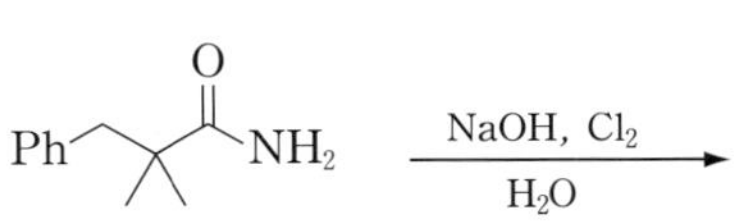

(r) 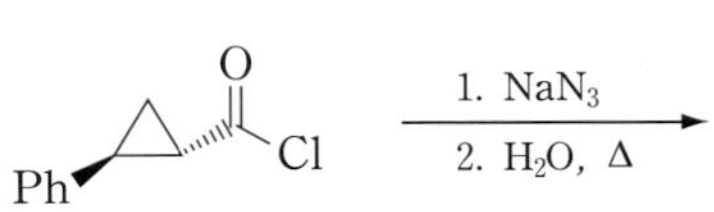

(s) 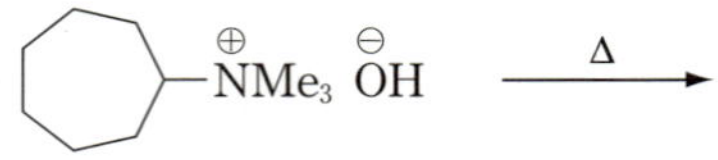

(t) 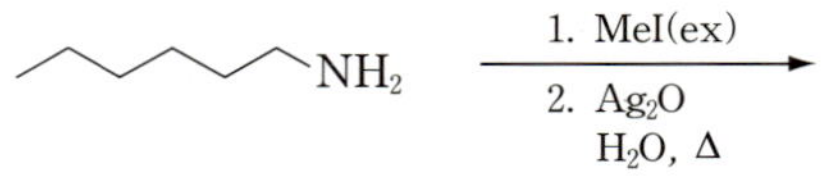

(u) 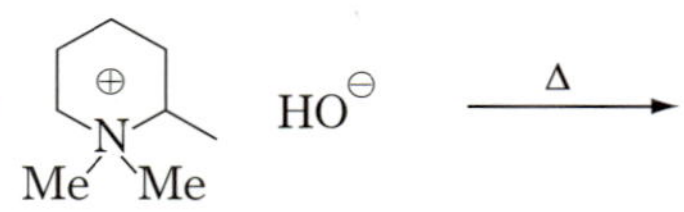

(v) 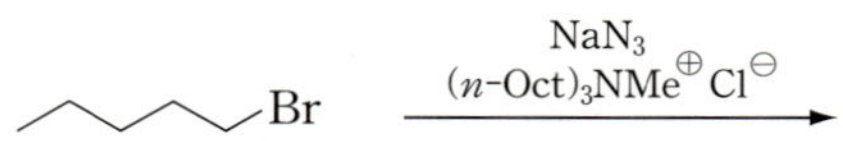

(w) 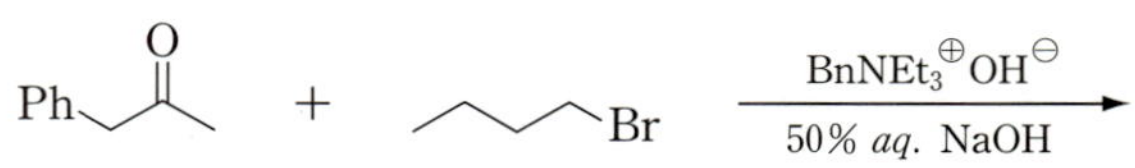

(x) 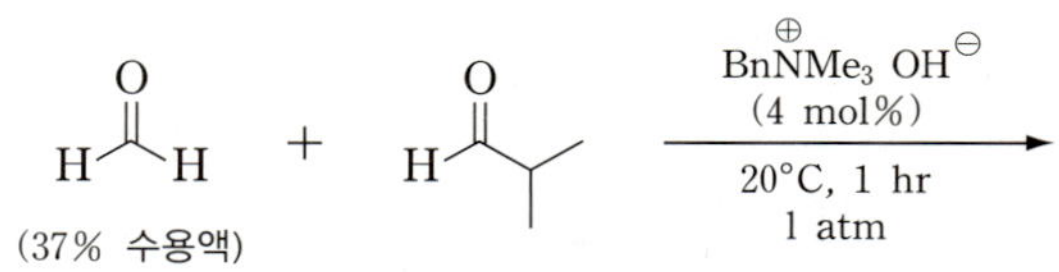

3. 아래 반응의 주생성물을 그리시오.

(a) 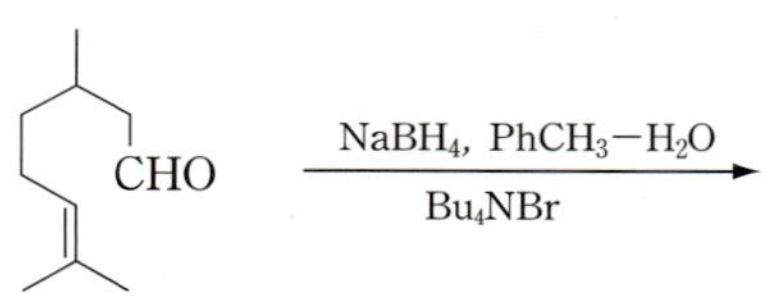

(b) 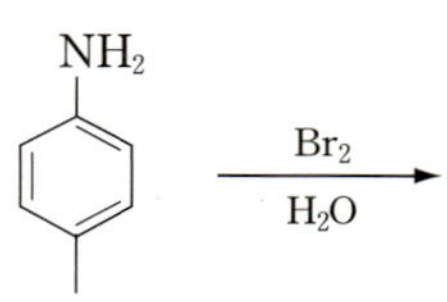

(c) 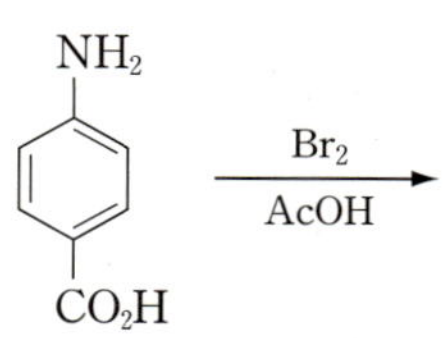

(d) 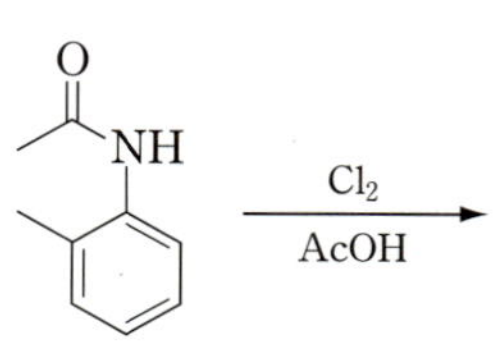

(e) 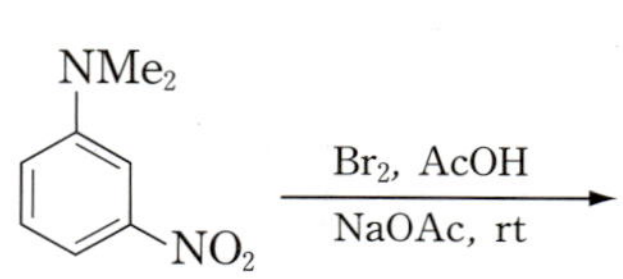

(f) 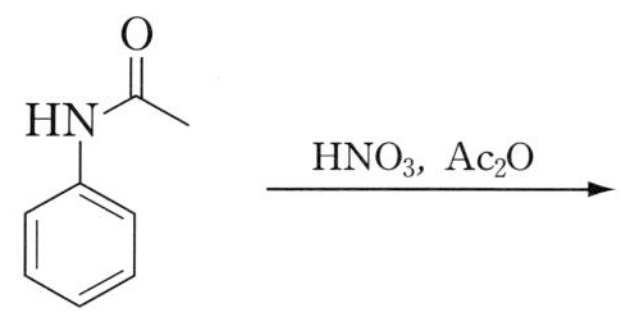

(g) 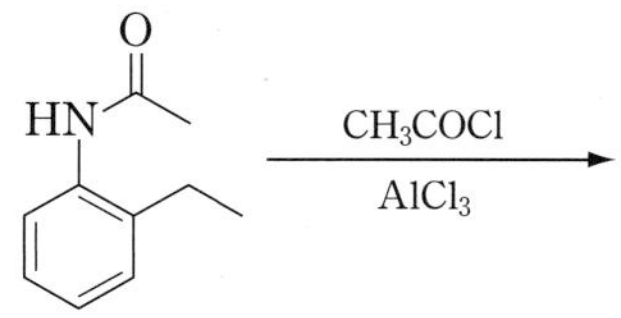

(h) 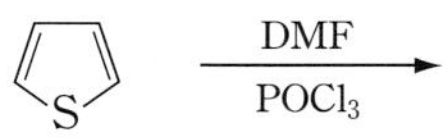

(i) 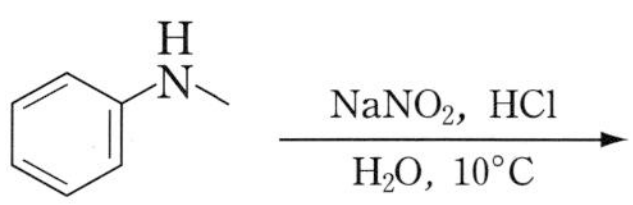

(j) 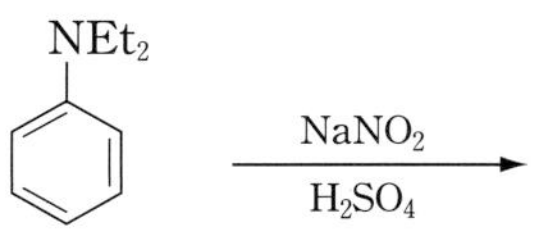

(k) 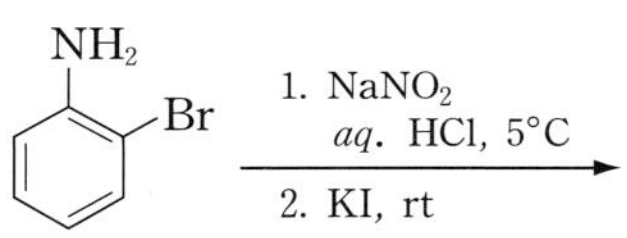

(l) 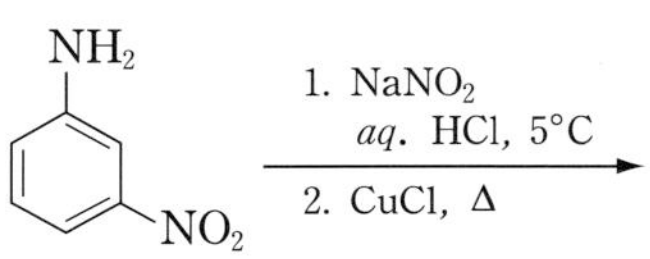

(m) 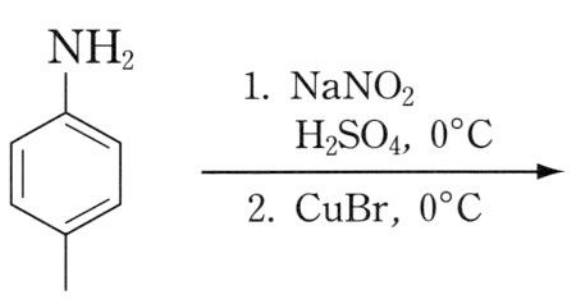

(n) 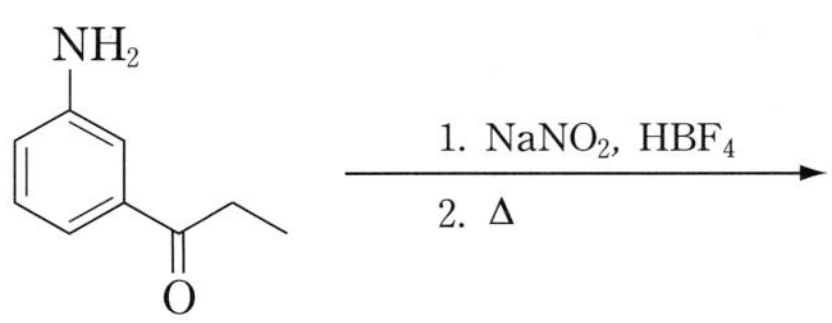

(o) 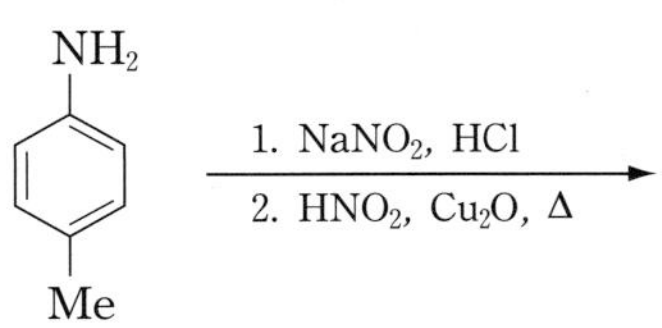

(p) 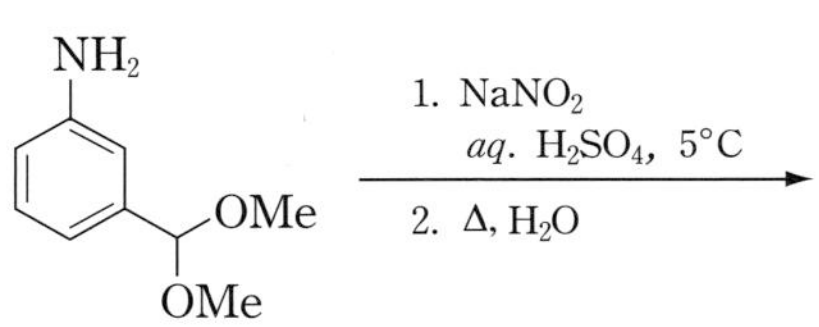

(q) 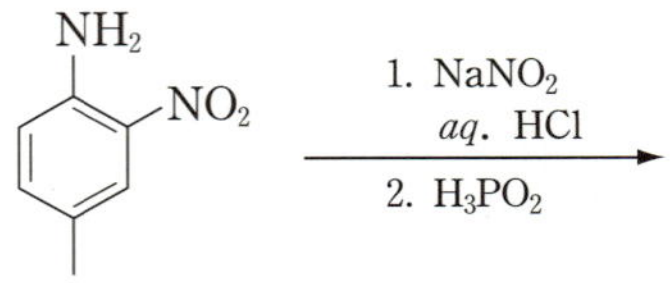

(r) 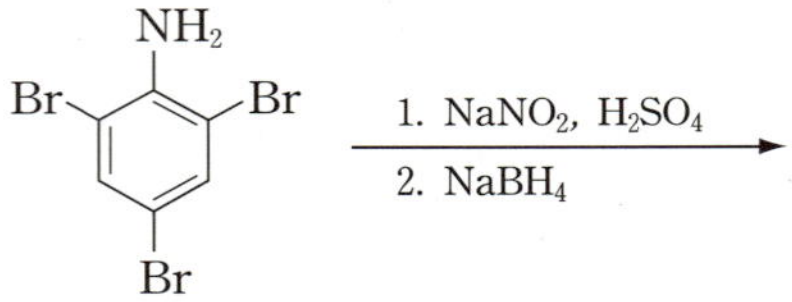

(s) 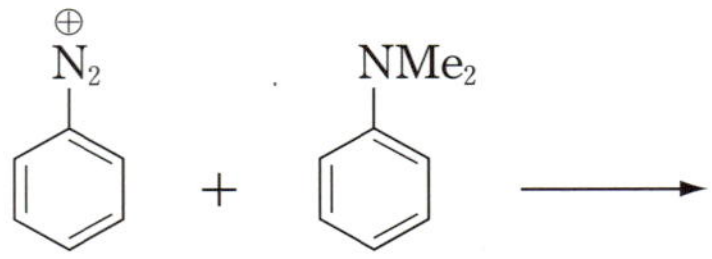

4. 가브리엘 1차 아민 합성법에서 중간체인 이미드 작용기의 가수 분해 반응 메커니즘을 제안하시오.

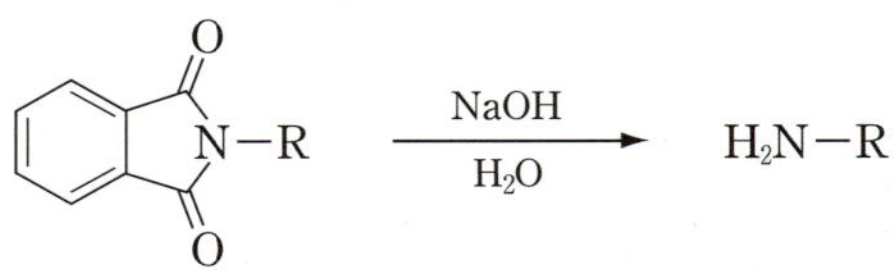

이미드(imide)

5. 아래 반응의 메커니즘을 제안하시오.

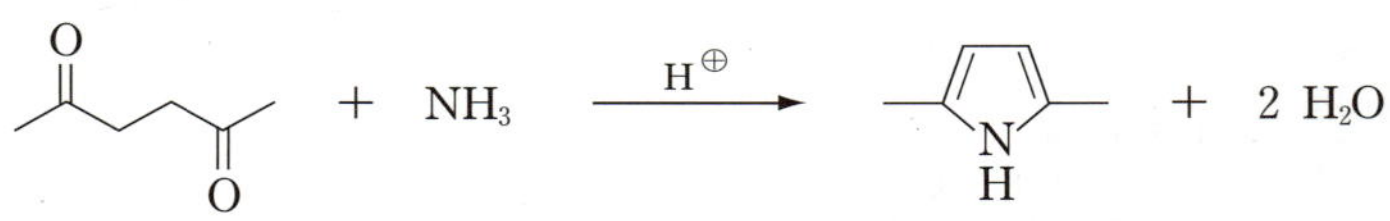

2,5-다이메틸피롤

6. 아래의 전환을 완성하시오.

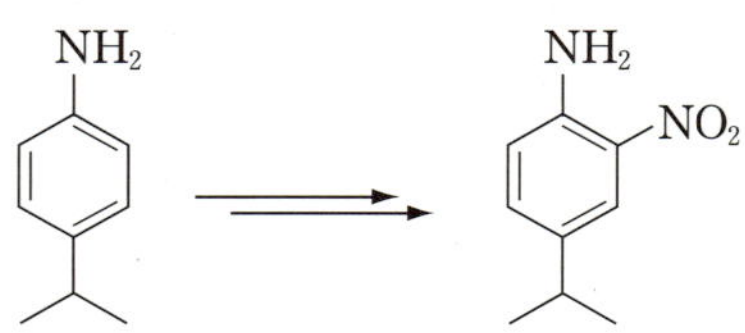

7. 아래의 전환을 완성하시오.

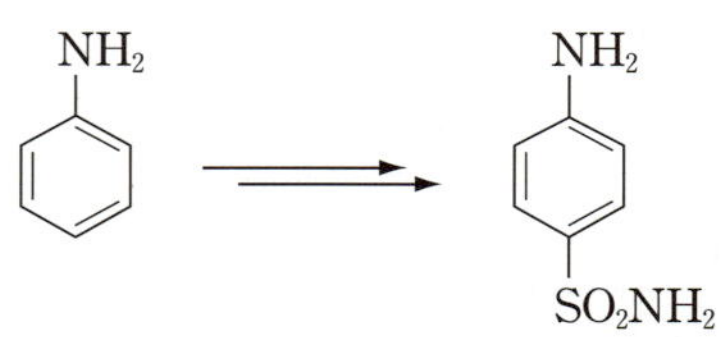

8. 아래의 전환을 완성하시오.

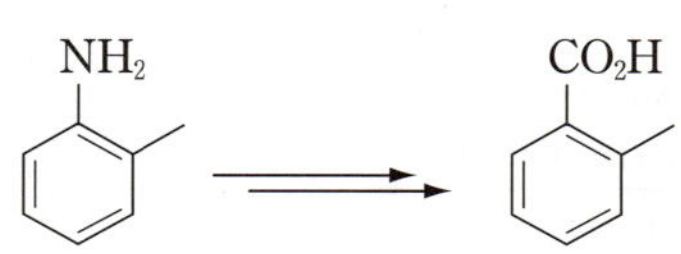

9. 아래의 전환을 완성하시오.

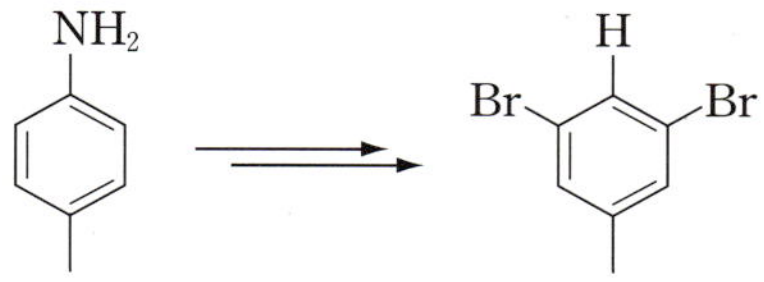

10. 아래의 전환을 완성하시오.

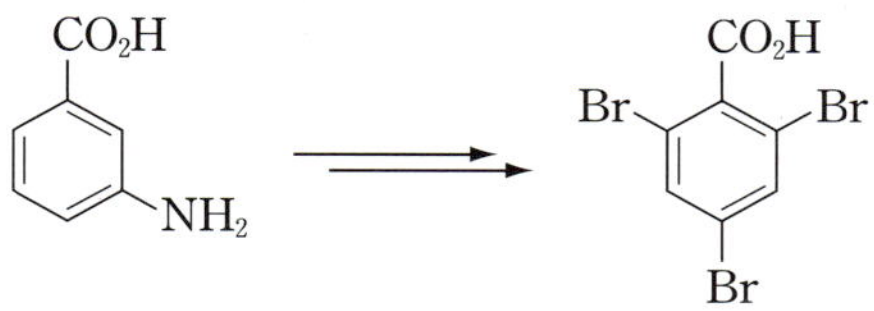

11. 아래의 전환을 완성하시오.

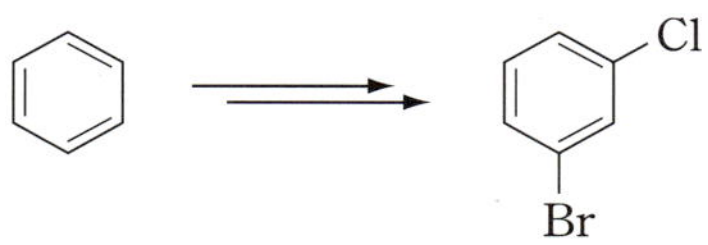

12. 아래의 두 화합물에 대하여 적외선 스펙트럼이 각각 제공되었다. 적외선 스펙트럼의 특징적인 피크를 파악하고 설명하시오.

(a) 사이클로헥실아이소프로필아민(cyclohexylisopropylamine)

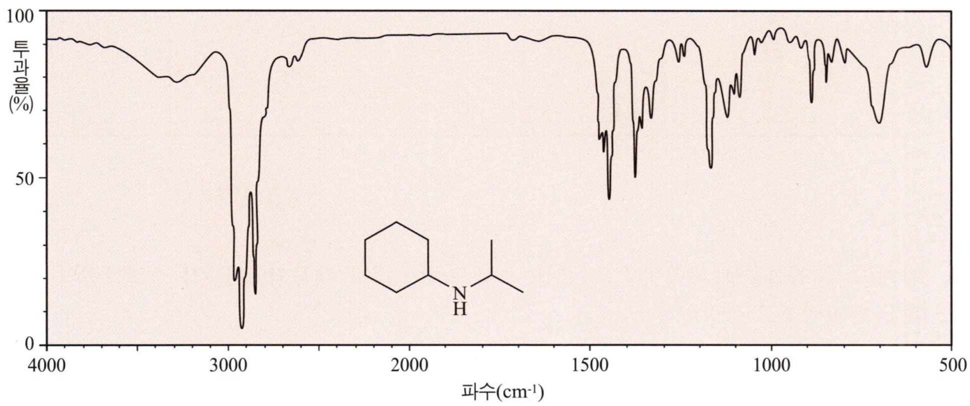

(b) 4-메틸아닐린(4-methylaniline)

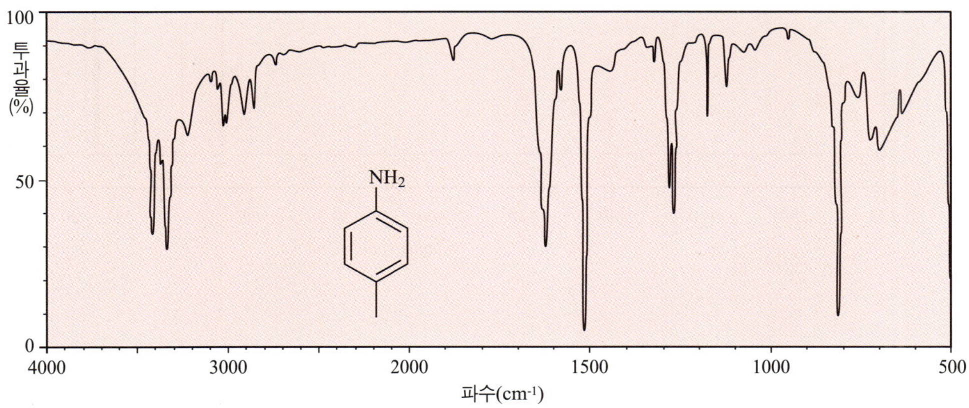

13. 아래의 두 화합물에 대하여 ^{1}H NMR 스펙트럼이 각각 제공되었다. 각 스펙트럼의 특징적인 피크를 파악하고 설명하시오.

(a) 사이클로헥실아이소프로필아민(cyclohexylisopropylamine)

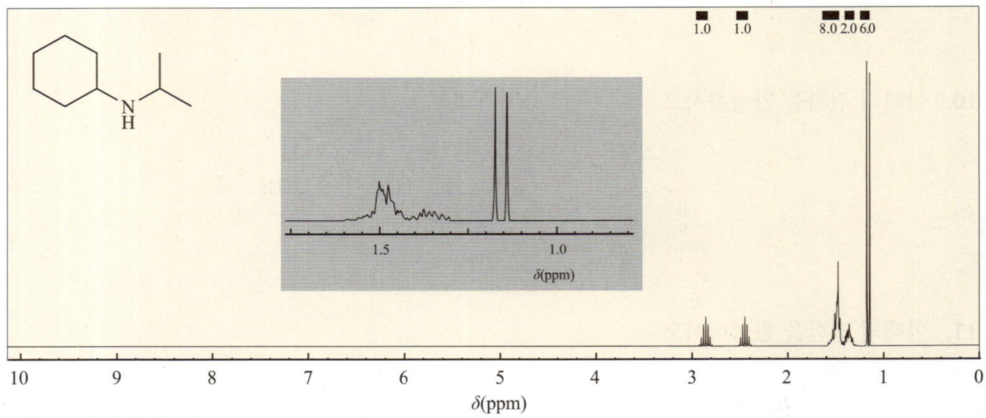

(b) 4-메틸아닐린(4-methylaniline)

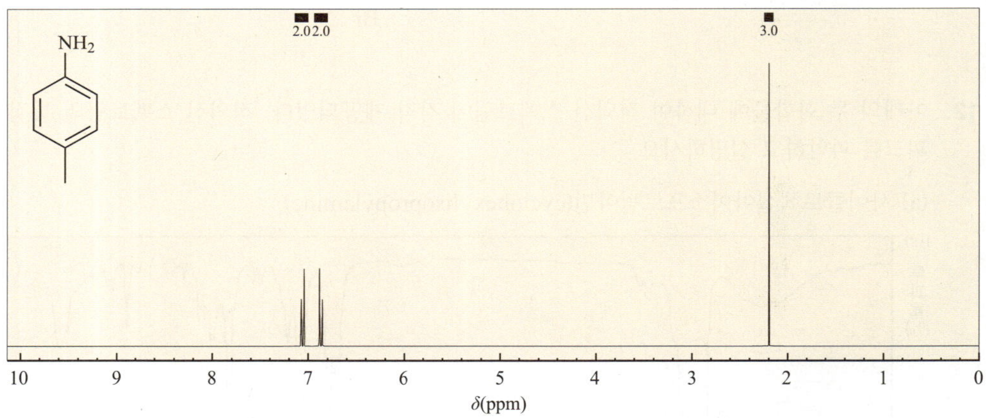

14. 아래의 두 화합물에 대하여 ^{13}C NMR 스펙트럼이 각각 제공되었다. 각 스펙트럼의 특징적인 피크를 파악하고 설명하시오.

(a) 사이클로헥실아이소프로필아민(cyclohexylisopropylamine)

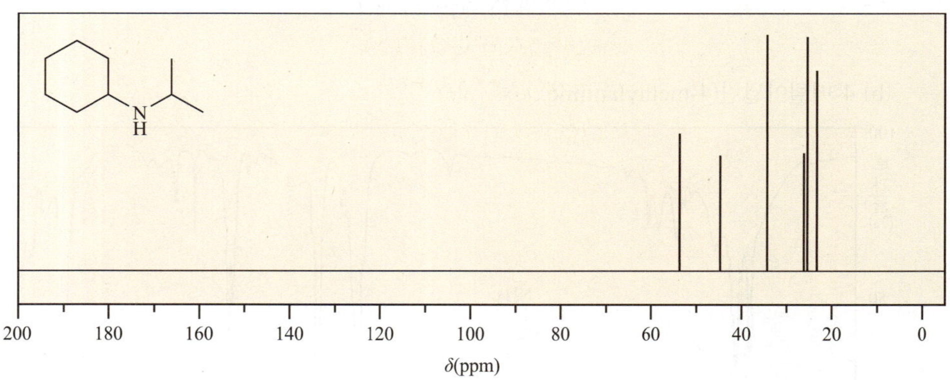

(b) 4-메틸아닐린(4-methylaniline)

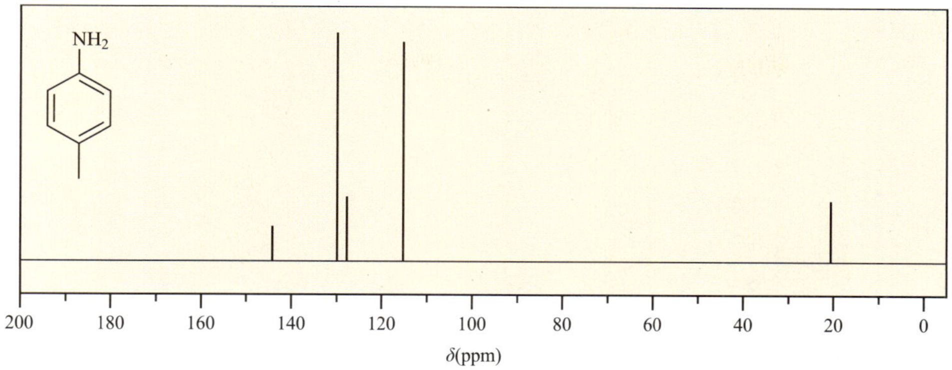

15. 아래의 두 화합물에 대하여 질량 스펙트럼이 각각 제공되었다. 각 스펙트럼의 특징적인 피크를 파악하고 설명하시오.

(a) 사이클로헥실아이소프로필아민(cyclohexylisopropylamine)

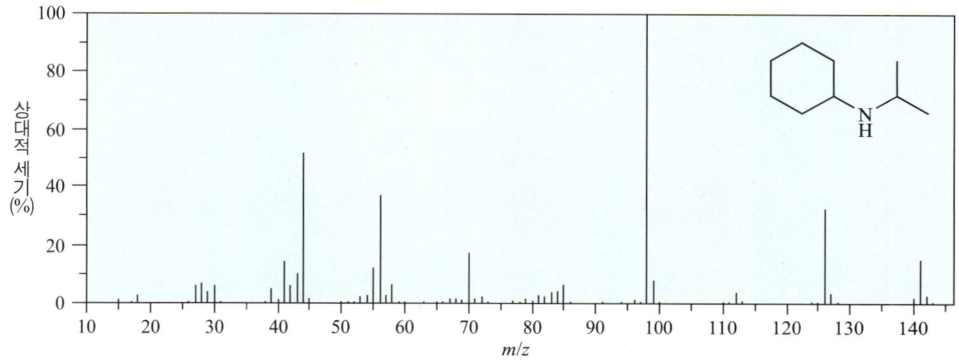

(b) 4-메틸아닐린(4-methylaniline)

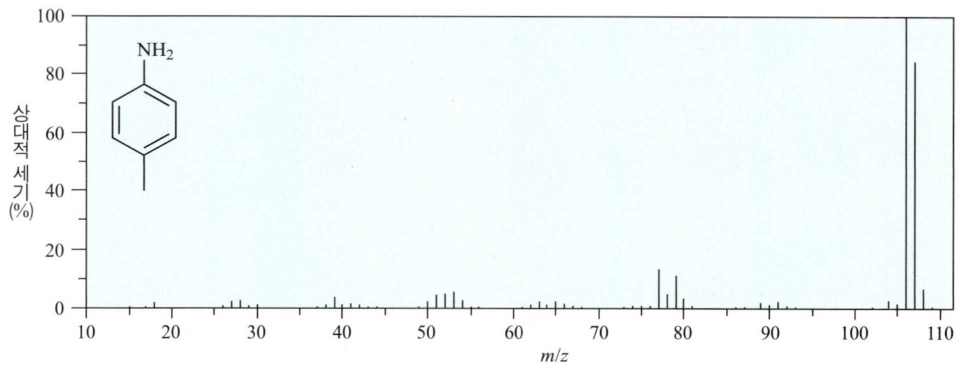

21장

탄수화물

21.1 서론

1장에서 20장까지는 유기 화학의 기본 개념 및 반응 등에 중점을 두고 설명하였다면, 21장에서 23장까지는 이러한 개념 및 반응들이 생체 내에서 어떻게 적용되고 있는지에 대하여 살펴볼 것이다. 참고로 대부분의 유기 화학 교재들은 생고분자(biopolymer)를 탄수화물, 단백질, 지질, 핵산 등으로 구분해서 상세하게 기술하고 있는데, 본 교재에서는 생고분자의 범위를 탄수화물(21장), 아미노산–펩타이드–단백질(22장), 지질(23장)로 한정하였고, 그 내용도 가장 기본적인 내용을 소개하는 정도에서 마무리할 예정이다.

21.1.1 분류

탄수화물(carbohydrate) = 탄소(carbon) + 수화물(hydrate)

탄수화물(carbohydrate)은 '다수의 하이드록실 작용기를 갖는 알데하이드 또는 케톤 화합물(polyhydroxylated aldehyde or ketone)'을 의미하는 넓은 범위의 용어로서 흔히 **당(sugar**, 糖) 또는 **당류(saccharide**, 糖類)라고 한다.

가장 대표적인 탄수화물로는 $C_6H_{12}O_6$의 분자식을 갖는 포도당(glucose)이 있다. 이때 $C_6H_{12}O_6 = [C(H_2O)]_6$이고, $[C(H_2O)]_6$은 여섯 개의 탄소 원자가 각각 수화(水和, hydration)된 형태를 의미하는 것으로, 탄수화물의 어원을 추론할 수 있다.

탄수화물은 관점에 따라서 다양한 방법으로 구분할 수 있다.

우선 가수 분해 조건에서 몇 개의 단당류가 생성되는가에 따라서 구분할 수 있다. 이에 의하면 가수 분해 조건에서 더 분해되지 않는 당을 **단당류(monosaccharide)**, 두 개의 단당류가 생성되는 당을 **이당류(disaccharide)**, 개수를 단정할 수 없으나 여러 개의 단당류를 생성하는 당을 **올리고당류(oligosaccharide)**, 이보다 더 많은 수의 단당류를 생성하는 당을 **다당류(polysaccharide)**라고 한다.

단당류, 이당류, ⋯ , 올리고당류, 다당류

단당류의 탄소 수를 기준으로 구분하기도 한다. 탄소 수가 3, 4, 5, 6개인 단당류를 각각 **삼탄당(triose**, 트라이오스), **사탄당(tetrose**, 테트로스), **오탄당(pentose**, 펜토스), **육탄당(hexose**, 헥소스)이라고 한다.

삼탄당, 사탄당, 오탄당, 육탄당

알도헥소스(aldohexose)는 탄소 수가 여섯 개이면서 알데하이드 작용기를 갖는 탄수화물을 총칭한다. 유사하게 알도펜토스(aldopentose)는 탄소 수가 다섯 개이면서 알데하이드 작용기를 갖는 탄수화물을 뜻한다.

작용기에 따라서 구분할 수도 있다. 자연계에 존재하는 탄수화물들은 하이드록실기를 제외하면 알데하이드 및 케톤 작용기를 갖는 경우가 대부분인데, 이들을 각각 **알도스(aldose)** 및 **케토스(ketose)**라고 한다. 자연계에는 알도스 형태의 탄수화물이 훨씬 많으며, 그 중에서도 알도헥소스(aldohexose) 및 알도펜토스(aldopentose) 화합물들이 가장 널리 존재한다.

알도스, 케토스

21.1.2 피셔 투영도

피셔 투영도 및 하워드 투영도는 원자의 연결 상태 및 상대적인 입체 구조를 표현하지만, 탄수화물 분자의 3차원 구조와는 실질적으로 거의 무관하다.

자연계에 존재하는 대부분의 탄수화물은 다수의 카이랄 중심을 가지고 있고 구조가 복잡하기 때문에 쐐기(1.9절)를 이용하여 3차원 구조를 표현하는 것은 적절하지 않을 수 있다. 일반적으로 탄수화물의 구조를 그리는 방법에는 크게 **피셔 투영도(Fischer projection)** 및 **하워드 투영도(Harworth projection)**가 있는데, 여기에서는 우선 피셔 투영도에 대하여 알아보자.

(*R*)-2-하이드록시프로판산(hydroxypropanoic acid)(**A**)의 3차원 구조에서 H−C−OH 평면(**P**)을 가정하고, 이 평면에 수직이고 H−C−OH 각도를 이등분하며 중심 탄소를 지나는 평면(**Q**)을 가정하면, 두 평면 **P** 및 **Q**가 교차하는 가상의 직선이 얻어진다. 이때, 아래와 같이 가상의 직선상에 있는 특정 지점에서 분자를 응시하면 이 분자는 카이랄 탄소를 중심으로 수직 방향에 있는 CO_2H 및 CH_3 작용기는 뒤로 멀어지고, 수평 방향에 있는 H 및 OH 작용기는 앞으로 나오는 구조 **B**가 된다. 여기에서 뒤쪽으로 멀어지는 수직 방향의 공유 결합을 하나의 수직선, 앞으로 나오는 수평 방향의 공유 결합을 하나의 수평선, 또한 카이랄 탄소를 수직선 및 수평선의 교차점으로 가정하면 구조 **B**는 구조 **C**로 표현할 수 있는데, 이러한 구조 **C**를 **피셔 투영도(Fischer projection)**라고 한다.

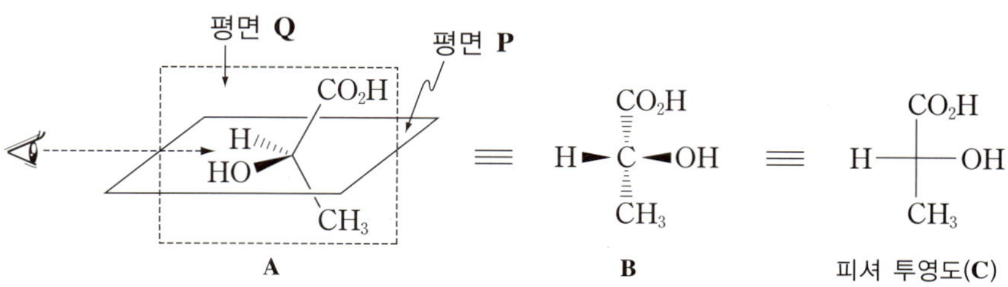

그림 21-1 (*R*)-2-하이드록시프로판산의 피셔 투영도

즉, 피셔 투영도는 카이랄 탄소가 수평선과 수직선의 교차점에 있고, 수평선의 원자들은 평면의 앞쪽으로 향하고, 수직선의 원자들은 평면의 뒤쪽으로 멀어진다는 전제 하에서 성립한다.

21.1.3 피셔 투영도 및 입체 구조

피셔 투영도 화합물에서 3차원 배열(configuration)의 표현은 sp^3 카이랄 탄소에서 3차원 배열을 명명하는 방법과 같다(6.2절). 즉, ① Cahn-Ingold-Prelog 명명법(4.2.3절)에 근거하여 네 개의 치환체에 번호 1, 2, 3, 4를 부여하고, ② 1, 2, 3번 순서로 원을 그린 후, ③ 4번 치환체가 평면에서 멀어지면 (수직 방향 위치) 원의 방향을 유지한 상태에서 (*R*)/(*S*)를 결정하고, 4번 치환체가 평면에서 앞으로 나오면 (수평 방향 위치) 원의 방향을 반대로 하여 (*R*)/(*S*)를 결정한다.

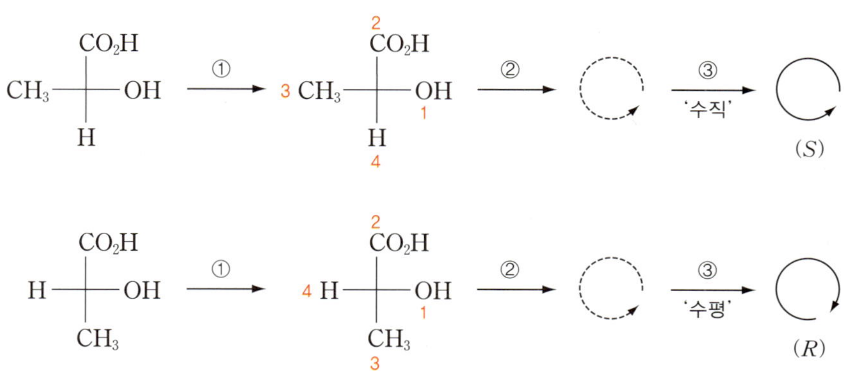

그림 21-2 피셔 투영도 화합물에서 3차원 배열의 표현

아래는 *D*-(−)-젖산(lactic acid)의 구조를 피셔 투영도 형식을 이용하여 다양하게 표현한 것이다. 일반적으로 피셔 투영도 형식으로 탄수화물의 구조를 그릴 때에는 ① 탄소 골격을 수직선 상에 배치하고, ② 산화수가 가장 큰 탄소를 수직선 상의 가장 높은 곳 또는 가능한 높은 곳에 위치하도록 그린다. 이러한 관습에 해당하는 피셔 투영도는 첫 번째 구조이다.

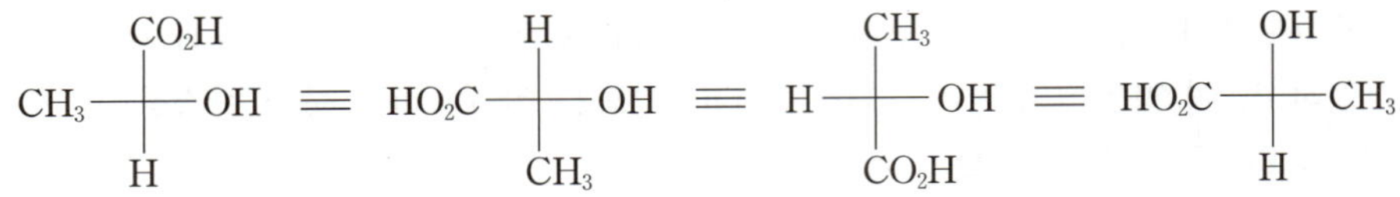

D-(−)-젖산

자연계에 존재하는 대부분의 단당류들은 수직선에서 가장 아래에 있는 카이랄 탄소의 3차원 배열이 *D*-(+)-글리세르알데하이드의 배열과 동일하다. 일반적으로 단당류의 피셔 투영도 그림에서 수직선에서 가장 아래에 있는 카이랄 탄소의 −OH 작용기가 수직선의 오른쪽에 있으면 ***D*-형태**, 왼쪽에 있으면 ***L*-형태**라고 한다. 즉, 카이랄 탄소가 여러 개 있는 탄수화물에서 *D*-형태 및 *L*-형태는 탄소 골격을 나타내는 수직선 상에서 가장 아래에 있는 카이랄 탄소의 3차원 배열에 한정되는 용어로서, 수직선 상의 중간에 있는 카이랄 탄소의 형태, 화합물 전체의 특성인 편광면의 회전 방향, 화합물의 가장 안정한 3차원 구조 등과는 전혀 상관이 없다.

피셔 투영도는 화합물 내의 카이랄 중심을 표현하는 방법의 하나이다. 단, 화합물의 가장 안정한 3차원 구조를 예측하는 것과는 무관하다.

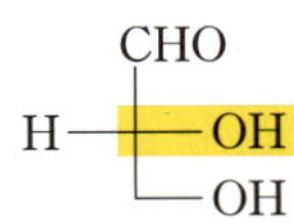

D-글리세르알데하이드

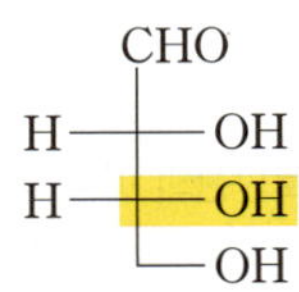

D-에리트로스

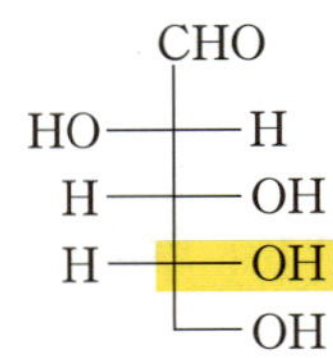

D-아라비노스

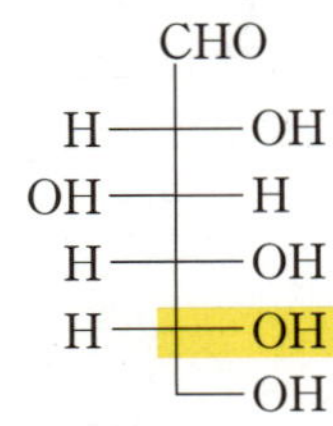

D-글루코스

예제 21.1

아래 화합물의 (R)/(S) 배열을 결정하시오.

(a) 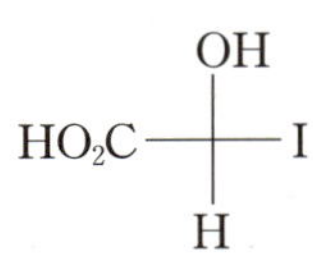 (b) 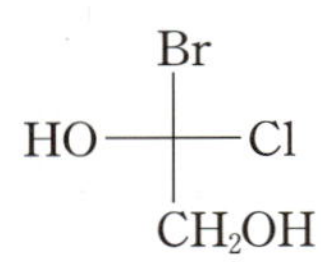 (c) 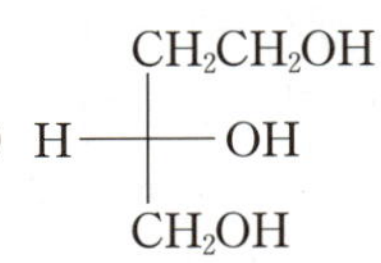

풀이

(a) (*S*), (b) (*R*), (c) (*S*)

21.1.4 *D*-형태의 알도스 단당류

자연계에 존재하는 대부분의 단당류들은 카보닐 작용기(알데하이드 및 케톤)에서 가장 멀리 떨어진 카이랄 탄소의 3차원 배열이 *D*-글리세르알데하이드(glyceraldehyde, (*R*)-배열)와 같은데(21.1.3절), 여기에서는 *D*-배열을 갖는 삼탄당~육탄당의 알도스(aldose)의 구조와 이름을 소개하고자 한다.

가장 기본이 되는 삼탄당 알도스는 *D*-글리세르알데하이드(glyceraldehyde)이다.

사탄당 알도스가 [HCO^-] 형식의 친핵체가 *D*-글리세르알데하이드에 1,2-첨가 반응을 하여 생성된다고 가정하자. 이 반응이 진행되면 C_2 위치의 배열이 서로 다른 두 종류의 입체 이성질체가 생성되는데, 이들을 각각 에리트로스(erythrose) 및 트레오스(threose)라고 한다. 이때 두 화합물의 C_3 탄소 배열은 1,2-첨가 반응에서 생성되는 것이 아니고 *D*-글리세르알데하이드의 C_2 배열에서 유래하기 때문에 여전히 *D*-형태의 배열을 유지한다.

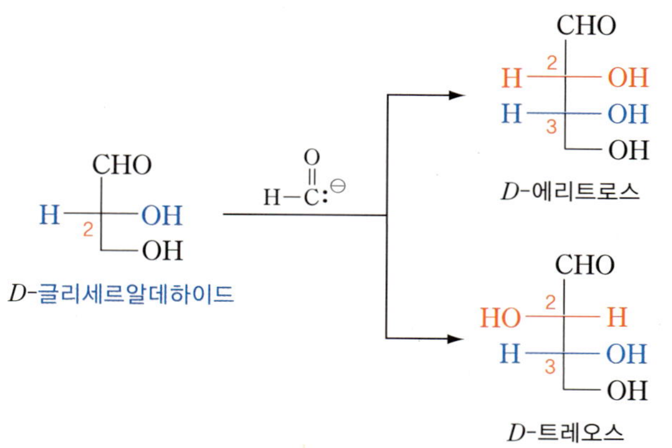

위에서 기술한 [삼탄당 → 사탄당]의 구조적인 변환을 두 종류의 사탄당에 각각 적용하면 *D*-에리트로스에서 *D*-리보스(ribose) 및 *D*-아라비노스(arabinose), *D*-트레오스에서 *D*-자일로스(xylose) 및 *D*-릭소스(lyxose)가 생성됨을 설명할 수 있다.

계속해서 [사탄당 → 오탄당]의 구조적인 변환을 네 종류의 오탄당에 각각 적용하면 *D*-리보스에서 *D*-알로스(allose) 및 *D*-알트로스(altrose), *D*-아라비노스에서, *D*-글루코스(glucose) 및 *D*-만노스(mannose), *D*-자일로스에서 *D*-굴로스(gulose) 및 *D*-이도스(idose), *D*-릭소스에서 *D*-갈락토스(galactose) 및 *D*-탈로스(talose)의 생성을 설명할 수 있다.

화합물 이름을 기억하기 위하여 오탄당은 "Ribs are extra lean", 육탄당은 "All altruists gladly make gum in gallon tank." 문장을 응용할 수 있다.

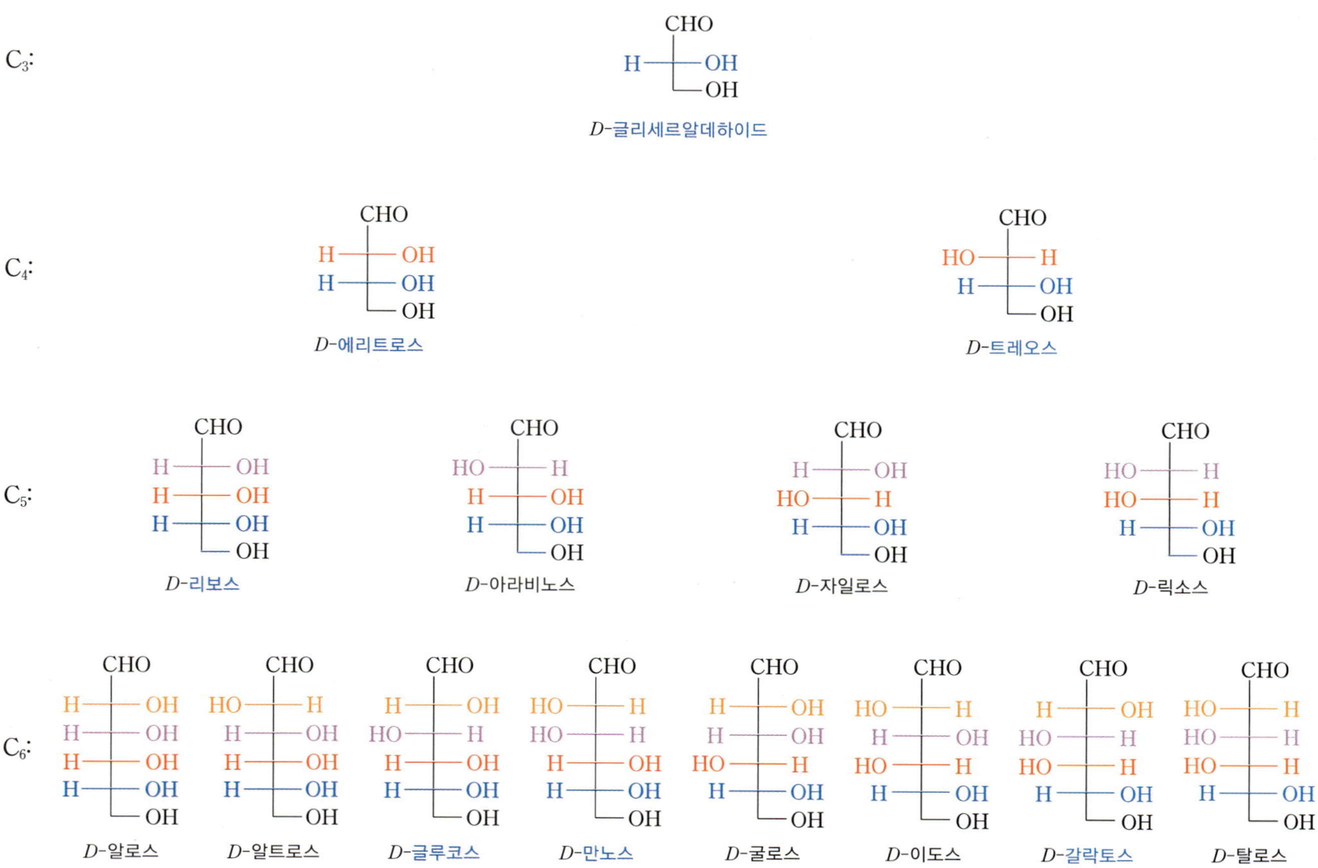

그림 21-3 *D*-형태의 알도스 단당류의 구조 및 이름

위의 전환에서 *D*-글리세르알데하이드의 C_2 배열은 [삼탄당 → 사탄당 → 오탄당 → 육탄당]의 전환 반응에 참여하지 않고 사탄당의 C_3, 오탄당의 C_4, 육탄당의 C_5 배열로 계속해서 유지되기 때문에 *D*-글리세르알데하이드에서 유래하는 위의 화합물들은 모두 *D*-형태의 배열을 갖는다. 파란색으로 표시한 화합물들은 상대적으로 많이 이용되는 화합물들이다.

21.2 단당류의 구조

21.2.1 글루코스

D-글루코스(glucose)는 자연계에서 가장 중요한 탄수화물의 하나이다. *D*-글루코스의 알도헥소스(aldohexose) 골격을 피셔 투영법으로 표현하면 **A**가 되고, **A**에서 알데하이드 작용기가 C_5−OH 작용기와 반응하여 열역학적으로 안정한 육각형 반아세탈을 형성(16.9.1절)하면 C_1에 새로운 카이랄 탄소가 생성되면서 두 종류의 이성질체 $\mathbf{A}_\beta$ 및 $\mathbf{A}_\alpha$가 얻어진다.

이성질체 $\mathbf{A}_\beta$ 및 $\mathbf{A}_\alpha$ 화합물은 의자 형태에서 C_1−OH를 제외하고는 기본 골격이 일치하고, 모든 치환체가 열역학적으로 가장 안정한 수평 방향에 위치한다. 그리고, $\mathbf{A}_\beta$ 및 $\mathbf{A}_\alpha$의 구조에서 육각형 고리를 하나의 유사 준평면으로 가정하고, 각각의 치환체가 유사 준평면의 위, 아래에 있는 것으로 표현한 3차원 투영도를 그릴 수 있는데, 이것을 **하워드 투영도(Haworth projection)**라고 한다.

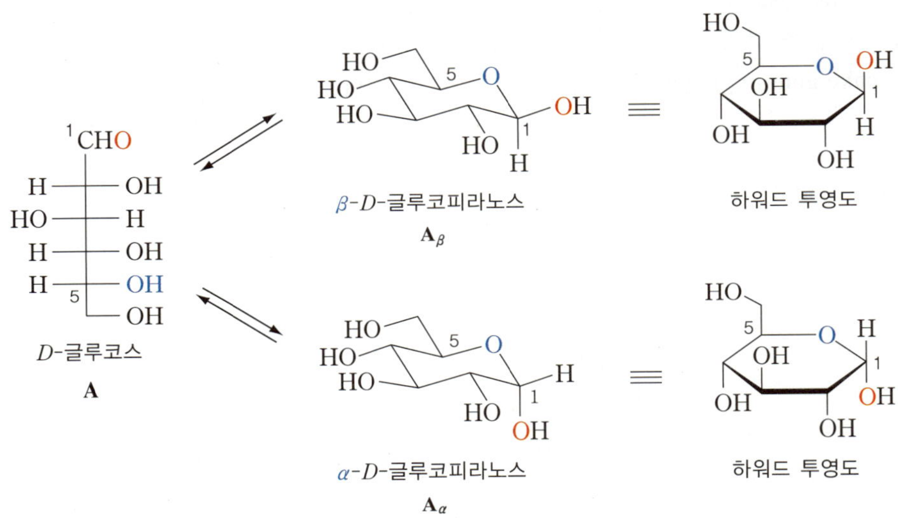

그림 21-4 *D*-글루코피라노스의 이성질체

하워드 투영도 및 탄수화물의 3차원 구조를 의자 형태로 표현하는 경우에 관습적으로 C_1 탄소를 가장 오른쪽에 두고, 산소 원자를 그 뒤쪽에 위치하도록 그린다.

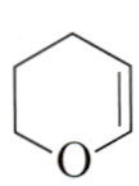

3,4-dihydro-2*H*-pyran

furan

이성질체 $\mathbf{A}_\beta$ 및 $\mathbf{A}_\alpha$의 명명은 다음과 같다. (1) 단당류의 사슬형 골격에서 유래하는 육각형 및 오각형 반아세탈 화합물들은 사슬형 골격의 기본명에 각각 피라노스(pyranose) 및 퓨라노스(furanose) 접미사를 추가한다. (2) $\mathbf{A}_\beta$ 및 $\mathbf{A}_\alpha$에서는 의자 형태의 준평면을 기준으로 C_1−OH 작용기와 C_5−CH_2OH 작용기가 같은 방향(*syn*) 및 반대 방향(*anti*)에 위치하는데, 이 화합물들을 각각 *β*-이성질체 및 *α*-이성질체라고 한다. 이러한 정보를 종합하면 *D*-글루코스(glucose)에서 유래한 $\mathbf{A}_\beta$ 화합물은 *β*-*D*-글루코피라노스(*β*-*D*-glucopyranose), $\mathbf{A}_\alpha$ 화합물은 *α*-*D*-글루코피라노스(*α*-*D*-glucopyranose)가 된다.

위에서 분석한 바와 같이 [*β*-*D*-글루코피라노스] 및 [*α*-*D*-글루코피라노스]에서 [*β*- 및 *α*-]는 C_1 입체 배열, [*D*-] 명명은 C_5 입체 배열, [글루코]는 사슬형 단량체의 이름, [피라노스]는 육각형 반아세탈 구조에서 유래하였다. 이러한 기본 원리를 다양한 구조의 단량체 고리형 탄수화물에 적용하면 화합물의 이름을 논리적으로 정확하게 명명할 수 있다.

순수한 $\mathbf{A}_\beta$, 순수한 $\mathbf{A}_\alpha$, 또는 이들의 혼합물은 생체 내에서 $\mathbf{A}_\beta : \mathbf{A}_\alpha = 63 : 37$이 될 때까지, 즉 두 화합물이 평형 상태에 이를 때까지 점진적으로 변한다. 이러한 조성의 변화는 필연적으로 혼합물의 광학 활성이 증가 또는 감소하다가 광회전 값 +53 근처에서 일정하게 유지되는 현상을 동반하는데, 이것을 **변광 회전(mutarotation)**이라고 한다. 그리고 이러한 과정에서 새롭게 생성되는 C_1 카이랄 탄소를 **아노머 탄소(anomeric carbon)**라고 한다.

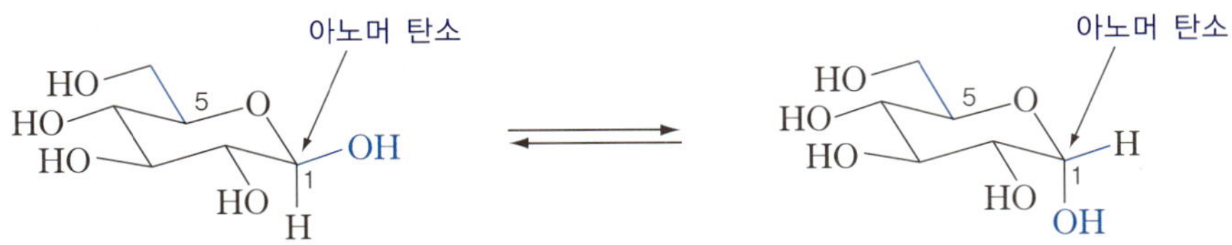

β-D-글루코피라노스($\mathbf{A}_\beta$)
$[\alpha]_D = +18.7$
mp 148~155°C

α-D-글루코피라노스($\mathbf{A}_\alpha$)
$[\alpha]_D = +112$
mp 146°C

이제는 D-글루코스의 피셔 투영도와 하워드 투영도에서 치환체들의 위치를 상대적으로 비교해 보자. 첫 번째 구조는 D-글루코스의 피셔 투영도이고, 두 번째는 피셔 투영도에 입체 화학적인 개념을 도입한 그림이며, 세 번째는 입체 화학적인 개념을 조금 더 구체화한 그림이다. 네 번째 그림은 C_4-C_5 결합을 회전시켜서 C_5-OH 작용기가 알데하이드에 첨가한다는 것을 보여주는 그림이고, 다섯 번째는 이로부터 생성된 화합물의 하워드 투영도를 그린 것이다. 이때 피셔 투영도와 하워드 투영도에서 치환체들의 상대적인 위치를 비교하면 피셔 투영도에서 오른쪽에 있는 치환체들이 하워드 투영도에서 모두 아래를, 피셔 투영도에서 왼쪽에 있는 치환체들은 하워드 투영도에서 모두 위를 향하고 있음을 알 수 있다.

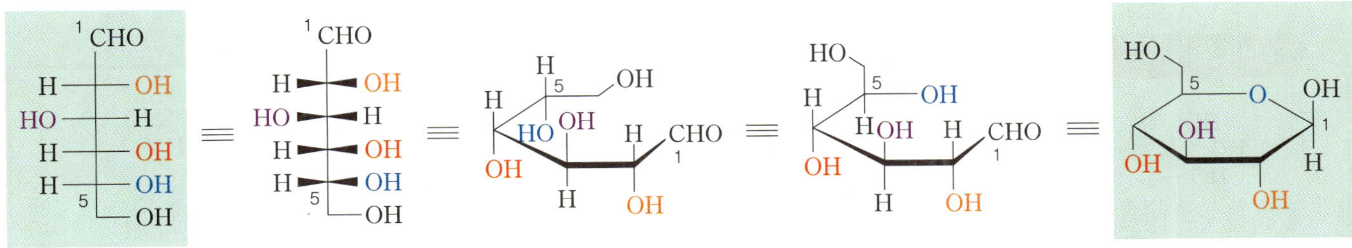

그림 21-5 D-글루코스의 피셔 투영도와 하워드 투영도에서 치환체들의 위치 비교

21.2.2 평형 메커니즘

β-D-글루코피라노스($\mathbf{A}_\beta$) 및 α-D-글루코피라노스($\mathbf{A}_\alpha$) 사이의 변환 과정에 대하여 알아보자.

기본적으로 알코올이 알데하이드와 반응하여 반아세탈을 생성하는 반응은 산 촉매 조건(16.9.4절) 및 염기성 조건(16.9.3절)에서 빠르게 진행되기 때문에, 반아세탈 화합물인 $\mathbf{A}_\beta$ 및 $\mathbf{A}_\alpha$ 사이의 평형 반응도 산 촉매 조건 및 염기성 조건을 중심으로 기술할 수 있다.

산 촉매 조건에서는 H^+가 고리의 C_5-O 원자 또는 C_1-OH와 결합하는가에 따라서 반응 경로는 조금 다르지만, 기본적으로 산성 조건에서 알코올의 알데하이드 첨가 반응(16.9.4절) 경로와 유사하다.

H^+가 C_5−O 원자와 산−염기 반응을 하는 경우에는 아래와 같이 고리가 열리고, C_1−C_2 결합의 회전이 일어난 후, 다시 고리가 닫히는 과정이 필요하다. 이 과정은 전체적으로 가역 반응이기 때문에 $\mathbf{A}_\alpha$에서 $\mathbf{A}_\beta$의 전환은 정확하게 역으로 진행된다.

메커니즘 21-1 산성 조건에서의 평형 메커니즘(H^+가 C_5−O 원자와 결합하는 경우)

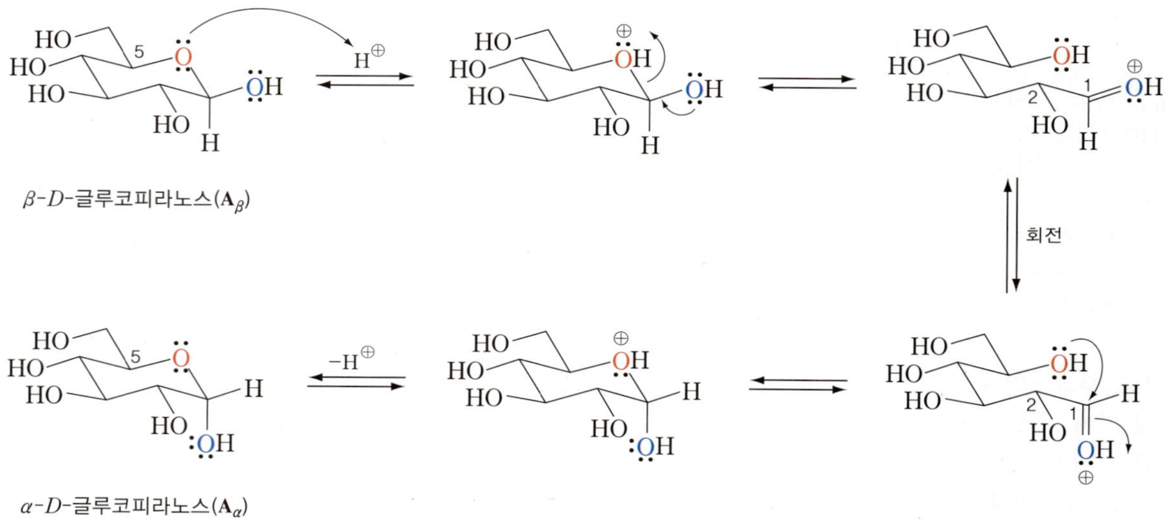

H^+가 C_1−OH와 결합하는 경우에는 물이 친전자체로 작용하는 육각형 고리의 아래쪽에서 공격해야만 한다. 이 과정도 전체적으로 가역 반응이기 때문에 $\mathbf{A}_\alpha$에서 $\mathbf{A}_\beta$의 전환은 정확하게 역으로 진행된다.

메커니즘 21-2 산성 조건에서의 평형 메커니즘(H^+가 C_1−OH와 결합하는 경우)

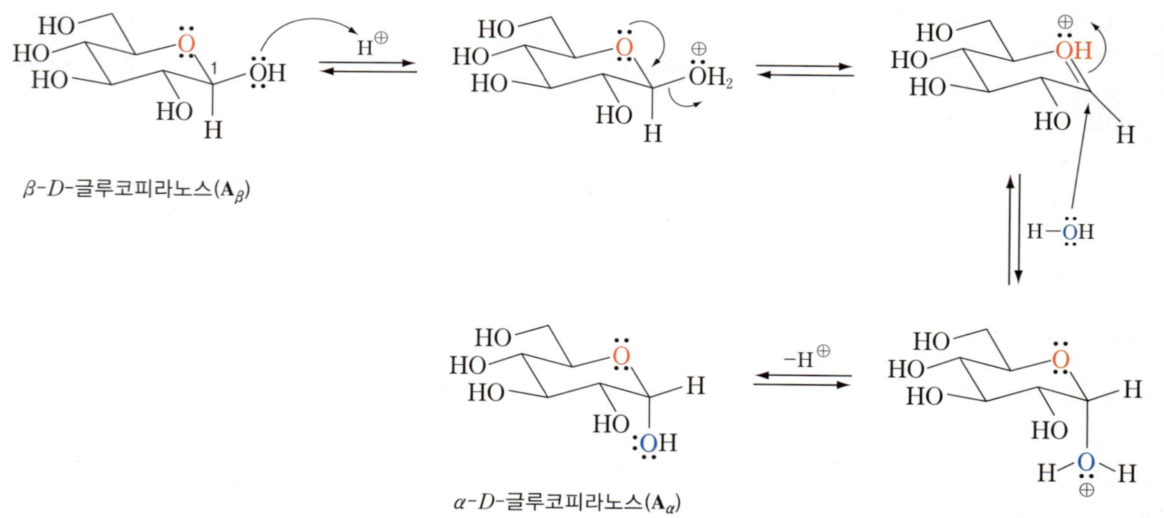

염기성 조건에서는 기본적으로 염기성 조건에서 알코올의 알데하이드 첨가 반응(16.9.3절) 경로와 유사하게 진행된다. 이 반응은 육각형 고리가 열리고, C_1−C_2 결합의 회전이 일어난 후,

다시 육각형 고리를 형성하는 경로로 진행되며, 이 모든 과정이 가역 반응이기 때문에 $\mathbf{A}_\alpha$에서 $\mathbf{A}_\beta$의 전환은 정확하게 역으로 진행된다.

메커니즘 21-3 염기성 조건에서의 평형 메커니즘

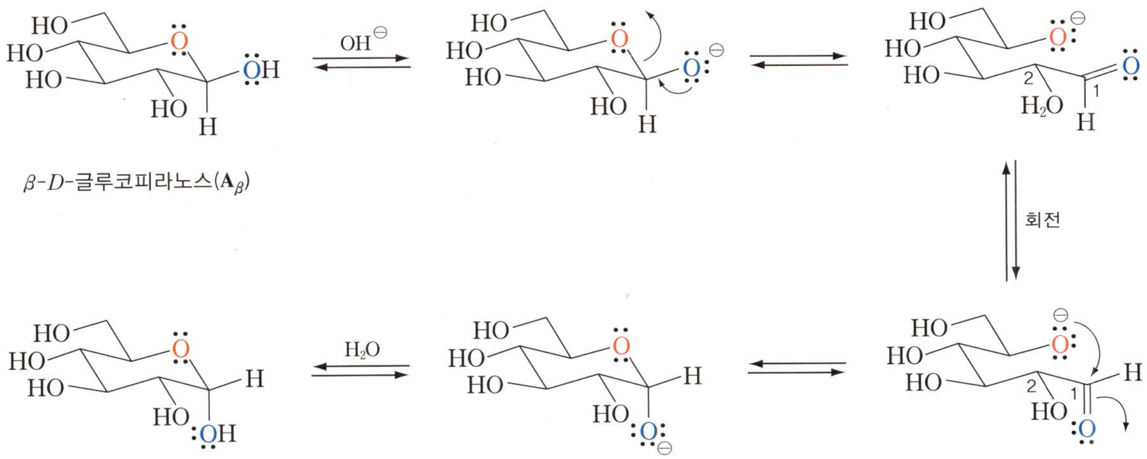

β-D-글루코피라노스($\mathbf{A}_\beta$)

α-D-글루코피라노스($\mathbf{A}_\alpha$)

21.2.3 프룩토스

사슬 골격의 *D*-글루코스(glucose, **A**)에서 C_1-카보닐(알데하이드) 작용기와 C_2−*α*-H 사이에 케토−엔올 토토머화 반응(19.1절)이 일어나면 1,2-엔다이올 중간체(**B**)가 생성된다. 그리고, **B**에서 첫 번째와 다른 방향으로 케토−엔올 토토머화 반응이 진행되면 C_2-카보닐(케톤) 작용기와 C_1−*α*-H를 갖는 이성질체가 얻어지는데, 이 화합물을 *D*-프룩토스(fructose, **C**)라고 한다. 글루코스와 프룩토스는 C_3, C_4, C_5의 카이랄 배열이 동일한 입체 이성질체로서, 글루코스 및 프룩토스는 각각 알도헥소스 및 케토헥소스 화합물에 속한다.

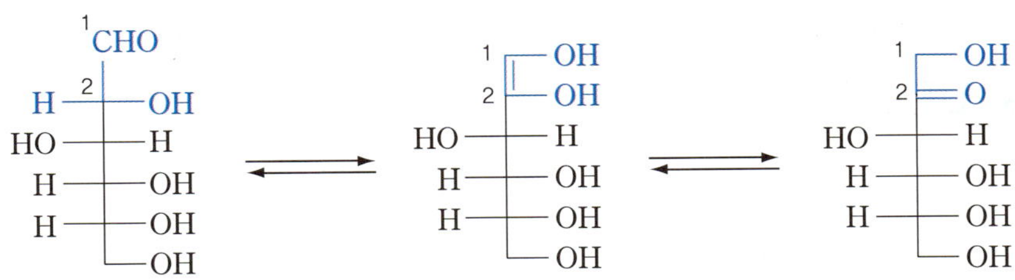

D-글루코스(**A**) 1,2-엔다이올(**B**) *D*-프룩토스(**C**)

사슬 형태의 *D*-글루코스(**A**)에서 알데하이드와 C_5−OH가 반응하여 육각형 반아세탈을 형성하듯이(21.2.1절), 사슬 형태의 *D*-프룩토스(**C**)에서는 C_2-케톤이 C_6−OH 또는 C_5−OH 작용기와 반응하여 각각 육각형 반아세탈 *D*-프룩토피라노스(fructopyranose, $\mathbf{C_1}$) 및 오각형 반아세탈 *D*-프룩토퓨라노스(fructofuranose, $\mathbf{C_2}$)로 전환될 수 있다. 생체 내에서 $\mathbf{C_1}$ 및 $\mathbf{C_2}$ 화합물은 *D*-프룩토스를 중간체로 하여 72 : 28의 평형 상태로 존재하고, 이들의 평형 반응 메커니즘은 알코올의 알데하이드 첨가 반응(16.9절)과 기본적으로 동일하다.

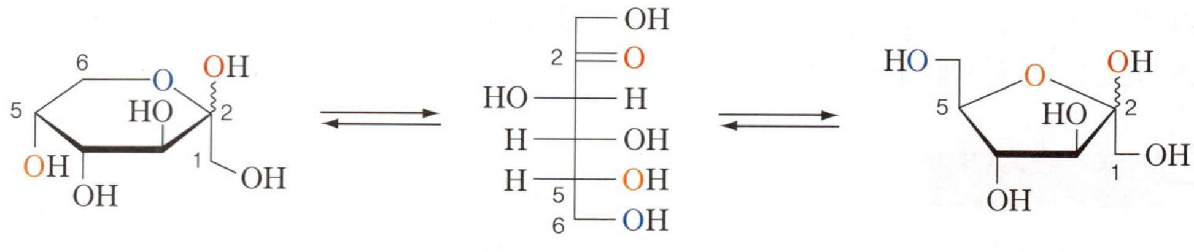

D-프룩토피라노스(C_1)　　*D*-프룩토스(C)　　*D*-프룩토퓨라노스(C_2)

예제 21.2

피셔 투영법을 사용하여 만노스 및 갈락토스의 구조를 그리면 아래와 같다. 이로부터 육각형 반아세탈이 생성된다고 가정할 때, 두 화합물의 하워드 투영도를 그리시오. 단, 새로 생성되는 입체 화학은 무시한다.

(a) 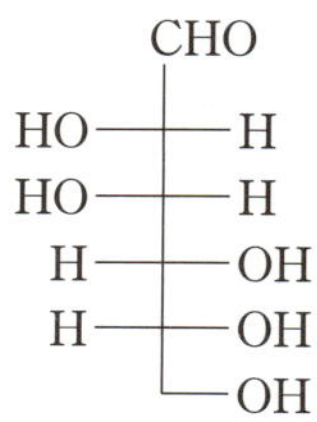

D-만노스

(b) 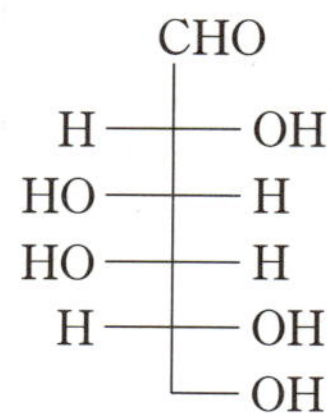

D-갈락토스

풀이

(a) 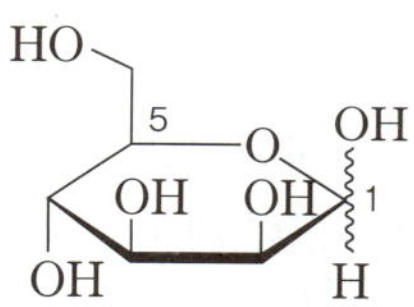

(b) 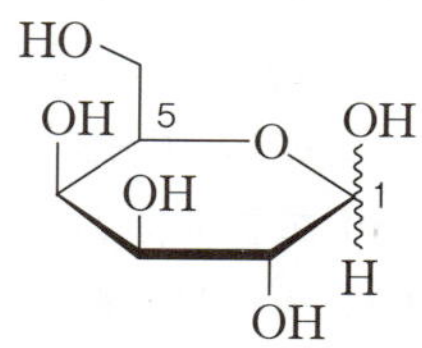

21.3 단당류의 반응

21.3.1 기본 반응

단당류 화합물들은 사슬형 또는 고리형 구조와 무관하게 다수의 −OH 작용기가 있어서 일반적인 알코올 작용기의 반응들이 가능하다.

단당류에서는 [OH → OR]의 전환 반응이 매우 중요하다. 반응 조건은 일반적으로 강염기를 사용하는 Williamson 합성법(10.5.4절) 또는 온화한 반응 조건인 [Ag_2O, R−X] 조합을 사용한다.

반아세탈 출발 물질에 강염기를 사용하는 Williamson 합성법을 적용하면 알돌 반응(19.7절) 등의 부반응이 진행될 수 있다.

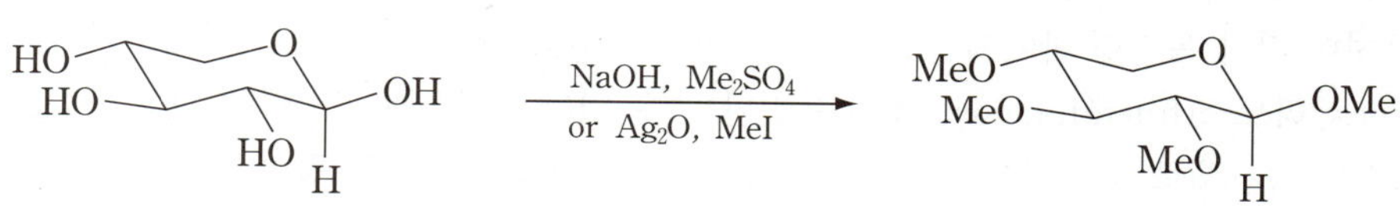

단당류에서는 [OH → OCOR]의 전환 반응도 매우 중요하다. 반응 조건은 일반적으로 [카복실산 무수물, 염기]를 사용하고, 출발 물질의 모든 −OH 작용기가 에스터로 전환되며, [OH → OR] 변환과 다르게 아세탈 및 반아세탈 단당류도 출발 물질로 참여할 수 있다.

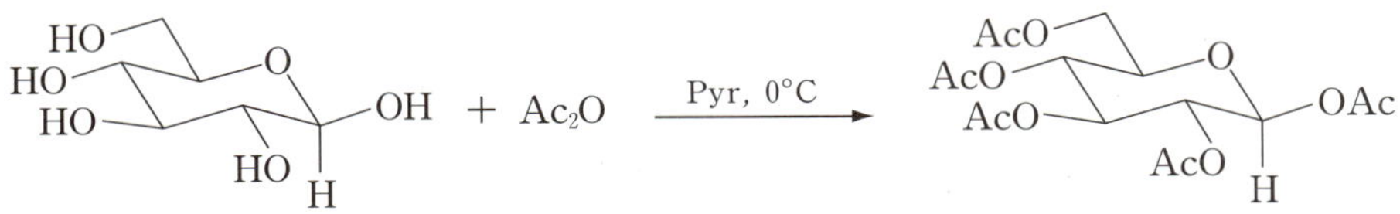

오각형 및 육각형 단당류 화합물에서는 일반적으로 시스(*cis*) 배열을 갖는 1,2-다이올 및 1,3-다이올 작용기가 알데하이드 및 케톤 작용기와 반응하여 아세탈을 형성할 수 있다. 이때 카보닐 작용기로 아세톤을 사용하면 오각형 아세탈, 벤즈알데하이드를 사용하면 육각형 아세탈이 생성되는 경우가 많다.

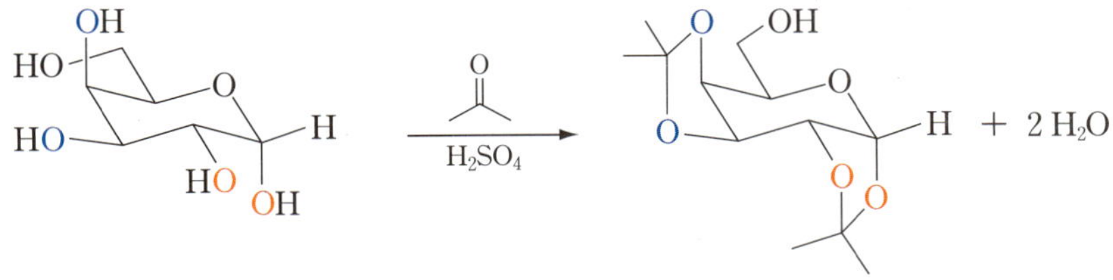

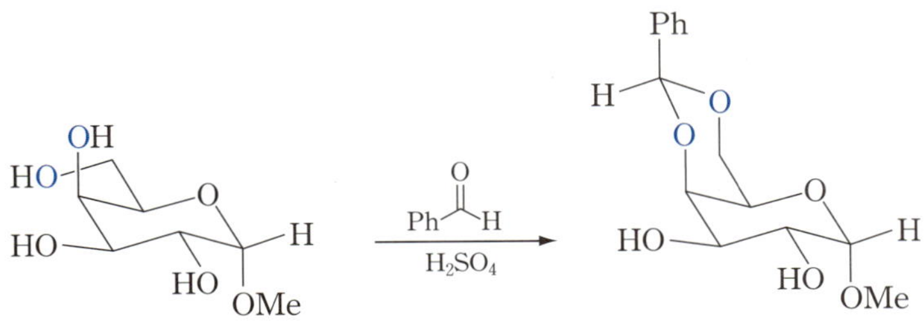

21.3.2 글리코사이드 반응

사슬 형태의 *D*-글루코스처럼 탄수화물 단량체들은 동일한 분자 내에서 −OH 작용기와 카보닐 작용기(알데하이드 또는 케톤)가 반응하여 육각형 및 오각형 반아세탈을 생성할 수 있고(21.2.1절), 반아세탈 작용기는 산성 조건에서 알코올과 반응하여 아세탈로 전환됨을 기술한 바 있다(16.9.4절).

아래의 반응은 출발 물질이 단당류 골격을 갖는다는 것을 제외하면 산성 조건에서 반아세탈을 아세탈로 전환하는 단순한 반응이다(16.9.4절). 이러한 반응을 **글리코사이드 반응**(**glycosidation**), 새롭게 생성되는 C_1−O 결합을 **글리코사이드 결합**(**glycoside bond**), 아세탈 생성물을 **글리코사이드**(**glycoside**)라고 한다.

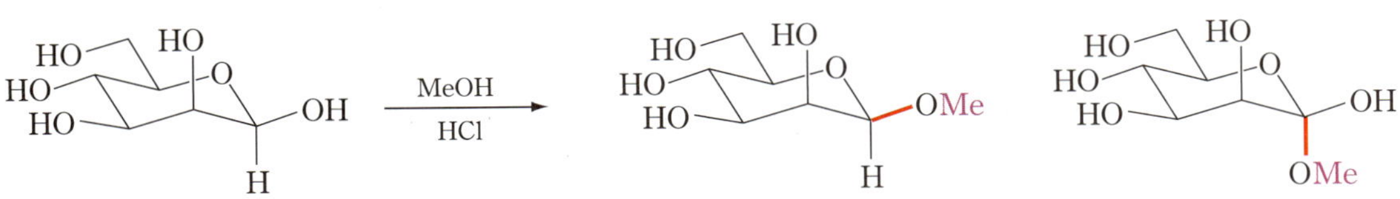

β-*D*-만노피라노스 메틸 *β*-*D*-만노피라노사이드 메틸 *α*-*D*-만노피라노사이드

— 글리코사이드 결합

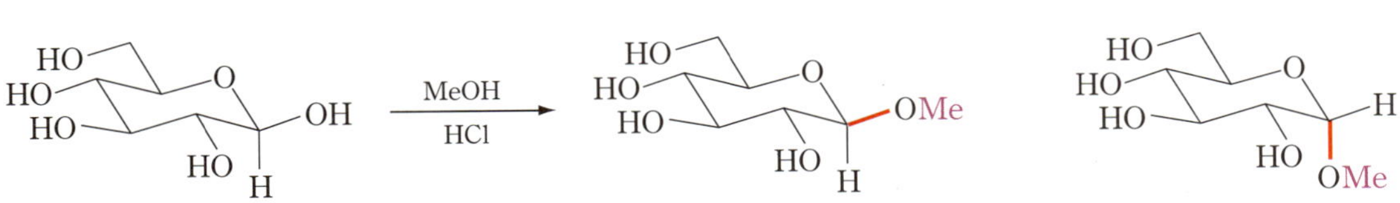

β-*D*-글루코피라노스 메틸 *β*-*D*-글루코피라노사이드 메틸 *α*-*D*-글루코피라노사이드

사슬 형태의 단당류에서 유래하는 고리형 반아세탈 및 아세탈의 명명은 다음과 같다. 우선, 사슬 형태의 단당류 [알도스(aldose)]에서 유래하는 육각형 및 오각형 반아세탈 화합물을 [알도피라노스(aldopyranose)] 또는 [알도퓨라노스(aldofuranose)]라고 한다(21.2.1절). 그리고, 이로부터 유래하는 육각형 및 오각형 아세탈 화합물은 [알킬 알도피라노사이드(alkyl aldopyranoside)] 및 [알킬 알도퓨라노사이드(alkyl aldofuranoside)]라고 명명한다. 이러한 원리를 적용하면 위 반응의 생성물을 생각보다 쉽게 명명할 수 있을 것이다.

글리코사이드 화합물들은 아세탈 작용기의 특성, 즉 중성 및 염기성 조건에서는 안정하고, 산성 조건에서는 불안정한 특성을 그대로 보여 준다(16.9절).

글리코사이드 반응의 진행 경로는 반아세탈에서 아세탈을 합성하는 경로와 거의 일치한다(16.9.4절). 우선 H^+가 반아세탈의 C_1−OH와 결합하고, 고리형 옥소늄 양이온을 생성하며, 알코올의 첨가 반응이 일어날 때 알코올의 접근 방향에 따라서 두 종류의 이성질체가 동시에 합성될 수 있다.

메커니즘 21-4 글리코사이드 반응 메커니즘

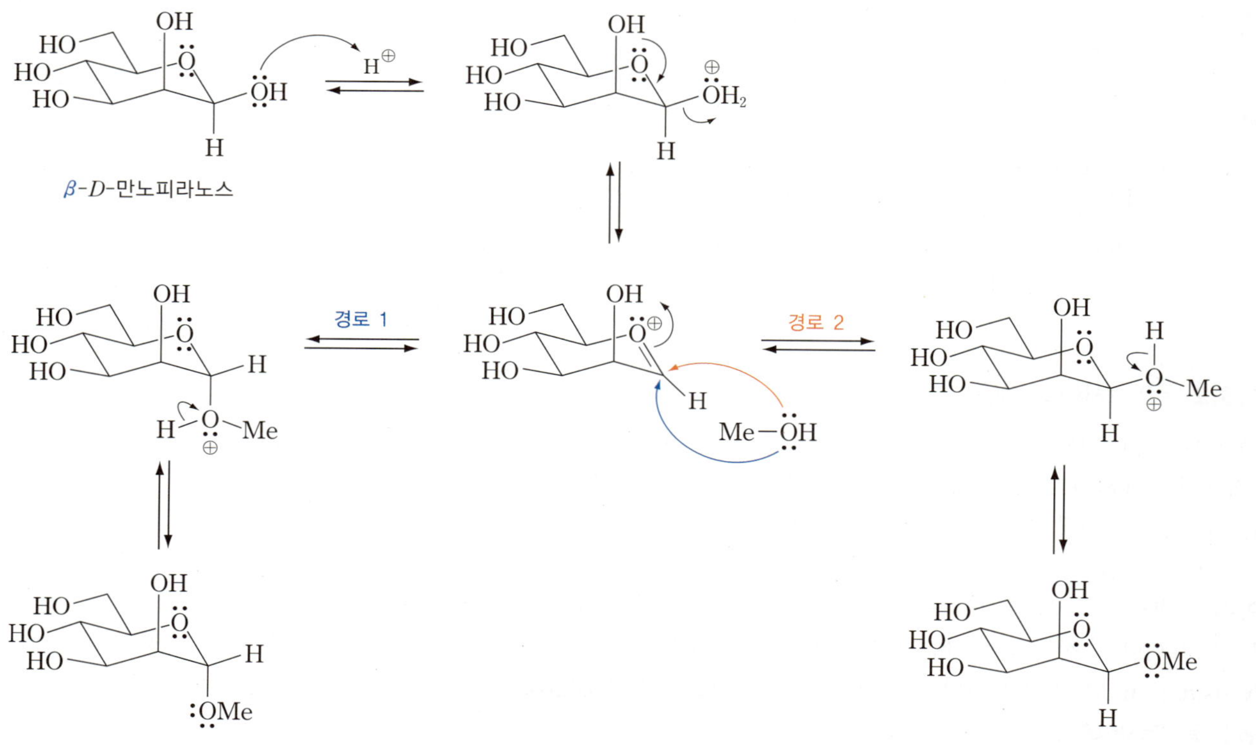

입체 화학적인 관점에서 유기 화학자들은 글리코사이드 반응에서 특정 입체 이성질체만을 합성하는 연구를 수행해왔다. 교재에서는 글루코스에서 *β*-OR만을 선택적으로 합성하는 Koenigs Knorr 반응을 소개하기로 한다.

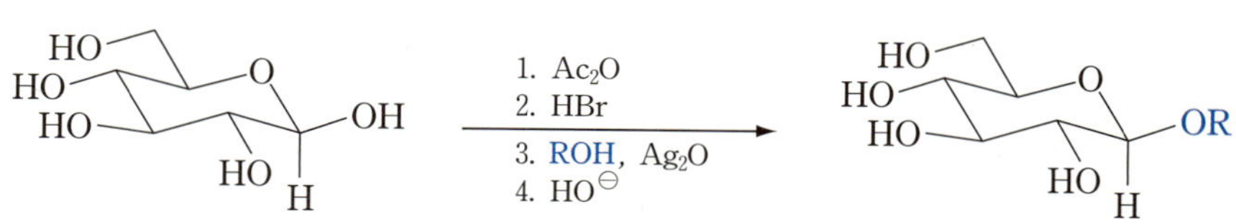

이 반응은 *D*-글루코스의 −OH 작용기를 모두 −OAc로 전환하고, HBr 시약을 사용하여 중간체 **A**를 합성한다. 중간체 **A**에 Ag^+를 처리하면 AgBr 침전과 옥소늄 양이온이 동시에 생성

되고, C_2−OAc 작용기의 입체 선택적인 **이웃 원자단 효과(neighboring group effect)**에 의하여 두 고리 중간체(bicyclic intermediate) **B**가 얻어진다. 여기에 알코올이 입체 장애가 적은 방향에서 선택적으로 반응하면 *β*-OR의 입체 화학을 갖는 글리코사이드 유도체 **C**가 합성되고, 최종적으로 염기성 조건에서 $^{-}$OAc 작용기를 가수 분해하면 *β*-글리코사이드 화합물을 얻을 수 있다.

메커니즘 21-5 Koenigs Knorr 반응 메커니즘

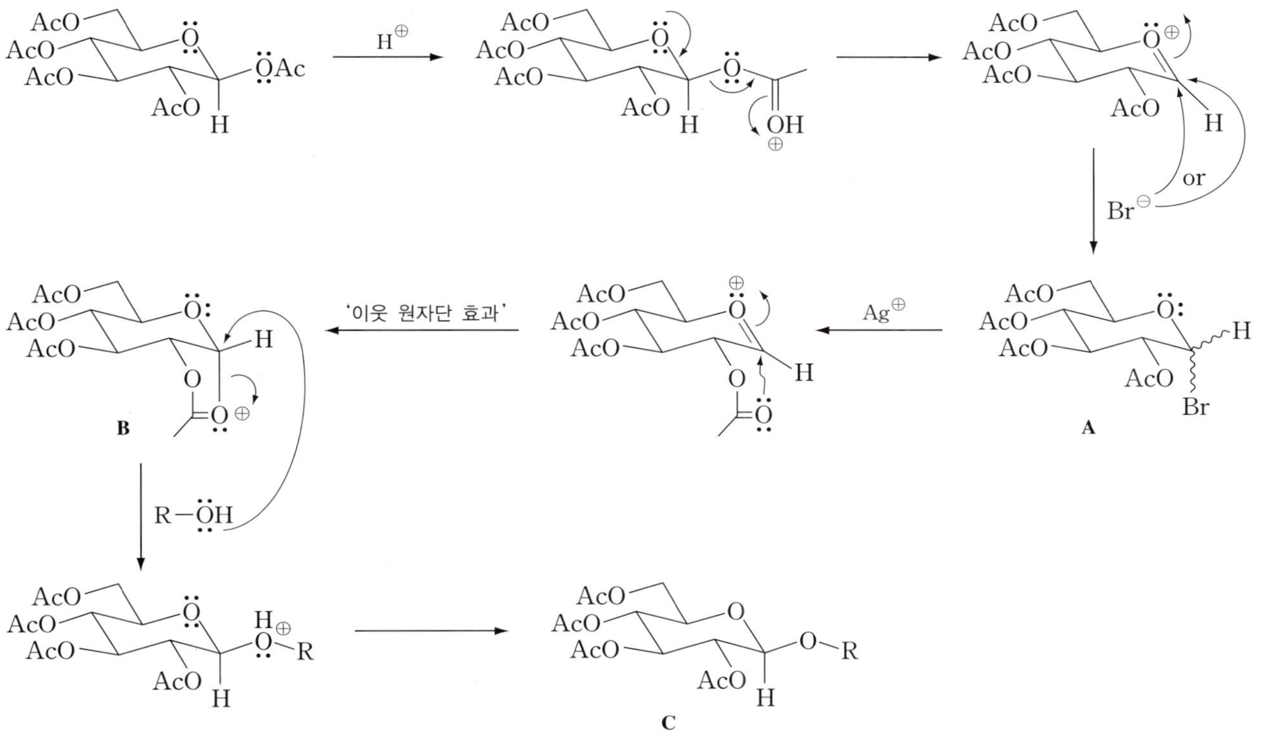

글리코사이드 반응과 관련하여 지금까지 기술한 반응들은 모두 실험실에서의 반응에 관한 것이었다. 생체 내에서는 이러한 반응들이 모두 효소(enzyme)에 의하여 진행되는데, 효소 반응의 특성상 오직 한 종류의 입체 이성질체만 생성된다. 실제로 생체 내의 글리코사이드 반응은 단당류를 포함하여 이당류, 올리고당류, 다당류 등 구조가 훨씬 복잡한 경우에서도 특정 입체 선택성을 유지하면서 진행되는 것으로 알려져 있다.

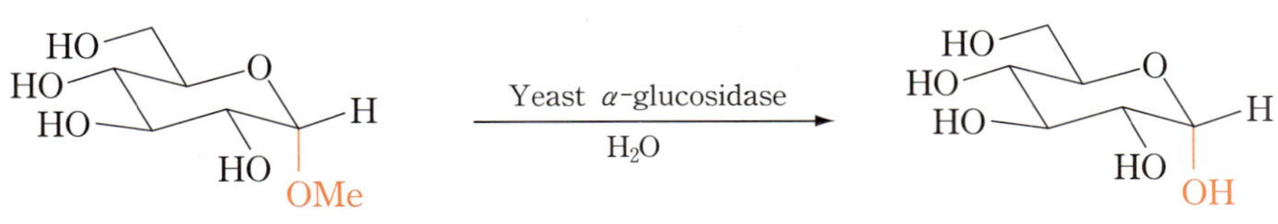

메틸 *α*-*D*-글루코피라노사이드

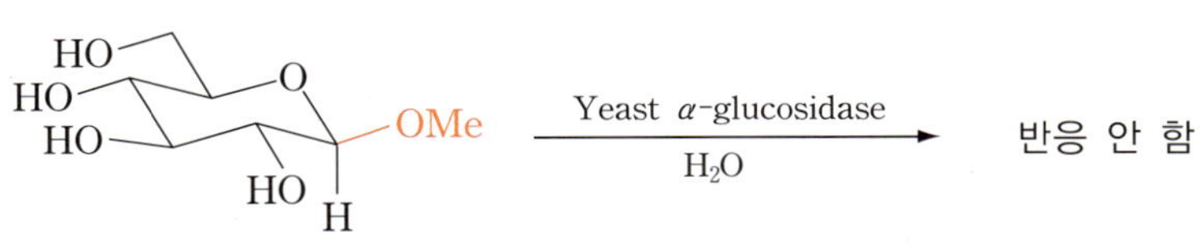

메틸 *β*-*D*-글루코피라노사이드

21.3.3 산화 반응

사슬 형태의 단당류 화합물은 알데하이드 또는 케톤 작용기를 가지고 있는데, 이 중에서 알데하이드 작용기는 다양한 반응 조건에서 상대적으로 쉽게 산화될 수 있다(16.13.1절).

사슬 형태의 단당류 [알도스(aldose)]에서 알데하이드의 산화 반응이 진행되는 경우에 일카복실산 생성물은 [알돈산(aldonic acid)], 이카복실산 생성물은 [알다릭산(aldaric acid)]이라고 명명한다. 이에 의하면 일카복실산 생성물의 이름은 글루코스(glucose) → 글루콘산(gluconic acid), 갈락토스(galactose) → 갈락톤산(galactonic acid), 만노스(mannose) → 만논산(mannonic acid)이 된다.

$$\text{Ald}\underline{\text{ose}} \xrightarrow{\text{산화}} \text{Ald}\underline{\text{onic acid}} \xrightarrow{\text{산화}} \text{Ald}\underline{\text{aric acid}}$$

고전적인 산화 반응으로는 Cu^{2+}(Benedict 시약, Fehling 시약) 및 Ag^{+}(Tollen 시약) 양이온을 사용하는 방법이 있다. 이 반응에서 Cu^{2+}는 염기성 조건에서 [$Cu^{2+} \rightarrow Cu_2O$], Ag^{+}는 염기성 조건에서 [$Ag^{+} \rightarrow Ag$]가 되면서 알데하이드를 카복실산으로 산화시킨다. 이러한 조건에서 산화되는 당류 화합물을 **환원당(reducing sugar)**이라 하고, 모든 알도스(aldose) 화합물이 여기에 속한다.

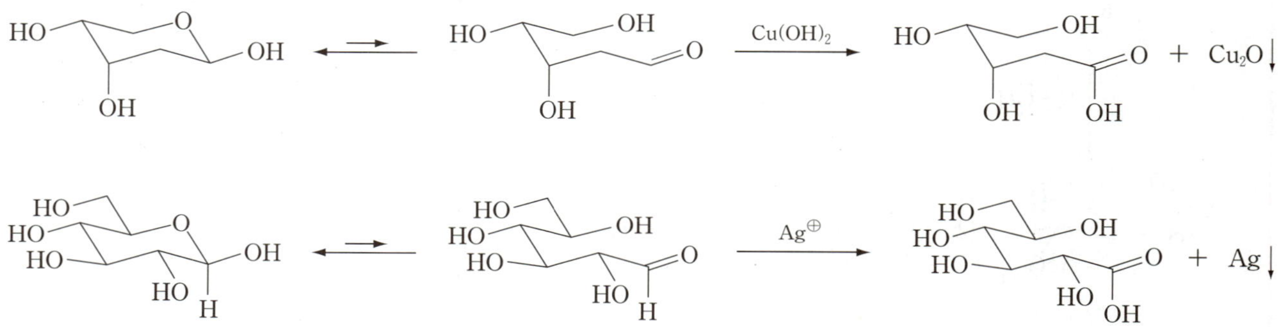

반면에, 글리코사이드(glycoside) 화합물은 아세탈 작용기가 염기 조건에서 안정하기 때문에 위의 반응 조건에서 산화되지 않는다. 이러한 당류 화합물을 **비환원당(nonreducing sugar)**이라고 한다.

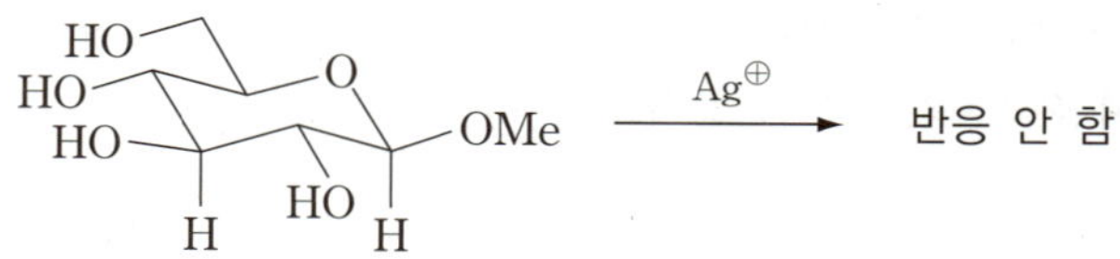

단당류의 알데하이드 작용기를 산화시키는 방법으로 약산성 조건(pH 5~6)에서 Br_2를 사용하기도 한다. 이 방법은 알도스(aldose)에 특화된 방법으로 대용량 반응에도 유용하게 적용할 수 있다.

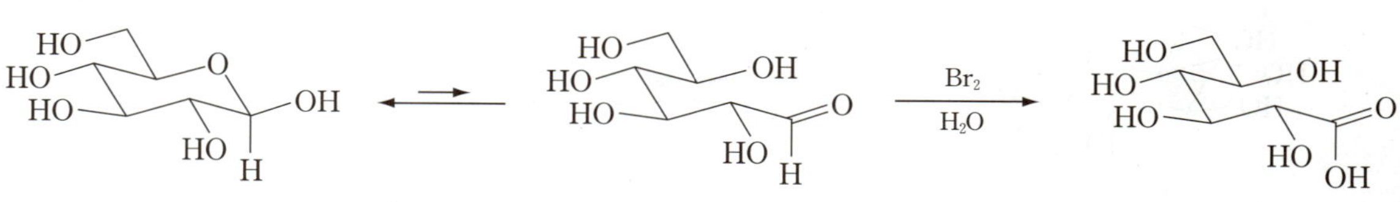

이 외에도 다양한 산화 반응 조건이 존재한다. 예를 들면, 뜨거운 묽은 질산 용액을 사용하는 산화 조건은 약산성 조건의 Br_2 조건보다 훨씬 강하기 때문에 알데하이드는 물론이고 1차 알코올까지 카복실산으로 산화시킬 수 있다. HIO_4 시약을 사용하는 1,2-다이올 분해 반응(4.10.2절)은 내부에 다수의 1,2-다이올이 존재하기 때문에 여러 단계의 복잡한 산화 반응이 진행되어 지저분한 혼합물이 얻어질 수 있다.

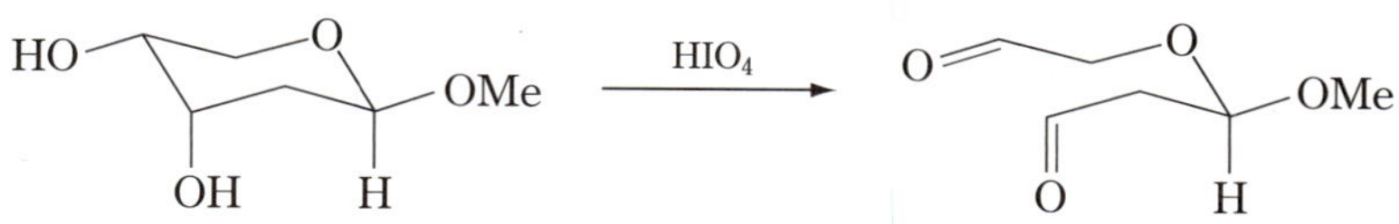

21.4 이당류 및 다당류의 구조

이제부터는 단당류(monosaccharide)로 이루어진 이당류(disaccharide) 및 다당류(polysaccharide)의 구조에 대하여 살펴보기로 한다.

21.4.1 이당류의 구조

이당류(disaccharide)는 두 개의 단당류가 글리코사이드 결합(21.3.2절)으로 연결되어 있는, 즉 첫 번째 단당류의 C_1−아노머 탄소에 두 번째 단당류의 −OH 작용기가 결합한 아세탈 화합물을 통칭하는 용어이다. 일반적으로 자연계에서 가장 많이 발견되는 글리코사이드 결합의 형태는 첫 번째 단당류의 C_1−탄소와 두 번째 단당류의 C_4−OH 사이에서 생성되는 결합이다.

자연계의 대표적인 이당류로는 **말토스(maltose**, 맥아당), **셀로비오스(cellobiose)**, **락토스(lactose**, 젖당), **수크로스(sucrose**, **sugar**, 설탕) 등이 있는데, 여기에서는 네 가지 이당류의 구조적인 공통점과 차이점에 대하여 각각 알아보기로 한다.

말토스(maltose, 맥아당)는 사람의 체내에서 녹말(starch)을 가수 분해할 때 생성되는 대표적인 이당류 화합물이다. 말토스는 첫 번째 글루코스의 C_1−아노머 탄소에 두 번째 글루코스의 C_4'−OH 작용기가 α-방향에서 결합한 화합물로서, 이러한 결합 방식을 [glu ← glu−OH (1,4′-α)]로 표현하기로 한다. 여기에서 첫 번째 'glu-' 및 숫자 '1'은 C_1−아노머 탄소를 제공하는 글루코스, 두 번째 'glu−OH' 및 숫자 '4′'는 C_4−OH를 제공하는 두 번째 글루코스를 의미하며, 기호 'α'는 첫 번째 글루코스를 기준으로 글리코사이드 결합이 α-방향에서 생기는 것을 뜻한다. 두 번째 글루코스에서 반아세탈 아노머 탄소에서의 입체 화학은 단순하게 α-말토스 및 β-말토스로 구분하며, 말토스에는 반아세탈 작용기가 있으므로 환원당으로 작용한다(21.3.3절).

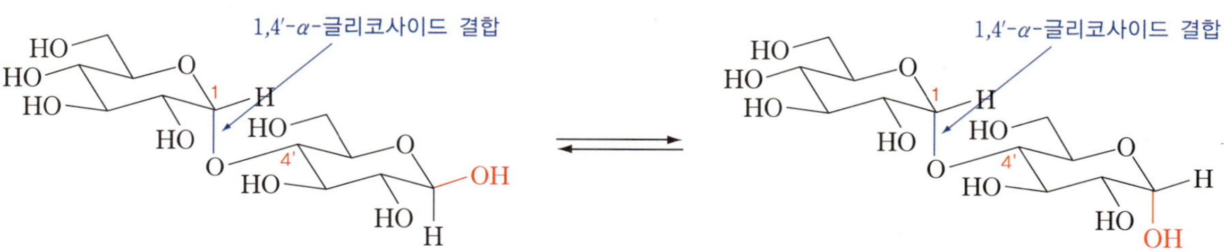

4-*O*-(α-*D*-글루코피라노실)-β-*D*-글루코피라노스 (β-말토스)

4-*O*-(α-*D*-글루코피라노실)-α-*D*-글루코피라노스 (α-말토스)

Glu ← Glu(1,4′-α)

인간은 셀룰로스를 분해하지 못한다.

셀로비오스(cellobiose)는 초식동물에서 셀룰로스(cellulose)를 가수 분해할 때 생성되는 자연계의 가장 대표적인 이당류 화합물이다. 셀로비오스는 첫 번째 글루코스의 C_1−아노머 탄소에 두 번째 글루코스의 C_4'−OH 작용기가 *β*-방향에서 결합한 화합물로서, 기본 골격을 [glu ← glu−OH (1,4′-*β*)]로 표현한다. 여기에서 첫 번째 'glu−' 및 숫자 '1'은 C_1−아노머 탄소를 제공하는 글루코스, 두 번째 'glu−OH' 및 숫자 '4′'는 C_4−OH를 제공하는 두 번째 글루코스를 의미하며, 기호 '*β*'는 첫 번째 글루코스를 기준으로 글리코사이드 결합이 *β*-방향에서 생기는 것을 뜻한다. 두 번째 글루코스에서 반아세탈 아노머 탄소에서의 입체 화학은 단순하게 *α*-셀로비오스 및 *β*-셀로비오스로 구분하며, 셀로비오스에는 반아세탈 작용기가 있으므로 환원당으로 작용한다(21.3.3절).

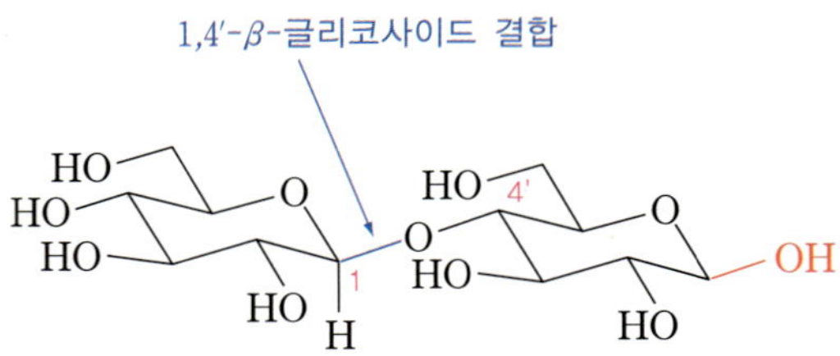

4-*O*-(*β*-*D*-글루코피라노실)-*β*-*D*-글루코피라노스
(*β*-셀로비오스)

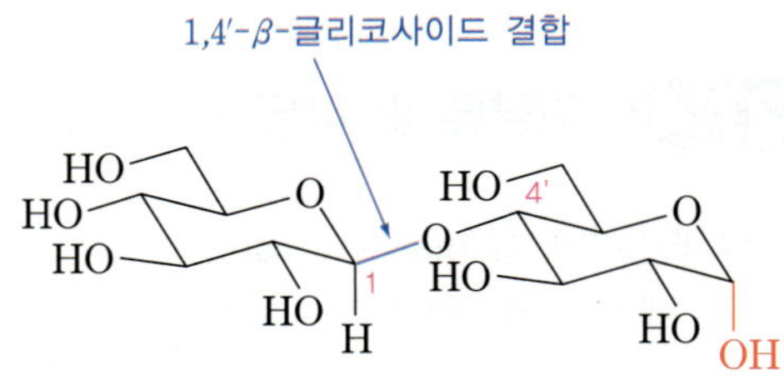

4-*O*-(*β*-*D*-글루코피라노실)-*α*-*D*-글루코피라노스
(*α*-셀로비오스)

Glu ← Glu(1,4′-*β*)

락토스(lactose, 젖당)는 우유에 다량 존재하는 이당류 화합물로서, 빵을 만들거나 분유 등을 만들 때 널리 사용된다. 락토스는 첫 번째 갈락토스의 C_1−아노머 탄소에 두 번째 글루코스의 C_4'−OH 작용기가 *β*-방향에서 결합한 화합물로서, 기본 골격을 [gal ← glu−OH (1,4′-*β*)]로 표현한다. 여기에서 첫 번째 'gal-' 및 숫자 '1'은 C_1−아노머 탄소를 제공하는 갈락토스, 두 번째 'glu−OH' 및 숫자 '4′'는 C_4−OH를 제공하는 두 번째 글루코스를 의미하며, 기호 '*β*'는 첫 번째 갈락토스를 기준으로 글리코사이드 결합이 *β*-방향에서 생기는 것을 뜻한다. 두 번째 글루코스에서 반아세탈 아노머 탄소에서의 입체 화학은 단순하게 *α*-락토스 및 *β*-락토스로 구분하며, 락토스에는 반아세탈 작용기가 있으므로 환원당으로 작용한다(21.3.3절).

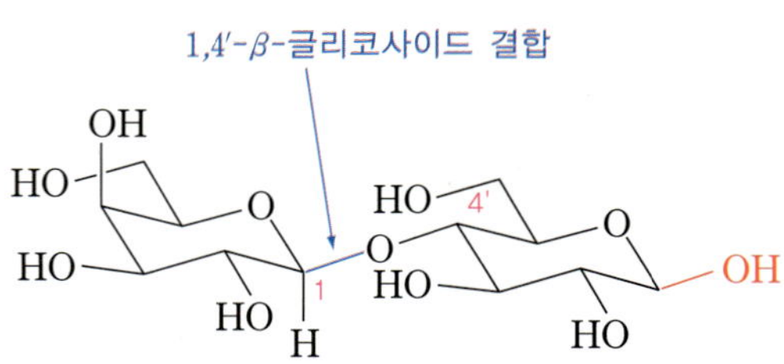

4-*O*-(*β*-*D*-갈락토피라노실)-*β*-*D*-글루코피라노스
(*β*-락토스)

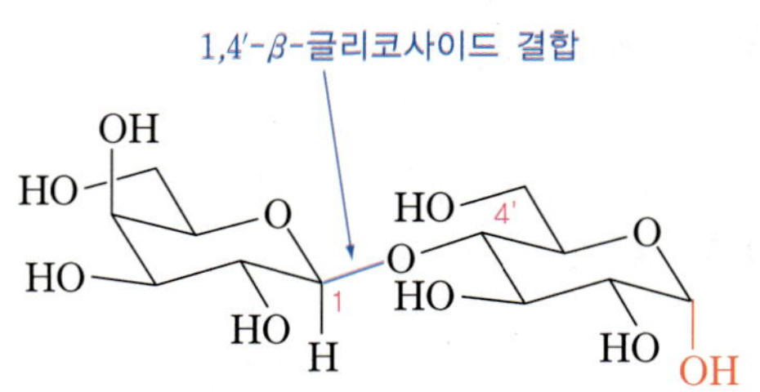

4-*O*-(*β*-*D*-갈락토피라노실)-*α*-*D*-글루코피라노스
(*α*-락토스)

Gal ← Glu(1,4′-*β*)

위에서 기술한 말토스, 셀로비오스, 락토스의 기본 골격을 분석하면 말토스와 셀로비오스는 첫 번째 글루코스의 C_1−입체 배열, 그리고 셀로비오스와 락토스는 첫 번째 단당류의 C_4−입체 배열이 다르고 나머지 입체 화학은 각각 모두 동일함을 알 수 있다.

수크로스(sucrose)는 일상 생활에서 설탕(sugar)이라고 부르는 화합물이다. 수크로스는 첫 번째 글루코스의 C_1−아노머 탄소에 두 번째 프룩토스의 C_2'−OH 작용기가 α-방향에서 결합한 화합물로서, 기본 골격을 [glu ← fru−OH (1,2′-α)]로 표현한다. 여기에서 첫 번째 'glu-' 및 숫자 '1'은 C_1−아노머 탄소를 제공하는 글루코스, 두 번째 'fru−OH' 및 숫자 '2′'는 C_2−OH를 제공하는 두 번째 프룩토스를 의미하며, 기호 'α'는 첫 번째 글루코스를 기준으로 글리코사이드 결합이 α-방향에서 생기는 것을 뜻한다. 수크로스는 말토스, 셀로비오스, 락토스 등과 다르게 반아세탈 작용기 대신에 두 개의 아세탈 작용기를 갖기 때문에 비환원당이고(21.3.3절), 또한 변광 회전(mutarotation)이 불가능하다(21.2.1절).

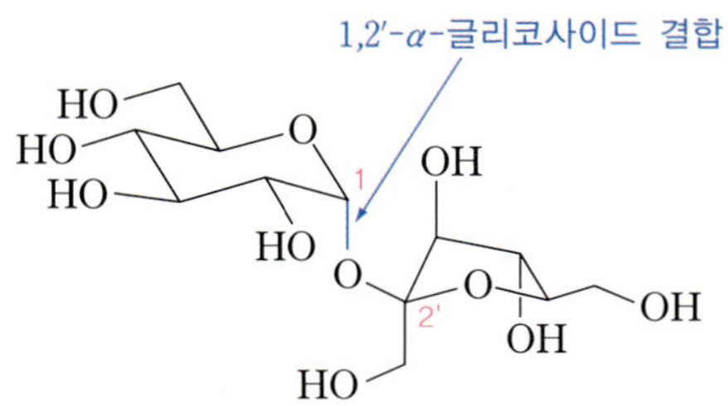

2-*O*-(α-*D*-글루코피라노실)-β-*D*-프럭토퓨라노사이드

Glu ← Fru(1,2′-α)

21.4.2 다당류의 구조

다당류(polysaccharide)는 수십에서 수천 개에 이르는 단당류가 글리코사이드 결합으로 연결된 매우 복잡한 구조의 물질이다. 화학 반응의 관점에서 다당류 화합물은 아주 긴 사슬의 말단에서만 반아세탈 구조를 갖기 때문에 실질적으로 비환원당(21.3.3절)이고, 또한 변광 회전(mutarotation)이 불가능함을 예상할 수 있다(21.2.1절).

셀룰로스(cellulose)는 자연계를 대표하는 다당류 화합물로서, 이당류 셀로비오스의 [glu ← glu−OH (1,4′-β)] 골격(21.4.1절)이 반복되는 구조를 가지며, 사슬당 약 10,000~15,000개의 글루코스를 갖는 고분자이다. 셀룰로스는 마른 나뭇잎 질량의 15% 내외, 나무 질량의 50% 내외, 목화실 질량의 90%를 차지할 만큼 식물 세포의 매우 중요한 구성 성분이고, 서로 다른 사슬 사이에 작용하는 수소 결합을 통하여 나무껍질 등의 구조체를 튼튼하고 단단하게 유지하는 역할을 한다.

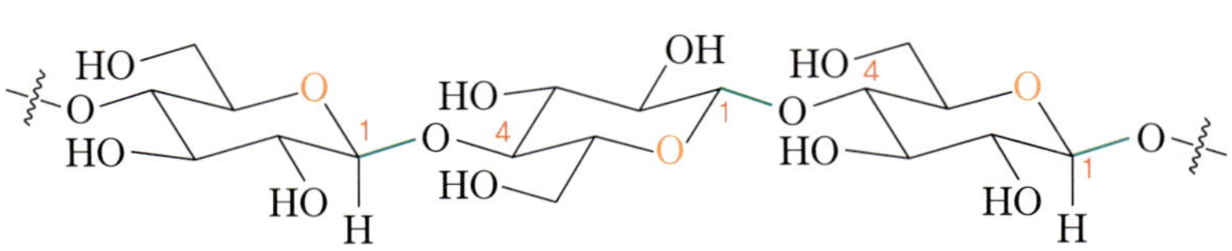

— 1,4′-β-글리코사이드 결합

녹말(starch)은 셀룰로스 다음으로 중요한 다당류 화합물로서, 이당류 말토스의 [glu ← glu−OH (1,4′-α)] 골격(21.4.1절)이 반복되는 구조를 가지며, 사슬당 약 수백에서 수천 개의 글루코스를 갖는 고분자이다. 녹말은 셀룰로스와는 다르게 구조적으로 곁가지가 없는 선형의 **아밀로스(amylose)**와 (1,6′-α) 형태의 곁가지가 있는 **아밀로펙틴(amylopectin)**으로 더 세분된다. 일반적으로 아밀로스는 한 개의 사슬당 수백~수천 개의 글루코스로 구성되고, 찬물에 녹지 않으

며, 전체 녹말 질량의 약 20%를 차지한다. 반면에 아밀로펙틴은 약 25개의 글루코스 분자당 한 개의 (1,6′-α) 곁가지가 존재하고, 찬물에 잘 녹으며, 전체 녹말 질량의 약 80%를 차지한다. 녹말은 자연계에서 두 번째로 많이 존재하는 다당류 화합물로서 감자, 옥수수 등에서 발견되고, 인간에게 가장 중요한 탄수화물 공급처의 역할을 한다.

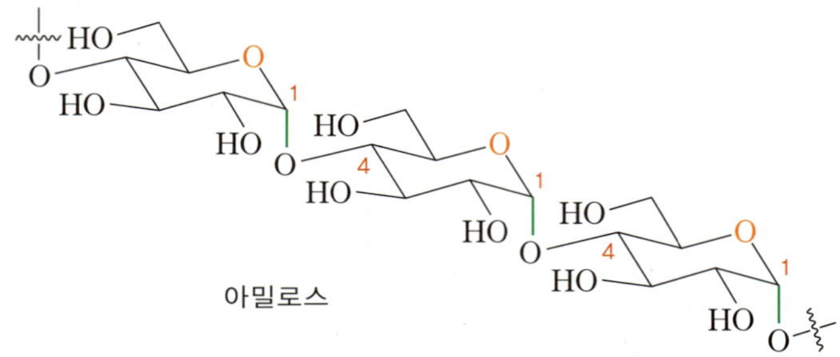

아밀로스

— 1,4′-α-글리코사이드 결합
— 1,6′-α-글리코사이드 결합(곁가지)

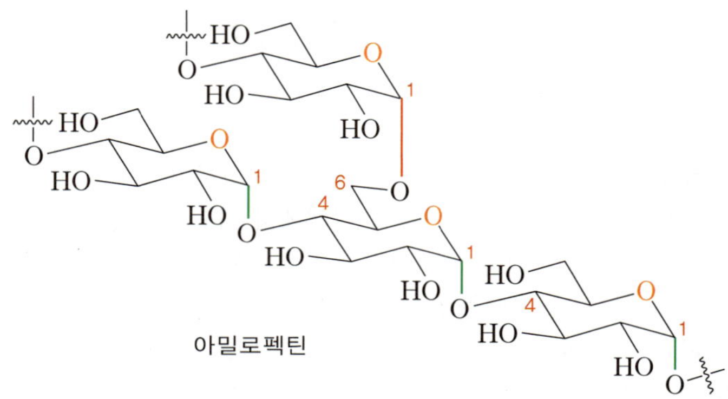

아밀로펙틴

글리코젠(glycogen)은 셀룰로스 및 녹말과는 또 다른 종류의 다당류 화합물이다. 글리코젠은 구조적으로 아밀로펙틴과 유사하지만 (1,6′-α) 곁가지 수가 더 많고, 한 개의 사슬에 10^6개의 글루코스가 있을 정도로 분자의 크기가 훨씬 크다는 특징이 있다.

생명체는 여분의 에너지를 고분자 형태로 저장했다가 필요할 때 단량체로 다시 분해하여 에너지를 추출하는 방법을 사용한다. 다만, 동물은 여분의 에너지를 글리코젠으로 전환하여 주로 간과 근육에 저장하고, 식물은 여분의 에너지를 녹말의 형태로 저장하는 등 에너지를 저장하는 방법에 있어서는 일부 차이가 있을 수 있다.

21.5 다당류의 합성

여기에서는 생체 및 실험실에서 다당류를 합성하는 방법에 대하여 간단히 기술하기로 한다.

생체 내에서 다당류를 합성하는 과정과 다당류를 분해하는 과정은 서로 다를 수 있다. 이것은 생명 현상을 조절하는 데 매우 중요한 요인이다.

21.5.1 생체내 합성

생물의 종(species) 및 조직(organ)에 따라서 조금씩 다를 수 있지만, 생체 내에서 다당류 화합물에 한 개의 글루코스 분자를 첨가하는 경우에 [UDP−글루코스] 또는 [ADP−글루코스] 중간체를 사용한다.

메커니즘 21-6 생체내 다당류 합성 반응 메커니즘

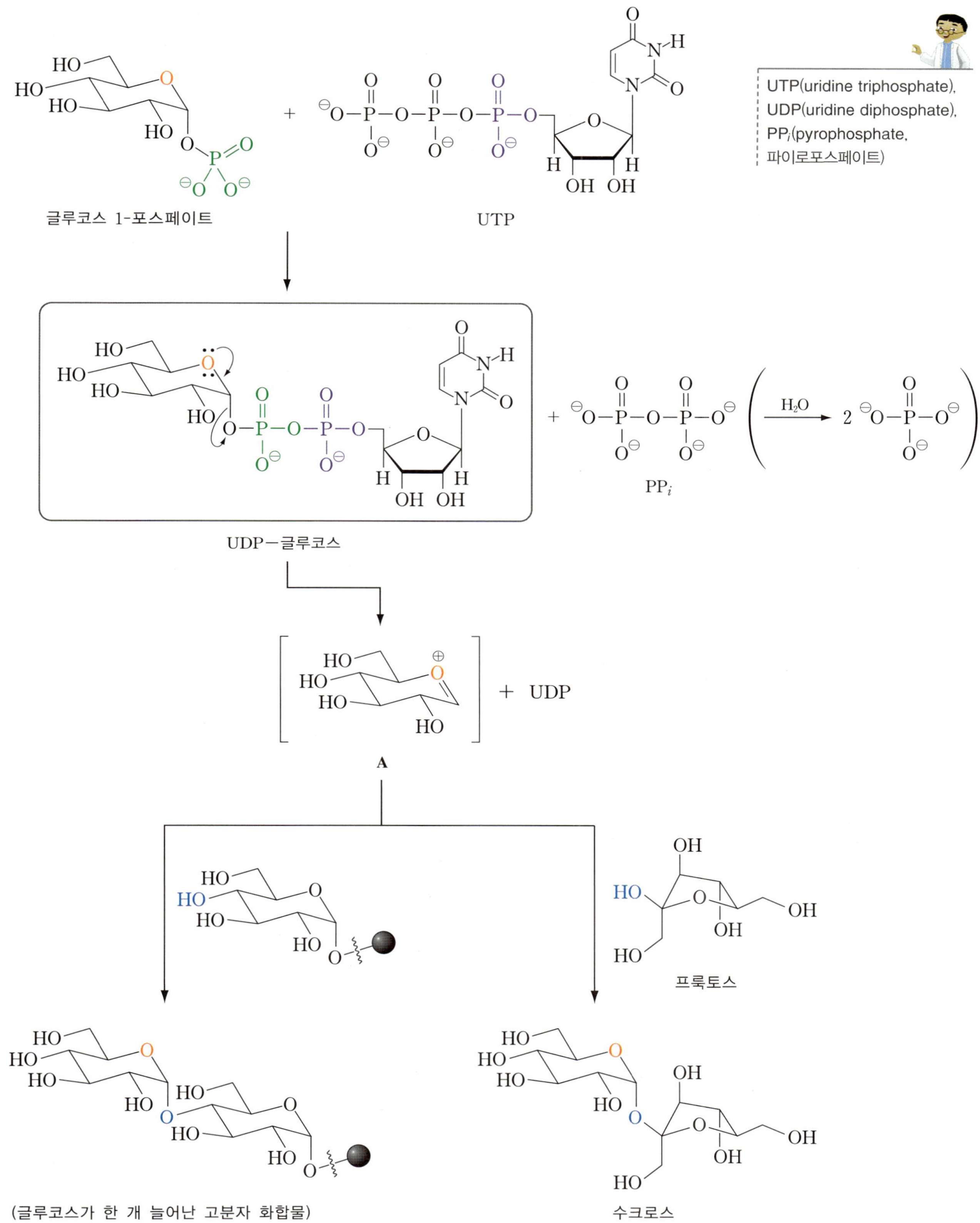

UTP(uridine triphosphate),
UDP(uridine diphosphate),
PP_i(pyrophosphate, 파이로포스페이트)

글리코젠은 [glu ← glu−OH (1,4′-α)]의 기본 골격(21.4.1절)을 갖는 화합물로서, 글리코젠 생성 효소(glycogen synthase)가 글루코스 사슬에 한 개의 글루코스 분자를 추가하는 반응은 다음과 같이 진행된다. 우선, 글루코스-1-포스페이트 및 UTP가 반응하여 UDP−글루코스 및 PP_i를 생성하고, 곧바로 PP_i가 가수 분해되면서 전체 반응을 정반응 쪽으로 이동시킨다. 계속해서 UDP−글루코스에서 UDP가 제거되면서 활성화된 옥소늄 양이온 중간체(**A**)가 생성되고, 폴리머 사슬의 말단에 위치한 글루코스의 C_4−OH 작용기가 옥소늄 양이온을 *α*-방향에서 공격함으로써 글루코스가 한 개 추가된 새로운 다당류 화합물이 얻어진다. 이러한 과정이 반복되면 결과적으로 [glu ← glu−OH (1,4′-*α*)] 기본 골격(21.4.1절)을 갖는 고분자 화합물을 얻을 수 있다.

21.5.2 실험실 합성

다당류 화합물들은 구조가 매우 복잡하고, 반응성이 유사한 −OH 작용기가 많기 때문에 실험실에서 특정 구조의 다당류 분자를 선택적으로 합성하는 것은 매우 어렵다. 그럼에도 불구하고 연구자들은 몇 개의 단량체로 구성된 올리고머(oligomer)를 입체 선택적으로 합성할 수 있는 방법들을 개발하였는데, 교재에서는 이 중에서 글리칼(glycal) 골격을 이용하는 방법을 소개하려 한다.

글리칼(glycal)은 C_1과 C_2 사이에 이중 결합이 있는 고리형 엔올 에터 골격의 단당류 유도체로서, 글루코스(glucose) 및 갈락토스(galactose)에서 유래한 글리칼 화합물을 각각 글루칼(glucal) 및 갈락탈(galactal)이라고 한다.

글루코피라노스 글루칼

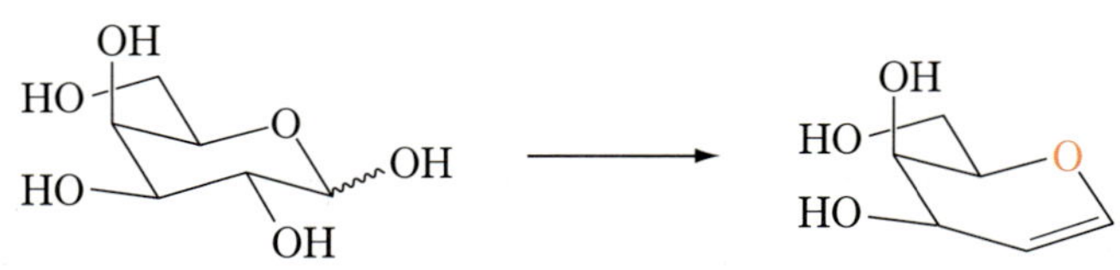

갈락토피라노스 갈락탈

갈락탈을 이용하여 *β*-배열의 글리코사이드 결합을 형성하는 과정은 아래와 같다. (1) 갈락탈에서 1차 C_5−OH 작용기를 TBS로 보호하고, 포스젠 대등체(phosgen equivalent)를 이용하여 시스-1,2-다이올을 보호한 후, *n*-Bu_4NF 시약으로 1차 C_5−OTBS 작용기를 제거함으로써 글리칼 **A**를 합성한다. (2) 갈락탈에서 1차 C_5−OH 작용기를 TBS로 보호하고, 포스젠 대등체(phosgen equivalent)를 이용하여 시스-1,2-다이올을 보호한 후, MCPBA 시약(4.10.4절)으로 입체 장애가 작은 아래 쪽에서 에폭시화 반응을 수행하여 중간체 **B**를 합성한다. (3) 계속해서, 중간체 **B**에 $ZnCl_2$ 촉매와 글리칼 **A**를 첨가하면 옥소늄 양이온 중간체를 거쳐서 입체 선택적으로 *β*-배열의 글리코사이드 결합을 갖는 생성물 **C**를 얻는다.

메커니즘 21-7 실험실에서의 다당류 합성 반응 메커니즘

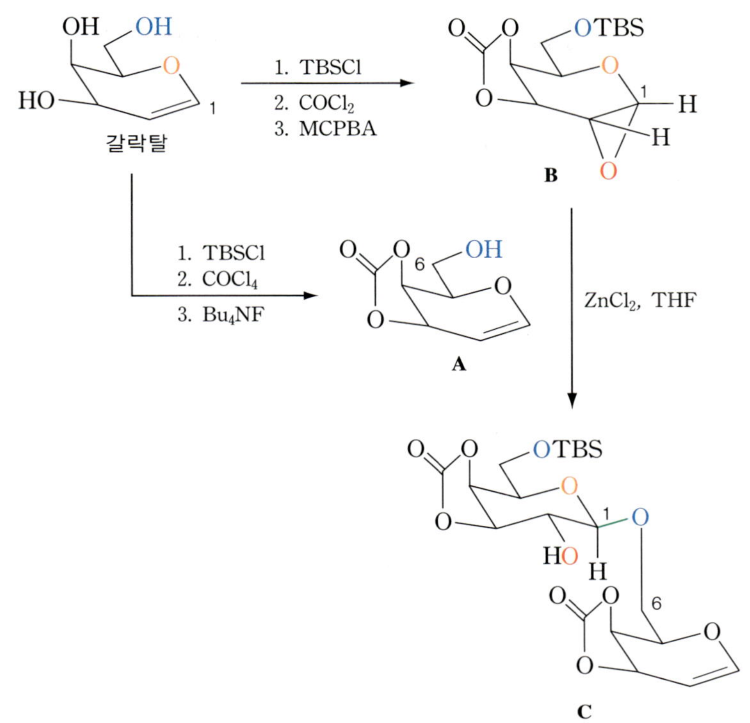

결과적으로 이 과정은 에폭사이드 **B**의 C_1 탄소와 글리칼 **A**의 C_6−OH 산소 사이에 β-배열의 글리코사이드 결합을 형성하는 반응이다. 생성물 **C**는 MCPBA를 이용하여 에폭사이드로 전환시킬 수 있는데, 여기에 $ZnCl_2$ 촉매와 글리칼 **A**를 첨가하면 다시 한번 β-배열의 글리코사이드 결합을 갖는 생성물을 얻을 수 있다. 위 반응에서는 갈락탈에서 유래한 중간체 **A**를 사용하였으나 글루칼 등 다른 단량체에서 유래한 중간체를 사용하여 이 과정을 반복하면 이론적으로 다양한 종류의 다당류를 합성할 수 있을 것이다.

21.6 혈액형

지금까지 탄수화물은 생체 내에서 구조적인 물질로 작용함과 동시에 에너지의 근원이라는 두 가지 중요한 역할을 하는 것으로 기술하였지만(21.4.2절), 실제로는 이 외에도 다양한 생리학적인 역할을 하는 것으로 알려져 있다.

대표적인 예로서 탄수화물은 **세포 인식(cell recognition)** 과정에 관여한다. 세포 인식이란 특정 세포가 자신과 같은 종류 또는 다른 종류인가를 판단하는 것으로서, 그 과정이 매우 복잡한 것으로 알려져 있고, 지금도 많은 연구가 진행되고 있다. 세포 인식 연구가 중요한 이유는 박테리아 감염에서부터 암에 이르기까지 다양한 범위의 질병을 이해하고 치료제를 개발하는 데 획기적인 정보를 제공할 것으로 기대되기 때문이다.

수혈을 예로 들어 보자. 사람이 수혈을 받기 위해서는 반드시 당사자의 혈액형을 알아야 한다. 그 이유는 AB형인 사람은 AB형, A형, B형 및 O형 혈액을, A형인 사람은 A형 및 O형 혈액을, B형인 사람은 B형 및 O형 혈액을, O형인 사람은 O형 혈액만을 수혈 받을 수 있기 때문이다. 이러한 결과는 탄수화물을 포함하는 세포 인식 과정의 차이에서 발생하는 것으로, 그 이

택배 배달원은 다양한 방법으로 명시된 주소를 찾아서 상품을 배달한다. 생명체에서는 세포 인식 과정을 통하여 명시된 주소를 찾는다.

유에 대하여 알아보기로 하자.

O형의 혈액형을 갖는 사람들은 적혈구 표면에 [정사각형–원–삼각형–적혈구]의 특징적인 배열을 갖는데, 이러한 배열을 O형을 특정하는 **표지물(marker)**이라고 한다. O형 혈액의 항체들은 이 표지물을 인식했을 때 자신의 세포로 간주하고 공격하지 않는다.

A형의 혈액형을 갖는 사람들은 적혈구 표면에 O형의 기본 표지물([정사각형–원–삼각형–적혈구]) 이외에 [원–평행사변형]의 곁가지가 추가된 특징적인 표지물을 갖는다. 이와 유사하게 B형의 혈액형을 갖는 사람들은 적혈구 표면에 O형의 기본 표지물([정사각형–원–삼각형–적혈구]) 이외에 [원–원]의 곁가지가 추가된 특징적인 표지물을 갖는다. A형 및 B형 혈액의 항체들은 각각 이러한 구조들을 인식했을 때 자신의 세포로 간주하고 공격하지 않는다.

AB형의 혈액형을 갖는 사람들은 적혈구 표면에 A형과 B형에 특징적인 표지물을 동시에 갖는다. 따라서 AB형 혈액의 항체들은 A형 표지물 또는 B형 표지물을 인식하였을 때 자신의 세포로 간주하고 공격하지 않는다.

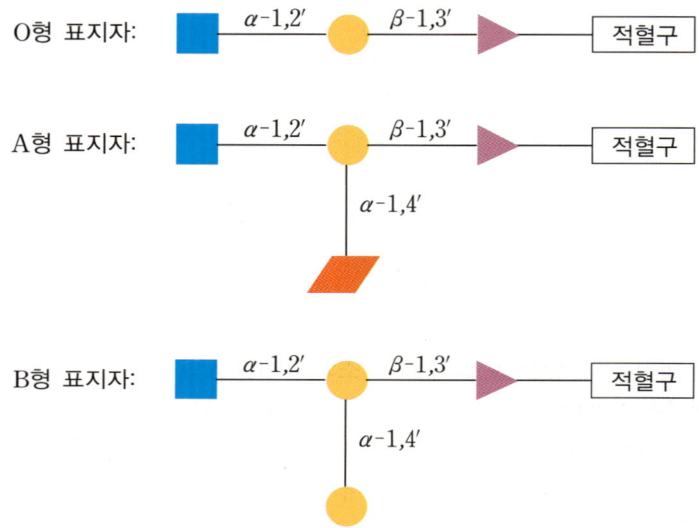

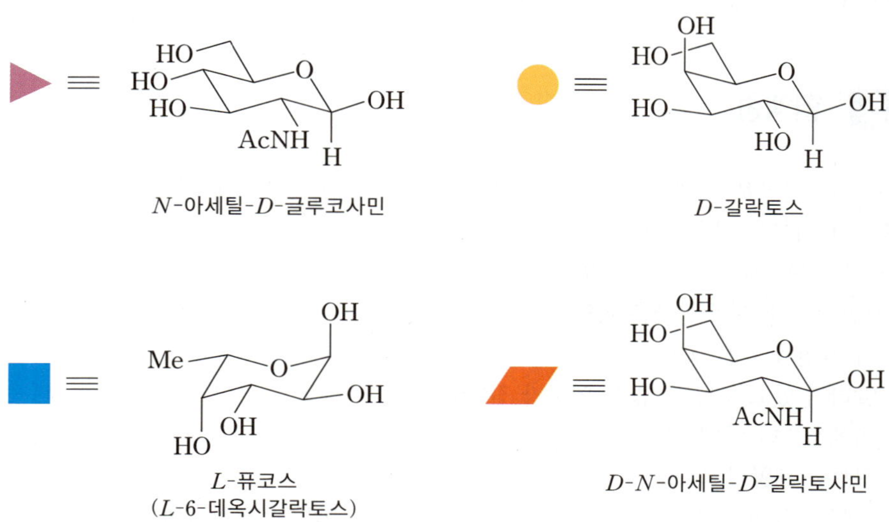

A형 및 B형의 혈액형을 결정하는 기본 표지물은 O형의 기본 표지물인 [정사각형–원–삼각형–적혈구] 골격에 *D*-*N*-아세틸-*D*-갈락토사민(A형) 및 *D*-갈락토스(B형)가 추가로 결합

한 구조이고, 항체가 세포를 인식할 때 가장 중요한 요인은 항체의 수용체(receptor)와 표지물(marker) 사이의 상호 작용이다.

이것을 종합하면, A형 및 B형 혈액에서 항체 수용체의 활성 자리(active site)는 크기가 작은 O형 표지물을 인식할 수 있고, 따라서 O형 혈액이 들어왔을 때 자신의 세포라고 인식하여 방어 작용을 진행하지 않음을 알 수 있다. 반면에 O형의 혈액에서 항체 수용체의 활성 자리(active site)는 더 많은 공간이 필요한 A형 및 B형의 표지물을 인식할 수 없고, 따라서 A형 및 B형 혈액이 들어왔을 때 타인의 세포라고 인식하여 방어 작용이 진행됨을 예상할 수 있다. 실제로 AB형의 환자는 AB형/A형/B형/O형, A형의 환자는 A형/O형, B형의 환자는 B형/O형, 그리고 O형의 환자는 O형의 수혈이 가능하다.

21.7 요약

21장에서는 탄수화물에 대하여 간략히 기술하였다.

탄수화물은 다수의 하이드록시 작용기를 갖는 알데하이드 또는 케톤 화합물을 의미하는 넓은 범위의 용어이다(21.1.1절). 탄수화물은 관점에 따라서 다양하게 구분할 수 있는데, 우선 가수분해 조건에서 몇 개의 단당류가 생성되는가에 따라서 단당류, 이당류, …, 올리고당류, 다당류로 분류한다. 단당류의 탄소 수에 따라서는 삼탄당, 사탄당, 오단당, 육탄당으로, 그리고 화합물에 존재하는 작용기에 따라서 알도스, 케토스 등으로 구분한다.

피셔 투영도는 탄수화물의 구조를 표현하는 유용한 방법이다(21.1.2절). 피셔 투영도에서 카이랄 탄소는 수평선과 수직선의 교차점에 있고, 수평선의 원자들은 평면의 앞쪽으로 향하고, 수직선의 원자들은 평면의 뒤쪽으로 멀어진다는 전제를 기본으로 한다.

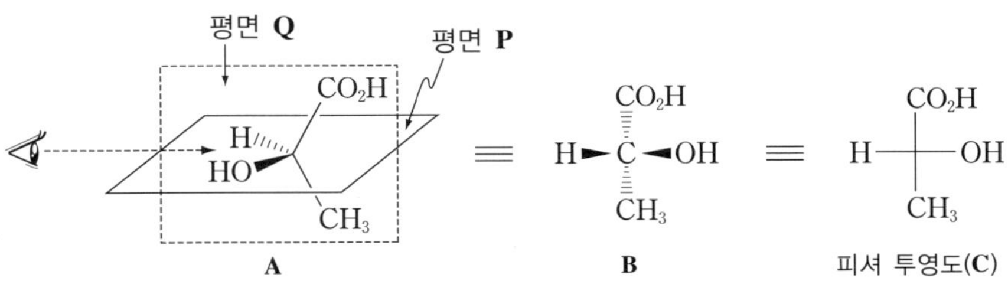

21.1.3절에서는 피셔 투영도에서 화합물의 배열을 (*R*)/(*S*)로 명시하는 방법을 설명하였다. 탄수화물 분야에서 *D*- 및 *L*− 명명법은 피셔 투영도에서 가장 아래에 있는 카이랄 탄소를 중심으로 −OH 작용기가 수직선의 오른쪽에 있으면 *D*-형태, 왼쪽에 있으면 *L*-형태라고 한다.

자연계에서 가장 중요한 삼탄당은 *D*-글리세르알데하이드이다. 자연계에 존재하는 대부분의 단당류들도 *D*-형태의 배열을 갖는데, *D*-글리세르알데하이드에서 사탄당, 오탄당, 육탄당으로 탄소를 한 개씩 증가시킬 때 새로운 카이랄 탄소를 생성하는 방법 및 새로운 화합물의 명명법 등을 21.1.4절에서 상세히 소개하였다.

D-글루코스는 모든 단당류 중에서 가장 중요한 물질이다(21.2.1절). *D*-글루코스는 C_5−OH에 의하여 고리형 반아세탈 *D*-글루코피라노스 형태로 변할 수 있는데, C_1−OH를 제외한 모든 치환체가 열역학적으로 가장 안정한 수평 방향에 위치함을 알 수 있다. 그리고 C_1−OH 작용기의 방향은 C_5−CH_2OH 작용기와 서로 같은 또는 다른 방향을 향할 수 있는데 이러한 이성질체를 각각 *β*-*D*-글루코피라노스 또는 *α*-*D*-글루코피라노스라고 부르며, C_1 탄소를 아노머 탄소라고 한다(21.2.1절).

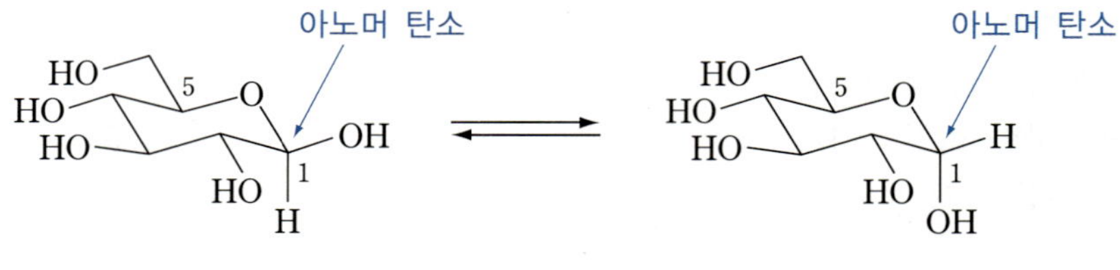

β-D-글루코피라노스 α-D-글루코피라노스

단당류 화합물들은 사슬형 또는 고리형 구조와 무관하게 다수의 C−OH 작용기가 있기 때문에 이론적으로 일반적인 알코올의 반응들이 가능하다. 다만, 다수의 C−OH 작용기들 때문에 많은 경우에 예상하지 못한 부반응이 수반될 수 있음을 주의해야 한다(21.3.1절).

단당류의 반응에서 가장 대표적인 반응은 글리코사이드 반응이다(21.3.2절). 글리코사이드 화합물들은 산성 조건에서 반아세탈 구조의 피라노스와 알코올의 반응으로 합성할 수 있는데(16.9.4절), 이때 생성되는 C−O 결합을 글리코사이드 결합이라고 한다. 이 반응을 일반적인 산성 조건에서 수행하면 C_1 탄소에서 두 종류의 입체 이성질체가 동시에 생성되는데, 교재에서는 글루코스에서 β-OR만을 선택적으로 도입하는 Koenigs Knorr 반응을 소개한 바 있다(21.3.2절).

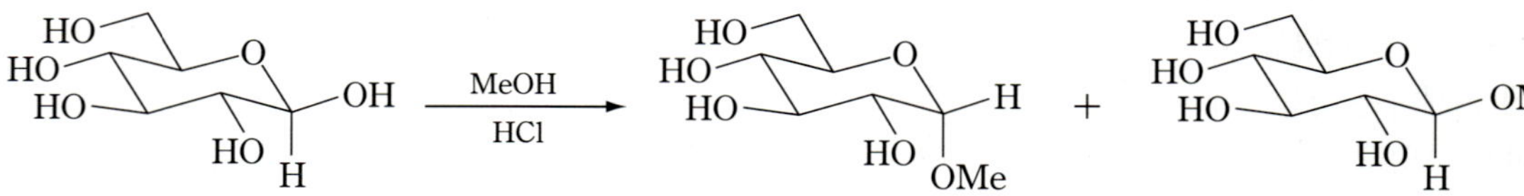

단당류의 산화 반응에서는 Cu^{2+}(Benedict 시약, Fehling 시약) 및 Ag^{+}(Tollen 시약) 양이온이 알데하이드를 카복실산으로 산화시킬 수 있음을 기술하였고, 이와 관련하여 환원당(reducing sugar)의 개념을 제시하였다(21.3.3절). 이에 의하면 환원당은 알도스(aldose)처럼 반아세탈 구조를 갖거나 또는 반응 조건에서 반아세탈 구조로 변형될 수 있는 화합물들이고, 이에 해당하지 않는 당류 화합물은 모두 비환원당(nonreducing sugar)이 된다.

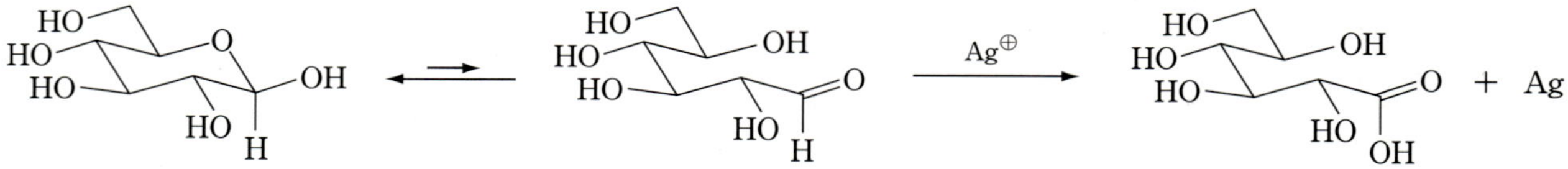

대표적인 이당류 화합물로는 말토스, 셀로비오스, 락토스, 수크로스가 있다(21.4.1절). 말토스는 사람 체내에서 녹말을 가수 분해할 때 생성되는 물질로서 [glu ← glu−OH (1,4′-α)] 골격, 셀로비오스는 초식동물에서 셀룰로스를 가수 분해할 때 생성되는 물질로서 [glu ← glu−OH (1,4′-β)] 골격, 락토스는 우유에 다량 존재하는 물질로서 [gal ← glu−OH (1,4′-β)] 골격, 설탕은 [glu−fru−OH (1,2′-α)] 골격을 갖는다.

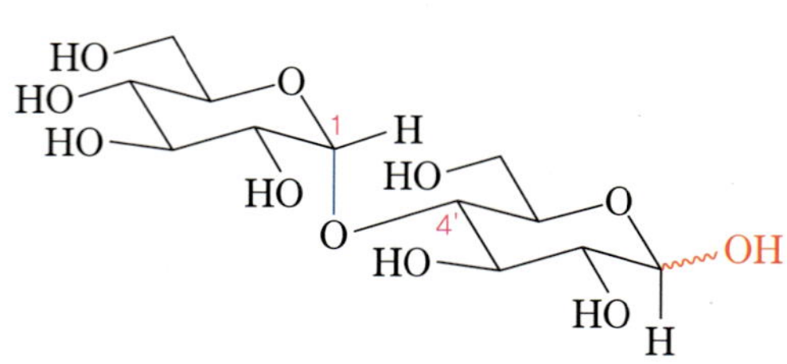

말토스

Glu ← Glu(1,4′-α)

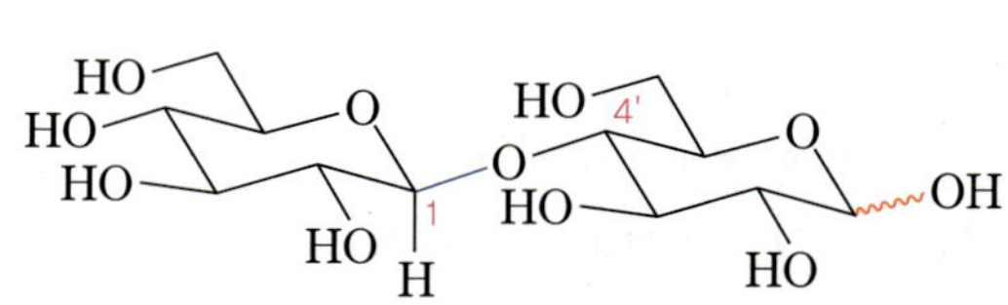

셀로비오스

Glu ← Glu(1,4′-β)

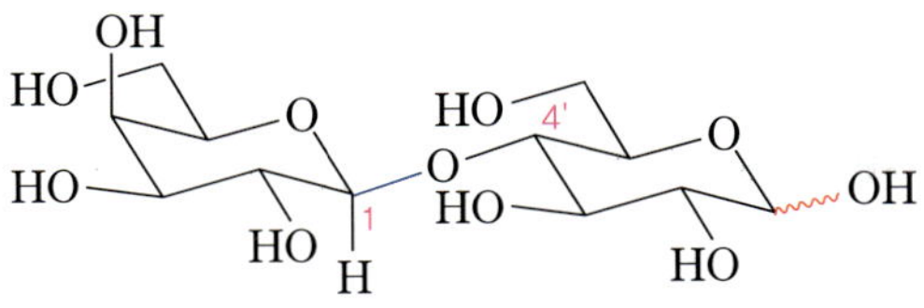

락토스

Gal ⟵ Glu(1,4′-β)

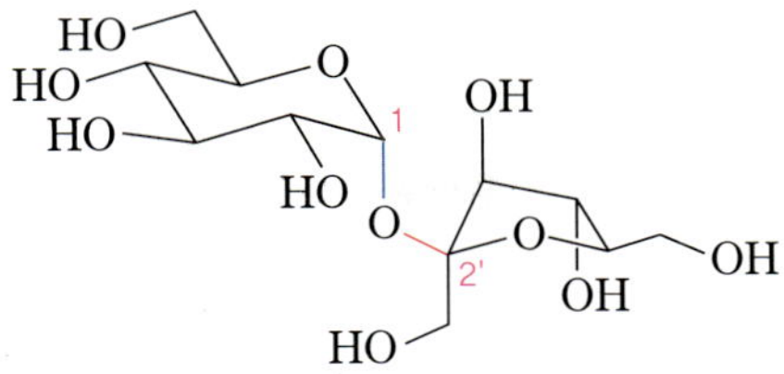

수크로스

Glu ⟵ Fru(1,2′-α)

다당류 화합물로는 구조적인 관점에서 셀로비오스의 [glu ← glu−OH (1,4′-β)] 골격을 기본으로 하는 셀룰로스, 말토스의 [glu ← glu−OH (1,4′-α)] 골격을 기본으로 하는 녹말(아밀로스, 아밀로펙틴) 및 글리코젠을 소개하였다(21.4.2절).

다당류의 합성과 관련해서는 UDP−글루코스 및 ADP−글루코스를 매개로 하는 생체내 합성 과정을 소개하였고(21.5.1절), 실험실에서의 다당류 합성은 글리칼(glycal)을 이용한 C_1−β-입체 선택적인 글리코사이드 결합 생성 반응을 기술하였다(21.5.2절).

마지막으로 탄수화물은 세포 인식(cell recognition) 과정에서 매우 중요한 역할을 한다고 하였다(21.6절). 이에 대한 예로서 혈액형을 결정하는 기본 표지물(marker)의 구조에 기반하여 항체의 수용체(receptor)와 표지물(marker) 사이의 상호 작용을 추론함으로써 수혈 가능한 조합 및 수혈이 불가능한 조합을 명확하게 설명하였다.

22장

아미노산, 펩타이드, 단백질

22.1 아미노산

21장에서는 생체 고분자 중에서 탄수화물에 대하여 간략하게 알아보았다. 22장에서는 아미노산(amino acid), 펩타이드(peptide), 단백질(protein)에 대하여 간략하게 소개하기로 한다.

22.1.1 서론

우리 몸에서 중요한 역할을 하는 단백질은 피셔 투영도를 기준으로 *L*-형태의 배열을 갖는 20 종류의 α-아미노산으로 구성된다. α-아미노산은 한 개의 탄소에 아민(NH_2) 및 카복실산(CO_2H) 작용기가 동시에 존재하기 때문에 생체에서는 쯔비터 이온(zwitter ion) 형태로 존재하고, 상황에 따라서 산($-NH_3^+$) 또는 염기($-CO_2^-$)로 동시에 작용할 수 있다.

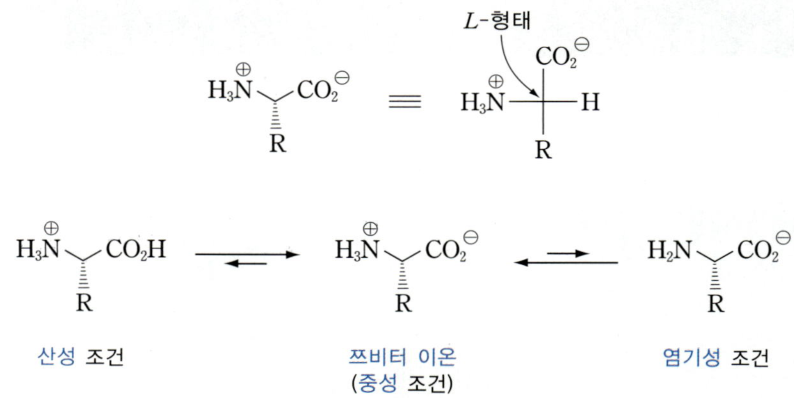

그림 22-1 아미노산의 구조

20 종류의 α-아미노산은 곁가지의 종류, 즉 알킬기(여섯 개), 아릴기(세 개), OH 작용기(두 개), S 작용기(두 개), 아민기(세 개), 카복실산(두 개), 아마이드(두 개) 등에 따라서 세분할 수 있다.

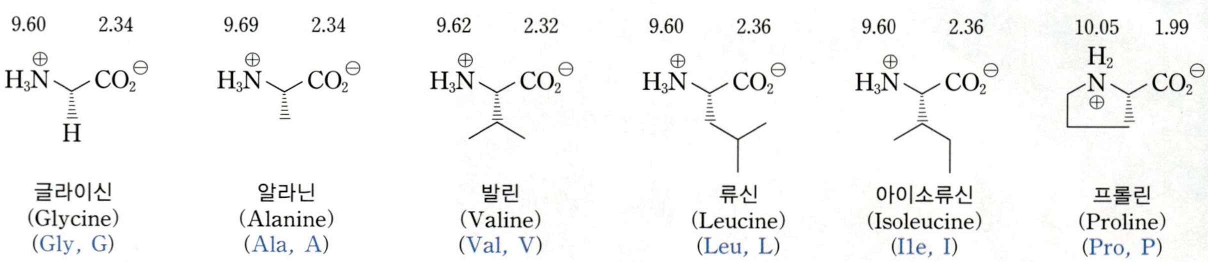

그림에 주어진 숫자들은 $-CO_2H$ 및 $-\overset{\oplus}{N}H_3$의 산 이온화 상수(pK_a) 값이다.

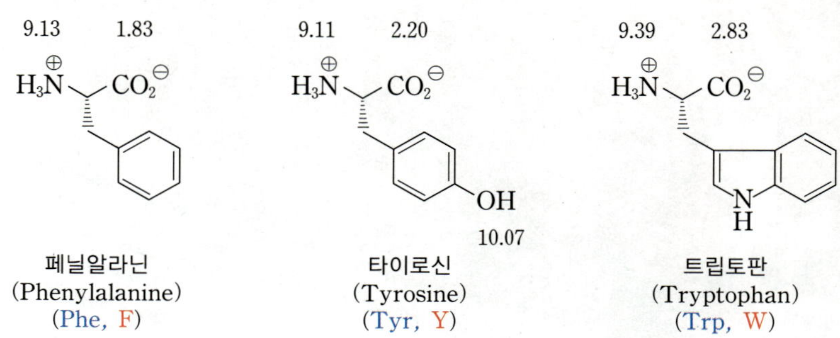

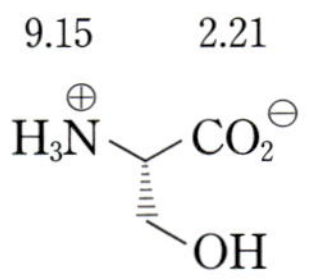

세린
(Serine)
(Ser, S)

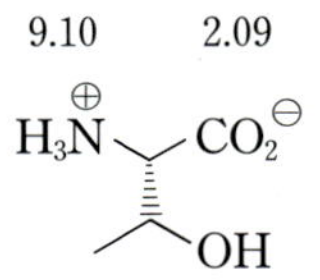

트레오닌
(Threonine)
(Thr, T)

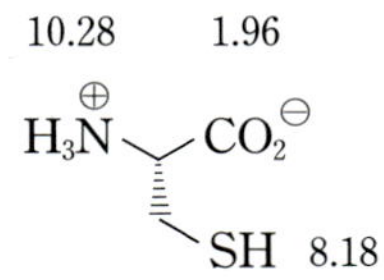

시스테인
(Cysteine)
(Cys, C)

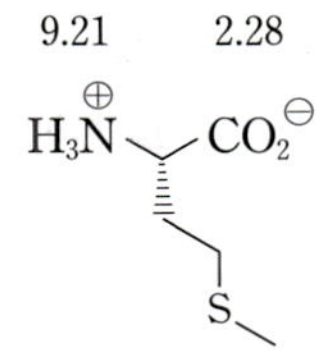

메티오닌
(Methionine)
(Met, M)

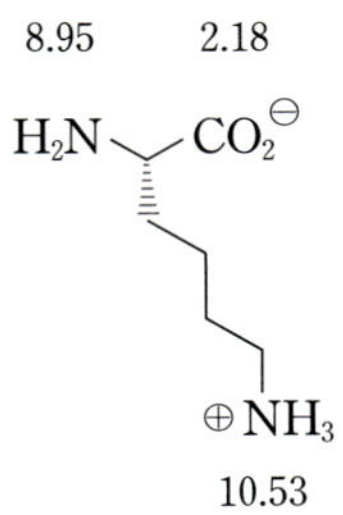

라이신
(Lysine)
(Lys, K)

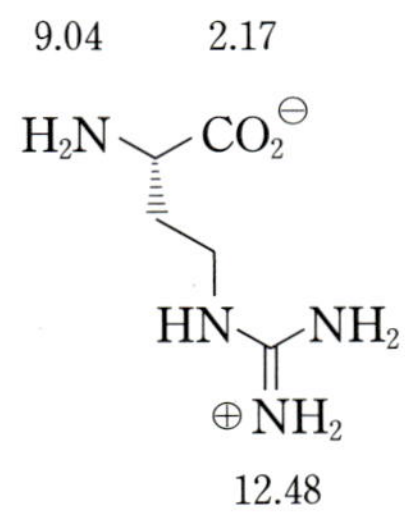

아르기닌
(Arginine)
(Arg, R)

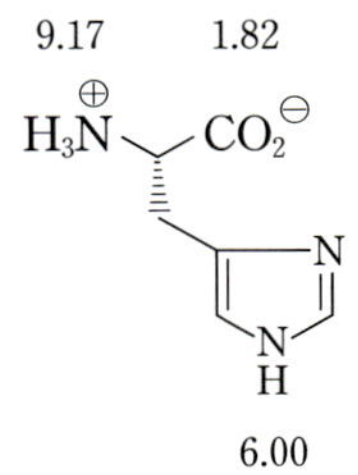

히스티딘
(Histidine)
(His, H)

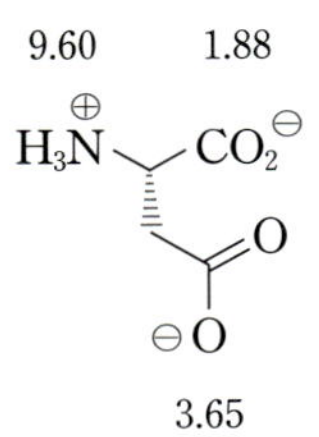

아스파트산
(Aspartate)
(Asp, D)

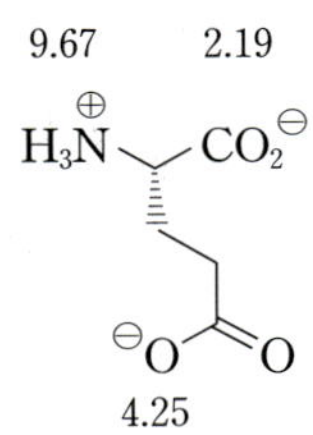

글루탐산
(Glutamate)
(Glu, E)

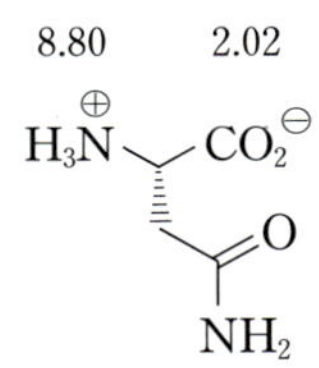

아스파라진
(Asparagine)
(Asn, N)

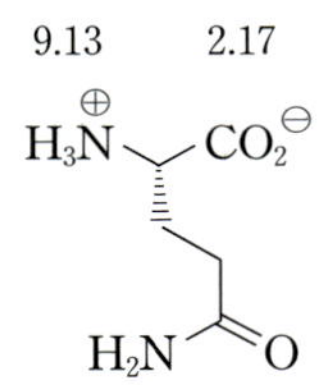

글루타민
(Glutamine)
(Gln, Q)

그림 22-2 α-아미노산의 구조, 이름 및 축약명(세 글자 및 한 글자)

20개의 α-아미노산 중에서 10개는 생체 내에서 합성되고, 나머지 10개는 생체 내에서 합성되지 않는다. 생체 내 합성이 불가능한 α-아미노산은 음식을 통해서만 제공될 수 있는데, 이러한 아미노산을 **필수 아미노산(essential amino acid)**이라고 한다.

α-아미노산은 단백질의 중요한 구성 성분이지만, 단백질 성분이 아니면서도 생물학적으로 중요한 역할을 하는 다양한 종류의 아미노산이 존재한다. 예를 들면 뇌에서 신경전달물질(neurotransmitter)로 사용되는 γ-아미노뷰티르산(γ-aminobutyric acid, GABA), 그리고 관상동맥의 심장병과 연관되는 호모시스테인(homocystein) 등이 있다.

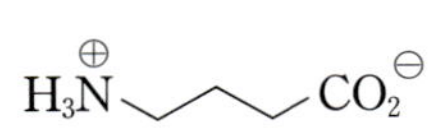

γ-아미노뷰티르산

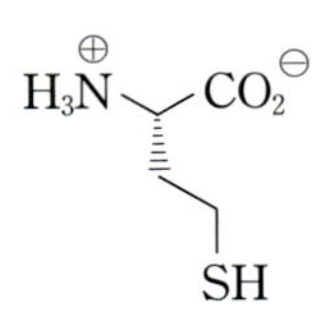

호모시스테인

22.1.2 pH 및 α-아미노산의 구조

α-아미노산에서 아민(NH_2)은 약염기, 카복실산(CO_2H)은 약산으로 작용하기 때문에 중성 조건에서 α-아미노산은 쯔비터 이온(zwitter ion)의 형태로 존재한다(22.1.1절). 이제는 여기서 한 발 더 나아가 용액의 pH에 따른 α-아미노산의 구조 조성에 대하여 알아보기로 한다.

헨더슨–하셀바흐 식은 일반적으로 $[A^-]/[HA] = 0.1 \sim 10$ 정도에서 유효하고, 이 범위를 벗어나면 오차가 커지기 때문에 정성적인 의미로서 해석해야 한다.

약산(HA)과 약산의 짝염기(A^-)가 동시에 존재하는 용액에서는 강염기를 첨가하면 약산(HA), 강산을 첨가하면 짝염기(A^-)가 산–염기 중화 반응에 참여하여 용액의 pH가 크게 변하는 것을 억제할 수 있다. 이러한 용액을 **완충 용액(buffer solution)**이라 하고, 완충 용액의 pH는 헨더슨–하셀바흐(Hendersen–Hasselbalch) 식으로 구할 수 있다.

$$\mathrm{pH} = \mathrm{p}K_a(\mathrm{HA}) + \log\frac{[\mathrm{A}^-]}{[\mathrm{HA}]}$$

이러한 완충 용액의 개념을 참고하면서 용액의 pH에 따라서 알라닌(alanine, Ala)의 구조가 어떻게 변화하는지 살펴보자. 참고로 알라닌에서 산성도가 제일 큰 작용기는 $\mathrm{p}K_a(CO_2H) = 2.34$이고, 그 다음 작용기는 $\mathrm{p}K_a(NH_3^+) = 9.69$이다.

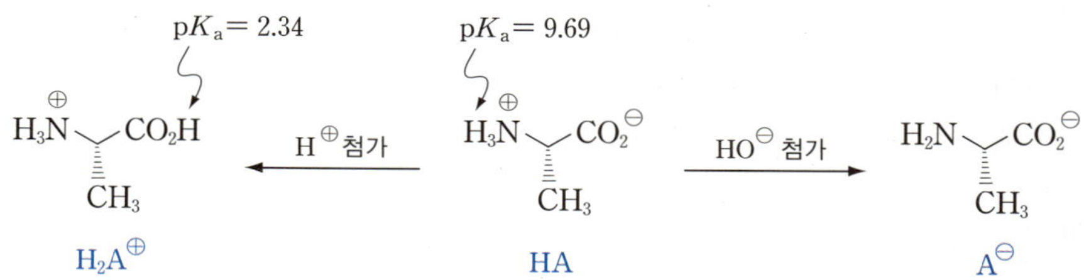

pH = 2.34인 용액에서 $[H_2A^+ \rightleftarrows HA]$ 평형 반응에 헨더슨–하셀바흐 식을 적용하면 $[H_2A^+] \approx [HA]$이 되고, $[HA \rightleftarrows A^-]$ 평형 반응에 헨더슨–하셀바흐 식을 적용하면 $[HA] \approx [A^-] \times 10^{7.35}$이 된다. 따라서 pH = 2.34 용액에서는 H_2A^+ 및 HA가 1 : 1의 비율로 존재하고, A^-는 실질적으로 존재하지 않으며, 또한 알라닌의 평균 전하가 +0.5임을 추론할 수 있다.

$$\log\frac{[HA]}{[H_2A^+]} = \mathrm{pH} - \mathrm{p}K_a = 2.34 - 2.34 = 0 \quad \rightarrow [HA] = [H_2A^+]$$

$$\log\frac{[A^-]}{[HA]} = \mathrm{pH} - \mathrm{p}K_a = 2.34 - 9.69 = -7.35 \quad \rightarrow [HA] = [A^-] \times 10^{7.35}$$

pH = 9.69인 용액에서 $[H_2A^+ \rightleftarrows HA]$ 평형 반응에 헨더슨–하셀바흐 식을 적용하면 $[H_2A^+] \approx [HA] \times 10^{-7.35}$이 되고, $[HA \rightleftarrows A^-]$ 평형 반응에 헨더슨–하셀바흐 식을 적용하면 $[HA] \approx [A^-]$이 된다. 따라서 pH = 9.69인 용액에서는 HA 및 A^-가 1 : 1의 비율로 존재하고, H_2A^+는 실질적으로 존재하지 않으며, 또한 알라닌의 평균 전하가 −0.5임을 추론할 수 있다.

$$\log\frac{[HA]}{[H_2A^+]} = \mathrm{pH} - \mathrm{p}K_a = 9.69 - 2.34 = 7.35 \quad \rightarrow [HA] = [H_2A^+] \times 10^{7.35}$$

$$\log\frac{[A^-]}{[HA]} = \mathrm{pH} - \mathrm{p}K_a = 9.69 - 9.69 = 0 \quad \rightarrow [HA] = [A^-]$$

H_2A^+에서 가장 강한 산의 $\mathrm{p}K_a$ 값, HA에서 가장 강한 산의 $\mathrm{p}K_a$ 값

$$\frac{2.34 + 9.69}{2} \approx 6.01$$

pH = 6.01인 용액에서 $[H_2A^+ \rightleftarrows HA]$ 평형 반응에 헨더슨–하셀바흐 식을 적용하면 $[HA] \approx [H_2A^+] \times 10^{3.68}$이고, $[HA \rightleftarrows A^-]$ 평형 반응에 헨더슨–하셀바흐 식을 적용하면 $[HA] \approx [A^-] \times 10^{3.67}$이 된다. 따라서 pH = 6.01인 용액에서는 HA만이 주로 존재하고, H_2A^+ 및 A^-는 실질적으로 존재하지 않으며, 또한 알라닌의 평균 전하가 중성임을 추론할 수 있다.

$$\log \frac{[HA]}{[H_2A^+]} = pH - pK_a = 6.01 - 2.34 = 3.67 \quad \rightarrow \quad [HA] = [H_2A^+] \times 10^{3.67}$$

$$\log \frac{[A^-]}{[HA]} = pH - pK_a = 6.01 - 9.69 = -3.68 \quad \rightarrow \quad [HA] = [A^-] \times 10^{3.68}$$

지금까지의 결과를 종합하면 다음과 같다. 알라닌은 pH = 6.01[≈(9.69 + 2.34)/2] 용액에서 전기적으로 중성인 HA로 주로 존재한다. pH = 6.01 용액에 H^+를 첨가하면 점차 H_2A^+의 농도가 증가하는데, pH = 2.34에서 $[H_2A^+] \approx [HA]$이 되고, 여기서 산성도가 더 증가하면 H_2A^+가 주성분이 된다. 이와는 반대로 pH = 6.01 용액에 HO^-를 첨가하면 점차 A^-의 농도가 증가하는데, pH = 9.69에서 $[HA] \approx [A^-]$가 되고, 여기서 염기도가 더 증가하면 A^-가 주성분이 된다.

22.1.3 등전점

용액의 pH와 α-아미노산의 조성에 관한 기술에서 알라닌의 평균 전하는 pH = 6.01에서 중성이 됨을 기술하였다(22.1.2절). 이처럼 20 종류의 α-아미노산은 양이온과 음이온의 크기가 정확하게 같아서 평균 전하가 0이 되는 pH 값이 각각 특징적으로 존재하는데, 이 pH 값을 **등전점**(**isoelectric point, pI**)이라고 한다.

20개 α-아미노산에서 등전점(pI)은 알라닌의 경우처럼 중성 화학종(HA)에서 산성도가 가장 큰 pK_a 값 및 H^+가 추가된 H_2A^+ 화학종에서 산성도가 가장 큰 pK_a 값의 평균값으로 주어진다. 또한 α-아미노산의 평균 전하는 pH < pI 조건에서는 양수 값, pH = pI 조건에서는 0, pH > pI 조건에서는 음수 값을 갖는다. 이러한 결론들은 모두가 등전점(pI)의 정의, 그리고 pH와 α-아미노산 조성의 관계로부터 자연스럽게 유도되는 것으로서 단순하게 암기하지 않기를 바란다.

20개 α-아미노산 중에서 14개 α-아미노산에는 두 개의 pK_a 값이 주어지는데, 이 경우에는 단순하게 pI = [pK_a 값의 평균값]이 된다.

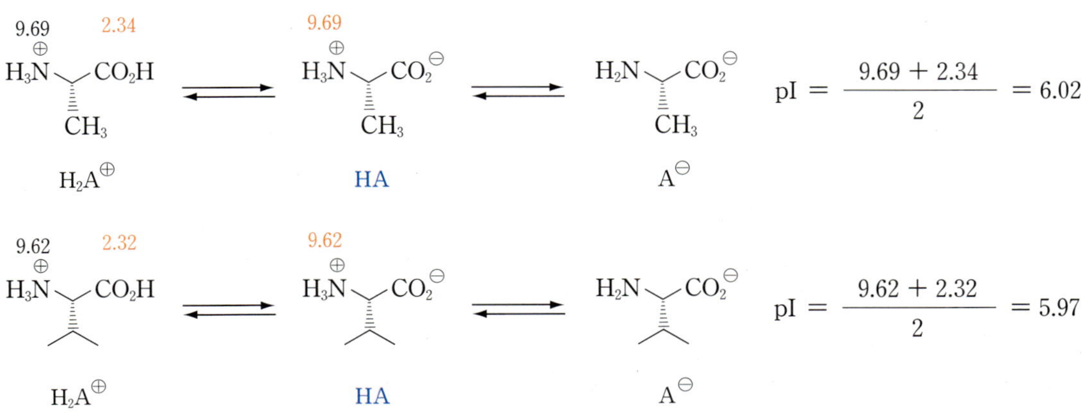

그림 22-3 Gly 및 Val의 등전점(pI) 계산

세 개의 α-아미노산 Asp, Glu, Cys에서는 산성을 띠는 곁가지(CO_2H 및 SH)가 추가로 있어서 세 개의 pK_a 값이 주어진다. 등전점은 중성 화학종(H_2A)에서 산성도가 가장 큰 pK_a 값 및 H^+가 추가된 H_3A^+ 화학종에서 산성도가 가장 큰 pK_a 값의 평균값이므로, pI = [산성도가 큰 두 pK_a 값의 평균값]이 된다.

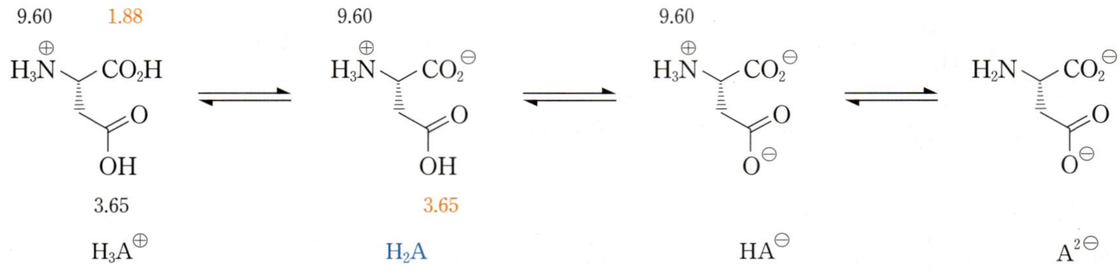

$$pI = \frac{3.65 + 1.88}{2} = 2.77$$

그림 22-4 Asp의 등전점(pI) 계산

세 개의 α-아미노산 Lys, Arg, His에서는 염기성을 띠는 곁가지(아민, 폼아미딘, 이미다졸)가 추가로 있어서 세 개의 pK_a 값이 주어진다. 등전점은 중성 화학종(HA)에서 산성도가 가장 큰 pK_a 값 및 H^+가 추가된 H_2A^+ 화학종에서 산성도가 가장 큰 pK_a 값의 평균값이므로, pI = [산성도가 작은 두 pK_a 값의 평균값]이 된다.

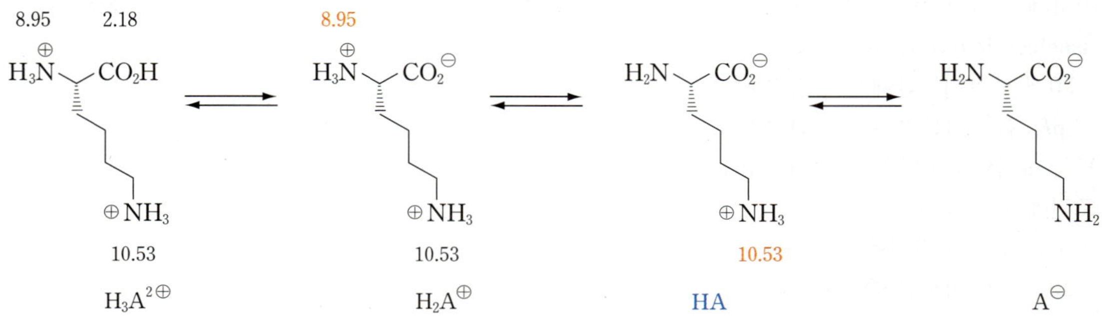

$$pI = \frac{10.53 + 8.95}{2} = 9.74$$

그림 22-5 Lys의 등전점(pI) 계산

22.1.4 전기 이동

20개의 α-아미노산은 모두 특징적인 pI 값을 갖는다. 그리고 α-아미노산의 평균 전하는 [pH < pI] 조건에서는 양수, [pH = pI] 조건에서는 0, [pH > pI] 조건에서는 음수 값을 가지며, 평균 전하의 절대값은 pI와 pH의 차이가 클수록 증가한다는 특징이 있다(22.1.3절). 이러한 결론들은 모두가 등전점(pI)의 정의, 그리고 pH와 α-아미노산 조성의 관계로부터 자연스럽게 유도되는 것으로서 α-아미노산 혼합물을 분리하는 데 중요한 토대가 된다.

Lys(pI = 9.74), His(pI = 7.59), Gly(pI = 5.97), Glu(pI = 3.22), Asp(pI = 2.77)의 혼합물을 가정하자. 이 혼합물 시료 한 방울을 긴 띠의 한가운데에 떨어뜨리고, pH = 5.97의 완충 용액에서 띠의 양쪽에 (−) 및 (+) 전압을 걸면 아래의 결과를 얻는다. 우선, pH = 5.97 조건에서 Gly(pI = 5.97)는 평균 전하가 0이므로 이동하지 않는다. Lys(pI = 9.74) 및 His(pI = 7.59)의 경우에는 [pH < pI]이므로 평균 전하는 (+) 값을 띠고, 그 결과 긴 띠의 (−) 방향으로 이동한다. 그리고 [pH − pI]의 절대값은 Lys(pI = 9.74)가 His(pI = 7.59)보다 크기 때문에 Lys에서 평균 전하의 절대값이 더 크고, 따라서 이동 거리가 더 큼을 추론할 수 있다. 마지막으로 Glu(pI = 3.22) 및 Asp(pI = 2.77)의 경우에는 [pH > pI]이므로 평균 전하는 (−) 값을 띠고, 그 결과 긴 띠의 (+) 방향으로 이동한다. 그리고 [pH − pI]의 절대값은 Asp(pI = 2.77)가 Glu(pI = 3.22)보다 크기 때문에 Asp에서 평균 전하의 절대값이 더 크고, 따라서 이동 거리가 더 큼을 추론할 수 있다.

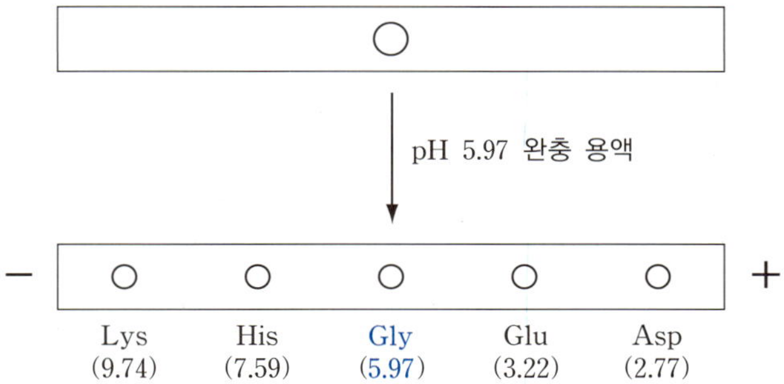

동일한 혼합물을 pH = 7.59에서 전개하면 상당히 다른 형태의 결과를 얻는데, 이에 대한 설명은 위에서 언급한 방법과 거의 동일하다. 우선, pH = 7.59 조건에서 His(pI = 7.59)는 평균 전하가 0이므로 이동하지 않는다. Lys(pI = 9.74)의 경우에는 [pH < pI]이므로 평균 전하는 (+) 값을 띠고, 그 결과 긴 띠의 (−) 방향으로 이동한다. Gly(pI = 5.97), Glu(pI = 3.22) 및 Asp(pI = 2.77)의 경우에는 [pH > pI]이므로 평균 전하는 (−) 값을 띠고, 그 결과 긴 띠의 (+) 방향으로 이동한다. 그리고 [pH − pI]의 절대값은 [Asp(pI = 2.77) > Glu(pI = 3.22) > Gly(pI = 5.97)]의 순서이므로 평균 전하의 절대값 및 이동 거리가 [Asp > Glu > Gly]임을 추론할 수 있다.

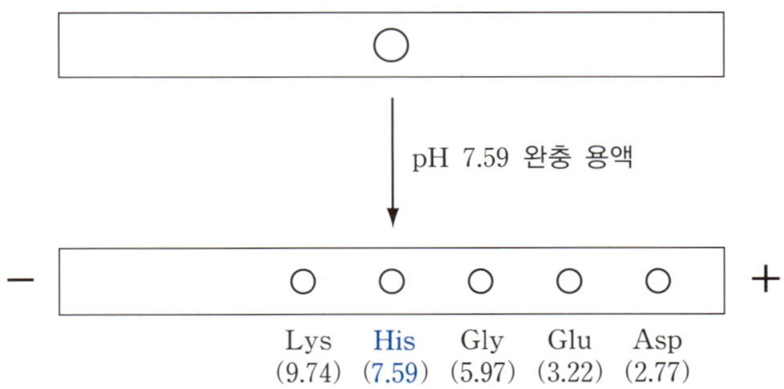

이처럼 pH를 조절하면 α-아미노산의 평균적인 전하량을 변화시킬 수 있는데, 이것을 이용하여 혼합물을 분리하는 방법을 **전기 이동(electrophoresis)**이라고 한다. 전기 이동은 α-아미노산은 물론이고 α-아미노산을 구성 성분으로 하는 다양한 종류의 펩타이드 및 단백질 혼합물들을 분리할 때에도 사용할 수 있다.

22.1.5 합성

α-아미노산의 합성법은 매우 다양하게 존재하지만, 교재에서는 그 범위를 매우 제한하여 간단히 소개할 예정이다.

α-아미노산을 합성하는 가장 오래된 방법의 하나는 알데하이드를 α-아미노나이트릴(aminonitrile)로 전환하고, 이어서 나이트릴 작용기를 가수 분해하는 경로이다. 이것을 **스트레커(Strecker) 아미노산 합성법**이라고 한다.

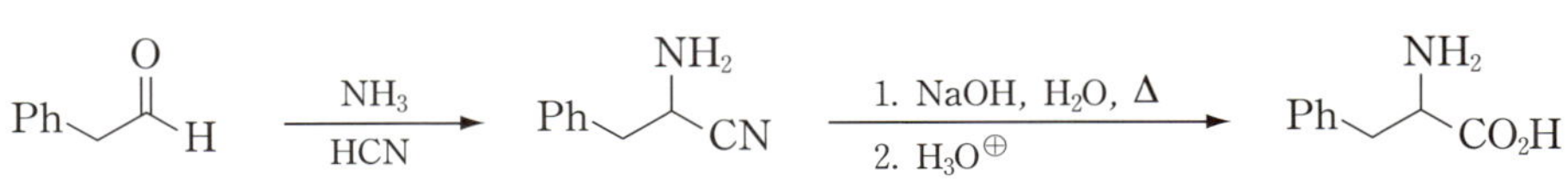

말론산 에스터 합성법(19.6.2절)을 이용하는 방법도 존재한다. 말론산 에스터의 α-H를 α-Br로 전환하고, α-Br 작용기를 프탈이미드(phthalimide) 음이온으로 치환시킨 후, 강염기를 이용하여 α-탄소에 원하는 알킬기를 선택적으로 도입한다(S_N2). 최종적으로 중간체 **A**를 산성 조건에서 가열하면 다양한 구조를 갖는 α-아미노산을 얻을 수 있다.

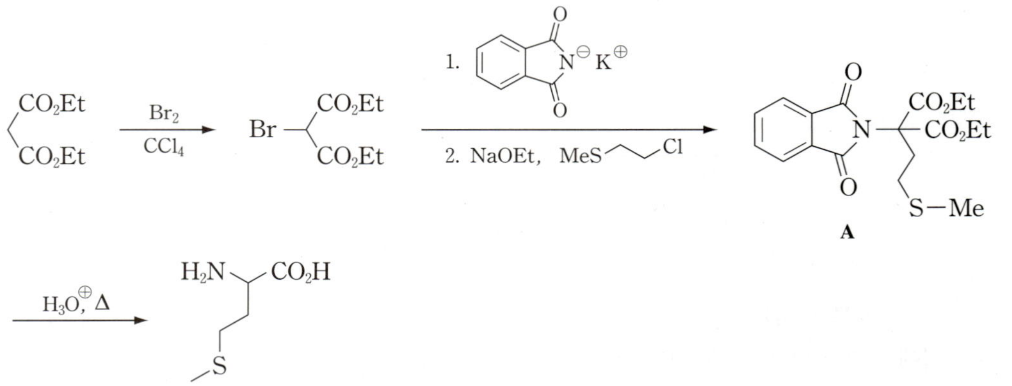

α-아미노산의 생합성 경로를 모방하는 경우도 있다. 즉, α-케토산(ketoacid)에 NH_3를 처리하여 이민(imine)을 얻고(16.10절), 이민을 $NaBH_3(CN)$으로 환원시키면 α-아미노산을 얻을 수 있다(20.6.3절).

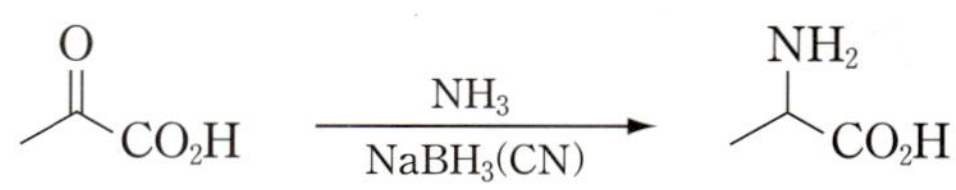

이 외에도 많은 방법이 존재하지만 위에서 기술한 방법들은 생성물이 모두 라셈체(racemate) 형태로 얻어진다는 한계가 있다. 이제부터는 광학 활성 α-아미노산을 합성하는 방법에 대하여 간단히 알아보기로 한다.

광학 활성 α-아미노산을 얻는 가장 간단한 방법은 광학 활성 시약을 사용하여 라셈체 α-아미노산을 분할(resolution)하는 것이다(6.8절).

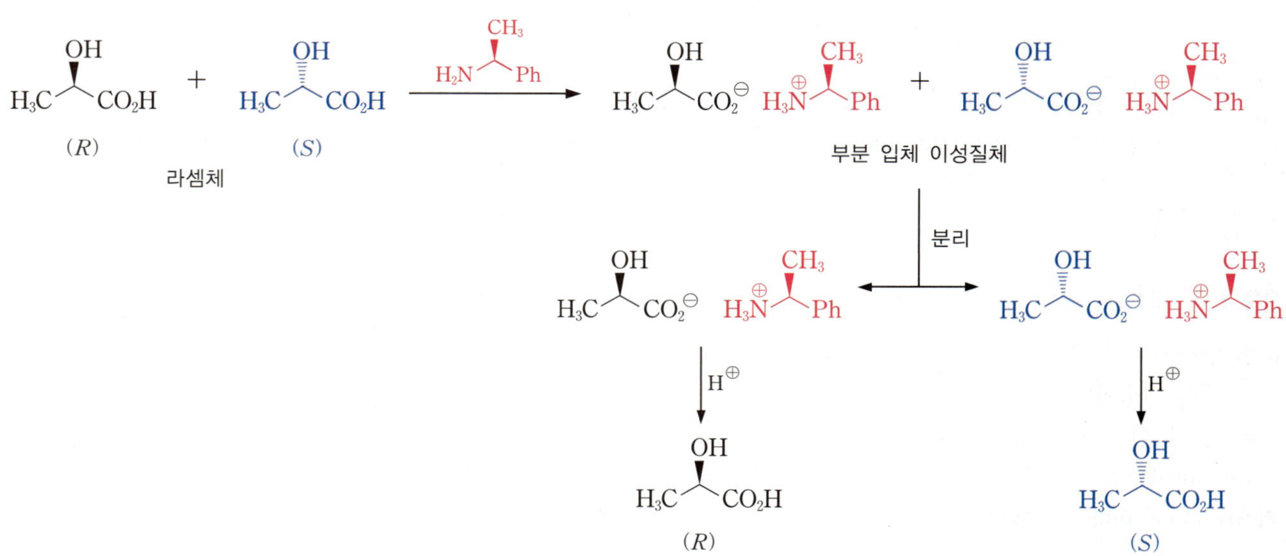

그림 22-6 광학 활성 시약을 사용한 라셈체 α-아미노산 분할

효소를 이용한 라셈체 α-아미노산 유도체의 반응 속도론적 분할(kinetic resolution) 방법도 실험실과 산업 현장에서 사용할 수 있는 방법이다(6.9.2절). 실제로 이를 위하여 많은 종류의 효소들이 개발되어 있다.

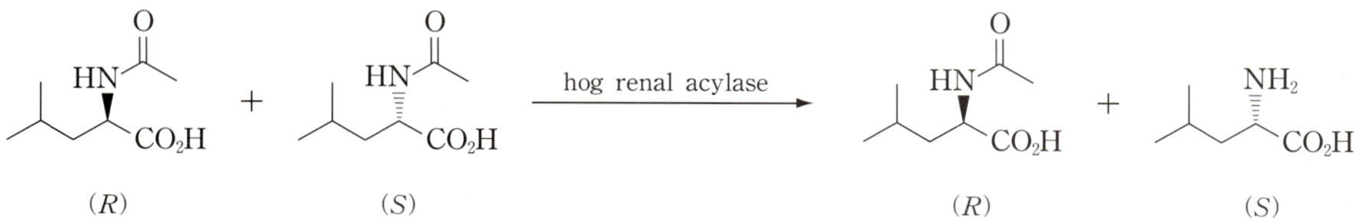

카이랄 촉매를 이용하여 이중 결합의 수소 촉매화 반응을 입체 선택적으로 수행하는 반응도 카이랄 α-아미노산의 합성과 관련하여 많은 성과가 있는 분야이다(4.10.5절).

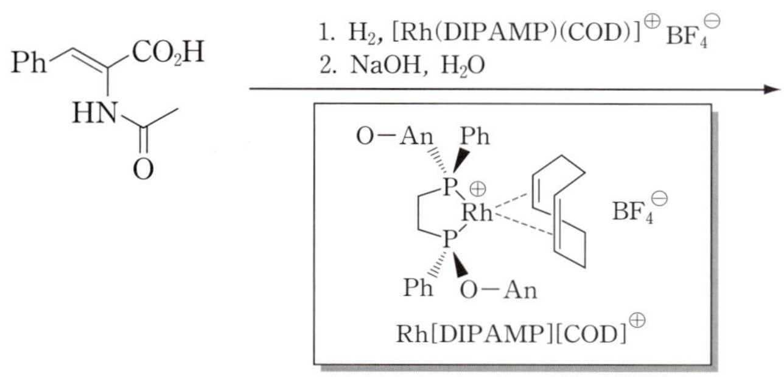

22.2 펩타이드

22.2.1 서론

첫 번째 아미노산의 CO_2H와 두 번째 아미노산의 α-NH_2 사이에서 아마이드 결합이 생성되면 α-아미노산의 이합체(dimer)가 얻어진다. 계속해서 이합체의 CO_2H와 세 번째 아미노산의 α-NH_2 사이에서 아마이드 결합이 생성되면 α-아미노산의 삼합체(trimer)를 얻는다. 이러한 과정이 반복되면 결과적으로 다수의 α-아미노산이 다수의 아마이드 결합으로 연결된 하나의 화합물을 형성하게 되는데, 이러한 분자를 **펩타이드(peptide)** 또는 **단백질(protein)**이라고 한다. 그리고, 펩타이드 또는 단백질에 존재하는 아마이드 결합들을 특별히 구분하여 **펩타이드 결합(peptide bond)**이라고 한다.

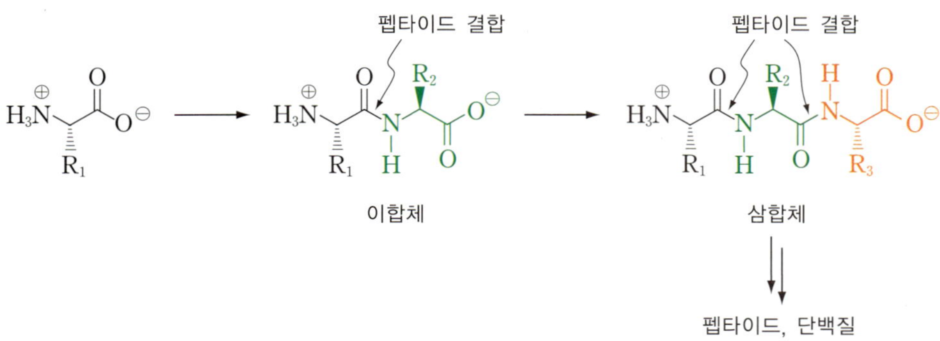

그림 22-7 α-아미노산의 펩타이드 결합

펩타이드 및 단백질을 구분하는 명확한 기준은 없지만 아미노산의 숫자가 50개 이하이면 펩타이드, 이보다 많으면 단백질이라고 아주 넉넉하게 생각하면 무난할 것이다.

펩타이드 결합은 일반적으로 N−H와 C=O 결합의 이면각이 180°이고, 일반적인 아마이드 결합처럼 C(O)−N 사이에 이중 결합 성격이 매우 커서 C−N 결합의 자유 회전이 어려운 특징을 갖는다(18.2.3절).

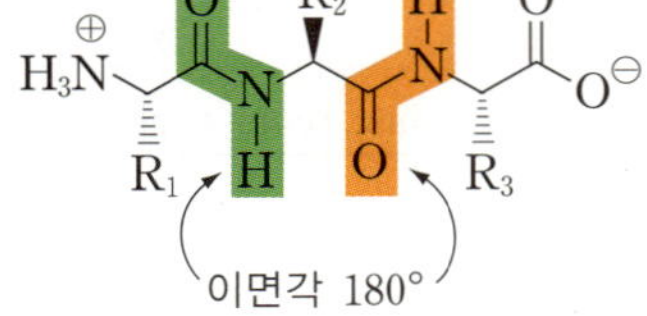

펩타이드 및 단백질을 표현할 때에는 아래와 같이 $N(NH_2)$-말단을 왼쪽, $C(CO_2H)$-말단을 오른쪽에 위치시키고, N-말단에서 C-말단까지 펩타이드 결합에 참여한 α-아미노산을 순서대로 언급한다.

Glycylalanine
(Gly-Ala)(GA)

Glycylphenylalanylglycine
(Gly-Phe-Gly)(GFG)

펩타이드 및 단백질에서는 동일한 또는 다른 분자에 존재하는 두 개의 시스테인(Cys−SH) 작용기가 생체 내의 산화제인 NAD^+에 의하여 산화되면서 다이설파이드(disulfide) 결합을 형성하기도 한다(8.10.4절). 이러한 반응이 동일한 분자 내에서 일어나면 고리(loop)가 생성되고, 서로 다른 분자 사이에서 일어나면 교차 결합(cross link)이 형성된다.

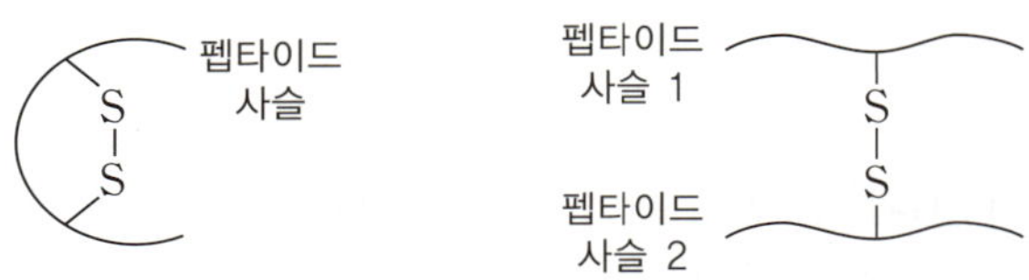

고리(loop) 형성 교차 결합 형성

22.2.2 조성

펩타이드 **조성(composition)**은 펩타이드를 구성하는 α-아미노산의 종류 및 상대적인 양을 특정하는 것으로, 아미노산 분석기(amino acid analyzer)를 이용해서 정확하고 신속하게 정보를 얻을 수 있다.

닌하이드린(ninhydrin) 방법은 단백질 조성을 얻는 대표적인 방법의 하나로서, 미량의 시료를 사용할 정도로 검출 감도(sensitivity)와 재현성(reproducibility)이 뛰어나다는 장점이 있다.

닌하이드린 방법으로 펩타이드 및 단백질의 조성을 구하기 위해서는 일반적으로 다음과 같은 다단계 경로를 필요로 한다. 우선, ① 환원 조건을 사용하여 분자 간 및 분자 내 S−S 결합을 끊고, ② 생성된 −SH 작용기를 $I-CH_2CO_2H$와 반응시켜 $-S-CH_2CO_2H$로 보호한다. 그리고 ③ 강산성 조건에서 모든 펩타이드 결합을 가수 분해하여 α-아미노산 혼합물을 얻은 후, ④ 특정한 조건에서 컬럼을 하여 각각의 아미노산을 분리함과 동시에 정량을 한다. 이때, 아미노산의 확인은 머무름 시간(retention time), 아미노산의 양은 아미노산과 닌하이드린의 반응 생성물이 특정 파장의 빛을 흡수하는 정도를 측정하여 결정한다.

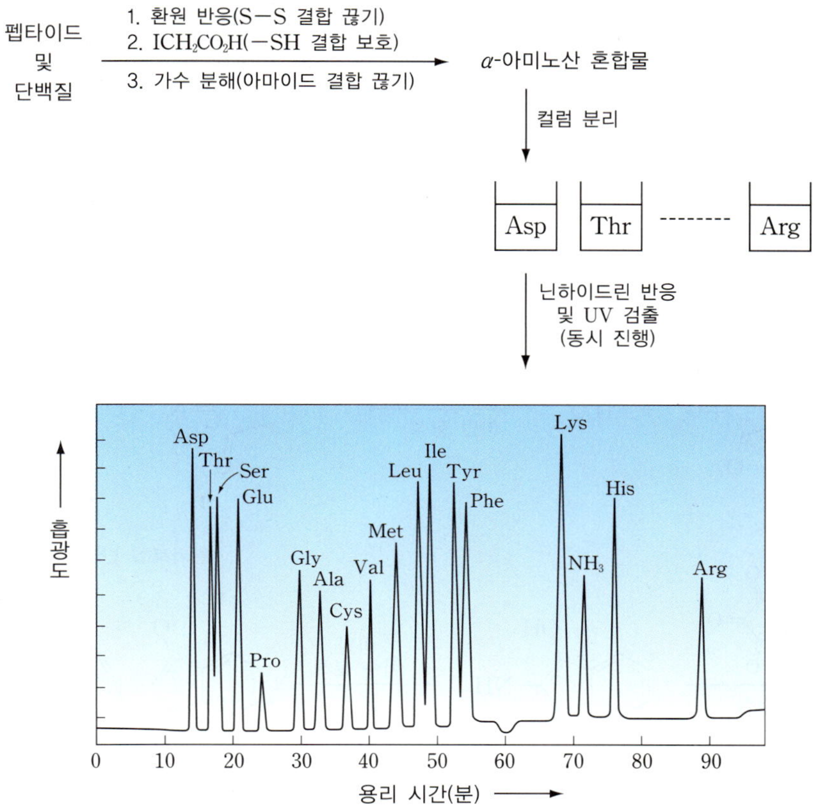

그림 22-8 닌하이드린을 이용한 α-아미노산의 조성 실험

닌하이드린은 아래의 구조를 갖는 화합물로서, 19 종류의 *α*-아미노산과 반응하여 자주색(λ_{max} 570 nm)의 동일한 생성물 **A**로 전환되고, 프롤린(Pro)의 경우에는 노란색(λ_{max} 440 nm)의 생성물 **B**에서 반응이 멈춘다.

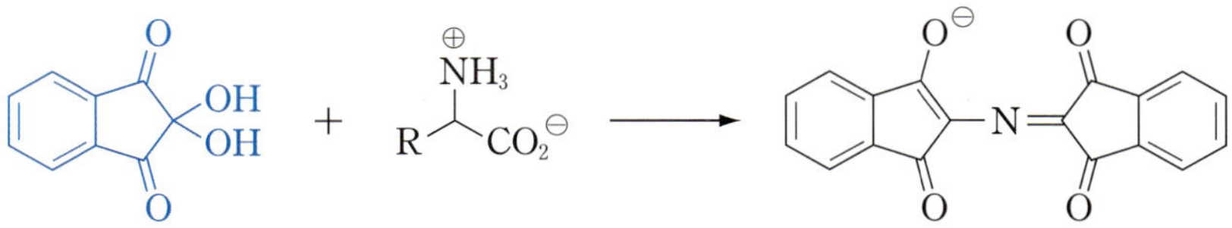

닌하이드린(Ninhydrin)

자주색, λ_{max} 570 nm

A

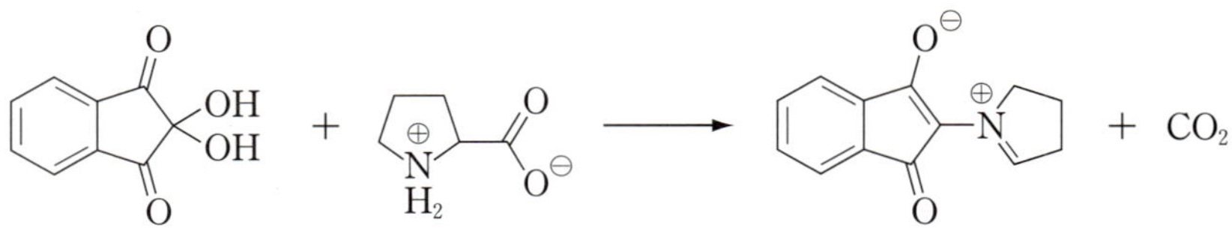

프롤린
(고리형 *α*-아미노산)

노란색, λ_{max} 440 nm

B

닌하이드린 반응에서 *α*-아미노산의 종류와 무관하게 동일한 생성물 **A**가 생성되는 경로는 다음과 같다. 우선, 닌하이드린의 1,1-다이올(수화물) 작용기에서 트라이케톤 중간체 **C**가 생기

고(16.8절), **C**와 α-아미노산의 $-NH_2$ 작용기가 반응하여 이민 **D**가 얻어진다(16.10절). **D**에서 탈카복실 반응(19.6절)이 일어나면서 엔올 음이온 **E**가 되고, **E**에서 이민 작용기가 가수 분해되어 중간체 **F**가 생성되며, **F**가 닌하이드린과 반응하여 생성물 **A**의 짝산이 된 후, 마지막으로 산-염기 반응에 의하여 **A**가 생성된다. 프롤린(Pro)의 경우에는 중간체 **E** 형태에서 반응이 멈춘 생성물 **B**가 생성된다.

메커니즘 22-1 닌하이드린과 α-아미노산의 반응 메커니즘

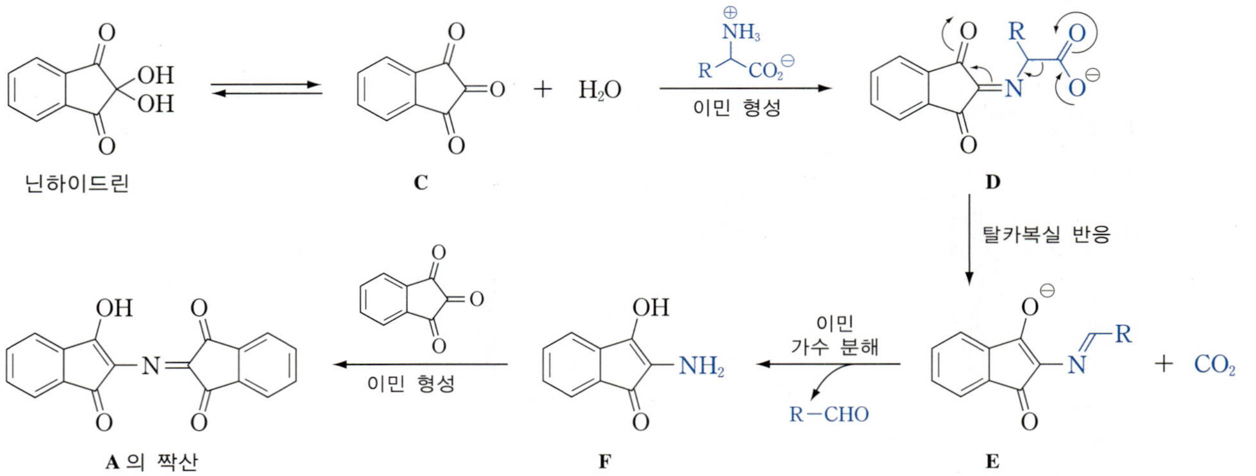

22.2.3 서열

펩타이드 및 단백질은 α-아미노산들이 펩타이드 결합으로 연결된 분자로서, 이들의 **α-아미노산 서열(amino acid sequence)**은 N-말단에서 시작하여 C-말단에 이르기까지 α-아미노산들의 연결 순서를 말한다. 교재에서는 α-아미노산의 서열 정보를 제공하는 에드만 분해법(Edman degradation) 및 생어 서열 분석법(Sanger sequencing method)에 대하여 소개할 예정이다.

에드만 분해법(Edman degration)은 화학적인 방법으로 N-말단의 α-아미노산을 특정함으로써 펩타이드의 α-아미노산 서열 정보를 제공하는 방법이다. 에드만 분해법에서는 우선 ① 약염기성 조건에서 펩타이드 시료에 Ph−N=C=S를 첨가하여 싸이오유레아(thiourea) **A**를 얻는다. ② 중간체 **A**를 약산성 조건에서 가열하면 고리화 반응이 일어나면서 펩타이드 **B**와 R_1 치환체를 갖는 ATZ 유도체가 생성된다. ③ 이 혼합물에서 ATZ 유도체를 선택적으로 분리한 후, 다시 산성 조건에서 가열하면 열역학적으로 더 안정한 PTH 유도체를 얻는데 이 물질을 컬럼 또는 전기 이동법 등을 사용하여 N-말단의 α-아미노산을 특정한다. ④ 동일한 과정을 아미노산이 한 개 감소한 펩타이드(**B**)에 적용하면 펩타이드 시료의 두 번째 아미노산을 확인할 수 있고, 이러한 과정을 반복하면 세 번째, 네 번째 등의 아미노산을 순차적으로 알 수 있다.

에드만 분해법은 자동화(automation)가 가능하고, 10~100 pico mole 수준에서도 적용할 수 있다는 장점이 있다. 그러나, 반응에서 생성되는 불순물을 분리하지 않고 동일한 반응을 반복하기 때문에 최대 50개, 현실적으로 30개 정도까지만 정확하게 아미노산 서열 정보를 제공할 수 있다는 단점도 있다.

메커니즘 22-2 에드만 분해법의 적용 메커니즘

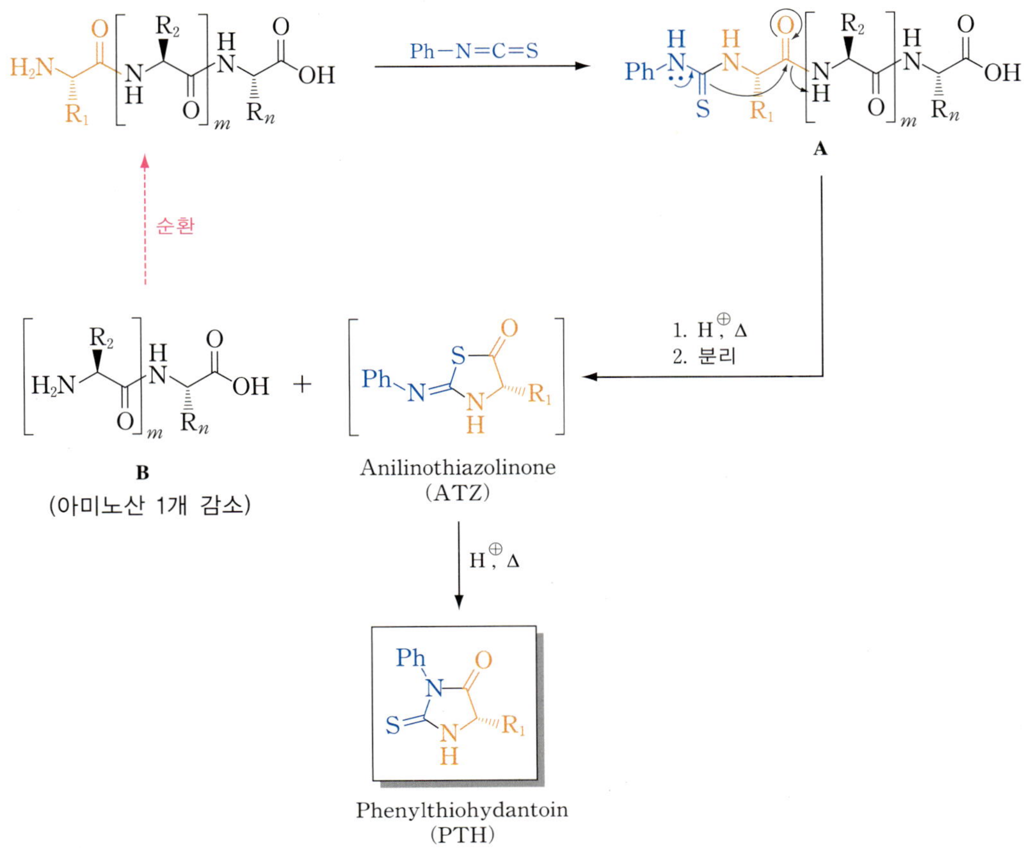

그럼에도 불구하고 에드만 분해법은 수백 개 이상의 α-아미노산으로 구성된 단백질의 서열을 결정하는 데 매우 유용하게 사용될 수 있다. 이를 위해서는 우선 ① 단백질을 화학적인 방법 또는 효소를 사용하여 부분적으로 가수 분해하고, ② 생성되는 다수의 작은 조각들을 모두 분리한 후, ③ 작은 조각들의 서열을 각각 에드만 분해법으로 특정하고, ④ 이러한 정보들을 mapping 방법을 이용하여 전체 서열을 결정하는 일련의 과정이 필요하다.

간단한 예를 들어 보자. 아래에 주어진 펩타이드(**P**)는 에드만 분해법만을 사용해서도 α-아미노산 서열을 알 수 있지만, 여기에서는 화학적 방법 및 효소를 복합적으로 사용하는 방법을 중심으로 기술할 것이다.

(N-말단) Val−Phe−Leu−Met−Tyr−Pro−Gly−Trp−Cys−Glu−Asp−Ile−Lys−Ser−Arg−His (C-말단)

우선, ① 펩타이드 **P**에 키모트립신(chymotrypsin)을 처리하면 Phe, Tyr, Trp의 C-말단에서 가수 분해가 선택적으로 진행되어 네 개의 조각이 생성되고, 에드만 분해법을 사용하여 각각의 조각의 서열을 특정할 수 있다. ② 펩타이드 **P**에 트립신(trypsin)을 처리하면 Lys, Arg의 C-말단에서 가수 분해가 선택적으로 진행되어 세 개의 조각이 생성되고, 에드만 분해법을 사용하여 각각의 조각의 서열을 역시 특정할 수 있다. ③ 이러한 일곱 개의 서열 정보를 순서가 일치하도

록 조심스럽게 배열한 후(mapping), ④ 최종적으로 펩타이드(**P**)의 아미노산 서열을 확정한다.

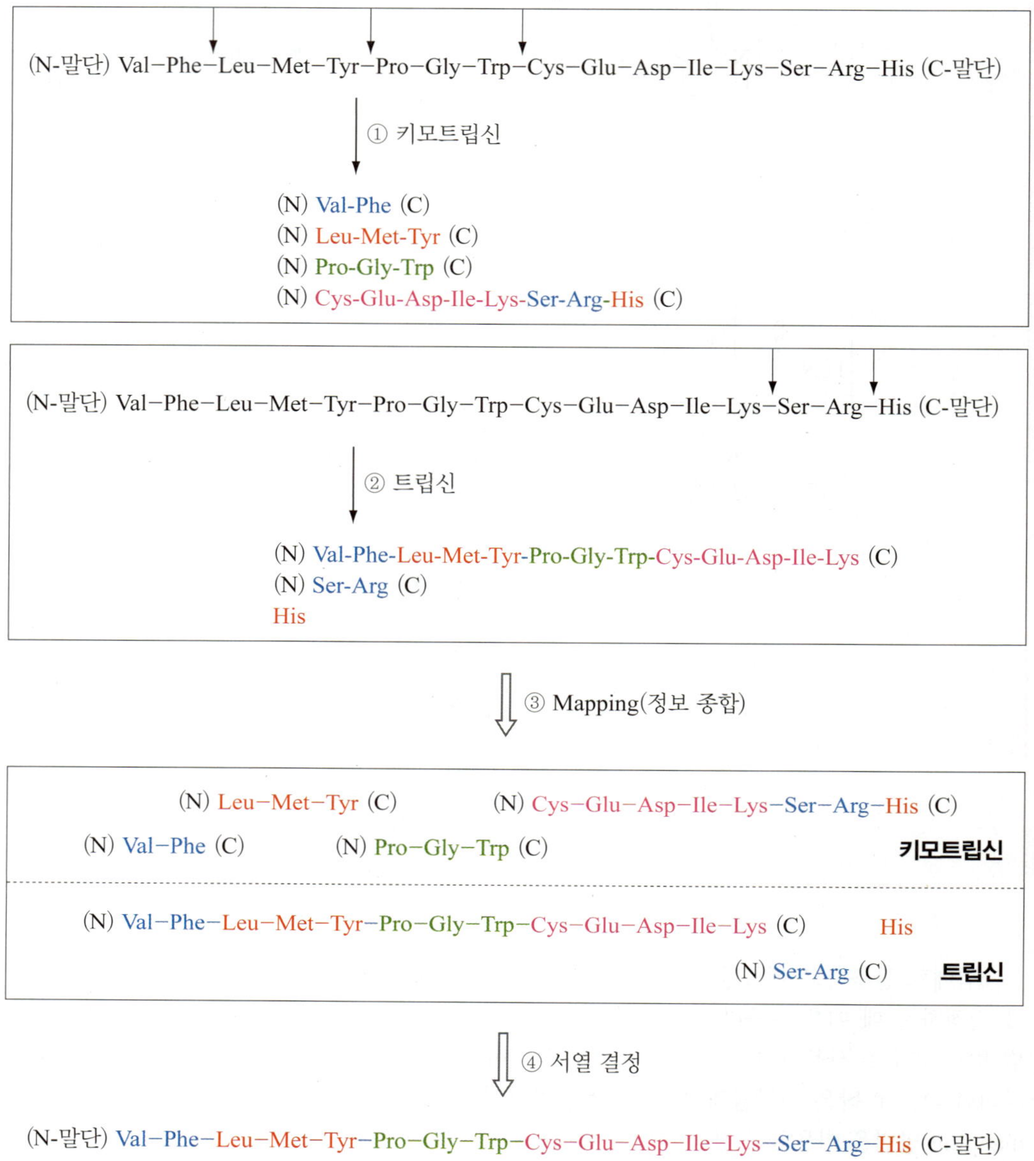

그림 22-9 펩타이드(**P**)의 아미노산 서열 결정

화학적인 방법으로 N-말단의 아미노산을 검출하는 방법으로 **생어 염기 서열 분석법(Sanger sequencing method)**이 있다. 이 방법은 ① 펩타이드에서 N-말단의 $-NH_2$ 작용기와 2,4-다이나이트로플루오로벤젠을 반응시켜서 친핵성 방향족 치환 반응으로 중간체 **C**를 합성하고(15.5절), ② 펩타이드를 모두 가수 분해한 후, ③ N 원자에 2,4-다이나이트로벤젠기가 있는 유도체를 특정함으로써 말단의 아미노산을 확인한다.

메커니즘 22-3 생어의 염기 서열 분석법 적용 메커니즘

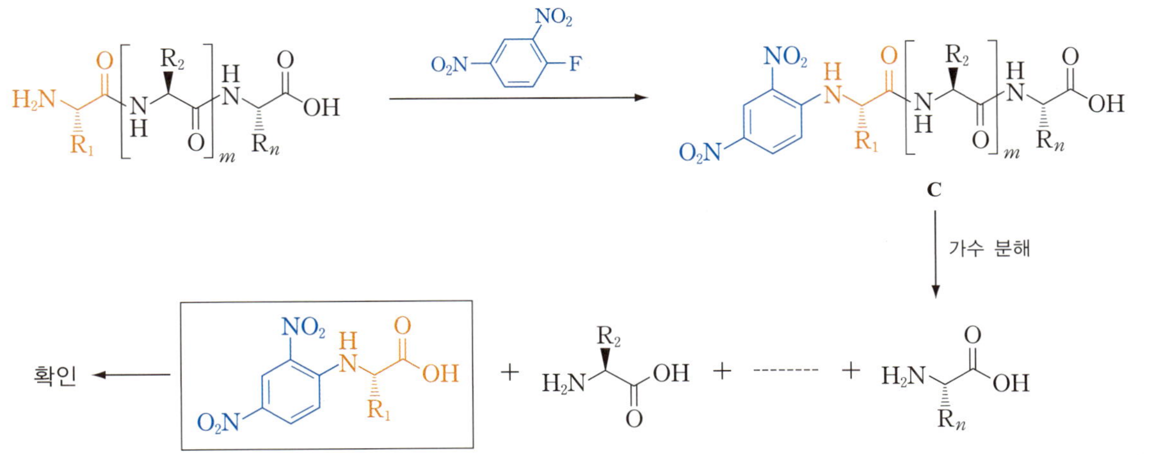

화학적인 방법 대신에 효소를 사용하여 아미노산 서열을 분석하는 방법도 물론 개발되었다. 카복시펩티다제(carboxypeptidase)는 펩타이드에서 C-말단의 펩타이드 결합만을 선택적으로 가수 분해하는 효소로서, C-말단의 아미노산을 검출하는 데 매우 유용하게 사용된다. 만약, 이러한 선택적인 가수 분해 반응을 순차적으로 진행할 수 있다면 에드만 분해법에서와 같이 펩타이드의 서열 정보를 얻을 수 있다.

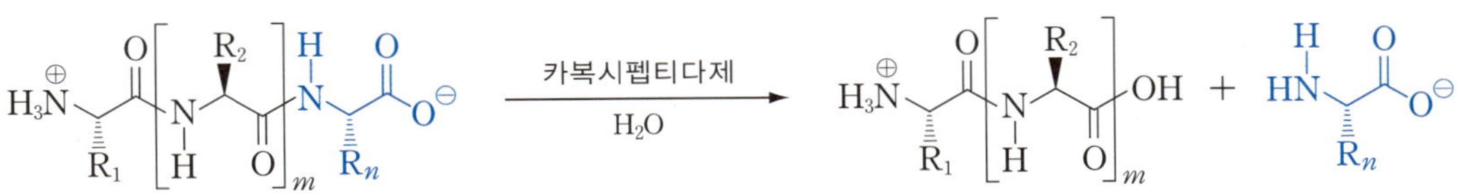

22.2.4 합성

한 종류의 α-아미노산을 사용하여 일반적인 펩타이드 결합 반응을 수행하면 이합체, 삼합체, 사합체 등이 다양한 비율로 섞여 있는 혼합물이 얻어진다. 이러한 문제를 해결하려면 원하는 반응은 선택적으로 진행되고, 원하지 않는 반응은 억제할 수 있는 선제적인 조치가 필요하다. 여기에는 아민에 특화된 보호기의 도입, 카복실산에 특화된 보호기의 도입, 그리고 펩타이드 결합의 형성에 특화된 짝지음 시약(coupling reagent)의 사용 등이 있다.

카복실산에 특화된 보호기로는 메틸 에스터 및 벤질 에스터가 있다. 메틸 및 벤질 에스터 작용기는 일반적인 피셔 에스터화 반응으로 합성할 수 있고(18.6.4절), 염기 조건에서 가수 분해를 할 수 있다(18.7.3절). 벤질 에스터의 경우에는 촉매 수소화 반응을 사용하여 선택적으로 벤질기를 제거할 수도 있다.

일반적으로 작용기의 보호기들은 선택적인 도입이 쉽고, 반응 조건에서 안정하며, 선택적인 제거가 가능해야 한다.

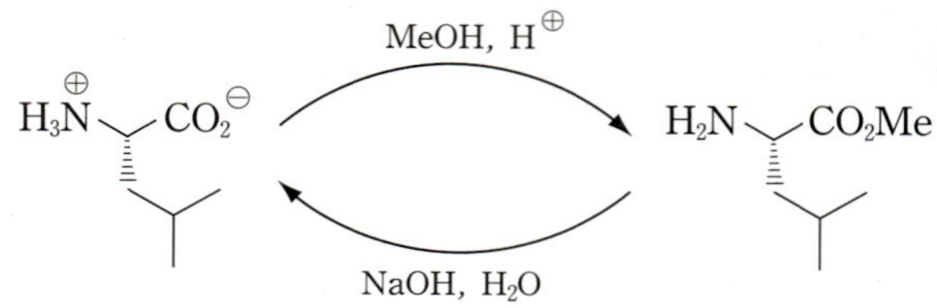

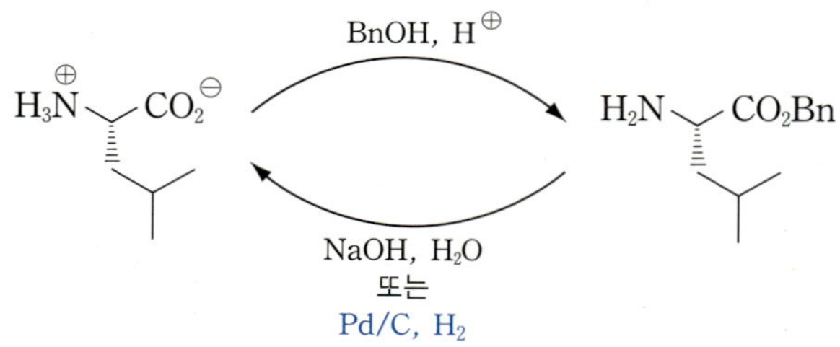

아민에 특화된 보호기로는 벤질옥시카보닐(benzyloxycarbonyl, Cbz) 및 *t*-뷰틸옥시카보닐(*t*-butyloxycarbonyl, Boc) 작용기가 있다. Cbz 및 Boc 작용기는 아래와 같이 도입할 수 있고, Cbz 작용기는 촉매 수소화 반응으로, Boc 작용기는 TFA 조건에서 선택적으로 제거할 수 있다.

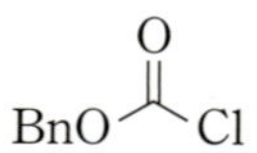

benzyl chloroformate

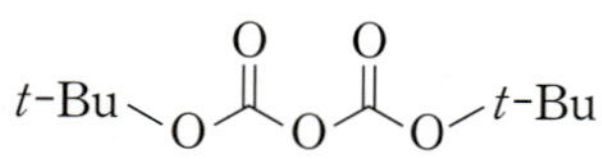

di-*t*-butyldicarbonate
($(Boc)_2O$)

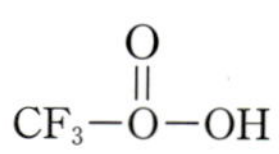

trifluoroacetic acid
(TFA)

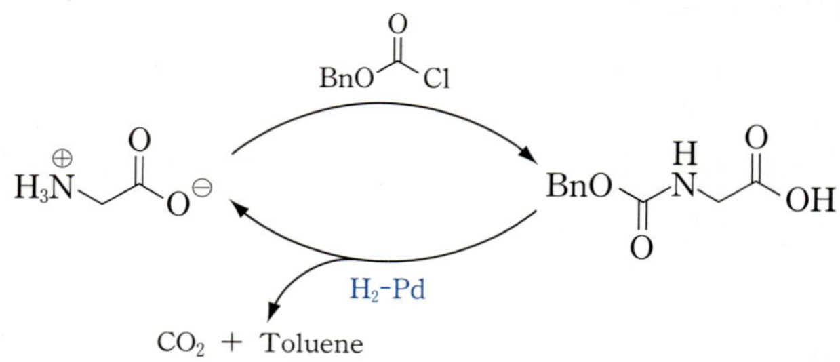

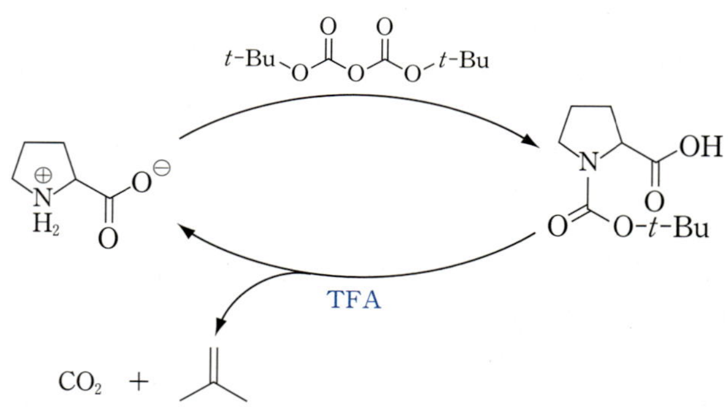

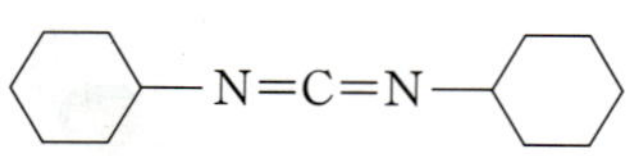

N,N′-Dicyclohexylcarbodiimide
(DCC)

보다 온화한 조건에서 펩타이드 결합을 생성하기 위하여 다양한 짝지음 시약이 개발되었는데, 이 중에서 대표적인 시약의 하나로 DCC(dicyclohexylcarbodiimide)를 들 수 있다.

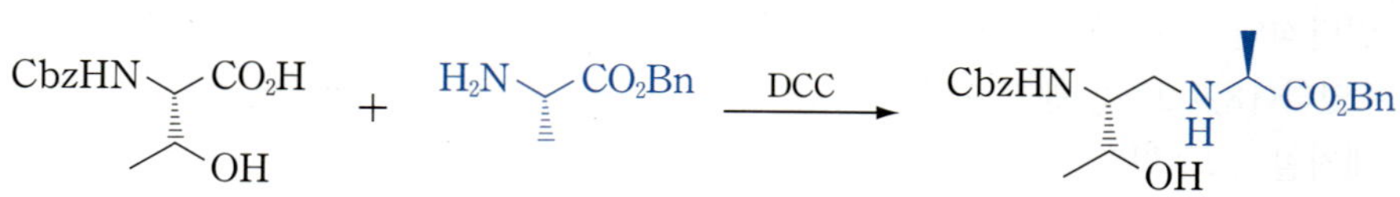

이제는 아민에 특화된 보호기, 카복실산에 특화된 보호기, 짝지음 시약 등을 이용할 수 있다는 가정 하에서 H_2N–Ala–Leu–Val–CO_2H 화합물을 효과적으로 합성하는 경로를 제시해 보자.

첫 번째는 N-말단에서 C-말단 방향으로 사슬을 확장하는 방법이 있다. 이를 위해서는 우선 Boc–NH–Ala–CO_2H와 H_2N–Leu–CO_2Bn 사이에 펩타이드 결합을 형성하고, 벤질 에스터를 촉매 수소화 반응으로 제거하여 이합체 **A**를 얻는다. **A**와 H_2N–Val–CO_2Bn 사이에 동일한 과정을 반복하면 Boc−NH−Ala−Leu−Val−CO_2H를 얻을 수 있는데, 계속해서 TFA로 Boc 보호기를 제거하면 목적 화합물인 H_2N−Ala−Leu−Val−CO_2H를 합성할 수 있다.

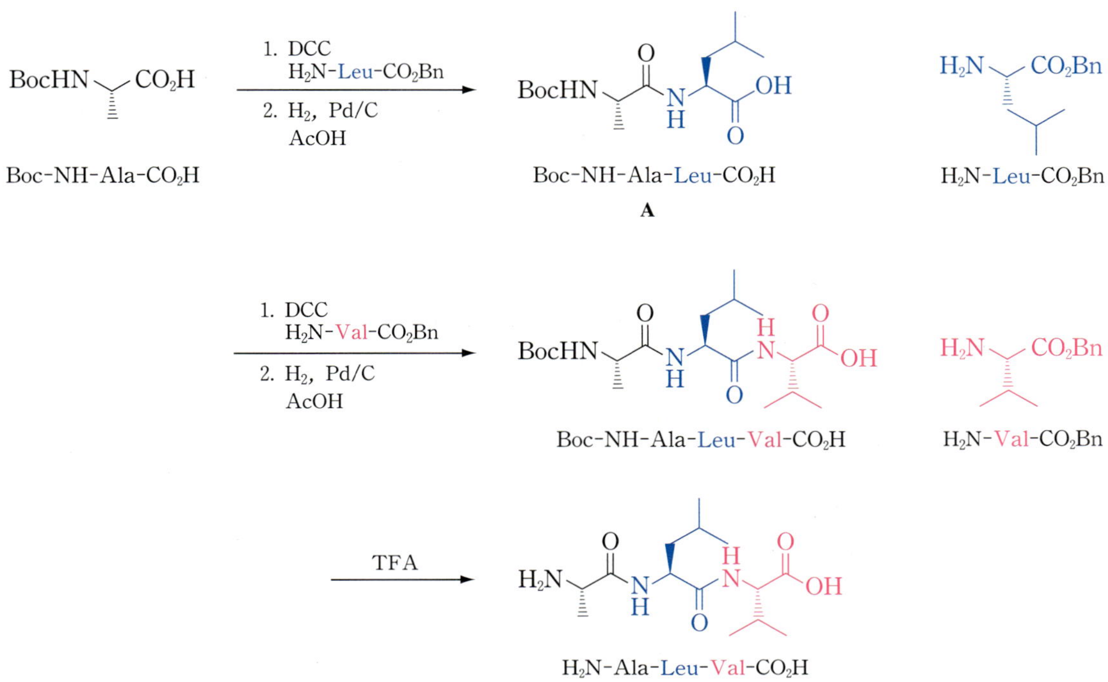

그림 22-10 N-말단에서 C-말단 방향으로 H_2N–Ala–Leu–Val–CO_2H의 합성

두 번째는 C-말단에서 N-말단 방향으로 사슬을 확장하는 방법이 있다.

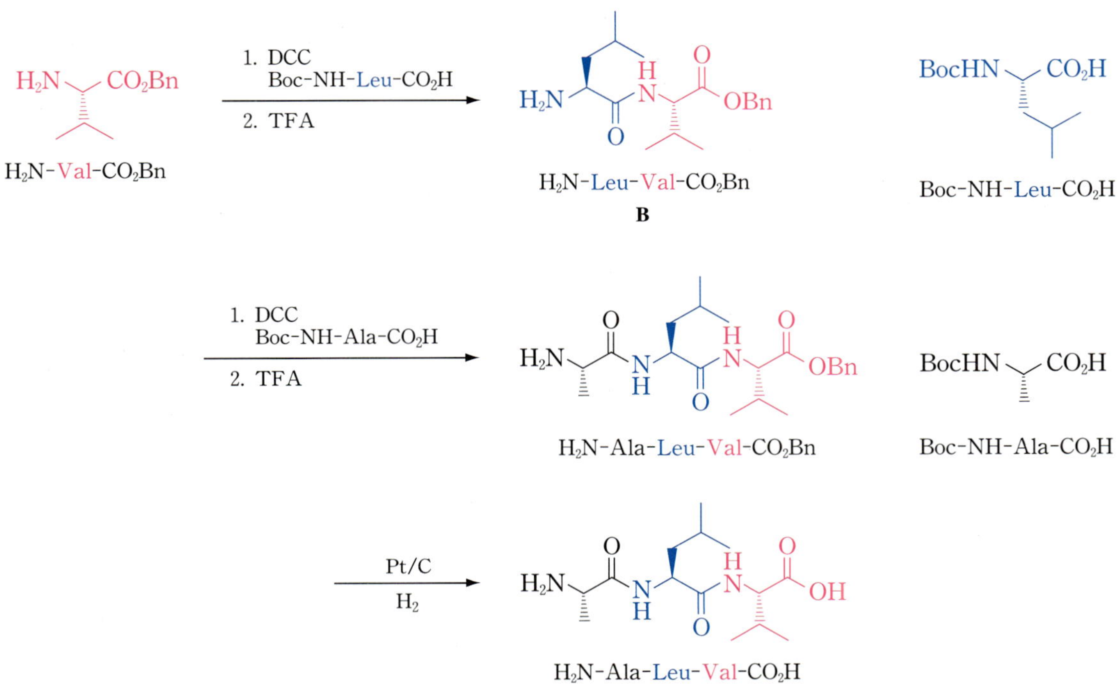

그림 22-11 C-말단에서 N-말단 방향으로 H_2N–Ala–Leu–Val–CO_2H의 합성

이를 위해서는 우선 $H_2N-Val-CO_2Bn$과 $Boc-NH-Leu-CO_2H$ 사이에 펩타이드 결합을 형성하고, Boc 작용기를 TFA로 제거하여 이합체 **B**를 얻는다. **B**와 $Boc-NH-Ala-CO_2H$ 사이에 동일한 과정을 반복하면 $H_2N-Ala-Leu-Val-CO_2Bn$를 얻을 수 있는데, 계속해서 촉매 수소화 반응으로 벤질 보호기를 제거하면 목적 화합물인 $H_2N-Ala-Leu-Val-CO_2H$를 합성할 수 있다

위에서 기술한 N-말단에서 C-말단 방향 또는 C-말단에서 N-말단 방향으로의 용액상 α-아미노산 사슬 합성법은 각각의 단계에서 이합체, 삼합체 등의 중간체를 순수하게 분리하는 과정이 필요한데, 이때 많은 시간과 비용이 들어갈 수 있다. 반면에, **고체상 합성법(solid phase synthesis)**은 고체상 지지체에 출발 물질을 고정시킨 후, α-아미노산 사슬을 하나씩 추가하는 방법을 사용하기 때문에, 반응 후 반응 혼합물을 단순히 여과함으로써 원하는 물질을 분리할 수 있다는 장점이 있다. 교재에서는 고체상 합성법에서 사용하는 다양한 고체상 지지체 중에서 가장 대표적인 **메리필드 수지(Merrifield resin)**에 대하여 알아볼 예정이다.

메리필드 수지는 폴리스타이렌(polystyrene)의 클로로메틸화 반응(chloromethylation) 또는 스타이렌(styrene)과 소량의 4-바이닐벤질 클로라이드(4-vinylbenzyl chloride)의 라디칼 고분자 반응으로 합성한다. 메리필드 수지는 S_N2 반응성이 매우 큰 벤질 클로라이드 작용기가 있기 때문에 α-아미노산의 CO_2H 친핵체와 쉽게 반응할 수 있다(13.3.4절).

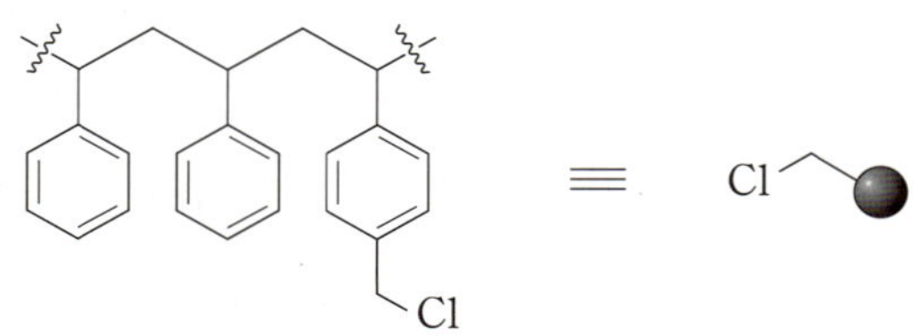

메리필드 수지

메리필드 수지를 이용하여 $H_2N-Ala-Leu-Val-CO_2H$를 합성하는 경로는 아래와 같다.

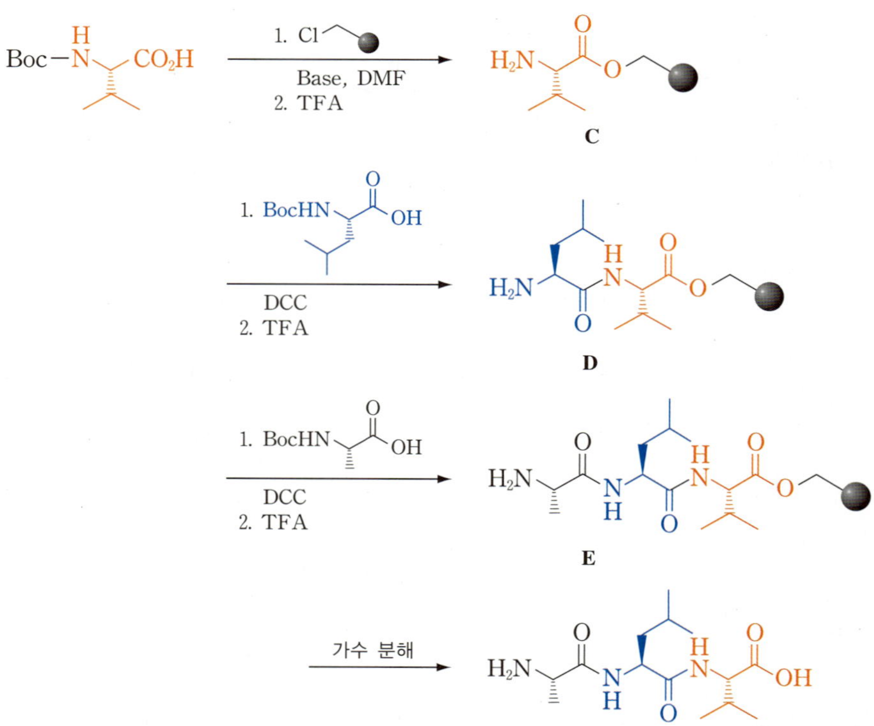

그림 22-12 메리필드 수지를 이용한 $H_2N-Ala-Leu-Val-CO_2H$의 합성

우선, Boc−NH−Val−CO_2H와 메리필드 수지 사이에 S_N2 반응을 수행하고, Boc 작용기를 TFA로 제거하여 고체상 **C**를 합성한다. **C**와 Boc−NH−Leu−CO_2H 사이에 펩타이드 결합을 형성하고 N−Boc 보호기를 제거하여 고체상 **D**를 얻고, 계속해서 **D**와 Boc−NH−Ala−CO_2H 사이에 동일한 과정을 반복하여 고체상 **E**를 생성한다. 마지막으로 **E**에서 에스터 결합을 선택적으로 제거하면 목적 화합물인 H_2N−Ala−Leu−Val−CO_2H를 얻을 수 있다. 이러한 경로는 구체적인 반응 조건은 상이하지만 결과적으로 C-말단에서 N-말단 방향으로 사슬을 확장하는 방법에 해당한다.

22.3 단백질

22.3.1 서론

탄수화물에서는 가수 분해 조건에서 생성되는 단당류의 수, 단당류를 구성하는 탄소 원자의 수, 작용기의 종류 등을 기준으로 탄수화물을 분류하였다(21.1.1절). 그러나 단백질에서는 조성(composition) 또는 3차원 형태 등을 기준으로 단백질을 분류한다.

> 이 외에도 분자량, 촉매 특성 등 다른 기준을 적용하는 것도 항상 가능하다.

단백질을 조성에 따라서 구분하면 **단순 단백질(simple protein)**과 **접합 단백질(conjugated protein)**로 나누어진다. 단순 단백질은 단백질을 가수 분해하였을 때 온전히 α-아미노산이 분리되는 단백질이고, 접합 단백질은 α-아미노산과 함께 탄수화물, 지방 등이 함께 분리되는 단백질이다. 자연계에서는 접합 단백질이 단백질의 대부분을 차지한다.

단순 단백질 vs. 복합 단백질

단백질을 3차원 형태에 따라서 분류하기도 한다. 이에 의하면 단백질은 **구형 단백질(globular protein)**, **섬유상 단백질(fibrous protein)**, **막 단백질(membrane protein)** 등으로 나눌 수 있다.

구형 단백질
섬유상 단백질
막 단백질

구형 단백질은 생체에서 발견되는 대부분의 효소에서 관찰된다. 구형 단백질은 폴리펩타이드 사슬이 한 개 또는 여러 개로 구성되는데, 이때 각각의 폴리펩타이드 사슬은 특징적인 3차원 구조를 갖는 **소단위체(subunit)**이다. 구형 단백질은 헤모글로빈(hemoglobin), 인슐린(insulin), 이뮤노글로불린(immunoglobulin)처럼 물에 잘 녹고, 세포에서 쉽게 이동하는 특성을 갖는다.

섬유상 단백질은 각각의 폴리펩타이드 사슬들이 서로 수소 결합을 하면서 평행하게 있거나 또는 서로 얽혀 있는 구조를 갖는 단백질이다. 섬유상 단백질에는 머리카락, 손톱, 굳은 살, 피부 외층 등을 구성하는 케라틴(keratin), 힘줄, 인대, 피부 등의 연결 조직에서 발견되는 콜라젠(collagen), 피부 및 조직 등의 연결 조직에서 탄력을 유지하는 데 필요한 엘라스틴(elastin), 비단에서 발견되는 견섬유(fibroin) 등이 있는데, 이들은 대부분 물에 잘 녹지 않는다.

> 펩타이드와 단백질을 구분하는 분명한 경계는 없다. 펩타이드는 최대 50개 정도의 아미노산, 단백질은 최소 50개 이상의 아미노산을 포함한다고 생각하면 무난하다.

막 단백질은 세포막의 구성 성분인 내재 막 단백질(integral membrane protein)과 세포막의 구성 성분은 아니지만 일시적으로 세포막과 상호 작용을 하는 주변 막 단백질(peripheral membrane protein)로 구별된다. 내재 막 단백질은 세포막을 관통하는 막관통 단백질(transmembrane protein)과 세포막의 한쪽 방향에서만 발견되는 내재 편향 단백질(integral monotopic protein)로 더 세분할 수 있다.

22.3.2 단백질에서 작용하는 힘

단백질의 3차원 구조는 ① 분자 사이에 작용하는 힘, ② 다이설파이드 결합(S−S 결합), ③ α-아미노산의 곁가지 등 다양한 요인에 의하여 영향을 받는다.

단백질의 종류에 따라서 소단위체는 모두 같거나, 모두 다르거나, 또는 일부만 같을 수 있다.

첫 번째, 분자 사이에 작용하는 힘은 2.2절에서 상세하게 기술한 바와 같이 분산력, 쌍극자−쌍극자 힘, 수소 결합이 있고, 힘의 세기는 각각 1.2~4.8 kcal/mol, 4.8 kcal/mol, 4.8~9.6 kcal/mol 정도이다. 일반적으로 C−C 및 C−H 공유 결합의 세기가 90~105 kcal/mol이므로 각각의 분자간 힘은 상대적으로 미미하지만, 거대 분자인 단백질에서는 약한 상호 작용의 수가 아주 많기 때문에 궁극적으로 단백질의 3차원 구조를 결정하는 데 매우 중요한 역할을 한다.

두 번째, 단백질의 3차원 구조에 영향을 미치는 또 다른 요인으로 Cys−SH 사이에 형성되는 다이설파이드 결합이 있다. 다이설파이드 결합이 같은 폴리펩타이드 사슬 내에서 생성되면 고리형 구조가 되고, 다른 폴리펩타이드 사슬 사이에서 일어나면 교차 결합(cross linking)이 생기면서 단백질의 3차원 구조에 상당한 영향을 미칠 수 있다.

세 번째, α-아미노산의 곁가지도 단백질의 3차원 구조에 영향을 미치는 중요한 요인이다. 구형 단백질의 경우에 비극성 곁가지(Gly, Ala, Val, Leu, Ile, Pro, Phe, Trp, Met)들은 분자의 내부 및 외부에 고르게 분포하고, 극성을 띠는 곁가지(Ser, Thr, Tyr, Cys, His, Gln, Asn, Lys, Arg, Asp, Glu) 등은 분자의 표면에 주로 분포하는 것으로 알려져 있다. 이러한 극성 곁가지들은 용매인 물과의 쌍극자−쌍극자 상호 작용은 물론이고, 물과의 수소 결합도 가능하기 때문에 결과적으로 구형 단백질들이 물에 잘 녹을 수 있는 기반을 제공한다.

22.3.3 구조

단백질은 일반적인 유기 화합물보다 훨씬 크고, 구조도 복잡하기 때문에 지금까지와는 다른 관점에서 단백질의 구조를 생각할 필요가 있다.

일반적으로 단백질의 구조는 **일차 구조(primary structure)**, **이차 구조(secondary structure)**, **삼차 구조(tertiary structure)** 및 **사차 구조(quaternary structure)** 등 네 단계로 구분한다.

일차 구조는 단일 폴리펩타이드 사슬의 아미노산 서열(amino acid sequence)을 의미한다.

이차 구조는 일차 구조를 구성하는 α-아미노산 사이의 상호 작용에 의하여 형성되는 구조로서, 여기에는 우선성 α-나선 구조(right-handed α-helix structure), β-병풍 구조(β-sheet structure), 반전(reverse turn) 등이 있다.

삼차 구조는 이차 구조를 이루는 α-나선 구조, β-병풍 구조, 반전 등의 구조적 요소(structural motif)들 사이에서 상호 작용이 일어나서 생성되는 구조이다. 일반적으로 단일 폴리펩타이드 사슬의 3차원 구조(three dimensional structure)가 삼차 구조(tertiary structure)에 해당한다.

사차 구조는 삼차 구조를 갖는 단일 폴리펩타이드 사슬이 여러 개 있을 때, 마치 이차 구조에서 삼차 구조로의 전환과 유사하게 삼차 구조를 이루는 구조적 요소(structural motif)들의 상호 작용에 의해서 생성되는 구조이다. 헤모글로빈(hemoglobin)은 네 개의 폴리펩타이드 사슬(Hb−a1(한 개), Hb−a2(한 개), Hb−b(두 개))과 한 개의 니코닌 아세틸콜린 수용체(nicotine acetylcholine receptor)로 구성된 거대한 4차 구조를 갖는 단백질이다.

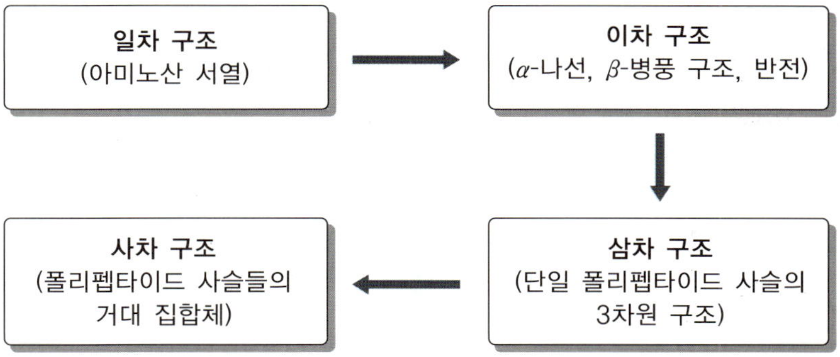

이처럼 단백질의 3차원 구조는 일차 구조에서 이차 구조, 이차 구조에서 삼차 구조, 삼차 구조에서 사차 구조로의 순차적인 변환을 통해서 지금 우리가 관찰하는 최종적인 구조에 도달한다. 실제로 이러한 과정은 분자간에 작용하는 힘, S−S 결합의 생성, 곁가지의 영향 등 지금의 수준으로 명확하게 설명할 수 없는 매우 복잡한 상호 작용에 의하여 순차적이고 정밀하게 진행된다. 일반적으로 단백질은 상상할 수 없을 정도로 구조적인 다양성과 기능적인 다양성을 가지고 있는데, 결국에는 이러한 특성들에 의하여 생명체의 복잡한 기능들이 잘 조절된다고 할 수 있다.

22.3.4 α-나선 구조

우선성 α-나선(right-handed α-helix) 구조는 단백질의 이차 구조에서 흔하게 발견되는 구조이다. 이 구조는 특정 α-아미노산의 C=O와 세 번째 또는 네 번째 α-아미노산의 N−H 사이의 수소 결합에 의하여 형성되고, α-나선의 중심축을 기준으로 360° 회전할 때마다 α-아미노산이 평균 3.6개 존재하며, 중심축을 따라서 약 5.4 Å을 진행한다.

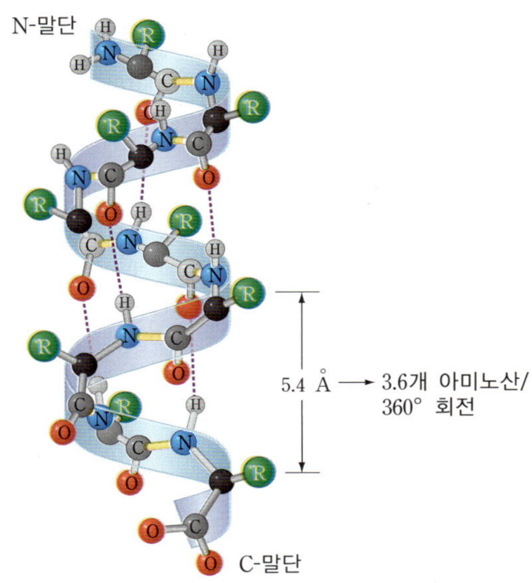

그림 22-13 우선성 α-나선 구조

우선성 α-나선 구조의 안정성(stability)은 아미노산 서열, 즉 곁까지(side chain)의 성격에 따라서 크게 영향을 받는다. 예를 들면 폴리알라닌(Poly-Ala)은 α-나선 구조를 잘 형성하는 것으로 알려져 있는데, 그 이유를 곁가지(메틸)의 크기가 작고 전기적으로 중성인 특성으로 설명한다. 반면에, 프롤린(Pro)은 N−H 작용기가 없어서 수소 결합이 불가능하고, 또한 C−N 회전이 어렵기 때문에 α-나선 구조가 불가능한 대표적인 α-아미노산이다. 실제로 α-나선 구조 중간에 프롤린(Pro)이 있으면 프롤린(Pro)을 중심으로 α-나선 구조가 꺾인(kink) 구조를 관찰할 수 있다.

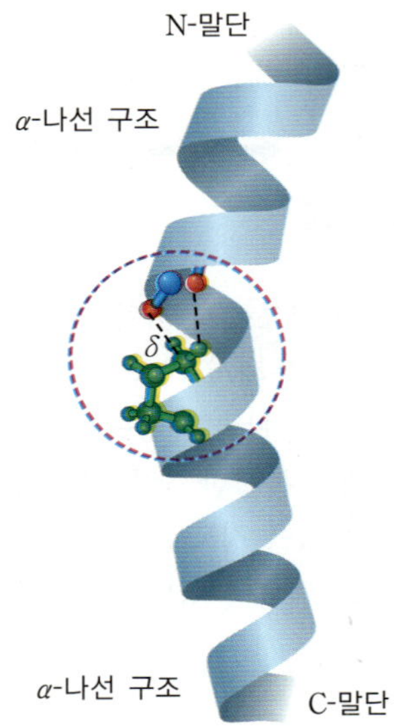

22.3.5 β-병풍 구조

β-병풍 구조는 폴리펩타이드 사슬이 지그−재그(zig−zag)의 기본 골격을 가질 때 발견되는 구조로서, 비록 α-나선 구조보다는 적게 발견되지만 여전히 중요한 구조적 요소의 하나이며, 지그−재그 중심축을 중심으로 **평행(parallel) β-병풍 구조**와 **역평행(antiparallel) β-병풍 구조**가 있다.

β-병풍 구조에서 특정 폴리펩타이드 사슬의 [N-말단 → C-말단] 방향과 인접한 폴리펩타이드 사슬의 [N-말단 → C-말단] 방향이 같은 구조를 평행(parallel) β-병풍 구조라고 한다. 이 골격에서는 폴리펩타이드 사슬의 N−H 및 C=O 작용기가 인접한 폴리펩타이드 사슬의 C=O 및 N−H 작용기와 엇갈린 형태의 수소 결합을 한다.

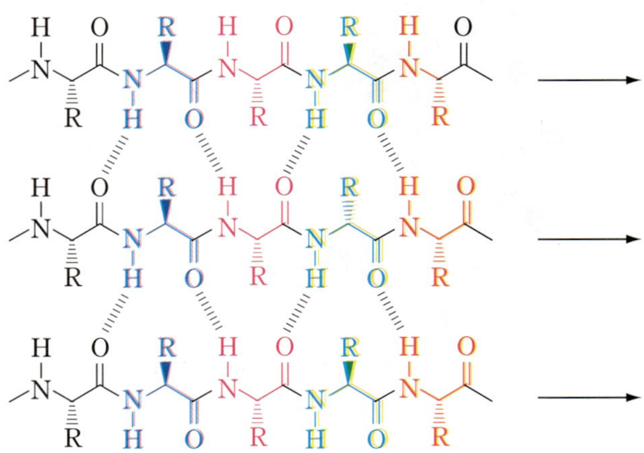

그림 22-14 평행(parallel) β-병풍 구조

반면에, β-병풍 구조에서 특정 폴리펩타이드 사슬의 [N-말단 → C-말단] 방향과 인접한 폴리펩타이드 사슬의 [N-말단 → C-말단] 방향이 반대인 구조를 역평행(antiparallel) β-병풍 구조라고 한다. 이 골격에서는 폴리펩타이드 사슬의 N–H 및 C=O 작용기가 인접한 폴리펩타이드 사슬의 C=O 및 N–H 작용기와 직선 형태의 수소 결합을 한다. 이러한 형태의 수소 결합은 평행 β-병풍 구조에서의 수소 결합보다 열역학적으로 더 강하기 때문에 자연계에서 우선시되는 결합 형태이다.

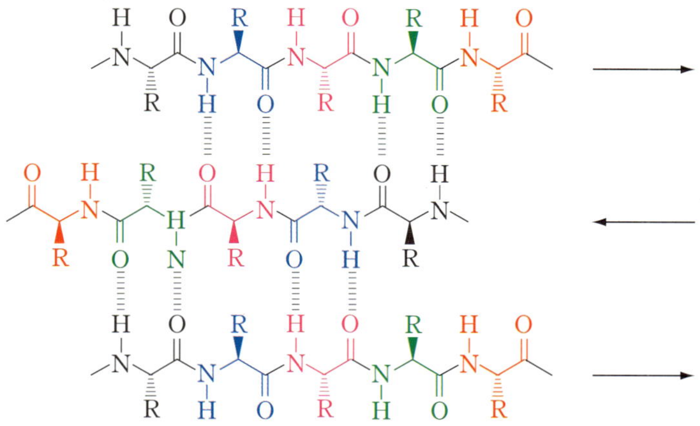

그림 22-15 역평행(antiparallel) β-병풍 구조

앞에서 언급한 두 개의 β-병풍 구조는 공통적으로 폴리펩타이드 사슬이 선형의 지그–재그(zig–zag) 형태를 가지며, 곁가지는 β-병풍 구조의 유사 평면을 중심으로 순차적으로 위, 아래를 향하고 있다.

22.3.6 변성

단백질은 생체 조건에서 자신의 특정한 구조를 유지할 때 단백질의 고유한 활성을 줄 수 있다. 이러한 상태를 단백질의 **고유 상태(native state)**라고 한다.

단백질의 구조는 분자 사이에 작용하는 힘(분산력, 쌍극자–쌍극자 힘 및 수소 결합), 다이설파이드 결합(S–S 결합), α-아미노산의 곁가지 등 다양한 요인에 의하여 영향을 받는다(22.3.2절). 만약 단백질이 생체 조건과 다른 압력, 용매, 온도, 산성도, 이온 세기(ionic strength)에 있거나 또는 방사선 등에 노출되어 분자 구조에 영구적인 변형이 생기면 이러한 상호 작용에 상당한 변화가 유발될 수 있다. 이것은 단백질의 이차 구조는 물론이고 삼차 구조 및 사차 구조에 이르기까지 영향을 줌으로써 활성 및 물리 화학적인 성질 등 단백질 고유의 성질을 잃어버리는 결과를 초래하는데, 이러한 현상을 **단백질 변성(protein denaturation)**이라고 한다.

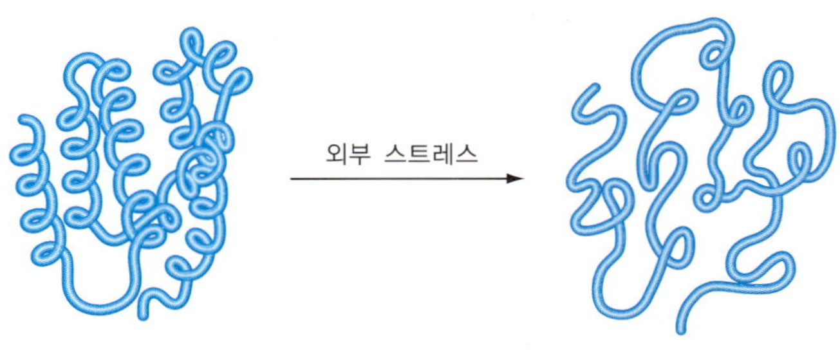

그림 22-16 단백질 변성

단백질의 변성에는 가역적 변성과 비가역적 변성이 있다. 가역적 변성은 외부 조건을 초기

상태로 되돌렸을 때 본래의 고유 상태로 복귀하는 것으로, 이렇게 생성된 단백질의 활성 및 물리 화학적인 성질은 본래의 단백질과 일치한다. 비가역적 변성은 외부 조건을 초기 상태로 되돌렸을 때 본래의 고유 상태로 복귀하지 못하는 경우로서, 달걀에 열을 가했을 때 생성되는 흰자 및 노른자가 본래 달걀의 흰자 및 노른자로 돌아가지 않는 것이 여기에 해당한다.

22.4 효소

22.4.1 서론

모든 생명체는 삶을 유지하기 위하여 수많은 화학 반응을 지속적으로 수행한다. 이 반응들은 모두 촉매로 작용하는 특정한 단백질, 즉 **효소**(**enzyme**)의 도움을 받아서 진행되는데, 생체 내에서 진행되는 반응의 수가 많은 것만큼 각각의 반응에 관여하는 다양한 종류의 효소가 존재한다. 그리고, 생체 내에서 이러한 반응을 엄격하게 조절하기 위해서는 효소가 다양한 구조의 출발 물질과 모두 반응하기보다는 특정 구조를 갖는 출발 물질하고만 선택적으로 반응하는 **기질 특이성**(**substrate specificity**)을 갖는 것이 필수적인 요건이다.

녹말 —아밀라제 (amylase)→ 글루코스 vs. 셀룰로스 —아밀라제 (amylase)—//→ 글루코스

녹말 —셀룰라제 (cellulase)—//→ 글루코스 vs. 셀룰로스 —셀룰라제 (cellulase)→ 글루코스

효소는 폴리펩타이드 사슬만으로 구성되거나 단백질 성분인 **결손 단백질**(**apoprotein**)과 비단백질 성분인 **보조 인자**(**cofactor**)로 구성되기도 한다. 이 경우에 결손 단백질과 보조 인자를 합쳐서 **완전 효소**(**holoenzyme**)라 하고, 결손 단백질 또는 보조 인자는 독립적으로 촉매로 작용하지 못하며, 반드시 두 요소가 동시에 있을 때에만 촉매로서 작용할 수 있다.

보조 인자는 단백질의 활성을 위해서 필요한 비단백질(non-protein) 분자로서, 무기 화합물 및 유기 화합물 모두가 가능하다. 대표적인 무기 보조 인자로는 금속(철, 아연, 구리, 망가니즈 등)의 양이온, 철–황 집합체 등이 있고, 유기 보조 인자로는 비타민계(B_1, B_2, B_6, B_{12}, C, K, H 등), 비비타민계(ATP, SAM, Coenzyme Q, Heme 등), 대사 중간체(NAD^+) 등이 있다. 이와 관련한 보다 자세한 내용들은 생화학에서 공부하기를 바란다.

완전 효소
- 결손 단백질
- 보조 인자
  - 무기 화합물
  - 유기 화합물

22.4.2 종류

효소는 효소가 관여하는 반응의 종류에 따라서 일곱 개의 군(group)으로 분류한다.

가수 분해 효소(**hydrolase**)는 물을 사용하여 화학 결합을 끊는 효소이다. 여기에는 에스터 가수 분해 효소(esterase), 글리세라이드 결합을 끊는 리파제(lipase), 펩타이드 가수 분해 효소(peptidase), 단백질 가수 분해 효소(protease), 인산 가수 분해 효소(phosphatase), 핵산 가수

분해 효소(nucleosidase), 글리코사이드 가수 분해 효소(glycosidase) 등이 있다.

이성화 효소(isomerase)는 화학식은 같으나 구조식이 다른 이성질체로 변화시키는 과정에 관여하는 효소이다. 여기에는 라셈체(19.2절) 형성에 관여하는 라셈마제(racemase), 에피머 형성에 관여하는 에피머라제(epimerase), 시스-트란스 이성화 효소(*cis-trans* isomerase), 그리고 분자 내 반응을 수행하는 다양한 효소들이 여기에 포함된다.

연결 효소(결합 효소, **ligase**)는 두 분자를 C−C, C−S, C−N, C−O 등의 공유 결합으로 연결하는 효소로서, 일반적으로 ATP의 가수 분해 반응을 동반한다. 여기에는 모든 종류의 합성 효소(synthase, synthetase)와 CO_2의 첨가 반응에 관여하는 카복실라제(carboxylase) 등이 있다.

분해 효소(lyase)는 가수 분해 반응 및 산화-환원 반응을 제외한 방법으로 화학 결합을 끊는 효소이다. 여기에는 CO_2를 제거하는 탈탄산효소(decarboxylase), H_2O을 제거하는 탈수 효소(dehydrase) 등이 있다.

산화 환원 효소(oxidoreductase)는 분자 사이에서 전자의 이동에 관여하는 효소로서, NAD^+ 및 $NADP^+$ 등의 보조 인자를 필요로 한다. 여기에는 $2H^+$ 및 $2e^-$를 제거하는 탈수소 효소(dehydrogenase), O_2의 산소 원자 한 개를 기질에 전달하는 산소화 효소(oxygenase), 화합물에 OH 작용기를 전달하는 수산화 효소(hydroxylase), O_2를 전자 수용체로 사용하는 산화 효소(oxidase), H_2O_2를 분해하는 페록시다제(peroxidase), 일반적인 환원 효소(reductase) 등이 있다.

전달 효소(transferase)는 특정 작용기(메틸, 아미노, 싸이올, 포스페이트, 글리실, 펩타이드, 아세틸 CoA 등)를 한 분자에서 다른 분자로 전달하는 효소로서, 매우 다양한 화학 반응에 관여한다.

트란스로카제(translocase)는 일반적으로 세포막을 통과하는, 또는 세포막에서의 분리 장벽을 극복하는 이온 및 분자의 이동에 관여하는 단백질이다.

효소의 종류
- **가수 분해 효소**
- **이성질화 효소**
- **연결 효소**
- **분해 효소**
- **산화 환원 효소**
- **전달 효소**
- **트란스로카제**

효소의 명명은 [반응 기질+(반응 종류+ase)] 규칙에 의하여 정한다. 따라서 효소의 이름을 알면 이 효소가 관여하는 기질 및 반응의 종류를 합리적으로 추론할 수 있다. 예를 들면 hexokinase는 육탄당 화합물에 포스페이트 작용기를 전달하는 효소, citrate synthase는 옥살로아세트산 및 아세틸 조효소에서 시트레이트를 합성하는 효소, triose isomerase는 삼탄당 화합물의 이성질화 반응에 관여하는 효소임을 추론할 수 있다. 다만, 효소의 종류 및 명명법에 관한 자세한 내용들은 생화학에서 공부하기 바란다.

22.5 요약

22장에서는 생체 고분자 중에서 아미노산, 펩타이드, 단백질에 대하여 간략하게 설명하였다.

펩타이드 및 단백질의 구성 성분은 20 종류의 α-아미노산으로, 이들은 모두 피셔 투영도에서 *L*-형태의 골격을 갖는다(22.1.1절). α-아미노산은 아민 및 카복실산 작용기가 동시에 있어서 생체에서는 쯔비터 이온(zwitter ion) 형태로 존재하고, 상황에 따라서 산($-NH_3^+$) 또는 염기($-CO_2^-$)로 동시에 작용할 수 있다.

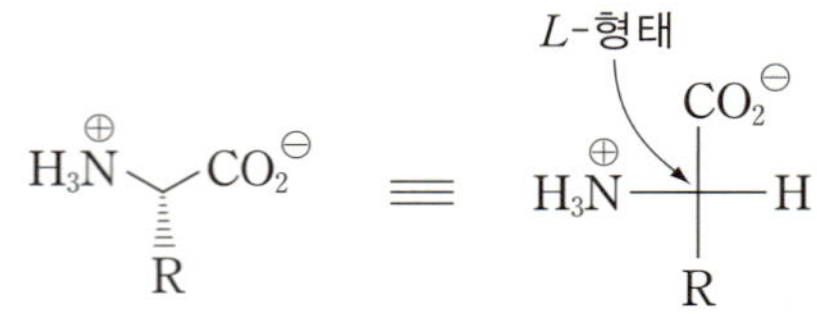

20 종류의 α-아미노산은 양이온과 음이온의 크기가 정확하게 같아서 평균 전하가 0이 되는 pH 값이 각각 특징적으로 존재하는데, 이 pH 값을 등전점(isoelectric point, pI)이라고 한다(22.1.3절). 그리고, α-아미노산의 평균 전하는 pH < pI 조건에서는 양수 값, pH = pI 조건에서는 0, pH > pI 조건에서는 음수 값을 갖는다. 이러한 특성을 이용하여 α-아미노산, 펩타이드, 단백질 혼합물을 전기 이동(electrophoresis) 방법으로 분리할 수 있음을 설명하였다(22.1.4절).

아미노산 합성과 관련해서는 라셈체 합성법 및 거울상 선택적인 합성법 등을 간략하게 소개하였다(22.1.5절).

첫 번째 아미노산의 CO_2H와 두 번째 아미노산의 α-NH_2 사이에서 아마이드 결합이 생성되면 α-아미노산의 이합체(dimer)가 얻어진다(22.2.1절). 이 개념을 확장하면 다수의 α-아미노산이 연결된 하나의 화합물을 상상할 수 있는데 이들을 펩타이드(peptide) 및 단백질(protein)이라고 하고, α-아미노산을 연결하는 아마이드 결합을 펩타이드 결합(peptide bond)이라고 한다.

펩타이드 및 단백질을 표현할 때에는 N-말단을 왼쪽, C-말단을 오른쪽에 위치하도록 그리고, 명명은 N-말단에서부터 참여한 아미노산을 차례로 언급한다.

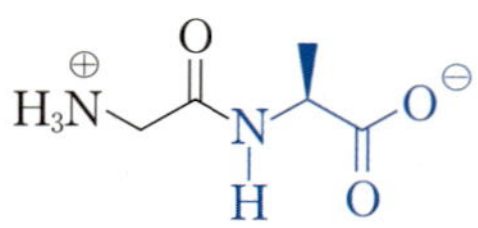

Glycylalanine
(Gly-Ala)(GA)

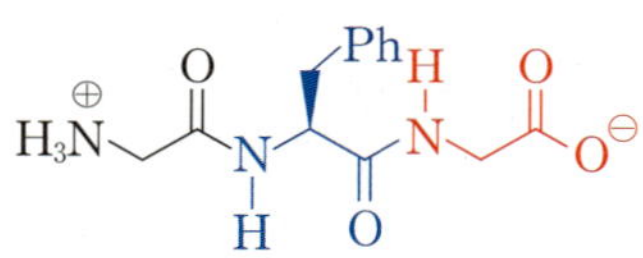

Glycylphenylalanylglycine
(Gly-Phe-Gly)(GFG)

펩타이드 조성(composition)은 펩타이드를 구성하는 α-아미노산의 종류 및 상대적인 양을 특정하는 것이다. 이와 관련하여 닌하이드린(ninhydrin) 방법을 상세하게 소개하였다(22.2.2절).

펩타이드 서열(sequencing)은 N-말단에서 시작하여 C-말단에 이르기까지 α-아미노산들이 어떠한 순서로 연결되어 있는가를 의미한다. 이와 관련하여 에드만 분해법(Edman degration), 생어 염기 서열 분석법(Sanger sequencing method), 카복시펩티다제(carboxy peptidase) 방법 등을 상세하게 설명하였다(22.2.3절).

펩타이드 합성과 관련해서는 아민 보호기(Cbz, Boc 등) 및 카복실산 보호기(메틸 에스터, 벤질 에스터 등), 짝지음 시약을 기술하였다(22.2.4절). 이어서 N-말단에서 C-말단 방향으로의 합성법, C-말단에서 N-말단 방향으로의 합성법, 고체상 합성법(C-말단에서 N-말단 방향으로의 합성법)을 상세하게 설명하였다(22.2.4절).

단백질은 약 20 종류의 α-아미노산으로 구성되고, 단백질 한 분자에 수십에서 수천 개(분자량 6,000~1,000,000)의 아미노산이 있는 폴리펩타이드이다(22.3.1절).

단백질은 조성(composition) 및 3차원 형태를 기준으로 각각 구분할 수 있다. 조성의 관점에서는 가수 분해했을 때 아미노산만 분리되는 단순 단백질(simple protein)과 아미노산, 탄수화물, 지방 등이 함께 분리되는 접합 단백질(conjugated protein)로 구분한다. 3차원 형태를 기준으로 하면 구형 단백질, 섬유상 단백질, 막 단백질 등으로 나눌 수 있다(22.3.1절).

구형 단백질은 생체 내 효소의 대부분을 차지하는데, 폴리펩타이드 사슬이 한 개 또는 여러 개 있을 수 있고, 각각의 폴리펩타이드 사슬을 소단위체(subunit)라고 한다. 각각의 소단위체는 단백질의 종류에 따라서 모두 같을 수도, 모두 다를 수도, 또한 일부만 같을 수도 있다. 섬유상 단백질은 긴 필라멘트가 서로 수소 결합을 하면서 각각의 사슬들이 평행하거나 서로 얽혀 있는 구조를 갖는 단백질이며, 막 단백질은 세포막의 구성 성분인 내재 막 단백질과 주변 막 단백질로 세분할 수 있다(22.3.1절).

단백질의 3차원 구조는 분자 사이에 작용하는 힘, 다이설파이드 결합(S−S 결합), α-아미노산의 곁가지 등 다양한 요인에 의하여 영향을 받는다.

일반적으로 단백질의 구조는 일차 구조, 이차 구조, 삼차 구조 및 사차 구조 등 네 단계로 구분하여 설명한다. 일차 구조는 단일 폴리펩타이드 사슬의 아미노산 서열이고, 이차 구조는 일차 구조를 구성하는 α-아미노산 사이의 상호 작용에 의하여 형성되는 구조로서 우선성 α-나선 구조, β-병풍 구조, 반전 등이 있다. 삼차 구조는 이차 구조들 사이의 상호 작용에 의하여 형성되며, 사차 구조는 삼차 구조들 사이의 상호 작용에 의하여 형성되는 거대한 집합체(aggregate) 구조를 말한다(22.3.3절).

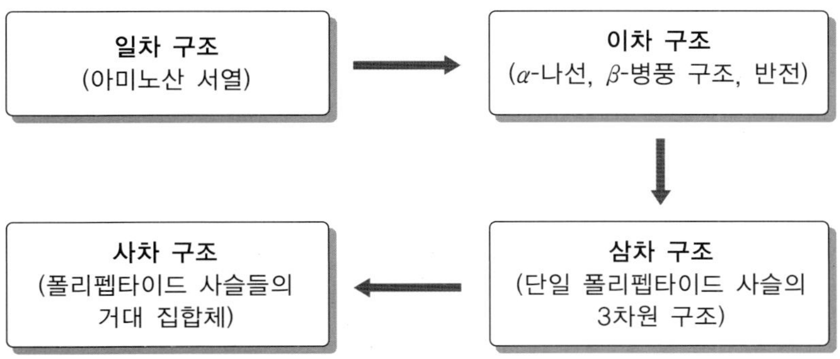

우선성 α-나선 구조는 구형 단백질에서 가장 많이 발견되는 구조로서, 첫 번째 α-아미노산과 세 번째 또는 네 번째 α-아미노산 사이에 수소 결합이 형성되며, 곁가지의 성격에 따라서 안정성이 영향을 받는다(22.3.4절). β-병풍 구조는 자연계에서 α-나선 구조보다는 적게 발견되지만 여전히 중요한 구조적 요소(structural motif)의 하나로서, 사슬의 진행 방향에 따라서 평행 β-병풍 구조와 역평행 β-병풍 구조로 구분할 수 있다(22.3.5절).

단백질은 생체 조건의 고유 상태에서 100%의 활성을 보인다. 그러나, 단백질의 환경, 예를 들면 압력, 용매, 온도, 산성도 등에 변화를 주면 단백질의 이차 구조는 물론이고 삼차 구조 및 사차 구조에 이르기까지 영향을 받아서 단백질 고유의 성질을 잃어버리는 결과를 초래할 수 있다. 이것을 단백질 변성(protein denaturation)이라고 한다(22.3.6절).

생체 내에서 화학 반응의 촉매로 사용되는 단백질을 효소(enzyme)라고 한다(22.4.1절). 효소는 폴리펩타이드 사슬만으로 구성되거나, 또는 단백질 성분인 결손 단백질(apoprotein)과 비단백질 성분인 보조 인자(cofactor)로 구성되기도 한다. 이 경우에 결손 단백질과 보조 인자를 합쳐서 완전 효소(holoenzyme)라 하고, 결손 단백질 또는 보조 인자는 혼자서는 촉매로 작용하지 못하며, 반드시 두 요소가 동시에 있을 때에만 촉매로서 작용할 수 있다. 보조 인자(cofactor)는 단백질의 활성을 위해서 필요한 비단백질(non-protein) 분자로서, 무기 화합물 및 유기 화합물 모두가 가능하다(22.4.1절).

효소는 자신이 관여하는 반응의 종류에 따라서 가수 분해 효소, 이성화 효소, 연결 효소, 분해 효소, 산화 환원 효소, 전달 효소, 트란스로카제 등 일곱 개의 군으로 분류할 수 있다(22.4.2절).

23장

지질

© Lecic/shutterstock

23.1 서론

21장 및 22장에서는 생체 고분자 중에서 탄수화물 및 아미노산, 펩타이드, 단백질 등에 대하여 알아보았다. 23장에서는 지질(lipid, 리피드)에 대하여 간략하게 소개하기로 한다.

지질(lipid, 리피드)은 세포(cell)나 조직(tissue)을 비극성 유기 용매로 추출하였을 때 분리되는 유기 화합물, 물에 녹지 않고 비극성 용매에 녹는 생고분자(biomolecule) 화합물, 또는 세포에서 지방산(fatty acid)과 연관되어 사용되는 화합물을 의미하는 용어로서, 탄수화물(21장), 펩타이드 및 단백질(22장)과 다르게 지질을 판단하는 기준은 명확하지 않다.

지질에는 왁스(wax), 지방(fat), 인산 지질(phospholipid), 에이코사노이드(eicosanoid), 테르펜(terpene), 스테로이드(steroid), 비타민(vitamine), 천연 탄화수소 등 매우 다양한 화합물 군(group)이 있는데, 교재에서는 이 중에서 몇 개만 선별하여 간단하게 소개하려 한다.

23.2 왁스

일반적으로 왁스는 긴 사슬(C_{16}~C_{36})의 골격을 갖는 유기 화합물로서, 지방산, 1차 및 2차 알코올, 불포화 결합, 벤젠 고리, 아마이드, 알데하이드 및 케톤 등의 다양한 작용기들이 함께 발견되기도 하는 화합물 군이다. 자연계에서 왁스는 식물 및 동물에서 합성되거나 원유에서 발견되기도 하는데, 왁스의 구성 성분은 생물체의 종(species)은 물론이고 생물체의 지리학적 위치에 따라서도 매우 다양하게 분포하는 것으로 알려져 있다.

왁스(wax)는 물에는 녹지 않지만 유기 비극성 용매에 잘 녹고, 상온에서는 넓게 늘릴 수 있는 고체이며, 40℃ 내외에서는 점성이 적은 액체가 되는 등의 특성이 있다. 이러한 이유로 왁스는 산업적으로 코팅제의 복합 제형 성분으로 주로 소비되는데, 예를 들면 폴리에틸렌 왁스 및 폴리프로필렌 왁스를 플라스틱의 염색제 제형으로 사용하는 식이다. 그리고 왁스는 기본적으로 페인트에 마모 및 부식 저항성을 제공하고, 마찰을 감소시키는 역할을 하며, 양초를 만드는 재료가 되기도 한다.

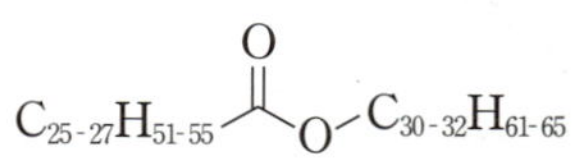

밀랍(Beeswax)

- mp: 60~82°C
- 꿀벌집 구성 성분
- 과일 보호용 왁스 및 가죽 물품 보관용 왁스로 사용

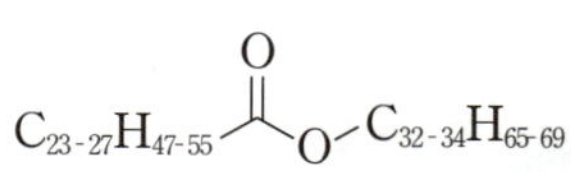

Carnauba wax

- 브라질 팜나무 잎에서 발견
- mp: 80~87°C(높은 녹는점)
- 자동차 왁스, 바닥 청소, 크레용 등에 사용

23.3 지방

지방(fat)은 탄수화물 및 단백질과 함께 3대 영양소에 속하는 화합물 군(group)으로, 구조적으로는 글리세롤(glycerol)과 지방산(fatty acid) 사이에 세 개의 에스터 결합이 있는 트라이아실글리세롤(triacylglycerol, TAG) 화합물이다.

TAG를 염기성 조건에서 가수 분해하면 한 분자의 글리세롤(glycerol)과 세 분자의 카복실산이 생성되는데, 이때 각각의 카복실산을 **지방산(fatty acid**, FA)이라고 한다. 지방산은 지금까지 총 5,000개 이상이 알려져 있지만 약 40 종류의 화합물이 지방산의 대부분을 차지하고 있다. 지방산은 대부분 곁가지가 없고, 세 개의 지방산이 모두 다를 수 있으며, 종(species) 및 조직(tissue)에 따라서 지방산의 구성에 큰 차이가 있을 수 있다.

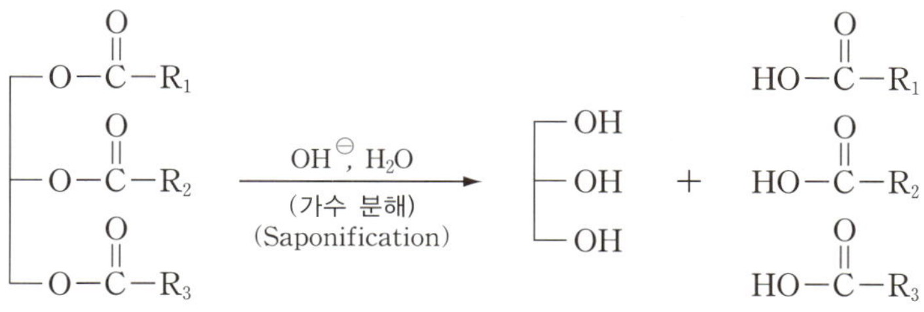

탄수화물 및 단백질에서 특정 기준에 따라서 이들을 세분한 것처럼, 지방산도 지방산을 구성하는 탄소 수, 이중 결합의 존재 여부, 이중 결합의 배열 등을 기준으로 세분할 수 있다.

지방산을 구성하는 탄소 수에 의한 구분은 탄소 수 5개 이하, 6~12개, 13~21개, 22개 이상 등의 기준을 따라서 단사슬 지방산(short chain FA), 중간사슬 지방산(medium chain FA), 장사슬 지방산(long chain FA) 및 초장사슬 지방산(very long chain FA) 등으로 분류한다.

이중 결합의 유무와 관련해서는 지방산에 이중 결합이 있으면 불포화 지방산(unsaturated FA), 이중 결합이 없으면 포화 지방산(saturated FA)이라고 한다. 이와 유사하게 지방의 카복실산 사슬에 이중 결합이 있는 지방을 불포화 지방(unsaturated fat), 이중 결합이 없는 지방을 포화 지방(saturated fat)이라고 한다. 불포화 지방은 이중 결합이 시스-형태인 시스-지방과 이중 결합이 트랜스-형태인 트랜스-지방으로 다시 구분할 수 있는데, 자연계에서는 시스-지방이 거의 대부분 발견되고 있다.

불포화 지방의 이중 결합에 촉매 수소화 반응을 하면 이중 결합이 환원되면서 포화 지방으로 전환된다(4.10.5절). 일반적으로 포화 지방은 불포화 지방보다 쉽게 쌓이기 때문에 분자간 인력이 증가하면서 고체를 쉽게 형성한다. 실제로 옥수수 오일, 올리브 오일 등의 식물성 지방은 상대적으로 불포화 지방산의 비율이 높아서 액체로 존재하지만, 돼지 기름(lard), 버터 등의 동물성 지방은 상대적으로 포화 지방산의 비율이 높아서 상온에서 고체로 존재한다.

표 23-1 동물성 지방과 식물성 지방

구분	종류	C_{18} 불포화 지방산 함량(%)
동물성 지방	돼지 기름(lard)	56
	버터	30
	고래의 지방	45
식물성 지방	옥수수 오일	89
	올리브 오일	87
	땅콩 오일	80

지방은 생명체의 에너지를 제공하는 물질이면서 동시에 여분의 에너지를 저장하는 물질로 사용된다. 생명체가 여분의 에너지를 탄수화물이 아닌 지방으로 축적하는 이유에 대하여 알아보자.

식물은 태양 에너지를 이용하여 CO_2 및 H_2O로부터 탄수화물과 산소를 생성한다. 반면에 동물은 호흡을 통하여 산소를 흡입하고, 이 산소를 이용하여 영양분(탄수화물, 지방 등)을 산화시켜 CO_2를 방출하면서 에너지를 얻는다. 이 두 과정을 탄소의 산화수와 연관시키면 식물의 광합성은 태양 에너지를 이용하여 탄소를 환원시키는 과정이고, 동물의 호흡은 탄소를 산화시켜 에너지를 방출하는 과정임을 알 수 있다.

숯(C)을 O_2 조건에서 산화시키면 CO_2(탄소의 산화 반응 생성물)가 생성되면서 열이 발생한다 ($C + O_2 \rightarrow CO_2$ + 에너지).

식물의 광합성: $6\ CO_2 + 6\ H_2O$ + 태양 에너지 $\longrightarrow$ $C_6H_{12}O_6$(포도당) $+ 6\ O_2$
동물의 호흡: $C_6H_{12}O_6$(포도당) $+ 6\ O_2 \longrightarrow 6\ CO_2 + 6\ H_2O$ + 에너지

CO_2, 포도당($C_6H_{12}O_6$), 지방산($C_{16}H_{32}O_2$)에서 탄소의 평균 산화수가 각각 +4, 0, −7/4인 것에서 알 수 있듯이 지방의 탄소 원자는 탄수화물의 탄소 원자보다 산화가 적게 되어 있어서 단위 무게를 기준으로 더 많은 에너지를 방출할 수 있다. 이것은 에너지 효율 측면에서 지방이 탄수화물보다 훨씬 효과적임을 의미한다.

23.4 인산 지질

인산 지질(**phospholipid**)은 크게 인산글리세라이드(**phosphoglyceride**) 및 스핑고지질(**sphingolipid**)로 구분할 수 있다.

첫 번째, 인산글리세라이드(phosphoglyceride)에 대하여 알아보자.

구조적인 관점에서 지방은 글리세롤의 C_1−OH, C_2−OH, C_3−OH가 세 개의 지방산과 각각 에스터 결합을 하는 트라이아실글리세롤(triacylglycerol, TAG) 화합물이다(23.3절). 반면에, 인산글리세라이드는 글리세롤의 C_1−OH, C_2−OH가 두 개의 지방산과 각각 에스터 결합을 하고, C_3−OH는 인산의 유도체와 에스터 결합을 하는 화합물로서, 인산기에 결합한 유기물의 종류에 따라서 화합물이 달라진다.

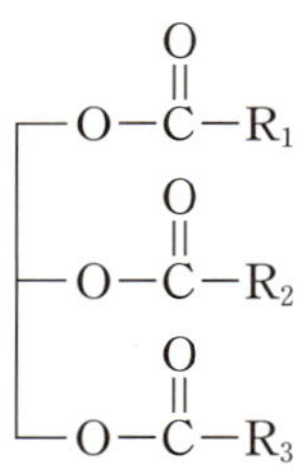

지방(TAG)

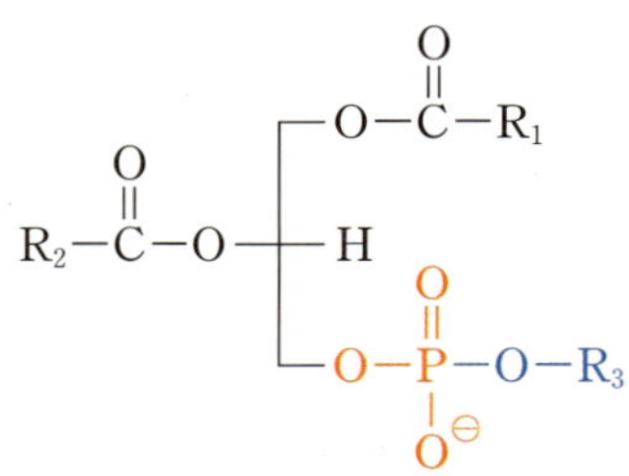

인산글리세라이드

인산글리세라이드는 아래와 같이 명명한다. 우선, 글리세롤의 C_3−OH에 인산이 결합한 화합물을 포스파티딘산(**phosphatidic acid**)이라고 한다. 이를 기반으로 포스파티딘산의 P−OH 결합을 에탄올아민이 치환하면 포스파티딜에탄올아민(**phosphatidylethanolamine, PE**), 콜린이 치환하면 포스파티딜콜린(**phosphatidylcholine, PC**), 세린이 치환하면 포스파티딜세린(**phosphatidylserine, PS**) 등으로 명명한다.

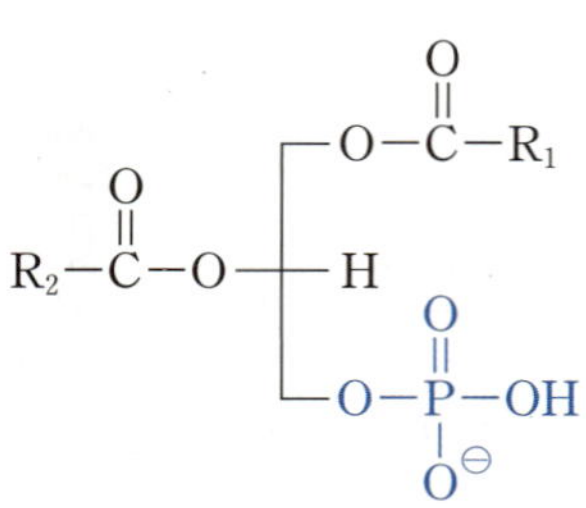

포스파티딘산

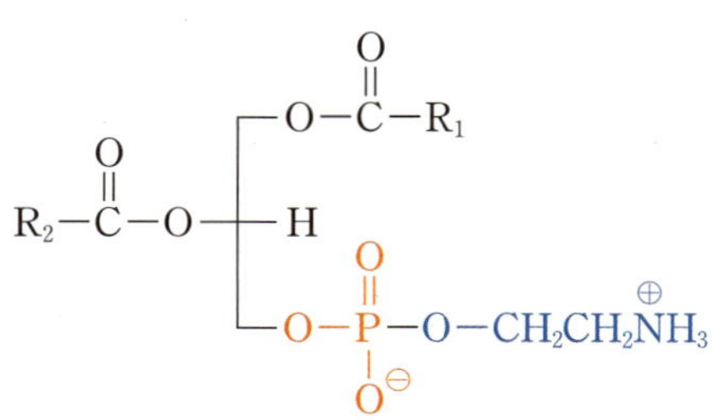

포스파티딜에탄올아민(PE)

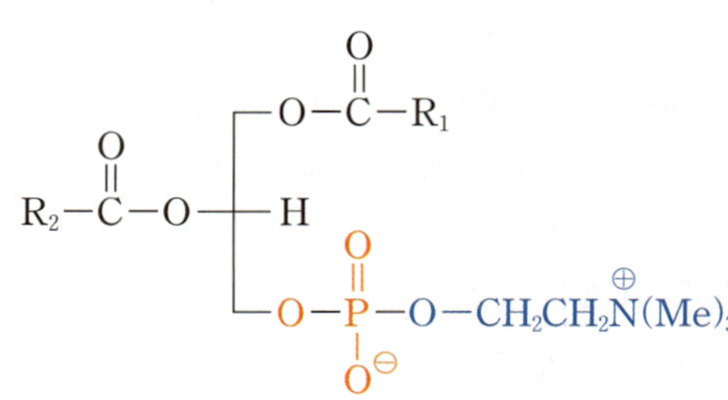

포스파티딜콜린(PC)

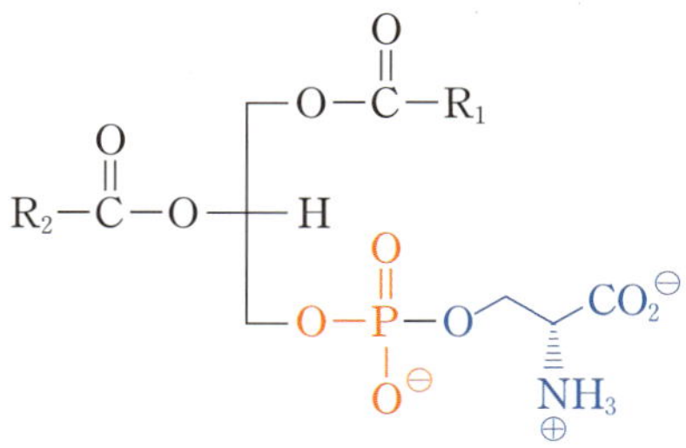

포스파티딜세린(PS)

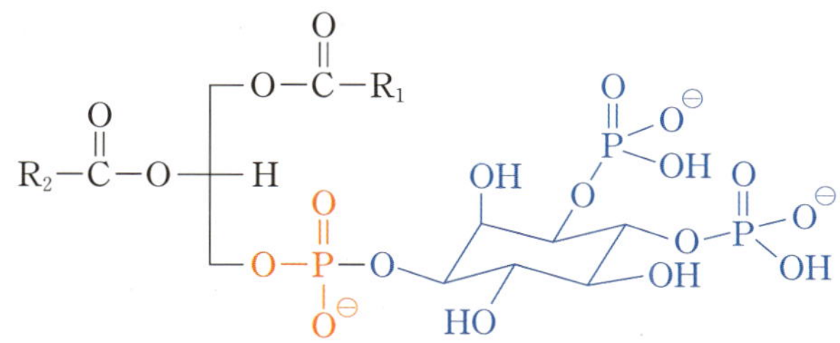

포스파티딜이노시톨(PI)-4,5-다이포스페이트

두 번째, 스핑고지질(sphingolipid)에 대하여 알아보자.

스핑고지질은 인산 지질 중에서 인산글리세라이드 다음으로 중요한 물질로서, 동물과 식물의 조직에 널리 분포하는 물질이며, 뇌 및 신경 조직의 신경 섬유(nerve fiber)를 코팅하는 주요 성분이다.

스핑고지질은 스핑고신(sphingosine)의 기본 골격을 기반으로 한다. 여기에 C_2-NH_2에 지방산이 결합하면 세라미드(ceramide), C_2-NH_2에 지방산과 C_1-OH에 콜린 인산 에스터가 결합하면 스핑고미엘린(sphingomyelin), C_2-NH_2에 지방산과 C_1-OH에 단당류가 결합하면 세레브로시드(cerebroside), C_2-NH_2에 지방산과 C_1-OH에 올리고당이 결합하면 강글리오시드(ganglioside) 등 다양한 화합물 군들이 존재한다.

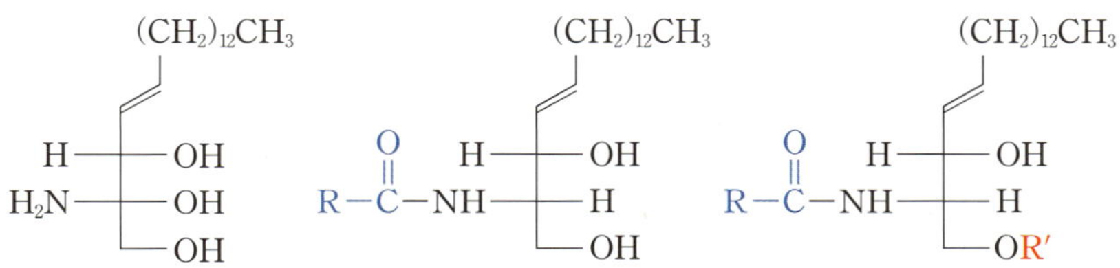

스핑고신 세라미드

R′	화합물 군
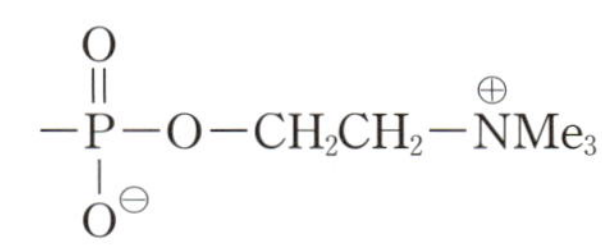	스핑고미엘린
−단당류	세레브로시드
−올리고당류	강글리오시드

인산글리세라이드 및 스핑고지질을 포함하는 인산 지질은 지방산의 탄소 사슬에 의한 친지질성(lipophilic)과 인산의 음이온에 의한 친수성(hydrophilic)을 동시에 갖기 때문에 물이 주성분인 생체 내에서 두께가 약 50 Å 정도인 세포 이중막(cell bilayer)을 형성할 수 있다(17.6.3절). 인지질의 이중막은 세포의 세포막을 구성하고, 세포 내에서 핵, 엽록체, 미토콘드리아 등을 구별하기도 하며, 물, 이온 및 다른 물질들을 세포 내외로 이동시키거나 경우에 따라서는 이동을 억제하는 역할을 한다.

세포막에는 보통 세 종류의 양쪽성(amphipathic) 지질이 있는데, 이 중에서 인산글리세라이드와 스핑고지질이 주성분이다.

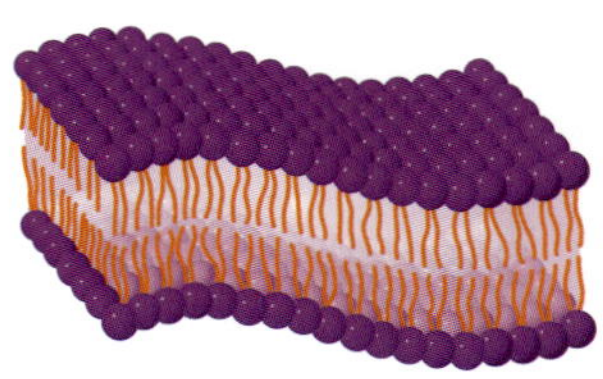

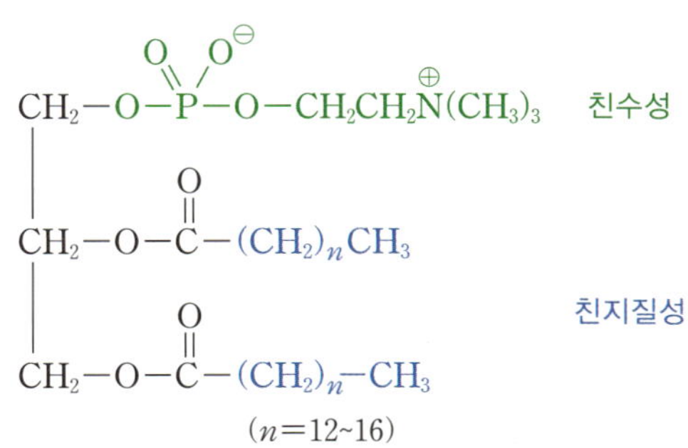

23.5 에이코사노이드

사슬형 $C_{20}H_{42}$ 분자의 이름은 에이코세인(eicosane)이다.

에이코사노이드(eicosanoid)는 아라키돈산(arachidonic acid) 또는 이와 유사한 탄소 수 20개의 다중 불포화 지방산들이 효소가 관여하거나 관여하지 않는 조건에서 산화되어 생성되는 신호 분자(signaling molecule)들이다.

유기 화학을 학습하는 입장에서는 개별 반응의 종류 및 입체 화학 등 구조에 대한 정확한 기술이 있어야 하지만, 일부의 반응들이 교재의 수준을 넘을 수 있다고 판단하여 전체적인 내용은 생략하였다.

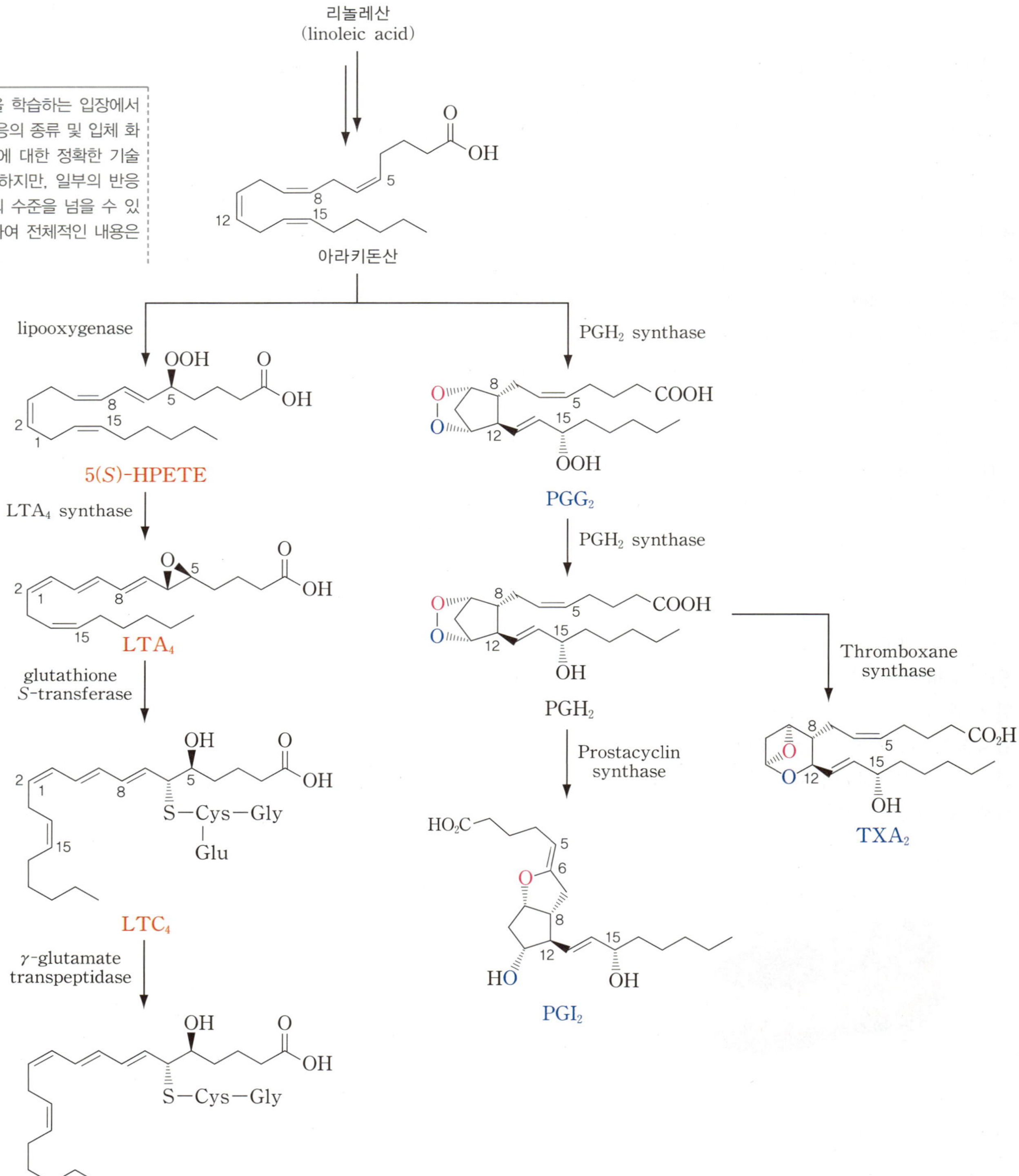

그림 23-1 선별적인 에이코사노이드의 합성 경로

에이코사노이드 화합물은 프로스타글란딘(prostaglandin), 트롬복세인(thromboxane), 류코트리엔(leucotriene), 리폭신(lipoxin), 레솔빈(resolvin), 에옥신(eoxin) 등의 다양한 화합물 군으로 나누어진다. 이들은 모두 아라키돈산에서 유래하는 물질로서, 류코트리엔 및 프로스타글란딘 등 대표적인 몇 가지 화합물의 생합성 경로를 간단하게 제시하였다.

프로스타글란딘(prostaglandin)은 두 개의 긴 알킬 사슬이 있는 오각형 기본 골격을 갖는 화합물 군이다. 지금까지 수십 종류의 프로스타글란딘이 발견되었는데, 이들은 혈압을 낮추고, 위액 분비를 억제하고, 출산할 때 자궁의 수축을 유도하며, 염증의 조절, 혈액의 응고 등 매우 다양한 종류의 생체 활성을 갖는 것으로 알려져 있다.

의약 화학의 관점에서는 류코트리엔, 프로스타글란딘, 트롬복세인에 기반을 둔 많은 종류의 약품들이 개발되었고, 지금도 이와 관련해 많은 연구가 진행되는 등 에이코사노이드 화합물은 매우 중요한 화합물 군으로 그 위치를 유지하고 있다.

23.6 테르펜

식물에서 얻은 재료(나뭇잎, 줄기, 뿌리 등)들을 수증기를 이용하여 증류하면 다양한 종류의 분액 혼합물(fractional mixture)을 얻을 수 있다. 이러한 식물성 추출물을 **테르펜(terpene)** 또는 **테르페노이드(terpenoid)**라고 한다.

식물은 동일 개체 사이에 정보를 교환하거나 또는 동물을 유인 및 퇴치하기 위하여 휘발성 신호 분자인 테르펜을 생합성한다. 테르펜은 지금까지 알려진 천연물의 약 60%를 점유할 정도로 생물체가 합성하는 유기 화합물 군 중에서는 가장 크고, 이에 걸맞은 구조적인 다양성도 존재하며, 의약품, 향신료, 향수 등 다방면에서 오랫동안 사용되어 왔다.

일상생활과 밀접한 관계에 있는 테르펜으로는 박하 향의 (*R*)-(−)-카르본(carvone), 호밀빵 향의 (*S*)-(+)-카르본(carvone), 파스 성분인 멘톨(menthol), 소염 및 강한 향 성분인 캄퍼(camphor), 계피 성분인 시나몬(cinnamon), 생강 성분인 커큐민(curcumine), 레몬 향 성분인 시트랄(citral), 당근 성분인 베타-카로틴(*β*-carotene), 토마토 성분인 리코펜(lycopen), 항암제로 사용되는 징코라이드(ginkgolide) 등이 있다.

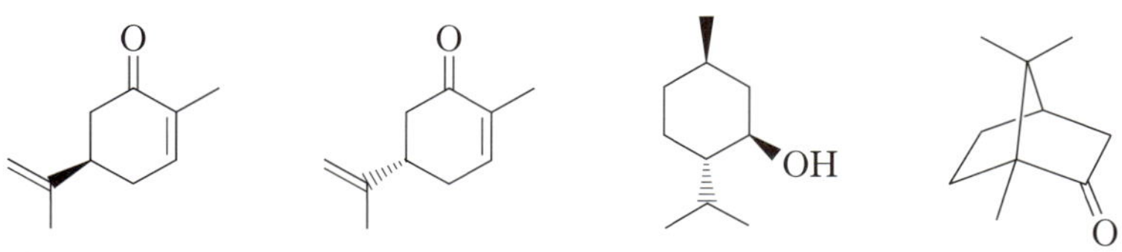

(*R*)-(−)-카르본 (*S*)-(+)-카르본 (−)-멘톨 (*R*)-(+)-캄퍼

테르펜은 아이소프렌(C_5)을 기본 골격으로 하는 화합물 군으로서 아이소프렌(C_5) 단위의 수, 즉 탄소 수에 따라서 아래와 같이 구분한다.

표 23-2 테르펜 화합물 명명법

탄소 수	명명법
10	모노테르펜(monoterpene)
15	세스퀴테르펜(sesquiterpene)
20	다이테르펜(diterpene)
25	세스터테르펜(sesterterpene)
30	트라이테르펜(triterpene)
40	테트라테르펜(tetraterpene)

자연계에서 C_5, C_{10}, ⋯ C_{40}의 테르펜이 생성되는 과정은 다음과 같다. 우선, 세 분자의 Acetyl CoA가 반응에 참여하여 생합성의 기본이 되는 중간체 IPP(C_5) 및 DMAPP(C_5)를 생성한다.

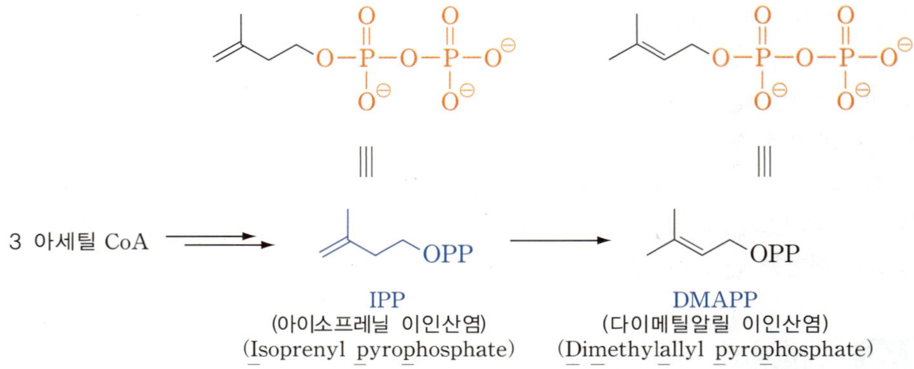

DMAPP(C_5)에 IPP(C_5)를 첨가하면 GPP(C_{10})가 얻어지고, 유사하게 GPP(C_{10})에 IPP(C_5)를 첨가하면 FPP(C_{15})가 생성되며, FPP(C_{15}) 두 분자에서 C_1−OPP 부분을 연결하면 스쿠알렌(squalene, C_{30})이 된다. 이 과정에서 합성되는 GPP(C_{10}) 및 FPP(C_{15})는 추가적인 작용기 전환 반응, 고리화 반응, 자리 옮김 반응 등을 통하여 다양한 골격을 갖는 모노테르펜 및 세스퀴테르펜 화합물로 전환이 된다.

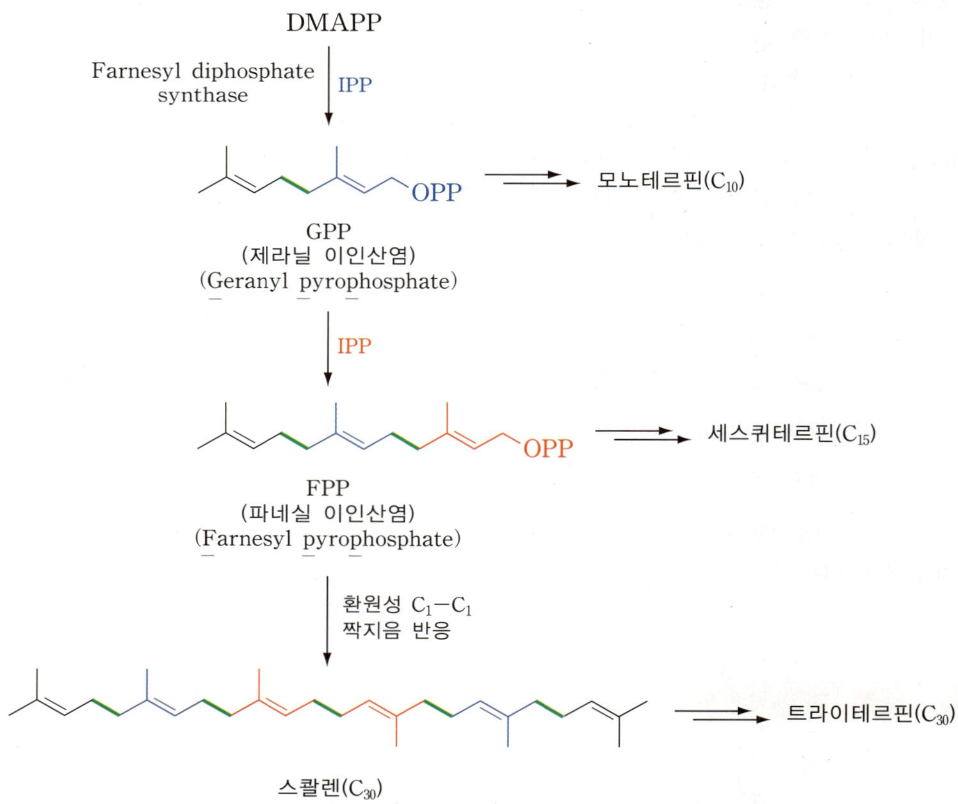

그림 23-2 GPP, FPP, 스쿠알렌 및 다양한 테르펜 유도체의 생합성 경로

DMAPP(C_5)가 IPP(C_5)와 반응하여 GPP(C_{10})를 합성하는 메커니즘은 아래와 같다. 우선 DMAPP에 Mg^{2+} 이온이 이인산염 작용기의 산소 음이온에 킬레이션(chelation)을 하고, PP_i가 이탈기로 떨어지면서 알릴 양이온을 생성한다. 계속해서 IPP의 이중 결합이 알릴 양이온을 공격해서 열역학적으로 더 안정한 3차 양이온을 생성하고, 마지막으로 산–염기 작용으로 열역학적으로 더 안정한 이중 결합을 생성한다. 이러한 반응 형태는 DMAPP와 IPP의 반응에만 국한되는 것이 아니라 GPP와 IPP가 반응하여 FPP를 생성하는 반응에서도 동일하게 적용된다.

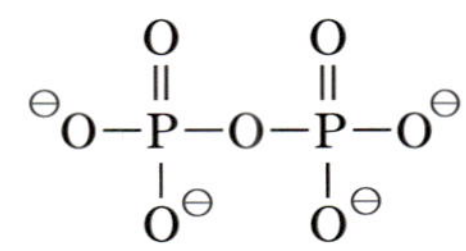

Pyrophosphate (PP_i)

메커니즘 23-1 DMAPP가 IPP와 반응하여 GPP를 합성하는 반응 메커니즘

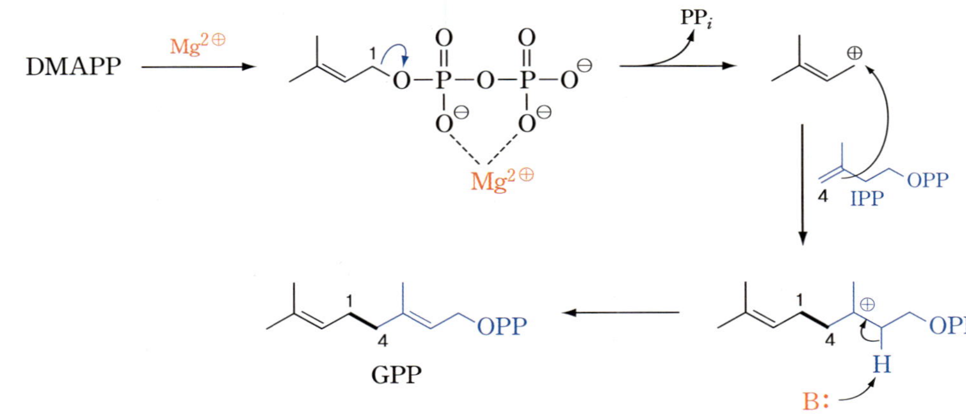

테르펜 계통의 화합물들은 겉으로 드러나는 구조적인 특징과 무관하게 첫 번째 아이소프렌(isoprene)의 C_1(머리, head)과 두 번째 아이소프렌(isoprene)의 C_4(꼬리, tail) 사이의 C–C 결합에 의하여 기본 골격을 형성한다는 루치카(Ruzika)의 '아이소프렌 규칙(isoprene rule)'을 적용하여 C–C 골격을 분석할 수 있다. 이것은 DMAPP와 IPP가 반응하여 GPP를 생성하는 메커니즘을 고려하면 상대적으로 쉽게 이해할 수 있다.

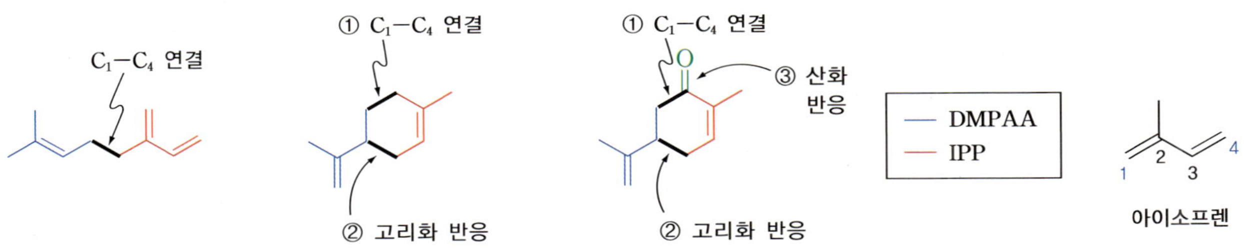

미르센(Myrcene) 리모넨(limonene) 카르본(Carvone)

23.7 스테로이드

라노스테롤(lanosterol)은 구조적인 관점에서 연관성이 전혀 없을 것 같은 스쿼렌(squalene, 23.6절)에서 생합성되는 화합물로서, 동물의 스테로이드 호르몬(steroid hormone)을 합성하는 출발 물질로 사용된다.

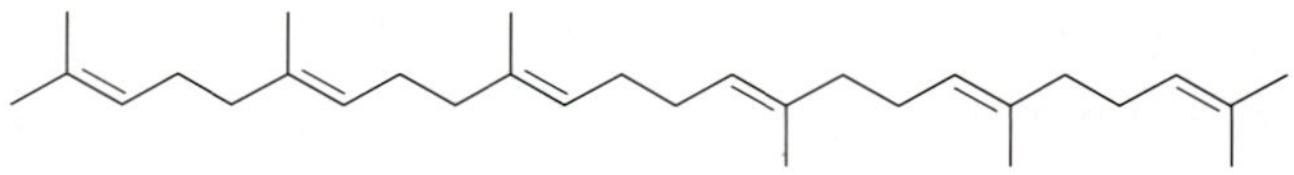

스쿠알렌(Squalene)

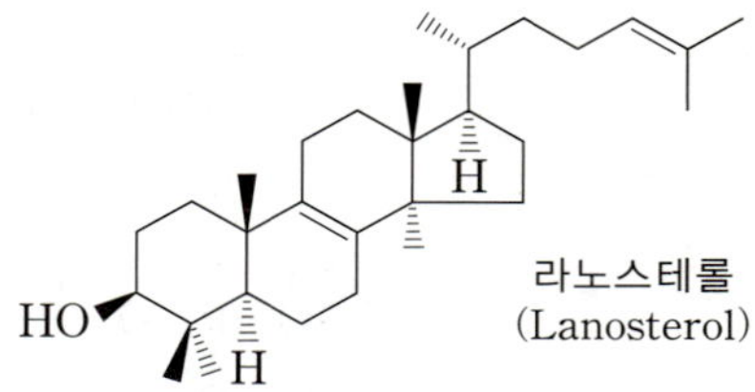

라노스테롤
(Lanosterol)

스쿠알렌에서 라노스테롤의 생합성 과정은 두 물질 사이에 구조적으로 차이가 많아서 매우 어려울 것으로 생각할 수 있지만, 실제로는 교재에서 학습한 유기 화학 지식만으로 충분히 이해할 수 있다.

스쿠알렌에서 라노스테롤의 생합성은 스쿠알렌의 가장 바깥쪽 이중 결합을 입체 선택적인 2,3-옥시도스쿠알린(2,3-oxidosqualine, **A**)으로 전환하면서 시작된다. 라노스테롤 합성 효소(lanosterol synthase)는 중간체 **A**의 형태를 왼쪽에서 오른쪽 방향으로 의자, 보트, 의자, 의자 형태의 배열이 되도록 제한하면서, 이중 결합 친핵체를 이용한 에폭사이드 고리 열림 반응으로 열역학적으로 안정한 3차 양이온 **B**를 생성한다. 계속해서 양이온 **B**에 두 번째 고리화 반응을 하여 3차 양이온 **C**를 생성하고, **C**에 세 번째 고리화 반응을 하여 3차 양이온 **D**로 전환된 후, **D**에 네 번째 고리화 반응을 하여 3차 양이온 **E**를 얻는다. 중간체 **E**는 라노스테롤의 6/6/6/5 골격을 갖는 구조로서, 일부 연구자들은 [**A** → **E**]의 고리화 반응이 다단계 반응이 아니라, 한 번에 진행되는 협동 반응(concerted reaction)이라는 주장을 하기도 한다.

중간체 **E**에서 H^-의 자리 옮김 반응으로 3차 양이온 **F**를 생성한 후, 안티-형태의 자리 옮김 반응이 세 번($H:^-$, $CH_3:^-$, $CH_3:^-$) 차례로 일어나고, 마지막으로 E2-형태의 제거 반응이 진행되면 최종 화합물인 라노스테롤을 얻을 수 있다. 이 과정에서도 세 번에 걸쳐 진행되는 안티-형태의 자리 옮김 반응이 한 번에 진행되는 협동 반응(concerted reaction)이라는 주장을 하는 연구자들이 있다.

메커니즘 23-2 스쿠알렌에서 라노스테롤 생합성 메커니즘

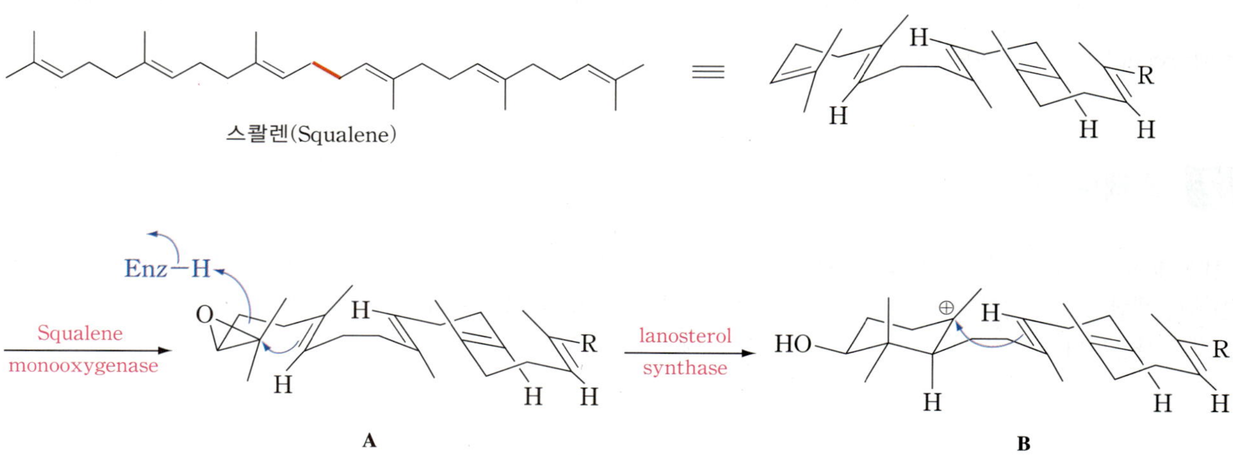

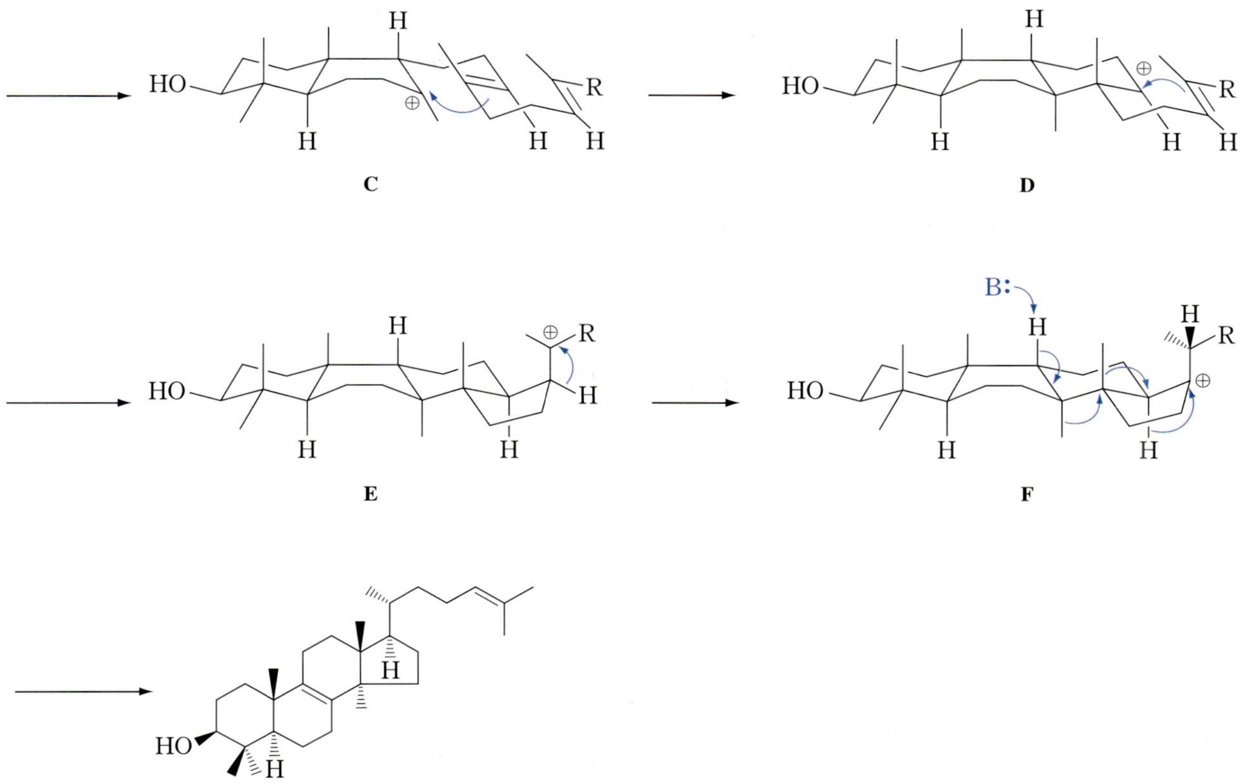

라노스테롤(Lanosterol)

라노스테롤은 그 자체로도 중요하지만 이로부터 다양한 스테로이드 호르몬들이 합성되기 때문에 신약 개발에 있어서도 매우 중요한 위치를 차지하는 물질이다.

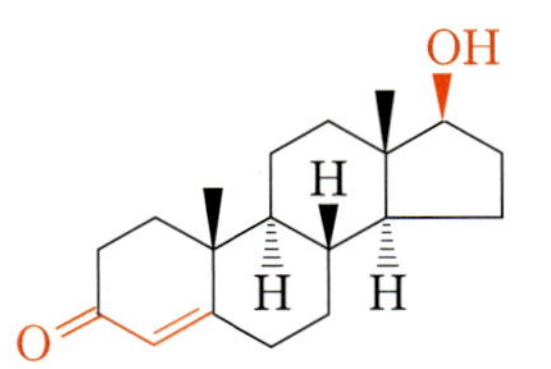

테스토스테론(Testosterone)
(남성 호르몬의 일종)

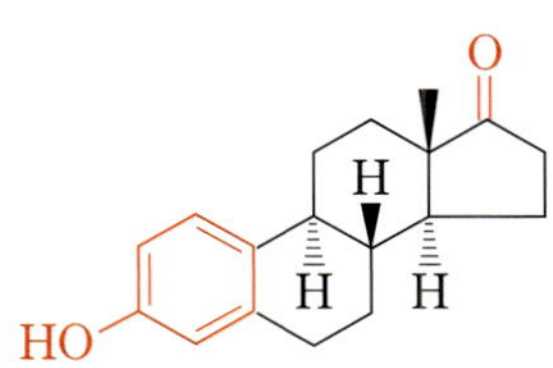

에스트론(Estrone)
(여성 호르몬의 일종)

23.8 요약

23장에서는 생체 고분자 중에서 지질에 대하여 간단하게 알아보았다.

이 과정에서 지질(lipid, 리피드)은 세포나 조직을 비극성 유기 용매로 추출하였을 때 분리되는 유기 화합물, 물에 녹지 않고 비극성 용매에 녹는 생고분자(biomolecule) 화합물, 또는 세포에서 지방산(fatty acid)과 연관되어 사용되는 화합물 등 명확한 기준이 없는 상태에서 기술되었다.

실제로 지질은 왁스(wax), 지방(fat), 인산 지질(phospholipid), 에이코사노이드(eicosanoid), 테르펜(terpene), 스테로이드, 비타민(vitamine), 천연 탄화수소 등 어떤 기준을 제시할 수 없을 정도로 매우 다양한 화합물 군(group)에 걸쳐서 존재한다. 그리고 하부 군(subgroup) 화합물 사이에도 어떠한 구조적인 연관성이나 화학적인 성질의 공통점은 거의 없기 때문에, 관심이 있다면 각각의 내용들을 모두 따로 학습하기 바란다.

연습 문제 풀이

1장 구조 및 화학 결합

1. 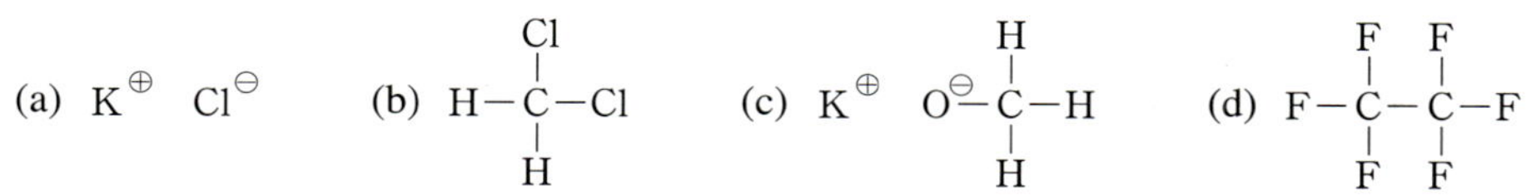

2. 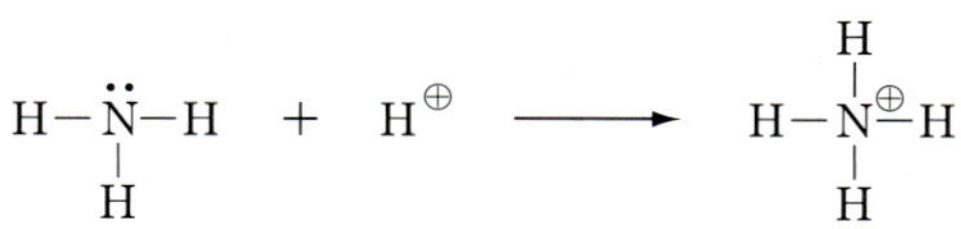

3. (a) 가능한 선형 구조: H−Cl−O−O−O H−O−Cl−O−O 등

가능한 구형 구조: 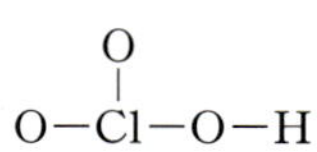

∴ 최종 뼈대 구조: 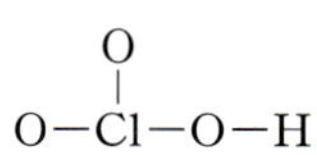

(b) 가능한 선형 구조: H−S−O−O−O−O−H HO−S−O−O−OH 등

가능한 구형 구조: 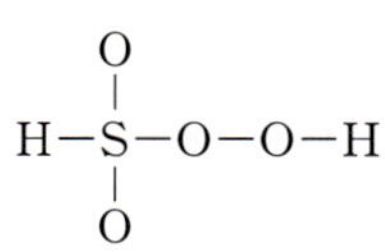 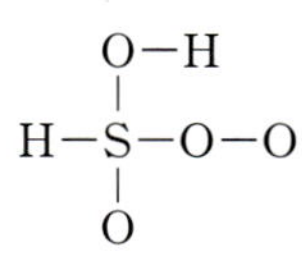 등

∴ 최종 뼈대 구조: 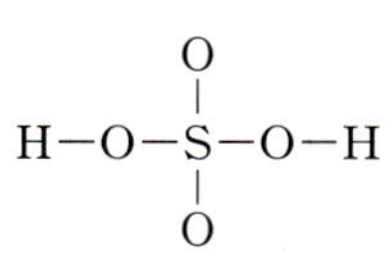

4. (a) 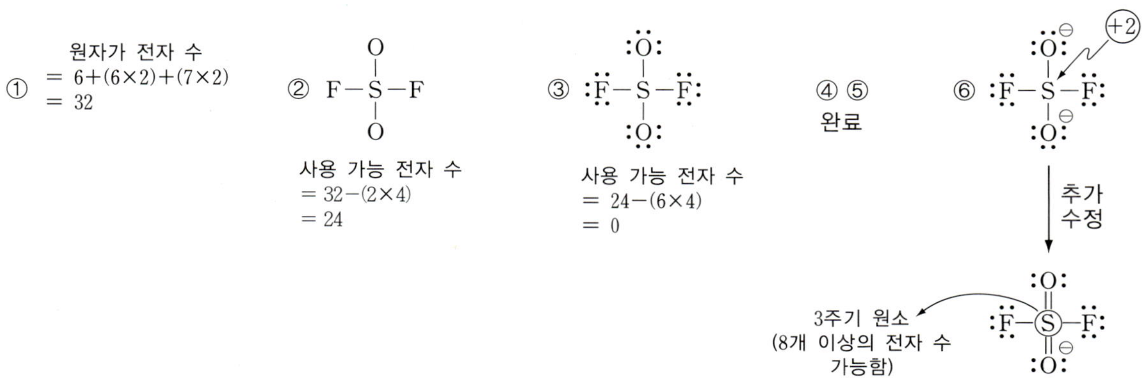

(b) ① 원자가 전자 수 = (4×2)+(1×3)+5 = 16

② 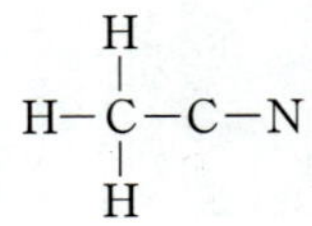

사용 가능 전자 수 = 16−(5×2) = 6

③ 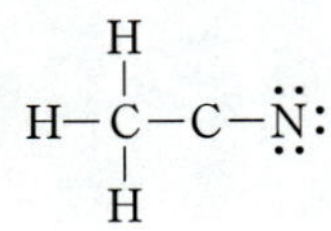

사용 가능 전자 수 = 6−6 = 0

④ 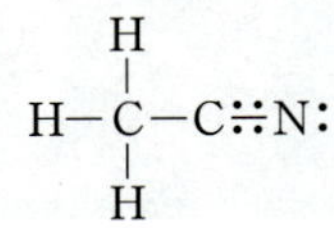

⑤ 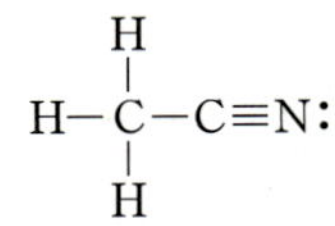

(c) ① 원자가 전자 수 = 1+(7×1)+(6×4) = 32

② 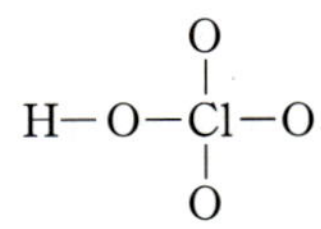

사용 가능 전자 수 = 32−(5×2) = 22

③ 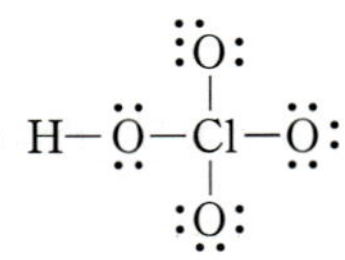

사용 가능 전자 수 = 22−(6×3)−(2×2) = 0

④ ⑤ 완료

⑥ 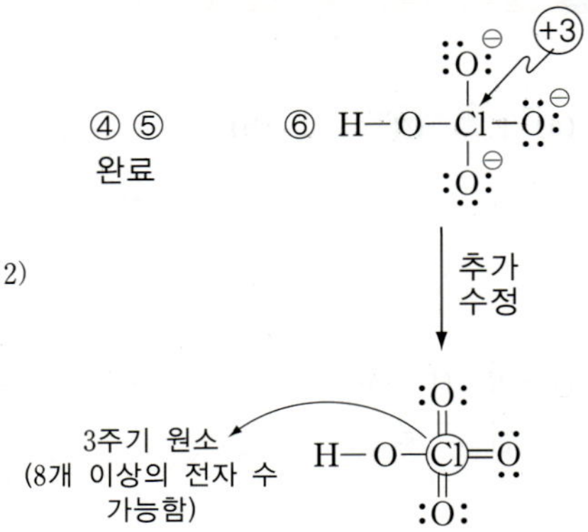

5. (a) 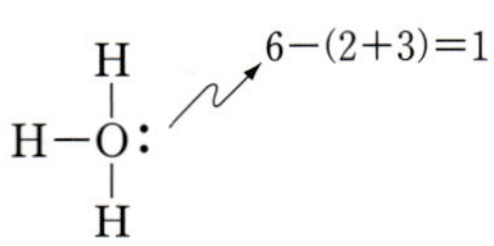

(b) 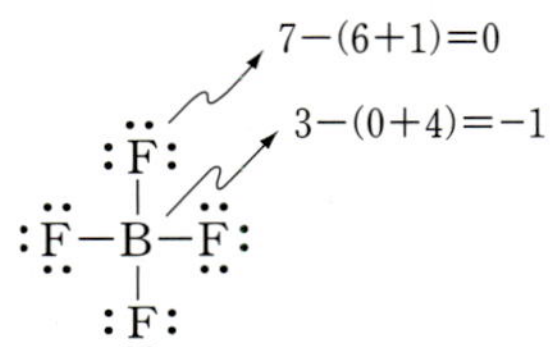

(c) 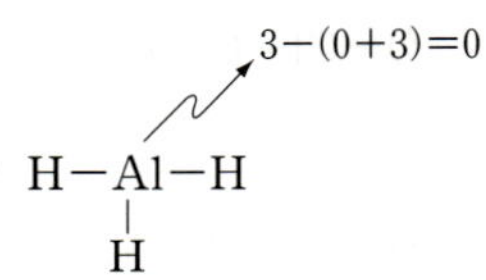

(d) 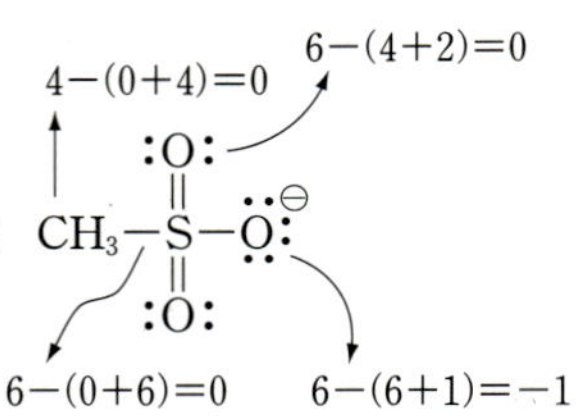

(e) 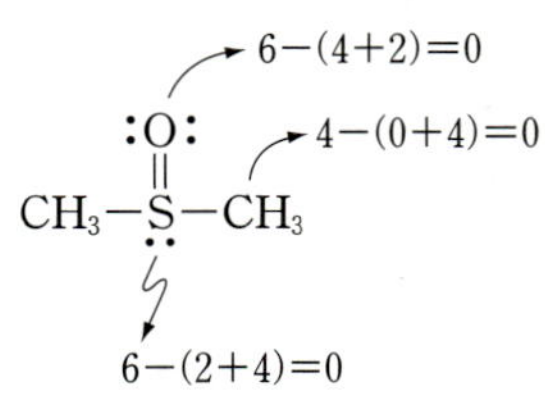

(f) 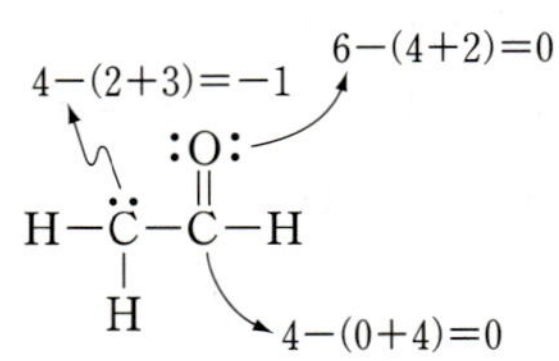

(g) 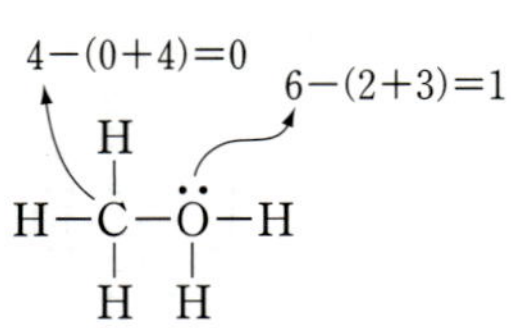

6. (a) 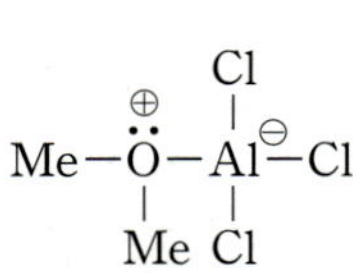

(b) 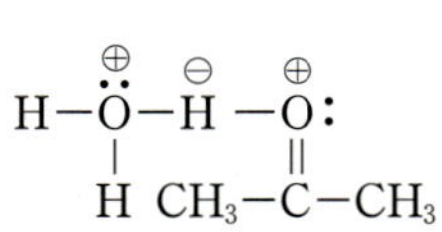

(c) 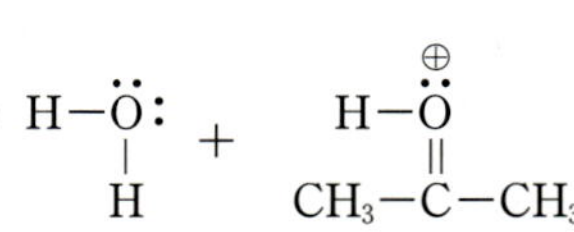

(d) 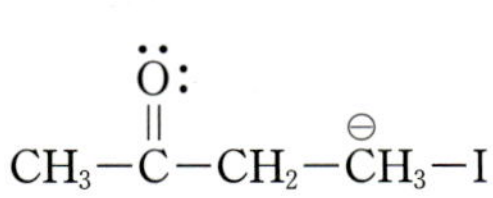

(e) 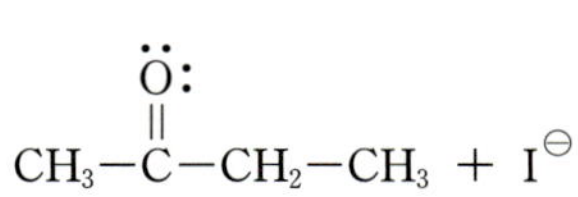

7. (a)

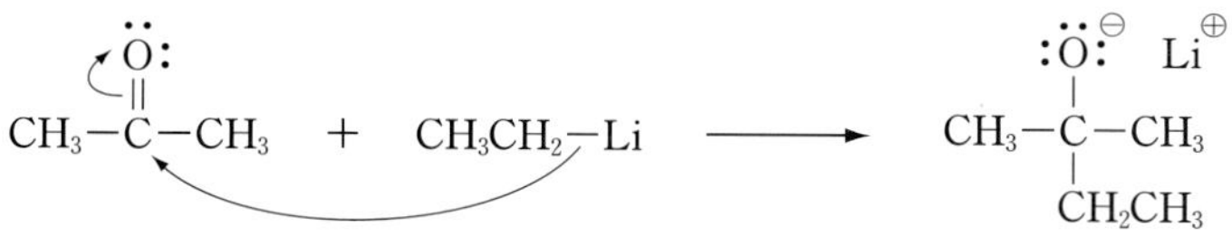

(b)

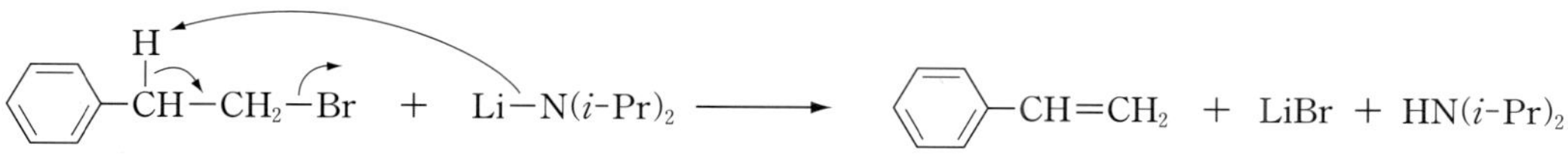

(c)

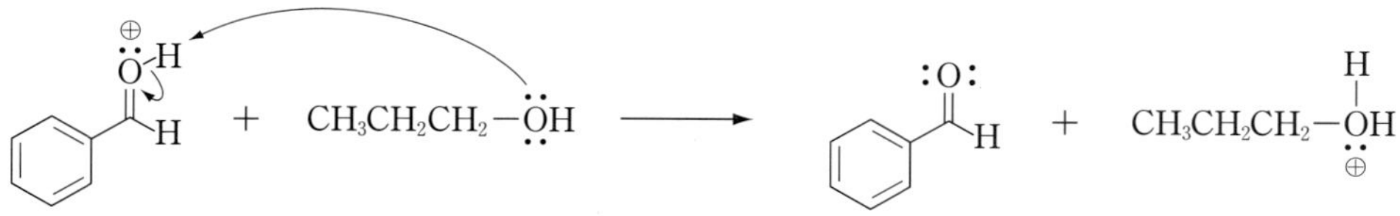

8. (a)

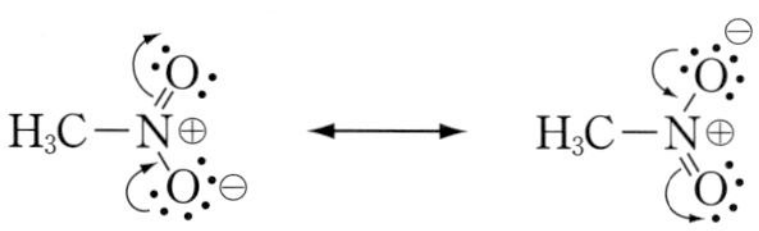

기여도 동일

(b)

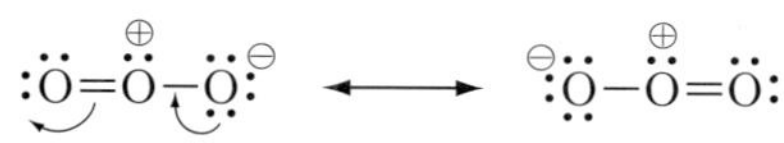

기여도 동일

(c)

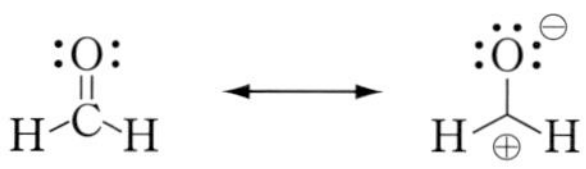

팔전자계
~
기여도 큼

(d)

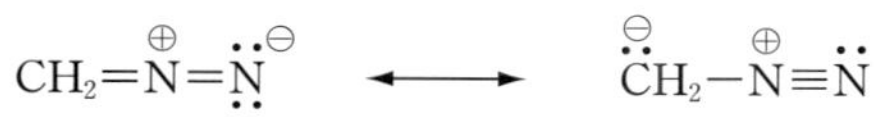

1. 팔전자계
2. (+)-FC on N
3. (−)-FC on Ⓝ

~
기여도 큼

1. 팔전자계
2. (+)-FC on N
3. (−)-FC on Ⓒ

(e)

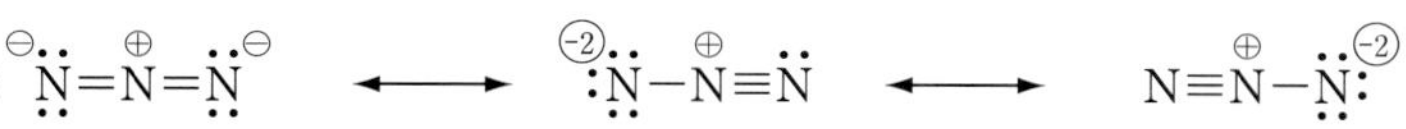

1. 팔전자계
2. (+1)/(−1)-FC

~
기여도 큼

1. 팔전자계
2. (−2)-FC

1. 팔전자계
2. (−2)-FC

9. (a)

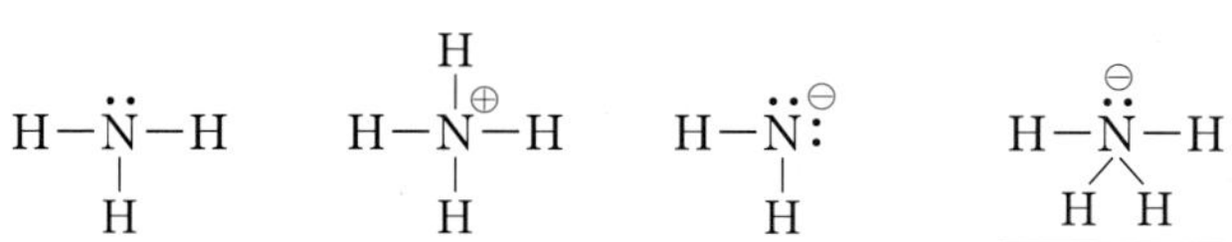

원자가 전자 수 10개
(불가능)

(b)

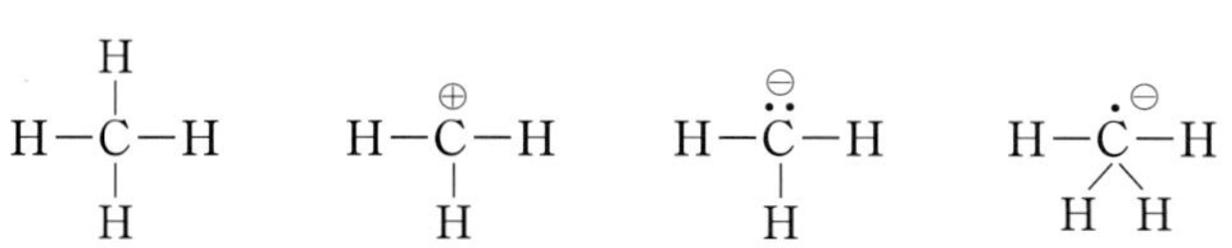

원자가 전자 수 9개
(불가능)

10. (a)

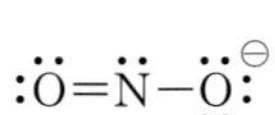

AX_2E_1

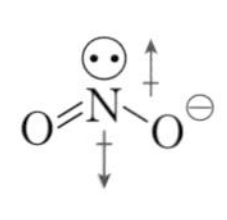

평면 삼각형 골격
꺾인 분자 구조
극성

(b) 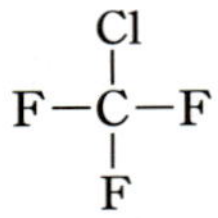

AX$_4$

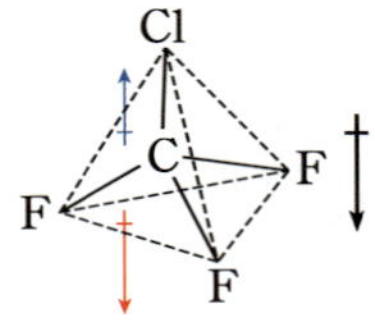

정사면체

정사면체 골격
정사면체 분자 구조
극성

(c) 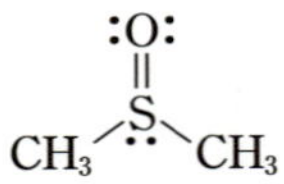

AX$_3$E$_1$

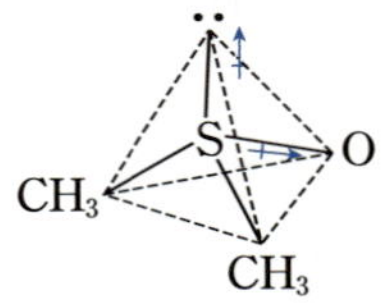

정사면체 골격
삼각뿔형 분자 구조
극성

(d) 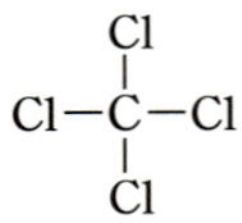

AX$_4$

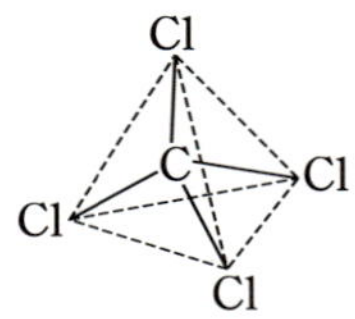

정사면체 골격
정사면체 분자 구조
비극성

(e) 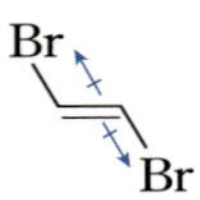

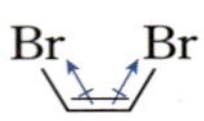

비극성 극성

11. NH_3에서는 세 개 N−H 결합의 쌍극자 모멘트를 모두 합산해서 얻을 수 있는 쌍극자 모멘트의 방향과 질소 고립 전자쌍의 쌍극자 모멘트 방향이 일치하기 때문에 그 크기가 매우 크다. NF_3에서는 세 개 N−F 결합의 쌍극자 모멘트를 모두 합산해서 얻을 수 있는 쌍극자 모멘트의 방향과 질소 고립 전자쌍의 쌍극자 모멘트 방향이 서로 반대 방향으로 향한다. 쌍극자 모멘트의 크기를 비교하면 세 개 N−F 결합의 영향이 고립 전자쌍보다 더 크기 때문에, 결과적으로 NH_3와 비교하였을 때 NF_3에서는 쌍극자 모멘트 방향은 반대이고 크기는 작다.

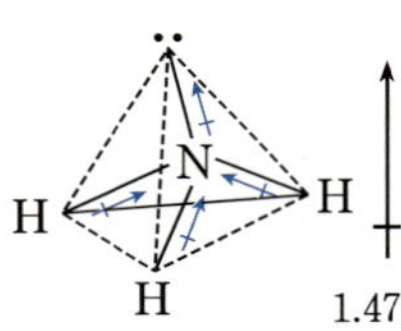

1.47D

NH_3

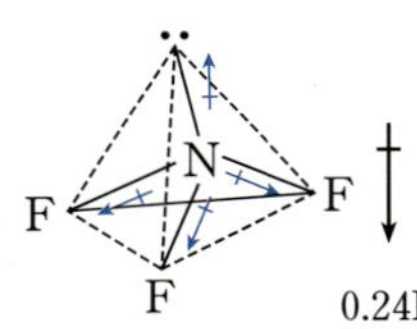

0.24D

NF_3

12. (a) 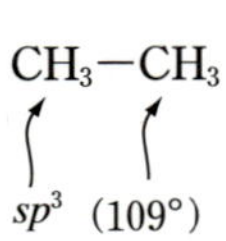

(b) 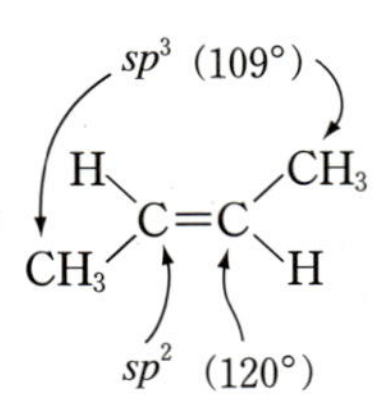

(c) 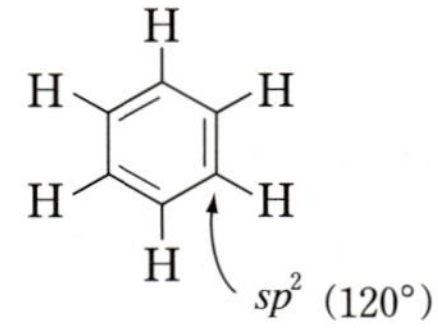

(d) 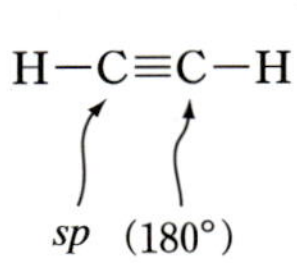

(e) 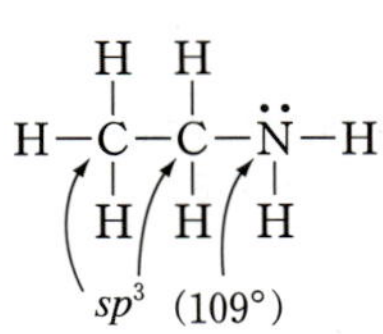

(f) 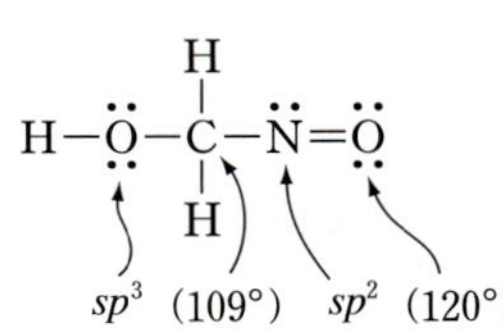

13. 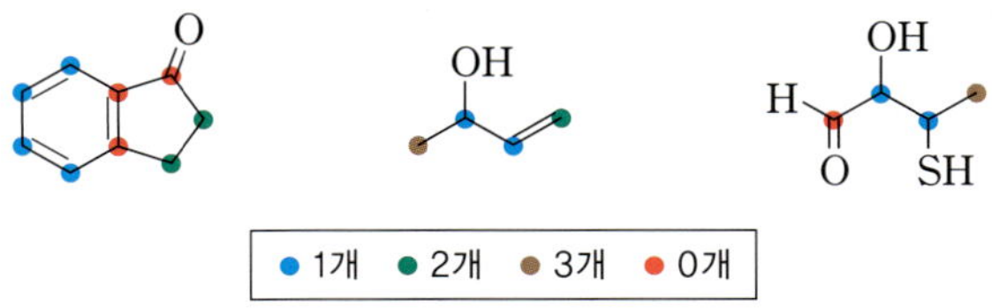

2장 기본 개념

1. (a) 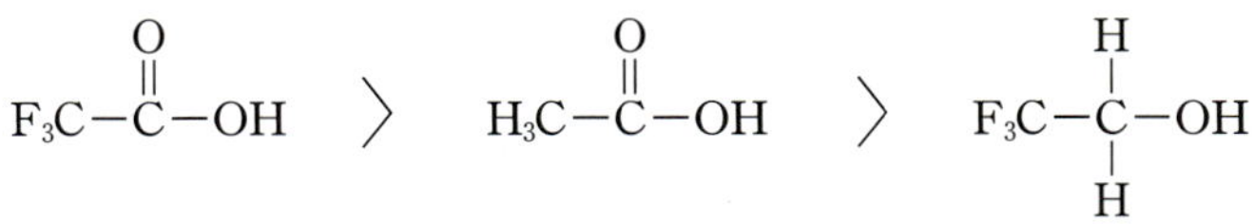

(b) 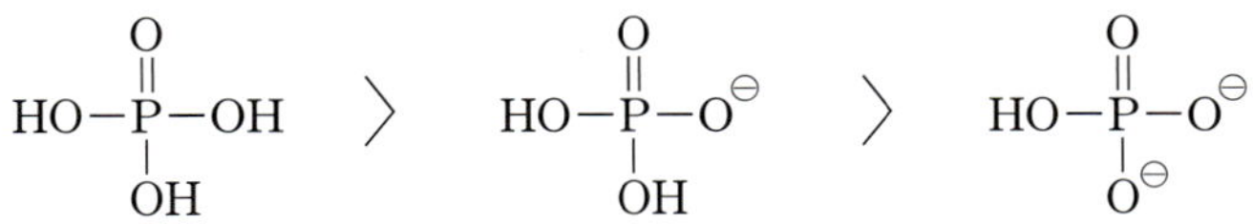

2. 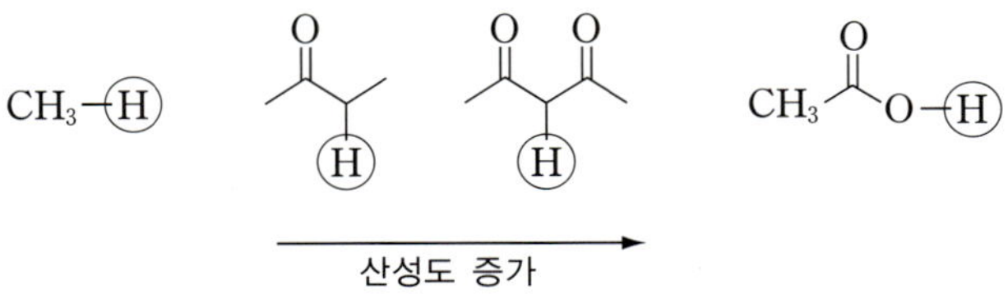

3. 정반응 및 역반응에서 산으로 작용하는 화학종은 각각 AcOH와 NH_4^+이고, $pK_a(AcOH) = 4.8$, $pK_a(NH_4^+) = 9.3$에서 아세트산이 더 강한 산이므로, 아세트산이 산으로 작용하는 방향으로 반응이 진행된다(정반응). 그리고 위 반응이 정반응 방향으로 진행하므로 평형 상수 값은 $10^{4.5}$이 예상된다. 실제로 평형 상수 값을 계산해도 아래와 같이 $10^{4.5}$이 된다.

$$K_{eq} = \frac{[AcO^-][NH_4^+]}{[AcOH][NH_3]} = \frac{pK_a(AcOH)}{pK_a(NH_4^+)} = \frac{10^{-4.8}}{10^{-9.3}} = 10^{4.5}$$

4. (a) 정반응에서의 산: $H_2SO_4 \Longrightarrow pK_a(H_2SO_4) = -4.8$
   역반응에서의 산: $CH_3CH_2OH_2^+ \Longrightarrow pK_a(ROH_2^+) = -1.7$
   평형은 생성 물질 방향에 위치함
   (b) 정반응에서의 산: $CH_3NH_3^+ \Longrightarrow pK_a(CH_3NH_3^+) = 10.5$
   역반응에서의 산: $H_2O \Longrightarrow pK_a(H_2O) = 15.7$
   평형은 생성 물질 방향에 위치함
   (c) 정반응에서의 산: $NH_4^+ \Longrightarrow pK_a(NH_4^+) = 9.8$
   역반응에서의 산: $CH_3CO_2H \Longrightarrow pK_a(CH_3CO_2H) = 4.8$
   평형은 출발 물질 방향에 위치함

5. (a) 

(b) 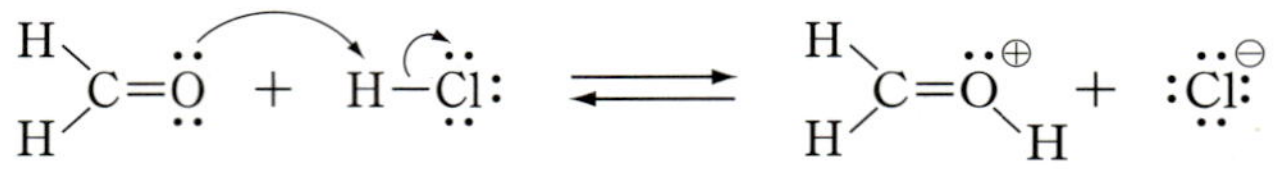

6.

	에테인	프로페인	아세트알데하이드	메탄올
분자량(MW)	30	44	44	32
분산력	○	○	○	○
쌍극자 쌍극자 힘	×	×	○	○
수소 결합	×	×	×	○

→ 끓는점 증가

7. (a) 제거 반응
(b) 치환 반응
(c) 첨가 반응
(d) 자리 옮김 반응

8. 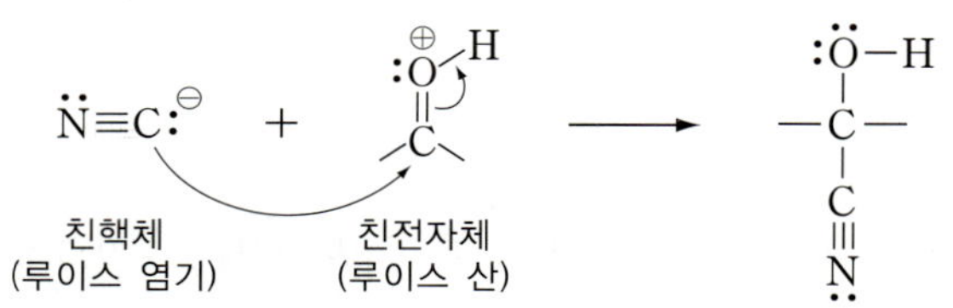

9. (a) 세 개의 단일 단계 반응(A → B, B → C, C → D)

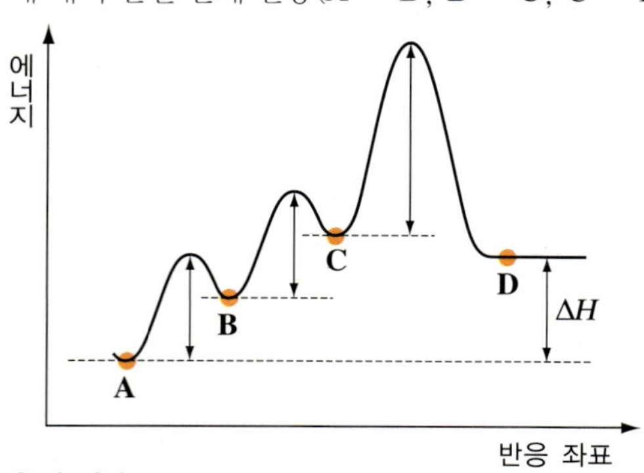

(b) 흡열 반응
(c) 세 번째 반응(C → D)

10. $\Delta G° = -RT \ln K_{eq} = -(8.3136 \text{ J/mol}\cdot\text{K})(298 \text{ K})(\ln K_{eq})$

1 cal = 4.184 J

−78℃: $\Delta G° = -(8.3136 \text{ J/mol}\cdot\text{K})(195 \text{ K})(\ln 10) = -0.89 \text{ kcal/mol}$

25℃: $\Delta G° = -(8.3136 \text{ J/mol}\cdot\text{K})(298 \text{ K})(\ln 10) = -1.36 \text{ kcal/mol}$

100℃: $\Delta G° = -(8.3136 \text{ J/mol}\cdot\text{K})(373 \text{ K})(\ln 10) = -1.71 \text{ kcal/mol}$

11. **A**와 **B**의 에너지 차이:

$$\mathbf{A} \rightleftharpoons [\mathbf{X}] \rightleftharpoons \mathbf{B}$$

평형 1 10 ⟶ $\Delta G° = -0.89$ kcal/mol (−78℃)

두 번째 반응에서의 ΔG: 0.89 + 2.45 = 3.34 kcal/mol

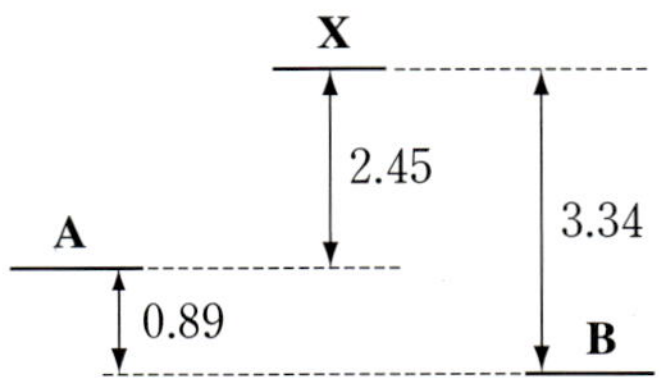

12. 주생성물: $CH_3{-}CH(CH_3)_2 \rightarrow H\cdot + CH_3{-}C(CH_3)_2\cdot$ (3차 라디칼, $\Delta H = 93$ kcal/mol)

부생성물: $CH_3{-}CH(CH_3)_2 \rightarrow H\cdot + \cdot CH_2{-}CH(CH_3)_2$ (1차 라디칼, $\Delta H = 100$ kcal/mol)

13. 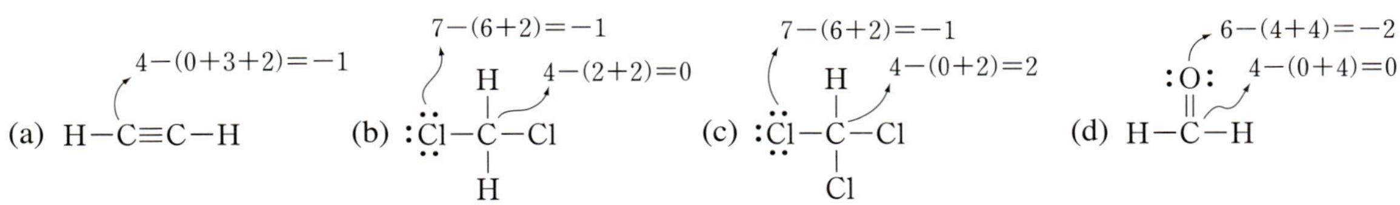

14. (a) H_3O^+:

형식 전하(O) = 6−2−3 = 1

형식 전하(H) = 1−0−1 = 0

산화수(O) = 6−2−(2×3) = −2

산화수(H) = 1−0−(2×0) = 1

(b) NH_4^+:

형식 전하(N) = 5−0−4 = 1

형식 전하(H) = 1−0−1 = 0

산화수(N) = 5−0−(2×4) = −3

산화수(H) = 1−0−(2×0) = 1

3장 포화 탄화수소

1. (a) 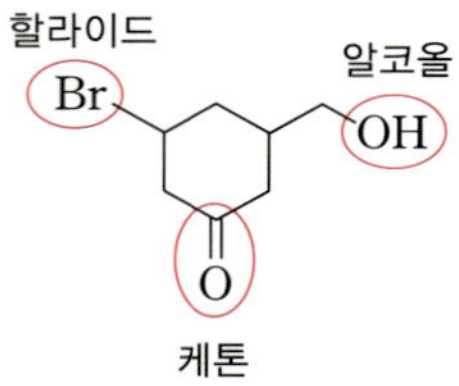

(b) 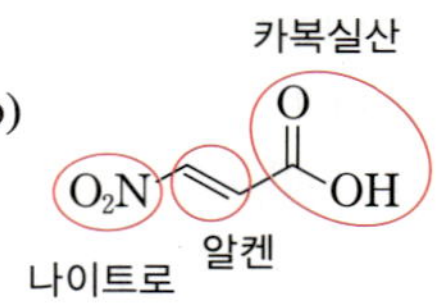

(c) 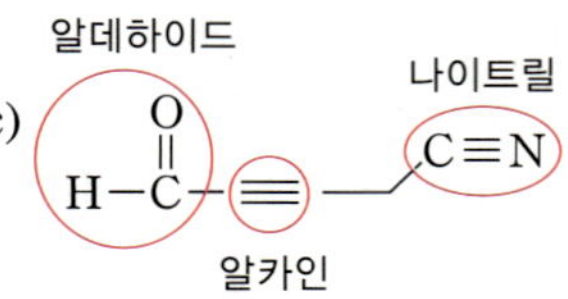

(d) 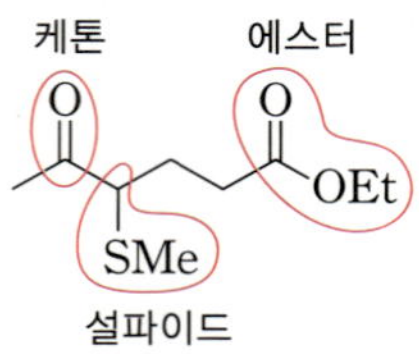

(e) 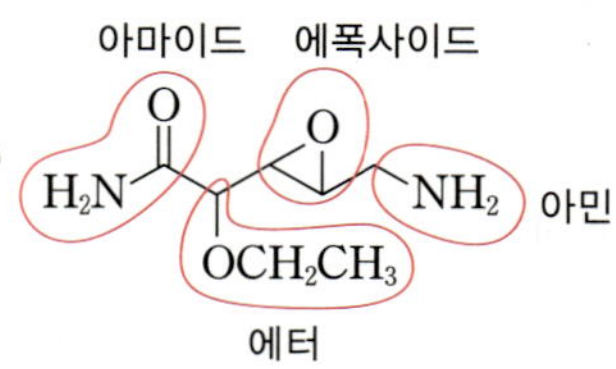

2. (a) 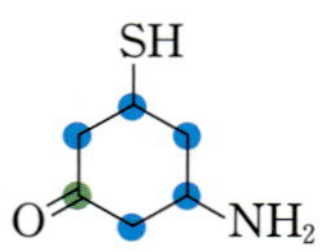

(b) 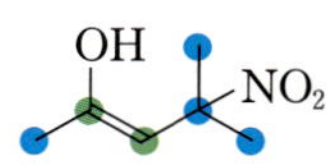

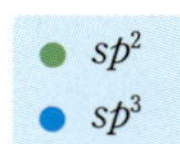

3.
(a) 1차 알코올
(b) 2차 알코올
(c) 1차 알코올
(d) 2차 알코올
(e) 3차 알코올
(f) 2차 알코올

4.
(a) 2,2,4-trimethylhexane
(b) 5-ethyl-2,2-dimethylheptane
(c) 일치
(d) 6-bromo-3-ethyl-4-methyloctane

5.
(a) 2,2,6,6,7-pentamethyloctane
(b) 4-ethyl-2,4-dimethylhexane
(c) 2-ethyl-1,4-dimethylcycloheptane
(d) 1-bromo-2-chloro-4-methylcyclohexane

6. C_7 선형 기본 골격: 

C_6 선형 기본 골격: 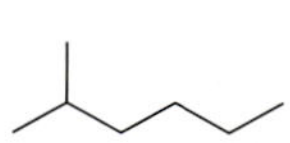 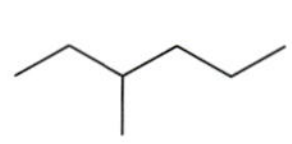

C_5 선형 기본 골격: 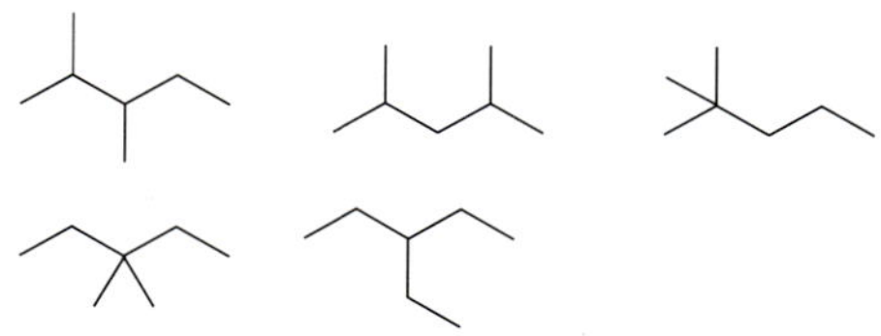

C_4 선형 기본 골격: 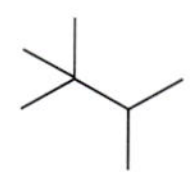

7. 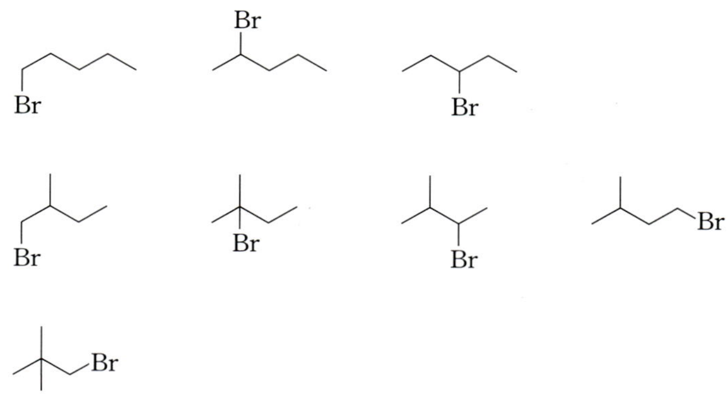

8. (a) 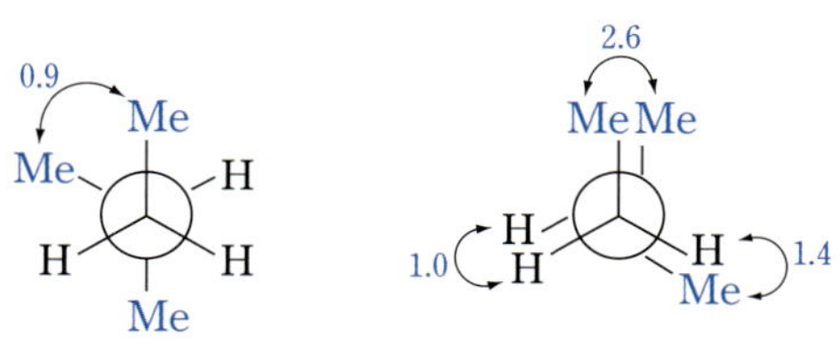

(가장 안정) (가장 불안정)

에너지:	0.9	5.0
상대 에너지:	0	4.1
최소 회전 에너지:	4.1 kcal/mol	

(b) 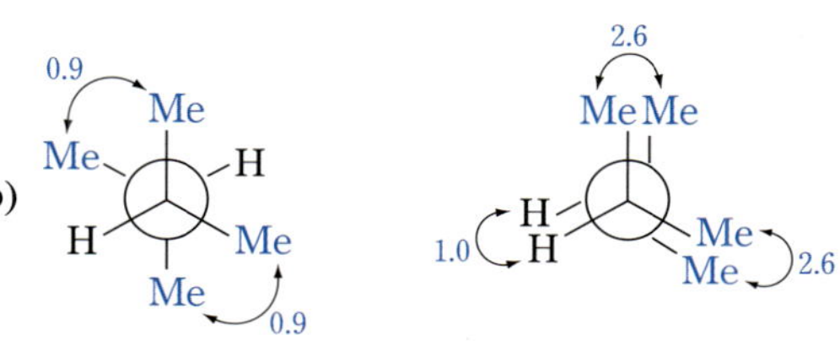

(가장 안정) (가장 불안정)

에너지:	1.8	6.2
상대 에너지:	0	4.4
최소 회전 에너지:	4.4 kcal/mol	

(c) 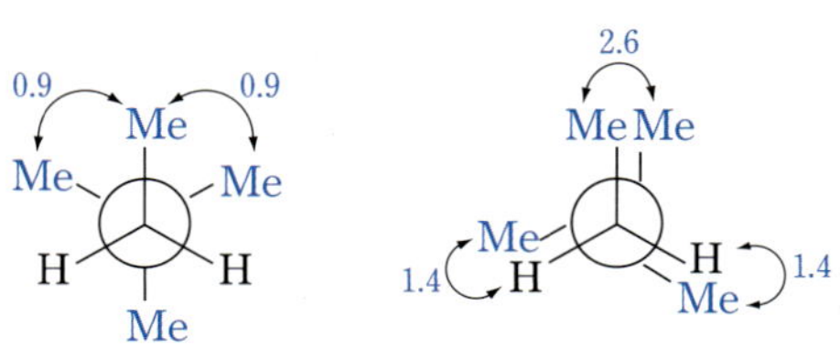

(가장 안정) (가장 불안정)

에너지:	1.8	5.4
상대 에너지:	0	3.6
최소 회전 에너지:	3.6 kcal/mol	

(d) 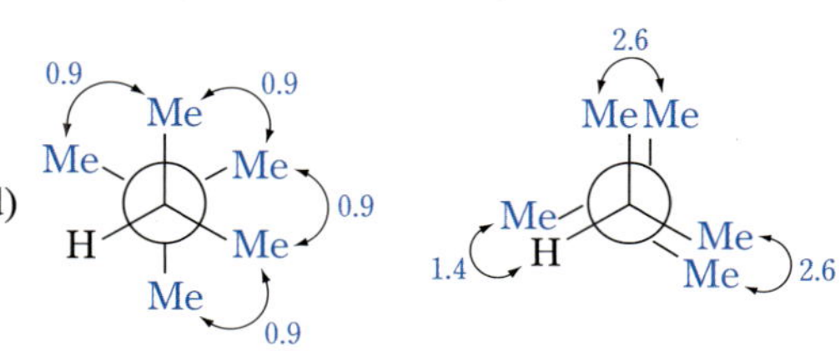

(가장 안정) (가장 불안정)

에너지:	3.6	6.6
상대 에너지:	0	3.0
최소 회전 에너지:	3.0 kcal/mol	

9. 무리가 없는 C_7H_{14}: $\Delta H_f^\circ = -4.92 \times 7 = -34.44$ kcal/mol

실제 C_7H_{14}: $\Delta H_f^\circ = -28.2$ kcal/mol

$\Rightarrow$ 고리 무리 = 6.24 kcal/mol

10. 형태 이성질체

11. (a)

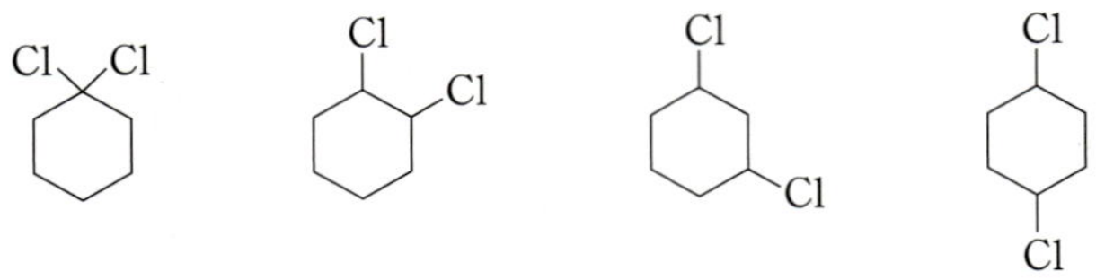

시스 및 트랜스　　시스 및 트랜스　　시스 및 트랜스

(b)

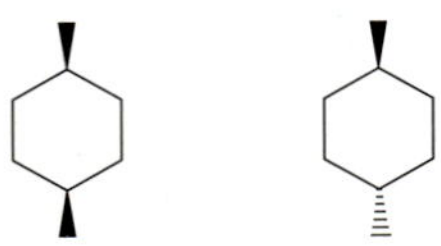

12. (a)

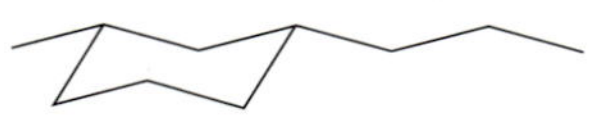

(b)

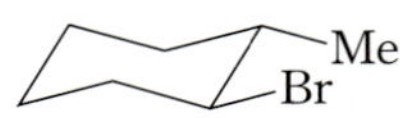

(c)

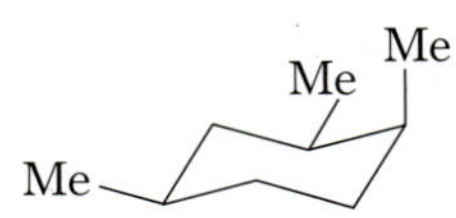

(d)

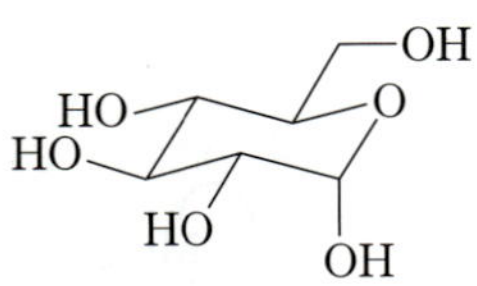

(e)

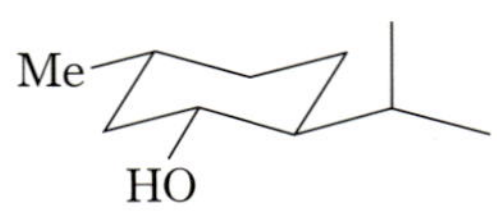

13. (a) *n*-butane (열역학적으로 곁가지가 생기면 안정화됨)

(b) *cis*-1,4-dimethylcyclohexane (*trans*-1,4-dimethylcyclohexane이 더 안정함)

14. **I**가 고리 뒤집힘을 하면 **J**가 된다. **I**는 수직 방향 메틸기가 없어서 입체 장애가 없으나, **J**는 Me−H, Me−H라는 두 개의 1,3-이수직 방향 상호 작용이 있고(각각 0.9 kcal/mol), Me−Me라는 한 개의 1,3-이수직 방향 상호 작용이 있는데(3.6 kcal/mol), 이것을 따로 구분하여 1,3-신-펜테인(*syn*-pentane) 상호 작용이라고 한다. 따라서 **I**는 **J**보다 약 5.4 kcal/mol 안정하고, 상온의 평형 상태에서는 **I** : **J** ≈ 10000 : 1으로 존재한다.

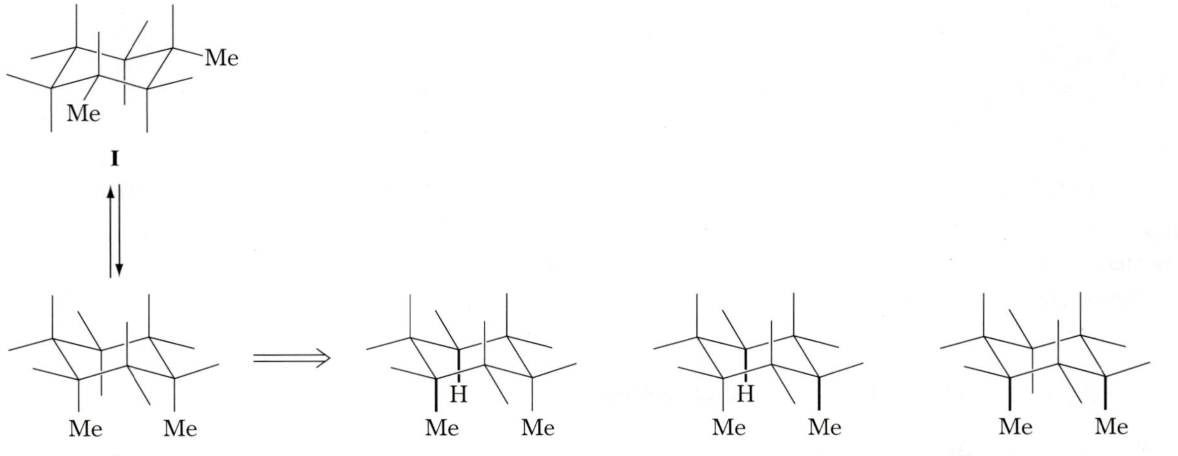

1,3-diaxial(0.9 kcal/mol)　　1,3-diaxial(0.9 kcal/mol)　　*syn*-pentane(3.6 kcal/mol)

15. 트랜스-화합물에서는 1,3-이수직 방향 상호 작용이 있어서 시스-화합물이 트랜스-화합물보다 1.8 kcal/mol 더 안정하다.

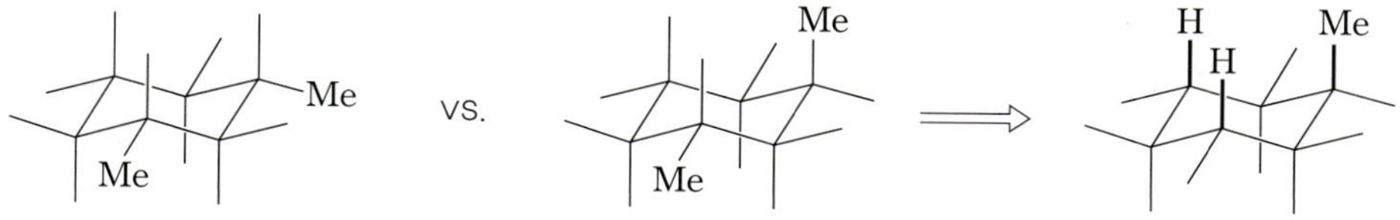

시스 트랜스 1,3-diaxial(1.8 kcal/mol)

4장 알켄

1. (a) C_5H_7Cl: $IHD = \frac{(2\times5+2)-1-7}{2} = 2$

(b) $C_{10}H_{15}N$: $\frac{(2\times10+2)+1-15}{2} = 4$

(c) $C_{15}H_{19}N_2OCl$: $\frac{(2\times15+2)+2+0-1-19}{2} = 7$

2. (a) $C_{18}H_xO_3N$, 탄소 고리 4개(−8개), 이중 결합 2개(−4개), 질소 원자 1개(+1개)
포화 탄화수소의 경우: $C_{18}H_{38}$
$x = 38-8-4+1 = 27$

(b) $C_{11}H_xOBr$, 탄소 고리 2개(−4개), 삼중 결합 1개(−4개), 이중 결합 1개(−2개), 할로젠(−1개)
포화 탄화수소의 경우: $C_{11}H_{24}$
$x = 24-4-4-2-1 = 13$

3. $IHD = \frac{(2\times4+2)-0-8}{2} = 1$이므로 이중 결합 1개, 고리 1개 등 두 가지 상황이 가능하고, 각각의 모든 상황을 고려하면 아래와 같다.

비고리형 탄화수소 (곁가지 없음): 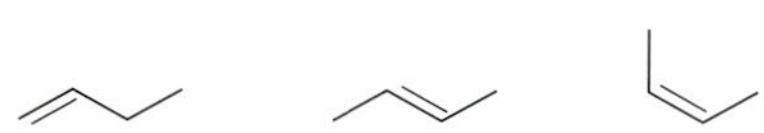

비고리형 탄화수소 (곁가지 있음): 

고리형 탄화수소: 

4. (a) 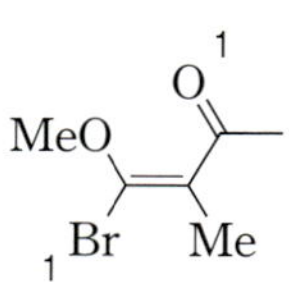

(*E*)

(b) 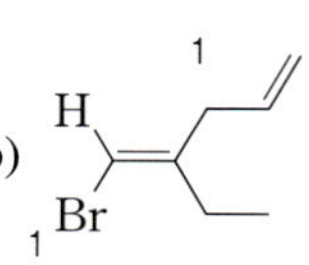

(*E*)

(c) 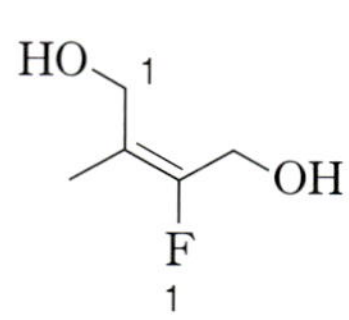

(*E*)

(d) 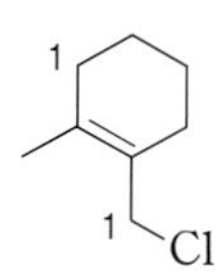

(*E*)

5. (a) 1,1,2-trichloroethene
(b) (*E*)-3-methylpenta-1,3-diene
(c) 1-methylcyclohexene
(d) (4*E*)-2-butyl-3-ethyl-4-methylhexa-1,4-diene
(e) (3*E*,6*E*)-3,7-dimethylnona-1,3,6-triene
(f) 1-bromo-5-ethyl-4,6-dimethylcyclohexa-1,3-diene

6. 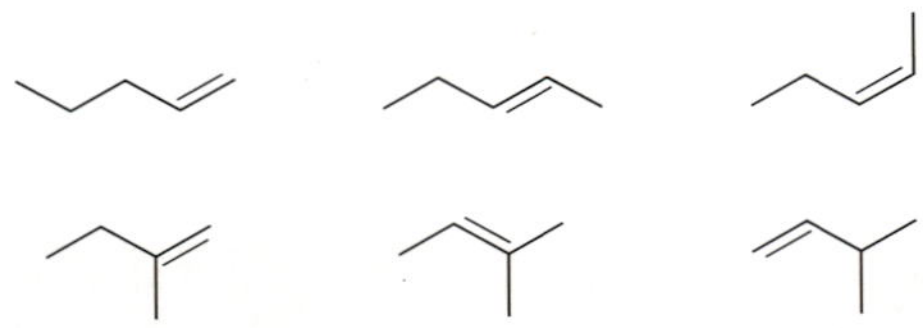

7. 

시스-사이클로옥텐

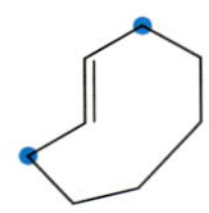

트랜스-사이클로옥텐

시스-사이클로옥텐에서는 점으로 표시된 알릴 탄소 사이에 입체 장애가 조금 있지만, 고리 전체의 관점에서는 비틀림 무리 및 각 무리 등이 매우 작은 구조가 가능하다.

트랜스-사이클로옥텐에서는 점으로 표시된 알릴 탄소 사이에 입체 장애가 전혀 없지만 알릴 탄소가 서로 반대편을 향하고 있고, 이러한 알릴 탄소로부터 고리를 형성하는 데 추가적인 네 개의 탄소로는 조금 부족해서 전체적으로 상당한 무리가 생기게 된다.

이러한 이유로 트랜스-사이클로옥텐은 시스-사이클로옥텐보다 열역학적으로 훨씬 불안정하게 된다.

8. 반응 메커니즘은 아래와 같다. 첫 번째 단계에서는 한 개의 σ-결합 및 π-결합이 끊어지면서 한 개의 σ-결합이 생기므로 흡열 반응성이 매우 클 것으로 예상되고, 두 번째 단계에서는 한 개의 σ-결합이 생성되면서 고리 무리가 없어지기 때문에 발열 반응성이 매우 클 것으로 예상할 수 있다. 따라서 통상적으로 첫 번째 단계의 활성화 에너지가 클 것으로 추론할 수 있다.

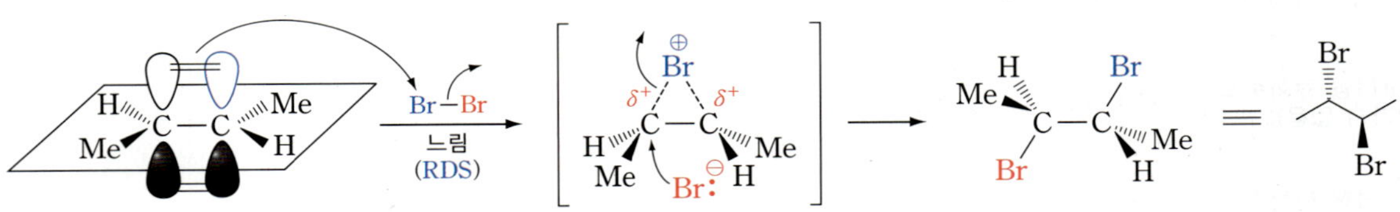

고리형 양이온(**C**)　　안티(*anti*)

9. 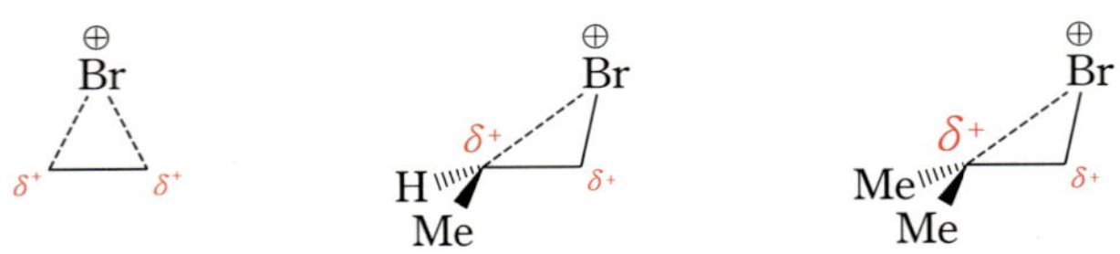

10. (a) 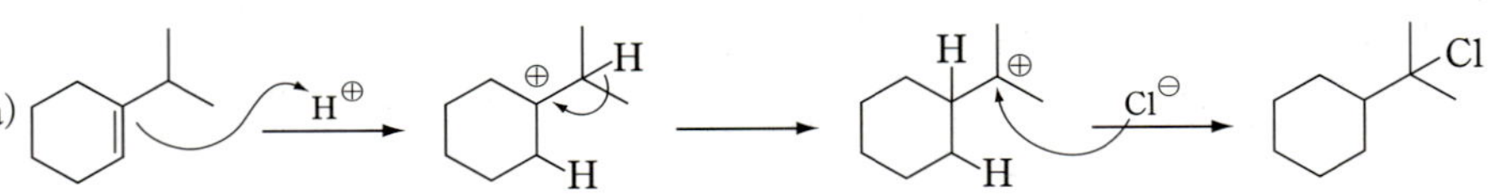

(b) 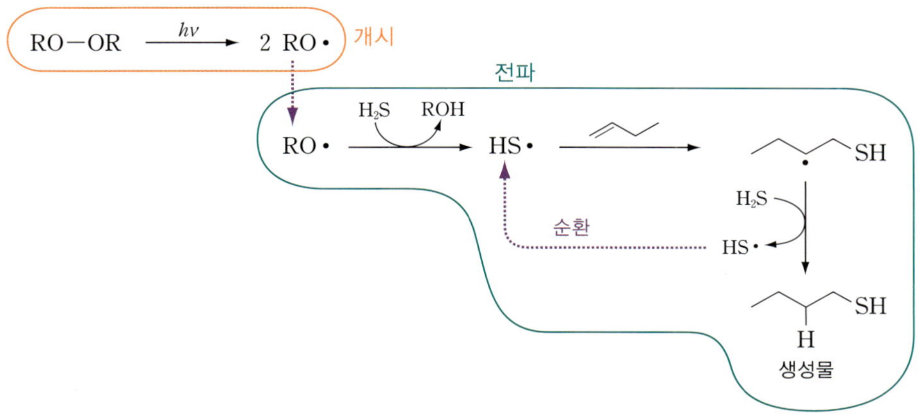

11. 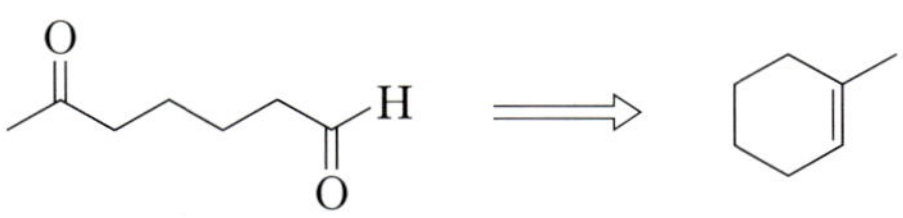

12. 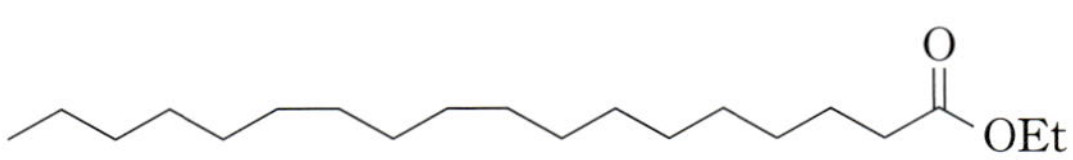

13. 에텐의 촉매 수소화 반응에서는 H—H의 σ-결합과 C=C의 π-결합이 끊어지고 두 개의 C—H 결합이 생성된다. 이 과정은 결국 104 kcal/mol 및 56 kcal/mol의 에너지가 유입되고 100 kcal/mol × 2 = 200 kcal/mol의 에너지가 방출됨을 의미하므로 결과적으로 40 kcal/mol의 에너지를 방출하는 발열 반응이다.

14. (a) 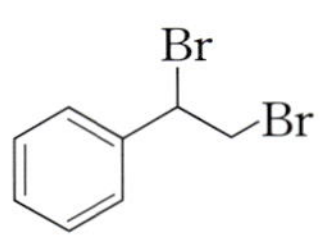

(b) 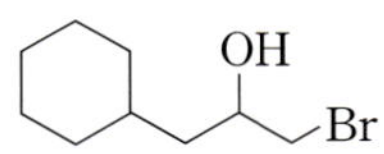

(c) 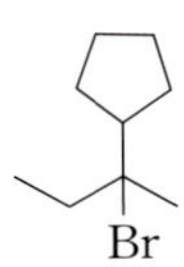

(d) 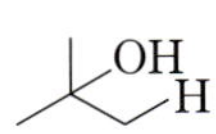

(e) 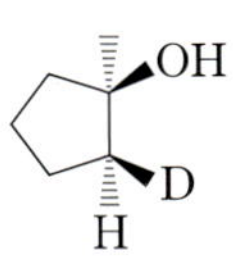

(f) 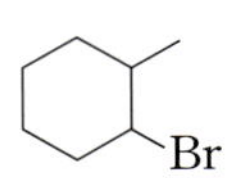

(g) 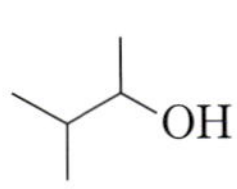

(h) 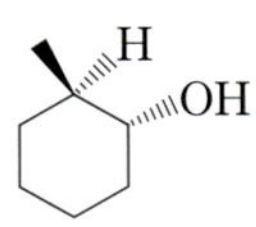

(i) 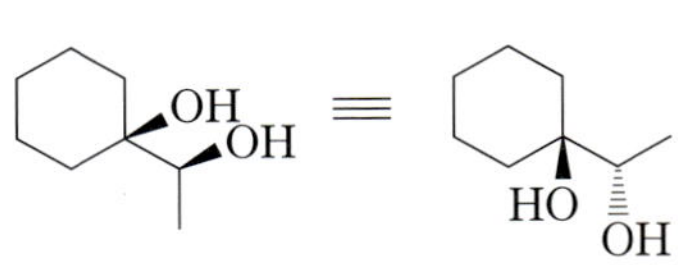

(j) 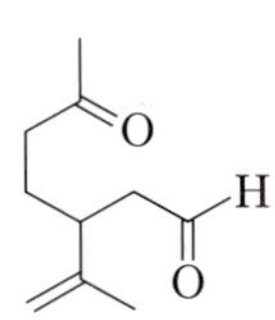

(k) 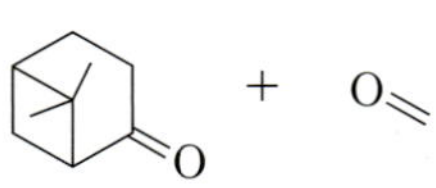

(l) 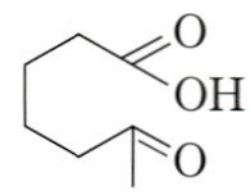

(m) 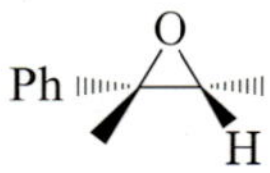

(n) 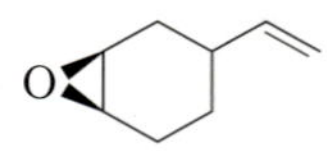

(o) 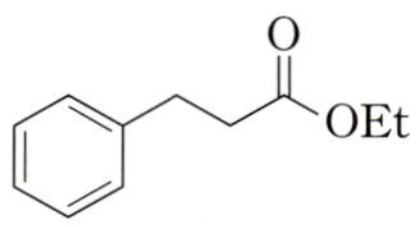

(p) 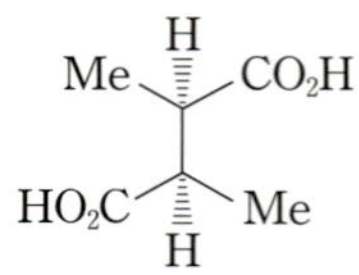

(q) 

(r) 

15. (a) 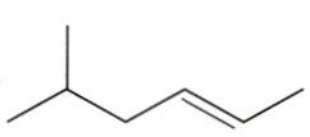

(b) 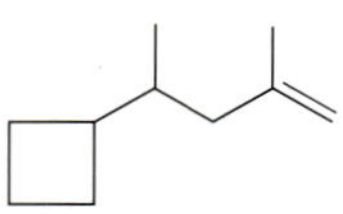

(c) 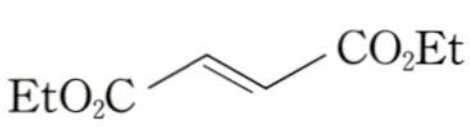

(d) 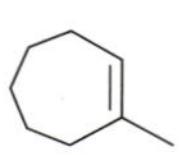

16. 개시제가 스타이렌과 반응하여 생성되는 중간체에서 **B**는 단순한 1차 라디칼이지만 **A**는 2차 라디칼이면서 동시에 벤젠 고리 방향으로 공명이 가능하다. 즉 **A**가 **B**보다 더 안정하고, 여기에 Hammond 가설을 적용하면 **A**를 생성하는 경로가 더 빠름을 알 수 있으며, 이것이 반복되면 결국 폴리스타이렌에서 벤젠 곁가지는 탄소 사슬을 따라서 차례로 반복된다.

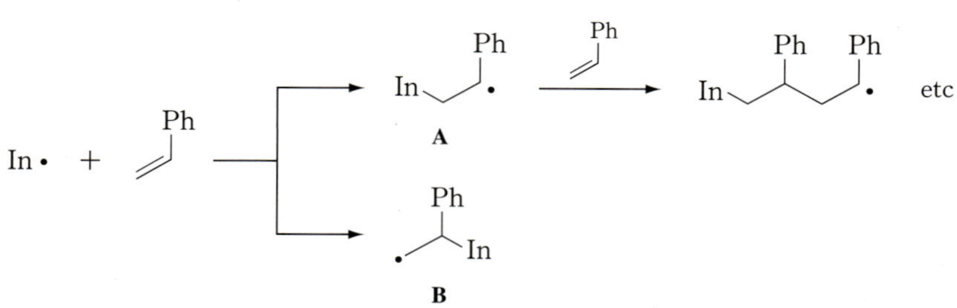

5장 알카인

1. (a) (*E*)-Hex-2-en-4-yne
(b) (*E*)-4-Methylnon-7-en-1-yne
(c) (*E*)-5-Methylhept-3-en-1,6-diyne
(d) 3,6-diethyl-2-methylnon-4-yne

2. (a) $K \approx 10^{-25-(-16)} = 10^{-9}$
(b) $K \approx 10^{-(25-60)} = 10^{35}$

3. (a) 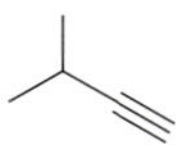

(b) 

(c) 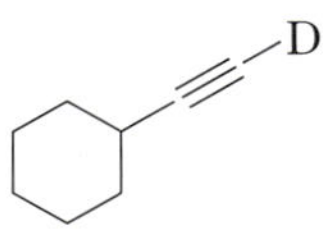

(d) 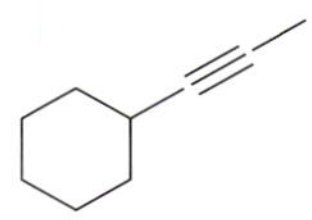

(e) 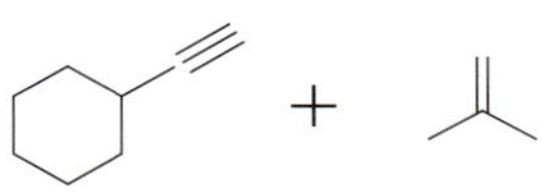

(f) 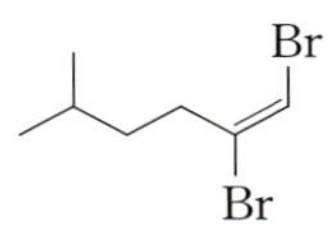

(g) 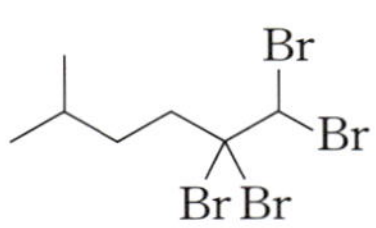

(h) 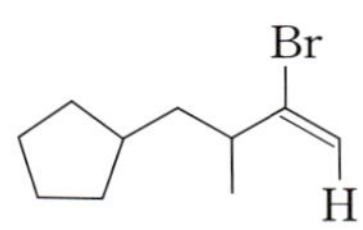

(i) 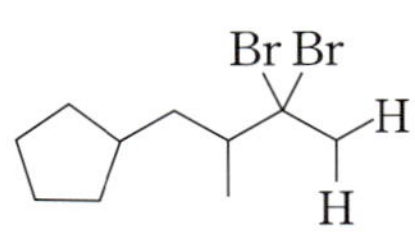

(j) 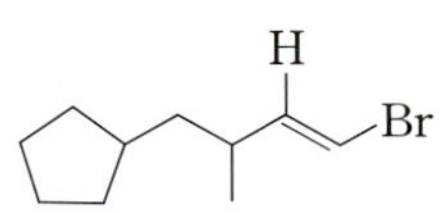

(k) 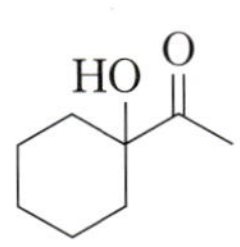

(l) 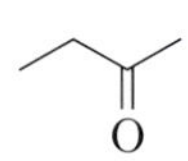

(m) 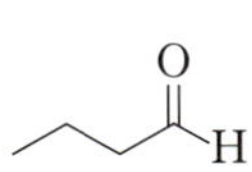

(n) 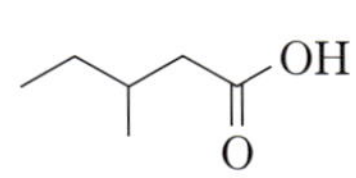

(o) 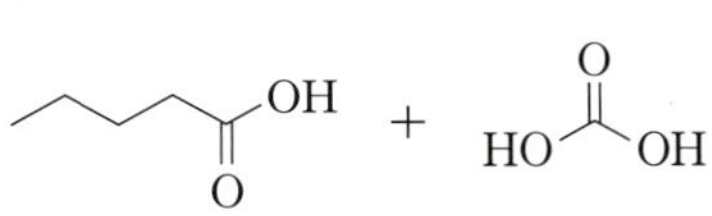

(p) 

(q) 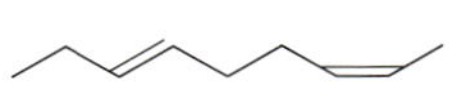

(r) 

(s) 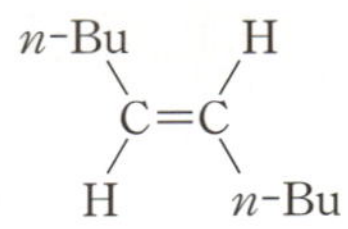

4. 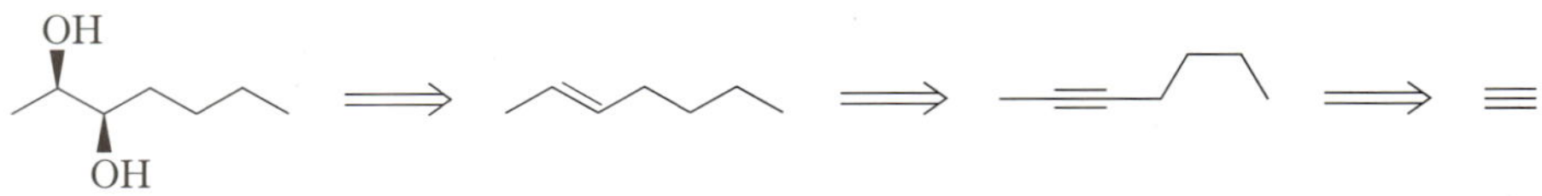

OsO_4 — Li, NH_3 — 1. $NaNH_2$/MeI 2. $NaNH_2$/BuI

5. 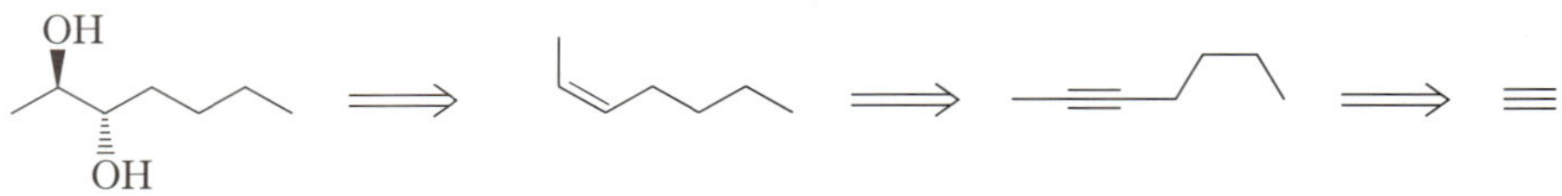

OsO_4 — Lindlar 촉매 H_2 — 1. $NaNH_2$/MeI 2. $NaNH_2$/BuI

6. (a) 1. $NaNH_2$; MeI
2. Li, NH_3
3. Zn(Cu), CH_2I_2

(b) 1. $NaNH_2$; D_2O
2. Lindlar 촉매, H_2
3. *m*CPBA

(c) 1. Br_2
2. $NaNH_2$ (과량)
3. Lindlar 촉매

6장 입체 화학

1. (a) 

대칭면이 있으므로 카이랄 화합물이 아니다.

(b) 

대칭면

C=C 이중 결합을 반으로 자르는 대칭면이 있으므로 카이랄 화합물이 될 수 없다.

(c) 

대칭면이 있으므로 카이랄 화합물이 아니다.

(d) 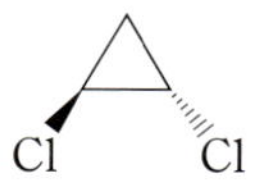

카이랄 화합물이다.

(e) 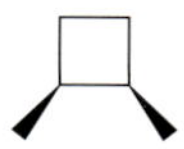

대칭면이 있으므로 카이랄 화합물이 아니다.

2. (a) 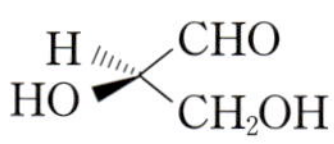

(*R*)

(b) 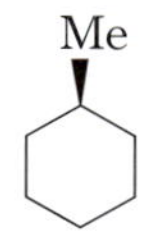

비카이랄 탄소

(c) 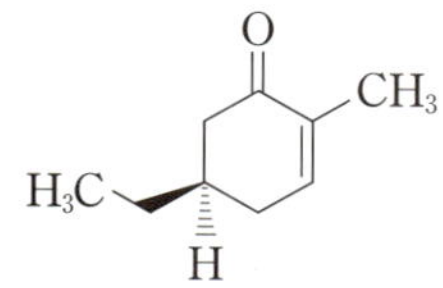

(*R*)

(d) 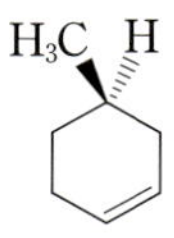

(*R*)

(e) 

(*S*)

(f) 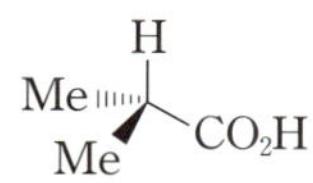

비카이랄 탄소

(g) 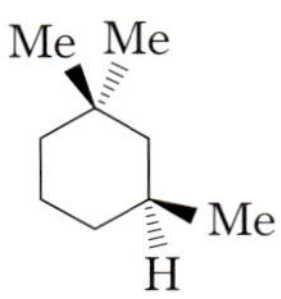

(*S*)

(h) 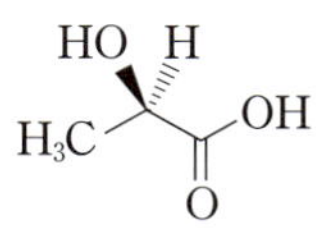

(*R*)

3. **A** : *ent*-**A** = x : y라고 가정하면,

x, y는 퍼센트 조성을 의미하므로 $x + y = 100$

시료가 a% *ee* 혼합물이므로 $x - y = \mathrm{a}$

따라서, $x = (100 + \mathrm{a})/2$, $y = (100 - \mathrm{a})/2$이다.

즉, 76% *ee* (주성분 88%, 부성분 12%)

58% *ee* (주성분 79%, 부성분 21%)

34% *ee* (주성분 67%, 부성분 33%) 등이다.

4. (a) 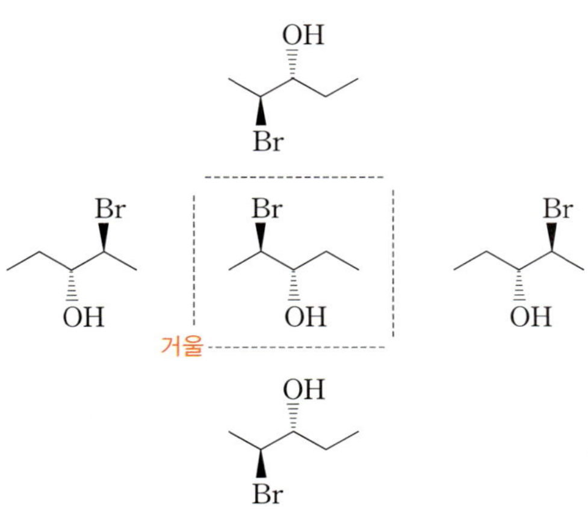

(b) 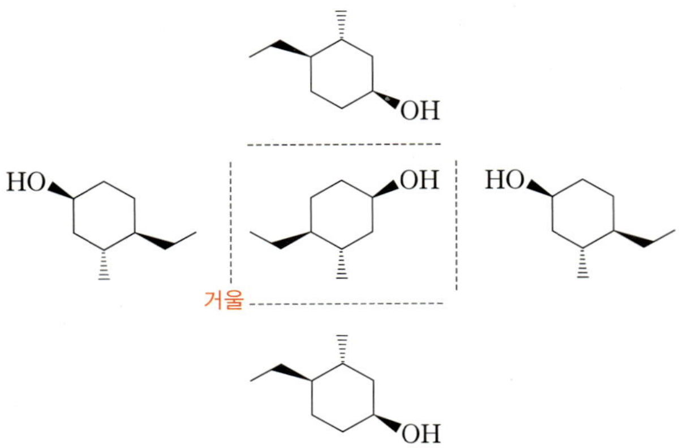

5. 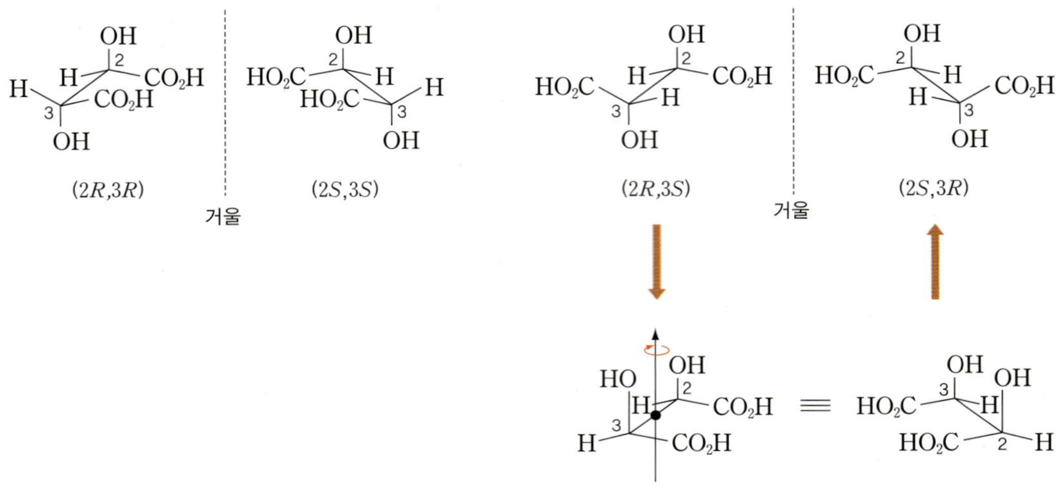

6. (a) 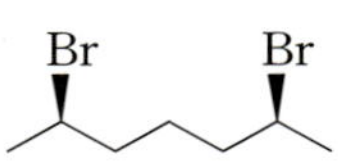

(b) 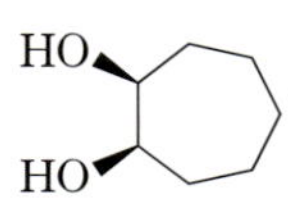

(c) 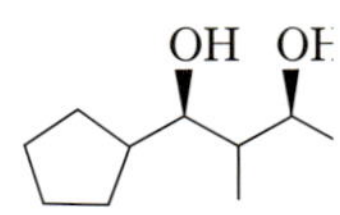

7. 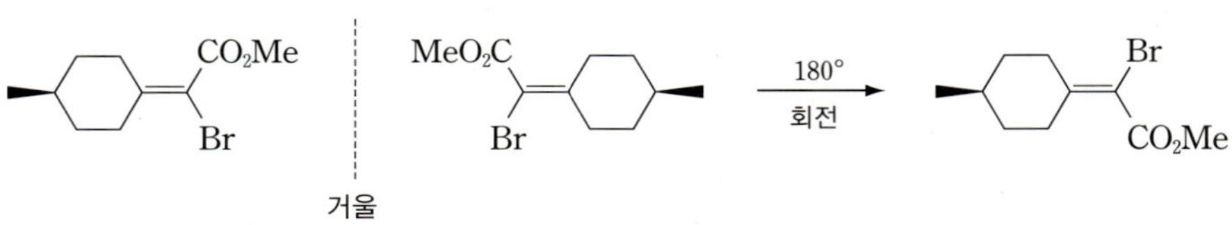

카이랄 탄소의 구조를 겹치게 그리면 이중 결합에서 Br 및 CO_2Me의 위치가 교환됨을 알 수 있다. 즉, 주어진 화합물과 거울상은 서로 겹치지 않으며, 따라서 이 화합물은 광학 활성을 띤다.

8. 시스-2-뷰텐은 대칭면이 존재하므로 비카이랄 화합물이고, 따라서 친전자체(Br^+)가 평면의 위 또는 아래에서 접근하는 것은 동일하기 때문에 구별할 필요가 없다. 만약 친전자체(Br^+)가 평면의 위에서 접근하면 삼각형 양이온 중간체(**A**)가 생성되는데, **A**도 대칭면이 존재하므로 비카이랄 화합물임을 알 수 있다. 이때 친핵체(Br^-)가 **A**의 C_2 탄소를 공격하면 (2*S*,3*S*)-2,3-다이브로모뷰테인이 생성되고(경로 1), **A**의 C_3 탄소를 공격하면 (2*R*,3*R*)-2,3-다이브로모뷰테인이 생성된다(경로 2).

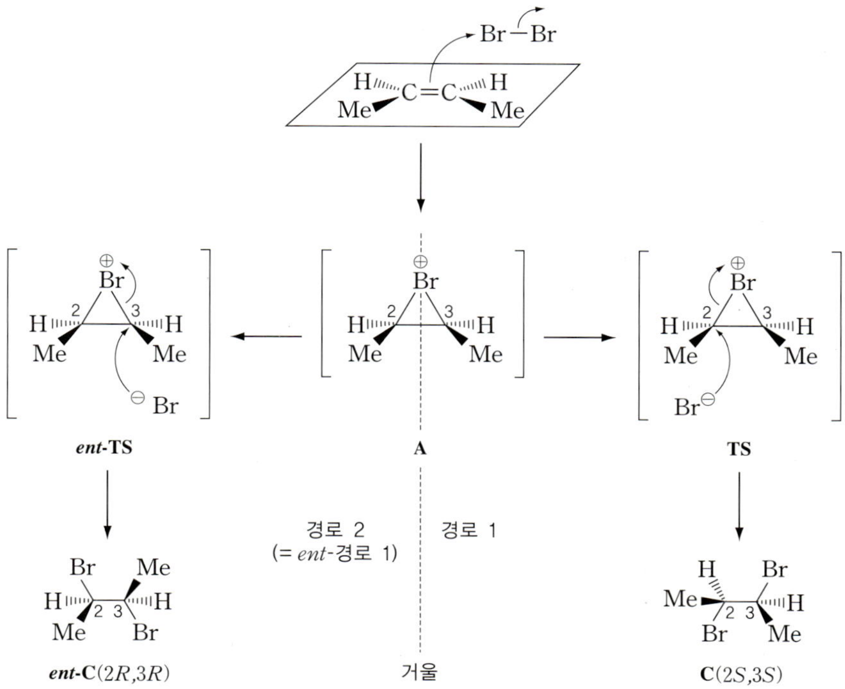

경로 1의 에너지 도표를 오른쪽 방향으로 그리고, 이 도표 전체를 왼쪽의 거울에 비추면 왼쪽 방향으로 경로 1의 거울상 에너지 도표가 얻어진다. 열역학적 에너지 관점에서 중간체 **A**는 비카이랄 화학종이므로 출발점의 에너지는 같고, 전이 상태 **TS** 및 ***ent*-TS**, 그리고 생성물 **C** 및 ***ent*-TS**는 거울상 이성질체 관계에 있으므로 에너지가 서로 동일하다. 즉, 경로 1과 경로 2(= *ent*-경로 1)의 활성화 에너지($\Delta H_1^{\ddagger}$ 및 $\Delta H_2^{\ddagger}$)가 같으므로 반응 속도(k_1 및 k_2)는 동일하게 되며, 그 결과 생성물 **C**와 ***ent*-C**는 같은 속도로 생성되어서 라셈체가 얻어질 수 밖에 없다.

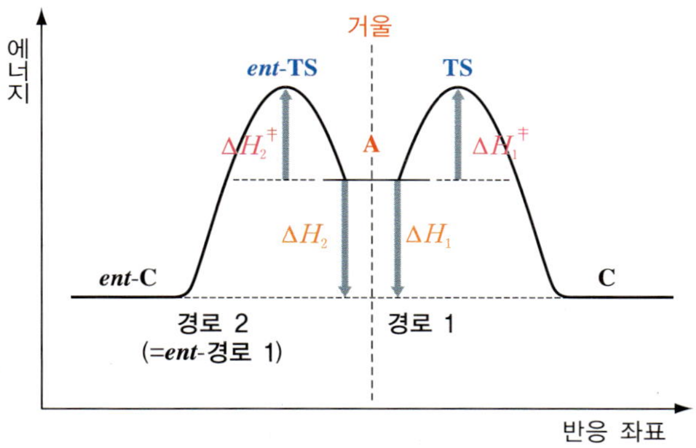

9. 단백질 수용체 R*는 (카이랄 화합물인 아미노산으로 구성되어 있으므로) 카이랄 화합물이다. R*가 (*S*)-플루옥세틴과 상호 작용해서 생성되는 [R*-(*S*)-플루옥세틴 결합체]와 R*가 (*R*)-플루옥세틴과 상호 작용해서 생성되는 [R*-(*R*)-플루옥세틴 결합체]는 부분 입체 이성질체의 관계에 있다. 따라서 각각의 상호 작용은 당연히 다르고, 그 결과 생체 내에서의 영향이 다를 수 있다.

10. (a)

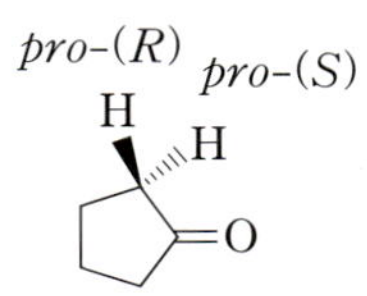

거울상 유발 원자

(b)

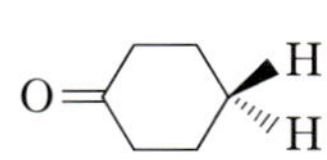

대칭 교환자리 원자

(c)

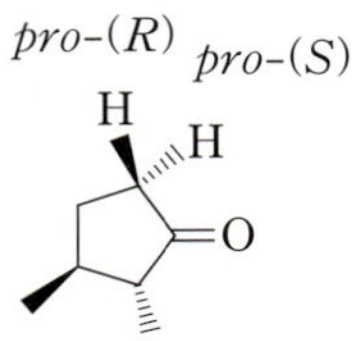

부분 입체 이성질성 원자

(d)

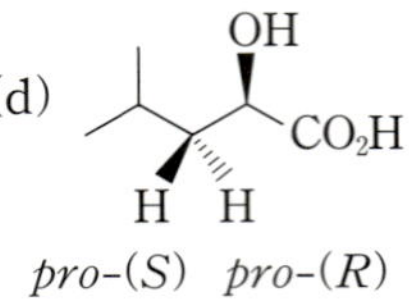

부분 입체 이성질성 원자

11. (*R*)-Bn(Pr)(Et)(Me)NBr 및 (*S*)-Bn(Pr)(Et)(Me)NBr 염에서 카이랄 질소 원자는 네 개의 서로 다른 탄소와 각각 공유 결합을 하고 있다. 피라미드 반전은 고립 전자쌍에서만 가능하고 공유 결합에서는 불가능하기 때문에 위에 언급한 염들의 라셈화 현상은 관측되지 않는다.

7장 할로젠화 알킬

1. (a) O−O 0.66 + 0.66 = 1.32(Å)
(b) Br−Br 1.20 + 1.20 = 2.40(Å)
(c) N−O 0.71 + 0.66 = 1.37(Å)

2. (a) 2-bromo-5-methylhexane
(b) 5-bromo-2,4-dimethylheptane
(c) 3,8-dibromo-6-chloro-3,5-dimethyldecane
(d) 6-bromo-2,6-difluoro-3-iodo-2-methylheptane
(e) 1-bromo-5-chloro-2-fluoro-3-methylcyclohexane

3. (a) SO_3^{2-} > $H-SO_3^-$ (친핵성도: 음이온 > 중성)
(b) I^- > Br^- > Cl^- > F^- (친핵성도: 5주기 > 4주기 > 3주기 > 2주기)
(c) CH_3O^- ≫ $CH_3CO_2^-$ > H_2O (친핵성도: 음이온 > 중성, CO(전자 잡아당기는 작용기))

4. (a) CH_3는 1차 알킬 작용기
Cl^-는 적절한 활성의 친핵체
NH_2^-는 아주 약한 이탈기
(결론) S_N2 반응이 진행되지 않음($CH_3-NH_2 + Cl^- \rightarrow$ No reaction)
(b) CH_3는 1차 알킬 작용기
CN^-은 아주 강한 친핵체
$^-OSO_2CH_3$는 강한 이탈기
(결론) S_N2 반응이 진행됨
(반응식) $CH_3-OSO_2CH_3 + CN \rightarrow CH_3-CN + {}^-OSO_2CH_3$

5. (a) 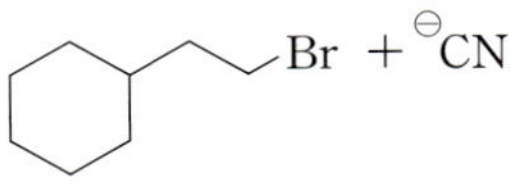

(b) 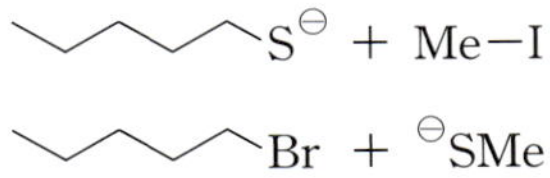

(c) 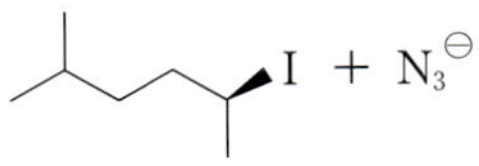

6. 메소-1,2-다이브로모-1,2-페닐에테인은 C−C 단일 결합을 중심으로 자유 회전이 가능하여 세 개의 엇갈린 형태(**S1**, **S2**, **S3**)와 세 개의 가려진 형태(**E1**, **E2**, **E3**)가 가능하다. 이 중에서 H/Br이 준평면 배열을 갖는 것은 **S1**, **E1**, **E2**, **S3**이고, 안티-준평면 배열에서는 (*E*)-이성질체, 신-준평면 배열에서는 (*Z*)-이성질체가 생성됨을 추론할 수 있다. 실험에서 (*E*)-이성질체를 주생성물로 얻는다는 것은 이 반응이 안티-준평면 배열을 통해서 진행함을 의미한다.

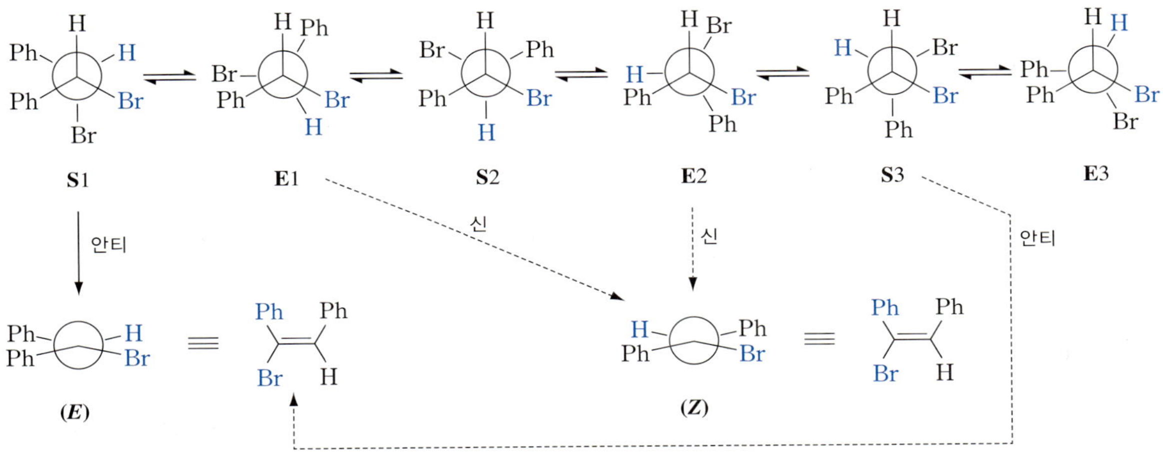

7. **A**의 의자 형태를 그리면 **A1**과 **A2**가 가능하다. **A1**에서는 H/Cl의 안티 및 신-준평면 배열이 모두 불가능하고, **A2**에서는 Cl 이탈기가 수직 방향을 향하고, 그 반대 방향으로 두 개의 수직 방향 수소가 있어서 안티-준평면 배열 조건이 자연스럽게 충족된다.

B의 의자 형태를 그리면 **B1**과 **B2**가 가능하다. **B1**에서는 H/Cl의 안티 및 신-준평면 배열이 모두 불가능하고, **B2**에서는 Cl 이탈기가 수직 방향을 향하고, 그 반대 방향으로 한 개의 수직 방향 수소가 있어서 안티-준평면 배열 조건이 충족된다.

이러한 분석에 의하면 E2 생성물은 **A2** 및 **B2**를 통해서 얻어진다.

여기에 사이클로헥세인에서 *i*-Pr, 메틸, Cl의 A-값이 각각 2.1, 1.8, 0.5 kcal/mol이고, *i*-Pr/Cl의 고쉬 상호 작용을 0.9 kcal/mol, Me/Cl의 1,3-신-펜테인 상호 작용을 3.7 kcal/mol 정도로 가정하자. 그러면 **A**의 평형에서 **A2**는 **A1**보다 100배 이상 더 존재하고, **B**의 평형에서 **B2**가 거의 존재하지 않음을 추론할 수 있다. 즉, **A2** 및 **B2**는 모두 안티-준평면 배열 조건을 만족하지만 **A1**은 주구성 성분이고 **B2**는 미량의 부구성 성분이기 때문에 반응 속도에 차이가 생긴다.

그리고 **B2**에서는 안티-준평면 배열을 갖는 수소 원자가 한 개이기 때문에 생성물에서 이중 결합의 위치 선택성을 고민할 필요가 없지만, **A2**에서는 안티-준평면 배열을 갖는 수소 원자가 두 개이기 때문에 생성물에서 이중 결합의 위치 선택성을 생각해야만 한다. 이 경우에는 자이체프 규칙을 적용하는 것으로 간단하게 설명할 수 있다.

Neomenthyl chloride(**A**) (k_1 : k_2 = 200 : 1) Menthyl chloride(**B**)

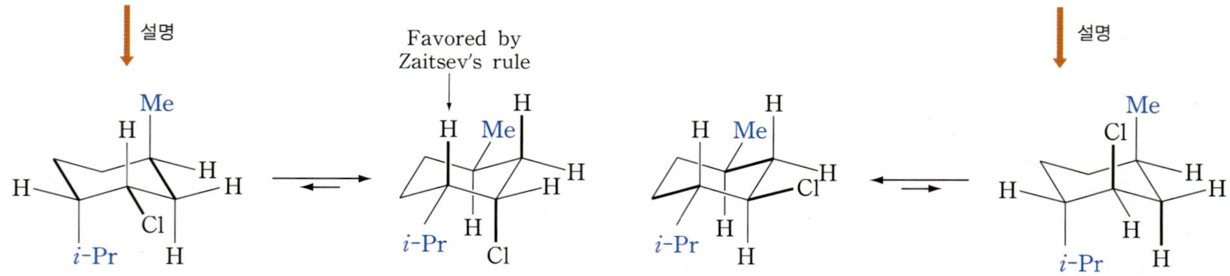

A1 **A2** **B1** **B2**

1.8+2.1+0.9=4.8 0.5+0.9=1.4 0.9 2.1+0.9+0.25+3.7~7.0

ΔG ~ −3.4 kcal/mol → $K > 10^2$ ΔG ~ 6.1 kcal/mol → $K > 10^{-4}$

8. (a) 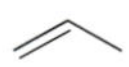

2차 알킬 작용기
RC^-는 강한 염기 및 강한 친핵체
(결론) E2 반응
(실험 결과) E2 : S_N2 = 97 : 3

(b) 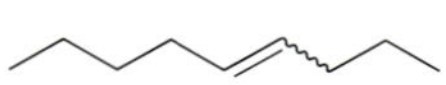

2차 알킬 작용기
EtO^-는 강한 염기 및 강한 친핵체
EtOH는 양성자성 극성 용매 (S_N2 반응에 적합하지 않음)
(결론) E2 반응
(실험 결과) (*E*) : (*Z*) = 77 : 23

9. 위 반응은 동일한 출발 물질에서 전자쌍을 제공하는 화학종이 서로 다른 경우에 해당한다. 출발 물질은 2차 알킬 할라이드인데, Cl^- 음이온은 강한 친핵체가 아니기 때문에 S_N2와 E2가 경쟁적으로 일어나고, $CH_3CO_2^-$ 음이온은 강한 친핵체가 아니면서 Cl^-보다는 염기성이 크기 때문에 Cl^-에서보다 E2 생성물이 더 많이 생긴다.

10. 반응 (a)의 출발 물질 **X**에서는 이탈기 Br과 안티-준평면 배열에 있는 원자는 없고, 신-준평면 배열에 있는 원자가 D(이중수소)이므로, 생성물에는 D가 없다. 반면에 반응 (b)의 출발 물질 **Y**에서는 이탈기 Br과 안티-준평면 배열에 있는 원자는 없고, 신-준평면 배열에 있는 원자가 H이므로 생성물은 D를 포함한다.

(a) 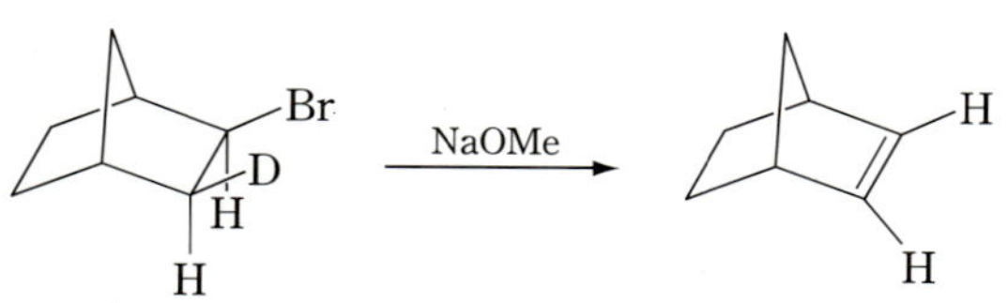

X

(b) 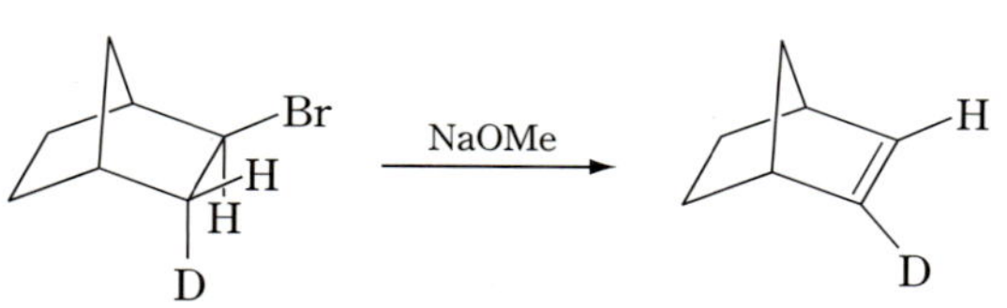

Y

반응 속도의 관점에서는 다음과 같은 추론이 가능하다. (a) 반응은 C−D 결합이 끊어지고 (b) 반응은 C−H 결합이 끊어지는데, C−H 결합이 더 약하기 때문에 Hammond 가설을 적용하면 C−H 결합이 끊어지는 속도가 더 빠를 것임을 예상할 수 있다. 또한 C−H 및 C−D 결합이 끊어지는 단계가 반응 속도 결정 단계에 속하기 때문에 이러한 차이가 더 확실할 것으로 예상된다.

11. (a) > (e) > (f) > (b) > (d) > (c)

12. (a) 

- 1차 할로젠화 알킬 → S_N2, E2 (R_3CO^- 염기는 가능함)
- *i*-BuO^-는 강한 염기 및 강한 친핵체 → S_N2, E2
- 강한 이탈기
- 극성 양성자성 용매(단순한 용매 또는 극성 양성자성 용매)

∴ S_N2(단순한 용매로 판단), E2(극성 양성자성 용매로 판단)

(b) 

- 2차 할로젠화 알킬 → S_N2, E2, S_N1, E1 모두 가능
- EtO^-는 강한 염기 및 강한 친핵체 → S_N2 < E2
- 강한 이탈기
- 극성 양성자성 용매 → S_N1, E1

∴ E2

(c) 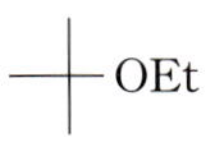

- 3차 할로젠화 알킬 → S_N2 가능성 낮음
- EtOH는 아주 약한 염기 및 약한 친핵체 → E2 가능성 낮음
- 강한 이탈기
- 극성 양성자성 용매 → S_N1 및 E1 가능성

∴ S_N1

(d) 

- 3차 할로젠화 알킬 → S_N2 가능성 낮음
- EtOH는 아주 약한 염기 및 약한 친핵체 → E2 가능성 낮음
- 강한 이탈기
- 극성 양성자성 용매 → S_N1 및 E1 가능성
- 가열 조건 → 제거 반응 가능성 증가

∴ E1

13. E2 반응이 진행되기 위해서는 H−C−C−L 골격이 안티-준평면 배열을 가져야 하는데, 이 화합물에서는 C−C−C−L 골격이 여기에 해당하므로 E2는 불가능하다.

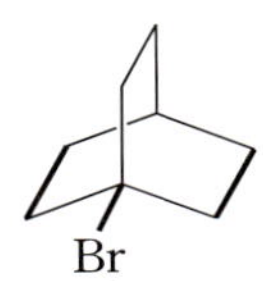

S_N2 반응은 우선 출발 물질이 3차 알킬 할라이드이므로 입체 장애가 크고, 또한 이탈기의 반대쪽이 또 다른 3차 탄소가 친핵체의 접근을 원천적으로 막기 때문에 S_N2는 불가능하다.

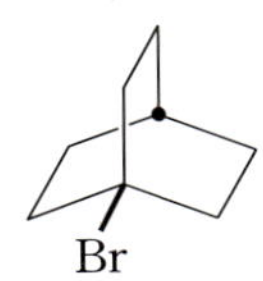

S_N1 및 E1이 일어나려면 일단 sp^2 혼성의 탄소 양이온이 생겨야 한다. 탄소의 sp^2 혼성은 평면 삼각형 골격을 의미하는 것인데, 주어진 구조에서는 기본적인 골격의 경직성으로 인하여 3차 탄소의 평면 골격이 형성되는 것 자체가 힘들다. 따라서 S_N1 및 E1 경로도 진행하기가 어렵다.

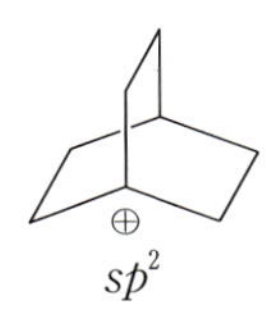

8장 알코올 및 싸이올

1. (a) 2-chloroethan-1-ol, 2-chloroethyl alcohol
(b) *trans*-2-methylcyclopentanol
(c) 3-bromobutan-1-ol, 3-bromobutyl alcohol
(d) 2-ethylbut-3-en-1-ol
(e) butane-1-thiol, *n*-butyl mercaptan
(f) propane-1,3-dithiol

2.

$$K_{eq} = \frac{[t\text{-BuO}^-][CH_4]}{[t\text{-BuOH}][CH_3^-]} = \frac{[t\text{-BuO}^-][H^+]}{[t\text{-BuOH}]} \cdot \frac{[CH_4]}{[CH_3^-][H^+]} = \frac{K_a(t\text{-BuOH})}{K_a(CH_4)}$$

$$= \frac{10^{-18}}{10^{-60}} = 10^{42}$$

3. (a) 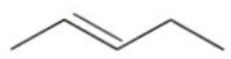 + 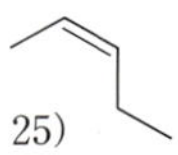 (75 : 25) E1

(b) 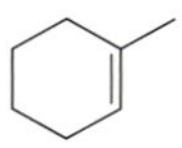 E1

(c) 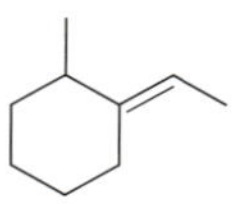 E2

(d) 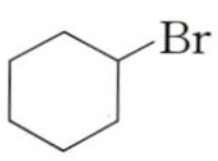 S_N1

(e) 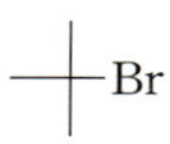 S_N1

(f) 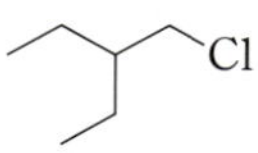 S_N2

(g) 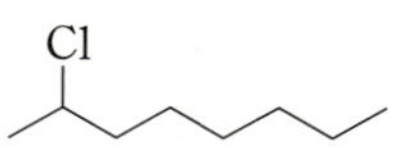 S_N2

(h) 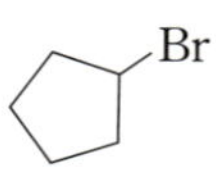 S_N2

(i) 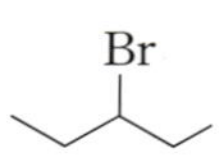 S_N2

(j) 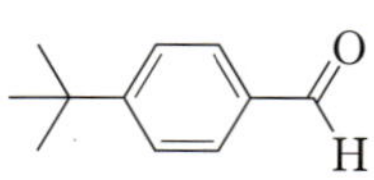

(k) 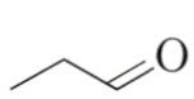

(l) 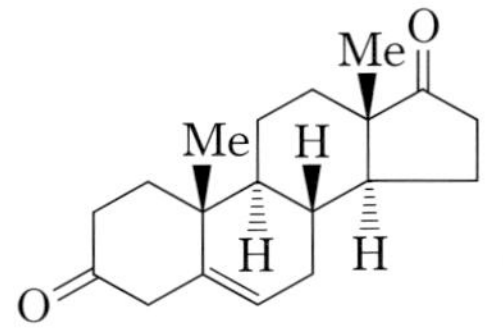

(m) 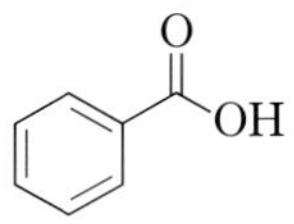

(n) 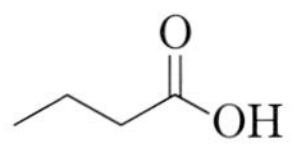

(o) 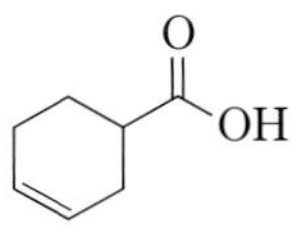

(p) 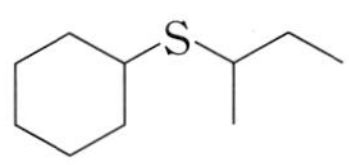 S_N2

(q) 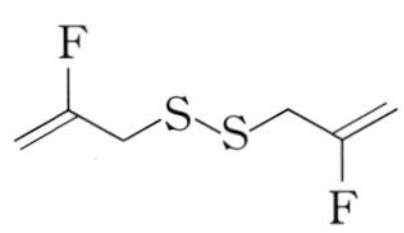

(r) 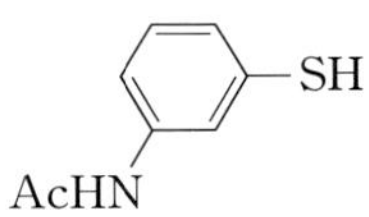

4. 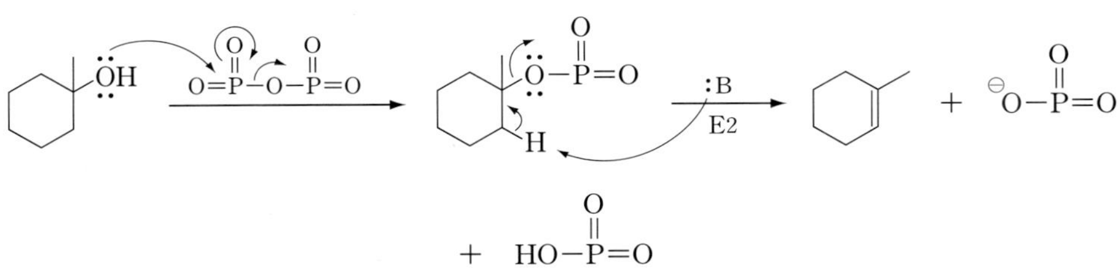

5. 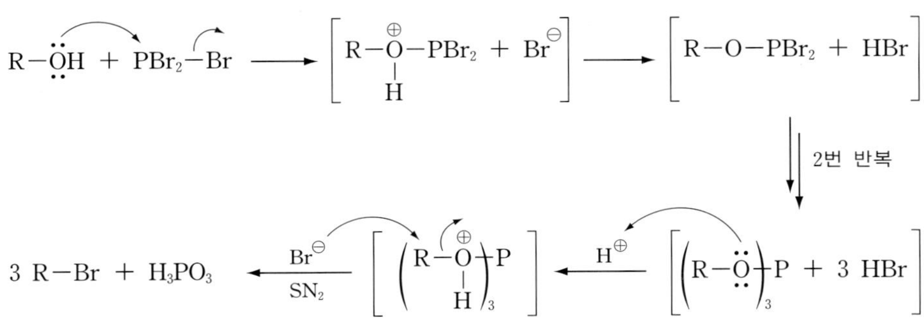

6. (a) PBr_3(절대 배열 반전)

(b) TsCl(절대 배열 보존)

7. 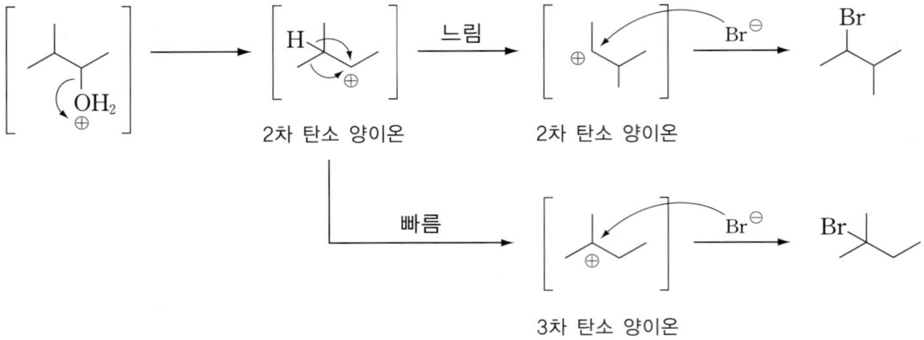

8. 알코올 작용기가 산–염기 반응을 통하여 좋은 이탈기인 $-OH_2^+$가 되고, H_2O가 C–O 결합 전자를 가지고 끊어지면서 안정한 3차 탄소 양이온을 형성한다. Cl^-가 3차 탄소 양이온을 공격하기 이전에 C–C 결합의 자리 옮김 반응이 진행되어 2차 탄소 양이온이 생성되고, 2차 탄소 양이온을 Cl^-가 공격하면 생성물을 얻을 수 있다. 이 경우에 3차 탄소 양이온에서 2차 탄소 양이온으로의 자리 옮김 반응은 탄소 양이온의 열역학적 안정성을 고려하면 당연히 흡열 반응에 해당한다. 그러나 사각형(고리 비틀림 에너지 ~27 kcal/mol)에서 오각형(고리 비틀림 에너지 ~7 kcal/mol)이 되면서 20 kcal/mol의 안정화 효과가 발생하는데, 이러한 안정화 요인이 3차에서 2차 탄소 양이온이 될 때의 불안정화 요인보다 훨씬 크기 때문에 자리 옮김 반응이 빠르게 일어난다고 설명할 수 있다.

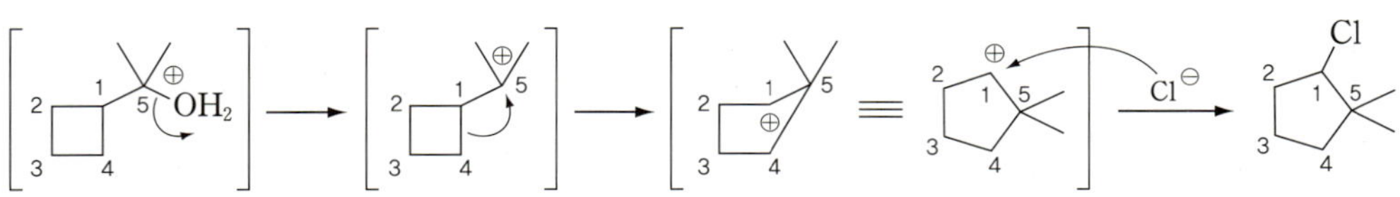

9. 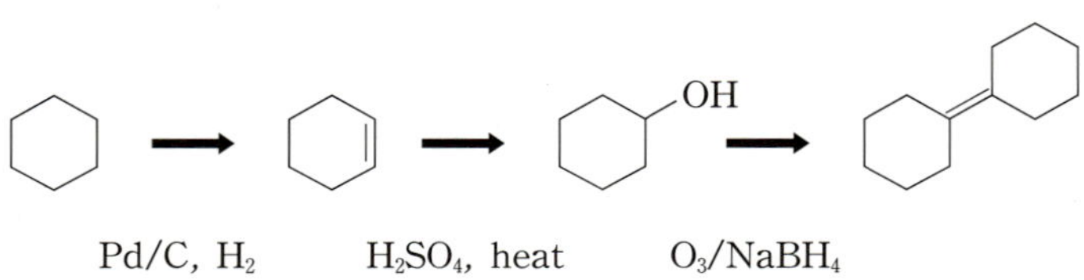

9장 유기 금속 화합물

1. (a) dimethylmercury
(b) tetraethyllead
(c) tetramethylsilicon 또는 tetramethylsilane
(d) trimethylaluminum

2. (a) 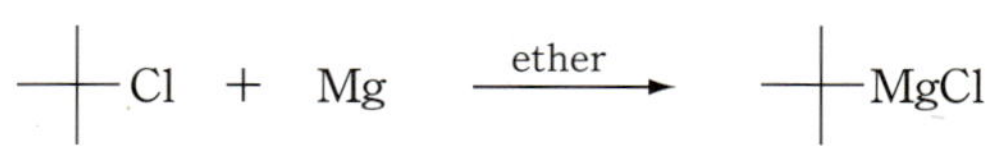

(b) 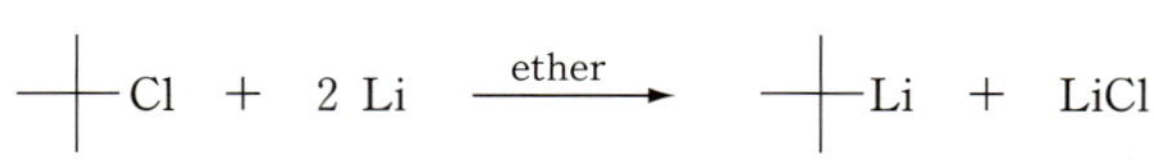

3. (a) Ph−H + $(CH_3O)MgBr$

(b) 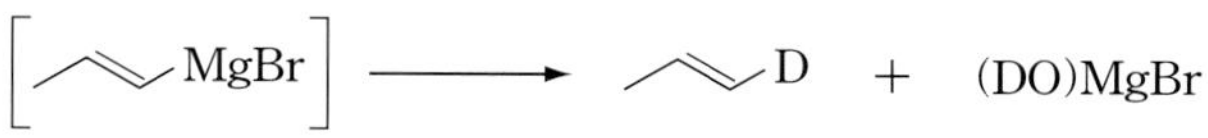

(c) t-Bu−H + LiOMe

(d) 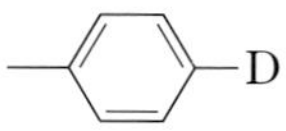

(e) 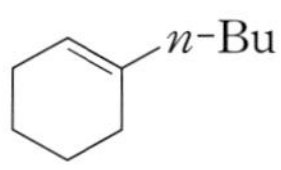

(f) 

(g) 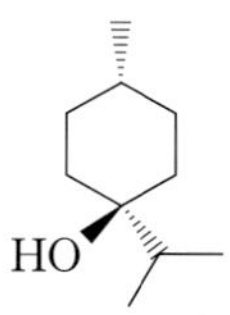

(h) 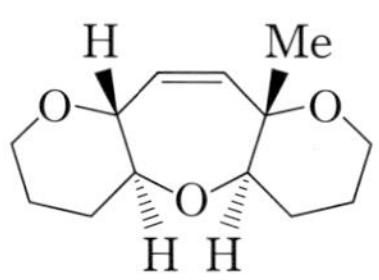

(i) 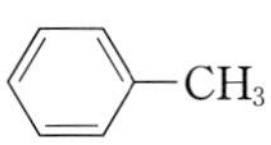

4. Cr(0): (2+4) = 6
리간드: (6×1)+(2×3) = 12
합계: 18

5. 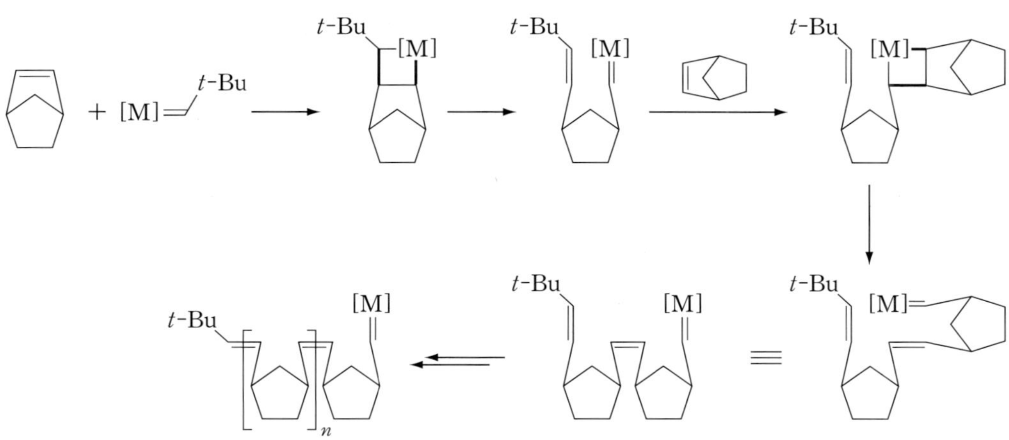

10장 ▸ 에터, 옥시레인 및 설파이드

1. (a) 1-methoxy-2,2-dimethylpropane, methyl neopentyl ether
(b) 1-chloro-3-ethoxypropane, 3-chloropropyl ethyl ether
(c) *tert*-butoxycyclohexene, tert-butyl cyclohexyl ether
(d) *trans*-2,3-dimethyloxirane, *trans*-2-butene oxide
(e) 3-*sec*-butyl-2-(chloromethyl)-2-methyloxirane
(f) ethyl sulfide, ethylthioethane
(g) 3-(methylthio)cyclohexene
(h) methyl phenyl sulfide, methylthiobenzene
(i) methyl phenyl sulfoxide

2.

$$K_{eq} = \frac{[t\text{-BuO}^-][CH_4]}{[t\text{-BuOH}][CH_3^-]} = \frac{[t\text{-BuO}^-][H^+]}{[t\text{-BuOH}]} \cdot \frac{[CH_4]}{[CH_3^-][H^+]} = \frac{K_a(t\text{-BuOH})}{K_a(CH_4)}$$

$$= \frac{10^{-18}}{10^{-60}} = 10^{42}$$

3. (a) 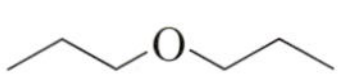

(b) 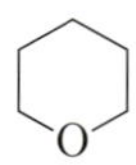

(c) 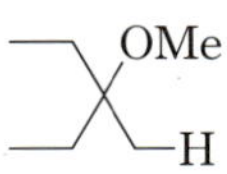

(d) 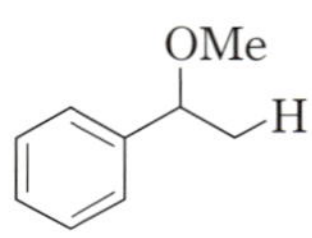

(e) 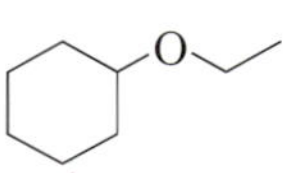

(f) 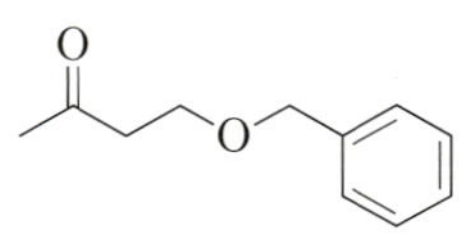

(g) 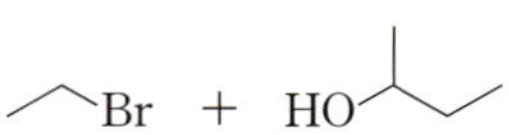

(h) 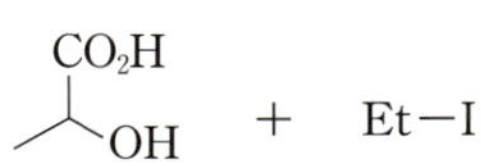

(i) 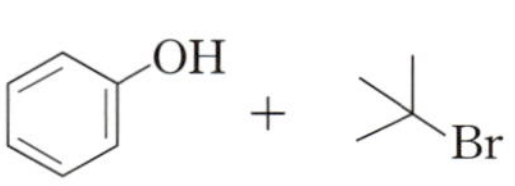

(j) 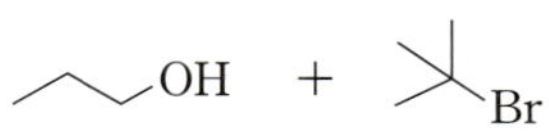

(k) 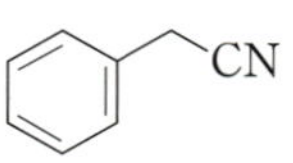

(l) 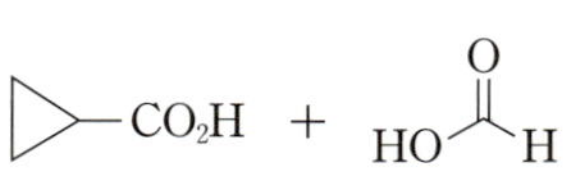

(m) 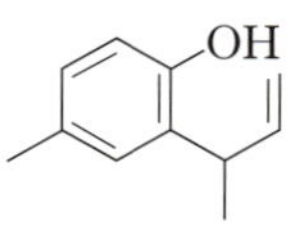

4. (a) 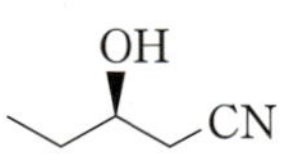

(b) 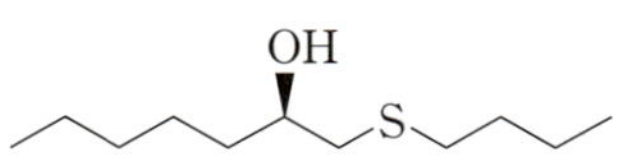

(c) 

(d) 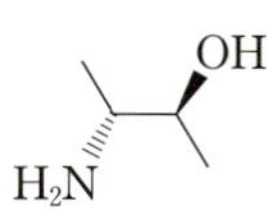

(e) 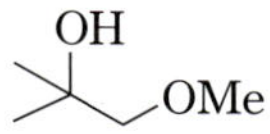

(f) 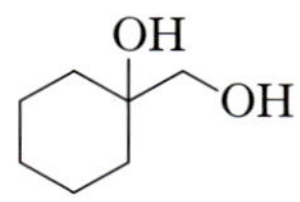

(g) 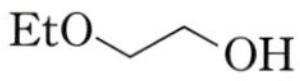

(h) 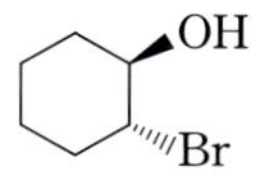

(i) 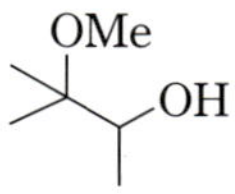

(j) 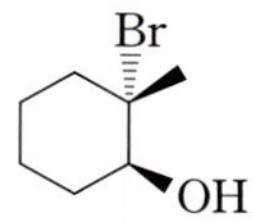

(k) 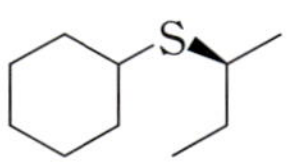

(l) 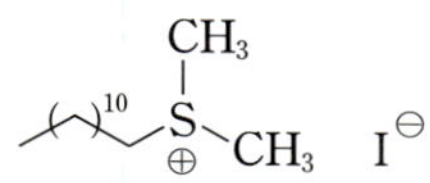

(m) 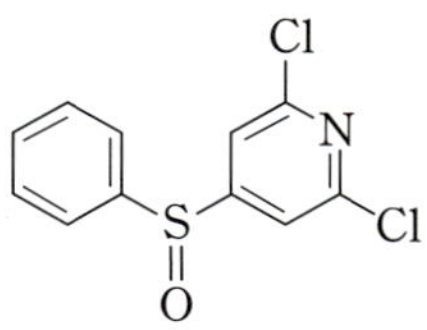

(n) 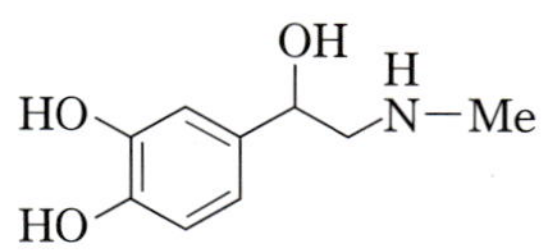

(o) 

5. 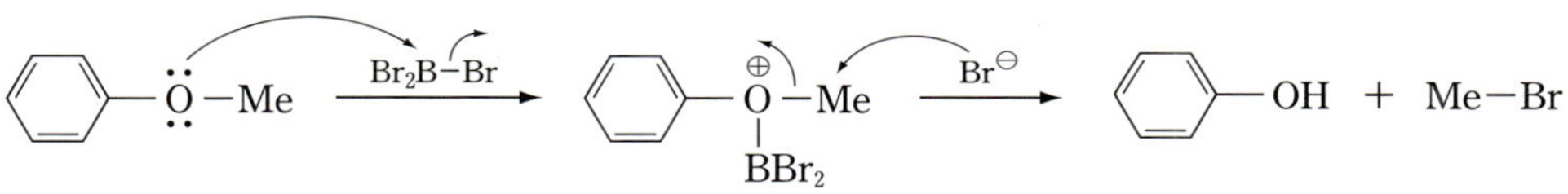

6. 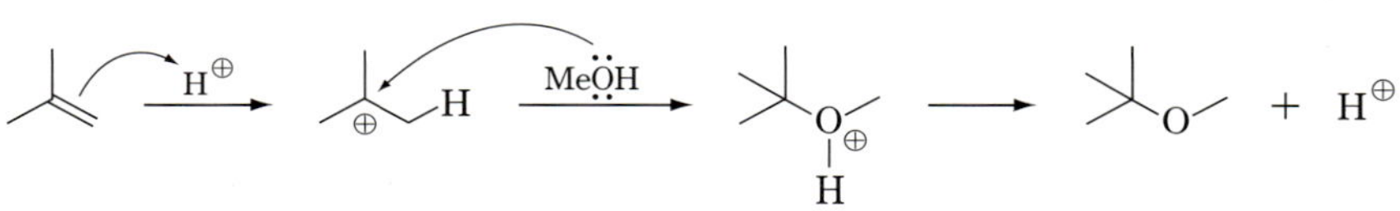

위 반응은 알켄의 산 촉매 알코올 첨가 반응으로서, 미시적 가역성 원리를 적용하지 않는다는 가정 하에서는 10.5.2절 및 4.7.6절을 참고하여 작성할 수 있다.

11장 핵자기 공명 분광학

1. (a) 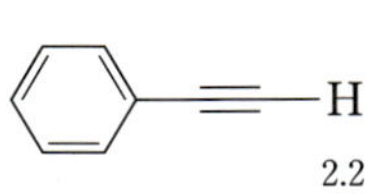

(b) 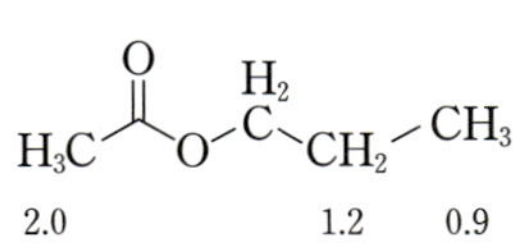

(c) 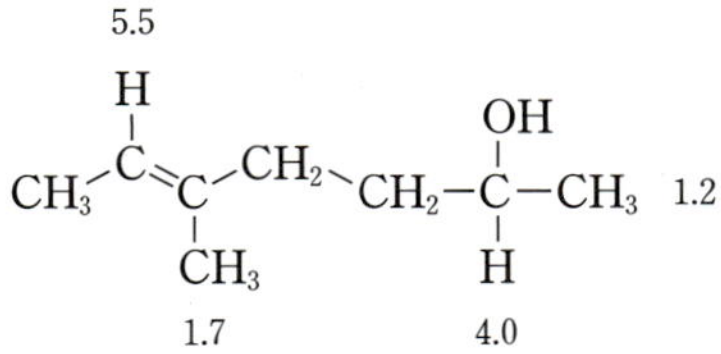

2. (a)
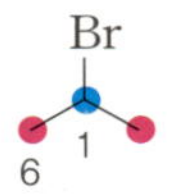

(b)
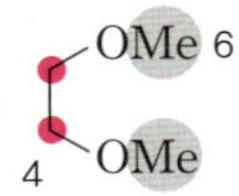

(c)
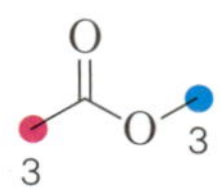

(d)
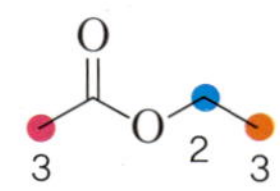

(e)
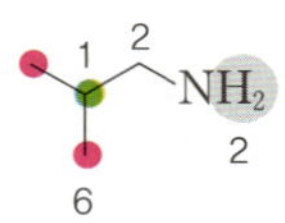

(f)
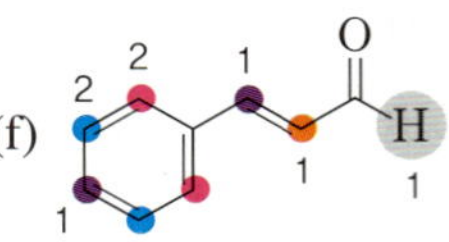

3. (a)
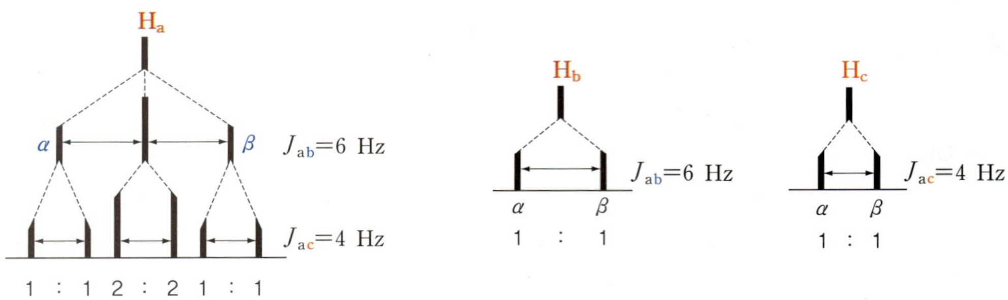

(b)
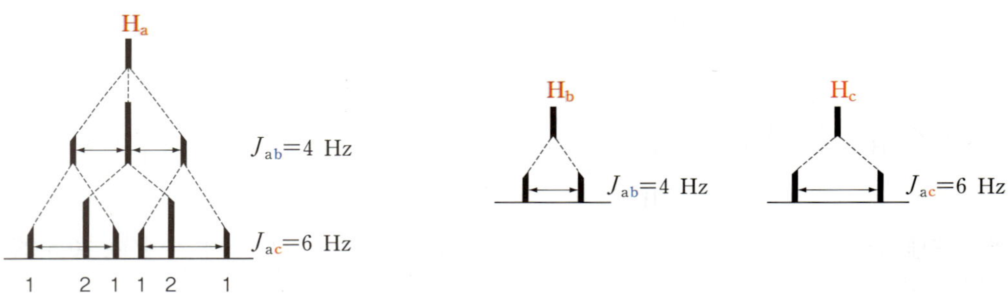

(c)
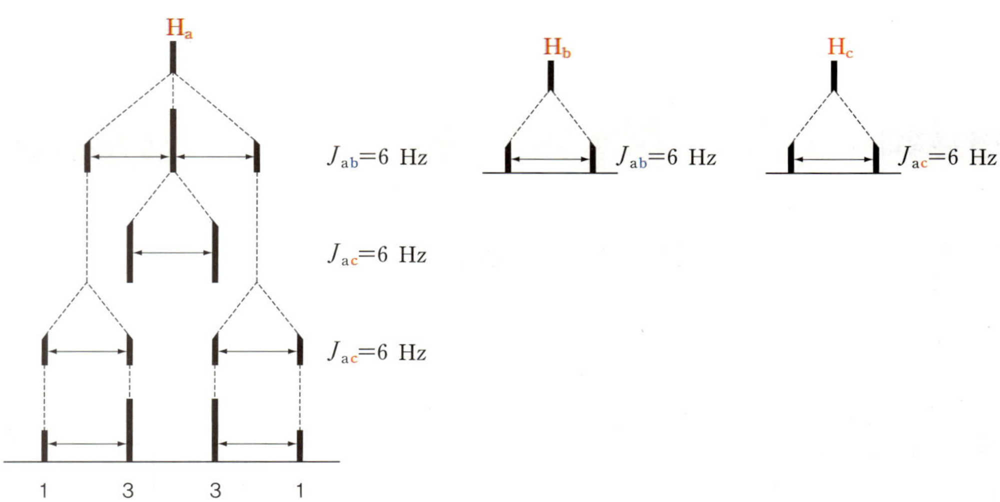

4. (a) 2,2,3-트라이브로모뷰테인은 화학적으로 동등한 세 종류의 수소 원자핵이 있다. 스펙트럼은 $CBr_2-\underline{CH_3}$가 δ 1.28(*s*, 3H), $\underline{CH_3}-CH(Br)-$이 δ 1.15(*d*, *J*=6.6 Hz, 3H), $CH_3-\underline{CH}(Br)-$이 δ 3.85(*q*, *J*=6.6 Hz, 1H)이다.

(b) 3-메틸스타이렌(3-methylstyrene)은 화학적으로 동등한 여덟 종류의 수소 원자핵이 있다. 스펙트럼은 아릴기를 기준으로 트랜스 $Ar-C=C-\underline{H}$가 δ 5.13(*dd*, *J*=11.0 & 1.3 Hz, 1H), 시스 $Ar-C=C-\underline{H}$가 δ 5.84(*dd*, *J*=18.2 & 1.3 Hz, 1H)에 나온다. $Ar-C(\underline{H})=C$는 δ 6.83(*dd*, *J*=18.2 & 11.0 Hz, 1H), $Ar-\underline{CH_3}$가 2.37(*s*, 3H), 방향족 C−H는 δ 6.96~7.33(*m*, 4H)에 있다.

(c) 펜트-1-엔(pent-1-ene)은 화학적으로 동등한 여섯 종류의 수소 원자핵이 있다. 스펙트럼은 알킬기를 기준으로 트랜스 $-C=C-\underline{H}$가 δ 4.80(*dd*, *J*=16.9 & 2.5 Hz, 1H), 시스-$C=C-\underline{H}$가 δ 4.80(*dd*, *J*=10.3 & 2.5 Hz, 1H)에 나온다. $CH_2=C(R)-\underline{H}$는 δ 5.57(*ddt*, *J*=16.9, 10.3 & 7.6 Hz, 1H), $CH_2=CH-\underline{CH_2}$가 δ 1.91(*dt*, *J*=7.6 & 7.4 Hz, 2H), $CH_2=CH-CH_2-\underline{CH_2}$가 δ 1.45(*m*, 2H), $CH_2=CH-CH_2-CH_2-\underline{CH_3}$가 δ 0.88(*t*, *J*=7.0 Hz, 3H)에서 관찰된다.

(d) 5-메틸헥산-2-온(5-methylhexan-2-one)은 화학적으로 동등한 다섯 종류의 수소 원자핵이 있다. 스펙트럼은 $(C=O)-\underline{CH_3}$는 δ 2.13(*s*, 3H), $(C=O)-\underline{CH_2}$는 δ 2.41(*t*, *J*=7.5 Hz, 2H), $(C=O)-CH_2-\underline{CH_2}$ 및 $(CH_3)_2C\underline{H}-$는 δ 1.52−1.39(*m*, 3H), $(\underline{CH_3})_2CH-$는 δ 0.84(*d*, *J*=6.6 Hz, 6H)에서 관찰된다.

5. (a) 1,1,2-트라이클로로에테인은 화학적으로 동등한 두 종류의 탄소 원자핵이 있다. C_1, C_2는 각각 δ 70.5, 50.2에서 나온다.

(b) 5-메틸헥산-2-온은 화학적으로 동등한 여섯 종류의 탄소 원자핵이 있다. 카보닐 C_2는 δ 209.2, C_3는 δ 41.8, C_1은 δ 29.8에서 예상된다. 이 외에 C_4, C_5, C_6은 각각 δ 32.7, 27.7, 22.4에서 관찰된다.

(c) 메타-크레졸은 화학적으로 동등한 일곱 종류의 탄소 원자핵이 있다. 수소가 없는 C_1은 δ 155.1, C_3는 δ 139.9이 되고, 네 개의 탄소 중에서 C_2는 δ 112.5, C_4는 δ 121.9, C_5는 δ 129.5, C_6은 δ 116.3이며, 메틸 탄소는 δ 20.9에서 나온다.

6. 분자식으로부터 아래의 정보를 얻을 수 있다.

$$\text{IHD} = \frac{[(5\times 2)+2]-(10+2)}{2} = 0 \longrightarrow \text{포화 탄화수소}$$

모의 스펙트럼을 분석하여 정리한 후, IHD 결과 및 작용기와 화학적 이동 값의 관계를 고려하여 추론할 수 있는 구조를 아래에 정리하였다.

분석 자료	추론 가능한 구조
0.99(*s*, 6H)	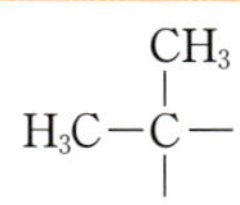
3.12(*s*, 4H)	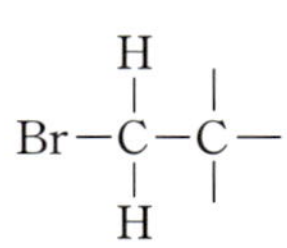 (2개)

이러한 정보를 모두 종합하면 화합물은 아래의 구조가 가능하다.

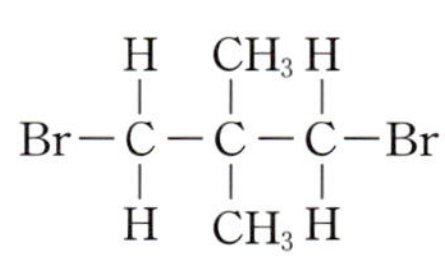

7. 분자식으로부터 아래의 정보를 얻을 수 있다.

$$\text{IHD} = \frac{[(5\times 2)+2]-(10+2)}{2} = 0 \longrightarrow \text{포화 탄화수소}$$

모의 스펙트럼을 분석하여 정리한 후, IHD 결과 및 작용기와 화학적 이동 값의 관계를 고려하여 추론할 수 있는 구조를 아래에 정리하였다.

분석 자료	추론 가능한 구조
0.92(*s*, 9H)	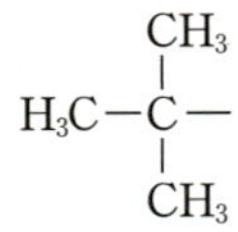
4.93(*s*, 1H)	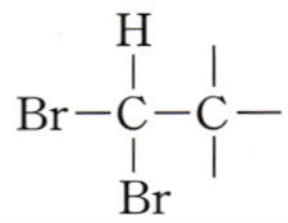

이러한 정보를 모두 종합하면 화합물은 아래의 구조가 가능하다.

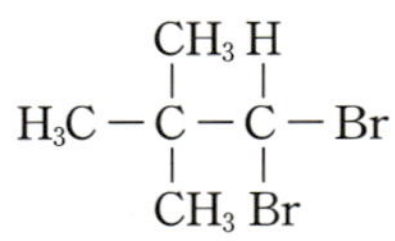

8. 분자식으로부터 아래의 정보를 얻을 수 있다.

$$\text{IHD} = \frac{[(6\times2)+2]-(10)}{2} = 2$$

모의 스펙트럼을 분석하여 정리한 후, IHD 결과 및 작용기와 화학적 이동 값의 관계를 고려하여 추론할 수 있는 구조를 아래에 정리하였다.

분석 자료	추론 가능한 구조
1.01(*t*, *J* = 7.4 Hz, 3H) 2.54(*q*, *J* = 7.4 Hz, 2H)	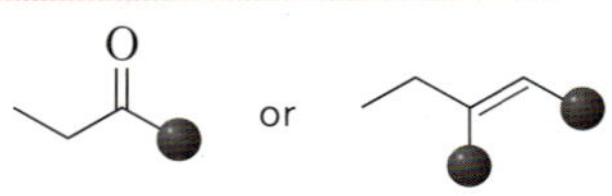
5.51(*d*, *J* = 4.3 Hz, 1H) 5.99(*d*, *J* = 4.3 Hz, 1H)	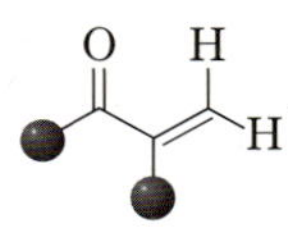
1.82 (*s*, 3H)	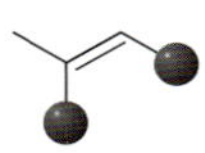

이러한 정보를 모두 종합하면 화합물은 아래의 구조가 가능하다.

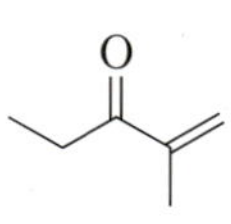

12장 ▸ 적외선 분광학, 자외선-가시광선 분광학 및 질량 분광학

1. (a) 1,1,2-트라이클로로에테인(1,1,2-trichloroethane)의 적외선 스펙트럼은 2910~3080 cm^{-1}(*m*) (C−H 신축 운동), 1430 cm^{-1}(*s*) (C−C 신축 운동), 1190~1320 cm^{-1}(*m*) (C−C 신축 운동), 933 cm^{-1}(*s*) (C−H 굽힘 운동), 630~800 cm^{-1}(*s*) (C−H 굽힘 운동) 등이 있다.

(b) 메타-크레졸(*m*-cresol)의 적외선 스펙트럼에서 가장 특징적인 피크는 2900~3690 $cm^{-1}(s)$ (H−결합), 1420~1560 $cm^{-1}(s)$ (C=C 신축 운동), 927 $cm^{-1}(s)$, 776 $cm^{-1}(s)$, 696 $cm^{-1}(s)$ (C−H 굽힘 운동)가 있다.

(c) 5-메틸헥산-2-온(5-methylhexan-2-one)의 적외선 스펙트럼에서 가장 특징적인 피크는 2800~3040 $cm^{-1}(s)$ (C−H 신축 운동), 1719 $cm^{-1}(s)$ (C=O 신축 운동), 1310~1470 $cm^{-1}(s)$ (C−C 신축 운동) 등이다.

2. (a) $M^+ : (M+2)^+ = 75.8 : 24.2$

(b) $M^+ : (M+2)^+ : (M+4)^+$

$= (0.758 \times 0.758) \times 1 : (0.758 \times 0.242) \times 2 : (0.242 \times 0.242) \times 1$

$= 0.575 : 0.367 : 0.059$

$= 9.7 : 6.2 : 1$

3. (a) 1,1,2-트라이클로로에테인은 $C_2H_3Cl_3$, 분자량 132인 물질로서 $m/e = 132$에서 M^+ 피크가 관찰된다. $m/e = 97$ 피크는 무작위 형태로 C−Cl 결합의 분해, $m/e = 83$ 피크는 Cl_2CH-CH_2Cl 결합의 분해, $m/e = 61$ 피크는 Cl_2CHCH_2-Cl 결합의 분해, 양성자 제거 반응, 전자 방출 및 C−Cl 결합의 분해 등으로 설명할 수 있다.

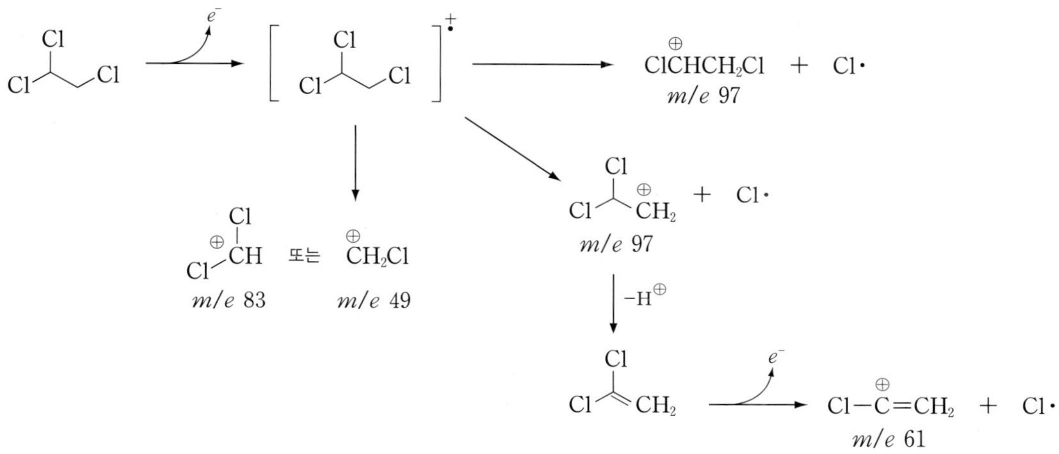

(b) 메타-크레졸은 C_7H_8O, 분자량 108인 물질로서 $m/e = 108$에서 M^+ 피크가 관찰된다. $m/e = 108$ 피크는 M^+에서 양성자 제거 반응, 그리고 $m/e = 91$ 피크는 C_1-OH 결합의 분해 등으로 설명할 수 있다.

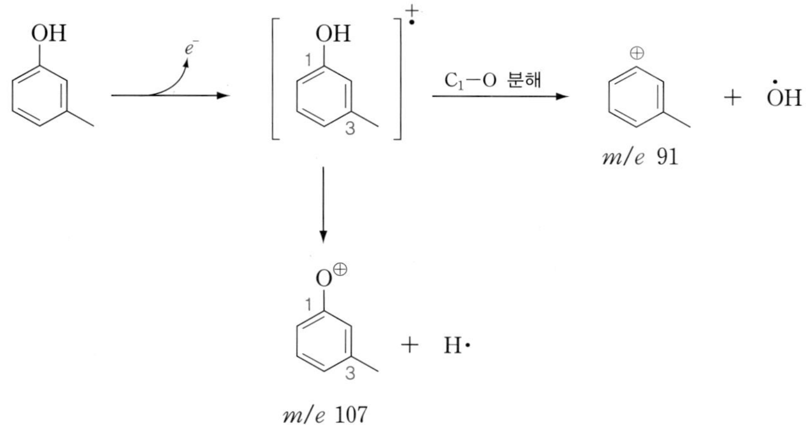

(c) 5-메틸헥산-2-온은 $C_7H_{14}O$, 분자량 114인 물질로서 $m/e = 114$에서 M^+ 피크가 관찰된다. $m/e = 99$ 및 15 피크는 C_1-C_2 결합의 α-분해, $m/e = 71$ 및 43 피크는 C_2-C_3 결합의 α-분해, $m/e = 58$ 피크는 맥라퍼티 자리 옮김 반응 등으로 설명할 수 있다.

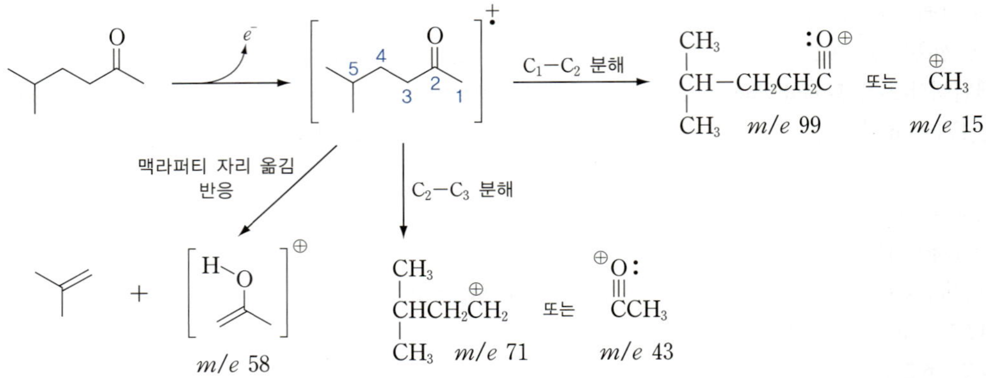

13장 콘쥬게이션 계

1. (a) (1*E*,3*E*)-1-bromo-3-methylpenta-1,3-diene

(b) (1*Z*,3*Z*,6*E*)-7-bromo-2-methylcycloocta-1,3,6-triene

(c) (1*E*,3*Z*,6*E*)-1-chloro-3-methylcycloocta-1,3,6-triene

2. (a) 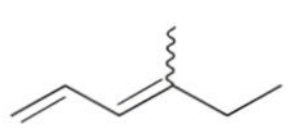 (b) 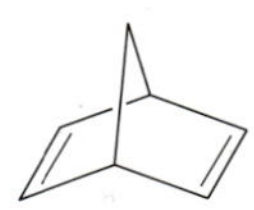 (c) 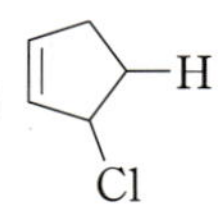

3.

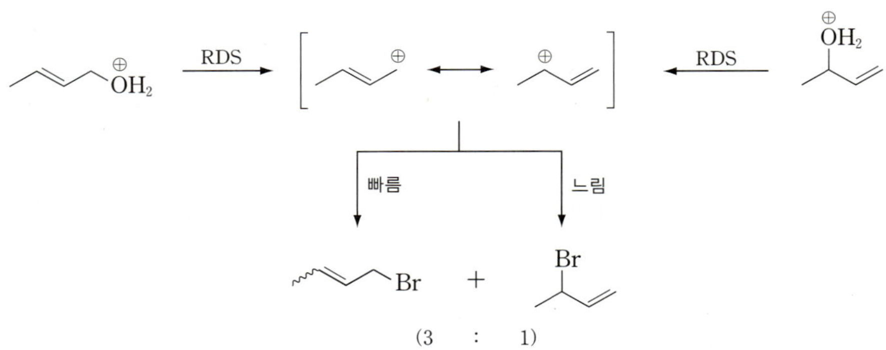

4. • 콘쥬게이션이 없는 경우: (−30.2) + (−28.4) = −58.6 kcal/mol

• 실험값: −53.4 kcal/mol

• 콘쥬게이션에 의한 안정화: (−53.4) − (−58.6) = 5.2 kcal/mol

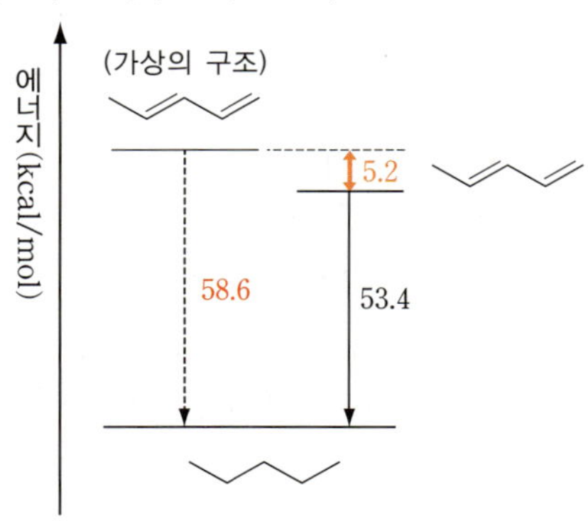

5.

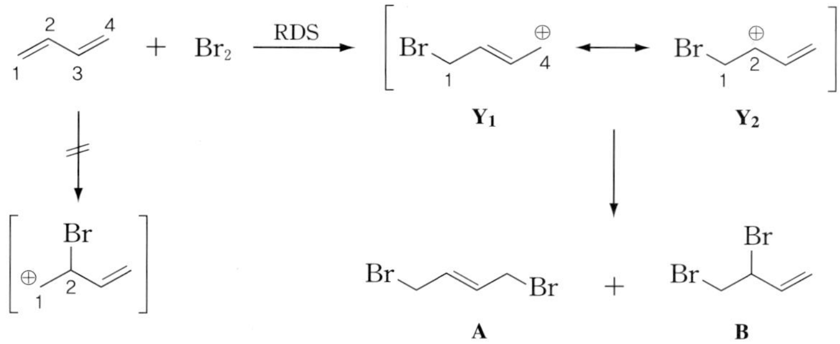

중간체 **Y**는 1차–2차 알릴 양이온이다. 이때 공명 구조 $\mathbf{Y_2}$는 2차 탄소 양이온이므로 1차 탄소 양이온인 공명 구조 $\mathbf{Y_1}$보다 열역학적으로 더 안정하고, 따라서 공명 혼성(**Y**)에 대한 기여도가 클 것이다. 그 결과 중간체 **Y**에서 전자 결핍은 C_2에서 가장 커서 음이온 친핵체(Br^-)는 정전기적 인력에 의하여 C_2에서 반응하려 할 것이다. 그러나 C_1–Br에 의하여 Br^-와 입체 장애가 생기면 C_2 대신에 C_4에서 반응할 가능성도 존재한다. 실제로 −15°C에서는 이러한 상황이 경쟁적으로 작용하여 **A**와 **B**가 48 : 52의 비율로 생성물이 얻어졌다.

온도를 충분히 올리면 가역 반응이 가능해져서 생성물의 열역학적 안정성을 반영하는 혼합물이 생성되게 된다.

6.

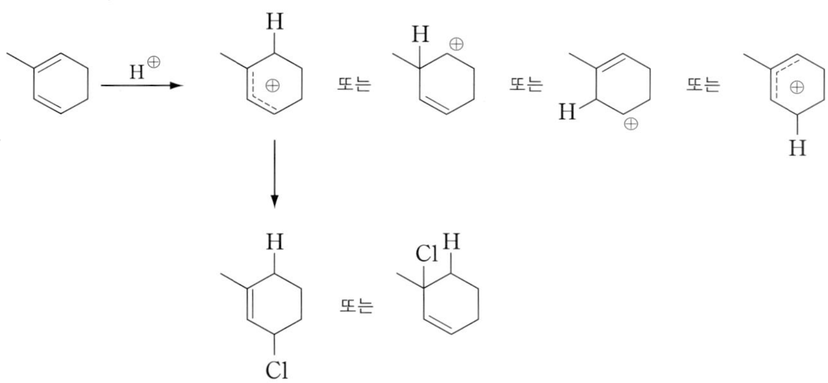

1,4-첨가 반응　　1,2-첨가 반응

7.

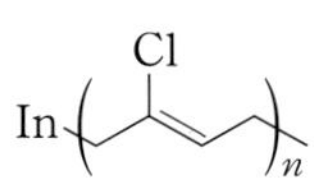

8. (a) (*E*)-penta-1,3-diene

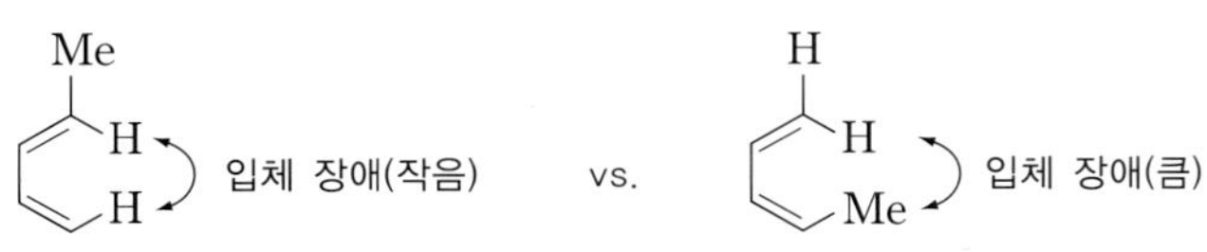

s-시스　　*s*-시스

(b) (*E*)-1,3-di-*t*-butylbuta-1,3-diene

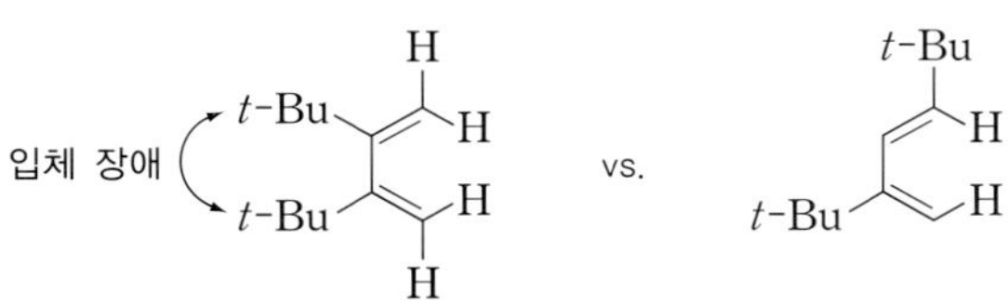

9. 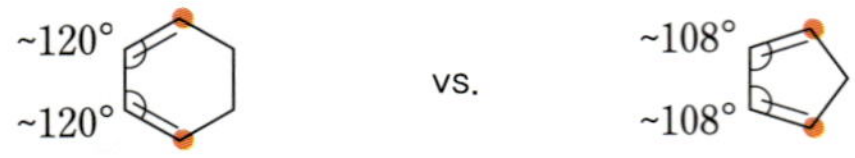

C=C 이중 결합이 상호 작용
하기에 거리가 상대적으로
멀리 있음

10. (a) 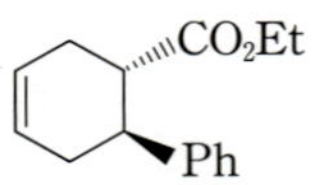 (b) 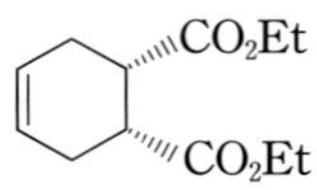 (c) 반응하지 않음

11. 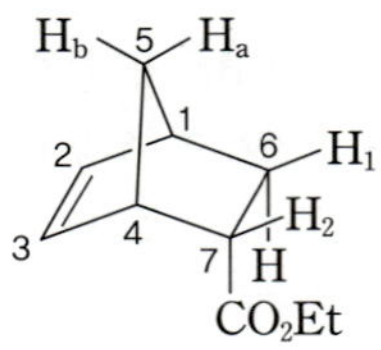

12. (a) 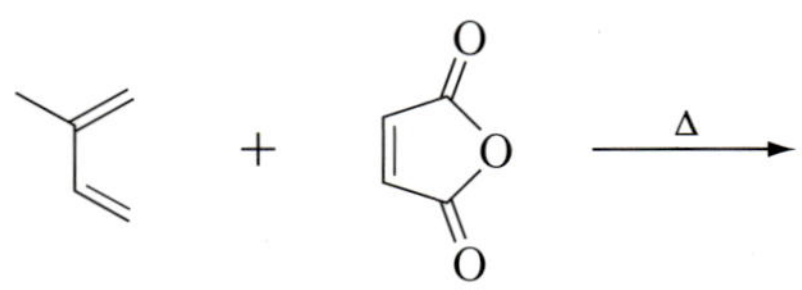

(b) 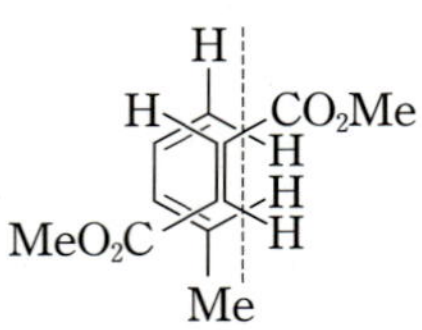

내향 TS

(c) 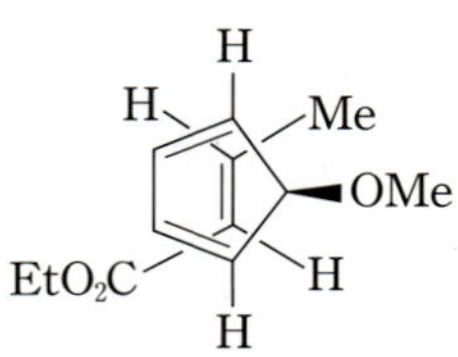

내향 TS

13. 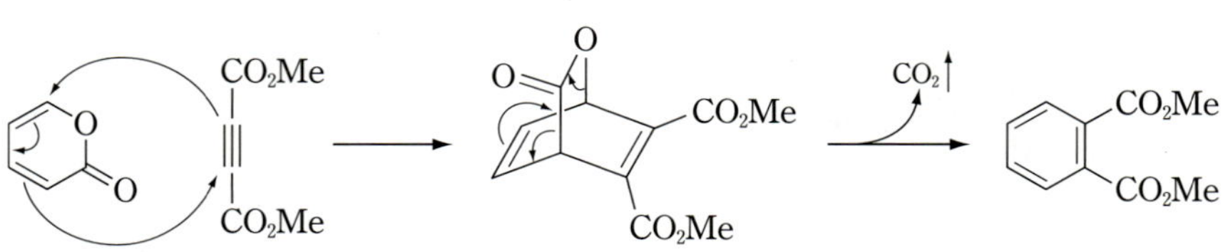

14. 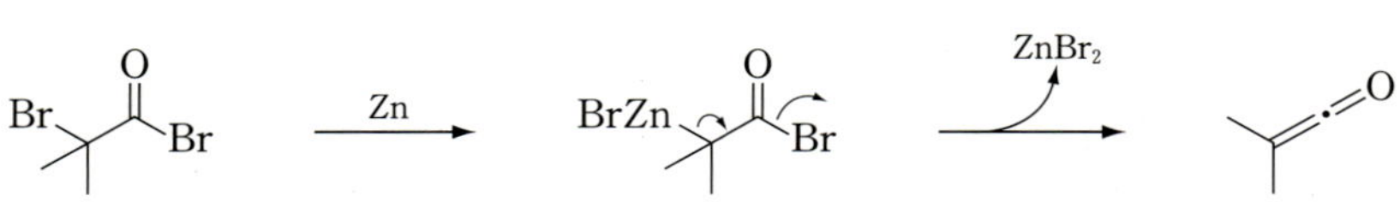

14장 아렌 및 방향족성

1. (a) propylbenzene
(b) 4-bromo-1,2-dimethylbenzene or 4-bromo-*o*-xylene

2. (a) 2,4,6-tribromotoluene, 1,3,5-tribromo-2-methylbenzene
(b) 4-ethyl-2-fluoroanisole, 4-ethyl-2-fluoro-1-methoxybenzene
(c) 2,4,6-trichlorophenol
(d) 4′-fluoroacetophenone

3. (a)

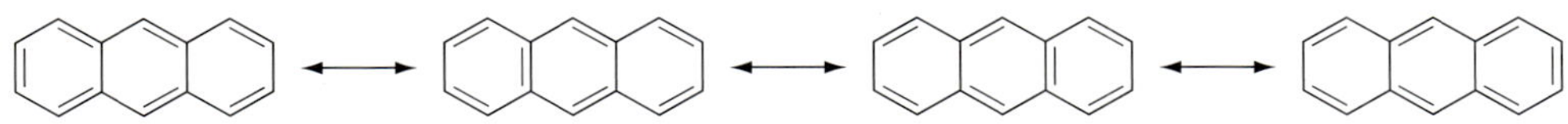

(b)

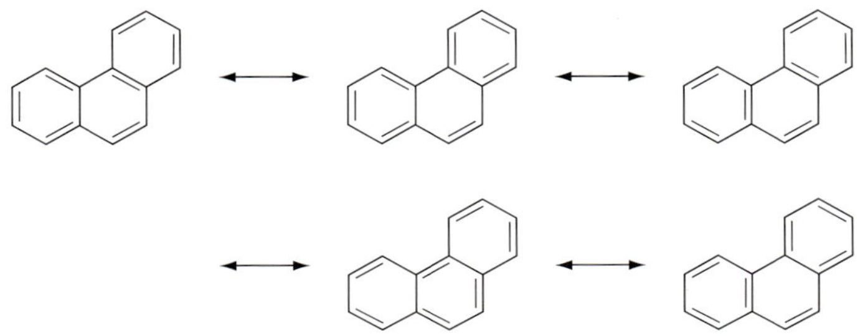

4.

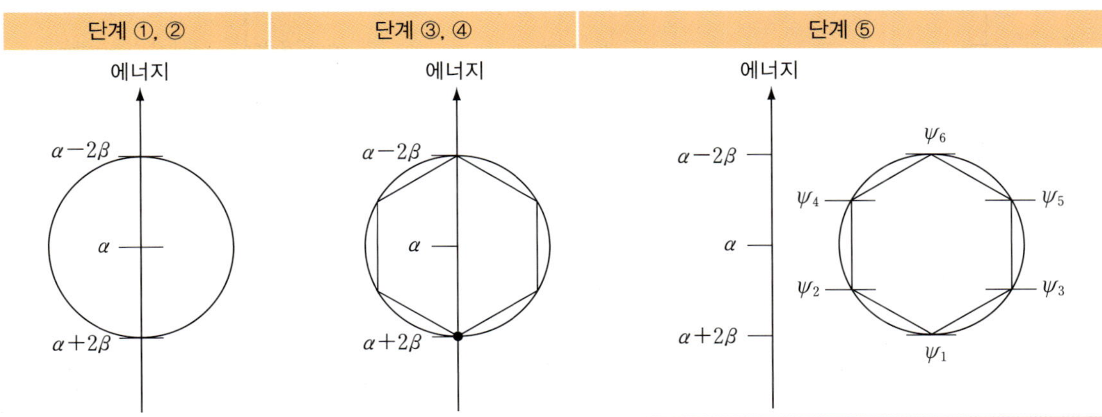

5. 시스-시스-트랜스-시스-트랜스-[10]아눌렌에서 고리형 콘쥬게이션이 일어나면 π-전자가 열 개($4n+2$)이므로 Hückel 계에 속하고, 방향족성을 가져서 열역학적으로 안정하게 된다(14.6.1절). 반면에, 고리형 콘쥬게이션에 의하여 모든 탄소 및 수소 원자가 동일한 평면에 존재하면 C−C−C 각도는 120°가 되어서 각 무리는 없으나, 특정한 두 수소 원자의 직접적인 충돌이 생겨서 입체 장애가 크게 증가할 수 있다.
두 개의 서로 다른 입자가 동일한 공간을 차지하는 것은 물리적으로 불가능하기 때문에, 실제로는 고리형 구조의 비틀림이 진행되면서 아래의 구조로 변형된다. 이 구조에서는 C−C−C 각도가 120°로서 각무리는 없지만, 물리적 충돌을 피하기 위하여 두 개의 수소 원자가 각각 대략적인 평면의 위−아래를 향하게 되고, 그 결과 고리형 콘쥬게이션이 끊어지거나 일부 약화될 수밖에 없다. 이러한 구조에서는 고리형 콘쥬게이션이 효과적이지 못하기 때문에 열역학적인 안정화 효과가 잘 진행되지 않음을 예상할 수 있다.

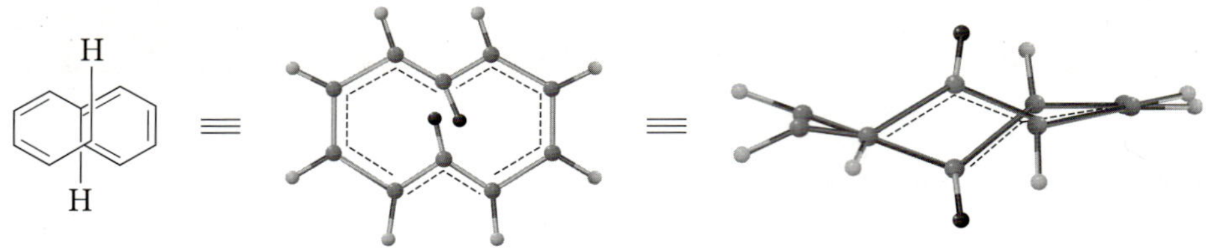

6.

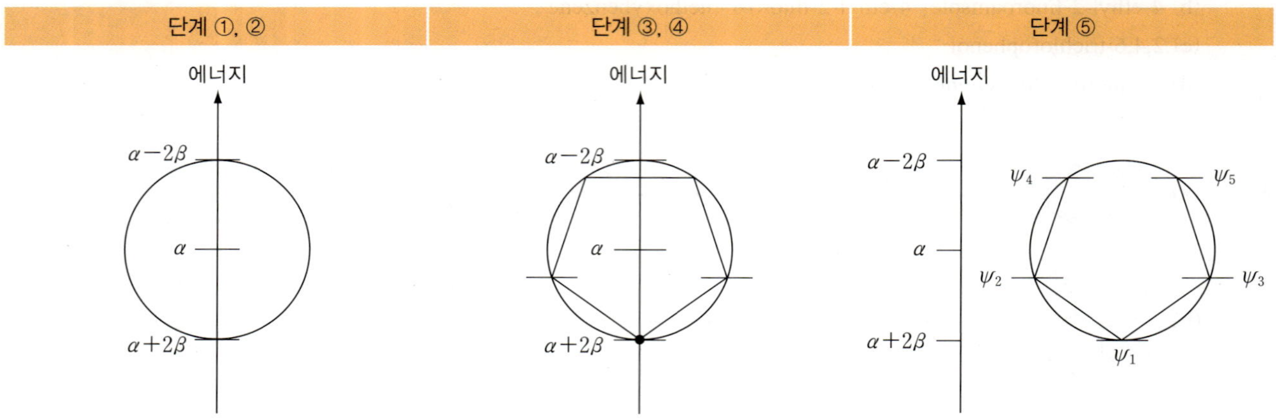

7.

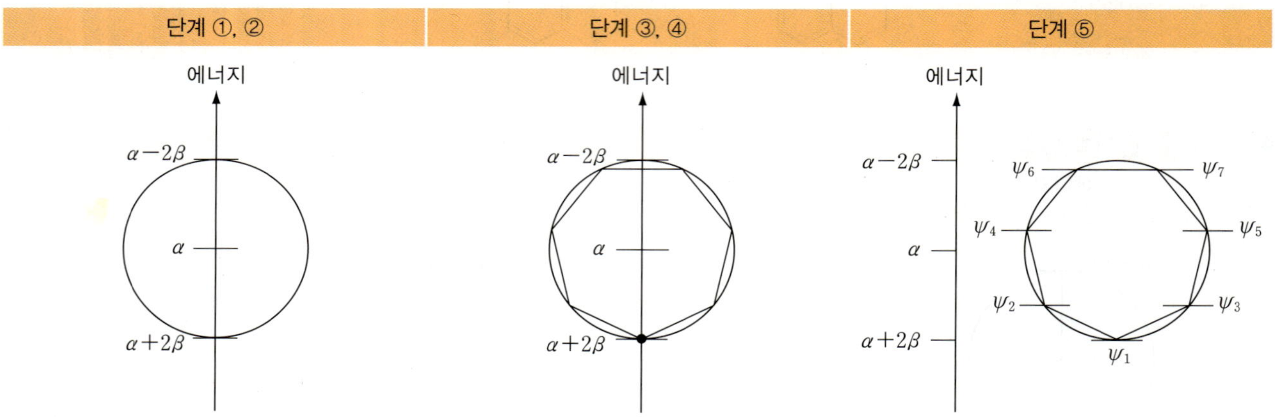

8. (a) 2-사이클로프로페논

→ 고리형 콘쥬게이션에 참여하는 π-전자 수 두 개($4n+2$)

→ 방향족

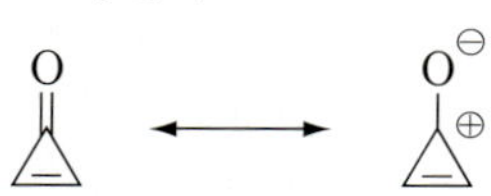

(방향족)

(b) 사이클로헵타-2,4,6-트라이에논

→ 고리형 콘쥬게이션에 참여하는 π-전자 수 여섯 개($4n+2$)

→ 방향족

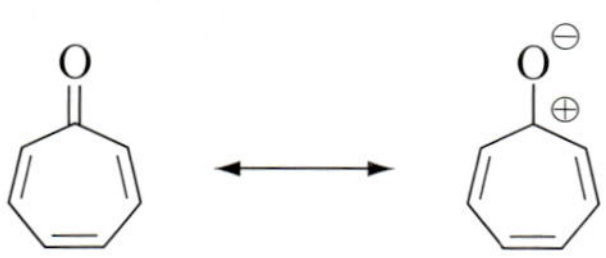

(방향족)

(c) 쌍극성 공명 구조에서
→ 고리형 콘쥬게이션에 참여하는 π-전자 수 여섯 개 및 두 개($4n+2$)
→ 방향족

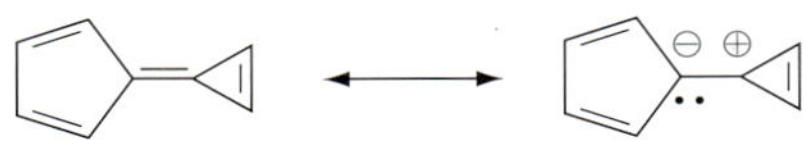

(방향족) (방향족)

9. (a) 고리형 콘쥬게이션, 전자 여덟 개($4n$) → 반방향족성
(b) 고리형 콘쥬게이션, 전자 열 두 개($4n$) → 반방향족성
(c) 고리형 콘쥬게이션, 전자 여섯 개($4n+2$) → 방향족성

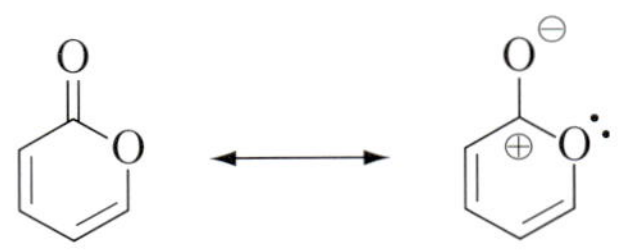

(d) 두 개의 벤젠 작용기는 각각 방향족성을 갖지만, 화합물 전체로는 고리형 콘쥬게이션이 없다.

10. 아래와 같이 쌍극성 구조를 그리면 전자 수 여섯 개인 고리형 콘쥬게이션이 가능하므로 매우 안정할 수 있다. 따라서 4-파이론은 카보닐 산소에서 염기성을 나타낼 수 있다.

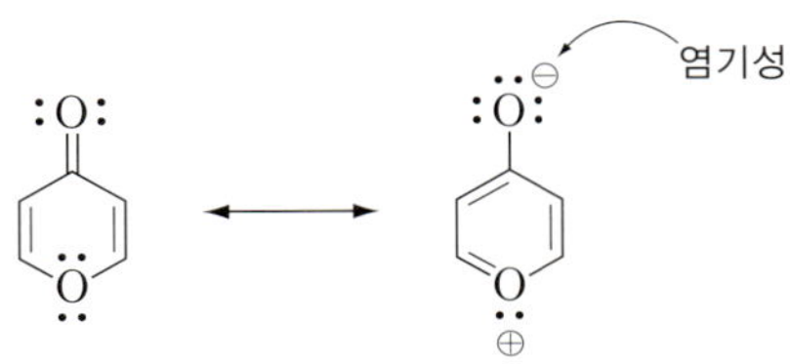

15장 아렌의 반응

1. (a) 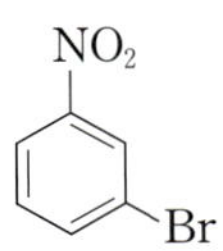

(b) 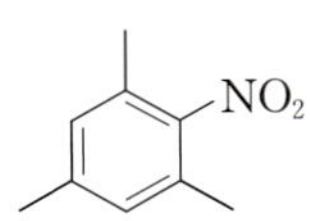

(c) 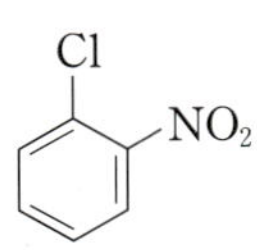 또는 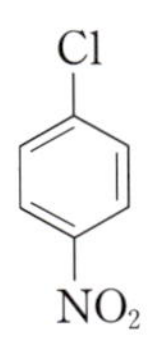

(d) 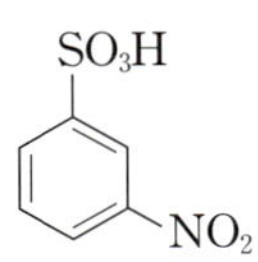

(e) 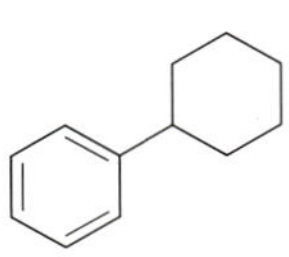

(f) 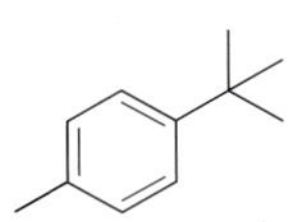

(g) 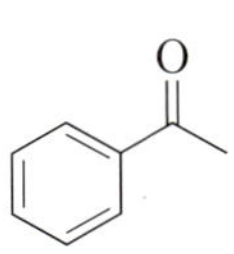

(h) 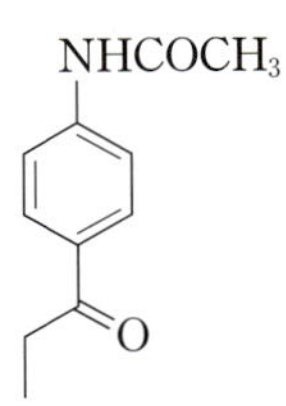

2. (a) 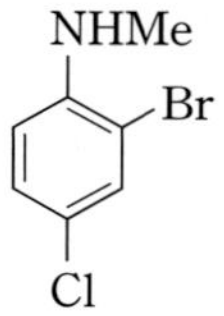

(b) 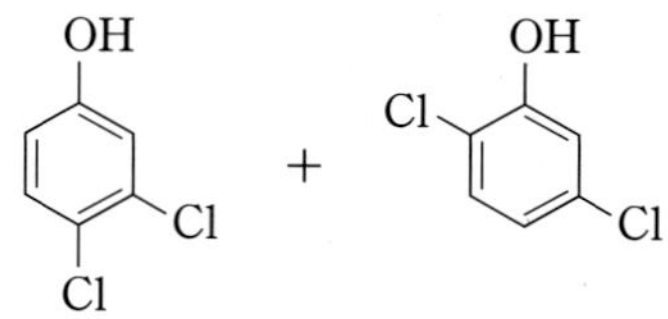

(c) 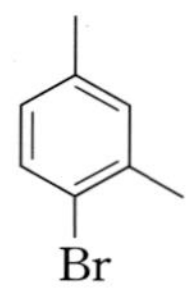

(d) 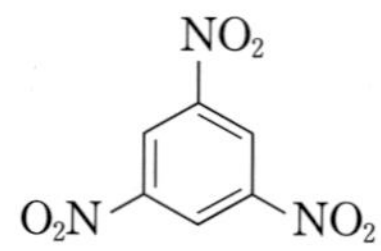

3. (a) 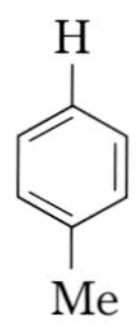

(b) 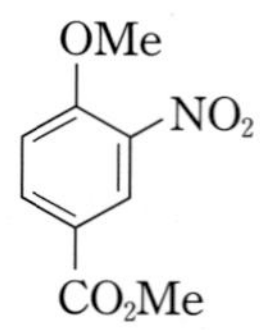

(c) 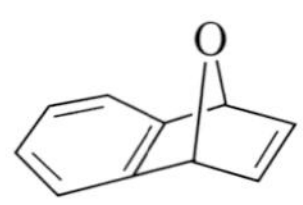

(d) 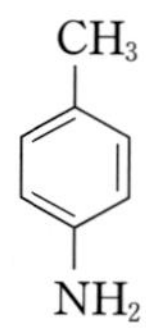

(e) 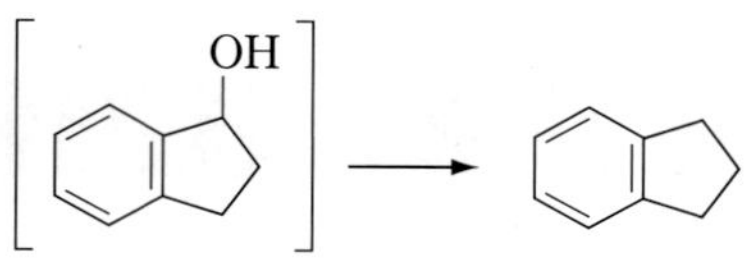 (반응이 진행된다는 가정 하에서)

(f) 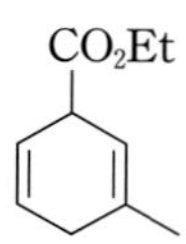

(g) 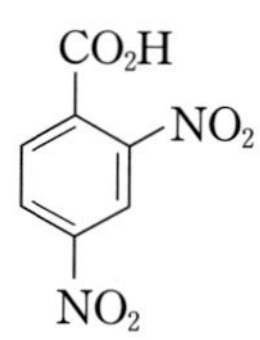

(h) 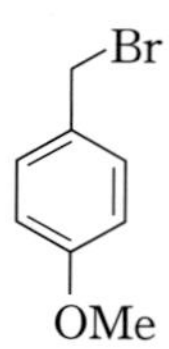

(i) 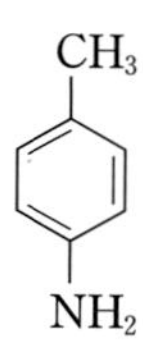

(j) 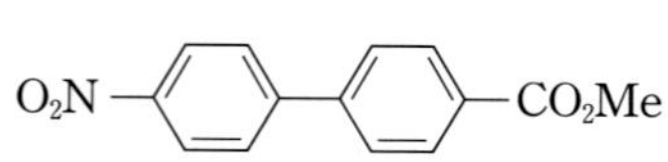

(k) 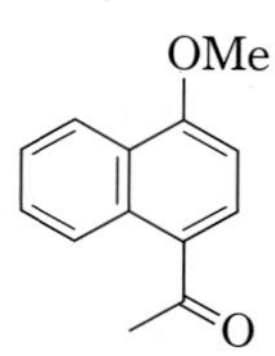

4. ① 첨가 반응: 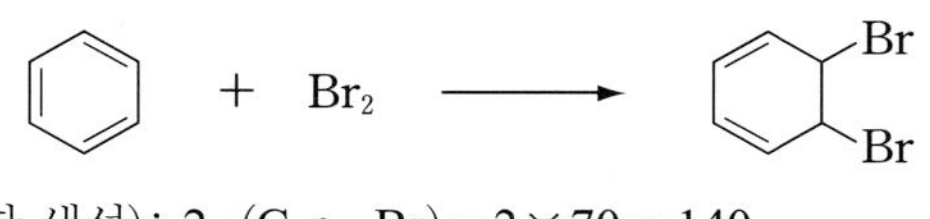

발열 반응(결합 생성): $2\sigma(C_{sp^3}-Br) = 2 \times 70 = 140$
흡열 반응(결합 끊어짐): $\sigma(Br-Br) + \pi(C=C) = 46 + 56 = 102$
흡열 반응(방향족성 상실): 36
반응열: $-140 + 102 + 36 = -2$

② 치환 반응: 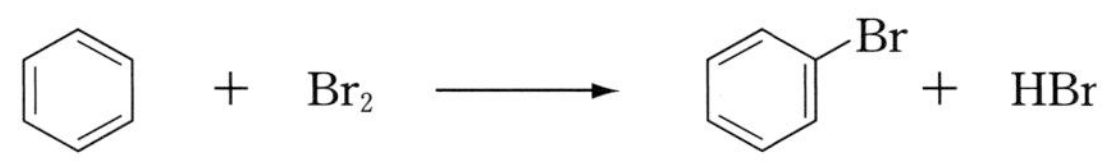

발열 반응(결합 생성): $\sigma(C_{sp^2}-Br) + \sigma(H-Br) = 81 + 88 = 169$
흡열 반응(결합 끊어짐): $\sigma(Br-Br) + \pi(C_{sp^2}-H) = 46 + 111 = 157$
반응열: $-169 + 157 = -12$

벤젠의 브로민 첨가 반응과 치환 반응의 자료를 비교하면 치환 반응의 발열성이 더 크다는 것을 알 수 있지만, 이것은 RDS에서의 내용을 비교하는 것이 아니기 때문에 발열 반응성이 큰 경로가 더 우세하다고 단정할 수 없다. 그럼에도 불구하고 계의 에너지를 낮추려고 하는 일반적인 경향성을 고려한다면 첨가 반응보다는 치환 반응이 잘 진행될 것이라고 어렴풋하게 예측할 수는 있다.

5. 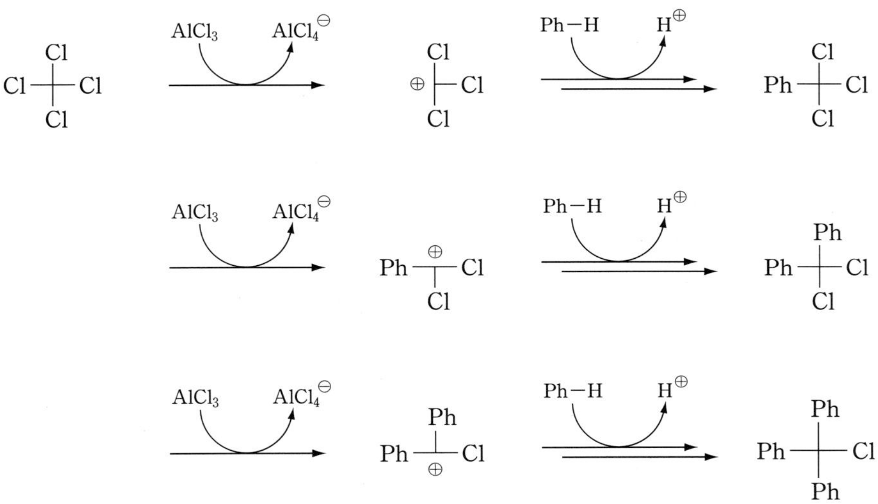

6. 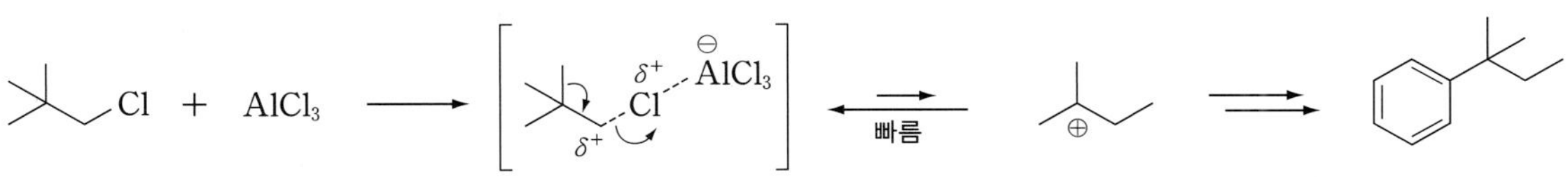

7. 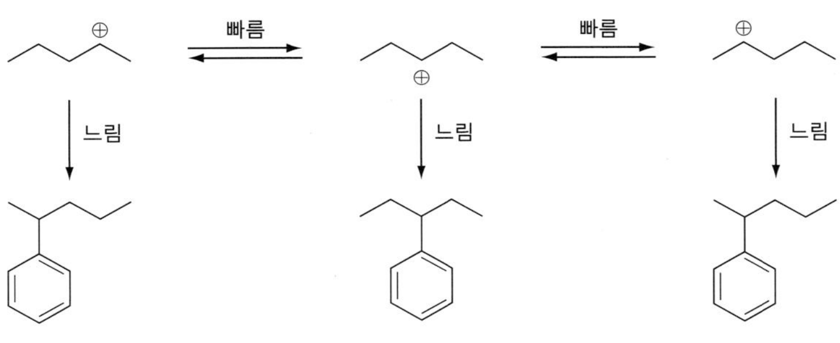

8. (a) 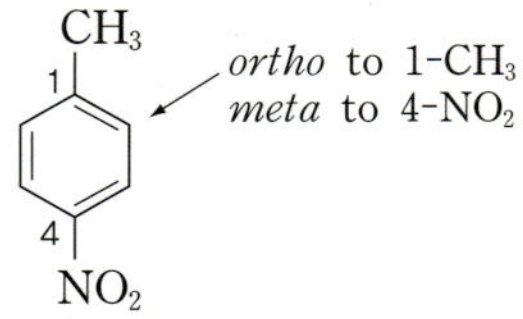

4-nitrotoluene
(Me: 약한 활성화 기, NO_2: 아주 강한 비활성화 기)
C_2: Me에 대하여 오쏘

(b) 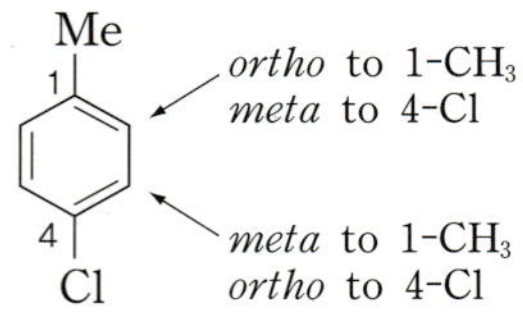

4-chlorotoluene
(Me: 약한 활성화 기, Cl: 약한 비활성화 기)
C_2: Me에 대하여 오쏘
C_3: Cl에 대하여 오쏘

(c) 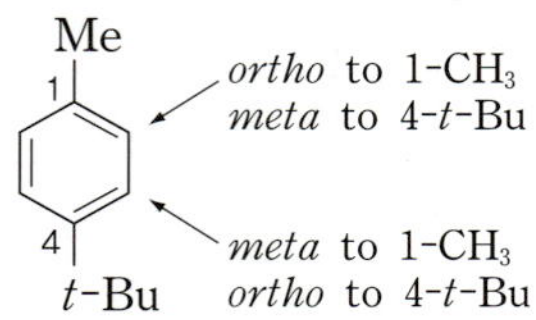

4-*t*-butyltoluene
(Me and *t*-Bu: 약한 활성화 기)
C_2: Me에 대하여 오쏘
C_3: *t*-Bu에 대하여 오쏘(입체 장애 때문에 반응 진행이 안 됨)

9. OMe 치환체는 벤젠의 반응성을 크게 증가시키는 강한 활성화 치환체이고, 오쏘 및 파라 선택성을 주는 작용기이다.

10. (a) 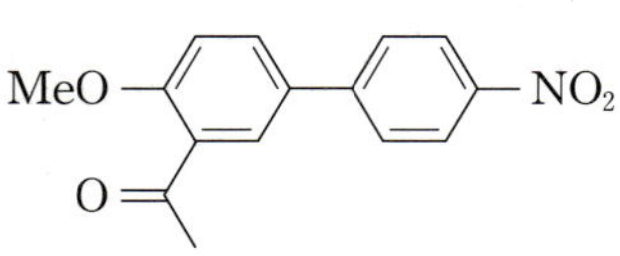

OMe 치환체는 강한 활성화 기이므로 이 치환체가 있는 벤젠에서 반응이 진행(오쏘 및 파라 선택성)

(b) 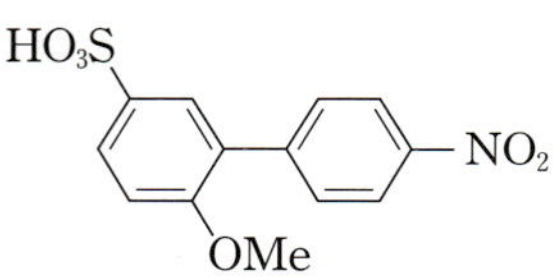

OMe 치환체는 강한 활성화 기이므로 이 치환체가 있는 벤젠에서 반응이 진행(오쏘 및 파라 선택성)

11. (a) 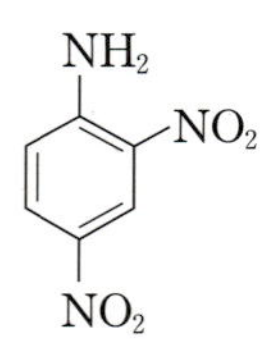

반응이 진행됨
아주 강한 전자 끄는 기가 이탈기의 오쏘 및 파라 위치에 있음

(b) 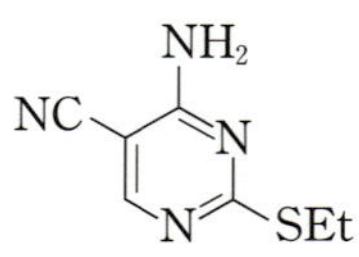

반응이 진행됨
전기 음성도가 큰 질소가 이탈기의 오쏘 및 파라 위치에 있고, 강한 전자 끄는 기가 이탈기의 오쏘 위치에 있음

(c) 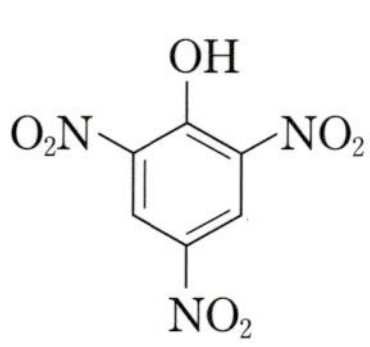

반응이 진행됨
아주 강한 전자 끄는 기가 이탈기의 오쏘 위치에 두 개, 파라 위치에 한 개 있음

12.

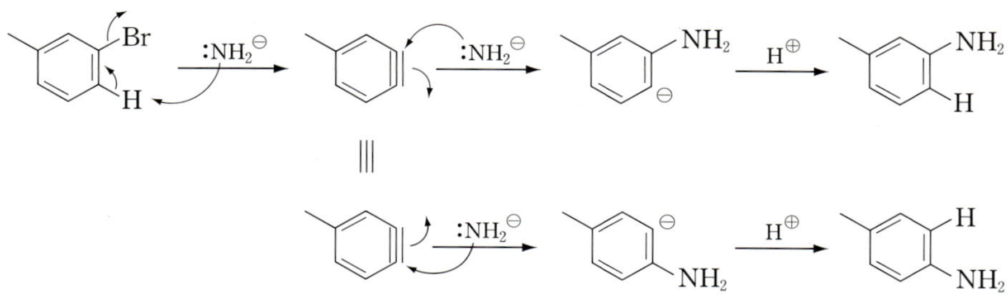

13.

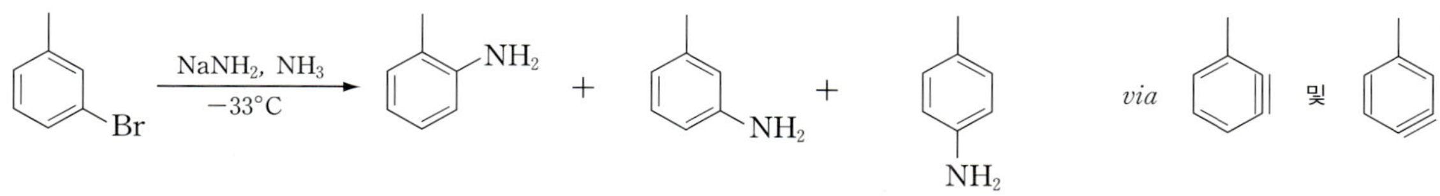

14.

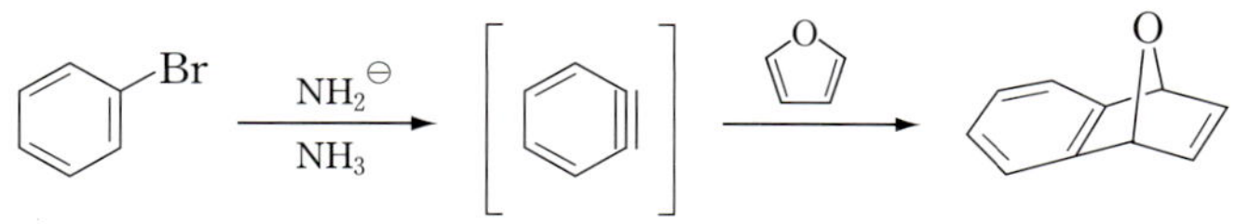

15.

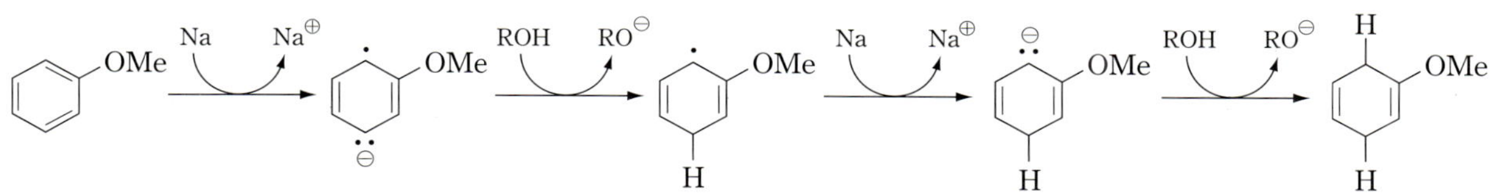

16. (a)

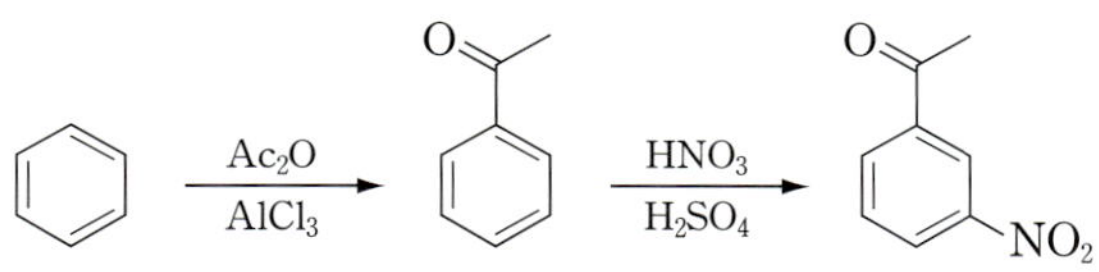

(b)

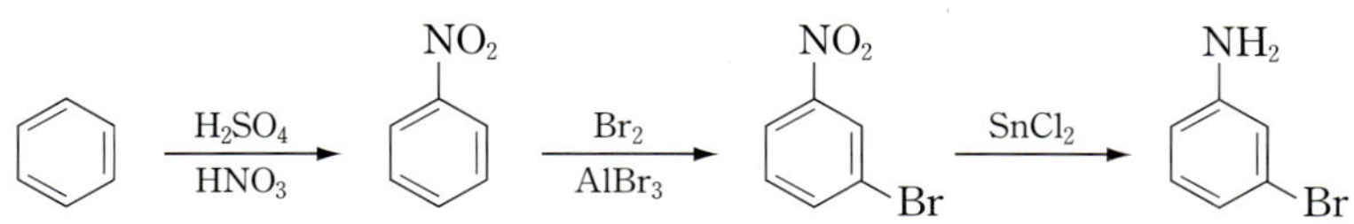

(c)

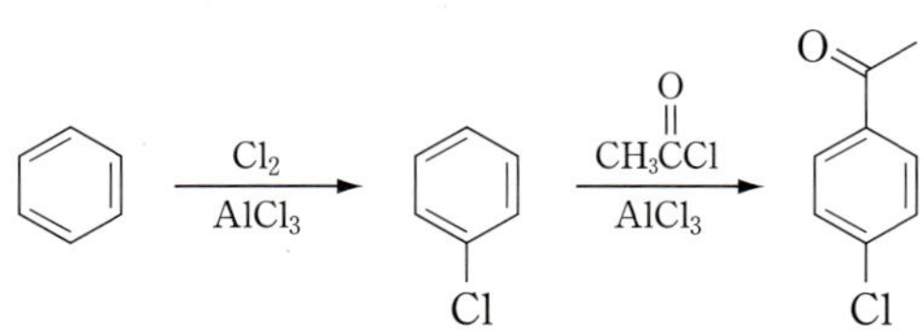

(d)

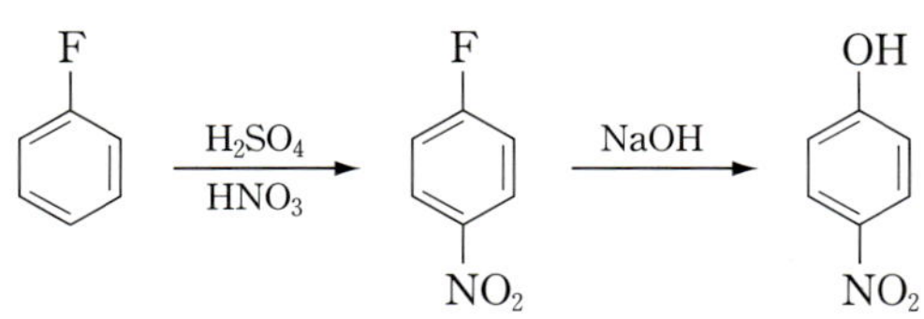

16장 알데하이드 및 케톤

1. (a) but-3-enal
(b) 5-hydroxypentanal
(c) *trans*-4-hydroxycyclohexanecarbaldehyde
(d) butan-2-one, ethyl methyl ketone
(e) 2-methyl-4-oxopentanal
(f) 4-bromo-2-methylcyclopentanone
(g) 5-hydroxy-4-methylnon-8-ene-2,7-dione
(h) 5-hydroxy-6-methyldec-1-ene-3,8-dione
(i) 3-bromo-2,6-dimethyl-5-oxocyclohexanecarbaldehyde

2. (a) 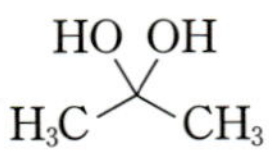

(b) 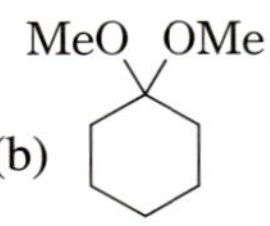

(c) 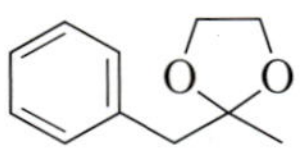

(d) 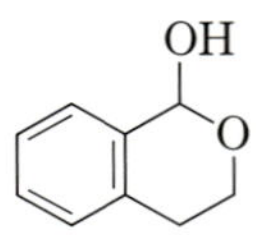

(e) 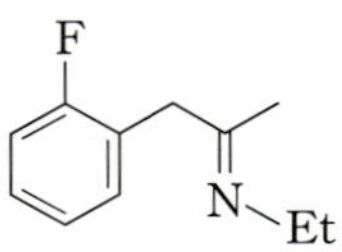

(f) 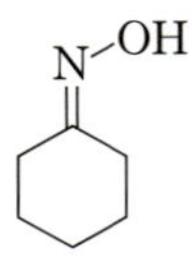

(g) 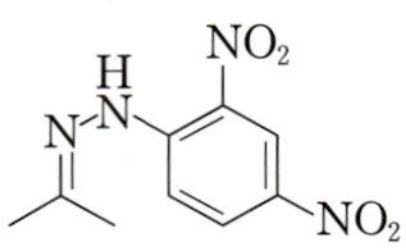

(h) 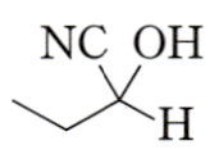

(i) 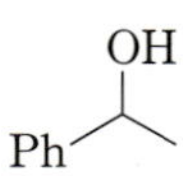

(j) 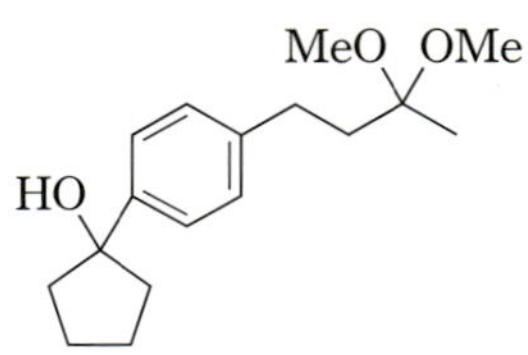

(k) 

(l) 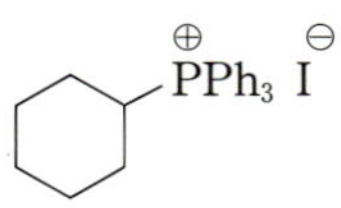

(m) 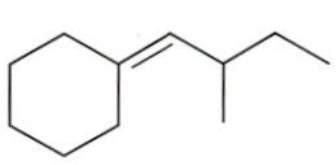

(n) 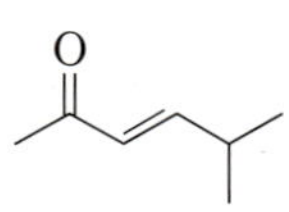

3. (a) 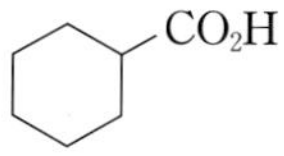

(b) 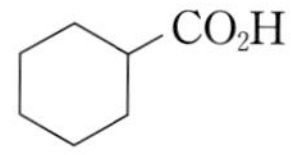

(c) 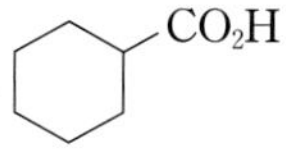

(d) 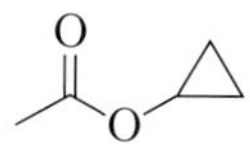

(e) 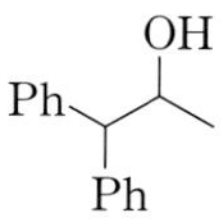

(f) 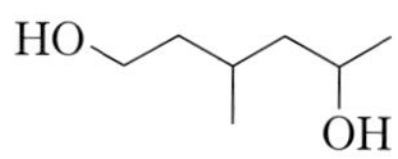

(g) 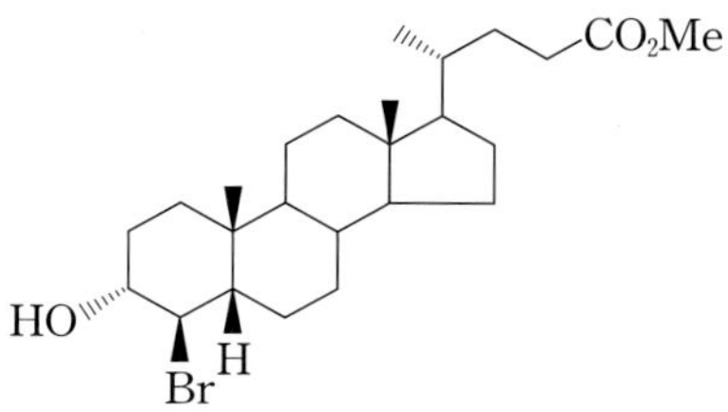

(h) 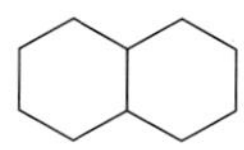

(i) 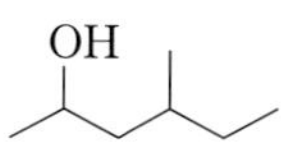

(j) 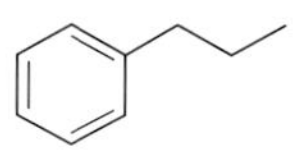

(k) 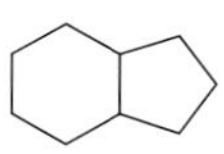

(l) 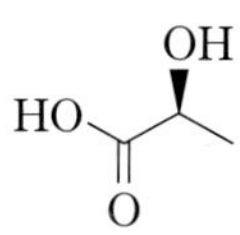

(m) 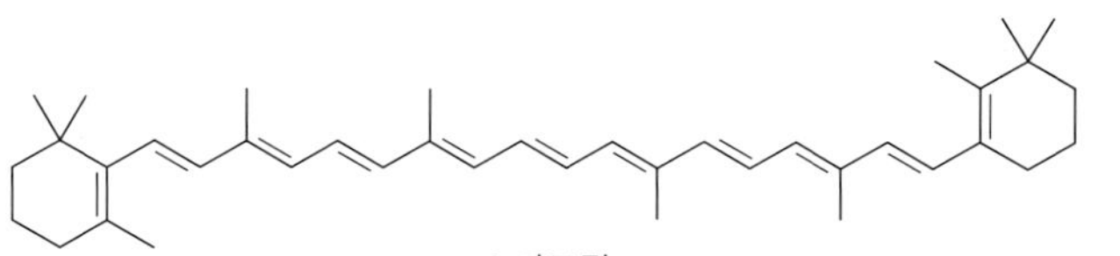

β-카로틴

4. 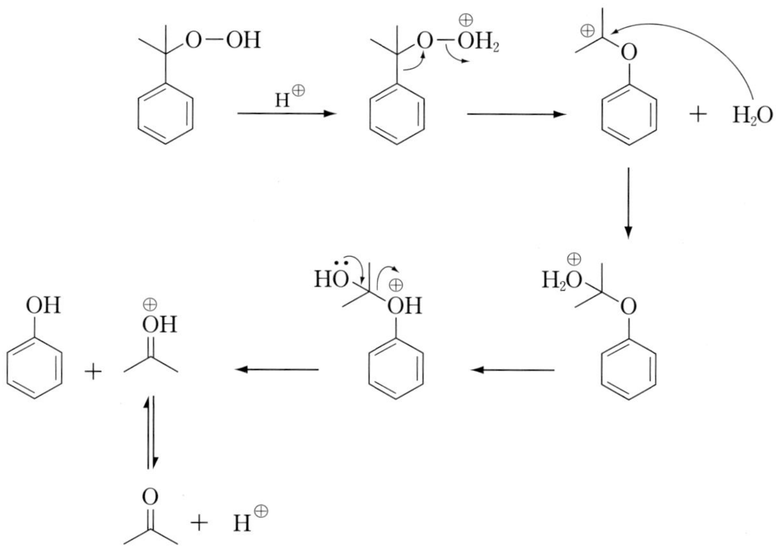

5. 반응 메커니즘은 산 촉매 엔아민 형성 반응의 역반응이다.

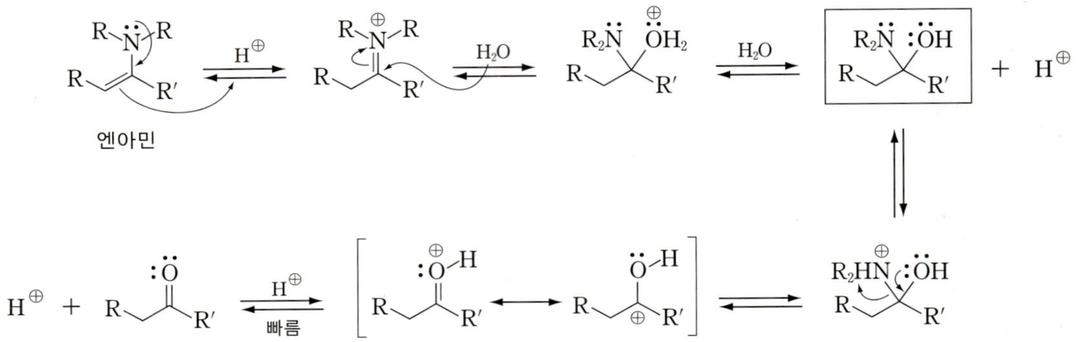

6. 반응의 메커니즘은 아래와 같다. 첫 번째 단계는 강한 친핵체인 OH^-가 비활성화된 카보닐 탄소를 공격하고, 전자가 풍부해서 강한 전자 주개로 작용하는 산소 음이온의 고립 전자쌍이 E2 형태로 전자를 제공하면 매우 약한 이탈기인 수소 음이온($H:^-$)이 방출됨과 동시에 인접한 알데하이드에 첨가 반응하여 카복실산과 산소 음이온을 생성한다. 마지막으로 산–염기 반응이 진행되면 알코올과 카복실산이 1 : 1의 비율로 얻어진다.

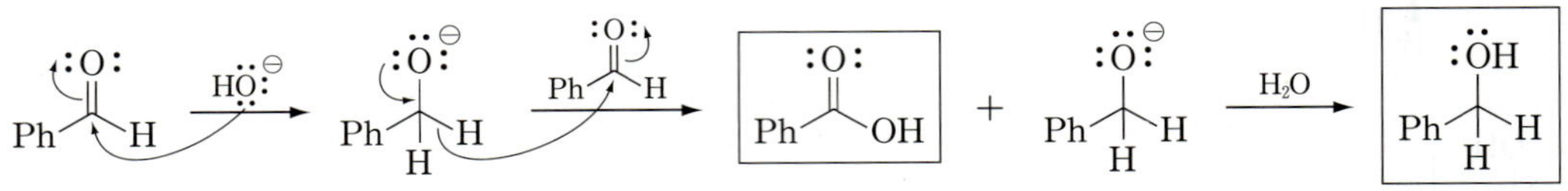

7.

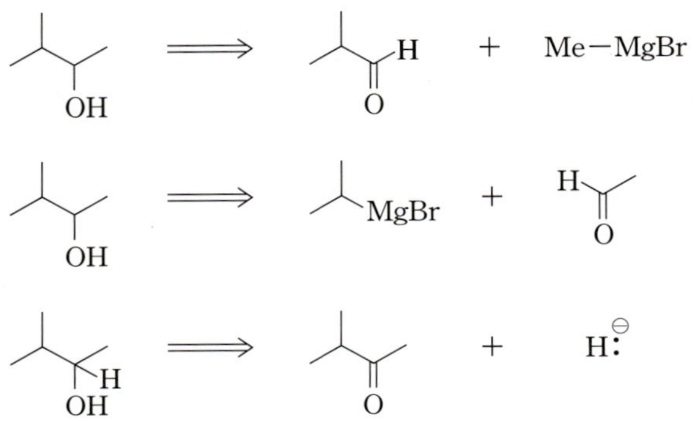

8. 경로 1:

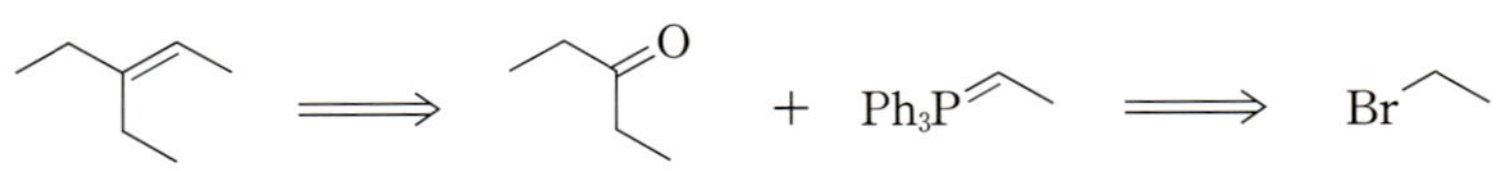

경로 2:

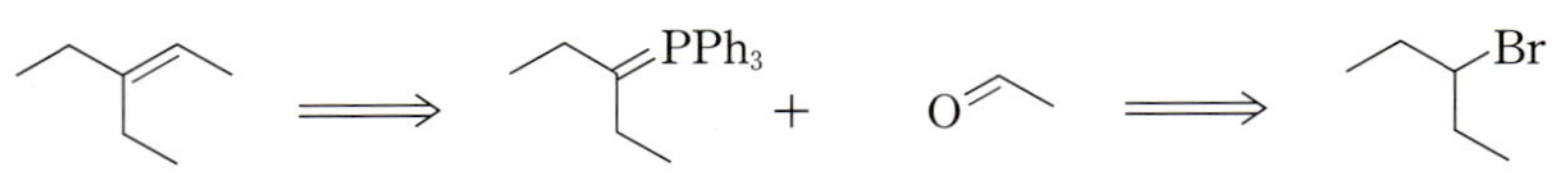

9.

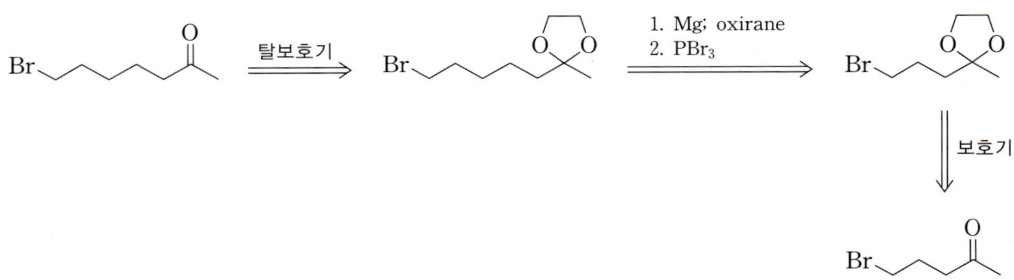

10. 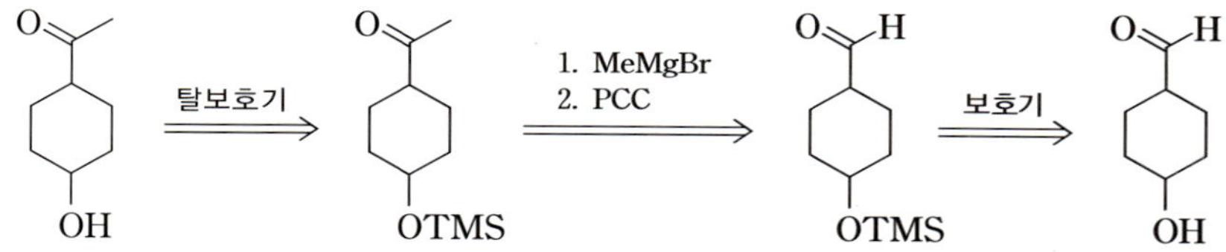

11. (a) 3-메틸뷰탄-2-온(3-methylbutan-2-one)의 적외선 스펙트럼에는 2840~3000 cm^{-1}(*m*) (C−H 신축 운동), 1718 cm^{-1}(*s*) (C=O 신축 운동), 1300~1487 cm^{-1}(*m*) (C−C 신축 운동)의 존재를 알 수 있다.

(b) 옥탄-3-온(octan-3-one)의 적외선 스펙트럼에는 2820~3010 cm^{-1}(*s*) (C−H 신축 운동), 1716 cm^{-1}(*s*) (C=O 신축 운동), 1340~1480 cm^{-1}(*m*) (C−C 신축 운동)이 관찰된다.

12. (a) 3-메틸뷰탄-2-온(3-methylbutan-2-one)의 경우에는 1−$C\underline{H}_3$ 피크가 δ 2.13(*s*, 3H), $C\underline{H}_3$ 피크는 δ 1.08(*d*, *J*=7.0 Hz, 6H), $C\underline{H}$ 피크는 δ 2.33(*sept*, *J*=7.0 Hz, 1H)로 예상된다.

(b) 옥탄-3-온(octan-3-one)은 2−$C\underline{H}_2$ 및 4−$C\underline{H}_2$ 피크가 함께 δ 2.41~2.48(*m*, 4H), 1−$C\underline{H}_3$ 피크는 δ 1.01(*t*, *J*=7.4 Hz, 3H), 8−$C\underline{H}_3$ 피크는 δ 0.87(*t*, *J*=7.0 Hz, 3H)에서 나온다. 5번 탄소의 $C\underline{H}_2$ 피크는 δ 1.53(*tt*, *J*=7.7, 7.4 Hz, 2H), 6−$C\underline{H}_2$ 및 7−$C\underline{H}_2$ 피크들은 겹쳐서 δ 1.20~1.38(*m*, 4H)에 있다.

13. (a) 3-메틸뷰탄-2-온(3-methylbutan-2-one)은 카보닐 탄소가 δ 212.5, C_1 탄소가 δ 27.5, C_3 탄소가 δ 41.7, 동등한 두 개의 C_4 탄소가 δ 18.2에서 관찰된다.

(b) 옥탄-3-온(octan-3-one)은 카보닐 탄소가 δ 211.7, C_4 탄소가 δ 42.4, C_2 탄소가 δ 35.9으로 분석할 수 있다. 계속해서 C_6 탄소가 δ 31.6, C_5 및 C_7 탄소가 δ 23.7, 22.6(명확한 구분 어려움), C_8 탄소가 δ 14.0, C_1 탄소가 δ 7.9이 된다.

14. (a) 3-메틸뷰탄-2-온(3-methylbutan-2-one)은 분자식 $C_5H_{10}O$, 분자량 86인 화합물로서 *m/e*=86에서 M^+ 피크가 관찰된다. 이론적으로 분자 이온(M^+)에서 C_1-C_2의 α-분해 반응이 일어나면 *m/e*=71 및 15, C_2-C_3의 α-분해 반응이 일어나면 *m/e*=43 피크를 예상할 수 있다. 실험에서 주 피크는 *m/e*=43이었다.

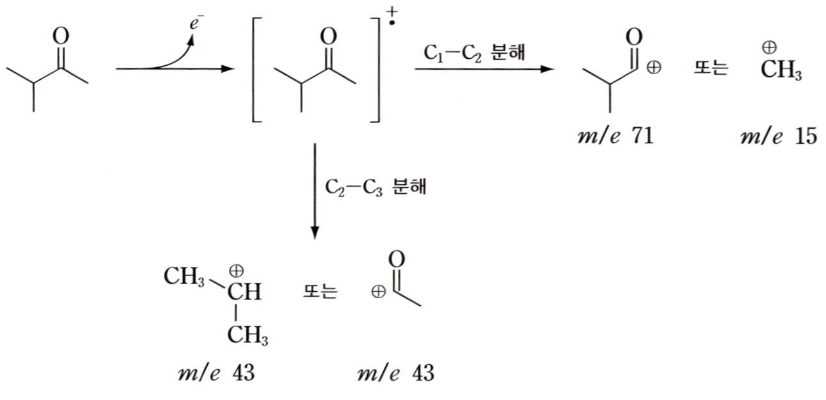

(b) 옥탄-3-온(octan-3-one)은 분자식 $C_8H_{16}O$, 분자량 128인 물질로서 *m/e*=128에서 M^+ 피크가 관찰된다. 이론적으로 분자 이온(M^+)에서 C_2-C_3의 α-분해 반응이 일어나면 *m/e*=99 및 29, C_3-C_4의 α-분해 반응이 일어나면 *m/e*=71 및 57, C_5-C_6 분해 반응이 일어나면 *m/e*=85 및 43, 맥라퍼티 자리 옮김 반응이 일어나면 *m/e*=72 피크를 예상할 수 있다. 실험에서 주 피크는 *m/e*=43이었다.

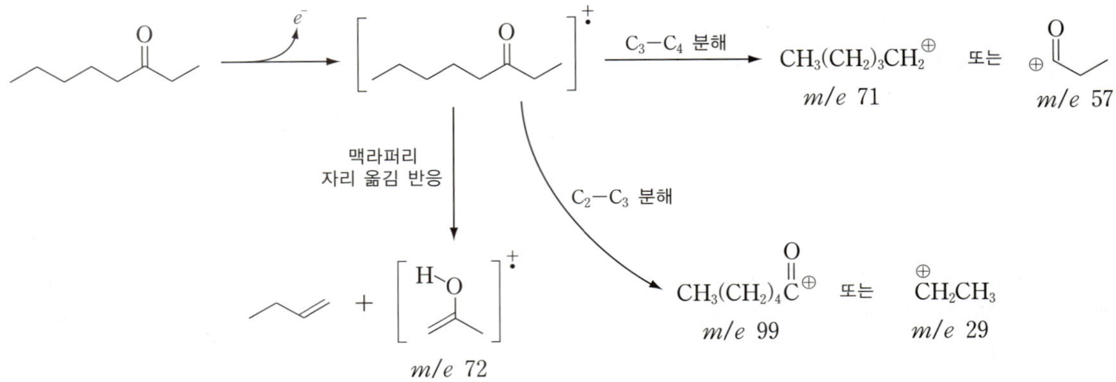

17장 카복실산

1. (a) 2-hydroxy-6-methylheptanoic acid

(b) 3-ethyl-6-methyloctanedioic acid

(c) 3-bromocyclohexanecarboxylic acid

(d) (4*E*)-6-hydroxy-3-oxohept-4-enoic acid

2. (a)

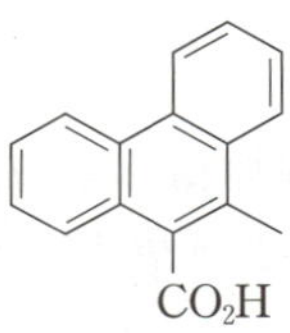

(b)

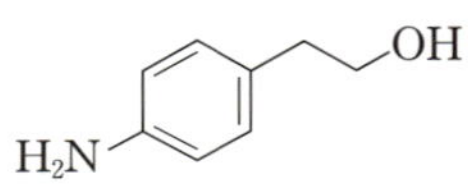

(c)

(d)

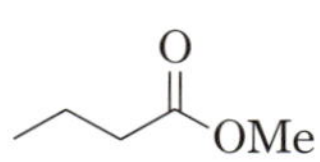

(e)

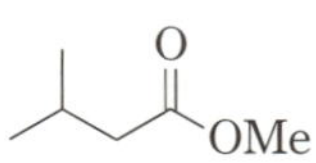

(f)

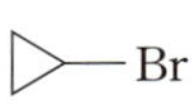

3. (a) oxalic acid > acetic acid > ethanol

(b) 2,2-difluoropropanoic acid > 2-fluoropropanoic acid > 3-fluoropropanoic acid

(c) 2,4-dinitrobenzoic acid > 4-nitrobenzoic acid > benzoic acid

4. (a)

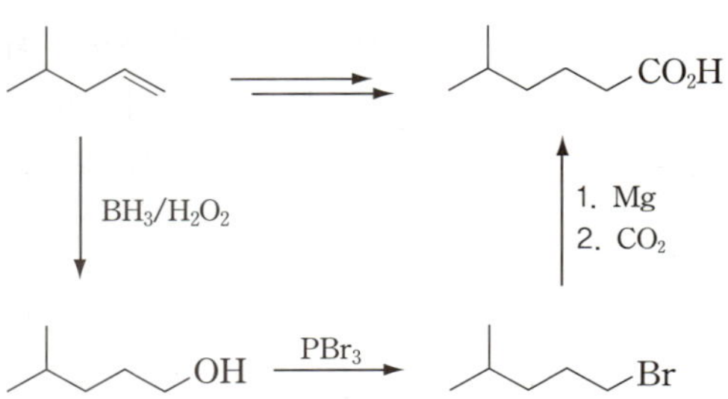

(b)

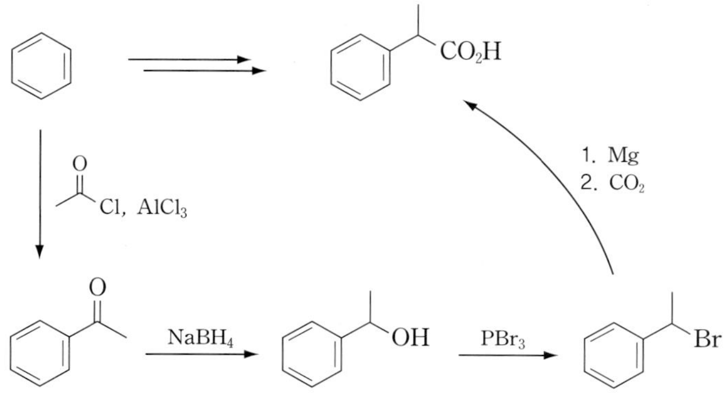

5. (a) 2-메틸프로판산(2-methylpropanoic acid)의 적외선 스펙트럼은 카보닐 작용기와 관련하여 1707 cm^{-1}(*s*) (C=O 신축 운동) 피크를 확실하게 구분할 수 있고, 이 외에 2400~3410 cm^{-1}(*s*) (H−결합 신축 운동)에 걸친 매우 넓은 띠 피크 등을 언급할 수 있다.
(b) 하이드로신나믹산(hydrocinnamic acid)의 적외선 스펙트럼은 카보닐 작용기와 관련하여 1711 cm^{-1}(*s*) (C=O 신축 운동) 피크를 확실하게 구분할 수 있고, 이 외에 2390~3320 cm^{-1}(*s*) (H−결합 신축 운동)에 걸친 매우 넓은 띠 피크 등을 언급할 수 있다.

6. (a) 2-메틸프로판산(2-methylpropanoic acid)은 두 개의 $C\underline{H}_3$ 피크가 δ 1.10(*d*, $J=7.0$ Hz, 6H). 한 개의 $C\underline{H}$ 피크는 δ 2.38(*sept*, $J=7.0$ Hz, 1H)로 설명할 수 있다.
(b) 하이드로신나믹산(hydrocinnamic acid)는 α-$C\underline{H}_2$ 피크가 δ 2.49(*t*, $J=7.4$ Hz, 2H), β-$C\underline{H}_2$ 피크가 δ 2.99(*t*, $J=7.4$ Hz, 2H), 다섯 개의 벤젠 고리 피크가 δ 7.13~7.32(*m*, 5H)로 예상된다.

7. (a) 2-메틸프로판산(2-methylpropanoic acid)은 카보닐 탄소가 δ 184.00, C_2 탄소가 δ 34.1, 두 개의 동격인 C_3 탄소가 δ 18.8에서 관찰된다.
(b) 하이드로신나믹산(hydrocinnamic acid)은 카보닐 탄소가 δ 179.6, C_2 탄소가 δ 35.7, C_3 탄소가 δ 30.1에서 나온다. 벤젠 고리의 피크들은 C_1 탄소가 δ 140.2, $C_2(C_6)$, $C_3(C_5)$, C_4 탄소를 정확하게 특정하지는 못하지만 δ 128.6, 128.3, 126.4에서 관찰된다.

8. (a) 2-메틸프로판산(2-methylpropanoic acid)은 분자식 $C_4H_8O_2$, 분자량 88인 물질로서 $m/e=88$에서 M^+ 피크가 관찰된다. 이론적으로 분자 이온(M^+)에서 C(=O)−OH의 α-분해 반응이 일어나면 $m/e=71$, C(=O)−C_a의 α-분해 반응이 일어나면 $m/e=43$, C_2−C_3의 분해가 일어나면 $m/e=73$ 및 15 피크를 예상할 수 있다. 실험에서 주 피크는 $m/e=43$이었다.

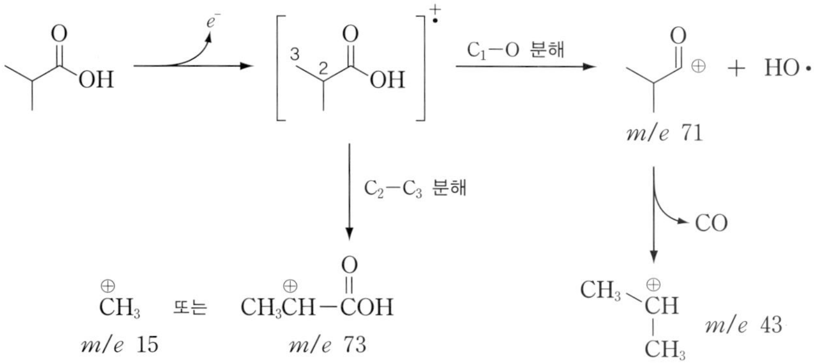

(b) 하이드로신나믹산(hydrocinnamic acid)은 분자식 $C_9H_{10}O_2$, 분자량 150인 물질로서 $m/e=150$에서 M^+ 피크가 관찰된다. 이론적으로 분자 이온(M^+)에서 C(=O)−OH의 α-분해 반응이 일어나면 $m/e=133$, C(=O)−C_α의 α-분해 반응이 일어나면 $m/e=105$ 및 104, C_2−C_3의 분해가 일어나면 $m/e=91$ 및 59 피크를 예상할 수 있다. 실험에서 주 피크는 $m/e=91$이었다.

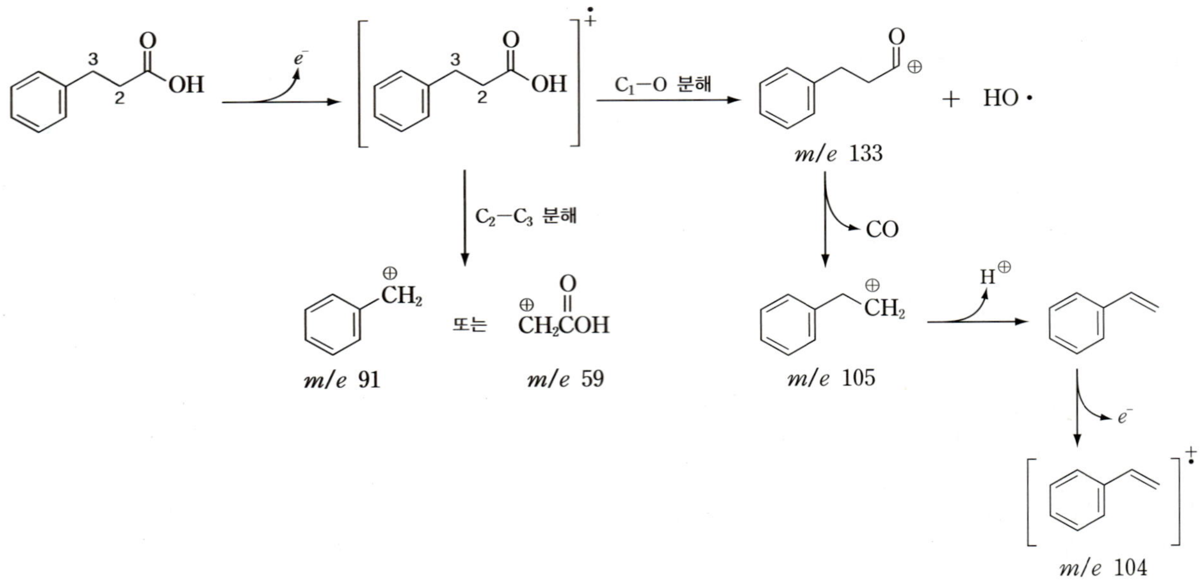

18장 카복실산 유도체 및 나이트릴

1. (a) pentanoyl chloride
   (b) cyclopentanecarbonyl chloride
   (c) 3-methylpentanoic anhydride
   (d) benzoic heptanoic anhydride
   (e) isopropyl 2-methylpropanoate or isopropyl isobutyrate
   (f) phenyl ethanoate or phenyl acetate
   (g) benzamide
   (h) *N*-ethyl-3-methylbutanamide
   (i) 2,2-dimethylcyclohexanecarbonitrile

2. (a)

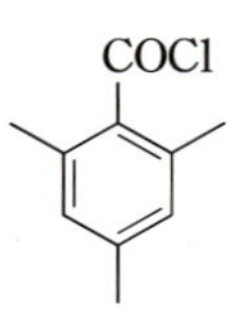

(b)

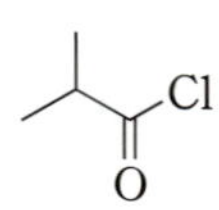

(c)

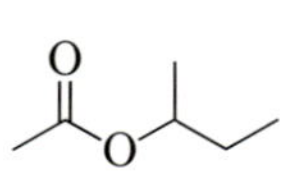

(d)

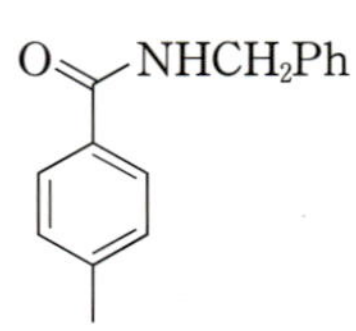

(e)

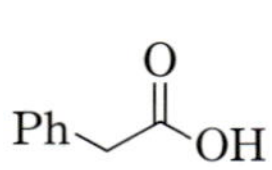

(f)

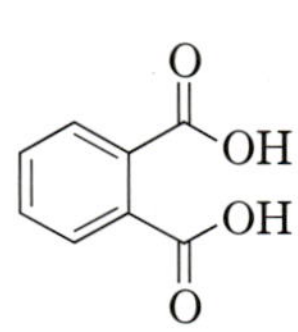

(g) 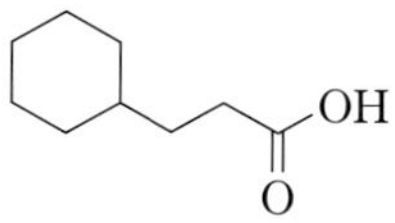

(h) 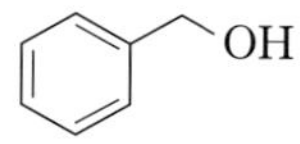

(i) 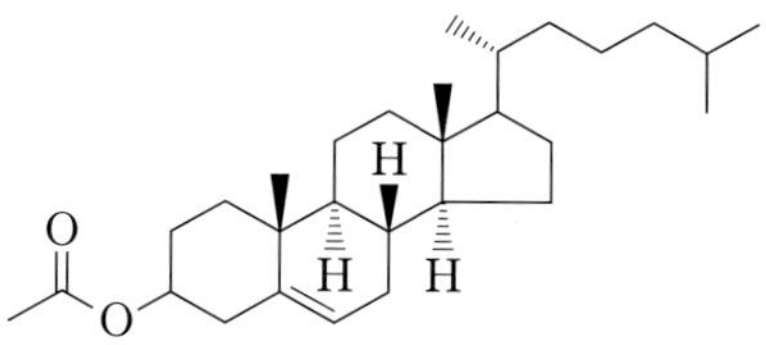

(j) 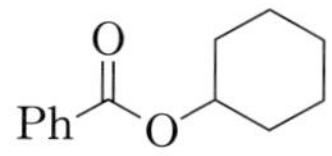

(k) 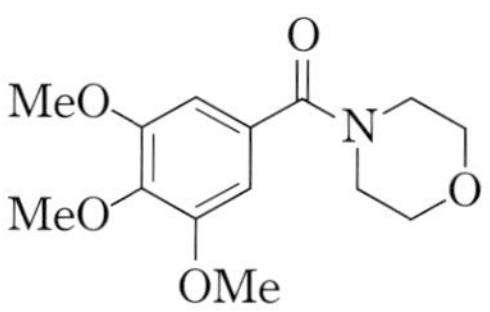

(l) 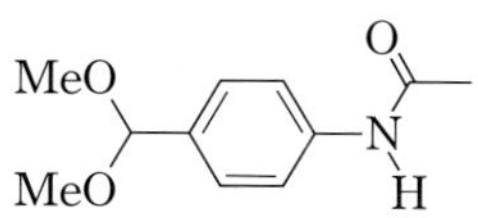

(m) 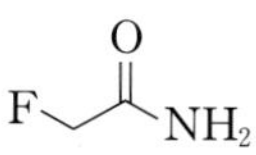

(n) 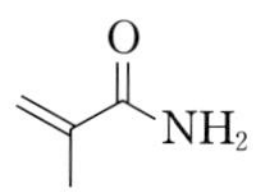

(o) 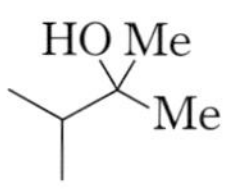

(p) 

(q) 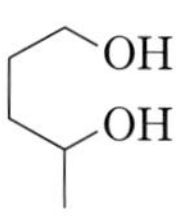

(r) 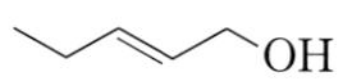

(s) 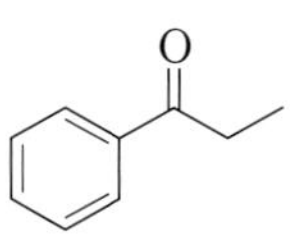

(t) 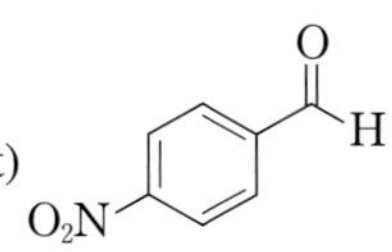

3. (a) 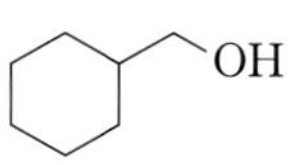

(b) 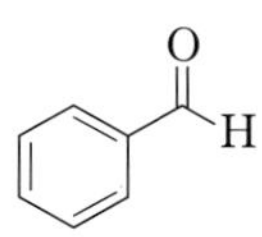

(c) 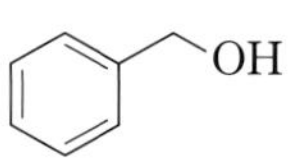

(d) 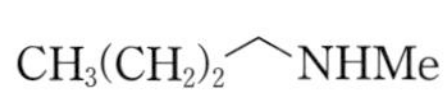

(e) 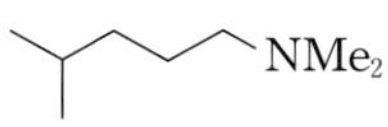

(f) 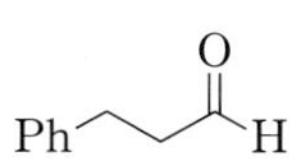

(g) 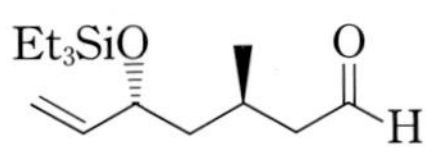

(h) 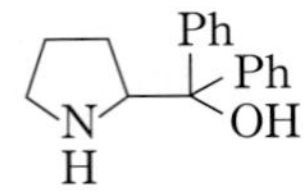

(i) 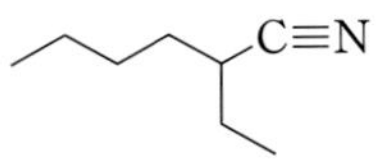

(j) 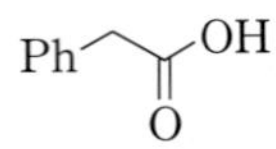

(k) 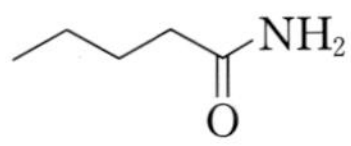

(l) 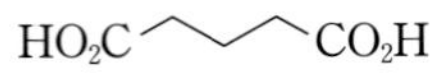

(m) 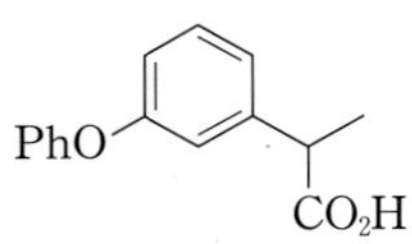

(n) 

(o) 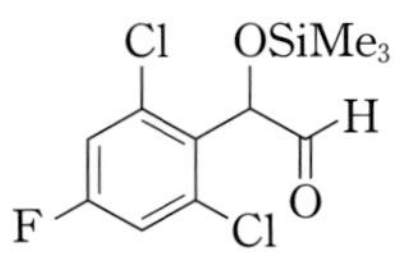

(p) 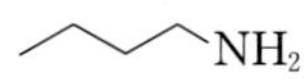

(q) 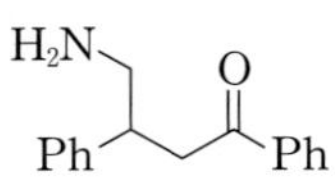

(r) 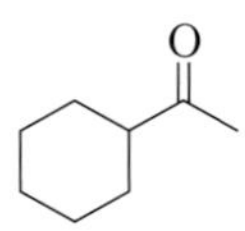

(s) 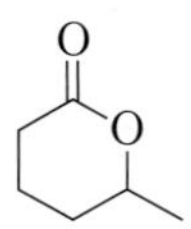

4. 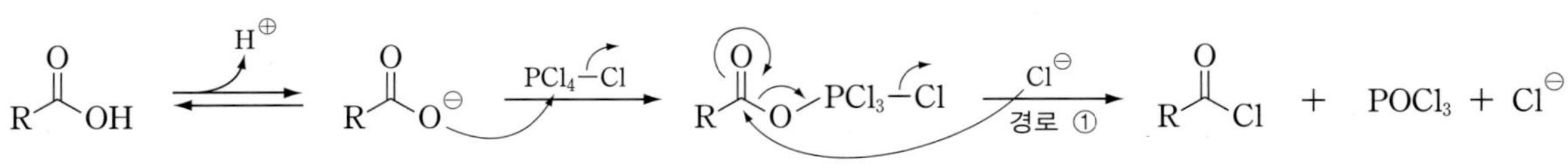

5. 아래와 같은 경로를 따라서 논리적으로 설명이 가능하다.

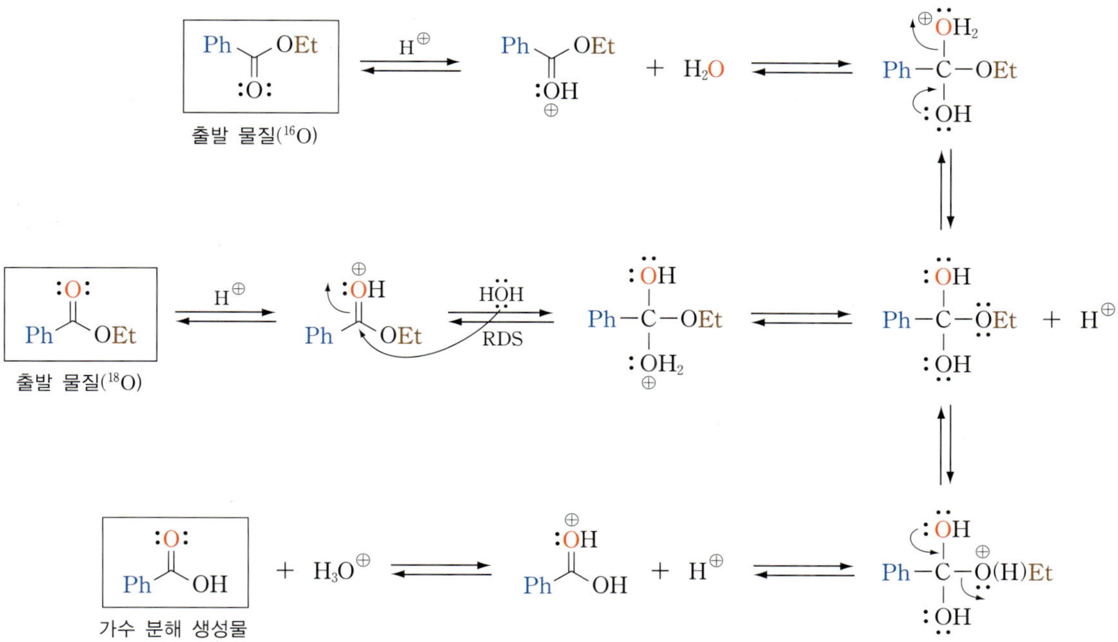

6. 아래와 같은 경로를 따라서 논리적으로 설명이 가능하다.

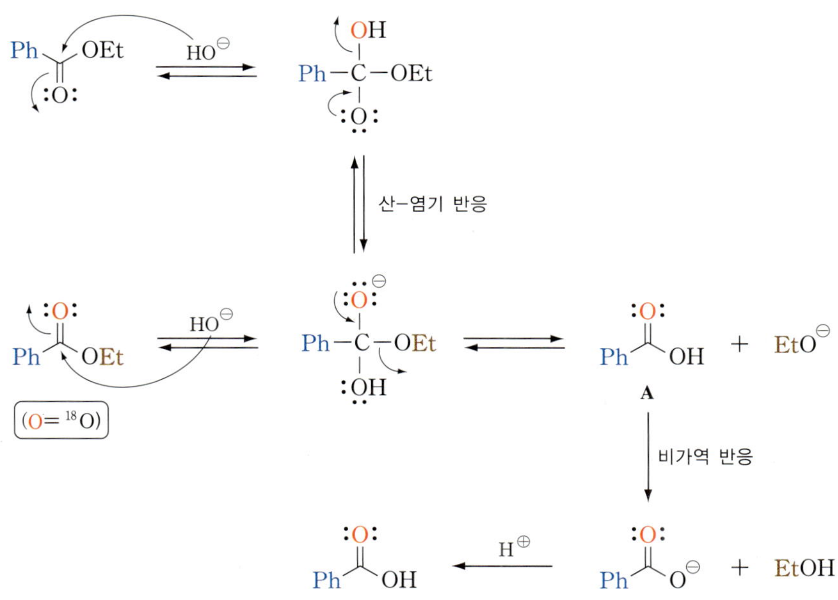

7. 비누화 반응은 친핵성 아실 치환 반응의 (경로 ①)을 따라서 진행한다. 이때 입체 장애가 가장 적은 Me 에스터가 가장 빨리 반응에 참여하고, 반대로 입체 장애가 가장 큰 *t*-Bu 에스터가 가장 느리게 반응에 참여한다.

8. 친전자성 방향족 치환 반응에서 벤젠 고리의 치환체에 따라서 반응 속도는 [$NH_2 > Me > H > Br > CHO > NO_2$]의 순서였다. 이 과정에서 치환체와 벤젠 고리의 π-전자 밀도와의 연관성을 언급하였고, 이러한 현상이 일어나는 근본 원인으로 해당 치환체의 공명 효과와 유발 효과에 대하여 상세하게 기술한 바 있다.
이 반응에서 Z 치환체의 공명 효과와 유발 효과를 마치 벤젠 고리에서와 같이 적용하여 반응 속도를 예측하면 카보닐 탄소의 전자 밀도가 클수록 비누화 반응의 속도가 감소함을 추론할 수 있다. 따라서 반응 속도가 가장 빠른 것은 $Z = NO_2$이고, 가장 느린 것은 $Z = NH_2$이다.

9.

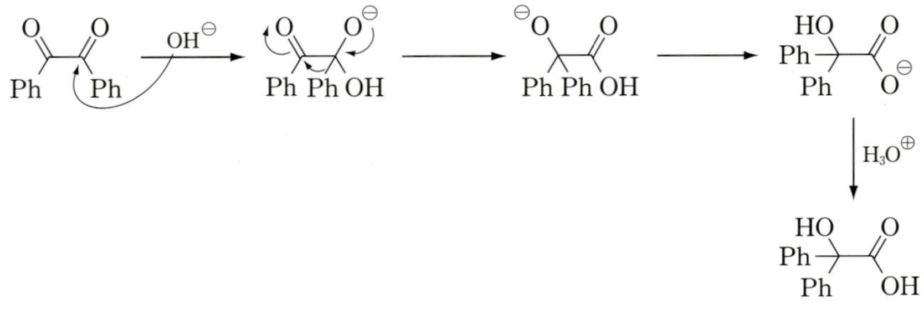

10. 1. PBr_3
2. NaCN, DMF
3. $LiAlD_4$

11. 1. NaCN, HCl
2. LAH, THF

12. 에틸 헥사노에이트(ethyl hexanoate)의 적외선 스펙트럼은 카보닐 작용기와 관련하여 1739 cm^{-1}(*s*) (C=O 신축 운동) 피크를 확실하게 구분할 수 있고, 이 외에 2800~3030 cm^{-1}(*s*) (C−H 신축 운동) 및 1010~1490 cm^{-1}(*m*) (C−C 신축 운동) 등을 언급할 수 있다.

13. 에틸 헥사노에이트(ethyl hexanoate)에서는 $-OC\underline{H_2}CH_3$ 피크가 δ 4.12 ppm(q, $J=7.1$ Hz, 2H), $-OCH_2C\underline{H_3}$ 피크가 δ 1.15 ppm(t, $J=7.1$ Hz, 3H)이 된다. 그리고 α-$C\underline{H_2}$ 피크가 δ 2.25 ppm(t, $J=7.4$ Hz, 2H), β-$C\underline{H_2}$ 피크가 δ 1.54 ppm(tt, $J=7.4$ Hz, 2H), δ-$C\underline{H_2}$ 및 γ-$C\underline{H_2}$ 피크는 겹쳐서 δ 1.20~1.32 ppm(m, 4H)에 나오고, $C_6-C\underline{H_3}$ 피크가 δ 0.87 ppm(t, $J=7.0$ Hz, 3H)에서 관찰된다.

14. 에틸 헥사노에이트(ethyl hexanoate)는 카보닐 탄소가 δ 173.8 ppm, $-O\underline{C}H_2CH_3$ 피크가 δ 60.2 ppm, 2번 탄소가 δ 34.4 ppm, 4번 탄소가 δ 31.5 ppm, 3번 및 5번 탄소가 δ 24.8, 22.5 ppm(명확한 구분은 불가능), 6번 탄소 및 $-OCH_2\underline{C}H_3$ 피크가 δ 14.3, 14.0 ppm(명확한 구분은 불가능)에서 나온다.

15. 에틸 헥사노에이트(ethyl hexanoate)는 분자식 $C_8H_{16}O_2$, 분자량 144인 화합물로서 $m/e=144$에서 M^+ 피크가 관찰된다. C(O)−O의 α-분해 반응이 일어나면 $m/e=99$, C_3-C_4의 α-분해 반응이 일어나면 $m/e=101$ 및 43, 맥라퍼티 자리 옮김 반응이 일어나면 $m/e=88$ 피크를 예상할 수 있다.

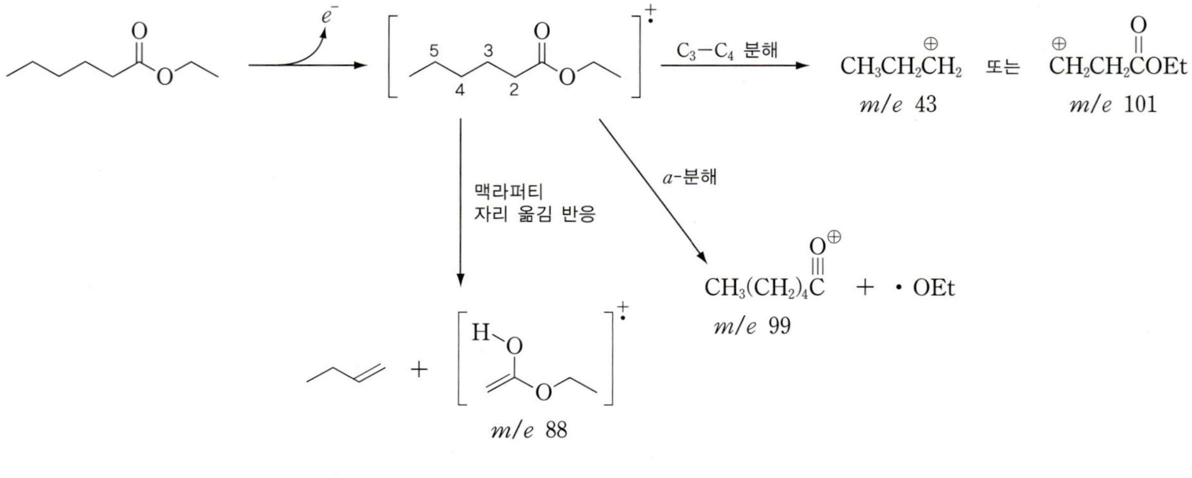

19장 카보닐 α-탄소 치환 반응 및 축합 반응

1. (a) 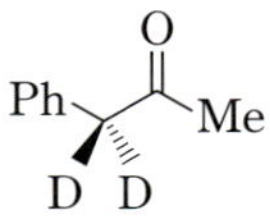

(b) 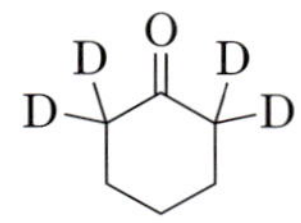

(c) 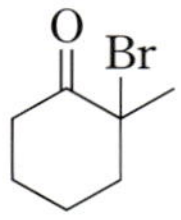

(d) 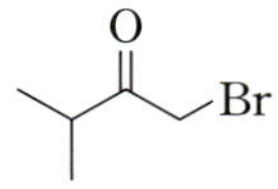

(e) 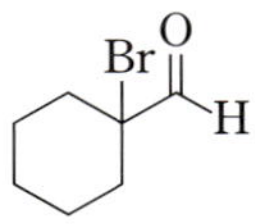

(f) 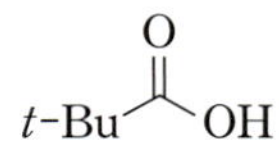 + $CHBr_3$

(g) 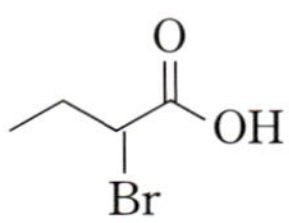

(h) 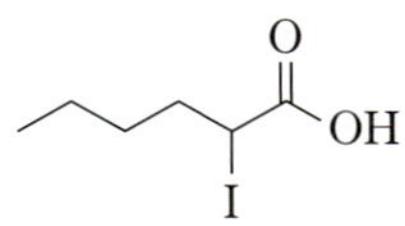

(i) 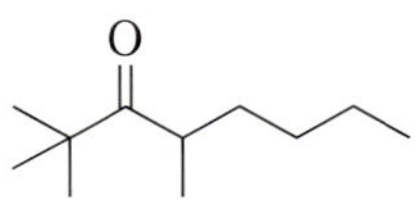

(j) 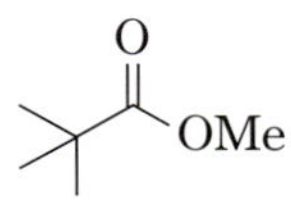

(k) 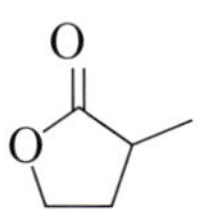

(l) 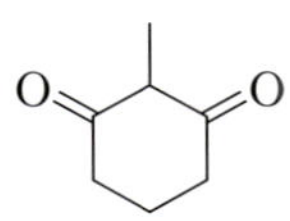

(m) 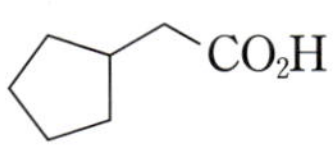

(n) 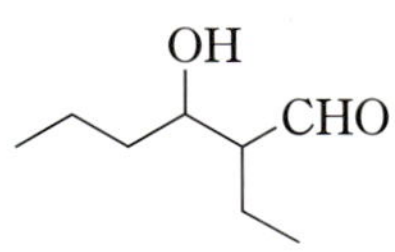 or 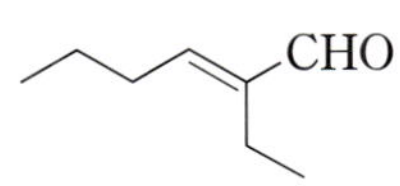

(o) 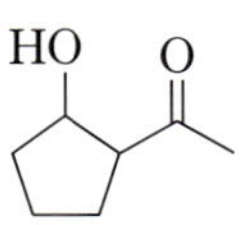

(p) 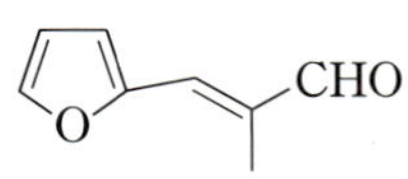

(q) 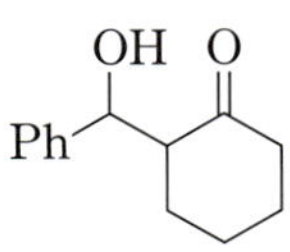

(r) 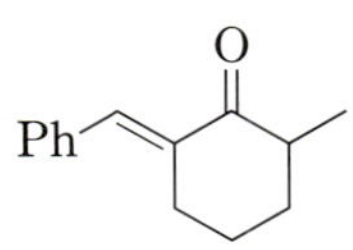

(s) 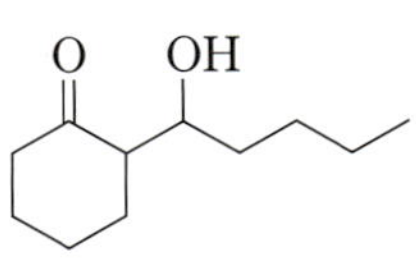

(t) 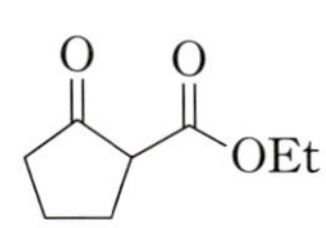

2. (a) 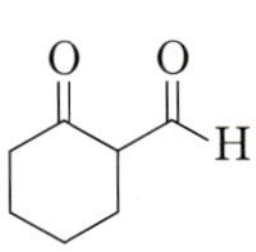

(b) 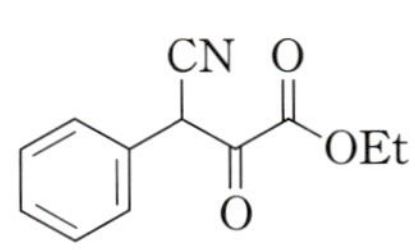

(c) 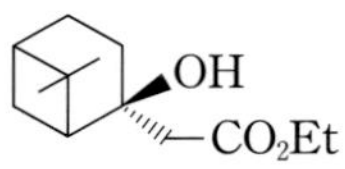

(d) 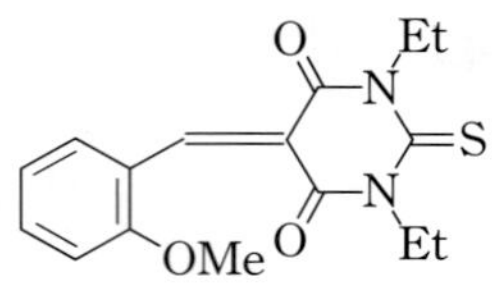

(e) 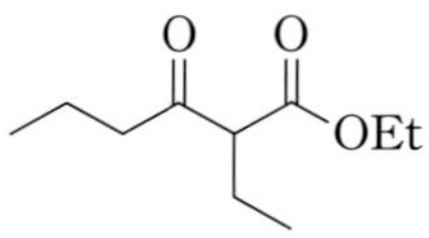

(f) 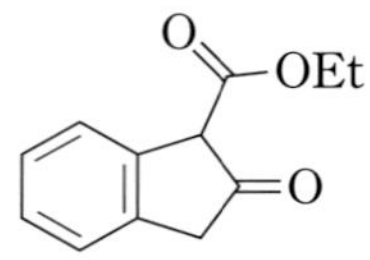

(g) 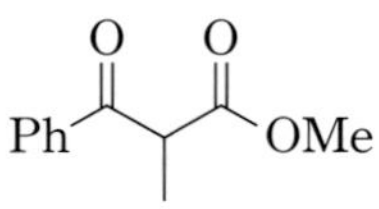

(h) 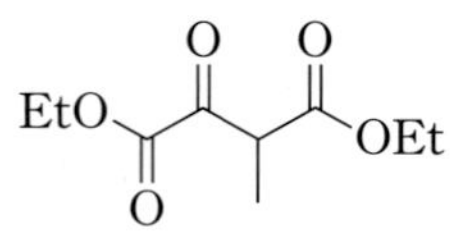

(i) 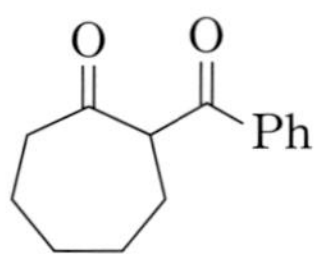

(j) 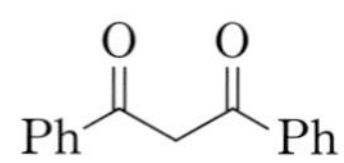

(k) 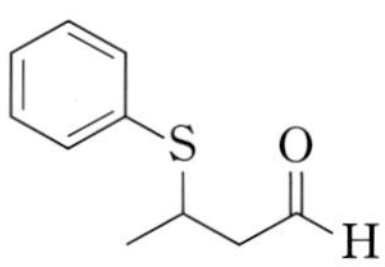

(l) 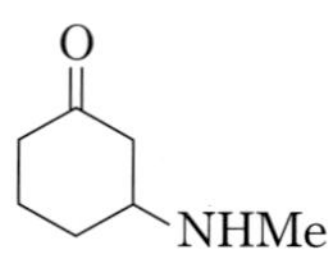

(m) 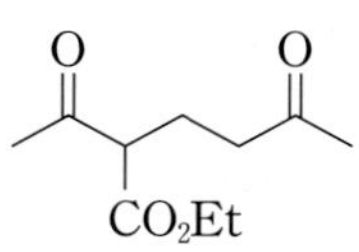

(n) 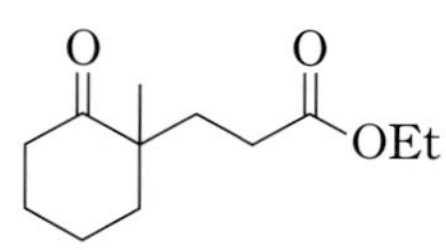

(o) 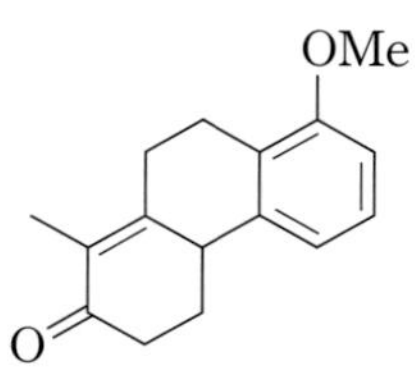

(p) 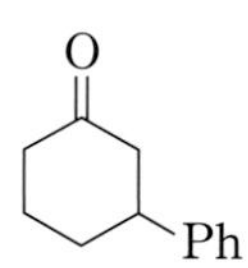

(q) 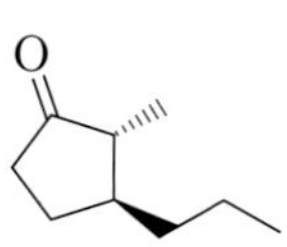

(r) 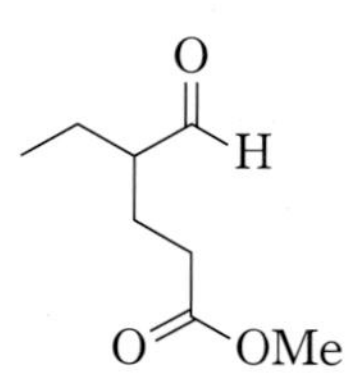

(s) 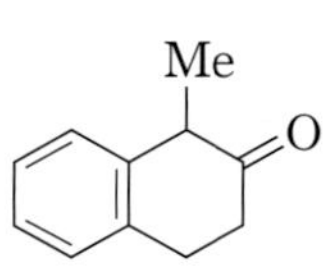

3. (a) 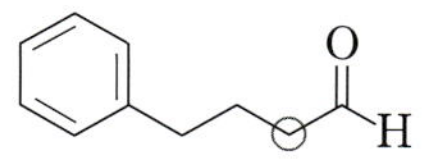 (b) 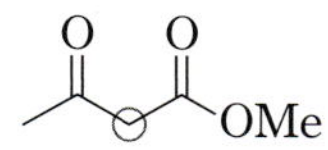 (c) 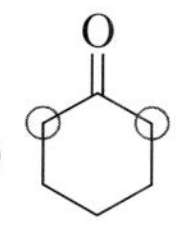

(d) 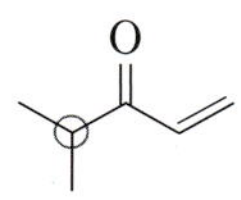 (e) 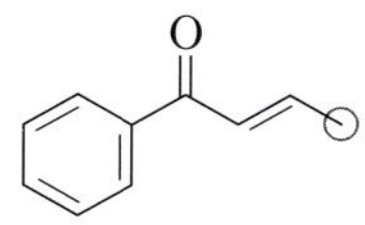

4. 산성도: (d) > (e) > (b) > (c) > (a)

5.

	A	B
(a)	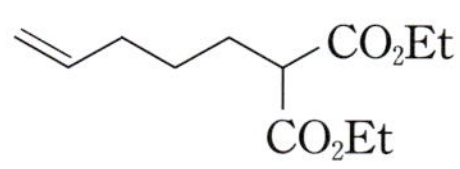	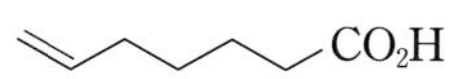
(b)	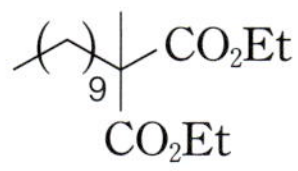	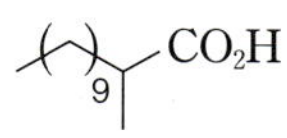

6.

	A	B
(a)	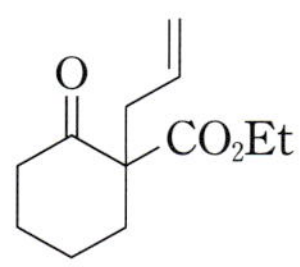	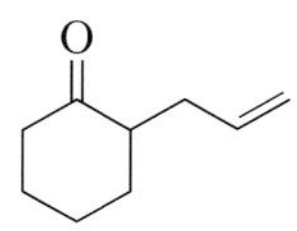
(b)	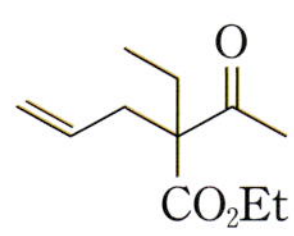	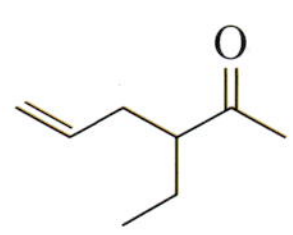

7. (a) 1. PBr_3, Br_2
2. K_2CO_3, H_2O, Heating
(b) 1. PCl_5, Br_2
2. NH_3, H_2O, Heating

8. 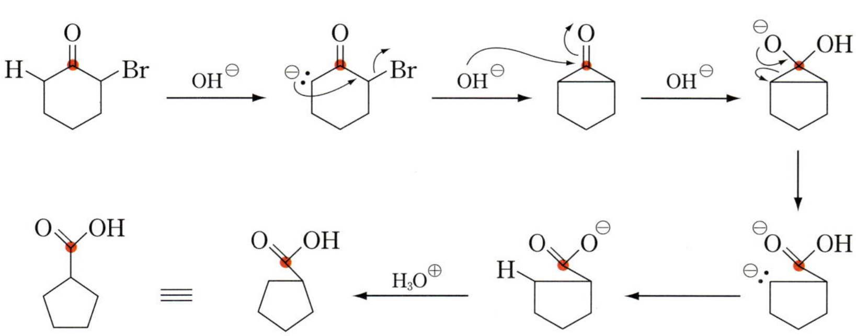

9. 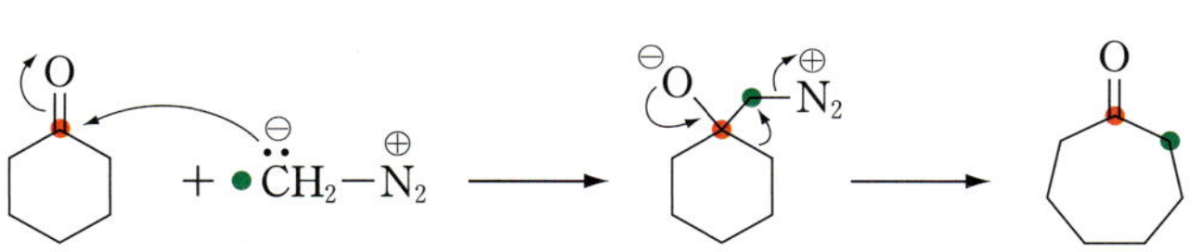

10. 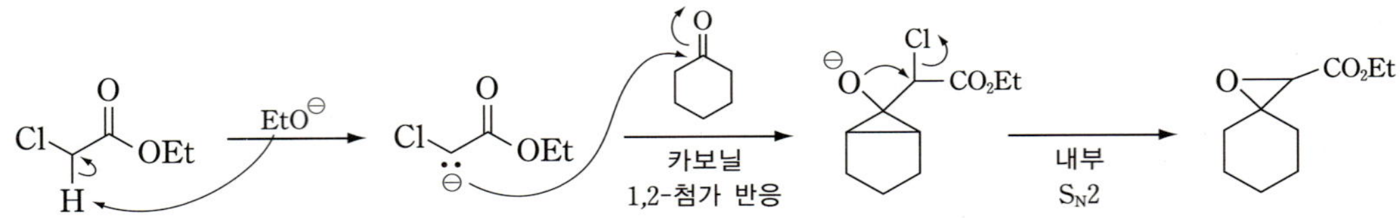

11. 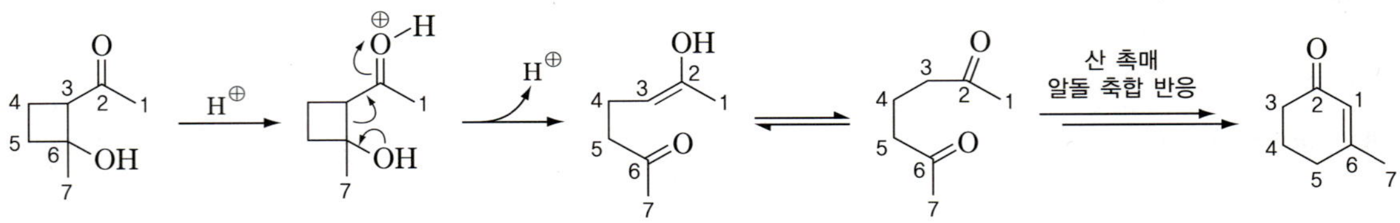

12. (a) 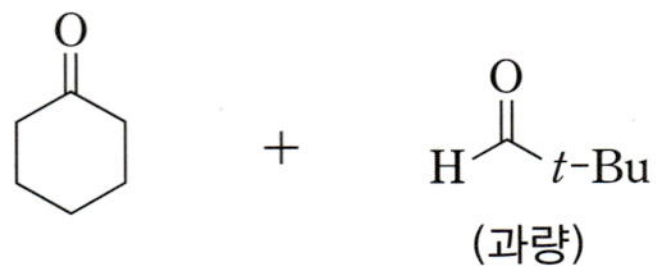

(b) 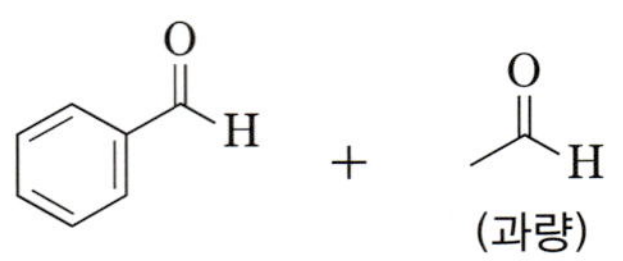

13. (a) 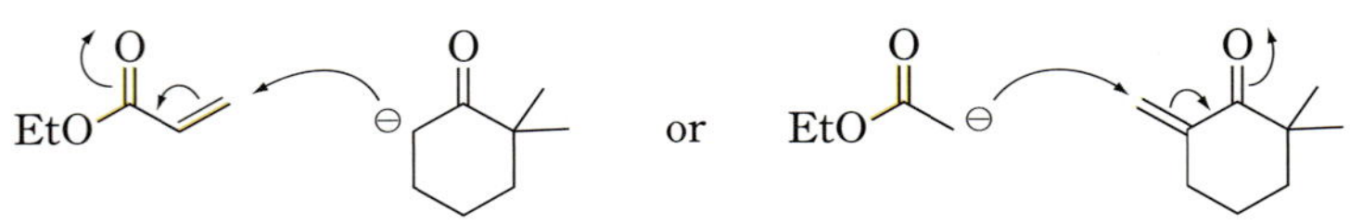

(b) 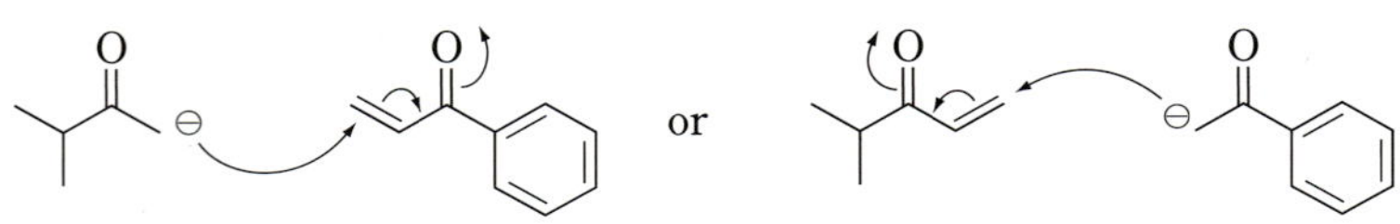

14. 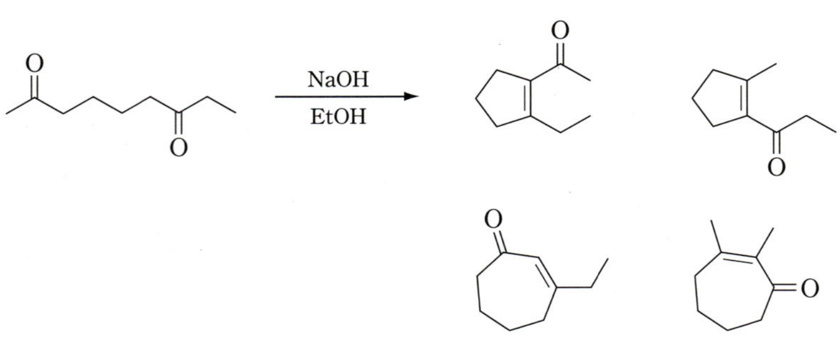

15. (a) 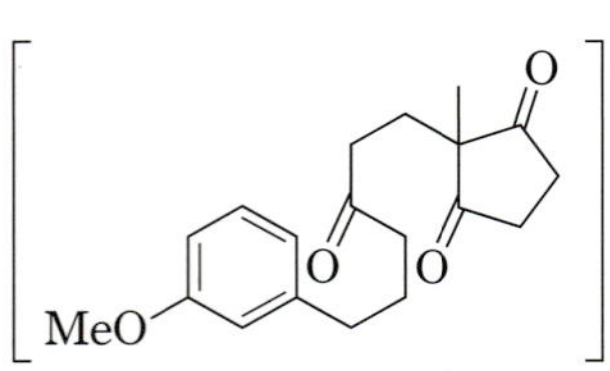

(b) 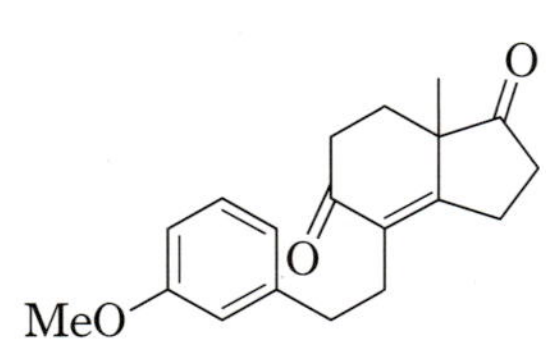

16. (a) 1. $OH^{\ominus}$ (알돌 축합 반응)
2. Pd/C, H_2 (촉매 수소화 반응)
3. 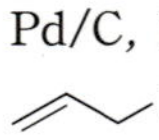 MgBr (1,2-첨가 반응)

(b)

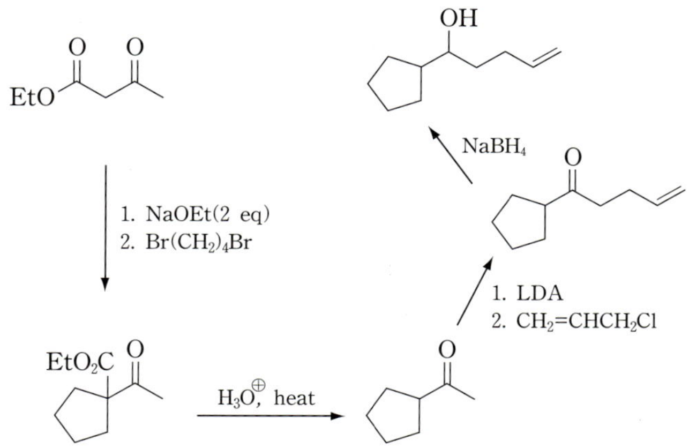

(c)

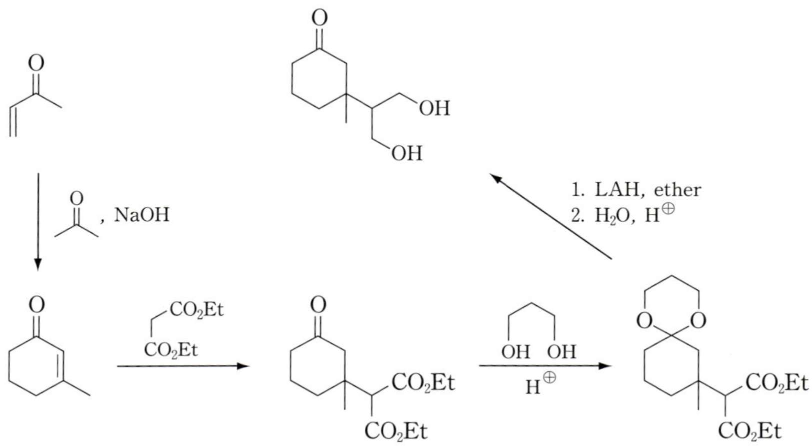

20장 아민

1.

(a) pentan-2-amine
1-methylbutylamine
2-aminopentane

(b) *N*-ethylethanamine
diethylamine
ethylaminoethane

(c) diphenylamine

(d) *N*,*N*-dimethylethanamine
ethyldimethylamine
dimethylaminoethane

(e) *N*-ethyl-*N*-methylcyclohexanamine
cyclohexylethylmethylamine
ethylmethylaminocyclohexane

(f) *N*,3-dimethylpentan-1-amine
1-(methylamino)-3-methylpentane

(g) *N*,*N*-diethyl-4-methylpentan-2-amine
2-(diethylamino)-4-methylpentane

(h) 5-methylhexan-3-amine

(i) 2-aminohutanoic acid

(j) 4-nitroaniline
p-nitroaniline

(k) 5-bromo-2-ethylaniline

(l) 2,4-diaminobenzoic acid

(m) *N*-ethyl-*N*-methylcyclopentylammonium trifluoroacetate
cyclopentylethylmethylammonium trifluoroacetate

2. (a) 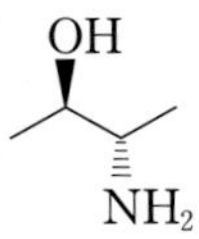 (b) 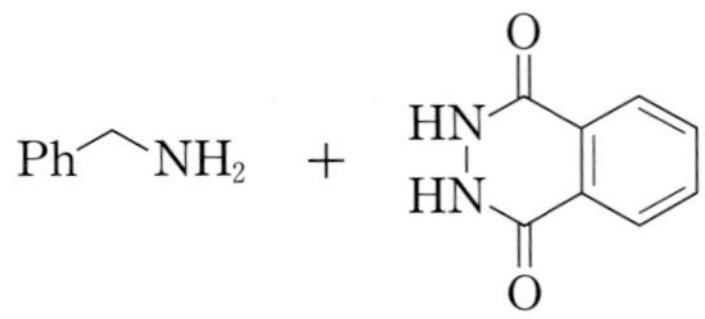

(c) 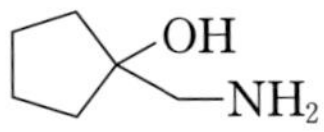 (d) 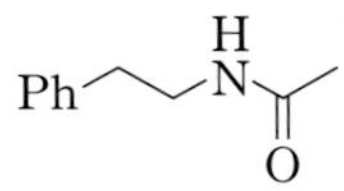

(e) 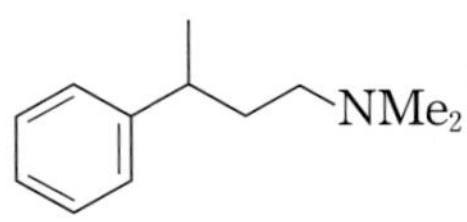 (f) 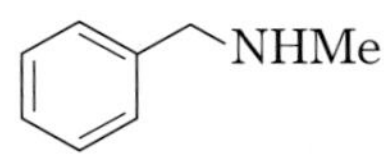

(g) 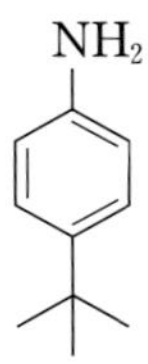 (h) 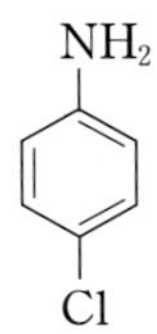

(i) 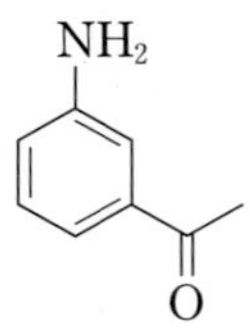 (j) 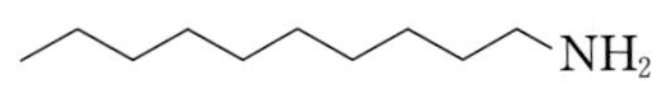

(k) 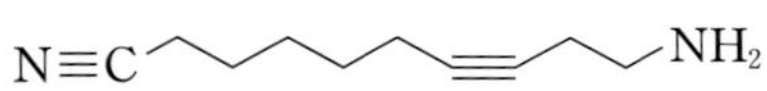 (l) 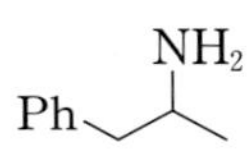

(m) 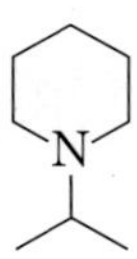 (n) 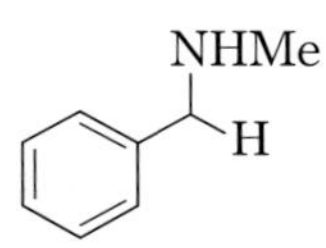

(o) 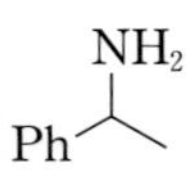 (p) 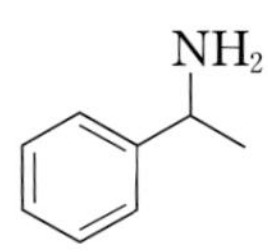

(q)  (r) 

(s)  (t) 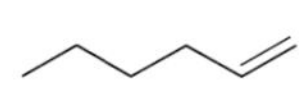

(u) 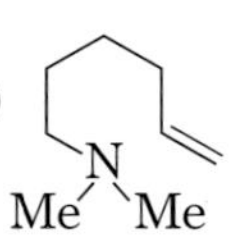 (v) 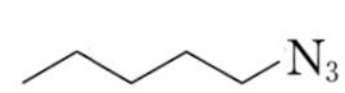

(w) 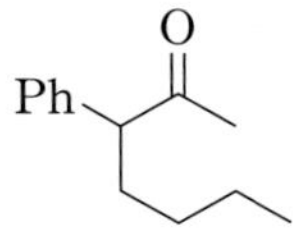 (x) 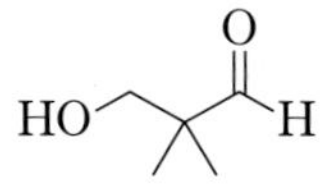

3.

(a) 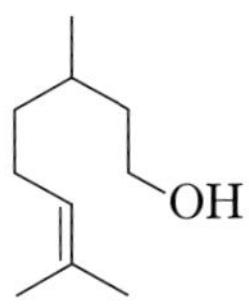

(b) 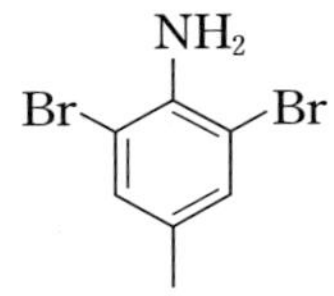

(c) 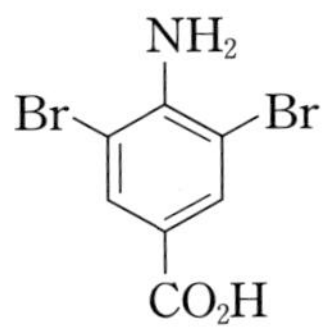

(d) 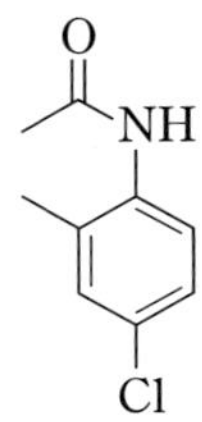

(e) 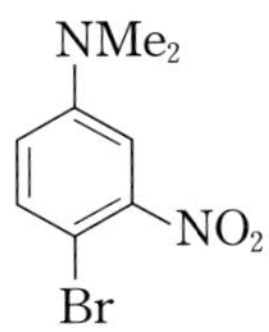

(f) 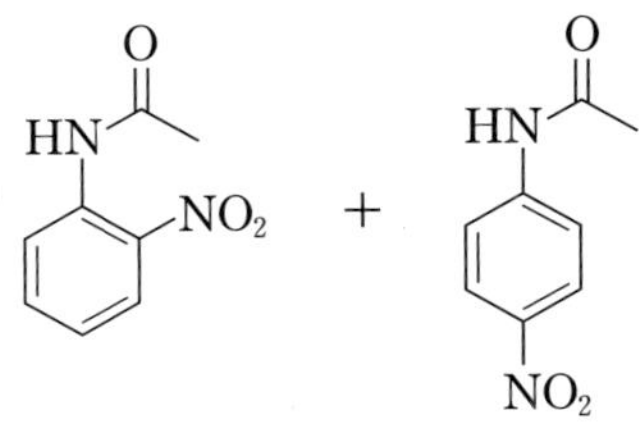

(g) 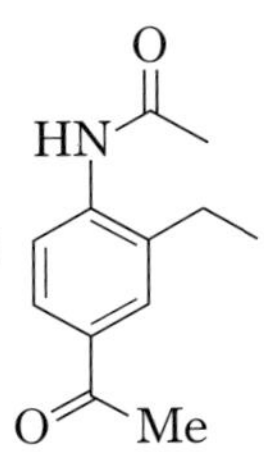

(h) 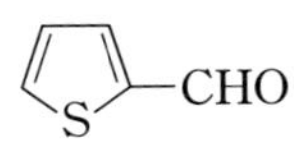

(i) 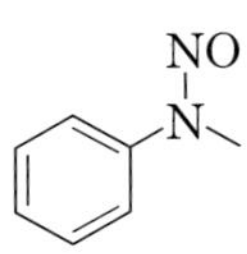

(j) 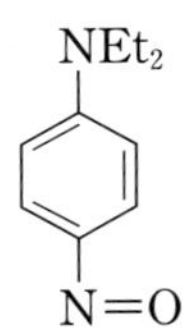

(k) 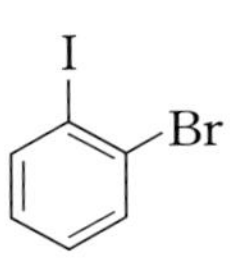

(l) 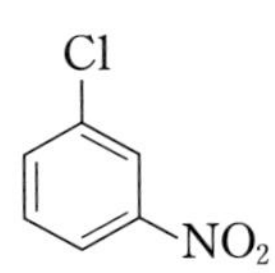

(m) 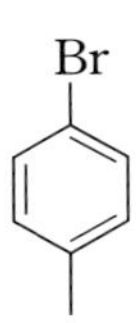

(n) 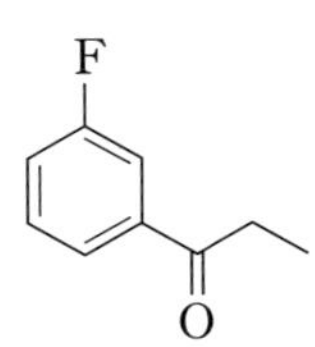

(o) 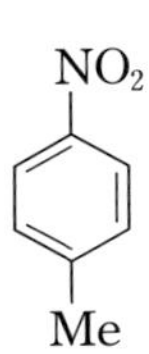

(p) 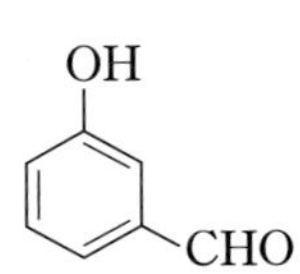

(q) 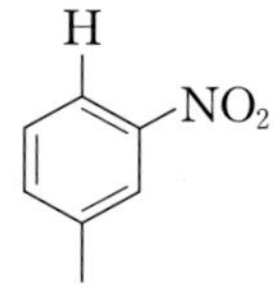

(r) 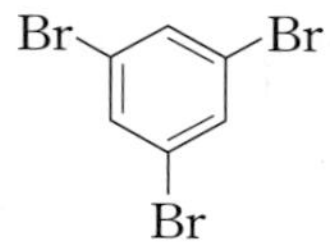

(s) 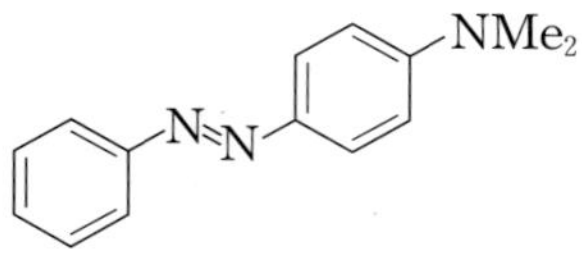

4. 이미드의 가수 분해 반응은 아마이드 중간체를 생성하는 과정 및 아마이드의 가수 분해 반응으로 크게 구분할 수 있다. 이 반응들은 공통적으로 강한 친핵체인 HO^-에 의하여 진행되기 때문에 두 경로는 모두 친핵성 아실 치환 반응의 경로 ①을 따라서 진행된다(18.5.5절).

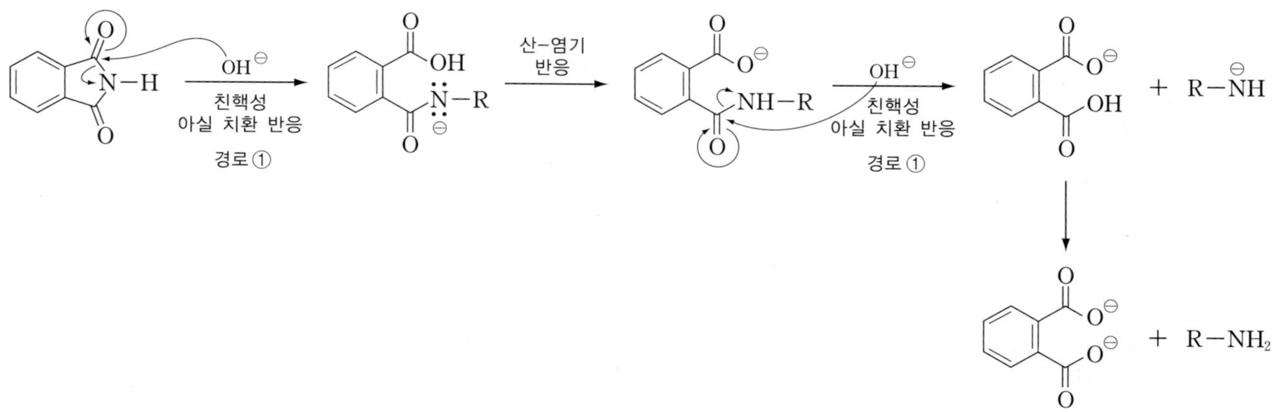

5. 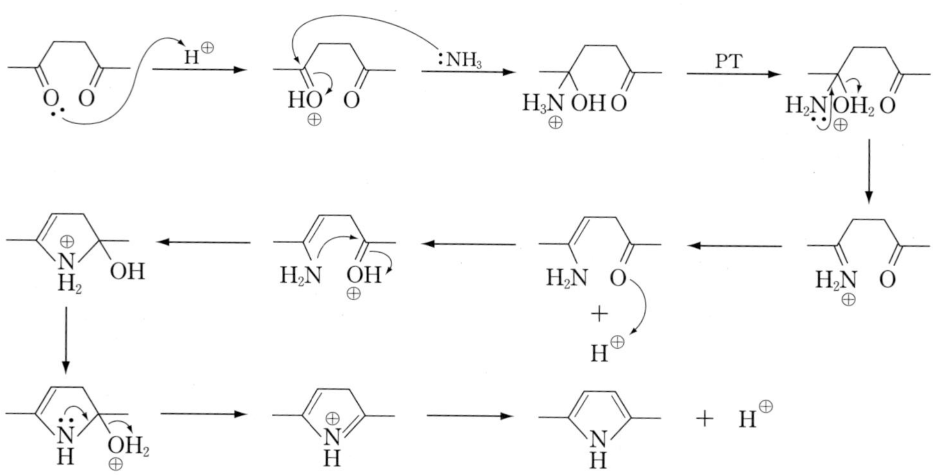

6. 이 전환은 간단하게 나이트로화 반응을 진행하여 합성할 수 있을 것 같지만, 방향족–NH_2 작용기는 질산에 의하여 쉽게 산화되어 나이트로화 반응에 참여할 수 없다(20.8.2절). 따라서 나이트로화 반응은 아민을 아마이드로 보호한 후 수행해야 하고, 최종적으로 아마이드 작용기를 가수 분해함으로써 원하는 전환을 완결할 수 있다.

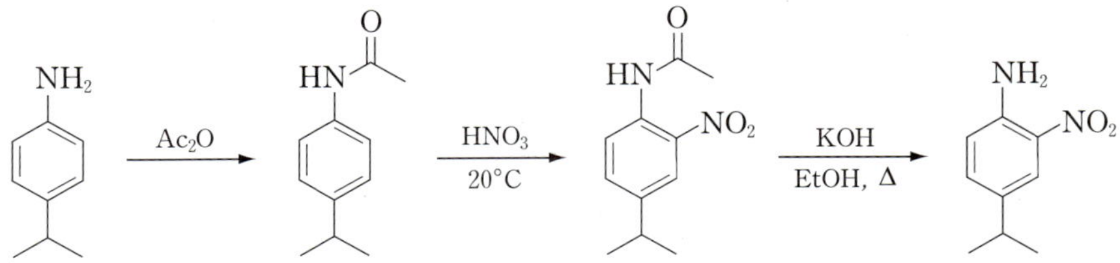

7. 아닐린에서 SO_2Cl_2 시약을 사용하면 아민에서 반응이 먼저 진행되기 때문에 아마이드로 보호시키는 과정이 필요하고, 원하는 반응을 진행한 후에 가수 분해 반응으로 제거해야 한다.

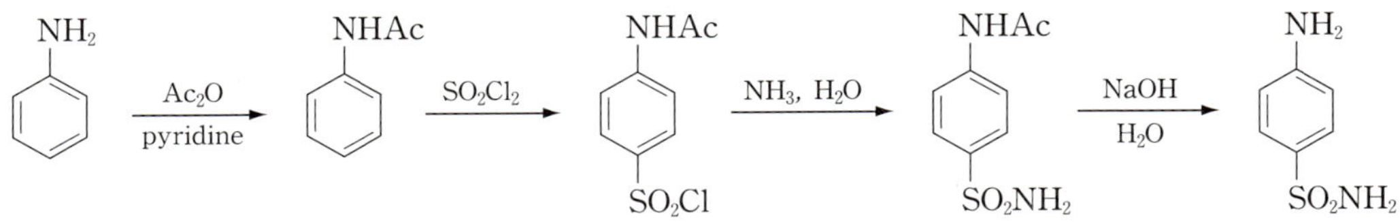

8. 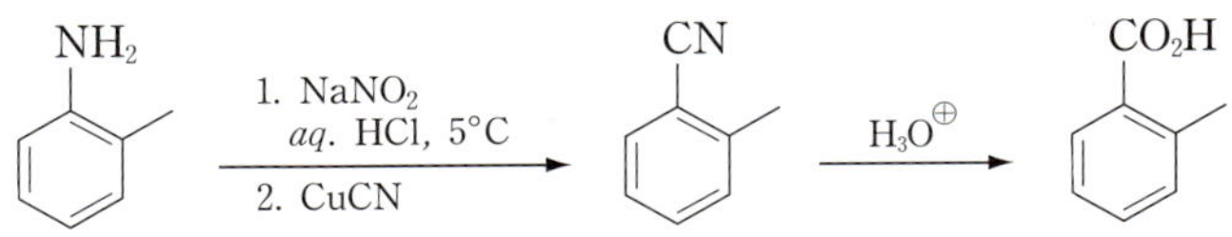

9. 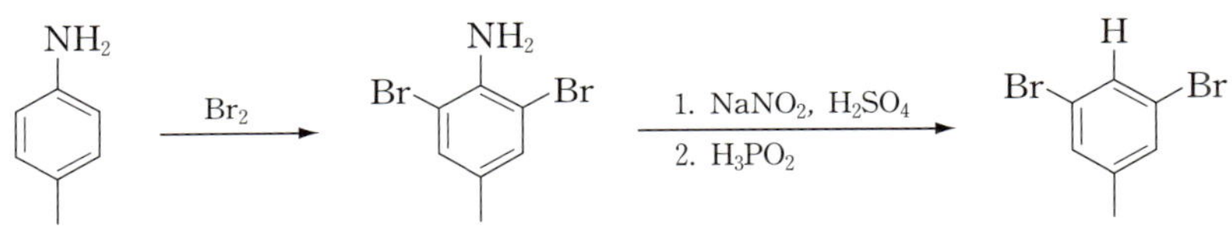

10. 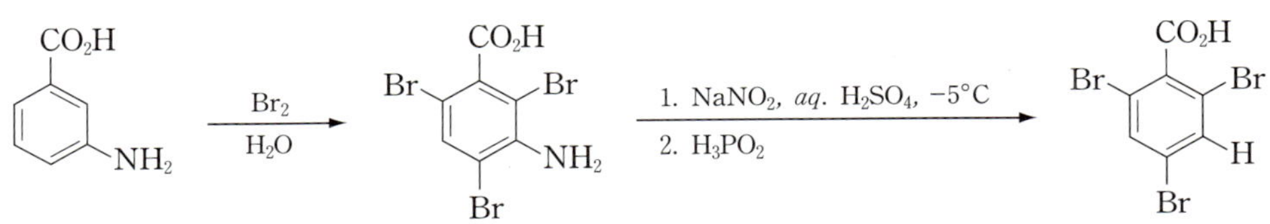

11. 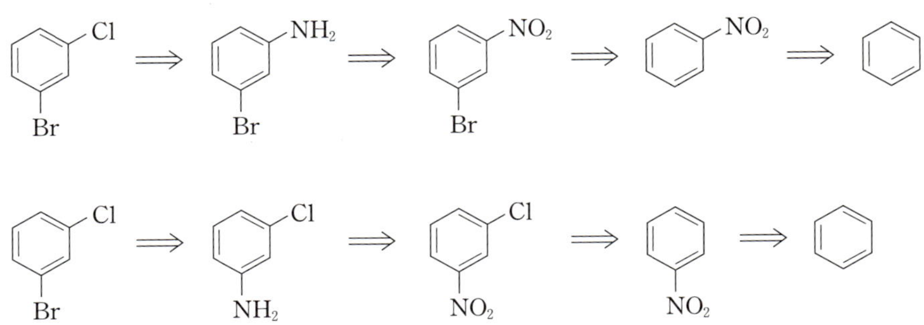

12. (a) 사이클로헥실아이소프로필아민(cyclohexylisopropylamine)의 적외선 스펙트럼에서는 3120~3560 cm^{-1}(*w*) (H−결합) 및 2790~3000 cm^{-1}(*s*) (C−H 신축 운동)을 구분할 수 있고, 1320~1480 cm^{-1}(*m*) (C−C 및 C−N 신축 운동), 1100~1200 cm^{-1}(*w*) (C−H 굽힘 운동) 등의 정보를 추출할 수 있다.

(b) 4-메틸아닐린(4-methylaniline)의 적외선 스펙트럼에서는 3120~3620 cm^{-1}(*m*) (H−결합) 및 2820~3080 cm^{-1}(*w*) (C−H 신축 운동)을 구분할 수 있다. 벤젠 탄소의 C=C 신축 운동은 1624 cm^{-1}(*m*) 및 1516 cm^{-1}(*s*)에서 나오고, 이 외에도 1250~1300 cm^{-1}(*m*) (C−C 및 C−N 신축 운동) 등의 정보를 얻을 수 있다.

13. (a) 사이클로헥실아이소프로필아민(cyclohexylisopropylamine)은 $R_2CH-NHCH(C\underline{H}_3)_2$ 피크가 δ 1.16 ppm(*d*, *J*=6.7 Hz, 6H), $R_2CH-NHC\underline{H}(CH_3)_2$ 피크는 δ 2.86 ppm(*sept*, *J*=6.7 Hz, 1H), $R_2C\underline{H}-NHCH(CH_3)_2$ 피크가 δ 2.45 ppm(*sept*, *J*=6.7 Hz, 1H)에서 관찰된다. 육각형 고리의 나머지 열 개 H 원자는 δ 1.31~1.40 ppm(*m*, 2H) 및 δ 1.41~1.59 ppm(*m*, 8H)의 형태로 예상된다.

(b) 4-메틸아닐린(4-methylaniline)은 $Ar-\underline{CH_3}$ 피크가 δ 2.20 ppm(*s*, 3H), $C_2-\underline{H}$ 및 $C_6-\underline{H}$ 피크가 δ 6.87 ppm(*d*, *J*=8.2 Hz, 2H), $C_3-\underline{H}$ 및 $C_5-\underline{H}$ 피크가 δ 7.05 ppm(*d*, *J*=8.2 Hz, 2H)가 된다.

14. (a) 사이클로헥실아이소프로필아민(cyclohexylisopropylamine)은 육각형 고리의 C_1 탄소가 δ 53.6 ppm, $R_2CHNH-\underline{C}H(CH_3)_2$ 피크가 δ 44.8 ppm, 육각형 고리의 $C_2(C_6)$ 탄소가 δ 34.3 ppm, 육각형 고리의 $C_3(C_5)$ 탄소가 δ 25.4 ppm, 육각형 고리의 C_4 탄소가 δ 26.3 ppm, $R_2CHNH-CH(\underline{C}H_3)_2$ 피크가 δ 23.6 ppm에서 관찰된다.

(b) 4-메틸아닐린(4-methylaniline)은 C_1 탄소가 δ 144.0 ppm, C_4 탄소가 δ 127.6 ppm, $C_3(C_5)$ 탄소가 δ 127.6 ppm, $C_2(C_6)$ 탄소가 δ 115.3 ppm, $Ar-\underline{C}H_3$ 피크가 δ 20.4 ppm에서 관찰된다.

15. (a) 사이클로헥실아이소프로필아민(cyclohexylisopropylamine)은 분자식 $C_9H_{19}N$, 분자량 141인 화합물로서 $m/e=141$에서 M^+ 피크가 관찰된다. $NCH(CH_3)-CH_3$ 결합의 α-분해 반응이 일어나면 $m/e=126$ 및 15, *N*-$CH(CH_3)_2$ 결합의 분해 반응이 일어나면 $m/e=98$ 및 43 피크를 예상할 수 있다. 실험에서 주 피크는 $m/e=98$이었다.

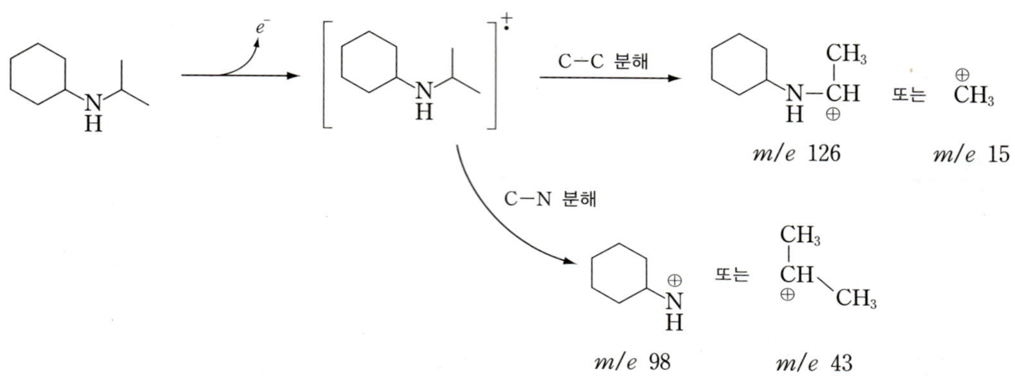

(b) 4-메틸아닐린(4-methylaniline)은 분자식 C_7H_9N, 분자량 107인 화합물로서 $m/e=107$ 및 106 에서 M^+ 및 $(M-1)^+$ 피크가 관찰된다.

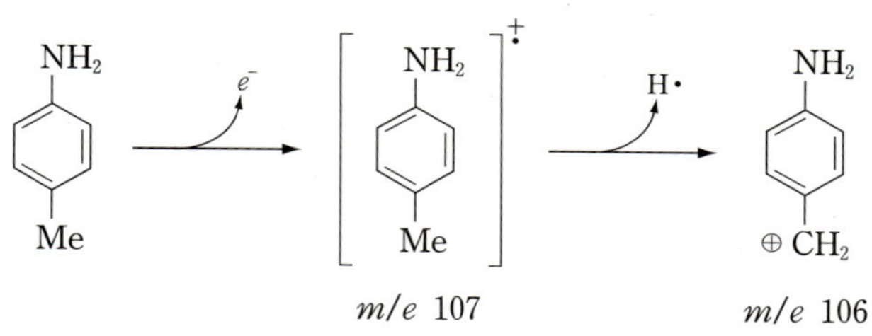

찾아보기

ㄱ

ㄴ

ㄷ

ㄹ

ㅁ

ㅂ

ㅅ

ㅇ

ㅈ

ㅊ

ㅋ

ㅌ

ㅍ

ㅎ

저자 소개

이덕형

1980.3. ~ 1984.2. 서울대학교 화학과 학사
1984.3. ~ 1986.2. 서울대학교 화학과 석사
1988.9. ~ 1994.1. Harvard 대학교 화학과 박사
1994.1. ~ 1994.6. Harvard 대학교 화학과 박사후 연구원
1994.9. ~ 현재 서강대학교 화학과 조교수, 부교수, 교수
2004.3. ~ 2004.2. PTC Therapeutics, Inc. 방문 연구원

1994 ~ 현재 대한화학회 정회원
1997, 1999, 2001 ~ 2003, 2005 대한화학회 홍보 실무이사
2012 대한화학회 학술부회장
2012 대한화학회 유기화학분과 총무 부회장
2013 ~ 2014 대한화학회 한국화학올림피아드 위원회 위원장
2015 대한화학회 국제협력부회장
2017 ~ 2018 유기합성학회 부회장 및 수석부회장
2017 ~ 2018 대한화학회 학술위원회 위원장
2019 대한화학회 유기화학분과 회장

유기화학

저 자 이덕형
발 행 인 김지영
발 행 처 자유아카데미
주 소 경기도 파주시 회동길 37-42
파주출판도시
전 화 031-955-1321
팩 스 031-955-1322
홈페이지 www.freeaca.com
전자우편 main@freeaca.com (대표)
editor@freeaca.com (편집)
crm@freeaca.com (영업)
등 록 제406-2003-017호, 1980. 7. 12.
제1판1쇄 2020년 12월 5일 발행
정 가 48,000원

저자와의
협의하에
인지생략

ISBN 979-11-5808-263-5 93430